AF308325

# Lexikon
# Produktionstechnik
# Verfahrenstechnik

Herausgegeben von
Prof. Dr.-Ing. habil. Heinz M. Hiersig

Springer-Verlag Berlin Heidelberg GmbH

Die Deutsche Bibliothek — CIP-Einheitsaufnahme

**Lexikon Produktionstechnik Verfahrenstechnik**
/ hrsg. von Heinz M. Hiersig.
— Düsseldorf: VDI-Verl., 1995
   ISBN 978-3-642-63379-9     ISBN 978-3-642-57851-9 (eBook)
   DOI 10.1007/978-3-642-57851-9
NE: Hiersig, Heinz, M. [Hrsg.]

Redaktion: Dr.-Ing. *Gerhard Scheuch*
unter Mitarbeit von *Renate Raschke*
Graphische Darstellungen: *Peter Lübke,* Wachenheim
Satz und Druck: Bonner Universitäts-Buchdruckerei
Buchbinderische Verarbeitung: Großbuchbinderei Fikentscher GmbH, Darmstadt

# Vorwort

Die Produktionstechnik und die Verfahrenstechnik haben sich in den letzten Jahren stürmisch entwickelt, und dabei konnte man sich auf ein breites, wissenschaftlich fundiertes Wissen stützen. Die Produktion materieller Erzeugnisse ist für unsere Wirtschaft und den Export von Gütern von hoher Bedeutung, oft in Konkurrenz mit Wertschöpfung durch Dienstleistungen. Auch in Zukunft wird man in der metallurgischen, mechanischen und chemischen Produktion neue Wege suchen müssen, um effektiver zu werden und durch breites Engagement Ressourcen freizusetzen.

Fundiertes Ingenieur-Grundlagenwissen und detaillierte Maschinenbaukenntnisse vermitteln zwei Fachlexika aus dem VDI-Verlag. Beide bieten, ergänzt durch dieses Buch, beste Voraussetzungen zum Verständnis und zu erfolgreicher Tätigkeit in der industriellen Fertigung von Materialien und Produkten aller Art. Die Produktionstechnik hat die Aufgabe, durch Entwicklung und Anwendung geeigneter Produktionsmittel und Verfahren die Erzeugung der Güter handwerklich oder industriell zu vollziehen. In der Verfahrenstechnik verändert man Stoffe durch äußerst vielfältige Behandlungsstufen zum fertigen Produkt. Man benötigt detaillierte Fachkenntnisse beispielsweise aus der mechanischen und thermischen Verfahrenstechnik, der Bio-, Lebensmittel-, Medizin- und der Umwelt-Verfahrenstechnik; weiterhin aus dem Apparate- und Anlagenbau, aus der Produktionstechnik mit ihren vielfältigen Werkzeugmaschinen und Fertigungsverfahren zum Fügen, Trennen, Urformen, Umformen einschließlich des damit verbundenen Materialflusses und der Steuerungssysteme. Besondere Bedeutung ist auch der Betriebsorganisation und der Qualitätssicherung zuzumessen.

Dieses Fachlexikon mit über 2000 Stichworten mit zahlreichen Bildern und Tabellen wurde von über 60 Autoren geschrieben, die ihr Fachgebiet kompetent beherrschen: Sie vermitteln ihr Wissen in einer Form, die dem Ingenieur und Naturwissenschaftler sowie dem Technikinteressierten Aufschluß gibt und gleichzeitig den Stand des Ingenieurwissens dokumentiert.

Der Herausgeber dankt den Autoren für ihre Leistung. Dank gebührt auch Herrn Dr.-Ing. *Gerhard Scheuch* und Frau *Renate Raschke* für die sorgfältige Bearbeitung, Frau Dipl.-Ing. *Zitta Glaser* für die gute Organisation sowie schließlich dem VDI-Verlag für die Übernahme des Wagnisses und für die hervorragende Ausstattung des Lexikons Produktionstechnik Verfahrenstechnik.


Düsseldorf, im Oktober 1994                              *Heinz M. Hiersig*

# Der Herausgeber

**Prof. Dr.-Ing. habil.** *Heinz M. Hiersig* studierte Maschinenbau an der Technischen Hochschule in Dresden. Er begann seine Industrietätigkeit 1939 bei der Rheinmetall-Borsig AG in Düsseldorf und wurde dort 1944 Werksleiter. 1943 promovierte er an der Technischen Hochschule Braunschweig zum Dr.-Ing. Im Jahr 1947 gründete er die Rhein-Getriebe GmbH. 1960 wurde er zum Vorstandsmitglied der Firma Lohmann und Stolterfoht berufen, und er erwarb sich dort besondere Verdienste mit der Entwicklung eines neuen, marktfähigen Produktprofils. Noch vor Erreichen der Altersgrenze erhielt er von der Ruhr-Universität Bochum einen Lehrauftrag, habilitierte sich 1980 und wurde 1981 zum Professor ernannt. Zu dieser Zeit übernahm er erneut die technische Geschäftsführung der Rhein-Getriebe GmbH in Meerbusch.

Professor *Hiersig* schrieb über 40 Fachbeiträge, zumeist zu Fragen der Antriebstechnik. Er widmete sich über Jahrzehnte der technisch-wissenschaftlichen Gemeinschaftsarbeit in mehreren Gremien, unter anderem als Vorsitzender der VDI-Gesellschaft Entwicklung, Konstruktion, Vertrieb (EKV) und des Normenausschusses Antriebstechnik (NAN) im DIN.

# Die Autoren



*Dr.-Ing. Hans-Georg Bittner*
Heimsoth GmbH, Hildesheim

*Prof. Dr. techn. Thomas J. Bohn*
Fachbereich Energie- und Kraftwerkstechnik,
Universität-Gesamthochschule Essen

Prof. Dr.-Ing. Artur-Klaus Bolbrinker
Fachhochschule Bochum

*Prof. Dr.-Ing. Gerd Brunner*
Arbeitsbereich Thermische Verfahrenstechnik,
Technische Universität Hamburg-Harburg

*Prof. Dr.-Ing. habil. Horst Chmiel*
Fraunhofer-Institut für Grenzflächen und
Bioverfahrenstechnik, Stuttgart

*Dr.-Ing. Hans Detlef Dahl*
Hüls AG, Marl

*Prof. Dr. rer. nat. Dr.-Ing. e. h. W. Dahl*
Institut für Eisenhüttenkunde, Rheinisch-Westfälische Technische Hochschule Aachen

*Dr.-Ing. Ralf Dohrn*
Zentrale Forschung und Entwicklung,
Bayer AG, Leverkusen
Arbeitsbereich Thermische Verfahrenstechnik,
Technische Universität Hamburg-Harburg

*Prof. Dr.-Ing. Heinz-Ulrich Doliwa*
Beratender Ingenieur für Gießerei und Hüttenwesen, Amberg

*Prof. Dr.-Ing. Lutz Dorn*
Institutsbereich Fügetechnik/Schweißtechnik,
Technische Universität Berlin

*Prof. Dr.-Ing. Dr. h. c. Dipl.-Wirt. Ing. Walter Eversheim*
Lehrstuhl für Produktionssystematik,
Direktor des Laboratoriums für
Werkzeugmaschinen und Betriebslehre (WZL),
Rheinisch-Westfälische Technische Hochschule
Aachen

*Dr.-Ing. Franz Freyberger*
Lehrstuhl für Steuerungs- und Regelungstechnik, Technische Universität München

*Prof. em. Dr. phil. Dr.-Ing. h. c.
Peter Grassmann*
Physik, Biologie, Verfahrenstechnik, Eidgenössische Technische Hochschule Zürich

*Dipl.-Ing. Volker Greif*
Institut für Mechanische Verfahrenstechnik,
Universität Stuttgart

*Dipl.-Ing. Alexander von Heimendahl*
Geschäftsführer Voss-Biermann,
Lawaczeck GmbH & Co. KG, Färberei ·
Druckerei · Appretur, Krefeld

*Prof. Dr.-Ing. Wolfram Heller*
Werkstofftechnik, Fachbereich Elektronik,
Fachhochschule München

*Prof. em. Dr.-Ing. H. W. Hennicke*
Institut für Nichtmetallische Werkstoffe,
Professur für Keramik und Email, Technische
Universität Clausthal

*Dr.-Ing. Andreas Hesse*
Haldenwanger GmbH & Co. KG,
Bereich Technische Keramik, Waldkraiburg

*Prof. Dr.-Ing. Dr. h. c. Rudolf Jeschar*
Institut für Energieverfahrenstechnik,
Technische Universität Clausthal

*Prof. Dr.-Ing. I. Muhlis Kenter*
Fachgebiet Werkzeugmaschinen und
Fertigungstechnik, Fachbereich
Maschinenbau, Hochschule Bremen

*Dr.-Ing. Manfred Kerner*
Kraft Jacobs Suchard R&D Inc., München

*Prof. Dr.-Ing. Paul-August Koch*
Krefeld

*Dr.-Ing. Wolfgang Köhler*
Bereich Energieerzeugung (KWU), Siemens AG,
Erlangen

*Prof. Dr.-Ing. Dr. h. c. mult. Wilfried König*
Lehrstuhl für Technologie der
Fertigungsverfahren, Laboratorium für
Werkzeugmaschinen und Betriebslehre (WZL),
Rheinisch-Westfälische Technische
Hochschule Aachen;
Leiter des Fraunhofer-Instituts für
Produktionstechnologie, Aachen

*Prof. Dr.-Ing. Dr. techn. E. h. Karl Kußmaul*
Staatliche Materialprüfanstalt (MPA),
Universität Stuttgart

*Prof. em. Dr.-Ing. Dr. h. c. Kurt Lange*
Institut für Umformtechnik, Universität
Stuttgart

*Dr.-Ing. Ekkehard Liefke*
Leitung Produktion TROLITAX,
Hüls Troisdorf AG, Troisdorf

*Prof. em. Dr. Dr.-Ing. Marcel Loncin*
Institut für Lebensmittelverfahrenstechnik,
Universität Karlsruhe

*Prof. Dr. rer. nat. Walter Masing*
Erbach im Odenwald

*Dipl.-Ing. Hubert Müller*
Institut für Mechanische Verfahrenstechnik,
Universität Stuttgart

*Prof. Dr.-Ing. Edgar Muschelknautz*
Lehrstuhl und Institut für Mechanische
Verfahrenstechnik, Universität Stuttgart

*Prof. Dr. Bernd Neumann*
Fachbereich Informatik, Universität Hamburg

*Prof. Dr. rer. nat. Detlef Noack*
Ordinariat für Holztechnologie, Universität
Hamburg

*Dipl.-Ing. Horst P. Oeckenpöhler*
DMT-Institut für Rohstoffe und Aufbereitung,
DMT-Gesellschaft für Forschung und Prüfung
mbH, Essen

*Prof. Dr. Ulfert Onken*
Fachbereich CT Technische Chemie B,
Universität Dortmund

*Prof. Dr. Rudolf Patt*
Ordinariat für Holztechnologie und
Holzchemie, Universität Hamburg

*Dr.-Ing. Heinrich Rellermeyer*
Thyssen Stahl AG, Duisburg

*Dr.-Ing. Manfred Rudolph*
Lehrstuhl für Energiewirtschaft und Kraftwerkstechnik, Technische Universität München

*Dr. rer. nat. Wilhelm Scheffels*
(i. R.), vorm. Messer Griesheim GmbH,
Steigerwald Strahltechnik, Puchheim

*Dr.-Ing. Hans-Peter Schlag*
Fresenius St. Wendel GmbH, St. Wendel,
Saarland

*Prof. Dr. Axel Schönbucher*
Lehrstuhl für Technische Chemie, Universität
Gesamthochschule Duisburg

*Dr.-Ing. Frieder Schuh*
Industrie- und Handelskammer, München

*Prof. Dr.-Ing. Herbert Schulz*
Leiter des Instituts für Produktionstechnik und
Spanende Werkzeugmaschinen, Technische
Hochschule Darmstadt

*Dr. rer. nat. Eckart Schwab*
Bundesforschungsanstalt für Forst- und
Holzwirtschaft, Hamburg

*Dr.-Ing. habil. Eckehard Specht*
Institut für Energieverfahrenstechnik,
Technische Universität Clausthal

*Prof. Dr. h. c. mult. Dr.-Ing. Günter Spur*
Lehrstuhl für Werkzeugmaschinen und
Fertigungstechnik (IWF),
Technische Universität Berlin;
Leiter des Fraunhofer-Instituts für
Produktionsanlagen und Konstruktionstechnik
(IPK), Berlin

*Dr.-Ing. Christian Stark*
Technischer Leiter und Prokurist, Hermes
Schleifmittel GmbH & Co., Hamburg

*Prof. Dr.-Ing. H.-D. Steffens*
Lehrstuhl für Werkstofftechnologie, Universität
Dortmund

*Prof. Dr. rer. nat. Hartwig Steusloff*
Fraunhofer-Institut für Informations- und
Datenverarbeitung (IITB), Karlsruhe

*Dipl.-Ing. Norbert Stroh*
Fraunhofer-Institut für Grenzflächen- und
Bioverfahrenstechnik, Stuttgart

*Prof. Dr.-Ing. Klaus Strohmeier*
Lehrstuhl für Apparatebau- und Anlagenbau,
Experimentelle Spannungsanalyse,
Technische Universität München

*Dr.-Ing. Michael Trefz*
Voith GmbH, Heidenheim

*Prof. Dr.-Ing. Dr. h. c. mult.*
*Hans-Jürgen Warnecke*
Lehrstuhl für Industrielle Fertigung und
Fabrikbetrieb (IFF), Universität Stuttgart;
Leiter des Fraunhofer-Instituts für
Produktionstechnik und Automatisierung
(IPA), Stuttgart;
Präsident der Fraunhofer-Gesellschaft (FhG),
München

*Prof. Dr.-Ing. Paul-Michael Weinspach*
Lehrstuhl für Technische Verfahrenstechnik,
Universität Dortmund

*Prof. Dr. Rolf Wilhelm*
Mitglied der Wissenschaftlichen Leitung
und Wissenschaftliches Mitglied des
Max-Planck-Instituts für Plasmaphysik,
Direktor am Institut (Bereich Technologie),
Garching

*Dipl.-Ing. Richard Würtz*
Institut Mechanische Verfahrenstechnik,
Universität Stuttgart

*Dr.-Ing. Franz Zahradnik*
Lehrstuhl für Kunststoffe, Institut für
Werkstoffwissenschaften,
Universität Erlangen-Nürnberg

# Erläuterungen zur Benutzung

Die zahlreichen Gebiete der Produktionstechnik und der Verfahrenstechnik sind in rund 2000 Stichwörter gegliedert. Unter einem aufgesuchten Stichwort ist seine erläuternde Erklärung zu finden, die dem Benutzer das entsprechende Wissen vermitteln soll. Die zahllosen Verweise führen entweder zu einem synonymen oder zu einem übergeordneten Begriff, unter dem das entsprechende Stichwort abgehandelt ist. Die Querverweise im Text (→) sollen durch Aufsuchen anderer, verwandter oder ergänzender Stichwörter zu einer Vertiefung des Wissens beitragen. Der Verweispfeil → fordert dazu auf, das dahinterstehende Wort nachzuschlagen, um weitere Auskunft zu erhalten.

Die Stichworte folgen einander alphabetisch. Die alphabetische Reihenfolge ist – auch bei zusammengesetzten Stichwörtern oder bei Abkürzungen – strikt eingehalten worden. Zusammengesetzte Begriffe sind vorwiegend unter dem Substantiv eingeordnet. Wie in lexikalischen Werken üblich werden die Umlaute ä, ö, ü und die wie Umlaute gesprochenen Doppelbuchstaben ae, oe, ue wie die einfachen Buchstaben (Grundlaute a, o, u) behandelt.

Literaturhinweise sind knapp gehalten und auf die wichtigsten Werke beschränkt. Deutschsprachige Werke wurden — soweit vorhanden — bevorzugt.

Düsseldorf, im Oktober 1994                                        *Die Redaktion*

# O

**Oberdruckhammer.** O. sind Hämmer, bei denen auf den oder die Hammerbär(en) eine Kraft ausgeübt wird, so daß die Beschleunigung beim Arbeitshub a > g, d. h. die Gravitationskonstante wird (→Umformmaschine). Oberdruckantrieb haben die meisten Schabottehämmer mit $E_N \geq 10$ kJ sowie alle Gegenschlaghämmer. *Lange*

**Oberfläche, biogene** →Oberflächenmodifikation

**Oberflächenbehandlung (Beschichten).** Innerhalb der Einteilung der Fertigungsverfahren nach DIN 8500 wird die Hauptgruppe 5 Beschichten in die Gruppen 5.1 Beschichten aus dem gas- oder dampfförmigen Zustand, 5.2 Beschichten aus dem flüssigen oder pastenförmigem Zustand, 5.3 Beschichten aus dem ionisierten Zustand und 5.4 Beschichten aus dem körnigen oder pulvrigen Zustand gegliedert. Allgemein versteht man unter Beschichten das Aufbringen einer fest haftenden Schicht aus formlosem Stoff auf ein Werkstück. Maßgebend ist der unmittelbar vor dem Beschichten herrschende Zustand des Beschichtungsstoffes.

*Beschichten aus dem gas- oder dampfförmigen Zustand (Gruppe 5.1).* Unter Hochvakuumbedampfung, -metallisierung oder -verspiegelung versteht man Verfahren, bei denen geeignete Metalle, wie z. B. Aluminium, Silber, Gold u. a., in hauchdünnen Schichten auf Gegenstände aus Metall, Holz, Glas, Papier oder Kunststoff aufgedampft werden, den Grundmaterialien ein metallisches Aussehen geben und ihnen sogar in begrenztem Maß an der Oberfläche die Eigenschaften des aufgedampften Metalls in mehr als optischer Hinsicht verleihen. Da der Verdampfungspunkt der meisten Metalle über den von den vorerwähnten Grundwerkstoffen ertragbaren Temperaturen liegt, bringt man die zu bedampfenden Teile und das Aufdampfmetall in einen Rezipienten, in dem ein Vakuum von $10^{-3}$–$10^{-5}$ bar herrscht. Die Verdampfungsquelle aus einem unter solchen Bedingungen nicht verdampfenden Metall (z. B. Molybdän, Wolfram, Titan) dient als Träger des zu verdampfenden Metalls und wird im Rezipienten aufgeheizt, bis das Überzugsmetall verdampft. Das zu bedampfende Werkstück wird im Hochvakuum dem Metalldampf nur wenige Sekunden ausgesetzt. Für die Haftfestigkeit aufgedampfter Aluminiumschichten haben sich Zwischenschichten aus Nickel, Cobalt, Nickel-Chrom usw. als günstig erwiesen.

Besondere Bedeutung haben kleine Metallisierungsapparate für die Elektronenmikroskopiertechnik erlangt.

*Beschichten aus dem flüssigen oder pastenförmigen Zustand (Gruppe 5.2).* Unter diese Rubrik fallen u. a. das Anstreichen, Spritzlackieren, Tauchemaillieren und Auftragschweißen. Mit einem Plasma-Lichtbogenbrenner lassen sich keramische Überzugsschichten auf metallische Trägerwerkstoffe aufbringen. Mit Hilfe einer Gruppe hochhitzebeständiger Werkstoffe, der Cermets, hergestellte Überzüge erlauben in der Luftfahrt, im Raketenantrieb, Gasturbinen- und Reaktorbau den Einsatz so beschichteter Bauteile bis in den Temperaturbereich von etwa 2000 °C. Keramische Isolierstoffe lassen sich auch elektrophoretisch abscheiden. Das Verfahren wird u. a. bei der Herstellung von Elektronenröhren angewendet.

Eine silicatische, elektrisch nicht leitende Schutzschicht, die sich leicht auf Metalloberflächen aufbringen läßt, hat gegenüber Lacken und anderen Anstrichen den Vorteil der Unbrennbarkeit und der Temperaturbeständigkeit bis zu 400 °C.

Ein Zementmörtel mit einem inerten Stoff als Füller wird in Schwefelsäureanlagen eingesetzt. Zementmörtelauskleidungen können nach dem Centriline-Verfahren auch in Schwefelsäureanlagen eingesetzt werden.

Mischungen von synthetischem Gummi mit Zement und Füllstoffen, ferner Mörtel mit Harzen verwendet man zum Auskleiden von Tanks im Spritzverfahren.

Zu den in großem Umfang eingesetzten Schmelztauchverfahren zur Herstellung korrosionshemmender Überzüge gehört das Feuerverzinken. Auf dem Stahlbandsektor hat das Armco-Sendzimir-Verfahren den Durchbruch zur Rationalisierung des Prozesses in kontinuierlich arbeitenden Anlagen mit hoher Durchsatzleistung gebracht. Beim Verzinken von Gußeisenteilen ist für die Güte der Verzinkung vor allem die Reinheit der Oberfläche und weniger die chemische Zusammensetzung des Gußeisens maßgebend. Bei grauem Gußeisen können, einwandfreie Oberflächenbeschaffenheit vorausgesetzt, im Zinkbad von 450 °C innerhalb von 2–3 min Zinkschichten von 600–900 g/m$^2$ erhalten werden. Feuerverzinkte Gußstücke sind primär Fittings für den Rohrleistungsbau, ferner Isolatorenkappen als Träger für die Halterung von Hochspannungskabeln. Wegen der guten Korrosionsbeständigkeit von Zink an der Atmosphäre werden verzinkte Bauteile im Bauwesen z. B. für Stahlkonstruktionen, Dachabdeckungen, Fensterrahmen, Leitschienen usw. eingesetzt. Zum Korrosionsschutz soll die Zinkauflage i. a. etwa 450 g/m$^2$ betragen. Die korrosionshemmende Wirkung der Zinküberzüge kann durch Chromatieren oder durch Anstriche merklich verbessert werden.

Weißbleche werden durch Feuerverzinnen hergestellt. Oberflächenbeschaffenheit, Gefüge und Beizdauer beeinflussen wesentlich die Entstehung der Eisen-Zinn-Übergangsschicht und das Auftreten von flockigen, streifigen Musterungen. Durch das Glühen von Weißblechbunden konnte man die Leistung erhöhen und durch eine selbsttätige Dikkenregelung die Qualität verbessern. Beim Verzinnen von Gußeisen muß man den Graphit von der Oberfläche entfernen oder ihn überdecken. Durch eine Vorbehandlung mit Chloriden lassen sich gleichmäßig gute Schichten erzielen. Das Verzinnen von Gußstücken ist auch durch vorausgehenden Einsatz des Kolone-E-Verfahrens möglich. Hierbei werden die Teile in einer Salzschmelze bei etwa 450 °C zunächst anodisch, danach kathodisch behandelt. Das Aussehen von verzinnten Fertigwaren kann durch Schleudern verbessert werden. Für einwandfreie Lacküberzüge ist eine vollständig

gleichmäßige Benetzung der Weißblechoberfläche erforderlich.

Bei den durch Feuerveraluminierung (Alitieren) hergestellten Überzügen ist zu unterscheiden zwischen Überzügen aus einer Aluminium-Silicium-Legierung oder aus Reinaluminium. Durch Silicium wird die Schmelze dünnflüssiger (wichtig für Tauchverfahren) und außerdem die Bildung der Eisen-Aluminium-Zwischenschicht verzögert.

*Beschichten durch elektrolytische oder chemische Abscheidung aus Lösungen oder Suspensionen (Gruppe 5.3).* In dieser Gruppe sollen vor allem die galvanotechnischen Verfahren zusammengefaßt werden. Ein typisches Beispiel für die vielfältigen Varianten in der Fertigungstechnik zur Herstellung von Schutzüberzügen ist das Verzinken, das sich durch Feuerverzinken, Spritzverzinken, Elektroverzinken und in gewisser Hinsicht auch durch Zinkstaubanstriche realisieren läßt (Tabelle).

Besonders für die Massenproduktion von Kleinteilen eignet sich das Sherardisieren, wobei es sich im wesentlichen um einen Fällungsvorgang handelt, bei dem das auf der Stahloberfläche abgeschiedene Zink bei 400–420 °C in den Stahl unter Bildung der rostschützenden Fe/Zn-Legierung diffundiert. Nach einer sorgfältigen Reinigung werden die Teile mit der genau berechneten Menge Zinkstaub und Sili-

*Oberflächenbehandlung (Beschichtung). Tabelle: Vergleich der Verzinkungsverfahren.*

| Eigenschaften der Schichten | Sherardisieren | Feuerverzinkung | Spritzverzinkung | elektrolytische Verzinkung | Zinkstaubanstriche |
|---|---|---|---|---|---|
| Legierungsbildung mit dem Stahl | ja | ja | nein | nein | nein |
| Korrosionswiderstand | hoch | sehr hoch | hoch | mäßig | hoch |
| Haftfestigkeit | sehr gut | sehr gut | ziemlich gut | gut | ziemlich gut |
| mechanischer Widerstand | sehr gut | sehr gut | ziemlich gut | gut | mäßig |
| dimensionale Beschränkungen | nur kleine Artikel | ja | keine | ja | keine |
| Formänderungsmöglichkeit | keine | ausnahmsweise | keine | keine | keine |
| Kontrollmöglichkeit | sehr einfach | sehr einfach | schwierig | relativ einfach | schwierig |
| Unterhaltungskosten | niedrig | sehr niedrig | niedrig | höher | niedrig |
| Ausbesserungsfähigkeit | einfach | einfach | einfach | relativ schwierig | einfach |
| Eignung als Anstrichsunterlage | sehr gut | gut | sehr gut | mäßig | gut |

caten in die langsam laufende Sherardisiertrommel gebracht, in deren Innenraum eine Temperatur zwischen 400 und 420 °C aufrechterhalten wird. Nach einiger Zeit bildet sich die Legierungsschicht, wobei die genauen Formen und Profilierungen des Objekts erhalten bleiben. Die Schichtdicke ist von den Objekten und der Prozeßführung abhängig. Sie liegt im Bereich von 10–30 μm. Der Korrosionswiderstand von sherardisierten Teilen ist i. a. höher als bei elektrolytisch verzinkten Teilen, und die gleichmäßige Schicht hat außerdem einen höheren Verschleißwiderstand.

Elektrolytisch abscheidbar sind ferner Aluminium aus Salzschmelzen oder organischen Lösungen (bevorzugt angewendet, wo sich die Schmelztemperatur des Aluminiums beim Schmelztauchverfahren oder brüchige Diffusionsschichten schädlich auswirken) sowie Cobalt, Blei und Blei-Zinn-Legierungen (zum Schutz gegen Säuren, heiße korrodierende Gase und Umwelteinflüsse), Gold und Silber zum Schutz elektrischer und elektronischer Bauteile, die nicht anlaufen dürfen und eine gute Leitfähigkeit aufweisen sollen, Indium (ein dünner Belag dient zur Verhinderung von Warmöl-Erosion), Cadmium, Kupfer und Kupfer-Legierungen, Nickel und Rhodium. Letzteres verhindert, daß andere Metalle (z. B. Silber oder Nickel) anlaufen.

*Beschichten aus dem festen (körnigen oder pulvrigen Zustand (Gruppe 5.4).* Neben dem Hammerplattieren fallen in diese Gruppe die Verfahren des Pulveraufspritzens von keramischen Massen und Kunststoffmassen. Für die Herstellung solcher Glasuren verwendet man häufig Brenner, deren Strahl aus im Lichtbogen ionisierten inerten Gasen besteht, womit sich Temperaturen bis zu etwa 16 000 °C erzeugen lassen. Das hochhitzebeständige und auch hochschmelzende Keramikmaterial wird in Pulverform dem Plasmastrahl nach dem Injektorprinzip zugeführt oder in Stabform zum Abschmelzen in den Strahlbereich vorgeschoben. Die in Tröpfchenform auf die zu überziehende Oberfläche mit hoher Geschwindigkeit auftreffenden Hochtemperaturwerkstoffe haften entweder rein adhäsiv, vor allem durch gegenseitige Verklammerung, oder es bilden sich, insbes. bei Anwendung günstiger Zwischenschichten, interkristalline Grenzflächenkontakte. Neben den bekannten Cermets kommen auch Oxide hoher Reinheit von Aluminium, Zirconium oder Thorium zum Einsatz; ferner Silicide und Boride der hochschmelzenden Übergangsmetalle. Zum Schutz von Aluminiumlegierungen genügen Stoffe, die bei Temperaturen bis etwa 650 °C beständig sind, wie z. B. Lithiumkeramik-Schichten aus Lithium-Chromat, -Borsilicat und -fluorid.

Eine im großtechnischen Maßstab für das Beschichten von Werkstücken mit Kunststoffen zwecks Korrosionsschutz angewendete Verfahrenstechnik ist das Wirbelsintern, bei dem feinteilige

Kunststoffpartikel in einem Behälter durch Druckluft, die ein Siebgewebe durchströmt, aufgewirbelt werden und sich dann auf den auf Sintertemperatur erhitzten und in diese Wirbelschicht eingetauchten Werkstücken als Überzug niederschlagen (Bild). Für den Erfolg des Verfahrens sind die Wahl geeigneter Kunststoffpulver, vor allem aber eine beschichtungsgerechte Konstruktion der Werkstücke ausschlaggebend. *Doliwa*

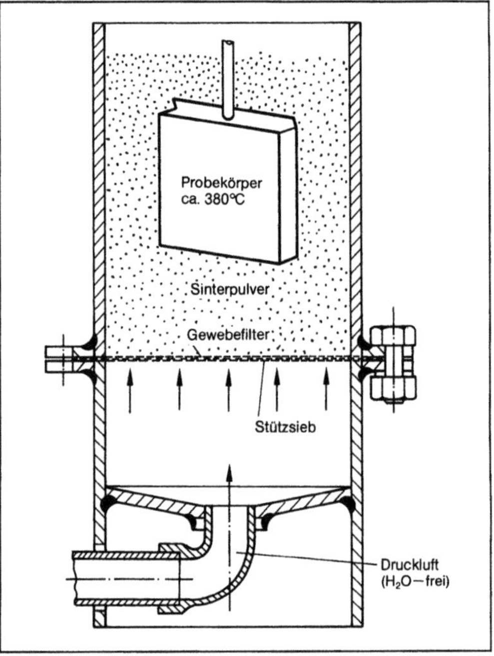


*Oberflächenbehandlung (Beschichten): Wirbelsintergerät.*

**Oberflächenbestimmung.** Zur O. dienen meist physikalische Partikeleigenschaften. Die gebräuchlichsten Methoden sind:
□ Messung des Durchströmungswiderstands eines Gutbetts,
□ Messung der Extinktion eines Lichtstrahls,
□ Messung der Adsorption eines Gases oder einer Flüssigkeit.

Die Versuchsanordnung bei der Durchströmungs- oder Permeabilitätsmethode zeigt Bild 1. Die Gutschicht wird von einem Gas oder einer Flüssigkeit mit der Geschwindigkeit v durchströmt. Dabei setzt diese der Strömung einen Widerstand entgegen, der zu einem Druckabfall führt: Je feiner die Teilchen, desto größer der Druckabfall. Berücksichtigt man die mittlere freie Weglänge der Moleküle $\lambda$, die Porenabmessung l, die →Porosität $\varepsilon$ sowie weitere Stoffeigenschaften (Temperatur, Druck, Viskosität), so ergibt sich die allgemeine Berechnungsgleichung in Abhängigkeit von der Reynolds-Zahl Re (Bild 2)

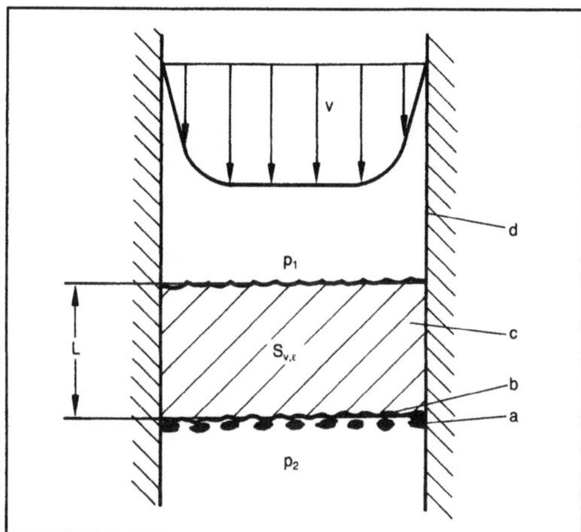

*Oberflächenbestimmung 1: Durchströmungsanordnung (Schemaskizze).*

a Sieb, b Filter, c Gutschicht, d Strömungskanal

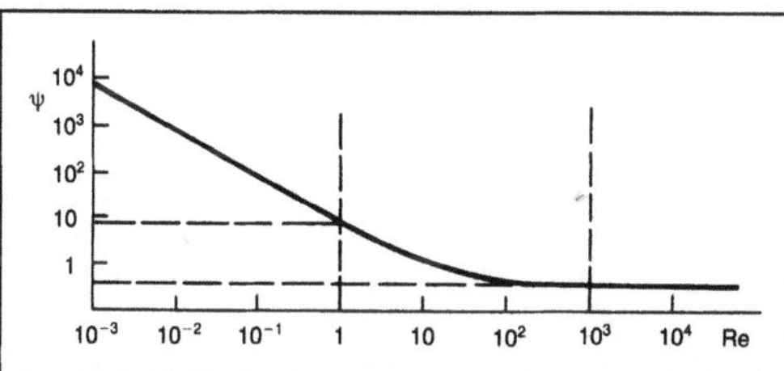

*Oberflächenbestimmung 2: $\psi$ (Re) für Zufallspackkung aus Kugeln.*

$$\frac{\Delta p}{\rho \cdot \bar{v}^2 \cdot L \cdot S_V} = \frac{1 - \varepsilon}{\varepsilon} \cdot \psi \, (Re) \qquad (1).$$

Für Re <1 ist $\psi \cdot$ Re=konst und damit

$$S_v^2 = \frac{1}{k} \cdot \frac{\varepsilon^3}{(1 - \varepsilon)^2} \cdot \frac{\Delta p}{L \cdot \eta \cdot \bar{v}} \qquad (2),$$

mit k Kozeny-Konstante. Dies ist die Kármán-Kozeny-Gleichung. Die Konstante muß experimentell bestimmt werden und ist abhängig von Partikelgröße und -form sowie von der Gutbettstruktur. Für $\varepsilon < 0{,}75$ kann man mit $k = 5$ mit einer Abweichung von 15–20 % rechnen.

Bei der photometrischen Messung wird ein durch die Suspension hindurchtretender Lichtstrahl durch Streuung und Absorption geschwächt:

$$\ln (I/I_\infty) = c_v \cdot A_v \cdot L \qquad (3),$$

mit $I_\infty$ Intensität ohne Feststoff, L Länge des Lichtwegs, $c_v$ Feststoffvolumenkonzentration. Gl. (3) ist das Lambert-Beer-Gesetz.

Da eine Partikelverteilung vorliegt, ist nur ein bestimmter Mengenanteil an der Lichtschwächung beteiligt:

$$dQ \, (x) = q \, (x) \, dx = dc_v/c_{v0} \qquad (4).$$

Eingesetzt in Gl. (3) ergibt sich

$$d(\ln I/I_0) = - A_V \cdot L \cdot c_{v0} \cdot q \, (x) \, dx \qquad (5).$$

Definiert man

$$A_V = \frac{\text{Extinktionsquerschnitt}}{\text{Feststoffvolumen}} = \frac{3}{2} \cdot \frac{K(x)}{x} \qquad (6),$$

mit $K(x)$ Extinktionskoeffizient, erhält man die photometrische Oberfläche

$$S_{Vph} = K(x) \cdot S_V \qquad (7).$$

Durch Integration von Gl. (5) und die Einführung der Transmission $T_0 = I/I_0$ erhält man die Auswertegleichung für die photometrische Oberfläche

$$S_{Vph} = - \frac{4 \cdot \ln T_0}{L \cdot c_{v0}} \qquad (8).$$

Die Oberfläche läßt sich dann über Bild 3 bestimmen. Das Sorptionsverfahren beruht darauf, daß die Oberfläche eines Feststoffs Gasmoleküle in einer bestimmten Menge adsorbieren kann, die proportional der Oberfläche des Feststoffs ist. Auf der Feststoffoberfläche findet ständiger Austausch von Gasmolekülen durch Adsorption und Desorption statt. Nimmt man gem. der BET-Gleichung

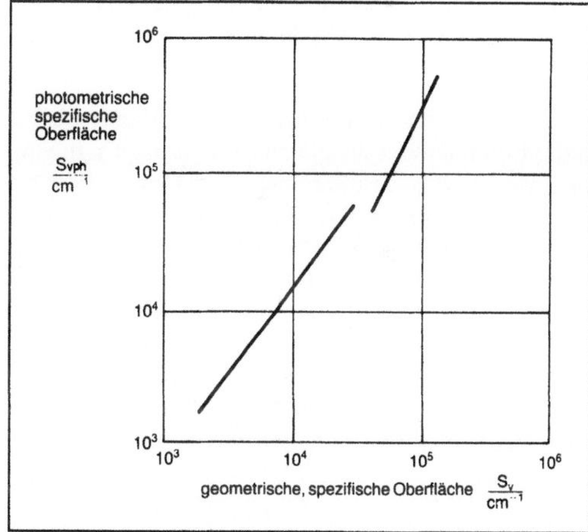


*Oberflächenbestimmung 3: Geometrische, spezifische Oberfläche $S_v$. (Quelle: Leschonski a. a. O.)*

$$\frac{p/p_0}{V \, (1 - p/p_0)} = \frac{1}{V_m \cdot C} + \frac{C - 1}{V_m \cdot C} \cdot p/p_0 \qquad (9)$$

$$R \quad y = a + b \, x$$

y über $p/p_0$ auf und liest a und b ab, kann $V_m$ bestimmt werden. Mit

$$S_v = f \cdot \frac{L}{V_0} \cdot V_m \qquad (10)$$

kann man dann die gesuchte Oberfläche bestimmen; $p_0$ Sättigungsdampfdruck, V adsorbiertes Volumen, $V_m$ adsorbiertes Volumen bei monomolekularer Schicht, f Fläche eines adsorbierten Gasmoleküls,

$V_0$ Molvolumen des Gases, L Loschmidt-Zahl L = $6{,}02 \cdot 10^{23}$ Moleküle/Mol.                    *Greif*

Literatur: *Leschonski, K.*: Grundlagen und moderne Verfahren der Partikelmeßtechnik.

**Oberflächendiffusion.** Stofftransport von nicht zu stark adsorbierten Molekülen, die entlang der inneren Oberfläche poröser Feststoffe (z. B. poröser Katalysatoren) wandern, ohne diese Oberfläche zu verlassen. Der Beitrag der O. zur →Porendiffusion ist bei den Drücken und Temperaturen der in der chemischen Technik durchgeführten Prozesse häufig gering und daher meist zu vernachlässigen.

*Schönbucher*

**Oberflächenerneuerungstheorie.** Neben der stationären →Filmtheorie gibt es zur Modellierung des Stoffaustausches die instationären O., bei denen sich die →Phasengrenzfläche ständig erneuert. Diesen O. ist gemeinsam, daß z. B. für den Gas-Flüssig-Stoffaustausch ständig Fluidelemente der Flüssigkeit durch Turbulenz an die Phasengrenzfläche gelangen, dort die →Verweilzeit $\tau$ aufweisen und während der Austauschzeit t einer stationären Diffusion zwischen den Phasen unterliegen. Nach Ablauf der Verweilzeit $\tau$ gelangt das Fluidelement von der Phasengrenzfläche wieder ins Innere (Kern) der Flüssigkeit.

Nach der Penetrationstheorie von *Higbie* besitzt jedes Fluidelement die gleiche Verweilzeit $\tau$, die mit der Austauschzeit t übereinstimmt. Dagegen ist bei der O. nach *Danckwerts* die Austauschzeit t nicht gleich der Verweilzeit $\tau$, sondern ist durch eine Häufigkeitsverteilung H(t) gegeben. Bei beiden O. ist der z. B. flüssigkeitsseitige →Stoffübergangskoeffizient $\beta_L$ nicht mehr proportional dem Diffusionskoeffizienten $D_L$ der Übergangskomponente in der Flüssigkeit L wie bei der Filmtheorie, sondern ist proportional der Wurzel aus $D_L$:

$$\beta_L \sim \sqrt{D_L}\,.$$

Der Einfluß einer chemischen Reaktion auf den Stoffaustausch wird durch den →Verstärkungsfaktor beschrieben, der sowohl nach der Filmtheorie als auch nach den O. berechnet werden kann. Hier hat sich gezeigt, ebenso wie zur Berechnung von Stoffaustauschgeschwindigkeiten, daß alle 3 vorgestellten Theorien des Stoffaustausches häufig etwa gleiche Ergebnisse liefern. Das bedeutet, daß i. a. die einfachere Filmtheorie mit Erfolg angewandt wird.                    *Schönbucher*

**Oberflächenfeinstruktur umgeformter Werkstücke.** Im Gegensatz zu spanabhebenden und abtragenden Formgebungsverfahren entstehen Oberflächen beim →Umformen nicht neu aus jungfräulichem Werkstoff. Ursprüngliche Oberflächen

bleiben vielmehr während der Umformung erhalten. Sie ändern dabei ihre Größe und Mikrostruktur teils beträchtlich. Die Oberflächenmikrostruktur eines umgeformten Werkstückes hängt daher vom Ausgangszustand und von der verfahrensabhängigen Änderung der ursprünglichen Mikrostruktur ab. Dabei ist grundsätzlich zwischen frei und gebunden umgeformten Oberflächen zu unterscheiden.

Die wesentlichen Verfahren der freien Umformung sind das Dehnen (Strecken, Streckrichten), Stauchen und Biegen.

Bei der Durchführung von Zugversuchen hatte man eine Aufrauhung der Oberfläche der Zugstäbe beobachtet, die im Bereich größter Formänderungen besonders ausgeprägt waren. Es wurde nachgewiesen, daß eine Abhängigkeit zwischen den Rauhtiefenänderungen und der Formänderung, dem Umformverfahren und der Anfangsrauheit besteht (Bild 1).

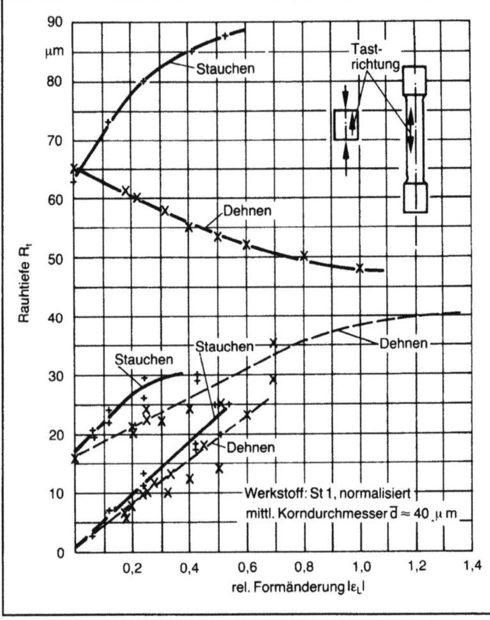


*Oberflächenfeinstruktur umgeformter Werkstücke 1: Rauhtiefenänderung in Abhängigkeit von der relativen Formänderung, der Umformart und der Anfangsrauheit.*

Die Oberflächenschicht bleibt während der Umformung erhalten, so daß sich die Ausgangsrauheit und Aufrauhung während der Umformung überlagern. Je höher die Ausgangsrauheit der Rohteile ist, desto größer ist der Einfluß der Art der Umformung auf die Rauheitsänderung (Bild 1).

Als Ursache für die Rauheitsänderung von Oberflächen bei freier Umformung werden verschiedene Mechanismen angesehen, die gleichzeitig ablaufen und sich in ihren Auswirkungen überlagern. Während der Umformung bei Raumtemperatur bleibt der Werkstoffzusammenhang längs der Korngrenzen gewahrt. Mit der Verformung der Körner geht allerdings eine Änderung ihrer Abmessungen an der Oberflächenrandschicht einher, die eine Veränderung der →Oberflächenrauheit hervorruft. Die Rauheitsänderung von Oberflächen ist dem mittleren Korndurchmesser des Gefüges proportional (Bild 2).

Der zweite Vorgang beruht auf Gleitvorgängen in den Kristalliten. Die plastische Formänderung von Metallen wird durch zwei wesentliche Mechanismen herbeigeführt, nämlich durch →Gleitung entlang kristallographischer Gleitebenen in bestimmten kristallographischen Gleitrichtungen und durch die mechanische →Zwillingsbildung, die allerdings seltener auftritt.

Bei einer gebundenen Umformung wird die freie Verformung der Körner in Oberflächennähe durch die Kontaktnormalspannungen zwischen Werkzeug und Werkstück behindert. Bisher konnten keine Gesetzmäßigkeiten wie für die freie Umformung hergeleitet werden, da sich der Einfluß des Reibzustands in der Wirkfuge Werkzeug-Werkstück zahlenmäßig kaum fassen läßt. Bei der gebundenen Umformung muß unterschieden werden zwischen gebundenem Umformen mit und ohne Schmierstoff.

An Hand von Bild 3 wird der grundsätzliche Einfluß, den ein zwischen Werkzeug- und Werkstückoberfläche vorhandenes Gleit- oder Trennmittel beim gebundenen Umformen ausübt, deutlich: Wenn sich zwischen Werkzeug- und Werkstückoberfläche keine Schmierschicht befindet, dann werden beim Stauchen und Prägen mit wachsen-

dem →Umformgrad, d. h. zunehmender Größe der Normalspannungen, die Gipfel der Rauhberge mehr und mehr eingeebnet, bis schließlich die Werkstückoberfläche die Rauheit der Werkzeugoberfläche angenommen hat, Bild 3b). Sehr gut zu beobachten ist die Wandlung, die der Oberflächencharakter vom offenen Profil im Ausgangs- zum halboffenen Profil im Endzustand erfährt. Ist dagegen eine Schmierschicht vorhanden, so kann diese bei glattem Werkzeug nicht entweichen und steht in den Rauhtälern unter hohem hydrostatischem Druck, wodurch es nur vereinzelt zu einer Abplattung der Rauhberge am Werkstück kommt, Bild 3a). *Lange*

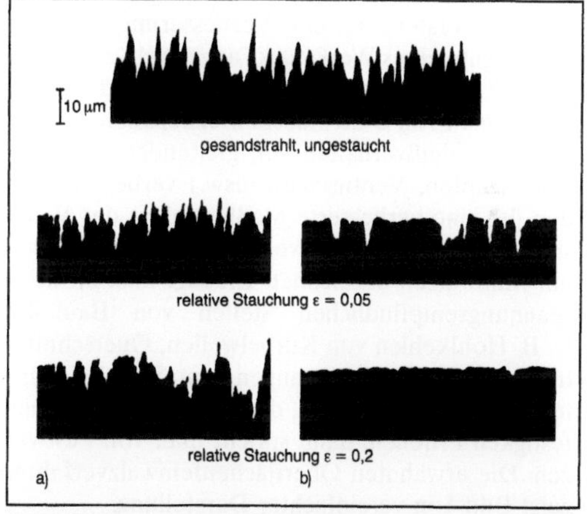


*Oberflächenfeinstruktur umgeformter Werkstücke 3: Oberflächenveränderungen beim Glattprägen a) mit und b) ohne Schmierstoff.*

Schmierstoff: Molykote Paste G, Werkstoff: C 45 vergütet

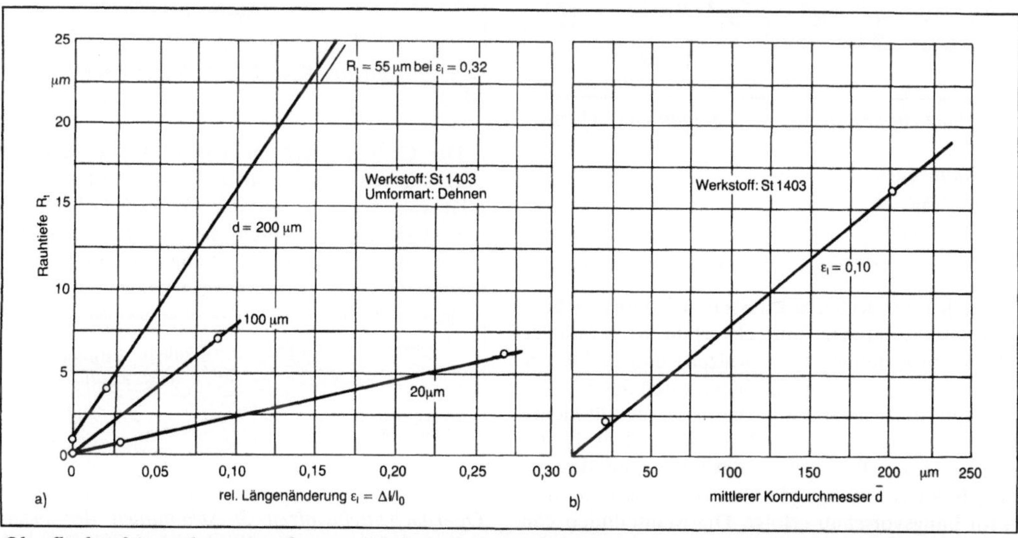


*Oberflächenfeinstruktur umgeformter Werkstücke 2: Rauhtiefenänderung beim Dehnen in Abhängigkeit von a) der relativen Längenänderung und b) der Korngröße.*

Literatur: *Kienzle, O.,* u. *K. Mietzner:* Grundlagen einer Typologie umgeformter metallischer Oberflächen. Berlin, Heidelberg, New York 1965. – *Kienzle, O.,* u. *K. Mietzner:* Atlas umgeformter metallischer Oberflächen. Berlin, Heidelberg, New York 1967. – *Lange, K.* (Hrsg.): Umformtechnik. Handb. f. Ind. u. Wiss. Bd. 1: Grundlagen. Berlin, Heidelberg, New York, Tokio 1984.

**Oberflächenfeinwalzen.** O. ist dem in DIN 8583, Bl. 2, beschriebenen Walzen zuzuordnen. Dabei wird die Oberfläche eines Werkstücks von gehärteten und feinstbearbeiteten Walzwerkzeugen unter Aufbringen eines Anpreßdrucks mehrfach überwalzt. Hierdurch lassen sich die Oberflächengüte, die Maßhaltigkeit und die Festigkeitseigenschaften von Bauteilen verbessern.

Wird in erster Linie eine Verbesserung der Oberflächengüte eines Werkstücks angestrebt mit Rauhtiefen $R_t \leq 1$ µm und einem hohen Profiltraganteil, spricht man von Glattwalzen. Meistens soll dadurch das Verschleißverhalten von gleitenden Bauteilen (Lagerzapfen, Ventilschäfte usw.) verbessert werden. Ist eine verbesserte Maßhaltigkeit der Werkstücke das Ziel des Walzvorgangs, dann wird dieser mit Maßwalzen bezeichnet. Erzeugt man an kerbspannungsempfindlichen Stellen von Bauteilen (z. B. Hohlkehlen von Kurbelwellen, Querschnittsübergänge an Kolbenstangen von Schmiedehämmern) Eigenspannungen, die vor allem die Dauerfestigkeit erhöhen, dann spricht man von Festwalzen. Die erwähnten Oberflächenfeinwalzverfahren zeigt Bild 1 in vereinfachter Darstellung.

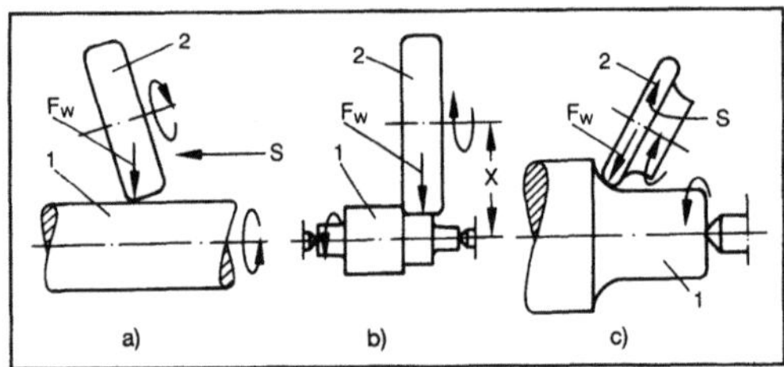


*Oberflächenfeinwalzen 1: Schematische Darstellung.*
*a) Glattwalzen*
*b) Maßwalzen*
*c) Festwalzen.*

1 Werkstück, 2 Werkzeug, $F_W$ Walzkraft, s Vorschub

Nach ihrer Kinematik lassen sich Oberflächenfeinwalzverfahren in Einstechverfahren mit radialer Werkzeugzustellung (Querwalzen) und in Durchlaufverfahren (Schrägwalzen) unterscheiden.

Beim Einstechverfahren, das bevorzugt für kleine kurze Werkstücke und Wellen eingesetzt wird, muß die wirksame Breite der Glättwalzen mindestens gleich der zu erzeugenden Walzlänge sein, da hier kein Längsvorschub erfolgt. Die Mantellinien von Glättwalzen und Werkstück müssen daher parallel zueinander sein. Die Werkstückaufnahme kann

dabei zwischen Spitzen und spitzenlos erfolgen. Mit einem Längsvorschub des Werkstücks bzw. des Werkzeugs arbeiten dagegen die Durchlauf- und Längsvorschubverfahren. Der Vorschub wird beim spitzenlosen Durchlaufverfahren ähnlich wie beim spitzenlosen Schleifen durch ein geringfügiges Schwenken der Glättwalzen relativ zur Werkstückachse erzeugt. Man arbeitet mit drei Walzen, von denen zumindest eine angetrieben ist. Beim Vorschubverfahren erfolgt der Vorschub zwangsläufig. Er muß durch die Maschine aufgebracht werden. Daher kann diese Verfahrensvariante nur bei hinreichend steifen Werkstücken angewandt werden. Es lassen sich Voll- und Hohlkörper mit glatter oder auch profilierter Oberfläche walzen (Bild 2).

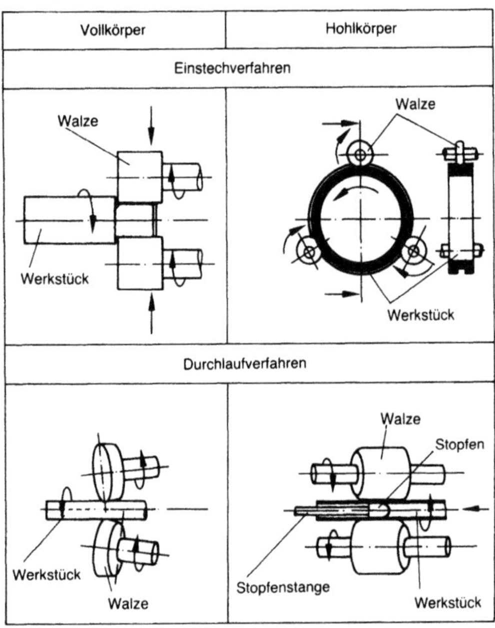


*Oberflächenfeinwalzen 2: Verfahren nach DIN 8583, Bl. 2.*

Das O. wird meist an spanend vorbearbeiteten Werkstücken vorgenommen. Durch den Druck der Glättwalzen erfolgt an der Werkstückoberfläche eine Umformung, durch die das Rauheitsprofil eingeebnet wird. Bild 3 zeigt den Stofffluß beim O.

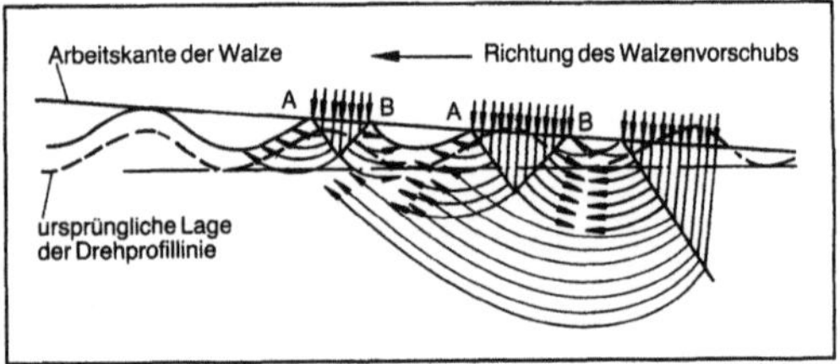


*Oberflächenfeinwalzen 3: Stromlinien der plastischen Bewegung des Werkstoffs mit Vorschub. (Quelle:* König *a. a. O.)*

mit Vorschub bei einer gedrehten Oberfläche. Der Drehrillengrund wird angehoben, bis er sich auf gleichem Niveau mit dem Rillenkamm befindet. Der Werkstoffffluß in Umfangsrichtung ist deutlich ausgeprägt in einer dünnen Oberflächenschicht.

Beim Oberflächenwalzen versagt das Werkstück durch Abblättern der Randschicht, hervorgerufen durch große tangentiale Stoffverschiebungen. Ursache hierfür sind zu große Oberflächenwalzen und zu hohe bezogene Walzkräfte. Große Überwalzzahlen sind in bezug auf Abblättern schädlicher als zu große bezogene Walzkräfte.

Das Glattwalzen hat das Ziel, Oberflächen mit geringen Rauhtiefen und einem hohen Traganteil zu erzeugen, wobei die makrogeometrische Form des Werkstücks möglichst nicht verändert wird. Die erreichbaren Rauhtiefen liegen in der Größenordnung von $R_t = 1\ \mu m$, bei einem unteren Grenzwert von 0,1–0,2 $\mu m$. Vor dem Walzen sollte ein Aufmaß mit der 1–1,5fachen Vorbearbeitungsrauhtiefe vorhanden sein. Als Vorbearbeitungsrauhtiefen werden für Werkstücke aus Stahl $R_{t0} = 30\ \mu m$ und für Werkstücke aus →Grauguß $R_{t0} = 20\ \mu m$ angegeben.

Maßwalzen dient der Verbesserung von Maßgenauigkeit und Rundheitsfehlern. Die Durchmesseränderungen sind dabei vergleichsweise höher als beim Glattwalzen. An Werkstücken mit einem Durchmesser d = 3 mm wurden Toleranzen der Qualität IT5 erreicht. Der Rundheitsfaktor gewalzter Werkstücke mit Durchmessern d = 1,5–5 mm liegt im Bereich von 1–2 $\mu m$.

Das Festwalzen hat das Ziel der Dauerfestigkeitssteigerung. Dies wird beim Festwalzen durch drei Faktoren erreicht: durch das Einbringen von Druckeigenspannungen in die Oberfläche, ein Steigern der Oberflächenhärte und ein Vermindern der →Oberflächenrauheit.

Das Aufbringen von Druckeigenspannungen bewirkt besonders bei spröden Werkstoffen und gekerbten Bauteilen eine wesentliche Steigerung der Dauerfestigkeit. Beim Vergleich der festgewalzten Proben im glatten und gekerbten Zustand wird deutlich, daß die Dauerfestigkeit der festgewalzten gekerbten Proben sogar oberhalb der der glatten liegt. Dies zeigt, daß selbst bei hoher Kerbwirkung der im unbehandelten Zustand vorhandene Schwingfestigkeitsverlust durch ein Festwalzen der Kerbe aufgehoben werden kann. *Lange*

Literatur: *König, H.:* Glattwalzen. Schriftenr. Feinbearbeitung. Stuttgart 1954. – *Lange, K.* (Hrsg.): Umformtechnik. Handb. f. Ind. u. Wiss. Bd. 2: Massivumformung. 2. Aufl. Berlin, Heidelberg, New York, Tokio 1988. – VDI 3177: Oberflächen-Feinwalzen. Hrsg. Verein Dt. Ing. Ausg. März 1963. – VDI-VDE 2033: Rollieren und Glattwalzen.


**Oberflächengüte.** Als Bewertungsgröße für die →Zerspanbarkeit hat die O. insbes. bei der Endbearbeitung eine große Bedeutung. Die Beschaffenheit spanend erzeugter Oberflächen wird durch die kinematische Rauheit, die →Schnittflächenrauheit und eine Vielzahl weiterer Faktoren beeinflußt (Bild).

Als wesentliche Einflußgrößen sind zunächst die Schnittwerte Vorschub und Schnittgeschwindigkeit zu nennen. Mit sinkenden Vorschubwerten und steigender Schnittgeschwindigkeit werden i. a. niedrigere Oberflächenrauheiten erzielt. Der Bereich der →Aufbauschneidenbildung sollte im Hinblick auf hohe O. vermieden werden.

Von seiten der Geometrie des Schneidteils wirken sich neben dem Eckenradius der Einstellwinkel und der Spanwinkel am stärksten auf die Oberflächenrauheit aus. Mit steigendem Eckenradius und wachsendem positivem Spanwinkel nimmt die Rauheit ab. Kleinere Einstellwinkel erhöhen die Gefahr von Ratterschwingungen, die die O. beeinträchtigen.

Auch der Werkzeugverschleiß hat Einfluß auf die O. der Werkstücke. Wesentlich für die Ausbildung der Oberfläche beim →Drehen ist der Verschleißzustand der Nebenfreifläche und des Eckenradius. Der Verschleiß der Hauptschneide hat auf Grund der geometrischen Eingriffsverhältnisse keinen Einfluß auf die O. Weiterhin wird die Werkstückoberfläche durch Schwingungen des Werkzeug-Werkstück-Maschine-Systems beeinträchtigt.

Zum meßtechnischen Erfassen der O. werden heute überwiegend Tastschnittgeräte eingesetzt. Die Beurteilung der Oberfläche erfolgt an Hand der gemessenen Kenngrößen Rauhtiefe $R_t$, Mittenrauhwert $R_a$ und gemittelte Rauhtiefe $R_z$. *König*


**Oberflächenmodifikation.** Die technische Funktionsfähigkeit von Biomaterialien erfordert gelegentlich ein Material, das selbst keine ausreichende →Biokompatibilität oder Biostabilität besitzt.

Beispielsweise ist bei einer zu implantierenden Gefäßprothese eine ausreichende Elastizität nur durch Verwenden bestimmter Polymere möglich, die ihrerseits evtl. der →Biodegradation nicht standhalten, oder ein Gelenkimplantat besteht aus Festigkeitsgründen aus einer Metallegierung, in deren Oberfläche das angrenzende Knochengewebe nicht einwachsen kann. Schließlich neigen viele Membranen in Kontakt mit Blut zur Anlagerung von Proteinen, wodurch sich ihre Durchlässigkeitseigenschaften drastisch ändern.

In vielen Fällen kann durch Beschichten der Oberfläche mit einem geeigneten Material das gewünschte Ziel erreicht werden. Im folgenden sind einige Beispiele für Oberflächenbeschichtungsverfahren angegeben:

□ Beschichten durch Tauchen des Trägermaterials in eine Polymerlösung. Durch Wahl von Lösungsmittel, Konzentration des Polymers und Anzahl der Tauchvorgänge läßt sich die gewünschte Schichtdicke sehr genau einstellen;

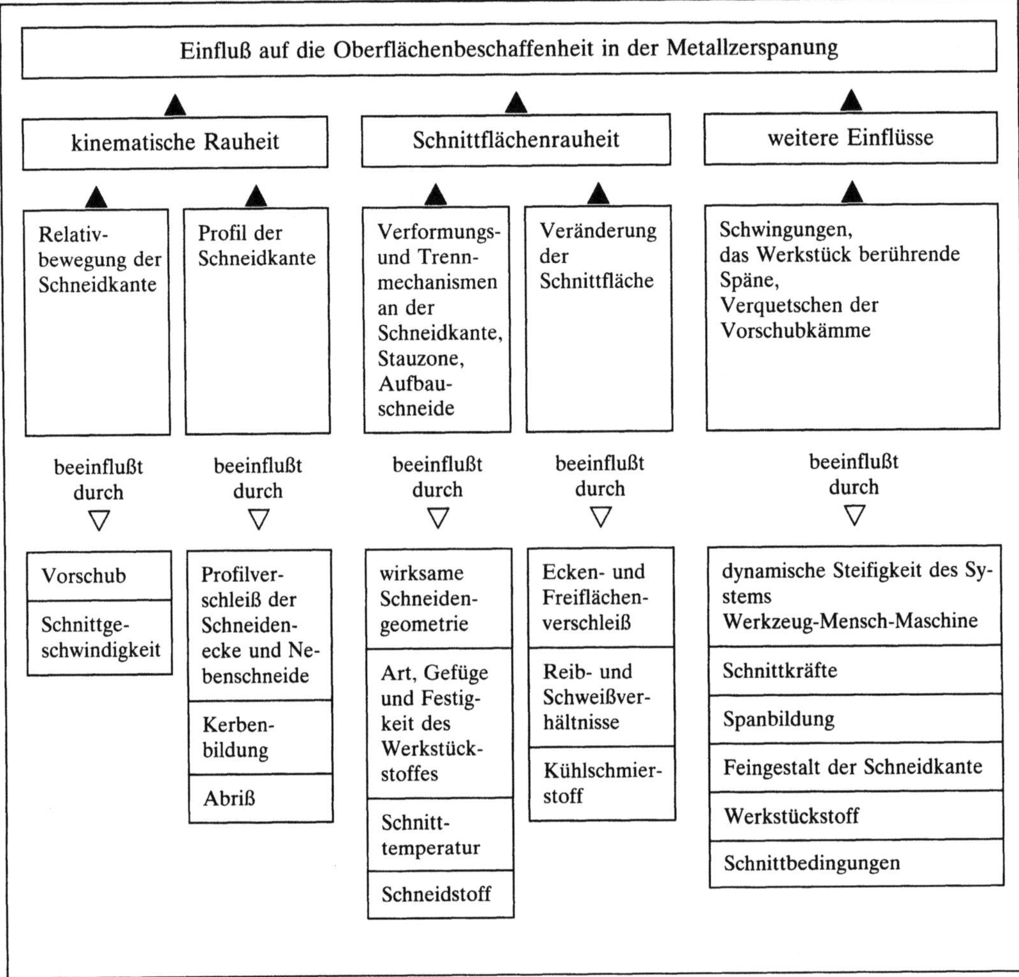



*Oberflächengüte: Einflußgrößen auf die entstehende Werkstückoberfläche.*

☐ Tauchen in ein Monomer und anschließende Polymerisation durch Zugabe eines Katalysators, durch Erwärmung oder Bestrahlung;
☐ Aktivieren der zu beschichtenden Oberfläche durch z. B. Bestrahlung und anschließenden Kontakt mit einem Monomer;
☐ Bedecken der Oberfläche eines Biomaterials unmittelbar vor der Implantation mit Proteinen durch Eintauchen in Blut oder Proteinlösungen (vorzugsweise Albumin). Diese vor allem bei Gefäßprothesen erfolgreich angewandte Methode erzeugt eine sehr glatte und dichte Oberfläche, die als besonders blutverträglich gilt. Eine derart modifizierte Oberfläche wird auch als biogene Oberfläche bezeichnet;
☐ Fixieren von gerinnungshemmenden Stoffen (z. B. der körpereigene Gerinnungshemmer Heparin) auf der Oberfläche durch z. B. Pfropfung (gerinnungshemmende Oberfläche). Das Problem der-

artig modifizierter Oberflächen ist, daß der Gerinnungshemmer vom Blut ausgewaschen wird, wenn er nicht genügend stark fixiert wird und um so weniger wirksam (aktiv) ist, je stärker er fixiert wird. Das sich aus diesen sich widersprechenden Forderungen ergebende Problem ist bis heute nicht befriedigend gelöst. *Chmiel*

Literatur: *Chmiel, H., H. Bauser, G. Hellwig* u. *N. Stroh:* Influence of protein adsorption on membranes for plasma separation. In: Plasma Separation and Plasma Fractionation. Basel 1983; S. 180/87.

**Oberflächenrauheit.** Als Oberfläche versteht man in der Bauteilproduktion die Begrenzung eines festen Körpers. Sie weist in den meisten Fällen keine regelmäßige Struktur auf, sondern enthält Gestaltabweichungen. Diese werden in Formabweichung, Welligkeit und Rauheit unterteilt. O. sind regelmäßig oder unregelmäßig wiederkehrende Gestaltabweichungen, deren Abstände ein relativ geringes Vielfaches ihrer Tiefe betragen. Das Verhältnis der Rauheits- bzw. Riefenabstände zur mittleren Riefentiefe liegt im Regelfall zwischen 150:1 und 5:1, wobei die Tiefenwerte im Bereich von mehreren Mikrometern liegen.

Die O. entsteht z. B. durch unmittelbare Einwirkung der Werkzeugschneiden beim Erzeugen der Oberflächen, d. h. durch das Abbilden der Werkzeugschneidenkontur in der Oberfläche. In der spanenden Fertigung üben die Bearbeitungsverfahren über die Werkzeugschneidenform den größten Einfluß auf die O. aus. Zwei Verfahrensgruppen sind zu unterscheiden:

☐ Fertigungsverfahren, die den Werkstoff mit vielzahligen, geometrisch undefinierten Schneiden abtragen, z. B. →Schleifen, →Honen, →Läppen (→Spanen mit geometrisch unbestimmten Schneiden).

☐ Fertigungsverfahren, die den Werkstoff mit geometrisch definierter Schneidenform abtragen, z. B. Drehen, Fräsen, Bohren, Räumen.

Auf die Ausbildung der O. haben weiterhin die Werkstoff- und Werkzeugeigenschaften, die Maschineneinstellparameter, der Kühlschmierstoff und die Maschineneigenschaften Einfluß.

Im Bild sind die wichtigsten Einflüsse auf die Ausbildung der Oberfläche von technischen Bauteilen dargestellt.

Die Rauheit kann durch folgende Maßnahmen herabgesetzt werden:

☐ höhere Schnittgeschwindigkeiten,

☐ positiver Spanwinkel am Schneidwerkzeug,
☐ angepaßtes →Abrichten und Schärfen von Schleifwerkzeugen.

Je nach Anforderung an die Oberflächengüte und Beanspruchung werden unterschiedliche Fertigungsverfahren für die Herstellung eines Werkstücks gewählt. Sind zwei Verfahren hinsichtlich des Arbeitsergebnisses gleichwertig, so entscheidet die Wirtschaftlichkeit über die Auswahl des Verfahrens. Hierbei ist ein wichtiges Kriterium, daß die Gesamtfertigungskosten mit kleiner werdenden Rauheiten zunehmen.

Die O. spielt immer dort eine Rolle, wo die zu erzeugende Fläche eine besondere Funktion zu erfüllen hat. Je komplexer die Funktionsanforderungen an die Werkstückoberflächen sind, desto mehr muß bei der Konstruktion der Einfluß der O. berücksichtigt werden. Sie ist z. B. entscheidend für Biegewechselfestigkeit, die Reibung zwischen festen Körpern mit flüssigen oder gasförmigen Zwischenschichten, das Strömungsverhalten in Wandnähe und die Reflexion von Strahlen.

Die Funktionstauglichkeit eines Werkstücks wird einerseits durch die unterschiedlichen Gestaltabweichungen, andererseits durch die Oberflächenstruktur bestimmt. Je nach Anforderung an die Oberfläche ist auch die Wahl der Prüfmittel unterschiedlich.

Die O. kann durch verschiedene Meßgrößen beschrieben werden, z. B. durch die gemittelte →Rauhtiefe, den →Mittenrauhwert, die maximale Rauhtiefe, die →Glättungstiefe und den Material-

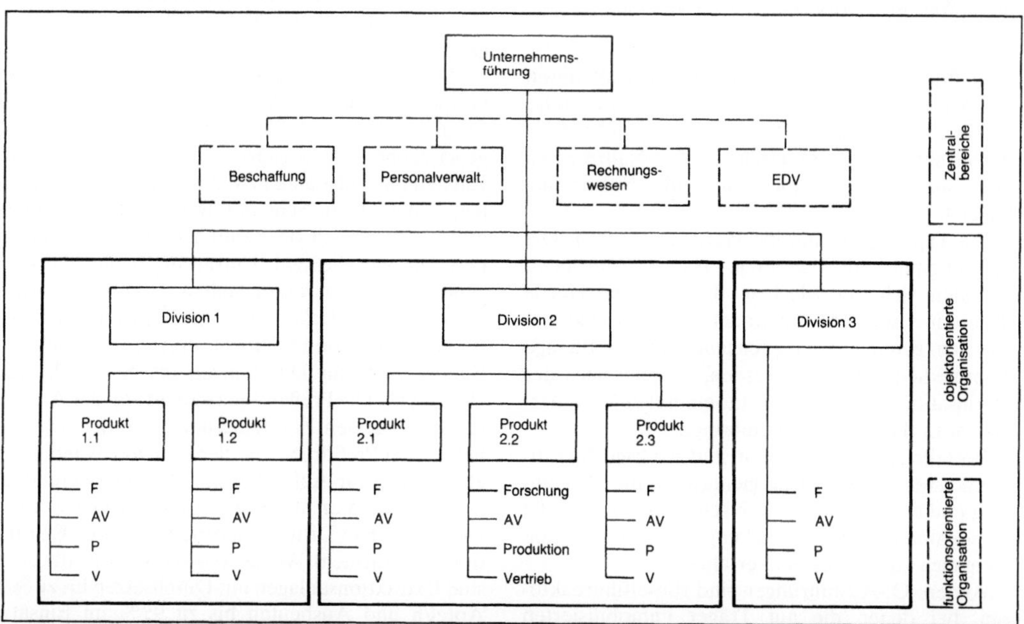


*Oberflächenrauheit: Einflüsse auf die Oberflächenausbildung von technischen Bauteilen.*

anteil. Auch der Mikroflächentraganteil, der Rillenabstand der Rillenverlauf und der mittlere Böschungswinkel können von Bedeutung sein. Eine vollständige Bestimmung der Rauheit ist durch keine dieser Rauheitsmeßgrößen möglich. Um im Hinblick auf die Rauheit die Tauglichkeit der Oberfläche für die jeweilige Funktion zu erfassen, hat es sich jedoch i. a. als ausreichend erwiesen, die zulässigen Grenzwerte einer oder mehrerer geeigneter Rauheitsmeßgrößen anzugeben.

Die einfachsten Verfahren zur Beurteilung der O. sind die subjektive Sichtprüfung und das Abtasten der Oberfläche mit dem Fingernagel. Durch Sicht und Tastvergleich mit Oberflächen-Vergleichsmustern, die dem jeweiligen Fertigungsverfahren entsprechen müssen und deren Rauheitskennwerte bekannt sind, ist eine einfache und wirtschaftliche Rauheitsprüfung in der Fertigung möglich. Bei der Sichtprüfung können zur Unterstützung des Auges Lupen, Werkstattmikroskope und Stereomikroskope verwendet werden.

Meßtechnisch wird die O. mit Rauheitsmeßgeräten erfaßt und mit Hilfe von Kennwerten hinsichtlich ihrer Gestaltabweichungen charakterisiert. Die →Rauheitsmessung muß stets durchgeführt werden, wenn die Oberflächenangaben dokumentationspflichtige oder kritische Merkmale sind.     *Kenter*

Literatur: DIN 4762. Tl. 1: Oberflächenrauheit, Begriffe. – *Henzold, G.:* Rauheitsmessung mit elektrischen Tastschnittgeräten. DIN Normenh. 12. Hrsg. Dt. Normeninstitut 1971. – VDI/VDE 2601. Bl. 1: Anforderungen an die Oberflächengestalt zur Sicherung der Funktionstauglichkeit spanend hergestellter Flächen; Zusammenstellung der Meßgrößen. – *Warnecke, H.-J.,* u. *W. Dutschke:* Fertigungsmeßtechnik, Handb. f. Ind. u. Wiss. Berlin, Heidelberg, New York 1984.

**Oberflächenreaktor.** Bioreaktor zum Kultivieren von Mikroorganismen und Zellen auf festen oder flüssigen Oberflächen. Die Anzucht erfolgt entweder direkt auf den Oberflächen der Nährmedien oder auf Trägern, die man mit Nährlösung benetzt.

Ein Typ von O. sind die Hordenreaktoren. Die mit Organismen beimpften, festen Nährböden befinden sich auf Blechen, die in einer Horde angeordnet sind. Diese befindet sich in einer klimatisierten Kammer. Entsprechend können flüssige Nährmedien verwendet werden, die man nach der Sterilisation meist über ein automatisches Verteilersystem in flache Schalen einbringt.

Vorteile dieser Reaktoren sind niedrige Investitionskosten, geringer Energieaufwand für die Kühlung und einfache Technik. Nachteilig ist der große Personalbedarf für Beschickung und Reinigung im Vergleich zu submersen Verfahren.

Andere O.-Ausführungen sind Rieselfilmreaktoren, bei denen die auf Träger immobilisierten Organismen in einer Schüttung von oben mit Nähr-

lösung berieselt werden, oder Reaktoren mit bewegten Einbauten, z. B. Schaufelrad-Reaktoren, auf denen die Organismen fixiert sind und periodisch mit Nährlösung benetzt werden.     *Liefke*

**Oberflächenstruktur** →Funkenerosion

**Obstverarbeitung.** Als Obst werden in rohem Zustand genießbare Früchte bezeichnet, die von mehrjährigen Pflanzen stammen. Üblicherweise werden sie in Kern-, Stein-, Beeren-, Schalenobst, Südfrüchte, Kapselfrüchte und Wildfrüchte unterteilt. In der Regel zeichnet sich Obst durch seinen hohen Wassergehalt von durchschnittlich 80–85 % (Ausnahme Schalenobst), den Gehalt an Vitaminen, Mineralstoffen, Fruchtsäuren und leicht resorbierbaren Kohlenhydraten aus. Während der Erntezeit fällt ein Überangebot an Obst an (Obstschwemme), das nach der Ernte sehr rasch enzymatisch bedingte wertmindernde Veränderungen sowie mikrobiologische Schädigungen erfährt. Eine Gleichverteilung des Angebots auf größere Zeiträume und die Haltbarmachung der nicht als Frischobst verbrauchten (kondensierten) Ernteerträge wird neben der →CA-Lagerung durch Verarbeitung zu Obstdauerwaren und Obsterzeugnissen gewährleistet. Obstdauerwaren sind Trockenobst (Äpfel, Aprikosen, Datteln, Feigen, Weintrauben), tiefgefrorenes Obst (oft mit Zusatz an Zucker, Ascorbin- und Zitronensäure, z. T. Pektin) und hitzesterilisierte Obstkonserven (Konservieren) in Weißblechdosen, weniger in Gläsern (Kompottfrüchte: mit Zuckerzusatz; Dunstfrüchte: ohne Zuckerzusatz). Unter den Obsterzeugnissen stehen die Obstsäfte und Saftprodukte mengenmäßig an erster Stelle.

Hauptrohstoffe sind Zitrusfrüchte (Orange, Grapefruit, Zitrone, Ananas) und Äpfel; daneben Trauben, Birnen, Johannisbeeren u. a. Das meist gewaschene und sortierte Obst wird nach dem Entsteinen, Entstielen bzw. Abbeeren in Walzmühlen, Rätzmühlen, Schleuderfräsen oder Hammermühlen thermisch oder durch Ultraschall zerkleinert. Die anschließende Entsaftung erfolgt überwiegend in Pressen. Dazu stehen diskontinuierliche (Korbpressen; Packpressen; mit Füllvolumen bis zu 20 000 l) und kontinuierliche Pressen (Schrauben-, Bandpressen mit Durchsätzen bis zu 20 t/h) zur Verfügung. Die Preßausbeute hängt von der Art des Preßguts, dessen Zerkleinerungsgrad, der Schichthöhe, dem Preßdruck und der Preßgeschwindigkeit ab. Sie liegt für Äpfel bei 70–80 %, für Beerenobst bis zu 90 %. Vor allem Äpfel und Birnen werden auch nach dem Diffussionsverfahren durch Extraktion mit warmem Wasser (60–65 °C) entsaftet. Es sind Extraktionsanlagen mit Durchsätzen bis zu 30 t Äpfel/h und Ausbeuten bis zu 95 % im Einsatz. Zitrusfrüchte werden in speziellen Anlagen einzeln (als ganze oder halbe Frucht) entsaftet. Dabei ist gewährleistet, daß die Schalenöle nicht in den Preßsaft gelangen.

Für die eigentliche Saftgewinnung (enzymatische Verflüssigung) haben pektolytische und cellulolytische Enzyme trotz interessanter Perspektiven heute noch kaum praktische Relevanz. Dagegen werden sie zur Maischebehandlung vor dem Pressen (Erhöhung der Preßausbeute) sowie bei der Saftbehandlung häufig eingesetzt. Die Saftbehandlung umfaßt die Schönung (enzymatischer Abbau von Pektinen und Stärken, Entfernung von Polyphenolen mit Gelatine, Kieselsol, Tannin, Polyvinylpyrrolidon und von Proteinen mit Bentonit), die Klärung (Abtrennung suspendierter Feststoffteilchen durch Filtration oder Separation) sowie die Trubstabilisierung (mit pektolytischen Enzympräparaten).

Zur Verlängerung der Haltbarkeit, zur Aromaerhaltung und zur Verringerung des Volumens (bis um den Faktor 6–7) werden aus dem Saft (Trockensubstanzgehalt TS 5–20%) häufig Konzentrate (TS 60–75%) oder Halbkonzentrate (TS 36–48%) hergestellt. Die üblichen Verfahren sind das thermische Verdampfen; daneben auch die →Membranfiltration (Umkehrosmose, Ultrafiltration) und das →Gefrierkonzentrieren. Das Verdampfen ist häufig mit einer Aromarückgewinnung und -konzentrierung durch Gegenstromdestillation gekoppelt. Aromakonzentrat und Saftkonzentrat lagert man getrennt voneinander. Pulverförmige Produkte können durch Sprüh-, Schaummatten- oder Gefriertrocknung von Fruchtsaft und -konzentrat gewonnen werden. Aus Fruchtsaft, aber auch aus Früchten und Frucht- (Obst-)mark stellt man unter Zumischen von Wasser, Zucker und Genußsäuren Fruchtnektare (Fruchtanteil 25–50%) her.

Weitere Obsterzeugnisse sind Obstpulpe und Obstmark, die aus zerkleinerten und blanchierten Früchten durch →Mazerieren und, im Falle der Pulpe, →Passieren gewonnen, anschließend pasteurisiert und bis zur Weiterverwertung oft unter $N_2$-Atmosphäre gelagert werden. Sie haben als Halberzeugnisse große Bedeutung, z. B. als Rohstoff für die Herstellung von Marmeladen. Diese stellt man durch Einkochen von Obstmark, -pulpe oder von frischem Obst und reinem weißem Zucker her, ggf. auch von Geliermitteln (Obstpektin). Aus den Preßrückständen pektinreicher Obstarten, insbes. von Äpfeln und Zitrusfrüchten, können als flüssige oder pulverförmige Zubereitungen Obstpektine gewonnen werden. Im übrigen beschränkt sich die Rückstandsverwertung im wesentlichen auf die Wildfütterung, die Gewinnung von Anthocyanogenen (aus Kirschenrückständen) und von Öl (aus Äpfel- und Birnenkernen). *Kerner/Loncin*

Literatur: *Schobinger, U.:* Frucht- und Gemüsesäfte. Stuttgart 1978. – *Schorrmüller, J.:* Lehrb. Lebensmittelchemie. Berlin 1974.

**Oldshue-Rushton-Kolonne.** Extraktionsapparat mit rotierenden →Einbauten, im Aufbau ähnlich wie die →Drehscheibenkolonne (RDC). Für die Durchmischung der Phasen sorgt ein Turbinenrührer anstatt der rotierenden Scheiben bei der Drehscheibenkolonne. Die Höhe einer Kammer ist größer und entspricht etwa dem Kolonnendurchmesser. Die Statorscheiben haben eine relativ kleine Durchtrittsöffnung nahe der Rotorachse. Das Bild zeigt den schematischen Aufbau einer O.-R.-K. *Dohrn*

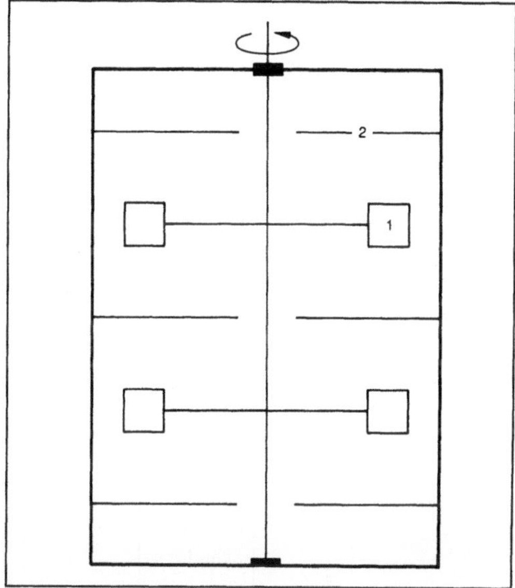


*Oldshue-Rushton-Kolonne: Schematischer Aufbau.*
1 Turbinenrührer, 2 Statorscheibe

**Ölschiefer (Verarbeitung).** Ö. sind Sedimentgesteine, die unterschiedliche Mengen organischer Stoffe enthalten. Beim Erhitzen auf 250–550 °C erhält man beträchtliche Mengen Flüssigkeit und Gas (40–550 l/t Gestein), die zu Produkten verarbeitet werden können, die den aus Erdöl gewonnenen vergleichbar sind. Die riesigen Vorkommen und ihre verhältnismäßig weite Streuung lassen den Ö. als interessanten Rohstoff für die Erzeugung von Energie und als Ausgangsstoff für die chemische Industrie erscheinen.

Ö. kann verschiedenartig genutzt werden. Bei der Verbrennung entsteht als Produkt Wärme, aus der Dampf bzw. Strom gewonnen werden kann. Eine Vergasung liefert ein Rohgas, aus dem Methan, Wasserstoff bzw. ein Reduktionsgas gewonnen werden kann. Bei der Schwelung (Pyrolyse) von Ö. erhält man ein flüssiges Rohprodukt, aus dem sich Kraftstoffe und chemische Grundstoffe herstellen lassen.

Die Verfahren zur Schwelung von Ö. lassen sich in 2 Gruppen einteilen, nämlich in die In-Situ-Verfahren, die den Ö. unter der Erdoberfläche, also in der Lagerstätte, schwelen, und in die Retortenverfahren, die das Öl in einem Reaktor über Tage schwelen. Verfahren beider Gruppen laufen in 4 Stufen ab: Vorwärmung des Ö., Schwelung, Verbrennung des restlichen Kohlenstoffs und Wärmerückgewinnung aus dem ausgebrannten Ö.

Nach dem in Bild 1 dargestellten Verfahrensprinzip wurde eine Reihe von Schwelverfahren entwickelt. Zu ihnen gehören das Gas-Combustion-, das Kiviter-, das Paraho-, das Petrosix-, das Union-Oil-, das Dravo- und das Superior-Verfahren. All diese Verfahren arbeiten bei atmosphärischem Druck. Die Schweltemperatur liegt zwischen 480 °C und 550 °C. Die gewünschten Schwelprodukte werden gas- bzw. dampfförmig ausgetragen. Die Ausbeute ist oft geringer als bei der genormten Fischer-Schwelung (TGL 15 385, ASTM D-3904, ISO 647). Die Produktzusammensetzung entspricht ungefähr der Fischer-Analyse. Etwa die Hälfte der flüssigen Produkte geht über Kopf der Normaldruckdestillation. Die Energieversorgung erfolgt autotherm durch Verbrennung des ausgeschwelten Schiefers. Als Wärmeträger dient ein Gas oder ein Feststoff.

Beim Lurgi-Ruhrgas-Verfahren wird als Reaktor eine Schnecke verwendet. Der Reaktordurchmesser liegt bei 1,3 m. Als Wärmeträger dient der ausge-

*Ölschiefer (Verarbeitung). Tabelle: Charakteristika verschiedener Schwelverfahren (Quelle: Hoffmann a. a. O.).*

| | in der Retorte | | | | | | in situ |
|---|---|---|---|---|---|---|---|
| | Normaldruck | | | | | erhöhter Druck | Normaldruck |
| | Lurgi-Ruhrgas | Petrosix | Paraho | Kiviter | Tosco II | Hytort | Occidental modified |
| Reaktor-Typ | Schnecke | Schacht-ofen | Schacht-ofen | Schacht-ofen | Drehrohr-ofen | Schaft-ofen | in situ |
| Wärmeträger | ausge-schwelter Schiefer | Spülgas | Spülgas | Spülgas | Keramik-, bzw. Aluminium-kugeln | Spülgas $H_2$-haltig | Rauchgas |
| Ölausbeute bezogen auf Fischer-Ausbeute, Massengehalt in % | 100–125 | 90–100 | 97 | 75–85 | 100 | 115–200**) | 28 |
| bisher betriebene Größe in t Ölschiefer/d | 220 8 000–10 000*) | 2 200 | 20 | 250 | 1 000 | 1,4 (1 000 kalt) | 660 |
| nächste zu untersuchende Größe in t Ölschiefer/d | 8 000–10 000 | 5 600 | 970 | 1 000 | 10 000 | 16 800 ****) | 660 |
| querschnittbezogener Durchsatz in t Ölschiefer/h m² Reaktor | 48 | 1,0 | 0,36 | 0,59 | k. A. | 10–15 | 0,02 |
| Anzahl der Stränge für eine großtechnische Anlage, falls der | 40 | 43 | 93 | 69 | k. A. | 17–25 | 180 |
| Reaktordurchmesser in m***) | 1,3 | 10 | 10 | 10 | k, A. | 3 | 41 |

*) laufende Projekte in USA und Australien; alle Komponenten für eine 15 000–20 000t/d-Anlage bereits getestet

**) abhängig von dem Anteil des Kerogens, das die Fischerschwelung bereits umsetzte

***) Basis: Ölschiefer mit Fischer-Ausbeute 100 l/t; Ölschiefer mit hydrierender Ausbeute 133 l/t

****) verlangt einen Reaktordurchmesser von 9,1 m (bei 40 bar!)

k. A.  keine Angabe

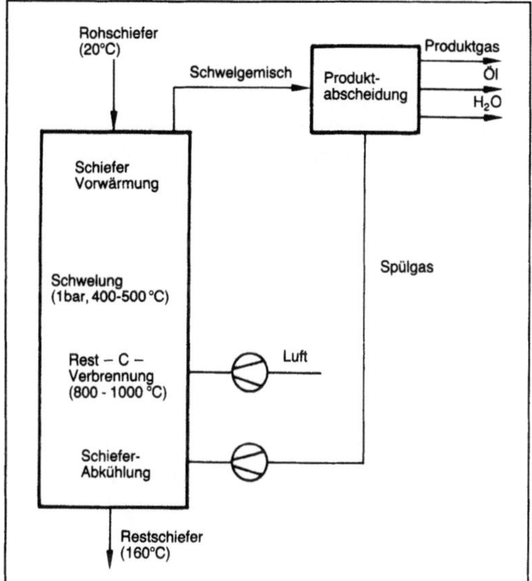



*Ölschiefer (Verarbeitung) 1: Schwelung (Pyrolyse) von Ölschiefer in der Retorte (Schemaskizze).*

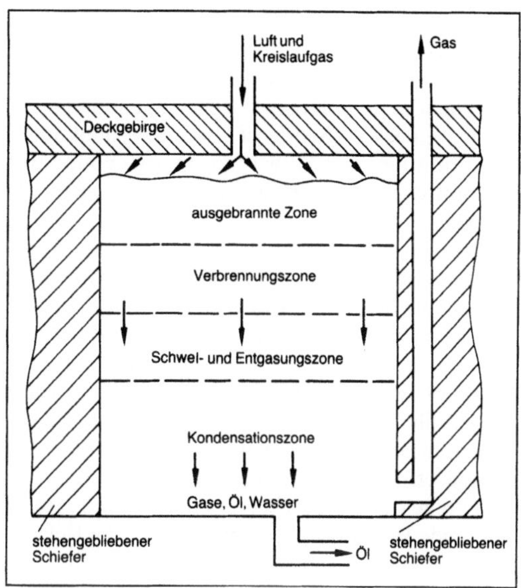



*Ölschiefer (Verarbeitung) 2: Schema eines modifizierten In-Situ-Schwelverfahrens (Schaffung eines unterirdischen Reaktors).*

schwelte Schiefer. Für eine Anlage mit einer Kapazität von 15 000–20 000 t/d sind in den USA und Australien bereits alle Komponenten getestet worden.

Durch Zusatz von Wasserstoff, Wasserdampf und/oder Produktgas kann man im Schwelreaktor eine hydrierende Atmosphäre erzeugen, die die Ausbeute an flüssigem Produkt steigert. Dieser Erfahrung folgt das Hytort-Verfahren des Institute of Gas Technology (IGT) in Chicago, das bei 35 bar Wasserstoffdruck arbeitet. In der Tabelle sind charakteristische Daten für einige Verfahren dargestellt.

In Schweden wurde in den 40er Jahren die In-Situ-Schwelung großtechnisch durchgeführt. Dabei betrug die Ölausbeute 60 % des Fischer-Werts und der thermische Wirkungsgrad 16 %. Nach vielen, wenig Erfolg versprechenden Versuchen mit In-Situ-Schwelverfahren hat ab 1975 ein modifizierter In-Situ-Schwelprozeß zunehmende Beachtung gefunden (→Kohleveredelung).

Bei diesem Verfahren wird durch Abbau unter Tage ein Hohlraum von z. B. 40 m × 40 m × 90 m geschaffen. Der darüberliegende Ö. wird dann so durch Sprengung zerkleinert, daß eine gleichmäßige Schüttung von bis zu 150 m entsteht, die dann in dem unterirdischen Reaktor verschwelt wird. Dazu wird die Kammer verschlossen und gezündet (Bild 2). Vor der Front der Verbrennungszone wird Öl erzeugt und fließt in den Sumpf. Von dort wird es zur Oberfläche gepumpt. Es sollen Ölausbeuten von 60–70 % und derselbe thermische Wirkungsgrad wie bei der Schwelung über Tage erreicht werden. *Dohrn*

Literatur: *Hoffmann, R.:* Die thermische Umwandlung von Ölschiefer unter dem Einfluß gasförmiger und flüssiger Stoffe. Diss. TU Hamburg-Harburg 1985. – *Lutz, H.-G.:* Vergleich verschiedener Möglichkeiten zur Gewinnung von Energieträgern aus Ölschiefer. Dipl.-Arb. FH Heilbronn 1984. – *Shih, C. C., u. J. E. Cotter:* Technological overview reports. Cincinnati (Ohio) 1979.

**Optimierungsverfahren.** Verfahren zum Auffinden des vorteilhaftesten Zustands (Optimum) eines Systems. Es setzt voraus, daß verschiedene Lösungen existieren, zwischen denen man auswählen kann, und daß man jede dieser Lösungen mit einer absoluten oder relativen Bewertung versehen kann. Ferner muß ein Ziel festgelegt werden, nach dem die Optimierung erfolgen soll. Die Abhängigkeit der Zielgröße von den einzustellenden Variablen wird in Form einer Zielfunktion angegeben, die durch den Optimierungsprozeß maximiert oder minimiert wird. Auf diese Weise lassen sich z. B. verfahrenstechnische Apparate oder auch ganze Verfahrensabläufe optimieren. *Kerner/Loncin*

**Orbitalbewegung** →Planetärerosion

**Ordnungssystem** →Arbeitsplatzanalyse, →Montage, →Zubringeeinrichtung

**Organisation.** O. im Unternehmen ist einerseits definiert als Prozeß der Entwicklung eines Systems von zielgerichteten und dauerhaften Regelungen, welche einen zweckmäßigen Betriebsablauf gewährleisten sollen. Andererseits beinhaltet dieser Begriff gleichzeitig auch das Ergebnis dieser Tätigkeit.

O. als Tätigkeit ist die Aufgabe der Unternehmensführung bzw. einer dafür eingerichteten Abteilung (O.-Planung). Hier werden Erkenntnisse der O.-Theorie in praktische Regelungen umgesetzt. Aufgabe der O.-Theorie ist also schwerpunktmäßig die Ermittlung der Auswirkungen bestimmter organisatorischer Maßnahmen unter gegebenen Umständen.

Ausgangspunkt aller organisatorischen Bemühungen ist stets die betriebliche Aufgabe unter Beachtung der Unternehmensziele (Bild). Die Aufgabe umfaßt inhaltlich den Verrichtungsvorgang, das Verrichtungsobjekt, die Sach- und Hilfsmittel sowie die Raum- und Zeitkoordination der Aufgabenerfüllung. Nach der Analyse der Aufgabe, die im wesentlichen die Zerlegung in Teilaufgaben beinhaltet, erfolgt die organisatorische Synthese. Hier unterscheidet die O.-Theorie Aufbau- und Ablauf-O. Beide Begriffe stellen unterschiedliche Betrachtungsweisen ein- und desselben Tatbestands dar. Die Bildung von Aufbau- und →Ablauforganisation muß folglich gemeinsam vorgenommen werden.

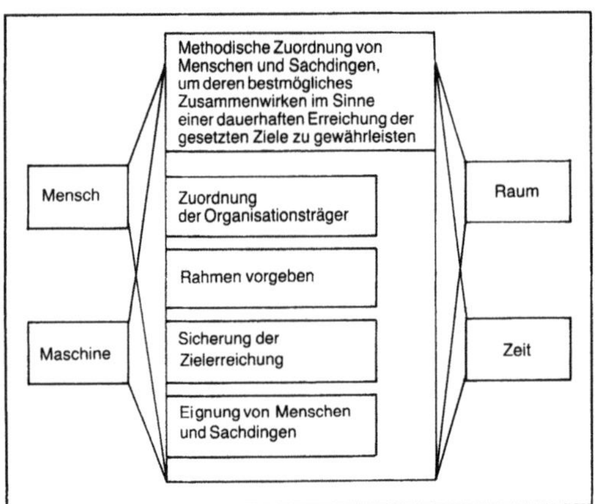


*Organisation: Ziele.*

Ein wichtiger Aspekt jeder O.-Tätigkeit ist, einen angemessenen O.-Grad zu erzielen. Ein Übermaß an organisatorischer Durchdringung beeinträchtigt die Effektivität des betrieblichen Ablaufs ebenso wie zu wenig O. (→Überorganisation, →Unterorganisation). *Eversheim*

Literatur: *Bleicher, K.:* Organisation – Formen und Modelle. Wiesbaden 1981. – *Grochla, E.:* Handwörterb. Organisation. Stuttgart 1969. – *Grochla, E.:* Einführung in die Organisationslehre. Stuttgart 1978. – *Schertler, W.:* Unternehmensorganisation. München 1985.

**Organisation, funktionsorientierte** (Verrichtungs-O.). Unternehmen mit einer f. O. weisen auf der der Hierarchiespitze nachgeordneten Leistungsebene eine Segmentierung nach Funktionen (Verrichtungen) auf (Bild). Daraus ergibt sich die klassische Aufteilung in die Teilbereiche Beschaffung, →Produktion, →Vertrieb u. ä., welche die ihnen zugeordneten spezifischen Funktionen jeweils bez. aller Objekte wahrnehmen. Die f. O. setzt somit funktionale Gemeinsamkeiten für alle Aktivitätenfelder des Unternehmens voraus. Das Verrichtungskriterium kann auch auf weiteren Hierarchieebenen angewendet werden. Dabei wächst mit zunehmender Arbeitsteilung die Aufgabenspezialisierung. Die f. O. bewirkt eine hohe Spezialisierung auf die jeweiligen Aufgaben und ermöglicht eine optimale Ausnutzung der vorhandenen Ressourcen (Personal, Maschinen, Anlagen, Know-how usw.). Dem steht als Nachteil eine schwierige Erfolgskontrolle und Ergebnisverantwortung gegenüber.

Die f. O. kann weiterhin zu einer Dominanz des funktionalen Ressortinteresses vor dem Unternehmensgesamtinteresse führen. Ferner ergeben sich aus den wechselseitigen und intersegmentalen Beziehungen häufig Anlässe zur Koordination durch die übergeordnete Instanz. Dies kann zu einer Überlastung der Führungsspitze führen. Der Grad der Belastung der Führungskapazität ist insbes. abhängig von der Größe des Unternehmens und von der Programmierbarkeit der Entscheidungen. Eine Reduzierung der Belastung läßt sich durch die Delegation von Aufgaben oder die Einrichtung von besonderen unterstützenden und koordinierenden Führungsstellen erreichen. Mit zunehmendem Diversifikationsgrad wächst der Koordinationsaufwand überproportional an. Schließlich kann bei zunehmender Programmheterogenität und steigender Umweltkomplexität und -dynamik der Aufwand für notwendige Koordinationsmaßnahmen die funktionsbezogenen Spezialisierungsvorteile aufheben.

Abhilfe bietet die Modifizierung des gängigen Einliniensystems. Eine Kapazitätserweiterung der Leitungseinheiten und eine Verminderung des Kommunikationsaufwands läßt sich durch Einführung von Stabsstellen (nicht weisungsbefugte Assistenzeinheiten) erzielen. Dies führt zu einer funktionalen Stab-Linien-O. (Bild).

Die Effizienz der f. O. ist besonders hoch, wenn sich das Unternehmen auf homogenen Märkten mit geringer Innovationsrate und relativ geringen Nachfrageverhältnissen bewegt. Dies ist jedoch in zunehmend geringem Maße gewährleistet. Der Trend zu kurzen Produktlebenszyklen, stärkeren konjunkturellen Marktschwankungen und steigenden Anforderungen bez. Qualität, →Durchlaufzeit, Flexibilität usw. hat sich in den letzten Jahren weiter verstärkt. Die Nachteile der f. O. hinsichtlich dieser Entwicklungen führte zur Suche nach neuen Ausrichtungsmöglichkeiten für O.-Strukturen. Dabei rückte das Produkt stärker in den Mittelpunkt. Als Folge dieser Überlegungen wurde in zahlreichen Unternehmen die objektorientierte O. eingeführt. *Eversheim*

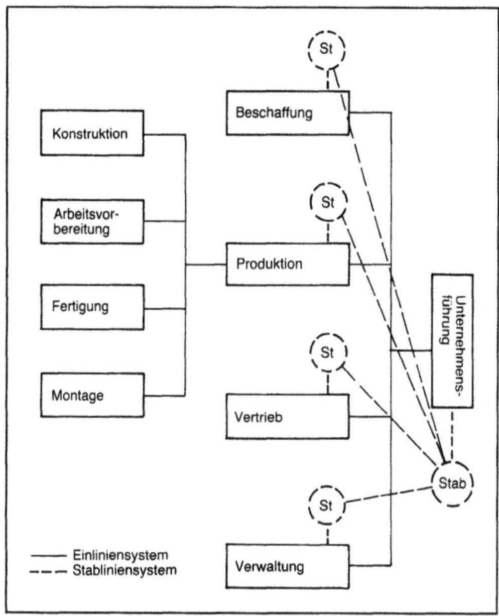

*Organisation, funktionsorientierte.*

Literatur: *Eversheim, W.*: Organisation in der Produktionstechnik. Bd. 2: Konstruktion. Düsseldorf 1982.

**Organisation, objektorientierte** (Spartenorganisation). Unternehmen mit einer o. O. (in der O.-Praxis auch als divisionale, Sparten- oder Unternehmens- bzw. Geschäftsbereichs-O. bezeichnet) weisen auf der oben gegliederten Hierarchieebene eine Segmentierung des Aufgabenkomplexes nach Produkten (Objekten) auf (Bild). Dies führt zur aufbauorganisatorischen Aufteilung in produktbezogene Teilbereiche, sog. Sparten oder Divisionen. Die objektorientierte Gliederung kann auch auf weiterer Hierarchieebene erfolgen. Das jeweilige letzte nach dem Objektkriterium gebildete Teilsystem verfügt dabei immer über die zur Produktbearbeitung notwendigen, funktionsorientierten Aktionseinheiten. In den Sparten (Divisionen) sollten solche Produkte zusammengefaßt werden, die eine große Ähnlichkeit hinsichtlich Technologie, Produktionsprozeß, Ressourcenbeschaffung, →Vertrieb usw. aufweisen. Als Sparte wird ein Produktbereich dann bezeichnet, wenn sie über sämtliche Funktionen der Leistungsentwicklung, -erstellung und -verwertung direkt und relativ autonom verfügen kann. Die organisatorische Selbständigkeit erlaubt die Anwendung moderner Managementkonzepte, wie z. B. des Profit-Center-Konzepts. Dabei liegt die Verantwortung und Kostengewinngestaltung allein bei der Division.

Die o. O. erzeugt voneinander relativ unabhängige und autonome Teilsysteme. Die Leitung dieser Teilsysteme unterliegt in der Regel ergebnisverantwortlichen Managern. Die o. O. erlaubt eine optimale Koordination bez. der Produkte. Die Möglichkeit einer eindeutigen Erfolgszuweisung und Erfolgskontrolle führt zu einer stärkeren Motivation der Spartenleiter. Die o. O. führt ferner zu einer Verringerung des Koordinationsaufwands, da sämtliche für die Produktrealisierung notwendigen Res-

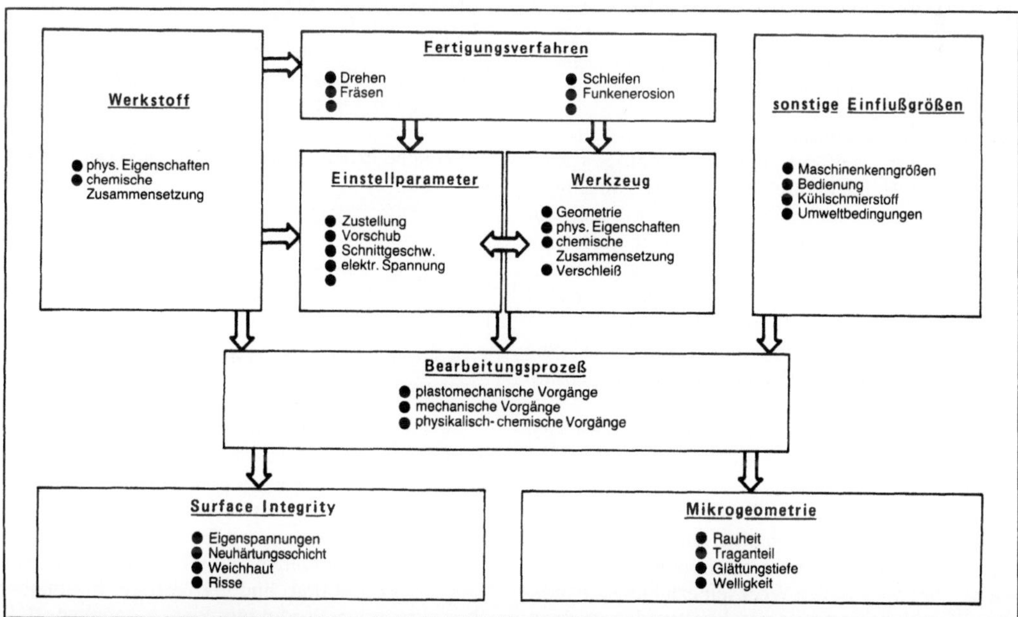

*Organisation, objektorientierte.*

sourcen und Kompetenzen in einer Sparte zusammengefaßt sind. Dies ermöglicht eine Reduzierung des Kommunikationsaufwands zwischen den einzelnen Sparten. Die konsequente Aufteilung des Unternehmens in separate Divisionen vernachlässigt die häufig zwischen den Sparten bestehenden Marktinterdependenzen. In der Praxis finden daher vorwiegend Modifikationen der o. O. Anwendung. Die Einrichtung sog. Zentralbereiche für spartenübergreifende Aufgaben, wie z. B. Beschaffung, Personalverwaltung, Finanzen, →Rechnungswesen, EDV usw., soll den Verlust der Größendegression oder der Funktionsspezialisierung verhindern (Bild).

Die o. O. ist auf Grund des Mehrfachaufwands bei Funktionsbereichen erst ab einer gewissen Unternehmensgröße ökonomisch sinnvoll. Die o. O. ist besonders effizient, wenn ein breites, heterogenes Produktprogramm, welches eine produktbezogene Zusammenfassung der einzelnen Funktionsbereiche erlaubt, vorliegt. Die Konzentration aller Funktionsbereiche und aller Kompetenzen in einer Division erhöht die Kenntnis der spezifischen, produktorientierten Umwelt- und Marktsituationen. Außerdem bietet es die Möglichkeit, auf Änderungen schnell und flexibel zu reagieren und Investitionsentscheidungen frühzeitig zu treffen. Diese Vorteile der o. O. lassen sich besonders bei heterogenen Märkten nutzen. Die Einrichtung von Zentralbereichen und die funktionsorientierte O. der Divisionen auf der untersten objektorientierten Hierachieebene (Bild) erhöhten die Konkurrenzfähigkeit des Unternehmens bei zunehmender produktbezogener Dynamik der Märkte.                          *Eversheim*

Literatur: *Eversheim, W.:* Organisation in der Produktionstechnik. Bd. 2: Konstruktion. Düsseldorf 1982.

**Organisationsplanung.** Im Rahmen der betrieblichen Planung als Vorwegnahme zukünftigen wirtschaftlichen Handelns muß die O. (→Organisation) als zukunftsorientierter Denkprozeß in bezug auf die integrative Strukturierung der Ganzheit Betrieb verstanden werden. Die wesentlichen Aufgaben der O. im Sinne einer Erreichung der Betriebsziele sind die Planung der optimalen Organisation des Betriebsaufbaus (→Aufbauorganisation) sowie die Planung der optimalen Organisation im Betriebsablauf (→Ablauforganisation).

Grundlage der O. ist in jedem Fall eine vorausgehende Datenermittlung, welche in zwei Bereiche gegliedert werden kann:

□ Die Ermittlung externer Daten sieht die Feststellung von Randbedingungen für die O., die z. B. in der Rechtsform des zu betrachtenden Unternehmens, aber auch in der Wechselbeziehung zu anderen Wirtschaftspartnern gesehen werden müssen, vor.

□ Interne Daten resultieren im wesentlichen aus den eigentlichen Betriebsaufgaben, z. B. Entwicklung, Herstellung und →Vertrieb von Erzeugnissen, und müssen ihrer zentralen Bedeutung wegen Eingang in die O. finden.

Auf der Basis der ermittelten Daten ist in einem weiteren Schritt eine Aufgabenanalyse derart durchzuführen, daß aus der Gesamtaufgabe des Betriebs Teilaufgaben nach den Gliederungsgesichtspunkten Verrichtung, Objekt, Rang, Phase und Zweckbeziehung abstrahiert werden. Die Aufgabenanalyse bildet dann die Grundlage der Aufgabensynthese und Aufgabenverteilung, also der eigentlichen O.

Aufgabe der Planung der Aufbauorganisation ist die Koordination der zahlreichen Teilaufgaben zu sinnvollen Aufgabenkomplexen mit dem Ziel der Erfüllung einer betrieblichen Oberaufgabe. Auf Grund der meist hohen Komplexität der Aufbaustruktur sollten zunächst die wesentlichen Komponenten des betrieblichen Beziehungssystems erfaßt und für die Planung von

□ Teilaufgabenkomplexen zur Stellenbildung (Verteilungszusammenhänge),

□ Kompetenzverhältnissen (Leitungszusammenhängen),

□ Stabsstellen (Stabszusammenhängen) sowie

□ betrieblicher Koordination und Kommunikation (Kollegienzusammenhängen)

genutzt werden.                          *Eversheim*

**Organisationsstruktur.** Sie ist die nach den Kriterien Funktion oder Objekt denkbare Ausrichtungsmöglichkeit der Grundform der →Aufbauorganisation. Die funktionale O. ist gekennzeichnet durch eine Stellenbildung und Aufgabenverteilung nach gleichartigen Verrichtungen an unterschiedlichen Objekten. Das Unternehmen ist geordnet nach Funktionsbereichen, die für unterschiedliche Produkte gleichermaßen verantwortlich sind (Bild 1).

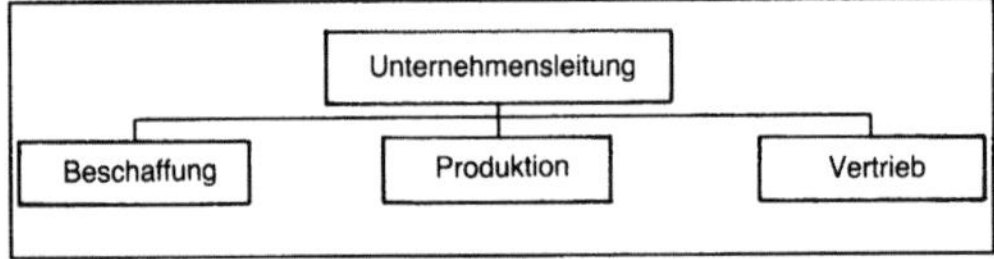


*Organisationsstruktur 1: Gliederung eines Unternehmens nach Funktionen.*

Im Gegensatz zur funktionalen Struktur kennzeichnet die objektbezogene Struktur ungleichartige Verrichtungen an gleichartigen Objekten. Hier ist das Unternehmen nach Objekten geordnet. In Divisions (andere Bezeichnung Sparten) sind, z. B. in Maschinenbauunternehmen, Beschaffung, →Produktion und →Vertrieb bestimmter Produkte oder Produktgruppen zusammengefaßt (Bild 2).

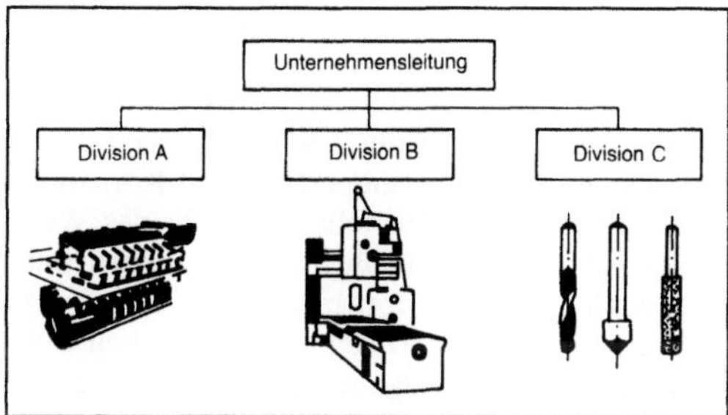

*Organisationsstruktur 2: Gliederung eines Unternehmens nach Objekten.*

Die beiden Strukturen lassen sich kombinieren, indem zusätzlich zu den Divisions Zentralbereiche für bestimmte Unternehmensfunktionen eingerichtet werden. Man versucht so die auf einzelne Produktgruppen bezogene Gewinnmaximierung und Ergebnisverantwortung des Divisionsgedankens mit dem kostensenkenden Effekt der Zentralisation zu kombinieren (Bild 3).

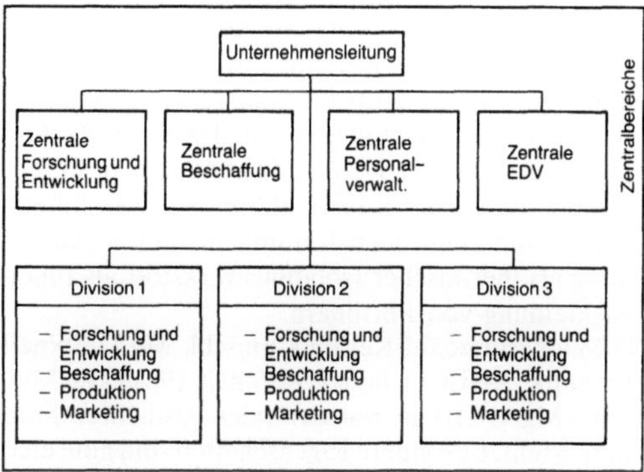

*Organisationsstruktur 3: Divisionale Unternehmensgliederung mit Zentralbereichen.*

Eine weitere Möglichkeit der Verknüpfung der Strukturen ist die Matrixorganisation. Hier werden die Stellen sowohl in funktionaler als auch in objektbezogener Hinsicht eingegliedert. Ein Produktmanager ist vor allem Koordinator für Produktion und Absatz des von ihm betreuten Produkts, während die fachlich richtige Durchführung der Aufgaben den Leitern der Funktionsstellen obliegt. *Eversheim*

Literatur: *Eversheim, W.:* Organisation in der Produktionstechnik. Bd. 1. Düsseldorf 1981. – *Frese, E.:* Grundlagen der Organisation. Wiesbaden 1984.

**Organunterstützungssystem** →Leberunterstützungsytem, →künstliche Niere

**Osmose, umgekehrte** →Umkehrosmose

**Ovalrohrstrahlmühle.** Die O. hat ein eiförmig gebogenes Rohr als Mahlraum. Das Mahlgut wird seitlich mit einem Injektor zugeführt. Am unteren Umlenkbogen sind Düsen in den Mahlraum gerichtet, aus denen Gas- oder Heißdampfstrahlen mit großer Geschwindigkeit austreten. Die hohe Relativgeschwindigkeit zwischen Aufgabegut und den Treibstrahlen führt zu einer Mahlwirkung. Die Strömung läuft im Ovalrohr um und wird am oberen Ende über eine scharfe Umlenkung abgeführt. Hier findet eine Sichtung des Mahlguts statt. Während die fein gemahlenen Teilchen der Strömungsumlenkung folgend ausgetragen werden, verbleiben die groben, schlecht vermahlenen Partikel so lange im Mahlraum, bis sie nach weiteren Umläufen die nötige Feinheit erhalten (Bild). *Würtz*

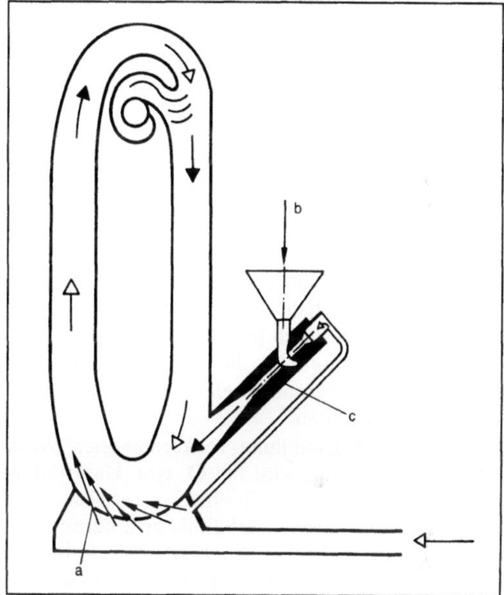

*Ovalrohrstrahlmühle: Jet-O-Mizer.*

a Mahlluftdüsen, b Produkt, c Injektor

Literatur: *Höffl:* Zerkleinerung. Berlin, Heidelberg, New York.

**Oxalat-Verfahren.** Für hochlegierte Stähle und Heizleiterlegierungen sind die bekannten Phosphatierungsverfahren nicht geeignet, da diese Bäder zu wenig aggressiv sind. Für die Deckschichtbildung auf solchen Werkstoffen nutzt man die geringe Löslichkeit des Eisen-(II)-Oxalat. Der tatsächliche Reaktionsverlauf ist sehr komplex und teilweise noch nicht exakt erforscht. Azidität, Konzentration und Arbeitstemperatur des Bads müssen in engen Toleranzen eingehalten werden, damit festhaftende, gleichmäßige Deckschichten erreicht und andererseits staubförmige Ablagerungen und Badschlamm vermieden werden.

Die abgeschiedene grüngelbe Schicht besteht aus Eisen-(II)-Oxalat $Fe[COO]_2 \cdot H_2O$. Sie ist bis etwa 140 °C temperaturstabil. Obwohl bei längerem

Erwärmen oberhalb dieser Temperaturgrenze ein Zersetzen in Eisenoxid und CO bzw. $CO_2$ stattfindet, hat die Praxis ergeben, daß bei der Kaltformung kurzzeitig auftretende Temperaturspitzen die Wirksamkeit der Schicht nicht beeinflussen. Gute Zieherergebnisse mit Eisenoxalatschichten werden aber nur erreicht, wenn diese absolut trocken sind. Das gilt auch für eine Nachbehandlung mit seifenhaltigen Produkten.

Von der Oxalierung kann man folgende Vorteile erwarten: höhere Ziehgeschwindigkeit bei stärkeren Querschnittsreduktionen, erhöhte Werkzeugstandzeit, geringerer Ausschuß durch Vermeidung von Rattermarken, Riefen und Materialabrissen, Einsparung von Zwischenglühungen. Dafür muß allerdings eine verhältnismäßig große Oberflächenrauhigkeit des gezogenen Materials (nach der Reinigung sichtbar) in Kauf genommen werden. *Doliwa*

Literatur: *Schwarz, G. K.:* Chemische Oberflächenbehandlung für die Kaltumformung. Fachber. für Oberflächentechnik (1968) Nr. 4.

**Oxidkeramik.** Aus reinen, meist hochschmelzenden Oxiden oder Oxidverbindungen gesinterte Werkstoffe mit einem glasphasenfreien Gefüge. Sie zeichnen sich durch ihre Hochtemperaturbeständigkeit aus, ergänzt durch hohe Festigkeit sowie Korrosionsbeständigkeit im dichtgesinterten Zustand und/oder durch besondere elektrische bzw. magnetische Eigenschaften.

Analog der Einteilung tonkeramischer Werkstoffe (→Keramik) wird bei O. eine Unterteilung nach der Größe der Gefügeelemente und den vorliegenden Porositätsverhältnissen unternommen (grob/fein, porös/dicht). Allen gemeinsam ist, daß durch den Wegfall einer Glasphase die individuellen Kristalleigenschaften das Werkstoffverhalten betonen.

Im Gegensatz zur Formgebung von tonkeramischen Produkten zeigen feinstgemahlene Oxidpulver im mit Wasser angeteigten Zustand keine Bildsamkeit. Man geht deshalb auf das Trockenpressen oder das Schlickergießen über, oder es werden dem angefeuchteten Oxidpulver organische Plastifizierungsmittel hinzugesetzt, die eine Formgebung mit z. B. einer Strangpresse ermöglichen. Bei den Brenntemperaturen besteht wegen der individuellen Eigenschaften der in Festkörperreaktionen zu sinternden Oxide eine empirische Beziehung zu dem Schmelzpunkt des Materials. Die eigentliche Temperaturprogrammierung des Brandes wird jedoch stets dem gewünschten Gefügeaufbau des Werkstoffs und somit dessen Eigenschaften angepaßt (dicht, porös usw.).

Folgend werden einige der wichtigsten O. in ihren Eigenschaften beschrieben:

□ Aluminiumoxid-Keramik: Wichtigster Vertreter oxidkeramischer Werkstoffe. Durch optimierte Herstellungsverfahren lassen sich Produkte mit ausgezeichneten Eigenschaften für ein weitgefächertes Anwendungsfeld herstellen. Ein dichtgesintertes Material zeichnet sich durch hohe Festigkeit, Härte, Verschleißfestigkeit, Temperatur- und Korrosionsbeständigkeit aus. Bei hoher Reinheit des Werkstoffs kann er unter mäßigen mechanischen Belastungen bei Temperaturen bis zu 1 800 °C eingesetzt werden. Neben hervorragenden elektrischen Isolationseigenschaften zeigt $Al_2O_3$-Keramik eine gute Wärmeleitfähigkeit und findet daher u. a. als Substratwerkstoff in der Chip-Herstellung Anwendung.

□ Zirconiumdioxid-Keramik: $ZrO_2$-Keramiken erfahren eine rasante Entwicklung und Einsatzmöglichkeit aufbauend auf arttypischem, festigkeitssteigerndem Effekt der Umwandlungsverstärkung. Bei geeignetem Gefügeaufbau können bestimmte $ZrO_2$-Werkstoffe extrem hohe Festigkeiten von 2000 MPa erreichen. Weitere wichtige elektrische Sondereigenschaft ist die durch Sauerstoffionen-Leitfähigkeit bedingte Anwendung als Festkörperelektrolyt z. B. als Lambdasonde.

□ Titanoxidhaltige Keramik: Mehr oder weniger hohe Anteile an $TiO_2$ bis zum reinen gesinterten Rutil ($TiO_2$) mit Haupteinsatz in der Elektrotechnik (Bariumtitanat, PZT-Keramik), aber auch im feinkörnigen Zustand als Fadenführer in der Textiltechnik. Aluminiumtitanat-Keramiken finden Anwendung als thermischer Isolationswerkstoff als Innenauskleidung von Portlinern.

□ Magnesiumoxid-Keramik einschl. MgAl-Spinellkeramik: Meist in hoher Reinheit (98–99 % MgO bzw. $MgAl_2O_4$) in poröser oder gasdichter Form hergestellt. Besondere Eigenschaften sind gute elektrische Isolierfähigkeit und gute Wärmeleitfähigkeit. Typisch ist der Einsatz als Tiegelmaterial für basische Schmelzen, Spinellkeramiken für Leichtmetallschmelzen.

□ Weitere oxidische Sinterkeramik: Im Prinzip ist es möglich, aus jedem Oxidpulver durch Sintern einen Werkstoff zu synthetisieren, sofern ein geeigneter Temperaturbereich unter Ausschluß von thermischer Zersetzung gefunden werden kann.

*Hesse/Hennicke*

Literatur: *Cockayne, B.,* u. *D. W. Jones* (Hrsg.): Modern Oxide Materials – Preparation, Properties and Device Application. London, New York 1972. – *Petzold, A.,* u. *J. Ulbricht:* Tonerde und Tonerdewerkstoffe. Leipzig 1984. – *Singer, F.,* u. *S. S. Singer:* Industrial Ceramics. London 1963. – *Stevens, R.:* Zirconia and Zirconia Ceramics – An Introduction to Zirconia. 2. Aufl. 1986.

**Oxygenator.** Unter einem O. versteht man ein technisches Gerät, das die Funktion der Lunge zumindest partiell und temporär ersetzen kann. Neben den Blutpumpen sind derartige Geräte Hauptbestand der Herz-Lungen-Maschinen.

Nach vielfältigen experimentellen Entwicklungen haben sich heute zwei konzeptionell unterschiedliche Typen von O. durchgesetzt, der Bubble (Blasen)- und der Membran-O. Die letzteren kamen Ende der 60er Jahre auf Grund der damals erstmals verfügbaren verbesserten Membranen aus dem experimentellen Stadium heraus. Ältere Konstruktionen wie Scheiben- und Film-O. haben heute keine Bedeutung mehr; ebensowenig die Flüssig-O., die nach einem vielversprechenden Entwicklungsbeginn nicht bis zur klinischen Reife gebracht werden konnten. Da das Konzept sehr interessant ist, sei hier kurz darauf eingegangen: Beim Flüssig-O. wird als Sauerstoffträger nicht Gas, sondern ein Fluorcarbon (z. B. FC 43 Perfluortributylamin $C_{12}F_{27}N$) benutzt. Dieses Fluorcarbon ($\gamma = 1,9$ g/cm$^3$) hat ein Sauerstofflösungsvermögen von rd. 35 % Volumengehalt ($H_2O \approx 0,5\%$, Blut $\approx 20\%$). Es vermischt sich nicht mit wäßrigen Flüssigkeiten, ist biochemisch inert und zeigt fast keine pharmakologische Toxizität. Zur Oxygenierung wird es fein verteilt mit dem Blut in Kontakt gebracht. Durch die höhere Dichte des FC kann wieder entmischt werden. Die Gasaustauschleistung war ausreichend hoch. Gescheitert ist der Einsatz dieses Oxygenatortyps bisher daran, daß es nicht gelang, Mikro-FC-Tröpfchen aus dem abströmenden, aufoxygenierten Blut zu entfernen. *Stroh*

# P

**Packung.** In der Verfahrenstechnik werden P. zur Erzeugung von großen Stoffaustauschflächen zwischen einer Flüssigkeit und einem Gas verwendet. Die Oberfläche der P. ist mit einem Flüssigkeitsfilm überzogen. Wegen der geringen Herstellkosten setzt man vorwiegend ungeordnete P. in Form von Füllkörpern zur Vakuumdestillation, →Absorption und Extraktion ein. Die Verbreitung von geordneten P. nimmt wegen ihres geringen Druckverlusts bei gleichzeitiger hoher Trennleistung bei speziellen Anwendungsfällen zu (→Packungskolonne, →Füllkörperkolonne). *Dohrn*

**Packung, geordnete.** G. P. werden in der Verfahrenstechnik eingesetzt, wenn ein kleiner Druckverlust oder eine große Anzahl theoretischer Böden gefordert ist (z. B. zur Vakuumdestillation und zur →Absorption). Man kann geordnete P. danach unterscheiden, ob die flüssige Phase als geschlossener Film vorliegt (z. B. Sulzer-P., Mellapak, Pyrapak, Montz-P.), teilweise zu Tropfen dispergiert ist (Perform-Grid-P., Impulsp., Rombopak, Ralu-Pak) oder ausschließlich in Form von Tropfen vorliegt (Spraypak).

Bei P. mit einem Filmregime wie die Sulzer-P. sind die oberflächenbildenden →Einbauten vorwiegend vertikal angebracht. Als Materialien werden Metallgewebe, Kunststoff, Streckmetall oder Blech verwendet. Das Bild zeigt einen Ausschnitt aus einer P.

Perform-Grid-P. werden aus formperforiertem Metall hergestellt. Die horizontalen P.-Lagen sind

*Packung, geordnete: Mellapack. (Quelle: Sulzer-Escher Wyss AG, Zürich)*

im spitzen Winkel zueinander versetzt übereinander angeordnet. Durch die gleichzeitige Bildung von einem Film- und einem Tropfenregime ist die Phasengrenzfläche zwischen Gas und Flüssigkeit im Gegensatz zu vertikal strukturierten P. weit größer als die Oberfläche der P. Bei Perform-Grid-P. ist die konstruktive spezifische Oberfläche mit 30–50 m$^2$/ m$^3$ relativ klein, das Lückenvolumen (0,993), der hydraulische Durchmesser (140–190 mm) und die Masse (20–30 kg/m$^3$) günstig. Vergleichsweise dazu hat die vertikalstrukturierte Mellapak-250Y-P. eine große konstruktive spezifische Oberfläche (700 m$^2$/ m$^3$), ein geringeres Lückenvolumen (0,85), einen kleinen hydraulischen Durchmesser (7 mm) und eine große Masse (350 kg/m$^3$).

Wegen des geringen Druckverlustes eignen sich g. P. besonders gut zur Vakuumdestillation, z. B. von atmosphärischem und Visbreakerrückstand bei der Erdölverarbeitung. *Dohrn*

Literatur: *Perry, R. E.,* u. *D. W. Green*: Perry's Chemical Engineers' Handb. 6. Aufl. New York 1984. – Verfahrenstechnische Berechnungsmethoden. Tl. 2: Thermisches Trennen. Hrsg. *S. Weiß* et al. Weinheim 1986.

**Packungskolonne.** In P. geschieht der Stoffaustausch zwischen einer herabströmenden Flüssigkeit und einem aufsteigendem Gas nicht stufenweise wie in Bodenkolonnen, sondern kontinuierlich auf einer von der Flüssigkeit benetzten Packung, die einen großen Teil der Kolonne ausfüllt. Man unterscheidet zwischen geordneten und ungeordneten Packungen. Letztere sind billiger und werden deshalb häufiger verwendet (→Füllkörperkolonne). In der letzten Zeit setzt man vermehrt geordnete Packungen ein, z. B. wenn ein kleiner Druckverlust (Vakuumdestillation) oder eine große theoretische Bodenzahl gefordert ist. Das Bild zeigt den prinzipiellen Aufbau einer Kolonne mit geordneten Packungselementen (Sulzer-Packung). Durch den Ausbau der bisherigen Kolonneneinbauten (Böden, →Füllkörper) und den Einbau von geordneten Packungen ist es möglich, die Trennleistung einer Kolonne erheblich zu erhöhen, ohne daß eine neue Kolonne gebaut werden muß. Allerdings sind die Investitionskosten von geordneten Packungen relativ hoch.

P. können zur Vakuumdestillation, zur →Absorption, zur Flüssig-Flüssig-Extraktion (→Extrahieren), zur →Gasextraktion und zur Wärmeübertragung zwischen einem Gas und einer Flüssigkeit angewendet werden. *Dohrn*

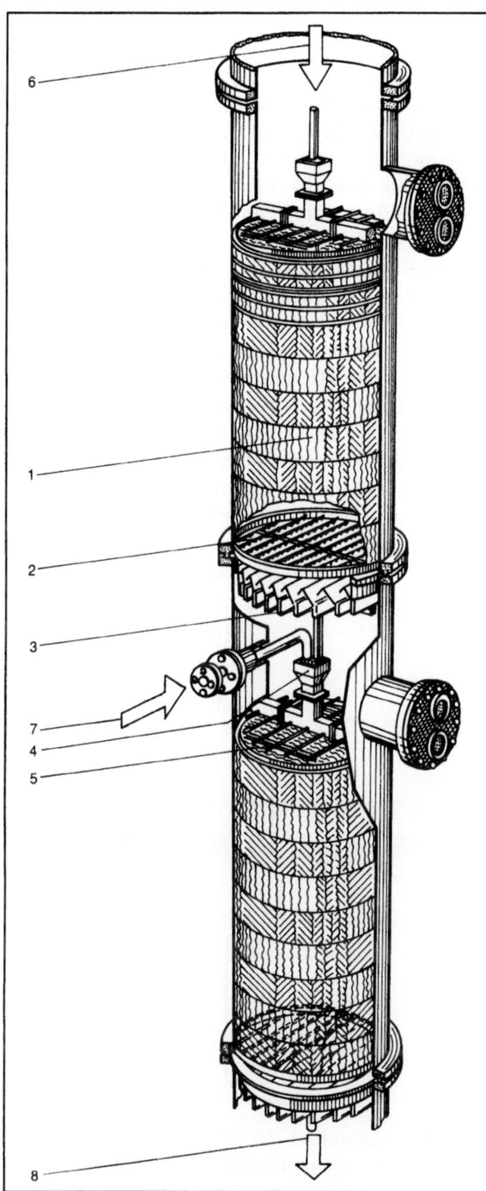

*Packungskolonne: Prinzipieller Aufbau einer Kolonne mit geordneten Packungselementen. (Quelle: Sulzer AG, Winterthur)*

1 Packungen in verschiedenen Typen und diversen Materialien, 2 Auflagerost für die Packung, 3 Flüssigkeitssammler, 4 Zulaufrohr zum Verteiler, 5 Röhrenverteiler für Rücklauf auf Niederhalterost, 6 Rücklauf aus Kondensator, 7 Zulauf, 8 Sumpfprodukt

Literatur: *Mersmann, A.,* u. *A. Deixler*: Packungskolonnen. Chem.-Ing.-Techn. 58 (1986) Nr. 1, S. 19/31. – Verfahrenstechnische Berechnungsmethoden. Tl. 2: Thermisches Trennen. Hrsg. *S. Weiß* et al. Weinheim 1986.

**Pallring.** Der P. ist ein ringförmiger →Füllkörper mit Innenstegen und Wanddurchbrüchen. Im Ver-

gleich zu einem →Raschig-Ring mit den gleichen äußeren Abmessungen ist die spezifische Oberfläche um 10–25% größer. Die Schüttdichten (500 bis 800 kg/m$^3$ bei Steinzeug) und der Volumenbedarf sind nahezu gleich groß. Ein weiterer Vorteil im Vergleich zu den Raschig-Ringen ist die geringere Neigung zur →Randgängigkeit.          *Dohrn*

**Papier.** P., Karton und Pappen werden aus Holz- und Einjahrespflanzenfasern unter Verwendung verschiedener Zuschlagstoffe hergestellt. Ob ein solches flächiges Fasergebilde als P., Karton oder Pappe zu bezeichnen ist, hängt von dem Herstellungsverfahren, vom Quadratmetergewicht und der Dichte ab. Als P. bezeichnet man einlagig hergestellte Produkte, mit einem Quadratmetergewicht zwischen 8 und 150 g. Die Dichte liegt bei etwa 0,7–1,5 g/cm$^3$.

Kartons und Pappen sind mehrlagig hergestellte Produkte, deren Einzellage nach der Blattbildung im feuchten Zustand zu einer Karton- und Pappenbahn zusammengepreßt (gegautscht) werden. Karton unterscheidet sich wiederum von der Pappe durch das niedrigere Quadratmetergewicht im Bereich von 250–450 g sowie einer Dichte, die zwischen den sehr niedrigen von Pappen ($\leq 0,3$ g/cm$^3$) und dem von P. liegt. Pappen haben ein Quadratmetergewicht von über 600 g.

Die Eigenschaften von P., Karton und Pappen hängen ganz wesentlich von den zur Herstellung verwendeten Faserstoffen ab. Die Gewinnung dieser Fasern aus Holz oder Einjahrespflanzen kann durch eine mechanische Zerfaserung dieser Rohmaterialien auf Steinschleifern oder in Refinern erfolgen, zum anderen auf chemischem Wege durch Herauslösen des Lignins und auch teilweise der Hemicellulosen aus dem Faserrohstoff, wobei das Gewebe seinen Zusammenhalt verliert. Die mechanisch gewonnenen, ligninreichen Faserstoffe bezeichnet man als Holzstoffe, die ligninfreien als Zellstoffe. Der Zusammenhalt der Fasern im P. beruht in erster Linie auf Wasserstoffbrücken, die sich zwischen den OH-Gruppen und Carboxylgruppen von Kohlenhydraten ausbilden können. Die Anwesenheit von hydrophobem Lignin in der Faser mindert ihre Bindungsfähigkeit und führt daher zu geringeren Festigkeiten. Außerdem ist der Weißgrad und die Weißgradstabilität von ligninhaltigen Faserprodukten gering. Man bezeichnet sie auch als holzhaltig im Gegensatz zu holzfreien, die aus delignifiziertem Fasermaterial bestehen.

Zur Herstellung von P., Karton und Pappen müssen die Fasern mehr oder weniger intensiv mechanisch umgeformt werden, um in erster Linie ihre Bindungskapazität zu verbessern. Anschließend werden die Fasern mit Zuschlagstoffen versehen. Dies können anorganische Füllstoffe, wie z. B. Kaolin, Kreide oder Titandioxid sein. Sie verbessern die Weichheit der P.-Oberfläche, ihre Geschlossenheit und Bedruckbarkeit und erhöhen die Opazität (Lichtundurchlässigkeit). Zur Verbesserung der Faserbindung und der Tintenfestigkeit von P. können Leime zugesetzt werden. Als weitere Komponenten können Farbstoffe beigemischt werden.

Fasersuspensionen mit Zuschlagstoffen werden bei einer Konzentration von unterhalb 1 % gleichmäßig auf ein laufendes Sieb aufgetragen. Dabei findet die Blattbildung durch Entwässerung der Fasersuspension durch das Sieb statt. Bei einer Feststoffkonzentration von 20–25 % wird das Fasergefüge vom Sieb abgenommen und auf einer Filzauflage durch Pressen geführt. Die letzte Stufe der Trocknung findet durch Kontakttrocknung auf dampfbeheizten Stahlzylindern statt.

Die Herstellung von Pappen und Karton unterscheidet sich von der P.-Herstellung in erster Linie dadurch, daß mehrere Blattbildungssysteme in einer Maschine angeordnet sind und die einzelnen P.-Bahnen im nassen Zustand zu einer Bahn zusammengegautscht werden. Auf diese Weise entsteht ein mehrlagiges Produkt. *Patt*

Literatur: *Casey, J. P.:* Pulp and Paper. Chemistry and Chemical Technology. Bd. II. New York, Chichester 1980. – *Hoyer, D.:* Handb. Karton- und Pappenherstellung. Leipzig 1973.

**Parallelreaktion.** Meist unerwünschte Nebenreaktion (→Reaktion, komplexe) bei einer chemischen Umsetzung, wobei die Edukte in einer anderen, parallel ablaufenden Reaktion zu unerwünschten Produkten reagieren. Beispielsweise ist beim Erzeugen von Ethylenoxid ($C_2H_4O$) durch Direktoxidation von Ethylen ($C_2H_4$) mit Sauerstoff ($O_2$)

$$C_2H_4 + 1/2\ O_2 \rightarrow C_2H_4O$$

die vollständige Oxidation (Verbrennung) von Ethylen zu Kohlendioxid ($CO_2$) und Wasser ($H_2O$)

$$C_2H_4 + 3\ O_2 \rightarrow 2\ CO_2 + 2\ H_2O$$

eine Parallelreaktion. *Onken*

**Parallelschaltung.** Wird ein Zulaufstrom aufgeteilt, so daß er gleichzeitig in mehrere verfahrenstechnische Apparate bzw. Maschinen gleicher Funktion fließt, so sind die Apparate bzw. Maschinen parallel geschaltet. Mehrstufige Verdampferanlagen können parallel geschaltet werden. Die Brüden der Stufe 1 dienen zum Beheizen der Stufe 2 usw. Aber allen Verdampfern wird der gleiche →Zulauf zugeführt. Durch eine P. läßt sich die Durchsatzmenge erhöhen. Dafür kann aber bei einer Reihenschaltung eine größere Produkteinheit erzielt werden. *Dohrn*

**Partialkondensation.** Die P. ist ein Verfahren zur Anreicherung eines Gemischdampfes mit leichtflüchtigen Komponenten, in dem Wärme abgeführt wird und schwersiedende Bestandteile aus dem Dampf ausfallen und in die flüssige Phase übergehen (→Kondensieren). Beim →Destillieren kann die P. durch einen Dephlegmator zur Anreicherung des Dampfes angewendet werden. Der Dephlegmator kondensiert nur die Flüssigkeitsmenge, die als →Rückfluß benötigt wird. Der Anteil der leichtflüchtigen Bestandteile im Restdampf ist gestiegen. Diese Anreicherung wächst mit steigendem →Rückflußverhältnis.

Die P. kann auch in Verbindung mit einem chemischen Reaktor verwendet werden. Das bei der Siedekühlung im Reaktor entstehende Dampfgemisch wird im →Gegenstrom zum kalten →Zulauf geführt (Bild). Durch Wärmeabfuhr an den Zulauf kondensiert ein Teil des Dampfes und strömt zusammen mit dem vorgewärmten Zulauf in den Reaktor zurück. Auf diese Weise werden aus der Reaktionsmasse kontinuierlich leichtflüchtige Bestandteile entfernt und der Zulauf bei einem guten Wärmeübergang vorgewärmt. *Dohrn*

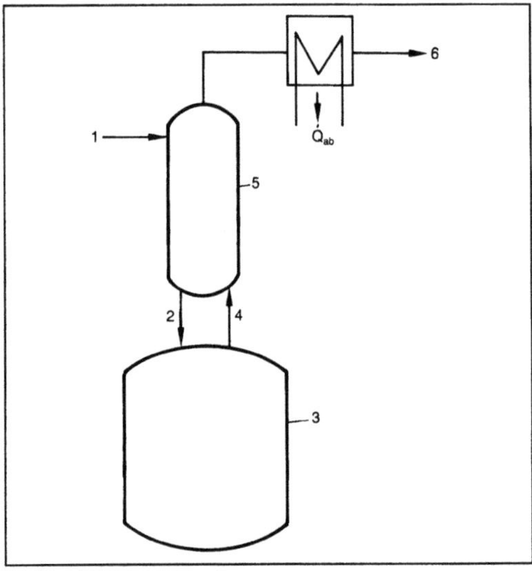


*Partialkondensation: Partialkondensator in Verbindung mit einem chemischen Reaktor.*

1 Zulauf, 2 vorgewärmter Zulauf, 3 Reaktor, 4 Dampfgemisch (Reaktionsprodukte), 5 Partialkondensator (Gegenstrom-Direktkondensationskolonne), 6 kondensierte Reaktionsprodukte

Literatur: *Billet, R.:* Die industrielle Destillation. Weinheim. – *Rennhack, R.,* u. *R. Numrich:* Die Auslegung von Kühlerkondensatoren zur partiellen Kondensation von Dämpfen aus strömenden Gas/Dampf-Gemischen. Chem.-Ing.-Techn. 57 (1985) Nr. 4, S. 278/89.

**Partikelaerodynamik.** Sie berechnet den Strömungswiderstand von Partikeln unterschiedlicher Form, Größe und Dichte in beliebigen Strömungen:

$$W = c_w\, \frac{\pi}{4} d^2\, \frac{\varrho_L}{2}\, (v - c)^2,$$

mit Verwendung dreigliedriger Näherungsgesetze für den Verlauf des Widerstandsbeiwerts $c_w$ (Re4), mit v als Strömungs- und c als Partikelgeschwindigkeit:

$$Re = \frac{(v-c)d}{v}.$$

Es gilt:

$$C_w = \frac{A}{Re} + \frac{B}{\sqrt{Re}} + C,$$

wobei für kompakte Partikel die Konstanten A, B, C 21,5, 7,5 und 0,5 sind.

Der $c_w$(Re)-Verlauf wird über kleine Teilbereiche von einer halben bis einer Zehnerpotenz in Re mit

$$C_w = \frac{K}{Re^k}$$

linearisiert. Die Konstanten k und K sind dann berechenbar.

Wenn man, wie bei den Mehrphasenströmungen allgemein üblich, den Strömungswiderstand mit der →Sinkgeschwindigkeit berechnet, gilt wesentlich genauer als dort in jedem Bereich des $c_W$(Re)-Verlaufs:

$$w_{S0} = \left( \frac{4/3 \, (\Delta\varrho_{S,L} \, g) \, d^{1+k}}{K\eta_L^k \, \varrho_L^{1-k}} \right)^{\frac{1}{2-k}} .$$

*Muschelknautz*

**Partikel-Volumen-Analyse.** Volumenverteilungskurven spielen in der mechanischen Verfahrenstechnik z. B. zum Erfassen der Korngrößenverteilung eine bedeutende Rolle. Die Größenbestimmung der Teilchen kann dabei durch →Siebanalyse, durch lichtoptische Methoden oder elektrische Widerstandsmessungen erfolgen.

In der klinischen Medizin wächst das Interesse an Zellvolumenverteilungskurven von Thrombozyten (Blutplättchen), Erythrozyten (rote Blutkörperchen) und Leukozyten (weiße Blutkörperchen) auf Grund neuerer Erkenntnisse im Zusammenhang mit Herz-Kreislauf-Erkrankungen. Dabei werden in der Medizin die lichtoptischen Methoden immer mehr von der von *Coulter* eingeführten, auf dem Prinzip der elektrischen Widerstandsmessung beruhenden, elektronischen P.-V.-A. verdrängt. Das Verfahren ist im Bild schematisch dargestellt.

Zwei mit einer Elektrolytlösung gefüllte Kammern sind durch eine Meßöffnung miteinander verbunden. Eine Druckdifferenz zwischen den beiden Kammern führt zu einem Flüssigkeitsstrom in der Meßöffnung. Ein mit der zu untersuchenden Suspension gefülltes Röhrchen wird so vor der Meßöffnung angeordnet, daß die Suspension mit dem Flüssigkeitsstrom durch die Öffnung hindurchtritt. Legt man nun zwischen den beiden Kammern eine Spannung an, so fließt in

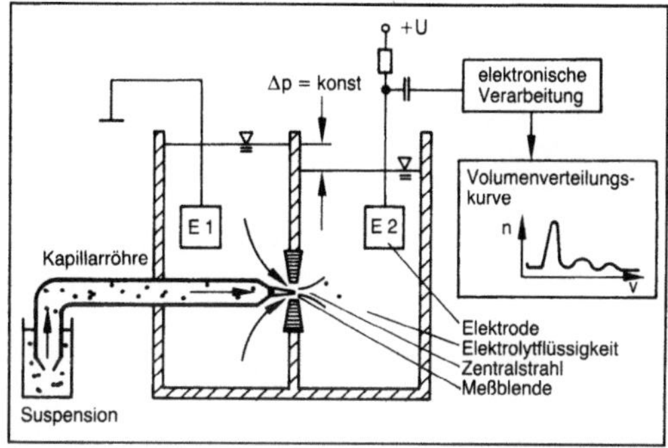


*Partikel-Volumen-Analyse: Schematischer Aufbau eines elektronischen Partikel-Volumen-Analyse-Geräts.*

der Meßöffnung ein elektrischer Strom, der sich impulsartig ändert, wenn ein elektrisch nichtleitendes Partikel der Suspension die Meßöffnung passiert. Der entstehende Impuls ist dem Partikelvolumen proportional und kann in einem Vielkanalimpulshöhenanalysator abgespeichert werden. Obwohl die Blutzellen selbst mit Elektrolyt gefüllt sind, ist der elektrische Widerstand der Zellmembran trotz ihrer unter 10 nm liegenden Wanddicke so hoch, daß die Zellen näherungsweise als Nichtleiter angesehen werden können.

Folgende Vorteile haben der auch als Coulter-Counter-Methode bekannten elektronischen P.-V.-A. in der klinischen Medizin zur weiten Verbreitung verholfen:

☐ Die Bewertung der Teilchengröße nach ihrem Volumen ist im Gegensatz zu zweidimensionalen optischen Bestimmungen weit weniger von der Orientierung nicht-kugelförmiger Partikel abhängig.

☐ Die Teilchenvolumenangabe einer Dispersion ermöglicht bei gleicher Klassierung eine höhere Präzision als die Bestimmung des Teilchendurchmessers, was bei der geringen Streuung biologischer Teilchen ein Vorteil ist.

☐ Die Methode erlaubt das Erfassen sehr niedriger Teilchenkonzentrationen, wie sie anderen Methoden nicht mehr zugänglich ist.

☐ Die Meßerfassung und -verarbeitung geschieht mit einer sehr hohen Geschwindigkeit von bis zu 5000 Teilchen/s.

Daraus resultiert, daß die elektronische P.-V.-A. es erlaubt, in kurzer Zeit Anzahl und mittleres Volumen der verschiedenen Zellen zu bestimmen. Bei Erythrozyten ergibt das Produkt aus Anzahl und mittlerem Zellvolumen den Hämatokrit, eine wichtige Größe, insbes. bei Herz-Kreislauf-Erkrankungen. Im gleichen Zusammenhang lassen sich Aggregationsphänomene bei Blutzellen nachweisen. Blut mit pathologisch erhöhter Erythrozytenaggregationsneigung weist in der P.-V.-A. neben dem großen Hauptpeak der Einzelerythrozyten weitere Peaks bei doppeltem, dreifachem usw. Volumen auf, die auf entsprechende Erythrozytenaggregate hinweisen. *Chmiel*

Literatur: *Chmiel, H., I. Anadere, E. Walitza u. S. Witte:* The measurement of density and its significance in blood rheology. Biorheology 20 (1983), S. 685.

**Passieren.** Verfahrensschritt bei der Verarbeitung von Obst und Gemüse zu Mark oder zu natürlichen Obst-, Frucht- und Gemüsesäften, wobei das reine Fruchtfleisch von Kernen, Samen, Kerngehäusen, Stielen, Schalenbestandteilen u. ä. getrennt wird. Das gewaschene, z. T. auch gedämpfte, gekochte oder mazerierte, mechanisch vorzerkleinerte Rohmaterial wird in speziellen Passiermaschinen mit Hilfe von schneckenförmigen Einbauten, rotierenden Messern, Leisten oder Schlagstäben (Reibpassiermaschinen) oder im Zentrifugalfeld, unterstützt von Schlagstäben (Zentrifugal-Passiermaschinen), durch gewölbte Flächen oder Zylinder aus Siebgewebe oder Lochbleche gedrückt. Häufig durchläuft das Material zwei bis drei hintereinander geschaltete Stufen mit kleiner werdenden Lochdurchmessern (1,2 mm; 0,6–0,8 mm; 0,4 mm). Dabei findet sowohl eine Zerkleinerung des Gewebes als auch eine Trennung statt. Das Mark tritt durch die Löcher und wird unterhalb der Bleche in Sammelbehältern oder -rinnen aufgefangen und in die nächste Stufe bzw. zur Weiterverarbeitung befördert, während die abzutrennenden groben Bestandteile auf den Lochblechen zurückbleiben. Sie müssen kontinuierlich oder in regelmäßigen Abständen entfernt werden und gelangen häufig in die Tierfütterung. Die Ausbeute beim Passieren von vorbehandelter Frucht- bzw. Gemüsemaische zeigt die Tabelle. Im Vergleich zum Pressen liegen die Ausbeuten beim P. z. T. recht deutlich höher. *Kerner/Loncin*

*Passieren. Tabelle: Ausbeuten beim Passieren verschiedener Obst- und Gemüsearten.*

| Maische | Mark % | Abfälle % |
|---|---|---|
| Pfirsiche | 75–80 | 20–25 |
| Aprikosen | 78–80 | 20–22 |
| Pflaumen | 80–85 | 15–20 |
| Birnen | 85–90 | 10–15 |
| Beerenobst | 90–95 | 5–10 |
| Paprika | 75–80 | 20–25 |
| Sellerie | 85–90 | 10–15 |
| Spinat | 85–95 | 5–15 |
| rote Bete | 90–95 | 5–10 |
| Karotten | 90–95 | 5–10 |
| Tomaten | 93–95 | 5– 7 |

Literatur: *Schobinger, U.:* Frucht- und Gemüsesäfte. Stuttgart 1978.

**Passivkraft** →Zerspankraft, →Zerspankraft, spezifische, →Kienzle-Gleichung

**Paste.** P. entstehen durch Zumischen hoher, pulveriger Feststoffanteile in Flüssigkeiten. Der Übergang von einer viskosen Suspension zu einer P. hängt von der Art und Konzentration des zugemischten Feststoffs ab. Je feiner der Feststoff, desto niedriger ist der Feststoffgehalt, bei dem die breiige Konsistenz einer P. auftritt. Neben viskosen Eigenschaften besitzen P. die Plastizität weicher Festkörper. Unterhalb einer bestimmten Belastungsgrenze zeigen sie jedoch elastisches Verhalten. Derartige Stoffe bezeichnet man als Bingham-Medien. Sie sind bei Zahnpasta und ähnlichen Stoffen zu finden. *Würtz*

**Pasteurisieren.** Wärmebehandlung von Lebensmitteln mit dem Ziel, einen Großteil der im Gut vorhandenen Mikroorganismen, insbes. aber der pathogenen, nicht sporenbildenden Mikroorganismen (z. B. Staphylococcus aureus, Aspergillus flavus, Penicillium urticae) abzutöten. Sporen von Bakterien (z. B. von Bacillus cereus, Clostridium botulinum) werden dabei in der Regel nicht abgetötet. Ein weiteres Ziel des P. ist das Inaktivieren von sowohl zelleigenen als auch mikrobiell entstandenen Enzymen. Die beim P. verwendeten Temperaturen liegen prinzipiell unterhalb 100 °C. Häufig unterscheidet man das Hocherhitzen auf mindestens 85 °C (8–16 s), das Kurzzeiterhitzen auf 71–74 °C (30–40 s) sowie das Dauererhitzen auf 62–65 °C (ca. 30 min). Letzteres Verfahren wird wegen der langen Haltezeiten (Produktschädigung) nur noch selten angewandt (z. B. bei Milch für die Käsegewinnung).

Neben dem chargenweisen P. in Rührkesseln findet das P. von fluiden Produkten häufig in Platten- oder Röhrenwärmeübertragern, in Kratzwärmeübertragern (pastöse Produkte) oder durch direkte Dampfeinspritzung statt. Bei diesen kontinuierlichen Verfahren ist die Kenntnis der Verweilzeit des Produkts in der Pasteurisieranlage sowie der Streuung der Verweilzeit zur Berechnung des Pasteurisiereffekts erforderlich.

Pasteurisiert werden hauptsächlich Milch, Bier, Obst- und Gemüsesäfte, Sauergemüse sowie Fleischhalbkonserven.

Gegenüber dem →Sterilisieren wird i. a. beim P. zugunsten einer besseren Qualitätserhaltung eine wesentlich geringere Haltbarkeitsverlängerung erzielt. Bei Sauerkonserven mit einem pH-Wert < 4,5, unterhalb dessen hitzestabile Sporenbildner nicht wachsen können, reicht das P. jedoch aus, um eine praktische Sterilität zu erreichen.

Neben der thermischen Behandlung können Mikroorganismen lediglich durch Einsatz von Bakteriziden und →Bestrahlung wirkungsvoll abgetötet bzw. durch →Sterilfiltration reduziert werden. *Kerner/Loncin*

Literatur: *Loncin, M.:* Die Grundlagen der Verfahrenstechnik in der Lebensmittelindustrie. Aarau, Frankfurt/M. 1969. –

*Rao, M., u. M. Loncin:* Residence Time Distribution and its Role in Continuous Pasteurisation. Lebensmittel-Wiss. und Technol. 7 (1974) Nr. 1. – *Šavel, J.:* Grundlagen der Pasteurisation. Brauwiss. 27 (1974) Nr. 2.

**Patronenfilter** →Filterkerze

**Pausendauer** →Funkenerosion

**Pelletieren (Urformen).** Agglomerierverfahren wie das Aufbau-P. werden vermehrt für die Vergrößerung staubförmiger Produkte oder die Verfestigung von Schlämmen eingesetzt. Als Aufbau-P. bezeichnet man Pelletierverfahren, bei denen aus ungeformten, feinkörnigen, trockenen bzw. entsprechend angefeuchteten Materialien Pellets aufgebaut werden. Die zu verarbeitenden Ausgangsstoffe können als Stäube, Schlämme, Breie, Pasten oder in Form von Filterkuchen bzw. Brocken vorliegen. Neben diesen Konsistenzen sind auch Schmelzen (z. B. für die Herstellung von Aluminium-Granalien als Strahlmittel) verarbeitbar, die durch Abkühlen oder Zugabe von Feingut durch Diffusionstrocknung in Pelletform überführt werden. Zum P. nutzt man die Rollbewegung in Pelletiertrommeln oder Pelletiertellern. Durch die Aufbaupelletierung werden Endprodukte von annähernd kugeliger Form mit 0,2–30 mm Dmr. erzeugt. Die feinkugeligen Pellets bis 3 mm Dmr. finden insbes. für Preßmassen in der Keramik und Kunststoffindustrie sowie bei der Herstellung von Pharmazeutika und Pflanzenschutzmitteln, die gröberen Pellets dagegen für Produkte Anwendung, die anschließend gesintert oder deponiert werden.                          *Doliwa*

**Pendelklappe.** Man verwendet sie zum Ein- und Ausschleusen des Förderguts bei pneumatischer →Förderung oder bei Sichtern und Mühlen. Sie arbeitet mit 2 Klappen (s. Bild, rechts oben), die im Wechsel geschlossen und geöffnet sind. Somit fällt oben aufgegebenes Schüttgut bei geöffneter Oberklappe in den Zwischenraum. Öffnet die untere Klappe, fällt es weiter in den Druckraum. Weil das relativ große Volumen des Zwischenraums danach gegen den ankommenden Schüttgutstrom entspannt wird, kann man nur geringe Druckdifferenzen von ca. 0,1 bis 0,15 bar überbrücken. Durchsätze bis zu mehreren t/h.                          *Muschelknautz*

**Penetrationstheorie** →Oberflächenerneuerungstheorie

**Perforieren** →Lochen

**Perkolation.** Unter P. versteht man das Strömen eines Lösungsmittels durch eine Festkörperschicht zum Zweck der Extraktion bestimmter Komponenten aus dem Feststoff (→Feststoffextraktion).  *Brunner*

**Perkussionsbohren** →Laserabtragverfahren

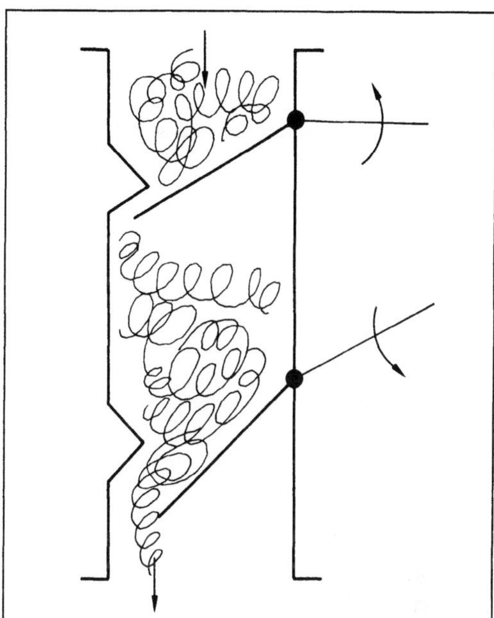

*Pendelklappe.*

**Perlit.** Gefüge von Stahl mit einer Anordnung paralleler Ferrit- und Carbidlamellen, das bei Abkühlung kohlenstoffhaltiger Stähle aus dem Austenitgebiet durch Doppelreaktion unterhalb der Temperatur $Ac_1$ entsteht. Die Lamellendicke nimmt mit abnehmender Umwandlungstemperatur, also zunehmender Unterkühlung zu, da die Grenzflächenenergie aus der bei der Umwandlung frei werdenden Energie gedeckt werden muß. Dicht unterhalb der Gleichgewichtstemperatur $Ac_1$ entsteht daher anomaler Stahl mit kugeligem →Carbid.                          *W. Dahl*

**Perlpolymerisation** →Polymerisationstechnik

**Perlstrahlen.** P. ist ein Kugelstrahlen, bei dem Glaskugeln als →Strahlmittel verwendet werden. Es wird angewandt, um empfindliche Werkstücke zu entgraten und zu reinigen. Anwendungsbeispiele sind das Bearbeiten von Brillengestellen oder das Entfernen von Flußmittelresten nach einem Hartlötvorgang.                          *Kenter*

**Permeation.** Als P. wird der Transport einer Substanz durch eine Membran, meist eine Polymermembran, unter dem Einfluß eines Gradienten des chemischen Potentials der permeierenden Substanz, meist eines Konzentrationsgradienten, verstanden.

Die Fähigkeit eines Stoffs, durch eine Membran transportiert zu werden, hängt von mehreren Einflüssen, vor allem Größe, Form und chemischer Natur des Stoffs, den physikalischen und chemischen Eigenschaften des Membranmaterials und den Wechselwirkungen zwischen Membranmaterial und permeierender Komponente sowie dem Einfluß zusätzlich permeierender Komponenten ab. Auf Grund der unterschiedlichen Transportgeschwindigkeit von Substanzen durch Membranen ergeben sich Konzentrationsunterschiede zwischen Permeat und Ausgangsmischung, die sich für eine Trennung, Anreicherung, Dosierung und Analyse nutzen lassen.

Als Transportmechanismus für die P. kann die Vorstellung eines gekoppelten Lösungs-Diffusions-Prozesses als Modell dienen. In der Grenzfläche Membran-Fluid werden zunächst die permeierenden Moleküle in der Membran gelöst. Auf Grund des Gradienten des chemischen Potentials der permeierenden Komponente erfolgt dann der Transport in der Membran. Dieser findet bevorzugt in den amorphen Bereichen einer Polymermembran statt. Die zwischen den Verknäuelungen der Polymere liegenden Kettensegmente bilden infolge thermischer Schwingungen temporäre, fluktuierende Hohlräume aus, die groß genug sind, um die Moleküle hindurchtreten zu lassen. Im geordneten, kristallinen Bereich sind hingegen die Polymermoleküle und ihre Segmente örtlich fixiert und behindern den Durchtritt.

Der Stoffdurchtritt durch eine Membran besteht aus drei Einzelschritten:

□ Lösen der Substanz in der Membran auf der Eintrittseite,

□ Diffusion durch die Membran,

□ Austritt der Substanz aus der Membran auf der Permeatseite.

An den Grenzflächen wird thermodynamisches Gleichgewicht (Löslichkeit) angenommen. Für die P. in der Membran sind die Gesetze der Diffusion maßgebend.

Die hierfür grundlegende Gleichung (*Fick,* 1885) lautet:

$$\frac{\partial c}{\partial t} = \frac{\partial}{\partial x} \cdot D \cdot \frac{\partial c}{\partial x},$$

mit c Konzentration, t Zeit, x Ortskoordinate, D →Diffusionskoeffizient. Dabei wird angenommen, daß der Stoffstrom einer Substanz dem Konzentrationsgradienten senkrecht zur Ortskoordinate proportional ist.

Den Diffusionskoeffizienten kann man als Leitfähigkeit für den →Stofftransport auffassen. Er ist vom Zustand des Systems und äußeren Kräften abhängig, die diesen Zustand beeinflussen. Im stationären Fall ($\partial c/\partial t = 0$) und bei konstantem Diffusionskoeffizienten kann obige Gleichung integriert werden. Der Stoffstrom j ergibt sich aus

$$j = D \cdot \frac{dc}{dx}.$$

Mit der Membrandicke z und den Konzentrationen an den Membrangrenzflächen $C_1$ und $C_2$ ergibt sich

$$j = \frac{D}{z} \int_{C_1}^{C_2} dc.$$

Bei einem linearen Verlauf der Konzentration in der Membran, wie er beispielsweise für einfache Gase angenommen werden kann, folgt

$$j = \frac{D}{z} (C_1 - C_2).$$

In diesem Fall läßt sich die Konzentration des Gases in der Membran auch durch das Henry-Gesetz beschreiben. Es ergibt sich

$$j = D \cdot H (P_2 - P_1) / z,$$

mit H Löslichkeitskoeffizient *(Henry)* und $P_1$, $P_2$ Partialdrücke der permeierenden Substanz in der Membranoberfläche. Das Produkt $D \cdot H$ ist auch als Permeabilitätskoeffizient bekannt. Die Permeabilität wird in der Einheit Barrer angegeben: 1 Barrer = $10^{-10}$ (cm$^3$(STP)·cm)/(cm$^2$·s·cm Hg). (Werte für die Permeabilität →Gaspermeation.)                    *Brunner*

**Personalbedarfsplanung.** Darunter versteht man die Festlegung von Anzahl und jeweiliger Qualifikation der Arbeitskräfte, die zur Erfüllung der Unternehmensaufgaben für einen bestimmten Zeitraum benötigt werden (auch Personalbedarfsermittlung genannt).

Zwei Methoden lassen sich unterscheiden (Bild 1). Die Kennzahlenmethode wird vorwiegend für quantifizierbare Arbeitsmengen eingesetzt (Beispiel: Bedarfsermittlung der produktiven Arbeitskräfte). Personalausfallzeiten, Automatisierungsgrad, Zeitgrad und ähnliche Faktoren werden über Kennzahlen in die Berechnung einbezogen. Zur Berücksichtigung der Arbeitsgewöhnung werden beim Anlernen neuer Arbeitskräfte bzw. Anlauf eines neuen Produkts sog. Lernkurven angewendet (Zusammenhang zwischen dem infolge wachsender Erfahrung geringer werdenden Zeitbedarf für eine Tätigkeit und der Wiederholhäufigkeit).

Für Arbeitsmengen, die sich nur schwierig zeit- und kapazitätsmäßig erfassen lassen, wird die Arbeitsplatzmethode eingesetzt (Beispiele: Meister, Abteilungsleiter, alle Arten von Führungtätigkeiten). Sie orientiert sich an der →Organisationsstruktur des Unternehmens. Ergebnis ist der Stellenplan (weist für Unternehmensbereiche bzw. -teilbereiche die zu besetzenden Arbeitsplätze aus).

Überschlägige Personalbedarfsrechnungen werden meist mit Hilfe der Kennzahlenmethode durchgeführt und im Hinblick auf ihre organisatorische Durchführbarkeit durch die Arbeitsplatzmethode überprüft. Ausgehend von der Anzahl der Maschinen- und Handarbeiter (Bild 2) wird mit Hilfe von Kennzahlen über Technologie, Verfahren und sonstige Produktionsbedingungen der Bedarf an Ein-

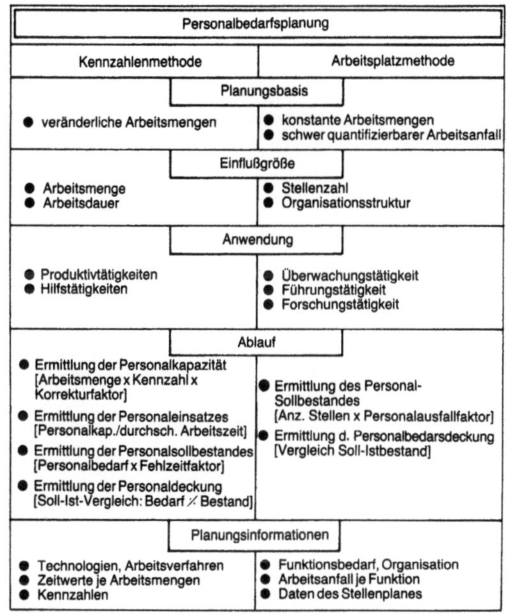



*Personalbedarfsplanung 1: Methodenübersicht.*

richtern, Vorarbeitern und Meistern berechnet. Zusammen mit ähnlichen Bedarfsrechnungen für den Planungsbereich dienen diese Daten als Grundlage zur Ermittlung des Verwaltungspersonals.

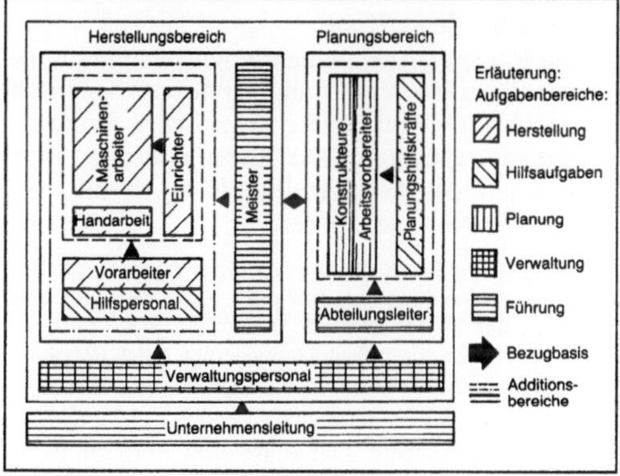



*Personalbedarfsplanung 2: Vorgehensweise zur Ermittlung des Personalbedarfs.*

Im Rahmen der Kapazitätsbestimmung unterscheidet man den Brutto- vom Nettopersonalbedarf. Der Bruttopersonalbedarf setzt sich aus dem Einsatzbedarf (Bedarf an menschlicher Arbeitsleistung zum Erreichen der Unternehmensziele) und dem Reservebedarf (bedingt durch Personalausfälle und -fehlzeiten) zusammen. Demgegenüber berücksichtigt der Nettopersonalbedarf das Ist-Personal. Personelle Unterdeckung führt zu einem Neu- bzw. Ersatzbedarf, während sich die Überdeckung in einem personellen Freistellungsbedarf äußert (→Personaleinsatz). *Eversheim*

Literatur: *Eversheim, W.:* Organisation in der Produktionstechnik. Bd. 4. Düsseldorf 1981. – *Grochla, E.,* u. *W. Wittmann:* Handwörterb. Betriebswirtschaft. Stuttgart 1984. – *Heinen, E.:* Industriebetriebslehre: Entscheidungen im Industriebetrieb. Wiesbaden 1985.

**Personaleinsatz.** Darunter versteht man die quantitative, qualitative, örtliche und zeitliche Einordnung verfügbarer personeller Kapazitäten in den innerbetrieblichen Produktionsprozeß.

In den produktiven Bereichen wird die Anzahl der Arbeitskräfte, die zur Herstellung eines Produkts an den einzelnen Stationen ständig zur Verfügung steht, mit Grundkapazität bezeichnet. Weiterhin können Aufgaben anfallen, die eine besondere, nur selten benötigte Personalqualifikation erfordern. In diesem Fall bilden Arbeitskräfte, die nicht über den gesamten Produktionszeitraum an einer bestimmten Station tätig sind, die Zusatzkapazität. Im Unterschied dazu ist die bedarfsgesteuerte Personalkapazität zu sehen. Diese hat einerseits die Aufgabe, kurzfristige Bedarfsspitzen abzudecken. Andererseits sollen sog. Springer personalbedingte Fehlzeiten kompensieren.

Am Beispiel des Fertigungspersonals werden Vorgehensweise und Formeln zum Berechnen der Personalkapazitäten vorgestellt (s. Bild, Seite 726). Veränderungen im P. im Hinblick auf erforderliche Kapazitäten können quantitativer und qualitativer Art sein (job enlargement, job enrichment, job rotation); (→Personalbedarfsplanung). *Eversheim*

Literatur: *Eversheim, W.:* Organisation in der Produktionstechnik. Bd. 4. Düsseldorf 1981.

**Pervaporation.** Mit P. wird ein spezielles Membrantrennverfahren bezeichnet. Dabei erfolgt ein selektiver Stofftransport aus einer flüssigen Stoffmischung durch eine Membran in eine auf niedrigem Druck befindliche Gasphase. Die Membranpermeabilität bestimmt den Stofftransport (→Gaspermeation). Dieser besteht aus der Sorption in der Membran, dem diffusiven Stofftransport durch die Membran und der Desorption durch Verdampfung. Bei

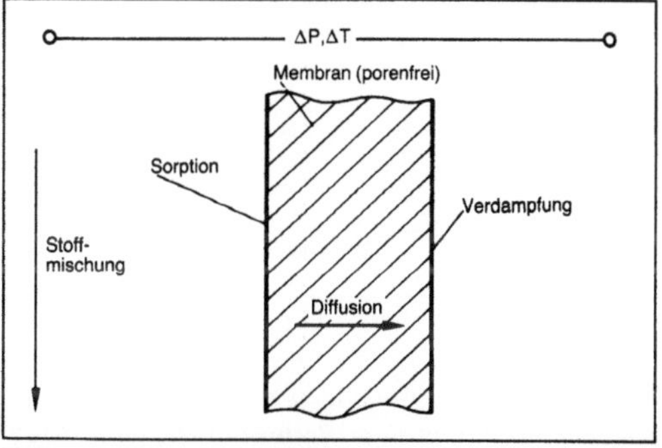



*Pervaporation 1: Vorgänge bei der Pervaporation (Schemaskizze).*

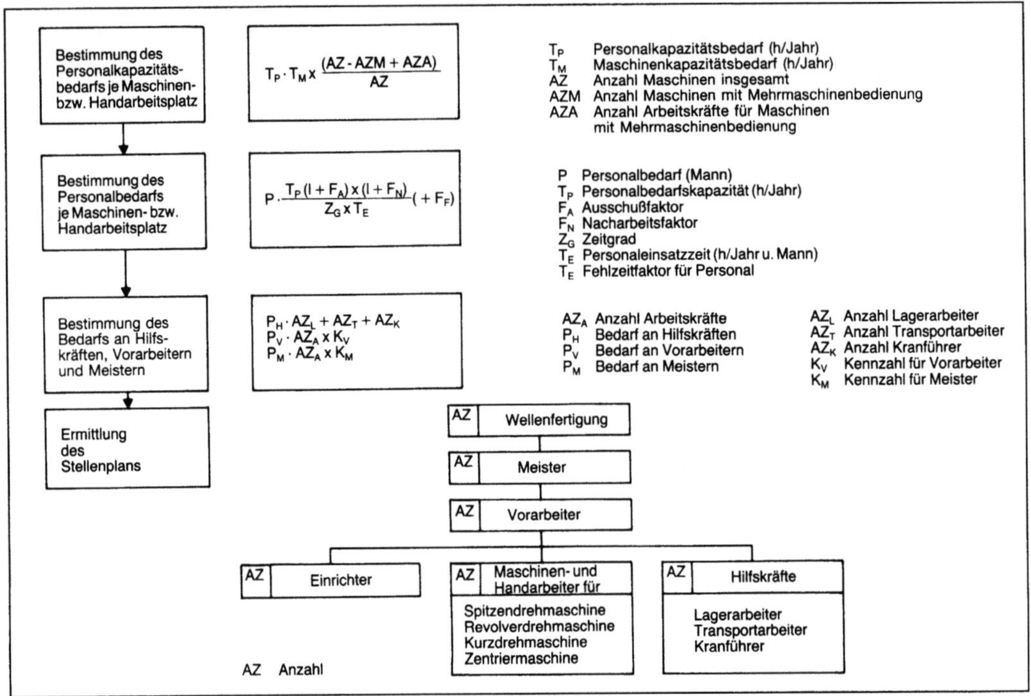


*Personaleinsatz: Berechnung der bedarfsgesteuerten Personalkapazität.*

unterschiedlicher Membranpermeabilität können Stoffgemische auch entgegen den Dampfdrücken ihrer Komponenten getrennt werden.

Bei der P. wird die Membran auf der Zulaufseite unter Normaldruck im Querstrom mit dem oft auf erhöhte Temperatur gebrachten, zu trennenden flüssigem Gemisch in Kontakt gebracht (Bild 1). Auf der anderen Seite der Membran wird ein niedriger Druck aufrechterhalten. Der Permeatdruck, am Beispiel einer Phenol-Wasser-Mischung

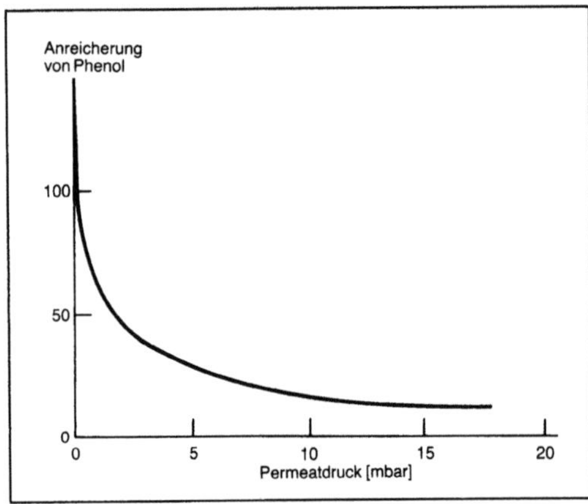


*Pervaporation 2: Abhängigkeit der Selektivität bei der Pervaporation vom Permeatdruck am Beispiel der Phenolabtrennung aus wäßrigen Lösungen. (Quelle: Böddeker, Bengtson a. a. O.)*

dargestellt (Bild 2), hat einen entscheidenden Einfluß auf die Selektivität.

Die P. bietet Anwendungsmöglichkeiten bei der Trennung engsiedender und azeotroper Gemische sowie bei der Abtrennung organischer Stoffe aus wäßrigen Lösungen. Die Absolutierung durch Abtrennen des Wassers mittels P. ist die erste technische Anwendung der P. *Brunner*

Literatur: *Böddeker, K. W.:* Pervaporation durch Membranen und ihre Anwendung zur Trennung von Flüssiggemischen. Fortschr.-Ber. VDI R.3 Nr. 129. Düsseldorf 1986. – *Böddeker, K. W., u. G. Bengtson:* Phenolanreicherung durch Pervaporation. Erdöl und Kohle 40 (1987), S. 439.

**Pflugscharmischer.** Der P. ist ein Chargenmischer für pulverförmige Produkte aller Art. Er ist auch für Stoffzusätze von Bruchteilen eines Prozentes geeignet. In einer Drehtrommel mit niedriger Drehzahl laufen mehrere Speichen mit pflugscharähnlich ausgebildeten Enden mit hoher Geschwindigkeit um. Dies führt zu einer Durchmischung des Inhalts. Durch zusätzliche langsame Drehung der Trommel wird das Festsetzen von Nestern im unteren Teil vermieden. *Schlag*

**Pfropfenförderung.** Bei der P. wird die Gasgeschwindigkeit so gering gehalten, daß es normalerweise zur völligen Verstopfung der Rohrleitung führt. Versieht man nun wie nach dem Bild die Förderleitung mit einem Bypass innerhalb oder

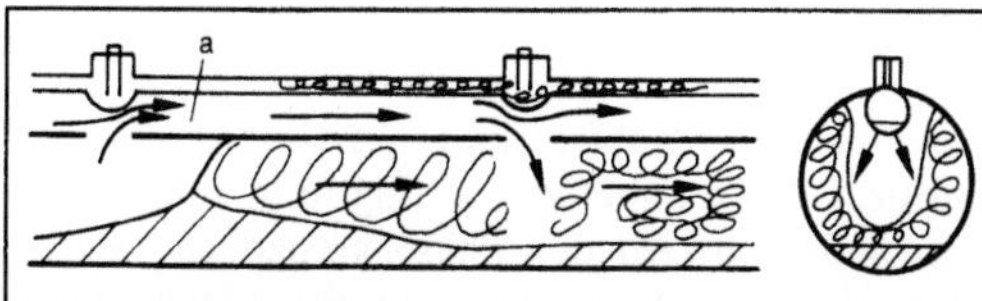

*Pfropfenförderung.*

a innenliegendes Bypassrohr

außerhalb, wird ein Teil der Förderluft immer um den gerade sich festsetzenden Pfropfen herumgeleitet und teilt und trennt diesen Pfropfen an den Öffnungen der Bypassleitungen immer wieder neu auf. Dadurch erhält man eine sichere Förderung bei minimaler Fördergeschwindigkeit und damit auch minimalen Verschleiß. Anwendung bei Tonerde, Zement, auch organischen Produkten der Chemie, wo es auf den geringen Verschleiß dieser Förderart ankommt. *Muschelknautz*

**Pfropfenströmung** →Kolbenströmung (Reaktionstechnik)

**Phasenänderungswärme.** Energiemenge, die zuzuführen oder abzuführen ist, damit ein Stoff von einer Phase in eine andere wechselt. So ist beim Übergang eines reinen Stoffs von der flüssigen in die Gasphase die Verdampfungsenthalpie zuzuführen, beim Übergang von der festen in die flüssige Phase die Schmelzenthalpie und beim Übergang von der festen in die gasförmige Phase die Sublimationsenthalpie. Beim Phasenwechsel in die entgegengesetzte Richtung werden die entsprechenden Wärmemengen wieder frei.

Bei der →Absorption und der →Adsorption können P. eine große Rolle spielen. Beim Übergang von Stoffen von der Gasphase in die flüssige (Absorption) oder feste Phase (Adsorption) werden je nach übergehender Stoffmenge nicht unerhebliche Wärmemengen frei, die zu einer Temperaturerhöhung führen können. Da bei erhöhten Temperaturen die Löslichkeit in der flüssigen bzw. festen Phase absinkt, wird bei einigen Sorptionsapparaten die Wärme abgeführt, z. B. bei einigen Filmwäschern.

Die P. läßt sich bei Sorptionsverfahren aus dem Partialdruck und der Temperatur berechnen. *Dohrn*

Literatur: *Mersmann, A.:* Thermische Verfahrenstechnik. Berlin, Heidelberg, New York 1980.

**Phasengleichgewicht (Berechnung).** Da experimentelle Messungen aufwendig und teuer sind und wegen der großen Anzahl ohnehin nicht alle interessanten Systeme vollständig vermessen werden können, versucht man, P. zu berechnen. Ideale Lösungen lassen sich mit den Gesetzen von *Raoult, Henry, Dalton* und dem idealen Gasgesetz rechne-

risch erfassen. Leider ist die Anzahl der idealen Systeme gegenüber der Anzahl der praktisch interessierenden vernachlässigbar klein.

Durch die Einführung von Aktivitätskoeffizienten in einem erweiterten Raoultschen Gesetz kann das nichtideale Verhalten der flüssigen Phase berücksichtigt werden:

$$\gamma_i \cdot x_i \cdot P_i^\circ = y_i \cdot P,$$

$x_i$, $y_i$ Molenbrüche in den Phasen, $\gamma_i$ Aktivitätskoeffizient, $P_i^\circ$ Dampfdruck einer reinen Komponente, $P$ Gesamtdruck.

Die Berechnung des Aktivitätskoeffizienten kann mit Hilfe verschiedener Modelle erfolgen, z. B. der Wilson-, der NRTL- oder der UNIQUAC-Gleichung. Während bei niedrigen Drücken die Gasphase als ideal angesehen wird, läßt sich bei erhöhten Drücken das reale Verhalten der Gasphase durch die Einführung von Fugazitätskoeffizienten in die Berechnung einbeziehen. Die Bedeutung von Modellen mit Beiträgen funktioneller Gruppen (ASOG, UNIFAC) in der stoffumwandelnden Industrie hat in den vergangenen Jahren stark zugenommen.

Bereits *Van der Waals* zeigte, daß P. mit Hilfe einer Zustandsgleichung berechnet werden können. Die Virialgleichung, deren Parameter aus den intermolekularen Wechselwirkungspotentialen theoretisch bestimmt werden können, eignet sich zur P.-Berechnung bei niedrigen und mittleren Drükken. Überschreitet die Dichte den halben Wert der am kritischen Punkt vorhandenen Dichte, so wird die Berechnung in zunehmendem Maße ungenau, weil das Wissen über höhere Virialkoeffizienten (4., 5. usw. Ordnung) zu gering ist. Heute werden vor allem Zustandsgleichungen mit drei oder vier empirischen Parametern verwendet, wie z. B. modifizierte Redlich-Kwong-Gleichungen oder die Peng-Robinson-Gleichung. Sie sind wesentlich genauer als die Van-der-Waals-Gleichung und erlauben eine P.-Berechnung bei hohen und sehr hohen Drücken ($>1\,000$ MPa).

Aus der Bedingung, daß die chemischen Potentiale der Phasen im Gleichgewicht gleich groß sind, kann man folgende Gleichung herleiten:

$$RT \cdot \ln \frac{x_i}{y_i} = \int_{P+}^{P} [\bar{v}_i\,(y_i) - \bar{v}_i\,(x_i)]\,dp,$$

$P+$ Bezugsdruck, z. B. 0,1 MPa, $\bar{v}_i$ partielles molares Volumen.

Die partiellen molaren Volumen der Gasphase oder der flüssigen Phase lassen sich mit einer Zustandsgleichung berechnen. Zur Beschreibung von Stoffmischungen werden mit Hilfe von Mischungsregeln Gemischparameter aus den Reinstoffparametern der Zustandsgleichung berechnet. Man benötigt mindestens einen Wechselwirkungsparameter, der durch Anpassung an experimentelle Daten ermittelt wird. Ganz ohne gemessene Gleichgewichtsdaten lassen sich die P. i. a. nur ungenau oder gar nicht berechnen. Die Anzahl der notwendigen experimentellen Daten läßt sich aber durch gute Berechnungsmodelle sehr reduzieren.

Zustandsgleichungen, die eine Vielzahl von anpaßbaren Parametern besitzen, wie z. B. die Bender-Gleichung, und die das Dichteverhalten von reinen Stoffen sehr gut wiedergeben, werden nur selten zur P.-Berechnung verwendet, weil man zur Beschreibung des Gemischverhaltens für jeden Parameter Mischungsregeln aufstellen muß. Dadurch erhöht sich die Rechenzeit, während die Genauigkeit der Berechnung nur wenig zunimmt oder durch unzutreffende Mischungsregeln sogar abnehmen kann.

P. lassen sich auch mit Modellen, die auf dem Korrespondenzprinzip (die Eigenschaften eines Stoffs sind weitgehend von seiner reduzierten Temperatur und seinem reduzierten Druck abhängig) beruhen, oder mit Gasgittermodellen berechnen. Mit Methoden zur Gleichgewichtsberechnung, die auf der statistischen Thermodynamik beruhen (z. B. Perturbationstheorie), können einfache binäre Systeme beschrieben werden. Sie eignen sich z. Z. allerdings nicht für die meisten technisch interessanten Stoffsysteme.

Die Berechnung von P. ist für eine rechnerische Simulation von Trennprozessen von besonderer Bedeutung. *Dohrn*

Literatur: *Dohrn, R.:* Phasengleichgewichte in Mehrkomponentensystemen aus Wasserstoff, Wasser und Kohlenwasserstoffen bei erhöhten Temperaturen und Drücken. Düsseldorf 1986. – *Walas, S. M.:* Phase Equilibria in Chemical Engineering. Boston, London 1985. – *Gmehling, J.,* u. *B. Kolbe:* Thermodynamik. Stuttgart 1988.

## Phasengleichgewicht (Mehrstoffsysteme).

Gleichgewicht zwischen 2 Phasen (ohne chemische Reaktionen) liegt vor, wenn die chemischen Potentiale $\mu_i$ der beteiligten Komponenten i, die Temperaturen und die Drücke in beiden Phasen übereinstimmen:

$$\mu_i^G = \mu_i^F \text{ (in kJ/kmol)} \tag{1},$$

$$T^G = T^F \text{ und } p^G = p^F \tag{2}.$$

Beschreibt man die Gleichgewichtsverhältnisse zwischen 2 Phasen nicht mit dem chemischen Potential, sondern mit leicht meßbaren Konzentrationsgrößen, so kann man nicht mehr davon ausgehen, daß diese im Gleichgewicht gleich groß sind. Dieser Sachverhalt liefert die Basis für die thermischen Trennverfahren.

Als Phase werden dabei Bereiche gleicher physikalischer und chemischer Eigenschaften verstanden, die von anderen Bereichen des Systems durch definierte Grenzen (Phasengrenzflächen) getrennt oder mechanisch abtrennbar sind. Ein oder mehrere Stoffe können dabei gleichzeitig in mehreren Phasen auftreten. An der Phasengrenzfläche ändern sich physikalische und chemische Eigenschaften sprunghaft.

Zwischen dem chemischen Potential und der Fugazität der Komponente i in einer Lösung besteht der Zusammenhang

$$\mu_i = R \cdot T \cdot \ln \bar{f}_i + \psi_i \tag{3},$$

mit $\bar{f}_i$ Fugazität der Komponente i in der Lösung,
$\psi_i = \{T\}$.

Der Zusammenhang zwischen der Fugazität $f_i$, der Aktivität $a_i$ und dem Molanteil $x_i$ der Komponente i ist gegeben durch

$$x_i = \frac{a_i}{\gamma_i} = \frac{f_i}{f_i^o \cdot \gamma_i} \tag{4},$$

mit $a_i$ Aktivität, $\gamma_i \rightarrow$ Aktivitätskoeffizient von i in der Lösung, $f_i^o$ Fugazität von i bei Standardbedingungen.

Für das thermodynamische Gleichgewicht stellt das Gibbs-Phasengesetz den Zusammenhang zwischen der Anzahl der Phasen Ph, der Anzahl der unabhängigen Komponenten K und der Anzahl der Freiheitsgrade F, die die Anzahl der den thermodynamischen Systemzustand festlegenden Variablen (Druck, Temperatur und Molanteile der Phasen) festlegen, her:

$$F = K - Ph + 2 \tag{5}.$$

Stehen 2 Phasen im Gleichgewicht, so liegen beim Einkomponentensystem 1, beim Zweikomponentensystem 2 und beim Dreikomponentensystem 3 Freiheitsgrade vor.

Liegt thermodynamisches Gleichgewicht an der Phasengrenzfläche zwischen der Dampf- und Flüssigkeitsphase von realen Gemischen vor (z. B. bei der Destillation oder Absorption), so läßt sich der Partialdruck der Komponente i in der Gas- bzw. Dampfphase über der Flüssigkeitsmischung durch den folgenden Ansatz beschreiben:

$$p_{i,S} = \gamma_{i,L} \cdot x_{i,L} \cdot p_{oi,L}\{T_L\} \tag{6},$$

mit $\gamma_i = f\{$Stoffsystem, $x_j$, T$\}$ Aktivitätskoeffizient, $x_i$ Molanteil der Komponente i in der Flüssigkeit, $p_{oi}$ Sattdampfdruck der reinen Komponente i bei der Temperatur T.

Bei idealen Flüssigkeitsgemischen gilt $\gamma_i = 1$, und man erhält die Form des Raoult-Gesetzes:

$$P_{i,s} = x_{i,L} \cdot p_{oi,L}\{T_L\} \tag{7}.$$

Das Raoult-Gesetz eignet sich zum Beschreiben von Lösungen von Dämpfen (von Gasen unterhalb der kritischen Temperatur). Wenn man weiter die

Gasphase als ideales Gemisch annimmt, gilt das Dalton-Gesetz:

$$p_i = y_i\, p \tag{8},$$

mit p Gesamtdruck, $y_i$ Molanteil der Komponente i im Gas, und die Gleichgewichtsbeziehung nimmt die folgende Form (Raoult-Dalton-Gesetz) an:

$$y_{iG} = \frac{p_{oi,L}}{p}\, x_{i,L} = G_{i,L} x_{i,L} \tag{9},$$

mit $G_{i,L}\ T\ \dfrac{y_{i,G}}{x_{i,L}} = f\{\text{Stoffsystem},\ p_{oi},\ p\}$

$= \rightarrow$ Gleichgewichtskonstante (10).

In der Regel sind die Zusammensetzungen $y_i$ und $x_i$ unterschiedlich. Lediglich bei azeotroper Zusammensetzung gilt

$$y_i = x_i \tag{11}.$$

Bei physikalischer Absorption mit niedrigen Konzentrationen an gelöstem Stoff i (verdünnte Lösungen) läßt sich der Ausdruck $\gamma_i p_{oi}\{T\}$ häufig zu einer Konstanten $H_i$ zusammenfassen:

$$p_{i,G} = H_i \cdot x_{i,L} \tag{12}.$$

Dieser Zusammenhang ist als →Henry-Gesetz bekannt. $H_i$ wird Henry-Absorptionskoeffizient genannt. Das Henry-Gesetz beschreibt die Löslichkeit von permanenten Gasen (von Gasen oberhalb der kritischen Temperatur). $H_i$ hängt von den Eigenschaften von i, von der Lösungsmittelflüssigkeit und von der Temperatur ab.

Das Raoult- und das Henry-Gesetz sind Grenzfälle, wie exemplarisch aus Bild 1 an Hand der Partialdruckkurve der Komponente i für ein im Dampf-Flüssigkeits-Gleichgewicht befindliches reales Gemisch zu entnehmen ist.

Das Henry-Gesetz beschreibt bei der Partialdruckkurve $p_i\{x_i\}$ das Grenzverhalten für $x_i \rightarrow 0$ und das Raoult-Gesetz dasjenige für $x_i \rightarrow 1$.

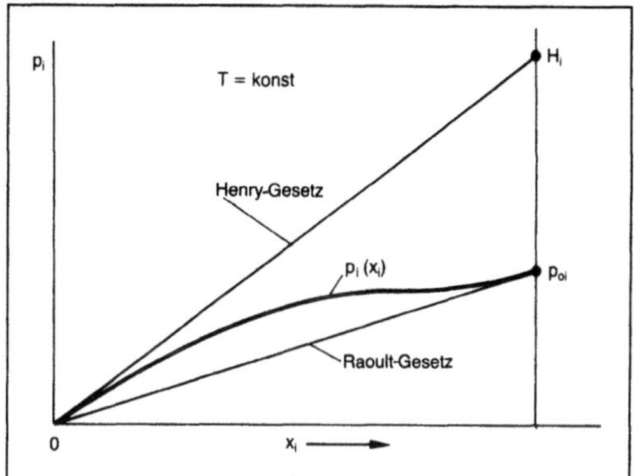


*Phasengleichgewicht (Mehrstoffsysteme) 1: Zur Erläuterung des Henry- und Raoult-Gesetzes.*

In Bild 2 sind charakteristische Größen des Flüssigkeits-Dampf-Gleichgewichts am Beispiel eines binären Systems mit den Komponenten 1 und 2 veranschaulicht.

Bei der Flüssigkeits-Flüssigkeits-Extraktion (Solventextraktion) verteilt sich der Extraktstoff zwischen 2 nur teilweise ineinander unlöslichen (unmischbaren) Flüssigkeiten (Extrakt- und Raffinatphase). Der Extraktionsvorgang selbst ist dabei gebunden an das Auftreten einer Löslichkeitslücke (→Mischungslücke). Das Extraktionsmittel muß dabei mit den beiden ineinander löslichen Komponenten der Raffinatphase ein Entmischungsgebiet bilden. Die dabei auftretenden Lösungs- und Gleichgewichtsverhältnisse lassen sich anschaulich im Gibbs-Dreieck und im →Gleichgewichtsdiagramm darstellen (Bild 3).

Eine Mischung M im Zweiphasengebiet zerfällt in die beiden Gleichgewichtsphasen R und E. Die Zusammensetzungen von jeweils 2 miteinander im Gleichgewicht stehenden Mengen der Raffinat- und Extraktphase sind durch eine Konode miteinander verbunden.

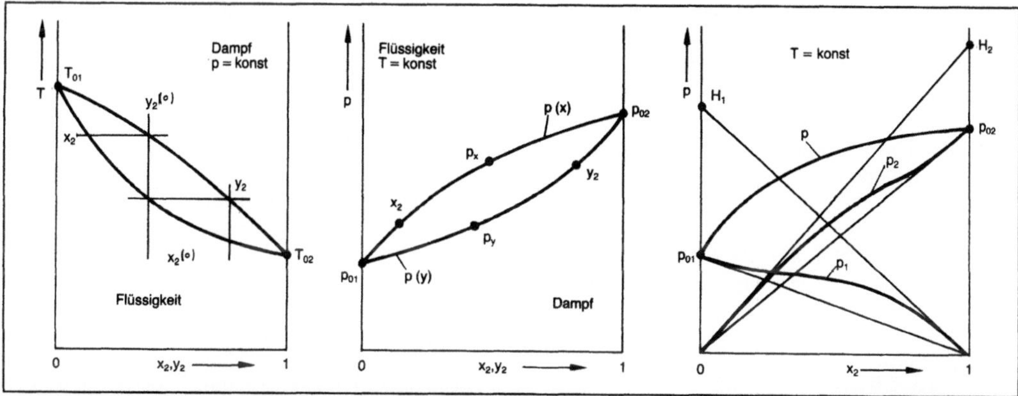


*Phasengleichgewicht (Mehrstoffsysteme) 2: Charakteristische Größen des Flüssigkeits-Dampf-Gleichgewichts am Beispiel eines binären Systems.*

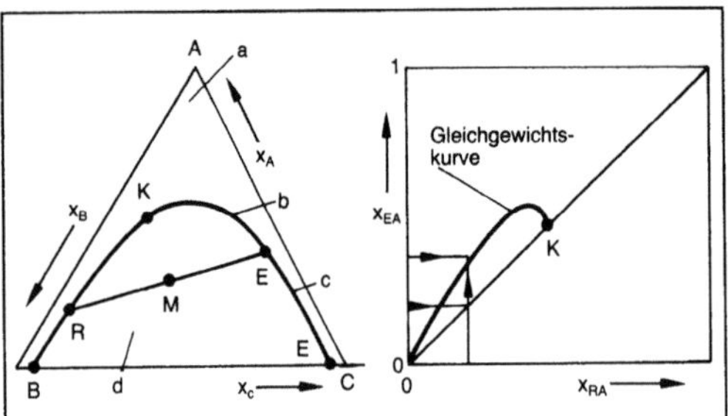



*Phasengleichgewicht (Mehrstoffsysteme) 3: Drei-stoffgemisch mit Mischungslücke im Dreiecksdia-gramm und Gleichgewichtsdiagramm für konstanten Druck p und konstante Temperatur T.*

A zu extrahierender Stoff, B Abgeber, C Lösungsmittel (Aufnehmer), R Raffinatphase, E Extraktphase, M Mischung, a Einphasengebiet (homogen), b Löslichkeitskurve (Binodal-kurve), c Extraktphase, d Zweiphasengebiet (heterogen)

Aus dem Verteilungsgleichgewicht eines Stoffs A zwischen den Lösungsmitteln E und R erhält man den Zusammenhang

$$x_{EA} = \frac{\gamma_{RA}}{\gamma_{EA}} \, x_{RA} = k_{NA} \cdot x_{RA} \qquad (13),$$

mit $k_{NA}$ Verteilungskoeffizient, $\gamma_A$ Aktivitätskoeffizient von A normiert auf den reinen Stoff.

Bei Zweiphasensystemen, in denen die nichtgas-förmige Phase (entweder ein fester Körper oder eine Flüssigkeit) rein ist, lautet die Gleichgewichtsbedin-gung

$$w_{i,F} = w_{i,L} = 1 \qquad (14),$$
$$p_{oi,S} = p_{oi,S} \{T_S\},$$

mit $p_{oi,S}$ Dampfdruck der Komponente i.

Zur Berechnung des Dampfdrucks für reine Stoffe stehen Gleichungen der Clausius-Clapeyron-Form, der Rankine-Duprè-Form oder der Antoine-Form zur Verfügung.

Bei Phasenkontakt zwischen Gasen und Dämpfen (Adsorptive) und großoberflächigem Feststoff (Ad-sorbenzien) läßt sich das Gas-Feststoff-Adsorp-tions-Gleichgewicht beschreiben durch den Zusam-menhang zwischen der Oberflächenkonzentra-tion $a_A$ der Komponente A bei konstanter Tempe-ratur und dem Partialdruck der Komponente A im Gas bzw. Dampf:

$$a_A = f \{p_A\} \qquad (15).$$

Zum Beschreiben des P. verwendet man für monomolekulare Bedeckung der Oberfläche die folgende, von *J. Langmuir* hergeleitete Gleichung:

$$a_A = a_\infty \frac{p_A}{p_A + b} \qquad (16);$$

$a_\infty = f \{\text{Adsorbens, Adsorptiv, T}\}$
$b \ = f \{\text{Adsorbens, Adsorptiv, T}\}$

mit den Grenzfällen

$$a_A = H \cdot p_A \quad \text{für } p_A \ll b \qquad (17),$$
$$a_A = a_\infty \quad \text{für } p_A \ll b \qquad (18),$$

und für Systeme mit Mehrschichtadsorption oder Kapillarkondensation das empirische Potenzgesetz von *W. Ostwald, H. Freundlich* und *E. Boedeker* für die Adsorbensbeladung $X_A$:

$$X_A = k \cdot p_A^{\,n} \qquad (19),$$

$$\text{mit } X_A = \frac{\text{Masse Adsorptiv}}{\text{Masse} \rightarrow \text{Adsorbens}} \qquad (20),$$

$k \ = f \{\text{Adsorbens, Adsorptiv, T}\}$,
$n \ = f \{p_A\}$.           *Weinspach*

Literatur: Autorenkollektiv: Thermodynamik der Mischphase. Leipzig 1973. – *Vauck, W. R. A.,* u. *H. A. Müller:* Grund-operationen chemischer Verfahrenstechnik. Leipzig 1978.

**Phasengleichgewicht (Trennprozesse).** Ein che-misch nicht reagierendes Mehrstoffgemisch befindet sich im thermodynamischen Zustand des P., wenn die Nettostoffströme zwischen den Phasen gleich null sind, d. h. sich die Zusammensetzung mit der Zeit nicht verändert (Bild 1). Dazu müssen in allen Phasen Temperaturen (thermisches Gleichgewicht), Drücke (mechanisches Gleichgewicht) und chemi-sche Potentiale der Stoffe gleich groß sein (stoffli-ches Gleichgewicht).

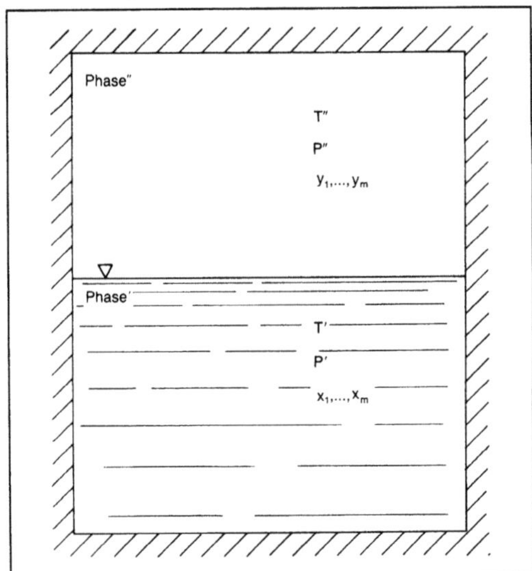



*Phasengleichgewicht (Trennprozesse) 1: Phasen-gleichgewicht in einem geschlossenen System.*

Die gleichgewichtsbestimmten thermischen Trennverfahren beruhen auf dem Prinzip, daß ein homogenes Gemisch durch die Hinzugabe eines Trennhilfsmittels in zwei Phasen unterschiedlicher Zusammensetzung (Ausnahme: Azeotrope) aufge-teilt wird. In der Realität wird bei diesen Prozessen das P. nicht erreicht, z. B. weil die Kontaktzeit der

Phasen zu klein ist. Das P. gibt die Grenzen an, in denen der Trennvorgang ablaufen kann. Die Differenz zwischen der durch die Massenbilanz festgelegten Anfangskonzentration einer Phase und der Gleichgewichtskonzentration stellt die →Triebkraft für den Stofftransport dar.

Das P. bestimmt die Löslichkeit einer Komponente in den Phasen. Bild 2 zeigt ein Temperatur-Konzentrations-Diagramm (T, x-Diagramm) für ein →Zweistoffgemisch. Eine Flüssigkeit mit dem Molenbruch $x_{A1}$ steht im Gleichgewicht mit einem Gas der Zusammensetzung $y_{A1}$ und $y_{B1}$. Die Löslichkeit des Stoffs B in der Gasphase entspricht der Strecke DE im Diagramm.

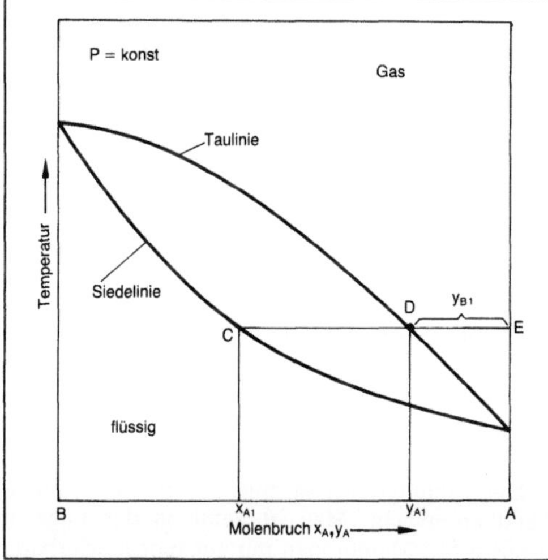


*Phasengleichgewicht (Trennprozesse) 2: Temperatur-Konzentrations-Diagramm eines Zweistoffgemisches.*

Trägt man die Gleichgewichtskonzentrationen gegeneinander auf, so erhält man das insbes. für die Destillation wichtige McCabe-Thiele-Diagramm. Die Differenz zwischen Bilanzkurve und Gleichgewichtslinie repräsentiert die Triebkraft für den Stoffaustausch zwischen der Flüssigkeit und dem aufsteigenden Dampfgemisch.

Bei Extraktionsverfahren sind mindestens drei Komponenten beteiligt, so daß die graphische Darstellung oft in Dreiecksdiagrammen (→Dreieckskoordinate) erfolgt. Bild 3 zeigt das Phasendiagramm eines Dreistoffsystems mit den beiden zu trennenden Komponenten A und B und dem →Extraktionsmittel E. Das Extraktionsmittel wurde so ausgewählt, daß es mit der Komponente B vollständig mischbar ist und mit der Komponente A eine Mischungslücke bildet. Ein Gemisch mit der Zusammensetzung des Punktes M zerfällt in zwei Phasen mit den Zusammensetzungen der Punkte C und D. Während beim Punkt C die zu trennenden Komponenten in ähnlich großen Anteilen vorkommen,

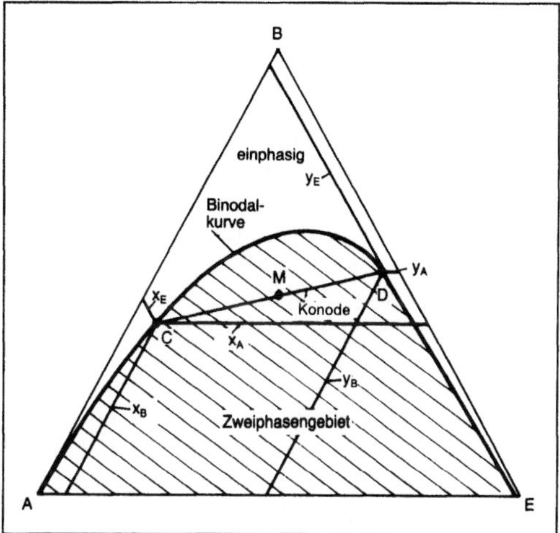


*Phasengleichgewicht (Trennprozesse) 3: Dreiecks-diagramm.*

A, B zu trennende Stoffe, E Extraktionsmittel, $x_i$ Zusammensetzung der Phase', $y_i$ Zusammensetzung der Phase", P, T = konst

überwiegt in der anderen Phase (Punkt D) der Anteil der Komponente B ($y_B$) gegenüber A ($y_A$).

Die in einem Dreiecksdiagramm dargestellten P. gelten nur für einen bestimmten Druck und eine bestimmte Temperatur. Durch die Wahl der Extraktionsbedingungen lassen sich für die Extraktion und für die Aufarbeitung des Extraktionsmittels geeignete P. finden.

Die für die Berechnung von Trennprozessen (P., Berechnung) notwendigen P.-Daten können aus Datensammlungen entnommen (z. B. Dechema Datenbank, Dortmunder Datenbank, DIPPR in den USA, EROICA in Japan, PPDS in Großbritannien), mit Hilfe von verschiedenen Modellen berechnet (z. B. NRTL, UNIQUAC, UNIFAC, Zustandsgleichungen) oder experimentell ermittelt werden.

Die experimentellen Methoden zur P.-Bestimmung kann man in analytische und synthetische unterteilen. Bei den analytischen Methoden wird zunächst ein Stoffgemisch ins P. gebracht. Die Zusammensetzungen der koexistierenden Phasen werden dann durch die Entnahme von Proben ermittelt. Bei den synthetischen Methoden wird eine Probe konstanter Zusammensetzung in eine Gleichgewichtszelle gegeben. Dann wird der Druck oder die Temperatur bestimmt, bei denen eine Phase verschwindet oder eine zusätzliche Phase entsteht (→Siedelinie). *Dohrn*


Literatur: *Brunner, G.:* Die Trennung schwerflüchtiger Stoffe mit Hilfe komprimierter Gase. Habil.-Schrift. Erlangen 1978. – *Dohrn, R.:* Phasengleichgewichte in Mehrkomponentensystemen aus Wasserstoff, Wasser und Kohlenwasserstoffen bei erhöhten Temperaturen und Drücken. Düsseldorf 1986. – *Walas, S. M.:* Phase Equilibria in Chemical Engineering. Boston, London 1985.

**Phasengrenzfläche.** Austauschfläche A für Stoff- und Wärmetransportvorgänge an der Phasengrenze heterogener Fluid-Fluid-Reaktionen, zu denen die technisch bedeutsamen Gas-Flüssigkeits-, Gas-Feststoff- und Flüssig-Flüssig-Systeme gehören. Häufig wird die P. A auf das Volumen V (z. B. Reaktorvolumen, Flüssigkeitsvolumen) bezogen und als spezifische P. (spezifische Austauschfläche) a = A/V bezeichnet. Die Stoff- und Wärmeaustauschströme zwischen den Phasen sind i. a. proportional a. Die spezifische P. ist keine alleinige geometrische Fläche, die z. B. mit optischen Methoden bestimmbar ist, sondern hängt von den Betriebsbedingungen ab, z. B. bei Gas-Flüssigkeits-Systemen ($\rightarrow$ Gas-Flüssig-Reaktion) von der Geschwindigkeit und Begasungsart, und ist daher experimentell oft schwierig oder gar nicht zu ermitteln. In solchen Fällen wird an Stelle von a der erweiterte (volumetrische) Stoffübergangskoeffizient $\beta_1 a$ ($\beta_1$ flüssigkeitsseitiger Stoffübergangskoeffizient) mit geeignet gewählten Reaktionssystemen gemessen.

Weit verbreitete Reaktionssysteme zum Ermitteln von a und/oder $\beta_L a$ nach der chemischen Methode sind die $CO_2$-Absorption in Laugen sowie die katalysierte (mit $Co^{2+}$) $Na_2SO_3$-Oxidation mit Luft. Unter der relativ einfachen Annahme eines gemittelten Gasblasendurchmessers $\bar{d}_B$ läßt sich die spezifische P. als Sauter-Durchmesser a = $6\varepsilon/\bar{d}_B$ ($\varepsilon$ relativer Gasanteil) berechnen. Allerdings ist der zusätzliche Einfluß der Oberflächenspannung der Flüssigkeit auf die spezifische P. a insbes. in Blasenschwärmen bisher nicht berechenbar. Die Abhängigkeit der spezifischen Austauschfläche von der Energiedissipationsdichte ist ein wichtiges Auswahlkriterium für Gas-Flüssig-Reaktoren. *Schönbucher*

**Phaseninversionsmembran.** Mit P. umfaßt man alle porösen Strukturen, die man durch eine Fällungsreaktion (fällmittelinduzierte Entmischung) aus einer homogenen Polymerlösung herstellt. Sie werden aus einer Vielzahl verschiedener Polymere mit unterschiedlichen Filtrationseigenschaften hergestellt und können in ihrer Struktur symmetrisch oder asymmetrisch sein. Sie sind als Mikrofiltrationsmembranen in Porengrößen von 0,1–10 μm herstellbar. Sie lassen sich aber auch mit Porengrößen von nur wenigen Nanometern produzieren und werden dann zum Trennen molekularer Lösungen in der Ultra- bzw. Hyperfiltration eingesetzt.

Schon die ersten, Anfang des Jahrhunderts entwickelten Cellulosenitratmembranen entstanden durch eine Phaseninversionsreaktion entstanden. Mit der Entwicklung der asymmetrischen Celluloseacetatmembranen durch *Loeb* und *Sourirajan* für die Entsalzung von Meer- und Brackwasser hat diese Herstellungsart wesentlich an Bedeutung gewonnen.

Die Membranentwicklung verlief zunächst rein empirisch, und die Herstellung ist in der einschlägigen Fachliteratur in vielen detaillierten Rezepturen beschrieben worden. Erst durch den umfangreichen Einsatz der Rasterelektronenmikroskopie wurden die unterschiedlichen Strukturen ersichtlich und die Bedeutung der einzelnen Herstellungsparameter erkannt (Bild).

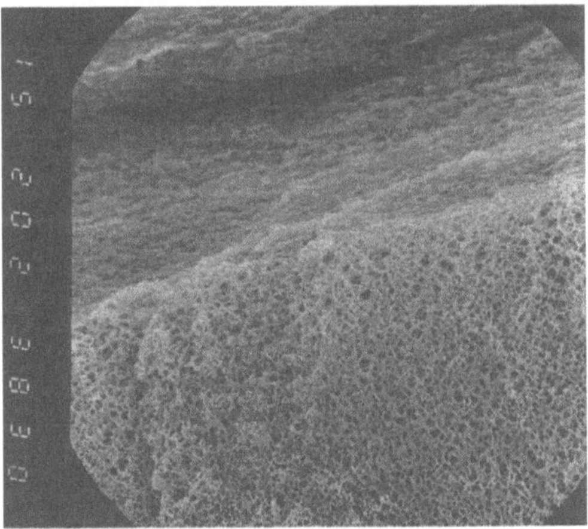

*Phaseninversionsmembran: Rasterelektronenmikroskop-Aufnahmen von typischen Fällungsmembranen a) mit symmetrischer, b) mit asymmetrischer Porenstruktur.*

Der Bildungsmechanismus der P. wurde eingehend untersucht. Man ist heute in der Lage, in großem Stil Membranen mit gut reproduzierbaren Eigenschaften zu fertigen. Heute werden P. von verschiedenen Firmen in großem Maßstab hergestellt. *Stroh*

Literatur: *Strathmann, H.:* Trennung von molekularen Mischungen mit Hilfe synthetischer Membranen. Darmstadt 1979.

**Phasenstabilität.** Die Einsatzmöglichkeit eines Mischsystems hängt entscheidend davon ab, ob es homogen oder heterogen ist, so daß Kenntnisse darüber wichtig sind, wann es zum Phasenzerfall in einem homogenen bzw. zur Homogenisierung in einem heterogenen System kommt.

Mit Hilfe der thermodynamischen Funktionen freie Energie f und freie Enthalpie g und den daraus herleitbaren, meßtechnisch unmittelbar zugänglichen Größen lassen sich Stabilitätsbedingungen angeben, die eine Aussage darüber gestatten, wann eine homogene Phase erhalten bleibt und wann eine heterogene entsteht bzw. ein vollständiger Übergang in eine andere Phase erfolgt.

Die Stabilitätsbedingungen besagen für eine reine homogene Phase, daß die Wärmekapazität eines Stoffs positiv sein und der Druck bei isothermer Vergrößerung des Volumens monoton fallen muß (positiver Kompressibilitätskoeffizient), damit die Homogenität des Stoffs erhalten bleibt.

Für Mischphasen ist darüber hinaus die Möglichkeit des Phasenzerfalls bei vorgegebener Temperatur und vorgegebenem Druck in Betracht zu ziehen.

Die Stabilitätsbedingungen für homogene r-Komponentensysteme (bei konstantem T und p) lauten:

$$\left(\frac{\partial^2 g}{\partial x_i^2}\right)\bigg|_{T,p} > 0 \quad i, j = 2, \ldots, r \tag{1},$$

$$\det\left|\left(\frac{\partial^2 g}{\partial x_i \partial x_j}\right)\right| > 0 \tag{2},$$

mit g freie Enthalpie, $x_i$, $x_j$ Molenbruch der Komponenten i und j. *Weinspach*

Literatur: Autorenkollektiv: Thermodynamik der Mischphasen. Leipzig 1973.

**pH-Elektrode.** Die Bestimmung des pH-Werts wird in Bioreaktoren mit sterilisierbaren Glas-E. durchgeführt. Man verwendet Einstabmeßketten mit einer Kalomelbezugs-Elektrode. Meß-E. und Bezugs-E. sind zu einer Einheit zusammengefaßt.

Das Signal der pH-E. entsteht aus der Potentialdifferenz einer Kalomel-E., die das konstante Bezugspotential liefert, und einer Glas-E., die ein von dem pH-Wert abhängiges Potential ausbildet. Die Glas-E. besteht aus Silber, festem Silberchlorid, einem Kaliumchloridelektrolyten, der mit Silberchlorid gesättigt ist, und der umgebenden Glasmembran. Das Potential der Glas-E. beruht nicht direkt auf einem Redoxvorgang, sondern auf dem Austausch der Natriumionen der Glasmembran mit Protonen der Lösungen zu beiden Seiten des Glases. Glas-E. und Bezugs-E. sind über einen Bezugselektrolyten und ein Diaphragma elektrisch leitend verbunden.

Sterilisierbare pH-E. werden drucküberlagert, in Einbaugebern montiert, in Bioreaktoren eingebaut. Die Drucküberlagerung der E. verhindert ein Kochen des Elektrolyten während des Sterilisationsvorgangs sowie bei der folgenden Kultivierung ein Eindringen von Nährlösung in den Bezugselektrolyten. *Liefke*

**Phenoplast.** Sammelbegriff für Phenolharze, Phenol-Formaldehydkondensate (Kurzzeichen PF).

Duroplastische Kunststoffe, die durch Polykondensation von Phenolen mit Formaldehyd entstehen. Sie sind die ältesten vollsynthetischen Kunststoffe (*L. H. Baekeland*), die im technischen Maßstab produziert wurden. International bekannt geworden sind sie 1910 unter dem Namen Bakelite®.

Die Kondensation von Phenol (I) und Formaldehyd (II) ist stark vom pH-Wert abhängig: Je nach

pH-Wert erhält man unterschiedliche Produkte. In saurem Medium bilden sich bei einem Phenol-Formaldehyd-Molverhältnis von 1:0,75 lösliche und schmelzbare Kondensate, die als Novolake bezeichnet werden (Bild 1).

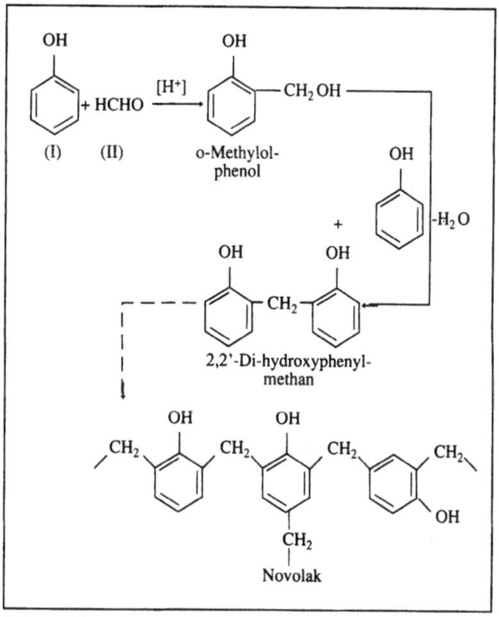

*Phenoplast 1: Novolake.*

Diese Novolake besitzen eine mittlere Molmasse von 600–1500 g/mol, schmelzen zwischen 100 und 140 °C und vernetzen sich von selbst, wodurch sie unbegrenzt haltbar sind.

Erst bei Zugang geeigneter bi- oder höherfunktioneller Verbindungen, wie etwa Hexamethylentetramin, vernetzen die Novolake unter Ausbildung von Dimethylen- und Trimethylenaminbrücken (Bild 2).

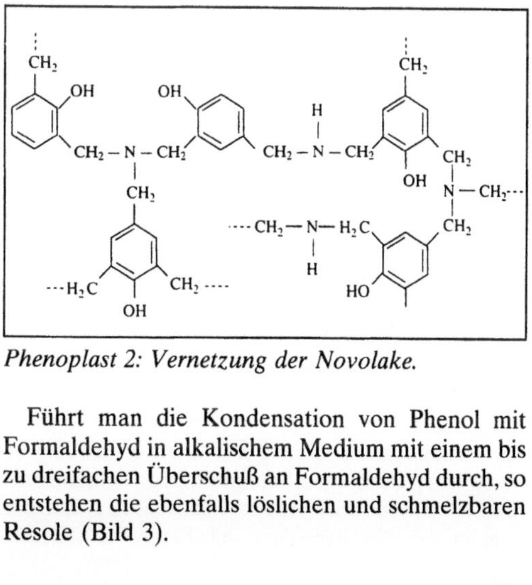

*Phenoplast 2: Vernetzung der Novolake.*

Führt man die Kondensation von Phenol mit Formaldehyd in alkalischem Medium mit einem bis zu dreifachen Überschuß an Formaldehyd durch, so entstehen die ebenfalls löslichen und schmelzbaren Resole (Bild 3).

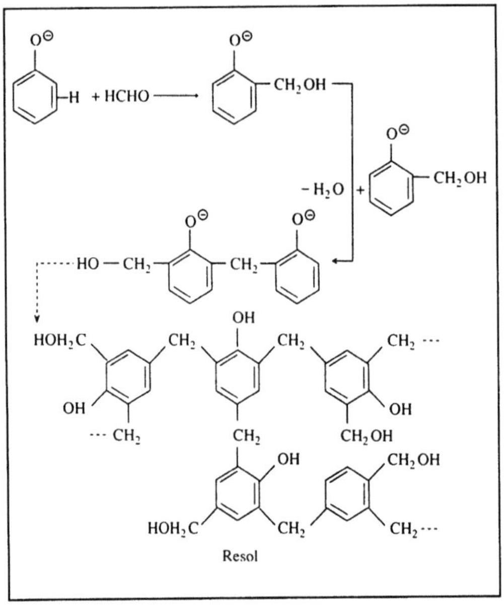

Phenoplast 3: Resol.

Diese niedermolekularen Resole (mittlere Molmasse 300–700 g/mol) sind wegen der sich bei Raumtemperatur langsam fortsetzenden Kondensationsreaktion über die Methylolgruppen nur begrenzt lagerfähig. Durch Zugabe von Säuren oder durch Erhitzen verläuft die Kondensation schnell, und man erhält bei entsprechender Reaktionsführung die weitmaschig vernetzten, unlöslichen, aber quellbaren Resitole. Bei weiterer Wärmezufuhr gehen diese schließlich in die engmaschig vernetzten, unlöslichen, nicht mehr quell- und schmelzbaren Resite über (Bild 4).

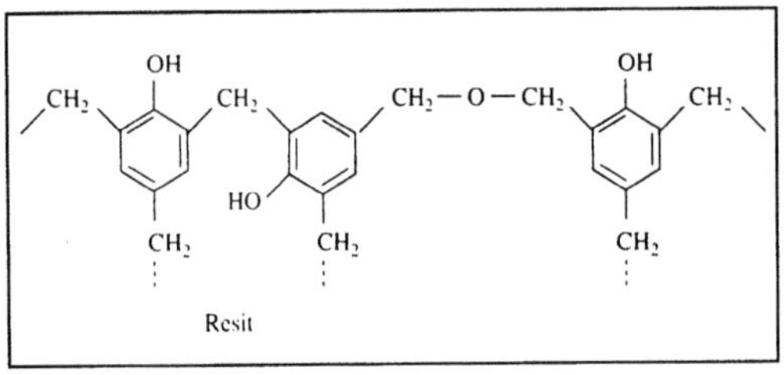

Phenoplast 4: Resit.

Wie bei anderen härtbaren Polykondensationsharzen bezeichnet man die Resole auch als A-, die Resitole als B- und die Resite als C-Zustand.

P. zeichnen sich durch gute thermische und chemische Beständigkeit, ausgezeichnete elektrische Eigenschaften, geringe Wasseraufnahme und hohes Füllvermögen aus. Von Nachteil ist ihre starke Eigenfarbe, die nur dunkle Einfärbung zuläßt. Sie finden Anwendung als Lackharze, Laminierharze, Schaumstoffe und Klebstoffe. Ihre Hauptbedeutung liegt auf dem Gebiet der füllstoffhaltigen, härtbaren Preßmassen.

Zu ihrer Herstellung werden Novolake oder Resole bzw. Resitole mit pulverförmigen oder faserigen Füllstoffen wie Holzmehl, Gesteinsmehl, Zellstoff, Papier- und Textilschnitzel bzw. -bahnen vermischt oder getränkt. Die so erhaltenen Formmassen werden entweder sofort in Pressen bei Temperaturen von 150–180 °C zu Formkörpern aufgearbeitet (Schichtpreßstoffe wie Hartpapier, Hartgewebe oder Sperrholz) oder bei 130–140 °C nur ankondensiert und gemahlen. In diesem Zustand bleiben sie längere Zeit plastisch und werden bei Temperaturen oberhalb 160 °C durch Spritzpressen oder Spritzgießen zu duroplastischen Formkörpern verarbeitet.

Von den unzähligen möglichen P.-Typen sind in DIN 7708, Bl. 2 (Okt. 1977) eine begrenzte Anzahl typisiert worden. Die Mindestanforderungen der wichtigsten Eigenschaftswerte für verschiedene Typen sind in der Tabelle auf der nächsten Seite zusammengestellt.

Formkörper aus P. werden in der Elektroindustrie (Schaltergehäuse, Verteilerkästen, Spulenkörper), im Maschinen- und Fahrzeugbau (Pumpenteile, Handknöpfe, Schraubenfüße, Zahnräder) und im Haushalt (Herdleisten, Deckelknöpfe, Pfannenstiele, Bügeleisengriffe) verwendet. Zur Herstellung von PF-Schaumstoffen benutzt man flüssige Resole, die mit Treibmittel (Pentan) versetzt werden und nach der Säurehärtung feste, sprödharte Stoffe mit Zellstruktur ergeben.

Bedarfsgegenstände aus PF-Formmassen, die mit Lebensmitteln in Berührung kommen, sind nach dem deutschen Lebensmittelgesetz nicht zulässig. *Zahradnik*

Literatur: *Bachmann, A.,* u. *K. Müller:* Phenoplaste. Leipzig 1973. – *Brydson, J. A.:* Plastics. 2. Aufl. London 1969. – *Houben-Weyl:* Methoden der org. Chemie. Bd. 14/2. Stuttgart 1963.

**Phosphor.** P. gelangt durch das Erz in den →Stahl und führt zu ungünstigeren Zähigkeitseigenschaften. Nur im Falle von witterungsbeständigen Stählen wird P. zugesetzt, um die Ausbildung der Rostschicht zu verbessern. Bei Stählen für Flacherzeugnisse zum Kaltumformen kann die Mischkristallverfestigung durch P. zur Streckgrenzenerhöhung ausgenutzt werden. *W. Dahl*

**Photopolymerisation** →Polymerisationstechnik

**Photoreaktor** →Reaktor, photochemischer

**Pinch-Boden.** Beim Destillieren von Vielstoffgemischen werden zur näherungsweisen Berechnung des Prozesses oft Schlüsselkomponenten eingeführt. Bei der Berechnung des Trennprozesses wird das Vielstoffsystem wie ein binäres System aus den

*Phenoplast. Tabelle: Mindestanforderungen nach DIN 7708, Bl. 2 (1977) sowie weitere Eigenschaften von ausgewählten, gefüllten Phenol-Formaldehydkondensaten.*

| | Prüf-methode DIN | Einheit | Typ 31 | Typ 51 | Typ 12 | Typ 11,5 |
|---|---|---|---|---|---|---|
| Füllstoff | | | Holz-mehl | Zellstoff | Asbest-fasern | Ge-steins-mehl |
| Biegefestigkeit | 53 452 | MPa | 70 | 60 | 50 | 50 |
| Schlagzähigkeit | 53 453 | kJ/m$^2$ | 6 | 5 | 3,5 | 3,5 |
| Kerbschlagzähigkeit | 53 453 | kJ/m$^2$ | 1,5 | 3,5 | – | 1,3 |
| Oberflächenwiderstand | 53 482 | Vergleichs-zahl | 8 | 7 | 8 | 10 |
| Formbeständigkeit nach *Martens* | 53 458 | °C | 125 | 125 | 150 | 150 |
| Glutbeständigkeit | 53 459 (neu) | Gütegrad-stufe | 2a | 2b | 1 | 2a |
| Wasseraufnahme | 53 472 | mg/4d | 150 | 300 | 60 | 45 |
| Rohdichte | 53 479 | g/cm$^3$ | 1,4 | 1,4 | 1,8 | 1,8 |
| Zugfestigkeit | 53 455 | MPa | 25 | 25 | 20 | 15 |
| linearer Wärmeaus-dehnungskoeffizient | – | K$^{-1}$ · 10$^5$ | 3–5 | 1,5–3 | 1,5–3 | 1,5–3 |
| Wärmeleitfähigkeit | 52 612 | W/mK | 0,3 | 0,4 | 0,7 | 0,5 |
| spez. Durchgangswiderst. | 53 482 | m | 10$^8$ | 10$^6$ | 10$^7$ | 10$^9$ |
| dielekt. Verlust-faktor tan 50 | 53 483 | – | 1,0/0,1 | 1,0/0,2 | 0,5/0,3 | 0,2/0,1 |

beiden Schlüsselkomponenten angesehen. Untersucht man die Zusammensetzungen der Stoffe auf den Kolonnenböden, so stellt man fest, daß die Konzentration der leichten →Schlüsselkomponente ihr Maximum auf einem B. erreicht. Diesen Boden nennt man den oberen P.-B. Im →Abtriebsteil der Kolonne liegt der untere P.-B., auf dem die Konzentration der schweren Schlüsselkomponente maximal wird (→Vielstoffrektifikation). *Dohrn*

Literatur: *King, C. J.:* Separation Processes. New York 1980. – *Mersmann, A.:* Thermische Verfahrenstechnik. Berlin, Heidelberg, New York 1980.

**Plandrehen.** Drehen zum Erzeugen einer zur Drehachse des Werkstücks senkrechten, ebenen Fläche. Varianten sind u. a. das Quer-P. und Quer-Abstechdrehen zum Abtrennen des Werkstücks oder von Werkstückteilen.

Da beim Quer-Abstechdrehen die Werkzeuge schmal ausgeführt werden, um den Werkstückstoffverlust gering zu halten und sie sich auf Grund des notwendigen Freischnitts an beiden Nebenschneiden zum Schaft hin verjüngen, neigen sie bei hoher Belastung zum Rattern. Infolgedessen sind die Schnittwerte für das Abstechdrehen auf die Werkzeuggeometrie und die jeweilige Bearbeitungsaufgabe abzustimmen.

Die anwendbaren Schnittgeschwindigkeiten beim Quer-P. entsprechen denen beim Außenlängs-Runddrehen (Längsdrehen). Zu beachten ist allerdings, daß sich bei der Bearbeitung mit konstanter Drehzahl die Schnittgeschwindigkeit mit dem Werkzeugdurchmesser ändert. Hier versucht man, durch mehrfaches, stufenweises Anpassen der Drehzahl an den Bearbeitungsdurchmesser zumindest einen bestimmten Schnittgeschwindigkeitsbereich einzuhalten. *König*

**Plandrehmaschine.** P. werden zum Bearbeiten größerer nicht-rotationssymmetrischer Werkstücke eingesetzt. Gekennzeichnet sind diese Maschinen durch die Art der Werkstückspannung auf einer Planscheibe, die mit verstellbaren Spannbacken ausgestattet ist. Demgemäß wird die Einspannung von ebenen Werkstücken mit beliebiger Außenkontur ermöglicht. Charakteristisch für diese Bauart ist auch die kurze Baulänge und die Anordnung des Kreuzsupports quer zur Drehachse. Je nach Baugröße können Werkstücke bis zu 5 m Dmr. bearbeitet werden. Eine bessere Zugänglichkeit und ein günstigerer Spänefall sind die Vorteile der P. gegenüber vergleichbaren Karuselldrehmaschinen. *Schulz*

**Planen.** Das ist das systematische Suchen und Festlegen von Zielen sowie das Vorbereiten von Aufgaben, deren Durchführung zum Erreichen der Ziele erforderlich ist (Bild). Kenngrößen zur Charakterisierung einzelner Planungsaufgaben sind →Planungstiefe, Planungshorizont, Planungsstufen. *Eversheim*

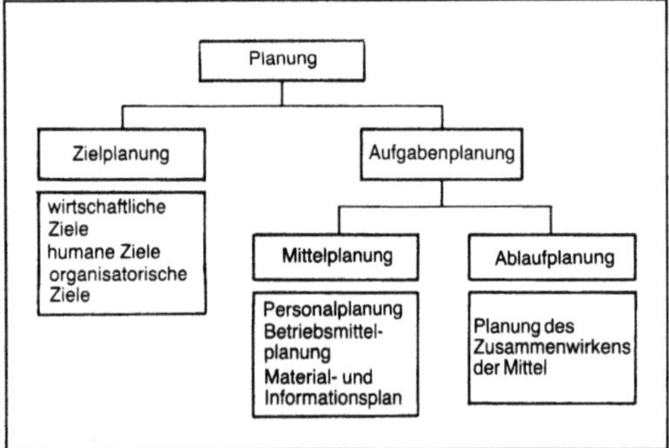

*Planen: Planungsarten. (Quelle: Refa)*

Literatur: N. N.: Methodenlehre der Planung und Steuerung. REFA-Verband für Arbeitsstudien e. V. München 1985.

**Planetärerosion.** Bearbeitungstechnik mit einer räumlichen Translationsbewegung zwischen Werkstück und Elektrode (Bild). Die Elektrode wird aus einer Startposition um einen bestimmten Betrag radial zugestellt und anschließend auf einer meist kreis- oder rechteckförmigen Bahn ohne Eigenrotation um die Startposition geführt. Der Abtrag erfolgt während der Zustellung und während des

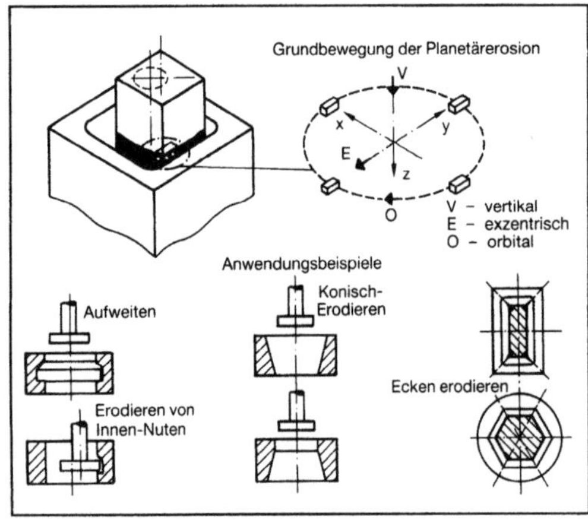

*Planetärerosion: Grundbewegung und Anwendungsbeispiele.*

Umlaufs auf der Bahn. Die radiale Zustellung kann mit der Einsenktiefe gekoppelt werden und um den gesamten Aufweitradius oder um einen Teil davon erfolgen. Dabei erfolgt die Aufweitung in mehreren Umläufen. Um scharfe Ecken zu erzielen, wird die Elektrode jeweils nur radial in Richtung der zu bearbeitenden Ecken ausgelenkt.

Die entsprechenden Planetär-Erodiereinrichtungen reichen von einfachen Zusatzgeräten, die nur eine Orbitalbewegung erlauben, bis zu recht komplexen mechanisch bzw. elektronisch gesteuerten Einheiten, die z. T. in die Maschinen integriert sind. Aus dem Einsatz dieser Technik ergibt sich neben einer Verbesserung des Prozeßverhaltens eine wesentliche Erweiterung der bisherigen Bearbeitungsmöglichkeiten. Mit einfachen Elektroden lassen sich Hinterschnitte, ein- oder mehrseitig konische Bohrungen oder auch scharfkantige Ecken herstellen.

Auf Grund der veränderten kinematischen Verhältnisse sind durch die Planetärbewegung teilweise erhebliche Verbesserungen gegenüber der reinen Senkbearbeitung möglich.

Unabhängig von Funkenspalt und Elektrodenuntermaß können hochgenaue Formen erodiert werden, da durch die einstellbare exzentrische Bewegung Korrekturen des Endmaßes sehr einfach auszuführen sind. Damit kann auf unterschiedliche Elektrodenuntermaße für die einzelnen Bearbeitungsstufen verzichtet werden, so daß hierdurch die Elektrodenkosten sinken. Schrupp- und Schlichterodieren ist mit nur einer →Werkzeugelektrode durchführbar. Die ständig wechselnden Spaltweiten bei der Umlaufbewegung erzeugen eine wechselnde Saug-Druck-Spülung, die abgetragene Partikel sehr gut aus dem Arbeitsspalt entfernt.

Hieraus resultiert in Verbindung mit einer schnelleren Spaltausregelung eine erhöhte Prozeßstabilität. Ein weiterer Vorteil ist die gleichmäßigere Verschleißverteilung auf die Mantelflächen der Werkzeugelektroden. *König*

Literatur: *Bonga, B.:* Planetärerosion und ihre Weiterentwicklung Ind.-Anz. 101 (1979) Nr. 55, S. 25/27. – *Enning, H. J.:* Entwicklung des funkenerosiven Senkens mit überlagerter Elektrodenbewegung. Ind.-Anz. Sonderh. NC-Technik 1981. – *Hilbert, L., u. S. Ulrich:* Senkerodieren und Planetärerodieren. Werkstatt u. Betrieb 111 (1978) Nr. 5, S. 327/30. – *König, W.:* Fertigungsverfahren. Bd. 3: Abtragen. Düsseldorf 1979. – *Schumacher, B.:* Funkenerosives Schneiden und Planetär-Senkerodieren in der Fertigung. Blech-Rohre-Profile 27 (1980) Nr. 9.

**Planetenkugelmühle.** P. (Bild) bestehen aus 2 oder mehreren vertikal oder horizontal angeordneten trommel- oder zylinderförmigen Mahlräumen. Dabei rotieren die Mahlräume um ihre eigene Achse und um eine gemeinsame Hauptachse, wodurch eine Planetenbewegung entsteht. Die Mahlräume sind wiederum mit Mahlkörpern gefüllt.

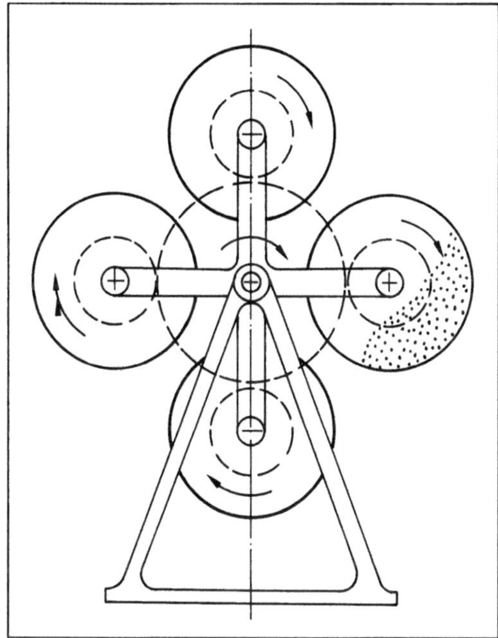

*Planetenkugelmühle: Prinzipskizze.*

Außer der Fallbeschleunigung entstehen somit Zentrifugalbeschleunigungen relativ zur Hauptdreh- und zur Mahlgefäßachse sowie die Coriolisbeschleunigung. Durch die Überlagerung dieser Beschleunigungen im Mahlkörper-Mahlgut-Gemisch kommt es zu hohen Beanspruchungsintensitäten und damit zu starken Zerkleinerungswirkungen. Deshalb sind diese Mühlen besonders zur Feinstzerkleinerung harter Materialien geeignet.

Auf Grund der hohen Energiedichten ist der spezifische Durchsatz hoch. Dadurch lassen sich die Mahlraumabmessungen beträchtlich reduzieren. Es kommt dabei zu hoher Erwärmung des Mahlguts. Deshalb ist für Kühlung oder kurze Mahlzeiten zu sorgen. Die Kühlung kann durch Wasser (bei Naßmahlung) oder Luft (bei Trockenmahlung) erfolgen.

Durch entsprechende Drehzahl- und Radienverhältnisse lassen sich Schlag-, Scher- und Druckbeanspruchungen erreichen. Mit P. kann man eine bis zu 100fache Fallbeschleunigung erzeugen. Dabei wird der maschinentechnische Aufwand beträchtlich.

Es kann mit Mahlkörpern (Kugeln, Cylpebse) und autogen (→Autogenmahlung) gemahlen werden. Der spezifische Leistungsbedarf erreicht bis zu 1,5 MW/m$^3$ (Mahlraumvolumen) bei Durchsätzen von 30 bis 50 t/m$^3$. *Greif*

**Planfräsen.** Fräsverfahren mit geradliniger Vorschubbewegung, welche am häufigsten zur Erzeugung ebener Flächen eingesetzt werden (Bild 1). In der Praxis nennt man die Fräsverfahren meist nach

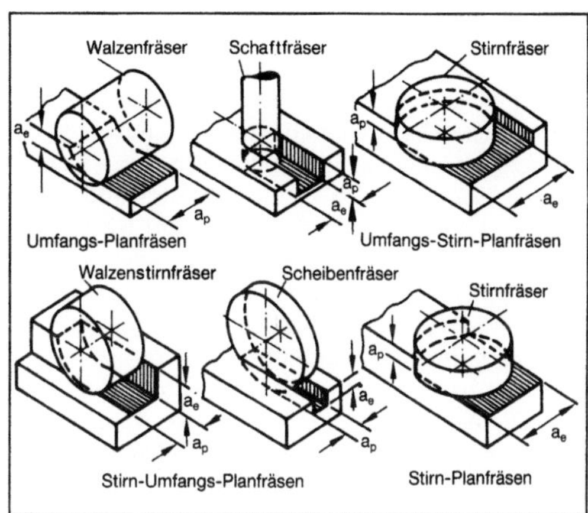


*Planfräsen 1: Verfahrensvarianten und Eingriffsgrößen.*

Art und Form der eingesetzten Fräswerkzeuge, wie z. B. Walzenfräsen, Schaftfräsen, Stirnfräsen, Scheibenfräsen usw.

Beim Stirnfräsen ist die Eingriffsgröße $a_e$ wesentlich größer als die Schnittiefe $a_p$, und die Werkstückoberfläche wird durch die Nebenschneide erzeugt. Beträgt der Einstellwinkel $\kappa = 90°$, so bezeichnet man diesen Fräsprozeß auch als Eckfräsen. In diesem Fall wird die Werkstückoberfläche sowohl mit der Nebenschneide als auch mit der Hauptschneide erzeugt.

Zum →Fräsen von sehr kleinen, ebenen und rechtwinklig abgesetzten Flächen, Nuten mit Rechteckquerschnitt und Langlöchern werden Massivstirnfräser aus HSS eingesetzt, ab 10–16 mm Werkzeugdurchmesser Werkzeuge mit geklemmten Hartmetallwendeschneidplatten und bei erhöhten Anforderungen an die →Oberflächengüte, Formgenauigkeit und Leistung Fräser mit eingelöteten Hartmetallschneiden. Zum Fräsen größerer, ebener Flächen dienen mit geklemmten Hartmetallwendeschneidplatten bestückte Messerköpfe.

Im allgemeinen wird bei der Stahlbearbeitung mit positiver Schneidteilgeometrie bzw. zur Verbesserung der Späneabfuhr mit der Wendelspangeometrie gearbeitet. Bei Schweißkonstruktionen, größeren Werkstoffinhomogenitäten oder Schnittunterbrechungen wird zur Vermeidung von Schneidenausbrüchen eine negative Schneidteilgeometrie eingesetzt. Das gleiche gilt für die Bearbeitung von Werkstückstoffen mit großer Zähigkeit und Festigkeit.

Um ein →Nachschneiden des Stirnfräsers auf Grund der elastischen Formänderungen im Gesamtsystem zu vermeiden, kann die Fräserachse um 0,5° bis 1° gestürzt werden. Damit ist jedoch die Vorschubrichtung festgelegt.

Die Schnittbedingungen beim Stirnfräsen werden i. a. niedriger gewählt als beim Drehprozeß. Insbesondere wählt man kleinere Spanungsquerschnitte, um die dynamische Belastung der Schneidstoffe gering zu halten und einen Werkzeugbruch zu vermeiden. Die wirtschaftlichen Standzeiten der Werkzeuge sind gegenüber denen beim →Drehen länger, da mit höheren Werkzeugkosten und größeren Werkzeugwechselzeiten gearbeitet wird.

Das Stirnfräsen wird sowohl zur Vorbearbeitung (Schruppen) als auch zur Endbearbeitung (Schlichten) angewendet. Das Schlichtstirnfräsen wird als Endbearbeitungsverfahren für größere, ebene Flächen mit besonderen Anforderungen an die Oberflächengüte und Ebenheit eingesetzt, wenn andere Endbearbeitungsverfahren (z. B. →Schleifen oder →Schaben) unwirtschaftlich oder nicht möglich sind. Derartige Bearbeitungsprobleme treten vorwiegend im Großmaschinenbau auf, z. B. zur Erzeugung von Verbindungsflächen, Maschinentischen und Führungsbahnen an Werkzeugmaschinen und zum Fräsen von Dichtflächen im Motoren- und Turbinenbau.

Beim Schlichtfräsen sind drei Arten von Schlichtwerkzeugen zu unterscheiden:

□ Konventionelle Schlichtstirnfräser, die mit geringen Schnittiefen und Vorschüben je Zahn arbeiten und mit einer hohen Anzahl an Zähnen bestückt sind.

□ Breitschlichtstirnfräser, die mit einer geringen Anzahl an Zähnen (1–5) bestückt sind und mit sehr niedrigen Schnittiefen und hohen Vorschüben arbeiten. Bei diesen Werkzeugen sind die Nebenschneidenfasen zur Vereinfachung der Werkzeugvoreinstellung mit großen Radien ($R_{eff} \approx 12$ m) versehen. Dadurch wird im Schnitt ähnlich wie beim Schäldrehen eine sehr gute Werkstückoberflächengüte erreicht. Hierbei sind jedoch die Rückkräfte größer als beim konventionellen Schlichtstirnfräsen, so daß es zu einer axialen Verschiebung des Werkzeugs kommen kann. Als →Schneidstoff wird vorwiegend →Schneidkeramik eingesetzt.

□ Stirnfräsen mit Schlichtmessern und Breitschlichtschneiden, die die Vorteile beider Verfahren kombinieren. Das Werkzeug ist in diesem Fall nur mit ein bis zwei Breitschlichtschneiden besetzt, die radial zurückgesetzt sind und die axial zur Erzeugung hoher Oberflächengüte um 0,03–0,05 mm vorstehen. Die Breite der Schlichtschneiden sollte etwa dem eineinhalbfachen Vorschub je Umdrehung entsprechen.

Die Schnittgeschwindigkeit wird bei der Schlichtbearbeitung hoch gewählt (z. B. bei der Stahlzerspanung mit →Hartmetall bis 300 m/min), um eine hohe Oberflächengüte zu erzielen. Erreicht werden bei Stahl Rautiefenwerte von 5–10 μm, bei Grauguß $R_t = 1–5$ μm.

Umfangsfräsen ist Fräsen, bei dem die Schnittbreite $a_p$ wesentlich größer als die Eingriffsgröße $a_e$ ist. Beim Umfangsfräsen wird die Werkstückoberfläche von der Hauptschneide erzeugt. Zu unterscheiden ist das Gegen- und das Gleichlauf-Umfangsfräsen. Beim Gleichlauf-Umfangsfräsen wirkt die Schnittkraft auf das Werkstück, während sie beim Gegenlauf-Umfangsfräsen vom Werkstück fort gerichtet ist, so daß hierbei ein labiles Werkstück (z. B. dünne Blechplatte) von der Aufspannfläche abgehoben oder zum Rattern angeregt werden kann.

Beim Gleichlauf-Umfangsfräsen ist ein spielfreier Tischvorschubantrieb notwendig, um Schwingungen und Stöße zu vermeiden. Während beim Gleichlauf-Umfangsfräsen der Anschnitt mit annähernd vollem Spanungsquerschnitt erfolgt, baut sich der Spanungsquerschnitt beim Gegenlauf-Umfangsfräsen langsam auf. Hierbei kann es zum Quetschen des Werkstückstoffs kommen und damit zur Ausbildung einer schlechten Oberfläche.

Allgemein kommt das Gegenlauf-Umfangsfräsen zur Anwendung. Neben den üblichen Schnellarbeitsstahlwerkzeugen werden zunehmend HM-bestückte Umfangsfräser bzw. Walzenfräser eingesetzt. Bei koaxialer Ausrichtung der Schneiden treten hohe dynamische Belastungen auf, da jeweils eine ganze Schneide in den oder aus dem Werkstückstoff tritt. Bei schrägverzahnten Werkzeugen kann die dynamische Belastung reduziert werden. Jedoch tritt dabei eine axiale Kraft auf, die zur Verlagerung des Werkzeugs oder Werkstücks führen kann. Durch eine Pfeilverzahnung mit gegenläufiger Steigung kann dieser Nachteil behoben werden. Ein solches Werkzeug ist jedoch sehr teuer in seiner Anschaffung und Aufbereitung.

Sollen scharfkantige Profile mit guter Maß- und Formgenauigkeit ausgearbeitet werden, so kommen kombinierte Umfangsstirnfräser oder Walzenstirnfräser (Bild 2) zum Einsatz, die auf der Stirnseite an allen Schneiden hinterschliffen sind (Ausbildung eines Freiwinkels).

Das Schaftfräsen wird vorteilhaft zum Erzeugen von Formflächen, wie z. B. im Gesenkbau, einge-

*Planfräsen 2: Walzenstirnfräser.*

setzt sowie zum Ausbilden von Nuten, Taschen, Schlitzen und Aussparungen aller Art und Größe (Bild 3). Schaftfräsen ist ein kontinuierliches Umfangs-Stirnfräsen unter Verwendung eines Schaft- bzw. Fingerfräsers.

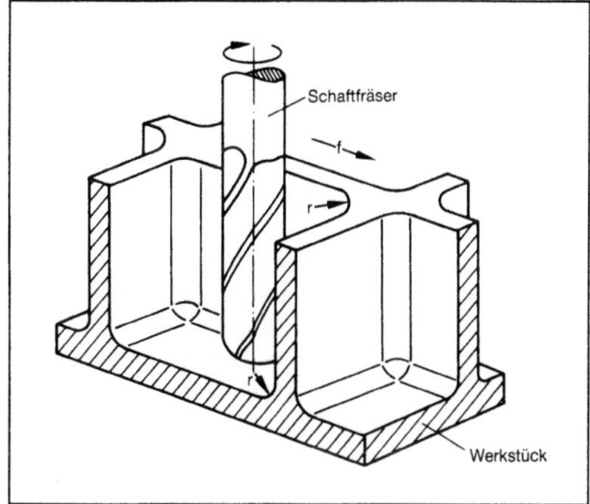


*Planfräsen 3: Erzeugung von Taschen mit Schaftfräsern.*

Schaftfräser entsprechen in ihrem Aufbau einem Walzenstirnfräser und sind zum Spannen mit einem Zylinder- oder Kegelschaft versehen. Man unterscheidet rechtsschneidende und linksschneidende sowie rechtsgedrallte, linksgedrallte und geradverzahnte Werkzeuge. Die Ausbildung der Fräserform kann dabei je nach Bearbeitungsaufgabe zylindrisch, kegelig oder als Sonderanfertigung beliebig geformt sein. Die Stirnseite des Werkzeugs ist i. a. plan- oder halbrund ausgebildet.

Die Schneidenanzahl ist abhängig vom zu bearbeitenden Werkstückstoff, der zu erzeugenden Werkstückform sowie vom Werkzeugdurchmesser. Dabei müssen gleichzeitig entgegenlaufende Forderungen erfüllt werden:

☐ geringe Belastung der Einzelschneide,
☐ ausreichend hoher Überdeckungsgrad,
☐ große Teilung für ausreichenden Spanraum.

Die große Auskraglänge der Werkzeuge führt zu Instabilitäten, insbes. zu Verbiegungen des Werkzeugs, die Formfehler in der gefertigten Werkstückgeometrie verursachen können. Durch Optimierung der Schneidteilgeometrie und der Werkzeugform kann dieser Formfehler minimal gehalten werden. Als Schneidstoff wird für Schaftfräser in erster Linie →Schnellarbeitsstahl oder Hartmetall eingesetzt. *König*

Literatur: *Beckhaus, H.:* Kontaktbedingungen beim Stirnfräsen. Diss. TH Aachen 1969. – *Ber, A., S. Kaldor* u. *E. Lenz:* A New Milling Test to Evaluate Carbide Tools. TME 382. Faculty of Mechanical Engineering. Technion. Haifa 1980. – *Dammer, L.:* Ein Beitrag zur Prozeßanalyse und Schnittwertvorgabe beim Messerkopfstirnfräsen. Diss. TH Aachen 1982. – *Deselaers, L.:* Umfangsfräsen mit Hartmetallwerkzeugen. Diss. Universität Karlsruhe 1970. – *Kamm, H.:* Beitrag zur Optimierung des Messerkopffräsens. Diss. Universität Karlsruhe 1977. – *König, W.:* Fertigungsverfahren. Bd. 1: Drehen, Fräsen, Bohren. Düsseldorf 1990. – *König, W., L. Dammer* u. *M. Hoff:* Das Verschleißverhalten beim Messerkopfstirnfräsen unter Berücksichtigung unterschiedlicher Eingriffsverhältnisse. tz. f. prakt. Metallbearbeitung 74 (1980) Nr. 9, S. 39/42. – *Kronenberg, M.:* Analysis of Initial Contact of Milling Cutter and Work in Relation to Tool Life. Transactions of the ASME (1946), S. 217/28. – *Kronenberg, M.:* Grundzüge der Zerspanungslehre. 3 Bde. Berlin 1963. – *Lehwald, W.:* Prüfung von Hartmetallen im Hinblick auf die Schneidenbeanspruchung beim unterbrochenen Schnitt. Diss. TH Aachen 1962. – *Niklasson, G.:* Standardized Milling Test. Proceedings of the 3rd Int. MTDR Conference. Birmingham 1982. – *Müller, M.:* Zerspankraft, Werkzeugbeanspruchung und Verschleiß beim Fräsen mit Hartmetall. Diss. Univ. Karlsruhe 1981. – *Pandey, P. C., S. M. Bhatia* u. *H. S. Shan:* Thermo-Mechanical Failure of Cement Carbide Tools in Intermittend Cutting. Annals of the CIRP (1979) Bd. 28/1, S. 12/17. – *Pekelharing, A. J.:* Unterbrochener Schnitt mit spröden Werkzeugen. Techn. Rundsch. (1979) Nr. 36, S. 25. – *Philipp, H.:* Fräsen bei großen Vorschüben. Werkstatt u. Betrieb 114 (1981), S. 183/88. – *Sack, W.,* u. *B. Bellmann:* Fräswerkzeuge mit Wendeschneidplatten. Werkstatt u. Betrieb 109 (1976) Nr. 5, S. 249/59. – *Spur, G.,* u. *Th. Stöferle:* Handb. Fertigungstechnik. Bd. 3/1: Spanen. München, Wien 1979. – *Victor, H.,* u. *H. Kamm:* Standzeit und Verfahrensoptimierung beim Messerkopffräsen. Z. ind. Fertig. 67 (1977) Nr. 9, S. 539/46. – *Vieregge, G.:* Zerspanung von Eisenwerkstoffen. Düsseldorf 1959. – *Warnecke, G.:* Spanbildung bei metallischen Werkstoffen. Gräfelfing/München 1973. – *Weck, M.:* Werkzeugmaschinen. Bd. 1: Maschinenarten, Bauformen und Anwendungsbereiche. Düsseldorf 1980.

**Planhonen** →Honverfahren

**Planläppen.** Durch P. werden ebene Flächen feinstbearbeitet. Das Ziel ist dabei, hohe Oberflächenqualitäten und geringe Ebenheitsabweichungen zu erreichen. Man unterscheidet zwei Verfahrensvarianten:

Beim einseitigen P. wird eine Einscheiben-Läppmaschine verwendet. Hier führt eine rotierende →Läppscheibe die Hauptbewegung aus. Handelsübliche Läppscheiben besitzen Durchmesser zwischen 300–2 000 mm. Die Werkstücke werden in Läppkäfigen bzw. Abrichtringen aufgenommen, die sich auf der Läppscheibe entweder ortsgebunden selbsttätig oder zwangsgeführt rotieren (→Läppen, →Läppmaschine). Der →Läppdruck wird meistens durch das Eigengewicht der Teile erzeugt. Bei kleinen bzw. großflächigen und/oder leichten Teilen verwendet man zusätzliche Druckplatten mit einstellbaren Feder- oder Hydraulikdruckeinrichtungen.

Typische Anwendungsgebiete des P. sind gas- und flüssigkeitsdichte Flächen sowie Trenn-, Klebe-, Auflage- und Führungsflächen. Auf modernen Maschinen lassen sich auch sperrige Werkstücke wie Gehäuse, Motorblöcke oder Spindelstöcke planläppen.

Die andere Verfahrensvariante ist das Planparallel-Läppen von ebenen Flächen. Hierzu sind Zweischeiben-Läppmaschinen erforderlich. Um die Planparallelität zu gewährleisten, sind mindestens vier Werkstücke gleichzeitig zu bearbeiten, die in Abrichtringen aufgenommen werden. Einen kontrollierten, gleichmäßigen Verschleiß erreicht man, wenn man die Abrichtringe zwangsführt. Dies erfolgt mit Reibplanetenantrieben, Exzentern oder Zahntriebstöcken. *Kenter*

Literatur: *Finkelnburg, H.:* Planläppmaschinen. Werkstatt und Betrieb 103 (1970) Nr. 5. – *Grünwald, F.:* Fertigungsverfahren in der Gerätetechnik. München, Wien 1985.

**Planparallelläppen** → Planläppen

**Planschleifen.** Durch P. (auch Flachschleifen genannt) werden ebene oder profilierte Flächen mittels rotierender Schleifkörper erzeugt. Die vorkommenden Verfahrensvarianten sind im Bild dargestellt. Die Bearbeitung erfolgt auf Flachschleifmaschinen. Das auf dem Maschinentisch eingespannte Werkstück führt eine lineare Bewegung aus. Der Materialabtrag wird durch die Zustellung der → Schleifscheibe im Bereich der Werkstückoberfläche erzielt (→ Schleifen).

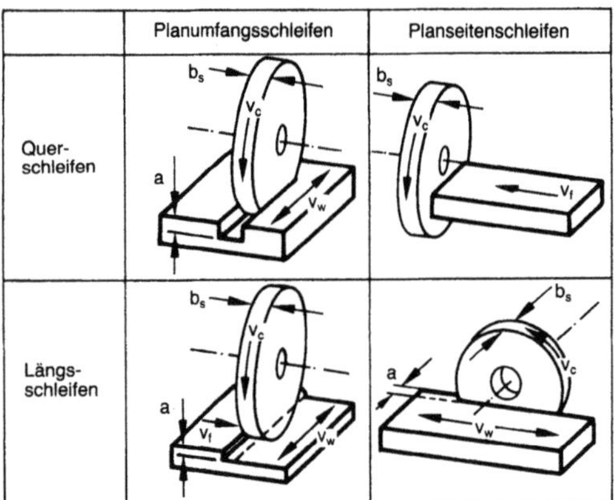


*Planschleifen: Schematische Darstellung der Verfahren. (Quelle:* König)

a Zustellung, $b_s$ Schleifwerkzeugbreite, $v_f$ schrittweiser Vorschub, $v_c$ Schleifwerkzeugumfanggeschwindigkeit, $v_w$ Werkstückgeschwindigkeit

Durch Variation der beiden Parameter Zustellung und Werkstückgeschwindigkeit werden beim Plan-Umfangs-Schleifen unterschiedliche Abtragsergebnisse erreicht.

Beim Pendelschleifen wird die Schleifscheibe nur um einen geringen Betrag zugestellt (a < 50 μm). Gleichzeitig werden hohe Werkstückgeschwindigkeiten ($v_w$ > 5 m/min) eingestellt. Mit dieser konventionellen Methode lassen sich relativ hohe Abtrags-

leistungen bei niedrigen Werkstücktemperaturen realisieren.

Beim → Tiefschleifen wird demgegenüber bei geringen bis mittleren Werkstückgeschwindigkeiten eine hohe Zustellung (a = 0,1 bis 10,0 mm) gewählt. Damit können höchste Zerspanleistungen bei ebenfalls niedrigen Temperaturen und hoher Bearbeitungsqualität erzielt werden.

Wie aus dem Bild ersichtlich wird, überlagert sich beim Längsschleifen der relativen Bewegung $v_w$ zwischen der Schleifscheibe und Werkstück eine seitliche Vorschubbewegung $v_f$. Dabei beträgt $v_f$ das (0,2–0,5)fache der Schleifscheibenbreite $b_s$ pro Hub oder pro Schleifscheibenumdrehung (für $v_w = 0$).

Wird zur Bearbeitung großer, ebener Flächen die Stirnseite der Schleifscheibe eingesetzt, so spricht man von Planseitenschleifen. Bei diesem auch Stirnschleifen genannten Verfahren wird ebenfalls unter den Varianten Quer- und Längsschleifen unterschieden. Es kommen Schleifmaschinen mit vertikaler Schleifspindel zum Einsatz. Das Werkstück vollzieht dabei eine Längs- oder Rotationsbewegung. Das Verfahren ist bei der Schruppbearbeitung großer Flächen und bei wärmeunempfindlichen Werkstoffen anzuwenden, da die Zuführung des Kühlschmierstoffs an die gesamte Kontaktfläche sowie eine ausreichende Wärme- und Spanabfuhr nicht voll gewährleistet werden können. *Kenter*

Literatur: DIN 8589. Tl. 11: Schleifen mit rotierendem Werkzeug. Hrsg. Dt. Inst. f. Normung. Ausg. Jan. 1984. – *König, W.:* Fertigungsverfahren. Bd. 2. Düsseldorf 1989.

**Planung der Ablauforganisation.** Während die P. d. → Aufbauorganisation das Gliederungsgefüge zeitlich und räumlich abstrakt festgelegt hat, betrachtet die P. d. A. das betriebliche Wirtschaften als einen zeitlich und räumlich fortschreitenden Arbeitsprozeß.

Analog der Aufgabenanalyse und -synthese wird hier von einer Arbeitsanalyse ausgehend eine Arbeitssynthese mit dem Ziel der Regelung zeitlicher Belastungen einzelner Aufgabenträger sowie einer Leistungsabstimmung derselben aufeinander vorgenommen.

Die Arbeitsanalyse erfolgt im wesentlichen nach den Suchprinzipien „Objekt" und „Verrichtung" und findet Eingang in die Arbeitssynthese, die sich in die Bereiche

□ P. d. Arbeitsverteilung (Bildung von Arbeitsgängen) sowie

□ P. d. Arbeitsvereinigung (Zusammenfügung und zeitliche bzw. räumliche Abstimmung der Arbeitsgänge

untergliedert. Organisations-P. als betriebliche Teilaufgabe: Betriebliche Organisations-P. ist immer mehr als permanente Aufgabe zu sehen, da inner- und außerbetriebliche Verhältnisse immer kürzer werdenden Änderungszyklen unterliegen. Dies erfordert ein hohes Maß an Elastizität in der Organisations-P., um sie den ständig wechselnden Bedingungen hinreichend anpassen zu können. Träger der betrieblichen Organisations-P. können zum einen innerbetriebliche Institutionen, aber auch außerbetriebliche Organisationsberater sein. *Eversheim*

Literatur: *Bleicher, K.:* Organisation – Formen und Modelle. 1. Aufl. Wiesbaden 1981. – *Eversheim, W.:* Organisation in der Produktionstechnik. Bd. 1. 1. Aufl. Düsseldorf 1981. – *Frese, E.:* Grundlagen der Organisation. 2. Aufl. Wiesbaden 1984. – *Grochla, E.:* Einführung in die Organisationstheorie. 1. Aufl. Stuttgart 1978. – *Grochla, E.:* Handwörterb. Organisation. 2. Aufl. Stuttgart 1973. – *Schertler, W.:* Unternehmensorganisation. 2. Aufl. München 1985.

**Planungshilfsmittel.** Sie dienen zur Rationalisierung der Planungstätigkeiten in der →Arbeitsvorbereitung. Sie lassen sich in zwei Kategorien unterscheiden:

◻ P., die systematisch aufbereitete Planungsdaten beinhalten, auf deren Grundlage Entscheidungen getroffen und Daten ermittelt werden können.

◻ Organisatorische Hilfsmittel und Geräte zur Ausführung bzw. Unterstützung von Planungsfunktionen, wie z. B. Formulare, Planungstafeln, Taschenrechner, EDV usw.

Für den Bereich der →Arbeitsplanung existiert eine Reihe von Hilfsmitteln, die die →Arbeitsplanerstellung unterstützen. Es handelt sich hier um systematisch in Tabellen, Karteien und Katalogen abgelegte Planungsdaten für Maschinen, Werkzeuge, Vorrichtungen, Vorgabezeiten usw. Auf der Basis dieser Daten können dann beispielsweise Entscheidungen über die Eignung und den Einsatz von Maschinen und Fertigungsmitteln für bestimmte Fertigungsaufgaben getroffen werden.

Für eine effektive Anwendung der P. ist der Zugriff auf die Daten möglichst einfach zu gestalten. Dafür bietet sich der Einsatz von Klassifizierungssystemen an, die systematisch die Merkmale der Daten erfassen.

Mit Hilfe des Einsatzes von Geräten läßt sich ebenfalls die Durchführung von Planungsfunktionen erleichtern. So werden in der Durchlaufterminierung (→Terminplanung) Planungstafeln als Hilfsmittel eingesetzt. Der Einsatz konventioneller Geräte und Hilfsmittel tritt jedoch heutzutage gegenüber den rechnergestützten Hilfsmitteln immer mehr zurück, da die Anwendung der EDV eine umfassende Rationalisierung und Automatisierung der Planungsfunktionen erlaubt. *Eversheim*

Literatur: *Engel, K.-H.:* (Hrsg.) Handb. Techniken des Industrial Engineering. 4. Aufl. Düsseldorf 1984. – N. N.: Methodenlehre der Planung und Steuerung. Bd. 3. REFA Verband für Arbeitsstudien e. V. München 1985.

**Planungsinformation.** Wesentliche Aufgabe der →Arbeitsplanung ist die Erarbeitung und Erzeugung von Fertigungsinformationen für die nachgeschalteten betrieblichen Bereiche. Auf der Basis der Eingangsinformationen werden die Planungsfunktionen der Arbeitsplanung ausgeführt. Unter Zuhilfenahme der →Planungshilfsmittel werden Ausgangsinformationen bzw. Planungsergebnisse erzeugt.

Die wichtigsten auftragsabhängigen Eingangsinformationen für die Arbeitsplanung sind in Zeichnung und Stückliste dokumentiert. Darüber hinaus existiert je nach Aufgabenstellung eine Vielzahl weiterer Eingangsinformationen und -dokumente (Auftragsübersichten, Mitteilungsformulare für Reklamationen usw.). Wichtigste Planungsergebnisse sind der Arbeitsplan mit seinen Folgedokumenten (Lohnschein, Materialentnahmeschein, Terminkarte) und NC-Programme (→NC-Programmierung) mit Spannplänen, Einrichteblättern usw. Der Arbeitsplan enthält sämtliche Informationen und Abläufe zur Herstellung von Einzelteilen bzw. der Montage von Baugruppen und Erzeugnissen. Dies sind:

◻ organisatorische Daten zum eindeutigen Kennzeichnen des Arbeitsplans,

◻ sachabhängige Daten zum eindeutigen Kennzeichnen und Beschreiben des Ausgangs- und des Endzustands des Werkstücks oder der Baugruppe,

◻ arbeitsvorgangsabhängige Daten zum detaillierten Kennzeichnen der einzelnen Arbeitsschritte durch verbales Beschreiben, Angaben der Maschinen, Werkzeuge, Vorrichtungen, Vorgabezeiten usw. *Eversheim*

Literatur: *Eversheim, W.:* Organisation der Produktionstechnik. Bd. 3. Arbeitsvorbereitung. Düsseldorf 1980. – N. N.: REFA-Methodenlehre der Planung und Steuerung. Bd. 3. REFA Verband für Arbeitsstudien e. V. München 1985.

**Planungsmethode.** Sie beschreibt den Weg oder das Verfahren für die rechnerunterstützte →Arbeitsplanerstellung. Die Anwendung der P. erfordert den Einsatz der →Planungshilfsmittel.

Hinsichtlich der P. können zwei Prinzipien unterschieden werden (Bild):

◻ die Planung auf der Grundlage von Planungsergebnissen,

◻ die Planung auf der Grundlage von Planungsunterlagen,

Im ersten Fall wird auf vorhandene Arbeitspläne zurückgegriffen. Es werden durch entsprechende Änderungen und Mutationen neue Arbeitspläne erstellt. Voraussetzung für den Einsatz dieser P. ist ein Arbeitsplanverwaltungssystem. Die Methode ist nur dann sinnvoll als planerische Gesamtlösung anzusehen, wenn Wiederholteile auftreten und die überwiegende Anzahl der Werkstücke einen großen Ähnlichkeitscharakter aufweisen.

Für die zweite P. stehen abgespeicherte Regeln und Daten zur Bestimmung von Arbeitsvorgängen,

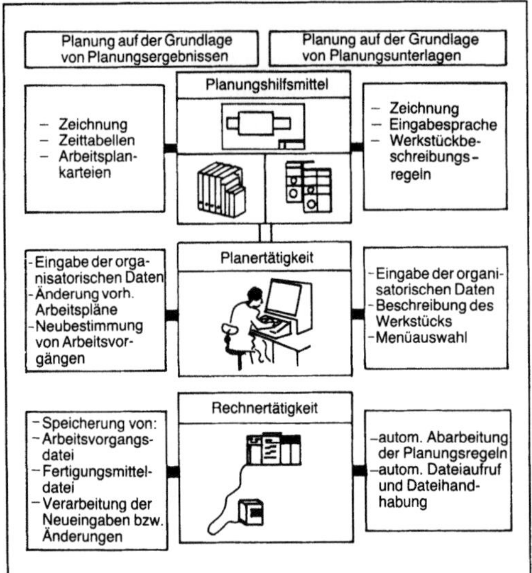



*Planungsmethode.*

Maschinen, Fertigungshilfsmitteln und Arbeitsvorgangsdaten im System zur Verfügung. Nach Eingabe der notwendigen Werkstückinformationen werden die Regeln und Daten angestoßen, um den Arbeitsplan zu generieren. Die technologischen Zusammenhänge sowie logischen Verknüpfungen können in Form von Entscheidungstabellentechniken aufgebaut werden.

Es sind vollautomatische wie teilautomatisierte Lösungen mit Dialogunterstützung während des Planungslaufs realisierbar. Hierbei nimmt die Möglichkeit einer automatischen Verarbeitung mit einer steigenden Kompliziertheit der Werkstücke ab. Eine Automatisierung in Teilbereichen, wie z. B. nur der Vorgabezeitberechnung, ist dann vorteilhaft. *Eversheim*

Literatur: *Eversheim, W.:* Organisation in der Produktionstechnik. Bd. 3: Arbeitsvorbereitung. Düsseldorf 1980. – N. N.: Methodenlehre der Planung und Steuerung. Bd. 3. REFA-Verband für Arbeitsstudien e. V. München 1985. – *Geitner, B.:* EDV-Gesamtplanung. München, Wien 1980. – *Höth, H.,* u. *L. Wienand:* Rationalisierungsmethoden für die Arbeitsplanung. Tl. 1 u. 2. Rationalisierungs-Kuratorium der Deutschen Wirtschaft (RKW). Eschborn 1986.

**Planungstiefe.** Sie beschreibt den Zusammenhang zwischen Aufwand und Detaillierungsgrad einer Planung und der erreichbaren Ergebnisqualität. Beeinflußbare Kenngrößen der P. sind:
□ Anzahl, Detaillierungsgrad und Genauigkeit der Planungsdaten,
□ Methoden und Hilfsmittel zur Datenermittlung,
□ Art und Anzahl erstellter Dokumente.
Grundsätzlich sollte nicht die größte P. angestrebt werden, sondern eine P., wie sie für das angestrebte Planungsziel erforderlich ist.

Unter zweckmäßiger oder optimaler P. wird demnach eine kostenbewußte Planung verstanden, deren Aufwand (Einsatz von Personal, Zeit und Sachmitteln) mit den resultierenden Kosteneinsparungen so abgeglichen wird, daß die Gesamtkosten ein Minimum bilden.

Betriebliche Einflußgrößen, die hierbei berücksichtigt werden sollten, sind Kenndaten, die das
□ Gesamtunternehmen,
□ Produktspektrum,
□ Personal und die
□ Fertigungsmittel
betreffen.

Der *Planungshorizont* oder *Planungszeitraum* ist der Zeitraum, für den die Planung Gültigkeit haben soll. Der Planungshorizont kann nach Bild gegliedert werden. Die zeitliche Abgrenzung der einzelnen Planungshorizonte muß für jedes Unternehmen und dort von Fall zu Fall erfolgen. Sie ist u. a. abhängig vom Erzeugnisprogramm (z. B. kurzlebige Konsumgüter oder langlebige Investitionsgüter). Gliederungskriterien können die Anzahl und Art der Entscheidungen sein, die bis zur Verwirklichung des Plans fällig sind. Der Planungshorizont gibt an, wieviel Zeit zur Planung und Gestaltung zugestanden wird.

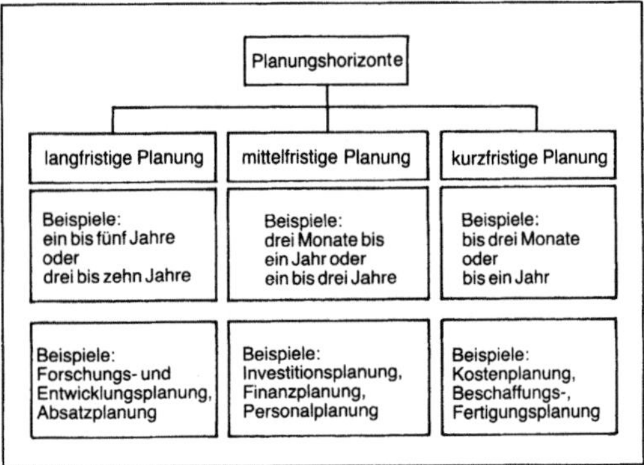



*Planungstiefe: Gliederung der Planungshorizonte. (Quelle: Refa)*

Weitere Unterscheidungsmerkmale betrieblicher Planung sind Planungsstufen:
□ strategische Planung,
□ →Strukturplanung und
□ operative Planung.
Im Rahmen der *strategischen Planung* werden die Unternehmensziele wie Sicherung der Rentabilität, Erhöhung des Marktanteils usw. festgelegt. Diese strategische Planung oder →Zielplanung ist ein fortlaufender Prozeß, bei dem die Unternehmensziele an die Umwelt in gesellschaftlicher, politischer, ökonomischer, technischer und rechtlicher sowie internationaler, nationaler und regionaler Hinsicht angepaßt werden. Typische Gegenstände der strategischen Planung sind z. B. die Absatzplanung, die

sich als Hilfsmittel der Marktanalyse und Marktbeobachtung bedient, oder die langfristige Personalplanung.

Kennzeichen der *Strukturplanung* (auch *Grob-* oder *Rahmenplanung*) sind komplexe kreative Entscheidungen, um die Ordnung der Beziehungen des Unternehmens zur Außenwelt (z. B. Zusammenschluß mit anderen Unternehmen) sowie um die Auffindung einer Struktur für die Beziehungen innerhalb des Unternehmens (z. B. in Form von Betriebsvereinbarungen über die betriebliche Lohngestaltung) festzulegen.

Die *operative Planung* oder *Feinplanung* dient der meist kurzfristigen Planung konkreter Handlungsabläufe. Kennzeichnend ist, daß für die Planung verhältnismäßig viele quantitative Informationen vorliegen. *Eversheim*

Literatur: *Baberg, Th.:* Rationalisierung in der Arbeitsplanung unter Berücksichtigung dynamischer Unternehmensveränderungen und der Auswirkungen auf die Fertigungskosten. Diss. TH Aachen 1980. – Eine Anleitung für metallverarbeitende Betriebe. Tl. 1. RKW 1986. – *Häusler, J.:* Planung als Zukunftsgestaltung. – *Höth, H.,* u. *L. Wienand:* Rationalisierungsmethoden für die Arbeitsplanung. – N. N.: Methodenlehrgang der Planung und Steuerung. Bd. 1. REFA-Verband für Arbeitsstudien e. V. München 1985.

**Planungsvorbereitung.** Zur Verbesserung des eigentlichen Planungsablaufes ist wegen der ständigen Veränderung der Produktionsfaktoren und der zunehmenden Komplexität des Planungsprozesses vielfach die Einrichtung einer P.-Stelle notwendig.

Bislang ist die P. in den wenigsten Fällen institutionalisiert. Ist eine eigene Abteilung im Unternehmen vorhanden, so dient sie außer zur Vorbereitung der →Arbeitsplanung als Koordinationsstelle zwischen →Arbeitsvorbereitung und →Konstruktion (Bild). Entsprechend dieser organisatorischen Eingliederung in den gesamten Planungsablauf lassen sich konstruktions- und arbeitsplanungsorientierte Aufgabenbereiche unterscheiden.

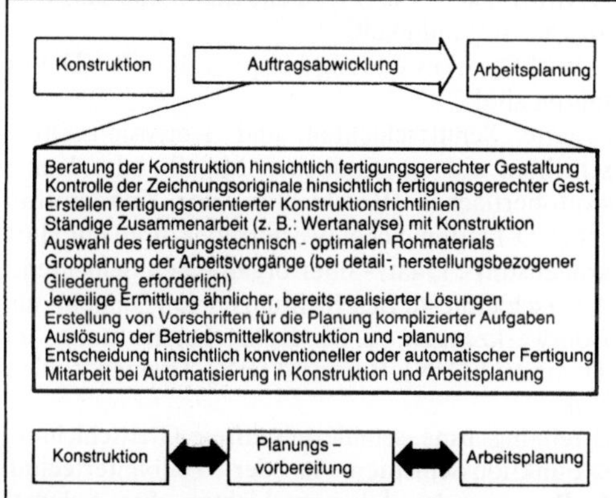


*Planungsvorbereitung: Aufgaben.*

Bezüglich der Konstruktion erstrecken sich die Koordinierungstätigkeiten sowohl auf die kurzfristig anfallende Beratung und Kontrolle, z. B. hinsichtlich fertigungs- und montagegerechter Gestaltung, als auch auf die längerfristig wirksam werdende Erstellung von Konstruktionsrichtlinien.

Von großer Bedeutung ist auch die Aufgabe, Engpässe auf Grund neu zu beschaffender bzw. herzustellender Sonderfertigungshilfsmittel rechtzeitig zu erkennen und in Auftrag zu geben, um so Terminverzögerungen zu vermeiden.

Durch die Beratung der Konstruktion (fertigungstechnische Vorbereitung) werden die Rückfragen an diesen →Produktionsbereich sowie spätere Änderungen vermieden oder reduziert. Innerhalb der Arbeitsplanung verringert sich durch den Verweis auf ähnliche, bereits erstellte Planungsergebnisse (organisatorische Vorbereitung) der Aufwand zur Informationsbeschaffung für aktuelle Aufgaben. Darüber hinaus sollte man bereits bei der P. entscheiden, ob sich ein Werkstück günstiger konventionell oder automatisch fertigen läßt.

Zur Beurteilung einzelner Werkstücke hinsichtlich ihrer Eignung für die NC-Bearbeitung können verschiedene Verfahren eingesetzt werden, die entweder auf einer Kostenvergleichsrechnung oder einem Punktbewertungsverfahren basieren. *Eversheim*

Literatur: *Eversheim, W.:* Organisation in der Produktionstechnik. Bd. 3: Arbeitsvorbereitung. Düsseldorf 1980.

**Plasmaantrieb.** Raketentriebwerke, in denen die Schubkraft durch Ausstoß eines Plasmastrahls bewirkt wird.

Besonderheit aller Plasmatriebwerke ist die im Vergleich zu konventionellen chemischen Triebwerken hohe Austrittsgeschwindigkeit des Gases bzw. Plasmas. So liegen hier die erreichbaren Austrittsgeschwindigkeiten $v_o$ bei 20–100 km/s gegenüber nur einigen km/s bei chemischer Verbrennung. Entsprechend der Bewegungsgleichung

$$K_s = \frac{d}{dt}(mv) = v_o \cdot \frac{dm}{dt}$$

ergibt sich damit ein deutlich geringer Masseverbrauch $\frac{dm}{dt}$ bei gleicher Schubkraft $K_s$. Dies muß allerdings durch höheren Leistungseinsatz entsprechend

$$P = \frac{1}{2} \cdot v_0^2 \cdot \frac{dm}{dt}$$

erkauft werden.

Zugleich lassen sich mit praktisch realisierbaren Plasmatriebwerken nur vergleichsweise geringe Schubkräfte von typisch $10^{-2}$ N bis zu einigen N realisieren. Für ihren Betrieb ist außerdem eine

Vakuumumgebung nötig. Damit kommen Plasmatriebwerke vor allem für erdferne Missionen oder aber für die Lageregelung von Satelliten in Betracht, wo jeweils die Antriebsmasse nur sehr begrenzt verfügbar, elektrische Leistung aber in hinreichendem Maße (z. B. als Solarenergie) vorhanden ist.

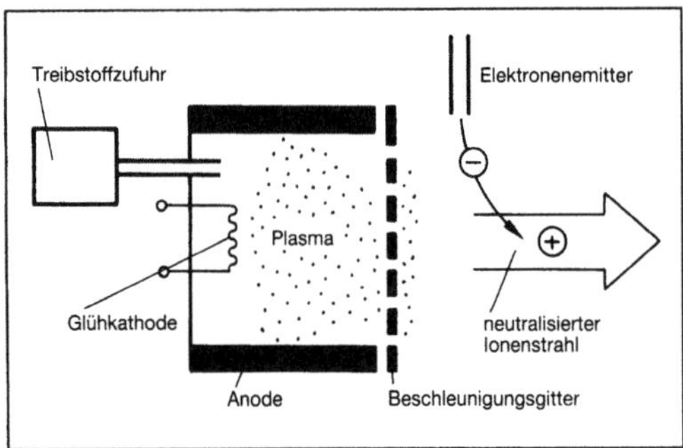


*Plasmaantrieb 1: Ionentriebwerke (vereinfacht).*

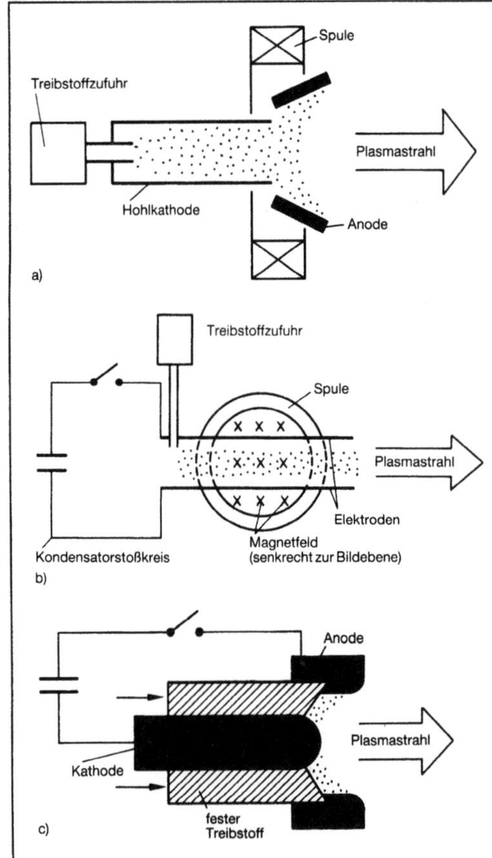


*Plasmaantrieb 2: Plasmatriebwerke.*
*a) Hohlkathoden-MPD-Triebwerk (stationär)*
*b) Plasmabeschleuniger (gepulst)*
*c) Feststoff-MPD-Triebwerk (gepulst).*

Plasmaantriebe teilen sich auf in:

□ *Ionentriebwerke,* bei denen möglichst schwere Metallionen (z. B. Quecksilber) aus einer Plasmaentladung (Glimmentladung, HF-Entladung) extrahiert und über Gitter elektrostatisch aus der Brennkammer herausbeschleunigt werden. Um eine elektrische Aufladung des Flugkörpers und damit den Verlust der Schubwirkung zu vermeiden, ist zugleich mit dem Ionenstrahl auch eine entsprechende Menge an Elektronen aus einem speziellen Emitter auszustoßen (Bild 1).

□ *Plasmatriebwerke,* bei denen ein elektrisch neutraler Plasmastrahl durch Wirkung verschiedener Kräfte beschleunigt wird. Die im Einzelfall unterschiedlich wirkenden Kräfte sind hier die thermische Expansion durch die Plasmaerhitzung in der Brennkammer, die Magnetfeldwirkung eines u. U. starken Plasmastromes und – bei Überlagerung eines äußeren transversalen Magnetfelds – eine magnetohydrodynamische Plasmabeschleunigung. Dieser letzte Fall ist als die Umkehrung des MHD-Generatorprinzips zu verstehen. Bild 2 zeigt schematisch verschiedene Ausführungsformen derartiger magnetoplasmadynamischer (MPD) Triebwerke. *Wilhelm*

Literatur: *Rutscher, A., u. H. Deutsch:* Plasmatechnik. München, Wien 1984.

**Plasmabeschichtung.** Auftrag dünner Oberflächenschichten aus einer Plasmaentladung.

Die zur Schichtbildung benötigten Teilchen (Ionen, Atome, Radikale) werden dabei in einem nichtthermischen Niederdruckplasma gebildet und auf der Oberfläche des zu beschichtenden Körpers abgeschieden. Mit dem PCVD-Verfahren (Plasma Chemical Vapor Deposition) lassen sich sowohl kristalline, amorphe wie auch stark vernetzte organische Polymerschichten erzeugen. Diese Schichten weisen vielfach äußerst günstige Eigenschaften auf, wie sie mit anderen Verfahren nicht erreichbar sind (Haftfestigkeit, Porenfreiheit, chemische und thermische Beständigkeit).

Wichtige Anwendungsbeispiele für PCVD-Verfahren sind:

□ harte Schutzschichten und Korrosionsschutzschichten auf empfindlichen Metall- oder Kunststoffoberflächen (Beschichtung von Kunststofflinsen, CD-Platten, Scheinwerferreflektoren mit Hartkohlenstoff-, Quarz- oder organischen Schichten),

□ verschleißfeste Beschichtungen von Schneid- und Bohrwerkzeugen, z. B. Bohrerbeschichtung mit Titannitrid (TiN), Bornitrid (BN), Diamantkohlenstoff,

□ reibungsarme, schmiermittelfreie Gleitschichten,

□ Funktionsschichten in der Halbleitertechnik (z. B. amorphe Siliciumschichten für Solarzellen). *Wilhelm*

**Plasmabrenner.** Die spezifisch hohe Leistungsdichte eines P. wird dadurch erzeugt, daß ein Lichtbogen sich nicht wie bei konventionellen Verfahren frei zwischen →Werkzeugelektrode und Werkstückoberfläche ausbreiten kann, sondern dazwischen durch eine Düse mit kleinem Durchmesser geführt wird.

Auf Grund der Einschnürung des Lichtbogens wird der ebenfalls durch die Düse geführte Gasstrom ionisiert, und es entsteht ein Plasma im Bereich höchster Energiekonzentration unterhalb der Elektrodenspitze, das sich zum Werkstück hin ausbreitet. Die im Plasma aufgenommene Energie wird bei der Abkühlung als Rekombinationswärme frei und steht damit wiederum zur Werkstoffaufheizung zur Verfügung. Als Plasmagase werden Stickstoff und Argon genutzt, in Sonderfällen auch Preßluft. Die umgesetzte Leistung liegt zwischen 30 und 200 kW.

Das höchstbelastete Bauteil des Brenners ist die Düse, die einerseits thermischer Beanspruchung durch den Strahl unterliegt, andererseits jedoch auch durch die Bildung eines zweiten Lichtbogens zwischen Düse und Werkstückoberfläche zerstört werden kann. Gerätetechnische Weiterentwicklungen zielen daher in erster Linie auf eine Verbesserung der Düsenkonstruktion. Hierzu zählt die Verwendung von wassergekühlten Keramikkörpern sowie die radiale Zuführung eines Druckwasserstrahls im vorderen Teil des Düsenkörpers. Dieser Wasserstrom bewirkt eine weitere Einschnürung des Plasmastrahls und bildet im kritischen Querschnitt der Düse ein Dampfpolster zwischen Düsenwand und Plasmastrahl. Je nach Verwendungszweck des Brenners zum Schmelzschneiden, →Schmelzschweißen oder Auftragschweißen sind in den Brennerkopf auch die Zuführungen und Düsen für Hilfsgasströmungen zur weiteren Strahlbündelung und für Schutzgas zur Vermeidung der Oxidation an der Bearbeitungsstelle und zur Kühlung der Werkstückoberfläche integriert (Bild). *König*

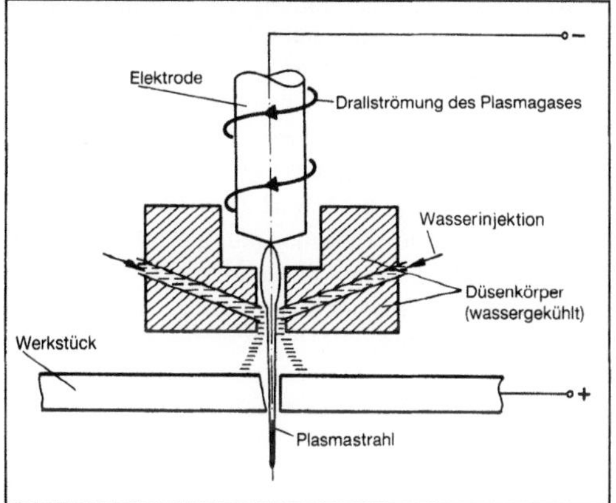


*Plasmabrenner: Prinzipdarstellung eines Wasserinjektions-Plasmabrenners.*

**Plasmagenerator.** Gerät zur Erzeugung eines Plasmastrahls für die Plasmastrahlerwärmung. Je nach der Art der Energieeinkopplung in das Plasma unterscheidet man:

□ P. mit Bogenentladung, meist als Gleichstromlichtbogen zwischen einer vom Arbeitsgas umströmten Kathode und einer Anode, die entweder durch das zu erwärmende, elektrisch leitende Werkstück selbst gebildet wird (übertragener Lichtbogen, Bild 1a)) oder als Austrittsdüse für den Plasmastrahl ausgebildet ist (nichtübertragener Lichtbogen, Bild 1b)). Am häufigsten wird eine kombinierte Anordnung angewendet (Bild 1c)), bei welcher der Düse ein Zwischenpotential aufgeprägt ist. Dadurch wird der Bogenstrom entsprechend dem Verhältnis der elektrischen Widerstände in den Stromkreisen zwischen Düse und Werkstück aufgeteilt. Möglich ist auch eine Energiezufuhr über einen Wechselstromlichtbogen. Meist wird hierbei zur Aufrechterhaltung eines stabilen Bogenplasmas während der Nulldurchgänge ein Energieanteil von etwa 5% durch einen zusätzlichen Gleichstromlichtbogen aufgebracht (Bild 1d)). Beim Plasma-Schmelzofen wurde eine Anordnung entwickelt, bei der drei Wechselstrom-Plasmabrenner mit der Düse an ein Drehstromsystem angeschlossen sind, dessen Sternpunkt an die Schmelze gelegt wird.

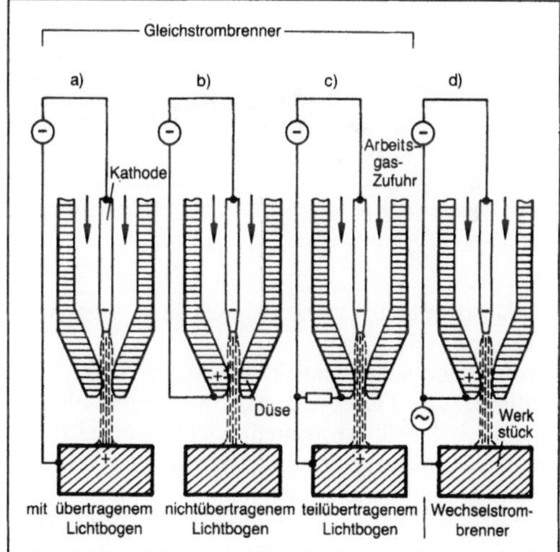


*Plasmagenerator 1: Schaltungsarten mit Bogenentladung.*

An den Fußpunkten des Lichtbogens sind die Elektroden sehr stark thermisch belastet. Um trotzdem eine hinreichend lange Lebensdauer (i. a. zwischen 10 und 100 h) zu erreichen, wird eine Wanderung des Lichtbogenfußpunkts vor allem auf der Anode im Falle des nichtübertragenen Lichtbogens herbeigeführt. Hierfür gibt es folgende Möglichkeiten:
– Einwirkung eines axial gerichteten Magnetfelds (Bild 2a)),

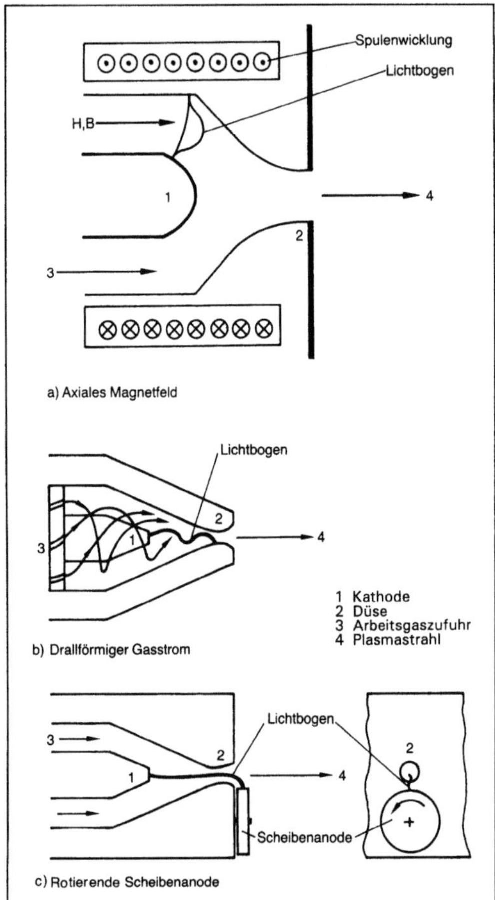


*Plasmagenerator 2: Möglichkeiten zur Bewegung des Lichtbogenfußpunktes auf der Anode.*

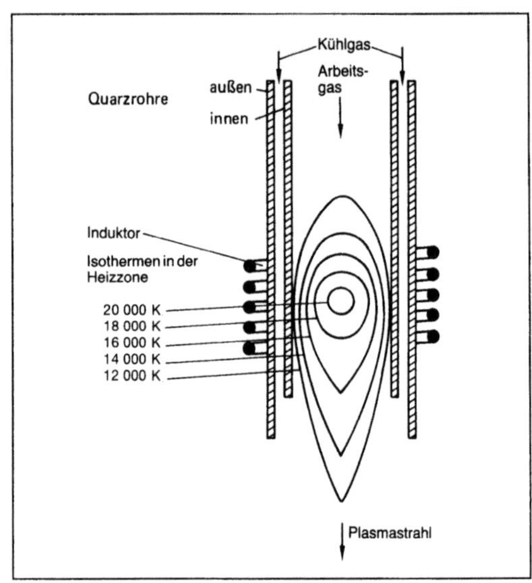


*Plasmagenerator 3: Induktive Energieeinkopplung.*

– Drallströmung des Arbeitsgases durch tangentiale Gaszufuhr (Bild 2b)),
– rotierende Scheibenelektrode (Bild 2c)).
Kathode und Düse sind stets wassergekühlt. Die hierdurch bei übertragenem Lichtbogen abzuführende Wärmeverlustleistung liegt bei ca. 5–20 % der Lichtbogenentladungsleistung.

□ P. mit Hochfrequenzfeld: Meist erfolgt die Energieeinkopplung induktiv (Bild 3), selten kapazitiv. Die HF-Leistung liegt zwischen 4 und 20 kW. Der wassergekühlte Induktor ist an einen Röhrengenerator angeschlossen. Der Bereich der Arbeitsfrequenz erstreckt sich meist zwischen 1 und 30 MHz. Durch das hochfrequente Wechselfeld werden in dem elektrisch leitenden Plasma Wirbelströme induziert, deren joulesche Wärme die Aufheizung bewirken. Der Vorgang erhält sich in der stationären Plasmaströmung selbst aufrecht. Zum Starten des P. ist eine gewisse Vorionisierung des Arbeitsgases notwendig, z. B. über kurzzeitige Zündung eines Lichtbogens.

Da HF-P. keine Elektroden besitzen, wird ihr Plasmastrahl auch nicht durch Abbrandprodukte verunreinigt. Aus diesem Grund werden sie hauptsächlich für Verfahren mit hohen Reinheitsanforderungen verwendet (z. B. tiegelloses Zonenziehen, Herstellung von Einkristallen). *M. Rudolph*

Literatur: *Conrad, H., u. R. Krampitz:* Elektrotechnologie. Ost-Berlin 1983. – *Rutscher, A., u. H. Deutsch:* Plasmatechnik, Grundlagen und Anwendungen. München, Wien 1984. – Elektrowärme–Theorie und Praxis. Hrsg.: UIE. Essen 1974.

**Plasmanitrieren.** Nitrierhärten von Stahloberflächen mit Hilfe einer Plasmaentladung. Die Härtung erfolgt in einer Niederdruckglimmentladung mit dem Werkstück als Kathode oder in einer Niederdruck-HF-Entladung. Als Arbeitsgase werden $N_2$, $N_2/H_2$-Gemische oder $N_2/H_2/C_xH_y$-Gemische im Druckbereich von 10–100 Pa verwendet. Dabei bewirkt die Plasmaentladung die Aufheizung des Werkstücks, die Säuberung der Oberfläche durch Sputtern (Plasmasputtern) sowie den eigentlichen Nitrierungsprozeß mit Stickstoffeinbau bis in Tiefen von einigen Zehntel Millimeter.

Die einfache und umweltfreundliche Anwendung in Verbindung mit einer verbesserten Schichtqualität (um über eine Größenordnung erhöhte Abriebfestigkeit) machen das Plasmanitrierverfahren den bisherigen Härtungsmethoden (z. B. Badnitrieren) deutlich überlegen. *Wilhelm*

**Plasmaschmelzen.** Schmelzen von Metallen und anderen temperaturfesten Stoffen mit Hilfe einer Plasmaentladung (Bild).

Der Schmelzvorgang wird bei Atmosphärendruck mit leistungsstarken Bogenentladungen oder mit Plasmabrennern ausgeführt. In Bogenanlagen wer-

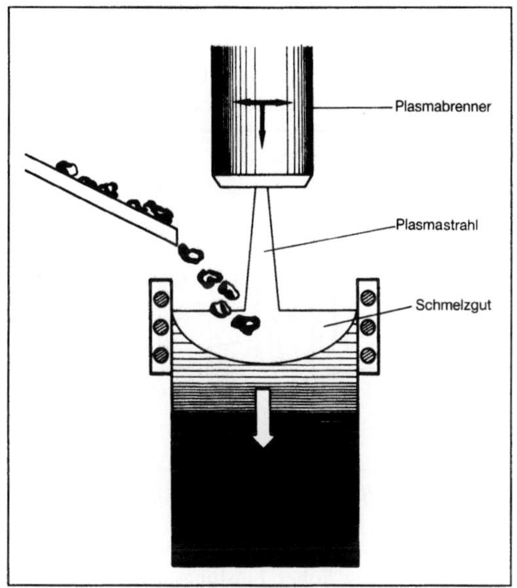

*Plasmaschmelzen: Anlage mit Plasmabrenner.*

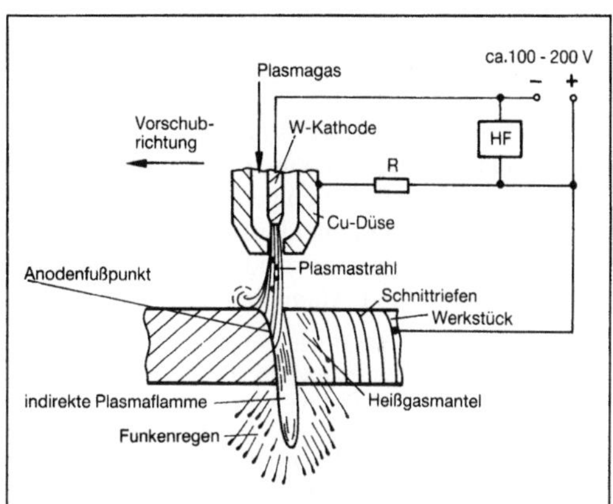

*Plasma-Schmelzschneiden: Prinzip des Plasma-Schmelzschneidens mit übertragenem Lichtbogen.*

den Gleich-, Wechsel- oder Drehstrombögen von einer bzw. drei Graphitelektroden zum Schmelzgut hin gebrannt. Die umgesetzte elektrische Leistung kann dabei über 100 MW liegen. →Plasmabrenner mit Leistungen bis 10 MW werden überwiegend zum Einschmelzen kleinerer Chargen (Edelstahlherstellung, Sondermetalle) eingesetzt.

Die im Bogen bzw. Plasmastrahl erzielbaren Temperaturen liegen im Bereich von 5000 bis 20 000 K und sind damit ausreichend für jede Art von Schmelzgut. *Wilhelm*

**Plasma-Schmelzschneiden.** Schneidwerkzeug bei diesem Verfahren ist ein Plasmastrahl, der durch die Dissoziation und Ionisation von Gasen in einem eingeschnürten Lichtbogen erzeugt wird. Die Temperatur des Plasmas wird genutzt, um den Werkstoff lokal in kurzer Zeit aufzuschmelzen, die hohe kinetische Energie, um ihn aus der Schnittfuge auszutreiben. Beim Schneiden mit übertragenem Lichtbogen liegt das Werkstück im Stromkreis. Es muß daher elektrisch leitend sein, was beim Schneiden mit nichtübertragenem Lichtbogen entfällt. Das P.-S. wurde in der Hauptsache entwickelt, um Probleme beim autogenen Brennschneiden von Edelstählen zu umgehen.

Der Plasmastrahl tritt annähernd zylindrisch aus der Düse aus und besitzt in seinem Innern Temperaturen von 10 000–25 000 K (Bild). In Abhängigkeit von der Düsenbauform kann es beim Strahlaustritt zu einer Überschallströmung kommen. Der Auftreffort des Strahlzentrums auf die Werkstückoberfläche wird als Anodenfußpunkt bezeichnet. Er führt in Überlagerung mit der Ablaufgeschwindigkeit der Schmelze und der Vorschubgeschwindig-

keit der Handhabungsmaschine eine oszillierende Bewegung aus.

Ein Teil des abgelenkten Plasmastrahls tritt als indirekte Flamme, deren Temperaturen jedoch bereits bedeutend geringer sind, an der Unterseite des Schnittspalts aus und befördert die Schmelze aus der Fuge heraus. Im oberen Teil des Strahls, zwischen Düse und Werkstückoberfläche, ist der Plasmakern von einem Heißgasmantel umgeben, dessen Temperatur ebenfalls über der Schmelzgrenze des Werkstoffs liegt. Dieser Mantel unterliegt im Gegensatz zum stabilen Plasmastrahl jedoch einer starken Verwirbelung. Auf Grund dessen kommt es zur Ausbildung der für das Plasmaschneiden typischen Schnittkantenform, die im Oberteil einen deutlich breiteren Spalt ergibt, wo der Gasmantel noch zur Aufschmelzung beiträgt, während im unteren Bereich der Fuge nur noch der Plasmastrahl wirkt und dort der Spalt entsprechend enger ausfällt.

Um diese Qualitätseinschränkung zu minimieren und möglichst ganz zu vermeiden, wurden zahlreiche Verfahrensvarianten des P.-S. entwickelt, so das Wasser-Injektionsschneiden, bei dem der Plasmastrahl nicht nur durch die Düse eingeschnürt wird, sondern darüber hinaus noch durch einen radialen Wasserstrahl innerhalb des Düsenkörpers. Ebenso ist es möglich, eine Drallströmung im Plasmagas aufzubauen, so daß im Schnitt eine annähernd senkrechte Kante und eine ausgeprägte Schrägseite entstehen. Durch die Wahl der Vorschubrichtung kann die Gutseite in das Werkstück und die Schrägseite in das Verschnitteil gelegt werden.

Stellt man das P.-S. den Verfahren des autogenen und Laserstrahlbrennschneidens gegenüber, so zeigt sich, daß es auf Grund der hohen Leistungsdichte dem Autogenschneiden in bezug auf die Wärmebeeinflussung im Umgebungswerkstoff und damit auch hinsichtlich des Verzuges überlegen ist, gegenüber dem →Laserstrahlschneiden im Dünnblechbereich jedoch geometrisch niedrigere Qualitäten liefert. Der Schwerpunkt des Einsatzes liegt für das P.-S. hinsichtlich der Blechdicke zwischen den Bereichen des Laserstrahlschneidens und des autogenen Brennschneidens, in bezug auf das Werkstoffspektrum bei denjenigen Metallen, die mit (autogenem) Brennschneiden nicht zu trennen sind. Am stärksten vertreten sind daher hochlegierte Stahlwerkstoffe und Aluminiumlegierungen. *König*

Literatur: *Benzinger, M.:* Blechbearbeitung durch kombiniertes Stanzen und Plasmaschneiden. Techn. Rundsch. (1981) Nr. 38. – DIN 2310. Tl. 4: Plasma-Schmelzschneiden. Vornorm. Hrsg. Dt. Inst. f. Normung. – *Eichhorn, F.:* Übersicht über Schweiß- und thermische Trennverfahren in der industriellen Fertigung. Inst. für Schweißtechnische Fertigungsverfahren. RWTH Aachen 1985.

**Plasmaschneidmaschine.** P. werden in der Fertigungstechnik zum Schneiden (Schmelzschneiden) metallischer und nichtmetallischer Werkstoffe eingesetzt. Dabei wird ein mit Hilfe eines Lichtbogens erzeugter Plasmastrahl zum Schmelzen und Austreiben des Werkstoffs benutzt. Wegen der hohen Temperaturen (bis 30 000 K) müssen Plasmaschneidbrenner intensiv wassergekühlt werden.

Übliche P. sind in Portalbauweise ausgeführt, wie sie auch für Brennschneidmaschinen gebräuchlich sind. Da beim Plasmaschneiden gesundheitsgefährdende Stickoxide, starker Lärm, Strahlung und Staub entstehen, müssen besondere Sicherheitsmaßnahmen ergriffen werden. Häufig werden dazu Wasserbecken unter der Schnittfuge, Schneiden unter Wasser oder Wasserinjektions-Plasmabrenner eingesetzt (Bild). *Schulz*

*Plasmaschneidmaschine: Wasserplasmaschneidmaschine. (Quelle: McNally, Pittsburgh, Kansas)*

Literatur: *Eichhorn, J.:* Schweißtechnische Fertigungsverfahren. Bd. I: Schweiß- und Schneidtechnologien. Düsseldorf 1983. – N. N.: Die Verfahren der Schweißtechnik, Fachbuchreihe Schweißtechnik. Bd. 55. Düsseldorf 1974. – *Ruge, J.:* Handb. Schweißtechnik. Bd. II. Berlin, Heidelberg, New York 1980.

**Plasmaschweißen.** Beim P. schnürt eine wassergekühlte Kupferdüse den zwischen einer nicht abschmelzenden Wolframelektrode und dem Werkstück brennenden Lichtbogen ein (Bild).

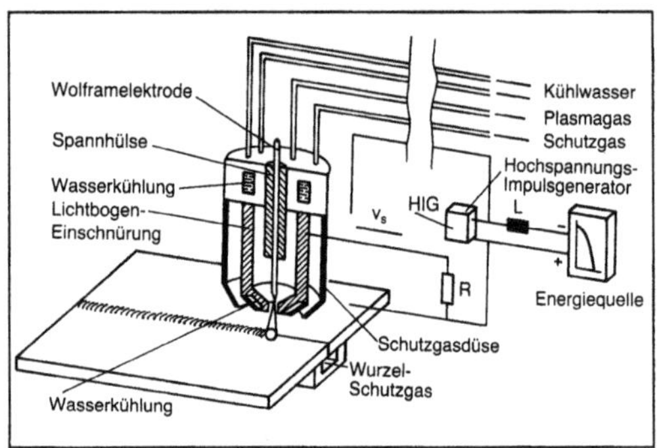


*Plasmaschweißen: Verfahrensprinzip.*

Dadurch entsteht eine nahezu zylindrische Lichtbogenentladung hoher Leistungsdichte. Die Temperatur der Plasmasäule liegt über der des freibrennenden Lichtbogens. Der hohe Ionisationsgrad bewirkt eine gute Lichtbogenstabilität, was sich beim →Schweißen dünner Querschnitte (Mikro-P.) vorteilhaft auswirkt. Die hohe Energiekonzentration des Plasmabogens führt bei dicken Blechen zu schmalem und tiefem Einbrand (Plasmastichlochschweißen). Anwendung findet das Verfahren in der Kerntechnik, Flugzeugfertigung, Feinwerk- und Elektrotechnik sowie im Anlagen- und Rohrleitungsbau. *Dorn*

Literatur: *Dorn, L.,* u. a. Leistungs- und Qualitätssteigerung beim Lichtbogenschweißen. Ehningen 1989.

**Plasma-Schweißmaschine.** Plasmaschweißen gehört zu den Lichtbogen-Schweißverfahren. Ein Gasstrom (z. B. Argon) wird in einer Düse durch einen Lichtbogen geführt und teilweise ionisiert. Dadurch entsteht ein thermisches Plasma mit hohem Energiegehalt. Der Lichtbogen brennt zwischen einer nicht abschmelzenden Wolframelektrode und der Innenwand der Düse (nichtübertragener Lichtbogen) oder zwischen Wolframelektrode und Werkstück (übertragener Lichtbogen). Letzterer schmilzt auch das Werkstück an. Einsatzbereiche sind
□ das Stumpfschweißen von Blechen mittlerer Dicke (ca. 3–10 cm) ohne Zusatzwerkstoff und
□ das Mikroschweißen für dünne Metallfolien und miniaturisierte Bauelemente im Bereich der Elektrotechnik und Elektronik.

Beim Plasma-Auftragschweißen handelt es sich um eine Kombination aus Plasmaschweißen und Lichtbogenschweißen mit Wolframelektrode: Wolfram-Inertgas (WIG)-Schweißen. Der pulverförmige Auftragwerkstoff wird durch ein inertes Fördergas in die Lichtbogenzone eingeblasen. Auftragschweißungen dienen zur Steigerung der Verschleißfestigkeit von abrasiv belasteten Bauteilen oder zur Steigerung der Korrosionsbeständigkeit entsprechend belasteter Teile. *Schulz*

**Plasmatechnologie.** Einsatz von Plasmen (Plasmaphysik) in technischen Geräten und für industrielle Prozesse. Bei der P. werden die folgenden Eigenschaften eines Plasmas genutzt:

□ gute elektrische Leitfähigkeit,

□ Möglichkeit intensiver Strahlungsemission,

□ Vorliegen ionisierter Atome (Ionen) und freier Elektronen,

□ hohe Leistungs- bzw. Energiekonzentration bei dichten Plasmen.

Die sich daraus ergebenden technischen Plasmaanwendungen haben inzwischen eine erhebliche wirtschaftliche Bedeutung erlangt. So lag 1987 der Marktwert der von der P. abhängigen Produkte im Bereich von 700–900 Mrd. DM weltweit; dies mit steigender Tendenz. Wichtige Anwendungsgebiete von technischen Plasmen sind:

□ Ein- und Ausschalten hoher Ströme in Leistungsschaltern im Hoch-, Mittel- und Niederspannungsbereich (Druckgasschalter, Vakuumschalter, Niederspannungsschutzschalter, Plasmaschalter, Thyratrons usw.),

□ Einsatz des Plasmas zur Stromerzeugung im MHD-Generator,

□ Plasmastrahl als Antriebsmittel in der Raumfahrt (→Plasmaantrieb),

□ Lichterzeugung mit Hilfe einer Plasmaentladung (Plasmalichtquellen),

□ Einsatz von Plasmen in der Plasmaprozeßtechnik.

Aus dieser Aufstellung hat sich die Plasmaprozeßtechnik, häufig als P. im engeren Sinne verstanden, in jüngerer Zeit zum bedeutendsten Plasmaanwendungsgebiet entwickelt. Die Anwendungen erstrecken sich hier von Oberflächen- und Dünnschichttechnologien bis hin zu großtechnischen Volumenprozessen und Stoffwandlungen. Dementsprechend weisen die hierbei eingesetzten Plasmen in ihren Parametern und Eigenschaften, in der Art der Erzeugung und im Leistungsumsatz große Unterschiede auf. Zur Unterteilung können die Plasmaprozeßanwendungen in zwei Teilgebiete aufgeteilt werden:

□ Das nichtthermische *Niederdruckplasma* mit geringen Teilchendichten und mäßiger Leistungszufuhr wird vorwiegend für Oberflächenprozesse eingesetzt. Dabei wird von zwei Wirkungen des Plasmas Gebrauch gemacht:

– eine physikalische Wirkung ergibt sich durch das im Grenzbereich Plasma-Festkörper auftretende Plasmarandpotential, d. h. eine positive Aufladung des Plasmas gegenüber dem Festkörper. In dieses Randpotential eintretende Ionen werden auf die Festkörperoberfläche beschleunigt und können dort ein mechanisches Abstäuben (Sputtern) der Festkörperatome bewirken;

– eine chemische Wirkung des Plasmas folgt aus dem Auftreten freier Ionen oder der Bildung von Atomen, Radikalen oder Molekülkomplexen in der Plasmaentladung. Ein besonderer Vorteil dieser „trockenen Chemie" in der Gasphase ist die dabei mögliche nur geringe thermische Belastung des oft empfindlichen Substrats.

In sehr verdünnten Plasmen mit hohem Randpotential tritt vor allem die Sputterwirkung der stoßfrei beschleunigten Ionen auf. Wichtiges Anwendungsbeispiel ist das Plasmaätzen.

Bei Wahl geeigneter Reaktionsgase und etwas erhöhter Dichte werden demgegenüber die chemischen Prozesse bedeutsam. Sie finden Anwendung bei der Herstellung von Funktions- oder Schutzschichten (→Plasmabeschichtung, Plasmapolymerisation, →Plasmanitrieren).

Vielfach wird die physikalische und chemische Wirkung des Plasmas auch gemeinsam genutzt. Beispiele sind das reaktive Plasmaätzen oder der Aufbau spezieller Gitterstrukturen (Kohlenstoffschichten in Diamantgitterstruktur).

□ Im thermischen *Hochdruckplasma* mit hohen Teilchendichten (bis zur atmosphärischen Dichte) und entsprechend hoher Leistungszufuhr (bis zum MW-Bereich) lassen sich sowohl chemische Reaktionen (Stoffwandlungen) wie auch extreme thermische Behandlungen (Schmelzprozesse) durchführen. Die hier maßgebenden Vorgänge sind:

– Eine chemische Plasmawirkung beginnt nach Zerlegen der Ausgangsstoffe, die in Gas- oder Pulverform vielfach mit Argon als inertem Trägergas in die Plasmaentladung eingegeben werden (Plasmachemie). Nach Verlassen des Plasmas ergeben sich beim Abkühlprozeß (→Quenchen) die gewünschten neuen Verbindungen.

– Die rein thermische Wirkung des dichten Plasmas mit Temperaturen von 10 000–20 000 K ermöglicht das Schmelzen und Verdampfen aller Stoffe.

Beispiele für plasmachemische Stoffwandlungen mit großem Massendurchsatz sind die Acetylenherstellung (aus Methan oder Kohle) und die Synthese von Hochleistungskeramikpulvern.

Hauptanwendungsgebiete für die Plasmawärmebehandlung sind das →Plasmaschweißen und →Plasmaschmelzen sowie das Auftragen verdampfter Stoffe auf Werkstücken (Plasmaspritzen). *Wilhelm*

Literatur: *Rutscher, A., u. H. Deutsch:* Plasmatechnik. München, Wien 1984.

**Plasmaverfahren.** Allothermes (→Reaktionsführung, allotherme) Hochtemperatur-Pyrolyse(HTP)-Verfahren zum Herstellen von Acetylen in einem thermischen Wasserstoffplasma, z. B. Wasserstoff-Lichtbogen-Pyrolyse(WLP)-Verfahren. Bei allen P.

zur Acetylenerzeugung sind die folgenden drei Verfahrensschritte bedeutsam:

□ Erzeugung des Wasserstoffplasmas,

□ Einbringen und Vermischen der Reaktanden mit dem Plasmagas, in dem die Pyrolyse-Reaktionen (Kohlenwasserstoffspaltung) ablaufen,

□ Abschrecken (→Lichtbogenverfahren) der Reaktionsprodukte (Spaltgase).

Zum Erzeugen des Plasmas dient der Wasserstoff als Wärmeträger und wird beim WLP-Verfahren in einem Hochstrom-Drehstrom-Lichtbogen auf ca. 3 200–3 700 °C erhitzt. Bei diesen Temperaturen sind die Wasserstoffmoleküle bereits zu 30–65 % in Wasserstoffatome dissoziiert. Die Rohstoffe (von Erdgas bis Rohöl, bevorzugt Naphtha) werden axial und teilweise radial in den vom Plasmagenerator getrennten Reaktor und einen zusätzlichen Nachreaktor eingedüst. Bei Reaktionstemperaturen von 1 000–1 700 °C betragen die Verweilzeiten 2–3 ms. Das ca. 1 000 °C heiße Spaltgas wird mit Quenchöl (meist Rohölrückstände) auf ca. 300 °C abgeschreckt, das die Hauptmengen des gebildeten Rußes (als 20%ige Rußsuspension) aufnimmt und eine 70–80%ige Rückgewinnung der Spaltgasenthalpie in Form von Wasserdampf ermöglicht. Als weitere Nebenprodukte entstehen ebenso wie beim Lichtbogenverfahren Ethylen, Wasserstoff und höhere Kohlenwasserstoffe, wobei die →Ausbeute an Acetylen und Ethylen einen Massengehalt von 78 % ergibt.

Bisher wird keines der P., obwohl sie die Nachteile der Lichtbogenverfahren vermeiden, zur großtechnischen Herstellung von Acetylen eingesetzt. Dies liegt im wesentlichen an der Abkehr Anfang der 60er Jahre von der Acetylen-Chemie zur heutigen Olefin-Chemie (Basis Ethylen, Propylen, Butadien). Die großtechnische Herstellung der Olefine erfolgt durch Pyrolyse im →Röhrenofen. *Schönbucher*

**Plasmidstabilität.** Zeitspanne (Anzahl an Generationen), in der ein exogenes Plasmid, das mit Methoden der rekombinanten DNA-Technologie in eine Zelle transferiert wurde, in dieser Zelle nachweisbar ist. Die Stabilität des transferierten Plasmids beeinflußt als Schlüsselgröße die spezifische Produktionsrate des Proteins (oder der Aminosäure), für das das Plasmid codiert. Ursächlich für eine geringe P. sind das aktive Ausschleusen des als exogen von der Zelle erkannten Plasmids sowie der Verlust dieser Information während der Zellteilung.

Für einen großtechnisch zu realisierenden Prozeß ist eine hohe P. unerläßlich, insbes. wenn sehr langsam wachsende Zellen oder eine kontinuierliche →Prozeßführung lange Kultivierungszeiten bedingen. Die P. kann man gentechnologisch durch Konstruktion geeigneter Vektorsysteme und verfahrenstechnisch durch Variation der Anzuchtbedingungen oder durch →Immobilisierung der Zellen beeinflussen. Eine wirkungsvolle Methode, die P. zu erhöhen, besteht im Aufprägen eines erhöhten Selektionsdrucks, etwa in Form einer Antibiotikaresistenz. Durch Kombination der für die Resistenz codierenden Nucleotidsequenz mit dem Zielplasmid werden alle Zellen ohne dieses Plasmid, die üblicherweise einen Wachstumsvorteil gegenüber den rekombinanten Zellen haben, durch ein Antibiotikum in ihrem Wachstum gehemmt, und nur Zellen mit dem Plasmid sind vermehrungsfähig. *Liefke*

**Plastizitätstheorie.** Die P. ist ein Teilgebiet der Kontinuumsmechanik. Sie beschreibt das Verhalten von Festkörpern beim Auftreten von bleibenden (plastischen) Formänderungen und bildet damit die modellmäßige Grundlage für die rechnerische Behandlung von Umformvorgängen. Die Metallkunde und die Metallphysik haben die Ursachen des plastischen Verhaltens metallischer Werkstoffe und dessen Abhängigkeit von den verschiedenen Einflußgrößen wie Vorgangsgeschwindigkeit, Temperatur, Vorgeschichte u. a. weitgehend geklärt. Die wesentlich ältere P. berücksichtigt diese Erkenntnisse nicht unmittelbar. Sie beschreibt, aufbauend auf den Methoden der Kontinuumsmechanik, rein phänomenologisch die makroskopisch beobachtbaren Erscheinungen, also die Eigenschaften der Werkstoffe, wie sie z. B. bei Umformvorgängen, insbes. Modellvorgängen (Zugversuch, Stauchversuch usw.), beobachtet und gemessen werden können. Sie gelangt so zur einfachen Beschreibung des plastischen Verhaltens: Plastizität ist das Vermögen eines Werkstoffs, unter der Wirkung von Spannungen seine Form bleibend zu ändern, wenn diese Spannungen eine werkstoffabhängige, kritische Größe, die Fließgrenze (→Fließspannung), erreichen. Ziel der P. ist es, auf theoretischem Wege Aussagen über die in einem Werkstück während der Umformung auftretenden Spannungs- und Bewegungszustände (Formänderungszustände) zu gewinnen. Eine Zusammenstellung der zeitlichen Entwicklung der plastizitätstheoretischen Berechnungsverfahren mit den wichtigsten Namen und Daten ist in Bild 1 dargestellt.

Die älteste der Methoden ist die →Gleitlinientheorie. Sie wurde fast unmittelbar nach der Formulierung der ersten →Fließbedingung durch *Tresca* um 1870 durch *Saint-Venant* dadurch begründet, daß *Saint-Venant* diese Bedingung auf den ebenen →Formänderungszustand anwendete und hierbei zu ersten Einzellösungen für kleine Verformungen eines plastischen Körpers kam. Interessant ist in diesem Zusammenhang, daß *Tresca* durch Experimente auf seine →Schubspannungshypothese geführt wurde, bei denen er leicht umformbare Metalle durch Düsen preßte: ein konkretes umform-

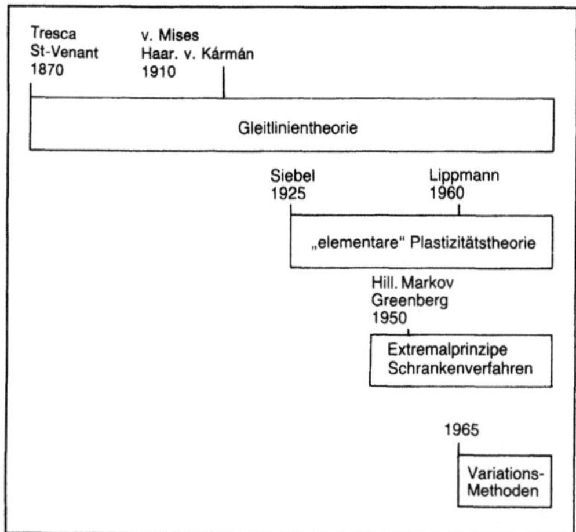


*Plastizitätstheorie 1: Zeitliche Entwicklung der Berechnungsverfahren.*

technisches Problem. Die theoretische Untersuchung solcher Vorgänge war zu jener Zeit ein vollständig neues Gebiet. Man kann daher diese Untersuchungen als den Beginn der P. betrachten.

Das Interesse an der Theorie des plastischen Verhaltens der Werkstoffe blieb in den folgenden Jahren jedoch noch gering. Es erwachte erst nach Arbeiten von *Nadai* zur plastischen Torsion und von *Hencky* und *Prandtl* über die Geometrie der Gleitlinien. Damit fanden auch früher veröffentlichte grundlegende Arbeiten von *von Mises* und *Haar* und *von Kármán* neues Interesse. In den Jahren nach 1920 stieg die Anzahl der Arbeiten über das plastische Verhalten der Werkstoffe stark an. Man kennt aus dieser Zeit viele Berichte über Untersuchungen zum Einfluß mehrachsiger Spannungszustände auf das Werkstoffverhalten jenseits der Elastizitätsgrenze, mit denen sich namhafte Forscher wie *Lode, Ludwik, G. Taylor, Quinney, Ross, Eichinger* und *Siebel* beschäftigten. Die theoretischen Untersuchungen auf dem Gebiet der P. führten zu einer weiteren Entwicklung der Gleitlinientheorie und in der Folgezeit zu einer großen Anzahl von Lösungen für Spannungsverteilungen bei ebenen Problemen. Diese Entwicklung wurde später von *Hill* und *Sokolovsky* weitergeführt und danach vor allem in England und Rußland gepflegt. Daneben führte die P. zu einer Reihe von Einzellösungen für Probleme mit besonders einfachen Randbedingungen.

*Siebel* und Mitarbeiter entwickelten in den 30er Jahren, ausgehend von Untersuchungen am einachsigen Versuch (Zug- und Stauchversuch), Berechnungsverfahren für Umformvorgänge, wie z. B. →Walzen, →Schmieden, →Ziehen usw. Diese Modelle haben sich als sehr fruchtbar erwiesen. Sie lassen sich ohne hohen mathematischen Aufwand behandeln und sind trotzdem so angesetzt, daß die

wesentlichen Eigenschaften eines Vorgangs erfaßt werden können. Die zunächst noch den einzelnen Umformverfahren angepaßten Methoden wurden später von *Lippmann* zu einer geschlossenen Theorie dieser Näherungslösungen zusammengeführt, die den Namen „elementare Plastizitätstheorie der Umformtechnik" erhielt. Sie hat in der Umformtechnik bis heute einen wichtigen Platz behalten. Die unter dem Begriff „elementare Plastizitätstheorie" zusammengefaßten Methoden nutzen Vereinfachungen aus, die die Grundgleichungen der höheren P. erfahren, wenn man sie für die Hauptrichtungen des Spannungs- und Formänderungszustands formuliert und annimmt, daß sich die Umformvorgänge aus sog. homogenen Vorgängen zusammensetzen lassen.

Die Methoden zur Behandlung von Vorgängen, bei denen ein ebener Formänderungszustand vorliegt, werden dabei unter der Bezeichnung Streifentheorie zusammengefaßt. Ihre Übertragung auf axialsymmetrische Vorgänge führte zu weiteren Grundmodellen, der Scheiben- und Röhrentheorie (Bild 2). Die Vereinfachungen der Grundgleichungen der P. ergeben sich für das Streifenmodell aus folgenden Annahmen:

□ Die elastische Formänderung ist vernachlässigbar klein. Das Werkstoffvolumen bleibt während der plastischen Umformung konstant.

□ Gewichts- und Trägheitskräfte sind vernachlässigbar. Die Fließspannung ist als Funktion der Temperatur, des Umformgrads und der →Umformgeschwindigkeit gegeben.

□ Zwischen Werkzeug und Werkstück herrscht Coulomb-Reibung mit der konstanten Reibungszahl $\mu$.

□ Der Werkstoff fließt zwischen einem Paar von Werkzeugbahnen so, daß ebene Querschnitte in ebene Querschnitte übergehen und die Umformung über die Querschnitte homogen ist.

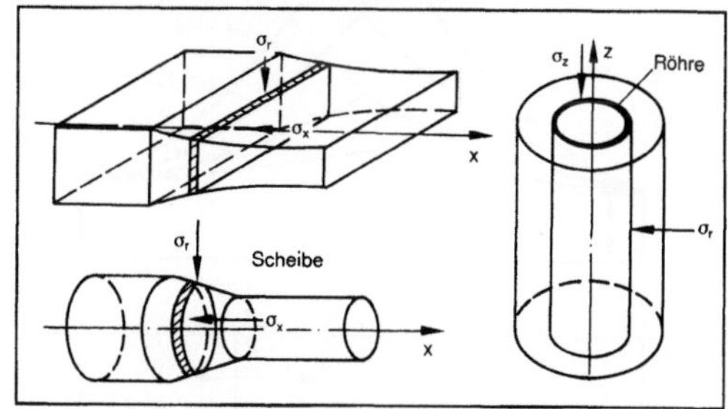


*Plastizitätstheorie 2: Werkstückelemente der elementaren Plastizitätstheorie.*

Die Annahme, daß die Streifen eine homogene, inkompressible Formänderung erfahren, läßt eine Berechnung des Bewegungszustands, ausgehend von der vorgegebenen Stempelgeschwindigkeit, zu. Damit kann die momentane Umformleistung ermittelt werden. Bei Vorgängen, für die bekannt ist, daß der Bewegungszustand sich stark von dem des homogenen Formänderungszustands unterscheidet, werden Korrekturglieder eingeführt. Bild 3 zeigt die nach der elementaren Theorie berechnete Spannungsverteilung für das ebene →Stauchen zwischen parallelen Platten. Die →Schrankenverfahren gehen von den Extremalaussagen der Lévy-von-Mises-P. (starr-ideal-plastisches →Werkstoffmodell) aus und erlauben die Berechnung von Umformleistungen (-kräften), die eine obere bzw. untere Schranke für die tatsächliche Leistung (Kraft) darstellen. Eine spezielle Anwendung des Verfahrens der oberen Schranke ist die Upper-Bound Elemental Technique (UBET), bei der das Werkstück (bzw. die Umformzone) in mehrere Unterbereiche eingeteilt wird, für die bereichsweise gültige Geschwindigkeitsansätze erstellt werden, die dann über die Verträglichkeitsbedingungen an den Bereichsgrenzen das gesamte Geschwindigkeitsfeld beschreiben. Aussagen über lokale Größen wie Spannungen oder Formänderungsgeschwindigkeiten sind bedingt möglich. Soll eine detaillierte Berechnung lokaler Größen für einen Umformvorgang durchgeführt werden, so muß auf numerische Verfahren, wie z. B. die →Fehlerabgleichverfahren oder die →Finite-Elemente-Methode, zurückgegriffen werden. Während die klassischen Verfahren der P. (Gleitlinienmethode, elementare Theorie, Schrankenverfahren) bei verhältnismäßig geringem Aufwand zu geschlossenen Lösungen führen, die allerdings auf Grund der vereinfachenden Annahmen nur eingeschränkte Aussagefähigkeit haben, können mit Hilfe der numerischen Methoden sehr genaue und detaillierte Angaben über einzelne Vorgangsgrößen (Spannungen, Temperaturen usw.) gewonnen werden, wobei der Berechnungsaufwand mit zunehmender Genauigkeit stark ansteigt. Daher muß für den einzelnen Anwendungsfall geprüft werden, welches Verfahren zum Einsatz kommen soll. Mit der Verfügbarkeit leistungsfähiger Rechenanlagen haben die numerischen Methoden in neuerer Zeit in zunehmendem Maß an Bedeutung gewonnen. Die Analyse von Vorgängen bzw. Vorgangsabläufen wird unter den Begriffen Prozeßsimulation und →Prozeß-Analyse zusammengefaßt.                                        *Lange*

Literatur: *Betten, J.:* Elastizitäts- und Plastizitätslehre. Braunschweig, Wiesbaden 1985. – *Hill, R.:* The Mathematical Theory of Plasticity. Oxford 1950. – *Ismar, H.,* u. *O. Mahrenholtz:* Technische Plastomechanik. Braunschweig, Wiesbaden 1979. – *Lange, K.* (Hrsg.): Umformtechnik. Handb. f. Ind. u. Wiss. Bd. 1: Grundlagen. 2. Aufl. Berlin, Heidelberg, New York, Tokio 1984. – *Lippmann, H.:* Mechanik des plastischen Fließens. Berlin, Heidelberg, New York 1981. – *Lippmann, H.,* u. *O. Mahrenholtz:* Plastomechanik der Umformung metallischer Werkstoffe. Berlin, Heidelberg 1967. – *Prager, W.,* u. *P. G. Hodge:* Theorie ideal-plastischer Körper. Wien 1954.

**Plateauhonen.** Für die Endbearbeitung von Zylinderlaufflächen bei Verbrennungsmotoren wendet man überwiegend das P. an (→Honen, →Honverfahren). Bei dieser Bearbeitung wird das Werkstück in einem ersten Arbeitsgang grob vorgehont. In einem anschließenden zweiten Arbeitsgang werden die Spitzen des vorgehonten Oberflächenprofils durch ein feineres →Honwerkzeug abgetragen, so daß viele kleine Plateaus entstehen und ein hoher →Materialanteil erreicht wird.

Insbesondere bei den höher verdichteten Dieselmotoren bewirkt das P. der Zylinderlaufflächen ein günstiges Funktionsverhalten der Reibpartner Zylinderlauffläche und Kolbenring. Neben der Verbesserung des Verschleißverhaltens durch das P. ergeben sich noch weitere Vorteile. Wegen der besseren Haftung des Ölfilms an der plateaugehonten Werkstückoberfläche müssen keine hochlegierten Kolbenringe verwendet werden. Auch der Ölverbrauch wird vermindert, und die Einlaufzeiten der Motore werden zudem deutlich reduziert.

Das P. ist dadurch gekennzeichnet, daß die erzeugte Oberflächenstruktur periodisch auftretende tiefe Honspuren mit dazwischenliegenden feinen Tragflächen, den Plateaus, aufweist (Bild). Im ersten Arbeitsgang wird beim Plateau-Vorhonen bis zum Fertigmaß mit besonders grobkörnigen Honleisten (z. B. SiC 60) oder mit Diamant-Honleisten (z. B. D 180) gearbeitet. Neben der Höhe des Abtragsvolumens ist dabei vor allem die Erzeugung der dicht nebeneinander liegenden tiefen Honspuren wichtig. Beim Plateau-Vorhonen von Grauguß-Zylinderbohrungen kann es auf Grund des hohen Anpreßdrucks beim Einsatz von Diamant-Honleisten zu Materialverquetschungen und Ferrit-Kon-

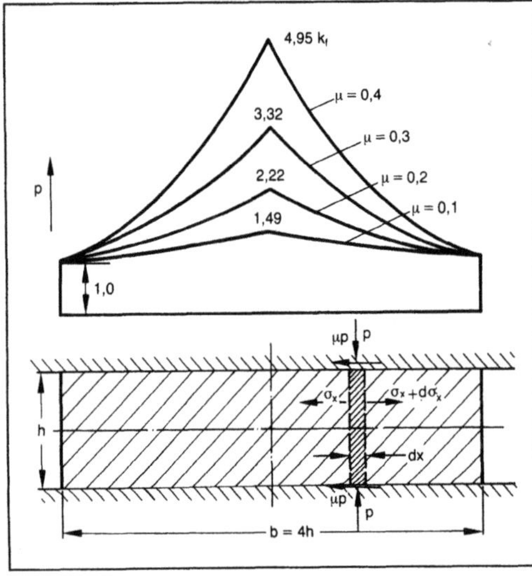

*Plastizitätstheorie 3: Ebener Stauchvorgang. Druckspannungsverteilung an der Stirnfläche, berechnet nach dem Streifenmodell.*

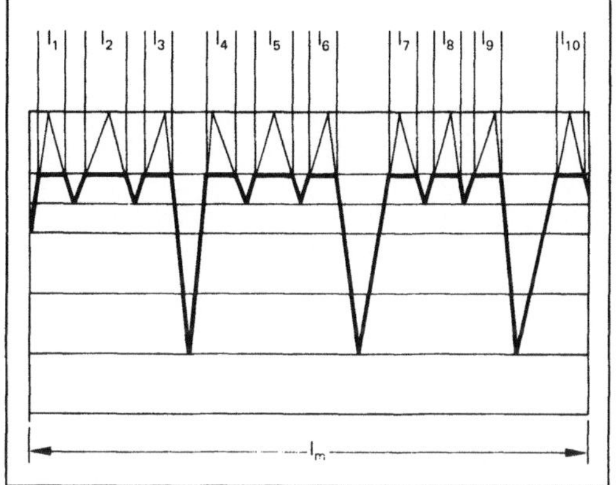

*Plateauhonen: Schematisches Oberflächenprofil. (Quelle: Flores)*

zentrationen kommen, die zur Blechmantelschicht führen können. Dieser aus einer dünnen Ferritschicht bestehende Blechmantel ist für das Funktionsverhalten von Zylinderlaufflächen sehr schädlich. Durch Umkehr der Drehrichtung beim Plateau-Fertighonen kann dieser Effekt reduziert bzw. eliminiert werden.

Im zweiten Arbeitsgang werden die Spitzen der Profilspuren der Vorhonstruktur abgetragen. Mit wenigen Arbeitshüben und einer Bearbeitungszeit von nur 5–8 s wird das Plateau-Fertighonen durchgeführt. Dabei werden z. B. gummigebundene Honleisten der Körnung NK 280 verwendet.

Das Werkzeug ist beim P. so konzipiert, daß das Plateauvor- und Fertighonen in einer Aufspannung des Werkstücks durchgeführt werden kann. Bei den Plateau-Honwerkzeugen sind die verschiedenen Honleistensätze für das Vor- und Fertighonen in einer Honahle (→Honwerkzeug) integriert. Der Zustellmechanismus ist doppelt ausgeführt, um jeden Honleistensatz einzeln steuern und auf diese Weise nacheinander zum Einsatz bringen zu können.

Nach DIN 4762 wird eine plateaugehonte Oberfläche mit den Rauheitswerten Rt, Rz und Ra (→Oberflächenrauheit) charakterisiert. Für die Beurteilung einer Zylinderlaufbahn sind die Rauheitskennwerte jedoch allein nicht ausreichend. Zusätzlich sind auch die →Glättungstiefe und die Materialanteilkurve zu berücksichtigen. *Kenter*

Literatur: *Thiele, E.:* Beitrag zur Reibanalyse von Hubkolbentriebwerken. Diss. Univ. Hannover 1982.

**Pneumatikmotor.** Bei P. oder Pneumatikantrieben unterscheidet man pneumatische Linearmotoren und rotierende P. Die Linearmotoren sind als Zylinder- oder Membranantriebe ausgeführt. Sie arbeiten gegen eine Feder oder auch federlos. Membranantriebe dienen u. a. als Stellantriebe für Regelventile. Zylinderantriebe, für weite Bereiche der Stellhübe und Stellkräfte geeignet, sind in großer Anzahl in nahezu allen Bereichen industrieller Technik vertreten.

Für drehende Pneumatikantriebe, z. B. für Werkzeugantriebe im Fertigungsbereich, ist der Lamellenmotor weit verbreitet. Er wandelt unter Ausnutzung der Expansion die potentielle Energie der Druckluft in kinetische Energie um. Der Motor besteht im Prinzip aus einem Zylinder, einem exzentrisch montierten Rotor mit axial angebrachten Kunststofflamellen und den Rotordeckeln. Durch diese Anordnung (Bild) entsteht zwischen Zylinder, Lamellen und Rotor eine Vielzahl von Arbeitskammern (Vielzellen-Entspannungsmaschine). Die durch die Zylinderschlitze und die Einlaßöffnung im Rotordeckel einströmende Luft wirkt auf die Lamellenflächen und erzeugt auf Grund der unterschiedlichen Flächen der herausragenden Lamellen (Bild) ein Drehmoment und damit die Drehbewegung.

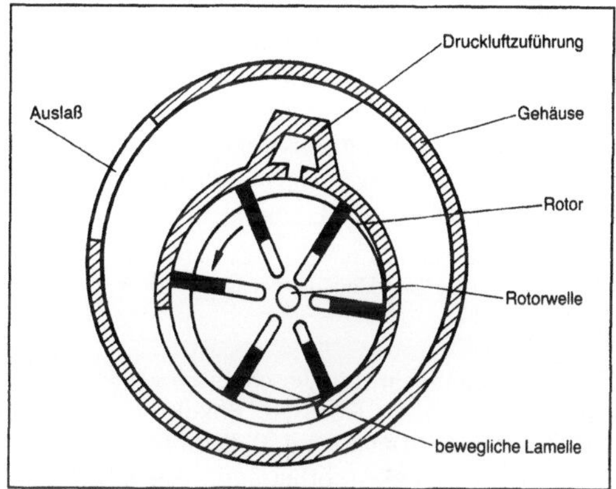


*Pneumatikmotor: Arbeitsprinzip eines Pneumatik-Lamellenmotors.*

Lamellenmotoren sind sehr robust und besitzen bei kleiner Baugröße eine große Leistung. So leistet z. B. ein Motor mit 5 cm Dmr. und 10 cm Länge mehr als 500 W. Sie bieten sich für Einsätze unter rauhen Bedingungen an, da sie auch starken Vibrationen und anderen mechanischen sowie chemischen Belastungen ausgesetzt werden können. Hinzu kommt, daß in vielen Industriebetrieben Druckluft als hierfür notwendige Hilfsenergie verfügbar ist. Durch das günstige Leistungs/Gewicht-Verhältnis lassen sich mit dem Lamellenmotor leichte und handliche Werkzeuge herstellen. *Freyberger*

**Podbielniak-Extraktor.** Zentrifugalextraktor zur Flüssig-Flüssig-Extraktion (→Extrahieren) von Stoffsystemen mit schwer zu trennenden Phasen. Er besteht aus einer rotierenden Trommel, in der konzentrische Bänder angebracht sind (Bild). Durch die Zentrifugalkraft wird die schwere Phase nach außen gedrückt und die leichte nach innen

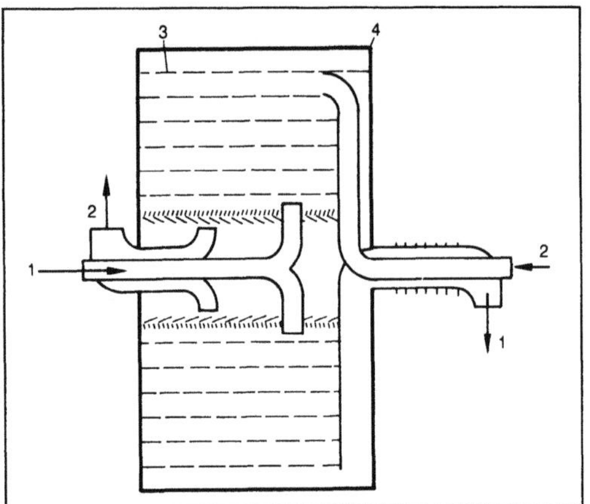

*Podbielniak-Extraktor: Schematischer Aufbau.*

1 schwere Phase, 2 leichte Phase, 3 Lochbänder, 4 Rotationstrommel

gedrängt. Da beide Phasen durch die Bandlöcher wandern, kommt es dort zu intensivem Kontakt und Stoffaustausch. Die Bandzwischenräume dienen als Beruhigungszonen.

Wie alle →Zentrifugalextraktoren ist der P.-E. für hohe Durchsatzleistungen geeignet. Der Platzbedarf ist gering. *Dohrn*

Literatur: *Sattler, K.*: Thermische Trennverfahren. Weinheim 1988. – Ullmanns Enzyklopädie der techn. Chemie. 4. Aufl. Weinheim 1972.

**Pökeln.** Behandeln von Fleisch, Fisch sowie Fleisch- und Fischwaren mit Kochsalz, Pökelstoffen (Salpeter, Natriumnitrit) und mit Pökelhilfsstoffen (verschiedene Zucker, Ascorbinsäure, Ascorbate, Gewürze u. ä.). Wird ausschließlich Kochsalz verwendet, so spricht man vom Salzen, das bei der Herstellung von weißen Waren wie Bratwurst, Weiß- und Gelbwurst sowie bei der →Fischverarbeitung verbreitet ist. Das P. hat zum Ziel, einerseits eine Verlängerung der Haltbarkeit des Produkts zu erreichen, andererseits dem Produkt die typische Pökelfarbe und das Pökelaroma zu verleihen. Die konservierende Wirkung beruht auf dem Eindringen von Salz in das Produkt, dem Entzug von Wasser aus dem Gewebe und – in Verbindung damit – auf dem Entfernen wasserlöslicher Proteine. Ab Kochsalzkonzentrationen von mehr als 10 % entwickeln sich keine fäulniserregenden Bakterien, Salmonellen und Clostridum botutinum mehr. Durch Verwendung von Nitritpökelsalz (Gemisch aus NaCl und 0,5–0,6 % $NaNO_2$) an Stelle von reinem Kochsalz wird die konservierende Wirkung noch verstärkt.

Die Bedeutung des P. liegt heute aber mehr bei der Umrötung, d. h. der Umwandlung der ursprünglichen Fleischfarbe in eine charakteristische rote Pökelfarbe, die weitgehend lagerungs- und hitzestabil ist, sowie bei der Umaromatisierung des Flei-

sches. Dazu ist die Anwesenheit von Nitrat oder Nitrit erforderlich, das über mehrere Zwischenschritte mit verschiedenen Fleischkomponenten zu Stickoxid-Myochromogen (Pökelfarbe) und zu Aromakomponenten reagiert.

Bei der Pökelung mit Nitrit verlaufen diese Veränderungen wesentlich schneller als bei der Salpeter-Pökelung, weshalb Nitrit zur Behandlung von Waren für den raschen Verbrauch, Salpeter dagegen hauptsächlich bei Dauerwaren Verwendung findet.

Unter den Pökelverfahren unterscheidet man das Trocken-P., das Naß-P. (Lake-P.) und das Spritz-P. Bei ersterem wird das Fleisch mit dem genannten Stoff trocken eingerieben. Durch Austritt von Fleischsaft entsteht an seiner Oberfläche eine Salzlake. Bei Temperaturen von 4–8 °C dauert die Behandlung ca. 12 Wochen. Während dieser Zeit wird das Fleisch mehrmals umgepackt und erneut eingerieben. Durch den Wasserentzug wie auch durch Austreten von gelösten Stoffen tritt ein Massenverlust auf.

Das Naß-P. erfolgt durch Einlegen der Rohware in eine 15–20%ige Lake, der ggf. Pökelhilfsstoffe zugesetzt sind. Die Behandlungszeit hängt entscheidend von der Diffusionsgeschwindigkeit des Salzes in das Gewebe ab und ist eine Funktion der Stückgröße, der Fleischart und Zusammensetzung, der Salzkonzentration und der Temperatur. Unter Vereinfachung des zweiten Fickschen Gesetzes kann die Dauer des molekularen Übergangs von Salz aus der Lake über die Grenzschicht in das Produktinnere näherungsweise durch folgende Gleichung angegeben werden:

$$t = \frac{A \cdot h^2}{D_G \cdot \log\dfrac{C_L}{C_P}};$$

t  Pökeldauer in d,
A  Konstante,
h  Eindringtiefe in cm,
$D_G$ Koeffizient für das Eindringen der Pökelstoffe in das Gewebe ($cm^2$/d),
$C_L$ Konzentration der Salzlake zur Zeit t,
$C_P$ Konzentration im Produkt in der Tiefe h zur Zeit t.

Die Pökeldauer verringert sich bei Erhöhung der Salzkonzentration in der Lake. Günstig wirkt sich auch die Verringerung der Grenzschichtdicke aus, was durch Vermischen unter möglichst turbulenten Bedingungen erreicht werden kann. Die Verkürzung der Pökeldauer bei steigender Temperatur wird aus folgender Beziehung ersichtlich:

$$D_{G,2} = D_{G,1} \cdot \frac{T_2 \cdot \eta_1}{T_1 \cdot \eta_2};$$

$T_1$, $T_2$ Temperatur in K; $\eta_1$, $\eta_2$ dynamische Viskositäten bei entsprechenden Temperaturen in $kg \cdot m^{-1} \cdot s^{-1}$.

So dauert das P. von Schinken bei Salzlakentemperaturen von 16–18 °C 3 bis 5 Tage, bei 50 °C jedoch nur 9 bis 18 h. Auch durch Verringerung der im Quadrat eingehenden Schichtdicke läßt sich die Pökeldauer deutlich reduzieren (Fo = D · t/h², Fo → Fourier-Zahl, D Diffusionskoeffizient, t Zeit, h Schichtdicke). Davon wird beim Spritz-P. (oder Schnell-P.) Gebrauch gemacht, bei dem man die Salzlake mit Injektionsnadeln direkt in das Blutgefäßsystem oder das Gewebe einspritzt. Gegenüber dem Naß-P. kann die Pökelzeit mit diesem Verfahren um den Faktor 3–4 reduziert werden. Die Feuchtigkeitsbindung in diesen Produkten ist besser. Der Wasserentzug sowie der Verlust an löslichen Fleischkomponenten wird deutlich reduziert. Auf Grund der Verwendung von Lake beim Naß-P. und beim Spritz-P. ist im Produkt insgesamt ein durch Wasser verursachter Massengewinn zu verzeichnen. Der höhere Wassergehalt bedingt eine schlechtere Haltbarkeit im Vergleich zu Trockenpökelprodukten.

Das P. wird häufig in Verbindung mit anderen Prozessen vorgenommen, bei denen es sich insbes. um das → Räuchern, Trocknen, Brühen und Kochen handelt. *Kerner/Loncin*

Literatur: Fleischgewinnung und -verarbeitung. Leipzig 1980. – Fleischwarenhandb. 1. Hamburg. – *Freybe, C.:* Die Technik in der Fleischwirtschaft. Hannover. – *Hofmann, K.:* Nitrat und seine Folgeprodukte in Lebensmitteln tierischer Herkunft. AID Verbraucherdienst 31 (1986) Nr. 5.

**Polarisation** → Laserstrahlschneiden

**Polieren, elektrochemisches.** Feinbearbeitungsverfahren, das es dem Verfahrensprinzip des elektrochemischen Abtragens entsprechend erlaubt, Verunreinigungen eines Bauteils nach dessen Fertigung nicht nur von der Oberfläche, sondern auch in den unmittelbar darunter liegenden Werkstoffschichten zu entfernen. Werkzeugabrieb, Zunder, Öle, Fette sowie Reste von Schleif- und Poliermitteln werden durch die mechanische Bearbeitung in die Oberfläche eingetragen und anschließend durch überlappendes und verzogenes Metall zugedeckt, so daß sie allen oberflächlichen Reinigungsprozessen widerstehen und somit zu Störungen im weiteren Arbeitsablauf führen.

Zuverlässige Abhilfe ermöglicht nur die vollständige Beseitigung der verunreinigten Werkstoffschichten, ohne daß dabei neuerlich Fremdstoffe eingeschleppt oder die Oberflächen anderweitig, etwa durch Korngrenzenangriff, geschädigt werden. Dies ist technisch und wirtschaftlich gleichermaßen befriedigend durch → Elektropolieren möglich. Die oberflächennahen Werkstoffschichten werden dabei ohne mechanische und thermische Belastung auf elektrochemischem Wege abgetragen.

Eine hohe Reinheit der Oberflächen wird in der Praxis insbes. für Bauteile von kerntechnischen Anlagen sowie für Triebwerksteile in der Luft- und Raumfahrtindustrie gefordert. Ein weiteres Anwendungsgebiet dieses Abtragverfahrens ist das Einebnen von Oberflächenrauhigkeiten zur Verminderung von Reibungsprozessen bei Zahnrädern, Wellen usw. (→ Elektrolytlösung, → Werkzeugelektrode). *König*

**Polieren, funkenerosives.** Mit dem f. P. sind glatte, glänzende Oberflächen herstellbar, die im Querschliff eine sehr dünne, homogene, rißfreie Randzone gleichmäßiger Breite aufweisen (→ Randzonenbeeinflussung).

Der Poliereffekt beruht auf der Einebnung der Werkstückoberfläche durch die Erzeugung extrem flacher, gleichmäßig ausgerichteter Entladekrater. Dazu dient eine kathodisch gepolte → Werkzeugelektrode aus Kupfer oder extrem feinporigem Graphit. Von den Impulsparametern werden eine hohe Leerlaufspannung sowie kleine Entladestromstärken und kurze Impuls- bzw. Pausendauern, integriert in eine Bearbeitungsstrategie, gefordert.

Eine überlagerte Planetärbewegung (→ Planetärerosion) verringert die → Oberflächenrauheit teilweise beträchtlich. Mit dem Planetärauslenkradius steigt jedoch die Kantenabrundung am Werkstück, so daß hier die geforderte Konturgenauigkeit zu beachten ist.

Die maximale Fläche, die man funkenerosiv polieren kann, ist in ihrer Größe begrenzt, da einerseits die Bearbeitung sehr zeitintensiv verläuft – je nach Form und Größe der Einsenkung 15 bis 30 min/cm². Andererseits entsteht mit wachsender Eingriffsfläche eine zunehmend rauhere matt erscheinende Oberfläche.

Der Hauptvorteil des f. P. liegt neben der Automatisierbarkeit in der sicheren Vermeidung von Hinterschnitten bei der allseitigen Bearbeitung von Raumformen insbes. in hochfesten Werkstoffen, beispielsweise im Werkzeug- und Formenbau. *König*

Literatur: *Jutzler, W.-I.:* Technologie und Einsatzmöglichkeiten des funkenerosiven Polierens. Ind.-Anz. 105 (1983) Nr. 57. – *König, W.,* u. *L. Jörres:* Feinbearbeitung von Werkstückoberflächen durch funkenerosives Polieren. Ind.-Anz. 107 (1985) Nr. 84, S. 34. – *König, W.,* u. *L. Jörres:* Technologie des funkenerosiven Polierens. VDI-Z. 127 (1985), S. 325/29. – *Schumacher, B.:* Erodier-Technologien für präzise Werkstücke mit bester Oberflächengüte. tz für Metallbearbeitung 78 (1984) Nr. 1.

**Polierläppen.** Durch dieses Verfahren werden bereits vorgeläppte Werkstücke mit dem Ziel feinstbearbeitet, in den Oberflächen extrem geringe → Rauhtiefe und hohe Ebenheit bzw. Parallelität zu erzeugen. Die Technologie findet bei der industriellen Fertigung von Hartmetall- und Keramiklaufringen, Ferrit-Tonkopfeinsätzen und Endmaßen breite Anwendung.

Beim P. gelten die gleichen Wirkmechanismen wie beim →Läppen. Es werden Polierscheiben aus Kupfer, Zink-Antimon oder Kunststoffen verwendet (→Läppscheibe). Das Polierläppgemisch, das sich aus Wasser, Öl oder Alkohol mit synthetischem Diamantpulver bildet, wird über Sprüheinrichtungen auf die Polierfläche geführt. Die gängigen Korngrößen liegen zwischen 0,5–1,5 μm für ultrafeine Arbeiten, 20–40 μm für Grobpolieren. Bereits nach wenigen Minuten Läppdauer erreicht man eine hochglänzende Oberfläche.

Zur Werkstückaufnahme werden beim Polierläppen Keramikringe verwendet. Durch deren hohe Härte wird einerseits ein günstiges Verschleißverhalten erzielt, andererseits wird auch ein Verkleben der Polierscheibe durch Kohlenstoffablagerungen an der Werkstückoberfläche vermieden.

Um den Abtrag zu erhöhen, werden bei neu entwickelten Polierscheiben zusätzlich weiche Metalleinlagen in den Kupfergrundkörper eingebracht (Multi-Metall-Scheiben). In diesen weichen Zonen setzen sich die Diamantkörner fest, so daß sich der Werkstoffabtrag durch Schneidwirkung der festsitzenden Körner erhöht. *Kenter*

Literatur: *Argmann, K.:* Polierläppen mit Multi-Metall-Läppscheiben. Jahrb. Schleifen, Honen, Läppen und Polieren. Essen 1981. – *Degner, W.,* u. *H.-C. Böttger:* Handb. Feinbearbeitung. München, Wien 1979.

**Polyamid.** Bezeichnung für polymere Stoffe, die in ihren Kettenmolekülen in stetiger Reihenfolge die Atomgruppierung enthalten (Kurzzeichen PA), Bild 1.

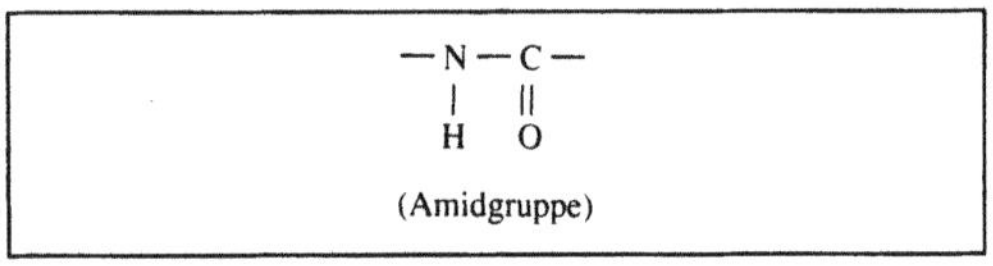

$$-\,N\,-\,C\,-$$
$$\begin{array}{cc} | & \| \\ H & O \end{array}$$

(Amidgruppe)

*Polyamid 1: Bezeichnung.*

Sie entstehen durch Polykondensation von Diaminen mit Dicarbonsäuren (1) oder von ω-Aminocarbonsäuren (2) bzw. durch ringöffnende Polymerisation cyclischer Amide (Lactame) (3), Bild 2.

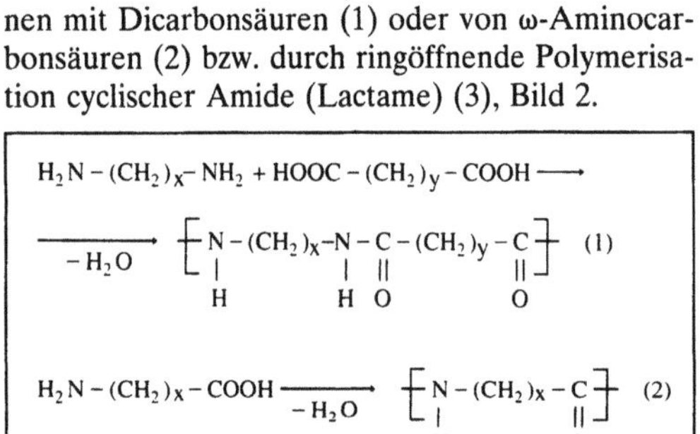

$$H_2N-(CH_2)_x-NH_2 + HOOC-(CH_2)_y-COOH \longrightarrow$$

$$\xrightarrow{-H_2O}\ \left[\begin{matrix} N-(CH_2)_x-N-C-(CH_2)_y-C \\ | \quad\quad | \;\| \quad\quad\quad \| \\ H \quad\quad H\ O \quad\quad\quad O \end{matrix}\right] \quad (1)$$

$$H_2N-(CH_2)_x-COOH \xrightarrow{-H_2O} \left[\begin{matrix} N-(CH_2)_x-C \\ | \quad\quad\quad \| \\ H \quad\quad\quad O \end{matrix}\right] \quad (2)$$

$$(CH_2)_x \begin{matrix} N-H \\ | \\ C=O \end{matrix} \longrightarrow \left[\begin{matrix} N-(CH_2)_x-C \\ | \quad\quad\quad \| \\ H \quad\quad\quad O \end{matrix}\right] \quad (3)$$

*Polyamid 2: Entstehung.*

Um die Vielzahl möglicher P. zu unterscheiden, hat sich die Bezeichnungsweise eingebürgert, dem Gattungsnamen P. die Anzahl der Kohlenstoffatome zwischen jeweils zwei in der Polymerkette aufeinanderfolgenden Stickstoffatome anzuhängen. Bei den Reaktionen (2) und (3) erhält man demnach ein P., das als PA-(X+1) zu benennen ist. Bei Polykondensationen des Typs (1) entstehen P., die durch zwei Zahlen gekennzeichnet werden müssen, wobei als erste Zahl die Anzahl der Kohlenstoffatome des Diamins genannt wird und als zweite Zahl die Anzahl der Kohlenstoffatome der Dicarbonsäure, also PA-X(Y+2).

PA 6 entsteht demnach durch Polykondensation von ε-Aminocapronsäure oder durch Polymerisation von Caprolactam. PA 6.6 erhält man aus Hexamethylendiamin und Apidinsäure. Weniger gebräuchlich sind Bezeichnungsweisen wie 6- bzw. 6.6-PA. In der amerikanischen Literatur wird fast ausschließlich der ehemalige Handelsname Nylon für die Bezeichnung P. verwendet. Nylon 66 ist dabei ein PA 6.6. Auf PA 6 und PA 6.6 entfallen etwa 90 % der Weltproduktion von P.

Ein Großteil der P.-Produktion wird zu Fasern verarbeitet. Ferner können extrudierte Formteile und Spritzgußteile hergestellt werden. Auch für Beschichtungen, Kleber und Lacke werden P. verwendet.

PA sind hornartige, harte, meist opake Werkstoffe. Je nach Abkühlgeschwindigkeit erhält man aus der Schmelze mehr oder weniger kristallisierte Produkte. Viele Eigenschaften der P. sind vom Kristallinitätsgrad abhängig. Mit steigender Kristallinität steigen Streckgrenze, Elastizitätsmodul, Härte und Wärmeformbeständigkeit an, während Wasseraufnahme, Schlagzähigkeit und Bruchdehnung abnehmen. Die Wasseraufnahme (Konditionierung) ist bei P. wichtig, da diese erst dadurch ihre vorteilhaften Eigenschaften erhalten. P. sind beständig gegen Alkalilaugen, Ester, Alkylhalogenide und Alkohole. Von Ameisensäure, Schwefelsäure, Phenolen und Kresolen werden sie gelöst, von Mineralsäuren stark angegriffen. Auch gegenüber Witterungseinflüssen sind sie wenig beständig.

PA 6 (II) (Polycaprolactam) wird technisch durch ringöffnende Polymerisation aus Caprolactam (I) hergestellt, Bild 3.

Caprolactam wird dabei mit 4–10 % Wasser (Katalysator) und 0,2–0,5 % Regler (z. B. Essigsäure) versetzt, unter peinlichem Luftausschluß langsam auf 250–280 °C erhitzt und 20–30 h bei dieser Temperatur gehalten.

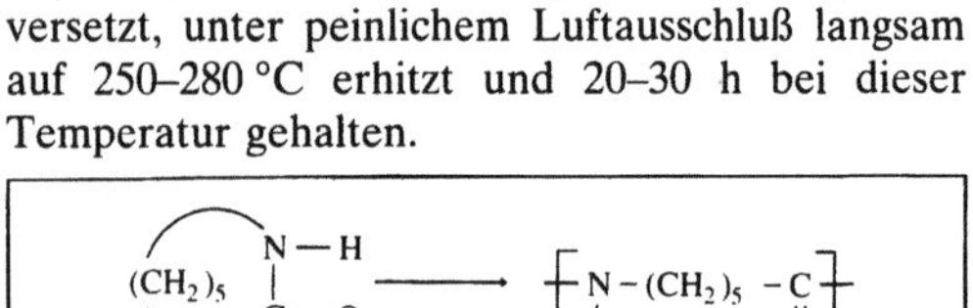

$$(CH_2)_5 \begin{matrix} N-H \\ | \\ C=O \end{matrix} \longrightarrow \left[\begin{matrix} N-(CH_2)_5-C \\ | \quad\quad\quad \| \\ H \quad\quad\quad O \end{matrix}\right]$$

(I)  (II)

*Polyamid 3: Herstellung von Polycaprolactam.*

Im kontinuierlichen Verfahren wird die Schmelze über dicke Spinndüsen (ca. 2,5 mm Dmr.) direkt vom Reaktionsrohr abgezogen und durch ein Wasserbad zum Granulator geführt. PA 6 besitzt eine mittlere Molmasse von etwa 20 000 g/mol und schmilzt bei 215–220 °C. Es wird sowohl zu Fasern als auch zu thermoplastisch hergestellten Formkörpern verarbeitet.

PA 6.6 (III) wird technisch durch Polykondensation aus Hexamethylendiamin (I) und Adipinsäure (II) hergestellt, Bild 4.

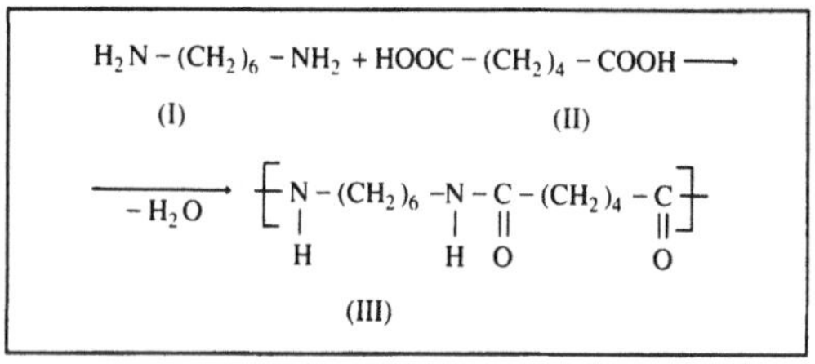

$$H_2N-(CH_2)_6-NH_2 + HOOC-(CH_2)_4-COOH \longrightarrow$$
$$(I) \qquad\qquad (II)$$
$$\xrightarrow[-H_2O]{} \left[ \begin{array}{c} N-(CH_2)_6-N-C-(CH_2)_4-C \\ | \qquad\qquad | \; || \qquad\qquad || \\ H \qquad\qquad H \; O \qquad\qquad O \end{array} \right]$$
$$(III)$$

*Polyamid 4: Herstellung von PA 6.6.*

Beide Ausgangsstoffe müssen dabei in reinster Form und in exakten stöchiometrischen Verhältnissen vorgelegt werden. Man erreicht dies am besten bei Verwendung des neutralen Salzes aus den beiden Monomeren, des Hexamethylendiammoniumadipats (AH-Salz). Dieses AH-Salz wird in Wasser gelöst (ca. 60%ige Lösung), mit 0,3% Essigsäure oder Adipinsäure (Regler) versetzt und unter peinlichem Ausschluß von Luft in einem Druckgefäß auf 280 °C erhitzt. Nach mehreren Stunden erhält man in diesem diskontinuierlichen Verfahren ein Produkt mit einer mittleren Molmasse von 23 000 g/mol, das bei 250 °C schmilzt (Tabelle). *Zahradnik*

**Polyester.** Sammelbezeichnung für solche hochmolekularen Werkstoffe, die in ihren Molekülketten in regelmäßiger Reihenfolge die Estergruppe, Bild 1, enthalten.

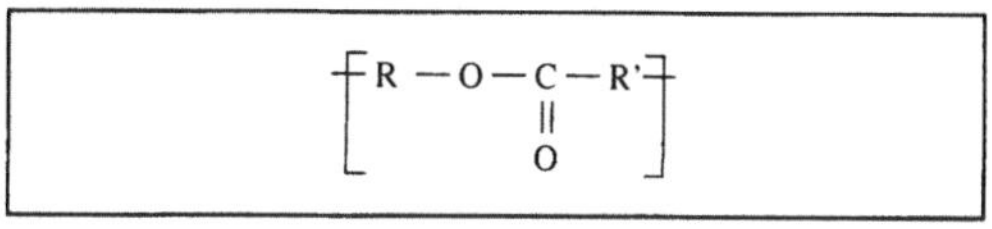

$$\left[ \begin{array}{c} R-O-C-R' \\ || \\ O \end{array} \right]$$

*Polyester 1.*

Zu ihrer Herstellung eignen sich mehrere Methoden:

□ Polykondensation von Dicarbonsäuren und Diolen (zweiwertigen Alkoholen), Bild 2,

*Polyamid. Tabelle: Eigenschaftswerte.*

| | Prüfvorschrift | Einheit | PA 6 | PA 6.6 | PA 6.10 | PA 11 | PA 12 |
|---|---|---|---|---|---|---|---|
| Dichte | DIN 53 479 | g/cm$^3$ | 1,13 | 1,14 | 1,08 | 1,04 | 1,02 |
| Wasseraufnahme (Wasserlagerung) | | % | 10 | 9 | 3,6 | 2,0 | 1,7 |
| Zugfestigkeit | DIN 53 455 | MPa | 40 | 65 | 38 | 70 | 45 |
| Biegefestigkeit | DIN 53 452 | MPa | 50 | 50 | 40 | 70 | 60 |
| Schlagzähigkeit | DIN 53 453 | kJ/m$^2$ | o. B. | o. B. | o. B. | o. B. | o. B. |
| Kerbschlagzähigkeit | DIN 53 453 | kJ/m$^2$ | 25–o. B. | 20 | 13 | 40 | 10–20 |
| Kugeldruckhärte 60 s | DIN 53 456 | N/mm$^2$ | 70 | 90 | 70 | 50 | 70 |
| Wärmeformbeständigkeit nach Martens | DIN 53 458 | °C | 55 | 60 | 50 | – | 45 |
| nach Vicat/B | DIN 53 460 | °C | >180 | >200 | 170 | – | 165 |
| nach ISO R 75/A | DIN 53 461 | °C | 80 | 105 | 95 | 55 | 50 |
| Kristallschmelztemp. | | °C | 220 | 255 | 215 | 185 | 180 |
| lineare Wärmedehnzahl | | K$^{-1}\cdot 10^5$ | 8,0 | 8,0 | 10,0 | 13,0 | 15,0 |
| Wärmeleitfähigkeit | | W/mK | 0,29 | 0,23 | 0,23 | 0,23 | 0,23 |
| spez. Durchgangswiderstand | DIN 53 482 | Ωm | 10$^{13}$ | 10$^{13}$ | 10$^{13}$ | 10$^{13}$ | 10$^{13}$ |
| Oberflächenwiderstand | DIN 53 482 | Ω | 10$^{10}$ | 10$^{10}$ | 10$^{10}$ | 10$^{10}$ | 10$^{10}$ |
| dielekt. Verlustfaktor tan δ 10$^6$ Hz | DIN 53483 | | 0,03–0,3 | 0,02–0,2 | 0,03–0,2 | 0,06 | 0,09 |
| Durchschlagfestigkeit | DIN 53 481 | V/m·10$^{-6}$ | 40 | 60 | – | – | – |

bzw. von Dicarbonsäurederivaten wie den Anhydriden (I) und Säurechloriden (II) und Diolen, Bild 3.

□ Selbstkondensation von ω-Hydroxycarbonsäure, Bild 4.

□ Umesterung von Carbonsäureestern (in der Regel Methylester) mit Diolen, Bild 5.

□ →Polymerisation von Lactonen (intramolekulare Ester von ω-Hydroxycarbonsäuren), Bild 6.

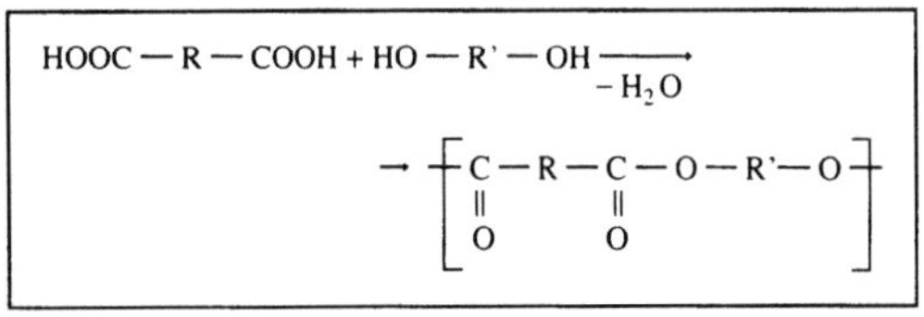

$$HOOC-R-COOH + HO-R'-OH \xrightarrow{-H_2O}$$

$$\rightarrow \left[ \overset{\displaystyle C}{\underset{\displaystyle O}{\|}}-R-\overset{\displaystyle C}{\underset{\displaystyle O}{\|}}-O-R'-O \right]$$

*Polyester 2.*

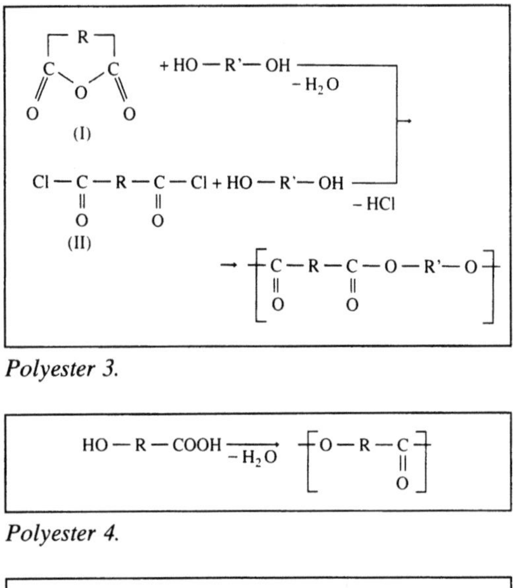

*Polyester 3.*

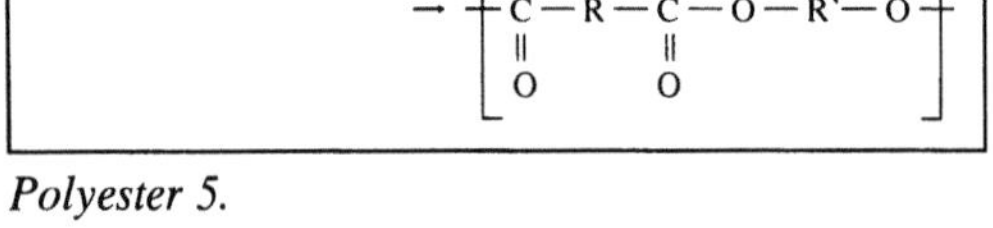

$$HO-R-COOH \xrightarrow{-H_2O} \left[ O-R-\overset{\displaystyle C}{\underset{\displaystyle O}{\|}} \right]$$

*Polyester 4.*

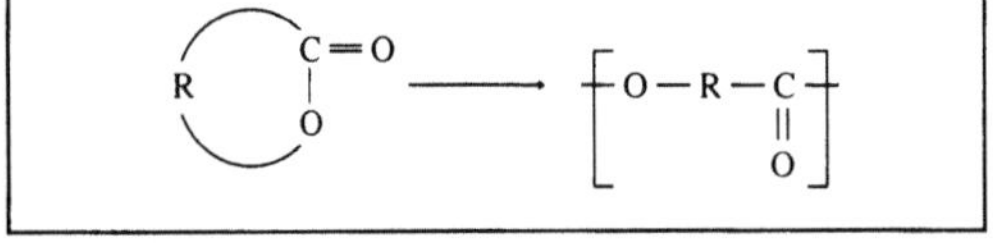

$$H_3COOC-R-COOCH_3 + HO-R'-OH \xrightarrow{CH_3OH}$$

$$\rightarrow \left[ \overset{\displaystyle C}{\underset{\displaystyle O}{\|}}-R-\overset{\displaystyle C}{\underset{\displaystyle O}{\|}}-O-R'-O \right]$$

*Polyester 5.*

$$\rightarrow \left[ O-R-\overset{\displaystyle C}{\underset{\displaystyle O}{\|}} \right]$$

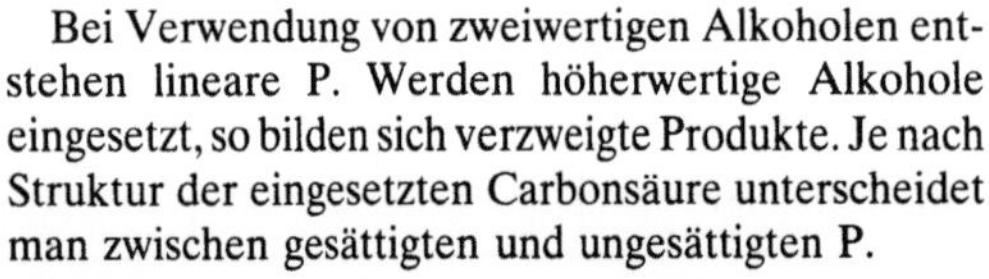

*Polyester 6.*

Bei Verwendung von zweiwertigen Alkoholen entstehen lineare P. Werden höherwertige Alkohole eingesetzt, so bilden sich verzweigte Produkte. Je nach Struktur der eingesetzten Carbonsäure unterscheidet man zwischen gesättigten und ungesättigten P.

Die gesättigten P. werden wegen ihrer niedrigen Schmelzpunkte vorwiegend als Weichharze, als Weichmacher (Polymerweichmacher) speziell in der Polyvinylchlorid-Verarbeitung und als Ausgangskomponente bei der Polyurethan-Herstellung verwendet. Polyethylentherephthalat besitzt als einziger Vertreter der gesättigten P. große technische Bedeutung als Faserrohstoff (Fasern).

Ungesättigte P. (Kurzzeichen UP) sind Polykondensationsprodukte aus ungesättigten Dicarbonsäuren, in der Regel Maleinsäureanhydrid bzw. Fumarsäure und mehrwertigen Alkohlen wie Ethylenglycol, Propylenglycol, Diethylenglycol, Butandiol-1.4 und Bisphenol A, Bild 7.

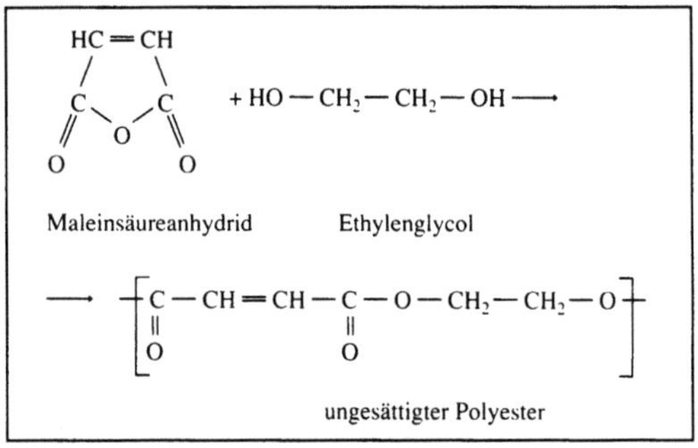

*Polyester 7.*

Die so erhaltenen ungesättigten P. sind hochviskose, lösliche Produkte mit einer mittleren Molmasse von 1000–5000 g/mol. Sie werden mit einem reaktionsfähigen Monomer, in der Regel Styrol, und einem geeigneten Initiator gemischt. Radikalbildende Initiatoren wie Peroxide und Azoverbindungen ergeben heißhärtende UP-Harze. Redoxsysteme wie aromatische Peroxide/aromatische Amine und Hydroperoxide/Cobalt- und Vanadiumsalze ergeben kalthärtende UP-Harze.

Bei der Härtung (vernetzende Copolymerisation) reagiert der Initiator mit den Doppelbindungen des linearen P. und den Doppelbindungen des Styrols zu einem gesättigten, räumlich hochvernetzten Produkt, das nicht mehr löslich, höchstens leicht quellbar und nicht mehr thermoplastisch verarbeitbar ist, Bild 8.

Für die meisten Anwendungen werden die UP-Harze mit Füllstoffen wie Glasfaser, Glasfasermatten, Chemiefasern, Kreide, Kaolin, Quarzmehl u. a. gefüllt. Sie dienen zur Herstellung von Bootskörpern, Behältern, Karosserieteilen, Vergußmassen, Beschichtungsmassen, Mörtel, →Schaumstoff und Lackharzen (→Lack).

Die vielfältigen UP-Harze sind in mehreren Normen wie DIN 16946, Bl. 1 und Bl. 2, sowie DIN 16911 und DIN 16913 typisiert und genormt.

Ein Nachteil der ungesättigten Polyesterharze, der sich vor allem beim Herstellen von Formkörpern auswirkt, ist die starke Schrumpfung, die je

*Polyester 8.*

nach den verwendeten Komponenten zwischen 5 und 9% liegen kann. *Zahradnik*

Literatur: *Laue, F. W.:* Glasfaserverstärkte Polyester und andere Duromere. Speyer 1969. – *Mark, H. F.,* u. *N. G. Gaylord* (Hrsg.): Encyclopedia of Polymerscience and -Technology. Bd. 11. New York 1969. – *Selden, P. H.* (Hrsg.): Glasfaserverstärkte Kunststoffe. Berlin 1967. – *Vieweg, R.,* u. *E. Becker:* Kunststoff-Handb. Bd. 8. München 1973.

## Polymerisation (Binderketten).

Bei dieser Methode zum Erzeugen von synthetischen Kunststoffen werden zahlreiche sehr kleine, gleichartige Molekülbausteine (Monomere) zu langen Fadenmolekülen, etwa nach der Systematik A + A + A + A ....... = A – A – A – A –..., vereinigt. Verwendet man ein Gemisch verwandter Monomere, werden diese in bunter Reihenfolge (statistische Verteilung) in die Fadenmoleküle eingebaut. Dadurch entstehen Mischpolymerisate oder Copolymere.

Polymerisationsfähig sind chemisch ungesättigte Verbindungen, d. h. solche, in denen jeweils zwei C-Atome durch Doppelbindung, die nach außen frei werden können, verbunden sind. Die mittlere Länge der Molekülfäden von Polymeren ist verarbeitungstechnisch von Bedeutung und durch den K-Wert gekennzeichnet, der als Meßgröße aus der Untersuchung der Zähigkeit der Kunstharzlösung gewonnen wird. Somit kennzeichnet der K-Wert den P.-Grad. Mit steigendem K-Wert nehmen mechanische und Temperaturfestigkeit zu. Es steigen aber auch die Verarbeitungsschwierigkeiten.

Die P.-Verfahren unterteilen sich in die Block-P. (ausgehend von reinen Monomeren), die Lösungs-P. (Lösungsmittel verdünnen die Monomere),

Emulsions-P. (Monomere mittels eines Emulgators im Wasser verteilt und mit wasserlöslichen Katalysatoren polymerisiert), die davon in gewisser Beziehung abgewandelte Perl- oder Suspensions-P. und die Pfropfen-P., bei der man auf bereits gebildeten Hochpolymeren an einzelnen angeregten Stellen andersartige Molekülfäden anpolymerisieren läßt.

Obwohl nach den P.-Methoden auch Duroplaste, z. B. Epoxidharze (Ringöffnung), hergestellt werden können, dienen sie überwiegend zur Herstellung von Thermoplasten und in gewissem Maß zur Erzeugung von sog. Übergangsprodukten. *Doliwa*

**Polymerisation,** lichtinduzierte →Polymerisationstechnik

## Polymerisationstechnik.

Die technische Herstellung von Polymeren wird in speziellen Reaktoren, den Polymerisationsreaktoren, durchgeführt, da sie insbes. folgende Besonderheiten aufweist:

☐ Bei Polymersynthesen läßt sich das fertige Polymer nachträglich nicht mehr reinigen. Bereits die Abtrennung niedermolekularer Verbindungen wie Lösungsmittel, Initiatorreste, Restmonomere ist i. a. schwierig und teuer und macht spezielle Apparate erforderlich.

☐ Alle Polymerisationsreaktionen, ob radikalische oder ionische (→Reaktion, komplexe), sind gegenüber Verunreinigungen, die mit den aktiven Radikalen oder Ionen (stationäre Konzentrationen in der Größenordnung von $10^{-8}$ mol/l) reagieren können, ungewöhnlich empfindlich. Bei Polykondensationen und Polyadditionen mindestens bifunktioneller Monomere treten hohe Polymerisationsgrade erst bei Monomerumsätzen > 99% auf. Dazu müssen Verunreinigungen durch monofunktionelle Stoffe weitestgehend entfernt werden. Dies bedeutet hohe Reinheitsanforderungen (>99%) an das Monomer, Lösungsmittel, an die Initiatoren und Katalysatoren (→Reaktion, katalytische).

☐ Während der Polymerisationsreaktion zu langkettigen Makromolekülen kann die Viskosität der Reaktionsmasse um viele Zehnerpotenzen ansteigen. Dies führt zu mehreren Problemen. Zunächst ergeben sich Schwierigkeiten beim Pumpen, Rühren und Mischen. Eine Temperaturerhöhung würde zwar die Viskosität herabsetzen, ist aber aus kinetischen Gründen (die Molekularmassen-Verteilung und -Vernetzung und damit die Polymerqualität würden sich ebenfalls ändern) sowie infolge der thermischen Instabilität des Polymers nur begrenzt durchführbar. Eine zweite Konsequenz aus der Viskositätserhöhung ist die Behinderung von Abbruchreaktionen (→Reaktion, komplexe), wodurch eine Selbstbeschleunigung (Geleffekt, Norrish-Trommsdorff-Effekt) bzw. ein explosionsartiges Durchgehen der i. a. stark exothermen Polymerisationsreaktion (→Reaktorstabilität) eintreten kann. Schließlich führt die Viskositätszunahme zu einer erheblichen Behinderung des Wärmetransports und damit der Abfuhr großer Wärmemengen aus den Reaktoren.

Auf Grund der erwähnten Schwierigkeiten, insbes. der Wärmeabfuhrprobleme, wurden mehrere technische Polymerisationsverfahren entwickelt, die sich nach dem Verteilungszustand von Monomeren und Polymeren in der Reaktionsmasse wie folgt unterscheiden lassen.

*Substanzpolymerisation* (Masse- oder Blockpolymerisation). Das meist flüssige oder gasförmige reine Monomer wird unverdünnt, z. B. durch Erhitzen, Bestrahlen oder durch Zusatz eines Initiators bzw. Katalysators, polymerisiert. Das flüssige Monomer löst das Polymer. Es werden diskontinuierliche und kontinuierliche Verfahren angewandt.

Vorteile: Es entstehen sehr reine Polymerisate bei niedrigen Trennkosten für das Restmonomer. Ferner entfallen Rückgewinnung und Reinigung von Lösungs- oder Dispergierungsmittel sowie eine Abwasseraufbereitung. Für Produkte geeignet, bei denen eine hohe optische Transparenz wichtig ist. Das Monomer kann auch direkt in Formen polymerisieren.

Nachteile: Große Probleme bei der Abfuhr der Reaktionsenthalpie und bezüglich der Durchmischung infolge des starken Viskositätsanstiegs. Es kann sehr rasch zu einer Selbstbeschleunigung durch den Norrish-Trommsdorff-Effekt kommen. Wandbelagsbildung tritt häufig auf.

Anwendungsbeispiele: Polystyrol, Polymethacrylester (Plexiglas), glasfaserverstärkte Polyestergießharzteile, Lacküberzüge und Hochdruckpolyethylen (→Hochdrucksynthese).

Die verfahrenstechnische Beherrschung der Substanzpolymerisation läßt sich durch folgende Maßnahmen erreichen:

□ Temperaturerhöhung mit steigendem Umsatz. Beim kontinuierlichen Kessel-Turm-Verfahren erfolgt in zwei mantelgekühlten parallel geschalteten Rührkesselreaktoren eine Vorpolymerisation von Styrol bis zu einem Umsatz von ca. 40 %. Die Reaktionsmasse wird anschließend in einem →Turmreaktor (modifizierter →Rohrreaktor), der ein ansteigendes Temperaturprofil aufweist, nahezu vollständig umgesetzt.

□ Hohe Styrol-Monomerumsätze bis ca. 80 % werden in einer mehrstufigen Kaskade aus wandgekühlten Rührkesselreaktoren erzielt, die als Misch- und Kneteinrichtung eine Förderschnecke mit Leitrohr enthalten.

□ Polymerisation erfolgt in großvolumigen (große Raumzeiten), kontinuierlichen Rührkesselreaktoren (z. B. Polystyrol) oder in langen Rohrreaktoren (z. B. Hochdruckpolyethylen) bei jeweils relativ kleinen Umsätzen je Durchgang.

□ Es wird in dünnen Schichten polymerisiert (z. B. Plexiglas).

*Lösungspolymerisation*. Das Monomer polymerisiert in einem möglichst inerten Lösungsmittel, in dem sowohl das Monomer als auch das Polymer löslich sind. Die kontinuierliche Lösungspolymerisation wird bei konstanter Temperatur und Monomerkonzentration durchgeführt.

Vorteile: Bevorzugt dann eingesetzt, wenn die Polymerlösung weiterverarbeitet oder verwendet wird (z. B. Faserherstellung oder Lacke). Abfuhr der Reaktionsenthalpie viel besser als bei der Substanzpolymerisation. Geringe Viskosität der Reaktionsmasse. Die Polymerisate weisen eine enge Molmassen-Verteilung auf. Bei entsprechender Wahl des Lösungsmittels ist es möglich, einen großen Teil der Reaktionsenthalpie als Verdampfungsenthalpie des siedenden Lösungsmittels abzuführen (Siedekühlung).

Nachteile: Es treten Kettenübertragungsreaktionen (→Reaktion, komplexe) mit dem Lösungsmittel auf, wodurch der Polymerisationsgrad stark abfallen kann. Die Abtrennung des Lösungsmittels aus dem Polymer ist technisch aufwendig und kann z. B. mit Entgasungsextrudern erfolgen.

Anwendungsbeispiele: Polystyrol in Ethylbenzol, Polyacrylnitril in Dimethylformamid, Polyacrylsäure und -amid in Wasser.

*Fällungspolymerisation*. Sonderfall der Substanzpolymerisation, wenn das gebildete Polymer im Monomer unlöslich ist und aus der Reaktionsmasse, oft pulverförmig, ausfällt. Es kann auch der häufigere Sonderfall einer Lösungsmittelpolymerisation vorliegen, wenn zusätzlich ein Fällungsmittel für das Polymer, das mit dem Monomer mischbar ist, eingesetzt wird. In diesem Fall handelt es sich um einen Dreiphasenprozeß, der als Slurry- oder Particleform-Prozeß bezeichnet wird (→Suspensionsreaktor). Meist werden diskontinuierliche oder kontinuierliche Rührkesselreaktoren, auch als Kaskade geschaltet, eingesetzt.

Vorteile: Kein Viskositätsanstieg der Reaktionsmasse. Geringer Trennaufwand zum Entfernen des Lösungsmittels durch Filtration und Trocknung.

Nachteile: Kettenübertragungsreaktionen.

Anwendungsbeispiele: Niederdruckpolyethylen hoher Dichte, das als Slurry-Prozeß an fein verteilten Ziegler-Natta-Katalysatoren wächst, die in Hexan bzw. Heptan suspendiert sind. Ähnliche Slurry-Prozesse gibt es z. B. für Polypropylen sowie für Ethylen-Propylen-Copolymere. Weitere Beispiele für Füllungspolymerisationen sind das Polystyrol in Methanol und das Polyacrylnitril in Wasser.

*Suspensionspolymerisation* (Perlpolymerisation). Das wasserunlösliche Monomer wird durch Rühren in einem Wasserüberschuß zu kugelförmigen Monomertröpfchen verteilt, deren Durchmesser zwischen 0,01 und 5 mm liegen. Der Initiator muß in den

Monomertröpfchen löslich sein. Zur Stabilisierung der Tröpfchen, die zur Koagulation neigen, werden Dispergatoren (z. B. Schutzkolloide) zugesetzt. Das entstehende Polymer ist in Wasser unlöslich und fällt in Form fester Perlen an. Als Reaktionsapparate werden diskontinuierliche Rührkesselreaktoren bis 200 m$^3$ Volumen angewandt.

Vorteile: Die Reaktionsenthalpie läßt sich über die Trägerphase (fast immer Wasser) sehr leicht abführen. Es bilden sich hochreine Polymerisatperlen, da die Zusatzstoffe einfach abtrennbar sind.

Nachteile: Im Vergleich zur Emulsionspolymerisation geringere mittlere Molmasse des Polymers. Häufige Reinigung der Reaktorinnenwände durch Bildung von Wandbelägen. Bisher allein diskontinuierliche Reaktoren industriell einsetzbar.

Anwendungsbeispiele: Polystyrol (PS), Polyvinylchlorid (PVC) und Polymethylmethacrylat (PMMA, Acrylglas).

*Emulsionspolymerisation.* Das wenig wasserlösliche Monomer bildet unter Zusatz von Emulgatoren bzw. Tensiden (z. B. Na-palmitat oder C$_{12}$– bis C$_{18}$–Sulfonate) bei Rühren in Wasser eine Emulsion. Sie enthält neben den relativ großen Monomertröpfchen ($\approx$ 1 µm Dmr.) die sehr viel kleineren Mizellen ($\approx$ 0,004 µm Dmr.) in der wäßrigen Phase. Die Polymerisation wird durch wasserlösliche Initiatoren (z. B. Fe$^{2+}$/Persulfat) in der wäßrigen Phase gestartet und findet im Innern der Mizellen statt, die dadurch zu Latexteilchen (enthalten Polymerteilchen und gelöste Monomere) aufquellen. Am Ende der Polymerisation enthalten die Latexteilchen praktisch nur noch das Polymerisat und erreichen Durchmesser zwischen 0,05 und 0,3 µm. Dadurch entsteht eine wäßrige Kunststoff-Dispersion (Latex) mit bis zu 60 % Feststoffgehalt. Sie kann entweder direkt verwendet werden, oder sie wird koaguliert und getrocknet.

Vorteile: Gute Wärmeabfuhr ist ohne Probleme möglich. Es bilden sich Polymere mit hohen Polymerisationsgeschwindigkeiten und damit hohen Polymerisationsgraden. Über die Emulgatorkonzentration läßt sich die Polymerisationsgeschwindigkeit steuern. Den entstehenden Latex kann man auch direkt für z. B. Klebstoffe, Anstriche oder Beschichtungen verwenden. Es ist das vielseitigste Polymerisationsverfahren, nach dem zahlreiche Monomere diskontinuierlich, halbkontinuierlich und kontinuierlich (→Reaktionsführung) polymerisiert werden.

Nachteile: Relativ unreine Polymere, da Emulgatorreste nur schwierig abtrennbar sind. Aufarbeitungskosten sind relativ groß, und es treten Abwasserprobleme auf. Bei kontinuierlich betriebenen technischen Emulsionspolymerisationen kann es infolge des Norrish-Trommsdorff-Effekts zu autokatalytischen (→Autokatalyse) Beschleunigungen kommen. Es wurden mehrfache stationäre Zustände (→Reaktorstabilität) und Oszillationen (z. B. vom Umsatz) gemessen.

Anwendungsbeispiele: Styrol-Butadien-Copolymerisate, Polyvinylchlorid, Polyacrylester, Polyvinylester.

Ähnliche technologische Probleme wie bei den Polymerisationen, die grundsätzlich als Kettenreaktionen ablaufen, treten auch bei den Polykondensationen und Polyadditionen auf, die grundsätzlich zu den Stufenwachstumsreaktionen (→Reaktion, komplexe) gehören. Anwendungsbeispiele für Polykondensationen sind die aliphatischen Polyamide (Schmelzkondensation, die der Substanzpolymerisation analog ist), die aromatischen Polyamide (Grenzflächenpolykondensation) und die Polycarbonate (Lösungs- oder Grenzflächenpolykondensation). Nach einer Polyaddition verläuft die Herstellung der Polyurethane (in Lösung oder in Substanz).

Auf Grund der hohen Viskositäten der Reaktionsmasse muß bei der Berechnung von Polymerisationsreaktoren auch die →Segregation i. a. stets berücksichtigt werden. Bei den Auswahlkriterien für Polymerisationsreaktoren ist die Abschätzung des Einflusses der →Verweilzeitverteilung auf die Molmassen-Verteilung des Polymers wichtig. Entscheidend ist hier die Lebensdauer $\tau_p$ der aktiven Polymerkette relativ zur mittleren →Verweilzeit $\bar{t}$ im Reaktor. Das →Verweilzeitverhalten (→Verweilzeitmodell) eines Reaktors kann nur dann die Molmassen-Verteilung des entstehenden Polymers beeinflussen, wenn $\bar{t} < \tau_p$ (bei Polykondensationen) ist. Für diesen Fall stellt sich im AIK oder IR (→Reaktormodell) eine schmälere Molmassen-Verteilung ein als im KIK. Dagegen hat für $\bar{t} > \tau_p$ (z. B. bei radikalischen Polymerisationen) das Verweilzeitverhalten des Reaktors keine Auswirkungen auf die Molmassen-Verteilung. Dies haben wohl aber insbes. die Konzentrationsverhältnisse (Konzentrationsführung, Reaktionsführung) im Reaktor. Dies bedeutet gegenüber dem AIK oder IR eine Verschmälerung der Molmassen-Verteilung im KIK infolge seiner konstanten Monomerkonzentration im stationären Zustand.

Zunehmend technische Bedeutung erlangen vermutlich die lichtinduzierten Polymerisationen (Photopolymerisationen), die durch Photoinitiatoren (z. B. Derivate des Benzoins und Anthrachinons) gestartet werden. Die Startradikale bilden sich hierbei durch Lichtabsorption des Photoinitiators in einer photochemischen Reaktion mit sehr kleiner Aktivierungsenergie. Dies bedeutet, daß Photopolymerisationen bei niedrigen Temperaturen zwischen 0 und 100 °C sowie bei Normaldruck ablaufen. Acrylamide, Acrylate, Methacrylate, Acrylnitril sind besonders geeignet für Photopolymerisationen (insbes. bei höheren Viskositäten der Reaktionsmasse), die man beispielsweise als Substanz-, Fällungs- oder Lösungspolymerisation mit einem Bandreaktor durchführen kann. Weitere Anwendungsbeispiele sind die vernetzenden Photopolymerisationen zum Herstellen lichthärtender Lacke und

Buchdruckfarben sowie photopolymerer Hochdruckplatten. *Schönbucher*

Literatur: *Gerrens, H.:* Polymerisationstechnik. In: Ullmanns Enzyklopädie der techn. Chemie. Bd. 19. Weinheim 1980. – *Vollmert, B.:* Kunststoffe. In: Ullmanns Enzyklopädie der techn. Chemie. Bd. 15. Weinheim 1978. – *Vollmert, B.:* Grundriß der Makromolekularen Chemie. Bde. I/V. Karlsruhe 1980. – *Winnacker, Küchler:* Chemische Technologie. Bd. 6. 4. Aufl. München 1982.

**Porendiffusion.** Stofftransportvorgänge in Poren und Kanälen poröser Katalysatorsysteme (→Katalysator, poröser) verlaufen infolge der kleinen Porendurchmesser langsamer als im freien Gasraum und werden als P. bezeichnet. Hierzu zählen neben der molekularen Diffusion insbes. die →Knudsen-Diffusion und die →Oberflächendiffusion. Für große Poren und/oder hohe Moleküldichten in den Poren wird die P. mit einem effektiven →Diffusionskoeffizienten $D_{i,eff}$ (→Thiele-Modul) beschrieben, der über die Porosität $\vartheta_P \leq 1$ und einen Labyrinthfaktor $\chi > 1$ (oft zwischen 2 und 6) des Katalysators mit dem Diffusionskoeffizienten $D_i$ der Komponente i im freien Gasraum zusammenhängt:

$$D_{i,eff} = \frac{\vartheta_P}{\chi} \, D_i.$$

Ist bei einer (heterogenen) Reaktion, die in Anwesenheit eines porösen Katalysators abläuft, die P. geschwindigkeitsbestimmend (→Schritt, geschwindigkeitsbestimmender), d. h. ist die Reaktion ausreichend schnell, dann fällt der Katalysatorwirkungsgrad $\eta$ mit zunehmendem Thiele-Modul $\Phi$ sehr ab. Bei einer irreversiblen Reaktion erster Ordnung ist der P.-Bereich für einen kugelförmigen, porösen Katalysator charakterisiert durch

$$\eta \approx \frac{3}{\Phi}, \text{ wenn } \Phi > 3.$$

Zusätzlich erniedrigt sich die Aktivierungsenergie E der Reaktion auf die scheinbare Aktivierungsenergie von E/2, und die Reaktionsordnung n nimmt auf die scheinbare Reaktionsordnung $\frac{n+1}{2}$ ab. Schließlich beeinflußt die P. auch die →Selektivität komplexer Reaktionen.

Eine Abschätzung, ob ein Einfluß des P.-Widerstands vorliegt oder nicht, ist durch das Weisz-Prater-Kriterium gegeben. Danach ist für Katalysatorkugeln der P.-Einfluß zu vernachlässigen, wenn näherungsweise gilt:

$$\psi^2 = r_K^2 \, \frac{n+1}{2} \, \frac{r_{eff}}{D_{i,eff} \, c_{i,s}} < 1;$$

$\psi$ modifizierter Thiele-Modul, $r_K$ Radius der Katalysatorkugel, $r_{eff}$ effektive Reaktionsgeschwindigkeit, $c_{i,s}$ Konzentration des Reaktanden i an der äußeren Katalysatoroberfläche. *Schönbucher*

**Porenmembran** →Phaseninversionsmembran

**Porennutzungsgrad.** Läuft eine chemische Reaktion im Inneren eines porösen Katalysators ab und wird sie beeinflußt von inneren Transportvorgängen (z. B. →Porendiffusion), dann ist der P. (auch Katalysatorwirkungsgrad bzw. Katalysatorausnutzungsgrad) $\eta$ definiert als das Verhältnis

$$\eta = \frac{r_{eff,D}}{r_{max}} \leq 1,$$

aus effektiver Reaktionsgeschwindigkeit $r_{eff,D}$ mit Porendiffusionshemmung und maximaler Reaktionsgeschwindigkeit $r_{max}$ an der äußeren Katalysatoroberfläche ohne Hemmung durch die Porendiffusion. Der Einfluß innerer Transportvorgänge im porösen Katalysatorkorn, d. h. die Auswirkung der Existenz innerer Konzentrations- und Temperaturprofile auf die chemische Reaktion, kann aus der Abhängigkeit des Wirkungsgrads $\eta$ vom →Thiele-Modul diskutiert werden (→Porendiffusion).

Bei Ablauf einer chemischen Reaktion in Anwesenheit eines nichtporösen Katalysators unter dem Einfluß äußerer Transportvorgänge in der Grenzschicht zwischen Hauptfluidphase und äußerer (häufig fester) Katalysatoroberfläche wird ein äußerer (externer) Wirkungsgrad $\eta_{ext}$ des Katalysators definiert:

$$\eta_{ext} = \frac{r_{eff,e}}{r_{max}} \leq 1,$$

wenn $r_{eff,e}$ die effektive Reaktionsgeschwindigkeit mit Stoffübergangshemmung und $r_{max}$ die maximale Reaktionsgeschwindigkeit an der äußeren Katalysatoroberfläche ohne Hemmung durch den Stoffübergang darstellt. Beide Wirkungsgrade sind immer dann kleiner als eins, wenn infolge einer Konzentrationsverarmung an Reaktanden durch Stofftransporteinflüsse an der äußeren oder inneren Katalysatoroberfläche die tatsächlich gemessene effektive Reaktionsgeschwindigkeit kleinere Werte erreicht als $r_{max}$.

Bei schnell verlaufenden Reaktionen mit großen Reaktionsenthalpien bilden sich zusätzlich zu den äußeren und inneren Konzentrationsgradienten häufig Temperaturgradienten zwischen Hauptfluidphase und äußerer Katalysatoroberfläche und auch innerhalb des porösen Katalysators aus. Dann werden die oben definierten Katalysatorwirkungsgrade $\eta$ und $\eta_{ext}$ zusätzlich abhängig von der Reaktionsenthalpie sowie der →Arrhenius-Zahl und können dann auch bei exothermen Reaktionen Werte größer als eins annehmen.

Der P. technischer Katalysatoren wird infolge von Alterungsprozessen (→Desaktivierung von Katalysatoren) mit zunehmender Betriebszeit z. B. eines →Festbettreaktors abnehmen. *Schönbucher*

**Porenvolumen** →Porosität

**Porosität.** P. ist als Verhältnis des Volumens zwischen den Teilchen (Lückenvolumen) zum Gesamtvolumen definiert:

$$\varepsilon = \frac{V_{Poren}}{V_{gesamt}} \qquad (1).$$

Die P. ist i. a. nicht von der Teilchengröße abhängig. Dagegen sind Teilchenform und Korngrößenverteilung von nicht zu vernachlässigendem Einfluß. Die Unabhängigkeit von der Teilchengröße läßt sich auch für eine Schüttung gleichgroßer Kugeln herleiten (Bild 1):

$$\varepsilon = \frac{d^3 - \frac{\pi}{6}\, d^3}{d^3} = 1 - \frac{\pi}{6} \neq f\,(d) \qquad (2).$$

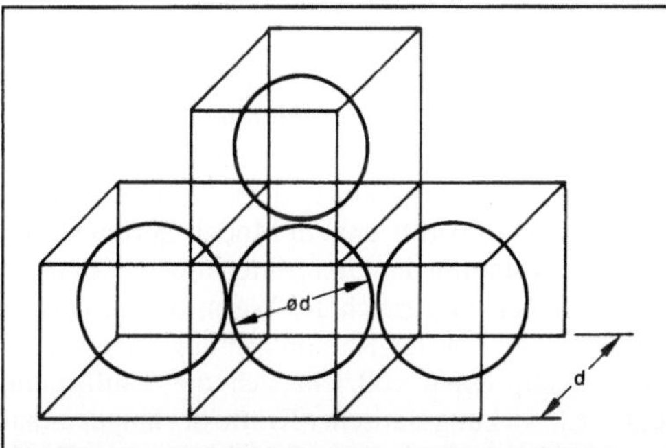


*Porosität 1: Würfelpackung für gleichgroße Kugeln.*

Für Teilchengrößen über 100 µm stimmt dies auch mit Meßergebnissen überein. Bei feineren Korngrößenverteilungen (also kleiner mittlerer Durchmesser d) nimmt die P. sehr zu (Bild 2). Dies ist auf Haftkräfte der Teilchen untereinander zurückzuführen. Sie sind proportional der Oberfläche ($\sim d^2$). Massenkräfte (Rütteln, Vibrieren, Schütteln) sind dagegen proportional $d^3$. Deshalb bleiben zufällig entstehende Brücken und Hohlräume bei feinen Partikeln erhalten. Feinste Partikel lagern sich durch große Haftkräfte (10–100mal größer als ihr Gewicht)

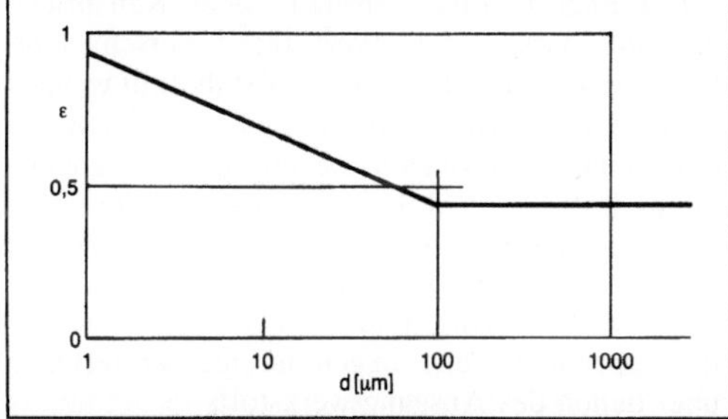


*Porosität 2: Porenvolumen aus Meßwerten für Quarzsand.*

an größere Partikel an. Auch durch Rütteln und Vibrieren lassen sich die Lücken nicht auffüllen.

Die für Lagerung und Transport ungünstige, geringe Schüttdichte kann man durch Pressen bei gleichzeitigem Absaugen der eingeschlossenen Luft erhöhen. Bei Partikeln über 1 mm kann durch eine geeignete Korngrößenverteilung ein geringes Porenvolumen erreicht werden, weil diese Partikel die Lücken fast von selbst füllen. *Greif*

**Portalbohrmaschine.** P. ist kein spezieller Ausdruck für eine besondere Art von Bohrmaschinen. Damit wird nur auf die Bauweise des Maschinenständers hingewiesen. Es kann sich dabei um eine leistungsstarke Gelenkspindelbohrmaschine oder aber auch um eine Koordinatenbohrmaschine handeln. *Schulz*

**Positioniersteuerung.** In vielen fertigungstechnischen Anwendungen besteht das Problem, bestimmte Werkzeuge, Vorrichtungen oder Ladesysteme in einer definierten Weise zu positionieren, und zwar unterschiedlich in Abhängigkeit vom jeweils bearbeiteten Werkstück. Dies wird mit P. durchgeführt. Diese Systeme verfügen über eine numerische Steuerung, einen Antriebsmotor und ein direkt oder indirekt arbeitendes Wegmeßsystem pro Achse. Antrieb und Wegmeßsystem können alternativ durch Schrittmotoren substituiert sein. P. arbeiten zumeist als Punktsteuerungen mit definierten Positionier- und Wiederholgenauigkeiten, jedoch undefiniert gefahrenen Geschwindigkeiten und Konturen. *Schulz*

**Pralltopf.** Muß sehr scharfkantiges, hartes und schleißendes Produkt, wie z. B. frisch gemahlener

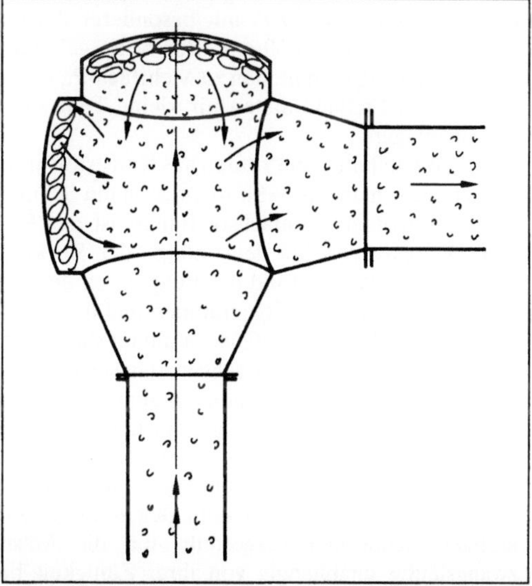

*Pralltopf.*

Quarzsand, pneumatisch gefördert werden, hat man bei Flugförderung in den Bögen großen Abrieb. Die P. werden entsprechend dem Bild an Stelle der Bögen eingebaut. Dann fliegt der schleißende Feststoff geradeaus in den P., bildet dort ein Polster, das den Topf gegen Verschleiß schützt und im Zusammenwirken von Sekundärluftströmungen mit dem ankommenden Fördergut auch im Fördergut nur wenig Verschleiß und Abrieb verursacht. Man bezahlt aber mit erhöhtem Druckverlust der Förderleitung, weil bei jeder Umlenkung die Fördergutgeschwindigkeit immer wieder neu aufgebracht werden muß (→Förderung, pneumatische). *Muschelknautz*

**Präzisionsguß** →Genauguß, →Feinguß

**Precursor.** Chemische Verbindung, die als Produktvorstufe bei der fermentativen Gewinnung von Wertprodukten (z. B. Antibiotika) eingesetzt wird. Die Zugabe von P. führt zu einer Ausbeutesteigerung oder zu verschiedenen Derivaten des Ausgangsprodukts in Abhängigkeit von dem eingesetzten P. So gewinnt man Penicillinderivate durch den Einsatz verschiedener einfacher Vorstufen. Die P.-Moleküle nimmt der Mikroorganismus auf und baut sie direkt oder nach geringfügiger Modifikation in das Produkt ein. *Liefke*

**Presse.** Die in der Urformtechnik verwendeten P. dienen vorzugsweise zur Herstellung von Formteilen aus NE-Metallen und Kunststoffpreßmassen. Zum Einsatz kommen Hand-P. (Stangen- und Radhebel-P. von 50–800 kN Gesamtkraft), motorisch angetriebene Kurbel-P. (Kraftbereich 400 bis 1000 kN), Kniehebel-P. mit Öldruckantrieb (bis 1500 kN), vor allem aber hydraulische P. (150 bis 100000 kN) und Spritz-P. mit besonderer Ausbildung des Auswerferkolbens. Bei weitergehender Mechanisierung kommt man zu Mehrfach-P., Drehtisch-P. und Preßautomaten für kleine Teile ohne Metalleinlagen.

Zur Herstellung von Profilen aus Kunststoffpreßmassen nutzt man das →Strangpressen mit Schnecken-P. (Extruder). Einfachste Bauart ist der Einschneckenextruder, bei dem infolge der Rückhaltung an der Zylinderwand das Füllgut von der sich drehenden Schnecke mitgenommen und dabei aufgeheizt wird. Beim Plastifizieren nimmt die Dichte des Schüttguts um das 2–4fache zu. Dies wird durch eine Änderung des Volumenaufnahmevermögens der Schneckengänge berücksichtigt und durch das Kompressionsverhältnis (Volumen des ersten zu dem des letzten Schneckengangs) ausgedrückt. Doppelschnecken-P. werden mit gleich- und gegenläufigen Schnecken hergestellt, die die Masse zwangsläufig unabhängig von ihrer Zähigkeit bei homogener Durchmischung und Plastifizierung för-

dern. Konstruktiv schwierig ist die Ausbildung von widerstandsfähigen Drucklagern für die beiden Schnecken auf engstem Raum. *Doliwa*

**Pressen.** Gemäß Einteilung der Fertigungsverfahren nach DIN 8580 ff. ist die Verfahrenstechnik Pressen sowohl in die Hauptgruppe 2 Umformen (DIN 8582) und hier in die Gruppe 2.1 Druckumformen (DIN 8583) wie auch in die Hauptgruppe 4 Fügen (DIN 8593) innerhalb der Gruppe 4.2 Füllen einzuordnen. Als Druckumformen zählen Verfahren, bei denen das Fließen in der Umformzone überwiegend durch einen von außen aufgebrachten Druck bewirkt wird, wie z. B. durch Fließ-P., Form-P. oder Stauchen. Nach der Definition der Norm ist Fügen das Zusammenbringen von zwei oder mehr Werkstücken oder von Werkstücken mit formlosem Stoff. Dabei wird der Zusammenhalt örtlich geschaffen und im ganzen vermehrt. Demnach werden auch das lose Zusammenlegen und das Füllen in diese Hauptgruppe eingeordnet. Somit gehört dazu auch das Fügen durch Umformen, z. B. Umpressen, wobei das Um um einen Körper herum bedeutet. Dieser Vorgang findet u. a. beim Verdichten von →Formstoff um ein Modell herum statt.

P. als Verfahren der Umformtechnik bei Metallen wird weniger im Bereich der Warmformgebung als überwiegend bei der Kaltumformung angewendet. Beim Kaltpressen vollzieht sich die Umformung unter Einwirkung statischer Kräfte bei länger anhaltendem Druck oberhalb der Streckgrenze des Werkstoffs. Alle Werkstoffe, die im Bereich zwischen Streckgrenze und Zugfestigkeit eine genügende Zähigkeit und ein gutes Formänderungsvermögen aufweisen, wie weichgeglühte, kohlenstoffarme Stähle, ferner Kupfer, Aluminium und deren Legierungen können auf diese Weise umgeformt werden. Das Umformen ohne Anwärmen liefert Werkstücke mit höherer Maßgenauigkeit und besserer Oberflächengüte als beim Warmumformen erreichbar. Beim Kalt-P. und Kalibrieren vorgepreßter Teile in Werkzeugen mit Distanzplatten kann man z. B. bei NE-Metallen Toleranzen von 0,02 mm (IT 8) erreichen. Durch das P. wird bei zweckmäßigem Faserverlauf der Werkstoff erheblich verfestigt.

Mit Fließ-P. (auch Spritz-P. oder Kaltspritzen genannt) lassen sich Werkstücke verschiedener Form herstellen. Allerdings sind Stahl (mit wenigen Ausnahmen), Aluminium, Blei, Zink, Magnesium und seine Legierungen wegen des hexagonalen Gefügeaufbaus nicht fließpreßfähig. Die Durchführung des Fließ-P. und danach hergestellte Teile zeigt das Bild. Die fertigen Werkstücke haben eine saubere Oberfläche, und die Festigkeitswerte der fließgepreßten Teile liegen infolge Verfestigung über denen des Ausgangswerkstoffs.

Beim Spritz-P. von Kunststoff-Preßmassen wird die →Preßmasse in einer besonderen Druckkam-

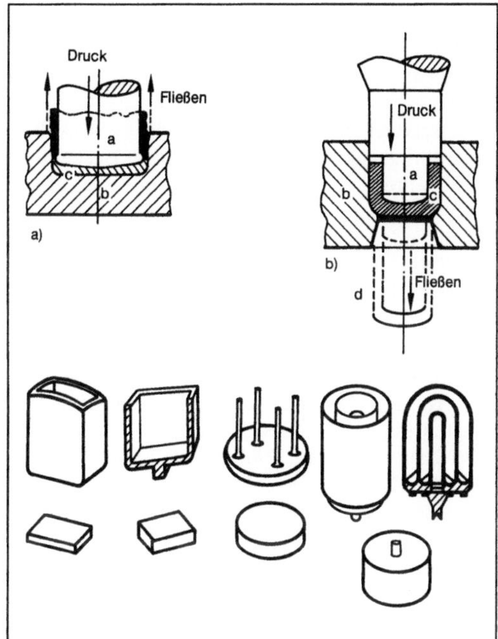

*Pressen: Fließpreßverfahren (oben) und durch Fließ-pressen hergestellte Formen von Geräteteilen aus NE-Metallen mit Rohlingen (unten).*
*a) Druck- und Fließrichtung entgegengesetzt*
*b) Fließpressen nach Neumeyer-Verfahren. Gleiche Druck- und Fließrichtung.*

a Stempel, b Matrize, c Werkstoff, d Werkstück im Endzustand (gestrichelt)

mer stark komprimiert und durch einen Kanal (Düse) in den Formenraum der geschlossenen Form gespritzt. Das Spritz-P. bietet wirtschaftliche Vorteile und wird bei der Herstellung komplizierter, kleinerer Teile (auch mit Metalleinpressungen) angewendet.

Strang-P. ist ein Warmfließ-P., bei dem ein auf die dem Werkstoff entsprechende Preßtemperatur erwärmter Metallblock vom Druckstempel einer Strangpresse durch die Öffnung einer Matrize zu Voll- oder Hohlprofilen gepreßt wird. Als Kaltumformverfahren wird das Strang-P. nur für Werkstoffe mit niedriger Fließtemperatur angewendet, wobei man die Reibungswärme beim Durch-P. durch die Matrize ausnutzt.

In die Hauptgruppe 4 Fügen fällt das Warm-P. von duro- und thermoplastischen Massen. Der Arbeitsablauf beginnt mit dem Einfüllen der Preßmasse in die gefettete und ggf. vorgeheizte Form, nach deren Schließen der Druck langsam mit der einsetzenden Plastifizierung der Preßmasse gesteigert wird. Das Härten der Preßmasse erfolgt, soweit es sich um eine warmhärtbare Preßmasse handelt, unter Druck- und Wärmeeinwirkung. Nach Herausnahme des Preßteils aus der Form wird, sofern nötig,

das noch heiße Preßteil durch Beschweren oder Spannen gerichtet.

Spritzpreßverfahren sind für härtbare und thermoplastische Preßmassen anwendbar. Die außerhalb der Form vorgewärmte, für einen Spritzvorgang bemessene Massemenge wird aus einer Spritzkammer durch einen Kanal in die geschlossene Form gespritzt. Bei härtbaren Massen werden Spritzkammer, Kanal und Form beheizt, bei thermoplastischen Massen die Form gekühlt.

Beim Schlagpreßverfahren (geeignet für thermoplastische Preßmassen) wird die außerhalb auf Fließtemperatur vorgewärmte Masse (Tablette oder Zuschnitt) in einer kühl gehaltenen normalen →Preßform z. B. mittels einer schnell zufahrenden hydraulischen Presse schlagartig ausgeformt. Dieses sehr wirtschaftliche Verfahren eignet sich jedoch nur zur Produktion von einfachen Teilen.

Im Kaltpreßverfahren (eingesetzt für feuchte, härtbare und teerpechhaltige Preßmassen) wird die rieselfähige feuchte Masse (volumetrisch oder gewichtsmäßig dosiert) in die kalte Matrize gegeben und nach dem Aus-P. sofort ausgestoßen. Aushärtung bzw. Ausdampfen geschieht außerhalb der Form in Heizschränken mit langsamer Temperatursteigerung auf etwa 185 °C bei kunstharzhaltigen und auf 210 °C bei teerpechhaltigen Preßmassen.

Durch P. werden auch duroplastische Schichtstoffe für Formstücke und Halbzeug hergestellt. Beim Schichten unter Hochdruckanwendung werden die auf Streichmassen bzw. Lackierwalzen mit einer härtbaren Harzlösung getränkten endlosen Bahnen in einem Tunnelofen getrocknet und aufgerollt. Für die Verarbeitung zu Formstücken, Platten, Rohren und Profilen werden entsprechende Zuschnitte geschichtet oder gewickelt, dann nach dem Warmpreßverfahren geformt und gehärtet, und zwar Platten fast ausschließlich in offenen Formen unter Etagenpressen, Profile meist, Formstücke nur in geschlossenen Formen. Rohre und Stäbe werden auch nach dem Wickelverfahren geformt und nachfolgend drucklos ofengehärtet, wobei allerdings Produkte niedrigerer Dichte und Festigkeit entstehen.

Für das Schichten mit Niederdruck (Niederdruckpreßverfahren) eignen sich vorzugsweise härtbare Massen aus schichtfähigen Füllstoffen, wie z. B. Glasfasern, zusammen mit niedrigviskosen Bindern, etwa Polyester- oder Epoxidharz, die beim Härten keine blasenbildenden Dämpfe oder Gase abspalten.

Als Verfahrenstechniken für die Schichtstoffherstellung sind neben dem Laminieren (lagenweises Einstreichen von Zuschnitten aus Glasfasergeweben mit Harzen von Hand) das Vakuum- bzw. Druck-Sackverfahren, bei dem mittels Druck oder Vakuum ein sich der Form anpassender Sack das auf die Oberfläche des Harzträgers gegossene Bindemittel in diesen hineindrückt, sowie das Vakuum-Saug- oder Marco-Verfahren zu nennen, bei dem das flüssige Bindemittel durch Vakuum in den Harzträger hineingesaugt wird, ein Vorgang, der bei größeren Teilen mehrere Stunden dauern kann. Die Oberfläche solcher Teile ist aber besonders glatt, und es gibt nur geringe Schwankungen in der Wanddicke.

P. zum Stoffverdichten nutzt man auch seit langem zur Herstellung von Sandformen für Naßguß. P. ist eine schnelle Verdichtungsmethode. Bei Naßgußsanden kommt es allerdings häufig zu einer Brückenbildung unter dem Preßstempel, d. h. einer stabilen Verfestigung dieser Schicht, was zur Folge hat, daß die darunter liegenden Formpartien nur unzureichend verdichtet werden. Deshalb wird das P. im Gießereibetrieb seit Bekanntwerden anderer Verdichtungsmethoden nur noch zur Herstellung flacher Formen angewendet, obwohl der Einsatzbereich durch kombiniertes P. und Rütteln erweitert werden konnte.                                    *Doliwa*

**Preßform.** Das Preßwerkzeug besteht grundsätzlich aus einem Oberteil mit Stempel oder Gesenk und einem entsprechenden Unterteil, die zueinander durch Säulen und Buchsen geführt werden und weitere Elemente für die Heizung sowie die Befestigung in der Maschine haben. Je nach Formteilgröße gibt es Einfach- oder Mehrfach-Preßwerkzeuge, in denen bei einem Preßvorgang mehrere kleinere Formstücke hergestellt werden.

Ein einfaches Preßwerkzeug in Füllraumform zeigt Bild 1. Das Oberteil mit dem Stempel taucht in das Gesenk des Unterteils ein, schließt den Formenraum ab und verhindert dadurch den Überlauf der →Preßmasse. Der Stempel gewinnt außer durch die Säulenführung durch das Eintauchen in das Gesenk zusätzlich eine Führung, wobei ein geringer Absatz von 0,3–0,4 mm ein genügendes Spiel beim Ausstoßen des Preßteils gibt, damit es nicht beschädigt wird. Der Ausstoßer ist in diesem Fall im Unter-

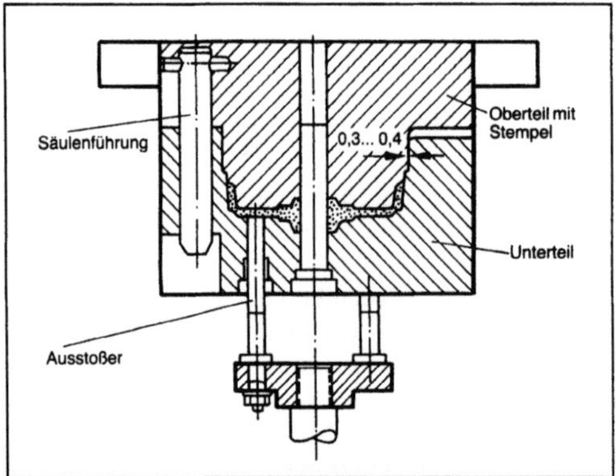


*Preßform 1: Preßwerkzeug in Füllraumform.*

teil angeordnet. Prinzipiell können Ausstoßer aber auch im Oberteil liegen je nachdem, wo die Auswerfermarkierungen am Preßteil am wenigsten stören.

Selbstverständlich gibt es sehr viel verwickeltere Preßwerkzeugkonstruktionen, z. B. in Backenform zum →Pressen von Teilen mit hinterschnittenen Konturen oder seitlichen Durchbrüchen, für Gewindeteile oder Werkzeuge mit Einsätzen, Beilagen und Schiebern.

Werkzeuge für das Spritzpressen von Kunststoffen haben eine besondere Druckkammer, die über einen Einspritzkanal mit der Form bzw. den Formnestern bei einem Mehrfachwerkzeug verbunden ist. Es gibt die zweiteiligen Werkzeuge in Ausführungen für das Spritzpressen von oben, Bild 2a), von unten, Bild 2b) und von der Seite, Bild 2c). Das Spritzpressen von oben ist auf jeder normalen Kunstharzpresse mit nur einem Preßkolben möglich, während das universellere Spritzpressen von unten einen zusätzlichen Druckkolben im Pressentisch benötigt. Das Spritzpressen von der Seite erfolgt auf Winkeldruckpressen. Jedoch lassen sich auch normale Pressen mit seitlich angebautem, hydraulisch betätigtem Spritzkolben verwenden.                                    *Doliwa*

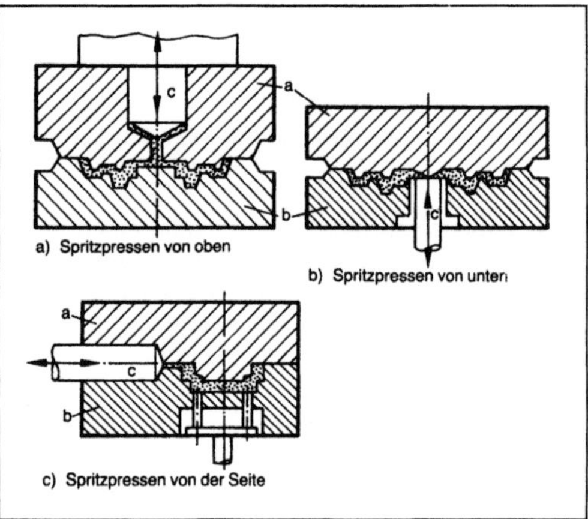


*Preßform 2: Werkzeuge für das Spritzpressen von Kunststoffen.*

a Oberteil, b Unterteil, c Säulenführung

**Preßgießen.** Im Bild wird die Herstellung von Laufbüchsen durch Preßgießen (auch Flüssigpressen genannt) nach zwei Verfahrensvarianten veranschaulicht. Im Fall a) wird das in die →Kokille gegossene flüssige Metall durch einen Preßstempel verdrängt. Der Preßdruck bleibt während der Erstarrung aufrechterhalten, was eine gute Gefügedichtheit bewirkt. Den Innenhohlraum bildet ein konischer Kern. Bei der Variante b) wird in das in der Kokille erstarrende Metall ein Stempel mit geringem Durchmesser gedrückt. Der hohe spezifische Druck sorgt für ein gutes Ausfüllen des Formhohlraums. Gießbedingungen und Verfahrensablauf sind günstiger als bei der Methode a). Jedoch muß man mit Kaltschweißen in Höhe des anfänglichen Metallspiegels rechnen.

Die unter Druck erstarrten Gußstücke haben sehr gute mechanische Eigenschaften. Um eine gute Gußstückoberfläche zu erreichen, muß die Schmelze um mindestens 100 °C (besser 200–250 °C) überhitzt werden. Die Haltezeit unter Druck beträgt bei einem Druck von 1000 bar etwa 1 s/mm Wanddicke. Diese Technik wird vor allem bei der Herstellung von Laufbüchsen und ähnlichen, geometrisch einfachen Teilen aus Kupfer-Zink- oder Kupfer-Zinn-Legierungen angewendet. *Doliwa*

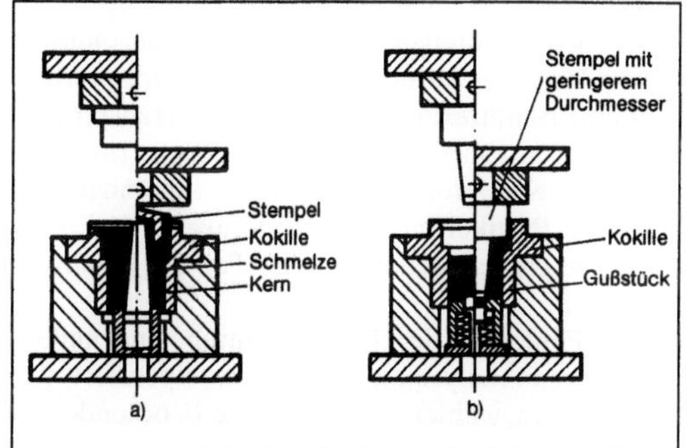


*Preßgießen: Herstellung von Laufbüchsen.*

**Preßläppen.** Beim P. (auch Fließläppen oder Druckfließläppen genannt) wird unter hohen Drücken von 30–150 bar ein Durchfluß des Läppgemisches entlang der zu bearbeitenden Kanten und Flächen an inneren Konturen erzeugt (Bild). Das Verfahren eignet sich besonders zur Läppbearbeitung schwerzugänglicher Werkstückflächen wie Bohrungen großer Länge, Durchbrüchen von komplexer Geometrie, Düsen, Turbinenschaufeln, Umformwerkzeugen und Innen-Zahnprofilen.

Der Abtrag erfolgt durch die abrasive Wirkung der Läppkörner (→Läppen). Das →Läppgemisch besteht aus einer siliconhaltigen polymeren Paste und den Läppkörnern aus Korund, Silicium- oder Borcarbid. Es werden Korngrößen der Klasse 16 bis 200 (nach FEPA) verwendet. Zum Binden der Paste setzt man dem Läppgemisch etwa 10 % sehr feine Körnung (Klasse 600 oder 800) zu.

Eine Preßläppmaschine besteht prinzipiell aus Vorrichtungen zur Werkstückaufnahme und Pastenflußsteuerung sowie einem Druckaufbausystem. Durch zwei gegenseitig angeordnete Hydraulikzylinder wird das Läppgemisch an den Bearbeitungsstellen auf- und abgepreßt. In der Praxis sind Preßzykluszahlen zwischen 2 und 100 üblich. Die Viskosität der Paste wird so eingestellt, daß die höchste Geschwindigkeit der Körner am Übergang zwischen der Werkstückoberfläche und Pasten-

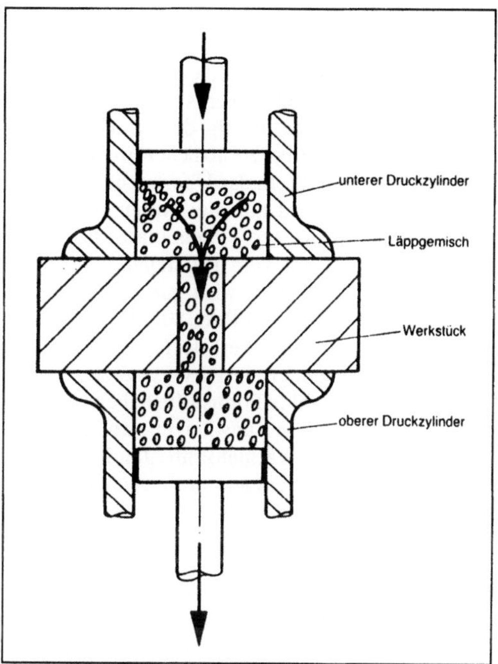


*Preßläppen: Schematische Darstellung.*

grenzschicht auftritt. Zum Erzeugen hoher Strömungsgeschwindigkeiten werden bei Bohrungen mit großen Querschnitten Kerne eingebaut. *Kenter*

Literatur: *Przyklenk, K.:* Druckfließläppen. VDI-Z 127 (1985) Nr. 17.

**Preßmasse.** In der Norm DIN 7708, Bl. 1, wird das Gebiet der Formmassen eingegrenzt. Danach versteht man unter Formmassen Rohstoffe für das spanlose Fließformen von Kunststofferzeugnissen unter Druck und Wärmeeinwirkung, während die Verarbeitungstechniken (Spritzgießen, Hohlkörperblasen, Spritzpressen, →Pressen, →Strangpressen) in DIN 16 700 normativ erfaßt werden.

Durch Pressen in Preßformen werden überwiegend härtbare duroplastische Formmassen verarbeitet, die aus Harz und körnigen, fasrigen oder flächigen Harzträgern (früher als Füllstoffe bezeichnet), wie z. B. Holzmehl, Zellstoff, Baumwollfasern, Gesteinsmehl, Glimmer usw., bestehen. Art und Form der Harzträger, die meist in hohen Anteilen (40–60 %) in der Formmasse enthalten sind, bestimmen wesentlich das Eigenschaftsbild und die Verarbeitbarkeit von solchen duroplastischen Massen. Mit zunehmender Längen- oder Flächenausdehnung der Harzträger nimmt die Kerbschlagzähigkeit der Formstoffe zu, die Fließbarkeit der Massen, ohne daß die Harzträger zerstört werden, dagegen ab.

In den Normblättern DIN 7708, Tl. 2 und 3, wird eine Gruppeneinteilung nach kennzeichnenden

Anwendungseigenschaften vorgenommen. Die normgemäße Bezeichnung typisierter Formmassen enthält die Typennummer und eine Angabe über die Farbe. Vom Hersteller werkseigen kontrollierte Formmassen werden durch den Buchstaben N gekennzeichnet, der bei zusätzlicher Fremdüberwachung wieder entfällt. In das Überwachungszeichen für Formmassen wird nur die Typnummer aufgenommen. Beispiel: Die Phenoplast-Formmasse, 40% Harzanteil, nur vom Hersteller kontrolliert, Farbe braun RAL 8022, wird gekennzeichnet als Formmasse Typ 31 N – 14 RAL 8022 DIN 7708. Für die Kennzeichnung des Werkstoffes bei Formteilen wird der Typ-Nummer ein FS vorgesetzt.

Anorganisch gefüllte Formstoffe haben innerhalb der den verschiedenen Kunstharzen zuzuordnenden Bereiche höhere Wärmeformbeständigkeit und Langzeit-Gebrauchstemperaturen. Außerdem verhalten sie sich gegen Feuchtigkeitseinwirkung resistenter als organisch gefüllte Formmassen.

Keramische P. werden vorwiegend zu hochfeuerfesten, korrosionsbeständigen oder verschleißfesten Erzeugnissen sowie von solchen mit besonderen elektrischen Eigenschaften (teils Isolatoren, teils in Verbindung mit Metalloxiden Supraleiter) verarbeitet. Ein weiteres Anwendungsgebiet sind Porzellanwaren für den technischen und Haushaltwarensektor. Als Stampfmassen und geformte Erzeugnisse sind Feuerfestprodukte für die Durchführung der verschiedensten industriellen Herstellungsverfahren unentbehrlich.

Aus der großen Anzahl der keramischen Rohstoffe haben Aluminate wie Tonerde ($Al_2O_3$) oder Aluminium-Titanat ($Al_2O_3 \cdot TiO_2$), ferner Borcarbid ($B_4C$, Schmelzpunkt 2450 °C), Bornitrid (BN, Schmelzpunkt 2200 °C), Siliciumcarbid (SiC), das sich erst oberhalb von 2200 °C zerlegt, sowie Mineralien wie Silimanit für den ff.-Bereich oder Vermiculit für Isolierzwecke besondere Bedeutung erlangt. Als Bindemittel zur Herstellung von Formkörpern aus keramischen Massen verwendet man im Niedrigtemperaturbereich Kunstharze oder Wasserglas, im Hochtemperaturbereich neben Monoaluminiumphosphat u. ä. erfolgreich auch die Reaktionsbindung, z. B. von SiC mittels aus Silicium und Graphit erzeugtem β-Siliciumcarbid. *Doliwa*

**Preßschweißen.** P. ist das Vereinigen metallischer Werkstoffe ohne Zusatzwerkstoff unter Druck bei örtlich begrenzter Erwärmung. Dazu gehören u. a. das →Widerstandsschweißen, →Reibschweißen, Bolzenschweißen, →Ultraschallschweißen, →Diffusionsschweißen (→Schweißverfahren). *Dorn*

Literatur: DIN 1910. Tl. 2: Schweißen; Schweißen von Metallen, Verfahren. Hrsg. Dt. Inst. für Normung. Ausg. 1977.

**Probennahme.** Die Entnahme einer Probe aus einem Gut bezeichnet man als P. Aus der Untersuchung der Probe sollen Rückschlüsse über die Eigenschaften der Gesamtmenge gewonnen werden, wie z. B. Korngröße, Kornform oder Feuchte. Eine P. erscheint nötig, wenn eine Untersuchung der Gesamtmenge nicht möglich ist. Dies kann sein, wenn die Gesamtmenge zu groß und dadurch die Analyse zu teuer wird oder das Produkt durch die Untersuchung unbrauchbar und wertlos wird. Um aussagefähige Ergebnisse aus der Analyse zu gewinnen, muß die Probe unbedingt repräsentativ für die Gesamtmenge sein. Fehlerhaft entnommene Proben führen auch bei anschließender exakter Analyse zu falschen Ergebnissen. *Müller*

**Probennahme aus sehr großen Schüttgutströmen.** Bei P. aus extrem großen Gutmengen, wie z. B. Schiffsladungen oder Güterzügen, müssen besondere Verfahren zur P. angewandt werden. Durch Erschütterungen während des Transports ist mit starken Entmischungen zu rechnen. Insbesondere die Korngrößenverteilung ist inhomogen, da kleinere Partikel nach unten gerutscht sind, während die groben sich im oberen Teil der Schüttung befinden.

Da Fehler in der P. auch durch eine äußerst sorgfältige Analyse nicht wieder kompensiert werden können, ist hier auf die richtige P. besonders zu achten.

Die P. wird günstigenfalls bei der stetigen Entleerung des Gutbehälters vorgenommen. Häufig wird dazu von einem Förderband mittels eines Greifers automatisch eine Probe genommen. Beim pneumatischen Transport kann man in regelmäßigen Abständen durch eine Öffnung in der Förderleitung eine Probe entnehmen. Durch regelmäßige P. bei kontinuierlicher Entladung eines Gutbehälters wird zudem erreicht, daß die Orte der P. homogen über den gesamten Gutraum verteilt sind. Jede örtliche Zusammensetzung wird so entsprechend ihrem Volumenanteil berücksichtigt.

Man erhält so große Probenmengen, die zur anschließenden Laboranalyse mittels eines Probenteilers weiter verringert werden müssen. *H. Müller*

**Probenstecher.** Der P. (Bild) ist ein spezielles Gerät zur →Probennahme. Seine Besonderheit liegt darin, daß die Probe nicht nur an der Oberfläche der Gesamtmenge, sondern in bis zu einigen Metern Tiefe entnommen werden kann. Damit ist der P. zur Probennahme aus Schiffen, Lagern und Waggons geeignet. Bei der Probennahme wird der P. bis zu der gewünschten Tiefe in die Probe eingeführt. Durch Drehen des Griffs kann er am unteren Ende geöffnet, verschlossen und dann wieder herausgezogen werden. Die Probe steht nun zur Analyse zur Verfügung. Der P. ist besonders für pulverförmige, freifließende Stoffe geeignet. *Müller*

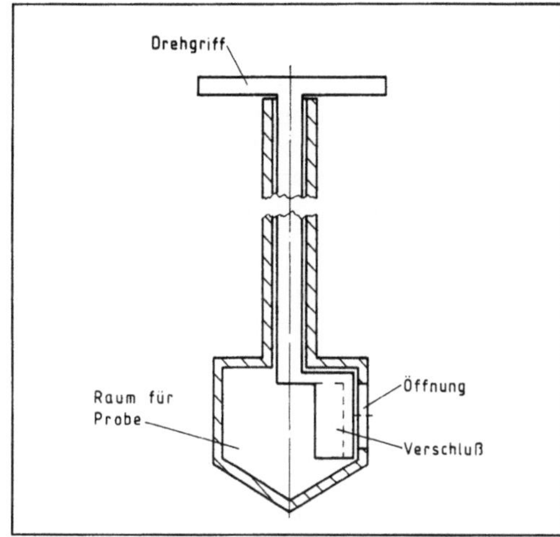

*Probenstecher.*

**Probenteiler.** Die aus einer Grundgesamtheit entnommene Laborprobe ist für Analysen i. a. noch zu groß und muß aufgeteilt werden. Die entnommene Analysenprobe muß unbedingt repräsentativ für die Grundmenge sein. Mit Hilfe spezieller Vorrichtungen, den Probenteilern, ist eine Aufteilung in beliebig kleine Analysenproben repräsentativer Zusammensetzung möglich. Bekannte Ausführungen sind der Riffelteiler (Bild) und der rotierende Riffelteiler. Der Riffelteiler besteht aus mehreren hintereinander angeordneten Kammern, in denen Leitbleche das Aufgabegut abwechselnd nach rechts und links herausrutschen lassen. Die Leitbleche sind durch

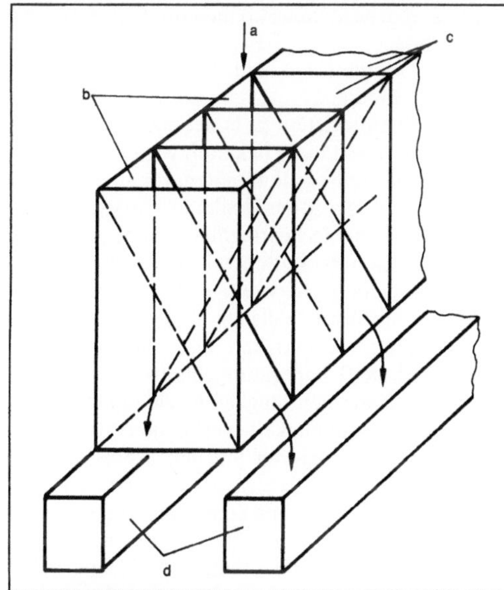

*Probenteiler: Riffelteiler.*

a Aufgabe der Probe, b Leitbleche, c getrennte Kammern, d Auffangrinnen

Wände voneinander getrennt. Bei der einmaligen Durchführung wird die Probe halbiert, da das durchrutschende Gut rechts und links in gemeinsame Auffangschalen fällt. Beim rotierenden Riffelteiler sind n Gefäße auf einem rotierenden Teller angebracht. Über eine Dosiervorrichtung wird die Probe langsam in das Gerät aufgegeben und so in zahlreiche Einzelproben zerlegt, die dann wieder zu n Teilproben vereinigt werden. Auch stark entmischte Proben werden so nahezu homogen aufgeteilt. *Müller*

**Problemlösen.** Teilgebiet der künstlichen Intelligenz (KI), das sich mit Rechnerverfahren zur Lösung von Problemen befaßt, die bei Menschen Intelligenz erfordern. Typische KI-Probleme können nicht durch zielgerichtetes Ausführen von Bearbeitungsschritten gelöst werden, sondern erfordern Suche, Rückziehen vorläufiger Entscheidungen, Erkunden von Alternativen usw. Beispiel: Planen einer Reiseroute von einem Startort zu einem Zielort.

Problemlösungstechniken der KI bestehen im wesentlichen darin,

☐ ein Problem als Suchproblem zu repräsentieren und

☐ die Suche effektiv durchzuführen.

Für den ersten Punkt gibt es u. a. die Möglichkeiten:

☐ Suche im Zustandsraum,

☐ Problemreduktion,

☐ Spielgraphen.

Bei der Suche im Zustandsraum versucht man, das Problem von einem Startzustand aus durch Anwendung von Operatoren schrittweise zu transformieren, bis ein Zielzustand erreicht ist. Dies ist gleichbedeutend mit der Suche in einem gerichteten Graph (Suchgraph). Beim Problem der Routenplanung besteht der Zustandsraum aus den Orten, durch die eine Route führen kann. Die Operatoren entsprechen Transportmöglichkeiten zwischen Orten.

Problemreduktion beruht darauf, das Problem durch Zerlegen in Teilprobleme lösbar zu machen. Beispielsweise kann es sinnvoll sein, die Reiseroute von A nach B in drei Abschnitte zu zerlegen: Reise von A nach A1, Reise (z. B. Flug) von A1 nach B1, Reise von B1 nach B. Teilprobleme sind logische Konjunkte des übergeordneten Problems (UND). Dagegen stellen alternative Lösungsmöglichkeiten Disjunkte dar (ODER). Problemreduktion führt deshalb auf Suche in UND-ODER-Graphen.

Spielgraphen reflektieren die formale Struktur von Zwei-Personenspielen, z. B. Schach. Die Knoten eines Spielgraphen entsprechen möglichen Spielsituationen oder Zuständen, die Kanten entsprechen Zügen oder Operatoren. Anders als bei der Suche im Zustandsraum ist man hier an Gewinnzügen aus der Sicht eines Spielers interessiert. Die gegnerischen Züge können dabei nicht festgelegt werden, so daß eine Gewinnstrategie sich auf alle Züge des Gegners einstellen muß. Auch hier ergibt sich formal eine Suche in UND/ODER-Graphen.

Ein effektives P. kann häufig nur durch Beschränken des Suchraums oder durch Wahl einer geschickten Reihenfolge erreicht werden. Dazu ist i. a. zusätzliches Wissen über den Problembereich erforderlich. Beispielsweise kann die Planung einer Reiseroute durch Wissen über die geographische Lage von Orten (zusätzlich zu den Transportmöglichkeiten) erleichtert werden. Suchregeln, wie z. B. „wähle als nächstes den Ort, der am dichtesten am Ziel ist", nennt man Heuristiken. Kostenfunktionen stellen einen allgemeinen Formalismus zur Steuerung von Suchvorgängen dar. Der A*-Algorithmus ist ein Suchverfahren, das unter bestimmten Bedingungen den kostengünstigsten Pfad zu einer Lösung findet. *Neumann*

**Produkt einer Reaktion.** Die Edukte einer chemischen Reaktion setzen sich zu den Reaktionsprodukten um. Bei einer komplexen Reaktion unterscheidet man zwischen dem erwünschten Produkt (Endprodukt) und den meist unerwünschten Nebenprodukten. Die Edukte und Produkte sind an der chemischen Umsetzung beteiligt und heißen Reaktanden. Das P. e. R. ist bei der Definition der →Ausbeute und der →Selektivität von Bedeutung. *Schönbucher*

**Produkt, feuerfestes.** Neben Stampf- und Gießmassen stellt die Feuerfest-Industrie auch geformte P. (Steine) in den verschiedensten Formaten her. Für viele Zwecke genügen Schamottesteine, die nach ihrem $Al_2O_3$-Gehalt in mehrere Güteklassen unterteilt werden. Der Tonerdegehalt bestimmt die Feuerfestigkeit, die mit steigendem $Al_2O_3$-Anteil zunimmt (bis etwa SK 34), was eine Verwendung bis etwa 1400 °C zuläßt.

Höhere Temperaturbelastungen vertragen Silimanitsteine (SK 35–38) mit 60–70 % $Al_2O_3$, die fast nur aus Mullit bestehen und auch gegen Angriff flüssiger, nicht allzu stark eisenoxidhaltiger Schlacken widerstandsfähig sind. Noch temperaturfester sind Korundsteine (bis SK 42) mit einem $Al_2O_3$-Gehalt von 85–90 %. Diese Steine haben nicht nur einen hohen Schmelzpunkt, sondern auch gute mechanische Festigkeit und Widerstandsfähigkeit gegen Schlacken und Gläser.

Silicasteine können im Gegensatz zu Schamottesteinen fast bis zum Schmelzpunkt einer Druckbelastung ausgesetzt werden und sind deshalb ein bevorzugter Baustoff für thermisch hochbeanspruchte Ofengewölbe. Voraussetzung für eine hochwertige Qualität sind hochreine Quarzite mit $SiO_2$-Gehalten von 96–98 % als Rohstoff. Die Kieselsäure macht mit steigender Temperatur einige Umwandlungen durch, verbunden mit einer beträchtlichen Volumenvergrößerung, die vom Quarz bis zur Tridymitstufe etwa 17 % beträgt. Man muß deshalb Ausgangsrohstoffe und Brennprozeß so wählen, daß die Quarzumwandlung einen dem jeweiligen Verwendungszweck der Steine entsprechenden Grad erreicht. Je nach Brenntemperatur und Brenndauer ändert sich nicht nur die Dichte, sondern es treten auch charakteristische Verfärbungen der Steine ein. Steine mit hohem Umwandlungsgrad haben eine Dichte unter 2,35 g/cm³ und ein gelblich-weißes Aussehen. Bei ihnen liegt das lineare Nachwachsen unter 0,5 %.

Magnesitsteine, hergestellt aus Sintermagnesit (Hauptbestandteil MgO) müssen vorsichtig gebrannt werden, weil manche Magnesite beim Brennen zum Erweichen neigen. Magnesitsteine sind sehr feuerstandfest und beständig gegen basische Schlacken. Das dichte Gefüge liefert hohe mechanische Festigkeit und Wärmeleitfähigkeit, die die von Silicasteinen weit übertrifft.

Dolomitsteine aus Sinterdolomit, einem stabilisierten Gemisch aus CaO und MgO, werden zur Auskleidung von Herden und Wänden der Schmelzöfen im Stahlwerksbetrieb eingesetzt. Wegen des Vorhandenseins von freiem CaO im Dolomitsinter ist dieser gegen Atmosphärilien nicht beständig und zerfällt schon durch Aufnahme von Kohlensäure und Wasserdampf an freier Luft. Mit Teerüberzügen und Bindung eines Teils des Oxidgemisches an $SiO_2$, $Fe_2O_3$ und $Al_2O_3$ konnte die Lagerbeständigkeit in Grenzen verbessert werden.

Chrommagnesitsteine können für Temperaturbeanspruchungen unter Belastung bis etwa 1680 °C eingesetzt werden und sind vor allem temperaturwechselbeständig.

Der Kohlenstoffstein ist in der chemischen Industrie als säurebeständig bekannt, wird aber auch in Elektro- und Heißwindkupolöfen, vor allem auch im Feuerfestmauerwerk der Hochöfen eingesetzt. Kohlenstoffsteine aus aschearmem Koks und graphitiertem Anthrazit hergestellt erweichen auch bei hoher Temperatur unter gleichzeitiger Belastung nicht.

Siliciumcarbidsteine haben unter den f. P. die höchste Wärmeleitfähigkeit und vertragen unter Lasteinwirkung Temperaturen bis etwa 1700 °C. Mit der hohen Wärmeleitfähigkeit ist eine gute Temperaturwechselbeständigkeit verbunden. In chemischer Hinsicht reagieren Siliciumcarbidsteine mit Kieselsäure auch bei höchsten Temperaturen nicht. Mit sauren Schlacken und Glasschmelzen sowie mit basischen, besonders kalk- und eisenreichen Schlacken tritt jedoch schon oberhalb 1000 °C eine chemische Wechselwirkung ein.

Feuerleichtsteine und Hochtemperatur-Isoliersteine sind dadurch gekennzeichnet, daß sie neben einer guten Isolierfähigkeit auch eine ausreichende

Feuerbeständigkeit aufweisen, so daß sie z. B. in Glühöfen direkt der Flammeneinwirkung ausgesetzt werden können. Während Feuerleichtsteine vorwiegend aus Schamottemassen hergestellt werden, wählt man für Hochtemperatur-Isoliersteine vor allem mullitbildende Rohstoffe und Silicamassen. Die Porosität wird durch Zumischung von Ausbrennstoffen wie Sägemehl, Torfkoks, Braunkohlenabrieb, Koksgrus usw. erreicht. Die Porengröße hat großen Einfluß auf das Wärmeleitvermögen. *Doliwa*

**Produktbildungskinetik.** Allgemein wird die Zeitabhängigkeit der mikrobiellen Produktbildung beschrieben durch eine Stoffbilanz

$$\frac{dP}{dX} = q_P \cdot X,$$

mit P Produktkonzentration $(mol \cdot l^{-1})$, X Biomassenkonzentration $(g \cdot l^{-1})$, $q_P$ spezifische Produktbildungsrate $(mol \cdot g^{-1} \cdot h^{-1})$, t Zeit (h).

Bei wachstumsgekoppelten Produkten ist die Änderung der Produktkonzentration der Biomassenkonzentration direkt proportional, mit dem Produktausbeutekoeffizienten $Y_{P/x}$ $(g_P \cdot g_x^{-1})$ als Proportionalitätsfaktor:

$$dP = Y_{P/x} \cdot dX \text{ und } q_P = Y_{P/x} \cdot \mu,$$

mit $\mu$ spezifische Wachstumsrate $(h^{-1})$.

Die erwähnten Beziehungen gehören zu den unstrukturierten Modellen und sind insbes. auf Gärungsprozesse wie die Ethanolfermentation anwendbar.

Für Produkte, die nicht oder nur teilweise an das Wachstum der Zellen gekoppelt sind, werden komplexere kinetische Ansätze herangezogen. Am weitesten verbreitet ist das Modell von *Ludeking* und *Piret*. Es unterteilt die Produktbildung in einen wachstumsgekoppelten und in einen wachstumsunabhängigen, nur von der Konzentration des Biokatalysators (Zelle oder Enzym) bestimmten Anteil:

$$q_P = \alpha \cdot \mu + \beta \cdot X;$$

dabei sind $\alpha$ und $\beta$ prozeßspezifische Konstanten. Das Modell von *Ludeking* und *Piret* beschreibt in erster Näherung viele Produktbildungsprozesse, wie die Bildung von organischen Säuren und von Polysacchariden, recht genau. Zur exakten Beschreibung der mikrobiellen Produktbildung müssen, insbes. bei der Gewinnung von Sekundärmetaboliten, auch inhibierende Effekte durch das Produkt oder durch einzelne Edukte (Substrate) berücksichtigt werden sowie die Abnahme der Produktkonzentration etwa durch Hydrolyse. Zum Erfassen dieser Einflüsse sind nur wesentlich kompliziertere, chemisch oder genetisch strukturierte Modelle geeignet. *Liefke*

Literatur: *Bailey, J. E.,* u. *D. E. Ollis:* Biochemical Engineering Fundamentals. 2. Aufl. New York 1986. – *Ludeking, R.,* u. *E. L. Piret:* A kinetic study of the lactic acid fermentation. Batch process at controlled pH. J. Biochem. Microbiol. Technol. Engn. 1 (1959), S. 393.

**Produktion.** Auf der Durchführungsebene gliedern sich produzierende Unternehmen in die Bereiche Beschaffung, P. und →Vertrieb.

Unter P. versteht man die Gesamtheit wirtschaftlicher und organisatorischer Maßnahmen, die unmittelbar mit der Herstellung von Produkten zusammenhängen. Alle Aktivitäten, die im Rahmen einer Leistungserstellung darauf abzielen, ein Gut in wenigstens einer seiner Eigenschaften zu verändern, sind unter diesem Oberbegriff zusammengefaßt.

Den Anstoß zur Aufnahme der P. gibt bei der Einzel- und →Kleinserienfertigung der Kunde durch seine Bestellung. Bei der Massenteilfertigung hingegen bestimmen langfristige Marktanalysen die P.-Kapazität. *Eversheim*

Literatur: *Eversheim, W.:* Organisation in der Produktionstechnik. Bd. 4. Düsseldorf 1981.

**Produktionsbereich.** Die →Produktion in produzierenden Unternehmen gliedert sich in die vier Bereiche →Konstruktion, →Arbeitsvorbereitung, →Fertigung und Montage. Diese Bereiche erfüllen je einen Teil der Gesamtaufgabe der Herstellung von Produkten.

Im P. Konstruktion werden die an ein Produkt gestellten Anforderungen möglichst optimal realisiert. Die anschließende →Dokumentation in Form von Zeichnungen und Stücklisten ist eine wesentliche Eingangsgröße für die Arbeitsvorbereitung. Unter Berücksichtigung der Auftragsdaten (Stückzahl/Liefertermin u. a.) erfolgt hier die optimale Planung des Herstellungsprozesses vor dem Hintergrund der im Unternehmen verfügbaren →Betriebsmittel.

Im Bereich der Fertigung erfolgt die Durchführung der Herstellung von Einzelteilen gemäß der im Arbeitsplan dokumentierten Vorgehensweise. Im Bereich der Montage werden die gefertigten Werkstücke – evtl. gemeinsam mit zugekauften Einzelteilen – zu Baugruppen und Produkten zusammengefügt. Zur Erfüllung ihrer komplexen Aufgaben sind die genannten P. meist stark untergliedert. Diese Teilbereiche erfüllen jeweils Teilfunktionen des innerbetrieblichen Auftragsablaufs. *Eversheim*

Literatur: *Eversheim, W.:* Organisation in der Produktionstechnik. Bd. 4. Düsseldorf 1984.

**Produktionsplanung.** Ihre Aufgabe ist die Sicherstellung einer wirtschaftlichen und termingerechten Produktion von Sachgütern.

P. ist eine Vorschaurechnung des Betriebsablaufs, um ungenügend durchdachtem, unwirtschaftlichem und unrationellem Geschehen vorzubeugen, wobei die Erfahrungswerte der Vergangenheit zur Festlegung der Ablaufreihenfolgen Anwendung finden. Die P. setzt die Abstimmung zwischen den jeweils betroffenen Unternehmensbereichen voraus. Dazu ist die Festlegung von Zielgrößen aus den vier Bereichen Produktionsprozeß, Produktionsfaktor, →Produktionsprogramm und Produktionsmenge erforderlich (Bild).

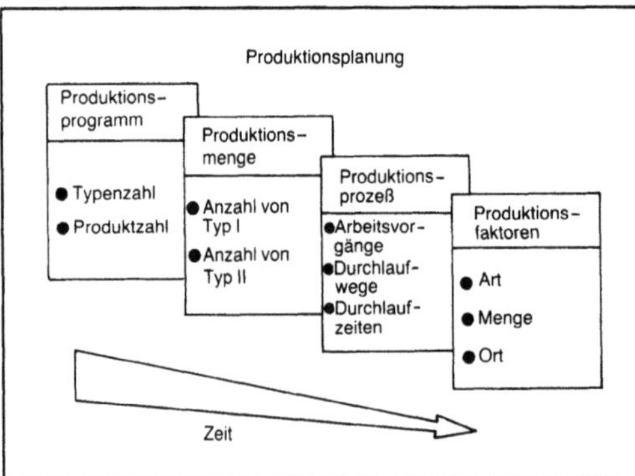


*Produktionsplanung.*

□ *Produktionsprozeß:* Zweck ist die Festlegung des Produktionsablaufs nach Art und Umfang der jeweils notwendigen Bearbeitungsoperationen. Festgelegt werden die einzelnen Arbeitsgänge und ihre sachlich richtigen Reihenfolgen. Davon ausgehend erfolgt die Festlegung des Weges, den ein Produkt bei der →Fertigung durch den Betrieb laufen muß, und die Festlegung der dafür vorgesehenen Zeiten.

□ *Produktionsfaktoren:* Die rechtzeitige Bereitstellung der Art und Menge der bei der Produktion benötigten Produktionsfaktoren (z. B. Produktionseinrichtungen und Materialien) ist die Aufgabe der Produktionsfaktoreinsatzplanung.

□ *Produktionsprogramm:* Die Produktionsprogrammplanung umfaßt die Festlegung von Produkt- und Typenzahl der zu produzierenden Produkte.

□ *Produktionsmenge:* In der Produktionsmengenplanung erfolgt die Festlegung der von jedem Typen zu produzierenden Anzahl (Bild).

Ebenso wie die jeweilige Unternehmenssituation bei der Festlegung der Planziele als Basis dient, werden Aufgabe, Inhalt, Ziel und Ablauf der P. stets abhängig sein von der

□ Branche,

□ Stellung im Markt,

□ Unternehmensgröße und den

□ Produktionsverfahren. *Eversheim*

Literatur: *Eversheim, W.:* Organisation in der Produktionstechnik. Bd. 4: Fertigung und Montage. Düsseldorf 1989.

**Produktionsplanung und -steuerung (PPS).** Es ist ein Teilgebiet der Arbeitsvorbereitung und umfaßt alle Aufgaben, Methoden und Verfahren, die den Produktionsprozeß im Vorgriff auf künftige Ereignisse planen und die Durchsetzung dieser Planungsergebnisse im Produktionsvollzug steuern. Im Rahmen der Produktionsplanung werden in der Produktionsprogrammplanung zeitliche und mengenmäßige Angaben über die künftige Produktion als Produktionsprogramm festgelegt. In der Mengenplanung wird die Bereitstellung der für die Herstellung der Produkte benötigten Rohstoffe, Werkstoffe, Hilfs- und Betriebsstoffe sowie Einzelteile und Baugruppen nach Art, Menge und Termin geplant (Bruttobedarfs-, Nettobedarfsermittlung). Im Teilgebiet Termin- und Kapazitätsplanung werden zur Vorbereitung des zeitlichen und kapazitätsmäßigen Ablaufs der Produktionsaufträge terminierte Aufträge sowie Kapazitätsbedarfs- und Arbeitsverteilungsangaben ermittelt. Hierzu gehören neben der Durchlaufterminierung auch der Kapazitätsabgleich sowie die Reihenfolgeplanung. Zu den Aufgaben der Produktionssteuerung gehört die Auftragsveranlassung. Hier werden die Werkstoffaufträge freigegeben, Arbeitsbelege erstellt, die Verfügbarkeit von Personal, Betriebsmitteln und Einsatzstoffen geprüft. Außerdem werden die Arbeitsverteilung sowie der Materialtransport gesteuert. Das zweite Teilgebiet der Produktionssteuerung ist die Auftragsüberwachung. Hierzu gehört das Erfassen von Auftrags- und Arbeitsfortschritt, auch mit Hilfe der Betriebsdatenerfassung; außerdem die Überwachung von Wareneingängen sowie der personellen und maschinellen Kapazitäten.

Die Erfüllung der PPS-Aufgaben ist an mehrere miteinander konkurrierende Zielsetzungen gebunden: hohe Termintreue, niedrige Umlaufbestände, kurze Durchlaufzeiten und hohe Kapazitätsauslastung. Durch Setzen unterschiedlicher Prioritäten innerhalb dieser Ziele werden der Umfang der Einzelziele und damit die Gestaltung der einzelnen Aufgaben vorgegeben.

PPS-Systeme als Hilfsmittel für die PPS-Aufgaben lassen sich nach ihrem Automatisierungsgrad in konventionelle Verfahren (Umdruck-Verfahren, Kartei, Trogverfahren, Plantafel) und in EDV-gestützte Verfahren (EDV-System) unterscheiden. In der betrieblichen Praxis finden sich meist entsprechend den betrieblichen Gegebenheiten und Erfordernissen Mischformen aus diesen Verfahren, insbes. für die Einzelfunktionen. *Schulz*

Literatur: *Brankamp, K.:* Gesamtauftragssteuerung in Maschinenbauunternehmen der Einzel- und Kleinserienfertigung. Frankfurt a. M. 1978. – *Ellinger, T., u. H. Wildemann:* Planung und Steuerung der Produktion aus betriebswirtschaftlich-technologischer Sicht. 2. Aufl. München 1985. – *Eversheim, W.:* Organisation in der Produktionstechnik. Bd. 2: Arbeitsvorbereitung. Düsseldorf 1984. – *Hackstein, R.:* Produktionsplanung und -steuerung (PPS). Ein Handb. Betriebspraxis. Düsseldorf 1984. – *Kettner, H., u. W. Bechte:* Neue Wege der Fertigungssteuerung durch belastungsorientierte Auftragsfreigabe. VDI-

Z 123 (1981) Nr. 11, S. 459/65. – *Wildemann, H.* (Hrsg.): Flexible Werkstattsteuerung durch Integration von KAN-BAN-Prinzipien. München 1984.

**Produktionsprogramm.** Das ist die Aufzeichnung und Festlegung aller Tatbestände, die für den Produktionsprozeß von Bedeutung sind, um durch deren optimale Abstimmung die höchste →Wirtschaftlichkeit bei der Erstellung der Betriebsleistung zu gewährleisten.

Das P. ist die Zusammenstellung der Erzeugnisse, die durch einen Betrieb in einem bestimmten Zeitabschnitt hergestellt werden sollen. Das P. geht vom Vertriebsprogramm aus und berücksichtigt die gegebene Beschaffungssituation einschl. der Kapazität des Produktionsbereichs.

Beide Definitionen stellen den gleichen Sachverhalt dar, einmal aus der Sicht des herstellenden Betriebs, einmal aus der Sicht des Verbrauchers. Das P. ist ein wichtiges Organisationsmittel der Fertigungssteuerung, die wiederum als Bestandteil der →Produktionsplanung und -steuerung gilt. Im einzelnen gibt das P. Antwort auf folgende Fragen: Wieviel (Menge) und was für Erzeugnisse sollen mit welchen Mitteln (Anlagen, Maschinen, Material), wo (Ort), wie (Verfahren, Vorrichtung, Werkzeuge), von wem (Personal) zu welchen Bedingungen (Wert, Tarife) produziert werden.

Der Ersteller hat beim Entwurf des P. folgende Punkte zu berücksichtigen:

□ Marktstellung (Firmenname, Markteignung des Produkts),

□ Stand der Entwicklung (konstruktive Eignung),

□ →Produktivität (Betriebseignung des Produkts),

□ Ertragssituation (Konkurrenz, Patentlage usw.).

Dabei strebt er das sachliche, organisatorische, wertmäßige, termingerechte und funktionale Optimum an. Damit ist das P. das Resultat einer vorangegangenen Planung und Budgetierung und beeinflußt kurzfristig (1 Jahr) den Produktionsvollzug, mittelfristig (5 Jahre) die Bereitstellung von Investitionen für die Expansion und Entwicklung sowie langfristig (>5 Jahre) den Erhalt und die Wachstumsfähigkeit des Betriebs.     *Eversheim*

Literatur: N. N.: Meyers Enzyklopädie. – N. N.: Lexikon der Produktionsplanung und -steuerung. Düsseldorf 1983.

**Produktionssteuerung.** Erhöhte Anforderungen an die →Auftragsabwicklung, bedingt durch den zunehmenden Einfluß der Kunden auf Gestalt und Aufbau eines Erzeugnisses, die steigende Bedeutung der Termintreue und immer kürzer werdende Lieferzeiten, zwingen die Unternehmen zu einer Rationalisierung der organisatorischen Produktionsabläufe mittels P. Sie umfaßt nicht nur die Fertigungssteuerung, sondern auch die Steuerung der Produktionsbereiche →Konstruktion, →Arbeitsvorbereitung und Montage. Hierbei wird deutlich, daß eine zuweilen auftretende Gleichsetzung der Begriffe P. und Fertigungssteuerung unzulässig ist.

Sehr eng verbunden mit der P. ist die →Produktionsplanung, da diese die Auftragsabwicklung eines Produkts von der Entwicklung bis hin zur →Fertigung und Montage plant. Die P. gewährleistet einen reibungslosen Ablauf der zuvor aufgestellten Produktionsplanung.

Produktionsplanung und -steuerung werden in der Literatur unter dem Begriff PPS geführt. Auf Grund der Komplexität der Aufgaben einer P. entsteht ein hohes Daten- und Informationsvolumen, das manuell nicht mehr zu bewältigen ist, so daß auch hier die EDV eine Arbeitserleichterung darstellt. Mit ihr läßt sich ein permanenter Informationsfluß aufrechterhalten, der zu jedem Zeitpunkt Auskünfte über den Produktionsfortschritt eines Erzeugnisses gibt.

Die P. läßt sich in zwei Aufgabenbereiche gliedern, die

□ Auftragsveranlassung,

□ Auftragsüberwachung.

Zum Aufgabenfeld der Auftragsveranlassung gehören die Werkstattfreigabe, die Erstellung von Arbeitsbelegen (Lauf-, Terminkarte, Rückmeldeschein, Materialschein), die Verfügbarkeitsprüfung von Material, Kapazitäten und Werkzeugen, die Arbeitsverteilanweisungen und die Materialtransportsteuerung.

Nach der Initialisierung des Auftrags kommt der Auftragsüberwachung eine große Bedeutung zu. Sie umfaßt und verwaltet Zustandsänderungen der einzelnen Aufträge und Kapazitäten, so daß zu jeder Zeit aussagefähige und aktuelle Informationen abrufbar sind. Bei Störungen innerhalb des Produktionsprozesses können diese zur Behebung bzw. Umgehung der Störquelle verwendet werden. Basis der Informationen bilden Daten über den Arbeitsfortschritt, den Zustand eines Auftrags, den Zugang von Material und die aktuelle Belastungssituation der →Betriebsmittel.

Aus der Notwendigkeit aktueller Datenbestände ist ersichtlich, daß die P. in ihrer Gesamtheit nur dann realisierbar ist, wenn Anweisungen an die ausführenden Stellen und Rückmeldungen an die steuernden Stellen erfolgen.     *Eversheim*

Literatur: *Eversheim, W.:* Organisation in der Produktionstechnik. Bd. 1: Grundlagen. Düsseldorf 1981. – Refa (Hrsg.): Methodenlehre der Planung und Steuerung. Tl. 3: Steuerung. München 1974. – *Wiendahl, H.-P.:* Betriebsorganisation für Ingenieure. München 1983.

**Produktionssystematik.** Das ist die planmäßige Darstellung und Anwendung von Methoden zur ständigen Anpassung des industriellen Produktionsprozesses an die sich stetig weiterentwickelnde

Technik, →Organisation und existierenden Märkte.

Im zunehmenden Maße kennzeichnen kurze Lebensdauer, kurze Innovationszeiten, steigende →Produktivität und die Tendenz zur →Losgröße die →Produktion der Erzeugnisse. Diese Einflußfaktoren erhöhen die Anforderungen an die Produktionsbereiche →Konstruktion, →Arbeitsvorbereitung, →Fertigung und Montage, an die bereichsübergreifenden Planungsfunktionen im Unternehmen, an die innerbetriebliche →Auftragsabwicklung und an die Organisationsstrukturen. Auf Grund der genannten Entwicklungstendenzen muß eine rationelle Abwicklung der Aufträge mittels Methoden und Hilfsinstrumentarien angestrebt werden. Hierbei umfaßt die P. technisch organisatorische Aufgaben von der Entwicklung bis zur Markteinführung des Erzeugnisses:

□ Verarbeiten und Anwenden von Planungsmethoden,

□ Analysieren der Probleme aller am Produktionsprozeß beteiligten Unternehmensbereiche,

□ Aufzeigen von Rationalisierungs- und Automatisierungsmaßnahmen,

□ Erarbeiten von Methoden und Hilfsmitteln.

Als bereichsübergreifende Schwerpunkte der P. sind zu nennen:

□ Auslegung und Nutzung von Planungsmethoden,

□ Aufbau und Ablauf der Auftragsabwicklung,

□ Organisation und →Management im Unternehmen.

Ziel aller Maßnahmen ist ein flexibler, kosten- und zeitoptimaler Einsatz der Produktionsfaktoren. *Eversheim*

Literatur: *Eversheim, W.:* Organisation in der Produktionstechnik. Bd. 1: Grundlagen. Düsseldorf 1981.

**Produktionstechnik.** Der Begriff Technik umfaßt die vom Menschen bewußt vorbereitete und ausgeführte Veränderung des Lebensraums mit dem Ziel, eine seiner Würde entsprechende optimale Lebensgestaltung zu erreichen. Hierzu bedarf es der schöpferischen Gestaltungskraft des Menschen, um geeignete technische Lösungen zu finden und diese zu realisieren.

Die P. hat die Aufgabe, durch Entwicklung und Anwendung geeigneter Produktionsmittel und Verfahren die Erzeugung der Güter handwerklich oder industriell zu vollziehen. Dabei unterscheidet sich die Urproduktion, wie beispielsweise Bergbau, Landwirtschaft und Forstwirtschaft, von der industriellen Produktion, die sich in die Bereiche Energietechnik, →Verfahrenstechnik und P. unterteilt. Ein dritter Bereich, der zunehmend Beachtung findet, ist der Dienstleistungssektor.

Die Realisierung des technischen Fortschritts erfolgt im wesentlichen im Anwendungsbereich industrieller P. Auf Grund des gesamtwirtschaftlichen Einflusses kommt der Fertigungstechnik eine besondere Bedeutung zu. Während sich die industrielle P. auf den gesamten Bereich des produzierenden Gewerbes bezieht, findet die Fertigungstechnik dagegen ihre Anwendung vor allem in der verarbeitenden Industrie. Die verarbeitende Industrie stellt in der Bundesrepublik Deutschland sowohl nach der Zahl der Beschäftigten als auch im Hinblick auf Umsatz, Export und Zahl der Betriebe den bedeutendsten Teil der Industrie dar.

Die Energietechnik dient der Energiewandlung und Energieversorgung. Mechanische Energieformen wurden vom Menschen schon in sehr frühen Zeiten für die Antriebstechnik nutzbar gemacht. Beispiele sind Wind- und Wasserräder zum Antrieb von Schöpf- und Pumpwerken, Mühlen, Webstühlen und Schmiedehämmern.

Die Energietechnik nahm mit der technischen Nutzung des Feuers ihren Anfang. Die Energiequelle war hierbei im Kohlenstoff und in Kohlenwasserstoffen gebundene und durch Oxidation freiwerdende, d. h. sich in Wärme umsetzende chemische Energie.

Diese Primärenergie deckt heute als Steinkohle, Braunkohle, Erdöl und Erdgas den größten Teil des gegenwärtigen Energiebedarfs. Mit der Erfindung der Dampfmaschine, die den Beginn des Industriezeitalters markiert, gelang es, sie in mechanische Antriebsenergie umzusetzen, die während vieler Jahre unmittelbar eingesetzt wurde. Mit der Erfindung des dynamo-elektrischen Prinzips wurde die nächsthöhere Stufe erschlossen, die Umwandlung in elektrische Energie.

Diese höherwertige Form wird Sekundärenergie genannt. Der Begriff umfaßt auch die durch Erdölveredelung gewonnenen Kraftstoffe wie leichtes (Diesel-) und schweres Heizöl sowie Benzin.

Seit einem Vierteljahrhundert wird physikalische Bindungsenergie (Kernenergie), die beim Spalten von Atomkernen in Form von Wärme frei wird, in zunehmendem Maß zur Stromerzeugung technisch verwertet. Weitere Energiequellen liegen in der Sonnen- und Meeresenergie sowie in der geothermischen Energie.

In der Verfahrenstechnik lassen sich drei Abschnitte unterscheiden:

□ Vorstufe (Stoffvorbereitung),

□ Reaktionsstufe (Stoffumwandlung) und

□ Nachstufe (Stoffnachbearbeitung).

Ein Produkt muß diese Abschnitte durchlaufen, um als Endprodukt das System zu verlassen. Die große Vielfalt verfahrenstechnischer Prozesse führt dazu, ein Verfahren bis in seine Grundoperationen zu zerlegen und diese einzeln zu betrachten.

Nach physikalischen Wirkmechanismen unterteilen sich diese wiederum in mechanische, elektrische oder magnetische sowie thermische Grundoperationen.

Merkmale mechanischer Grundoperationen sind das Speichern, Fördern, Trennen und Vereinigen von Feststoffen, Flüssigkeiten, Gasen und ggf. mehrphasigen Produkten.

Elektrische und magnetische Grundoperationen finden hauptsächlich als Trennverfahren Anwendung. Beispiele hierfür sind das Elektroabscheiden, Magnetsortieren oder Elektrosortieren sowie die →Elektrodialyse.

Thermische Grundoperationen umfassen alle moleculardynamischen Verfahren und teilen sich in die Bereiche Wärmetransport, →Beheizen und →Kühlen, Trennen und Vereinigen. Die stofflichen Systeme können in den Zustandsformen fest, flüssig, gasförmig oder auch als mehrphasiges Produkt auftreten.

Da das Wesentliche an der Verfahrenstechnik nicht ein zu bearbeitender Stoff selbst, sondern nur die Änderung dieses Stoffes im Verfahren ist, werden sich auch in Zukunft mit den bekannten Grundoperationen Verfahren aufbauen lassen, die den veränderten Rohstoffen oder verminderter Energiebereitstellung Rechnung tragen.

Fertigungstechnik beinhaltet die Erzeugung von Gütern in geometrisch bestimmter Form. In der Fertigung ist die Aufgabe zu lösen, Werkstücke aus vorgegebenem Werkstoff nach vorgegebenen geometrischen Bestimmungsgrößen zu formen und diese zu funktionsfähigen Erzeugnissen zusammenzusetzen. Hierbei vollzieht sich die Wandlung eines Werkstücks vom Rohzustand zum Fertigzustand, der durch Einwirkung von Werkzeugen und Wirkmedien auf das Werkstück im Fertigungsprozeß erreicht wird.

Einzelteile technischer Gebilde heißen in der Fertigung Werkstücke. Werkzeuge sind Fertigungsmittel, die durch Relativbewegungen gegenüber dem Werkstück unter Energieübertragung die Bildung seiner Form oder die Änderung seiner Form und Lage, bisweilen auch seiner Stoffeigenschaft, bewirken.

Wirkmedien sind Fertigungsmittel, die durch verschiedene Energieformen, wie z. B. mechanische Energie, Wärme, Strahlung sowie durch chemische Reaktionen, Veränderungen am Werkstück hervorrufen. Werkstück und Werkzeug bzw. Wirkmedien bilden zusammen das Wirkpaar. Wird dem Wirkpaar eine bestimmte Fertigungsaufgabe zugeordnet, so entsteht durch diese Verknüpfung unter Einbeziehung des notwendigen Material-, Energie- und Informationsflusses ein Fertigungssystem.

Fertigungsmittel, Fertigungsverfahren und Fertigungsorganisation bilden die Grundlage der Fertigungstechnik. Fertigungsmittel dienen zur Durchführung der Fertigung. Hierzu gehören Werkzeugmaschinen und sonstige Arbeitsmaschinen, Vorrichtungen, Werkzeuge, Wirkmedien, Fördereinrichtungen, Prüfgeräte und Meßzeuge. Fertigungsverfahren dienen der Herstellung geometrisch bestimmter fester Körper. Ihre Einteilung erfolgt nach DIN 8580. Die Fertigungsorganisation umfaßt die Vorbereitung und die Durchführung des Fertigungsablaufes. Sie ist für Einzel-, Serien- und Massenfertigung unterschiedlich.

Der Einteilung der Fertigungsverfahren nach DIN 8580 liegt als Merkmal der Begriff Zusammenhalt zugrunde. Darunter ist der Zusammenhalt von Teilchen eines festen Körpers sowie der Zusammenhalt von Teilen eines zusammengesetzten Körpers zu verstehen (Tabelle 1). Nach diesem Ordnungsgesichtspunkt ergeben sich folgende Hauptgruppen der Fertigungsverfahren:

□ →Urformen ist Fertigen eines festen Körpers aus formlosem Stoff durch Schaffen des Zusammenhalts. Diese Hauptgruppe umfaßt das Urformen

– aus dem gas- oder dampfförmigen Zustand,

– aus dem flüssigen, breiigen oder pastenförmigen Zustand,

– aus dem festen (körnigen oder pulverigen) Zustand,

– durch elektrolytische Abscheidung.

*Produktionstechnik. Tabelle 1: Einteilung der Fertigungsverfahren in Hauptgruppen.*

| | Zusammenhalt schaffen | Zusammenhalt beibehalten | Zusammenhalt vermindern | Zusammenhalt vermehren | |
|---|---|---|---|---|---|
| Änderung der Form | Hauptgruppe 1<br><br>Urformen<br>(Formschaffen) | Hauptgruppe 2<br>Umformen | Hauptgruppe 3<br>Trennen | Hauptgruppe 4<br>Fügen | Hauptgruppe 5<br><br>Beschichten |
| Änderung der Stoffeigenschaft | | Hauptgruppe 6<br>Stoffeigenschaftändern<br>durch<br>Umlagern von Stoffteilchen | Aussondern von Stoffteilchen | Einbringen von Stoffteilchen | |

☐ →Umformen ist Fertigen durch bildsames (plastisches) Ändern der Form eines festen Körpers. Diese Hauptgruppe umfaßt
- →Druckumformen, beispielsweise →Walzen und →Fließpressen,
- →Zugdruckumformen, beispielsweise →Tiefziehen und →Drahtziehen,
- →Zugumformen, beispielsweise Streckrichten und →Weiten,
- →Biegeumformen, beispielsweise →Gesenkbiegen und Walzbiegen,
- →Schubumformen, beispielsweise →Durchsetzen, Verschieben und →Verdrehen.

☐ Trennen ist Fertigen durch Ändern der Form eines festen Körpers, wobei der Zusammenhalt örtlich aufgehoben, d. h. heißt im ganzen vermindert wird. Dabei ist die →Endform in der →Ausgangsform enthalten. Das →Zerlegen zusammengesetzter Körper wird auch dazugerechnet. Diese Hauptgruppe umfaßt
- →Zerteilen, beispielsweise Abschneiden, Einschneiden, →Reißen und →Brechen,
- Spanen, beispielsweise →Drehen, →Bohren, →Fräsen und →Schleifen,
- Abtragen, beispielsweise Funkenerodieren, elektrochemisches Abtragen (Elysieren),
- Zerlegen, beispielsweise Abschrauben und Auspressen,
- Reinigen, beispielsweise Entfernen von Fettschichten, Flecken, Oxidschichten, Spänen und Staub,
- →Evakuieren, beispielsweise Evakuieren einer Elektronenröhre.

☐ →Fügen ist das Zusammenbringen von zwei oder mehr Werkstücken oder von Werkstücken mit formlosen Stoff. Diese Hauptgruppe umfaßt
- Zusammensetzen, beispielsweise Einrenken, Einhängen, Auflegen und Einlegen,
- Füllen, beispielsweise Einbringen von gas- oder dampfförmigen, flüssigen, breiigen oder pastenförmigen Stoffen in hohle oder poröse Körper,
- An- und Einpressen, beispielsweise Verkeilen, Schrauben, Klemmen, Schrumpfen, Längseinpressen,
- Fügen durch Urformen, beispielsweise Ausgießen, Eingießen, Ummanteln,
- Fügen durch Umformen, beispielsweise Flechten, Falzen, Nieten,
- Stoffverbinden, beispielsweise →Schweißen, →Löten, →Kleben,
- Sonstige Verfahren, beispielsweise Nähen und Binden.

☐ →Beschichten ist das Aufbringen einer fest haftenden Schicht aus formlosem Stoff auf einem Werkstück. Maßgebend ist der unmittelbar vor dem Beschichten herrschende Zustand des Beschichtungsstoffes. Diese Hauptgruppe umfaßt ‹

- Beschichten aus dem flüssigen oder pastenförmigen Zustand, beispielsweise Anstreichen, Spritzlackieren, Tauchemaillieren, Auftragsschweißen,
- Beschichten durch elektrolytische oder chemische Abscheidung aus Lösungen oder Suspensionen, beispielsweise Galvanisieren,
- Beschichten aus dem festen (körnigen oder pulverigen) Zustand, beispielsweise Hammerplattieren, Pulveraufspritzen.

☐ Stoffeigenschaftändern ist Fertigen eines festen Körpers durch Umlagern, Aussondern oder Einbringen von Stoffteilchen, wobei eine etwaige unwillkürliche Formänderung nicht zum Wesen der Verfahren gehört. Diese Hauptgruppe umfaßt
- Stoffeigenschaftändern durch Umlagern von Stoffteilchen, beispielsweise →Härten, Anlassen, Festwalzen, Magnetisieren,
- Stoffeigenschaftändern durch Aussondern von Stoffteilchen, beispielsweise Entkohlen,
- Stoffeigenschaftändern durch Einbringung von Stoffteilchen, beispielsweise Aufkohlen (Zementieren) und Nitrieren.

Fertigungsprozesse werden in Fertigungssystemen dadurch vollzogen, daß Fertigungsmittel und Fertigungsverfahren zur Lösung der gestellten Fertigungsaufgabe zeitlich und örtlich verknüpft sind. Das Wirkpaar muß bestimmte Relativbewegungen ausführen, um die gewünschte Werkstückform zu erzeugen. Die Bewegungsrichtung ist weitgehend von der geometrischen Soll-Form des Werkstücks abhängig, während die Geschwindigkeitsbeträge von technologischen Gesichtspunkten bestimmt werden. Dem Wirkpaar wird die Fertigungsaufgabe in Form eines Programms übermittelt, das aus geometrischen und technologischen Informationen besteht.

Der Informationsfluß erwirkt den Energiefluß und den Materialfluß für den Transformationsprozeß innerhalb des Fertigungssystems. Das Fertigungsprogramm wird durch geeignete Informationsaufbereitung erstellt. Das Fertigungssystem ist mit der Fertigungsaufgabe durch ein Programmiersystem verknüpft (Bild).

Fertigungssysteme werden nach dem technischen Entwicklungsstand in handwerkliche, mechanisierte und automatisierte Fertigungssysteme eingeteilt (Tabelle 2). In handwerklichen Fertigungssystemen werden dem Wirkpaar Energie und Informationen unmittelbar durch den Menschen vermittelt. In mechanisierten Fertigungssystemen bilden Werkzeugmaschinen einen wesentlichen Bestandteil für die Energieumsetzung. Die Fertigungsinformationen werden weiterhin durch den Menschen übermittelt.

In automatisierten Fertigungssystemen sind die Werkzeugmaschinen mit Informationsspeichern ausgestattet. Die Information des im Speicher abgelegten Fertigungsprogramms wird durch eine

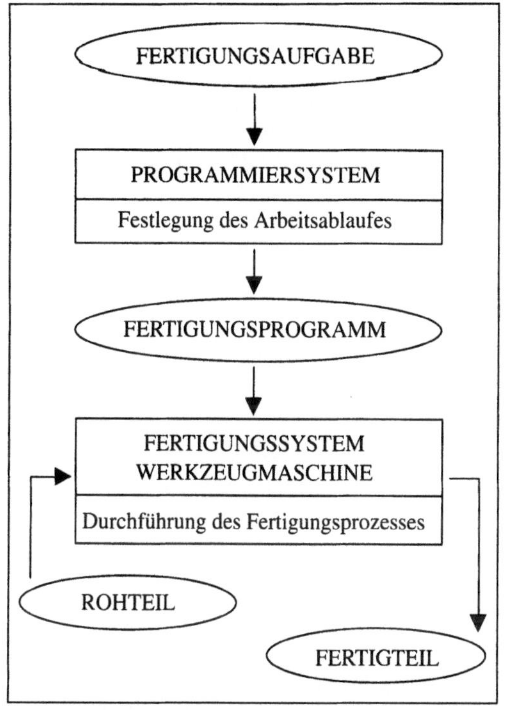


*Produktionstechnik: Verknüpfung von Programmierung und Fertigungsablauf.*

→Steuerung der Maschine zugeführt. Der Mensch übernimmt die Programmierung und Überwachung des Fertigungsprozesses.

Ein Fertigungsprozeß wird durch eine zeitliche und örtliche Folge von Einzelprozessen gebildet. Diese Erzeugungsschritte bewirken eine Veränderung des stofflichen Zusammenhalts oder der örtlichen Zuordnung unter Anwendung von Fertigungs-verfahren. Stoffliche, energetische und informatorische Einwirkungsfunktionen kennzeichnen den Fertigungsprozeß. In Anlehnung an DIN 8580 lassen sich folgende Fertigungssysteme unterscheiden:

☐ urformende Fertigungssysteme,
☐ umformende Fertigungssysteme,
☐ trennende Fertigungssysteme,
☐ fügende Fertigungssysteme,
☐ beschichtende Fertigungssysteme,
☐ stoffeigenschaftändernde Fertigungssysteme.

Als Maschinensysteme werden Kraftmaschinen und Arbeitsmaschinen unterschieden. Kraftmaschinen dienen der Bereitstellung von Bewegungsenergie, Arbeitsmaschinen der Verrichtung von Arbeit. Fertigungsmaschinen sind Arbeitsmaschinen. Ähnlich wie Landmaschinen zur Landtechnik, Fördermaschinen zur Fördertechnik, Büromaschinen zur Bürotechnik lassen sich auch Fertigungsmaschinen zur Fertigungstechnik in Bezug setzen. Im praktischen Sprachgebrauch wird jedoch im Bereich der Umformtechnik, →Trenntechnik und teilweise auch in der Fügetechnik an Stelle des Begriffs Fertigungsmaschine der Begriff Werkzeugmaschine verwendet. Unter Einbeziehung der Gesamtfunktion ist die Werkzeugmaschine als System zu definieren. *Spur/Stark*

Literatur: DIN 8580: Fertigungsverfahren. Einteilung. Ausg. Juni 1974. – *Dolezalek, C. M.:* Die industrielle Produktion in der Sicht des Ingenieurs. Technische Rundschau 57 (1956) Nr. 35, S. 2/4. – Handbuch der Fertigungstechnik. Bd. 1: Urformen; Bd. 2: Umformen und Zerteilen (3 Teilbd.); Bd. 3: Spanen (2 Teilbd.). Hrsg. *G. Spur.* München, Wien 1979 bis 1985. – *von Schöning, K.-V.:* Innovationspotential in der Fertigungstechnik. Produktionstechnik. Forschungsberichte für die Praxis. Bd. 19. Hrsg. *G. Spur.* München 1980. – *Spur, G.:* Optimierung des Fertigungssystems Werkzeugmaschine. München 1972.

*Produktionstechnik. Tabelle 2: Entwicklungsstufen des Fertigungssystems Werkzeugmaschine.*

| | Handwerkliche Stufe | Mechanisierte Stufe | Automatisierte Stufe | Optimierende Stufe |
|---|---|---|---|---|
| Werkzeug ←——————→ Werkstück | | | | |
| Zuführung der Energie | Mensch | Maschine | Maschine | Maschine |
| Eingabe der Steuerdaten in den Prozeß | Mensch | Mensch | Speicher, Steuerung | Speicher, Steuerung |
| Anpassung der Steuerdaten während des Prozesses | Mensch | Mensch | Mensch | Rechner |

**Produktivität.** Sie ist das technisch-mengenmäßige Verhältnis von Ausstoß zu Einsatz eines Leistungserstellungsprozesses. Die P. dient als Kennzahl dem inner- oder zwischenbetrieblichen Vergleich. Als ausschließliche Mengenrelation setzt sie die Homogenität der betrachteten Mengen voraus und berücksichtigt jeweils nur einen einzelnen Einsatzfaktor des Produktionsprozesses. Vorrangig sind die

$$\text{Arbeitsproduktivität} = \frac{\text{gefertigte Produkteinheiten}}{\text{eingesetzte Arbeitsleistung}}$$

und die

$$\text{Maschinenproduktivität} = \frac{\text{gefertigte Produkteinheiten}}{\text{eingesetzte Maschinenleistung}}$$

zu nennen, die sowohl auf ein einzelnes Produkt als auch auf einen Betrieb insgesamt bezogen sein können. Die Produkteinheiten werden dabei in Stück, Kilogramm o. ä. gemessen, die eingesetzte Leistung in Stunden (Personal, Maschine) angegeben.

Das Problem der Homogenität der betrachteten Mengen kann durch eine Bewertung in Geldeinheiten umgangen werden. Das sich daraus ergebende Verhältnis von Ertrag der →Produktion zu den Gesamtkosten des Einsatzes ist als →Wirtschaftlichkeit definiert. *Eversheim*

Literatur: *Wöhe, G.:* Einführung in die Allgemeine Betriebswirtschaftslehre. München 1978.

**Profildrehen.** Drehen mit einem Profilwerkzeug zur Herstellung rotationssymmetrischer Körper, bei dem sich das Profil des Werkzeugs auf dem Werkstück abbildet (Bild).

Eingesetzt werden HSS-Werkzeuge und Werkzeuge mit Hartmetallwendeschneidplatten, wobei die Profilwerkzeuge aus →Schnellarbeitsstahl weit verbreitet sind, da sie zum einen eine hohe Zähigkeit

aufweisen, zum anderen auch problemlos und billig (gut schleifbar) hergestellt werden können.

Bei großen Spanungsquerschnitten und tiefen Profilen sind die Einstechwerkzeuge vorteilhaft mit Spanbrechern zu versehen, damit ein Klemmen des ablaufenden Spans im Profil vermieden wird. Ferner kann ein Über-Kopf-Einspannen des Werkzeugs den Spanablauf begünstigen.

Um bei Einstechoperationen ein Rattern auf Grund von Instabilitäten der Werkzeugeinspannung zu vermeiden, sind Einstiche nur bis zu einer Breite von b = 15 mm (in Sonderfällen bis zu 30 mm) und bis zu einer Tiefe von 2b (in Sonderfällen 3b) möglich. *König*

**Profilfräsen.** Fräsen unter Verwendung eines Formwerkzeugs zur Erzeugung von profilierten Flächen, z. B. beim Fräsen an Nuten, Radien, Zahnrädern und -stangen sowie Führungsbahnen.

Die Profilfräswerkzeuge sind der Form des zu erzeugenden Profils angepaßt. Daraus ergibt sich in den meisten Fällen ein Stirn-Umfangsfräsen. Die Werkzeuge sind einteilig (Formfräser) oder mehrteilig (Satzfräser) ausgeführt.

Profilfräser sind zumeist aus →Schnellarbeitsstahl oder mit eingelöteten Hartmetallschneiden gefertigt. Zur Herstellung einfacher Formen, wie z. B. rechteckiger Nuten, werden in zunehmendem Maße Werkzeuge mit geklemmten Wendeschneidplatten verwendet (Bild). *König*

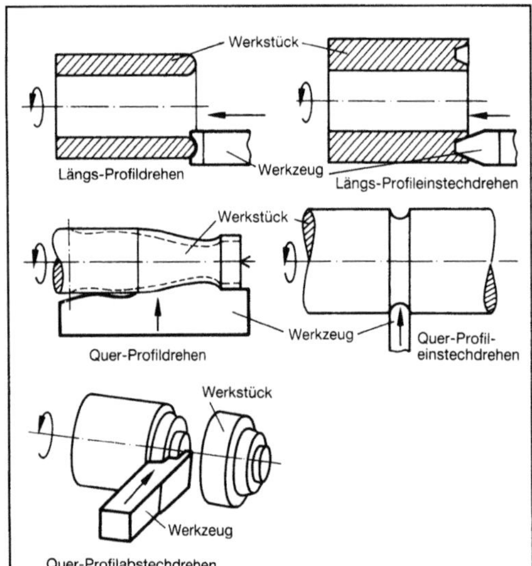


*Profildrehen: Verfahrensvarianten. (Quelle: DIN 8589)*

*Profilfräsen.*
*a) Fräsersatz zur Bearbeitung von Grauguß-Profilen*
*b) Fräsersatz zur Bearbeitung von Maschinenbetten.*
*(Quelle: Walter)*

**Profilhobeln** →Hobeln

**Profilhonen.** Beim →Honen profilierter Werkstücke muß das →Honwerkzeug die Konturen der zu bearbeitenden Werkstückflächen aufweisen. Zum Innen-P. zählen Werkstückformen, die kegelige oder andere Innenprofile sowie Axial- oder Wendelnuten oder Innenverzahnungen aufweisen.

Beim Innen-P. von Verzahnungen beispielsweise besteht das Honwerkzeug aus einem in der Form eines Zahnrads ausgeführten Honrad, das sich mit einer überlagernden Hubbewegung gegenüber dem innenverzahnten Werkstück abwälzt.

Das Außen-P. wird hauptsächlich für die Verbesserung der Oberflächengüte der Profilflanken an Zahnrädern angewendet. Bei diesem Verfahren (→Zahnradhonen) ist das Honwerkzeug als Innenzahnrad ausgebildet. Durch das durch die Drehbewegung hervorgerufene Ineinandergreifen der Zähne von Werkstück und Werkzeug wird die →Oberflächenrauheit der Zahnflanken reduziert, und z. T. werden auch Form- und Teilungsfehler korrigiert. *Kenter*

**Profilläppen.** Das P. ist ein Läppverfahren, bei dem zur Formübertragung ein der Soll-Form des Werkstücks entsprechend profiliertes Läppwerkzeug verwendet wird. Die bekanntesten Verfahrensvarianten sind Kugelläppen und Kegelläppen. Das Verfahrensprinzip geht aus dem Bild hervor. Unter der stetigen Wirkung des Läppdrucks und der Relativbewegung zwischen Werkstück und Werkzeug werden die Form und →Oberflächenrauheit der kugel- oder kegelförmigen Werkstücke verbessert.

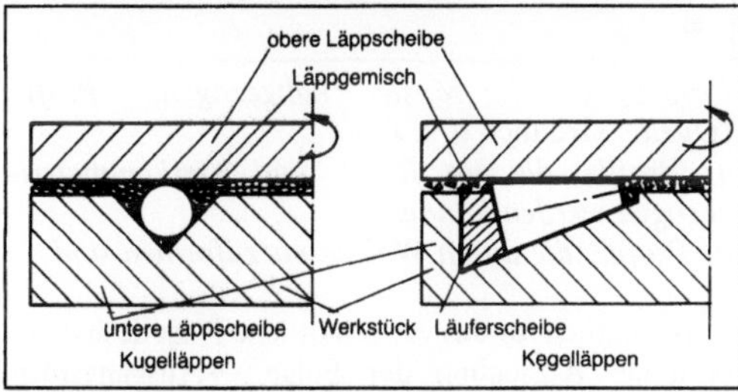



*Profilläppen: Verfahrensvarianten.*

Zum Einsatz kommen meistens Zweischeiben-Läppmaschinen, deren obere →Läppscheibe plan ausgebildet ist und separat angetrieben wird (→Läppmaschine). Beim Kugelläppen werden die Werkstücke in halbkugel- oder V-förmigen Nuten in der unteren Läppscheibe aufgenommen und geführt. Beim Läppen von durchgehend kegeligen Körpern wird die untere Läppscheibe entsprechend dem Kegelwinkel abgeschrägt.

Ist ein kegeliger Wellenabsatz läppend zu bearbeiten, so muß erst ein diesem Profil entsprechendes Gegenstück als Werkzeug hergestellt werden (Bild). Der Läppprozeß kann dann auf einer Bohr- oder Drehmaschine erfolgen, mit der das Werkstück eingespannt und in Rotation gesetzt wird. Das Werkzeug wird von Hand geführt. *Kenter*

**Profilräumen.** Räumen mit gerader Schnittbewegung zur Erzeugung von durch das Werkzeugprofil bestimmten Flächen. Es wird zwischen Innen-P. und Außen-P. unterschieden. Ausgangsform beim Innen-P. ist eine Bohrung, durch die das Werkzeug gezogen oder gestoßen wird (Bild).

*Profilräumen: Werkstücke, die durch Innenprofilräume gefertigt werden. (Quelle: Hoffmann)*

Ein bedeutender Anwendungsfall des Innen-P. ist das Räumen von evolventenverzahnten Hohlrädern, das auf Grund der hohen Zerspanleistung sowie der guten Oberflächenqualität zunehmend an Bedeutung gewonnen hat. Dabei werden in den meisten Fällen alle Zahnlücken gleichzeitig bearbeitet, so daß die erreichbare Verzahnungsqualität von der Fertigungsgenauigkeit des Räumwerkzeuges sowie von der Genauigkeit der Führungen abhängt.

Anwendungen des Außen-P. sind das Nutenräumen, Räumen von Außenverzahnungen (→Tubusräumen) oder das Räumen von Tannenbaumnuten im Verdichter- und Turbinenbau. *König*

**Profilschleifen.** Das P. ist ein Fertigungsverfahren, unterschiedlich geformte Werkstückkonturen durch Abbilden eines profilierten Schleifwerkzeugs auf das Werkstück zu erzeugen. Dazu wird die →Schleifscheibe i. a. durch →Abrichten mit dem negativen Abbild der zu erzeugenden Werkstückkontur versehen (im Gegensatz dazu dient beim →Formschleifen die Vorschubsteuerung zum Erzeugen der Werkstückkontur).

Meist wird zum P. das Tiefschleifverfahren statt des sonst noch üblichen Pendelschleifens eingesetzt. Dabei wird die zu fertigende Kontur in einem Überlauf in das Werkstück eingebracht. Günstig läßt sich auch das CD-Schleifen (Continous Dressing kontinuierliches Abrichten), bei dem die Schleifscheibe während des Einsatzes ständig abgerichtet wird, mit dem P. kombinieren. Es garantiert eine hohe Profilkonstanz der Schleifscheibe und hohe Abtragsraten.

Das Profilieren konventioneller Schleifscheiben erfolgt mit Diamantabrichtwerkzeugen, wie z. B.

Abrichtrollen oder stehenden, profilierten Abrichtwerkzeugen. Eine moderne Entwicklung ist das bahngesteuerte Abrichten von Profilschleifscheiben. Die Verwendung von Diamanten zum Erzeugen des Schleifwerkzeugprofils garantiert über mehrere tausend Abrichtzyklen geringste Abweichungen von der gewünschten Profilform. Im Gegensatz dazu werden Schleifscheiben aus kubisch-kristallinem Bornitrid (CBN) wegen der hohen Härte und dem damit verbundenen hohen Verschleiß an Abrichtwerkzeugen oft durch Beschichten von vorgeformten Stahlgrundkörpern mit CBN-Körnung hergestellt (→CBN-Schleifscheibe). Solche galvanisch gebundenen Schleifscheiben werden nicht abgerichtet. Auf Grund des hohen Verschleißwiderstands des CBN-Korns haben diese Schleifscheiben eine lang anhaltende Profilkonstanz.

Ein typisches Beispiel für den Einsatz des P. ist die Bearbeitung von Turbinenschaufeln mittels →Tiefschleifen. Eine weitere Anwendung ist das Schleifen von Zahnradprofilen (→Verzahnungsschleifen). Dabei wird die Schleifscheibe mit dem negativen Profil einer Zahnlücke versehen. Die Form der Zahnflanke wird in diesem Fall nicht durch eine Abwälzbewegung erzeugt. Somit können keine kinematisch bedingten Hüllschnittabweichungen entstehen. Jedoch übertragen sich beim P. Konturfehler der Schleifscheibe direkt auf das Werkstück. *Kenter*

Literatur: *Lütjens, P.:* Profilschleifen im Werkzeugbau und in der Serienfertigung. Jahrb. Schleifen, Honen, Läppen und Polieren. 53. Ausg. Essen 1985. – *Spur, G.,* u. *Th. Stöferle:* Handb. Fertigungstechnik. Bd. 3/2. München, Wien 1980.

**Profilschleifmaschine** →Profilschleifen

**Profiltraganteil** →Materialanteil

**Profilziehen.** P. gehört nach DIN 8584, Bl. 2, zu den Verfahren des Durchziehens und ist als Gleitziehen von Stäben oder Drähten durch ein Werkzeug mit einer dem zu erzeugenden Profilquerschnitt entsprechenden Austrittsöffnung zu definieren.

Formänderungs- und Spannungszustand entsprechen zwar im Prinzip den Verhältnissen beim →Drahtziehen oder →Stabziehen. Wegen des sehr starken Geometrieeinflusses (Bild 1) lassen sich diese auf das P. nur sehr eingeschränkt qualitativ übertragen und sind rechnerisch schwer zu erfassen. Die erzielbaren Formänderungen je Zug sind deshalb gering. Sie liegen zwischen $0{,}1 \leq \varphi_{max} \leq 0{,}2$. Bei Stahl muß nach jedem Zug geglüht und eine Oberflächenbehandlung (Beizen, Kälken oder Phosphatieren; Schmierstoff aufbringen) vorgenommen werden. Das Verfahren wird daher sehr aufwendig. Auch das Anspitzen der Profile vor dem →Ziehen ist schwierig und teuer.

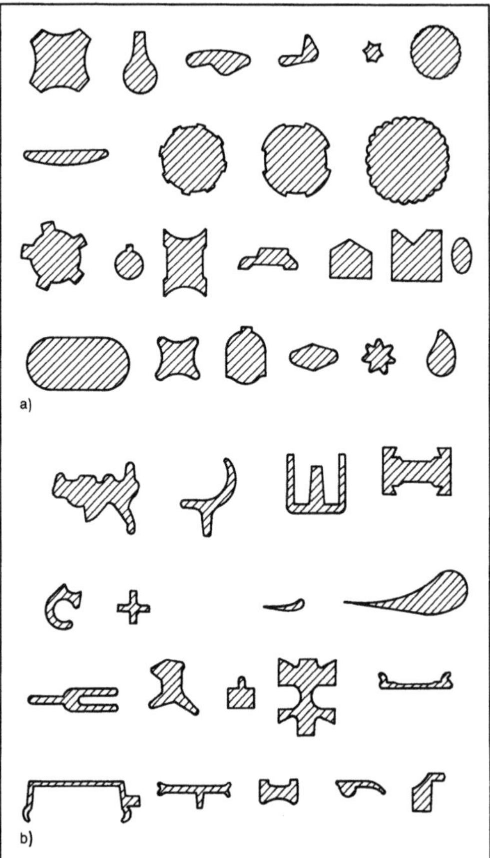

*Profilziehen 1: Muster kaltgezogener Profile. (Quelle: Greulich a. a. O.)*
*a) Profile, die aus Rund- und Vierkantmaterial gezogen werden können*
*b) Profile, die durch Walzen vorzuformen sind.*

Wesentlich für das wirtschaftliche P. ist deshalb die optimale Auslegung der Folge →Ausgangsform, →Zwischenform, →Endform, d. h. der Zugabstufungen. Als Grundregel gilt, daß über dem Querschnitt möglichst gleichmäßige Formänderungen erzielt werden. Hierzu müssen die Ziehzugaben verhältnisgleich gegeben werden. Dadurch läßt sich sowohl die Anzahl der Ziehstufen minimieren als auch die Ziehkraft z. B. durch Verwenden eines kleineren Ausgangsquerschnittes absenken (Bild 2). Bei vielen Profilen kann man als Ausgangsform handelsübliche Rund- oder Vierkantabmessungen verwenden. In zahlreichen anderen Fällen muß man jedoch von einem bereits warm vorgewalzten oder stranggepreßten Profil ausgehen (Bild 1). Die dadurch entstehenden hohen zusätzlichen Kosten erlauben eine wirtschaftliche Fertigung durch P. nur bei hohen Werkstoffkosten und/oder großen Mengen sowie bei Minimierung der Fertigbearbeitung zu einzelnen Werkstücken. Bild 3 zeigt einige Beispiele für die Zugabstufung.

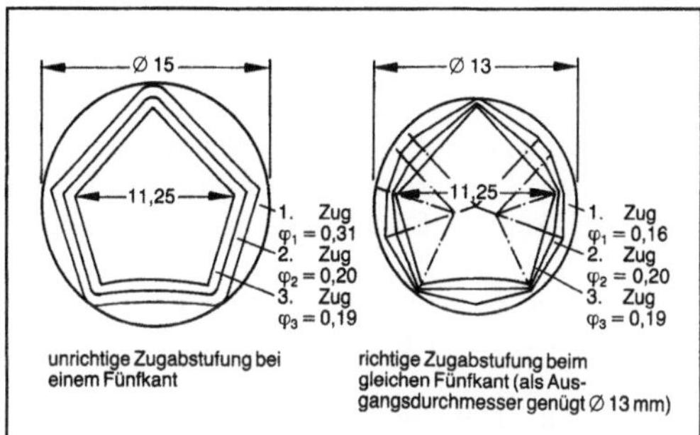

*Profilziehen 2: Beispiele für Zugabenermittlungen beim Profil-Gleitziehen. (Quelle: Preußler a. a. O.)*

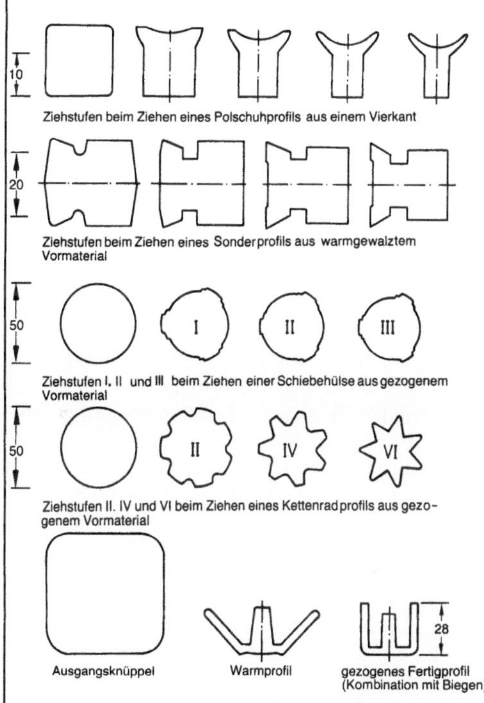

*Profilziehen 3: Ziehstufen bei unterschiedlichen Profilen. (Quelle: Hahne, Domalski; Boehm; Preußler; Greulich a. a. O.)*

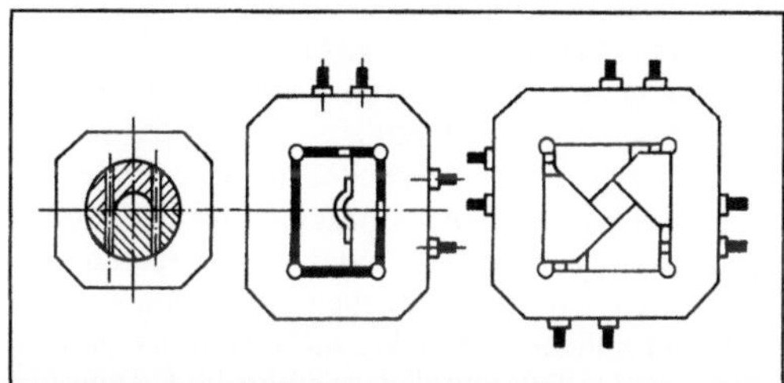

*Profilziehen 4: Zusammengesetzte Ziehwerkzeuge. (Quelle: Stöferle, Spur)*

Die Maschinen für das P. entsprechen den Ziehmaschinen für das Stabziehen und das Drahtziehen (meist im Einfachzug). Die Werkzeuge werden aus legierten Werkzeugstählen einteilig (durch Senk- oder Drahterodieren) oder mehrteilig (Bild 4) hergestellt. *Lange*

Literatur: *Boehm, F.:* Umformverfahren bei der Herstellung von gezogenen Präzisionsprofilen aus Stahl. In: VDI-Ber. Nr. 39. Düsseldorf 1959. – *Greulich, K.:* Das Ziehen von Sonderprofilen. Drahtwelt 47 (1961), S. 578/83. – *Hahne, F. J.,* u. *H. H. Domalski:* Gezogene Profile aus Edelstahl, ihre Herstellung, Verwendung und Wirtschaftlichkeit. Blech 14 (1967). – *Lange, K.* (Hrsg.): Umformtechnik. Handb. f. Ind. u. Wiss. Bd. 2: Massivumformung. 2. Aufl. Berlin, Heidelberg, New York, Tokio 1988. – *Preußler, H.:* Das Kalibrieren von kaltgezogenen Profilen. Stahl u. Eisen 69 (1949). – *Spur, G.* (Hrsg.), u. *Th. Stöferle:* Handb. Fertigungstechnik. Bd. 2/2: Umformen. München 1984.

**Programmiergerät.** Speicherprogrammierbare Steuerungen (SPS) verfügen über keine unmittelbare Möglichkeit der Programmierung, des Programmtests, der Programmkorrektur und der Dokumentation des Programms. Für diese Aufgaben stehen für jede SPS herstellerspezifische P. verschiedener Leistungsklassen zur Verfügung.

An der unteren Stufe stehen Taschen-P. mit Funktionstastatur und ein- oder mehrzeiliger alphanumerischer Anzeige. Diese P. werden zur Programmerstellung an die SPS angeschlossen on line oder als eigenständige Geräte off line betrieben. Das in der Form der Anweisungsliste oder auch als Kontaktplan vorbereitete Programm wird zeilenweise über die Tastatur eingegeben, in maschinengerechten Code umgesetzt und bei On-Line-Betrieb direkt in den Programmspeicher übertragen. Diese Übertragung erfolgt dabei unmittelbar in den Arbeitsspeicher der →Steuerung oder nach einer Transferanweisung blockweise über einen Zwischenspeicher im P. Während der Programmeingabe führt das Gerät Syntaxprüfungen durch, überwacht die Bedienung und meldet eventuelle Fehler in einer der Anzeigezeilen. Nach der Übertragung des Programms in den Arbeitsspeicher der Steuerung erfolgt der Start und der Test ebenfalls mit Hilfe des P. Monitorfunktionen ermöglichen die Darstellung und die Veränderung von Signalzuständen und Steuerungsparametern sowie die Anwahl und Modifikation bestimmter Anweisungen. Mit Hilfe dieser Funktionen lassen sich die Fehler im Steuerungsprogramm beseitigen und die Arbeitsweise optimieren. Ein ausgetestetes, fertiges Steuerungsprogramm wird dann in einen nichtflüchtigen Speicher, wie z. B. EPROM, übertragen und als Steckmodul in die SPS eingesetzt.

Bei SPS, die mit EEPROM ausgerüstet sind, kann die Übertragung, d. h. Löschen und Programmieren des Lesespeichers, ebenfalls durch das P. erfolgen.

Zur Programmdokumentation ist der Anschluß eines Druckers an das P. vorgesehen.

Für den Ablauf des Steuerungsprogramms wird das P. nicht benötigt und steht nach Abschluß der Programmierung der SPS für weitere Programmierarbeiten zur Verfügung.

Komplexere P. unterscheiden sich von den beschriebenen Taschen-P. dadurch, daß sie über Massenspeicher (Floppy-Disk-Laufwerke) verfügen, graphische Programmierung in der Form des Funktionsplans, des Kontaktplans und Petri-Netz ähnliche Ereignisgraphen am Bildschirm ermöglichen, komplexe Funktionsbausteine besitzen und ausgefeiltere Test-, Fehlersuch- und Dokumentationsmöglichkeiten bieten. Diese P. sind in ihrer Ausstattung und Leistungsfähigkeit Personalcomputern vergleichbar. Neben den üblichen Standard-Peripheriegeräten wie Drucker und Bildschirm sind sie mit einer um steuerungstechnische Funktionstasten erweiterten Standardtastatur, einer UV-Löscheinrichtung und entsprechender Programmiermöglichkeit für EPROM-Module ausgerüstet. Die Programmierung kann off line (das Steuerungsprogramm wird im P. erzeugt) in ein EPROM-Modul übertragen und dieses in die SPS eingesetzt oder on line wie beschrieben erfolgen. *Freyberger*

**Programmierung (NC-Werkzeugmaschinen).** Die Programme zur →Steuerung von NC-Maschinen können außerhalb des Betriebsbereichs in der AV oder direkt an der Maschine maschinennah erstellt werden. Bei der Programmerstellung durch die →Arbeitsvorbereitung unterscheidet man drei Methoden:
□ Manuelle P. Hier wird in der Arbeitsvorbereitung aus der Konstruktionszeichnung ein Arbeitsplan mit der Folge der erforderlichen Verarbeitungsschritte erstellt. Dieser Arbeitsplan mit geometrischen Informationen aus der Zeichnung wird unter Zufügen der Bearbeitungstechnologie in ein NC-Programm umgesetzt, wobei die konstruktiven und technologischen Gegebenheiten der für die Bearbeitung vorgesehenen Werkzeugmaschine in Form eines Spann- und Werkzeugplans berücksichtigt werden. Das Programm wird nach bestimmten Programmierregeln erstellt. Die Bedeutung der Sätze und der Aufbau des Teileprogramms sind international standardisiert und in DIN 66025 genannt. Bezüglich der technischen Möglichkeiten und der Bedienerunterstützung können verschiedene Entwicklungsstufen und Programmierverfahren festgestellt werden.
□ Bei der maschinellen P. gibt der Programmierer die geometrischen und technologischen Informationen unter Anwendung einer höherentwickelten Programmiersprache, z. B. einer Version von APT (Automatically Programmed Tools), in das System ein. Hieraus berechnet das System das entsprechende Teileprogramm mit den Maschinenbewegungen. Kennzeichnend für diese Systeme ist die Möglichkeit, geometrische Bewegungsfolgen durch den Aufruf von entsprechenden Makros mit Übergabe der aktuellen Parameter zeitsparend programmieren zu können. Das erstellte maschinenneutrale Quellprogramm wird über einen Postprozessor an die jeweilige Werkzeugmaschine angepaßt.
□ Ein hohes Maß an Komfort bietet die dialogorientierte, bedienergeführte P., die insbes. für die 2D-Bearbeitung (Drehen, Besäumen, Stanzen u. ä.) verbreitet ist. Das Teileprogramm wird am Graphik-Bildschirm im Dialog erstellt, indem der Programmierer die Werkstück-Kontur über die Cursor-Positioniertasten vorbestimmt, die Bemaßungen und die Bearbeitungstechnologie nach den Vorschlägen des Computerprogramms auswählt und zufügt. Die Dialog-P. kann auch an der Maschine bzw. maschinennah eingesetzt werden. Das fertige NC-Programm wird in die numerische Steuerung der Werkzeugmaschinen eingegeben, bislang mit Hilfe eines codierten Lochstreifens als Informationsträger, in zunehmendem Maße jedoch über eine DNC-Schnittstelle durch einen Zentralrechner.

Bei der Werkstatt-P. hingegen wird das NC-Programm durch den Bedienungsmann an der Werkzeugmaschine erstellt. Dabei werden die Teilschritte der Bearbeitungsfolge (Werkstück-Geometrie und Bearbeitungstechnologie) direkt über das Bedienfeld in die numerische Steuerung eingegeben (teach in) oder im Repetierverfahren bei normaler Erstellung des ersten Werkstücks rückgespeichert (play back). Wegen der für die Werkstatt-P. erforderlichen zusätzlichen Maschinenbelegungszeit sollte man sie hauptsächlich bei der Einzel- und Kleinserienfertigung relativ einfacher Werkstücke oder als Notfallstrategie, wenn keine Programme vorhanden sind bzw. in vertretbarer Zeit erstellt werden können, anwenden. *Schulz*

**Programmplanung.** Sie legt fest, welche Produkte in welcher Zeitperiode zu produzieren sind, und wird angewendet bei der Lagerfertigung (Serienfertigungscharakter).

Die P. unterteilt sich in die drei Bereiche (Bild)
□ *Produkt-P.:* Bewerten des vorhandenen Produktprogramms bezüglich der Erfüllung der Unternehmensziele und Erstellen von Vorgaben zur Verbesserung der Produktpalette.
□ *Produktplanung:* Beinhaltet mit der Produktfindung das Suchen neuer Produkte, mit der Produktionsplanungsverfolgung das Beobachten der Markttrends und Überwachen der in der Entwicklung befindlichen Produkte auf ihre Marktchancen und mit der Produktüberwachung und -steuerung das Überwachen der vorhandenen Produkte am Markt.

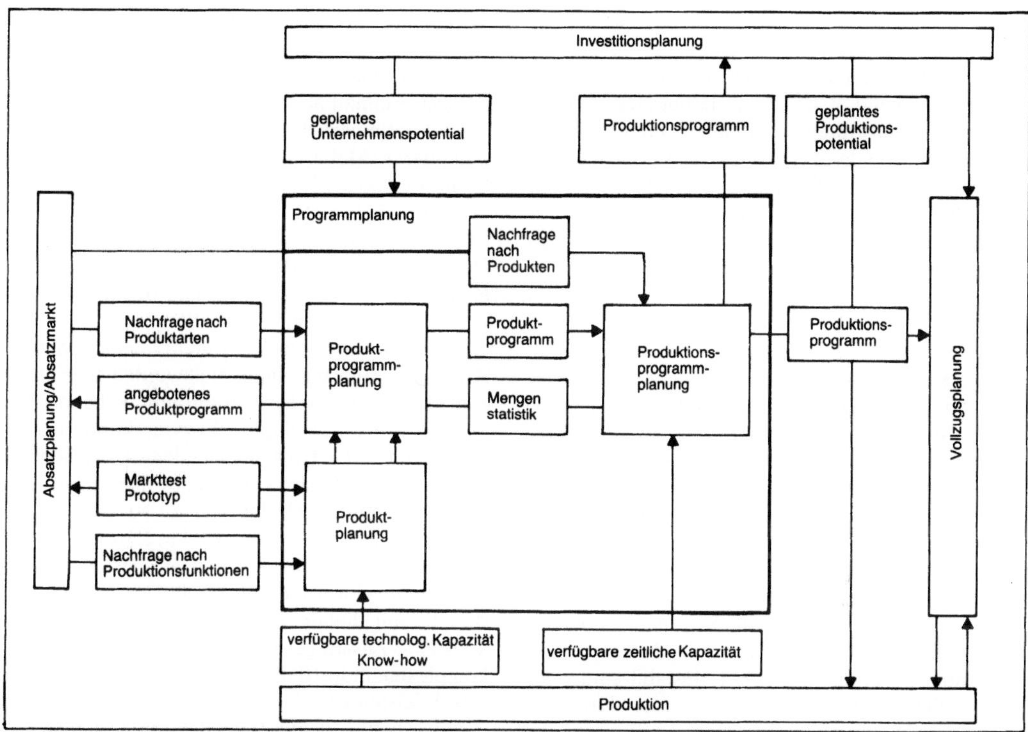



*Programmplanung: Aufgaben.*

□ *Produktions-P.:* Festlegen der zu produzierenden Erzeugnisse nach Art und Menge für eine bestimmte Zeitperiode in Übereinstimmung mit den Absatzprogrammen.

Die Notwendigkeit der P. ergibt sich aus der Tatsache, daß die Investitionsgüterindustrie wegen langer Zeiträume für die →Auftragsabwicklung und hoher Anlagenkapitalbindung besonders empfindlich gegen Veränderungen der Umwelteinflüsse ist. Die wichtigste Einflußgröße bezüglich der Produkte, die als Träger des Umsatzes besondere Beachtung verdienen, ist der Absatzmarkt. *Eversheim*

Literatur: *Brankamp, K.:* Planung und Entwicklung neuer Produkte. Berlin 1971. – *Eversheim, W.:* Organisation in der Produktionstechnik. Bd. 1. Düsseldorf 1981.

**Propellerrührer.** Der P. ist eine reine Axialpumpe, die zum Homogenisieren, Suspendieren, →Emulgieren und zur Verbesserung des Wärmeübergangs im Drehzahlbereich von 200–1500 min$^{-1}$ bei Fluiden mit einer Zähigkeit bis zu 5 Pa s eingesetzt wird (Bild). Die Strömung wird nahezu verlustlos angesaugt. In der Propellerebene ist die Strömungsgeschwindigkeit gleich der halben erzeugten Endgeschwindigkeit. Die bei der Umströmung der Blätter erzeugte Turbulenz wird bei der Beschleunigung auf die Endgeschwindigkeit reduziert. Für eine gute Mischwirkung sollte der Propeller schräg oder auf

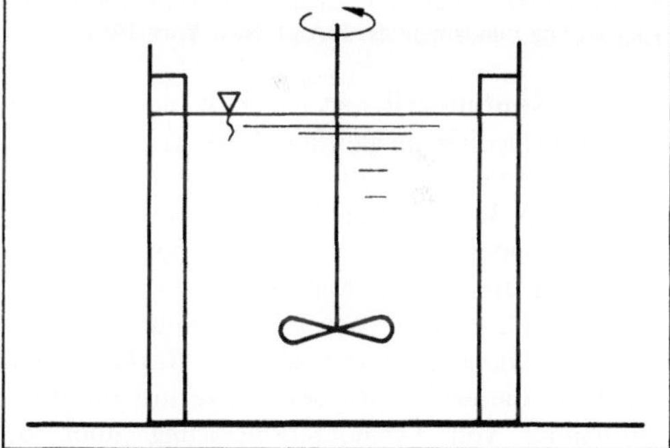

*Propellerrührer.*

eine andere Weise asymmetrisch eingebaut sein (→Rührer). *Schlag*

**Prozeß, diskontinuierlicher.** Viele biochemische P. erfordern eine diskontinuierliche Anzucht von Mikroorganismen oder Zellen. Nachdem das Kulturmedium im →Bioreaktor mit einem Inokulum von aktiven Mikroorganismen oder Zellen beimpft worden ist, werden keine Substanzen, mit Ausnahme der bei vielen P. erforderlichen Sauerstoffversorgung sowie pH-Wert-Korrektur- und Antischaummittel, in das Kultursystem gegeben und keine Kulturbrühe entnommen (→Fermentation, absatzweise).

Nach einer evtl. auftretenden Adaptionsphase der Organismen an die neuen Umgebungsbedingungen beginnt das unlimitierte Wachstum. Charakteristisch für einen d. P. ist die Änderung der Konzentration an Substraten, Zellmasse und gebildeten Metaboliten mit der Zeit. Unter der Voraussetzung, daß das Reaktionsvolumen über der Zeit konstant ist, ist die Zunahme von Biomasse oder Stoffwechselprodukten direkt mit den entsprechenden Bildungsraten korrelierbar:

$$\frac{dc_i}{dt} = r_i,$$

mit $c_i$ Konzentration der Komponente i, t Reaktionszeit, $r_i$ Produktbildungsrate (Wachstumsrate).

Mit fortschreitendem Wachstum treten Limitierungen z. B. durch Erschöpfung eines Substrats auf, und es schließt sich die stationäre Wachstumsphase an. Hier vermehren sich die Organismen nicht mehr, bilden aber viele industriell wichtige Produkte, die sekundären Metabolite. Auch für diese Substanzen gilt die genannte Beziehung. D. P. werden zum Zeitpunkt der maximalen Konzentration des gewünschten Produkts abgebrochen, da fermentativ gewonnene Verbindungen z. T. instabil sind oder bei totaler Substraterschöpfung wieder durch die Zellen abgebaut werden können. *Liefke*

Literatur: *Baerns, M., H. Hoffmann* u. *A. Renken:* Lehrb. Technische Chemie. Bd. 1: Chemische Reaktionstechnik. Stuttgart 1987. – *Bailey, J. E.,* u. *D. F. Ollis:* Biochemical Engineering Fundamentals. 2. Aufl. New York 1986.

**Prozeß, kontinuierlicher.** Einem k. biologischen P. wird Nährmedium im gleichem Volumenstrom zugeführt, wie zellhaltige Kulturbrühe abgeführt wird. Im stationären Betrieb ist die Konzentration der Zellen und aller anderen Substanzen im →Bioreaktor konstant (→Fermentation, kontinuierliche).

Prinzipiell sind 2 Typen k. P. zu unterscheiden:

a) *P. mit homogen durchmischtem Reaktionsvolumen:* Bei diesen P. wird der Zellverlust durch die Entnahme von Fermentationslösung über das Wachstum der Zellen ausgeglichen. Wachstumsrate und Entnahme von Zellen stehen im Gleichgewicht (→Chemostat, →Turbidostat).

b) *P. ohne Rückvermischung des Reaktionsvolumens in einem Rohr- oder Bodenreaktor:* Die Kulturlösung fließt z. B. durch einen Rohrreaktor. Die Zellzahl, Nährmediumzusammensetzung und die Produktbildungsrate ist über die Verweilzeit im Reaktor veränderlich. In den Reaktor muß man nicht nur das Nährmedium, sondern auch die Organismen einspeisen. Diese können entweder als Teilstrom vom Fermenterausgang zurückgeführt oder aus einem vorgeschalteten Anzuchtreaktor (z. B. nach a)) entnommen werden.

Der maximale Durchsatz an Kulturmedium bei P. zum Gewinnen von Zellen oder Zellbestandteilen nach a) wird begrenzt durch die maximale Wachstumsrate bei optimalen Kulturbedingungen. Entnimmt man mehr Zellen, wäscht sich die Kultur aus, d. h. die Zelldichte nimmt ab, und der P. bricht zusammen.

Bei kontinuierlich betriebenen P. zum Gewinnen sekundärer Metaboliten ist die Erzeugung von Biomasse und die Produktbildung in einem Reaktor (a) nicht möglich, da die Produktbildung erst gegen Ende der exponentiellen Wachstumsphase einsetzt. Diese lassen sich in Reaktorkaskaden durchführen. Rohrreaktoren finden auf Grund der langen Verweilzeiten meist keine Anwendung.

Viele Verfahren sind im Labormaßstab kontinuierlich durchführbar. Industriell werden aber nur P. zum Gewinnen von Einzellerprotein, Ethanol, Bier und weniger intrazellulärer Enzyme kontinuierlich durchgeführt. Dies hat verschiedene Ursachen:

□ Industriell nutzbare k. P. müssen über einen Zeitraum von 500–1 000 h stationär bleiben. Bei Laborverfahren sind dies maximal wenige 100 h.

□ Die sterile →Prozeßführung ist über lange Zeiträume nur schwer aufrechtzuerhalten.

□ K. P. mit hoher Produktivität erfordern eine konstante Zusammensetzung der Substrate, die bei komplexen industriellen Medien nicht immer zu gewährleisten ist.

□ Industrielle Hochleistungsstämme sind genetisch nicht stabil und neigen in der kontinuierlichen Kultur zu Rückmutationen. Diese Rückmutanten überwachsen den Produktionsstamm, und die Prozeßausbeute nimmt ab. *Liefke*

Literatur: *Bailey, J. E.,* u. *D. F. Ollis:* Biochemical Engineering Fundamentals. 2. Aufl. New York 1986. – *Tsao, G. T.:* Elementary principles of microbial reaction engineering. In: *H. J. Peppler,* u. *D. Perlman* (Hrsg.): Microbial Technology II. New York 1979.

**Prozeß-Analyse.** Unter dem Begriff P.-A. werden diejenigen Verfahren und Methoden zusammengefaßt, die der Untersuchung von Umformvorgängen oder der Ermittlung des Einflusses einzelner Parameter auf den Umformvorgang und die damit hergestellten Werkstücke dienen. Hinsichtlich der Vorgehensweise müssen dabei grundsätzlich drei Gruppen von Verfahren zur P.-A. unterschieden werden: Die rein theoretischen Verfahren (Bild 1), die auf den Modellen und Überlegungen der →Plastizitätstheorie aufbauen, die experimentellen Verfahren und die gekoppelten experimentell-theoretischen Verfahren, wie z. B. die Methode der Viskoplastizität oder die →Formänderungsanalyse, bei denen von Experimenten ausgegangen wird, die an Modellen oder am realen Vorgang oder Werkstück durchgeführt werden können. Ein Teilgebiet der theoretischen P.-A., das immer größere Bedeutung gewinnt, ist die rechnergestützte Prozeßsimulation (Finite-Elemente-Methode). Im Gegensatz zur experimentellen Analyse können die Vorgänge hierbei ohne Vorhandensein

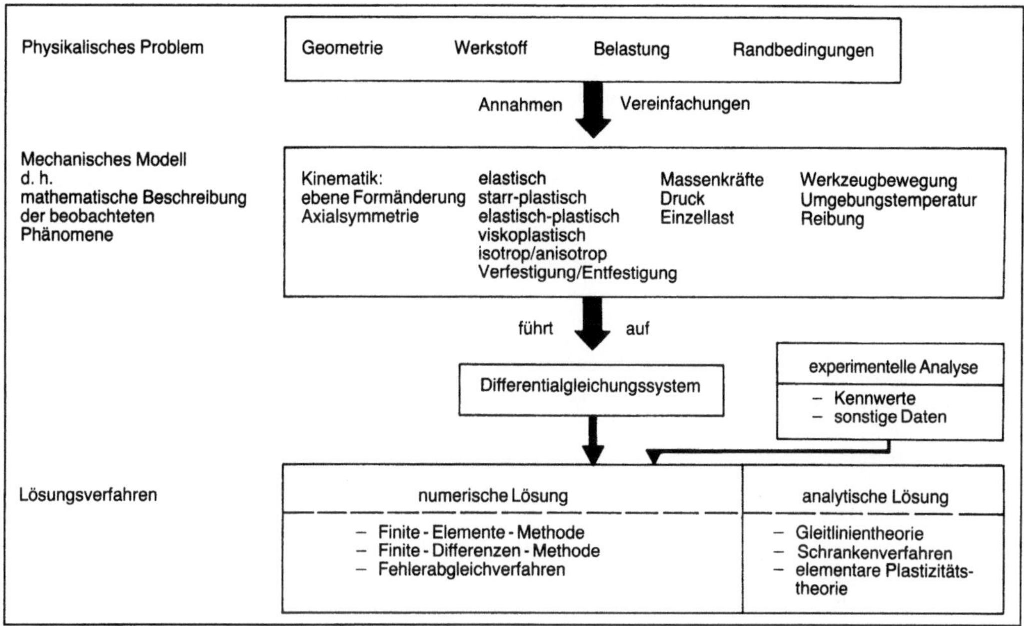

*Prozeß-Analyse 1: Vorgehensweise bei der theoretischen Prozeß-Analyse.*

von Werkzeugen, Maschinen o. ä. ausschließlich auf dem Rechner simuliert werden. Zur Umsetzung von physikalischen Problemen in mathematische Modelle kann dennoch nicht auf die physikalische (experimentelle) Analyse verzichtet werden.

Neben dem Hauptziel der P.-A., der Schaffung von Grundlagen zum besseren Verständnis von Vorgängen oder Mechanismen, sei es durch Parameterstudien o. ä., hat die physikalische Analyse zusätzlich folgende Aufgaben:

□ Finden von Ideen für neue Theorien, Modelle oder Hypothesen,

□ Überprüfung von Theorien,

□ Bereitstellung von Kennwerten für die theoretische Analyse.

Ein wichtiges Standbein der P.-A. sind die Modelluntersuchungen für

□ Werkstoffe,

□ Verfahren und

□ Maschinen,

bei denen mit Hilfe der Gesetze der Ähnlichkeitstheorie vom Modell auf den realen Vorgang geschlossen wird (Bild 2). Für das Gebiet der Umformtechnik sind dabei die Verfahren zum

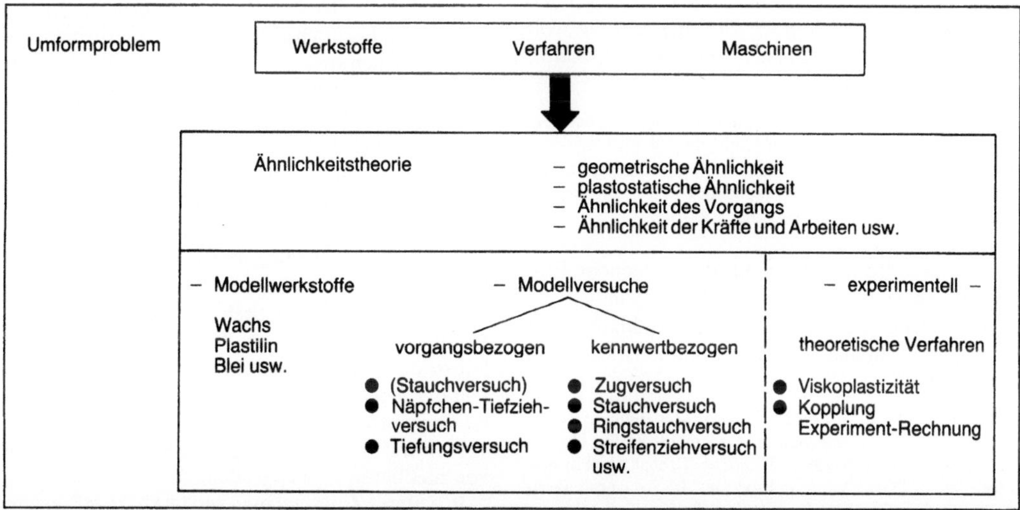

*Prozeß-Analyse 2: Methoden und Verfahren der experimentellen Prozeß-Analyse.*

Bestimmen von Werkstoffkennwerten, die sämtlich Modellcharakter besitzen, gemeinsam mit den Modellversuchen zum Ermitteln von Randbedingungen an Kontaktflächen (z. B. Reibung) von besonderer Bedeutung. An Hand der in Bild 3 dargestellten Prinzipskizze zur systematischen Betrachtung von Umformvorgängen läßt sich ableiten, daß sich eine umfassende P.-A. nicht auf das Messen oder Ermitteln mechanischer und thermischer Größen beschränken darf, sondern auch chemische und metallkundliche Aspekte berücksichtigen muß. Nur dann sind Aussagen über

☐ die Art und Ausführung der Vorbehandlung (z. B. Aufbringen der →Schmierstoffträgerschicht in der →Massivumformung),

☐ die Werkstoffkennwerte vor und nach der Umformung und

☐ das Gefüge vor und nach der Umformung möglich.

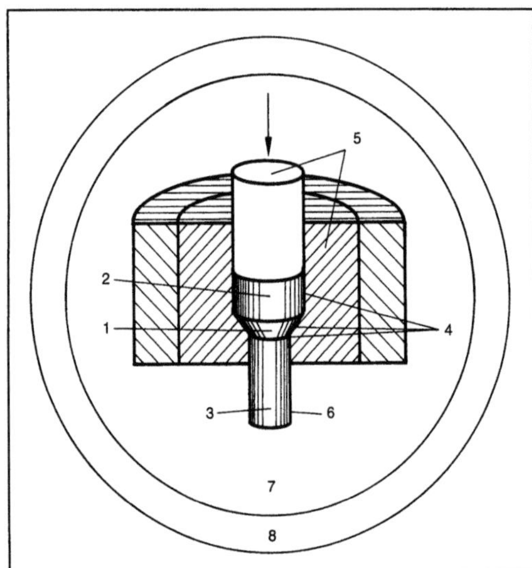


*Prozeß-Analyse 3: System zur Betrachtung von Umformvorgängen. (Quelle: Backofen, Gebhardt, Kienzle, Lange, Schey).*

1 Umformzone, 2 Stoffeigenschaften vor dem Umformen, 3 Stoffeigenschaften nach dem Umformen, 4 Wirkfuge zwischen Werkstück und Werkzeug, 5 Umformwerkzeug, 6 Oberflächenreaktionen zwischen Werkstück und umgebender Atmosphäre, 7 Werkzeugmaschine, 8 Betrieb

Nur durch Berücksichtigung aller wirkenden Einflußgrößen sind die Ziele der P.-A., nämlich die systematische Verbesserung der Produktqualität und die Erhöhung der Produktionssicherheit, erreichbar. *Lange*

Literatur: *Boёr, C. R.,* et al: Process Modelling of Metal Forming and Thermomechanical Treatment. Berlin, Heidelberg, New York, Tokio 1986. – *Wanheim, T.,* et al: The Physical Modelling of Plastic Working Processes. In: Advanced Technology of Plasticity. Bd. 2. Proc. 1st Int. Conf. on Technology of Plasticity. Tokio 1984.

**Prozeßführung.** Die P. bei der Durchführung biologischer Produktionsverfahren hat die Aufgabe, optimale Bedingungen für das Wachstum und die Produktbildung der zu kultivierenden Organismen im →Bioreaktor zu schaffen und zu erhalten.

Die Basis jedes biotechnologischen Prozesses sind die wachsende oder in einem stationären Zustand befindliche Zelle sowie ihre Inhaltsstoffe. Wachstum und Metabolitbildung sind im Vergleich zu chemischen Verfahren wesentlich komplexer und in ihrer Regulation im einzelnen nicht überschaubar. Jede einzelne Zelle verfügt über eigene Regulationsmechanismen, mit deren Hilfe sie auf die Kultivierungsbedingungen reagieren kann. Diese Mechanismen entscheiden über die Expression von Genen und damit die Bildung von Enzymen, die die biologischen Stoffumwandlungen vielfach über zahlreiche Einzel- und Folgereaktionen katalysieren. Aus diesen Gründen ist es für die P. nötig, einen hinreichenden Satz von Prozeßgrößen zu finden, der die Beurteilung und Steuerung eines biologischen Prozesses ermöglicht.

Viele direkte Einflußgrößen können entweder nicht, nur ungenau oder lediglich off line bestimmt werden, so daß sich die P. auf indirekte, aber meßbare Größen wie

☐ pH-Wert,

☐ Konzentration an gelöstem Sauerstoff im Kulturmedium,

☐ Sauerstoff- und Kohlendioxidkonzentration im Abgas

stützen muß (pH-Elektrode, →Sauerstoffelektrode, →Abgasanalyse).

Für die P. interessante Größen wie Substratverbrauch, Enzymaktivität und Produktkonzentration sind, wenn überhaupt, nur off line bestimmbar und sind so meist nur der nachträglichen Prozeßbeurteilung zugänglich.

Eingriffe in den Prozeß sind z. B. durch den Gasdurchsatz, Sauerstoffkonzentration in der Zuluft, Mediumsdurchsatz bei kontinuierlichem Betrieb (→Chemostat, →Turbidostat), Temperatur, Zugabe von Substraten oder Precursorn, pH-Korrekturmittel, Antischaummittel oder die Rührerdrehzahl möglich. Die P. stützt sich dabei auf die im Labor ermittelten optimalen Kultivierungsbedingungen und empirisch gewonnenen Informationen. Jeder Organismus stellt spezifische Ansprüche an die Kultivierungsbedingungen, so daß Informationen nur selten direkt übertragbar sind. Produktionsstämme sind dazu genetisch sehr instabil und hochgradig an die jeweiligen Prozeßbedingungen und Substrate adaptiert, was eine exakte Wiederholbarkeit der meist absatzweise durchgeführten Fermentationen erfordert. Die eigentliche P. beschränkt sich so auf die Einhaltung vorgegebener Verläufe von meßbaren Prozeßgrößen.

In neuerer Zeit setzt man verstärkt Prozeßrechner ein, die mit Hilfe eines mathematischen Prozeßmodells, das die Biologie der Organismen berücksichtigt, meßbare Größen auf die primären Zustandsänderungen in der Zelle und der dazugehörigen Wachstums- und Produktbildungsfaktoren zurückführen können. Einher geht die Weiterentwicklung von Meßtechniken, die direkte Aussagen über den ablaufenden biologischen Prozeß erlauben. So wird sich die P. in der Bioverfahrenstechnik in Zukunft immer mehr an den eigentlichen Zuständen der Zellen als an makroskopisch erfaßbaren Größen orientieren können.                                    *Liefke*

Literatur: *Fiechter, A. F., M. Meiners* u. *D. A. Sukatsch:* Biological Regulation and Process Control. In: *P. Präve, U. Faust, W. Sittig* u. *D. A. Sukatsch* (Hrsg.): Fundamentals of Biotechnology. Weinheim 1987.

**Prozeßplanung.** Unter dem Begriff P. sind folgende Funktionen der →Arbeitsplanerstellung zusammengefaßt:

□ Arbeitsvorgangsfolgeermittlung,

□ Maschinenauswahl bzw. Lohngruppenbestimmung,

□ Vorrichtungsauswahl.

Diese Funktionen sind voneinander nicht getrennt zu sehen.

Für die Ermittlung der optimalen →Arbeitsvorgangsfolge sind sowohl technische als auch wirtschaftliche Kriterien zu berücksichtigen. Bei einer systematischen Arbeitsvorgangsfolgeermittlung sind zunächst alle möglichen Verfahren zur Erzeugung der Fertigteilgeometrie aus dem Rohteil (Arbeitsplanerstellung) zu analysieren und zu erfassen. Anschließend ist es erforderlich, diejenigen Verfahren auszuschließen, die den fertigungstechnischen Anforderungen nicht genügen. Unter Berücksichtigung der zulässigen Bearbeitungsverfahren können schließlich alle technologisch möglichen Arbeitsvorgangsfolgen ermittelt und die wirtschaftlich günstigsten ausgewählt werden.

Mögliche Einflußgrößen und Entscheidungskriterien für die Arbeitsvorgangsfolgeermittlung sind die Werkstückgruppe, die Arbeitsraumabmessungen, die Leistung und die von den Maschinen abhängenden wirtschaftlichen Grenzstückzahlen, die Vorrichtungen usw. Hieraus ist die Wechselwirkung zwischen den Funktionen der Prozeßplanung zu erkennen.

Die Maschinenauswahl, d. h. die Zuordnung der Werkstücke zu den jeweiligen Maschinen, hat zum Ziel, die vorhandenen Produktionsmöglichkeiten des Unternehmens weitgehend optimal zu nutzen. Dazu ist es zweckmäßig, durch eine Analyse der Bearbeitungsaufgabe die Anforderungen an die Maschine zu definieren. Um eine eindeutige Zuordnung Werkstück – Maschine zu ermöglichen, müssen die Werkstück-, Auftrags- und Arbeitsvorgangsdaten und die Bearbeitungsmöglichkeiten aller in Betracht kommenden Maschinen gegenübergestellt und verglichen werden.

Daraus ergibt sich die Notwendigkeit, die für die Planung des Fertigungsprozesses nötigen Informationen über die Eigenschaften der Maschinen bereitzustellen. Um eine fundierte Entscheidung zu ermöglichen, ist es vor allem erforderlich, die

□ Arbeitsraumabmessungen,

□ Leistungsdaten,

□ erzielbaren Genauigkeiten und

□ Einsatzschwerpunkte

von sämtlichen verfügbaren Maschinen aufzunehmen.

Bei der Vorrichtungsauswahl unterscheidet man zwischen Standard- und Sondervorrichtungen. Dabei bereitet die Zuordnung der Standardvorrichtungen (meist Baukastenvorrichtungen) in der Regel keinen hohen Planungsaufwand. Um die Kosten zu senken, muß man bei der Planung der Sondervorrichtungen überprüfen, inwieweit die Möglichkeit besteht, bereits vorhandene Lösungen durch kleine Modifikationen an die aktuelle Bearbeitungsaufgabe anzupassen. Aus diesem Grund müssen die Vorrichtungsanforderungen mit den bereits ausgeführten Lösungen verglichen werden. Diese Anforderungen sind von der aktuellen Bearbeitungsaufgabe ausgehend funktional zu bestimmen.

Als Möglichkeiten für die Beschreibung von Vorrichtungen stehen der Verwendungsnachweis, die Beschreibung der Einsatzgrenzen und die verbale und klassifizierende Eigenschaftsbeschreibung zur Verfügung.

Wird ein Arbeitsvorgang in mehrere Teilarbeitsvorgänge unterteilt, so kann die Vorrichtungsauswahl auch innerhalb der →Verfahrensplanung vorgenommen werden.                              *Eversheim*

Literatur: *Eversheim, W.:* Organisation in der Produktionstechnik. Bd. 3: Arbeitsvorbereitung. Düsseldorf 1980. – *Veerkamp, H.-J.:* Verfahrensplanung für ebene Blechwerkstücke – Entwicklung von Methoden für die rechnerintegrierte Fertigungsdatenbestimmung in der Klein- und Mittelserienfertigung. Diss. RWTH Aachen 1986. – *Zons, R.-H.:* Rechnerunterstützte Ermittlung von Arbeitsvorgängen auf der Basis von bearbeitungstechnologischen Grundlagen. Diss. RWTH Aachen 1983.

**Prozeßüberwachung.** Bedingt durch die zunehmende Automatisierung der Fertigungsprozesse gewinnt auch die automatische Überwachung eine große Bedeutung. Auf dem Gebiet der Zerspantechnik ist in diesem Zusammenhang besonders die Werkzeugüberwachung hinsichtlich Verschleiß und Bruch zu nennen. Die Werkzeugüberwachung kann entweder intermittierend (in Arbeitspausen) oder on line (prozeßbegleitend) durchgeführt werden.

□ Bei der intermittierenden Messung in Arbeitspausen wird das Werkzeug entweder zur Bestimmung des Verschleißes vermessen, oder es wird mit einem Taster auf Anwesenheit kontrolliert (Brucherkennung)

□ Eine kontinuierliche Überwachung des Zerspanprozesses ist bei den on line messenden Systemen gegeben. Dabei werden die Nebenzeiten nicht durch Meßzyklen verlängert. Bei unvermittelt auftretendem Werkzeugbruch kann die Maschine schnell abgeschaltet werden, so daß Folgeschäden an Werkstück, Werkzeug und Werkzeugmaschine vermieden werden. Ebenso erweist sich eine Verschleißüberwachung als sinnvoll, da sich die Standzeiten, z. B. durch Chargenschwankungen von Schneidplatten und Werkstücken, nicht genau vorhersagen lassen. Letztlich ist eine automatische Fertigung ohne ständige menschliche Kontrolle (Pausenüberbrückung, personalreduzierte Schicht) nur durch eine kontinuierliche P. sichergestellt.

Zahlreiche Untersuchungen haben übereinstimmend ergeben, daß die Zerspankraftkomponente Vorschub- und Passivkraft die Vorgänge und Veränderungen an der Werkzeugschneide am deutlichsten wiedergeben.

Der Werkzeugverschleiß ist durch einen Anstieg der beiden genannten Kraftkomponenten gekennzeichnet. Sowohl der Verlauf des Kraftanstiegs als auch die Höhe der Kräfte sind von einer Vielzahl von Einflußgrößen abhängig. Deshalb müssen in jedem Bearbeitungsfall Kraftanfangs- und -endwert zunächst im Teach-in-Betrieb erlernt werden.

Werkzeugbrüche sind durch schnelle impulsartige Kraftverläufe gekennzeichnet, die von einer Auswerteelektronik detektiert werden können.

Neuere Entwicklungen zielen darauf ab, andere Sensoren einzusetzen, die neben einer kleineren Einbaugröße auch preisgünstiger und einfacher nachrüstbar sind als das beschriebene Kraftmeßsystem. Gemessen werden von der →Zerspankraft abgeleitete Größen wie Dehnungen, Beschleunigungen und Körperschall. Allerdings müssen hierbei auch die Auswertestrategien entsprechend angepaßt werden. *König*

Literatur: *Kluft, W.:* Prozeßbegleitendes Erkennen von Werkzeugbruch und Verschleißgrenzen. Ind.-Anz. 104 (1982) Nr. 96. – *König, W.,* u. *K. Christoffel:* Werkzeugüberwachung beim Bohren und Fräsen. Ind.-Anz. 104 (1982) Nr. 96. – *Lechler, G.:* Werkzeugüberwachungssysteme in der Praxis. Ind.-Anz. 104 (1982) Nr. 96.

**Prozeß-Validierung.** Aufgabe der Fertigungsausführung ist es, Material fehlerfrei, d. h. nach vorgegebener Anweisung, zu bearbeiten. Die Anweisung legt einen oder mehrere Grenzwerte fest, die nicht verletzt werden dürfen. Kein Prozeß kann aber Erzeugnisse mit identischen Ist-Werten ihrer Qualitätsmerkmale liefern. Diese haben je nach Art der wirkenden Einflüsse systematische oder zufällige Abweichungen voneinander. Die ersteren lassen sich kompensieren, da ein gesetzmäßiger Zusammenhang zwischen Ursache und Wirkung besteht. Die letzteren verursachen eine Streuung der Ist-Werte, deren Maß die Standardabweichung der Verteilung ist. Die Aufgabe besteht darin sicherzustellen, daß die Ist-Werte trotz ihrer Streuung den oder die Grenzwerte nicht verletzen, und den Nachweis darüber zu führen.

P.-V. setzt die Kenntnis des Mittelwerts $\mu$ und der Standardabweichung $\sigma$ der Ist-Verteilung voraus.

Für den Prozeß werden zwei Qualitätskennzahlen angegeben. Sie gestatten es, die Qualitätsfähigkeit des Prozesses zu beurteilen:
□ Die natürliche Streubreite in Relation zu der Differenz des oberen und des unteren Grenzwerts (Toleranz):

$$\frac{OGW - UGW}{6\,\sigma},$$

□ der kleinste Abstand des Prozeßmittelwerts von den Grenzwerten in Relation zur halben Streubreite

$$\min \frac{OGW - \mu}{3\,\sigma} \text{ bzw. } \frac{\mu - UGW}{3\,\sigma}.$$

Ein Prozeß kann als validiert gelten, wenn die Prozeßfähigkeit deutlich >1 ist. Das muß laufend überwacht werden. Dazu setzt man die Technik der Qualitätsregelkarte in einer dem Prozeß angemessenen Form ein. *Masing*

Literatur: DIN 55350. Tl. II: Qualitätsnachweis. Hrsg. Dt. Inst. für Normung. Ausg. Mai 1987. – *Masing, W.:* Der beherrschte Fertigungsprozeß. wt Z. ind. Fertigung 67 (1977), S. 269/72.

**Prüfsieb.** Genormte Siebe mit einem Durchmesser von 200 mm (ISO/TC 24) zum Bestimmen von Partikelgrößen. Es werden mehrere P. mit von oben

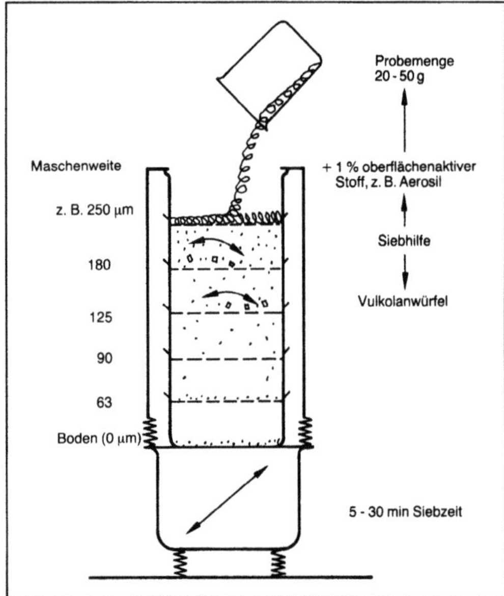


*Prüfsieb: Laborsiebmaschine mit 5 Prüfsieben.*

nach unten abnehmender →Maschenweite übereinander auf einer Laborsiebmaschine angeordnet (Bild). Eine Probe aus einem Haufwerk gibt man auf das oberste Sieb. Im Verlauf der Siebung (elektrische Schwingungserregung) verteilt sich die Probe entsprechend Partikelgröße auf den verschiedenen Sieben. Der Massenanteil, der sich dabei auf einem Sieb einstellt, wird relativ zur Gesamtmasse der Probe als Siebrückstand der jeweiligen Maschenweite zugeordnet. Siebhilfen in der Form von Gummikugeln oder Würfeln, die auf jedes Sieb gegeben werden, verhindern das Verstopfen der Maschen. *Trefz*

**Pseudokomponente.** Zur Beschreibung von komplexen, aus sehr vielen Komponenten bestehenden Mischungen können P. angewendet werden. Man kann das Gemisch z. B. durch ein Trennverfahren in verschiedene Fraktionen aufteilen. Jeder Fraktion wird dann eine P. zugeordnet, der man die Eigenschaften zuweist, die für die einzelnen Fraktionen bestimmt worden sind (z. B. mittlere Molmasse, Dichte). Einige Eigenschaften (z. B. die Siedetemperatur) müssen durch Mittelwertbildung bestimmt werden, wenn die Fraktionen keine Siedepunkte, sondern Siedebereiche haben (→Engler-Siedekurve).

Durch die Bildung von P. kann die Anzahl der Komponenten auf ein für Berechnungen handhabbares Maß reduziert werden (→Vielstoffgemisch). *Dohrn*

**Puffersubstanz.** P. sind ganz allgemein schwache Säuren oder schwache Basen im Gemisch mit ihren Salzen. Die Puffersubstanzen haben die Eigenschaft, $H^+$-Ionen und $OH^-$-Ionen abzufangen und dadurch die pH-Änderungen zu mildern, die auf Zusatz von Säuren oder Basen entstehen. Ihre Wirkungsweise wird aus dem Massenwirkungsgesetz verständlich, das besagt, daß das Verhältnis der Konzentrationen konstant ist:

$$[Ac^-]/[Ac]/[H^+] = K;$$

darin bedeuten: $Ac^-$ Anion, HAc undissoziierte Säure.

Das Pufferverhalten eines Puffergemisches ist am besten im Bereich des jeweiligen pH-Werts, d. h. des pH-Werts, bei dem gleich viel undissoziierte Säure und Anion vorliegen.

Im biologischen System ist die Aufrechterhaltung des Säure-Basen-Gleichgewichts Voraussetzung zum Funktionieren der vielfältigen enzymatischen Prozesse. Zur Konstanthaltung des Blut-pH-Werts fungieren deshalb mehrere Puffersysteme. Dies sind der Bicarbonatpuffer, das Hämoglobin der Erythrozyten sowie das Phosphatpuffersystem. Ein Absinken der pH-Werte unter 7,4 nennt man Azidose; pH-Werte über 7,8 werden als Alkalose bezeichnet.

Zum Ausgleich einer Azidose; können verschiedene P. gegeben werden: Bicarbonat, Azetat, das nach Verstoffwechslung im Krebszyklus der Leber zu Bicarbonat umgewandelt wird, Citrat und Trispuffer (Hydroxy-Methylaminomethan). *H. Schneider*

**Pulsationsextraktion.** Flüssig-Flüssig-Extraktion (→Extrahieren), bei der zur Erhöhung der Phasengrenzfläche die Flüssigkeitssäule pulsiert wird oder mechanische →Einbauten pulsierend auf und ab bewegt werden. Pulsationskolonnen haben nicht den Nachteil der Rührkolonnen, bei denen die Rührwirkung nur nahe der Peripherie vorhanden ist und es Zonen gibt, in denen die Mischwirkung zu klein ist. Der Durchsatz der beiden Phasen ist nahezu gleichmäßig über den Kolonnenquerschnitt verteilt. Die Pulsation kann durch einen Pulsator erzeugt werden. Dabei handelt es sich um eine Kolbenpumpe ohne Ventile. Als Einbauten werden oft Siebböden verwendet.

Die Amplitude einer Pulsation beträgt ca. 5 mm, die Frequenz ca. $1 s^{-1}$. Bei Kolonnendurchmessern >1 m sind die Massenkräfte so groß, daß Bruchgefahr besteht. Statt der Flüssigkeitssäule, können auch die Einbauten pulsiert werden. *Dohrn*

Literatur: *Mersmann, A.*: Thermische Verfahrenstechnik. Berlin, Heidelberg, New York 1980. – *Sattler, K.*: Thermische Trennverfahren. Weinheim 1988. – Ullmanns Enzyklopädie der techn. Chemie. 4. Aufl. Weinheim 1972.

**Pulsator.** Oft allgemein für Dauerschwingprüfmaschinen gebrauchte Bezeichnung, im besonderen Antriebsaggregat für ölhydraulisch betriebene Dauerschwingprüfmaschinen mit mittelbarem Federkraftantrieb. Weiter verbreitet sind folgende Typen:

□ Bauart Amsler (ältere Ausführung): Ein stufenlos verstellbarer Hub wird dadurch erreicht, daß zwei P.-Zylinder gegeneinander phasenverschiebbar gemacht wurden. Die Pleuel beider Kolben laufen auf dem gleichen Kurbelzapfen. Der eine Zylinder ist um die Achse schwenkbar.

Unterlast und Oberlast werden mit zwei federbelasteten Meßkolben festgestellt. Es ist damit die Messung dynamischer Kräfte auf die Messung statischer Kräfte zurückgeführt.

□ Beim MAN-P. wird im Gegensatz zur Amsler-Ausführung der Antrieb der beiden P.-Kolben von zwei Kurbelzapfen abgeleitet, die durch ein Differentialgetriebe gegeneinander verdreht werden können. Die Arbeitszylinder sind nicht schwenkbar.

□ Bauart Amsler (neuere Ausführung). Der P.-Kolben ist mit einem Gelenkviereck in Verbindung, dessen Schwingenlagerpunkt mit einem Zahnsegment verlegt wird.

Meßeinrichtung, Prüfmaschine und Öldruckpumpe sind entsprechend Bild 1 sinngemäß angeordnet. Die Probe wird je nach Einspannung einer schwellenden Zug-, Druck- oder Biegebeanspruchung ausgesetzt.

□ Bauart Losenhausen:

– Schwellende Belastung. Der P.-Kolben wird durch eine Schwinge betätigt (Bild 1, ohne Öldruck II zu denken), entlang deren er mechanisch verstellbar ist. Damit ist ein bestimmter Hub und damit ein bestimmtes Ölfördervolumen gegeben. Zur Messung der Oberlast und Unterlast sind 2 Manometer angeordnet, die über einen synchron mit der Kurbelwelle umlaufenden Drehschieber im Zeitpunkt des Druckmaximums bzw. -minimums mit dem Arbeitszylinder der Prüfmaschine verbunden werden. Die Oberlast wird über Steuerkontakte am Maximummanometer durch eine magnetisch gesteuerte Kolbenpumpe mit veränderlicher Fördermenge konstant gehalten, die Unterlast durch Verstellen des P.-Kolbens auf der Schwinge (Änderung des Ölfördervolumens) eingestellt.

Durch den maximalen P.-Kolbenhub ist wie bei allen hydraulischen P. der größtmögliche Verformungsweg bei sehr nachgiebigen Proben begrenzt. Ein Teil des P.-Ölfördervolumens geht immer durch die elastische Verformungen in den Ölleitungen und in der Prüfmaschine für die Verformung der Probe verloren.

– Wechselnde Belastung (Bild 1). Zur Durchführung von Wechselversuchen (z. B. Zug-Druck-Schwingbeanspruchung) auf hydraulischem Weg muß die Prüfmaschine zwei unabhängige Lastkolben besitzen. Am Zugkolben ist die beschriebene P.-Anlage für schwellende Belastung angeschlossen. Der Druckkolben steht mit dem Ausgleichsbehälter und der Ölpumpe II in Verbindung. Durch Überla-

gerung der Zugschwellbelastung mit der statischen Druckbelastung wird auf die Probe eine Wechsellastung ausgeübt. Die Lastgrenzen werden über 2 Drehschieber an den Manometern angezeigt.

Bei der schnellaufenden Ausführung wird die Ölfeder durch eine mechanische Feder ersetzt.

□ Schwingrohr-P., Bauart Amsler (Bild 2). Die Konstruktion versucht, die angeführten Mängel des hydraulischen, mittelbaren Federkraftantriebes bei der Schwingungsprüfung großer Bauteile durch hydraulischen Resonanzbetrieb zu beseitigen. Ein hydraulischer P. normaler Bauart regt das Schwingsystem, bestehend aus Schwingrohr, Preßtopf und Probe, zu Resonanzschwingungen an. Zur Abstimmung werden neben der Frequenz auch die Länge des als Antriebsfeder $c_2$ wirksamen Schwingrohrs

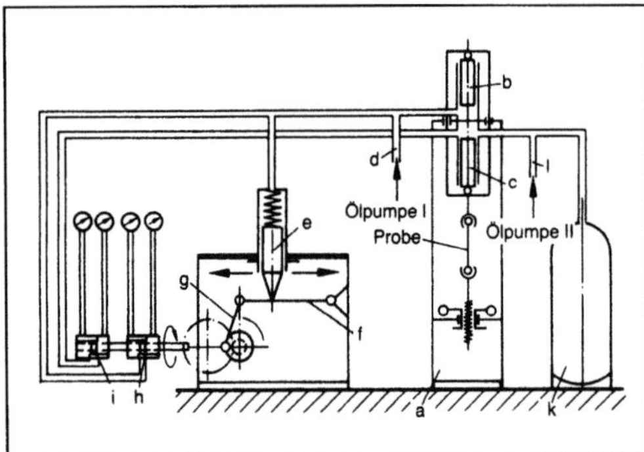

*Pulsator 1: Bauart Losenhausen für Wechsellast (Höchstdruck 200 bar Überdruck, Prüffrequenz maximal 1000 Lastspiele/min, Pulsatorhubvolumen bis 800 cm³).*

a Prüfmaschinenrahmen, b Zugkolben, c Druckkolben, d Druckleitung von Ölpumpe I, e Pulsatorkolben, f Schwinge, g Pleuelstange der Antriebskurbelwelle, h Drehschieber mit Maximum- und Minimummanometer für Zugzylinder, i Drehschieber und Manometer für Druckzylinder, k Ausgleichsbehälter (Ölgegenfeder), l Druckleitung von Ölpumpe II

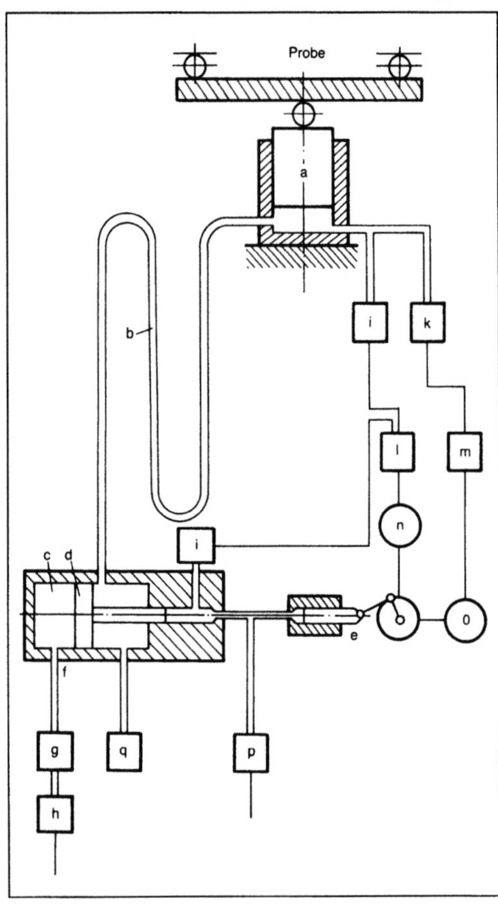

*Pulsator 2: Schematische Darstellung der Wirkungsweise des Schwingrohrpulsators (Prüffrequenz bis 1000 Lastspiele/min). (Quelle: Amsler)*

a Preßtopf, b Schwingrohr, c Umformerzylinder, d Doppelkolben, e Erregerpulsator, f Akkumulatorraum, g Druckhalter, h Kompressor, i Phasenindikatoren, k Druckindikator, l Verstärker für Drehzahlregulierung, m Verstärker für Ausschwenkung, n Antriebsmotor, o Hilfsmotor, p Druckreguliervorrichtung, q Nachfüllvorrichtung

und die mitschwingende Ölmasse variiert. Eine elektronische Steuerung regelt die Drehzahl des P.-Motors in den Resonanzscheitel (hydraulische Rückkoppelung). Regeleinrichtungen mit Druckindikatoren halten die Druckamplitude konstant. Gegenüber normalen P. wird durch hydraulische Resonanzwirkung eine Vervielfachung des P.-Hubvolumens und eine Drucksteigerung bei kleiner Antriebsleistung erreicht. *Kußmaul*

**Pulsbetrieb** →Laserbetriebsart

**Pulvermetallurgie.** Oberbegriff für eine Verfahrenstechnik zur Herstellung von Fertigteilen aus pulverförmigen Materialien, die in Formen gepreßt und anschließend bei Temperaturen unterhalb des Schmelzpunktes gesintert werden. Der gesamte Verfahrensablauf besteht aus drei Stufen: Pulvererzeugung, Formpreßtechnik, Sintertechnik.

Die wichtigsten Verfahren zur Herstellung geeigneter Pulver sind:

□ Thermische Zersetzung von flüssigen Carbonylen. Hiernach lassen sich Eisen- und Nickelpulver großer Reinheit im Korngrenzenspektrum von 2–10 μm herstellen (BASF-Prozeß).

□ Elektrolyse von Metallsalzlösungen nach *Husqvarna*, vornehmlich geeignet zur Erzeugung von Kupferpulver, aber auch von Eisenpulver.

□ Verdüsen von geschmolzenen Stoffen im Wasser-, Dampf- oder Preßluftstrom. Das hier einzuordnende Mannesmann-RZ-Verfahren eignet sich zur Herstellung von Eisen-, NE-Metall- und anderen Legierungspulvern für die Sintertechnik.

□ Reduktionsverfahren. Hierbei werden pulvrige Metalloxide vorwiegend durch Wasserstoff reduziert. Mit dieser Technik werden Wolfram- und Molybdänpulver, aber auch Eisenpulver hergestellt. Die Reinheit des Ausgangsstoffs ist maßgebend für die Qualität des Pulvers (Hoeganaes- und Pyron-Prozeß).

□ Mechanische Zerkleinerung, meist durchgeführt mit Schlagkreuzmühlen (Hametag-Verfahren).

Die Verdichtung der Pulver erfolgt durch →Pressen. Die angewandte Preßtechnik ist ausschlaggebend für die Brauchbarkeit der Preßteile, weil hier berücksichtigt werden muß, daß die Pulver im aufgeschütteten Zustand ein größeres Volumen als im verdichteten haben und die Druckfortpflanzung in einem Preßkörper nicht den Gesetzen der Hydrostatik folgt. Wird z. B. das in eine Matrize eingefüllte Eisenpulver einseitig gepreßt, so entsteht wegen der innerhalb des Körpers unterschiedlichen Reibungsverluste ein Preßteil mit ebenfalls unterschiedlicher Dichte, wobei die dem Stempel zugekehrte Fläche die größte Dichte aufweist. Doppelseitiges Pressen verbessert die Gleichmäßigkeit. Das Ausformen des gepreßten Teils erfolgt entweder durch Ausstoßen (hier wirkt der Unterstempel gleichzeitig als Auswerferstößel) oder durch Abziehen (hier ruht der

Preßling nach dem Hochfahren des Oberstempels auf dem oder den Unterstempel(n). Die Abziehtechnik erfordert meist einen etwas aufwendigeren Werkzeugbau. Man vermeidet aber beim Abziehen Rißbildung oder gar Bruch im Preßling, wie infolge der Stoßbeanspruchung beim Ausstoßen möglich.

Nach dem Pressen müssen die Preßlinge gesintert werden, d. h. sie werden bei Temperaturen unterhalb des Schmelzpunktes des Grundpulvers geglüht, wobei es zu einer Verfestigung des Preßlings infolge örtlichen, punktförmigen Zusammenbackens der einzelnen Teilchen kommt. An diesem Vorgang sind auch Diffusionsmechanismen beteiligt.

Der Sinterprozeß muß in 2 Stufen erfolgen. Im ersten Abschnitt werden die Preßlinge bei etwa 500 °C geglüht, um die das Pressen erleichternden Mittel (z. B. Zinkstearat) auszutreiben. Kann man die Qualitätsanforderungen an das fertige Sinterteil bereits durch Einmalpressen erfüllen, so wird anschließend der Preßling auf eine vom Pulverwerkstoff abhängige Temperatur (bei Eisen z. B. 1200 °C) etwa 1 h lang gesintert. Wird das Doppelpreßverfahren angewendet, muß man nach dem Vorpressen bei etwa 40 000 N/cm$^2$ wenigstens 30 min bei 1000 °C vorsintern und – wenn mit 60 000 N/cm$^2$ nachgepreßt ist – bei 1200 °C nachsintern. Zum Schutz der Sinterteile und auch der empfindlichen Heizleiter der elektrischen Glühöfen wird in Schutzgas (Wasserstoff, Ammoniak, Spaltgas, teilverbranntes Leuchtgas) geglüht.

Werkstoffseitig ist zu beachten, daß sich einsatzfähige Sinterteile fast ausschließlich nur aus oxidfreien Pulvern herstellen lassen. Daher fallen Metalle, deren Oxide sich mittels Wasserstoff nicht reduzieren lassen, für die Herstellung industriell verwertbarer Sinterteile größtenteils aus.

Zu den wichtigsten Nachbehandlungstechniken zwecks Verbesserung bestimmter Eigenschaften von Sinterteilen zählen das Infiltrieren, das Imprägnieren und das Oxidieren.

Infiltrieren ist ein Tränken poröser Sinterkörper mit Buntmetall (Kupfer, Messing), wodurch wasser-, öl- und sogar luftdichte Teile hergestellt werden können. Um die Tränkkörper wird eine entsprechend dem Porenvolumen angepaßte kleine Menge Buntmetall gelegt, das beim Sintern schmilzt und in die Poren eindringt. Auf diese Weise sind Zugfestigkeiten bis 700 N/mm$^2$ erreichbar.

Beim Imprägnieren füllt man die Poren mit Öl, Paraffin, Kunstharzlösungen, Lacken oder Phosphaten. Hierdurch bekommen z. B. Sinterlager eine bessere Schmierfähigkeit mit Dauereffekt, und allgemein wird der Korrosionsschutz erhöht.

Künstliche Oxidation wird durch Behandeln der fertigen Sinterteile nach Erwärmen auf etwa 500 °C mit Wasserdampf vorgenommen. Dabei bildet sich an der Oberfläche und im oberflächennahen Porenraum eine dichte und harte Oxidschicht aus Fe$_2$O$_3$, so daß diese Teile besonders verschleißfest sind.

Sinterteile aus metallischen Werkstoffen haben vielfach Eigenschaften, die sich auf andere Weise nicht erzeugen lassen. Deshalb ist ihre Anwendungspalette auch besonders groß, und es bestehen Einsatzmöglichkeiten in allen Bereichen der Technik. Neuerdings wird mit pulvermetallurgischen Methoden auch in der Hochleistungskeramik gearbeitet; hier entweder mit nichtmetallischen Pulvern oder auch Gemischen aus keramischen und metallischen Komponenten.                                    *Doliwa*

**Pumpen, parametrisches.** →Adsorptionsverfahren, bei dem das Fluid abwechselnd nach oben und nach unten durch ein Festbett geleitet wird. Während des Abwärts-P. kühlt man das Adsorptionsbett, d. h. eine →Adsorption von gelösten Stoffen wird begünstigt. Während der Aufwärtspumpphase wird Wärme zugeführt, was eine →Desorption begünstigt. Auf diese Weise werden die gelösten Stoffe in Abhängigkeit ihrer Affinität zur Feststoffphase in den oberen Vorratsbehälter gepumpt. Das Bild zeigt den schematischen Aufbau einer Anlage zum p. P.

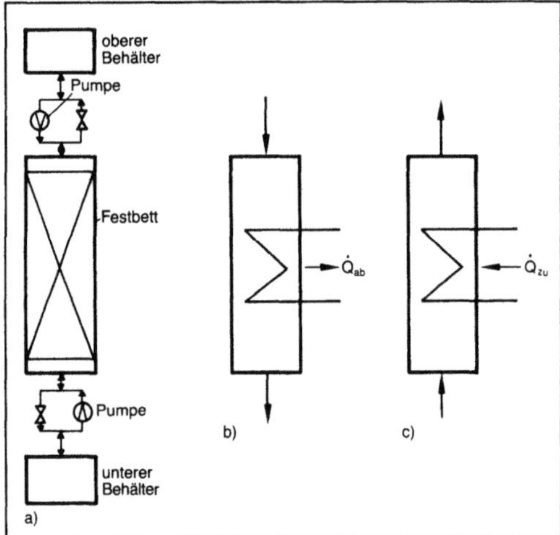


*Pumpen, parametrisches: Arbeitsweise.*
*a) Schematischer Aufbau einer Anlage*
*b) Abwärtsphase: Kühlen*
*c) Aufwärtsphase: Heizen.*

Wie bei chromatatographischen →Trennverfahren kann die stationäre Phase eine auf feste Partikel aufgebrachte schwerflüchtige Flüssigkeit sein. Das p. P. wurde hier als diskontinuierlicher Prozeß vorgestellt. Es kann auch kontinuierlich, allerdings mit geringerer Trennleistung durchgeführt werden.                                    *Dohrn*

Literatur: *Chen, H. T.*, u. *F. B. Hill*: Characteristics of batch, semi continuous, and continuous equilibrium parametric pumps. Separ. Sci. (1971) Nr. 6, S. 411. – *King, C. J.*: Separation Processes. New York 1980. – *Wilhelm, R. H., A. W. Rice* u. *A. R. Bendelius*: Parametric pumping: a dynamic principle for separating fluid mixtures. Ind. Eng. Chem. Fundam. (1966) Nr. 5, S. 141.

**Punktschweißen.** Das P. zählt zu der Gruppe der Preßschweißverfahren. Als Wärmequelle dient die infolge direkter Stromübertragung im Werkstück entstehende Widerstandswärme. Die erzeugte Wärmemenge ergibt sich nach dem Joule-Gesetz zu $Q = I^2Rt$. Das Bild gibt die Anordnung beim P. wieder. Zwei flächig aufeinanderliegende Werkstücke (überlappende Schweißung) werden durch zwei gegenüberliegende Elektroden aus kaltverfestigtem Reinkupfer oder Kupferlegierungen (z. B. Cu-Be, Cu-Cr-Zr, Cu-Ag, Cu-Cd, Cu-W) oder hochschmelzenden Metallen (Wolfram, Molybdän) aufeinandergedrückt. Ein Schweißstrom, Wechsel- oder Gleichstrom hoher Stromstärke (viele kA) und niedriger Spannung (wenige V) erwärmt die zu verbindenden Teile auf Schweißtemperatur. Durch die bewegliche obere Elektrode wird eine Stauchkraft (mehrere kN) ausgeübt und so eine linsenförmige Schmelzzone an der Verbindungsstelle erzielt. Das Verfahren eignet sich insbes. zum Verbinden von Blechen aus niedriglegiertem und hochlegiertem Stahl sowie aus vielen NE-Metallen. Je geringer der elektrische Widerstand der zu verbindenen Bleche ist, desto höher muß die Leistung der Punktschweiß-Anlagen sein. Daher erfordert z. B. das Schweißen von Aluminium bei gleicher Blechdicke nahezu doppelt so hohe Schweißströme wie Stahl. Die Elektrodenform kann flach (geringer Oberflächeneindruck, einfache Herstellung) oder ballig (bessere Stromübertragung beim Vorliegen nichtleitender Fremdschichten an der Werkstückoberfläche, z. B. Leichtmetalle) sein. Da die wassergekühlte Elektrode durch die hohe mechanische und thermische Belastung an ihrer Arbeitsfläche mehr oder minder starkem Verschleiß unterworfen ist, werden auswechselbare Elektrodenkappen bzw. Elektroden verwendet (→Fertigung, flexible, →Industrieroboter-Teilsystem, →Roboter, →Schweißverfahren).                                    *Dorn*

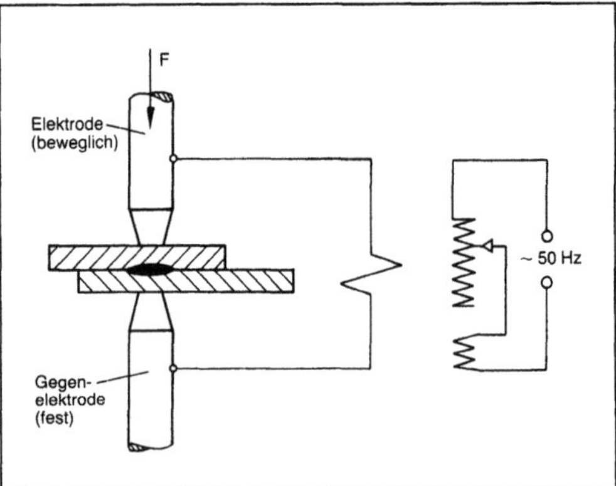


*Punktschweißen: Schema einer Anlage.*

Literatur: *Dorn, L.*: Widerstandspreßschweißen. Handb. Fertigungstechnik. Bd. 5. *G. Spur* (Hrsg). München 1986.

**Pyrolyse-Reaktion.** Die thermische Spaltung (thermisches Kracken) von Erdöl- und Erdgas-Kohlenwasserstoffen (z. B. Naphtha, Gasöle, gasförmige $C_2^+$-Kohlenwasserstoffe aus nassen Erdgasen) in Abwesenheit von Sauerstoff zu Produkten mit geringerer Molekülmasse wird als Pyrolyse bezeichnet. In der chemischen Technik erfolgt die Pyrolyse zur Begrenzung von Nebenreaktionen in Gegenwart von Wasserdampf. Daher werden die technischen Verfahren der Pyrolyse häufig Steamcracker-Verfahren, der Pyrolysevorgang meist Steamcracking (Dampfspaltung) genannt. Man unterscheidet das Tieftemperaturkracken zwischen 450 und 600 °C, die Mitteltemperatur-Pyrolyse (MTP) zwischen 750 und 950 °C und die Hochtemperatur-Pyrolyse (HTP) bei Reaktionstemperaturen über 1200 °C. Die bei der Pyrolyse stattfindenden Reaktionen ($\rightarrow$Reaktion, komplexe) verlaufen nach einem radikalischen Mechanismus, dessen vier wichtigsten Teilschritte sind:

□ Startreaktion: Langsame Spaltung (geschwindigkeitsbestimmende Teilreaktion) einer Kohlenstoff-Kohlenstoff-Bindung:

$$R\text{-}CH_2\text{-}CH_2\text{-}CH_2\text{-}R_1 \xrightarrow{\Delta T} R\text{-}CH_2\text{-}{}^*CH_2 + {}^*CH_2\text{-}R_1$$

Edukt-Paraffin   Primäre   Radikale

□ Radikalübertragungsreaktion:

$$\begin{array}{c} H \\ | \\ R_1\text{-}C^* \\ | \\ H \end{array} + R\text{-}CH_2\text{-}CH\text{-}CH_2\text{-}R_1 \rightarrow R_1\text{-}CH_3 +$$

H   H   Paraffin

$R\text{-}CH_2\text{-}{}^*CH\text{-}CH_2\text{-}R_1$
sekundäres Radikal

□ Abspaltung von Olefinen:

$$R \mid CH_2\text{-}{}^*CH_2 \rightarrow H_2C{=}CH_2 + R^*$$

primäres Radikal   Ethen

$$R \mid CH_2\text{-}{}^*CH\text{-}CH_2\text{-}R_1 \rightarrow H_2C{=}CH\text{-}CH_2\text{-}R_1 + R^*$$

α-Olefin

□ Kettenabbruchreaktion durch Radikalrekombination:

$$R_1\text{-}{}^*CH_2 + R^* \rightarrow R_1\text{-}CH_2\text{-}R$$

Paraffin

Insgesamt entstehen also kürzerkettige Olefine und Paraffine, so daß folgende Brutto-Reaktionsgleichung der Pyrolyse formuliert werden kann:

$$R\text{-}CH_2\text{-}CH_2\text{-}CH_2\text{-}R_1 \xrightarrow{\Delta T} R\text{-}CH{=}CH_2 + R_1\text{-}CH_3$$

langkettiges   kurzkettige
Paraffin   Olefine und Paraffine

Es entstehen keine Isoparaffine. Als unerwünschte Folgereaktion tritt die Polymerisation der gebildeten Olefine auf, die über Wasserstoffabspaltungsreaktionen zur Koksabscheidung führen. Die Koksbildung kann durch Zusatz von Wasserdampf vermindert werden. Weitere Sekundärreaktionen bei der Pyrolyse sind die Dehydrierung und die Cyclisierung, die zu Aromaten und teilweise ebenfalls zu Verkokungsprodukten führen. Das Produktspektrum auf Grund der komplexen P.-R. läßt sich durch Variation der Reaktionstemperatur (Spalttemperatur), $\rightarrow$Verweilzeit (Krackzeit) der Reaktionsmasse und des Partialdrucks der Reaktanden (Wasserdampfzusatz) stark beeinflussen. Die Einflüsse von Temperatur und Verweilzeit gehen in die Krackschärfe ein: Je höher die Temperatur und je kürzer die Verweilzeit, um so größer wird die Krackschärfe.

Neben den kinetischen Einflußgrößen ist zur technischen Durchführung der Pyrolyse die thermodynamische Instabilität aller Kohlenwasserstoffe bei den relativ hohen Pyrolysetemperaturen von großer Bedeutung. Um weitestgehend Zerfallsreaktionen der Kohlenwasserstoffe in die Elemente Wasserstoff und Kohlenstoff (Koksbildung) zu vermeiden, müssen die den Spaltofen ($\rightarrow$Röhrenofen) verlassenden Reaktionsgase (Spaltgase, Krackprodukte) sehr rasch mit Wasser und/oder Ölen abgekühlt, d. h. abgeschreckt bzw. gequencht, werden. Dabei kann beim Quenchen Hochdruckdampf erzeugt werden. Ein typischer Krackofen (Röhrenofen) mit Quenchkühler und Rauchgas-Abhitzeverwertung ist im Bild dargestellt. Danach werden der Rohstoff (z. B. Naphtha) und das Prozeßwasser innerhalb der Konvektionszone durch die heißen Abgase der Seitenwandbrenner vorgewärmt. Die Eduktdämpfe gelangen in das von außen beheizte Krackrohr ($\rightarrow$Rohrreaktor, Pyrolyseschlangen), das von Zeit zu Zeit durch Abbrennen der Verkokungsprodukte gereinigt werden muß. (Der weitere Verfahrensablauf und Details zum Krackofen sind beim Stichwort $\rightarrow$Röhrenofen beschrieben.)

Im Unterschied zum katalytischen Kracken dient das thermische Kracken nicht allein zur Benzinherstellung (Pyrolysebenzin), sondern insbes. zum Herstellen wichtiger Chemikalien. Beispielsweise wird die Naphtha-Pyrolyse (MTP) zum Herstellen niedermolekularer Monoolefine durchgeführt, wobei mit zunehmender Krackschärfe die Ethen-Ausbeute stark ansteigt, während die Ausbeuten an Propen und höheren Krackprodukten sehr fallen. Zunehmende Bedeutung erlangt die MTP von Erdöl-Mitteldestillaten sowie von Rohöl. Ein weiteres MTP-Verfahren ist die Wachsspaltung von $C_{20}^+$-n-Paraffinkohlenwasserstoffen zur Produktion höhermolekularer α-Olefine, die man zum Herstellen von Waschmitteln, Kunststoff-Weichmachern und Schmierölen verwendet.

Die Hochtemperatur-Pyrolyse (HTP) wird insbes. zum Herstellen von Acetylen ($\rightarrow$Lichtbogen-

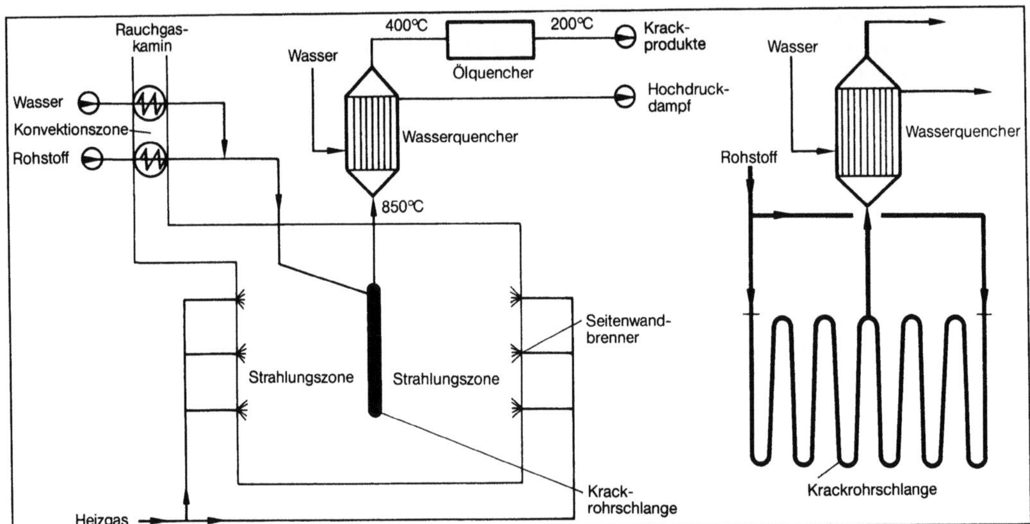


*Pyrolyse-Reaktion: Krackofen mit Quenchkühler und Rauchgas-Abhitzeverwertung. (Quelle:* Keim *a. a. O.)*

verfahren, →Plasmaverfahren) durchgeführt. Hierher gehören auch das für die Acetylenherstellung bedeutendste, autotherme Sachsse-Bartholomé-Verfahren, bei dem Methan (bis Naphtha) durch unvollständige Verbrennung mit reinem Sauerstoff pyrolysiert wird, sowie der autotherme HTP-Prozeß. Bei diesem Prozeß wird die Spaltenergie durch ein ca. 2500°C heißes Trägergas erzeugt, das durch Verbrennung von Spaltgas und Spaltöl entsteht. In das heiße, wasserdampfreiche Trägergas werden die Rohstoffe (Methan bis Naphtha) eingedüst und pyrolysiert. Bei Naphtha als Rohstoff entstehen ca. 54% an Acetylen- und Ethengehalt im Verhältnis 40:60.                    *Schönbucher*

Literatur: *Keim, W., A. Behr* u. *G. Schmitt:* Grundlagen der industriellen Chemie. Frankfurt a. M. 1986.

# Q

**Qualität.** Der Begriff Q., hergeleitet vom lateinischen qualis (wie beschaffen), wird umgangssprachlich in zwei Bedeutungen gebraucht:

☐ In Anlehnung an den lateinischen Ursprung kann Q. wertfrei ein Synonym für Beschaffenheit sein (Stahl-Q. St 37).

☐ Im täglichen Sprachgebrauch bezeichnet Q. Eigenschaften, die ein ausgewogenes Maß landläufiger Mindesterwartungen deutlich überschreiten, insbes. im Hinblick auf die Veränderungen dieser Eigenschaften im Lauf der Zeit.

Als Eigenschaften sind die Ist-Werte der Q.-Merkmale im weitesten Sinn definiert, so z. B. nicht nur Rauhtiefe für die Oberfläche, sondern auch Servicefreundlichkeit. Das ausgewogene Maß berücksichtigt die Tatsache, daß das statistische Gewicht verschiedener Eigenschaften eines für einen bestimmten Zweck gedachten Erzeugnisses sehr verschieden sein kann. So muß die Reißfestigkeit eines Bergseils in seine Bewertung wesentlich stärker eingehen als seine Farbechtheit. Die Wertvorstellungen verschiedener Personen sind i. a. sehr unterschiedlich, weil ihre individuellen Bedürfnisse selbst bei relativ einheitlichen Grundforderungen voneinander abweichen. Dennoch lassen sich größere Personengruppen in diesem Sinn zusammenfassen, z. B. die Europäer im Gegensatz zu den Japanern, Photoreporter im Gegensatz zu Photoamateuren usw. Die Gruppen haben naturgemäß verschiedene Mindesterwartungen, die nicht nur eben erfüllt, sondern deutlich überschritten sein müssen.

Die technische Definition lautet nach DIN 55 350: Beschaffenheit einer Einheit, bez. ihrer Eignung festgelegte und vorausgesetzte Anforderungen zu erfüllen. Dabei wird Beschaffenheit als komplexer Ausdruck für die Gesamtheit der Merkmale und Merkmalswerte gebraucht. Einheit kann jeder materielle oder immaterielle Gegenstand der Betrachtung sein. Die Definition der Q. nach ISO 8402 ist mit der hier gegebenen inhaltsgleich.

Um Mißverständnisse und Verwechslungen auszuschließen, benutzt die Q.-Lehre die Begriffe Typ, Sorte oder Klasse, wenn die geforderte oder vorhandene Beschaffenheit einer Einheit bezeichnet werden soll. Das Anspruchsniveau ist ein Rangindikator für unterschiedlich festgelegte oder vorausgesetzte Anforderungen an Einheiten, die dem gleichen Zweck dienen.

In der technischen Definition sind zwei verschiedene Aspekte enthalten:

☐ im Verhältnis des Güter oder Dienstleistungen produzierenden Unternehmens zum Kunden: der Erfüllungsgrad explizit geäußerter Forderungen oder stillschweigender Erwartungen (Q. im Außenverhältnis). Wenn sie kompromißlos erfüllt sind, handelt es sich um ein Q.-Produkt materieller oder immaterieller Art;

☐ innerhalb des Unternehmens: der Grad der Übereinstimmung von Vorhaben und Ausführung eines Produkts, Zwischenprodukts oder einer Tätigkeit. Besteht kompromißlose Übereinstimmung, darf das Produkt oder die Tätigkeit das Prädikat gute Q. tragen.

Die Gebrauchstauglichkeit ist die Eignung eines Guts für seinen bestimmungsgemäßen Verwendungszweck, die auf objektiv und nichtobjektiv feststellbaren Gebrauchseigenschaften beruht und deren Beurteilung sich aus individuellen Bedürfnissen herleitet (DIN 66 050). Sie kann nach bestimmten Regeln von unabhängigen Institutionen geprüft werden. Das geschieht in Deutschland durch die Stiftung Warentest in Berlin.

Q.-Merkmale. Q. wird durch Q.-Merkmale gekennzeichnet. Jede meßbare, zählbare, mindestens aber subjektiv klassifizierbare Größe der Einheit ist ein Merkmal. Trägt ein Merkmal zur Q. der Einheit bei, ist es ein Q.-Merkmal. Q.-Merkmale und ihre Ausprägungen ermöglichen das Unterscheiden von Einheiten einer Gesamtheit.

Üblich ist die Einteilung in quantitative und qualitative (früher variable und attributive) Merkmale. Erstere werden nach einer metrischen Skala bewertet, die letzteren nur auf Vorhandensein oder Nichtvorhandensein geprüft. Durch Festlegen eines Grenzwerts für ein quantitatives Merkmal wird es zu einem qualitativen. Beobachtet wird dann nur noch, ob das Merkmal den Grenzwert verletzt oder nicht. Komplexe Teile, Baugruppen und Geräte haben eine große Anzahl Merkmale. Ihre Prüfung im einzelnen ist oft weder erforderlich noch wirtschaftlich. Gleichgeartete Merkmale können in Merkmalgruppen zusammengefaßt und gemeinsam beurteilt werden, wie z. B. Form als Sammelbegriff für alle Maße eines Schmiedestücks. Merkmalgruppen werden wie qualitative Merkmale behandelt.

Ein Los wird nach anderen Merkmalen beurteilt als das Einzelstück. So ist ein qualitatives Merkmal einer Schraube das Vorhandensein eines Schlitzes im Schraubenkopf. Die Qualität eines Loses von 10 000 Schrauben wird jedoch durch die Anzahl der Schrauben mit Schlitz gekennzeichnet.

Q.-Kreis. Um eine Arbeit anforderungsgerecht ausführen oder ein Erzeugnis anforderungsgerecht herstellen zu können, sind Maßnahmen der Q.-Planung erforderlich. Q.-Planung hat externe und interne Aspekte. Während sich die externe Q.-Planung auf die Erfüllung der Anforderungen und Erwartungen der Kunden richtet, hat die interne Q.-Planung fehlerfreie Herstellung im Auge. Beide Aspekte lassen sich nicht unabhängig voneinander ideal gestalten. Der Zielkonflikt führt zu einem mehr oder weniger optimalen Kompromiß, der mehr oder weniger optimal ausgeführt wird. Planungs-Q. und Ausführungs-Q. sind zu unterscheiden.

Tatsächlich wird die Aufspaltung der Gesamt-Q. in zwei Elemente den wesentlich komplizierteren Gegebenheiten im Lieferer-Käufer-Verhältnis nicht gerecht. Der Q.-Kreis (Bild) besteht nach DIN 55 350 aus Anteilen, wie es bei technischen Erzeugnisse üblich ist. Ausgangspunkt sind die Kundenforderungen. Sie werden von der Marktforschung festgestellt und in einem Pflichtenblatt festgehalten, das das Konzept des Erzeugnisses darstellt. Die Q. des Konzepts ist um so besser, je besser das Pflichtenblatt die Kundenforderungen wiedergibt. Auf Grund des Pflichtenblatts entstehen in der Entwicklungsabteilung die Unterlagen für das zu fertigende Erzeugnis, Stücklisten, Montageanweisungen, Schaltpläne, Behandlungsvorschriften, Zeichnungen usw. Je besser dieser Entwurf dem Pflichtenblatt entspricht, desto höher die Q. des Entwurfs. Nach diesem Entwurf stellt die Produktion das Erzeugnis her, wobei sie Material verwendet, das von Dritten gekauft wird. Die Q. des Einkaufs wird daran gemessen, inwieweit es ihm gelingt, die Spezifikation des Entwurfs in Bestellunterlagen umzusetzen. Je besser das entstandene Erzeugnis dem Entwurf entspricht, desto besser ist die Ausführungs-Q. Das Produkt wird verpackt, gelagert und transportiert bis es (ggf. nach Montage und Inbetriebnahme) dem Kunden übergeben wird. Das endgültige Urteil über die Q. fällt der Kunde nach seinen Anforderungen oder Erwartungen.

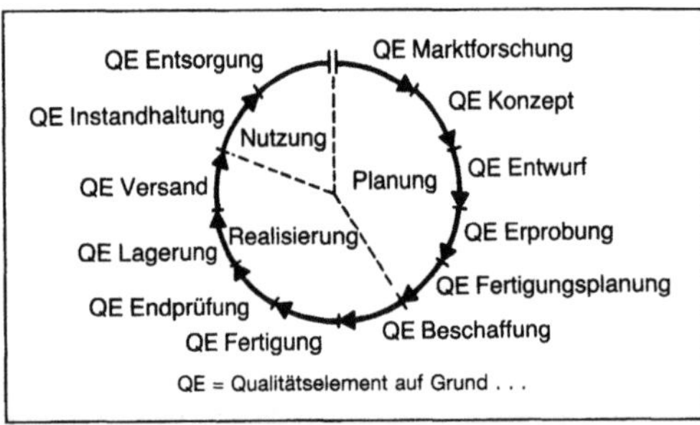


*Qualität: Qualitätskreis. (Quelle: DIN 55350)*

Q.-Politik. Die Erfahrung zeigt, daß gute Q. (ebenso wie niedrige Kosten) keine sich selbsterhaltende Komponente im Betriebsgeschehen ist. Die Leitung muß ständig um sie bemüht sein. Das Instrument dazu ist die →Qualitätssicherung, an der alle Funktionen des Unternehmens beteiligt sind. Die Q.-Politik des Unternehmens erklärt formell die grundlegenden Absichten und Zielsetzungen der Unternehmensleitung bez. der Q. Sie muß im Grundsatz beständig sein, da das Verhalten aller Beteiligten nur langfristig zu beeinflussen ist und Investitionen über längere Zeiträume beschlossen werden müssen. Sie hat andererseits flexibel auf signifikante Veränderungen im Beschaffungs- und Absatzmarkt wie der Arbeits- und Umwelt zu reagieren. *Masing*

Literatur: DIN 55 350. Tl. 11: Begriffe der Qualitätssicherung und Statistik. Hrsg. Dt. Inst. für Normung. Ausg. Mai 1987. – *Masing, W.:* Einführung in die Qualitätslehre. DGQ-Schrift Nr. 11–19. 7. Aufl. Berlin, Köln 1989. – *Masing, W.:* Handb. Qualitätssicherung. 2. Aufl. Kap. 1: Qualitätspolitik des Unternehmens. München, Wien 1988.

**Qualitätsaudit.** Die Begutachtung der Wirksamkeit des Qualitätssicherungssystems oder seiner Teile. Zweck des Q. ist es, Schwachstellen aufzuzeigen, Verbesserungsmaßnahmen zu veranlassen und ihre Wirksamkeit zu überwachen.

Q. können objektorientiert (Produktaudit) oder verfahrensorientiert (Prozeßaudit) sein, oder sich auf das gesamte →Qualitätssicherungssystem erstrecken. Sie werden zu festgelegten Zeitpunkten oder aus gegebenem Anlaß von besonders qualifizierten Mitarbeitern des Unternehmens oder von Externen nach sorgfältiger Vorbereitung durchgeführt. Die Auditgruppe bezieht die Führungskräfte des zu prüfenden Bereichs frühzeitig ein, um ihre Mitwirkung zu gewinnen und Voreingenommenheit oder gar Ablehnung abzubauen.

Die Durchführung eines Audits hat vier Phasen:
☐ Selbstinformationsphase für die Prüfer,
☐ Detailplanungsphase,
☐ Durchführungsphase,
☐ Beurteilungsphase.

Das Auditergebnis wird mit den Verantwortlichen des betroffenen Bereichs abgestimmt, schriftlich festgehalten und der Stelle des Unternehmens vorgelegt, die das Audit veranlaßt hat. Nach angemessener Zeit überzeugt sich die Auditgruppe davon, ob die empfohlenen Maßnahmen verwirklicht worden sind und ob das Ergebnis den Erwartungen entspricht. Sollte das nicht der Fall sein, müssen in einem nächsten Schritt Korrekturmaßnahmen initiiert und durchgeführt werden. *Masing*

Literatur: *Gaster, D.:* Handb. Qualitätssicherung. 2. Aufl. Kap. 47: Audit. München, Wien 1988.

**Qualitätskosten.** Nach der Qualitätslehre: Kosten, die vornehmlich durch Forderungen an die Qualität von Gütern, Dienstleistungen und Tätigkeiten bedingt sind. Die Betriebswirtschaft definiert Q. als solche nicht. Sie sind größtenteils in den Herstellkosten enthalten und aus ihnen nicht eindeutig auszugrenzen. Die Qualitätslehre hilft sich hier über den Begriff des Fehlers. Danach sind Q. die Summe der Kosten, die anfallen, um Fehler innerhalb des Produktionsprozesses und nach Auslieferung an den Kunden zu beheben (Fehlerkosten), um nach Fehlern zu suchen und sie zu finden (Prüfkosten) und um das Auftreten von Fehlern hinlänglich unwahrscheinlich zu machen (Verhütungskosten). Tatsächlich werden in diese Q.-Elemente auch Positionen einbezogen, die die Betriebswirtschaftslehre als Aufwand bezeichnet, weil sie nicht zur Leistungserbringung dienen.

Die Fehlerkosten nehmen tendenziell ab, wenn für Prüfen und vor allem für das Verhüten von Fehlern mehr Mittel eingesetzt werden. Zahlreiche Veröffentlichungen berichten von Verbesserungen im Verhältnis 1:5 und mehr. Doch gilt diese Abhängigkeit keineswegs determiniert. Sie hängt von der Höhe und der Natur der Fehlerkosten ebenso ab wie von der Zweckmäßigkeit des Einsatzes der Mittel für Verhütung und Prüfung.

Die Q. verschiedener Unternehmen und Sparten eines Unternehmens lassen sich i. a. nicht vergleichen, weil in den drei Elementegruppen meist verschiedene Kostenarten subsummiert sind. Wichtig ist nicht so sehr die absolute Größe als der zeitliche Trend der Q. Er zeigt bei gleichbleibendem Fertigungsspektrum den Erfolg qualitätsverbessernder Maßnahmen. *Masing*

Literatur: *Hahner, A.:* Qualitätskostenrechnung als Informationssystem zur Qualitätslenkung. München, Wien 1981. – *Steinbach, W.:* Handb. Qualitätssicherung. 2. Aufl. Kap. 46: Qualitätskosten. München, Wien 1988.

**Qualitätssicherung.** Die Gesamtheit aller technischen und administrativen Maßnahmen, die sicherstellen, daß die Eigenschaften und Merkmale von Produkten, Dienstleistungen und Tätigkeiten vorgegebenen Forderungen entsprechen. Das gilt auch für zugeliefertes Material und Zwischenprodukte in der Fertigung wie für alle Vorgänge in der Verwaltung. Diese Maßnahmen müssen geplant, die die →Qualität bestimmenden Abläufe und Verfahren entsprechend gelenkt und das Ergebnis in allen Phasen der Entstehung des Produkts oder der Dienstleistung geprüft werden. Q. besteht daher aus externer und interner Qualitätsplanung, -lenkung und -prüfung (Prüfplanung und -ausführung). Sie bedient sich der Methoden der →Qualitätstechnik.

Q. ist Aufgabe aller Sparten, Bereiche und Abteilungen, in letzter Konsequenz jedes Mitarbeiters des Unternehmens. Sie geht damit weit über die Qualitätskontrolle hinaus, die die Qualitätsverantwortung für das Produkt letztlich einer überwachenden/sortierenden betrieblichen Instanz aufbürdet. Die englische Bezeichnung quality control hat wegen der wörtlichen, aber nicht sinngemäßen Übersetzung zu Mißverständnissen beigetragen. DIN 55350 empfiehlt daher, den Begriff Qualitätskontrolle nicht mehr zu verwenden.

Die Qualität kann durch sporadische, punktuelle Aktionen nicht optimal gesichert werden. Nur aufeinander abgestimmte, das ganze Unternehmen erfassende, dauerhaft angelegte Maßnahmen begründen seine Qualitätsfähigkeit. Diese Erkenntnis veranlaßte das Verteidigungsministerium der USA bereits 1952, durch den MilSt 9858a verbindliche Vorschriften für das Q.-System der Lieferanten der Streitkräfte zu erlassen. Dabei wurden lediglich die Aufgaben, nicht die Details ihrer Lösung festgelegt. Die NATO entwickelte diesen Standard in ihren AQAP (Allied Quality Assurance Publications) weiter. Inzwischen überzeugen sich auch zivile Besteller vor Auftragsvergabe, ob der potentielle Auftragnehmer ein wirkungsvolles Q.-System hat.

Um Ordnung in die Vielzahl denkbarer Anforderungen an derartige Systeme zu bringen, sind in zahlreichen Ländern entsprechende Normen entstanden (Kanada CSA Z 299, Großbritannien BS 5179, Schweiz SN 29 100, Österreich A 6672). Sie sehen den Nachweis innerbetrieblicher Q. in 3 bzw. 4 Anforderungsstufen vor. Eine internationale Norm ist in Form der DIN-ISO 9000-9004 im Jahr 1987 für die Bundesrepublik Deutschland wörtlich übernommen worden. Es ist Aufgabe der Unternehmensleitung, das Q.-System einzurichten und den einzelnen Funktionen ihre Qualitätsverantwortung zuzuweisen. Sie stützt sich dabei auf das Fachwissen der leitenden Mitarbeiter des Qualitätswesens.

Das Q.-System wird i. a. in einem Qualitätshandbuch dokumentiert. Es muß mindestens enthalten: eine Erklärung der Unternehmensleitung zur Qualitätspolitik, d. h. die Grundsätze, nach denen die Unternehmensleitung Q. verwirklicht und im konkreten Fall qualitätsrelevante Entscheidungen trifft, den organisatorischen Aufbau und die Abläufe der Q. und der Art ihrer Dokumentation. Im Verkehr mit Außenstehenden dient das Handbuch dem Nachweis, wie das Q.-System im Unternehmen aufgebaut ist. Im Innenverhältnis ist es nützlich zum Rückgriff in Streitfällen.

Die Erfüllung der Normen für Q.-Systeme kann in vielen Ländern durch unabhängige Organisationen geprüft und bestätigt werden. In Deutschland geschieht dies durch die Deutsche Gesellschaft zur Zertifizierung von Q.-Systemen mit Sitz in Frankfurt am Main, eine Gemeinschaftsgründung des Deutschen Instituts für Normung und der Deutschen Gesellschaft für Qualität. *Masing*

Literatur: *Feigenbaum, A. V.:* Total Quality Control, 3. Aufl. New York 1983. – *Masing, W.* (Hrsg.): Handb. Qualitätssicherung. 2. Aufl. München, Wien 1988.

**Qualitätssicherungssystem.** Es beinhaltet die auf der Basis der Qualitätspolitik festgelegten Grundlagen, Ressourcen, Verantwortlichkeiten und Verfahren sowie die Festlegung der systematischen Planung, Realisierung und Kontrolle geeigneter qualitätssichernder Maßnahmen im Rahmen einer speziellen Aufbau- und →Ablauforganisation (Bild). *Eversheim*

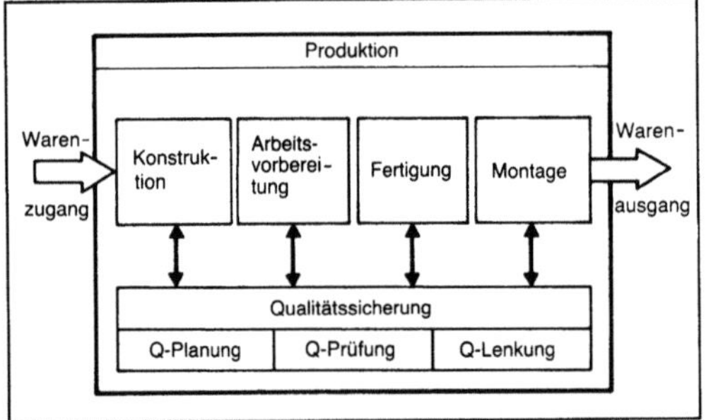


*Qualitätssicherungssystem: Zusammenhang als Teilaufgabe der Produktion.*

Literatur: *Eversheim, W.:* Organisation in der Produktionstechnik. Bd. 3: Arbeitsvorbereitung. Düsseldorf 1980. – DIN 55350: Begriffe und Formularzeichen im Bereich der Qualitätssicherung. Hrsg. Dt. Inst. für Normung. Ausg. Aug. 1989. – *Geiger, W.:* Qualitätslehre. 1986. – N. N. Begriffe und Formelzeichen im Bereich der Qualitätssicherung. Deutsche Gesellschaft für Qualität. – *Masing, W.:* Handb. Qualitätssicherung. München 1980.

**Qualitätstechnik.** Die Gesamtheit der technischen, mathematischen und organisatorischen Verfahren der →Qualitätssicherung. Zu ihnen gehören die
□ *Meß- und Prüftechnik,* hier besonders die Fertigungsmeßtechnik einschl. der Verwaltung und →Kalibrierung von Meß- und Prüfmitteln. Zum Messen und Prüfen gehört sachlich auch das Prüfen, d. h. die Feststellung, ob alle vorgeschriebenen Prüfungen ausgeführt und – falls erforderlich – dokumentiert sind und deren Ergebnisse als richtig akzeptiert werden können. Sortieren ist die Trennung von Einheiten nach der Ausprägung vorgegebener Qualitätsmerkmale, etwa nach Farbe, Größe oder auch Art und Zahl ihrer Fehler. Klassieren (Klassifizieren) ist eine Sortierung in Merkmalsklassen mit jeweils definierten Grenzen.
□ *Technik der Qualitätsregelkarten* in allen ihren Erscheinungsformen. Sie dienen der Überwachung laufender Vorgänge, besonders von Fertigungsprozessen. Dazu wird in die Qualitätsregelkarte entweder der aus einem Vorlauf gewonnene Mittelwert der Meßwertverteilung oder der Soll-Wert eingetragen, auf den Vorgang zentriert wird. Nach größeren und kleineren Werten hin werden Gren-

zen berechnet und eingetragen, die einer vorgegebenen Wahrscheinlichkeit entsprechen, einen Wert zufällig innerhalb dieser Grenzen zu finden. Werte außerhalb dieser Eingriffsgrenzen deuten auf eine Veränderung der Prozeßparameter hin, die gefunden und beseitigt werden müssen.
□ *Stichprobenverfahren* für Abnahme von Losen nach qualitativen und quantitativen Kriterien. Stichprobenprüfungen sind grundsätzlich mit dem Risiko einer Falschbeurteilung des Loses verbunden. Die Stichprobe kann eine zu gute oder zu schlechte Beschaffenheit des Loses vortäuschen.
□ *statistischen Auswertmethoden* von Datenmengen einschl. der Daten aus Lebensdauerversuchen. Sie dienen dazu, Datenmengen aufzubereiten und die Parameter der zugrundeliegenden Verteilungen zu ermitteln. Damit werden in zunächst unübersichtlichen Prozessen quantitative Entscheidungsgrundlagen formuliert.
□ *statistische Versuchsplanung.* Sie ermöglicht eine besonders wirtschaftliche Durchführung von Versuchen, um mit einer möglichst kleinen Anzahl von Versuchen eine möglichst hohe Aussagewahrscheinlichkeit zu erzielen.
□ *Analyse von Fehlerursachen* und -auswirkungen. Hier sind zu nennen Pareto-Analyse, die Ereignisse nach ihrer Häufigkeit ordnet und damit die wichtigen von den unwichtigen zu unterscheiden gestattet, das Fischgrätendiagramm (Ishikawa-Diagramm), das alle möglichen Ursachen eines Ereignisses und deren Unterursachen graphisch darstellt und die formelle FMEA (Failure Mode and Effect Analysis).
□ *organisatorischen Hilfsmittel* wie Ablaufdiagramme, Netzplantechnik und Organisationsmatrizen.

Die Hilfsmittel der Q. werden nicht nur von den Mitarbeitern des Qualitätswesens eingesetzt. Nach moderner Auffassung tragen alle Unternehmensfunktionen Qualitätsverantwortlichkeit. Sie müssen daher mit der für ihren Aufgabenbereich wichtigen Q. vertraut sein. Das gilt auch für die Verwaltung, die Buchhaltung oder das Personalwesen. Der Einsatz von Computern in der Q. ist üblich und in ständiger Erweiterung (CAQ Computer Aided Quality Control). *Masing*

Literatur: Schriftenr. Qualitätstechnik. Hrsg. DGQ. Berlin, Köln.

**Qualitätsverbesserung.** Q. bezieht sich in erster Linie auf innerbetriebliche Abläufe in Entwicklung, Planung, Beschaffung, Fertigung, Verkauf und Service, aber auch im gesamten Bereich der Verwaltung. Jede Arbeit soll immer reibungsloser gemacht werden mit einem Ergebnis, das immer selbstverständlicher der Planung entspricht. Q. bedeutet nicht die Erfüllung höherer Anforderungen oder Erwartungen der Kunden, also die Herstellung von Produkten höherwertiger Klasse.

Die Null-Fehler-Denkweise (zero-defects philosophy nach *Philip Crosby)* ist in diesem Zusammenhang wichtig. Jeder aufgetretene Irrtum und/oder Fehler wird zum Anlaß genommen, dessen Ursachen zu finden und zu beseitigen. Damit sinkt die Fehlerwahrscheinlichkeit, da kein Fehler zum wiederholten Mal auftreten kann. Null Fehler heißt also nicht, daß keine Fehler mehr gemacht werden dürfen. Das wäre eine utopische Vorstellung. Jedoch wird die Planung jeder Tätigkeit im Unternehmen auf fehlerfreie Ausführung ausgerichtet. Diese Grundeinstellung steht im Gegensatz zur konventionellen Gepflogenheit, Fehleranteile zu tolerieren, sofern sie eine bestimmte Größe nicht überschreiten (AQL-System annehmbare Qualitätsgrenzlage; AQL Acceptable Quality Level).

Q. muß als Zielvorstellung von der Unternehmensleitung herausgestellt und durch konsequente Maßnahmen glaubhaft gemacht werden. Der Appell an die Mitarbeiter, sich mehr Mühe zu geben, hat – wenn überhaupt – nur kurzfristigen Erfolg. Die Arbeit der →Qualitätszirkel kann dagegen durchaus qualitätsfördernd sein, wenn auch nur im selbstgesteckten Rahmen. *Masing*

Literatur: *Vocht, R.:* Handb. Qualitätssicherung. 1. Aufl. Kap. 56: Qualitätsförderung. München, Wien 1980.

**Qualitätswesen.** Abteilungsbezeichnung für die Unternehmensfunktion, die hauptsächlich für Koordination und Analyse aller qualitätsrelevanten Maßnahmen im Unternehmen, für die Berichterstattung über sie und die Anregungen für ihre Verbesserung zuständig ist. Das Q. hat vielfach auch exekutive Aufgaben, so bei der Auswahl von Lieferanten oder der Endprüfung von Produkten. Ihm obliegt die →Kalibrierung der Meß- und Prüfgeräte. Das Werkstofflabor und eine Werkstatt zum Herstellen von Spezialmeßmitteln sind oft dem Q. zugeordnet.

Das Q. hat sich im Lauf der Zeit aus der Inspektionsfunktion zu seiner jetzigen Bedeutung entwickelt. Inspektion als eigenständige Aufgabe im Unternehmen ist eine Folge der Arbeitsteilung nach den Prinzipien von *Frederick W. Taylor* (1856 bis 1915). Sie war als Gegengewicht zur Produktion konzipiert, die ihre primäre Aufgabe zu vordergründig in der rechtzeitigen und kostengünstigen Auslieferung von Produkten sah. In der Idealkonkurrenz zwischen →Qualität und Quantität war die erstere oft unterlegen.

Nach heutiger Auffassung ist jede Unternehmensfunktion für die Qualität ihrer Arbeit selbst verantwortlich. Das Q. trägt daher nicht allein die Verantwortung für die Qualität der Produkte, die das Unternehmen fertigt, oder der Dienstleistungen, die das Unternehmen erbringt. Seine Aufgabe ist es, die richtige Funktion des Qualitätssicherungssystems des Unternehmens sicherzustellen. Das Q.

ist der Unternehmensleitung als Stabsstelle direkt unterstellt, um die notwendige unmittelbare Rückendeckung für seine Tätigkeit zu haben. *Masing*

Literatur: *N. N.:* Rahmenempfehlungen für die Qualitätssicherungsorganisation. DGQ/SAQ/ÖVQ-Schrift Nr. 12–45. Berlin, Köln 1981. – *Zeller, H.:* Handb. Qualitätssicherung. 2. Aufl. Kap. 45: Organisation der Qualitätssicherung in Unternehmen. München, Wien 1988.

**Qualitätszirkel.** Q. sind zahlenmäßig kleine Gruppen von Mitarbeitern, die gestellte oder selbstgewählte Aufgaben aus ihrem unmittelbaren Arbeitsbereich gemeinsam selbständig bearbeiten und lösen. Ihr Sinn ist es, die Mitarbeiter zu eigenen Überlegungen anzuregen, ihnen eine Plattform für den Gedankenaustausch zu schaffen und Einfluß auf die Bedingungen und Ausführungen ihrer Arbeit zu nehmen.

Die Q. wählen ihren Leiter (Obmann) selbst. Jedoch kann auch ein Vorgesetzter diese Funktion übernehmen. In einem Unternehmen mit mehreren Q. ernennt das Management einen Koordinator, der die Arbeit der Q. betreuen und – falls erbeten – fachliche Hilfe bereitzustellen hat. Eine Steuerungsgruppe meist unter Vorsitz eines Mitglieds der Unternehmensleitung legt die Geschäftspolitik hinsichtlich der Q. fest und sorgt für den organisatorischen und materiellen Rahmen der Q.-Arbeit. Der Q. stellt das Ergebnis seiner Arbeit dem Management in Form von Verbesserungsvorschlägen vor. Dieses entscheidet über die Durchführung. Q. treffen meist wöchentlich einmal für 1–2 h zusammen. Die Zeit wird als Arbeitszeit bezahlt.

Q. wurden erstmals 1962 in Japan eingerichtet. Man rechnet dort inzwischen mit einer Million zentral registrierter und etwa der 10fachen Anzahl nichtregistrierter Q. In den USA ist man bald dem japanischen Beispiel gefolgt. Doch sind die Zahlen der anderen Industriekultur und Mentalität der Mitarbeiter wegen nur ein Bruchteil der japanischen. Ähnliches gilt für Europa, wenn auch im Einzelfall von bemerkenswerten Erfolgen berichtet wird. *Masing*

Literatur: *N. N.:* Qualitätszirkel. DGQ-Schrift Nr. 14–11. Berlin, Köln 1984. – *Schubert, M.:* Handb. Qualitätssicherung. 2. Aufl. Kap. 44: Qualitätszirkel. München, Wien 1988. – *Zink, K. J.,* u. *G. Schick:* Quality Circles. München, Wien 1984.

**Quellstoff.** Gruppe von Stoffen, die hinsichtlich ihrer Zweckbestimmung beim Einsatz in Lebensmitteln untergliedert werden können in

□ Dickungsmittel: Bilden mit Wasser hochviskose Lösungen und werden eingesetzt, um die Konsistenz und die Viskosität eines Lebensmittels einzustellen.

□ Geliermittel: Bilden über Haupt- und Nebenvalenzen ein räumliches Netzwerk, in das Wasser eingelagert wird (Gel). Diese Systeme sind formbeständig und leicht deformierbar.

□ Bindemittel: Bilden viskose Systeme, die in der Lage sind, feste disperse Teilchen untereinander zu verkleben.

Q. werden Lebensmitteln hauptsächlich zugesetzt, um über die Viskosität eine definierte Konsistenz einzustellen. Darüber hinaus wirken sie stabilisierend. Einige Q. haben zudem Emulgatoreigenschaften (Emulgatoren).

In der Lebensmittelindustrie werden Q. tierischen, pflanzlichen und mikrobiellen Ursprungs sowie halb- und vollsynthetisch gewonnene Quellstoffe sowohl einzeln als auch in verschiedenen Kombinationen eingesetzt. Die wichtigsten Q. sind Stärke, Pektin und Gelatine (→Fremdstoff). *Kerner/Loncin*

**Quenchen.** Plötzliches Abkühlen von heißen Stoffen durch Zumischen einer kalten Flüssigkeit (z. B. Öl oder Wasser) oder eines kalten Gases, um eine chemische Reaktion zum Stillstand zu bringen.

Q. ist eine direkte Wärmeübertragung, bei der der zu kühlende Stoffstrom direkt mit dem Kühlmedium in Kontakt gebracht wird. Die Abkühlung tritt auf diese Weise wesentlich schneller ein als bei einer indirekten Wärmeübertragung (z. B. in einem Plattenwärmeübertrager). Q. läßt sich aber nur anwenden, wenn eine Vermischung im Rahmen des Gesamtprozesses wirtschaftlich ist.

Beispiele für das Q. sind das Delayed Coking zur Erdölaufbereitung, wo kaltes Öl die Krackreaktion (→Krackverfahren) stoppt, und Pyrolyseprozesse zur Olefingewinnung, bei denen die Pyrolysegase mit Öl und Wasser gekühlt werden. *Dohrn*

**Querschneide** →Spiralbohrer

**Querstromfiltration.** Filtrationsverfahren, bei dem die zu filtrierende Suspension parallel zur Oberfläche des Filtermittels im Kreislauf gepumpt wird. Das Filtrat passiert das Filtermittel. Ablagerungen von Feststoffen spült die turbulente Strömung des Konzentratstroms weg.

Die Q. (cross flow filtration) ist besonders zum Abtrennen kleiner Partikel bei geringer Feststoffbe-lastung geeignet. Sie wird in der Biotechnologie insbes. zum Abtrennen von einzellig wachsenden Bakterien angewandt. Hier verwendet man Membranen als Filtermittel, die rein nach dem Prinzip der Siebfiltration trennen (→Crossflow-Mikrofiltration). Die Filtrationsmodule werden als Flachmembranen in Kassetten, spiralgewickelte Module oder Rohrbündeleinheiten ausgeführt. Die Poren der eingesetzten Membranfilter definieren die abscheidbare Partikelgröße. Sie reicht von einigen Mikrometern bis zur Umkehrosmose mit 0,0001 μm. Die Abtrennung größerer Partikel und Filtration bei höherer Feststoffbelastung erfolgt meist über Gewebefilter. Hier sind jedoch andere Filtrationsverfahren wie Trommelfilter oder Zentrifugalseparatoren besser geeignet. *Liefke*

**Querstromsichter.** Der Q. (Bild) ist meist ein Schwerkraftsichter. Er besteht aus einem horizontal angeordneten Sichtraum, in den von oben das zu trennende Aufgabegut aufgegeben wird. Die Teilchen sedimentieren gemäß ihrer →Sinkgeschwindigkeit. Das Trägermedium wird quer zur Sedimentationsrichtung in den Sichter geführt und lenkt die Teilchen ab. Körner mit hoher Sinkgeschwindigkeit werden weniger weit abgetrieben, feine dagegen weiter. Somit ist eine Trennung in mehrere Fraktionen möglich. Querstromsichter können aber auch als →Zentrifugalsichter gebaut sein und eignen sich dann vor allem für hohe Durchsätze. *Greif*

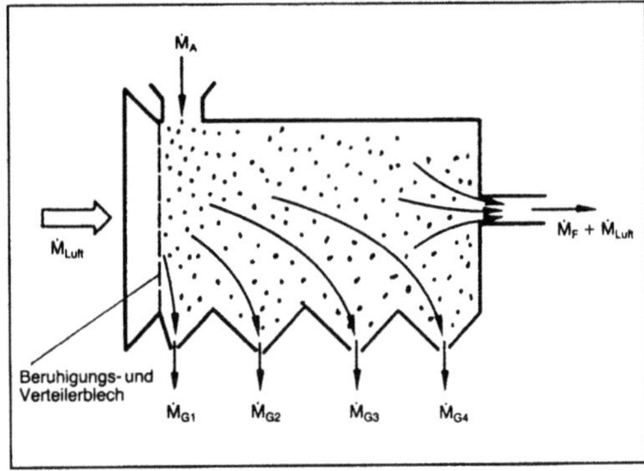


*Querstromsichter.*

# R

**Radialbohrmaschine.** R. (auch Ausleger- oder Schwenkbohrmaschinen genannt) eignen sich zum Ausführen von weitgehend allen Bohrbearbeitungen an großen, schweren und sperrigen Werkstükken in einer Aufspannung. Sie zählen zu den universell einsetzbaren Werkzeugmaschinen und werden in allen metallverarbeitenden Industriezweigen bei kleinen und mittleren Serien eingesetzt.

R. bestehen aus Säule, Ausleger, Bohrschlitten, Grundplatte und Bohrtisch (Bild). In der horizontalen Ebene wird das Werkzeug durch 360°-Drehbewegung des Auslegerarms und Längsverschieben des Bohrschlittens zum Werkstück positioniert. Zum Einstellen auf die Werkstückhöhe wird der Auslegerarm mitsamt dem Bohrschlitten an der Säule auf die gewünschte Höhe motorisch verstellt. Sowohl der Ausleger als auch der Bohrschlitten können in jeder Einstellung je nach Maschinentyp von Hand, hydraulisch oder motorisch geklemmt werden. Durch diese leichte Verstellbarkeit bietet die R. die Möglichkeit, die Werkzeuge in kürzester Zeit auf Bohrungsmitte einzustellen und Umdrehungsfrequenz sowie Vorschub zu wählen. Alle Bedienelemente sind daher am Spindelkopf auf engstem Raum zusammengefaßt. Die Grundplatte ist als Kastenprofil oder bei Sonderausführung als

Winkel-, Kreuz-, Stern- oder Kreisgrundplatte gestaltet. Für mehrseitige Bearbeitung werden die Werkstücke in Drehvorrichtungen aufgenommen oder auf einen Drehtisch gespannt. Wegen der schwierigen Automatisierbarkeit werden R. immer weniger eingesetzt. *Schulz*

**Radiusverschleiß** →Schleifwerkzeug-Verschleiß, →Verschleißmechanismus (Schleifen)

**Raffinat.** Das R. oder die R.-Phase ist die Bezeichnung für die abgebende Phase bei verfahrenstechnischen Trennprozessen, z. B. bei der Flüssig-Flüssig-Extraktion (→Extrahieren) oder bei Membrantrennverfahren.

Bei der Flüssig-Flüssig-Extraktion wird ein Stoffgemisch auf Grund der unterschiedlichen Gleichgewichtsverteilungen der Komponenten auf zwei flüssige Phasen getrennt. Die R.-Phase, die aus dem →Trägerstoff und dem abzutrennenden Wertstoff besteht, wird mit der Extraktphase (Lösemittelphase) in Kontakt gebracht. Solange die Gleichgewichtskonzentration des Wertstoffs in der Extraktphase noch nicht erreicht ist, kommt es zu einem Stoffübergang des Wertstoffs von der R. in die Extraktphase. Am Ende des Trennvorgangs befinden sich im R. der Trägerstoff sowie geringe Anteile des Wertstoffs und des Extraktionsmittels.

Bei Membrantrennverfahren (z. B. Ultrafiltration, Umkehrosmose) bezeichnet man den nicht durch die Membran hindurchgehenden Stoffstrom als R. *Dohrn*

**Rahmenfilterpresse** →Filterpresse

**Randentkohlung.** Entkohlung der Randbereiche von Werkstücken bei der →Wärmebehandlung. *W. Dahl*

**Randgängigkeit.** Die R. ist eine Erscheinung, die insbes. bei höheren Füllkörperschüttungen auftritt (Füllkörperkolonnen). Weil am Rand der →Schüttung auf Grund des Wandeinflusses der Lückengrad größer ist als in der Mitte der →Packung, nähert sich die herabfließende Flüssigkeit immer mehr dem Kolonnenmantel. Auf diese Weise ergibt sich eine ungleichmäßige Flüssigkeitsverteilung, und die Trennwirkung der Kolonne sinkt. Deshalb werden oft Füllkörperschüttungen nicht in einem Stück gebaut, sondern in mehreren Abschnitten, die

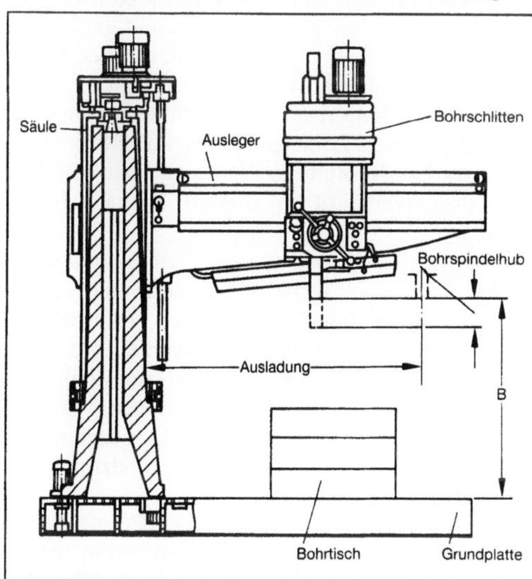


*Radialbohrmaschine: Aufbau.*

B Abstand zwischen Grundplatte und Spindelnase-Unterkante

jeweils einen Verteilerboden haben, der die Flüssigkeit sammelt und wieder gleichmäßig über den Packungsquerschnitt verteilt. *Dohrn*

**Randzonenbeeinflussung.** Für die Beurteilung funkenerosiv erzeugter Oberflächen ist neben der Topographie auch die Metallurgie der randnahen Schichten heranzuziehen, um Auswirkungen auf die Funktionstüchtigkeit und das Bauteilverhalten des Fertigteils berücksichtigen zu können.

Die Oberflächentopographie wird in erster Linie durch die Messung der Rauheitskennwerte arithmetischer →Mittenrauhwert $R_a$ und gemittelte Rauhtiefe $R_z$ beschrieben. Zur schnellen Beurteilung der Rauheit dient ein Oberflächennormal, mit dessen Hilfe erodierte Oberflächen mit hinreichender Genauigkeit verglichen und klassifiziert werden können (Bild 1).

| VDI-Klasse | 12 | 15 | 18 | 21 | 24 | 27 | 30 | 33 | 36 | 39 | 42 | 45 |
|---|---|---|---|---|---|---|---|---|---|---|---|---|
| $R_a$ (μm) | 0,4 | 0,56 | 0,8 | 1,12 | 1,6 | 2,24 | 3,15 | 4,5 | 6,3 | 9,0 | 12,5 | 18,0 |

*Randzonenbeeinflussung 1: Oberflächennormal für funkenerosiv bearbeitete Oberflächen.*

Die Oberflächenrauheit hängt hauptsächlich von der vorgegebenen Entladeenergie ab. Mit zunehmender Entladeenergie (≙ höherer Abtragrate) wird mehr Material erschmolzen, so daß tiefere Erosionskrater entstehen. Demzufolge werden die Rauhigkeitswerte schlechter (Bild 2). Mit geringerer Entladeenergie ist in jedem Fall eine Abnahme der Abtragrate und bei kürzeren Impulsdauern darüber hinaus ein deutlicher Verschleißanstieg verbunden (→Abtragverhalten).

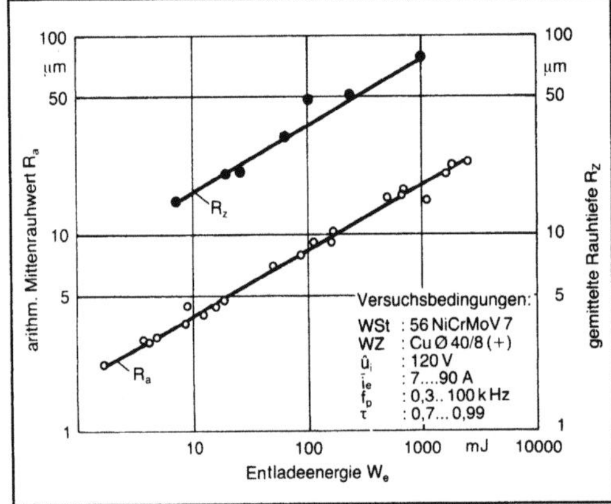


*Randzonenbeeinflussung 2: Oberflächenrauheit in Abhängigkeit von der Entladeenergie.*



Da der Abtragvorgang in erster Linie thermischen Charakter hat (→Funkenerosion), werden je nach Höhe der Entladeenergie die oberflächennahen Schichten mehr oder weniger thermisch beeinflußt. Die Ausbildung dieser Schichten nach der funkenerosiven Bearbeitung läßt sich an Hand von Schliffaufnahmen analysieren (Bild 3).

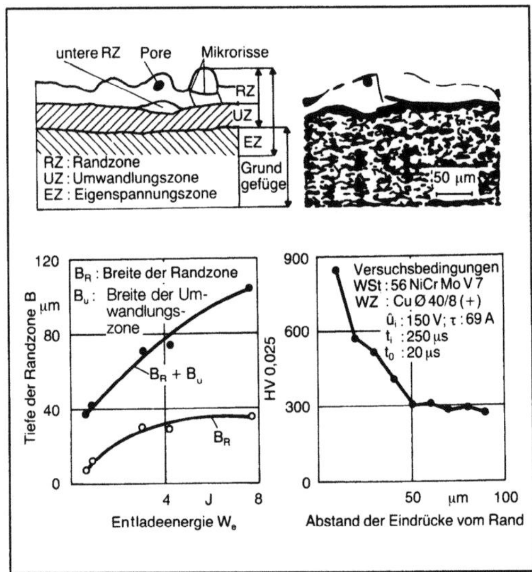


*Randzonenbeeinflussung 3: Ausbildung der Oberflächenrandschicht beim funkenerosiven Senken.*

Oberhalb des Grundgefüges bilden sich zwei gegeneinander scharf abgegrenzte Zonen. Die Randzone ist durch Änderungen der chemischen Zusammensetzung, durch Aufnahme von Werkzeugwerkstoff und Zersetzungsprodukten des Arbeitsmediums sowie Phasenumwandlungen gekennzeichnet. Die Entstehung dieser Schicht ist vorwiegend auf die Wiedererstarrung des aufgeschmolzenen Materials zurückzuführen. Dabei findet infolge der Zersetzung des Arbeitsmediums eine starke Aufkohlung statt, die zur Bildung von Primärzementit in diesem Bereich führen kann.

Zwischen der Randzone und dem Grundgefüge bildet sich eine Umwandlungszone aus. Diese Schicht umfaßt das Gebiet, in dem Diffusionsvorgänge und z. T. auch Phasenumwandlungen (Martensitbildung) bei Temperaturen unterhalb der Schmelztemperatur stattgefunden haben. Während die Umwandlungszone eine nahezu gleichmäßige Breite aufweist, ist die Dicke der Randzone unregelmäßig.

Mit zunehmender Entladeenergie steigt die Breite der Rand- und Umwandlungszone nahezu linear an, wobei der Einfluß der verlängerten Entladedauer kleiner ist als die Erhöhung des Entladestroms. Mit wachsender Entladedauer tritt eine Vergrößerung der Kraterfläche, aber nur eine geringe Vertiefung der thermisch beeinflußten Zone ein.

Der deutliche Härteanstieg an der Oberfläche gegenüber der Härte des Grundmaterials ist eine Folgeerscheinung, die überwiegend aus der schlagartigen Abkühlung der Schmelze resultiert. Zwischen der Aufhärtung direkt an der Oberfläche und dem Grundgefüge können je nach Werkstück-Werkstoff auch Anlaßvorgänge stattfinden, die sich in einer Härteabnahme äußern. Neben diesen Zonen treten bei bestimmten Werkstoffen, wie z. B. bei →Hartmetall oder wärmeempfindlichen Stählen, auf Grund von Eigenspannungen nach dem Erodieren Mikrorisse auf, wenn im Verlauf der Erstarrung die Eigenspannungen die lokale Zugfestigkeit des Werkstoffs überschreiten.

Die Mikrorisse dringen über die Rand- und Umwandlungszone in den Grundwerkstoff ein. Die Tiefe der Risse wächst mit steigender Entladeenergie, d. h. sowohl mit steigender Impulsdauer als auch mit steigendem Entladestrom (Bild 4).

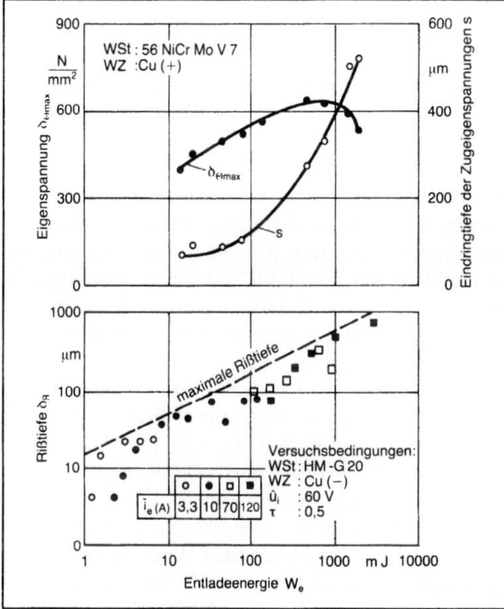


*Randzonenbeeinflussung 4: Eigenspannungen und Rißbildung in Abhängigkeit von der Entladeenergie.*

Auf Grund der thermischen Vorgänge kommt es zwischen Randschicht und Grundwerkstoff zu Spannungen. Diese Eigenspannungen nehmen mit größer werdender Entladeenergie zu, wobei der Unterschied auch bei extrem unterschiedlichen Arbeitsbedingungen relativ gering ist. Bei sehr hohen Entladeenergien kommt es sogar wieder zu einer Verminderung der Eigenspannungen, was auf Mikrorißbildung zurückzuführen ist. Diese Mikrorisse gehen von der Oberfläche aus und entlasten dadurch die Zonen größter Zugspannungen. Die

Eindringtiefe der Zugspannungen und der plastischen Verformungen nimmt mit steigender Entladeenergie deutlich zu.

Die Ausbildung von Randzonen kann je nach Einsatz des gefertigten Teils erwünscht bzw. unerwünscht sein. Die Rißbildung ist stets unerwünscht. Sollen Gefügeumwandlungen und Mikrorisse weitgehend vermieden werden, muß nach dem Schruppen mit geringer Energie (Schlichten) nachgearbeitet werden. Bei der Festlegung der Werkzeuguntermaße der Schlichtbearbeitung muß die beim vorangegangenen Schruppen hervorgerufene Gefügebeeinflussung beachtet werden.

Alle vorstehend genannten Oberflächenbeeinflussungen haben einen erheblichen Einfluß auf die Dauerfestigkeit erodierter Bauteile. Bei dynamisch beanspruchten Werkstücken ist daher ein Polieren der erodierten Flächen notwendig (funkenerosives Polieren). *König*


Literatur: *Field, M.,* u. *J. F. Kahles:* Übersicht über die Oberflächenbeschaffenheit bearbeiteter Werkstücke „Surface Integrity". Fertigung 3 (1972) Nr. 5, S. 145/56. – *Jutzler, W.-I.:* Funkenerosives Senken – Verfahrenseinflüsse auf die Oberflächenbeschaffenheit und die Festigkeit des Werkstücks. Diss. TH Aachen 1982. – VDI 3400: Elektroerosive Bearbeitung. Hrsg. Verein Dt. Ingenieure. Ausg. 1974. – *König, W.:* Fertigungsverfahren. Bd. 3: Abtragen. Düsseldorf 1979. – *König, W.,* u. *R. Wertheim:* Die funkenerosiv bearbeitete Oberfläche – Vor- und Nachteile. Gießerei 63 (1976) Nr. 3. – *Obrig, W.:* Grundlagen der funkenerosiven Gesenkbearbeitung. Diss. TH Aachen 1961. – *Schmohl, H. P.:* Ermittlung funkenerosiver Bearbeitungseigenspannungen in Werkzeugstählen. Diss. TU Hannover 1973. – Techn. Mitt. Krupp 29 (1971) Nr. 1, S. 31/34. – *Winkelmann, A.:* Oberflächenmessung funkenerosiv bearbeiteter Werkstücke mit Hilfe eines Oberflächennormals nach VDI 3400.


**Raschig-Ring.** Der R.-R. ist einer der ältesten →Füllkörper. Um eine gute Trennwirkung zu erzielen, sollte der Weg der Flüssigkeit und des Gases in einer Füllkörperschicht möglichst lang sein. *Raschig* fand heraus, daß der Stoffübergang dann am günstigsten ist, wenn der Durchmesser von ringförmigen Füllkörpern gleich ihrer Höhe ist. R.-R. gibt es in Größen von wenigen Millimetern bis zu einigen Dezimetern. Das verwendete Material ist Steinzeug, Edelstahl oder Kunststoff. R.-R. haben den Nachteil, daß die →Randgängigkeit im Vergleich zu anderen Füllkörpern groß ist (→Pallring). *Dohrn*

**Raspeln.** Als R. wird das →Feilen mit einem Raspelwerkzeug bezeichnet. Im Gegensatz zu Feilen weisen R. punktförmig gehauene Zähne auf. Raspelwerkzeuge eignen sich für die Bearbeitung von z. B. Holz, Leder, Kunststoffen, Kork, Gummi und Stein. *König*

**Rationalisierung.** R. in der Wirtschaft und Technik ist das Suchen, Finden und Einführen verbesserter und kostengünstigerer Lösungen auf der Grundlage wissenschaftlicher Erkenntnisse und systematischer Methoden.

Ausgangspunkt jeder R.-Arbeit ist der Wunsch, den Erfüllungsgrad der Unternehmensziele, wie z. B. Gewinn, Rentabilität, →Produktivität, Flexibilität usw., zur Zukunftssicherung des Unternehmens zu steigern. Rationalisiert wurde erstmalig gegen Ende des 19. Jahrhunderts im Zuge der Industrialisierung. Federführend war der Amerikaner *F. W. Taylor.*

In einem Industriebetrieb gibt es drei hauptsächliche Einsatzfelder für R.-Aktivitäten: Technik, →Organisation und Betriebswirtschaft. Im Rahmen der technischen R. sollen Produkte und Verfahren verbessert werden. Die betriebswirtschaftliche R. befaßt sich mit Fragen der Beschaffung, des Absatzes und der Finanzierung. Hierbei ist das richtige Erfassen und Bewerten der wirtschaftlichen Vorgänge von Bedeutung. Im Bereich der Organisation werden →Unternehmensgliederung, →Ablauforganisation, →Aufbauorganisation usw. betrachtet.

Verbesserungen von Fertigungsverfahren und -abläufen sind die bekanntesten R.-Maßnahmen. Die grundsätzlichen Arbeitsschritte sind in Reihenfolge des Bilds zu entnehmen.

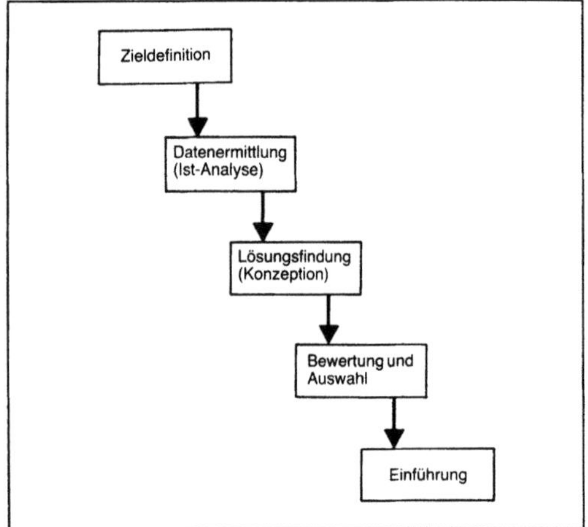


*Rationalisierung: Vorgehensweise bei Rationalisierungsmaßnahmen.*

Dieses prinzipielle Vorgehen findet Anwendung bei der Neuentwicklung noch nicht vorhandener Arbeitssysteme wie bei der Weiterentwicklung von Ist-Zuständen oder der Verbesserung mängelbehafteter Arbeitssysteme. Zur Ausführung dieser generellen Vorgehensweise können Hilfsmittel und Methoden eingesetzt werden, wie z. B. Brainstorming, Materialflußanalysen, Multimomentaufnahmen, Kostenvergleichsrechnung, Nutzwertanalysen, Netzplantechnik usw. *Eversheim*

Literatur: *Kunze, H. H.:* Systematisch rationalsieren. Berlin 1971.

**Räuchern.** Verfahren zur Behandlung von Lebensmitteln mit Rauch, der durch unvollkommenes Verbrennen (Verschwelen) von Holzspänen, Sägemehl oder Holzscheiten, ferner von Zweigen, Heidekraut, Nadelholzsamenständen oder Laub erzeugt wird. Das R. wendet man hauptsächlich bei Fleisch, Wurst- und Fischwaren mit dem Ziel an, einerseits die Haltbarkeit zu verlängern, andererseits um bestimmte Geschmacksrichtungen zu erzeugen und eine erwünschte Farbe zu bilden bzw. zu erhalten.

Die konservierende Wirkung beruht sowohl auf einer Austrocknung der Fleischoberfläche und damit Senkung der Oberflächenwasseraktivität (Verschlechterung der Lebensbedingungen für Mikroorganismen) als auch auf der Anwesenheit von antimikrobiellen Rauchbestandteilen (auf der Oberfläche und im Produkt). Diese Bestandteile sedimentieren bzw. kondensieren aus dem Rauch auf der Produktoberfläche, werden adsorptiv darauf festgehalten und dringen durch →Diffusion in das Produkt ein. Bakterizide Wirkung besitzen insbes. Formaldehyd, Acetaldehyd, Phenole, Kresole, Ameisen- und Essigsäure. Vor allem die Phenolkomponenten haben zudem einen antioxidativen Effekt, der sich auf die Stabilität des Fetts auswirkt.

Geschmacksbildende Komponenten sind hauptsächlich Phenole (z. B. Guajakol, Euginol, Anisol) sowie Aldehyde und Ketone, die durch Reaktion zwischen bestimmten Rauchbestandteilen und Bestandteilen des Produkts entstehen. Die typische Braunfärbung von Räucherwaren wird durch Teerbestandteile und im Produkt entstehende Melanoidine hervorgerufen.

Je nach den Temperaturen, die in der Räucherkammer erreicht werden, unterscheidet man das Heiß-R. und das Kalt-R. Gelegentlich findet auch das Warm-R. Anwendung. Beim Heiß-R. wird Rauch mit Temperaturen von 70–130 °C und einer relativen Luftfeuchte von 0,6 eingesetzt. Damit können in der zu räuchernden Ware, hauptsächlich gepökelte Fleischwaren, Brüh- und Fleischwurst, Kerntemperaturen bis zu 80 °C erreicht werden. Neben der Raucheinwirkung kommt während der 0,5- bis 2-stündigen Behandlung dem Garen des Gutes eine besondere Bedeutung zu.

Das Kalt-R. erfolgt bei Rauchtemperaturen von 15–28 °C sowie relativen Luftfeuchten von 0,8–0,85 und dauert ca. 4–5 Wochen. Es findet überwiegend bei der Herstellung von Roh- und Dauerwurst sowie Roh- und Kochschinken Anwendung.

Bedeutung hat das Garen beim Warm-R. im Temperaturbereich von 30–60 °C und einer relativen Luftfeuchte von 0,8. Es verleiht gepökelten Produkten wie Speck und verschiedenen Schinkenarten innerhalb von einigen Tagen das gewünschte Raucharoma und Aussehen.

Das R. wird in absatzweise betriebenen Räucherkammern (Kalt-R.) oder quasikontinuierlichen Räuchertunneln durchgeführt, die man mit behängten Stellagewagen beschickt. In kontinuierlichen Räucheranlagen wird das Produkt mit Hilfe von Kettenförderern transportiert.

Die Raucherzeugung durch einfaches Verschwelen von Holzspänen findet nur noch bei Turmhochanlagen Anwendung. In neuen Anlagen werden meist Glimmraucherzeuger (elektrisch beheizte Glimmdrähte bringen Holzspäne zum Verschwelen) oder Friktionsraucherzeuger (Kantholz wird gegen rotierende Metallteller gepreßt; die Reibungswärme führt zum Verschwelen) eingesetzt.

Neben den beschriebenen Räucherverfahren wird in geringem Maße auch das elektrostatische R. genutzt, bei dem man das Produkt in ein elektrisches Hochspannungsfeld einbringt und mit elektrisch aufgeladenem Rauch beschickt. Es zeichnet sich durch starke Verkürzung der Behandlungszeit und bessere Ausnutzung der Holzspäne aus. *Kerner/Loncin*

Literatur: Fleischgewinnung und -verarbeitung. Leipzig 1980. – Fleischwarenhandb. 1. Hamburg. – *Töth, L.:* Deutsche Forschungsgemeinschaft, Chemie der Räucherung. Weinheim 1982.

**Rauchgasentschwefelung.** Bei den Bemühungen um einen verbesserten Umweltschutz ist die weitestgehende Verminderung der Schwefeldioxidemissionen eine der Hauptbestrebungen. Eine Entschwefelung kann dabei durch die Entfernung von Schwefel oder Schwefelverbindungen aus den Brennstoffen schon vor der Verbrennung oder durch die Entfernung der schwefelhaltigen Verbrennungsprodukte, also der Schwefeloxide, aus den Rauchgasen bewerkstelligt werden (Tabelle).

Zur R. sind weltweit etwa 100 verschiedene Verfahren bekannt. In den Ländern mit nennenswerter R. (Japan, USA, Bundesrepublik Deutschland) hat sich die Gruppe der Kalkwäschen besonders durchgesetzt. Die anderen Verfahren sind in Deutschland über den Umfang von Pilot- und Demonstrationsanlagen bis auf wenige Ausnahmen meist nicht hinausgekommen.

*Absorptionsverfahren.* Bei den Kalkwaschverfahren haben als Einsatzstoffe (in der Reihenfolge der Verbreitung, nicht der Einsatzhäufigkeit)
□ Kalkstein: $CaCO_3$ (Calciumcarbonat),
□ Branntkalk: $CaO$ (Calciumoxid),
□ Löschkalk: $Ca(OH)_2$ (Calciumhydroxid)
Bedeutung erlangt. Da im Gesamtkonzept Kalkstein umweltfreundlicher ist, wird sein Einsatz angestrebt, auch wenn dadurch im Hinblick auf das Abwasser Nachteile entstehen.

Bei allen Verfahren, die Calciumverbindungen als Absorptionsmittel einsetzen (z. T. auch in Verbindung mit anderen Stoffen), wird die Erzeugung von Gips: $CaSO_4 \cdot 2\,H_2O$ (Calciumsulfat-Dihydrat) angestrebt.

Gegenüber einem früheren Stadium in der Entwicklung der R. ist das eine Änderung. Damals begnügte man sich mit dem Endprodukt Calciumsulfit als Halbhydrat ($CaSO_4 \cdot 0{,}5\,H_2O$). Es ist in Wasser sehr schwer löslich und auf Grund seiner Kristallstruktur nur schwer entwässerbar. Man erhielt eine pastöse Masse mit 40–60 % Wasser, die nicht verwertbar war und daher als Schlamm deponiert werden mußte.

Gips entsteht durch Oxidation des Sulfits mit dem Sauerstoff aus dem Rauchgas oder mit zusätzlich in die Waschlösung bzw. -suspension eingebrachte Luft. Sollte sich der Sauerstoff im Rauchgas wegen der Maßnahmen zur Reduzierung der Stickstoff-

*Rauchgasentschwefelung. Tabelle: Verfahrensgruppen.*

| Verfahren | Absorbens/Adsorbens | Endprodukt |
|---|---|---|
| Naßverfahren (Absorption) | Kalk | Gips-Dihydrat |
|  | Ammoniak | Ammonsulfat |
|  | Natriumsulfit/Natronlauge | Schwefel Schwefelsäure |
| Halb-Trocken-Verfahren (Sprühabsorption) | Kalk | Gemisch Calciumsulfit, Calciumsulfat, Flugasche |
| Trocken-Verfahren (Chemiesorption) | Kalk | Gemisch Calciumsulfit, Calciumsulfat, Flugasche |
| (Adsorption) | Aktivkoks | Schwefel Schwefeldioxid (fl) Schwefelsäure |

oxide mindern, wird u. U. nur der Lufteintrag verbleiben.

Bei richtig gewählten Verfahrensabläufen ist dieser Reststoff zu Gips umwandelbar, der in der Bauindustrie verwertet werden und Naturgips ersetzen kann. Bei der Abkühlung der Rauchgase auf die prozeßbedingte Temperatur (rd. 50 °C) werden außerdem weitgehend

□ Chlorwasserstoff HCl,

□ Fluorwasserstoff $H_2F_2$,

□ Schwefeloxide $SO_2 + SO_3$

und ein Teil der im Rauchgas noch enthaltenen Feinstäube ausgeschieden.

*Adsorptionsverfahren.* Bei den Adsorptionsverfahren werden durch physikalische (Kapillar-) Kräfte die gasförmigen Stoffe an die Adsorbienten gebunden. Meistens werden Aktivkokse verwendet, die bei 300–600 °C regeneriert werden, wobei die gebildete Schwefelsäure mit dem Kohlenstoff zu $SO_2$ und $CO_2$ reagiert. Aus dem $SO_2$-Reichgas kann elementarer Schwefel oder Schwefelsäure gewonnen werden. Es besteht auch die Möglichkeit, aus dem $SO_2$-Reichgas Flüssig-$SO_2$ zu erzeugen. *Oeckenpöhler*

Literatur: *Krolewski, H.:* Maßnahmen zur Luftreinhaltung bei Kraftwerken und ihre Auswirkungen auf Wasser und Abfall. Sammelband VGB-Konferenz Kraftwerk und Umwelt 1985. – *Reichert, G.:* Entwicklungsstand der Rauchgasreinigung in der Bundesrepublik Deutschland. Kolloquium TÜV Rheinland: Feuerungstechnik und Umweltschutz. Januar 1985. – NN.: Umweltschutz im und am Kraftwerk. RWE-Umwelt-Bilanz, Dezember 1985.

**Rauchgasentstickung.** Für die Entfernung der Stickstoffoxide ($NO_x$) sind wegen des hohen Anteils des NO von 95 % und dessen Wasserunlöslichkeit die → Waschverfahren grundsätzlich weniger geeignet als für die Absorption von $SO_2$. Möglich ist eine oxidative Umwandlung von NO mit dem sehr teuren Ozon und eine anschließende Wäsche der dabei entstehenden Stickoxide mit Ammoniak, die im Vorfeld der großtechnischen Anwendung steht.

Der Schwerpunkt der großtechnischen Entwicklungen liegt in der katalytischen Umsetzung des $NO_x$ mit Reduktionsmitteln wie $NH_3$ zu Stickstoff und Wasserdampf. Die darauf beruhenden Verfahren haben den großen Vorteil, daß keine Reaktionsprodukte des NO entstehen, deren Weiterverwendung problematisch ist. Das Problem liegt hier im Einsatz eines geeigneten Katalysators mit langer Lebensdauer, wobei wegen der Nebenbestandteile der Rauchgase die Schwierigkeiten von Gas- über Öl- zu Kohlefeuerungen zunehmen.

Besonders in Japan haben sich katalytische Verfahren zur Reduktion des im Rauchgas enthaltenen $NO_x$ mit $NH_3$ durchgesetzt. Andere mögliche Reduktionsmittel wie CO, $H_2$ oder Kohlenwasserstoffe sind bei den heute eingesetzten Katalysatoren

entweder zu reaktionsträge gegenüber $NO_x$ oder werden selbst zu stark durch den Sauerstoff der Rauchgase oxidiert. Die Anforderungen an die Eigenschaften des Katalysators hängen im übrigen sehr stark von dem in der Feuerung eingesetzten Brennstoff ab (Tabelle).

*Rauchgasentstickung. Tabelle: Anforderungen an Katalysatoren zur $NO_x$-Reduktion.*

| Anforderungen | Brennstoff | | |
| --- | --- | --- | --- |
| | Gas | Öl | Kohle |
| niedriger $NH_3$-Verbrauch | x | x | x |
| hoher $NO_x$-Umsatzgrad | x | x | x |
| S-Verträglichkeit | | x | x |
| Flugstaub-verträglichkeit | | | x |

Da Gasfeuerungen nur sehr niedrige Schwefelgehalte und keinen Staub enthalten, kommt es nur darauf an, daß hohe Umsatzgrade erreicht werden und nicht mehr $NH_3$ durch Oxidation verbraucht wird, als die Stöchiometrie vorgibt. In Ölfeuerungen treten $SO_3$ und $SO_2$ auf, so daß der Katalysator schwefelsäurefest sein muß und außerdem möglichst wenig $SO_2$ zu $SO_3$ oxidieren soll. Kohlefeuerungen enthalten zusätzlich Staub. Der Katalysator muß also zusätzlich staubunempfindlich sein. Außerdem muß er resistent gegen die im Staub befindlichen Katalysatorgifte wie Arsen, Alkali usw. sein.

Offenbar sind also die Anforderungen an einen für die $NO_x$-Entfernung in Rauchgasen aus Kohlefeuerungen eingesetzten Katalysator am höchsten. Auf diesem Gebiet ist besonders in Japan große Entwicklungsarbeit geleistet worden. Als Ergebnis stehen die selektiven SCR-Katalysatoren auf Basis $TiO_2$ zur Verfügung, die bei 350–450 °C wirksam sind. Auch die bei 80–150 °C einsetzbaren Aktivkoks-Katalysatoren, die neben der Umsetzung von $NO_x$ mit $NH_3$ gleichzeitig $SO_2$ adsorbieren, sind in Japan industriell erprobt worden und kommen nun auch in Deutschland zum großtechnischen Einsatz.

Bei staubhaltigen Rauchgasen ist es wichtig, die äußere Form der Katalysatoren so zu wählen, daß der Staub weder im Katalysatorbett festgehalten wird, noch zu einer Erosion der wirksamen aktiven Oberflächen führt. So lassen sich Katalysatorpellets in Wander- oder Wirbelschichten oder auch Platten- oder Röhrenkatalysatoren einsetzen. Am gebräuchlichsten sind jedoch Katalysatoren in Wabenform mit variierenden Querschnitten, wodurch sich bei unterschiedlichsten Staubbeaufschlagungen für Druckverlust und Staubverträglichkeit optimale Werte erzielen lassen. *Oeckenpöhler*

Literatur: *Jüntgen, H., u. E. Richter:* Rauchgasreinigung in Großfeuerungsanlagen. Dokumentation Rauchgasreinigung. Düsseldorf 1985.

**Rauheit, kinematische.** Bei der spanenden Bearbeitung ergibt sich die k. R. der erzeugten Werkstückoberfläche (→Oberflächengüte) durch die Form der Schneidkante und die Relativbewegung zwischen Werkstück und Werkzeug. Beim →Drehen wird sie vorwiegend durch die Form der Schneide und den Vorschub beeinflußt. Für Zerspanoperationen, bei denen die →Schnittflächenrauheit im Vergleich zur k. R. vernachlässigbar klein ist, z. B. beim Schruppdrehen, kann aus den geometrischen Eingriffsverhältnissen eine Näherungsformel zum Bestimmen der theoretischen Rauhtiefe $R_t$ abgeleitet werden (Bild). *König*

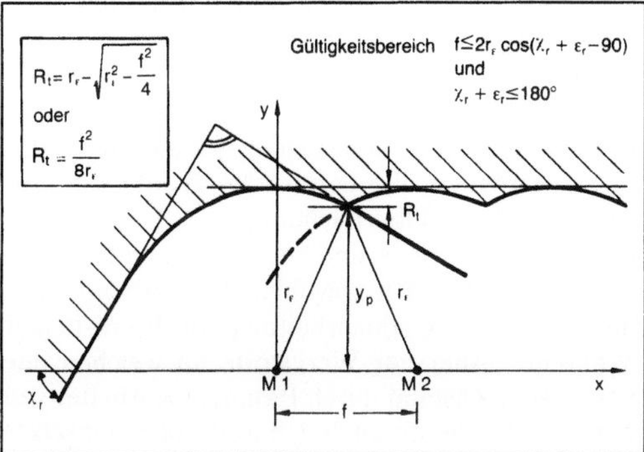


*Rauheit, kinematische: Geometrische Eingriffsverhältnisse beim Drehen.*

**Rauheitsmessung.** Die R. dient zur quantitativen Beschreibung und Beurteilung einer Oberfläche. Heute werden in der industriellen Fertigung zur R. überwiegend elektrische Tastschnittgeräte (→Tastschnittverfahren) eingesetzt, die international genormt sind.

Die →Oberflächenrauheit kann durch verschiedene Meßgrößen, z. B. durch die gemittelte →Rauhtiefe, den →Mittenrauhwert, die maximale Rauhtiefe, den →Materialanteil, die →Glättungstiefe, den Rillenabstand u. a., beschrieben werden. Eine vollständige Beschreibung der Oberfläche ist durch keine dieser Kenngrößen möglich. Um im Hinblick auf die Rauheit die Tauglichkeit der Fläche für die jeweilige Funktion zu erfassen, hat es sich jedoch i. a. als ausreichend erwiesen, die zulässigen Grenzwerte einer oder mehrerer geeigneter Rauheitsmeßgrößen anzugeben.

Eine technische Oberfläche ist dreidimensional (Oberflächenrauheit). Ein Großteil der Rauheitskennwerte beruht in ihrer Definition auf dem zweidimensionalen Tastschnitt. Um eine hinreichend genaue Aussage über die gesamte Oberfläche machen zu können, müssen an repräsentativen Stellen genügend Messungen durchgeführt und Profile aufgezeichnet werden.

Je nach Größe und Form der Oberfläche und je nach der zu erfüllenden Funktion ist auch die Wahl der Prüf- und Meßmittel für die Beurteilung der Oberfläche unterschiedlich.

Die einfachsten Verfahren zum Beurteilen der Oberflächengüte sind die subjektive Sichtprüfung und das Abtasten der Oberfläche mit dem Fingernagel. Durch Sicht- und Tastvergleich mit Oberflächenvergleichsmustern, die dem jeweiligen Fertigungsverfahren entsprechen müssen und deren Rauheitswerte bekannt sind, ist eine einfache und wirtschaftliche Rauheitsprüfung in der Fertigung möglich.

Die quantitative Beurteilung der Oberfläche erfolgt neben dem Tastschnittverfahren mit dem Interferenzmikroskop, dem Lichtschnittmikroskop (→Lichtschnittverfahren), dem Rasterelektronenmikroskop und den optischen Rauheitsmeßgeräten.

Das Interferenzmikroskop und das Lichtschnittmikroskop haben in der Fertigung keine große Bedeutung gewonnen, sind jedoch für spezielle Anwendungsfälle gut geeignet. Das Rasterelektronenmikroskop ist wegen des hohen Aufwands praktisch nur bei Forschungs- und Entwicklungsarbeiten einsetzbar. Optische Rauheitsmeßgeräte, die nach dem Streulichtverfahren arbeiten, werden in der Serienfertigung eingesetzt. Optische Tastschnittgeräte, die die Oberfläche mit einem fokussierten Laserstrahl abtasten und berührungslos arbeiten, finden als Alternative zu den mechanischen Tastschnittgeräten ihre Anwendung. *Kenter*

Literatur: *Brodmann, R., H. Paisdzior, H. Rau u. G. Hübner:* Rauheit und Welligkeit feinbearbeiteter Oberflächen optisch messen. Werkstatt und Betrieb 119 (1986) Nr. 10. – *Henzold, G.:* Rauheitsmessung mit elektrischen Tastschnittgeräten. DIN Normenh. 12. Hrsg. Dt. Normeninst. 1971. – *Warnecke, H.-J., u. W. Dutschke:* Fertigungsmeßtechnik. Handb. Ind. u. Wiss. Berlin, Heidelberg, New York 1984.

**Rauhtiefe.** Die R. $R_t$ ist der Abstand zwischen der höchsten Profilerhebung und dem tiefsten Profiltal innerhalb der Meßstrecke $l_m$. $R_t$ sollte nicht mehr verwendet werden, weil sie durch die Rauheitskennwerte $R_z$ und $R_{max}$ ersetzt wurde (→Rauhtiefe, gemittelte). *Kenter*

**Rauhtiefe, gemittelte.** Die g. R. $R_z$ ist der arithmetische Mittelwert aus den Einzel-R. $R_{zi}$ fünf aufeinanderfolgender Einzelmeßstrecken $l_e$ im Rauheitsprofil. Die Einzel-R. ist der vertikale Abstand zwischen dem höchsten und dem tiefsten Punkt des Rauheitsprofils innerhalb der Einzelmeßstrecke.

Die maximale R. $R_{max}$ ist der Größte der auf der Gesamtmeßstrecke $l_m$ vorkommenden Einzel-R. (Bild).

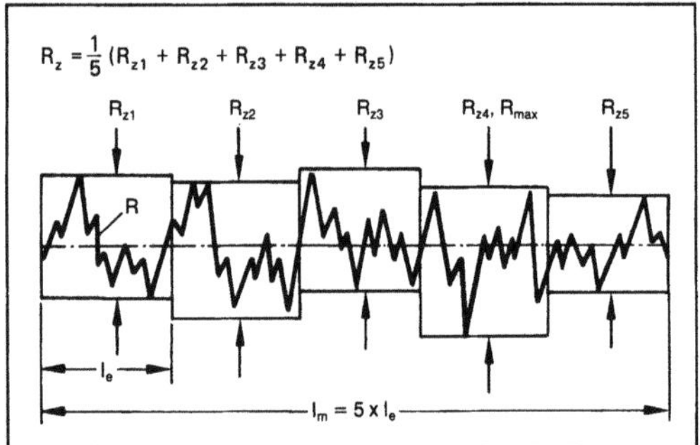



*Rauhtiefe, gemittelte: Definition der gemittelten Rauhtiefe $R_z$ und der maximalen Rauhtiefe $R_{max}$.*

Die g. R. $R_z$ gibt Auskunft über die durchschnittliche vertikale Oberflächenzerklüftung ($\rightarrow$ Oberflächenrauheit). Einzelne Ausreißer werden in Abhängigkeit von ihrer Anzahl nur z. T. berücksichtigt. $R_z$ sollte in den Fällen Anwendung finden, in denen einzelne Profilausreißer die Funktion des Prüflings nicht beeinflussen, z. B. Lager- und Gleitflächen, Preßsitzen oder Meßflächen ($\rightarrow$ Glättungstiefe). Da einzelne Profilausreißer nur in wenigen Fällen der Praxis funktionsentscheidend sind, ist $R_z$ neben dem $\rightarrow$ Mittenrauhwert $R_a$ die derzeit dominierende Oberflächenkenngröße.

$R_{max}$ sollte nur in den Fällen eingesetzt werden, in denen einzelne Profilausreißer funktionsentscheidend sind. Dies kann z. B. bei dynamisch belasteten Bauteilen der Fall sein, weil hier die Kerbwirkung von großer Bedeutung ist. *Kenter*

Literatur: DIN 4768. Bl. 1: Ermittlung der Rauheitsmeßgrößen $R_a$, $R_z$, $R_{max}$ mit elektrischen Tastschnittgeräten, Grundlagen. Hrsg. Dt. Inst. f. Normung. – *Warnecke, H.-J.*, u. *W. Dutschke:* Fertigungsmeßtechnik. Handb. f. Ind. u. Wiss. Berlin, Heidelberg, New York 1984.

**Rauhtiefe, maximale** $\rightarrow$ Rauhtiefe, gemittelte

**Räumen.** Spanen mit einem mehrzahnigen Werkzeug, dessen Schneidzähne hintereinanderliegen und jeweils um eine Spanungsdicke gestaffelt sind. Hierdurch wird die Vorschubbewegung ersetzt. Die Schnittbewegung ist translatorisch, in besonderen Fällen auch rotatorisch oder schraubenförmig. Das Räumwerkzeug wird dabei durch eine Bohrung gestoßen oder gezogen (Innenräumen) bzw. an der Außenfläche des Werkstücks vorbeigeführt (Außenräumen), Bild.

Entsprechend der Art der zu erzeugenden Fläche, der Kinematik des Zerspanvorgangs und des Werkzeugprofils wird das Fertigungsverfahren Räumen nach DIN 8589, Tl. 5, in folgende Untergruppen eingeteilt:

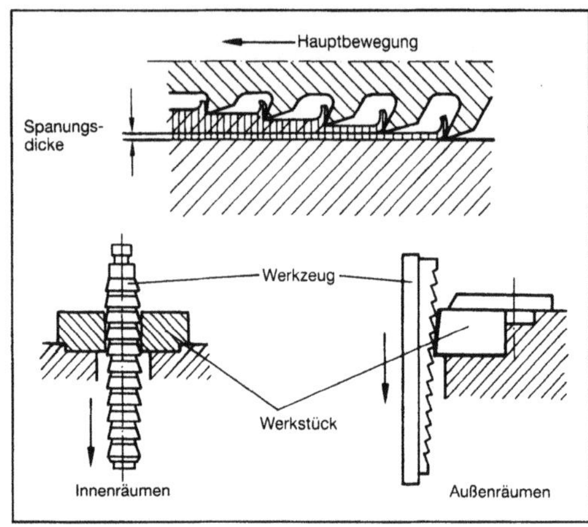



*Räumen: Verfahrensprinzip.*

□ Plan-R. (Außen- und Innen-Plan-R.),
□ Rund-R. (Außen- und Innen-Rund-R.),
□ Schraub-R. (Außen- und Innen-Schraub-R.),
□ Profil-R. (Außen- und Innen-Profil-R.),
□ Form-R.

Das Arbeitsergebnis wird beim R. mit einem Hub erreicht. In diesen Fällen erzeugen die letzten Zähne des Werkzeugs das geforderte Profil sowie die erforderliche $\rightarrow$ Oberflächengüte.

Räumoperationen sind heute in allen Fertigungsstufen zu finden, d. h. sowohl in der Vorbearbeitung als auch in der Endbearbeitung von Werkstücken. Während bisher nur Werkstoffe im weichen oder vergüteten Zustand durch Räumen bearbeitet wurden, werden heute auch gehärtete oder einsatzgehärtete Werkstücke erfolgreich geräumt. Die Vorteile des R. liegen in einer hohen Zerspanleistung bei gleichzeitig hohen Standzeiten sowie in der erzielbaren Oberflächengüte und Maßgenauigkeit (IT 7). Wirtschaftliche Einsatzbereiche liegen wegen der teuren Werkzeuge und hohen Werkzeugaufbereitungskosten nur in der Serienfertigung, da für jedes Werkstückprofil ein eigenes Werkzeug gefertigt werden muß. Typische Anwendungsfälle für Räumoperationen sind im Automobilbau Pleuel, Zahnstangen, Teile für Scheibenbremsen und Lagerdeckel ebenso wie Tannenbaum- und Schwalbenschwanznuten für den Turbinenbau.

Die Schnittgeschwindigkeit beim R. liegt je nach Bearbeitungsaufgabe zwischen 1 und 60 m/min. Mit zunehmender Schnittgeschwindigkeit wird die Oberflächengüte durch die abnehmende $\rightarrow$ Aufbauschneidenbildung verbessert. Die anwendbaren Schnittgeschwindigkeiten sind aber durch die großen zu beschleunigenden und abzubremsenden Massen der Räumschlitten nach oben begrenzt. Die Spanungsdicken betragen je nach Bearbeitungsfall für Schruppoperationen 0,04 bis 0,5 mm, bei Schlichtschnitten 0,0025–0,04 mm.

Als Kühlschmiermittel werden Emulsionen und Schneidöle eingesetzt, die gleichzeitig die Späne aus den Spankammern ausspülen.                *König*

Literatur: DIN 1416: Räumwerkzeuge. Hrsg. Dt. Inst. f. Normung. – DIN 8589. Tl. 5: Fertigungsverfahren Spanen-Räumen. Hrsg. Dt. Inst. f. Normung. – *König, W.:* Fertigungsverfahren. Bd. 1. Düsseldorf 1990. – *Kratzer, M.:* Räumtechnik heute. Tl. I. VDI-Z 126 (1984) Nr. 14; Tl. II. VDI-Z 126 (1984) Nr. 22; Tl. III. VDI-Z 127 (1985) Nr. 4. – *Opferkuch, R.:* Die Werkzeugbeanspruchung beim Räumen. Diss. Univ. Karlsruhe (TH) 1981. – *Schütte, M.:* Räumen mit erhöhter Schnittgeschwindigkeit. Diss. TH Aachen 1965. – *Wegerhoff, H.,* u. *U. V. Münz:* Beschichtete Räumwerkzeuge zum Bearbeiten von Werkstücken höherer Festigkeit. VDI-Z 127 (1985) Nr. 21. – *Weule, H.,* u. *H. J. Lauffer:* Stand und Entwicklungstendenzen beim Räumen. wt Z. ind. Fertig. 75 (1985) Nr. 4.

**Räummaschine.** R. dienen zum Erzeugen von Profilen mittels geradliniger Schnittbewegung. Man unterscheidet Innen- und Außen-R. Der Arbeitsablauf ist beim Innenräumen schwingend, und nach jedem Arbeitshub ist das Werkzeug, die Räumnadel, wieder neu einzuführen. R. werden ausschließlich in der Großserie oder bei komplizierten Formen angewandt.

Das Werkzeug (Räumnadel) besteht aus einer Vielzahl hintereinander angeordneter Schneiden, die jeweils um den Betrag der Zustellung (Spanungsdicke) zum Werkstück hin versetzt angeord-

*Räummaschine:  Senkrecht-Innen-Räummaschine RISZ 6,3 × 1000 × 320. (Quelle: Forst, Solingen)*

net sind. Die Zahngeometrie ist ähnlich der des Fräserzahns. Um Rattern zu vermeiden, müssen immer zwei Zähne im Eingriff sein. Die Zahnteilung beträgt $t = (1{,}7{-}1{,}8)\sqrt{l}$, mit $l$ als Räumlänge am Werkstück.

Die R. (Bild) besteht aus den Bauelementen Support, evtl. Querbalken, Ständer und dem Tisch. Bei Innen- und Außen-R. sind die senkrechte und waagrechte Bauweise üblich. Der Antrieb erfolgt über Gewindespindeln oder ist hydraulisch. Nach einem Arbeitshub (ziehend oder drückend) ist das Werkstück fertig bearbeitet.                *Schulz*

**Räumwerkzeug.** Mehrzahnige Werkzeuge, deren Schneiden hintereinander angeordnet und um den Betrag der jeweiligen Spanungsdicke gestaffelt sind. Der Werkzeugaufbau untergliedert sich in einen Schrupp-, Schlicht- und einen Kalibrierteil, die durch unterschiedliche Spanungsdicken gekennzeichnet sind (Bild). Die Anordnung der Zähne auf einem R. wird als Staffelung bezeichnet. Bei der Tiefenstaffelung erfolgt der Vorschub senkrecht zur zu erzeugenden Fläche. In Abhängigkeit vom Werkstückprofil ergeben sich bei Werkzeugen mit Tiefenstaffelung durch große Schneidkantenlängen entsprechend große Spanungsquerschnitte. Bei Werkzeugen mit Seitenstaffelung erfolgt der Vorschub parallel zur Werkstückoberfläche.

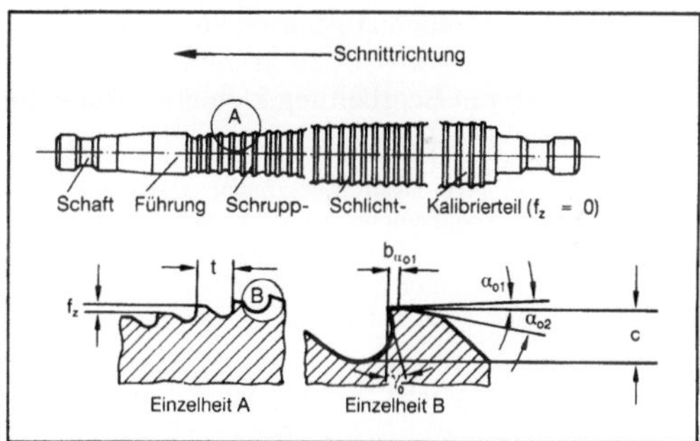


*Räumwerkzeug: Innenräumwerkzeug.*

$\alpha_{02}$ Freiwinkel, $\alpha_{01}$ Neigung der Fase, $\gamma_0$ Spanwinkel, $b_{\alpha01}$ Fasenbreite, $t$ Teilung, $f_z$ Spanungsdicke, $c$ Spankammertiefe

Bedingt durch kleine Spanungsdicken sind bei diesen Werkzeugen größere Zähnezahlen erforderlich als bei einer Tiefenstaffelung. Wegen der geringeren Kräfte ist bei labilen Werkstücken eine Seitenstaffelung zu bevorzugen. Der überwiegende Teil der R. wird in Tiefenstaffelung ausgeführt, da breite Flächen mit relativ kurzen Werkzeugen bearbeitet werden können.

Die Teilung der R. und die Spankammertiefe sind von der Werkstückhöhe, der →Spanbildung des Werkstoffs und der maximal möglichen Werkzeuglänge abhängig. Span- und Freiwinkel werden auf den zu bearbeitenden Werkstoff und in Grenzen auf die Schnittgeschwindigkeit abgestimmt. Übliche

Werte bei HSS-Werkzeugen betragen 1,5°–5° für den Freiwinkel und 6°–25° für den Spanwinkel. Geradeverzahnte Werkzeuge ($\lambda_s = 0$) werden durch den Schneidenein- und -austritt stark dynamisch belastet, da die Kräfte entsprechend der Zahneintritts- und -austrittsfrequenz periodisch schwanken. Werkzeuge mit einem Neigungswinkel zeigen dagegen einen langsam ansteigenden Kraftverlauf mit geringen Kraftschwankungen. Zum Vermeiden zu hoher Seitenkräfte, die zu Maß- und Formabweichungen führen können, werden vielfach Pfeilverzahnungen eingesetzt.

Als →Schneidstoff für R. werden hauptsächlich Schnellarbeitsstähle (HSS) eingesetzt, die vielfach auch mit einer Hartstoffschicht aus TiN beschichtet werden. Daneben werden für die Bearbeitung von Gußwerkstoffen sowie neuerdings auch für die Bearbeitung gehärteter Stähle bereits vielfach Hartmetalle eingesetzt. HSS-Werkzeuge werden als Vollwerkzeuge hergestellt, während HM-Werkzeuge zunehmend mit Wendeschneidplatten bestückt werden.

Beim Außenräumen werden die R. vielfach aus einzelnen Segmenten in speziellen Werkzeugaufnahmen aufgebaut. Auch für Innenräumoperationen werden die Werkzeuge aus Räumbüchsen, die auf Dornen geführt und verschraubt sind, aufgebaut. Die Vorteile dieser Segmentierung der R. liegen in der einfachen Austauschbarkeit verschlissener Segmente sowie bei sehr großen Werkzeugen in der günstigeren Bearbeitung kleinerer Segmente (→Räumen). *König*

Literatur: DIN 1416: Räumwerkzeuge; Gestaltung von Schneidzahn und Spankammer. Hrsg. Dt. Inst. f. Normung. – *Kratzer, M.:* Räumtechnik heute. Tl. 3. VDI-Z 127 (1985) Nr. 4. – *Weule, H.,* u. *H.-J. Lauffer:* Stand und Entwicklungstendenzen beim Räumen. wt Z. ind. Fertig. 75 (1985) Nr. 4.

**Raumzeit.** Das Verhältnis aus Reaktionsvolumen $V_R$ und dem volumetrischen Zufluß $\dot{V}_a$ am Eintritt eines kontinuierlichen Reaktors wird als R. (hydrodynamische Verweilzeit) $\tau$ bezeichnet:

$$\tau = \frac{V_R}{\dot{V}_a}.$$

Die R. $\tau$ gibt die Zeit an, in der die Reaktionsmasse mit dem Volumen $V_R$ in den Reaktor eintritt bzw. ohne Beschleunigung infolge Dichteänderung im Reaktor verbringt. Nur für den Fall, daß die Reaktionsmasse keine Dichteänderung und keine →Rückvermischung erfährt, ist die R. gleich der mittleren Verweilzeit. Häufig ist die R. die einzige berechenbare Zeitgröße, wenn die Reaktionskinetik, beispielsweise bei der Untersuchung neuer technischer Reaktionen, unbekannt ist.

Der Kehrwert $1/\tau$ der R. ist die Raumgeschwindigkeit oder – in der Biotechnologie – die Verdünnungsgeschwindigkeit. Bleibt die Dichte der Reaktionsmasse konstant, dann stimmt die Raumgeschwindigkeit mit der Reaktorbelastung $\dot{V}/V_R$ ($\dot{V}$ ist der Gesamtdurchsatz des Reaktors, mit $\dot{V} = \dot{V}_a$) überein. *Schönbucher*

**Raum-Zeit-Ausbeute.** Das Verhältnis aus Reaktorleistung $N_i = \dot{n}_k Y_{ik}$ eines erwünschten Produkts i und Reaktorvolumen (oder Reaktionsvolumen) $V_R$ wird als RZA = $N_i/V_R$ bezeichnet ($\dot{n}_k$ ist der Durchsatz an Edukt K, häufig in den Einheiten t-Edukt/h, $Y_{ik}$ ist die →Ausbeute).

Die RZA ist eine spezifische Reaktorleistung und wird häufig in den Einheiten t-Produkt/m³h angegeben. Als Kapazität eines Reaktors bzw. einer Gesamtanlage wird die maximale Leistung $N_i$ oder die maximale RZA verstanden.

Bei Anwendung der RZA als integrales Aktivitätsmaß eines Katalysators (→Reaktion, katalytische) bedeutet $V_R$ das Katalysatorvolumen. *Schönbucher*

**Reaktion (mikrobielles System).** Die Betrachtung von R. und →Stofftransport in mikrobiellen Systemen erfolgt unter 2 Gesichtspunkten:
□ Einfluß der suspendierten Zellen auf Blasenkoaleszens und Stofftransport in begasten Bio-R.: Stofftransport von der Gasphase in den Kern der Flüssigkeit,
□ Stofftransport und R. an der Zellmembran oder im Zellinneren: Stofftransport vom Kern der Flüssigkeit in das Innere der Zelle.

Der Einfluß von Mikroorganismen auf den Stofftransport Gas/Flüssigkeit hängt sehr von der Wachstumsform der Mikroorganismen ab und ist mit verschiedenen Mechanismen zu erklären. Bei der Betrachtung soll der Einfluß von Stoffwechselprodukten oder von durch Lysis freigesetzten Zellinhaltsstoffen vernachlässigt werden. Unter dieser Prämisse ist klar zu unterscheiden zwischen Einzellern und myzelbildenden Mikroorganismen.

Generell ist bei Myzelbildnern bei zunehmender Zellmassenkonzentration mit einer Abnahme der Stofftransportkoeffizienten zu rechnen. Der Effekt ist darauf zurückzuführen, daß nach der Kolmogoroff-Theorie die meiste Energie in den Kleinwirbeln ($d = 20-50$ µm) dissipiert wird. Da die Myzelien deutlich größer sind als diese Kleinwirbel und mit zunehmender Zellmassenkonzentration auch die Viskosität des Nährmediums ansteigt, üben die Myzelien einen dämpfenden Effekt auf die Energiedissipation in Kleinwirbeln aus und verringern damit den Stofftransport.

Dieser Effekt ist bei Einzellern wesentlich weniger ausgeprägt; z. T. kann man sogar entgegengesetzte Wirkungen beobachten. Eine Erhöhung des

Stofftransports durch Einzeller kann auf 2 Mechanismen beruhen:

□ Anlagerung der Einzeller an die Phasengrenzfläche und direkte Aufnahme von Sauerstoff zusätzlich zum physikalischen Stofftransport (chemical enhancement),

□ Veränderung der Hydrodynamik in der beweglichen Phasengrenzfläche (hydrodynamical enhancement).

Der Stofftransport von der Flüssigphase in das Innere der Zelle oder an die Membran hängt bei Einzellern nur vom Durchmesser des Flüssigkeitsfilms um die äußere Zellmembran ab. Er ist über die Hydrodynamik des R.-Systems verhältnismäßig leicht zu beeinflussen, zumal Konzentrationsgradienten nur schwach ausgeprägt sind. Völlig anders ist die Situation bei der Kultivierung agglomerierender oder immobilisierter Mikroorganismen. Hier ist mit ausgeprägten Konzentrationsgradienten zwischen dem äußeren Bereich und dem Inneren des Pellets oder der Flocke zu rechnen. Häufig sind die Zellen im Inneren eines Pellets durch Stofftransportlimitierungen inhibiert und sterben ab. Ziel der →Prozeßführung ist daher, dieses insbes. aus Kulturen von Streptomyzeten und verschiedenen Pilzen bekannte Problem im Sinne einer Produktausbeutemaximierung zu lösen. Wichtigste Maßnahme ist dabei, einen optimalen Pelletdurchmesser einzustellen über die Zusammensetzung des Nährmediums oder mittels verfahrenstechnischer Parameter. *Liefke*

Literatur: *Bailey, J. E.,* u. *D. E. Ollis:* Biochemical Engineering Fundamentals. 2. Aufl. New York 1986.

**Reaktion, elektrokatalytische.** Eine elektrochemische R., bei der das Elektrodenmaterial als Katalysator (Elektrokatalysator) beteiligt ist, wird als e. R. bzw. als Elektrokatalyse bezeichnet. Beispielsweise wird die technisch sehr wichtige kathodische Elektroden-R. (Wasserelektrolyse, Amalgamzersetzung, Brennstoffzelle, Korrosionsprozesse) $2H^+ + 2e^- \rightleftharpoons H_2$ insbes. durch die Metalle Palladium, Platin, Rhodium und Iridium katalysiert. Zum Durchführen technischer Elektrolysen (→Reaktor, elektrochemischer) ist es zweckmäßig, für die erwünschte R. als Elektrodenmaterial einen aktiven Elektrokatalysator einzusetzen, der bei möglichst kleiner Überspannung hohe Stromdichten und damit hohe R.-Geschwindigkeiten bewirkt. Dagegen wählt man, um unerwünschte, elektrochemische Reaktionen (z. B. Konkurrenz- oder Neben-R.) zu vermeiden, einen für die Störreaktion sehr inaktiven Elektrokatalysator. Ein großtechnisches Beispiel hierfür ist die Chloralkali-Elektrolyse (→Reaktor, elektrochemischer) nach dem Amalgam-Verfahren, bei dem durch Verwenden einer Quecksilber-Kathode die formulierte Wasserstoffionen-Reduktion unter Bildung von Wasserstoff zugunsten der Natriumionen-Reduktion kinetisch sehr stark gehemmt ist.

Zu den e. R. gehören auch die elektrokatalytischen Synthesen organischer Verbindungen, z. B. die kathodische Hydrierung organischer Nitroverbindungen (z. B. Nitrobenzol) zu Aminen (z. B. Anilin). Hierbei erfolgt an der Kathode zunächst die Reduktion von Protonen zu adsorbierten Wasserstoffatomen oder -molekülen. Anschließend findet an der Kathodenoberfläche (Elektrokatalysator) die heterogen-katalytische Hydrierung der im Elektrolyten gelösten Nitroverbindungen statt (→Reaktion, katalytische). *Schönbucher*

**Reaktion, heterogene.** Bestehen innerhalb der Reaktionsmasse eine oder mehr →Phasengrenzflächen und treten Konzentrations- und Temperaturgradienten auf, so liegen mehrphasige bzw. h. R.-Systeme vor. Die Phasengrenzflächen können zwischen einem Feststoff (Katalysator oder Reaktand) und fluiden Reaktanden vorkommen. Da sich die Reaktanden also in verschiedenen Phasen befinden, sind die h. R. durch Stoff- und Wärmetransportvorgänge (→Makrokinetik) sowie durch Phasengleichgewichte (Adsorptionsgleichgewichte, →Hougen-Watson- und →Eley-Rideal-Kinetik) charakterisiert. Die meisten technisch bedeutsamen R. verlaufen heterogen. Neben den katalytischen Fluid-Feststoff-Reaktionen (→Reaktion, katalytische) und den Gas-Flüssig-Reaktionen zählen hierzu die nichtkatalytischen Fluid-Feststoff-Reaktionen (z. B. Verbrennung und →Vergasung von Kohle und festen Abfallstoffen, Kalkbrennen, Abrösten sulfidischer Erze, Bauxit- und Apatitaufschlüsse mit Laugen bzw. Säuren, Herstellung von Celluloseacetat, -nitrat und -xanthogenat), die nichtkatalytischen R. zwischen festen R.-Partnern (z. B. Herstellung von Porzellan und Keramik, Glasherstellung, Zementklinkerbildung) sowie die heterogenen Flüssig-Flüssig-Reaktionen (z. B. Emulsionspolymerisation, Suspensionspolymerisation, Verseifung von Fetten, Sulfonierung und Nitrierung organischer Verbindungen, Kernbrennelementaufarbeitung nach dem Purexverfahren). *Schönbucher*

**Reaktion, homogene.** Bestehen innerhalb der R.-Masse keinerlei →Phasengrenzflächen sowie keine Konzentrations- und Temperaturgradienten, liegt ein einphasiges bzw. h. R.-System vor. Solche Bedingungen lassen sich, insbes. wenn schnelle R. (z. B. Radikal- oder Flammenreaktionen) ablaufen (→Makrokinetik), i. a. nur im Labormaßstab realisieren. Homogene, exotherme Gas-R. spielen als Verbrennungs-R. gasförmiger Kohlenwasserstoffe bei der technischen Energieerzeugung eine wichtige Rolle. Zu den homogenen, endothermen Gas-R. gehört die Mitteltemperaturpyrolyse zur Ethylen- und die Hochtemperaturpyrolyse zur Acetylenherstellung. Die Hydrolyse von Ethylenoxid zu Ethylenglykol, viele Säure-Base-Katalysen (→Katalyse, homogene) sowie einige Substanzpolymerisationen (z. B. Styrol) und Lösungspolymerisationen (z. B. Butadien, Isopren) verlaufen als homogene Flüssigkeits-R. (→Polymerisationstechnik).

Zur Behandlung mehrphasiger Systeme (→Reaktion, heterogene, →Mehrphasenreaktor) wird z. B. die R. eines fluiden R.-Gemisches in Anwesenheit fester Katalysatoren als pseudohomogen betrachtet. *Schönbucher*

**Reaktion, katalytische.** Erfolgt die Aktivierung (→Reaktionstechnik) der R.-Partner eines R.-Gemisches unter dem Einfluß eines Katalysators (→Katalysator, poröser), so liegt eine k. R. vor. Nach der klassischen Definition von *Ostwald* sind Katalysatoren (Begleit-)Stoffe, die der R. in sehr geringen Mengen zugesetzt werden, wobei sich die R.-Geschwindigkeit häufig stark ändert. Typischerweise bleibt die Masse der Katalysatoren während des Ablaufs der R. erhalten. Die Beschleunigung des R.-Ablaufs, d. h. eine Zunahme der R.-Geschwindigkeit durch den Katalysator, wird als positive →Katalyse bezeichnet. Eine negative Katalyse (besser Inhibition) liegt bei Zusatz von Inhibitoren vor, die eine Verlangsamung der R., d. h. eine Abnahme der R.-Geschwindigkeit bewirken. In Erweiterung der klassischen Definition können auch Edukte und Produkte einer R. als Katalysatoren wirken. Erhöht ein R.-Produkt die R.-Geschwindigkeit, handelt es sich um eine →Autokatalyse.

Die für die chemische Technik bedeutsame selektive Wirkung eines Katalysators besteht nicht in einer Beeinflussung der Lage des chemischen Gleichgewichts zwischen R.-Produkten und Edukten. Die →Selektivität eines Katalysators entsteht vielmehr dadurch, daß von den thermodynamisch möglichen R. bestimmte erwünschte R. beschleunigt, während unerwünschte R. (häufig als Parallel- oder Neben-R. bezeichnet) verlangsamt werden. Insbesondere bezüglich der erwünschten R. kann jedoch eine beschleunigte Annäherung an das Gleichgewicht erfolgen und eine oft erheblich geringere Aktivierungsenergie (→Arrhenius-Zahl) vorliegen.

Bei den k. R. ist es zweckmäßig, zwischen der homogenen →Katalyse und der technisch bedeutungsvolleren heterogenen →Katalyse mit festen Katalysatoren zu unterscheiden. Die am häufigsten eingesetzten festen Katalysatoren sind Metalle, Metalloxide, Metallchloride, Metallsulfide und Säuren. Zur Beschleunigung von Oxidations-R. eignen sich Metalle, wie z. B. Cu, Fe, Co, Ni, Cr, V, Mo und Mn, die relativ leicht in unterschiedlichen Oxidationsstufen auftreten. Hydrierungs-R. werden häufig durch Edelmetalle, wie z. B. Ag, Pt und Pd

katalysiert. Wichtige oxidische Katalysatoren sind MgO, $Al_2O_3$, $V_2O_5$, $Cr_2O_3$, MnO, $Fe_2O_3$, CoO, NiO, CuO und ZnO mit häufig nichtstöchiometrischer Zusammensetzung. Zunehmende Bedeutung erlangen die bi- und multifunktionellen Katalysatoren, z. B. Pd/Zeolith mit einer Hydrier-/Säurefunktion für das Hydrokracken höhersiedender Erdölfraktionen, an denen mehrere R. simultan katalysiert werden. Auch synthetische Zeolithe setzen sich immer mehr durch, z. B. als Krack-Katalysatoren. Technisch wichtig sind weiterhin Trägerkatalysatoren (→Katalysator, poröser), bei denen die aktive Komponente als Katalysatorschmelze vorliegt und die man daher als SLP-Katalysatoren (Supported Liquid Phase) bezeichnet. Sie werden beispielsweise bei der Polymerisation von Olefinen, bei der Oxosynthese sowie bei der Oxychlorierung von Kohlenwasserstoffen eingesetzt. Ein typischer SLP-Katalysator ist das System $V_2O_5/Al_2O_3/SiO_2$ zur großtechnischen Herstellung von Schwefelsäure. Schließlich zählen zu den festen Katalysator-Säuren die amorphen Alumosilicate, die kristallinen Alumosilicate (Zeolithe, Molsiebe) und die organischen Katalysatoren (Kationenaustauscher). Zunehmenden Eingang in die chemische Technik finden die Biokatalysatoren (→Membranreaktor).

Zum Realisieren einer möglichst großen Oberfläche des Katalysators, mit der die R.-Geschwindigkeit zunimmt, liegt der feste Katalysator bei einem flüssigen Reaktandengemisch in Form von Pulveraufschlämmungen und bei den technisch häufig vorkommenden gasförmigen Reaktandengemischen als Schüttung poröser Körper, z. B. Kugeln, Stränge, Stifte oder statistische Formen (Katalysator, poröser), vor. Nur für schnell verlaufende Oxidationsprozesse (z. B. Ammoniakoxidation zum Herstellen von Salpetersäure) werden die metallischen Katalysatoren in Form von Drahtnetzen (z. B. Pt-Netze) eingesetzt. Moderne Katalysatorsysteme, die häufig kompliziert aufgebaut sind, lassen sich durch folgende Merkmale charakterisieren: spezifische Oberfläche, mittlerer Porenradius, Porenvolumen, Porengrößenverteilung, Trägerform, Metallbeladung, Schüttdichte, wahre Dichte, Scheindichte, Bruchfestigkeit, Abriebfestigkeit, Temperaturbeständigkeit, Sorptionseigenschaften, thermische Leitfähigkeit, elektrische Leitfähigkeit, effektiver →Diffusionskoeffizient (→Porendiffusion) und Kristallinität.

Die beiden wichtigsten technologischen Verfahren zur Katalysatorherstellung sind die Fällung und Imprägnierung (Tränkung). Bei der ersten Methode erfolgt eine einfache Fällung, eine Mischfällung oder eine Kristallisation der aktiven Komponenten aus den entsprechenden Salzlösungen. Die Imprägnierungsmethode beruht auf einer Tränkung des Trägermaterials mit Metall-Salzlösungen oder Schmelzen (z. B. Metalloxid-Schmelzen) sowie durch Aufbringen der aktiven Komponenten auf den Träger aus der Dampfphase. Solche Tränkungskatalysatoren werden bevorzugt dann hergestellt, wenn geringe Metallbeladungen erwünscht oder die aktiven Metallkomponenten sehr teuer sind.

Entscheidend für den Ablauf k. R. sind die Aktivität $A_K$, Selektivität $S_K$ und die Geschwindigkeit der Desaktivierung – $dA_K/dt$ des technologisch optimierten Katalysators. Das Ziel der Katalysatorentwicklung besteht vor allem darin, einen Katalysator mit ausreichender mechanischer Festigkeit zu finden, dessen Aktivität und Selektivität möglichst hoch und dessen Desaktivierung (Alterung) möglichst klein ist. Die differentielle katalytische Aktivität $A_K(t)$ zu einer beliebigen Zeit t kann als das Verhältnis aus der R.-Geschwindigkeit r, die bei einem Katalysator zur Zeit t existiert, und der R.-Geschwindigkeit $r_0$, die bei einem frischen Katalysator bei t=0 vorliegt,

$$A_K(t) = \frac{r(t)}{r_0(t=0)},$$

definiert werden. Ein integrales Aktivitätsmaß ist die →Raum-Zeit-Ausbeute. Für ein isothermes Katalysatorpellet läßt sich die →Geschwindigkeitsgleichung der Haupt-R. für separable Fälle formulieren als

$$r = k(T)\, c_i^m\, A_K$$
$$= k_0 \exp\left(-\frac{E}{RT}\right) c_i^m\, A_K,$$

worin k R.-Geschwindigkeitskonstante, T Temperatur, $c_i$ Eduktkonzentration, m R.-Ordnung, $k_0$ Häufigkeitsfaktor, E Aktivierungsenergie, R allgemeine Gaskonstante bedeuten. Entsprechend wird der Katalysator bei komplexen R. auch die R.-Geschwindigkeit z. B. einer Neben-R. beeinflussen, wobei die katalytische Aktivität $A_{K,N}$ der Neben-R. i. a. von der Aktivität $A_K$ der Haupt-R. verschieden ist. Das Verhältnis aus $A_K$ und $A_{K,N}$ läßt sich als die Selektivität $S_K = A_K/A_{K,N}$ eines Katalysators definieren. Schließlich kann in vielen Fällen die Desaktivierungskinetik bei einer Katalysatorvergiftung durch eine Fremdkomponente (Fremddesaktivierung) mit dem Ansatz

$$-\frac{dA_K}{dt} = k_d\, c_d^n\, A_K^d$$
$$= k_{d0} \exp\left(-\frac{E_d}{RT}\right) c_d^n\, A_K^d$$

beschrieben werden; darin bedeuten t Zeit, $k_d$ Geschwindigkeitskonstante der Desaktivierungs-R., $c_d$ Konzentration einer Desaktivierungskomponente, n R.-Ordnung bez. $c_d$, d Ordnung der Desaktivierung und $k_{d0}$, $E_d$ Häufigkeitsfaktor und Aktivierungsenergie der Desaktivierungs-R.

Für eine genauere Betrachtung der Desaktivierungsvorgänge müssen zusätzlich die Einflüsse der Porendiffusion, eine Verengung der Poren durch z. B. abgeschiedene Kokspartikel (→Desaktivierung von Katalysatoren) sowie mögliche Selektivitätsänderungen diskutiert werden. Sowohl die Theorie der Desaktivierung fester Katalysatoren als auch die Modellvorstellungen, insbes. zur heterogenen Katalyse, sind noch aktuelle Forschungsgebiete.

Nach den Modellvorstellungen der heterogenen Katalyse beginnt die katalytische →Reaktion an den aktiven Zentren, die über die äußere und innere Katalysatoroberfläche (→Katalysator, poröser) verteilt sein können, unter Ausbildung instabiler Zwischenverbindungen. Als aktive Zentren können z. B. Ecken oder Kanten von Kristalliten, Berührungsstellen von Kristalliten sowie Oberflächen-Gleichgewichtsdefekte kristalliner Festkörper wirken. Diskutiert wird auch die elektronentheoretische Modellvorstellung, nach der sich bei der Adsorption der Edukte (Substrate) an Metallen und Halbleitern reaktive adsorbierte Ionen oder Radikale durch Elektronenübergang von einem elektrisch leitenden Katalysator zu den Substraten bzw. umgekehrt bilden. Schließlich existiert eine Reihe halbempirischer, linearer Korrelationsbeziehungen (z. B. Brønstedt-Gleichung, Hammett-Taft-Gleichung und die Balandinsche Energiebeziehung, nach der die Adsorptionsenthalpie der Zwischenverbindung bei einem optimalen Katalysator etwa die Hälfte der R.-Enthalpie beträgt) zwischen der R.-Geschwindigkeit und charakteristischen Eigenschaften des Substrats bzw. des Katalysators, um die Aktivität und Selektivität von Katalysatoren für begrenzte Gebiete zu erklären.

Die R.-Orte bei der heterogenen Katalyse befinden sich nach den obigen Ausführungen an der äußeren und inneren Oberfläche des porösen Katalysators. Folglich sind der eigentlichen chemischen R. Stoff- und Wärmetransportvorgänge (→Porennutzungsgrad) vor- und nachgeschaltet. Im einzelnen läßt sich die heterogene Gaskatalyse an einem isothermen, porösen Katalysator, d. h. die Gas-Feststoff-R., in sieben Teilschritte, die nacheinander ablaufen, zerlegen (Bild 1):

1. Stoffübergang der Edukte von der Gasphase (Hauptströmung) durch einen Grenzfilm (Filmdiffusion, →Filmtheorie (Reaktionskinetik)) zur äußeren Oberfläche des Katalysatorkorns,

2. Transport (durch molekulare Diffusion, Porendiffusion, →Knudsen-Diffusion und/oder →Oberflächendiffusion) der Edukte von der äußeren Oberfläche durch das Porensystem an die innere Oberfläche,

3. Adsorption eines oder mehrerer Edukte an den aktiven Zentren der inneren Oberfläche, meist

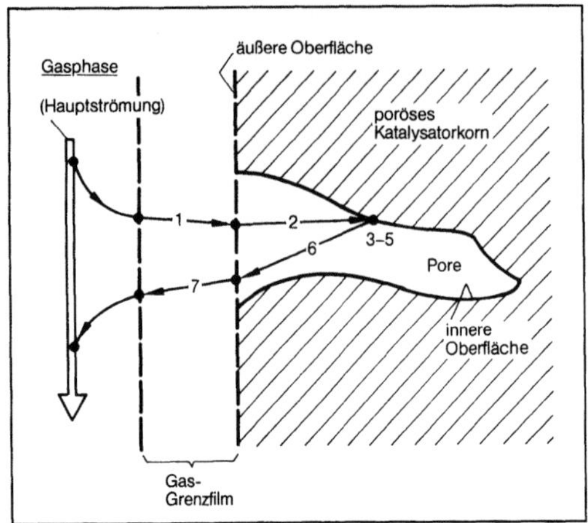



*Reaktion, katalytische 1: 7 Teilschritte der heterogenen Gaskatalyse an einem isothermen, porösen Katalysatorkorn (katalytische Gas-Feststoff-Reaktionen). (Quelle:* Weiß *a. a. O.)*

durch Chemisorption und seltener durch physikalische Adsorption,

4. Chemische Oberflächen-R. der sorbierten Reaktanden miteinander oder mit Edukten aus der Gasphase, wobei sich i. a. sorbierte R.-Produkte bilden,

5. Desorption der R.-Produkte von der inneren Oberfläche,

6. zum Teilschritt 2 analoger Transport der R.-Produkte von der inneren an die äußere Oberfläche des Katalysatorkorns,

7. zum Teilschritt 1 analoger Stoffübergang der R.-Partner von der äußeren Oberfläche durch den Grenzfilm in die Hauptströmung.

Die Teilschritte 1, 2, 6 und 7 sind rein physikalische Vorgänge. Je nachdem, welche der Teilschritte geschwindigkeitsbestimmend (→Schritt, geschwindigkeitsbestimmender) sind, lassen sich die folgenden drei R.-Bereiche unterscheiden (Bild 2):

□ Bereich der äußeren Diffusion (Filmdiffusion): Teilschritt 1 ist geschwindigkeitsbestimmend,

□ Bereich der inneren Diffusion (→Porendiffusion): Teilschritt 2 ist geschwindigkeitsbestimmend,

□ kinetischer Bereich: Teilschritt 4 und/oder Teilschritte 3, 5 sind geschwindigkeitsbestimmend.

Es ist zu erkennen (Bild 2), daß der Einfluß von Stofftransportvorgängen stets einen Abfall der Fluid-Eduktkonzentration $c_i$ bewirkt, wodurch der

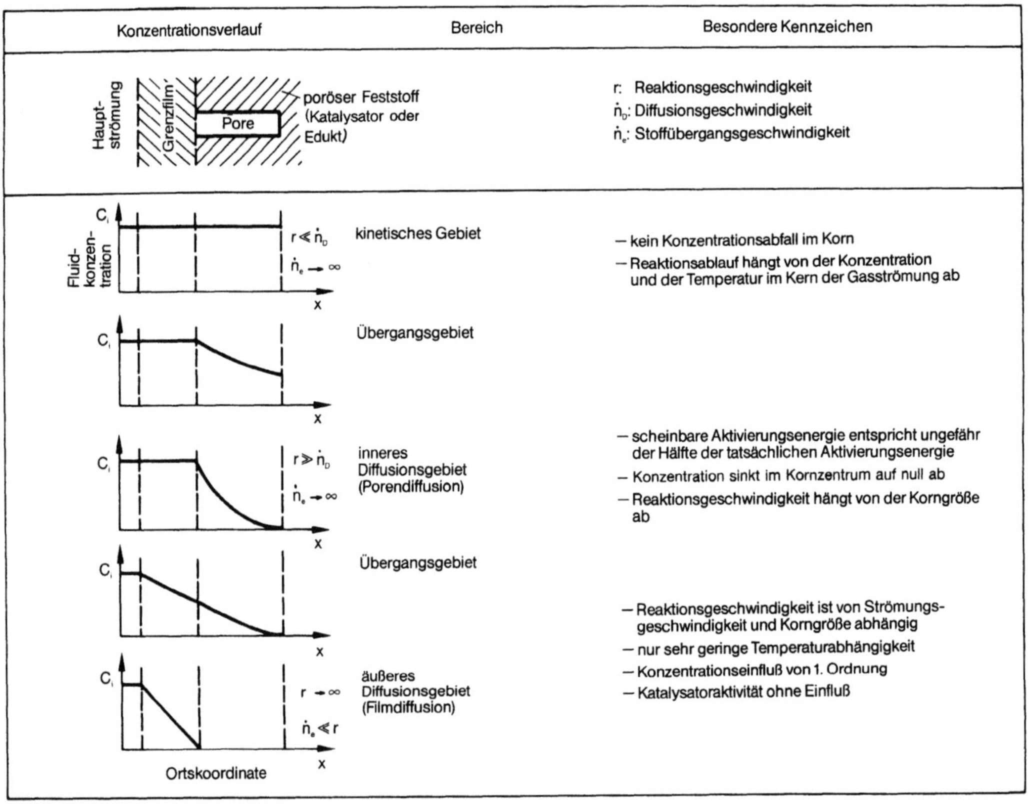

| Konzentrationsverlauf | Bereich | Besondere Kennzeichen |
|---|---|---|
| Hauptströmung / Grenzfilm / Pore / poröser Feststoff (Katalysator oder Edukt) | | $r$: Reaktionsgeschwindigkeit<br>$\dot{n}_D$: Diffusionsgeschwindigkeit<br>$\dot{n}_e$: Stoffübergangsgeschwindigkeit |
| $c_i$ … $x$ | $r \ll \dot{n}_D$<br>$\dot{n}_e \rightarrow \infty$<br>kinetisches Gebiet | – kein Konzentrationsabfall im Korn<br>– Reaktionsablauf hängt von der Konzentration und der Temperatur im Kern der Gasströmung ab |
| $c_i$ … $x$ | Übergangsgebiet | |
| $c_i$ … $x$ | $r \gg \dot{n}_D$<br>$\dot{n}_e \rightarrow \infty$<br>inneres Diffusionsgebiet (Porendiffusion) | – scheinbare Aktivierungsenergie entspricht ungefähr der Hälfte der tatsächlichen Aktivierungsenergie<br>– Konzentration sinkt im Kornzentrum auf null ab<br>– Reaktionsgeschwindigkeit hängt von der Korngröße ab |
| $c_i$ … $x$ | Übergangsgebiet | |
| $c_i$ … Ortskoordinate $x$ | $r \rightarrow \infty$<br>$\dot{n}_e \ll r$<br>äußeres Diffusionsgebiet (Filmdiffusion) | – Reaktionsgeschwindigkeit ist von Strömungsgeschwindigkeit und Korngröße abhängig<br>– nur sehr geringe Temperaturabhängigkeit<br>– Konzentrationseinfluß von 1. Ordnung<br>– Katalysatoraktivität ohne Einfluß |

*Reaktion, katalytische 2: Reaktionsbereiche bei katalytischen Fluid-Feststoff-Reaktionen. (Quelle:* Weiß *a. a. O.)*

Katalysatorwirkungsgrad häufig ≪ 1 wird. Treten zusätzlich Wärmetransportvorgänge auf, bilden sich Temperaturgradienten zwischen Hauptströmung und Katalysator und im Inneren des Katalysators aus, die den Katalysatorwirkungsgrad erhöhen können.

Die Teilschritte des kinetischen Bereichs werden i. a. zu einem R.-Mechanismus (→Hougen-Watson-Kinetik, →Langmuir-Hinshelwood-Kinetik, →Eley-Rideal-Kinetik) zusammengefaßt.

Bei nichtporösen Katalysatoren erfolgen die Teilschritte 3—5 allein an der äußeren Oberfläche, während die Teilschritte 2 und 6 entfallen.

Für k. R. in flüssiger Phase an festen Katalysatoren gelten im Prinzip die gleichen Modellvorstellungen wie bei der heterogenen Gaskatalyse. Die Katalysen in flüssiger Phase (→Katalyse, heterogene) werden jedoch in beschränktem Umfang eingesetzt, da hohe Drücke und Abtrenneinrichtungen des i. a. suspendierten Katalysators erforderlich sind.

Bei den zunehmend Bedeutung erlangenden Dreiphasenreaktionen (→Mehrphasenreaktor) können ebenfalls heterogene Katalysereaktionen an festen Katalysatoren mit gasförmigen und flüssigen Edukten auftreten (Bild 3). Die makrokinetische Modellierung (→Makrokinetik, →Reaktionstechnik) ist wesentlich komplexer als die der heterogenen Gaskatalyse. Zusätzliche Teilschritte bei diesen katalytischen Dreiphasenreaktionen sind die Transportvorgänge zwischen der Gas- und der Flüssigphase, die auch bei →Gas-Flüssig-Reaktionen auftreten.

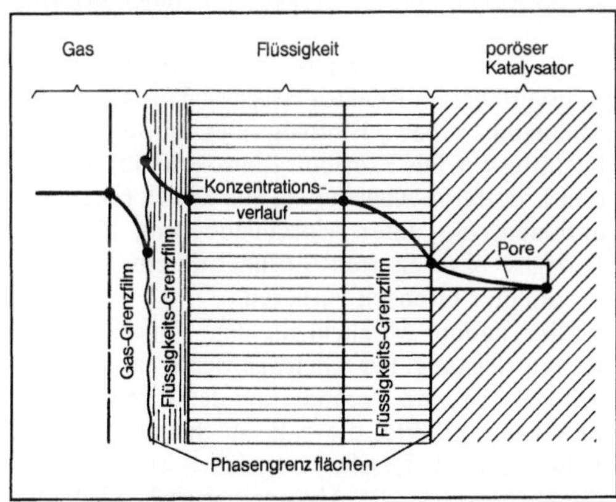


*Reaktion, katalytische 3: Konzentrationsverlauf eines Reaktanden bei katalytischen Gas-Flüssig-Feststoff-Reaktionen (Dreiphasenreaktionen). (Quelle: Weiß a. a. O.)*

Chemische Prozesse, bei denen k. R. beteiligt sind, weisen gegenüber nichtkatalytischen Verfahren vor allem folgende Vorteile auf:
□ höhere Raum-Zeit-Ausbeuten,
□ höhere Selektivitäten,
□ geringerer Zwangsanfall häufig umweltrelevanter Nebenprodukte,
□ kleinerer Trennaufwand,
□ weniger Verfahrensstufen.

Ein Sonderfall der k. R. sind die elektrokatalytischen →Reaktionen. *Schönbucher*

Literatur: Autorenkollektiv (*S. Weiß*, Hrsg.): Verfahrenstechnische Berechnungsmethoden. Tl. 5: Chemische Reaktoren. Weinheim 1987. – *Baerns, M., H. Hofmann* u. *A. Renken:* Chemische Reaktionstechnik. Stuttgart 1987. – *Brötz, W.:* Grundriß der chemischen Reaktionstechnik. Weinheim 1958. – *Brötz, W.,* u. *A. Schönbucher:* Technische Chemie I. Weinheim 1982. – *Denbigh, K. G.,* u. *J. C. Turner:* Einführung in die chemische Reaktionstechnik. Weinheim 1973. – *Dialer, K., U. Onken* u. *K. Leschonski:* Grundzüge der Verfahrenstechnik und Reaktionstechnik. München 1986. – *Fitzer, E.,* u. *W. Fritz:* Technische Chemie. Eine Einführung in die technische Chemie. 3. Aufl. Berlin, Heidelberg, New York 1989. – *Froment, F. G.,* u. *K. B. Bischoff:* Chemical Reactor Analysis and Design. New York 1979. – *Krabetz, R.,* u. *W. D. Mross:* Katalyse, heterogene und Katalysatoren. In: Ullmanns Enzyklopädie der techn. Chemie. Bd. 13. Weinheim 1977. – *Levenspiel, O.:* Chemical Reaction Engineering. 2. Aufl. New York 1972. – *Levenspiel, O.:* The Chemical Reactor Omnibook. Corvallis (Oregon) 1984. – *Westerterp, K. R., W. P. M. van Savaaij* u. *A. A. C. M. Beenackers:* Chemical Reactor Design and Operation. 2. Aufl. New York 1984.

**Reaktion, komplexe.** Die Grundtypen chemischer R. lassen sich einteilen in
□ einfache, irreversible R. $A + B \rightarrow P$, zu denen auch die autokatalytischen R. (→Autokatalyse) gehören;
□ zusammengesetzte (komplexe) R., bei denen sich zunächst die reversiblen (Gleichgewichts-) R., die Parallel-R. und die offenen Folge-R. unterscheiden lassen.

Beispiele für technisch angewandte Parallel-R. sind die Dehydratisierung von Alkoholen zu Ethern und Olefinen sowie Zersetzungs-R. Zahlreiche technische R. verlaufen als Folge-R.: Hydrierungen, Chlorierungen und Oxidationen.

Durch Kombination dieser Grundtypen resultieren folgende k. R.-Schemata, die man auch als R.-Netzwerke bezeichnet und die bei chemischen Prozessen häufig auftreten:

□ konkurrierende Folge-R.

$A + B \rightarrow P_1,$
$P_1 + B \rightarrow P_2,$
$P_2 + B \rightarrow P_3$ usw.

Beispiele technischer R. sind Nitrierungen von Aromaten, Chlorierungen von Kohlenwasserstoffen oder Additionen von Ethylenoxid an Amine, Alkohole;

□ offene Folge-R. mit vorgelagertem Gleichgewicht

$A \rightleftharpoons B \rightarrow P;$

□ Stufen(wachstums)-R., die aus einer Vielzahl gekoppelter reversibler Parallel- und Folge-R. zusammengesetzt sind

$$A_1 + A_1 \rightleftharpoons A_2 + B,$$
$$A_2 + A_1 \rightleftharpoons A_3 + B,$$
$$A_3 + A_1 \rightleftharpoons A_4 + B,$$

$$\cdot \quad \cdot \quad \cdot \quad \cdot$$
$$\cdot \quad \cdot \quad \cdot \quad \cdot$$
$$\cdot \quad \cdot \quad \cdot \quad \cdot$$

$$A_j + A_k \rightleftharpoons A_{j+k} + B.$$

Beispiele für Stufen(wachstums)-R. sind die Polykondensationen und Polyadditionen zum Aufbau von Polymeren wie Polyamid, Polyester, Pheno- und Aminoplaste, Polyurethane, Polycarbonate ($\rightarrow$Polymerisationstechnik);

□ Ketten(wachstums)-R. (geschlossene Folge-R.), die für alle radikalischen oder ionischen Polymerisationen typisch sind (I Initiatormolekül, $R^*$ Radikal, $P_i^*$ Polymerradikal, M Monomermolekül, $P_i$ Polymermolekül, X beliebiges, in der R.-Masse vorhandenes Molekül):

$$I \rightarrow R^* \qquad \text{Initiatorzerfalls-R.}$$
$$R^* + M \rightarrow P_1^* \qquad \text{Start-R.}$$
$$\left. \begin{array}{c} P_1^* + M \rightarrow P_2^* \\ \cdot \qquad \cdot \\ \cdot \qquad \cdot \\ \cdot \qquad \cdot \\ P_n^* + M \rightarrow P_{n+1}^* \end{array} \right\} \text{Wachstums-R.}$$

$$\text{Kettenab-} \atop \text{bruch-R.} \left\{ \begin{array}{ll} P_n^* + X \rightarrow P_n + X^* & \text{Übertragungs-R.} \\ P_i^* + P_k^* \rightarrow P_{i+k}^* & \text{Rekombinations-R.} \\ P_i^* + P_k^* \rightarrow P_i^* + P_k^* & \text{Disproportionie-} \\ & \text{rungs-R.} \end{array} \right.$$

Beispiele sind die Herstellung von Polystyrol, Polyvinylchlorid, Polyacrylnitril, Polyethylen ($\rightarrow$Polymerisationstechnik).

Die i. a. sehr komplizierte Aufklärung der Struktur des R.-Schemas einer k. R. kann über experimentell bestimmte Konzentrations-Zeit-Diagramme aller Reaktanden erfolgen. Wichtig ist auch, daß die Elementenbilanzen (für C, H, O usw.) der Konzentrationsmessungen erfüllt sind.

Eine für die Praxis bedeutsame Konsequenz ist, daß infolge des Ablaufs k. R. bei zahlreichen großtechnisch durchgeführten Prozessen häufig viele unerwünschte Nebenprodukte ($\rightarrow$Selektivität) anfallen. *Schönbucher*

**Reaktionsführung.** Unter R. (Prozeßführung), die diskontinuierlich, halbkontinuierlich oder kontinuierlich und adiabat, allotherm, isotherm oder polytrop sein kann, werden alle Maßnahmen verstanden, die bei geeigneter Reaktorauswahl zu einer reaktionstechnischen Optimierung, d. h. insbes. zu den optimalen Zielgrößen Umsatz und $\rightarrow$Selektivität

führen. Als Maßnahmen sind die Konzentrationsführung, $\rightarrow$Temperaturführung und das Vorgehen bei der $\rightarrow$Desaktivierung von Katalysatoren von Bedeutung. Es ist zweckmäßig, diese Maßnahmen für einfache Reaktionen und komplexe Reaktionen getrennt zu behandeln.

*Einfache Reaktionen.* Bei einfachen Reaktionen (z. B. $SO_2$-Oxidation zum Herstellen von Schwefelsäure), d. h. wenn nur eine einzige Reaktion abläuft, ist als Zielgröße der Umsatz ausreichend (Umsatzproblem). Anzustreben ist in diesem Fall eine möglichst hohe, auf das Reaktionsvolumen $V_R$ bezogene Leistung des chemischen Reaktors. Für eine bestimmte pro Zeiteinheit herzustellende Produktmenge (Produktion) bedeutet dies eine Umsatzoptimierung bei vorgegebenem $V_R$ oder eine minimale $\rightarrow$Verweilzeit bzw. ein minimales $V_R$, wenn ein bestimmter Umsatz gefordert wird. Das Umsatzproblem ist also ein typisches Raum-Zeit-Problem, wobei zusätzlich wirtschaftliche Gesichtspunkte zu berücksichtigen sind. Es sind nämlich die Vorteile der kleineren Reaktorvolumen $V_R$ bei geringerem Umsatz gegen die dadurch entstehenden Nachteile eines größeren Trennaufwands für das Produktgemisch sowie der teilweise nicht ausgenutzten Edukte (Rohstoffe) abzuwägen.

Konzentrationsführung. Bei der Mehrzahl einfacher Reaktionen erhöht sich die Reaktionsgeschwindigkeit mit zunehmender Eduktkonzentration infolge der meist positiven Reaktionsordnung ihrer Geschwindigkeitsgleichungen. Eine obere Begrenzung der Eduktkonzentration ist jedoch häufig auf Grund der Temperaturführung sowie der Reaktorsicherheit ($\rightarrow$Reaktorstabilität) erforderlich.

Die Konzentrationen bzw. bestimmte Konzentrationsverläufe im Reaktor lassen sich durch mehrere Maßnahmen bzw. Einflußgrößen einstellen oder beeinflussen. Die Konzentrationsverhältnisse lassen sich z. B. durch Anwendung von Druck (bei Gasreaktionen, die unter Molzahländerung ablaufen), Inertgas bzw. inerten Lösungsmitteln innerhalb bestimmter Grenzen variieren.

Eine andere Möglichkeit, den Umsatz und die Reaktorleistung bei Gleichgewichtsreaktionen zu erhöhen, ist eine Veränderung des Einsatzverhältnisses der Edukte, die z. B. stöchiometrisch oder teilweise im Überschuß zugeführt werden. Allerdings verursacht die Abtrennung und $\rightarrow$Rückführung des im Überschuß eingesetzten Edukts zusätzliche Kosten.

Einen großen Einfluß hat auch die Vermischung ($\rightarrow$Rückvermischung, $\rightarrow$Makrovermischung und $\rightarrow$Mikrovermischung) im Reaktor: Der Umsatz liegt um so höher, je geringer die Rückvermischung ist ($\rightarrow$Rohrreaktor, $\rightarrow$Rührkesselreaktor). Die Vermischung hängt auch in komplizierter Weise davon ab, ob die Reaktanden mit vorgemischtem oder getrenntem →Zulauf in den Reaktor eingespeist werden.

Schließlich soll die Zufuhr (z. B. Anreicherung einer Komponente bzw. Entnahme eines Nebenprodukts) einer oder mehrerer Reaktionskomponenten an verschiedenen Stellen des Reaktors (z. B. Rohrreaktor) erwähnt werden.

Diese zusätzlichen Stoffströme B sind in einem Kreuzstromreaktor (Bild 1) realisiert, bei dem sie senkrecht zum Reaktandenstrom A ein- bzw. ausgeschleust werden. Durch die Kreuzstromführung bleiben die grundsätzlichen Eigenschaften des kontinuierlichen Reaktors, z. B. des Rohrreaktors oder der Rührkesselkaskade, erhalten. Ein großtechnisches Beispiel für den Einsatz eines Kreuzstromreaktors in Kaskadenform (Rührkesselreaktor) ist die Emulsionspolymerisation von Butadien und Styrol (Buna S), die bei einer Temperatur von 5 °C verläuft. Diese Variante wird auch als Kaltkautschuk-Polymerisation bezeichnet und liefert eine viel bessere Kautschukqualität als die klassische Warmkautschuk-Polymerisation, die bei 45 °C mit einer klassischen Rührkesselkaskade arbeitet.

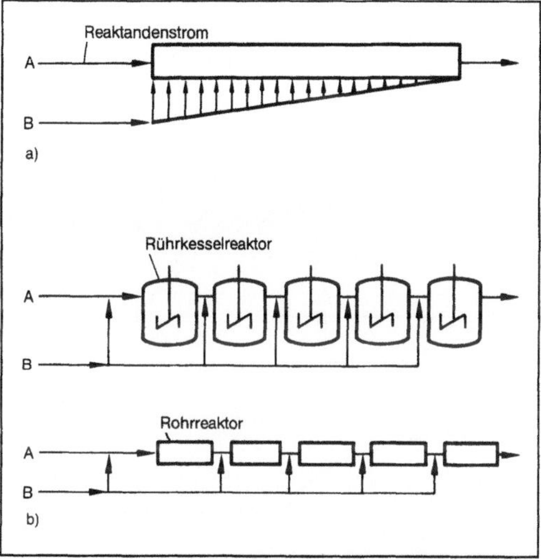


*Reaktionsführung 1: Stoffstromführung beim Kreuzstromreaktor. (Quelle: Baerns a. a. O.)*
*a) Idealer Kreuzstromreaktor*
*b) Kreuzstromreaktoren in Kaskadenform.*

Durch geeignete Temperierung der nachgeschleusten Eduktströme (→Kaskade) läßt sich die Stoffzufuhr mit einer Wärme- bzw. Kältezufuhr kombinieren, wodurch der Umsatz ebenfalls beeinflußt wird.

Hierher gehört auch die kontinuierliche Entfernung gebildeter Reaktionsprodukte aus der Reaktionsmasse. Dadurch erhöhen sich bei Gleichgewichtsreaktionen Umsatz und Reaktorleistung wesentlich. Beispielsweise werden Veresterungen (Ausschleusen des Produkts Wasserdampf) häufig in halbkontinuierlichen Reaktoren oder in kontinuierlich betriebenen Destillationskolonnen durchgeführt. Das Ausschleusen von Produkten kann nicht nur durch Destillation, sondern auch durch Extraktion oder Kristallisation erfolgen. Dabei kann die Phase, mit der das Produkt ausgeschleust wird, im Gegen- oder Gleichstrom zur reagierenden Phase geführt werden.

Das Aufsuchen eines optimalen Konzentrationsverlaufs im Reaktor ist stets mit der Einstellung eines optimalen Temperaturverlaufs verknüpft.

Temperaturführung (Temperaturlenkung). Bei irreversibel verlaufenden Einzelreaktionen wird die Reaktionstemperatur so hoch wie möglich eingestellt, da dann die Reaktionsgeschwindigkeit praktisch aller Reaktionen ansteigt. Liegt eine exotherme Reaktion vor, sollte eine autotherme R. angestrebt werden, sofern keine schädigenden Einflüsse auf Reaktionsmasse und Reaktor auftreten.

Bei reversiblen Einzelreaktionen ist die Temperaturführung (→Reaktionsführung, isotherme) etwas komplizierter, da zusätzlich die Temperaturabhängigkeit des Gleichgewichtsumsatzes zu berücksichtigen ist. Für die einfachste reversible Reaktion (Gleichgewichtsreaktion) erster Ordnung

$$A \underset{k_2}{\overset{k_1}{\rightleftharpoons}} P$$

ergibt sich für die optimale Reaktionstemperatur $T_{opt}$, bei der die Reaktionsgeschwindigkeit maximal ist, folgende Beziehung:

$$T_{opt} = \frac{E_2 - E_1}{R \ln \dfrac{k_{o2}\, E_2 X}{k_{o1}\, E_1\, (1-X)}};$$

darin bedeuten $E_1$, $E_2$ Aktivierungsenergien von Hin- und Rückreaktion, $k_{o1}$, $k_{o2}$ Häufigkeitsfaktoren von Hin- und Rückreaktion, R allgemeine Gaskonstante. Danach ist die einzuhaltende optimale Reaktionstemperatur $T_{opt}$ für eine gegebene Reaktion vom Umsatz X abhängig, der sich je nach Reaktortyp mit fortschreitender Reaktion ändern kann. Dies bedeutet, daß ein kontinuierlicher Rührkesselreaktor, der im stationären Betrieb einen konstanten Umsatz X = konst aufweist, nur dann bei maximaler Leistung arbeitet, wenn eine bestimmte optimale Temperatur $T_{opt}$ = konst eingehalten wird. Beim Chargenkessel (Rührkesselreaktor), dessen Umsatz X(t) während der Reaktionsdauer t bis zu einem festgelegten Endumsatz ansteigt, muß dagegen die optimale Temperatur $T_{opt}(t)$ ständig erniedrigt, d. h. dem U(t) angepaßt werden, wenn die maximale Reaktorleistung erreicht werden soll. Entsprechend ergibt sich für einen Rohrreaktor, in dem sich die Umsätze X(z) mit der axialen Koordinate z ändern, die Einhaltung eines optimalen Temperaturprofils $T_{opt}(z)$, das zum Reaktorende hin abfällt. Das berechenbare optimale Profil $T_{opt}(z)$

eines Rohrreaktors läßt sich allerdings nur näherungsweise entlang dem gesamten Reaktor mit großem technischem Aufwand realisieren und ist daher unwirtschaftlich. Es ist daher zweckmäßig, den Reaktor bei adiabater R. in einzelne Abschnitte (→Hordenreaktor) einzuteilen. Wie beschrieben ergibt sich ein vom Umsatz abhängiger optimaler Temperaturverlauf, der durch eine Zickzacklinie angenähert werden kann (Bild 2). Der erreichbare Umsatz bei gegebener Gesamtmasse an Katalysator wird um so höher sein, je größer die Anzahl der adiabaten Abschnitte und je intensiver die Kühlung (bei exothermen Reaktionen) zwischen den Abschnitten ist.

Maßnahmen bei Katalysator-Desaktivierung. Bei katalytischen Verfahren (→Reaktion, katalytische) müssen für eine optimale R. auch Gegenmaßnahmen berücksichtigt werden, die eine Reaktivierung

bzw. Regenerierung der verbrauchten Katalysatoren (→Desaktivierung von Katalysatoren) bewirken. Eine kontinuierliche Reaktivierung während der Reaktion kann durch ständige Zugabe eines Regenerierungsmittels oder durch kontinuierliches Ausschleusen eines Katalysatoranteils, der nach der Regenerierung in den Reaktor rückgeführt wird, erfolgen.

Ist eine kontinuierliche Reaktivierung während des Betriebs unmöglich und beträgt die mittlere Betriebsdauer des Katalysators einige Wochen bis Monate, werden Durchsatz und Temperatur konstant gehalten, wobei der Umsatz infolge der Desaktivierung fällt.

Bei im Vergleich zur Reaktion stärkerer Temperaturempfindlichkeit der Desaktivierung, bei längerer Betriebsdauer der Katalysatoren von einigen Monaten bis Jahren und bei großen Produktkapazitäten ist

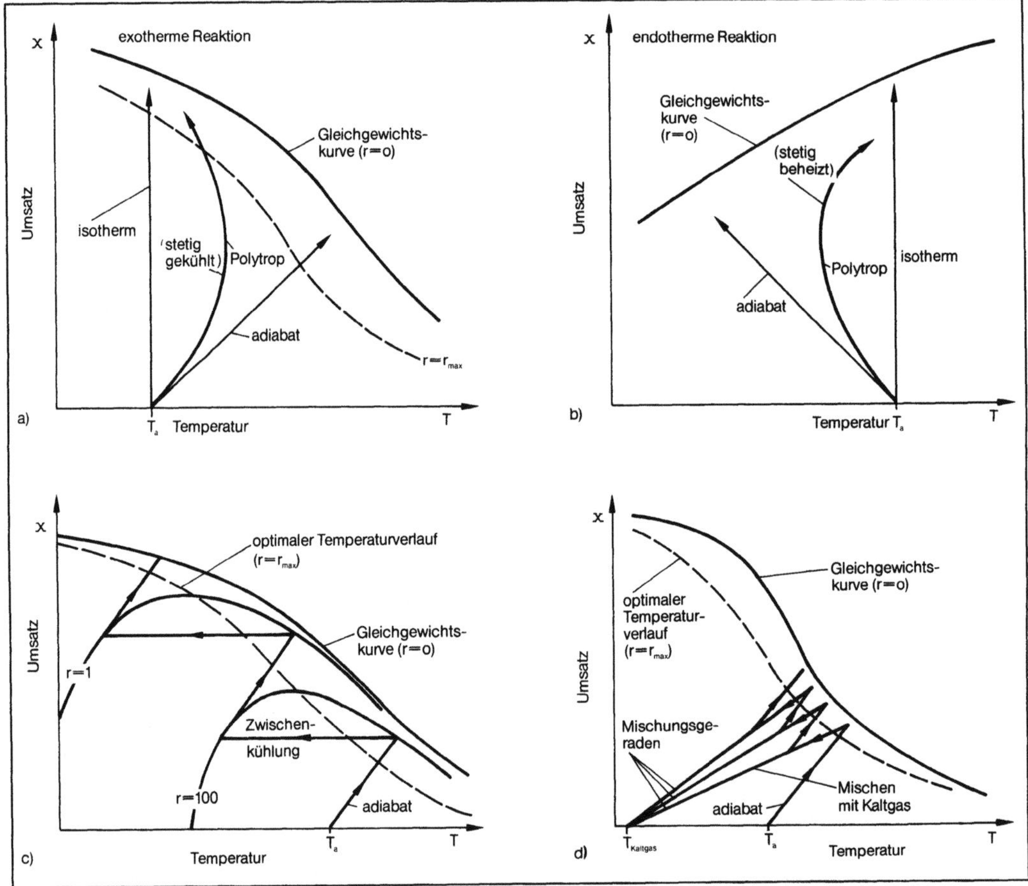


*Reaktionsführung 2: Zur Temperaturführung bei Gleichgewichtsreaktionen. (Quelle: Weiß, Baerns, Dialer a. a. O.)*
*a) Für exotherme Reaktionen*
*b) Für endotherme Reaktionen*
*c) Mit Zwischenkühlung*
*d) Mit Kaltgaseinspeisung.*

eine zeit- und ortsabhängige Temperaturführung während des Reaktorbetriebs zu bevorzugen.

Liegt die Betriebsdauer des Katalysators nur zwischen Tagen und Monaten, ist es für größere Produktkapazitäten oft günstig, mehrere Reaktoren teils auf Reaktion und Regeneration parallel zu schalten.

Eine Regeneration desaktivierter Katalysatoren kann durch physikalische Operationen (z. B. Destillation, Extraktion oder Destraktion) und chemische Regenerierungsmethoden (z. B. Abbrennen des Katalysators bei Verkokung, Hydrierung angesammelter irreversibler Gifte) erfolgen.

*Komplexe Reaktionen.* In der chemischen Technik kommen komplexe Reaktionen (Mehrfachreaktionen) weitaus häufiger vor als einfache Reaktionen. Als entscheidende Zielgröße tritt hier die Selektivität auf. Die Optimierung der Reaktorleistung spielt häufig eine untergeordnete Rolle zugunsten einer bestmöglichen Ausnutzung der Rohstoffe (Edukte). Gleichzeitig sollen aus Qualitäts- und Umweltschutzanforderungen möglichst geringe Mengen an Nebenprodukten entstehen. Es liegt also im Unterschied zur R. bei einfachen Reaktionen ein Stoffmengen-Problem (Selektivitätsproblem) vor, das mit dem Wert der Rohstoffe und dem Unwert gebildeter Nebenprodukte (Fehlprodukte) eng zusammenhängt. Allgemeingültige, quantitative Aussagen bei diesen komplizierten Selektivitätsproblemen sind nur in sehr beschränktem Umfang möglich.

Konzentrationsführung. Unterscheidet sich die Reaktionsordnung unerwünschter Parallel- oder Folgereaktionen von der der Hauptreaktion, gilt die folgende allgemeine Regel der Konzentrationsführung. Danach werden bei hohen Konzentrationen Reaktionen höherer Ordnung gegenüber Reaktionen niederer Ordnung bevorzugt und umgekehrt. Damit läßt sich auch der Einfluß der Vermischung auf die Selektivität qualitativ abschätzen: Hat die erwünschte Reaktion eine niedrigere Ordnung als die unerwünschte, wirken sich kleine Konzentrationen günstig aus, d. h. es ist eine frühzeitige und möglichst vollständige Vermischung und möglichst kleine →Segregation anzustreben und umgekehrt. Im folgenden soll dieses Konzept an Parallel- und Folgereaktionen verdeutlicht werden.

Für das einfache Reaktionsschema von Parallelreaktionen:

$$A \xrightarrow{k_1} P, \quad r_1 = k_1\, c_A^{m_1},$$

$$A \xrightarrow{k_2} Q, \quad r_2 = k_2\, c_A^{m_2},$$

mit

k Reaktionsgeschwindigkeitskonstanten,
m Reaktionsordnungen,
c Konzentrationen,
r Reaktionsgeschwindigkeiten,

ergibt sich für die differentielle Selektivität $s_{PA}$ des erwünschten Produkts P:

$$s_{PA} = \frac{r_1}{r_1 + r_2} = \frac{k_1}{k_1 + k_2\,[c_{Aa}\,(1-X)]^{m_2-m_1}};$$

$c_{Aa}$ Konzentration des Edukts A zur Zeit $t=0$, X Umsatz der Bezugskomponente A.

Für $m_1 > m_2$ fällt also die Selektivität $s_{PA}$ mit zunehmendem Umsatz X. Dies bedeutet für die Konzentrationsführung, daß die Parallelreaktion in diesem Fall bei kleinen Umsätzen, d. h. bei großen Eduktkonzentrationen durchgeführt werden sollte, um die Selektivität möglichst hoch zu halten. Andererseits steigt die Selektivität für $m_1 < m_2$ mit wachsendem Umsatz. Für diesen Fall sind demnach geringe Eduktkonzentrationen günstig. Allerdings sind dann auch die Reaktionsgeschwindigkeiten niedrig, was zu kleinen Reaktorleistungen bzw. großen Reaktorvolumen führt. Diese Konsequenz muß bei der Optimierung berücksichtigt werden. Sind schließlich die Reaktionsordnungen gleich, d. h. gilt $m_1 = m_2$, wird die Selektivität unabhängig vom Umsatz und ist gleich dem Verhältnis der Geschwindigkeitskonstanten. In diesem Fall läßt sich die Parallelreaktion nicht durch die Konzentrationsführung beeinflussen, und es kann nach der Reaktorleistung wie bei einfachen Einzelreaktionen optimiert werden.

Eine Selektivitätserhöhung bei Parallelreaktionen kann auch durch Einsatz von Kreuzstromreaktoren (Bild 1) erreicht werden. Dabei wird man die Komponente B, deren Konzentration gering gehalten werden muß, senkrecht zur Hauptströmung führen, die den höher konzentrierten Reaktionspartner A enthält. Dabei ergeben sich für den Kreuzstromreaktor Leistungen, die zwischen dem Rohrreaktor und dem Rührkesselreaktor liegen.

Bei einfachen Folgereaktionen vom Typ

$$A \xrightarrow{k_1} B \xrightarrow{k_2} P$$

nehmen die Zwischenprodukt-Ausbeuten $Y_{BA}$ in Abhängigkeit von der Zeit ein Maximum an, während die Selektivitäten fallen. Es läßt sich eine optimale Reaktionszeit angeben, bei der das erwünschte Maximum von $Y_{B,A}$ vorliegt. Es ist daher verständlich, daß zur →Ausbeute und Selektivitätsoptimierung eine möglichst enge Verweilzeitverteilung, d. h. eine möglichst kleine Rückvermischung vorteilhaft ist. Dies gilt auch für die konkurrierenden Folgereaktionen (→Reaktion, komplexe). Allerdings ist hier zu beachten, daß die Edukte A und B ausreichend schnell vorgemischt werden können, ohne eine Reaktion einzugehen.

Handelt es sich um schnelle Reaktionen, spielt die Segregation eine Rolle. In solchen Fällen kann z. B. eine Verdünnung der Edukte oder der Zusatz eines Inhibitors (→Reaktion, katalytische), wodurch die

Reaktionsgeschwindigkeit herabgesetzt wird, für eine Selektivitätserhöhung günstig sein. (Der Einfluß der Konzentrationsführung auf die technisch bedeutsamen Polymerisationsreaktionen, bei denen zahlreiche Parallel- und Folgereaktionen ablaufen, wird in →Polymerisationstechnik behandelt.)

Selektivitäten können auch durch ein gezieltes Ausschleusen von Reaktionsprodukten, häufig durch Einführung einer zusätzlichen Phase beeinflußt werden.

Temperaturführung. Sofern sich die Aktivierungsenergien E der Teilreaktionen einer komplexen Reaktion unterscheiden, sind die Selektivitäten von der Reaktionstemperatur T abhängig. Für die bei der Konzentrationsführung diskutierten einfachen Parallelreaktionen läßt sich die Temperaturabhängigkeit, wenn für $k_1$, $k_2$ eine Arrhenius-Beziehung (→Arrhenius-Zahl) vorausgesetzt wird, darstellen als

$$s_{PA} \sim \exp\left(\frac{E_2 - E_1}{RT}\right).$$

Wenn die erwünschte Reaktion $(A \xrightarrow{E_1} P)$ die höhere Aktivierungsenergie $E_1 > E_2$ als die unerwünschte Nebenreaktion $(A \xrightarrow{E_2} Q)$ besitzt, wird die Selektivität $s_{PA}$ mit zunehmender Temperatur T ansteigen. Dies bedeutet eine stärkere Begünstigung der erwünschten Reaktion im Vergleich zur Nebenreaktion. Folglich wird man eine möglichst hohe, konstante Reaktionstemperatur T wählen. Dadurch ist auch eine große Reaktorleistung erreichbar. In diesem Fall ergibt sich für die Temperaturführung also kein Optimierproblem.

Für den Fall $E_1 < E_2$ dagegen wird die Selektivität mit zunehmender Temperatur T abfallen. Dies bedeutet, daß die Reaktion bei möglichst tiefen Temperaturen durchgeführt werden sollte. Nun ergibt sich für die Temperaturführung ein Optimierproblem, da sich bei tiefen Temperaturen die Reaktorleistung erniedrigt. Aus diesen Überlegungen folgt für den Rohrreaktor die Einhaltung eines optimalen, axialen Temperaturprofils, das in axialer Richtung ansteigt. Danach wird die Reaktion am Reaktoreintritt bei niedrigen Temperaturen, also bei hohen Selektivitäten geführt, d. h. die Reaktionsgeschwindigkeit der unerwünschten Reaktion bleibt klein. Zum Reaktoraustritt hin fällt die Eduktkonzentration ab, so daß die Reaktorleistung durch Temperaturerhöhung gesteigert wird, allerdings etwas auf Kosten der Produktselektivität.

Für die einfache Folgereaktion $A \rightarrow B \rightarrow P$ mit zwei irreversiblen Reaktionen jeweils erster Ordnung durchläuft die Ausbeute an erwünschtem Produkt B mit zunehmender Temperatur ein Maximum, dessen Höhe mit abnehmender Verweilzeit, also ansteigender Reaktorleistung, kleiner wird. Die Selektivitäten bez. B fallen in Abhängigkeit der Temperatur. Dies bedeutet auch hier, daß die bei niedrigen Temperaturen erreichbaren hohen Selektivitäten nur bei entsprechend geringen Reaktorleistungen möglich sind. *Schönbucher*

Literatur: Autorenkollektiv (*S. Weiß*, Hrsg.): Verfahrenstechnische Berechnungsmethoden. Tl. 5: Chemische Reaktoren. Weinheim 1987. – *Baerns, M., H. Hofmann u. A. Renken:* Chemische Reaktionstechnik. Stuttgart 1987. – *Brötz, W.,* u. *A. Schönbucher:* Technische Chemie I. Weinheim 1982. – *Brötz, W.:* Grundriß der chemischen Reaktionstechnik. Weinheim 1958. – *Denbigh, K. G.,* u. *J. C. Turner:* Einführung in die chemische Reaktionstechnik. Weinheim 1973. – *Dialer, K., U. Onken* u. *K. Leschonski:* Grundzüge der Verfahrenstechnik und Reaktionstechnik. München 1986. – *Fitzer, E.,* u. *W. Fritz:* Technische Chemie. Eine Einführung in die technische Chemie. 3. Aufl. Berlin, Heidelberg, New York 1989. – *Froment, F. G.,* u. *K. B. Bischoff:* Chemical Reactor Analysis and Design. New York 1979. – *Levenspiel, O.:* The Chemical Reactor Omnibook. Corvallis (Oregon) 1984. – *Levenspiel, O.:* Chemical Reaction Engineering. 2. Aufl. New York 1972. – *Westerterp, K. R., W. P. M. van Savaaij* u. *A. A. C. M. Beenackers:* Chemical Reactor Design and Operation. 2. Aufl. New York 1984.

**Reaktionsführung, adiabate.** Eine a. R. liegt dann vor, wenn in einem chemischen Reaktor eine exotherme bzw. endotherme Reaktion ohne Wärmeaustausch zwischen Reaktorwand und Umgebung abläuft (→Reaktionsführung, Bild 2). Exakt adiabat können nur diskontinuierlich betriebene Reaktoren gefahren werden. Bei kontinuierlich betriebenen Reaktoren dagegen erfolgt über den Eintritts- und Austritts-Massenstrom stets ein Wärmeaustausch mit der Umgebung. Praktisch adiabat bedeutet demnach kein Wärmeaustausch durch Wände, Kühl- oder Heizelemente. Die Folge einer a. R. ist, daß die Temperatur der Reaktionsmasse bei exothermen Reaktionen ansteigt und bei endothermen Reaktionen abfällt. Es besteht eine Proportionalität zwischen Temperatur und Umsatz bzw. Konzentration. Die maximal mögliche Temperaturerhöhung (bei exothermen Reaktionen) wird bei vollständigem Umsatz X = 1 erreicht und als adiabate Temperaturerhöhung

$$\Delta T_{ad} = \frac{c_{ka}\,(-\Delta H_R)}{|\nu_k|\,\varrho\,c_p}$$

bezeichnet; darin bedeuten:

$c_{ka}$   Anfangskonzentration des Edukts,
$\Delta H_R$   Reaktionsenthalpie,
$\nu_k$   stöchiometrischer Koeffizient,
$\varrho$   Dichte von Reaktionsmasse und Reaktor,
$c_p$   mittlere spezifische Wärme von Reaktionsmasse und Reaktor.

Die adiabate Temperaturerhöhung $\Delta T_{ad}$ darf eine Maximaltemperatur $T_{max}$ aus Sicherheitsgründen oder zur Einhaltung einer bestimmten Produktqualität nicht überschreiten. Bei stark exothermen Reaktionen und bei Gefahr exothermer Zersetzungsreaktionen läßt sich $\Delta T_{ad}$ z. B. durch Zugabe von Inertmaterial (Abnahme von $c_{ka}$) oder durch Erhöhung der spezifischen Wärme von Reaktor und Reaktionsmasse herabsetzen.

Adiabat geführte Reaktoren erfordern keine technisch aufwendige Temperaturlenkung. (Der vorliegende Temperaturverlauf in adiabaten Hordenreaktoren wird bei der →Temperaturführung behandelt.) Die adiabate ebenso wie die isotherme R. stellen Grenzfälle dar, die sich in der Praxis nur näherungsweise realisieren lassen. Der näherungsweise adiabate Betrieb z. B. von Hordenreaktoren ist für heterogen-katalysierte Fluid-Feststoff-Reaktionen (Festbettreaktoren) am weitesten verbreitet, da er technisch einfach zu realisieren ist und damit relativ geringe Kosten verursacht.

Zur Berechnung einer nichtisothermen, d. h. einer adiabaten und einer polytropen R. müssen die Stoffmengen- und Wärmebilanzen (→Reaktormodell) simultan gelöst werden. *Schönbucher*

**Reaktionsführung, allotherme.** Im Unterschied zur autothermen R. wird die für einen chemischen Prozeß benötigte Wärmeenergie (→Anspringtemperatur) durch Fremdwärme aufgebracht. Als Fremdwärme kommt eine Außenbeheizung von Wänden in Betracht, oder es werden eingebaute Heizelemente sowie ruhende bzw. zirkulierende Wärmeträger (feste und gasförmige) eingesetzt. Beispiele technisch bedeutsamer allothermer Verfahren sind die katalytische Wasserdampfspaltung von Naphtha in einem von außen beheizten →Röhrenofen zum Herstellen von Synthesegas (CO/$H_2$-Gemisch), die Hochtemperatur-Pyrolyse HTP (→Pyrolyse-Reaktion) von Flüssig- und Raffineriegasen nach dem →Lichtbogenverfahren bzw. von Erdgas bis Naphtha nach dem →Plasmaverfahren zum Herstellen von Acetylen. *Schönbucher*

**Reaktionsführung, autotherme.** Eine a. R. liegt dann vor, wenn die für eine chemische Umsetzung erforderliche Wärmezufuhr (→Anspringtemperatur) ohne äußere Energiequelle, d. h. durch die exotherme Reaktionsenthalpie des chemischen Prozesses, erfolgt. Dies bedeutet, daß eine Rückkopplung der Reaktionsenthalpie zum kalten Reaktandenvolumenstrom (Frischgas- oder Feedstrom) am Reaktoreintritt besteht. Eine a. R. ermöglicht die Durchführung einer Reaktion bei einem hohen Temperaturniveau ohne Fremdvorwärmung (→Reaktionsführung, allotherme) des Feedstroms. Der Begriff autotherm wird auch im Zusammenhang mit Reaktor oder Reaktion benützt, d. h. man spricht auch von einem autothermen Reaktor bzw. einer autothermen Reaktion.

Die Realisierung einer a. R. kann einmal dadurch erfolgen, daß die Wärmerückkopplung zwischen dem heißen Produktstrom und dem kalten Feedstrom entweder über einen externen oder einen internen Gegenstromwärmeübertrager stattfindet. Im ersten Fall wird der kalte Feedstrom durch den heißen Produktstrom, der z. B. einen adiabaten →Rohrreaktor verläßt, vorgewärmt. Im zweiten Fall wird die Vorwärmung des Feedstroms so erreicht, daß er im Gegenstrom ein Rohrbündel (interner Wärmeaustausch) durchströmt, das sich in einem adiabat geführten katalytischen Festbettreaktor befindet (großtechnisches Beispiel für diese Variante ist die Ammoniaksynthese).

Zum anderen kann eine a. R. auch durch die Kombination simultan ablaufender exo- und endothermer Reaktion zustande kommen. Großtechnische Verfahrensbeispiele hierfür sind die Vergasung von Kohle und Schmieröl zum Herstellen von Synthesegas, die Dehydrierung von Methanol an Silberkatalysatoren zum Herstellen von Formaldehyd, Verbrennen von Erdgas mit Sauerstoff zum Herstellen von Acetylen sowie die Verbrennung von Erdgas an Platinkatalysatoren in Gegenwart von Ammoniak zum Herstellen von Blausäure. Allgemein verlaufen alle schnellen Verbrennungsprozesse (z. B. auch gewöhnliche Flammen) autotherm, da hier die Reaktanden infolge Wärmeleitung und -strahlung aus der Reaktionszone vorgewärmt werden.

Neben der autothermen ist auch die allotherme R. von großer technischen Bedeutung. *Schönbucher*

**Reaktionsführung, diskontinuierliche.** Die diskontinuierliche Betriebsweise (Satz-, Chargen- bzw. Batch-Betrieb) eines chemischen Reaktors liegt dann vor, wenn die Edukte zusammen mit u. U. erforderlichen Katalysatoren und Lösungsmitteln in den Reaktor gegeben werden und dort eine bestimmte Reaktions- und Totzeit bei festgelegten Reaktionsbedingungen verbringen. Derartige absatzweise betriebenen Reaktoren arbeiten im Idealfall als AIK (→Reaktormodell) und wurden in früheren Zeiten für chemische Umsetzungen ausschließlich verwendet. Der Chargenbetrieb wird bevorzugt angewandt:
□ bei langsam verlaufenden Reaktionen. Durch einheitliche, beliebig lang einstellbare Reaktionszeiten werden hohe Umsätze erreicht;
□ zum Herstellen oft mehrerer Produkte in derselben Apparatur in relativ geringen bzw. stark wechselnden Mengen (z. B. Farbstoffe, Pharmaka), d. h. große Flexibilität;
□ wenn Probleme beim kontinuierlichen Transport (z. B. von zähen Reaktanden) auftreten;
□ bei den meisten Bioreaktoren.

Auf Grund folgender Nachteile des Satzbetriebs:
□ meist relativ große Totzeiten zum Füllen, Entleeren, Aufheizen und Abkühlen des Reaktors,

wodurch insgesamt ein zyklischer Betrieb des Reaktors entsteht,

☐ Steuern und Regeln des instationären Gesamtprozesses sind sehr aufwendig,

☐ Gefahr von Qualitätsschwankungen der einzelnen Chargen infolge des instationären Reaktionsablaufs,

geht der Trend, wenn möglich, immer mehr zur kontinuierlichen →Reaktionsführung. *Schönbucher*

**Reaktionsführung, halbkontinuierliche.** Ein chemischer Reaktor arbeitet halbkontinuierlich (im Teilfließ- oder Semi-Batch-Betrieb), wenn während der Reaktion einzelne Edukte oder Produkte kontinuierlich zu- oder abgeführt werden, während die übrigen Reaktionskomponenten wie im diskontinuierlichen Betrieb zugegeben werden, d. h. vorgelegt sind. Der Teilfließbetrieb hat überwiegend die Charakteristika des Satzbetriebs (→Reaktionsführung, diskontinuierliche) und entspricht im Idealfall der instationären Betriebsweise des AIK (→Reaktormodell). Die h. R. wird in der chemischen Technik häufig und immer dann angewandt, wenn der Prozeß einerseits Satzbetrieb verlangt (z. B. bei langer Reaktionsdauer oder wenn die kontinuierliche Förderung von Feststoffen bzw. Feststoffsuspensionen Schwierigkeiten macht), andererseits aber Fließbetrieb günstig ist (z. B. bei der Umsetzung großer Gasmengen oder wenn eine bessere Steuerung des Prozesses, beispielsweise bei stark exothermen Reaktionen, erforderlich ist).

Es können folgende Varianten des halbkontinuierlichen Betriebes auftreten:

☐ Ein Reaktand wird vorgelegt und reagiert mit einem anderen Reaktionspartner der kontinuierlich zu- und abgeführt wird, z. B. Chlorierung flüssiger Kohlenwasserstoffe mit Chlorgas oder allgemein bei Gas-Feststoff-Reaktionen (→Festbettreaktor).

☐ Ein Reaktand wird vorgelegt, während der andere Reaktionspartner kontinuierlich zuläuft. Beispielsweise wird bei Nitrierungen der Kohlenwasserstoff und bei der Azofarbstoff-Herstellung die Kupplungskomponente vorgelegt. Bei Polymerisationsreaktionen werden die Monomere und/oder Initiatoren nachgeschleust.

☐ Ein Reaktionsprodukt wird während der Umsetzung kontinuierlich abgezogen (z. B. wird bei Veresterungsreaktionen ständig das Produkt Wasser zur Umsatzerhöhung ausgetragen).

Der Teilfließbetrieb und auch der Satzbetrieb (→Reaktionsführung, diskontinuierliche) können den Fließbetrieb (→Reaktionsführung, kontinuierliche) praktisch erreichen, wenn mehrere gleiche Reaktoren parallel und im Wechsel gefahren werden. Diese Betriebsweise wird als Batteriebetrieb bezeichnet (z. B. die Kokskammer-Batterie zum Verkoken von Steinkohle). *Schönbucher*

**Reaktionsführung, isotherme.** Eine i. R. liegt dann vor, wenn die gesamte erzeugte bzw. verbrauchte Reaktionsenthalpie ab- oder zugeführt wird, so daß die Temperatur der Reaktionsmasse örtlich und zeitlich konstant bleibt (→Reaktionsführung, Bild 2). Isotherm geführte Reaktoren erfordern stets, im Unterschied zu den adiabaten Reaktoren, eine technisch aufwendige Temperaturlenkung (→Temperaturführung) und werden daher nktem Temperaturverlauf bezeichnet. Eine Temperaturlenkung kann auf folgende Arten durchgeführt werden:

☐ durch direkten Wärmeaustausch (Heizung und Kühlung) während der Reaktion, z. B. durch Zugabe von kaltem Frischgas bei heterogenen Gaskatalysen (→Hordenreaktor) oder Eis bzw. durch Einleiten von Dampf in die Reaktionsmasse. Ein direkter Wärmeaustausch liegt auch bei den →Lichtbogenverfahren und den →Plasmaverfahren vor;

☐ durch indirekten Wärmeaustausch (Wärmeab- und -zufuhr) über Wärmeaustauschflächen, wie z. B. Spiralen, Reaktorwände oder bei endothermen Prozessen durch äußere Heizung mit Brennern (→Röhrenofen);

☐ durch Kreislaufführung der ganzen oder eines Teils der Reaktionsmasse über außerhalb des Reaktors angebrachte Wärmeübertrager.

Eine exakt i. R. ist schon theoretisch unmöglich, da ohne endliche Temperaturgradienten kein Wärmetransport stattfindet. Technisch läßt sich eine i. R. nur schwer realisieren, z. B. durch direkte Verdampfungskühlung oder bei kontinuierlichen Prozessen auch durch vollständige →Rückvermischung. Technisch bedeutsame isotherme Prozesse werden insbes. in Rohrbündelreaktoren und Röhrenöfen durchgeführt.

Die i. R. spielt zur Aufstellung von Reaktormodellen und damit auch zur näherungsweisen Beschreibung vieler realer Reaktoren eine bedeutende Rolle. Ist ein isothermer Reaktor mit der Wärmebilanz (→Reaktormodell) für den maximalen Wärmeaustauschstrom ausgelegt, genügt zur weiteren Berechnung allein die Stoffmengenbilanz (Reaktormodell). (Die Ermittlung einer optimalen isothermen Temperatur, bei der die mittlere →Raumzeit minimal, d. h. die Reaktorleistung maximal ist, wird bei der →Reaktionsführung behandelt.) *Schönbucher*

**Reaktionsführung, kontinuierliche.** Im Unterschied zur diskontinuierlichen →Reaktionsführung werden die Edukte kontinuierlich mit konstantem Massenstrom in den Reaktor gegeben, während gleichzeitig das Reaktionsgemisch ebenfalls kontinuierlich und mit konstantem Massenstrom aus dem Reaktor abgeführt wird (Fließbetrieb). Im Idealfall arbeiten solche stationären Reaktoren wie ein IR,

KIK oder eine KIK-Kaskade (→Reaktormodell). Ein grundlegender Unterschied zum Chargenbetrieb besteht darin, daß beim Fließbetrieb die Führung von Stoff- und Wärmeströmen, d. h. Gleich- oder Gegenstrom sowie Kreuzstrom, den Reaktionsablauf zusätzlich beeinflußt. Wenn bestimmte Voraussetzungen erfüllt sind, wird in vielen Fällen das Gegenstromprinzip sowohl bez. Stoff- als auch Wärmeströme angewandt.

Die kontinuierliche Betriebsweise dominiert bei der großtechnischen Herstellung typischer Massenprodukte, z. B. Schwefelsäure, Chlor, Ammoniak oder Kunststoffe wie beispielsweise Polyethylen, Polyvinylchlorid, Polystyrol und Polypropylen (Polymerisationstechnik).

Der Fließbetrieb hat gegenüber dem Chargenbetrieb folgende Vorteile:

□ weitgehende Automatisierung ist möglich,

□ kleinere Reaktorvolumen, da Totzeiten zum Füllen und Entleeren des Reaktors wegfallen,

□ Einsparungen bei Personal- und Energiekosten,

□ bessere und gleichmäßigere Produktqualitäten bei günstigerer Rohstoffausnutzung,

□ Betriebssicherheit, Gewerbehygiene und Umweltschutz sind i. a. besser kontrollierbar.

Die Nachteile der kontinuierlichen Betriebsweise sind:

□ geringere Flexibilität, z. B. auch an Marktverhältnissen, da sich insbes. Durchsatz, Temperatur und chemische Zusammensetzung der Reaktionsmasse nur wenig ändern dürfen,

□ Rohstoffqualität sollte möglichst gleichbleibend sein,

□ hohe Investitionskosten.

Eine Kombination von kontinuierlicher und diskontinuierlicher Betriebsweise liegt beim Betrieb von katalytischen Festbettreaktoren infolge einer →Desaktivierung der Katalysatoren vor.

Es kann auch eine halbkontinuierliche →Reaktionsführung vorteilhaft sein. *Schönbucher*

**Reaktionsführung, polytrope.** Eine p. R. liegt vor, wenn nur ein Teil der erzeugten bzw. verbrauchten Reaktionsenthalpie ab- bzw. zugeführt wird. Es stellt sich dann ein örtliches oder zeitliches Temperaturprofil im Reaktor ein. Der polytrope Zustand liegt zwischen den idealen Grenzfällen der adiabaten und der isothermen R. und entspricht einem stetig gekühlten bzw. beheizten Reaktor (→Reaktionsführung, Bild 2). Zur Reaktorberechnung ist die simultane Lösung von Stoffmengen- und Wärmebilanz (→Reaktormodell) erforderlich, die i. a. allein numerisch erfolgen kann. Der zeitliche Temperaturverlauf im Reaktor hängt ab von der:

□ adiabaten Temperaturerhöhung (→Reaktionsführung, adiabate),

□ Wärmeabfuhrgeschwindigkeit, die proportional zum Wärmeaustauschkoeffizienten, der Wärmeaus-

tauschfläche und der mittleren Temperaturdifferenz zwischen Wärmeträger (z. B. Kühlmitteltemperatur bei exothermen Reaktionen) und Reaktionsmasse ist,

□ Wärmeerzeugungsgeschwindigkeit (durch die Reaktion), die exponentiell mit der Temperatur ansteigt.

Infolge dieses Temperaturverlaufs kann es, besonders bei diskontinuierlicher R. und bei stark exothermen Nebenreaktionen (z. B. Folge- oder Zersetzungsreaktionen), zu lokalen Temperaturspitzen, den Hot Spots (→Empfindlichkeit, parametrische) kommen, wodurch ein Durchgehen (→Reaktorstabilität) des Reaktors möglich ist. *Schönbucher*

**Reaktionskinetik homogener und heterogener Reaktionen.** Die R. ist die Lehre über die Gesetzmäßigkeiten des zeitlichen Ablaufs chemischer Reaktionen, über ihre Geschwindigkeiten und die sie beeinflussenden Faktoren sowie über den Mechanismus des Ablaufs chemischer Reaktionen.

Der R. ist bei homogenen Reaktionen dem der chemischen Kinetik äquivalent. Bei heterogen-katalytischen Reaktionen erfaßt man dagegen im Modell der R. neben der chemischen Oberflächenreaktion auch Adsorptions- und Desorptionsvorgänge.

Die Reaktionsgeschwindigkeit $r_i^{(n)*}$ gibt bei einer homogenen Reaktion an, welche Stoffmenge der Komponente i des Reaktionsgemisches je Zeiteinheit und Volumeneinheit des Reaktionsraums gebildet oder verbraucht werden. Die Reaktionsgeschwindigkeit besitzt ein negatives Vorzeichen, wenn die betrachtete Komponente i bei der Reaktion verbraucht wird, und ein positives Vorzeichen, wenn die Komponente i gebildet wird. Die umgesetzten Stoffmengen der verschiedenen Reaktionskomponenten sind durch die stöchiometrischen Beziehungen miteinander verknüpft, so daß die jeweilige Reaktionsgeschwindigkeit einer Komponente i sich aus der Äquivalent-Reaktionsgeschwindigkeit $r^{(n)*}$ ermitteln läßt:

$$r_i^{(n)*} = \nu_i r^{(n)*} \tag{1},$$

mit $r^{(n)*}$ Äquivalent-Reaktionsgeschwindigkeit, $\nu_i$ stöchiometrischer Koeffizient der Komponente i.

Für eine homogene Reaktion ($\Sigma \nu_i A_i = 0$) in einem diskontinuierlich betriebenen →Reaktor gilt für die Reaktionsgeschwindigkeit $r_i^{(n)*}$:

$$r_i^{(n)*} = \frac{1}{V_R} \cdot \frac{dN_i}{dt} \tag{2},$$

mit $N_i$ Molmenge der Komponente i, $V_R$ Reaktorvolumen, t Zeit.

Im allgemeinen ist die Reaktionsgeschwindigkeit definiert durch die allgemeine Stoffbilanz der Komponente i (Molenbilanz).

Die Form des Zusammenhangs zwischen der Reaktionsgeschwindigkeit und den Einflußgrößen Konzentration, Temperatur und Druck ist unabhängig vom Reaktortyp. In einer allgemeinen Form der kinetischen Gleichung für eine einfache Reaktion

$$r^{n(*)} = k\,(T,\,p)\,\prod_i c_i^{\gamma i} \tag{3},$$

mit k Geschwindigkeitskonstante, T absolute Temperatur, p Druck, $c_i$ molare Konzentration der Komponente i, läßt sich die Temperaturabhängigkeit der meisten homogenen Reaktionen durch die Arrhenius-Gleichung für die Geschwindigkeitskonstante k beschreiben:

$$k = k_\infty \cdot e^{-E/R \cdot T} \tag{4},$$

mit $k_\infty$ Häufigkeitsfaktor, E Aktivierungsenergie, R universelle Gaskonstante, T absolute Temperatur.

Komplizierte Reaktionen können aus verschiedenen Kombinationen von Folge- und Parallelreaktionen bestehen (z. B. konkurrierende, reversible, gekoppelte und Kettenreaktionen).

Unter R. wird bei heterogen-katalytischen Reaktionen die Kinetik der Oberflächenreaktion einschl. der sie beeinflussenden Sorptionsprozesse verstanden. Alle Stofftransportprozesse (äußere Diffusion, Porendiffusion) sind nicht Bestandteil der chemischen Kinetik. Im Unterschied zu homogenen Reaktionen wird die Reaktions- bzw. Stoffänderungsgeschwindigkeit bei heterogen-katalytischen Reaktionen vorzugsweise auf die Katalysatormasse bezogen. *Weinspach*

Literatur: Autorenkollektiv: Verfahrenstechnische Berechnungen. Tl. 5: Chemische Reaktoren. Weinheim 1987. – *Walas, S. M.: Reaction Kinetics for Chemical Engineers.* New York 1959.

## Reaktionsrohr → Rohrreaktor

**Reaktionstechnik.** Die chemische R. umfaßt folgende Aufgaben:
□ die sichere Übertragung (Prozeßentwicklung) einer im Labor erfolgreich ablaufenden chemischen Reaktion in den technischen Maßstab. Hieraus eröffnet sich der Weg zum Planen und Entwickeln neuer chemischer Verfahren unter Berücksichtigung wirtschaftlicher Gesichtspunkte,
□ die Verbesserung bereits laufender chemischer Prozesse, z. B. durch Einführung einer kontinuierlichen →Reaktionsführung, Automatisierung oder der Prozeßleittechnik,
□ die Modifizierung bestehender chemischer Prozesse, um neuen Anforderungen oder gesetzgeberischen Maßnahmen zu genügen, z. B. bez. einer veränderten Rohstoffsituation, neuer Marktsituationen der erzeugten Produkte und/oder veränderter Umweltsituationen sowie eines wachsenden Sicherheitsbewußtseins.

Die Grundlagen der chemischen R. beruhen auf physikalisch-chemischen Vorstellungen, insbes. der Stöchiometrie, der Thermodynamik, der Kinetik (Mikrokinetik) chemischer Reaktionen sowie des Zusammenwirkens von Reaktion mit Stoff-, Wärme- und Impulstransportvorgängen (→Makrokinetik, Gas-Flüssig-Reaktionen). Ein zentrales Thema der R. ist die Reaktionsanalyse mit dem Ziel, eine →Geschwindigkeitsgleichung aus kinetischen Daten aufzustellen. Die Dimensionierung eines technischen Reaktors, die Reaktorauslegung, bildet ein weiteres Fundament der R. Bei der Reaktorauslegung, die auf den Bilanzgleichungen der Erhaltung von Masse, Energie und Impuls (→Reaktormodell) beruht, sind auch die Fluiddynamik, d. h. insbes. die Vermischung (→Segregation, →Kolbenströmung, →Verweilzeitmodell, →Verweilzeitverteilung), der Druckverlust sowie der wärmetechnische Betriebszustand eines chemischen Reaktors zu berücksichtigen. Besondere Bedeutung hat der Einfluß der Reaktorauswahl sowie die Konzentrations- und →Temperaturführung auf die optimale →Selektivität, →Ausbeute und Leistung eines chemischen Reaktors (Reaktionsführung). Die →Reaktorstabilität und parametrische →Empfindlichkeit eines Reaktors sind weitere wichtige Teilgebiete der R. und haben auch große Bedeutung für die Sicherheit chemischer Reaktoren bzw. von Chemieanlagen.

Zwischen der chemischen R. und den sog. Grundoperationen, die zur Verfahrenstechnik gehören, besteht ein notwendiges Zusammenwirken. Dies ist dadurch begründet, daß z. B. für die Förderung, Herrichtung und Aufbereitung der Reaktionskomponenten sowie für die Zu- und Abfuhr von Wärme zahlreiche physikalisch-technische Verfahrensschritte, wie beispielsweise Zerkleinern, Mischen, Heizen und Kühlen, Destillieren, Kristallisieren und Trocknen, erforderlich sind, die als weitgehend unabhängig von der Art des chemischen Produktionsprozesses erkannt und daher als Grundoperationen bezeichnet wurden. Bezüglich der Chemie wird die chemische R. neben der physikalischen Chemie insbes. von der organischen, makromolekularen, anorganischen und zunehmend der analytischen Chemie gespeist. Bezüglich des Chemie-Ingenieurwesens bestehen wichtige Zuströme vor allem aus der mechanischen und thermischen Verfahrenstechnik, der Meß- und Regeltechnik sowie der Werkstoffkunde und dem Apparatebau.

Weitere bedeutende Einflüsse auf die chemische R. kommen von der Mathematik und der Physik, insbes. aus den Bereichen Wärmelehre und Mechanik sowie zunehmend Elektrizität, Festkörperphysik, Optik und Strahlungsenergie. Andererseits ist klar zu erkennen, daß die chemische R. zusammen mit den Ingenieurwissenschaften in anderen Fachgebieten und Grenzwissenschaften, wie z. B. Sicherheitstechnik, Umweltschutz, Ökologie, Mikrobiologie, Biochemie und Pharmazie, zunehmende Bedeutung erlangt. Zu einer wachsenden Vertiefung wird auch das Zusammenwirken von chemischer R. und Prozeß- und Anlagentechnik führen. Letztere beschäftigt sich mit der ingenieurmäßigen Realisierung eines Verfahrens bzw. des Baus von Chemieanlagen und wird häufig mit basic engineering und detail engineering bezeichnet.

Bei der zukünftigen Entwicklung der chemischen R. einschl. der Grundoperationen werden voraussichtlich nur wenige Grundtypen von Reaktoren und Verfahrensweisen, die sorgfältig und kritisch ausgesucht werden müssen, detailliert erforscht. Entsprechend wird man sich bemühen, die komplexen chemischen und physikalischen Vorgänge, die in einem chemischen Reaktor stattfinden, möglichst quantitativ und physikalisch verständlich zu beschreiben. Dies bedeutet, daß die Entwicklung von (möglichst einfachen) Modellen (z. B. →Reaktormodell, →Verweilzeitmodell) bei der Systemanalyse bzw. die Systemtechnik an Bedeutung gewinnt.

Zur Entwicklung allgemein anwendbarer Berechnungsmethoden für die chemische R. ist eine Systematik chemischer Reaktionen und chemischer Reaktoren (Reaktionsapparate) erforderlich. Die Klassifizierung chemischer Reaktionen kann nach folgenden Aspekten erfolgen:

*Art der Aktivierung chemischer Reaktionen:*

□ alleinige thermische Aktivierung (→Anspringtemperatur), nach der die meisten technisch durchgeführten Reaktionen in Gang gesetzt werden. Hierher gehören auch die Polykondensations- und Polyadditionsreaktionen (→Polymerisationstechnik);

□ katalytische Aktivierung, nach der zahlreiche technische Synthesen (→Katalyse, heterogene) durchgeführt werden (→Reaktion, katalytische);

□ Initiator-Aktivierung, nach der alle Polymerisationsreaktionen (→Reaktion, komplexe) gestartet werden (→Polymerisationstechnik);

□ elektrochemische Aktivierung (→Reaktion, elektrokatalytische, →Reaktor, elektrochemischer);

□ biochemische Aktivierung durch Enzyme oder Mikroorganismen (→Membranreaktor);

□ photochemische Aktivierung (→Reaktor, photochemischer);

□ plasmachemische Aktivierung (→Plasmaverfahren).

*Phasenverhältnisse im Reaktionsraum. Einphasige Reaktionen:*

□ Reaktionen in der Gasphase, z. B. die Herstellung von Hochdruck-Polyethylen (→Hochdrucksynthese), die Mitteltemperaturpyrolyse zur Olefinherstellung (→Röhrenofen, →Pyrolyse-Reaktion), die Hochtemperaturpyrolyse zur Acetylenherstellung (→Lichtbogenverfahren, →Plasmaverfahren);

□ Reaktionen in der flüssigen Phase, z. B. die meisten Säure-Basen-Katalysen, Substanzpolymerisation von Styrol, einige Lösungspolymerisationen.

*Phasenverhältnisse im Reaktionsraum. Mehrphasige (heterogene) Reaktionen:*

□ Reaktionen an und/oder in festen Katalysatoren,

– Gas-Feststoff-Reaktionen (heterogene Gaskatalysen), →Reaktion, katalytische; →Festbettreaktor,

– Flüssigkeits-Feststoff-Reaktionen, →Reaktion, katalytische,

– Gas-Flüssigkeits-Feststoff-Reaktionen (→Reaktion, katalytische, →Mehrphasenreaktor);

□ nichtkatalytische Fluid-Feststoff-Reaktionen,

– Gas-Feststoff-Reaktionen (z. B. Wirbelschichtreaktoren),

– Flüssigkeits-Feststoff-Reaktionen;

□ nichtkatalytische Feststoff-Feststoff-Reaktionen (z. B. Herstellung von Porzellan, Keramik; Glasherstellung; Zementklinkerbildung aus Zementrohmehl),

– Gas-Flüssig-Reaktionen,

– Flüssigkeits-Flüssigkeits-Reaktionen (z. B. Emulsions- und Substanzpolymerisationen).

*Reaktionsablauf:* Eine chemische Reaktion hängt insbes. von der Temperatur und den Konzentrationen der Reaktionskomponenten ab und wird entscheidend von der Kompliziertheit des Reaktionsablaufs bestimmt. Man unterscheidet einfache, irreversible Reaktionen, zu denen auch autokatalytische Reaktionen (→Autokatalyse) gehören, und komplexe Reaktionen. (Die Klassifizierung chemischer Reaktoren ist bei →Reaktor, chemischer behandelt (→Kaskade)).

Von *G. Damköhler* erschien 1937 die erste zusammenfassende Darstellung über den Einfluß von Strömung, Mischung, Verweilzeitverteilung sowie des Stoff- und Wärmetransports auf chemische Reaktionen. Erst ab 1957 wurde diese neue Disziplin unter dem Begriff chemische R. systematisch entwickelt, und zwar insbes. von *N. R. Amundson, P. V. Danckwerts, K. G. Denbigh, H. Kramers, D. W. van Krevelen* und *K. Schoenemann.* In den folgenden Jahren wurde der jeweilige Entwicklungsstand der chemischen R. von zunächst fast ausschließlich angelsächsischen Autoren in Lehrbüchern oder Übersichtsartikeln zusammengefaßt.

Die chemische R. ist ein komplexes und vielschichtiges Forschungsgebiet und hat sich erst in den letzten drei Jahrzehnten zu einer lehrbaren, wissenschaftlichen Disziplin entwickelt.          *Schönbucher*

Literatur: Autorenkollektiv (*S. Weiß*, Hrsg.): Verfahrenstechnische Berechnungsmethoden. Tl. 5: Chemische Reaktoren. Weinheim 1987. – *Baerns, M., H. Hofmann* u. *A. Renken:* Chemische Reaktionstechnik. Stuttgart 1987. – *Brötz, W.:* Grundriß der chemischen Reaktionstechnik. Weinheim 1958. –

*Brötz, W.,* u. *A. Schönbucher:* Technische Chemie I. Weinheim 1982. – *Denbigh, K. G.,* u. *J. C. Turner:* Einführung in die chemische Reaktionstechnik. Weinheim 1973. – *Dialer, K., U. Onken* u. *K. Leschonski:* Grundzüge der Verfahrenstechnik und Reaktionstechnik. München 1986. – *Fitzer, E.,* u. *W. Fritz:* Technische Chemie. Eine Einführung in die technische Chemie. 3. Aufl. Berlin, Heidelberg, New York 1989. – *Froment, F. G.,* u. *K. B. Bischoff:* Chemical Reactor Analysis and Design. New York 1979. – *Levenspiel, O.:* Chemical Reaction Engineering. 2. Aufl. New York 1972. – *Levenspiel, O.:* The Chemical Reactor Omnibook. Corvallis (Oregon) 1984. – *Westerterp, K. R., W. P. M. van Savaaij* u. *A. A. C. M. Beenackers:* Chemical Reactor Design and Operation. 2. Aufl. New York 1984.

**Reaktivextraktion.** Die R. ist eine Flüssig-Flüssig-Extraktion (→Extrahieren), bei der die Stoffübertragung zwischen zwei flüssigen Phasen von mindestens einer Reaktion überlagert wird.

Reaktionen laufen wegen der spezifischen chemischen Wechselwirkungen, die zu neuen Molekülen führen, sehr selektiv ab und können deshalb die Selektivität eines Extraktionsmittels wesentlich steigern. Flüssig-Flüssig-Extraktionen kommen so auch für die Abtrennung von Stoffen geringer Konzentrationen in Betracht. Ferner können gekoppelte Synthese-Trennoperationen konzipiert werden, die die Gewinnung von Reaktionszwischenprodukten erst ermöglichen.

Die Hauptanwendung der R. liegt in der organischen Chemie (z. B. Nitrierung aromatischer Verbindungen) und der Metallurgie (z. B. Gewinnung von Kupfer, Wiederaufbereitung von Kernbrennstoffen, →Chelating). Bei der R. wird zur Steigerung des Lösevermögens und der Selektivität am zu extrahierenden Stoff eine Reaktion vorgenommen. Reaktionspartner können sowohl Moleküle der Trägerphase als auch gesondert zugegebene, in der Trägerphase gelöste Stoffe (→Extraktionsmittel) sein. Die wichtigsten Wechselwirkungsarten sind (in der Reihenfolge abnehmender Intensität) die chemische Verbindung, die Ionenbindung, die Solvatation und die Wasserstoffbrückenbindung. Extraktionsmittel für die Metallsalzextraktion sind z. B. Carbonsäuren, saure Phosphorsäureester, Alkylphosphinsäuren, Alkylphosphorsäureester, Aminophosphorsäuren, Hydroxyoxine, Oxim-Derivate, Amine, Alkohole, Ester, Ether und Ketone. Für die Extraktion von organischen Stoffen können z. B. Trioctylphosphinoxid (TOPO), Amine, Iso-Decanol, Triisooctylamin oder Amberlite LA-Z verwendet werden. Der Stofftransport bei der R. verläuft über die gleichen Teilschritte wie bei der physikalischen Extraktion:

□ Wertstofftransport in der Raffinatphase an die Phasengrenzfläche,

□ Phasenwechsel,

□ Wertstofftransport von der Kontaktfläche in die Extraktphase.

Die Überlagerung des physikalischen Stofftransports mit Reaktionen beeinflußt die Transport-schritte in den Phasen und das Phasengleichgewicht, wodurch sich die →Triebkraft für den Stofftransport vergrößert.

Für die R. werden die gleichen oder ähnliche Apparate wie bei der reaktionsfreien Extraktion verwendet, z. B. →Mischer-Abscheider (Mixer-Settler), Drehscheibenkolonnen (RDC), Füllkörperkolonnen, Tropfensäulen oder Zentrifugalextraktoren. *Dohrn*

Literatur: *Bart, H.-J., A. Bauer, D. Lorbach* u. *R. Marr:* Auslegungskriterien für die Extraktion mit chemischer Reaktion und Flüssigmembran-Permeation. Chem.-Ing.-Techn. 60 (1988) Nr. 3, S. 169/79. – *Blaß, Goldmann, Hirschmann, Mikailowitsch* u. *Pietsch:* Fortschritte auf dem Gebiet der Flüssig/Flüssig-Extraktion. Chem.-Ing.-Techn. 57 (1985), S. 565/81. – *Hanson, C.:* Neuere Fortschritte der Flüssig-Flüssig-Extraktion. Aarau, Frankfurt a. M. 1974. – *Lo, T. C., M. H. I. Baird* u. *C. Hanson:* Handb. Solvent Extraction. New York 1983. – *Schügerl, K., R. Hänsel, E. Schlichting* u. *W. Halwachs:* Reaktivextraktion. Chem.-Ing.-Techn. 58 (1986), S. 308/12.

**Reaktor, aerober.** Bio-R. für die Kultivierung aerober Mikroorganismen und Zellen. A. R. sind Drei-Phasen-R. mit großer Stoffaustauschleistung zwischen Gas und flüssiger Phase. Beispiele für a. R. sind Airlift-R., Blasensäulen-R., Tauchstrahl-R. und der am weitesten verbreitete Rühr-R. *Liefke*

**Reaktor, anaerober.** Bio-R. für die Kultivierung anaerober Mikroorganismen. A. R. sind von gleicher Bauweise wie aerobe R., wenn diese mit einem sauerstofffreien Gasstrom zum Eintrag von gasförmigen Substraten und/oder zum Austrag von gasförmigen Stoffwechselprodukten betrieben werden. R. ohne Begasung, z. B. Faultürme, Gärtanks und Füllkörperkolonnen, besitzen keine Rührorgane, sondern werden ggf. durch einen Flüssigkeitsstrom umgewälzt. Entstehende gasförmige Produkte werden am Kopf des Reaktors abgezogen. *Liefke*

**Reaktor, chemischer.** Alle industriell durchgeführten chemischen Reaktionen finden in einem relativ großen Reaktionsapparat statt, der als c. R. bezeichnet wird. Die Leistung des R. ist durch seine Produktionskapazität (→Raum-Zeit-Ausbeute) sowie durch seinen Stoffmengen- und Energieverbrauch bestimmt. Wichtige Aspekte eines c. R. sind Bedienungsaufwand, Störanfälligkeit (Sicherheit) und Flexibilität bez. der Edukte und Produkte sowie Temperatur- und Druckbereiche, Korrosionsfragen und die Bereitstellung der Energie.

Eine Klassifizierung der sehr zahlreichen, unterschiedlichsten R. kann beispielsweise nach der Betriebsweise, der Vermischung im R. und des wärmetechnischen Betriebszustands vorgenommen werden. Bei der Betriebsweise unterscheidet man zwischen diskontinuierlicher, kontinuierlicher und halbkontinuierlicher →Reaktionsführung. Bei der

Vermischung im R. sind Fragen der →Makrovermischung (→Verweilzeitverteilung) sowie der →Mikrovermischung (→Segregation) von großer Bedeutung. Nach dem wärmetechnischen Betriebszustand kann die isotherme, adiabate und polytrope Reaktionsführung unterschieden werden. Zur Berechnung realer R. geht man von den R.-Modellen isothermer R. aus.

Je nach Art der Energiezufuhr unterscheidet man zwischen den klassischen bis heute überwiegend eingesetzten thermischen R., den elektrochemischen R., den elektrothermischen (metallurgischen) R., den photochemischen R. Wichtige R.-Typen für mehrphasige Systeme sind die →Festbett-, →Wirbelschicht-, Blasensäulen-, →Mehrphasenreaktoren. Zu den speziellen R.-Typen zählen z. B. die Polymerisations-R. sowie die ständig an Bedeutung zunehmenden biochemischen R. (→Bioreaktor). Auch die elektrothermischen sowie die elektro- und photochemischen R. lassen sich bei den speziellen R.-Typen einreihen.

Zur mathematischen Modellierung von R. hat man die idealen R. (R.-Modell) eingeführt.

*Schönbucher*

**Reaktor, elektrochemischer.** Ein e. R. (→Elektrolysezelle) ist ein Reaktionsapparat, in dem elektrochemisch aktivierte Reaktionen (→Reaktionstechnik) ablaufen, wobei die Edukte oft den Elektrolyten darstellen, der durch (häufig eintauchende) Elektroden, einer reduzierend wirkenden Kathode und einer oxidierend wirkenden Anode zur Reaktion kommt. Die Reaktion, d. h. die Elektrolyse, setzt allerdings erst dann ein, wenn an der Elektrolysezelle die Zellenspannung (Badspannung) anliegt. Die Zellenspannung hängt insbes. von der Art und Konzentration des Elektrolyten, der Zellentemperatur sowie vom Material und von der Form der Elektroden ab. Sie setzt sich zusammen aus der thermodynamisch bedingten elektromotorischen Kraft (EMK, Mindestspannung, Zersetzungsspannung), den Überspannungen an Kathode und Anode und den Spannungsabfällen im Elektrolyten (bedingt durch den Zellenwiderstand) sowie in den Zuleitungen, Kontakten, Diaphragmen bzw. Membranen und in den Elektroden.

Als Reaktionsapparate können in völliger Analogie zu den thermisch aktivierten (→Reaktionstechnik) Reaktionen die technisch am häufigsten auftreten, diskontinuierliche oder kontinuierliche Rührkesselreaktoren sowie Rohrreaktoren eingesetzt werden. Die Geometrie der R. wird hier entscheidend von der Anordnung der Elektroden bestimmt, die vertikal oder horizontal und fest eingebaut sind. In der chemischen Technik sind im Normalfall viele Elektrolysezellen entweder parallel oder in Reihe geschaltet. Bei der Reihen- oder Hintereinander-

schaltung nach Art der Filterpressen-Anordnung liegen bipolare Elektroden vor, die auf der einen Seite als Kathode und auf der anderen Seite als Anode arbeiten.

In einem e. R. können folgende wichtige Teilschritte ablaufen:

□ Transportvorgänge (→Makrokinetik) zu und von der Elektrodenoberfläche,

□ elektrochemische Reaktionen (Durchtrittsreaktionen),

□ chemische Reaktionen im Elektrolyten und an den Elektroden, die als Edukt oder als Elektro-Katalysator (→Reaktion, elektrokatalytische) beteiligt sein können.

Die an der Kathode und Anode simultan durch elektrochemische Reaktionen theoretisch entstehenden Stoffmengenströme $\dot{n}_{id}$ sind entsprechend den Faraday-Gesetzen der Elektrolyse proportional den eingesetzten Stromstärken. Durch Multiplikation der Stoffmengenströme $\dot{n}_{id}$ mit der Stromausbeute $a \leq 1$ ergeben sich die real umgesetzten Stoffmengenströme $\dot{n}$. Mit der Stromausbeute, die insbes. von der Stromdichte, vom Elektrodenabstand und von möglichen Nebenreaktionen abhängt sowie in den spezifischen Energieverbrauch eingeht, kann die Effektivität eines elektrochemischen Verfahrens beurteilt werden.

Die Vor- und Nachteile eines elektrochemischen Verfahrens können wie folgt charakterisiert werden:

□ hohe Selektivitäten (häufig >90%) der gewünschten Produkte, da durch Wahl geeigneter Stromdichten und Zellenspannungen sowie individueller Elektrodenmaterialien (→Reaktion, elektrokatalytische) unerwünschte Nebenreaktionen weitgehend gehemmt werden können;

□ gute Regelbarkeit der Reaktionsgeschwindigkeit, die bei einfachen Reaktionen proportional der Stromdichte ist. Die Reaktionsgeschwindigkeiten lassen sich bei konstanter Temperatur und ohne Selektivitätsminderung durch Variation der Elektrodenüberspannung in einem weiten Bereich ändern;

□ die Reaktionstemperaturen liegen meist unter 100 °C, der Druck beträgt 1 bar, also Normaldruck. Eine Ausnahme sind die Schmelzflußelektrolysen (s. Beispiele), bei denen infolge des hohen Elektrolyt-Schmelzpunkts Reaktionstemperaturen von 600–1200 °C erforderlich sind;

□ häufig hohe Reinheit der abgeschiedenen Elektrolyseprodukte;

□ nachteilig sind die hohen Verluste an elektrischer Energie, insbes. durch den ohmschen Zellenwiderstand (um so kleiner, je geringer der Elektrodenabstand und je höher die spezifische Leitfähigkeit des Elektrolyten) sowie durch die Elektrodenüberspannungen und die Spannungsabfälle in Zuleitungen und Diaphragmen bzw. Membranen;

☐ im Vergleich zu thermischen Verfahren häufig hoher Energiebedarf durch Abwärme, die auf Grund der niedrigen Reaktionstemperatur nicht nutzbar ist;

☐ instationäre Betriebszustände, wenn Elektroden verschleißen oder teilweise abbrennen (Anoden); Diaphragma-Verstopfungen bzw. Alterungsprozesse von Membranen;

☐ großer Platzbedarf und hohe Investitionskosten.

Auf Grund dieser Nachteile werden elektrochemische Verfahren nur in solchen Fällen technisch angewandt, bei denen keine gleichwertigen thermischen (z. B. katalytische) Verfahren existieren. Eine Verbesserung der →Raum-Zeit-Ausbeute von Elektrolysezellen kann durch Einsatz bipolar arbeitender Festbettelektroden erreicht werden. Das →Festbett kann aus statistisch verteilten leitenden und nichtleitenden Kugeln oder Füllkörpern bestehen. Bei einer anderen Variante besteht das Festbett aus metallisierten bzw. aus Graphit gefertigten Raschig- oder Lessing-Ringen, die in horizontalen Schichten angeordnet und durch poröse, isolierende Kunststoffböden voneinander getrennt sind. Beispielsweise werden Festbettelektroden, deren Füllkörper aus Graphitpulver-Teilchen gebildet werden, zum Wiedergewinnen von Metallen aus sehr verdünnten Lösungen (z. B. Kupferionen-Lösungen) eingesetzt.

Beispiele industriell wichtiger elektrochemischer Prozesse sind:

☐ die wäßrigen Chloralkali-Elektrolysen nach dem Quecksilber-Verfahren, Diaphragma-Verfahren (Diaphragmazelle) und nach dem Membran-Verfahren (Membranzelle) zum Herstellen von Chlor, Alkalilauge und Wasserstoff,

☐ die wäßrigen Metallsulfat-Elektrolysen, insbes. zur Gewinnung bzw. Raffination von Kupfer, Zink, Cadmium, Nickel, Blei, Zinn,

☐ die Schmelzflußelektrolyse von Aluminiumoxid (Tonerde) zum Herstellen von Aluminium,

☐ organische Elektrosynthesen, z. B. die kathodische Elektrohydrodimerisierung (Monsanto-EHD-Verfahren) von Acrylnitril zu Adipodinitril, einem wichtigen Zwischenprodukt für Polyamide und Polyurethane.

In Bild 1 ist eine Diaphragmazelle dargestellt. Es werden Anoden-Graphitplatten oder DSA (dimensionsstabile Anoden) in korrosionsbeständige Rahmen eingelassen, von denen 30–50 Stück unter Zwischenfügen von Diaphragmen in Form einer Filterpresse hintereinander angeordnet werden. Die Diaphragmen bestehen aus Asbestgewebe und hal-

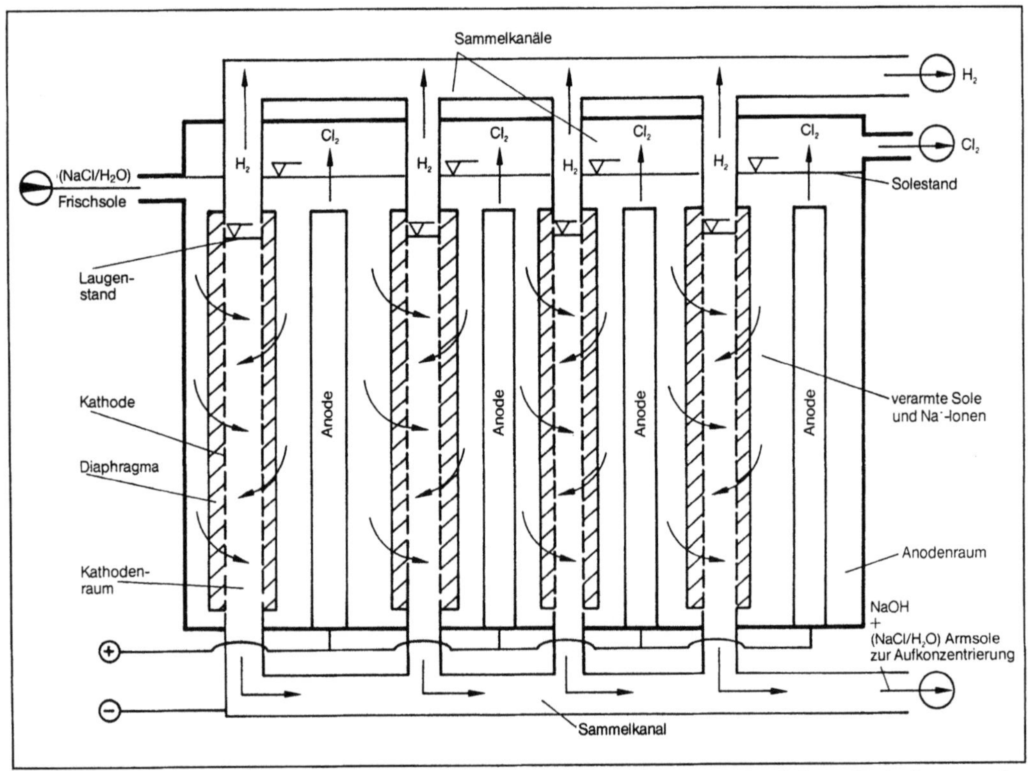



*Reaktor, elektrochemischer 1: Diaphragmazelle mit vertikalen Elektroden und gefülltem Kathodenraum für die Chloralkali-Elektrolyse. (Quelle: Keim a. a. O.)*

ten den im Kathodenraum entstehenden Wasserstoff sowie das sich im Anodenraum bildende Chlor zurück. Sie lassen aber Natriumionen und Natriumchlorid-Sole passieren. Es fällt gleichzeitig eine NaCl-haltige, 12%ige Natronlauge an. Der Laugenablauf, der Frischsole-Zulauf sowie der Abzug der Gase erfolgen über getrennte Sammelkanäle, so daß sich kein Chlor-Wasserstoff-Knallgas bilden kann.

Das Prinzip einer Membranzelle ist in Bild 2 dargestellt. Die beiden Elektrodenräume sind weitgehend flüssigkeits- und gasdicht durch eine porenselektive, ca. 0,1–0,2 mm dicke Kationenaustauschermembran (poröse Folien aus perfluorierten Kunststoffen) getrennt. Sie läßt allein die Permeation von Metallionen (z. B. $Na^+$-Ionen) zu, hält aber die Anionen (z. B. $OH^-$ und $Cl^-$-Ionen) zurück. Die Frischsole strömt daher nicht in den Kathodenraum, sondern verläßt den Anodenraum als eine an $Cl^-$-Ionen verarmte Sole. In den Kathodenraum strömt reines Wasser, und es bildet sich dort eine praktisch NaCl-freie, bis zu 40%ige Natronlauge.

Der Anteil der Chlorproduktion mit der Membranzelle wird zukünftig steigen, beträgt aber z. Z. nur wenige Prozent der Gesamtchlorerzeugung. Die Hauptmenge der Chlorerzeugung erfolgt weltweit zu etwa gleichen Teilen mit der Diaphragmazelle (bei steigender Tendenz) und mit der Quecksilberzelle (bei fallender Tendenz). *Schönbucher*

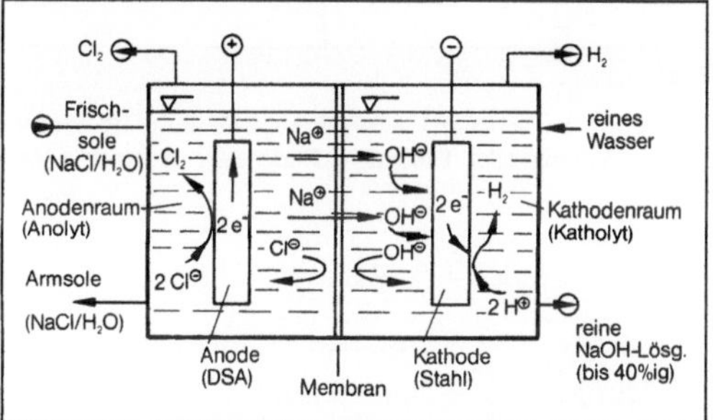


*Reaktor, elektrochemischer 2: Prinzip einer Membranzelle für die Chloralkali-Elektrolyse. (Quelle: Keim a. a. O.)*

Literatur: *Heitz, E.,* u. *G. Kreysa:* Grundlagen der Technischen Elektrochemie. Weinheim 1980. – *Hibbert, D. B.,* u. *A. M. James:* Lexikon Elektrochemie. Weinheim 1987. – *Keim, W., A. Behr* u. *G. Schmitt:* Grundlagen der industriellen Chemie. Frankfurt am Main 1986. – *Kortüm, G.:* Lehrbuch der Elektrochemie. 5. Aufl. Weinheim 1972. – *Wedler, G.:* Lehrbuch der Physikalischen Chemie. 3. Aufl. Weinheim 1987. – *Wendt, H.:* Elektrolyse: In: Ullmanns Enzyklopädie der techn. Chemie. Bd. 3. 4. Aufl. Weinheim 1973. – Ullmanns Enzyklopädie der techn. Chemie Bd. A9. 5. Aufl. Weinheim 1987.

**Reaktor, elektrothermischer.** Erfolgt bei einem R., in dem ein stark endothermer Prozeß abläuft, die Zufuhr an thermischer Energie durch elektrische Energie, so liegt ein e. R. (auch Ofen genannt) vor.

Entscheidende Größe für die Auslegung ist die erforderliche Temperatur der Reaktionsmasse. Die Einteilung der e. R. kann daher nach der Art der Energieübertragung erfolgen. Es lassen sich unterscheiden:

□ Schmelzöfen der Metallurgie (z. B. Lichtbogen-Schmelzöfen für Stahl, Grauguß oder Kupfer),

□ Reaktionsöfen: Lichtbogen-Reduktionsöfen, Widerstands-Reduktionsöfen für das Schmelzen von Erzen, Oxiden und zur Metallgewinnung, wie z. B. Kupfer, Nickel, Eisen, Zinn, Zink, und Widerstandsöfen für reine Feststoff-Feststoff-Reaktionen (z. B. Herstellung von Graphit aus amorpher Kohle und von Siliciumcarbid),

□ →Plasmaverfahren (→Lichtbogenverfahren).
*Schönbucher*

**Reaktor, photochemischer.** Reaktionen, bei denen die notwendige Energiezufuhr durch Strahlungsenergie im sichtbaren und UV-Spektralbereich erfolgt, werden in einem p. R. durchgeführt. Geeignet für homogene Flüssig- und Gasphasenreaktionen sowie bei Gas-Flüssig-Reaktionen. Als Strahlungsquellen dienen Quecksilberhochdruck-, Quecksilberniederdruck- und Leuchtstofflampen. Einige R.-Typen sind der Photorühr-R. mit Tauchlampen, Photorohr-R. mit kurzen Quecksilberhochdruckbrennern, Photodünnschicht-R. mit Innenbestrahlung sowie der →Schlaufenreaktor mit Außenbestrahlung.

Technische photochemische Reaktionen sind z. B. die Photochlorierung von Benzol, die Sulfochlorierung und Sulfoxidation langkettiger Aliphaten, die Herstellung von Cyclohexanonoxim durch Photonitrosierung (Nitrosylchlorid/Chlorwasserstoff) von Cyclohexan sowie die Herstellung von Spezialkunststoffen (z. B. Polyacrylamide) durch Photopolymerisation.

Vorteile einer photochemischen Synthese sind die hohen Selektivitäten infolge definierter Anregung bestimmter chemischer Bindungen, gute Steuerung der Reaktionsgeschwindigkeit durch Zu- oder Abschalten von Strahlern sowie häufig hohe Produktreinheit. Die bisherigen Nachteile p. R. bestehen vor allem in der mangelhaften Verfügbarkeit industrieller Strahler, in produktionsbedingten Schwankungen der optischen Eigenschaften (Wandablagerungen am Strahler, spektrale Verschiebungen) sowie insbes. in den hohen, spezifischen Energiekosten infolge der i. a. kleinen Lichtquantenausbeuten. *Schönbucher*

**Reaktormodell.** Zur Dimensionierung und zum Verständnis der Vielzahl technischer Reaktortypen (→Reaktor, chemischer) ist es sehr vorteilhaft, Modelle idealisierter Reaktortypen zu betrachten (Bild).

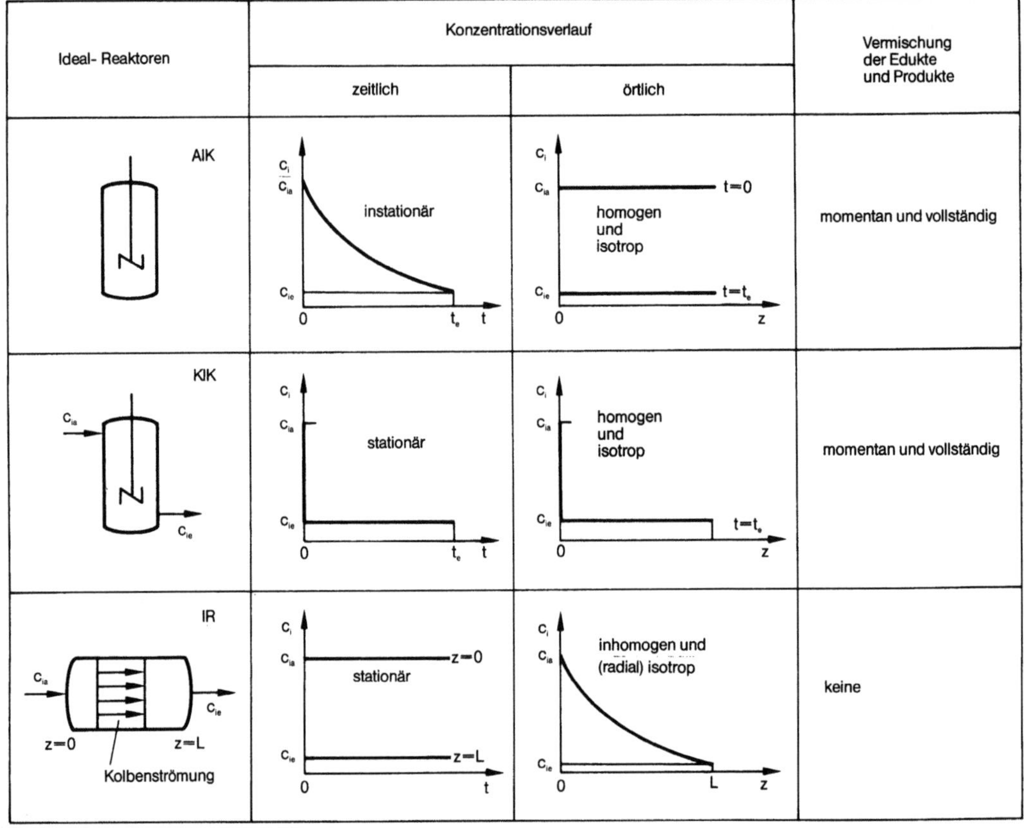

*Reaktormodell: Eigenschaften idealer, isothermischer Reaktoren.*

AIK Absatzweise betriebener Ideal-Rührkesselreaktor, KIK kontinuierlich betriebener Ideal-Rührkesselreaktor, IR kontinuierlich betriebener Ideal-Rohrreaktor, $c_i$ Reaktandenkonzentration, a Anfang oder Eintritt, e Ende oder Austritt, t Zeit, z Ortskoordinate, L Rohrlänge

Die Basis jeder Berechnung eines idealen oder realen Reaktors bilden die Erhaltungsgleichungen (Bilanzgleichungen, Bilanzen) für Stoffmenge, Energie (meist Wärme) und Impuls. Dazu wird innerhalb eines geeignet gewählten Bilanzraums (z. B. Reaktor, Gesamtanlage oder kleines Volumenelement einer Phase der Reaktionsmasse) die zeitliche Änderung bestimmter Zustandsgrößen betrachtet. Diese Änderungen setzen sich aus additiven Termen zusammen, die entweder die Differenz der aus- und eintretenden Ströme bezüglich des Bilanzraums oder die Erzeugung bzw. den Verbrauch von Strömen innerhalb des Bilanzraums darstellen. Laufen j Reaktionen ab, so hat die Stoffmengenbilanz für jede, stöchiometrisch unabhängige Reaktionskomponente i der Reaktionsmasse die allgemeine Form:

$$\underbrace{\frac{\partial c_i}{\partial t}}_{\substack{\text{Akku-}\\\text{mula-}\\\text{tion}}} = \underbrace{- \operatorname{div}(c_i \, \vec{u}),}_{\substack{\text{erzwungene}\\\text{Konvektion}\\\text{(I)}}} + \underbrace{\sum_j \nu_{ji} \, r_j}_{\substack{\text{chemische}\\\text{Reaktionen}\\\text{(II)}}} +$$

$$\underbrace{\operatorname{div}(D_{i,eff} \operatorname{grad} c_i)}_{\substack{\text{effektive}\\\text{Diffusion}\\\text{(Dispersion)}\\\text{(III)}}} + \underbrace{\beta a \triangle c_i}_{\substack{\text{Stoffaus-}\\\text{tausch mit}\\\text{anderen}\\\text{Phasen}\\\text{(IV)}}} \quad .$$

Darin bedeuten:

$c_i, \triangle c_i$    Stoffmengenkonzentration, Konzentrationsdifferenz bez. der Komponente i,

t    Zeit,

$\vec{u}$    Geschwindigkeitsvektor,

$D_{i,eff}$    effektiver Diffusionskoeffizient der Komponente i,

$r_j$    Reaktionsgeschwindigkeit der Reaktion j,

$\nu_i$    stöchiometrischer Koeffizient der Komponente i,

$\beta$    Stoffübergangs- oder -durchgangskoeffizient,

a    spezifische Phasengrenzfläche.

Die allgemeine Form der Wärmebilanz lautet, wenn die Wärmestrahlung, die nur bei Hochtemperaturprozessen eine Rolle spielt, unberücksichtigt bleibt, wie folgt:

$$(\overline{C}_w + \varrho\,\bar{c}_p)\frac{\partial T}{\partial t} = -\mathrm{div}\,(\varrho\bar{c}_p T\vec{u}) + \sum_j r_j(-\triangle H_{R,j}) \quad +$$

| Akku-mulation | erzwungene Konvektion (I) | chemische Reaktionen (II) |

$$\mathrm{div}\,(\lambda_{\mathrm{eff}}\,\mathrm{grad}\,T) \quad + \quad \alpha a\triangle T \quad .$$

| effektive Wärme-leitung (III) | Wärmeaus-tausch mit anderen Phasen oder mit Umgebung (IV) |

Darin bedeuten:

$\varrho, \bar{c}_p$   Dichte, mittlere spezifische Wärmekapazität der Reaktionsmasse,

$\overline{C}_w$   mittlere Wärmekapazität des Reaktors sowie von Einbauten, Füllkörpern oder Katalysatoren pro Volumeneinheit,

$T, \triangle T$   Temperatur, Temperaturdifferenz,

$\lambda_{\mathrm{eff}}$   effektive Wärmeleitfähigkeit,

$\triangle H_{R,j}$   Reaktionsenthalpie der Reaktion j,

$\alpha$   Wärmeübergangs- oder -durchgangskoeffizient.

Zur Untersuchung des grundsätzlichen Verhaltens vieler (realer) Reaktoren genügt es mit ausreichender Näherung, allein die Stoffmengenbilanz heranzuziehen. Das R. für ideale, d. h. auch isotherme Reaktoren ist die alleinige Stoffmengenbilanz, in der die beiden letzten Terme (III) und (IV) wegfallen und der Akkumulationsterm null gesetzt wird.

Das nicht ideale Verhalten realer Reaktoren wird prinzipiell durch die Terme (III) und (IV) der Stoffmengen- und Wärmebilanz berücksichtigt. Diese Bilanzen bilden dann die Grundlage der Modelle realer Reaktoren ebenso wie die der Festbettreaktormodelle, des Dispersionsmodells, des Zellenmodells, des Kreislaufmodells ($\rightarrow$Rückführung) und der Verweilzeitmodelle (hier jedoch ohne den Term II der chemischen Reaktionen).

Können die Akkumulationsterme

$$\left(\frac{\partial c_i}{\partial t}, (\overline{C}_w + \rho\bar{c}_p)\frac{\partial T}{\partial t}\right)$$

null gesetzt werden, spricht man auch von stationären R., wie z. B. für ideale Reaktoren. Nehmen die Akkumulationsterme endliche Werte an, so liegen instationäre R. vor, die z. B. beim An- und Abfahren sowie bei der Stabilität eines Reaktors von Bedeutung sind. In solchen instationären Fällen ist die Wärmekapazität $\overline{C}_w$ z. B. des Reaktors nicht mehr zu vernachlässigen.   *Schönbucher*

**Reaktorstabilität.** Zur R. zählt neben der parametrischen $\rightarrow$Empfindlichkeit die thermische Stabilität chemischer Reaktoren. Bei der thermischen Stabilität ist zwischen der stationären Stabilität und der dynamischen Stabilität zu unterscheiden.

Durch simultanes Lösen der Wärme- und Stoffmengenbilanz ($\rightarrow$Reaktormodell) erhält man bis zu drei stationäre Betriebspunkte (Arbeitspunkte, Betriebszustände) 2, 4, 6 (mehrfach stationäre Zustände), z. B. eines kontinuierlich betriebenen Rührkesselreaktors, die in Bild 1 als Schnittpunkte zwischen der Wärmeerzeugungskurve $\dot{Q}_R$ (proportional Umsatz X) und der Wärmeabfuhrgeraden $\dot{Q}_A$ dargestellt sind. Nach einem notwendigen, jedoch nicht hinreichenden Stabilitätskriterium sind nur solche stationären Betriebspunkte (thermisch) stabil (stationäre Stabilität), in denen die Steigung der $\dot{Q}_R$-Kurve deutlich kleiner ist als die Steigung der $\dot{Q}_A$-Kurve. Demnach entsprechen die Schnittpunkte 2, 6 stabilen stationären Betriebszuständen und der Schnittpunkt 4 einem instabilen stationären Betriebszustand, jeweils gegen kleine Störungen. Die Positionen und Anzahl der Schnittpunkte hängen von der relativen Lage der $\dot{Q}_R$- und $\dot{Q}_A$-Kurven ab. Für eine gegebene $\dot{Q}_R$-Kurve werden diese Schnittpunkte von der Steigung und vom Abszissenabschnitt der $\dot{Q}_A$-Geraden bestimmt. Die Steigung ist für adiabate Reaktoren proportional dem Eduktstrom und für gekühlte Reaktoren proportional dem Produkt aus Wärmeaustauschfläche und Wärmedurchgangskoeffizienten. Der Abszissenabschnitt ist für adiabate Reaktoren durch die Zulauftemperatur $T_a$ des Eduktstroms und für gekühlte Reaktoren durch die Kühlmitteltemperatur festgelegt.

Wie in Bild 1 ebenfalls veranschaulicht, führen Zulauftemperaturen des Eduktstroms von $T \geqq T_{a3}$ zu einer sehr starken Temperaturerhöhung der Reaktionsmasse von $T_3$ auf $T_7$. Dieser Vorgang wird als Zünden (Anfahren, Durchgehen) des Reaktors, die Temperatur $T_3$ als Mindest-Zündtemperatur der Reaktionsmasse bezeichnet. Der Reaktor erreicht dann den oberen, stabilen Betriebszustand 6. Fällt, z. B. infolge einer Störung, die Temperatur auf $T \leqq T_{a1}$, dann nimmt die Temperatur der Reaktionsmasse sehr stark von $T_5$ auf $T_1$ ab. Dieses Phänomen wird Verlöschen (Abfahren) des Reaktors, die Temperatur $T_5$ minimale Verbrennungstemperatur genannt. Anschließend arbeitet der Reaktor im unteren stabilen Betriebszustand 2. Der Zünd- und Verlöschungsvorgang insgesamt ist ein Hysterese-Verhalten (Durchlaufen der Zustände 1, 2, 3, 7, 6, 5, 1), bei dem die Temperaturen der Reaktionsmasse zwischen $T_3$ und $T_5$ und die zugehörigen Umsätze ($X \sim T$) zwischen $X_3$ und $X_5$ nicht einstellbar sind.

In gekühlten Reaktoren kann es bei exothermen Reaktionen unter bestimmten Bedingungen vorkommen, daß z. B. der obere Betriebszustand 6 (Bild 1) eine oszillatorische Instabilität aufweist. Dies äußert sich trotz konstant gehaltener äußerer Bedingungen in ständigen Konzentrations- und Temperaturschwingungen, die nur tolerierbar sind, wenn die Amplituden klein bleiben. Erfolgen solche Oszillationen mit endlicher Amplitude, schwingen sich Konzentration und Temperatur in einen Grenzzyklus ein. Das zeitliche Verhalten eines Reaktorsystems bis zum Erreichen eines stationären Betriebszustands läßt sich anschaulich durch Trajektorien in einem Konzentrations-Temperatur-Diagramm (Bild 2) darstellen. Befindet sich der Reaktor wie beim Anfahren oder infolge Störungen, beispielsweise in den instabilen Zuständen $a_1$, $a_2$, $a_3$ oder $a_4$, verändern sich die Konzentrationen $c_i$ eines Reaktanden i und die Temperaturen so, daß sie im Laufe der Zeit entlang den Trajektorien fortschreiten, die zum stabilen Betriebszustand 2 führen. Man erkennt, daß sich die Trajektorien nach hinreichend langer Zeit stets den stabilen Betriebszuständen (2 und 6) nähern und sich vom instabilen Betriebszustand (4) entfernen. Für die Betriebssicherheit bedeutsam ist der Verlauf der Trajektorie mit dem Startpunkt $b_2$, die vor Erreichen des stabilen Betriebszustandes 6 eine kritische Temperatur $T_{krit}$ überschreitet, die z. B. wegen der Gefahren einer thermischen Explosion ($\rightarrow$Empfindlichkeit, parametrische) oder von Werkstoffschädigungen unbedingt unterschritten werden muß. Ein derartiges Überschwingen der Temperatur bzw. Konzentration über deren stationäre Endwerte hinaus tritt auch beim Zünden und Verlöschen von Reaktoren auf. Die oszillatorischen Instabilitäten sind ein sehr interessantes und aktuelles Forschungsgebiet und können erhebliche Einflüsse auf die Betriebssicherheit chemischer Reaktoren haben.               *Schönbucher*

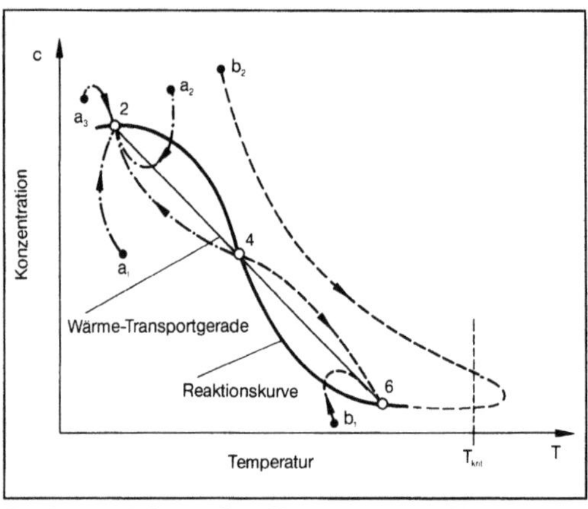



*Reaktorstabilität 2: Konzentrations-Temperatur-Diagramm (Zustandsebene, dynamisches Stabilitätsdiagramm) mit Trajektorien der drei stationären Betriebszustände 2,4, 6 aus Bild 1.*

**Reaktorstabilität,** oszillatorische $\rightarrow$Reaktorstabilität

**Rechnereinsatz im Betrieb.** Die ständige Forderung nach besseren Produkten und hoher $\rightarrow$Produktivität erfordert den vermehrten Einsatz der EDV in der Industrie. Der große Vorteil bei der EDV-Nutzung liegt in der schnellen Verarbeitung umfangreicher Datenmengen. Ein Unternehmer ist somit in der Lage, trotz hoher Flexibilität gegenüber sich schnell ändernden Marktanforderungen und Kundensonderwünschen eine gleichbleibend hohe Qualität seiner Produkte zu gewährleisten.

Durch Nutzung der EDV im kaufmännischen und technischen Bereich des Betriebs werden Informationswege verkürzt, Störungen des Informationsflusses abgebaut und so eine Erhöhung der Informationstransparenz geschaffen, die zu einer deutlichen Steigerung der Produktivität führt.

Der R. bietet so einen hohen Rationalisierungseffekt und eine deutlich erhöhte Konkurrenzfähigkeit des Betriebs im Markt. In folgenden Unternehmensbereichen ist der EDV-Einsatz sinnvoll:

□ kaufmännischer Bereich. Auftragsannahme: Verwaltung von Terminen, Produktbeschreibungsdaten; Logistik: Einkauf, Lagerhaltung, $\rightarrow$Vertrieb; Buchhaltung: Personalkosten, Abschreibungen;

□ technischer Bereich. $\rightarrow$Konstruktion: CAD. Grundlegende CAD-Anwendungen sind die Entwurfs- und Zeichnungserstellung, die Stücklistengenerierung für Baugruppen, Werkstücke, Schaltpläne usw. sowie Maschinenbauberechnungen; $\rightarrow$Arbeitsplanung: CAP. CAP-Anwendungen betreffen die $\rightarrow$Arbeitsvorbereitung für $\rightarrow$Fertigung und Montage, wie z. B. die Erstellung von Arbeitsplänen und die Arbeitsvorgangsfolgeermittlung; Fertigung: CAM. CAM beinhaltet die $\rightarrow$NC-Programmierung und die rechnerunterstützte $\rightarrow$Steue-

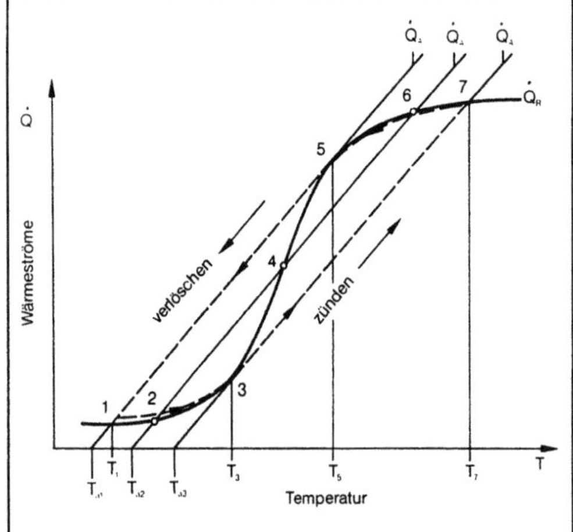



*Reaktorstabilität 1: Zur thermischen Stabilität kontinuierlich betriebener Reaktoren: Mehrfach stationäre Betriebszustände 2,4,6 und Hysterese-Verhalten beim Zünden und Verlöschen (stationäres Stabilitätsdiagramm).*

rung und Überwachung aller in der Fertigung und Montage ablaufenden Vorgänge; Qualitätssicherung: Aufgaben des CAQ (Computer Aided Quality Assurance) sind die Prüfplanung, die Prüfsteuerung, die Prüfmittelüberwachung.

Mit einzubeziehen in den integrierten EDV-Einsatz in der →Produktion ist die rechnergestützte Produktionsprogrammplanung, die sich z. B. mit der Bedarfsermittlung und der langfristigen →Disposition beschäftigt.

In Zukunft müssen die Unternehmen schwerpunktmäßig die einzelnen EDV-System-Komponenten integrieren. Als Ergebnis der Integration technischer und betriebswirtschaftlicher Systeme erhält man eine durchgehende EDV-technische Unterstützung der →Auftragsabwicklung (CIM). *Eversheim*

Literatur: *Eigner, M., u. H. Maier:* Einführung und Anwendung von CAD-Systemen. München 1983.

**Rechnungswesen.** Das Ziel des R. besteht in einer zahlenmäßigen →Dokumentation und Kontrolle des betrieblichen Geschehens. Das Rechnungswesen umfaßt sowohl interne Aufgaben, wie z. B. die Kontrolle von →Wirtschaftlichkeit und →Produktivität, als auch externe Aufgaben, wie die Erstellung von Geschäftsberichten oder publizitätspflichtigen Angaben über die Vermögens- und Ertragslage im Unternehmen.

Das R. läßt sich auf Grund der Verschiedenheit seiner Aufgaben in die folgenden vier Teilbereiche gliedern:

□ Finanzbuchhaltung und Bilanzierung,

□ Kostenrechnung,

□ betriebswirtschaftliche Statistik und Vergleichsrechnung,

□ Planungsrechnung.

*Finanzbuchhaltung und Bilanzierung.* Die Buchhaltung erfaßt alle Geschäftsvorfälle, d. h. den gesamten Wertzuwachs oder Wertverbrauch sowie Änderungen bez. der Höhe oder der Zusammensetzung des Vermögens (Aktiva) und des Kapitals (Passiva) eines Betriebs in chronologischer Reihenfolge.

Die in der Buchhaltung am Bilanzstichtag erfaßten Aktiva und Passiva werden durch die Bilanz, Aufwendungen und Erträge durch die Gewinn- und Verlustrechnung dargestellt. Dies geschieht meist in Kontenform. Somit liefert die Finanzbuchhaltung das Zahlenmaterial, das sowohl zur Erstellung von Bilanzen als auch für Liquiditäts- und Gewinnanalysen benötigt wird.

*Kostenrechnung.* Die Aufgabe der Kostenrechnung erstreckt sich auf die Erfassung, Verteilung und Zurechnung der Kosten, die bei der betrieblichen Leistungserstellung anfallen. Dazu wird die Kostenrechnung in die Bereiche Betriebsabrechnung, die eine Basis der betrieblichen →Disposition erstellt, und Selbstkostenrechnung, die eine Kalkulation des Angebotspreises ermöglicht, unterteilt.

Im Rahmen der Betriebsabrechnung wird durch die Kostenartenrechnung ermittelt, welche Arten von Kosten im Betrieb anfallen (Personal-, Materialkosten usw.). Durch die Kostenstellenrechnung erfolgt anschließend eine Verteilung der Kostenarten auf die einzelnen Kostenstellen (Beschaffungs-, →Fertigungsbereich). Damit kann detailliert ermittelt werden, welche Kosten in den einzelnen Betriebsbereichen verursacht werden.

Auf diesen Ergebnissen aufbauend wird im Rahmen der Selbstkostenrechnung die Zurechnung der Kosten auf Kostenträger, wie z. B. Produkte des Unternehmens, durchgeführt, um damit die Preiskalkulation zu ermöglichen.

*Betriebswirtschaftliche Statistik und Vergleichsrechnung.* Die betriebswirtschaftliche Statistik wertet das Zahlenmaterial der Bereiche Buchhaltung, Bilanz und Kostenrechnung zur Wirtschaftlichkeitskontrolle sowie zur Erstellung von Planungs- und Dispositionsunterlagen aus. Die wichtigste Aufgabe hierbei besteht in der zielgerichteten Aufbereitung und Verdichtung der vorhandenen Daten in einem Unternehmen. Zur Verdichtung der Daten werden vorwiegend statistische Standardverfahren, wie z. B. die Mittelwertberechnung oder die Berechnung der Standardabweichung, eingesetzt.

Die Vergleichsrechnung (eine besondere Form der betriebswirtschaftlichen Statistik) kann als Zeitvergleich die Entwicklung betrieblicher Größen im Zeitablauf erfassen, als Verfahrensvergleich die Wirtschaftlichkeit verschiedener Verfahren ermitteln oder als Soll-Ist-Vergleich vorgegebene Richtgrößen den tatsächlich angefallenen Größen gegenüberstellen. Darüber hinaus sind noch zwischenbetriebliche Vergleiche an Hand von eigenen Kennzahlen und branchenspezifischen Richtzahlen möglich.

*Planungsrechnung.* Die Planungsrechnung stellt eine mengen- und wertmäßige Schätzung der erwarteten betrieblichen Entwicklung dar, wobei ihr die Aufgabe obliegt, die betriebliche Planung zahlenmäßig durch Veranschlagung der zukünftigen Ausgaben und Einnahmen zu konkretisieren. Dazu kann sie jedoch nur teilweise auf das vorliegende Zahlenmaterial von Buchhaltung, Bilanz, Kostenrechnung und Betriebsstatistik zurückgreifen und muß, da die Planung zukunftsorientiert ist, auch außerbetriebliche Einflüsse, wie z. B. Marktentwicklungen, berücksichtigen.

Mit zunehmender Betriebsgröße und steigender Differenzierung des Produktprogramms nimmt die Komplexität der Planungsaufgaben zu, so daß zu ihrer Lösung komplizierte mathematische Verfahren erforderlich sind, die unter dem Begriff Operations Research zusammengefaßt werden. *Eversheim*

Literatur: *Hartung, H., u. B. Elpelt:* Multivariate Statistik. München, Wien 1986. – *Wöhe, G.:* Einführung in die Allgemeine Betriebswirtschaftslehre. München 1978.

**Redler** →Fördern von Schüttgütern

**Redlich-Kwong-Zustandsgleichung** →Phasengleichgewicht (Berechnung)

**Reextraktion.** Bei Extraktionsverfahren wird ein Stoff mit Hilfe eines Extraktionsmittels aus einem →Raffinat abgetrennt. Der gewonnene →Extrakt muß anschließend in den zu gewinnenden Stoff und das →Extraktionsmittel getrennt werden. Ist das Lösungsmittel thermisch instabil, so daß eine →Rektifikation zur Trennung bei Normaldruck nicht in Betracht kommt, kann R. angewendet werden. Dabei wird der zu gewinnende Stoff mit einem zweiten Extraktionsmittels vom ersten abgetrennt und das entstehende Gemisch destillativ getrennt.

Wenn das erste Extraktionsmittel ein organisches Lösungsmittel ist, wird als zweites Extraktionsmittel oft Wasser verwendet. Beispiele für die R. sind die Abtrennung von Caprolactam aus einer wäßrigen Ammonsulfatlösung mit Benzol (erstes Extraktionsmittel) und der R. mit Wasser (zweites Extraktionsmittel) sowie die Extraktion von pflanzlichen Aroma- und Wirkstoffen. *Dohrn*

Literatur: *Mersmann, A.:* Thermische Verfahrenstechnik. Berlin, Heidelberg, New York 1980.

**Regelungsverfahren.** Aufgabe einer Industrieroboter (IR)-Bahnsteuerung ist, die Positionen (Lagen) und Geschwindigkeiten der IR-Achsen, die mittels interner Sensoren (Resolver oder Winkelcodierer, Tachogeneratoren) gemessen werden, so zu regeln, daß die IR-Hand der Soll-Bahn und Soll-Orientierung, festgelegt durch eine Bahnberechnung, möglichst gut folgt. Eine allgemeine Struktur der IR-Lageregelung zeigt Bild 1. Der Stellgrößenvektor $\underline{F}$ wird abhängig von den Regelabweichungsvektoren $\underline{e}$ und $\underline{\dot{e}}$ durch den Mehrgrößenregler festgelegt. Regelgrößen sind der Positionsvektor $\underline{q}$ und der Geschwindigkeitsvektor $\underline{\dot{q}}$. Führungsgrößen sind der Referenzpositionsvektor $\underline{q}_r$ und der Referenzgeschwindigkeitsvektor $\underline{\dot{q}}_r$.

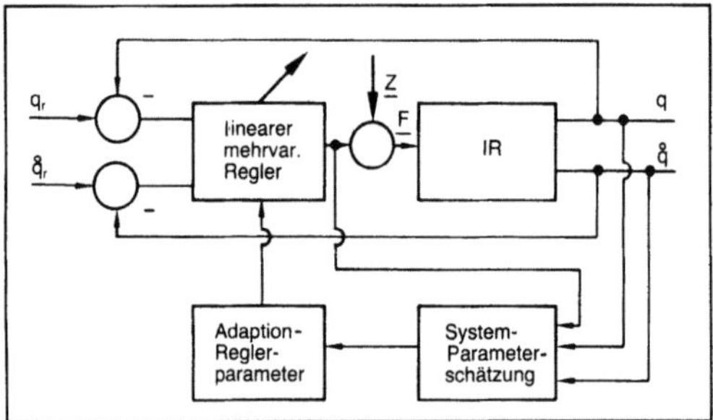


*Regelungsverfahren 1: Struktur eines allgemeinen Industrieroboter-Lageregelkreises.*

Der Reglerentwurf für eine IR-Regelung kann durch die Nichtlinearitäten sowie durch die dynamischen Kopplungen der IR-Achsen gem. der Gleichung (Kinetik)

$$\underline{F} = \underline{M}(\underline{q})\,\underline{\ddot{q}} + \underline{H}\underline{\dot{q}} + \underline{f}(\underline{\dot{q}}, \underline{q}) + \underline{q}(\underline{q}) \tag{1}$$

erschwert sein. Für den Reglerentwurf bieten sich unterschiedliche Verfahren an:
- Reglerentwurf mit Entkopplung,
- Reglerentwurf ohne Entkopplung,
- adaptiver Reglerentwurf.

*Reglerentwurf mit Entkopplung.* Eine ideale Entkopplung bei gleichzeitiger Linearisierung ergibt sich, wenn es gelingt, vor den Eingang der mehrvariablen, verkoppelten Regelstrecke ein Entkopplungsfilter zu schalten, in dem das Systemverhalten vollständig invertiert wird. Bei IR sind die Bewegungsgleichungen (n) mit dem inversen Systemmodell identisch und entsprechen dem gesuchten Entkopplungsfilter. Bild 2 zeigt eine Positionsregelung (Lageregelung) eines IR mit Entkopplung. Die Entkopplung ermöglicht einen getrennten, anwendungsspezifischen Reglerentwurf für jede Achse des IR.

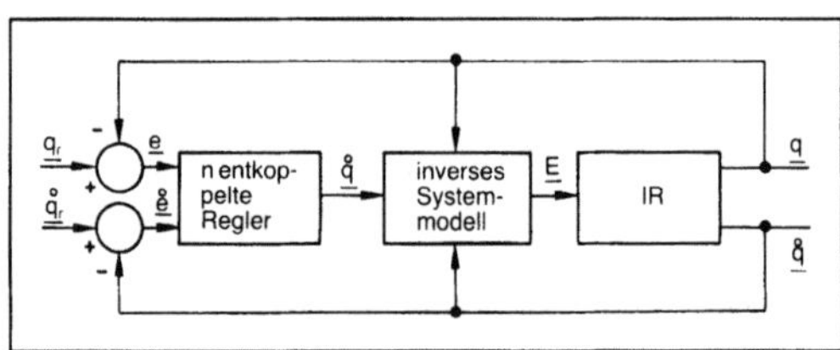


*Regelungsverfahren 2: Positionsregelung eines Industrieroboters mit Entkopplung.*

Für das Fahren von off line berechneten, gespeicherten Bahnen kann es sinnvoll sein, lineare PID-Regler der Struktur

$$\ddot{q}_i = k_{1i}\,\textstyle\int(q_{ri} - q_i)\,dt + k_{2i}\,(q_{ri} - q_i) + k_{3i}\,(\dot{q}_{ri} - \dot{q}_i) \tag{2},$$

$(i = 1, \ldots, 6)$, einzusetzen. Durch geeignete Wahl der Parameter $k_{1i}$, $k_{2i}$ und $k_{3i}$ kann ein optimales Führungs- und Störverhalten vorgegeben werden.

Bei anderen Handhabungsaufgaben, bei denen es weniger auf die Bahntreue als auf Schnelligkeit der Fahrt zwischen zwei Punkten (Punkt-zu-Punkt-Steuerung) ankommt, wird es sinnvoller sein, nichtlineare, zeitoptimale bzw. suboptimale Regelungsalgorithmen einzusetzen.

Für bestimmte anspruchsvolle Handhabungsaufgaben, bei denen mehrere Gütekriterien miteinander zu verknüpfen sind, erweisen sich strukturvariable Regler im Einsatz günstig. Strukturvariabilität besteht z. B. dann, wenn der Regler Zeitoptimalität im Großsignalbereich und überschwingfreies PID-Verhalten im Kleinsignalbereich besitzt.

Ein anderes strukturvariables Regelungskonzept, die Sliding-Mode-Regelung, geht davon aus, in dem durch die Regelabweichungen $\underline{e}$ und $\underline{\dot{e}}$ gebildeten Zustandsraum Schaltebenen einzuführen. Während der Bewegung der IR wird nun unendlich oft zwischen diesen Schaltebenen durch das Regelungsgesetz geschaltet, so daß der IR exponentiell gegen die gewünschte Endlage strebt. Das Regelungsgesetz führt in diesen „Gleitmode" während des Prozeßverlaufs zu einer Entkopplung und Linearisierung.

Eine alternative Form der Entkopplung ergibt sich durch die Einführung einer hierarchischen Mehrebenenregelung. Hier wird jeder Achse ein dezentraler Regler zugeordnet. Dieser Regler hat die Aufgabe, Nichtlinearitäten zu kompensieren und eine lineare Regelung durchzuführen. Die Führung der dezentralen Achsregelung übernimmt ein zentraler Koordinator, so daß eine Entkopplung und Synchronisation der Subsysteme entsteht.

Das Prinzip der Entkopplung läßt sich nicht nur auf den internen Systemzustand $(\underline{q}, \underline{\dot{q}})$, sondern auch auf den externen Systemzustand der IR-Hand $(\underline{p}, \underline{\dot{p}})$ im kartesischen Weltkoordinatensystem anwenden. Eine externe Entkopplung eröffnet die Möglichkeit, die kartesische Position und Orientierung der IR-Hand, gemessen durch externe Sensoren, unmittelbar unter Umgehung störender Elastizitäten, Lose und Reibungen in den Achsen zu regeln. Die Regelungsalgorithmen mit Entkopplung sind in der Realisierung allerdings sehr umfangreich und sollten auf einem eigenen Mikrorechner oder sogar auf einem Mehrprozessorsystem implementiert werden.

*Reglerentwurf ohne Entkopplung.* Der Aufwand, eine Entkopplung zu berücksichtigen, läßt sich dann umgehen, wenn auf Grund spezieller IR-Konstruktionen und/oder Handhabungsaufgaben Terme der Nichtlinearitäten und der Kopplungen vernachlässigbar klein sind. Auch hier wird der Reglerentwurf für jede Achse des IR getrennt durchgeführt.

Ein mögliches Regelungskonzept ist die bei heutigen Industrierobotern anzutreffende Kaskadenregelung, die aus dem in der Antriebstechnik üblichen Drehzahlregelkreis (Geschwindigkeit) und einem überlagerten Lageregelkreis besteht. Kennzeichen einer Kaskadenregelung ist, daß mehrere Regelkreise vermascht sind, so daß die Regelgrößen der inneren Kreise die Stellgrößen für die äußeren Kreise bilden. Der innere Drehzahlregelkreis kann als P- oder PI-Regler, der übergeordnete Lageregelkreis als PI-Regler ausgelegt werden. Diese konventionellen Kaskadenregelungen lassen sich bei einem Minimum von Modell-apriori-Kenntnissen auf analog (Drehzahlregler)/digitalen (Lageregelung) Hardwarestrukturen mit geringem Aufwand implementieren.

Anspruchsvoller ist eine prädiktive Achsregelung. Mit Hilfe eines einfachen internen Achsmodells kann das Systemverhalten innerhalb eines vorgebbaren Zeithorizonts vorausberechnet werden. Für die betrachtete Achse wird eine Referenzkurve berechnet, entlang der die aktuelle (abgewichene) Position innerhalb des Zeithorizontes weich in den Soll-Zustand überführt werden kann. Basierend auf dem internen Modell wird eine Stellstrategie für den Motorstrom entwickelt, die eine minimale Abweichung von der Referenzkurve gewährleistet. Nach Ausführung des ersten Stellaktes wird die Berechnung auf der Grundlage der neuen aktuellen Achsenposition wiederholt. Der Regleralgorithmus ist auf einem Mikroprozessor zu implementieren.

*Adaptive Regelung.* Die Mehrzahl der adaptiven Regelungsalgorithmen geht davon aus, das Systemverhalten der IR, das durch Positions- und Geschwindigkeitsabhängigkeit seiner Massenmatrix und Kopplungssysteme gekennzeichnet ist, als ein mehrvariables, lineares, zeitinvariantes Systemmodell zu beschreiben. Mit Hilfe geeigneter On-Line-Identifikationsverfahren lassen sich dessen veränderliche Modellparameter, auf deren Grundlage die Parameter des gewählten Regelungsalgorithmus ermittelt und entsprechend nachgestellt werden, rekursiv bestimmen (Bild 3).

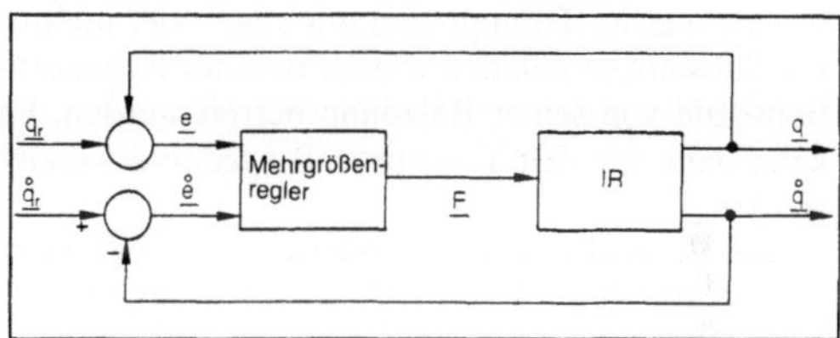


*Regelungsverfahren 3: Adaptive Positionsregelung.*

Gegenüber den Regelungsalgorithmen mit Entkopplung weisen die adaptiven Regelungsalgorithmen zwei Vorteile auf. Es kann von einfachen linearen Modellstrukturen ausgegangen werden, und reale Massenschwankungen (z. B. verursacht durch die veränderliche Masse des Handhabungsobjektes) werden berücksichtigt. Der hohe Rechenaufwand des iterativen Identifikationsalgorithmus sowie der Adaption verlangen eine Implementierung auf ein Mikrorechnersystem.

Der Entwurf von IR-Regelungen sollte durch vergleichende Untersuchungen über deren Vor- und Nachteile mit Hilfe von Simulationen (z. B. blockorientierten Simulationssprachen) durchgeführt werden. Hierbei kann gleichzeitig die Stabilität und das Überschwingverhalten der Regelung bei Punkt-zu-Punkt- und Bahnfahren überprüft werden.

Der Einsatz von IR für genaue Positionierungs- oder Bearbeitungsaufgaben erfordert eine ständige genaue Messung von Position und Orientierung der Roboterhand. Auch soll im Verlauf der Zeit die zu verfahrende Bahn des IR unverändert bleiben. Diese Positions- und Wiederholgenauigkeit der Bahn läßt sich mit der indirekten Messung der Position über Resolver oder Winkelcodierer nur ungenau messen, da die Kinematik von IR nicht frei von Elastizität und Lose ist. Eine Möglichkeit zur Verbesserung der Messung der Position ist der Einsatz von laseroptischen oder ultraschalltechnischen externen Meßverfahren. *Steusloff*

Literatur: *Jacubasch,* et. al.: Anwendung eines neuen Verfahrens zur schnellen und robusten Positionsregelung von Indurstrierobotern. Robotersysteme (1987) Nr. 3, S. 129/38. – *Patzelt, W.:* Zur Lageregelung von Industrierobotern auf der Grundlage des inversen Systems. Diss. Univ. Duisburg 1982. – *Rössler, J.:* A decentralized hierarchical control concept for large reale systems. Proc. 2nd IFAC Symp. on large scale Systems. Toulouse 1980. – *Sinning, H.:* Steuerung und Regelung der Bewegungsachsen von Handhabungseinrichtungen. München, Wien 1980. – *Utlin, V.:* Variable structure systems with sliding modes. IEEE Trans. Autom. Control. AC-22 (1977), S. 212/22.

**Regenerieren.** Werden zur Trennung von Gemischen stoffliche →Trennhilfsmittel verwendet (z. B. bei der →Absorption, →Adsorption, Extraktion, →Gasextraktion), so muß das Trennhilfsmittel, nachdem es im Trennprozeß mit einer oder mehreren Substanzen beladen wurde, in einer Regenerationsstufe von seiner Beladung befreit werden. Es kann dann für den Trennprozeß wiederverwendet werden.

Das R. wird durch Verändern von Druck oder Temperatur bzw. durch Zufuhr von Energie oder eines Regenerierstoffs, in den die zu entfernenden Substanzen übergehen, durchgeführt. Im folgenden werden für verschiedene Trennverfahren Regeneriermethoden angegeben:

☐ *Adsorption:*
– Druck erniedrigen,
– Temperatur erhöhen,
– Zufuhr eines inerten Gasstroms (Strippen);

☐ *Absorption:*
– Druck erniedrigen (→Druckwechselverfahren),
– Temperatur erhöhen (→Temperaturwechselverfahren),
– Zufuhr eines Verdrängungsmittels (→Verdrängungsdesorption);

☐ *Extraktion:*
– Destillation (Energiezufuhr),
– Zufuhr eines Extraktionsmittels und anschließende Destillation;

☐ *Gasextraktion:*
– Druck erniedrigen,
– Temperatur erhöhen,
– Zufuhr eines Adsorptionsmittels,
– Zufuhr eines Absorptionsmittels.

Oft zieht ein Regenerierverfahren einen weiteren Regenerierschritt nach sich. Zum Beispiel läßt sich ein beladenes überkritisches Gas mit Hilfe eines Adsorptionsmittels (z. B. Aktivkohle) relativ einfach von seiner Beladung befreien, so daß es sich zum →Extrakt zurückpumpen läßt. Von Zeit zu Zeit muß das Adsorptionsmittel selbst regeneriert werden. *Dohrn*

Literatur: *Coulson, J. M.,* u. *J. F. Richardson:* Chemical Engineering. Oxford, New York, Toronto, Sydney, Paris, Frankfurt a. M. 1979. – *Perry, R. E.,* u. *D. W. Green:* Perry's Chemical Engineers' Handb. 6. Aufl. New York 1984.

**Regenerierung** →Desaktivierung von Katalysatoren

**Reibahle** →Reiben

**Reiben.** Das R. zählt zu den Feinbearbeitungsverfahren. Es handelt sich hierbei um ein →Aufbohren mit geringer Spanungsdicke. Ziel des R. ist es, maß- und formgenaue, meist kreiszylindrische Innenflächen mit hoher →Oberflächengüte zu erzeugen. Lagefehler können hierdurch jedoch nicht beeinflußt werden. Das Formreiben erlaubt zudem die Bearbeitung profilierter Innenflächen.

Die Schneiden der Reibwerkzeuge (Reibahlen) können achsparallel oder schraubenförmig verlaufen. Bohrungen mit Nut werden mit schraubförmigen Werkzeugen gerieben. Bei Handreibahlen wird als →Schneidstoff Werkzeugstahl oder HSS verwendet. Maschinenreibahlen, deren Schneiden aus HSS oder →Hartmetall bestehen, werden meist als nachstellbare Werkzeuge ausgelegt.

Üblicherweise werden Reibahlen mit gerader Zähnezahl hergestellt, wobei sich jeweils zwei Schneiden gegenüberliegen, was eine Durchmesserbestimmung wesentlich erleichtert. Um das Auftreten von Ratterschwingungen zu verhindern, wird eine ungleiche Teilung der Schneidenabstände gewählt, die sich nach dem halben Umfang wiederholt. Erreichbare Bohrungsqualitäten sind IT7 und besser. *König*

Literatur: DIN 8589. Tl. 2: Fertigungsverfahren Spanen. Hrsg. Dt. Inst. f. Normung. – *König, W.:* Fertigungsverfahren. Bd. 1: Drehen, Fräsen, Bohren. Düsseldorf 1990.

**Reibglätten.** Unter dem Begriff R. versteht man einen Vorgang, bei dem durch reibenden Kontakt mit einem harten Werkzeug die Oberfläche eines Werkstücks umformend geglättet wird. Ein solcher Vorgang findet bei vielen Fertigungsverfahren erwünscht oder unerwünscht statt (z. B. →Rollieren, →Honen, →Schleifen, →Feinbearbeitungsverfahren).

In der Feinbearbeitung mit geometrisch bestimmter Schneidteilgeometrie führt der Vorgang des R. zu einer durch Schleifen nicht zu erreichenden

→Oberflächengüte (→Oberflächenrauheit). Dabei kann das Glätten allein oder in Verbindung mit einem Trennvorgang stattfinden.

Der Prozeß des R. ist im Bereich der fertigenden Feinbearbeitung besser unter der englischen Bezeichnung burnishing bekannt. *Kenter*

**Reibmühle.** Zur Vervielfachung von Scher- und Umlagerungszonen kommen bei R. Mahlkörperfüllungen zum Einsatz. Die Mahlkörper bestehen aus Sandkörnern, Kugeln aus Quarzglas, Sinterkeramik, Stahl oder Hartmetall.

Die Mühlen haben schlanke, zylindrische Behälter, die mantelgekühlt sein können (→Rührwerkskugelmühle). Die Rührwelle ist mit Scheiben, Schneckensegmenten, exzentrischen Ringen o. ä. bestückt, um die Kugeln in Umfangsbewegung zu halten. Durch Taumelscheiben und Schneckensegmenten wird den Mahlkörpern zusätzlich Axialbewegung mitgeteilt.

Das Mahlgut wird als Suspension von unten nach oben durch die Kugelfüllung gepreßt. Die Kugeln werden oben durch Siebe oder Spalte abgetrennt (Rührwerkskugelmühle). Durch den Einsatz unterschiedlicher Mahlkörpergrößen wird die Mahlfeinheit eingestellt. Den gesamten Mahlraum kann man in mehrere kleine Mahlräume durch fest eingebaute Scheiben unterteilen. Die so entstandenen Räume können mit unterschiedlich großen Kugeln gefüllt werden, so daß sich die Mahlfeinheit Schritt für Schritt erhöht. *Greif*

**Reibschweißen.** Das R. zählt zu den Preßschweißverfahren. Als Wärmequelle dient die Umsetzung mechanischer Energie in Reibungswärme. Die Verbindungsflächen der rotationssymmetrischen Teile erhitzen sich in einer drehbankähnlichen Vorrichtung durch Reibungswärme bei Relativbewegung (ein Teil wird in Rotation versetzt, das zweite steht still, beide stehen unter axialem Druck). Bei Erreichen der Schweißtemperatur wird der axiale Druck erhöht und das rotierende Teil abgebremst. Dabei tritt eine Verschweißung an den Stirnflächen ein.

Die Energiezufuhr kann auf der Antriebsseite entweder über Kupplung und Bremse oder über Schwungrad erfolgen. Das R. läßt sich automatisieren und wird in der Serienfertigung von Rohr- und Wellenteilen, Motorventilen, Kolbenstangen, Hydraulikzylindern u. a. eingesetzt (→Schweißverfahren). *Dorn*

Literatur: *Brunst, W.*: Fügeverfahren. Buchr. Produktionstechnik heute. Mainz 1979.

**Reihenbohrmaschine.** Die R. zählen gemeinsam mit den Gelenkbohrmaschinen zu der Gruppe der Mehrspindelbohrmaschinen, die in der Serienproduktion zum Verkürzen der Nebenzeiten eingesetzt werden. Bei den R. handelt es sich um mehrere nebeneinander montierte, schwenkbare und in der Höhe verstellbare Säulenbohrmaschinen mit einem gemeinsamen Tisch (Bild). Es gibt auch Bauarten, bei denen der Tisch in der Höhe verstellbar ist und die Bohreinheiten auf einem Gestell in Reihe angeordnet werden. Der Vorteil der R. ist die Durchführung von verschiedenen Arbeitsgängen, wie z. B. Vorbohren, Senken, Auf-Maß-Bohren, Reiben und Gewindebohren, an einer Bohrung. Dadurch entfällt der sonst an einer einspindeligen Bohrmaschine erforderliche Werkzeugwechsel. Der Vorteil im Vergleich zur Gelenkspindel-Bohrmaschine ist die Einstellbarkeit auf verschiedene Bohrtiefen, Spindelumdrehungsfrequenzen und Vorschübe. Die Umrüstzeiten bei unterschiedlichen Bohrarbeiten sind ebenfalls geringer. Wegen schwieriger Automatisierungsmöglichkeiten werden R. in moderner Fertigung kaum noch eingesetzt. *Schulz*

*Reihenbohrmaschine RVT 3/4 mit 4 Bohroberteilen AB 35/s (Quelle: Alzmetall, Altenmarkt/Alz)*

**Reinheitsgrad.** Maßzahl für den Gehalt an Oxid- und Sulfideinschlüssen im Stahl. Exogene Einschlüsse stammen aus den Einsatzstoffen oder der Feuerfestzustellung, endogene Einschlüsse entstehen als Reaktionsprodukte, z. B. bei der Desoxidation oder Entschwefelung. Der R. wird durch Vergleich mit Richtreihen beurteilt. Schlechter R. wirkt sich bei hochfesten Stählen, vor allem bei schwingender Beanspruchung, ungünstig aus. Verformbare Einschlüsse wie Mangansulfide führen im Fertigerzeugnis zu einer Anisotropie der Zähigkeitseigenschaften. Durch geeignete metallurgische Maßnahmen können sehr niedrige Einschlußgehalte und damit ein guter R. eingestellt werden (Stahl). *W. Dahl*

**Reinigen (Lebensmitteltechnik).** Wichtiger Verfahrensschritt in allen lebensmittelverarbeitenden Anlagen mit dem Ziel, die Oberflächen der Produktionsanlagen von Schmutz und Resten von Reinigungs- und Desinfektionsmitteln zu befreien. Als Schmutz sind an den Wänden der Anlagen haftende Lebensmittelreste, durch Fouling entstandene Ablagerungen sowie Mikroorganismen anzusehen. Folgende Teilprozesse können zu diesem Ziel führen:

□ Entfernen des Schmutzes durch die kombinierte Anwendung von Reinigungsmitteln und mechanischer Energie (R. im engeren Sinn),

□ Abtöten von Mikroorganismen (→Desinfizieren) durch Anwendung von Hitze, Desinfektionsmittel oder durch Kombination beider Verfahren,

□ Entfernen der Desinfektionsmittel durch bakteriologisch einwandfreies Wasser (Nachspülen).

Im einzelnen kann ein vollständiges Reinigungsverfahren folgende Schritte umfassen: Vorspülen, alkalisches R., Zwischenspülen, Säure-R., Zwischenspülen, Desinfizieren, Nachspülen. Je nach Lebensmittel und Verarbeitungsart und je nachdem, ob praktisch vollkommene Keimfreiheit, eine keimarme Anlage oder lediglich das einfache Entfernen makroskopischer Verunreinigungen angestrebt wird, läßt sich das Reinigungsverfahren mehr oder weniger vereinfachen.

*Entfernen des Schmutzes.* Die Schmutzmenge nimmt als Funktion der Zeit logarithmisch ab. Die Geschwindigkeit der Schmutzentfernung (abgetragene Schmutzmenge je Zeiteinheit) wird beeinflußt durch Anlagenparameter (Geometrie der Anlage, Art und Zustand der Oberfläche), Stoffparameter des Schmutzes und der Reinigungsmittel sowie Betriebsparameter (mechanische Einwirkung bzw. Strömungsbedingungen, Temperatur). Zur Überwindung der Kohäsionskräfte zwischen den Schmutzpartikeln und Adhäsionskräften zwischen Schmutz und Wand muß mechanische Energie aufgebracht werden. Zum R. von Rohren werden turbulente Strömungsverhältnisse erzeugt. Für eine wirksame Reinigung sollte der Volumenstrom der Reinigungslösung stets größer als der des Produkts sein. Die Reinigungsmittel setzen sich meist aus verschiedenen Komponenten (Säuren, Laugen, Komplexbildner, Tenside) zusammen. Ihre Auswahl richtet sich nach den Anlagenwerkstoffen, der Wasserhärte und der Schmutzart. Als grenzflächenaktive Komponenten in Reinigungsmitteln werden Sulfate und Sulfonate (anionaktive Stoffe) verwendet. Natronlauge, Trinatriumphosphat, Natriumcarbonat, Polyphosphate und Silicate dienen zur Entfernung organischer Verschmutzung, wirken jedoch korrodierend auf Aluminium und Buntmetalle. $HNO_3$ und organische Säuren (Glucon-, Zitronen-, Milch-, Hydroxyessig- und Sulfanilsäure) werden hauptsächlich zur Entfernung mineralischer Ablagerungen wie Bier-, Milch- und Weinstein eingesetzt.

*Desinfizieren.* Feste Oberflächen von Anlagenteilen können durch Anwendung von Hitze oder Chemikalien desinfiziert werden. Das setzt ein Überschreiten der letalen Temperatur bzw. der letalen Dosis des Desinfektionsmittels voraus. Wie die thermische Abtötung kann auch die chemische Abtötung von Mikroorganismen durch eine Reaktion erster Ordnung beschrieben werden:

$$\frac{dN}{dt} = -k \cdot N,$$

N Anzahl der Keime je Oberflächeneinheit (Keime · m$^{-2}$),

t Zeit in s,

k Reaktionskonstante in s$^{-1}$.

Als Desinfektionsmittel werden quarternäre Ammoniumverbindungen, Aktivchlorverbindungen (z. B. Hypochlorit), Jodophore, Wasserstoffperoxid und Peressigsäure eingesetzt.

*Nachspülen.* Reinigungs- und Desinfektionsmittel werden entfernt und der Reinigungsvorgang abgeschlossen (Bild). Auf Grund unterschiedlicher Wirkungsmechanismen treten vier aufeinanderfolgende Bereiche auf. Bereich 0 ist durch die minimale Verweilzeit charakterisiert, Bereich I durch axialen und radialen turbulenten Stofftransport und darauf beruhender Durchmischung von Lösung und Nachspülwasser, Bereich II durch nicht durchströmte Anlagenteile, Bereich III durch Wechselwirkungen zwischen Wand und gelösten Stoffen.

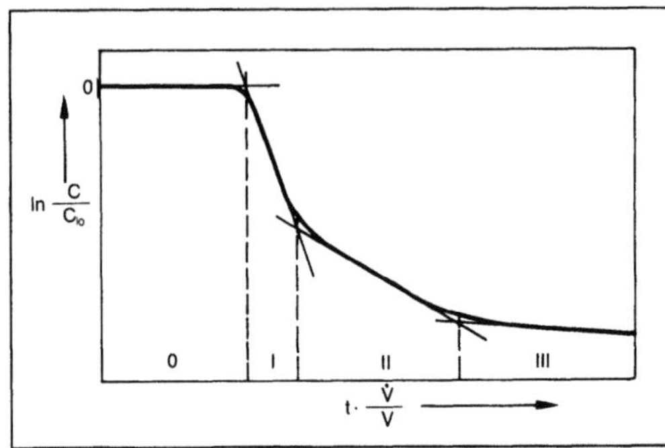


*Reinigen (Lebensmitteltechnik): Nachspülkurve mit vier Bereichen.*

$C_o$ Anfangsschmutzmenge je Oberflächeneinheit, C Schmutzmenge zur Zeit t, $\dot{V}$ Volumenstrom, V Volumen der Anlage

Alle drei Teilprozesse des Reinigungsvorgangs gehorchen logarithmischen Gesetzen. Das bedeutet, die Qualität der Reinigung hängt vom Ausmaß der Anfangsverschmutzung ab, und das vollständige Entfernen von Schmutz ist in endlicher Zeit nicht möglich.

Das R. stellt auch einen wichtigen Schritt bei der Verarbeitung vieler Rohstoffe zu Lebensmitteln dar. Die Reinigung erfolgt hauptsächlich mit Hilfe von Luft, Wasser oder durch Anwendung mechanischer Trennverfahren wie →Sieben, →Filtrieren, →Sortieren. Dazu gibt es eine Vielzahl von Anlagen, die gezielt für spezielle Rohstoffe konstruiert sind. *Kerner/Loncin*

Literatur: *Loncin, M.:* Die Grundlagen der Verfahrenstechnik in der Lebensmittelindustrie. Aarau, Frankfurt/M. 1969. – *Plett, E. A.:* Diss. Univ. Karlsruhe 1984. – *Thor, W.,* u. *M. Loncin:* Reinigen, Desinfizieren und Nachspülen in der Lebensmittelindustrie. Chemie-Ing.-Techn. 50 (1978) Nr. 3.

**Reinigen (Produktion).** Nach DIN 8592 ist R. das Entfernen unerwünschter Stoffe (Verunreinigungen) von der Oberfläche von Werkstücken bis zu einem erforderlichen, vereinbarten oder möglichen Grad.

Bei der mechanischen Bearbeitung werden Mittel zum Schmieren und/oder Kühlen als reine Öle oder wäßrige Emulsionen eingesetzt, die einen Film hinterlassen, der vor der nächsten Bearbeitungsaufgabe entfernt werden muß. Insbesondere bei der Aufbringung von metallischen Überzügen auf galvanischem Wege (z. B. beim Verchromen) wirken sich Verunreinigungen (Fett- oder Oxidschichten) negativ auf die Haftfestigkeit und den Schutzwert aus.

Um den Anforderungen entsprechend reine Oberflächen zu erzielen, werden verschiedene Verfahren eingesetzt, die sich nach der Reinigungsmethode und nicht nach dem Reinigungsziel unterscheiden: Beim Reinigungsstrahlen (→Strahlen) wird das →Strahlmittel (Quarzsand, Stahlsand, Flußsand, kleine Stahlkugeln, Reinigungsmittel, Inhibitoren) z. B. durch einen mit hoher Geschwindigkeit austretenden Luftstrom beschleunigt und auf die zu bearbeitende Oberfläche geschleudert (Druckluft-Reinigungsstrahlen). Naßdampf wird beim Dampfstrahlen als beschleunigendes Medium benutzt. Beim Schleuder-Reinigungsstrahlen wird das Strahlmittel durch Schleuderräder, die mit Wurfschalen oder ähnlichen Einrichtungen versehen sind, beschleunigt.

Bei mechanischen Reinigungsmethoden werden mit Reinigungswerkzeugen wie Wischtüchern (Abwischen), Bürsten, Besen oder Pinsel (Bürsten, Fegen), Schabern, Spachteln oder vergleichbaren Werkzeugen (Abkratzen, Abschaben) oder Schleifwerkzeugen (Reinigungsschleifen) Verunreinigungen entfernt.

Lose anhaftende Verunreinigungen können durch strömungstechnisches R. mit strömenden Gasen oder Flüssigkeiten (Waschen, Spülen, Abblasen, Absaugen) bzw. hochfrequente Schwingungen in einem gasfreien Flüssigkeitsbad (Ultraschallreinigen) abgelöst werden.

Lösungsmittelreinigen ist Entfernen von Verunreinigungen durch Lösen in einem organischen Lösemittel (z. B. Benzol, Toluol, Benzin, Trichlorethylen, Perchlorethylen). Beim Entfernen von festhaftenden löslichen Schichten (z. B. Klebstoffschichten) spricht man von Ablösen, beim Entfernen von Anstrichstoffen auf Werkstückoberflächen von Abbeizen.

Geht das Reinigungsmittel mit der Verunreinigung eine chemische Verbindung ein, so wird dies als chemisches R. bezeichnet. Beim Beizen werden mit Hilfe von anorganischen Säuren Verunreinigungen von der Metalloberfläche entfernt. Beim R. von Holzoberflächen werden Laugen benutzt (Ablaugen). Sollen z. B. Rohrleitungen entkalkt oder Verstopfungen gelöst werden, so benutzt man Lösungsmittel, die eine flüchtige oder leicht entfernbare chemische Verbindung mit dem zu entfernenden Stoff eingehen (chemisches Umwandeln).

Beim thermischen R. werden Verunreinigungen durch Wärmeeinwirkung verdampft (Abdampfen), verbrannt (Abflammen) oder zersetzt (thermisches Zersetzen), bzw. auftretende Wärmespannungen sprengen festhaftende Schichten von der Oberfläche ab (Reinigungsglühen).

Große industrielle Bedeutung hat auch die Aufbereitung der in der Fertigung benutzten Kühlschmiermittel, die durch Metallspäne, Schleifkörperabrieb, Zunder, Fremdöl usw. verunreinigt sind. Zum R. werden z. B. Filter, Zentrifugen, Separatoren, Hydrozyklone und Magnetabscheider eingesetzt. *König*

Literatur: *Eckhardt, F.:* Kühlschmierstoffe für die Metallverarbeitung. Mobil Oil AG. Deutschland. 1982. – *Lutter, E.:* Die Entfettung. Saulgau/Württ. 1975. – *Machu, W.:* Oberflächenbehandlung von Eisen- und Nichteisenmetallen. Leipzig 1957. – *Rausch, W., F. Dittel* u. *E. Cramer:* Reinigen von Stahlteilen. Merkbl. 280 Stahl. Hrsg. Beratungsstelle für Stahlverwendung. Düsseldorf 1971.

**Reißen.** Als R. wird ein nicht werkzeuggebundenes Verfahren bezeichnet, bei dem die Trennung des Werkstückes durch Zugbeanspruchung erfolgt (Bild 1). Das Werkstück wird an der Stelle durchgetrennt, an der es über seine Zugfestigkeit hinaus beansprucht wird.

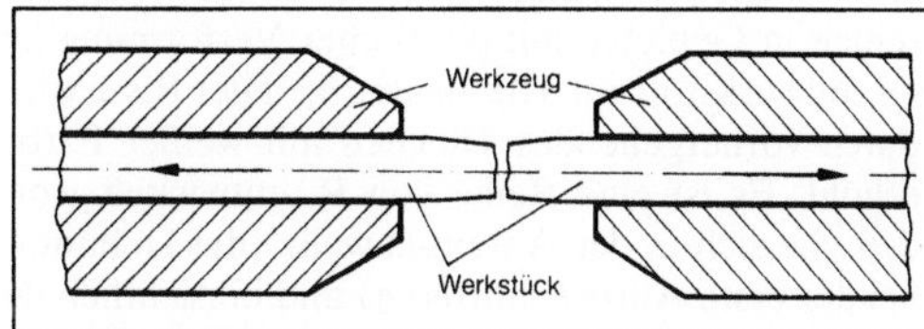


*Reißen 1: Durchreißen.*

Da die Trennfläche bei diesem Verfahren i. a. keinen hohen Qualitätsanforderungen genügt, hat das R. als Zerteilverfahren keine wirtschaftliche Bedeutung. Als Beispiel sei das Gummischnittverfahren zu nennen, das für kleine Serien zum Trennen dünner Bleche angewandt wird.

Nach DIN 8588 (→Zerteilen) werden vier Reißverfahren unterschieden:

☐ Durch-R. ist das vollständige Trennen entlang einer vorbestimmten offenen oder geschlossenen Trennlinie.

☐ Als Ab-R. wird das vollständige Trennen eines kleineren Stücks von einem größeren an einer vorbestimmten Stelle bezeichnet.

☐ Ein-R. ist das teilweise Trennen an gewählter Stelle.

☐ Stechen nennt man das Ein-R. eines Lochs beliebigen Querschnitts. Es ist mit Umformen von Rändern zu Kragen, Zacken usw. verbunden (Bild 2). *König*

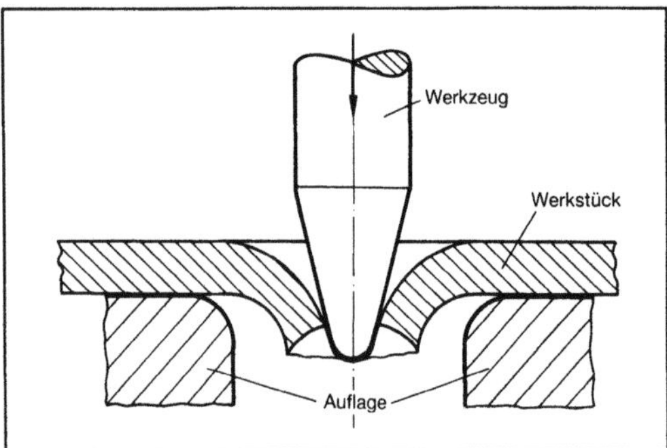


*Reißen 2: Stechen.*

Literatur: DIN 8588: Zerteilen. Hrsg. Dt. Inst. f. Normung.

**Reißlack-Verfahren.** Das R.-V. stellt eine einfache direkte Methode dar, Spannungs- oder Dehnungsverteilungen sichtbar zu machen. Sie beruht auf der vollkommenen Haftung einer spröden Schicht auf dem zu untersuchenden Bauteil. Wenn das Bauteil belastet wird, werden die resultierenden Dehnungen auf die Schicht übertragen, die schließlich zur Rißbildung führen.

Das Schichtmaterial wird so gewählt, daß es schon bei niedrigen Dehnungen reißt, so daß das Bauteil nicht überlastet wird. Die einfachste Art R. aufzubringen, ist die Bildung von spröden Oxidschichten auf erhitzten Metalloberflächen. Diese Schichten reißen in Gebieten mit plastischer Verformung im Grundwerkstoff auf. Die Sichtbarkeit der Risse wird durch vorhergehendes Tünchen mit weißer Farbe erhöht. Es ist eine Reihe von R. entwickelt worden, die sich in der Anreißschwelle (die Dehnung, bei der erste Anrisse auftreten) und hinsichtlich ihres Temperaturanwendungsbereiches unterscheiden.

Die bekanntesten Lacke auf Harzbasis, geeignet für Raumtemperatur und wenig erhöhte Temperaturen, sind Tens-lac (Photolastic) und Stresscoat (Magnaflux), die als Spray geliefert oder mit Druckluft aufgesprüht werden. Für höhere Temperaturen bis ca. 300 °C gibt es R. auf Keramikbasis. All-

Temp (Magnaflux) besteht aus gemahlenen keramischen Partikeln suspendiert in einem flüchtigen Trägerstoff. Die Suspension wird aufgesprüht und getrocknet, wobei sich eine Pulverschicht bildet. Diese wird erhitzt, bis die Keramikpartikel zu einer Glasur verschmelzen. Die Risse in keramischen Lacken sind meist schlecht sichtbar und müssen mit Verfahren (Statiflux- und Farbeindringverfahren) sichtbar gemacht werden. Ein Vorteil keramischer Lacke ist die näherungsweise Unabhängigkeit der Anreißschwelle von Temperatur, Feuchtigkeit, Belastungszeit und Lackdicke. In dieser Hinsicht können die leichter anzuwendenden Harzlacke sehr problematisch sein. Die Anreißschwelle der einzelnen Lacktypen wird unter den Versuchsrandbedingungen im Kalibrierversuch bestimmt. Hierzu wird meist ein mit R. beschichteter einseitig eingespannter Biegebalken verwendet.

Die Art und Weise, wie ein R. einreißt, läßt auf die Hauptspannungen $\sigma_1$ und $\sigma_2$ im Bauteil schließen. Im Bild sind schematisch drei Spezialfälle betrachtet:

☐ $\sigma_1 > 0$, $\sigma_2 \leq 0$, a) im Bild.

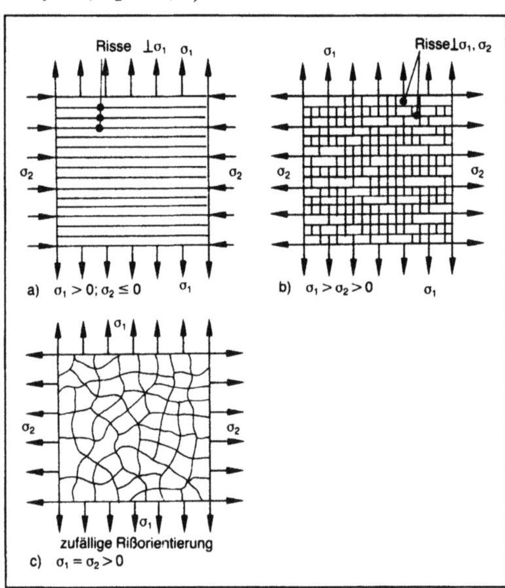


*Reißlack-Verfahren: Rißkonfiguration in Reißlack.*

In diesem Fall gibt es nur eine Schar von Rissen senkrecht zu $\sigma_1$. Diese Risse verlaufen in Richtung von $\sigma_2$ und stellen folglich Hauptspannungstrajektorien dar.

☐ $\sigma_1 > \sigma_2 > 0$, b) im Bild.

In diesem Fall treten zwei Scharen von Rissen auf. Die erste Schar wird durch $\sigma_1$ verursacht und verläuft senkrecht zu $\sigma_1$ und parallel zu $\sigma_2$. Wenn $\sigma_2$ hinreichend hoch ist, wird eine zweite Schar von

Rissen senkrecht zu $\sigma_2$ und parallel $\sigma_1$ verursacht. Beide Scharen bilden eine vollständige Darstellung der Hauptspannungstrajektorien.

☐ $\sigma_1 = \sigma_2 > 0$, c) im Bild.

Bei isotropem (hydrostatischem) Spannungszustand ist jede Richtung Hauptspannungsrichtung. Bei genügend hohen Spannungen bildet sich ein Rißmuster mit Zufallscharakter aus. Es gibt keine Vorzugsorientierungen.

Im Falle des zweiachsigen Druckspannungszustandes ($\sigma_2 < \sigma_1 < 0$) treten bei den handelsüblichen Lacken keine Risse auf. Hier hilft die Lackapplikation unter (Druck-) Beanspruchung. Bei Entlastung können dann auch Druckbeanspruchungen aufgezeigt werden. Das etwas aus der Mode gekommene Maybach-Verfahren unter Verwendung von Kunstharzlacken (Brafa) ist auch gegenüber Druckbeanspruchung empfindlich. *Kußmaul*

Literatur: *Dally, J. W.,* u. *W. F. Riley*: Experimental stress analysis. New York 1978. – *Holister, G. S.*: Experimental stress analysis. Cambridge 1967.

**Rektifikation.** Die R. ist ein Trennverfahren, bei dem ein Flüssigkeitsgemisch durch mehrfache partielle Verdampfung und Kondensation getrennt wird. Weil Dampf und Flüssigkeit im →Gegenstrom zueinander geführt werden, wird die R. auch als Gegenstromdestillation bezeichnet (→Destillie-

ren). In der industriellen Praxis unterscheidet man oft nicht zwischen Destillation und R., so daß man z. B. von Destillationskolonnen spricht, wenn Rektifizierkolonnen gemeint sind.

Bild 1a) zeigt eine Apparatur, die aus vier zusammengeschalteten Destillierblasen besteht. Der →Zulauf gelangt in Blase 2. Der mit den leichter flüchtigen Komponenten angereicherte Dampf $V_2$ wird kondensiert und in den Blasen 3 und 4 redestilliert, so daß das →Destillat ($V_4$) praktisch nur noch leichtflüchtige Komponenten enthält. Die aus der Blase 2 fließende Flüssigkeit $L_2$ wird in der Blase 1 destilliert, so daß das →Sumpfprodukt 4 einen hohen Anteil an schwerflüchtigen Komponenten hat. Für diese Apparatur werden insgesamt acht Wärmeübertrager benötigt. Ein weiterer Nachteil ist, daß drei Nebenprodukte anfallen ($V_1$, $L_3$ und $L_4$). Führt man die eine Blase verlassenden Stoffströme jeweils der benachbarten Blase zu, so daß Dampf und Flüssigkeit im Gegenstrom geführt werden, dann fallen keine Nebenprodukte an, und es werden nur noch zwei Wärmeübertrager benötigt, Bild 1b).

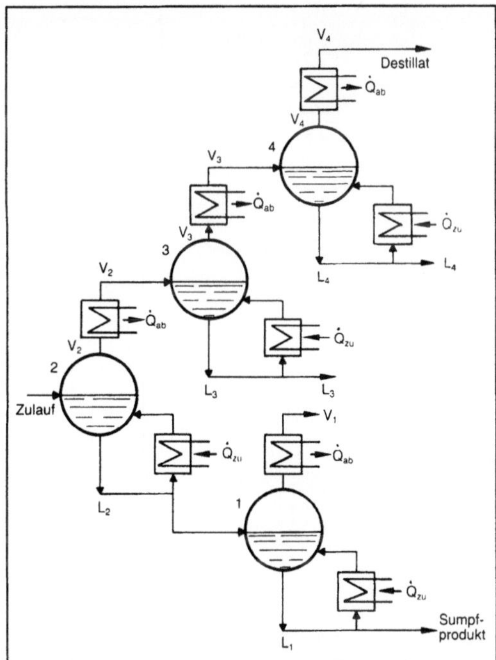



*Rektifikation 1 a): Rektifikationsapparatur. Vierstufige Destillation (1–4) mit acht Wärmeübertragern und drei Nebenproduktströmen ($V_1$, $L_2$, $L_4$).*

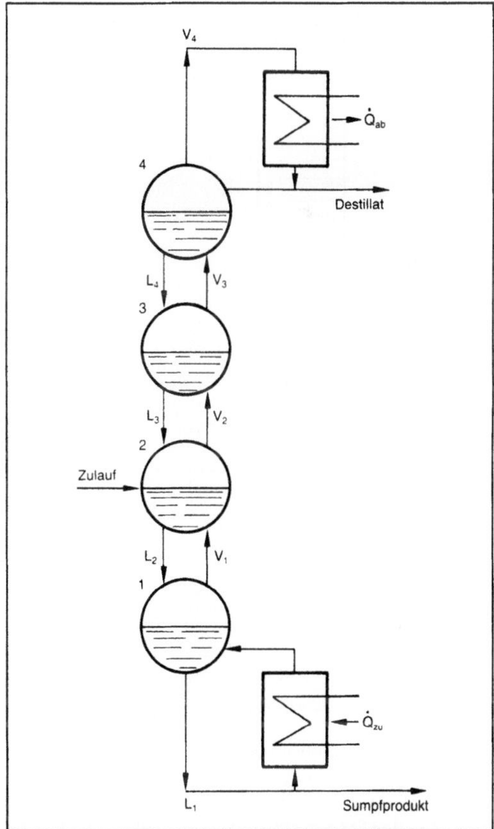



*Rektifikation 1 b): Rektifikationsapparatur. Vierstufige Rektifikation (1–4) mit zwei Wärmeübertragern, ohne Nebenprodukte.*

Eine überschlägige Energiebilanz ergibt, daß das Verhältnis Dampf/Flüssigkeit der Ströme, die eine Stufe verlassen, gleich dem Verhältnis Dampf/Flüssigkeit der Ströme ist, die in diese Stufe fließen. Deshalb muß nur die unterste Stufe beheizt werden, da der aufsteigende Dampf zur Beheizung der restlichen Stufen ausreicht. Faßt man die vier Destillierblasen, Bild 1b), in einem einzigen Apparat zusammen, so erhält man eine Rektifizierkolonne, Bild 1c). In der Industrie verwendete Kolonnen können über 100 Trennstufen enthalten, so daß eine Trennung in sehr reine Komponenten möglich ist. Die →Einbauten der Kolonnen können aus Böden (→Bodenkolonne), Füllkörpern (→Füllkörperkolonne) oder geordneten Packungen (→Packungskolonne) bestehen.

sche Destillation) werden als Kopfprodukte Gase und Benzin, als Seitenprodukte Kerosin, leichtes und schweres Heizöl und als Sumpfprodukt der sog. atmosphärische Rückstand gewonnen. Der relativ schwerflüchtige Rückstand der atmosphärischen Destillation enthält noch viele wertvolle Stoffe. Man führt ihn deshalb einer Vakuumdestillationsanlage zu, wo er bei einem niedrigen Druck (ca. 30 hPa) destillativ in weitere Fraktionen aufgetrennt wird. Durch den verringerten Druck sinken die Siedepunkte der Stoffe um 80–150 °C, so daß eine Auftrennung in weitere Fraktionen möglich ist, ohne daß es zu einer thermischen Zersetzung der schwerflüchtigen Komponenten kommt. Bei der Erdölvakuumdestillation werden folgende Fraktionen gewonnen: Vakuumgasöl, verschiedene Wachsdestil-

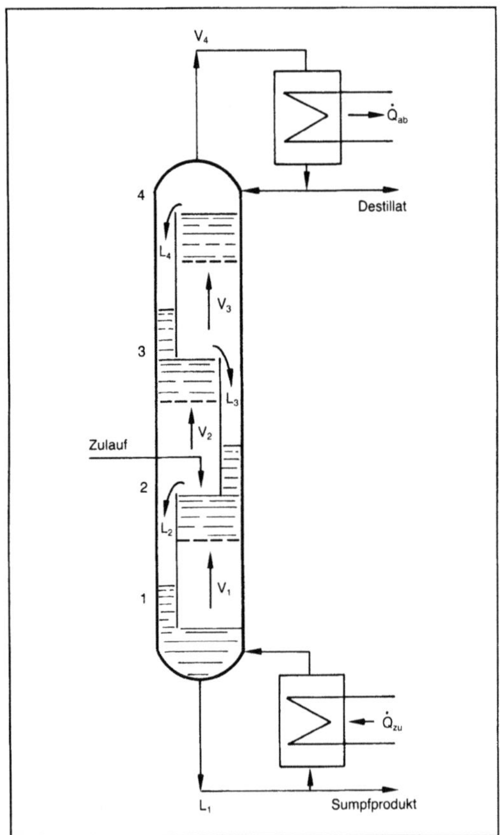



*Rektifikation 1 c): Rektifikationsapparatur. Rektifizierkolonne mit einer Blase und drei Böden.*

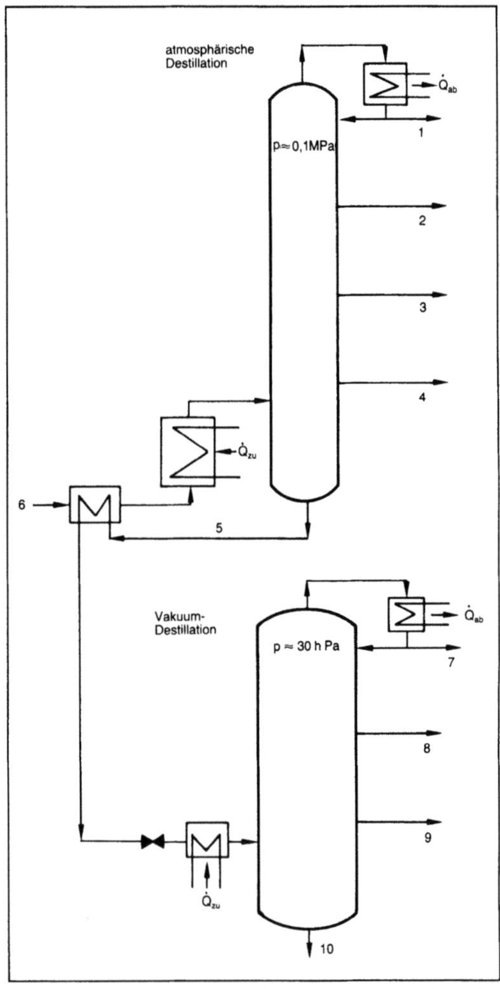



*Rektifikation 2: Grundschema der Rohöldestillation.*

1 Gase und Benzine, 2 Kerosin, 3 leichtes Gasöl, 4 schweres Gasöl, 5 atmosphärischer Rückstand, 6 Rohöl, 7 Vakuumgasöl, 8 Wachsdestillate, 9 Mediumdestillat, 10 Vakuumrückstand

Das Hauptanwendungsgebiet der R. in der chemischen Industrie liegt in der Trennung von Gemischen aus organischen Stoffen in ihre Komponenten. In der Mineralölindustrie wird die R. zur Auftrennung des aus sehr vielen Stoffen bestehenden Rohöls in Fraktionen verwendet. In einer bei Normaldruck betriebenen Kolonne (atmosphäri-

late (Spindelöl, Neutralöl, Mediumdestillat bzw. katalytischer Krackereinsatz) und Vakuumrückstand (Heizöl oder Bitumenkomponente), Bild 2 (→Extraktiv-Rektifikation, →Rektifikation-Sonderverfahren, →Vielstoffrektifikation). *Dohrn*

Literatur: *King, C. J.:* Separation Processes. New York 1980. – *Kirschbaum, E.:* Destillier- und Rektifiziertechnik. Berlin, Heidelberg, New York.

**Rektifikation, extraktive** →Extraktiv-Rektifikation

**Rektifikation, schonende.** S. R.-Verfahren werden bei der destillativen Trennung temperaturempfindlicher Stoffe angewendet. Zur Verhinderung einer thermischen Zersetzung kann man diese →Rektifikation bei sehr niedrigen Drücken (z. B. 50 kPa) durchführen (Vakuumdestillation). Bei abgesenktem Druck sind die Siedetemperaturen der zu trennenden Komponenten wesentlich niedriger als bei atmosphärischem Druck. Die Vakuumdestillation wird beispielsweise in der Mineralölindustrie zur destillativen Auftrennung des bei der atmosphärischen Destillation anfallenden Sumpfprodukts (sog. atmosphärischer Rückstand) verwendet. Eine weitere Möglichkeit zur Durchführung einer s. R. ist das Einstellen kleiner Verweilzeiten der temperaturempfindlichen Stoffe in der Kolonne. *Dohrn*

**Rektifikation-Sonderverfahren.** S. der R. werden angewendet, wenn eine normale R. nicht zur gewünschten Trennung führt, z. B. bei engsiedenden Gemischen (der →Trennfaktor ist nahe bei eins) oder bei temperaturempfindlichen Stoffen.

Die verbreitetsten S. sind die →Azeotropdestillation, die Extraktiv-R., die Vakuumdestillation und die →Wasserdampfdestillation.

Während die ersten beiden Verfahren bei engsiedenden oder azeotropen Gemischen angewendet werden, soll durch die Anwendung der schonenden Destillation und der Wasserdampfdestillation die thermische Zersetzung der Komponenten verhindert werden (→Trägerdampfdestillation, →Zweidruckverfahren). *Dohrn*

**Relaxationsmethode.** R. können zur Berechnung von mehrstufigen Trennprozessen in Vielkomponentensystemen (z. B. →Vielstoffrektifikation) verwendet werden (→Destillieren). Zunächst nimmt man für die einzelnen Variablen, wie Zusammensetzungen in der →Trennstufe, Temperaturen und Strömen zwischen den Trennstufen, Werte an. Bei dieser ersten Lösung sind die Enthalpie- und Massenbilanzen der Stufen und des gesamten Trennapparats gestört, so daß eine Veränderung der Variablen notwendig ist. Man beginnt bei den Variablen, deren Änderung die Fehler der Nebenbedingungen (Bilanzen) am meisten verringern. Die Iteration wird solange fortgesetzt, bis die Fehler der Bilanzen unter eine bestimmte Grenze gefallen sind.

R. konvergieren sicherer als andere Methoden, benötigen aber mehr Rechenzeit. *Dohrn*

Literatur: *King, C. J.:* Separation Processes. New York 1980. – *Perry, R. E.,* u. *D. W. Green:* Perry's Chemical Engineers' Handb. 6. Aufl. New York 1984.

**Replicast-Full-Mould-Verfahren.** Das ist ein von der Steel Castings and Trade Ass., Sheffield (England), entwickeltes Gießverfahren, das mit verlorenen Schaumstoffmodellen zur Herstellung einfacher bis komplizierter Gußstücke in binderlosem Sand arbeitet. Die Modelle erhalten einen 0,5–1,0 mm dicken Schlichteauftrag zur Isolierung zwischen Modell und Gießmetall. Nach Trocknung der Schlichteschicht werden die Modelle in einen Formkasten mit binderlosem Sand eingerüttelt, wobei der Sand Hinterschneidungen und Hohlräume einwandfrei ausfüllt, so daß es möglich ist, Gußteile kernfrei zu produzieren. Vor dem →Gießen wird am Kastenunterteil ein Vakuum von etwa 0,5 bar angelegt, wodurch eine Nachverfestigung der Form stattfindet. Außerdem sorgt das Vakuum für eine rasche Abführung der sich bei der Zersetzung des Polystyrols bildenden Gase. Beim Leichtmetallguß benötigt man das Vakuum nicht, und man bezeichnet diese Verfahrensvariante dann als Loast-Foam-Verfahren.

Beim Replicast-CS(Ceramik Shell)-Verfahren wird an Stelle der Schlichte eine Keramikmasse durch Tauchen auf das Schaumstoffmodell gebracht und anschließend weiteres feuerfestes Material in 3–4 mm Schichtdicke im Fließbett aufgetragen. Bei 1000 °C erfolgt dann ein kurzer Brennvorgang, wobei das Polystyrol vergast und die Schale einen Keramikcharakter bekommt. Da diese Schale nun frei von Kohlenstoffresten und Feuchtigkeit ist, eignet sie sich zum Vergießen von jeder Art von Gußwerkstoffen, auch von niedriggekohlten Stählen. *Doliwa*

**Resonanzförderer.** Man fördert bei Schwingrinnen mit geringstem Energieaufwand der Schwingungserreger, wenn man Erregerfrequenz und Eigenfrequenz des schwingenden Systems in Resonanz oder in Resonanznähe betreibt.

Das Fördergut dämpft die Schwingungen so weit, daß es nicht zum Aufschaukeln an den Aufhängungen kommt. Nur möglich bei Zweimassensystemen. Die Eigenfrequenz der fördernden Masse $M_1$ ist

$$\omega = \sqrt{\frac{C}{M_1}},$$

mit C als der Federkonstanten der Aufhängung von $M_1$. Die geförderte Masse wird bei $M_1$ zur Hälfte mitgerechnet (Bild). *Muschelknautz*

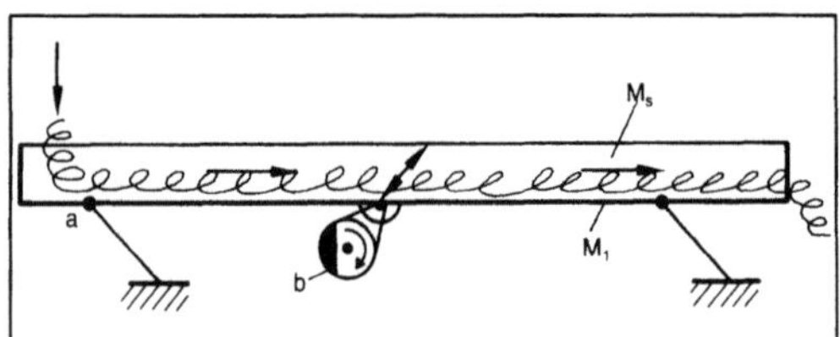

*Resonanzförderer.*

a Federn, b Unwuchterreger

**Resonator, optischer.** Prinzipiell besteht ein Resonator aus zwei sich gegenüberliegenden ebenen oder schwach gekrümmten Spiegeln. Seine Aufgabe besteht darin, die vom aktiven Medium zunächst spontan in eine bestimmte Richtung emittierte Strahlung durch wiederholte Reflexion in einem vorgegebenen Raumbereich zu halten und damit ihre Verstärkung durch ein vielfaches Durchlaufen des aktiven Mediums zu bewirken.

Es werden grundsätzlich zwei Resonatortypen unterschieden. Beim stabilen Resonator bewirken die Spiegel eine Kontraktion des Strahls in Richtung auf die Symmetrieachse, während der instabile Resonator eine Aufweitung zur Folge hat. Einen Grenzfall bildet der Fabry-Pérot-Resonator, bei dem im Idealfall parallele Strahlenbündel erhalten bleiben. Geht man vom verlustfreien Fall aus, so wird ein stabiler Resonator die Strahlung bewahren, während sie beim instabilen Typ irgendwann den Spiegelbereich verläßt.

Durch Interferenz der innerhalb der Resonatorspiegel hinundherlaufenden Wellen werden bestimmte Eigenschwingungen oder Moden ausgebildet, deren Amplituden- und Phasenverteilung sich bei jedem Umlauf reproduzieren, so daß eine stationäre, stehende Welle im Resonator entsteht. Diese Eigenschwingungen werden als transversale, elektromagnetische Moden (TEM-Moden) bezeichnet und bei Rechtecksymmetrie nach der Zahl der Nullstellen in x, y-Richtung mit m, n indiziert. Durch die Superposition verschiedener Moden zu einem Multimode werden ausgeprägte Nullstellen innerhalb der Leistungsverteilung über den Strahlquerschnitt, wie z. B. beim $TEM_{31}$-Mode, vermieden. Um die für die gewünschte hohe Ausgangsleistung erforderliche Resonatorlänge zu erreichen, ohne einen zu großen Bauraum zu beanspruchen, wird z. B. bei einem $CO_2$-Hochleistungslaser der Strahl mehrfach gefaltet. Das laseraktive Gas strömt dabei quer zur Ausbreitungsrichtung des ausgekoppelten Strahls. *König*

**Respirationskoeffizient.** In biologischen Prozessen wird der Quotient aus der Kohlendioxidproduktionsrate und der Sauerstoffaufnahmerate als Respirationskoeffizient RQ definiert:

$$RQ = \frac{Q_{CO_2}}{Q_{O_2}}.$$

Der R. ($\rightarrow$ Gasbilanz) gehört wie die Gasstoffwechselraten zu den nicht meßbaren Gütegrößen eines Bioprozesses. Über eine Bilanzierung der meßbaren Zustandsgrößen Sauerstoffkonzentration und Kohlendioxidkonzentration und ihrer zeitabhängigen Änderung sind Stoffwechselraten und R. zu berechnen.

Der R. ist eine wichtige Größe zum Beurteilen und Charakterisieren von Bioprozessen. Da er über eine einfache Rechenoperation mit Hilfe exakt zu messender Größen zusätzliche Informationen über die Aktivität der Zellen liefert, kann man den R. zur Prozeßkontrolle und Prozeßregelung heranziehen. *Liefke*

**Restaustenit.** Der beim $\rightarrow$ Härten nicht in $\rightarrow$ Martensit umgewandelte $\rightarrow$ Austenit. Der mit zunehmendem Kohlenstoffgehalt über 0,8 % steigende R.-Anteil führt wegen seiner niedrigeren Festigkeit zur Abnahme der $\rightarrow$ Härte. *W. Dahl*

**Restbeladung.** Nach einem Trennprozeß in einem Stoffstrom oder einer Stoffmenge verbliebene Restmenge an Substanzen, die durch den Trennprozeß entfernt werden sollten. Beispiel: Ein Abgas ist mit 10 g Benzol/$m^3$ beladen. Nach einem Absorptionsprozeß hat das Gas noch eine R. von 0,03 g Benzol/$m^3$.

Die R. ist von der Wirksamkeit des vorangegangenen Trennprozesses abhängig, z. B. von der Trennstufenzahl. Sie kann nie null werden, weil eine vollständige Abtrennung (kein einziges Molekül der zu entfernenden Substanz befindet sich mehr im Stoffstrom) nicht möglich ist ($\rightarrow$ Vorbeladung). *Dohrn*

**Retrogradation.** Rekristallisation von Stärke oder Stärkegel, die sich unterhalb der Verkleisterungstemperatur unter Austritt von Wasser (Synärese) vollzieht. Diese physikalisch-chemische Zustandsänderung tritt z. B. beim Altbackenwerden von Brot auf und ist von einer Austrocknung des Brots zu unterscheiden. Das Altbackenwerden tritt nur in einem Temperaturbereich zwischen –7 und 60 °C und in einem bestimmten Wassergehaltsbereich auf.

Auch bei Teigwaren kann die R. der Stärke eine Ursache für auftretende Qualitätsverluste sein. Durch Erhitzen auf Temperaturen, die oberhalb der Verkleisterungstemperaturen liegen, kann die R. rückgängig gemacht werden. Das Auftreten der R. kann man durch Einsatz von Emulgatoren (vor allem Monoglyceride) verhindern. *Kerner/Loncin*

Literatur: *Heimann, W.:* Grundzüge der Lebensmittelchemie. 3. Aufl. Darmstadt 1976.

**Reversosmose** $\rightarrow$ Umkehrosmose

**Revolverdrehmaschine.** Bei R. sind alle zur Bearbeitung eines Werkstücks erforderlichen Werkzeuge in einem sog. Revolver angeordnet, der je nach Lage der Werkzeughauptachsen in Trommel-, Stern- und Flachtischrevolver eingeteilt wird. Durch Weiterschalten des Revolvers wird das jeweils zur Bearbeitung notwendige Werkzeug in die entsprechende Lage zum Werkstück gebracht. Der Hauptanwendungsbereich von R. ist je nach Ausstattung die Klein- und Mittelserienfertigung, in der vorzugsweise Kurzdrehteile mit einem Verhältnis Werkstücklänge zu Durchmesser nicht größer als 1:1 bearbeitet werden. *Schulz*

**Rieselbettreaktor.** Der R. (Rieselreaktor, Rieselfilmreaktor, Trickle-bed-Reaktor) gehört zu den Mehrphasenreaktoren, wobei die feste Phase (Katalysator) als Füllkörperschüttung fixiert (→Festbettreaktor) ist. Die beiden anderen Reaktanden-Phasen, Gas und Flüssigkeit, strömen oft im →Gleichstrom (Bild) von oben nach unten durch das katalytische →Festbett. Die häufig adiabat geführten R. sind 10–30 m hoch, haben einen Durchmesser von 1–4 m, und die Katalysator-Partikelgröße liegt zwischen 3 und 7 mm. Die spezifische →Phasengrenzfläche Gas/Flüssigkeit beträgt 100–500 $m^2/m^3$. Vorteile sind:
□ die enge Verweilzeitverteilung, die hohe Umsätze bewirkt,

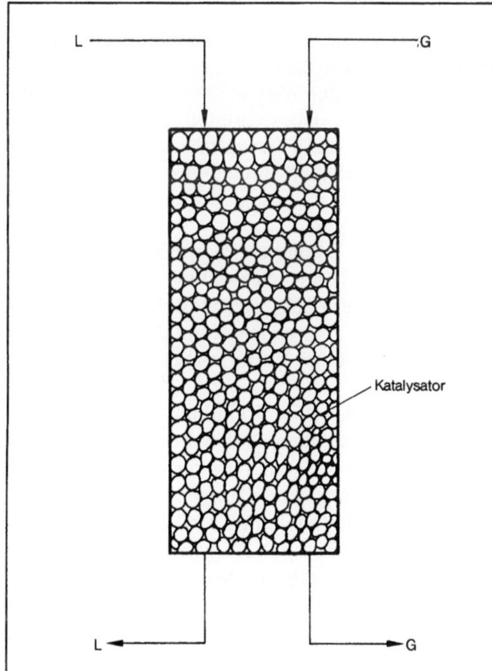


*Rieselbettreaktor: Dreiphasen-Reaktor, bei dem die Reaktanden-Phasen im Gleichstrom strömen. (Quelle:* Baerns *a. a. O.)*

G Gas, L Flüssigkeit

□ die Realisierung großer Reaktorvolumen ($\approx$ 300 $m^3$), hoher Betriebsdrücke sowie hoher Gas- und Flüssigkeitsbelastungen ohne Fluten,
□ die niedrigen Investitions- und Betriebskosten.
Nachteilig sind:
□ die schlechte Katalysatorausnutzung,
□ die nicht einfache Beherrschung von Reaktionsenthalpien; bei stark exothermen Reaktionen können in Totzonen hinter Einbauten Hot Spots auftreten,
□ die großen Unsicherheiten beim Scale-up (Maßstabsvergrößerung).

Abhängig von Gas- und Flüssigkeitsbelastung kann es nicht nur zu einer Rieselströmung, sondern auch zu einer Blasenströmung, pulsierenden Strömung oder Sprühströmung kommen. Eine dominierende Größe ist die Flüssigkeits-Querschnittbelastung bzw. die Berieselungsdichte, wodurch der Flüssigkeitsanteil, die Ausdehnung von Totzonen, die Katalysatorbenetzung, die Flüssigkeitsverteilung über den Reaktorquerschnitt sowie die axiale Dispersion (→Rückvermischung) und der Stoffaustausch Gas/Flüssigkeit und Flüssigkeit/Feststoff stark beeinflußt werden.
R. werden eingesetzt:
□ bei der hydrierenden Entschwefelung sowie beim Hydrokracken in der Petrochemie,
□ zur katalytischen Hydrierung organischer Zwischenprodukte, z. B. die Herstellung von Hexamethylendiamin für die Synthese von Polyamiden (Nylon 6.6) und Polyurethanen,
□ als Gaswäscher, häufig im →Gegenstrom.
*Schönbucher*

Literatur: *Baerns, M., H. Hofmann* u. *A. Renken:* Chemische Reaktionstechnik. Stuttgart 1987.

**Rieselfilm.** Ein R. ist eine dünne Flüssigkeitsschicht, die in verfahrenstechnischen Apparaten dazu dient, eine möglichst große Gas-Flüssigkeits-Kontaktfläche zu bilden. In Füllkörperkolonnen oder R.-Verdampfern bewegt sich ein R. von oben nach unten, während in entgegengesetzter Richtung ein Gasstrom fließt.
Die Form des R. hängt von der Filmgeschwindigkeit ab. Bei niedrigen Geschwindigkeiten ist die Oberfläche eben: Eine laminare Strömungsform liegt vor. Bildet man mit der mittleren Filmgeschwindigkeit und der Filmdicke eine Reynolds-Zahl, so liegt bei einem Wasserfilm bis zu einer Reynolds-Zahl von 3,5 eine laminare Strömung vor (Bild). Bei Reynolds-Zahlen von 3,5–8 bilden sich sinusförmige Wellen und bei einer weiteren Geschwindigkeitserhöhung Schubwellen (Reynolds-Zahl 8 bis 400) aus.
Überschreitet die Reynolds-Zahl 400, so bildet sich ein turbulenter Film mit dicken Fallwülsten und Kapillarwellen. Die angegebenen Reynolds-Zahlen

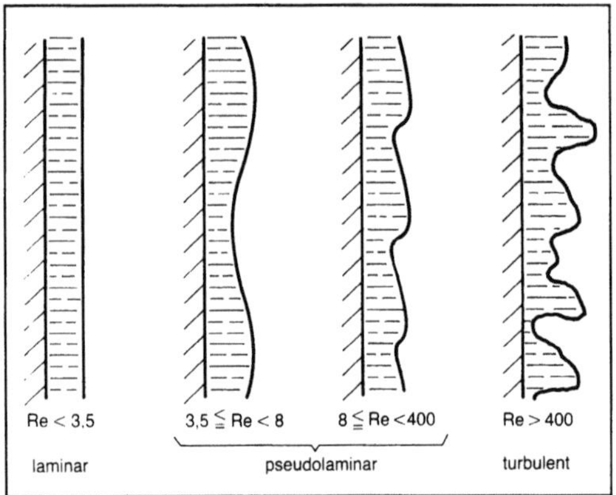

*Rieselfilm: Formen von Rieselfilmen aus Wasser.*

sind nur für einen R. aus Wasser gültig (→Fallfilm-verdampfer). *Dohrn*

Literatur: *Mersmann, A.:* Thermische Verfahrenstechnik. Berlin, Heidelberg, New York 1980.

**Rieselfilmverdampfer** →Fallfilmverdampfer

**Rieselschachttrockner.** Ein R. ist ein verfahrenstechnischer Apparat, in dem ein feuchtes Gut in einem Schacht hinunterfällt und von einem aufwärtsströmenden heißen Gas erwärmt wird. Durch die Erwärmung des Guts wird die Feuchtigkeit verdampft. Der R. gehört wie der →Trommeltrockner zu den Konvektionstrocknern mit einer Schwerkraftförderung des Guts (→Trockner). *Dohrn*

**Rippenrohr-Wärmeübertrager.** Bei einem R.-W. wird der Wärmeübergang an der Oberfläche durch Berippung, was einer Vergrößerung der wärmeübertragenden Fläche gleichkommt, verbessert.

Damit läßt sich der Wärmedurchgang einer ebenen oder gekrümmten Wand (ebene Platte, Rohrwand) verbessern. Die Rippen werden stets auf der Seite des größeren Wärmeübergangswiderstandes (niedrigerer Wärmeübergangskoeffizient) angebracht. Dabei ist eine Berippung um so wirksamer, je verschiedener die Wärmeübergangskoeffizienten auf der Innen- und Außenseite der Wand sind, z. B. innen Flüssigkeit, außen Gas.

Die Rippenform wird in Abhängigkeit vom Anwendungsfall gewählt. Sie kann kreisringförmig, spiralförmig, rechteckförmig oder nadelförmig sein (Bild). Häufig bestehen die Rippen auch aus ebenen kreisförmigen Blechscheiben, die in gleichen Abständen auf dem Rohr sitzen. Man bringt auch Rippen auf der Innenseite von Rohren in axialer Richtung oder in Form eines mehrgängigen Gewindes an. Die Wärme, die eine Rippe überträgt, wird

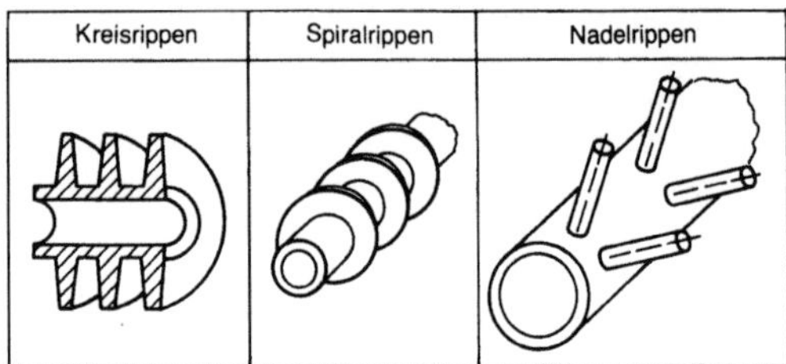


*Rippenrohr-Wärmeübertrager: Beispiele für Rippenformen.*

zunächst von der Rohrwand durch den Rippenfuß in der Rippe transportiert. Hierdurch entsteht ein radialer Temperaturabfall in der Rippe. Die Verbesserung der Wärmeübertragung ist deshalb nicht direkt der Vergrößerung der äußeren Oberfläche der Rippen proportional. *W. Köhler*

Literatur: VDI-Wärmeatlas. 4. Aufl. Düsseldorf 1984.

**Riß, interkristalliner.** Entlang der Korngrenzen verlaufender R., der zum interkristallinen Bruch führt. Ursache ist eine Schwächung der Korngrenzen im Vergleich zum Korninneren, z. B. durch Anreicherung von Begleitelementen. *W. Dahl*

**Rißbildung.** Entstehung von Anrissen bei örtlicher Überschreitung der Festigkeit durch irreversible Trennung des atomaren Zusammenhalts unter Bildung von Rißoberflächen.

R. tritt unter der Wirkung von Last- oder Eigenspannungen bei Überschreiten der Schub- oder Trennfestigkeit auf (Versagensmechanismus). Dies kann bei technischen Bauteilen im Zuge der Herstellung und Verarbeitung oder unter betrieblicher Belastung erfolgen.

Bei der Herstellung und Verarbeitung (Gießen, Walzen, Schmieden, Schweißen, Wärmebehandlung, Kaltumformung, mechanische Bearbeitung) ist dann mit R. zu rechnen, wenn der Werkstoff bis an die Grenze seines Verformungsvermögens beansprucht wird.

Durch behinderte Schwindung bei der Abkühlung von Gußstücken und Schweißgütern, durch ungleichmäßige Temperaturverteilung bei der Warmformgebung und Wärmebehandlung, die eine behinderte Wärmedehnung bzw. Schrumpfung zur Folge hat, sowie durch Volumenänderungen bei Gitterumwandlungen (insbes. Austenit/Martensitumwandlung beim Härten) ergeben sich Wärme- und Eigenspannungen. In Zonen verminderter Verformungsfähigkeit (aufgehärtete und versprödete Bereiche) können diese Spannungen vorzugsweise an geometrischen Unstetigkeiten (Kerben) zu Mikro- und Makroanrissen führen. Nach der Entstehungstemperatur unterscheidet man Heißrisse und Kaltrisse.

An Gußstücken werden interkristalline Heißrisse (auch Warmrisse genannt) am Ende der Erstarrung beobachtet. Flüssige Filme (niedrig schmelzende Eutektika) zwischen den erstarrten Dendriten begünstigen die R. Die Werkstoffzusammensetzung, die Formgebung des Gußstücks und die Abkühlbedingungen sind von Einfluß auf den Vorgang. Schrumpfrisse bei tieferer Temperatur (Kaltrisse) bilden sich vorzugsweise an Querschnittsübergängen.

R. beim Schmieden und Walzen kann in bestimmten Temperaturbereichen durch niedrig schmelzende Substanzen an den Korngrenzen ausgelöst werden (Rotbruch, Heißbruch). In Zonen mit Anreicherung von Legierungselementen und Verunreinigungen (Seigerungen), die eine erhöhte →Härte bei verminderter Verformungsfähigkeit aufweisen, kommen Seigerungsrisse vor. Unter Wasserstoffbeteiligung entstehen Flockenrisse, bedingt durch die mit fallender Temperatur abnehmende Löslichkeit und Diffusionsfähigkeit von Wasserstoff. Schmiederisse sind allgemein auf eine örtliche Überschreitung der Verformungsfähigkeit des Werkstoffs zurückzuführen. Beim Walzen nach dem Pilgerschrittverfahren ist bei ungünstiger Kombination von Temperatur und Verformungsbedingungen eine R. durch den „Pilgerschlag" möglich. Im Oberflächenbereich kann bedingt durch die Verformungsbedingungen sowie Werkzeugzustand und -einstellung Feinrissigkeit entstehen.

An Schmelzschweißverbindungen (Bild 1) ist eine R. im Schweißgut oder in der Wärmeeinflußzone (WEZ) möglich. Besonders anfällig ist die überhitzte, meist aufgehärtete Grobkornzone. Interkristalline Heißrisse im Schweißgut und der WEZ bilden sich als Erstarrungs- oder Aufschmelzrisse. Beim Spannungsarmglühen können bei empfindlichen Stählen Relaxationsrisse auftreten. Heiß- und Relaxationsrisse (Nebennahtrisse) verlaufen als Mikrorisse primär interkristallin und werden durch Korngrenzenbelegung begünstigt. Kaltrisse in der WEZ können trans- oder interkristalline Ausbildung zeigen (→Bruch) und sind i. a. wasserstoffin-

duziert (Bild 2). Oft liegen sie als Unternahtrisse in der Grobkornzone. Gemäß DIN 8524 werden Kaltrisse an Schweißungen nach Rißlage und Ausbildungsform in Aufhärtungs-, Schrumpf-, Kerb-, Wurzel- und Lamellenrisse unterteilt. Lamellenrisse sind treppenförmige Aufreißungen in Grundwerkstoff und WEZ entlang zeiliger Verunreinigungen. Durch optimale Gestaltung der Schweißverbindung, Werkstoffzusammensetzung und Schweißtechnologie einschl. Wärmebehandlung sind diese R. vermeidbar (Schweißeignungsprüfung).

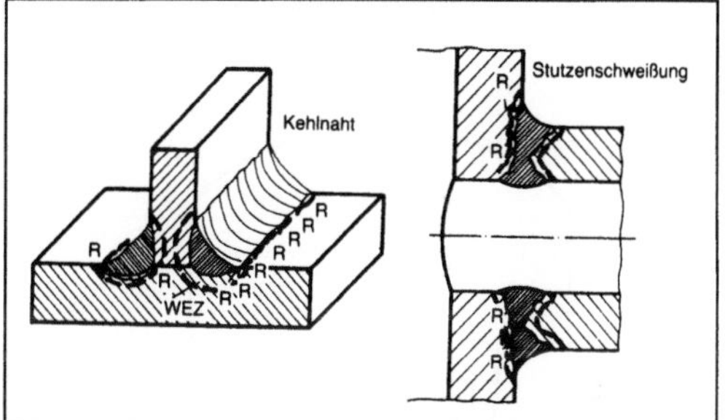


*Rißbildung 2: Beispiele für Kaltrisse an Schweißverbindungen. (Quelle: MPA)*

Beim Härten auftretende interkristalline Härterisse werden durch Wärmebehandlungsfehler, hohe Abschreckungsgeschwindigkeit und Kerben hervorgerufen. Bei mechanischer Bearbeitung durch Schleifen können durch hohe Wärmeeinbringung bei schlechter Wärmeleitfähigkeit in wenig verformungsfähigen Werkstoffen durch Wärmespannungen Schleifrisse entstehen.

Bei der Verarbeitung und im Betrieb besteht unter bestimmten Voraussetzungen die Möglichkeit, daß Gase aus der Umgebung in den Werkstoff diffundieren und dort durch Reaktion mit Werkstoffbestandteilen oder durch Rekombination aus dem atomaren Zustand zu nicht mehr diffusionsfähigen Molekülen werden. Dabei bauen sich im Innern des Bauteils so hohe Drücke auf, daß das Gefüge im Mikrobereich gesprengt wird (z. B. Wasserstoffkrankheit des Kupfers beim Glühen in wasserstoffhaltiger Atmosphäre). Das Eindringen von atomarem Wasserstoff ist für wasserstoffinduzierte R. an galvanisch behandelten Teilen sowie an Schweißverbindungen und für Flockenrisse an Schmiedestücken verantwortlich (Spannungsrißkorrosion). *Kußmaul*

Literatur: DIN 8524: Fehler an Schweißverbindungen aus metallischen Werkstoffen. Hrsg. Dt. Inst. für Normung. Ausg. Febr. 1984. – *Kußmaul, K.*: Werkstoff- und Herstellungsfehler in nahtlosen Rohren, Rohrbogen und Schmiedestücken. VGB Werkstofftagung 1969.

**Robert-Verdampfer.** Ein R.-V. ist ein nach seinem Erfinder benannter Apparat zum →Verdampfen mit einem ringförmigen Heizregister und einem

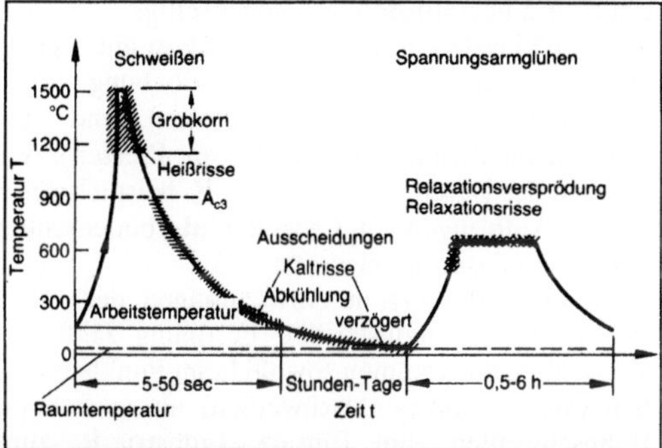


*Rißbildung 1: Rißbildung beim Schmelzschweißen. (Quelle: MPA)*

Brüdenraum mit Prallabscheidern (Bild). Die Zulauflösung vermischt sich mit der umlaufenden konzentrierten Lösung und strömt von unten nach oben durch Verdampfungsrohre, die oft mit Dampf beheizt werden. Der Naturumlauf benötigt ein Mindesttemperaturgefälle zwischen der Heizdampf- und der Siedeseite von 10 K. Zur Unterstützung des Umlaufs kann eine Umwälzpumpe im Fallrohr installiert werden. Schaum und mitgerissene Flüssigkeitstropfen halten Prallabscheider oberhalb des Brüdenraums zurück.

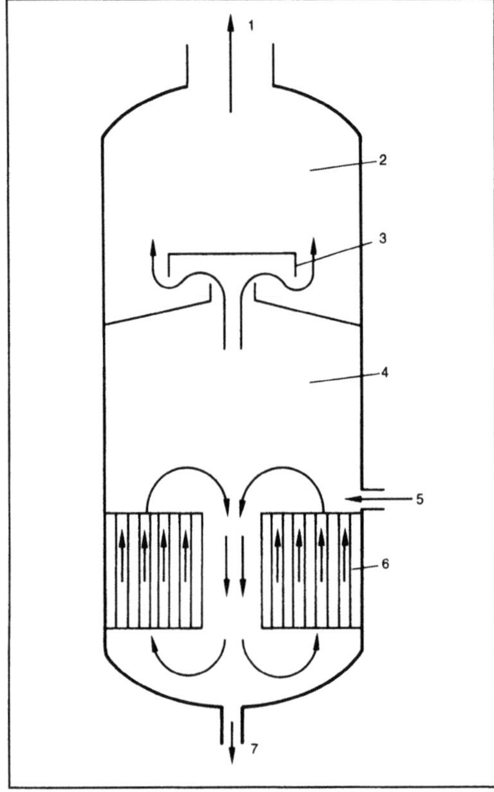


*Robert-Verdampfer: Schematischer Aufbau.*

1 Brüden, 2 Brüdenraum, 3 Prallabscheider, 4 Brüdenraum, 5 Zulauf, 6 Heizregister, 7 konzentrierte Lösung

R.-V. eignen sich wegen der relativ kurzen Rohre auch für viskose Lösungen und für Lösungen mit Salzausfall. Der R.-V. benötigt relativ viel Platz, hat aber eine geringe Bauhöhe. Die Heizflächen sind zur Reparatur und Reinigung schlecht zu erreichen. *Dohrn*

Literatur: *Billet, R.:* Verdampfung und ihre technischen Anwendungen. Weinheim 1981. – *Schaefer, F.:* Verdampfer. In: Ullmanns Enzyklopädie der techn. Chemie. Bd. 2. 4. Aufl. Weinheim 1972.

**Roboter.** Der Begriff R. stammt von dem slawischen Wort robota ab und heißt soviel wie schwere Arbeit. Er wird im allgemeinen Sprachgebrauch für eine menschenähnliche Maschine benutzt, die dem Aussehen des Menschen nachgebildet ist oder Funktionen übernimmt, die der Mensch ausführen kann. Es ist daher notwendig, den Begriff Industrieroboter für den technischen Gebrauch angepaßt zu definieren. Spricht man von Industrie-R., so ist zu beachten, daß diese gegen andere Handhabungsgeräte für den industriellen Einsatz, nämlich Einlegegeräte, Manipulatoren und Teleoperatoren, abgegrenzt werden. Dies kann entsprechend der Richtlinie VDI 2860, Bl. 1, folgendermaßen geschehen:

*Einlegegeräte* sind Bewegungsautomaten, deren Bewegungen hinsichtlich Bewegungsfolge und/oder Wegen bzw. Winkeln nach einem fest vorgegebenen Programm ablaufen, das ohne mechanischen Eingriff nicht verändert werden kann. Sie sind i. a. mit Greifern ausgerüstet und werden für Handhabungsaufgaben eingesetzt. Sie sind in der Massenfertigung zu finden.

*Manipulatoren* sind manuell gesteuerte Bewegungseinrichtungen, die für Handhabungsaufgaben eingesetzt werden.

*Teleoperatoren* sind ferngesteuerte Manipulatoren, mit Hilfe derer die Leistung und die Reichweite des Menschen weit übertroffen werden kann.

*Industrie-R.* sind universell einsetzbare Bewegungsautomaten mit mehreren Achsen, deren Bewegungen hinsichtlich Bewegungsfolge und Wegen bzw. Winkeln frei, d. h. ohne mechanischen Eingriff, programmierbar und ggf. sensorgeführt sind. Sie sind mit Greifern, Werkzeugen oder anderen Fertigungsmitteln ausrüstbar und können Handhabungs- und/oder Fertigungsaufgaben ausführen.

Industrie-R. setzen sich aus mehreren Teilsystemen zusammen, die unterschiedliche Funktionen ausführen. Die einzelnen Teilsysteme sind:

☐ →Kinematik, Arm, →Greifer,
☐ Steuerung,
☐ →Antrieb,
☐ Meßsystem,
☐ Sensoren.

Die einzelnen Teilsysteme sind ineinander integriert und beeinflussen sich gegenseitig.

Beim Einsatz von Industrie-R. ist zu unterscheiden zwischen der Werkzeughandhabung (z. B. Beschichten, Schweißen, Entgraten) und der →Werkstückhandhabung (z. B. an Pressen). Im Bereich des Beschichtens werden R. beispielsweise für das Aufbringen von Lacken, Unterbodenschutz oder von Glasuren eingesetzt.

Zu einer der ersten Anwendungen des Industrie-R. in der industriellen Fertigung zählt das Schweißen. Sie kommen sowohl beim Punktschweißen (Widerstandspunktschweißen) als auch beim Bahnschweißen zum Einsatz. Industrie-R. zum Punktschweißen zeichnen sich aus durch große Steifigkeit, starke Antriebe, große Arbeitsräume und hohe Tragkräfte, während Industrie-R. zum Bahnschweißen eine hohe Bahngenauigkeit und eine aufwendige Kinematik (5–6 Achsen) aufweisen.

Das Entgraten von Werkstücken zählt zu den Tätigkeiten, die am meisten Belastungsmerkmale für den Menschen aufweisen. Daher werden in diesem Bereich verstärkt Anstrengungen unternommen, Industrie-R. einzusetzen. Dies gilt für die Handhabung konventioneller Werkzeuge, wie z. B. beim Fräsen, Schleifen, Polieren, und für technologieintensive Verfahren, wie beispielsweise das Strahlschneiden.

Im Bereich der Werkstückhandhabung besteht die Aufgabe des Industrieroboters meist darin, Teile, die in definierter Position vorliegen, in ein Werkzeug einzulegen und/oder aus einem Werkzeug zu entnehmen. Hierfür wird der Industrie-R. mit Greifwerkzeugen (Saug-, Magnet- oder mechanisch betätigte Greifer) ausgerüstet. Einsatzbeispiele für die Werkstückhandhabung sind die Handhabung an Schmiedemaschinen, Pressen, Druck- und Spritzgießmaschinen und an Werkzeugmaschinen.

Ein weiteres, ständig wachsendes Anwendungsgebiet für Industrie-R., wo Werkzeug- und Werkstückhandhabungsaufgaben zu verrichten sind, ist die Montage. Industrie-R. werden zur Montage u. a. in folgenden Bereichen erfolgreich eingesetzt:
□ Montage von Büromaschinen und Druckern,
□ Leiterplattenbestückung,
□ Kabelbaummontage,
□ Motorenmontage in der Automobilindustrie,
□ Montage von Automobilaggregaten,
□ Zusammenbau von Steckern, Tastern, Tastaturen und kleinen Elektrobaugruppen.

In den letzten Jahren nimmt die Verwendung der Industrie-R. immer mehr zu. So wurden allein in der Bundesrepublik Deutschland Ende 1989 allein 22 400 Industrie-R. eingesetzt, die sich zahlenmäßig auf folgende Bereiche verteilen.
Werkzeughandhabung:
□ 4 055 beim Punktschweißen,
□ 3 790 beim Bahnschweißen,
□ 1 542 beim Beschichten,
□ 115 beim Entgraten,
□ 671 sonstige.
Werkstückhandhabung:
□ 2 300 bei Werkzeugmaschinen,
□ 770 bei Druck- und Spritzgießmaschinen,
□ 250 an Pressen,
□ 300 beim Schmieden,
□ 3 817 bei sonstiger Werkstückhandhabung.

In der Montage kommen 4 200 Industrie-R. zur Anwendung, während die restlichen 575 R. zu Forschungs-, Test- und Schulungszwecken eingesetzt werden. International gesehen liegt Japan mit ca. 180 000 eingesetzten Industrie-R. (Stand 1989)

an der Spitze, gefolgt von Europa mit insgesamt ca. 67 000 und USA mit 42 000 Industrie-R. Die neuesten Trendmeldungen aus Japan lassen weiterhin Steigerungsraten, vor allem im Bereich der Montage, erwarten. *Warnecke*

**Robotik.** R. ist eine wissenschaftliche Disziplin, die sich mit der Konstruktion und der Nutzung von Robotern befaßt. Unter dem Begriff Roboter seien hier alle Einrichtungen verstanden, die zur Handhabung von Materialien aller Art geeignet sind unter der Voraussetzung, daß diese Handhabungseinrichtungen programmierbar sind und damit ihre Aufgaben selbsttätig auf Grund ihrer Programme ausführen können.

R. ist außerdem eine Teildisziplin der künstlichen Intelligenz, wo sie im Umfeld der Bildverarbeitung und der natürlichsprachigen Systeme die intelligente Durchführung komplexer Handhabungsaufgaben behandelt. Der Begriff der Intelligenz bedeutet hier, daß Eigenschaften des Menschen durch Rechnerprogramme und technische Systeme nachgebildet werden sollen.

Die R. befaßt sich mit der Integration von Sensoren und wissensgestützten Verfahren zur Bewegungsplanung und Bewegungsausführung zum Zwecke der Erhöhung der Autonomie bei der Ausführung von Handhabungsaufgaben.

Die R. erfaßt alle Aspekte von Handhabungssystemen, die durch folgende Stichworte charakterisiert seien:
□ Gerätetechnik, insbes. die mechanischen und sensorischen Komponenten. Von besonderer Bedeutung sind mit taktiler Sensorik ausgestattete Greifersysteme, deren vielfältige Konfigurationen eine flexible Anpassung an komplizierte Greifaufgaben gestatten.
□ Regelung und Steuerung unter Berücksichtigung von mechanischen Strukturen der Kinematik, für die die bislang übliche Voraussetzung eines starren und exakt reproduzierbaren Verhaltens nicht mehr gilt. Elastizitäten mechanischer Komponenten oder notwendige Reaktionen auf dynamische Umgebungseinflüsse bei mobilen Handhabungssystemen stellen an die Regelung und Steuerung von Robotern zusätzliche Anforderungen, die durch modellgestützte und wissensbasierte Verfahren berücksichtigt werden können.
□ Bildauswertung und Bildverstehen gehören zum Gesamtbereich der Sensorik, sind jedoch in ihrer Bedeutung für die R. besonders hervorzuheben. Während die Bildauswertung sich auf die Detektion und Vermessung von Konturen und Formen in elektronisch aufgenommenen Bildern beschränkt, befaßt sich das Bildverstehen mit der inhaltlichen Bedeutung solcher Konturen und Formen. Bildauswertung und -verstehen gehören zu den Voraussetzungen für das autonome Verhalten von Systemen

der R. in unbekannter wie auch in bekannter, aber gestörter Umgebung.

□ Bewegungsplanung bezeichnet das Aufgabenfeld der statischen Festlegung und dynamischen Veränderung der tatsächlich von einem Robotersystem mit Hilfe der Kinematik und der Regelung und Steuerung durchgeführten Bewegung. Während die statische Planung von Bewegungsbahnen durch die Roboterprogrammierung erfolgt, stützt sich die dynamische Bewegungsplanung und -bahnkorrektur auf die Meßergebnisse von Sensoren.

□ Roboterprogrammierung bedeutet die Festlegung der Bewegungsbahnen von Robotern bezogen auf den vorgesehenen Einsatzfall. Die Hilfsmittel für die Roboterprogrammierung gehören zum Aufgabengebiet der R.

□ Diagnose und Mensch-System-Schnittstelle sind vor allem im Zusammenhang mit der künstlichen Intelligenz Aufgabengebiete der R. Während die wissensgestützte Systemdiagnose die Verhinderung oder Behandlung komplexer Störfälle unterstützt, ist an der Mensch-System-Schnittstelle der natürlichsprachige Dialog bei Programmierung und Betrieb von Robotersystemen von Bedeutung. In beiden Fällen soll die Qualifikation des mit dem Robotersystem kommunizierenden Menschen erweitert werden. *Steusloff*

Literatur: *Puppe, F.:* Einführung in Expertensysteme. Berlin 1988. – Robotics Research. MIT Press. Cambridge (Mass.) – *Vukobratovic, M.:* Introduction to Robotics. Berlin, Heidelberg, New York, London, Paris, Tokio 1989.


**Roheisenherstellung.** Die Herstellung von Roheisen erfolgt durch Reduktion von Eisenerzen und Trennen des Eisens von der Gangart im Schmelzfluß. Fast die gesamte Menge an Roheisen, in der Welt etwa 500 Mill. t/a, wird im Hochofen erzeugt.

Der Hochofen ist ein Gegenstromreaktor, in den Stückerze, Sinter und Pellets abwechselnd mit Koks von oben eingefüllt werden. Unten in der Blasformebene wird Koks mit dem eingeblasenen heißen Wind zu einem Gas mit etwa 35 % CO und 65 % $N_2$ teilverbrannt. Die adiabatische Verbrennungstemperatur beträgt etwa 2000–2300 °C. Das durch die Schüttsäule aufsteigende Formengas heizt die niedergehenden Möllerstoffe auf und reduziert die höheren Oxide des Eisens zu FeO und teilweise zu Fe. Die vollständige Reduktion zu Fe erfolgt durch festen Kohlenstoff bei Temperaturen über etwa 1200 °C im unteren Teil des Ofens. Das gebildete Eisen nimmt Kohlenstoff aus dem Koks auf und Mn, P und Si, die aus der Gangart der Erze und der Asche des Kokses durch Kohlenstoff reduziert werden. Das Eisen schmilzt und fließt durch die Schüttsäule aus Koks in das Gestell des Hochofens, wobei die genannten Reaktionen seine Zusammensetzung weiter verändern bis hin zu der Zusammensetzung des Roheisens beim Abstich. Gleichlaufend dazu bildet sich die flüssige Hochofenschlacke, die ebenfalls in das Gestell abfließt. Die Temperatur, mit der die Schlacke und Roheisen den Ofen beim Abstich verlassen, liegt bei etwa 1500 °C, während das Gichtgas beim Austritt aus der Beschickung eine Temperatur von 80–200 °C hat.

Beim Hochofenverfahren werden folgende Stoffmengen umgesetzt, wenn der Fe-Gehalt im Möller etwa 60 % beträgt:

| | |
|---|---|
| Erz, Pellets, Sinter | 1 700 kg/t RE, |
| Koks (Kohle, Öl, Gas) | 500 kg/t RE, |
| Heißwind (Normzustand) | 1 000 m³/t RE, |
| Schlacke | 300 kg/t RE, |
| Gichtgas (Normzustand) | 1 700 m³/t RE. |

Für die R. sind heute folgende Merkmale kennzeichnend:

□ Einsatz reicher Erze, so daß der Fe-Gehalt im Möller 58–65 % beträgt und die Schlackenmenge bei 330 bis herunter zu 200 kg/t RE liegt;

□ intensive Vorbereitung der Möllerstoffe durch Brechen und Sieben der Erze, Sintern der Feinerze und Pelletieren der Feinsterze sowie Mischen der Stoffe in Mischbetten;

□ Einstellen einer hohen Windtemperatur von 1000 bis 1300 °C. Die adiabatische Verbrennungstemperatur vor den Blasformen des Hochofens darf aber etwa 2200 °C nicht überschreiten, da sonst Störungen im Ofengang auftreten;

□ Einblasen von Ersatzbrennstoffen wie Erdgas, Koksofengas, Schweröl, Teer, Kohle mit dem Heißwind in die Blasformen, um die Verbrennungstemperatur abzusenken und um eine äquivalente Menge an Koks zu ersetzen. Heute wird zunehmend Kohle eingeblasen. Die Mengen liegen zwischen 60 und 250 kg/t RE;

□ Überwachen des Ofens durch eine Vielzahl von Meßstellen für Temperaturen, Gasdruck und -zusammensetzung, Menge und Verteilung der Feststoffe. In Verbindung mit Prozeßrechnern, die alle Meßdaten aufnehmen, sind geschlossene Führungssysteme in der Entwicklung;

□ Verwendung hochwertiger feuerfester Baustoffe, die an die Art der Beanspruchung in den verschiedenen Ofenzonen angepaßt sind, und intensive Kühlung der Ausmauerung. Die Lebensdauer einer Ofenzustellung beträgt dadurch heute 10–12 Jahre.

In Arbeiten zur Weiterentwicklung des Hochofenverfahrens wird der Einsatz von elektrischer Energie in Plasmabrennern untersucht. In solchen Brennern kann der Heißwind unmittelbar vor den Formen auf Temperaturen von 1700 °C erhitzt und damit die Menge an Kohle, die eingeblasen werden kann, auf etwa 300 kg/t erhöht werden.

Es kann aber auch ein geeignetes Reduktionsgas auf diese Weise erhitzt oder aus Erdgas und Luft oder $CO_2$ im Plasmabrenner erzeugt werden. Wird dieses hoch erhitzte Gas an Stelle von Heißwind in den Hochofen eingeblasen, so sollte sich der Koksverbrauch unter 300 kg/t RE absenken lassen. Großversuche sind geplant, um die Durchführbarkeit und die Wirtschaftlichkeit zu ermitteln.

In einem geringen Umfang wird Roheisen in Elektroniederschachtöfen erzeugt. Die erforderliche Temperatur wird durch elektrischen Strom erzeugt, der zwischen Kohleelektroden durch die bei den hohen Temperaturen leitende Beschickung im unteren Teil des Schachtes fließt. Koks wird zur Reduktion benötigt.

Da im Hochofen Sinter oder Pellets und Hochofenkoks benötigt werden, für deren Erzeugung Anlagen mit einem hohen Kapitalbedarf betrieben werden müssen, hat es nicht an Versuchen gefehlt, andere Verfahren zu entwickeln. Dabei sollten Kohlen und möglichst auch Feinerz einsetzbar sein, und es sollte ein flüssiges Roheisen erzeugt werden, um die Gangart der Erze als flüssige Schlacke abtrennen zu können.

Allen bisherigen Verfahrensvorschlägen ist gemeinsam, daß in einer ersten Stufe Erz vorreduziert und in einer zweiten Stufe fertig reduziert und geschmolzen werden soll. Für das Dios-Verfahren in Japan und das Hismelt-Verfahren in Australien sind Pilotanlagen im Bau, um die Durchführbarkeit und die Wirtschaftlichkeit zu untersuchen. Beide Verfahren führen die Vorreduktion von Feinerz in einem Wirbelschichtreaktor durch.

Industriell genutzt wird dagegen das Corex-Verfahren, bei dem Pellets oder Stückerz in der ersten Stufe in einem Schacht mit Gas vorreduziert werden. Das Gas wird in der zweiten Stufe aus Kohle mit Sauerstoff erzeugt. Gleichzeitig wird dort das vorreduzierte Material eingeschmolzen und fertigreduziert. Eine Anlage für eine Erzeugung von 300 000 t/a in Südafrika ist 1989 in Betrieb gegangen.

Sonstige Verfahrensvorschläge sind allenfalls in kleinen Pilotanlagen getestet worden. *Rellermeyer*

Literatur: *v. Bogdandy, L.,* u. *H. J. Engell:* Die Reduktion der Eisenerze. Düsseldorf 1967. – Proceedings of the 2nd European Ironmaking Congress 1991. Glasgow 1991.

**Rohguß.** R. ist ein nicht eindeutig definierter Begriff. Der Gußverbraucher versteht darunter ein →Gußstück mit entsprechenden Bearbeitungszugaben, das durch eine nachfolgende, meist spanende Bearbeitung auf Zeichnungsmaße in engen Toleranzen zu einem Fertigteil umgewandelt wird. Der Gießer bezeichnet dagegen als R. ein Gußstück, so wie es aus der Form kommt, d. h. an dem noch nachfolgende Arbeiten wie Putzen von Sandanhang bei Innen- und Außenkonturen, Abtrennen der Speiser und des Eingußsystems, Abschleifen von Grat und Gußnähten usw. auszuführen sind. Wenn danach solche Gußstücke die Endkontrolle mit

Gutbefund passiert haben, ist für den Gießer das abgelieferte Gußteil kein R. mehr, sondern aus seiner Sicht ein verkaufsfähiges Endprodukt.

Den Gußverbraucher interessieren neben der Einhaltung der verlangten mechanisch-physikalischen Eigenschaften und der Analysenvorschriften vor allem Oberflächengüte und Maßhaltigkeit. Inwieweit sich die ausgewählten Gußwerkstoffe auch noch spanend gut bearbeiten lassen, hängt nur in wenigen Fällen von der Verfahrenstechnik der Gußproduktion ab. In der Mehrzahl aller Fälle liegt die Ursache für Enttäuschungen oder Schwierigkeiten darin, daß der Gußverbraucher keine ausreichende Kenntnis vom Zusammenhang der vorgeschriebenen Zusammensetzung und deren Rückwirkung auf die Zerspanungseigenschaften hat.

Die Maßgenauigkeit der Gußstücke hängt wesentlich vom Formgebungsverfahren ab. Das →Gießen in Kokillen, zumal unter Zuhilfenahme eines Wirkmediums (→Druckguß, Niederdruckguß, Preßguß), liefert naturgemäß Teile mit höherer Rohmaßgenauigkeit als der Sandguß. Voraussetzung für die Anwendung der genannten Verfahren sind wegen der hohen Formherstellungskosten jedoch größere Serien. Bei verschiedenen industriell in großem Umfang eingesetzten Gußwerkstoffen, wie z. B. →Gußeisen mit Lamellengraphit, erfordert das Gießen in Kokillen zur Verbesserung der mechanischen Eigenschaften und der Bearbeitbarkeit eine nachträgliche Wärmebehandlung, die diese Fertigungsmethode nicht unerheblich verteuert. Deshalb nutzt man selbst für Großserienfertigung, wie z. B. im Motorenguß, immer noch das Sandgießen als bevorzugtes Fertigungsverfahren (Bild).

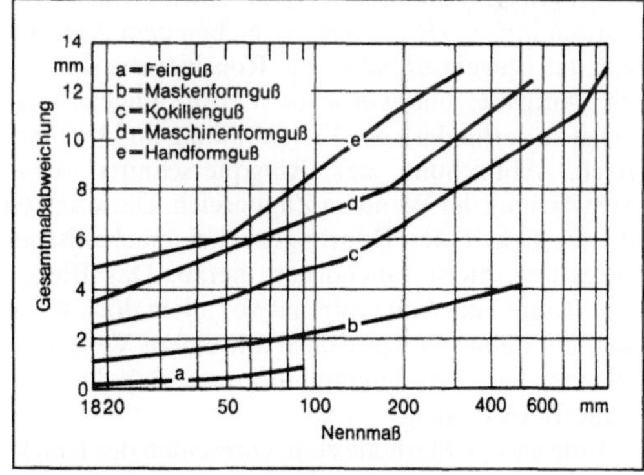


*Rohguß: Abhängigkeit der Freimaßtoleranzen vom gewählten Formverfahren.*

Neben gießtechnischen Maßnahmen wie Wahl des Formverfahrens, der Formstoffe usw. muß auch der Konstrukteur seinen Beitrag zu einer besseren Einhaltung der Maßgenauigkeit durch eine gießgerechte Konstruktion beitragen. Die ungleichmäßige Abkühlung infolge stark unterschiedlicher Querschnitte und scharfer Kanten (Sandkanteneffekt) verursacht Wärmespannungen, die wiederum Ursache von Warm- und Kaltrissen sein können. Im dickeren Querschnitt erstarrt zuerst eine verhältnismäßig dünne Kruste, während das Innere noch flüssig bleibt. In dieser Zeit ist der dünnere Querschnitt in seiner Erstarrung bereits weiter fortgeschritten. Mit Erstarrungsbeginn setzt die Schwindung (Volumenkontraktion) ein, und der dünnere Querschnitt übt einen Zug auf die dickwandigeren Partien aus. Da die Warmfestigkeit der meisten Gußwerkstoffe erheblich unter deren Zugfestigkeit bei Raumtemperatur liegt, können die durch Abkühlung hervorgerufenen Zugspannungen so groß sein, daß es zu Materialtrennungen kommt. *Doliwa*

**Rohrbiegen.** Das Biegen von Rohren mit Kreisringquerschnitt hat vor allem im Kessel- und Rohrleitungsbau große Bedeutung. Es werden alle Biegeverfahren nach DIN 8586 (außer Gesenksicken, Gesenkbördeln, →Knickbiegen, →Walzprofilieren, →Walzziehbiegen und →Gleitziehbiegen) mit zahlreichen Varianten angewandt. Bei den betrachteten Verfahren legt man Wert auf Faltenfreiheit an der Innenseite des Bogens. Für besondere Zwecke (z. B. Ofenrohrkrümmer) stellt man aber auch Faltenrohre auf verschiedene Art her.

Die Entscheidung, welches Verfahren in einem bestimmten Fall angewandt werden soll oder kann, hängt außer von wirtschaftlichen Gesichtspunkten in erster Linie von den mechanischen Eigenschaften des zu verarbeitenden Werkstoffs, den Rohrabmessungen und dem geforderten Biegehalbmesser ab. Wohl am häufigsten kommen jedoch das R. mit Dorn (Bild 1) und das R. ohne Dorn (Bild 2) zur Anwendung (→Rundbiegen). Neben dem Aufbringen der Biegekraft haben die Rohrbiegewerkzeuge die Aufgabe, unerwünschte Verformungen möglichst zu verhindern wie Faltenbildung im Druckbereich, Abflachung des Ringquerschnitts sowie Schwächung der Wand im Zugbereich. Diese setzen die Festigkeit des Rohrbogens bei mechanischer Belastung, meist Innendruck, herab. Das Biegen von Rohren mit Stützdorn hat vor allem dort, wo es sich um dünnwandige Rohre mit einem Verhältnis Wanddicke zu Außendurchmesser $\leq$ 0,06 handelt, seine Berechtigung.

Eine andere Methode zum Vermeiden des Knicks von Rohren beim Biegen ist ihr vorheriges Ausgießen mit einer niedrigschmelzenden Legierung, deren Schmelzpunkt unter 100 °C liegt. Werden die damit ausgegossenen Rohre nach dem Biegen in ein Sieb aus nichtrostendem Stahldraht eingelegt, das in einen beheizten kochenden Wasserbehälter eingehängt wird, so löst sich das eingegossene Metall, fließt von dort in den Unterteil des Behälters, wo es sich sammelt, und von dort nach Öffnen eines Hahns zum Einfüllen in die nächsten noch zu biegenden

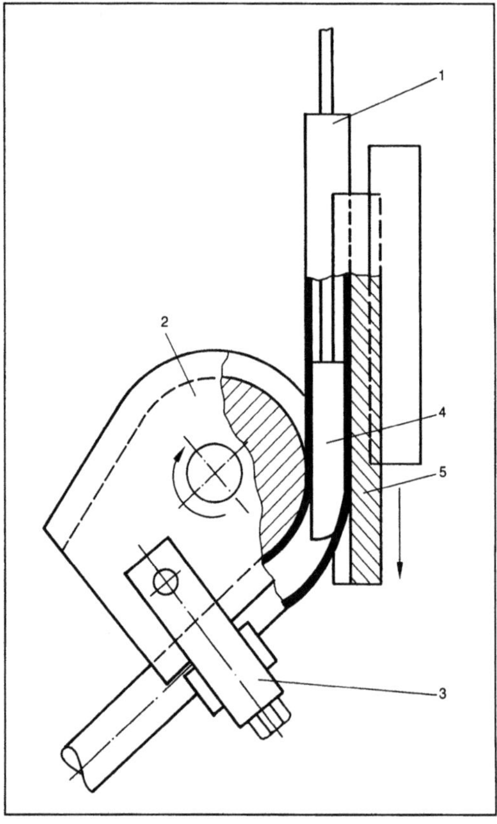

*Rohrbiegen 1: Rundbiegen mit Stützdorn. Schema. (Quelle:* Franz *a. a. O.)*

1 Rohr, 2 Biegeform, 3 Spannbacke, 4 Stützdorn, 5 Biegeschiene

Rohre entnommen werden kann. Für Rohre kleineren Durchmessers eignet sich sehr gut Wismut-Cadmium-Lot (50 % Bi; 10 % Cd; 26,7 % Pb; 13,3 % Sn) mit einem Schmelzpunkt von 70 °C. Rohre größeren Durchmessers, d. h. über 40 mm, werden zweckmäßigerweise mit einer Legierung bestehend aus 55,5 % Bi und 44,5 % Pb ausgegossen. Bei der zuletzt angegebenen Legierung ist besonders zu beachten, daß sie beim Schmelzen leicht oxidiert, weshalb – wie geschildert – ein Lösen im kochenden Wasserbad und nicht über freier Flamme dort besonders notwendig ist.

Bei obengenannten Verfahren vermindert sich die Wanddicke im Zugbereich. Soll dies verhindert werden, so wird das Druckbiegen angewandt, bei dem den Biegespannungen Druckspannungen in Längsrichtung überlagert werden. Dadurch wird zwar auf der Innenseite des Bogens die Wand wesentlich dicker, am Außenrand kann sie jedoch konstant gehalten werden.

In vielen Anwendungsgebieten werden Rohre mit Biegungen in verschiedenen Ebenen bei hoher Wiederholgenauigkeit und in unterschiedlichen

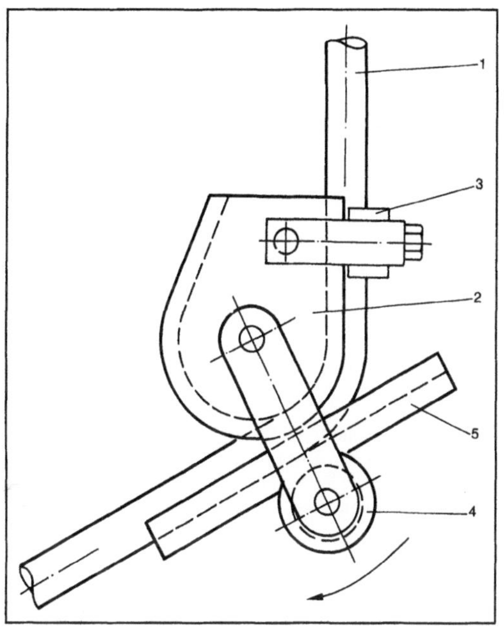

*Rohrbiegen 2: Dornloses Rohrbiegen. Schema. (Quelle:* Franz *a. a. O.)*

1 Rohr, 2 Biegeform, 3 Spannbacke, 4 Walze, 5 Biegeschiene

Losgrößen durch NC-Rohrbiegemaschinen gefertigt (Bild 3). Derartige mikroprozessorgesteuerte NC-Rohrbiegemaschinen ermöglichen einen vollautomatischen Ablauf des Biegeprozesses. Im Biegeprogramm können hierzu Rückfederungsverhalten, Wanddickenunterschiede und ggf. Lage der Rohrnaht berücksichtigt werden, und es kann zur Minimierung der Bearbeitungszeiten auf zwei Bewegungsachsen (z. B. C- und A-Achse, Bild 3) gleichzeitig gebogen werden. *Lange*

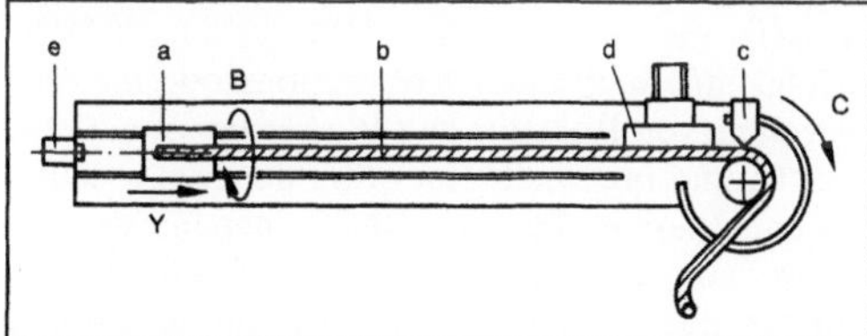

*Rohrbiegen 3: Prinzip des NC-Rohrbiegens. (Quelle:* Spur, Stöferle *a. a. O.)*

a Längsschlitten mit Spannzange, b Rohr, c Biegearm, d Gegendruckschiene, e Dorn (Rückzugeinrichtung), B NC-Achse für Drehwinkeleinstellung, C NC-Achse für Biegewinkeleinstellung, Y NC-Längsvorstellung (Einstellung der Abstände zwischen den Bögen)

Literatur: *Franz, W.-D.:* Das Kaltbiegen von Rohren. Berlin, Göttingen, Heidelberg 1961. – *Oehler, G.,* u. *F. Kaiser:* Schnitt-, Stanz- und Ziehwerkzeuge. 6. Aufl. Berlin, Heidelberg, New York 1973. – *Spur, G.* (Hrsg.), u. *Th. Stöferle:* Handb. Fertigungstechnik. Bd. 2/3.: Umformen, Zerteilen. München 1985.

**Rohrbündelreaktor.** Befinden sich sehr viele (bis zu 20000) Einzelrohre mit Längen zwischen L = 1 und 10 m und Durchmessern $d_R$ zwischen 10 und 100 mm parallel geschaltet in einem Apparat, so liegt ein R. (Bild) vor. Der Katalysator wird meist in die Einzelrohre gefüllt, während die Wärmeübertragerflüssigkeit (Wärmeträger) im Mantelraum zwischen den Rohren meist im Gegenstrom zum Reaktionsgasgemisch geführt wird. R. werden bevorzugt bei stark exothermen bzw. endothermen Reaktionen verwendet, da der Wärmeaustausch besonders intensiv ist vor allem dann, wenn als Kühlfluid siedende Flüssigkeiten zirkulieren. Weitere Vorteile sind z. B. die gute Temperaturregelung in den katalysatorgefüllten Einzelrohren, die Realisierung großer Reaktorkapazitäten über die Anzahl der Parallelrohre, die hohe Lebensdauer und Zuverlässigkeit des Reaktors, eine günstige →Reaktionsführung sowie bei großen $L/d_R$-Verhältnissen (→Rohrreaktor) das näherungsweise Vorliegen von Kolbenströmung. Andererseits sind die R. konstruktiv aufwendig, in der Herstellung kompliziert und haben entsprechend hohe Investitions- und Betriebskosten. Der Katalysatorwechsel (→Desaktivierung von Katalysatoren) ist aufwendig und zeitintensiv. Bei stark exothermen Reaktionen kann es, besonders bei größeren Rohrdurchmessern, auch bei intensiver Kühlung noch zu Temperaturspitzen (Hot Spots, →Empfindlichkeit, parametrische) kommen.

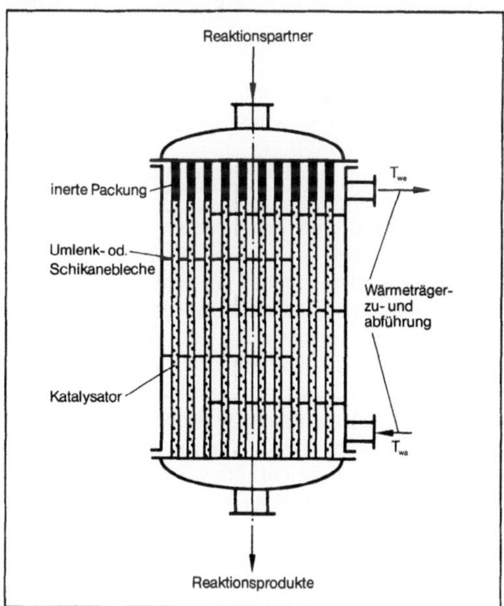


*Rohrbündelreaktor: Wesentliche Elemente eines Rohrbündelreaktors. (Quelle:* Weiß *a. a. O.)*

$T_{wa}$, $T_{we}$, Eintritts-, Austrittstemperatur des Wärmeträgers (bei exothermen Reaktionen: der Kühlflüssigkeit)

Der R. ist neben dem adiabaten →Hordenreaktor ein wichtiger →Festbettreaktor, der für isotherme oder polytrope Reaktionsführung geeignet ist. Er wird z. B. industriell eingesetzt für Partialoxidationsprozesse wie die Synthesen von Phthalsäureanhydrid, Maleinsäureanhydrid, Acrylnitril, Ethylenoxid, Formaldehyd; für die Fischer-Tropsch-Synthese sowie teilweise noch für die Herstellung von Ammoniak und Methanol, die beide vorwiegend in Hordenreaktoren hergestellt werden. *Schönbucher*

Literatur: Autorenkollektiv (*S. Weiß*, Hrsg.): Verfahrenstechn. Berechnungsmethoden. Tl. 5: Chem. Reaktoren. Weinheim 1987.

## Rohrbündel-Wärmeübertrager.

Ein R.-W. besteht aus einem R., das von einem zylindrischen Mantel umgeben ist. Das R. wird von einem Medium innen durchströmt und vom zweiten Medium auf den Außenseiten der Rohre umströmt.

R.-W. werden wegen ihrer verhältnismäßig einfachen Herstellung und vielseitigen Anwendbarkeit für gasförmige und flüssige Stoffe innerhalb eines sehr großen Temperatur- und Druckbereichs in zahlreichen Industriezweigen, besonders in der chemischen Industrie und im Energiebereich, eingesetzt. Häufige Anwendungsfälle sind:

□ Wärmeübertragung von einem Gas auf ein anderes;

□ Wärmeübertragung von Gas auf Flüssigkeit und umgekehrt;

□ Wärmeübertragung von einer Flüssigkeit auf eine andere;

□ Kondensation von Dampf mittels einer Kühlflüssigkeit;

□ Kondensation von Dampf durch Kühlluft;

□ Erwärmung von Gas oder Flüssigkeit durch kondensierenden Dampf;

□ Verdampfung von Flüssigkeit durch heiße Gase oder andere Flüssigkeiten;

□ Verdampfung von Flüssigkeiten durch kondensierenden Dampf.

Das Bild zeigt einen R.-W. mit festen Böden. Hierbei sind die Rohrböden mit dem Mantel oder Mantelflansch verschweißt. An den Rohrböden angeflanschte Hauben dienen als Produktverteiler oder Sammler. Durch den Einbau von Trennwänden erhält man mehrgängige Apparate, wobei der Strömungsweg im Bündel verlängert und die Strömungsgeschwindigkeit erhöht wird. Im Mantelraum werden meist Umlenksegmente angeordnet. Sie haben die Aufgabe, den strömenden Stoff zu führen, die Rohre vor Schwingungsschäden zu schützen und zu verhindern, daß die Rohre ausknicken.

R.-W. werden auch als Dampferzeuger in Kraftwerken mit Druckwasserreaktoren eingesetzt. Sie werden dazu als stehende U-Rohr-Wärmeübertrager ausgeführt. Während das zu verdampfende Sekundärmedium (Speisewasser) hierbei durch

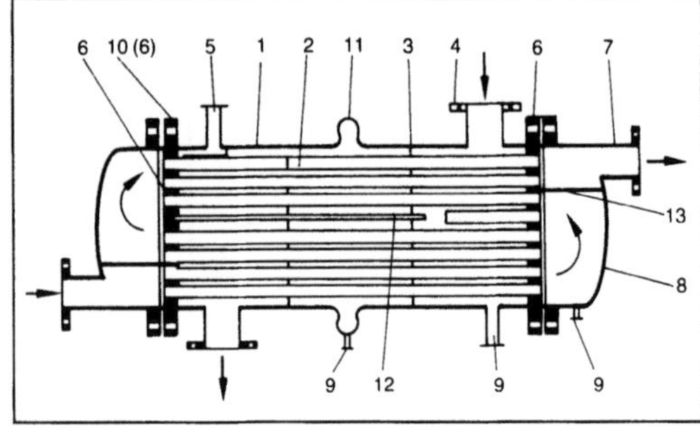

*Rohrbündel-Wärmeübertrager: Bauteile eines dreigängigen Rohrbündel-Wärmeübertragers mit zwei festen Böden.*

1 Mantel, 2 Innenrohr, 3 Umlenksegment, 4 Mantelstutzen, 5 Entlüftungsstutzen, 6 Rohrboden, Rohrplatte, 7 Haubenstutzen, 8 Haube, 9 Entleerungsstutzen, 10 Apparateflansch, 11 Dehnungsausgleicher, 12 Abstandhalter, 13 Trennwand

Naturumlauf (Konvektion, freie) auf der Außenseite der Bündelrohre strömt, fließt das Primärmedium durch Zwangskonvektion innerhalb der Rohre. *W. Köhler*

## Röhrenofen.

Die großtechnische Herstellung von Olefinen, die zu den bedeutendsten Grundchemikalien zählen, erfolgt durch Mitteltemperatur-Pyrolyse (MTP), insbes. aus nassem Erdgas (enthält Ethan, Propan), Leichtbenzin (Naphtha), Mitteldestillaten und (zukünftig) Rohöl, die in R. (Röhrenspaltöfen, Steamcracker, Röhrenkracköfen) durchgeführt wird (→Pyrolyse-Reaktion). Im Inneren der R. befinden sich horizontal oder vertikal angeordnete Krackrohre (Spaltrohre) in Form von Rohrschlangen, die von außen durch Gas-Seitenwandbrenner, durch Öl-Bodenbrenner oder durch beide indirekt beheizt werden. Durch die Röhren strömen mit großer Geschwindigkeit die gesättigten Kohlenwasserstoffe und zugesetzter Wasserdampf. Dabei erfolgt innerhalb einer Konvektionszone die Vorwärmung von Rohstoff und Wasserdampf auf etwa 600 °C, und innerhalb einer Strahlungszone laufen die endothermen Pyrolyse-Reaktionen bei Verweilzeiten von wenigen zehntel Sekunden ab. Die entstehenden Krackgase erreichen am Ofenaustritt Temperaturen (Spaltgasaustrittstemperaturen) von ca. 850 °C und werden sehr rasch in Quenchkühlern abgeschreckt, wodurch unerwünschte Folgereaktionen der gebildeten Olefine zurückgedrängt werden.

Man unterscheidet zwischen den älteren, konventionellen Kracköfen sowie den modernen Kurzzeit-Kracköfen und den Ultra-Kurzzeit-Kracköfen. In dieser Reihenfolge nehmen die Spaltaustrittstemperaturen, die Krackschärfen und die Anzahl der Krackrohrschlangen zu, während die Verweilzeiten der Krackgase und damit die Längen der Krackrohrschlangen abnehmen. Diese Maßnahmen haben zu einer deutlichen Verbesserung der Olefinausbeuten geführt. In einem Ultra-Kurzzeit-Krackofen sind die Krackrohre senkrecht angeordnet mit Längen zwischen 35 und 50 m und Durchmessern zwischen 70 und 80 mm. Die Verweilzeiten betragen in der Strahlungszone zwischen 0,2 und 0,3 s bei Reynolds-Zahlen über $10^6$. Die Krackrohre müssen dabei Heizflächenbelastungen von bis zu 70 kW/m² standhalten. Die maximalen Ethylenausbeuten liegen bisher bei 30 %, wobei eine Erhöhung der Gesamtausbeute aller entstehender Olefine nicht mehr möglich ist.

R. werden auch für katalytische Reaktionen, z. B. das Steam-Reforming zur Herstellung von Synthesegas ($CO/H_2$) aus Erdgas oder Naphtha an Ni/MgO-Katalysatoren, die sich in den Spaltrohren befinden, oder bei rein physikalischen Prozessen, z. B. der Erdölerhitzung bei der Rohöldestillation, eingesetzt. *Schönbucher*

**Röhrenzentrifuge.** R. zeichnen sich durch einen kleinen Durchmesser und große Länge aus. Deshalb sind große Schleuderziffern möglich. Die im Bild dargestellte R. ist zum Trennen von Flüssigkeitsgemischen bestimmt. Der Ringspalt regelt die Trennung von leichter und schwerer Flüssigkeitsphase. Feststoffe sind diskontinuierlich zu entfernen. *Dahl*

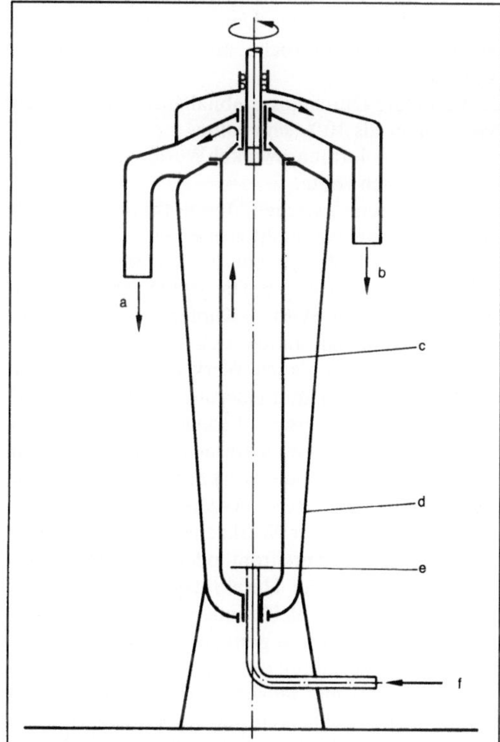

*Röhrenzentrifuge.*

a schwere Phase, b leichte Phase, c Rotor, d Gehäuse, e Verteiler, f Suspension

**Rohrgleitziehen.** Nach DIN 8584, Bl. 2, werden die zum →Durchziehen gehörenden Verfahren des Gleitziehens von Hohlkörpern unter dem Sammelbegriff Rohrziehen zusammengefaßt, wenn es sich bei den Hohlkörpern um Rohre handelt. Neben dem Gleitziehen als Durchziehen eines Werkstücks durch ein geschlossenes, in Ziehrichtung feststehendes Ziehwerkzeug (Ziehring), dessen Innenraum als Ziehhol bezeichnet wird, hat das Walzziehen für die Rohrherstellung eine große Bedeutung. Eine Übersicht über die Gleitziehverfahren zur Hohlkörperherstellung und ihre Einordnung in die Durchziehverfahren gibt Bild 1.

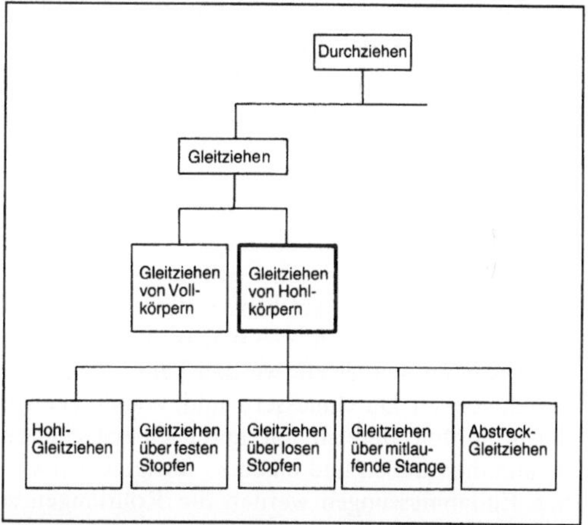


*Rohrgleitziehen 1: Übersicht der Gleitziehverfahren für Hohlkörper (Rohre) nach DIN 8584, Bl. 2.*

Beim R. unterscheidet man zwei Zielrichtungen:
□ Verminderung des Rohrdurchmessers,
□ Verminderung der Wanddicke.

Der Verminderung des Rohrdurchmessers dient das Hohl-Gleitziehen, Bild 2a), das ohne Innenwerkzeug arbeitet. Die Wanddicke bleibt dabei unverändert. Die Innenoberfläche wird jedoch wegen der freien Umformung sehr rauh. Zur Verminderung der Wanddicke dient das Gleitziehen über festen Stopfen oder Dorn, Bild 2b). Dieser wird durch eine Dornstange in der gezeigten Position im Ziehring gehalten. Die Länge der Dornstange ist dadurch begrenzt, daß in Verbindung mit Prozeßparametern, Ziehgeschwindigkeit, Reibzustand im Werkzeug, Rohrwerkstoff Eigenschwingungen angeregt werden können, die zu fehlerhaften Innenoberflächen durch Rattermarken führen. Bei optimierter Prozeßauslegung ergeben sich wegen der gebundenen Umformung glatte Innenoberflächen. Bei beiden Grundverfahren des Rohrgleitziehens ist die Verfahrensgrenze durch die vom gezogenen Abschnitt übertragbare Ziehkraft gegeben. Dadurch ist der →Umformgrad φ auf Werte von 0,25–0,30 begrenzt.

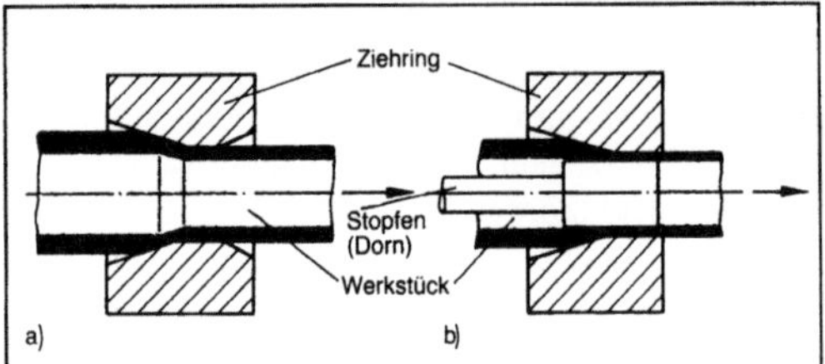

*Rohrgleitziehen 2: Grundverfahren nach DIN 8584, Bl. 2.*
*a) Hohl-Gleitziehen*
*b) Gleitziehen über festen Stopfen (Dorn).*

In der industriellen Praxis werden die beiden Grundverfahren des Rohrziehens nicht getrennt, sondern kombiniert durchgeführt, d. h. es findet gleichzeitig eine Durchmesser- und Wanddickenverminderung statt. Der Gesamtumformgrad wird dabei annähernd gleichmäßig auf die beiden Teilvorgänge aufgeteilt. Es ist somit möglich, in einer Reihe von Zügen, ausgehend von einem Ausgangsrohr, das durch →Strangpressen oder →Walzen und Streckreduzierwalzen, bei Stahlrohren auch durch →Walzprofilieren und →Schweißen, hergestellt werden kann, Rohre mit verschiedenen Durchmessern und Wanddicken in einem weiten Bereich mit guter Oberflächenbeschaffenheit außen und innen zu fertigen. Bei kleinen Endabmessungen werden die Rohrlängen so groß, daß man Ketten-Ziehbänke (→Stabziehen) nicht mehr verwenden kann. Es sind dann Ziehmaschinen mit umlaufender Trommel zu verwenden. Der Trommeldurchmesser muß besonders bei Rohren mit großem Verhältnis Durchmesser/Wanddicke groß genug sein, um Rohrverformungen zu verhindern. Er kann bis zu einigen Metern betragen.

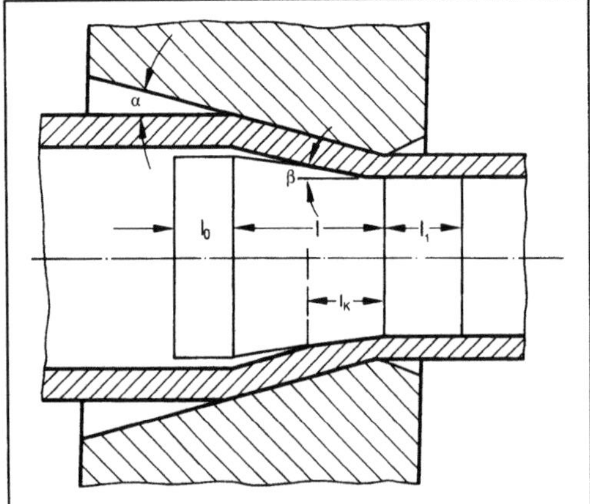

*Rohrgleitziehen 3: Kombiniertes Rohrgleitziehen für gleichzeitige Durchmesser- und Wanddickenabnahme. Darstellung der Funktionsstelle am fliegenden Dorn.*

Beim Rohrziehen auf Trommelziehmaschinen lassen sich keine Dorne mit Dornstangen verwenden. Man benutzt sog. fliegende (schwimmende) Dorne bzw. Stopfen (Bild 3). Die Gefahr der Eigenschwingungen im System Werkstück-Werkzeug ist wesentlich geringer. Der fliegende (schwimmende) Dorn wird im Ziehhol durch die vorwärts in Ziehrichtung wirkenden Reibungskräfte und die rückwärts entgegen der Ziehrichtung wirkenden Druckkräfte im Gleichgewicht gehalten. Man kann den Dorn in drei Zonen aufteilen, die verschiedene Funktionen aufweisen:

□ Der zylindrische Teil mit der Länge $l_0$ dient der Führung des einlaufenden Rohrs. Sein Durchmesser soll deshalb geringfügig kleiner sein als der Innendurchmesser des Rohrs.

□ Im kegeligen Teil mit der Länge $l$ wird der anfängliche Hohlgleitzug durch den Gleitzug mit der Länge $l_K$ abgelöst. Hier tritt die eigentliche Umformung auf.

□ Durch den zylindrischen Teil mit der Länge $l_1$ sind die Wanddicke und der Innendurchmesser des gezogenen Rohrs festgelegt.

Die Abmessungen des Dorns müssen so gewählt werden, daß er einerseits nicht mit durch das Ziehhol gezogen wird, daß andererseits aber auch kein Rattern einsetzt, das sogar dazu führen kann, daß der Dorn aus der Umformzone nach hinten gestoßen wird. Versuche mit Stahlrohren haben gezeigt, daß

□ die äußere Durchmesserabnahme des Rohrs nicht viel kleiner als 10 % sein sollte,

□ der Ziehholöffnungswinkel Werte von etwa $2\alpha = 10°$ aufweisen sollte,

□ die Differenz zwischen Düsenöffnungswinkel $2\alpha$ und Dornkegelwinkel $2\beta$ größer als $4°$ sein sollte.

Durch R. läßt sich ein breites Spektrum von Werkstoffen verarbeiten. Die größte wirtschaftliche Bedeutung haben Stahl, →Kupfer und Kupferlegierungen. Daneben finden sich Aluminium, Zinn, Zink, →Blei, aber auch Werkstoffe wie →Titan, Zirconium, Tantal mit Legierungen usw. Werkstoffspezifische tribologische Lösungen (Oberflächenvorbehandlung, Schmierstoffauswahl) sind im Einzelfall zu finden. Für die Werkzeuge werden vorwiegend niedrig legierte Werkzeugstähle verwendet. Die Reibflächen der Werkzeuge (Ziehhol, Dorn) werden meist hartverchromt oder auch anders oberflächenbehandelt zur Herabsetzung der Reibungszahl und zur Verschleißminderung.

Bei Rohren mit sehr geringer Wanddicke kommt als weiteres Verfahren das Gleitziehen über mitlaufende Stange (über langen Dorn) zur Anwendung (Bild 4). Die Ziehlängen sind hierbei begrenzt u. a. wegen des schwierigen Trennens von Rohr und Dorn nach dem Ziehvorgang.

Gezogene Rohre aus Stahl und Nichteisenmetallen finden eine vielfältige industrielle Verwendung.

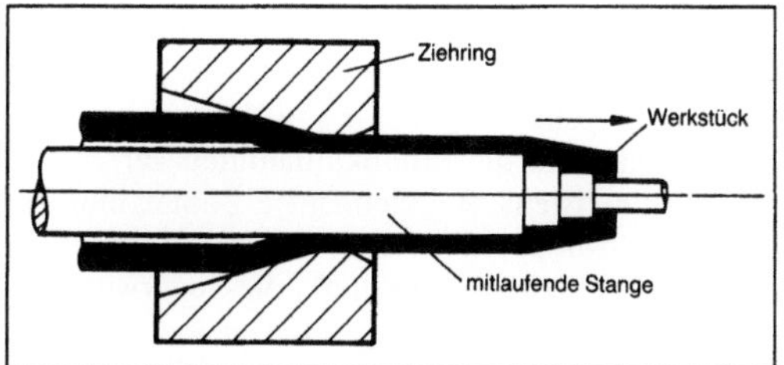



*Rohrgleitziehen 4: Gleitziehen über mitlaufende Stange (über langen Dorn).*

Sie zeichnen sich aus durch geringe Maßabweichungen, gute Oberflächenbeschaffenheit und geringe Wanddicken. Sie sind vor allem auch hoch beanspruchbare Elemente für den Leichtbau. Da Rohre i. a. bei Raumtemperatur gezogen werden, läßt sich die dabei auftretende Verfestigung zur →Festigkeitssteigerung gezielt nutzen. Das ist besonders von Vorteil für reine Metalle, z. B. Reinaluminium, Reinkupfer, bei denen eine Festigkeitssteigerung sonst nicht möglich ist. *Lange*

Literatur: *Lange, K.* (Hrsg.): Umformtechnik. Handb. f. Ind. u. Wiss. Bd. 2: Massivumformung. 2. Aufl. Berlin, Heidelberg, New York, Tokio 1988. – *Spur, G.* (Hrsg.), u. *Th. Stöferle:* Handb. Fertigungstechnik. Bd. 2/2: Umformen. München 1984.

**Rohrkrümmer.** Bei pneumatischer und auch bei hydraulischer →Förderung verursachen die R. oder Bögen eine Abbremsung des Förderguts und vielfach auch Verschleiß. In solchen Fällen werden sie mit Schmelzbasalt ausgekleidet oder mit Beton umhüllt, in dem 50–60 % Basaltkörner eingemischt sind.

Vielfach kann man den Verschleiß in den Krümmern durch eine Erweiterung des Querschnitts auf den Faktor 1,5 deutlich herabsetzen, weil Gleitverschleiß in erster Näherung mit der Geschwindigkeit in der dritten Potenz wächst und fällt.

Üblich sind auch R. mit quadratischem Querschnitt, in denen nur die Außenwand aus Basalt oder anderem verschleißfestem Material besteht. *Muschelknautz*

**Rohrleitung (Anlagenbau).** Im Apparate- und Anlagenbau sind R. als Verbindungs-Elemente zwischen den einzelnen Behältern häufige konstruktive Baugruppen. Die R. sind i. a. räumlich verlegt, d. h. durch Druck-, Temperatur- und Impulsbeanspruchung der Medien in solchen R. entstehen räumlich wirkende Kraft- und Momentenbelastungen. Um diese in zulässigen Grenzen zu halten, ist es erforderlich, innerhalb der R.-Verlegung bestimmte Stützpunkte in Gestalt von Gleitfixierungen oder Festpunkten vorzusehen. Außerdem hilft in solchen R.-Verzweigungen natürlich die Anordnung von Ausgleichselementen wie Kompensatoren. Ziel auf

jeden Fall muß es sein, die Beanspruchung infolge Kräften und Momenten auf die Stutzen von Apparaten minimal zu halten. Als Hilfsmittel hat sich hierbei eine elastizitätstheoretische Berechnung des gesamten R.-Systems bewährt, wobei dies zweckmäßigerweise unter Einsatz von EDV-Anlagen erfolgt. *Strohmeier*

**Rohrmembran.** Wenn eine aufzutrennende Rohlösung größere Partikel enthält oder wenn es notwendig ist, eine Memban in regelmäßigen Abständen mechanisch zu reinigen, eignen sich vorzugsweise R. Dies sind Membranen (Innendurchmesser ca. 5 bis 25 mm), die entweder selbsttragend oder in perforierte Verstärkungsrohre eingelassen sind. Die mechanische Reinigung wird vorgenommen, indem z. B. Schaumgummibällchen durch die Rohre gedrückt werden.

Für derartige R. gibt es verschiedene Herstellungsverfahren. Die kleineren Durchmesser (5 bis 10 mm) werden meist über Extrusion und thermische Fällung gefertigt. Für die größerlumigen klebt oder schweißt man zuerst das Membranstützmaterial rohrförmig. Danach wird Polymerlösung in das Rohr gefüllt. Eine durchfallende Kugel bewirkt eine gleichmäßige Schichtdicke der Polymerlösung auf der Rohrinnenseite. Durch Einbringen eines Fällmittels wird die Membran fertiggestellt.

Bei einem anderen Fertigungsverfahren benutzt man fertige Flachmembranen, die in Streifen geschnitten, rundgeformt und verschweißt werden. Diese Methode hat den Vorteil der einfacheren Herstellbarkeit. Die fertigen R. werden meist in Bündeln zu Modulen mit Längen von ca. 0,50–4 m verarbeitet. *Stroh*

**Rohrmühle** →Kugelmühle

**Rohrreaktor.** Kontinuierlich betriebener chemischer Reaktor für homogene Fluidreaktionen (insbes. Gasphasenreaktionen, →Röhrenofen), für Fluid-Feststoff-Reaktionen (insbes. Gas-Feststoff-Reaktionen, →Festbettreaktor, →Hordenreaktor) sowie für Gas-Flüssig-Reaktionen (→Blasensäule, →Rieselbettreaktor), in dem die Reaktionsmasse näherungsweise Kolbenströmung aufweist. Der R. (Strömungsrohr, Kolbenfluß-Reaktor) ist neben dem →Rührkesselreaktor der am weitesten verbreitete Reaktor in der chemischen Industrie und kann parallel (→Rohrbündelreaktor) und in Reihe (→Kaskade) oder als Kreuzstromreaktor (→Reaktionsführung) geschaltet werden. Er läßt sich vor allem durch folgende Eigenschaften charakterisieren:
□ Die i. a. im turbulenten Strömungsbereich (Reynolds-Zahlen $Re > 10^4$) betriebenen Reaktoren sollten ein Verhältnis (Schlankheitsgrad) von Rohrlänge L zu Durchmesser $d_R$ von $L/d_R > 50$ haben. Dann liegt eine sehr geringe →Rückvermischung

der Reaktionsmasse vor und damit auch eine enge →Verweilzeitverteilung, die sich i. a. günstig auf die →Selektivität auswirkt. Dagegen tritt in radialer Richtung i. a. eine vollständige Vermischung auf.

□ Die chemische Zusammensetzung der Reaktionsmasse ändert sich mit zunehmendem axialen Abstand vom Reaktoreintritt, d. h. der Umsatz ist ortsabhängig und schreitet zur gleichen Zeit, aber örtlich hintereinander in Strömungsrichtung fort. Bei instationärem Betrieb (z. B. An- und Abfahren des R.) ist die Zusammensetzung zusätzlich zeitabhängig. Die erreichbaren Umsätze liegen grundsätzlich höher als im kontinuierlichen Rührkesselreaktor und stimmen nur dann mit dem Umsatz des absatzweise betriebenen Rührkesselreaktors überein, wenn die mittlere →Verweilzeit des R. gleich der →Raumzeit ist und der Reaktionszeit des Chargenkessels entspricht. Berücksichtigt man die Totzeiten (→Reaktionsführung, diskontinuierliche), so hat der R. auch gegenüber dem Chargenkessel eine höhere Reaktorleistung. Muß der Umsatz pro Reaktordurchgang klein bleiben, kann der R. mit →Rückführung betrieben werden.

□ Es liegen i. a. axiale und radiale Temperaturprofile vor, die bei instationärem Betrieb zusätzlich zeitabhängig werden. Bei exothermen Reaktionen befindet sich das Temperaturmaximum häufig auf der Rohrachse.

□ Auf Grund seines im Vergleich zum Rührkesselreaktor großen Verhältnisses von wärmeübertragender Mantelfläche zu Reaktorvolumen können bevorzugt stark exotherme bzw. endotherme Prozesse (Röhrenofen) durchgeführt werden. Außerdem lassen sich dadurch als optimal erkannte Temperaturprofile (→Temperaturführung) realisieren.

□ Infolge seiner geometrischen Gestaltung eignet sich der R. auch zur Durchführung von Hochdrucksynthesen. Hierbei treten Rohrlängen bis etwa 1 000 m auf, während der Innendurchmesser nur wenige Zentimeter beträgt.

□ Er wird bevorzugt für die Herstellung typischer Massenprodukte (→Reaktionsführung, kontinuierliche) eingesetzt.

□ Keine Antriebs- bzw. Abdichtungsprobleme, da im turbulenten Strömungsbereich keine beweglichen Einbauten (z. B. Rührer) erforderlich sind.

□ Niedrige Betriebskosten.

□ Nachteilig sind die vergleichsweise hohen Druckverluste.

□ Für langsame Reaktionen (z. B. häufig Flüssigphasenreaktionen), die lange Verweilzeiten und damit kleine Strömungsgeschwindigkeiten erforderlich machen, ist der Einsatz von R. begrenzt. Dies liegt daran, daß für Re < 1 000, insbes. bei niederviskosen Fluiden, komplexe Sekundärströmungen auftreten, die keine sichere Reaktionsführung mehr erlauben. Ungünstige Verhältnisse entstehen auch bei der Reaktion hochviskoser Fluide (z. B. bei Polymerisationen), da sich dann ein laminares, radiales Parabel-Geschwindigkeitsprofil ausbildet. Hierdurch stellen sich sehr breite Verweilzeitverteilungen ein, und die Produktqualitäten verschlechtern sich meistens. Bei kleinen Re-Zahlen muß der R. daher Einbauten (z. B. statische Mischer, Füllkörper) enthalten, wodurch die unerwünschte Rückvermischung zurückgeht und sich die radialen Konzentrations- und Temperaturgradienten verkleinern. Es ist auch möglich, den R. in mechanisch gerührte Abschnitte zu unterteilen.

□ Relativ hohe Investitionskosten.

Der ideale R. (→Reaktormodell) spielt bei der Modellbildung chemischer Reaktoren eine bedeutende Rolle. Im Unterschied zu den einfacheren Rührkessel-Reaktormodellen führen die R.-Modelle insbes. bei komplexen Reaktionen häufig zu allein numerisch lösbaren Integralen. *Schönbucher*

**Rohrschlangen-Wärmeübertrager.** R.-W. haben Wandkonstruktionen mit meist aufgeschweißten Voll- oder Halb-R., durch die das Heiz- oder Kühlmedium fließt. Sie werden zur Heizung bzw. Kühlung von größeren Apparaturen in der chemischen Industrie verwendet. Typische Anwendungen sind Rührwerkskessel, Autoklaven, Trommeltrockner und Reaktionsgefäße.

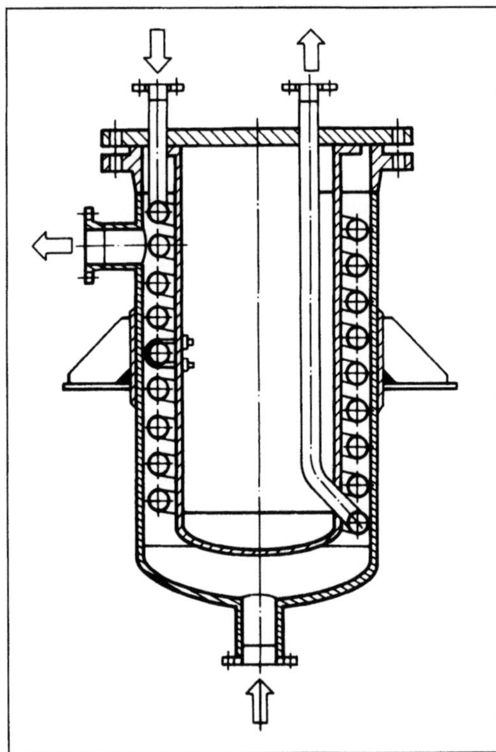

*Rohrschlangen-Wärmeübertrager: Längsschnitt mit Verdrängerkörper.*

Einen Längsschnitt durch einen R.-W. zeigt das Bild. Ein aus mehreren Stücken schraubenförmig gewickeltes, zusammengeschweißtes Rohr befindet sich in einem zylindrischen Behälter. Je nach Anforderung und Aufstellungsmöglichkeit wird der Ausgang der Schlange nach oben oder unten aus dem Behälter herausgeführt. Durch den Einbau eines Verdrängerkörpers oder Rührwerks kann die Geschwindigkeit und damit der Wärmeübergangskoeffizient im Raum um die R. erhöht werden. Zur Vergrößerung der Wärmeübertragungsfläche werden manchmal auch mehrere konzentrische Schlangen im Behälter angeordnet. Die R. werden aus metallischen Werkstoffen auch für hohe Drücke und hohe Temperaturen hergestellt. *W. Köhler*

**Rohrwalzziehen.** Nach DIN 8584, Bl. 2, werden die zum →Durchziehen gehörenden Verfahren des Walzziehens von Hohlkörpern unter dem Sammelbegriff Rohrziehen zusammengefaßt. Walzziehen ist Durchziehen eines Werkstücks durch eine Öffnung, die von zwei oder mehreren Walzen gebildet wird. Diese Verfahren stellen Übergänge zum Walzen dar. Entscheidend für die Einordnung in die Untergruppe Durchziehen ist die Zugdruckbeanspruchung in der Umformzone infolge einer von außen aufgebrachten Druck- oder Zugkraft. Eine Übersicht über die Walzziehverfahren zur Hohlkörperherstellung und ihre Einordnung in die Durchziehverfahren zeigt Bild 1.

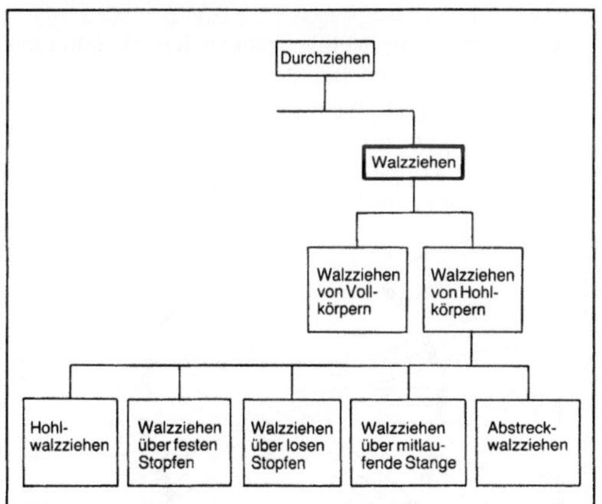

*Rohrwalzziehen 1: Übersicht nach DIN 8584, Bl. 2.*

Beim R. unterscheidet man wie beim →Rohrgleitziehen zwei Zielrichtungen: Vermindern des Durchmessers und Vermindern der Wanddicke. Die dabei zur Anwendung kommenden Grundverfahren Hohl-Walzziehen und Walzziehen über festen Stopfen sind in Bild 2 dargestellt. Bild 3 zeigt die Bildung der formgebenden Werkzeugöffnung bei Zwei- oder Dreiwalzenanordnung. In der industriellen Praxis werden die beiden Grundverfahren wie

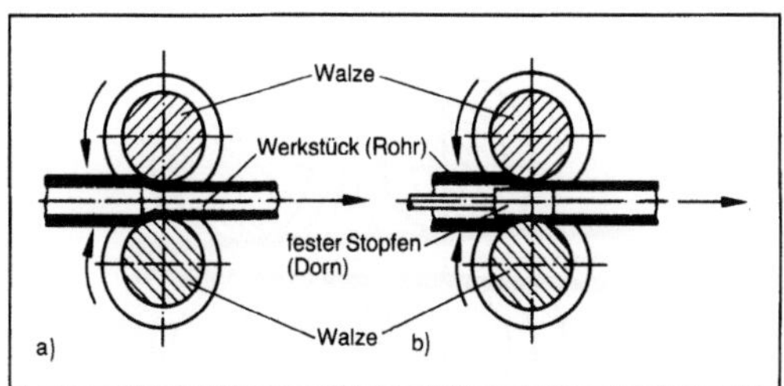


*Rohrwalzziehen 2: Grundverfahren nach DIN 8584, Bl. 2.*
*a) Hohl-Walzziehen eines Rohres*
*b) Walzziehen über festen Stopfen (Dorn).*

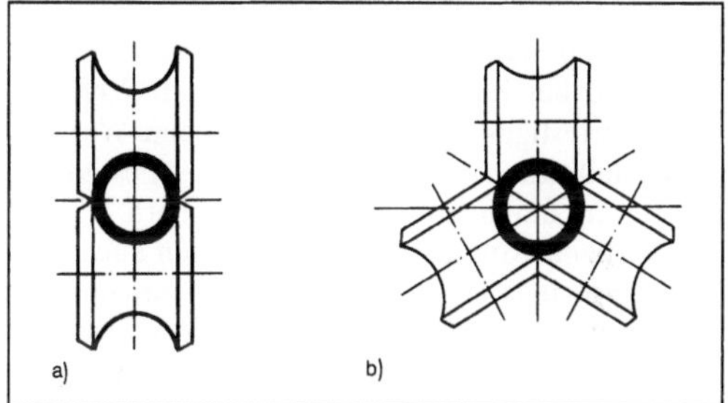


*Rohrwalzziehen 3: Ziehwerkzeuge.*
*a) Zweiwalzenordnung*
*b) Dreiwalzenordnung.*

beim Rohrgleitziehen kombiniert mit etwa gleichmäßiger Aufteilung der Umformung auf Durchmesser- bzw. Wanddickenabnahme eingesetzt. Für sehr lange und dünne Rohre müssen an Stelle von Ziehbänken Trommelziehmaschinen eingesetzt werden. Dafür sind fliegende (schwimmende) Stopfen oder Dorne (Funktionserläuterung →Rohrgleitziehen) nötig.

Beim R. werden die Walzen meistens geschleppt, d. h. über Reibung durch das durchgezogene Walzgut angetrieben. Teilweise werden sie aber auch direkt angetrieben. Dabei werden in Mehrfach-Rohrwalzziehmaschinen über unterschiedliche Walzendrehzahlen je Station oder Gerüst über Reibungskräfte die erforderlichen Längszugspannungen erzeugt, z. B. beim Streckreduzierwalzen. Hierbei liegt ein Übergang zu den Walzverfahren vor (Bild 4).

Wie beim Walzen tritt beim R. eine →Fließscheide auf, so daß ein Teil der Reibungskräfte in der von den Walzen gebildeten Ziehdüse in Ziehrichtung wirkt. Die aufzubringende Ziehkraft ist beim R. etwas kleiner als beim Rohrgleitziehen. Der Werkzeugverschleiß ist geringer, und die Ziehgeschwindigkeiten können höher sein. Maßgenauigkeit und Oberflächenbeschaffenheit sind jedoch nicht so gut, verglichen mit dem Rohrgleitziehen. Während das Rohrgleitziehen bei Raumtemperatur, d. h. kalt durchgeführt wird, erfolgt das R. bei

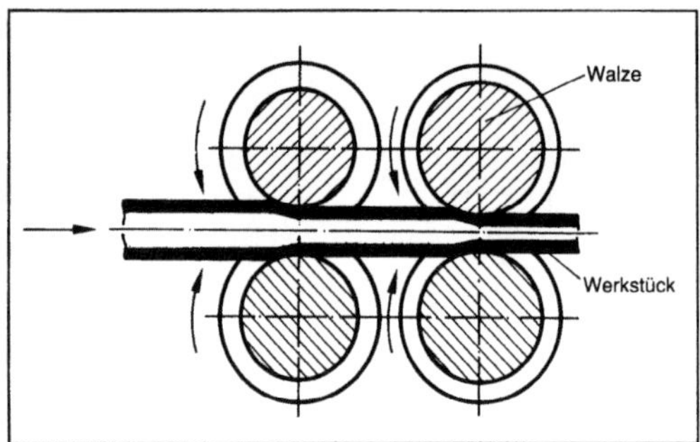

*Rohrwalzziehen 4: Streckreduzierwalzen von Rohren.*

Raumtemperatur und bei erhöhten Temperaturen. Während bei Raumtemperatur je nach Werkstoff eine Verfestigung auftritt, können beim Warm-R. Rekristallisation und Erholung eine →Festigkeitssteigerung durch Entfestigung verhindern.

Wie beim Rohrgleitziehen kann man auch beim R. bei geringeren Wanddicken mit mitlaufender Stange bzw. über einen langen Dorn arbeiten. Kürzere Rohre lassen sich auch durch Abstreck-Walzziehen (Bild 5) fertigen. Dieses auch Rohrstoßbankverfahren genannte Verfahren wird z. B. zum Herstellen von Ausgangsrohren aus Stahl für die Weiterverarbeitung durch Rohrziehen benutzt. *Lange*

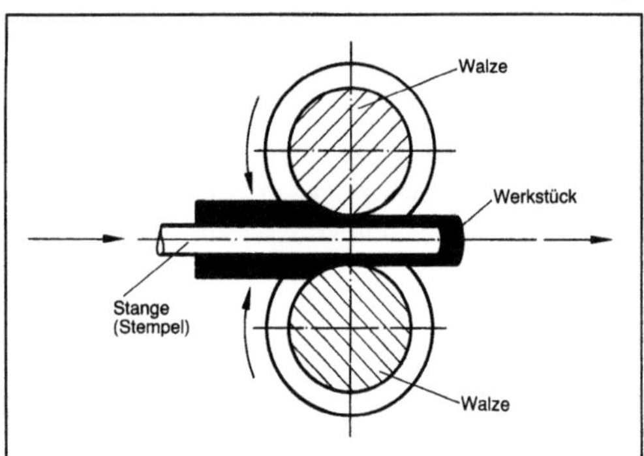

*Rohrwalzziehen 5: Abstreck-Walzziehen zum Herstellen eines Rohrs.*

Literatur: *Lange, K.* (Hrsg.): Umformtechnik. Handb. f. Ind. u. Wiss. Bd. 2: Massivumformung. 2. Aufl. Berlin, Heidelberg, New York, Tokio 1988. – *Spur, G.* (Hrsg.), u. *Th. Stöferle:* Handb. Fertigungstechnik. Bd. 2/2: Umformen. München 1984.

**Rohrweiche.** Wenn man bei der pneumatischen →Förderung von einer Stelle aus mehrere Silos oder Verarbeitungsstellen beschicken will, benötigt man R. Nach Bild 1 bestehen sie im einfachsten Fall aus einem kürzeren Rohrstück, das in ein drehbares Zylinderstück eingelassen ist. Mit dieser Einfachweiche kann man als Y-Stück jeweils auf 2 verschie-

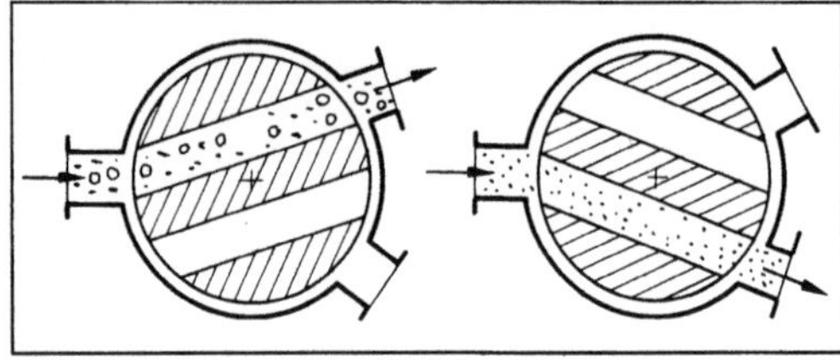

*Rohrweiche 1: Einfaches Y-Stück.*

dene Leitungen übergehen. Die Steuerung erfolgt automatisch.

Will man sehr viele Stellen aus einer Leitung beschicken, verwendet man Dreh-R. (Bild 2). Bei dieser bewegt man ein S-förmig gebogenes Rohrstück von 1–1,5 m Länge so, daß es die Verbindung vom ankommenden Förderrohr bis zu 8 abgehenden Strängen herstellen kann.

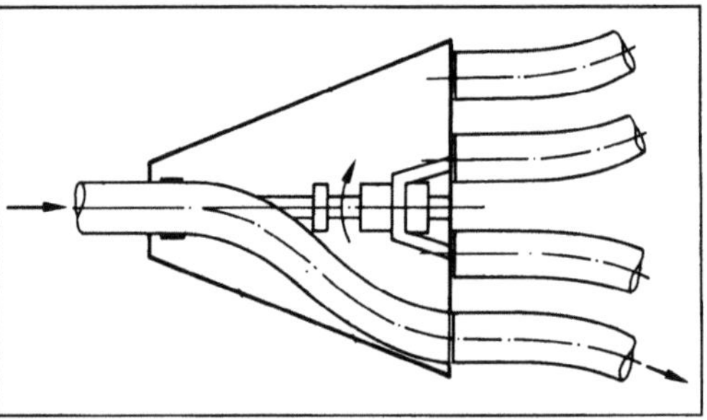

*Rohrweiche 2: Drehrohrweiche.*

Gelegentlich verwendet man auch noch Schlauchbahnhöfe (Bild 3), bei denen man viele ankommende Leitungsstücke mit ebenfalls vielen abgehenden Leitungen mit Schläuchen im Handbetrieb mechanisch koppelt. *Muschelknautz*

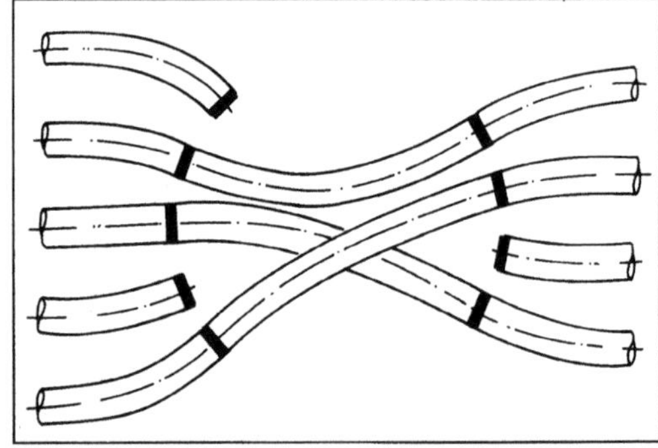

*Rohrweiche 3: Schlauchbahnhof.*

**Rollbiegen.** R. gehört zu den Verfahren des Biegeumformens nach DIN 8586 und ist als stetiges Biegen durch Hineinstoßen eines Werkstücks (z. B. eines Drahts, eines Blechstreifens oder eines Rohrs) in ein Werkzeug mit gekrümmter Wirkfläche definiert (Bild).

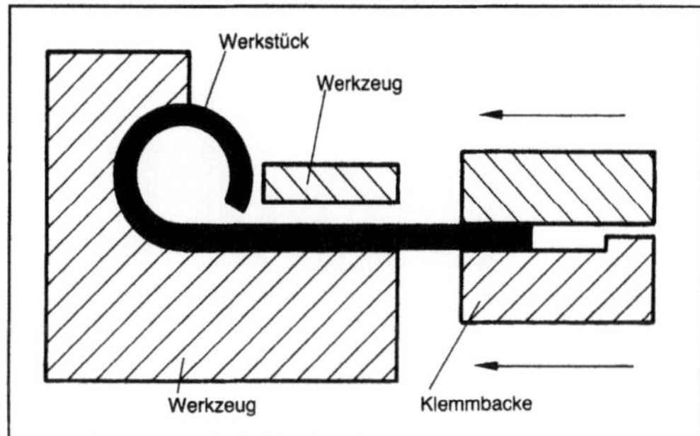


*Rollbiegen: Schematische Darstellung.*

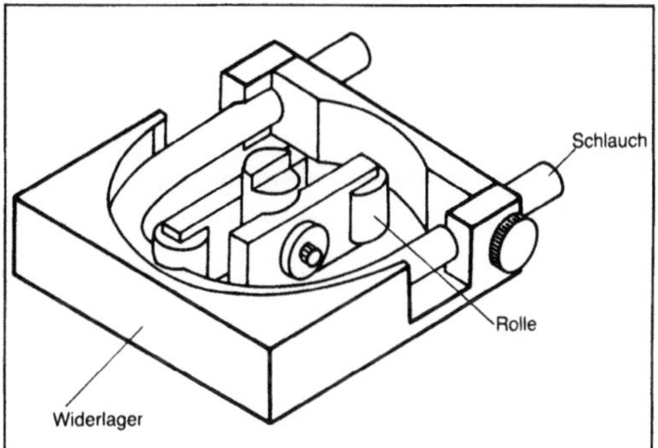


*Rollerpumpe 1: Rollerpumpenkopf.*

Bei entsprechender Schrägstellung des Rollwerkzeugs zur Einlaufrichtung des Werkstücks lassen sich Biegungen um >360° erzielen. Das Verfahren bezeichnet man dann als →Winden.

Das R. wird in weiten Bereichen der Fertigungstechnik, z. B. für Beschläge, Scharniere usw., in der Serienproduktion angewendet. Das Winden hat eine sehr große Bedeutung, z. B. in der Fertigung von Schraubenfedern. *Lange*

**Rollennahtschweißen.** Den überlappt oder auch stumpf zu stoßenden Teilen wird der Strom, meist Wechselstrom hoher Stromstärke bei niedriger Spannung, über scheibenförmige Elektroden (rotierende Rollenelektroden) zugeführt, die gleichzeitig den Stauchdruck übertragen. Es entsteht je nach Stromimpulsfolge und Vorschubgeschwindigkeit eine unterbrochene- oder eine ununterbrochene Naht. Bei Stumpfstößen sind beidseitig die Naht überdeckende Folienbänder erforderlich (Folienstumpfnahtschweißen). Gegenüber dem Nahtschweißen mit Punktelektroden hat das R. den Vorzug einer geringeren Elektrodenabnutzung infolge der größeren Arbeitsfläche der Rollenelektroden und eines hubfreien Werkstückvorschubs durch die Rollendrehung (→Schweißverfahren). *Dorn*

Literatur: *Brunst, W.:* Fügeverfahren. Buchr. Produktionstechnik heute. Mainz 1979.

**Rollerpumpe.** Dieses Pumpenprinzip wurde 1927 von *Issekutz* erstmals zur Blutförderung eingesetzt (Bild 1). Ein elastischer Schlauch wird konzentrisch zu einer Mittelachse gegen ein Widerlager gelegt und durch eine oder mehrere Rollen, die an einem um die Mittelachse rotierenden Arm befestigt sind, ausgequetscht. Der Radius des Kreisbogens bzw. die Anzahl der Rollen bestimmen die Länge der Abrollbahn, da, um eine gerichtete Strömung zu erzeugen, der Schlauch zu jeder Zeit des Fördervorgangs an wenigstens einer Stelle abgequetscht sein muß.

Das Förderverhalten ist abhängig von der Anzahl der Rollen, bei wenigen Rollen ausgeprägt pulsatil, bei Vielrollenpumpen (20–30), wie sie z. B. in der Analytik verwendet werden, annähernd kontinuierlich. Durch den elastischen Schlauch ist der Förderdruck begrenzt. Der Grenzwert liegt für Blutpumpen bei ca. 2 bar. Der Pumpenwirkungsgrad ist relativ niedrig, da viel Energie für das Walken des Schlauches aufgewendet werden muß.

Das Fördervolumen kann durch die Wahl des Schlauchlumens und die Rollendrehzahl innerhalb der durch die Konstruktion gegebenen Grenzen frei gewählt werden. Über den Einsatz von Einmalschlauchsystemen ist eine sichere Sterilität gewährleistet. Oft sind die Geräte so ausgestaltet, daß mehrere Schläuche gleichzeitig eingelegt werden können. Durch die genannten Vorteile hat die Pumpe eine weite Verbreitung in der Klinik gefunden. In Dialyse- und Herz-Lungen-Maschinen wird fast ausschließlich dieser Pumpentyp verwendet. Die verschiedenen Maschinen unterscheiden sich nur in Details wie Anzahl der Rollen (1–3), Durchmesser der Rollen und der Rollenbahn, Umschlingungswinkel, Schlauchdurchmesser und die Art des Widerlagers bzw. der Rollenaufhängung (starr oder elastisch).

Die R. induziert im Vergleich mit anderen Blutpumpen (Membranpumpe, künstlicher Ventrikel) eine hohe Hämolyse mit einer im mehrstündigen Einsatz (>4 h) progressiv ansteigenden Schädigungskurve. Diese Blutschädigung wird durch hohe Scherspannungen, die beim Rückströmen durch Spalte des nicht voll abgequetschten Schlauches entstehen, verursacht.

Für die Funktion der Pumpe ist es wesentlich, daß der eingesetzte Schlauch ein elastisches Formrückstellvermögen besitzt. Nur so wird ein Ansaugverhalten, die Füllung, gewährleistet. Diese elastischen Schläuche lassen sich bei noch realistischen Walkkräften nicht voll abquetschen. Es bleiben selbst bei sonst voll abgequetschtem Schlauch Zwickel (Lumen), durch die das Blut zurückströmen kann (Bild 2).

Das nach längerem Betrieb zunehmende Lagerspiel des Rollenantriebarms, durch das sich der Rückströmspalt vergrößern würde, versucht man

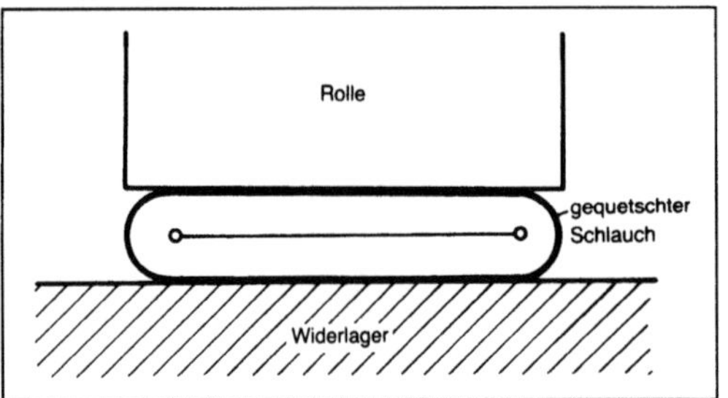



*Rollerpumpe 2: Schematische Darstellung des Abquetschvorgangs.*

durch elastische Lagerung der Rollen oder des Widerlagers zu kompensieren.　　　　*Stroh*

Literatur: *Fumero, R.:* Optimisation of Blood Pumping Systems. J. Biomechanics 13 (1980), S. 855/63.

**Rollieren.** Das R. ist ein Feinbearbeitungsverfahren und dient hauptsächlich dazu, die Oberflächengüte an Zapfen von Wellen in der feinwerktechnischen Industrie zu verbessern. Die Kinematik ähnelt dem Außenrundschleifen (→Rundschleifen). Es findet gleichzeitig eine spanende und eine umformende Bearbeitung des Werkstücks durch Werkzeuge mit gerauhten Wirkflächen statt.

Anfangs wurde das R. von Hand mit einer Rollierfeile durchgeführt, wobei die Maschine (→Rolliermaschine) nur die Werkstückbewegung erzeugte. Mit zunehmender Massenfertigung wurde die Rollierfeile durch eine Rollierscheibe (→Rollierwerkzeug) ersetzt. Rollierwerkzeuge bestehen an ihren Wirkflächen aus dichtgesinterten Hartstoffen (Hartmetall, Oxidkeramik, Diamant), die durch ihre Struktur einen gewissen abrasiven Effekt aufweisen.

Übliche Rollierzeiten liegen zwischen 2 und maximal 40 s. Bei einfachen Maschinen wird das Werkstück meist einseitig in einer Spannzange aufgenommen. Der zu rollierende Zapfen stützt sich in halbrunden oder V-förmigen Ausnehmungen der scheibenförmigen „Brosche" ab (Bild). Im allgemeinen enthält die Brosche mehrere verschiedene Ausnehmungen, so daß durch Weiterdrehen auf einen anderen Werkstückdurchmesser umgerüstet werden kann. Als Werkstoff für die Brosche wird gehärteter Stahl oder Hartmetall verwendet.

Eine spezielle Art des Einstech-R. ist das Doppel-R. (Bild). Dabei können beide Lagerzapfen einer Welle gleichzeitig sowohl am Umfang als auch an der Schulterfläche rolliert werden. Die beiden mit ihren Achsen senkrecht auf der Werkstückachse stehenden Rollierscheiben werden in Richtung der Werkstückachse zugestellt. Die Wirkflächen der Rollierscheiben befinden sich am Umfang und an den Stirnseiten.

Das R. eignet sich für die Bearbeitung von Laufflächen an Wellen oder Spindeln mit Durchmessern von 0,1–8 mm. Abhängig von der Vorbear-

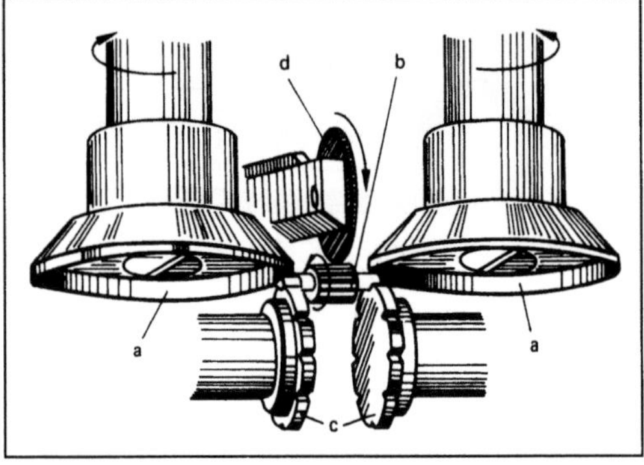



*Rollieren: Prinzip des Doppelrollierens mit zwei Rollierscheiben. (Quelle: Häuser a. a. O.)*

a Rollierscheibe (Werkzeug), b Werkstück, c Brosche mit Ausnehmungen, d Werkstückantrieb

beitung sind sehr geringe Rauhtiefen von $R_t = 0,1$ bis 0,8 μm erreichbar. Die bearbeiteten Oberflächen sind meist glänzend. Vorzugsweise werden Teile aus Messing und Stahl rolliert. Jedoch ist die Anwendung auch bei anderen duktilen metallischen Werkstoffen möglich.

Für die Bearbeitung werden ausschließlich Maschinen mit umlaufendem Rollierwerkzeug eingesetzt. Das einfachste Rollierverfahren ist das Einstech-R. Dabei wird die Rollierscheibe nur in radialer Richtung zugestellt. Mit entsprechend profilierten Rollierscheiben können auch nichtzylindrische Zapfen bearbeitet werden. Werkstückteile, die länger als die Breite der Rollierscheibe sind, können mittels einer zusätzlichen Vorschubbewegung über ihre gesamte Länge rolliert werden. Diese Verfahrensvariante nennt man Längs-R. Unter Ausnutzung der Wirkflächen an der Stirnseite der Rollierscheibe lassen sich auch Stirnflächen und Schultern bearbeiten. Vielfach wird das Einstech- und Längs-R. mit dem Stirn-R. verbunden. Zur Rollierbearbeitung müssen die Werkstücke in definierter Lage entweder eingespannt oder – wie beim Doppel-R. – in beiden Broschen gelagert und dann in Drehung versetzt werden.

In der Richtlinie VDI/VDE 2032 wird das R. als „feines Spanen mittels Werkzeugen mit gerauhten Wirkflächen" bezeichnet. Das R. ist jedoch ein Bearbeitungsvorgang, der mit zunehmender Einebnung der Oberfläche in ein Umformen übergeht. Durch das R. wird die Werkstückoberfläche verdichtet, und damit werden Härte und Festigkeit erhöht. Die Härtesteigerung kann, abhängig von Werkstückabmessungen und Werkstoffart, bis zu 80 % betragen. Dies führt z. B. zu einem besseren Verschleißverhalten. Die Steigerung der Oberflächenfestigkeit ist u. a. von der Anpreßkraft der Rollierscheibe auf das Werkstück abhängig.

Die zu rollierenden Werkstücke werden meist durch Feindrehen, seltener durch →Feinschleifen vorbearbeitet. Die damit erreichte Rauhtiefe liegt zwischen $R_t = 1$ und 3,5 μm. Für das R. ist eine Bearbeitungszugabe von 10–35 μm vorzusehen. Mit Rollierscheiben aus Oxidkeramik ist eine etwas größere Werkstoffabnahme möglich.

Die Hauptzeit (reale Bearbeitungszeit) ist beim R. im Vergleich zu den Nebenzeiten sehr kurz. Je nach Durchmesser des Werkstücks und Art des Werkstoffs dauert das R. zwischen 0,5 und 10 s.

Die Anpreßkraft der Rollierscheibe auf das Werkstück wird in der Praxis empirisch ermittelt. Sie liegt üblicherweise zwischen 10 und 30 N. Die Rollierkraft wird i. a. durch Federn oder über Gewichte aufgebracht.

Die Drehzahlen von Werkstück und Werkzeug werden so gewählt, daß sich für die Rollierscheibe Umfanggeschwindigkeiten zwischen 0,8 und 1,3 m/s und für das Werkstück zwischen 0,1 und 0,4 m/s ergeben.

Bei der Rollierbearbeitung wird generell ein Schmierstoff verwendet. Dessen Hauptaufgabe besteht darin, ein Fressen des Werkstücks in der Brosche zu verhindern. Außerdem hat seine Verwendung einen positiven Einfluß auf die am Werkstück erreichbare →Rauhtiefe. Die Zufuhr an die Wirkstellen erfolgt bei den meisten Maschinen über ein Stück Filz oder Schaumgummi, das mit Schmierstoff getränkt ist. Als Schmierstoff werden Gemische aus Petroleum und Schneidölen im Verhältnis 1:1 verwendet. Insbesondere für oxidkeramische Rollierscheiben finden auch Gemische aus Vaseline oder Paraffin und Petroleum Anwendung.

Oft werden fälschlicherweise unter der Bezeichnung R. auch die Fertigungsverfahren Glatt- und Festwalzen oder der Begriff →Reibglätten verstanden. *Kenter*

Literatur: *Häuser, K.:* Fertigungstechnik, Spanen, Räumen–Schleifen–Feinbearbeitung. 1. Aufl. Darmstadt 1973. – *Spur, G.,* u. *Th. Stöferle:* Handb. Fertigungstechnik. Bd. 3/2. München, Wien 1980. – VDI/VDE 2032: Rollieren und Glattwalzen. Ausg. Dez. 1975.

**Rolliermaschine.** Maschinen für das →Rollieren sind kleine Werkzeugmaschinen mit Antrieben für Werkstücke und Werkzeuge. Außerdem sind sie mit einer Vorrichtung zur Werkstückabstützung ausgestattet. Diese meist scheibenförmige „Brosche" ist mit mehreren halbkreis- oder V-förmigen Ausnehmungen versehen, in denen sich der zu bearbeitende Werkstückteil gegen die Kraft der Rollierscheibe (→Rollierwerkzeug) abstützt.

Bei einfachen Zapfen-R. erfolgt das Einlegen und Spannen des Werkstücks sowie das Aufbringen der Rollierkraft von Hand. Teilautomatisierte Maschinen sind mit selbsttätigen Einrichtungen zum Aufbringen der Rollierkraft und mit mechanisierten Spannmitteln ausgerüstet, vollautomatisierte zusätzlich mit Einlegegeräten für die Werkstücke ausgestattet. Mit Doppel-R. können beide Zapfen einer Welle gleichzeitig am Umfang und an der Stirn- bzw. Schulterfläche bearbeitet werden.

Bei den meisten Rollierautomaten wird der Rolliervorgang nach einer eingestellten Zeit beendet. Alternativ gibt es Maschinen, die bis zu einem gesetzten Anschlag auf konstantem Durchmesser rollieren. Letztere haben den Nachteil, daß der Werkzeugverschleiß die Genauigkeit des rollierten Werkstücks beeinträchtigt. Beim meßgesteuerten Rollieren wird deshalb zusätzlich der Werkstückdurchmesser erfaßt. Dieser kann z. B. indirekt über den Abstand der Rollierspindel von der Brosche ermittelt werden. Als direktes Meßverfahren wird ein pneumatisches Prinzip angewandt, bei dem die Anzeige der Durchflußmenge einer in die Ausnehmung der Brosche eingesetzten Meßdüse als Maß für den Werkstückdurchmesser verwendet wird. *Kenter*

**Rollierwerkzeug.** Werkzeuge für das →Rollieren sind mit Wirkflächen an Stirn und/oder Umfang versehen. Diese Rollierscheiben sind meist zylindrisch oder bestehen aus zwei Kegelflächen, deren Mantellinien senkrecht aufeinander stehen (Bild). Als Werkstoff kommen Hartmetall, Oxidkeramik, Diamanten und – bei geringen Stückzahlen oder für Versuche – auch Werkzeugstahl zum Einsatz.

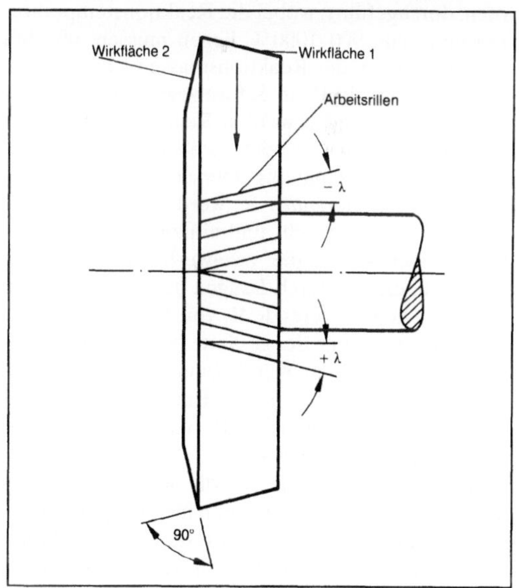


*Rollierwerkzeug: Rollierscheibe. (Quelle:* Spur*)*

Die Rauheit der Wirkflächen entsteht durch Schleifen und durch das gezielte Einbringen von Arbeitsrillen. Werkzeuge für das Schrupprollieren werden mit Diamantschleifscheiben der relativ großen Korngröße D 150 bis D 250 und für das Schlichtrollieren mit der feineren Korngröße D 50 bis D 100 bearbeitet. Dieses Aufschärfen bildet am Umfang der Rollierscheibe eine Vielzahl geometrisch unbestimmter Schneiden, mit denen der Werkstoff schabend und reibend abgetrennt, geglättet und verdichtet wird. Zum Schruppen verwendet man in der Regel Oxidkeramikscheiben (Rillenneigungswinkel $\lambda = 30°$) und zum Schlichten Hartmetallscheiben (Rillenneigungswinkel $\lambda = 0°$). *Kenter*

Literatur: *Spur, G.,* u. *Th. Stöferle:* Handb. Fertigungstechnik. Bd. 3/2. München, Wien 1980.

**Röntgen-Durchstrahlungsverfahren.** Bestimmtes Untersuchungsverfahren der Röntgenbeugung. *Kußmaul*

**Root Mean Square** →Mittenrauhwert, quadratischer

**Röstung.** Die exotherme Reaktion sulfidischer Eisen- und Buntmetallerze mit Luftsauerstoff, die zu Abbränden, die die Metalloxide enthalten, und zu Röstgasen mit einem Schwefeldioxid-Gehalt von 8–15% führt, wird als R. bezeichnet. Dazu werden die Roherze, z. B. Pyrit, Zinkblende, Kupferkies oder Molybdänsulfid, sehr fein auf etwa 100–250 μm aufgemahlen und am billigsten durch Flotation in hochprozentige Konzentrate überführt. Die R. wird in Etagenöfen, heute überwiegend in Wirbelschichtöfen (Wirbelschichtreaktoren) und in Staubröstöfen, durchgeführt, wobei die Reaktionstemperaturen unterhalb 900–1000°C liegen müssen, um den Schmelzbereich der Reaktionsmasse nicht zu erreichen. Erfolgt die R. in Schwebeschmelzöfen oder Schmelzzyklonen, so werden Reaktionstemperaturen bis über 3000°C erreicht, wobei der Schmelzbereich der Erze planmäßig überschritten wird.

Bei der *chlorierenden* R. werden die Abbrände mit Kochsalz vermischt und ein zweites Mal geröstet. Dabei gehen die zweiwertigen Metalle in Sulfate über, die durch Laugen gewonnen werden können. Die chlorierende R. von Erzen ist i. a. nur wirtschaftlich, wenn der gesamte Nichteisen-Metallgehalt >2% und der Kupfergehalt >0,8% beträgt. Sie wird auch mit Chlor zum Entfernen umweltrelevanter Schwermetalle, z. B. von Cadmium aus Rohphosphaten, angewandt.

Eine *magnetisierende* R., die im Drehrohrofen ausgeführt wird, liegt vor, wenn hämatitische Eisenerze mit geringem Gehalt in reduzierender Atmosphäre bei Temperaturen von 700–800°C in ein Magnetitkonzentrat umgewandelt werden.

Beim derzeitigen vielfältigen Angebot hochwertiger, billiger Eisenerze hat die R. für die Eisenindustrie kaum noch Bedeutung, wohl aber für die Gewinnung von Buntmetallen und dann auch für die Herstellung von Schwefeldioxid zur Schwefelsäureproduktion. *Schönbucher*

**Rotationshonen** →Honverfahren, →Honen

**Rotationskolonne.** Mit rotierenden →Einbauten versehene Kolonnen, z. B. zur Flüssig-Flüssig-Extraktion (→Extrahieren). Die Rührelemente dienen zur Schaffung einer Phasengrenzfläche, z. B. um den Stoffaustausch zu beschleunigen. Beispiele für R. sind die →Drehscheibenkolonne, die →Scheibelkolonne und die →Oldshue-Rushton-Kolonne. *Dohrn*

**Rotationswäscher** →Staubwäscher

**Rotationszerstäuber.** Bei R. wird die Flüssigkeit zentral einer rotierenden Zerstäuberscheibe zugeführt, deren Rand sie als dünnen Film mit hoher Geschwindigkeit verläßt. Der Flüssigkeitsfilm zerfällt dann in Tropfen. Die Zerstäuberscheibe (Zerstäuber) kann als ebener Teller, als Teller mit senkrechten Stegen, an denen sich dann Flüssigkeitsfilme bilden, oder auch als Becher ausgeführt sein. *Dahl*

**Rückfluß.** Bei der →Rektifikation wird der aufsteigende Dampf am Kolonnenkopf kondensiert und teilweise in die Kolonne zurückgeführt. Die zurückgeleitete Flüssigkeit wird als R. oder Rücklauf bezeichnet.

Der R. und der aufsteigende Dampf bewegen sich im →Gegenstrom zueinander, wobei ein intensiver Stoffaustausch stattfindet. Der Dampf reichert sich mit den leichterflüchtigen Komponenten und die Flüssigkeit mit den schwererflüchtigen Bestandteilen an.

Während bei einer einfachen Destillation ohne R. eine Trennung in reine Komponenten nur in Ausnahmefällen möglich ist, können durch die Rückführung eines Teils des kondensierten Dampfes Produkte hoher Reinheit gewonnen werden. Das R.-Prinzip kann auch bei anderen Gegenstromtrennverfahren (z. B. →Gasextraktion) angewendet werden (→Mindestrückflußverhältnis). *Dohrn*

**Rückflußverhältnis.** Das R. ist der Quotient aus der in die Destillationskolonne zurückgeleiteten Rückflußmenge (→Rückfluß) und der Menge des entnommenen Destillats (→Destillieren):

$$v = R/D.$$

Je größer das R. ist, desto weniger Trennstufen benötigt man, um die gewünschte Produktreinheit zu erreichen. Die Investitionskosten sinken, und die Betriebskosten steigen, wenn das R. erhöht wird. Das optimale R. wird so gewählt, daß die Gesamtkosten minimal sind. Für die meisten Kolonnen liegt das wirtschaftliche R. beim 1,1- bis 1,5fachen des Mindestrückflußverhältnisses. *Dohrn*

**Rückführung.** Ein chemischer Reaktor mit R. liegt dann vor, wenn ein Teil des den Reaktorausgang verlassenden Reaktionsgemisches über einen Kreislauf am Reaktoreingang wieder eingespeist wird. Solche Reaktoren werden als Kreislaufreaktoren bezeichnet und gehören zu den technisch vielfach eingesetzten Reaktoren. Prozeßtechnisch lassen sich Reaktorschaltungen einteilen in Serien (Reihen)-Schaltungen (Rührkesselkaskade, →Hordenreaktor und Rührkesselreaktor/Rohrreaktor, z. B. bei Autokatalysen), Parallelschaltungen (→Rohrbündelreaktor) und Rückführschaltungen (Kreislaufreaktor, →Schlaufenreaktor). Bei der R. ist zu unterscheiden, ob aus der Reaktionsmasse nach dem Reaktorausgang das gewünschte Produkt abgetrennt wird oder nicht. Im ersten Fall erfolgt eine möglichst vollständige Abtrennung des Produkts in einem Separator, und der übrige Teil der Reaktionsmasse, die auch nicht umgesetzte Reaktionspartner enthält, wird zurückgeführt. Diese Variante ist weit verbreitet und ist z. B. bei der Ammoniak- und Methanolsynthese realisiert. Die Vorteile des zweiten Falls, d. h. die R. einer Teilmenge des entstandenen Produkts, bestehen z. B. in der Ausbildung günstiger Temperatur- und Konzentrationsverhältnisse im Reaktor oder im Erreichen bestimmter Selektivitäten bei komplexen Reaktionen (z. B. R. von Methylchlorid bei der Methanolchlorierung).

Der eigentliche Vorteil der R. ist zu erkennen durch Anwendung der Stoffmengenbilanz und der Definition des R.-Verhältnisses $\varphi$ (Kreislaufverhältnis) als dem Verhältnis aus dem zurückgeführten Mengenstrom und dem eintretenden (frischen) Mengenstrom an Reaktionsmasse. Daraus ergibt sich, daß bei großen Werten von $\varphi$ die Umsätze je Reaktordurchgang sehr klein sein können, aber zugleich große Gesamtumsätze erzielbar sind. Die R. ist demnach immer dann zweckmäßig, wenn aus thermischen oder kinetischen Gründen eine technische Reaktion bei nur kleinen Umsätzen je Reaktordurchgang durchführbar ist. Beispielsweise darf der Umsatz bei der Methanolsynthese je Durchgang höchstens zwischen 10 und 15 % liegen. Sonst treten zahlreiche Nebenreaktionen auf, die die hohe Methanolausbeute (bei $\varphi \approx 5$) erheblich verminderten. Eine typische Begleiterscheinung der R. ist die Anreicherung von Inertgasen (z. B. $N_2$, $CH_4$ für das obige Beispiel), die von Zeit zu Zeit aus dem rückgeführten Strom abgetrennt werden müssen.

Das R.-Verhältnis $\varphi$ kann auch als Maß für die →Rückvermischung in einem Reaktor angesehen werden. Im Grenzfall $\varphi \rightarrow 0$ (keine R.) verhält sich der Kreislaufreaktor wie ein idealer →Rohrreaktor (IR, →Reaktormodell) ohne Rückvermischung. Beim anderen Grenzfall $\varphi \rightarrow \infty$ (sehr große R.) liegt der kontinuierliche →Rührkesselreaktor (KIK, Reaktormodell) mit vollständiger Rückvermischung vor. Daher werden Kreislaufreaktoren mit großen Werten von $\varphi$, in denen praktisch keine Konzentrations- und Temperaturgradienten vorkommen, häufig auch zum Untersuchen der Kinetik heterogener Fluidreaktionen eingesetzt. Ferner erweisen sich Kreislaufreaktoren oft als begünstigt gegenüber konventionellen Rührkesselreaktoren, z. B. bei Mehrphasenreaktionssystemen sowie bei Reaktionen, deren Reaktionsgeschwindigkeit mit zunehmendem Umsatz ein Maximum durchläuft, z. B. bei Eduktinhibierungen heterogener und enzymatischer Katalysen sowie bei Autokatalysen.

Eine weitere Anwendung des Kreislaufreaktors, in dem man den Rückvermischungsgrad über das R.-Verhältnis $\varphi$ einstellt, besteht darin, ihn zum Modellieren nicht idealer Reaktoren einzusetzen. Dieses Modell wird auch als Kreislaufmodell (Reaktormodell) bezeichnet.

Schließlich sei auf die Bedeutung der R. bei der Wirtschaftlichkeit einer Anlage im Zusammenhang mit →Selektivität und →Ausbeute hingewiesen (→Reaktionsführung). Lassen sich z. B. nicht umgesetzte Edukte einfach von der Reaktionsmasse trennen und zurückführen, so werden hohe Selektivitäten, also eine gute Ausnutzung der Rohstoffe erzielt, auch wenn die Umsätze klein ausfallen. *Schönbucher*

**Rückstand.** Bei der absatzweisen →Destillation bezeichnet man mit dem R. die nach Ende des Destillierens in der Blase vorhandene Restfüllung. Der R. besteht aus den schwerflüchtigen Bestandteilen der Ausgangsfüllung.

Bei der Feststoffextraktion versteht man unter dem R. die im Feststoff nach der Extraktion verbliebenen Lösungsmittelreste. Da es keine völlig rückstandsfreie Extraktion geben kann, steigt bei der Lebensmittelverarbeitung die Bedeutung von physiologisch unbedenklichen Lösungsmitteln (z. B. Kohlendioxid). *Dohrn*

**Rückvermischung.** Die axiale oder longitudinale Dispersion von Teilen der Reaktionsmasse in einem Rohrreaktor wird als R. bezeichnet. Sie wird formal mit einem Diffusionsvorgang entsprechend dem zweiten Fickschen Gesetz beschrieben und kann zu Abweichungen, insbes. bei laminarer Durchströmung, vom idealen Rohrreaktor mit Kolbenströmung führen. Der Grad der R. wird durch die Bodenstein-Zahl Bo angegeben, die um so größer ist, je weniger R. vorliegt. Der erste Grenzfall ist der ideale Rohrreaktor mit Bo$\rightarrow\infty$, der keine R. aufweist. Es hat sich gezeigt, daß in turbulent durchströmten, realen Festbettreaktoren für Bo$>100$ der axiale Dispersionseinfluß vernachlässigbar ist im Unterschied zur Radialdispersion (Reaktormodell). Das Konzept der R. ist auch auf Rührkesselreaktoren anwendbar. So liegt z. B. als zweiter Grenzfall im kontinuierlichen, idealen Rührkessel (KIK, Reaktormodell) vollständige R. mit Bo→0 vor. Die R. hat erhebliche Auswirkungen auf die Verweilzeitverteilung, die um so breiter wird, je größer die R. bzw. je kleiner Bo ist (Dispersionsmodell); (→Längsvermischung). *Schönbucher*

**Rührer.** R. werden in der Verfahrenstechnik zum Homogenisieren, Suspendieren, Dispergieren, →Begasen von Fluiden und zum Verbessern des Wärmeaustausches Fluid-Wärmeübertragerfläche eingesetzt. Die Klassifizierung der einzelnen Rührorgane erfolgt nach Zähigkeitsbereich des Mediums, Drehzahl, Durchmesserverhältnis R.-Behälter sowie primär erzwungener Strömungsrichtung (axial oder radial).

Man unterscheidet u. a. zwischen Anker-, Balken-, Blatt-, Begasungs-, Impeller-, Korb-, MIG-, Propeller-, Scheiben-, Turbinen- und Wendel-R. In der Praxis werden die R. teilweise mehrstufig sowie als Kombination verschiedener R.-Typen ausgeführt. Bei schnellaufenden R. sieht man →Strombrecher im Rührkessel vor. Das vom R. an die Strömung abgegebene Drehmoment soll an die Kesselwand übertragen und dort durch Reibung abgebremst werden. Ohne diese Abbremsung kann ein Radial-R. weniger Drehmoment $M_D$ und damit eine geringere Leistung $P = M_D \cdot \omega$ an die Strömung übertragen; $\omega$ ist hierbei die Winkelgeschwindigkeit des R. Die an die Strömung abgegebene R.-Leistung berechnet sich aus

$$P = Ne\, \rho \cdot n^3 \cdot d^5.$$

Die Newton- oder Leistungskennzahl Ne ist eine Funktion von der R.-Form, der geometrischen Anordnung im Rührbehälter sowie von einer die Strömung kennzeichnenden Reynolds-Zahl Re und einer Froude-Zahl Fr (Bild 1):

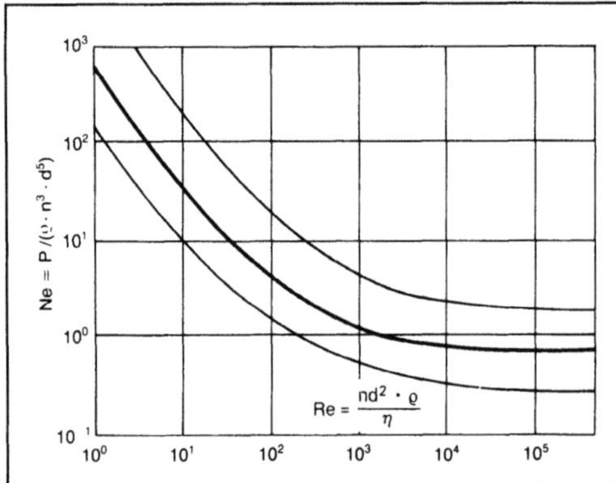

*Rührer 1: Leistungscharakteristik.*

$$Re = n\, \frac{d^2 \cdot \rho}{\eta},$$

$$Fr = n^2 \frac{d}{g}$$

mit $\rho$ Dichte des Strömungsmediums, n Rührerdrehzahl.

Die Reynolds-Zahl ist das Verhältnis von Trägheits- zu Zähigkeitskräften, die Froude-Zahl das Verhältnis von Trägheits- zur Schwerkraft. In Rührbehältern mit Stromstörern oder bei kleinen Reynolds-Zahlen bildet sich keine Trombe aus, so daß hier die Leistungskennzahl nicht von der Froude-Zahl abhängt.

Der Ansatz $P\beta\rho \cdot n^3 \cdot d^5$ ist bei turbulenter Strömung ($Re > 10^3$) physikalisch richtig. $Ne_{turb}$ ist hier eine Konstante. Ist der Vorgang jedoch laminar, d. h. ausschließlich durch viskose Reibung bestimmt, dann wäre $P = N_{lam}\, n\, d\, w^2$ physikalisch richtig. $Ne_{lam}$ ist hier eine Konstante, in der alle Einzelkonstanten für den speziellen R.-Typ einschl. Kessel zusammengefaßt sind.

Für das Homogenisieren des Rührbehälterinhalts ohne Dichte- und Zähigkeitsunterschiede ist eine Mischzeit $\Theta$ notwendig. Die Angabe einer Mischzeit ist mit dem dabei erhaltenen Homogenitätsgrad verbunden. Sie erfolgt durch die Durchmischungskennzahl $n \cdot \Theta$, die nach der Ähnlichkeitstheorie durch die Mischzeitcharakteristik $n \cdot \Theta = f(Re)$ ausgedrückt wird. Die Mischzeitcharakteristik eines R. gilt exakt nur für die geometrischen Gegebenheiten, unter denen sie aufgenommen wurde (Bild 2).

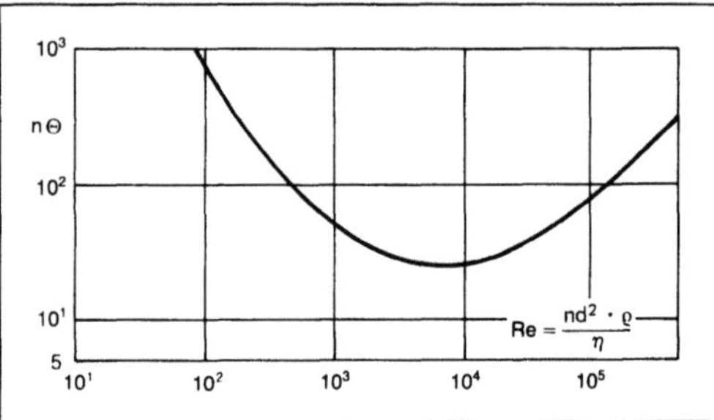

*Rührer 2: Mischcharakteristik.*

Mit der Durchmischungskennzahl $n \cdot \Theta$ wird die Anzahl der R.-Umdrehungen angegeben, die beim durch die Reynolds-Zahl gekennzeichneten Strömungszustand zum Erreichen eines bestimmten Homogenitätsgrads nötig ist.

Bei Reaktionen im Rührreaktor, bei denen Wärme ab- oder zugeführt werden muß, soll der R. durch Beeinflussung der Strömung den Wärmeübergangskoeffizienten $\alpha$ verbessern.

Die übertragene Wärmemenge q berechnet sich aus $q = k\, A \cdot \Delta T$, mit A Wärmeübertragerfläche und $\Delta T$ Temperaturdifferenz. Der Wärmedurchgangskoeffizient k errechnet sich aus

$$\frac{1}{k} = \frac{1}{\alpha_a} + \frac{s}{\lambda} + \frac{1}{\alpha_i}.$$

Der Wärmeübergang im Rührreaktor kann nach der Ähnlichkeitstheorie durch die Nußelt-Gleichung dargestellt werden:

$$Nu = \frac{\alpha_i \cdot d}{\lambda} = C \cdot Re^{2/3} \cdot Pr^{1/3} \left(\frac{\eta}{\eta_w}\right)^{0,14},$$

mit d Rührerdurchmesser, $\lambda \rightarrow$ Wärmeleitfähigkeit des Wandmaterials, $\eta$ dynamische Viskosität des Strömungsmediums, $\eta_w$ dynamische Viskosität des Strömungsmediums an der Wand.

Diese Gleichung gilt für Reynolds-Zahlen $> 200$. Durch die Konstante C gehen die Form des R. sowie die Beschaffenheit der Wärmeübertragungsfläche (Einbau von Strombrechern, Form der Kühlschlange) in die Gleichung ein. Mit kleiner werdenden Reynolds-Zahlen wird der Einfluß von Re und Prandtl-Zahl Pr auf Nu immer kleiner. Bei $Re \ll 1$ wird Nu eine Konstante. Für den Bereich $0,5 < Re < 10^5$ kann man folgende Gleichung heranziehen:

$$Nu = a \ (Re \cdot Pr^{0,5} + b)^{2/3}. \qquad \textit{Schlag}$$

Literatur: *Zlokarnik, M.*: Rührtechnik. Ullmanns Enzyklopädie der techn. Chem. Bd. 2. – *Zlokarnik, M.*: Wärmeübergang an der Wand eines Rührbehälters beim Kühlen und Heizen im Bereich $1 < Re < 10^5$. Chem.-Ing.-Techn. 41 (1969) Nr. 22, S. 1195/1202. – *Zogg, M.*: Einführung in die Mechanische Verfahrenstechnik. Stuttgart 1987.

**Rührkesselkaskade** $\rightarrow$ Kaskade

**Rührkesselreaktor.** Der R. (Rührkessel) ist neben dem $\rightarrow$ Rohrreaktor am weitesten verbreitet und wird für Flüssigphasenreaktionen, für Gas-Flüssig-Reaktionen, für Feststoff-Flüssigkeits-Reaktionen sowie für Gas-Feststoff-Flüssigkeits-Reaktionen (Mehrphasenreaktionen) eingesetzt. Er kann absatzweise (Chargenkessel, kontinuierlich; Durchflußkessel) oder halbkontinuierlich ($\rightarrow$ Reaktionsführung) und als $\rightarrow$ Kaskade betrieben werden.

Die diskontinuierliche Reaktionsführung läßt sich wie folgt charakterisieren:

□ Die erforderlichen Reaktionszeiten $t_R$ sind definiert und meist kürzer als im Durchflußkessel. Folglich sind die erzielbaren Umsätze hoch und berechnen sich nach

$$X_A(t_R) = \int\limits_0^{t_R} (-r_A)/c_{Aa} dt_R;$$

$-r_A$ ist die Reaktionsgeschwindigkeit des Edukts A, $c_{Aa}$ die Anfangskonzentration von A.

□ Die Verweilzeiten $\tau$ aller Volumenelemente der Reaktionsmasse sind im idealen Chargenkessel (AIK, $\rightarrow$ Reaktormodell) gleich. Es lassen sich sehr lange Verweilzeiten (z. B. für langsame Reaktionen) einstellen.

□ Reaktionsbedingungen, wie z. B. Temperatur, pH-Wert oder Katalysatorkonzentration, lassen sich während der Reaktion modifizieren und optimieren.

□ Die Reaktorbetriebszeit ist stets um die Totzeit ($\rightarrow$ Reaktionsführung, diskontinuierliche) größer als die Reaktionszeit $t_R$.

□ Die Kontrolle des instationär arbeitenden Chargenkessels ($\rightarrow$ Reaktormodell) ist aufwendig, da die Produktqualität entscheidend von der Einhaltung der Betriebsvorschriften abhängt.

Der stationär arbeitende Durchflußkessel (KIK, $\rightarrow$ Reaktormodell) weist eine sehr breite Verweilzeitverteilung ($\rightarrow$ Verweilzeitmodell) und damit niedrige Eduktkonzentrationen $c_A$ auf, wodurch sich für $\tau = t_R$ deutlich kleinere Umsätze

$$X_A (\tau) = \frac{Da_I}{Da_I + 1}$$

als beim Chargenkessel ergeben; $Da_I$ ist die Damköhler-Zahl, die analog wie bei der Kaskade quantitativ formuliert ist.

Detaillierte geometrische Abmessungen und die Werkstoffe von R. (Standardrührkessel) sind standardisiert und sollten auf Grund der Kostenersparnis in der Praxis möglichst verwendet werden (Bild 1). Ein R. hat eine oder mehrere der folgenden Rühraufgaben (Bild 2) zu erfüllen:

□ Homogenisieren ineinander löslicher Reaktanden bis in den molekularen Bereich hinein (vollständige $\rightarrow$ Mikrovermischung), d. h. Ausgleich von Konzentrations- und Temperaturgradienten innerhalb der Reaktionsmasse. Dazu sollte die Homogenisierungszeit (Mischzeit, Rührzeit) $t_M \lesssim 0,1 \ t_r$ und bei kontinuierlichem Betrieb $t_M \lesssim 0,1 \ \tau$ betragen, wobei die Zeitkonstante $t_r$ der Reaktion als das Verhältnis aus der Anfangs- bzw. Eintrittskonzentration $c_{Aa}$ des Edukts A und der Anfangs- bzw. Eintritts-Reaktionsgeschwindigkeit $r_a$ definiert ist. Die Auswahl eines geeigneten Rührers, der einen gewünschten Homogenitätsgrad in einer geforderten Zeit $t_M$ mit minimaler Rührleistung erreicht, kann auf Grund von Mischzeit- und Leistungscharakteristiken getroffen werden;

□ Intensivierung der indirekten Wärmeübertragung zwischen Reaktionsmasse (insbes. bei zähen Flüssigkeiten mit stark exothermer Reaktion, wie z. B. bei Blockpolymerisationen) und Wärmeübertragungsflächen (Kesselwand, außenliegende $\rightarrow$ Wärmeübertrager und/oder eingebaute Rohrschlangen). Durch das Rühren soll die Dicke der flüssigen Grenzschicht an der Kesselwand bzw. der Rohrschlange verkleinert und der Flüssigkeitstransport von und zur Wärmeübertragungsfläche erhöht werden. Möglichkeiten der direkten Wärmeübertragung sind die Siede- oder Verdampfungskühlung eines Lösungsmittels oder die direkte Einleitung eines Heiz- oder Kühlfluids (z. B. Wasserdampf) in die Reaktionsmasse;

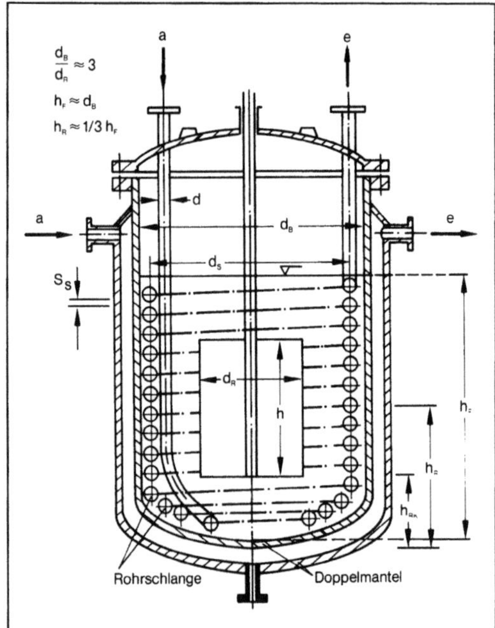



*Rührkesselreaktor 1: Typischer Rührkesselreaktor.*
*(Quelle: VDI-Wärmeatlas a. a. O.)*

a  Eintritt ⎱ des Wärmeübertragerfluids
e  Austritt ⎰
$d_B$  Behälterinnendurchmesser
d  Außendurchmesser ⎱
$d_s$  Durchmesser ⎰ der Rohrschlange
$S_s$  Spalt zwischen den Rohren
$d_R$  Rührerdurchmesser
h  Höhe der Rührerblätter
$h_F$  Flüssigkeitshöhe im Rührbehälter
$h_R$  Abstand Rührer-Behälterboden
$h_{RK}$  Abstand untere Rührerkante-Behälterboden

☐ Suspendieren („Naßmahlen") oder Aufwirbeln („Lösen") eines Feststoffs (z. B. Katalysator, Edukt, Enzym) in einer Flüssigkeit, wobei es durch den Rührvorgang zu einem teilweisen Abrieb der Feststoffpartikel kommen kann. Bei zusätzlicher Gasdispergierung liegt ein →Suspensionsreaktor vor;

☐ Dispergieren ineinander unlöslicher Flüssigkeiten, wobei sich die →Phasengrenzfläche durch Rühren oder durch Zusatz oberflächenaktiver Substanzen (Emulgieren) stark erhöht. Beispiele hierfür sind Extraktionen oder chemische Reaktionen, wie z. B. Verseifungen, Suspensionspolymerisationen (PVC, PS);

☐ Dispergieren von Gasen in Flüssigkeiten. Durch das Begasen von Flüssigkeiten (unter Beteiligung des Rührers) wird die Phasengrenzfläche zwischen der Flüssigkeit und dem Gas stark erhöht. Dieser Vorgang wird insbes. zum Durchführen von Gas-Flüssig-Reaktionen (→Blasensäule) sowie von Gas-Flüssigkeits-Feststoff-Reaktionen (→Mehrphasenreaktor) angewandt.

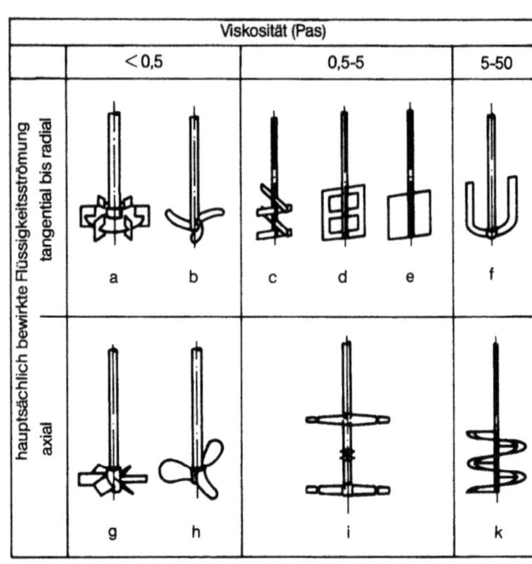



*Rührkesselreaktor 2: Gebräuchliche Rührertypen zur Erfüllung von Rühraufgaben.*
*(Quelle: Zlokarnik a. a. O.)*

a Scheibenrührer, b Impellerrührer (Pfaudler), c Kreuzbalkenrührer, d Gitterrührer, e Blattrührer, f Ankerrührer, g Schaufelrührer mit angestellten Schaufeln, h Propellerrührer, i MIG-Rührer (Ekato), k Wendelrührer

Eine meist unerwünschte Begleiterscheinung des Rührens einer Flüssigkeit ist die Trombenbildung, bei der die Flüssigkeit um den zentrisch eingebauten Rührer rotiert und an der Reaktorwand eine bestimmte Weglänge nach oben steigt. Die Trombenbildung kann insbes. durch Einbau von Strombrechern an der inneren Mantelfläche des Kessels weitgehend vermieden werden.

Wärmetechnisch kann der R. isotherm oder nicht isotherm (adiabat oder polytrop) betrieben werden (→Reaktionsführung). Bei polytroper Reaktionsführung können im R. gefährliche Reaktionszustände auftreten (→Reaktorstabilität, parametrische →Empfindlichkeit).

Der ideale R. (KIK, →Reaktormodell) ist ein wichtiger Modellreaktor (→Zellenmodell). Treten im Zulauf eines kontinuierlich betriebenen R. häufig Konzentrationsschwankungen auf, ändert sich die Temperatur des Wärmeträgers (z. B. Kühlfluid) oder befindet sich der Reaktor in der Anfahrphase, können die erreichbaren Umsätze und Ausbeuten nur ermittelt werden, wenn das instationäre Übergangsverhalten des Reaktors berücksichtigt wird. Hierzu müssen die Akkumulationsterme der Bilanzgleichungen (Reaktormodell) in der Berechnung auftreten und dürfen nicht null gesetzt werden. *Schönbucher*


Literatur: *Baerns, M., H. Hofmann* u. *A. Renken:* Chemische Reaktionstechnik. Stuttgart 1987. – Autorenkollektiv (*S. Weiß,* Hrsg.): Verfahrenstechnische Berechnungsmethoden. Tl. 5: Chemische Reaktoren. Weinheim 1987. – *Brötz, W.:* Grundriß der chemischen Reaktionstechnik. Weinheim 1958. – *Brötz, W., u. A. Schönbucher:* Technische Chemie I. Weinheim 1982. – *Denbigh, K. G., u. J. C. Turner:* Einführung in die chemische Reaktionstechnik. Weinheim 1973. – *Dialer, K., U. Onken u. K. Leschonski:* Grundzüge der Verfahrenstechnik und Reaktionstechnik. München 1986. – *Fitzer, E., u. W. Fritz:* Technische Chemie. Eine Einführung in die technische Chemie. 3. Aufl. Berlin, Heidelberg, New York 1989. – *Froment, F. G., u.K. B. Bischoff:* Chemical Reactor Analysis and Design. New York 1979. – *Levenspiel, O.:* Chemical Reaction Engineering. 2. Aufl. New York 1972. – *Levenspiel, O.:* The Chemical Reactor Omnibook. Corvallis (Oregon) 1984. – VDI-Wärmeatlas. Abschn. Ma. 5. Aufl. Düsseldorf 1988. – *Westerterp, K. R., W. P. M. van Savaaij u. A. A. C. M. Beenackers:* Chemical Reactor Design and Operation. 2. Aufl. New York 1984. – *Zlokarnik, M.:* Rührtechnik. In: Ullmanns Enzyklopädie der techn. Chemie. Bd. 2. 4. Aufl. Weinheim 1972.

**Rührkristallisator.** Ein R. ist ein Apparat zur →Kristallisation, bei dem die übersättigte Lösung mit Hilfe eines Rührwerks durchmischt wird. R. können kontinuierlich oder diskontinuierlich betrieben werden. Die →Übersättigung der Lösung wird durch Absaugen der Dämpfe erreicht, so daß über der Lösung ein Vakuum entsteht. Die Keimbildung und das Kristallwachstum können bei einem R. nicht kontrolliert werden (→Vakuumkristallisation). *Dohrn*

**Rührreaktor.** Der R. besteht aus einem zylindrischen Behälter mit Rührorgan, Strombrechern, einer Heiz- oder Kühlvorrichtung und ggf. einer Begasungseinrichtung. Er eignet sich für dreiphasige Reaktionssysteme und ist bis heute auf Grund seiner universellen Anwendbarkeit der bevorzugte Reaktortyp für biotechnologische Prozesse (→Bioreaktor).

In einem chargenweise betriebenen, homogen durchmischten R. treten im Idealfall zu einem Zeitpunkt keine Konzentrationsgradienten auf, und die physikalischen Bedingungen sind überall gleich. Im kontinuierlichen Betrieb bei vollständiger Rückvermischung hat der austretende Strom die Zusammensetzung des Reaktorinhalts. *Liefke*

**Rührwerkskugelmühle.** R. (Bild 1) bestehen aus einem Rührwerk, das sich in einem horizontal oder vertikal angeordneten Mahlraum befindet. Die Mahlräume können zylindrisch, oval oder konisch ausgeführt sein und haben Schlankheitsgrade $\lambda$ = l/D von 3–6. Das Rührwerk versetzt das Mahlkörper-Mahlgut-Gemisch in Rotation und wälzt es um.

Das zu zerkleinernde Mahlgut wird als Suspension aufgegeben. Bei vertikal angeordneten Mahlräumen wird die Suspension entgegen der Schwerkraft, d. h. von unten nach oben, durch die Mühle gepumpt. Horizontale Mahlräume werden dagegen von links nach rechts, also axial, durchströmt. Zwischen den Oberflächen der bewegten Mahlkörper,

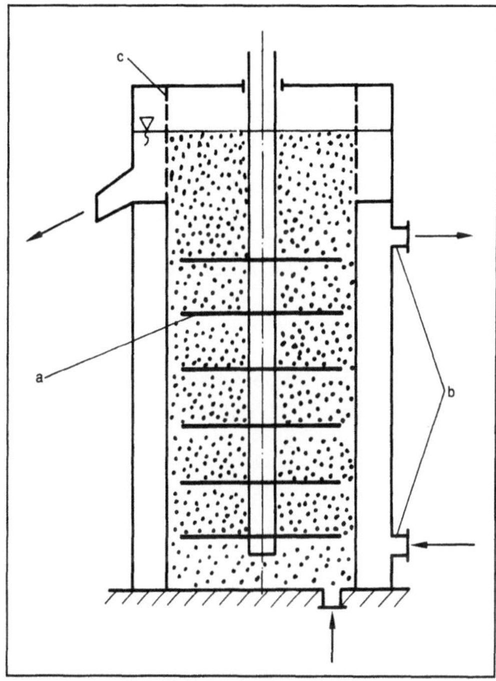

*Rührwerkskugelmühle 1: Schemaskizze.*

a Rührelement, b Kühlung, c Abtrennsystem

des sich drehenden Rührwerks und der Mahlraumwand wird das Mahlgut durch Druck, Schlag und Reibung zerkleinert (→Naßzerkleinerung).

Für die Feinheit der Mahlung ist die Form der Rührelemente und deren Umfanggeschwindigkeit ausschlaggebend. Die Rührelemente lassen sich in →Scheibenrührer (glatt, genutet, gelocht, genockt), in Flügel-, Schrauben- und Ringrührer sowie in Stiftscheiben und -walzen einteilen (Bild 2). Dabei

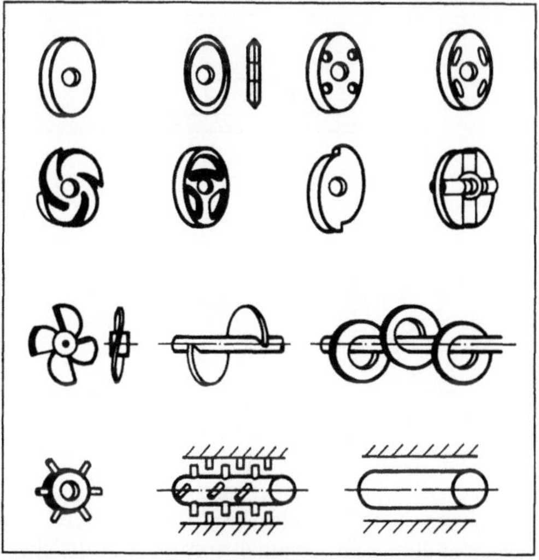

*Rührwerkskugelmühle 2: Bauformen für Rührelemente.*

ist zu beachten, daß Wirbelbildungen in der Mahlkörper-Mahlgut-Mischung den Zerkleinerungseffekt verringern.

Zur Feinstzerkleinerung werden vorrangig scheibenartige Rührelemente bei Umfanggeschwindigkeiten u von 8–12 m/s verwendet. Bei kleineren Umfanggeschwindigkeiten (u = 0,5–3 m/s) kommen stab- und wendelförmige Bauformen zum Einsatz.

Als Mahlkörper werden Kugeln aus Stahl, Keramik, Glas, Quarzsand u. a. bei Füllungsgraden von $\varphi$ = 0,4–0,7 verwendet. Der Mahlkörperverschleiß beträgt je nach Feinheit der Mahlung 5 bis 10 g/kg Mahlgut.

Am Mahlgutaustritt muß man für eine Trennung von Mahlgut und Mahlkörpern sorgen. Dazu gibt es mehrere Abtrennsysteme. Die gebräuchlichsten Methoden sind Trennung durch Schwerkraft, durch Siebe oder durch Spalte. Dabei gibt es für jede Kategorie verschiedene Ausführungen. Welches System eingesetzt wird, hängt von der Suspension und den Mahlkörpern ab. *Greif*

**Rundbiegen.** R. ist ein Verfahren des Biegeumformens (DIN 8586), das als stetiges, in Schenkelrichtung fortschreitendes Biegen von Band, Profilen, Stählen, Draht oder Rohren definiert ist (Bild). Das R. hat große Bedeutung in der industriellen Produktion (z. B. als →Rohrbiegen) oder im Bauwesen (z. B. Betonstahlbiegen). Es benötigt spezielle Maschinen, die wegen hoher Genauigkeit und →Produktivität bei gleichzeitig hoher Flexibilität zunehmend numerisch gesteuert sind, insbes. für das Biegen von Rohren und Profilen. Bei Hohlprofilen muß mit Dorn gearbeitet werden, damit vor allem bei dünnen Teilen die Wand nicht „einfällt" oder sich unzulässige Falten bilden (→Rohrbiegen, Bild 1).

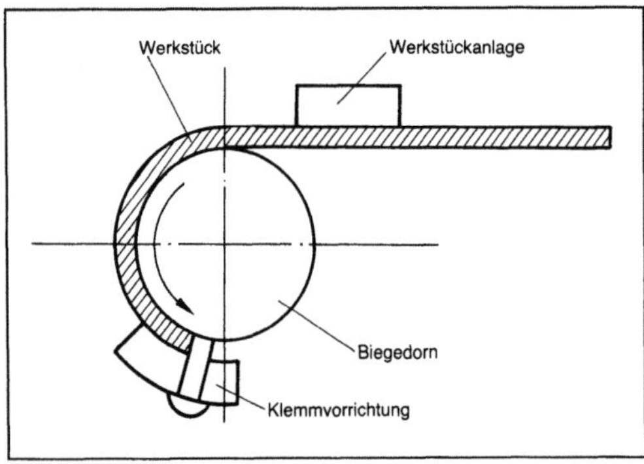


*Rundbiegen: Schematische Darstellung.*

R. um mehr als 360° wird als →Wickeln bezeichnet. Beispiele hierfür sind das Wickeln von Schrauben- und Spiralfedern, das Wickeln von Blechband zu Schraubennahtrohr, das Aufwickeln von Band oder Draht zu Ringen, Spulen oder Bunden. *Lange*

Literatur: *Lange, K.:* Umformtechnik. Handb. f. Ind. u. Wiss. Bd. 3. 2. Aufl. Berlin, Heidelberg, New York, Tokio 1988.

**Runddrehen.** Kennzeichen des R. ist die Erzeugung einer zur Drehachse des Werkstücks koaxialen, kreiszylindrischen Fläche. Die Anwendung dieses Verfahrens reicht von der Bearbeitung von Kleinstteilen (z. B. in der Uhrenindustrie) bis hin zur Schwerzerspanung von geschmiedeten Turbinenläufern mit Längen bis zu 20 m. Die wichtigsten Runddrehvarianten sind das Längs-R. und das Schäldrehen.

Die Eingriffsverhältnisse beim Längs-Runddrehprozeß sind im Bild dargestellt. Das Produkt aus Schnittiefe $a_p$ und Vorschub f wird als Spanungsquerschnitt und der Quotient aus Spanungsbreite b und Spanungsdicke h als Schlankheitsgrad bezeichnet. Die Maschinenstellgrößen ($a_p$ und f) und die technologischen Größen (b und h) sind über den Eingriffswinkel $\chi_r$ miteinander verknüpft.

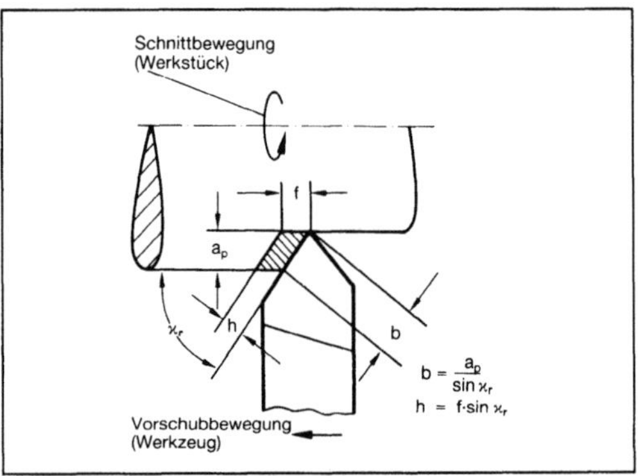


*Runddrehen: Eingriffsverhältnisse beim Längsrunddrehen.*

$\kappa_r$ Einstellwinkel, $a_p$ Schnittiefe, f Vorschub, b Spanungsbreite, h Spanungsdicke, $a_p \cdot f = b \cdot h$ Spanungsquerschnitt

Das Längs-R. wird in Innen- und Außenbearbeitung unterteilt. Bei Innendrehoperationen an tiefen Bohrungen können auf Grund der ungünstigen Geometrie der Innendrehmeißel (Drehwerkzeuge) Stabilitätsprobleme auftreten. Deshalb sind bei der Wahl der Schnittwerte die Auskraglänge und der Schaftdurchmesser, der abhängig von der Größe der zu bearbeitenden Bohrung ist, zu berücksichtigen.

Es werden die anwendbaren Schnittbedingungen hauptsächlich von der →Zerspanbarkeit des Werkstückstoffs, von den Eigenschaften des Schneidstoffs und durch die Stabilität des Systems Maschine-Werkzeug-Werkstück bestimmt.

Die →Oberflächengüte hängt vom Vorschub und vom Eckenradius des Werkzeugs ab. Es können Rauhtiefen von $R_t = 2$–10 μm, in Sonderfällen $R_t = 1$ μm erreicht werden. Mit voreingestellten Werkzeugen sind Maßgenauigkeiten von IT 7 zu erzielen. *König*

**Rundfräsen.** Verfahren zum Erzeugen kreiszylindrischer Flächen. Die Werkzeug- und Werkstückachsen können hierbei parallel oder senkrecht zueinander stehen (Bild).

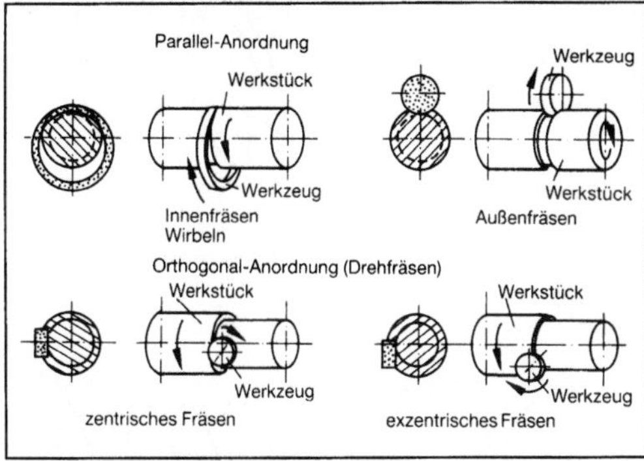


*Rundfräsen: Verfahrensarten.*

Beim Drehfräsen werden die Prinzipien des Drehens und Fräsens kombiniert. Mit einem Messerkopf-Stirnfräser werden an einem senkrecht zum Fräser rotierenden Werkstück i. a. zylindrische Flächen erzeugt. Besondere Merkmale sind u. a. der sichere Spanbruch sowie die hohen Abtragleistungen bei niedrigen Werkstückdrehzahlen. Das Verfahren eignet sich deshalb besonders für die Bearbeitung unwuchtiger Bauteile. *König*

Literatur: *König, W.,* u. *Th. Wand:* Fräsen statt Drehen, Drehfräsen. Ind.-Anz. 108 (1984) Nr. 12, S. 25/28. – *Wand, Th.,* u. *W. König:* Optimierung des Drehfräsens. Forschungsber. KFK-PFT 93. Kernforschungszentrum Karlsruhe. 1985.

**Rundläppen.** R. ist ein Verfahren zur Feinbearbeitung zylindrischer Flächen (→Feinbearbeitungsverfahren). Man unterscheidet drei Arten des R. (Bild):

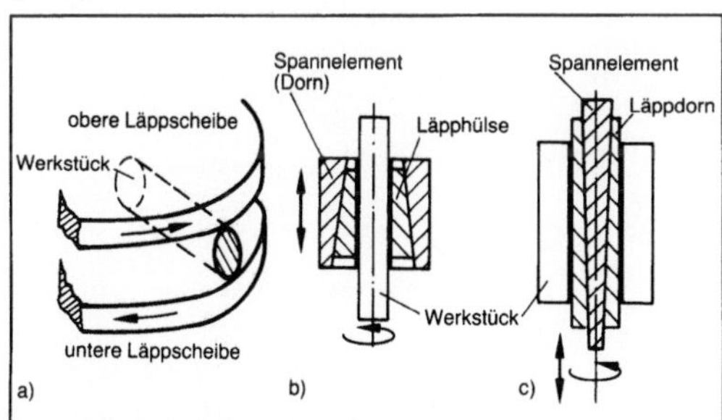


*Rundläppen: Schematische Darstellung.*
*a) Seiten-Außenrundläppen.*
*b) Umfangs-Außenrundläppen.*
*c) Umfangs-Innenrundläppen.*

Für das →Läppen zylindrischer Außenflächen relativ kleiner Werkstücke werden Zweischeiben-Läppmaschinen herangezogen (→Läppmaschine). Das Verfahren wird Seiten-Außen-R. genannt. Die Werkstücke werden in Halterungen aufgenommen,

die radial verschiebbar angeordnet sind. Die Werkstücke sollen möglichst in Achsrichtung schräg vom Läppscheibenmittelpunkt ausgerichtet werden, um die →Läppscheibe gleichmäßig zu beanspruchen. Es werden hierdurch bei geringen Abtragshöhen von 5–10 μm leichte Formfehler an verschieden dicken Werkstücken ausgeglichen.

Beim Umfangs-Außen-R. verwendet man eine umschließende Läpphülse als Werkzeug. Diese ist im Innendurchmesser genau zylindrisch bearbeitet und enthält einen Längsschlitz. Sie wird mittels einer Nachstellmutter oder eines kegeligen Dorns bzw. Spannelements auf die zu läppende Fläche gedrückt und in eine lineare Pendelbewegung versetzt. Das Werkstück führt auf einer Dreh- oder Bohrmaschine oder auf einem speziellen Läppbock die Drehbewegung aus. Die Nuten in der Hülseninnenfläche ermöglichen den Transport des Läppgemischs und der Späne. Das Verfahren kommt insbes. in der Einzelfertigung und bei geringen Losgrößen wirtschaftlich zur Anwendung.

Beim Umfangs-Innen-R. (auch Bohrungsläppen genannt) dient als Werkzeug ein zylindrischer Läppdorn, dessen Außendurchmesser auf den zu läppenden Durchmesser abgestimmt ist. Die wirtschaftlich erreichbaren Abtragsraten sind relativ gering gegenüber →Honen. Bei 10 mm Bohrungsdurchmesser und 80 mm Bohrungslänge können Zylindrizitätsabweichungen unter 1 μm, Rundheitsfehler unter 0,5 μm sowie Geradlinigkeitsfehler unter 1 μm bei Rauhtiefen von $R_t = 0,5$ μm erzielt werden.

Beim Innen-R. ist der mit einem Innenkonus versehene Läppdorn meist in Längsrichtung geschlitzt und kann auf einem entsprechenden Spannelement verschoben und im Durchmesser aufgespreizt werden. Dadurch ist es möglich, die Werkstücke bis zum Endmaß mit einem Werkzeug zu bearbeiten bzw. den Verschleiß am Läppdorn auszugleichen. Der Läppdorn führt die Dreh- und Hubbewegungen durch. Die Werkstücke werden starr aufgenommen. Für die Zufuhr und Verteilung des Läppgemischs ist der oft aus Grauguß hergestellte Läppdorn außen genutet. Als Läppträgermedium wird im Gegensatz zu den meisten Läppverfahren eine dickflüssige Paste verwendet (→Läppgemisch). *Kenter*

Literatur: *Gräven, K.-J.:* Präzisions-Bohrungsläppen. Werkstatt und Betrieb 113 (1980) Nr. 3.

**Rundschleifen.** R. ist das Schleifen rotationssymmetrischer Innen- und Außenflächen durch hochtourig rotierende Schleifkörper (→Schleifscheibe, Schleifstift). Demgegenüber ist die Werkstückumfanggeschwindigkeit um den Faktor q = 30–100 niedriger. Es werden hauptsächlich drei Verfahrensvarianten, Außenrundschleifen, spitzenloses Außenrundschleifen (→Spitzenlosschleifen) sowie Innenrundschleifen, unterschieden (Bild).

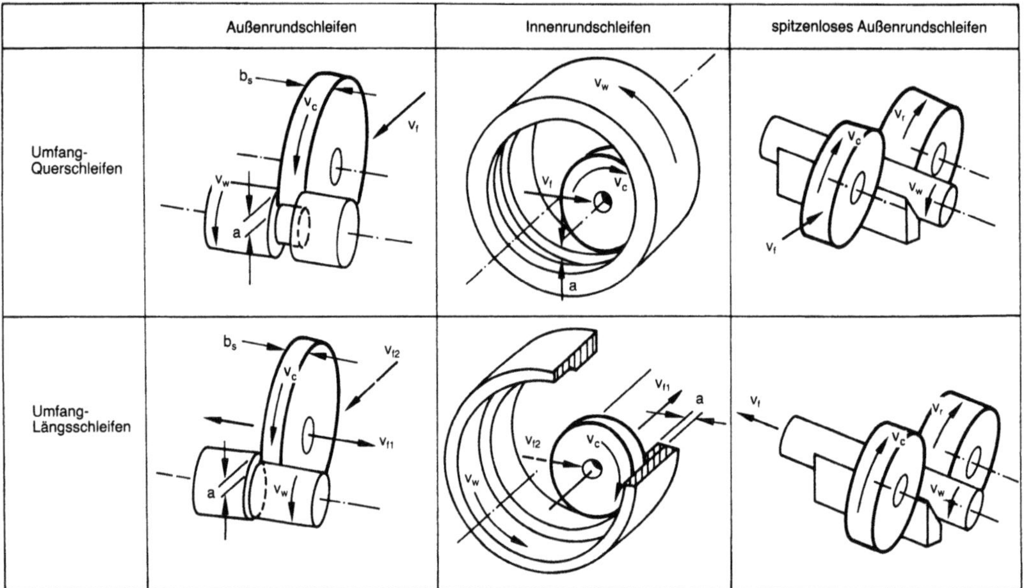



*Rundschleifen: Schematische Darstellung. (Quelle:* König*)*

a Zustellung, $b_s$ Schleifkörperbreite, $v_f$, $v_{f1}$ kontinuierlicher Vorschub, $v_{f2}$ schrittweiser Vorschub, $v_c$ Schleifkörperumfanggeschwindigkeit, $v_w$ Werkstückgeschwindigkeit

Beim Außen- oder Innen-R. wird das Werkstück zwischen Spitzen oder in einem Spannfutter aufgenommen und in Drehbewegung versetzt. Beim spitzenlosen Außen-R. wird das Werkstück auf einer Auflageschiene oder auf Gleitschuhen abgestützt und über einer Regelscheibe kontrolliert bewegt.

Je nach Richtung der Vorschubbewegung werden die einzelnen Verfahren unterteilt. Beim Längsschleifen (→Schleifprozeß-Modifikation) führt der Schleifkörper oder das Werkstück neben der Rotation auch eine Längsbewegung parallel zur Werkstückachse aus. Nach jedem Hub oder Doppelhub wird radial zugestellt. Im allgemeinen wird der Längsvorschub gleich oder etwas kleiner als die halbe Breite des Schleifkörpers gewählt.

Beim Einstechschleifen (Querschleifen) bewegt sich der Schleifkörper pro Werkstückumdrehung um einen konstanten Betrag (a Zustellung) radial auf die Werkstückachse zu (Geradeinstech-Schleifen). Wenn die Schleifscheibenzustellung schräg zur Werkstückachse verläuft, spricht man vom Schrägeinstech-Schleifen. Der Schleifkörper kann abgesetzt oder profiliert sein, oder es befinden sich mehrere Scheiben auf einer Spindel (Satzschleifscheiben).

Ist das zu schleifende Werkstück breiter als die Schleifscheibe, können Längs- und Einstechschleifen kombiniert werden. Der Einstech- und Längsvorschub sowie deren Reihenfolge werden nach dem vorliegenden Verhältnis der beiden Umfanggeschwindigkeiten, nach der geforderten Oberflächengüte und nach der Steifigkeit des Schleifmaschine-Schleifscheibe-Werkstück-Systems festgelegt. *Kenter*

Literatur: *König, W.:* Fertigungsverfahren. Bd. 2. Düsseldorf 1989.

**Rundschleifmaschine.** Bei R. (Bild) wird ein rotierendes Werkstück durch ein schnellrotierendes

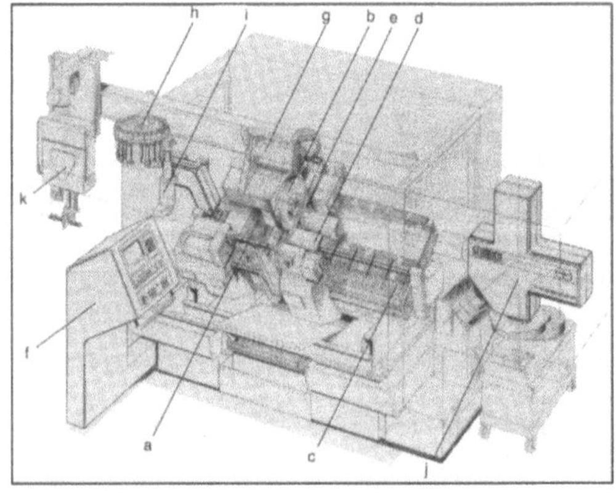



*Rundschleifmaschine:        Schrägbett-CNC-Rundschleifmaschine. (Quelle: Schandt, Stuttgart)*

a Werkstück, b Schleifscheibe, c Schrägbett, d Längsschlitten, e Querschlitten, f CNC-Steuerung (Bedienteil), g Antrieb für Innenschleifen, h Werkzeugmagazin für Schleifstifte, i Werkzeugwechsler für Schleifstifte, j Werkzeugwechsler für Schleifscheiben, k Portallader für Werkstückwechsel

Werkzeug mit geometrisch unbestimmten Schneiden mit großer Maßgenauigkeit bei hoher Oberflächengüte bearbeitet. Nach Lage der bearbeiteten Oberfläche unterscheidet man zwischen Außen- und Innen-R. Insbesondere in der Massenproduktion werden spitzenlose Außen-R. verwendet, deren Aufbau sich von Maschinen mit Werkstückspannung im Futter oder zwischen zwei Spitzen mit Werkstück-Mitnehmer deutlich unterscheidet. Nach der Kombination von Zustell- und Vorschubbewegungen unterscheidet man das Längsschleifen (geringe Zustellung, großer Vorschub) das Einstechschleifen (nur Zustellbewegung, kein Vorschub) und das Längsschälschleifen (große Zustellung, geringer Vorschub), die unter verschiedenen Winkeln zur Werkstücklängsachse erfolgen können.

Die Bauform zur Erzeugung der Vorschubbewegung wird oft an der Maschinengröße orientiert: Bei kleinen Maschinen ist der Werkstückspindelstock auf dem →Maschinentisch angebracht und führt mit diesem die Längsvorschubbewegung aus, der Schleifspindelstock-Schlitten dagegen nur die radiale Zustellbewegung (Quervorschub). Bei großen R. wird der Längsvorschub vom Schleifspindelstock-Schlitten ausgeführt, der Quervorschub vom Werkstückspindelstock. Zur Einstellung des Winkels zwischen Werkstück- und Schleifwerkzeug-Längsachse sind diese Baugruppen meist schwenkbar gebaut. Das Bett ist meist eine Guß- oder Schweißkonstruktion mit Verrippung. Darauf sind der Werkstückschlitten mit der Werkstück-Aufnahme (bei Außen-R. auch der Reitstock) und der Schleifspindelstock-Schlitten gleit- oder wälzgelagert angebracht. Der Antrieb der Schlitteneinheiten erfolgt über Kugelumlaufspindeln.

Schleifspindel und Werkstückspindel sind hydrodynamisch oder wälzgelagert mit einem Lagerabstand des 4- bis 5fachen Lagerinnendurchmessers, um eine hohe dynamische Steifigkeit zu erreichen. Ihr Antrieb erfolgt durch drehzahlgeregelte Gleich- oder Drehstrommotoren über einen Riementrieb. Für das Umfassen eines großen Drehzahlbereichs ist bei älteren Bauformen motorseitig ein mechanisches Getriebe vorgeschaltet.

Bei kombinierten Außen- und Innen-R. wird die am Schleifspindelstock schwenkbar angebrachte Innen-Schleifeinrichtung zum Innenschleifen von Bohrungen oder Planschleifen von Außen- oder Innenplanflächen in die Arbeitsstellung eingeschwenkt. Dies kann als numerisch gesteuerte Achse ausgeführt sein.

Beim spitzenlosen →Rundschleifen entfällt der Werkstückspindelstock. An dessen Stelle treten Regelscheibe und Werkstück-Auflageschiene. Die Schleifscheibe ist nur in der Zustellrichtung verstellbar. Eine erforderliche Axialbewegung wird durch Schrägstellung von Schleif- und Regelscheibe zuein-

ander erreicht. Die Schleifspindel ist wälz- oder gleitgelagert. Die Schleifscheibenaufnahme ist meist an einem freien Spindelende, um das Auswechseln der Schleifscheibe zu erleichtern. Die Drehzahl von Schleif- und Regelscheibe ist stufenlos einstellbar. Der Antrieb erfolgt durch Gleichstrommotoren. Bedingt durch den Einsatz in der Massenproduktion sind die spitzenlosen R. überwiegend mit numerisch gesteuerten, hydraulischen Abrichtvorrichtungen versehen, um die Kontur von Regel- und Schleifscheibe und bei letzterer auch deren Schärfe schnell zu erneuern. *Schulz*

**Rüsten.** Das ist das Vorbereiten eines Arbeitssystems für die Erfüllung der Arbeitsaufgabe sowie, soweit erforderlich, das Rückversetzen des Arbeitssystems in seinen ursprünglichen Zustand. Das R. kommt je Arbeitsauftrag i. a. einmal vor.

Unter dem Begriff R. fallen beispielsweise die Annahme und das Lesen des Auftrags ebenso wie die Beschaffung der Werkzeuge und dessen Entfernen nach →Auftragsabwicklung. Außerdem gehören das Einrichten bzw. Einstellen der Maschine, der Auf- und Abbau der Vorrichtungen sowie das Umstellen der →Betriebsmittel innerhalb eines Arbeitsauftrags zu den Rüsttätigkeiten. Das R. bedingt i. a. eine Unterbrechung des Arbeitsablaufs, so daß unproduktive Stillstandszeiten der kapitalintensiven Betriebsmittel auftreten. Insbesondere im Bereich der Einzel- und →Kleinserienfertigung werden daher Maßnahmen ergriffen, die Rüsttätigkeiten in das Vorfeld der Maschine zu verlagern, um die Stillstandszeiten zu minimieren. Parallel zur produktiven Bearbeitungszeit können so vorbereitende Tätigkeiten wie das Auf-R. der Vorrichtung auf geeigneten Werkstückträgern (Paletten) und das Voreinstellen der Werkzeuge durchgeführt werden. *Eversheim*

Literatur: N. N.: Methodenlehre des Arbeitsstudiums. Tl. 2. REFA Verband für Arbeitsstudien e. V. München 1972.

**Rüttel-Preß-Formmaschine** →Sandform

**Rüttler.** R. sind im einfachsten Fall Stahlplatten auf Federn, die mit Unwuchtantrieb mechanisch zu Vibrationen angeregt werden. Man verwendet sie, um Schüttungen in Fässern oder Behältern einzurütteln, d. h. auf möglichst geringes Porenvolumen zu bringen. Gut geeignet für mittelfeines und grobes Schüttgut. Bei Anwendung an feinkörnigen Schüttgütern wird das Porenvolumen eher größer als kleiner.

In ähnlicher Weise kann man mit R. oder Vibratoren auch Silos bei Brückenbildung des Inhalts oder bei schwerfließendem Fördergut beeinflussen. *Muschelknautz*

# S

**Sägemaschine.** S. gehören zu den spanenden Bearbeitungsmaschinen mit mehrschneidigen definierten Werkzeugen. Die Schnittbewegung wird vom Werkzeug ausgeführt. Die Zustellbewegung erfolgt bei den meisten Sägeverfahren durch das Werkzeug. Eingeteilt werden die S. nach den Sägeverfahren (Bild 1): Bügel-S., Band-S. und Kreis-S.

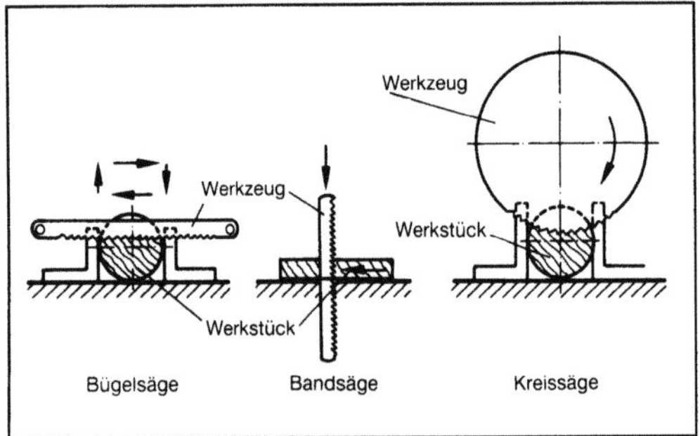


*Sägemaschine 1: Sägeverfahren.*

Die Schnittbewegung ist beim Bügelsägen und beim Bandsägen geradlinig. Rotatorische Schnittbewegungen liegen bei Kreis-S. vor.

*Metallbearbeitung.* S. werden in der Metallbearbeitung eingesetzt, um an Rohren, Rund- und Vierkantmaterial und sonstigen Profilen, teilweise auch an Schmiede- und Gußteilen, erforderliche Abschnittlängen, unterschiedliche Winkel an den Enden oder Schlitze herzustellen.

Kreissägen ist das in der Metallbearbeitung am häufigsten angewandte Sägeverfahren. Im Vergleich zum Bügel- und Bandsägen werden kürzere Schnittzeiten und höhere Genauigkeiten der Schnittflächen ermöglicht. Dagegen ist der Schnittverlust beim Kreissägen gegenüber den anderen Sägeverfahren auf Grund der größeren Schnittbreite des Kreissägeblatts höher.

Anwendung von CNC-Steuerungen erfolgt bei Produktions-S. und Sägeanlagen. Sie erlauben z. B. Sägeblattbruchsicherung, vorwählbare Längen-Stückzahl-Kombinationen, über Technologiespeicher automatisches Einstellen aller Schnittparameter und Vorschuboptimierung bei unterschiedlichen Profilformen.

In Verbindung mit Materialzu- und -abführeinrichtungen und Lagersystemen lassen sich aus CNC-S. halb- oder vollautomatische Sägeanlagen aufbauen (Bild 2), die über Lagerverwaltungs- und Steuerungsrechner verfügen. Die Materialdaten

*Sägemaschine 2: Sägeanlage mit Langgutlagersystem. (Quelle: Remmert, Löhne)*

und Bearbeitungshinweise werden vom Rechner der S. übergeben, die daraufhin die Parameter Vorschub, Schnittgeschwindigkeit und Abschnittlänge einstellt.

*Holzbearbeitung.* Dabei werden S. als Kettensägen zum Ablängen und Fällen von Bäumen, als Sägegatter zum Zerlegen von Rundholz und als Kreis- und Bügelsägen zum Zuschneiden von Hölzern und Platten eingesetzt. Weiter finden zum Quer- und Langschnittsägen an Großformatplatten, wie z. B. Spanplatten, Aufteil-Kreissägen Anwendung. Kreis-S. werden weiterhin als Längs- und Querkreissägen zum Säumen und Trennen von Hölzern und Platten eingesetzt. *Schulz*

**Sägen.** S. ist ein spanendes Fertigungsverfahren mit geometrisch bestimmter Schneide. Ein vielzahniges Werkzeug von geringer Schnittbreite wird hierbei zum →Trennen oder →Schlitzen von Werkstücken eingesetzt. Das Werkzeug führt eine rotatorische oder translatorische Hauptbewegung aus, das Werkstück steht meist still. Zugerechnet wird das S. den Verfahren mit rotatorischer Hauptbewegung, da auch bei den Verfahren Bügel-S. und Band-S., bei denen eine geradlinige translatorische Schnittbewegung vorliegt, die Sägeblätter als Werkzeuge mit unendlich großem Durchmesser angesehen werden können. Der technologische Vorgang ist vom →Fräsen herleitbar. So kann das dünne Kreissägeblatt als eine besondere Form des Walzenfräsers angesehen werden.

Die Zähnezahl des Sägewerkzeugs ergibt sich aus dem Reziprokwert des Abstands zweier Zähne und steht für die Anzahl der Zähne je Längeneinheit. Ist der Spanraum zwischen zwei Zähnen vergrößert, so werden zwei Radien, $R_1$ an der Spanfläche und $R_2$ an der Freifläche, angegeben, wobei der Abstand der Radienmittelpunkte mit F (Fußlücke) bezeichnet wird.

Um die Reibung zwischen Werkzeug und Werkstück zu vermindern sowie ein Klemmen des Sägeblatts in der Schnittfuge zu verhindern, werden die Zähne der Sägewerkzeuge geschränkt. Dadurch wird die Schnittfuge breiter als das Sägeblatt. Unter der Schränkung eines Sägeblatts versteht man den beiderseits überstehenden Teil der Zähne, welcher dem Freischnitt des Sägeblatts dient. Für unterschiedliche Bearbeitungsaufgaben stehen entsprechende Schränkungsarten zur Verfügung.

Die Standard-Schränkung (Rechts-Links-Gerade) wird überwiegend bei Stahl, Guß und härteren NE-Metallen eingesetzt. Die Wellen-Schränkung eignet sich besonders zum Trennen von dünnem Material und geringen Wanddicken wie Bleche, dünnwandige Rohre und Profile. Die Rechts-Links-Schränkung findet Anwendung beim S. gut zerspanbarer Werkstoffe wie NE-Metalle, Kunststoffe und Holz. Mit der Gruppen-Schränkung ist es möglich, nahezu schwingungsfrei zu sägen. Sie eignet sich damit besonders zum Trennen von Rohren und Profilen.

Nach der Form der Sägewerkzeuge unterscheidet man zwischen Hub-, Band- und Kreissägeblättern.

Nach Art und Bewegung des Werkzeugs werden vier Sägeverfahren unterschieden: Kreis-S., Band-S., Hub-S. und Ketten-S. Nach DIN 8589, Tl. 6, kann das S. nach verfahrenskennzeichnenden Merkmalen wie Art der Fläche, Kinematik des Zerspanvorgangs und Werkzeugprofil in die Fertigungsverfahren Abtrenn-S., Loch-S., Schlitz-S. und Form-S. unterteilt werden (Bild). Eine weitere Untergliederung ist nach der Richtung der Vorschubbewegung, der für das Werkzeug charakteristischen Schnittbewegung, Werkzeugmerkmalen oder der Art der Steuerung beim Form-S. möglich.

Kreis-S. ist S. mit kontinuierlicher Schnittbewegung unter Verwendung eines rotierenden, kreisförmigen Sägeblatts. Die Vorschubbewegung erfolgt senkrecht zur Drehachse der Werkzeuge. Kleinere Sägeblätter werden sowohl aus →Schnellarbeitsstahl (HSS) als auch aus Vollhartmetall (HM) hergestellt. Bei größeren Sägeblättern werden einzelne Schneiden oder Schneidensegmente, die aus HSS oder HM bestehen, auf einem Blatt aus Baustahl aufgeklemmt oder eingelötet. Zum Freischneiden sind die Kreissägeblätter geschränkt oder hohlgeschliffen und ggf. die Zähne entsprechend DIN 1837 und DIN 1838 wechselseitig abgeschrägt.

Band-S. ist ein Spanen mit kontinuierlicher, meist geradliniger Schnittbewegung eines umlaufenden,

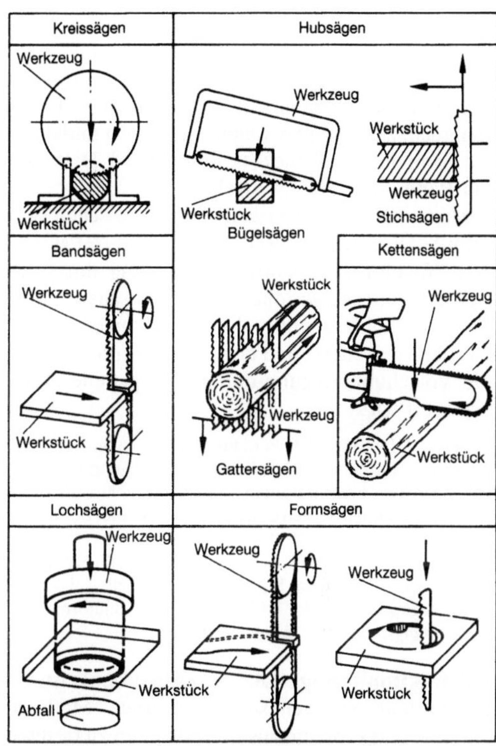


*Sägen: Sägeverfahren. (Quelle: DIN 8589)*

vielzahnigen, endlosen Sägebands. Hinsichtlich der Zahnform unterscheidet man zwischen Normal-, Bogen- oder Klauenzahn sowie der Zahnung mit variabler Teilung. Die Sägebänder bestehen aus Hochleistungsschnellarbeitsstahl (HSS) oder Bi-Metall. Bei den letztgenannten Werkzeugen wird ein HSS-Zahnstreifen durch Elektronenstrahlschweißen mit einem Werkzeugstahlkörper verbunden.

Hub-S. ist ein Verfahren mit wiederholter, meist geradliniger Schnittbewegung und einem vielzahnigen, langgestreckten Werkzeug. Das Hubsägeblatt wird oszillierend bewegt und beim Rückhub entlastet. Zum Hub-S. gehören das Bügel-S., Gatter-S. und Stich-S.

Ketten-S. ist ein S. mit annähernd gerader Schnittbewegung und einem Werkzeug, das aus mit Schneidzähnen ausgestatteten Kettengliedern besteht, die endlos miteinander verbunden sind.

Beim Abtrenn-S. (Plan-S.) entstehen Werkstücke oder Werkstückteile mit beidseitig ebenen Flächen. Das Abtrennen erfolgt mit dem Kreis-, Band-, Hub- oder Ketten-S. Zur Erzeugung kreiszylindrischer Innenflächen am Werkstück dient das Loch-S. (Rund-S.). Die Schnittbewegung ist hierbei kreisförmig. Die Vorschubbewegung erfolgt in Achsrichtung. Kinematisch und zerspantechnisch ist das Loch-S. dem →Kernbohren ähnlich. Beim Schlitz-S.

(Kreis-, Band-, Hub- oder Ketten-S.) wird das Profil des Werkzeugs auf dem Werkstück abgebildet.

Als Form-S. bezeichnet man ein Sägeverfahren, bei dem die Vorschubbewegung in einer Ebene senkrecht zur Schnittbewegung gesteuert und damit die Form des Werkstücks bestimmt wird. Dies kann mit Band- oder Hub-S. erfolgen.

Man unterscheidet zusätzlich noch zwischen Freiform-S. (Vorschubbewegung von Hand frei gesteuert), Nachform-S. (Vorschubbewegung durch ein Bezugsformstück gesteuert), kinematischem Form-S. (Vorschubbewegung durch ein mechanisches Getriebe gesteuert) und dem NC-Form-S., bei dem die Vorschubbewegung durch eingegebene Daten gesteuert wird. *König*

Literatur: DIN 8589. Tl. 6: Fertigungsverfahren Spanen. Hrsg. Dt. Inst. f. Normung. 1982. – *König, W.*: Fertigungsverfahren. Bd. 1: Drehen, Fräsen, Bohren. Düsseldorf 1990. – *Reng, D.*: Das Trennen von Metallen durch Bandsägen unter besonderer Berücksichtigung des Verlaufens des Schnittes. Diss. TU München 1976. – *Spur, G., u. Th. Stöferle*: Handb. Fertigungstechnik. Bd. 3/2: Spanen. München, Wien, 1980. – *Weck, M.*: Werkzeugmaschinen. Bd. 1: Maschinenarten, Bauformen und Anwendungsbereiche. Düsseldorf 1980.

## Salzfraktionierung.

Die S. (Aussalzen) ist die älteste und am weitesten verbreitete Methode, Enzyme und Proteine aus Zellextrakten zu trennen. In vielen Fällen ist die S. der erste Schritt einer Aufarbeitungsprozedur. Unter Ausnutzung der unterschiedlichen Löslichkeit von Proteinen bei verschiedenen Salzkonzentrationen können Proteine durch sukzessive Erhöhung der Salzkonzentration aus der Lösung ausgefällt und durch Filtration oder – besser – Zentrifugation separiert werden. Der Aussalzeffekt beruht dabei auf der Solvatisierung des Salzes und einer Verminderung der freien Wassermoleküle in der Solvatationshülle des Proteins. Wechselwirkungen zwischen hydrophoben Seitenketten führen dann zur Aggregation und Ausfällung des Proteins.

Im Präzipitat liegt das gewünschte Protein in angereicherter Form vor. Nach Wiederauflösung in verdünnten Pufferlösungen kann das Protein mit zusätzlichen Aufarbeitungsschritten, insbes. chromatographischen Verfahren, weiter gereinigt werden.

Die Effektivität von Salzen, d. h. die notwendige Konzentration zum Ausfällen eines bestimmten Proteins, Proteine auszufällen, hängt von der Ladungsdichte der Ionen ab. Für Anionen nimmt die Effektivität in folgender Reihe zu:

$$SCN^- < I^- < ClO_4 < NO_3 < Br^- < Cl^-$$
$$< CH_3COO^- < SO_4 < PO_4;$$

und für Kationen:

$$Na^+ < K^+ < NH_4.$$

Unter Berücksichtigung von Effektivität, Löslichkeit und Puffereigenschaften ist Ammoniumsulfat das geeignetste Salz für die Proteinfraktionierung. Die Sättigungskonzentration je Stoffmengenanteil beträgt bei 25 °C etwa 4 % /l. Mit dieser Konzentration werden annähernd 90 % des löslichen Gesamtproteins ausgefällt (Bild). *Liefke*

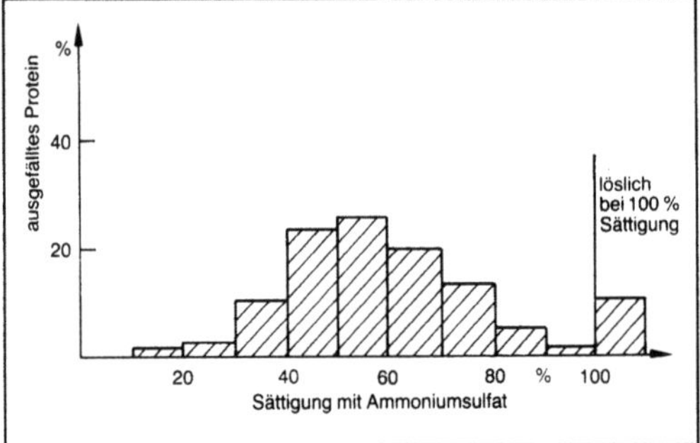


*Salzfraktionierung: Trennung einer Proteinlösung durch Zugabe von $(NH_4)_2SO_4$.*

Literatur: *Scopes, R. K.*: Protein Purification. 1. Aufl. Berlin, Heidelberg, New York 1982.

## Sammler.

S. sind bei der Flotation eingesetzte Stoffe, die die Wasserbenetzbarkeit der flotierenden Komponente herabsetzen, so daß diese hydrophob wird, sich an die Luftblasen heftet und mit diesen aufsteigt. Der die hydrophobe Komponente enthaltene Schaum schwimmt auf der Suspensionsoberfläche und kann entfernt werden.

Als S. werden unpolare, hydrophobe Kohlenwasserstoffe mit polaren, löslichmachenden und adsorptionsfähigen Atomgruppen verwendet. Nach der Ladung der polaren Gruppe unterscheidet man zwischen anionischen und kationischen S. Beispiele für anionische S. sind Mercaptane (R-S, R Alkylgruppe), Alkylsulfonate ($R-SO_3^-$), Alkylsulfate ($R-OSO_3^-$), Carboxylate ($R-COO^-$) und Xanthanate ($R-OCS_2^-$). Beispiele für kationische Sammler sind Primäralkylamine ($R-NH_3^+$), Sekundäralkylamine ($R_2-NH_2^+$), Tertiäralkylamine ($R_3-NH^+$), Quartäralkylammonium ($R_4-N^+$) und Alkylpyridinium ($R-C_5N-R^+$). *Dohrn*

Literatur: *Brötz, W., u. A. Schönbucher*: Technische Chemie I: Grundverfahren. Weinheim, Deerfield Beach (Florida), Basel 1982.

## Sandform.

Bezeichnung für eine Form, die aus mit einem Binder versetztem Quarzsand oder einem anderen, sandähnlichen Mineralstoff durch mechanische Verdichtung oder chemische bzw. thermische Aushärtung hergestellt wird.

Die klassische S. ist die Naßguß- oder Grünsandform, bestehend aus gewaschenem Quarzsand als Neusandanteil, Altsand aus ausgeleerten Formen von vorausgegangenen Abgüssen, Bentonit als Binder und ggf. Zusätzen wie Glanzkohlenstoffbildner

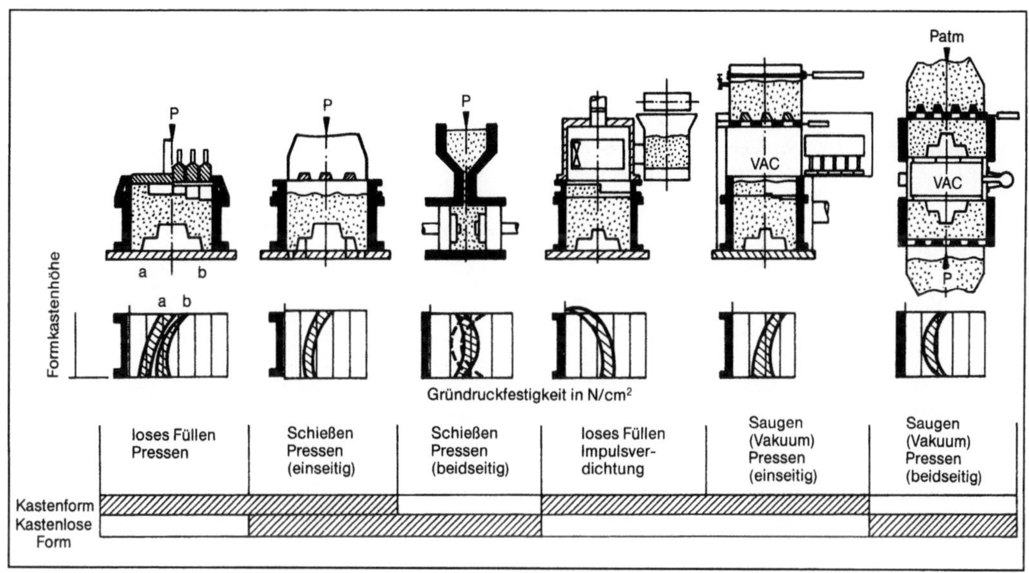



*Sandform: Überblick über den Formenverdichtungsverlauf bei den verschiedenen Formmaschinen.*

usw. (→Formstoff). Mit dieser Methode werden in den Eisengießereien die vielen Formen zur Produktion von Seriengußteilen, wie z. B. Motorenguß oder Guß für den allgemeinen Maschinenbau usw., hergestellt. Das Naßgießverfahren wird aber auch in NE-Metallgießereien neben dem hier vielfach angewendeten Kokillengießen eingesetzt.

Für jeden Abguß muß eine neue S. hergestellt werden. Man spricht deshalb auch von einer verlorenen Form. Die Formherstellung ist hochmechanisiert. Die Verfestigung der Formen erfolgt mechanisch auf Formmaschinen verschiedenen Typs wie Preß-, Rüttel-, Preß-, Schieß-Preß-, Impulsverdichtungs-, Gasdruck-Formmaschinen. Neuerdings nutzt man für die Verdichtungsarbeit vermehrt die Vakuumtechnik, die zugleich ein gutes Formfüllungsvermögen gewährleistet (Bild).

Größere Formen werden meist aus Formstoffgemischen von Quarzsand und kalthärtenden Kunstharzen hergestellt. Das Mischen von Sand und Binder erfolgt vor Ort, und die Mischmaschine wird mit ihrer slingerähnlichen Auswurfeinrichtung zum Füllen der Formkästen benutzt. Nach einer gewissen Zeit bindet der Formstoff durch chemische Reaktion ab, und man kann Form und Modell trennen. Eine mechanische Verdichtung durch Vibration oder Stampfen ist nur beim Einformen sehr verwikkelt gestalteter Modelle notwendig. Harzgebundene S. haben eine hohe Festigkeit und halten erhebliche Gießdrücke auch in kastenloser Ballenform aus. Nachteilig gegenüber Naßgußsanden ist die aufwendigere Altsandaufbereitung für eine Wiederverwendung. *Doliwa*

**Sandstrahlen** →Strahlen

**Sauerstoffelektrode.** Elektrochemisch arbeitende Elektrode zum Bestimmen der Aktivität des gelösten Sauerstoffs in wäßrigen Medien.

S. sind amperometrische Elektroden, d. h. die Messung der Sauerstoffaktivität beruht auf einer Strommessung. Sie bestehen aus einer Kathode, meist Platin, und einer Anode aus Silber in einem Elektrolyten, z. B. einer Silberchloridlösung. Durch eine zwischen den Elektroden aufgeprägte Spannung, der Polarisationsspannung, wird der im Elektrolyten gelöste Sauerstoff selektiv an der Kathode reduziert.

Kathodenreaktion: $O_2 + 2\,H_2O + 4\,e^- \rightarrow 4\,OH^-$,
Anodenreaktion: $4\,Ag + 4\,Cl^- \rightarrow 4\,AgCl + 4\,e^-$.

Aus Anoden- und Kathodenreaktion resultiert ein elektrischer Strom, der bei konstanter vorgegebener Polarisationsspannung der Sauerstoffaktivität in der Meßlösung proportional ist.

Prinzipiell unterscheidet man offene S., bei denen die Meßlösung selbst als Elektrolyt fungiert und Elektroden mit gasdurchlässiger Membran, die den Elektrolyten von der Meßlösung trennt (Clark-Prinzip). In der Biotechnologie werden nur sterilisierbare, d. h. bis ca. 125 °C temperaturbeständige Elektroden mit Membran verwendet, da die komplexen Medien nicht als Elektrolyt geeignet sind. Gleichzeitig sind diese Elektroden nach dem Clark-Prinzip weniger von der Anströmung durch die Meßlösung abhängig. Da mit der S. lediglich die Aktivität des Sauerstoffs in der Meßlösung bestimmt werden kann, ist eine absolute Konzentrationsbestimmung nur bei Kenntnis des Löslichkeitskoeffizienten des Sauerstoffs in der Meßlösung möglich. Da dieser in komplexen Medien nur selten sicher bestimmbar ist, wird die Aktivität vielfach auf einen definierten Sättigungszustand der Meßlösung bezogen, z. B. auf Luftsättigung der Meßlösung bei Atmosphärendruck. *Liefke*

Literatur: *Hitchman, M. L.:* Measurement of Dissolved Oxygen. In: *P. J. Elving, J. D. Winefordner* u. *J. M. Kolthoff* (Hrsg.): Chemical Analysis. Bd. 49. New York 1978.

**Sauerstofftransport.** Stofftransport, hier Sauerstoff, zwischen Gas und flüssiger Phase in Mehrphasenreaktoren auf Grund eines Konzentrationsgradienten.

In aeroben biotechnologischen Prozessen wird der im Kulturmedium gelöste Sauerstoff von den Organismen verbraucht. Dadurch entsteht ein Konzentrationsgefälle zwischen der Gasphase, also den dispergierten Luftblasen, und der Flüssigkeit mit der Folge, daß Sauerstoff über die Phasengrenzfläche in das Medium diffundiert. Einfluß auf den S. haben der Stofftransportkoeffizient, die Größe der Phasengrenzfläche sowie die Anwesenheit von oberflächenaktiven Stoffen wie Tenside oder Polymere (→Gasbilanz). *Liefke*

**Saugförderung.** Sie ist gegeben, wenn bei der pneumatischen →Förderung durch Saugen vom Ende her der Fördervorgang aufrecht erhalten wird. Im einfachsten Fall kann man dann das Fördergut in die offene Rohrleitung dosieren und wie bei einem Staubsauger die Luft aus dem umgebenden Raum ansaugen. Die Schiffsentladung mit pneumatischer Förderung ist immer eine S. in Verbindung mit dem →Saugrüssel. *Muschelknautz*

**Saugrüssel.** Wenn wie bei der Schiffsentladung Schüttgut aus dem Laderaum oder auch aus einem Silo gesaugt werden muß, würde beim Einstecken des Rohrs in die Schüttung zu wenig Luft in das Rohr einströmen. Deshalb wird das Förderrohr entsprechend dem Bild mit einem etwas größeren

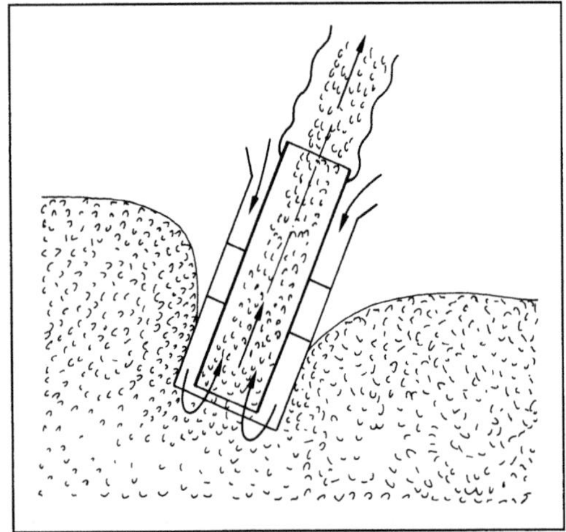

*Saugrüssel.*

Rohr ummantelt, so daß die zum Fördern nötige Luft aus der Umgebung zum Rohreinlauf gesaugt wird und dort das Fördergut aus der Schüttung mitreißt. Die umhüllenden Rohre sind oft verstellbar angeordnet. *Muschelknautz*

**Säulenbohrmaschine.** S. (Bild) haben einen geführten und höhenverstellbaren Bohrtisch. Dieser läßt sich um die Rundsäule schwenken, auf der die Antriebseinheit samt Bohrspindel montiert ist. Die Bohrmaschinengrundplatte dient der Rundsäule zur Aufnahme. Auf ihr lassen sich größere Werkstücke direkt aufspannen. Die Grundplatte ist oft als Kühlmittelbehälter für die eingebaute Kühlmittelanlage ausgebildet. Die S. ist baulich den Einständersenkrechtbohrmaschinen zuzuordnen.

Als Sonderzubehör werden bei S. Gewindeschneidautomatiken, Tieflochbohreinrichtungen mit Ausspänezyklus bei einer Bohrtiefe von mehr als $4 \times d$ und einer elektrisch gesteuerten Freischneideeinrichtung geliefert. Reihenbohrmaschinen, S.

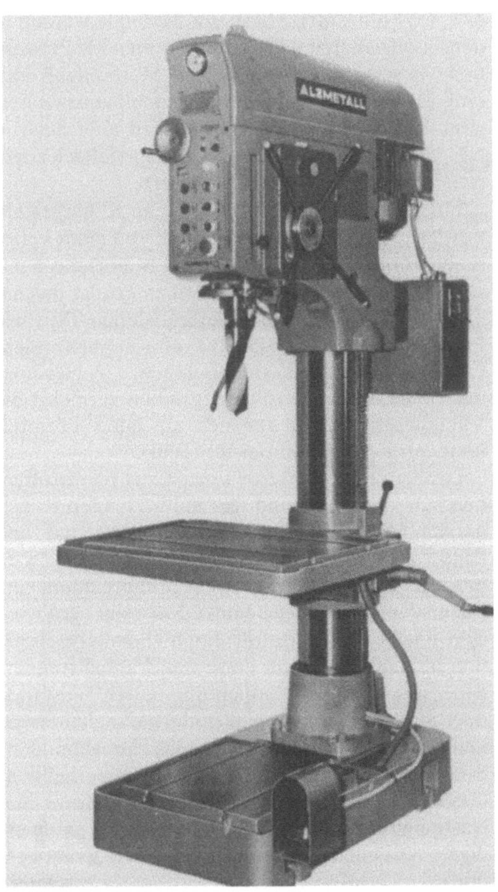

*Säulenbohrmaschine. (Quelle: Alzmetall, Altenmarkt/Alz)*

mit Mehrspindelköpfen oder mit Längs- und Rundtakttischen werden als Sonderbauweisen angeboten. *Schulz*

**Säulenführungswerkzeug** →Schneidwerkzeug

**Sauter-Durchmesser.** Charakteristischer Durchmesser zur Beschreibung einer Partikel- oder Tropfengrößenverteilung. Ein Teilchen mit dem S.-D., für den üblicherweise das Formelzeichen $D_{32}$ verwendet wird, hat das gleiche Verhältnis von Oberfläche zu Masse wie der Durchschnittswert der Gesamtmenge an Teilchen.

Wird die Teilchenverteilung künstlich erzeugt, z. B. durch einen Rührer oder eine Düse, so gibt es verschiedene empirische Korrelationen zur Bestimmung des entsprechenden S.-D. *Dohrn*

Literatur: *Perry, R. E.,* u. *D. W. Green:* Perry's Chemical Engineers' Handb. 6. Aufl. New York 1984.

**Schaben.** Spanen mit einem einschneidigen Werkzeug, wobei der Schaber entlang der zu bearbeitenden Oberfläche von Hand geführt wird. Die Spanungsdicke wird durch die Anpreßkraft bestimmt. Ziel des S. ist die Verbesserung der Form-, Maß-, Lagegenauigkeit und →Oberflächengüte vorbearbeiteter Flächen.

Die Schabbearbeitung wird in Hand- und Maschinen-S. sowie je nach Schnittrichtung in Zieh- und Stoß-S. unterteilt. Beim Maschinen-S. sowie beim Schrupp-S. wird das Stoß-S. eingesetzt, während die Schlicht- und Feinbearbeitung durch Zieh-S. erfolgt. Beim Maschinen-S. wird lediglich die Schnittbewegung maschinell ausgeführt; die Vorschubbewegung erfolgt manuell.

Die Schabbearbeitung hat nach wie vor im Werkzeugmaschinenbau zur Bearbeitung von Führungen an Lehrenbohrwerken, Bearbeitungszentren und Meßmaschinen große Bedeutung. So können beim Schaben von Führungsbahnen Form- und Lagegenauigkeiten von 20–50 μm/m eingehalten werden. Zu schabende Oberflächen werden zunächst senkrecht zu den Vorschubriefen der Vorbearbeitung durch Schrupp-S. bearbeitet. Daran schließen sich je nach geforderter Qualität mehrere Fein- und Edelschabvorgänge an, die wiederum jeweils senkrecht zum vorherigen S. ausgeführt werden. Geschabte Oberflächen erhalten so ein charakteristisches Bild gekreuzter, muldenförmiger Bearbeitungsspuren.

Die Güte geschabter Oberflächen wird an Hand der Anzahl an Tragpunkten auf einer Fläche von 25 mm × 25 mm bewertet. Die Oberflächengüte nimmt mit steigender Anzahl Tragpunkte zu. Feingeschabte Oberflächen weisen 10–12 Tragpunkte pro Referenzfläche auf. Beim Edel-S. werden 20 bis 25 Tragpunkte erreicht. *König*

**Schaberabnahme** →Trommeldrehfilter

**Schadensakkumulation.** Das Werkstoffverhalten unter wechselnder Belastung kann durch den Dehnungswechselversuch beschrieben werden. Hierbei wird i. a. einer glatten Probe eine in der Höhe bis zum Probenversagen gleichmäßige Belastung aufgezwungen.

Derartige Belastungen entsprechen jedoch nicht der Realität der Werkstoffbelastung am Bauteil, wobei je nach Anwendungsfall mit wechselnden Belastungshöhen oder auch mit veränderlichen Beanspruchungsarten (→Ermüdung, Kriechen, Kriechermüdung, Temperaturwechsel) gerechnet werden muß.

Es wird versucht, den Einfluß solcher überlagerter und wechselnder Beanspruchungen auf das Werkstoffverhalten durch geeignete S.-Hypothesen zu beschreiben. Insbesondere wird die Anwendbarkeit einer linearen S.-Hypothese der Form

$$D = D_e + D_k \leq 1,$$

mit $D_k = dt/t_B$ und $D_e = n/N_A$ diskutiert; $D_e$ Ermüdungsschädigungsfaktor, $D_k$ Kriechschädigungsfaktor, n Lastspielzahl, $N_A$ Anrißlastspielzahl aus dem Dehnungswechselversuch, $t_B$ Bruchzeit aus dem →Zeitstandversuch, dt Zeitintervall bei konstanter Lastspannung.

Diese Schadenshypothese hat wegen ihrer einfachen Handhabbarkeit Eingang in die betriebliche Praxis gefunden. Zu bemerken ist dabei, daß das physikalische Werkstoffverhalten durch eine lineare Beziehung der obigen Form nur näherungsweise beschrieben werden kann.

Abschätzungen des Kriechermüdungsverhaltens werden häufig durch Dehnungswechselversuche mit eingeschobenen Haltezeiten bei maximaler Zug- bzw. maximaler Druckdehnung gewonnen. Aus der Tatsache, daß der aus der aufgezwungenen Dehnung resultierende Spannungsausschlag während der Haltezeit relaxiert (Relaxation), ergibt sich die Schwierigkeit, bei der Berechnung des Kriechschädigungsfaktors eine geeignete Spannung für die Festlegung der Bruchzeit zu wählen. Eine derartige äquivalente Spannung $\sigma_{äq}$ kann z. B. als Mittelwert des maximalen und des minimalen Spannungsausschlages im Verlauf der Haltezeit (i. a. bei dem Lastwechsel $n/N_A$ = 0,5) gebildet werden. *Kußmaul*

**Schadensanalyse (Werkstoffe).** Systematische Untersuchungen und Prüfungen zur Ermittlung von Schadensablauf und -ursache insbes. mit dem Ziel, aus dem Ergebnis der Schadensuntersuchung Maßnahmen gegen die Wiederholung des Schadens ableiten zu können (Schadensabhilfe und Schadensverhütung).

Unter einem Schaden versteht man den Zustand einer Anlage oder eines Bauteils, der die Funktion beeinträchtigt oder unmöglich macht bzw. eine Funktionsbeeinträchtigung in absehbarer Zeit erwarten läßt. Allgemein treten Schäden auf, wenn die betriebliche Beanspruchung höher oder die Widerstandsfähigkeit des Bauteils niedriger ist, als bei der Auslegung vorausgesetzt wurde. Ursache hierfür können in ihrer Art und Höhe nicht vorhergesehene oder nicht vorhersehbare Betriebsbelastungen oder nicht berücksichtigte bzw. nicht erkannte Werkstoff- und Bauteileigenschaften bzw. Werkstoff- und Herstellungsfehler sein.

Technische Anlagen sind nur dann wirtschaftlich und risikoarm zu betreiben, wenn ein funktionssicherer Einsatz gewährleistet ist. Trotz sorgfältiger Konstruktion und Fertigung läßt sich das Versagen einzelner Bauteile nicht immer vermeiden. Schäden können die Gefährdung von Menschen und Umwelt sowie hohe wirtschaftliche Verluste zur Folge haben. Gezielte Maßnahmen zur Schadensabhilfe und -verhütung setzen voraus, daß aufgetretene Schäden aufgeklärt werden. Werkstofftechnische Fragen sind bei S. von entscheidender Bedeutung.

Die Untersuchung beginnt mit einer Bestandsaufnahme, die allgemeine Informationen über die Anlage und die zu Schaden gekommenen Bauteile, deren Funktion und Betriebsbedingungen sowie eine Beschreibung des Schadens umfaßt. Bei Schäden mit mehreren Schadensstellen oder mehreren Schadensteilen muß zwischen dem zuerst aufgetretenen Primärschäden und weiterer Folgeschäden unterschieden werden. Die nachfolgenden Einzeluntersuchungen konzentrieren sich i. a. auf das Schadensteil mit dem Primärschaden.

Die Entstehung und Erscheinungsform eines Schadens werden entscheidend durch die Art der Beanspruchung geprägt. Die Ermittlung der Schadensursache setzt die Kenntnis der Wechselwirkung zwischen Beanspruchung und Werkstoffeigenschaften voraus. Zusätzlich müssen Erfahrungen über die Beeinflussung der Werkstoffeigenschaften bei Herstellung und Verarbeitung und entsprechende Fehlermöglichkeiten vorhanden sein.

Beanspruchungen im Betrieb können durch mechanische, thermische oder chemische Einwirkungen (einzeln oder kombiniert) auftreten. Nach dem zeitlichen Verlauf unterscheidet man zwischen statischen (ruhenden), zügigen, schlagartigen oder wechselnden (schwingenden) Beanspruchungen. Die Feststellung der Schadensart und -lage (Verformungen, Risse, Brüche, Korrosions- oder Verschleißerscheinungen) und der Zustand an der Schadensstelle (Verformung, Oberflächenzustand, Beläge, Anlauffarben, Verzunderung) lassen nach der Identifizierung des Werkstoffs in Verbindung mit der Gestalt des Bauteils bereits erste Schlüsse über die Beanspruchungen zu, die zum Schaden geführt haben.

Mit den Methoden der Fraktographie können Risse und Brüche makroskopisch und mikroskopisch beurteilt und bestimmten Beanspruchungsarten zugeordnet werden. In vielen Fällen gibt bereits der äußere Befund Hinweise zur Schadensursache und zum Schadensablauf. Die Bruchausbildung liefert darüber hinaus Erkenntnisse über das Werkstoffverhalten und wichtige Werkstoffeigenschaften. Zerstörungsfreie Prüfungen (zerstörungsfreie Werkstoffprüfung) zeigen visuell nicht erkennbare Fehler auf.

Nach Dokumentation der äußeren Befunde und Erstellung eines Untersuchungsplans kann eine Probenentnahme für mechanische, technologische und chemische Werkstoffprüfungen erfolgen. Diese geben Aufschluß über die maßgebenden Werkstoffeigenschaften und die Werkstoffzusammensetzung. Die →Metallographie zeigt Besonderheiten des Werkstoffgefüges und läßt Werkstoff- und Verar-

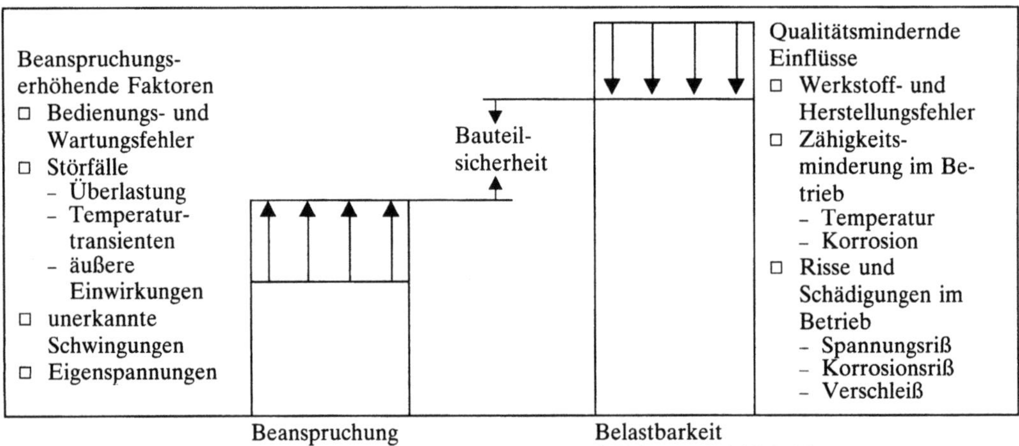



*Schadensanalyse (Werkstoffe) 1: Einflüsse auf die Verminderung der Bauteilsicherheit, die zum Schaden führen können. (Quelle: MPA)*

beitungsfehler erkennen. Durch Bauteilversuche kann die Belastbarkeit und Widerstandsfähigkeit gleicher oder ähnlicher Komponenten unter betriebsnahen Belastungen im Labor ermittelt werden.

Die am Schadensteil festgestellten Werkstoff- und Bauteileigenschaften werden mit den Soll-Angaben des Herstellers (Zeichnungen, Spezifikationen, Abnahmeprüfungen) verglichen und den Anforderungen in technischen Regelwerken (DIN-Normen, Werkstoffblätter, technische Regeln und Vorschriften) gegenübergestellt.

Ergänzende betriebliche Messungen (z. B. Temperatur, Dehnungen, Schwingungen, Eigenschaften umgebender Stoffe) können vom Hersteller oder Betreiber nicht erkannte oder nicht berücksichtigte Betriebsbeanspruchungen aufzeigen. Aus der Summe der Einzelbefunde und -ergebnisse lassen sich Folgerungen bezüglich einer oder mehrerer Schadensursachen ziehen. Diese Folgerun-

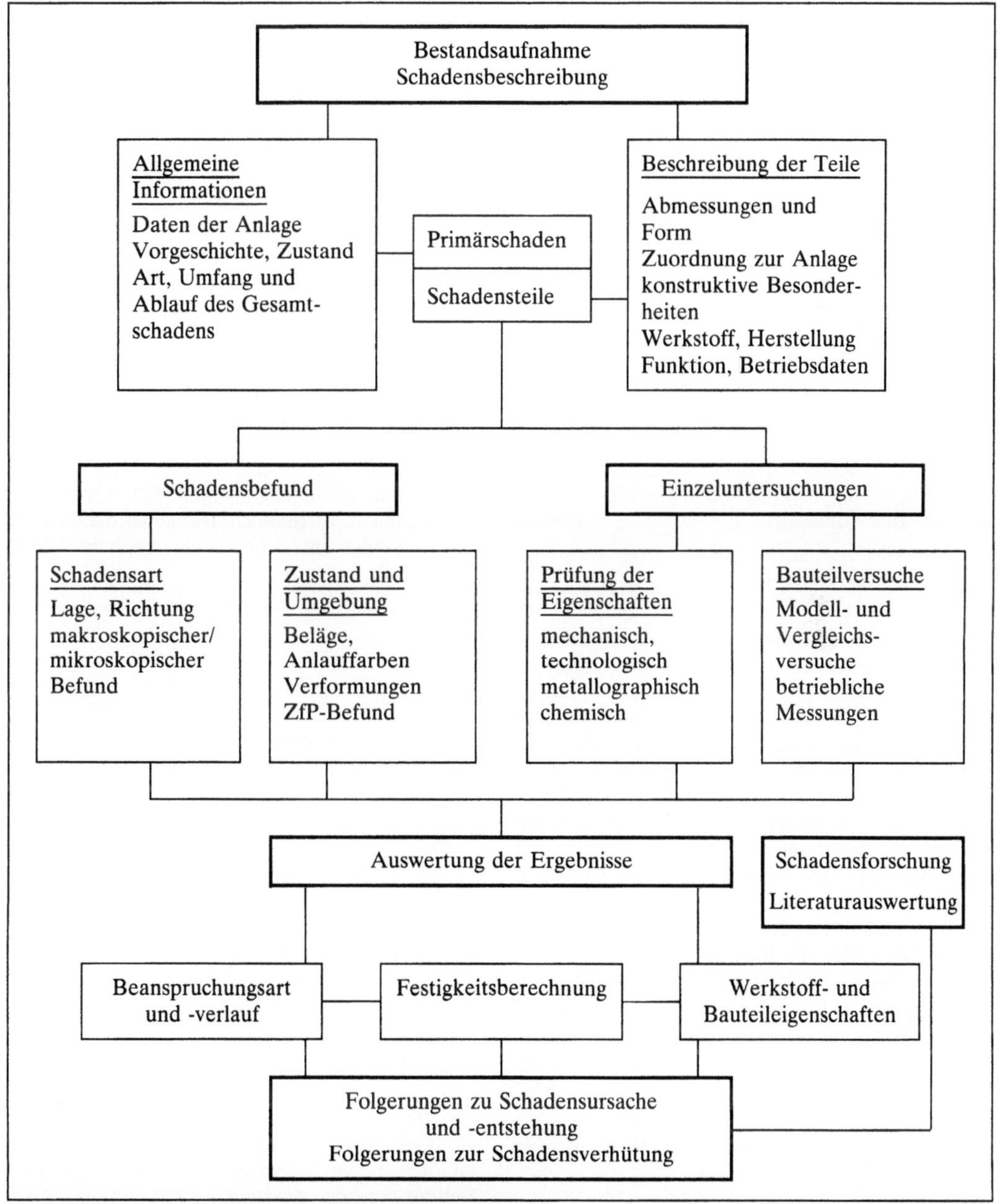


*Schadensanalyse (Werkstoffe) 2: Ablauf. (Quelle: MPA)*

gen können durch Erkenntnisse aus der Schadensforschung (Literaturauswertung) abgesichert werden.

Die Maßnahmen zur Schadensabhilfe und -verhütung sind von der Schadensart abhängig. Sie können sich auf konstruktive, fertigungstechnische, werkstofftechnische und betriebstechnische Gebiete erstrecken. Bewährte Maßnahmen sind:

☐ Verbesserung der Auslegung und Berechnung durch Anwendung verfeinerter Berechnungsmethoden und genauere Erfassung der Betriebsbeanspruchung unter Berücksichtigung von Zusatzbelastungen und Umgebungsbedingungen. Berücksichtigung technischer Regelwerke.

☐ Einhaltung und Überwachung der Betriebsbeanspruchung, Erstellung einer Betriebsanweisung für „schonende Fahrweise".

☐ Optimale Abstimmung von Werkstoff, Bauteilgestaltung und Fertigungsverfahren. Qualitätssicherung bei der Fertigung, sorgfältige Montage und Wartung, wiederkehrende Prüfungen gefährdeter Bauteile in regelmäßigen Zeitabständen.

Die Ergebnisse der S. werden in einem Schadensbericht zusammengefaßt. Durch eine Speicherung und Dokumentation der Ergebnisse von Schadensuntersuchungen können auf statistischer Basis Erkenntnisse gewonnen werden, die für eine zukünftige Auslegung, Herstellung und Betriebsweise von Anlagen und Bauteilen genutzt und in technischen Regelwerken berücksichtigt werden können (Bild 1 und 2). *Kußmaul*

Literatur: VDI 3822: Schadensanalyse. Hrsg. Verein Dt. Ingenieure. Ausg. Febr. 1984.

**Schadstoffabbau, biologischer.** Oberbegriff der Beseitigung fester, flüssiger und gasförmiger Schadstoffe mit Hilfe von Mikroorganismen (→Abwasserreinigung, →Biofilter, →Bodendekontamination, Denitrifikation). Die Spanne mikrobiell abbaufähiger Schadstoffe ist weit gefaßt: Sie reicht von Arsenoxid, cellulose- und ligninhaltigen Abfällen sowie Klärschlamm über Kohlenwasserstoffe bis zu Schwefelwasserstoff, Stickoxiden, Methan und Carbonsäuren. Der biologische Schadstoffabbau kann mit aeroben oder anaeroben Mikroorganismen durchgeführt werden. Dabei liefert der aerobe Abbau $H_2O$, $CO_2$ und Biomasse als Reaktionsprodukte, während der anaerobe Abbau außer geringen Mengen an Biomasse und $CO_2$ überwiegend Methan liefert. Auf Grund der hohen Reaktionsgeschwindigkeit ist der aerobe Abbau zu bevorzugen. *Liefke*

Literatur: *Mudrack, K., H. Sahm* u. *W. Sittig:* Umweltbiotechnologie. In: *P. Präve, U. Faust* u. a.: Handb. der Biotechnologie. 2. Aufl. München 1977.

**Schaftfräsen** →Fräsen

**Schafwolle.** S. sind die Fasern aus dem Haarkleid des Schafes, das je nach Rasse ein mehr oder weniger zusammenhängendes Vlies darstellt. Nach Haarform und Ausbildung des Haarkleides unterscheidet man neben dem Wildschaf und dem Landschaf:

☐ Schlicht- und Glanzwollschafe,
☐ Fein- oder Reinwollschafe.

Das Haarkleid der ersteren besteht aus Grannen- und Wollhaaren (Crossbred), bei den letzteren nur aus Wollhaaren (Merino). Die Wolle wird vom lebenden Schaf durch Schur mit elektrischen Schermaschinen gewonnen (60–120 Tiere pro Tag von einem Scherer), üblicherweise zweimal im Jahr. Die in Vliesform anfallende, noch mit Wollfett (Lanolin) und Verunreinigungen durchsetzte Rohwolle heißt Schweißwolle. Die berissenen Kernstücke der Vliese werden hinsichtlich Feinheit, Stapellänge, Reinheit und Farbe klassiert und in Ballen verpackt (Ballengewicht meist 150 kg). In der Fabrikwäsche wird die Schweißwolle bis auf einen Restfettgehalt von etwa 1 % vom Wollschweiß und Wollfett sowie den pflanzlichen Fremdbestandteilen befreit. Das Ergebnis, Rendement, d. h. der Anteil reiner Wolle in der Rohwolle, liegt zwischen 30 und 80 %.

Unter dem Mikroskop zeigt das vielzellige Wollhaar die Oberhautzellen (Schuppen), die bei feinen Wollen das Haar völlig umschließen, während sie bei gröberen Wollen und Haaren dachziegelartig neben- und übereinanderliegen. Der Querschnitt der Wollhaare ist rundlich. Bezüglich der Feinheit und Haarlänge unterscheidet man nach der folgenden Tabelle.

| Schafwollqualität | Haar-feinheit µm | Haar-länge mm |
|---|---|---|
| feine Merinowollen | 17–20 | 25– 80 |
| Merinowollen | 20–24 | 80–130 |
| feine Crossbreds | 24–28 | 120–300 |
| mittlere Crossbreds | 28–37 | |
| grobe Kreuzzuchtwollen und Cheviotwollen | über 37 | bis 550 |

(Quelle: *Wagner* a.a.O.)

In enger Beziehung zur Feinheit steht die Kräuselung des Wollhaares als wichtiges Qualitätsmerkmal, wobei feine Wollen stets stärker gekräuselt sind als grobe. Schlichte Wollen (Kammwollen) ergeben ein glattes, wenig fülliges Garn mit geringem Filzvermögen, stark gekräuselte Streichwollen ein voluminöses und gut filzendes Garn. Die Festigkeit des Wollhaares liegt wesentlich unter derjenigen der Pflanzenfasern. Hingegen weist es die höchste

Dehnbarkeit aller Naturfasern und eine sehr hohe Elastizität auf. Erzeugnisse aus Wolle sind daher weitgehend druckunempfindlich und formbeständig (knitterfrei). Den unterschiedlichen Eigenschaften der Wollhaare entsprechend ist die Verarbeitung verschieden: Kürzere, feiner und stärker gekräuselte Wollen werden nach dem Streichgarnverfahren, die langen, schlichten Wollen hingegen nach dem Kämmen als Kammzug in der Kammgarnspinnerei verarbeitet.

Wichtigste Herkunftsländer für S. sind Australien mit einem Bestand von etwa 150 Mill. Schafen und etwa 30 % der Weltwollproduktion, zumeist Merinowolle, Neuseeland, das fast ausschließlich Kreuzzuchtwollen liefert, Südafrika, nach Australien zweitgrößtes Produktionsland für feine S. (Kapwolle), Argentinien (La-Plata-Wolle) und Uruguay mit auf Fleisch wie Wolle gezüchteten Rassen mit etwa 80 % feinen und groben Kreuzzuchtwollen. Die ehemalige Sowjetunion und China als große wollerzeugende Länder sind überwiegend Selbstverbraucher. Die Produktion in den europäischen Ländern (speziell Großbritannien) ist demgegenüber nur gering. Weltproduktion 1984/85: Basis Schweißwolle 2 999 000 t, gewaschen 1 672 000 t. *Koch*

Literatur: *Wagner, E.:* Die textilen Rohstoffe. 6. Aufl. Frankfurt a. M. 1981.

**Schälen.** S. (Schäldrehen) ist Längs-Runddrehen (→Runddrehen) mit großem Vorschub, meist unter Verwendung eines umlaufenden Werkzeugs mit mehreren Schneiden.

Die Vorschubbewegung wird dabei vom Werkstück ausgeführt. Der größte Anwendungsbereich liegt in der Erzeugung von Blankstahl durch S. gewalzter Rundstangen.

Damit während der Bearbeitung neben der Hauptschneide auch die Nebenschneide im Eingriff ist, wird der Einstellwinkel der Nebenschneide $\kappa_r'$ im Bereich von $0 < \kappa_r' < 2°$ gewählt. Hierdurch lassen sich sowohl die →Oberflächengüte verbessern als auch Formfehler beseitigen.

Die →Schnittiefe wird i. a. sehr gering gehalten ($a_p < 1$ mm). Der Vorschub je Schneide ist durch die Länge der Nebenschneide begrenzt und von der geforderten Oberflächenqualität abhängig. Heute werden Vorschübe bis 10 mm bei der Stahlzerspanung erreicht. Die Schnittgeschwindigkeit für Hartmetallwerkzeuge liegt dabei zwischen 60 und 160 m/min. Die erreichbare Oberflächengüte, gekennzeichnet durch die Rauhtiefe, beträgt $R_t = 2$ bis 10 µm. *König*

**Schallemissionsanalyse.** Bei Verformungsvorgängen, →Rißbildung, Rißfortschritt und Bruchvorgängen in Festkörpern wird in rascher Folge elastische Energie freigesetzt. Dies ist mit der Aussen-

dung von Schallwellen in einem weiten Frequenzbereich verbunden, die mit geeigneten Geräten aufgenommen und analysiert werden können. Die Analyse der Schallsignale erlaubt Rückschlüsse auf in einem Bauteil ablaufende Vorgänge bzw. auf den Zustand eines Bauteils.

*Prinzip der S.* Zur Durchführung der S. werden Schallwandler auf einem Bauteil angebracht, wobei z. B. für eine planare Analyse (Bild) i. a. 3 Wandler notwendig sind. Soll die Analyse an einem heißen Bauteil durchgeführt werden, so sind die i. a. piezoelektrischen Wandler über geeignete Wellenleiter mit geringer Schalldämpfung, wie z. B. Stahl, Aluminium oder – in Sonderfällen – Platin, an das Bauteil anzukoppeln.

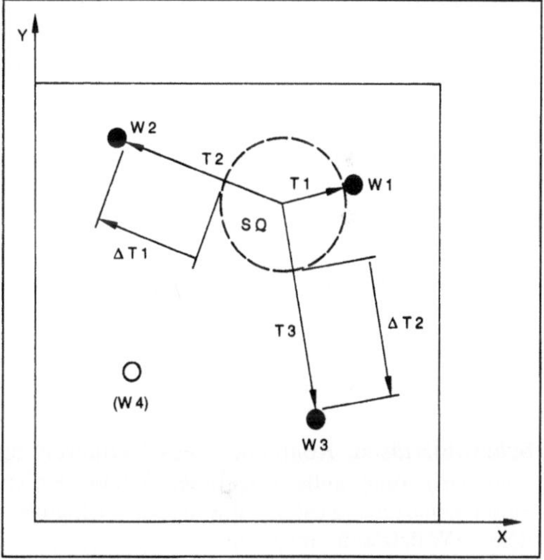


*Schallemissionsanalyse: Instrumentierung einer ebenen Platte zur (planaren) Schallemissionsanalyse.*

Die Signale der Wandler W 1–W 3 werden zur Ereignisortung herangezogen. Das Signal von Wandler W 4 wird benötigt, wenn bei der Ortung mittels der Wandler W 1–W 3 keine eindeutige Zuordnung gefunden werden kann.

T 1–T 3 unbekannte Absolutzeiten zwischen Schallereignis und -registrierung, Δ T 1, 2 bekannte Zeitdifferenzen bezogen auf T 1, SQ Schallquelle, X, Y Koordinatenachsen eines rechtwinkligen Koordinatensystems

Wird das Bauteil bearbeitet oder beansprucht, so entstehen Schallsignale. Diese werden von den Wandlern aufgenommen und in elektrische Signale umgeformt. Die Spektralanalyse dieser Signale gestattet Aussagen über die Entstehungsart des zugehörigen Schallereignisses. Die Wandler registrieren das Schallereignis i. a. zu verschiedenen Zeitpunkten (Bild), wobei die Absolutzeiten zwischen Schallereignis und Registrierung unbekannt sind. Bezogen auf den Wandler, der das Ereignis zuerst registriert hat, lassen sich aber zwei Zeitdifferenzen bilden. Aus diesen kann der Ort des Ereignisses errechnet werden. Da hierbei in manchen Fällen zweideutige Lösungen auftreten, wird bei der planaren Ortung mit vier Wandlern gearbeitet und in Zweifelsfällen die Berechnung mit einem weiteren Paar von Zeitdifferenzen wiederholt.

*Aussagefähigkeit der S.* Die spektrale Analyse eines Schallereignisses in Verbindung mit der Ereignishäufigkeit und -ortung ermöglicht in vielen Fällen die Unterscheidung zwischen Oberflächeneffekten (wie z. B. Abplatzen von Zunder) und Verformungs- oder Reibungsvorgängen.

*Einsatzmöglichkeiten für die S.* Auf Grund der Unterscheidungsmöglichkeit für einzelne Vorgänge im Volumen und an der Oberfläche von Bauteilen bei deren Bearbeitung und Beanspruchung wird die S. in der Praxis

☐ zur Prozeßkontrolle bei Bearbeitungsschritten mit Wärmeeinbringung wie Schweißen und nachfolgender Wärmebehandlung, Härten von Stahl oder Brennen von Keramik,

☐ bei der Prüfbelastung von Bauteilen wie Druckprüfungen an Behältern und Rohrleitungen und

☐ zur kontinuierlichen Überwachung von Bauteilen wie Druckbehälter und Rohrleitungen

eingesetzt. *Kußmaul*

Literatur: *Eisenblätter, J., u. G. Faninger:* Zur Anwendung der Schallemissionsanalyse in Forschung und Technik. Mitt. Battelle-Inst. Frankfurt a. M. 1977 – *Matthews, J. R.* (Hrsg.): Nondestructive Testing Monographs and Tracts. Bd. 2: Acoustic Emission. London, New York, Paris 1983.

**Schälwälzfräsen.** Kontinuierliches Verfahren zur Feinbearbeitung außenverzahnter Zahnräder im einsatzgehärteten Zustand, das in seiner Kinematik dem →Wälzfräsen entspricht.

Nach der Vorbearbeitung (z. B. Wälzfräsen) werden die Zahnräder einsatzgehärtet und angelassen. Dabei wird eine Härte von rd. 62 HRC und eine Einhärttiefe von 1,2–1,6 mm erreicht.

Zur Fertigbearbeitung gehärteter Räder konnte bisher nur das →Schleifen oder →Läppen eingesetzt werden. Durch den Einsatz eines Wälzfräsers, dessen Schneidstollen aus →Hartmetall (bei Schälwälzfräsern ab Modul 10 werden auf die Schneidstollen Hartmetallplättchen aufgelötet) bestehen und einen großen negativen Kopfspanwinkel aufweisen, ist es möglich, gehärtete Zahnräder auf einer →Wälzfräsmaschine fertigzubearbeiten. Dabei muß die Zahnlücke der Vorverzahnung so ausgeführt werden, daß der Schneidzahnkopf nicht in Eingriff kommt, um Ausbrüche auf Grund von Überlastungen zu vermeiden (Bild).

Dieses Freifräsen des Zahnfußes kann auf zwei verschiedene Arten erreicht werden: durch Vorfräsen mit Werkzeugen, die dem Bezugsprofil III nach DIN 3972 entsprechen, oder durch Vorfräsen mit Protuberanz. Falls die Vorbearbeitung der Lücken mit Fräsern des Bezugsprofils III erfolgt, kann nach dem S. eine scharfe Kante im Zahnfuß beobachtet

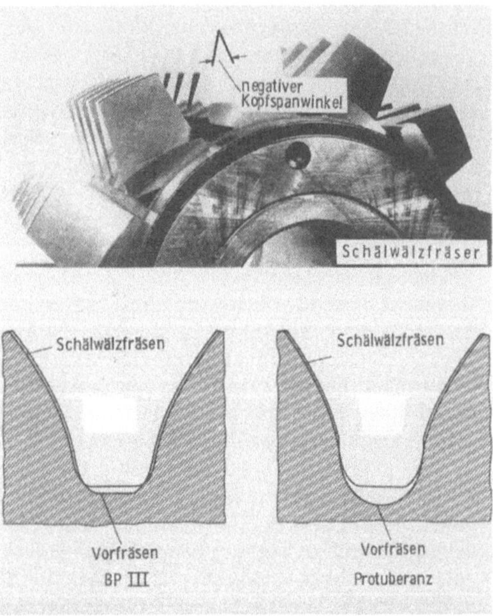


*Schälwälzfräsen: Lückenprofile unterschiedlicher Vorfräser.*

werden, die die Zahnfußfestigkeit wesentlich beeinträchtigen kann.

Man setzt das S. vorwiegend zur Endbearbeitung ein. Es wird dann auch zur Vorbearbeitung herangezogen, wenn eine Egalisierung des Härteverzugs vor dem nachfolgenden Wälzschleifen und eine Verringerung des Schleifaufmaßes erreicht werden soll. *König*

Literatur: *Masato, A., u. Y. Mastaka:* A Research on Hobbing with Carbide Skiving Hob. Manufacturing and Checking. – *Roos, V.:* Schälwälzfräsen als Feinbearbeitungsverfahren einsatzgehärteter Zylinderräder. Diss. TH Aachen 1983.

**Schärfen** →Abrichten

**Scharfschleifen** →Werkzeugschleifen

**Schaufeltrockner.** Ein S. ist ein verfahrenstechnischer Apparat zum →Trocknen feuchter Güter, bei dem die Energie über die Behälterwand zugeführt (→Kontakttrocknung) und das zu trocknende Gut mit Hilfe von Schaufeln bewegt wird. Das Bild (s. Seite 885) zeigt den schematischen Aufbau eines S. *Dohrn*

**Schaumkontrolle.** Bei vielen aeroben Fermentationsprozessen entsteht das Problem der Schaumbekämpfung. Die Kulturmedien neigen auf Grund der erforderlichen intensiven Begasung und feinen Dispergierung der Gasphase zum Bilden von feinporigem, oft sehr stabilem Schaum. Diese Schäume können durch geeignete →Prozeßführung, Zugabe

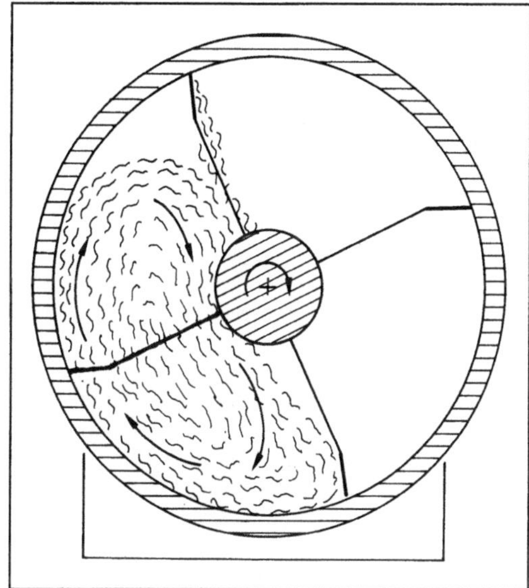

*Schaufeltrockner: Schematischer Aufbau.*

schraffiert: Heizmäntel

von chemischen Antischaummitteln oder Einsatz von mechanischen Schaumzerstörern bekämpft werden.

Aerobe Prozesse erfordern einen intensiven Stoffaustausch zwischen Gasphase und Flüssigkeit zur Absorption von Sauerstoff und Desorption von Kohlendioxid. Große Stoffaustauschflächen werden durch die feine Verteilung der Begasungsluft im Nährmedium erzielt. Viele Medienbestandteile, insbes. Proteine, bilden dann beim Entgasungsvorgang Schaum. In einigen Fällen geben die Organismen zusätzlich schaumbildende Metaboliten ab.

Die Schaumbildung ist zu unterbinden, da der Schaum Material aus dem →Fermenter austrägt und Abluftsterilfilter dadurch verstopfen. Eine Gegenmaßnahme ist, im Reaktorkopf genügend Volumen für den entstehenden Schaum vorzusehen. Dies reduziert jedoch das Arbeitsvolumen. Außerdem werden Organismen, die der Schaum aus der Flüssigkeit austrägt, mit Nährstoffen unterversorgt, was die Ausbeute des Prozesses vermindert. Daher wird Schaumbildung chemisch oder mechanisch bekämpft:

□ *Chemische Schaumbekämpfung:* Chemische Antischaummittel sind tierische und pflanzliche Öle, Silicone, Polyolefinglykole und andere Polymere. Sie reduzieren die Oberflächenspannung der Kulturbrühe und hemmen so die Schaumbildung. Diese Mittel haben aber durch ihre Grenzflächenaktivität oft negativen Einfluß auf den Stoffaustausch. Chemische Entschäumer können außerdem die Aufarbeitung der Kulturbrühe zur Produktgewinnung erschweren (Aufarbeitung biotechnologischer Produkte).

□ *Mechanische Schaumzerstörung:* Statt mit chemischen Mitteln kann Schaum auch mit mechanischen Schaumzerstörern bekämpft werden. Es gibt hier jedoch keine universell einsetzbare Ausführung. Der Schaumzerstörer ist abhängig von Struktur und Konsistenz der entstehenden Schäume zu wählen.

Prinzipiell bestehen mechanische Schaumzerstörer aus vielblättrigen Scheibenrührern, Turbinen oder Separatorscheiben. Diese werden im Reaktorkopf entweder auf der Rührerwelle oder besser auf einer Welle mit separatem Antrieb montiert, da für eine wirkungsvolle Schaumzerstörung hohe Drehzahlen nötig sind.

Auch durch die Prozeßführung läßt sich die Schaumbildung vermeiden oder zumindest reduzieren. So ist zu vermeiden, daß Zellen lysieren oder zerstört werden. Die Freisetzung von Zellinhaltstoffen, insbes. von Proteinen, fördert die Schaumentstehung.

Die Detektion von entstehendem Schaum erfolgt über Leitfähigkeitsmeßsonden oder kapazitive Sonden, die im Kopf des Bioreaktors angebracht sind. Erreicht die Schaumgrenze diese Sonden, werden chemische Antischaummittel zudosiert. Mechanische Schaumzerstörer werden durchgehend betrieben. *Liefke*

Literatur: *Rehm, H.-J.:* Industrielle Mikrobiologie. 2. Aufl. Berlin, Heidelberg, New York 1980. – *Zlokarnik, M.:* Auslegung und Dimensionierung eines mechanischen Schaumzerstörers. Chem.-Ing.-Techn. 56 (1984), S. 839.

**Schaumstoff.** Nach DIN 7726, Bl. 1 (Dez. 1966) Bezeichnung für künstlich auf Kautschuk- oder Kunststoffbasis hergestellte Werkstoffe mit zelliger Struktur (Porendurchmesser etwa 0,1–5 mm) und Rohdichten zwischen 0,01 und 0,8 g/cm$^3$. Sie können geschlossenzellige – d. h. die einzelnen Zellen bilden abgeschlossene Hohlräume – oder offenzellige Struktur – d. h. die Zellen stehen miteinander in Verbindung – besitzen. Bei gemischtzelligen S. liegen beide Zellentypen nebeneinander vor. Harte S. (Hartschäume) besitzen einen hohen Verformungswiderstand bei geringer elastischer Verformbarkeit. Weichelastische S. (Weichschäume) zeigen nur einen geringen Verformungswiderstand bei hoher elastischer Verformbarkeit.

Bei den harten S. unterscheidet man weitergehend zwischen spröd-harten, bei denen das Zellengefüge unter Überbelastung vollkommen zusammenbricht, und zäh-harten, bei denen dies nur teilweise der Fall ist.

Integral- oder Struktur-S. besitzen eine geschlossene Außenhaut und einen zelligen Kern, wobei die Zellendurchmesser von der Mitte zum Rand hin abnehmen.

S. können mechanisch, physikalisch oder chemisch erzeugt werden.

Im mechanischen Verfahren werden Latizes oder Prepolymere unter Zusatz von Schaumstabilisatoren stark gerührt oder mit Druckluft durchblasen und der gebildete Schaum chemisch durch Vernetzung fixiert.

Bei der physikalischen Schaumerzeugung versetzt man das aufzuschäumende Material mit Treibmitteln, die entweder bei der Verarbeitungstemperatur verdampfen (niedrigsiedende Kohlenwasserstoffe) oder expandieren (Stickstoff), so daß der Ausgangsstoff aufgebläht wird. Die Fixierung des Schaums erfolgt durch Abkühlen des aufgeschmolzenen oder gesinterten Materials.

Bei der chemischen Schaumerzeugung werden dem aufzuschäumenden Polymer Treibmittel, die in der Hitze Gas abspalten, wie Azo-, N-Nitrosoverbindungen und Sulfonylhydrazide ($N_2$-Abspaltung), oder Ammoniumhydrogencarbonat (Zersetzung in $NH_3$, $H_2O$ und $CO_2$), zugemischt. Polyurethane lassen sich mit Wasser vernetzen, wobei Kohlendioxid abgespalten wird, das die Schaumbildung bewirkt.

Verschäumbare Kunststoffmischungen werden technisch mit Hilfe spezieller Extruder kontinuierlich zu S.-Bändern oder mit Spritzgießmaschinen (TSG-Spritzguß) diskontinuierlich zu S.-Formteilen verarbeitet. Im Dampfstoß-Verfahren werden Kunststoffmischungen diskontinuierlich in großen Blockformen aufgeschäumt. Zweikomponentensysteme (Prepolymer und Härter) lassen sich mit Spritzpistolen, bei denen die Ausgangsstoffe getrennt in die Pistole geführt und dort in sehr kurzer Zeit gemischt werden, verarbeiten. Dieses Verfahren benutzt man zum Ausschäumen von Hohlräumen oder auch zur Herstellung von S.-Bahnen, indem man auf laufende Transportbänder spritzt.

Die größte technische Bedeutung besitzen derzeit die Polyurethan-S. Mehr als die Hälfte der in Westeuropa hergestellten S. sind PUR-Weich-S., mehr als 10 % sind PUR-Hart-S. Die zweite Stelle nehmen mit nahezu 30 % die Polystyrol-S. ein. Solche aus Polyvinylchlorid besitzen nur einen Anteil von etwa 3 %. Den verbleibenden Anteil bilden S. aus Naturkautschuk, Harnstoff- und Phenol-Formaldehydkondensaten, Polyethylen und Polymethacrylimid.

Polyurethan-Weich-S. werden kontinuierlich auf Bänderstraßen mit Kohlendioxid als Treibmittel (bei der Vernetzungsreaktion mit Wasser, Polyurethan) zu S.-Bahnen aufgeschäumt. Sie besitzen eine Rohdichte von 0,02–0,05 g/cm³ und offenzellige Struktur. In geschlossenen und beheizten Formen lassen sich weichelastische Integral-S. mit Rohdichten zwischen 0,15 und 0,7 g/cm³ herstellen. Sie finden in der Möbel- (Sitzpolsterungen usw.) und Fahrzeugindustrie vielfältige Anwendung. Weiterhin werden aus ihnen Matratzen, Wärme- und Schallisolierungen, Schwämme und verschiedene Haushaltsartikel hergestellt.

Polyurethan-Hart-S. werden ebenfalls chemisch mit Kohlendioxid oder physikalisch mit Halogenkohlenwasserstoffen frei (Rohdichte 0,02–0,03 g/cm³) oder in Formen (Rohdichte > 0,1 g/cm³) geschäumt. Sie dienen hauptsächlich als Wärmeisoliermaterial im Temperaturbereich von −160 bis +80 °C. Harte Integral-S. mit Rohdichten zwischen 0,1 und 0,8 g/cm³ werden in der Möbel-, Sportgeräte- und Fahrzeugindustrie verwendet. Ebenso werden aus ihnen Maschinen- und Gerätebauteile sowie Gehäuse (vorwiegend Phonogehäuse) gefertigt.

Polystyrol-S. werden physikalisch in Extrudern, Spritzgießmaschinen oder Blockformen aufgeschäumt. Es lassen sich je nach Treibmittelmenge und Herstellungsverfahren spröd-harte und zäh-harte S. mit Rohdichten zwischen 0,01–0,12 g/cm³ herstellen. Sie werden vorwiegend als Isolier- (Bautechnik) und Verpackungsmaterial, Dekorationsartikel und auch als Bodenverbesserungsmittel verwendet. Extrudierte Integral-S. mit Rohdichten von 0,4–0,5 g/cm³ und holzähnlichem Verhalten werden in der Möbelindustrie verwendet.

PVC-S. (Rohdichte 0,03–0,08 g/cm³) können durch Extrusion treibmittelhaltiger PVC-Compounds oder in Formwerkzeugen hergestellt werden. Es lassen sich geschlossen- und offenzellige Materialien erhalten, die als trägerlose S.-Bahnen, mehrschichtige Schaum-Kunstleder sowie strukturgeschäumte Rohre und Fensterprofile Verwendung finden.

Harnstoff-Formaldehyd-S. (Harnstoffharz-Schäume) werden vorwiegend als Wärme- oder Schallisoliermaterial in der Bautechnik verwendet und als Zweikomponentensystem (Harzlösung und Säurehärter) mit Sprühgeräten direkt vor Ort verarbeitet.

Phenol-Formaldehyd-S. (Phenolharz-Schäume) zeichnen sich durch hohe Wärmeformbeständigkeit (kurzzeitig bis 200 °C, langzeitig bis 160 °C) aus. Sie verformen sich nicht und erweichen nicht. In der Bautechnik werden sie in Dachkonstruktionen eingebaut.

Naturkautschuk-S. können physikalisch mit Treibmittel aus der festen Kautschukmischung oder mechanisch aus Kautschuklatex und anschließende Vulkanisation hergestellt werden.

Nach dem ersten Verfahren werden Zellgummi (geschlossenzellig), Moosgummi (gemischtzellig) und Schwammgummi (offenzellig) gefertigt. Schaumgummi wird nach dem zweiten Verfahren produziert.

Polyethylen-S. können unvernetzt oder vernetzt sein und sind geschlossenzellige, zäh-harte bis weiche Materialien mit Rohdichten von 0,03–0,6 g/cm³.

Polymethacrylimid-S. entstehen durch druckloses Aufschäumen von Methacrylsäure-Methacrylnitril-

Copolymerisat mit Ammoniumhydrogencarbonat als Treibmittel. Dieser geschlossenzellige Hart-S. (Rohdichte 0,03–0,07 g/cm³) ist kurzzeitig bis 200 °C beständig und besitzt hohe Zug- und Druckfestigkeit. Er findet Anwendung als Konstruktionswerkstoff für Kernlagen in Sandwich-Elementen mit Aluminium-, Stahl- und Kunststoffdeckschichten sowie als Isoliermaterial. *Zahradnik*

Literatur: *Bauer, H.:* Kunststoff-Rdsch. 7 (1970), S. 165. – *Meinecke, E.:* Mechanical Properties of Polymere Foams. Westport Conn. 1973. – *Saechtling-Zebrowski:* Kunststoff-Taschenb. 19. Aufl. München 1974. – *Schultheis, H.,* et al.: Kunststoffe 60 (1970), 536. – *Stastny, F., R. Gäth* u. *U. Haardt:* Kunststoffe 61 (1971), 745. – *Vieweg, R.,* et al. (Hrsg.): Kunststoff-Handb. München.

## Schaumstoffmodell →Vollformgießen

## Schaumtrennung.

Adsorptives Blasentrennverfahren (→Adsorption, →Destillieren) zur Abtrennung grenzflächenaktiver Stoffe aus verdünnten Lösungen, bei dem der Schaum zur Bildung einer großen Phasengrenzfläche verwendet wird. Unter dem Begriff S. versteht man zwei verschiedene Trennarten: Schaumfraktionierung, bei der die abzutrennende Komponente im Gemisch gelöst ist bzw. eine kolloidale Lösung bildet, und Flotation, bei der Feststoffpartikel aus einer Suspension entfernt werden.

Die S. kann z. B. als letzte Reinigungsstufe zur Abwasserbehandlung oder zur Aufkonzentrierung von Proteinen und Enzymen aus Fermentationslösungen verwendet werden. Das Bild zeigt den schematischen Aufbau einer Anlage zur S. Das Einsatzgemisch gibt man in der Kolonnenmitte zu. Im unteren Kolonnenteil werden in einer Flüssigkeitssäule, die von unten mit einem Gas durchströmt wird, Schaumblasen erzeugt. Der Schaum wandert nach oben, und in den Schaumlamellen reichert sich die grenzflächenaktive, abzutrennende Komponente an. Nach dem Austritt am Kolonnenkopf wird der Schaum zerstört, die entstehende Flüssigkeit z. T. entnommen und z. T. als →Rückfluß in die Kolonne zurückgeführt. Die so dargestellte Betriebsweise entspricht der einer kontinuierlich betriebenen Gegenstromkolonne mit einem Abtriebs- und einem →Verstärkungsteil.

Der Schaum kann mit Hilfe von chemischen Verfahren durch Hinzugabe von Entschäumern oder Schauminhibitoren mit thermischen Verfahren durch Erhitzen des Schaumes oder mit mechanischen Verfahren (z. B. mit Rührern oder Düsen) zerstört werden.

Bei der Auslegung von Schaumtrennverfahren bestimmt man zunächst die Grenzflächenspannung (→Grenzflächenphänomen) in Abhängigkeit von der Konzentration bei verschiedenen Temperaturen und pH-Werten. Man ermittelt experimentell die

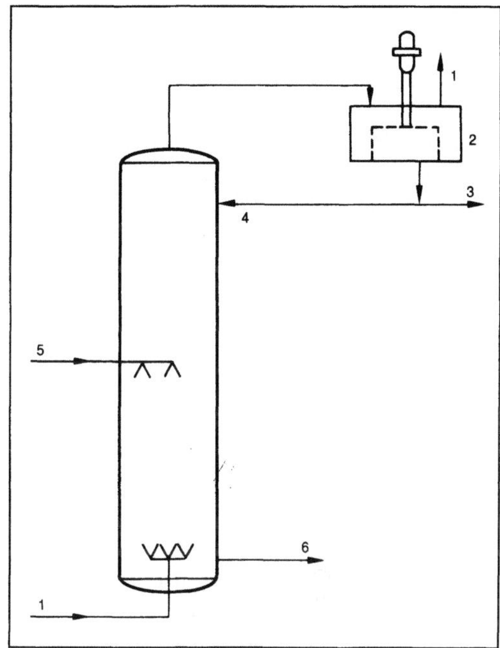

*Schaumtrennung: Schematischer Aufbau einer Anlage zur Schaumtrennung.*

1 Gas, 2 Schaumzerstörung, 3 Kopfprodukt, 4 Rückfluß, 5 Zulauf, 6 Sumpfprodukt

kritische Mizellenkonzentration und die Blasendurchmesser und kann mit für Packungskolonnen üblichen Verfahren die Anzahl der Übergangseinheiten (NTU) und die Höhe einer →Übergangseinheit berechnen. *Dohrn*

Literatur: *Bulsari, T., E. Carlson* u. *R. Davis:* Adsorptive Bubble Tractionation of Glucoamylose from a Fermentation Broth. Vortrag auf dem ACS Meeting. Miami 1985. – *Lemlich, R.:* Adsorptive bubble separation techniques. New York 1972.

## Schaumzerstörer.

Schaumbildung tritt auf beim Austritt von Gasen an freien Oberflächen bei Gas-Liquid-Systemen. Ursache hierfür sind grenzflächenaktive Substanzen. Diese Schaumbildung ist von Nachteil, da im Schaum völlig andere Bedingungen als im System auftreten sowie die Apparatenutzung schlechter wird.

Mit mechanischen S. kann der bereits entstandene Schaum auf Grund von Scher- und Zentrifugalkräften zerstört werden. Mechanische S. setzen eine Gleichgewichtsschaummenge voraus. Sie benötigen Wellendurchführungen und haben meist einen hohen Energiebedarf. Teilweise erzeugen sie auch wieder Schaum. Das Bild zeigt einen rotierenden S. nach *Zlokarnik.* Er saugt den bereits entstandenen Schaum an und verdichtet und zerstört ihn durch Walken in den Austrittsrohren. Eine weitere Möglichkeit, Schaum zu vermeiden, ist die chemische

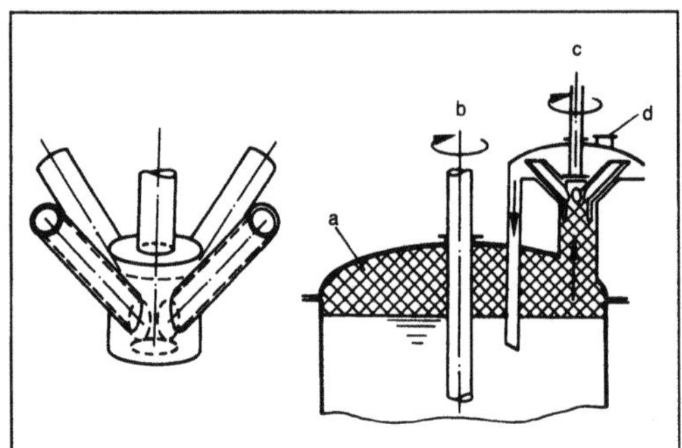

*Schaumzerstörer.*

a Schaum, b Rührerantrieb, c Motor, d Abgas

Schaumverhütung. Dabei werden grenzflächenaktive Substanzen, wie z. B. Siliconöl, Polypropylenglykol und viele andere, die das Koaleszenzverhalten und damit die Phasengrenzfläche beeinflussen, zugefügt. Bei hohen Reinheitsanforderungen an das Produkt können jedoch Aufarbeitsprobleme entstehen. *Schlag*

**Scheibelkolonne.** Extraktionsapparat, bei dem ein Blattrührer oder ein Blattrührer mit Leitblechen die disperse Phase in eine Vielzahl von Tröpfchen zerteilt. Zwischen den Rührzonen befinden sich Drahtgewebepackungen, die als Beruhigungszonen fungieren (Bild). Es wird eine bessere Beruhigung als in Kolonnen ohne Packungen (z. B. →Drehscheibenkolonne) erreicht. S. werden für die Flüs-

sig-Flüssig-Extraktion (→Extrahieren) verwendet, wenn ca. 3–4 Trennstufen erreicht werden sollen (→Oldshue-Rushton-Kolonne). *Dohrn*

Literatur: *King, C. J.:* Separation Processes. New York 1984. – *Mersmann, A.:* Thermische Verfahrenstechnik. Berlin, Heidelberg, New York 1980. – *Sattler, K.:* Thermische Trennverfahren. Weinheim 1988.

**Scheibenfilter.** S. (Bild) arbeiten nach demselben Prinzip wie Trommelfilter. Die Filterelemente sind senkrecht stehende Scheiben mit Durchmessern bis 5 m, die auf einer Hohlwelle, durch die das Filtrat abfließt, montiert sind. Der untere Teil der Scheiben taucht in den Trübetrog ein. Die Unterteilung in einzelne Zellen ermöglicht gleichzeitiges →Filtrieren, Entwässern und Kuchenabnahme, aber kein Waschen. Bei geringem Raumbedarf können Filterflächen bis 280 m² realisiert werden. *Dahl*

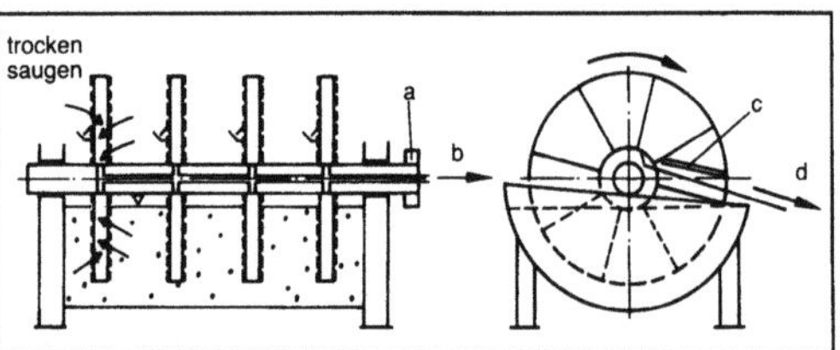


*Scheibenfilter.*

a Steuerkopf, b Filtrat, c Schälmesser, d Kuchen

**Scheibenfräsen** →Fräsen

**Scheibenrührer.** Der S. besteht aus einer Scheibe, an deren Unter- und Oberseite die Leistung an die Flüssigkeit übertragen wird. Anwendung findet der S. als →Turbinenrührer, d. h. mit zusätzlich radial angeordneten Blechen. Man bezeichnet den Turbinenrührer oft auch als S. *Schlag*

**Scherebene** →Spanbildungsvorgang

**Schergeschwindigkeit** →Nicht-Newton-Flüssigkeit

**Scherschneiden.** Zerteilen von Werkstücken zwischen zwei Schneiden, die sich aneinander vorbeibewegen. Kennzeichnend für dieses Verfahren ist die durch Schubspannungen bewirkte Werkstofftrennung. Haupteinsatzgebiet des S. ist die Blechbearbeitung. Typische Anwendungsgebiete liegen in der Automobilindustrie (Karosseriebleche, Hebel, Beschläge), Elektroindustrie (Stator- und Rotorbleche, Transformatorenkerne), Feinmechanik (Teile für Film- und Photokameras, Nähmaschinen, Uhrwerke), Haushaltsgeräteindustrie (Bestecke, Geschirr, Spülen). Darüber hinaus findet es auch breite Anwendung in der Massivumformung; hier besonders bei der Rohteilherstellung.

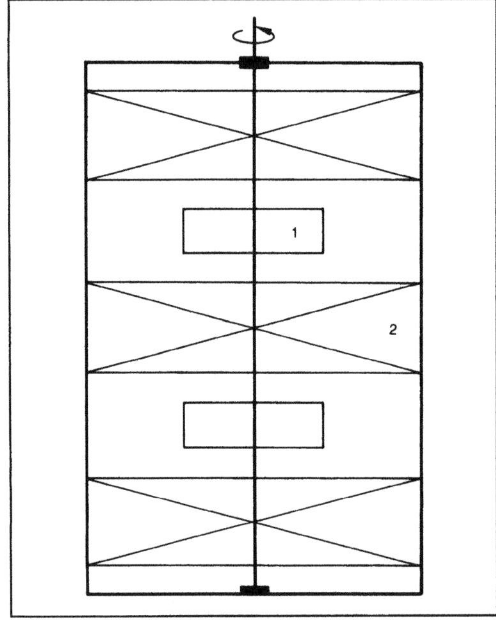

*Scheibelkolonne: Schematischer Aufbau.*

1 Blattrührer, 2 Gewebepackung

Das S. läßt sich nach verschiedenen Kriterien unterteilen. Unterscheidungsmerkmale sind Aufbau und Geometrie der Werkzeuge sowie Lage der Schnittfläche zur Werkstückbegrenzung.

Entsprechend der Kinematik und der Werkzeuggeometrie unterscheidet die DIN 8588 (Zerteilen) die Scherschneidverfahren

□ einhubiges S.,

□ mehrhubig fortschreitendes S.,

□ kontinuierliches S.,

□ →Knabberschneiden (Nibbeln),

□ mehrhubig fortschreitendes →Schlitzen und

□ kontinuierliches Schlitzen.

Bei dem am häufigsten angewandten einhubigen S. erfolgt der Schnitt entlang der gesamten Schnittlinie in einem Hub. Das mehrhubig fortschreitende S. erfolgt in mehreren Hüben mit zwei einschneidigen Schneidwerkzeugen bei schrittweisem Vorschub des Werkstückstoffs. Bei diesen beiden Verfahrensvarianten können Langmesser für den vorwiegend offenen Schnitt (Parallel- oder Schrägschnitt) sowie Formmesser (Formstempel) für den überwiegend geschlossenen Schnitt zum Einsatz kommen.

Das kontinuierliche S. ist durch einen fortlaufenden Schnitt längs der Schnittlinie mit rotierenden, kreisförmigen Schneidmessern gekennzeichnet. Dieses Verfahren dient hauptsächlich zum Ausschneiden von Blechronden sowie zum Schneiden von Blechen in Streifen. Je nach Anwendungsfall sind die Achsen der rotierenden, kreisförmigen Messer parallel zueinander oder unter einem bestimmten Winkel geneigt.

Aus der Lage der Schnittfläche zur Werkstückbegrenzung ergeben sich folgende Scherschneidverfahren:

□ Ausschneiden ist einhubiges Schneiden längs einer in sich geschlossenen Schnittlinie zur Herstellung einer Außenform am Werkstück;

□ Lochen;

□ Beschneiden ist vollständiges Trennen von Rändern, Bearbeitungszugaben u. dgl. von Werkstücken entlang einer offenen oder geschlossenen Schnittlinie (bei Gesenkschmiedestücken Beschneiden ≙ Abgraten);

□ Ausklinken ist einhubiges Herausschneiden von Flächenteilen an einer inneren oder äußeren Umgrenzung von Werkstücken längs einer an zwei Randstellen offenen Schnittlinie;

□ Einschneiden ist teilweises Trennen des Werkstücks i. a. in Verbindung mit →Biegeumformen;

□ Abschneiden ist vollständiges Trennen eines Halbfertigteils bzw. Fertigteils vom Rohteil bzw. Halbfertigteil längs einer offenen Schnittlinie;

□ Zerschneiden ist vollständiges Trennen eines Roh- oder Halbfertigteils in mehrere Werkstücke längs einer offenen oder geschlossenen Schnittlinie;

□ Kiemen ist eine Kombination von Einschneiden und Formpressen (DIN 8583, Tl. 4), z. B. zur Herstellung von Lüftungsschlitzen.

Die genannten Verfahrensvarianten sind z. T. auch bei Messerschneidverfahren oder Beißschneidverfahren gebräuchlich. Als spezielle Scherschneidverfahren sind →Feinschneiden, →Konterschneiden und →Nachschneiden zu nennen.

Das Arbeitsprinzip des überwiegend angewandten einfachen S. wird durch den grundsätzlichen Aufbau des Werkzeuges sowie durch die Art der verwendeten Maschine bestimmt. Die →Schneidkraft wird von Schneidstempel und Schneidplatte auf das Werkstück bzw. auf den Blechstreifen übertragen. Infolgedessen wölbt sich das Blech zwischen Stempel und Schneidplatte. Der elastische Anteil dieser Biegebeanspruchung wird durch die Rückfederung des Werkstückstoffs aufgehoben. Die durch die Wölbung bedingte plastische Verformung ist maßgebend für die bleibende Durchbiegung des ausgeschnittenen Werkstücks.

Bei weiterem Eindringen des Stempels in den Blechstreifen nimmt die Schneidkraft zu, und die Schubspannung steigt, wobei der Werkstückstoff plastisch verformt wird. Es treten tangentiale Zug- und radiale Druckspannungen auf.

Durch Fließen des Werkstoffs in Schneidrichtung und senkrecht dazu entstehen an der Stempeleindringseite des Stanzgitters und am auszuschneidenden →Schnitteil auf der Schneidplattenseite Kanteneinzüge.

Mit zunehmendem Schneidweg geht der Kanteneinzug in eine glatte Scherfläche (Glattschnitt) über, deren Größe im wesentlichen vom Formänderungsvermögen des Werkstückstoffs bestimmt wird. Ist dieses erschöpft, treten Risse auf, die von den Werkzeugkanten ausgehen und in Richtung der maximalen Schubspannung aufeinander zulaufen. Es kommt schließlich zur Werkstofftrennung durch Bruch, die zur typischen Bruchfläche und zum Schnittgrat führt.

Bei kleinen Schneidspalten und weichen Werkstückstoffen können die Risse, ausgehend von Stempel- und Schneidplattenkante, auch aneinander vorbeilaufen. Dabei entsteht ein schmaler Steg, der verquetscht und geschert wird, so daß mehrere von Glattschnittzonen unterbrochene Bruchflächen entstehen (→Schneidkraft, →Schneidwerkzeug). *König*

Literatur: DIN 8588: Fertigungsverfahren Zerteilen. Hrsg. Dt. Inst. f. Normung – *König, W.:* Fertigungsverfahren. Bd. 5: Blechumformung. Düsseldorf 1986. – *Lange, K.:* Lehrb. Umformtechnik. Bd. 3: Blechumformung. Berlin, Heidelberg, New York 1975. – *Spur, G.,* u. *Th. Stöferle:* Handb. Fertigungstechnik. Bd. 2/3: Umformen, Zerteilen. München, Wien 1985.

**Scherströmung** →Nicht-Newton-Flüssigkeit

**Scherung.** Der Begriff S. wird in der Umformtechnik mit unterschiedlichem Inhalt verwendet. Zum einen wird er zur Beschreibung von Scherverformungen, und zwar im Sinne einer globalen Verformung, wie zur Kennzeichnung des Spannungs- und Formänderungszustands bei Verfahren des Schubumformens, verwendet. Zum anderen findet er sich auch teilweise als synonymer Begriff zu →Schiebung. Dies ist aber nicht korrekt. Weiterhin wird der Begriff S. zum Kennzeichnen des Vorgangs beim Scherschneiden (DIN 8588: Zerteilen) benutzt.

Beim →Schubumformen mit den Verfahrensanwendungen →Durchsetzen und →Verdrehen werden in der Umformzone benachbarte Querschnittsflächen des Werkstücks unter Einwirken von Schubspannungen gegeneinander verlagert. Man bezeichnet diesen Vorgang als S. Der Stoffzusammenhang bleibt dabei so lange gewahrt, bis das Formänderungsvermögen erschöpft ist und Bruch auftritt. Beim Scherschneiden zwischen zwei sich aneinander vorbeibewegenden Schneiden erfolgt ein Teil der Werkstofftrennung durch S. im obigen Sinne, der restliche Teil durch Bruch. Beim Sonderverfahren Feinschneiden wird durch Kombination von überlagerter Druckbeanspruchung und sehr engem Schneidspalt S. über der gesamten Werkstückdicke erzwungen, und es ergibt sich eine rißfreie Trennfläche. *Lange*

Literatur: DIN 8588: Fertigungsverfahren Zerteilen. Einordnung, Unterteilung, Begriffe. Hrsg. Dt. Inst. f. Normung. Ausg. Juni 1985.

**Scherzelle.** Mit einer S. mißt man die Fließeigenschaften von Schüttgütern (Bild 1). Für die Coulomb-Bruchbedingung von Schüttgütern mit Haftfestigkeit gilt:

$$\tau = c + \sigma \cdot \tan \Phi \qquad (1).$$

Die innere Reibung $\tan \Phi$ und die Kohäsion c können durch die S. experimentell bestimmt werden.

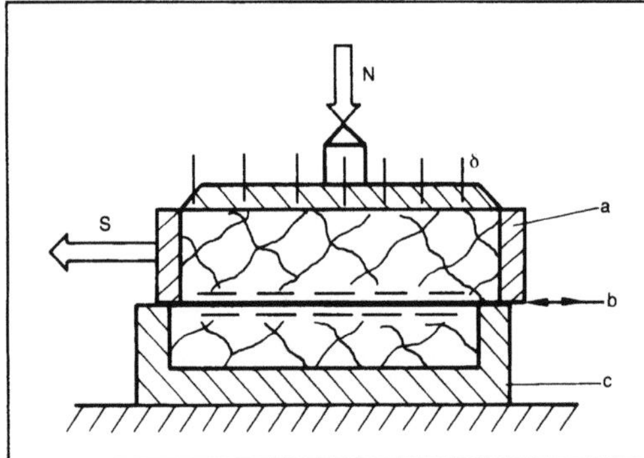


*Scherzelle 1: Scheren einer Schüttgutprobe.*

a Scherring, b Scherfläche A, c Scherpfanne, S Scherkraft, δ Druckspannung, N Normalkraft

Der Aufbau einer S. besteht aus einer topfförmigen Pfanne, auf der sich ein Scherring befindet. Beide Teile werden mit Schüttgut gefüllt. In den Ring legt man einen Verschlußdeckel. Er dient zum gleichmäßigen Aufbringen der Normallast N. Zieht man den Ring über die Pfanne, läßt sich die auftretende innere Reibungskraft messen. Da die innere Reibung vom Verdichtungszustand abhängt (→Zeitverfestigung), werden die Proben mit einer Vorlast verdichtet und so lange abgeschert, bis sich eine konstante Scherkraft S einstellt. Dann wird ein Teil der Vorlast abgenommen und mit verkleinerter Normallast abgeschert. Wiederholt man diesen Vorgang mit gleichen Vorlasten, aber verschiedenen Normallasten, erhält man Wertepaare von vorgegebener Normalkraft N zu gemessener Scherkraft S. Deren Division durch die Scherfläche A führt zur Druckspannung $\sigma$ und Schubspannung $\tau$. Trägt man $\tau$ über $\sigma$ in einem Diagramm auf, erhält man den Fließort (Bild 2). Aus ihm lassen sich die Kohäsion c und die innere Reibung $\mu = \tan \Phi$ ablesen. *Würtz*

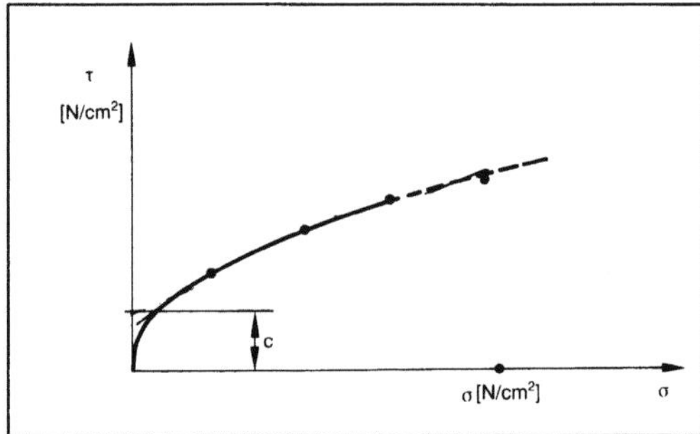


*Scherzelle 2: Aufnahme eines Fließorts.*

Literatur: *Molerus*: Schüttgutmechanik. Berlin, Heidelberg, New York 1985.

**Scherzone** →Spanbildung

**Schichtverbundwerkstoff.** Bei einer aus zwei oder mehreren (Duplex-, Triplexschichten usw.) Werkstoffkomponenten schichtweise aufgebauten Werkstoffstruktur spricht man von einem S. Die dem Gewicht, Volumen oder der Dicke nach überwiegende Komponente wird als Grund-, Substratwerkstoff oder Kern bezeichnet. Kombiniert werden können Metalle und Metallegierungen, Keramik, aber auch Teilchen-, Faser- und Durchdringungs-Verbundwerkstoffe.

Die physikalischen, mechanischen und chemischen Eigenschaften von S. lassen sich in weiten Bereichen verändern. Dazu bieten sich zusätzliche Möglichkeiten durch die Wahl geeigneter Schichtdicken, bei anisotropen Werkstoffen auch durch die Wahl der relativen Lage der einzelnen Schichten zueinander, z. B. bei mehrschichtig aufgebauten Faserverbund-Werkstoffbauteilen.

Durch Kombination verschiedener Schichten können auch neue Eigenschaften geschaffen werden, die die jeweils einzelnen Schichten nicht aufweisen. Sie werden als Produkteigenschaften bezeichnet. Eine Produkteigenschaft ist z. B. der Bimetalleffekt.

Der Bimetalleffekt tritt bei Erwärmen auf, und zwar dann, wenn ein unsymmetrischer, anteilmäßig gleich aufgebauter Schichtverbund vorliegt. Ursache sind die unterschiedlichen Wärmeausdehnungskoeffizienten der einzelnen Schichten. Dies kann von Nachteil sein, wenn der Krümmungseffekt nicht erwünscht ist. Bewußt ausgenutzt wird er dagegen bei Thermobimetallen.

Neben Thermobimetallen werden noch Kontaktbimetalle verwendet. Sie bestehen aus einem geeigneten preisgünstigen Kontaktträgermaterial und mindestens einer Auflage eines Kontaktwerkstoffs (Teilchen-, Durchdringungs-Verbundwerkstoff).

Bei Kontaktbimetallen geht es weniger um den Bimetalleffekt als vielmehr um den Sachverhalt, die guten Schalteigenschaften von meist spröden, teueren Kontaktwerkstoffen mit den guten mechanischen Eigenschaften eines preisgünstigen Unterlagenwerkstoffs zu vereinigen.

Thermo- und Kontaktbimetalle sind Einzelbeispiele von Schichtverbunden. Zu diesen werden jedoch auch alle oberflächenbeschichteten Werkstoffe bzw. Bauteile gezählt. Die Oberflächenschicht hat meist eine Schutzfunktion, abgesehen von dekorativen Schichten (z. B. Walzgolddoublé), vor äußeren Einflüssen und Belastungen zu erfüllen, während der anteilmäßig überwiegende Werkstoff, der Grundwerkstoff, i. a. die tragende Funktion übernimmt.

Äußere, auf eine Bauteiloberfläche wirkende Einflüsse sind u. a. korrosive Medien, heiße Gase, Reib- und Stoßkräfte oder Strahlung, so daß die Oberflächenschicht u. a. dem Korrosionsschutz, Verschleißschutz oder Strahlenschutz dienen kann. Bekannte Beispiele aus dem Bereich des Korrosionsschutzes sind verzinkte und verchromte Bleche und aus dem Bereich Verschleißschutz molybdän- sowie chrombeschichtete Kolbenringe (neuerdings auch mit keramischen Schichten) und mit TiC beschichtete Werkzeuge. Zunehmend kommen auch Wärmedämmschichten zur thermischen Isolation im Turbinen- und Motorenbau zum Einsatz (Bild 1).

Zu den Schichtverbunden sind auch die Sandwichstrukturen zu zählen. Bei diesen liegen meist ein Kern und zwei Schichten vor. Bei den heute bekannten Sandwichstrukturen bestehen die Schichten meist aus CFK oder GFK. Der Kern kann z. B. in Honigwaben, Wellen- oder Sandwichschalenstruktur ausgeführt sein (Bild 2). Finden Leicht-

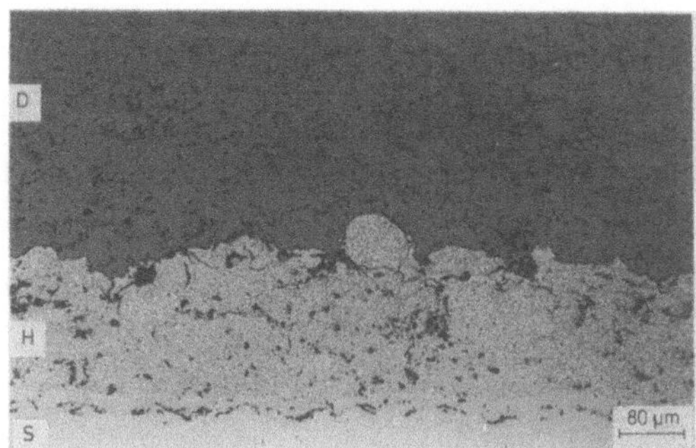

*Schichtverbundwerkstoff 1: Plasmagespritzte Wärmedämmschicht mit Haftgrund.*

S Substrat (IN 617), H Haftschicht (CoNiCrAlY), D Deckschicht ($ZrO_2 - 6{,}5Y_2O_3$)

*Schichtverbundwerkstoff 2: Honigwaben. Kernwerkstoff für Sandwichstrukturen. (Quelle: Ciba-Geigy)*

metalle (z. B. Aluminium) für den Kern oder als Schalenblech Verwendung, erhält man eine leichte, hochfeste, für Stoß-, Biege- und Torsionsbeanspruchung gut geeignete Verbundstruktur ggf. mit hohem Widerstandsmoment. Sandwichstrukturen werden z. B. im Flugzeug- und Satellitenbau und für Parabolantennen verwendet.

Ebenso vielfältig wie das Einsatzgebiet und die Strukturen, die unter den Begriff S. fallen, sind die Herstellungstechnologien. Eine Einteilung der Technologien kann vorgenommen werden durch Charakterisierung des Zustands, in dem die Schichtkomponente auf dem Grundwerkstoff aufgebaut wird.

Ein Schichtwerkstoff kann während des Herstellungsprozesses fest, flüssig, dampf- bzw. gasförmig oder in Lösung befindlich vorliegen. Herstellungsverfahren, in denen der aufzubringende Schichtwerkstoff während des Herstellungsprozesses

□ in fester Form vorliegt, sind z. B. Walzplattieren, Sprengplattieren, Preßschweißen, Löten, Kleben,

□ in flüssiger Form u. a. Schmelztauchen, Verbundgießen, Auftragschweißen, Spritzen (→Spritzverfahren, thermisches),

□ in dampf-/gasförmiger Form die CVD- und PVD-Verfahren (Chemical Vapour Deposition und physical Vapour Deposition)

□ in Lösung befindlich: chemische Abscheidungsverfahren und elektrochemische/galvanische Verfahren. *Steffens*

Literatur: *Niederstadt, G., u. a.*: Leichtbau mit kohlenstoffverstärkten Kunststoffen. Grafenau 1985. – N. N.: Metallische Verbundwerkstoffe. Karlsruhe 1977. – *Simon, H., u. M. Thoma*: Angewandte Oberflächentechnik für metallische Werkstoffe. München, Wien 1985.

**Schiebung.** S. bezeichnen Änderungen der ursprünglich rechten Winkel eines Werkstoffelements (Bild).

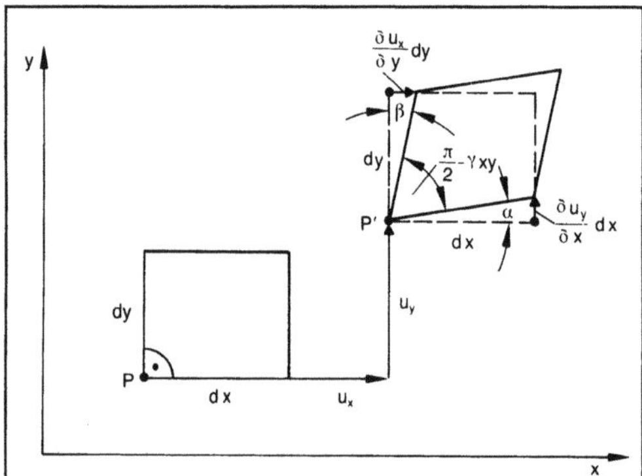


*Schiebung: Verformung einer zur x, y-Ebene parallelen Fläche eines Werkstoffelements; Definition der Schiebung.*

Für kleine Verformungen gilt:

$$\gamma_{xy} = \alpha + \beta$$

bzw.

$$\gamma_{xy} = \frac{\partial u_x}{\partial y} + \frac{\partial u_y}{\partial x},$$

wobei $u_x$ und $u_y$ die Verschiebungen des betrachteten Punkts P darstellen.

Die S. $\gamma_{yz}$ und $\gamma_{zx}$ berechnen sich analog. Zusammen mit den Dehnungen beschreiben die S. die gesamte Formänderung (→Formänderungszustand). *Lange*

**Schießen von Fördergut.** Ähnlich wie eine Pulverschneelawine, die viel Luft enthält, schon an leicht schrägen Hängen große Geschwindigkeit erreichen

kann, kann es auch bei feinkörnigem Schüttgut zum Schießen kommen, wenn sich dieses über eine gewisse Lauflänge mit Luft anreichert. Wenn diese Bewegung eingetreten ist, ist die Geschwindigkeit der Feststoff-Luft-Mischung häufig größer als die kritische Geschwindigkeit

$$c_{krit.} \approx \frac{300}{\sqrt{1+1{,}5\mu}}$$

des kompressibel strömenden Mediums. Dabei ist 300 m/s bei Normaldruck und Normaltemperatur die isotherme Schallgeschwindigkeit des Gases. Die Beladung $\mu = \dot{M}_S/\dot{M}_L$ kann bei Werten bis 250 die kritische Geschwindigkeit bis in den Bereich von 10–20 m/s herabsetzen, für deren Erzeugung wenige Meter Höhe ausreichen. Strömt die Mischung mit größerer als der kritischen Geschwindigkeit, kommt es an Hindernissen zu Verdichtungsstößen wie bei einer Überschallströmung mit ganz erheblichen Kräften und Zerstörungen. *Muschelknautz*

**Schlagversuch.** Mechanisch-technologischer Versuch, bei dem eine Werkstoffprobe oder ein Bauteil schlagartig beansprucht wird. Er wird mit einmaliger oder mehrmaliger Schlagbelastung sowie als →Dauerschlagversuch durchgeführt. Er dient der Ermittlung der Schlagzähigkeit und Kennwerten für die Umformtechnik (z. B. Formänderungsgeschwindigkeit), zur Prüfung von Bauteilen, die im Betrieb schlagartiger Beanspruchung ausgesetzt sind und zur Prüfung der →Härte.

Die Durchführung der S. erfolgt mit Pendelschlagwerken DIN 51 222, Ausg. Jan. 1985, Umlaufschlagwerken mit rotierenden Scheiben und einrückender Schlagnase, als Fallgewichtsversuch, in Form von Spreng- und Beschußversuchen sowie in Schlaghärte- und Rücksprunghärteprüfgeräten.

Nach der Art der Beanspruchung lassen sich S. einteilen in Schlagzug-, Schlagbiege- (→Kerbschlagbiegeversuch), Schlagverdreh-, Schlagstauch-, Schlagreckversuche und solche mit kombinierten Beanspruchungen.

Im Schlagbiegeversuch für Zink und Zinklegierungen DIN 50116, Ausg. Juli 1982, wird die Schlagarbeit an ungekerbten Proben geprüft, und im Schlagbiegeversuch DIN 53453, Entwurf Okt. 1982, für Kunststoffe werden aus der Prüfung von gekerbten und ungekerbten Proben die Kerbschlagzähigkeit und der Quotient aus Kerbschlagzähigkeit (gekerbt) zu Kerbschlagzähigkeit (ungekerbt), die relative Kerbschlagzähigkeit, ermittelt. Weitere Anwendung findet der Schlagbiegeversuch bei wenig duktilen Werkstoffen wie Holz, Sinterwerkstoffen, Gußwerkstoffen, Hartmetallen und Fügeverbindungen.

Der Schlagverdrehversuch wird mit geringerer Beanspruchungshöhe als der Schlagbiegeversuch bei vergüteten Werkzeugen zum Nachweis der

Zähigkeit verwendet. Mit Hilfe des Schlagdrehversuchs wird an Textilrohstoffen und -erzeugnissen nachgeprüft, ob bei vorgegebenen Bedingungen die angewandte Belastung ertragen wird. Auch die Haftfestigkeit von Überzügen (→Email, →Lack) läßt sich im S. überprüfen.

Beim Sprengversuch läßt sich das Werkstoff- und Bauteilverhalten unter Einwirkung höchster Beanspruchungsgeschwindigkeiten untersuchen. Er gibt Aufschluß über Verformungs-, Anriß- und Bruchverhalten in Abhängigkeit von Sprengmittelart, Ladungsgröße und -anordnung.

In Beschußversuchen wird die Schutzwirkung von Sicherheitsglas überprüft.

Beim S. werden meist Schlaggeschwindigkeiten von 5–15 m/s und mehr verwendet. Abhängig von Werkstoff, Proben- bzw. Bauteilgeometrie, Schlaggeschwindigkeit und Temperatur breiten sich, von der Stoßstelle ausgehend, elastische und plastische Wellen aus, die örtlich unterschiedliche Spannungen und Dehnungen hervorrufen können. *Kußmaul*

**Schlammentwässerung.** S. wird heute vor allem bei Klärschlämmen angewandt. Folgende Verfahren sind dort einsetzbar:

□ Zentrifugieren in Vollmantelschneckenzentrifugen (→Dekanter),

□ Absaugen auf Vakuumdrehfiltern (→Trommeldrehfilter),

□ Hochdruckpressen in Kammerfilterpressen (→Filterpresse),

□ Pressen in Siebbandpressen.

Bei der Siebbandpresse wird der zu entwässernde Schlamm zwischen 2 endlos umlaufenden Filterbändern ausgepreßt (Bild). Man unterteilt in drei Abschnitte:

Im ersten Bereich, der Seihzone, findet eine Vorentwässerung durch Schwerkraftfiltration statt. Ohne Druckeinwirkung fließt das freie Zwischenraumwasser durch das Siebband. Darauf folgt die Keilzone. In diesem Bereich laufen die beiden Bänder zusammen. Entsprechend dem Einlaufwinkel wird der Schlamm komprimiert und weitere Flüssigkeit abgetrennt. Der Preßdruck steigt dabei

kontinuierlich an. Durch die fortschreitende Entwässerung und den Preßdruck verfestigt sich der Schlamm. Durch Druck kann nach der Keilzone keine weitere Entwässerung erreicht werden. Nur in Kombination mit Scherkräften in der Preß- und Scherzone läßt sich weiter entwässern. Scherkräfte werden dadurch erzeugt, daß die Rollen, über die die Bänder laufen, versetzt angeordnet werden. Somit haben das äußere und innere Band unterschiedliche Winkelgeschwindigkeiten. Dies führt zur Deformation der mit Flüssigkeit gefüllten Zwischenräume. Dadurch senkt sich die Restfeuchte weiter. Am Ende der Preßzone gehen die Bänder wieder auseinander, und der Kuchen wird abgeworfen. Die Restfeuchte beträgt ca. 75 %. *Greif*

**Schlauchpumpe.** Ein elastischer Gummischlauch wird an einer inneren Gehäusewand von der Saug- zur Druckseite geführt. Ein umlaufender Rollkörper treibt die Flüssigkeit vor sich her. Durch Quetschung des Schlauches erfolgt Abdichtung des Fördervolumens zwischen Saug- und Druckseite. S. eignen sich zum Fördern von Säuren und Laugen, Suspensionen, aber auch von breiigen Medien. Da der meist billige Schlauch leicht auswechselbar ist, werden damit auch abrasive Medien gefördert. Der Förderstrom ist abhängig von der Drehzahl, dem Schlauchdurchmesser und der Anzahl der nebeneinanderliegenden Schläuche. Der Durchsatz liegt zwischen Litern und Kubikmetern je Stunde. Die Förderdrücke liegen nicht über 2,5 bar (Bild). *Würtz*

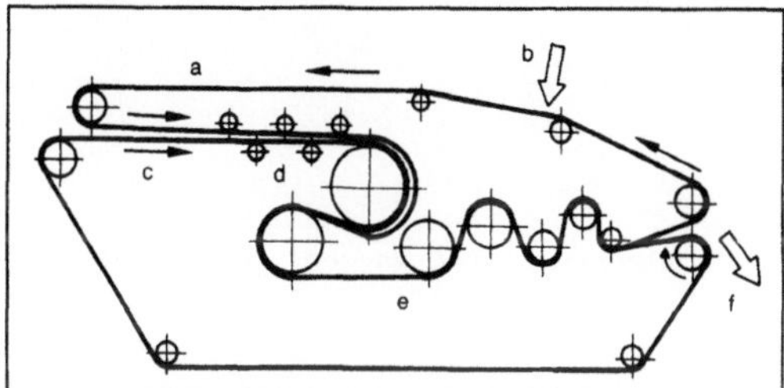

*Schlammentwässerung: Siebbandpresse.*

a Seihzone, b Aufgabezone, c Keilzone, d Preßzone, e Scherzone, f Kuchenabwurf

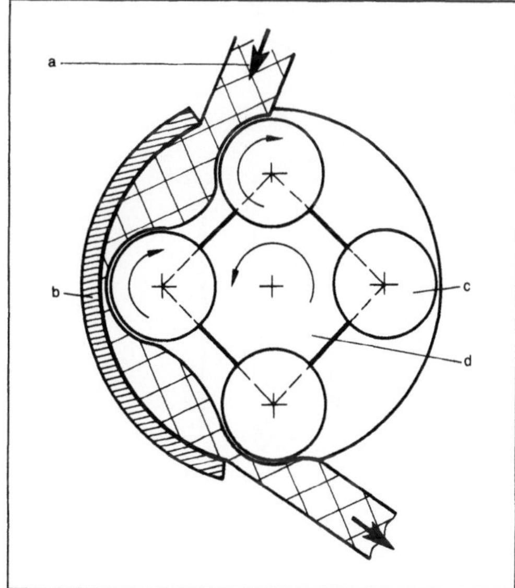

*Schlauchpumpe: Schemaskizze.*

a Gummischlauch, b Gehäusewand, c Rollkörper, d Halterung der Rollkörper

**Schlaufenreaktor.** Bei einem S. (Umlaufreaktor) wird die flüssige Reaktandenphase in einem Rohrreaktorsystem in Form von Schlaufen teilrückgeführt (Rückführung). Er ist neben dem Rührkesselreaktor der am häufigsten eingesetzte Reaktortyp für viele technische Gas-Flüssig-Reaktionen, in dem sich infolge der Dispergierung der Gasphase eine Blasensäule ausbildet. Der Flüssigkeitsumlauf kommt durch den Mammuteffekt zustande, d. h. durch die Schleppwirkung der Gasblasen sowie durch die Dichtedifferenz zwischen der Dispersionsphase (Gasblasen in Flüssigkeit) und der Flüssigkeitsphase. Es gibt S., die prinzipiell auch für relativ zähe Flüssigkeitsgemische (z. B. Beckmannsche Umlagerung von Cyclohexanonoxim zu ε-Caprolactam, dem Monomer zur Perlonherstellung) eingesetzt werden, ohne Treibstrahlantrieb, a) bis c) im Bild, und mit Treibstrahlantrieb, d) im Bild. Der Flüssigkeits-Treibstrahl verbessert die Gasdispergierung und sorgt für einen konvektiven Zwangsumlauf der Flüssigkeit. Durch das koaxiale Einsteckrohr (Leitrohr) resultiert ein definierter schleifenartiger Flüssigkeitsumlauf.

Die S. sind insbes. charakterisiert durch folgende Eigenschaften:

□ ausgeprägte →Rückvermischung der Flüssigkeit, wobei für große Umlaufverhältnisse, d. h. große Zirkulationsgeschwindigkeiten, die Flüssigphase in technischen Reaktoren vollständig vermischt ist,

□ praktisch keine Konzentrations- oder Temperaturgradienten innerhalb der Reaktionsmasse,

□ relativ einfacher Aufbau, meist ohne bewegliche Einbauten,

□ keine Schwierigkeiten bei der Maßstabsvergrößerung (Scale-up).

Der S. wird beispielsweise bei der thermischen Gasphasen-Chlorierung von Methan (Folgereaktion), der katalytischen Flüssigphasenoxidation von Acetaldehyd bzw. der i. a. nicht katalytischen Flüssigphasenoxidation von n-Butan oder Leichtbenzin zu Essigsäure eingesetzt. Zunehmende Bedeutung gewinnen die S. als Bioreaktoren (Air-Lift-S.). Das Prinzip des S. spielt auch bei den Blasensäulen eine große Rolle. *Schönbucher*

Literatur: *Deckwer, W. D.:* Reaktionstechnik in Blasensäulen. Aarau, Frankfurt a. M. 1985.

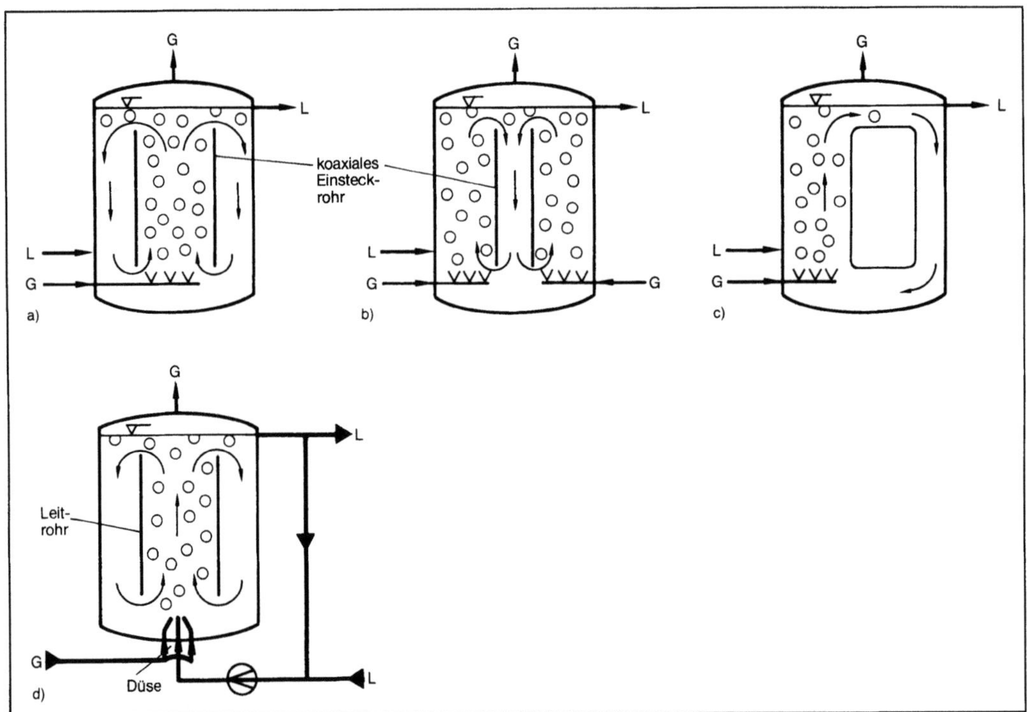


*Schlaufenreaktor: Schlaufenreaktoren a) bis c) mit Mammutpumpen-Antrieb und mit Treibstrahlantrieb, d) Strahlschlaufenreaktor. (Quelle:* Deckwer *a. a. O.)*

*a) Mit äußerem Rücklauf*

*b) Mit innerem Rücklauf*

*c) Mit externem Rücklaufrohr*

*d) Mit Treibstrahlantrieb und äußerem Rücklauf.*

G Gas, L Flüssigkeit

**Schleifband** →Schleifwerkzeug auf flexibler Unterlage

**Schleifemulsion** →Kühlschmierstoff (Schleifen)

**Schleifen.** S. ist ein spanendes Fertigungsverfahren mit geometrisch unbestimmten Schneiden (→Spanen mit geometrisch unbestimmten Schneiden). Das →Schleifwerkzeug besteht aus einer Vielzahl gebundener Körner aus natürlichen oder synthetischen Schleifmitteln (→Schleifscheibe). Die auf der Arbeitsfläche des Schleifwerkzeugs verteilten Schneidelemente trennen mit sehr hoher Geschwindigkeit ($v_c = 20$–$150$ m/s) eine große Anzahl kleiner Späne von der Werkstückoberfläche ab.

Die wichtigste Zielsetzung beim S. ist die Realisierung einer hohen Werkstückoberflächenqualität, gekennzeichnet durch Maß- und Formgenauigkeit, Rauheit und Freiheit von thermischer →Randzonenbeeinflussung (→Eigenspannungszustand). Daneben spielen auch wirtschaftliche Gesichtspunkte wie hoher Materialabtrag und kurze Bearbeitungszeit sowie Fragen des Umweltschutzes und der Ergonomie eine nicht vernachlässigbare Rolle.

Anwendung findet das S. in sehr breitem Maße in der werkzeugherstellenden Industrie, im Automobil-, Motoren- und Getriebebau, in der Wälzlagerindustrie, in praktisch allen Zweigen der Maschinenbauindustrie mit Einzel-, Serien- oder Massenfertigung. Der zunehmende Einsatz des S. in der industriellen Fertigung ist vor allem darauf zurückzuführen, daß die moderne Entwicklung dieses ursprünglichen Endbearbeitungsverfahrens neben hohen Bearbeitungsgüten auch sehr hohe Abtragsleistungen gestattet (→Hochgeschwindigkeitsschleifen).

Aus prozeßtechnischer Sicht bewegen sich die Schleifkornschneiden relativ zum Werkstück auf einer durch die Kinematik bestimmten, sehr flachen Bahn. Sie lösen dort nach einer Phase elastischer Verformung plastisches Fließen des Werkstückstoffs aus. Ab einer von den Werkstoff- bzw. Schleifkörpereigenschaften abhängigen Grenzeindringtiefe der Kornschneide beginnt die eigentliche Spanbildung, die durch hohe örtliche Temperaturen gekennzeichnet ist. Im weiteren Verlauf des Schneidvorgangs treten neben der Spanbildung auch seitlich wirkende Verdrängungsvorgänge auf, die zur Bildung von wulstartigen Aufwürfen entlang der Kornschneidspur führen.

Die Schleifscheibe wird bei dem Spanabnahmeprozeß mechanisch, thermisch und chemisch beansprucht. Hierbei wird die Summe aller Kräfte auf die im Eingriff befindlichen Schneiden als Schleifkraft definiert (Bild).

Sie besteht aus Komponenten in tangentialer, normaler und ggf. axialer Richtung. Durch die Schleifkraft werden die bei der Spanbildung entstehenden Reib-, Verformungs- und Scherkräfte über-

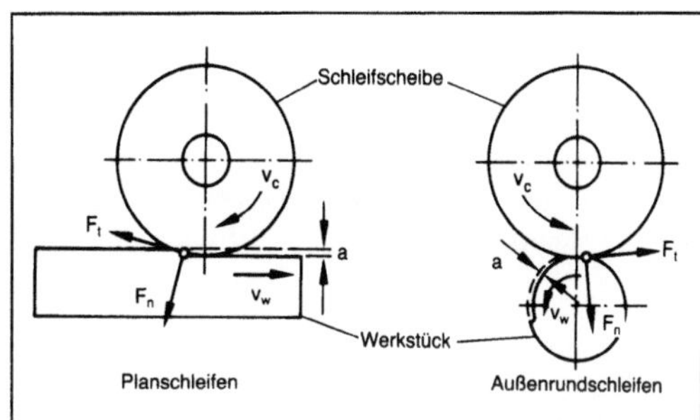


*Schleifen: Schematische Darstellung mit rotierendem Werkzeug.*

a Zustellung, $v_w$ Werkstückgeschwindigkeit, $v_c$ Schleifscheibenumfanggeschwindigkeit, $F_n$ Normalkraft, $F_t$ Tangentialkraft

wunden. Die eingebrachte mechanische Energie wird in Wärme umgesetzt, die in das Werkstück fließt und dort eine Erhöhung der örtlichen Temperatur bewirkt. Die in das Werkstück fließende Wärmemenge hängt dabei in großem Maße von den geometrischen und kinematischen Korneingriffsverhältnissen ab. So ist z. B. beim Gegenlaufschleifen die mit den Spänen abgeführte Wärmemenge wesentlich höher als beim Gleichlauf-Schleifen (→Schleifverfahren, →Schleifprozeß-Modifikation).

Der Temperaturanstieg an der Schleifstelle kann unterschiedliche, z. T. unerwünschte Folgen haben. Bei Temperaturen von 500–1 000 °C ändern sich je nach Werkstoffspezifikation Gefügestruktur und Eigenspannungszustand im Bereich der Werkstückrandzone. Andererseits wird der Verschleiß der Schleifscheibe dadurch verstärkt, daß die Körner und die Bindung neben der mechanischen Wechselbelastung auch hohen Temperaturwechseln ausgesetzt sind (→Schleifwerkzeug-Verschleiß). Deshalb muß mittels eines geeigneten Kühlschmierstoffs die Prozeßwärme möglichst niedrig gehalten werden, indem durch Schmierung die Reib- und Umformarbeit vermindert wird. Ist das nicht in ausreichendem Maße möglich, muß die in das Werkstück einfließende Wärmeenergie durch Kühlung über den Kühlschmierstoff abgeführt werden, wobei eine irreversible Wärmewirkung u. U. nicht vermeidbar ist.

S. ist ein Verfahren, bei dem sehr viele, in Wechselbeziehung zueinander stehende Größen auf den Prozeß wirken. Die Ergebnisgrößen sind sehr vielfältig und müssen je nach Zielsetzung in qualitativer, technologischer und/oder wirtschaftlicher Hinsicht beurteilt werden. In der Tabelle sind die Zusammenhänge zwischen Ausgangskenngrößen, Wirkkriterien des Schleifprozesses und Kenngrößen des Schleifergebnisses dargestellt, wie sie fast allen Schleifoperationen eigen sind. Hiernach wird der Ausgangszustand eines Schleifprozesses einerseits

*Schleifen. Tabelle: Kenngrößen des Schleifens. (Quelle:* König *a. a. O.)*

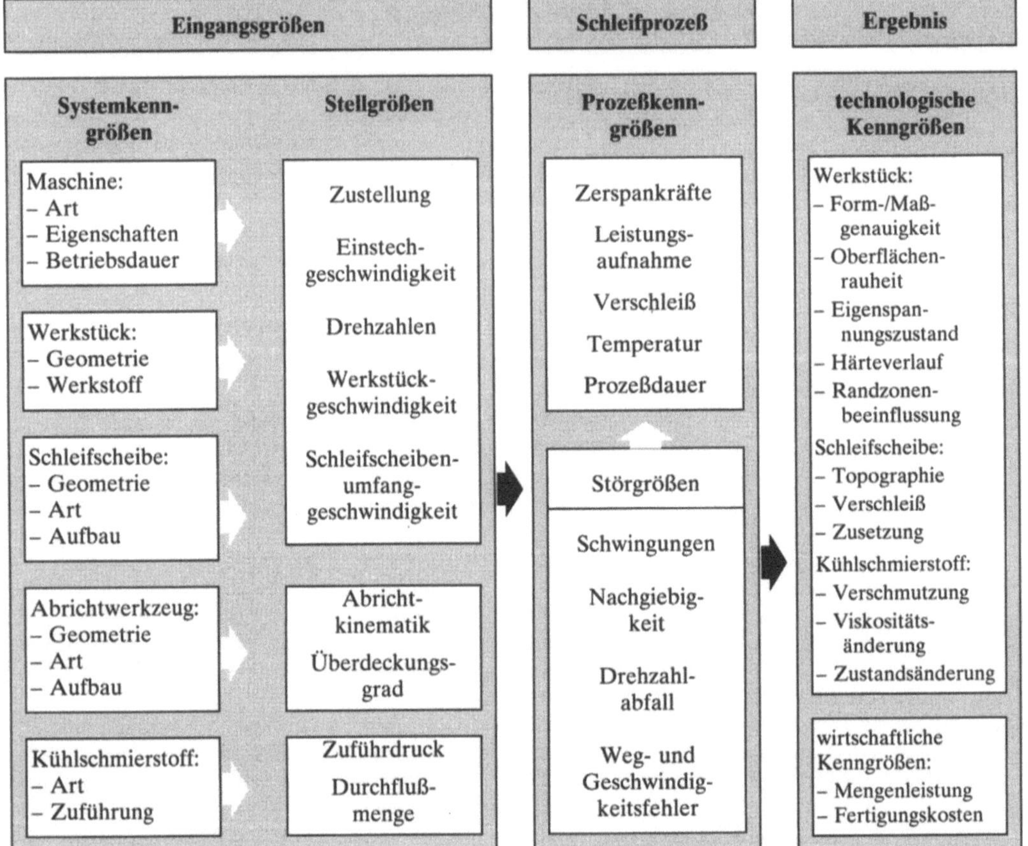


durch Art, Eigenschaften und Betriebsdauer der Schleifmaschine (Werkzeugmaschine), durch die Schleifscheibengeometrie und -spezifikation, durch Ausbildung und Einsatzart des Abrichtwerkzeugs, durch Art und Zuleitungsmethode des Kühlschmiermittels sowie andererseits durch die gewählten Arbeitsparameter wie Schleifscheibenumfanggeschwindigkeit, Zustellung und Vorschubgeschwindigkeit u. a. bestimmt.

Diese Ausgangskenngrößen bestimmen über die beim Schleifvorgang festgelegten physikalischen Wirkzusammenhänge die eigentlichen Prozeßkenngrößen, und zwar Schleifkraft, Spanbildung, Abtragsleistung, Wärmeentwicklung und -verteilung, Schleifscheibenverschleiß und Schleifzeit. Diese zusammen mit den auftretenden Störgrößen als Wirkkriterien des Schleifprozesses definierten Prozeßkenngrößen stehen in eindeutiger Wechselbeziehung zueinander, und sie sind ihrerseits bestimmend für die technologischen und wirtschaftlichen Kenngrößen des Arbeitsergebnisses, z. B. Werkstückgeometrie, Randzoneneigenschaften, →Oberflächen-

rauheit, Verschleißbetrag, Kühlschmierstoffbeeinträchtigung und Fertigungskosten.

Das S. untergliedert sich in eine große Vielzahl von Verfahrensmöglichkeiten, die unter den Stichwörtern Schleifverfahren und Schleifwerkzeuge behandelt werden. *Kenter*

*König, W.:* Fertigungsverfahren. Bd. 2. Düsseldorf 1989. – *Paulmann, R.:* Schleifen, Honen, Läppen. Düsseldorf 1991. – *Spur, G.,* u. *Th. Stöferle:* Handbuch der Fertigungstechnik. Bd. 3/2. München, Wien 1980.

**Schleifen, elektrochemisches.** Fertigungsverfahren, bei dem ein elektrochemischer Abtragprozeß (→Abtragen, elektrochemisches) dem herkömmlichen mechanischen →Schleifen überlagert ist (Bild).

Durch die Überlagerung der elektrochemischen Abtragkomponente können die verfahrensspezifischen Vorteile der elektrochemischen Bearbeitung, d. h. die Unabhängigkeit von den mechanischen Eigenschaften, der fehlende Werkzeugverschleiß und die niedrigen Bearbeitungstemperaturen und

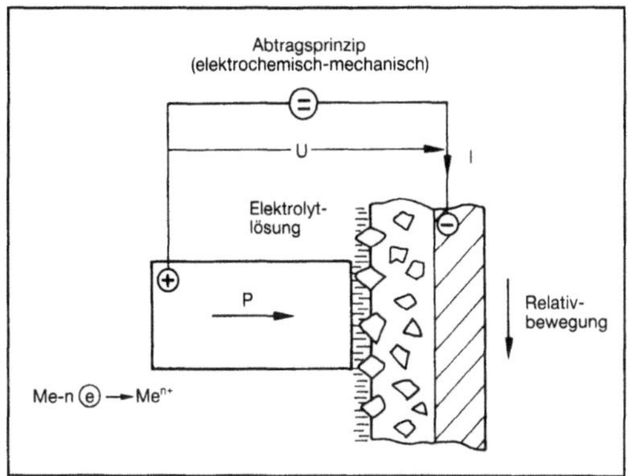



*Schleifen, elektrochemisches: Verfahrensprinzip.*

damit die fehlende Gefügebeeinflussung auf das Schleifen übertragen werden.

Die aus der metallischen Schleifscheibenbindung herausragenden nichtleitenden Diamant- und/oder Korundkörner verhindern sozusagen als Abstandhalter einen direkten metallischen Kontakt zwischen Werkstück und Werkzeug (Kurzschluß). Weiterhin werden durch den mechanischen Abtrag auch etwaige vorhandene Passivschichten auf der Werkstückoberfläche entfernt, die einen anodischen Auflösungsvorgang behindern oder gar zum Erliegen bringen.

Eine zu große Körnung führt zu einer Vergrößerung des Wirkspalts (→Arbeitsspalt) und damit zur Verringerung des Anteils des elektrochemischen Abtrags. Bei zu kleiner Körnung wird der Anteil des mechanischen Abtrags vermindert.

Das e. S. wird vorwiegend bei der Bearbeitung von →Hartmetall angewendet. Das Haupteinsatzgebiet in der Werkzeugaufbereitung liegt dabei im Anschleifen von hartmetallbestückten Zerspanwerkzeugen. Insbesondere beim Nachschleifen von aufgelöteten Hartmetallplättchen konnte das Verfahren früher erhebliche Bedeutung gewinnen. Ein weiteres Anwendungsgebiet in der Werkzeugaufbereitung liegt auch im Profilieren von Profildrehmeißeln (→Elektrolytlösung, →Werkzeugelektrode). *König*

**Schleifmaschine (Metallbearbeitung).** S. zählen zu den Werkzeugmaschinen für Werkzeuge mit geometrisch unbestimmten Schneiden. Der Anwendungsschwerpunkt dieser Maschinen ist die Feinbearbeitung (→Feinbearbeitungsverfahren), obwohl heute auch die hohe Abtragsrate beim →Schleifen an Bedeutung gewinnt. Sie werden dann eingesetzt, wenn die geforderte Form- und Maßgenauigkeit sowie die Oberflächengüte (→Oberflächenrauheit) der Werkstücke durch andere spanende Verfahren (z. B. Drehen, Fräsen) nicht zu erreichen sind (→Schleifverfahren, →Spanen mit geometrisch unbestimmten Schneiden).

S. lassen sich nach Art der verwendeten Werkzeuge, den zu schleifenden Werkstücken und nach der Maschinenbauart in Außenrund-, Innenrund-, Spitzenlos-, Umfangsflach- und Stirnflach-S. einteilen. Außer diesen typischen S.-Arten finden für spezielle Aufgaben auch Sonder-S. wie Nachform- und Koordinaten-, Werkzeug-, Gewinde-, Trenn-, Profil- und Zahnrad-S. Anwendung.

Bei S. führt grundsätzlich das Werkzeug die Schnittbewegung aus. Dabei liegt stets ein Umfangs- oder Stirnkontakt zwischen dem →Schleifwerkzeug und dem Werkstück vor. Der Schnittbewegung sind eine oder mehrere Vorschubbewegungen sowie Zustellbewegungen überlagert. Je nach Drehrichtung der →Schleifscheibe relativ zur Bewegung des Werkstücks wird zwischen Schleifen im Gleichlauf oder Schleifen im Gegenlauf unterschieden.

Die wichtigsten Baugruppen und Funktionselemente von S. sind der Schleifspindelstock, der Werkstückschlitten, die Abrichtvorrichtung (→Abrichten, →Abrichtwerkzeug) und Werkstückaufnahmevorrichtung, das Auswuchtgerät (→Auswuchten (Schleifwerkzeuge)), das Kühlschmierstoffsystem (→Kühlschmierstoff (Schleifen)) sowie die Meß- und Steuerungssysteme (→Meßsteuerungseinrichtung). Im Bild sind die wichtigsten Baugruppen am Beispiel einer Flach-S. dargestellt.

Der Schleifspindelstock dient zur Aufnahme des Spindellagersystems und des Schleifspindelantriebs. Als Spindellagersysteme finden je nach Anforderung Wälzlager und Gleitlager bzw. hydrostatische oder aerostatische Lagersysteme Verwendung.

Zum Spannen bzw. Zentrieren des Werkstücks wird eine Werkstückaufnahmevorrichtung verwendet. Beim Außenrundschleifen ist diese Vorrichtung mit dem Werkstückspindelstock verbunden. Ein separater Antriebsmotor erzeugt die Drehbewegung des Werkstücks. Der auf dem Werkstücktisch verschiebbare Reitstock dient zusammen mit dem Werkstückspindelstock zum Fixieren des Werkstücks.

Der Werkstückschlitten gleitet auf Führungselementen (Prismen- und Flachführungen), die meistens als Gleit-, seltener als Wälzführungen ausgelegt sind. Die Schlitten werden überwiegend elektromechanisch oder hydraulisch verfahren, während elektromechanische Schrittmotorantriebe wegen ihrer exakten Positionierbarkeit häufig in numerisch gesteuerten Maschinen (→NC-Schleifen) zum Einsatz kommen.

Zum Profilieren und Schärfen der Schleifscheibe stehen Abrichtvorrichtungen zur Verfügung. Die im Abrichtprozeß eingesetzten Abrichtwerkzeuge werden nach ihrem kinematischen Wirkprinzip in stehende Abrichtwerkzeuge und bewegte Abrichtwerkzeuge (rotierende Abrichtwerkzeuge) unterteilt. Bei beiden Arten muß die Vorrichtung wegen der großen Abdrängkräfte stabil aufgebaut sein.

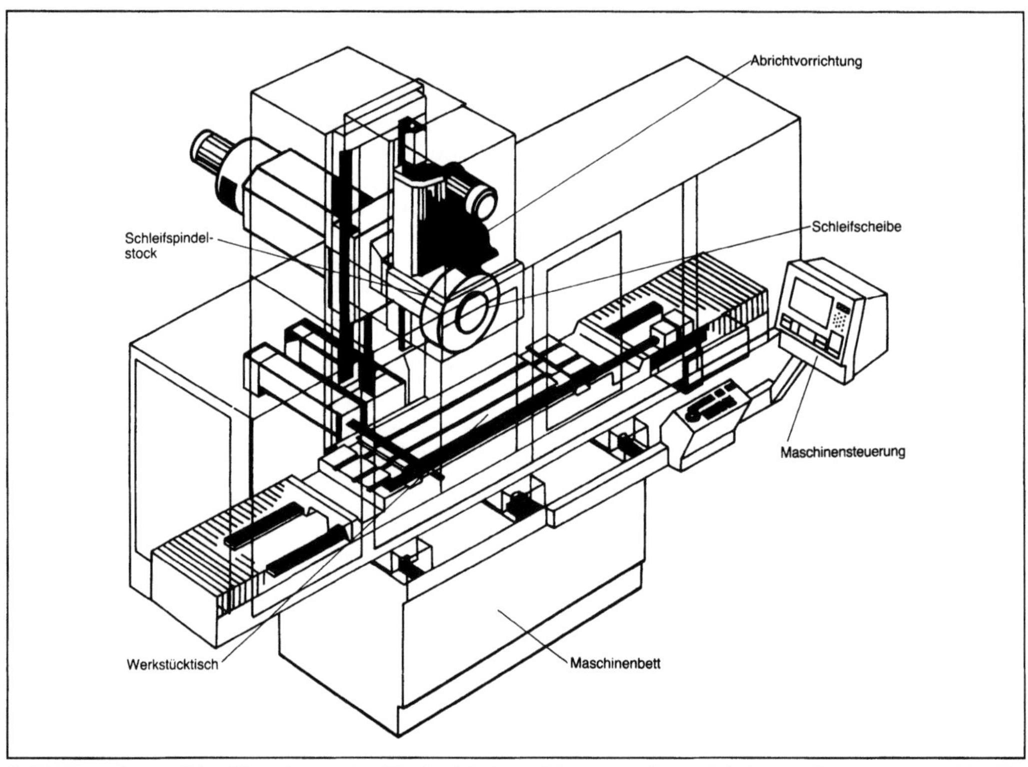


*Schleifmaschine (Metallbearbeitung): Flachschleifmaschine mit den wichtigsten Baugruppen. (Quelle: Hauni-Blohm)*

Schleifscheiben sind mit einer Unwucht behaftet, die auf die Maß- und Formfehler sowie die Inhomogenität der S. (→Schleifwerkzeug-Zusammensetzung) zurückzuführen ist. Durch diese Unwucht werden an der Zerspanstelle Schwingungen hervorgerufen, die zu einer Verschlechterung des Arbeitsergebnisses und einer Erhöhung des Schleifscheibenverschleißes (→Verschleißmechanismus (Schleifen)) führen können. Unwuchten werden deshalb mit Hilfe von Auswuchtgeräten beseitigt.

Beim Schleifen hat der Kühlschmierstoff (Schleifen) neben der Kühlung und der Schmierung auch die Aufgaben, die Schleifscheibe zu reinigen und die beim Schleifen entstehenden Funken zu löschen. Neben dem Kühlschmierstoff hat auch das Kühlschmierstoff-Umlaufsystem einen wesentlichen Einfluß auf das Arbeitsergebnis. Zu den wichtigsten Bestandteilen des Kühlschmierstoff-Umlaufsystems zählen Pumpen, Zufuhrdüsen, Kühler und Reinigungsvorrichtungen, die feste Bestandteile der Maschinenanlage sind.

Mit den Meß- und Steuerungssystemen werden aktuelle Meßwerte aufgenommen und nach einem Soll-Ist-Wert-Vergleich über die →Steuerung in den Schleifprozeß zurückgeführt, so daß Abweichungen vom Soll-Wert kompensiert werden. *Kenter*

Literatur: *Spur, G.,* u. *Th. Stöferle:* Handb. Fertigungstechnik. Bd. 3/2: Spanen. München, Wien 1980. – *Weck, M.:* Werkzeugmaschinen. Bd. 1: Maschinenarten, Bauformen und Anwendungsbereiche. Düsseldorf 1988.

**Schleifmittel** →Schleifwerkzeug-Zusammensetzung, →Schleifwerkzeug-Kennzeichnung

**Schleiföl** →Kühlschmierstoff (→Schleifen)

**Schleifprozeß-Modifikation.** Schleifprozesse werden nach verschiedenen Kriterien eingeteilt. Nach der Gestalt der zu bearbeitenden Fläche unterscheidet man die Schleifverfahren Plan- und →Rundschleifen, Schleifen von Schraubflächen und Verzahnungen (→Verzahnungsschleifen), Profil- und Nachformschleifen (→Formschleifen) sowie das Schleifen von Hand. Betrachtet man die Werkstückaufnahme, so wird nach dem →Spitzenlosschleifen und Schleifen mit Werkstückeinspannung differenziert. Nach der Art der verwendeten Arbeitsfläche am →Werkzeug unterscheidet man darüber hinaus zwischen Stirn- und Umfangsschleifen. Auch nach der verwendeten Werkzeugart, feste (→Schleifscheibe) und flexible Werkzeuge (→Schleifwerkzeug auf flexibler Unterlage), wird unterschieden. Daneben wird nach dem gewünschten Arbeitsergebnis die Zuordnung zum Schrupp-, Schlicht- und →Feinschleifen unterschieden. Beim Schruppschleifen steht der Werkstoffabtrag, beim Schlicht- und ganz besonders beim Feinschleifen die Oberflächengüte im Vordergrund. Beim →Trennschleifen wird Material von großen Blöcken getrennt. Die Oberflächengüte ist dabei sekundär. Eine weitere Modifikation ist das →Konstantkraftschleifen.

Beim Rundschleifen mit Werkstückeinspannung kann der Vorschub parallel, schräg oder quer zur Werkstückachse gerichtet sein. Entsprechend werden diese Verfahren Längsschleifen bzw. Schrägeinstech- oder Quer(einstech)schleifen genannt (Bild).



*Schleifprozeß-Modifikation: Einteilung der Rundschleifverfahren. (Quelle:* Spur *a. a. O.)*

Als Besonderheit hervorzuheben ist das Schrägeinstechschleifen. Bei diesem Verfahren sind Werkzeug- und Werkstückachse um einen bestimmten Winkel gegeneinander geneigt, und die Vorschubbewegung erfolgt senkrecht zur Werkzeugachse. Meist sind an der Schleifscheibe zwei senkrecht aufeinanderstehende Wirkflächen so angebracht, daß damit Längs- und Schulter- bzw. Stirnflächen eines Werkstücks gleichzeitig bearbeitet werden können. Die Wirkflächen können aber auch einen spitzen Winkel einschließen. So lassen sich ähnlich wie beim Kopierdrehen verschiedene rotationssymmetrische Werkstücke durch wiederholten Einstich mit der profilmäßig gleichen Scheibe schleifen.

Beim Spitzenlosschleifen wird das Werkstück nicht formschlüssig eingespannt, sondern durch ein Auflagelineal zwischen der Schleif- und der Regelscheibe kraftschlüssig gehalten. Auch hier gibt es die Prozeßmodifikationen Einstech- und Durchgangsschleifen sowie Außenrund- und Innenrundschleifen.

Ein in letzter Zeit immer häufiger angewandtes Schleifverfahren ist das →Tiefschleifen, bei dem im Gegensatz zum konventionellen Pendelschleifen mit großer Zustellung und kleiner Werkstückgeschwindigkeit gearbeitet wird. Ein weiteres Verfahren, bei dem hohe Abträge erreicht werden, ist das →Hochgeschwindigkeitsschleifen.

Bei allen Schleifverfahren kann im Anschluß an den eigentlichen Schleifvorgang das Werkstück noch eine bestimmte Zeit ohne Zustellung überschliffen werden. Bei diesem als Ausfunken oder Ausfeuern bezeichneten Vorgang kann sich das System Maschine-Werkzeug-Werkstück entspannen, d. h. die durch die Schnittkraft aufgetretene elastische Verformung wird abgebaut. Dadurch werden die Form- und Maßgenauigkeit sowie die Oberflächengüte des Werkstücks verbessert. Nach einer Ausfunkzeit von etwa 20 s findet keine Verringerung der →Oberflächenrauheit mehr statt. *Kenter*

Literatur: *Degner, W.,* u. *H.-C. Böttger:* Handb. Feinbearbeitung. München, Wien 1979. – *König, W.:* Fertigungsverfahren. Bd. 2: Schleifen, Honen, Läppen. Düsseldorf 1989. – *Spur, G.,* u. *Th. Stöferle:* Handb. Fertigungstechnik. Bd. 3/2. München, Wien 1980.

**Schleifscheibe.** S. sind Werkzeuge zum →Spanen mit geometrisch unbestimmten Schneiden aus gebundenem Korn. Aufgespannt auf der Spindel einer Schleifmaschine führen diese Schleifwerkzeuge bei der Bearbeitung eine rotierende Hauptbewegung aus. Die Schleifkörner greifen über die Relativbewegung zwischen Werkzeug und Werkstück auf einer vorgegebenen Bahn in das Werkstück ein und tragen den Werkstoff in Form kleiner Späne ab. Der Schneideneingriff ist abhängig von der S.-Geometrie, von der Zustellung und von der Prozeßkinematik.

S. werden neben der geometrischen Ausbildung und den Hauptabmessungen durch Schleifmittel, Körnung, Härtegrad, Gefüge und Bindung gekennzeichnet (→Schleifwerkzeug-Kennzeichnung). Die Spezifikation des Schleifwerkzeugs wird in Abhängigkeit von der jeweiligen Schleifoperation gewählt. Hierbei müssen neben der Schleifoperation auch folgende Einflüsse berücksichtigt werden: Art der Schleifmaschine, Form und Werkstoff des Werkstücks, geforderte Genauigkeit und Oberflächengüte sowie die Maschineneinstellparameter.

Neben konventionellen S. kommen in der industriellen Produktion immer mehr auch CBN-S. zum Einsatz. Daneben werden zum Schleifen harter Materialien wie Hartmetall, Keramik und polykristalliner Diamant häufig Diamant-S. eingesetzt. *Kenter*

Literatur: *König, W.:* Fertigungsverfahren. Bd. 2: Schleifen, Honen, Läppen. Düsseldorf 1989. – *Look, W.:* Der Kniff beim Schliff. Fertigung (1992) Nr. 2. – *Spur, G.,* u. *Th. Stöferle:* Handb. Fertigungstechnik. Bd. 3/2. München, Wien 1980.

**Schleifscheibenhärte** →Schleifwerkzeug-Zusammensetzung

**Schleifstift.** S. sind umlaufende, kleine Schleifwerkzeuge, die aus einem Stahlschaft und dem eigentlichen Schleifkörper bestehen (Bild). Die Stahlschäfte, die je nach Anwendungsfall abgesetzt oder nicht abgesetzt sein können, werden bei der Herstellung der Werkzeuge in die Schleifkörper eingekittet bzw. eingeklebt. Sie sind zylindrisch und haben genormte Durchmesser von 3–10 mm. Die Schleifkörper haben unterschiedliche rotationssymmetrische Formen, die größtenteils ebenfalls genormt sind (DIN 69170). Der Schleifkörperdurchmesser liegt zwischen 2 und 80 mm.

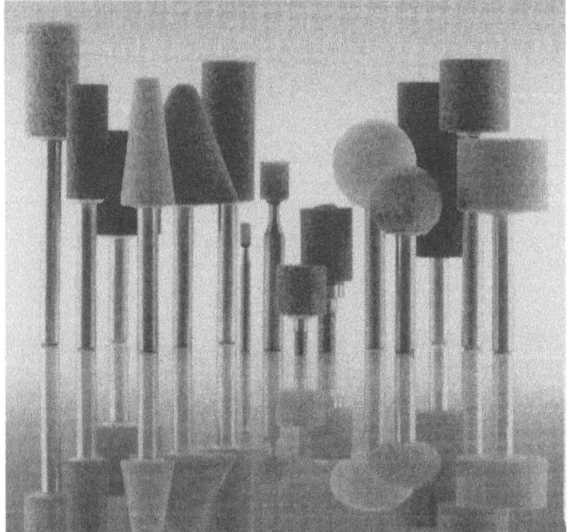

*Schleifstift. (Quelle: FAG Kugelfischer Georg Schäfer KGaA)*

Die S. werden bei vielen Arbeitsvorgängen, z. B. beim Innenrundschleifen (→Rundschleifen), Entgraten, Putzen, Bearbeiten von Gesenken u. ä., in hochtourigen Handschleifmaschinen und Werkzeugmaschinen eingesetzt. In zunehmendem Maße werden sie auch bei Heimwerker-Arbeiten benutzt.

Bei unsachgemäßem Einsatz von S. können sich Unfälle ereignen, denn wegen der hohen Arbeitsdrehzahlen kann entweder der Stahlschaft durch Abbiegen brechen oder der Schleifkörper infolge Fliehkraftspannungen zerspringen. Deshalb sollten die vom Hersteller angegebenen Einsatzbedingungen und zulässigen Drehzahlen genau eingehalten werden. *Kenter*

Literatur: DIN 69 170. Tl. 1–4: Schleifstifte. Hrsg. Dt. Inst. f. Normung. Ausg. Nov. 1988.

**Schleifverfahren.** Die S. werden nach verschiedenen Gesichtspunkten unterteilt. Nach DIN 8589, Tl. 11, wird eine Gliederung nach der zu erzeugenden Flächenform durchgeführt:

□ →*Planschleifen:* zum Bearbeiten ebener Flächen, auch Flachschleifen genannt.
□ →*Rundschleifen:* zum Bearbeiten kreiszylindrischer Innen- und Außenflächen;
□ *Schraubschleifen:* zum Bearbeiten von Schraubflächen (Gewinde-, Schnecken- und Zahnformschleifen);
□ *Wälzschleifen:* zum Bearbeiten von Zahnradflächen im Abwälzprozeß (→Verzahnungsschleifen);
□ →*Profilschleifen:* zum Bearbeiten eines durch die Scheibenform vorgegebenen Profils;
□ →*Formschleifen:* zum Bearbeiten einer Oberfläche, deren Form mit einer gesteuerten Vorschubbewegung der →Schleifscheibe erreicht wird.

Diese Verfahrensvarianten werden nach folgenden Kriterien weiter unterteilt:
□ Nach der Arbeitsfläche der Schleifscheibe:
– Umfangsschleifen: Die rotierende Schleifscheibe ist überwiegend am Umfang mit dem Werkstück in Berührung.
– *Seitenschleifen* (auch Stirnschleifen genannt): Die rotierende Schleifscheibe ist überwiegend an einer Seitenfläche mit dem Werkstück in Berührung.
□ Nach der Richtung der Vorschubbewegung in bezug auf die Werkstückachse:
– *Längsschleifen:* Die Vorschubbewegung ist parallel zur Werkstückachse gerichtet.
– *Einstechschleifen:* Die Vorschubbewegung ist quer auf die Werkstückachse gerichtet. Wenn sie senkrecht zur Werkstückachse verläuft, so spricht man vom Quereinstechschleifen. Dagegen bildet beim Schrägeinstechschleifen die Vorschubbewegung der Scheibe einen spitzen Winkel mit der Werkstückachse.
□ Nach der Relativbewegung zwischen →Schleifwerkzeug und Werkstück:
– *Gleichlaufschleifen:* Die Schleifwerkzeugumfang- und die Werkstückgeschwindigkeit sind gleich gerichtet.
– *Gegenlaufschleifen:* Die Schleifwerkzeugumfang- und die Werkstückgeschwindigkeit sind entgegen gerichtet.

Weitere in der Praxis gebräuchliche Unterteilungen der einzelnen Schleifverfahren orientieren sich an der Art der Werkstückaufnahme (z. B. zwischen Spitzen, im Futter oder spitzenlos) und nach der Ausführung des Schleifwerkzeugs (z. B. Scheibe, Segment, Schleifband, →Schleifstift). *Kenter*

Literatur: DIN 8589: Fertigungsverfahren; Spanen. Hrsg. Dt. Inst. f. Normung, Ausg. März 1978. – *König, W.:* Fertigungsverfahren. Bd. 2: Schleifen, Honen, Läppen. Düsseldorf 1989. – *Spur, G.,* u. *Th. Stöferle:* Handb. Fertigungstechnik. Bd. 3/2. München, Wien 1980.

**Schleifwasser mit Zusätzen** →Kühlschmierstoff (→Schleifen)

**Schleifwerkzeug.** S. sind Werkzeuge zum →Spanen mit geometrisch unbestimmter Schneide. Kennzeichnendes Merkmal aller S. ist eine große Anzahl von in einer Bindung festgehaltenen kornartigen Schneidelementen, die dem Werkzeug die Abtragskapazität verleihen. Der Materialabtrag an dem zu schleifenden Werkstück erfolgt dadurch, daß die aus der Bindung herausragenden Kornschneiden mit hoher Geschwindigkeit auf einer durch die Kinematik des Verfahrens bestimmten Bahn in die Werkstückoberfläche eindringen und einen Span vom Material trennen (→Schleifen).

Hauptbestandteil der S. sind die Schleifkörner, die aus sehr hartem und gleichzeitig zähen Material sein müssen, damit der Materialabtrag am Werkstück gewährleistet ist und damit die Schneiden über längere Zeit scharf bleiben. Gleichzeitig müssen die Körner eine ausreichende thermische und chemische Beständigkeit haben, damit sie nicht durch Mikroverschleiß abstumpfen und ihre Schneidfähigkeit verlieren (→Verschleißmechanismus (Schleifen)). Da kein Kornwerkstoff allen Anforderungen in vollem Maß gerecht wird, sind für S. verschiedene natürliche und synthetische Kornwerkstoffe wie Korund, Sinterkorund, Borcarbid, Siliciumcarbid, Diamanten und kubisches Bornitrid im Gebrauch.

Je nach Anwendungsfall und →Schleifverfahren werden S. in vier Hauptgruppen eingeteilt.

□ Schleifkörper aus gebundenem Schleifmittel,
□ Schleifkörper mit Diamant- oder Bornitridbelag,
□ Schleifwerkzeug auf flexibler Unterlage,
□ ungebundene Schleifmittel (→Gleitschleifen).

Zu den Schleifkörpern aus gebundenem Schleifmittel gehören nach DIN 69 111 gerade, konische und verjüngte Schleifscheiben (Bild 1), auf Tragscheiben befestigte Schleifkörper, Topf- und Tellerschleifscheiben, gekröpfte Schleifscheiben, Schleifsegmente, Schleifstifte, Honsteine (→Honwerkzeug), Abziehsteine, →Gleitschleifkörper und andere ähnliche Schleifkörper. Der prinzipielle Aufbau von Schleifkörpern aus gebundenem Schleifmittel ist bei allen aufgeführten Beispielen gleich. Sie bestehen aus Schleifkorn, Bindemittel und den dazwischen liegenden Poren (→Schleifwerkzeug-Zusammensetzung).

*Schleifwerkzeug 1: Schleifscheiben. (Quelle: FAG Kugelfischer Georg Schäfer KGaA)*

Schleifkörper aus gebundenem Schleifmittel sind im konventionellen Sinne als S. bekannt. Sie führen eine rotierende Hauptbewegung aus. Die Schleifbearbeitung erfolgt mit der Umfangs- oder der Stirnfläche. In Bild 2 sind Beispiele für gebräuchliche S. mit der bevorzugt eingesetzten Arbeitsfläche dargestellt.

Schleifkörper mit Diamant- oder Bornitridbelag (→CBN-Schleifscheibe) bestehen aus einem Grundkörper, auf den die Körner gebunden sind. Hieraus ergeben sich folgende Vorteile:

□ Wegen des relativ dünnen Belags wird weniger von dem teuren Kornmaterial verbraucht, und damit werden die Werkzeugkosten gering gehalten.
□ Durch Auswahl geeigneter Grundkörpermaterialien können gezielt Eigenschaften, wie z. B. gute Dämpfung und hohe Festigkeit, erreicht werden.

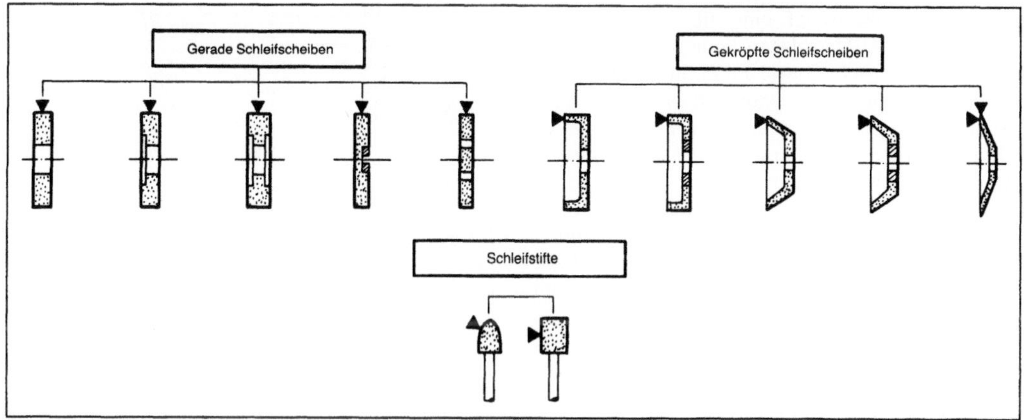


*Schleifwerkzeug 2: Beispiele gängiger Schleifkörper und deren bevorzugt eingesetzte Arbeitsflächen (DIN 69111).*

▼ bevorzugt eingesetzte Arbeitsfläche

□ Die hohe Festigkeit des Grundkörpers, z. B. aus Aluminiumlegierungen, läßt höhere Umfanggeschwindigkeiten als bei konventionellen Schleifscheiben zu.
□ Im Vergleich zu konventionellen S. haben sie eine höhere spezifische Standzeit, sind jedoch in der Anschaffung teurer.

Werkzeuge aus Schleifmittel auf flexibler Unterlage sind Schleifbänder, rechteckige und runde Schleifblätter, Rollenware, konische Schleifhülsen, Lamellenschleifstifte und Lamellenschleifräder. Sie bestehen aus einer flexiblen Unterlage, auf der Schleifkörner und Bindungsmasse aufgebracht werden. Ihre wichtigsten Vorteile sind die leichte Handhabung, die große Anpassungsfähigkeit an unebene Werkstückoberflächen und die verringerte Unfallgefahr. Auf Grund dieser Vorteile werden diese S. in vielen Industriezweigen, wie z. B. Stahlhalbzeugindustrie, Gießereien, Kesselbaubetrieben oder Holzindustrie, eingesetzt.

Ungebundene Schleifmittel werden beim →Läppen, Polieren und Strahlen eingesetzt (Läppmittel, →Strahlmittel). Sie bestehen aus feinen Körnern, z. B. aus Korund, Quarzsand, Siliciumcarbid, Diamanten oder Borcarbid, und weisen unterschiedliche Korngrößen auf. Je nach Verfahren und Anwendungsfall werden sie in flüssige und gasförmige Trägermedien suspendiert und manchmal auch mit Zusatzstoffen gemischt. *Kenter*

Literatur: *König, W.:* Fertigungsverfahren. Bd. 2: Schleifen, Honen, Läppen. Düsseldorf 1989. – *Look, W.:* Der Kniff beim Schliff. Fertigung (1992) Nr. 2. – *Spur, G.,* u. *Th. Stöferle:* Handb. Fertigungstechnik. Bd. 3/2. München, Wien 1980. – DIN 69 111: Schleifkörper aus gebundenem Schleifmittel. Hrsg. Dt. Normenausschuß. Ausg. Juni 1972.

## Schleifwerkzeug auf flexibler Unterlage.

Diese bestehen anders als konventionelle S. nicht nur aus Schleif- und Bindemittel, sondern die Komponenten sind zusätzlich auf eine flexible Unterlage aufgebracht. Als Unterlagen dienen hauptsächlich Papier und Gewebe sowie Fiber und Kunststofffolien. Papierunterlagen unterteilt man nach ihrer Masse pro Flächeneinheit in fünf Klassen. Gewebe gibt es in drei Steifheitsgraden. Zum Naßschleifen müssen sie appretiert sein.

Die Befestigung des Schleifmittelkorns auf der flexiblen Unterlage erfolgt durch zwei Bindemittelschichten. Die Grundbindung fixiert das auf die Unterlage aufgebrachte Schleifmittelkorn in seiner Lage. Die anschließend aufgetragene Deckbindung sorgt für eine sichere Abstützung des Korns. Für Sonderaufgaben versieht man die Werkzeuge noch mit einem →Überzug, der z. B. staubabweisende Eigenschaften hat (Bild 1).

S. a. f. U. gibt es in unterschiedlichen Bauformen. Schleifrollen dienen dabei als →Ausgangsform für Schleifblätter, Schleifhülsen, Schleifmanschetten,

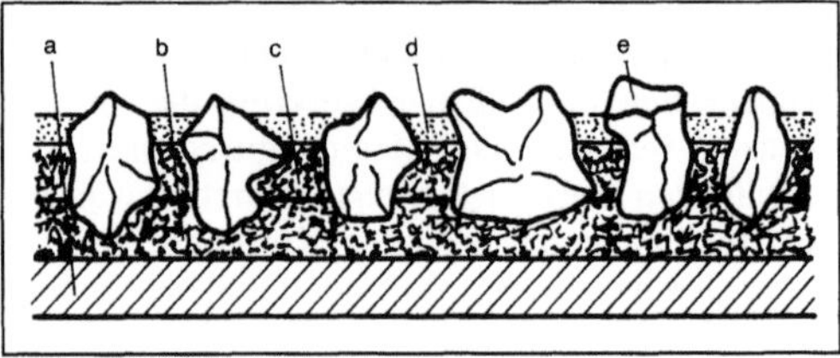

*Schleifwerkzeug auf flexibler Unterlage 1: Aufbau. (Quelle:* König *a. a. O.)*

a Unterlage, b Grundbindung, c Deckbindung, d Schleifmittel-Überzug (Sonderkonstruktion), e Korn

Schleifbänder und unterschiedliche Lamellenschleifwerkzeuge.

Das Bandschleifen hat große Bedeutung für die metallverarbeitende Industrie (→Schleifen). Seine wichtigsten Vorteile bestehen in der leichten Handhabung, in der großen Anpassungsfähigkeit des Schleifbands an komplizierte Werkstückoberflächen und in der verringerten Unfallgefahr (keine Scheibenbruchgefahr).

Mit Ausnahme der nachfolgend beschriebenen Lamellen-S. müssen alle S. a. f. U. entweder gespannt werden, oder sie benötigen Stützelemente. Im einfachsten Fall dient dazu die Hand des Arbeiters oder ein Klotz. Schleifbänder werden in der Eingriffszone meist durch Kontaktscheiben oder – beim Seitenschleifen – durch gerade Kontaktschuhe mit flexibler Auflage gestützt. Schleifhülsen und Schleifmanschetten werden durch ihrer Form entsprechende Körper unterstützt. Die Kontaktelemente bestehen meist aus Kunststoff- oder Leichtmetall, auf die Laufpolster aus Gummi, Kunststoff oder Gewebe aufgebracht sind. Die Formenvielfalt

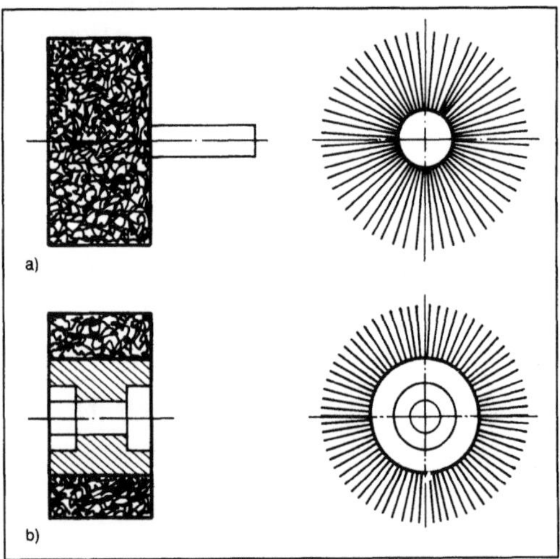

*Schleifwerkzeug auf flexibler Unterlage 2: Lamellenschleifwerkzeuge. (Quelle:* König *a. a. O.)*
*a) Lamellenschleifstift*
*b) Lamellenschleifrad.*

dieser Polster reicht von glatten Belägen über gerade-, schräg- oder pfeilverzahnte Ausführungen bis zu einzeln auf den Grundkörper aufgesetzten Kunststofflamellen.

Lamellen-S. wie Lamellenschleifstifte und Lamellenschleifräder bestehen aus fächerförmig angeordneten, flexiblen Schleiflamellen und einem festen Kern, der die flexiblen Lamellen radial fixiert (Bild 2). *Kenter*

Literatur: DIN 8589: Fertigungsverfahren Spanen. Tl. 12: Bandschleifen. Hrsg. Dt. Inst. f. Normung. Ausg. Dez. 1985. – DIN 69 183: Lamellenschleifstifte. Hrsg. Dt. Inst. f. Normung. Ausg. Dez. 1979. – *König, W.:* Fertigungsverfahren. Bd. 2: Schleifen, Honen, Läppen. Düsseldorf 1989. – *Spur, G.,* u. *Th. Stöferle:* Handb. Fertigungstechnik. Bd. 3/2. München, Wien 1980.

## Schleifwerkzeug-Kennzeichnung.

Die Kennzeichnung von Schleifwerkzeugen aus gebundenen Schleifmitteln ist in DIN 69100 festgelegt. Sie gibt Aufschluß über Form, Abmessungen und →Schleifwerkzeug-Zusammensetzung (Tabelle).

Die Angaben geben, von links nach rechts gelesen, Aufschluß über die Randform, die geometrischen Abmessungen, die Form des Schleifwerkzeugs, die Zusammensetzung und die maximal zulässige Umfanggeschwindigkeit. Häufig werden auch nur die letztgenannten, auf die Schleifscheiben-Zusammensetzung bezogenen Angaben gemacht. *Kenter*

Literatur: DIN 69 100: Schleifkörper aus gebundenem Schleifmittel. Hrsg. Dt. Inst. f. Normung. Ausg. Juli 1988. – DIN 69 120. Bl. 1–10: Gerade Schleifscheiben. Hrsg. Dt. Inst. f. Normung. Ausg. Okt. 1977.

## Schleifwerkzeug-Struktur →Schleifwerkzeug-Zusammensetzung

## Schleifwerkzeug-Verschleiß.

Im Laufe der Einsatzdauer nutzen sich die S. im Bereich der Kontaktflächen ab, wodurch sich deren Topographie und Geometrie ändern. In der Praxis wird die Geometrieänderung und damit die Abnahme des Werkzeugvolumens als Makro-Verschleiß bzw. als →Verschleiß des S. definiert. Der Makro-Verschleiß des S. ist eine Folge verschiedener Mikroverschleißvorgänge, die auch die Werkzeugtopographie beeinflussen (→Verschleißmechanismus (Schleifen)).

*Schleifwerkzeug-Kennzeichnung. Tabelle: Schema für den Aufbau. (Quelle: DIN 69100)*

| (Bezeichnung-Beispiel) | F 400 × 100 x 127 DIN 69126 – A 60 L 5 B 45 |
|---|---|
| Randform | F |
| Außendurchmesser $d_1$ | 400 |
| Gliederungszeichen | × |
| Breite b | 100 |
| Gliederungszeichen | x |
| Durchmesser der Bohrung $d_2$ | 127 |
| DIN-Nummer | DIN 69126 |
| Gliederungszeichen | – |
| Schleifmittel | A |
| Körnung | 60 |
| Härtegrad | L |
| Gefüge | 5 |
| Bindung | B |
| zulässige Umfanggeschwindigkeit in m/s | 45 |

Der am S. feststellbare Makro-Verschleiß tritt an den Kanten und Flächen auf, die während der Bearbeitung mechanisch, thermisch und chemisch beansprucht werden. Im Bild sind am Beispiel eines in einem Einstechschleifprozeß eingesetzten zylindrischen Schleifkörpers mit gerader Kontur die abgenutzten Bereiche dargestellt.

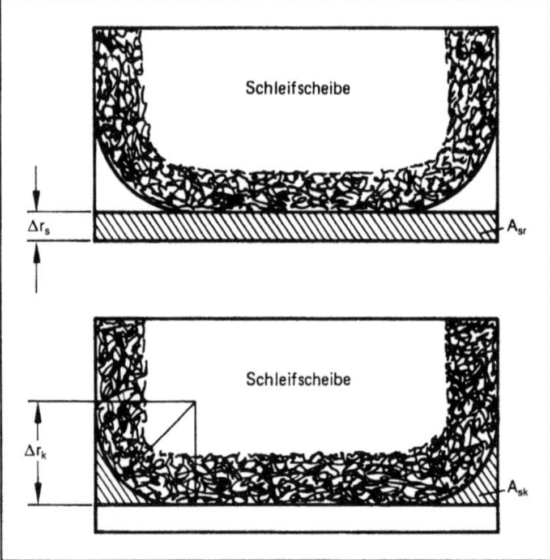


*Schleifwerkzeug-Verschleiß: Verschleißgrößen an einer Schleifscheibe. (Quelle: Spur, Stöferle a. a. O.)*

$A_{sr}$ Radialverschleißfläche, $A_{sk}$ Kantenverschleißfläche, $\Delta r_s$ Radialverschleißhöhe, $\Delta r_k$ Kantenverschleißhöhe

Der S.-V. kann am Werkstück zu Maß- und Formabweichungen führen, die nicht in der zulässigen Toleranz liegen. Gleichzeitig läßt sich die Schleiffähigkeit des Werkzeugs durch Korn- und Bindungs-Verschleiß vermindern. In diesen Fällen muß das S. durch →Abrichten rekonditioniert werden, um die Soll-Form und eine der Schleifaufgabe entsprechende Topographie wieder zu erzeugen.

Der Verschleiß an S., der neben der Arbeitsgenauigkeit auch die Fertigungskosten erheblich beeinflußt, läßt sich in Abhängigkeit von kinematischen Schleifprozeß-Kenngrößen (→Schleifen) beschreiben. Allgemein kann hieraus abgeleitet werden, daß der Verschleiß sich mit zunehmenden Werten für das Werkstückabtragsvolumen, die Werkstückgeschwindigkeit, die Zustellung und die Umfanggeschwindigkeit des Schleifkörpers vergrößert. *Kenter*

Literatur: *König, W.:* Fertigungsverfahren. Bd. 2: Schleifen, Honen, Läppen. Düsseldorf 1989. – *Spur, G.,* u. *Th. Stöferle:* Handb. Fertigungstechnik. Bd. 3/2. München, Wien 1980.

**Schleifwerkzeug-Zusammensetzung.** Konventionelle Schleifwerkzeuge bestehen aus Schleifkorn, Bindemittel und Porenvolumen. Die volumetrische Zusammensetzung (Struktur) und die Eigenschaften dieser Komponenten bestimmen die Eigen-

schaften und das Einsatzverhalten der Schleifwerkzeuge (→Schleifen).

Aus der →Schleifwerkzeug-Kennzeichnung lassen sich kaum Informationen über das Einsatzverhalten von Schleifscheiben ableiten, da hierin über das eigentliche Prozeßverhalten keine Aussagen gemacht werden. Aus der Wahl von Kornart, Korngröße, Bindung, Härte und Gefüge ergeben sich dennoch gewisse empirisch begründete Hinweise auf das Einsatzverhalten der Schleifwerkzeuge im Prozeß. In der Tabelle ist die Zusammensetzung von konventionellen Schleifscheiben nach DIN 69 100 dargestellt.

Bei den Schleifmitteln wird zwischen natürlichen und synthetischen Kornwerkstoffen unterscheiden, wobei nur die synthetischen wie Korund, Sinterkorund, Siliciumcarbid, Borcarbid, kubisch-kristallines Bornitrid und Diamant von Bedeutung sind. Die Körnung wird von der gröbsten bis zur feinsten Körnung mit Kennzahlen bezeichnet. Die Zahl 6 gibt die gröbste, 1200 die feinste Körnung an. Die Härte eines Schleifkörpers wird mit den Kennbuchstaben A bis Z bezeichnet. A entspricht dem weichsten, Z dem härtesten Grad. Unter der Härte versteht man den Widerstand gegen das Herauslösen einzelner Schleifmittelkörner aus der Schleifkörperstruktur.

Das Gefüge wird mit den Kennziffern 0–14 charakterisiert. Je größer die Kennziffer ist, desto offener ist das Gefüge, und um so poröser ist damit der Schleifkörper. Die Poren werden mit Füllstoffen erzeugt, die während des Herstellprozesses aus der Masse durch Oxidation entweichen. Die Bindung, die auf anorganischer oder organischer Basis hergestellt sein kann, erfüllt die Funktion, das Korn im Strukturverband des Schleifwerkzeugs festzuhalten. Sie wird im Anschluß an die Bezeichnung für das Schleifscheibengefüge durch Buchstaben, wie z. B. V für keramische oder B für Kunstharzbindung gekennzeichnet. *Kenter*

Literatur: DIN 69 100: Schleifkörper aus gebundenem Schleifmittel. Hrsg. Dt. Inst. f. Normung. Ausg. Juli 1988. – *König, W.:* Fertigungsverfahren. Bd. 2: Schleifen, Honen, Läppen. Düsseldorf 1989. – *Spur, G.,* u. *Th. Stöferle:* Handb. Fertigungstechnik. Bd. 3/2. München, Wien 1980.

**Schlepp-Gleitschleifen.** Beim S.-G., einer eigenständigen Weiterentwicklung des Tauch-Gleitschleifens (→Gleitschleifen), werden an einer Drehvorrichtung befestigte Werkstücke durch die in einem Arbeitsbehälter ruhenden →Gleitschleifkörper geschleppt. Dabei kann zusätzlich eine Drehung der Werkstücke um ihre Achse erfolgen. Die Bearbeitungsintensität liegt bei diesem Verfahren noch höher als beim →Fliehkraft-Gleitschleifen. Beim S.-G. ist ein Berühren der Werkstücke und damit eine gegenseitige Beschädigung der Oberfläche ausgeschlossen. *Kenter*

*Schleifwerkzeug-Zusammensetzung. Tabelle: Schleifscheibe (DIN 69100).*

|  | 2.1 Schleifmittel | 2.2 Körnung | 2.3 Härtegrad | 2.4 Gefüge | 2.5 Bindung |
|---|---|---|---|---|---|
| Beispiel: | A | 60 | L | 5 | B |

| Korund | Ⓐ |
|---|---|
| Siliziumkarbid C | |

| grob | mittel | fein | sehr fein |
|---|---|---|---|
| 6 | 30 | 70 | 220 |
| 8 | 36 | 80 | 240 |
| 10 | 46 | 90 | 280 |
| 12 | 54 | 100 | 320 |
| 14 | ⑥⓪ | 120 | 400 |
| 16 | | 150 | 500 |
| 20 | | 180 | 600 |
| 24 | | | 800 |
| | | | 1 000 |
| | | | 1 200 |

| V | Keramische Bindung |
|---|---|
| S | Silikatbindung |
| R | Gummibindung |
| RF | Gummibindung faserstoffverstärkt |
| Ⓑ | Kunstharzbindung |
| BF | Kunstharzbindung faserstoffverstärkt |
| E | Schellackbindung |
| Mg | Magnesitbindung |

0 1 2 3 4 ⑤ 6 7 8 9 10 11 12 13 14

← ——— geschlossenes Gefüge ———
——— offenes Gefüge ———→

| | | | | |
|---|---|---|---|---|
| A | B | C | D | äußerst weich |
| E | F | G | — | sehr weich |
| H | I | jot | K | weich |
| Ⓛ | M | N | O | mittel |
| P | Q | R | S | hart |
| T | U | V | W | sehr hart |
| X | Y | Z | — | äußerst hart |

**Schleppmittel.** Soll ein Stoff A aus einem Gemisch mit Hilfe eines Lösungsmittels abgetrennt werden, so läßt sich durch die Hinzugabe eines S. die Löslichkeit von A im Lösungsmittel erheblich verbessern. S. werden insbes. bei der →Azeotropdestillation und der →Gasextraktion eingesetzt. Bei der Azeotropdestillation verändert das S. das Phasengleichgewicht derart, daß an einem Kolonnenende die zu gewinnende Komponente nahezu rein (überazeotrop) gewonnen werden kann.

Bei der Gasextraktion werden als S. hauptsächlich Flüssiggase (z. B. Propan) oder Lösungsmittel (z. B.

Ethanol) verwendet. Ihre Wirkung beruht auf der Erhöhung der Dichte (und somit der Löslichkeit) oder auf speziellen Wechselwirkungen (z. B. Erhöhung der Polarität). Das Bild zeigt das Dreiecksdiagramm eines Systems aus Stoff A, Lösungsmittel L und Schleppmittel S. Die Löslichkeit von A in L ist vernachlässigbar gering. Durch die Hinzugabe von 10% des S. hat sich die Löslichkeit auf ca. 20% erhöht. Bei einem S.-Anteil, der größer als 18% ist, ist das System vollständig mischbar.

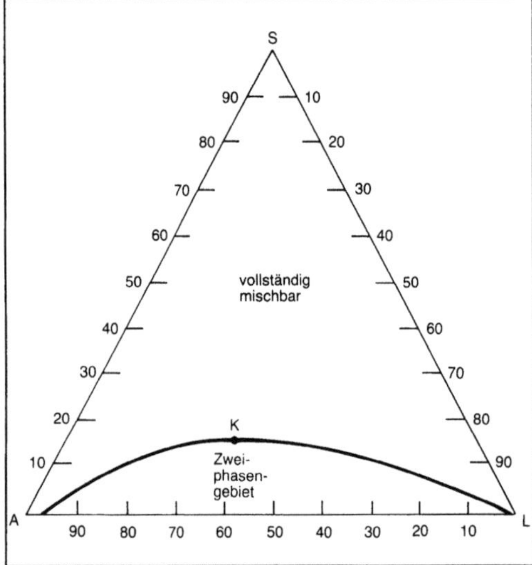


*Schleppmittel: Verbesserung der Löslichkeit durch die Zugabe eines Schleppmittels.*

S. können auch die Lösungsmittelregenerierung verbessern, weil sie die Temperatur- bzw. Druckempfindlichkeit der Phasengleichgewichte erhöhen. *Dohrn*

Literatur: *Brunner, G.:* Phasengleichgewichte in Anwesenheit komprimierter Gase und ihre Bedeutung bei der Trennung schwerflüchtiger Stoffe. Habil.-Schrift. Erlangen 1978.

**Schleuderguß.** Bezeichnung für eine Gießart (Schleudergießen), bei der unter der Einwirkung der Zentrifugalkraft gegossen wird und unter deren Einwirkung auch die Erstarrung abläuft. Bei der üblichen Verfahrenstechnik wird eine um ihre Achse rotierende rohr- oder ringförmige Außenform mit flüssigem Metall gefüllt, wobei die Innenformgebung des Körpers ausschließlich durch die Wirkung der Zentrifugalkraft erfolgt. Die so erzeugten Gußstücke sind Rohre, Büchsen oder Ringe.

Unter Schleuderformguß versteht man dagegen, daß eine vollständige Form um eine (innerhalb oder außerhalb gelegene) Achse rotiert und unter Einwirkung der Zentrifugalkraft gefüllt wird.

Der S. gewährleistet neben einem guten Formfüllungsvermögen eine Werkstoffverdichtung, wie sie beim →Standguß selbst mit größtem Aufwand nicht zu erreichen ist. S.-Stücke haben deshalb eine wesentlich höhere Festigkeit als vergleichsweise im Standguß hergestellte Teile.

Duktile Rohre aus →Gußeisen mit Kugelgraphit, im S. hergestellt, haben sich heute ein weites Absatzgebiet in der Gas- und Wasserversorgung im Kommunalbereich erobert. Die Duktilität und Schwingfestigkeit von GGG gestattet die Verlegung solcher Rohre auch unter viel befahrenen Schnellstraßen oder in der Nähe von Eisenbahntrassen.

Während das Schleudern von Gußeisenwerkstoffen (GG und GGG) fertigungstechnisch wenig Schwierigkeiten macht, ist das Schleudern von Rohren aus legierten Stählen nicht so einfach. Neben gießtechnischen Problemen besteht hier die Gefahr einer Entmischung, der Ausscheidung von Verunreinigungen an der Rohrinnenwand und vor allem der Transkristallisation, d. h. der Bildung von Stengelkristallen, die nadelartig den Rohrquerschnitt von außen nach innen durchziehen und somit Ursache für eine Rißbildung sind, wenn z. B. ein solches Rohr als Schiffswellenüberzug zwecks Korrosionsschutz warm auf eine Welle aufgeschrumpft wird. Durch Wahl der richtigen Abkühlgeschwindigkeit, Drehzahl beim Schleudern und das Vergießen gut desoxidierter, gasfreier Schmelzen kann man Gußfehler vermeiden. Die Gefügestruktur läßt sich in gewissen Grenzen durch eine Diffusionsglühung beeinflussen.

Für die Entwicklung des Schleuderformgusses mußten zwei Probleme gelöst werden, und zwar die Herstellung eines Formstoffs, der die mechanischen Belastungen beim →Gießen, Schleudern und nachfolgendem Schwinden aufnehmen kann, sowie die Beherrschung der Auswirkungen des Schleudervorgangs auf die Erstarrungsbedingungen unregelmäßig geformter Körper. Besonders der zweite Punkt dürfte dafür ausschlaggebend gewesen sein, daß der Schleuderformguß heute an Bedeutung verloren hat und meist durch Gesenkschmiedeteile ersetzt wurde.

Außer bei den Eisenwerkstoffen hat das Schleuderverfahren auch bei den NE-Metallen weite Verbreitung gefunden, vor allem bei den Schwermetallen. Das dichtere Gefüge und der größere Reinheitsgrad des S. bringen erhebliche Festigkeitssteigerungen gegenüber Sandguß, bei Rotguß z. B. von 50% und mehr. Um Entmischungen zu vermeiden, ist auch beim Schleudern von Schwermetall-Legierungen die Wahl der Drehzahl wichtig. Ferner wird möglichst kalt in gut vorgewärmte Kokillen gegossen.

Das Schleudergießverfahren ermöglicht auch die sicherste und kostengünstigste Herstellung von Verbundgußlagern, bestehend aus einer Stützschale aus Stahl oder Schwermetall und einer Innenauskleidung mit Lagermetall. *Doliwa*

**Schleuderradstrahlen.** Beim S. wird das →Strahlmittel im Gegensatz zum Druckstrahlen durch ein Schleuderrad auf die zum Strahlen notwendige Geschwindigkeit beschleunigt. Dazu sind die Schleuderräder mit Wurfschaufeln oder anderen geeigneten mechanischen Einrichtungen versehen. *Kenter*

**Schlichtschleifen** →Schleifprozeß-Modifikation, →Schleifen, →Schleifverfahren

**Schlitzen.** Nach DIN 8588: Zerteilen wird in der Untergruppe →Scherschneiden mehrhubig fortschreitendes S. und kontinuierliches S. unterschieden. Das mehrhubig fortschreitende S. erfolgt mit zwei doppelschneidigen Scherschneidwerkzeugen mit geraden Schneiden. Der Abfall wird dabei in Form eines Streifens entlang der Schnittlinie abgetrennt. An Stelle der geraden Schneiden werden beim kontinuierlichen S. zwei doppelschneidige kreisförmige Schneidwerkzeuge verwendet. *König*

**Schlüsselkomponente.** Bei der →Rektifikation von Vielstoffgemischen läßt sich in manchen Fällen die aufwendige exakte Berechnung durch eine angenäherte Berechnung mit Hilfe von S. ersetzen. Die beiden S. werden so ausgewählt, daß die leichte Komponente fast vollständig ins →Destillat geht und die schwere möglichst nur im →Sumpfprodukt zu finden ist. Alle Komponenten, die noch leichtflüchtiger als die leichte S. sind, gehen mit einem noch größeren Anteil ins Destillat. Analog gehen die schwerflüchtigen Stoffe ins Sumpfprodukt. Komponenten, die in ihrer Flüchtigkeit zwischen denen der S. liegen, verteilen sich auf das Sumpf- und das Kopfprodukt. Die Berechnung der Rektifikation erfolgt dann so, als wäre ein binäres Gemisch der beiden S. zu destillieren (→Vielstoffrektifikation). *Dohrn*

Literatur: *Grassmann, P.*, u. *F. Widmer:* Einführung in die thermische Verfahrenstechnik. Berlin 1974. – *King, C. J.:* Separation Processes. New York 1980.

**Schmelzen.** In der Hauptgruppe 1 der DIN 8580: Urformen beschreibt die Gruppe 1.2 das Urformen aus dem flüssigen, breiigen oder pastenförmigen Zustand und umfaßt dabei das →Gießen und ähnliche Verfahren von Metallen, Keramik- und Kunststoffmassen sowie von anderen Stoffen. Breiig sind u. a. auch metallische Schmelzen, die beim Gießen in einem Zwischenzustand vorliegen, in dem flüssige und feste Phase gleichzeitig anwesend sind. Auch nichtmetallische Werkstoffe kommen im breiigen Zustand vor.

Unter S. versteht man schlechthin eine Maßnahme, die bewirkt, daß ein fester Stoff in den flüssigen Zustand überführt wird. Die Durchführung dieses Prozesses ist vor allem vom Schmelz-punkt des Materials abhängig, aber auch von einigen Besonderheiten, z. B. Oxidationsneigung (Abbrand), Löslichkeit für Gase usw. Daraus ergibt sich zwangsläufig eine unterschiedliche Durchführung des Schmelzprozesses mit Rückwirkung auf Ofenbauweise, Energiezufuhr, Schmelztechnik usw. S. ist ein energieintensiver Prozeß, und es kommt deshalb wesentlich darauf an, die Schmelzkosten (einschl. des Lohnkostenanteils) durch Anwendung einer optimalen Verfahrenstechnik möglichst niedrig zu halten.

Das S. von Aluminium und seiner Legierungen erfordert große Aufmerksamkeit in der Temperaturführung, weil jedes unnötige Überhitzen über den Bereich von etwa 760 °C hinaus die Aufnahmebereitschaft für Gase, insbes. Wasserstoff, stark ansteigen läßt und diese Gase dann später zu Porositäten im Guß führen. Kühlen überhitzter Schmelzen mit Schrott vergrößert die Fehlermöglichkeit zusätzlich durch Oxidbildung, die Ursache für die gefürchteten harten Stellen im →Formguß. Um ein Oxidieren des Metalls beim S. zu verhindern, verwendet man Abdecksalze, die einen niedrigeren Schmelzpunkt als das Metall haben und das Bad mit einer dichten Schutzschicht überziehen.

Magnesium hat eine besonders hohe Affinität zu Sauerstoff. Die Schmelzen werden von unerwünschten Bestandteilen und Oxiden mit besonderen Raffinationssalzen (Basis Magnesium- und Kaliumchlorid-Mischungen) „gewaschen", wobei das Reinigen vor dem Überhitzen durchgeführt werden muß. Das zur Kornfeinung angewandte Überhitzen erfordert große Erfahrung in der Schmelzpraxis und ist je nach Legierungstyp hinsichtlich Temperatur und Überhitzungsdauer verschieden. Beim Vergießen von Magnesiumlegierungen müssen Gießstrahl und Eingußtrichter unter einer $SO_2$-Atmosphäre oder Vakuum stehen, damit der Sauerstoff der Luft keine Verbindungsmöglichkeiten mit dem flüssigen Metall bekommt.

Beim S. von NE-Schwermetallen stehen ebenfalls die Maßnahmen zur Verhütung der Gasaufnahme im Vordergrund. Neben Wasserstoff nehmen solche Schmelzen auch Sauerstoff begierig auf, so daß insbes. bei allen Kupfer-Basis-Legierungen eine Desoxidation (z. B. mit Phosphorkupfer) nötig ist. Zum Schutz gegen Gasaufnahme beim S. arbeitet man auch hier mit Abdeckmitteln. Eine besondere Auswahl der Abdecksalze und Desoxidationsmittel ist beim Erschmelzen von Reinkupferguß mit besonderen Anforderungen bez. elektrischer Leitfähigkeit geboten, da viele solcher Mittel ihrerseits Metalle ausscheiden, welche die Leitfähigkeit beeinträchtigen.

Allgemein ist zum S. der Leicht- und Schwermetall-Gußwerkstoffe anzumerken, daß es hinsichtlich der erreichbaren Qualität der Schmelze (Analysentreue, Reinheitsgrad, Gasfreiheit) nicht nur auf die

Einsatzstoffe, das Können der Schmelzer, sondern auch auf den verfügbaren Schmelzofen ankommt. Gas- oder ölbeheizte Öfen moderner Konstruktion vermeiden natürlich weitgehend den Kontakt der Flamme mit dem zu schmelzenden Metall. Jedoch besteht hier immer die Gefahr, daß Fehler beim Chargieren und in der Flammeneinstellung eine schädliche Gasaufnahme hervorrufen. Besonders bei den NE-Schwermetallen kommt hinzu, daß auch Kohlenmonoxid gelöst wird, das mitunter Blasen in Abgüssen verursacht, die man sich zunächst kaum erklären kann. Typisch dafür sind rostig aussehende Oberflächen in diesen Blasen. Elektrisch beheizte Öfen vermeiden natürlich derartige Einflüsse, sind aber in ihren Energiekosten nicht immer tragbar. Neben der Wahl eines geeigneten Schmelzofens muß der Metallgießer auch dem Tiegelmaterial große Aufmerksamkeit schenken.

Während beim S. der NE-Metalle die Ausgangsschmelzen vor ihrer Behandlung bzw. Veredlung teilweise einen ganz anderen Charakter als die Endprodukte haben, entsprechen die Einsatzstoffe bei der Eisen- und Stahlerzeugung (Roheisen, Gußbruch, Stahlschrott) bereits weitgehend dem Enderzeugnis. Selbst das Roheisen wird heute nicht mehr aus reinem Erz, sondern aus Kostengründen unter Verwendung von mehr oder weniger hohen Stahlschrottanteilen erschmolzen. Ein Teil der Roheisenerzeugung geht zur Weiterverarbeitung in das Stahlwerk, ein anderer in die Gießereien.

Das S. von Stahl für Walzwerkserzeugnisse und →Stahlguß ist abgesehen von den Ofenkapazitäten in verfahrenstechnischer Hinsicht praktisch gleich. Die verschiedenen Oxygenstahlverfahren haben das klassische Thomas- und auch das Siemens-Martin-Stahlverfahren bei der Massenstahlproduktion abgelöst. Inzwischen haben auch diese Sauerstoff-Blasverfahren Modifikationen erfahren.

Hochlegierte Stähle werden elektrisch erschmolzen. Zur Verfügung stehen Lichtbogenöfen mit saurer, in Europa allerdings überwiegend basischer Auskleidung (Bild). Die heutigen hohen Anforderungen an die Qualität der Stähle lassen sich u. a. nur dann erfüllen, wenn der Schwefelgehalt auf Kleinstwerte gedrückt werden kann. Eine Entschwefelung ist nur auf basischem Futter durchführbar. Bei sauer zugestellten Öfen muß die Entschwefelung in der Pfanne oder in einem nachgeschalteten Aggregat, beispielsweise einem AOD-Konverter, erfolgen. Das gleiche gilt für die →Stahlherstellung in Induktionsöfen, die im Stahlbereich meist als MF-Öfen ausgelegt, wegen der besseren Futterhaltbarkeit aber sauer zugestellt werden.

Für den Eisengießer ist der Kupolofen in seiner modernen Bauform als futterloser Heißwind-Ofen immer noch das am wirtschaftlichsten arbeitende Schmelzaggregat. Voraussetzung für die Erzeugung

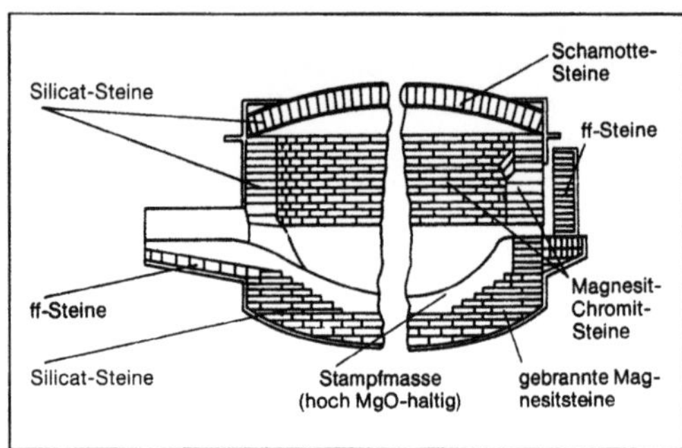


*Schmelzen: Lichtbogenofenzustellung.*
*links sauer: Schlackenbildner, Aufkohlungsmittel, Silicasand, gebrannter Kalk;*
*rechts basisch: Schlackenbildner, Aufkohlungsmittel, Kalkstein, Flußspat, gebrannter Kalk.*

von →Gußeisen mit Kugelgraphit ist ein möglichst geringer Schwefelwert im Rinneneisen. Dieser ist ohne Nachbehandlung (Entschwefeln in Schüttelpfannen, Pfannenentschwefelung mit Rührern usw.) oder durch Duplizieren mit einem Elektroofen nicht erreichbar. Der Schwefel stammt aus dem zum S. als Energieträger benötigten Koks, und man hat vielfältige Versuche zur Entwicklung eines kokslos betriebenen Kupolofens unternommen, der mit Öl oder Erdgas gefeuert wird. Großtechnisch haben sich diese Ofenkonstruktionen noch nicht durchgesetzt. Festzuhalten bleibt, daß der Kupolofen das billigste Aggregat zum Verflüssigen ist. Das Überhitzen des Eisens auf die hohen Gießtemperaturen kann u. U. kostengünstiger in Elektroöfen erfolgen, weshalb das Duplizieren Kupolofen-Elektroofen immer häufiger angewendet wird, zumal der Elektroofen auch das genaue Einstellen der Endanalyse erleichtert.

Mittlere Eisengießereien, die als Kundengießereien meist ein stark wechselndes Programm absolvieren müssen, arbeiten heute vielfach nur mit Mittelfrequenz-Induktionsöfen, die eine flexible Anpassung an Auftragslage und Qualitätsanforderungen ermöglichen. *Doliwa*

Literatur: Die Praxis des Kupolofenschmelzens. Düsseldorf. – *Doliwa, H. U.:* Gegossene Werkstücke. München. – *Doliwa, H. U.:* Richtige Wahl einer Schmelzanlage für die Produktion von Gußeisen mit Lamellen- und Kugelgraphit. Gießerei-Erfahrungsaustausch (1985) Nr. 12, S. 385/90. – Gießerei-Lexikon. Berlin 1989. – *Schulenburg, A.:* Neuzeitliche Metallgießereien. Berlin 1954. – VDG-Lehrgänge: Die Leichtmetalle und ihre Schmelztechnik sowie Die Kupferguß-Werkstoffe und ihre Schmelztechnik.

**Schmelzofen.** Industrieofen, in dem ein festes Einsatzgut, vorwiegend Metalle und Gläser, in den flüssigen Aggregatzustand überführt wird. Typische S. sind: Drehtrommel-, Lichtbogen-, Induktions-, Herdflamm-, Hafenofen und Glaswanne. *Jeschar/Specht/Bittner*

**Schmelzschneiden** →Plasmabrenner

**Schmelzschweißen.** Beim S. erfolgt die metallische Bindung im Schmelzfluß der Fügeflächen und des Zusatzwerkstoffs ohne zusätzliche Druckeinwirkung. Nach DIN 1910 unterteilt in Gieß-S., Gas-S., Lichtbogen-S., Strahlschweißen, Widerstands-S. (→Schweißverfahren).                    *Dorn*

Literatur: DIN 1910. Tl. 2: Schweißen; Schweißen von Metallen; Verfahren. Hrsg. Dt. Inst. für Normung. Ausg. 1977.

**Schmelzüberzug** →Emaillieren

**Schmieden.** Unter S. versteht man eine Gruppe von Fertigungsverfahren, die nach DIN 8583 überwiegend den Verfahren der Umformtechnik in der Gruppe →Druckumformen zuzuordnen sind. Dazu zählen das Freiformen, →Gesenkformen, →Eindrücken und →Durchdrücken. Darüber hinaus zählen zum S. auch Verfahren des Trennens (Scherschneiden, Keilschneiden) und des Fügens, wenn große oder komplizierte Werkstücke (z. B. Schiffskurbelwelle) bei Schmiedetemperatur zusammengesetzt werden. Nach dem Unterscheidungsmerkmal Freiformen (oder ungebundenes Umformen) und Gesenkformen (oder gebundenes Umformen) unterteilt sich das S. in Freiform-S. und Gesenk-S.:

□ Freiform-S. erfordert einfache, i. a. nicht an die Form des Werkstücks gebundene Werkzeuge;

□ Gesenk-S. erfolgt mit an die Werkstückform gebundenen Werkzeugen.

Zum Herabsetzen von Spannungen und Kräften sowie zum Vergrößern des Umformvermögens erfolgt das S. üblicherweise in einem Temperaturbereich, in dem Erholungs- und Rekristallisationsvorgänge ablaufen. Einige Metalle bzw. Legierungen erfordern eng begrenzte Temperaturbereiche, um unerwünschte Phasenumwandlungen zu vermeiden. Bei vielen Nichteisenmetallen und auch Stählen werden jedoch heute bereits Umformvorgänge bei Raumtemperatur durchgeführt, so daß entsprechend von Kalt-S. oder Kaltgesenk-S. gesprochen wird.

In der Fertigung kommen zwei Grundverfahren zur Anwendung: Das Freiform-S. ist Fertigen durch Umformen, Trennen und →Fügen an einem Werkstück mit einfachen Werkzeugen, die die Form des Werkstücks nicht oder nur teilweise enthalten. Beim Gesenk-S. werden zum Massenverteilen und Biegen zuerst Verfahren des Freiform-S. benutzt und anschließend genau gearbeitete Hohlformwerkzeuge.

Die Verfahren zur Querschnittsveränderung bilden die Grundlage des S. Nach dem Gesetz der Volumenkonstanz bewirken Querschnittsänderungen entsprechende Längenänderungen. Querschnittsänderungen lassen sich durch Stoffverdrängen und Stoffanhäufen erzielen, wobei die Verfahren des Stoffverdrängens anwendungsmäßig überwiegen. Bei diesen Verfahren steht der umgeformte Werkstoff unter dreiachsiger Druckspannung mit Ausnahme seiner freien Flächen. An diesen kann die Druckspannung in einer Richtung verschwinden oder sich in eine Zugspannung umkehren. Das bei gebräuchlichen Stählen praktisch unbegrenzte Umformvermögen wird dann örtlich durch die Gefahr von Rißbildung eingeschränkt.

Das Recken als Kernverfahren zur Querschnittsverminderung ist sehr zeitaufwendig und erfordert geübte Arbeitskräfte. Es ist bei kleinen und mittleren Werkstücken durch Anstauchen und →Fließpressen ersetzt worden. In der Großfreiform-Schmiede wird das Recken auch in Zukunft das wichtigste Schmiedeverfahren sein. Recken und →Stauchen ergeben unterschiedlichen Faserverlauf. Schon die Rohteile müssen unter dem Gesichtspunkt des Faserverlaufs so hergestellt werden, daß die Beanspruchung des fertigen Bauteils berücksichtigt wird. Recken ergibt ein Gefüge mit besseren mechanischen, besonders dynamischen Eigenschaften. Wegen Reibung und Formzwang (geführte Verdrängung) herrscht beim S. keine homogene Umformung. Die Schmiedetemperatur bestimmt die →Fließspannung, das Umformvermögen und die Eigenschaften der Schmiedestücke, besonders beim Wärmebehandeln aus der Schmiedehitze.

*Freiform-S.* Bild 1 zeigt einige Zwischenformen beim Freiform-S. einer Schiffskurbelwelle. Die örtlichen Formänderungen hängen sehr vom Reibzustand und den Umformgeschwindigkeiten ab. Die Querschnittsflächen von zylindrischen und prismatischen Körpern bilden sich beim Stauchen unterschiedlich um: Kreisflächen bleiben erhalten; Quadrate und Rechtecke werden zu Kreisflächen. Je dicker ein Schmiedestück ist, um so höher muß der Werkzeugdruck werden, damit der Werkstoff bis in den Kern plastisch wird.

Eine Sonderform des Freiform-S. ist das Radialumformen. Vier um 90° versetzt angeordnete Werkzeuge schmieden paarweise oder gleichzeitig wellenförmige Voll- oder Hohlkörper. Durch den

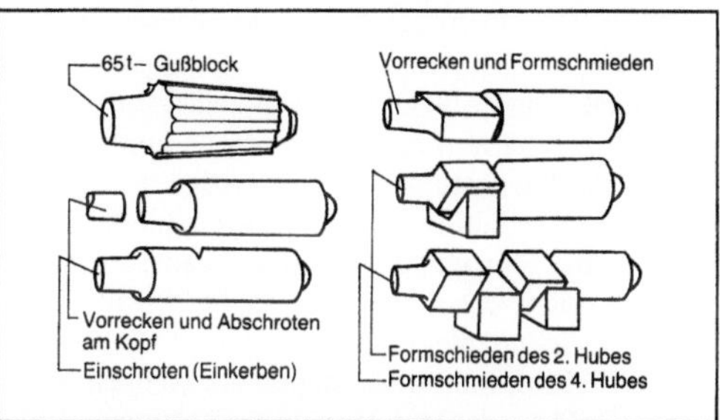


*Schmieden 1: Freiformschmieden einer vierhubigen Großkurbelwelle.*

Einsatz von flexiblen NC-Schmiedemaschinen werden höhere Werkstückgenauigkeiten erzielt und zukünftig vielfältige Werkstückgeometrien wirtschaftlich gefertigt.

*Gesenk-S.* Zu den Verfahren des Gesenk-S. gehören die in Bild 2 dargestellten Verfahren Formpressen mit und ohne Grat und Anstauchen im Gesenk.

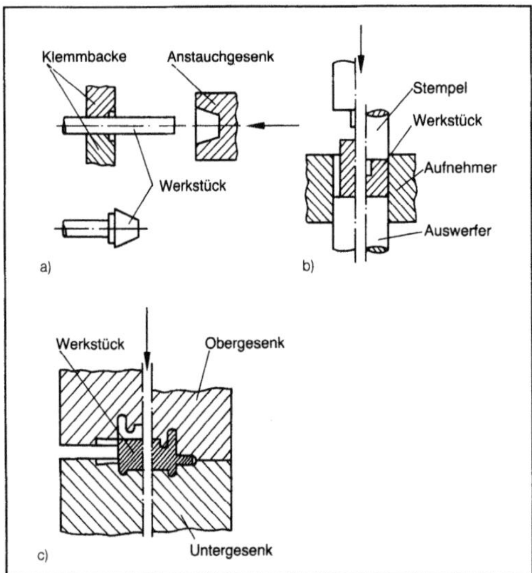


*Schmieden 2: Verfahren des Gesenkschmiedens.*
*a) Anstauchen*
*b) Formpressen ohne Grat*
*c) Formpressen mit Grat.*

Das Gesenk-S. gehört zu den Verfahren der Massenproduktion einzelner Werkstücke. Gesenkschmiedestücke werden mit Massen zwischen einigen Gramm bis zu weit über einer Tonne gefertigt. Die Abmessungen von Flugzeug-Bauteilen aus Leichtmetall können 10 m und mehr erreichen. Die Seriengrößen liegen zwischen einigen Stück bis zu mehreren Millionen.

Gesenkschmiedestücke werden als Konstruktionsteile für Maschinen, insbes. Fahrzeuge verwendet. Daneben dienen sie der Herstellung von Werkzeugen wie Hämmer, Zangen, Schraubenschlüssel und von Befestigungsmitteln wie Schrauben, Bolzen, Nieten, Muttern. Die Weltproduktion von Gesenkschmiedestücken aus Stahl wird auf 10 Mill. t jährlich geschätzt. Folgende Vorteile sprechen für Gesenkschmiedestücke: Das günstige Festigkeits-Gewichts-Verhältnis von Gesenkschmiedestücken erlaubt die Fertigung von hochbeanspruchbaren und dennoch verhältnismäßig leichten Bauteilen.

Gesenkschmiedestücke sind frei von Poren und anderen Hohlräumen. Sie haben ein dichtes, homogenes Gefüge, das mit modernen Verfahren Stück für Stück prüfbar ist. Gesenkgeschmiedete Bauteile werden deshalb überall dort verwendet, wo es auf ein hohes Maß an Sicherheit ankommt (Fahrzeug- und Schienenbau).

Gesenkschmiedevorgänge sind wie Freiformschmiedevorgänge instationär. Der Werkstofffluß und die Formänderungen sind durch die Formbindung an das Werkzeug bestimmt. Der Werkstofffluß in Gesenkschmiedewerkzeugen ist vor allem abhängig von der Gravurform (Größe, Art und Lage der Gravurelemente, Größe der Radien), der Gratspaltgeometrie, der Gestalt der Ausgangs- bzw. →Zwischenform und dem Verhältnis von Zwischenform- zu Gravurvolumen (Gratanteil). Die genannten Größen lassen sich beeinflussen und zum Lenken des Stoffflusses benutzen. Gegenüber dem Problem „Durch-S." hat das Problem „optimaler Stofffluß" absoluten Vorrang. Eine Ermittlung des Stoffflusses ist entweder mit Modellversuchen oder mit numerischen Berechnungen möglich. Stauchen, Breiten und Steigen sind die drei Grundvorgänge, die bei der geführten Verdrängung des Werkstoffs die Gravur ausfüllen. Beim Formpressen mit Grat zeigt das Kraft-Weg-Diagramm am Ende des Vorgangs einen starken Anstieg, bedingt durch die Abkühlung des Werkstücks und die Gratausbildung infolge Druckflächenvergrößerung.

Als Werkstoffe für Gesenkschmiedestücke sind grundsätzlich alle knetbaren Metalle geeignet. Technische Bedeutung haben heute vor allem unlegierte und legierte Stähle; weiter Magnesium, →Aluminium, →Titan, →Kupfer, →Nickel bzw. ihre Legierungen; daneben in bisher sehr begrenztem Umfang hochwarmfeste Werkstoffe wie →Niob, Tantal, Molybdän, Wolfram und deren Legierungen. Auch Werkstoffe mit geringem Umformvermögen können durch Formpressen von gesinterten Zwischenformen im Gesenk umgeformt werden.

Dem eigentlichen Gesenk-S. schließt sich oftmals ein Abgraten oder →Lochen an. Kaltabgraten, Kalibrieren und Prägen erhöht die Werkstückgenauigkeit. Ein- und mehrstufige Umformwerkzeuge sind gebräuchlich, die in verschiedenen Umformmaschinen (Hämmer und Pressen) eingebaut werden. Die Rohteile werden vor dem S. in gasbeheizten Öfen oder elektrischen induktiven oder konduktiven Erwärmungsanlagen erwärmt. Eine abschließende Wärmebehandlung kann aus der Schmiedehitze (energiesparend) oder als Behandlung zum Erzielen eines bestimmten Gefüges durchgeführt werden.

Nach der Wärmebehandlung reinigt man Gesenkschmiedestücke durch →Strahlen. Sicherheitsbauteile unterzieht man einer 100 %igen Oberflächen- und Rißprüfung. Die meisten gesenkgeschmiedeten Werkstücke werden an ihren Funktionsflächen durch Spanen bearbeitet oder durch Fügen (z. B. →Reibschweißen) zu Baugruppen zusammengesetzt. Bild 3 zeigt eine Auswahl gefertigter Werkstücke (→Roboter, →Werkstückhandhabung). *Lange*

*Schmieden 3: Formenvielfalt von Gesenkschmiede-stücken. (Quelle: IDS e. V.)*

Literatur: *Haller, H.-W.:* Praxis des Gesenkschmiedens. München 1977. – *Lange, K.* (Hrsg.): Umformtechnik. Handb. f. Ind. u. Wiss. Bd. 2: Massivumformung. 2. Aufl. Berlin, Heidelberg, New York, Tokio 1988. – *Lange, K.,* u. *H. Meyer-Nolkemper:* Gesenkschmieden. 2. Aufl. Berlin, Heidelberg, New York 1977. – *Spur, G.* (Hrsg.), u. *Th. Stöferle:* (Hrsg.): Handb. Fertigungstechnik. Bd. 2/2: Umformen. München 1984.

**Schmiermittelsystem.** An die Werkzeugmaschine werden hinsichtlich der Leistungsfähigkeit, Zuverlässigkeit und Dauergenauigkeit hohe Anforderungen gestellt. Diese Maschineneigenschaften sind jedoch entscheidend von dem Zustand der Reibpaarungen, z. B. in Lagern, Führungen, Getrieben sowie anderen bewegten Maschinenelementen, abhängig.

Die Führungen sind innerhalb des Kraftflusses der Werkzeugmaschine ein wichtiges Bauelement und bestimmen direkt die Maschinengenauigkeit. An den Führungsbahnen treten komplexe tribologische Vorgänge auf, die durch eine geeignete Schmiermittelauswahl und -zuführung entscheidend beeinflußt werden können. Das Schmiermittel besteht je nach den tribologischen Anforderungen aus Fett, Öl oder Ölnebel. Aus einem Vorratsbehälter wird das Schmiermittel Öl durch eine Hydraulikpumpe und über elektrohydraulische Mehrwegeventile an die Schmierstelle geführt. Je nach Schmiermitteldurchsatz ist ein offenes oder geschlossenes System, d. h. mit Schmiermittelrückführung, möglich. Bei den geschlossenen Systemen hat das Schmiermittel u. U. nicht nur die Aufgabe, die tribologischen Verhältnisse zu beeinflussen, sondern zusätzlich die an den bewegten Maschinenelementen auftretende Reibungswärme abzuführen und stabile Temperaturverhältnisse herzustellen. Das Schmiermittel muß somit auch durch ein Kühlaggregat geleitet werden. Das S. ist über umfangreiche Überwachungseinrichtungen (z. B. Druck-, Strömungs- und Temperaturwächter) mit der Maschinensteuerung verbunden. Durch die Maschinensteuerung kann nach vorgegebenen Weg- bzw.

Zeitintervallen die Schmierung an bestimmten Maschinengruppen durchgeführt werden. Eine effektive, genau dosierte Schmierstoffzufuhr ist somit an den Schmierstellen garantiert. *Schulz*

**Schmierstoffträgerschicht.** Bei hohen Normalspannungen und großen Oberflächenvergrößerungen, wie sie beispielsweise beim Kaltfließpressen von Stahl auftreten, reicht die Druckbeständigkeit üblicher Schmierstoffe nicht aus. Vorrangiges Ziel in solchen Fällen ist es, die Oberflächenbeschaffenheit des Werkstückwerkstoffs für das →Umformen zu verbessern. Früher wurden hierzu vornehmlich Überzüge von Rost oder duktilen Metallen wie Kupfer, Blei und Zinn verwendet. Ausgehend vom erstmaligem Einsatz von Phosphatschichten durch *F. Singer* im Jahre 1934 finden heute fast ausschließlich die Konversionsschichten als S. Verwendung.

Konversionsschichten sind kristalline, durch eine chemische Reaktion mit einer Metalloberfläche erzeugte Salzschichten. Diese kristallinen Überzüge besitzen nicht nur eine ausgezeichnete Haftung auf den Werkstückwerkstoff, sondern ihre geringe Porosität unterstützt neben der chemischen Bindung die Verankerung der Schmierstoffe mit der Oberfläche infolge Adhäsion. Der chemischen Reaktion zwischen S. und Werkstückwerkstoff geht eine Reihe von Oberflächenbehandlungen voran (Entfetten, Spülen mit Wasser, Beizen, Spülen mit Wasser). Die aufgebrachten Konversionsschichten werden abschließend wiederum mit Wasser gespült. Abhängig vom verwendeten Schmierstoff schließen sich nach dem darauffolgenden Schmierstoffauftrag noch Neutralisier- und Befettungsbäder sowie Trocknungsstufen an. Für diesen gesamten Fertigungsprozeß sind heute üblicherweise programmgesteuerte Durchlaufanlagen im Einsatz.

Beim Umformen von unlegierten bzw. niedriggierten Stählen werden Metallphosphatschichten eingesetzt. Aus der großen Anzahl von schichtbildenden Metallphosphaten hat beim Kaltumformen von Stahl das Zinkphosphat die größte Bedeutung erlangt. Auch beim Pressen von Aluminiumlegierungen wird es angewandt. Gelegentlich kommt auch die Manganphosphatierung zum Einsatz. Zinkphosphatüberzüge sind in Säuren und Laugen löslich und weisen eine Temperaturbeständigkeit bis 400 °C auf.

Bei korrosionsbeständigen Stählen wie ferritischen Cr-Stählen und austenitischen CrNi-Stählen versagen die gebräuchlichen Phosphatierverfahren, da diese Bäder ein zu geringes Korrosionsvermögen besitzen. In diesen Fällen eignet sich zum Aufbringen einer Trägerschicht das Oxalierverfahren. Beim Oxalieren wirken oxalsäurehaltige, wäßrige Lösungen auf die Metalloberfläche ein. Die Oxalatschichten haben ähnliche Eigenschaften wie die Phosphatschichten, wobei allerdings die Temperaturbeständigkeit von Oxalatschichten auf ca. 160 °C beschränkt ist. *Lange*

Literatur: *Lange, K.:* Umformtechnik. Handb. f. Ind. u. Wiss. Bd. 1: Grundlagen. Berlin, Heidelberg, New York, Tokio 1984. – *Oppen, D.:* Chemische Verfahren der Oberflächenbehandlung zur Erleichterung des Kaltumformens von Stahl. Tl. I. Draht 35 (1984) Nr. 6, S. 341/45; Tl. II. Draht 35 (1984) Nr. 7/8, S. 396/400.

**Schneckenförderer** →Fördern von Schüttgütern

**Schneckenmaschine.** Ein- oder zweiwellige S. werden in der Verfahrenstechnik häufig zum Mischen von zähen Flüssigkeiten oder Pasten sowie zum Behandeln von Feststoffen in Pasten oder auch trockener Feststoffe verwendet, wenn es darauf ankommt, durch die Bewegung in der Schnecke Zusammenballungen zu lösen, Agglomerate zu zerkleinern oder bei Trocknungsvorgängen unter Wärmezufuhr über die Wand Flüssigkeit oder Lösungsmittel auszudampfen.

Man kennt gegensinnig angetriebene Doppel-S., gleichsinnig drehende Doppelschnecken mit auskratzenden Profilen der Schneckenwellen sowie Knetscheiben in abwechselnder Folge (Bild) und für extreme Behandlungen auch Vierwellenschnecken mit gleichsinniger Drehung von jeweils einem Paar der 4 Wellen.

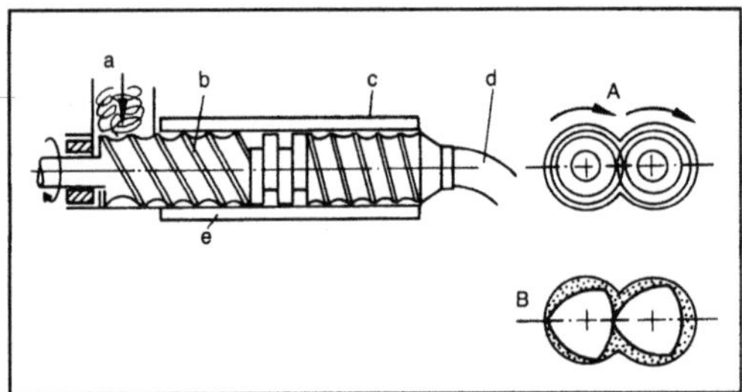


*Schneckenmaschine.*

a Pulver, b zweigängige Schnecken, c eingängige Knetscheiben, d Schmelze, e Heizung, A selbstreinigende Schneckengänge, B Knetscheiben

Diese S. für verfahrenstechnische Operationen sind in der chemischen Industrie zu hoher Reife gekommen. Die größten Maschinen haben mehrere Meter Länge bei Durchsätzen über 20 t/h. In allen Fällen sind sie bestens geeignet für kontinuierliche Prozesse. *Muschelknautz*

**Schneckenmischer.** Mischen von Feststoffen erfordert immer mechanische Bewegung. Die einfachsten Mischer sind deshalb rotierende Trommeln. Durch eine schräge Längsachse wird gute Quer- und Längsvermischung erreicht. Solche Mischer sind leicht zu reinigen, arbeiten aber diskontinuierlich.

S. arbeiten dagegen kontinuierlich. In einer Trommel oder in einem Silo, meist senkrecht angeordnet, läuft eine Schnecke offen oder ummantelt um. Dabei wird das Produkt von unten nach oben gefördert und über dem Produktspiegel verteilt. Durch Schwerkraft kehrt das Produkt zum Fußpunkt der Schnecke zurück.

Bei Senkrecht-S. (Bild 1) ist die Schnecke axial im Zentrum der Trommel angeordnet. Die Schnecke muß dabei relativ schnell laufen. Das Schüttgut wird durch Fliehkraft merklich an die Wand gedrückt. Dadurch bleibt es relativ zur Wendel zurück und schiebt dann schräg nach oben. Durch konisch gestaltete Einläufe $E_1$ und $E_2$ kann man eine bestimmte Längsmischung erreichen. Senkrecht-S. sind vor allem für rieselfähige Produkte geeignet.

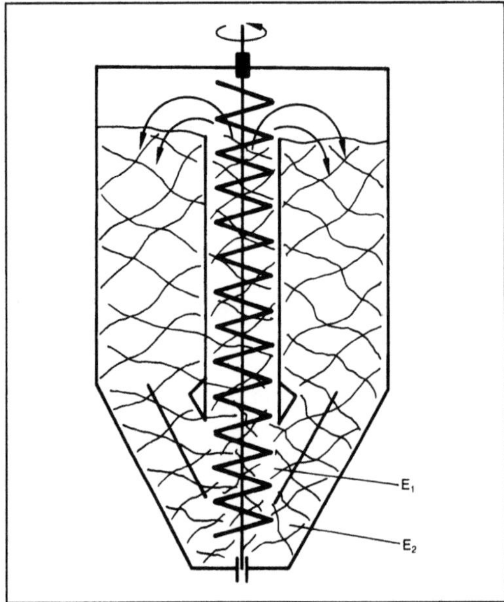


*Schneckenmischer 1: Senkrecht-Schneckenmischer.*

$E_1$, $E_2$ Einläufe

Beim Umlauf-S. (Bild 2, s. Seite 913), der in konischen Silos angewandt wird, ist die Schnecke nicht in der Symmetrieachse des Silos, sondern parallel zur Wand angeordnet. Durch einen Arm wird sie dann entlang der Wand über den ganzen Umfang bewegt. Die Wendel dreht sich entgegen der Umlaufrichtung des Arms. Das Spiel zwischen Wand und Schnecke kann dabei so gering sein, daß sich Ansätze vermeiden lassen. Deshalb sind Umlauf-S. auch für Produkte, die nicht rieselfähig sind, geeignet. *Greif*

**Schneckenpumpe.** S. gibt es ein- und mehrspindelig. Eine wichtige Ausführung einspindeliger S. ist die Mohnopumpe. Die mehrspindelige Bauform besitzt 2 gleich- oder gegenläufige Wellen. Im Gleichlauf erfolgt gegenseitiges Auskratzen der ineinandergreifenden Schneckenflanken.

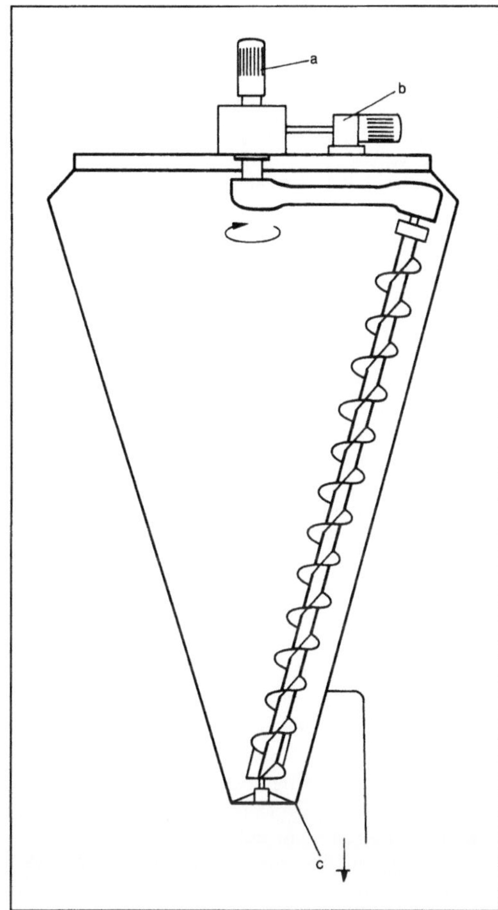

*Schneckenmischer 2: Umlauf-Schneckenmischer.*

a Rotorantrieb, b Schneckenantrieb, c Austrag

Die S. sind besonders für hochviskose, breiige Flüssigkeiten geeignet, weil dann die Spaltverluste zwischen Gehäuse und äußerer Schneckenwendel gering sind. *Würtz*

**Schneidbrenner** →Schweißbrenner

**Schneidemaschine.** S. werden in der thermisch trennenden und formgebenden Verfahrenstechnik eingesetzt. Die gebräuchlichen Verfahrensgrundlagen sind Brennschneiden (→Brennschneidmaschine) und Schmelzschneiden. Wichtigste Vertreter der letztgenannten Technologie sind Plasmaschneiden (→Plasmaschneidmaschine) und Laserschneiden (→Laserschneidmaschine). *Schulz*

Literatur: *Eichhorn, F.:* Schweißtechnische Fertigungsverfahren. Bd. 1: Schweiß- und Schneidtechnologien. Düsseldorf 1983. – N. N.: Die Verfahren der Schweißtechnik. Fachbuchreihe „Schweißtechnik". Bd. 55. Düsseldorf 1974. – *Ruge, J.:* Handb. Schweißtechnik. Bd. II: Verfahren und Fertigung. Berlin, Heidelberg, New York 1980.

**Schneiden** →Schneidteil

**Schneiden, funkenerosives.** Beim f. S. (auch Drahterosion genannt) wird die gewünschte Kontur eines Durchbruchs durch die Bewegung des auf einem Kreuztisch mit numerisch gesteuerten Antrieben aufgespannten Werkstücks erreicht. Gegenüber dem funkenerosiven →Senken ist als wesentlichste Unterscheidung hervorzuheben, daß der →Verschleiß der Drahtelektrode auf Grund der Ablaufbewegung weitgehend unberücksichtigt bleiben kann.

Die Maschine (Bild 1) besteht aus dem Gestell mit den Drahtführungen, dem Drahtantrieb und dem auf einem Kreuztisch angeordneten Arbeitsbehälter mit den Befestigungsmöglichkeiten für das Werkstück.

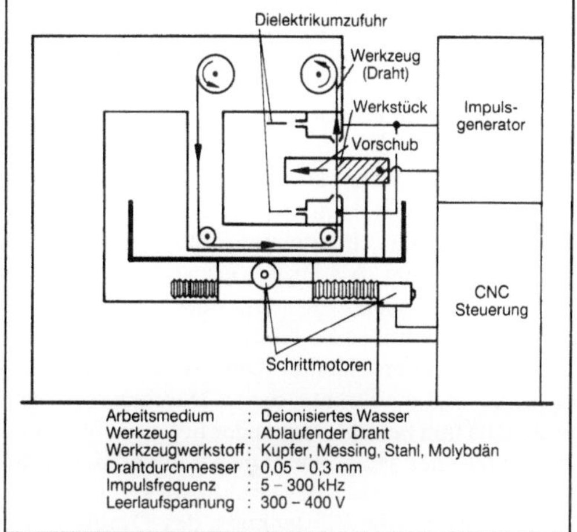


*Schneiden, funkenerosives 1: Schematischer Aufbau einer Drahterosionsanlage.*

Für die in der Drahterosion eingesetzten Generatoren gilt im Unterschied zu den Generatoren an Senkanlagen auf Grund des geringen Leitungsquerschnitts des Werkzeugs Draht die Forderung nach einer möglichst kleinen Impulsenergie. Daher wird bei Impulsgeneratoren die Impulsdauer auf wenige Mikrosekunden begrenzt und die Pausendauer auf das 10–20fache dieses Werts ausgedehnt, so daß trotz eines hohen Entladestroms der Arbeitsstrom nur wenige Ampere beträgt (Bild 2); (→Funkenerosion). Die Entladeenergie wird dem Draht in möglichst unmittelbarer Nähe zum →Arbeitsspalt über Schleifkontakte in den Drahtführungen zugeleitet. Die Spülung erfolgt entweder durch Freistrahlen von oben und unten oder im Bad (→Dielektrikum).

Die Technologie des f. S. ist vorwiegend auf die Erzielung einer hohen Schnittrate ausgerichtet. Der Verschleiß des Drahts spielt nur unter dem Gesichtspunkt des Drahtbruchs eine Rolle, da die →Werkzeugelektrode laufend erneuert wird. Die

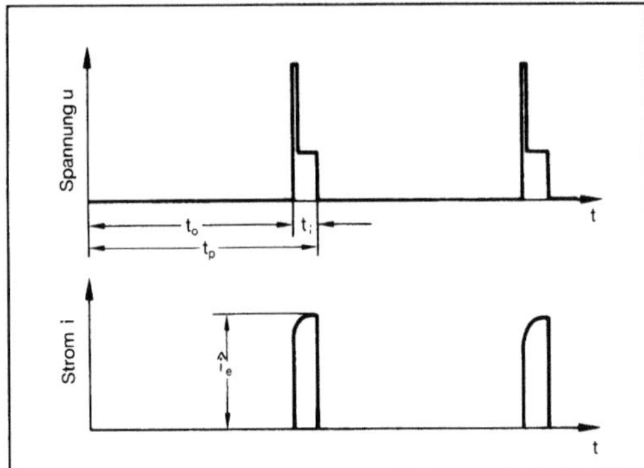

*Schneiden, funkenerosives 2: Charakteristischer Spannungs- und Stromverlauf für Schneidanlagen mit Impulsgenerator (schematisch).*

Impulszeiten liegen im Bereich unter 5 μs, während die Höhe des Entladestroms in Abhängigkeit vom verwendeten Drahtdurchmesser bis zu 200 A betragen kann.

Der erforderliche Drahtdurchmesser für solch hohe Ströme liegt dann auch an der oberen Grenze der in der Praxis eingesetzten Durchmesserpalette bei etwa 0,3 mm. Als Drahtwerkstoffe kommen in den meisten Fällen Kupfer oder Messing zum Einsatz, und für Mikrobearbeitungsaufgaben, bei denen besonders kleine Konturradien gefordert werden, sind die Drähte, deren Durchmesser dann etwa 0,05 mm beträgt, wegen der höheren Festigkeit aus Stahl oder Molybdän. Die Drahtvorspannkraft sollte in Abhängigkeit der Drahtfestigkeit möglichst hoch sein, um die Auslenkung des Drahts durch Querkräfte zu minimieren.

Anwendungsschwerpunkte des f. S. liegen bei der Herstellung von Schnittwerkzeugen, Extrudier- und Strangpreßwerkzeugen sowie Schablonen und Lehren.                                                                *König*

Literatur: *Baumgartner, U.:* Immer höhere Werkstücke schneiderodieren. Ind.-Anz. 107 (1985) Nr. 68, S. 71/73. – *Hensgen, G.:* Werkzeugspezifische Einflüsse beim funkenerosiven Schneiden mit ablaufender Drahtelektrode. Diss. TH Aachen 1984. – *Kies, H.:* Praxis des Funkenerosiven Schneidens mit Drahtelektrode. VDI-Ber. Nr. 241. Düsseldorf 1975; S. 61/68. – *König, W.:* Fertigungsverfahren. Bd. 3: Abtragen. Düsseldorf 1979. – *König, W., u. G. Hensgen:* Auf den Werkstoff kommt es an – Drähte für das funkenerosive Schneiden. Ind.-Anz. 105 (1983) Nr. 56/57, S. 26/28. – *Levy, G. N.:* Weiterentwicklung des funkenerosiven Schneidens. Werkstatt u. Betrieb 118 (1985) Nr. 9, S. 601/04. – *Panschow, R.:* Über die Kräfte und ihre Wirkungen beim elektroerosiven Schneiden mit Drahtelektrode. Diss. TU Hannover 1974. – *Schumacher, B.:* Funkenerosives Schneiden und Planetär-Senkerodieren in der Fertigung. Blech-Rohr-Profile 27 (1980) Nr. 9. – *Schumacher, B.:* Funkenerosives Schneiden mit Drahtelektrode. Maschinenmarkt 76 (1970) Nr. 36, S. 778/82. – *Schumacher, B.:* Bahngesteuertes funkenerosives Schneiden mit Drahtelektroden – Technologie und Anwendung. Werkstatt u. Betrieb 108 (1975) Nr. 8, S. 499/505. – *Weiß, A.:* Leistungsverhalten und Genauigkeit des funkenerosiven Schneidens. Diss. TH Aachen 1978.

**Schneiden, thermisches.** Das t. S. ist Bestandteil der Verfahrensgruppe des thermischen Abtragens. Der Schneidvorgang ist durch das Abtrennen von Stoffteilchen unter Übergang von festen in den flüssigen oder gasförmigen Zustand durch die Einwirkung von Wärmeenergie gekennzeichnet. Das Entfernen der Abtragprodukte erfolgt durch mechanische oder elektromagnetische Kräfte bzw. deren Kombination. Je nach Fertigungsverfahren wird die für den Trennvorgang erforderliche Wärme dem Werkstück von außen über unterschiedliche Energieträger zugeführt. Die Einteilung der Fertigungsverfahren nach DIN 8580 ordnet die Verfahren des thermischen Abtragens der Hauptgruppe Trennen zu. Neben dem thermischen Abtragen werden hierunter das chemische und elektrochemische Abtragen differenziert.

Innerhalb des thermischen Abtragens ist eine weitere Untergliederung nach den genutzten Energieträgern mit der Einteilung in Gas, elektrische Gasentladung und energiereiche Strahlen sinnvoll. In die erste Gruppe fallen die Verfahren des autogenen Brenn- und Schmelzschneidens sowie des Flammabtragens. Zur zweiten Gruppe gehören das funkenerosive →Schneiden und das →Plasma-Schmelzschneiden, zur dritten die Verfahren des Laserstrahlschneidens. Berücksichtigung in dieser Aufstellung finden diejenigen Hauptverfahren, die gegenwärtig von fertigungstechnischer Bedeutung sind, wohingegen die zahlreichen Einzelvarianten dieser Verfahren nicht enthalten sind.

In bezug auf das Anwendungsspektrum stehen die thermischen Schneidverfahren im Wettbewerb zu den Techniken des mechanischen Trennens. Für die Auswahl eines geeigneten Verfahrens spielen neben der Werkstoffdicke auch die geforderten geometrischen und mechanischen Eigenschaften der geschnittenen Bauteile eine wesentliche Rolle. Bei den thermischen Prozessen ergibt sich für den Laserschnitt die geringste Schnittfugenbreite, Konizität und Wärmebeeinflussung des Grundwerkstoffes. Allerdings ist der realistische Anwendungsbereich auch heute noch auf Bleche bis 10 mm Dicke begrenzt. Beim Plasma-Schmelzschneiden muß die unsymmetrische Ausbildung der Schnittkanten bei der Festlegung der Schnittkontur berücksichtigt werden. Für das mechanische Trennen ergibt sich zwar keine thermische Werkstoffbeeinflussung. Doch sind hier geometrische Merkmale wie der Kanteneinzug auf der Werkstückoberfläche oder die Schräge der Abrißzone und insbes. die von hier ausgehende Kerbwirkung zu beachten. Vom Einsatzbereich her überdecken sich das →Stanzen und Nibbeln insbes. mit der Laserstrahltechnik, wobei hier neben der erzielbaren Qualität, beispielsweise von geschnittenen Funktionsflächen, vor allem auch die Stückzeit und -anzahl eine wesentliche Rolle bei der Verfahrensauswahl spielt, die jedoch im

Einzelfall von unterschiedlichen Faktoren abhängig ist.

Die Auswahl des geeigneten thermischen Trennverfahrens wird hingegen in erster Linie durch die Schneidbarkeit des jeweiligen Werkstoffs und die Dicke des zu trennenden Werkstücks bestimmt. Dabei ist das Plasma-Schmelzschneiden für Aluminiumlegierungen und hochlegierte Stahlsorten prädestiniert, während der Einsatzschwerpunkt des autogenen Brennschneidens bei höheren Werkstückdicken und unlegierten Stahlwerkstoffen liegt (→Abtragen). *König*

Literatur: DIN 8580: Fertigungsverfahren, Einteilung. Hrsg. Dt. Inst. f. Normung. Ausg. Juni 1974. – DIN 2310. Tl. 6: Thermisches Schneiden. Hrsg. Dt. Inst. f. Normung. 1980. – *König, W.:* Fertigungsverfahren. Bd. 3: Abtragen. Düsseldorf 1979. – N. N.: Innovation bei Fertigungsverfahren Ind.-Anz. 106 (1984) Nr. 56, S. 61.

**Schneidenecke** →Schneidteil

**Schneidfehler** →Abtragen

**Schneidgranulator.** Der S. ist ein Gerät zum Zerkleinern solcher Stoffe, die wegen ihrer Elastizität gegen Druck und Schlag widerstandsfähig sind, wie z. B. Kunststoffe, Leder, Gummi, Textilien und Holz. Das Aufgabegut wird durch Scherspannung zerkleinert. Die Zerkleinerung erfolgt durch Schnitt an einem Messerpaar, von dem ein Messer am Gehäuse (Statormesser) und das andere an einer umlaufenden Welle (Rotormesser) befestigt ist. Je nach Ausführung sind 2–5 Rotor- und 2–10 Statormesser vorgesehen; die Betriebsdrehzahl liegt bei 500–3000 min$^{-1}$. Am Boden des Gehäuses läßt ein

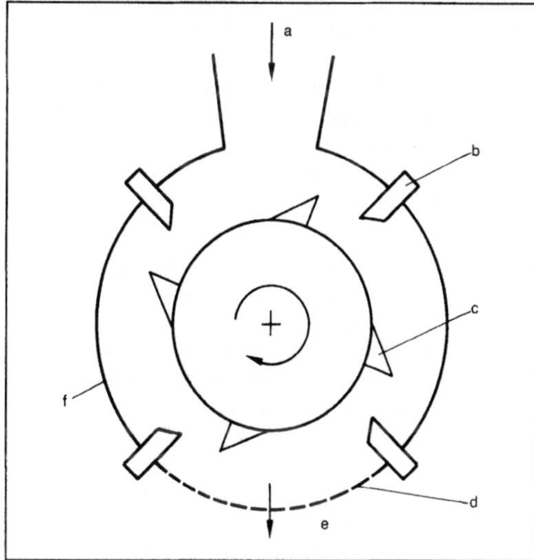


*Schneidgranulator. Schneidmühle.*

a Gutaufgabe, b Statormesser, c Rotormesser, d austauschbare Gitter, e Granulataustritt, f Gehäuse

Siebblech die hinreichend zerkleinerten Stücke zur Weiterverarbeitung passieren. Dadurch wird eine wirksame Kontrolle der Größe der Granulate erreicht. Noch zu grobe Stücke geraten erneut in den Schneidmechanismus (Bild). *Müller*

**Schneidhaltigkeit.** Mit S. bezeichnet man die Eigenschaft einer Werkzeugschneide, die Beanspruchungen beim Abtrennen von Spänen eines Werkstückstoffs unter gegebenen Bedingungen eine bestimmte Zeit zu ertragen. Die wesentlichen Einflußfaktoren auf die S. sind der →Schneidstoff, der Werkstückstoff und die Schnittwerte. *König*

**Schneidkeramik.** Als S. werden nichtmetallische, anorganische Schneidstoffe bezeichnet, die im Gegensatz zu den Hartmetallen keine Bindephase, wie z. B. Cobalt, besitzen. Entsprechend ihrer Zusammensetzung können sie in die Gruppen Oxid-, Misch-, Siliciumnitrid- und beschichtete Keramiken unterteilt werden.

Der Einsatz keramischer Schneidstoffe in der spanabhebenden Bearbeitung hat in den letzten Jahren immer stärker zugenommen. Auf Grund der großen Warmhärte und Verschleißfestigkeit erlauben diese Schneidstoffe hohe Schnittgeschwindigkeiten. Ein weiterer Vorteil besteht darin, daß der verwendete Rohstoff in fast unbegrenzter Menge verfügbar ist. Von Nachteil ist jedoch die geringe Biegebruchfestigkeit. Durch eine stetige Verringerung der Durchschnittskorngröße, durch verbesserte Herstellungsverfahren und durch Neuentwicklungen konnten die Zähigkeitseigenschaften der S. jedoch bemerkenswert verbessert werden.

Ausgangsmaterial der Oxidkeramiken ist $Al_2O_3$. Reines Aluminiumoxid findet jedoch wegen der großen Sprödigkeit und Bruchanfälligkeit als →Schneidstoff keine Verwendung mehr. Bei den heute eingesetzten Oxidkeramiken handelt es sich um Dispersionskeramiken, die neben $Al_2O_3$ noch Zusätze von Zirkondioxid ($ZrO_2$) enthalten.

Hauptanwendungsbereich der Oxidkeramiken ist das Schrupp- und Schlichtdrehen von Gußeisen sowie Einsatz- und Vergütungsstählen. In der Serienfertigung von Graugußteilen sind Schnittgeschwindigkeiten von 400–1000 m/min und Vorschübe bis 0,5 mm üblich. Oxidkeramiken werden durch Sintern hergestellt.

Als Mischkeramiken bezeichnet man die Gruppen von Schneidstoffen, die sowohl aus Oxiden als auch Nichtoxiden bestehen. Ausgangsmaterial ist auch hier $Al_2O_3$, dem jedoch Titancarbid, Titannitrid, Titancarbonitrid oder SiC-Whisker als nichtoxidische Hartstoffkomponente beigemengt wird. Die Schneidstoffe werden durch Sintern oder Heißpressen hergestellt. Mischkeramiken mit TiC/TiN zeichnen sich durch eine hohe Dichte und Kantenfestigkeit aus. Sie werden bevorzugt beim →Drehen von gehärteten Stählen und →Hartguß aber auch mit Erfolg in der Feinbearbeitung (Feindrehen und Feinfräsen) eingesetzt.

Eine wesentliche Verbesserung der Zähigkeitseigenschaften keramischer Schneidstoffe ist durch die Einlagerung von SiC-Whiskern (faserförmige Einkristalle) möglich. Die SiC-Whisker bewirken eine gleichmäßigere Verteilung der mechanischen Belastung und eine schnellere Wärmeabfuhr. Daraus folgt eine verbesserte Wechselfestigkeit und eine ausgezeichnete Thermoschockbeständigkeit.

Siliciumnitridkeramiken zeichnen sich im Vergleich zur Oxidkeramik durch eine deutlich höhere Biegebruchfestigkeit sowie eine geringere Riß- und Thermoschockempfindlichkeit aus. Härte und Druckfestigkeit hingegen zeigen geringere Werte. Hauptanwendungsgebiet ist die Schruppbearbeitung von Grauguß. Sie eignen sich hierbei sowohl zum Drehen als auch zum →Fräsen. Auf Grund der guten Zähigkeitseigenschaften können diese Schneidstoffe mit Kühlschmierstoff und im stark unterbrochenen Schnitt eingesetzt werden. Anwendungsschwerpunkt ist die Schruppbearbeitung. Für die Feinbearbeitung sind sie nicht zu empfehlen. Weitere Einsatzmöglichkeiten bestehen noch in der Bearbeitung von hochwarmfesten Nickelbasislegierungen. Für die →Zerspanung von Stahlwerkstoffen sind die $Si_3N_4$-Schneidstoffe nicht geeignet.

Siliciumnitridkeramik zeichnet sich durch eine geringe Bruchanfälligkeit und ein gleichmäßiges Verschleißverhalten aus. Verschleißerscheinungen wie Ausbröckelungen und Ausbrüche an der Schneidkante, die bei der Schruppbearbeitung mit Aluminiumoxidkeramiken häufig zu einem unerwarteten Standzeitende führen, können beim Einsatz von Siliciumnitridkeramik wegen der guten Zähigkeitseigenschaften und der günstigen Temperaturwechselbeständigkeit weitgehend vermieden werden. Gegenüber den Oxid- und Mischkeramiken bewirkt die geringe Bruchanfälligkeit der Siliciumnitridkeramik eine deutliche Steigerung der Fertigungssicherheit, was besonders für automatisierte Fertigungseinrichtungen von großer Bedeutung ist. Zur Verbesserung der Verschleißeigenschaften können $Si_3N_4$-Keramiken auch mit $Al_2O_3$ beschichtet werden.

Die besonderen Eigenschaften der Oxid- und Mischkeramiken wie geringe Bruchfestigkeit und verhältnismäßig hohe Empfindlichkeit auf Schlag- und Temperaturwechselbeanspruchung erfordert für den erfolgreichen praktischen Einsatz die Beachtung einiger anwendungstechnischer Richtlinien wie die Bearbeitung stabiler Werkzeugformen, die Wahl keramikgerechter Schnittbedingungen und spezieller An- und Ausschnittstrategien.

Keramische Schneidstoffe werden ausschließlich in Form von Wendeschneidplatten eingesetzt. Hierbei dominiert noch die Pratzenklemmung. Bei der Oxidkeramik ist auch eine Lochklemmung möglich. Die Schneidplatten werden zur Stabilisierung an der Schneidkante mit einer Schutzfase versehen. Die Standardfasengeometrie beträgt 0,2 mm · 20°. *König*

Literatur: *Abel, R.:* Fräsen mit Schneidkeramik. tz für Metallbearbeitung 76 (1982) Nr. 6. – *Anschütz, E.:* Schneidkeramik in der neuzeitlichen Fertigung. Werkstatt u. Betrieb 118 (1985) Nr. 1, S. 17/19. – *Brand, H.,* u. *K. Reitz:* Fräsen mit Keramik. Werkstatt u. Betrieb 113 (1980) Nr. 6, S. 353/424. – *Dörre, E.:* Keramische Werkzeugwerkstoffe. VDI-Ber. Nr. 432. Düsseldorf 1982; S. 61/67. – *Dworak, U.,* u. *V. Gomoll:* Wirtschaftlicher Einsatz von Schneidkeramik. ZwF 71 (1976) Nr. 10, S. 421/25. – *Gomoll, V.:* Keramische Schneidstoffe – Stand der Technik und Ausblicke. VDI-Z 120 (1980) Nr. 13, S. 160/74. – *Grewe, H.,* u. *J. Kolaska, N. Reiter:* Schneidkeramik mit verbesserten Zähigkeitseigenschaften. VDI-Z 121 (1979) Nr. 5, S. 179/201. – *Hatschek, R. L.:* New Ceramics rev up Cutting Speed. American Machinist (1983), S. 110/12. – *Jenuwein, H. D.,* u. *P. Johannsen:* Fräsen von Grauguß mit Schneidkeramik in der Großserie. VDI-Z 123 (1981) Nr. 20, S. 191/98. – *König, W.,* u. *J. Lauscher:* Neue Schneidkeramiken steigern die Zerspanrate. Ind.-Anz. 107 (1985) Nr. 22, S. 26/28. – *König, W.,* u. *J. Lauscher:* Drehen von Eisengußwerkstoffen mit Siliziumnitrid-Schneidkeramik. VDI-Z 128 (1986) Nr. 11, S. 415/20. – *Kolaska, J.,* u. *K. Dreyer:* Keramik schneidet schnell und besteht im Verschleiß-Vergleich. VDI-Nachr. 39 (1985) Nr. 10, S. 17. – *Ritt, P. E., S. T. Buljan* u. *V. K. Sarin:* The Future of Silicon Nitride Cutting. Vortrag Hi-Tech Intern. Conference London. 1985. – *Tönshoff, K.:* Schneidkeramik in der Guß- und Stahlbearbeitung. Kontakt & Studium 91 (1982), S. 15. – *Warnecke, G.,* u. *E. Momper:* Drehen mit Schneidkeramik. wt-Z. ind. Fertig. 76 (1986), S. 207/11. – *Weiß, H.:* Fräsen mit Schneidkeramik. Diss. Univ. Karlsruhe 1983. – *Wertheim, R.:* Siliziumnitrid – Schneidstoff mit Zukunft. VDI-Z 128 (1986) Nr. 5, S. 153/59.

**Schneidkraft.** Die für den Schneidvorgang (→Scherschneiden) und den Rückzug des Stempels erforderlichen Kräfte müssen von der Maschine aufgebracht und vom →Schneidwerkzeug übertragen werden. Daher sind die Größe der Kräfte, der S.-Weg-Verlauf sowie die die S. beeinflussenden Größen von Bedeutung. Zu letzteren zählen:
□ die Scherfestigkeit $\tau_B$ des Werkstückstoffs,
□ die Blechdicke s,
□ die Länge der Schnittlinie $l_s$,
□ der Schneidspalt u,
□ die Geometrie der Schnittlinie,
□ der Verschleißzustand der Werkzeuge,
□ die Oberflächengüte der Werkzeuge und
□ die Schmierung.

Die vom Stempel bzw. der Matrize eingeleiteten Kräfte wirken in einer schmalen Kontaktzone entlang der Schnittlinie. Der S.-Weg-Verlauf beschreibt die einzelnen Phasen des Schneidvorganges.

Nach der anfänglichen elastischen Verformung des Bleches steigt nach Überschreiten der Fließgrenze des Blechwerkstoffs die S. degressiv bis zum S.-Maximum an. Dieses wird bei ca. 30–50% des Schneidwegs erreicht. Danach fällt die S. wieder ab, und zwar je nach Größe der Bruchzone bzw. Ausbreitung der Risse mehr oder weniger steil. Eine Zipfelbildung, d. h. ein Wiedereintreten des Werkstofffließens (Glattschnittzone), ist durch einen Wendepunkt im Bereich des abfallenden S.-Verlaufs gekennzeichnet.

Der S.-Verlauf wird durch zwei gegenläufige Tendenzen bestimmt. Einerseits nimmt die S. mit kleiner werdendem Schnittflächenquerschnitt ab. Andererseits tritt jedoch mit fortschreitendem Schneidweg eine zunehmende Kaltverfestigung des Blechwerkstoffs im Bereich der Scherzone auf. Infolgedessen erhöht sich der Schneidwiderstand.

Eine Verringerung der S. ist z. B. durch konstruktive Veränderung an den Schneidelementen möglich. So führt eine Abschrägung der Stempelstirnfläche zur S.-Verringerung, da nicht die gesamte Schnittlinie gleichzeitig getrennt wird.

In der Literatur werden verschiedene, z. T. sehr rechenaufwendige, Methoden zur S.-Berechnung angegeben, die auf verschiedenen Ansätzen und Randbedingungen beruhen.

Für die überschlägige Vorausberechnung der maximal erforderlichen S. wird in der Praxis jedoch mit ausreichender Genauigkeit nach folgender Gleichung gerechnet:

$$F_{smax} = s \cdot l_s \cdot k_s;$$

darin bedeuten $F_{smax}$ die maximale S. in N, s die Blechdicke in mm, $l_s$ die gesamte Schnittlinienlänge in mm und $k_s$ der Schneidwiderstand in $N/mm^2$.

Des weiteren gilt für die Schnittfläche $A_s$:

$$A_s = s \cdot l_s.$$

Der Schneidwiderstand ist definiert zu

$$k_s = F_{smax}/A_s$$

bzw. für die überschlägige Berechnung zu

$$k_s = C_s \cdot R_m .$$

Der Scherfestigkeitsfaktor $C_s$ wird experimentell ermittelt und in Richtlinien mit $C_s = 0,8$ angegeben. In der Praxis kann dieser Wert zwischen $0,5 < C_s < 1,0$ liegen; $R_m$ Zugfestigkeit des Werkstückstoffs.

Die Schneidarbeit entspricht dem Integral

$$W_s = \int_0^s F_s(x) \, dx$$ und somit der Fläche unter der S.-Weg-Kurve.

Überschlagsmäßig läßt sich die Schneidarbeit zu $W_s = c \cdot s_g \cdot F_{smax}$ berechnen.

Hierbei werden Einflußgrößen wie Werkstoffeigenschaften, tatsächlicher Schneidweg, Schneidspaltgröße, Reibleistung usw. in dem Korrekturwert c zusammengefaßt (c = 0,3–0,5). *König*

Literatur: *König, W.:* Fertigungsverfahren. Bd. 5: Blechumformung. Düsseldorf 1986. – *Lange, K.:* Lehrb. Umformtechnik. Bd. 3: Blechumformung. Berlin, Heidelberg, New York 1975. – *Spur, G.,* u. *Th. Stöferle:* Handb. Fertigungstechnik. Bd. 2/3: Umformen, Zerteilen. München, Wien 1985.

**Schneidmühle** →Schneidgranulator

**Schneidspalt** →Schneidkraft

**Schneidstoff.** Werkzeugwechselzeiten und damit sowohl Fertigungszeiten als auch Werkzeug-, Maschinen- und Lohnkosten werden über den →Verschleiß von den Eigenschaften der S. beeinflußt. S. sollten, um allen Beanspruchungen gerecht zu werden, über folgende Eigenschaften verfügen: Härte und Druckfestigkeit, Biegefestigkeit und Zähigkeit, Kantenfestigkeit, innere Bindefestigkeit, Warmfestigkeit, Oxidationsbeständigkeit, geringe Diffusions- und Klebneigung, Abriebfestigkeit, reproduzierbares Verschleißverhalten.

Faßt man alle diese Anforderungen zusammen, so stellt sich die Forderung nach dem idealen S. mit universellem Anwendungsbereich. Einen S., der das Optimum aller Eigenschaften, die z. T. gegenläufig sind, in sich vereint, wird es jedoch nicht geben. Ein Grund hierfür ist z. B. der Widerspruch zwischen Härte und Zähigkeit. Die Entwicklungsaktivitäten auf dem S.-Sektor konzentrieren sich daher darauf, durch optimierte Herstellungstechnologien und legierungstechnische Maßnahmen die Einsatzgebiete der S. entsprechend den Anforderungen einer modernen Fertigung zu erweitern.

Die Entwicklung auf dem S.-Sektor ist keineswegs abgeschlossen, sondern von den ständigen Bestrebungen gekennzeichnet, sowohl bereits bekannte S. zu verbessern als auch neuartige Materialien zur Herstellung von Schneidkörpern zu verwenden.

Die S. in der Reihenfolge ihrer Verschleißfestigkeit sind: Werkzeugstähle, Schnellarbeitsstähle, Stellite, Hartmetalle, →Schneidkeramik, kubischkristallines Bornitrid und Diamant.

Die Stundenschnittgeschwindigkeit $v_{c\,60}$ der verschiedenen S. nimmt mit steigender Härte zu. Einen gegenläufigen Verlauf weist die Biegebruchfestigkeit auf.

S. für die Zerspannung mit definierter Schneidteilgeometrie können folgendermaßen eingeteilt werden:
□ Werkzeugstähle,
□ Schnellarbeitsstähle,
□ Hartmetalle,
– Basis Wolframcarbid,
– Basis Titancarbid (Cermets),
□ Schneidkeramik,
– Oxidkeramik ($Al_2O_3$ + $ZrO_2$),
– Mischkeramik ( $Al_2O_3$ + TiC/TiN, $Al_2O_3$ + SiC-Whisker),
– Siliciumnitridkeramik ($Si_3N_4$),
□ hochharte, nichtmetallische Schneidstoffe,
– Diamant,
– kubisches Bornitrid. *König*

Literatur: *Burrichter, F.:* Die Entwicklung der Schneidstoffe. Ind.-Anz. 105 (1983) Nr. 84, S. 22/25. – *Eriksen, E.:* Entwicklung und Anwendung von Schneidstoffen. Werkstatt u. Betrieb 117 (1984) Nr. 5, S. 291/294. – *König, W.:* Fertigungsverfahren. Bd. 1: Drehen, Fräsen, Bohren. Düsseldorf 1990. – *König, W.,* u. *R. Fritsch, W. Kluft:* Cutting Technologie for Factory Automation. Proc. of the 5th Intern. Conference on Production Engineering. Tokio 1984. – *König, W.,* u. *K. Gerschwiler:* Untersuchung der Schneidhaltigkeit neuartiger Schneidstoffe. Forschungsber. des Landes NRW Nr. 3069, Fachgruppe Maschinenbau/Verfahrenstechnik. Köln, Opladen 1981. – *Kronenberg:* Grundzüge der Zerspanungslehre. Bd. 1, 2. Berlin, Göttingen, Heidelberg 1963. – *Kunz, H.:* Werkzeugwerkstoffe für die spanende Formgebung. VDI-Ber. Nr. 432. Düsseldorf 1982; S. 113/126. – *Lung, D.:* Entwicklung von Schneidstoffen und Schneidformen für die Fertigungsautomation. Von HSS bis Diamant; sind alle Reserven ausgeschöpft? Praktiker-Tagung: Schneidwerkzeuge für die Automation MIC. Stuttgart-Münchingen 1985. – *Spur, G.,* u. *Th. Stöferle:* Handb. Fertigungstechnik. Bd. 3/1: Spanen. München, Wien 1979. – *Tönshoff, H. K.:* Schneidstoffe für die spanende Fertigung. wt-Z. ind. Fertig. 72 (1982) Nr. 9, S. 201/208. – *Vieregge, G.:* Zerspanung der Eisenwerkstoffe. Stahleisen-Bücher. Bd. 16. Düsseldorf 1970. – *N. N.:* Grundlagen zur Zerspanung von Stahl. Merkbl. 137 Beratungsstelle für Stahlverwendung. Düsseldorf 1986.

**Schneidteil.** S. ist der Teil eines Zerspanwerkzeugs, an dem durch die Relativbewegung zwischen Werkzeug und Werkstück der Span entsteht.

Bei allen spanabhebenden Fertigungsverfahren werden die Prozeßkenngrößen wie →Spanbildung, Spanablauf, →Zerspankraft, →Verschleiß und das Arbeitsergebnis wesentlich durch die Schneidteilgeometrie beeinflußt. Sie muß deshalb den jeweiligen Werkstückstoff-, Schneidstoff- und Maschinenverhältnissen angepaßt werden.

Hinsichtlich der Werkzeugschneiden unterscheidet man die in Vorschubrichtung weisende Hauptschneide und die Nebenschneide. Die Übergangsstelle zwischen den beiden Schneiden wird als Schneidenecke definiert, die i.a. einen Radius aufweist (Bild 1).

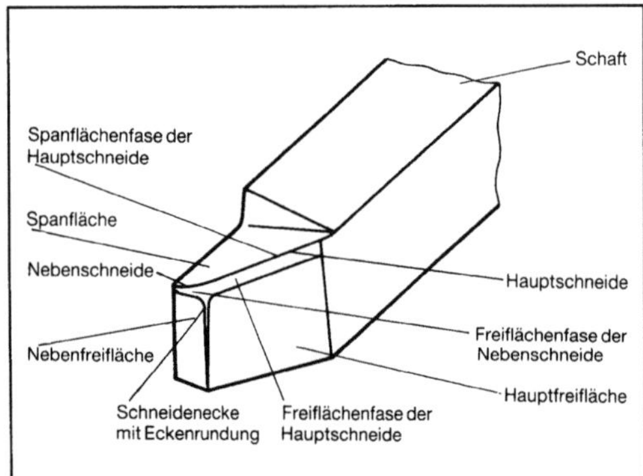


*Schneidteil 1: Flächen, Schneiden und Schneidenecken am Dreh- oder Hobelmeißel. (Quelle: DIN 6581)*

Die wichtigsten Schneidteilwinkel, gemessen im Werkzeug-Bezugssystem (Bild 2) sind:

□ Frei-, Keil- und Spanwinkel ergänzen sich zu 90°:

$$\alpha_0 + \beta_0 + \gamma_0 = 90°.$$

□ Der Eckenwinkel $\varepsilon$ ist der Winkel zwischen Haupt- und Nebenschneide.

□ Unter dem Einstellwinkel $\kappa_r$ ist der Winkel zwischen Hauptschneide und unbearbeiteter Werkstückoberfläche zu verstehen.

□ Der Neigungswinkel $\lambda_s$ gibt die Neigung der Hauptschneide an.

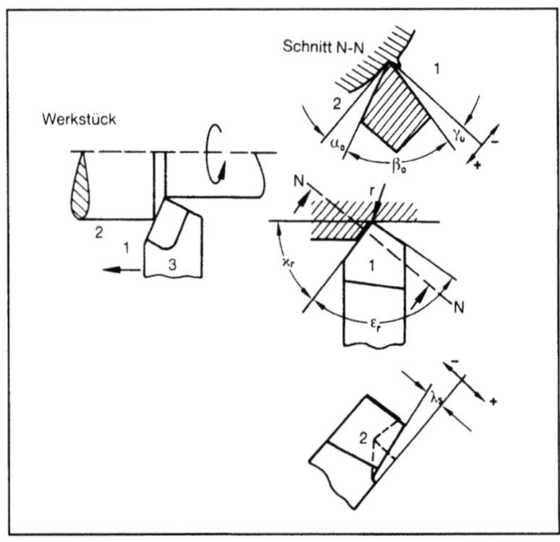


*Schneidteil 2: Zusammenfassung der wichtigsten Winkel der Schneidteilgeometrie.*

1 Spanfläche, 2 Freifläche, 3 Nebenfreifläche

Werkzeug: $\alpha_0$ Freiwinkel, $\gamma_0$ Spanwinkel, $\varepsilon_r$ Eckenwinkel, $\kappa_r$ Einstellwinkel, $\lambda_s$ Neigungswinkel, r Eckenradius, + positiver Winkel, – negativer Winkel

Der Eckenradius r ist der Radius der Schneidenecke zwischen Haupt- und Nebenschneide. *König*

Literatur: DIN 6581: Begriffe der Zerspantechnik, Bezugssysteme und Winkel am Schneidteil des Werkzeuges. Hrsg. Dt. Inst. f. Normung. Ausg. Okt. 1985. – ISO 3002/1: Geometry of the active part of cutting tools. 1982.

**Schneidwerkzeug.** S. sind Fertigungsmittel zum Abschneiden, Ausschneiden, →Lochen oder Beschneiden von Werkstücken bzw. Zuschnitten aus Tafeln, Streifen, Bändern und Profilen metallischer und nichtmetallischer Werkstoffe. Erst durch den Einsatz von S. ist eine Voraussetzung für die Großserien- und Massenfertigung geschaffen.

Arten und Ausführungsformen der Werkzeuge werden von den Stückzahlen, den geforderten Maßgenauigkeiten, der Blechdicke und der Werkstückstoffart bzw. der Werkstückstofffestigkeit bestimmt.

Entsprechend den wichtigsten Untergruppen der Zerteilverfahren (DIN 8588) unterscheidet man:

□ Scher-S. (Bild 1),
□ Messer-S. (Bild 2),
□ Beiß-S. (Bild 3) und
□ Sonder-S. (Bild 4).

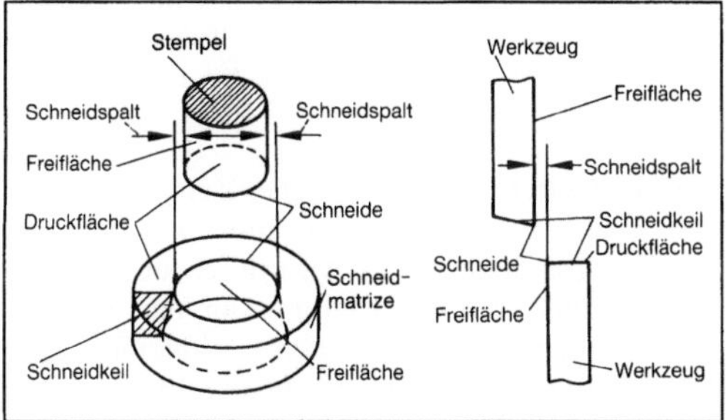


*Schneidwerkzeug 1: Scher-Schneidwerkzeuge. (Quelle: DIN 8588)*

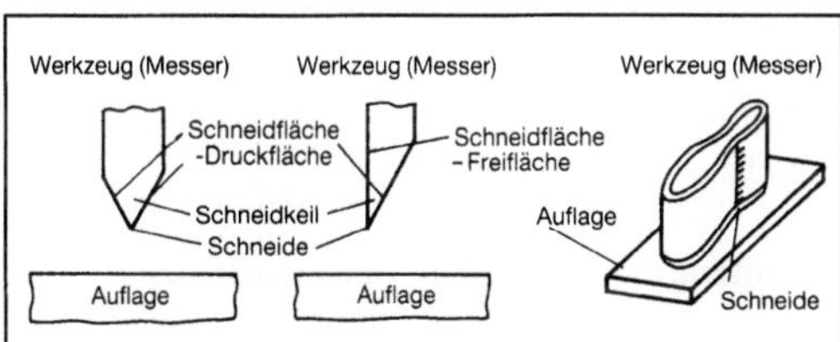


*Schneidwerkzeug 2: Messer-Schneidwerkzeuge. (Quelle: DIN 8588)*

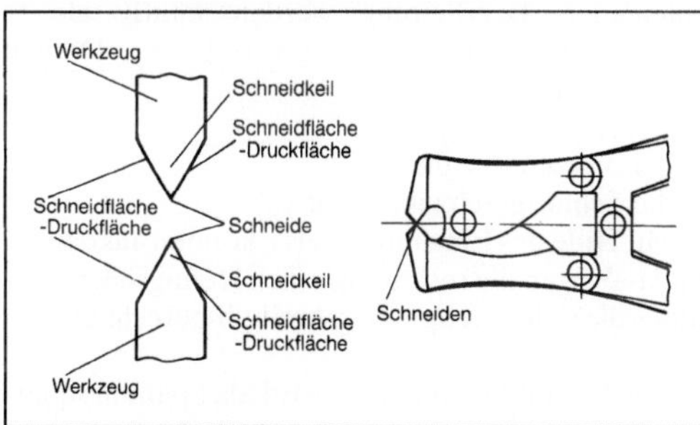


*Schneidwerkzeug 3: Beiß-Schneidwerkzeuge. (Quelle: DIN 8588)*

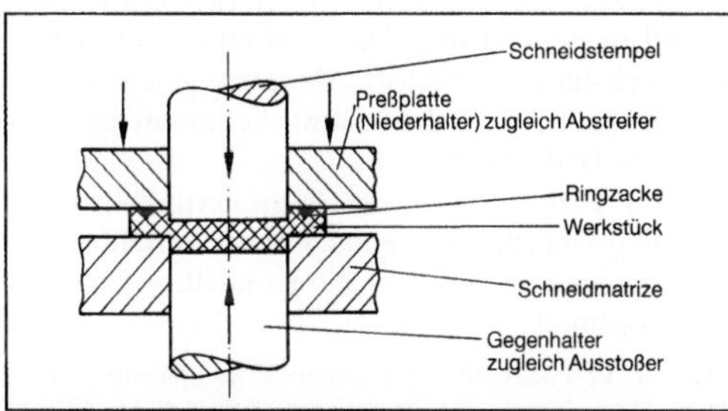


*Schneidwerkzeug 4: Fein-Schneidwerkzeuge, schematisch. (Quelle: DIN 9870)*

Zur Definition der S. werden diese nach DIN 9868, Bl. 1, nach dem

□ Fertigungsverfahren (entsprechend DIN 8588),
□ Fertigungsablauf und dem
□ konstruktiven Aufbau

eingeteilt. Gemäß dem Fertigungsablauf lassen sich

□ Einverfahrenwerkzeuge (z. B. Aus-S.),
□ Folge-S. (→Folgeschnitt) und
□ Gesamt-S. (gleichzeitig verschiedene Schneidverfahren, z. B. Lochen und Ausschneiden in einem Hub)

unterscheiden. Ein wichtiges konstruktives Unterscheidungsmerkmal ist die Führungsart des Schneidstempels:

□ indirekt durch Pressenstößel (Frei-S.) und
□ direkt mit Schneidplatten-, Führungsplatten- oder Säulenführung.

Der massive Schneidstempel eines einfachen Frei-S. ist gegenüber der Schneidplatte nicht geführt. Die Genauigkeit wird durch die Präzision der Maschinenführung beeinflußt. Es ist daher schwierig, den Schneidspalt (Spiel zwischen Stempel und Schneidplattendurchbruch) allseitig gleichmäßig einzustellen.

Eine genauere Führung des Stempels wird durch die drei direkten Führungsarten gewährleistet, wobei sich die teureren Säulenführungswerkzeuge auf Grund verschiedener Vorteile immer mehr durchsetzen:

□ komplette Voreinstellung des Werkzeugs und dadurch schneller, u. U. automatisierter Werkzeugwechsel möglich,
□ Verwendung standardisierter oder genormter Werkzeugbauteile,
□ hohe Fertigungsgenauigkeiten durch zusätzliche Führungsplatten.

Die Wahl des geeigneten Schneidspalts hängt im wesentlichen von den Festigkeitseigenschaften und der Dicke des zu schneidenden Blechwerkstoffs ab. *König*

Literatur: DIN 8588: Fertigungsverfahren Zerteilen. Hrsg. Dt. Inst. f. Normung. – DIN 9869: Begriffe für Werkzeuge zur Fertigung dünner, vorwiegend flächenbestimmter Werkstücke. Hrsg. Dt. Inst. f. Normung. – DIN 9870: Begriffe der Stanztechnik; Fertigungsverfahren und Werkzeuge. Hrsg. Dt. Inst. f. Normung. – VDI 3368: Schneidspalt, Schneidstempel und Schneidplattenmaß für Schneidwerkzeuge. Düsseldorf 1965. – *Haack, J.,* u. *F. Birzer:* Feinschneiden – Handb. für die Praxis. – *Oehler, Kaiser:* Schnitt-, Stanz- und Ziehwerkzeuge. Berlin, Heidelberg, New York 1966. – *Riege, M.:* Werkzeuge zum Blechschneiden und Blechumformen. Berlin 1982. – *Romanowski, W. P.:* Handb. Stanzereitechnik. Berlin 1959.

**Schnellarbeitsstahl.** Werkzeugstähle für Zerspanungswerkzeuge, die hohe Härte und Verschleißfestigkeit bis zu Anlaßtemperaturen von 550–600 °C beibehalten. Damit ist die Voraussetzung für die Anwendung höherer Schnittgeschwindigkeiten gegeben, aus der auch die Bezeichnung abgeleitet ist.

Die S. verdanken ihre Eigenschaften den Sondercarbiden mit →Chrom, Molybdän, →Vanadium und Wolfram. Bei Kohlenstoffgehalten zwischen 0,8 und 0,9 % sowie 4 % Chrom ergeben sich drei verschiedene Grundlegierungen, und zwar mit
□ 1 % Vanadium und 18 % Wolfram,
□ 9 % Molybdän und 1–2 % Vanadium sowie
□ 5 % Molybdän, 1–2 % Vanadium und 6 % Wolfram.

Je nach den Beanspruchungsverhältnissen können diese Grundlegierungen weiter variiert werden, z. B. durch Erhöhung des Kohlenstoffgehalts oder andere Kombination der Legierungselemente. *W. Dahl*

Literatur: Werkstoffkunde Stahl. 2 Bde. Hrsg. VDEh. Berlin, Düsseldorf 1984/85.

**Schnitteil.** Als S. wird ein Blechwerkstück bezeichnet, das vorzugsweise mittels →Scherschneiden hergestellt wird. Die geometrische Form des S., die Blechdicke und die Werkstückstoffqualität (Festigkeit und Gefüge) bestimmen den Fertigungsaufwand und damit die Komplexität des Schneidwerkzeugs (Bild).

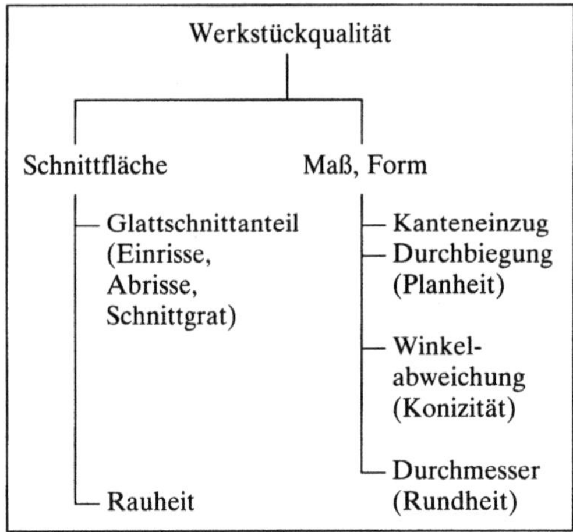


*Schnitteil: Kriterien zur Beurteilung der Werkstückqualität.*

Blechdicke und geometrische Form wie Lochdurchmesser, Zahnmodul, Radien, Stege und Schlitze bestimmen den Schwierigkeitsgrad und die Grenzen des angewendeten Schneidverfahrens (z. B. →Feinschneiden). Die geforderten Genauigkeiten und Fertigungstoleranzen legen das anzuwendende Verfahren fest.

Während normale Schneidverfahren auf Grund des relativ großen Bruchflächenanteils für einfache Werkstücke und Halbfertigteile eingesetzt werden, bietet das Feinschneidverfahren z. B. die Möglichkeit der Erzeugung glattgeschnittener einbaufertiger Bauteile. *König*

Literatur: DIN 8588: Fertigungsverfahren Zerteilen. Hrsg. Dt. Inst. f. Normung. – DIN 6930: Stanzteile aus Stahl. Hrsg. Dt. Inst. f. Normung. – VDI 3345: Feinschneiden. Hrsg. Verein Dt. Ingenieure. – VDI 3357: Richtwerte über Steg- und Randbreiten. Hrsg. Verein Dt. Ingenieure. – *Haack, J.,* u. *F. Birzer:* Feinschneiden-Handb. für die Praxis. 1977. – *König, W.:* Fertigungsverfahren. Bd. 5: Blechumformung. Düsseldorf 1986. – *Lange, K.:* Lehrb. der Umformtechnik. Bd. 3: Blechumformung. Berlin, Heidelberg, New York 1975. – *Spur, G.,* u. *Th. Stöferle:* Handb. Fertigungstechnik. Bd. 2/3: Umformen, Zerteilen. München, Wien 1985.

**Schnittflächenrauheit.** Bei der →Zerspanung wird der kinematischen Rauheit eine S. überlagert (→Oberflächengüte). Sie wird durch den Verformungs- und Trennmechanismus an der Schneidkante erzeugt, aber auch durch verschleißbedingte Veränderungen der Schneide beeinflußt. *König*

**Schnittgeschwindigkeit** →Schnittwert

**Schnittiefe** →Schnittwert

**Schnittkraft** →Zerspankraft; →Zerspankraft, spezifische, →Kienzle-Gleichung

**Schnittrate** →Schneiden, funkenerosives

**Schnittspur** →Abbildungsgenauigkeit

**Schnittwert.** Die Maschinenstellgrößen bei der spanenden Bearbeitung werden häufig als S. bezeichnet. Für das Fertigungsverfahren →Drehen zählen hierzu:
□ die Schnittiefe $a_p$,
□ der Vorschub f und
□ die Schnittgeschwindigkeit $v_c$.

Mit Hilfe des Einstellwinkels $\kappa$ können aus den $a_p$- und f-Werten die technologischen Kenngrößen Spanungsdicke h und Spanungsbreite b berechnet werden.

Das Produkt $b \cdot h = a_p \cdot f$ wird als Spanungsquerschnitt bezeichnet.

Ein wirtschaftlicher Einsatz der modernen Fertigungseinrichtungen setzt die genaue Kenntnis der einzustellenden S. voraus. Bei der Bestimmung der S. sind in erster Linie das Bearbeitungsverfahren, das Werkstück (Werkstoff, Abmessungen usw.) und das Werkzeug (→Schneidstoff, Schneidteilgeometrie) von Bedeutung.

Zur S.-Ermittlung stehen Richtwerttabellen und Datenbanken zur Verfügung. Letztere erlauben mit Hilfe geeigneter Software die Ermittlung zeit- und kostenoptimaler S. *König*

Literatur: VDI 3321. Bl. 1: Optimierung des Spanens; Grundlagen. Hrsg. Verein Dt. Ingenieure. Ausg. März 1976. – *König, W.:* Zerspanwerte für die Fertigung aus der INFOS-Datenbank. wt-Z. ind. Fertig. 69 (1979) Nr. 1, S. 58/59.

**Schräg-Einstechschleifen** →Schleifprozeß-Modifikation, →Schleifen, →Schleifverfahren

**Schränken.** S. ist ein Verfahren des Schubumformens und ist als eine spezielle Anwendung des Verdrehens definiert. *Lange*

**Schrankenverfahren.** Die in der Umformtechnik eingesetzten S. basieren auf den Extremalprinzipien der Lévy-von-Mises-Plastizitätstheorie (starr-ideal-plastisches Werkstoffmodell):

□ Von allen Geschwindigkeitsfeldern v*, die die Geschwindigkeitsrandbedingungen und die Inkompressibilitätsbedingungen erfüllen (also kinematisch zulässig sind), macht das wahre Geschwindigkeitsfeld den Ausdruck

$$P^* = P^*_u = P^*_o$$

zum Minimum.

Hierbei ist $P^*_u$ die aus dem Geschwindigkeitsfeld berechnete (innere) Umformleistung und $P^*_o$ die Leistung der an der Oberfläche angreifenden (wirklichen) Spannungen mit den Geschwindigkeiten u*.

□ Von allen Spannungsfeldern σ, die den Spannungsrandbedingungen genügen und sowohl die Gleichgewichtsbedingungen also auch die →Fließbedingung erfüllen (und somit statisch zulässige Spannungsfelder sind), macht das wahre Spannungsfeld den Ausdruck

$$P^+ = P^+_o$$

zum Maximum.

Die Anwendung der Extremalsätze setzt folgendes voraus:

□ die Kenntnis des plastischen Gebiets,
□ die Kenntnis der Geschwindigkeits- bzw. Spannungsrandbedingungen.

Ausgehend von den beiden Extremalprinzipien lassen sich obere bzw. untere Schranken für die Umformleistung und damit auch die Umformkräfte bestimmen, wenn es gelingt, zulässige Spannungs- bzw. Geschwindigkeitsfelder für die vorgegebene Problemstellung zu finden. Dabei führt das erste Extremalprinzip auf die obere Schranke und die zweite Extremalaussage auf die untere Schranke.

Da statisch zulässige Spannungsfelder nur bei sehr wenigen (geometrisch einfachen) Vorgängen geschlossen angegeben werden können, hat die Anwendung des zweiten Prinzips (untere Schranke) für die Umformtechnik nur wenig Bedeutung erlangt. Demgegenüber ist das Prinzip der oberen Schranke die Grundlage zahlreicher Berechnungsverfahren (u. a. →Fehlerabgleichverfahren, →Finite-Elemente-Methode). Das wesentlich einfacher zugängliche Prinzip der oberen Schranke ist insofern auch wertvoller, als es Näherungswerte für die Umformleistung bzw. -kraft liefert, die grö-

ßer sind als die wahren Werte. Die Güte der Näherungslösung hängt allerdings sehr davon ab, wie gut das angenommene (geratene) Geschwindigkeitsfeld die wirklichen Bewegungsverhältnisse annähert. *Lange*

Literatur: *Betten, J.:* Elastizitäts- und Plastizitätslehre. Braunschweig, Wiesbaden 1985. – *Hill, R.:* The Mathematical Theory of Plasticity. Oxford 1950. – *Ismar, H., u. O. Mahrenholtz:* Technische Plastomechanik. Braunschweig, Wiesbaden 1979. – *Lange, K.* (Hrsg.): Umformtechnik. Handb. f. Ind. u. Wiss. Bd: 1. Grundlagen. 2. Aufl. Berlin, Heidelberg, New York, Tokio 1984. – *Lippmann, H.:* Mechanik des plastischen Fließens. Berlin, Heidelberg, New York 1981. – *Lippmann, H., u. O. Mahrenholtz:* Plastomechanik der Umformung metallischer Werkstoffe. Berlin, Heidelberg 1967. – *Prager, W., u. P. G. Hodge:* Theorie ideal-plastischer Körper. Wien 1954.

**Schränkung** →Sägen

**Schraubfräsen.** Beim S. mit Scheiben- oder Schaftfräser (→Planfräsen) wird in ein Werkstück infolge dessen gleichzeitiger Rund- und Längsvorschubbewegung eine Nut mit gegebener Steigung gefräst.

Das Gewindefräsen ist dem S. mit Scheibenfräser sehr ähnlich. Das Werkzeug weist hierbei jedoch ein den Gewindeflanken angepaßtes Profil auf. Langgewindefräsen von Außengewinden mit einem innenverzahnten Fräswerkzeug wird auch Gewindewirbeln genannt. Beim Kurzgewindefräsen wird mit einem mehrprofiligen Gewindefräser gearbeitet, dessen Achse zur Werkstückachse parallel liegt und dessen Vorschub der Gewindesteigung entspricht. Die maximal herstellbare Gewindelänge entspricht der Fräserbreite. *König*

**Schraubläppen.** Das S. ist ein formgebendes Läppverfahren zur Oberflächen- und Formverbesserung von Gewinden und anderen wendelförmigen Profilen (→Läppen). Es wird zwischen Außen- und Innen-S. unterschieden. Beim Außen-S. ist das Werkzeug als eine Art Gewindemutter ausgebildet. Beim Innen-S. ist das Werkzeug ein spreizbarer Dorn in Form einer Schraube. Bei beiden Verfahren wird unter Zuführung eines flüssigen Läppgemisches von Hand oder maschinell eine Schraubbewegung erzeugt. Die Werkzeuge werden aus perlitischem Grauguß hergestellt. Als Läppkorn kommen Edelkorund kleiner Korngrößen und in besonderen Fällen Polierrot ($Fe_3O$) mit Korngrößen von etwa 1 μm zum Einsatz.

Das S. wird insbes. zum Steigern der Oberflächenqualität von Gewindelehren eingesetzt. Seltener kommt es auch zur Verbesserung des Reibverhaltens bei Bewegungsgewinden zur Anwendung. Bei kleinen Durchmessern ist das Innen-S. dem Schraubschleifen überlegen. Es können geringe Formfehler beseitigt sowie Rauheitswerte von $R_z < 1$ μm an den Gewindeflanken erreicht werden. *Kenter*

**Schraubräumen.** S. ist Räumen mit schraubenförmiger Schnittbewegung. Das Werkzeug führt daher entsprechend der zu erzeugenden Innen- oder Außenkontur eine translatorische und eine überlagerte rotatorische Schnittbewegung aus. Typische Anwendungsfälle für das S. sind Schrägverzahnungen an Stirn- oder Hohlrädern.        *König*

**Schritt, geschwindigkeitsbestimmender.** Setzt sich ein chemischer Prozeß aus zwei oder mehr nacheinander ablaufenden Teil-S. (z. B. chemische Reaktion mit Stofftransportvorgängen) zusammen, so wird der Teil-S., der mit Abstand die kleinste Geschwindigkeitskonstante aufweist, als g. S. bzw. geschwindigkeitsbegrenzender S. bezeichnet. Beispiele für solche Prozesse sind die Teil-S. bei heterogenen Gas-Flüssig-Reaktionen und Gas-Feststoff-Reaktionen (→Reaktion, heterogene). Bei schnellen und Momentanreaktionen ist häufig die Diffusion oder der Stoffübergang der Reaktanden der langsamste, also g. Teil-S. des Gesamtprozesses. Dann hängt die effektive Gesamtgeschwindigkeit in vielen Fällen allein vom Diffusions- oder Stoffübergangskoeffizienten ab, d. h. der Gesamtprozeß ist diffusions- oder stoffübergangskontrolliert bzw. -gehemmt. Man spricht auch vom Diffusions- oder Stoffübergangsbereich des Prozesses.

Besteht der chemische Prozeß aus simultan ablaufenden Teil-S., dann ist z. B. bei Parallelreaktionen der schnellste Teil-S. und bei Folgereaktionen wieder der langsamste Teil-S. geschwindigkeitsbestimmend.

Das Konzept des g. S. ist eine erhebliche Vereinfachung zur Modellierung der →Makrokinetik chemischer Prozesse, läßt sich aber bei komplizierten Reaktionsmechanismen, insbes. wenn auch reversible Reaktions-S. beteiligt sind, oft nicht mehr anwenden.        *Schönbucher*

**Schrittelement.** Das S. (DIN 40719, DIN IEC 65A [Sec] 67) wird zum Aufbau der Ablaufketten von Ablaufsteuerungen eingesetzt. Es ist ein zusammengesetztes Steuerungselement (Bild) und besteht aus einem Speicherelement das auf Grund der Setz- oder Transitionsbedingung (UND-Verknüpfung der Übernahmesignale X, $X_1$, $X_2$, $X_3$) gesetzt wird und über eine weitere Bedingung (ODER-Verknüpfung) wieder rückgesetzt werden kann. Von den beiden Ausgängen Y des S. dient der eine der Ansteuerung von Befehlselementen und der andere zum Aufbau der Ablaufketten. Ist das S. inneres Glied einer Ablaufkette, so erfolgt das Rücksetzen durch das Setzen des folgenden Schritts.

Im Vergleich zu den Elementen von Ereignisgraphen wie das Petri-Netz vereinigt das S. in sich Transition und Platz, wobei der gesetzte Schritt dem markierten Platz entspricht.

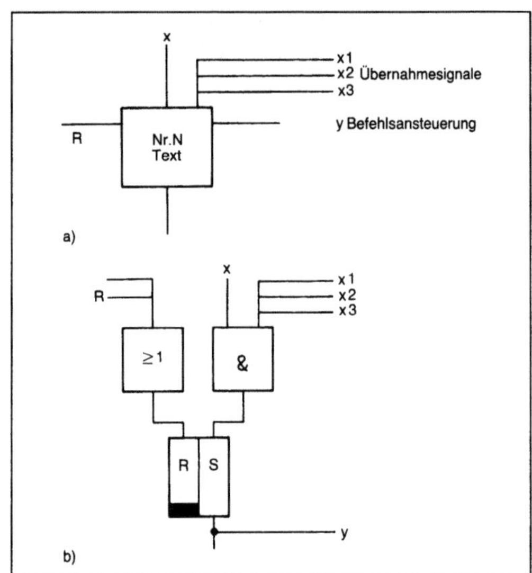


*Schrittelement: Darstellung.*
*a) Symbol*
*b) Prinzipieller Funktionsplan.*

Als Symbol wurde ein Rechteck gewählt, in das die Schrittnummer und ggf. eine klartextliche Bezeichnung des Schritts eingetragen werden kann. Die Wirkungslinien für die Verknüpfung mit vorausgegangenem und nachfolgendem Schritt, die Signale für die Weiterschalt- oder Transitionsbedingung, die Rücksetzbedingung sowie die Schrittausgabe zur weiteren Verarbeitung werden (wie im Bild) am Schrittsymbol ergänzt. Der Aufbau von Ablaufketten mit Schrittsymbolen erfolgt stets von oben nach unten im Sinne der Folgeschritte. Der erste Schritt wird besonders gekennzeichnet.

S. sind wie Befehlselemente oder Aktionselemente erweiterte Funktionsbausteine für den Entwurf und die Dokumentation von Ablaufsteuerungen. In der Form von Software-Funktionsbausteinen stehen sie bei speicherprogrammierbaren Steuerungen zur Konfigurierung bzw. Erstellung des Steuerungsprogramms zur Verfügung.        *Freyberger*

**Schrott.** Als S. bezeichnet man die metallischen Abfälle, die bei der Erzeugung und Verarbeitung von Metallen und am Ende des Gebrauchs der aus Metallen hergestellten Anlagen, Maschinen, Gebrauchsgegenstände, Verpackungen usw. anfallen. Im Jahre 1983 waren das in der Welt rd. 350 Mill. t Stahl- und Gußschrott. Für die Stahlindustrie ist S. ein wichtiger Rohstoff. Etwa 40% des Stahls und 50% des Gußeisens werden durch Wiedereinschmelzen von S. hergestellt.

Umlaufschrott oder Eigenschrott ist der bei der Erzeugung von Walzprodukten in den verschiedenen Stufen anfallende S. Sein Anteil am Gesamtschrottentfall betrug 1983 noch etwa 45%. Durch das Anwachsen des Anteils an Strangguß und Ausbringensverbesserungen in den nachfolgenden Stufen geht diese Menge aber ständig zurück. Sie dürfte sich auf längere Sicht fast halbieren.

Verarbeitungschrott fällt bei der Fertigung in allen stahlverarbeitenden Betrieben an. Er kann i. a. direkt in Stahlwerke und Gießereien zurückgeführt werden. Der Anteil am Gesamtschrottentfall betrug 1983 etwa 27%.

Altschrott fällt an beim Abbruch von Anlagen und Maschinen und am Ende des Gebrauchs von Automobilen, gewerblichen und Haushaltsgeräten, Verpackungen usw. Dieser S. kann nicht direkt wieder eingesetzt werden. Er durchläuft unterschiedliche Verfahren der S.-Aufbereitung. Altschrott hatte 1983 einen Anteil von ungefähr 28% am Gesamtschrottaufkommen. *Rellermeyer*

**Schrupphonen.** Das S. ist ein →Honverfahren, bei dem in Form einer Vorbearbeitung vorrangig eine hohe Abtragsleistung erreicht werden soll. Es findet überwiegend Anwendung bei der Innenbearbeitung von Stahl- und Gußrohren. Das S. stellt besondere konstruktive Anforderungen an die Honmaschine (Honverfahren). Zur Realisierung der hohen Spanleistung werden spezielle Rohrhonmaschinen mit Elektromotoren bis zu 30 kW für die Hub- und Drehantriebe ausgerüstet. Bei einer Länge der Werkstücke bis zu 4 m und einem Bearbeitungsdurchmesser bis zu 400 mm wird das Be- und Entladen mit Hilfe eines ebenerdigen Aufnahme- oder Pendeltisches bewerkstelligt. Die Werkstücke sind senkrecht angeordnet und werden in verstellbaren Spannrohren unterflur aufgenommen. Wegen der extrem langen Hubwege ist es für das Werkzeug (→Honwerkzeug) unabdingbar, dieses über eine Gelenkstange mit dem Hubantrieb zu verbinden.

Als Beispiel für die erreichbaren Abtragsleistungen können beim S. von Stahlrohren mit einem Bohrungsdurchmesser von 100 mm und einer Rohrlänge von 1 000 mm pro Minute 0,01–0,02 mm Durchmesseraufweitung erreicht werden. *Kenter*

**Schruppschleifen** →Schleißprozeß-Modifikation, →Schleifen, →Schleifverfahren

**Schubschleuder.** Kontinuierlich arbeitende Filterzentrifuge. Auf dem zylindrischen Trommelmantel sind Spaltsiebe (Bild 1) angebracht, die den Feststoff zurückhalten und die abzentrifugierte Flüssigkeit nach außen passieren lassen. Der Siebspalt muß dem abzutrennenden Feststoff angepaßt sein. Die Zentrifuge eignet sich daher zum Abtrennen grobkörniger kristalliner Feststoffe. Durch einen hinundherbewegten Schubboden nach dem Prinzip der mechanischen Stempelbewegung wird der Kuchen über den Siebmantel geschoben und am freien Ende abgeworfen. Die Spalte des Siebes werden in Richtung der Trommelachse angeordnet, um ein leichtes Abschieben des Filterkuchens zu ermöglichen. Bei der zweistufigen Schubzentrifuge (Bild 2, nächste Seite) bewegt sich die innere Trommel (erste Stufe) in axialer Richtung. Der Kuchen wird von dem mit der äußeren Trommel fest verbundenen Schubboden auf die äußere Trommel geschoben. Auf dieser Trommel wirkt die innere Trommel als Schubboden. Mehrstufige Ausführungen eignen sich besonders zum Waschen des Feststoffkuchens. *Trefz*

**Schubspannung** →Nicht-Newton-Flüssigkeit, →Spannung

**Schubspannungshypothese.** Die auf *Tresca* zurückgehende S. ist eine von mehreren Hypothesen zur Vorhersage des Eintritts plastischer Formänderungen an Metallen bei mehrachsigem Spannungszustand (→Fließbedingung). *Lange*

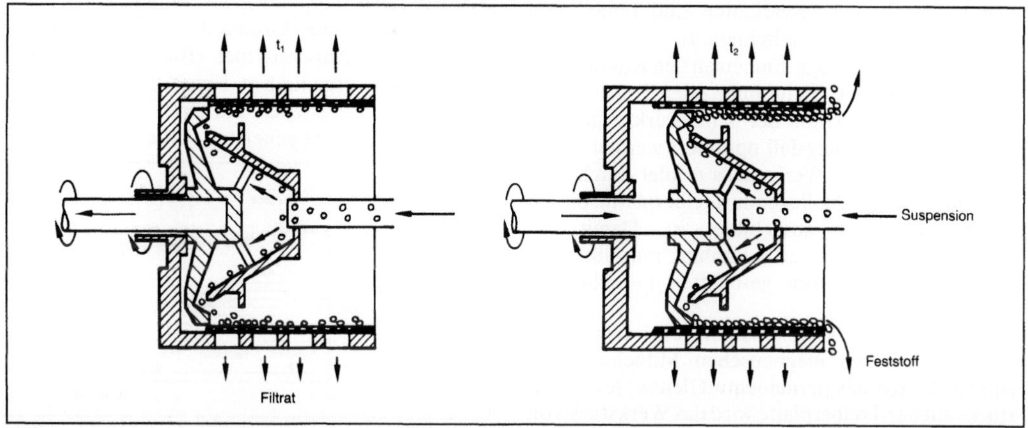


*Schubschleuder 1: Einstufig.*

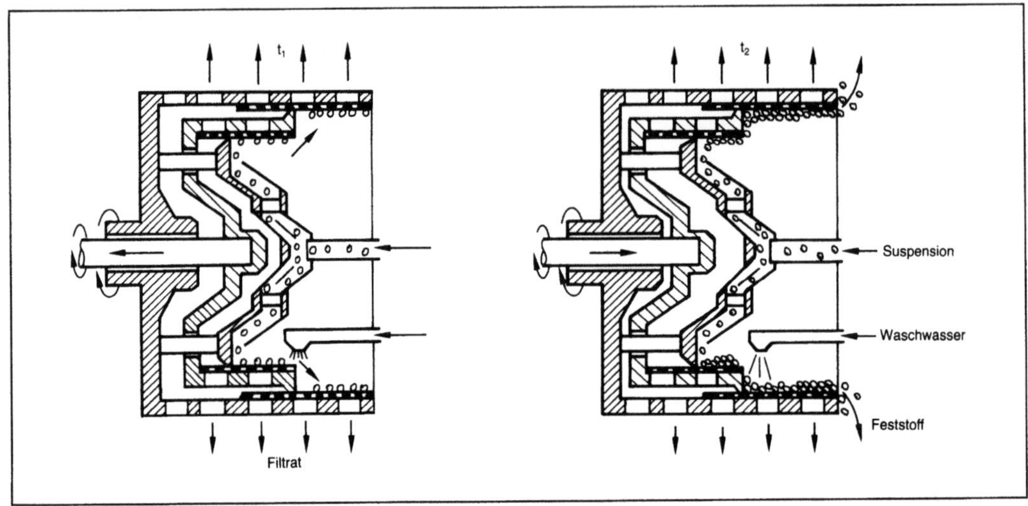



*Schubschleuder 2: Zweistufig.*

**Schubumformen.** S. umfaßt als fünfte Gruppe der Umformverfahren nach DIN 8582 die beiden Untergruppen Verschieben und →Verdrehen mit geradliniger bzw. drehender Werkzeugbewegung und ist als →Umformen eines festen Körpers, wobei der plastische Zustand durch eine Schubbeanspruchung herbeigeführt wird, definiert.

Die Schubbeanspruchung ist nach dem Mohrschen Kreis durch eine gleich große Zug- und Druckspannung gekennzeichnet. Die mittlere Normalspannung $\sigma_m$ ist bei reinem Schub gleich null. Daher sind mögliche Formänderungen z. B. gegenüber Umformverfahren mit dreiachsigem Druckspannungszustand und $\sigma_m/k_f > 0$ geringer. *Lange*

**Schuhschleifen.** Das S. (auch Micro-Centric-Verfahren genannt) ist eine Modifikation des Spitzenlosschleifens, bei dem rotationssymmetrische Werkstücke mit zwei Stützelementen (Schuhwerkzeuge) kraftschlüssig aufgenommen werden (Bild, nächste Seite). Die Verfahrensvarianten sind Innen- und Außenschleifen (→Rundschleifen).

Die Schuhwerkzeuge können an den Kontaktstellen zum Werkstück Gleitschuhe oder Rollelemente aufweisen. Die Position der Schuhwerkzeuge muß für jeden Anwendungsfall optimiert werden.

Der Antrieb des Werkstücks erfolgt durch eine axial zum Werkstück liegende Treiberplatte, die als Magnetspannplatte ausgebildet ist. Damit das Werkstück nicht aus der Aufnahme rausfällt, wird im Gleichlaufverfahren geschliffen (→Schleifen, →Schleifverfahren).

Die axiale Werkstückposition wird durch den Anschlag an den magnetischen Mitnehmer bestimmt. Durch das permanente Gleiten des Werkstücks auf der Treiberplatte wird das Werkstück von der →Schleifscheibe und den beim Schleifen entste-

henden Kräften in die Schuhwerkzeuge gedrückt und erhält dadurch eine stabile Lage. Das Gleiten des Werkstücks auf der Treiberplatte bewirkt, daß die Radialschwingungen und der Planschlag der Treiberplatte nicht oder kaum auf das Werkstück übertragen werden. Wegen der speziellen Werkstückaufnahme (→Werkstückaufnahmevorrichtung) und der Anordnung des Werkstücks zum Treiber sind hohe Rundlaufgenauigkeiten an den Werkstücken möglich.

Das S. wird wegen der erreichbaren hohen Rundlaufgenauigkeit, der Formgenauigkeit, der Maßgenauigkeit und der Konzentrizität besonders bei der Massenbearbeitung von ringförmigen Bauteilen eingesetzt. Hauptanwendungsbereich ist die Wälzlagerindustrie, bei der die Laufbahnen der Innen- und Außenringe der Wälzlager mit hoher Präzision geschliffen werden. *Kenter*

**Schüttelherd.** Apparat zum Trennen eines Haufwerkgemisches auf Grund der unterschiedlichen Dichte der Gemischpartner (Bild). Aufbereitung von Sanden, organischen Erzen, früher auch für Steinkohle. S. bestehen aus einer ebenen und in Querrichtung leicht geneigten Platte, die von einem

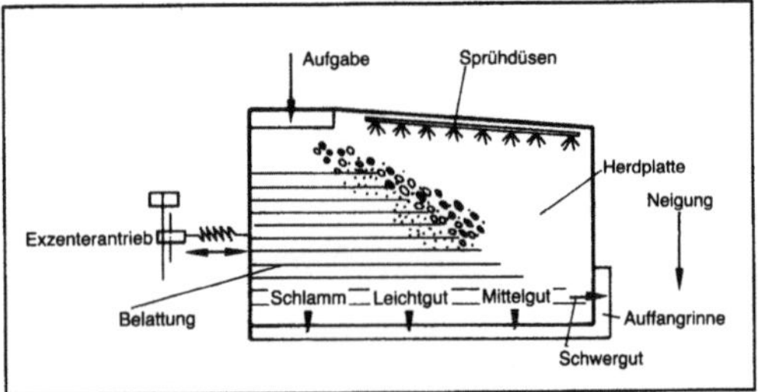



*Schüttelherd. (Quelle: Ullmann a. a. O.)*

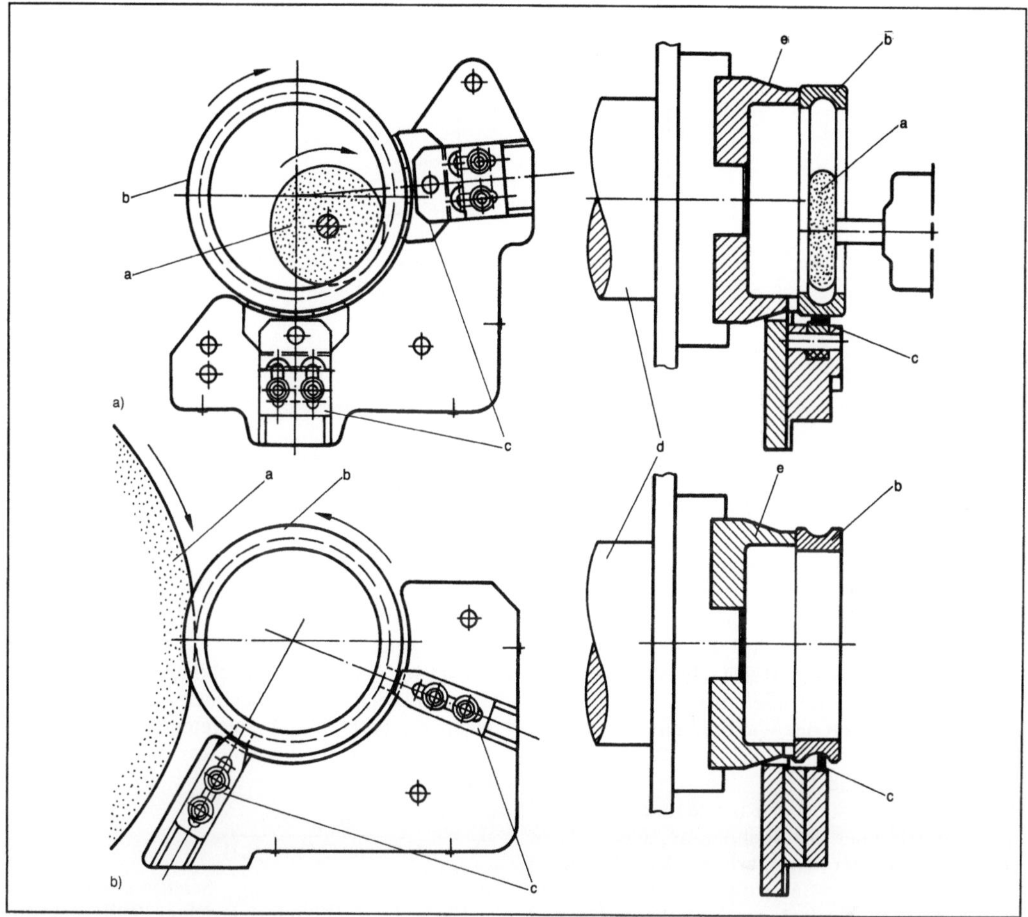

*Schuhschleifen: Schematische Darstellung der Werkstückaufnahme beim Schleifen von Kugellagerinnen- und -außenringen und der Verfahrensvarianten. (Quelle: FAG Kugelfischer Georg Schäfer KGaA)*
*a) Innenschleifen (Laufbahn)*
*b) Außenschleifen (Laufbahn).*

a Schleifscheibe, b Werkstück, c Schuhwerkzeug, d magnetischer Mitnehmer (Treiber), e Treiberplatte

Wasserstrom überspült wird und gleichzeitig in der Längsachse eine hinundhergehende Bewegung ausführt.  *Trefz*

Literatur: Ullmanns Enzyklopädie der techn. Chemie. 4. Aufl. Bd. 2. Weinheim 1972.

**Schüttgut, kohäsives.** Bei k. S. ist die Reibung durch innere Haftkräfte auch für den Fall, daß keine mechanisch aufgebrachte Normalkraft wirkt, ungleich null. K. S. sind Heu, Schnee und nasser Sand. Alle 3 können Böschungswinkel > 90°, d. h. einen Überhang haben. Ein Translationsschergerät kann das →Fließverhalten eines S. messen. Der Gegensatz zum k. S. ist das freifließende S., z. B. Weizenkörner.  *Schlag*

**Schüttgutmechanik.** Die S. befaßt sich mit dem →Fließverhalten von Schüttgütern auf Grund von Partikelwechselwirkungen. Es werden Eigenschaften wie äußere Reibung (Wandreibung) und innere Reibung beschrieben. Die innere Reibung hat Einfluß auf die Unterscheidung zwischen freifließendem Schüttgut und kohäsivem Schüttgut sowie auf die Auslegung von Silos (Kernfluß und Massenfluß).  *Schlag*

**Schüttgutsilo.** Es gibt 2 Arten von Ausfluß beim S.: Massenfluß und Kernfluß. Beim Kernflußsilo ist die durch die große senkrecht zur Wand gerichtete Normalspannung bewirkte Wandreibungskraft an der flachen Konuswand größer als die in der Fließfläche an der Grenze zum Kern herrschende Reibungskraft. Dies hat zur Folge, daß der Kern abfließt, während ein Teil des Siloinhalts auf dem relativ flachen Konus an der Wand stehen bleibt.

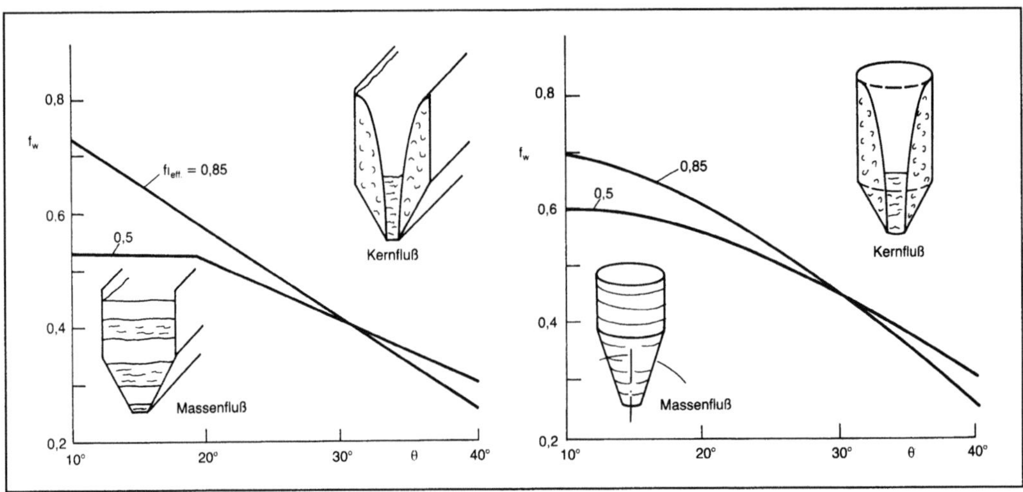

*Schüttgutsilo 1: Massenfluß-Kernfluß-Diagramm für Silos.*

Der Massenflußsilo hat einen geringen Öffnungswinkel $\Theta$ des Auslaufkonus. Die Wandreibungskraft ist daher kleiner als die im Schüttgut mögliche innere Reibungskraft. Es tritt Rutschen längs der Wand ein. Der Silo entleert sich schichtenweise. Die meisten Silos haben Kernfluß. Die Art des Ausflusses ist abhängig von der Wandreibungszahl $f_w$, der inneren Reibungszahl $f_i$ und dem Winkel $\Theta$ der Konusöffnung (Bild 1).

Der Druck im Silo steigt bei senkrechter Wand nur degressiv über der Silohöhe an. Jede Schicht stützt sich auf der darunterliegenden ab. Durch mechanische Keilkräfte erfolgt ein Druck auf die Wand, der 0,5–0,8mal dem senkrecht nach unten wirkenden Druck ist. Am Übergang zum Auslauf-

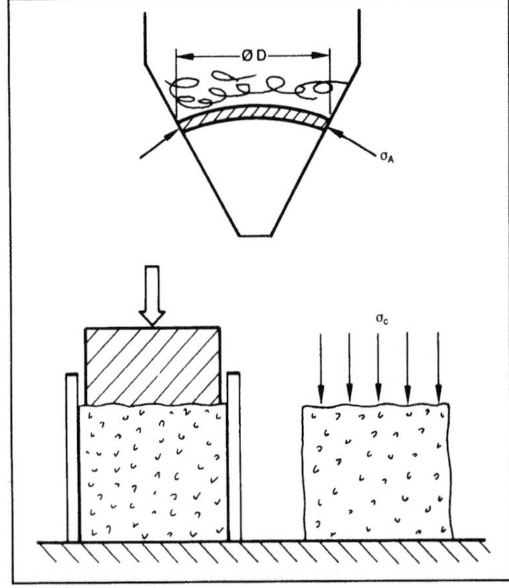

*Schüttgutsilo 2: Brückenbildung im Silo.*

konus stützt sich die Schüttgutmasse z. T. auch direkt auf die Konuswand. Der Wanddruck wird dadurch sprunghaft größer.

Bei kohäsiven Schüttungen und Massenflußsilos kann es zur Brückenbildung kommen, die das Entleeren der Silos behindert. Diese tritt auf, wenn die unter Druck auftretende innere Festigkeit $\sigma_C$ größer als die Auflagerspannung $\sigma_A$ wird (Bild 2):

$$\sigma_C > \sigma_A = \frac{\rho_{SCH} \cdot D \cdot g}{2 \sin(2(\Theta + \rho_w))},$$

mit $\rho_w = \arctan f_w$ und $\rho_{SCH}$ Schüttgutdichte.

Durch Unwucht-Schwingtrichter, Rührwerk, umlaufende Kratzschnecke oder Preßluft läßt sich die Brückenbildung vermeiden.    *Schlag*

**Schüttguttechnik.** Unter S. versteht man die Handhabung und Speicherung von Schüttgütern. Die Handhabung des Schüttguts wird von den Schüttguteigenschaften beeinflußt. Zu den Schüttguteigenschaften gehören:

□ *Spezifische Oberfläche:* Sie ist definiert als Oberfläche des Produkts pro Kilogramm Produkt. Bei kugelförmigen Partikeln die spezifische Oberfläche

$$O_{spez} = \frac{6}{\rho_S \cdot d};$$

darin bedeuten $\rho_S$ Partikeldichte, d Partikeldurchmesser.

□ *Schüttdichte und Hohlraumanteil:* Die Schüttdichte $\rho_{Sch}$ berechnet sich aus der Partikeldichte: $\rho_{Sch} = (1-\varepsilon)\,\rho_S$; $\varepsilon$ ist der Hohlraumanteil des Schüttguts (Hohlraumvolumen in der Schüttung/Gesamtvolumen der Schüttung). Bei Partikeldurchmessern $>100\ \mu$m ist $\varepsilon$ unabhängig vom Partikeldurchmesser ungefähr 0,5 (Bild).

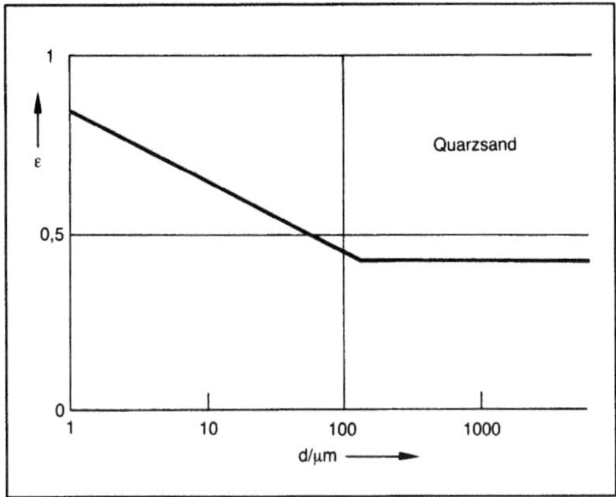


*Schüttguttechnik.*

□ *Äußere und innere Reibung, Böschungswinkel:* Die äußere Reibung wird gekennzeichnet durch die Reibungszahl Schüttgutwand. Man unterscheidet Haftreibung und Gleitreibung. Die Gleitreibungszahl hängt von der Rauhigkeit, der Stoffpaarung und von der Stoffhärte ab, nicht jedoch von der Partikelgeschwindigkeit. Der beim Schütten sich einstellende Böschungswinkel kennzeichnet die innere Reibung, d.h. die Reibung der Schüttgutpartikel untereinander.

Äußere und innere Reibung spielen eine große Rolle beim Auslegen von Schüttgutsilos hinsichtlich Öffnungswinkel (→Schüttgutsilo, →Schüttgut, kohäsives, →Fördern von Schüttgütern). *Schlag*

**Schütthöhe.** Höhe einer Schüttung oder eines Festbetts. Bei durchströmten Schüttungen bestimmt die S. den Strömungswiderstand und die Stoffübertragungsfläche. *Dohrn*

**Schüttung.** Eine S. ist ein regelloses Haufwerk von Partikeln. S. werden in der Verfahrenstechnik u. a. bei der Feststoffextraktion (Extraktionsgut als S.), bei der →Adsorption (Adsorptionsmittel), bei chromatographischen →Trennverfahren (Inhalt gepackter Säulen), in Füllkörperkolonnen (Füllkörper-S.) und in chemischen Reaktoren (Katalysator-S.) verwendet.

Zur Charakterisierung einer S. kann neben der Partikelgrößenverteilung ein hydraulischer Durchmesser definiert werden, der dem Durchmesser der Kanäle eines idealen Ersatzsystems aus parallelen zylindrischen Kanälen entspricht. *Dohrn*

**Schütz.** S. sind elektromechanische Leistungsschalter, die zum Schalten von Elektromotoren, Widerstandsheizungen usw. verwendet werden. Sie enthalten einen Elektromagneten, dessen Anker gleitend oder drehbar gelagert ist und die beweglichen Kontaktstücke betätigt. Beim Schalten des S. werden die Kontaktstücke durch die elektromagneti-

sche Kraft gegen die Schwerkraft oder eine Federkraft auf die Kontakte gepreßt und der Kontaktschluß erzeugt.

Das Standard-S. wird wechselstrombetätigt. Es hat drei Hauptkontakte und verschiedene Hilfskontakte. Die Kontakte bewegen sich in Luft. S. sind meist so konstruiert, daß die wichtigsten Verschleißteile wie Kontakte und Spulen leicht, also auch im eingebauten Zustand, ausgetauscht werden können. S. werden oft in Selbsthalte-Schaltung betrieben oder auch selbsthaltend ausgeführt, so daß Impulse zum Ein- und Ausschalten genügen (Betätigung von mehreren Orten aus).

Die Einschaltzeit von S. beträgt ca. 10–100 ms. Die Ausschaltzeit ist auf Grund der durch Federkraft bewirkten Trennbewegung der Kontakte kürzer. Diese unterschiedlichen Schaltzeiten bewirken, daß z. B. beim Umsteuern von Motoren oft Verzögerungsglieder die Schaltphasen anpassen müssen, um Kurzschlüsse während des Schaltens zu vermeiden.

Neben dem Standard-S. gibt es, abgestimmt auf spezielle Anwendungen, Sonderformen (Öl-, Gleichstrom-, Läufer-, Kondensator-, Steuer-S.), von denen das Hybrid-S., ein mit Halbleitern kombiniertes S., besonders erwähnenswert ist. Hier wird der Dauerstrom verlustarm durch die S.-Kontakte geführt, während Ein- und Ausschaltströme durch vor- bzw. nacheilend gesteuerte Thyristoren geschaltet werden. Dadurch wird nicht nur der Ein- und Ausschaltvorgang beschleunigt, sondern auch Kontaktbrand beim Schalten vermieden und damit die Lebensdauer der Kontakte erheblich verlängert. Allerdings ist bei diesem S. erhöhter Aufwand für die galvanische Trennung zwischen Steuer- und Leistungsseite nötig. Für diesen Zweck kann z. B. ein Trenn-S., das leistungslos geschaltet wird, vorgeschaltet werden.

Auf Grund hoher Lebensdauer und großer Schaltleistung bei gleichzeitig niedriger Ansteuerleistung gehören S. zu den wichtigsten industriell genutzten Schaltelementen. *Freyberger*

**Schutzgas.** Hauptaufgabe von S. ist es, unerwünschte Reaktionen des erhitzten Werkstoffs mit Gasen aus der Umgebung, insbes. Sauerstoff und Stickstoff, zu verhindern oder zu begrenzen. Man verwendet S. bei der Wärmebehandlung, beim →Schweißen und →Löten sowie bei der Nachbehandlung von Stahl. Darüber hinaus können S. auch erwünschte Reaktionen herbeiführen, wie z. B. eine Verminderung der Oberflächenspannung, Verbesserung der Ionisation, Reduktion von Oxidhäuten u. a. Beim Schweißen bevorzugte S. sind Edelgase (Argon, Helium) oder Aktivgase, z. B. $CO_2$ und Mischungen von Argon mit $CO_2$, $O_2$ und $H_2$ (→Schutzgasschweißen). *Dorn*

Literatur: DIN 32 526: Schutzgase zum Schweißen. Hrsg. Dt. Inst. für Normung. Ausg. 1978.

**Schutzgasschweißen.** Beim S. schützt ein Schutzgasschleier während des Lichtbogenschweißens den schmelzflüssigen Werkstoff und die Wärmeeinflußzone vor einer Gasaufnahme aus der umgebenden Atmosphäre.

Man unterscheidet beim S. das Metall-S. (MSG) und das Wolfram-S. (WSG). Beim MSG-Verfahren brennt der Lichtbogen zwischen einem kontinuierlich zugeführten Spulendraht und dem Werkstück. Je nach Art des verwendeten Schutzgases spricht man vom MIG-Verfahren (Metall-Inertgas-Schweißen) oder MAG-Verfahren (Metall-Aktivgas-Schweißen). Als Schutzgase kommen beim MIG-Schweißen Argon, seltener Helium, zum Einsatz. Argon ist gut ionisierbar und ermöglicht einen stabilen Lichtbogen. Der Einbrand ist jedoch vergleichsweise gering. Das MAG-Schweißen mit $CO_2$ oder Mischgasen führt zu tieferem Einbrand und wird beim Schweißen von Stahl bevorzugt.

Das WSG-Schweißen umfaßt das Wolfram-Inertgas-Schweißen (WIG) und das →Plasmaschweißen. Beim WIG-Schweißen brennt der Lichtbogen zwischen einer nichtabschmelzenden Wolframelektrode und dem zu verschweißenden Werkstück. Es kann mit oder ohne stromlos zugeführtem Draht als Zusatzwerkstoff gearbeitet werden. Mit Gleichstrom (Elektrode am Minuspol) werden Stähle, Nickel- und Kupferlegierungen geschweißt. Für Aluminium und -legierungen benutzt man Wechselstrom, um durch die zeitweise negative Werkstückpolung die hochschmelzenden Oxidhäute zum Aufreißen zu bringen (kathodische Reinigung); (→Schweißverfahren). Beim Plasmaschweißen wird der Lichtbogen durch eine wassergekühlte Düse eingeschnürt. Die Erhöhung der Wärmekonzentration führt zu tieferem Einbrand bei geringerer Nahtbreite. *Dorn*

Literatur: *Killing, R.:* Handb. Schweißverfahren. Tl. I: Lichtbogenschweißverfahren. Düsseldorf 1984; S. 86/188.

**Schutzschicht, nichtmetallische.** Solche korrosionshemmenden S. werden meist durch Anstriche hergestellt, deren Wirksamkeit von einer Vielfalt von Faktoren wie u. a. Zusammensetzung des Anstrichmittels, Untergrundbeschaffenheit und dessen Haftvermögen, Rauhtiefe, Einfluß von Feuchtigkeit auf Anstrichuntergrund und Anstrichmittel sowie nicht zuletzt von der Herstellung des Anstriches abhängt, denn die Technik des Aufbringens hat einen großen Einfluß auf die Eigenschaften der Anstrichfilme.

Das wichtigste Gebiet der Anstrichverwendung ist der Schutz von Stahlkonstruktionen u. dgl. gegen atmosphärische Einwirkungen. Im industriellen Bereich muß aus Kostengründen das Auftragen von Anstrichen automatisiert werden. Beim Anstreichen von Stahlkonstruktionen handelt es sich meist um das Überziehen von teilweise verwickelt gestalteten Einzelelementen, für die das Flut- oder Gießlackieren eine geeignete Rationalisierungsmaßnahme darstellt. Großflächige, aber nur gelegentlich zu lackierende Teile werden spritzlackiert. Massenteile dagegen, wie z. B. Automobilkarosserien, werden elektrostatisch beschichtet, nachdem die Grundierung meist im Tauchverfahren aufgebracht wurde. Prinzipiell ist die Art des Anstrichs und des Herstellungsverfahrens neben der Losgröße vor allem vom Trägerwerkstoff abhängig. Zum Korrosionsschutz von Stahl ist es praktisch notwendig, durch eine entsprechende Grundierung den festhaftenden Rost in unlösliches und irreversibles $Fe_3O_4$ und $Fe_2O_3$ zu überführen. Für rauhe Metalloberflächen, z. B. von Gußstücken oder Schmiedeteilen (nach dem Entzundern), eignen sich zur Herstellung optisch gefällige Oberflächen, besonders Runzel- oder Hammerschlagschlacke. *Doliwa*

**Schwarmsinkgeschwindigkeit.** Beim Sedimentieren von Feststoffen in Flüssigkeiten ist die S. gleich großer oder auch verschieden großer Partikel schon ab Volumenkonzentrationen $>1$–$2\%$ deutlich langsamer als die frei sinkender einzelner Partikel. Es gilt:

$$w_S = w_{S0}\left(1 - c_v^{-4{,}65}\right).$$

Die Beziehung gilt streng nur im Stokes-Bereich. Die Auswirkung der Nachbarschaft ist deshalb so groß, weil in diesem Fall die Grenzschicht am Äquator eines frei sinkenden Teilchens von der Größenordnung $0{,}2 \cdot d$ ist. Der mittlere Teilchenabstand

$$\frac{\alpha}{d} = \left(\frac{\pi/6}{c_v}\right)^{1/3}$$

im Vergleich zum Teilchendurchmesser ist aber schon bei einer Volumenkonzentration $c_v$ von 0,05, bezogen auf die Gesamtsuspension, nur rd. doppelt so groß wie der Teilchendurchmesser. Deshalb beeinflussen sich die Grenzschichten der Nachbarteilchen gegenseitig, was zusammen mit der durch das Sinken verursachten Gegenströmung zu deutlicher Erhöhung des Geschwindigkeitsgefälles und damit der Schubspannung am Äquator der Teilchen führt. Man spricht in diesem Fall von behinderter Sedimentation. Bei $c_v > 0{,}1$ sinkt der ganze Schwarm mit einheitlicher Geschwindigkeit ab, weil die einzelnen Teilchen durch die Nachbarschaft ihre Individualität verlieren. *Muschelknautz*

**Schwefel.** Im Hochofen nimmt Roheisen S. aus dem Koks auf. Im flüssigen Zustand oder beim Erstarren bilden sich Sulfide die die Warmverformbarkeit beeinträchtigen können (Rotbruch). Verformbare Sulfide wie Eisensulfid und Mangansulfid werden beim →Warmwalzen mit ausgestreckt und führen zu anisotropen Zähigkeitseigenschaften der Fertigerzeugnisse. Für vor allem in Dickenrichtung hoch beanspruchte Teile werden daher durch geeignete metallurgische Maßnahmen niedrige S.-Gehalte eingestellt, oder es werden durch Sulfidformbeeinflussung hochschmelzende Sulfide erzeugt (Calcium-, Cer- oder Zirconiumsulfid). *W. Dahl*

**Schwefeldioxid.** S. ist ein farbloses, stechend riechendes und Hustenreiz erzeugendes Gas. Es entsteht bei der Verbrennung von Schwefel oder schwefelhaltigen Brennstoffen.

Zur Senkung der $SO_2$-Emission aus fossil befeuerten Kraftwerken stehen zwei Wege zur Verfügung:

□ Brennstoffentschwefelung und

□ →Rauchgasentschwefelung.

Bei der Brennstoffentschwefelung von Kohle ist jedoch allein der im Pyrit gebundene Schwefel durch mechanische aufbereitungstechnische Maßnahmen abtrennbar. Obwohl die Verfahrenstechnik hierzu weitgehend beherrscht wird, ist der Schwefelgehalt der Kraftwerkskohle somit nur von 1,3 auf 1,0 % Massengehalt zu senken.

Zur Rauchgasentschwefelung wird bevorzugt die chemische Umsetzung von $SO_2$ mit Alkali- oder Erdalkalicarbonaten, -oxiden oder -hydroxiden unter Bildung entsprechender Sulfite und Sulfate eingesetzt. Als besonders bewährtes Absorptionsmittel steht Kalkstein ($CaCO_3$) zur Verfügung. Die Umsetzung des $SO_2$ mit dem Absorptionsmittel läßt sich trocken als Gas-Feststoff-Reaktion und naß in einer wäßrigen Lösung als Ionen-Reaktion durchführen. Beide Verfahrensweisen unterscheiden sich grundsätzlich durch Mechanismus und Verfahrenstechnik.

Die trockene Reaktionsweise (auch als Additiv-Verfahren bezeichnet) hat verfahrenstechnisch den Vorteil einer einfachen Durchführung und den weiteren Vorteil, daß das Rauchgas nicht abgekühlt zu werden braucht. Daher sind außerordentliche Anstrengungen unternommen worden, diese Verfahrensweise großtechnisch einzuführen. Sie sind jedoch bisher weniger an den verfahrenstechnischen Schwierigkeiten, wie ausreichender Mischung des Feststoffs mit dem Gas und gezielter Temperaturführung der Umsetzung, sondern vielmehr an der ungenügenden Beurteilung des Reaktionsmechanismus gescheitert.

In den Waschverfahren auf Ca-Basis läuft die Umsetzung des $SO_2$ in der wäßrigen Phase als Ionen-Reaktion schnell ab, wenn durch eine pH-Regelung oder den Zusatz von Puffersubstanzen der optimale pH-Bereich eingestellt wird. Bei geeigneter Reaktionsführung läßt sich daher im Gegensatz zur trockenen Zugabe und zur Sprühabsorption die eingesetzte Ca-Verbindung quantitativ umsetzen und durch Oxidation mit der in die wäßrige Phase

eingeblasenen Luft in 96- bis 99 %igen Gips ($CaSO_4 \cdot 2\,H_2O$) umwandeln.

Da die Deponie von $CaSO_3$/$CaSO_4$-Gemischen und – langfristig gesehen – wegen der Zunahme der mit dem Endprodukt Gips arbeitenden Wäschen auch die Verwendung von Gips in der Bauindustrie problematisch ist, kommt alkalischen Wäschen mit anderen Endprodukten oder unter Gewinnung von $SO_2$-Reichgas zukünftig größere Bedeutung zu. Angewendet wird die Umsetzung von $SO_2$ mit dem Rauchgas zugegebenen Ammoniak zu Ammonsulfit, das oxidativ zum Düngemittel Ammonsulfat weiterverarbeitet wird.

Von größerer Anwendungsbreite dürften aber regenerative Wäschen sein. Sie sind verfügbar auf der Basis von $MgSO_4$, das sich relativ einfach thermisch zersetzen läßt. Eine weitere Möglichkeit ist eine Wäsche mit $Na_2SO_3$, das sich dabei zu $NaHSO_3$ umsetzt und durch eine thermische Zersetzung unter Gewinnung von $SO_2$-Reichgas wieder in das Einsatzprodukt übergeht. Alternativ bieten sich auch trockene regenerative Verfahren, wie das Aktivkoksverfahren, an.

Das beim Aktivkoksverfahren sowie bei den regenerativen Waschverfahren entstehende $SO_2$-Reichgas kann wahlweise in flüssiges $SO_2$, Schwefelsäure oder Elementarschwefel umgewandelt werden (Bild).

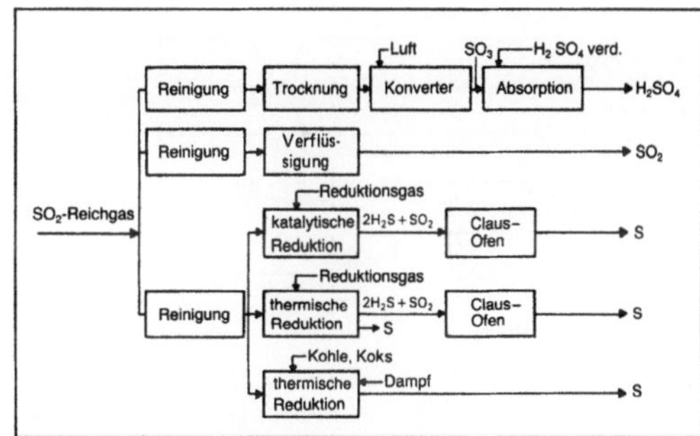


*Schwefeldioxid: Weiterverarbeitung des bei regenerativen $SO_2$-Abscheidungsverfahren entstehenden $SO_2$-Reichgases.*

Die Aufarbeitung zu konzentrierter Schwefelsäure verlangt neben einer weitgehenden Reinigung eine Entfernung des Wassergehaltes. Dann wird das $SO_2$ mit Luft bei etwa 400 °C katalytisch in $SO_3$ überführt. Die Absorption des gebildeten $SO_3$ findet in 98 %iger Schwefelsäure statt. Zur Verflüssigung des $SO_2$ ist eine sehr starke Vorreinigung notwendig. Sehr reines verflüssigtes $SO_2$ kann z. B. in der Lebensmittelindustrie eingesetzt werden. Für die Verarbeitung des Reduktionsgases zu Elementarschwefel gibt es mehrere Möglichkeiten. So kann $SO_2$ katalytisch bei etwa 600 °C mit einem Reduktionsgas teilweise zu $H_2S$ reduziert und dieses anschließend mit noch vorhandenem $SO_2$ in einer

Claus-Anlage zu Elementarschwefel überführt werden. Die Reduktion mit Gas läßt sich auch thermisch bei Temperaturen zwischen 900–1200 °C durchführen, wobei bereits teilweise Elementarschwefel gebildet wird. Das Restgas wird ebenfalls in einer Claus-Anlage umgesetzt. Als dritte Möglichkeit zeichnet sich die Reduktion unter Verwendung von Kohle oder Koks als Reduktionsmittel ab, wobei Temperaturen zwischen 600 und 900 °C unter Dampfzufuhr notwendig sind. *Oeckenpöhler*

Literatur: *Allhorn, H., U. Birnbaum u. W. Huber:* Kohleverwendung und Umweltschutz. Berlin, Heidelberg, New York 1984. – *Jüntgen, H., u. E. Richter:* Rauchgasreinigung in Großfeuerungsanlaen. Dokumentation Rauchgasreinigung. Düsseldorf 1985. – NN.: Umweltschutz im und am Kraftwerk. RWE-Umwelt-Bilanz Dezember 1985.

**Schwefeldioxid-Verfahren** →Kernformmaschine, →Kernbüchse

**Schweißbadsicherung.** S. dienen dazu, ein Durchsacken des Schweißbades beim →Schweißen der Wurzellage zu verhindern und gleichzeitig zur besseren Formung der Wurzellage beizutragen (Bild).

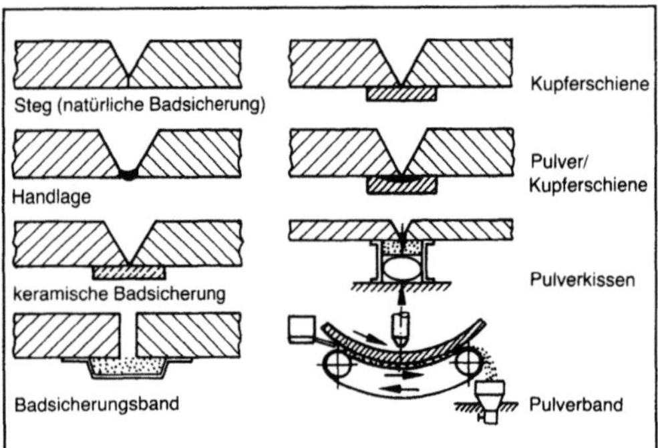


*Schweißbadsicherung: Die gebräuchlichsten Verfahren.*

Teilweise dient als Badsicherung ein unterlegtes Blech. Auch Keramik- und Pulverunterlagen eignen sich zur Badsicherung. *Dorn*

Literatur: DIN 1910. Tl. 12: Schweißen; Fertigungsbedingte Begriffe für das Schmelzschweißen. Hrsg. Dt. Inst. für Normung. Ausg. 1986.

**Schweißbarkeit.** Nach DIN 8528 ist die S. eines Bauteils aus metallischem Werkstoff vorhanden, wenn der Stoffschluß durch →Schweißen mit einem gegebenen →Schweißverfahren bei Beachtung eines geeigneten Fertigungsablaufs erreicht werden kann. Die S. hängt von den drei Einflußgrößen Werkstoff, Konstruktion und Fertigung ab. Zwischen den Einflußgrößen und der S. stehen folgende Eigenschaften:Schweißeignung des Werkstoffs, Schweißsicherheit der Konstruktion, Schweißmöglichkeit der Fertigung.

Die →Schweißeignung des Werkstoffs ist vorhanden, wenn auf Grund seiner Eigenschaften bei der Fertigung eine den jeweiligen Anforderungen entsprechende Schweißgüte erzielt werden kann. Unter der Schweißsicherheit einer Konstruktion versteht man die Erhaltung der Funktionsfähigkeit unter den vorgesehenen Betriebsbedingungen. Die Schweißmöglichkeit bei der Fertigung ist vorhanden, wenn die vorgesehenen Schweißungen unter den gegebenen Fertigungsbedingungen fachgerecht ausgeführt werden können. *Dorn*

Literatur: DIN 8528. Tl. 1: Schweißbarkeit; metallische Werkstoffe, Begriffe. Hrsg. Dt. Inst. für Normung. Ausg. 1973.

**Schweißbauteil-Toleranz** →Schweißen

**Schweißbrenner.** Gerät zur autogenen Metallbearbeitung, das ein Brenngas (z. B. Acetylen) und Sauerstoff in einstellbarem Verhältnis mischt und durch eine Düse nach außen strömen läßt. Die nach Zündung entstehende Flamme kann Temperaturen von 3200 °C erreichen. Auswechselbare Einsätze erlauben die Anpassung an unterschiedliche Bearbeitungsaufgaben. Nach dem Mischprinzip unterscheidet man Gleichdruck-S. und Injektor(Saug)-Brenner. Die Injektorbrenner arbeiten nach dem im Bild dargestellten Prinzip.

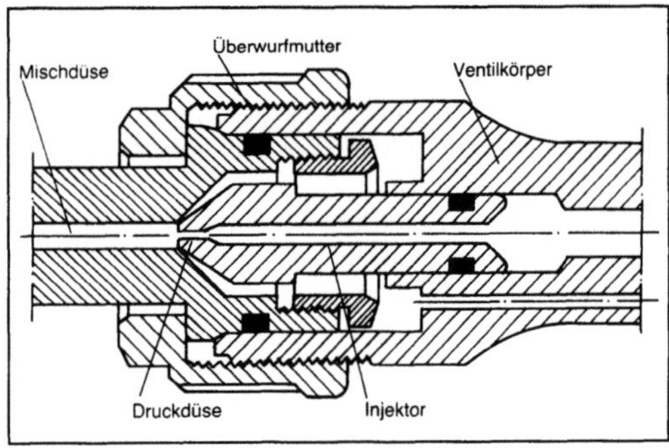


*Schweißbrenner: Prinzip des Injektorbrenners.*

Vor der Druckdüse steht der Sauerstoff unter einem Druck von 2,5 bar und tritt daher mit hoher Geschwindigkeit aus der Düse aus. Der dadurch erzeugte Unterdruck saugt das Acetylen an. Die homogene Mischung der beiden Gase erfolgt in der Mischdüse und im Mischrohr. An der Schweißdüse treten die Gase mit einer von der Brennergröße abhängigen Geschwindigkeit aus (80–160 m/s). Die Brennereinsätze sind nach der durchströmenden Gasmenge gestuft. *Dorn*

Literatur: *Dorn, L.:* Fügen durch Schweißen. Handb. Fertigungstechnik. Bd. 5: Fügen, Handhaben, Montieren. *G. Spur* (Hrsg.). München, Wien 1986; S. 247.

**Schweißdraht** →Schweißzusatz

**Schweißeigenspannung** →Schweißen

**Schweißeignung.** Eignung des Stahls zum Schweißen. Beim Schweißen werden die Zonen unmittelbar neben der Schweißnaht (Wärmeeinflußzone) bis in die Nähe des Schmelzpunkts erhitzt. Bei der anschließenden schnellen Abkühlung können harte und spröde Zonen entstehen, die das Verhalten der Schweißverbindung beeinträchtigen. Vor allem höhere Kohlenstoffgehalte in Verbindung mit Legierungselementen, die zum Aufhärten führen, ergeben unzulässige Härtewerte. Der Kohlenstoffgehalt von schweißbaren Baustählen wird daher auf rd. 0,2 % begrenzt, die Auswirkung weiterer Legierungselemente durch das →Kohlenstoffäquivalent beschrieben. Die S. ist eine komplexe Größe, die abhängig vom Schweißverfahren, von den Betriebsbedingungen und von den Anforderungen definiert werden muß. *W. Dahl*

**Schweißen.** Nach DIN 1910 ist das S. das unlösbare Vereinigen von Grundwerkstoffen (Verbindungs-S.) oder das Beschichten eines Grundwerkstoffs (Auftrags-S.) unter Anwendung von Wärme oder Druck oder von beiden ohne oder mit Schweißzusatzwerkstoffen (Tabelle 1).

Um eine einwandfreie Schweißverbindung herzustellen, ist eine sorgfältige Schweißnahtvorbereitung, d. h. entsprechende Ausbildung der Fugenform, notwendig. Richtlinien für Schweißnahtfugenformen geben DIN 8551, 8552 und 2559. Die Fuge kann durch einfachen Geradschnitt, z. B. für I- oder Kehlnähte, oder durch Schräg- oder Formschnitt, z. B. für V-, U- oder Y-Nähte (Bild 1 und 2), hergestellt werden.

*Schweißen. Tabelle 1: Einteilung der Schweißverfahren nach dem Mechanisierungsgrad. (Quelle: DIN 1910)*

| Benennung Kurzzeichen | Beispiele Schutzgasschweißen | | Bewegungs-/Arbeitsabläufe | | |
|---|---|---|---|---|---|
| | WIG | MSG | Brenner-/Werkstückführung | Zusatzvorschub | Werkstückhandhabung |
| Handschweißen (manuelles Schweißen) m | m-WIG | — | von Hand | von Hand | von Hand |
| teilmechanisches Schweißen t | t-WIG | t-MSG | von Hand | mechanisch | von Hand |
| vollmechanisches Schweißen v | v-WIG | v-MSG | mechanisch | mechanisch | von Hand |
| automatisches Schweißen a | a-WIG | a-MSG | mechanisch | mechanisch | mechanisch |

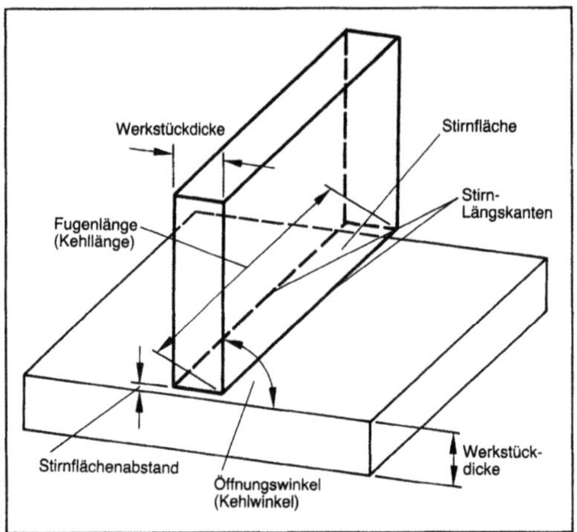


*Schweißen 1: Kehlnahtfugenform. (Quelle: DIN 1910 a. a. O.)*

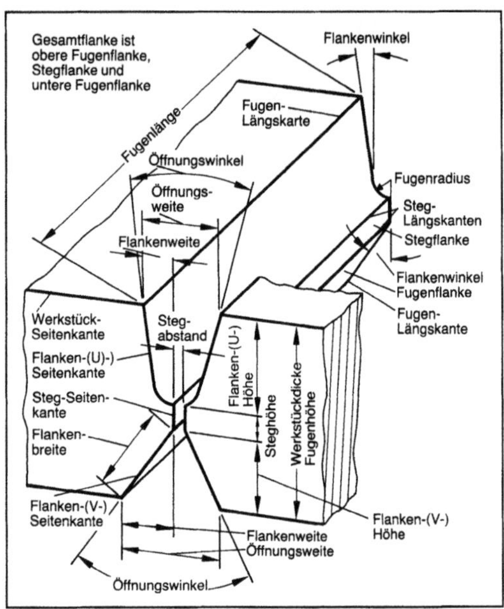


*Schweißen 2: Fugenform für V- und U-Naht. (Quelle: DIN 1912 a. a. O.)*

Die Temperaturerhöhung beim S. verursacht ein Ausdehnen und das anschließende Abkühlen ein Schrumpfen des Werkstoffs. Der in der Umgebung der Schweißnaht liegende kältere Werkstoff setzt jedoch solchen Formänderungen einen Widerstand entgegen, so daß beim Erwärmen Druckspannungen oberhalb der Warmstreckgrenze entstehen und Materialstauchungen verursachen. Daher kann beim anschließenden Abkühlen das Material seine ursprüngliche Gestalt nicht wieder einnehmen, sondern es entstehen in den zuvor gestauchten Bereichen Zugspannungen und in den Umgebungsbereichen Druckspannungen (Schweißeigenspannungen). Außerdem entstehen bleibende Formänderungen im geschweißten Werkstück (Schweißschrumpfungen). Vorbeugende Maßnahmen gegen Schweißeigenspannungen und -schrumpfungen sind zweckmäßiges Heft-S. (Schweißpunkte oder kurze Schweißnähte) oder/und Spannen der zu fügenden Werkstücke durch Vorrichtungen, zweckentsprechendes Festlegen der einzelnen Schweißschritte in einem Schweißfolgeplan und S. mit möglichst geringer Wärmeeinbringung. Die zulässigen Freimaßtoleranzen von Schweißkonstruktionen sind in DIN 8570 und DIN 7184 festgelegt. Es werden vier Genauigkeitsgrade unterschieden (Tabelle 2 und 3).

Bei allen →Schweißverfahren muß mit einer Gefügeänderung und damit mit einer Änderung der mechanischen Eigenschaften des Werkstoffs gerechnet werden. Zu große Abkühlungsgeschwindigkeiten nach dem S. können oberhalb bestimmter Gehalte an Kohlenstoff und Legierungselementen infolge Martensitbildung (mit Verminderung des

*Schweißen. Tabelle 2: Zulässige Abweichungen für Längenmaße.*

| Genauigkeits-grad | Nennmaßbereich | | | | | | | | | |
|---|---|---|---|---|---|---|---|---|---|---|
| | über 30 bis 120 | über 120 bis 315 | über 315 bis 1000 | über 1000 bis 2000 | über 2000 bis 4000 | über 4000 bis 8000 | über 8000 bis 12 000 | über 12 000 bis 16 000 | über 16 000 bis 20 000 | über 20 000 |
| A | ±1 | ±1 | ±2 | ±3 | ±4 | ±5 | ±6 | ±7 | ±8 | ±9 |
| B | ±2 | ±2 | ±3 | ±4 | ±6 | ±8 | ±10 | ±12 | ±14 | ±16 |
| C | ±3 | ±4 | ±6 | ±8 | ±11 | ±14 | ±18 | ±21 | ±24 | ±27 |
| D | ±4 | ±7 | ±9 | ±12 | ±16 | ±21 | ±27 | ±32 | ±36 | ±40 |

Für Maße bis 30 mm gilt eine zulässige Abweichung von ±1 mm

*Schweißen. Tabelle 3: Zulässige Abweichungen für Winkelmaße. (Quelle: DIN 8570)*

| Genauigkeits-grad | Nennmaßbereich (Länge des kürzeren Schenkels) | | |
|---|---|---|---|
| | bis 315 | über 315 bis 1 000 | über 1 000 |
| | zulässige Abweichung in Grad und Minuten | | |
| A | ±20′ | ±15′ | ±10′ |
| B | ±45′ | ±30′ | ±20′ |
| C | ±1° | ±45′ | ±30′ |
| D | ±1° 30′ | ±1° 15′ | ±1° |
| | zulässige Abweichung in mm/m *) | | |
| A | ±6 | ±4,5 | ±3 |
| B | ±13 | ±9 | ±6 |
| C | ±18 | ±13 | ±9 |
| D | ±26 | ±22 | ±18 |

*) Der Faktor von mm/m auf mm/100 mm entsprechend DIN 7168 Blatt 1 beträgt 0,1.

Die zulässigen Abweichungen gelten auch für nicht eingetragene Winkel von 90° und 180°.

Formänderungsvermögens) zu Riß- und Sprödbruchgefahr führen. Verfahrensbedingte Verminderung der Abkühlungsgeschwindigkeit (z. B. Vorwärmen der zu verschweißenden Werkstücke, Erhöhung der eingebrachten Schweißenergie oder Verringerung der Schweißgeschwindigkeit) setzt die Aufhärtungsneigung herab. *Dorn*

Literatur: DIN 1910. Tl. 1: Schweißen; Begriffe, Einteilung der Schweißverfahren. Hrsg. Dt. Inst. für Normung. Ausg. 1983. – DIN 8551. Tl. 1: Schweißnahtvorbereitung. Hrsg. Dt. Normenausschuß. Ausg. 1976. – DIN 8570: Freimaßtoleranzen für Schweißkonstruktionen. Hrsg. Dt. Normenausschuß. Ausg. 1974. DIN 1912. Tl. 1: Zeichnerische Darstellung; Schweißen, Löten. Hrsg. Dt. Inst. für Normung. Ausg. 1976.

**Schweißen im Behälter- und Kesselbau.** Die DIN 8562 beschreibt die bei Schweißarbeiten im Behälterbau einzuhaltenden Anforderungen an den Fertigungsbetrieb, an die Werkstoffe und Hilfsstoffe, die schweißtechnische Gestaltung und Fertigung sowie Nachbehandlung und Prüfung der Schweißverbindungen. Bei der Durchführung der Schweißarbeiten sind folgende Richtlinien zu beachten:
□ Vermeiden von schroffer Abkühlung des Nahtbereichs,
□ Masseanschlüsse mit einwandfreiem elektrischen Kontakt ausführen (Anschweißen von Masseanschlüssen unzulässig),

□ beim S. in mehreren Lagen sind die Oberflächen der vorhergehenden Lage sorgfältig vorzubereiten, so daß einwandfreies S. der nächsten Lage möglich ist (Beseitigung von Randkerben, Unterspülungen, Rissen, Löchern und Bindefehlern),
□ Zündstellen sind zu vermeiden bzw. fachgerecht zu beseitigen,
□ Vorwärmen des Nahtbereichs je nach Werkstoffart und Nahtquerschnitt (wird vorgewärmt, muß dies vor dem Heften erfolgen),
□ Montagehilfen sollen möglichst aus einem Werkstoff niedriger Festigkeit hergestellt werden (Beseitigen der Schweißnahtreste nach dem Entfernen der Anschweißteile durch →Schleifen),
□ Schweißkantenversatz im Bereich der Wurzellage ist möglichst zu vermeiden.

Die Schweißungen dürfen nur von geprüften Schweißern angefertigt werden. Die Grundwerkstoffe für Behälter- und Behälterteile müssen schweißgeeignet und mindestens mit einer Werksbescheinigung nach DIN 50049 geliefert worden sein. Außerdem sind die handwerkliche Güte der Schweißarbeiten und die werkstoffliche Güte der Schweißverbindungen vom Hersteller durch geeignete Kontrollen zu sichern. *Dorn*

Literatur: DIN 8562: Schweißen im Behälterbau. Hrsg. Dt. Inst. für Normung. Ausg. 1975.

**Schweißen im Rohrleitungsbau.** Die Anforderungen an den Betrieb, die Werk- und Hilfsstoffe, die schweißtechnische Fertigung und →Schweißnahtprüfung sind in DIN 8564 beschrieben. Insbesondere bei der Ausführung von Schweißungen an Rohrleitungen ist zu beachten, daß
□ Zündstellen auf der Rohroberfläche unzulässig sind,
□ Rißfreiheit der Heftstellen gewährleistet ist,
□ Stumpf- und Kehlnähte ohne Einbrandkerben hergestellt werden (ggf. Entfernung der Kerben durch Schleifen),
□ Anschweißen von Montagehilfen o. ä. Teile zu vermeiden ist,
□ Ausbesserungsschweißungen wie neu zu fertigende Nähte auszuführen sind,
□ das Abkühlen nach dem S. durch geeignete Maßnahmen verzögert wird (Abdecken bzw. Nachwärmen).

Ferner dürfen nur geprüfte Schweißer eingesetzt werden. Für die zu verwendenden Grundwerkstoffe müssen Bescheinigungen über Werkstoffprüfungen nach DIN 50049 vorliegen. *Dorn*

Literatur: DIN 8564: Schweißen im Rohrleitungsbau. Hrsg. Dt. Inst. für Normung. Ausg. 1972.

**Schweißen im Stahlhochbau.** Die DIN 18800 enthält Richtlinien zur Ausführung und Berechnung von Schweißnähten, zu den zulässigen Werkstoffen sowie zur baulichen Durchbildung von Stahlbauten. Folgende Bedingungen zur Ausführung der Schweißnähte sind einzuhalten:

☐ S. in Wannenlage ist zu bevorzugen,

☐ Anhäufungen von Schweißnähten sind zu vermeiden,

☐ einwandfreies Durchschweißen der Wurzeln bzw. genügender Einbrand,

☐ kraterfreie Ausführung der Nahtenden bei Stumpfnähten mit Auslaufblechen,

☐ flache Übergänge zwischen Naht und Blech ohne Einbrandkerben,

☐ Freiheit von Rissen, Binde- und Wurzelfehlern,

☐ Maßhaltigkeit der Nähte.

Außerdem sollen auf Zug oder Biegezug beanspruchte Stumpfstöße in Formstählen wie I-, IP-, U-Stählen oder Stabstählen wie Z-, T- und L-Stählen möglichst vermieden werden. Wechselt an Stößen die Dicke von Gurtplatten oder Stegblechen, so sind wegen des besseren Übergangs zum dickeren Teil die mehr als 10 mm vorstehenden Kanten im Verhältnis 1:1 oder flacher zu brechen. Kleinere Dickenunterschiede dürfen über die Nahtform ausgeglichen werden. Unterbrochene Kehlnähte dürfen ausgeführt werden. Jedoch sind unterbrochene Stumpfnähte unzulässig, wenn eine Beanspruchung quer zur Naht vorliegt (→Schweißnahtberechnung). *Dorn*

Literatur: DIN 18800. Tl. 1: Stahlbauten; Bemessung und Konstruktion. Hrsg. Dt. Inst. für Normung. Ausg. 1981.

### Schweißen von Aluminium.

Aluminium und seine Legierungen können durch Preß- und Schmelz-S. verbunden werden. Folgende Gesichtspunkte sind beim S. v. A. zu beachten:

☐ Die hohe Wärmeleitfähigkeit, spezifische Wärme und Schmelzwärme erfordern zum S. größere Wärmezufuhr als beim Stahl-S.

☐ Die hohe Wärmeleitfähigkeit führt zu einer breiten Wärmeeinflußzone. In dieser Zone sinkt die Festigkeit kaltverfestigter und ausgehärteter Werkstoffe bis auf den weichen Zustand ab.

☐ Infolge hoher linearer Wärmeausdehnung entstehen beim S. starke Formänderungen, die zu Schrumpfungen und Verwerfungen führen können.

☐ Die hochschmelzende Oxidhaut (2 053 °C) an der Oberfläche verhindert durch ihre Zähigkeit das Zusammenfließen des Metalls. Durch Flußmittel oder die reinigende Wirkung des Lichtbogens kann die Oxidhaut entfernt und ihre Neubildung durch Abschirmung der Schweißstelle gegenüber dem Luftsauerstoff (Schutzgas, Vakuum) verhindert werden.

☐ Bei der beginnenden Verflüssigung des Metalls zeigen sich wegen der niedrigen Schmelztemperaturen keine Glühfarben.

☐ Bei Aluminiumlegierungen können sich weitere Einschränkungen in der →Schweißbarkeit durch bestimmte Legierungsbestandteile oder Legierungsphasen ergeben, die durch die Schweißwärme unerwünschte Veränderungen erleiden und Festigkeitsabfall oder Schweißrissigkeit verursachen (insbes. Cu, Pb). *Dorn*

Literatur: *Dorn, L.,* u. a.: Fügen von Aluminiumwerkstoffen. Grafenau 1983.

### Schweißen von Betonstahl.

Die DIN 4099 beschreibt die für das S. v. B. zugelassenen →Schweißverfahren und gibt Hinweise für die Ausführung der Schweißarbeiten:

☐ Die zu schweißenden Stäbe sind im Bereich der Schweißstelle sorgfältig zu reinigen.

☐ Die zu schweißenden Stäbe müssen im Bereich der Schweißstelle eine Mindesttemperatur von 5 °C haben und sind nach dem S. vor schneller Abkühlung zu schützen.

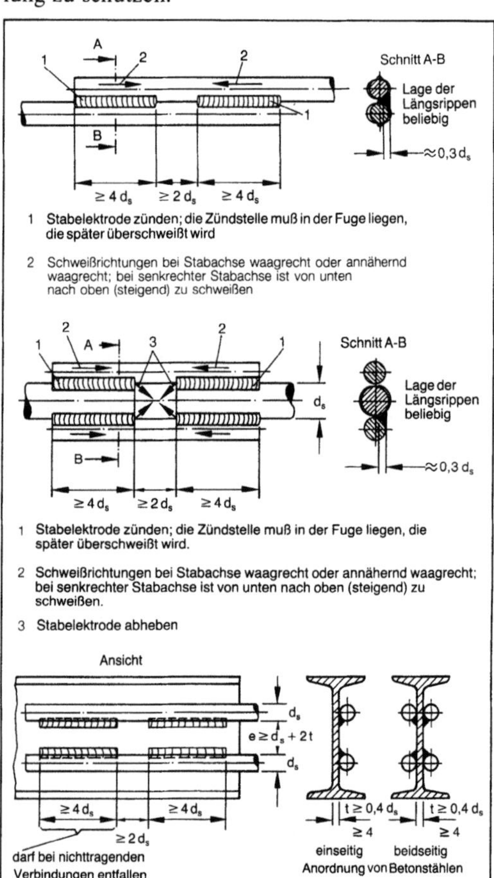


*Schweißen von Betonstahl: Betonstahlverbindungen. (Quelle: DIN 4099 a. a. O.)*
*a) Überlappstoß für tragende Verbindungen.*
*b) Laschenstoß.*
*c) Verbinden mit einseitigen Flankennähten (z. B. mit I-Profil).*

□ Bei durch Kaltverformung verfestigten Betonstählen dürfen die nicht verformten Stabenden nur bei Heftschweißungen und bei Übergreifungsstößen (Bild) geschweißt werden.

□ Bei geschweißten Bewehrungsstößen muß der Abstand von Abbiegestellen mindestens 10 x Stabdurchmesser betragen.

Weitere Ausführungshinweise enthält die Norm für das Widerstands-Abbrennstumpfschweißen, das →Metallichtbogenschweißen und das Widerstands-Punktschweißen für tragende Verbindungen. Das Bild zeigt die für das Metallichtbogenschweißen zugelassenen Stoßarten. *Dorn*

Literatur: DIN 4099: Schweißen von Betonstahl. Hrsg. Dt. Inst. für Normung. Ausg. 1985.

**Schweißen von Gußeisen.** Grauguß enthält erhöhte Anteile an Schwefel und Phosphor sowie Kohlenstoffgehalte von 2,8–4,5%, weshalb ein S. v. G. mit einfachen Mitteln nicht möglich ist. Konstruktive Schweißungen werden daher nicht durchgeführt, Reparaturschweißungen dagegen häufig. Beim Gußeisenwarm-S. wird das Gußstück ganz oder teilweise auf ca. 650 °C erwärmt und mit artgleichem Zusatzwerkstoff geschweißt. Sowohl das Anwärmen als auch das Abkühlen nach dem S. muß sehr langsam (oft über mehrere Stunden) erfolgen. Da das Schweißgut sehr dünnflüssig ist, muß die eigentliche Schweißstelle eingeformt werden (Bild). Die sich bildende Eisenoxydulschicht wird durch geeignete Flußmittel beseitigt. Als Verfahren kommen das Gas- oder →Lichtbogenschweißen in Betracht. Bei einwandfreier Ausführung hat die Schweißverbindung die gleichen Eigenschaften wie der ungeschweißte Werkstoff, d. h. die Bruchdehnung von Gußeisen mit Lamellengraphit von ca. 1% wird auch von der Schweißverbindung erreicht. Bei Gußeisen mit Kugelgraphit ist die Bruchdehnung höher, so daß die Schweißverbindungen einer Wärmebehandlung zu unterziehen sind, um höhere Verformungsfähigkeit zu erzielen. *Dorn*

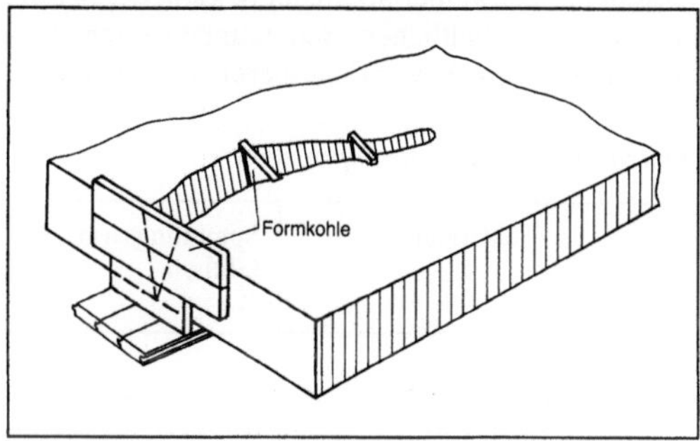


*Schweißen von Gußeisen: Einformen großer Schweißquerschnitte.*

Literatur: *Ruge, J.:* Handb. Schweißtechnik. Bd. I: Werkstoffe. Berlin, Heidelberg, New York 1980.

**Schweißen von hochlegiertem Stahl.** Die hochlegierten Stähle (mehr als 5% Legierungselemente) werden unterteilt in die ferritischen, perlitisch-martensitischen und die austenitischen Stähle. Beim Schweißen der ferritischen Stähle treten folgende Probleme auf:

□ Kornwachstum oberhalb 900 °C,

□ 475 °C-Versprödung durch Ausscheidungsvorgänge,

□ Sigma-Phase (Versprödung zwischen 650 und 850 °C),

□ interkristalline Korrosionsanfälligkeit unstabilisierter Stahltypen.

Diese Stähle werden mit möglichst geringer Wärmezufuhr geschweißt. Durch Vorwärmen wird die Rißgefahr vermindert und durch eine Nachbehandlung die Sprödigkeit. Geschweißt wird mit artgleichem oder austenitischem Zusatzwerkstoff.

Metastabile austenitische Stähle sind infolge der guten Verformbarkeit des Austenits grundsätzlich gut schweißgeeignet. Beim S. der stabilen austenitischen Stähle kann es zu Heißrissen kommen. Durch einen gewissen Ferritanteil im Schweißgut läßt sich diese Heißrißanfälligkeit verringern. Auch hier ist mit geringer Wärmezufuhr zu schweißen.

Bei den perlitisch-martensitischen Stählen nimmt die →Schweißeignung mit zunehmendem Kohlenstoffgehalt ab. Diese Stähle werden meist zwischen 300 und 400 °C vorgewärmt und nach dem S. ohne Zwischenabkühlung bei 650–750 °C anlaßgeglüht. *Dorn*

Literatur: *Ruge, J.:* Handb. Schweißtechnik. Bd. I: Werkstoffe. Berlin, Heidelberg, New York 1980; S. 145/67.

**Schweißen von Kupfer.** Zum S. eignen sich nur sauerstofffreie (desoxidierte) Kupfersorten. Bei Anwesenheit von Sauerstoff wird Kupfer(I)-Oxid gebildet ($Cu_2O$), das mit Kupfer bei 1065 °C ein Eutektikum bildet und sehr spröde ist. Daher weisen Schweißverbindungen an sauerstoffhaltigem Kupfer nur sehr geringe Zähigkeiten auf. Außerdem kann beim Gas-S. der in der ersten Verbrennungsstufe noch vorhandene Wasserstoff in das feste, hocherwärmte Kupfer eindringen und das $Cu_2O$ reduzieren. Dabei bilden sich metallisches Kupfer und Wasserdampf (unlöslich im Kupfer), der an den Entstehungsstellen unter hohem Druck eingeschlossen bleibt und das Kupfer brüchig macht (Wasserstoffkrankheit).

Dickwandige Teile müssen hoch vorgewärmt werden, da Kupfer eine gegenüber Stahl etwa 6mal so hohe Wärmeleitfähigkeit besitzt. Das Gefüge der Schweißnaht entspricht dem von gegossenem Kupfer. Es ist grobkristallin und hat ungünstige Festigkeitswerte. Durch Warmverformung kann das Gußgefüge in ein feinkörniges Gefüge umgewandelt werden (Warmhämmern). *Dorn*

Literatur: *Ruge, J.:* Handb. Schweißtechnik. Bd. I: Werkstoffe. Berlin, Heidelberg, New York 1980.

**Schweißen von Nickel.** Beim S. von Nickellegierungen können folgende Schwierigkeiten auftreten:

□ Heißrißneigung, die bereits durch geringste Schwefelanteile verursacht werden kann,

□ Porenbildung, verursacht durch anwesende Gase wie Sauerstoff, Stickstoff und vor allem Wasserstoff,

□ Ausscheidungen, die die Korrosionsbeständigkeit herabsetzen.

Bei Elektrolytnickel können bereits Spuren von Verunreinigungen zu feinsten Längsrissen in der Wärmeeinflußzone führen.

Geschweißt wird meist im weichgeglühten Zustand. Bereiche starker Kaltverformung sind vor dem Schweißen nochmals zu glühen. Auch aushärtbare Legierungen sollen nur weichgeglüht geschweißt werden, da sonst wegen zu geringer Verformungsfähigkeit mit dem Auftreten von Schweißnahtrissen zu rechnen ist. Vor dem S. sind die Oberflächen mindestens 25 mm beiderseits der Schweißnaht zu entfetten und kurz vor dem S. zu schleifen. Hauptsächlich werden das Gasschmelzschweißen, →Lichtbogenschweißen, Wolfram-Inertgas-Schweißen und →Widerstandsschweißen angewandt. *Dorn*

Literatur: *Ruge, J.:* Handb. Schweißtechnik. Bd. I: Werkstoffe. Berlin, Heidelberg, New York 1980; S. 210/20.

**Schweißen von niedriglegiertem Stahl.** Das S. v. n. S. wird maßgeblich von den vorhandenen Legierungselementen bestimmt. Die entstehende Aufhärtung beim →Lichtbogenschweißen ohne Vorwärmung läßt sich durch die Formel

$HV = 1200 \times K_{\ddot{a}} - 200$,

mit $K_{\ddot{a}} = C + Mn/6 + Cr/5 + Ni/15 + Mo/4 + V/5$,

berechnen. Darin wird der Einfluß der Legierungselemente im Kohlenstoffäquivalent $K_{\ddot{a}}$ zusammen-

gefaßt. Die Härte soll unter 350 HV bleiben. Die Tabelle zeigt die →Schweißeignung in Abhängigkeit von $K_{\ddot{a}}$.

Eine gute Schweißeignung weisen die höherfesten Feinkornbaustähle auf. Die Feinkörnigkeit wird durch Sondercarbidbildner (Zr, Ti, Ta, V, Nb) erreicht. Dadurch werden Zähigkeit und Festigkeit beträchtlich erhöht. Der Kohlenstoffgehalt liegt unter 0,22%. *Dorn*

Literatur: *Ruge, J.:* Handb. Schweißtechnik, Bd. I: Werkstoffe. Berlin, Heidelberg, New York 1980.

**Schweißen von unlegiertem Stahl.** Die Schweißeignung wird hauptsächlich durch den Kohlenstoffgehalt, die Vergießungsart und die Eisenbegleiter bestimmt. Für gute Eignung zum S. sollte der C-Gehalt unter 0,22% liegen und der →Stahl beruhigt oder besonders beruhigt vergossen sein.

Folgende Grenzgehalte der Eisenbegleiter sollten nicht überschritten werden:

□ Schwefel 0,06% (Heißrisse),

□ Phosphor 0,08% (Sprödigkeit),

□ Stickstoff 0,02% (Sprödigkeit),

□ Sauerstoffgehalt abhängig von C-Gehalt (Heißrißneigung).

Je nach Wanddicke, Nahtform, →Schweißverfahren und C-Gehalt wird vorgewärmt bzw. wärmenachbehandelt. Die Auswahl der Stahlsorten zum →Schweißen sollte nach DIN 17100 bzw. nach DASt-Richtlinie 009 (Empfehlungen zur Wahl der Stahlgütegruppe für geschweißte Stahlbauten) erfolgen. *Dorn*

Literatur: *Ruge, J.:* Handb. Schweißtechnik. Bd. I: Werkstoffe. Berlin, Heidelberg, New York 1980.

**Schweißen, formgebendes** →Schweißen

**Schweißen, mechanisiertes** →Schweißen

**Schweißerprüfung.** Die Güte der Schweißarbeiten hängt von der Handfertigkeit und den Fachkenntnissen der Schweißer ab. In der S. kann der Schweißer unter einheitlichen Bedingungen unabhängig vom jeweiligen Anwendungsbereich das nach dem

*Schweißen von niedriglegiertem Stahl. Tabelle: Abhängigkeit vom Kohlenstoffäquivalent.*

| $K_{\ddot{a}}$ %  | Schweißeignung | Vorwärmen °C | Elektroden | Spannungsarm-Glühen °C |
|---|---|---|---|---|
| <0,4 | gut | — | normal | — |
| 0,4–0,5 | bedingt | 0–200 | hochwertig | — |
| 0,5–0,55 | bedingt | 100–300 | hochwertig | 500–650 |
| >0,55 | abzuraten | 200–400 | hochwertig | 500–650 |

*Schweißerprüfung. Tabelle: Einteilung der Prüfgruppen. (Quelle: DIN 8560)*

| Blechschweißer-Prüfgruppen | B I | B II | B III | B IV | |
| --- | --- | --- | --- | --- | --- |
| | | | | A | B |
| Werkstoffe | | Baustähle wie St 33, St 37-2 oder St 37-3, St 44-2 oder St 44-3, St 52-3<br><br>Feinkornbaustähle mit einer Mindest-Streckgrenze von $\leq 355$ N/mm²; Kesselbleche nach DIN 17 155, Teil 1 (H I, H II, H III, 17 Mn 4, 15 Mo 3, 19 Mn 5), normal- und höherfeste Schiffbaustähle Güte A bis E 36 usw. | unlegierte Stähle mit höherem C-Gehalt wie St 50, St 60, St 70, legierte Stähle; Feinbaustähle mit einer Mindest-Streckgrenze >355 N/mm²; Kesselbleche nach DIN 17 155, Teil 1 (H IV, 13 CrMo 44) usw. | austenitische Stähle für Schweißnähte mit Ferrit-gehalt über 3 % Massen-anteil im Schweißgut, z. B. nach DIN 17 440 | austenitische Stähle für Schweißnähte mit maximal 3 % Massen-anteil Ferritge-halt im Schweißgut, z. B. X 5 CrNi 16 13 X 10 CrNi 25 20 X 2 CrNi 18 12 |
| Rohrschweißer-Prüfgruppen | R I | R II | R III | R IV | |
| | | | | A | B |
| Werkstoffe | | Rohrstähle wie St 34-2, St 35, St 37, St 45, St 52<br><br>Rohrstähle nach DIN 15 175 (St 35.8, St 45.8 und 15 Mo 3), zu-geordnete Rohr-stähle nach DIN 17 172 usw. | unlegierte Stähle mit höherem C-Gehalt wie St 55 und legierte Stähle, z. B. Rohr-stähle nach DIN 17 175 (13 CrMo 44, 10 CrMo 9 10), zu-geordnete Rohr-stähle nach DIN 17 172 usw. | austenitische Stähle für Schweißnähte mit Ferrit-gehalt über 3 % Massen-anteil im Schweißgut, z. B. nach DIN 17 440 | austenitische Stähle für Schweißnähte mit maximal 3 % Massen-anteil Ferritge-halt im Schweißgut, z. B. X 5 CrNi 16 13 X 10 CrNi 25 20 X 2 CrNi 18 12 |

Stand der Technik erforderliche Mindestmaß an handwerklichen Fähigkeiten und Fachkenntnissen nachweisen.

In der praktischen Prüfung sind genormte Prüf-stücke unter Aufsicht der Prüfstelle zu schweißen. Von diesen Prüfstücken werden Proben angefertigt und mit den Prüfstücken hinsichtlich
□ Nahtdicke und Nahtaussehen,
□ Durchstrahlungsaufnahme,
□ mechanischer Gütewerte,
□ Bruchaussehen,
□ Gefügeprobe
untersucht und bewertet. Wenn die Anforderung an jedes Prüfstück und an jede Probe in jeder der 5 Bewertungen erfüllt sind, gilt die Prüfung als bestanden.

Die DIN 8560 unterteilt Prüfgruppen je nach Schwierigkeitsgrad beim Schweißen (Tabelle). *Dorn*

Literatur: DIN 8560: Prüfung von Stahlschweißern. Hrsg. Dt. Inst. für Normung. Ausg. 1982. – DIN 8561: Prüfung von NE-Metallschweißern. Hrsg. Dt. Normeninstitut. Ausg. 1974.

**Schweißfehler** →Schweißnahtprüfung

**Schweißfolgeplan** →Schweißen

**Schweißmaschine.** Schweißen ist ein Fügeverfah-ren, das große Bedeutung in allen Bereichen der metallverarbeitenden Industrie und in Teilberei-chen der kunststoffverarbeitenden Industrie besitzt. Dementsprechend hoch ist die Bedeutung von S., die eine (Teil-)Automatisierung dieser Verfahren ermöglichen.

Wegen der Vielzahl der gebräuchlichen Schweiß-verfahren untergliedern sich S. in Untergruppen wie

Lichtbogen-S., Widerstands-S., Elektronenstrahl-S. oder Laserstrahl-S.

Eine der Hauptfunktionen einer S. ist die Bereitstellung der für den Schweißprozeß benötigten Energie und deren Zuführung an die Schweißstelle. Zu den mechanischen Funktionen gehört das Führen des Werkzeugs und des Werkstücks mit Hilfe geeigneter Vorrichtungen. In zunehmendem Maße werden bei geeigneten Schweißverfahren auch entsprechend ausgerüstete →Industrieroboter eingesetzt. *Schulz*

Literatur: *Ruge, J.:* Handb. Schweißtechnik. Berlin, Heidelberg, New York 1980.

**Schweißnahtberechnung.** Die rechnerischen Abmessungen der Schweißnähte sind mit der Nahtdicke a und der Nahtlänge l gegeben. In DIN 18800 sind die Ermittlung von a und l sowie der Schweißnahtquerschnittsfläche für Stumpf- und Kehlnähte festgelegt. Die Flächenträgheitsmomente I und Widerstandsmomente W für Schweißnähte sind nach den Gesetzen der Festigkeitslehre zu ermitteln. Dabei sind die Schweißnaht-Schwerach-

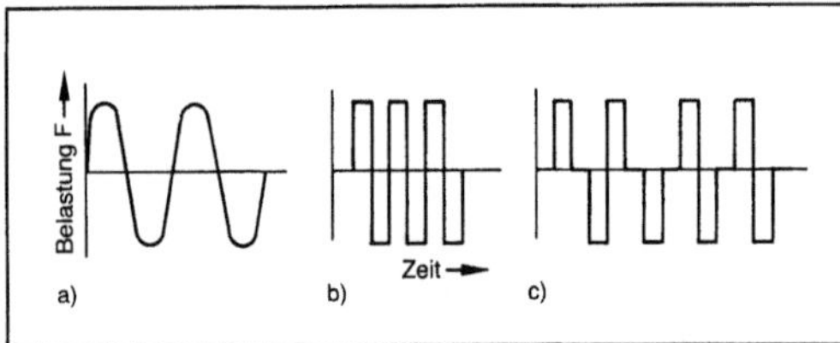

*Schweißnahtberechnung 1: Verschiedene Belastungsabläufe mit gleichem Einfluß auf die Dauerfestigkeit.*
*a) Sinusförmige Belastung*
*b) Stoßartige Belastung*
*c) Stoßartige Belastung mit Pausen.*

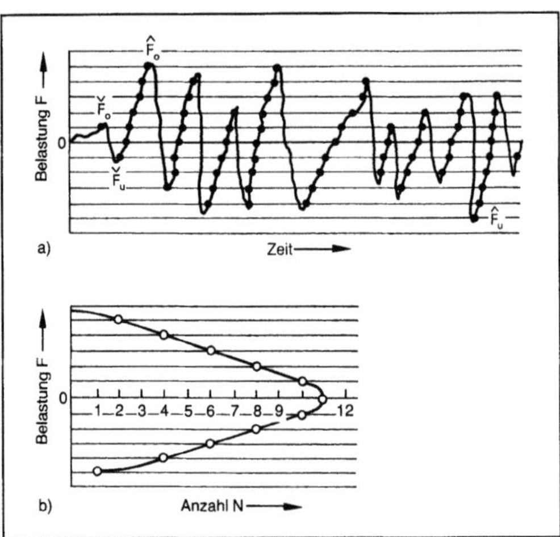

*Schweißnahtberechnung 2: Unregelmäßige Belastung.*
*a) Zeitlicher Belastungsablauf zum Bestimmen der Summenhäufigkeitskurve*
*b) Summenhäufigkeitskurve aus dem zeitlichen Belastungsablauf.*

N Anzahl der Überschreitungen bestimmter Belastungen

sen an den theoretischen Wurzelpunkten anzusetzen.

Bei rein statischer Belastung erfolgt das Bemessen der Schweißnähte unter Berücksichtigung der für statische Belastungen zulässigen Spannungen (Tabelle 1).

Bei vielen Konstruktionen treten jedoch Belastungen auf, die sich fortlaufend gleich- oder ungleichmäßig nach Betrag und Richtung ändern. Dabei können die größten Belastungen beliebig oft oder nur vereinzelt sowie sinusförmig oder stoßartig und auch mit Belastungspause auftreten (Bild 1).

*Schweißnahtberechnung. Tabelle 1: Zulässige Spannungen in Schweißnähten beim allgemeinen Spannungsnachweis.*

| Stahlsorte der verschweißten Bauteile | | Lastfall | zulässiger Vergleichswert | zulässige Zugspannung für Querbeanspruchung | | | zulässige Druckspannung für Querbeanspruchung | | zulässige Schubspannung |
|---|---|---|---|---|---|---|---|---|---|
| | | | zul $\sigma_{sz}$ N/mm² | | | zul $\sigma_{wd}$ N/mm² | | zul $\tau_w$ N/mm² |
| Kurzname | nach | | alle Nahtarten | Stumpfnaht K-Naht Sondergüte | K-Naht Normalgüte | Kehlnaht | Stumpfnaht K-Naht | Kehlnaht | alle Nahtarten |
| St 37 *) | DIN 17100 | H | 160 | 140 | 113 | 160 | 130 | 113 |
| | | HZ | 180 | 160 | 127 | 180 | 145 | 127 |
| St 52-3 | DIN 17100 | H | 240 | 210 | 170 | 240 | 195 | 170 |
| | | HZ | 270 | 240 | 191 | 270 | 220 | 191 |

*) Alle Gütegruppen, Erschmelzungs- und Vergießungsarten

Die sich fortlaufend gleichmäßig oder ungleichmäßig ändernden Belastungen werden verschiedenen Spannungsverhältnissen $\kappa$ gemäß

$$\kappa = F_{min}/F_{max} \quad \text{oder} \quad \kappa = \sigma_{min}/\sigma_{max}$$

mit den Indizes min und max für die Kleinst- und Größtwerte der auftretenden Kraft oder Spannung zugeordnet.

Beim allgemeinen Fall einer sich ständig ändernden Belastung tritt die anzusetzende Höchstlast nur selten auf. Um ein Überbemessen zu vermeiden, benötigt man eine nähere Kennzeichnung des Belastungsablaufs nach Betrag und Häufigkeit der schwingenden Lasten. Hierzu dient die Summenhäufigkeitskurve, Bild 2b), die aus dem Belastungsablauf, Bild 2a) hergeleitet wird, indem die Durchgänge der Belastungslinie durch die einzelnen Höhenlinien in einer Richtung ausgezählt werden.

Die Gesamtheit aller hohen und niedrigen Belastungen unter Berücksichtigung der Häufigkeit

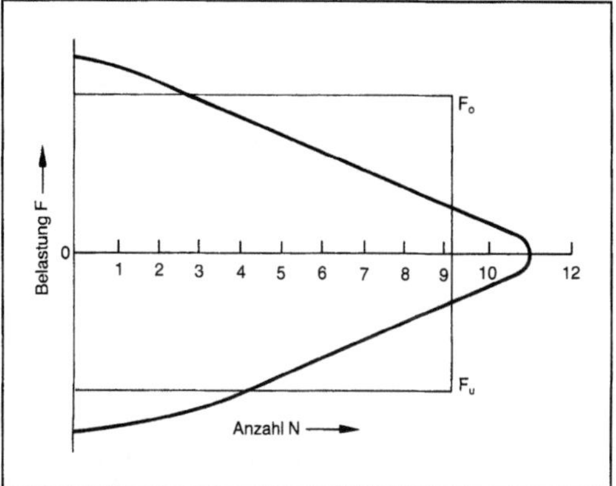


*Schweißnahtberechnung 3: Ersatz einer Summenhäufigkeitskurve durch eine Belastung mit konstanter Lastamplitude und begrenzter Lastspielzahl.*

$F_o$, $F_u$ Ober- und Unterlast
N Anzahl der Überschreitungen bestimmter Belastungen

*Schweißnahtberechnung. Tabelle 2: Beanspruchungsgruppen. (Quelle: DIN 15 018)*

| Spannungsspielbereich | N 1 | N 2 | N 3 | N 4 |
|---|---|---|---|---|
| gesamte Anzahl der vorgesehenen Spannungsspiele $\hat{N}$ | über $2 \cdot 10^4$ bis $2 \cdot 10^5$<br><br>gelegentliche, nicht regelmäßige Benutzung mit langen Ruhezeiten | über $2 \cdot 10^5$ bis $6 \cdot 10^5$<br><br>regelmäßige Benutzung bei unterbrochenem Betrieb | über $6 \cdot 10^5$ bis $2 \cdot 10^6$<br><br>regelmäßige Benutzung im Dauerbetrieb | über $2 \cdot 10^6$<br><br>regelmäßige Benutzung im angestrengten Dauerbetrieb |
| Spannungskollektiv | Beanspruchungsgruppe | | | |
| $S_0$ sehr leicht | B 1 | B 2 | B 3 | B 4 |
| $S_1$ leicht | B 2 | B 3 | B 4 | B 5 |
| $S_2$ mittel | B 3 | B 4 | B 5 | B 6 |
| $S_3$ schwer | B 4 | B 5 | B 6 | B 6 |

*Schweißnahtberechnung. Tabelle 3:* Bezogene Belastungen $\dfrac{F_o - F_m}{\hat{F}_o - F_m}$ der idealisierten Lastkollektive.

| Verhältnis | $\dfrac{\lg N}{\lg \hat{N}}$ | 0 | 1/6 | 2/6 | 3/6 | 4/6 | 5/6 | 6/6 |
|---|---|---|---|---|---|---|---|---|
| | $S_3$ | 1 | 1 | 1 | 1 | 1 | 1 | 1 |
| | $S_2$ | 1 | 0,975 | 0,944 | 0,906 | 0,856 | 0,787 | 0,666 |
| | $S_1$ | 1 | 0,952 | 0,890 | 0,814 | 0,716 | 0,579 | 0,333 |
| Lastkollektiv | $S_0$ | 1 | 0,927 | 0,836 | 0,723 | 0,576 | 0,372 | 0,000 |

$F_m = 0,5 \, (F_{max} - F_{min})$ Betrag der konstanten mittleren Belastung
$F_o$ Betrag der oberen Belastung, die N-mal erreicht oder überschritten wird
$\hat{F}_o$ Betrag der größten oberen Belastung des idealisierten Belastungskollektivs

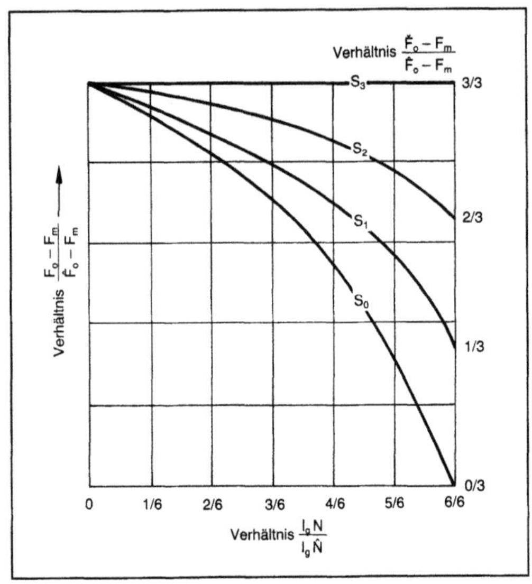



*Schweißnahtberechnung 4: Idealisierte bezogene Lastkollektive.*

N, Ñ     Schwingspielzahl bzw. gesamte Schwingspielzahl
$F_o$, $F_m$    Ober- bzw. Mittellast
$\check{F}_o$, $\hat{F}_o$    Kleinstwert bzw. Größtwert von $F_o$
$S_0$ bis $S_3$   Lastkollektive

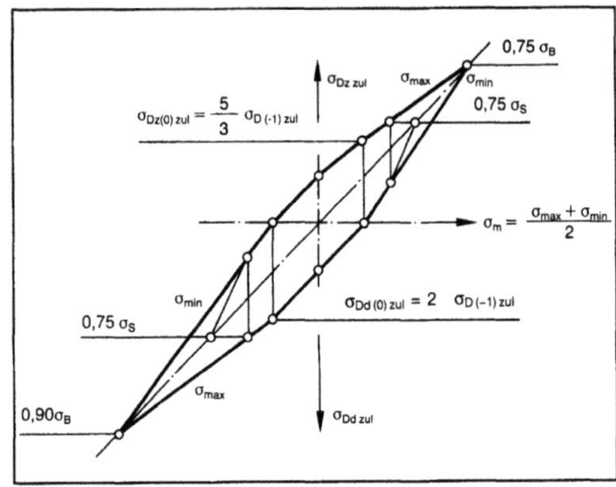



*Schweißnahtberechnung 5: Zusammenhänge zwischen den Spannungen $\sigma_{D(\kappa)zul}$ und $\sigma_{D(-1)zul}$. (Quelle: DIN 15018 a. a. O.)*

$\sigma_{max}$·$\sigma_{min}$   größte bzw. kleinste Normalspannung
$\sigma_B$         Bruchgrenze
$\sigma_S$         Streckgrenze
$\sigma_{Dzzul}$·    zulässige Dauerfestigkeit bei Zug bzw. bei Druck
$\sigma_{Dzul}$
zusätzlicher Index (0) und (–1) für Werte beim Grenzspannungsverhältnis $\kappa = 0$ bzw. $\kappa = -1$

*Schweißnahtberechnung. Tabelle 4: Stumpfnähte quer zur Kraftrichtung.*

| Kerbfall | Beschreibung und Darstellung | | Sinnbild |
|---|---|---|---|
| K 0 | mit Stumpfnaht-Sondergüte quer zur Kraftrichtung verbundene Teile | | P 100<br><br>P 100 |
| K 1 | mit Stumpfnaht-Normalgüte quer zur Kraftrichtung verbundene Teile | | P oder P 100<br><br>P oder P 100 |
| K 2 | mit Stumpfnaht-Sondergüte quer zur Kraftrichtung verbundene Teile aus Formstahl oder Stabstahl, außer Flachstahl | | P 100<br><br>P 100 |
| K 3 | mit einseitig auf Wurzelunterlage geschweißter Stumpfnaht quer zur Kraftrichtung verbundene Teile | | > |

ihres Auftretens nennt man Spannungs- oder Belastungskollektiv. Die ermittelte Summenhäufigkeitskurve der Belastung kann man sich durch eine Anzahl N von Lastwechseln mit konstanter Amplitude $F_o$ bzw. $F_u$ ersetzt denken (Bild 3).

Entsprechend Tabelle 2 sind den Schwingspielbereichen und Lastkollektiven die Beanspruchungsgruppen B1–B6 nach DIN 15018 zugeordnet.

Die zu erwartenden Lastkollektive sind näherungsweise vier idealisierten bezogenen Lastkollektiven zuzuordnen (Bild 4 und Tabelle 3). Durch die größten und kleinsten Grenzwerte $F_o$ und $F_u$ der Belastungen und durch eine der Gaußschen Normal-

verteilung angenäherten Verteilung werden die idealisierten Lastkollektive bestimmt.

Da bei Schweißkonstruktionen die Kerbeinflüsse von der Gestalt und der baulichen Durchbildung abhängen, hat man für die gebräuchlichsten Bauformen, Verbindungen und Anschlüsse Kerbfälle W0, W1 und K0–K4 nach DIN 15018 eingeführt. Beispiele für Kerbfälle zeigen Tabelle 4–6.

Die Nennspannungen können aus den Belastungen und den gegebenen Querschnittwerten berechnet werden. Unterliegt ein Bauteil nicht nur einer, sondern gleichzeitig mehreren Beanspruchungsarten, so ist die Vergleichsspannung zu ermitteln. Sind

*Schweißnahtberechnung. Tabelle 5: Grundwerkstoff.*

| Kerbfall | Beschreibung und Darstellung | | Sinnbild |
|---|---|---|---|
| W 0 | ungelochte Teile mit normaler Oberflächenbeschaffenheit, wenn Kerbwirkungen nicht vorhanden sind oder bei der Spannungsermittlung berücksichtigt werden. Brenngeschnittene Flächen müssen die vereinbarte Güte mindestens nach Kurzzeichen 1111 nach DIN 2310, Blatt 1, haben | | — |
| W 1 | gelochte Teile auch mit Nieten und Schrauben, bei Beanspruchung der Niete und Schrauben bis höchstens 20%, bei Beanspruchung von HV-Schrauben bis 100% der zulässigen Werte | | — |
| W 2 | gelochte Teile bei zweischnittigem Niet- oder Schraubenanschluß | | — |

*Schweißnahtberechnung. Tabelle 6: T-Stoßverbindungen mit Längsbelastung.*

| Kerbfall | Beschreibung und Darstellung | | Sinnbild |
|---|---|---|---|
| K 0 | mit K-Naht mit Doppelkehlnaht längs zur Kraftrichtung verbundene Teile | | |
| K 1 | mit Kehlnaht-Normalgüte längs zur Kraftrichtung verbundene Teile | | |

Vergleichsspannung: $\sigma_v = \sqrt{\sigma^2 + 3\,(\alpha_0\,\tau)^2} \leqq \sigma_{zul}$

Bedingung nach DIN 15018: $\left(\dfrac{\sigma_x}{\sigma_{x\,D\,zul}}\right)^2 + \left(\dfrac{\sigma_x}{\sigma_{y\,D\,zul}}\right)^2 - \left(\dfrac{\sigma_x \cdot \sigma_y}{\sigma_{x\,D\,zul} \cdot \sigma_{x\,D\,zul}}\right) + \left(\dfrac{\tau}{\tau_{y\,D\,zul}}\right)^2 \leqq 1{,}1$

*Schweißnahtberechnung. Tabelle 7: Grundwerte der zulässigen Spannungen (Dauerfestigkeiten).*

| Stahlsorte | St 37 | | | | | | | St 52-3 | | | | | | |
| --- | --- | --- | --- | --- | --- | --- | --- | --- | --- | --- | --- | --- | --- | --- |
| Kerbfall | W0 | W1 | K0 | K1 | K2 | K3 | K4 | W0 | W1 | K0 | K1 | K2 | K3 | K4 |
| Beanspruchungsgruppe | zulässige Spannungen $\sigma_{d(-1)\,zul}$ für $\kappa = -1$ in N/mm² | | | | | | | | | | | | | |
| B1 |  | 180 |  |  |  | 180 | (152,7) | 270 | 270 | 270 | 270 | 270 | (254) | (152,7) |
| B2 | 180 |  | 180 | 180 | 180 | (180) | 108 |  | (249) |  |  | (252) | 180 | 108 |
| B3 |  | (161,4) |  |  | (178,2) | 127,3 | 76,4 | (252,2) | 200,6 | (237,6) | (212,1) | 178,2 | 127,3 | 76,4 |
| B4 | (169,7) | 135,8 | (168) | (150) | 126 | 90 | 54 | 303,2 | 161,1 | 168 | 150 | 126 | 90 | 54 |
| B5 | 142,7 | 114,2 | 118,8 | 106,1 | 89,1 | 63,6 | 38,2 | 163,8 | 130,3 | 118,8 | 106,1 | 89,1 | 63,6 | 38,2 |
| B6 | 120 | 96 | 84 | 75 | 63 | 45 | 27 | 132 | 105 | 84 | 75 | 83 | 45 | 27 |

Das Stufenverhältnis zwischen den Spannungen zweier aufeinanderfolgender Beanspruchungsgruppen hat bei den Kerbfällen W0 bis W1 für St 37 den Wert 1,1892 und für St 52-3 den Wert 1,2409, bei den Kerbfällen K0 bis K4 für St 37 und St 52-3 den Wert 1,4142. Die Klammerwerte stimmen mit dem Stufenverhältnis zwischen den Spannungen zweier aufeinanderfolgender Beanspruchungsgruppen überein.

*Schweißnahtberechnung. Tabelle 8: Gleichungen für die zulässigen Oberspannungen in Abhängigkeit von $\kappa$ und $\sigma_{D(-1)zul}$. (Quelle: DIN 15018)*

| Wechselbereich $-1 < \kappa < 0$ | Zug | $\sigma_{Dz(\kappa)zul} = \dfrac{5}{3 - 2\kappa}\,\sigma_{D(-1)zul}$ |
| --- | --- | --- |
|  | Druck | $\sigma_{Dd(\kappa)zul} = \dfrac{2}{1 - \kappa}\,\sigma_{D(-1)zul}$ |
| Schwellbereich $0 < \kappa < 1$ | Zug | $\sigma_{Dz(\kappa)zul} = \dfrac{\sigma_{Dz(0)zul}}{1 - \left(1 - \dfrac{\sigma_{Dz(0)zul}}{0,75\,\sigma_B}\right)\kappa}$ |
|  | Druck | $\sigma_{Dd(\kappa)zul} = \dfrac{\sigma_{Dz(0)zul}}{1 - \left(1 - \dfrac{\sigma_{Dz(0)zul}}{0,90\,\sigma_B}\right)\kappa}$ |

$\kappa$  Grenzspannungsverhältnis
$\sigma_B$  Bruchfestigkeit
$\sigma_{D(\kappa)}$  Dauerfestigkeit für den vorliegenden Wert von $\kappa$ (mit Index z, d und zul für Zug, für Druck und für zulässige Werte)

die Maximalwerte der Normal- und Schubspannung gegeneinander zeitlich verschoben oder liegen unterschiedliche Grenzspannungsverhältnisse vor, muß nach DIN 15018 folgende Bedingung erfüllt sein: Mit Hilfe der Grundwerte der zulässigen Dauerfestigkeit nach Tabelle 7 und dem Grenzspannungsverhältnis nach Tabelle 8 bzw. 9 lassen sich die zulässigen Normal- und Schubspannungen ermitteln.

*Schweißnahtberechnung. Tabelle 9: Zulässige Spannungen $\tau_{D(\kappa)zul}$ für Schweißnähte. (Quelle: DIN 15018)*

| Bauteile | $\tau_{D(\kappa)\,zul} = \dfrac{\sigma_{D(\kappa)\,zul}}{\sqrt{3}}$ | $\sigma_{Dz(\kappa)\,zul}$ nach W0 |
| --- | --- | --- |
| Schweißnaht | $\tau_{D(\kappa)\,zul} = \dfrac{\sigma_{Dz(\kappa)\,zul}}{\sqrt{2}}$ | $\sigma_{Dz(\kappa)\,zul}$ nach W0 |

$\tau_{D(\kappa)zul}$  zulässige Tangentialspannung beim Grenzspannungsverhältnis $\kappa$
$\sigma_{Dz(\kappa)zul}$  zulässige Normalspannung bei Zug beim Spannungsverhältnis $\kappa$
W0, K0  Kerbfälle

Den Einfluß des Grenzspannungsverhältnisses auf die zulässige Oberspannung zeigt Bild 5. *Dorn*

Literatur: DIN 18800. Tl. 1: Stahlbauten; Bemessung und Konstruktion. Hrsg. Dt. Inst. für Normung. Ausg. 1981. – DIN 15018. Tl. 1: Krane; Grundsätze für Stahltragwerke, Berechnung. Hrsg. Dt. Inst. für Normung. Ausg. 1984.

**Schweißnaht-Darstellung** →Schweißnahtform

**Schweißnahtform.** Nach DIN 1912 werden Schweißteile am Schweißstoß durch Schweißnähte zu einem Schweißteil vereinigt. Der Schweißstoß ist der Bereich, in dem die Teile miteinander verbunden werden. Stoßarten zeigt die Tabelle.

Außerdem unterscheidet man bei den Nahtarten Stumpf- und Kehlnähte sowie sonstige Nähte (Bild 1 bis 3, s. Seite 943 und 944).

*Schweißnahtform. Tabelle: Stoßarten.*

| Stoßart | Lage der Teile | Beschreibung |
|---|---|---|
| Stumpf-stoß | | die Teile liegen in einer Ebene und stoßen stumpf gegeneinander |
| Parallel-stoß | | die Teile liegen parallel aufeinander |
| Über-lappstoß | | die Teile liegen parallel aufeinander und überlappen sich |
| T-Stoß | | die Teile stoßen rechtwinklig (T-förmig) aufeinander |
| Doppel-T-Stoß | | zwei in einer Ebene liegende Teile stoßen rechtwinklig (doppel-T-förmig) auf ein dazwischenliegendes drittes |
| Schräg-stoß | | ein Teil stößt schräg gegen ein anderes |
| Eckstoß | | zwei Teile stoßen unter beliebigem Winkel aneinander |
| Mehr-fachstoß | | drei oder mehr Teile stoßen unter beliebigem Winkel aneinander |
| Kreu-zungs-stoß | | zwei Teile liegen kreuzend übereinander |

Die Schweißfuge ist die Stelle, an der die Teile am Schweißstoß vereinigt werden sollen. Mit Schweißspalt wird der Bereich zwischen 2 parallelen Flächen oder Kanten bezeichnet. Bei den besonders beim →Widerstandsschweißen gebräuchlichen Überlappnähten unterscheidet man Punkt- und Liniennähte.

Die Nahtform wird bestimmt durch den Nahtaufbau (meist in mehreren Lagen) und die Lagenfolge (Bild 4 und 5, s. Seite 944). *Dorn*

Literatur: DIN 1912. Tl. 1: Zeichnerische Darstellung; Schweißen, Löten. Hrsg. Dt. Inst. für Normung. Ausg. 1976.

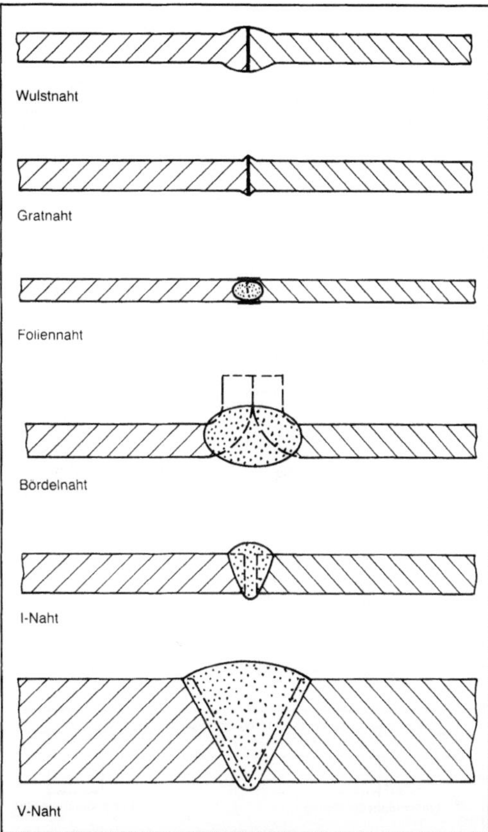


*Schweißnahtform 1: Stumpfnähte.*

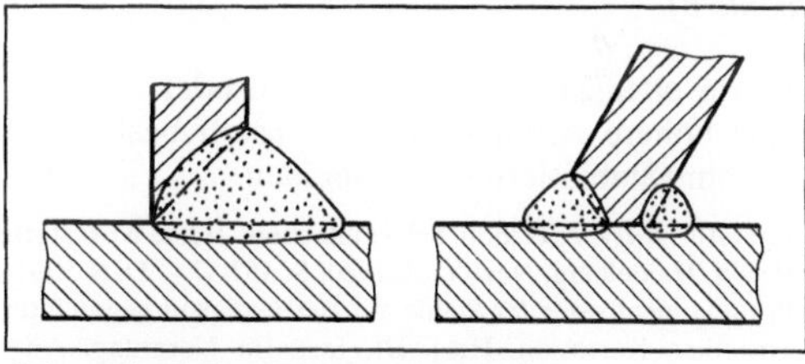

*Schweißnahtform 2: Sonstige Nähte.*

**Schweißnaht-Korrosion.** Die häufigsten bei Schweißnähten auftretenden Korrosionsformen sind Spalt- und interkristalline Korrosion. Spaltkorrosion tritt bevorzugt an Wurzelspalten, nicht durchgeschweißten Kehlnähten und Einbrandkerben auf. Hier läßt sich oft durch geänderte konstruktive Gestaltung Abhilfe schaffen. Die interkristalline Korrosion (lokale Verarmung an Chrom durch Chromcarbidbildung) kann bei nichtrostenden, nichtstabilisierten austenitischen Stählen im Temperaturbereich von ca. 500–800 °C sowie bei nichtrostenden, nichtstabilisierten ferritischen Stählen oberhalb von 850 °C auftreten. Die Empfindlichkeit gegenüber interkristalliner Korrosion läßt sich durch Absenken des C-Gehalts auf sehr niedrige

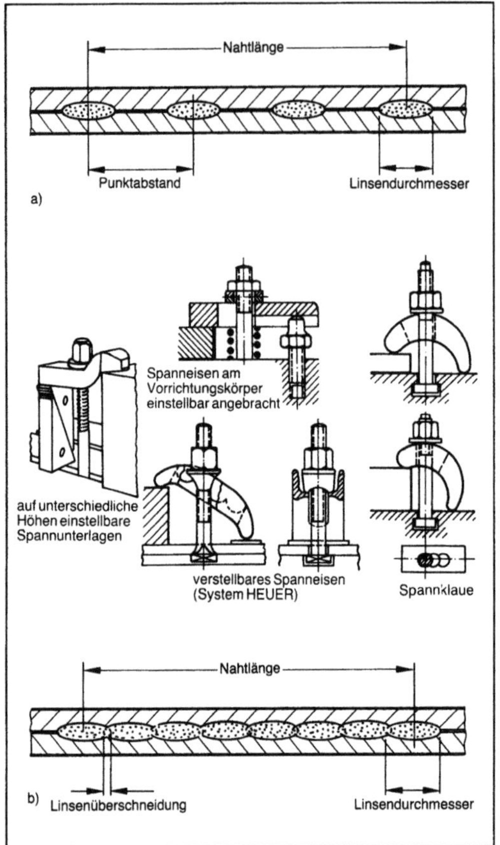



*Schweißnahtform 3: Punktnähte a) und Liniennähte b).*

Werte oder Zulegieren von Titan oder Niob, die eine höhere Affinität zu Kohlenstoff besitzen als Chrom (Stabilisierung), vermeiden.   *Dorn*

Literatur: *Ruge, J.:* Handb. Schweißtechnik. Bd. I: Werkstoffe. Berlin, Heidelberg, New York 1980; S. 153/57. – DIN 50914: Prüfung nichtrostender Stähle auf Beständigkeit gegen interkristalline Korrosion. Hrsg. Dt. Inst. für Normung. Ausg. 1984.

**Schweißnahtprüfung.** Man unterscheidet zerstörende und zerstörungsfreie Prüfungen von Schweißnähten. Bei der zerstörenden Prüfung werden meist Zugproben nach DIN 50120, Biegeproben nach DIN 50121 oder Kerbschlagbiegeproben nach DIN 50122 angefertigt und zerstörend geprüft. In den Normen sind Probenherstellung, Probenform, Versuchsanordnung und Versuchsdurchführung festgelegt. Weiterhin existieren spezielle Prüfnormen (Widerstandspunktschweißverbindungen DIN 50124, schmelzgeschweißte Stumpf- und Kehlnähte nach DIN 50127), um die Eignung eines Schweißzusatzwerkstoffs, eines Schweißverfahrens oder die Handfertigkeit des Schweißers zu prüfen.

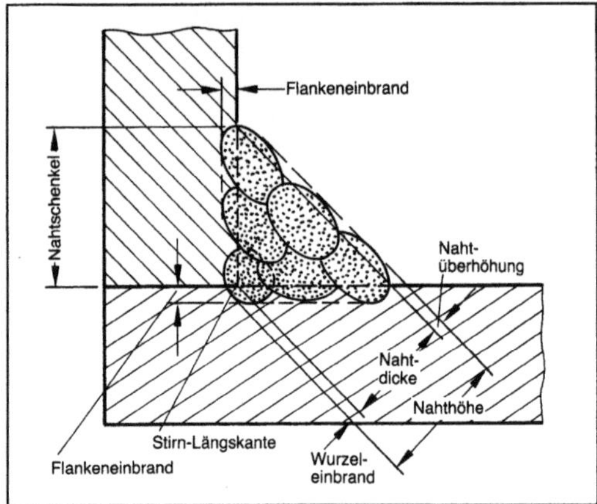



*Schweißnahtform 4: Aufbau einer Kehlnaht.*

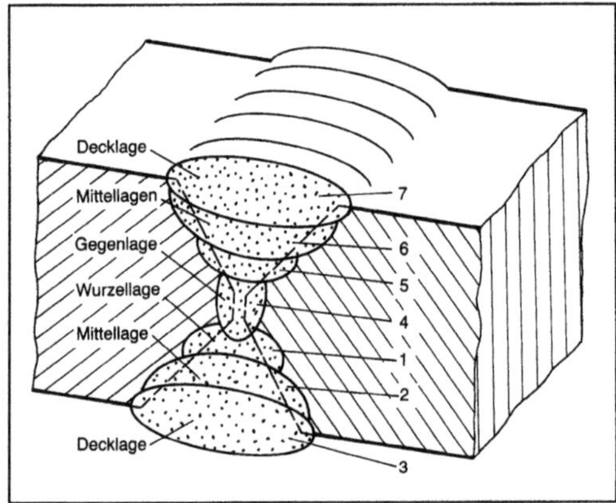



*Schweißnahtform 5: Lagenfolge. (Quelle: DIN 1912 a. a. O.)*

Zu den zerstörungsfreien Prüfungen zählen die Durchstrahlungsprüfung (DIN 54109 und 54111), Ultraschallprüfung, Farbeindring- und Magnetpulverprüfung. Die Funktionsfähigkeit der Bauteile wird nicht beeinträchtigt, so daß nach erfolgter Prüfung die Teile verwendet bzw. weiterverarbeitet werden können.

Die Durchstrahlungsprüfungen benutzen Röntgen- oder Gammastrahlen, um ein Schattenbild der Schweißnaht auf einem Film oder Bildschirm zu erzeugen. Dadurch können Schweißfehler wie mangelhaftes Durchschweißen, Poren und Einschlüsse sowie Innenrisse sichtbar gemacht werden. Bei der Ultraschallprüfung wird das Prüfstück entweder zwischen Schallsender und -empfänger angeordnet (Durchschallungsverfahren), oder der Schallkopf dient gleichzeitig als Sender und Empfänger (Impuls-Echo-Verfahren). Das Impuls-Echo-Verfahren erlaubt eine Tiefenbestimmung des Fehlers wegen des Laufzeitunterschieds zwischen Fehlerecho und Rückwandecho. Zur Prüfung von Schweißnähten werden meist Winkelprüfköpfe angewandt, damit der Schall außerhalb der rauhen Nahtoberfläche eingeleitet werden kann.

Zum Nachweis von Oberflächenhomogenität werden die Eindringverfahren benutzt. Beim Farbeindringverfahren wird nach sorgfältiger Reinigung des Prüfstücks eine farbige Flüssigkeit aufgetragen, die auf Grund hoher Kapillarwirkung selbst in Haarrisse eindringt. Nach der Einwirkzeit und dem Abwischen der Oberfläche wird ein Entwickler aufgetragen, der durch Verdunsten die farbige Flüssigkeit an die Oberfläche zieht. Es entstehen scharf begrenzte Fehleranzeigen. An magnetisierbaren Werkstoffen können makroskopische Fehler nahe der Oberfläche sichtbar gemacht werden. Das Prüfstück wird magnetisiert und gleichzeitig Eisenpulver o. ä. in Suspension mit Öl aufgesprüht. An den Fehlerstellen treten die Kraftlinien aus der Oberfläche aus, und die Eisenteilchen versuchen, die Störstelle zu überbrücken, und zeichnen sich als dunkle Linien ab. *Dorn*

Literatur: DIN 50120: Prüfung von Stahl; Zugversuch an Schweißverbindungen. Hrsg. Dt. Inst. für Normung. Ausg. 1975. – DIN 50121: Prüfung metallischer Werkstoffe; Technologischer Biegeversuch an Schweißverbindungen. Hrsg. Dt. Inst. für Normung. Ausg. 1978. – DIN 50122: Prüfung metallischer Werkstoffe; Kerbschlagbiegeversuch an Schweißverbindungen. Hrsg. Dt. Inst. für Normung. Ausg. 1984. – DIN 54109: Bildgüte von Durchstrahlungsaufnahmen an metallischen Werkstoffen. Hrsg. Dt. Inst. für Normung. Ausg. 1976. – DIN 54111: Prüfung von Schweißverbindungen metallischer Werkstoffe mit Röntgen- oder Gammastrahlen. Hrsg. Dt. Inst. für Normung. Ausg. 1977.

## Schweißnahtvorbereitung →Schweißen

## Schweißposition.

In DIN 1912 sind die S. beschrieben und mit Kennbuchstaben zum Unterscheiden gekennzeichnet. Es bedeutet:

w   waagerechtes Schweißen von Stumpfnähten und Kehlnähten in Wannenposition,

h   horizontales Schweißen von Kehlnähten,

s   Schweißen von unten nach oben (Steignaht),

f   Schweißen von oben nach unten (Fallnaht),

q   waagerechtes Schweißen an senkrechter Wand (Quernaht),

ü   Überkopfschweißen,

hü   horizontales Überkopfschweißen von Kehlnähten. *Dorn*

Literatur: DIN 1912. Tl. 2: Zeichnerische Darstellung; Schweißen; Löten. Hrsg. Dt. Inst. für Normung. Ausg. 1977.

## Schweißpulver →Unterpulverschweißen

## Schweißroboter →Roboter

## Schweißschrumpfung →Schweißen

## Schweißverfahren.

Die Einteilung der S. erfolgt nach dem Zweck des Schweißens, der Art der Fertigung (manuelles, mechanisches, automatisches Schweißen), der Art des Grundwerkstoffs (Metalle, Kunststoffe), nach Art des von außen einwirkenden Energieträgers und nach dem physikalischen Ablauf des Schweißens (DIN 1910, Tl. 1).

Hinsichtlich des Zwecks ist zu unterscheiden zwischen Verbindungsschweißen, d. h. dem Verschweißen von zwei oder mehreren Teilen zu einem Schweißteil, und dem Auftragsschweißen, wobei der aufgetragene Werkstoff entweder gleicher Art ist und nur zur Ergänzung abgenutzter oder beschädigter Werkstückpartien dient oder aus anderem Material besteht (Panzerung), das beispielsweise dem Werkstück größere Beständigkeit gegen Korrosion oder Verschleiß verleiht. Nach dem physikalischen Ablauf wird zwischen →Preßschweißen und →Schmelzschweißen unterscheiden.

*Preßschweißverfahren.* Dabei wird das Werkstück unter Druck zusammengefügt. Zusatzwerkstoff wird nicht verwendet.

Beim Heizelementschweißen werden die Werkstücke im Bereich des Schweißstoßes durch das Schweißwerkzeug und/oder die Werkstückaufnahme erwärmt und ohne Zusatzwerkstoff unter Kraftanwendung geschweißt.

Das Gießpreßschweißen erwärmt am eingeformten Schweißstoß die Werkstücke durch Umgießen eines flüssigen Energieträgers. Unter Anwendung von Kraft erfolgt an den Stoßflächen die Verschweißung ohne Anwendung von Zusatzwerkstoff.

Beim Gaspreßschweißen werden die Teile durch eine Brenngas-Luft- oder Brenngas-Sauerstoff-Flamme erwärmt und durch Stauchen zusammengefügt.

Durch gemeinsames Walzen und durchgreifende Erwärmung werden die Werkstücke beim Walzplattieren ohne Zusatzwerkstoff geschweißt. Die Kraftübertragung erfolgt über die Walzen.

Bei dem Feuerschweißen werden die Werkstückteile im Feuer oder Ofen erwärmt und durch Pressen miteinander verbunden.

Mit geringen plastischen Verformungen erfolgt das →Diffusionsschweißen. Dabei werden die Werkstücke an den Stoßflächen oder durchgreifend im Vakuum, unter →Schutzgas oder in einer Flüssigkeit erwärmt und unter Anwendung stetiger Kraft vorzugsweise ohne →Schweißzusatz geschweißt. Die Verbindung entsteht durch Diffusion der Atome über die Stoßflächen hinweg.

Die Wärme wird bei dem Lichtbogen-Preßschweißen durch einen kurzzeitig zwischen den Teilen brennenden Lichtbogen erzeugt und die Verbindung durch nachfolgendes schlagartiges Stauchen hergestellt.

Bei der Kaltpreßschweißung erfolgt die Vereinigung unter sehr hohem Druck ohne Wärmeeinwirkung und Zusatzwerkstoff.

Das Schockschweißen fügt die Werkstücke ohne Wärmezufuhr unter Anwendung schlagartiger Kraft

(Sprengschweißen), wobei die beim Zusammenprall der Werkstücke entstehende Wärme das Schweißen erleichtert.

Unter Anwendung einer mit Ultraschall schwingenden Sonotrode mit oder ohne gleichzeitige Wärmezufuhr erfolgt das →Ultraschallschweißen. Die Anpreßkraft zwischen den Werkstücken und die Schwingungsrichtung des Ultraschalls verlaufen zueinander senkrecht, wobei die Stoßflächen der Werkstücke aufeinander reiben.

Bei dem Widerstandspreßschweißen tritt die Erwärmung bei Stromdurchgang durch den elektrischen Widerstand der Werkstückteile ein, die nach Erreichen der Schweißtemperatur unter Druck vereinigt werden. Es kann an der Berührungsstelle eine Verflüssigung eintreten. Der Strom wird konduktiv über Elektroden oder induktiv über Spulen zugeführt. Beim Preßstumpfschweißen werden Strom und Kraft von Spannbacken übertragen und die zusammengepreßten Werkstücke an den Stoßflächen erwärmt und geschweißt. Beim Abbrennstumpfschweißen werden dagegen die Werkstücke an den Stoßstellen zunächst unter leichtem Berühren erwärmt (Bildung von Schmorkontakten) und anschließend durch schlagartiges Stauchen geschweißt.

Das →Punktschweißen dient zum Erzeugen von Schweißteilen aus überlappt angeordneten Blechen und Drähten. Der Strom und die Anpreßkraft werden dabei über stiftförmige Kupferelektroden zugeführt. Das →Rollennahtschweißen verwendet scheibenförmige Elektrodenrollen zur Herstellung einer Verbindung von überlappten Blechen. Bei dem Buckelschweißen werden in eines der beiden überlappten Bleche örtliche Ausbeulungen (Buckel) eingedrückt. In einer Schweißpresse wird über großflächige Plattenelektroden die gleichzeitige Verschweißung an den Schweißbuckeln erzielt, wobei unter Einwirken des Drucks die Buckel eingeebnet werden.

Das →Reibschweißen dient zum Verbinden von Profilen mit rotationssymmetrischer Stirnfläche. Die Teile werden an den Schweißflächen aneinanderstoßend in eine drehbankartige Vorrichtung eingespannt und ein Verbindungsteil in Rotation versetzt. Ist durch die entstehende Reibungswärme die erforderliche Schweißtemperatur erreicht, wird das rotierende Teil abgebremst, der Stauchdruck erhöht und die Verschweißung vorgenommen.

*Schmelzschweißverfahren.* Bei dem Schmelzschweißverfahren werden die Werkstückteile durch Aufschmelzen des Werkstoffs im Bereich der Verbindungsstelle ohne zusätzliche Druckeinwirkung miteinander verbunden. Häufig wird mit Zusatzwerkstoff gearbeitet, der in Stab- oder Drahtform zugeführt wird und der Füllung der Schweißfuge dient. Der Zusatzwerkstoff hat normalerweise eine ähnliche Zusammensetzung wie der Grundwerk-

stoff, wobei zur Verbesserung des Schweißgefüges geringfügige Legierungsunterschiede zum Grundwerkstoff angewandt werden können.

Beim Gießschmelzschweißen wird durch Gießen von flüssigem Schweißzusatz die Wärme in die eingeformte Schweißstelle übertragen, wobei die Stoßflächen anschmelzen.

Das Gasschmelzschweißen arbeitet zur Verflüssigung des Werkstoffs im Bereich der Schweißstelle mit Brenngas-Sauerstoff-Flammen, die mit Schweißbrennern erzeugt werden. Als Brenngas wird dabei hauptsächlich Acetylen verwendet.

Die größte Bedeutung hat das Lichtbogenschmelzschweißen, bei dem ein Lichtbogen zum Aufschmelzen des Grund- und Zusatzwerkstoffs dient. Der Zusatzwerkstoff wird dabei als →Elektrode geschaltet oder stromlos zugeführt. Die wichtigsten Verfahren dieser Gruppe sind das Metalllichtbogen-, Unterpulver- und →Schutzgasschweißen. Beim Metallichtbogenschweißen brennt der Lichtbogen zwischen einer abschmelzenden Metallelektrode aus dem Zusatzwerkstoff und dem Werkstück. Die Schweißstäbe sind mit Umhüllungen versehen, die das Schweißbad und den Zusatzwerkstoff gegenüber Luftzutritt schützen und den Lichtbogen stabilisieren. Die Zusammensetzung der Umhüllungen richtet sich vor allem nach dem Werkstoff und den Nahtanforderungen. Vorwiegend werden Gemische von Eisen-, Mangan-, Titanoxiden und Erdalkalicarbonaten, Flußspat und organischen Verbindungen eingesetzt.

Beim →Unterpulverschweißen brennt der Lichtbogen zwischen einer Drahtelektrode und dem Werkstück unter einer Pulverschicht verdeckt. Das Pulver schmilzt unter der Wärmeeinwirkung des Lichtbogens z. T. auf und bildet eine schützende Schlackenschicht auf der Naht. Überschüssiges Pulver wird abgesaugt und wieder verwendet. Beim Schutzgasschweißen werden im Bereich der Schmelze Reaktionen mit der Umgebungsluft durch Zuführen von Schutzgas (Helium, Argon, $CO_2$ oder Mischgasen) verhindert. Die wichtigsten Schutzgasschweißverfahren sind das Wolfram-Inertgas-Verfahren (WIG) mit Wolframelektrode und stromlosem Zusatzwerkstoff und das Metall-Inertgas- und Metall-Aktivgas-Verfahren (MIG/MAG) mit abschmelzender Metallelektrode.

Beim Strahlschweißen entsteht die Wärme durch Umwandlung gebündelter energiereicher Strahlung bei ihrem Auftreffen auf bzw. Eindringen in das Werkstück. Dem Elektronenstrahlschweißen dient ein durch elektrische oder magnetische Felder gesteuerter und scharf gebündelter Elektronenstrahl als Wärmequelle. Er dringt infolge Aufschmelzung und Verdampfung des Metalls tief in den Werkstoff ein. Das Elektronenstrahlschweißen erfolgt vorwiegend im Feinvakuum oder Hochvakuum. Ein Vorteil dieser Art der Energiezuführung zum Werkstoff liegt darin, daß sich auch Werkstoffe mit sehr hohem Schmelzpunkt (z. B. W, Mo, Ta) miteinander verbinden lassen. Das Anwendungsgebiet des Verfahrens reicht von zentimeterdicken Stahlplatten bis zu Schweißungen im mikroskopischen Bereich. Das Schweißen mit Laserstrahl eines Neodym- oder $CO_2$-Lasers benötigt kein Vakuum, ist jedoch auf Blechdicken unter etwa 10 mm begrenzt. Ein Teil der Laserstrahlen wird vom Werkstück reflektiert und geht dadurch für die Werkstückerwärmung verloren.

Das Elektroschlackeschweißen (RES) nutzt die Widerstandserwärmung eines elektrisch leitenden Schlackenbads, dessen Temperatur über der Schmelztemperatur des umgebenden Metalls liegt. Die Nähte werden als Stehnähte aufgebaut. Es lassen sich z. B. Stumpfnähte an Platten von 40 bis 600 mm Dicke schnell und wirtschaftlich schweißen. Der Strom wird dem Schlackenbad über abschmelzende, blanke, als Zusatzwerkstoff dienende Metallelektroden zugeführt. Der abschmelzende Zusatzwerkstoff sinkt in der Schlacke ab, füllt die Schweißfuge und erstarrt langsam von unten nach oben zur verbindenden Schweißnaht. Das Schweißbad in Form einer rechteckigen Schmelzwanne wird an zwei Seiten durch die Nahtfugenflächen der beiden Schweißteile, an den beiden anderen Seiten durch ein Paar wassergekühlte Kupfergleitschuhe begrenzt, die mit dem gesamten Schweißkopf durch entsprechende Vorrichtungen nach oben an der Schweißfuge entlanggeführt werden.     *Dorn*

Literatur: DIN 1910. Tl. 1: Schweißen; Begriffe, Einteilung der Schweißverfahren. Hrsg. Dt. Inst. für Normung. Ausg. 1983. – DIN 1910. Tl. 2: Schweißen; Schweißen von Metallen, Verfahren. Hrsg. Dt. Inst. für Normung. Ausg. 1977. – DIN 1910. Tl. 4: Schweißen; Schutzgasschweißen, Verfahren. Hrsg. Dt. Inst. für Normung. Ausg. 1979. – DIN 1910. Tl. 5: Schweißen; Schweißen von Metallen; Widerstandsschweißen; Verfahren. Hrsg. Dt. Inst. für Normung. Ausg. 1986.

**Schweißzusatz.** Nach DIN 8571 ist ein S. ein Erzeugnis, das der Schweißzone zugeführt oder zwischen die Stoßflächen gelegt wird (z. B. abschmelzender Schweißdraht bzw. Schweißelektrode). Beim →Schweißen vereinigt er sich mit dem Grundwerkstoff und/oder dem bereits niedergeschmolzenen Schweißgut und bildet die Schweißnaht oder Beschichtung (Verbindungs- bzw. Auftragsschweißen). Die Vereinigung mit dem Grundwerkstoff und/oder Schweißgut erfolgt durch Aufmischen bzw. Diffusion.

Ein Schweißhilfsstoff ist ein Erzeugnis, das das Schweißen ermöglicht oder erleichtert (z. B. →Schutzgas, Schweißpulver oder Paste). Nach DIN 8571 können die S. nach Art und Sorte ihres Werkstoffs (Schweißzusatzwerkstoff), der Art ihres Abschmelzens, nach der Lieferform und ihrer Ausführung eingeteilt werden.     *Dorn*

Literatur: DIN 8571: Schweißzusätze und Schweißhilfsstoffe zum Metallschweißen; Begriffe, Einteilung. Hrsg. Dt. Inst. für Normung. Ausg. 1981.

**Schweißzusatzwerkstoff** →Schweißzusatz

**Schwenkbiegen.** S. gehört zu den Verfahren des Biegeumformens mit drehender Werkzeugbewegung (DIN 8586). Dabei wird ein Blechstreifen (Werkstück) zwischen Klemmbacken teilweise eingespannt und der herausragende Teil mittels einer Wange um die Biegekante herumgeschwenkt (Bild 1). Für das S. werden spezielle Schwenkbiegemaschinen eingesetzt. Es gibt auch kombinierte Bauarten zwischen Gesenkbiegepresse und Schwenkbiegemaschine. Die Maschinen können Arbeitsbreiten von mehreren Metern erreichen. Einsatzbereiche für das S. sind Stahlbau, Profilherstellung, Behälterbau usw.

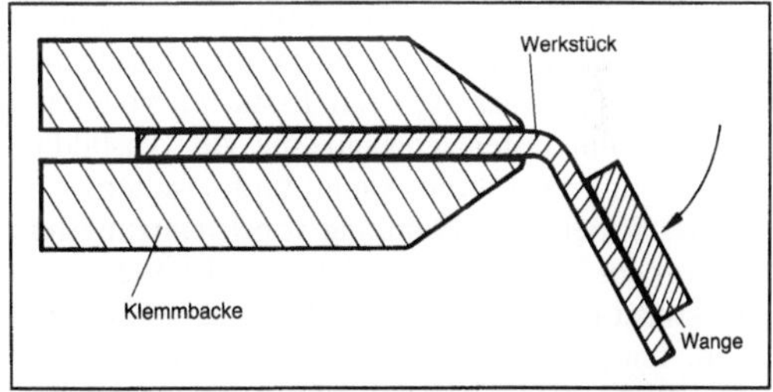


*Schwenkbiegen 1: Schematische Darstellung.*

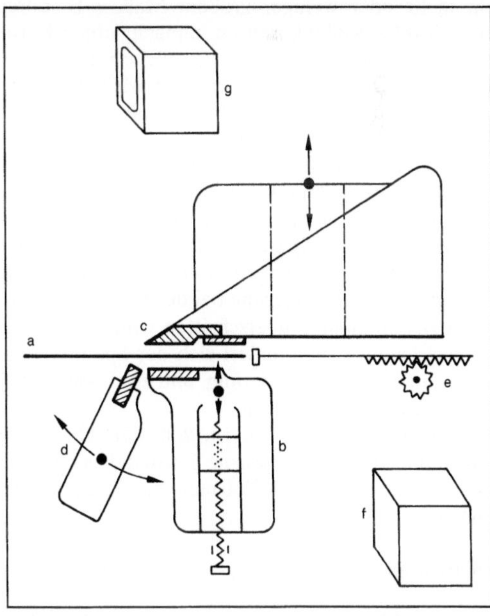


*Schwenkbiegen 2: Funktionselemente einer Schwenkbiegemaschine.*

a Werkstück, b untere Spannbacke, c obere Spannbacke mit Oberwerkzeug, d Schwenkbiegewange, e Anschlagvorrichtung, f Programmsteuerungseinrichtung, g Bildschirm

Durch S. lassen sich dank der Möglichkeit sehr genauer Biegewinkeleinstellung sehr genaue Biegeteile mit kompensierter Rückfederung herstellen. Dies gilt besonders für moderne, numerisch gesteuerte und hydraulisch angetriebene Maschinen (Bild 2). Da keine Werkzeuge mit fest vorgegebenem Biegewinkel verwendet werden, hat das S. eine große Flexibilität. *Lange*

Literatur: *Lange, K.* (Hrsg.): Umformtechnik. Handb. f. Ind. u. Wiss. Bd. 3. 2. Aufl. Berlin, Heidelberg, New York, Tokio 1990. – *Spur, G.* (Hrsg.), u. *Th. Stöferle:* Handb. Fertigungstechnik, Bd. 2/3: Umformen, Zerteilen. München 1985.

**Schwermetallguß** →Nichteisen-Metallguß

**Schwindmaß** →Schwindung, →Modell

**Schwindung.** Metallische Werkstoffe vor allem erleiden beim Übergang von Schmelztemperatur bis zur Raumtemperatur zwei Volumenänderungen, und zwar einmal die als Schrumpfung bezeichnete Volumenverkleinerung beim Erstarren von flüssigen bis zum festen Zustand, die zur Ausbildung eines Lunkers führen kann, und zweitens eine lineare S. bei der Abkühlung von Erstarrungstemperatur auf Raum- oder noch tiefere Temperaturen. Bei Gußstücken wird diese S. durch das →Schwindmaß, um das die Zeichnungsmaße beim Modell vergrößert werden, berücksichtigt.

Die wirklich freie S. wird bei der Fertigung meist in mehr oder weniger großem Maß, z. B. durch verwickelte Außenkonturen, unnachgiebige Kerne usw., behindert, so daß das eigentliche Schwindmaß vom Werkstoff gar nicht erreicht wird. Diese S.-Behinderung führt zu Spannungen, die u. U. so groß werden können, daß es zu Rissen kommt. Warmrisse haben sehr oft ihre Ursache in einer zu großen S.-Behinderung. Durch S.-Behinderung aufgestaute Spannungen können auch bei einer späteren spanenden Bearbeitung zu einer fast explosionsartigen Rißbildung Anlaß geben, wenn z. B. durch die Querschnittsverminderung bei der Bearbeitung die zulässige Spannung überschritten wird. In weniger gravierenden Fällen äußert sich der Spannungszustand in einer Formänderung, und zwar sowohl vor wie nach der Bearbeitung.

Abhilfe bringt das Altern, d. h. der Abbau der Spannungen durch langsame Formänderung (zeitraubend), oder eine Wärmebehandlung (Spannungsfreiglühen). *Doliwa*

**Schwinghonen** →Honen, →Honverfahren

**Schwingläppen.** S. (auch Stoßläppen oder Ultraschalläppen genannt) ist Spanen mit losen, in einer Flüssigkeit oder Paste verteilten Körnern, die durch ein im Ultraschallbereich schwingendes Formstück Impulse erhalten, womit ihnen das Arbeitsvermö-

gen übertragen wird (Bild). Schwinggeläppte Oberflächen weisen gleichmäßige, muldenförmige Bearbeitungsspuren auf (→Läppen).

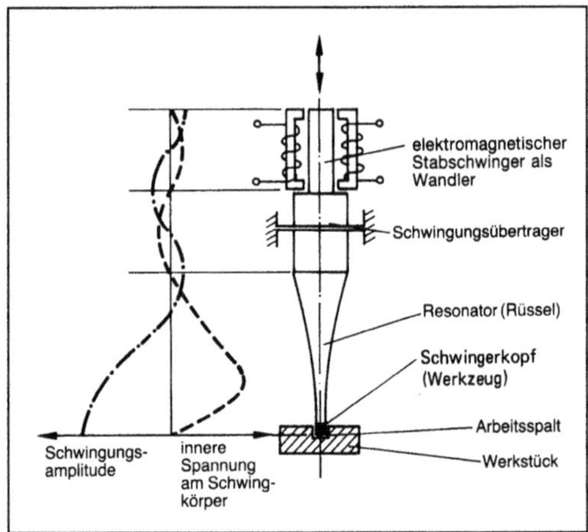


*Schwingläppen: Prinzipieller Aufbau einer Schwingläppanlage.*

Das Verfahren findet insbes. bei sprödharten und elektrisch nicht leitenden Werkstoffen zum Erzeugen von konkaven Formen und Durchbrüchen Anwendung. So lassen sich in spröden Werkstoffen wie Glas, Keramik, Edelsteinen, gesinterten Metallen oder Hartmetall durch S. beliebige Schlitze, Löcher oder Vertiefungen anbringen. Erreichbare Eindringtiefen liegen bei 30–40 mm.

In den Spalt zwischen dem als Schwingkopf ausgebildeten Werkzeug und dem Werkstück wird eine Läppsuspension (→Läppgemisch) zugeführt. Durch die Schwingbewegung des Werkzeugs und den statischen Druck arbeiten sich die Läppkörner in den Werkstückstoff hinein. Wichtig ist hierbei, daß durch permanente Läppgemischzufuhr ein übermäßiger örtlicher Läppmittelverschleiß vermieden wird.

Beim Trennvorgang durch die Läppkörner sind verschiedene Mechanismen beteiligt. Bei sprödbrüchigen Werkstoffen wie Glas oder Keramik bilden sich Mikrorisse durch das Eindrücken der Kornschneiden in den Werkstoff. Diese Risse wachsen und führen zur Abtrennung von Werkstoffteilchen. Bei zähen Werkstoffen treten infolge der stetigen Kraftausübung durch das Läppmittel elastisch-plastische Verformungs- und Kaltverfestigungseffekte auf. Der Werkstoff wird ermüdet. Wächst der Verformungswiderstand so weit, daß die Trennfestigkeit überschritten wird, so lösen sich die Werkstoffpartikel ab. Zum Ausweiten der Mikrorisse sowie zum Verstärken der Ermüdung in der Werkstoffoberfläche tragen auch Kavitationseffekte im Bereich des Arbeitsspalts bei.

Die Schwingungen beim Stoßläppen liegen im Ultraschallbereich (f>20 kHz). Sie werden durch elektromagnetische oder piezoelektrische Wandler erzeugt. Die induzierten Longitudinalschwingungen werden mittels Resonatoren verstärkt und an den Schwingerkopf übertragen. Die Länge der Resonatoren wird so gewählt, daß an der Stoßstelle die größte Amplitude erreicht wird. Diese beträgt etwa 20–30 µm. Zur Erhöhung der Abtragsrate müssen die vielfältigen Einflußgrößen des Verfahrens optimierend kombiniert werden. Dies sind die Schwingungskenngrößen, die mechanischen Eigenschaften der Werkstück- und Schwingkopf-Werkstoffe sowie die Spezifikation der Läppsuspension.

Wird dem Schwingläppkopf zusätzlich noch eine Drehbewegung überlagert, kann eine Steigerung der Eindringtiefen bei gleichzeitiger Erhöhung der Abtragsraten erzielt werden. Dadurch lassen sich auch duktile Werkstoffe wie Stahl erfolgreich bearbeiten. Diese Verfahrensvariante erlaubt allerdings nur die Herstellung rotationssymmetrischer Querschnitte. *Kenter*

Literatur: *Kazantsev, V. F.,* u. *L. D. Rozenberg:* Physical Principles of Ultrasonic Technology. Bd. 1. New York 1973. – *König, W.:* Fertigungsverfahren. Bd. 2: Schleifen, Honen, Läppen. Düsseldorf 1989.

**Schwingmühle.** S. bestehen aus horizontal oder vertikal angeordneten Mahlräumen, die zylindrisch, ringförmig oder trogähnlich ausgeführt sein können. Diese Mahlräume sind üblicherweise auf Federn schwingungsfähig abgestützt. Durch Schwingantriebe werden die Mahlräume bei Füllungsgraden von 70–80 % zu kreisförmigen, schwingenden Bewegungen mit Beschleunigungen von $r\omega^2 = 10g$ angeregt. Die Mahlkörper, meist Kugeln oder Stifte, werden in Wurfbewegungen versetzt. Die Zerkleinerung erfolgt damit hauptsächlich durch Schlagbeanspruchung zwischen Mahlgut und Mahlkörper sowie Mahlgut und Mahlraumwand. Dabei werden die Mahlkörper um ihren eigenen Schwerpunkt bewegt und der gesamte Mahlrauminhalt entgegen der Antriebsrichtung umgewälzt.

Da die Beanspruchung von der Mahlraumwand eingeleitet wird und die Impulsfortpflanzung in das Mahlkörper-Mahlgut-Gemisch nach innen rasch abnimmt, sind Mahlraumdurchmesser von $D = 500$–$700$ mm nicht zu überschreiten.

S. werden vor allem bei nasser und trockener Fein- und Feinstzerkleinerung eingesetzt. Bei trockener Zerkleinerung erreicht man eine Endfeinheit von 30–50 µm, naß um und unter 1 µm. Die Durchsätze betragen bis zu 50 t/h.

Die Schwingantriebe werden entweder als Unwuchtantriebe mit verstellbaren Massen oder als Exzenterantriebe ausgeführt. S. werden sowohl diskontinuierlich als auch kontinuierlich betrieben.

Diskontinuierliche Mühlen bestehen meistens aus Mahlbehältern mit Deckel, die Unwuchtantriebe in Schwingungen versetzen. Durch Kippen des Mahl-

behälters wird entleert. Lochbleche oder Siebe verhindern das Herausfließen der Mahlkörper (Bild 1).

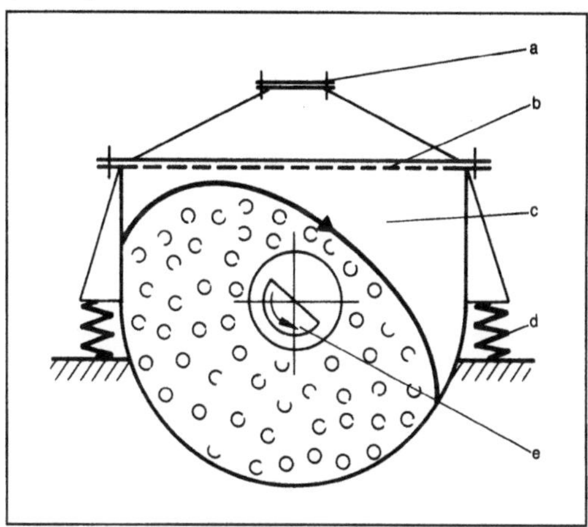

*Schwingmühle 1: Diskontinuierliche Tragschwingmühle.*

a Deckel (Füllung und Entleerung), b Entleerungsrost, c Mahlkammer, d Stahlfeder, e Schwingantrieb

Bei kontinuierlichen S. durchströmt das Mahlgut die meist horizontal angeordneten Mahlräume (Rohr-S.) in axialer Richtung. Ein- und Austritt erfolgen dabei meist stirnseitig (Bild 2). *Greif*

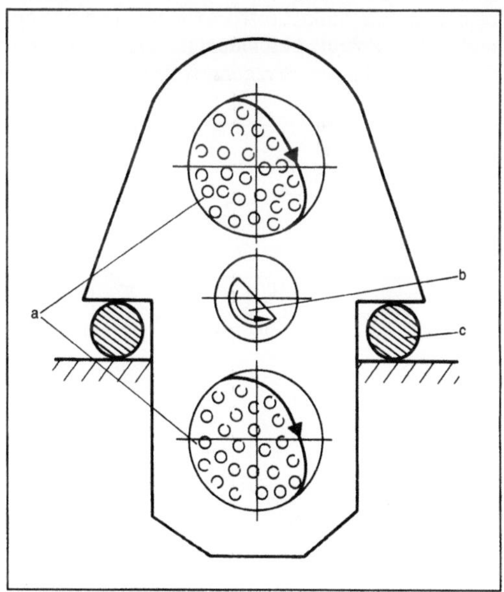

*Schwingmühle 2: Kontinuierliche Rohrschwingmühle.*

a Mahlkammer, b Unwuchtantrieb, c Gummifedern

**Schwingrinne.** Gerät zum Dosieren von körnigen Schüttgütern. Die S. (Bild 1) befindet sich unter einem Vorratsilo und wird von elektromagnetischen

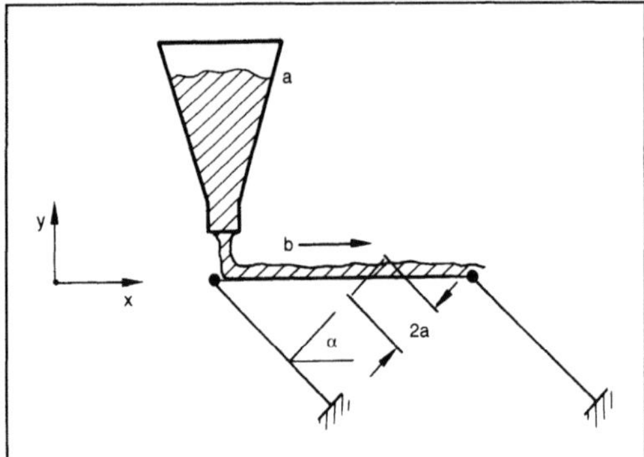

*Schwingrinne 1: Schemaskizze.*

a Silo, b Transportrichtung

oder mechanischen Unwuchten zu harmonischen Schwingungen erregt. Die x- und y-Ausschläge sind ungefähr gleich groß. Lose aufliegende Teilchen bewegen sich zuerst mit der Rinne in x- und y-Richtung. Sobald die y-Bewegung verzögert wird, heben die Partikel ab und fliegen auf der Wurfparabel P weiter. Die Vertikalgeschwindigkeit wird schnell null und dann negativ. Die Rinne hat schneller verzögert und nach unten beschleunigt als das Teilchen. Gleichzeitig schwingt die Rinne zurück, während das Teilchen auf Grund seiner Trägheit seine Geschwindigkeit in x-Richtung beibehält. Bei Punkt 2 trifft es wieder auf die Rinne und wird erneut beschleunigt. Der Durchsatz der S. ist über die Erregungsfrequenz einstellbar (Bild 2). *Trefz*

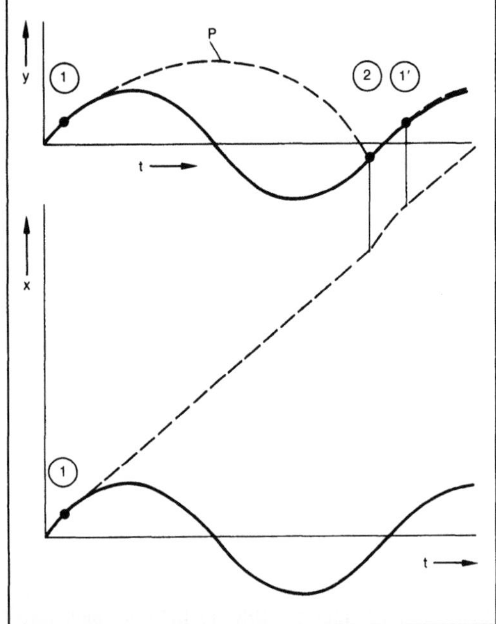

*Schwingrinne 2: Diagramm.*



**Schwingsieb.** S. oder Rüttelsiebe eignen sich zum kontinuierlichen Sieben von Schüttgütern wie Erzen, Steinen, Kohle usw.

Der Siebvorgang trennt das Haufwerk in Grob- und Feingut (→Klassieren) und dient aber auch zum Aussortieren von Verunreinigungen. S. sind meist leicht schräg gestellt mit Neigungswinkeln von 5–15°. Mechanische Unwuchtbewegungen oder elektromagnetische Schwinger erregen das Sieb zu Vibrationen. Das Aufgabegut A wird i. a. mit einer →Schwingrinne zudosiert. Dabei findet bereits eine Vorklassierung statt, weil die kleinen Partikel durch die Lücken der großen nach unten gelangen. Unter dem Einfluß der Vibration bewegt sich das Gut in kleinen Sprüngen auf dem Sieb (Bild 1). Das auszusiebende Feingut muß dabei zunächst eine Schüttschicht zum Siebbett durchwandern, um dann als Feinkornstrom durch die Siebfläche fallen zu können. Die Schwerkraft, Beschleunigungskräfte sowie Haft-, Stoß- und Reibungskräfte wirken auf diesen Vorgang ein. Wichtig ist das Freisetzen steckengebliebener Partikel aus den Siebmaschinen während des Betriebs.

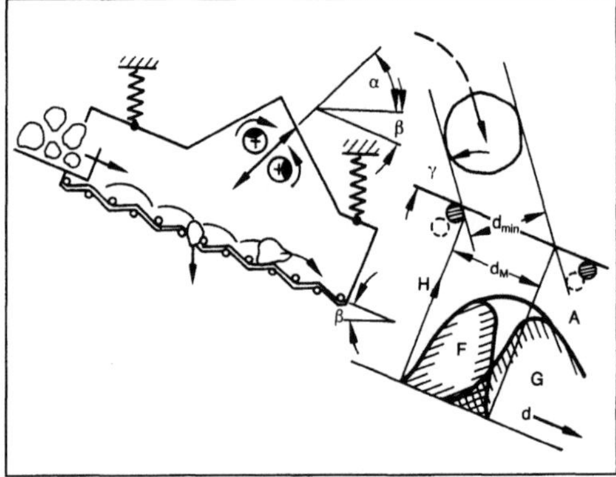

*Schwingsieb 1.*

Das Sieb muß für den geforderten Durchsatz $\dot{M}$ eine ausreichende Siebfläche A haben (Bild 2). Der spezifische Durchsatz je Quadratmeter Siebfläche ist bei S. besonders hoch. Er steigt etwa linear mit der →Maschenweite an, weil bei großen Maschenweiten die freie Fläche entsprechend größer ist als bei kleinen. Der Massendurchsatz $\dot{M}$ berechnet sich zu:

$$\dot{M} = c \cdot A \cdot \rho_{sch} \tag{1};$$

dabei sind A die Siebfläche, $\rho_{sch}$ die Schüttdichte und c die Geschwindigkeit des Aufgabeguts auf dem Sieb.

Das größte Korn im Feingut $d_{Fmax}$ entspricht der größten Masche des Siebs, das kleinste Korn im Aufgabegut ist größer als die größte Masche. Das kleinste Korn im Grobgut G kann aber größer sein als die größte Maschenweite des Siebs, weil bei

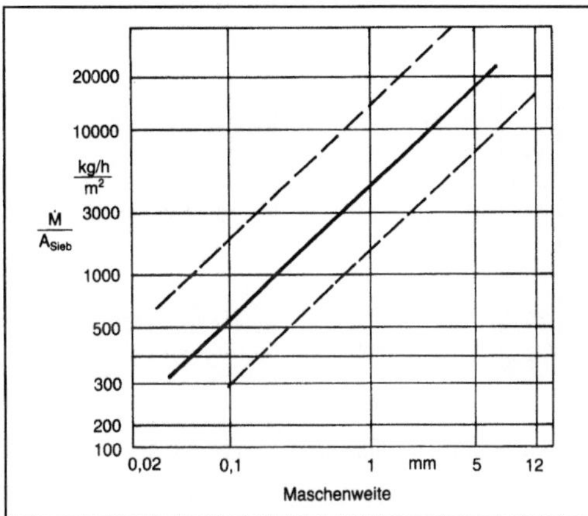

*Schwingsieb 2: Spezifischer Durchsatz je Siebfläche in Abhängigkeit von der Maschenweite.*

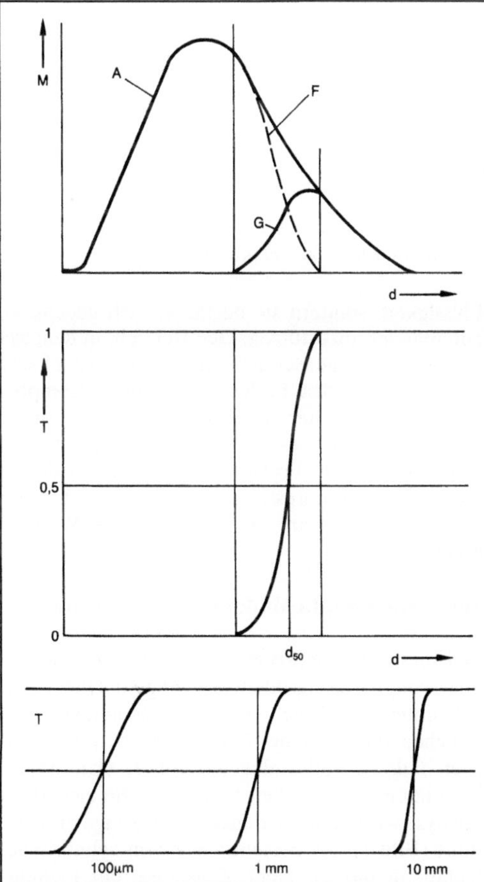

*Schwingsieb 3: Kornverteilung von Aufgabe-, Grob- und Feingut; Trennkurve.*

technisch üblichen Durchsätzen die Verweildauer des Guts auf dem Sieb nicht für ein vollständiges Aussieben des Feinanteils genügt. Die effektive

Maschenweite kann deutlich kleiner sein als die geometrische, besonders dann, wenn das Sieb stark gegen die Horizontale geneigt ist und mit hoher Frequenz schwingt, weil dabei die Teilchen schräg auf das Sieb treffen.

Die Güte einer Siebklassierung wird mit dem Trenngrad beurteilt. Dieser gibt an, welcher Anteil der im Aufgabegut vorhandenen Masse einer bestimmten Kornfraktion sich nach der Siebung im Grobgut wiederfindet. Eine Kornfraktion repräsentiert alle Körner, deren Durchmesser zwischen d und d+Δd liegen (Bild 3).

Die Berechnung des Trenngrads erfolgt mit den Rückstandssummenkurven des Grob- und Aufgabeguts $R_G$ und $R_A$:

$$T = g \cdot \Delta R_G / \Delta R_A \qquad (2),$$

wobei g der Gesamtanteil des Grobguts ist. Die effektive Maschenweite $d_{50}$ ist bei T = 0,5. Hier geht gerade die Hälfte aller Teilchen durch das Sieb bzw. wird abgetrennt.

Eine rasche Beurteilung des Sieberfolgs ohne Berücksichtigung der Kornzusammensetzung von Fein- und Grobgut läßt sich mit folgender Formel treffen:

$$T = \frac{(a - g) \cdot 100}{(100 - g) \cdot a} \text{ in } \% \qquad (3);$$

darin bedeuten a Unterkorngehalt in der Gutaufgabe, g der im Grobgut. Unterkorn ist der Anteil des Aufgabeguts, der kleiner ist als die mittlere Maschenweite des Siebs. *Würtz*

Literatur: Ullmanns Enzyklopädie. Bd. 2: Abschn. Fördern. Weinheim 1972.

**Schwingung, strömungsinduzierte.** Wärmeübertrager mit Rohrbündeln sind im Apparate- und Anlagenbau häufig eingesetzte Apparate. Seit Jahren wird über s. S. an Rohren solcher Bündel berichtet, die zu einer mechanischen Zerstörung der Rohre führen durch gegenseitiges Anschlagen oder Abrieb in den Halterungen. Hierbei strömt das Medium (z. B. Luft oder Wasser) quer oder längs zum Rohrbündel. Eine Zerstörung von Rohren des Bündels ist insbes. bei korrosiven Medien gefährlich, eine Reparatur wegen der großen Stillstandszeiten und der erheblichen Kosten unerwünscht. Weltweit sind seit Jahrzehnten Rohrbündel-S. als Folgeerscheinung der hinter einem Einzelrohr ablösenden Wirbel gedeutet worden. Diese theoretischen Deutungen konnten nur durch Messungen wichtiger Kenngrößen wie mitschwingende Fluidmasse, Dämpfung und Eigenfrequenz der Rohre aufrechterhalten werden. Neuere Erkenntnisse haben gezeigt, daß diese Deutungsversuche nicht haltbar sind. Die Rohrbündel-S. hängen ab von der Gesamtanordnung der Rohre in einem Rohrbündel und müssen an fluid-dynamischen Gesetzmäßigkeiten des Gesamtbündels geklärt werden. Besonders gefährdet für die beschriebenen Resonanz-S. sind hierbei die Rohre in der ersten, zweiten und letzten Rohrreihe, wobei unterschiedliche S.-Mechanismen den Instabilitäts-Vorgang auslösen.   *Strohmeier*

Literatur: *Troidt/Strohmeier:* Strömungsinduzierte Schwingungen quergeströmter Rohrfelder aus der Sicht des Konstrukteurs. VGB 67 (1987) Nr. 3, S. 291/300.

**Sedimentation.** Abtrennung von Feststoffteilchen aus Flüssigkeiten. Technische Durchführung in Eindickern, Klärern bzw. Absetzbecken. Auf Grund ihrer →Sinkgeschwindigkeit im Erdschwerefeld setzen sich die Partikel ab. Voraussetzung für eine vollständige Abtrennung ist eine ausreichende Verweilzeit in kontinuierlich betriebenen S.-Apparaten. Die Absetzzeit eines Einzelteilchens ist jedoch nur bei geringer Konzentration eine Funktion der Sinkgeschwindigkeit (Volumenkonzentration $c_v < 0,05$). Bei hohen Volumenkonzentrationen werden die Teilchenabstände so gering, daß sich die Partikel beim Absetzen gegenseitig behindern. Bis zu einer Konzentration von $c_v = 0,2$ (20 % Volumenanteil) spricht man dabei von behinderter S. Gegenüber der Sinkgeschwindigkeit eines Einzelteilchens ist die Absetzzeit bei hoher Konzentration deutlich niedriger. *Richardson* und *Zaki* haben dafür eine empirische Beziehung gefunden:

$$W_{S,beh} = W_{S,Stokes} \, (1 - c_v)^{4,65}.$$

Bei weiterer Erhöhung der Konzentration auf Werte über $c_v = 0,2$ geht die behinderte S. in Zonen-S. über. Bei diesen Konzentrationen setzen sich die Feststoffteilchen kollektiv mit gleicher Geschwindigkeit ab (→Schwarmsinkgeschwindigkeit). Große, schnelle Teilchen werden durch den Verband hydraulisch und mechanisch abgebremst, langsame kleine mitgerissen. Größe, Dichte und Gestalt des Einzelteilchens verlieren ihren geschwindigkeitsbestimmenden Einfluß. Bei der Zonen-S. wird die Flüssigkeit im oberen Teil geklärt. Darunter liegt, durch einen Trennspiegel gekennzeichnet, die trübe Suspension, in der der Feststoff sedimentiert. Der Trennspiegel bewegt sich nach unten, während das Sediment anwächst. Zum Bestimmen der Sinkgeschwindigkeit dient der Standzylinderversuch. Bild 1 zeigt dabei den Konzentrationsverlauf in Abhängigkeit von der Höhe h in einem Standzylinder. Beim Standzylinderversuch wird die Lage des Trennspiegels als Funktion der Zeit in ein Diagramm aufgetragen (Bild 2). Bei Zonen-S. kann man die Absetzgeschwindigkeit des Schwarms (Schwarmsinkgeschwindigkeit) aus der Steigung berechnen. Am Boden des Standzylinders sowie am Boden eines Absetzbeckens (→Klärer, →Eindicker) steigt die Feststoffkonzentration an. Die Partikel schweben nun nicht mehr in der

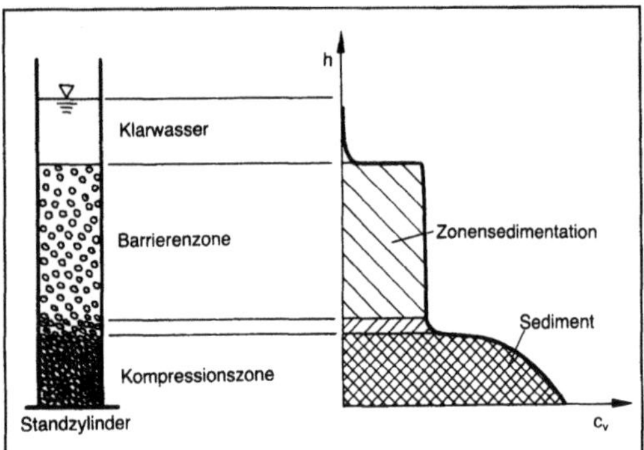


*Sedimentation 1: Standzylinderversuch.*

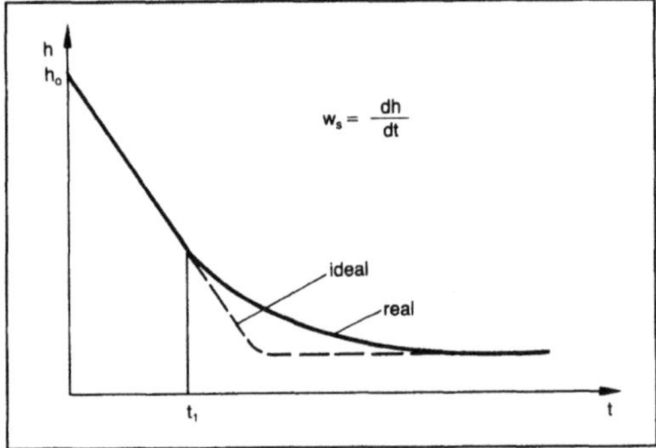


*Sedimentation 2: Absetzkurve.*

Flüssigkeit, sondern sie beginnen, sich gegenseitig aufeinander abzustützen. Den Bereich, in dem sich die Teilchen gegenseitig berühren und so ein lockeres Feststoffgerüst bilden, nennt man Kompressionszone. Im weiteren Verlauf des Absetzvorgangs verdichtet sich dieses Sediment infolge des allmählich wachsenden Feststoffdrucks. Das bedeutet, daß in der Kompressionszone die Konzentration mit der Zeit bis auf einen bestimmten Wert zunimmt.   *Trefz*

**Sedimentation, behinderte** →Sedimentation

**Sedimentationsanalyse.** Verfahren zum Bestimmen von Partikelgrößenverteilungen. Dabei wird die unterschiedliche →Sinkgeschwindigkeit von Teilchen verschiedener Größe gemessen. Die Teilchen müssen vollständig dispergiert (Ultraschallbad) in einer Flüssigkeit vorliegen. Die eigentliche Analyse wird in der Sedimentationswaage durchgeführt (Bild 1). Sie besteht aus einem zylindrischen Gefäß, in das an einer Zugstange ein Fallteller eintaucht. Über dem Fallteller hängt ein Einsatzzylinder, um das Meßvolumen abzugrenzen. Zu Beginn der Analyse wird die Flüssigkeit mit dem dispergierten Feststoff eingefüllt. Die Feststoffpartikel sind zu diesem Zeitpunkt über der Höhe des Gefäßes gleichmäßig verteilt. Von diesem Augen-

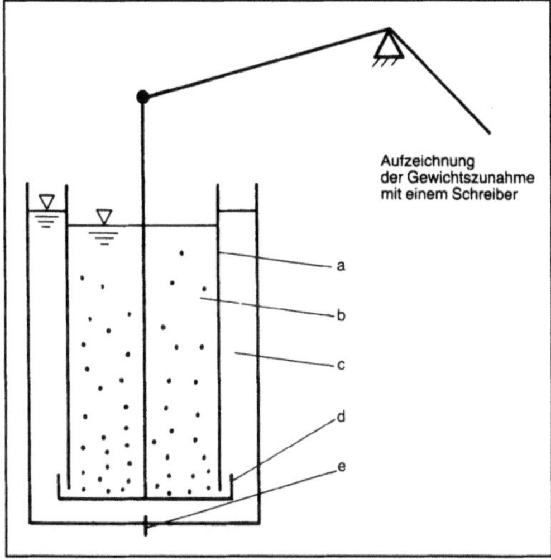



*Sedimentationsanalyse 1: Sedimentationswaage.*

a Einsatzzylinder, b Suspension, c Sedimentationsflüssigkeit, d Fallteller, e Arretierstift

blick an beginnen die Teilchen zu sedimentieren. Sobald sie auf dem Fallteller auftreffen, wird über die Zugstange eine Gewichtszunahme registriert. Aus dem Verlauf der Gewichtszunahme über der Zeit und der Fallhöhe $\Delta h$ läßt sich mit dem Sinkgeschwindigkeitsgesetz nach *Stokes* die Partikelgröße berechnen (Bild 2). Die untere Grenze der S. im Schwerefeld liegt bei einer Teilchengröße von ca. 1 µm. Für kleinere Partikel gibt es auch Geräte, die eine S. im Zentrifugalfeld erlauben. *Trefz*

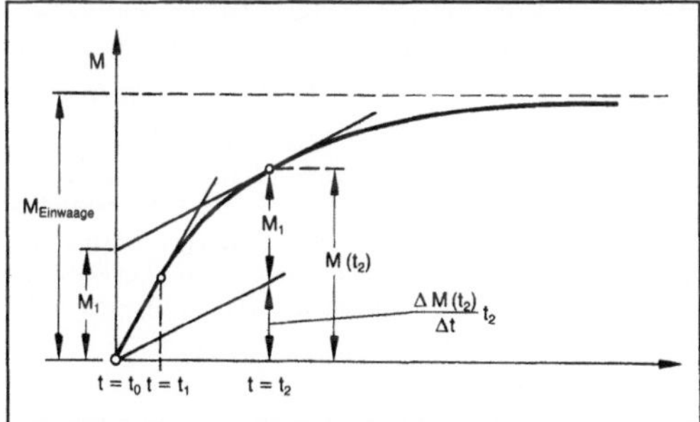



*Sedimentationsanalyse 2: Meßkurve der Sedimentationswaage. (Quelle DIN 66116 a. a. O.)*

Literatur: DIN 66116: Korn-(Teilchen-)größenanalyse; Sedimentationsanalyse im Schwerefeld. Hrsg. Dt. Normenausschuß. Ausg. Nov. 1973. – *Zogg, M.:* Einführung in die Mechanische Verfahrenstechnik. Stuttgart 1987.

**Sedimentieren.** Unter S. (auch als Absetzen bezeichnet) wird allgemein das Verfahren verstanden, suspendierte Feststoffe aus der Flüssigkeit durch Einwirken der Schwerkraft abzutrennen. Dabei ist die Dichte der suspendierten Phase größer

als die der fluiden Phase. Die Sedimentationsendgeschwindigkeit $v_E$ wird bestimmt durch die Dichten des Feststoffs und der Flüssigkeit, Viskosität der Flüssigkeit $\eta$, Größe und Form des Feststoffs sowie die Strömungsbedingungen. Im laminaren Bereich ist $v_E$ für einen kugelförmigen Körper des Durchmessers D durch die Gleichung von *Stokes* gegeben ($10^{-4} < Re < 2$; Re Reynolds-Zahl):

$$V_E = \frac{1}{18} \frac{D^2 \, (\rho_2 - \rho_1) \, g}{\eta}.$$

Im turbulenten Bereich dagegen wird $v_E$ durch die folgende Gleichung beschrieben ($500 < Re < 2 \cdot 10^5$):

$$V_E = \sqrt{\frac{4}{3} \frac{D \, (\rho_2 - \rho_1) \cdot g}{0{,}45 \, \rho_1}}.$$

Für die Ermittlung des Grenzdurchsatzes $\dot V$ einer Sedimentationsvorrichtung ist neben der Sedimentationsgeschwindigkeit $v_E$ die zur Verfügung stehende Absetzfläche A von Bedeutung:

$$\dot V = v_E \cdot A.$$

Der Sedimentationsprozeß kann die Gewinnung des Sediments oder der flüssigen Phase bezwecken.

Als Vorrichtungen werden Eindicker und Absetzbehälter (Klärer) verwendet. Gelegentlich wird der Vorgang des S. auch als Dekantieren bezeichnet.

*Eindicker.* Der Hauptzweck des Eindickers ist die Erhöhung der Konzentration des Einsatzstroms. Meist wird ein mit Schlammkratzern ausgerüsteter mechanisch und kontinuierlich arbeitender Eindikker verwendet. Das Eindicken führt man vorwiegend in zylindrischen Behältern durch. Mit den Schlammsammlern und der Abzugsvorrichtung wird das abgesetzte Material kontinuierlich an den Entnahmeort transportiert. Der Zulauf erfolgt zentral über einen Verteiler. Der eingedickte Schlamm, der durch eine sich langsam drehende Vorrichtung dem Zentrum zugeführt wird, tritt in eine zentrale Vertiefung ein und wird abgepumpt (Bild 1 und 2).

*Klärer.* Mit derartigen Vorrichtungen sollen vor allem Feststoffe aus einem verhältnismäßig stark verdünnten Strom entfernt werden. Diese Vorrich-

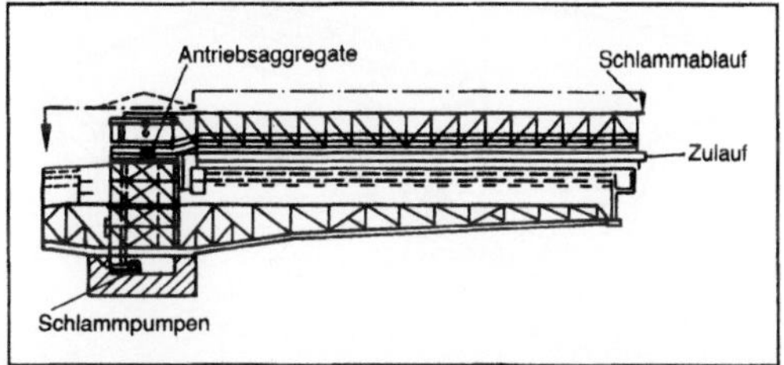



*Sedimentieren 1: Caisson-Eindicker. (Quelle: Dorr-Oliver Inc.)*

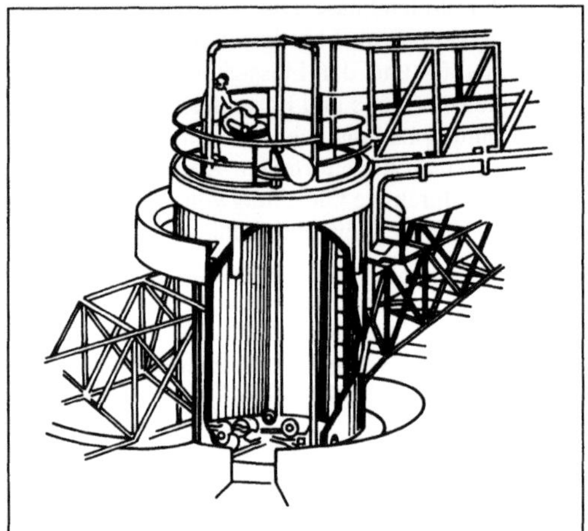

*Sedimentieren 2: Pumpstation und Mittelpfeiler eines Eindickers. (Quelle: Dorr-Oliver Inc.)*

tungen arbeiten nach dem Prinzip der →Sedimentation und verwenden einen ähnlichen Kratzmechanismus wie die Eindicker. Häufig werden Klärer zusammen mit Flockungseinrichtungen verwendet, in denen man Koagulationsmittel wie Eisensalze, Kalkstein, Polyelektrolyte und aktiviertes →Silicagel einsetzt. Auf diese Weise wird der natürliche Absetzvorgang beschleunigt. Eine nach diesem Prinzip arbeitende Klärvorrichtung ist in Bild 3 dargestellt. Sehr große Klärvorrichtungen werden in Zusammenhang mit der Papierherstellung eingesetzt. Ein solches großes Klärwerk ist in Bild 4 wiedergegeben.

Neben der Fest-Flüssig-Sedimentation sind auch Flüssig-Flüssig-Sedimentation (Trennung einer Ölphase von einer wäßrigen Phase, z. B. Florentiner) und die Fest-Gas-Sedimentation (z. B. Reinigen von Getreide, Staubabscheidung) von Bedeutung.

Sedimentationsprozesse können stark beschleunigt werden, wenn die Schwerkraft durch Zentrifugalkräfte ersetzt wird. An Stelle der Fallbeschleunigung geht die Zentrifugalbeschleunigung in die Ermittlung der Sedimentationsendgeschwindigkeit ein (→Zentrifuge, →Separator).

*Sedimentieren 3: Schlammklärer. (Quelle: Dorr-Oliver Inc.)*

*Sedimentieren 4: Klärwerk einer Papierfabrik im Süden der Vereinigten Staaten. (Quelle: Dorr-Oliver Inc.)*

Die Produktion von etwa 1 200 t Holzpulpe pro Tag erfordert etwa 150 m$^3$ Wasser pro Tonne. Zur Abscheidung von 90 % der suspendierten Feststoffe aus dem Abwasserstrom von etwa 200 000 m$^3$ pro Tag werden große Klärwerke, wie im Bild gezeigt, mit Durchmessern von 100 m und mehr eingesetzt.

Zahlreiche Einsatzbeispiele für Sedimentationsprozesse finden sich besonders im Bereich der Lebensmittelindustrie:

□ →Getreideverarbeitung: Entfernen von Steinen und Staub aus Getreide,
□ Stärkegewinnung: Abscheiden von Keimen aus der Stärkesuspension, Abtrennen der →Stärke aus der Flüssigkeit,
□ Brauereien: Trubabtrennung, Abziehen der Hefe. *Kerner/Loncin/Brunner*

Literatur: Chemical Engineers' Handb. Hrsg. *R. H. Perry* u. *C. H. Chilton.* 5. Aufl. New York 1973. – *Loncin, M.:* Die Grundlagen der Verfahrenstechnik in der Lebensmittelforschung. Aarau, Frankfurt/M. 1969. – Lueger Lexikon der Technik. Stuttgart 1970. – *Tscheuschner, H.-D.:* Lebensmitteltechnik. Leipzig 1986. – Ullmanns Enzyklopädie der techn. Chemie. Weinheim 1972.

**Segregation.** In nicht idealen, technischen Reaktoren entstehen z. B. infolge →Kanalbildung, Totzonen, Kurzschlußströmungen und teilweiser →Rückvermischung makroskopische Molekülanhäufungen (Fluidelemente, dissipative Strukturen, →Mikrovermischung) in der Reaktionsmasse, die aus ca. $10^{10}$–$10^{12}$ Molekülen bestehen und eine Inhomogenität im molekularen Bereich sind. Es ist zwischen vollständiger und partieller S. zu unterscheiden. Wenn zwischen diesen Fluidelementen keinerlei Wechselwirkung existiert, die also als kleine Chargenkessel (→Reaktor, chemischer) wirken, so liegt vollständige S. vor. Sie bedeutet eine minimale Vermischung der Reaktionsmasse, die dann als

Makrofluid bezeichnet wird. Zu den Makrofluiden gehören heterogene Systeme wie Suspensionen, Emulsionen, hochviskose Fluide (z. B. Polymersysteme) und Systeme mit schnellen Reaktionen wie Flammen-, Ionen- und Radikalreaktionen. Beim Grenzfall der vollständigen S. läßt sich der Umsatz einer chemischen Reaktion allein aus der →Verweilzeitverteilung und der Reaktionskinetik ermitteln.

Erfolgt, was in der Praxis in einphasigen Systemen häufig auftritt, eine partielle Wechselwirkung zwischen den Fluidelementen, abhängig von der Turbulenz, Viskosität und molekularen Diffusion in der Reaktionsmasse, liegt eine partielle S. vor. Das Ausmaß der S. hängt von der Relaxationszeit $t_{re}$ der chemischen Reaktion, der Mikromischzeit $t_D$ und der hydrodynamischen →Verweilzeit $\tau$ (→Raumzeit) ab. Für $t_{re} \ll t_D$ und $\tau \ll t_D$ können die reaktionsbedingten Konzentrationsgradienten nicht mehr rasch genug ausgeglichen werden, so daß sich teilweise Fluidelemente bilden. Dies bedeutet, daß die partielle S. bei nichtlinearer Kinetik zunehmend mit der Breite der →Verweilzeitverteilung und mit der Größe der Damköhler-Zahl $Da_I$ die Reaktorleistung sowie die Produktverteilung beeinflußt. Die Berechnung der Reaktorleistung realer Reaktoren mit partieller S. erfordert also nicht nur eine Modellierung der Verweilzeitverteilung, sondern zusätzlich ein physikalisches Modell der Fluiddynamik im Reaktor. *Schönbucher*

**Seiherschnecke.** Zum Auspressen von Ölfrüchten, Zuckerrübenschnitzeln sowie zum Entfeuchten von Polymeren (Kautschuk) im Anschluß an die Lösungsmittelpolymerisation (Bild). Das Feststoff-Flüssigkeits-Gemenge wird von einer Förderschnecke durch einen flüssigkeitsdurchlässigen Mantel (Schlitze von ca. 1 mm) gefördert. Dabei nimmt der Druck entlang dem Förderweg zu. Die Druckerhöhung ergibt sich entweder durch einen konisch zulaufenden Mantel oder durch eine entsprechende Lochplatte am Austrag. *Trefz*

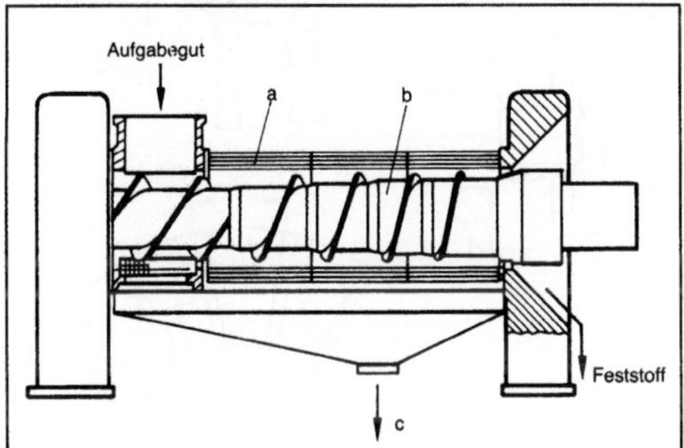


*Seiherschnecke.*

a Seiher, b Schnecke, c Filtrat

**Seilprüfung.** Ermittlung von Kennwerten zum Nachweis des Vorhandenseins geforderter Bauweisen, Eigenschaften und Zustände.

*Faserseile.* Unter diesem Begriff werden aus Garnen oder Litzen aufgebaute Seile aus Pflanzenfasern (Manila-Seil DIN 83322, Sisal-Seil DIN 83324, Hanf-Seil DIN 83325) oder synthetischen Fasern (Polyamid-Seil DIN 83330, Polyester-Seil DIN 83331, Polypropylenseil Sorte 1 DIN 83329, Sorte 2 DIN 83332 und Sorte 3 DIN 83334, alle Ausg. Dez. 1984) sowie Seile für Sonderanwendungen wie Sicherheitsleinen, Fangleinen, Abschleppseile für Pkw, Seile für die Marine u. a. verstanden.

Die Prüfung der Faserseile erfolgt nach DIN 83305, Tl. 4 (Ausg. Dez. 1984) in Verbindung mit Änderung A1. Die Prüfstücke sind im Regelfall vor der Prüfung im Normalklima 20/65 nach DIN 53802 zu lagern.

Die Prüfung A umfaßt den Seilaufbau. Bei Prüfung B wird ein Seilabschnitt im Zugversuch belastet und die erhaltene wirkliche Bruchkraft mit der Seil-Mindestbruchkraft aus der Seil-Maßnorm verglichen. Bei Prüfung C wird an einem unter Vorspannung stehenden Seilstück die Länge ermittelt und anschließend das Gewicht. Die aus Seilmasse/Seillänge errechnete längenbezogene Seilmasse wird mit den Angaben der Seil-Maßnorm verglichen. Weiterhin wird die Formstabilität (Prüfung D) und die Seil-Lieferlänge (Prüfung E) überprüft. Bei der Prüfung der Dehnung (Prüfung F) wird ein in eine Zugprüfmaschine eingespanntes Seilstück 10mal hintereinander schwellend bis zu 50 % der in der Seil-Maßnorm angegebenen Mindestbruchkraft beansprucht und nach einer Erholzeit von 5 min die Meßlänge markiert. Bei auf- oder auch absteigenden Beanspruchungen können nun die zugehörigen Dehnungen gemessen werden, wobei das Seilstück für gültige Werte keine Anzeichen von Beschädigung oder Zerstörung durch den Versuch erhalten haben darf.

Für bestimmte Bauweisen sind in dem angegebenen Regelwerk weitere Prüfungen (Prüfung G) vorgesehen. Unter den in Änderung A1 (z. Z. Entwurf) angegebenen Bedingungen kann für gedrehte Seile und für Quadratgeflecht-Seile (Formen A, B, C und L) die Seilbruchkraft rechnerisch aus den Garnhöchstzugkräften ermittelt werden. Ein Rückschluß auf die wirkliche Seil-Bruchkraft ist jedoch nicht möglich.

*Seile aus Stahldrähten* →Drahtseilprüfung.

*Leitungsseile.* Die Prüfung von Leitungsseilen aus Stahlkupfer (Staku) ist in DIN 48202, Bl. 5, Ausg. Nov. 1970, für solche aus Aluminium und Stahl und Aluminium-Stahl-Seile in DIN 48202, Bl. 1, Ausg. Nov. 1966, und für Leitungsseile aus E-AlMgSi-Stahl (Aldrey-Stahl-Seile) in DIN 48202, Bl. 4, Ausg. Sept. 1968, angegeben. Außer Angaben über durchzuführende mechanisch-technologische Prüfungen werden teilweise noch Prüfungen der Überzüge bzw. des spezifischen elektrischen Gleichstrom-Widerstands gefordert. *Kußmaul*

**Seitenabzug.** Beim →Destillieren von Vielstoffgemischen reichern sich einzelne Komponenten auf bestimmten Böden der Kolonne an. Diese Böden eignen sich für einen S., d. h. die Entnahme der Flüssigkeit, die mit der gewünschten Komponente angereichert ist. Bei der Erdöldestillation werden als S. verschiedene Benzin- und Gasölfraktionen gewonnen. Durch die Flüssigkeitsentnahme verringert sich das Flüssigkeits-Dampf-Verhältnis unterhalb der Entnahmestelle, so daß die Bilanzlinie in diesem Bereich flacher verläuft als oberhalb der Entnahmestelle. Da der Gasstrom sich durch den S. nicht verringert, sollte der Kolonnendurchmesser oberhalb der Entnahmestelle nicht verkleinert werden.

Die Seitenströme können in Nebenkolonnen weiter aufgetrennt werden. Es ist möglich, das dabei entstehende →Destillat oder das →Sumpfprodukt wieder der Hauptkolonne zuzuführen. *Dohrn*

**Seitenkanalgebläse.** Das S. oder die Seitenkanalpumpe ist eine selbstansaugende Pumpe. Sie wird auch als Ringgebläse bezeichnet. Ein zentrisch gelagertes Laufrad mit radialen Schaufeln rotiert in einem runden torusförmigen Kanal. Die Schaufeln nehmen den halben Querschnitt ein. Die andere freie Hälfte ist der Seitenkanal. Er beginnt am Eintritt E und endet am Austritt A (Bild 1). Dazwischen ist der Seitenkanal so versperrt, daß nur

ein kurzer Durchgang für die Schaufeln offen bleibt, der etwas länger als die Schaufelteilung ist. Die enge Schaufelteilung bewirkt, daß sich die Strömung darin mit derselben Umfanggeschwindigkeit wie das Laufrad bewegt. Im Seitenkanal ist die Strömung langsamer. Dies führt zu unterschiedlichen Fliehkräften, die einen unterschiedlichen radialen Druckaufbau in Rad und Kanal hervorrufen. Dadurch entsteht die Zirkulationsströmung $\dot{M}_Z$ (Bild 2). Sie läuft vom radialen Schaufelende beginnend in den Seitenkanal, durchquert ihn und tritt wieder in das Laufrad ein (Bild 2). Im Beharrungszustand ist die Zirkulation so groß, daß sich Staudruck und Wandreibungsverluste mit der treibenden Druckdifferenz die Waage halten.

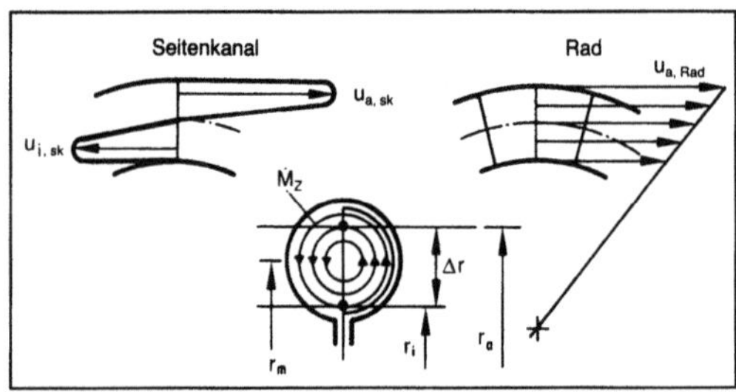


*Seitenkanalgebläse 2: Zirkulation zwischen Seitenkanal und Schaufel.*

Durch Überlagerung der Durchflußströmung entsteht eine schraubenförmig gewundene Strömungsbewegung. Die Geschwindigkeitskomponente auf Grund der Durchflußströmung zeigt in Umfangsrichtung. Die andere Komponente steht wegen der Zirkulation senkrecht dazu (Bild 3).

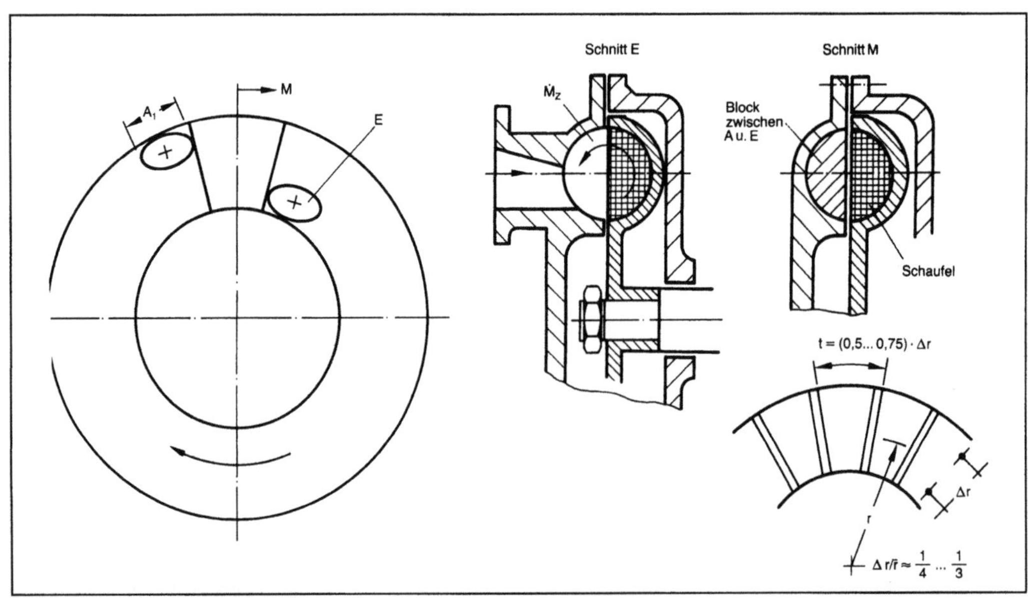


*Seitenkanalgebläse 1: Konstruktionsprinzip.*

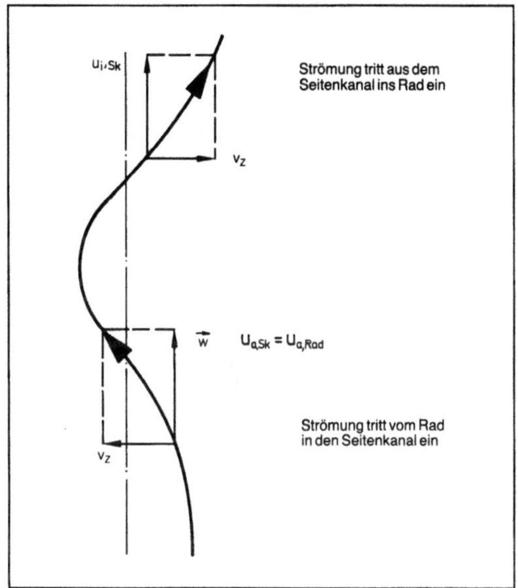



*Seitenkanalgebläse 3: Umfanggeschwindigkeit und radialer Druckunterschied.*

Die Umfangkomponente ß_u ist längs der Achse abgewickelt.

Diese Bewegung führt ständig zu einer Umlenkung der Strömung vom Laufrad in den Seitenkanal und zu einem Wiedereintritt in das Laufrad. Dabei erfährt die zirkulierende Strömung eine Änderung des Drallimpulses in Umfangsrichtung. Er beträgt

$$\Delta D = \dot{M}z \cdot (u_{a,SK} \cdot r_a - u_{i,SK} \cdot r_i) \qquad (1)$$

und bewirkt eine Drucksteigerung von

$$\Delta p = \dot{M}z \cdot (u_{a,SK} \cdot r_a - u_{i,SK} \cdot r_i)/A_{SK} \cdot r_m,$$

wenn $A_{SK}$ die Querschnittsfläche des Seitenkanals ist und $r_m = (r_i + r_a)/2$ ist. Außerdem bedeuten r Schaufelradius in m, $u_a$ Umfanggeschwindikgeit in m/s, a außen, i innen, SK Seitenkanal, $\dot{M}$ Massenstrom in kg/s, z Zirkulation, $\Delta p$ Druckanstieg in Pa. Weil sich der Umlenkvorgang der Flüssigkeitsteilchen während einer Umdrehung des Laufrads mehrfach wiederholt, baut sich ein erheblicher Druck auf. Er wird von der Unterbrechungsstelle des Seitenkanals erzwungen, gegen den sich die in Umfangsrichtung wirkende Druckkraft abstützt. Der Druckaufbau in der Seitenkanalpumpe ist um ein Vielfaches größer, als eine Kreiselpumpe von vergleichbarer Größe bei gleicher Drehzahl erzielen kann.

Der Druckgewinn bei der Umlenkung der Strömung in den Seitenkanal ist um so größer, je kleiner der Volumenstrom $\dot{V}$ ist. Der Wiedereintritt der Strömung vom Seitenkanal in das Laufrad wird mit zunehmendem Volumenstrom immer mehr in Umfangsrichtung verschoben. Die Anzahl der Strömungslenkung im gesamten Laufrad wird geringer.

Setzt man die mittlere Durchflußgeschwindigkeit im Seitenkanal mit

$$\bar{u} = \dot{V}/A_{SK} = (u_{a,SK} + u_{i,SK})/2 \qquad (2)$$

an, dann wird $u_{a,SK}$ mit der Geschwindigkeit am Schaufelende $u_{a,Rad}$ gleichgesetzt.

Gl. (2) umgeformt führt zu

$$u_{i,SK} = \frac{2\dot{V}}{A_{SK}} - u_{a,SK} \qquad (3);$$

darin bedeuten $\dot{V}$ Volumenstrom in m³/s, A Querschnittsfläche in m².

Dieser Ausdruck, in Gl. (1) eingesetzt, ergibt eine Formel für den Druckgewinn

$$\Delta p = \frac{\dot{M}z}{A_{SK}\, r_m} \cdot \left[ (r_1 + r_2) \cdot u_{R,SK} - 2 \cdot r_1 \frac{\dot{V}}{A_{SK}} \right] \qquad (4).$$

Sind $u_R$ und $\dot{M}_Z$ konstante Größen, ergibt die graphische Darstellung von p über $\dot{V}$ eine abfallende Gerade (Bild 4). Der wirkliche Verlauf der Drosselkurve stimmt jedoch mit einer Geraden nicht überein. Hier führen Reibungsverluste und Schaufelstöße, hervorgerufen durch den Wiedereintritt der Strömung in die Schaufelprofile, zu einer deutlichen Verkleinerung der Förderhöhe. Ferner kann ein Teil des Volumenstroms direkt durch einen Spalt zwischen Laufrad und umgebender Wand von der

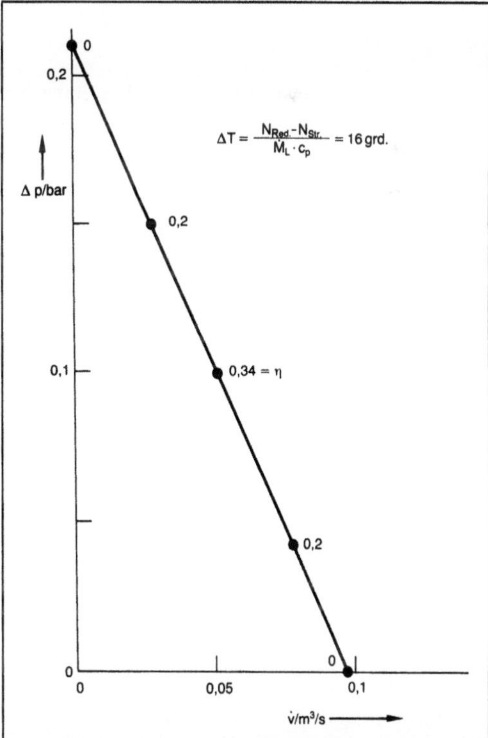



*Seitenkanalgebläse 4: Kennlinie einer Seitenkanalpumpe.*

Saug- zur Druckseite entweichen. Dies führt letztlich zu einem für Pumpen vergleichbarer Baugröße geringen Gesamtwirkungsgrad von nur 25%. Entsprechend hoch ist die Verlustleistung. Sie wird in Wärme umgewandelt. Dies führt beim Gebläse zu einer deutlichen Erwärmung des Förderstroms und des darin enthaltenen Produkts. Seitenkanalpumpen sind empfindlich gegenüber abrasiven sandartigen Gütern. Die Verweilzeit solcher Stoffe ist wegen der Strömungsführung in der Pumpe relativ groß. S. setzt man häufig dort ein, wo ein Selbstansaugen wesentlich und der vergleichsweise hohe Energieverbrauch zweitrangig ist. Deshalb eignet sich ihr Einsatz dort, wo kleinere Fördermengen in kurzen Intervallen bei hohen Drücken gefördert werden müssen. *Würtz*

Literatur: *Schulz*: Die Pumpen. Berlin, Heidelberg, New York. – Ullmanns Enzyklopädie. Bd. 3: Abschn. Fördern. Weinheim.

**Seitenschleifen** →Planschleifen

**Selektivität.** Bei komplexen Reaktionen, z. B. bei den Parallelreaktionen K → I und K → J, wird das Verhältnis von →Ausbeute $Y_{ik}$ eines erwünschten Produkts I zu Umsatz $X_k$ eines Edukts K als (integrale) Selektivität $S_{ik}$ (des erwünschten Produkts I) bezeichnet und definiert als

$$S_{ik} = \frac{Y_{ik}}{X_k} \leqq 1.$$

Hieraus folgt beispielsweise für kontinuierlich betriebene Reaktoren:

$$S_{ik} = \frac{\dot{n}_{ie} - \dot{n}_{ia}}{\dot{n}_{ka} - \dot{n}_{ke}} \frac{|\nu_k|}{\nu_i},$$

wobei häufig der Stoffmengenstrom $\dot{n}_{ia}$ des erwünschten Produkts I am Anfang a (Eintritt in den Reaktor) null gesetzt werden kann. Der Index e bedeutet am Ende (Austritt) des Reaktors. Neben der integralen Selektivität $S_{ik}$ wird zur Diskussion der →Reaktionsführung bei komplexen Reaktionen eine momentane örtliche (differentielle) Selektivität $s_{ik}$ als Verhältnis von Bildungsgeschwindigkeit $(r)_I$ des erwünschten Produkts I zu Verbrauchsgeschwindigkeit $(r)_K$ eines Edukts K definiert:

$$s_{ik} = \frac{(r)_I}{(r)_K} \frac{|\nu_k|}{\nu_i} = \frac{dn_i}{dn_k} \frac{|\nu_k|}{\nu_i} \leqq 1.$$

Die differentielle Selektivität $s_{ik}$ ist von den momentanen Konzentrationen und Temperaturen der Reaktionsmasse und damit vom fortschreitenden Umsatz abhängig. Die integrale Selektivität $S_{ik}$ wird von der gesamten Konzentrations- und →Temperaturführung des Reaktors bestimmt (Reaktionsführung).

Bei komplexen Reaktionen entstehen neben den erwünschten Produkten (z. B. I, im obigen Beispiel) häufig auch unerwünschte Nebenprodukte (z. B. J), die sich teilweise nur schwierig von den Produkten I abtrennen lassen (Aufarbeitungsprobleme) und deren Beseitigung aus Produktqualitäts- und/oder Umweltschutzforderungen i. a. große Kosten verursacht. Daher ist bei komplexen Reaktionen zur möglichst guten Rohstoffausnutzung (Ausbeuteproblem) weniger die optimale Reaktorleistung, sondern eine Maximierung der S. (Reaktionsführung) anzustreben. Allerdings sind hohe S. bei vielen technischen Reaktionen oft nur bei (sehr) kleinen Umsätzen zu realisieren.

Es ist zu beachten, daß die S. stark von Stoffübergangs- und Porendiffusionsvorgängen beeinflußt wird, wobei i. a. eine S.-Abnahme eintritt. Zur Optimierung der S. sollte eine möglichst enge →Verweilzeitverteilung vorliegen.

Die integrale wie auch die differentielle S. lassen sich nicht nur auf Reaktionen, sondern ebenso auf Katalysatoren (→Reaktion, katalytische) anwenden. Danach sind, insbes. bei komplexen Reaktionen, möglichst selektive und weniger aktive Katalysatoren einzusetzen als umgekehrt. *Schönbucher*

**Senken.** Das Bearbeitungsverfahren S. erzeugt senkrecht zur Drehachse liegende Planflächen oder symmetrisch zur Drehachse liegende Kegelflächen. Gleichzeitig werden dabei meist zylindrische Innenflächen bearbeitet.

Es werden drei Verfahrensvarianten unterschieden:
□ Auf-S. einer zylindrischen Bohrung,
□ An-S. einer ebenen, kegeligen oder entsprechend profilierten Fläche,
□ kombiniertes S. einer Zylinderbohrung und einer Stirnfläche.

Zum Auf-S. (auch →Aufbohren) vorgegossener oder vorgebohrter Löcher dienen überwiegend Spiralsenker (Dreischneider). Im Vergleich zum Spiralbohrer gibt die dreischneidige, schraubengewundene Ausführung dem Spiralsenker eine wesentlich höhere Steifigkeit und führt damit zu einer weit höheren →Arbeitsgenauigkeit.

Zum Entgraten und Anfasen und zum Ein-S. der Sitze kegeliger Schraubenköpfe werden HSS-Spitzensenker verwendet, die normgemäß mit Kegelwinkeln von 60°, 75°, 80° und 120° hergestellt werden. Für die Fertigung der Löcher von Befestigungsschrauben dienen Schraubenkopfsenker in HSS- oder HM-Ausführung, deren Form und Größe jeweils den genormten Schraubenarten angepaßt sind (Schneidstoffe). Zapfensenker eignen sich sowohl zum Ein-S. als auch zum Plan-S. der Stirnflächen von Augen und Naben.

Die Automatisierung in der Fertigung setzt oft den Einsatz von Werkzeugen voraus, die einer speziellen Bearbeitungsaufgabe angepaßt sind. Diese Sonderwerkzeuge, zu denen der Formsenker gehört, verkürzen die Fertigungszeiten z. T. ganz erheblich, da mehrere Arbeitsgänge in einem Spindelhub zusammengefaßt werden können. *König*

**Senken, funkenerosives.** Beim f. S. erreicht man die Herstellung von Gravuren und Durchbrüchen mit einer entsprechenden Formelektrode (→Funkenerosion, →Elektrodenherstellung). Das Spektrum der Bearbeitungsmöglichkeiten reicht von der Gesenkbearbeitung mit einer Oberfläche von einigen $m^2$ bis hin zur Herstellung von Mikrobohrungen im Mikrometerbereich.

Mit dem Arbeitsfortschritt ändern sich einige Parameter, wie z. B. Wirkfläche und Spülbedingungen. Daher ist ein Nachregeln von Impulsdaten und Hilfsfunktionen notwendig, wozu selbsttätig arbeitende Prozeßsteuerungs- und Prozeßüberwachungseinrichtungen dienen. Zur Einhaltung eines optimalen Spaltweitenbereichs wie auch zur Vermeidung von Prozeßentartungen wie Lichtbögen und Kurzschlüssen und damit von Beschädigungen an Werkzeug und Werkstück werden adaptive Regelungen eingesetzt.

Eine weitergehende Zielsetzung als diese Grenzregelungen verfolgen Optimiersysteme, bei denen mehrere Parameter entsprechend dem Arbeitsfortschritt nachgeregelt werden. Verschiedene Sensoren erfassen dabei den aktuellen Prozeßzustand. Der Prozeßrechner verarbeitet die Sensorsignale entsprechend einer vorgegebenen Strategie, die unterschiedliche Zielfunktionen wie kurze Bearbeitungszeit oder kleinen →Verschleiß berücksichtigt. Bei Prozeßabweichungen werden die prozeßbestimmenden Einstellgrößen über ein Stellsystem angesteuert. Der Vorteil eines solchen Systems liegt darin, daß der Prozeß auf Grund der ständigen Überwachung weitgehend im optimalen Arbeitspunkt gehalten werden kann und unbeaufsichtigt abläuft. *König*

Literatur: *Barz, E.:* Strategien für die selbsttätige Optimierung des funkenerosiven Senkens. Diss. TH Aachen 1976. – *Engels, R. K. G.:* Ein Beitrag zur Optimierregelung für das funkenerosive Senken. Diss. TH Aachen 1975. – *Enning, H.-J.:* Ein Beitrag zur Reduzierung des Elektrodenverschleißes bei der funkenerosiven Senkbearbeitung. Diss. TH Aachen 1980. – *Hilbert, L.,* u. *S. Ulrich:* Senkerodieren und Planetärerodieren. Werkstatt u. Betrieb 111 (1978) Nr. 5, S. 327/30. – *König, W.:* Fertigungsverfahren. Bd. 3: Abtragen. Düsseldorf 1979. – *König, W.,* u. *E. Barz:* Leistungssteigerung beim funkenerosiven Senken durch on-line-Optimierung. Ind.-Anz. 98 (1976) Nr. 104. – *Kurr, R.:* Grundlagen zur selbsttätigen Optimierung des funkenerosiven Senkens. Diss. TH Aachen 1972. – *Peuler, H.:* Identifizierung des Entladungsprozesses bei der funkenerosiven Senkbearbeitung und Auslegung von Regelungseinrichtungen. Diss. TH Aachen 1981.

**Senkrecht-Fräsmaschine.** S.-F. werden eingeteilt in Konsol- und Bett-F. Kennzeichen ist die senkrechte Lage der →Hauptspindel. Sie eignen sich zum Fräsen von Nuten und Rillen, ebenen und profilierten Flächen sowie zur Innenbearbeitung von schlüsselförmigen Werkstücken.

Bei der S.-Konsol-F. kann das Hauptgetriebe samt Antrieb in einem besonderen Gehäuse untergebracht sein, das an einer vertikalen oder horizontalen Anschraubfläche mit dem Ständer verbunden ist. Die Konsole wird senkrecht am Ständer geführt und bei größeren Maschinen nach vorn gegen die Grundplatte abgestützt. Der Frässpindelkopf kann vielfach um eine waagrechte Achse nach beiden Seiten um 45° geschwenkt werden.

Bei Bett-F. ist die Senkrecht-Fräseinheit in vertikaler Richtung verschiebbar am Ständer angebracht. Rundtische, Teilapparate, auf Bearbeitungsprobleme ausgerichtete Vorrichtungen sowie Automatisierungsmöglichkeiten erweitern den Einsatzbereich von S.-F. *Schulz*

Literatur: *Dubbel:* Taschenb. Maschinenbau. *Beitz, W.,* u. *K.-H. Küttner* (Hrsg.). 14. Aufl. Berlin, Heidelberg, New York 1981. – *Spur, G.,* u. *Th. Stöferle:* Handbuch der Fertigungstechnik. Bd. 3/1: Spanen. München, Wien 1979.

**Senkrecht-Räummaschine.** Bei der S.-R. verläuft die Schnittbewegung in senkrechter Richtung. Der bedeutend geringere Platzbedarf und die bessere Späneabfuhr senkrechter Maschinen hat dazu geführt, daß sich diese Bauform durchgesetzt hat. Die S.-R. wird als Außen- und als Innenräummaschine (Bild) gebaut, wobei der Antrieb mechanisch

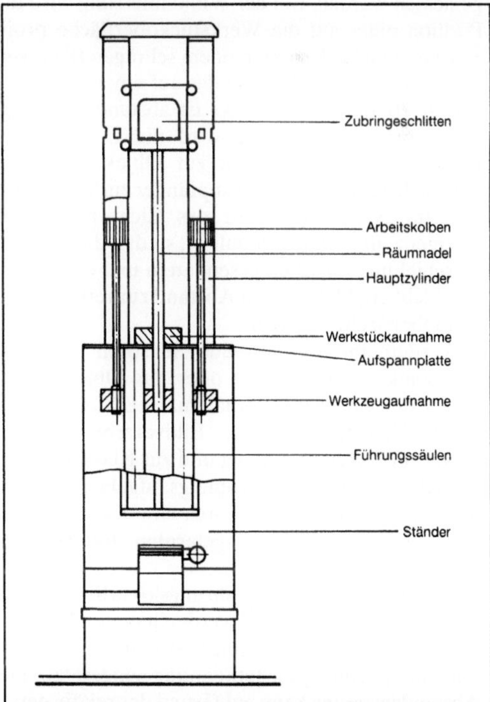


*Senkrecht-Räummaschine: Senkrecht-Innen-Räummaschine.*

über Mutter und Spindel oder hydraulisch erfolgen kann. Als Werkzeuge werden je nach Bauart Außen- und Innenräumwerkzeuge, sog. Räumnadeln, benutzt. *Schulz*

**Sensor, berührungsloser.** Zu den berührungslos arbeitenden S. zählen hauptsächlich S., die das optische, akustische, induktive, kapazitive oder pneumatische Erfassungsprinzip ausnutzen. Berührungslosigkeit bedeutet, daß die Meßgrößen ohne direkten mechanischen Kontakt zwischen S.-Aufnehmer und Objekt über eine sensorabhängige Distanz hinweg erfaßt werden können.

Die wichtigste Klasse unter den berührungslos arbeitenden Systemen sind die optischen S. Grundsätzlich wird das von der Objektoberfläche reflektierte, das durch das Objekt hindurchdringende oder das vom Objekt ausgestrahlte Licht ausgewertet. Die optischen S. können in punktuell erfassende, abstandsmessende, höhenprofilmessende und bildverarbeitende S. unterteilt werden. Zu den punktuell erfassenden S. zählen Einweg- und Reflexlichtschranken, die die An- bzw. Abwesenheit von Objekten und Merkmalen erfassen und Abstände grob ermitteln können. Sie zeichnen sich durch geringe bauliche Abmessungen aus. Der Abstand zwischen Objektoberfläche und S. kann mit Hilfe zweier unterschiedlicher Prinzipien, nämlich der Winkel- und der Laufzeit- oder Phasenmessung, gemessen werden. Bei der Winkelmessung wird die Position eines auf die Werkstückoberfläche projizierten Lichtpunkts unter einem schrägen Blickwinkel gemessen. Die Position des auf einem Empfänger abgebildeten Lichtflecks ist abstandsabhängig. Bei der Laufzeitmessung wird die Laufzeit von Lichtimpulsen vom Sender zur Objektoberfläche und nach Reflektion zum Empfänger zurück gemessen. Im Nahbereich wird das Licht mit hoher Frequenz amplitudenmoduliert, so daß die Phasenverschiebung zwischen gesendetem und empfangenen Licht ein Maß für den Abstand zur reflektierenden Oberfläche darstellt.

Werden abstandsmessende Sensoren über das Meßobjekt hinwegbewegt oder das Objekt unter dem S. durchbewegt, so erhält man als Meßergebnis einen Höhenprofilschnitt. Bildverarbeitende S. haben zur Lagebestimmung und zur Klassifizierung von Objekten Mustererkennungsaufgaben zu lösen. Sie vergleichen dabei die durch eine Kamera abgebildeten Objekte mit eingelernten Referenzmustern.

Eine weitere Klasse berührungslos arbeitender S. sind die akustischen S. Sie werden hauptsächlich zur Abstandsmessung, Positionsbestimmung, Mustererkennung und Spracherkennung eingesetzt. Die Abstandsmessung kann auf Grund der relativ geringen Schallgeschwindigkeit der Luft als Laufzeitmessung durchgeführt werden. Mit mehreren Empfängern lassen sich über die Messung von Laufzeitdifferenzen auch die Positionen von Objektmerkmalen bestimmen. Bei der →Mustererkennung mit Ultraschall-S. ist die Vollständigkeitskontrolle von Interesse. Dabei wird das von der Objektoberfläche reflektierte Signal frequenzmodulierter Ultraschallwellen analysiert und mit bekannten verglichen. Ähnlich analysiert das Spracherkennungssystem verbal erteilte Signale und ordnet sie dem System bekannten Signalen zu. Das Wirkungsprinzip induktiver S. beruht auf der Messung der einem Schwingkreis durch Wirbelströme im Meßobjekt entzogenen Energie. Da die von der Spule des Schwingkreises ausgehenden Feldlinien das Meßobjekt erreichen müssen, sind die Erfassungsabstände klein, und geringe Formmerkmale sind nur schwer zu erfassen. Sie eignen sich zum Erkennen metallischer Gegenstände, wie z. B. zum Erkennen der Anwesenheit metallischer Werkstücke in Greifern.

Ähnlich wie induktive S. arbeiten kapazitive S., wobei hier die Kapazität eines Schwingkreiskondensators durch ein Werkstück so beeinflußt wird, daß sich der Schwingungszustand in einer sicher meßbaren Weise verändert. Kapazitive S. können beschränkt zur Abstandsmessung und zur Lagebestimmung von Objekten herangezogen werden. Sie zeichnen sich durch einen robusten Aufbau und hohe Temperaturbeständigkeit aus, weisen aber eine größere Störempfindlichkeit gegenüber Schmutz und Störfelder auf.

Pneumatische S. nutzen die Wirkung eines Fluidfreistrahls. Beim Ausgang des Systems erhält man bei der Annäherung eines Objekts eine Unterbrechung des Freistrahls oder eine entfernungsproportionale Druck- oder Volumenstromänderung. Diese S. sind heute in der Handhabungstechnik von untergeordneter Bedeutung.

Neben diesen S. existieren andere Ausführungen, die andere Erfassungsprinzipien ausnutzen, aber i. a. für die Handhabungstechnik keine Bedeutung besitzen. *Warnecke*

**Sensor, taktiler.** T. S. sind berührend arbeitende S., die auf Grund ihres Meßprinzips den mechanischen Kontakt und damit die Zugänglichkeit zum Meßobjekt erfordern. Mit der Berührung verbunden ist die Gefahr der mechanischen Beschädigung des Aufnehmers. Im einfachsten Fall bestehen t. S. aus Schaltern, die entsprechend der jeweiligen Aufgabe an unterschiedlichsten Stellen des Systems verteilt angebracht sind. Diese S. dienen z. B. der Kontrolle der An- bzw. Abwesenheit von Objekten und Merkmalen und unterstützen die Synchronisation des Ablaufs.

Bei zeilen- oder matrixförmiger Zusammenfassung mehrerer Schalter zu Schaltfeldern können Positions- und einfache Mustererkennungsaufgaben mit ihnen bewältigt werden.

Die Erfassung von Abständen z. B. zwischen Robotergreifer und Handhabungsobjekt ist von großer praktischer Bedeutung. Die Messung des Abstands durch S. kann mit Linearpotentiometern oder mit induktiven Aufnehmern geschehen. Die Abstandsinformation liegt in beiden Fällen als Analogsignal vor.

Vorteile der taktilen Abstandsmessung sind die genaue Bestimmung des Meßpunkts sowie die hohe Auflösung und Genauigkeit unabhängig vom Material des Werkstücks. Ein weiterer Aufgabenbereich für S. ist die Kraft- und Momentenmessung. Kräfte und Momente lassen sich über mechanische Materialverformungen als Weg indirekt erfassen. Praktisch eingesetzt werden Dehnmeßstreifen (DMS) und Piezoaufnehmer.

Bei Dehnmeßstreifen wird die Änderung des elektrischen Widerstands, der sich auf Grund der Querschnittänderung eines Drahts durch Dehnung ergibt, in einer Brückenschaltung gemessen. Bei Aufnehmern auf Quarzbasis wird der Piezoeffekt ausgenutzt. Wird auf einem Kristall in einer bestimmten Richtung Druck ausgeübt, so kann am Quarz eine druckabhängige Spannung gemessen werden. Da der Quarzkristall eine sehr hochohmige Spannungsquelle ist, können nur Druckveränderungen mit guter Genauigkeit erfaßt werden. Auf Grund der hohen statischen Genauigkeit werden Dehnmeßstreifen bevorzugt eingesetzt. *Warnecke*

**Sensorik.** Nach der DIN 10950 versteht man unter der S. die wissenschaftlich einwandfreie Vorbereitung, Durchführung und Auswertung von Sinnesprüfungen, bei denen aus einzelnen Urteilen eine objektive Aussage erarbeitet wird.

Die S. verbindet die Lebensmittelchemie, Sinnesphysiologie und Statistik, um eine Vielzahl von qualitätsbestimmenden Eigenschaften von Lebensmitteln, die mit den Sinnen erfaßbar sind, zu prüfen. Ihre Anwendung erstreckt sich auf die Entwicklung neuer Produkte und Produktionsverfahren, auf die Qualitätskontrolle in der Produktion und im Handel, auf die Erfassung der Einflüsse der Rohstoffe, Rezeptur u. ä. Dabei ist der Prüfzweck dahin gehend definiert, absolute Qualitätsniveaus festzustellen, Qualitätsunterschiede oder Aromaintensitäten zu ermitteln, die Haltbarkeit zu beurteilen oder die Beliebtheit unter Berücksichtigung des Verbraucherverhaltens einzuschätzen. Als Sensor erfaßt die Prüfperson (Laie, Prüfer, Sachverständiger, Sensoriker) Aroma (Geruch und Geschmack), Aussehen, Konsistenz und Textur des Lebensmittels durch olfaktorische, gustatorische, visuelle, haptische sowie auditorische Sinneseindrücke und gibt daraufhin ein subjektives Einzelurteil ab. Zur Auswertung und Interpretation der Prüfergebnisse finden statistische Methoden (z. B. Sequenzanalyse, Auswertung nach dem Binominaltheorem, Chi-Quadrat-

Methode, T-Test, Varianzanalyse) Anwendung, mit deren Hilfe Aussagen über die Signifikanz, die statistische Wahrscheinlichkeit und den Vertrauensbereich der Ergebnisse getroffen werden können. Die Auswahl der geeigneten sensorischen Prüfung aus der Vielzahl existierender Prüfmethoden richtet sich nach Prüfzweck und Anwendungsgebiet. Prinzipiell sind die wertfreien analytischen Prüfverfahren und die bewertenden Methoden sowie Beliebtheitsprüfungen zu unterscheiden. Zu den erstgenannten zählen Schwellenwertprüfung, Rangordnungsprüfung, Unterschiedsprüfung, Dreiecksprüfung, Duo-Trio-Prüfung, Profilanalyse und Qualitätsprüfung. Unter den bewertenden Prüfmethoden sind die beschreibende bzw. bewertende Prüfung ohne und mit Skala, bewertende Profilanalyse zu nennen. Die Beliebtheitsprüfung (hedonische Prüfung) wird häufig bei Verbraucherumfragen eingesetzt, um hinsichtlich eines Produktes oder einer Produkteigenschaft Marktforschung zu betreiben. *Kerner/Loncin*

Literatur: *Kiermeier, F.,* u. *U. Haevecker:* Sensorische Beurteilung von Lebensmitteln, München 1972. – *Neumann, P., P. Molnàr* u. *S. Arnold:* Sensorische Lebensmitteluntersuchung. Leipzig 1983. – *Paulus, K.:* Grundlagen und Methoden der sensorischen Analyse von Lebensmitteln. Ernährungswirtschaft/Lebensmitteltechnik (1976) Nr. 10.

**Separator (Lebensmitteltechnik).** S. sind speziell zur Trennung von Flüssigkeitsgemischen mittels Zentrifugalkräften eingesetzte Maschinen. Sie sind streng genommen von Zentrifugen (Bild) zu unterscheiden, in denen aus Flüssigkeiten Feststoffe abgeschieden werden (Klärzentrifugen) oder die zur Trennung gasförmiger Isotope dienen (Gaszentrifugen). Im allgemeinen Sprachgebrauch wird zwischen den beiden Begriffen jedoch meist nicht unterschieden.

S. haben in der Regel übereinander angeordnete, tellerförmige Einbauten mit Steigekanälen (Bild),

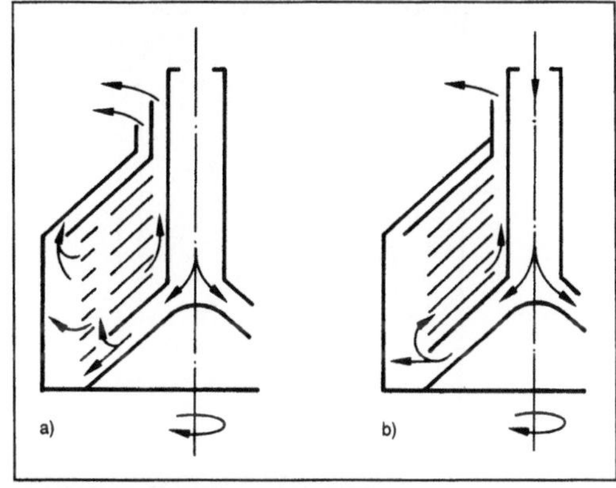

*Separator (Lebensmitteltechnik).*

*a) Prinzipskizze eines Separators*
*b) Prinzipskizze einer Klärzentrifuge.*

die sich bei dem durch den Trennspiegel vorgegebenen Radius befinden. Die Lage des Trennspiegels, die durch die Lage der Abläufe für die getrennten Phasen bestimmt wird, ist entscheidend für die Qualität der Trennung.

Durch gezieltes Einstellen des Trennspiegels kann eine reine leichte Phase und eine noch mit leichter Phase verunreinigte schwere Phase oder umgekehrt erhalten werden. Durch Zusammenschalten zweier S. mit entgegengesetzter Einstellung sind beide Phasen in reiner Form erzielbar.

Häufig sind S. mit selbstreinigenden Trommeln zum kontinuierlichen oder absatzweisen Ausstoß geringer Feststoffmengen ausgestattet.

Im Rahmen der Milchverarbeitung werden S. in großem Maßstab zur Abtrennung des Milchfetts (Auftrennung in Magermilch und Rahm) sowie zur Trennung von Frischkäse und Molke eingesetzt. Eine Sonderform ist der Milch-Entkeimungs-S. zur Entkeimung von Milch für die Herstellung von Qualitätskäse, wenn eine Pasteurisierung nicht angebracht ist. *Kerner/Loncin*

**Separator (Verfahrenstechnik).** S. (Tellerzentrifugen) dienen der Trennung von zwei flüssigen Phasen. Die bekannteste Anwendung ist das Entrahmen von Milch (Bild). S. erreichen durch parallel auf einer Welle angeordnete konische Teller hohe

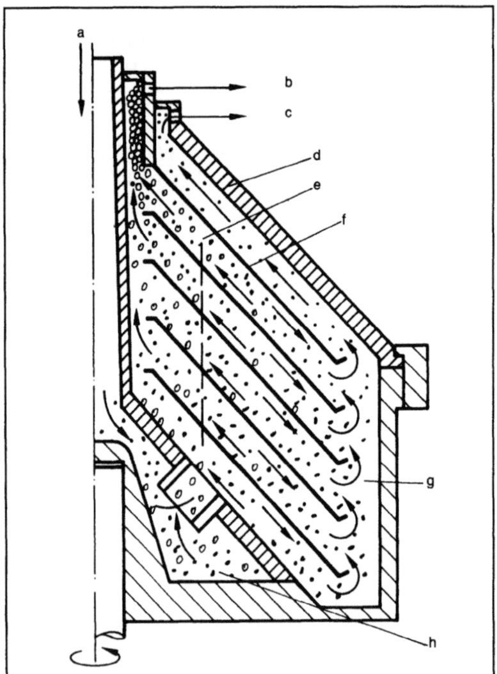

*Separator (Verfahrenstechnik): Milchtrennung.*

a Vollmilch, b Rahm, c Magermilch, d Trommeldeckel, e fettarme Milch, f Scheideteller, g Schlammraum, h Vorschlammraum

Klärflächen. Zwischen den Tellern sind die Absetzwege kurz. Durch Steiglöcher in den Tellern gelangt die leichte Phase zur Rotationsachse und wird zentral abgezogen. Die schwere Phase strömt längs der Teller nach außen. Feststoff sammelt sich an der Gehäusewand und kann diskontinuierlich oder kontinuierlich durch Düsen ausgetragen werden (→Zentrifuge). *Dahl*

**Serie.** Darunter versteht man eine Anzahl homogener Erzeugnisse. Eine S. von Werkstücken wird auf einer Produktionsanlage zwischen zwei Umrüstungen produziert. Die Werkstücke einer S. sind alle gleich. Es werden immer mehrere Einheiten des gleichen Werkstücks auf der Anlage hergestellt. Im zeitlichen Wechsel der S. entstehen auf einer Anlage unterschiedliche, aber ähnliche Erzeugnisse.

Die Größe der S. wird für die Einteilung in Produktionstypen verwendet. Je nach Anzahl der auf einmal produzierten Erzeugnisse unterscheidet man zwischen Groß- und →Kleinserienfertigung (Einzel-, Sorten- und Massenfertigung). Beispiele für die S.-Fertigung sind Werkzeugmaschinen und Bürogeräte. *Eversheim*

**Setzmaschine.** Zum Trennen eines Gemisches von Feststoffen verschiedener Dichte in wäßriger Phase. Im Bergbau zum Trennen der Kohle aus dem Gestein eingesetzt. Das vor dem Setzvorgang zerkleinerte Gemisch (mit unterschiedlicher Dichte, aber annähernd gleicher Korngröße) liegt auf einem mit Siebboden ausgestatteten Behälter, der in Wasser eingetaucht ist. In periodischen Abständen wird mit einem kräftigen Stoß Wasser in das Gefäß gedrückt. Dadurch heben sich kurzzeitig alle Feststoffkörner, und zwar die leichten schneller als die schweren. Nach dem Wasserstoß sinken die Körner wieder ab, die schweren nun schneller als die leichten. Auf diese Weise findet eine Schichtung entsprechend der Teilchendichte statt, die letztendlich die Trennung ermöglicht (Bild). *Trefz*

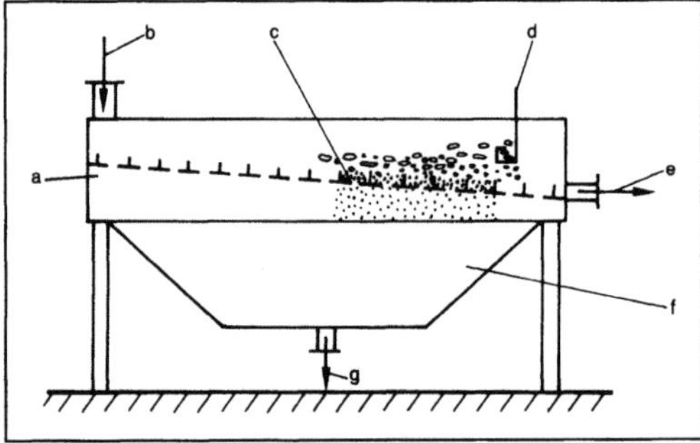

*Setzmaschine.*

a Siebboden mit Querleisten, b Aufgabegut, c Stahlkugeln, d Leichtgutrinne, e Schwergut, f exzentrisch angetriebener, in Membranen gelagerter unterer Teil des Setzfasses, g Feingut

**Shaw-Verfahren.** In England entwickeltes Verfahren zur Herstellung von Genauguß. Der Binder für diesen Prozeß wird durch Mischen eines Reagenzmittels (meist Salzsäure) mit einer kolloidalen Suspension von Kieselsäure in Alkohol hergestellt. Diese Mischung löst einen Gelierungsprozeß aus. Beimischungen von feingepulvertem, hochfeuerfestem Material ergeben eine schlammartige Masse, die, über die Modelle ausgegossen, deren Umrisse umfließt. Mit Beginn des Gelierens bilden sich feine Risse, die sich in dem Maß, wie der Alkohol verdampft, immer mehr verzweigen. Um eine Zerstörung der Form durch diese Rißbildung zu vermeiden und ihre Stabilität zu wahren, wird die Form mittels einer heißen Flamme so lange auf Dunkelrotglut gehalten, bis aller Alkohol verdampft ist. Auf diese Weise erhält die Form durch die Rißbildung eine gute Gasdurchlässigkeit bei hinreichender Stabilität. Die Temperaturbeständigkeit des Formstoffs kann auf Werte bis um 1800 °C gesteigert werden.

S.-Abgüsse haben eine sehr gute Oberfläche, so daß Putz- und Bearbeitungskosten niedrig bleiben. Aus dem gleichen Grund hat das Verfahren auch Eingang in den Kunstgußsektor gefunden, zumal Modelle aus Metall, Holz oder Gips gleichermaßen verwendet werden können. Shaw-Formen eignen sich auch zum Stapelguß, bei dem sich Kreislaufmaterial einsparen läßt.

Das Verfahren gestattet das Vergießen von NE-Metallen ebenso wie von unlegiertem und legiertem Stahl. Die Anwendungsgrenze des S.-V. dürfte in der Wirtschaftlichkeit liegen. Einmal sind die zur Herstellung der Formen benötigten Materialien sehr teuer, und außerdem erfordert die Verfahrenstechnik viel Handarbeit. *Doliwa*

**Sherwood-Zahl.** Die S.-Z. Sh ist die dimensionslose Kennzahl zum Beschreiben des Stoffübergangs. Im älteren Schrifttum wird sie auch als Nußelt-Z. zweiter Art mit Nu′ bezeichnet. Die S.-Z. ist definiert durch

$$Sh = \frac{\beta \cdot L}{D} \tag{1},$$

mit β Stoffübergangskoeffizient, L charakteristische Abmessung, D →Diffusionskoeffizient.

Die S.-Z. läßt sich deuten als Quotient des Stoffübergangsstroms und des reinen diffusiven Stoffstroms, der bei gleicher Konzentrationsdifferenz wie beim →Stoffübergang bei der Schichtdicke L auftreten würde.

Gebrauchsformeln zur Bestimmung des Stoffübergangs bei freier Konvektion innerhalb der Phase haben die Form:

$$Sh = C \cdot Ar^{m_1} \cdot Sc^{n_1} \tag{2},$$

mit Ar Archimedes-Zahl, Sc Schmidt-Zahl,

und bei erzwungener Strömung

$$Sh = C \cdot Re^{m_2} \cdot Sc^{n_2} \tag{3},$$

mit Re Reynolds-Zahl.

An kugeligen Teilchen, Tropfen und Blasen strebt Sherwood für Re→0 dem Grenzwert 2 zu, so daß die Gebrauchsformeln für kleine Reynolds-Zahlen die Form

$$Sh = 2 + C \cdot Re^{m_3} \cdot Sc^{n_3} \tag{4}$$

annehmen. *Weinspach*

**Shiften** →Wälzfräsen

**Shot Peening.** Englische Bezeichnung für das Kugelstrahlen (→Strahlen). *Kenter*

**Sicherheit.** Nach DIN 31004, Tl. 1, ist S. definiert als eine Sachlage, bei der das Risiko kleiner als das größte noch vertretbare anlagenspezifische Risiko eines bestimmten technischen Vorgangs oder Zustands (Grenzrisiko) ist. Was als noch vertretbar zu gelten habe, wird durch Gesetz oder generelle gesellschaftliche Akzeptanz festgelegt. Grenzrisiken ändern sich im Lauf der Zeit oft erheblich. Die Aufgabe der S.-Technik ist es, die Häufigkeit und/ oder die Tragweite von Schadensereignissen zu vermindern. Man unterscheidet gefahrenbeseitigende, -begrenzende oder von Gefahr trennende Maßnahmen.

Umgangssprachlich ist S. die Abwesenheit einer Gefährdung für Leib und Leben. Die Bedeutung des Begriffs als Ausdruck einer über jeden Zweifel erhabenen Wahrscheinlichkeit, bleibt hier außer Betracht. Tatsächlich gibt es keine absolute S. im Sinn völliger Gefahrenfreiheit. Das Leben jedes einzelnen Menschen ist mit einem gewissen Maß an Risiko verbunden. Unter Risiko ist hier die Häufigkeit (Wahrscheinlichkeit) der Gefährdung kombiniert mit dem zu erwartenden Schadensumfang (Tragweite) verstanden. *Masing*

Literatur: Handb. Sicherheitstechnik. Hrsg.: *Peters, O., u. A. Meyna.* Bd. 1: Sicherheit technischer Anlagen, Komponenten und Systeme. Bd. 2: Qualität, Recht, Ökonomie, Management usw. München, Wien 1985.

**Sicherheitseinrichtung.** Der weite Bereich der S. an Werkzeugmaschinen kann aufgegliedert werden in solche, die das Bedienungspersonal schützen, und Einrichtungen für den direkten Maschinenschutz.

Die den Menschen und seine Umgebung schützenden Einrichtungen müssen u. a. alle bewegten Maschinenelemente sichern. Aus diesem Grund sind selbsttätig arbeitende Werkzeugmaschinen (z. B. Bearbeitungszentren) mit einer Vollraumabdeckung oder einem abgekapselten Arbeitsraum versehen. Die Bedienung und Wartung der Maschine ist lediglich durch ein Öffnen von Schiebe-

oder Schwenktüren möglich. Die Türen sind elektrisch verriegelt. Bei einem unbefugten Öffnen der Türen bricht die Steuerung automatisch den Bearbeitungsvorgang bzw. jede Bewegung der Maschinengruppen ab.

Auf ähnliche Weise muß der Bewegungsraum z. B. von Industrierobotern oder von dem Palettenspeicher einer flexiblen Fertigungszelle gesichert werden. Die Einrichtungen für den direkten Maschinenschutz beziehen sich überwiegend auf den Schutz vor Kollision, Überlastschwingungen sowie Werkzeugbruch. *Schulz*

Literatur: DIN 31000 u. DIN 31001: Sicherheitsgerechtes Gestalten technischer Erzeugnisse. – Gesetz über Technische Arbeitsmittel vom 24. 6. 1968. BGBl 1.I,717 mit Allg. Verwaltungsvorschrift und Verzeichnis A u. B zum GtA, herausgegeben unter dem Titel „Maschinenschutz". Bundesanstalt f. Arbeitsschutz u. Unfallforschung. Wilhelmshaven 1974. – *Neubrand, P.:* Konzeption numerisch gesteuerter Wälzfräsmaschinen. Werkstatt u. Betrieb 117 (1984) Nr. 2, S. 65/69. – *Pilland, U.:* Echtzeit-Kollisionsschutz an NC-Drehmaschinen. Diss. TU München 1986.

**Sichtermühle.** Die S. kann man als Sonderfall des Mühlen-Sichter-Kreislaufs auffassen. Während beim →Mühlen-Sichter-Kreislauf i. a. Mühle und Sichter wegen größerer Flexibilität in getrennte Gehäuse gebaut werden, sind beide Apparate bei der S. in einem Gehäuse untergebracht. Der Grund hierfür sind Explosionsschutzmaßnahmen, die bei dieser Bauweise einfacher und wirksamer getroffen werden können. S. setzt man häufig zum Mahlen von Steinkohle zu Kohlenstaub ein. Der Kohlenstaub wird anschließend in Kraftwerken verfeuert. Die Mühlen stehen direkt neben den Kesseln, so daß der Kohlenstaub nach dem Mahlvorgang sofort verfeuert werden kann. Der Sichter ist oberhalb der Mühle angeordnet und kontrolliert den Mahlvorgang, indem zu grobe Teile wieder zurück in den Mahlprozeß geleitet werden. Für die Effektivität des Mahlvorgangs ist es wichtig, daß der hinreichend feine Kohlenstaub sofort ausgetragen wird, da er sonst die Zerkleinerung der gröberen Stücke behindert. Über eine pneumatische Förderung gelangt der Kohlenstaub daher direkt nach dem Mahlen in den Sichter und bei ausreichender Feinheit in die Brennkammer. Als Sichter wurden früher überwiegend statische Sichter eingebaut. In letzter Zeit haben sich jedoch die Flügelsichter mit rotierenden Einbauten zunehmend durchgesetzt, da sie auf Grund ihrer konstanten Drehzahl eine genauere Sichtung erlauben. Ein möglichst feiner Kohlenstaub ist für niedrige Feuerungstemperaturen wichtig, bei der sich die Bildung von Stickoxiden verringern kann. *Müller*

**Sicken.** S. ist Hohlprägen von rinnenartigen Vertiefungen in ebenen oder meist schwach gekrümmten Werkstücken, vornehmlich um eine Versteifungs-

wirkung zu erzielen. S. und Hohlprägen sind Verfahren des Tiefens (DIN 8585, Bl. 4). Die erzeugten Vertiefungen heißen Sicken.

Sicken werden mit unterschiedlichen Querschnittsformen, Anordnungen und in zwei Arten (offene, geschlossene Sicke) erzeugt (Bild 1). Außer Hohlprägen kommen dabei auch andere Verfahren des Tiefens zur Anwendung. An dünnwandigen Hohlkörpern lassen sich Sicken ferner durch →Drücken herstellen. Sicken-Erzeugung durch Hohlprägen liegt exakt nur dann vor, wenn geschlossene Sicken ohne Möglichkeit zum Werkstoffnachfließen geformt werden. Das ist nur der Fall bei der Fertigung von mehreren parallel verlaufenden Sicken – dabei wirken die äußeren Sicken als Sperrsicken – oder bei Sicken-Anbringen in sehr großen Blechteilen, deren äußere Abmessungen sich nicht ändern dürfen. In allen anderen Fällen liegen Übergänge zum →Zugdruckumformen, d. h. zum →Tiefziehen vor.

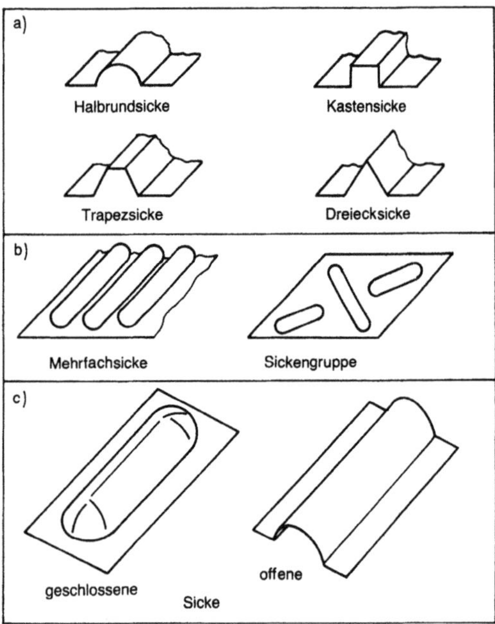


*Sicken 1: Begriffsbestimmung.*
*a) Sickenquerschnitte*
*b) Sickenanordnungen*
*c) Sickenarten.*

Die Versteifungswirkung von Sicken hängt von der Sicken-Tiefe, der Sicken-Breite und der Sicken-Anordnung ab. Bild 2 zeigt hierzu Ergebnisse systematischer Untersuchungen an verschiedenen Sicken-Anordnungen im Boden flacher, quadratischer Tiefziehteile. *Lange*

Literatur: *Lange, K.:* Umformtechnik. Handb. f. Ind. u. Wiss. Bd. 3: Blechumformung. 2. Aufl. Berlin, Heidelberg, New York, Tokio 1988. – *Spur, G.,* u. *Th. Stöferle:* Handb. Ferti-

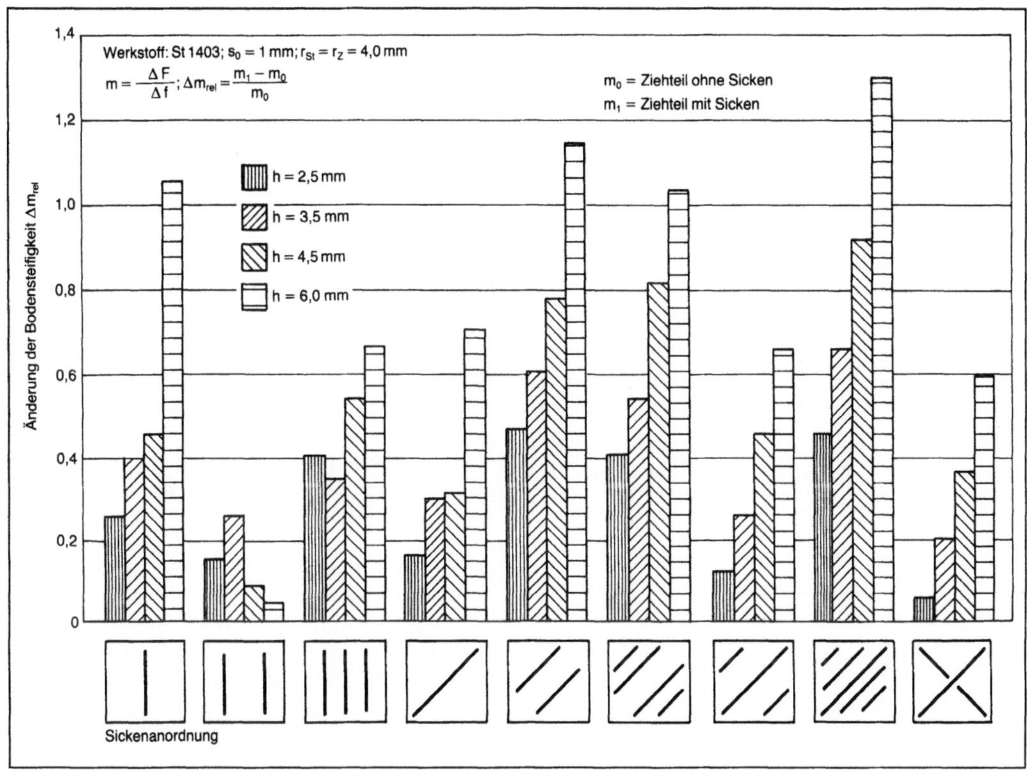


*Sicken 2: Relative Änderung der Bodensteifigkeit durch Hohlprägen von Sicken im Boden von Ziehteilen.*

$r_{st}$ Stempelradius, $r_z$ Matrizenkantenradius, F eingeleitete Kraft, f mittige Durchbiegung, s Blechdicke, m Bodenfestigkeit, h Sickenhöhe

gungstechnik. Bd. 2/3: Umformen, Zerteilen. München 1985. – *Widmann, M.:* Herstellung und Vertiefungswirkung von geschlossenen Halbrundsicken. Ber. Nr. 76 Inst. f. Umformtechn., Universität Stuttgart. Berlin, Heidelberg, New York, Tokio 1984.

**Siebanalyse.** Die S. wird zur Bestimmung der anteiligen Zusammensetzung stückiger oder pulvriger Stoffe nach Korngröße eingesetzt. Sie wird für Steinkohlen-Aufbereitungsanlagen nach DIN 23011 durchgeführt.

Bei groberen Körnungen (z. B. Nuß- und Feinkohle) erfolgt die Siebung auf Rundlochsieben, im Bereich feinerer Körnungen auf Drahtgewebesieben mit quadratischen Siebmaschen. Bei Körnungen von $< 60\,\mu m \rightarrow$ Maschenweite kommen Sedimentations-, Schlämmungs- sowie Windsichtungsverfahren in Frage.

Beim Passieren durch mehrere übereinander angeordnete Siebe mit immer kleiner werdender Lochweite fallen verschiedene Siebfraktionen an. Ihr Anteil an der Gesamtmenge wird ermittelt.

Als Körnungskennlinie wird nach DIN 23011 entweder der Gesamtrückstand oder der Gesamtdurchgang eines bestimmten Sieblochdurchmessers aufgetragen. Beide Kurven sind Spiegelbilder voneinander und ergänzen sich zu 100%, wenn kein Siebverlust auftritt. Die Rückstandskurve wird in der Aufbereitungstechnik bevorzugt, während in der Staubtechnik die aus der Durchgangskennlinie durch Differentiation erhaltene Kornverteilungskurve verwendet wird.

Die Prüfung der Korngrenzen eines handelsüblichen, bereits klassierten Produkts erfolgt durch die Prüfsiebung. Korn, das sich in einer seinen Abmessungen nicht entsprechenden Siebfraktionen befindet, wird als Fehlkorn bezeichnet (Über- und Unterkorn). Überkorn ist in wenigstens zwei Dimensionen größer als die obere Grenze der betreffenden Kornfraktionen. Unterkorn ist in allen Dimensionen kleiner als die untere Grenze der betreffenden Kornklasse.

Korn, das in seinen Abmessungen nicht dem Fehlkorn entspricht, heißt Normalkorn. *Kußmaul*

**Siebboden.** S. sind Platten mit einer Vielzahl von runden Löchern. Sie werden in verfahrenstechnischen Trennapparaten (z. B. Destillationskolonnen) dazu verwendet, ein Gas und eine Flüssigkeit in Kontakt zu bringen. Das Gas strömt von unten durch die Löcher und durch die auf dem Boden befindliche Flüssigkeitsschicht. Da sich Gas und Flüssigkeit nicht im Phasengleichgewicht befinden, kommt es zu einer Stoffübertragung, so daß sich leichterflüchtige Stoffe im Gas anreichern.

Die Durchmesser der Löcher liegen i. a. zwischen 1 und 13 mm. Der Abstand der Lochmittelpunkte ist ungefähr 2,5- bis 4mal so groß wie der Lochdurchmesser. Der Anteil der Löcher an der aktiven Bodenfläche liegt zwischen 0,05 und 0,2. Bei der Destillation unter Druck benutzt man Böden mit einem kleinen Lochanteil, da die Dichte der Gase vergleichsweise groß ist. Um einen größeren Druckverlust des Gases beim Durchströmen der Böden zu vermeiden, wird bei der Vakuumdestillation ein großer Lochanteil gewählt. *Dohrn*

Literatur: *Mersmann, A.:* Thermische Verfahrenstechnik. Berlin, Heidelberg, New York 1980.

**Siebdurchgang.** Anteil eines Partikelkollektivs, das bei einem Siebvorgang als Feingut abgetrennt wurde. Partikelgröße kleiner als →Maschenweite des Siebes. *Trefz*

**Sieben.** Das S. ist ein Verfahren zum Trennen körniger Haufwerke. Das Gut wird über die Sieböffnungen bewegt. Körner, die kleiner als die Sieböffnungen sind und eine günstige Lage zur Sieböffnung haben, gehen durch das Sieb, während die größeren Teilchen zurückgehalten werden. Während des Siebvorgangs wird der Größenvergleich zwischen Korn und Sieböffnung mehrfach wiederholt, wodurch eine weitgehende Trennung erreicht wird.

Häufig angewendet wird das S. in den Grundstoffindustrien bei der Verarbeitung von Erzen, Steinen und Kohle, zur Feintrennung von Chemieprodukten, zur Trennung von landwirtschaftlichen Erzeugnissen und zur Entlastung von Zerkleinerungseinrichtungen.

In der Lebensmittelindustrie werden Sieboperationen hauptsächlich bei der →Getreideverarbeitung zur Fraktionierung der gemahlenen Kornbruchstücke (in Plansichtern) sowie in der Zuckerindustrie zum →Sortieren der Kristalle nach Größe eingesetzt; ferner zur Fraktionierung von Stärke und Milchpulver.

Für die Partikelmeßtechnik ist die →Siebanalyse das wichtigste Trennverfahren. Dabei werden mehrere Siebe nach bekannter, zunehmender Maschenweite aufeinander gestapelt. Eine definierte Aufgabemenge wird auf das oberste Sieb gegeben. Nach einer bestimmten Siebzeit wird der zurückgehaltene Feststoffanteil in den einzelnen Sieben ermittelt. Solche Analysen sind zur Überwachung von Mahlvorgängen, Agglomerations- und Instantisierprozessen von Bedeutung.

Das Gut bewegt sich unter dem Einfluß von Antriebshilfen oder der Eigenbewegung des Siebs über dieses hinweg (Bild 1). Dabei wandert zunächst das Feingut durch die Gutschicht auf dem Sieb. Anschließend tritt das Feinkorn durch die Siebfläche, wobei das Korn häufig einen erheblichen Widerstand zu überwinden hat. Nicht jedes Korn, das von seinen geometrischen Abmessungen her durch die Siebfläche treten könnte, passiert diese auch wirklich. Für die kontinuierliche Durchführung des Siebvorgangs ist es wesentlich, daß sich die Körner nicht verklemmen und somit die Sieböffnung verstopfen. Bezeichnet d den mittleren Korndurchmesser und l die →Maschenweite, so kann man drei Bereiche für die Durchgangswahrscheinlichkeit eines Korns unterscheiden:

□ Feine Körner mit $d/l < 0,8$ haben eine hohe Durchgangswahrscheinlichkeit, wobei keine Gefahr des Verklemmens besteht.

□ Körner mit $0,8 \leqq d/l \leqq 1,5$ (Grenzkorn) haben eine geringe Durchgangswahrscheinlichkeit. Die Gefahr des Verklemmens ist hoch.

□ Für Körner mit $d/l > 1,5$ ist die Durchgangswahrscheinlichkeit null. Es besteht auch keine Gefahr des Verklemmens. Die Stoßwirkung dieser groben Körner auf verklemmte Körner kann sich jedoch positiv auf den Siebvorgang auswirken.

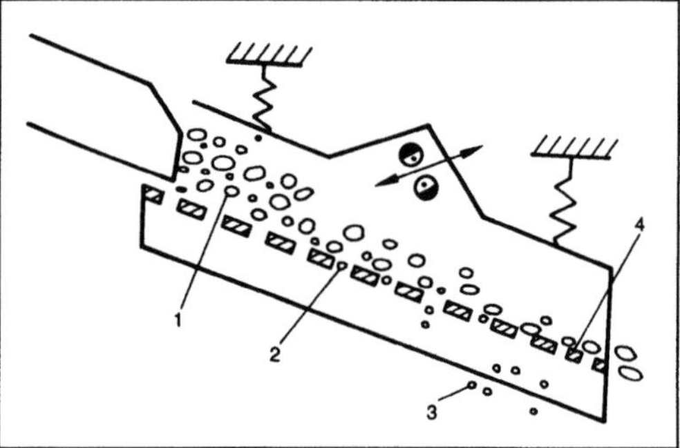


*Sieben 1: Schematische Darstellung des Siebvorgangs.*

1 Schichten und Umwälzen, 2 Auslese, 3 Austrag des Feinkorns, 4 Auswerfen des Grobkorns

Der typische Verlauf einer Trennung durch S. ist in Bild 2 dargestellt. Die feinen Körner fallen im ersten Abschnitt des Siebs durch. Die nachfolgende Zone weist nur einen relativ geringen Durchgang durch das Sieb auf. In diesem Bereich wird das Grenzkorn abgesiebt. Mit wachsender Aufgabemenge weitet sich der erste Bereich aus, bis er zum Siebende reicht. Dann ist das Sieb überlastet. Der Sieböberlauf enthält noch einen beträchtlichen Anteil an Feinkorn: Der Erfolg des Siebvorgangs ist unbefriedigend.

Eine Übersicht über die Bauarten von Sieben und ihren Einsatz gibt die Tabelle. *Loncin/Brunner*

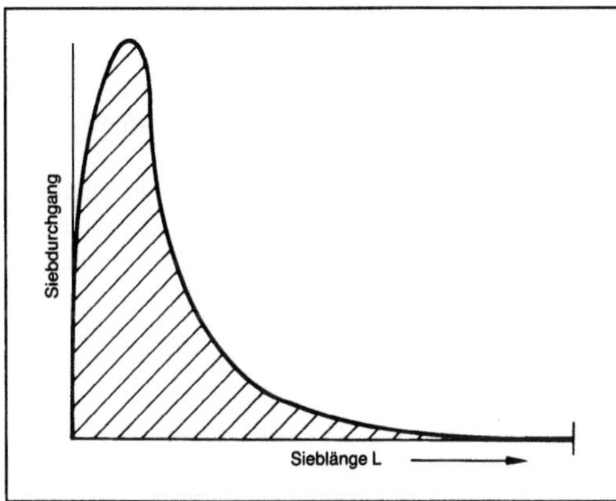


*Sieben 2: Verlauf einer Feinabsiebung.*

*Sieben. Tabelle: Siebmaschine.*

| Bezeich-nung | Wirkungsweise | Anwen-dung |
|---|---|---|
| Siebrost | schwach geneigte Stäbe; Gut bewegt sich auf dem Rost abwärts | grob-stückige Güter |
| Siebrinne | Boden und Seiten mit Spalten | Entschläm-mung von Kohle |
| Rollenrost | waagrechte Rollen transportieren und sieben | grob-stückige Güter |
| Trommel-sieb | rotierende, schwach geneigte Sieb-trommel | grobes Gut > 100 mm |
| Plansieb | kreisende Schwing-bewegung | feines Gut |
| Schwing-sieb | Siebkasten an Len-kern, führt Schwing-bewegung aus | feines bis sehr feines Gut; Ma-schenweite 0,2–100 mm |
| Schüttel-sieb | Siebfläche macht oszillierende Bewe-gung in Förder-richtung | mittleres und feines Gut |
| Taumel-sieb | taumelnde Bewe-gung eines runden Siebbodens | schwer zu siebende, empfindli-che Güter |

Literatur: Chemical Engineers' Handb. 5. Aufl., Hrsg. *R. H. Perry* u. *C. H. Chilton.* New York 1973. – *Dialer, U., U. Onken* u. *K. Leschonski:* Grundzüge der Verfahrenstechnik und Reaktionstechnik. München 1986. – *Schubert, H.:* Aufberei-tung fester mineralischer Rohstoffe. 2. Aufl., Leipzig 1968. – Ullmanns Enzyklopädie der techn. Chemie. Bd. 2. Weinheim 1972. – *Wessel, J.:* Grundlagen des Siebens und Sichtens. Tl. II: Das Siebklassieren. Aufbereitungs-Technik 8 (1967), S. 167/80. – *Wessel, J.:* Siebmaschinen. Aufbereitungs-Technik 4 (1963), S. 511/13. – *Wolf, K.:* Siebböden und ihre Verwendung. Aufbereitungs-Technik 1 (1960), S. 457/73.

**Siebgewebe.** Regelmäßig aufgebautes Drahtge-strick mit exakt definierter →Maschenweite. Qua-dratische Maschen mit Maschenweiten zwischen 0,035 und 30 mm sowie Langmaschen bis 20 mm und einem Seitenverhältnis von 1 : 3. Einsatz bei Trok-ken- und →Naßsiebung (Prüfsieb-, Trommel- und →Taumelsiebmaschine). *Trefz*

**Siebhilfe** →Prüfsieb

**Siebkoeffizient.** Zur Beurteilung der Trenncharak-teristik von Membranen, speziell von Filtrations-membranen, wurde der Begriff des S. für das Maß der Durchlässigkeit eingeführt. Die Trenngrenze einer Membran wird nach der molaren Masse derjenigen Substanzen festgelegt, die praktisch voll-ständige Rejektion an der Membran zeigt. Den S. für eine Substanz kann man aus dem Verhältnis der Konzentrationen beiderseits der Membran errech-nen. Wird bei der Filtration von Blut oder Plasma ein eiweißfreies Filtrat gewonnen, muß korrekter-weise zum Bestimmen des S. anstatt der Plasmakon-zentration die Konzentration im Plasmawasser zugrunde gelegt werden, die sich nach Abzug der Volumenfraktion der hydrierten Proteine errech-nen läßt:

$$S = C_F/C_P;$$

darin bedeuten $C_F$ Konzentration einer Substanz im Filtrat, $C_P$ Konzentration einer Substanz im Plasma. *H. Schneider*

**Siebrückstand** →Prüfsieb

**Siedekurve** →Sieden von Gemischen

**Siedelinie.** Die S. grenzt in Phasendiagrammen das Zweiphasengebiet (Gas-Flüssigkeit) von dem ein-phasigen Bereich des flüssigen Zustandes ab (Sie-den von Gemischen). Beim Erreichen der S. in Richtung auf das Gas-Flüssigkeits-Gebiet bilden sich die ersten Gasblasen in der Flüssigkeit. Wäh-rend reine Stoffe einen Siedepunkt und Zweistoff-gemische S. besitzen, spricht man bei Dreistoffgemi-schen von Siedeflächen. Dies gilt für den Fall, daß Druck oder Temperatur gegen die Zusammenset-zung(en) aufgetragen wird. In Systemen mit mehr als drei Komponenten treten Siedehyperflächen auf. Bei der Darstellung eines ternären Gemisches in einem Dreiecksdiagramm ist es möglich, daß die

Siede- und die Taufläche geschnitten werden. Man bezeichnet die Schnittlinie mit →Binodalkurve und die durch den kritischen Punkt getrennten Äste der Binodalkurve mit S. und →Taulinie. *Dohrn*

**Sieden von Gemischen.** Ein Flüssigkeitsgemisch siedet, wenn der zur Zusammensetzung der Flüssigkeit gehörende Dampfdruck gleich dem Gesamtdruck, d. h. die Siedetemperatur erreicht ist und Keimstellen für das Entstehen von Blasen vorhanden sind. Ist die zweite Bedingung nicht erfüllt, so kommt es zu einem →Siedeverzug. Ist das Flüssigkeitsgemisch nicht azeotrop, dann hat der entstehende Dampf eine andere Zusammensetzung als das ursprüngliche Gemisch (Bild 1). Eine aus den Komponenten A und B bestehende Flüssigkeit wird, beginnend vom Punkt A, erwärmt, erreicht im Punkt B die →Siedelinie und beginnt zu sieden. Die Zusammensetzung des aufsteigenden Dampfes entspricht zunächst der Konzentration des Punktes C und enthält einen größeren Anteil an der leichterflüchtigen Komponente. Dadurch steigt der Anteil an der schwerflüchtigen Komponente in der Flüssigkeit, und ihre Zusammensetzung ändert sich entlang der Siedekurve Richtung Punkt D. Gleichzeitig verarmt die Gasphase an der schwerflüchtigen Komponente und verändert ihre Zusammensetzung entlang der →Taulinie von Punkt C zu Punkt E. Hat man die Punkte D und E erreicht, so hat die Gasphase die gleiche Zusammensetzung wie die ursprüngliche flüssige Phase ($x_A = 0,5$): Es ist alles verdampft. Der letzte Flüssigkeitstropfen hat die

dem Punkt D entsprechende Zusammensetzung. Wenn ein Flüssigkeitsgemisch siedet, bleibt die Temperatur nicht konstant, wie dies beim S. reiner Stoffe der Fall ist, sondern steigt in der Regel an (im Bild 1 von $T_B$ nach $T_D$).

Der Wärmeübergangskoeffizient für siedende Flüssigkeitsgemische kann erheblich niedriger sein, als durch Interpolation der Reinstoffwerte zu erwarten war.

Liegen zwei Stoffe, die untereinander nicht mischbar sind, in einem gemeinsamen Behälter vor und ist der Druck vorgegeben, dann siedet diese heterogene Stoffmischung bei einer ganz bestimmten Temperatur, wie dies in Bild 2 in einem Temperatur-Konzentrations-Diagramm dargestellt ist. Eine heterogene Mischung, bestehend aus der an Stoff D reichen Flüssigkeit und der an Stoff E reichen Flüssigkeit, liegt in solchen Mengen vor, daß die Gesamtkonzentration zwischen A und C liegt. Beim Erreichen der Temperatur $T_S$, der Siedetemperatur der Mischung, steigt aus ihr ein Gas der Zusammensetzung entsprechend Punkt B auf. Die Siedetemperatur der Mischung liegt unterhalb der Siedetemperaturen der reinen Stoffe. Dieser Effekt wird seit langer Zeit bei der →Wasserdampfdestillation zur schonenden Trennung temperaturempfindlicher Stoffe ausgenutzt (→Phasengleichgewicht (Trennprozesse)). *Dohrn*

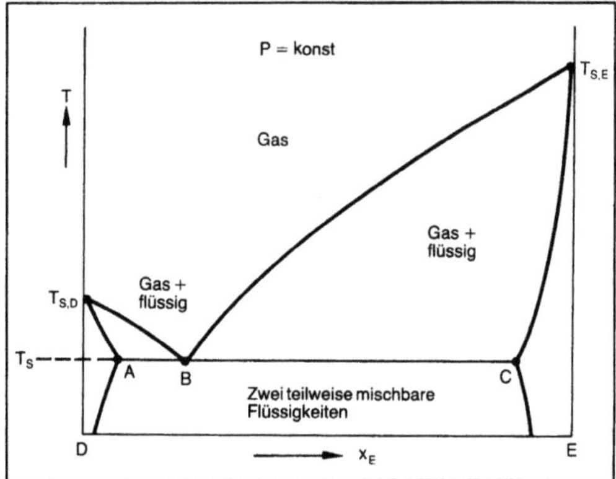


*Sieden von Gemischen 2: T,x-Diagramm einer Mischung aus zwei Stoffen, die im flüssigen Zustand eine Mischungslücke aufweisen.*

T Temperatur, $T_S$ Siedetemperatur (bei Druck P) der beiden teilweise mischbaren Flüssig' .iten

Literatur: *Perry, R. E.,* u. *D. W. Green:* Perry's Chemical Engineers' Handb. 6. Aufl. New York 1984.

**Siedeverzug.** Erwärmt man eine Flüssigkeit bis zu ihrer Siedetemperatur, so entstehen Dampfblasen an bestimmten Stellen der Heizfläche, z. B. an Rissen oder sehr kleinen Vertiefungen, die winzige Gasmengen eingeschlossen haben und als Keim für die Blasenbildung wirken. Ist die Heizfläche von

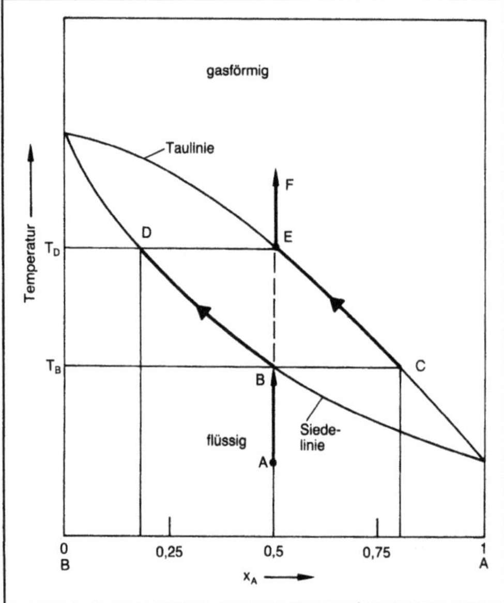


*Sieden von Gemischen 1: Veränderung der Zusammensetzung der Flüssigkeits- und Gasphase beim Sieden eines binären Gemisches.*

größeren Unebenheiten durch Polieren befreit und entgast worden, so entstehen keine Dampfblasen, auch wenn die Temperatur der Flüssigkeit weit über die Siedetemperatur erhöht worden ist. Die gesamte, in der überhitzten Flüssigkeit gespeicherte Energie wird zur Dampfbildung sehr schnell freigesetzt, wenn sich durch eine Unregelmäßigkeit eine Blase gebildet hat. Dieses mit S. bezeichnete Phänomen kann zur Zerstörung der Apparatur führen. Zur Vermeidung eines S. müssen Blasenbildungskeime in die Flüssigkeit gebracht werden, z. B. durch das Einblasen eines Gases oder durch die Verwendung von Siedesteinchen, deren Gaseinschlüsse als Keime wirken (Sieden von Gemischen). *Dohrn*

**Silicagel.** Gel, das aus fast reinem amorphen $SiO_2$ (97,3 %) besteht und das in körniger Form (1–5 mm Dmr.) anfällt. S. (auch Kieselgel genannt) besitzt ein großes Adsorptionsvermögen (→Adsorption) und wird zum →Trocknen von Gasen und Flüssigkeiten verwendet. Es ist chemisch neutral und mit Ausnahme von gegen Flußsäure gegen alle Säuren beständig. Handelsüblich sind ein eng- und ein weitporiges S., wobei das weitporige als Puffergel zum Auffangen von Wassertröpfchen verwendet werden kann. Das weitporige Gel hat eine spezifische Oberfläche von 200–400 $m^2$/g, eine Schüttdichte von 400–800 $kg/m^3$ und einen mittleren Porendurchmesser von 10 nm. Das engporige S. hat eine spezifische Oberfläche von 600–850 $m^2$/g, eine Schüttdichte von 700–800 $kg/m^3$ und einen mittleren Porendurchmesser von 2,1 nm. *Dohrn*

Literatur: *Mersmann, A.:* Thermische Verfahrenstechnik. Berlin, Heidelberg, New York 1980. – *Neumüller, O.-A.:* Römpps Chemie Lexikon. 8. Aufl. Stuttgart 1985.

**Siliciumstahl.** Sammelname für Stähle, die einen über den üblichen durch Desoxidation und Beruhigung hinausgehenden Gehalt an Silicium (allgemein mehr als 0,5 %) als Legierungselement enthalten.

Eine wichtige Gruppe sind die Stähle mit unterschiedlichen Siliciumgehalten für Elektroblech. Zunehmender Siliciumgehalt bewirkt eine Einschnürung des Austenitgebiets, so daß oberhalb von rd. 2 % Silicium keine Umwandlung mehr auftritt. Dadurch werden bei Wärmebehandlungen Umwandlungsspannungen vermieden und die Möglichkeit zur Texturbildung verbessert. Silicium erhöht den elektrischen Widerstand und erniedrigt die Kristallanisotropie sowie die Sättigungspolarisation.

Die Verformbarkeit nimmt mit höherem Siliciumgehalt ab, so daß der Maximalgehalt i. a. auf 4 % beschränkt ist. In neueren Entwicklungen wird die Verformbarkeit von S. mit etwa 6 % Silicium dadurch verbessert, daß die Ordnungseinstellung im →Warmband durch schnelles Abkühlen vermieden wird.

Zur Gruppe der S. gehören ferner die meisten Federstähle sowie in Verbindung mit anderen Legierungselementen (→Chrom, →Nickel, Wolfram) auch Vergütungsstähle, Ventilstähle, hitzebeständige Stähle usw. *W. Dahl*

**Silicon.** S. (auch Polyorganosiloxan, Kurzzeichen SI) Bezeichnung für eine Gruppe oligomerer bis polymerer Verbindungen, in denen Siliciumatome über Sauerstoffatome verknüpft Kettenmoleküle bilden. Von den beiden nicht am Kettenaufbau beteiligten Valenzen des Siliciums ist mindestens eine durch einen organischen Rest abgesättigt (Bild 1 bis 3).

*Silicon 1.*

*Silicon 2: Lineares Polyorganosiloxan.*

*Silicon 3: Vernetztes Polyorganosiloxan.*

Zur Herstellung dieser Polymere geht man ausschließlich von Organochlorsilanen aus, die man direkt durch Umsetzung von Silicium mit den entsprechenden organischen Chlorverbindungen erhält (Rochow-Müller-Synthese):

$$Si + 2\,R\text{-}Cl \xrightarrow[260-280\,°C]{Kat.} R_2SiCl_2 \; (+RSiCl_3 + R_3SiCl).$$

Bei dieser Reaktion fällt nicht nur das substituierte Dichlorsilan an. Man erhält vielmehr ein Gemisch aller drei möglichen Chlorsilane. Durch geeignete Reaktionsführung und zusätzliche Verfahrensschritte erreicht man, daß das Dichlorsilan als Hauptprodukt erhalten wird.

Der nächste Schritt nach der destillativen Trennung der Chlorsilane ist ihre Hydrolyse:

$$R_3SiCl + H_2O \longrightarrow R_3SiOH + HCl,$$
$$R_3SiCl + 2\,H_2O \longrightarrow R_2Si(OH)_2 + 2\,HCl,$$
$$RSiCl_3 + 3\,H_2O \longrightarrow RSi(OH)_3 + 3\,HCl.$$

Diese Organosilanole reagieren sofort zu polymeren Produkten (Bild 4).

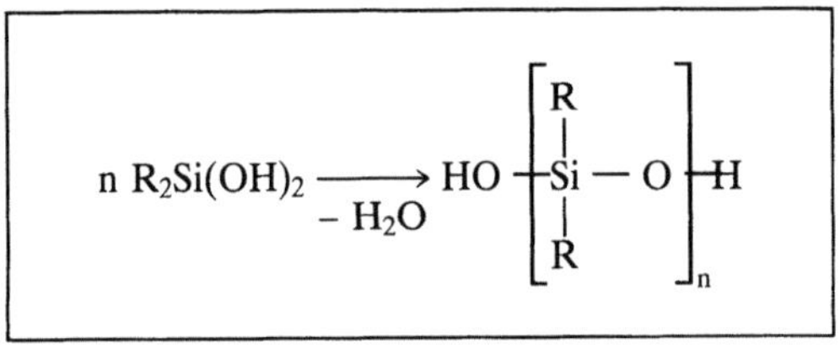

*Silicon 4.*

Welche Polyorganosiloxane man bei der Hydrolyse erhält, hängt von der Art und Menge der zu hydrolisierenden Chlorsilane ab. Geht man von einem Gemisch aus Dichlorsilan und wenig Monochlorsilan aus, so erhält man ausschließlich lineare Polymere. Setzt man darüber hinaus noch Trichlorsilan zu, so erhält man verzweigte und vernetzte Polymere.

Um Polymere zu erhalten, bei denen an jedem Siliciumatom nicht zwei gleichartige, sondern zwei verschiedene organische Reste gebunden sind, geht man entweder von Chlorsilanen (I) oder Polysiloxanen (II) aus, die Silicium-Wasserstoff-Bindungen besitzen (Bild 5). Diese lassen sich i. a. leicht an ungesättigte Kohlenwasserstoffverbindungen addieren.

S.-Öle sind flüssige Polyorganosiloxane mit linearen Kettenmolekülen. Technisch von Bedeutung sind (Bild 6) Polydimethylsiloxane (I), Polymethylphenylsiloxane (II) und Dimethyl-Diphenyl-Cokondensate (III).

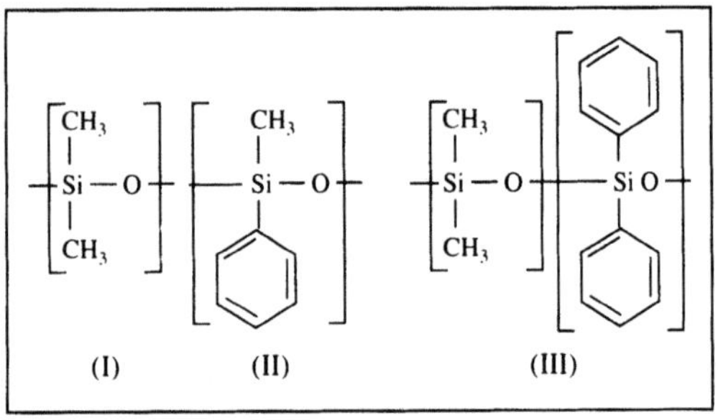

*Silicon 6: Silicon-Öle.*

Zur Anwendung kommen Produkte mit mittleren Molekularmassen von 740–150 000 g/mol (Polykondensationsgrad $\overline{P}$: 10–2000), die bei 20 °C einen Viskositätsbereich von $5 \cdot 10^{-3}$ bis 200 Pa s umfassen. Die Temperaturabhängigkeit der Viskosität ist bei ihnen geringer als bei Mineralölen (Tabelle, s. Seite 971):

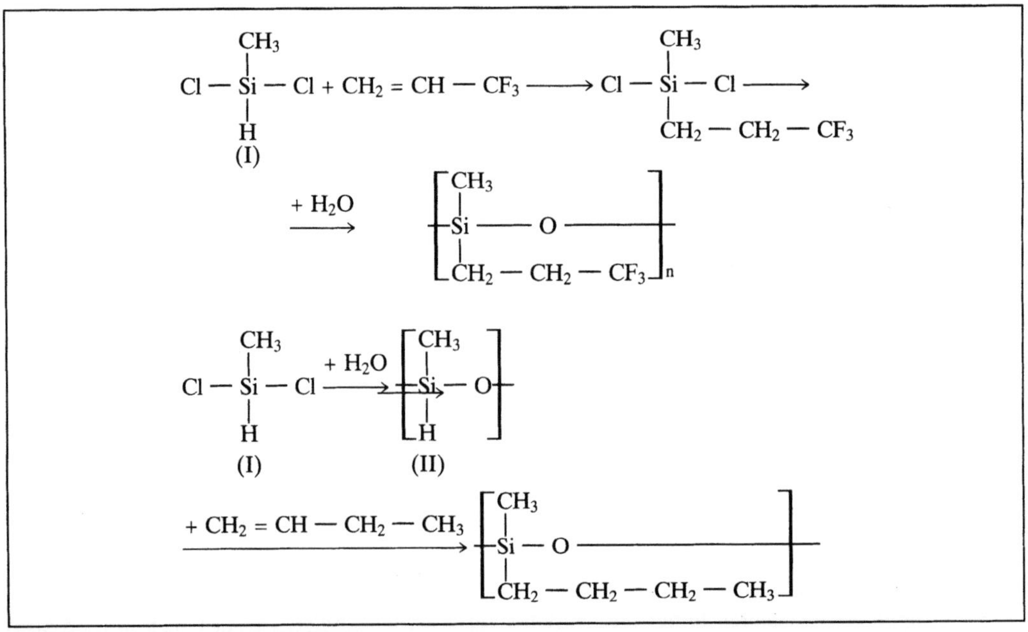

*Silicon 5: Polymeranaloge Reaktion.*

| | $\bar{M}$ | Viskosität in Pas bei den Temperaturen | | |
|---|---|---|---|---|
| | g/mol | –30°C | 20°C | 200°C |
| Siliconöl I | 3 000 | 0,06 | 0,02 | 0,0018 |
| Siliconöl II | 53 000 | 30 | 10 | 1,2 |
| Siliconöl III | 150 000 | 700 | 200 | 20 |
| Mineralöl | | 700 | 1 | 0,003 |

Sie besitzen eine gute Wärmebeständigkeit, an Luft bis 150 °C langzeitig, in inerter Atmosphäre kurzzeitig bis 300 °C. Sie sind beständig gegenüber Wasser und organischen Lösungsmitteln. Von konzentrierter Salpetersäure und elementarem Chlor werden sie zersetzt. Sie sind mit Wasser nicht mischbar und mit den meisten organischen Polymeren unverträglich. In Form dünner Filme sind sie wasserabweisend und wirken trennend. Sie finden Verwendung als Schmiermittel für hohe und tiefe Temperaturen, elektrische Isolieröle, Heizflüssigkeiten, Formentrennmittel, Stoßdämpfer- und Hydrauliköle.

S.-Pasten und S.-Fette sind mit hochdisperser Kieselsäure oder anderen Stoffen vermischte S.-Öle.

S.-Harze sind mehr oder weniger stark vernetzte Polydimethyl- und Polymethylphenylsiloxane, bei denen die Vernetzung über tri- und tetrafunktionelle Siloxaneinheiten zustande kommt.

S.-Harze werden im vorkondensierten Zustand in organischen Lösungsmitteln verarbeitet. Nach Verdunsten des Lösungsmittels müssen sie noch durch Erhitzen nachkondensiert und endgültig gehärtet werden. In der Lack- und Isoliertechnik werden auch solche S.-Harztypen verwendet, die im vernetzten Zustand noch löslich sind und allein durch Verdunsten des Lösungsmittels festhaftende, harte Überzüge ergeben.

Sie besitzen wie die S.-Öle eine hohe Wärmebeständigkeit, gute dieelektrische Eigenschaften, gute Oberflächenhärte und Glanzhaltung sowie geringe Thermoplastizität und geringe Vergilbungsneigung bei thermischer Belastung. Sie finden Verwendung als Isoliermaterial bei Elektromotoren und Maschinen, die in hoher Umgebungstemperatur arbeiten müssen sowie als Bindemittel in Lacken (Einbrennlacke, Bronzen), als Trennlacke und als Isolierung für Baumaterialien. *Zahradnik*

Literatur: *Noll, W.*: Chemie und Technologie der Silicone. 2. Aufl. Weinheim 1968. – *Noll, W.* In: *K. Winnacker, L. Küchler* (Hrsg.): Chemische Technologie. Bd. 5. München 1972.

**Simulation (Produktionstechnik).** Der Begriff S. beschreibt das Arbeiten mit Modellen, die in ihren Merkmalsausprägungen mit dem wirklichen (realen) System übereinstimmen. Modelluntersuchungen ermöglichen ein fast unbegrenztes Manipulieren an den Systemparametern, was im Vergleich zur Änderung an wirklichen Systemen weniger gefährlich, erheblich schneller und deutlich billiger ist. Ziel von S.-Untersuchungen ist die Beantwortung von Fragen über

□ das Systemverhalten: Wie ändern sich Termineinhaltung und Auslastung in der Fertigung in Abhängigkeit unterschiedlicher Produktions-Ablaufregeln?

□ empfehlenswerte Maßnahmen: Wie stark muß man den Sicherheitsbestand bei Artikel B erhöhen, damit eine bestimmte Lieferbereitschaft gewährleistet werden kann?

S.-Untersuchungen im Bereich der Fertigung basieren auf diskreten Modellen. Neben den diskreten Modellen existiert noch eine Reihe anderer Modelle, wie z. B. analoge Modelle, physikalische Modelle usw. Auf der Basis diskreter Modelle werden ausgewählte Werte zu bestimmten, klar unterscheidbaren Zeitpunkten berechnet. Zur Berechnung der Abläufe im Modell ist der Einsatz einer Programmiersprache bzw. einer S.-Sprache notwendig. Der Einsatz einer Sprache kann erfolgen auf der Basis

□ einer Ereignisorientierung: Das System wird durch zustandsverändernde Ereignisse beschrieben. Jedes Ereignis wird zusammen mit seinen Ursachen und Auswirkungen definiert. Ein Mechanismus, welcher die Ereignisse miteinander logisch verbindet, die S.-Zeit aktualisiert und statistische Daten von Interesse sammelt, steuert den Systemablauf;

□ einer Aktivitätsverfolgung: Einige mögliche Ereignisse treten in Abhängigkeit vom Systemzustand auf. Der Zeitpunkt ihres Auftretens kann nicht vorhergeplant werden. Ein Mechanismus zur Systemüberwachung erkennt diese ablaufabhängigen Ereignisse und verarbeitet sie;

□ prozeßorientiert: Der Systemablauf wird als eine Folge von Prozessen aufgefaßt, die in immer wiederkehrender Anordnung auftreten. Die Durchlaufregeln sowie die Systemzusammensetzung verändern sich im Zeitablauf nicht (*Phillips* a. a. O.).

Neben der Ablaufsteuerung ist die zeitliche Festlegung eines Ereignisses oder der Länge einer Aktivität oder eines Prozesses für den Ablauf der S. von Bedeutung. Man unterscheidet bei der Parameterbeschreibung deshalb

□ deterministische Beschreibung: Die verwendeten mathematischen Modelle enthalten nur genau definierte und berechenbare Werte, die sich auf Grund mathematischer Zusammenhänge aus Ausgangswerten ermitteln lassen;

□ stochastische Beschreibung: Im mathematischen Modell werden die Kenngrößen auf der Basis von Zufallszahlen bestimmt. *Eversheim*

Literatur: *Breitenecker, F.,* u. *W. Kleinert:* Simulationstechnik. Informationsber. 85. Berlin, Heidelberg, New York 1984. – *Eversheim, W.,* u. *H. G. Thome:* Simulation – Voraussetzung für rationelle Anlagenplanung. Industrieanz. 108 (1986) Nr. 56/57, S. 20/23. *Eversheim, W.,* u. *G. Thome:* Graphisch, interaktive Simulation von Fertigungssystemen. VDI-Z 109 (1987) Nr. 5. – *Goller, M.:* Simulationstechnik. Informatik Fachber. 56. Berlin, Heidelberg, New York 1982. – *Grosseschallau, W.:* Materialflußrechnung. Berlin, Heidelberg, New York, Tokio 1984. – *Müller, D. P. F.:* Simulationstechnik. Informatik Fachber. 109. Berlin, Heidelberg, New York 1985. – *Phillips, D. T.:* Simulation of Material Handling System, When and Which Methodology? Industrial Engineering IE (Sept. 1980), S. 65/77.

**Simulation (Robotik).** Unter S. sei die Darstellung oder Nachbildung von

☐ Reglerstrukturen mit Robotermodell der Regelstrecke,

☐ Bahnkurven,

☐ kollisionsvermeidenden Algorithmen

für Industrieroboter (IR) durch mathematische (geometrische) oder physikalische Modelle mit Hilfe der digitalen Datenverarbeitung verstanden.

S. sind dadurch sinnvoll, daß die IR-Untersuchungen einfacher, billiger oder ungefährlicher ablaufen als bei realen Versuchen. Die theoretischen, durch S. gewonnenen Ergebnisse sind danach in die reale Welt einzuordnen und zu bewerten.

Für IR gibt es verschiedene Regelungskonzepte (Regelungsverfahren). In S.-Studien ist es kostengünstig möglich, durch Vorgabe einer ausgewählten Führungstrajektorie als Bahnkurve diese Regelungskonzepte gleichen Anforderungen zu unterziehen. Auf Grund der Ergebnisse und deren Einordnung in die reale Welt kann die Verwendbarkeit eines Regelungskonzepts für eine Zielsetzung überprüft werden. Bild 1 zeigt den Vergleich eines PI- und eines prädiktiven Lagereglers für eine Führungstrajektorie, die in ähnlicher geometrischer Gestalt in vielen Anwendungen (Bahnschweißen, Kleberauftrag) auftritt. Das S.-Ergebnis zeigt die Überlegenheit des prädiktiven Reglers für diese spezielle Bahnlinie. Weitere Kriterien für die Entscheidung PI- oder prädiktiver Regler sind wertanalytische Gesichtspunkte wie Kosten, Realisierbarkeit usw.

Bei der Bahnberechnung lassen sich Ergebnisse durch S., insbes. auch hinsichtlich der dynamischen Eigenschaften verschiedener Roboter, auf die Einhaltung von vorgegebenen Geschwindigkeits- und Beschleunigungsverläufen untersuchen. Die S. zeigt, mit welcher Genauigkeit ein IR der vorgegebenen Bahn folgt. In Zukunft werden Bahnsimulationssysteme in CAD-Systeme integriert werden, um die Ausführbarkeit von durch Roboter zu lösenden Aufgaben (z. B. bei der Oberflächenbearbeitung) schon im Konstruktionsstadium untersuchen zu können. Schließlich dient die Bahnkurven-S. zur Ermittlung des Energieaufwands und ggf. der Energieoptimierung beim Einsatz von IR.

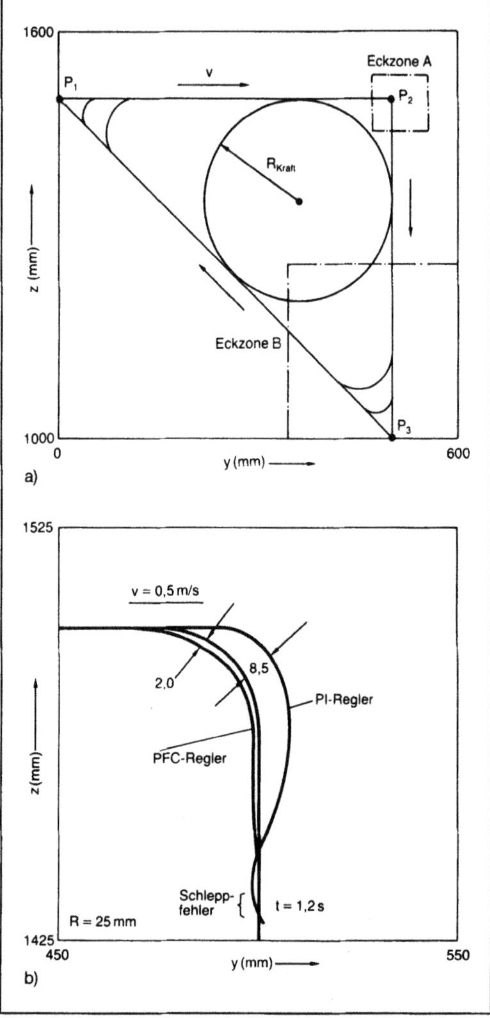


*Simulation (Robotik) 1: Vergleichssimulation PI- und prädiktiver Lageregelung.*
*a) Führungstrajektorie.*
*b) Bahnverlauf bei PI- und prädiktiver Regelung in Eckzone A.*

Ein neues Einsatzgebiet von S. sind Planungen geeigneter Bahnen in einer Umwelt mit Hindernissen zur Vermeidung von Kollisionen. Bild 2 zeigt beispielhaft eine Möglichkeit der Bahnplanung für die Bewegung eines dreiachsigen IR von Punkt A nach Punkt B mit gleichbleibender Orientierung der Hand. Die Bahn wird z. B. mit Lichtgriffel von A nach B unter Umgehung des Hindernisses gezeichnet. Aufgabe eines CAD-Systems ist es, die Positionen der Roboterachsen zu ermitteln und graphisch (hier als Skelett) auszugeben. Die Graphik hat die Aufgabe anzuzeigen, ob Kollisionen mit dem Hindernis während der Bahnfahrt stattfinden; ggf. sind andere Bahnen einzuplanen. Ist eine kollisionsfreie

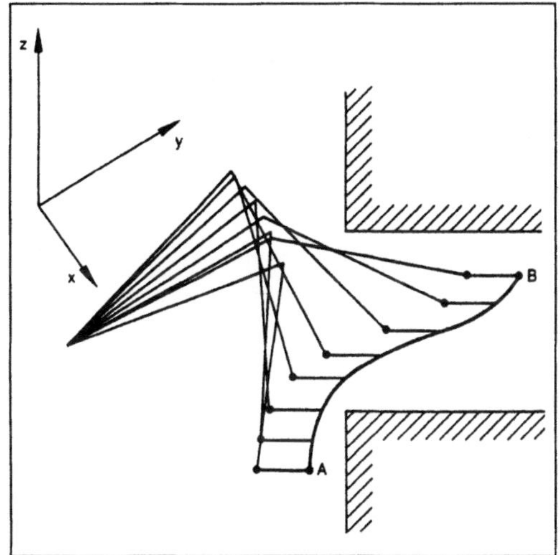

*Simulation (Robotik) 2: Bahnplanung der Bewegung eines dreiachsigen Industrieroboters von Punkt A nach Punkt B mit gleichbleibender Orientierung der Hand.*

Bahn gefunden, können die so ermittelten Roboterkoordinaten (Positionen der IR-Achsen) als Soll-Werte dem IR in realer Umwelt vorgegeben werden. *Steusloff*

Literatur: *Büchsenschütz, B.,* et. al.: Ein-/Ausgabe – Farbbildschirmsystem zur Bahnvorgabe. Messen, Steuern, Regeln, Wege zu sehr fortgeschrittenen Handhabungssystemen. Hrsg. *H. Steusloff.* Berlin, Heidelberg, New York 1980; S. 77/83. – *Jacubasch, A.,* et. al.: Anwendung eines neuen Verfahrens zur schnellen und robusten Positionsregelung von Industrierobotern. Robotersysteme (1987) Nr. 3, S. 129/38.

**Simultanabscheidung.** Da bei den Rauchgasen aus industriellen Feuerungsanlagen neben $NO_x$ in der Regel auch weitere, ebenfalls abzuscheidende Schadstoffkomponenten, besonders $SO_2$ und Staub, vorliegen, ergeben sich für eine Verfahrenskonzeption grundsätzlich die Möglichkeiten einer S. von $NO_x$ und anderer Komponenten ($SO_2$) oder aber einer ausschließlichen $NO_x$-Abscheidung mit vor- oder nachgeschalteten Abscheidestufen für die anderen Komponenten. Der Komplex Rauchgas-Entstickung bei fossilen Kraftwerken muß somit auch im Zusammenhang mit den Problembereichen Rauchgas- und/oder Brennstoff-Entschwefelung und Staubabscheidung gesehen werden. Für die Abscheidung von $NO_x$, $SO_2$ und Staub ergeben sich mehrere Systemkonfigurationen, die sich u. a. hinsichtlich Energie- und Investitionsbedarf unterscheiden (Bild 1).

Bei den Simultanverfahren werden zwar getrennte Maßnahmen zur $SO_2$- und $NO_x$-Entfernung ergriffen. Diese laufen aber aufeinander abgestimmt in einer Anlage ab. Es gibt nasse und trockene Simultanverfahren.

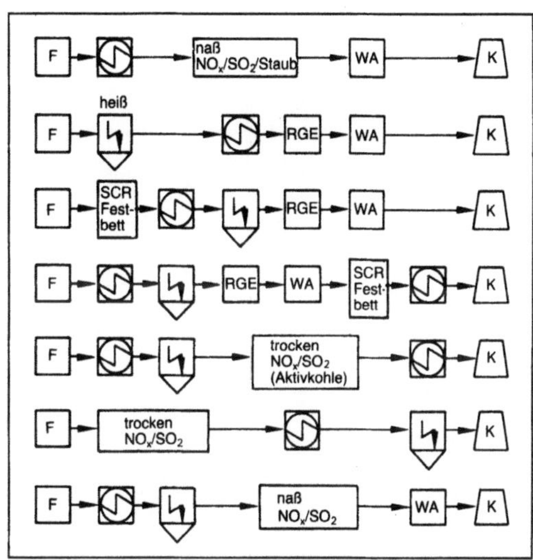


*Simultanabscheidung 1: Systemkonfigurationen zur $NO_x$-, $SO_2$- und Staubabscheidung.*

F Feuerungsanlage, WA Wiederaufheizung, K Kamin, RGE Rauchgasentschwefelung, SCR Selected Catalytic Reduction – $NO_x$-Abscheideverfahren

Rauchgasreinigungsverfahren lassen sich dadurch optimieren, daß $SO_2$ und $NO_x$ simultan, also in einer gemeinsamen Anlageneinheit, abgeschieden werden. Hier bietet sich zum einen die Anwendung der trockenen S. durch das Aktivkoksverfahren an, da der hierbei zum Einsatz kommende Aktivkoks gleichzeitig als Katalysator und → Adsorbens wirkt. So gelingt es, in zwei hintereinander geschalteten Prozeßstufen zunächst selektiv bei etwa 120 °C $SO_2$ zu $H_2SO_4$ oxidieren zu lassen und diese adsorptiv an den Aktivkoks zu binden. Anschließend wird nach Zugabe von $NH_3$ mit dem regenerierten Aktivkoks katalytisch $NO_x$ zu $N_2$ und $H_2O$ umgewandelt. Naturgemäß läßt sich Aktivkoks auch zur katalytischen Umwandlung von $NO_x$ allein bei niedrigen Temperaturen zwischen 80 und 150 °C einsetzen.

Die nasse S. durch ein mit Ammoniaklösung arbeitendes Waschverfahren wurde ursprünglich wie das Aktivkoksverfahren zur alleinigen $SO_2$-Abscheidung entwickelt.

Im Wäscher bilden sich zunächst Ammonium-Sulfit und -Hydrogensulfit. Sie werden bereits teilweise im Wäscher, im wesentlichen aber in einem Oxidationsbehälter zu Sulfat oxidiert. Durch Zugabe von Ozon vor einem zweiten Wäscher kann NO zu $NO_x$ oxidiert und dieses als Ammoniumnitrit bzw. -nitrat abgeschieden werden. Das Nitrit kann ebenfalls in einem gesonderten Oxidationsbehälter zu Nitrat oxidiert werden. Die dabei entstehenden Waschlösungen können gemeinsam zu dem Handelsdünger Ammonsulfatsalpeter aufgearbeitet werden. Ozon wird erst vor dem zweiten Wäscher in das weitgehend von $SO_2$ befreite Rauch-

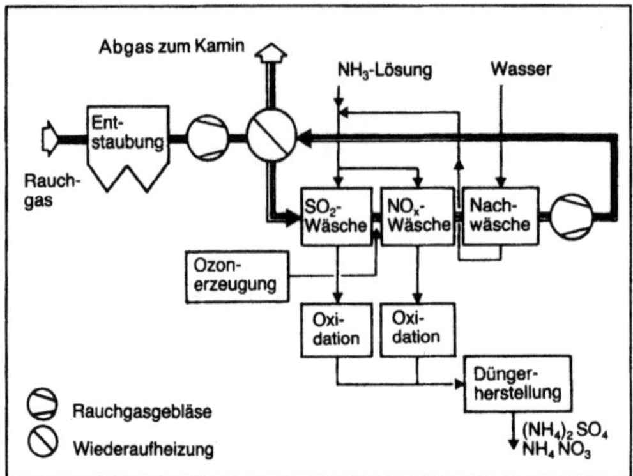



*Simultanabscheidung 2: Vereinfachtes Verfahrensschema einer oxidativen Ammoniakwäsche zur Simultanentfernung von SO₂ und NOₓ.*

gas eingeblasen, da es nicht für die Sulfitoxidation, die auch mit Sauerstoff erfolgt, verbraucht werden soll. Der nachgeschaltete dritte Wäscher dient zum Auffangen gestripten Ammoniaks, durchgebrochener Spuren Ozon und von Aerosolen (Bild 2). *Oeckenpöhler*

Literatur: *Allhorn, H., U. Birnbaum* u. *W. Huber:* Kohleverwendung und Umweltschutz. Berlin, Heidelberg, New York 1984. – *Jüntgen, H.,* u. *E. Richter:* Rauchgasreinigung in Großfeuerungsanlagen. Dokumentation Rauchgasreinigung. Düsseldorf 1985.

**Simultandialyse** →Hämodialfiltration

**Sinkgeschwindigkeit.** Mit S. bezeichnet man die Fallgeschwindigkeit eines Teilchens, die in ruhendem Gas bei freiem Fall als Endgeschwindigkeit erreicht wird. Dabei werden Luftwiderstand und Gewicht gleich groß (Bild 1).

Ausgehend vom Strömungswiderstand eines Teilchens, der durch unterschiedlichen statischen Druck

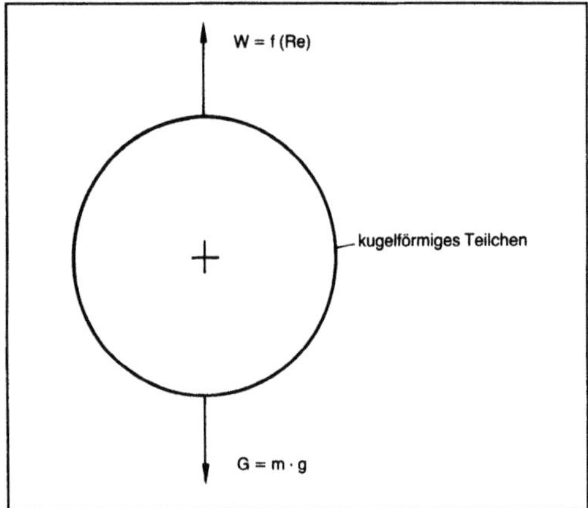



*Sinkgeschwindigkeit 1: Gleichgewicht zwischen Luftwiderstand und Gewicht.*

und Wandschubspannungen bewirkt wird, muß man in drei Bereiche unterteilen:

☐ *Stokes-Bereich* (Re < 0,5): Der Strömungswiderstand wird durch Schubspannungen infolge viskoser Reibung bestimmt. Nach *Stokes* ist der Widerstand

$$W = 3 \cdot \pi \cdot \eta \cdot w \cdot d.$$

Durch Gleichsetzen mit der Gewichtskraft einer Kugel mit demselben Durchmesser d

$$G = 1/6 \cdot \pi \cdot d^3 \cdot \Delta \, \rho_{S,L} \cdot g$$

ergibt sich die S. für den Stokes-Bereich

$$w_s = \frac{\Delta\rho_{S,L} \cdot g \cdot d^2}{18 \cdot \eta}.$$

☐ *Newton-Bereich* (Re > 10³): Die Druckkraft überwiegt gegenüber den Schubspannungen. Der Strömungswiderstand wird berechnet nach

$$W = c_w \cdot A \cdot \frac{\rho}{2} \cdot w^2.$$

Der Luftwiderstandsbeiwert $c_w$ kann für kugel- und würfelförmige Teilchen aus Bild 2 entnommen werden. Es ergibt sich die S. für den Newton-Bereich:

$$w_s = \sqrt{\frac{4 \cdot g \cdot \Delta\rho_{S,L}}{3 \cdot c_w \cdot \rho_L} \cdot d}\,.$$

☐ *Übergangsbereich* (0,5 < Re < 10³). Für diesen ergibt sich eine S. von

$$w_s = \frac{d_S \cdot (\Delta\rho_{S,L} \cdot g)^{2/3}}{4,3 \cdot (\rho_L \cdot \eta_L)^{1/3}}.$$

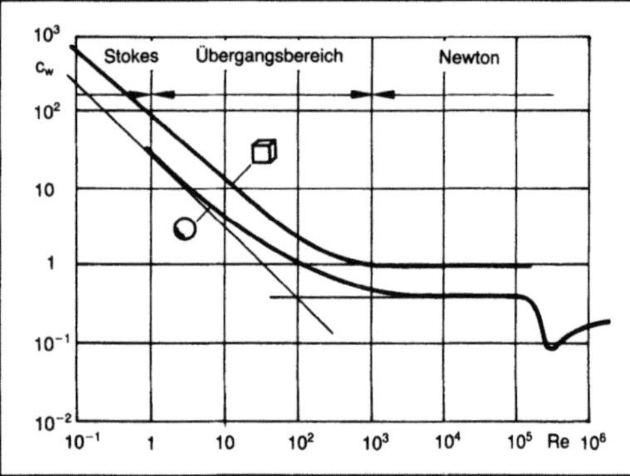



*Sinkgeschwindigkeit 2: Die Abhängigkeit des Widerstandsbeiwerts cw von der Reynolds-Zahl Re.*

Man erkennt, daß $w_s$ im Stokes-Bereich quadratisch vom Teilchendurchmesser abhängt, im Übergangsbereich nur noch linear und im Newton-Bereich noch von der Wurzel des Teilchendurchmessers. Die S. ist bei feinen Teilchen von einigen Mikrometern nach einer Fallhöhe von

$$h = 2w_s^2/2g$$

und für Teilchen mit Durchmessern von einigen Millimetern

$$h = 5\,w_s^2/2g$$

erreicht.

Bei geringem Gasdruck nimmt die S. sehr zu. Der Widerstand der Teilchen wird vor allem durch Molekülstöße bestimmt.

Neben der Abhängigkeit vom Partikeldurchmesser ist bei der Berechnung des S. vor allem die Stoffdichte von Einfluß (Bild 3).

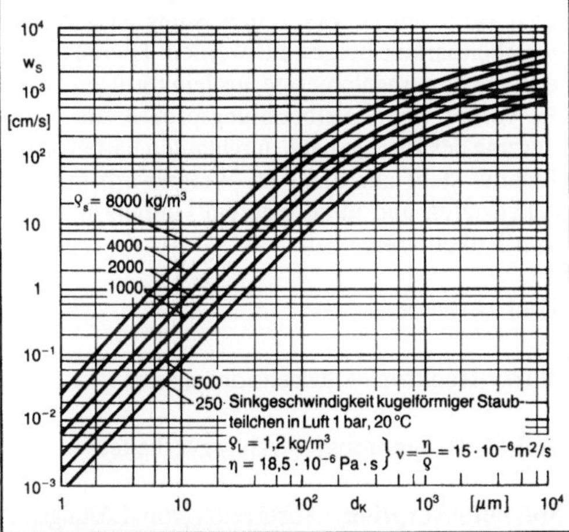

*Sinkgeschwindigkeit 3: Die Abhängigkeit der Sinkgeschwindigkeit von Korndurchmesser und Stoffdichte.*

Die Formeln für die S., die für den freien Fall hergeleitet wurden, lassen sich auch im Zentrifugalfeld anwenden. Dazu muß man lediglich die Fallbeschleunigung g durch die Zentrifugalbeschleunigung $z = u^2/r$ ersetzen. *Greif*

**Sinkgeschwindigkeit der dispersen Phase.** Besitzen fluide und feste Partikel in einem Zweiphasensystem eine größere Dichte als die kontinuierliche fluide Phase, sinken sie nach unten. Als Kräfte wirken die Auftriebskraft sowie die Widerstandskraft nach oben und die Schwerkraft nach unten.

Wie bei einer aufsteigenden dispersen Phase steigt die erreichbare Endgeschwindigkeit mit dem Partikeldurchmesser. Bei Tropfen und Blasen gibt es Stabilitätsgrenzen, ab denen sich die Partikel zerteilen.

Der Geschwindigkeitsverlauf ist von der Dichtedifferenz, den dynamischen Viskositäten der Phasen, der Grenzflächenspannung und der Fallbeschleunigung abhängig (→Steiggeschwindigkeit der dispersen Phase, →Extrahieren). *Dohrn*

**Sintern.** Als S. wird das Verfahren bezeichnet, feinkörnige Eisenerze durch oberflächliches Auf-

schmelzen und dadurch bedingtes Zusammenbakken stückig zu machen.

Durch den mechanisierten Abbau und das anschließende Brechen auf die für den Hochofen erwünschte Korngröße unter 50 mm fällt ein erheblicher Teil des Eisenerzes mit einer Korngröße unter 8 mm an. Auf der Grube oder im Hüttenwerk wird dieser Feinanteil, der überwiegend zwischen 0,5 und 5 mm liegt, als Sintererz ausgesiebt.

Auf einem Mischbett oder in einer Mischtrommel der Sinteranlage (Bild 1) werden Sintererze und Zuschläge wie Kalkstein oder Olivin unter Zusatz von Koksgrus gemischt. Das Mischgut wird auf ein endlos umlaufendes Band aus Rostwagen aufgebracht und der Koksgrus in einem Zündofen gezündet. Durch die 30–60 cm dicke Schicht wird Luft gesaugt, um den Koks zu verbrennen und in der jeweiligen Brennzone eine Temperatur von 1000–1200 °C zu erzeugen.

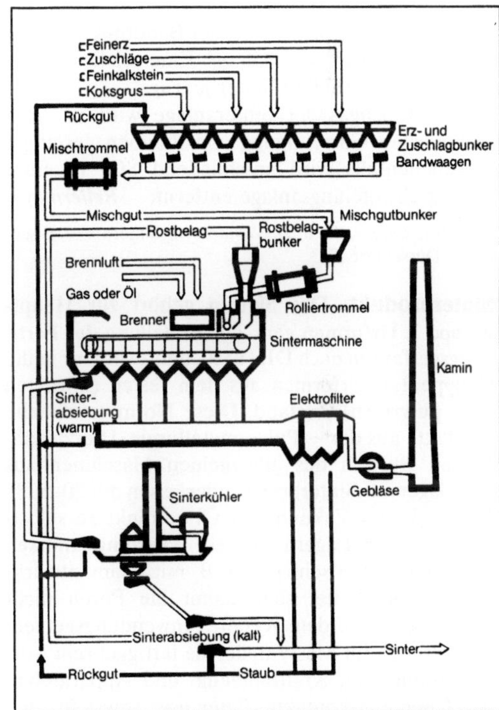


*Sintern 1: Sinteranlage zum Stückigmachen feinkörniger Erze. (Quelle: Stahlwerke Peine-Salzgitter)*

Das Band wird so voranbewegt, daß am Ende des Bandes die gesamte Schicht durchgebrannt und gesintert ist (Bild 2). Der heiße Sinter wird abgeworfen und auf dem Rost eines Kühlers abgelegt. Durchgesaugte kalte Luft kühlt den Sinter, der anschließend gebrochen und gesiebt wird. Rückgut unter 5 mm wird der Mischung wieder zugegeben. Der Sinter mit einer Korngröße zwischen 5 und 50 mm wird in den Hochofen eingesetzt.

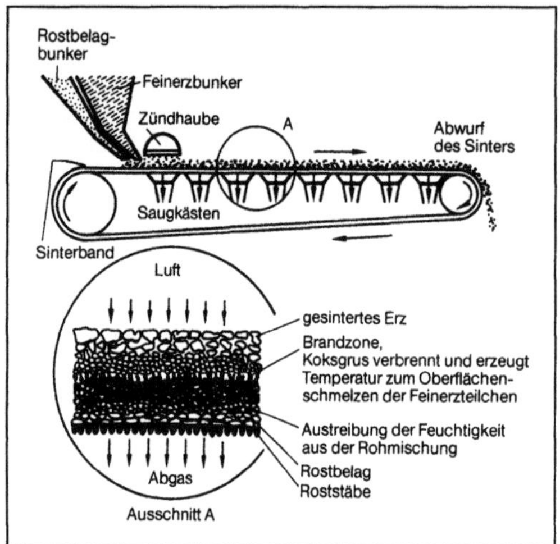



*Sintern 2: Vorgänge beim Sintern von Eisenerzen.*

Sinteranlagen haben bei einer Bandbreite bis 5 m eine Saugfläche bis zu 450 m². Eine solche Anlage erzeugt bis zu 18000 t Sinter je Tag.

Das Rauchgas der Sinteranlage wird in einer elektrischen Gasreinigung von Stäuben gereinigt. Gegebenenfalls wird anschließend $SO_2$ in einer Gasentschwefelungsanlage entfernt.      *Rellermeyer*

Literatur: *Cappel, F.,* u. *H. Wendeborn:* Sintern von Eisenerzen. Düsseldorf 1973.

**Sinterprodukt.** Das Sintern gehört zur Hauptgruppe 1: Urformen gem. der Einteilung der Fertigungsverfahren nach DIN 8580, und zwar hier in die Gruppe 1.4: Urformen aus dem festen (körnigen oder pulvrigen) Zustand. Diese Norm erfaßt alle Produkte aus der →Pulvermetallurgie. Hierzu zählen im Bereich des allgemeinen Maschinenbaus Gleitlager aus Sinterbronze oder -eisen mit 20–50 % Poren, die im Vakuum mit Öl getränkt zu selbstschmierenden Lagern werden. Allerdings müssen die Oberflächen sehr gut (z. B. mit Diamantwerkzeugen) bearbeitet sein, damit die Poren nicht zugequetscht werden. Weitere Anwendungsgebiete ergeben sich für Massenteile, die fertiggepreßt werden können, im Kraftfahrzeug- und Apparatebau wie Kupplungskontakte, Filter usw. sowie für den Büro- und Nähmaschinenbau und für die Herstellung von Magneten.

Eine harte Oxidschicht erreicht man bei Sinterteilen über die künstliche Oxidation durch Behandlung mit Wasserstoff. Damit kann man pulvermetallurgisch hergestellte Teile als Stoßdämpferkolben, Kettenräder, Büchsen, Scheiben, Stellhebel und eine bestimmte Art von Zahnrädern einsetzen.

Sinterhartmetalle werden aus feinen Pulvern von Carbiden des Wolframs und/oder Titans, vermischt mit einem niedrigschmelzenden Metall (z. B. Cobalt oder Nickel), hergestellt und zu Platten oder anderen Formteilen gepreßt bei 800 °C vorgesintert. Danach werden die Teile durch spanende Formung auf Endform gebracht und bei 1600–1700 °C fertiggesintert. In diesem Zustand ist eine Bearbeitung nur noch durch Schleifen möglich.

Im Kunststoffsektor werden S. ebenfalls nach pulvermetallurgischen Verfahrensweisen hergestellt, wobei man neuerdings bestrebt ist, die mechanischen Eigenschaften durch Einarbeitung von Fasern und Whiskern zu verbessern. Ähnliches gilt auch für S. aus keramischen Massen.

Neben gesinterten Fertigerzeugnissen gibt es auch S., die nur zwecks Verbesserung ihrer Weiterverarbeitbarkeit hergestellt werden. Hierzu zählen z. B. die Sinteragglomerate aus feinkörnigen Erzen, die vorher einen Aufbereitungsprozeß zur Anreicherung des Eisengehalts durchlaufen hatten. Diese Technik steht allerdings im Wettbewerb mit dem Pelletisieren und in geringerem Umfang noch mit dem Brikettieren.      *Doliwa*

**Sisal** →Hartfaser

**Slurry-Reaktor** →Suspensionsreaktor

**Soll-Wert-Spannung** →Abtragverhalten

**Solventabsorption.** Absorption von Lösungsmitteln (Solvent) aus einem Gasstrom zur Abluftreinigung oder zur →Lösungsmittelrückgewinnung. Andere Bezeichnungen für die S. sind Lösemitteloder Lösungsmittelabsorption.

Das prinzipielle Fließbild einer Anlage zur kontinuierlichen Abluftreinigung ist im Bild dargestellt. In der Kolonne K1 werden Luft und Absorptionsmittel im →Gegenstrom geführt, wobei die Lösungsmittel aus dem Luftstrom absorbiert werden. Die Regeneration des Absorptionsmittels findet in der Kolonne K2 bei reduziertem Druck und erhöhter Temperatur statt. Die am Kopf der Kolonne anfallenden Dämpfe werden kondensiert. Die inerten Anteile führt man in den Abluftstrom zurück. Im Hinblick auf einen effektiven Stoffaus-

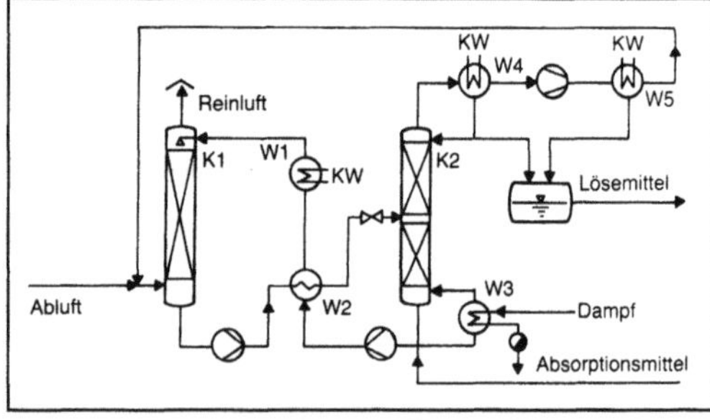



*Solventabsorption: Prinzipieller Aufbau einer Anlage zur Solventabsorption. (Quelle: QVF-Glastechnik, Wiesbaden)*

tausch werden in der Regel für beide Kolonnen Füllkörper- oder geordnete Packungen verwendet (Lösungsmittelrückgewinnung).

Beispiele für die S. sind die Entfernung von Essigsäure aus dem Abluftstrom einer Essigsäureanlage (Absorptionsmittel Wasser), die Rückgewinnung von Dimethylformamid aus dem Trocknungsgas bei der Kunstlederherstellung, die Methanolrückgewinnung aus einem Abluftstrom bei der Papierveredelung (Absorptionsmittel Wasser), die Rückgewinnung von Ethanol und Ethylacetat aus Druckmaschinenabluft und die Entfernung von Trichlorethan aus der Abluft bei der Folienveredelung. *Dohrn*

**Solventextraktion.** Herauslösen von Stoffen aus einer flüssigen Phase, z. B. Flüssig-Flüssig-Extraktion (→Extrahieren). Solvent bedeutet Lösungsmittel, d. h. man könnte S. auch mit Lösungsmittelextraktion bezeichnen. *Dohrn*

**Sonderdrehmaschine.** S. werden eingesetzt, wenn Werkstückform oder -größe oder die Losgröße die Bearbeitung auf einer Standardmaschine unmöglich oder unwirtschaftlich machen.

Sie sind meist für spezielle Aufgaben konzipiert, als Maschinen zum Abstechen, Hinderdrehen, Zentrieren, zur Rohrinnen- und Rohraußenbearbeitung, zum Unrunddrehen oder zur Polygonbearbeitung.

Sonderdrehmaschinen in der Großserienfertigung sind z. B. Kurbelwellen-, Nockenwellen-, Turbinenscheiben-, Zylinderbuchsen- und Walzenzapfendrehmaschinen. *Schulz*

**Sonder-Gleitschleifverfahren.** G. (→Gleitschleifen) zum Erzielen besonderer Oberflächeneigenschaften sind unter den Begriffen Molykotieren und Graphitieren bekannt. Dabei handelt es sich um Abwandlungen des Verfahrens Kugelpolieren (→Gleitschleifkörper), bei denen $MoS_2$- oder Graphitpulver zum Verringern der Reibung in die Oberfläche der Werkstücke eingearbeitet wird. Dazu wird z. B. beim Molykotieren zu jeweils 1 kg sauberen Stahlkugeln 8–10 g $MoS_2$-Pulver gegeben und eine gewisse Zeit zusammen im Arbeitsbehälter bewegt, bevor die Werkstücke dazugegeben werden. Die dann mit dem Pulver überzogenen Kugeln hämmern den Festschmierstoff in die Oberfläche der Werkstücke ein. Eine derartige Behandlung wird z. B. angewandt, um Werkstücke für das Kaltfließpressen vorzubereiten.

Seltener werden die Bezeichnungen Molykotieren und Graphitieren für andere Verfahren verwendet, bei denen eine entsprechende Beschichtung auf andere Art (z. B. durch Lackieren) erfolgt. (Molykote ist ein eingetragenes Warenzeichen der Dow Corning Corporation.) *Kenter*

**Sonderschleifmaschine.** Als S. bezeichnet man Schleifmaschinen, die für sehr spezielle Anwendungsfälle entwickelt sind. Dies kann sowohl der Bearbeitungszweck wie auch für eine besondere Werkstückart hinsichtlich deren Form, Abmessungen oder Werkstoff sein. Für den konstruktiven Aufbau dieser Maschinen, d. h. für Gestell, Schlitteneinheiten, Führungen, Spindeln und Antriebe gelten die gleichen Merkmale wie für Rund- bzw. Flachschleifmaschinen.

Zu den S. zählen Nachform- oder Koordinaten-Schleifmaschinen, Werkzeug-Schleifmaschinen, Gewinde- oder auch Verzahnungsschleifmaschinen, unter denen auch Keilwellen-Schleifmaschinen subsumiert werden. Spezielle Werkstücke werden z. B. auf Nockenwellen- oder Kurbelwellenschleifmaschinen, Schleifmaschinen für Kreuzgelenke, für Pleuel oder Kupplungsplatten, für Lagerringe und Rollkörper oder auch für Bauteile des Landmaschinenbaues wie Mähmesserklingen oder Pflugscharen sowie Turbinenschaufel-Schleifmaschinen usw. hergestellt. *Schulz*

**Sonographie.** Das gesamte Gebiet der Ultraschall-Diagnose im Unterschied zum leistungsstarken Ultraschall. Die Ultraschalldiagnostik ist nichtinvasiv, und es sind keine Nebenwirkungen zu erwarten. Fast alle Anwendungen beruhen auf der Reflexion von Ultraschallwellen an den Gewebegrenzflächen. Die Echos sind sehr gering. Deshalb erfordern sie empfindliche Empfänger, und es bilden sich an vielen tiefer liegenden Grenzflächen Echos. Der Ultraschall besteht aus mechanischen Schwingungen mit Frequenzen oberhalb der Hörgrenze von ca. 20 kHz. Er ist an das Vorhandensein von Materie als Übertragungsmedium gebunden. Die häufig angewendeten Frequenzen liegen in der Ultraschalldiagnostik zwischen 1 und 20 MHz. Diagnostisch angewendet werden fast nur Longitudinalwellen. Die Energieübertragung erfolgt durch Störung der Gleichgewichtsanordnung im Medium durch das Schwingen der Teilchen, ohne daß ein direkter Transport von Substanz erfolgt. Für die Fortpflanzungsgeschwindigkeit c dieser Wellen gilt: $c = f \cdot \lambda$, mit f Frequenz der Welle und $\lambda$ Wellenlänge; c ist außerdem abhängig vom Elastizitätsmodul K des Mediums und von dessen Dichte r, also $c = (K/r)$. Gas läßt fast keine Ultraschallwellen durch. Gashaltige Strukturen können deshalb nur schwer untersucht werden. Unterschiedliche Gewebsteilchen sind in den Geschwindigkeiten sehr ähnlich. Knochen erlauben eine höhere, die Lunge erlaubt eine niedrigere Geschwindigkeit (Tabelle).

Im menschlichen Körper ist die Schallausbreitung geradlinig. Deshalb können für den Wellenvorgang Analogien aus der geometrischen Optik und der Wellenoptik verwendet werden. Insbesondere gilt dies für die Reflexion, die Brechung, die Auflösung,

*Sonographie. Tabelle: Ultraschalleigenschaften einiger häufig vorkommender Substanzen sowie Gewebearten.*

v Ausbreitungsgeschwindigkeit, Z Schallimpedanz, S Schwächungskoeffizient bei 1 MHz, SF Frequenzabhängigkeit des Schwächungskoeffizienten

| Substanz | $\dfrac{v}{m/s}$ | $\dfrac{Z \cdot 10^6}{kgm^{-2}s^{-1}}$ | $\dfrac{S}{dB/cm}$ | SF |
|---|---|---|---|---|
| Luft | 330 | 0,0004 | 10 | $f^2$ |
| Aluminium | 6 400 | 17 | 0,02 | $f$ |
| Plexiglas | 2 680 | 3,2 | 2 | $f$ |
| Wasser | 1 480 | 1,52 | 0,002 | $f^2$ |
| Rizinusöl | 1 500 | 1,4 | 1 | $f^2$ |
| Knochen | 2 700—4 100 | 3,75—7,38 | 3—10 | $f$—$f^{-1,5}$ |
| Lunge | 650—1 160 | 0,26—0,46 | 40 | $f^{0,6}$ |
| Muskel | 1 545—1 630 | 1,65—1,74 | 1,5—2,5 | $f$ |
| Gewebe | 1 460—1 615 | 1,35—1,68 | 0,3—1,5 | $f$ |

die Abstrahlungscharakteristik, für die Streuung und für den Dopplereffekt. Für die diagnostische Anwendung sehr wichtig ist die Echobildung durch die Reflexion an Strukturgrenzen durch unterschiedliche Wellenwiderstände. Der Reflexionskoeffizient R zeigt das Verhältnis der zeitlich gemittelten Energiedichten in der reflektierten und in der lotrecht einfallenden Welle in Abhängigkeit vom Schallwiderstand $Z_1$ des Mediums, aus dem der Strahl kommt, und dem Schallwiderstand $Z_2$ des angrenzenden Mediums: $R = (Z_2 - Z_1)/(Z_1 + Z_2)$, mit $Z = r \cdot c$. In der Tabelle sind einige Schallwiderstände aufgeführt, die zeigen, daß im biologischen Gewebe nur sehr geringe Unterschiede vorhanden sind, so daß Echos mit geringer Intensität, aber in großer Anzahl auftreten. Da für weiche Gewebe und Wasser der Brechungskoeffizient $n = v_1/v_2$ sehr nahe bei 1 liegt, erfährt der Ultraschallstrahl praktisch keine Ablenkung durch Brechung. Trifft der Ultraschallstrahl auf eine bewegte Grenzfläche, dann rufen die entsprechend der Geschwindigkeit veränderten reflektierten Wellenlängen eine gem. dem Dopplereffekt verschobene Frequenz hervor. Für diese Frequenz $f_D$ ($f_D = f - f'$, mit $f'$ reflektierte Frequenz, f ursprüngliche Frequenz) gilt, wenn $v \ll c$ ist: $f_D = 2 \cdot v \cdot \cos\gamma \cdot f/c$; dabei ist $\gamma$ der Winkel zwischen der Bewegungsrichtung der reflektierten Fläche und der Richtung der einfallenden Welle. Die Intensität der Ultraschallwelle wird einmal durch Streuen und durch Divergieren des Strahls abgeschwächt; zum anderen kann die Welle vom Medium absorbiert werden, wobei die Energie in Wärme umgesetzt wird. Der Schwächungskoeffizient in der Tabelle gibt diesen Faktor für unterschiedliche Medien an. Näherungsweise gilt für die Dämpfung A in dB in Abhängigkeit von der durchstrahlten Strecke x in cm: $A = 8,68 \cdot S \cdot x$, wobei der Schwächungskoeffizient S entsprechend der Tabelle frequenzabhängig ist. Zum Abschätzen der Quer-

auflösung wird das Huygenssche Prinzip angewendet, bei dem die Oberfläche des Wandlers als eine Reihe von Einzelelementen betrachtet wird, die eine Kugelwelle aussenden. Für einen Plattenwandler gilt dann eine Unterscheidung im Nahfeld und Fernfeld, wobei die Grenze des Nahfelds $x_0$ gegeben ist durch: $x_0 = D^2/(4\lambda)$, wenn $D \gg \lambda$. Dann ist der Öffnungswinkel $\alpha$ im Fernfeld $\sin\alpha = 1,22 \cdot \lambda/D$; hierbei ist D der Durchmesser des Plattenwandlers. Die Umwandlung des Ultraschalls von elektrischer in mechanische Energie und die Rückwandlung erfolgt in der Diagnostik gewöhnlich mit dem Piezoeffekt, wobei die Wandler am häufigsten aus Blei-Zirconium-Titanat bestehen. Hier sind fast immer schmale Ultraschallstrahlen erforderlich, die durch Anlegen einer Wechselspannung an zwei Elektroden auf einer Piezoplatte, die die Dicke dieser Platte verändern, entstehen. Die Oberfläche strahlt durch diese Bewegung Energie in das angrenzende Medium ab. Ist die Dicke des Wandlers gleich der halben Wellenlänge, dann ist der Wandler in Resonanz und damit am empfindlichsten.

Diagnostische Verfahren: Das A-Bild-Verfahren (A wie Amplitudenmodulation) ist ein Impuls-Echo-Verfahren, bei dem ein kurzer Ultraschall-Impuls z. B. mit 1 µs Dauer in das zu untersuchende Gebiet eingestrahlt wird. Der danach als Empfänger geschaltete Piezokristall empfängt die Echos von den Grenzflächen, die ein Oszillograph laufzeitrichtig durch eine proportionale Strahlauslenkung darstellt. Die Amplitude ist ein Maß für die Stärke der Echos. Durch Wiederholen dieses Vorgangs z. B. mit einer Frequenz von 1000 Hz entsteht ein stehendes Bild auf dem Oszillographen. Mit einem Tiefenausgleich des Empfangsverstärkers werden tiefer liegende Signale mehr verstärkt als naheliegende. Dieses Verfahren gibt Auskunft über die Lage der Gewebegrenzen in Richtung des Strahls. Elektronische Lupen können einen Ausschnitt des Gewebes mit höherer Auflösung darstellen.

Dieses Verfahren findet Anwendung in der Ultraschall-Encephalographie, bei der raumfordernde intrakranielle (im Schädel gelegen) Prozesse im Großhirn gesucht werden. Die Ultraschall-Ophthalmographie ermöglicht Untersuchungen bei Augenkrankheiten, wie z. B. Netzhautablösungen oder Fremdkörpern im Auge, sowie Vermessung des Auges.

Das B-Bild-Verfahren (B brightness Helligkeit), ebenfalls ein Impuls-Echo-Verfahren, verändert, je nach Amplitude der Echos die Helligkeit des abgelenkten Strahls. Das zweidimensionale B-Bild-Verfahren entsteht durch Bewegung des Ultraschallkopfes über dem Meßbereich und Speicherung dieses Bildes. Für eine geometrisch genaue Abtastung wird die Bewegung der Sonde von der Zeitbasis aus gesteuert. Die Geräte unterscheiden sich nach ihrer Grauwertauflösung und nach der Art der Abtastung, z. B. Abtastung durch Bewegung von Hand oder über einen mechanischen Arm. B-Bild-Geräte werden eingesetzt in der Geburtshilfe, Gynäkologie, Augenuntersuchung, Urologie, in der Untersuchung von Leber, Galle und Milz sowie beim Herzen. Für Echtzeitgeräte verwendet man ganze Sensorreihen, die mit hoher Geschwindigkeit gepulst werden. *Stroh*

Literatur: *Pätzold, J.* (Hrsg.): Kompendium Elektromedizin. München 1976. – *Wells, P. N. T.:* Biomedical Ultrasonics. 1977. – *Wells, P. N. T.:* Ultraschall in der Medizinischen Diagnostik. Berlin 1980.

**Sorbens.** Aufnehmende feste Phase bei der →Adsorption. Als S. (oder Adsorbenzien) können Aktivkohle, →Silicagel (Kieselgele) oder Molekularsiebe verwendet werden, die alle große spezifische Oberflächen besitzen (250–1500 m²/g). Durch Aktivierungsprozesse oder besondere Herstellungsverfahren erzeugt man eine Vielzahl sehr kleiner Poren.

Zur Charakterisierung von S. werden technische Kenndaten wie die Adsorptionsleistung (z. B. Benzolisotherme bei 20 °C), das Schüttgewicht, die Korngrößenverteilung und die Härte verwendet.

Weitere Adsorptionsmittel sind aktiviertes Aluminiumoxid, Bleicherden sowie Holz, Papier und Textilien, die man allerdings für technische Zwecke seltener einsetzt. *Dohrn*

**Sorbit.** Veraltete Bezeichnung für ein sehr feinlamellares Gefüge aus →Perlit (Eisen, Eisenwerkstoffe, Troostit), das lichtmikroskopisch kaum auflösbar ist. *W. Dahl*

**Sorptionsgleichgewicht.** Phasengleichgewicht zwischen einer fluiden und einer kondensierten Phase, z. B. zwischen Gasphase und festem Adsorptionsmittel. Bei der →Adsorption einer einzigen Komponente stellt man graphisch das S. oft in einem isothermen x,y-Diagramm dar, bei dem die Beladung des →Adsorbens gegen den Sättigungsgrad der fluiden Phase aufgetragen wird. Das Bild zeigt in a) eine →Sorptionsisotherme mit einem für die Adsorption günstigen Verlauf.

Werden zwei Komponenten adsorbiert, so erfolgt die graphische Darstellung in einem Dreiecksdiagramm oder in einem x,y-Diagramm, bei dem der Molenbruch x der Komponente 1 im adsorbierten Zustand gegenüber seinem Gleichgewichtsmolen-

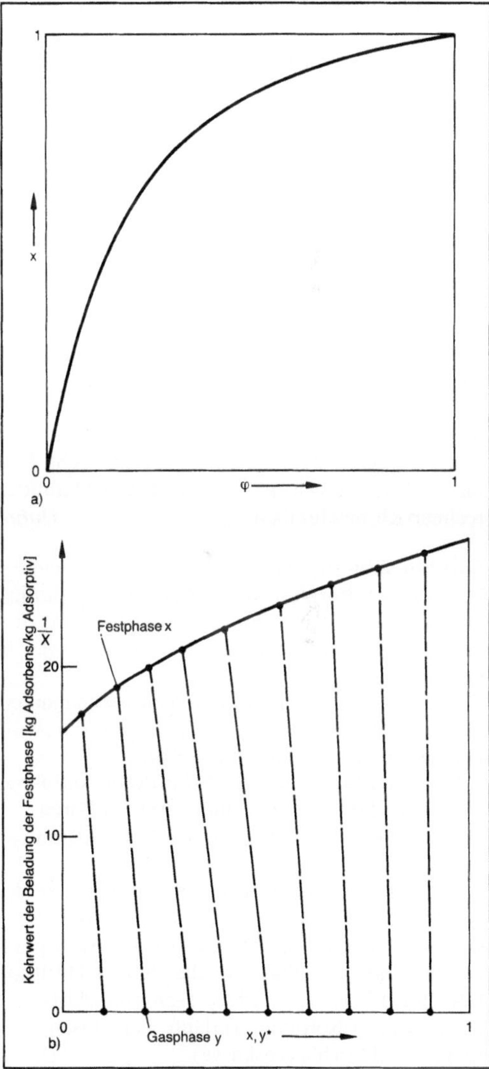


*Sorptionsgleichgewicht: Graphische Darstellung von Sorptionsgleichgewichten.*
*a) Eine Komponente wird adsorbiert; Beladung X über Sättigungsgrad φ*
*b) Zwei Komponenten werden adsorbiert; Kehrwert der Beladung X über den Molenbrüchen in Gas- und Festphase.*

bruch y* in der Gasphase aufgetragen wird. Der Molenbruch wird jeweils unter Vernachlässigung des Adsorbens bestimmt. Aussagekräftiger ist ein Diagramm, bei dem der Kehrwert der Beladung X gegenüber x und y* dargestellt wird. Beim zuletzt genannten Diagramm, b) im Bild, wird das S. durch eine Konode hervorgehoben.

S. geben die Grenzen von Adsorptionsvorgängen an und sind für die →Triebkraft der Adsorption und →Desorption maßgeblich. Sie bilden die Grundlage zur Berechnung des Trennprozesses und zur Auslegung von Apparaten (→Sorptionskinetik). *Dohrn*

Literatur: *Hauffe, K., u. S. R. Morrison:* Adsorption. Eine Einführung in die Probleme der Adsorption. Berlin 1974. – *Mersmann, A.:* Thermische Verfahrenstechnik. Berlin, Heidelberg, New York 1980.

**Sorptionsisotherme.** Die S. gibt den Verlauf der Beladung eines →Adsorbens in Abhängigkeit von einer Konzentrationsangabe (z. B. der relativen Sättigung) der Gasphase bei konstanter Temperatur an. Da bei einer →Adsorption die →Sorptionswärme frei wird, muß zum Aufrechthalten einer konstanten Temperatur ständig Wärme abgeführt werden. Die S. beschreibt das →Sorptionsgleichgewicht (Phasengleichgewicht).

Für einen Adsorptionsprozeß vorteilhaft ist ein Verlauf, der bereits bei niedrigen Konzentrationen in der Gasphase hohe Beladungen ermöglicht. Einfache S. lassen sich mit verschiedenen Methoden rechnerisch beschreiben. *Dohrn*

**Sorptionskinetik.** Abhängigkeit der Geschwindigkeit der →Adsorption von verschiedenen Einflußgrößen, z. B. dem Diffusionskoeffizienten, der Anfangs- und der Endbeladung (→Sorptionsgleichgewicht).

Drei Stofftransportschritte folgen nacheinander:
□ äußere Diffusion: diffusiver Transport durch die laminare Grenzschicht um das Korn,
□ innere Diffusion bzw. Sorbatdiffusion: diffusiver Transport durch die mit Fluid gefüllten Poren,
□ Adsorption: Kondensation der Moleküle an der inneren Oberfläche.

Bei der Adsorption aus der Gasphase ist der geschwindigkeitsbestimmende Schritt in der Regel die innere Diffusion, während bei der Adsorption aus der flüssigen Phase oft die äußere Diffusion bestimmend ist. Der dritte Transportschritt, die eigentliche Adsorption, verläuft bei Gasen sehr schnell (→Durchbruchskurve). *Dohrn*

Literatur: *Mersmann, A.:* Thermische Verfahrenstechnik. Berlin, Heidelberg, New York 1980.

**Sorptionswärme.** S. wird frei, wenn Teilchen aus einer fluiden Phase an einer Oberfläche adsorbieren (→Sorbens). Sie wird üblicherweise auf 1 kg des adsorbierten Stoffes bezogen. Bei der →Desorption

muß die S. aufgewendet werden, um die adsorbierten Teilchen in die fluide Phase zu transportieren.

Die S. ist ein Maß für die Wechselwirkungsenergie zwischen Adsorptiv und →Adsorbens. Sie sinkt mit zunehmender Beladung des Adsorbens. Bei unbeladener Aktivkohle beträgt z. B. die S. von Ethen (Ethylen) ca. 1190 kJ/kg, bei einer Beladung von 0,1 nur noch 805 kJ/kg (→Phasenänderungswärme, →Temperaturwechselverfahren). *Dohrn*

**Sortieren.** In der Lebensmittelindustrie findet vor allem die Dichtesortierung vielfache Anwendung bei Getreideaufbereitung und -vermahlung und beim Mälzen von Brenngerste. Ferner wird vor und während der Verarbeitung von Lebensmitteln auch das S. nach den Merkmalen Art des Guts, geometrische Form, Masse, Farbe, Zustand (Reifegrad, Beschädigung, →Verderb) – besonders im Bereich der Obstverarbeitung und →Gemüseverarbeitung – eingesetzt. Zum Teil stehen dazu spezielle Sortiermaschinen zur Verfügung, z. B. Trieure und Bildanalysegeräte (S. nach Form), Farbsortiermaschinen mit Photozellen, Flotationssortiermaschinen. Nach wie vor ist aber das manuelle S. weit verbreitet, z. B. zum Auslesen überreifer und fauler Früchte, Entfernen beschädigter Produkte. *Kerner/Loncin*

**Spalten.** S. ist das Zerteilen von Werkstücken mittels eines keilförmigen Werkzeugs. Das Werkzeug wird durch Schläge oder Druck so lange in das Werkstück hineingetrieben, bis dieses entlang der vorgesehenen oder vorgegebenen Trennungslinie selbständig weiterreißt.

Werkstoffe, die durch S. zerteilt werden können, sind entweder spröde oder weisen auf Grund ihres anisotropen Aufbaus bevorzugte Spaltrichtungen oder Spaltebenen auf. Als Beispiel sind zu nennen:
□ S. von Holz in Faserrichtung,
□ S. von Schieferplatten in der Ebene der Schichtung,
□ S. von Steinblöcken,
□ S. von keramischen Spaltplatten. *König*

**Spaltfilter.** S. bestehen aus einer Packung paralleler Lochbleche mit Abstandshaltern (Dicke ab 25 µm) oder aus einem drahtumwickelten Tragkörper. Das Filtrat strömt über die Spalte zwischen den Blechen oder Drahtwicklungen und wird aus dem Tragkörper oder durch die Löcher der Lochbleche abgezogen. S. können durch Schaber oder durch Rückspülen einfach gereinigt werden. *Dahl*

**Spaltgas** →Pyrolyse-Reaktion

**Spaltlöten** →Löten

**Spaltweite** →Abtragverhalten

**Span**  →Spanbildung,  →Spanbildungsvorgang, →Schneidteil

**Spanbildung.** Form und Größe der Späne sowie deren Abfuhr ist besonders bei Bearbeitungsverfahren mit begrenztem Spanraum (z. B. Bohren, Räumen, →Fräsen) und bei Automaten auf Grund des engen Arbeitsraums und der großen Spanmenge von Bedeutung. Außerdem besteht die Möglichkeit, aus der Spanstauchung Rückschlüsse auf den S.-Vorgang zu ziehen.

Wichtigste Einflußgrößen auf die S. sind die Schnittwerte und die Geometrie des Schneidteils. Ein günstiger Spanbruch kann entweder durch eine Verringerung des Umformvermögens des Werkstückstoffs oder auch durch eine Erhöhung des Umformgrades des Spans erzielt werden. Da das Umformvermögen von der Temperatur in der Scherzone abhängt, führen eine Senkung der Schnittgeschwindigkeit oder eine Kühlung der Schnittstelle zu kürzer brechenden Spänen.

Von größerer Bedeutung ist jedoch eine Erhöhung des Umformgrads durch eine stärkere Krümmung der Späne. Zu diesem Zweck wird entweder der Spanwinkel verringert oder eine Spanleitstufe angebracht. Ebenso bewirkt eine Erhöhung der Spanungsdicke bei gleichem Krümmungsradius eine höhere Spannung bzw. einen höheren Umformgrad in der äußeren Faser des Spans, wodurch der Spanbruch begünstigt wird.

Die S. wird durch Verformbarkeit, Zähigkeit, Festigkeit bzw. Gefügezustand des Werkstückstoffs beeinflußt. Zunehmende Festigkeit bzw. abnehmende Zähigkeit fördern i. a. den Spanbruch. Über die Verformbarkeit des Werkstückstoffs gibt die Scherfestigkeit als Funktion der Dehnung Auskunft. Gefüge mit im Grundgefüge eingebetteten harten Bestandteilen (z. B. Grobkorngefüge) bewirken einen ungleichmäßig geformten, leichter brechenden Span.

Großen Einfluß auf die S. haben chemische Elemente wie Phosphor, Schwefel und Blei im Werkstückstoff. Diese führen zu kurzbrechenden Spänen und werden daher Stählen, die eine besonders gute →Zerspanbarkeit aufweisen sollen, beigefügt.

Da der Werkzeugverschleiß, speziell der →Kolkverschleiß, eine direkte Auswirkung auf die wirksame Schneidteilgeometrie hat, übt er einen Einfluß auf die S. aus. Bei Hartmetallschneiden ohne eingesinterte Spanleitstufe wird mit wachsender Kolktiefe der Krümmungsradius des Spans verkleinert, d. h. der Umformgrad des Spans wird erhöht. Hieraus folgt i. a. ein günstigerer Spanbruch.

Bei Werkzeugen mit eingesinterter Spanleitstufe wird mit zunehmender Schnittzeit die Spanleitstufe angegriffen. Hierdurch kann sich der Krümmungsradius erhöhen und somit der Spanbruch ungünstiger werden.

Die Beurteilung der S. erfolgt üblicherweise im Rahmen von Verschleiß-Standzeitversuchen durch Bewertung der anfallenden Späne.  *König*

Literatur: *König, W.:* Fertigungsverfahren. Bd. 1: Drehen, Fräsen, Bohren. Düsseldorf 1990. – Stahl-Eisen-Prüfbl. 1160 bis 69: Allgemeines und Grundbegriffe. Düsseldorf.

**Spanbildungsvorgang.** Zu Beginn des S. dringt die Spitze des Schneidteils in den Werkstückstoff ein, der dadurch elastisch und plastisch verformt wird. Nach Überschreiten der maximal zulässigen werkstoffabhängigen Schubspannung beginnt der Werkstückwerkstoff zu fließen. Bedingt durch eine vorgegebene Schneidteilgeometrie bildet sich der verformte Werkstückstoff zu einem Span aus, der über die Spanfläche des Schneidteils abläuft.

Die Darstellung des S., wie er an Hand einer Spanwurzelaufnahme (Bild, rechts) nachgezeichnet wurde, läßt eine kontinuierliche plastische Verformung erkennen, die sich in vier Bereiche aufteilen läßt. Der Strukturverlauf im Werkstück geht durch einfaches Scheren (Scherbereich) in den Strukturverlauf des Spans über. Die plastische Verformung in der Scherebene kann bei der →Zerspanung von spröden Werkstückstoffen bereits zu einer Werkstofftrennung in der Scherebene führen. Hat der Werkstückstoff jedoch eine größere Verformungsfähigkeit, so erfolgt die Trennung erst vor der Schneidkante. Die Zugbelastung unter gleichzeitig senkrecht wirkendem Druck führt in Verbindung mit der hier herrschenden hohen Temperatur zu starken Verformungen in den Randbereichen der Spanfläche und der Schnittfläche. Beim Abgleiten über die Werkzeugflächen entstehen in den Grenzschichten zusätzlich weiter plastische Verformungen. Die Fließzone (nicht angeätzte weiße Zone an der Unterseite des Spans), deren Verformungstextur sich parallel zur Spanfläche ausbildet, vermittelt den Eindruck eines viskosen Fließvorgangs mit extrem hohem Verformungsgrad. Das unterschiedliche Werkstoffverhalten führt somit zur Bildung verschiedener Spanarten.

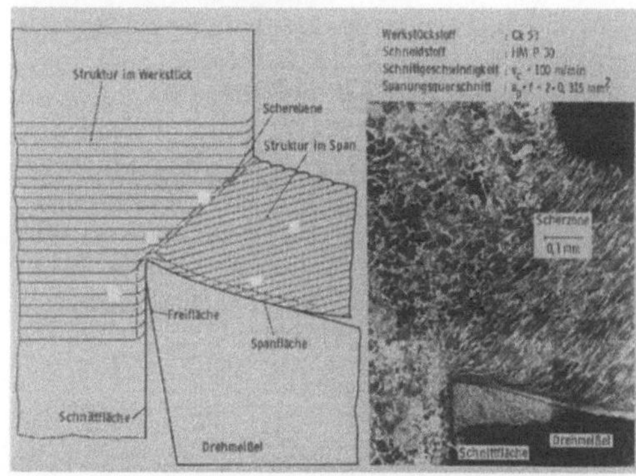


*Spanbildungsvorgang: Spanentstehungsstelle.*

Der Fließspan entsteht bei der Zerspanung eines duktilen Werkstoffs, der nach kontinuierlicher Scherverformung als gleichförmiger Span über die Spanfläche des Werkzeugs abläuft.

Der Lamellenspan entsteht bei ungleichmäßigem Gefüge oder Schwankungen der Spanungsdicke (Schwingungserscheinungen im Prozeß).

Scherspäne bestehen aus Spanteilen, die in der Scherebene getrennt werden und wieder zusammenschweißen. Sie entstehen bei der Bearbeitung von Werkstoffen mit geringer Verformungsfähigkeit. Eine weitere Ursache können auch Versprödungen sein, die z. B. durch Verformung im Werkstoffgefüge hervorgerufen werden.

Reißspäne entstehen meist beim Zerspanen von spröden Werkstückstoffen mit ungleichmäßigem Gefüge, wie einige Arten von Gußeisen und Gestein. Die Späne werden nicht abgetrennt, sondern von der Oberfläche abgerissen, wodurch die Werkstückoberfläche häufig durch kleine Ausbrüche beschädigt wird.

Die verschiedenen Spanarten haben einen entscheidenden Einfluß auf die →Spanbildung und die entstehenden →Spanformen. *König*

Literatur: *König, W.:* Fertigungsverfahren. Bd. 1: Drehen, Fräsen, Bohren. Düsseldorf 1990. – *Vieregge, G.:* Zerspanung der Eisenwerkstoffe. 2. Aufl. Düsseldorf 1970.

**Späneentsorgung.** Aufgabe der S. ist es, Maschine und Bearbeitungsstelle von Spänen freizuhalten, die als Abfall bei spanenden Werkzeugmaschinen anfallen. Sie trägt damit wesentlich zu einem sichereren Prozeßablauf, reibungslosen Werkzeug- und Werkstückwechseln, einer längeren Lebensdauer der Maschinen und humaneren Arbeitsbedingungen durch Verringerung der Verletzungsgefahr bei.

S. im einfachsten Fall ist das manuelle Entfernen der Späne durch den Maschinenbediener und reicht bis zur zentralen S. für ganze Fertigungsbereiche. Für moderne Produktionsanlagen ist eine automatisierte S. eine der wesentlichsten Voraussetzungen (Bild). Zur S. gehören neben dem Abtransport der Späne von der Bearbeitungsstelle das Fördern, Sammeln und Lagern der Späne in einem Zentralbehälter und falls erforderlich Trennung der Späne nach verschiedenen Werkstoffen und Trennung von Spänen und Kühlschmierstoff.

Bauformen von Späneförderern sind Scharnierbandförderer, Kratzbandförderer, Schubstangenförderer, Schraubenförderer, Magnetförderer oder Absaug- und Filteranlagen für staubförmige Späne. Oft werden Späneförder- und Kühlmittelanlagen (Kühlmittelsystem) kombiniert, indem der Förderrahmen gleichzeitig auch als Kühlmittelbehälter dient. *Schulz*

Literatur: *Knobloch, H.:* Kühlschmierstoffpflege in der Praxis. Kontakt u. Studium. Bd. 29. Grafenau 1979. – *v. Wietersheim, K.:* Späneentsorgung an spanenden Werkzeugmaschinen.

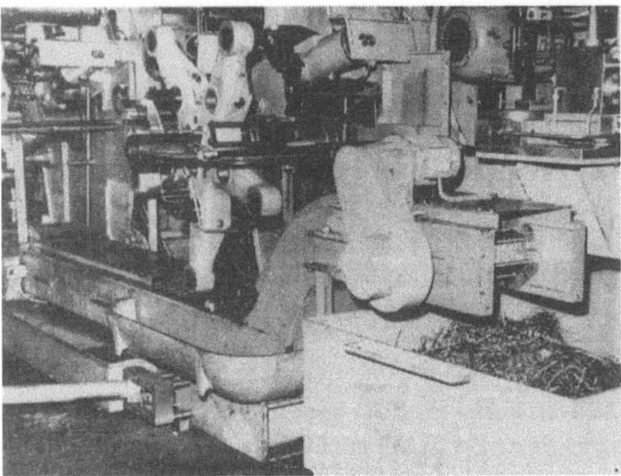

*Späneentsorgung: Zwei Frontdrehautomaten mit gemeinsamem Späneförderer.*

Werkstatt und Betrieb 112 (1979) Nr. 1 u. 5, S. 25/28, S. 337/41.

**Spanen mit geometrisch unbestimmten Schneiden.** Es gehört zu den trennenden Fertigungsverfahren und ist in DIN 8589 als 3. Untergruppe der Trennverfahren eingeordnet. Die Spanabnahme kommt hierbei durch gleichzeitiges Eingreifen mehrerer, meist kornartiger Schneidelemente zustande. Die Summe aller einzelnen, sehr kleinen Späne wird als Gesamtabtrag bezeichnet.

Wegen der meist niedrigen Abtragsrate werden die Trennverfahren mit geometrisch unbestimmter Schneide häufig als Endbearbeitungsvorgang bei der Teileherstellung eingesetzt. Hierzu zählen nach DIN 8589 die Verfahren →Schleifen, Bandschleifen, Hubschleifen, →Honen, →Läppen, Strahlspanen, →Gleitspanen und Polieren.

Die in den Werkzeugen verwendeten körnigen Schneidelemente sind überwiegend sprödharte und splitterfreudige, kristalline Hartstoffe mit mehreren, unregelmäßigen Schnittkanten. Zu den gängigsten Kornwerkstoffen zählen Korund ($Al_2O_3$), Siliciumcarbid (SiC), Borkarbid ($B_4C$), kubisch kristallines Bornitrid (auch CBN genannt) sowie Natur- oder synthetischer Diamant. Die Korngrößen sind nach FEPA (Fédération Européenne des Fabricants de Produits Abrasifs) oder nach DIN 69101, DIN 69176 sowie DIN 848 standardisiert. Je nach Bearbeitungsfall werden Korndurchmesser zwischen 3 μm–5 mm eingesetzt (→Schleifwerkzeug, →CBN-Schleifscheibe).

Wegen der unregelmäßigen Form, der großen Anzahl und der geringen Größe der Körner ist eine genaue Erfassung der Schneidengeometrien und Beobachtung des Korneingriffs nicht möglich. Es wird deshalb in der Praxis von einer auf statistischem Wege ermittelten mittleren Schneidenform und von den verschiedenen Wirkungsarten des Spanabtrags ausgegangen. Nach neuen Erkenntnissen wird angenommen, daß die Kornschneiden einem Schneidteil ähnlich sind, das einen relativ großen, negativen Spanwinkel (ca. −80°) und einen im Vergleich zur Spanungsdicke großen Schneidenradius besitzt.

Die Körner kommen je nach Verfahren in unterschiedlicher Weise mit dem Werkstück in Eingriff. Beim Schleifen und Honen sind die Körner gebunden und dringen auf einer flachen Bahn spanbildend in das Werkstück ein. Der auf den Materialabtragsprozeß bezogene Unterschied zwischen Schleifen und Honen besteht darin, daß die Schnittgeschwindigkeit beim Schleifen um etwa 1–2 Zehnerpotenzen höher ist und daß durch die damit verbundenen höheren Abtragsleistungen die Spanbildungstemperaturen wesentlich größer sind (>1000 °C beim Schleifen und >500 °C beim Honen).

Beim Läppen führen die Körner in einer Suspension zwischen Werkstück und Werkzeug eine Rollbewegung aus und dringen mit ihren Kanten in den Werkstoff ein. Beim Strahl- und Gleitspanen treffen die ungebundenen Körner mit hoher kinetischer Energie auf die zu bearbeitende Werkstückoberfläche auf. Durch den Aufprall bilden sich hier kleine Verformungs- und Abtragskrater.    *Kenter*

Literatur: *König, W.:* Fertigungsverfahren. Bd. 2: Düsseldorf 1989. − *Spur, G., u. Th. Stöferle:* Handb. Fertigungstechnik. Bd. 3/2. München, Wien 1980.

**Spanfläche** →Schneidteil

**Spanformen.** Die Spanbildung wird üblicherweise durch die Form und die Größe der anfallenden Späne beurteilt. Bestimmte S. sind zu vermeiden, da sie Unfallgefahren oder Störungen des Prozeßablaufs hervorrufen. Die unterschiedlichen S. beim →Drehen sind Bandspäne, Wirrspäne, Flachwendelspäne, lange, zylindrische Wendelspäne, kurze, zylindrische Wendelspäne, Spiralwendelspäne, Spiralspäne und Bröckelspäne. Die ersten vier S. erschweren den Abtransport der anfallenden Späne. Flachwendelspäne wandern bevorzugt außerhalb der Eingriffslänge über die Freifläche ab und verursachen dadurch Beschädigungen am Werkzeughalter und an der Schneidkante. Band-, Wirr- und

Bröckelspäne stellen eine erhöhte Gefährdung des Maschinenbedienungspersonals dar.    *König*

**Spannmittel für Werkstücke.** Für die Bearbeitung eines Werkstücks auf einer Werkzeugmaschine ist es notwendig, dieses mit der Maschine oder einer Vorrichtung zu verbinden, d. h. zu spannen. Spanneinrichtungen haben während des Bearbeitungsablaufs die Funktion der Aufnahme des Werkstücks, der Lagebestimmung und der Befestigung.

Man unterscheidet zwischen starren und elastischen S. Die Spannung ist starr, wenn die am Werkstück angreifenden S. während des Betriebs im Beharrungszustand verbleiben. Zu den starren S. zählen z. B. Schraube, Exzenter und Keil.

Eine elastische Spannung erlaubt während des Betriebs unter Aufrechterhaltung der Spannkraft eine Bewegung. Elastische S. kommen als Federn, Druck- und Saugluft sowie Druckflüssigkeit und plastische Massen vor.

Vielfach werden in der Werkstättenfertigung die Vorrichtungsgrundkörper oder auch plattenförmige Werkstücke mit Hilfe von Spanneisen unmittelbar auf den →Maschinentisch gespannt. Spannunterlagen dienen hierbei zum Ausgleich von Höhendifferenzen (Bild 1).

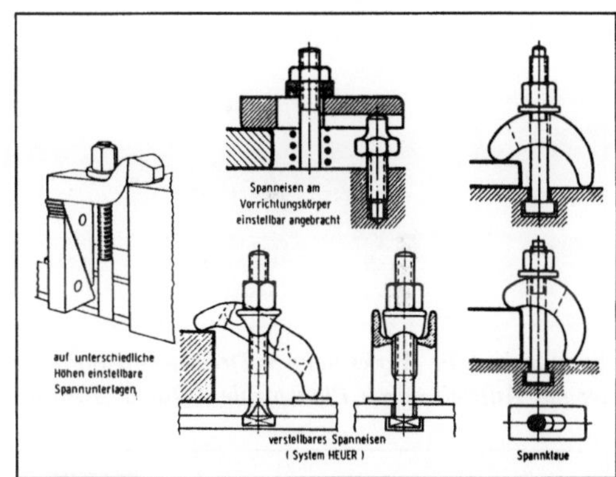


*Spannmittel für Werkstücke 1: Spanneisen und Spannunterlagen. (Quelle: Mauri a.a.O.)*

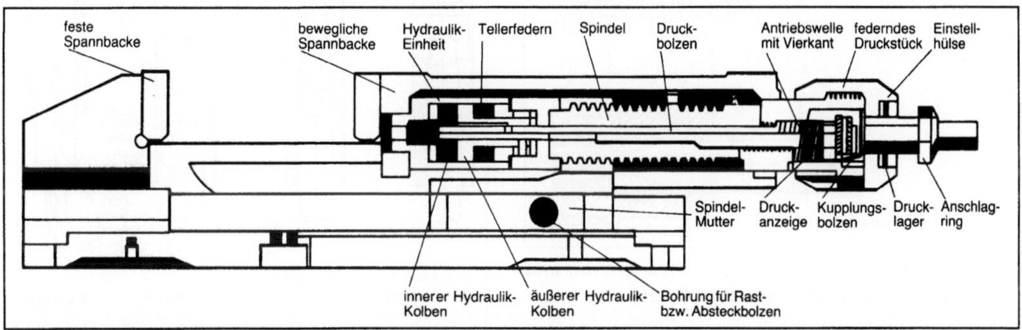


*Spannmittel für Werkstücke 2: Schnitt durch Schraubstock mit mechanisch-hydraulischem Antrieb. (Quelle: Röhm)*

Die am häufigsten eingesetzte Standardspannvorrichtung ist der Maschinenschraubstock (Bild 2). Dieser dient vorzugsweise zum Spannen von prismatischen Werkstücken. Das Spannen von rotationssymmetrischen Werkstücken, z. B. auf Drehmaschinen, erfolgt durch die Verwendung von verschiedenen Spannfuttern wie das in DIN 6350 genormte Planspiralfutter (Bild 3). Diese Spannfutter überbrücken einen großen Spannbereich, spannen aber nur an wenigen Stellen des Werkstückumfangs. Spannzangen spannen das Werkstück bzw. auch Werkzeug dagegen großflächig. Ein elastischer Spannkörper wird durch einen Konus radial zusammengepreßt. Er umschließt und klemmt dabei das zu spannende Werkstück. Automatisch kann hierbei mit axialen Zugstangen gespannt (Bild 4) werden, die hydraulisch oder pneumatisch bestätigt werden. *Schulz*

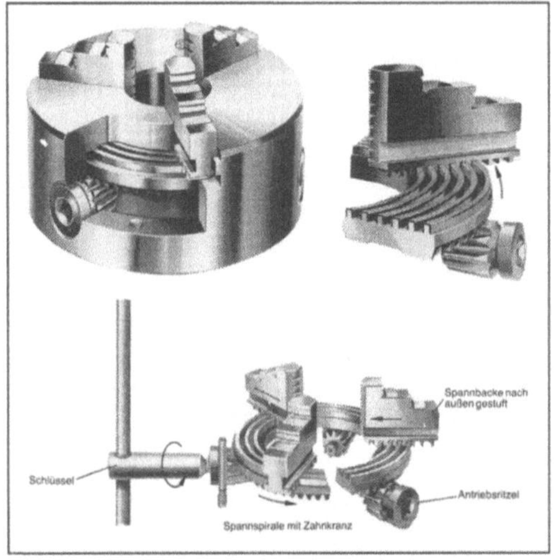


*Spannmittel für Werkstücke 3: Dreibackenspannfutter mit Antrieb durch Planspirale. (Quelle: Röhm)*

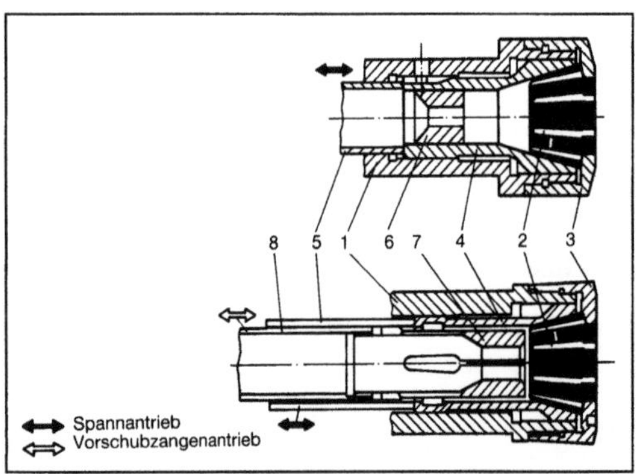


*Spannmittel für Werkstücke 4: Spannzangen mit und ohne Stangenvorschub. (Quelle: Ortlieb)*

1 Maschinenspindel, 2 Spannzangeneinsatz, 3 Überwurfmutter, 4 Spannkonus, 5 Druckrohr für Spannantrieb, 6 Anschlag, 7 Vorschubzange, 8 Druckrohr für Vorschubzange



Literatur: *Mauri, H.:* Vorrichtungen I, II. Berlin, Heidelberg, New York. – *Mauri, H.:* Vorrichtungsbau. Bd. 1–4. Berlin, Heidelberg, New York. – *Weck, M.:* Werkzeugmaschinen. Bd. 1. Düsseldorf 1979.

**Spannmittel für Werkzeuge.** Die Werkzeugspanner haben die Aufgabe, das Werkzeug gegenüber dem Werkzeugschlitten oder der Werkzeugspindel in eine definierte Lage zu bringen und zu fixieren. Dabei müssen die auftretenden Bearbeitungskräfte sicher aufgenommen werden. Die Werkzeugspannung erfolgt bei Drehmaschinen, Fräs- und Bohrmaschinen unterschiedlich.

Bei Drehmaschinen wird der Drehstahl mit dem Support (→Drehmaschine) verschraubt. Bei automatischem Werkzeugwechsel mit modularen Werkzeugsystemen (s. a. Bild 4) verbleiben die Grundhalter in der Maschinenaufnahme (z. B. im Scheibenrevolver, Drehmaschine). Gewechselt wird nur der Werkzeugkopf, der platzsparend magaziniert werden kann.

Zur Aufnahme von Bohr- und Fräswerkzeugen haben sich unterschiedliche Anschlußformen und Spannsysteme herausgebildet (Bild 1). Die Kegelverbindung ist selbsthemmend und muß beim Wechsel mit einem Keil herausgeschlagen werden. Sie ist nicht für einen automatischen Wechsel geeignet. Deshalb wird bei Bohr- und Frässpindeln in Bohr- und Fräswerken die nicht selbsthemmende Steilkegelverbindung nach DIN 2079 verwendet. Diese muß jedoch immer über einen Zuganker axial eingespannt werden (Bild 2). Für die Aufnahme von Bohrwerkzeugen mit zylindrischem Schaft verwendet man Bohrfutter, Spannzangen oder Klemmhülsen. Bohrfutter mit zwei oder drei Spannbacken zeichnen sich durch einen großen Durchmessereinstellbereich aus. Werkzeugspannzangen und Klemmhülsen weisen einen kleinen Durchmesserspannbereich auf. Die Arbeitsspindeln von Fräsma-

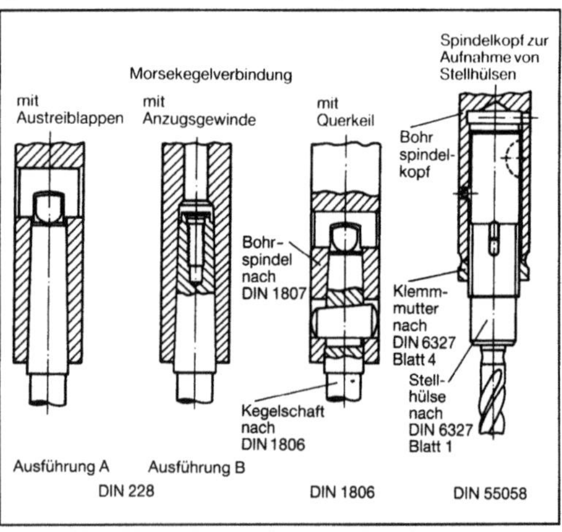


*Spannmittel für Werkzeuge 1: Ausführungsformen von Bohrspindelköpfen. (Quelle: Weck)*

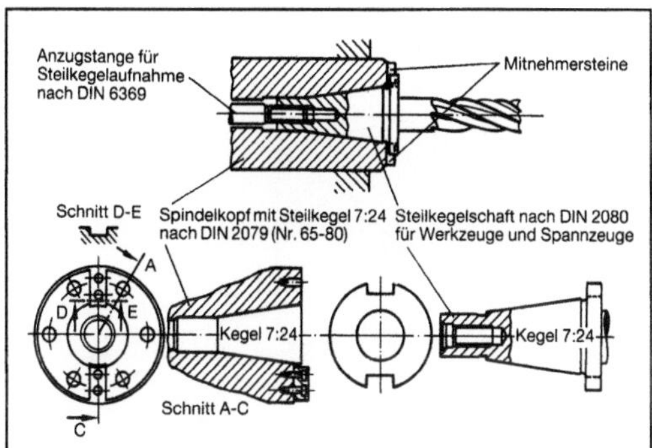

*Spannmittel für Werkzeuge 2: Werkzeugaufnahmen und Werkzeugschaft für Frässpindeln. (Quelle: Weck)*

schinen bieten eine Reihe von Spannmöglichkeiten für unterschiedliche Werkzeuge.

Es werden Fräswerkzeuge mit Hilfe von Fräsfuttern oder Fräsdornen gespannt. Die Fräsfutter sind meist als Spannzangenfutter ausgebildet, deren angepaßte Spannzangeneinsätze durch Überwurfmuttern in die Spannkegel gepreßt werden (Bild 3), oder Dehnspannfutter, bei denen mittels einer Hydraulikflüssigkeit der Fräser gespannt wird.

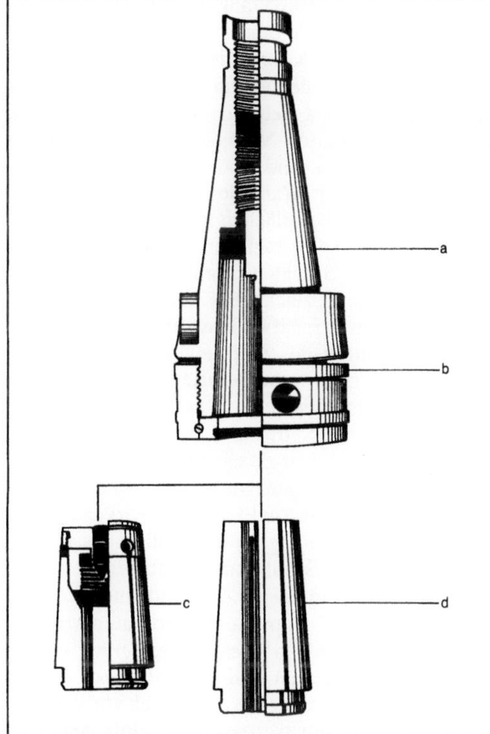

*Spannmittel für Werkzeuge 3: Spannzangenfutter. (Quelle: Marquart/Reichenbach)*

a Kegelschaft, b Spannmutter, c Spannzange für Fräser mit Anzugsgewinde, d Spannzange für glatte Schäfte

Dehnspannfutter gibt es für Innen- und Außenspannung. Fräsdorne dienen zur Aufnahme von Messerköpfen von Walzen und Stirnfräsern (Werkzeuge). Neben den Fräsfuttern und Fräsdornen verbreiten sich immer mehr modular aufgebaute Werkzeugsysteme sowohl für die Fräs- als auch für die Drehbearbeitung (Bild 4).           *Schulz*

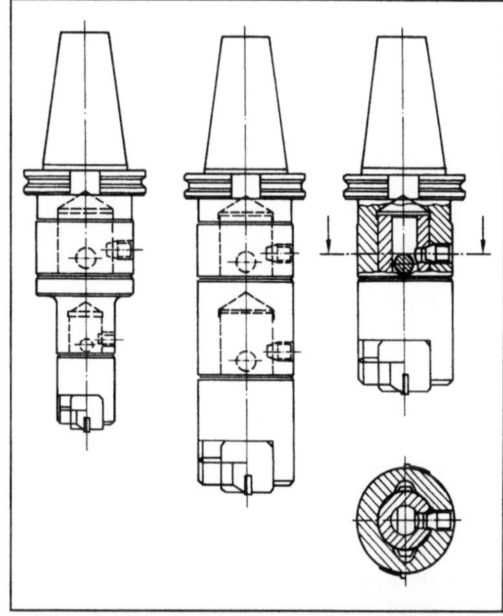

*Spannmittel für Werkzeuge 4: Modulares Werkzeugsystem. (Quelle: Heinz Kaiser AG)*

**Spannung.** Wird ein Körper durch äußere Kräfte belastet, so rufen diese eine Verformung und damit innere Kräfte hervor. Denkt man sich als einfachstes Bauteil ein Seil oder einen Stab in Längsrichtung durch eine Kraft Z belastet und quer zur Belastungsrichtung geschnitten (Bild 1), so muß an der Schnittfläche eine ebenso große Kraft Z wirken, um das abgeschnittene Seilstück im Gleichgewicht zu halten. Diese Gegenkraft denkt man sich über die Schnittfläche $A_z$ gleichmäßig verteilt wirken, so daß jede beliebige Teilfläche $\Delta A_z$ einen Teil der Kraft entsprechend ihrem Anteil an die Gesamtquerschnittsfläche überträgt. Das Verhältnis von Kraft zu Querschnittsfläche wird als S. definiert, mit $\sigma$ bezeichnet und kann als Kraftdichte interpretiert werden. Sie ist wie die Kraft eine vektorielle Größe. Das gewählte Beispiel des Seils stellt den einfachsten möglichen S.-Zustand, den einachsigen S.-Zustand mit konstanter S. über den gesamten Querschnitt dar.

Denkt man sich ein Bauwerk aus kleinen Volumenelementen zusammengesetzt, so sind i. a. Größe und Wirkungsrichtung der S. in den einzelnen Elementen des Bauwerks verschieden. Wenn es sich nicht um ein Element an der freien Oberfläche eines Trägers oder eines anderen Bauteiles handelt, so ist

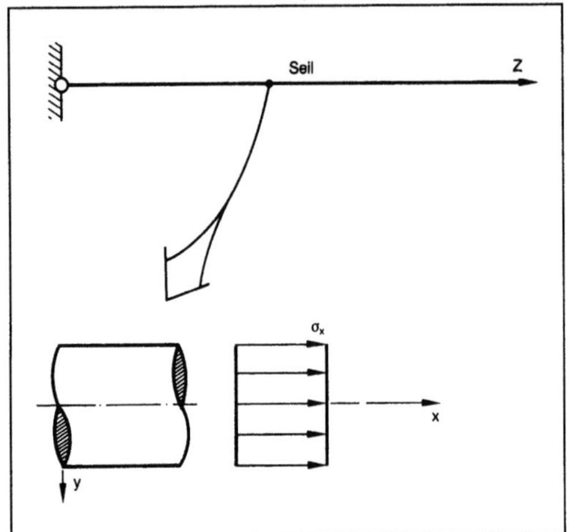

*Spannung 1: In einem zugbeanspruchten Seil.*

Z Zugkraft im Seil, $\sigma_x$ Normalspannung, $A_x$ Querschnittsfläche des Seils, $\sigma_x = Z/A_x$

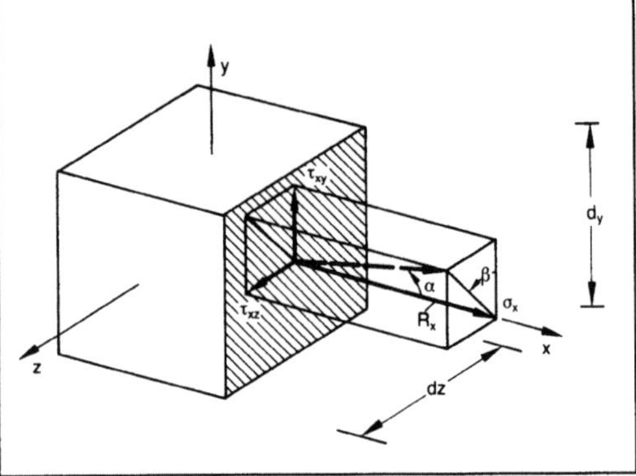

*Spannung 2: Zerlegung der Schnittkraft R in die Spannung einer Schnittfläche.*

$A_x$ Schnittfläche eines Elementes, wobei x die Flächennormale ist, $R_x$ Schnittkraft in der Fläche A, $\tau_{xy}, \tau_{xz}$ Schubspannungen in der Schnittfläche, wobei der zweite Index die Wirkungsrichtung dieser Spannung angibt. $A_x = dy \cdot dz$, $\sigma_x = \dfrac{R_x}{A_x} \cdot \cos\alpha$, $\tau_{xy}$ $= \dfrac{R_x}{A_x} \cdot \sin\alpha \cos\beta$, $\tau_{xz} = \dfrac{R_x}{A_x} \cdot \sin\alpha \sin\beta$

sein S.-Zustand mehrachsig oder räumlich. Denkt man sich ein solches Element in Form eines unendlich kleinen Würfels mit den differentiellen Kantenlängen dx, dy, dz aus dem Bauteil herausgeschnitten, so sind zur Beibehaltung des Gleichgewichtszustands in allen 6 Schnittflächen S. anzutragen. Sie beschreiben die Beanspruchung des Elements in seiner ursprünglichen Lage im Bauteil.

Man unterscheidet zwischen Normalspannung $\sigma$ und Schubspannungen $\tau$. Die innere Kraft R, die auf ein Element einwirkt und durch das Herausschneiden dieses Elements als Schnittkraft in der Schnittfläche sichtbar gemacht wird, wirkt i. a. in einer beliebigen räumlichen Richtung. Sie wird zerlegt in die 3 in Richtung der Achsen x, y, z wirkenden Komponenten, die bezogen auf die Schnittfläche die 3 S. ergeben (Bild 2).

Demnach erhält man für die 6 Schnittflächen des herausgeschnittenen Würfels 18 S.-Größen. Die Erfüllung der Gleichgewichtsbedingungen führt auf bestimmte Gesetzmäßigkeiten zwischen diesen S.:
□ Die Schubspannungen bilden 3 Schubspannungsringe mit jeweils gleichgroßen Schubspannungen (Elastizitätstheorie). Es verbleiben somit maximal 3 unabhängige Schubspannungen.
□ Die Normalspannungen in 2 gegenüberliegenden Schnittflächen des Elements sind bis auf differentielle Änderungen gleich groß.

Ein allgemeiner S.-Zustand wird daher durch 3 Normalspannungen und 3 Schubspannungen vollständig beschrieben. Er läßt sich in Form eines zur Hauptdiagonalen symmetrischen Tensors $\sigma_{ij}$ anschreiben:

$$\sigma_{ij} = \begin{array}{ccc} \sigma_x & \tau_{xy} & \tau_{xz} \\ \tau_{xy} & \sigma_y & \tau_{yz} \\ \tau_{zx} & \tau_{zy} & \sigma_z \end{array} \; .$$

Da die Wahl der Koordinatenachsen x, y, z beliebig erfolgen kann, muß die Beanspruchung des Elements unabhängig von dieser Wahl sein, da sie ja nicht die äußere Belastung verändert. Für ein beliebiges, anders orientiertes Koordinatensystem x, y, z erhält man, obwohl sich der gesamte Beanspruchungszustand des Elements nicht ändert, 6 neue Schnittflächen mit veränderten Normal- und Schubspannungen. Die Größen und Richtungen aller S. sind abhängig von der Wahl des Koordinatensystems, durch das die Schnittflächen festgelegt werden.

Am Beispiel des zugbeanspruchten Seils nach Bild 1 kann das Gesagte verdeutlicht werden. Dreht man das dort eingezeichnete Koordinatensystem so, daß die x-Achse rechtwinklig zur Stabachse zeigt, also in Richtung der ursprünglichen y-Achse, so treten in einer zur x-Achse orientierten Schnittfläche eines Elementes keine S. auf. Gleichzeitig wird die ursprüngliche S. $\sigma_x$ zur S. $\sigma_y$.

Wählt man bei dem gleichen Beispiel eine um 45° gegen die Stabachse geneigte Schnittfläche eines Elementes, so ist die auf das Element einwirkende Kraft, die in Stablängsrichtung verläuft, definitionsgemäß in eine Normal- und Schubspannung zu zerlegen.

Für einen allgemeinen S.-Zustand eines Elements läßt sich ein ganz bestimmtes Koordinatensystem $x^*$, $y^*$, $z^*$ angeben, das dadurch ausgezeichnet ist, daß alle Schubspannungen in den zugehörigen Schnittflächen zu null werden. Die allein noch vorhandenen Normalspannungen werden als Hauptspannungen bezeichnet:

$$\sigma_{ij}^* = \begin{array}{ccc} \sigma_1 & 0 & 0 \\ 0 & \sigma_2 & 0 \\ 0 & 0 & \sigma_3 \end{array} \; .$$

Die Hauptspannungen $\sigma_1, \sigma_2, \sigma_3$ sind identisch mit den algebraisch größten und kleinsten S. (maximale oder minimale Zug- und/oder Druckspannung), die überhaupt in einer Schnittfläche des Elements auftreten können. Die Richtungen, in denen diese S. wirken, werden als Hauptachsen definiert. Die Größe und Richtung dieser Hauptspannungen wird analytisch oder zeichnerisch mit Hilfe des Mohr-Spannungskreises ermittelt. Entsprechend lassen sich auch die Schnittebenen mit den maximalen Schubspannungen unter einem gegebenen Beanspruchungszustand berechnen.

Die maximalen Normal- und/oder Schubspannungen eines Elements sind ein Maß für das Festigkeitsverhalten des Werkstoffs (Festigkeitsverhalten des Stahls). Die Kennzeichnung des S.-Zustandes aller Elemente eines Bauwerks ist daher das Ziel einer statischen Berechnung, die den Nachweis der Standsicherheit erbringen soll.

Neben der Einteilung der S. in Schub- und Normalspannungen gibt es eine Reihe weiterer Bezeichnungen für bestimmte S.-Arten, die sich entweder auf die Ursache der Beanspruchung beziehen oder die etwas über die Bedeutung dieser S. für das Tragverhalten aussagen:

□ Hauptspannungen: Extremwerte der S., maßgebend für das Festigkeitsverhalten des Werkstoffs.

□ Eigenspannungen: S., deren Ursache vielfach im Herstellungsprozeß von Bauteilen zu suchen sind (z. B. Walzen oder Schweißen von Stahlträgern). Ihr Einfluß auf das Tragverhalten eines Bauteiles wird normalerweise nicht untersucht.

□ Zwängungsspannungen (Eigenspannungen): S., deren Ursache z. B. eine Vorbelastung eines statisch unbestimmten Systems bis in den plastischen Bereich hinein sein kann. Die nach der Entlastung verbleibenden Zwängungsspannungen beeinflussen das Tragverhalten des Systems. Bei der Montage von Brücken werden oft gezielt Zwängungsspannungen durch Heben oder Senken der Auflager in das Tragwerk eingebracht, um ein günstigeres Tragverhalten im endgültigen Tragzustand zu erreichen.

□ Neben- oder Zusatzspannungen: S. in einem Bauwerk, die einen geringen Einfluß auf das Tragverhalten haben und daher im Standsicherheitsnachweis normalerweise nicht erscheinen. Das typischste Beispiel sind die Momentspannungen in Fachwerken, die durch die realen Knotenverbindungen entstehen. Rechnerisch werden in allen Knoten zwischen den Fachwerkstäben theoretisch nur Längskräfte, aber keine Biegemomente auftreten. Die auf Grund der realen Knotenverbindungen immer vorhandenen Momentspannungen können jedoch als Nebenspannungen außer Betracht bleiben. Im Grenzlastzustand werden die Biegemomente durch Plastifizieren abgebaut. Die Lastabtragung in diesem Zustand erfolgt nahezu wie bei einem idealen Fachwerk.

□ Kerbspannungen: Örtlich unregelmäßige S.-Verläufe bei bestimmten Bauteilen, die z. B. beim Dauerfestigkeitsnachweis (Schwingfestigkeit) zu beachten sind.

□ Fließspannungen.

□ Unterspannungen, Oberspannungen, Mittelspannungen (Schwingfestigkeit).

□ Bruchspannungen.

□ Vergleichsspannungen: Rechnerische S. zu einem allgemein räumlichen S.-Zustand, die einen Vergleich dieses Zustandes bez. seines Festigkeitsverhaltens mit einem einachsigen S.-Zustand ermöglichen soll.

□ Kriechspannungen. *Kußmaul/Friemann*

**Spannungs-Dehnungs-Diagramm.** Graphische Darstellung der Abhängigkeit der Spannung von der Dehnung, ermittelt am Zugstab unter steigender Belastung bis zum →Bruch.

Zur Bestimmung der Dehnung wird vor dem Versuch auf der Probe eine Bezugslänge markiert. Verlängerung der Bezugslänge bezogen auf diese ergibt die Dehnung. Die Spannung wird als Kraft bezogen auf den Stabquerschnitt vor Versuchsbeginn definiert (Bild 1).

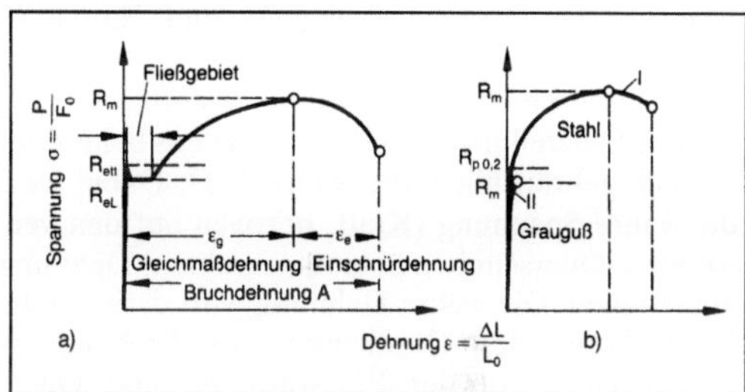


*Spannungs-Dehnungs-Diagramm 1.*
*a) Eines Stahls mit ausgeprägter Streckgrenze*
*b) Von Stahl ohne ausgeprägte Streckgrenze und Grauguß.*

Die Kurve dient zur Ermittlung von Kenndaten, die das Verformungsverhalten eines Werkstoffs charakterisieren. Die aus dem Anfangsteil zu entnehmende Kenngröße ist der Elastizitätsmodul (E-Modul). Er wird als Steigung des linear verlaufenden Teils der Kurve ermittelt und gibt die Steifigkeit eines Werkstoffs wieder. Da im Bereich der elastischen Verformung der Effekt der Hysterese existiert, kann der E-Modul nur ungenau ermittelt werden. Besser eignet sich eine Methode, welche die Eigenschwingung (Resonanzschwingung) einer Probe verwendet, da diese Frequenz mit der Steifigkeit des Kristallgitters zusammenhängt.

Wird der Werkstoff weiter verformt, so beginnt plastische Verformung. Die Spannung, die diesen Beginn charakterisiert, ist die Fließgrenze. Bei ihr tritt erstmals plastische Verformung ein. Sie ist schwierig zu bestimmen und wird praktisch durch die Streckgrenze ersetzt. Bei Werkstoffen mit ausgeprägter Streckgrenze, Bild 1 a), steigt die Spannung zunächst bis zu einem Wert $R_{eH}$, (obere Streckgrenze) an, bei dem Fließen einsetzt. Mit dem Beginn des Fließens sinkt die Spannung auf den Wert $R_{eL}$ (untere Streckgrenze) ab, und der Werkstoff fließt unter gleichbleibender Belastung bis zum Beginn der Verfestigung. Von da an steigt die Spannung bis zu ihrem Maximalwert, der →Zugfestigkeit $R_m$ an. Von Beginn der Belastung bis zum Erreichen der Höchstlast wird der Stab über die gesamte Meßlänge gleichmäßig gedehnt (Gleichmaßdehnung). Ungefähr bei Erreichen der Höchstlast beginnt sich der Stab einzuschnüren, der Spannungszustand wird mehrachsig, Spannung und Last gehen bis zum Eintreten des Bruchs wesentlich zurück. Werkstoffe, die keine ausgeprägte Streckgrenze aufweisen, Kurve I in Bild 1 b), zeigen keinen Fließbereich unter konstanter Belastung. An Stelle der oberen und unteren Streckgrenze wird diejenige Spannung ermittelt, bei der die Probe nach Entlasten 0,2 % bleibende Dehnung aufweist, die $\Sigma_{0,2}$-Streckgrenze.

Die Durchführung des Zugversuchs ist in DIN 50145 festgelegt und dient zur Bestimmung der Kenndaten Streckgrenze $R_{eH}$, $R_{eL}$ oder $R_{P0,2}$, Zugfestigkeit $R_m$, Bruchdehnung $A_5$ und Einschnürung Z.

Bei plastisch verformenden Werkstoffen ist eine weitere Darstellung des S.-D.-Verhaltens beim Zugversuch gebräuchlich, die wahre S.-D. Dabei wird die wahre Spannung (Kraft, bezogen auf den verformten Querschnitt) über der wahren Dehnung aufgetragen. Die wahre Dehnung wird definiert als Logarithmus des Quotienten aus Probenquerschnittsfläche vor der Belastung $A_o$ und Querschnittsfläche unter Belastung A ($\varphi = \ln A_o/A$). Bild 2 zeigt, daß die wahre Spannung bis zum Bruch kontinuierlich ansteigt. Die wahre S.-D.-Kurve wird

häufig durch eine angepaßte Exponentialfunktion in der Form $\sigma = k \cdot \varphi^n$ analytisch beschrieben (Hollomon-Gleichung). Dabei bezeichnet k den Verfestigungskoeffizienten und n den Verfestigungsexponenten. Dieser wird experimentell aus der doppeltlogarithmischen Auftragung der Kurve ermittelt, die sich als Gerade mit der Steigung n darstellt. Zur Beurteilung der S.-D.-Verhältnisse in Bauteilen werden Fließkurven an bauteilähnlichen Proben oder am Bauteil selbst bestimmt. *Kußmaul*

Literatur: *Dahl, W.*, u. *H. Rees*: Die Spannungs-Dehnungs-Kurve von Stahl. Düsseldorf 1976.

**Spannungsoptik.** Die S., eine experimentelle Methode der Spannungsanalyse, nutzt den Effekt der Spannungsdoppelbrechung, der darauf beruht, daß Lichtgeschwindigkeit bzw. Brechungsindex in gewissen transparenten Festkörpern vom mechanischen Spannungszustand abhängig sind (spannungsoptische Anisotropie). Diese künstliche Doppelbrechung ist unmittelbar ein Maß für die Art und Größe der Spannungen im Körper.

Aus der Beobachtung und Quantifizierung der optischen Effekte, die aus dieser Spannungsdoppelbrechung resultieren, kann der Spannungszustand im Körper vollständig bestimmt werden. Zur Erläuterung wird die Lichtausbreitung in einer unter mechanischer Beanspruchung stehenden ebenen Platte betrachtet (Bild). Das einfallende natürliche Licht wird mittels eines Polarisators linear polarisiert. Beim Durchlaufen der transparenten Platte wird dieses Licht in 2 Komponenten parallel jeweils zu den Hauptspannungen aufgespalten. Da der Brechungsindex des Plattenmaterials spannungsabhängig ist, unterscheiden sich die Lichtgeschwindigkeiten beider Komponenten, sofern beide Hauptspannungen unterschiedlich sind.

Die bei spannungsoptischen Untersuchungen verwendeten transparenten Materialien weisen eine lineare Korrelation zwischen Spannung und Doppelbrechungskraft bzw. Lichtgeschwindigkeit auf,

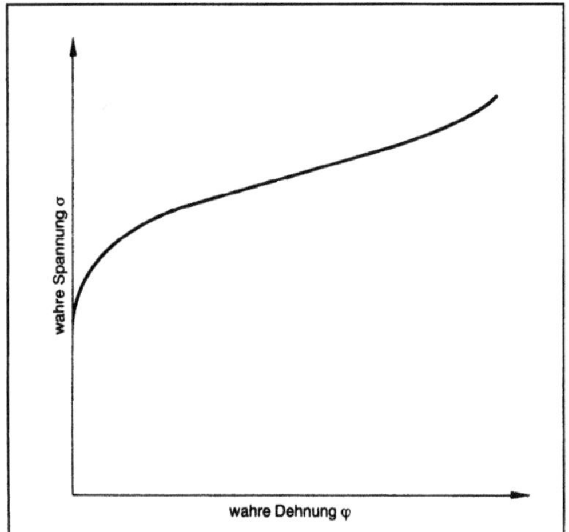
*Spannungs-Dehnungs-Diagramm 2: Wahre Spannungs-Dehnungs-Kurve.*

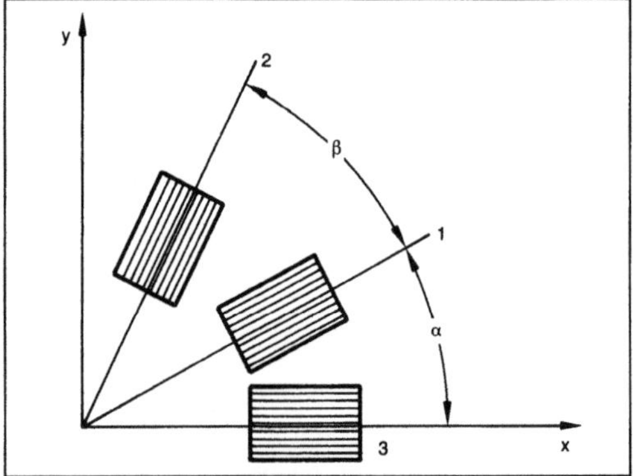

*Spannungsoptik: Anordnung mit linear polarisiertem Licht.*

und der Spannungsdoppelbrechungseffekt ist vollständig reversibel bei Entlastung. Die beiden Lichtkomponenten, die bei Eintritt in die Platte in Phase sind, haben auf Grund ihrer unterschiedlichen Ausbreitungsgeschwindigkeiten nach Durchlaufen der Platte eine Phasendifferenz, deren Betrag linear von der Hauptspannungsdifferenz und der Dicke der Platte abhängt. Die resultierenden Interferenzerscheinungen führen bei einfarbigem (monochromatischem) Licht zu Hell-Dunkel-Erscheinungen (Auslöschung), bei weißem Licht zu Farberscheinungen, da in letzterem Fall die Komplementärfarbe der ausgelöschten Farbe sichtbar wird. Die resultierenden Bereiche gleicher Phasendifferenz und damit gleicher Helligkeit oder Farbe werden als Isochromaten bezeichnet und sind direkt mit der vorliegenden Differenz der Hauptspannungen, d. h. der Hauptschubspannung, verknüpft. Quantitative Angaben werden über Vergleiche mit Farbrichtreihen oder spezielle optische Kompensatoren erhalten.

In denjenigen Bereichen, in denen die Polarisationsrichtung des einfallenden Lichts mit einer der Hauptspannungsrichtungen kongruent ist, besteht bei der im Bild dargestellten gekreuzten Anordnung von Polarisator und Analysator auch im weißen Licht immer völlige Auslöschung. Diese dunklen, als Isoklinen bezeichneten Bereiche stellen somit die Orte gleicher Hauptspannungsorientierung dar.

Zusammenfassend liefern die Isochromaten und Isoklinen für jeden betrachteten Punkt Informationen über die Höhe der Beanspruchung und die Orientierung der Hauptspannungen.

Bei der experimentellen Durchführung der S. zur Spannungsanalyse an Bauteilen sind 2 Wege möglich: Die Modell-S. verwendet geometrisch ähnliche Modelle aus transparenten, spannungsoptisch aktiven Kunststoffen. Mit Hilfe bestimmter Modellgesetze und unter bestimmten Voraussetzungen ist eine Übertragung der im Modell ermittelten Spannungen auf das Originalbauteil möglich. Beim spannungsoptischen Oberflächenschichtverfahren werden meist auf dem Bauteil selbst spannungsoptisch aktive Schichten appliziert, auf die die Verformung der Bauteiloberfläche übertragen und so spannungsoptisch erfaßbar wird. Die Beschichtungsmaterialien stehen bei ebenen Flächen in Form von Platten, bei komplex gestalteten Bauteilen in Form von aufformbaren zweikomponentigen Gießharzen zur Verfügung.

Mit Hilfe der Modell-S. können auch dreidimensionale Spannungszustände analysiert werden. Hierzu werden die Deformationen des bei erhöhter Temperatur belasteten Modells und die resultierende optische Doppelbrechung durch Abkühlung unter Belastung bleibend eingefroren. Das Einfrierverfahren beruht auf der besonderen temperaturab-

hängigen Bindungsstruktur vieler Polymere. Nach dem Einfrieren kann das Modell in Scheiben zerschnitten werden, ohne die eingefrorenen Deformationen zu verändern. Auf diese Weise kann der Spannungszustand im Inneren des Modells ermittelt werden. *Kußmaul*

Literatur: *Kuske, A.,* u. *G. Robertson*: Photoelastic stress analysis. New York 1974. – *Wolf, H.*: Spannungsoptik. Berlin, Heidelberg 1961. – *Zandmann, F., S. Redner* u. *J. W. Dally*: Photoelastic Coatings. Soc. Exp. Stress Analysis Monograph. No. 3 1977.

**Spannungszustand.** Der S. in einem Punkt P eines Kontinuums wird durch den Spannungstensor beschrieben.

An jedem Punkt eines beanspruchten Körpers (Kontinuums) herrscht ein anderer S. Die Spannungen im Innern des Körpers können hervorgerufen werden durch

□ räumlich verteilte Volumenkräfte und

□ an der Oberfläche verteilte Flächenlasten, zu denen auch Einzelkräfte zählen.

An beiden Schnittufern eines gedachten Schnitts durch den Körper (durch den beliebigen Punkt P) müssen, damit das Gleichgewicht erhalten bleibt, die von einem Teil auf den anderen ausgeübten inneren Kräfte angebracht werden. Bezieht man die in einem den Punkt P enthaltenden Flächenelement dA der Schnittfläche übertragene Kraft dF auf diese Fläche, so erhält man den Spannungsvektor als Grenzwert des Quotienten dF/dA, wenn dA gegen null geht. Der Spannungsvektor S kann in je eine Komponente senkrecht und parallel zur Schnittfläche zerlegt werden. Die senkrechte Komponente wird als Normalspannung bezeichnet. Die zur Schnittfläche parallele Komponente heißt Schub- oder Tangentialspannung (Bild 1).

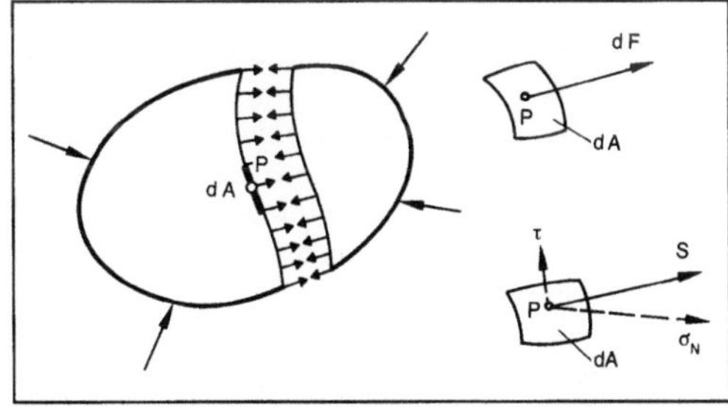


*Spannungszustand 1: Definition der Spannung bzw. des Spannungsvektors.*

dA Flächenelement, dF Kraft auf Schnittflächenelement dA, S Spannungsvektor, $\sigma_N$ Normalspannung, $\tau$ Schubspannung

Die Größe und Richtung des in P wirkenden Spannungsvektors sind von der Orientierung des Flächenelements dA abhängig. Sind die für eine beliebige Orientierung des Flächenelements dA auftretenden Spannungen (Komponenten des Spannungsvektors) bekannt, so ist damit der S. in Punkt P bestimmt. Für einen allgemeinen, dreidimensionalen S. besitzt der Spannungstensor folgende Form in kartesischen Koordinaten (Bild 2):

$$\underline{\sigma} = \begin{pmatrix} \sigma_x & \tau_{xy} & \tau_{xz} \\ \tau_{yx} & \sigma_y & \tau_{yz} \\ \tau_{zx} & \tau_{zy} & \sigma_z \end{pmatrix}$$

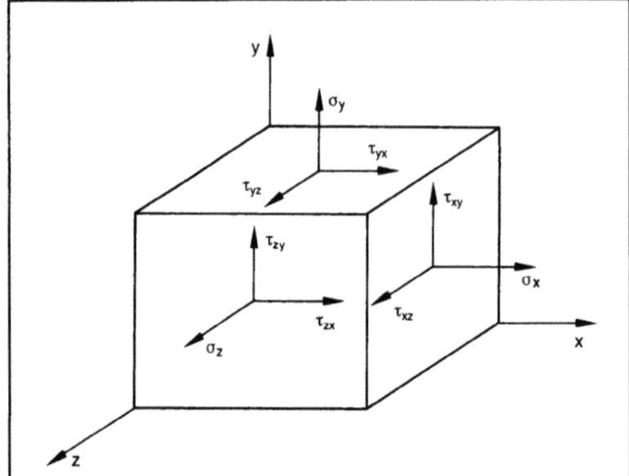

*Spannungszustand 2: Komponenten des Spannungstensors im kartesischen Koordinatensystem.*

Von den neun Spannungskomponenten, drei Normalspannungen $\sigma_x$, $\sigma_y$, $\sigma_z$ und sechs Schubspannungen $\tau_{xy}$, $\tau_{yx}$, $\tau_{xz}$, $\tau_{zx}$, $\tau_{yz}$, $\tau_{zy}$, reichen allerdings sechs Komponenten aus, um den Spannungszustand vollständig zu beschreiben, da die Schubspannungen

$$\tau_{xy} = \tau_{yx},$$

$$\tau_{xz} = \tau_{zx},$$

$$\tau_{yz} = \tau_{zy}$$

jeweils paarweise gleich sind. Der Spannungstensor ist also symmetrisch.

Es ist stets möglich, die Koordinatenachsen so zu wählen, daß die Schubspannungen im Punkt P verschwinden. Diese Wahl muß nicht immer eindeutig sein: In jedem Fall werden drei Hauptachsen damit definiert. Die im →Hauptachsensystem wirkenden Spannungen werden als Hauptspannungen $\sigma_1$, $\sigma_2$, $\sigma_3$ bezeichnet.

Der S. läßt sich in einen hydrostatischen und einen deviatorischen Anteil zerlegen:

$$\underline{\sigma} = \underline{\sigma}' + \underline{\sigma}_m,$$

$$\begin{pmatrix} \sigma_x & \tau_{xy} & \tau_{xz} \\ \tau_{yx} & \sigma_y & \tau_{yz} \\ \tau_{zx} & \tau_{zy} & \sigma_z \end{pmatrix} = \begin{pmatrix} \sigma'_x & \tau_{xy} & \tau_{xz} \\ \tau_{yx} & \sigma'_y & \tau_{yz} \\ \tau_{zx} & \tau_{zy} & \sigma'_z \end{pmatrix} + \begin{pmatrix} \sigma_m & 0 & 0 \\ 0 & \sigma_m & 0 \\ 0 & 0 & \sigma_m \end{pmatrix};$$

dabei bezeichnet $\sigma_m$ die mittlere Normalspannung. Der Spannungsdeviator spielt eine wichtige Rolle bei der Formulierung von Werkstoffmodellen für inkompressible Werkstoffe im Rahmen der →Plastizitätstheorie.

Die Invarianten des Spannungstensors sind:
□ erste Invariante (Spur):

$$I_1 = \sigma_x + \sigma_y + \sigma_z = 3\sigma_m,$$

□ zweite Invariante:

$$I_2 = -\,(\sigma_x\,\sigma_y + \sigma_y\,\sigma_z + \sigma_z\,\sigma_x) + \tau_{xy}{}^2 + \tau_{xz}{}^2 + \tau_{yz}{}^2,$$

□ dritte Invariante:

$$I_3 = \det(\underline{\sigma}).$$

Bei folgenden Sonderfällen des S. vereinfacht sich die Aufgabenstellung, weil durch die geometrischen Randbedingungen ein Teil der den S. bestimmenden Größen von vornherein bekannt ist:
□ einachsiger S.:

$$\sigma_x \neq 0,$$

$$\sigma_y, \sigma_z, \tau_{xy}, \tau_{yz}, \tau_{zx} = 0;$$

Beispiel: Zugversuch;
□ ebener S.:

$$\sigma_x, \sigma_y, \tau_{xy} \neq 0,$$

$$\sigma_z, \tau_{xz}, \tau_{yz} = 0;$$

Beispiel: Torsionsversuch;
□ axialsymmetrischer S.:
In diesem Fall wird der Zustand in Zylinderkoordinaten r, z, beschrieben.

$$\sigma_r, \sigma_z, \sigma_\vartheta, \tau_{rz} \neq 0,$$

$$\tau_{r\vartheta}, \tau_{z\vartheta} = 0.$$

Der S. in einem beliebigen Punkt ist damit durch den Spannungstensor (Bild 3)

$$\underline{\sigma} = \begin{pmatrix} \sigma_r & 0 & \tau_{rz} \\ 0 & \sigma_\vartheta & 0 \\ \tau_{rz} & 0 & \sigma_z \end{pmatrix}$$

gegeben. *Lange*

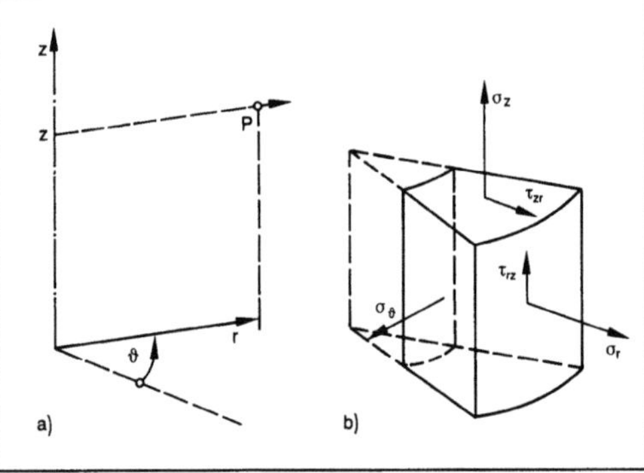

*Spannungszustand 3:*
*a) Zylinderkoordinaten*
*b) Spannungen am Werkstoffelement bei axialsymmetrischen Vorgängen.*

Literatur: *Betten, J.:* Elastizitäts- und Plastizitätslehre. Braunschweig, Wiesbaden 1985. – *Hill, R.:* The Mathematical Theory of Plasticity. Oxford 1950. – *Ismar, H.,* u. *O. Mahrenholtz:* Technische Plastomechanik. Braunschweig, Wiesbaden 1979. – *Lange, K.* (Hrsg.): Umformtechnik. Handb. f. Ind. u. Wiss. Bd. 1: Grundlagen. 2. Aufl. Berlin, Heidelberg, New York, Tokio 1984. – *Lippmann, H.:* Mechanik des plastischen Fließens. Berlin, Heidelberg, New York 1981. – *Lippmann, H.,* u. *O. Mahrenholtz:* Plastomechanik der Umformung metallischer Werkstoffe. Berlin, Heidelberg 1967. – *Prager, W.,* u. *P. G. Hodge:* Theorie ideal-plastischer Körper. Wien 1954.

**Spannungszustand, hydrostatischer.** Ein h. S. liegt vor, wenn die drei Hauptspannungen $\sigma_1$, $\sigma_2$ und $\sigma_3$ gleich groß sind. Der Spannungstensor hat dann die Form eines Kugeltensors, und die mittlere Normalspannung $\sigma_m$ ist gleich den drei Hauptspannungen ($\rightarrow$Hauptachsensystem). Dies ist z. B. der Fall in einer Flüssigkeit mit allseitig gleichem Druck p. Dabei gilt:

$$\sigma_1 = \sigma_2 = \sigma_3 = \sigma_m = -p$$

oder für den Spannungstensor

$$\underline{\sigma} = \begin{pmatrix} \sigma_m & 0 & 0 \\ 0 & \sigma_m & 0 \\ 0 & 0 & \sigma_m \end{pmatrix}. \qquad \textit{Lange}$$

**Spanplatte.** S. sind Platten, die durch Verpressen von kleinen Teilen (Spänen) aus $\rightarrow$Holz und/oder anderen holzhaltigen Faserstoffen (z. B. Flachs- oder Hanfschäben) mit Bindemitteln hergestellt werden. Die Mehrzahl der S. besteht aus etwa 90 % Massenanteil Holz und etwa 10 % Kunstharz (Holzverklebung). Daneben gibt es aber auch mit Zement, Magnesit oder Gips gebundene Platten.

Bei den kunstharzgebundenen Platten werden nach dem Herstellverfahren unterschieden:

□ *Flachpreßplatten:* Bei ihrer Herstellung werden beleimte Späne zu ein- oder mehrschichtigen Formlingen auf eine plane Unterlage gestreut und anschließend in einer Heißpresse quer zur Plattenebene gepreßt. Dabei härtet das Kunstharz aus. Durch die Streuung und die Preßrichtung orientieren sich die Späne bevorzugt in Plattenebene. Deshalb besitzen Flachpreßplatten in allen Richtungen der Plattenebene günstige Zug-, Druck- und Biegefestigkeiten, quer zur Plattenebene aber nur eine geringe Zugfestigkeit.

□ *Strangpreßplatten:* Bei ihrer Herstellung werden beleimte Späne in einen Preßschacht gestopft, dessen Querschnitt den Plattenquerschnitt bestimmt. Durch die Orientierung der Späne quer zur Plattenebene ergibt sich eine günstige Zugfestigkeit in dieser Richtung. Strangpreßplatten müssen aber beidseitig beplankt werden, z. B. mit $\rightarrow$Furnier, Furniersperrholz ($\rightarrow$Sperrholz) oder harten Holzfaserplatten, wenn sie auf Zug, Druck oder Biegung in Plattenebene beansprucht werden sollen.

□ *Kalanderplatten:* Hier besteht die Pressenanlage im wesentlichen aus einer beheizten Walze (Kalander), die von einem Stahlband umschlungen wird, das zugleich Träger des endlosen Spanvlieses ist. Durch Andruckrollen wird das Spanplattenband kalibriert. Das Kalanderverfahren dient speziell zur Herstellung dünner S. (2–10 mm dick).

Harnstoff-Formaldehyd-Harz ist das wichtigste Bindemittel für S. im Möbel- und Innenausbau. Durch Einsatz formaldehydarmer Bindemitteltypen und durch Beschichten mit Lacken, Folien und Furnieren wird die Gefahr der Formaldehydemission erheblich reduziert. Isocyanate und die mineralischen Bindemittel sind formaldehydfrei. Bei erhöhter Feuchtebeanspruchung (Verwendung in Bad und Küche, Beplankung von Dächern, Decken und Außenwänden) werden Platten der Holzwerkstoffklasse 100 (meist mit Phenol-Formaldehyd-Harz oder Isocyanat gebunden) oder 100 G (zusätzlich mit einem Schutzmittel gegen Schädlingsbefall) eingesetzt. Bei der Außenverwendung benötigen S. einen Wetterschutz (z. B. Kunstharzputz, Profilholzbekleidung), weil sie der direkten Bewitterung nicht dauerhaft standhalten.

Die angebotenen Plattendicken reichen von 2–80 mm. Die Platteneigenschaften sind häufig besonderen Verwendungsbereichen angepaßt: Platten mit feinspaniger Oberfläche für Möbel, Platten mit einer bevorzugten Spanorientierung zur Erhöhung der Festigkeit, leichte S. mit Holzwolledecklagen für Akustikzwecke, Paneele zur Wand- und Deckenbekleidung, schwerentflammbare und nichtbrennbare S. usw. *Noack/Schwab*

Literatur: *Deppe, H. J.,* u. *K. Ernst:* Taschenb. Spanplattentechnik. Stuttgart 1991. – *Deppe, H. J.,* u. *K. Ernst:* Verarbeitung der Spanplatten. Stuttgart 1967. – DIN 68 761. Tl. 1: Flachpreßplatten für allgemeine Zwecke. Hrsg. Dt. Inst. für Normung. Ausg. Nov. 1986. – DIN 68 762: Spanplatten für Sonderzwecke im Bauwesen. Hrsg. Dt. Inst. für Normung. Ausg. März 1982. – DIN 68 763: Flachpreßplatten für das Bauwesen. Hrsg. Dt. Inst. für Normung. Ausg. Sept. 1990. – DIN 68 764: Strangpreßplatten für das Bauwesen. Hrsg. Dt. Normeninstitut. Ausg. Sept. 1974. – DIN 68 765: Kunststoffbeschichtete dekorative Flachpreßplatten. Hrsg. Dt. Inst. für Normung. Ausg. Nov. 1987. – *Kollmann, F.* (Hrsg.): Holzspanwerkstoffe. Berlin, Heidelberg, New York 1966.

**Spanwinkel** $\rightarrow$Schneidteil

**Sperrholz.** Als S. werden Platten bezeichnet, die aus mindestens drei flächig miteinander verleimten Holzlagen (meist Furniere) bestehen, deren Faserrichtungen (üblicherweise im rechten Winkel) versetzt sind. Dies bewirkt ein „Absperren" der Lagen untereinander. S. hat deshalb quer zur Faserrichtung der Decklagen höhere Festigkeit und geringere Quellmaße als Vollholz quer zur Faser.

Der Aufbau über die Plattendicke ist symmetrisch (ungerade Lagenzahl). Nach der Art der Lagen werden unterschieden (Bild 1 und 2):

☐ *Furnier-S.*, dessen Lagen ausschließlich aus Furnieren (meist Schälfurnieren) bestehen. Die verwendeten Furnierdicken liegen meist zwischen 1 und 4 mm. Wenn eine Platte Furniere unterschiedlicher Holzarten enthält, wobei die höherwertige Art (Kriterien sind Oberflächengüte, Festigkeit, Widerstandsfähigkeit gegen Schädlingsbefall) als Decklagen verwendet werden, spricht man von Kombi-S.

☐ *Stab-S.* bzw. *Stäbchen-S.* (beide Arten früher als Tischlerplatte bezeichnet), deren Mittellage aus höchstens 30 mm breiten gesägten Stäben bzw. aus höchstens 8 mm dicken, hochkant zur Plattenebene stehenden Stäbchen (meist Schälfurniere) besteht und das entweder mit Deckfurnieren allein (dreilagige Platte) oder mit Absperr- und Deckfurnieren (fünflagige Platte) abgesperrt ist.

☐ *Brett-S.*, ein relativ junges Produkt, das durch kreuzweises Verleimen einer ungeraden Zahl (meist drei) von Brettlagen hergestellt wird. Dicke der Brettlagen 5–15 mm.

S. wird sehr vielseitig verwendet, insbes. im Möbelbau (z. B. Schubkästen aus Furnier-S., Regalböden aus Stab-S., Schranktüren aus Brett-S.), im Innenausbau und im Bauwesen (z. B. Beplankung von Wand- und Deckenelementen, Betonschalungsplatten). Die Güte der Verleimung ist ein wichtiges Kriterium für die Feuchtebeanspruchbarkeit der Platten.

Der größte Teil des in Deutschland verwendeten Furnier-S. wird importiert (z. B. Nadel-S. aus Nordamerika, Skandinavien und der ehemaligen UdSSR, Laub-S. aus Südostasien, Afrika), heimisches S. vornehmlich aus Buchenholz. Neben planen S.-Platten werden auch S.-Formteile hergestellt, die als Gehäuse, Sitzschalen, Stuhllehnen, Zargen, Schubkastenteile usw. Verwendung finden. *Noack/Schwab*

Literatur: DIN 68 705. Tl. 2–5: Sperrholz (Anforderungen an Sperrhölzer für allgemeine Zwecke und für Bauzwecke). Hrsg. Dt. Inst. für Normung. Ausg. Okt. 1980/Dez. 1981. – DIN 68 708: Sperrholz; Begriffe. Hrsg. Dt. Inst. für Normung. Ausg. Apr. 1976. – *Kollmann, F.* (Hrsg.): Furniere, Lagenhölzer und Tischlerplatten. Berlin, Heidelberg, New York 1962.

**Spezial-Roheisen** →Gießerei-Roheisen

**Spindelpresse.** S. teilen sich auf in Schwungrad-S. (arbeitsgebunden) und schwungradlose S. (kraftgebunden). Die letzten haben für die Umformtechnik praktisch keine Bedeutung. Bei den Schwungrad-S. wird die Drehbewegung über ein steilgängiges Mehrfachgewinde in eine geradlinie Stößelbewegung umgewandelt und dabei die in einem mit der Spindel verbundenen Schwungrad gespeicherte kinetische Energie in Nutz- und Verlustarbeit umgesetzt (→Umformmaschine). Während früher Reibscheiben- bzw. Reibrollenantriebe die Regel waren, führen sich ab 1960 Direktantriebe mit Reversiermotor, Hydromotor-Antriebe und ab 1987 frequenzgeregelte Direktantriebe ein. Moderne Schwungrad-S. sind Präzisions-Umformmaschinen für Vorgänge mit hohem Arbeits- und Kraftbedarf, z. B. für das Gesenkschmieden von nicht mehr zu bearbeitenden Turbinenschaufeln. Mit der neuen Bauart der Kupplungs-S. wird eine genauere Energiedosierung neben höherer Stößelgeschwindigkeit und damit größerer Hubzahl angestrebt. *Lange*

**Spinodalkurve.** Die S. kennzeichnet die Stabilitätsgrenze zwischen einem homogenen und heterogenen Gebiet. Sie trennt damit den instabilen vom metastabilen Bereich. Für den metastabilen Bereich einer reinen homogenen Phase gilt folgendes mechanisches Stabilitätskriterium:

$$\left(\frac{\partial^2 F}{\partial V^2}\right)_T > 0 \ \text{bzw.} \ \left(\frac{\partial p}{\partial V}\right)_T < 0 \qquad (1),$$

mit F freie Energie, V Volumen, p Druck, T Temperatur. Ist dies nicht der Fall, so zerfällt das System in 2 Phasen.

Betrachtet man ausschnittsweise das p,V-Diagramm eines reinen Stoffs, so wird der Naßdampf-

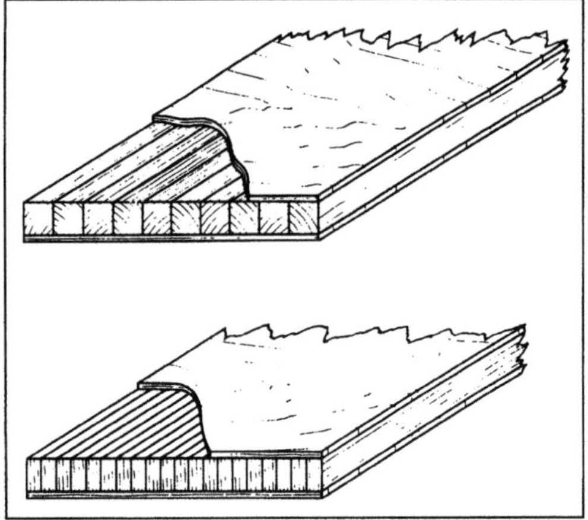

*Sperrholz 1: Aufbau eines dreilagigen Furniersperrholzes.*

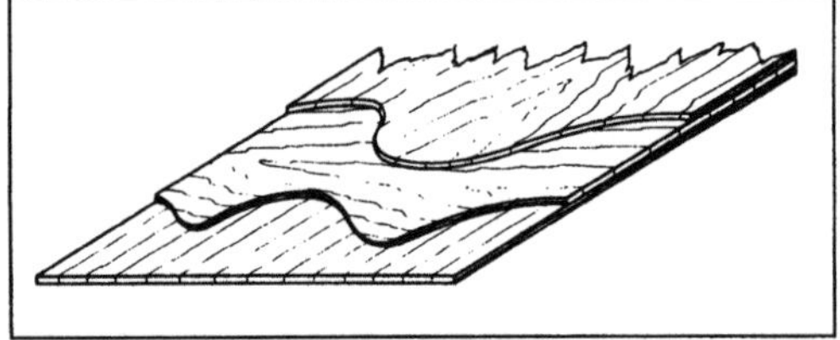

*Sperrholz 2: Aufbau eines Stabsperrholzes (oben) und eines Stäbchensperrholzes (unten).*

bereich (Bild) abgegrenzt durch die Siedelinie a und die Taulinie b. Zwischen diesen beiden Grenzkurven liegen die beiden Spinodalen b, die am kritischen Punkt mit gemeinsamer Tangente ineinander übergehen. Die Grenzkurven b trennen den metastabilen homogenen (überhitzten) Bereich der Flüssigkeit vom instabilen heterogenen Bereich bzw. den instabilen heterogenen Bereich vom metastabilen homogenen (unterkühlten) Bereich des Dampfes. Die Spinodalen sind dabei festgelegt durch die Bedingung $\left(\dfrac{\partial p}{\partial V}\right)_{|T}=0$.

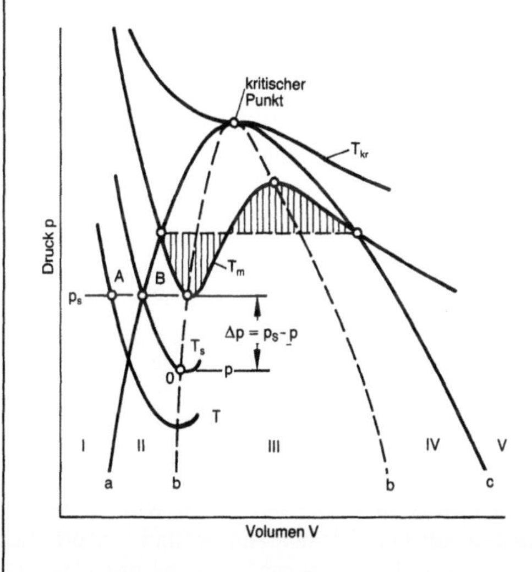


*Spinodalkurve: Zur Darstellung der Spinodalen im p,V-Diagramm.*

I stabile Flüssigkeit, II metastabile Flüssigkeit (überhitzte Flüssigkeit), III instabiler Bereich, IV metastabiler Dampf (unterkühlter Dampf), V stabiler Dampf, a gesättigte Flüssigkeit, b Spinodale, $\left(\dfrac{\partial p}{\partial V}\right)_{|T}=0$, c gesättigter Dampf

Die ausgezogenen Linien sind unterschiedliche Isothermen nach der Zustandsgleichung von *van der Waals*. Führt man, ausgehend vom Zustand A der Flüssigkeit, Wärme zu und hält man dabei den Druck $p_s$ konstant, so durchläuft man eine Reihe von Zuständen A→B→C. Im Punkt B setzt die Dampfbildung ein, wenn man für die Entstehung einer Phasengrenzfläche sorgt. Ist diese Phasengrenzfläche nicht gegeben, so strebt die Flüssigkeit dem Zustand B zu, ohne dabei in die Dampfphase überzugehen. In diesem Bereich ist die Flüssigkeitstemperatur T höher als die entsprechende Sättigungstemperatur $T_S$. Deshalb bezeichnet man die Flüssigkeit in diesen Zuständen als metastabil. Punkt C auf der linken Spinodalen ist die Grenze zwischen dem metastabilen und dem instabilen Bereich. Im instabilen Bereich liegen beide Phasen gleichzeitig vor. *Weinspach*

Literatur: Autorenkollektiv: Thermodynamik der Mischphasen I. Leipzig 1973. – Preprints: Wärmeaustauscher – Neue Entwicklungen und Berechnungsmethoden. Hrsg. GVC-VDI Ges. Verfahrenstechn. u. Chemieingenieurwesen. Düsseldorf 1983.

**Spiralbandtrockner.** Bandtrockner, bei dem ein endloses Plattenband, auf dem das Gut transportiert wird, in Form einer Spirale um ein zentrales Führungsgerüst von oben nach unten in einem zylindrischen Behälter läuft. Am unteren Behälterende wird das getrocknete Gut abgeworfen. Nachdem feuchtes Gut aufgegeben wurde, gelangt das Band von oben in den →Trockner. Zentral angeordnete Ventilatoren blasen dann die Trocknungsluft von innen nach außen über das Spiralband.

S. werden mit einer Plattenfläche bis zu 1000 m² gebaut. *Dohrn*

**Spiralbohrer.** Dem S. kommt unter den Bohrwerkzeugen die größte Bedeutung zu, denn er gilt als wichtigstes Werkzeug zum Herstellen zylindrischer Löcher aus dem Vollen oder zum Vergrößern eines vorgegebenen Lochdurchmessers beim →Aufbohren. Sein Anteil an der spanenden Fertigung wird auf 20–25 % geschätzt, und er ist heute das in den größten Stückzahlen erzeugte und am weitesten verbreitete spanende Werkzeug.

Vereinfachend gesehen setzt sich der S. aus Schaft und →Schneidteil zusammen, und erst eine genauere Betrachtung zeigt die komplexe geometrische Gestaltung insbes. der Bohrerspitze. Mit derzeitig etwa 150 Anschliffarten und mit zahlreichen werkstoffspezifischen Bohrerprofilen versucht man, den vielfältigen Bearbeitungsaufgaben hinsichtlich Qualität und Leistung gerecht zu werden. Die Schneidteilgeometrie des S. wird in DIN 6581 beschrieben.

Zu den Schneiden des Bohrers zählen die Hauptschneiden, die Querschneide und die Nebenschneiden. Im Bereich der Querschneide ist der Spanwinkel stark negativ. Da zudem die Schnittgeschwindigkeiten im Zentrum gegen null gehen, schneidet die Querschneide kaum noch. Es kommt vielmehr zum Quetschen und →Reiben, wodurch hohe Vorschubkräfte entstehen.

Die bedeutendsten S.-Spitzenanschliffe sind in der DIN 1412/4 standardisiert. *König*

Literatur: DIN 6581: Begriffe der Zerspantechnik. Geometrie am Schneidkeil des Werkzeuges. Hrsg. Dt. Normeninstitut. Ausg. Mai 1966. – DIN 1412: Spiralbohrer; Begriffe. Hrsg. Dt. Inst. f. Normung. – *Gühring, K.:* Neuere Entwicklungen bei der Bohrbearbeitung. wt-Z. f. ind. Fertig. 69 (1979), S. 771/76. – *Hauser, K.:* Bohreranschliffe. Techn. Rdsch. (1979) Nr. 41, S. 15/19.

**Spiralwindsichter.** Der S. teilt einen Massenstrom körnigen Feststoffs in 2 Fraktionen, deren Partikel entweder kleiner oder größer gegenüber einem am

Gerät einstellbaren Trennkorndurchmesser $d_T$ sind. Das der Trennung zugrundeliegende Prinzip ähnelt dem beim Zyklon angewendeten Abscheidemechanismus. Beim S. wird ein spiralartig von innen nach außen rotierender Luftstrom erzeugt, der am äußeren Umfang mit dem Sichtgut beladen wird. Auf die so in Rotation versetzten Partikel wirken nun 2 Kräfte: die durch die Kreisbewegung bedingte Zentrifugalkraft Z und die aus der radialen Strömung resultierende Widerstandskraft W der Luft. Bei großen Partikeln überwiegt Z, und das Teilchen wird als Grobgut ausgetragen. Bei kleinen Partikeln dominiert W, und es ist $d < d_T$. S. erreichen eine sehr scharfe Trenngrenze von 2–100 µm und Durchsätze von 0,1–6 t/h. Als wichtigste Bauformen unterscheidet man:

□ *Statische Sichter:* Bei statischen S. (Bild 1) wird der rotierende Luftstrom durch geeignet angeordnete Leitschaufeln erzeugt. Die Partikel gelangen auf die Spiralbahn, die zur Mitte hin immer höhere

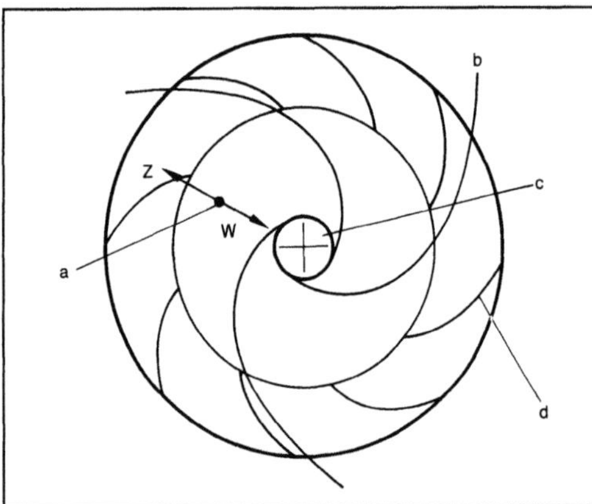

*Spiralwindsichter 1: Statischer Sichter.*

a Partikel im Strömungsfeld, b Luftströmung, c Austrag von Sichtluft und Feingut, d Leitschaufeln

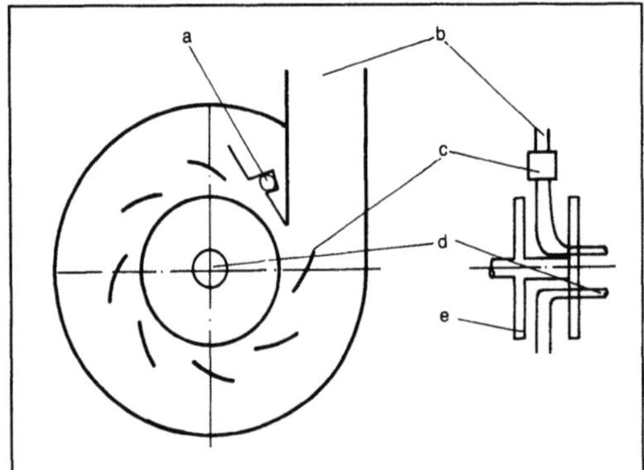

*Spiralwindsichter 2: Sichter mit rotierenden Einbauten.*

a Grobgutaustrag, b Lufteintritt, c Leitschaufeln, d Luftaustritt, e rotierende Sichtraumwände

Umfanggeschwindigkeiten erreicht. Grobe Teilchen werden fortgeschleudert, die feinen mit der Sichtluft ausgetragen und danach von einem Zyklon oder Filter abgeschieden.

□ *Sichter mit rotierenden Einbauten:* Eine deutlich verbesserte Trennleistung ergibt sich mit rotierenden Einbauten im Sichter (Bild 2). Die bei der Sichtung störenden Einflüsse durch die Grenzschicht lassen sich durch rotierende Sichtraumwände beseitigen. Weil durch diese Maßnahme die Umfanggeschwindigkeit steigt, erzielt man eine schärfere Trenngrenze. Die notwendige Präzision in der Fertigung macht den Sichter allerdings auch teurer. *Müller*

**Spitzendrehmaschine.** S. dienen zum Bearbeiten langer, wellenförmiger Werkstücke, die zwischen zwei Drehspitzen gespannt werden (Leit- und Zugspindeldrehmaschine). Die Drehbewegung wird entweder durch axial wirkende Stirnmitnehmer oder durch radial wirkende Drehherzmitnehmer auf das Werkstück übertragen. Bei den derzeit häufiger angewendeten Stirnmitnehmern wird eine formschlüssige Verbindung durch Eindringen gehärteter Zahnspitzen in die Stirnseite des Werkstücks erreicht. Lange Werkstücke, die zur Durchbiegung neigen, werden zusätzlich durch Lünetten abgestützt. *Schulz*

**Spitzenlosschleifen.** Das S. ist ein Rundschleifverfahren von zylindrischen Außen- und Innenflächen (→Schuhschleifen, →Schleifprozeß-Modifikation) an nicht formschlüssig eingespannten Werkstücken. Nach der Hauptvorschubbewegung unterscheidet man das spitzenlose Durchgangs- und das spitzenlose Einstechschleifen.

Das zwischen →Schleifscheibe und Regelscheibe umlaufende Werkstück wird von einer Auflageschiene getragen (Bild). Die um ihre Achse leicht (bis zu 5°) geneigte Regelscheibe erteilt dem Werkstück die zum Schleifen notwendige Drehbewegung (Werkstückgeschwindigkeit) und den beim Durchgangsverfahren erforderlichen Längsvorschub. Die Werkstückauflageschiene muß der Werkstückform angepaßt sein. Beim Durchlaufschleifen ist sie eben, beim Einstechschleifen erhält sie häufig eine dem Rohteil entsprechende Kontur. Im letzteren Fall weist die Regelschiene eine sehr schwache Neigung auf, und der dadurch erzeugte Längsvorschub des Werkstücks wird durch einen Anschlag begrenzt. Im Bild ist das Verfahrensprinzip des spitzenlosen Durchgangsschleifens dargestellt.

Schleifscheibe, Regelscheibe und Werkstückauflageschiene sind direkt am Bearbeitungsprozeß beteiligt. Zur Anwendung kommen Schleifscheiben aus Normal-, Halbedel- oder Edelkorund und Siliciumcarbid in unterschiedlichen Bindungen (Schleifwerkzeuge). Diamant- und CBN-Schleif-

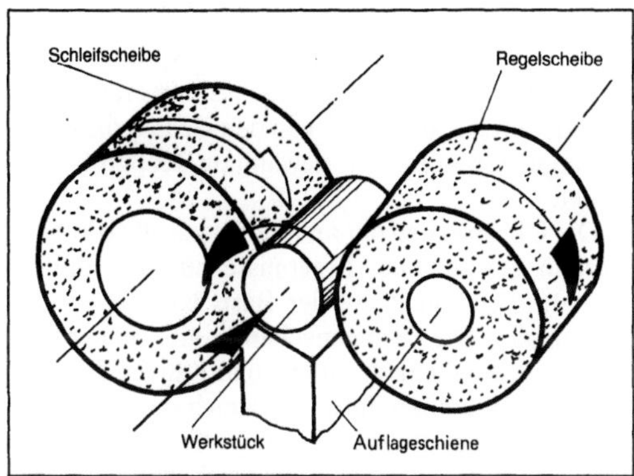



*Spitzenlosschleifen: Prinzip des spitzenlosen Außenrund-Durchgangsschleifens.*

scheiben werden in der Praxis ebenfalls eingesetzt. Die Regelscheibe besteht i. a. aus gummigebundenem, feinkörnigem Normalkorund. Die Auflageschiene wird aus gehärtetem oder mit Hartstoff belegtem Stahl, gelegentlich auch aus Perlitguß oder Bronze hergestellt.

Aus dem Verfahrensprinzip ergeben sich folgende Vorteile:

☐ Durch die linienförmige Abstützung des Werkstücks sind auch biegeelastische und spröde Werkstücke bearbeitbar.

☐ Das Werkstück braucht keine Vorrichtung zum Spannen und zur Übertragung der Drehbewegung. Dadurch entfallen Fehlerquellen durch Zentrieren und Umspannen.

☐ Der Werkstückwechsel ist unkompliziert, so daß die Nebenzeiten sehr kurz sind. Somit ist das S. besonders für die Serien- und Massenproduktion geeignet.

Beim S. können Werkstücke mit einem Durchmesser von 0,5–400 mm bearbeitet werden. Arbeitsbeispiele aus der Großserienfertigung sind Bolzen, Wellen und Wälzlagerelemente, Ventilstößel, Düsennadeln u. a.

Für das Arbeitsergebnis ist die geometrische- und dynamische Stabilität des Schleifprozesses von entscheidender Bedeutung. Eine Modifikation des S. ist das Schuhschleifen. *Kenter*

Literatur: *König, W.:* Fertigungsverfahren. Bd. 2: Schleifen, Honen, Läppen. Düsseldorf 1989. – *Spur, G.,* u. *Th. Stöferle:* Handb. Fertigungstechnik. Bd. 3/2: Spanen. München, Wien 1980. – *Weinert, K.:* Spitzenloses Schleifen von Getriebewellen. Jahrb. Schleifen, Honen, Läppen und Polieren. Ausg. 53. Essen 1985.

**Spitzenlosschleifmaschine** →Spitzenlosschleifen

**Spritzverfahren, thermisches.** Bei allen Verfahren, die dem thermischen Spritzen zuzuordnen sind, wird ein Werkstoff, der Spritzzusatz, aufgeschmolzen, wobei die Energie zum Schmelzen des Spritz-

werkstoffs auf unterschiedliche Art und Weise eingebracht wird, u. a. durch

☐ Verbrennung von Gasen: Flammspritzen (Bild 1), Flammschockspritzen (Detonationsspritzen), Hochgeschwindigkeitsflammspritzen;

☐ elektrische Lichtbogenentladung (Bild 1): Lichtbogenspritzen, atmosphärisches Spritzen, Inertgas-, Vakuum-, Unterwasser-Plasmaspritzen;

☐ Elektrowärme: Induktions-, Kondensatorentladungsspritzen;

☐ Laserstrahlung: Laserspritzen.

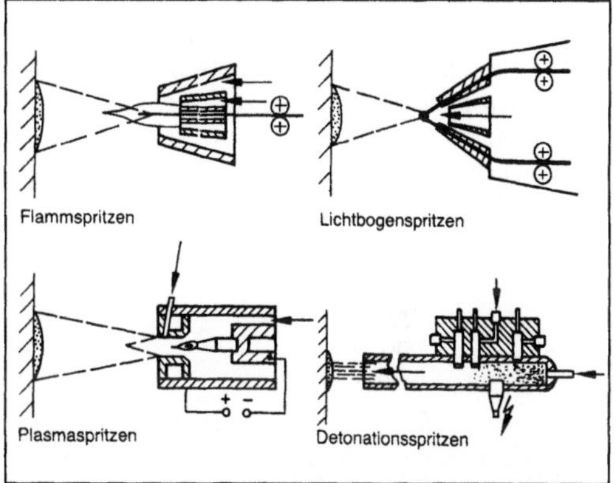



*Spritzverfahren, thermisches 1: Schematische Darstellung wesentlicher thermischer Spritzverfahren.*

Die aufgeschmolzenen Teilchen werden mit hoher Geschwindigkeit auf die Oberfläche des Grundwerkstoffs bzw. des zu beschichtenden Bauteils geschleudert.

Die am häufigsten eingesetzten S. sind Flammspritzen (Draht-, Pulver-), Lichtbogen- und Plasmaspritzen. Der Spritzwerkstoff liegt normalerweise vor dem Spritzprozeß in Draht-, Stab- oder Pulverform vor.

Mit t. S. lassen sich u. a. reine Metalle, Legierungen, Cermets (ceramic and metal) und Keramiken verarbeiten.

T. S. zeichnen sich im Vergleich zu anderen Verfahren durch eine hohe Abscheidungsrate und relativ geringe Energieeinbringung in den Grundwerkstoff aus.

Um maximale Haftfestigkeiten zu erreichen, muß das Substrat vor dem Aufbringen der Schicht gereinigt und aufgerauht werden. Hierdurch wird eine mechanische Verklammerung sowie eine Aktivierung bewirkt. Wird ein keramischer oder ein anderer Werkstoff mit begrenzter Haftfestigkeit verspritzt, so wird zuvor meist eine Haftschicht aufgebracht, z. B. aus Mo, NiAl, NiCr oder MCrAlY (M steht für Fe, Co, Ni). Eine derartige Schicht erhöht einerseits die Haftung zwischen Metall und Keramik, wirkt andererseits als Puffer für Wärmespannungen und ggf. bei Hochtemperaturanwendung als Oxidationsschutz bzw. Heißgaskorrosionsschutz.

T. S. finden des weiteren Anwendung im →Verschleißschutz, z. B. bei Kolbenringen (Bild 2), und im Gleit- und Korrosionsschutz. Da thermische Spritzschichten eine →Porosität von bis zu 10% Volumenanteil aufweisen, können lediglich die dem kathodischen Korrosionsschutz dienenden Schichten aus Zink oder Aluminium ohne zusätzlichen Schutz verbleiben. Doch wird auch hier i. a. ein Versiegeln mit Farbanstrich oder Kunststoff vorgenommen. Bei Schichten aus Sondermetallen kommen ebenfalls derartige Maßnahmen, aber auch Oberflächen-Wärmebehandlungen zum Einsatz, z. B. Diffusionsglühen, heißisostatisches Pressen (HIP), Einschmelzen o. ä. Thermische Spritzschichten finden nicht nur Einsatz zum Beschichten von Werkstoffen, d. h. zur Erzeugung von Schichtverbundwerkstoffen, sondern auch zum Herstellen von Faserverbundwerkstoff-Halbzeugen bzw. -Bauteilen (Faserverbundwerkstoffe). *Steffens*

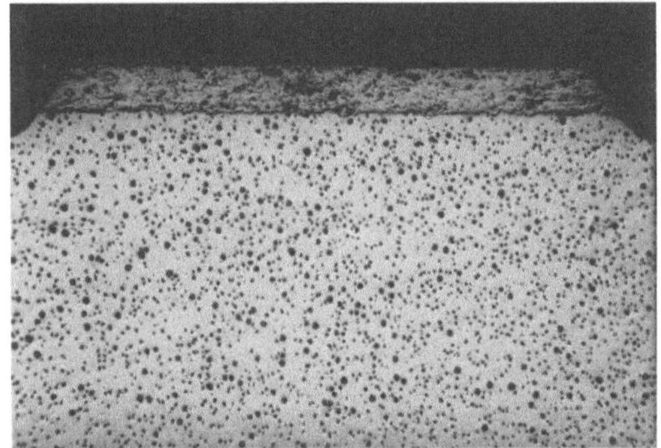

*Spritzverfahren, thermisches 2: Schnitt durch molybdänbeschichteten Kolbenring. Grundwerkstoff Gußeisen mit Kugelgraphit.*

Literatur: Jahrb. Oberflächentechnik 1986. Bd. 2. Berlin; 1986, S. 264/82. – *Simon, H.,* u. *M. Thoma:* Angewandte Oberflächentechnik für metallische Werkstoffe. München, Wien 1985. – *Steffens, H.-D., K.-H. Busse* u. *U. Fischer:* Moderne Entwicklungen auf dem Gebiet des Thermischen Spritzens.

**Sprödbruchverhalten.** Bei kubisch-raumzentrierten Stählen die Neigung zum Bruch ohne vorhergehende makroskopische Verformung bei tiefen Temperaturen, hohen Beanspruchungsgeschwindigkeiten und/oder mehrachsigen Spannungszuständen. Sprödbruch wird i. a. dadurch ausgelöst, daß wegen der Behinderung der plastischen Verformung die größte Hauptzugspannung die mikroskopische Spaltbruchspannung des Werkstoffs erreicht und damit einen Spaltbruch auslöst.

Die Neigung zum Sprödbruch wird durch zahlreiche Prüfverfahren qualitativ ermittelt, bei denen an gekerbten Proben meist bei hoher Beanspruchungsgeschwindigkeit in Abhängigkeit von der Temperatur die bis zum Bruch auftretende Verformung, die dazu erforderliche Verformungsenergie oder das Bruchaussehen bewertet wird. Der Wechsel vom duktilen Hochlagenverhalten zur spröden Tieflage wird durch eine Übergangstemperatur festgelegt, deren Zahlenwert von den Beanspruchungsbedingungen und der gewählten Meßgröße abhängt.

Die Übertragung der im Laborversuch an kleinen Proben gewonnenen Ergebnisse auf das Bauteilverhalten geschieht auf der Basis langjähriger Erfahrungen. Die Bruchmechanik gibt neuerdings auch die Möglichkeit einer quantitativen Beurteilung von Bauteilen durch Vergleich der Beanspruchung mit den Werkstoffkennwerten, jeweils ausgedrückt in den gleichen bruchmechanischen Kenngrößen. *W. Dahl*

**Sprudelschicht.** S. können in Bodenkolonnen (z. B. zur Rektifikation) auftreten, wenn die →Gasbelastung genügend groß ist. Die auf dem Boden stehende Flüssigkeitsschicht wird so stark vom Gas durchströmt, daß sich Blasenagglomerate und Gasschläuche bilden (→Zweiphasenschicht). Auf diese Weise ist die Stoffübertragungsfläche (Gas-Flüssigkeit) groß im Verhältnis zum benötigten Volumen.

Ein Blasenbett verwandelt sich in eine S., wenn die Gasgeschwindigkeit mehr als doppelt so groß wie die Blasenaufstiegsgeschwindigkeit stabiler Blasen ist. *Dohrn*

**Sprühätzen.** Unter S. versteht man ein Ätzverfahren (→Ätzen), bei dem das →Ätzmittel zum Zwecke des chemischen Werkstoffabtragens durch Düsen mit Drücken um 1 bar auf das meist senkrecht angeordnete Werkstück gesprüht wird. Gegenüber dem →Tauchätzen bietet das S. den Vorteil, daß durch den Flüssigkeitsdruck des aufgesprühten Ätzmediums die Reaktionsprodukte von der Metalloberfläche wesentlich intensiver abgespült werden und ein rascher Austausch des Ätzmediums vorliegt.

In der industriellen Fertigung hat sich heute i. a. das S. durchgesetzt. Es bringt die besten Ergebnisse in bezug auf Abtraggeschwindigkeit und Unterätzung, denn der gerichtete Ätzmittelstrahl fördert den Abtragfortschritt senkrecht zur Werkstückoberfläche, so daß eine geringere Unterätzung auftritt als beim Tauchätzen. Weiterhin sind geringere Mengen an Ätzlösung erforderlich, wodurch eine leichtere Konstanthaltung der Ätztemperatur ermöglicht wird.

Die Sprühdüsen (unterschiedlich in ihrer Art und Sprühcharakteristik) sind je nach Maschinenkonstruktion entweder fix angeordnet oder folgen einer zwangsläufigen Relativbewegung. Eine hohe ätztechnische Präzision wird in erster Linie durch eine gleichmäßige Versprühung des Wirkmediums über die gesamte Förderbreite bzw. über die zur Verfügung stehende Nutzfläche erzielt. Eine zufriedenstellende Ätzbearbeitung ist weiterhin abhängig von einer genauen Abstimmung des Sprühdrucks und einer engen Temperaturtoleranz des Wirkmediums. Dieses Ätzverfahren zwingt zur Verwendung widerstandsfähiger Abdeckstoffe (→Maske), die von der mit Druck aufgesprühten Ätzlösung nicht unterspült werden (→Abtragen, chemisches). *König*

**Sprühkegel** →Einstoffdüse

**Sprühkolonne.** Eine S. ist ein verfahrenstechnischer Apparat, bei dem eine flüssige Phase in eine kontinuierliche flüssige (beim →Extrahieren) oder gasförmige Phase (bei der →Absorption) gesprüht wird. Bild 1 zeigt eine S. zur Absorption. Die Waschflüssigkeit wird am oberen Kolonnenende eingesprüht und mit dem aufsteigenden Gas im →Gegenstrom geführt. Eine zur Flüssig-Flüssig-Extraktion verwendete S. ist in Bild 2 dargestellt. Die disperse Phase wird in die kontinuierliche Phase eingesprüht. Dies kann die leichte oder die schwere Phase sein.

Da S. keine →Einbauten besitzen, kommt es schon bei Kolonnen mit geringen Durchmessern zu axialen Rückvermischungen. Dadurch verringert sich das Konzentrationsgefälle entlang der Kolonne, und die Trennwirkung wird kleiner. Deshalb nehmen die Höhen der Übergangseinheiten mit wachsendem Durchmesser/Länge-Verhältnis deutlich zu. *Dohrn*

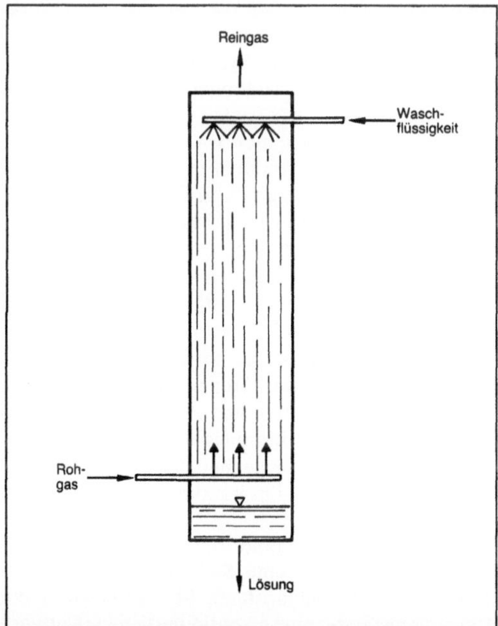


*Sprühkolonne 1: Sprühkolonne zur Absorption.*

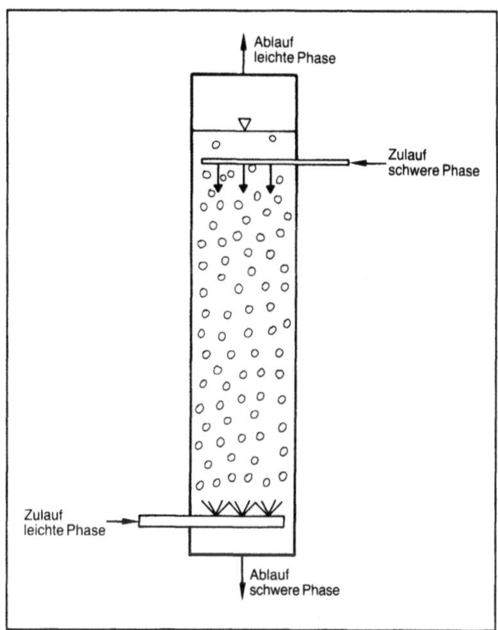


*Sprühkolonne 2: Sprühkolonne zur Flüssig-Flüssig-Extraktion.*

**Sprühtrocknen.** Schonendes Verfahren zur Trocknung von flüssigen Gütern, das hinsichtlich der thermischen Belastung des Trocknungsguts der Walzentrocknung überlegen ist. Man setzt es deshalb in der Lebensmittelindustrie häufig ein. Das Gut wird dabei zerstäubt, d. h. es werden Tröpfchen mit einem Durchmesser von ca. 0,1 mm erzeugt und anschließend in einem Heißluftstrom (120–150 °C) getrocknet. Die Abscheidung des trockenen Produkts aus dem Luftstrom erfolgt in Zyklonen oder Filterapparaten.

Zur Zerstäubung der Flüssigkeit dienen rotierende Scheiben (ca. 15 000 min$^{-1}$), Druckzerstäuber (ca. 70–100 bar) und Druckluftzerstäuber (Zweistoffdüsen).

Die richtige Einstellung des Zerstäubungsvorganges ist für den reibungslosen Betrieb einer Sprühtrocknungsanlage von entscheidender Bedeutung. Zu große Tropfen erreichen die Innenwand der konischen Trocknungskammer, noch bevor sie trocken sind, und führen zur Krustenbildung. Zu kleine Tropfen verursachen Probleme bei der Abscheidung der Produktpartikel.

Die Vorteile des Verfahrens liegen darin, daß das Wasser hauptsächlich im ersten Trocknungsabschnitt entzogen wird (d. h. Trocknungsfront an der Produktoberfläche) und daß kurze Trocknungszeiten möglich sind. Örtliche Überhitzung und thermische Schädigung des Produkts sind dadurch weitgehend ausgeschlossen.

Häufig schließt sich an das S. ein Agglomerations- oder Instantisierprozeß an.

Folgende Lebensmittel sind oft sprühgetrocknet: Milch- und Molkenpulver, Kaffee und Kaffee-Ersatzprodukte, Stärke, Kartoffelpüree, Eipulver. *Kerner/Loncin*

**Spülung.** Die Aufgabe der S. besteht darin, der Bearbeitungsstelle gefiltertes →Dielektrikum in ausreichender Menge zuzuführen. Unterschiedliche Spülvarianten erlauben beim funkenerosiven →Senken eine exakte Anpassung an die jeweiligen Anforderungen und Geometrien.

Die meisten Bearbeitungsaufgaben erfordern eine Saug- oder Druck-S. bzw. eine Kombination von beiden. Bei schwierigen Bearbeitungsaufgaben wird die S. zusätzlich durch eine abhebende Bewegung der Elektrode (Intervall-S.) unterstützt. Die seitliche S. läßt sich nur bei flachen Gesenken ausreichend wirkungsvoll einsetzen.

Die örtliche Durchflußmenge übt einen entscheidenden Einfluß auf den Zustand des Dielektrikums aus. Dieser wiederum beeinflußt das Prozeßverhalten, das →Abtragverhalten und vor allem die →Abbildungsgenauigkeit.

Grundsätzlich sollte möglichst wenig Dielektrikum im Spalt fließen. Ein erhöhter Verschmutzungsgrad verursacht eine Verbesserung des Zündverhaltens und eine Vergrößerung des Arbeitsspalts. Allerdings besteht eine untere Grenze insofern, als bei einer Durchflußmenge gegen null der Erosionsprozeß zum Erliegen kommt, da die Abtragprodukte nicht mehr aus dem Spalt entfernt werden.

Beim funkenerosiven →Schneiden erfolgt die S. entweder durch Freistrahlen von oben und unten meist koaxial zum Draht oder im Bad. *König*

**Stabelektrode** →Elektrode (Lichtbogenschweißen)

**Stabilisator (Lebensmitteltechnik).** Bezeichnung für eine Gruppe z. T. recht unterschiedlicher Stoffe, die ganz allgemein unbeständigen Materialien oder Systemen zugesetzt werden, um physikalische, chemische oder physikalisch-chemische Veränderungen zu verzögern oder zu unterbinden. Im Bereich der Lebensmittel sind insbes. Emulsionen bzw. Suspensionen gegen Entmischung durch Koaleszenz der inneren Phase bzw. Agglomeration suspendierter Partikel sowie gegen Entmischung durch Sedimentationsvorgänge zu stabilisieren. Durch Zugabe von S. wird eine Erhöhung der Viskosität erzielt, wodurch die Phasentrennung und die Entladung elektrisch geladener kolloidaler Teilchen (und damit die Koagulation) verlangsamt wird. Dabei wirken die S. als Schutzkolloide, in deren Matrix die Emulsions- oder Suspensionsbestandteile eingebettet werden und deren Beweglichkeit reduziert wird. Auf Grund des Wasserbindevermögens der S. wird

die Neigung zum Wasseraustritt aus wasserreichen Lebensmitteln reduziert und die Retrogradation der Stärke verzögert.

Weitere stabilisierende Eigenschaften sind der Schutz gegen das Auskristallisieren bestimmter Lebensmittelinhaltsstoffe (z. B. Zucker) sowie die Mitwirkung an der Verhinderung von Oxidationsvorgängen (Antioxidantien) und Masseverlust. Durch die Anwendung von S. ist eine Erhöhung der mechanischen und thermischen Belastbarkeit von Lebensmitteln erzielbar.

Die wichtigsten S. sind native und modifizierte Stärke, Dextrine, Pektine, Gummiarabikum, Guarkernmehl (pflanzliche Produkte), Gelatine, Kasein (Produkte tierischen Ursprungs), Alginate, Agar-Agar, Carrageenane (aus Meerespflanzen gewonnen), Xanthan (mikrobiologisch erzeugt) und die Celluloseether Methylcellulose und Carboxymethylcellulose. Auf Grund ihrer unterschiedlichen funktionellen Eigenschaften richtet sich ihre oft kombinierte (synergistische Effekte) Anwendung nach dem Produkt und den zu erzielenden Produkteigenschaften. *Kerner/Loncin*

Literatur: *Marckhoff, U.:* Hydrokolloide und deren Anwendung als Stabilisator in der Lebensmittelindustrie. ZFL 5 (1986).

**Stabilität (kontinuierliche Prozesse).** Für die Beurteilung dynamischer Vorgänge in kontinuierlich betriebenen Bioreaktoren ist die lokale S., d. h. die zeitliche Konstanz, eines bestimmten Parameters im stationären Zustand von großer Bedeutung. Wenn ein stationärer Zustand bei lokaler Betrachtung asymptotisch stabil ist, werden die Werte einzelner Konzentrationen nach kurzfristiger, geringfügiger Störung des Systems wieder den Soll-Wert des betrachteten stationären Zustands annehmen.

Bei instabilen Systemen ist ein Wegdriften der Konzentration vom stationären Zustand zu erwarten. In bistabilen Systemen driftet die Konzentration von einem stationären Zustand nach Störung des Systems ab und nähert sich einem zweiten stationären Zustand anderer Größenordnung an. Bi-S. ist eine Voraussetzung für das Auftreten von Oszillationen bei autokatalytischen Reaktionen. In diesen Fällen pendelt die betrachtete Größe des Systems zwischen zwei Grenzwerten ohne äußere Einflußnahme hin und her. Beobachtet werden solche Oszillationen beispielsweise bei der Glycolyse in Hefezellen sowie bei der Pyruvatbildung durch Escherichia coli in kontinuierlicher Kultivierung.

Hinweise auf instabile Betriebszustände eines Bioprozesses liefert eine S.-Analyse des Monod-Modells für den Chemostaten. Man ist bestrebt, die Betriebszustände einer kontinuierlichen Kultivierung so festzulegen, daß Instabilitäten oder Oszillationen ausgeschlossen werden. Diese Forderung ist häufig schwer zu realisieren, da enzymkatalysierte Reaktionssequenzen wie die Stoffwechselaktivität in Mikroorganismen kaum einen Gleichgewichtszustand erreichen und somit zeitabhängige Vorgänge sind. So kann bei den fermentativen Gewinnen von Lösungsmitteln mit Clostridium acetobutylicum eine Oszillation zwischen der Produktion von Essigsäure oder Buttersäure und – nach Umschalten auf den Sekundärstoffwechsel – von Aceton/Butanol/Ethanol beobachtet werden. Die Periodizität dieses Vorgangs liegt bei ca 20 h. Dabei betragen die Schwankungen in der Lösungsmittelausbeute bis zu 30 %. Durch Erhöhen des volumenbezogenen Mediumsdurchsatzes (Verdünnungsrate) kann die Amplitude der Oszillation weitgehend gedämpft werden. *Liefke*

Literatur: *Bailey, J. E.,* u. *D. F. Ollis:* Biochemical Engineering Fundamentals. 2. Aufl. New York 1986. – *Frese, D.,* u. *U. Stahl:* Chemische Oszillationen als Zeitgeber für biologische Systeme. Bio-Engineering 6 (1990), S. 19.

**Stabilitätsdiagramm** →Reaktorstabilität

**Stabziehen.** S. gehört nach DIN 8584, Bl. 2, zu den Verfahren des Durchziehens und ist als Gleitziehen eines Stabes durch ein Werkzeug (Ziehring, Ziehmatrize) mit kreisförmiger oder anders geformter Austrittsöffnung (→Ziehen von Rundstäben bzw. -stangen oder Profilstäben) definiert (Bild 1).

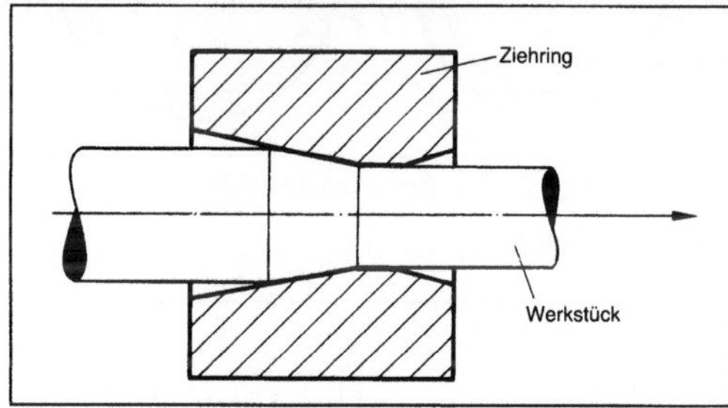


*Stabziehen 1: Gleitziehen von Rundstäben.*

Das S. ist ein Verfahren mit mittelbarer Krafteinleitung. Die maximale Querschnittsabnahme (→Umformgrad) wird begrenzt durch die vom umgeformten Querschnitt übertragbare →Spannung ohne Einschnürung bzw. →Bruch. Folgende Bereiche von Matrizenöffnungswinkel $2\alpha$, Umformgrad $\varphi$ (Querschnittsabnahme) werden i. a. genutzt: $10° \leq 2\alpha \leq 30°$, $0{,}2 \leq \varphi_{max} \leq 0{,}3$ (Umformgrade $\varphi_{max} > 0{,}3$ nur in Ausnahmefällen). Der Werkstofffluß ist zunehmend inhomogen mit größer werdendem Matrizenöffnungswinkel und bei schlechteren Reibbedingungen in der Ziehdüse (Bild 2). Der Spannungsverlauf in der Umformzone, deren Berandung und der Druck auf die Ziehdüsenwand,

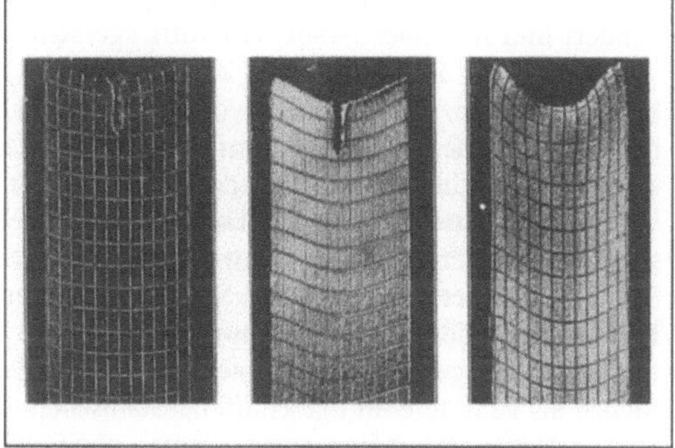

*Stabziehen 2: Einfluß der Ziehdüsengeometrie auf den Formänderungszustand. (Ziehversuche an Kupferstäben nach* A. Pomp)

ermittelt mit dem numerischen Näherungsverfahren Finite-Differenzen-Methode, sind in Bild 3 dargestellt. Beim S. stellen sich wegen der verhältnismäßig kleinen Querschnittsabnahmen und damit Oberflächenvergrößerungen nicht die Probleme der Oberflächenvorbehandlung und der Schmierung in gleicher Schärfe wie beim →Fließpressen. Die Rohteile

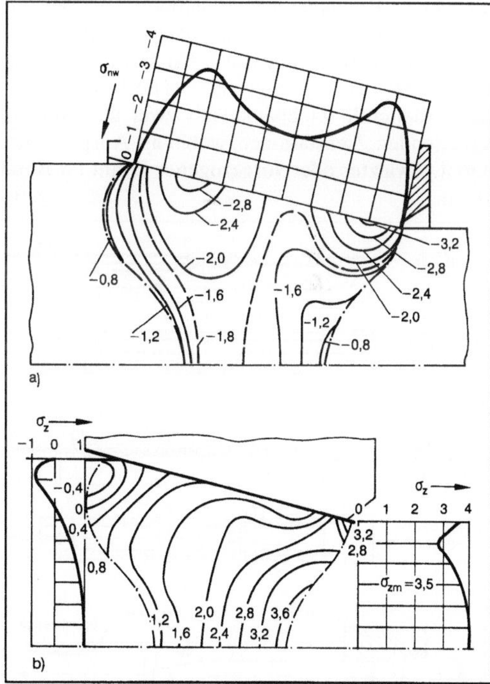


*Stabziehen 3: Stabziehen mit Verfestigung. (Quelle:* Adler *a. a. O.)*
*a) Linien gleicher Radialspannung $\sigma_r$ beim S., Verteilung der Normalspannung $\sigma_{nw}$ senkrecht zum Werkzeug*
*b) Linien gleicher Axialspannung $\sigma_z$ beim S., Verteilung der Axialspannungen am Ein- und Auslauf.*

Begrenzung der plastischen Zone strichpunktiert

sollen weichgeglüht sein, bei Stahlwerkstoffen entzundert und mit einer →Schmierstoffträgerschicht versehen sein. Bei leichteren Zügen reicht das billigere Kälken, ggf. nach einer vorherigen Anlaufbehandlung (Beizen, Spülen mit anschließender kurzzeitiger Oxidation an Luft oder Besprühen mit leicht angesäuertem Wasser), bei schwereren Zügen wird phosphatiert oder bei nichtrostenden Stählen oxaliert. Schmierstoffe sind Öle, Seifenemulsionen, HD-Öle, gepuderte Seifen, Stearate, Oleate u. a.

Ziehwerkzeuge werden je nach zu fertigender Menge als gehärtete und geschliffene Stahlscheiben aus Cr-Stahl oder mit Hartmetall-Einsätzen in Stahlscheiben (in jüngerer Zeit auch Sinterkeramik) hergestellt. Die moderne Senk- und Drahterodiertechnik hat bei nicht kreisrunden Matrizen die früher gebräuchliche mehrteilige Bauweise weitgehend überflüssig gemacht. Zwecks guter Produktoberflächenqualität und Verschleißminderung werden Ziehmatrizen häufig oberflächenbeschichtet, z. B. durch Hartverchromen oder PVD-TiN-Beschichtung.

Für das S. werden Ziehbänke (Bild 4) für diskontinuierlichen Betrieb bis etwa 100 mm Dmr. verwendet. Das Ziehgut wird zuvor angespitzt (z. B. durch Recken, Rundkneten, Einstoßen, →Walzen, →Drehen oder →Fräsen) und nach dem Durchführen durch das Werkzeug von der Spannzange gefaßt. Für kleinere Abmessungen gibt es auch kontinuierlich arbeitende Ziehbänke mit zwei überlappend arbeitenden Ziehstationen, wobei als Ausgangsmaterial gewalzter oder vorgezogener Draht im Bund dient. *Lange*

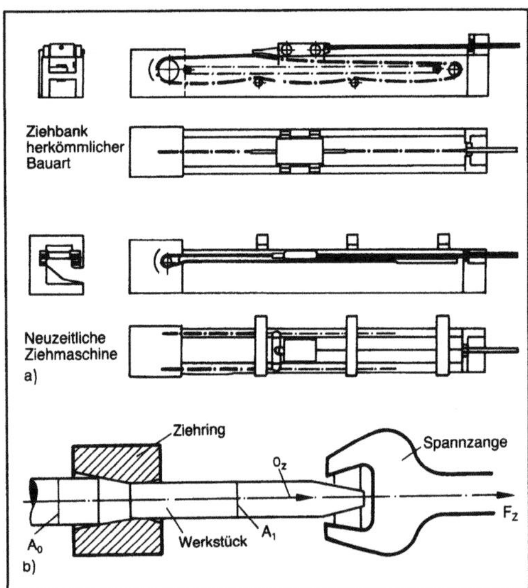

*Stabziehen 4: Ziehbänke für diskontinuierliches Stabziehen.*

*a) Alte und neue Bauart auf Endloskette bzw. mit Reservierantrieb*

*b) Werkstück, Werkzeug und Spannzange.*

Literatur: *Adler, G.:* Ein Verfahren zur näherungsweisen Berechnung des Spannungs- und Formänderungszustands beim Fließen starrplastischer Werkstoffe. Ber. Inst. Umformtechnik. Universität Stuttgart. Essen 1969. – *Lange, K.* (Hrsg.): Umformtechnik. Handb. f. Ind. u. Wiss. Bd. 2: Massivumformung. 2. Aufl. Berlin, Heidelberg, New York, Tokio 1988. – *Pawelski, O.,* u. *W. Lueg:* Der Spannungszustand beim Ziehen und Einstoßen von runden Stangen. Forsch. Ber. Nr. 1056 d. Landes Nordrhein-Westfalen. Köln, Opladen 1962. – *Spur, G.* (Hrsg.), u. *Th. Stöferle:* Handb. Fertigungstechnik. Bd. 2/2: Umformtechnik. München 1984.

**Stachelwalze.** S. sind Bestandteil des S.-Brechers. Dieser besteht u. a. aus 2 gegenläufigen, zähnebestückten Walzen (Bild 1). Große Walzen sind aus einzelnen Segmenten oder Scheiben zusammengesetzt (Bild 2). S. dienen zum Vorzerkleinern von hartem bis weichem oder grobbrockigem Material. Bei hartem Material sind die Zähne flach und mit großem Querschnitt ausgebildet. Für weiches, faseriges Material werden die Walzen mit Reißzähnen versehen. Diese bewegen sich in einem Gehäuse, dessen unterer Teil aus einem Rost besteht, der von den langen Zähnen durchkämmt wird. Die Zerkleinerung erfolgt zwischen den Zähnen und dem Rost durch Druck- und Scherbeanspruchung. *Würtz*

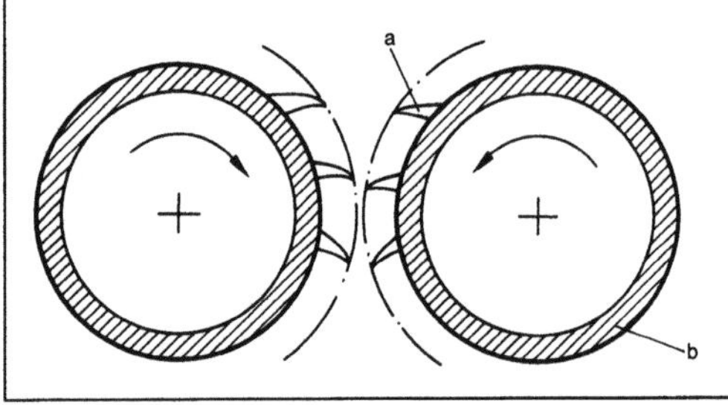

*Stachelwalze 1: Brecher (Schemaskizze).*

a Zahn, b Mantel

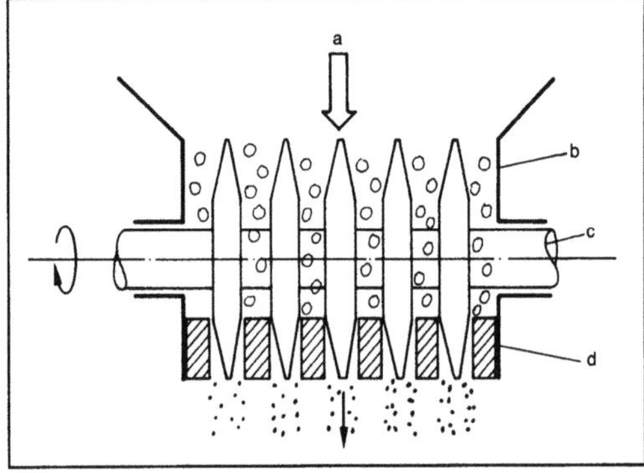

*Stachelwalze 2: Walzenbrecher mit Rost.*

a Gut, b Gehäuse, c Walze, d Rost

Literatur: *Höffl:* Zerkleinerungsmaschinen. Berlin, Heidelberg, New York, Tokio 1986.

**Stahl für Kalt-Massivumformung.** S. mit Eignung für die K.-M., vor allem für Kaltfließpressen und Kaltstauchen. Wichtigste Gebrauchseigenschaften sind eine möglichst niedrige Fließspannung und ein gutes Formänderungsvermögen. Die übrigen Eigenschaften ergeben sich aus den Anforderungen an das Fertigteil. *W. Dahl*

**Stahl für schwere Schmiedestücke.** Die geforderten Eigenschaften und damit die Zusammensetzung und das Gefüge der Stähle hängen vom Verwendungszweck ab, wobei größter Wert auf gleichmäßige Eigenschaften in der Oberflächenzone und in der Kernzone gelegt wird, da die Schmiedestücke vielfach als Turbinen- oder Generatorwellen eingesetzt werden. Bewährte Stahlsorten reichen vom Ck 45 bis zum 33 NiCrMo 14 5. *W. Dahl*

**Stahl, austenitischer, nichtrostender.** Nichtrostende S. mit austenitischem Gefüge, die ihre Eigenschaften der Zulegierung von →Chrom und →Nickel verdanken. Grundtyp ist der X 5 CrNi 18 10, der durch Molybdän- und Kupferzusätze in seinen Korrosionseigenschaften noch verbessert werden kann. Infolge des rein austenitischen Gefüges weisen diese S. eine relativ niedrige Festigkeit, jedoch gute Zähigkeit auf, die auch bei tiefen Temperaturen erhalten bleibt. *W. Dahl*

**Stahl, hitzebeständiger.** Hitze- und zunderbeständige S. bilden bei Temperaturen oberhalb 550 °C auf der Oberfläche eine festhaftende Oxidschicht, die gegen die schädigende Einwirkung heißer Gase und Flugasche sowie gegen Salz- und Metallschmelzen schützt. Ferritische h. S. weisen Chromgehalte bis zu 24 % sowie Aluminium- und Siliciumzusätze auf. Austenitische h. S. sind mit Chrom bis zu 25 %, Nickel bis zu 32 % sowie mit Silicium, Titan oder Aluminium legiert. *W. Dahl*

**Stahl, nichtmagnetisierbarer.** S. gelten als nicht magnetisierbar, wenn die relative magnetische Permeabilität kleiner 1,05 ist. Voraussetzung dafür ist ein stabil austenitisches Gefüge auch bei der tiefsten Anwendungstemperatur. Das wird durch Zusatz von →Mangan in ausreichender Menge (z. B. X 35 Mn 18) erreicht oder – wenn zusätzlich vor allem besondere Korrosionseigenschaften verlangt werden – durch Gehalte von mindestens 5 % →Chrom und zusätzlich →Nickel, Molybdän und →Stickstoff in verschiedener Kombination. Eine interessante Neuentwicklung sind S. für Kappenringe, die hohe Festigkeit bei guter Zähigkeit einem Zusatz von 0,6 % Stickstoff und zusätzlicher Kaltverformung verdanken. *W. Dahl*

Literatur: Werkstoffkunde Stahl. 2 Bde. Hrsg. VDEh. Berlin, Düsseldorf 1984/85.

**Stahl, nichtrostender.** S. mit unterschiedlichem Gefüge, die sich durch Beständigkeit gegen Korrosionsangriff auszeichnen und durchweg einen Chromgehalt von mehr als 12 % aufweisen. Die übrigen Legierungselemente richten sich nach den weiteren Anforderungen, vor allem an die Festigkeitseigenschaften. *W. Dahl*

**Stahlguß.** Bezeichnung für gegossene Erzeugnisse aus Stahl zum Unterschied von Gußeisen. S. wird angewandt, wenn diese Art der Formgebung technische oder wirtschaftliche Vorteile bietet gegenüber dem Schmieden von Stahl oder der spanabhebenden Bearbeitung.

Der Stahl für den S. kann in allen herkömmlichen Verfahren zur →Stahlherstellung erzeugt werden. S. wird in Formen aus feuerfesten Stoffen oder auch in Dauerformen aus Stahl oder Graphit vergossen. Das Gußgefüge muß durch eine →Wärmebehandlung, Normalisieren oder Vergüten verändert werden, um die notwendige Zähigkeit zu erreichen. Spannungen müssen durch eine Glühbehandlung abgebaut werden.

In Anpassung an die Art der Beanspruchung beim Einsatz gibt es zahlreiche Güten im Bereich unlegierter, niedrig und hoch legierter Stähle. Neben den Normen

□ DIN 1681: Stahlguß für allgemeine Verwendungszwecke,

□ DIN 17245: Warmfester ferritischer Stahlguß,

□ DIN 17445: Nichtrostender Stahlguß,

□ DIN 17465: Hitzebeständiger Stahlguß,

gibt es Stahleisenwerkstoffblätter, in denen die Zusammensetzung und die Eigenschaften weiterer Güten festgelegt sind. *Rellermeyer*

**Stahlherstellung.** Bei der S. werden Roheisen, Eisenschwamm und →Schrott zu Rohstahl umgewandelt. Aus Erz, das zu Roheisen und Eisenschwamm reduziert wurde, stammen 60 % und aus Schrott 40 % des in der Welt erzeugten Stahls. Die S. erfolgt zu rd. 65 % in →Blasstahlverfahren, zu 10 % noch im Siemens-Martin-Verfahren und zu 25 % in Elektrostahlverfahren.

Die metallurgischen Aufgaben der Stahlherstellungsverfahren sind:

□ feste Stoffe einzuschmelzen und die Schmelze auf die Abstichtemperatur zu erhitzen;

□ unerwünschte Begleitelemente in Roheisen, Eisenschwamm und Schrott zu oxidieren und

□ feste oder flüssige Reaktionsprodukte zusammen mit Zuschlägen in der Stahlwerksschlacke zu binden;

□ bei Erreichen von Abstichkohlenstoffgehalt und Abstichtemperatur die Schmelze in die Gießpfanne abzustechen und dabei Stahl und Schlacke zu trennen;

☐ beim →Abstich ggf. die Desoxidation der Schmelze durchzuführen und die Endzusammensetzung durch Zugabe von Ferrolegierungen einzustellen oder

☐ Kohlenstoffdesoxidation, Stahlentgasung und Legieren in einem →Vakuumverfahren durchzuführen oder

☐ Stahlentschwefelung und Legierungs- und Temperaturkorrektur in Anlagen der Pfannenmetallurgie vorzunehmen;

☐ die fertige, homogene Schmelze mit der richtigen Gießtemperatur und zum gewünschten Zeitpunkt zum Abgießen bereitzustellen.

Zum Unterschied von den genannten Verfahren werden hochlegierte Edelstähle z. T. in mehrstufigen Verfahren hergestellt. Für Chrom-Nickel-Stähle wird legierter Schrott zusammen mit →Nickel in Elektroöfen vorgeschmolzen. Diese Schmelze wird dann unter Zusatz von Ferrochrom im VOD-Verfahren unter Vakuum oder in einem Blasstahlverfahren mit einem Sauerstoff-Argon-Gemisch gefrischt. Niedriger Sauerstoffdruck und hohe Temperatur zu Ende der Prozesse ermöglichen ein gutes Ausbringen des Chroms. Modifikationen dieses Verfahrens, abhängig von verfügbaren Einsatzstoffen und vorhandenen Anlagen, sind auch in Anwendung. Stähle für höchste Anforderungen und Sonderwerkstoffe werden in Umschmelzverfahren hergestellt. *Rellermeyer*

Literatur: *Burghardt, H.,* u. *G. Neuhof:* Stahlerzeugung. Leipzig 1983. – *Gmelin/Durrer:* Metallurgy of Iron. Bd. 7. 4. Aufl. Hrsg. *H. Trenkler* u. *W. Krieger.* Berlin, Heidelberg, New York 1984.

**Ständerbohrmaschine.** S. können einen festen oder einen geführten, abgestützten und höhenverstellbaren Bohrtisch besitzen. Am senkrechten Gestell ist die gesamte Antriebseinheit mit Motor, Haupt- und ggf. Vorschubgetriebe und Bohrspindel höhenverstellbar angebracht (Bild). S. umfassen einfache Tischbohrmaschinen mit meist hohen Spindeldrehzahlen und Handvorschub für die feinmechanische Bearbeitung, Universal- und Einzweck-Produktionsmaschinen und auch numerisch gesteuerte Einständerbohrmaschinen. Entsprechend den Maschinenarten sind die erzielbaren Werkstückgenauigkeiten, Mengenleistungen und Bearbeitungskosten sehr unterschiedlich. *Schulz*

**Standguß.** Hierunter versteht man das →Gießen in feststehende Formen unter alleiniger Einwirkung der Schwerkraft, weshalb diese Gießmethode mitunter auch als Schwerkraft- oder Schwereguß bezeichnet wird. Ferner spielt es keine Rolle, ob man in Sandformen oder in metallische Formen (Kokillen) gießt. Beim S. sind für das gute Gelingen des Gusses viele, teilweise schwer erfaßbare Einflußfaktoren zu berücksichtigen. Hierzu gehören

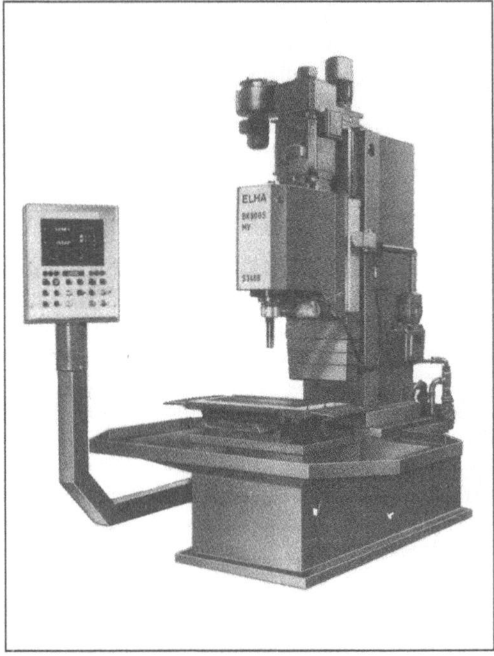

*Ständerbohrmaschine. (Quelle: Elha)*

u. a. Massen- und Wärmeströmungen, die dazu nicht selten durch chemische Umsetzungen und Kristallisationsvorgänge überlagert werden.

Beim Schwerkraftguß unterscheidet man neben steigendem und fallendem Gießen (Boden- bzw. Kopfguß), begünstigt durch die übliche Formteilung, das halb fallende und halb steigende Gießen, den Seitenguß. Diese verschiedenen Gießarten sind für die Berechnung der wirksamen Eingußhöhe (Bild) maßgebend, die nach *Bernoulli*

$$H_{wirks} = h_{theor} - h_r$$

beträgt. In der Widerstandshöhe $h_r$ werden alle passiven Einflüsse auf die Energiebilanz wie Reibung, Umlenkung usw., zusammengefaßt. Wichtig ist die Kenntnis der Ausflußgeschwindigkeit. Ausgehend von der bekannten Toricelli-Gleichung

$$v_{theor} = \sqrt{2\,g\,h_{theor}}$$

wird nach *H. W. Dietert* in Übereinstimmung mit dem Bild und somit

$$h_{theor} = a - \frac{b^2}{2c},$$

$$v_{theor} = \sqrt{2g\left(a - \frac{b^2}{2c}\right)}.$$

Bei steigendem Gießen nimmt die anfängliche Strömungsgeschwindigkeit mit dem Ansteigen des Metallspiegels in der Form ab, und zwar in gleichem Maß, wie sich die wirksame Gießhöhe verringert.

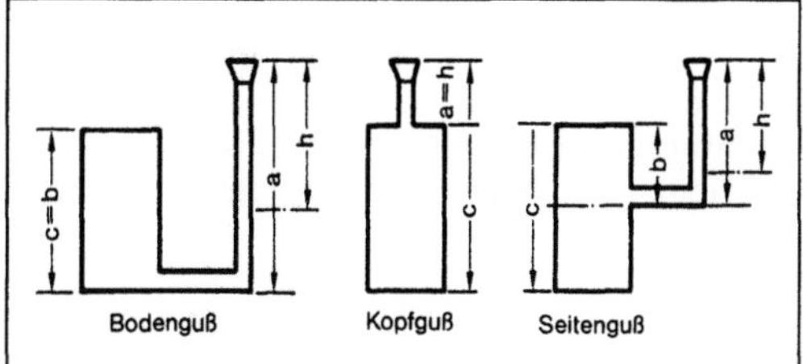

*Standguß: Schematische Darstellung verschiedener Gießarten.*

Unter gleichzeitiger Berücksichtigung der Widerstandshöhe $h_r$ faßt man diese Einflüsse in einem Wirkkoeffizienten $\eta$ zusammen und kommt somit zu

$$v_{eff} = \eta \; \sqrt{2g \left( a - \frac{b^2}{2c} \right)}.$$

Ein fehlerfreies Auslaufen der Gußstücke hängt nicht nur von der effektiven Ausflußgeschwindigkeit, sondern auch von der Gießart und der daraus resultierenden Steigegeschwindigkeit des Metalls in der Form ab. Jede Zunahme des Schichtvolumens bedeutet eine Verringerung der Steigegeschwindigkeit. Wenn hierbei ein kritischer Wert unterschritten wird, entstehen Fehler wie Kaltschweißen, nicht ausgelaufene Konturen usw. Es ist wichtig, die zum Ausgleich der Schrumpfung notwendigerweise anzuordnenden Speiser in die Betrachtung mit einzubeziehen. Der Gießer ist in der Wahl der Gießart nicht völlig frei. Einerseits muß er oft mit der vom Kunden beigestellten Modelleinrichtung und deren Formbarkeit arbeiten, andererseits spielen die Kosten eine wichtige Rolle. Man wird also Kompromisse schließen müssen und versuchen, so weit es geht, problematische Steigegeschwindigkeiten durch höhere Gießtemperaturen zu überspielen.

Außer normalerweise aus Ober- (OK) und Unterkasten (UK) bestehende zweiteilige Formen verwendet man für einfache platten- oder scheibenförmige, in Serien vorkommende Gußstücke den Stapelguß, bei dem durch einen Eingußkanal alle Formhohlräume nacheinander gefüllt werden. Bei dieser Methode spart der Gießer Kreislaufmaterial.

Kokillen werden immer einzeln gegossen. Die Formen müssen vor dem Gießen vorgewärmt werden, bzw. man nutzt die vom vorhergehenden Guß im Kokillenwerkstoff gespeicherte Wärme für den nächstfolgenden Guß. *Doliwa*

Literatur: *Doliwa, H. U.*: Gegossene Werkstücke. München 1960. – Gießerei-Lexikon. Berlin. – Werkstattbl. 363 (Sandguß). München.

**Standzeit.** Begriff der Fertigungstechnik. Zur Bewertung der → Zerspanbarkeit eines Werkstückstoffs hat die Standzeit T des Werkzeugs die größte Bedeutung. Die S. ist die Zeit, während der ein Werkzeug vom ersten Anschnitt bis zum Unbrauchbarwerden auf Grund eines vorgegebenen S.-Kriteriums unter gegebenen Zerspanungsbedingungen Werkstoff zerspant.

S.-Kriterien bei der Schruppbearbeitung sind dabei hauptsächlich Verschleißkenngrößen wie Freiflächen- oder → Kolkverschleiß. Die Standzeit eines Werkzeugs gilt z. B. dann als beendet, wenn der → Freiflächenverschleiß einen vorher als maximal zulässig definierten Wert erreicht. Bei der Endbearbeitung (Schlichtzerspanung) wird die → Oberflächengüte der Werkstücke dagegen häufig als S.-Kriterium herangezogen.

Als Grundlage für die Ermittlung von S.-Werten für in der Praxis übliche Schnittbedingungen an Werkzeugmaschinen dienen Langzeitzerspanversuche, die einen hohen Zeit- und Materialaufwand bedingen. Kurzprüfverfahren werden eingesetzt, um mit möglichst geringem Zeit- und Materialaufwand relative Vergleichswerte für die Zerspanbarkeit verschiedener Werkstoffe zu erhalten. Kennwerte aus Kurzprüfverfahren lassen nur bedingt Schlüsse auf die S. eines Werkzeugs zu. Einsatzgebiete sind die Eingangskontrolle der Werkstück- und Schneidstoffe sowie die Überwachung der Zerspanbarkeit.

Der Temperatur-S.-Drehversuch wird als Langzeitversuch immer dann durchgeführt, wenn nicht der → Verschleiß am Werkzeug, sondern vorwiegend der Einfluß der Schnittemperatur maßgebend für das Ende der S. ist. Als S. wird die Schnittzeit vom Beginn des Versuchs mit konstanter Schnittgeschwindigkeit und konstantem Vorschub ($v_c$ = konst und f = konst) bis zum Eintreten des totalen Erliegens (Blankbremsung) der Schneide gerechnet. Die Blankbremsung beginnt, wenn entweder an der bearbeiteten Werkstückoberfläche oder an der Schnittfläche blanke oder in den Anlauffarben verfärbte Streifen oder veränderte Oberflächen auftreten. Als → Schneidstoff wird → Schnellarbeitsstahl verwendet. → Hartmetall und → Schneidkeramik sind für diesen S.-Versuch als Schneidstoffe nicht geeignet.

Beim Temperatur-Standzeit-Drehversuch mit ansteigender Schnittgeschwindigkeit ($v_{cE}$-Versuch) als Kurzprüfverfahren wird beim Längsdrehen im trokkenen, nicht unterbrochenen Schnitt unter vorgegebenen Schnittbedingungen die Schnittgeschwindigkeit von einer bestimmten Anfangsgeschwindigkeit $v_{cA}$ stufenlos gesteigert, bis das Erliegen der Werkzeugschneide (Blankbremsung) bei $v_{cE}$ eintritt. Als Kennzahl wird die beim Eintreten der Blankbremsung vorliegende mittlere Erliegeschnittgeschwindigkeit $v_{cE}$ angegeben.

Das Verfahren ist für die Güteüberwachung von Lieferungen eines Werkstoffs und zur Beurteilung der Zerspanbarkeit verschiedener oder verschieden behandelter Eisenwerkstoffe geeignet, jedoch nicht, um Rückschlüsse auf die Zerspanbarkeit von Werkstückstoffen bei Einsatz von Hartmetall oder Schneidkeramik als Schneidstoff zu ziehen.

Der Verschleiß-Standzeit-Drehversuch wird immer dann durchgeführt, wenn nicht die Schnittemperatur zum Erliegen des Werkzeugs führt, sondern vorwiegend der Verschleiß am Werkzeug bestimmend für die S. ist. Hartmetall- und Schnellarbeitsstahlwerkzeuge zeigen bei Zerspanungsversuchen mit den heute üblichen höheren Schnittgeschwindigkeiten meist gleichzeitig Freiflächen- und Kolkverschleiß, die die S. des Werkzeugs begrenzen.

Im Verschleiß-S.-Drehversuch wird beim Längsdrehen mit gleichbleibender Schnittgeschwindigkeit nach verschiedenen Schnittzeiten der Verschleiß auf der Frei- und Spanfläche des Werkzeugs gemessen. Im allgemeinen ist es ausreichend, die Verschleißmarkenbreite VB, die Kolktiefe KT und den Kolkmittenabstand KM zu ermitteln (Verschleißformen). Zur Prüfung der Zerspanbarkeit können als Schneidstoffe Schnellarbeitsstahl, Hartmetalle aller Zerspanungs-Anwendungsgruppen und Schneidkeramik eingesetzt werden. *König*

Literatur: *Degner, W., H. Lutze* u. *E. Smejkal:* Spanende Formung. Berlin 1978. – *König, W.:* Fertigungsverfahren. Bd. 1: Drehen, Fräsen, Bohren. Düsseldorf 1990. – Stahl-Eisen-Prüfbl. 1161–69: Temperaturstandzeit-Drehversuch. Düsseldorf. – Stahl-Eisen-Prüfbl. 1162–69: Verschleißstandzeit-Drehversuch. Düsseldorf. – Stahl-Eisen-Prüfbl. 1166–69: Temperaturstandzeit-Drehversuch mit ansteigender Schnittgeschwindigkeit. Düsseldorf.

**Standzylinder-Sedimentationsversuch** →Sedimentation

**Stanton-Zahl.** Die S.-Z. ist eine dimensionslose Kennzahl zum Beschreiben des Wärmeübergangs. Sie ist definiert durch

$$St = \frac{Nu}{Re \cdot Pr} = \frac{\alpha}{\rho \cdot w \cdot c_p} \qquad (1),$$

mit Nu Nußelt-Z., Re Reynolds-Z., Pr Prandtl-Z., $\alpha$ Wärmeübergangskoeffizient, $\rho$ Dichte des Fluids, w mittlere Strömungsgeschwindigkeit, $c_p$ volumenspezifische Wärme des Fluids.

Die S.-Z. St läßt sich deuten als Quotient aus dem Wärmeübergangsstrom und dem Wärmestrom, der durch Änderung des Enthalpiestroms um die gleiche Temperaturdifferenz wie beim Wärmeübergang auftreten würde.

Im Schrifttum wird daneben die S.-Z. St* zum Beschreiben des Stoffübergangs verwendet. Sie ist entsprechend definiert durch

$$St^* = \frac{Sh}{Re \cdot Sc} = \frac{\beta}{w} \qquad (2),$$

mit Sh Sherwood-Z., Sc Schmidt-Z., $\beta$ Stoffübergangskoeffizient.

Die S.-Z. St* läßt sich entsprechend deuten als Quotient aus dem Stoffübergangsstrom und dem Stoffstrom, der durch Änderung des konvektiven Stoffstroms um die gleiche Konzentrationsdifferenz wie beim →Stoffübergang auftreten würde. *Weinspach*

**Stanzen.** Als S. wird in der Fertigungstechnik die Verfahrenskombination →Scherschneiden mit anderen Umformverfahren, wie z. B. Biegen, Prägen oder →Tiefziehen, bezeichnet. Hier werden Fertigungsverfahren aus unterschiedlichen Hauptgruppen (DIN 8580) in einem Verbundwerkzeug zusammengefaßt. Häufig wird der Begriff S. fälschlicherweise als Synonym für Scherschneiden benutzt. *König*

**Stärke (Lebensmitteltechnik).** S. ist das in der Natur weitverbreitete Reservekohlenhydrat der Pflanzen und stellt neben Cellulose einen mengenmäßig sehr bedeutenden Naturstoff dar, der für die Ernährung von Mensch und Tier von großer Bedeutung ist.

In technischem Maßstab wird S. vorwiegend aus Mais, Milokorn, Weizenmehl, Reis, Kartoffeln, Süßkartoffeln und Tapiokawurzeln gewonnen. Die Gewinnung von Getreide-S. ist wegen der guten Transport- und Lagerfähigkeit des Getreides vom Erzeugungsort weitgehend unabhängig und das ganze Jahr über durchführbar. S. aus Knollen und Wurzeln wird jedoch wegen der Verderblichkeit des Materials im Kampagnebetrieb im Anbauland gewonnen (Bild).

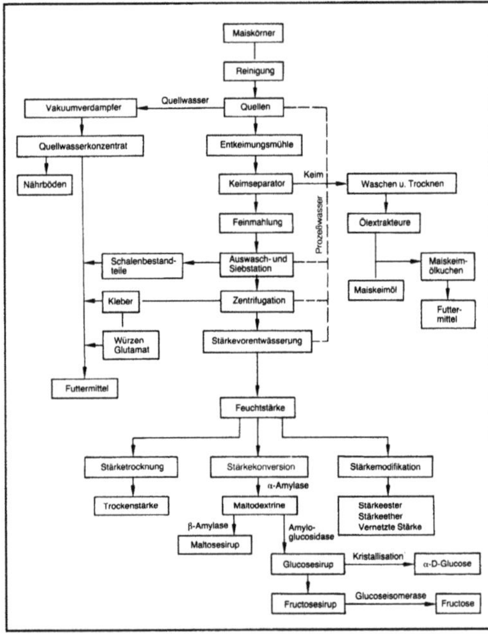


*Stärke (Lebensmitteltechnik): Stärkegewinnung und -verarbeitung.*

*Getreidestärken. Mais* ist der bedeutendste Rohstoff für die S.-Gewinnung. Da im Mais das stärke- und proteinreiche Endosperm, der ölhaltige Keim und die faserreiche Hülle fest miteinander verbunden sind, muß der S.-Gewinnung ein Einweich- und Quellvorgang vorgeschaltet werden. Neue Verfahren, entwickelt in den USA, arbeiten in geschlossenen Systemen. Frischwasser wird erst zur S.-Waschung eingesetzt und von dort aus im Gegenstrom durch die einzelnen Verarbeitungsstufen geführt. Das mit löslichen Stoffen angereicherte Wasser wird zum Einweichen von neu in den Prozeß eingeführtem Mais verwendet und nach Erreichen einer Trockenmasse von 5–7 % in Vakuumverdampfern konzentriert und weiter verarbeitet. Durch diese Prozeßführung ist es möglich, die benötigte Wassermenge auf ein Minimum zu reduzieren und Abwasser zu vermeiden.

Der Mais wird zunächst trocken gereinigt, indem man ihn über Siebvorrichtungen schickt, wo er von groben Gegenständen wie Pflanzenteilen, Kolbenstücken und Steinen, von feinen Verunreinigungen (Staub) und von Metallteilen mit Elektromagneten befreit wird.

Nach der Reinigung wird der Mais in großen Quellbottichen während 40–50 h in etwa 50 °C warmem Wasser, dem 0,1–0,2 % Sulfit zugesetzt wurde, eingequollen. Das zugesetzte $SO_2$ begünstigt den Quellvorgang und verhindert mikrobiell-fermentative Vorgänge.

Das Quellwasser enthält wertvolle lösliche Bestandteile wie Proteine, Aminosäuren, Vitamine, lösliche Kohlenhydrate, Mineralstoffe. Es wird konzentriert und entweder mit anderen Nebenprodukten, die während der Maisverarbeitung anfallen, zu Futtermitteln oder zu Nährböden für die fermentative Gewinnung von Antibiotika, Aminosäuren, Vitaminen und anderen mikrobiellen Fermentationsprodukten verarbeitet.

Die gequollenen S.-Körner werden nach sorgfältiger Abtrennung des Quellwassers in Spezialmühlen zur Freilegung des Keims grob zerkleinert. In Keimseparatoren werden die spezifisch leichteren Keime durch Flotation abgetrennt. Neuerdings setzt man auch Hydrozyklone ein, wodurch die Keimabtrennung deutlich schneller erzielt wird. Die Keime, die 40–50 % Öl enthalten, werden mehrmals gewaschen, getrocknet und einer Ölextraktionsanlage zugeführt (Fette). Der nach Extraktion oder Pressen erhaltene Rückstand dient als Futtermittel.

Die von den Keimen befreiten, grobgemahlenen Kornbestandteile werden daraufhin fein vermahlen, um die S.-Körner freizulegen, gewaschen, und über ein System von Schüttel- und Schwingsieben werden Schalenbestandteile und Fasern abgetrennt. Die erhaltene, faserfreie S.-Kleber-Suspension wird auf Grund der Dichteunterschiede (Protein leichter als S.) durch Zentrifugen getrennt. Diese ersetzt man in neueren S.-Gewinnungsanlagen durch Hydrozyklone. Auf Grund der geringen Durchmesser der abzutrennenden Partikel darf der Durchmesser der verwendeten Zyklone nur wenige Zentimeter betragen. Um dennoch hohe Durchsätze fahren zu können, werden ganze Batterien von Hydrozyklonen im Parallelbetrieb eingesetzt. Maiskleber, der als Hauptbestandteil das Prolamin Zein (Proteine) enthält, ist ein wichtiger Rohstoff für die Herstellung von Suppengewürzen, Glutamat und Klebstoffen. Je nach Verwendungszweck ist ein Proteingehalt der S. von 1 % noch tolerierbar (Textilindustrie), oder er muß auf $\leq 0{,}2$ % reduziert werden ($\rightarrow$ Stärkeverzuckerung zu Glucose). Die kleberfreie S. wird nochmals gewaschen und auf Vakuumfiltern vorentwässert. Zur Verminderung des Salzgehalts (Aschegehalt) erfolgt u. U. eine Resuspendierung und erneute Entwässerung auf Filtern oder in Schleuderzentrifugen. Als Feucht-S. mit ca. 50 % Wassergehalt kann sie entweder direkt der weiteren S.-Verarbeitung (Konversion zu Glucosesirup, Zucker) zugeführt oder in Stromtrocknern getrocknet werden. Dabei muß die Produkttemperatur stets unterhalb der Verkleisterungstemperatur liegen.

*Weizenstärke* hat geringere wirtschaftliche Bedeutung. Sie wird heute nach dem Martin-Verfahren aus Weizenmehl hergestellt. Dabei wird das Mehl in einer Knetmaschine mit Wasser zu einem Teig verarbeitet. Anschließend wird die S. ausgewaschen. Der Weizenkleber (Gluten) bleibt als plastische Masse zurück. Kleber und S. werden entwässert. Der Kleber dient als Rohstoff für Würzen und als Backmittel.

*Kartoffelstärke.* In Europa spielt die S.-Gewinnung aus Kartoffeln nach Mais die größte Rolle. Die Kartoffel ist auf Grund ihres hohen Wassergehalts nur begrenzt lagerfähig. Die Verarbeitung erfolgt daher innerhalb von 3 Monaten nach der Ernte. Die gereinigten Kartoffeln werden in 2 Stufen zerkleinert, wobei zwischen den beiden Stufen ein Auswaschvorgang eingeschoben ist. Die Kartoffelpülpe wird mit $SO_2$-haltigem Wasser verdünnt. Über ein System von Sieben wird die S. ausgewaschen und von den Fasern abgetrennt. Die Trocknung erfolgt wie üblich durch Zentrifugation und Stromtrocknung.

Native S. dienen zur Herstellung von Backwaren und als Grundlage für Pudding-, Creme- und Soßenpulver. Weitere Anwendung findet native S. in der kosmetischen und pharmazeutischen Industrie als Pudergrundlage. Daneben kann Amylose wegen seiner Eigenschaft, Vitamine und medizinische Wirkstoffe als Einschlußverbindung zu binden, als Trägersubstanz in Pharmaka dienen.

Meist wird die nach vorstehend beschriebenen Verfahren erhaltene S. jedoch für die verschiedenen Anwendungszwecke entsprechend modifiziert (modifizierte S.) oder durch hydrolytischen Abbau (Konversion) zu S.-Verzuckerungsprodukten verarbeitet. *Loncin/Ganser*

Literatur: *Fekete, R. D., F. L. Leloir u. C. E. Cardini:* Mechanism of Starch Biosynthesis. Nature 187 (1960), S. 918. – *Leloir, L., u. C. E. Cardini:* J. Biol. Chem. 236 (1961), S. 636. – *Meuser, F., u. J. Wittig:* Neue Entwicklungen in der Stärkegewinnung aus Mais. Int. Zeitschrift für Lebensmitteltechnologie und -verfahrenstechnik 38 (1987) Nr. 1. – *Petersen, N. B.:* Edible Starches and Starch-Derived Syrups. Park Ridge/New Jersey 1975. – *Whistler, R. L., J. N. Bemiller u. E. F. Paschall:* Starch. Chemistry and Technology. London 1984. – *Ulmann, M.:* Handb. Stärke in Einzeldarstellungen. Monographienreihe. 14 Bde. Potsdam.

**Stärkeverzuckerung.** Die S. nahm ihren Anfang mit der Entdeckung *G. Kirchhoffs* (1811), daß eine Lösung von Stärke in verdünnter Schwefelsäure nach längerem Stehen einen dünnen, klaren, süßschmeckenden Sirup ergibt. Bereits 1812 wurde die erste Stärkezuckerfabrik in Weimar errichtet.

Heute hat das mehrstufige enzymatische Verfahren die früher übliche Säurehydrolyse bzw. das kombinierte Säure/Enzymverfahren abgelöst. Nachteile dieser Verfahren waren insbes. die Bildung von uneinheitlichen Produkten sowie von Sekundärprodukten wie Hydroxymethylfurfural, Lävulinsäure und Ameisensäure, einhergehend mit unerwünschter Dunkelfärbung des Sirups. Durch den zweistufigen Enzymprozeß werden DE-Werte (Dextrose Equivalent) von 98–99 % erreicht. In der ersten Stufe wird eine 30–40 %ige Stärkesuspension bei 80–90 °C (pH 5,5–7,0) mit einem α-Amylasepräparat unter Bildung von Maltodextrinen verflüssigt. In der zweiten Stufe erfolgt die Nachverzuckerung bei 50–60 °C (pH 4,0–4,5) mit β-Amylase zu Maltosesirup oder mit dem Pilzenzym Amyloglucosidase (von Aspergillus niger phoenicis) zu Glucosesirup (97 bis 98,5 % Glucose i. T.).

In einer dritten Stufe kann die Konversion von Glucose zu Fructose nachgeschaltet werden. Diese wird mit dem immobilisierten Enzym Glucoseisomerase in einem kontinuierlichen Prozeß ausgeführt, bei dem man den Sirup über einen das Enzym enthaltenden Säulenfestbettreaktor leitet. Das Verfahren hat sich seit 1975 in der S.-Industrie allgemein durchgesetzt. Die Vorteile des Verfahrens sind verminderter Enzymbedarf, geringerer Raumbedarf und eine hohe Kapazität (100 t/d). Versuche mit immobilisierten Amylasen befinden sich noch im Anfangsstadium. In der Technik haben sie bisher noch keine praktische Anwendung gefunden.

Zur Verzuckerung werden vor allem Mais- und Weizenstärke eingesetzt. Stärkesirup (z. B. high fructose corn syrup) wird in der Lebensmittelindustrie zur Herstellung von Süßwaren (Bonbons, Fondants, Cremefüllungen, Marmeladen) verwendet. Daneben wird ein großer Teil des Sirups durch Vakuumtrockner vorentwässert und zur Herstellung von Maltose, Glucose, Fructose zur Kristallisation gebracht. *Loncin/Ganser*

Literatur: *Fekete, R. D., F. L. Leloir u. C. E. Cardini:* Mechanism of starch Biosynthesis. Nature 187 (1960), S. 918. – *Leloir, L., u. C. E. Cardini:* Starch and Oligosaccharide Synthesis from Uridine Diphosphate Glucose. J. Biol. Chem. 236 (1961), S. 636. – *Whistler, R. L., J. N. Bemiller u. E. F. Paschall:* Starch. Chemistry and Technology. London 1984. – *Ulmann, M.:* Handb. Stärke in Einzeldarstellungen. Monographienreihe 14 Bände. Potsdam.

**Statikmischer.** S. sind Rohreinbauten, die von der zu mischenden Flüssigkeit mit Druckverlust durchströmt werden. Durch die Umströmung der Einbauten werden Fluidelemente geteilt und umgelagert (Quervermischung). Geschwindigkeitsgradienten an den →Einbauten und unterschiedlich lange Strömungswege führen zur Längsvermischung. Bekannte Bauarten sind der aus gewendelten Blechen bestehende Kenics-Mischer, der aus offenen, sich kreuzenden Kanälen bestehende Sulzer-SMV-Mischer sowie der aus schrägen ineinander verzahnten Stegen bestehende Sulzer-SMX-Mischer. *Dahl*

Literatur: *Pahl, M. H., u. E. Muschelknautz:* Einsatz und Auslegung statischer Mischer. CIT 51 (1979), S. 347/54.

**Staubansatz.** S. entstehen bei der →Mehrphasenströmung, wenn sehr feine Partikel in einer Gasströmung transportiert werden. Die Entstehung ist abhängig von Partikelgröße und -form und von der Strömungsgeschwindigkeit. Es gibt einen Bereich, in dem die Haftkräfte größer sind als die vom strömenden Medium hervorgerufenen Trennkräfte (Bild). Im gefährdeten Bereich (schraffiert) können sich Wandansätze so lange aufbauen, bis der freie Strömungsquerschnitt so klein wird, daß die Trennkräfte infolge der Wandschubspannungen wieder überwiegen. *Trefz*

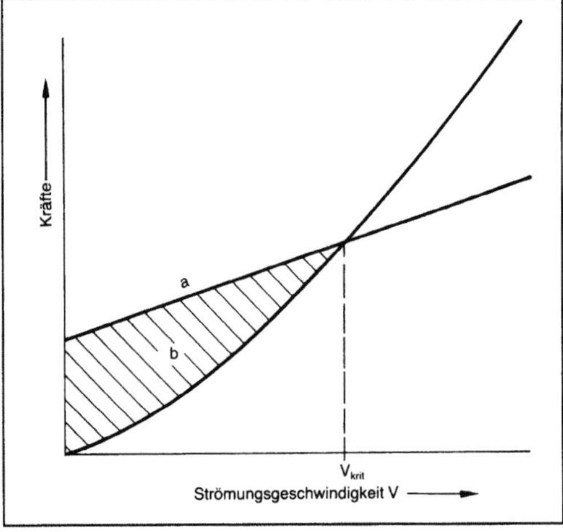


*Staubansatz: Haft- und Trennkräfte in einer Strömung.*

a Haftkraft, b gefährdeter Bereich

**Staubexplosion.** Wenn feiner, meist organischer Staub <15–25 μm mit Luft in einem Raum von mehreren Kubikmetern Inhalt gut durchmischt ist und der Staubgehalt ungefähr 15–250 g/m³ beträgt, genügen ein stärkerer Zündfunke, z. B. durch Fremdkörper, oder stärkere elektrostatische Entladungen zur Zündung. Die Wirkung ist ähnlich stark wie bei der Explosion eines Gasgemisches mit gleichem Heizwert. S. sind manchmal die Folge einer ersten Gasexplosion, die Staubablagerungen aufgewirbelt hat.

Häufig genügt Absenken des Sauerstoffgehalts der Luft auf Werte <10%, um Zündungen bzw. Explosionen auszuschließen. *Muschelknautz*

**Staubsträhne.** Wenn die Grenzbeladung an Feststoff in Zyklonen oder pneumatischen Förderleitungen überschritten wird, bilden sich lange, zusammenhängende Strähnen an der Wand oder am Rohrboden. Sie sind einige Millimeter bis Zentimeter dick und laufen mit ca. 15–35% der Gasgeschwindigkeit. Der Antrieb erfolgt durch die Schubspannung der schnelleren Strömung und durch die in der Strömung fliegenden und auf die Strähnen prallenden schnelleren Körner. *Muschelknautz*

**Staubwäscher.** S. setzt man zum Abscheiden von Stäuben mit Korngrößen von 0,02–3 μm ein. Zum Abreinigen des staubbeladenen Gases werden je nach Wäscherbauart Tropfen mit Durchmessern von 50–4000 μm und Relativgeschwindigkeiten zum Gas von bis zu 150 m/s erzeugt. Diese Tropfen fangen die feineren Staubteilchen ein und lassen sich wegen ihrer größeren Masse einfach in Schwerkraft- oder Zyklonabscheidern abscheiden.

Die Auftreffwahrscheinlichkeit $\varepsilon^2$ eines Feststoffpartikels auf einen Tropfen ermittelt man mit Bild 1. Die Barth-Zahl beschreibt das Verhältnis der Massenträgheitskraft zu der Luftwiderstandskraft des Feststoffpartikels. Die Reynolds-Zahl der Tropfenumströmung kennzeichnet den Einfluß der Grenzschicht. Die Staubteilchen werden in der dicken,

langsameren Grenzschicht (kleine Reynolds-Zahlen) stark abgebremst, verlieren Impuls und folgen deshalb der Strömung um den Tropfen. Die Abscheidung ist dann entsprechend schlechter.

Bezieht man das von einem Tropfen abgereinigte Luftvolumen auf das Tropfenvolumen, so erhält man für Staubteilchen einer Kornklasse die Reinigungskenngröße m:

$$m = \frac{\int_{t_1}^{t_2} \varepsilon^2 \frac{\pi}{4} d_{Tr}^2 \, w \cdot dt}{\frac{\pi}{6} d_{Tr}^3} = \frac{3}{2 \, d_{Tr}} \cdot \int_{t_1}^{t_2} w \cdot \varepsilon^2 \, dt;$$

darin bedeuten w Relativgeschwindigkeit in m/s, t Zeit in s, $d_{Tr}$ Tropfendurchmesser in m; m erreicht bei technischen Wäschern Werte von $10^2$–$10^4$. Der Tropfendurchmesser $d_{Tr}$ hat auf die Reinigungskenngröße entscheidenden Einfluß. Tropfen mit einem Durchmesser von ungefähr 100 μm haben eine optimale Reinigungsleistung. Kleinere Tropfen werden zu stark beschleunigt oder abgebremst (die Relativgeschwindigkeit w zwischen Tropfen und Gas nimmt schnell ab). Für eine interessierende Korngröße $d_s$ ist der Fraktionsabscheidegrad η im ganzen Apparat:

$$\eta = 1 - e^{-m \cdot (\dot{V}_W/\dot{V}_L)}$$

und mit der Wasserbeladung $\mu_W = \rho_W \cdot \dot{V}_W/(\rho_L \dot{V}_L)$:

$$\eta = 1 - e^{-m \cdot \mu_w \cdot \rho_L/\rho_w};$$

darin bedeuten $\rho_L$ Luftdichte in kg/m³, $\rho_W$ Wasserdichte in kg/m³, $\dot{V}_L$ Luftvolumenstrom in m³/h, $\dot{V}_W$ Wasservolumenstrom in m³/h.

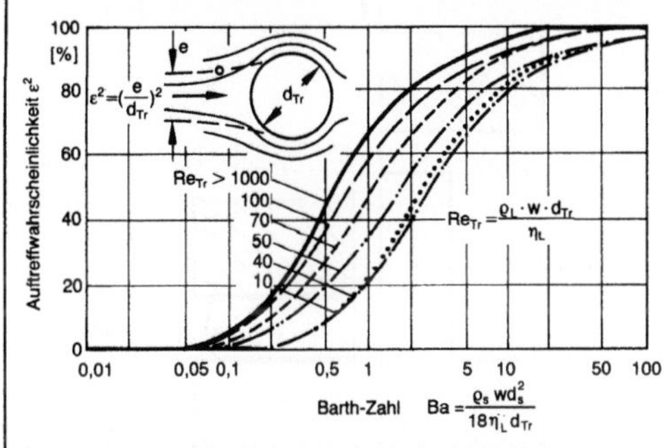


*Staubwäscher 1: Relativer Einfangquerschnitt in Abhängigkeit von der Barth-Zahl Ba und der Reynolds-Zahl Re_Tr.*

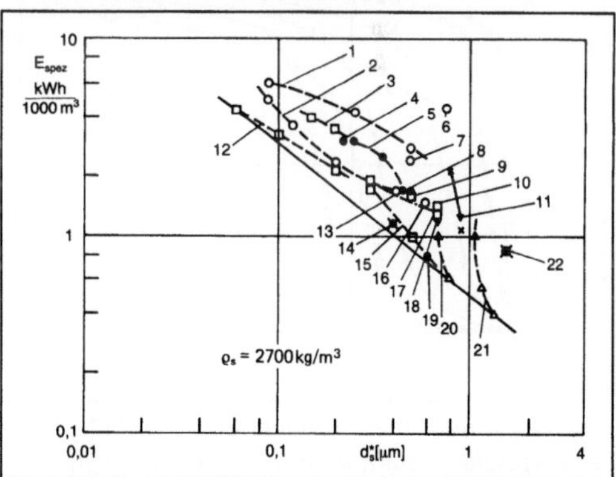


*Staubwäscher 2: Auf dem Gasvolumenstrom bezogener Energieaufwand E_spez und Abscheideleistung von Wäschern.*

1 Rotationszerstäuber ○, 2 Rotationszerstäuber ○, 3 HD-Venturi □, 4 Mischtyp ●, 5 Mischtyp ●, 6 Rotationszerstäuber ○, 7 Rotationszerstäuber ○, 8 Mischtyp ●, 9 ND-Venturi □, 10 Strahlwäscher X, 11 Wirbler ▼, 12 HD-Venturi □, 13 ND-Venturi □, 14 Naßzyklonette ✵, 15 ND-Venturi u. Impinger □, 16 Rotationszerstäuber ○, 17 ND-Venturi □, 18 Wirbler ▼, 19 Impinger ●, 20 Waschturm △, 21 Waschturm △, 22 Naßzyklon ⊗

Wichtiges Kriterium für die Auswahl eines Wäschers ist außer der Abscheideleistung die für die Abscheidung aufzuwendende Energie. Sie steigt mit abnehmendem Grenzkorn (Bild 2).

Wäscher kann man in insgesamt 5 Grundbauarten einteilen (Bild 3):

□ Der *Venturi-Wäscher* ist der einfachste und zugleich wirksamste Wäscher. Das Gas wird in der Kehle auf 80–150 m/s beschleunigt und zerstäubt das dort eingespritzte Wasser in Tropfen von 50–150 μm. Anschließend wird die Strömung zur Druckrückgewinnung in einem Diffusor verzögert. Venturi-Wäscher müssen genau ausgelegt werden, da sie auf Gasdurchsatzänderungen empfindlich reagieren. Vorteil ist ihr geringer Platzbedarf.

durchsatzänderungen. Die Rotationszerstäuber können verschleißen (Unwucht).

□ *Wirbelwäscher:* Die Gasströmung bildet mit eigener Energie an Leitblechen eine Wirbelwalze. Dabei wird die Waschflüssigkeit durch Druckunterschiede eingesaugt und grob zerstäubt. Der Wasserumlauf ist groß. Wirbelwäscher arbeiten nur am Auslegungspunkt gut. Bei gleicher Geometrie ist die Baulänge beliebig. Schaumbildung ist möglich.

□ →*Strahlwäscher:* Diese arbeiten wie Wasserstrahlpumpen. Deswegen steigt der Druck der Gasströmung. Bei konstantem Flüssigkeitsdurchsatz sind Strahlwäscher unabhängig von Durchsatzschwankungen der Gasströmung. Es besteht die Gefahr der Schaumbildung.

□ *Waschturm:* Als leere Türme sind sie die am wenigsten wirksamen Abscheider. Gleichmäßige Bedüsung und Gaszuführung ist wichtig. Türme mit Füllkörpern sind etwas besser, aber verschmutzungsanfällig. Waschtürme arbeiten kaum lastabhängig, benötigen aber am meisten Raum. *Dahl*

Literatur: *Fan, X., T. Schultz* u. *E. Muschelknautz*: Experimental Results from a Plate-Column-Wet Scrubber with Gas-Atomized Spray. Chem. Eng. Technol. 11 (1988), S. 73/79. – *Haller, H.*: Ein Beitrag zur Beurteilung der Abscheideleistung von Venturiwäschern. Diss. Univ. Stuttgart 1986. – *Muschelknautz, E., H. Haller* u. *T. Schultz*: Venturi Scrubber Calculation and Optimization. Chem. Eng. Technol. 12 (1989).

**Stauchen.** S. ist nach DIN 8583, Bl. 3, Freiformen, wobei eine Werkstückabmessung zwischen Werkzeugen mit meist ebenen, parallelen Wirkflächen (Stauchbahnen) vermindert wird. Auf Grund der Volumenkonstanz vergrößern sich dabei die Abmessungen in den beiden anderen Richtungen (Bild 1). Wichtige Sonderverfahren des S. sind das Flachprägen mit den Varianten Maßprägen zum Erzielen enger Dickenmaßabweichungen und Glattprägen mit dem Ziel verbesserter Oberflächen-

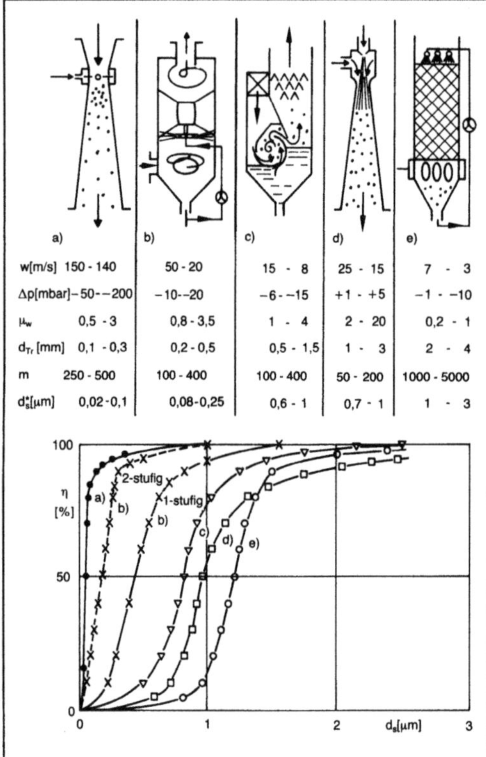

| | a) | b) | c) | d) | e) |
|---|---|---|---|---|---|
| w[m/s] | 150 - 140 | 50 - 20 | 15 - 8 | 25 - 15 | 7 - 3 |
| Δp[mbar] | −50 − −200 | −10 − −20 | −6 − −15 | +1 − +5 | −1 − −10 |
| $\mu_w$ | 0,5 - 3 | 0,8 - 3,5 | 1 - 4 | 2 - 20 | 0,2 - 1 |
| $d_{Tr}$ [mm] | 0,1 - 0,3 | 0,2 - 0,5 | 0,5 - 1,5 | 1 - 3 | 2 - 4 |
| m | 250 - 500 | 100 - 400 | 100 - 400 | 50 - 200 | 1000 - 5000 |
| $d_s^*$ [μm] | 0,02 - 0,1 | 0,08 - 0,25 | 0,6 - 1 | 0,7 - 1 | 1 - 3 |

*Staubwäscher 3: Wäscherbauarten mit Anhaltszahlen und typischen Fraktionsabscheidegradkurven.*
*a) Venturiwäscher*
*b) Rotationswäscher*
*c) Wirbelwäscher*
*d) Strahlwäscher*
*e) Waschturm.*

□ *Rotationswäscher:* In eine von unten nach oben verlaufende Drallströmung spritzen →Rotationszerstäuber Wasser ein. Weil die Abscheidung von den Zerstäuberrädern bestimmt wird, ist der Rotationswäscher weitgehend unempfindlich gegen Gas-

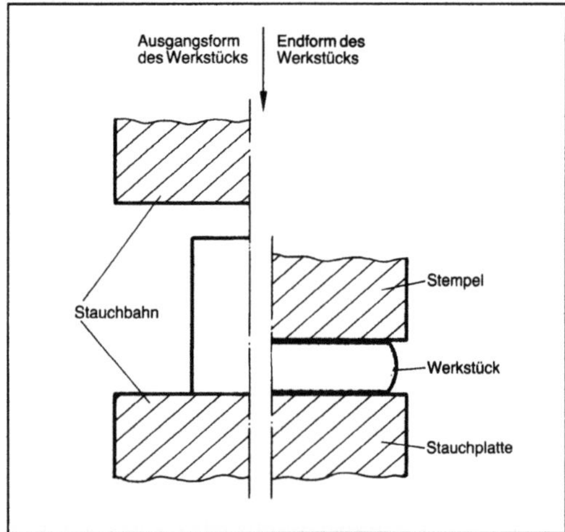


*Stauchen 1: Prinzipielle Darstellung.*

mikrostruktur (Bild 2). Das Anstauchen mit freier Ausbildung der Kopfform (Bild 3) hat gegenüber dem zum Gesenkschmieden zählenden Anstauchen im Gesenk eine geringere Bedeutung in der industriellen Produktion. Mit dem Sonderverfahren Elektroanstauchen (Bild 4) lassen sich wegen der durch örtliche Erwärmung auf Schmiedetemperatur signifikant herabgesetzten kritischen Knicklast sehr große Volumen frei anstauchen.

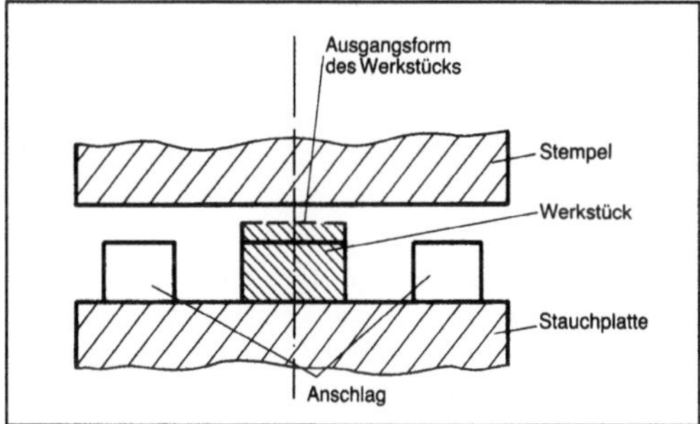


*Stauchen 2: Flachprägen (Maßprägen).*

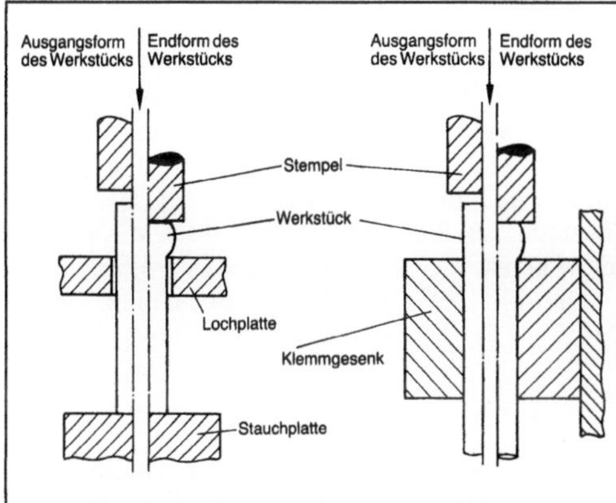


*Stauchen 3: Anstauchen (Wirkrichtung der Druckkraft in Wirkrichtung der Umformmaschine).*

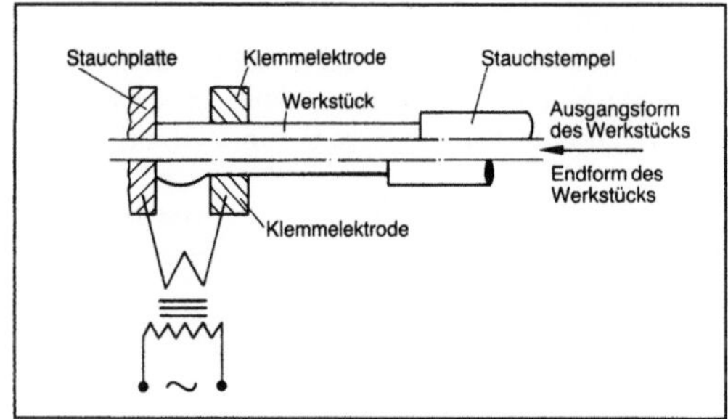


*Stauchen 4: Elektroanstauchen.*

S. und Anstauchen, d. h. örtliches S. an den Enden von Werkstücken, sind wichtige Grundverfahren des Schmiedens und der Kaltmassivumformung z. B. in der Fertigung von Bolzen, Nieten, Schrauben und befestigungsmittelähnlichen Kaltumformteilen. Die Fertigung erfolgt hierbei auf Einfachdruck-, Doppeldruck-, Dreifachdruck- oder Mehrstufenpressen mit bis zu sieben Stufen. Dabei gelten folgende Verfahrensgrenzen: Knickgrenze beim Anstauchen gegeben durch zulässiges Stauchverhältnis $s = l_o/d_o$ (l, d Abmessungen des anzustauchenden Teils), damit Faltungen und Quetschstellen vermieden werden; →Formänderungsvermögen, gegeben durch zulässigen →Umformgrad φ bzw. zulässige Längenabnahme (Stauchung) ε; zu große Werkzeugbelastung. Zum Erzielen ausreichender Kopfvolumen muß das Anstauchen oft in mehreren Stufen erfolgen. Für übliche Kopfschrauben wird ein Vor- und Fertigstaucharbeitsgang benötigt (Bild 5).

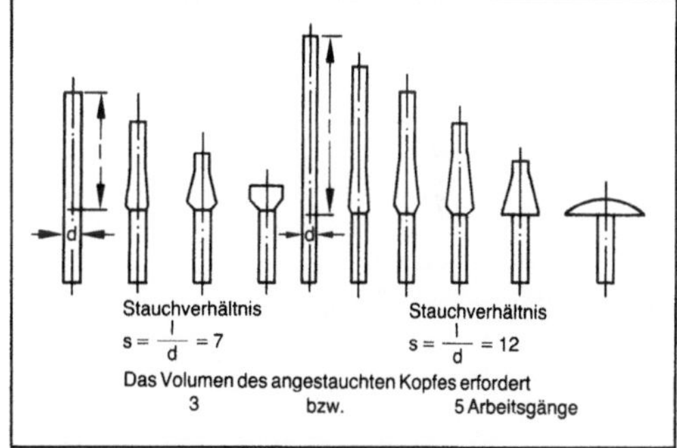


*Stauchen 5: Kaltstauchen von Köpfen.*

Der Druckversuch nach DIN 50106 dient dazu, das Verhalten metallischer Werkstoffe durch S. unter einachsiger, über den Querschnitt gleichmäßig verteilter Druckspannung zu ermitteln. Dazu wird eine zylindrische Probe mit einem Verhältnis von Höhe zu Durchmesser $1 \leqq h_o/d_o \leqq 2$ (für Stahl meist 1,5) einer langsam und stetig zunehmenden Stauchung unterworfen und die dabei auftretende Druckkraft gemessen. Wird die Reibung zwischen Probe und den plangeschliffenen und hochglanzpolierten Stauchbahnen mit einer →Härte von mindestens 60 HRC durch geeignete Maßnahmen ausgeschaltet, so läßt sich die →Fließspannung $k_f$ zu $k_f = F/A$ (A Augenblicksquerschnitt der Probe) durch den Stauchversuch ermitteln. Die Stauchung als Formänderungsmaß errechnet sich zu $\varepsilon = \triangle l/l_o$, mit $\triangle l = l_o - l$. Als logarithmisches Formänderungsmaß gilt analog zum Dehnen $\xi = \ln l/l_o$ oder wegen Volumenkonstanz $\xi = \ln A_o/A_1$. *Lange*

Literatur: *Billigmann, J., u. H.-D. Feldmann:* Stauchen und Pressen. 2. Aufl. München 1973. – *Lange, K.* (Hrsg.): Umformtechnik. Handb. f. Ind. u. Wiss. Bd. 2. 2. Aufl. Berlin, Heidelberg, New York, Tokio 1988.

**Staugrenze.** In verschiedenen verfahrenstechnischen Prozessen (z. B. →Rektifikation, →Absorption, Fallfilmverdampfung) wird eine herabfließende Flüssigkeit im →Gegenstrom zu einem aufsteigenden Gas geführt. Liegt die Gasgeschwindigkeit (→Gasbelastung) unterhalb der S., so ist der Flüssigkeitsinhalt des Apparats unabhängig von der Geschwindigkeit des aufsteigenden Gases. Beim Überschreiten der S. sind die Reibungskräfte so groß geworden, daß das Herabfallen der Tropfen behindert wird und der →Flüssigkeitsinhalt mit der Gasgeschwindigkeit steigt. Wird die Gasbelastung so weit erhöht, daß man die →Flutgrenze erreicht, dann füllt sich der Apparat mit Flüssigkeit, der Druckverlust steigt steil an, und der Wirkungsgrad des Apparats sinkt ab. *Dohrn*

**Stechen** →Reißen

**Stefan-Ausgleichsstrom.** Ist bei einem Stofftransport durch eine Phasengrenzfläche diese nur für die Komponente 1 durchlässig, so spricht man von einseitiger Diffusion. Die nicht durch die Grenzfläche transportierten inerten Stoffe reichern sich an der Grenzfläche an und haben dort einen höheren Partialdruck als in der Hauptströmung (Bild). Dies bedingt eine Rückströmung der inerten Stoffe von der Grenzfläche in die Hauptströmung. Diese Rück-

strömung der inerten Bestandteile führt unter der Voraussetzung eines stationären Zustandes zu einem zusätzlichen Stoffstrom, dem S.-A. von der Hauptströmung zur Phasengrenzfläche, der aus inerten Stoffen und der Komponente 1 besteht. Dieser Zusammenhang wurde 1871 von *Stefan* entdeckt.

Der durch Diffusion übertragene Stoffstrom ist also bei einseitiger Diffusion größer als bei äquimolarer Diffusion. Das ist für Trennprozesse wie die →Absorption, →Adsorption und Trocknung von Bedeutung. *Dohrn*

Literatur: *Weiß, S., H.-K. Adolphi u. K.-E. Militzer:* Thermische Verfahrenstechnik I. Leipzig 1988.

**Stefan-Diffusion.** Die S.-D. (auch einseitige D. genannt) ist ein Spezialfall der gewöhnlichen nichtäquivalenten Diffusion, bei der die Phasengrenzfläche nur für eine Komponente a durchlässig ist. Für die zweite Komponente B ist die Phasengrenzfläche undurchlässig. Für diese Komponente ist der resultierende Stoffstrom bei stationärem System null. Technische Systeme, bei denen dieser Fall vorliegt, sind die Verdunstung einer Flüssigkeit, wenn sich das Gas (z. B. Luft) nicht in der Flüssigkeit löst, und die Absorption, bei der eine Komponente aus dem Gas selektiv durch die Waschflüssigkeit aufgenommen wird. In diesem Fall gilt bei stationärem Zustand für die molaren Stoffflüsse $n_B^* = 0$ und $n_A^* =$ konst.

Hiermit läßt sich folgende Beziehung für den Stofffluß der Komponente A herleiten:

$$n_A^* = \frac{D_{AB} \cdot p}{R \cdot T \cdot z_\omega} \ln \frac{p - p_{A\omega}}{p - p_{A\alpha}} \qquad (1),$$

mit $D_{AB}$ →Diffusionskoeffizient, p Gesamtdruck, R universelle Gaskonstante, T absolute Temperatur, $z_\omega$ Schichtdicke, $p_A$ Partialdruck der Komponente A. Der Verlauf der Partialdrücke bei einseitiger D. ist für ein binäres System (A und B) im Bild dargestellt.

Einseitige D. bedeutet nicht, daß die inerte Komponente B nicht diffundiert, denn es existiert im gesamten betrachteten System ein Partialdruckgra-

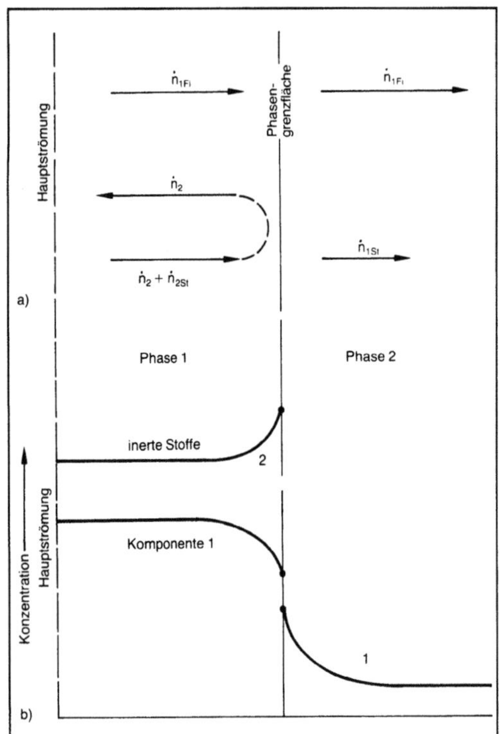


*Stefan-Ausgleichsstrom: Einseitige Diffusion.*
*a) Stoffströme*
*b) Konzentrationsverlauf.*

$\dot{n}_{1Fi}$ Stoffstrom der Komponente 1 nach *Fick*, $\dot{n}_{1St}$ Stefan-Ausgleichsstrom

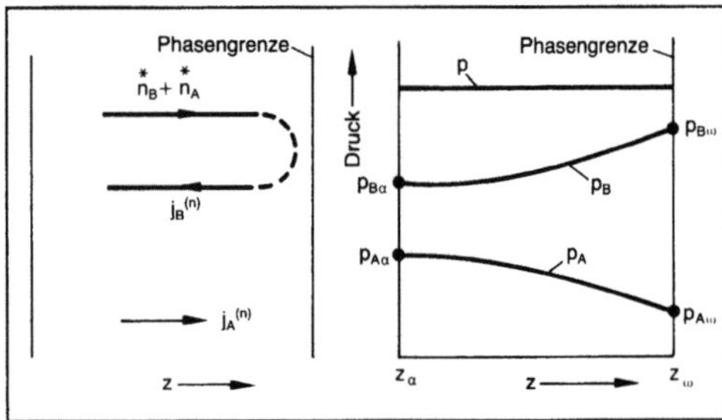


*Stefan-Diffusion: Schematische Darstellung zur einseitigen Diffusion.*

dient $dp_B/dz \neq 0$. Dem Diffusionsstrom von B ist jedoch, da B für die Phasengrenzfläche undurchlässig ist, ein bez. B gleich großer, konvektiver Verdrängungsstrom entgegengerichtet, so daß die mittlere, molare Geschwindigkeit der Komponente B, bezogen auf einen ortsfesten Punkt, gleich null ist. Dieser konvektive Stoffstrom wird auch S.-Strom genannt.

Er ist bei der Absorption der gasförmigen Komponente A von der Kernströmung des Gasgemisches zur Phasengrenzfläche (Oberfläche der Waschflüssigkeit) hin gerichtet. *Weinspach*

**Stefan-Maxwell-Gleichung.** Die S.-M.-G. werden zum Berechnen der gewöhnlichen Diffusion in Mehrkomponenten-Gasgemischen verwendet. Sie lauten

$$\nabla x_i = \sum_{j=1}^{N} \frac{1}{c \cdot D_{ij}} (x_i \cdot \underline{n}_j^* - x_j \underline{n}_i^*) \qquad (1),$$

mit $x_i$, $x_j$ Molenbruch der Komponenten i, j, c molare Gesamtkonzentration, $D_{ij}$ binärer →Diffusionskoeffizient der Komponenten i und j, $n_i^*$, $n_j^*$ molarer Stofffluß der Komponenten i und j.

Diese Gleichungen bieten den Vorteil, daß für ihre Anwendung nur die Diffusionskoeffizienten der Stoffpaare i-j in binärer Mischung bekannt sein müssen und nicht die Diffusionskoeffizienten der Stoffpaare i-j im Mehrkomponentengemisch. *Weinspach*

Literatur: *Bird, R. P., W. E. Stewart u. E. N. Lightfoot:* Transport Phenomena. New York 1960. – *Hirschfelder, J. O., C. F. Curtiss u. R. B. Bird:* Molecular Theory of Gases and Liquids. New York 1954.

**Steiggeschwindigkeit der dispersen Phase.** Steigen feste oder fluide Partikel in einer fluiden Phase auf, so wirkt die von der Dichtedifferenz abhängige Auftriebskraft nach oben und die Summe aus Widerstands- und Schwerkraft nach unten.

Mit zunehmendem Partikeldurchmesser steigt die erreichbare Endgeschwindigkeit an. Von einem bestimmten Durchmesser an werden Blasen oder Tropfen instabil und zerteilen sich. Der Geschwindigkeitsverlauf weicht dann vom entsprechenden Verlauf für feste Partikel ab. Bei Tropfen in Gasen läßt sich mit zunehmendem Durchmesser eine maximale Geschwindigkeit nicht überschreiten. Bei Blasen in niedrigviskosen Flüssigkeiten durchläuft die Geschwindigkeit in Abhängigkeit vom Durchmesser ein Maximum und fällt auf Grund der Blasenzerteilung wieder ab. In hochviskosen Flüssigkeiten sind Blasen auch bei größeren Durchmessern stabil.

Eine höhere S. verbessert den Stoffübergang, solange es nicht zu starken Rückvermischungen kommt (→Sinkgeschwindigkeit der dispersen Phase). *Dohrn*

Literatur: *Mersmann, A.:* Thermische Verfahrenstechnik. Berlin, Heidelberg, New York 1980.

**Stellglied** →Antrieb (Roboter)

**Stellit.** S. sind gegossene, eisenfreie Legierungen aus Cobalt (rd. 45–50%) sowie den Carbidbildnern Wolfram (15–20%) und Chrom (25–30%). Der Kohlenstoffgehalt liegt zwischen 1,5 und 2,5%. Das Gefüge besteht aus nadeligen Carbiden und einer austenitischen Grundmasse aus binären Eutektika aller Legierungsbestandteile, vorwiegend Cobalt.

In Europa sind S. als Schneidstoffe wenig verbreitet. Bei kleinen Schnittgeschwindigkeiten sind Schnellarbeitsstähle durch größere Härte überlegen. Bei hohen Schnittgeschwindigkeiten reicht die Warmhärte der S. nicht mehr aus. Metallurgisch gesehen bilden sie die Brücke zu Hartmetallen. Diese Aufgabe haben sie in der Praxis jedoch nicht erfüllt. *König*

**STEM.** Das Fertigungsverfahren mit der Bezeichnung STEM (Shaped Tube Electrolytic Machining) eignet sich zur elektrochemischen Herstellung (→Abtragen, elektrochemisches) von Bohrungen mit hohem Längen/Durchmesser-Verhältnis von rd. 200 bei einem minimalen Bohrungsdurchmesser von 0,5 mm. Die →Werkzeugelektrode besteht aus einem Titanröhrchen. Als →Elektrolytlösung wird in der Regel Schwefelsäure verwendet, damit die Abtragprodukte in Lösung bleiben und nicht als Schlamm die Elektrolytströmung behindern. Die Metallionenkonzentration muß ständig überwacht werden, um eine Abscheidung von Metallionen auf der Kathode in Grenzen zu halten.

Problematisch ist bei diesem Verfahren die Elektrolytzuführung. Sie kann Schwingungen der verhältnismäßig labilen Werkzeugelektroden hervorrufen, die wiederum zu rauhen Oberflächen, ungleichen Bohrungsquerschnitten oder zu Kurzschlüssen zwischen Werkzeug und Werkstück führen können. Das Verfahren wird vorwiegend im Turbinenbau zum Einbringen von radialen Kühlkanälen in Turbinenschaufeln eingesetzt. *König*

**Sterilfiltration.** Filtrationsverfahren zur Abtrennung von Mikroorganismen, hauptsächlich aus Luft (z. B. Belüftung bei Fermentationsprozessen), Trinkwasser, homogenen flüssigen Lebensmitteln (z. B. Fruchtsäften, Bier und Wein) sowie Lösungen und Kulturmedien aus dem medizinischen und pharmazeutischen Bereich. Die früher üblichen Filtermittel auf der Basis von Asbest und Fasergewebe, in deren Struktur Mikroorganismen durch Haftmechanismen abgeschieden werden (Tiefenfiltration), sind heute weitgehend durch synthetische Membranen (z. B. aus Celluloseester, Polyvinylidenfluorid, Polytetrafluorethylen) ersetzt. Sie haben meist Porenstruktur (Porosität ca. 0,7–0,8) und halten Mikroorganismen auf Grund der geringen Porengröße zurück. Membranen mit Porendurchmessern <0,45 μm ermöglichen bereits eine begrenzte Reduzierung der Keimzahl, während mit Porendurchmessern <0,2 μm weitgehende Sterilität erreicht werden kann. Auf Grund dieser Porengrößen sind die Membranen den Mikrofiltrationsmembranen zuzuordnen. Gegenüber der Hitzesterilisation tritt bei der gelegentlich auch als Kaltsterilisation bezeichneten S. keine thermische Schädigung des Produkts auf. Der S. von Flüssigkeiten muß jedoch eine aseptische Verpackung folgen, um eine Rekontamination auszuschließen. *Kerner/Loncin*

**Sterilisation der Luft.** Abtötung oder Entfernung von Keimen aus Luftströmen. Sterile, aerobe Produktionsverfahren erfordern erhebliche Volumenströme an steriler Luft. Prinzipiell ist die S. von Gasen durch Filtration, Wäscher, Bestrahlung mit UV-Licht, chemische Behandlung (Ozon) und Hitze möglich. Industriell von Interesse sind jedoch nur Hitzebehandlung und Filtration:

□ *Hitzebehandlung:* Der Luftstrom wird über einen mit Dampf oder elektrisch beheizten Wärmeübertrager geleitet. Dieses Verfahren ist in den USA lange Zeit zur Abluftbehandlung von Bioreaktoren eingesetzt worden. Durch die hohen Energiekosten und den apparativen Aufwand ist dieses Verfahren heute durch Filtration ersetzt.

□ *Filtration:* Der Luftstrom wird über dampfsterilisierbare Filtrationseinheiten geleitet. Die kleinste noch abscheidbare Partikelgröße beträgt bei diesen Filtern etwa 0,1–0,25 μm. Ältere Filtrationsanlagen haben mit reinen Tiefenfiltern aus Glaswolle oder Aktivkohle gearbeitet. Diese neigten bei der Dampfsterilisation zu Schrumpfung und Verfestigung. Man hat sie durch Filterpatronen auf Glasfaserbasis, Cellulose oder Kunststoff ersetzt. Diese arbeiten ebenfalls nach dem Prinzip der Tiefenfiltration, nähern sich aber den Membranfiltern mit definierter Trennkorngröße an. Nachteilig ist jedoch, daß durch Filtration z. Z. noch keine Abtrennung von Bakteriophagen möglich ist. *Liefke*

**Sterilisation, chemische.** Geräte und Apparate, seltener Flüssigkeiten und Nährmedien, können durch die Einwirkung verschiedener Chemikalien, meist starker Oxidationsmittel, sterilisiert werden. Es ist sicherzustellen, daß nach der S. keine Rückstände des S.-Mittels verbleiben.

Gasförmige S.-Mittel sind Ozon und Ethylenoxid. Sie töten in Gegenwart von Wasser vegetative Zellen und Sporen ab und werden bei der S. von Apparaten und Instrumenten eingesetzt. Nach Durchführung der S. entfernt man Rückstände durch Spülen mit steriler Luft.

Auch flüssige Medien lassen sich chemisch sterilisieren. Ein Beispiel ist die S. mit Hilfe von β-Propiolacton. Es ist aktiver als Ethylenoxid, besitzt aber karzinogene und andere negative physiologische Eigenschaften. Da es problematisch ist, das S.-Mittel rückstandslos zu entfernen, auch wenn die gebräuchlichen Mittel autolytisch zerfallen, wird die c. S. von Medien nur sehr selten durchgeführt (→Sterilisation der Luft; →Sterilisation, thermische). *Liefke*

**Sterilisation, thermische.** Das gebräuchlichste Verfahren zur S. von Apparaten und Flüssigkeiten, seltener Gasen, ist die Hitzebehandlung. Bestimmend für den S.-Erfolg ist die Temperatur und die Expositionszeit. Durch t. S. lassen sich alle Arten von Zellen, Mikroorganismen und Viren abtöten.

Prinzipiell ist unter der Einwirkung von trockener und feuchter Hitze zu unterscheiden. Organismen sind gegen feuchte Hitze sehr empfindlich, so daß man die S. von Apparaten in einer gesättigten Wasserdampfatmosphäre durchführt. Lediglich die S. von Ölen und Fetten wird mit trockener Hitze durchgeführt.

Die Zerstörung von vegetativen Zellen und Sporen durch Temperatureinwirkung genügt einem kinetischen Ansatz erster Ordnung:

$$\frac{dc}{dt} = k \cdot c,$$

mit $\frac{dc}{dt}$ Änderung der Konzentration nativer Organismen mit der Zeit, k Geschwindigkeitskonstante erster Ordnung, c Konzentration nativer Organismen.

Die Temperaturabhängigkeit wird durch die Arrhenius-Gleichung beschrieben:

$$k = k_o \cdot \exp\left[-E_A/(R \cdot T)\right],$$

mit k Geschwindigkeitskonstante, $k_o$ Geschwindigkeitskonstante bei Bezugstemperatur, $E_A$ Aktivierungsenergie, R allgemeine Gaskonstante, T Temperatur.

Die Konstante k beschreibt die Temperaturresistenz der abzutötenden Keime und ist von deren Art sowie den Umgebungsbedingungen, z. B. Salz-, Protein-, Zuckergehalt und pH-Wert, abhängig. Da kontaminierende Keime selten in ihrer Art und Zusammensetzung bekannt sind, werden S.-Prozesse mit Hilfe eines besonders temperaturresistenten Modellorganismus, meist Bacillus stearothermophilus, ausgelegt. Charakteristische Größe für einen S.-Prozeß ist der F-Wert. Dieser beschreibt die Abtötungsrate eines realen Prozesses unter Berücksichtigung der Aufheiz- und Abkühlphasen im Vergleich zu einem idealen S.-Prozeß bei konstanter Temperatur. Verwendung findet weiterhin der D-Wert, die dezimale Reduktionszeit. Sie gibt die Zeitspanne an, die erforderlich ist, um die Kontaminationskeime in einem System durch den Sterilisationsvorgang um eine Zehnerpotenz zu verringern.

Nährmedien werden heute im →Bioreaktor (In-Situ-S.) meist bei 1 bar Überdruck und einer Temperatur von 121 °C im Batch-Verfahren sterilisiert. Während der S. ist die Einhaltung der S.-Temperatur im gesamten Reaktor über einen Zeitraum von mindestens 15 min zu gewährleisten. Die praktischen S.-Zeiten sind z. T. erheblich länger und müssen für den jeweiligen Anwendungsfall empirisch ermittelt werden. Leere Reaktoren, Rohrleitungen und Armaturen sterilisiert man durch direkte Dampfeinspeisung.

Der Nachteil von Batch-S. ist der hohe Energieaufwand zum Aufheizen, die Aufrechterhaltung der Temperatur und zum Abkühlen des gefüllten Bioreaktors. Weiterhin werden durch den S.-Vorgang nicht nur Mikroorganismen abgetötet, sondern auch die Kulturlösung durch die Hitzeeinwirkung verändert. Durch Karamelisieren von Zuckern und Maillard-Reaktionen kommt es fast immer zu einer Verschlechterung der Qualität des Nährmediums.

Die Nachteile der Batch-S. von Flüssigkeiten lassen sich bei der kontinuierlichen S. vermeiden. Kontinuierlich betriebene Sterilisatoren arbeiten bei Temperaturen von 140–150 °C und Verweilzeiten von wenigen Minuten bis in den Sekundenbereich. Bei gleichem S.-Erfolg wird das Nährmedium durch die kurzen Verweilzeiten bei erhöhten Temperaturen weitgehend geschont. Die Sterilisatoren werden in Form von Wärmeübertragern oder Dampfinjektoren ausgeführt. Schwierig ist jedoch die kontinuierliche S. von zur Verkleisterung neigenden Medien sowie Medien mit hohen Feststoffgehalten und großen Partikeln, da hier die Verweilzeit bei herkömmlichen Verfahren zum Erreichen der S.-Temperatur nicht ausreicht.                     *Liefke*

Literatur: *Stanbury, P. F., u. A. Whitacker:* Principles of Fermentation Technology. New York 1984. – *Wallhäuser, K. H.* (Hrsg.): Praxis der Sterilisation, Desinfektion – Konservierung, Keimidentifizierung – Betriebshygiene. Stuttgart 1984.

**Sterilisationsverfahren.** Bedeutet die Abtötung aller Mikroorganismen einschl. der Protozoen (Einzeller) und der Sporen sowie Inaktivierung aller Viren. In Abgrenzung dazu: Unter Desinfektion versteht man die gezielte Vernichtung pathogener oder möglicherweise pathogener Keime. Hierbei bestehen Wirkungslücken: Bakteriensporen und viele Viren werden nicht abgetötet. Desinfizierte Gegenstände müssen daher nicht steril sein.

Die einfachste, aber auch unsicherste Art der Sterilisation, eine Notsterilisationsmethode, ist das Auskochen des Sterilisierguts bzw. die Einwirkung von Wasserdampf bei Normaldruck. Die Einwirkungszeit sollte mindestens 30 min betragen.

Wird Wasser in einem geschlossenen Gefäß erhitzt, so erhöht sich der Druck und mit ihm die Temperatur des erzeugten Dampfes und des verbleibenden Wassers. In dem hier herrschenden gesättigten feuchten Milieu steigt die Sterilisierungsleistung mit der Temperatur steil an. Diese Methode nennt man →Dampfsterilisation. Die verwendeten Geräte heißen Autoklaven. Die Dampfsterilisation ist ein Standardverfahren in der Medizin, Mikrobiologie, Biotechnologie und verwandten Disziplinen.

Weniger benutzt wird die Heißluftsterilisation. Im trockenen Milieu, also in trockener heißer Luft, ist der Sterilisierungseffekt weniger gut. Man benötigt wesentlich höhere Temperaturen (>180 °C) mit längeren Einwirkungszeiten (>20 min).

Für hitzeempfindliche zu sterilisierende Materialien und Geräte wird die →Gassterilisation (auch Kaltsterilisation genannt) benutzt. Die Anwendungstemperaturen liegen unter 60 °C.

Die keimschädigende Wirkung von Sonnenlicht ist seit langem bekannt. Der bakterizide Wirkungsbereich des Sonnenlichts deckt sich mit dem der ultravioletten Strahlen. Die Eindringtiefe von UV-Strahlen in feste Körper und Flüssigkeiten ist gering, so daß nur an deren Oberfläche eine Sterilisation erzielt wird. In Luft ist die Wirkung größer. Hier liegt auch der Hauptanwendungsbereich der UV-Sterilisation. Sie wird als zusätzliche Maßnahme zur Keimverminderung in Sterilabfüllräumen und Operationssälen benutzt; meist in Form von nach unten abgeschirmten Deckenstrahlern. Als Lichtquellen werden vor allem Quecksilberdampflampen mit Strahlen im Wellenbereich 210–330 μm verwendet.

Die Sterilisation mit ionisierenden Strahlen (→Strahlensterilisation genannt) hat für die Klinik direkt keine Bedeutung. Auf Grund des hohen apparativen Aufwands wird diese Art der Sterilisation fast ausschließlich von den Herstellern von Einmalartikeln wie Kathetern, Spritzen, Kanülen, Verbandszeug u. a. sowie der pharmazeutischen Industrie genutzt.

Für filtrierbare Fluide wie Injektions- und Infusionslösungen, Getränke, flüssige Kosmetika und auch Gase wird in zunehmendem Maß die Keim- oder Sterilfiltration eingesetzt. Hier geschieht im eigentlichen Sinn keine Sterilisation, d. h. Keimabtötung, sondern eine Abtrennung (Membranverfahren). Es werden verschiedene Filterschichten benutzt. Übliche Porengrößen für Sterilfilter liegen bei 0,22 μm. Im Gegensatz zu anderen Porenmembranen versteht man hier unter dieser Angabe immer die größten Poren. Mit Filtermembranen (Porengröße 0,22 μm) kann man alle derzeit bekannten Bakterien abtrennen. Für die Abtrennung von Viren werden Porengrößen von 10–50 nm benutzt. Besondere Bedeutung haben die Membranverfahren auch für die Entfernung von endogenen Pyrogenen aus Lösungen. Dies sind Stoffe, die aus den Zellwänden von Bakterien stammen. Diese Pyrogene sind äußerst hitzestabil und sehr toxisch. Sie können beim Menschen lebensbedrohende Fieberanfälle auslösen. Die dafür eingesetzten Membranen besitzen neben den filtrativen noch adsorptive Eigenschaften, so daß neben den Zelltrümmern auch gelöste Substanzen entfernt werden.    *Stroh*

Literatur: *Prenner, R., J. Prenner von Prittwitz:* Hygiene. Lehrb. für Krankenpflegeberufe. Stuttgart, New York 1986. – *Wallhäuser, K. H.:* Sterilisation, Desinfektion, Konservierung. Stuttgart 1978.

**Sterilisieren.** Im Bereich der Lebensmittelverarbeitung bedeutet S. das Abtöten aller lebensfähigen Formen von Mikroorganismen sowie das Inaktivieren aller Enzyme, die sich auf Lebensmittel nachteilig auswirken können. Gemäß der Gesetzmäßigkeit für das Abtöten (Gleichungen) ist eine vollständige Abtötung aller Mikroorganismen nicht möglich:

$$dN/dt = -k \cdot N,$$
$$N = N_0 \cdot \exp(-k \cdot t);$$

$N_0$  Anfangskeimzahl,
$N$  Anzahl der Keime zur Zeit t,
$k$  Abtötungskonstante.

Deshalb ist der Begriff der technischen oder praktischen Sterilität gebräuchlich, d. h. Abtöten aller pathogenen und toxinbildenden Mikroorganismen sowie aller übrigen Mikroorganismen mit einer bestimmten, vorgegebenen Wahrscheinlichkeit.

Zeit- und Temperaturabhängigkeit der Abtötung von Mikroorganismen durch Hitze: Aus der ersten Gleichung erhält man

$$\lg N_0/N = t/D_\vartheta, \text{ mit } D_\vartheta = k/2,3.$$

$D_\vartheta$ ist die Zeit, um bei konstanter letaler Temperatur $\vartheta$ die Anzahl der Mikroorganismen um den Faktor 10 zu reduzieren (Bild 1). Der D-Wert ist abhängig von Art und Zustand der Mikroorganismen, von der Temperatur und vom Milieu.

Der Einfluß der Temperatur kann formal ausgedrückt werden durch:

$$\lg D_{\vartheta 1}/D_{\vartheta 2} = (\vartheta_2 - \vartheta_1)\, Z.$$

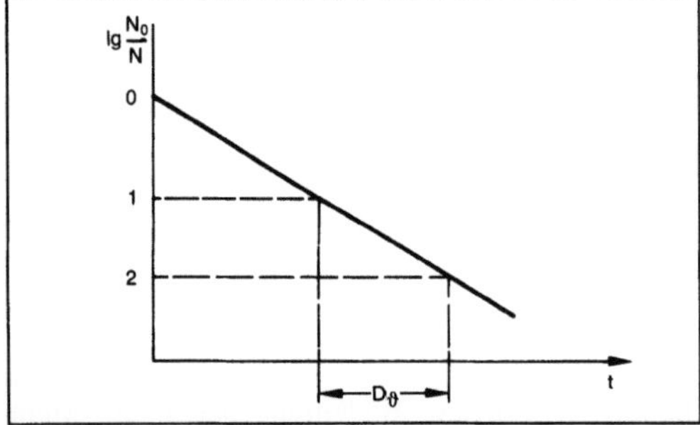

*Sterilisieren 1: Abtötkurve.*

Z ist die Temperaturerhöhung, die nötig ist, um den D-Wert um den Faktor 10 zu reduzieren, d. h. um den gleichen Abtötungseffekt in einer 10mal kürzeren Zeit zu erzielen (Bild 2).

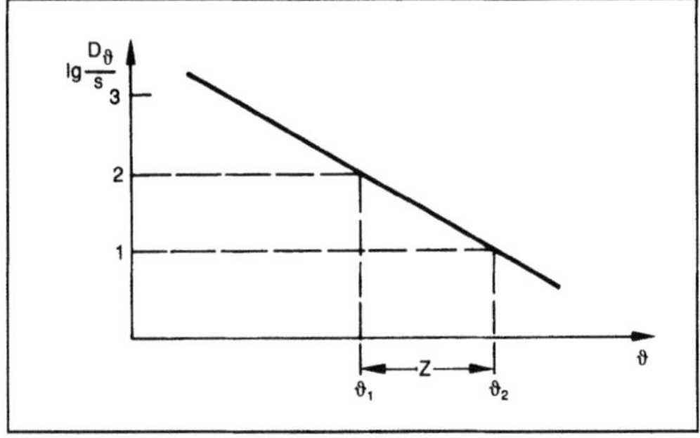

*Sterilisieren 2: Temperaturabhängigkeit des D-Werts.*

Praktisch ermittelt man die Sterilisierzeit über die Berechnung des F-Werts:

$$F = n \cdot D_\vartheta, \text{ mit } n = \lg N_0/N.$$

F ist die Zeit, um die Anzahl der Mikroorganismen mit dem D-Wert $D_\vartheta$ bei der Temperatur $\vartheta$ um n Zehnerpotenzen zu reduzieren.

Für die Praxis sind die Erfahrungswerte für zwei in der Lebensmittelverarbeitung wichtige Referenzbakterien von Bedeutung (Tabelle).

*Sterilisieren. Tabelle: Werte für Referenzbakterien.*

| Mikroorganismus | $D_{121,1\,°C}$-Wert | n | F-Wert |
|---|---|---|---|
| Clostridum botulinum | 12 s | >12 | > 144 s |
| Bacillus stearothermophilus | 250 s | <4 | <1 000 s |

Die Gesamtsterilisierzeit bei 121,1 °C = 250 °F (Bezugstemperatur) liegt in der Praxis meist im Bereich zwischen 150 und 1 000 s.    *Kerner/Loncin*

**Sterilitätstest.** Nach den Vorschriften in den verschiedenen Pharmakopöen soll durch eine Sterilitätsprüfung festgestellt werden, ob die zu prüfenden Stoffe, Zubereitungen oder Gegenstände frei von Mikroorganismen sind, die sich unter geeigneten Züchtungsbedingungen vermehren können. Erst nach einem solchen mikrobiologischen Test ist es zulässig, die betreffenden Produkte als steril zu bezeichnen. Dies bedeutet, daß die für die Sterilisation eingesetzten Geräte in regelmäßigen Abständen überprüft werden müssen.

Für diesen Test benutzt man Bioindikatoren. Dies sind unterschiedlich resistente Stämme von Mikroorganismen, meist Sporen von Bakterien. Diese

Testsubstanzen werden in definierten Konzentrationen, oft schon in einem geeigneten Nährmedium mitsterilisiert, hinterher bebrütet und entsprechend ausgewertet.

Darüber hinaus benutzt man für eine ständige Kontrolle Einrichtungen an den Geräten selbst wie Temperatur- oder Temperatur-Zeit- oder Vakuum-Anzeigen. Für verschiedene Sterilisiergüter, meist Einmalartikel, werden auch Farbindikatoren eingesetzt. Dies sind präparierte Bereiche z. B. in der Verpackung oder in getrennt anbringbaren Streifen, die nach der Einwirkung von vorgegebenen Sterilisationsbedingungen einen Farbumschlag erfahren.

Für viele pharmakologische Zubereitungen wird auch Pyrogenfreiheit verlangt. Für diese Prüfung werden der Kaninchen- und der Limulustest eingesetzt. Für ersteren wird die Prüflösung drei Tieren unter Standardbedingungen injiziert und über eine bestimmte Zeit die Körpertemperatur überprüft. Der erst in jüngster Zeit entwickelte Limulustest beruht darauf, daß Endotoxine die Blutkörperchen des Pfeilschwanzkrebses (Limulus polyphemus) koagulieren. Diese In-Vitro-Methode ist empfindlicher, schneller und billiger als der Kaninchentest. Sie ist jedoch auf Endotoxine beschränkt.    *Stroh*

Literatur: *Schorrmüller, J.:* Lehrb. Lebensmittelchemie. 2. Aufl. Berlin 1974.

**Steuerung.** S. (engl. control) ist eine Maßnahme zur gerichteten, planmäßigen Beeinflussung von Abläufen und Prozessen, um ein vorgegebenes projektiertes Ziel (Soll-Ziel) zu erreichen. Diese allgemeine Festlegung gilt für Abläufe und Prozesse beliebiger Art, unterschiedlicher Komplexität und Aufgabengröße. Wichtige Einsatzgebiete bei hier interessierenden technischen Anwendungen liegen u. a. vor in der

□ Automatisierungstechnik,
□ Leittechnik,
□ Rechner- und Prozessortechnik,
□ Nachrichtentechnik,
□ Kommunikationstechnik.

Der Begriff S. wird dabei sowohl für die (selbsttätig ablaufende) Maßnahme als auch für die Komponente, d. h. das S.-Gerät bzw. Gerätesystem, verwendet.

Die S.-Maßnahme ist charakterisierbar als die Gesamtheit von Informationsverarbeitungsprozessen, zusammengefaßt im S.-Programm, die schritthaltend, d. h. in Echtzeit mit dem gesteuerten Prozeßgeschehen, ablaufen. Dazu werden Meßdaten, die den momentanen Prozeßzustand wiedergeben, und Bedienkommandos, die die Zielvorgaben beinhalten, benötigt (Bild 1). Ergebnisse sind Steuer- oder Stellgrößen, die in den Prozeßablauf einwirken, sowie Beobachtungsinformationen für die Überwachung und Bedienerunterstützung. Je nach Prozeß werden dabei Energie-, Materieströme, Stückgüter sowie Daten- und Informationsflüsse beeinflußt, d. h. verarbeitet, verteilt, gespeichert usw.

Die Ausformung der S.-Maßnahme sowie die Methodiken zur Analyse und Synthese werden entscheidend vom jeweiligen Prozeßtyp geprägt. Hierbei sind die zwei grundlegenden Arten der in Amplitude und zeitlichem Ablauf stetigen Prozesse (z. B. Energieerzeugung) und der zeit- und/oder amplitudendiskreten ereignisorientierten Prozesse (z. B. Produktion elektronischer Baugruppen) zu unterscheiden.

Diese Beschreibung der S. bezüglich des Wirkungssinns zwischen Eingangsgrößen/-informationen und Ausgangsgrößen/-informationen ist allgemein gefaßt und trägt der derzeitigen Entwicklung auf diesem Gebiet Rechnung.

Einen guten Überblick über die Vielfalt der Erscheinungsformen von S. geben die heute gebräuchlichen Arten ihrer Charakterisierung wieder. Diese unterscheiden nach Art der

□ Signal- und Informationsdarstellung, z. B. analoge, binäre, digitale S.,
□ Daten- und Informationsverarbeitung, z. B. taktsynchrone, asynchrone S., Verknüpfungs-, Ablauf-S.,
□ Realisierung des S.-Programms, z. B. festprogrammierte S., speicherprogrammierbare S. (SPS).

In Bild 2 ist der Zusammenhang zwischen den Charakterisierungsarten verdeutlicht. Generell läßt sich festhalten, daß binäre und/oder digitale program-

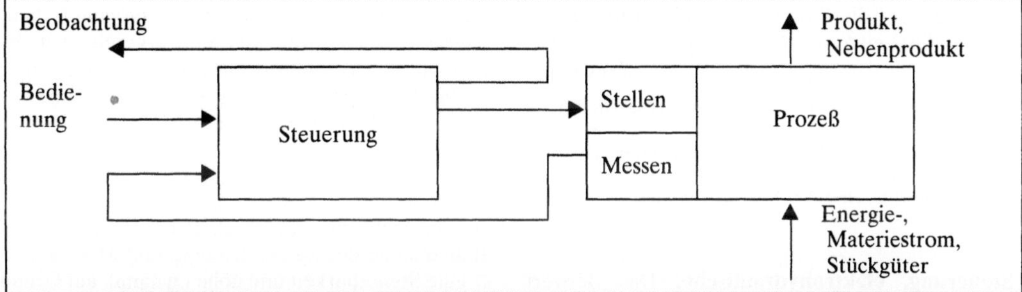


*Steuerung 1: Wirkungsschema eines gesteuerten Prozesses.*

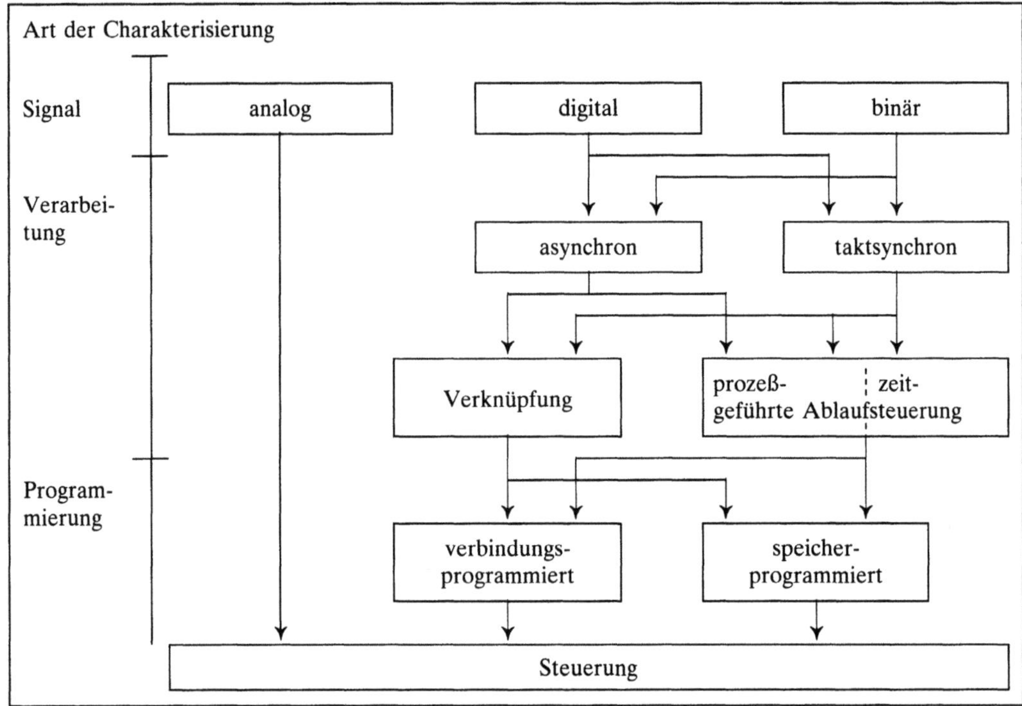

*Steuerung 2: Einteilung.*

mierbare Ablauf-S., als speicherprogrammierbare S. (SPS) ausgeführt, eine dominante Rolle im technischen Einsatz bei der Automatisierung spielen.

Eine weitere anschauliche Beschreibungsart für S. legt die physikalische Informationsdarstellung zugrunde und unterscheidet elektromechanische, elektronische, fluidische, pneumatische und hydraulische S.

Bei der S. komplexer Prozesse wie verfahrenstechnischer, fertigungstechnischer oder energietechnischer Anlagen wird die Gesamt-S. in der Regel aus Teil-S. verschiedener S.-Ebenen hierarchisch strukturiert aufgebaut. Dies führt zur aufgabenorientierten Gliederung. Sie weist in der maschinen- bzw. prozeßnahen, untersten Ebene (Einzelsteuerebene, Komponentenebene) Einzel-S. auf. Diesen überlagert sind in der Gruppensteuerebene (Zellenebene) die Gruppen-S. und darüber angeordnet die Leit-S. in der Leitsteuerebene (Leitebene). *Freyberger*

Literatur: DIN 19222: Leittechnik. Begriffe. Hrsg. Dt. Inst. für Normung. Ausg. März 1985. – DIN 19226: Regelungstechnik und Steuerungstechnik. Begriffe und Benennungen. Hrsg. Dt. Normenausschuß. Ausg. Mai 1968. – DIN 19237: Steuerungstechnik. Begriffe. Hrsg. Dt. Inst. für Normung. Ausg. Febr. 1980.

**Steuerung, elektrohydraulische.** Das Beiwort elektrohydraulisch bezeichnet die Technologie, in der die S. ausgeführt ist. Bei der e. S. findet üblicherweise bei der Stellsignalausgabe ein Übergang statt von der elektronischen Informationsverarbeitung innerhalb der S. auf die mit hydraulischer Hilfsenergie versorgten Baueinheiten der Stellantriebe bzw. Stelleingriffe.

Der Erzeugung dieser Hilfsenergie dienen Hydropumpen für das Hydrauliköl, die üblicherweise elektromotorisch angetrieben und druck- oder flußgeregelt arbeiten. Die Koppelelemente zur schaltenden oder stetigen Beeinflussung des Hydrauliköldrucks oder -flusses vor den Hydromotoren für rotatorische oder den Hydrozylindern für die translatorische Bewegung sind Wege- oder Servoventile. Diese werden mit elektrischer Spannung oder elektrischem Strom angesteuert. Dabei erfüllt das Wegeventil eine einfache, binäre Auf/Zu- und/ oder Umschalt-Funktion. Das Servoventil dient dagegen als Umform- und Verstärkerelement. Es ermöglicht, z. B. einbezogen in einen Positions- oder Drehzahl- bzw. Geschwindigkeitsregelkreis, die stetige S. der Hydromotoren und -zylinder für Stellaktionen.

Einige Vorzüge für den Einsatz der Hydraulik auf der Stellseite der S. sind u. a.:
□ hohe Stellkräfte und -stellmomente bei kleinem Bauvolumen der Steuerelemente und Motoren,
□ gute Steuerbarkeit und hohe Dynamik auf Grund kleiner Massenträgheitsmomente,

□ Eignung für den Einsatz in explosionsgefährdeter Umgebung.

Typische Einsatzbereiche für elektrohydraulisch gesteuerte Antriebe sind Werkzeugmaschinen, Hebezeuge, Getriebeprüfeinrichtungen, Regelventile, →Roboter für Sonderanwendungen, wie z. B. Lakkieren, sowie zahlreiche weitere Antriebsaufgaben in der Luft- und Schiffahrtstechnik. *Freyberger*

**Steuerung, elektromechanische.** Das Beiwort elektromechanisch beschreibt die Technologie, in der die S. ausgeführt ist. Die Baueinheiten von e. S. sind:
□ für die Eingangschaltungen: Schalter, Taster, Hilfsschütze und Relais mit den Aufgaben der Signalpegelanpassung, der galvanischen Signalentkopplung und der Kontaktvermehrfachung,
□ für die Signalverarbeitung: Relais zum Aufbau logischer Grundverknüpfungen sowie impulsgesteuerte oder zeitgeführte, z. B. netzsynchron angetriebene, Schalt- und Zählwerke zur Erzeugung prozeß- und/oder zeitgeführter Schaltsequenzen,
□ für die Erzeugung der Ausgangssignale: Leistungsschütze zur Bereitstellung der Schaltleistung und ggf. der galvanischen Entkopplung zwischen Steuergerät und gesteuertem Prozeß.

Die Bedeutung der e. S. ist zugunsten elektronischer im Schwinden. Gründe dafür sind u. a. Verschleiß durch Kontaktabbrand, begrenzte Schaltgeschwindigkeit, Montageaufwand und Bauvolumen. Allerdings stellen sie derzeit bei Massenanwendungen für S. mit geringem Programmumfang, wie z. B. bei Waschmaschinen usw. durch einfachen Aufbau, wie in der Ausführung als Programmschaltwerke vorteilhafte Lösungen dar. Daneben finden Relais oder Kleinschütze, insbes. auch in bistabilen Ausführungen als Schaltverstärker für die Ausgangssignale von elektronischen S., zur direkten Ansteuerung von Stellgeräten ein großes Anwendungsfeld.

Die Entwicklungen im Relaisbau lassen sich durch Steigerung der Schaltverstärkung, der Schaltgeschwindigkeit, der Isolationsspannung zwischen Erregerspule und Kontaktsatz und der Lebensdauer sowie eine Minimierung des Bauvolumens charakterisieren. Die Daten des Relais MRPl (Siemens AG) machen diese Entwicklung deutlich: Baugröße 12,9 mm × 7,6 mm × 6,9 mm; Ansteuerleistung 30 mW (bistabile Ausführung; Schaltleistung 24 V DC, 1 A, Kontaktwiderstand <40 mOhm über $5 \cdot 10^6$ Schaltspiele; Prüfspannung 1,5 KV AC). *Freyberger*

Literatur: *Rauterberg, U.:* Schaltvermögen und Lebensdauer eines gepolten Mikrominiatur-Relais. Elektronik Entwicklung (1987) Nr. 6, S. 8/12.

**Steuerung, fluidische.** Das Beiwort fluidisch beschreibt die Technologie, in der die S. ausgeführt ist. Physikalische Grundlage fluidischer Technologie sind statische und/oder dynamische Strömungs- und Druckeffekte von Fluiden in strömungsmechanischen Konstruktionen. Fluide sind in diesem Zusammenhang Gase in der pneumatischen Technik oder Flüssigkeiten in der hydraulischen Technik. Basiselemente der Fluidik besitzen Verstärkungs- und/oder Schaltcharakteristik zum Aufbau sowohl logischer Grundfunktionen wie auch analoger Verstärkungsoperationen. Bei diesen Elementen sind drei grundlegende Wirkungsprinzipien zu verzeichnen:
□ Statische Elemente: Bei diesen Elementen repräsentieren statische Drücke in relativ weiten Bereichen die binäre Information. Sie besitzen üblicherweise bewegte Teile wie Kölbchen, Kugeln oder Membranen, die vorzugsweise durch pneumatischen Druck betätigt werden. Sie erzeugen eine Schaltfunktion durch Verschließen oder Öffnen von signalführenden Leitungen (Bild 1). Die Elemente arbeiten entweder passiv, d. h. durch direkte Verknüpfung der Signaldrücke, oder aktiv, d. h. durch S. eines Hilfsdrucks über ein Mehrwegeventil. Die aktiven Elemente wirken entkoppelnd und signalverstärkend.
□ Semistatische Elemente: Bei diesen Elementen repräsentieren ebenfalls wie bei den statischen Elementen statische Drücke die binäre Information. Allerdings erfolgt der Schaltübergang bei den dort verwendeten Kugeln, Mikromembranen oder Fo-

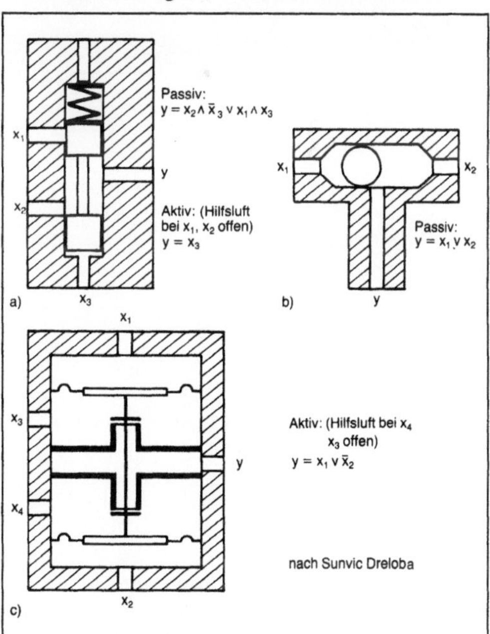


*Steuerung, fluidische 1: Prinzipanordnungen bei statischen fluidischen Elementen.*
*a) Aktives Kölbchenelement*
*b) Passives Kugelelement*
*c) Aktives Membranelement.*

lien auf Grund von strömungsmechanischen Vorgängen, d. h. einer während des Schaltvorgangs notwendigen Umströmung des beweglichen Elements. Mit dieser Arbeitsweise ist stets ein zwar geringer, im Vergleich zu statischen Elementen jedoch höherer Leckverlust und damit höherer Arbeitsdruck verbunden. Auf diesem Wirkungsprinzip basierend, lassen sich fluidische Grundelemente, die bistabiles oder monostabiles Verhalten besitzen, einfach realisieren.

□ Dynamische Elemente (Bild 2): Im Gegensatz zu den statischen Elementen erfordert die Arbeitsweise der dynamischen Elemente eine sich wechselseitig beeinflussende Durchströmung der fluidischen Elemente. Die Durchströmung kann sowohl hydraulischer als auch pneumatischer Natur sein. Die Elemente besitzen keine bewegten Teile. Die Tiefe der die Strömung führenden Kanäle und Düsen liegt im Bereich von wenigen zehntel Millimetern. Die Grundfunktionen sind die proportionale Verstärkung, die auch für analoge S.-Zwecke eingesetzt wird, sowie logische Verknüpfungen.

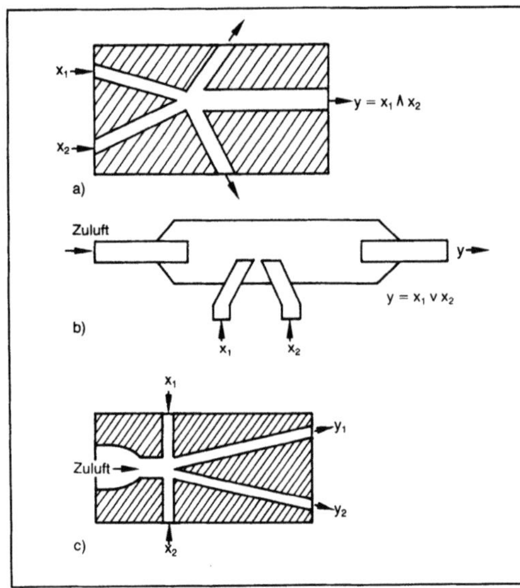



*Steuerung, fluidische 2: Prinzipanordnung bei dynamischen fluidischen Elementen.*
*a) Impulselement*
*b) Turbulenzelement*
*c) Wandstrahlelement.*

Nach ihrem Wirkungsprinzip werden die Elemente in Impuls-, Turbulenz- und Grenzschichtelemente eingeteilt:

□ Beim Impulselement wird die Ausgangströmung oder besser der Ausgangsstrahl durch Aufeinandertreffen zweier freier turbulenter Strahlen erzeugt. Dabei erfolgt Impulsaustausch und proportionale S. des resultierenden Ausgangsstrahls des Elementes.

□ Beim Turbulenzelement wird davon Gebrauch gemacht, daß eine laminare Strömung, die quer zu ihrer Strömungsrichtung angeströmt wird, in eine turbulente Strömung umschlägt. Dieser Effekt wird verwendet, um die laminare Hauptströmung, die am Ausgang des Elements aufgefangen und weitergeleitet wird, zu steuern. Dadurch lassen sich proportionale Verstärkung wie auch logische NOR-Verknüpfung realisieren.

□ Grenzschichtelemente oder auch Wandstrahlelemente beruhen auf dem Effekt, daß sich ein turbulenter freier Strahl, dem eine Wand parallel bzw. in einem bestimmten Winkel zur Strahlachse angenähert wird, an diese anschmiegt (Coanda-Effekt). Wird eine derartige Anordnung symmetrisch aufgebaut, so besitzt sie im Prinzip bistabiles Verhalten.

Aus dynamischen fluidischen Elementen lassen sich auf Grund der kleinen Abmessungen der vorwiegend flächigen Struktur und der fehlenden bewegten Teile Schaltungen in einer der Chip-Technologie vergleichbaren Art aufbauen. Damit können kompakte S. realisiert werden, die bei Verwendung keramischer Materialien hochtemperaturfest (>700 °C) sind. Ein weiterer Vorzug gegenüber elektronischen S. ist die durch das Arbeitsprinzip bedingte Unempfindlichkeit gegenüber energiereicher Strahlung (z. B. radioaktiver Strahlung). Die Ansprechzeiten der dynamischen Elemente liegen bei <0,1 ms. Damit ergibt sich eine Verarbeitungsgeschwindigkeit, die um den Faktor $10^3$–$10^4$ langsamer ist als bei elektronischen S. Eine weitere Schwäche liegt darin, daß für die Stellsignalausgabe häufig ein konstruktionsbedingt langsameres statisches Element eingesetzt werden muß, um die nötige Ausgangssignalleistung zu erzielen.

Die Bedeutung kompletter fluidischer, also hydraulischer oder pneumatischer S. bleibt, mit Ausnahme der Bedeutung in der Stellgerätetechnik, besonderen Einsatzfällen vorbehalten. In den Bereichen der Stell- und Antriebstechnik zeichnen sich durch das Zusammenwirken mikroelektronischer, sensorischer und fluidischer Komponenten neue interessante Entwicklungen zu einfacheren, kleineren und leistungsfähigeren elektro-fluidischen Lösungen ab. *Freyberger*

Literatur: *Fasol, K. H.,* u. *P. Vingron:* Synthese industrieller Steuerungen. München, Wien 1975. – *Metral, A.:* Sur un phénomène de déviation des veines fluides et ses applications (Effect Coanda). Proc. of the fifth Int. Congr. Appl. Mechanics (1938), S. 456. – *Multrus, V.:* Pneumatische Logikelemente und Steuerungssysteme. Bd. 14. Buchr. Ölhydraulik und Pneumatik. Mainz 1970.

**Steuerung, numerische.** Das Beiwort numerisch charakterisiert die in der S. überwiegend vorgenommene Signalverarbeitung. Sie erfolgt numerisch, also zahlenmäßig wie bei digitalen S. Der Begriff der

n. S. oder engl. Numerical Control (NC-S.) kennzeichnet heute in erster Linie programmierbare S. für Werkzeugmaschinen, Roboter, Zeichenmaschinen usw.

Die Aufgabe dieser S. ist es, programmabhängig die für die Bearbeitung eines Werkstücks notwendigen numerischen Geometrie- und Technologieinformationen sowie binäre Schaltinformationen in für die Ansteuerung der Maschinenantriebe (Achs- und Werkzeugantriebe) und sonstiger Maschineneinrichtungen (Spannvorrichtung, Werkzeugwechsel usw.) geeigneter Form schrittweise vorzugeben und die Ausführung zu überwachen. Bei der S. der Bewegungsachsen, also der Achsantriebe, wird unterschieden zwischen einfacher

□ Punkt-zu-Punkt-S. ohne Spezifikation des Bahnverlaufs zwischen den Punkten, z. B. bei Bohrwerken und Punktschweißmaschinen,

□ Strecken-S. mit geradliniger Bewegung vorzugsweise in Richtung der Bewegungsachsen, z. B. bei einfachen Dreh- und Fräsmaschinen sowie

□ Bahn-S. für beliebige zwei- und dreidimensionale Bahnen für die Werkzeugführung während der Bearbeitung, wie z. B. bei Dreh-, Fräs-, Brennschneidemaschinen und Robotern.

Weitere Grundoperationen sind Koordinatentransformationen bei mehrachsiger Bewegung, Interpolation und Korrekturfunktionen für Werkstücklage, Werkzeuglängen und -radiusänderung, z. B. auf Grund von Werkzeugwechsel oder Werkzeugabnutzung.

Die für die Bearbeitung eines Werkstücks notwendigen Bewegungsinformationen sowie die technologischen und binären S.-Informationen werden bei Zerlegung der Bearbeitung in einzelne Arbeitsschritte festgelegt und in der entsprechenden maschineneigenen Fachsprache satzweise programmiert. Die Aufbereitung und Programmierung erfolgt rechnerunterstützt in der Arbeitsvorbereitung in zunehmendem Maße als ein Folgeschritt auf den Entwurf des Werkstückes mit CAD (Computer Aided Design)-Werkzeugen. Die Feinkorrekturen des Programms erfolgen unmittelbar an der Werkzeugmaschine über die Bedientastatur der NC-S. von Hand.

N. S. werden zur Führung von bis zu acht Bewegungsachsen ausgeführt. Der S.-Kern besteht bei einfachen Ausführungen aus einem speziellen Hardware-Schaltwerk oder aus einer schnellen Echtzeit-fähigen Multi-Mikrorechner-Hardware mit eigenem Programmspeicher. Für die Ausführungsform der rechnerbasierten n. S. hat sich der Begriff der CNC-S. (Computerized Numerical Control) allgemein eingeführt. Die Programmeingabe erfolgt bei

□ einfachen NC-S., die mit Hardware-Schaltwerk aufgebaut sind, schrittweise parallel zur Abarbeitung mittels Lochstreifenleser und Acht-Kanal-Lochstreifen, der auf einem eigenen Programmierrechner vorher erstellt wird;

□ CNC-Systemen während der Initialisierung über Lochstreifen, magnetischen Programmträger von Hand oder bei vernetzter CNC-Steuerung über eine serielle Datenverbindung vom Zellen- oder Leitrechner. *Freyberger*

Literatur: *Spur, G., G. Stute* u. *M. Weck* (Hrsg.): Rechnergeführte Fertigung. Reihe: Fortschritte der Fertigung auf Werkzeugmaschinen 4. München, Wien 1977.

**Steuerung, numerische (Werkzeugmaschinen).** Programmsteuerung für Arbeitsmaschinen, bei der Informationen zum Herstellen einer bestimmten Werkstückgeometrie als Zeichen (Buchstaben, Ziffern und Sonderzeichen) in einem Programmspeicher (z. B. Lochstreifen) abgelegt sind. Die n. S. (NC, CNC) liest und decodiert diese Informationen und löst die zur Bearbeitung notwendigen Vorgänge aus. Man unterscheidet zwischen Geometrieinformationen, aus der die Soll-Werte für die Relativlage von Werkstück und Werkzeug gewonnen werden, Technologieinformationen zum Beschreiben der Bearbeitungsbedingungen sowie Hilfsinformationen zum Bearbeitungsablauf. NC-Programme werden nach genormten Regeln (DIN 66025) formuliert (→Programmierung (NC-Werkzeugmaschine)).

Die wesentlichen Funktions-Baugruppen einer n. S. sind Programmspeicher und -leseeinrichtung, die Datenverarbeitung durch logische Schaltungen oder Prozeßrechner sowie Schnittstellen zu Maschine und Bedienpersonal.

N. S. sind heute meist als CNC-Steuerungen (Computerized Numerical Control) ausgeführt, d. h. die Verarbeitung der Programmdaten erfolgt in einem oder mehreren speicherprogrammierbaren Rechnern. Die Funktionsmerkmale von CNC-Steuerungen werden durch die System-Programmierung der Rechner bestimmt. Dadurch ergibt sich ein einheitlicher, von Fertigungsverfahren und Maschinentyp unabhängiger Hardwareaufbau.

Werkzeugmaschinen mit einer oder mehreren numerisch gesteuerten Achsen werden als NC-Maschinen bezeichnet. Je nach Art der Relativbewegung zwischen Werkzeug und Werkstück unterscheidet man Punkt-, Strecken- und Bahnsteuerungen. Punktsteuerungen sind für Maschinen geeignet, die ohne Werkzeugeingriff frei programmierbare Bearbeitungspositionen anfahren (z. B. Bohrmaschinen, Stanzmaschinen). Streckensteuerungen werden bei achsparallelen Bearbeitungsvorgängen eingesetzt (z. B. einfache Fräsmaschinen). Jeweils eine Achse wird mit der programmierten Vorschubgeschwindigkeit bewegt. Das Werkzeug kann dabei im Eingriff sein. Die anderen Achsen werden i. a. festgehalten. Bewegungen in verschiedenen Achsrichtungen erfolgen bei Punkt- und Streckensteuerungen ohne funktionalen Zusammenhang. Für nicht achsparallele und gekrümmte Konturen sind Bahnsteuerungen erforderlich, d. h. aus der zusammengesetzten funktionsabhängigen Bewegung der Maschinenschlitten ergibt sich in jedem Augenblick die gewünschte Kontur. Die so erzeugten Bahnen werden abschnittweise vorwiegend aus Geraden-, Kreis- und Parabelstücken zusammengesetzt; 3D-Bahnsteuerungen können dreidimensionale Konturen erzeugen, während bei 2D- bzw. 2½D-Bahnsteuerungen in jedem Abschnitt nur Bewegungen in einer Ebene ausgeführt werden können. Die Koordination der Achsen erfolgt durch einen Interpolator, der je nach gewählter Interpolationsart (Gerade, Kreis, Parabel) entsprechende Soll-Werte an die Lagesteuerung oder -regelung ausgibt. Lagesteuerungen arbeiten mit Schrittmotoren, die durch Vorgabe einer entsprechenden Anzahl von Impulsen definierte Positionen erreichen. Die Lageregelung vergleicht Soll- und Ist-Positionen der numerisch gesteuerten Achsen und erzeugt Stellsignale, die an die Vorschubantriebe ausgegeben werden. Die Ist-Position des Maschinenschlittens wird durch direkte oder indirekte Wegmeßsysteme erfaßt, die wegen des im Vergleich zur Auflösung großen Verfahrweges meist als inkrementale Impulsgeber (Linearmaßstäbe, Drehgeber) oder zyklisch-absolute magnetische Meßsysteme (Resolver, Induktosyn) ausgeführt sind. Die technologischen Schaltinformationen (z. B. Werkzeugwechsel) werden von einer nachgeordneten →Anpaßsteuerung so umgeformt, daß die entsprechenden Stellglieder der Maschine angesteuert werden können.

Das erste Konzept einer n. S. entstand im Jahr 1950 am MIT (Massachusetts Institute of Technology) für das Fräsen von Flugzeugbauteilen ohne Nachformsteuerung. In nennenswerten Stückzahlen werden n. S. seit den 60er Jahren zunächst vor allem für das Drehen, Fräsen und Bohren eingesetzt. Weitere Maschinen, die mit n. S. automatisiert werden, sind z. B. Schleifmaschinen und Industrieroboter (Robotersteuerung RC). Durch die Mikroprozessortechnik konnte die Leistungsfähigkeit von n. S. sehr erhöht werden. Moderne CNC-Steuerungen bieten die Möglichkeit, Bearbeitungsprogramme und Werkzeugkorrekturdaten von Hand einzugeben oder zu ändern. Bei einigen Steuerungen lassen sich die Bearbeitungsvorgänge graphisch auf einem Bildschirm simulieren. Die Anwendung der NC-Technik hat erhebliche Auswirkungen auf die konstruktive Gestaltung der Werkzeugmaschinen, das jeweilige Fertigungsverfahren und die Betriebsorganisation. NC-Maschinen ermöglichen eine weitgehende Automatisierung der Klein- und Mittelserienfertigung. Gegenüber konventionellen Werkzeugmaschinen sind kürzere Rüst- und Nebenzeiten möglich. Vorrichtungskosten lassen sich senken, Hauptzeiten werden optimiert und die Werkzeuge

besser ausgenutzt. Die Qualität der hergestellten Werkstücke hängt nicht vom Bediener ab. Moderne computerintegrierte Fertigungskonzepte (CIM, CAM) und eine flexible Verkettung von Fertigungseinrichtungen (FFS) setzen i. a. die Verwendung von n. S. voraus. *Schulz*

**Steuerung, operative.** Die gesamte Abwicklung in automatisierten Fertigungskonzepten gliedert sich in die drei Aufgabenbereiche: Planung, organisatorische S. und o. S. (→Steuerung, organisatorische).

In der o. S. werden die geplanten und optimierten Abläufe in Steuerbefehle umgesetzt. In dieser Stufe müssen die Abläufe im Detail durch S.-Algorithmen in Abhängigkeit vom jeweiligen Systemzustand vollzogen werden. *Eversheim*

Literatur: *Eversheim, W.:* Organisation in der Produktionstechnik. Bd. 4. Düsseldorf 1981.

**Steuerung, organisatorische.** Die gesamte Abwicklung in industriellen Fertigungskonzepten gliedert sich in die drei Aufgabenbereiche: Planung, o. S. und operative S. (Bild, s. Seite 1021).

In der o. S. optimiert man auf der Basis der im einzelnen spezifizierten Fertigungsoperationen den Fertigungsablauf hinsichtlich vorgegebener Fertigungsziele. Fertigungsziele können z. B. sein: maximale Auslastung, maximale Termintreue, minimaler Umrüstaufwand und minimale →Durchlaufzeit. Die Aufgabe wird mit Hilfe von S.-Modellen ausgeführt, welche eine Belegungsplanung vornehmen. S.-Modelle sind Simulationsmodelle, in denen der Fertigungsablauf vor der tatsächlichen Auftragsfertigung auf einer EDV-Anlage vorausgeplant wird. Ergebnisse der Belegungsplanung sind Bereitschaftspläne, aus denen zu ersehen ist, welche Aufträge und Fertigungshilfsmittel für eine Schicht oder einen Tag verfügbar sein müssen, und Belegungspläne, aus denen ersehen werden kann, in welcher Reihenfolge die Aufträge und Werkzeuge den Maschinen zugeordnet werden. *Eversheim*

Literatur: *Eversheim, W.:* Organisation in der Produktionstechnik. Bd. 4. Düsseldorf 1981. – *Eversheim, W., u. H. G. Thome:* Graphisch interaktive Simulation von Fertigungs- und Montagesystemen. Industrieanz. 108, Nr. 63/64, S. 42/43.

**Steuerung, speicherprogrammierbare (SPS).** SPS sind Automatisierungsgeräte vorzugsweise für den Einsatz bei prozeß- und zeitgeführten Ablauf-S.. Sie sind modulare, flexibel an die jeweilige S.-Aufgabe (hinsichtlich der hardwaremäßigen Konfigurierung und der softwaremäßigen Ausführung der S.-Programme) anpaßbare Steuergerätesysteme. Das S.-Programm befindet sich in einem austauschbaren, programmierbaren Halbleiter-Nurlesespeicher.

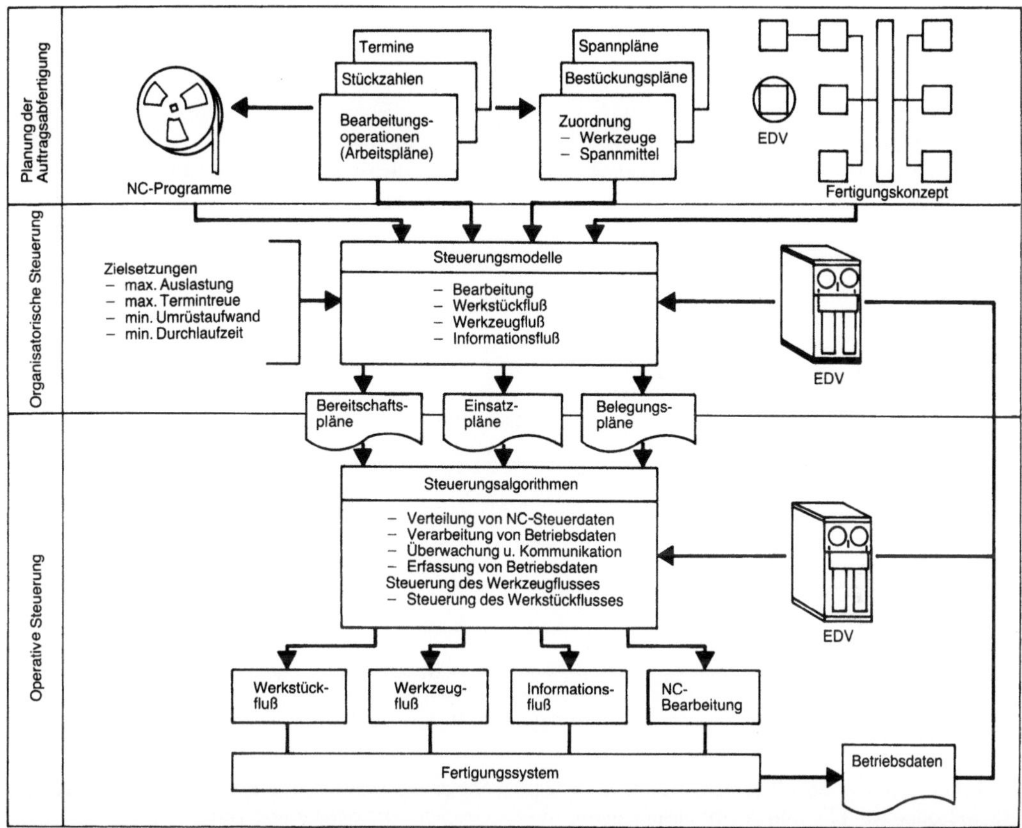


*Steuerung, organisatorische: Organisation der Auftragsabwicklung beim Einsatz automatisierter Fertigungskonzepte.*

Die SPS besteht im Kern aus (Bild, s. Seite 1022):

□ Zentraleinheit, die je nach Leistungsumfang als spezielles Hardwaresteuerwerk, als Bit- oder Wort-Prozessor oder auch als Mehrprozessoranordnung ausgeführt ist. Sie steuert die zyklische Bearbeitung des S.-Programms und führt dabei die Verknüpfungen, die arithmetischen und sonstigen Verarbeitungsoperationen aus. Als weitere Aufgaben wickelt sie den Datenaustausch zwischen Speichern, Verarbeitungseinheiten und diversen Interface-Einheiten ab. Diese Operationen laufen taktsynchron (synchrone Steuerung) ab.

□ Schreib-/Lesespeicher für die Speicherung des Prozeßabbilds, d. h. der Werte aller Ein- und Ausgangssignale der S., von Zwischenergebnissen, von Merkerinhalten usw., meistens als batteriegepufferter Halbleiterspeicher (RAM Random Access Memory).

□ Nurlesespeicher, der üblicherweise aus mit UV-Licht löschbaren EPROM-Bausteinen (erasable programmable read only memory) oder aus elektrisch löschbaren EEPROM-Bausteinen (electrically erasable programmable read only memory) aufgebaut ist. Dieser austauschbare Speicher ist ausbaubar in Stufen von $2^n$ kByte und dient der nichtflüchtigen Speicherung des S.-Programms.

□ Koppelinterface (Stufen von $2^n$) für den Anschluß von Ein-/Ausgabeeinheiten zur Aufnahme der Eingangs- und Ausgangsschaltungen, die in Anzahl und Art bedarfsabhängig aufgerüstet werden können. Über diese Einheiten wird die S. mit dem Prozeß sowie den Bedien- und Beobachtungskomponenten verbunden. Der Anschluß der Ein-/Ausgabeeinheiten über das Koppelinterface an die S. erfolgt durch parallele, bei manchen Systemen auch durch serielle Busverbindung (Ein-/Ausgabebus).

□ Koppelinterface (zurüstbar) zum Anschluß eines speziellen Programmier- und Testgeräts für die Erstellung des S.-Programms, das Programmieren und ggf. Löschen des Nurlesespeichers und für die Inbetriebnahme der S., für Fehlersuche, Korrekturen, Erweiterungen sowie die Dokumentation des S.-Programms.

□ Busanschaltung (Buskoppler) für die Vernetzung mehrerer SPS und ggf. weiterer Automatisierungs- und Leitgeräte ist in der Regel bei SPS für komplexe S.-Funktionen und umfangreiche S.-Aufgaben bedarfsabhängig zurüstbar. Neben der Verwendung

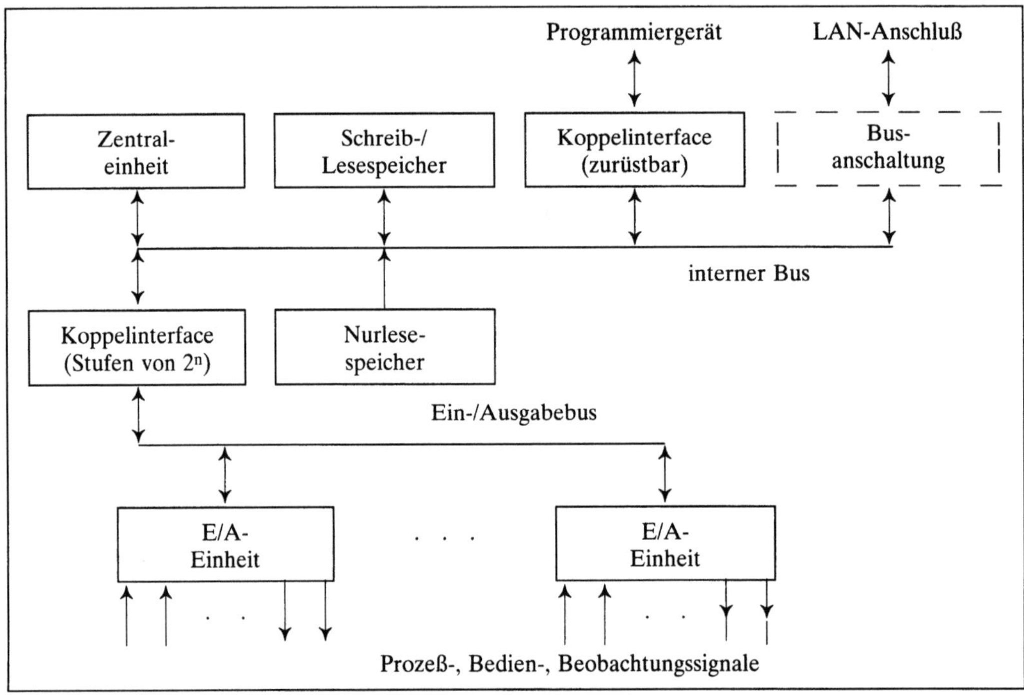


*Steuerung, speicherprogrammierbare (SPS): Prinzipieller Hardware-Aufbau.*

einfacher serieller Schnittstellen, wie z. B. V 24, RS 232 oder RS 422, finden firmenspezifische bitserielle Bussysteme und standardisierte lokale Netzwerke, wie z. B. ETHERNET, MAP, Anwendung.

Der Anschluß des SPS-Kerns an den Prozeß über die Meß- und Stellgeräte sowie an die Einrichtungen zur Bedienung und Beobachtung erfolgt über die Eingangs- und Ausgangsschaltungen in den E/A-Einheiten. Für die aufgabenabhängige Ausstattung der E/A-Einheiten stehen Anschaltungen für einfache analoge, binäre und digitale Ein-/Ausgangssignale und komplexere Anschaltungen mit Verarbeitungsfunktionen, z. B. Zähl- und Zeitfunktionen sowie Regelungsfunktionen, zur Auswahl. Gemessen am zulässigen Ausbau der SPS mit E/A-Einheiten und zugehörigen Baugruppen, also der Zahl der anschließbaren Ein-/Ausgabesignale, werden SPS nach Größenklassen eingeteilt (Tabelle).

Neben Ausbaubarkeit und Größe der SPS sind weitere wichtige Kenngrößen die Bearbeitungszeit der Steueranweisung, die bei Werten zwischen 1 und 50 ms für 1000 Anweisungen liegt, und die Reaktionszeit, d. h. die Zeit zwischen dem Erkennen einer Signaländerung am Eingang und einer Durchschaltung auf einen Ausgang. Hier werden Zeiten zwischen 2 µs in Sonderfällen und typisch 0,5–20 ms angegeben.

Die Programmierung der SPS bzw. des Nurlesespeichers erfolgt mit speziellen Programmiergerä-

*Steuerung, speicherprogrammierbare (SPS). Tabelle: Größencharakterisierung von SPS.*

| Größe | Zahl der E/A-Signale | Funktionen | Zahl der Anweisungen |
|---|---|---|---|
| klein | < 64 | Logik | 4 K |
| mittel | <1 000 | Logik, Arithmetik, Kopplung | <16 K |
| groß | >1 000 | Logik, Arithmetik, Graphik, Kopplung | >16 K |

ten. Sie werden für die Programmerstellung, -fehlersuche, -korrektur und -dokumentation, bei der Inbetriebnahme für Tests an der Anlage, für Speichern oder Löschen des Programms im Nurlesespeicher benötigt. Für den S.-Betrieb nach der Fertigstellung des Programms ist das →Programmiergerät wieder für neue, andere Programmieraufgaben verfügbar.

Die Programmerstellung erfolgt im einfachsten Fall in der Form der Anweisungsliste, die in mnemotechnischer und/oder mathematischer Darstellung die einzelnen S.-Anweisungen in der Reihenfolge der Bearbeitung enthält. Die S.-Anweisung ist dabei die kleinste Programmeinheit. Sie besteht aus

Operationsteil und Operandenteil. Neben der Anweisungsliste sind auch graphische Programmerstellung in der Form des Funktionsplans, des Kontaktplans oder als Steuergraph eingeführt. Eine weitere Art für die Erstellung des S.-Programms sind Tabellentechniken für die Festlegung der Eingangssignalverknüpfungen und der Ausgangssignalzuordnung. *Freyberger*

Literatur: *Frei, F.,* u. *M. Bleicher:* Speicherprogrammierbare Steuerungen. Heidelberg, 1985. – *Petry, J.:* Speicherprogrammierbare Steuerungen. Projektierung und Programmierung. Heidelberg 1988.

**Stichsägen** →Sägen

**Stickstoff.** Im Ferrit auf Zwischengitterplätzen bis zu maximal 0,1 % bei 590 °C gelöst. Wegen der mit fallender Temperatur abnehmenden Löslichkeit erfolgt Ausscheidung von Nitriden bei der Alterung, die zur Erhöhung der Härte und Abnahme der Zähigkeit führen. Durch Aluminiumzusatz zum flüssigen Stahl wird S. zu Aluminiumnitrid abgebunden. Der Stahl wird alterungsunempfindlich. *W. Dahl*

**Stickstoffentfernung, biologische.** Verfahren zum reduktiven Entfernen von ammonium-, nitratoder nitritgebundenem Stickstoff aus wäßrigen Lösungen mit Hilfe von Mikroorganismen. Die Verfahren zum Abbau von Nitrat oder Nitrit werden unter anaeroben bis mikroaerophilen Bedingungen durchgeführt. Dabei werden $NO_3$ oder $NO_2$ von Bakterien der Gattung Paracoccus denitrificans als Elektronenakzeptoren für die Oxidation organischer Substrate nach folgendem, stöchiometrisch nicht exakten, Reaktionsschema genutzt:

$$NO_3^- + C_xH_yO_z \longrightarrow \text{Biomasse} + NO_2^- + CO_2,$$
$$NO_2^- + C_xH_yO_z \longrightarrow \text{Biomasse} + N_2 + CO_2.$$

Als Endprodukte entstehen außer der Biomasse Stickstoff und Kohlendioxid.

Zur apparativen Durchführung des Verfahrens sind Festbettreaktoren und Wirbelschichtreaktoren mit immobilisierten Zellen am besten geeignet.

Um Ammoniumstickstoff entfernen zu können, läßt sich dem beschriebenen Prozeß ein zweiter Reaktor vorschalten: In diesem oxidieren Mischkulturen von Nitrosomonas species und Nitrobacter species $NH_4^+$ aerob zu $NO_3^-$, das dann in der zweiten Stufe von Paracoccus denitrificans zu molekularem Stickstoff reduziert wird. *Liefke*

**Stiftmühle.** S. sind schnellaufende (4 500–18 000 min⁻¹) Prallzerkleinerungsmaschinen für Fein- und Feinstzerkleinerung bis ca. 3 μm. Es können harte und weiche (bis Mohs-Härte 3), faserige und auch temperaturempfindliche, zähelastische Stoffe zer-

kleinert werden. Bei temperaturempfindlichen Mahlgütern wird flüssiges $CO_2$ oder flüssiger Stickstoff zur Kühlung eingedüst.

Die S. besteht aus 2 mit Stiften bestückten Scheiben. Die Stifte sind auf den Scheiben in Form konzentrischer Reihen angeordnet. Dabei greifen jeweils die Reihen der beiden Scheiben ineinander. Beim Mahlen wird die eine der Scheiben in Rotation versetzt; die andere ist fest mit dem Gehäuse verbunden.

Die Beschickung der S. erfolgt zentral durch die stehende Stiftscheibe. Das Gut wird auf dem Weg von innen nach außen zwischen den stehenden und den laufenden Stiftreihen zerkleinert (Bild 1). Um Staubansätze zu vermeiden, erweitert sich das Gehäuse der Mühle nach außen.

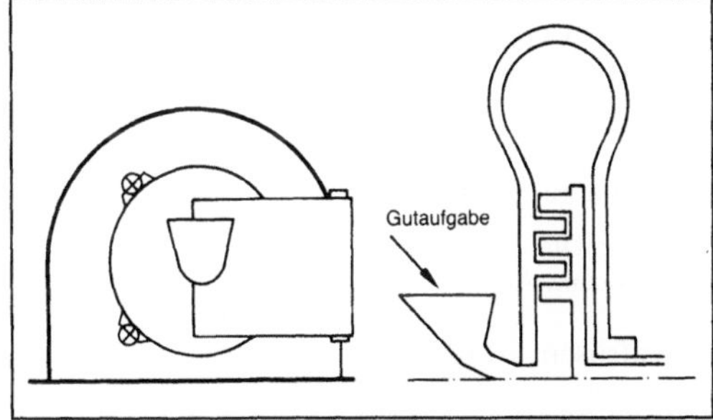


*Stiftmühle 1: Querschnitt durch eine Stiftmühle.*

Eine Möglichkeit zur Leistungssteigerung ist der gegenläufige Antrieb beider Scheiben. In diesem Fall spricht man von Desintegratoren. Der Zerkleinerungsvorgang geht aus Bild 2 hervor. *Trefz*

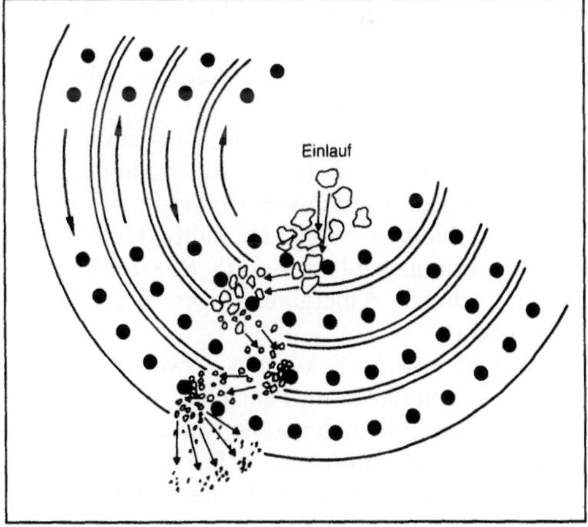


*Stiftmühle 2: Zerkleinerungsvorgang im Desintegrator.*

**Stirnabschreckversuch.** Der S. nach *Jominy* dient der Beurteilung der Härtbarkeit von Stählen (Einsatzstähle, Vergütungsstähle, Stähle für Tauch-, Flamm- und Induktionshärten, Nitrierhärten), wird aber auch für die Aufstellung von ZTU-Schaubildern benutzt.

Der Versuch wird an zylindrischen, allseitig bearbeiteten Proben (in normalgeglühtem Zustand) genormter Abmessung (25 mm Dmr. und 100 mm Länge) durchgeführt. Nach Erwärmen der Probe auf Härtetemperatur wird sie senkrecht in eine Halterung eingehängt und die untere Stirnseite durch definierten Wasserstrahl konstanten Drucks (Steighöhe $65 \pm 10$ mm) mindestens 10 min lang abgeschreckt. Durch diese einseitige Abschreckung nimmt die Abkühlgeschwindigkeit in Längsrichtung der Probe mit der Entfernung von der Stirnfläche ab, wodurch entsprechende Gefüge bestimmter →Härte entstehen. Im erkalteten Zustand werden an der Probe in Längsrichtung zwei gegenüberliegende Flächen der Länge von 85 mm auf eine Tiefe von je $\geqq 0{,}4$ mm naß angeschliffen. Im Abstand von je 2 mm wird, von der abgeschreckten Stirnseite beginnend, die Härte geprüft und graphisch dargestellt. Ab dem 8. Härteeindruck wird i. a. der Abstand auf 5 mm erweitert. *Kußmaul*

Literatur: DIN 50191. Stirnabschreckversuch. Hrsg. Dt. Inst. für Normung. Ausg. Juni 1982.

**Stirnfräsen** →Fräsen

**Stöchiometrie (mikrobielle Produktbildung).** Die stöchiometrische Beschreibung der mikrobiellen Produktbildung stellt den Zusammenhang her zwischen der chemischen Konstitution eines mikrobiellen Stoffwechselprodukts und dem Verbrauch an den verschiedenen Substraten (→Substratbilanz). Wie bei der S. des Zellwachstums müssen auch bei der S. der Produktbildung die Stoffwechselwege bekannt sein.

Die S. der Produktbildung läßt sich daher nach 4 Kriterien klassifizieren:
☐ Produktbildung ist direktes Resultat des primären Energiestoffwechsels (z. B. Ethanolbildung bei anaerober Kultivierung von Hefen),
☐ Produktbildung erfolgt als indirekter Nebeneffekt des Energiestoffwechsels (z. B. Zitronensäurebildung durch Aspergillus niger bei aerobem Wachstum),
☐ Produkt wird im Sekundärstoffwechsel gebildet (z. B. Antibiotika wie Penicillin, Cephalosporin oder Tetracyclin durch aerobe Kulturen von Streptomyzeten und verschiedenen Pilzen),
☐ Biotransformation; keine Funktion für die Zelle. Substrat wird dem Medium zugesetzt und die Stoffumwandlung durch Enzyme der Zelle katalysiert (z. B. Hydroxylierung von Steroiden).

Analog zur S. des Wachstums lassen sich die Bruttoreaktionsgleichungen für die Produktbildung formulieren, sofern die Elementarzusammensetzung des Produkts bekannt ist. Der Anteil des Substrats, der zur Produktbildung genutzt wird,

ist dabei durch den Produktausbeutekoeffizienten $Y_{P/S} = n_P/n_S$ (mol/mol) auszudrücken. Die Komplexität der Bruttoreaktionsgleichungen hängt von der erwähnten Klassifizierung der Produktbildung ab. Die Bildung primärer Stoffwechselprodukte läßt sich einfacher beschreiben als die Bildung von Sekundärmetaboliten.

Der Vergleich von Edukt- und Produktseite einer Bruttoreaktionsgleichung ermöglicht genaue Aussagen über die maximal aus einem bestimmten Substrat zu erzielende Produktausbeute. Die stöchiometrische Analyse der Produktbildung ist somit ein wichtiges Instrument für die Prozeßoptimierung. *Liefke*

Literatur: *Bailey, J. E., D. F. Ollis:* Biochemical Engineering Fundamentals. 2. Aufl. New York 1986.

**Stöchiometrie (mikrobielles Wachstum).** Die Kenntnis der S. des mikrobiellen Wachstums (→Substratbilanz) ist Grundvoraussetzung zur exakten Lösung von Material- (≈Substrat-) und Energiebilanzen. Erster Schritt zum Bestimmen der S. des Wachstums ist, die chemische Konstitution der Zellmasse zu ermitteln. Dabei sollten zumindest die wichtigsten Makroelemente Kohlenstoff, Wasserstoff, Sauerstoff und Stickstoff bestimmt werden. Anschließend wird die Biomasse unter Berücksichtigung des Aschegehalts und nach Bezug der übrigen Elemente auf ein Atom C je Pseudomolekül charakterisiert durch eine Summenformel der Form

$CH_xO_yN_z$.

Mit der ermittelten Summenformel läßt sich eine Bruttoreaktionsgleichung für das Zellwachstum unter aeroben Bedingungen ohne Berücksichtigung einer eventuellen Produktbildung aufstellen:

$$\alpha CH_aO_b + \beta O_2 + \gamma H_cO_dN_e \rightarrow CH_xO_yN_z + \delta H_2O + \varepsilon CO_2.$$

Diese Reaktionsgleichung enthält die 5 stöchiometrischen Faktoren $\alpha, \beta, \gamma, \delta$ und $\varepsilon$ als Unbekannte, so daß mindestens 5 Bestimmungsgleichungen zu ihrer Ermittlung aufgestellt werden müssen. Aus Materialbilanzen über die 4 Elemente lassen sich 4 dieser Gleichungen ermitteln. Die fünfte Beziehung ergibt sich aus der Bestimmung des Respirationskoeffizienten RQ:

$$RQ = \frac{CO_2\text{-Produktion}}{O_2\text{-Verbrauch}} = \frac{\varepsilon}{\beta}.$$

Damit können alle stöchiometrischen Faktoren bestimmt werden. Da auch der sehr komplexe Prozeß des Zellwachstums dem Massenerhaltungsgesetz gehorcht, können aus der Zusammensetzung der Zellmasse Rückschlüsse auf die minimal notwendigen Konzentrationen an den einzelnen Elementen im Nährmedium gezogen werden. Die stöchiometrische Betrachtung des Zellwachstums ist somit ein wichtiges Instrument der Medienformulierung. Auf der anderen Seite läßt sich über eine stöchiometrische Berechnung aus der Konzentration eines bestimmten Substrats die maximal mögliche Zellausbeute bestimmen. Problematisch für die Anwendung der geschilderten Methodik ist die starke Abhängigkeit der Zellzusammensetzung von den Kultivierungsbedingungen. *Liefke*

Literatur: *Bailey, J. E.,* u. *D. F. Ollis:* Biochemical Engineering Fundamentals. 2. Aufl. New York 1986.

**Stoffbilanz.** Unter S. bei Trennverfahren versteht man die Anwendung des Satzes von der Erhaltung der Masse. Bei Trennverfahren nimmt man keine chemischen Umsetzungen vor, so daß die Anzahl und Art der Komponenten in allen Stoffströmen gleich bleibt. Die S. werden daher als Gesamt-S. für die eintretenden und austretenden Ströme sowie die Änderung der Stoffmenge im bilanzierten Apparat formuliert. Ebenso gilt für jeden Stoff eine eigene S., die Komponenten-S. *Brunner*

**Stoffdurchgang.** S. bedeutet die Stoffübertragung von einer Phase über eine Phasengrenzfläche in eine andere Phase (Bild). Der Stoffdurchgangskoeffizient zum Beschreiben des S. ist definiert durch:

$$dN_A^* = K_G \cdot dA(y_A - y_A^*) \tag{1},$$

mit $N_A^*$ Molenstrom der Komponente A, $K_G$ Stoffdurchgangskoeffizient bezogen auf die Gasphase, A Phasengrenzfläche, $y_A$ Molanteil der Komponente A. Die Größe $y_A^*$ steht im Gleichgewicht mit $x_A$, dem Molanteil der Komponente A in der anderen Phase. Mit den Voraussetzungen

□ binäres System,

□ Gleichgewichtslinie sei eine Gerade,

$$y_1^* = b \cdot x_1 \tag{2},$$

□ Gleichgewicht an der Phasengrenzfläche

gilt zwischen Stoffdurchgangskoeffizient und Stoffübergangskoeffizienten der folgende Zusammenhang:

$$\frac{1}{K_G} = \frac{1}{\beta_G} + \frac{b}{\beta_H} \tag{3}.$$

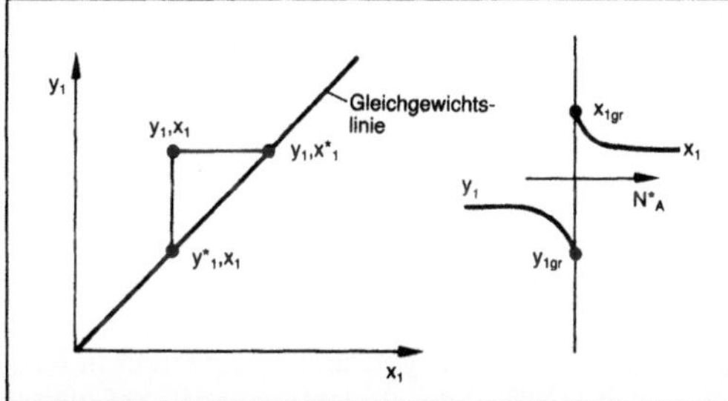


*Stoffdurchgang an der Phasengrenzfläche (schematische Darstellung).*

Die Stoffübergangskoeffizienten in der Gas- bzw. Flüssigkeitsphase sind dabei definiert durch

$$dN_A^* = \beta_G \cdot dA \cdot (y_A - y_{A_{gr}}) =$$

$$\beta_F \cdot dA \cdot (x_{A_{gr}} - x_A) \tag{4}.$$

Bezieht man den Stoffdurchgangskoeffizienten auf die flüssige Phase, so gilt

$$dN_A^* = K_F \cdot dA (x_A^* - x_A) \tag{5}.$$

Damit ergibt sich folgender Zusammenhang

$$K_F = b \cdot K_G \tag{6}.$$

*Weinspach*

Literatur: Autorenkollektiv: Verfahrenstechnische Berechnungsmethoden. Tl. 2: Thermisches Trennen. Weinheim 1987.

**Stoffdurchgangskoeffizient** →Stoffdurchgang

**Stofftransport.** Der S. im weitesten Sinne beschreibt alle Vorgänge, bei denen Medien auf Grund bestimmter Transportmechanismen transportiert werden, also auch Prozesse des konvektiven Materietransports, wie sie in den Bereich der Fluiddynamik gehören.

Im Gegensatz zum Energietransport, den man in 4 Transportarten einteilt (molekularer, turbulenter, konvektiver Energietransport und Strahlungsenergietransport), unterscheidet man beim S. 3 Arten: molekularen, turbulenten und konvektiven Stofftransport.

In einem einphasigen Mehrstoffsystem mit ungeladenen Teilchen, in dem die Wirkung äußerer Kraftfelder vernachlässigbar ist und in dem Konzentrations-, Druck- und Temperaturgradienten vorliegen, treten folgende Transportarten auf:

□ *Molekularer S.:*

– Gewöhnliche Diffusion: S. durch Konzentrationsgradienten,

– Druckdiffusion: S. durch Druckgradienten,

– Thermodiffusion: S. durch Temperaturgradienten.

In einphasigen, nichtisothermen Mehrstoffsystemen treten daneben gleichzeitig folgende molekulare Energietransportarten auf:

– Wärmeleitung: Wärmetransport durch Temperaturgradienten,

– Druckthermoeffekt: Wärmetransport durch Druckgradienten,

– Diffusionsthermoeffekt: Wärmetransport durch Konzentrationsgradienten.

In Systemen mit elektrischen oder magnetischen Feldern, bei denen durch die Wirkung der äußeren Kräfte die Moleküle der beteiligten Komponenten unterschiedlich beschleunigt werden, entsteht ein weiterer Anteil des molekularen S., die Kräftediffusion: S. durch äußere Kräfte.

□ *Turbulenter S.* in turbulenten Strömungen.

□ *Konvektiver S.* Der konvektive S. (Materietransport) ist stets mit molekularem und häufig auch mit turbulentem S. verknüpft.

Unter molekularem S. werden dabei alle S.-Vorgänge zusammengefaßt, bei denen eine makroskopisch wahrnehmbare Relativbewegung der einzelnen Teilchenarten zueinander durch molekulare irreversibel ablaufende Austauschvorgänge auftritt. Diese molekularen S.-Vorgänge stehen unter dem Einfluß der vorhandenen Gradienten für die Konzentrationen, den Druck und die Temperatur. Dabei besteht die Tendenz, das anfänglich im System vorhandene Gefälle dieser Zustandsgrößen auszugleichen.

Unter turbulentem S. (turbulente Diffusion) faßt man den S. zusammen, der durch die Schwankungsbewegungen von Turbulenzballen (diskrete Volumenelemente) den molekularen S. verstärkt.

Der konvektive S. beschreibt die Mitführung von Stoff durch die makroskopische Bewegung der Volumenelemente mit z. B. der Schwerpunktgeschwindigkeit als Bezugsgeschwindigkeit. Der konvektive S. tritt nur in Strömungsfeldern auf.

Der S. bestimmt weitgehend die Vorgänge bei den thermischen Grundverfahren der Chemie- und Verfahrenstechnik, z. B. Absorption, Adsorption, Destillation, Extraktion, Kondensation, Kristallisation, Rektifikation, Trocknung, Verdampfung. Bei diesen Prozessen treten i. a. neben dem Energie- und Impulstransport alle 3-S.-Arten gleichzeitig auf.

Neben dem S. in den Phasen bestimmt der S. von einer Phase in eine andere Phase die Vorgänge der thermischen Grundverfahren der Chemie- und Verfahrenstechnik. Dieser S. läßt sich nach dem Kontakt zwischen den Phasen einteilen in:

□ S. bei direktem Kontakt zweier nichtmischbarer Phasen,

□ S. bei direktem Kontakt zweier mischbarer Phasen,

□ S. durch eine Membran, die 2 mischbare Phasen trennt,

□ Stofftransport durch Verwenden von Oberflächenphänomenen.

S. bei direktem Kontakt zweier nichtmischbarer Phasen: Ein nichtmischbares Zweiphasen-System mit mehreren Komponenten, das sich im Gleichgewicht befindet, weist mit wenigen Ausnahmen in den beiden Phasen eine unterschiedliche Zusammensetzung auf. Das gleiche gilt für Zweiphasen-Systeme im gestörten Gleichgewicht, wenn an der Phasengrenzfläche Gleichgewicht herrscht. Dieser Sachverhalt wird in den verschiedenen Trennprozessen angewandt. Dabei werden zur Gleichgewichtsstörung in den beteiligten Phasen Unterschiede der Zustandsgrößen (Druck, Temperatur, Konzentration) aufgeprägt, die die Impuls-, Wärme- und S.-Vorgänge verursachen und die gewünschte Trennwirkung oder Zerlegung herbeiführen.

Der S. zwischen 2 nichtmischbaren benachbarten Phasen, die in direktem Kontakt stehen, umfaßt dabei die wesentlichsten Grundverfahren der thermischen Verfahrenstechnik (Tabelle 1).

*Stofftransport. Tabelle 1: Grundverfahren mit direktem Kontakt zweier nichtmischbarer Phasen.*

| Phasenkombination | Grundverfahren |
|---|---|
| Gas-Flüssigkeit | Destillation<br>Rektifikation<br>Absorption<br>Desorption (Exsorption,<br>Austreibung oder<br>Strippung)<br>Befeuchtung<br>Entfeuchtung<br>Trocknung (erste Trocknungsstufe)<br>Eindampfung von Lösungen<br>Verdunstung<br>Verdampfung<br>Kondensation |
| Gas-Feststoff | Adsorption<br>Desorption<br>Solidisation (Desublimation)<br>Sublimation |
| Flüssigkeit-<br>Flüssigkeit | Solventextraktion |
| Flüssigkeit-<br>Feststoff | Lösungskristallisation<br>Schmelzkristallisation<br>(Erstarrung)<br>Auflösung<br>Feststoffextraktion<br>(Auslaugung) |

S. bei direktem Kontakt zweier mischbarer Phasen: S.-Prozesse, bei denen 2 mischbare Phasen in direktem Kontakt stehen, werden industriell selten eingesetzt, weil es schwierig ist, einen Konzentrationsgradienten aufrechtzuerhalten, ohne das fluide System zu mischen. Die wichtigsten Vorgänge sind:

□ Thermodiffusion: S. durch Temperaturgradienten,

□ Zentrifugieren: S. durch äußere Kräfte (Zentrifugalkräfte).

S. durch eine Membran, die mischbare Phasen trennt: S.-Prozesse, bei denen 2 mischbare Phasen durch eine Membran getrennt sind, weisen in jüngster Zeit wachsende Bedeutung auf. Bei diesen Prozessen vermeidet die Membran eine direkte Vermischung der Phasen. Der S. durch die Membran erfolgt als Diffusion. Dabei beeinflußt die Membran den Durchtritt der beteiligten Komponenten selektiv. Je nach Phasenkombination unterscheidet man hierbei verschiedene Verfahren (Tabelle 2).

*Stofftransport. Tabelle 2: Grundverfahren, bei denen eine Membran die mischbaren Phasen trennt.*

| Phasenkombination | Grundverfahren |
|---|---|
| Gas-Gas | Effusion<br>Gas- bzw. Dampfphasenpermeation (Trenndiffusion) |
| Gas-Flüssigkeit | Flüssigkeitsphasenpermeation |
| Flüssigkeit-Flüssigkeit | Dialyse<br>Osmose |

S. durch Anwendung von Oberflächenphänomenen: Substanzen, die in einer Flüssigkeit gelöst eine geringere Grenzflächenspannung erzeugen, neigen dazu, sich an der Flüssigkeitsoberfläche anzureichern. Durch Gaseinblasen wird Schaum entwickelt, der, höher konzentriert, laufend abgenommen werden kann. Diesen S.-Prozeß nennt man →Schaumtrennung. *Weinspach*

Literatur: *Bird, R. B., W. E. Stewart* u. *E. N. Lightfoot:* Transport Phenomena. New York 1960. – *Bockhardt, H. D., P. Gützschel* u. *A. Poetschukat:* Grundlagen der Verfahrenstechnik für Ingenieure. Leipzig 1981.

**Stofftransportkoeffizient.** Größe, die den Widerstand des Stofftransports über eine Phasengrenzfläche beschreibt. Für den Stoffübergang in Gas-Flüssig-Systemen unter Vernachlässigung der Stofftransportwiderstände der Gasphase gilt:

$$\beta_L = \frac{N}{a \cdot (c^* - c)},$$

mit $\beta_L$ Stofftransportkoeffizient in $m \cdot h^{-1}$, N Stoffübertragungsrate in $mol \cdot l^{-1} \cdot h^{-1}$, a spezifische Stoffaustauschfläche in $m^{-1}$, $c^*$ Gleichgewichtskonzentration einer Komponente der Gasphase in der Flüssigkeit in $mol \cdot l^{-1}$, c Konzentration einer Komponente der Gasphase in der Flüssigkeit in $mol \cdot l^{-1}$.

Der S. wird in den zuvor genannten Systemen durch die Zusammensetzung der flüssigen Phase bestimmt. Insbesondere die Anwesenheit von oberflächenaktiven Substanzen wie Tensiden und Polymeren führt zu einer Verschlechterung des Stoffübergangskoeffizienten. Das Produkt $\beta_L \cdot a$, aus Übergangskoeffizient und Stoffaustauschfläche, ist das Maß für die Stoffaustauschleistung eines Gas-Flüssig-Reaktors (→Bioreaktor). *Liefke*

**Stoffübergang.** S. bezeichnet den physikalischen Vorgang der Stoffübertragung von einer festen oder flüssigen Oberfläche in eine andere fluide Phase und umgekehrt. Den S. von einer Phasengrenzfläche in ein benachbartes bewegtes Fluid bezeichnet man auch als konvektiven S. Man unterscheidet dabei S. bei freier Konvektion und S. bei erzwungener Konvektion.

Bei freier Konvektion erfolgt die Bewegung des Fluids durch Dichteunterschiede, die durch Temperatur- und/oder Konzentrationsgradienten verursacht werden.

Bei erzwungener Konvektion erfolgt die Bewegung des Fluids infolge äußerer Kräfte, die durch Pumpen, Rührer, Kompressoren oder Gebläse aufgeprägt werden.

Zur Beschreibung des S. wird der →Stoffübergangskoeffizient eingeführt. Dies sei exemplarisch für den →Stofftransport an einer Gas-Flüssigkeits-Phasengrenzfläche erläutert (Bild).

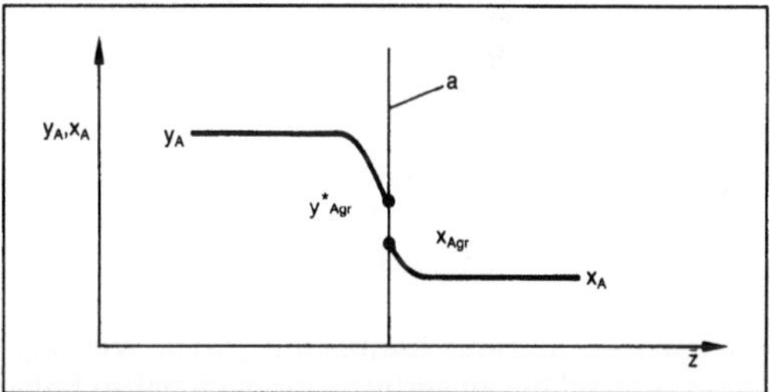


*Stoffübergang: Molanteil-Verlauf der Komponente A an der Phasengrenzfläche.*

a Phasengrenzfläche
Gleichgewicht an der Phasengrenzfläche
$y^*_{Agr} \;|||\; x_{Agr}$
$y_{Agr} = y^*_{Agr}$

Zur Beschreibung des molaren Stoffflusses der Komponente A $n^*_A$ beim S. Gas-Phasengrenzfläche und Phasengrenzfläche-Flüssigkeit kann bei stationären Bedingungen folgende Gleichung verwendet werden:

$$n^*_A = \frac{\beta_y(y_A - y_{Agr})}{b_y} = \frac{\beta_x(x_{Agr} - x_A)}{b_x} \qquad (1),$$

mit $n^*_A$ in $kmol/m^2$ und mit $\beta_y$ Stoffübergangskoeffizient Gas-Phasengrenzfläche, $\beta_x$ Stoffübergangskoeffizient Phasengrenzfläche-Flüssigkeit, $y_A$, $x_A$ Molanteil der Gas- bzw. Flüssigkeitsphase, $b_y$, $b_x$ Korrekturfaktoren bezogen auf die Gas- bzw. Flüssigkeitsphase, gr Phasengrenzfläche.

Der Stoffübergangskoeffizient ist abhängig vom Systemzustand, den Fluideigenschaften, der Systemgeometrie und zusätzlichen Grenzbedingungen. Bei äquimolaren und bei sehr kleinen Stoffflüssen gilt für die Korrekturfaktoren, $b_y$, $b_x = 1$.

Den Stoffübergangskoeffizienten kann man in vielen Fällen experimentell nicht bestimmen, weil das genaue Erfassen der Konzentration an der Phasengrenzfläche nicht gelingt. In diesen Fällen wird vorzugsweise der auf eine der beteiligten Phasen bezogene Stoffdurchgangskoeffizient verwendet. *Weinspach*

Literatur: *Bird, R. B., W. E. Stewart* u. *E. N. Ligthfort*: Transport Phenomena. New York 1960. – *Treybal, R. E.*: Mass Transfer Operations. New York 1955.

**Stoffübergang in Kolonnen.** K. werden eingesetzt, um Stoffaustauschprozesse durchzuführen. Der Stoffaustausch bestimmt dabei wesentlich die Auslegung mit. Betrachtet man gleichgewichtsbestimmte Mehrstufenprozesse, so bestimmt der Stoffaustausch für jede Stufe den Grad der Annäherung an das Gleichgewicht und damit den Stufenwirkungsgrad. Ebenso beherrscht der Stoffaustausch die Vorgänge in Füllkörper- und Packungs-K. K. werden daher so gebaut, daß ein möglichst guter S. stattfinden kann. Die dafür verwendeten Austauscheinrichtungen in den K. (→Füllkörper, Pakkungen und K.-Böden) haben die Aufgabe, eine möglichst große Austauschfläche für den Stoffaustausch zwischen den Phasen zu erzeugen. Beim Durchströmen der Austauschelemente und bei dem Erzeugen der Austauschoberfläche entsteht ein Druckverlust, der letztlich die Stoffströme in den K. begrenzt. K. arbeiten nur in einem bestimmten Bereich des Stoffdurchsatzes mit gutem Wirkungsgrad. Sowohl bei zu geringen als auch bei zu hohen Belastungen fällt die Effektivität des Stoffaustausches deutlich ab (Bodenwirkungsgrad, Verstärkungsverhältnis). Für den Stofftransport in den Phasen kommen die Mechanismen der molekularen Diffusion, der Konvektion und der turbulenten Mischbewegung in Betracht (→Stoffübergang). Beim S. i. K. ist wesentlich, daß ein Stoffaustausch zwischen Phasen über eine Phasengrenzfläche hinweg vonstatten geht. Einen möglichen Konzentrationsverlauf zeigt Bild 1. An der Phasengrenze wird deutlich, daß ein Konzentrationssprung auftritt, der durch das Phasengleichgewicht gekennzeichnet ist. Der Transport einer Komponente A erfolgt zunächst in Phase I von der Masse der Phase über die

Grenzschicht an die Phasengrenze. Dort erfolgt der Durchtritt und der Eintritt in die Phase II. Es wird angenommen, daß dieser Durchtritt spontan erfolgt und die Konzentrationen zu beiden Seiten der Phasengrenzfläche miteinander im Gleichgewicht stehen. Anschließend erfolgt der Abtransport in die Masse der Phase II. Für den Transport wird ein Transportgesetz analog zum Wärmetransport angesetzt. Danach ist die je Zeiteinheit transportierte Stoffmenge $\dot{N}$ dem Konzentrationsgradienten $\Delta x$ (bzw. dem chemischen Potential) und der Durchtrittsfläche proportional. Durch diese Beziehung wird der →Stofftransportkoeffizient $\beta$ definiert:

$$\dot{N} = \beta \cdot F \cdot \Delta x.$$

Da die zwischen den Phasen ausgetauschte Stoffmenge der Phasengrenzfläche proportional ist, wird in Stoffaustausch-K. eine möglichst große Phasengrenzfläche angestrebt. Diese kann man auf dreierlei Wegen erreichen:

☐ Durch Perlen von Gasblasen durch eine Flüssigkeit. Auf diese Weise arbeiten Boden-K. Die Austauschvorgänge finden in einer Sprudelschicht auf den Böden statt.

☐ Eine flüssige Phase wird gleichmäßig auf Füllkörpern oder einer K.-Packung verteilt und strömt im Schwerkraftfeld nach unten. Die andere fluide Phase bewegt sich dazu im Gegenstrom nach oben.

☐ Die Flüssigkeit wird in feine Tröpfchen zerteilt, die mit der Gasphase in Kontakt gebracht werden.

Den flächenbezogenen Stofftransport kann man durch folgende Gleichungen beschreiben (Bild 2 erläutert in Zusammenhang mit Bild 1 hierzu die Bezeichnungen):

in Phase I:  $\dot{n}_{AI} = \beta_{AI} (x_{AI} - x_{AIi})$,
in Phase II: $\dot{n}_{AII} = \beta_{AII} (x_{AIIi} - x_{AII})$.

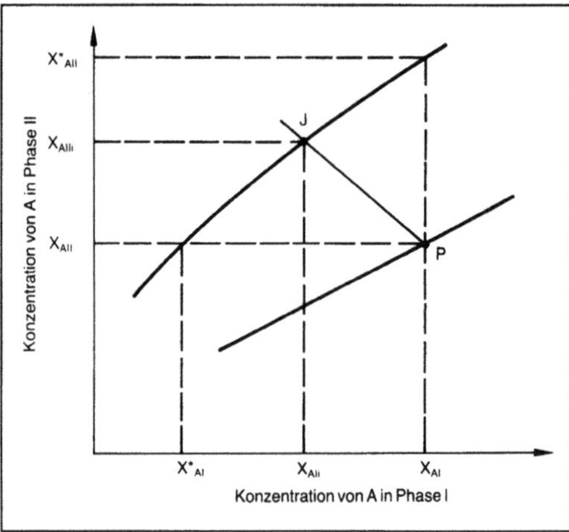


*Stoffübergang in Kolonnen 2: Darstellung der Konzentration in einem verallgemeinerten Mc-Cabe-Thiele-Diagramm für den Stofftransport durch Phasengrenzen.*

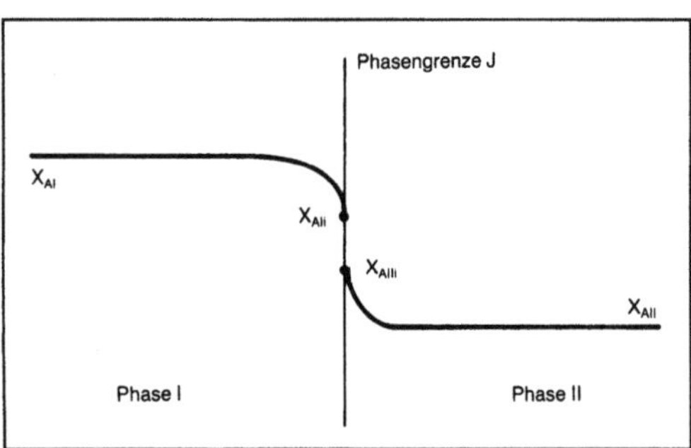


*Stoffübergang in Kolonnen 1: Konzentrationsverlauf beim Stofftransport durch Phasengrenzen.*

Auf Grund des Massenerhaltungssatzes gilt im stationären Fall

$$\dot{n}_{AI} = \dot{n}_{AII}.$$

Die Schwierigkeit in der Anwendung dieser Gleichungen liegt darin, daß die Konzentrationen an der Phasengrenzfläche nicht bekannt sind. Zugänglich sind jedoch die Gleichgewichtskonzentrationen der jeweils anderen Phase: $x^+_{AII}$ ist die Gleichgewichtskonzentration in Phase II zur Konzentration $x_{AI}$ in Phase I. Entsprechend ist $x^+_{AI}$ die Gleichgewichtskonzentration in Phase I zur Konzentration $x_{AII}$ in Phase II.

Es können nun der →Stoffdurchgang auf die in einer Phase bekannte Konzentration und die zugehörige Gleichgewichtskonzentration in der anderen Phase bezogen werden. Den Stofftransportkoeffizienten nennt man dann Gesamtstoffdurchgangskoeffizient $K_{oI}$; dabei steht der Index o für gesamt (overall), und der Index I gibt die Phase an, auf die er bezogen wird.

Gesamtstoffdurchgang:
$$\dot{n}_{AI} = K_{oI}\,(x_{AI} - x^+_{AI}) \text{ oder}$$
$$\dot{n}_{AII} = K_{oII}\,(x^+_{AII} - x_{AII}).$$

Werden in Stoffaustausch-K. fluide Phasen miteinander in Kontakt gebracht, verändert sich die Zusammensetzung der Phasen über die K.-Höhe. Im stationären Fall gilt das Gesetz der Massenerhaltung:

$$\frac{V}{A} \cdot \frac{dx_{AI}}{dh} = \frac{L}{A} \cdot \frac{dx_{AII}}{dh};$$

darin bedeuten V Molenstrom von Phase I, L Molenstrom von Phase II, A Querschnittsfläche der K. und h die senkrechte Koordinate (Höhe) in der K.

Kombiniert man diese Beziehung mit der Beziehung für den S., erhält man

$$\frac{V}{A}\,\frac{dx_{AI}}{dh} = K_{oI} \cdot a\,(x_{AI} - x^+_{AI}),$$

mit a spezifische Stoffaustauschfläche in der K.:

$$a = \frac{\text{Stoffaustauschfläche}}{\text{Apparatevolumen}}.$$

Diese Beziehung stellt einen Zusammenhang her zwischen einer Konzentrationsänderung und der dafür benötigten Apparatehöhe. Diese ist eine wichtige Zielgröße bei der →Auslegung. Durch Integration erhält man die Apparatehöhe. Dabei wird angenommen, daß sich die vorkommenden Größen mit Ausnahme der Konzentrationsdifferenz über die betrachtete Apparatehöhe nicht wesentlich ändern. Dann ergibt sich:

$$h = \int_{o}^{h} dh = \underbrace{\frac{V}{A \cdot K_{oI} \cdot a}}_{\text{HTU}} \underbrace{\int_{x_{AI,\,ein}}^{x_{AI,\,aus}} \frac{d\,x_{AI}}{x_{AI} - x^+_{AI}}}_{\text{NTU}}.$$

Das Integral auf der rechten Seite wird als Anzahl der Übergangseinheiten NTU bezeichnet und ist das treibende Konzentrationsgefälle zwischen Eintrittsstelle des Stoffstroms und dessen Austrittsstelle. Der Term vor dem Integral wird als Höhe einer Übergangseinheit HTU bezeichnet. Er enthält die auf die Kolonne bezogenen Größen.     *Brunner*

Literatur: *Mersmann, A.:* Stoffübergang. Berlin, Heidelberg, New York 1986. – *Weiß, S.,* u. *K.-E. Millitzer:* Thermische Verfahrenstechnik I. 4. Aufl. Leipzig 1986.

**Stoffübergangskoeffizient.** Als S. wird der Faktor $\beta$ im linearen Ansatz für den Stoffübergang bezeichnet:

$$\dot{m}_i = \beta_i \cdot F \cdot \Delta C_i;$$

darin bedeutet $\dot{m}$ die je Zeiteinheit transportierte Stoffmenge der Komponente i, F die Fläche senkrecht zu der der Stoffstrom erfolgt und $\Delta C_i$ der Konzentrationsunterschied über die betrachtete Transportstrecke; $\beta_i$ hat beispielsweise die Einheit m/s.

Der Stoffübergangskoeffizient $\beta$ ist durch obigen linearen Ansatz definiert. Er ist keine Stoffgröße, sondern hängt außer vom Zustand, der Art und der Zusammensetzung einer Stoffmischung von der Fluiddynamik ab. Für genügend große Werte von $\Delta C$ ist $\beta$ auch eine Funktion der Konzentrationsdifferenz. Der lineare Ansatz für $\dot{m}_i$ kann in Analogie zum Newton-Abkühlungsgesetz gesehen werden, das den Wärmeübergangskoeffizienten definiert (→Stoffübergang).     *Brunner*

**Stoffübertrager.** Zur Durchführung physikalischer und chemischer Prozesse und Grundverfahren werden Reaktoren, Apparate zur Stoffübertragung (S. bzw. Stoffaustauscher), Apparate zur Wärmeübertragung (→Wärmeübertrager) und Apparate zur Impulsübertragung (Rührmaschinen, Drehrohre, Zentrifugen) eingesetzt. Die Abgrenzung zwischen diesen Apparaten (Prozeßeinheiten oder Kontaktapparaten) ist fließend. Sie richtet sich nach der wesentlichen Prozeßaufgabe.

S. (auch Stoffaustauscher genannt) sind Apparate und Behälter, in denen physikalische Prozesse zur Vor- oder Nachbehandlung von Stoffen und Stoffgemischen durchgeführt werden, bei denen der →Stofftransport, die Stoffübertragung und die Stofftrennung die entscheidende Rolle spielen und keine chemische Reaktion vorliegt. Die hierbei in Betracht kommenden physikalischen Prozesse gehören zu den mechanischen, elektromagnetischen und thermischen Grundverfahren, z. B. Rühren, Dispergieren, Flotieren, Elektroosmose, Elektrodialyse, Verdampfen, Verflüssigen, Sublimieren, Erstarren, Lösen, Trocknen, Kristallisieren, Extrahieren, Destillieren, Rektifizieren, Absorbieren und Adsorbieren.

Die Leistung eines S. wird durch seine Kapazität sowie seinen Material- und Energieverbrauch bestimmt. Wichtige Gesichtspunkte sind außerdem der Bedienungsaufwand und die Störanfälligkeit. Zur Einteilung von Stoffaustauschern können folgende Gesichtspunkte verwendet werden:

☐ technische Betriebsweise,

☐ wärmetechnische Betriebsweise,

☐ Vermischungsverhalten,

☐ Phasenkontakt und

☐ Konstruktion.

Bei Stoffaustauschern unterscheidet man folgende technische Betriebsweisen:

☐ diskontinuierlicher Betrieb (Satzbetrieb),

☐ halbkontinuierlicher Betrieb (Teilflußbetrieb) und

☐ kontinuierlicher Betrieb.

Hinsichtlich des zeitlichen Ablaufs unterscheidet man stationären und instationären Betrieb.

Die Führung der Stoffströme kann bei kontinuierlichem Betrieb im Gleich-, Gegen- oder Kreuzstrom erfolgen. Daneben können die Stoffaustauscher mit sog. Rückführung mit innerem oder äußerem Kreislauf der Stoffströme betrieben werden.

Die größte Triebkraft steht bei Gegenstrom der beiden Phasen zur Verfügung. In Abhängigkeit von den Einbauten kann dabei der Gegenstrom modifiziert werden:

☐ Stoffübergang mit kontinuierlichem Kontakt (z. B. Füllkörperkolonnen, Drehscheibenextraktor, Adsorptionsapparat nach dem Bewegtbettverfahren),

☐ Stoffübergang mit stufenweisem Kontakt mit Abweichungen vom Gegenstrom in den Stufen (z. B. Bodenkolonne, Mischer-Absetzer-Extraktor, Wirbelbett mit mehreren Schichten).

Um auch bei diskontinuierlicher oder halbkontinuierlicher Fahrweise von Stoffaustauschern den Fließbetrieb vor- oder nachgeschalteter Prozeßeinheiten zu ermöglichen, werden mehrere gleiche Apparate parallel und im Wechsel gefahren.

Bei S. unterscheidet man 3 wärmetechnische Betriebszustände: den isothermen, den adiabaten und den polytropen Betriebszustand. Die auftretende Mischungswärme, die benötigte oder abzuführende Phasenumwandlungswärme und die durch Impulsaustausch entstehende dissipative Wärme können indirekt oder direkt mit einem Heiz- oder Kühlsystem oder durch die Umgebung aufgenommen werden.

Der Verlauf der Stoffübertragung bei kontinuierlicher Betriebsweise wird durch das Vermischungsverhalten der Phasen bestimmt. Bei mehrphasigen Systemen hängt dies von der Intensität der Phasenzerteilung ab. Man unterscheidet Mikrovermischung, die die Wechselwirkung zwischen den Fluidelementen beschreibt, und die Makrovermischung, die den gesamten Apparateraum umfaßt. Die Makrovermischung kann man durch das Verweilzeitverhalten der beteiligten Phasen beschreiben.

Ein- und mehrphasige S. lassen sich nach dem Phasenkontakt, der Phasenverteilung und der Phasenanordnung klassifizieren. Man unterscheidet Verfahren zur Vereinigung und solche zum Trennen von Stoffen. Verfahren zur Vereinigung von Stoffen in ein- oder mehrphasigen mischbaren Systemen laufen spontan ab, bis der Gleichgewichtszustand erreicht ist. Bei Verfahren zum Trennen einphasiger oder mehrphasiger Systeme mit mischbaren Phasen müssen dagegen die Triebkräfte durch sinnvolle Stromführung der selektiv wirkenden Gegenphase aufgebaut werden. Ausgehend vom Phasenkontakt lassen sich die Apparate für den Stoffaustausch innerhalb einer Phase und zwischen den Phasen einteilen in:

☐ S. für homogene Einphasen-Systeme:

– für Gas-Systeme: Injektor- und Strahlmischer;

– für Flüssigkeits-Systeme: Mischer mit innerer und äußerer Schlaufe, Rührbehälter;

– für Feststoff-Systeme: Mischer mit rotierendem Behälter.

☐ S. für Zwei- und Dreiphasen-Systeme:

– für Gas-Flüssigkeit-Systeme: Dünnschichtabsorber, Rieselblechkolonne, Füllkörperkolonne, Sprühturm, Glockenbodenkolonne, Siebbodenkolonne, Absorber, Rührbehälter;

– für Gas-Feststoff-Systeme: Wirbelschicht, Rieselschicht;

– für Flüssigkeit-Feststoff-Systeme: Rührkessel, Wirbelschicht, Fließbett;

– für Flüssigkeit-Flüssigkeit-Systeme: Kolonnen mit und ohne bewegte (rotierend oder pulsierend) Einbauten, Mischer-Abscheider-Batterien, Festbettkolonne, Siebbodenkolonne, Sprühkolonne;

– für Gas-Flüssigkeit-Feststoff-Systeme: Rührkessel, Blasensäule, Wirbelschicht, Trockner.

In Bild 1 bis 5 sind exemplarisch einige Stoffaustauscher dargestellt.

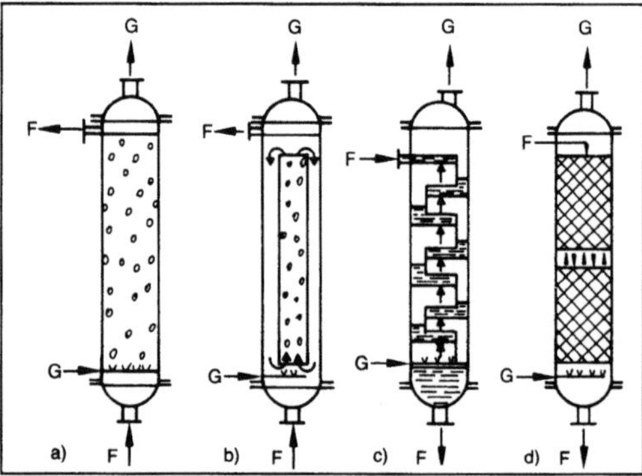



*Stoffübertrager 1: Ausführungsformen von Blasensäulen.*
*a) Gasblasenkolonne*
*b) Blasensäule mit Flüssigkeitszirkulation*
*c) Bodenkolonne*
*d) Füllkörperkolonne.*

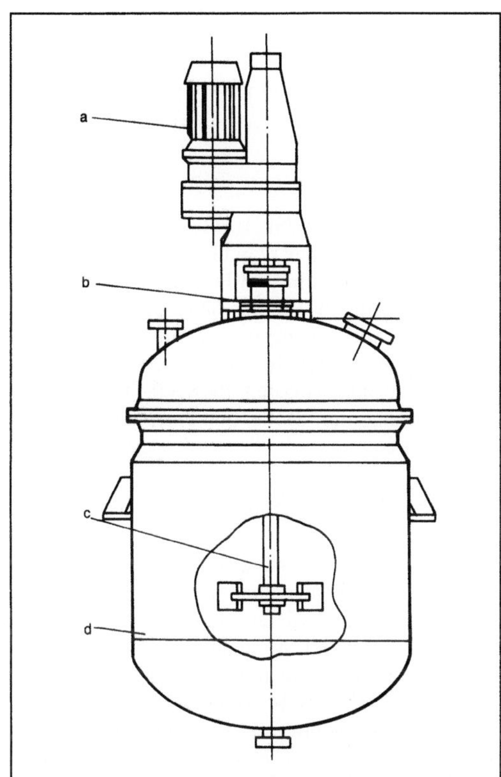

*Stoffübertrager 2: Rührbehälter (schematische Darstellung).*

a Antrieb, b Wellendichtung, c Rührer, d Rührbehälter

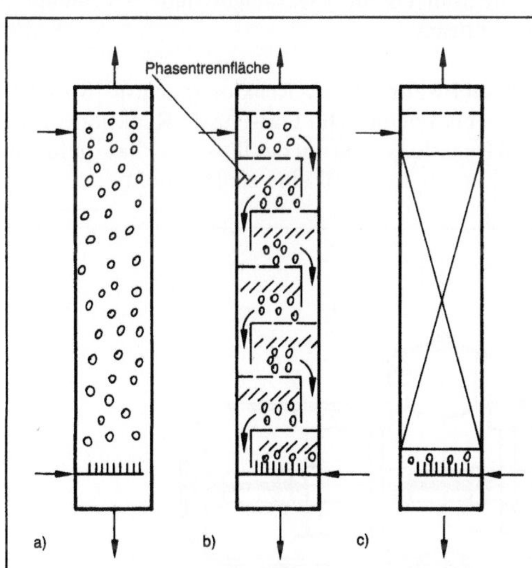



*Stoffübertrager 3: Ausführungsformen von Extraktoren.*
*3A) Ohne zusätzliche Energie von außen.*
*a) Sprühkolonne*
*b) Siebbodenkolonne*
*c) Füllkörperkolonne.*

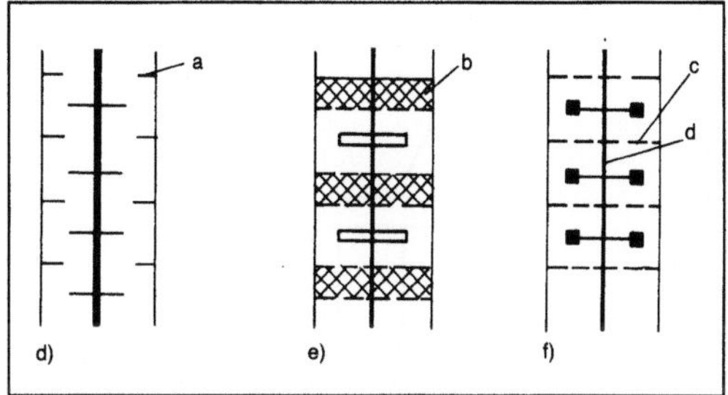



*3B) Extraktoren mit rotierenden Einbauten.*
*d) Drehscheibenextraktor*
*e) Scheibelkolonne*
*f) Kühni-Extraktor.*

a Statoring, b Packung, c Lochscheibe, d Rotorwelle

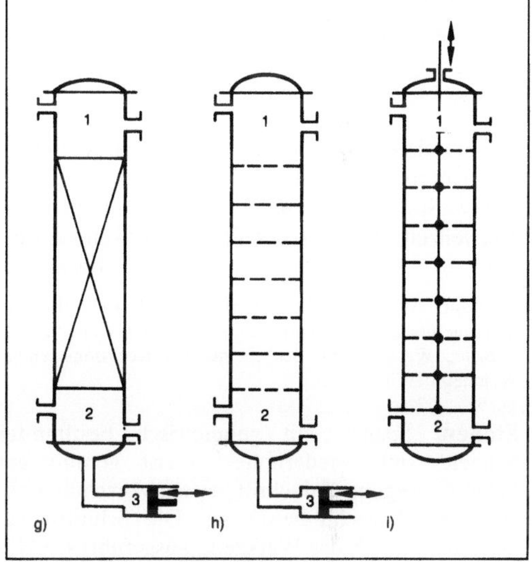



*3C) Pulsationsextraktoren.*
*g) Pulsierte Füllkörperkolonne*
*h) Pulsierte Siebbodenkolonne*
*i) Kolonne mit bewegtem Siebboden.*

1 oberer Absetzraum, 2 unterer Absetzraum, 3 Pulsator

Die beiden wichtigsten Modellvorstellungen, um S. zu beschreiben, sind die theoretische Stufe zum Beschreiben der Stoffübertragung mit stufenweisem Kontakt (z. B. Bodenkolonne, Mischer-Absetzer-Extraktor) und die →Übertragungseinheit (Höhe und Zahl) zum Beschreiben der Stoffübertragung mit kontinuierlichem Kontakt (z. B. Füllkörperkolonne).

Zum Ermitteln der Anzahl der theoretischen Stufen werden nur die Bilanzen und Phasengleichgewichte benötigt. Die effektive Stufenzahl bestimmt man dann unter Verwendung eines Austauschgrads.

Die Anzahl der Übertragungseinheiten kennzeichnet die Triebkraft und die Höhe der Übertragungseinheiten, die Phasengrenzfläche und den

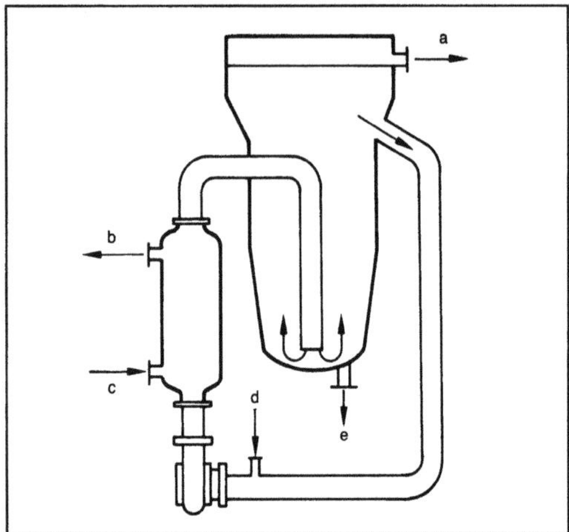

*Stoffübertrager 4: Fließbettkristallisator.*

a klare Lösung, b Kühlmittelaustritt, c Kühlmitteleintritt, d frische Lösung, e Kristallbrei

**Stoffdurchgangskoeffizienten.** Bei der Berechnung mit Übertragungseinheiten können die differentiellen Stoffbilanzen unter Berücksichtigung des Verweilzeitverhaltens der Phasen verwendet werden. *Weinspach*

Literatur: Autorenkollektiv: Verfahrenstechnische Berechnungsmethoden. Tl. 2: Thermisches Trennen. Weinheim 1986. – *Brötz, W.:* Grundriß der chemischen Reaktionstechnik. Weinheim 1970.

**Stoßen.** Spanen mit geometrisch bestimmter Schneide mit wiederholter, meist geradliniger Schnittbewegung und schrittweisem Vorschub senkrecht zur Vorschubbewegung. Die Schnittbewegung wird durch das Werkzeug ausgeführt (→Hobeln). *König*

**Stoßläppen** →Schwingläppen

**Stoßmarkierung** →Markierungsmethode

**Stoßzahl.** Sie ist bei der pneumatischen Flugförderung definiert als

$$S = \frac{d_S}{s} \frac{E_W}{E_S} \frac{\rho_S}{\rho_W},$$

mit der mittleren Partikelgröße der pneumatischen Flugförderung $d_S$, der Wanddicke des Förderrohrs $s$ sowie den E-Moduln und Dichten von Rohrwand (W) und Partikeln (S). Man faßt sie auf als Verhältnis der Beschleunigungen der Deformationsfronten bei den Wandstößen. In der Nähe von $S \approx 1$ sind die Wandstöße am geringsten. Bis $S = 0,1$ bzw. 10 steigt die Wirkung der Stöße bei Partikeln $>0,1$ mm erheblich an. *Muschelknautz*

**Strahlbearbeitung** →Strahlen

**Strahlbearbeitungsanlage.** S. sind Maschinen für das Strahlen, die aus einer Kabine, die Schutz vor Staub und Lärm bietet, und einer Anlage zur Beschleunigung des Strahlmittels bestehen. Außerdem sind Einrichtungen zum Auffangen und Fördern des Strahlmittels vorhanden. Kleine Geräte verfügen über Sichtfenster und Eingriffsöffnungen, die dem Bediener die Handhabung des Strahlguts ermöglichen. Größere Kabinen sind mit angetriebenen Drehtischen oder Drehtrommeln zur Werkstückführung ausgestattet. Große S. (z. B. zum Kugelstrahlen) sind mit Beschickungs- und Fördereinrichtungen für →Strahlgut und →Strahlmittel ausgerüstet. *Kenter*

**Strahldüsenreaktor.** Reaktor (auch als Strahlabsorber bezeichnet) für Gas-Flüssig-Reaktionen, dessen Reaktionsraum mit der flüssigen Phase gefüllt ist und im unteren Teil eine zentral montierte Strahl-

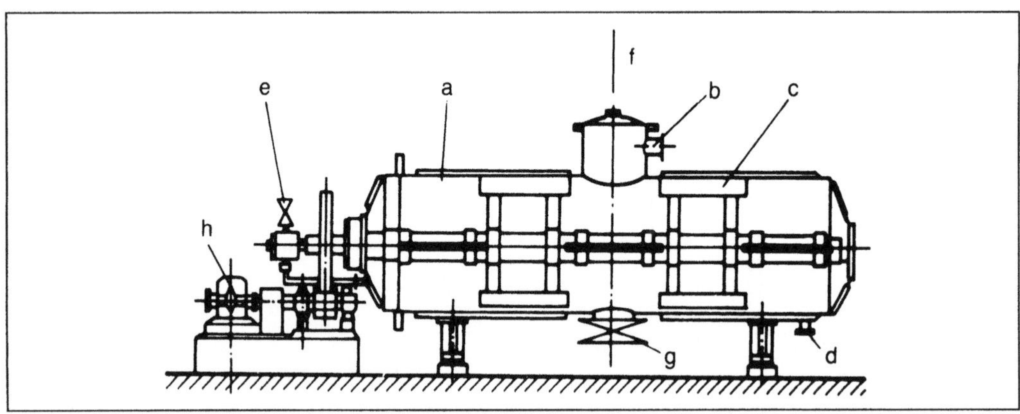

*Stoffübertrager 5: Vakuumschaufeltrockner.*

a Heizmantel, b Brüdenleitung, c Schaufeln, d Kondensatableitung, e Dampfeintritt, f Produkteintrag, g Produktaustrag, h Antrieb

düse besitzt. Die Strahldüse (Zweistoffdüse) besteht aus einer Ringdüse für die Gaszufuhr und einer zentralen Düse (Treibdüse), durch die ein Treibflüssigkeitsstrahl erzeugt wird. Stromabwärts in geringer Entfernung von der Strahldüse befindet sich ein sehr kleinvolumiges Mischrohr (Einsteckrohr). Die aus der zentralen Düse austretende Treibflüssigkeit erzeugt einen relativ langsamen Flüssigkeitsumlauf (Wälzströmung) im Reaktor infolge Ansaugung des Reaktionsgemisches. Der gasförmige Reaktand tritt in die Ringdüse ein und gelangt in das Scherfeld zwischen dem schnellen Treibstrahl und der langsamen Wälzströmung. Dadurch entsteht im Mischrohr eine intensive Vermischung der beiden Reaktanden, die zu einer sehr feinen Gasdispergierung führt. Im Strahldüsenreaktor, der eine Weiterentwicklung des Schlaufenreaktors mit Treibstrahlantrieb darstellt, bildet sich also oberhalb des Mischrohrs eine Blasensäule aus. Der S. ist durch folgende Eigenschaften charakterisiert:

□ geeignet für sehr schnelle Reaktionen, wenn der Stoffübergangswiderstand auf der Flüssigkeitsseite (Gas-Flüssig-Reaktionen) liegt,

□ Flüssigkeitsumlauf, Gasanteil (Gas-Holdup) und →Rückvermischung entsprechen den Verhältnissen beim →Schlaufenreaktor mit Treibstrahlantrieb,

□ die →Austauschfläche (→Phasengrenzfläche) läßt sich durch den Einbau eines Mischrohrs und insbes. durch Steigerung der Treibstrahlgeschwindigkeit stark erhöhen.

Der S. läßt sich als Laminarstrahlabsorber analog zum →Dünnschichtreaktor zum Ermitteln der Kinetik sehr schneller Reaktionen, die nur an der Phasengrenzfläche ablaufen, einsetzen. Aus der bekannten Kinetik kann schließlich auch die Phasengrenzfläche selbst bestimmt werden, da evtl. vorliegende gasseitige Stoffübergangskoeffizienten wegen der definierten Strömungsverhältnisse in solchen Reaktoren berechenbar sind. *Schönbucher*

**Strahlen.** Unter S. versteht man Fertigungsverfahren, bei denen feste und/oder flüssige →Strahlmittel mit hoher Geschwindigkeit auf die zu bearbeitenden Werkstücke (→Strahlgut) aufprallen (→Strahlläppen).

Die Strahlverfahren lassen sich nicht einer bestimmten Hauptgruppe der Fertigungsverfahren nach DIN 8580 zuordnen. Je nach der überwiegend in Erscheinung tretenden Wirkung oder dem jeweils als vorrangig angesehenen Zweck des S. kann ein Strahlverfahren in die Hauptgruppen Umformen, Trennen oder Stoffeigenschaftändern eingeordnet werden. Es wird unterschieden zwischen Umform-S., Oberflächenveredlungs-S., Strahlspanen, Reinigungs-S. und Verfestigungs-S.

Es gibt zwei Möglichkeiten die Strahlmittel auf die notwendige Geschwindigkeit zu beschleunigen:

durch ein flüssiges bzw. gasförmiges Trägermittel (Druck-S.) oder durch ein Schleuderrad (Schleuderrad-S.). Beim Druck-S. werden Luft, andere Gase oder Flüssigkeiten (z. B. Wasser oder Öl) als Trägermittel eingesetzt.

Die bekanntesten Strahlverfahren sind das Sandstrahlen, das Kugelstrahlen (Shot Peening) und das Strahlspanen.

Sandstrahlen ist ein Reinigungs-S. mit sandförmigen Strahlmitteln, das zum Zweck hat, die Oberfläche der zu bearbeitenden Werkstücke von Rost, Zunder und anderen Verunreinigungen zu befreien. Als Trägermittel dient i. a. Druckluft.

Beim Kugelstrahlen wird unterschieden zwischen Umform-S. und Verfestigungs-S. Das Umform-S. dient der Formgebung oder dem Richten von Werkstücken durch Einbringen von plastischen Verformungen und Druckeigenspannungen (→Eigenspannungszustand) in die Werkstückrandzone. Das Verfestigungs-S. ist ein Kaltumformverfahren und dient der Erzeugung von Druckeigenspannungen in oberflächennahen Schichten des Strahlguts, um bestimmte Bauteileigenschaften, wie die Dauerschwingfestigkeit, die Korrosionsbeständigkeit oder die Verschleißfestigkeit, zu verbessern.

Unter Strahlspanen ist der spanende Materialabtrag mit geometrisch unbestimmten Schneiden (→Spanen mit geometrisch unbestimmten Schneiden) durch S. zu verstehen. Es gibt hierbei Anwendungen, bei denen als Strahlmittel unter hohem Druck stehende Flüssigkeiten verwendet werden (z. B. beim Wasserstrahlschneiden).

Nach dem Zweck wird das Strahlspanen weiterhin untergliedert in Abtrags-S., Trenn-S. und Entgrat-S. Das Abtrags-S. wird zum spanenden Entfernen von oberflächennahen Schichten an Werkstücken benutzt. Trenn-S. ist das spanende Trennen von Werkstücken durch S. Das Entgrat-S. dient dem spanenden Entfernen von Graten, wie sie z. B. beim Schneiden und →Gießen entstehen. *Kenter*

Literatur: DIN 8200: Strahlverfahrenstechnik. Hrsg. Dt. Inst. f. Normung. Ausg. Okt. 1982. – DIN 8201. Tl. 1–10: Strahlmittel. Hrsg. Dt. Inst. f. Normung. Ausg. Juli 1985. – DIN 8580: Fertigungsverfahren; Einteilung. Hrsg. Dt. Inst. f. Normung. Ausg. Juli 1985. – DIN 8589: Fertigungsverfahren Spanen; Einordnung, Unterteilung, Begriffe. Hrsg. Dt. Inst. f. Normung. Ausg. Aug. 1982. – *König, W.:* Fertigungsverfahren. Bd. 2: Schleifen, Honen, Läppen. Düsseldorf 1989.

**Strahlensterilisation.** Die S. (Radappertisation) erfolgt mit ionisierenden Strahlen. Dies sind entweder elektromagnetische Strahlen jenseits der UV-Strahlung, die von radioaktiven Isotopen wie Cobalt-60 oder Caesium-137 stammen, oder es sind Elektronenstrahlen bzw. hieraus erzeugte Bremsstrahlen, die von Bestrahlungsmaschinen wie Elektronen-Linearbeschleunigern erzeugt werden. Die dabei verwendeten Strahlenernergien sind so niedrig, daß keine die natürliche Radioaktivität erhöhende zusätzliche Radioaktivität durch Kernreaktionen erzeugt werden kann.

Die gewünschte Strahlenwirkung hängt von der im Gut absorbierten Dosis ab, die in Gray (1 Gy = 1 J/kg) gemessen wird. Zur Sterilisation sind zwar relativ hohe Dosiswerte erforderlich, die umgesetzte Leistung ist aber in kJ/kg gemessen so niedrig, daß sie nur zu geringfügigen Temperaturerhöhungen im bestrahlten Gut führen. Angestrebt wird eine möglichst gleichmäßige Dosisverteilung, die zwar bei Gammastrahlen leichter zu erreichen ist als bei Elektronenstrahlen, in beiden Fällen aber Grenzen für die Dicke des zu bestrahlenden Guts setzt. Ausführliche Dosismessungen sind meist nur bei der ersten Inbetriebnahme einer Anlage erforderlich. Routinemäßige Überwachungen der aufgebrachten Dosis sind dann zwar notwendig, aber verhältnismäßig einfach.

Vor allem bei hohen Dosiswerten sind chemische Veränderungen im bestrahlten Gut nicht auszuschließen. Es kann daher bei manchen empfindlichen Produkten notwendig sein, zusätzliche technologische Maßnahmen in Form einer Sensibilisierung der Mikroorganismen oder einer Bestrahlung unter inerter Atmosphäre oder bei tiefen Temperaturen zu ergreifen. *Stroh*

Literatur: *Grünewald, T.:* Technik der Strahlensterilisation, Symp. Kaltsterilisationsverfahren. Frankfurt a. M. 1980.

**Strahlgut.** Als S. bezeichnet man die an ihrer Oberfläche mit Strahlmitteln bearbeiteten Werkstücke. *Kenter*

**Strahlläppen.** S. ist Spanen mit losen, in einem Flüssigkeitsstrahl mit hoher Geschwindigkeit geführten Körnern zum Verbessern der Oberflächengüte von meist vorbearbeiteten Werkstücken. Dieses Verfahren wird zum Entgraten von Gußteilen, zum Entzundern von gehärteten Werkzeugen, zum Reinigen und Glätten von Bauteilen mit komplexen Formen, zur Oberflächenvorbehandlung bei Klebe-, Lackier- oder Galvanisierprozessen sowie zur Rauheitsverringerung eingesetzt. Die erzeugten Oberflächen weisen sehr kleine muldenartige Bearbeitungsspuren auf.

Man unterscheidet zwischen den drei Verfahrensvarianten: Schleuderrad-, Druckflüssigkeits- sowie Druckluft-S. Beim Schleuderradverfahren (Strahlspanen) wird das Strahlgemisch durch ein Flügelrad auf die Bearbeitungsstelle geschleudert. Beim Druckflüssigkeitsstrahlen wird es nebst Trägerflüssigkeit durch eine Pumpe in die Düsenkammer gefördert. Diese Läppsuspension wird hier mit Druckluft gemischt und mit hoher Geschwindigkeit (800 m/s) über eine Düse auf das Werkstück gerichtet. Beim Druckluftstrahlen entfällt die Umlaufpumpe. Mittels der Druckluft, die in einem Sammelbehälter in das →Läppgemisch verwirbelt wird, wird die gleichmäßige Verteilung der Läppkörner im Strahl erreicht (→Läppen).

Das Strahlgemisch besteht aus Siliciumcarbid- oder Elektrokorund-Körnern (20–150 μm), die mit Wasser im Verhältnis 1:7–1:5 vermischt werden. Zum Vermeiden der Korrosion der Werkstückoberfläche wird dem →Strahlmittel ein Rostschutzmittel zugesetzt. Der Strahl wird unter einem Winkel von etwa 45° auf die Werkstückoberfläche gerichtet. Bei einem Düsendurchmesser von 5–7 mm beträgt der optimale Düsenabstand etwa 40–60 mm.

Der Abtrag erfolgt durch den Aufprall der Körner auf der Läppstelle. Es finden dabei plastische Umformprozesse statt, wodurch es zu einer Kaltverfestigung und anschließend zur Trennung einzelner Werkstoffteilchen kommt. Zu Beginn des Strahlprozesses nehmen die Rauheitswerte schnell ab, erreichen aber dann einen konstant bleibenden Wert. Eine weitere Rauheitsverbesserung kann durch Ändern der Korngröße erreicht werden.

Als ein für die Praxis bedeutsamer Nebeneffekt werden durch die Beaufschlagung von plastisch verformbaren Werkstückoberflächen mit Partikelstrahlen hohe Druck-Eigenspannungen erzeugt (→Eigenspannungszustand), die zur Verbesserung der Biegewechselfestigkeit der behandelten Bauteile führten. *Kenter*

**Strahlmittel.** S. sind die Werkzeuge beim Strahlen. Sie sind meist fest und körnig, manchmal aber auch flüssig oder ein Gemenge aus beidem. Die Flüssigkeiten dienen beim Druckstrahlen gleichzeitig als Beschleunigungsmedium.

Feste S. können metallisch, mineralisch oder organisch sein. Das am häufigsten verwendete S. sind Partikel aus Stahlguß mit einer Härte von 45–70 HRC. Häufige Anwendung finden auch Quarzsand, Korund, Stahldrahtkorn, Metallpartikel und Glaskugeln (→Perlstrahlen).

Die Auswahl richtet sich nach dem zu bearbeitenden Material und nach dem Zweck des Strahlens. Um gleichmäßige Ergebnisse zu erhalten, ist es notwendig, Größe und Form der Strahlpartikel zu kontrollieren und in engen Toleranzen zu halten. *Kenter*

**Strahlmühle.** In S. werden feinkörnige Stoffe wie Pigmente oder Kohlestäube bis auf 1 μm feingemahlen (Bild 1 und 2). Die Spiral-S. besteht aus einer flachen, diskusförmigen Mahlkammer mit meist 6–12 Düsen am Umfang. Die Düsen werden mit Preßluft bis 12 bar bzw. mit Wasserdampf bis 15 bar gespeist. Aus diesen werden Mahlstrahlen mit Geschwindigkeiten von 400–500 m/s bei Preßluft und 600–900 m/s bei Wasserdampf schräg in die Mahlkammer geblasen, so daß diese im Mahlring aufeinandertreffen und einen rotierenden Wirbel

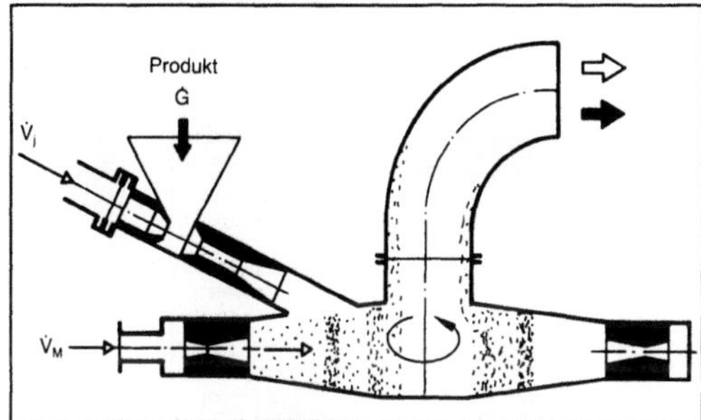

*Strahlmühle 1: Funktionsskizze.*

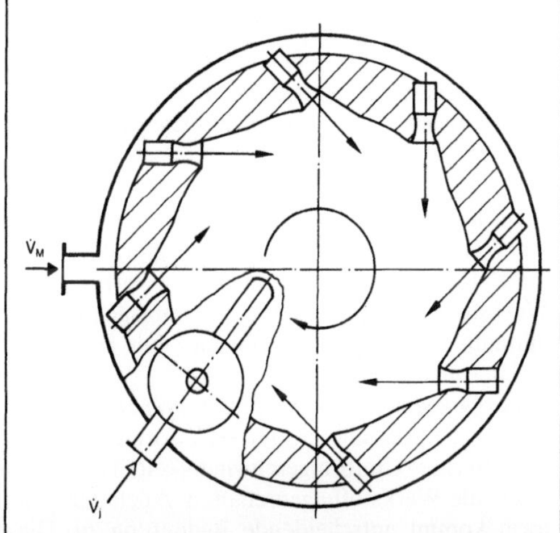

*Strahlmühle 2: Spiral-Strahlmühle (Draufsicht).*

bilden. Das Mahlgut wird an dieser Stelle zugespeist und zugleich vorzerkleinert. Das Mahlgut wird durch das Zusammentreffen der einzelnen Strahlen durch Prall zerkleinert. Die Spiral-S. ist zugleich ein →Zentrifugalsichter. Die groben, schnell rotierenden Partikel verbleiben wegen ihrer hohen Fliehkraft im Mahlraum. Die kleinen, feingemahlenen Teilchen werden mit der Strömung aus der S. geblasen. *Würtz*

Literatur: *Höffl, K.* Zerkleinerungstechnik. Berlin, Heidelberg, New York, Tokio 1986. *Muschelknautz:* Grundlagen der Mechanischen Verfahrenstechnik.

**Strahlspanen** →Strahlen

**Strahlungstrockner.** S. werden hauptsächlich zur Kurzzeittrocknung von lackierten Produkten in Fertigungsstraßen und von dünnwandigen keramischen Teilen verwendet. Die Bauweise ähnelt der eines Band- bzw. eines Tunneltrockners. Strahlungsflächen, die mit einem Heizgas oder elektrisch beheizt werden, emittieren elektromagnetische Heizenergie, die teilweise vom feuchten Gut absorbiert wird. Das Gut erwärmt sich, und die Feuchtigkeit verdampft. Da die Erwärmung nicht nur an der Gutoberfläche, sondern auch im Gutinneren erfolgt, ist ein schnelles →Trocknen ohne Riß- oder Hautbildung (z. B. bei lackierten Produkten) möglich. Die Wärmestromdichten liegen zwischen 15000 und 40000 kJ/m²h. *Dohrn*

**Strahlwäscher.** Absorptionsapparat, bei dem Flüssigkeit mit hoher Geschwindigkeit aus Düsenöffnungen tritt und dabei in feine Tropfen dispergiert wird. Gas- und Flüssigkeitsphase werden im →Gleichstrom geführt. S. erreichen etwa eine →Trennstufe. Man setzt sie ein, wenn die Gase gut in der Flüssigkeit löslich sind. *Dohrn*

**Strähnenförderung** →Förderung, pneumatische

**Stranggießmaschine** →Gießen

**Strangguß** →Gießen

**Strangpreßeinrichtung.** Nach DIN 8583, Bl. 6, ist Strangpressen das Durchdrücken eines von einem Aufnehmer umschlossenen Blocks durch eine Matrize und dient vornehmlich zur Erzeugung von Strängen (Stäben) mit vollem oder hohlem Querschnitt. Je nachdem, ob der Werkstofffluß in die Wirkrichtung der Maschine zeigt oder ihr entgegengesetzt gerichtet ist, spricht man von Vorwärts- oder Rückwärts-Strangpressen (Bild 1 und 2). Als weitere Variante gibt es das Querstrangpressen mit Werkstofffluß quer zur Wirkrichtung der Maschine.

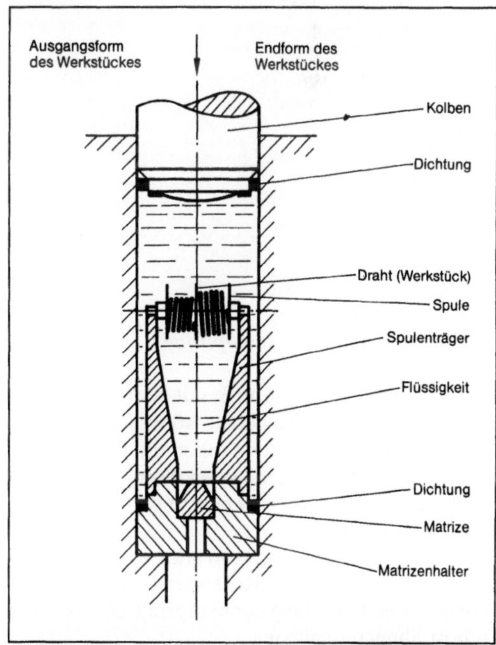


*Strangpreßeinrichtung 1: Prinzip des Voll-Vorwärts-Strangpressens.*

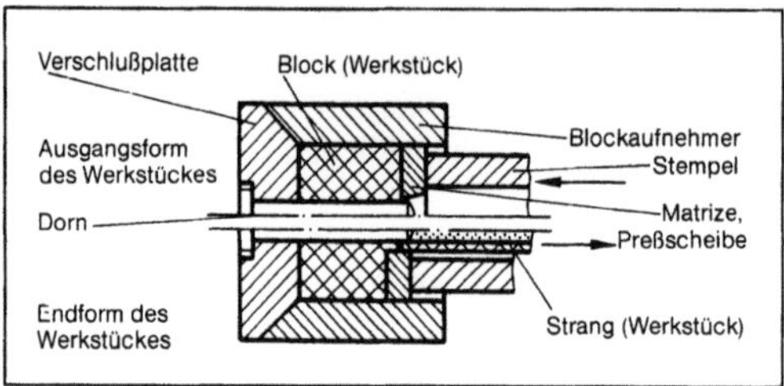

*Strangpreßeinrichtung 2: Einrichtung für das Hohl-Rückwärts-Strangpressen.*

Beim hydrostatischen Strangpressen wird der Block unter Zuhilfenahme eines Wirkmediums durch die Matrize gedrückt. Nach dem hydrostatischen Voll-Vorwärts-Strangpressen werden z. B. Drähte hergestellt. *Doliwa*

**Strangpressen.** Das S. gehört nach DIN 8583, Bl. 6, zu den Durchdrückverfahren. Dabei wird ein gänzlich von einem Aufnehmer umschlossener Block mit Hilfe von Druckeinwirkung durch eine Düse gepreßt. Es werden Stränge unterschiedlicher Querschnittsformen als Halbzeug hergestellt (Bild 1).

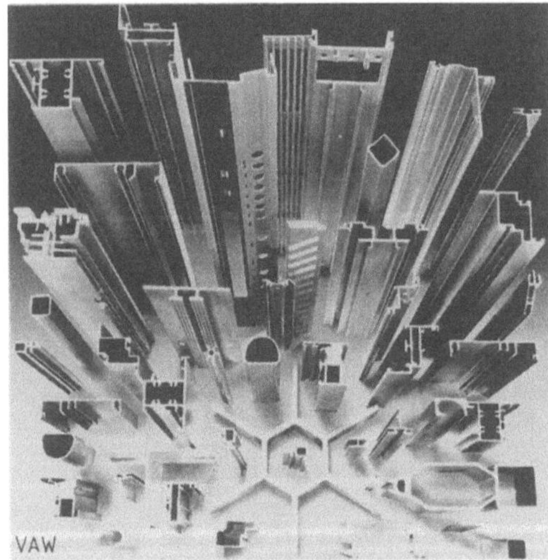


*Strangpressen 1: Strangpreßprofile.*

Das S. wird eingeteilt in S. mit starren Werkzeugen und S. mit Wirkmedien, wobei letzterem nur untergeordnete Bedeutung zukommt. Es lassen sich Querschnittsänderungen Block/Strang von über 1000 (S. mit starrem Werkzeug) bis 10 000 (hydrostatisches S.) erzielen.

Bei Verwendung starrer Werkzeuge unterscheidet man Vorwärts-, Rückwärts- und Quer-S. (Bild 2). Die Einteilung der hydrostatischen Verfahren ist ähnlich denkbar.

Mit allen Verfahren können Voll- und Hohlprofile hergestellt werden.

| | Vorwärts-Strangpr. | Rückwärt-Strangpr. | Quer-Strangpr. |
|---|---|---|---|
| Voll | Voll-Vorwärts-Strangpressen | Voll-Rückwärts-Strangpressen | Voll-Quer-Strangpressen |
| Hohl | Hohl-Vorwärts-Strangpressen | Hohl-Rückwärts-Strangpressen | Hohl-Quer-Strangpressen |

*Strangpressen 2: Einteilung der Verfahren des Strangpressens mit starren Werkzeugen. (Quelle: DIN 8583)*

Bis auf wenige Sonderfälle werden die eingesetzten Werkstoffe warm, d. h. bei Temperaturen über ihrer Rekristallisationstemperatur, verpreßt. Als Werkstückwerkstoffe kommen hauptsächlich Aluminium- und Kupferlegierungen, aber auch Stahl, →Titan usw. zum Einsatz.

*Vorgangsparameter, Verfahrensgrenzen.* Wichtigste Vorgangsparameter sind →Umformgrad ($\varphi_{max} = \ln A_0/A_1$), →Umformgeschwindigkeit, Temperatur sowie die Werkstoffeigenschaften. Auch der Profilform kommt entscheidende Bedeutung zu. Diese Parameter bestimmen die für den Umformvorgang nötige Stempelkraft.

Die Verfahrensgrenzen werden beim S. weitgehend von Blockeinsatztemperatur und Stempelgeschwindigkeit bestimmt (Bild 3). Je nach Querschnittsverhältnis reicht bei zu geringer Blockeinsatztemperatur das Kraftangebot der Maschine nicht aus. Zu hohe Einsatztemperaturen können

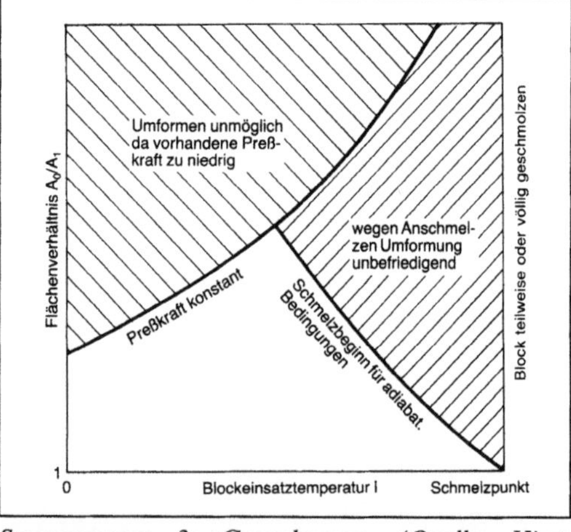


*Strangpressen 3: Grenzkurven. (Quelle: Hirst, Ursell)*

Fehler im Werkstück (z. B. Phasenänderungen bei Erreichen der Soliduslinie, Wärmerisse) verursachen.

Einflußgrößen auf den Wärmehaushalt sind:
- Wärmeentwicklung in der Umformzone,
- Wärmeentwicklung in den Randzonen durch Reibung zwischen Block und Werkzeug,
- Verteilung der durch die Umformung entstehenden Wärmemenge über den Block (→Wärmeleitung),
- Ableitung der Reibungswärme in Block und Werkzeug,
- Wärmeaustausch zwischen Block und Werkzeug auf Grund unterschiedlicher Einsatztemperaturen,
- Wärmetransport durch Verschiebung des Blocks während des Strangpreßvorgangs.

Bei sehr geringer Preßgeschwindigkeit stellt sich nach raschem Temperaturanstieg ein annähernd konstanter Temperaturverlauf ein, da sich die durch Umformung und Reibung entstehende Wärmemenge im Gleichgewicht mit der vom Werkstück zum Werkzeug abfließenden befindet. Mit zunehmender Preßgeschwindigkeit wird dieses Gleichgewicht nicht mehr erreicht, weil die zum Abfließen der Wärme zur Verfügung stehende Zeit kürzer wird. An keiner Stelle des Werkstücks darf der Grenzwert Solidustemperatur erreicht werden, was durch eine geeignete Wahl von Blockeinsatztemperatur und Preßgeschwindigkeit gesteuert werden kann. Als Optimum gilt eine konstante Strangaustrittstemperatur (isothermes S.), die sich entweder über einen ungleichmäßig angewärmten Block oder über eine Regelung der Preßgeschwindigkeit erzielen läßt.

*Werkstofffluß.* Die genaue Kenntnis des Werkstoffflusses bzw. der örtlichen Formänderungen im Werkstück ist eine wesentliche Voraussetzung für die Bestimmung der Spannungen, Kräfte und Arbeiten während des Umformvorgangs. Das den Werkstofffluß beschreibende Geschwindigkeitsfeld wird von der Werkzeuggeometrie, der Stempelgeschwindigkeit, dem Reibzustand in Aufnehmer und Matrize sowie dem plastischen Verhalten des Werkstückwerkstoffs bestimmt. Man unterscheidet danach verschiedene Fließtypen (Bild 4):
- Fließtyp S tritt bei homogenem Strangpreßwerkstoff auf, sofern eine hinreichend kleine Reibungszahl vorliegt, die eine praktisch unbehinderte Werkstoffbewegung entlang aller Grenzflächen zuläßt.
- Fließtyp A erfordert ebenfalls homogenen Werkstoff, wobei lediglich an der Matrizenstirnfläche Reibung auftritt.
- Fließtyp B ergibt sich bei homogenem Werkstoff ohne Schmierung, d. h. wenn erhebliche Reibung an den Innenflächen des Werkzeugs vorhanden ist.
- Fließtyp C stellt sich bei inhomogenem Werkstoff ein, d. h. bei ungleichmäßiger Verteilung der plastischen Eigenschaften, z. B. als Folge von Phasenän-

| Fließtyp | S | A | B | C |
|---|---|---|---|---|
| Werkstoffart | homogen | homogen | homogen | inhomogen |
| Werkstoff-Beispiel | theoretisch | Pb. Al mit Schmierung | Cu, Al, Al-Legierungen | Mg. $\alpha$- und $\beta$-Ms |
| Reibung | keine | gering | groß | groß |
| Preßfehler | keine | keine | Schalenbildung auf der Strangoberfläche (2. Preßhälfte) | Zweiwachs (letztes Preßdrittel) |

*Strangpressen 4: Fließtypen beim axialsymmetrischen Voll-Vorwärts-Strangpressen. (Quelle: Dürrschnabel)*

derungen in den Randzonen oder bei Festigkeitsunterschieden wegen ungleichmäßiger Temperaturverteilung im Block. Gleichzeitig herrscht an den Grenzflächen starke Reibung.

Das →Fließverhalten der meisten Preßwerkstoffe entspricht Typ B. Den unterschiedlichen Stoffflußeigenschaften der eingesetzten Werkstoffe muß durch Wahl des Verfahrens und Gestaltung der Werkzeuge Rechnung getragen werden. So werden Aluminiumlegierungen i. a. ohne Schmierung „mit Schale" verpreßt. Beim Preßvorgang ist der Durchmesser des Preßstempels um wenige Millimeter kleiner als der Blockdurchmesser. Dadurch wird in Verbindung mit einer Flachmatrize bewirkt, daß das eigentlich verpreßte Material aus dem Blockinnern stammt, während die „Schale", die im Blockaufnehmer verbleibt, alle Verunreinigungen enthält.

Bei Schwermetallen und Stahl ist dies wegen des bedeutend höheren Kraftaufwands nicht möglich. Hier wird der Kraftbedarf durch Schmierung und den Einsatz kegeliger Matrizen gesenkt.

*Werkzeuge.* Beim S. mit starren Werkzeugen sind alle Werkzeugteile, abhängig vom verpreßten Werkstoff, hohen thermischen und mechanischen Belastungen ausgesetzt. Belastungsbedingt weisen die Werkzeuge unterschiedliche Standzeiten auf. So reicht die Lebensdauer bei Matrizen von einer Pressung bei Stahl bis zu mehreren 100 Pressungen bei leicht verpreßbaren Aluminiumlegierungen.

Bild 5 zeigt einen typischen Werkzeugsatz mit Flachmatrize für das Vorwärts-S. Je nach Strangpreßwerkstoff und Profilform stehen verschiedene Matrizentypen zur Auswahl (Bild 6).
Wegen der extremen Belastungen werden zur Werkzeugherstellung hochwarmfeste Stähle verwendet.

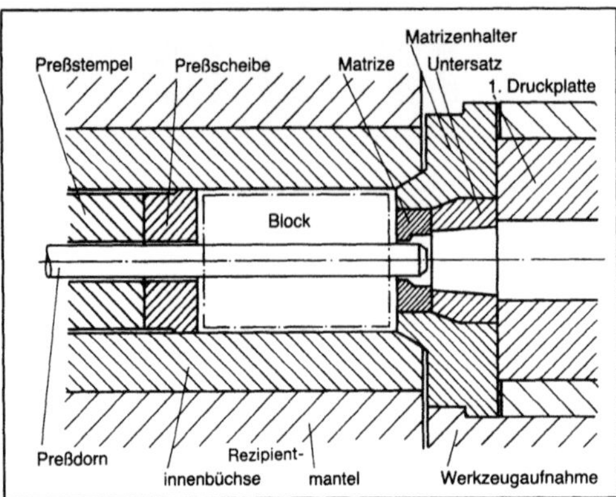

*Strangpressen 5: Werkzeugsatz zum Vorwärts-Strangpressen.*

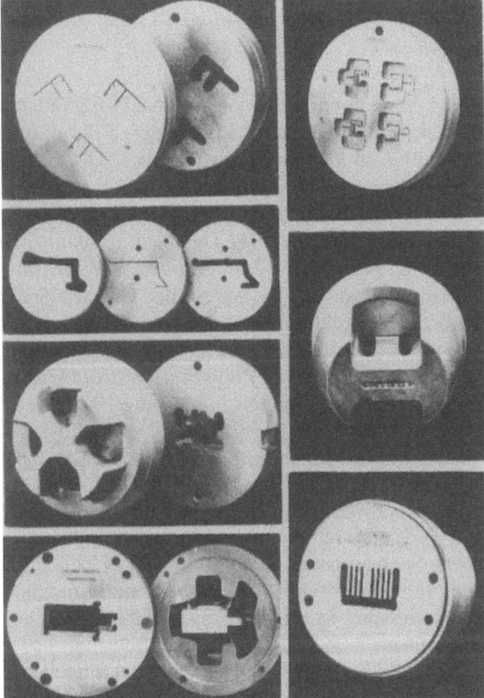

*Strangpressen 6: Strangpreßmatrizen. (Quelle: Aalberts)*
*Flachmatrize, Vorkammermatrize, Matrize mit Einfräsung, Brückenwerkzeug, Kreuzdornwerkzeug, Kammermatrize, einteiliges Hohlwerkzeug.*

Die Produktivität der Strangpreßverfahren hängt neben der Wahl der Verfahrensparameter besonders von der Gestaltung der Werkzeuge ab. *Lange*

Literatur: *Lange, K.* (Hrsg.): Umformtechnik. Handb. f. Ind. u. Wiss. Bd. 1: Grundlagen. 2. Aufl. Berlin, Heidelberg, New York, Tokio 1984. – *Lange, K.* (Hrsg.): Umformtechnik. Handb. f. Ind. u. Wiss. Bd. 2: Massivumformung. 2. Aufl.

Berlin, Heidelberg, New York, Tokio 1988. – *Laue, K.,* u. *M. Stenger:* Strangpressen. Düsseldorf 1974. *Spur, G.* (Hrsg.), u. *Th. Stöferle:* Handb. Fertigungstechnik. Bd. 2: Umformen. München 1984.

**Strangpressen, hydrostatisches** →Strangpreßeinrichtung

**Strategieplanung.** Das ist die langfristig angelegte Unternehmensplanung, die zum Aufgabenbereich der Unternehmensleitung gehört. Im Rahmen der Unternehmensplanung werden die Ebenen der
□ strategischen oder langfristigen Planung,
□ taktischen oder mittelfristigen Planung und
□ operativen oder kurzfristigen Planung
unterschieden.

Die S. trifft globale Vorgaben auf der Basis der hinsichtlich ihrer Gültigkeitsdauer zunächst unbegrenzten Unternehmensziele und -grundsätze. Mit abnehmendem Zeithorizont der Planung ist gleichzeitig eine zunehmende Konkretisierung, zunehmende Planungssicherheit, abnehmende Flexibilität und Zentralisierung in der Festlegung verbunden.

Aufgabe der S. ist es, Entwicklungen und Trends, die von außen auf das Unternehmen einwirken, frühzeitig zu erkennen und entsprechende Maßnahmen im Sinne der Unternehmensziele zu konkretisieren. Zu diesem Zweck ist es erforderlich, auf Grund der Globalziele inhaltlich und zeitlich aufeinander abgestimmte Teilziele zu definieren. Diese Teilziele können sich in Großunternehmen auf die Spartenebene beziehen, wo Strategien für einzelne Geschäftsbereiche entwickelt werden (z. B. Wachstum, Marktanteil), oder auch auf die funktionale Ebene (z. B. Strategie bez. Forschung und Entwicklung, →Fertigung, Absatz u. ä.). Neben der Zieldefinition beinhaltet die S. auch die Planung einer operationalen Umsetzung der Ziele sowie die Steuerung und Überwachung dieser Umsetzung. *Eversheim*

Literatur: *Albers, W.,* u. a. (Hrsg.): Handwörterb. Wirtschaftswissenschaft (HDWW). Stuttgart, Tübingen, Göttingen 1981.

**Streckenenergie.** Die S. ist die nach DIN 1910 beim →Schweißen aufgewendete Energie, bezogen auf die zugehörige Schweißnahtlänge. Sie berechnet sich beim →Lichtbogenschweißen als Produkt aus Schweißspannung U und Schweißstrom I dividiert durch Schweißgeschwindigkeit v. Die S. ist ein Maß für die thermische Beeinflussung des Werkstoffs durch den Schweißprozeß. Je nach Art der zu verschweißenden Legierung sind Ober- und Untergrenzen einzuhalten. Genauere Werte für die tatsächliche Wärmebeeinflussung des Werkstücks erhält man durch Messung der Abkühlzeiten. *Dorn*

Literatur: DIN 1910. Tl. 12: Schweißen; Fertigungsbedingte Begriffe für Metallschweißen. Hrsg. Dt. Inst. für Normung. Ausg. 1980.

**Streckziehen.** S. gehört zu den Zugumformverfahren (DIN 8585) und kann der Untergruppe Tiefen mit Werkzeugen zugeordnet werden. Es wird definiert als Tiefen eines Zuschnitts mit einem starren Stempel, wobei das Werkstück am Rand zwischen starren Werkzeugteilen oder mit Hilfe von Spannzangen fest eingespannt ist. Bringen die Spannzangen zusätzliche Zugspannungen auf, spricht man von Tangential-S. (Bild 1).

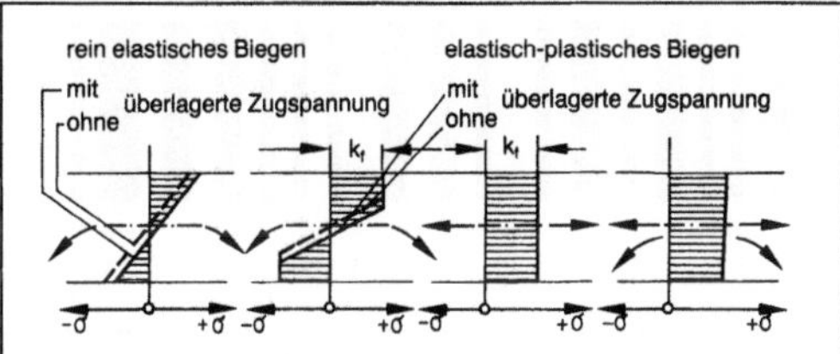


*Streckziehen 1: Spannungsverteilung während des Umformvorgangs beim einfachen Streckziehen.*

Das S. wird vor allem dort angewendet, wo großflächige Blechformteile und Teile in kleinen Losgrößen benötigt werden. So sind im Sonderkarosseriebau für Aufbauten von Lastkraftwagen, Omnibussen und Sonderfahrzeugen, in der Luft- und Raumfahrt für Außenhautteile, Verrippungen und Befestigungsteile und im Bootsbau für Rumpfteile und Beplankungen von Hochleistungsseglern Streckziehteile eingesetzt. Maschinen mit Preßkräften bis 20 000 kN ermöglichen das S. von Blechen mit Flächen von mehr als 50 m$^2$ und Blechdicken über 20 mm. Für die Umformung wird nur eine Werkzeughälfte benötigt. Die Werkzeuge sind i. a. leichter gebaut und kostengünstiger in der Herstellung als konventionelle Ziehwerkzeuge. Sie sind häufig Verbundkonstruktionen aus Kunststoff oder Schichtholz mit verschleißfester Oberflächenabdeckung, aus niedrigschmelzenden Legierungen und nur bei hohen Belastungen aus Aluminium oder Stahl gebaut.

Die Oberflächenvergrößerung des Werkstücks ist beim →Zugumformen nur auf Kosten seiner Wanddicke möglich. Wegen der meist zweiachsigen Zugbeanspruchung können i. a. nur kleine Dehnungen im Bereich der →Gleichmaßdehnung erreicht werden. Unter der Voraussetzung, daß die Formänderungsverhältnisse unverändert bleiben, können maximale Formänderungen mit Hilfe experimentell bestimmter Grenzformänderungsschaubilder beschrieben werden. In der Praxis zieht man meist die Ergebnisse des Zugversuchs (Gleichmaßdehnung und Bruchdehnung) zur Beurteilung eines Werkstoffs heran. Für zweiachsig ausgeglichenes S. eignet sich der Erichsen-Tiefungsversuch (DIN 50101) gut

als Modellversuch. Dabei wird eine Blechplatine am Umfang fest eingespannt und mit einem halbkugelförmigen Stempel getieft bis zum Versagen.

Als Versagungsarten sind Einschnürung und →Bruch vorwiegend. Insbesondere bei kleinen Dehnungen können bei Werkstoffen mit ausgeprägter Streckgrenze Fließfiguren an der Werkstückoberfläche sichtbar werden.

Für Stahlbleche wird eine erhöhte →Grenzformänderung mit steigendem Verfestigungsexponenten n angenommen. Die stärkere Verfestigung führt zu einer gleichmäßigen Formänderungsverteilung und verhindert so Verformungsspitzen ebenso wie ein hoher r-Wert.

Der →Spannungszustand zeichnet sich beim Zugumformen durch eine vergleichsweise homogene Spannungsverteilung über die gesamte Umformzone aus. Durch die Dehnung des Werkstoffs können auch Eigenspannungen vorangegangener Umformungen ausgeglichen werden (Bild 1).

*Verfahren.* Man unterteilt das S. in zwei Verfahrensarten: das einfache und das Tangential-S. (Bild 2). Beim einfachen S. ist das Blech meist an zwei gegenüberliegenden Seiten mit Spannzangen oder anderen Klemmvorrichtungen fest einge-

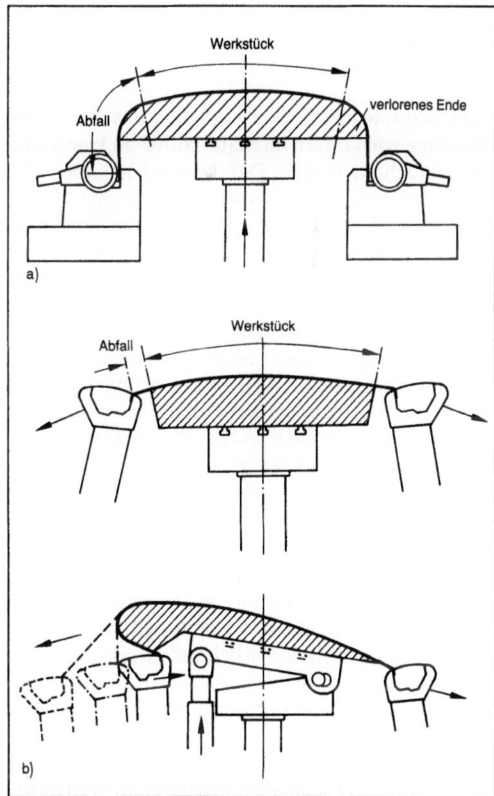


*Streckziehen 2: Streckziehverfahren.*
*a) Einfaches Streckziehen*
*b) Tangential-Streckziehen.*

spannt. Die für das Umformen des Blechs erforderlichen Zugspannungen werden mittelbar über den Stempel aufgebracht, der als Außenform die Innenform des Werkstücks aufweist. Als Maschinen können konventionelle Umformmaschinen eingesetzt werden, sofern sie eine Möglichkeit zur Klemmung bieten. Von Nachteil ist die schlechtere Maßhaltigkeit gegenüber tangentialstreckgezogenen Werkstücken durch die Reibungseinflüsse am Stempel sowie der größere Verschnitt bei flachgewölbten Teilen.

Beim Tangential-S. erfolgt die Umformung in zwei Stufen. Zunächst wird das Werkstück gestreckt, um eine gleichmäßige Dehnung zu erreichen. Anschließend wird das vorgestreckte Werkstück unter Wirkung der Streckkraft tangential an das Werkstück angelegt, ohne daß eine Relativbewegung zwischen Werkzeug und Werkstück stattfindet. Die Bewegungsabläufe der Spannzangen sind oft sehr komplex und stellen deshalb hohe Anforderungen an Umformmaschinen. *Lange*

Literatur: *Lange, K.* (Hrsg.): Umformtechnik. Handb. f. Ind. u. Wiss. Bd. 3: Blechumformung. 2. Aufl. Berlin, Heidelberg, New York, Tokio 1990. – VDI 3140: Streckziehen auf Streckziehpressen. Hrsg. Verein Dt. Ing. Ausg. Juni 1974.

**Strehler** →Gewindestrehlen

**Strichcodeleser.** Codeleser dienen u. a. zur Identifizierung von Gütern im Materialfluß an Hand eines aufgebrachten Codes. Der kennzeichnende Code kann von einem am Objekt angebrachten aktiven Geber geliefert oder einer passiven Markierung, zu denen die Strich- oder Barcodes gehören, entnommen werden. Sichere, zuverlässige Identifizierung spielt dabei eine entscheidende Rolle.

Bei aktiver Codierung wird der Code zur Identifizierung durch einen Sender erzeugt und von Empfängern ausgewertet. Der das Objekt begleitende Code kann in diesem Fall mit jeweils aktualisierten Daten versehen und zur Produktionsführung und -überwachung herangezogen werden.

Codeleser für passive Codemarken arbeiten entweder berührend oder berührungslos. Bei den berührenden Systemen erfolgt der Lesevorgang durch mechanische Abtastung mit Kontaktgebern, durch induktive Abtastung von Magnetstreifen oder optoelektronisch. Große Bedeutung besitzen daneben die berührungslos arbeitenden optoelektronischen Codeleser. Dabei haben sich die S. gegenüber Lesern, die optoelektronisch Lochkarten abtasten, durchgesetzt.

Der Strichcode (Barcode) besteht aus einer Folge von breiten und schmalen Strichen und breiten und schmalen Lücken. Die Sequenz dieser Striche und Lücken repräsentiert in codierter Form die alphanumerisch dargestellte Information (Bild 1). Die

Striche und Lücken werden normalerweise in einem Verhältnis (schmal : breit) von 1:2 bis 1:3 gedruckt. Diese Dimensionierung ermöglicht es, praktisch von der Qualität des durch Drucktechnik aufgebrachten Strichcodes unabhängige, sicher interpretierbare Lesesignale optoelektronisch zu erzeugen. Zusätzliche Maßnahmen zur Sicherung der Information beim Lesen sind:
□ selbstüberprüfbar aufgebaute Codes, z. B. Aufbau eines jeden Zeichens für die Identifikation aus einer festen Anzahl von Strichen und Lücken,
□ Einfügen einer Prüfziffer, z. B. Berechnung nach Modulo 10.

*Strichcodeleser 1: Code-Beispiel für die Zahl 1234.*

Elemente: Drei Striche S1–S3, zwei Lücken $L_1$, $L_2$ (1 ≙ breiter Strich/Lücke; 0 ≙ schmaler Strich/Lücke: S ≙ überbreiter Strich)

Je nach gewünschter Informationsdichte, Informationsinhalt und/oder Lesegeschwindigkeit kommen verschiedene rein numerische oder auch alphanumerische Codes zum Einsatz (Code-Tabelle).

Gelesen wird der Strichcode durch handgeführte Lesestifte (Lagerbereich, Bibliotheken, Ausweise) oder automatisch durch selbstabtastende Laserscanner, die auch auf größere Distanz einsetzbar sind. Lesestifte arbeiten meist mit Rot- oder Infrarot(IR)-

*Strichcodeleser. Code-Tabelle für einen fünfelementigen Strichcode.*

| Zeichen | S1 | L1 | S2 | L2 | S3 |
|---|---|---|---|---|---|
| 1 | 1 | 0 | 0 | 0 | 1 |
| 2 | 0 | 1 | 0 | 0 | 1 |
| 3 | 1 | 1 | 0 | 0 | 0 |
| 4 | 0 | 0 | 1 | 0 | 1 |
| 5 | 1 | 0 | 1 | 0 | 0 |
| 6 | 0 | 1 | 1 | 0 | 0 |
| 7 | 0 | 0 | 0 | 1 | 1 |
| 8 | 1 | 0 | 0 | 1 | 0 |
| 9 | 0 | 1 | 0 | 1 | 0 |
| 0 | 0 | 0 | 1 | 1 | 0 |
| Start | S | 0 | 0 | 0 | 0 |
| Stopp | S | 0 | 0 | 0 | 0 |

Licht. Gemessen wird die Intensität des reflektierten Lichts, die aus den dunklen und hellen Streifen resultiert. Ein nachgeschalteter Decoder kompensiert die unterschiedlichen Lesegeschwindigkeiten bei manueller Abtastung und decodiert die Information. Für Anwendungen von Lesestiften muß der Codedruck sehr kontrastreich sein (weiß/schwarz).

Beim Laserscanner (Bild 2) wird der Laserstrahl über einen rotierenden Polygonspiegel abgelenkt und überstreicht den in seinem Ablenkwinkelbereich liegenden Strichcode automatisch. Der auf Grund unterschiedlicher Reflexionen auf Code-Strichen und Hintergrund intensitätsmodulierte Empfangsstrahl wird ausgewertet und decodiert. Mit Laserscannern können Strichcodes je nach Druckgröße aus Entfernungen bis zu einem Meter gelesen werden. *Freyberger*

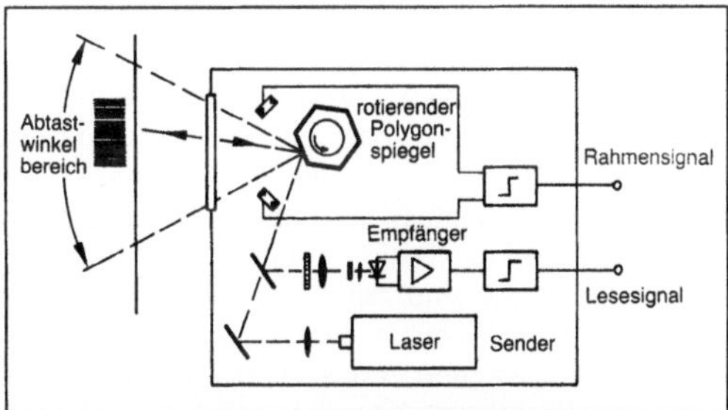


*Strichcodeleser 2: Prinzipanordnung bei einem Laserscanner zum Lesen von Strichcodes.*

**Stripper.** Die Bezeichnung S. kommt aus dem Englischen und ist gleichbedeutend mit einer Abtriebssäule oder dem →Abtriebsteil einer Kolonne. In einem S. wird eine Flüssigkeit von leichtflüchtigen Bestandteilen befreit (gestrippt),

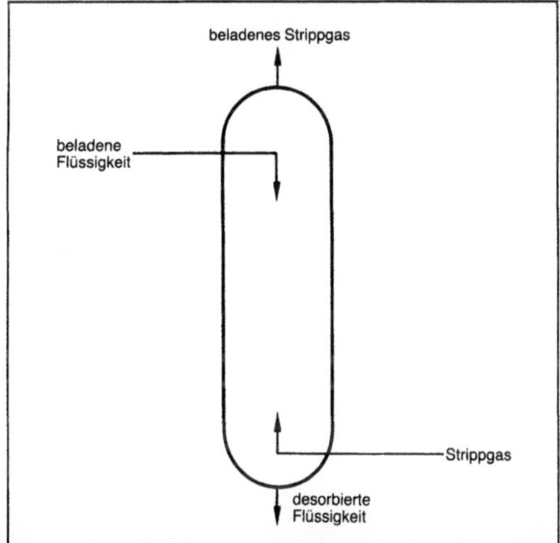


*Stripper: Schema eines zur Desorption verwendeten Strippers.*

z. B. im Abtriebsteil einer Rektifizierkolonne, wo niedrigsiedende Komponenten aus der herabfallenden Flüssigkeit in den aufsteigenden Dampfstrom übergehen. Ein weiteres Beispiel für einen S. ist ein bei der Absorption verwendeter Desorber. Während im Absorber eine Waschflüssigkeit mit einer aus dem Rohgas zu entfernenden Komponente beladen wird, regeneriert man die Absorptionsflüssigkeit in einem S. (Bild). Die beladene Waschflüssigkeit wird am Kopf der Kolonne zugeführt. Die zu entfernende Komponente nimmt das aufwärtsströmende Strippgas auf. *Dohrn*

**Stromausbeute** →Reaktor, elektrochemischer

**Strombrecher.** Beim Rührvorgang (→Rührer) im Übergangsbereich oder turbulenten Bereich (hohe Reynolds-Zahlen) werden 2–4 senkrechte Bleche oder Rohre am Behälterumfang als Stromstörer (S.) zum Verhindern des Mitrotierens des Behälterinhalts und der damit verbundenen Bildung von tiefen Tromben eingebaut. Diese würde zum unerwünschten Einsaugen von Luft führen. Bei Reynolds-Zahlen < 500 werden geneigte S. auch zum Verbessern der Mischwirkung eingebaut. *Schlag*

**Stromtrockner.** Ein S. ist ein →Konvektionstrockner, bei dem die Strömungsgeschwindigkeit der Trocknungsluft so groß ist, daß das feuchte Gut pneumatisch gefördert wird. Während das zu trocknende Gut im →Gleichstrom mit der Luft durch Stromrohre oder Ringkanäle strömt, verdampft die Feuchtigkeit. S. eignen sich für pulverige, feinkörnige kristalline Güter. Die Trocknungsleistung liegt zwischen 25 und 500 kg Wasser/m³h. Zum Entfernen von 1 kg Wasser werden bei diesem Trocknertyp 4000–8000 kJ benötigt. Wegen der hohen Strömungsgeschwindigkeit (10–40 m/s) beträgt die →Trocknungszeit nur 2–8 s. *Dohrn*

**Strömungsrohr** →Rohrreaktor

**Strukturplanung.** Sie legt die Komponenten eines Produktionssystems mit ihren Anordnungsbeziehungen fest. Im Rahmen der Anlageplanung baut sie auf den Planungsergebnissen der Grobplanung auf. Auf der Basis des Produktionsplans sowie der Bearbeitungs- und Technologieanforderungen sind die Komponenten Grundmaschine, Werkzeugversorgung, →Steuerung, Werkstückzwischenlagerung und sonstige Hilfskomponenten hinsichtlich Art, Anzahl, Leistungsumfang und Automatisierungsgrad zu bestimmen. Hierbei wird keine Feinplanung der genannten Komponenten durchgeführt, sondern lediglich eine Abstimmung ihrer Grundanforderungen sowie der zwischen den einzelnen Komponenten bestehenden Interdependenzen. Hierbei muß u. a. die Verknüpfung dieser Komponenten im Hinblick auf die Logistikanforderungen geplant werden. Die Darstellung der einzelnen Arbeitsgänge mit festgelegten zeitlichen Arbeitsfolgen in Form eines funktionalen Anforderungsprofils bildet hierzu die Basis. Die noch zu bestimmenden Operationszeiten sowie die Technologieauswahl beschreiben die Freiheitsgrade des Anlagenkonzepts in dieser Planungsphase. Dabei ist den grundsätzlichen Zielsetzungen wie →Produktivität, →Wirtschaftlichkeit und Flexibilität Rechnung zu tragen.

Sowohl im Bereich der flexiblen als auch in der starr automatisierten, nicht flexiblen →Fertigung haben sich zahlreiche Strukturbezeichnungen eingebürgert. Im erstgenannten Fall sind u. a.

☐ Rundtaktmaschinen,
☐ Mehrwege-Automaten sowie
☐ Transferstraßen

zu nennen. Die Strukturen flexibler Fertigungsanlagen lassen sich durch die Begriffe (Bild)

☐ NC-Maschine,
☐ Bearbeitungszentrum,
☐ flexible Fertigungszelle,
☐ flexible Fertigungsstraße und
☐ flexibles Fertigungssystem

charakterisieren.

Die NC- oder CNC-Maschine ist eine reine Einverfahrenmaschine mit manueller Werkstückbeschickung und NC-Programmversorgung. Ergänzt man diese Maschine um einen automatischen Werkstückwechsler, ein Werkzeugmagazin sowie einen automatischen Werkzeugwechsler, so erhält man

ein Bearbeitungszentrum. In der höchsten Ausbaustufe wird der Prozeß automatisch überwacht. Ebenso besteht durch die Integration zusätzlicher Positionierachsen die Möglichkeit der Mehrseitenbearbeitung.

Ein Werkstückspeicher ist im Bearbeitungszentrum nicht vorgesehen. Eine Erweiterung um einen Werkstückspeicher mit automatischer Maschinenbeschickung, um eine Werkzeugvoreinstell- bzw. -korrektureinrichtung sowie eine Erweiterung des Werkzeugspeichers auf das zur Bearbeitung sämtlicher Varianten notwendige Fassungsvermögen führt zur flexiblen Fertigungszelle.

Die bis jetzt genannten Systemstrukturen sind reine Einmaschinenkonzepte. Sind mehrere NC-, CNC-Maschinen oder Bearbeitungszentren für eine mehrstufige Bearbeitung starr verkettet (gerichteter Materialfluß), so spricht man von einer flexiblen Fertigungsstraße. Voraussetzung hierfür ist ein Teilespektrum mit gleicher Operationsfolge.

Ist bei der flexiblen Transferstraße sowohl eine direkte als auch eine indirekte Stationsanbindung möglich, so ist zur Gewährleistung des wahlfreien Transfers beim flexiblen Fertigungssystem die ungetaktete indirekte Stationsanbindung Bedingung. Flexible Systeme sind mit Werkstück- und Werkzeuglogistik ausgerüstet und werden von einem Leitrechner gesteuert. Im System können parallel mehrere Werkstücke komplett bearbeitet werden. Hierbei ist eine einstufige ebenso wie eine mehrstufige Bearbeitung zulässig. Das Steuerungssystem verarbeitet und verteilt sämtliche Informationen, die zur Prozeßsteuerung des Fertigungsablaufs erforderlich sind.

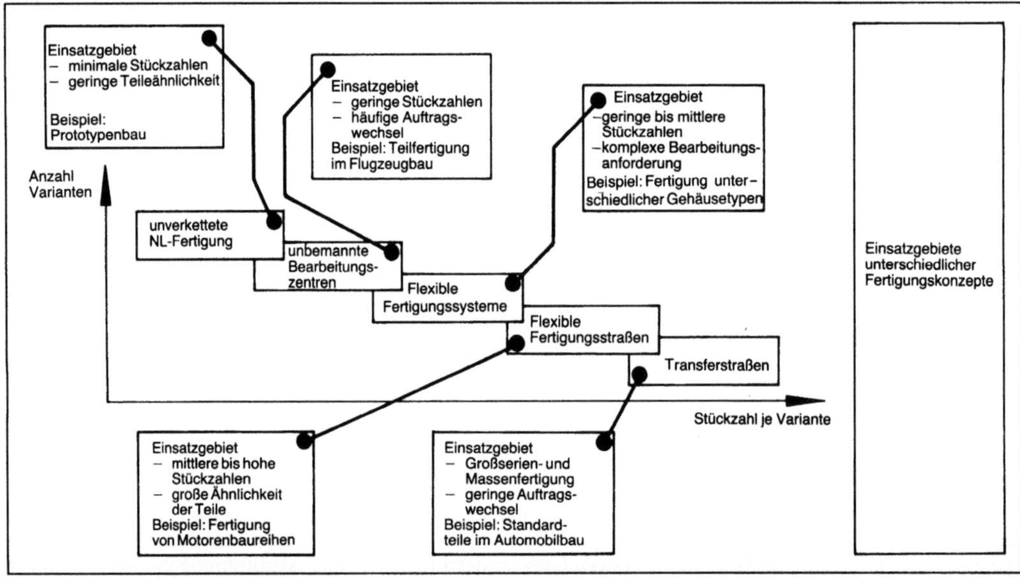



*Strukturplanung: Einsatzgebiete unterschiedlicher Fertigungskonzepte.*

Die Auswahl geeigneter Fertigungsstrukturen wird im wesentlichen durch die Anzahl Varianten und durch die Stückzahl je Variante bestimmt. Weitere Einflußgrößen wie Werkstückkomplexität, Genauigkeitsanforderungen und Technologie können die Übergangsbereiche der Fertigungsstrukturen entscheidend beeinflussen. Diese Zusammenhänge sind für die wichtigsten Fertigungsstrukturen im Bild zusammengefaßt.

Zur Ableitung der geeigneten Struktur sind folgende Überlegungen anwendbar: Ausgehend von der Summe erforderlicher Bearbeitungszeit wird die Entscheidung Einzel- oder Mehrmaschinenkonzept getroffen. Ist die Zeitnachfrage größer als das Angebot einer Einzelmaschine, so muß ein Mehrmaschinenkonzept gewählt werden. Hierbei ist die Bearbeitung mit sich ergänzenden Maschinen, d. h. mit einem Maschinenkonzept, in dem jede Maschine andere Bearbeitungsoperationen durchführt, und alternativ die Bearbeitung auf sich ersetzenden, d. h. identischen Maschinen zu unterscheiden. Bei dem Konzept sich ersetzender Maschinen ist neben unabhängig operierenden Einheiten eine Verkettung hinsichtlich Material- und Informationsfluß zu einem flexiblen Fertigungssystem möglich. Das Konzept sich ergänzender Maschinen läßt sich in Abhängigkeit der Bearbeitungsaufgabe und des Produktionsprogramms weiter untergliedern: Die starr verkettete Straße (Transferstraße) findet Anwendung bei variantenlosem Produktionsprogramm oder bei Teilefamilien mit gleichen Arbeitsvorgangsfolgen und ähnlichen Operationszeiten.

Ergebnis der S. ist eine den aktuellen und zukünftigen Anforderungen entsprechende Zusammenstellung der notwendigen Sachmittel, des Personalbedarfs und des Flächenbedarfs. Die festgelegte Struktur bestimmt durch die Anzahl und Art der Systemkomponenten und deren Kopplung die Verfügbarkeit, den Nutzungsgrad und den wirtschaftlichen Losgrößenbereich der Anlage. Ferner impliziert die Entscheidung für eine bestimmte Struktur die Flexibilität und den Automatisierungsgrad des Gesamtkonzepts. *Eversheim*

Literatur: *Erkes, K.,* u. *H. Schmidt:* Flexible Fertigung. Fachgebiete in Jahresübersichten. VDI-Z 126 (1984) Nr. 15/16, S. 577/591.

**Stufe, theoretische.** Das Konzept der t. S. ist in der Verfahrenstechnik ein verbreitetes Modell zur Beschreibung von Trennprozessen. Die t. S. wird auch als →Trennstufe bezeichnet oder in Anlehnung an die Destillation in Bodenkolonnen „theoretischer Boden".

In einer t. S. findet zwischen zwei zunächst nicht im Gleichgewicht befindlichen Phasen ein intensiver Stoff- und Wärmeaustausch statt, so daß sich die Phasen, die die t. S. verlassen, im Phasengleichgewicht befinden. In einer realen S. wird das Phasengleichgewicht nicht erreicht. Mit Hilfe des Austauschgrades läßt sich die Abweichung der Wirksamkeit eines Bodens von der Wirksamkeit einer t. S. beschreiben. Durch eine Stufenkonstruktion in einem McCabe-Thiele-Diagramm oder Arbeitsdiagramm kann die Anzahl der t. S. graphisch ermittelt werden (→HETP-Wert). *Dohrn*

**Stufenfolge.** Komplexe Werkstückgeometrien der Massiv- und Blechumformung lassen sich nicht in einem Arbeitsgang aus der →Ausgangsform erzeugen, sondern benötigen unterschiedlich viele Zwischenformen. Die Auslegung dieser Reihe von Zwischenformen wird S. oder Stadienfolge genannt. Sie wird in einem Stadienplan festgelegt.

Bei der Festlegung von S. müssen technologische, werkstofftechnische und wirtschaftliche Kriterien berücksichtigt werden. Ziel ist das einwandfreie Werkstück nach Zeichnung oder Datensatz mit möglichst wenig Materialeinsatz und möglichst wenig Stufen bei möglichst großer Werkzeuglebensdauer und möglichst geringem Werkzeugverschleiß. Die Auslegung jeder einzelnen Stufe erfordert dabei Abschätzung oder Berechnung von Kräften und Werkstofffluß, die Beachtung von Verfahrensgrenzen, das Vermeiden von Fehlern (z. B. Stichen beim Gesenkschmieden). Außer für diese Technologie hat die optimale Auslegung von S. sehr große Bedeutung in der Kaltmassivumformung (Kaltfließpressen) und in der Blechbearbeitung (Bild 1). Für viele Anwendungsfälle stehen Mehrstufenpressen zur Verfügung, an die die S. angepaßt werden muß.

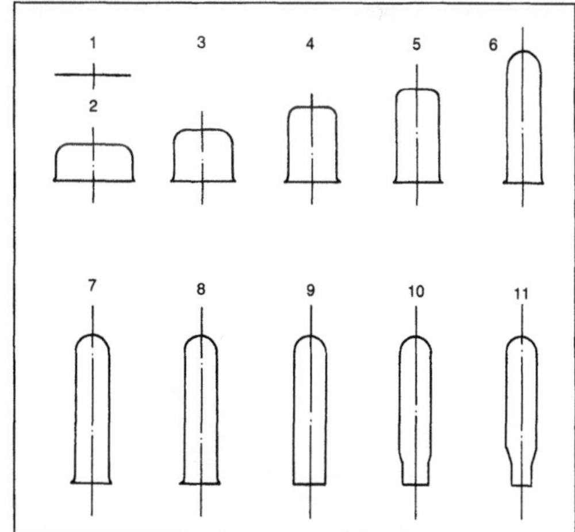

*Stufenfolge 1: Stufenfolge für Blechbearbeitung, Klein-Druckgasbehälter.*

Seit Beginn der 80er Jahre wird die seither auf Expertenwissen beruhende Festlegung von S. durch rechnerunterstützte Methoden ergänzt und in Zukunft weitgehend ersetzt (Bild 2). Größte Bedeu-

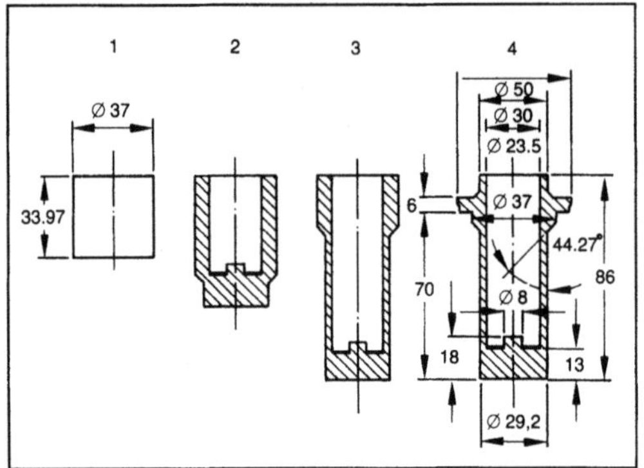

*Stufenfolge 2: Mit Expertensystem erstellte Stufenfolge (Stadienfolge) für Massivumformung-Flanschhülse.*

tung haben hierbei in Verbindung mit leistungsfähiger Hardware Expert-Software-Systeme. Einmal erarbeitete Programme bedürfen jedoch der stetigen Anpassung an die Weiterentwicklung der Technologien. *Lange*

Literatur: *Lange, K., E. Körner* u. *W. Makosch:* Anwendung von CAD/CAE bei der Konstruktion von Umformwerkzeugen. – *Makosch, W.,* u. *E. Körner:* Konstruktion von Fließpreßwerkzeugen mit anwendungsspezifischen CAD-Systemen. wt 78 (1988).

**Stufenkonstruktion.** Die Anzahl der Trennstufen in einem Gegenstromtrennprozeß läßt sich graphisch durch eine S. in einem McCabe-Thiele-Diagramm (z. B. bei der Destillation) oder in einem Arbeitsdiagramm (z. B. bei der Extraktion oder →Absorption) bestimmen. Man zeichnet zwischen

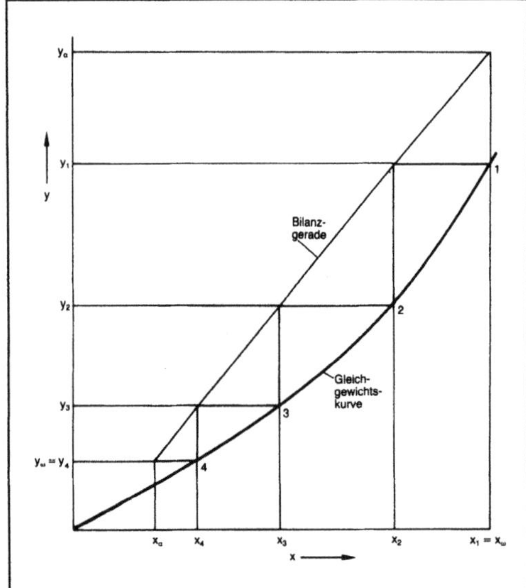


*Stufenkonstruktion: Bestimmung der Anzahl der theoretischen Stufen für eine Absorptionskolonne.*

1044

der Gleichgewichtskurve und der Bilanzlinie einen Treppenzug ein, wobei jede Treppenstufe einer →Trennstufe entspricht. Das Bild zeigt als Beispiel die S. für eine Absorptionskolonne.

Da bei einer praktischen Trennstufe keine vollständige Gleichgewichtseinstellung erreicht wird, ist ihre Trennwirkung geringer als die einer theoretischen Stufe. Zur Bestimmung der Anzahl der benötigten Stufen muß das →Verstärkungsverhältnis berücksichtigt werden. *Dohrn*

**Stufenkonzept** →Bodenkolonne

**Stufenmarkierung** →Markierungsmethode

**Stumpfnaht** →Schweißnahtform

**Stumpfschweißen** →Widerstandsschweißen

**Stundensatz.** Zahlreiche Wirtschaftlichkeitsbetrachtungen, Kosten- und Verfahrensvergleiche basieren auf S. Die S. dienen als Hilfsmittel, um einzelnen Kostenträgern die von ihnen verursachten Kosten zuweisen zu können. In der Regel stellen daher die Kostenträger die Produkte des Unternehmens oder Teile von Produkten dar. Die vom Kostenträger innerhalb einer Kostenstelle (z. B. Schweißerei) verursachten Kosten ergeben sich durch Multiplikation der Zeit, in der der Kostenträger Leistungen der Kostenstelle beansprucht hat, mit dem S. der Kostenstelle.

Zur Berechnung des S. werden im ersten Schritt die fixen und die variablen Kosten einer Kostenstelle für eine Berechnungsperiode (meist ein Jahr) aufsummiert. Im zweiten Schritt wird dieser Betrag dann durch die übliche →Nutzungszeit der Kostenstelle pro Periode dividiert. Dabei schließt die Nutzungszeit bei Bearbeitungsmaschinen nicht nur die Hauptzeiten, sondern auch ablaufbedingte Neben-, Rüst- und Verteilzeiten ein.

Die Kostenberechnung auf der Basis von S. empfiehlt sich vor allem dann, wenn die Kostenverursachung durch die Kostenträger sehr unterschiedlich ist. So kann z. B. in Reparaturbetrieben mit Hilfe von S. sehr einfach der Reparaturaufwand pro Auftrag berechnet werden.

Die Nachteile der S.-Methoden sind vor allem in der z. T. aufwendigen Bestimmung der S. begründet. Dabei stellt die verursachungsgerechte Zuordnung der Gemeinkosten das größte Problem dar. *Eversheim*

Literatur: *Gutenberg, E.:* Grundlagen der Betriebswirtschaftslehre. Bd. 1: Die Produktion. 24. Aufl. Berlin, Heidelberg, New York 1983.

**Stützziffer.** Technische Bauteile weisen praktisch immer eine ungleichmäßige Beanspruchung im gefährdeten Querschnitt auf. Würde man als Festigkeitsgrenze das Ende des elastischen Zustandes festlegen, so wäre die Tragfähigkeit eines solchen Bauteils erschöpft, wenn die größte →Spannung die Streckgrenze des Werkstoffs erreicht hat. Da die Maximalspannung aber fast ausnahmslos in Form einer Spannungsspitze auftritt, die mehr oder weniger hoch über der Nennspannung liegt und örtlich eng begrenzt ist, würde damit der Werkstoff nur sehr mangelhaft ausgenützt. Man läßt daher bei Bauteilen aus verformungsfähigem Werkstoff an der höchstbeanspruchten Stelle i. a. plastische Verformungen von begrenzter Höhe zu, um eine gleichmäßigere Beanspruchungsverteilung zu erzielen. Die rechnerisch zulässige Belastung wird also durch einen vorgegebenen Betrag an plastischer Dehnung begrenzt. Dazu muß man den Zusammenhang zwischen der äußeren Belastung und der Dehnung an der höchstbeanspruchten Stelle kennen. Dieser Zusammenhang drückt sich in der Fließkurve des Bauteils aus. Maßgebend für die Belastbarkeit einer Konstruktion ist also ihre Fließkurve $F = f(\varepsilon_{v\,max})$, die die äußere Last F in Abhängigkeit von der Vergleichsdehnung $\varepsilon_{v\,max}$ an der Stelle höchster Beanspruchung angibt.

Dies soll am Beispiel des Kerbstabs verdeutlicht werden (Bild). Es wird ein zäher Werkstoff mit elastisch-idealplastischem Verhalten vorausgesetzt. Im Bild ist der Zusammenhang zwischen äußerer Last und der Dehnung $\varepsilon_{max}(R\varepsilon_{v\,max})$ an der hochbeanspruchten Stelle (Kerbgrund) dargestellt. Zum Vergleich ist auch die F, $\varepsilon$-Kurve eines ungekerbten Stabs mit gleicher Querschnittsfläche A eingetragen. Sie entspricht direkt dem $\sigma,\varepsilon$-Diagramm des Werkstoffs. Das Fließen setzt hier wegen der homogenen Spannungsverteilung im ganzen Querschnitt gleichzeitig ein, wenn die Spannung die Streckgrenze erreicht hat (Punkt A).

Anders ist es beim gekerbten Stab mit seiner inhomogenen Spannungsverteilung. Solange der Werkstoff elastisch beansprucht wird, sind F und $\varepsilon_{max}$ einander proportional. Die Spannung im Kerbquerschnitt weist die typische, durch die Formzahl $\alpha_k$ gekennzeichnete inhomogene Verteilung auf. Das Ende des elastischen Zustands ist erreicht, wenn gerade $\sigma_{max} = R_e$ bzw. $\varepsilon_{max} = \varepsilon_F$ ist.

Der Werkstoff beginnt nun zu fließen. Die plastischen Verformungen breiten sich vom Kerbgrund nach innen aus. Da der Querschnitt zunächst noch überwiegend elastisch beansprucht ist, kann die Zugkraft F weiter gesteigert werden. Die Dehnung $\varepsilon_{max}$ nimmt aber jetzt schneller zu als im rein elastischen Zustand, weil der plastisch gewordene Anteil des Querschnitts sich nicht weiter an der Lastaufnahme beteiligt, die somit allein vom elastischen Restquerschnitt übernommen werden muß.

Die F, $\varepsilon_{max}$-Kurve biegt deshalb nach dem Fließbeginn mehr und mehr vom linearen Anstieg ab. Die Spannungsverteilung ändert sich bei elastisch-plastischer Beanspruchung so, daß in dem plastisch verformten Bereich die Spannung den konstanten Wert der Streckgrenze annimmt, während im elastisch beanspruchten Rest des Querschnitts die ursprüngliche Spannungsverteilung der gesteigerten Last entsprechend erhöht erhalten bleibt (Punkt 2).

Mit noch weiter zunehmender Belastung breiten sich die plastischen Zonen immer mehr aus, bis sie schließlich den ganzen Querschnitt erfaßt haben. Damit ist der vollplastische Zustand erreicht (Punkt 3). Die Last für den vollplastischen Zustand des Kerbstabes ist gleich der Fließlast des glatten Stabes: $F_{vpl} = F_{Fo}$.

Wollte man nun den Fließbeginn bei $F_F$ als Versagensgrenze festlegen, so wäre der Werkstoff nur sehr schlecht ausgenützt. Außerdem ist hier noch kein unbeschränktes Fließen wie beim glatten Stab möglich, da die plastisch gewordenen Randfasern im Kerbgrund von den darunter liegenden, elastisch beanspruchten Zonen, mit denen sie formschlüssig verbunden sind, gehalten werden. Durch diese Stützwirkung des elastischen Kerns ist eine Laststeigerung über $F_F$ hinaus möglich, ohne daß es zu größeren plastischen Verformungen kommen kann. Bei der Festigkeitsberechnung legt man deshalb als Beanspruchungsgrenze üblicherweise nicht den Fließbeginn selbst, sondern das Erreichen einer bestimmten plastischen Dehnung $\varepsilon_{pl}$ bzw. Gesamtdehnung $\varepsilon_{ges}$ an der höchstbeanspruchten Stelle fest. Die dadurch mögliche Laststeigerung wird durch die S. $n_{pl} = F_{pl}/F_F$ ausgedrückt, die ein Maß dafür ist, wie weit die Last an der höchstbeanspruchten Stelle die plastische Dehnung $\varepsilon_{pl}$ bzw. die Gesamtdehnung $\varepsilon_{ges}$ erreicht. Die Grenzlast läßt sich dann ausdrücken als

$$F_{pl} = n_{pl}F_F = n_{pl}R_eA/\alpha_k.$$

Für die Festigkeitsberechnung gegen Fließen ist somit nicht mehr die Fließgrenze selbst – wie bei homogener Beanspruchung –, sondern der mit der S. multiplizierte Betrag maßgebend.

Dies setzt natürlich voraus, daß die S. für das zu berechnende Bauteil bekannt ist. Sie ergibt sich (Bild) aus der Last-Dehnungs-Kurve (Bauteilfließkurve). Ihr Verlauf, d. h. die Stärke des Abbiegens vom linearen Anstieg nach Fließbeginn, hängt ab von Kerbgeometrie, Belastungsart, Querschnittsform und der Spannungs-Dehnungs-Kurve des Werkstoffs (Werkstoff-Fließkurve). Wegen dieser vielen Einflußgrößen ist die genaue Ermittlung der Fließkurven technischer Bauteile in der Regel sehr langwierig und kostspielig. S. stehen daher nur für einige häufig gebrauchte Standard-Bauteile zur Verfügung.

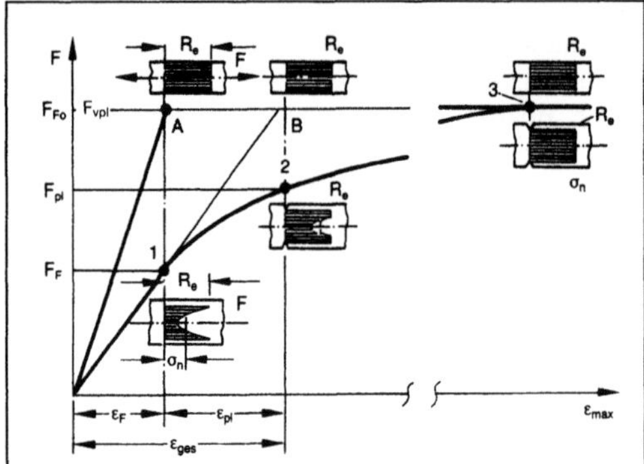

*Stützziffer: Bauteilfließkurve eines glatten und eines gekerbten Flachstabs unter Zugbeanspruchung.*

Man kann jedoch auf einfache Weise einen sicheren Näherungswert für die S. bestimmen, wenn man von einer unteren Grenzkurve für den technisch relevanten Bereich der Bauteilfließkurve ausgeht. Man erhält dann die S. nach der Beziehung:

$$n_{pl} = \sqrt{1 + \varepsilon_{pe}/\varepsilon_F} = \sqrt{\varepsilon_{gs}/\varepsilon_F} \; ;$$

dabei ist gem. Bild $\varepsilon_{pl}$ die plastische Dehnung, $\varepsilon_F = R_e/E$ die Dehnung bei Fließbeginn und $\varepsilon_{ges} = \varepsilon_F + \varepsilon_{pl}$ die gesamte Dehnung an der höchstbeanspruchten Stelle.

Die Größe der als unschädlich erachteten plastischen Dehnung richtet sich in erster Linie nach der Verformungsfähigkeit des Werkstoffs. Zweckmäßigerweise geht man dabei von einem festen Betrag der Gesamtdehnung $\varepsilon_{ges}$ aus, weil das plastische →Formänderungsvermögen der metallischen Werkstoffe mit zunehmender Streckgrenze abnimmt. Dann erhält man nämlich für die plastische Dehnung $\varepsilon_{pl} = \varepsilon_{ges} - \varepsilon_F = \varepsilon_{ges} - R_e/E$ bei Werkstoffen mit hoher Fließgrenze einen geringeren Betrag als bei solchen mit niedriger Fließgrenze. Für ferritisch-perlitische Stähle erscheint als Richtwert eine Gesamtdehnung von $\varepsilon_{ges} = 0,5\,\%$, für austenitische Stähle von $\varepsilon_{ges} = 1\,\%$. Die S. muß außerdem die Grenzbedingung $n_{pl} \leqq \alpha_k$ erfüllen. *Kußmaul*

**Styrol-Polymerisat.** Makromolekularer Werkstoff (Kurzzeichen PS), der im technischen Maßstab durch radikalische Polymerisation nach dem Masse-, Lösungs-, Suspensions- und Emulsionsverfahren aus S. (Vinylbenzol) hergestellt wird (Bild).

Da jedes Polymerisationsverfahren Produkte mit spezifischen Eigenschaften liefert, wird das Anwendungsgebiet der PS schon durch das Herstellungsverfahren festgelegt. Gegenüber den Massepolymerisaten weisen die Emulsions-P. höhere Molekularmassen auf. Das PS wiederum besitzt einen höheren Oberflächenwiderstand als das Emulsions-P.

Standardpolystyrol (Normalpolystyrol) hat eine Dichte von $1,05\,\text{g/cm}^3$ und weist ataktische Struktur auf. Seine Glastemperatur liegt zwischen 80 und 100 °C. Es ist vollkommen amorph, und seine mittlere Molekularmasse liegt zwischen 150000 und 400000 g/mol.

Mit Hilfe von metallorganischen Katalysatoren ist es möglich, stereoreguläres Polystyrol mit isotaktischer Struktur herzustellen, das einen Kristallinitätsgrad von etwa 50 % und eine Kristallitschmelztemperatur von 230 °C besitzt. Dieses Polystyrol hat keine technische Bedeutung erlangt.

Ataktisches Polystyrol ist ein glasklares Produkt, das nur eine mäßige Chemikalienbeständigkeit und Witterungsbeständigkeit besitzt. Formkörper aus PS sind steif und hart, dabei aber spröde, zeigen eine brillante Oberfläche, hohe Maßbeständigkeit und eine ausgesprochene Neigung zur Spannungsrißbildung. Die elektrischen und dielektrischen Eigenschaften sind sehr gut. Die hohe Sprödigkeit, die geringe Schlagzähigkeit und die nur mäßige Chemikalienbeständigkeit des reinen Polystyrols genügen bei vielen Anwendungen nicht. Durch Mischen von Polystyrol mit S.-Butadien-Kautschuk (SBR) erhält man ein schlagzähes (oder schlagfestes) Polystyrol, bei dem die Schlagzähigkeit höhere Werte zeigt.

Eine wesentliche Verbesserung des Eigenschaftsbilds ist allerdings erst durch Copolymerisation mit geeigneten Komponenten zu erreichen.

Durch Copolymerisation des S. mit Acrylnitril erhält man Produkte (SAN S.-Acrylnitril-Copolymere), die höhere Steifheit und Zähigkeit, bessere Chemikalienbeständigkeit gegen Spannungsrißbildung zeigen als Standardpolystyrol. SAN besitzt allerdings schlechtere elektrische Eigenschaften, eine höhere Wasseraufnahme und eine leichte Gelbfärbung.

Durch teilweisen Ersatz des S. durch $\alpha$-Methylstyrol bei der Copolymerisation mit Acrylnitril erhält man ein Terpolymer mit einer höheren Wärmeformbeständigkeit.

Werden S. und Acrylnitril in Anwesenheit von Polybutadien oder Acrylnitril-Butadien-Copolymer (NBR Nitrilkautschuk) polymerisiert, so erhält man Pfropfcopolymere, bei denen an den Molekülketten der Kautschukkomponente Seitenketten aus Styrol-Acrylnitril-Copolymer hängen. Diese ABS- (Acrylnitril-Butadien-Styrol)-Copolymerisate besitzen eine gute Wärmeformbeständigkeit, hohe Schlagzähigkeit, auch bei tiefen Temperaturen, geringe Neigung zur Spannungsrißbildung und gute Chemikalienbeständigkeit. Sie sind allerdings gegen Sonne und Sauerstoff empfindlich.

Unter der Bezeichnung ABS-P. werden auch solche Produkte verstanden, die nicht durch Copolymerisation, sondern durch Mischen von Polybutadien mit SAN oder durch Mischen von Nitrilkautschuk mit SAN hergestellt werden. Diese Polymermischungen besitzen nicht die gute Kälte-Schlagzähigkeit wie die echten Copolymerisate.

Durch die Copolymerisation von Styrol und Acrylnitril in Anwesenheit von Polyacrylatelastomeren erhält man ASA-Pfropfcopolymerisate, die wesentlich witterungsbeständiger sind als die ABS-Copolymerisate (SBR →Elastomer; Eigenschaftswerte von PS, SAN und ABS →Kunststoff).  *Zahradnik*

Literatur: *Domininghaus, H.*: Die Kunststoffe und ihre Eigenschaften. Düsseldorf 1986. – *Saechtling-Zebrowski*: Kunststoff-Taschenb. 19. Aufl. München 1974. – *Vieweg, R.*, u. *G. Daumiller* (Hrsg.): Kunststoff-Handb. Bd. 5. München 1969.

**Sublimieren.** S. ist der Phasenübergang von der festen Phase in den gasförmigen Zustand, ohne daß eine Verflüssigung stattfindet. Reine Stoffe sublimieren, wenn der Druck geringer als ihr Tripelpunktsdruck ist (Bild). Wird ein Feststoff (Punkt A) beim Druck $P_1$ erwärmt, so schmilzt er dann, wenn bei Punkt B die Schmelzdruckkurve erreicht ist. Eine weitere Erwärmung der Flüssigkeit führt zum Verdampfen beim Erreichen der Dampfdruckkurve (Punkt C). Der Druck $P_2$ ist kleiner als der Druck $P_T$ am Tripelpunkt dieses Stoffes, so daß eine Erwärmung des Feststoffes (Punkt E) zu einem Übergang direkt in die Gasphase (Punkt F) führt. Kohlendioxid sublimiert bereits bei atmosphärischem Druck.

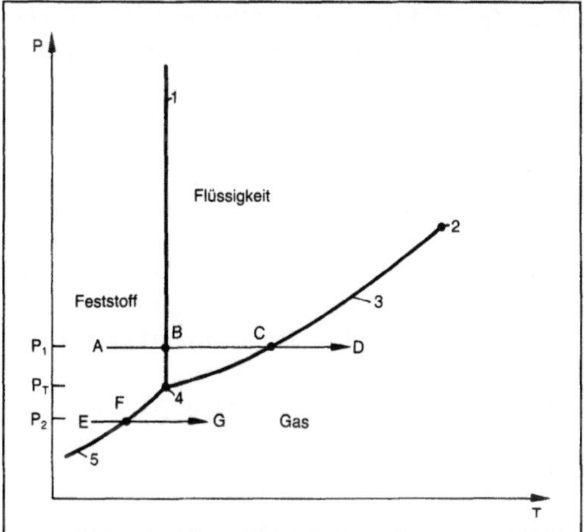


*Sublimieren: Darstellung der Sublimation in einem Druck-Temperatur-Diagramm eines reinen Stoffes.*

1 Schmelzdruckkurve, 2 kritischer Punkt, 3 Dampfdruckkurve, 4 Tripelpunkt, 5 Sublimationslinie

Den umgekehrten Vorgang zur Sublimation bezeichnet man mit Desublimation (Sieden von Gemischen).  *Dohrn*

**Submerskultur.** Anzucht von Mikroorganismen und Zellkulturen suspendiert im Nährmedium. Die suspendierten Organismen werden durch das Medium mit Nährstoffen versorgt. Bei aeroben Verfahren muß eine intensive Belüftung des Mediums gewährleistet sein, da die Zellen nur den in der Kulturflüssigkeit gelösten Sauerstoff verwerten können und gasförmige Stoffwechselprodukte abgeführt werden müssen. Anaerobe Fermentationen wie alkoholische Gärung und Biogasgewinnung benötigen keinen Sauerstoff bzw. werden unter Luftabschluß durchgeführt. Hier werden nur die gasförmigen Stoffwechselprodukte abgeführt. Die S. ist die heute am weitesten verbreitete Kulturform. Erst durch die Entwicklung der S. sind die heute üblichen hohen Ausbeuten an fermentativ gewonnenen Produkten möglich geworden. Viele Organismen muß man erst an die submerse Kulturform adaptieren, da diese ursprünglich nur auf Oberflächen von festen Substraten wachsen. Für die S. existieren zahlreiche Typen von Bioreaktoren.  *Liefke*

**Substanzpolymerisation** →Polymerisationstechnik

**Substratbilanz.** Die von einer Zelle verwertete Kohlenstoffquelle (analog werden andere Substrate behandelt) teilt sich als Summenparameter auf verschiedene Stoffwechselvorgänge auf. Makroskopisch zu erfassen ist die Änderung der Substratkonzentration mit der Zeit. Die Erstellung einer S. (→Chemostat, →Erhaltungsstoffwechsel, →Wachstumsmodelle) ist eine Methode, den Substratverbrauch auf die einzelnen Stoffwechselvorgänge aufzuteilen:

$$\Delta S_{Ges} = \Delta S_W + \Delta S_E + \Delta S_P,$$

mit $\Delta S_{Ges}$ meßbarer Substratverbrauch, $\Delta S_W$ Substratverbrauch für das Zellwachstum, $\Delta S_E$ Substratverbrauch im Erhaltungsstoffwechsel, $\Delta S_P$ Substratverbrauch zur Produktbildung.

Mit der S. eng verknüpft sind die Stoffwechselraten definiert als

$$Q_s = \frac{dS}{dt}$$

und die Ausbeutekoeffizienten

$$Y_{x/s} = \frac{\Delta X}{\Delta S},$$

mit S Substratkonzentration, X Biomassenkonzentration.

Analog sind die erwähnten Größen definiert für den Sauerstoffverbrauch, die $CO_2$-Produktion, die Bildung sekundärer Metaboliten und anderer für die Prozeßmodellierung und -charakterisierung wichtiger Parameter. Weitergehende Aussagen können auch durch Kombination der Bilanzen verschiedener Edukte und Produkte gewonnen werden, z. B. Sauerstoffausbeutekoeffizient bezogen auf die Produktbildung

$$Y_{O_2/P} = \Delta C_{O_2}/\Delta P,$$

mit $C_{O_2}$ Sauerstoffkonzentration, P Produktkonzentration.

Bei kontinuierlich betriebenen Reaktoren ist außer dem Verbrauch des Substrats durch die Zellen auch die Änderung der Substratkonzentration durch Transportvorgänge (Zu- und Ablauf von Nährlösung) in der Bilanz zu berücksichtigen. *Liefke*

**Substratkonkurrenz.** Die üblichen Ansätze der →Enzymkinetik gehen davon aus, daß das Enzym nur ein Substrat umsetzen kann. Viele Enzyme können jedoch mehrere Substrate umsetzen. In diesen Fällen konkurrieren die Substrate um das aktive Zentrum des Enzyms. Für ein derartiges System lautet die Reaktionsgleichung:

$$S_A + S_B \overset{Enzym}{\rightleftharpoons} P_A + P_B,$$

mit S Substrat, P Produkt.

Eine enzymkatalysierte Reaktion mit Konkurrenz mehrerer Substrate kann nach 3 Mechanismen ablaufen:

□ *Random-Mechanismus:* Das Enzym E reagiert mit den Substraten $S_A$ und $S_B$ zu den entsprechenden Enzym-Substratkomplexen $ES_A$ und $ES_B$. Die Reihenfolge der Komplexbildung ist zufällig. Erst durch die Bindung von $S_B$ an $ES_A$ bzw. $S_A$ an $ES_B$ wird die Weiterreaktion zu den Produkten $P_A$ und $P_B$ ermöglicht. Das Enzym ist durch beide Produkte kompetitiv hemmbar.

□ *Sequential-Mechanismus:* Eine zufällige Bindung der Substrate an das Enzym ist nicht möglich. Zur Bindung des zweiten Substrats ist die Bindung des ersten Substrats nötig. Das zuerst gebundene Substrat wird als Leitsubstrat bezeichnet. Nur das Produkt des Leitsubstrats wirkt als kompetitiver Inhibitor.

□ *Ping-Pong-Mechanismus:* Dieser Mechanismus beinhaltet eine synergistische Wirkung beider Substrate auf das Enzym. Zunächst wird durch Bindung des Substrats A das Enzym modifiziert, z. B. durch Veränderung der prosthetischen Gruppe oder Konformationsänderung. Das Reaktionsschema für diesen ersten Teilschritt lautet

$$E + S_A \rightleftharpoons ES_A \rightleftharpoons E'P_A \longrightarrow E' + P_A.$$

Die Regeneration des modifizierten Enzyms $E'$ erfolgt dann durch Umsetzen des zweiten Substrats B:

$$E' + S_B \rightleftharpoons E'S_B \rightleftharpoons EP_B \longrightarrow E + P_B.$$

Der Ping-Pong-Mechanismus ist weit verbreitet bei Flavoproteinen. *Liefke*

Literatur: *Fersht, A.:* Enzyme Structure and Mechanism. New York 1985.

**Substratüberschußhemmung.** Hemmung einer enzymkatalysierten Reaktion durch Anlagerung weiterer Substratmoleküle S an den Enzym-Substratkomplex ES gem. folgendem Reaktionsschema:

$$E + S \underset{k_{-1}}{\overset{k_1}{\rightleftharpoons}} \begin{matrix} ES \\ k_3\downarrow \\ ES_n \end{matrix} + nS \overset{k_2}{\rightleftharpoons} E + P.$$

Der durch Anlagerung zusätzlicher Substratmoleküle gebildete Komplex $ES_n$ kann nicht weiter in Enzym und Produkt zerfallen; die Reaktion wird gehemmt. In der →Lineweaver-Burk-Darstellung ist eine S. leicht am hyperbolischen Verlauf der Ausgleichskurve zu erkennen, der aus dem gleichzeitigen Auftreten der Komplexe ES, $ES_2$, $ES_3$ ... $ES_n$ und der damit verbundenen Abnahme der Reaktionsgeschwindigkeit bei hohen Substratkonzentrationen resultiert. Zusätzliche Substratmoleküle binden entweder an das aktive Zentrum und hemmen den Zerfall des Enzym-Substratkomplexes oder – häufiger – an regulatorische Zentren und vermindern durch Konformationsänderungen am aktiven Zentrum die katalytische Aktivität des Enzyms (→Allosterie, →Kooperativität). *Liefke*

**Sumpfprodukt.** In der Destillationstechnik (→Destillieren) versteht man unter dem S. die am unteren Ende einer Destillationskolonne (Blase, Sumpf) entnommene schwerflüchtige Fraktion. Weitere Bezeichnungen für das S. sind Ablauf oder Schlempe. Das am Sumpf einer Kolonne entnommene Produkt ist von leichtflüchtigen Komponenten abgereichert, weil sich der Sumpf unterhalb des Abtriebsteils der Kolonne befindet. Eine Ausnahme bilden reine Verstärkungskolonnen, bei denen der →Zulauf in den Sumpf erfolgt. *Dohrn*

**Superfinishing** →Honen, →Honverfahren

**Suspendieren** →Kristallisation

**Suspensionspolymerisation** →Polymerisationstechnik

**Suspensionsreaktor.** Der S. (Slurry-Reaktor) gehört zu den Mehrphasenreaktoren, bei denen die

Gasphase fein verteilt und die feste Phase (meist Katalysator) als Suspension mit Katalysator-Korngrößen <100 μm vorliegt. Die Feststoffkonzentration beträgt häufig weniger als 1 % Volumengehalt. Die S. verhalten sich in guter Näherung wie Gas-Flüssig-Systeme (→Gas-Flüssig-Reaktion) und werden häufig diskontinuierlich (→Reaktionsführung, diskontinuierliche) als Dreiphasen-Rührkessel und Dreiphasen-Blasensäule betrieben (Bild). Der Rührer (meist Turbinen- oder Scheibenrührer) hat die Aufgabe, den Feststoff zu suspendieren und gleichzeitig den Gasstrom zu dispergieren. Bei der →Blasensäule bewirkt der Gasstrom die Suspension der Feststoffpartikel, dessen Geschwindigkeit um so höher liegen muß, je größer die Partikel und je höher der Feststoffanteil ist. Dabei kann es, insbes. bei turbulenten Betriebsbedingungen, zu axial inhomogenen Feststoff-Verteilungen kommen. In beiden Reaktortypen können die Feststoffteilchen Flotationsschäume oder Blasenkoaleszenz bilden. Die spezifischen →Phasengrenzflächen betragen beim Dreiphasen-Rührkesselreaktor 100–1500 m$^2$/m$^3$ und bei der Dreiphasen-Blasensäule 100–400 m$^2$/m$^3$.

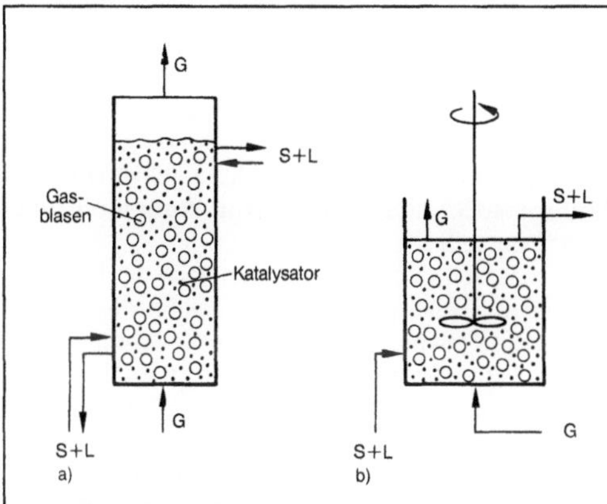


*Suspensionsreaktor: Typische Suspensionsreaktoren. (Quelle: Baerns a. a. O.)*
*a) Dreiphasen-Blasensäule*
*b) Dreiphasen-Rührkessel.*

G Gas, L Flüssigkeit, S Suspension

Die Vorteile von S. sind:
□ weitgehend isotherme Reaktionsführung möglich, so daß auch bei sehr aktiven Katalysatoren hohe thermische →Reaktorstabilität vorliegt,
□ hohe Selektivitäten auch bei temperaturabhängigen Nebenreaktionen und temperaturempfindlichen Produkten,
□ hohe Katalysatorleistungen, insbes. dann, wenn die Reaktion bzw. die Stofftransportwiderstände in und am Katalysatorkorn geschwindigkeitsbestimmend sind. Solche Betriebsbedingungen sind zweckmäßig bei teueren Katalysatoren und bei Satzbe-

trieb (→Reaktionsführung, diskontinuierliche). Die Katalysatorleistung kann zusätzlich durch Vergrößerung des Partialdrucks und der Temperatur sowie durch Verkleinern der Katalysator-Korngröße erhöht werden,
□ stets vollständige Benetzung des Katalysators infolge des hohen Flüssigkeitsanteils im Reaktor. Dadurch sind hohe Aktivität und Lebensdauer des Katalysators gewährleistet,
□ Katalysator kann während der Reaktion kontinuierlich zu- und abgeführt werden, wodurch eine kontinuierliche Katalysator-Regenerierung (→Reaktionsführung) leicht möglich ist,
□ kleiner Druckabfall,
□ geringer apparativer Aufwand.
Als Nachteile der S. sind zu erwähnen:
□ breite →Verweilzeitverteilungen der flüssigen Phase, die sich bez. hoher Umsätze oder Selektivitäten ungünstig auswirken. Dieser Nachteil macht sich jedoch bei einer Kaskadenschaltung (→Kaskade) mehrerer Reaktoren kaum bemerkbar,
□ vollständige bzw. nahezu vollständige →Rückvermischung der Gasphase,
□ evtl. aufwendige Stofftrennung zur Gewinnung des gewünschten Produkts erforderlich,
□ geringe spezifische Reaktorleistungen.
Für den Grenzfall, daß der flüssigkeitsseitige Stoffübergang des Gases (→Reaktion, katalytische) geschwindigkeitsbestimmend ist, sind die Reaktorleistungen hoch. Durch zusätzliche Maßnahmen, wie Erhöhung von $k_L a$ (→Filmtheorie (Reaktionskinetik)) durch intensivere Begasung und Erhöhung des Partialdrucks der gasförmigen Komponenten, nimmt die Reaktorleistung zu. Günstig auswirken kann sich hier ein Betrieb des Reaktors bei kleinen Gas-Sättigungsgraden, wodurch die niedrige Katalysatorleistung noch ansteigt, hohe →Selektivitäten erreichbar sind, eine →Desaktivierung des Katalysators zurückgedrängt wird, und wenn bei Fließbetrieb (→Reaktionsführung, kontinuierliche) gearbeitet werden kann.
Der Dreiphasen-Rührkesselreaktor wird beispielsweise eingesetzt bei
□ der katalytischen Hydrierung von Fetten und Nitroverbindungen sowie anderer organischer Zwischenprodukte,
□ der katalytischen Raffination von Erdölfraktionen,
□ den katalytischen Fällungspolymerisationen, z. B. zum Herstellen von Polyethylen hoher Dichte, Polypropylen.
Die Dreiphasen-Blasensäulenreaktoren haben Bedeutung
□ bei der katalytischen Kohlenstoffmonoxid-Hydrierung (Fischer-Tropsch-Synthese) zum Herstellen von Kohlenwasserstoffen,
□ bei der katalytischen Hydrierung von Benzol zu Cyclohexan,

□ in zunehmendem Maße zum Durchführen und Untersuchen biochemischer Reaktionen (→Blasensäule). (Der in der Literatur manchmal zu den S. zählende Dreiphasen-Wirbelschichtreaktor wird bei →Wirbelschichtreaktoren behandelt.) *Schönbucher*

Literatur: *Baerns, M., H. Hofmann* u. *A. Renken:* Chemische Reaktionstechnik. Stuttgart 1987.

**Synchronkultur.** Methode, physiologische Vorgänge in Zellen mit konventionellen biochemischen Bestimmungsmethoden zu untersuchen. Untersuchungen an Kulturen mit asynchroner Zellteilung (übliche Kultivierungsmethode) haben nur begrenzte Aussagekraft, da diese Kulturen eine Altersverteilung und damit eine Verteilung der physiologischen Zustände von jungen Zellen, reifen Zellen und alten Zellen aufweisen. S. bestehen dagegen nur aus Zellen, die sich synchron teilen und sich zu einer gegebenen Zeit in einem identischen physiologischen Zustand befinden.

S. können durch Fixieren von Zellen an einer Matrix und sofortiges Auswaschen der durch Teilung entstehenden Tochterzellen geschaffen werden. Die eluierten Zellen haben alle das gleiche Alter. Eine weitere Möglichkeit besteht in der Auftrennung einer Zellpopulation mit Hilfe der Dichtegradientenzentrifugation. Da sich Zellen unterschiedlichen Alters in Dichte und Größe unterscheiden, sedimentieren die Zellen gleichen Alters in diskreten Zonen des Dichtegradienten. Die homogene Population einer Dichtezone wird dann zum Züchten der S. eingesetzt.

In einer Auftragung der Zellzahl über der Zeit ist die Wachstumskurve einer sich synchron teilenden Kultur durch einen stufenweisen Anstieg der Zellzahl gekennzeichnet. *Liefke*

Literatur: *Bailey, J. E.,* u. *D. E. Ollis:* Biochemical Engineering Fundamentals. 2. Aufl. New York 1986.

**System, disperses.** D. S. sind eine Existenzform der heterogenen S., bei der die Teilsysteme ineinander fein verteilt, dispergiert, vorliegen. Dabei können sowohl die disperse Phase (Dispersum) als auch das Dispersionsmittel (Dispergens, Lösungsmittel) fest flüssig und gasförmig sein.

Je nach Größe der dispersen Phase in einem Dispersionsmittel unterscheidet man grobdisperse, kolloiddisperse und molekulardisperse S. Letztere sind homogene Mischungen und sind als Grenzfall der heterogenen S. aufzufassen.

Grobdisperse S. (z. B. Sandaufschlämmungen) besitzen eine Teilchengröße $d > 5 \cdot 10^{-7}$ m, so daß sie mit dem Lichtmikroskop wahrnehmbar sind.

Kolloiddisperse S. (kolloide Lösungen), bei denen die disperse Phase aus Makromolekülen, aus Mizellkolloiden (Molekülassoziaten) und aus Atom- und Molekülaggregaten besteht, haben Teilchengrößen von $10^{-9}$ bis $5 \cdot 10^{-7}$ m. Dabei bestehen die Teilchen aus 1 000–$10^9$ Atomen. Jedes kolloiddisperse S. kann in 2 Zustandsformen vorliegen: als Sol oder als Gel. In einem Sol sind die kolloiden Teilchen mehr oder weniger frei beweglich. In einem Gel sind die kolloiden Teilchen raumnetzförmig miteinander verbunden, so daß sie sich nicht frei bewegen können. Jedes Sol kann in ein Gel umgewandelt werden. Dieser Vorgang heißt Koagulation (Ausflockung). Umgekehrt lassen sich viele, aber nicht alle Gele wieder in ein Sol überführen. Diesen Vorgang nennt man Peptisation.

Aerosole sind kolloide oder grobdisperse S., bei denen feste oder flüssige Stoffe als disperse Phase in einem gasförmigen Dispersionsmittel verteilt sind. Aerosole sind z. B. Staub in Luft, Verbrennungsrückstände im Abgas (Rauche) oder Flüssigkeitströpfchen in Gasen (Nebel). Die schwebfähigen Aerosolteilchen haben einen Durchmesser von $10^{-8}$ bis $10^{-5}$ m.

Emulsionen sind kolloide oder grobdisperse S., bei denen eine Flüssigkeit innerhalb einer nicht mit ihr mischbaren anderen vorliegt.

Suspensionen sind kolloide oder grobdisperse S., bei denen feste Teilchen in möglichst gleichmäßiger Verteilung in einem flüssigen Dispersionsmittel vorliegen.

Molekulardisperse oder iondisperse S. liegen bei noch kleineren Teilchenabmessungen ($d < 10^{-9}$ m) vor. Nichtelektrolyte sind in derartigen echten Lösungen in Form ihrer Moleküle gelöst (molekulardisperse S.) und Elektrolyte in Form ihrer Ionen (iondisperse S.).

D. S. lassen sich auch einteilen nach der Form der dispersen Teilchen. Bei korpuskulardispersen S. haben die Teilchen etwa gleich große Abmessungen in den 3 Raumrichtungen; bei difformen S. sind die Abmessungen sehr unterschiedlich. Überwiegt eine Abmessung, so bezeichnet man diese Systeme als fibrilläre (fadenförmige) d. S. Erstrecken sich die Teilchen in 2 Raumrichtungen, so bezeichnet man sie als laminare (blättchenförmige) d. S.

Die d. S. charakterisiert man quantitativ hinsichtlich der Dimension durch den Dispersionsgrad. Er ist entweder als reziproker Teilchendurchmesser oder als spezifische Oberfläche (Summe der Teilchenoberflächen bezogen auf die Summe der Teilchendurchmesser) gekennzeichnet. *Weinspach*

Literatur: *Schröter, W., K.-H. Lautenschläger* u. *H. Bibrack:* Taschenb. Chemie. Thun, Frankfurt a. M. 1986.

**System, reaktionstechnisches.** R. S. sind S., in denen Prozesse mit chemischen Umwandlungen ablaufen, die i. a. gleichzeitig von Stoff- und Wärmetransportvorgängen beeinflußt werden. Die im S. vorhandenen Stoffe können dabei selbst stofflichen Veränderungen unterworfen sein oder den Prozeß lediglich durch ihre Anwesenheit beeinflussen.

Zur qualitativen Charakterisierung r. S. dienen stoffliche Grundbegriffe, Grundbegriffe zu den Phasenverhältnissen, zur Art des Stoff- und Energieaustausches mit der Umgebung, zur Fahrweise des S. und zum zeitlichen Ablauf der chemischen Umsetzung.

Stoffliche Grundbegriffe sind die Reaktionsmasse, die Reaktionskomponenten, Reaktanden, Reaktionspartner, Reaktionsprodukte, Zwischenprodukte, Begleitstoffe und Verunreinigungen. Die Reaktionsmasse ist die Gesamtmasse aller Stoffe in der Reaktionszone eines r. S. Die Reaktionskomponenten sind chemisch unterscheidbare Bestandteile der Reaktionsmasse. Reaktanden sind Stoffe, die im Reaktor chemisch umgesetzt werden. Reaktionspartner sind Reaktanden, die in einer einfachen Reaktion als Einsatzstoffe dienen. Reaktionsprodukte sind Reaktanden, die in einer einfachen Reaktion als Endstoffe auftreten. Zwischenprodukte sind Reaktanden, die in einer einfachen Reaktion entstehen und in einer gleichzeitig im S. ablaufenden anderen Reaktion verbraucht werden. Begleitstoffe sind Bestandteile (Inerte, Katalysatoren) der Reaktionsmasse, die direkt oder indirekt den Verlauf der Reaktion beeinflussen und keine Reaktanden sind. Begleitstoffe, die bereits in kleinsten Mengen die Reaktion in unerwünschter Weise beeinflussen, bezeichnet man als Verunreinigungen.

Die vorliegenden Phasenverhältnisse sind für den Ablauf der chemischen Reaktion i. a. von großer Bedeutung. Homogene Stoff-S. sind solche, die nur aus einer Phase bestehen. Ein homogenes System ist dabei isotrop, wenn es in allen Teilen gleiche Eigenschaften aufweist. Heterogene Stoff-S. sind solche, die aus mehreren Phasen zusammengesetzt sind.

Zum Beschreiben des Stoff- und Energieaustausches mit der Umgebung verwendet man die Begriffe offenes, geschlossenes und abgeschlossenes S. Offene S. sind solche, die während des Stoffumwandlungsprozesses im kontinuierlichen Stoffaustausch mit der Umgebung stehen. Bei geschlossenen S. liegt während des Stoffumwandlungsprozesses kein kontinuierlicher Stoffaustausch mit der Umgebung vor. S., die während der Stoffumwandlung weder stofflich noch energetisch mit der Umgebung in Verbindung stehen, bezeichnet man als abgeschlossene S.

Der Stoffumwandlungsprozeß hängt wesentlich von der Fahrweise des S. (Reaktors) ab. Bei diskontinuierlicher Fahrweise wird das Reaktionsprodukt erst nach Erreichen der vorgegebenen Zielgrößen dem Reaktor entnommen. Bei kontinuierlicher Fahrweise werden die Reaktionsprodukte ohne zeitliche Unterbrechung des Hauptprozesses aus dem S. abgeführt.

Hinsichtlich des zeitlichen Verlaufs unterscheidet man stationäre und instationäre Prozesse. Stationäre Prozesse sind dadurch gekennzeichnet, daß alle Prozeßvariablen (Druck, Temperatur und Konzentrationen) in jedem Punkt des S. unabhängig von der Zeit sind. Instationäre Prozesse liegen bei diskontinuierlicher Prozeßführung und für das Übergangsverhalten bei kontinuierlicher Fahrweise vor.

Zur quantitativen Beschreibung der Prozesse in einem reaktionstechnischen System dienen Molmengen, Massen, Molenströme, Massenströme, Molkonzentrationen, Massenkonzentrationen, Molenbrüche, Massenbrüche, Partialdrücke und Oberflächenkonzentrationen.

Die Molmenge $N_i$ und die Masse $M_i$ einer Komponente i sind über die Beziehung

$$M_i = N_i \cdot \tilde{M}_i \tag{1},$$

mit $\tilde{M}_i$ Molmasse der Komponente i,

miteinander verknüpft. Die Gesamtmolmenge N und die Gesamtmasse M eines S. ergeben sich dabei zu

$$N = \sum_i M_i, \quad M = \sum_i M_i \tag{2}.$$

Bei der Beschreibung offener S. verwendet man den Molenstrom $N_i^*$ (auch Molendurchsatz genannt) und den Massenstrom $M_i^*$ (auch Massendurchsatz genannt) der Komponente i.

Zur Angabe der Zusammensetzung verwendet man die intensiven Größen Molkonzentration, Massenkonzentration, Molenbruch, Massenbruch, Partialdruck und Oberflächenkonzentration. Die Molkonzentration $c_i$ ist definiert als Verhältnis der Molmenge $N_i$ der Komponente i zum Volumen V:

$$c_i = \lim_{\delta V \to 0} \frac{\delta N_i}{\delta V} \tag{3}.$$

Die Massenkonzentration $\varrho_i$ (auch Partialdichte genannt) ist das Verhältnis der Masse der Komponente i zum Volumen:

$$\varrho_i = \lim_{\delta V \to 0} \frac{\delta M_i}{\delta V} \tag{4}.$$

Die totale Molkonzentration c und die totale Massenkonzentration $\varrho$ sind dabei gegeben durch

$$c = \sum_i c_i, \quad \varrho = \sum_i \varrho_i \tag{5}.$$

Der Molenbruch $x_i$ ist das Verhältnis der Molmenge der Komponente i zur Gesamtmolmenge:

$$x_i = \lim_{\delta V \to 0} \frac{\delta N_i}{\delta N} = \frac{c_i}{c} \text{ mit } \sum_i x_i = 1 \tag{6}.$$

Der Massenbruch $w_i$ ist das Verhältnis der Masse der Komponente i zur Gesamtmasse:

$$w_i = \lim_{\delta V \to 0} \frac{\delta M_i}{\delta M} = \frac{\varrho_i}{\varrho}, \text{ mit } \sum_i w_i = 1 \tag{7}.$$

Um die Zusammensetzung idealer Gasgemische zu charakterisieren, wird neben den vorgestellten Größen häufig der Partialdruck $p_i$ benutzt. Man versteht darunter den Druck $p_i$, den jede einzelne Komponente des Gasgemisches unbeeinflußt von den anderen Komponenten des Stoff-S. ausübt. Für ideale Gase gilt:

$$p_i = x_i \cdot p \quad \text{und} \quad \Sigma p_i = p \qquad (8),$$

mit p Gesamtdruck.

Zum Beschreiben von chemischen Reaktionen an Phasengrenzflächen verwendet man Oberflächenkonzentrationen, bei denen die Stoffmenge der Komponente i auf die Phasengrenzfläche bezogen wird.

Um Wechselbeziehungen zwischen den Atomen und Molekülen eines Reaktions-S. bei einer einfachen chemischen Reaktion

$$\sum_{i=1}^{1} \upsilon_i A_i = 0 \;\; (\upsilon_i \text{ stöchiometrische Koeffizienten})$$

zu beschreiben, verwendet man den Fortschreitungsgrad X, der gleich der Molzahländerung eines beliebigen Reaktanden in der Reaktion, dividiert durch den entsprechenden stöchiometrischen Koeffizienten ist:

$$X = \frac{N_i - N_{io}}{\upsilon_i} \qquad (9).$$

Als Maß für den Verbrauch der Reaktionspartner in der Reaktion dient der Umsatz $U_i$, der gleich der in der Reaktion verbrauchten Molmenge eines Reaktionspartners, bezogen auf die Anfangsmolmenge der entsprechenden Komponente ist:

$$U_i = \frac{N_{io} - N_i}{N_{io}} \qquad (10).$$

Häufig wird zur technisch-ökonomischen Charakterisierung eines Umwandlungsprozesses der Begriff Ausbeute $A_j$ verwendet. Er ist definiert durch:

$$A_j = \frac{M_j - M_{jo}}{M_{io}} \qquad (11).$$

Die Ausbeute ist dabei das Verhältnis der entstandenen Masse eines Zielprodukts zur entstandenen Masse eines Reaktionspartners. *Weinspach*

Literatur: Autorenkollektiv: Reaktionstechnik I. Leipzig 1974.

**Szintigraphie.** Die S. hat die Aufgabe, die Verteilung radioaktiver Stoffe im menschlichen Körper aufzudecken, sie proportional zu ihrer Konzentration wiederzugeben und vorhandene Unterschiede in der Verteilung nachzuweisen.

Im Bereich der Medizin wird die Technik der S. zunehmend verdrängt durch andere bildgebende Verfahren, so die →Sonographie, die Computertomographie und in neuerer Zeit die Kernspintomographie. So ist als Indikation die S. zum Aufdecken und Sichtbarmachen eines Organs dank der genannten anderen bildgebenden Verfahren weitgehend verlassen. Nur die Abschätzung der relativen Konzentration des Isotops innerhalb des Organs oder im Vergleich zu anderen Organen wird weiterhin als Information des Funktionszustands gewertet: Schilddrüsen-S. (Bild 1), Herz-S. Der Nachweis und das Sichtbarmachen von raumfordernden Prozessen innerhalb eines Organs wird heute auch hier und mit höherer Sicherheit durch die genannten modernen bildgebenden Verfahren ermöglicht. Bleibende Indikationen für die S. sind die Nachweise von Veränderungen innerhalb des Knochens (Knochen-S.) sowie die Möglichkeit des Auffindens von Entzündungsherden (Gallium-S., markierte Leukozyten).

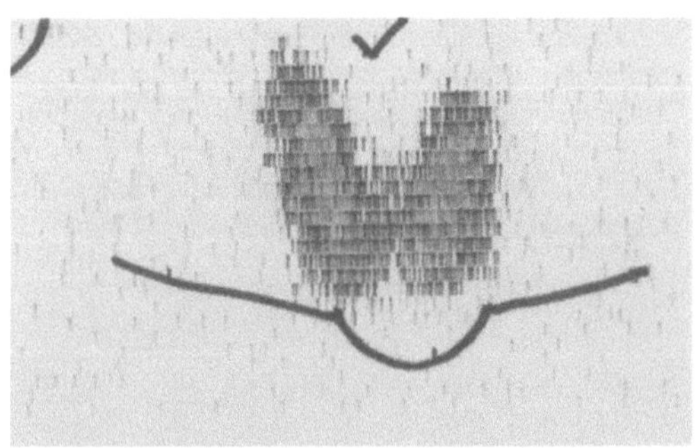

*Szintigraphie 1: Schilddrüsenszintigramm.*

Funktionsabläufe können über szintigraphische Methoden ebenfalls dargestellt und quantifiziert werden: Nierensequenz-S. (Bild 2), Herz-S. (Bild 3). Bei der Herz-S. können die Bewegungsfähigkeit der verschiedenen Herzmuskelabschnitte beurteilt, Durchblutungsmangelbezirke dargestellt und mittels systolisch/diastolischer Subtraktion die Auswurfleistung des linken Ventrikels berechnet werden.

Die S. verwendet zum Abbilden energiereiche elektromagnetische Strahlen. Die Strahlenquelle, das Radionuklid, wird dem Patienten über die Blutbahn zugeführt und verteilt sich je nach spezifischer Affinität des Tracers in dem oder den gewünschten Organen. Für die medizinische Anwendung werden kurzlebige Radionuklide verwendet, meist 99-Technetium, 201-Thallium, 131-Jod, 113-Indium. Die Lokalisation im Organismus ist der für die S. wichtigste Faktor im biologischen Verhalten eines Radionuklids. Die Grundprinzipien der Lokalisation können in aktivem Transport, Phagozytose, Zellsequestration, Kapillarblockade, Austausch und Diffusion bestehen. Der Nachweis der

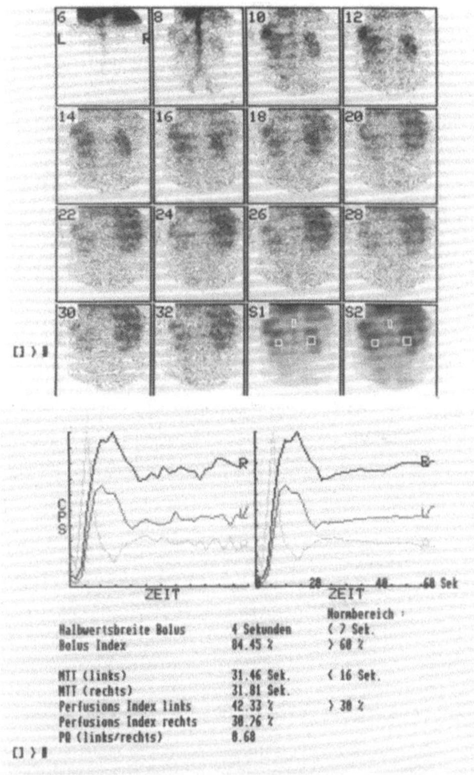

Szintigraphie 2: Nierenfunktionsszintigramm.

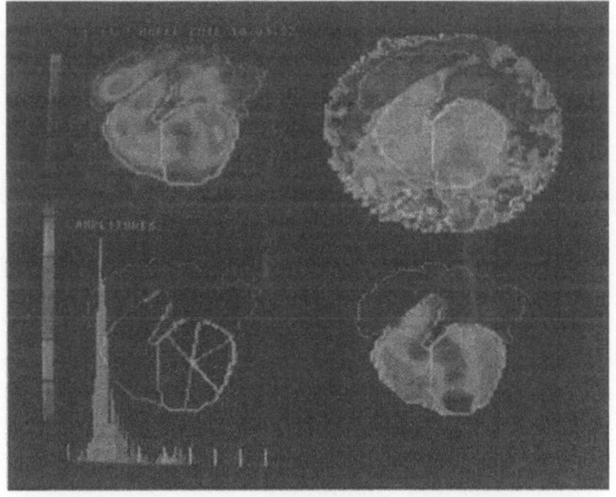

Szintigraphie 3: Herzszintigramm Hohlräume.

Strahlung erfolgt mit hochempfindlichen Detektoren, mit denen die Gammastrahlung meist geringer Intensität, die durch die Kollimatoren eine Richtungsanalyse erfahren, empfangen werden kann. Grundsätzlich lassen sich szintigraphische Verfahren mit bewegtem Detektor oder feststehendem Detektor durchführen, wobei das Auflösungsvermögen durch moderne röntgendiagnostische Möglichkeiten übertroffen wird. Die detektierten Impulse können einerseits direkt elektronisch linear verstärkt einer Registriereinheit zugeführt oder aber durch komplizierte elektronische Verfahren weiter ausgewertet werden. Hierbei lassen sich dann Hintergrundaktivität berücksichtigen, Randkontraste verbessern sowie durch Subtraktion einer festen Impulsrate die Kontrastierung innerhalb des Organs erhöhen. Weitere Entwicklungen nuklearmedizinischer Verfahren liegen in der Anwendung der Emissionscomputertomographie. Die Emissionscomputertomographie ist die Erzeugung schichtweiser Abbildungen einer Radionuklidverteilung mit Hilfe eines Computers. Sie ähnelt damit hinsichtlich des apparativen Ansatzes der Transmissionscomputertomographie. Man unterscheidet zwei Verfahren: die Positronen-Emissionscomputertomographie (PET) und die Single-Photon-Emissionscomputertomographie (SPECT). Der Vorteil von positronenemittierenden Radionukliden liegt in der Verwendung von Elementen, die üblicherweise in der Physiologie vorkommen, wie z. B. Kohlenstoff, Stickstoff, Sauerstoff. Bei der SPECT werden Radionuklide verwendet, die beim Zerfall 1 Photon aussenden. Dies sind Isotope, wie sie üblicherweise bei den nuklearmedizinischen Untersuchungen benutzt werden, wie 99m-Technetium, 201-Thallium oder 123-Jod. Da das PET-System einschl. Radionuklide sehr kostenintensiv ist, wird z. Z. und in nächster Zukunft das SPECT-Verfahren den Vorrang haben. Verbesserungen zeichnen sich bereits z. B. bei der Darstellung des Herzmuskels und der Hirndurchblutung ab. Diese Entwicklungen in Verbindung mit Methoden moderner Datenverarbeitung haben die S. zunehmend zu einem Verfahren der Funktionsdiagnostik gemacht und von der reinen Organabbildung weggeführt.                                  *H. Schneider*

Literatur: *Kriegel, H.* (Hrsg.): Grundlagen der Nuklearmedizin. Stuttgart, New York 1985.

# T

**Tablettenpresse.** Der Preßvorgang ist bei allen Maschinen prinzipiell gleich: Der Oberstempel läuft in der Matrize; der Unterstempel ist nur zum Gegenpressen eingeführt.

Der Oberstempel hat die Aufgabe, das Pulver in die →Preßform zu schieben und die Tablette zu pressen. Dicke, Festigkeit und Preßglanz hängen dabei vom Preßdruck ab. Der Unterstempel begrenzt den Füllraum der Preßform nach unten. Nach Beendigung des Preßvorgangs drückt der Unterstempel die fertige Tablette aus der Matrize und kehrt zu seinem Ausgangspunkt zurück. Das Tablettiergut wird mit dem sog. Füllschuh, der auf der Matrizenplatte läuft, in die Preßform (Matrize) transportiert. Gleichzeitig schiebt der Füllschuh die vom Unterstempel ausgeworfene Tablette auf eine Ablaufbahn.

Bei den T. unterscheidet man zwischen vollautomatischen Tablettenmaschinen (Exzenterpresse und Rundläuferpresse) und Handpressen.

Bei den Exzenterpressen bewegt der Exzenter den Oberstempel. Jede Umdrehung der Welle läßt dabei den Oberstempel einmal in die oberste und einmal in die unterste Stellung kommen. Den Preßdruck kann man durch Verstellen des Exzenters einstellen. Das Volumen wird durch die Lage des Unterstempels bestimmt. Die Matrize steht fest, und der Fülltrichter mit Füllschuh ist beweglich und füllt ständig die Form. Da nur der Oberstempel am Preßakt beteiligt ist, weisen Tablettenober- und -unterseite nicht dieselbe Härte auf. Die Produktionsleistung liegt bei 1800 Tabletten je Stunde.

Für Rundläuferpressen (Bild) ist charakteristisch, daß der Füllschuh feststeht und die Matrize beweglich ist. Gleitbahnen heben und senken die Stempel; dadurch werden die Stempel in die unterschiedlichen Arbeitsphasen gebracht. Die Stempel sind in einer Leiste geführt. Durch Drehen werden die Matrizen mit Stempeln unter den Füllschuh gebracht. Beide Stempel sind mit gleichem Druck am Preßvorgang beteiligt (Druckrollen). Deshalb ist die Tablettenober- und -unterseite gleich hart. Rundläuferpressen weisen eine Stundenleistung von 20000–60000 Tabletten auf.

Bei Handpressen (Spindelpresse) wird der Preßdruck durch Schwungmasse erzeugt. Durch eine Gewindespindel wird die horizontale Bewegung in eine vertikale umgewandelt. Dabei wird der Oberstempel in die Matrize gedrückt. Der Unterstempel ist fest und dient zum Einstellen des Volumens und

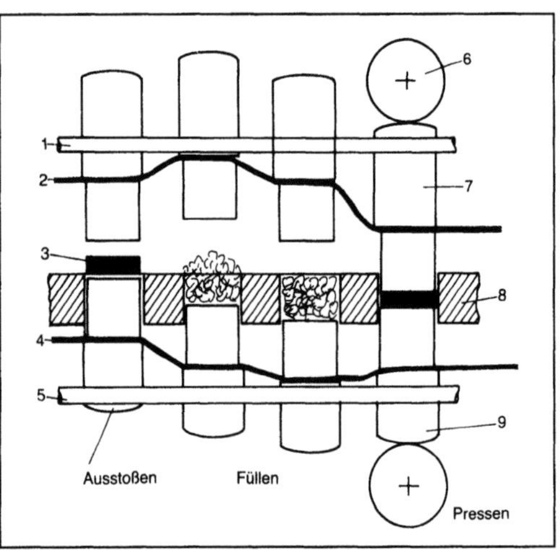


*Tablettenpresse: Rundläuferpresse.*

1 Stempelführung, 2 Oberstempelgleitbahn, 3 Tablette, 4 Unterstempelgleitbahn, 5 Stempelführung, 6 Druckrolle, 7 Oberstempel, 8 Matrizenplatte, 9 Unterstempel

zum Ausstoßen des Preßlings. Die Arbeitsgänge werden durch Links- und Rechtsdrehen der Spindel bewirkt. Der Tablettierdruck erfolgt schlagartig und ist nicht bei jeder Pressung von gleicher Stärke; daraus resultieren Tablettenfehler. *Greif*

**Tablettieren.** T. ist das Verdichten eines Preßguts zu einem Preßling (Brikettieren). Dabei wird ein zuvor granuliertes Pulver (→Granulieren) in einer →Preßform verpreßt. Die rauhen, gezackten Oberflächen der Granulatkörner verkeilen sich ineinander: Die Festigkeit der Tabletten erhöht sich.

Beim T. werden Hilfsstoffe eingesetzt, die indifferent, geruchlos, geschmacklos und möglichst farblos sein sollten. Diese Hilfsstoffe sind Füllmittel, Bindemittel und Gleitmittel.

Füllmittel werden eingesetzt, wenn nur sehr geringe Mengen an Arzneimittel vorliegen. Die Streckung sorgt für die nötige Größe und Masse der Tablette. Als Füllmittel sind Kartoffel-, Weizen-, Maisstärke sowie Laktose und Glucose verwendbar.

Bindemittel sorgen für die Festigkeit und Widerstandsfähigkeit der Tablette. Über Preßdruck und Bindemittel ist die Festigkeit beeinflußbar. Bindemittel lassen sich schon bei der Granulierung verwenden. Typische Bindemittel sind Zucker, Stärke, Gelatine und Cellulosederivate.

Gleitmittel werden als Fließregulierungsmittel, Schmiermittel und Formentrennmittel eingesetzt. *Greif*

**Takt-Schub-Förderung.** Die T.-S.-F. gehört zu den pneumatischen Langsamfördersystemen und wird vor allem für luftdurchlässige, körnige Produkte angewendet (Bild). Die Hauptkomponenten einer T.-S.-F. sind der Druckbehälter, Steuerventile und die eigentliche Förderleitung. Die Einspeisung des Förderguts erfolgt taktweise, wobei die Gutpfropfen, durch Luftpolster getrennt, in der Leitung weitergeschoben werden. Die Luftpolster werden durch Umsteuerung der Luftzufuhr mit Hilfe zweier Ventile erzeugt. Dabei wird die Luft entweder in das Silo bzw. den Druckbehälter oder direkt in die Förderleitung eingespeist. Innerhalb des durch die Leitung wandernden Pfropfen entstehen keine Relativgeschwindigkeiten der Einzelteilchen untereinander. Deshalb findet keine Entmischung statt. Die am Ende eines Pfropfens abbröckelnde Menge wird immer vom nächsten wieder aufgenommen. Die Fördergeschwindigkeit beträgt 2–10 m/s. Dabei kann die Förderung auch senkrecht erfolgen. Infolge der reduzierten Fördergeschwindigkeit sind Kornbruch und -abrieb minimal. Weitere Vorteile sind:

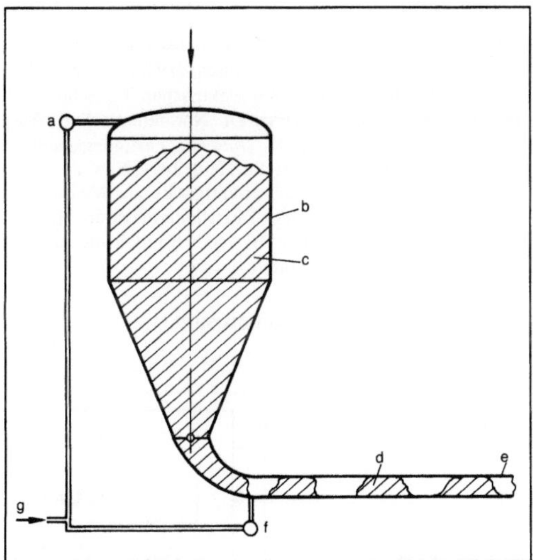


*Takt-Schub-Förderung.*

a Ventil 1, b Druckbehälter, c Produkt, d Pfropfen, e Förderleitung, f Ventil 2, g Druckluft

☐ geringe Lärmemission und einfacher Aufbau,
☐ reduzierter Anlagenverschleiß beim Fördern abrasiver Produkte,
☐ sehr reduzierter Energiebedarf (je nach Schüttgut nur noch 10–20 % konventioneller Fördersysteme),
☐ Förderung kann man jederzeit unterbrechen und auch bei voller Förderleistung wieder anfahren. *Greif*

**Taktfertigung.** Takten bezeichnet die Funktion der Werkstücktransferierung in einer Fertigungsanlage mit synchron aufeinanderfolgenden Arbeitsschritten (→Fließfertigung), wie z. B. bei einer Transferstraße oder einer flexiblen Fertigungsstraße.

Die nach dem Fließsystem angeordneten Komponenten der Produktionsanlage sind durch die vorgegebene Verweilzeit der Werkstücke an den Stationen bestimmt, da die zur Funktionsdurchführung verfügbare Zeit an allen Stationen identisch ist, falls nicht durch parallele Arbeitsstationen längere Bearbeitungszeiten ermöglicht werden. Die festgelegte maximale Bearbeitungszeit wird simultan an allen Stationen durch die Weiterbewegung des Werkstücks zu der nächsten Station beendet, so daß mit jedem Arbeitstakt ein fertig bearbeitetes Werkstück am Ende der verketteten →Fertigung ausgeschleust wird. Die starre Festlegung der maximalen Bearbeitungszeit an den einzelnen Stationen erfordert einen besonderen Planungsaufwand bei der Abstimmung der Anlage an die durch das Werkstück gegebenen Bearbeitungsanforderungen.

Für eine hohe Auslastung jeder einzelnen Station und damit der gesamten Einrichtung sind die Leerlaufzeiten zu minimieren. Nachdem der Fertigungsablauf in Arbeitsgänge zerlegt worden ist, denen sich Bearbeitungsstationen zuordnen lassen, ist die zeitliche Abstimmung der Arbeitsgänge die zentrale Aufgabe. Für den Fertigungsfluß ist das Zeitintervall, nach welchem alle Werkstücke transferiert werden sollen (Taktzeit), zu bestimmen, wobei als Grundlage der nicht mehr teilbare Prozeß mit der längsten Durchführungszeit an einer Station die minimale Taktzeit bestimmt. Darauf aufbauend wird der Taktzeitabgleich durchgeführt, indem unter Beachtung der aus technologischen Gründen festgelegten Arbeitsschrittfolge jeder Station ein bestimmter Bearbeitungsumfang zugeordnet wird. Ziel dabei ist eine optimale Anpassung an die Taktzeit und an das Leistungsangebot der Bearbeitungseinheiten, d. h. verschiedene kurze, zeitlich unter der Taktzeit liegende Bearbeitungsoperationen werden zu einer auf einer Station durchführbaren Gesamtaufgabe zusammengefaßt. Es sind mehrere Varianten möglich:

☐ An der Station werden mehrere identische, lageversetzte Operationen durchgeführt, z. B. mehrere Bohrungen des gleichen Durchmessers. Voraussetzung hierzu ist die Existenz positionierbarer Einverfahrensmaschinen.
☐ Mehrere verschiedene Operationen werden am gleichen Formelement durchgeführt, z. B. Bohren, Gewinden, Fasen einer Gewindebohrung. Voraussetzung hierzu ist die Existenz eines schnellen Werkzeugwechslers, eines Werkzeugmagazins, die Möglichkeit, verschiedene Drehzahlen einstellen zu können, wie z. B. an Universalmaschinen.

☐ Kombination der vorgenannten Varianten unter der Voraussetzung der Existenz von positionierbaren Universalmaschinen mit Werkzeugwechsler.

☐ Kombination bzw. Integration von Bearbeitungs-, Handhabungs- und Montageoperationen oder Meßfunktionen auf einer Station.

Der hohe Aufwand des Taktzeitabgleichs mit der damit verbundenen Festlegung auf ein Werkstück schränkt das Anwendungsgebiet der verketteten Transferlinien im →Fertigungsbereich auf Produkte mit hohen, den Aufwand rechtfertigenden Stückzahlen ein. Hier liegt eine Ursache für den ständigen Rückgang des Anteils getakteter Fertigungsanlagen in der →Produktion. Die zunehmend vom Markt geforderte Variantenvielfalt erschwert den Einsatz derartig produktspezialisierter Fertigungsstrukturen. Die mit dieser Entwicklung einhergehende Abnahme der Stückzahlen erfordert ein häufigeres Umrüsten, jeweils verbunden mit einem erneuten Taktzeitabgleich, so daß der damit verbundene Aufwand den Einsatz der Anlage einschränkt. Vor dem Hintergrund einer verminderten Auslastung und der erhöhten Störanfälligkeit derartig genutzter Anlagen ist der Trend zu flexibleren Lösungen zu verstehen (z. B. flexible Transferstraße). Hierbei wird von vornherein ein Spektrum sehr ähnlicher Teile zugrunde gelegt. Die genannten Überlegungen für starre Transferstraßen treffen dann sinngemäß für ein Teilespektrum an Stelle eines einzelnen Werkstückes zu.

Es verbleibt als Anwendungsbereich die ausgeprägte Massenfertigung, z. B. von Kleinteilen in der Automobilindustrie, als sinnvolles Anwendungsgebiet starrer, getakteter Produktion. *Eversheim*

Literatur: *Eversheim, W., W. Zeitz, L. Koch* u. *K. Erkes:* Systematik zur Auslegung flexibler Fertigungsstraßen. Forschungsber. des KFK-PFT Nr. 02F31404/0424 PT-KFK PFT Karlsruhe 1985.

**Taschenfilter** →Filtration (mechanische Verfahrenstechnik)

**Tastschnittverfahren.** Das T. ist die gängigste Art, die →Oberflächenrauheit zu messen. Die Rauheitsmessung erfolgt dadurch, daß eine Diamantnadel oder ein fokussierter Laserstrahl mit konstanter Geschwindigkeit entlang einer Linie über die zu prüfende Oberfläche geführt wird. Die Vertikalbewegungen der Nadel oder des Laserstrahls werden in ein elektrisches Signal verwandelt, verstärkt, gefiltert und mit Hilfe eines Mikrocomputers in charakteristische Oberflächenparameter umgerechnet.

Die gängigsten Tastschnittgeräte tasten die Werkstückoberfläche mechanisch ab. Sie haben den Nachteil, daß die Oberfläche beschädigt wird. Bei dem optischen Gerät ist die Abtastung berührungsfrei. Ein Funktionsschema eines mechanischen Tastschnittgerätes zeigt das Bild.

Das T. hat sich im Meßlabor, d. h. außerhalb der Fertigung, durchgesetzt. Der Hauptnachteil dieses Verfahrens ist die relativ langsame Messung. Eine weitere Schwierigkeit ist die linienhafte Abtastung, die in vielen Fällen nur sehr unvollkommen das dreidimensionale Gebilde einer Oberfläche wiedergeben kann. *Kenter*

Literatur: *Brodmann, R.:* Ein neuer optischer Feintaster und seine Anwendung. Technische Rdsch. (1987) Nr. 39. – *Henzold, G.:* Rauheitsmessung mit elektrischen Tastschnittgeräten. DIN-Normenh. 12. Hrsg. Dt. Normenausschuß. Ausg. 1971. – *Warnecke, H.-J.,* u. *W. Dutschke:* Fertigungsmeßtechnik. Handb. f. Ind. u. Wiss. Berlin, Heidelberg, New York 1984. – DIN 4772: Elektrische Tastschnittgeräte zur Messung der Oberflächenrauheit nach dem Tastschnittverfahren. Hrsg. Dt. Inst. f. Normung. – VDI/VDE 2602: Rauheitsmessung mit elektrischen Tastschnittgeräten.

**Tastverhältnis** →Funkenerosion

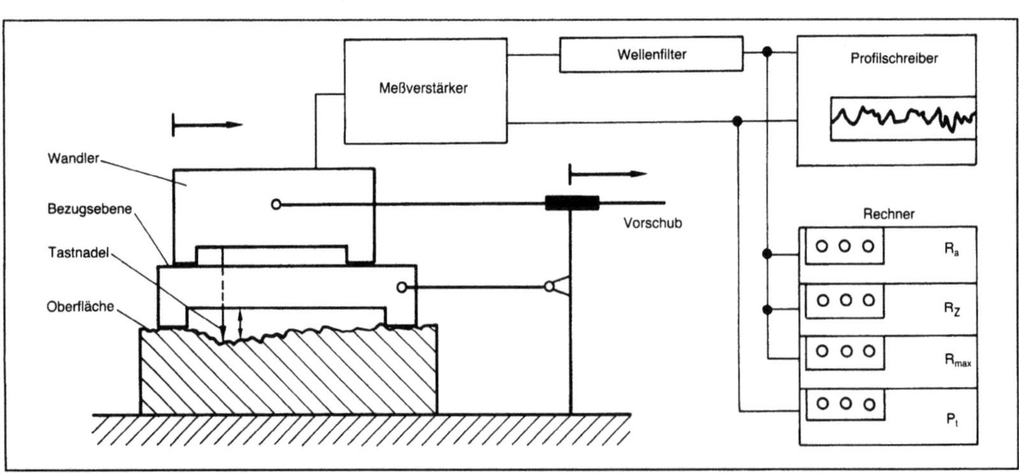


*Tastschnittverfahren: Funktionsschema eines mechanischen Tastschnittgeräts.*

**Tauchätzen.** Unter T. versteht man ein Ätzverfahren (→Ätzen), bei dem die Werkstücke für den chemischen Abtragprozeß in eine mit →Ätzmittel gefüllte Wanne gebracht werden.

Hierbei ist wichtig, daß eine Ansammlung von Gasblasen an der Ätzoberfläche vermieden wird. Bei ebenen Platten ist eine waagerechte Lage mit der Ätzfläche nach oben am günstigsten. Bei größeren Tafeln und bei beidseitigem Ätzen hängen die Werkstücke senkrecht im Ätzmittel. Bauteile mit größeren Ätztiefen werden durch Drehen in verschiedenen Lagen geätzt, um einen gleichmäßigen Abtrag zu erreichen. Durch intensive Badumwälzung zum Ausgleich örtlicher Schwankungen der Ätzmittelkonzentration und -temperatur lassen sich unterschiedliche Ätzgeschwindigkeiten weitgehend vermeiden. Die Umwälzung des Ätzmittels kann auf verschiedene Weise erfolgen. Gebräuchlich sind das Einblasen von Luft in Bodennähe der Ätzwanne und das Umpumpen des Ätzmittels. Für die Qualität der geätzten Oberfläche ist entscheidend, daß auch bei starker Badbelastung Konzentrations- und Temperaturfelder auf Grund der entsprechenden Reaktionswärme vermieden werden können.

Die Vorteile des T. gegenüber dem →Sprühätzen sind:

□ einfache und billige Vorrichtungen (Ätzbehälter, Werkstückaufhängevorrichtung, Überwachungsorgane),

□ der Werkstückgröße sind praktisch keine Grenzen gesetzt und

□ durch gesteuertes Eintauchen oder Herausziehen des Werkstückes aus dem Ätzmedium können bestimmte Werkstückkonturen erzeugt werden (→Abtragen, chemisches; →Maske). *König*

**Tauchflammenverfahren.** Im Unterschied zu den allothermen (→Reaktionsführung, allotherme) Lichtbogen- und Plasmaverfahren gehört das T. zu den autothermen (→Reaktionsführung, autotherme) Pyrolyseprozessen für die technische Herstellung von Acetylen. Beim T. werden Rohöle oder Rückstandsöle in einer Öl-Sauerstoff-Reaktionsflamme, die unter dem Flüssigkeitsspiegel eines Ölbads brennt, pyrolysiert. Das Quenchen (→Lichtbogenverfahren) der heißen Spaltgase erfolgt durch den die Reaktionsflamme umgebenden Ölsumpf. Um die Ölbadtemperatur bei 200–250 °C zu halten, wird das Öl im Kreislauf über einen Abhitzekessel geführt. Es fallen stets etwa gleiche Mengen an Acethylen und Ethylen an sowie zahlreiche Nebenprodukte, insbes. Kohlenstoffmonoxid, Wasserstoff, Ruß, Kohlenstoffdioxid, Methan und höhere Kohlenwasserstoffe. Bei der Aufarbeitung des Spaltgasgemisches werden Acetylen und Ethylen gemeinsam durch Kondensation abgetrennt. Das T. wurde speziell zur Acetylenerzeugung aus Rohöl bzw. dessen Fraktionen vom Benzin bis zum Bunker-C-Öl entwickelt (→Pyrolyse-Reaktion). *Schönbucher*

**Tauch-Gleitschleifen.** Beim T.-G. werden die →Gleitschleifkörper in einer umlaufenden Trommel durch Fliehkraft nach außen gedrückt. Die zu bearbeitenden Werkstücke werden an Halterungen befestigt und in den Arbeitsbehälter getaucht und meist in entgegengesetzter Richtung angetrieben (→Gleitschleifen). Dieses Verfahren wird insbes. zum Polieren von empfindlichen Werkstücken angewandt, weil Kontakte zwischen einzelnen Werkstücken ausgeschlossen sind. Als Schleifmittel kommt z. B. Maiskolbenschrot zum Einsatz. Typische Werkstücke sind Bestecke und sonstige Haushaltsgegenstände, bei denen eine glänzende Oberfläche erzielt werden soll. Deshalb wird das Verfahren auch häufig Tauchläppen genannt, ein Begriff dem innerhalb der →Feinbearbeitungsverfahren ein spezifisches Verfahren (→Gleitläppen) zugeordnet ist. *Kenter*

**Tauchläppen** →Gleitläppen

**Tauchrohr** →Zyklonabscheider

**Tauchstrahlreaktor.** T. gehören zu den Turmreaktoren. Die flüssige Phase wird dem Reaktor entnommen und mit Pumpen über eine Düse am Kopf des Reaktors als Freistrahl senkrecht auf die Flüssigkeitsoberfläche zurückgeführt. Durch den Strahl wird das Gas mit in die Flüssigkeit gerissen und durch die Flüssigkeitsströmung gegen die Auftriebskraft mitgeführt. Durch das zentral angeordnete Leitrohr entsteht eine Zirkulationsströmung. Zum Verbessern des Gaseintrags setzt man auch Zweistoffdüsen ein.

Der T. ermöglicht große Verweilzeiten der Gasphase. Der spezifische Energiebedarf ist jedoch im Vergleich zu pneumatisch betriebenen Reaktoren wie →Airlift-Reaktor, →Blasensäulenreaktor, →Deep-Shaft-Reaktor sehr groß, reduziert sich aber mit zunehmendem Arbeitsvolumen.

Entwickelt worden ist der T. für die biologische Behandlung stark belasteter Abwässer. *Liefke*

**Taulinie.** Die T. grenzt in Phasendiagrammen das Zweiphasengebiet (gasförmig-flüssig) von dem einphasigen Bereich des gasförmigen Zustands ab (Bild). Wird durch eine Zustandsänderung, die im einphasigen Gebiet beginnt, die T. überschritten, so kondensieren die ersten Flüssigkeitstropfen. Diese Zustandsänderung kann durch Druckerhöhung, b) im Bild, bewirkt werden. Die beim Erreichen der T. neu entstehende flüssige Phase hat eine Zusammensetzung gem. dem Punkt 2′ (Bild).

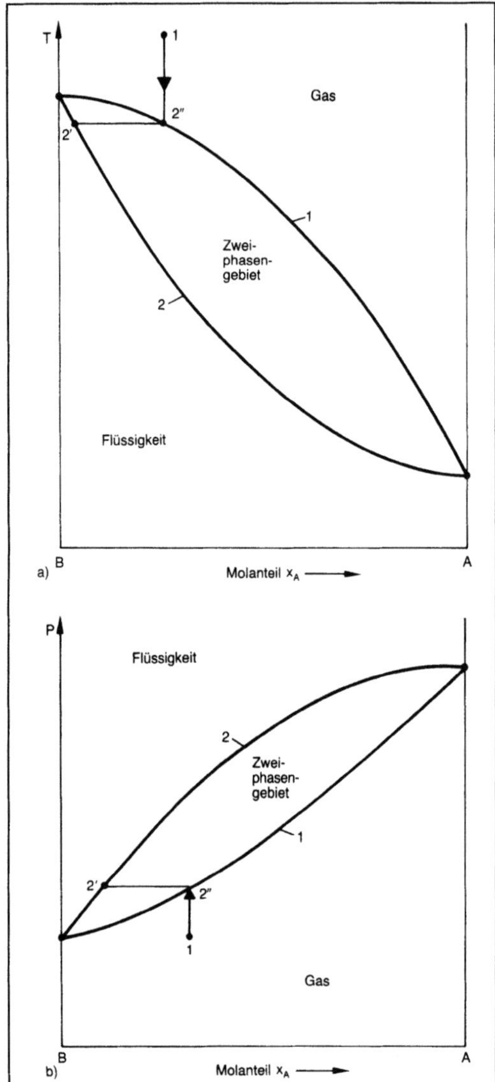



*Taulinie: Schematische Darstellung der Taulinie eines Zweistoffgemisches.*
*a) T,x-Diagramm*
*b) P,x-Diagramm.*

A leichter flüchtige Komponente, B schwer flüchtige Komponente, 1 Taulinie, 2 Siedelinie

Liegt ein retrogrades Verhalten des Gemisches vor, so ist es möglich, daß Kondensation eintritt, wenn die Temperatur erhöht oder der Druck verringert wird (Sieden von Gemischen). *Dohrn*

**Taumelmischer.** Der T. ist ein →Trommelmischer, bei dem die Drehung um eine aus der Trommelachse geneigte Achse erfolgt (Bild). Dadurch erzielt man eine zusätzliche sehr gute Längsvermischung, die zu einer Verkürzung der Mischzeit gegenüber dem

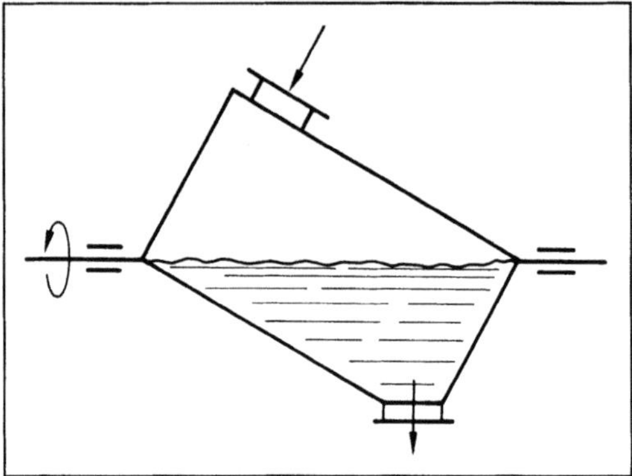

*Taumelmischer.*

Trommelmischer führt. Auch hier tritt ein großer Kraftaufwand und mechanische Beanspruchung auf. *Schlag*

**Taumelsiebmaschine.** Bei diesen Siebmaschinen wird eine kreisschwingende Bewegung in der Trennflächenebene mit einer kleinen Vertikalkomponente zu einer dreidimensionalen Bewegung überlagert. Das Siebgut wird in der Mitte des obersten Siebbodens aufgegeben. Das Feingut fällt dabei durch die Maschen, und ein darunter liegender Zulauftrichter führt es auf die Mitte des nächsten Siebdecks. Das Grobgut wandert durch die Taumelbewegung nach außen und wird dort abgeworfen. T. (Rundsiebmaschinen genannt) werden mit mehreren Siebdecks betrieben, so daß man auch entsprechend verschiedene Fraktionen erhält. *Trefz*

**Taumelzentrifuge.** Die T. (Bild) ermöglicht einen kontinuierlichen Kuchenaustrag. Die Filtertrommel dreht sich um die Hohlwelle und mit geringerer Geschwindigkeit um die eigene Achse. Der Kuchen wird dort ausgetragen, wo die Wandreibungskräfte kleiner als die Zentrifugalkraftkomponente parallel zur Trommelwand sind. *Dahl*

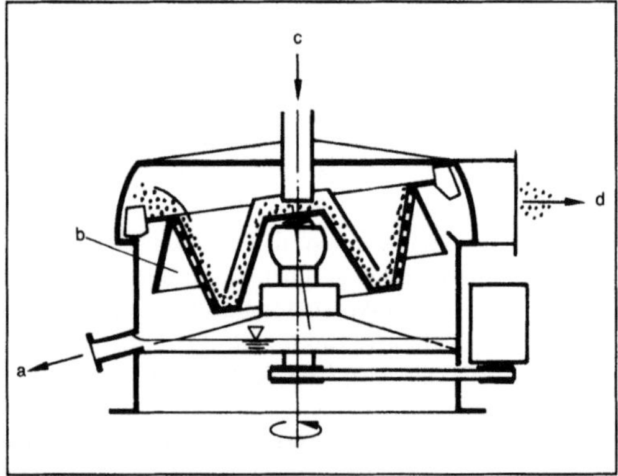



*Taumelzentrifuge.*

a Filtrat, b Rotor, c Suspension, d Feststoff

**Taylor-Gleichung.** Diese Gleichung beschreibt die →Standzeit eines Zerspanwerkzeugs in Abhängigkeit von der Schnittgeschwindigkeit. Die Standzeitkurve wird dabei im doppeltlogarithmischen Koordinatennetz gleicher Teilung durch eine Gerade angenähert. Die T.-G. lautet:

$$T = C_v \, v_c^k;$$

hierbei entspricht die Konstante $C_v$ der Standzeit bei der Schnittgeschwindigkeit $v_c = 1$ m/min, während der Exponent k die Steigung der Geraden angibt.

Zur Bestimmung der Konstante und des Exponenten müssen während des Verschleißstandzeit-Drehversuchs mindestens drei einzelne Standzeiten für unterschiedliche Schnittgeschwindigkeiten bei ansonsten konstanten Bedingungen ermittelt werden. Die Steigung der Standzeitkurve erlaubt Rückschlüsse auf die überwiegende Ursache für den →Verschleiß des Werkzeugs. So läßt ein sehr steiler Verlauf der Standzeitgeraden auf überwiegenden Einfluß der Temperatur schließen, während ein flacher Verlauf den Einfluß von mechanischem Abrieb nahelegt. *König*

**Taylor-Prinzip.** Dieses P. (häufig auch Funktionsmeister-P. genannt) beruht auf einer Spezialisierung der Leitungsfunktionen (→Leitungssystem) im →Produktionsbereich von Unternehmen und gilt als Grundlage für das Mehrliniensystem, d. h. der Unterstellung eines Untergebenen unter mehrere Vorgesetzte, die auf unterschiedliche Sachgebiete spezialisiert sind.

Als Begründer dieses P. gilt der amerikanische Ingenieur *Frederick Winslow Taylor* (1856–1915), der es sich zum Ziel gesetzt hatte, den Menschen als Funktionsträger so effizient und produktiv wie möglich einzusetzen. Seine Hauptinteressen richteten sich dabei auf die analytische Zerlegung der Arbeitsprozesse im →Fertigungsbereich mit Hilfe von Zeit- und Bewegungsstudien sowie auf die Leitungsfunktionen der Meister. Somit führte er die Betriebsführung auf wissenschaftlicher Grundlage ein, die unter dem Begriff scientific management bekannt wurde.

Das T.-P. stellt die konsequente Anwendung des Spezialisierungsgedankens auf die Gestaltung der →Organisationsstruktur eines Unternehmens dar. Die zu Lebzeiten *Taylors* angewandten Organisationsstrukturen können als militärisch bezeichnet werden, wobei ein streng durchgeführtes Unterordnungssystem das Gerippe bildete, das die Befehle und Aufträge von Generaldirektoren durch die Abteilungsdirektoren, Betriebschefs, Assistenten, Meister zum Arbeiter vermittelte. Dieses Verfahren erforderte, daß jedes der bezeichneten Organe, insbes. die Meister, nach Ansicht *Taylors* sehr verschiedenartige Arbeiten ausführen mußten und nur entsprechend vielseitig begabte Menschen ihre Aufgaben in wünschenswerter Weise ausführen konnten.

Hieraus folgerte *Taylor*, daß das gesamte System in funktionale Bereiche aufzuteilen war, so daß jeder dieser Bereiche von einem Meister geleitet werden konnte. Allerdings hat nicht *Taylors* aus dem Spezialisierungsgedanken abgeleitetes P. des Funktionsmeister-Systems die praktische Gestaltung organisatorischer Strukturen bestimmt, sondern das die Koordination betonende Fayol-P. der Einheit der Auftragserteilung. *Eversheim*

Literatur: *Taylor, F. W.,* u. *R. Roesler:* Die Grundsätze wissenschaftlicher Betriebsführung. Berlin, München 1913. – *Taylor, F. W.,* u. *A. Wallichs:* Die Betriebsleitung. Berlin 1914.

**Teersand.** T. oder Ölsande sind Sedimente, die zähflüssige, bituminöse Kohlenwasserstoffe enthalten. Die T. können lose zusammenhängen wie bei der Athabasca-Lagerstätte in Kanada oder zu Sandstein verfestigt sein wie bei der Peace-River-Lagerstätte. Die Sande enthalten bis zu 18 % Massenanteil Bitumen, im Schnitt etwa 12 % Massenanteil. T.-Vorkommen sind Erdöllagerstätten, in denen das enthaltene Öl so zäh ist, daß es nicht zum Bohrloch fließt. Zwischen diesen zähen Kohlenwasserstoffen und normalem Erdöl gibt es einen kontinuierlichen Übergang mit zunehmend höheren Viskositäten und einem zunehmenden Anteil an kondensierten aromatischen und naphthenischen Ringsystemen. Um Kohlenwasserstoffe zu gewinnen, müssen die T. einem Aufschlußverfahren unterzogen werden. Für tiefliegende Lagerstätten werden derzeit In-Situ-Gewinnungsmethoden entwickelt.

T. lassen sich nach der Benetzung der Sandkörner durch das Bitumen in 2 Klassen einteilen:
□ Die Sandkörner sind mit Wasser benetzt. Aus diesem T. kann man das Bitumen durch mechanische Verfahren in wäßriger Phase von den Sanden abtrennen. Allein dieser Lagerstättentyp ist derzeit wirtschaftlich von Bedeutung.
□ T., bei denen die organische Phase die mineralischen Körner direkt benetzt. Zum Abtrennen des Bitumens aus derartigen Lagerstätten wurde die Extraktion mit Lösungsmitteln und die Destillation vorgeschlagen.

T. sind auf der Erde weit verbreitet und sind ein erheblicher Vorrat an fossilen Kohlewasserstoffen, die als synthetisches Erdöl gewonnen und in konventionellen Raffinerien weiterverarbeitet werden können. In der Tabelle sind die wichtigsten Lagerstätten aufgeführt.

Die Gewinnung des Bitumens aus den T. wird durch die Benetzbarkeit der Partikel mit Wasser und durch die Tiefe der Lagerstätten bestimmt. Vorkommen im Bereich von maximal 50–80 m unterhalb der Erdoberfläche werden meist im Tagebau

*Teersand. Tabelle: Die wichtigsten Teersandlagerstätten.*

| Land | Lagerstätte | Bitumen | Aus-dehnung | Mächtigkeit | | Tiefe |
| --- | --- | --- | --- | --- | --- | --- |
| | | | | maxi-male | mittlere | |
| | | $10^6$ m$^3$ | km$^2$ | m | m | m |
| Venezuela | Orinoco | 167 000 | 49 000 | 150 | 35 | 200–1 200 |
| Kanada | Athabasca | 99 400 | 26 000 | 100 | 35 | 0– 650 |
| | Cold Lake | 24 500 | 14 300 | 100 | 15 | 350– 650 |
| | Wabasca | 8 000 | 7 900 | 100 | 10 | 350– 800 |
| | Peace River | 8 500 | 5 400 | 100 | 15 | 80– 800 |
| ehem. UdSSR | Melekes | 19 500 | 11 400 | | | |
| | Siligir | 2 100 | | | | |
| | Olenek | 1 300 | | | | |
| USA, Utah | Tar Triangle | 2 500 | 600 | 100 | 30 | 0– 200 |
| | Uinta Basin | 1 900 | 1 300 | 170 | 20 | 0– 800 |
| California | Edna | 26 | 26 | – | 80 | 0– 200 |
| Madagaskar | Bemolanga | 280 | 400 | 100 | 35 | 0– 40 |
| Albanien | Selenizza | 59 | 20 | 100 | – | – |
| Trinidad | La Breca | 10 | – | – | – | – |
| Nigeria | Tjobu/Ode-Okitipupa | 540 | 700 | 29 | – | 0– 70 |

abgebaut und lassen sich mit guter Kohlenwasser-stoffausbeute durch über Tag betriebene Verfahren wie den Heißwasserprozeß verarbeiten (Bild). Für Lagerstätten, die tiefer als 150 m liegen, werden In-Situ-Verfahren in Großversuchen erprobt, wie z. B. die Dampfinjektion und die teilweise Verbrennung. Im Zwischenbereich von 80–150 m stehen die größten Schwierigkeiten für einen wirtschaftlichen Abbau entgegen, da der Tagebau nicht mehr lohnt und für In-Situ-Verfahren die Abdichtung durch das Deckgebirge nicht ausreicht.

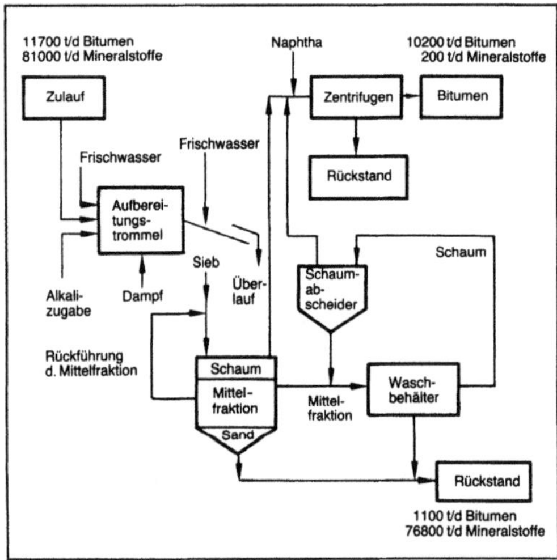


*Teersand: Fließbild des Heißwasserverfahrens zum Gewinnen von Bitumen aus Teersanden.*

Kommerziell werden bisher nur die Athabasca-Sande genutzt und diese auch nur im Rahmen des ca. 10%igen Anteils der Lagerstätte, der im Tagebau angegangen werden kann. Auf Grund des geringen nutzbaren Massenanteils an Kohlenwasserstoffen (<12%) ist der Abbau von T. ein großes Unternehmen. Im Vergleich zu metallischen Erzen hat das aus dem Bitumen erzeugte synthetische Erdöl zudem einen relativ geringen Preis von ca. 0,2–0,3 DM/kg. Zum Betreiben einer Anlage, die je Tag 20 000 m$^3$ (etwa 6 Mill. t/a) synthetischen Erdöls erzeugt, müssen im Jahr etwa 100 Mill. t T. abgebaut und darüber hinaus etwa 40–70 Mill. t Abraum gehandhabt werden.

Das 1977 in Kanada von Syncrude Canada in Betrieb genommene Abbauverfahren für eine Anlage von ca. 20 000 m$^3$ Öl pro Tag läuft folgendermaßen ab: Grube und Extraktionsanlage sind durch 2 Vorratshalden weitgehend entkoppelt. Mit Schürfbaggern (Inhalt je Kübel 60 m$^3$) wird das Deckgebirge abgetragen und in einer benachbarten, bereits ausgehobenen Grube abgeladen. Gleichartige Bagger schürfen auch den T. und deponieren auf einer Halde längs des Grubenrands. Von dort wird der T. mittels Schaufelradförderern auf 1,8 m breite Förderbänder aufgegeben, an deren Ende wiederum eine T.-Halde zwischengeschaltet ist, von der der T. direkt in die Extraktionsanlage gebracht wird.

Das Heißwasserverfahren beruht darauf, daß das Bitumen nicht direkt an die mineralischen Teilchen gebunden, sondern durch einen Wasserfilm von ihnen getrennt ist. In einer Vorbehandlung werden T. und Wasser im Massenverhältnis 1:4 bei einer Temperatur von ca. 80 °C in eine Mischtrommel gegeben. Bei einem durch Alkalien eingestellten pH-Wert von 8–9 entsteht während einer Verweildauer von 10 min eine Aufschlämmung von Bitumen, Wasser und lose miteinander verbundenen mineralischen Partikeln. Die Aufschlämmung wird zur Entfernung gröberer Partikel gesiebt. Anschließend wird mit heißem Wasser weiter auf ein Massenverhältnis von 1:6 verdünnt und der Schlamm in den ersten →Trennapparat gepumpt. Das Bitumen bildet an der Flüssigkeitsoberfläche einen Schaum. Bitumen hat zwar ungefähr die gleiche Dichte wie Wasser. Da aber während des Prozesses Luftblasen entstehen und Bitumen eine große Affinität zu Luft hat, wird es dennoch an die Oberfläche getragen, um sich dort als Schaum abzulagern. Dieser Schaum besteht aus 60–70 % Massengehalt Bitumen, 20 bis 30 % Wasser und ca. 10 % Feststoffen.

Eine mittlere Fraktion mit 2–6 % Massenanteil Bitumen wird abgezogen und in Flotationszellen aufbereitet. Man erhält dabei einen sog. Sekundärschlamm geringerer Qualität mit 20–40 % Bitumen, 50–70 % Wasser und 10–30 % Feststoffen.

Weitere Verfahren sind die Lösungsmittel-Extraktion, das Kaltwasserverfahren, die Ölphasen-Agglomeration und die Tröpfchen-Agglomeration. In-Situ-Verfahren sind die Dampfinjektion, die Stimulation mit Dampf und Verbrennung mit Gasen sowie trockene Extraktionsverfahren (→Ölschiefer (Verarbeitung)).                                        *Dohrn*

Literatur: *Bowman, C. W.:* Tar sands and related products as chemical feedstocks. In: Future Sources of Organic Raw Materials. CHEMRAWN I. Oxford 1980, S. 437/66. – *Strausz, O. P.,* u. *E. M. Lown* (Hrsg.): Oil Sands and Oil Shale Chemistry. Chemie Int. New York 1978.

**Teilkondensation** →Partialkondensation

**Tellertrockner.** T. werden zum →Trocknen von schaufelbaren Schüttgütern sowie von pulverigen, pastösen oder stückigen Gütern verwendet. Das Gut wandert nacheinander über die verschiedenen etagenförmig angeordneten Teller. Die Energiezufuhr zum Gut kann durch die Beheizung der Teller, durch einen Heizgasstrom oder durch beides erfolgen. Der spezifische Wärmebedarf ist bei einer Konvektionstrocknung höher als bei einer →Kontakttrocknung. Die Teller können 5 m Dmr. haben. Die Schichtdicke auf den Tellern beträgt 10–20 mm.     *Dohrn*

**TEM** →Resonator, optischer

**Temperaturführung.** Unter der T. (→Reaktionsführung, isotherme) in einem chemischen Reaktor versteht man das Einhalten bestimmter Temperaturgrenzwerte, einer optimalen Reaktionstemperatur (→Reaktionsführung) oder eines optimalen Temperaturverlaufs. Durch eine optimale T. soll bei einfachen Reaktionen ein möglichst hoher Umsatz und bei komplexen Reaktionen eine möglichst hohe →Ausbeute bzw. →Selektivität jeweils bei einer größtmöglichen Reaktorleistung oder minimalen →Verweilzeit bzw. einem minimalen Reaktorvolumen erreicht werden (→Reaktionsführung). Unabhängig davon müssen durch die T. auch Fragen des wärmetechnischen Betriebszustands (→Reaktor, chemischer), der →Reaktorstabilität sowie die Temperaturempfindlichkeit von Reaktionskomponenten, Katalysatoren (z. B. Desaktivierung bei zu hohen Temperaturen) und von Teilen des Reaktors berücksichtigt werden.

Besonders wichtig ist die T. von einfachen Gleichgewichtsreaktionen mit großen Reaktionsenthalpien und/oder Umsätzen. (Die verschiedenen technischen Möglichkeiten der T. sind in →Reaktionsführung, Bild 2, veranschaulicht.) Es ist zu erkennen, daß für gleiche Reaktoreintrittstemperaturen $T_a$ die erreichbaren Umsätze bei der isothermen Reaktionsführung stets größer sind als bei der adiabaten Reaktionsführung. Zur Erhöhung des zunächst kleinen adiabaten Umsatzes auf Umsätze, die den isothermen recht nahe kommen, wurde die stufenweise T. (Zickzacklinie, Sägezahnprofil) eingeführt. Hier unterscheidet man die Methode mit indirektem Wärmeaustausch (Zwischenkühlung →Reaktionsführung, Bild 2 c)), bei der die Umsätze während der Kühlphase konstant bleiben, und die Methode mit direktem Wärmeaustausch (→Reaktionsführung, Bild 2 d)), bei der die Umsätze während der Quenchphase absinken. Schließlich gibt es die kontinuierliche T., bei der entlang der gesamten Reaktionsstrecke mit flüssigen bzw. gasförmigen Wärmeträgern oder durch Verdampfung eines Kühlfluids bzw. den vorzuwärmenden Eduktstrom ein kontinuierliches Temperaturprofil eingestellt wird.

Die technische Realisierung der stufenweisen T. erfolgt in adiabat geführten Abschnittsreaktoren (→Hordenreaktor). Zwischen den Katalysatorschichten befinden sich außen angeordnete →Wärmeübertrager (z. B. $H_2SO_4$-Synthese) bzw. innenliegende Wärmeübertragungsflächen, und/oder es wird in diesen katalysatorfreien Bereichen kaltes Frischgas eingespeist (z. B. Ammoniak- und Niederdruck-Methanol-Synthesen). Eine kontinuierliche T. wird in Rohrbündelreaktoren oder Röhrenöfen erreicht (z. B. Niederdruck-Methanol-, Styrol- und Vinylacetat-Synthesen oder Ethylen-Synthese durch thermisches Naphtha-Kracken), die isotherm bzw. polytrop (→Reaktionsführung) gefahren werden.

Bei Reaktionen mit kleinen Reaktionsenthalpien und/oder kleinen Umsätzen kann häufig auf eine T. verzichtet werden. Solche Reaktionen werden adiabat geführt und sind z. B. in mehrschichtigen Vollraumreaktoren durchführbar (z. B. als Sekundärreformer bei der Synthesegasherstellung aus Naphtha). Ohne T. verlaufen auch sehr schnelle Reaktionen an dünnen Katalysatorschichten (Netzen) bei Verweilzeiten von ca. 1–100 ms (z. B. Salpetersäure-Synthese durch Ammoniak-Verbrennung an Pt/Rh-Netzen oder die Formaldehyd-Synthese durch Dehydrierung von Methanol an Ag-Netzen). (Die T. komplexer Reaktionen wird bei →Reaktionsführung behandelt.) *Schönbucher*

**Temperaturwechselverfahren.** Verfahren zum →Regenerieren von Adsorbenzien (Adsorptionsmitteln), bei dem durch Temperaturerhöhung das Adsorptiv in die Gasphase übergeht und mit einem Spülgas entfernt wird. Die Erwärmung des →Adsorbens kann indirekt über Heizflächen oder direkt über ein heißes Gas erfolgen. Der Einsatz des T. setzt voraus, daß der Dampfdruck der zu entfernenden Komponente bei einer Temperaturerhöhung genügend stark ansteigt.

Ein Beispiel ist die →Adsorption von Wasser an einem 0,5 nm-Molekularsieb. Beträgt der Partialdruck des Wasserdampfes 1 hPa, kann der Anteil des beladenen Adsorbens durch Temperaturerhöhung von 25 auf 200 °C von etwa 18 auf 2 % Massenanteil reduziert werden. Weitere Beispiele sind die Adsorption von Schwefelwasserstoff und Kohlendioxid auf Molekularsieben und von Kohlenwasserstoffen an Aktivkohle oder →Silicagel. *Dohrn*

Literatur: *Mersmann, A.:* Thermische Verfahrenstechnik. Berlin, Heidelberg, New York 1980. – *Ruhl, E.:* Temperaturwechsel-, Druckwechsel- und Verdrängungsdesorptions-Verfahren. Chem.-Ing.-Techn. 43 (1971), S. 870/76.

**Temperguß.** Gußeisen, das zunächst ohne Graphitausscheidung weiß erstarrt ist und das seine Endeigenschaften durch unterschiedliche Wärmebehandlungen erhält. Temperrohguß ist spröde und nicht bearbeitbar.

Die weiße Erstarrung wird durch niedrigere Kohlenstoff- und Siliciumgehalte im Vergleich zu →Grauguß herbeigeführt. Die Wärmebehandlung, das Tempern, die das instabile Eisencarbid zum Zerfall bringt, kann mit einer →Entkohlung verbunden werden. Eine solche Behandlung führt zum weißen T. Soll ohne Entkohlung getempert werden, so wird ein noch niedrigerer Kohlenstoffgehalt von etwa 2,5 % eingestellt.

Nach der Wärmebehandlung ist T. duktil und in seinen Eigenschaften dem Gußeisen mit Kugelgraphit vergleichbar. Die Tempergußsorten GTW und GTS sind in DIN 1692 genormt. *Rellermeyer*

**Temperroheisen** →Gießerei-Roheisen

**Terminplanung.** Ziel der T. und →Kapazitätsplanung ist die Steuerung der Werkstattaufträge. Dabei soll eine gleichmäßig hohe Betriebsmittelauslastung erreicht werden. Die Planung umfaßt die Durchlaufterminierung und die Kapazitätsplanung.

Bei der Durchlaufterminierung werden der Start- und Endtermin für die Durchführung einer Aufgabe sowie Zwischentermine bestimmt. Basisdaten sind die Durchlaufzeiten zwischen den Fertigungsebenen eines Erzeugnisses, Übergangszeiten wie Transport-, Prüf-, Liege- und Störzeiten, Vorgabezeiten aus Arbeitsplänen und die Erzeugnisgliederung.

Die Fertigungstermine können mit mehreren Methoden bestimmt werden. Bei der Vorwärtsterminierung werden ausgehend vom Starttermin alle Anfangstermine und der Zieltermin ermittelt. Die Rückwärtsterminierung liefert ausgehend vom Zieltermin alle Endtermine und den Starttermin. Die kombinierte Terminierung ist eine Mischung der genannten Methoden. Ausgehend vom Zieltermin werden durch abwechselndes Rückwärts- und Vorwärtsrechnen die Anfangs- und Endtermine bestimmt. Dabei wird die Kapazitätsgrenze der Fertigungsmittel mitberücksichtigt. Die integrierte Terminierung kann nur mit Hilfe der EDV durchgeführt werden. Sie umfaßt zusätzlich zur kombinierten Terminierung noch die Materialbedarfsermittlung, und sie berücksichtigt die Lagerbestände. Der jeweils neueste Stand des Kapazitätsbestands geht in die Rechnung ein, so daß sehr genaue Planungsergebnisse erzielt werden.

Je nach Zielsetzung unterscheidet man zwei Strategien, die auftragsorientierte T. ohne Berücksichtigung vorhandener Kapazitätsbelastung und die anlagenbezogene bzw. kapazitätsorientierte T., die die vorhandene Kapazitätsbelastung berücksichtigt.

An manuellen Planungshilfsmitteln stehen Netzplantechnik, Balkendiagramme, Fristenpläne und Plantafeln zur Verfügung. Maschinelles Hilfsmittel ist die EDV mit Programmpaketen für auftrags- und kapazitätsorientierte T.

Die Genauigkeit der Planung hängt vom zeitlichen Horizont ab. Je kürzer die Planungsperiode ist, desto genauer sollte die Planung erfolgen. *Eversheim*

Literatur: *Brankamp, E.:* Leitfaden und Einführung einer Fertigungssteuerung. Essen 1977. – *Brankamp, K.:* Handb. moderne Fertigung und Montage. München 1973. – *Hackstein, R.:* Produktionsplanung und -steuerung. Handb. Betriebspraxis. Düsseldorf 1984. – *Heckner, H.,* u. *H.-P. Tangermann:* Untersuchungen von Planungsverfahren zur Steuerung von Mengen und Terminen in Materialwirtschaft und Fertigung. Berlin 1977. – N. N.: Methodenlehre der Planung und Steuerung. Bd. 1/5. REFA-Verband für Arbeitsstudien e. V. München 1985. – Elektronische Datenverarbeitung bei der Produktionsplanung und -steuerung. Bd. VI: Begriffszusammenhänge, Begriffsdefinitionen. Düsseldorf 1976. – *Trochla, E.:* Handwörterb. Organisation. Stuttgart 1973. – *Wöhr, G.:* Einführung in die allgemeine Betriebswirtschaftslehre. München 1978.

**Terpen** →Harz

**Texturmessung.** Die Textur von Lebensmitteln stellt einen Komplex vieler verschiedener Eigenschaften wie Härte, Adhäsion, Kohäsion, Elastizität, Brüchigkeit, Zähigkeit, Mürbe, Kaufähigkeit, Faserigkeit, Grießigkeit u. a. dar und kann allgemein als Widerstandverhalten gegen mechanische Beanspruchung charakterisiert werden. Die T. ist von großer Bedeutung, da die Textur neben Geschmack, Geruch und Farbe eine wichtige sensorische, damit qualitätsbestimmende Eigenschaft ist. Weiterhin lassen sich mit T. Kenntnisse über die innere Struktur von Lebensmitteln sammeln. Die Ergebnisse werden sowohl zur Auslegung von Apparaten und Maschinen als auch zur Kontrolle und Verbesserung der Produktqualität herangezogen. Aber auch bereits bei der Rohstoffgewinnung setzt man T. seit langem ein, z. B. für die Ermittlung des optimalen Erntezeitpunktes.

Auf Grund der häufig anisotropen Struktur von Lebensmitteln (z. B. Faserigkeit von Fleisch oder Gemüse) werden zum Messen der Textur meist empirische, produktspezifische Methoden eingesetzt. Sie beruhen bei festen Produkten auf der Verwendung von Apparaten zum Aufbringen einer definierten mechanischen Beanspruchung: Zug (spröde Stoffe, z. B. Kartoffel), Diametraldruck, Biegen, Quetschen, Schneiden, Scheren (weiche Stoffe), Kramer-Scheren (für viele Lebensmittel einsetzbar), Eindringen von Stiften ins Produkt. Nach letzterem Prinzip arbeitet das Penetrometer, das häufig für Obst, Gemüse sowie Fette verwendet wird und mit dem man das Verhältnis von Kraft und Eindringtiefe der Stifte mißt.

Auf dem Kramer-Scheren beruhen das Tenderometer für die Bestimmung des Reifegrades von Erdbeeren und ähnliche Geräte für die Qualitätsbestimmung von Bohnen, Mais u. ä. Durch Messung von Drehmomenten beim Kneten bzw. Zugspannungen beim Dehnen im Farinographen bzw. Extensiometern werden Mehl- und Teigeigenschaften bestimmt. Zur Charakterisierung von Stärkeprodukten mit Hilfe von Drehmomentmessungen unter Variation der Temperatur dienen Amylographen.

Durch Textur-Profil-Analysen, bei denen die Probe alternierender Druck- und Zugbeanspruchung unterzogen wird, können mehrere Produkteigenschaften gleichzeitig untersucht werden (z. B. Sprödigkeit, Härte, Klebefähigkeit, Kohäsionsfähigkeit, Gummiartigkeit).

Die T. flüssiger Produkte beruht in der Regel auf rheologischen Untersuchungen. Dabei wird das Fließverhalten ermittelt. Meßgrößen sind Viskosität bzw. scheinbare Viskosität in Abhängigkeit des Schergradienten und der Fließgrenze. Thixotrope (z. B. konzentrierte und naturtrübe Fruchtsäfte, gesüßte Kondensmilch, Joghurt, Pudding, Mayonnaise) und rheopexe Produkte (im Bereich der Lebensmittelindustrie nicht bekannt) zeichnen sich zusätzlich durch die Zeitabhängigkeit der scheinbaren Viskosität bei konstanter Beanspruchung aus. Meßapparaturen sind Kapillarviskosimeter, Kegel-Platte- oder Couette-Rotationsviskosimeter. Letzteres ist das gebräuchlichste Gerät sowohl für newtonsche als auch für nicht-newtonsche Medien.

Auch für feste Produkte versucht man, die empirischen Methoden zunehmend durch rheologische Untersuchungen zu ersetzen. Die meisten Lebensmittel können durch zusammengesetzte Modelle als Kombination dreier einfacher rheologischer Modelle (ideal-viskos, linear-elastisch, ideal-plastisch) beschrieben werden: Maxwell-, Kelvin- oder Burger-Modell für viskoelastische Produkte, Bingham-Modell für plastoelastische Produkte. Die Zeitabhängigkeit des Fließverhaltens läßt sich durch Messen der Spannungsrelaxation, des Kriechens, der Retardierung erfassen (Rheologie, Viskosität). *Kerner/Loncin*

Literatur: *Kramer, A.,* u. *A. Szczesniak:* Texture Measurements of Foods. Dordrecht, Boston 1973. – *Peleg, M.,* u. *E. B. Bagley:* Physical Properties of Foods. Westport (Conn.) 1983. – *Peleg, M.:* Über die Texturbewertung von festen Lebensmitteln durch rheologische Untersuchungen. Int. Z. Lebensmitteltechnol. und -verfahrenstechn. (1987) Nr. 3. – *Windhab, E.:* Eine neue Meßtechnik zur Ermittlung des Gleit- und Fließverhaltens sowie der Gleit- und Fließgrenze konzentrierter Suspensionen in der Lebensmitteltechnik. Int. Z. Lebensmitteltechnol. und -verfahrenstechn. (1987) Nr. 1.

**Thermitschweißen.** Das T. oder aluminothermische Schweißen ist ein elektrisches Widerstands-Schmelzschweiß-Verfahren, das hauptsächlich für Stumpfschweißen von Rohren und Schienen durch Thermit (Aluminium und Eisenoxid) angewendet wird.

Als Wärmequelle dient die Reaktionswärme, die bei der Reduktion von pulverförmigem Eisenoxid duch Aluminium entsteht. Die Reaktion läuft nach Zünden mit Hilfe von Bariumsuperoxid ($BaO_2$) in einem Magnesiatiegel mit Stahlblechmantel ab, wobei Temperaturen von ca. 3000 °C entstehen. Das Gießen (Kippen des Tiegels oder Abstichöffnung) erfolgt in eine feuerfeste Form. Die Werkstücke (z. B. Schienenstöße, Rohre) werden auf 1000 °C vorgewärmt und mit Formkohle oder Formsteinen eingeformt. Die Schweißfuge wird dann mit flüssigem Eisen, das aufgeliert sein kann, gefüllt (Thermitschmelzschweißen).

Beim Thermitpreßschweißen läßt man flüssiges Eisen so lange über die Schweißstelle laufen, bis die Schweißtemperatur erreicht ist. Dann wird durch Anwendung von Druck die Verschweißung herbeigeführt. Alle niedrig- und hochlegierten Stähle sowie Stahlguß sind schweißgeeignet. *Heller*

**Thermodiffusion.** Physikalischer Effekt, der zur Trennung homogener Gasmischungen ausgenutzt werden kann. Ist in einem Apparat, der eine homogene Mischung zweier Gase enthält, die Temperatur räumlich nicht konstant, dann diffundieren die Moleküle des leichteren Gases in Richtung der höheren Temperatur und die Moleküle des schwereren Gases in Richtung der tieferen Temperatur. Auf diese Weise reichern sich an wärmeren Orten die leichten Gase und an kälteren die schweren Gase an.

Die T. wurde erstmals 1938 von *K. Clusius* experimentell nachgewiesen. Sie kann im technischen Maßstab zur Isotopentrennung verwendet werden (→Trennverfahren, kinetisch kontrolliertes). *Dohrn*

Literatur: *Benedict, M.*, u. *T. H. Pigford:* Nuclear Chemical Engineering. New York 1957. – *Rutherford, W. M.:* Separ. Purif. Methods (1975) Nr. 4, S. 305.

**Thiele-Modul.** Es ist eine dimensionslose Katalysatorkennzahl, definiert als Verhältnis der Geschwindigkeiten der chemischen Reaktion und →Porendiffusion:

$$\Phi = L \sqrt{\frac{r}{D_{i,eff}\, c_{i,s}}} \, ;$$

darin bedeuten: L charakteristische Länge des porösen Katalysatorpellets, r Reaktionsgeschwindigkeit, $D_{i,eff}$ effektiver Diffusionskoeffizient (Porendiffusion) der Komponente i im Porensystem des Pellets, $c_{i,s}$ Konzentration des Reaktanden i an der äußeren Pelletoberfläche.

Die Kennzahl $\Phi$ entspricht der Wurzel aus der zweiten Damköhler-Zahl und beschreibt das Zusammenwirken von chemischer Reaktion und eindimensionaler Porendiffusion im Inneren eines zunächst isothermen Katalysatorpellets. Der T.-M. $\Phi$ bestimmt das Konzentrationsprofil im Pellet und ist unmittelbar mit dem Katalysatorwirkungsgrad verknüpft. Für eine irreversible Reaktion erster Ordnung (→Geschwindigkeitsgleichung) vereinfacht sich der T.-M. zu

$$\Phi = L \sqrt{\frac{k}{D_{i,eff}}} \, ;$$

darin bedeutet k Geschwindigkeitskonstante der Reaktion.

Bei nicht eindimensionaler Porendiffusion, wie z. B. in Katalysatorkugeln und -zylindern oder auch bei irregulären Katalysatorgeometrien sowie bei einer irreversiblen Reaktion n-ter Ordnung, wird ein modifizierter (verallgemeinerter) T.-M. $\psi$ eingeführt:

$$\psi = \frac{V_p}{A_p} \sqrt{\frac{n+1}{2} \frac{k\, c_{i,s}^{n-1}}{D_{i,eff}}} \, ;$$

darin bedeuten $V_p$ Volumen des Pellets, $A_p$ äußere Pelletoberfläche.

Bei nicht isothermen Katalysatorpellets muß zusätzlich die Temperaturabhängigkeit von k mit dem Faktor exp(-γ) in den obigen Formeln berücksichtigt werden (γ →Arrhenius-Zahl) .

Der T.-M. spielt auch bei der makrokinetischen Modellierung der Desaktivierung fester Katalysatoren (→Reaktion, katalytische) der Gas-Feststoff-Reaktionen (Asche-Kern-Modell) sowie der Fluid-Fluid-Reaktionen (→Hatta-Zahl) eine große Rolle. *Schönbucher*

**Tiefbohren.** Die Bearbeitung sehr großer Bohrtiefen (ab etwa 20× Bohrungsdurchmesser) ist nur durch T. möglich. Hierzu wurden spezielle Tiefbohrverfahren entwickelt, die neben besonderen Werkzeugen auch entsprechend angepaßte Maschinen erfordern. Die heute industriell eingesetzten Verfahren sind:

- das →Einlippen-Bohrverfahren,
- das →BTA-Bohrverfahren und
- das →Ejektor-Bohrverfahren.

Vom herkömmlichen Bohren unterscheidet sich das Tiefbohren außer durch eine unsymmetrische Schneidenanordnung am Werkzeug dadurch, daß das Kühlschmiermittel unter Druck direkt zu den Schneiden geführt wird und daß seine Spülwirkung der vorrangige Transportmechanismus für die anfallenden Späne ist. Darüber hinaus besteht der →Schneidteil aus →Hartmetall, so daß hohe Schnittgeschwindigkeiten erreicht werden können, die wiederum die Zerspanleistung und die →Bohrungsqualität entscheidend verbessern. *König*

Literatur: *Cronjäger, L.:* Technologie des Tiefbohrens. VDI-Tagung Tiefbohren in der spanenden Fertigung. Heidelberg 1974. – VDI 3210: Tiefbohrverfahren. VDI-Handb. Betriebstechnik. Düsseldorf 1974.

**Tiefbohrmaschine.** T. werden zum Herstellen langer Bohrungen verwendet, die ein Durchmesser/Längen-Verhältnis zwischen 1:3 und 1:200 haben.

Der Aufbau der T. ist den Drehmaschinen ähnlich (Bild). Hinsichtlich des Arbeitsprinzips wird unterschieden zwischen T. mit drehendem Werkstück und/oder drehendem Werkzeug. Die waagrechte Bauweise ist weit verbreitet. Bei den Maschinen mit senkrechter →Hauptspindel ist die Bohrtiefe begrenzt.

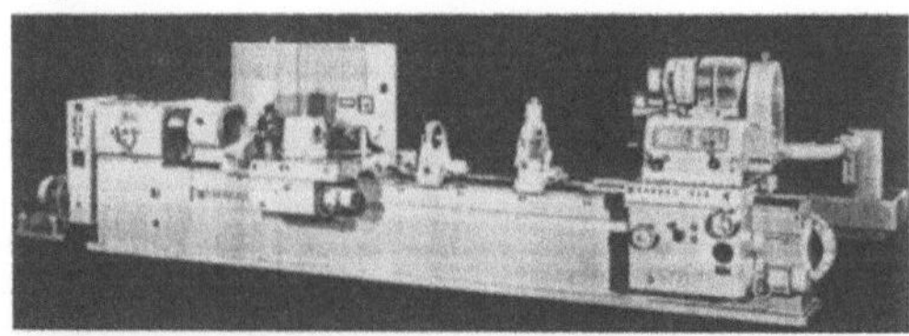

*Tiefbohrmaschine: Langbett-Tiefbohrmaschine.*

Beim →Tiefbohren ist auf kontinuierliche Kühlmittelzufuhr, stetige Spanabfuhr mit häufigem Ausspänen und auf eine Führung und Unterstützung des Werkzeugs durch Dreipunktauflage mittels Stützleisten zu achten. Daher ist eine stufenlose, feinfühlige Vorschubbewegung notwendig, die durch stufenlos einstellbare, elektromechanische oder auch hydraulisch mechanische Antriebseinheiten erfolgt. *Schulz*

**Tiefen.** T. ist eine Untergruppe des Umformens (DIN 8580) und ist als →Zugumformen (DIN 8585, Bl. 4) zum Anbringen von Vertiefungen in einem ebenen oder gewölbten Werkstück aus Blech definiert, wobei die Flächenvergrößerung durch Verringern der Blechdicke erreicht wird.

Die verschiedenen Tiefvorgänge können analog zum →Weiten mit starren bzw. nachgiebigen Werkzeugen, mit Wirkmedien mit kraftgebundener oder energiegebundener Wirkung oder auch mit Wirkenergie durchgeführt werden. In der Regel sind Tiefvorgänge durch eine zweiachsige Zugbeanspruchung und einen dreiachsigen →Formänderungszustand gekennzeichnet.

*T. mit Werkzeugen.* Werkzeuge dienen sowohl der Formgebung als auch zur Kraftübertragung. Wichtige Verfahren des T. mit starren Werkzeugen durch Druck eines starren Stempels sind das →Streckziehen und das →Hohlprägen. Streckziehen ist T. eines Zuschnitts mit einem starren Stempel, wobei das Werkstück (Zuschnitt) am Rand fest eingespannt ist und nicht nachfließen kann. Bei kleinen Abmessungen erfolgt das Einspannen zwischen starren Werkzeugteilen, wie z. B. beim Erichsen-Tiefungsversuch nach DIN 50101. Bei größeren bis zu sehr großen Werkstückabmessungen, die mehr als 10 m² erreichen können, wird das Werkstück am Rand mit Spannzangen in einer oder zwei Richtungen gehalten. Beim einfachen Streckziehen (Bild 1a)) wird das Blech durch den eindringenden Stempel bei guter Schmierung zwischen Stempel und Werkstück gedehnt. Die Stempeldruckspannungen sind um etwa zwei Zehnerpotenzen niedriger als die →Fließspannung. Beim Tangentialstreckziehen (Bild 1b)) sind Spannzangen und Stempel (Formblock) beweglich und ermöglichen die Erzeugung komplexer Werkstückformen. Die Verfahrensgrenze ist in jedem Fall durch den Einschnürbeginn gegeben, d. h. die Formänderungen dürfen örtlich die →Gleichmaßdehnung für den gegebenen Spannungs- bzw. Dehnungszustand (Grenzformänderungsschaubild) nicht überschreiten. Die Streckziehverfahren finden in großem Maße Anwendung in der Luft- und Raumfahrttechnik, im Vorserienbau von Kraftfahrzeugen usw. Die Werkstücke sind weitgehend eigenspannungsfrei und damit sehr formgenau.

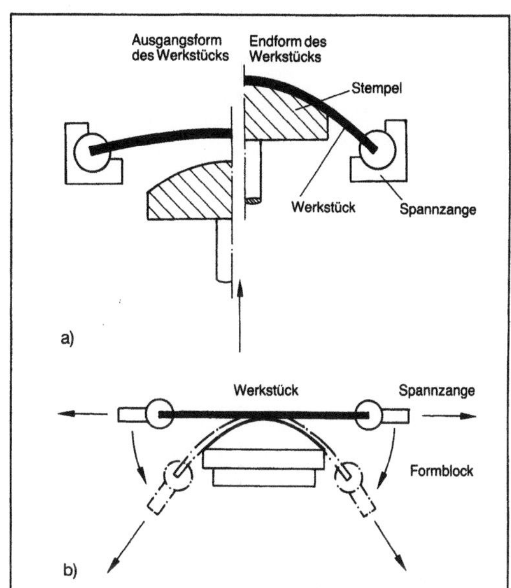



*Tiefen 1: Streckziehen.*
*a) Einfaches Streckziehen*
*b) Tangentialstreckziehen.*

Hohlprägen ist T. mit einem starren, beweglichen Stempel in ein Gegenwerkzeug (Matrize) hinein, wobei die Vertiefung gegenüber der Abmessung des Werkstücks klein ist (Bild 2). Eine in großem Umfang insbes. zur Vertiefung von ebenen Blechteilen oder -flächen verwendete Variante des Hohlprägens ist das von rinnenartigen Vertiefungen (→Sicken).

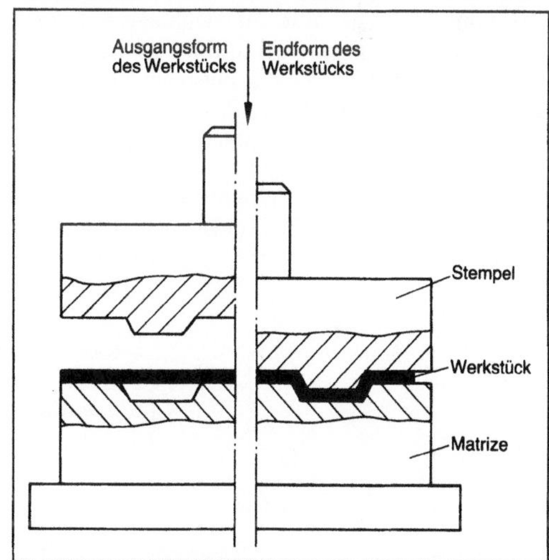



*Tiefen 2: Hohlprägen.*

*T. mit nachgiebigem Werkzeug.* T. mit nachgiebigem Werkzeug ist T. durch den Druck eines nachgiebigen Kissens. Eine wichtige Anwendung ist das Prägen mit Gummikissen (Bild 3), z. B. für Kfz-

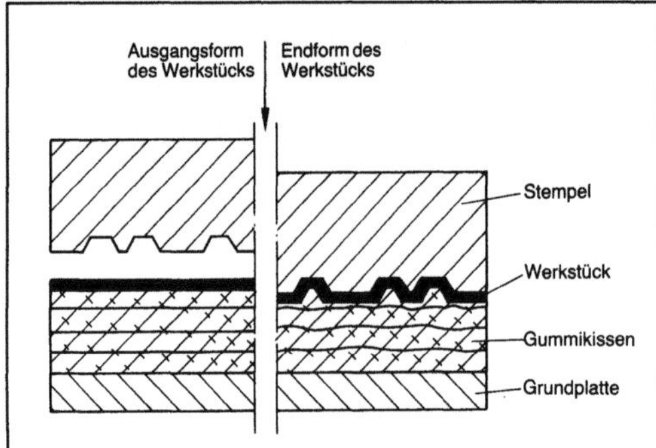

*Tiefen 3: Prägen mit Gummikissen.*

Kennzeichenschilder (das T. mit nachgiebigem Werkzeug geht in Abhängigkeit von Werkzeuggestaltung und Werkstückform über in das → Tiefziehen mit nachgiebigen Werkzeugen).

*T. mit Wirkmedien.* T. mit Wirkmedien ist T. durch Wirkung eines Mediums, das formlos fest, flüssig oder gasförmig sein kann, in Verbindung mit starren Werkzeugteilen zur genauen Festlegung der Form. Die Wirkmedien können Träger statischer Kraftwirkung, z. B. eines hydraulischen Drucks, sein oder übertragen kinetische Energie, z. B. bei Explosion eines Gasgemisches, bei Detonation eines Sprengstoffs oder Entladung einer Kondensatorbatterie über eine Funkenstrecke usw.

Wichtige Verfahren des T. mit Wirkmedien mit kraftgebundener Wirkung sind das T. mit Blei oder Treibkitt (Bild 4) für die → Kleinserienfertigung und das T. von örtlich verschweißten Blechen mit Druckluft (Bild 5), z. B. für Kühlaggregate aus Aluminiumblech oder für Luftfahrt-Leichtbauteile aus superplastischen Titanlegierungen in Verbindung mit → Diffusionsschweißen.

Das T. mit Wirkmedien mit energiegebundener Wirkung hat wegen der beim → Explosionsumformen erforderlichen Sicherheitsmaßnahmen und wegen des schlechten Wirkungsgrads (wesentlich

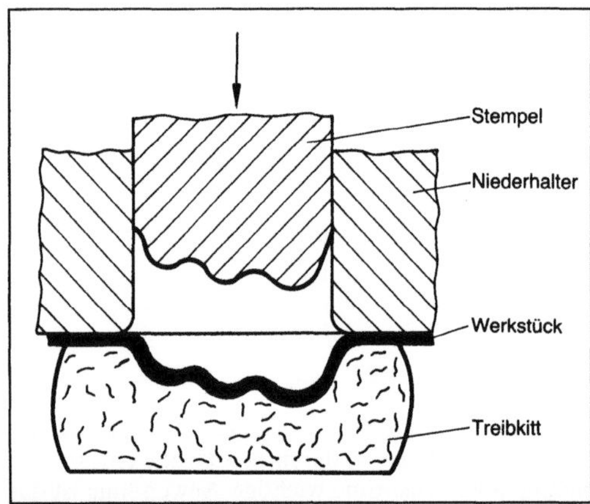

*Tiefen 4: Tiefen mit Treibkitt.*

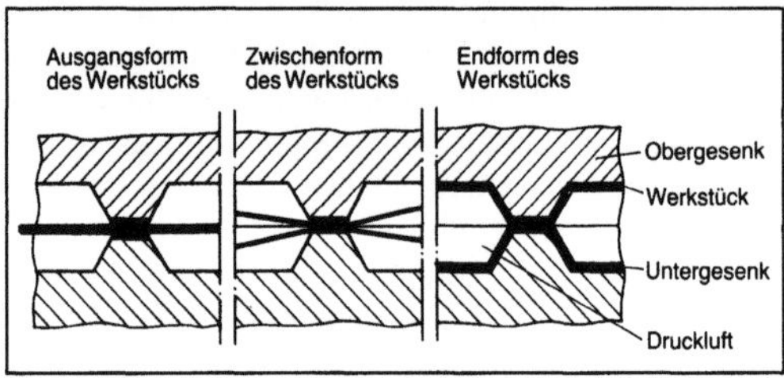

*Tiefen 5: Tiefen mit Druckluft.*

bei elektrohydraulischer Umformung mittels Funkenaufladung) keine nennenswerte industrielle Bedeutung. Bild 6 zeigt ein Beispiel für das T. durch Sprengstoffdetonation. Der Vorgang verläuft bei elektrohydraulischer Umformung ähnlich. An Stelle des Sprengstoffs tritt die Funkenstrecke, über die die Kondensatorbatterie einer Stoßstromanlage entladen wird.

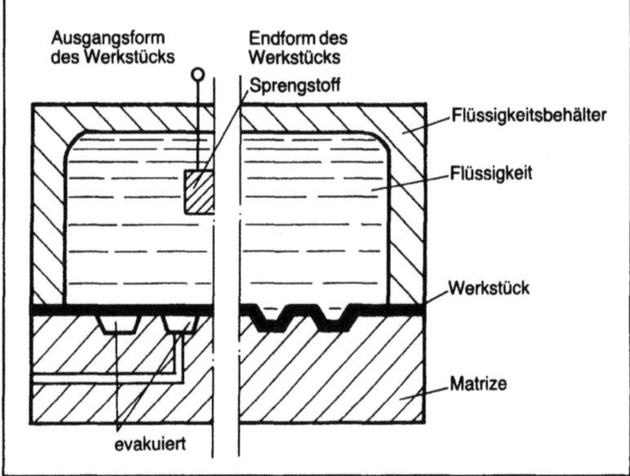

*Tiefen 6: Tiefen durch Sprengstoffdetonation.*

*T. mit Wirkenergie.* T. mit Wirkenergie ist T. durch Einwirkung eines Energiefelds in Verbindung mit starren Werkzeugteilen zur genauen Festlegung der Werkstückform. Bei der industriellen Anwendung

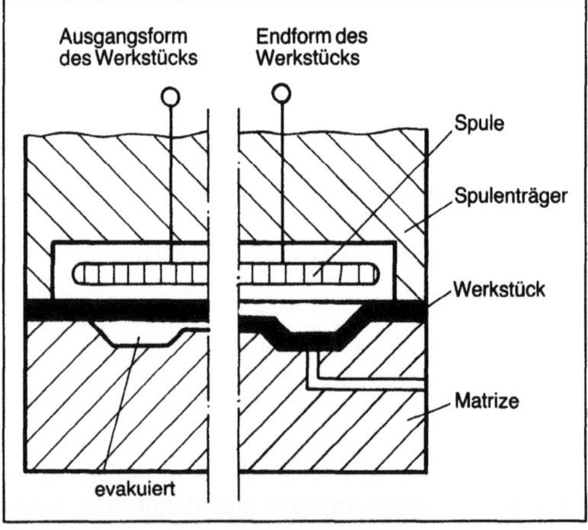

*Tiefen 7: Tiefen mit Magnetfeldern.*

verwendet man starke, instationäre Magnetfelder, die bei der Entladung der Kondensatorbatterie einer Stoßstromanlage über eine Spule entstehen. Wegen der begrenzten Kapazität von Stoßstromanlagen und wegen des schlechten Wirkungsgrads erfordert das T. mit Magnetfeldern (Bild 7) Werkstoffe mit hoher elektrischer Leitfähigkeit und guter Umformbarkeit, d. h. niedriger Fließspannung. Diese Bedingung erfüllen besonders weiche Aluminiumwerkstoffe. *Lange*

Literatur: *Lange, K.* (Hrsg.): Umformtechnik. Handb. f. Ind. u. Wiss. Bd. 3: Blechumformung. 2. Aufl. Berlin, Heidelberg, New York, Tokio 1990. – *Spur, G.* (Hrsg.), u. *Th. Stöferle:* Handb. Fertigungstechnik. Bd. 2/3: Umformen/Zerteilen. München 1985. – *Widmann, M.:* Herstellung und Versteifungswirkung von geschlossenen Halbrundsicken. Ber. Nr. 76. Inst. Umformtechn. Universität Stuttgart. Berlin, Heidelberg, New York, Tokio 1984.

**Tiefenfiltration** →Filtration (mechanische Verfahrenstechnik)

**Tiefkühlkonservierung.** Man versteht darunter in der medizinischen Verfahrenstechnik das Konservieren von lebenden menschlichen und tierischen Zellen durch Einfrieren auf Temperaturen von < 193 K (−80 °C). Die Lagerzeit von Blutbestandteilen, die für normale Blutkonserven 21 Tage, bei Zusatz spezieller haltbarmachender Substanzen 42 Tage beträgt, läßt sich durch das Tiefgefrieren auf praktisch unbegrenzte Zeit ausdehnen. Dies gilt auch für andere Zellen oder Zellsysteme wie Thrombozyten, Leukozyten, Sperma, Eizellen, Embryonen in sehr frühen Stadien.

Bei der Anwendung tiefer Temperaturen auf biologische, zelluläre Systeme sind drei Temperaturbereiche ausgezeichnet: der Bereich bis zum Beginn der Phasenumwandlung des flüssigen Wassers in die feste Phase, die Phasenumwandlung selbst und der Bereich der festen Phase.

Im ersten Bereich kommt es auf Grund der Temperaturabhängigkeit der meisten biochemischen Reaktionen vor allem zu Wirkungen auf hochorganisierte Systeme. Im Bereich der Phasenumwandlung sind die inner- und außerhalb der Zellen ablaufenden Stofftransportvorgänge meistens mit einer Zerstörung der morphologischen Integrität der biologischen Strukturen verbunden.

In der festen Phase äußern sich die Temperaturerhöhungen bzw. -senkungen nur noch durch die Einflüsse der unterschiedlichen Kristallmodifikationen des Wasser (zwischen 273–193 K kubisch, unter 193 K hexagonal). Für die Tiefkühlkonservierung von biologischem Material ist der Bereich der Phasenumwandlung somit von besonderer Bedeutung. Am Beispiel des Einfrierens von Humanerythrozyten sei auf die dabei ablaufenden Vorgänge detaillierter eingegangen (beim Auftauen ergibt sich im Prinzip ein analoges Bild).

Betrachtet man einen einzelnen Erythrozyten in einer isotonen Lösung, so beginnt beim Absenken der Temperatur bis unter die Phasenumwandlungstemperatur die Eisbildung zuerst in der extrazellulären Phase. Daraus resultiert im Außenmilieu ein Ansteigen der Elektrolytkonzentration, was wiederum einen Wasserausstrom aus der Zelle nach sich zieht. Entscheidenden Einfluß darauf, welche Verhältnisse sich nun während der weiteren Abkühlung einstellen, haben die Geschwindigkeiten des Wärme- und Massentransports. Beide werden durch die Anfangs- und Randbedingungen sowie die temperaturabhängigen Transportkoeffizienten des Systems bestimmt. Als Folge davon stellen sich (intra- und extrazellulär) unphysiologische Elektrolytkonzentrationen ein. Durch Eiskristallbildungen kommt es zu mechanischen Schädigungen in und an den Zellen und auf Grund der Dichteänderung des Wassers zusätzlich zu mechanischen Spannungen. Ein vollständiges Bild über den Zusammenhang der damit einhergehenden Negativeffekte existiert z. Z. noch nicht. Jedoch konnte durch eine Reihe von theoretischen Betrachtungen und Befunden das Verständnis der Schädigungsmechanismen erweitert werden.

So zeigte *P. Mazur*, daß trotz der extremen Belastungen während des Einfriervorgangs für die Erythrozyten eine Überlebenswahrscheinlichkeit besteht, wenn die →Abkühlgeschwindigkeit optimal eingestellt wird. (Für jede Zellspezies liegt dieser optimale Wert in einem definierten Bereich.)

Morphologische Untersuchungen an Erythrozyten, die mit verschiedenen Geschwindigkeiten eingefroren wurden, ergaben, daß die Schädigung der Zellstrukturen vom jeweiligen Verhältnis der intra- und extrazellulären Eiskristallbildung abhängt. Intrazelluläre Eisbildung tritt bevorzugt bei hohen Abkühlgeschwindigkeiten auf und ist verantwortlich für die Zerstörungen der Zellstrukturen. Zusammen mit den Untersuchungen von *J.E. Lovelock,* der den Einfluß hypertoner Lösungen auf Erythrozyten charakterisierte, entstand daraus die Zwei-Faktoren-Theorie über die Zellschädigungen während des Einfriervorgangs. Diese besagt, daß die maßgebenden Schädigungsmechanismen die Aufkonzentrierung der Elektrolyte durch Ausfrieren des extrazellulären Wassers (Lösungseffekt) sowie die intrazelluläre Eisbildung sind. Für Erythrozyten, die in ihrem natürlichen Milieu eingefroren werden, ist die optimale Abkühlungsgeschwindigkeit extrem hoch und für größere konservierende Volumen technisch nicht realisierbar. Außerdem können dabei nur geringe Überlebensraten erzielt werden. Durch Zugabe von Kryoprotektiva läßt sich die optimale Einfrierrate jedoch in eine technisch realisierbare Größenordnung senken und gleichzeitig die Ausbeute überlebender Zellen beträchtlich erhöhen. Dieser Effekt kann sowohl durch intrazellulär (z. B. Glyzerin, Polyvinylalkohol PVA, Dimethylsulfoxid DMSO) als auch durch extrazellulär wirkende Kryoprotektiva (z. B. Hydroxyethylstärke HES) erreicht werden. Aus entsprechenden Untersuchungen konnte abgeleitet werden, daß intrazelluläre Kryoprotektiva ihre Wirkung dadurch ausüben, daß sie die Temperatur, bei der letale Salzkonzentrationen auftreten, absenken. Die Frierschutzwirkung der extrazellulär wirkenden Hydroxyethylstärke, die keine Gefrierpunktserniedrigung der wäßrigen Kochsalzlösung verursacht, scheint hingegen darauf zu beruhen, daß HES in der Lage ist, Wasser zu binden, und so verhindert, daß eine bestimmte Salzkonzentration überschritten wird.

Die bisher geschilderten Interpretationen beziehen sich idealisiert auf Einzelzellen. Beim Einfrieren größerer Volumen von Zellsuspensionen muß wegen der geometrischen Größe der Probe, will man die Schädigung der Zellen minimal halten, das sich während der Abkühlung einstellende inhomogene Temperaturfeld berücksichtigt werden.

Seit etwa 25 Jahren existieren zwei T.-Verfahren für Erythrozyten, die in bescheidenem Maß Eingang in die klinische Routine gefunden haben. Beide Verfahren verwenden das intrazellulär wirkende Kryoprotektivum Glycerin. Sie unterscheiden sich durch die zugesetzte Menge dieses Materials. In der einer Konserve zudosierten Menge (12–30 %) würde Glyzerin im menschlichen Körper eine massive Hämolyse auslösen. Aus diesem Grund muß es vor einer Transfusion in einem etwa einstündigen Waschprozeß entfernt werden.

In einem weiteren Verfahren, das vor der klinischen Einführung steht, wird als Kryoprotektivum Hydroxyethylstärke benutzt. Dies ist ein Material, das auch in Plasmaexpandern (Blutersatzmittel) zum Einsatz kommt. Diese Substanz muß vor Gebrauch der Konserve nicht ausgewaschen, sie kann mittransfundiert werden. Die benötigten Abkühlgeschwindigkeiten (150–250 K/min) liegen hier jedoch höher als bei den Glyzerin-Verfahren.

Von verschiedenen Gruppen wurden auch Tiefkühlverfahren für andere Blutzellspezies wie Thrombozyten und Leukozyten entwickelt. Die Überlebensraten der Zellen sind noch nicht ausreichend. Die Untersuchungen zu den Verfahren dauern an.

Eine große Routine besteht bei der Behandlung von Sperma. Die Besamung von Nutzvieh erfolgt heute fast ausschließlich mit tiefkühlkonserviertem Sperma. *Stroh*

Literatur: *Mazur, P.:* The role of intracellular freezing in the death of cells cooled at supra optimal rates. Cryobiologie 14 (1977), S. 251. – *Stroh, N.:* Tiefkühlkonservierung von Blutbestandteilen. DKV Tagungsber. 8 (1981).

**Tiefschleifen.** Das T. ist ein Schleifverfahren, bei dem große Zustellungen (Bild 1 b)) von etwa 0,2–25 mm und geringe Werkstückgeschwindigkeiten von etwa 0,05–5,0 mm/s eingestellt werden. Es wird so das vorhandene Werkstückaufmaß in nur einem Überlauf abgetragen (daher auch die weniger gebräuchliche Bezeichnung Vollschnittschleifen). Beim konventionellen Pendelschleifen (Bild 1 a)) wird der Abtrag durch viele „Pendel"-Hübe mit jeweils kleinen Zustellungen von etwa 0,001–0,1 mm bei hohen Werkstückgeschwindigkeiten von etwa 5–500 mm/s abgetragen (→Schleifen). Wegen der geringen Werkstückgeschwindigkeiten wird das T. auch als Schleichgangschleifen bezeichnet.

Als technologische Merkmale, die das T. vom konventionellen Pendelschleifen unterscheiden, sind höhere Gesamtschleifkräfte zu nennen, denen geringere mittlere Einzelkorneingriffskräfte gegenüberstehen. Bei richtiger Prozeßführung entstehen beim T. in der Kontaktzone zwischen Werkzeug und Werkstück höhere, auf der neu erzeugten Werkstückoberfläche jedoch niedrigere Temperaturen. Das führt, wie neuere Untersuchungen zeigen, zu technologisch günstigeren Druckeigenspannungen in den oberflächennahen Schichten der Werkstücke (→Eigenspannungszustand). Pendelgeschliffene Bauteile hingegen weisen häufig einen unter dem Gesichtspunkt der Schwingfestigkeit ungünstigen Zugeigenspannungszustand auf.

Trotz der größeren Hublänge (Bild 1 b)) ergeben sich für das T. kürzere Bearbeitungszeiten, da das ständige Abbremsen und Beschleunigen des Werkzeugtisches entfällt. Mäßiger Schleifwerkzeugverschleiß und gute Profilstabilität sowie geringere

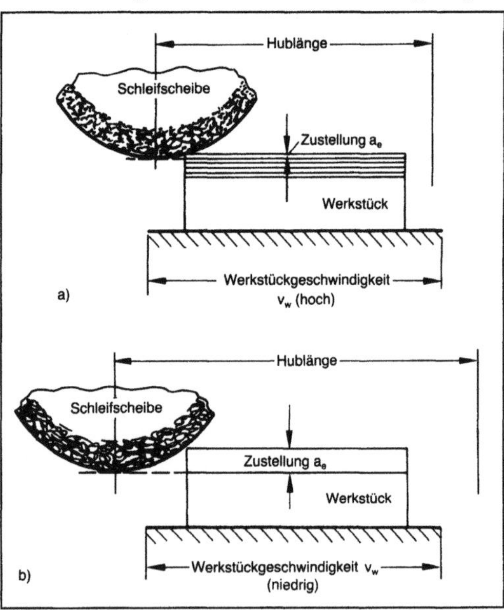


*Tiefschleifen 1: Bearbeitungsbedingungen.*
*a) Beim Pendelschleifen*
*b) Beim Tiefschleifen.*

Oberflächenrauheiten sind weitere Vorteile des T. Die Summe dieser Vorteile ergeben, besonders in der Massenproduktion, erhebliche Kostenvorteile für das T. Das Verfahren wird sowohl beim Flachwie auch beim →Rundschleifen angewandt. Insbesondere das Erzeugen von Profilen (→Profilschleifen) ist ein typischer Einsatzfall.

An die für das T. eingesetzten Schleifmaschinen werden besondere Anforderungen gestellt. Die höheren Gesamtschleifkräfte bedingen eine statisch und dynamisch steife Konstruktion, insbes. bei den Führungen und Spindellagerungen. Die Antriebsleistungen müssen etwa 3- bis 5mal so hoch sein wie beim konventionellen Pendelschleifen. Weiterhin sind wirkungsvolle Schleifscheibenreinigungs- und Kühlschmiereinrichtungen unbedingt erforderlich.

Ein typisches Anwendungsbeispiel für das T. ist die Bearbeitung von Turbinenschaufeln (Bild 2a)). An den Füßen wird ein sog. Tannenbaumprofil erzeugt, das zum Einspannen der Schaufeln in den Turbinenläufer dient. Auch tiefe und gleichzeitig enge Nuten mit parallelen oder nur leicht schrägen Flanken werden bevorzugt durch T. hergestellt. Solche Schleifaufgaben kommen beispielsweise an Rotoren für Luftkompressoren oder Hydraulikpumpen (Bild 2b)) sowie bei Formen für das Spritzgießen vor.

Eine Weiterentwicklung des T. ist das Hochleistungsprofilschleifen, das auch →Hochgeschwindigkeitsschleifen genannt wird (Bild 2c)). Hierbei wird die Schleifscheiben-Umfanggeschwindigkeit weit über den üblichen Rahmen von 30–45 m/s auf Werte von bis zu 180 m/s angehoben. Durch die gleichzeitige, überproportionale Erhöhung der Vorschubgeschwindigkeit wird hiermit das pro Zeiteinheit zerspante Werkstückvolumen um etwa den Faktor 100 gegenüber dem T. gesteigert. Damit erreicht das Hochgeschwindigkeitsschleifen Abtragsleistungen wie das Drehen und Fräsen und kann diese Verfahren unter bestimmten Voraussetzungen substituieren. *Kenter*

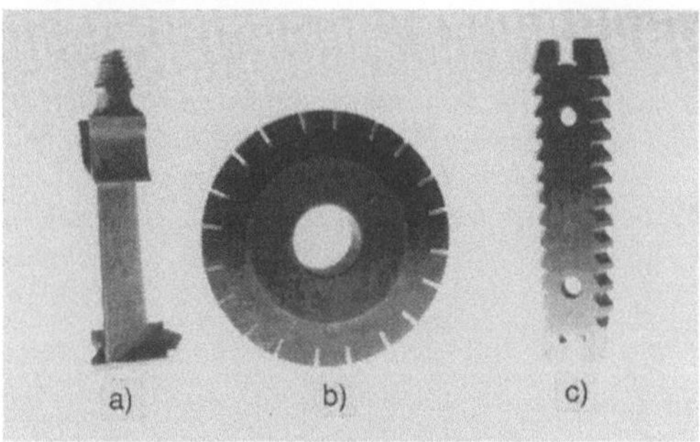


*Tiefschleifen 2: Tiefgeschliffene Bauteile.*

Literatur: *Werner, G.,* u. *E. Minke:* Technologische Merkmale des Tiefschleifens. tz für Metallbearbeitung 75(1981) Nr. 3, S. 11/15 (Tl. 1) u. Nr. 5, S. 44/48 (Tl. 2). – *Werner, G.:* Realisierung niedriger Werkstückoberflächentemperaturen durch den Einsatz des Tiefschleifens. Trenn-Kompendium. Bd. 2, S. 448/68. Bergisch Gladbach 1983. – *Werner, G.,* u. *T. Tawakoli:* Fortschritte beim HEDG-Verfahren mit CBN-Schleifscheiben. Ind. Diamanten Rdsch. 22 (1988) Nr. 1, S. 17/24. – *Werner, G.,* u. *T. Tawakoli:* Hochleistungstiefschleifen von engen Schlitzen mit CBN-Schleifscheiben. Ind. Diamanten Rdsch. 22 (1988) Nr. 2, S. 91/95.

**Tiefziehblech.** Kaltgewalztes Flachzeug zum Kaltumformen, vor allem zum Tiefziehen. *W. Dahl*

**Tiefziehen.** Nach DIN 8584 versteht man unter T. das →Zugdruckumformen eines Blechzuschnitts (Ronde, Platine) zu einem Hohlkörper oder eines Hohlkörpers zu einem Hohlkörper mit kleinerem Umfang ohne beabsichtigte Veränderung der Blechdicke. Im Erstzug wird aus einem ebenen Blechzuschnitt ein Hohlkörper (Napf) hergestellt. Beim Weiterzug wird ein Hohlkörper zu einem anderen mit kleinerem Umfang und größerer Höhe umgeformt.

*T. im Erstzug* (Bild 1). Das Innenteil der Platine wird kaum umgeformt und ergibt den Napfboden. Die Ringfläche zwischen $d_0$ und $d_1$ ergibt die Seitenwand des Napfes (Zarge). Beim →Umformen müssen nicht nur die Segmente a zur Zylinderwand hochgeklappt, sondern auch noch die Teilstücke b verdrängt werden. Dadurch wird die Napfhöhe $h > (d_0-d_1))/2$. Wie Bild 2 zeigt, bewegt sich ein Element während des Umformens von der Stelle I über die

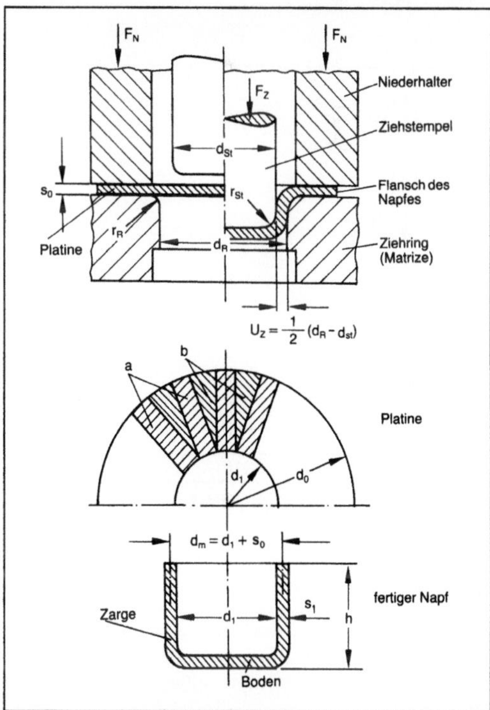


*Tiefziehen 1: Schema eines Erstzuges. Werkzeug und Benennungen.*

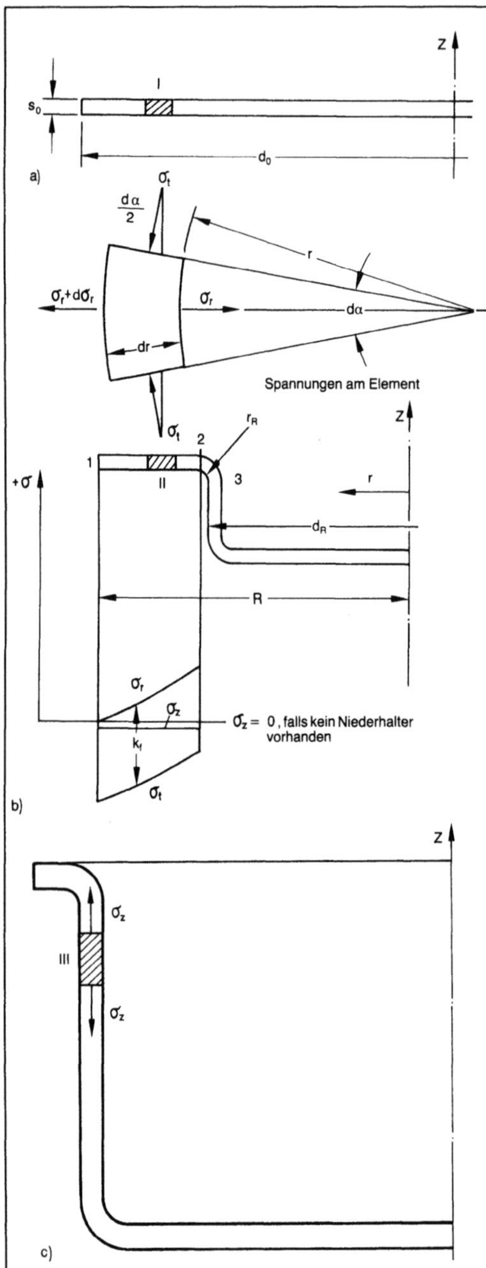



*Tiefziehen 2: Ziehstadien und Spannungen.*
*a) Ausgangszustand*
*b) Zwischenstadium*
*c) Fast durchgezogener Napf.*

Stelle II nach III. Dabei treten radiale Zug- und tangentiale Druckspannungen auf. Beim Überlaufen des Ziehrings erfolgt außerdem noch eine Biegung.

Damit der Flansch unter der Einwirkung der tangentialen Druckspannungen nicht ausknickt und

Falten bildet, wird meist ein Blechhalter eingesetzt, der mit Druck $p_N$ auf den Flansch drückt. Anfangswerte für $p_N(N/mm^2)$: Al ca. 0,7, unlegierter Stahl ca. 3,5; nichtrostender Stahl ca. 7.

Relativ dicke Bleche ($d_0/s_0 < 25$) besitzen genügend Eigensteifigkeit, so daß kein Niederhalter benötigt wird. Beim →Ziehen von kegeligen und parabolischen Teilen hat die Zarge beim Umformen keinen Kontakt zum Werkzeug. Hieraus resultiert die Gefahr der Faltenbildung.

Die beim T. auftretenden Kräfte können empirisch oder mit Hilfe der →Plastizitätstheorie ermittelt werden. Nach *Siebel* kann die größte Ziehkraft $F_{z\ max}$ mit Hilfe des Umformwirkungsgrades $\eta_F$ berechnet werden:

$$F_{Zmax} = \pi \cdot d_m \cdot s_0 \cdot \left[1,1 \, \frac{k_{fmI}}{\eta_F} \left(\ln \frac{d_0}{d_1} - 0,25\right)\right].$$

Der →Umformwirkungsgrad $\eta_F$ liegt i. a. zwischen 0,3 und 0,7 und berücksichtigt Verluste, die durch Reibung an Ziehring und Niederhalter sowie durch Biegung entstehen. Für die mittlere →Fließspannung $k_{fmI}$ im Flansch gilt: $k_{fmI} \approx 1,3R_m$; dabei ist $R_m$ die →Zugfestigkeit des Bleches.

Niederhalterkraft $F_N$: Faltenbildung wird mit Hilfe eines Niederhalters vermieden, der auf den Flansch des Ziehteils drückt. $F_N$ ist das Produkt aus beaufschlagter Fläche und Druck $p_N$. Der erforderliche Niederhalterdruck hängt nach *Siebel* wie folgt vom Blechwerkstoff ($R_m$), der relativen Blechdicke $s_0/d_0$ und dem Ziehverhältnis $\beta = d_0/d_1$ ab:

$$P_N = (2 \ldots 3) \cdot [(\beta - 1)^3 + 0,5 \cdot 10^{-2} \cdot d_0/s_0] \cdot R_m \cdot 10^{-3}.$$

Bodenreißkraft $F_{BR}$: Die größte auftretende Ziehkraft $F_{z\ max}$ muß stets kleiner sein als die vom Blech im Übergangsbereich Boden-Zarge maximal übertragbare Kraft $F_{BR} \approx d_m s_0 R_m$. Andernfalls wird der Boden abgerissen.

Kraft-Weg-Schaubild: Die in Bild 3 gezeigte typische Kraft-Weg-Kurve mit ausgeprägtem Maximum kommt durch das Zusammenwirken während des Vorgangs monoton zunehmender Werte von $k_{fm}$ und abnehmender Werte von ln ($d/d_m$) zustande.

Der Umformwirkungsgrad $\eta_F$ ist definiert als Quotient aus idealer und tatsächlich verbrauchter →Umformarbeit: $\eta_F = W'_{.d}/W_{ges}$. Der Umformwirkungsgrad $\eta_F$ liegt i. a. zwischen 0,5 (dünnwandige) und 0,7 (dickwandige Näpfe).

Auf die Reibung an der Ringrundung entfallen 10–20%, auf die im Flansch 1–10% und auf die Biegung an der Ziehrundung ca. 5–25% der aufgewendeten Arbeit $W_{ges}$. Die Reibungszahl $\mu$ im Flansch und Ziehringradiusbereich liegt zwischen 0,05 und 0,15.

Bodenreißer, Grenzziehverhältnis: $\beta$ darf einen Größtwert $\beta_{max}$ (Grenzziehverhältnis) nicht über-

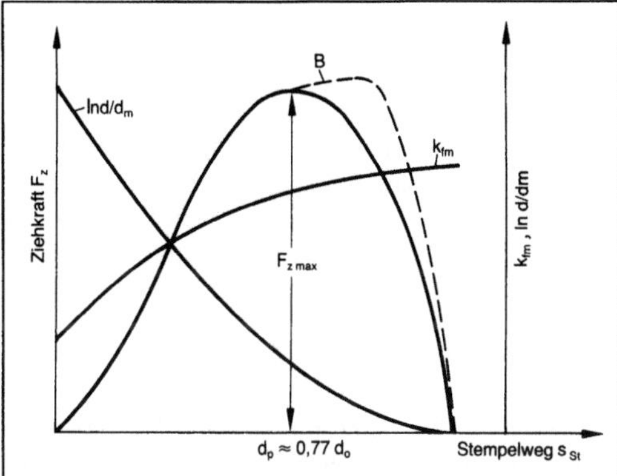

*Tiefziehen 3: Kraft-Weg-Schaubild beim Erstzug.*

B Verlauf bei engem Ziehspalt, Abstreckgleitziehen am Ende des Vorgangs

schreiten. Sonst wird $F_{z\,max}$ größer als $F_{BR}$, und der Boden des Ziehteils wird abgerissen (Bodenreißer). Je größer die Reibung zwischen Stempel und Platine und je kleiner die Reibung zwischen Ziehring, Niederhalter und Platine, desto größer ist $\beta_{max}$. Ferner nimmt $\beta_{max}$ mit steigendem r- und n-Wert des Bleches und mit zunehmender relativer Blechdicke $s_0/d_0$ zu. Ein grober Richtwert für Tiefziehstahlbleche ist $\beta_{max} \approx 2,1$. Besonders stark ist der Einfluß der senkrechten Anisotropie (r-Wert): Je höher der r-Wert, desto größer ist $\beta_{max}$.

Eine Folge der ebenen Anisotropie ($\Delta r$) des Bleches ist die Zipfelbildung: Die Napfhöhe ist nicht konstant über dem Umfang, sondern in den Richtungen mit hohem r-Wert groß (Zipfel) und denen mit kleinem r-Wert gering.

*T. im Weiterzug.* Hierbei wird aus einem Napf ein anderer mit kleinerem Durchmesser und größerer Höhe hergestellt (Bild 4). Ziehkraft $F_{Zmax}$ muß wiederum kleiner sein als Bodenreißkraft, die analog zum Erstzug berechnet wird. Bei Näpfen, die in mehreren Arbeitsgängen gezogen werden, ist das

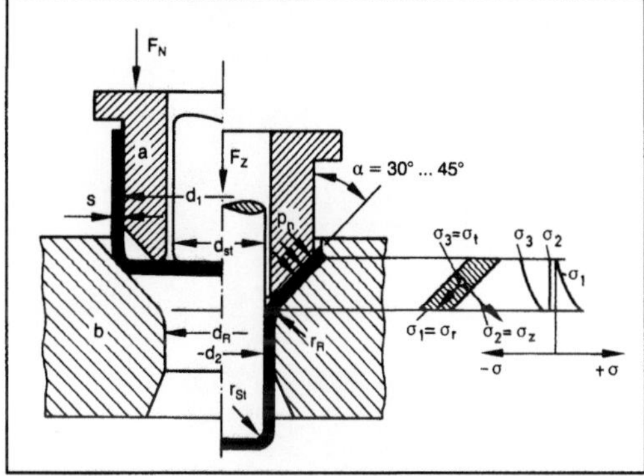

*Tiefziehen 4: Werkzeug zum Tiefziehen im Weiterzug.*

a Blechhalter (Niederhalter), b Ziehring (Matrize)

Gesamtziehverhältnis $\beta_{ges}$ gleich dem Produkt der einzelnen Ziehverhältnisse. Beim Ziehen ohne Zwischenglühen muß man das Ziehverhältnis mit jeder folgenden Stufe verkleinern.

Werkzeuggestaltung: Für den Ziehspalt $u_z$ haben sich folgende Werte bewährt: $u_z = s_0 + a\,\sqrt{10\cdot S_0}$. Hierbei ist a = 0,07 für Stahlblech; 0,02 für Al; 0,04 für sonstige NE-Metalle. Bei zu großem $u_z$ wird der Napf nicht zylindrisch und bekommt u. U. Falten, bei zu kleinem $u_z$ wird „abgestreckt", und es können Bodenreißer auftreten. Die Ziehringrundung $r_R$ soll das 5- bis 10fache von $s_0$ betragen, die Stempelrundung $r_{St}$ soll 3- bis 5mal größer sein als $r_R$.

Bei niederhalterlosem T. ($d_0/s_0 < 25$–40) wird meist ein traktrixförmiger Ziehring verwendet. Dadurch keine Niederhalterreibung, geringe Biegeverluste und ein erhöhtes Grenzziehverhältnis.

Schmierstoffe: Schmieren soll die Reibkräfte klein halten und ein Fressen zwischen Werkzeug und Werkstück verhindern.

Zuschnittsermittlung: Möglichst genaue Ermittlung des erforderlichen Zuschnitts (Platine) soll unnützen Werkstoffverbrauch und unnötig großes Ziehverhältnis mit der Gefahr von Bodenreißern verhindern. Bei rotationssymmetrischen Teilen erfolgt Zuschnittsermittlung unter Annahme gleicher Oberfläche von Platine und Ziehteil. Bei nichtrotationssymmetrischen Teilen kann eine näherungsweise Zuschnittsermittlung nach geometrischen Überlegungen erfolgen. Ein rechnerunterstütztes Verfahren nach *Hasek* benützt die →Gleitlinientheorie zur Berechnung der optimalen Platinengeometrie bei minimalem Ziehkraftbedarf.

Ziehen nicht rotationssymmetrischer Teile: Kegelige, parabolische und kugelige Teile lassen sich schwieriger ziehen als zylindrische. Das Ziehen von großen unregelmäßigen, flachen Teilen (z. B. Kfz-Karosserieteilen) ist hinsichtlich des Spannungs- und Formänderungszustands trotz prinzipiell gleichen Werkzeugaufbaus nur noch lose mit dem T. verwandt.

Neben den genannten rein mechanisch ablaufenden Tiefziehverfahren gibt es noch einige Verfahren, bei denen die Vorgangsbedingungen (→Spannungszustand, Geschwindigkeit, Reibbedingungen usw.) gezielt geändert werden. Beim T. mit Wirkenergie wird z. B. durch die Einwirkung eines Magnetfelds in Verbindung mit einem starren Werkzeug eine Platine zu einem Hohlkörper umgeformt.

Zu größerer industrieller Bedeutung kamen die Tiefziehverfahren mit Wirkmedien, wie z. B. T. mit nachgiebigem Kissen (Gummikissen), Bild 5a), oder mit Flüssigkeiten (hydromechanisches T.), Bild 5b); Hydroform-T. *Lange*

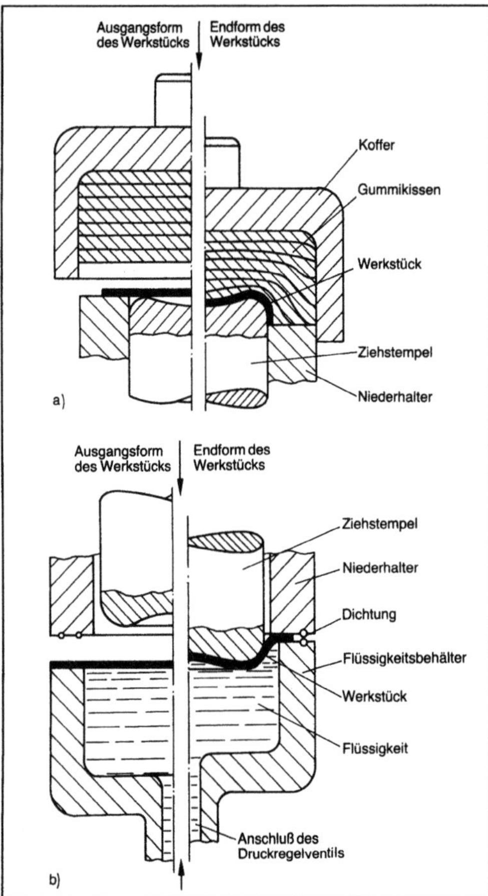

*Tiefziehen 5.*
*a) Mit nachgiebigem Kissen (Gummikissen)*
*b) Mit einseitigem Flüssigkeitsdruck.*

Literatur: *Lange, K.* (Hrsg.): Umformtechnik. Handb. f. Ind. u. Wiss. Bd. 3: Blechumformung. 2. Aufl. Berlin, Heidelberg, New York, Tokio 1989. – *Romanowski, R.:* Handb. Stanzereitechnik. Ost-Berlin 1959. – *Siebel, E.,* u. *H. Beisswänger:* Tiefziehen. München 1955.

**Tierhaar.** T., die textil verarbeitet werden, sind außer der →Schafwolle Ziegenhaare, Schafkamelhaare und Kamelhaare.

*Mohair* ist das Haar der Angoraziege (Capra hircus angorensis), die außer in der Türkei in Südafrika und Nordamerika als Haustier gezüchtet wird und eine seidige Wolle von 150–300 mm Länge liefert in Weiß, Grau, Braun oder Schwarz. Die feinen Qualitäten haben Haardurchmesser von etwa 40 μm. Aus den feinen und weichen Mohairkammgarnen werden glanzreiche Kleiderstoffe mit Mohairlüster, seidenartige Plüsche und gewebte Pelze hergestellt.

*Kaschmirwolle* stammt von der beidseits des Himalaya in Nordindien bzw. Tibet beheimateten Kaschmirziege (Capra hircus laniger), deren Haarkleid aus einer sehr feinen, etwa 70 mm langen

Unterwolle (Haarfeinheit 15 μm!) und gröberem, längerem Grannenhaar besteht, letzteres mit etwa 65 μm gröber als grobe Cheviotwolle. Wegen des seidenartigen Glanzes werden die feinen weichen Flaumhaare (weiß, grau, braun oder schwarz) zu hochwertigen Damenkleiderstoffen verarbeitet.

*Alpaka* und *Vicuña* als feine, weiche, glänzende Wollen stammen von den gleichnamigen Schafkamel-Arten, die hauptsächlich in den Andenländern und in Mexiko gezüchtet werden und beide sehr feine Wollhaare von 50–200 mm Länge liefern (Farbe bei beiden meist rötlichbraun). Letztere wird zu weichen Strickgarnen verarbeitet. (Nicht zu verwechseln mit Vigogne-Garnen aus einer Mischung von Baumwolle und Wolle.)

*Kamelwolle* und *Kamelhaar* stammen von den beiden Kamelarten Dromedar (einhöckrig) und Trampeltier (zweihöckrig). Das sehr feine, seidig glänzende, leicht gekräuselte, meist rötlichbraune Flaumhaar (14–28 μm, etwa 60 mm lang) wird rein oder in Mischung mit Wolle zu Mantel- und Lodenstoffen sowie Schlafdecken verarbeitet, das sehr grobe, bis 100 mm lange, die Unterwolle überdeckende Grannenhaar für Teppiche, Treibriemen u. a.    *Koch*

**Tischbohrmaschine.** Die T. ist eine kleine ortsfeste Einspindel-Senkrechtbohrmaschine. Die Vorschubbewegung wird meist von Hand über einen Hebel erzeugt. Sie ist auf der Werkbank in der Werkstatt zu finden (Bild).

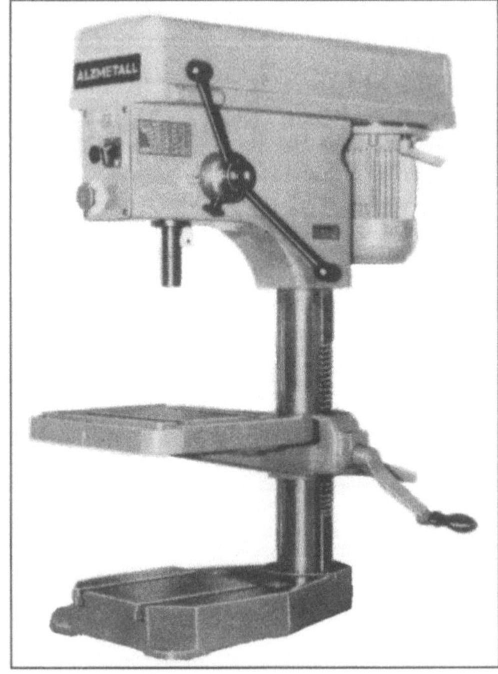


*Tischbohrmaschine. (Quelle: Alzmetall, Altenmarkt/ Alz)*

T. werden vorzugsweise für kleinere Werkstücke und Bohrungen bis zu 10 mm Dmr. eingesetzt. Sie können als Normal- oder Schnelläufer, als Ständer- oder Säulenbohrmaschine gebaut werden. Die Übertragung des Drehmoments von der Motorwelle auf die Bohrspindel erfolgt durch Riemen. Der Drehzahlwechsel geschieht durch Umlegen der Riemen, Wechsel der Riemenscheiben oder stufenlos durch einen Keilriemenvariator.

Die Bohrtiefe kann über einen Tiefenanschlag mit Nonius eingestellt werden. Des weiteren können T. auch mit einer pneumatischen Vorschubeinheit mit automatischem Eilvor- und Eilrücklauf der Pinole und einer elektrischen Gewindeschneideinrichtung ausgestattet sein. *Schulz*

**Titan.** T. wird als Zusatz in Stahl verwendet, um vor allem bei der thermomechanischen Behandlung eine →Festigkeitssteigerung durch T.-Carbonitride zu erzielen, um Schwefel zu dem schwerer verformbaren T.-Sulfid abzubinden, um die →Schweißeignung durch beständige T.-Nitride, die das Kornwachstum hemmen, zu verbessern oder um in martensitaushärtbaren Stählen durch die Bildung von titanhaltigen intermetallischen Phasen hohe Festigkeit bei guter Zähigkeit zu erreichen. *W. Dahl*

**Titanlegierung.** Titan und T. (DIN 17 860–17 864) haben drei charakteristische Eigenschaften, die ihnen ihre technische Bedeutung geben: hohe Festigkeit, niedrige Dichte und gute Korrosionsbeständigkeit gegen oxidierende Säuren. Auf Grund dieser günstigen Kombination von Eigenschaften werden T. in der Luft- und Raumfahrt, in Strahltriebwerken und Hochleistungsmotoren und im chemischen Apparatebau eingesetzt. (Unlegiertes) Titan technischer Reinheit findet vor allem im Apparatebau, z. B. für →Wärmeübertrager, Heizschlangen und Behälterauskleidungen, und in der Galvanotechnik Anwendung.

(Unlegiertes) Titan technischer Reinheit unterscheidet sich hauptsächlich in den Festigkeitseigenschaften, die vor allem durch unterschiedliche Gehalte an Sauerstoff eingestellt werden: 0,1–0,3 % Sauerstoff (Tabelle 1), wobei die Beimengungen maximal 0,2–0,35 % Eisen, 0,08–0,1 % Kohlenstoff, 0,05–0,07 % Stickstoff und 0,013 % Wasserstoff betragen können. Um verbesserte Korrosionseigenschaften in reduzierenden Säuren zu erhalten, werden die beiden Titansorten mit 0,1 und 0,2 % Sauerstoff, gelegentlich mit 0,2 % Palladium legiert.

Durch geringe Wasserstoffaufnahme wird die Zähigkeit stark verringert (plattenförmige Ausscheidungen von Titanhydrid). Titan hat eine sehr hohe Affinität zum Sauerstoff und ist ein unedles Metall (elektrochemische Spannungsreihe). In oxidierender Umgebung bildet sich auf der Oberfläche eine festhaftende, sehr resistente Oxidschicht, die die Korrosionsbeständigkeit verursacht.

Titan tritt in zwei verschiedenen Modifikationen auf: Die hexagonal-dichtgepackte $\alpha$-Phase wandelt sich bei 882 °C in die kubisch-raumzentrierte Hochtemperaturphase $\beta$ um. Auch durch hohe Abschreckungsgeschwindigkeiten kann diese $\beta/\alpha$-Umwandlung nicht unterdrückt werden. Wie bei Stahl bildet sich bei schneller Abkühlung ein martensitähnliches, verspanntes Gefüge (Martensit), das jedoch nicht so hart wie bei Stahl ist, da die hexagonale $\alpha$-Phase den interstitiell gelösten Legierungselementen mehr Platz bietet als die kubisch-raumzentrierte $\beta$-Phase. Legierungselemente verändern die $\beta/\alpha$-Umwandlung und stabilisieren je nach Art und Menge die $\alpha$- oder $\beta$-Phase. Bei genügend hohem Gehalt an $\beta$-stabilisierenden Elementen kann die $\beta$-Phase bis Raumtemperatur stabil bleiben.

Hauptlegierungselemente in T. sind: Al, Sn, O, N, C (alle $\alpha$-stabilisierend) und V, Mo, Cr, Cu, Zr, H (alle $\beta$-stabilisierend). Dementsprechend unterscheidet man drei Gruppen von T. (Tabelle 2):

□ Hexagonale $\alpha$-Legierungen. Sie sind nur mäßig kaltverformbar. Da die Diffusionsgeschwindigkeit der versprödend wirkenden Elemente Sauerstoff, Stickstoff und Kohlenstoff wesentlich geringer als in $\beta$-Legierungen ist, eignen sie sich für Anwendungen

*Titanlegierung. Tabelle 1: Zusammensetzung und Festigkeitswerte für (unlegiertes) Titan technischer Reinheit.*

| Bezeichnung | chemische Zusammensetzung in % (Richtwerte) | | | | Zugfestigkeit $R_m$ N/mm² | Streckgrenze $R_{p0,2}$ N/mm² | Bruchdehnung $A_5$ % |
|---|---|---|---|---|---|---|---|
| | Ti | O | C | Fe | | | |
| TiF 35 | > 99,5 | 0,10 | 0,08 | 0,20 | 300–420 | > 200 | > 30 |
| TiF 40 | > 99,2 | 0,20 | 0,08 | 0,25 | 400–550 | > 250 | > 22 |
| TiF 55 | > 99,3 | 0,25 | 0,10 | 0,30 | 470–600 | > 360 | > 18 |
| TiF 60 | > 99,2 | 0,30 | 0,10 | 0,35 | 550–750 | > 420 | > 16 |

*Titanlegierung. Tabelle 2: Festigkeitswerte in weichgeglühtem Zustand für ausgewählte Titanlegierungen.*

| Bezeichnung | Legierungs gruppe | Zugfestigkeit $R_m$  N/mm$^2$ | Streckgrenze $R_{p0,2}$  N/mm$^2$ | Bruchdeh- nung A$_5$ % | Warm- zugfestigkeit $R_m$ (450 °C) N/mm$^2$ |
|---|---|---|---|---|---|
| TiCr5Al3 | $\alpha + \beta$ | 1 000–1 300 | 350– 900 | 20– 2 | 550– 650 |
| TiAl6V4 | $\alpha + \beta$ | 1 000–1 200 | 600–1 050 | 15– 7 | 600– 650 |
| TiAl4Mn4 | $\alpha + \beta$ | 900–1 050 | 750– 900 | > 10 | 550– 650 |
| TiMn8 | $\alpha + \beta$ | 1 300–1 400 | 1 250–1 300 | 10–12 | 750– 800 |
| TiAl5Sn2,5 | $\alpha$ (hdP) | 800 | 840 | 18 | 500– 550 |
| TiV13Cr11Al3 | $\beta$ (krz) | 1 270 | 1 200 | 15 | 950–1 000 |

bei höheren Temperaturen (z. B. in Strahltriebwerken). Typische Verteter sind TiAl5Sn2,5 und TiAl8Mo1V1 (die jeweilige Zahl hinter dem Legierungselement gibt den mittleren Massengehalt in % an).

☐ Kubisch-raumzentrierte $\beta$-Legierungen. Sie sind in ihrer Festigkeit den $\alpha$-Legierungen überlegen. Die Dichte ist durch die zugesetzten Schwermetalle Chrom, Vanadium usw. (um die $\beta$-Phase zu stabilisieren) merklich höher. Ihr Vorteil ist die bessere Kaltverformbarkeit. Eine typische Legierung ist TiV13Cr11Al3.

☐ Zweiphasige ($\alpha + \beta$)-Legierungen. Sie erreichen gerade die hohe Festigkeit der $\beta$-Legierungen, besitzen aber ein besonders günstiges Verhältnis von Festigkeit zu Dichte (Kompromiß zwischen $\alpha$- und $\beta$-Legierungen). Deshalb werden sie gern verwendet und sind zudem aushärtbar. Typische Legierungen sind TiAl6V4, TiAl6V6Sn2 und TiAl7Mo4.

Der beliebteste Titanwerkstoff ist die Legierung TiAl6V4, die Zugfestigkeiten von 900–1 200 N/mm$^2$ bei Bruchdehnung von etwa 10 % aufweist. Ihre Verwendung in der Luft- und Raumfahrt erstreckt sich von Kompressorschaufeln, Nieten, Schrauben, Überschallzellen über Antriebswellen, Getriebeteile, Rotorköpfe bei Hubschraubern bis zu Treibstoffbehältern und Brennkammergehäusen.

In der Chirurgie findet TiAl5Fe2,5 als Implantatwerkstoff mit hoher Biokompatibilität (Einwachsverhalten) mehr und mehr Eingang. In der Supraleitung werden TiNb-Legierungen (50–70 % Niob) als Drähte für supraleitende Magnetspulen verwendet.

Titan und T. können unter Edelgas oder im Vakuum geschweißt werden. Eine Aufnahme von versprödendem Sauerstoff oder Stickstoff kann in einer Härtesteigerung kontrolliert werden. Titan und seine Legierungen sind zäh und schwer zerspanbar (Schnittgeschwindigkeit etwa $^1/_{20}$ von unlegiertem Stahl). Die Wärmebehandlung der T. kann die Martensithärtung wie auch die Ausscheidungshärtung enthalten. Beim Anlassen darf die $\Omega$-Phase, eine spröde Übergangsphase in $\beta$, nicht entstehen. T. haben in den letzten Jahren als interessanter Werkstoff eine stets steigende Verwendung in der Industrie gefunden. *Heller*

Literatur: *Bargel, H. J., u. G. Schulze*: Werkstoffkunde. Düsseldorf 1988. – *Schimpke, P., H. Schropp u. R. König*: Technologie der Maschinenbaustoffe. Stuttgart 1977. – *Zwikker, U.*: Titan und Titanlegierungen. Berlin 1974.

**Titussystem.** Beim T. wird ein vollständig geschlossener Kreislauf eines Gasstroms (häufig Stickstoff) genutzt, um eine Suspension bis zum getrockneten Feststoff zu verarbeiten. Da kein Personal mit dem Stoff in Berührung kommt, eignet sich das T. besonders zur Behandlung pharmazeutischer Produkte und Pflanzenschutzmittel. In einer Filtrationszentrifuge mit porösen Wänden trennt man die Suspension vom Wasser. Anschließend wird der Filtrationskuchen von einer Schäldüse aufgenommen und pneumatisch gefördert. Eine Gasströmung unterstützt die Förderung. Das Produkt wird im Zyklon abgeschieden und sofort getrocknet, während man das Trägergas aufbereitet und erneut zum Transport einsetzt. *Müller*

**Totalherzersatz.** Ein krankes Herz durch ein künstliches Pumpsystem zu ersetzen ist ein alter Wunsch der medizinischen Wissenschaft. Schon 1812 erklärte *J. J. C. Gallois,* daß jeder Teil des Körpers ewig am Leben erhalten werden könnte, wenn es gelänge, das Herz durch eine technische Pumpe zu ersetzen.

Ein erster Schritt auf dem Weg zum Kunstherz war die Entwicklung der Herz-Lungen-Maschine, die operative Eingriffe am stillstehenden Herzen und so die Reparatur des natürlichen Organs ermöglicht. Schon 1930 schufen *Carell* und *Lindbergh* das Glasherz, ein Vorläufer der Herz-LungenMaschine. Die Einsatzzeit einer derartigen Ma schine ist jedoch wegen der auftretenden Blutschädigung auf wenige Stunden begrenzt.

Im nächsten Schritt gelang die Entwicklung eines Herzersatzsystems, das aus mehreren Komponenten besteht, die bis jetzt nur z. T. im Körper implantiert werden können. Derartige Systeme erlauben Einsatzzeiten von mehreren Monaten. Bis zum klinischen Einsatz hat ihre Entwicklung mehr als 30 Jahre gedauert. Die Entwicklung erfolgte weltweit parallel in verschiedenen größeren Forschungsgruppen. In Deutschland war dies die Gruppe um *Bücherl* im Klinikum Charlottenburg in Berlin, die im Verlauf der Jahre entscheidende Akzente zur Entwicklung des Kunstherzens (Bild 1) beisteuern konnte.

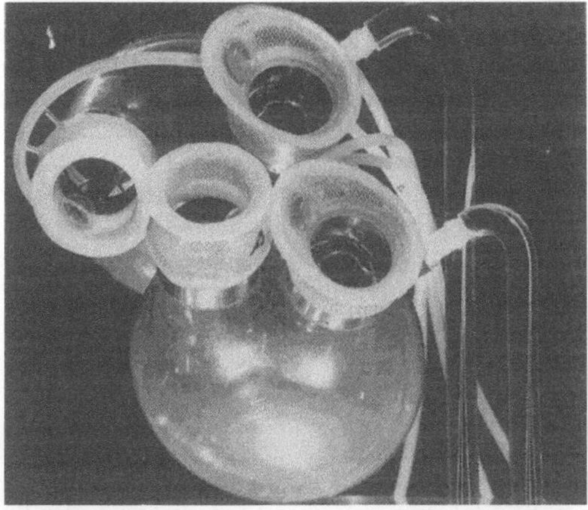

*Totalherzersatz 1: Künstliches Herz. (Quelle: Bücherl a. a. O.)*

Das Schnellverbindungssystem für den Anschluß an die großen Gefäße und die Vorhöfe ist bereits montiert. Zur besseren Darstellung sind im Bild die Pumpen an den Antriebsverbindungen aufgehängt.

Technische Systeme zum Ersatz des Herzens bestehen aus folgenden Hauptkomponenten:

Zwei Blutpumpen mit zwei Antrieben ersetzen die beiden Herzkammern, elektronische Regelschaltungen ersetzen die über Nerven und Hormone laufende natürliche Regelung des Herzzeitvolumens und der Kontraktionskraft, Hautdurchleitungen ermöglichen die infektionsfreie Verbindung von in den Körper implantierten mit außerhalb des Körpers verbleibenden Komponenten.

Die Entwicklung von vollständig außerhalb des Körpers befindlichen Systemen bis hin zum implantierbaren künstlichen Herz verlief über mehrere Entwicklungsstufen. Die Betriebssicherheit ist am besten bei vollständig externen Systemen (Entwicklungsstufe 1), bei denen regelmäßige Inspektionen und evtl. der Austausch von mechanisch hochbelasteten Teilen nach einem Plan möglich sind. Für den Patienten bedeuten derartige stationäre Systeme

jedoch eine erhebliche Einschränkung der Lebensqualität: Sie werden ständig mit der Funktion des Systems konfrontiert. Hinzu kommt die potentielle Gefahr von Infektionen an den für den Anschluß des Systems an den Blutkreislauf notwendigen großen Hautdurchleitungen.

Auf der zweiten Stufe der Entwicklung stehen Systeme, bei denen die Blutpumpen im Brustkorb implantiert werden können. Damit reduzieren sich Anzahl und Größe der notwendigen Hautdurchleitungen. Kleine transportable Antriebe, die automatische Regelsysteme und einen gewissen Energievorrat enthalten, ermöglichen dem Patienten eine wenn auch zeitlich eingeschränkte Mobilität. Maßgebend für die Betriebssicherheit des Gesamtsystems ist jetzt die Dauerfestigkeit der implantierten Blutpumpen, die nur mit einer Operation ausgetauscht werden können.

Bei der dritten Entwicklungsstufe finden Blutpumpen und Antriebe als Einheit im Brustkorb Raum. Für die Übertragung der Energie und der Regelungssignale ist eine unkomplizierte kleine Hautdurchleitung für einen Draht oder ein Hauttransformator für die Übertragung der Signale durch die intakte Haut erforderlich. Die Mobilität des Patienten wird mit einem derartigen System zwar verbessert. Bezahlt werden muß dies aber mit Betriebssicherheitsanforderungen, die heute insbes. von den bewegten Bauteilen der miniaturisierten Antriebe noch nicht erfüllt werden können. Für eine vorzugebende Minimalzeit von z. B. drei Jahren muß ohne Wartung und Austausch eine nahezu 100 %ige Funktionssicherheit garantiert werden.

Das Endziel der Kunstherzentwicklung ist ein vollständig implantierbares System, bei dem die Energieversorgung z. B. in Form von nuklearem Brennstoff ebenfalls implantiert ist. Ein derartiges System, dessen sichere Betriebszeit zumindest fünf Jahre betragen soll, würde den Patienten vollständig rehabilitieren. Nur eine gelegentliche Prüfung der durch die intakte Haut transmittierten elektrischen Signale erinnert den Patienten an das künstliche Herz.

Die höheren Entwicklungsstufen mit technisch immer aufwendigeren Lösungen bei verbesserter Lebensqualität des Patienten werden hauptsächlich von der Lösung ingenieur- oder naturwissenschaftlicher Fragestellungen bestimmt. Mit zunehmender Miniaturisierung des Systems bei gleichzeitig erschwertem Zugriff zu Zwecken der Wartung oder des Austausches der implantierten Komponenten ist die Zuverlässigkeit das ausschlaggebende Kriterium. Sie wird bestimmt von der Konstruktionsgüte der Systemkomponenten und natürlich von den verwendeten Materialien. Hier stehen im Vordergrund die Werkstoffe, die mit dem biologischen Milieu in Kontakt sind und an die besonders hohe Anforderungen bezüglich ihrer biologischen Verträglichkeit und biologischen Beständigkeit gestellt werden müssen. Die Blutverträglichkeit der heute verfügbaren Materialien ist zumindest ausreichend, wenn auch eine medikamentöse Beeinflussung des Gerinnungssystems erforderlich ist. Jedoch werden alle bislang verfügbaren Materialien in gewissem Maß durch den Blutkontakt verändert. Das führt oft schon nach wenigen Monaten zu Oberflächenschäden, die dann sekundär die Blutverträglichkeit negativ beeinflussen und auch die mechanische Dauerfestigkeit herabsetzen.

Für den heutigen klinischen Einsatz haben sich Systeme der Entwicklungsstufe 1 und 2 qualifiziert.

Ist eine Einsatzzeit von mehreren Wochen oder Monaten abzusehen, werden perkutane pneumatische Systeme verwendet, bei denen die Blutpumpen an Stelle des Herzens implantiert werden (orthotoper künstlicher Herzersatz). Die mehr oder weniger großen elektropneumatischen Antriebseinheiten, die elektronischen Apparate zur Regelung und die Energieversorgung verbleiben außerhalb des Körpers. In der Regel sind getrennte Blutpumpen für den Lungen- und Körperkreislauf vorgesehen. Eine hochelastische Kunststoffmembran, meist aus speziell entwickeltem Polyurethanmaterial oder Copolymeren mit Polyurethan, trennt die Pumpe in eine Blut- bzw. Antriebskammer (Bild 2). Das relativ steife Gehäuse erlaubt die Umsetzung eines pneumatischen Pulses in einen Blutpuls. Es werden heute zwei Hauptkonzepte bevorzugt: Pumpen, bei denen das Gehäuse und die Membran eine kontinuierliche Innenoberfläche bilden, und solche, bei denen eine sackförmige Blutkammer von einem steifen Gehäuse umschlossen wird. Die meisten Pumpen sind mit den in der Klinik verwendeten Kippscheiben-

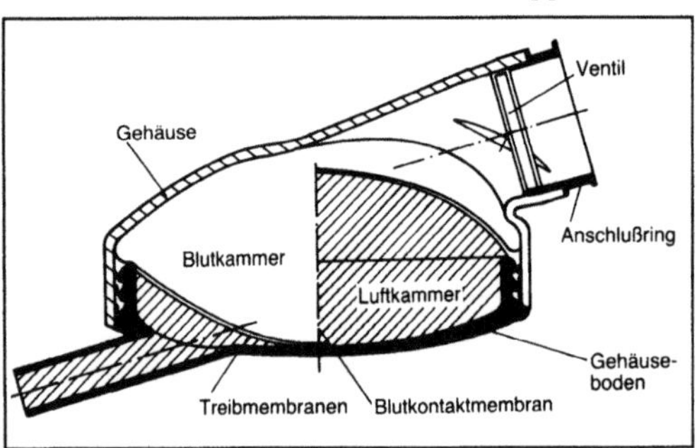


*Totalherzersatz 2: Querschnitt der Membranblutpumpe.*

Die Blut- und Luftkammern sind durch drei Membranen voneinander getrennt. Die innere, mit dem Blut in Berührung kommende Membran bildet mit dem Gehäuse eine kontinuierliche Oberfläche. Die mit dem Boden verbundenen Antriebsmembranen übernehmen den Hauptteil der mechanischen Belastung. (Links: diastolische Position der Membran, die Blutkammer ist gefüllt. Rechts: systolische Membranposition, die Blutkammer ist entleert.)

klappen ausgestattet, um einen gleichgerichteten Strom zu erzielen.

Es wurden Blutpumpen zum Ersatz des Herzens unterschiedlicher Größe entsprechend den wechselnden anatomischen Verhältnissen entwickelt, so daß die Anschlüsse an die großen Gefäße und Vorhöfe unbehindert erfolgen können. Auch Blutpumpen für die extrakorporale Unterstützung eines oder beider Ventrikel wurden konstruiert und hergestellt.

Mit Hilfe eines Schnellanschlußsystems werden die Blutpumpen mit den natürlichen Vorhöfen und den großen Arterien verbunden. Hierzu werden Adapter aus Siliconkautschuk verwendet, die an einem Ende vorbereitet sind für die End-zu-End-Verbindung mit den Vorhöfen und Gefäßen und am anderen Ende eine Federverbindung für die schnelle und dichte Montage mit den Pumpen haben. In diese vier Adapter sind kleine Luftkapseln für die nicht-invasive kontinuierliche Messung des Blutdrucks eingefügt.

Die Kunstherzsysteme arbeiten meist mit einem druckgesteuerten pneumatischen Antrieb. Der Fluß durch die Blutpumpen wird kontinuierlich aus den Luftdruck- und Luftflußwerten in den Antriebsleitungen errechnet. Bei der Regelung des pneumatischen künstlichen Herzens müssen drei Teilprobleme, die eng miteinander verknüpft sind, gelöst werden:

□ die Anpassung des Antriebs an die Blutpumpe und die Regelung,

□ die Einhaltung gleicher Fördervolumen der linken und der rechten Pumpe,

□ die Einstellung des Fördervolumens entsprechend dem momentanen physiologischen Stoffwechselbedarf.

Antriebsparameter sind der systologische Treibdruck, der diastolische Saugdruck, die Pulsfrequenz und die relative Systolendauer, jeweils für die linke und rechte Pumpe. Hämodynamische Größen, die die Pumpaktion beeinflussen, sind der linke und rechte Vorhofdruck sowie der Druck in der Aorta und der Arteria pulmonalis. Bei jedem Puls soll die Pumpe vollständig entleert und gefüllt werden. Das bedeutet, daß bei Änderung der venösen Zuflüsse und Veränderungen der Gefäßwiderstände im Lungen- und Körperkreislauf die Antriebsparameter verstellt werden müssen.

Wesentlich ist, daß ein Regelsystem ständig das Flußgleichgewicht der linken und rechten Pumpe überwacht. Verständlicherweise wäre es besonders gefährlich, wenn die rechte Pumpe mehr leistet als die linke. Der Druck im Lungenkreislauf würde über die kritischen Werte ansteigen; ein hämorrhagisches Lungenödem wäre die Folge. Diese Problematik wird schon bei dem Entwurf der Blutpumpen berücksichtigt: Die linke Blutpumpe hat gegenüber der rechten eine Schlagvolumenreserve.

Der Herzersatz mit künstlichen Blutpumpen wurde bis Ende 1986 weltweit an 55 Patienten ausgeführt. Der erste Einsatz erfolgte 1969 in Houston durch *Cooley,* der einem Patienten überbrückend bis zu einer folgenden Transplantation ein Kunstherz, das *Liotta* entwickelt hatte, implantierte. Erst 1981 erfolgte der zweite klinische Einsatz. Ebenfalls mit dem Ziel der Überbrückung der Wartezeit bis zur Transplantation implantierte *Cooley* ein künstliches Herz, das von *Akutsu* entworfen worden war. *De Vries* implantiert 1982 in Salt Lake City ein künstliches Herz, diesmal jedoch mit dem Ziel, das Leben eines Patienten auf zunächst unbestimmte Dauer zu verlängern. Der Patient war kein Kandidat für eine Herztransplantation. Die verwendeten Blutpumpen waren das Ergebnis jahrzehntelanger Entwicklung unter der Leitung von *Kolff.* Der letzte Entwurf stammte von *Jarvik.* Der Patient lebte 112 Tage mit diesem künstlichen Herzen. Es kam zu mehreren Komplikationen. Im Jahr 1983 erfolgten keine klinischen Einsätze. Erst 1984 implantierte *De Vries* erneut ein künstliches Herz auf Dauer. Im Jahr 1985 wurden bei acht Patienten künstliche Herzen implantiert. In drei Fällen war die Verlängerung des Lebens beabsichtigt. Bei fünf Patienten wurde nach einer gewissen Überbrückungszeit das Kunstherz durch ein Transplantat ersetzt, in drei Fällen erfolgreich. Im Jahr 1986 wurde ausschließlich mit dem Ziel der Überbrückung der Wartezeit auf ein Transplantat das Kunstherz eingesetzt. Von 43 Patienten konnte so in 27 Fällen die Transplantation durchgeführt werden. Davon überlebten 21 Patienten den zweiten Eingriff.

Überwiegende Indikation waren Herzmuskelschwächen, meist infolge von Durchblutungsstörungen, die den notfallmäßigen Einsatz des künstlichen Herzens zur Überbrückung der Wartezeit auf ein Transplantat erforderlich machten (32 Patienten). In neun Fällen waren Viruserkrankungen der Grund für das Herzversagen. Fünf Patienten erhielten die Herzprothese wegen einer akuten Transplantatabstoßung. Im kardiogenen Schock nach Herzinfarkt war ein Patient, angeborene Herzfehler und Herzversagen nach der Geburt waren jeweils in zwei Fällen der Anlaß für den Kunstherzeinsatz, in vier Fällen ist die Indikation unbekannt. Die Einsatzzeit reicht von wenigen Stunden bis zu 45 Tagen bei den auf eine Transplantation wartenden Patienten. Bei den Einsätzen auf Dauer betrug die längste Funktionszeit 622 Tage.

Bei dem temporären Einsatz des künstlichen Herzens (50 Patienten) konnte in 68% der Fälle transplantiert werden. Diese Transplantationen waren in 48% der Fälle (24 Patienten) erfolgreich (Stand 1987). *Stroh*

Literatur: *Bücherl, E. S.,* u. *E. Henning:* Das künstliche Herz; Derzeitiger Entwicklungsstand und zukünftige Aspekte. Medicenale XIV. Iserlohn 1984.

**Totzone.** Kommt es in real durchströmten Reaktoren zu Abweichungen von der Kolbenströmung, können sich neben der →Kanalbildung auch T. (Totwasserzonen) ausbilden. Es handelt sich um stagnierende Zonen, die schlecht durchmischt und folglich kaum am Stoffaustausch oder an der Reaktion mit dem übrigen Reaktorinhalt beteiligt sind. Solche T. bewirken Inhomogenitäten in der Reaktionsmasse und können insbes. bei viskosen Medien auch in kontinuierlichen Rührkesseln auftreten. Dadurch wird die →Verweilzeit der übrigen Reaktionsmasse verkürzt. Bei der Modellierung von Reaktoren mit T. ist darauf zu achten, daß allein der aktive Teil der Reaktionsmasse (also außerhalb der T.) in den Bilanzgleichungen auftritt. *Schönbucher*

**Toxine, endogene.** Unter e. T. versteht man Giftsubstanzen, die innerhalb des körpereigenen Stoffwechsels anfallen. Dies können T. sein, die bei Ausfall der Leberfunktion (Ethan-, Methanthiole, Ammoniak, Bilirubin) entstehen. Auch bei Ausfall der Nierenfunktion zirkulieren toxische Produkte (Urämietoxine) im Kreislauf und können zu vielfältigen Störungen führen. Therapeutische Möglichkeiten: Leberunterstützungssysteme, künstliche Niere, Plasmaseparation. *H. Schneider*

**Traganteil** →Materialanteil

**Traganteilkurve** →Materialanteil

**Trägerdampfdestillation.** Die T. ist ein thermisches Trennverfahren, bei dem durch die Hinzugabe eines gasförmigen Hilfsstoffs ein Gemisch thermisch schonend, d. h. bei relativ niedrigen Temperaturen, getrennt wird. Oft ist der verwendete Hilfsstoff Wasser (→Wasserdampfdestillation). Löst sich der Trägerdampf in dem zu gewinnenden Stoff nicht, so ist der Gesamtdruck gleich der Summe aus den Dampfdrücken des zu gewinnenden Stoffes und des Trägerdampfes. Zwingt man dem System einen Gesamtdruck auf, so sinkt die Siedetemperatur des nicht mischbaren Gemisches soweit ab, bis die Summe der Partialdrücke gleich dem Gesamtdruck ist. Die Erniedrigung der Siedetemperatur wurde nicht durch die Absenkung des Gesamtdrucks erreicht, wie dies bei der Vakuumrektifikation der Fall ist, sondern indem der für die zu gewinnende Komponente zur Verfügung stehende Partialdruck durch die Hinzugabe einer unlöslichen Komponente verringert wurde.

Das Bild zeigt den schematischen Aufbau einer Anlage zur T. Das zu trennende Gemisch wird in der Blase durch direkt eingespritzten Trägerdampf durchströmt. Die aufsteigenden Dämpfe werden im →Gegenstrom zu dem →Zulauf geführt, dort kondensiert und in einem Dekantiergefäß in zwei flüssige Phasen getrennt. *Dohrn*

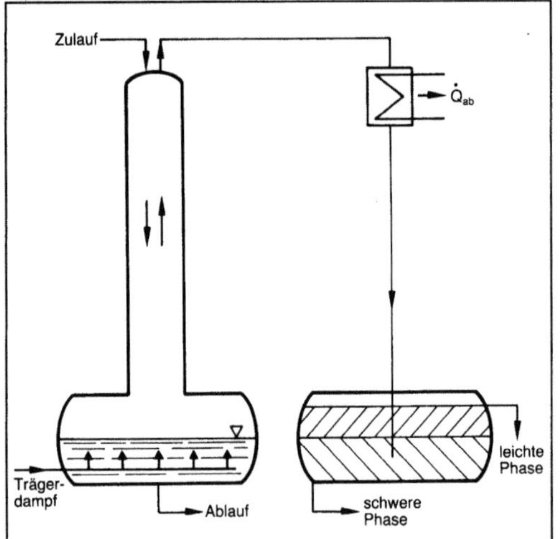


*Trägerdampfdestillation: Schematischer Aufbau einer Anlage zur Trägerdampfdestillation.*

Literatur: *Mersmann, A.:* Thermische Verfahrenstechnik. Berlin, Heidelberg, New York 1980. – *Sattler, K.:* Thermische Trennverfahren. Weinheim 1988.

**Trägerstoff.** Soll aus einem →Zweistoffgemisch ein Stoff A extrahiert (→Extrahieren) werden, so bezeichnet man den Rest des Gemisches, der nicht vom →Extraktionsmittel aufgenommen werden soll, als Trägerstoff. Das Extraktionsmittel wird deshalb so ausgewählt, daß es den Stoff A gut löst und mit dem T. möglichst unlöslich ist. Bei einer zu vernachlässigenden Löslichkeit läßt sich die Extraktion in einem Beladungsdiagramm darstellen. Anderenfalls erfolgt die graphische Darstellung in einem Dreiecksdiagramm. Beim Trennverfahren →Trocknen wird von einem Trägerstoff eine als Feuchtigkeit bezeichnete Flüssigkeit entfernt. *Dohrn*

**Transferstraße, flexible.** Die f. T. besteht aus mehreren automatisierten innenverketteten Arbeitsstationen, meist in Sonderbauart, und ist in der Lage, gleichzeitig oder nacheinander verschiedene Werkstücke in größeren Serien zu bearbeiten, die das System auf dem gleichen Pfad, d. h. durch alle Maschinenarbeitsräume, in sequentieller Folge ohne Umgehungsmöglichkeiten durchlaufen. Die Anwendung von numerisch gesteuerten Fertigungseinheiten oder relativ rasch umstellbaren Sondereinheiten (z. B. Systeme zum Wechseln ganzer Spindeleinheiten oder von Mehrspindelköpfen) in taktgebundenen Fertigungssystemen bieten die Möglichkeit schneller Anpassung an Werkstückvarianten. F. T. werden dann eingesetzt, wenn das Teilespektrum aus Varianten oder sehr ähnlichen Bauteilen besteht. Sie sind daher gerade dort besonders vorteilhaft einsetzbar, wo ursprünglich hohe Stückzahlen durch steigende Anpassung an Kun-

denwünsche und Sonderausstattungen mehr und mehr sinken. Dies hat vor allem die Automobilindustrie erkannt und setzt f. T. für Motorblöcke, Zylinderköpfe, Bremsgehäuse und Kleinteile ein (Bild). *Schulz*

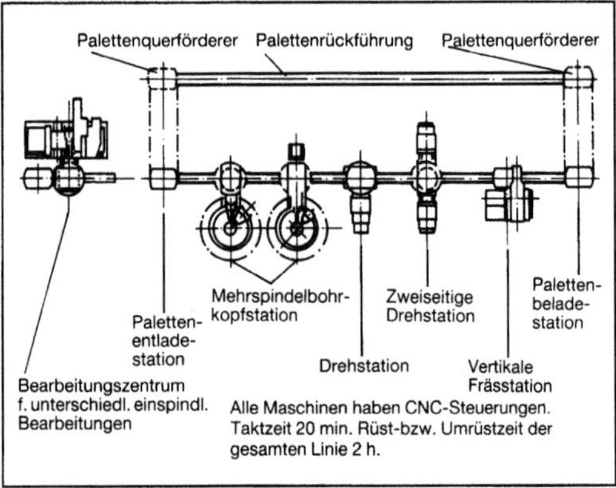


*Transferstraße, flexible: Für die Bearbeitung von Vorder- und Hinterachsengehäusen.*

Alle Maschinen haben CNC-Steuerungen. Taktzeit 20 min. Rüst- bzw. Umrüstzeit der gesamten Linie 2 h.

Literatur: Der Einsatz flexibler Fertigungssysteme. KfK-PTF-Ber. 41. Kernforschungszentrum Karlsruhe, Projektträgerschaft Fertigungstechnik. Karlsruhe 1982.

**Transportkapazität.** Die T. ist eine Kennziffer, die eine höchstmögliche Leistungsfähigkeit der Transporteinrichtungen pro Zeitraum beschreibt. Üblicherweise wird die T. in der Produktionstechnik durch die Anzahl Werkstücke, Anzahl Lose oder Gewichtseinheiten jeweils pro Zeitabschnitt gekennzeichnet.

Bei einer Planung ist es erforderlich, die T. mit dem Kapazitätsbedarf an Transporteinrichtungen in Deckung zu bringen. Der Kapazitätsbedarf ergibt sich ebenfalls aus der Anzahl der zu transportierenden Werkstücke oder Lose je Planungszeitraum.

Darüber hinaus unterscheidet man zwischen der Ausnutzung der T., die in einem Bezugszeitraum
□ erreicht werden kann (mögliche Kapazitätsausnutzung),
□ erreicht werden soll (geplante Kapazitätsausnutzung),
□ erreicht worden ist (tatsächliche Kapazitätsausnutzung). *Eversheim*

**Transportorganisation.** Sie regelt zum einen die Verteilung und Zuordnung der Aufgaben, Verantwortungen und Kompetenzen (→Aufbauorganisation) und zum anderen die sich wiederholenden zeitlichen und räumlichen Abläufe.

Geeignete T., vor dem Hintergrund der Abläufe, werden aus den Ergebnissen der Materialflußanalysen abgeleitet. Wie das Bild zeigt, unterscheidet man drei Möglichkeiten der Verknüpfung von Arbeitsplätzen. Beim Direktverkehr werden die einzelnen Stationen ausschließlich bei vorliegendem aktuellen Bedarf beliefert. Man spricht hierbei von einer wahlfreien Versorgung. Die hohe Flexibilität ist in der beliebigen Ansteuerung der Stationspunkte zu sehen. Demgegenüber steht jedoch eine geringere Übersichtlichkeit, verbunden mit einem hohen Steuerungsaufwand. Der Sternverkehr dagegen bedingt einen festen Zugriff bei mittlerem Steuerungsaufwand. Hierbei gehen von einer zentralen Stelle mehrere Transportrouten aus. Die Stationen werden parallel, sequentiell versorgt. Typische Zentralstellen sind Rohmaterial- und Fertigteillager, aber auch Arbeitsplätze mit zentralen Operationen, so z. B. die Endprüfung. Nach dem Sternverkehr organisierte Transportsysteme setzen eine gewisse Stetigkeit im Materialfluß voraus, da sonst, bedingt durch die vorgegebenen Fahrstrecken, erhebliche Wartezeiten auftreten können.

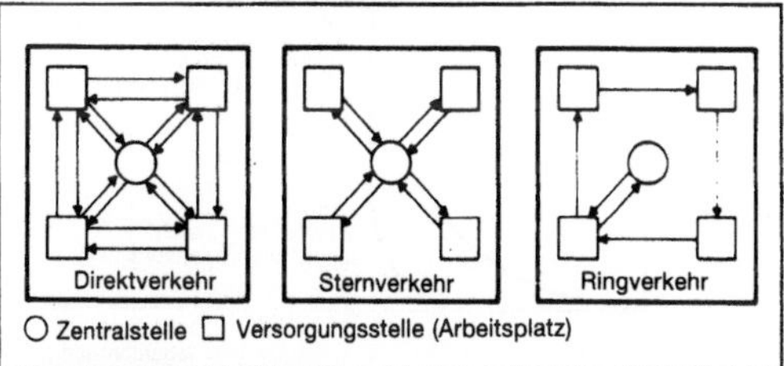


*Transportorganisation.*

Die dritte Variante der T. ist der Ringverkehr. Hierbei ist ein fester Transportplan vorgegeben, die Versorgung ist sequentiell organisiert und der Steuerungsaufwand deshalb relativ gering. Auf Veränderungen im Materialfluß kann nur schlecht reagiert werden, da alle Einzelstationen starr miteinander verknüpft sind (Beispiel: Fließband).

In den meisten Anwendungsfällen sind zur Optimierung des Transportsystems Mischformen erforderlich, die aus den vorgestellten prinzipiellen Möglichkeiten zusammengesetzt und modifiziert werden. So kann es z. B. zweckmäßig sein, das übergeordnete Transportsystem, das die verschiedenen Fertigungsbereiche miteinander verbindet, nach dem Ringprinzip auszulegen, während innerhalb der einzelnen Bereiche der Direktverkehr die beste Lösung bietet. *Eversheim*

Literatur: *Eversheim, W.:* Organisation in der Produktionstechnik. Bd. 4. Düsseldorf 1981.

**Trennapparat.** Stoffaustauschapparate oder T. dienen zum Austausch eines oder mehrerer Stoffe von einer Phase in eine andere, wobei zur Verbesserung des Stoffaustausches keine bewegten Maschinenteile verwendet werden. Der Phasenübergang kann von einer flüssigen in eine Gasphase (z. B. Destillationskolonne, Verdampfer, Druckbehälter zur Gas-

extraktion), von einer flüssigen in eine weitere flüssige Phase (z. B. Flüssig-Flüssig-Extraktor), von einer flüssigen in eine feste Phase (z. B. →Kristallisator), von einer gasförmigen in eine flüssige Phase (z. B. Absorber), von einer festen in eine flüssige Phase (z. B. Feststoffextraktor) oder von einer festen in eine gasförmige Phase (z. B. Extraktor zur Gasextraktion) stattfinden.

Trotz der verschiedensten Anwendungen von T. können sie Gemeinsamkeiten aufweisen, z. B. Gegenstromführung der Stoffe, Verwendung von Böden oder Packungen zur Schaffung einer großen Flüssig-Gas-Grenzfläche. Vom trenntechnischen Standpunkt aus betrachtet wird in einem T. ein Stoffstrom mit Hilfe eines Trennhilfsmittels in mindestens zwei Stoffströme unterschiedlicher Zusammensetzung aufgeteilt.

Im Vergleich zu Trennmaschinen sind T. konstruktiv einfacher und störungsunempfindlicher. In Anwendungsfällen, wo ein großes Apparatevolumen (z. B. Off-Shore-Anlagen) bzw. eine große Verweilzeit der Stoffströme (z. B. explosive Stoffe) von Nachteil ist, sowie bei sehr geringen Dichtedifferenzen der Phasen sind Trennmaschinen wirtschaftlicher als T.

Trotz des Trends zur Entwicklung von Trennmaschinen werden die klassischen Apparate, wie Boden- oder Packungskolonnen, auf absehbare Zeit ihre große Bedeutung nicht verlieren. *Dohrn*

Literatur: *Brauer, H.:* Stoffaustausch-Maschinen – Chancen für den Gerätebau und die stoffwandelnde Industrie. Chem.-Ing.-Techn. 58 (1986) Nr. 2, S. 97/107. – *Mersmann, A., H. Voit* u. *R. Zeppenfeld:* Brauchen wir Stoffaustauschmaschinen. Chem.-Ing.-Techn. 58 (1986) Nr. 2, S. 87/96.

**Trennarbeit.** Zur Trennung (→Trennprozeß, thermischer) eines homogenen Stoffgemisches wird eine bestimmte Energiemenge benötigt. Der Vergleich des tatsächlich benötigten Energiebedarfs mit dem kleinsten theoretischen Arbeitsaufwand, der reversiblen T., ist ein Kriterium zur Beurteilung eines Trennverfahrens. Für die reversible T. $W_{rev}$ von 1 kmol eines idealen Gemisches gilt:

$$W_{rev} = - R \cdot T \cdot x_i \cdot \ln x_i > 0;$$

R Gaskonstante, $x_i$ Molenbruch, T absolute Temperatur. Die reversible T. ist von der Zusammensetzung des Ausgangsgemisches abhängig und proportional zur Temperatur T, bei der die Trennung stattfindet. Bei einem →Zweistoffgemisch erreicht $W_{rev}$ ein Maximum, wenn die Molenbrüche der Stoffe gleich groß sind.

Die für ein Trennproblem praktisch benötigte Energiemenge ist wesentlich größer als die entsprechende reversible T. *Dohrn*

**Trenndiffusion** →Permeation

**Trennen (Metallbearbeitung).** Das Fertigen durch Ändern der Form eines festen Körpers, wobei der Zusammenhalt örtlich aufgehoben, d. h. im ganzen vermindert wird.

Der eigentliche Trennvorgang findet an der Kontaktstelle (Wirkfuge) zwischen Werkzeug und Werkstück unter dem Einsatz von außen zugeführter Energie (Wirkenergie) und einer gleichzeitig vom Wirkpaar (Werkzeug-Werkstück) ausgeführten Relativbewegung statt. Die in den Prozeß eingebrachte Energie wird in Trenn-, Verformungs- und Reibleistung umgewandelt und als Wärme über das Werkstück, die Späne, das Werkzeug, den Kühlschmierstoff und durch Strahlung abgeleitet.

Nach der DIN 8580 Fertigungsverfahren ist die Hauptgruppe 3 Trennen in sechs Gruppen unterteilt:

□ →Zerteilen,

□ →Spanen mit geometrisch bestimmten Schneiden,

□ Spanen mit geometrisch unbestimmten Schneiden,

□ Abtragen,

□ →Zerlegen und

□ Reinigen.

Das Zerlegen zusammengesetzter Körper wird dem T. zugeordnet. *König*

**Trennfaktor.** Der T. gibt an, wie gut zwei Stoffe in einem bestimmten Trennprozeß voneinander getrennt werden können. Er ist gleich dem Verhältnis der Molanteile der Komponenten i und j im Produkt 1, geteilt durch das entsprechende Verhältnis im Produkt 2:

$$\alpha = \frac{x_{i1} / x_{j1}}{x_{i2} / x_{j2}} \, .$$

Der T. ist unabhängig davon, ob Mol- oder Masseanteile verwendet werden. Eine Trennung ist in der Regel nur dann effektiv, wenn der T. >1,05 bzw. <0,95 ist.

Unter dem idealen T. versteht man den Wert des T., der bei idealen Bedingungen erreicht werden kann. Bei gleichgewichtsbestimmten Trennprozessen ist der ideale T. durch die Produktkonzentrationen bestimmt, die erreicht werden, wenn sich die Produktströme im Phasengleichgewicht befinden. Bei kinetisch-kontrollierten →Trennverfahren bezieht sich der ideale T. auf die Produktkonzentrationen, die sich einstellen, wenn nur der physikalische Transportmechanismus ohne störende Einflüsse wirkt. *Dohrn*

Literatur: *King, C. J.:* Separation Processes. New York 1980.

**Trenngrad** →Klassieren

**Trenngrenze, molekulare.** Für die Charakterisierung einer Porenmembran wird neben dem Membranmaterial, dem Rückhaltevermögen und der Filtrationsstromdichte noch die m. T. bzw. der m. T.-Bereich angegeben (→Siebkoeffizient).

Die T. wird durch den mittleren Porenradius und die Porenradienverteilung bestimmt. Rein geometrisch betrachtet können Moleküle eine Porenmembran nur passieren, wenn ihr Durchmesser kleiner oder gleich den größten Poren ist. Dabei erfahren, bedingt durch die geringere Anzahl von Poren, im Grenzbereich liegende Moleküle einen gewissen Widerstand, kleine Moleküle können ungehindert passieren. Die m. T. wird über bekannte, meist globuläre und gut nachweisbare Proteinmoleküle experimentell ermittelt und als Kennlinie aufgetragen (Bild).

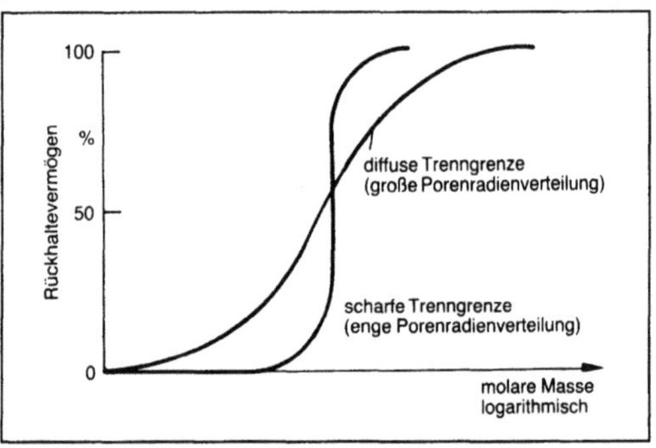


*Trenngrenze, molekulare: Schematische Darstellung der Kennlinien von Porenmembranen.*

Eine Membran mit absolut scharfer T. gibt es nicht. Selbst bei genau gleichen Porenradien tritt eine gewisse Selektion auf. Eine theoretische Erklärung dafür bietet das Ferry-Renkin-Modell.

Bei der Auswahl von Membranen für praktische Trennaufgaben ist zu beachten, daß bei nichtglobulären Molekülen in der zu filtrierenden Lösung ein anderer Verlauf der T. auftreten kann. Eine Verschiebung zu kleinerer molarer Masse kann auch durch Adsorption von Lösungsinhaltsstoffen auf dem Membranmaterial ausgelöst werden. *Stroh*

**Trennhilfsmittel.** Ein T. wird bei Trennprozessen dazu verwendet, einen homogenen Stoffstrom in mindestens zwei Ströme unterschiedlicher Zusammensetzung zu zerlegen (Bild). Das T. kann ein fester Stoff (z. B. bei der →Adsorption), eine Flüssigkeit (z. B. bei der Flüssig-Flüssig-Extraktion), ein komprimiertes Gas (z. B. bei der →Gasextraktion), ein Gas (z. B. beim Strippen) oder Energie (z. B. bei der Destillation) sein. Das der zu trennenden Mischung hinzugegebene T. muß nach dem Trennprozeß wieder entfernt werden. Dies kann relativ einfach sein, z. B. bei der Gasextraktion durch Veränderung des Drucks oder der Tempera-

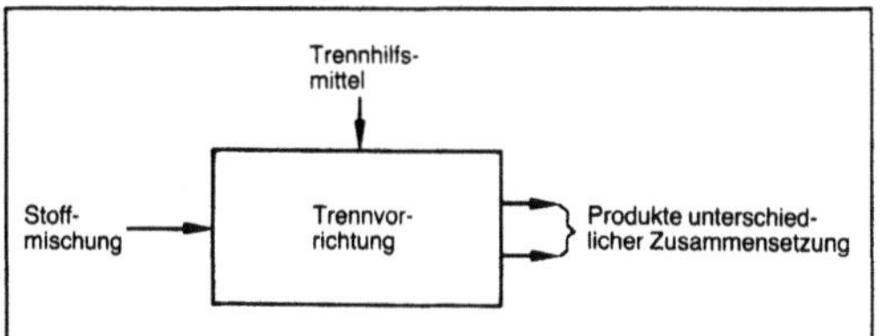



*Trennhilfsmittel: Schematische Darstellung eines Trennprozesses mit einem Trennhilfsmittel.*

tur oder bei der Destillation durch Wärmeabfuhr mit einem Kühlmittel, oder aber einen weiteren Trennprozeß nach sich ziehen, z. B. eine Destillation zur Lösungsmittelaufbereitung bei der Flüssig-Flüssig-Extraktion. *Dohrn*

Literatur: *King, C. J.:* Separation Processes. New York 1980.

**Trennläppen.** T. ist ein Verfahren zum Trennen von dünnen Scheiben aus meist spröden Werkstoffblöcken, wie z. B. Silicium, Glas, Keramik. Bei diesem Verfahren wird eine Vielzahl in einem Rahmen eingespannter Stahlblätter longitudinal oszillierend über das Werkstück geführt. Unter Zuführung einer abrasiven Läppsuspension (→Läppgemisch) werden dabei dünne Scheiben läppend getrennt (→Läppen). Ein bekanntes Anwendungsgebiet dieses Verfahrens ist das Trennen von Solarzellen (Wafern) aus Siliciumblökken.

Als Trennwerkzeug werden 0,2–0,4 mm dicke, 100–300 mm lange Stahlbänder aus Federbandstahl verwendet. Die Bänder werden mit Distanzscheiben bestückt und mittels eines Spannrahmens in einer Gattersäge aufgenommen, die über einen Kurbeltrieb die Trennhübe ausführt (Bild). Üblich sind 120–250 Hübe je Minute bei Hublängen von 85–300 mm. Der Vorschub in das Werkstück erfolgt durch die kraftgeführte Vertikalbewegung des Tisches.

Wichtige Prozeßparameter des T. sind die mechanischen und dynamischen Größen wie Hublänge, Hubfrequenz, Werkstückbreite sowie die determinativen Größen wie Trennblattwerkstoff und Läppmittelspezifikation.

Als Läppträgerbasis wird Glyzerin, Petroleum, Wasser oder ein Gemisch dieser Medien verwendet. Die Läppkörner, Siliciumcarbid oder Borcarbid, werden bevorzugt in den Größen 10–60 μm eingesetzt. Die Läppkörner sollten eine möglichst enge Durchmesserverteilungskurve aufweisen. Die erzeugte Schnittfugenbreite entspricht dann annähernd der doppelten mittleren Korngröße plus der Trennblattdicke (Bild).

Eine weitere Variante des Verfahrens ist das Draht-T., bei dem an Stelle von Stahlbändern ein mehrfach umlaufender Metalldraht als Werkzeug verwendet wird. In diesem Fall entfällt der Kurbel-

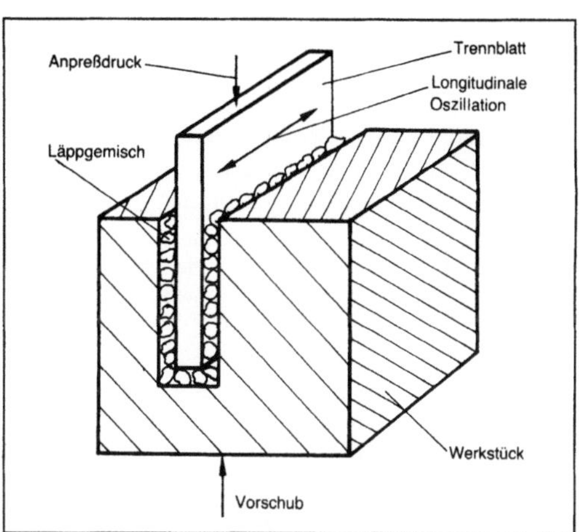



*Trennläppen: Schematische Darstellung.*

trieb. Die Relativgeschwindigkeit erfolgt durch das kontinuierliche Zuführen des Drahts über eine Abwickelanlage. *Kenter*

Literatur: *Werner, G., M. Kenter* u. *M. Ginar:* Stand der Technik und zukünftige Entwicklungsmöglichkeiten beim Trennen von Silizium. Ind. Diamanten Rundsch. IDR 23 (1989) Nr. 1.

**Trennmaschine.** Eine Stoff-T. oder T. dient zum Übertragen von Stoffen von einer Phase in eine andere, z. B. von einer flüssigen Phase in eine gasförmige. Im Gegensatz zu Trennapparaten wird bei T. der Phasendurchsatz oder die volumetrische Stofftrennrate oder beides durch bewegte (vor allem rotierende oder pulsierende) Maschinenteile in oder an der T. erhöht. Das Volumen von T. ist wesentlich kleiner als das vergleichbarer Apparate. Diesem Vorteil steht der höhere Energieaufwand und die kompliziertere Konstruktion (größere Ausfallzeiten und größerer Wartungsaufwand) entgegen. Ob für eine bestimmte Trennaufgabe eine Stoff-T. oder ein -apparat verwendet werden sollte, muß eine Wirtschaftlichkeitsrechnung im Einzelfall zeigen. Der Vorteil des kleineren Bauvolumens wirkt sich besonders bei Off-Shore- und Unter-Tage-Anlagen aus. T. sind besonders geeignet, wenn die Verweilzeit der Stoffe klein sein muß (z. B. instabile und explosive Stoffe), wenn Stoff in einer hochviskosen Flüssigkeit oder in feindispersen Emulsionen, Dispersionen oder Nebeln, die eine hohe spezifische Leistung erfordern, übertragen werden soll oder wenn die Mikromischzeit sehr klein ist, weil chemische Folgereaktionen auftreten.

In rotierenden T. kann durch die Zentrifugalkräfte eine bessere Phasentrennung erreicht werden als in Schwerkraftapparaten. Dies ist besonders vorteilhaft, wenn die Dichtedifferenz zwischen den Phasen sehr klein ist. Beispiele für T. sind Zentrifugalextraktoren, rotierende Packungskolonnen, rotierende Stufenkolonnen und Zerstäubungs- und Dispergiermaschinen. Nach einer Einteilung von *A. Mersmann* werden auch Apparate mit bewegten →Einbauten (z. B. Schwingbodenkolonnen, Rührkolonnen) zu den T. gerechnet. *Dohrn*

Literatur: *Brauer, H.*: Stoffaustausch-Maschinen – Chancen für den Gerätebau und die stoffwandelnde Industrie. Chem.-Ing.-Techn. 58 (1986) Nr. 2, S. 97/107. – *Mersmann, A., H. Voit* u. *R. Zeppenfeld:* Brauchen wir Stoffaustauschmaschinen. Chem.-Ing.-Techn. 58 (1986) Nr. 2, S. 87/96.

**Trennprozeß, thermischer.** Unter einem T. oder Trennverfahren wird jede Operation verstanden, mit der eine Stoffmischung in wenigstens zwei Stoffströme unterschiedlicher Zusammensetzung aufgetrennt wird (→Trennhilfsmittel).

Die zugeführte Stoffmischung kann dabei aus einem Konglomerat in sich homogener Bereiche (Phasen) bestehen, so daß durch eine Abtrennung der in sich homogenen Phasen schon eine Stofftrennung erzielt wird. Dies ist das Gebiet der mechanischen Trennverfahren, die unter die mechanische Verfahrenstechnik fallen. Typische derartige Trennoperationen sind →Filtrieren, Zentrifugieren, Sedimentieren.

Besteht die zugeführte Mischung aus einer homogenen, im molekularen Maßstab gelösten Mischung, kann eine Stofftrennung nur durch molekularen Stofftransport erfolgen. Diesen in zweckmäßiger Weise zu erreichen, ist Anliegen der t. T. oder thermischen Trennverfahren. Die Bezeichnung thermisch deutet darauf hin, daß zur Durchführung von t. T. häufig Wärmeenergie eingesetzt werden muß, da die Trennoperation bei von der Umgebungstemperatur abweichenden Temperaturen durchgeführt wird.

T. T. im obigen Sinn werden auch als diffusionskontrollierte Trennverfahren oder als Trennverfahren durch molekulare Triebkraftprozesse bezeichnet. Typische t. T. sind →Destillieren, →Rektifikation, →Extrahieren, Absorbieren, →Trocknen, aber auch Membranprozesse wie Ultrafiltration und Umkehrosmose.

Während der Mischvorgang prinzipiell ein spontaner Vorgang ist (auch wenn die Zeiten dafür sehr lang sein können), verbunden mit einer Entropiezunahme, kann ein Trennvorgang i. a. nur durch Maßnahmen von außen erreicht werden, da eine Entropieabnahme des Systems notwendig ist. Diese Maßnahmen werden in einer Trennvorrichtung durchgeführt, wobei man ein Trennhilfsmittel einsetzt. Dieses Trennhilfsmittel kann ein Energiestrom oder ein Stoffstrom oder beides sein. Die getroffenen Maßnahmen bewirken das Entstehen zweier Teilmengen der zugeführten Stoffmischung mit unterschiedlicher Zusammensetzung. Diese können untereinander unmischbar oder mischbar sein.

T. T. beruhen auf verschiedenen physikalisch-chemischen Effekten, wie z. B. der unterschiedlichen Zusammensetzung zweier im Gleichgewicht miteinander stehenden Phasen oder unterschiedlichen Molekulargeschwindigkeiten in Feldern oder Trennbarrieren (→Trennverfahren, kinetisch kontrolliertes, →Gleichgewichtstrennverfahren, Basis eines Trennverfahrens). Sie können in verschiedener Art und Weise durchgeführt werden, kontinuierlich oder diskontinuierlich, im Gleich-, Kreuz- oder →Gegenstrom, einstufig oder mehrstufig (→Trennverfahren-Modus). *Brunner*

**Trennschärfe** →Klassieren

**Trennschleifen.** T. ist ein Zerspanungsverfahren mit geometrisch nicht bestimmten Schneiden (→Spanen mit geometrisch unbestimmten Schneiden, →Schleifen, →Schleifverfahren) und gebundenem Korn (Schleifwerkzeuge) zum Abtrennen von Materialelementen von großen Werkstückblöcken. Zum Trennen des Materials wird hierbei eine im Verhältnis zum Durchmesser sehr dünne Trennschleifscheibe mit hoher Umfanggeschwindigkeit eingesetzt. Man unterscheidet zwischen den beiden Verfahrensvarianten Kalt- und Heiß-T.

Das Kalt-T. wird hauptsächlich zum Trennen von metallischen Werkstoffen bei Raumtemperatur eingesetzt. Ein wichtiges Anwendungsgebiet ist das Trennen von Vollquerschnitten. Unter Anwendung von speziellen Trennschleifscheiben werden Schnittgeschwindigkeiten bis zu 100 m/s erreicht. Die in den Trennscheiben enthaltenen Füllstoffe, insbes. Bleiverbindungen, ermöglichen höchste Zerspanleistungen, ohne die Werkstückoberfläche thermisch zu beeinflussen. Aus Gründen des Umweltschutzes finden jedoch zunehmend füllstoffarme, bleifreie Trennschleifscheiben Verwendung.

Beim Heiß-T. wird das Werkstück im glühenden Zustand bearbeitet. Einsatzgebiete sind z. B. Trennen von Vollknüppeln, Stromgußblöcken und Walzprofilen (Stabstahl, Rohr, Schienen). Die Wirtschaftlichkeit des Verfahrens wird in erster Linie durch die niedrigen Trennkosten bestimmt. Probleme durch thermische Beeinflussung der Randzone treten beim Heiß-T. nicht auf, da der zu trennende Werkstoff eine hohe Eigentemperatur aufweist, die den Trennprozeß unterstützt. Beim Heiß-T. ist die Anwendung von warmfesten Korunden und schmierungsaktiven Füllstoffen im Trennwerkzeug von großer Bedeutung.

Ein wichtiger Aspekt, der beim T. berücksichtigt werden muß, ist die mögliche Umweltbelastung. Ursachen hierfür können die Schallerzeugung und die Staubbelastung sein. Um dies zu minimieren, sollte die Bearbeitungsstelle nach Möglichkeit abgekapselt und der Schleifstaub abgesaugt werden.

Hinsichtlich der Zerspanleistung und der Werkstückqualität ist T. eine wirtschaftliche Alternative zum Sägen. Ferner sind unter allen Ablängverfahren beim T. die geringsten Rauhtiefen zu erreichen. Als ein universell einsetzbares Ablängverfahren findet es vielfach Anwendung bei der Herstellung von Halbzeugen und bei der Bereitstellung von Rohteilen in der Bauteilproduktion.

Daneben wird das T. vermehrt im Bereich der Mikroelektronik- und Optikindustrie eingesetzt (→Trennläppen). Verschiedene Halbleitermaterialien und optische Bauteile können mit Hilfe spezieller Trennschleifscheiben in dünne Platten (0,3–0,5 mm Dicke) mit einer Dickentoleranz von ±2 μm getrennt werden. Diese Verfahrensvariante, die ein →Feinbearbeitungsverfahren ist, wird auch Innenlochsägen, Innentrennschleifen oder Innendurchmesser-Trennschleifen genannt. *Kenter*

Literatur: *Helletsberger, H.:* Die progressiven Anwendungsmöglichkeiten des Trennschleifens unter Berücksichtigung der technologisch bedingten Grenzen. Trennkompendium. Bd. 1. Bergisch Gladbach 1978. – *Spur, G.,* u. *Th. Stöferle:* Handb. Fertigungstechnik. Bd. 3/2: Spanen. München, Wien 1980. – *Struth, W.:* Innentrennschleifen von einkristallinem Silizium. Diss. TH Aachen 1988.

**Trennschleifmaschine.** T. werden zum Trennen oder Abschneiden von Rohren, Stangen oder Profilen eingesetzt. Eine schnell rotierende Schleifscheibe mit einem Durchmesser/Dicken-Verhältnis, das größer als 50 ist, erzeugt eine schmale Trennfläche mit guter Oberfläche und geringem Grat. Wesentliches Merkmal der Trennschleifmaschine ist das hohe Zeitspanungsvolumen, das Werte bis zu 20 000 mm/s ergeben kann. Einfache Bedienung, rasches Entsorgen von Spänen und robuste Bauweise auf Grund der Einsatzbedingungen und der Zerspankräfte sind wichtige Anforderungen an T.

Für Werkstücke, die direkt nach dem Schmieden oder Walzen bei hoher Temperatur getrennt werden, kommen Heiß-T. zur Verwendung. Kalt-T. werden für Trocken- und für Naßschliff gebaut. Die Bauformen kann man nach Art der Vorschubbewegung in Maschinen mit Drehschnitt, Schwingschnitt, Fahrschnitt und Kappschnitt unterscheiden. *Schulz*

**Trennschleifscheibe.** T. sind im Verhältnis zum Durchmesser sehr dünne Schleifscheiben, die man mit hoher Schnittgeschwindigkeit beim →Trennschleifen einsetzt (→Schleifen).

Mit Trennscheiben werden dünne Nuten erzeugt, durch die das Werkstück vollständig durchtrennt wird. Die wirtschaftliche Schnittgeschwindigkeit beträgt i. a. 60–100 m/s. Es gibt aber auch Anwendungsfälle, bei denen niedrigere Schnittgeschwindigkeiten bessere Ergebnisse liefern. In Abhängigkeit von der Bearbeitungsaufgabe können Werkstücke mittels Trennschleifen bis zu 15mal schneller getrennt werden als durch Sägen.

T. gibt es von 30–1800 mm Dmr. und 0,05–20 mm Breite. Die Zusammensetzung richtet sich nach der gestellten Aufgabe (→Schleifwerkzeug-Zusammensetzung). Zum Trennen großer Querschnitte (z. B. bei Stahlwerkstoffen) werden gröbere Körnungen gewählt. Bei dünnwandigen Profilen und Rohren, bei denen die reale Kontaktlänge kurz ist, werden härtere Scheiben eingesetzt. Zum Trennen von besonders wärmeempfindlichen Werkstoffen werden Scheiben geringerer Härte, für gratfreies Trennen Scheiben von geringerer Härte und offenem Gefüge empfohlen. Gummigebundene Scheiben, die elastischer sind als kunstharzgebundene, werden vorzugsweise für dünne Scheiben und zum Naßtrennen bzw. für Automatenarbeiten eingesetzt. Beim Heißtrennen werden mit Trennschleifscheiben Schnitte in glühendem Material (z. B. Stahlwanne) ausgeführt. *Kenter*

Literatur: *Spur, G.,* u. *Th. Stöferle:* Handb. Fertigungstechnik. Bd. 3/2. München, Wien 1980. – *Widmer, E.:* Schleifen und Werkzeugschleifen. Technica (1983) Nr. 15/16, S. 1294.

**Trennstufe.** Das Modell der T. wird in der Verfahrenstechnik dazu verwendet, Trennprozesse graphisch und rechnerisch zu erfassen, ohne auf spezielle Bauweisen von Trennvorrichtungen zur Berücksichtigung der Stoffübertragung Rücksicht nehmen zu müssen. Werden zwei nicht vollständig mischbare Stoffströme $y_\omega$ und $x_\alpha$ einer T. zugeführt, so befinden sich die die T. verlassenden Ströme $y_\alpha$ und $x_\omega$ im Phasengleichgewicht (Bild). Die Konzentrationsänderung einer T. entspricht einer Treppenstufe im McCabe-Thiele-Diagramm. Die T. wird auch theoretische Stufe oder theoretischer Boden genannt. *Dohrn*

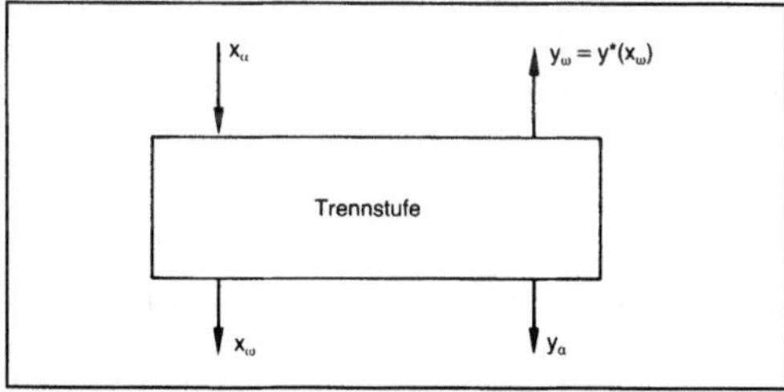


*Trennstufe: Die eine Trennstufe verlassenden Stoffströme befinden sich in einem Phasengleichgewicht.*

**Trenntechnik.** Unter T. versteht man Verfahren zum Abtrennen fester Stoffe aus Flüssigkeiten. Trennverfahren kommen in fast allen technischen Gebieten zum Einsatz, in großem Maßstab bei der Reinigung kommunaler und industrieller Abwässer, in der chemischen Industrie im Anschluß an Polymerisationen in flüssiger Phase oder bei der Abtrennung kristalliner Produkte aus einer Stammlösung. Ganz wesentlichen Anteil am Einsatz trenntechnischer Verfahren hat die Aufbereitungstechnik bzw. der Bergbau. Die Trennung von Kohle und Berge oder von Salz und Gestein wird häufig in flüssiger Phase vollzogen, so daß sich jeweils ein Trennapparat anschließen muß.

Die T. kann in 3 Grundverfahren eingeteilt werden: →Sedimentation, Filtration und Zentrifugation.

Bei der Sedimentation wird die →Sinkgeschwindigkeit von Feststoffen im Erdschwerefeld ausgenutzt. Bei genügend langer Absetzzeit sedimentieren alle Partikel aus, und es bildet sich ein klarer Überstand an Flüssigkeit. Dieses Verfahren wird in Absetzbecken, Klärern und Eindickern angewandt. Dabei können der eingedickte Feststoff als Schlamm und das klare Wasser kontinuierlich abgezogen werden. Entscheidende Prozeßparameter sind die Sinkgeschwindigkeit $w_s$ der suspendierten Feststoffe, die von der Konzentration abhängt, und die zur Verfügung stehende Klärfläche $A_{Sed}$.

Ist die mittlere Sinkgeschwindigkeit des Teilchenkollektivs $w_s$ bekannt und ein Volumendurchsatz der zu trennenden Suspension $\dot{V}$ vorgegeben, so kann man mit Hilfe der Klärflächengleichung

$$A_{Sed} = \frac{\dot{V}}{w_s}$$

die zur Trennung benötigte Grundfläche $A_{Sed}$ des Klärbeckens berechnen.

Die Flotation ist in gewissem Sinne die Umkehrung und damit ein Teilgebiet der Sedimentation. Dabei beruht die Trennung auf dem Aufschwimmen und anschließenden Abschöpfen der Feststoffe aus der Flüssigkeit. Dies ist nicht nur bei Feststoffen möglich, die leichter sind als die Flüssigkeit. Bei einer geringen Dichtedifferenz kann durch Lösen von Salz die Dichte der Trägerflüssigkeit so weit erhöht werden, daß die Feststoffe aufschwimmen. Dieses Verfahren ist unter dem Namen Schweretrübetrennung im Bergbau gebräuchlich. Die eigentliche Flotation beruht auf der Zugabe von feinen Gas- bzw. Luftblasen, die sich an den Partikeln anlagern. Der Auftrieb der Partikel-Blasen-Agglomerate erhöht sich so sehr, daß die Teilchen von den Blasen nach oben getragen werden. Geeignete Chemikalien (Sammler) können die Feststoffe selektiv hydrophob machen, wodurch sich die Blasenanlagerung verbessert. Als Schaum werden Blasen und Feststoffpartikel an der Flüssigkeitsoberfläche abgeschöpft.

Bei der Filtration werden die Feststoffe von einem Filtermittel zurückgehalten, das für die flüssige Phase durchlässig ist. Als technische Filtermittel setzt man Gewebe aus Nadelfilz, Kunstfasern (Polyester) oder Edelstahl ein. Im Laborbereich kommen auch häufig Papierfilter zum Einsatz. Filtermittel müssen unter Berücksichtigung des abzutrennenden Feststoffs ausgewählt werden, da die Partikel

ähnlich wie bei einem Sieb die Maschen des Filtergewebes möglichst nicht durchdringen dürfen.

Je nach Anwendungsfall kann man die Filtration in die 3 Verfahren Kuchenfiltration (Bild 1), Tiefenfiltration (Bild 2) und Querstromfiltration (Bild 3) einteilen. Die technisch wichtigste Filtrationsart ist die Kuchenfiltration. Das Filtermittel besteht meistens aus textilem Gewebe oder einem Vlies. Am Beginn der Filtration ist ein Durchschlag an Feststoff im Filtrat enthalten, da feine Teilchen das Filtermittel passieren. Mit der Zeit baut sich ein Filterkuchen aus dem abzutrennenden Feststoff auf. Dieser Kuchen wird dann zum eigentlichen Filtermittel, da seine Poren praktisch alle Feststoffpartikel zurückhalten. Dieses Verfahren kommt dann zur Anwendung, wenn der Feststoff das Produkt bzw. den Werkstoff darstellt, der möglichst vollständig zurückgehalten werden soll. Die Qualität (Reinheit) des Filtrats ist in diesem Fall sekundär und kann durch nachgeschaltete Verfahren verbessert wer-

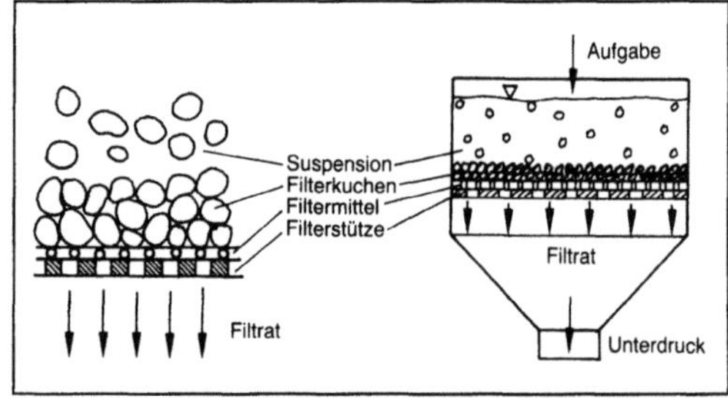


*Trenntechnik 1: Kuchenfiltration; Schema einer Nutsche.*

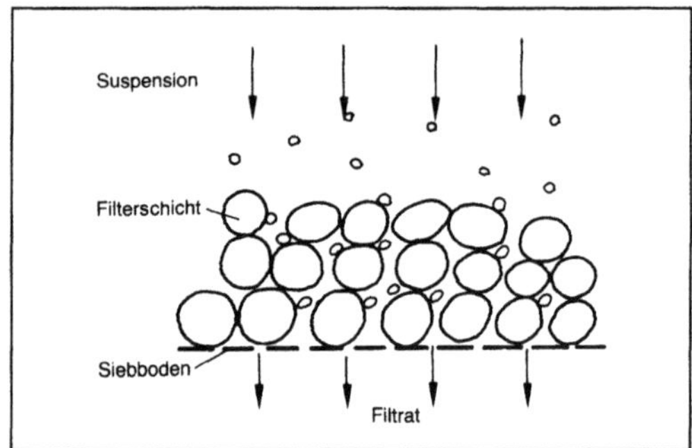


*Trenntechnik 2: Tiefenfiltration.*

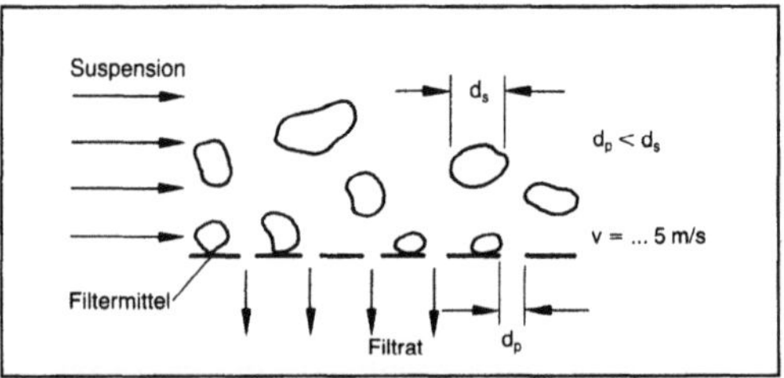


*Trenntechnik 3: Querstromfiltration.*

den. Die Kuchenfiltration bietet auch die Möglichkeit, Reste des ursprünglichen Lösungsmittels durch Waschen mit klarer Flüssigkeit zu entfernen. Typische Apparate zur Kuchenfiltration sind Trommelfilter, →Bandfilter, Filternutsche, Kammerfilterpresse.

Wesentlicher Unterschied zur Sedimentation ist der Umstand, daß die Filtration nicht allein unter Einwirkung der Schwerkraft abläuft, wie z. B. beim Kaffeefilter. Vielmehr muß die Suspension unter Druck durch den Filterkuchen und das Filtermittel gepreßt werden. Bei einer kuchenbildenden Filtration (Bandfilter, Trommelfilter) wächst der Kuchen mit zunehmender Filtrationsdauer und damit auch der für eine konstante Filtration erforderliche Druck. Da bei technischen Filtrationen eine konstante Druckdifferenz anliegt, nimmt die Filtratausbeute mit der Zeit ab. Infolgedessen muß man den Kuchen in regelmäßigen Abständen entfernen (Schaberabnahme beim Trommelfilter), um einen hohen Durchsatz zu gewährleisten.

Bei der Tiefenfiltration befindet sich auf einer Stützschicht (Siebboden) eine grobkörnige Schüttung aus Sand oder Kies. Diese Schicht wird von der Suspension durchströmt. Dabei werden die Partikel hauptsächlich durch Adsorption in den Poren der Schüttung zurückgehalten. Die Zulaufkonzentration der Feststoffe ist gering. Anderenfalls hätte die Filterschicht eine unakzeptabel kurze Standzeit. Ziel ist ein möglichst reines Filtrat. Daher wird dieses Verfahren häufig als letzte Reinigungsstufe in Kläranlagen eingesetzt, um Schweb- und Trübstoffe abzutrennen. Auch hier steigt der Druckverlust mit der Einlagerung von Feststoff; die Poren verstopfen. Durch Rückspülen kann die Schüttung selbst gereinigt werden.

Der Siebfiltration/Querstromfiltration liegen die gleichen Abscheidemechanismen wie der Kuchenfiltration zugrunde (Größenvergleich Partikel/Pore oder Gewebemasche). Die Abtrennung der Teilchen soll jedoch ausschließlich vom Filtermittel erfolgen, d. h. ein Kuchen muß entfernt werden. Dies erfolgt durch hohe Strömungsgeschwindigkeiten quer zum Filtermittel. Anwendung findet die Querstromfiltration bei der Umkehrosmose, der Ultra- und der Mikrofiltration. Als Filtermittel werden dabei Membranen mit mehr oder weniger genau definierten Porendurchmessern $d_p$ eingesetzt. Ziel ist ein möglichst reines Filtrat.

Mit Zentrifugen können Trennverfahren nach dem Prinzip der Sedimentation (Sinkgeschwindigkeit) und auch der Filtration durchgeführt werden. In beiden Fällen wird die treibende Kraft des Trennvorgangs durch die Zentrifugalbeschleunigung wesentlich erhöht. So sedimentiert ein Teilchen eines bestimmten Durchmessers bei 1000facher Fallbeschleunigung in einer Zentrifuge auch 1000mal schneller als in einem Klärbecken. Die

Theorie der äquivalenten Klärfläche besagt, daß sich die zur Trennung notwendige Absetzfläche (Grundfläche eines Klärbeckens) bei Erhöhung der Sinkgeschwindigkeit in gleichem Maße reduziert. Typische Sedimentationszentrifugen (Bild 4) sind die Schälzentrifuge und der →Dekanter (Vollmantelschneckenzentrifuge).

Die Filtrationszentrifuge (Bild 4) verfügt im Gegensatz zum Vollmantel der Sedimentationszentrifuge über eine gelochte Trommel. Diese ist mit Filtermittel oder einem feinen Metallsieb bespannt. Im Zentrifugalfeld baut sich eine radiale Druckdifferenz auf, die Flüssigkeit strömt durch das Filtermittel und den Trommelmantel. Auf dem Filtermittel bleibt der abgetrennte Feststoff in Form eines Filterkuchens zurück. Der Filterkuchen wächst und muß in periodischen Abständen ausgeräumt werden. Dies erfolgt durch ein Schälmesser in der Schälzentrifuge oder durch einen Schubstempel bei der →Schubschleuder.

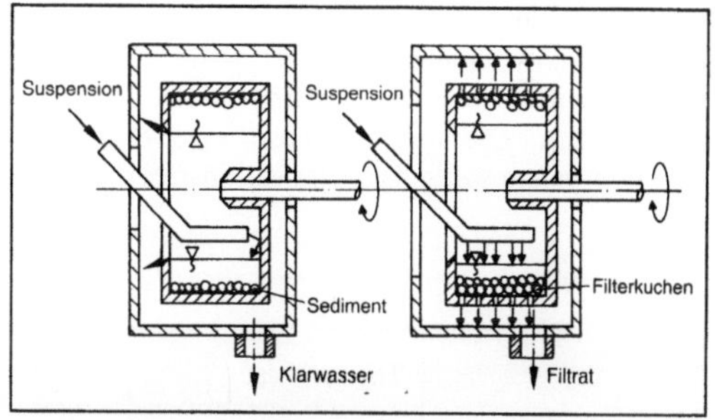


*Trenntechnik 4: Sedimentationszentrifuge mit Vollmanteltrommel (links) sowie Filtrationszentrifuge mit Lochtrommel (rechts).*

In vielen technischen Prozessen sind mehrere Trennverfahren miteinander kombiniert. In den kommunalen Klärwerken gelangt das anfallende Abwasser zuerst in ein Absetzbecken, aus dem Feststoff als eingedickter Schlamm mit 4–5 % Feststoff abgezogen wird.

Dieser Schlamm wird anschließend mit einer Kammerfilterpresse oder einer Vollmantelschneckenzentrifuge (Dekanter) auf 30–40 % Feststoffanteil entwässert (→Schlammentwässerung). *Trefz*

**Trennverfahren, chromatographisches.** C. T. (→Aufarbeitung biotechnologischer Produkte, →Affinitätschromatographie, →Ionenaustauschchromatographie) sind essentiell für die Aufarbeitung biotechnologisch hergestellter Produkte. So gibt es kaum einen →Bioprozeß, dessen Aufarbeitungsteil nicht mindestens eine chromatographische Operation vorsieht. Für die Biotechnologie sind ausschließlich die Verfahren der Flüssigkeitschromatographie von Bedeutung. Alle flüssigkeitschromatographischen Verfahren wurden ursprünglich für analytische Anwendungen entwickelt. Hier werden sie auch seit vielen Jahren erfolgreich eingesetzt. Man hat jedoch sehr bald die hohen Trennleistungen dieser Verfahren für präparative und später auch für industrielle Anwendungen nutzbar gemacht.

Der große Vorteil der Flüssigkeitschromatographie für biotechnologische Anwendungen besteht darin, daß die Trennoperationen annähernd bei Raumtemperatur durchgeführt werden, so daß eine thermische Schädigung der empfindlichen Bioprodukte vermieden wird. Darüber hinaus bietet die Variation von mobiler und stationärer Phase eine Vielzahl von Möglichkeiten zur Beeinflussung der Selektivität.

Apparativ sind sich die verschiedenen Verfahren der Flüssigkeitschromatographie sehr ähnlich: Die Trennung beruht auf verschiedenen Wechselwirkungen zwischen den Molekülen des Rohproduktstroms und einer stationären Phase. Die stationäre Phase befindet sich in einer Säule und wird von der mobilen Phase, einem wäßrigen oder nichtwäßrigen Lösungsmittel, in der das Rohprodukt gelöst ist, durchströmt. Die mobile Phase wird mit einem Pumpensystem weitgehend pulsationsfrei durch die Trennsäule gefördert. Zwischen Pumpe und Säule wird das Rohprodukt durch ein geeignetes Ventil- und Injektionssystem auf die Säule aufgegeben. Dabei erfordern insbes. Säulen mit großem Durchmesser eine gleichmäßig flächendeckende Probenaufgabe, um ein Verringern der Trennleistung zu vermeiden. Bei der Wanderung durch die Trennsäule werden Produktmoleküle von Verunreinigungen und Nebenprodukten getrennt und nach Verlassen der Säule durch einen Detektor erfaßt. In Abhängigkeit von der Signalintensität kann der Detektor ein Ventilsystem ansteuern und so eine fraktionierte Sammlung von Produkt und Begleitsubstanzen ermöglichen.

Einen Überblick über c. T. und ihre Charakteristika gibt die Tabelle.

Im Prinzip basieren alle aufgelisteten chromatographischen Verfahren (mit Ausnahme der Flüssig-Flüssig-Verteilungschromatographie) auf Adsorptionsprozessen. Die unterschiedlichen Bezeichnungen geben nur an, auf welchen intermolekularen Wechselwirkungen Adsorption und Trennung beruhen.

Als stationäre Phasen kommen 3 Gruppen von Basismaterialien in Betracht:

*Trennverfahren, chromatographisches. Tabelle: Übersicht der Aufarbeitung von Bioprodukten.*

| Methode | Trennprinzip | stationäre Phase | Methodenbewertung | Anwendung |
| --- | --- | --- | --- | --- |
| Ausschluß-chromatographie | Molekülgröße | Polymere bzw. modifizierte Kieselgele mit definierter Porengröße | mäßige Auflösung, geringer Durchsatz nicht-denaturierend | Entsalzung, Umpuffern, später Aufarbeitungsschritt |
| Ionenchromatographie | Oberflächenladung | Anionen- bzw. Kationenaustauschharze auf Polymer- oder Kieselgelbasis | Auflösung, Kapazität und Durchsatz sehr hoch | universell; besonders zu Beginn eines Verfahrens |
| Reversed-Phase-Chromatographie | hydrophobe und hydrophile Wechselwirkungen | Alkylsilanyl-modifizierte Kieselgele ($C_1 - C_{18}$) | sehr hohe Auflösung, Durchsatz mäßig; meist denaturierende Bedingungen | Feinreinigung am Ende eines Verfahrens |
| Adsorption | Van-der-Waals-Wechselwirkungen | Aktivkohle, Silicagel, Aluminiumoxid, Hydroxylapatit | Auflösung und Durchsatz gut, geringes Probevolumen, nicht-denaturierend | universell |
| Affinitäts-chromatographie | biospezifische Wechselwirkungen | hydrophile organische Gele mit über Spacern gebundenen Liganden | extrem hohe Selektivität, Durchsatz und Kapazität hoch | universell; besonders bei geringer Produktkonzentration |
| Hydrophob-chromatographie | hydrophobe Wechselwirkungen | modifizierte Kieselgele mit Porenweiten > 30 nm | Auflösung und Durchsatz sehr hoch; nicht-denaturierende Bedingungen | universell |
| Flüssig-Flüssig-Verteilungschromatographie | unterschiedliche Verteilungskoeffizienten in den 2 flüssigen Phasen | Mischungen aus Polyethylenglycol/Dextran, ggf. mit Elektrolytzusatz | sehr leistungsfähig; nicht-denaturierende Bedingungen | universell; besonders zu Beginn eines Verfahrens |

□ Silicagele, meistens modifiziert durch Alkylsilanyle oder ionogene Liganden,
□ Dextrangele, nativ oder diethylaminoethyl-(DEAE)-modifiziert,
□ synthetische Polymere wie Polyacrylamid oder Polystyrol-Divinylbenzol-Copolymerisate.

Für den Einsatz in industriellen Aufarbeitungsprozessen müssen eine gleichmäßige Partikelform, sowie die Druckbeständigkeit der Packung gegeben sein. Insbesondere für hochreine, intravenös zu applizierende Pharmazeutika ist darüber hinaus die Sterilisierbarkeit des Chromatographiesystems zu gewährleisten. Da zur Sterilisation des Systems und zur Beseitigung von Ablagerungen Natronlauge verwendet wird, sind derivatisierte Kieselgele wegen ihrer Hydrolyseempfindlichkeit für derartige Anwendungen nur bedingt geeignet. Durch Einsatz von Fest-Flüssig-Wirbelbetten zur selektiven Adsorption können Betriebsprobleme durch partikuläre Ablagerungen vermieden werden.

Ein genereller Nachteil flüssigkeits-c. T. in der Produktion ist der diskontinuierliche Betrieb der Trennsäule mit taktweisem Beladen, Eluieren und Regenerieren der Packung. Ansätze zum kontinuierlichen oder quasikontinuierlichen Betrieb bestehen in der Parallelschaltung mehrerer Säulen sowie in der Adsorption in Wanderbett- oder Fließbettsystemen.

Zu den Produkten, die industriell mittels c. T. aufgearbeitet werden, gehören Insulin, Interferone, Faktor VIII, Interleukine, Wachstumshormone, Trypsin und Glucose-6Phosphat-Dehydrogenase. Hochreines Humaninsulin wird aus gentechnisch modifizierten Escherichia-coli-Bakterien durch eine Kombination von Reversed-Phase-Chromatographie, Ausschluß- und Ionenchromatographie isoliert. *Liefke*

Literatur: *Belter, P. A., E. L. Cussler* u. *W.-S. Hu:* Bioseparations. 1. Aufl. New York 1988. – *Krauss, H.,* u. *M. Leser:* Ingenieurtechnische Aspekte der Hochleistungsflüssigkeitschromatographie in der Produktion. Swiss Chem. 9 (1987), S. 29. – *N. N.:* Chromatographic Gel Media for Large Scale Protein Purification. Bio/Technology 2 (1984), S. 41. – *Onken, U.:* Physikalisch-chemische Trennverfahren in der Biotechnologie. Chem.-Ing.-Techn. 61 (1989), S. 395. – *Seipke, G., H. Müller,* u. *V. Grau:* Hochleistungsflüssigkeitschromatographie von Proteinen. Angew. Chem. 98 (1986), S. 530.

**Trennverfahren, kinetisch kontrolliertes.** In einem Trennprozeß wird eine Stoffmischung durch Anwendung eines physikalisch-chemischen Effekts in wenigstens zwei Teilmengen unterschiedlicher Zusammensetzung aufgetrennt (Trennprozeß, thermischer).

Als Trennprinzip (Basis eines T.) kann jeder physikalisch-chemische Effekt in Betracht gezogen werden, der es ermöglicht, zwei Stoffströme oder Stoffmengen unterschiedlicher Zusammensetzung zu erzielen.

Ein wichtiges Trennprinzip sind die unterschiedlichen Transportgeschwindigkeiten, mit denen sich die Komponenten einer homogenen Stoffmischung unter der Wirkung äußerer Felder bewegen. Dabei findet der Transport häufig durch Strömungsbarrieren hindurch statt (z. B. durch Membranen). Solche Felder sind z. B. elektrische Felder, Druckfelder, Temperaturfelder. Diese T. werden als k. k. T. bezeichnet. T., die auf diesen Basen beruhen, sind Ultrafiltration, Reversosmose, Elektrodialyse, →Elektrophorese, Gasdiffusion. Im Falle der →Molekulardestillation wird die unterschiedliche Verdampfungsgeschwindigkeit der Komponenten einer Mischung genutzt. Die Wahrscheinlichkeit, daß ein Molekül die flüssige Phase verlassen kann und in den gasförmigen Zustand übergeht, ist proportional $1/\sqrt{M}$, mit M als relativer Molmasse.

K. k. T. bedürfen der steten Energiezufuhr z. B. in Form der Aufrechterhaltung des Felds, in dem die Trennung stattfindet. Im Gegensatz dazu wird bei Gleichgewichts-T. der Gleichgewichtszustand spontan angestrebt. Daher ist der theoretische Energiebedarf für eine Trennung bei k. k. T. höher als bei Gleichgewichts-T., nämlich proportional $1/(\alpha-1)^2$, mit $\alpha$ als →Trennfaktor. Daher werden k. k. T. nur bei Trennfaktoren eingesetzt, die wesentlich von eins verschieden sind. *Brunner*

**Trennverfahren-Auswahl.** Um eine gewünschte Trennung einer Stoffmischung zu erreichen, muß man eine geeignete T.-A. treffen. Außer den vielen T. (→Verfahrenstechnik, thermische) bestehen noch vielfältige Einflüsse und Randbedingungen, die für eine Auswahl entscheidend sein können. Es ist daher nicht möglich, eine allgemeine und eindeutige Lösung aufzuzeigen. Vielmehr wird unter Beachtung von Faustregeln und maßgeblichen Kriterien zunächst eine Vorauswahl geeigneter Trennprozesse getroffen. Diese werden dann einer genauen Analyse unterzogen, auf Grund derer dann eine Entscheidung zu fällen ist.

Dabei ist noch zu beachten, daß Trennungen möglicherweise nur durch eine Sequenz von Trennprozessen erreicht werden können, wie z. B. die Zerlegung des Erdöls in Produktfraktionen. Ferner kann zwar ein bestimmter Trennprozeß eine gewünschte Trennung leisten, eine Kombination mehrerer Trennprozesse kann jedoch ökonomisch besser sein. Dies bedeutet, daß in die Auswahl sowohl einzelne Trennprozesse als auch Sequenzen von Trennprozessen einzubeziehen sind. Für die Vorauswahl von Trennprozessen ist eine Reihe von Kriterien zu betrachten: Durchführbarkeit, Wert der Produkte, notwendige Kapazität, Beeinflussung der Produktqualität, Trennfaktor, Entwicklungsstand.

*Durchführbarkeit.* Eine Trennung mit einem Trennprozeß hängt davon ab, ob die Spezifikation der Produkte hinsichtlich der geforderten Konzentration erreicht werden kann. Während man dies bei binären Systemen durch die Anzahl der Trennstufen beeinflussen kann, ist bei Mehrkomponentengemischen dies im allgemeinen Fall nicht möglich. Vielmehr muß man durch stoffliche Trennhilfsmittel den Trennfaktor ausreichend groß machen oder die Trennung in mehrere Einzeltrennungen zerlegen.

*Der Wert eines Produkts* spielt dadurch eine Rolle, daß für wertvolle Produkte auch aufwendige und damit teure Trennprozesse in Betracht kommen, wie z. B. die Chromatographie, während für billige Produkte wenig aufwendige Prozesse mit hohen Durchsätzen, z. B. die Destillation, in Betracht kommen.

*Kapazität eines Prozesses.* Es gibt Trennprozesse, die hohe Durchsätze ermöglichen wie die Destillation, Extraktion, Absorption, →Umkehrosmose, →Feststoffextraktion, Trocknung, Kristallisation. Demgegenüber haben die T. der Chromatographie, Molekulardestillation und der Elektrophorese geringe Durchsätze.

Wird ein →Lösungsmittel benötigt, spielt der Lösungsmittelverlust eine Rolle. Bei großen Stoffströmen und teuren Lösungsmitteln kann der Lösungsmittelverlust ökonomisch ausschlaggebend sein. Ferner ist die Abtrennung eines Lösungsmittels aus einem Produkt aus prinzipiellen Gründen niemals vollständig möglich. Daher muß die Produktverträglichkeit für das Lösungsmittel gegeben sein, und man wird möglichst prozeßeigene Stoffe verwenden.

*Die Beeinflussung der Produktqualität* durch den Trennprozeß muß möglichst gering sein. Schließlich benötigt man einen ausreichenden *Trennfaktor.* Der Trennfaktor wird wesentlich von den molekularen Eigenschaften eines Stoffs und den Wechselwirkungen mit stofflichen Trennhilfsmitteln (Lösungsmittel, →Adsorbens) bestimmt. Der *Entwicklungsstand eines Prozesses* bedingt die Zuverlässigkeit, mit der eine neue Anlage ausgelegt und gebaut werden kann. Die wirtschaftlichen Auswirkungen einer falschen Auslegung können gravierend sein. Deshalb verwendet man gern Prozesse, die sich für ähnliche Probleme bereits großtechnisch bewährt haben.

Es wäre zu einfach, den kostengünstigsten Prozeß auch als den wirtschaftlich besten auszuwählen. Dies wäre nur richtig, wenn alle Einflüsse ökonomisch bewertet würden. Da dies nicht der Fall ist, sind auch nichtökonomische Gesichtspunkte zu berücksichtigen. Als besonders wichtig zeichnen sich ab:

□ *Gefahrstoffe:* Gefahrstoffe werden immer Teil chemisch-technologischer Prozesse sein. Die im Prozeß bearbeitete Menge muß man möglichst gering halten. Deshalb sind Prozesse mit geringem →Holdup zu bevorzugen. In diese Überlegungen sind auch die für die Durchführung des Prozesses vorgehaltenen Stoffmengen mit einzubeziehen.

□ *Genehmigungsfähigkeit:* Bei der Auswahl von Prozessen ist zu berücksichtigen, ob damit ein Genehmigungsverfahren mit positivem Abschluß durchlaufen werden kann und ob sich diese Situation im Laufe der Betriebszeit ändern könnte. Gibt es eine ökologisch bessere Prozeßalternative, ist diese wahrscheinlich auf längere Sicht auch ökonomisch besser, selbst wenn sie derzeit teurer ist.

Für die Auswahl von Trennprozessen werden meist allgemein anerkannte heuristische Regeln verwendet. Zu diesen gehören:

□ Destillative Trennungen sind zu bevorzugen, wenn nicht der Trennfaktor kleiner als 1,05 ist.

□ Die leichteste Trennung soll zuerst durchgeführt werden.

□ Bei ähnlichen Trennfaktoren soll man die Komponente mit dem höchsten Anteil zuerst entfernen.

□ Werden stoffliche Trennhilfsmittel (Lösungsmittel) eingesetzt, sollen diese im nächsten Trennschritt wieder abgetrennt werden.

□ Zur Abtrennung eines stofflichen Trennhilfsmittels soll man nicht ein weiteres verwenden.

□ Trennfaktoren kleiner als 1,05 sind zu vermeiden.

□ Große Abweichungen von den Umgebungsbedingungen, wie tiefe Temperaturen, sehr niedriger und sehr hoher Druck, sowie hohe Temperaturen sind wenn möglich zu vermeiden. *Brunner*

Literatur: *King, C. J.:* Separation Processes. 2. Aufl. New York 1980. – *Null, H. R.:* Selection of a Separation Process. In: Handb. Separation Process Technology. *R. W. Rousseau* (Hrsg.) New York 1987.

**Trennverfahren-Modus.** Ein bestimmter Trennprozeß kann auf sehr unterschiedliche Weise durchgeführt werden (Modus). Neben stationärer und instationärer Betriebsweise sind einstufig und mehrstufig geführte Prozesse üblich. Die Führung der Phasen kann im Gleich-, Kreuz- oder Gegenstrom erfolgen. Ferner kann man einen Trennprozeß in einem einzigen Apparat oder in einer komplexen Anordnung von Apparaten durchführen.

Die Art der Durchführung eines Trennprozesses bestimmt die Auslegung (mathematische Modellierung) des Prozesses. Prozesse mit völlig unterschiedlicher Trennbasis lassen sich bei analoger Durchführung mit denselben Methoden mathematisch behandeln. *Brunner*

**Tresca-Fließhypothese** →Schubspannungshypothese, →Fließbedingung

**Tribolumineszenz.** Sie tritt beim Zerkleinern bestimmter Stoffe wie mangandotiertem Zinksulfid auf. Beim Zerkleinern eines Partikels bildet sich an der Trennstelle zuerst ein Riß aus. Durch diesen Riß kommt es zu einer unterschiedlichen Ladungsverteilung auf den gegenüberliegenden Oberflächen im Rißspalt. Dies hat ein Überspringen von Ladungsträgern zum Ladungsausgleich zur Folge, was durch Funkenbildung sichtbar wird. Dieses Leuchten wird als T. bezeichnet. Verwendet wird diese Eigenschaft u. a. zum Sichtbarmachen des Mahlrings bei Zerkleinerungsvorgängen in einer →Strahlmühle. *Schlag*

**Tridiagonalmatrixmethode.** Methode zur Berechnung der Konzentration in den Trennstufen bei fahren. Voraussetzung für die Anwendung des Verfahrens ist, daß die Gleichgewichtskonstanten unabhängig von der Konzentration sind, wie dies z. B. in verdünnten Systemen der Fall ist.

Bei einer Tridiagonalmatrix sind nur die Hauptdiagonale und die beiden benachbarten Diagonalen mit Werten besetzt. Alle anderen Werte sind gleich null. Das Gleichungssystem hat folgende Form:

$$\begin{pmatrix} & C_1 & & & \\ B_1 A_2 & B_2 & C_2 & & \\ & A_p & B_p & C_p & \\ & & A_{N-1} & B_{N-1} & C_{N-1} \\ & & & A_N & B_N \end{pmatrix} \cdot \begin{pmatrix} J_{j,1} \\ J_{j,2} \\ J_{j,P} \\ J_{j,N-1} \\ J_{j,N} \end{pmatrix} = \begin{pmatrix} D_1 \\ D_2 \\ D_P \\ D_{N-1} \\ D_N \end{pmatrix};$$

$A_p$ abhängig von der Gleichgewichtskonstanten und den Strömen der beiden Phasen L und V in der →Trennstufe P–1,

$B_p$ wie $A_p$, zusätzlich abhängig von entnommenen Seitenströmen,

$C_P = -1$,

$D_P$ abhängig von der Menge der Komponente J im →Zulauf, der der Trennstufe P zugeführt wird,

$J_{j,P}$ Molenstrom der Komponente J in der Stufe P.

Für die Lösung eines Tridiagonalmatrixsystems gibt es sehr effiziente Algorithmen, die die Molenströme $J_{j,p}$ nach wenigen Berechnungsschritten ergeben. Am besten geeignet ist die Thomas-Methode, die von *Bruce* et al. 1953 vorgestellt wurde. Die T. ist wesentlich schneller als Boden-Boden-Rechnungen oder Relaxationsmethoden. *Dohrn*

Literatur: *Bruche, G. H., D. W. Peaceman, H. H. Rachford* u. *J. D. Rice*: Trans. AIME (1953). – *King, C. J.*: Separation Processes. New York 1980. – *Wang, J. C.*, u. *G. E. Henke*: Tridiagonal matrix for distillation. Hydrocarbon Process. (1966).

**Triebkraft.** Differenz zwischen dem momentanen Zustand eines Systems und dem Gleichgewichtszustand. Beim Stofftransport ist die T. gleich der Differenz zwischen der durch das Phasengleichgewicht bestimmten Konzentration und der aktuellen Konzentration. Beim Wärmetransport ist die T. gleich der Differenz aus der maximal oder minimal erreichbaren Temperatur und der momentanen Temperatur. Je größer die T. ist, desto schneller läuft ein Transportvorgang ab (Stoffübergang in Kolonnen). *Dohrn*

**Trocknen.** T. ist ein Verfahren zur Abtrennung einer als Feuchtigkeit bezeichneten Flüssigkeit von einem →Trägerstoff. Ohne Phasenänderung wird die meist als Wasser vorliegende Feuchte durch →Filtrieren, Zentrifugieren oder Abpressen abgetrennt oder auch mit Hilfe hygroskopischer Trocknungsmittel entfernt. Beim thermischen T., das hier behandelt werden soll, wird entweder die Temperatur des zu trocknenden Guts erhöht oder der Partialdruck der zu entfernenden Flüssigkeit in der Umgebung des Guts gesenkt.

Das thermische T. verläuft in folgenden Teilschritten ab: Wärme wird durch Leitung, Konvektion oder Strahlung an das Gut herangeführt oder auch im Inneren des Guts erzeugt. Diese Wärme überführt die Feuchte in den gasförmigen Zustand und transportiert sie vom Gut weg. Ist die Gutoberfläche genügend feucht, hängt die Trocknungsgeschwindigkeit nur vom Wärme- und Stoffübergang an der Gutoberfläche ab und verläuft als Oberflächenverdunstung. Bei geringerer Feuchtigkeit des Guts hängt die Trocknungsgeschwindigkeit vom Wärme- und Stofftransport im Gutinneren ab. Dabei sind hygroskopisches Verhalten, Porenstruktur und Wärmeleitfähigkeit des Guts ausschlaggebend (→Trocknungszeit).

Das am häufigsten angewendete Trocknungsverfahren ist die Konvektionstrocknung, bei der ein trockenes Gas, meist Luft, die zum T. erforderliche Wärme an das Gut überträgt, die Feuchte aufnimmt und wegtransportiert. Zur Verbesserung des T. streicht das Trocknungsgas oft nicht nur über die Gutoberfläche hinweg, sondern durchdringt das feuchte Gut und wirbelt es bei manchen Trocknern auf. Wenn das feuchte Gut thermisch schonend zu trocknen ist und deshalb das Trocknungsgas nicht über eine bestimmte maximale Temperatur aufgeheizt werden darf, muß die Trocknung in mehreren Stufen erfolgen. Das Trocknungsgas muß dabei vor Eintritt in die jeweils nächste Trocknungsstufe wieder auf die maximal zulässige Temperatur aufgeheizt werden.

Bei der →Kontakttrocknung wird Wärme von den beheizten Wänden und →Einbauten des Trockners im wesentlichen durch Leitung, aber auch durch Strahlung an das feuchte Gut übertragen.

Weitere Trocknungsverfahren sind →Vakuumtrocknung, Gefriertrocknung, Strahlungstrocknung und Hochfrequenztrocknung.

Der Trocknungsverlauf wird durch die Auftragung des Feuchtegehalts des Guts als →Feuchtebeladung X (kg Feuchte/kg Trockengut) über der Zeit t dargestellt (Bild). Im ersten →Trocknungsabschnitt nimmt die Feuchte linear ab. Die Trocknungsgeschwindigkeit, die zeitliche Änderung der →Gutfeuchte dX/dt, bleibt konstant. Im ersten Trocknungsabschnitt verdunstet die an der Oberfläche haftende Flüssigkeit. Er dauert an, solange aus

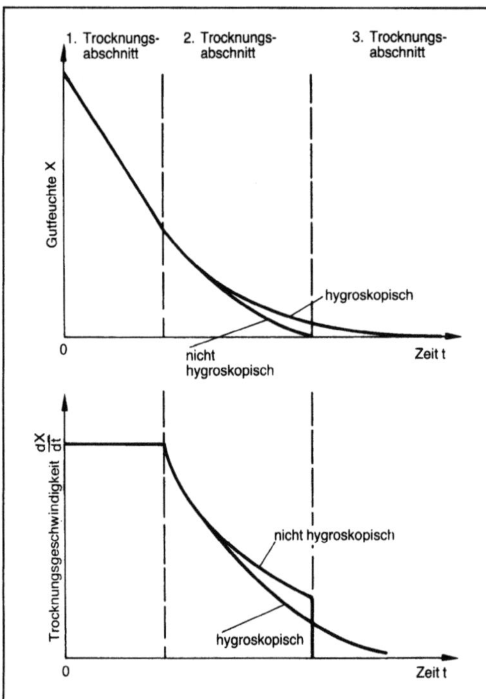

*Trocknen: Trocknungsverlauf hygroskopischer und nichthygroskopischer Güter.*

den Kapillaren ausreichend Feuchte nachgeliefert wird, um die an der Gutoberfläche verdunstete Feuchte zu ersetzen.

Im zweiten Trocknungsabschnitt wandert der Trocken- oder Verdunstungsspiegel von der Oberfläche weg ins Innere des Guts. Die Trocknungsgeschwindigkeit wird nun durch die Wärmeleitung in der ausgetrockneten Oberflächenschicht des Guts, durch den Feuchtetransport in den Kapillaren, durch die Diffusion des Dampfes vom Verdunstungsspiegel an die Gutoberfläche und durch den Übergang der Feuchte in das Gas bestimmt. Der zweite Trocknungsabschnitt endet bei nichthygroskopischen Gütern mit der völligen Austrocknung, sofern ein völlig trockenes Gas verwendet wird. Für hygroskopische Stoffe schließt sich ein dritter Trocknungsabschnitt an, indem die Trocknungsgeschwindigkeit weiter abfällt. Feuchte Güter ohne Porensystem, wie Teige und Pasten, weisen keine Knickpunkte in ihren Trocknungskurven auf (→Kühlgrenztemperatur). *Dohrn*

Literatur: *Kneule, F.*: Das Trocknen. 2. Aufl. Aarau 1975. – *Krischer, O.*, u. *W. Kast*: Die wissenschaftlichen Grundlagen der Trocknungstechnik. 3. Aufl. Berlin, Heidelberg, New York 1978. – *Kröll, K.*: Trockner und Trocknungsverfahren. 2. Aufl. Berlin, Heidelberg, New York 1978. – *Mersmann, A.*: Thermische Verfahrenstechnik. Berlin, Heidelberg, New York 1980.

**Trockner.** Ein T. ist ein Apparat zur Abtrennung einer als Feuchtigkeit bezeichneten Flüssigkeit von einem →Trägerstoff. Die Bauarten der T. (→Trocknen) lassen sich nach verschiedenen Ordnungsprinzipien einteilen. Das am meisten verwendete Ordnungsprinzip ist die Einteilung nach der Art der Energiezufuhr zum Gut. Bei Konvektions-T. erfolgt die Energiezufuhr mit Hilfe eines Trocknungsmittels (meistens Luft), das entweder über die Gutoberfläche bzw. durch das Gut strömt oder das Gut aufwirbelt (Wirbelschichttrocknung). Die Trocknungsluft kann man im →Gleichstrom oder →Gegenstrom zum zu trocknenden Gut führen (Umlufttrocknung), damit klimatisch bedingte Schwankungen der Frischluft durch Dosieren des Frisch- und Umluftstroms ausgeglichen werden. Bei thermisch empfindlichen Gütern läßt sich die Stufentrocknung anwenden, bei der zwischen den Trocknungsstufen die Luft auf die zulässige Temperatur erwärmt wird. In Spin-Flash-T. wird das getrocknete Gut vom feuchten Gut durch aufwärtsströmende Luft getrennt (Bild). Das zu trocknende Gut 1 homogenisiert man (2) und fördert es mit einer Einspeiseschnecke 3 in den Trocknungsbehälter. Frischluft 4 wird angesaugt, erhitzt (5) und dem Luftverteiler 6 tangential zugeführt. Ein Rührwerk 7 unterstützt die Fluidisierung und zerkleinert die am Boden liegende Schicht des feuchten Guts. Das trockene Gut verläßt die Kammer durch die Auslaßöffnung 9. Die Pulverabscheidung erfolgt in einem Gewebefilter 10, der mit einer Luftschleuse 11 versehen und an den Saugventilator angeschlossen ist (Trommel-T., Rieselschacht-T., Strom-T.).

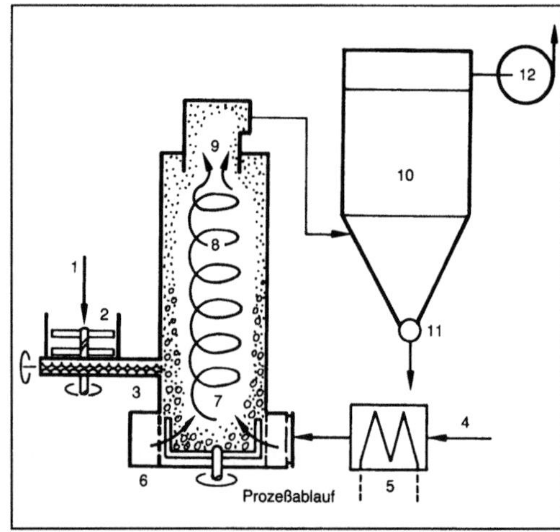


*Trockner: Schematischer Aufbau eines Spin-Flash-Trockners. (Quelle: Anhydro AIS, Soborg)*

Bei *Kontakt-T.* steht das Gut mit beheizten Flächen in Kontakt. Die Energiezufuhr zum Gut erfolgt über Wärmeleitung. Bei Walzen-T. ruht das Gut auf einer bewegten Unterlage. Ein oder mehrere Walzen tauchen in das flüssige Gut ein, so daß ein dünner Film auf der Trocknungswalze haften bleibt. Das Gut trocknet sehr schnell und wird von einem Schabemesser von der Walze abgeschält. Bei anderen Bauarten von Kontakt-T. wird das Gut durch Rührwerkzeuge (z. B. Teller-T., Schaufel-T., Mulden-T., Schnecken-T.) oder durch die Schwerkraft bewegt (Mahl-T.).

Bei *Strahlungs-T.* erfolgt die Energiezufuhr zum Gut über die von Strahlungsquellen emittierte elektromagnetische Strahlung, die z. T. vom feuchten Gut absorbiert wird. Das Gut wird nicht nur von der Oberfläche her, sondern auch von Innen heraus erwärmt, so daß eine schnelle Trocknung ohne Rißbildung (z. B. für keramische Produkte) und ohne Hautbildung (z. B. bei lackierten Oberflächen) möglich ist.

*Hochfrequenz-T.* erzeugen ein hochfrequentes elektrisches Feld, dem man das zu trocknende Gut aussetzt. Ein Teil der Feldenergie wird absorbiert, so daß sich das Gut erwärmt und die Feuchtigkeit verdampft.

In *Vakuum-T.* wird die Feuchtigkeit verdampft, weil durch die Absenkung des Drucks der Dampfdruck der Flüssigkeit größer als der Gesamtdruck geworden ist. Die Verwendung eines Vakuums statt einer Beheizung kann z. B. in Vakuumtrockenkammern, Vakuumwalzen-T., Teller-T., Taumel-T. oder Zerstäubungs-T. erfolgen.

*Gefrier-T.* (oder Sublimations-T.) entziehen dem zu trocknenden Gut durch Sublimation im Vakuum die Feuchtigkeit. Wegen den relativ hohen Verfahrenskosten wird die Gefriertrocknung für wertvolle, temperaturempfindliche Stoffe eingesetzt, z. B. Blutplasma, Antibiotika, Virus- und Bakterienkulturen sowie Kaffeeextrakt. *Dohrn*

Literatur: *Grassmann, P.,* u. *F. Widmer:* Einführung in die thermische Verfahrenstechnik. Berlin 1974. – *Kneule, F.:* Das Trocknen. Aarau 1975. – *Krischer, O.,* u. *W. Kast:* Die wissenschaftlichen Grundlagen der Trocknungstechnik. 3. Aufl. Berlin, Heidelberg, New York 1978. – *Kröll, K.:* Trockner und Trocknungsverfahren. 2. Aufl. Berlin, Heidelberg, New York 1978. – *Mersmann, A.:* Thermische Verfahrenstechnik. Berlin, Heidelberg, New York 1980. – *Sattler, K.:* Thermische Trennverfahren. Weinheim 1988.

**Trocknungsabschnitt.** Beim thermischen Trocknen von feuchten Gütern kann man den Trocknungsverlauf in zwei (bei nichthygroskopischen Gütern) bzw. in drei (bei hygroskopischen Gütern) T. einteilen. Im ersten T. wird die an der Gutoberfläche haftende Flüssigkeit verdunstet. Die →Gutfeuchte nimmt linear mit der Zeit ab. Im zweiten T. ist der Verdunstungsspiegel ins Gutinnere gewandert. Die Gutfeuchte nimmt nicht mehr so schnell ab. Während bei nichthygroskopischen Gütern das Gut völlig trocknet, schließt sich bei hygroskopischen Gütern ein dritter T. an, in dem die →Trocknungsgeschwindigkeit weiter absinkt. *Dohrn*

**Trocknungsgeschwindigkeit.** Unter Trocknungsgeschwindigkeit dX/dt versteht man die zeitliche Änderung der →Gutfeuchte X (kg Feuchte/kg Trockengut) beim →Trocknen. Die T. ist im ersten →Trocknungsabschnitt, in dem die an der Gutoberfläche haftende Feuchtigkeit verdunstet, konstant. In diesem Abschnitt nimmt die Gutfeuchte linear mit der Zeit ab. Im zweiten Trocknungsabschnitt, wenn der Verdunstungsspiegel in das Gutinnere gewandert ist, sinkt die T. immer weiter ab. Bei nichthygroskopischen Gütern erreicht sie einen von null verschiedenen Endwert, kurz bevor das Gut völlig getrocknet ist. Nachdem sich keine Feuchte mehr im oder am Gut befindet, ist die T. null, weil auch die Gutfeuchte gleich null geworden ist. Bei hygroskopischen Gütern sinkt die T. schneller ab. *Dohrn*

**Trocknungszeit.** Unter der T. versteht man bei absatzweise betriebenen Trocknern die Zeit, die erforderlich ist, um die →Gutfeuchte von einem Anfangswert auf den gewünschten Endwert zu reduzieren. Eine kurze T. läßt sich bei einem großen Wärmeübergangskoeffizienten, einer großen logarithmischen Temperaturdifferenz und einer großen volumenbezogenen Oberfläche des feuchten Guts erreichen.

Bei kontinuierlich betriebenen Trocknern ist die T. gleich der Verweilzeit, die man erhält, wenn man den Transportweg des Gutes im →Trockner durch die Fördergeschwindigkeit teilt. *Dohrn*

Literatur: *Mersmann, A.:* Thermische Verfahrenstechnik. Berlin, Heidelberg, New York 1980.

**Trogkettenförderer** →Fördern von Schüttgütern

**Trommel-Gleitschleifen.** Das T.-G. ist das älteste Gleitschleifverfahren (→Gleitschleifen). Am Anfang der Entwicklung wurden dabei die Werkstücke ohne zusätzliche Schleifkörper in rotierende Trommeln gefüllt. Dabei entgraten, entzundern und glätten sie sich durch gegenseitige Scheuerwirkung. Heute wird eine bessere Bearbeitung durch die Zugabe von Gleitschleifkörpern (Chips) und Gleitschleif-Zusatzmitteln (Compounds) erzielt.

In einer sich um ihre Horizontalachse drehenden Trommel bewegt sich der Inhalt ständig in Drehrichtung nach oben. Sobald ein bestimmter Grenzpunkt erreicht ist, der u. a. von der Fliehkraftwirkung der Drehbewegung abhängt, gleitet die obere Schicht abwärts auf die andere Seite der Trommel. Von dort wird sie dann wieder nach oben bewegt. Der eigentliche Schleifvorgang erfolgt fast ausschließlich in der abwärts gleitenden Schicht der Füllung. Die Relativbewegung zwischen Werkstücken und Schleifkörpern im Zusammenhang mit gleichzeitiger Druckwirkung bewirkt den gewünschten Materialabtrag (Gleitschleifen).

Es gibt verschiedene Trommelbauformen. Zuerst wurden längliche Behälter in vieleckiger Form verwendet. Später kamen Gleitschleifglocken dazu. Dabei handelt es sich um eine doppelkonische Vieleckform (Bild). *Kenter*

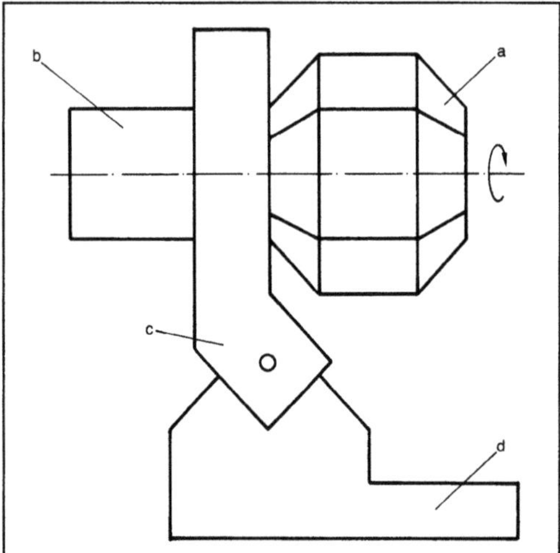

*Trommel-Gleitschleifen: Schleifmaschine.*

a Arbeitsbehälter (Gleitschleifglocke), b Antrieb, c Schwenkvorrichtung, d Gestell

**Trommeldrehfilter.** Diese können mit Vakuum (Vakuumtrommelfilter) oder mit Überdruck betrieben werden. Drucktrommelfilter haben den Vorteil von höheren Durchsätzen und geringer Restfeuchte. Nachteil ist der schwierigere Kuchenaustrag aus dem druckfesten Gehäuse. Bei dem Vakuumzellenfilter (Bild) durchläuft der unten aus der Suspension angesaugte Filterkuchen eine Wasch- und eine Trockenzone, bevor ihn ein Schaber von der Trommel abnimmt. Andere Möglichkeiten zur Kuchen-

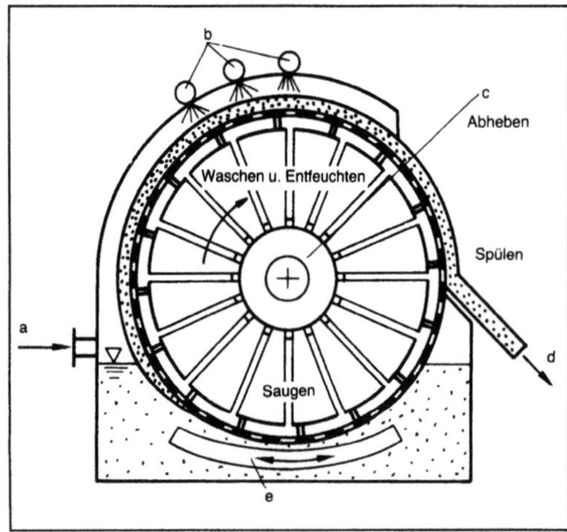


*Trommeldrehfilter: Vakuumzellenfilter.*

a Trübe, b Waschdüsen, c Steuerkopf, d Kuchen, e Rührer



abnahme sind Walzen oder Druckluftstöße. T. gibt es in unterschiedlichen Ausführungen, z. B. mit Preßwalzen zum Vermeiden von Rissen oder Aufbringen einer Anschwemmschicht (Precoat). Die Drehzahlen von T. betragen 0,2–5 min$^{-1}$ bei Filterflächen bis 100 m$^2$. *Dahl*

**Trommelmischer.** Der T. (Bild) gehört zu den diskontinuierlichen Mischern für Feststoffe. Unterschieden wird je nach Drehzahl und Füllgrad zwischen 2 Bewegungsarten. Bei niedrigen Drehzahlen oder hohem Füllgrad kommt es zu einer kaskadenartigen Bewegung, bei der die Durchmischung entlang der sich ausbildenden Böschung geschieht. Bei hohen Drehzahlen kommt es zusätzlich noch zu einer Kataraktbewegung (Durchmischung im freien Fall). Die T. sind einfach zu reinigen. Die Quervermischung überwiegt gegenüber der Längsdurchmischung. Mechanische Beanspruchung und Kraftaufwand sind hoch. *Schlag*

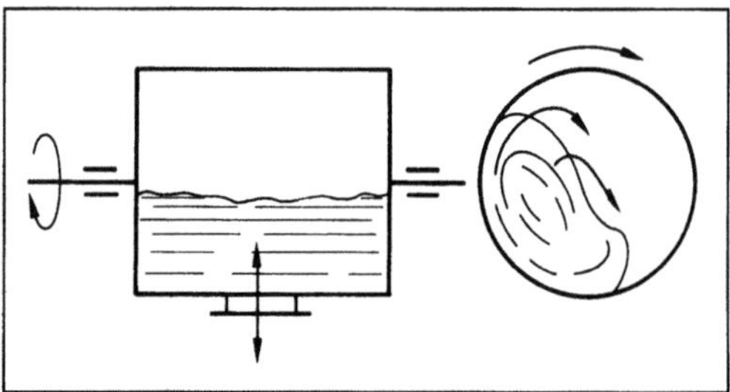

*Trommelmischer.*

**Trommelsiebmaschine.** Kontinuierlich betriebener Klassierapparat, bestehend aus einem mit →Siebgewebe bespanntem Zylinder. Das Siebgut (Aufgabegut) wird durch die Rotation ständig umgewälzt. Dabei wird der axiale Massentransport entweder durch die Schrägstellung der Drehachse oder durch eingebaute Leitbleche bewerkstelligt. In T. gewinnt man meistens mehr als zwei Fraktionen. Die Siebtrommeln sind dazu in Sektionen unterschiedlicher →Maschenweite unterteilt. Die Maschenweite nimmt mit der Durchlaufrichtung zu.

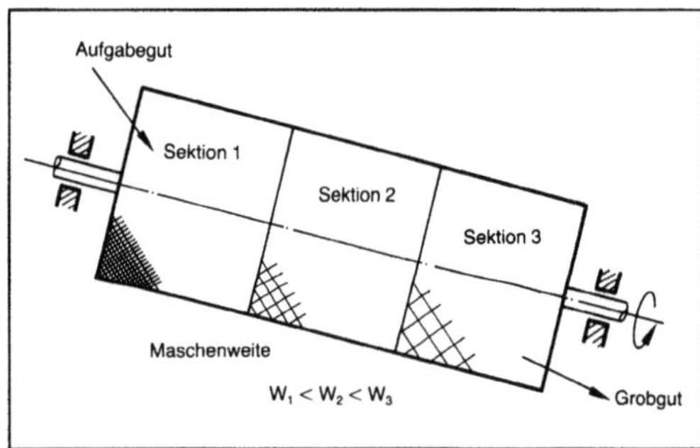


*Trommelsiebmaschine 1: Trommelsieb mit Sektionen unterschiedlicher Maschenweite.*

Eine andere Möglichkeit, mehrere Fraktionen zu erhalten, ist die Anordnung mehrerer Siebtrommeln ineinander (Bild 1 und 2). Dabei hat die äußerste Trennfläche stets die kleinste Maschenweite. *Trefz*

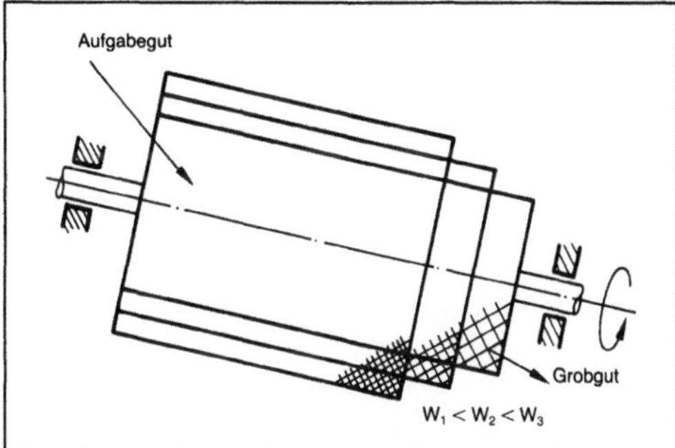


*Trommelsiebmaschine 2: Trommelsieb mit ineinander angeordneten Siebtrommeln.*

Maschenweite von innen nach außen abnehmend

**Trommeltrockner.** Ein T. wird zum kontinuierlichen →Trocknen von stückigen, pulverigen oder kristallinen Gütern verwendet. Er besteht aus einem schwach geneigten (1–6°) Rohr, das mit →Einbauten versehen ist und gleichmäßig gedreht wird. Das feuchte Gut bewegt sich durch die Rotation und die Längsneigung durch die Trommel. Es wird durch ein Trocknungsgas, das im Gleich- oder →Gegenstrom zum Gut geführt wird, getrocknet. Die Energiezufuhr zum Gut erfolgt in erster Linie durch Konvektion, aber auch durch Wärmeleitung und Strahlung.

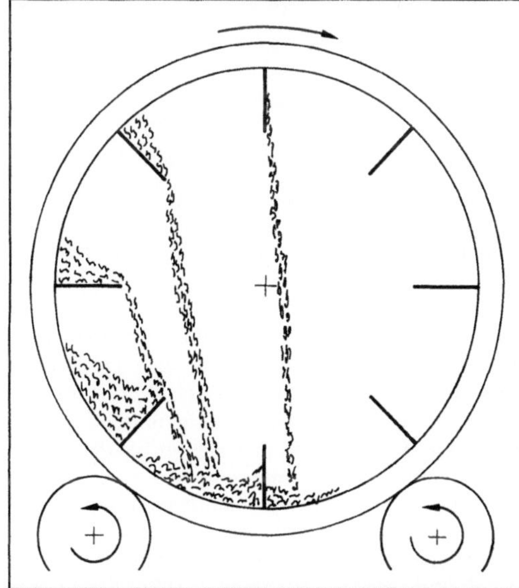

*Trommeltrockner: Schematischer Aufbau eines Trommeltrockners mit Hubleisteneinbau für großstückige, klebende oder schließende Produkte.*

Das Bild zeigt ein Beispiel für den Aufbau eines T. Die Trommeln können bis zu 4 m Dmr. betragen bei einer Länge von 4–7 m (→Konvektionstrockner). *Dohrn*

Literatur: *Krischer, O.,* u. *W. Kast:* Die wissenschaftlichen Grundlagen der Trocknungstechnik. 3. Aufl. Berlin, Heidelberg, New York 1978. – *Kröll, K.:* Trockner und Trocknungsverfahren. 2. Aufl. Berlin, Heidelberg, New York 1978. – *Sattler, K.:* Thermische Trennverfahren. Weinheim 1988.

**Trommelvakuumfilter** →Trommeldrehfilter

**Tropfenabscheider.** Bei Prozessen, bei denen Gasströme mit Flüssigkeit in Kontakt treten, besteht die Gefahr, daß Flüssigkeitstropfen vom Gasstrom mitgerissen werden. Dies ist aus unterschiedlichen Gründen häufig unerwünscht, z. B. wegen der Korrosionsgefahr folgender Leitungen oder der geforderten Eigenschaften an den Gasstrom bez. des Feuchtigkeitsgehalts. T. ermöglichen eine kontinuierliche Abtrennung der Tropfen aus dem Gasstrom. Die in der Technik am häufigsten angewendeten Bauformen sind Zyklon und Lamellenabscheider.

*Zyklon.* Der Abscheidemechanismus ist der gleiche wie beim bekannten Aero-Zyklon zur Staubabscheidung. Die Tropfen werden durch die Rotationsbewegung an die Wand geschleudert und laufen von dort als Film ab. Kleinste Tropfen von 2–4 µm werden dabei nicht mehr erfaßt. Eine Verbesserung ist möglich durch das Einbringen von Wasser in die Zuleitung.

*Lamellenabscheider.* Der L. (Bild) besteht aus durchströmten Profilplatten. Die Tropfen werden durch die Umlenkung aus der Bahn gebracht und lassen sich dann abscheiden. Zum Austragen des Wassers sind Fangrinnen an den Profilen angebracht. Der Abscheidegrad steigt mit der Tropfengröße und -dichte. Für Tropfendurchmesser von 5 bis 10 µm ist der Lamellenabscheider sehr wirksam.

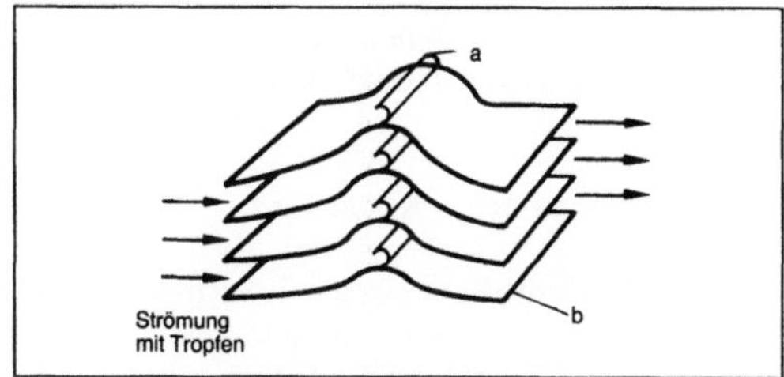


*Tropfenabscheider: Lamellenabscheider.*

a Auffangrinne, b Lamellenabscheider

*Packungen* (Drahtstrickpackungen). Apparate nach diesem Prinzip zählen zu den Prallabscheidern. Der Tropfen folgt durch Trägheit nicht der Umlenkung der Strömung am Draht, prallt auf und wird abgeschieden. Die Packungen bestehen aus Drähten von 0,2 mm Dmr., die zu Maschen von 3 mm x 3 mm geflochten werden; 50–100 Einzellagen ergeben einen Filter. Die Lagen werden nochmals profiliert und mit Abständen von 2 mm montiert. Bei Tropfengrößen von 1–10 µm scheiden sie besser ab als Lamellenabscheider. Weitere Verbesserungen in der Abscheideleistung sind möglich durch die Umflechtung der Drähte mit Kunststoffasern von 20–50 µm Dmr. *Müller*

**Tropfenbildung.** Bei der Flüssig-Flüssig-Extraktion (→Extrahieren) erfolgt die zur Erzeugung einer dispersen Phase erforderliche T. in der Regel an Lochplatten.

Die Stoffübergangskoeffizienten der kontinuierlichen und der dispersen Phase während der T. sind proportional zur Wurzel aus dem Diffusionskoeffizienten und umgekehrt proportional zur Wurzel aus der Kontaktzeit t. Für t gilt:

$$t = \frac{\pi \cdot dp^3}{6 \cdot \dot{V}_d},$$

mit $d_p$ →Tropfendurchmesser, $\dot{V}_d$ Volumenstrom der dispersen Phase.

Bei Tropfensäulen findet ein großer Teil des Gesamtstofftransports bereits bei der T. statt. *Dohrn*

**Tropfendurchmesser.** In Zweiphasensystemen (Flüssigkeitstropfen in einem Gas oder in einer nichtmischbaren Flüssigkeit) beeinflußt der Durchmesser eines Tropfens die Steig- oder →Sinkgeschwindigkeit der dispersen Phase. Mit zunehmendem T. steigt die erreichbare Endgeschwindigkeit. Es gibt aber eine Stabilitätsgrenze für den Durchmesser, bei deren Überschreiten sich die Tropfen zerteilen. Während der Tropfenbildungsphase führen große T. zu niedrigen Stoffübergangskoeffizienten. Während der Aufstiegs- oder Sinkphase ist die Geschwindigkeit des Stofftransports vom Verhältnis aus Tropfengeschwindigkeit und T. abhängig (→Tropfenbildung).

Stoßen Tropfen gegeneinander, so kann es zu einer Vereinigung der Tropfen kommen (→Koaleszenz). *Dohrn*

**Tropfenkoaleszenz** →Koaleszenz

**Tropfenkondensation.** Bei der T. verflüssigen sich Dämpfe an einer Kühlfläche und bilden keinen geschlossenen Flüssigkeitsfilm (Filmkondensation), sondern Tropfen. Es werden sehr hohe Wärmeübergangszahlen erreicht. Die T. läßt sich aber nur über sehr kleine Zeiträume aufrechterhalten. Damit T. auftritt, darf das Kondensat die Kühlfläche nicht benetzen. Die Zugabe von Impfstoffen (Antibenetzungsmittel, Promotoren, wie z. B. Stearinsäure) zum Dampf verhindert ein Benetzen weitgehend (→Kondensieren, →Partialkondensation). *Dohrn*

**Tropfensäule.** Zweiphasensystem mit einer flüssigen kontinuierlichen Phase, in der eine Vielzahl von Tropfen einer nicht mischbaren zweiten Flüssigkeit verteilt sind (→Tropfenbildung). Im Gegensatz zur T. hat eine Blasensäule eine disperse Phase aus Gasblasen, die in einer Flüssigkeit aufsteigen, und bei einer →Sprühkolonne werden Tropfen in einem Gas dispergiert.

Der schematische Aufbau einer T. ist im Bild dargestellt. Die disperse Phase kann von unten (wie dargestellt) oder von oben zugegeben werden, je nach der Dichtedifferenz der beiden Flüssigkeiten. T. finden in Extraktoren der Flüssig-Flüssig-Extraktion (→Extrahieren) und in Flüssig-Flüssig-Reaktoren Verwendung. *Dohrn*

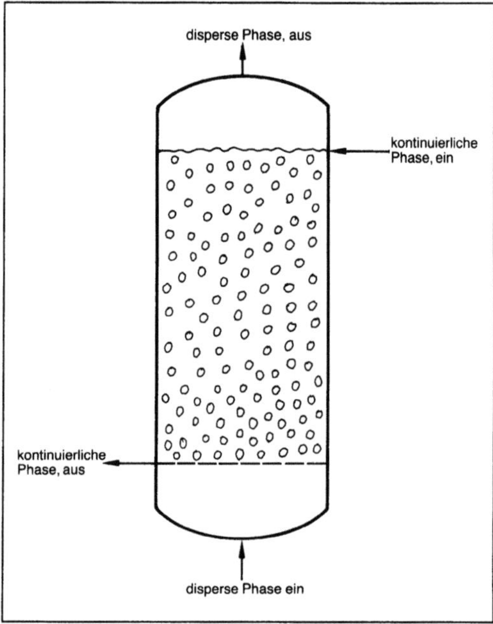


*Tropfensäule: Schematischer Aufbau.*

Literatur: *Mersmann, A.:* Thermische Verfahrenstechnik. Berlin, Heidelberg, New York 1980. – *Pilhofer, Th.:* Habil. TU München 1978. – *Treybal, R. E.:* Liquid Extraction. New York 1963.

**Tubusräumen.** T. oder Topfräumen ist eine Variante des Außenprofilräumens zur Herstellung geschlossener Außenkonturen. Das Werkstück wird dabei durch ein hohles, allseitig umschließendes Werkzeug gedrückt, so daß alle zu bearbeitenden Außenkonturen am Umfang in einem Arbeitshub gefertigt werden. Die Wirtschaftlichkeit dieses Verfahrens in der Serienfertigung wird durch die großen Stückzahlen pro →Standzeit sowie durch die kurzen Bearbeitungszeiten bestimmt. Außerdem lassen sich komplizierte Außenformen herstellen, die mit anderen Verfahren nicht oder nur in mehreren Arbeitsgängen gefertigt werden können. Typische

Bearbeitungsaufgaben sind Schalt- und Laufverzahnungen, aber auch Kettenräder, genutete Naben u. ä. *König*

**Tuchfilter** →Filtration (mechanische Verfahrenstechnik)

**Tunnelofen.** Der T. ist ein langgestreckter →Durchlaufofen, bei dem das Brenngut auf Wagen transportiert wird (Bild 1).

Der Ofenraum wird durch seitlich an den Wagen angebrachte Schürzen (z. B. Bleche), die in einer Sandrinne laufen, gegen die Fahrgestelle abgedichtet. Unterhalb der Fahrgestelle befindet sich ein Begehungskanal zur Inspektion der Wagen und zur Beseitigung von Störfällen. Die Gase strömen im Ofen entgegengesetzt zum Gut. Das kalte Brenngut wird zunächst in der Vorwärmzone von den heißen Verbrennungsgasen erwärmt. Die Brennzone wird mit Seiten- und/oder Deckenbrennern oder auch elektrisch beheizt. Die in der Kühlzone vorgewärmte Luft wird teilweise zum Trocknen des Rohmaterials abgesaugt und teilweise als Verbrennungsluft oder Wärmeträgerluft im Ofen selbst genutzt. Die Kühlung mit Luft kann direkt oder für eine schonende Abkühlung zur Vermeidung von Kühlrissen auch indirekt erfolgen. Im letztgenannten Fall bestehen die Ofenwände aus Kühlkästen, in die über den Boden Luft einströmt und unterhalb der Decke wieder abgezogen wird.

Den prinzipiellen Verlauf der mittleren Guttemperatur und der mittleren Gastemperatur über der Ofenlänge zeigt Bild 2. Die Brenntemperaturen betragen je nach Material 600–2000 °C. Die Aufheiz- und Kühlgeschwindigkeit hängt von den Materialeigenschaften des Gutes ab. Die Kühlzone dieser Öfen ist so

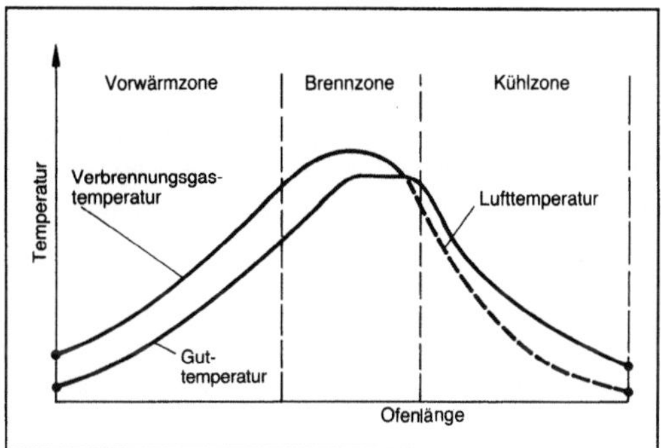


*Tunnelofen 2: Temperaturverlauf in einem Tunnelofen.*

ausgelegt, daß sowohl eine Sturzkühlung als auch eine langsame Abkühlung des Guts möglich ist.

Die Wagen werden außerhalb des Ofens besetzt. Die Art des Besatzes hängt von der geometrischen Form des Guts ab. Zwischen den einzelnen Brenngutstücken und evtl. benötigten Brennhilfsmitteln müssen Zwischenräume vorhanden sein, damit eine gute Durchströmung und damit gleichmäßige Temperaturverteilung im Besatz gewährleistet wird. Die Wagen werden hydraulisch durch den Ofen gedrückt. Der Eintritt wird durch eine Schleuse oder einen Sperrluftschleier abgedichtet.

Der T. ist der bedeutendste Ofen der keramischen Industrie. In ihm können nahezu alle keramischen Erzeugnisse hergestellt werden. Je nach Art des Brenngutes können T. eine Länge von etwa 10 bis 250 m und eine lichte Breite von einigen Zentimetern bis einigen Metern besitzen. Die Brennzeit kann von einigen Stunden bis zu Tagen dauern. *Jeschar/Specht/Bittner*

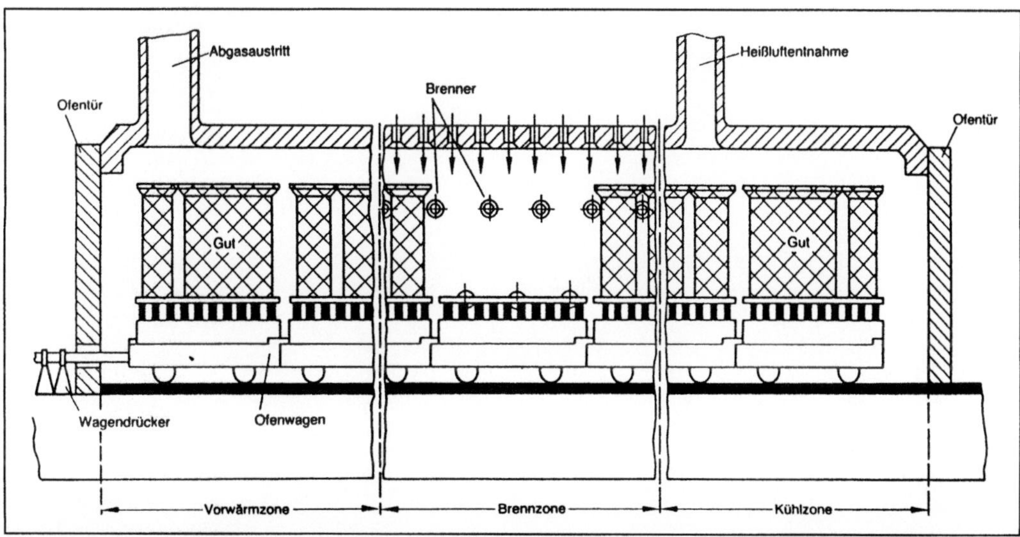


*Tunnelofen 1: Prinzipielle Darstellung.*

**Tunneltrockner.** T. oder Kanaltrockner sind Apparate zum kontinuierlichen →Trocknen großer Mengen von stückigen oder teigigen Gütern. Das feuchte Gut wird auf Wagen durch Kanäle gefördert. Die Wärmezufuhr erfolgt mit Hilfe eines heißen Trocknungsgases. Die Kanäle können 3–6 m breit und über 50 m lang sein. *Dohrn*

**Turbidostat.** Bezeichnung für eine kontinuierliche →Fermentation mit über die Nährmediumszufuhr konstant gehaltener Zellzahl oder Bakteriendichte. Die Trübung (Turbidität) der Fermenterbrühe kann unter bestimmten Voraussetzungen mit der Zelldichte korreliert werden. Ein Trübungsmesser im →Bioreaktor bestimmt kontinuierlich die Zelldichte. Über eine Dosiereinrichtung wird die Mediumszufuhr so geregelt, daß eine vorgegebene konstante Zelldichte über die Kultivationszeit erreicht wird. Im T. liegen meist alle Nährstoffe im Überschuß vor, und die Kultur wächst mit annähernd maximaler Wachstumsrate. Diese Kulturbedingungen stehen im Gegensatz zum Chemostatbetrieb (→Chemostat). *Liefke*

**Turbinenrührer.** Der T. (Bild) wird oftmals auch als →Scheibenrührer bezeichnet. Er gehört zu den Radialrührern und wird zum Begasen und Emulgieren bei Fluiden mit einer dynamischen Viskosität <10 Pas eingesetzt. Die angewendeten Drehzahlen liegen im Bereich von 200–1000 min$^{-1}$. Die Zentri-

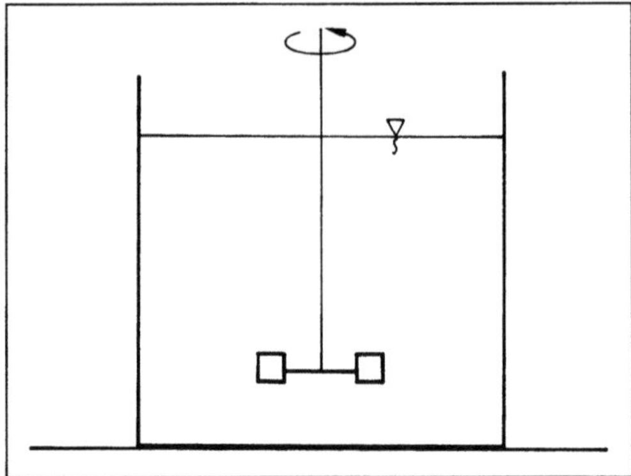

*Turbinenrührer.*

fugalkraft bewirkt eine Strömung in radialer Richtung bei axialem Ansaugen. Die Dispersion beim Turbinenrührer erfolgt im Rad und an der in Scheibenhöhe angeströmten Wand. Auf einer Welle können mehrere Scheiben angeordnet sein. Die Anwendung des T. erfolgt zusammen mit Strombrechern. *Schlag*

**Turmreaktor.** Allgemeine Bezeichnung für Reaktoren mit großem Schlankheitsgrad. Das Verhältnis von Höhe zu Durchmesser ist etwa 5–20. Zu diesen Reaktoren zählen u. a. Blasensäulenreaktoren, Deep-Shaft-Reaktoren, Tauchstrahl- und Airlift-Reaktoren. *Liefke*

# U

**Übergangseinheit.** Bei der Gegenstromtrennung in Packungskolonnen wird die Einteilung der →Packung in theoretische Böden (→Bodenzahl, theoretische) der kontinuierlichen Arbeitsweise der Kolonne nicht gerecht. Betrachtet man die Konzentrationsänderungen der Gasphase in einem infinitesimalen Abschnitt der Packung und integriert über die Kolonnenhöhe, so erhält man:

$$H = \underbrace{\frac{\dot{G}}{\overline{k}\cdot a \cdot f}}_{\text{HTU}} \cdot \underbrace{\int_{y_1}^{y_2} \frac{dy}{y^* - y}}_{\text{NTU}} \; ;$$

H Packungshöhe, $\dot{G}$ Gasstrom, y Molenbruch der Gasphase, $y^*$ Gleichgewichtskonzentration, $\overline{k}$ mittlerer Stoffdurchgangskoeffizient, a spezifische Oberfläche in $m^2/m^3$, f freier Querschnitt der Kolonne in $m^2$.

Den Wert des Integrals nennt man die Anzahl der Übergangseinheiten (NTU Number of Transfer Units). Die NTU lassen sich bei Zweistoffgemischen graphisch mit Hilfe des McCabe-Thiele-Diagramms ermitteln (Bild). Der Abstand zwischen der →Bilanzlinie und der Gleichgewichtslinie ist gleich dem Wert $y^*$–y. Bildet man den Kehrwert und trägt diesen in einem Diagramm gegen die Gaskonzentration y auf, so ist die Anzahl der Ü. gleich der Fläche unter der Kurve zwischen der Anfangskonzentration $y_1$ und der Endkonzentration y. Die Höhe einer Übertragungseinheit (HTU Height of one Transfer Unit) erhält man, indem man die Höhe der Kolonnenpackung durch die Anzahl der Ü. teilt. Der HTU-Wert unterscheidet sich i. a. nur geringfügig von dem →HETP-Wert (Höhe eines theoretischen Bodens). Nur wenn die Bilanz- und die Gleichgewichtslinie parallel verlaufen, sind die Werte gleich groß. Dieser Fall tritt näherungsweise bei schwertrennbaren Gemischen ein, wenn die Gleichgewichtskurve nur einen geringen Abstand von der Bilanzlinie hat. *Dohrn*

Literatur: *Grassmann, P.,* u. *F. Widmer:* Einführung in die thermische Verfahrenstechnik. Berlin 1974.

**Überkorn** →Klassieren

**Überorganisation.** Die Frage des Entscheidungsspielraums einzelner organisatorischer Einheiten im Rahmen der Gesamtorganisation ist im wesentlichen durch die Aufgabenverteilung und die Tiefe

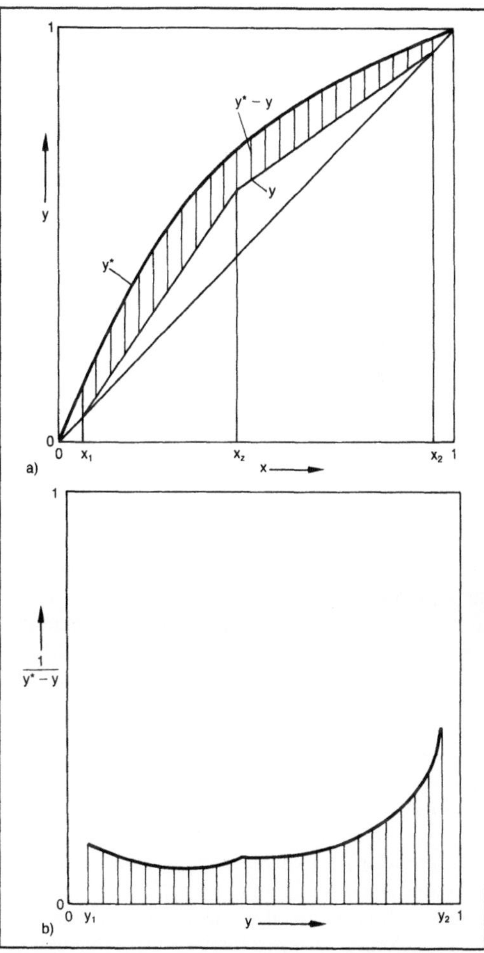



*Übergangseinheit: Graphische Ermittlung der Anzahl der Übergangseinheiten eines Zweistoffsystems mit Hilfe des McCabe-Thiele-Diagramms.*
*a) Bestimmung der Differenz $y^*$–y*
*b) Bestimmung der Fläche unter der Kurve $1/(y^*$–y).*

der Regelung zur Aufgabenerfüllung gekennzeichnet.

Die Aufgabenverteilung legt hierbei die Zuweisung der Aufgaben zu einzelnen organisatorischen Einheiten nach Art, Umfang und Kompetenzen fest (→Organisationsplanung). Die Tiefe der Regelung zur Aufgabenerfüllung bestimmt den Grad, mit dem eine Aufgabe auf einer bestimmten Stufe der Organisationshierarchie organisatorisch konkretisiert wird. Bestimmungselemente hierzu sind vor allem das sachliche und formale Ziel, sachliche Hilfsmittel sowie Raum und Zeit der Erfüllung. Eine große Wandelbarkeit des Aufgabeninhaltes erfordert eine erhöhte Anpassungsfähigkeit der →Organisation, während der Wiederholungscharakter der Aufgabe ihre Organisierbarkeit bestimmt.

Vor diesem Hintergrund ist im Rahmen der Organisationsplanung ein ausgewogenes Verhältnis zwischen organisatorischer und dispositiver Gestaltung der Organisationseinheiten anzustreben.

Ein Übersteigern der organisatorischen Gestaltung führt zur Ü., die den Ermessensspielraum der Organisationseinheiten übermäßig einschränkt. Folgen dieser Ü. sind mangelnde Flexibilität der Gesamtorganisation und stark bürokratisches Verhalten der einzelnen Abteilungen.

Die Einengung des Entscheidungsspielraums und der Eigenverantwortlichkeit hat darüber hinaus negative Auswirkung auf die Motivation einzelner organisatorischer Einheiten.

Aus diesen Gründen muß ein Mittelmaß zwischen den beiden Extremen Ü. und →Unterorganisation zur optimalen Gestaltung einer Gesamtorganisation gefunden werden. *Eversheim*

**Übersättigung.** Ü. ist ein metastabiler Zustand, bei der eine Phase mehr gelöste Bestandteile enthält, als es dem Phasengleichgewicht entspricht. Durch Einstellen von Temperatur- oder Druckbedingungen geringerer Löslichkeit kann Ü. aus gesättigten Lösungen erzeugt werden, wenn die Bildung einer zweiten Phase infolge fehlender Kondensations- oder Kristallisationskeime stark behindert wird.

Beim thermischen Trennverfahren der →Kristallisation läßt sich Ü. z. B. durch Abkühlen der Lösung (→Kühlungskristallisation) oder durch →Verdampfen von Lösemitteln (Verdampfungskristallisation) erreichen. Eine Überlagerung von Abkühlen und Verdampfen wird bei der →Vakuumkristallisation benutzt, um Ü. zu erreichen.

Übersättigter Dampf kann bei einer schnellen Expansion auftreten, z. B. beim Austreten des Dampfes aus den Düsen einer Dampfturbine. *Dohrn*

**Übertragungseinheit (Höhe und Zahl).** Die Ü. ist ein Maß für die Trennwirkung von Filmkolonnen (Rieselblech- oder Füllkörperkolonnen), wie sie für die Destillation, Absorption und Extraktion eingesetzt werden. Diese Modellvorstellung ist dem theoretischen Boden vergleichbar. Sie berücksichtigt jedoch die stetige Veränderung der Zusammensetzung längs der Kolonnenhöhe. Die Zahl der Ü. ist ein Maß für die Triebkraft, und die Höhe der Ü. erfaßt vor allem den Einfluß der Stoffübergangskoeffizienten und der Phasengrenzfläche.

Bei der Destillation eines binären Stoffsystems in einer Füllkörperkolonne gilt für die Säulenhöhe H:

$$H = H_{D_{ges}} \cdot N_{D_{ges}} \qquad (1),$$

mit $H_{D_{ges}}$ Höhe einer gesamten Übertragungseinheit bezogen auf die dampfförmige Phase (entspricht $HTU_{ges}$ Height of Transfer Unit)

$$H_{D_{ges}} = \frac{N_D^*}{\varphi_B \cdot a \cdot A_q \cdot K_D} \qquad (2),$$

mit $N_D^*$ Dampfmolenstrom, $\varphi_B$ Benetzungsgrad, a spezifische Oberfläche, $A_q$ Querschnittsfläche, $K_D$ Stoffdurchgangskoeffizient bezogen auf die Dampfphase,
und $N_{D_{ges}}$ Zahl der gesamten Ü. bezogen auf die dampfförmige Phase (entspricht $NTU_{ges}$ Number of Transfer Unit)

$$N_{D_{ges}} = \int_{Y_{1s}}^{Y_{1k}} \frac{dy_1}{y_1^* - y_1} \qquad (3),$$

mit $y_1$ Molanteil der Komponente 1 im Dampf, $y_1^*$ Molanteil der Komponente 1 im Dampf, der im Gleichgewicht steht zum Molanteil von 1 in der Flüssigkeit, Index s Boden, Index k Kopf. *Weinspach*

Literatur: Autorenkollektiv: Thermische Verfahrenstechnik I. Leipzig 1974.

**Überwachung** →Funkenerosion, →Prozeßüberwachung

**Überzug, keramischer** →Beschichten, →Oberflächenbehandlung (Beschichten)

**Überzug, metallischer** →Beschichten, →Oberflächenbehandlung (Beschichten)

**Ultrahocherhitzen.** Auch unter der Bezeichnung Ultrakurzzeiterhitzen bekanntes Sterilisierverfahren für unverpackte, flüssige Produkte, das sich gegenüber dem üblichen Hitzesterilisieren im Autoklaven durch höhere Temperaturen (135 bis 150 °C) und kürzere Heißhaltezeiten (1,5–7 s) auszeichnet. Diese Betriebsbedingungen können durch indirektes Erhitzen in Platten-, Röhren- oder Spiralröhrenwärmeübertragern oder durch direktes Erhitzen mit Dampf von Trinkwasserqualität erzielt werden. Das direkte Erhitzen von Milch (auch als Uperisieren bezeichnet) ist durch Injektion von Dampf in die Milch oder von Milch in den Dampf erreichbar. Durch anschließendes Entspannen in ein leichtes Vakuum verdampft das in Form von Dampf zugeführte Wasser wieder, und die Milch kühlt schlagartig ab. Vor dem U. wird die Milch auf 75–95 °C vorgewärmt. Bei dem U. von Milch durch indirekte Verfahren folgt der Vorwärmung eine Heißhaltung bei ca. 78 °C, um die hitzelabile Proteinfraktion zu denaturieren und Produktansatzbildung beim eigentlichen U. in den Wärmeübertragern zu minimieren. Auch durch hohe Durchflußgeschwindigkeiten (kleine Strömungsquerschnitte) kann die Ansatzbildung kontrolliert werden, so daß vor allem bei Röhrenwärmeübertragern ähnlich lange Standzeiten (ca. 16 h) wie bei der Uperisation (ca. 20 h) erreichbar sind.

Die Haupteinsatzgebiete des U. liegen in der Milch- und der Babynahrungsindustrie. Neben der Milch werden Schoko- und Kakaogetränke, Puddings und Creme-Produkte, Kaffee, Schlagsahne und Milchmischgetränke nach diesem Verfahren haltbar gemacht.

Durch die U.-Verfahren wird gegenüber dem →Sterilisieren im Autoklaven (z. B. 30 min bei 110 °C für Milch) eine deutlich bessere Produktqualität erzielt. *Kerner/Loncin*

**Ultraschall-Läppen** →Schwingläppen

**Ultraschallschweißen.** Beim U. dient mechanische Schwingungsenergie dazu, Oberflächenbeläge überlappt zusammengepreßter Bleche zu zerstören und die Fügeflächen unter lokal begrenzter Reibungserwärmung zu verbinden (Bild). Hierzu wird ein Teil mit kleinen Amplituden (bis 50 μm) relativ zum anderen mit Ultraschallfrequenz bewegt. Der durch einen magnetostriktiven Schwinger erzeugte und durch eine Sonotrode übertragene Ultraschall liegt im Frequenzbereich von 20–60 kHz. Die Kraft wird i. a. über das schwingende Werkzeug aufgebracht. Die durch den Reibungsvorgang hervorgerufene zeitlich und örtlich begrenzte Temperaturerhöhung kann die Schmelztemperatur eines oder der beiden zu verschweißenden Werkstoffe erreichen (→Schweißverfahren). *Dorn*

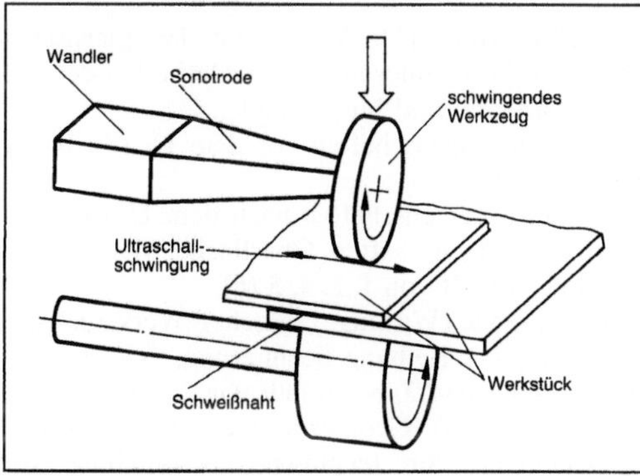


*Ultraschallschweißen. Prinzip. (Quelle: DIN 1910 a. a. O.)*

Literatur: *Eichhorn, F.*: Schweißtechnische Fertigungsverfahren. Bd. 1.: Schweiß- und Schneidtechnologien. Düsseldorf 1983. – DIN 1910. Tl. 2: Schweißen; Schweißen von Metallen, Verfahren. Hrsg. Dt. Inst. für Normung. Ausg. 1977.

**Ultraschallsiebung.** Die U. gehört zu den Naßsiebverfahren (→Naßsiebung). Sie arbeitet mit gewebten Sieben. Der Unterschied zur normalen Naßsiebung besteht im Antrieb der Siebe bzw. des Siebsatzes. Üblicherweise werden die Siebe durch Vibration in Schwingungen versetzt; bei der U. ist es Ultraschall. Der (geneigt angeordnete) Siebkasten verbleibt in Ruhe. Durch elektromagnetische Schwingungserzeuger, sog. Schallanstoßköpfe, wird die Suspension in Schwingungen versetzt.

Wird Ultraschall angewendet, hat die Grundschwingung eine Frequenz von ca. 20 kHz. Bei der normalen Schallsiebung liegt die Grundschwingung der Schallköpfe bei ca. 100 Hz und wird von starken Oberschwingungen (1000–3000 Hz) überlagert.

Der Feststoffgehalt des Schlamms sollte 15 % nicht überschreiten. *Greif*

**Umfangsfräsen** →Fräsen

**Umformarbeit.** U. ist die während eines Umformvorgangs verbrauchte Energie. Sie teilt sich auf in ideelle U., Reibungs- und Scherungs(Schiebungs)-arbeit als Verlustarbeit. Die gesamte Arbeit muß während des Vorgangs von der →Umformmaschine bereitgestellt werden.

In der Fließgutfertigung, z. B. beim →Walzen von Bändern, Rohren und Profilen, beim Stab- und →Drahtziehen oder beim →Strangpressen von Profilen, wird die U. in voller Höhe vom Antrieb der Maschine ohne Energiespeicher bereitgestellt (Ausnahme: Strangpressen mit Druckwasser-Speicherbetrieb). Dementsprechend sind die Antriebe mit hohen Leistungen ausgelegt. In der Stückgutfertigung, z. B. beim →Ziehen von Karosserieblechteilen, beim Gesenkschmieden oder beim Kaltfließpressen, wird die U. in sehr kurzen Zeiten, Sekunden bzw. Sekundenbruchteilen, verbraucht. Hier bringt die Verwendung von Schwungrädern bei mechanischen Pressen, die Verwendung von Hydro-Speichern oder auch Schwungrädern am Pumpenantrieb bei hydraulischen Pressen technische und wirtschaftliche Vorteile bei Maschinenauslegung und -betrieb (Bild).

Von der gesamten verbrauchten Energie bei einem Umformvorgang setzt sich ein hoher Anteil in Wärme um. Reibungs- und Scherungsverlustarbeiten werden vollständig dissipiert. Von der ideellen U. werden je nach umgeformtem Metall 85–95 % in Wärme dissipiert bei der plastischen Verformung der Kristallite durch →Gleitung und →Zwillingsbildung. Der Rest verbleibt als potentielle Energie in Gitterverspannungen. Dabei erwärmen sich das Werkstück unmittelbar durch ideelle U. und Scherungsarbeit im Innern, durch Reibungsarbeit in Randzonen und das Werkzeug unmittelbar durch Reibungsarbeit sowie mittelbar durch Wärmeübergang vom Werkstück. Dieses kann z. B. beim Kalt-

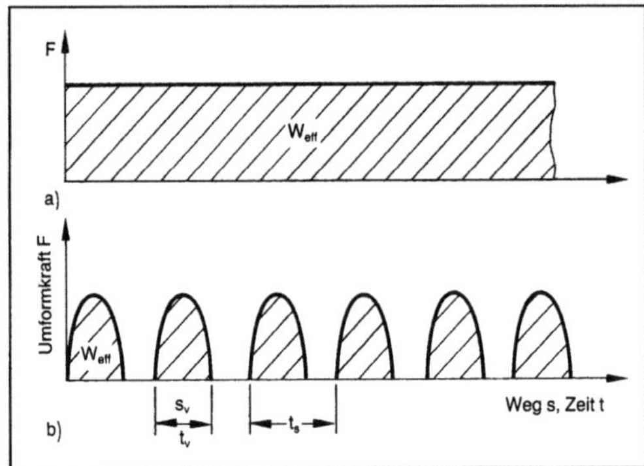

*Umformarbeit.*
*a) Fließgutfertigung*
*b) Stückgutfertigung.*

$W_{eff}$ Umformarbeit, $s_V$ Umformweg des Einzelvorgangs, $t_V$ Zeit für den Einzelvorgang, $t_S$ Stückfolgezeit

massivumformen von Stahl Temperaturen von einigen hundert °C annehmen. Eine optimale Vorgangs- und Werkzeugauslegung erfordert die Berücksichtigung dieser Gegebenheiten. *Lange*

Literatur: *Kling, W.:* Aufweitung von Fließpreßmatrizen mit überlagerter thermischer und mechanischer Beanspruchung. Ber. Nr. 81. Inst. Umformtechn. Universität Stuttgart. Berlin, Heidelberg, New York, Tokio 1985. – *Nester, W.:* Beanspruchung von Napf-Rückwärts-Fließpreßmatrizen aus Keramik infolge mechanischer Belastung und Temperatureinwirkung. Ber. Nr. 86. Inst. Umformtechn. Universität Stuttgart. Berlin, Heidelberg, New York, Tokio 1986.

**Umformen.** U. gehört zu den Hauptgruppen der Fertigungstechnik nach DIN 8580 und heißt, die gegebene Form eines festen Körpers (Werkstück, Rohteil) unter Beibehaltung der Masse und des Stoffzusammenhangs in eine andere Form (→ Zwischenform) zu überführen. U. bedeutet danach Ändern der Form mit Beherrschung der Geometrie im Gegensatz zum Verformen als Ändern der Form ohne Beherrschung der Geometrie.

Die Umformtechnik gehört zu den ältesten Techniken der Metallbearbeitung und wird am Ausgang des Neolithikums, d. h. vor etwa 6000 Jahren, nachweisbar. Zuerst wurden gediegen in der Natur vorkommende Metalle durch Schmieden, Treiben usw. bearbeitet. Mit der Erzeugung von Schmiedeeisen nimmt die Warmschmiedetechnik bis in die Gegenwart hinein, d. h. über 2500 Jahre hinweg, die beherrschende Stelle in der Umformtechnik ein, die bis Ausgang des 18. Jahrhunderts vornehmlich handwerklich genutzt wurde. Das Herstellen von Blech war und ist eines der wichtigsten Verfahren der → Massivumformung. Während die Grenze der durch Schmieden erzeugbaren Feinblechabmessungen bei Tafeln mit 600 mm × 600 mm und etwa 1 mm Dicke lag, haben gewalzte Bleche heute teilweise noch geringere, aber vor allem sehr viel gleichmäßi-

gere Dicken bei Bandbreiten bis 2 m. Der Beginn des modernen Blech-U. läßt sich auf das letzte Drittel des 19. Jahrhunderts datieren, nachdem zwei wichtige Voraussetzungen für das Grundverfahren → Tiefziehen neben ausreichend gleichmäßigen Blechdicken erfüllt waren: Verfügbarkeit von Flußstahl und doppelt wirkenden mechanischen Pressen mit Stößel und Niederhalter.

Die Umformtechnik beruht auf den Grundlagen der Werkstofftechnik, → Plastizitätstheorie und Tribologie und weiter auf einer hochentwickelten Werkzeugtechnologie und Werkzeugmaschinentechnik einschl. Automatisierung. Bei der Behandlung von Umformproblemen müssen daher nach Bild 1 die folgenden Bereiche von den wirtschaftlichen Grundlagen bis zur Produktion beachtet werden:

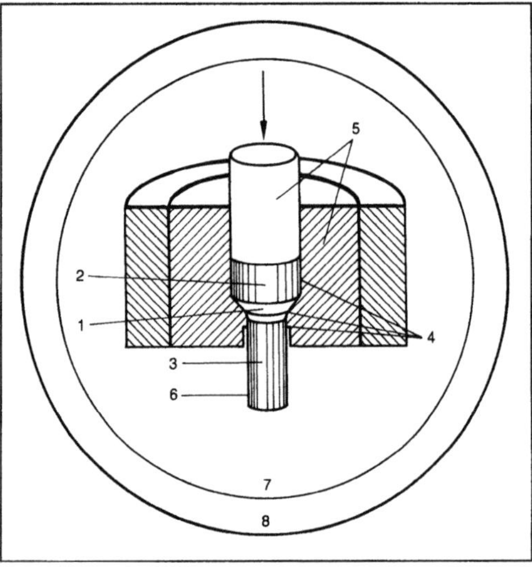

*Umformen 1: Allgemeines System zur Behandlung von Umformvorgängen.*

□ Umformzone (1): Werkstoffe im plastischen Zustand; Problemlösungen mit Methoden der Plastizitätstheorie und Metallkunde;
□ Werkstoffeigenschaften vor dem U. (2): beeinflußt 1 und 3;
□ Werkstückeigenschaften nach dem U. (3): (mechanische Eigenschaften, Oberfläche, Maßgenauigkeit) beeinflußt von 1, 2, 4, 5 (6);
□ Berührzone (Wirkfuge) zwischen Werkstück und Werkzeug (4): Reibung, Schmierung, → Verschleiß, beeinflußt 1 und 3, beeinflußt von 2, 5 (6), 7;
□ Werkzeug (5): Geometrie, Gestaltung, Baustoff entscheidend für technische Anwendung von Umformvorgängen, beeinflußt 1, 3 (4);
□ Kontaktzone zwischen Werkstück und Atmosphäre (6): Oberflächenrelationen, beeinflußt 3 und (4);
□ → Umformmaschine (7): kinematisches Verhalten beeinflußt 1 und 3;

□ Betrieb (8): Einrichtung, Organisation und Arbeitsablauf beeinflussen 1, 3 (4), (6).

Die Einteilung der Umformverfahren erfolgt in DIN 8582 unter dem Gesichtspunkt der wirksamen Spannungen in der Umformzone (Beanspruchung des Werkstückwerkstoffs) in die fünf Gruppen Druck-, Zug-Druck-, Zug-, Biege-, und Schub-U. Diese sind ihrerseits in DIN 8583 – DIN 8587 nach den Kriterien Relativbewegung Werkzeug-Werkstück, Werkzeuggeometrie und Werkstückgeometrie gegliedert (Bild 2), 18 Untergruppen mit insgesamt etwa 230 Grundverfahren. Häufig kommen in der industriellen Produktion Verfahrenskombinationen zum Einsatz: Zwei oder mehrere Grundverfahren werden gleichzeitig zu einem Arbeitsgang durchgeführt (Beispiel: →Karosserieziehen als Kombination von Tiefziehen, →Streckziehen und →Gesenkbiegen). In der Praxis der Umformtechnik hat sich daneben die Unterscheidung von Massivumformung und →Blechumformung eingeführt und bewährt, insbes. unter dem Gesichtspunkt der Werkzeug- und Maschinentechnik.

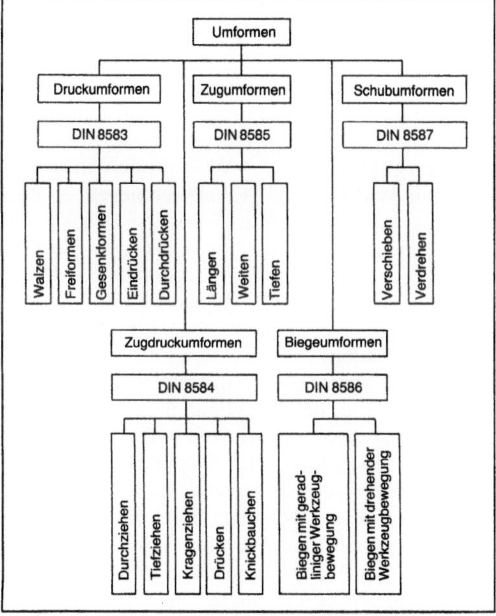


*Umformen 2: Einteilung der Fertigungsverfahren der Umformtechnik in Untergruppen. (Quelle: DIN 8582)*

Umformverfahren werden in der Halbzeugfertigung (erste Verarbeitungsstufe) und bei der Fertigung einzelner Werkstücke (zweite Verarbeitungsstufe) für die Erzeugung von Stückgut und Fließgut eingesetzt. Die erste Verarbeitungsstufe mit den Technologien →Walzen, Schmieden und →Strangpressen wird von allen metallischen Werkstoffen durchlaufen, die nicht unmittelbar durch →Gießen oder aus Metallpulver durch →Sintern in eine endgültige Form gebracht werden. In der zweiten Verarbeitungsstufe werden Konstruktionsteile für den Fahrzeug-, Maschinen-, Apparate- und Gerätebau, Handwerkzeuge und Instrumente, Befestigungselemente, Verpackungen, Beschläge für verschiedene Anwendungszwecke, Elemente für Hoch- und Tiefbautechnik, Eisenbahn- und Grubenausrüstungen usw. herstellt. Die Verfahren der Umformtechnik zielen auf die Produktion möglichst einbaufertiger Teile mit ausreichenden Maßtoleranzen für den Austauschbau oder von Teilen mit geringfügiger Fertigbearbeitung durch spanende und abtragende Verfahren. Je nach Grad der Annäherung an das einbaufertige Werkstück wird durch U. eine Wertsteigerung gegenüber dem Halbzeug bzw. Vormaterial um das 2- bis etwa 6fache, in Einzelfällen auch darüber bewirkt. Durch U. wird Werkstoff, zu dessen Erzeugung sehr viel Energie benötigt wird, in hohem Maße etwa gegenüber spanenden Verfahren, eingespart bei hohen Mengenleistungen mit kürzesten Stückzeiten. Die Werkstücke haben günstige mechanische Eigenschaften und sind auch dynamisch hoch beanspruchbar. Die Umformtechnik leistet insgesamt erhebliche Beiträge für den wirtschaftlichen Leichtbau. Sie spielt deshalb auch eine wichtige Rolle für die Luft- und Raumfahrttechnik.

Die Palette der verarbeiteten Werkstoffe wird von Anforderungen an die Verarbeitungs- und an die Gebrauchseigenschaften bestimmt. Sie reicht von Stahl (Kohlenstoffstahl, niedrig legierte Stähle, nichtrostende Stähle, warmfeste Stähle) über NE-Metalle auf Aluminium- und Kupferbasis zu Titanwerkstoffen, hochwarmfesten Werkstoffen auf Nickelbasis zu Wolfram, Molybdän, Zirconium und ihren Legierungen und anderen Metallen. Wesentliche Impulse zum Erweitern des Werkstoffspektrums kommen von der Luft- und Raumfahrttechnik sowie von der Reaktortechnik. Die verschiedenen Werkstoffe werden bei vom Werkstoff her erforderlichen oder von Anforderungen an die Werkstückgenauigkeit und Oberflächenqualität bestimmten Temperaturen umgeformt. Bei Stahlwerkstoffen unterscheidet man Kalt-U. (bei Raumtemperatur), Halbwarm-U. (zwischen 550 °C und 750 °C) und Warm-U. (oberhalb 900 °C).

Der Werkstoff spielt in der Umformtechnik eine dominierende Rolle: Der Umformvorgang und die Werkstoffeigenschaften beeinflussen sich gegenseitig. Die Prozeßbeherrschung erfordert deshalb breite und tiefe werkstoffkundliche Kenntnisse. Metallkunde und Metallphysik haben zwar wesentliche Beiträge zum Verständnis und zur quantitativen Voraussage einzelner Phänomene, z. B. der Kristallverformung und Verfestigung durch →Gleitung mit Versetzungsbewegungen und →Zwillingsbildung, zu dynamischer Rekristallisation und Erholung, zu Gefügeumwandlungen geliefert und leisten weiter die Vorgänge erklärende Beiträge. Die mathematische Beschreibung der Vorgänge mit Methoden der Plastizitätstheorie baut aber auf den beobachteten Erscheinungen auf und ist eine phänomenologische Theorie. Die den ersten großen Entwicklungsschub der Umformtechnik zwischen 1930 und 1960 begründende werkstoffmechanisch ausgerichtete elementare Plastizitätstheorie wurde ständig weiterentwickelt und stellt ein sehr nützliches Werkzeug für die theoretische Behandlung von Umformvorgängen, besonders für die Berechnung von Spannungen, Kräften und Arbeiten dar. Auf der anderen Seite hat die Plastizitätstheorie von *R. von Mises* aus der Einführung moderner Rechentechnik etwa ab 1960 ganz besonderen Nutzen gezogen. Leistungsfähige Rechner ermöglichen die Anwendung numerischer Näherungsverfahren für komplexe Differentialgleichungssysteme usw. und schufen damit die Voraussetzung zur breiten Anwendung z. B. von →Schrankenverfahren, →Fehlerabgleichverfahren, Finite-Differenzen-Methode und →Finite-Elemente-Methode. Während die elementare Theorie das U. ganzer Körper oder größerer Teile von diesen (Makroelemente) unter Annahme homogener Umformung betrachtet, erfaßt die v. Mises-Theorie die inkrementellen Formänderungs- und Spannungszustände in einem Körper oder in Mikroelementen davon. Darauf fußen Prozeßanalyse, -simulation und -auslegung (process design): Aus der Kenntnis des Formänderungs- und Spannungszustands, des Geschwindigkeits- und Temperaturfelds lassen sich Vorgänge am Bildschirm simulieren und nach verschiedenen Kriterien optimieren. Hieraus zieht auch die Werkstofftechnik wiederum großen Nutzen. Aus der Kenntnis lokaler Stoffanstrengung lassen sich u. a. Anforderungen an die Werkstoffentwicklung herleiten. Die Optimierung der tribologischen Randbedingungen eines Umformvorgangs muß ebenfalls in die Prozeßauslegung einbezogen werden. Die Reibungsverhältnisse an den Kontaktflächen Werkzeug-Werkstück (4 in Bild 1) beeinflussen einerseits intensiv den Werkstofffluß und damit den Formänderungs- und →Spannungszustand auch hinsichtlich Eigenspannungen, andererseits die Maßhaltigkeit der Werkzeuge und ihre Oberflächenmikrostruktur nachhaltig. Die komplexen Zusammenhänge für das Beispiel Napf-Rückwärts-Fließpressen in Bild 3 zeigen die große Bedeutung der Beherrschung des tribologischen Systems für Prozeßfähigkeit und -sicherheit umformtechnischer Verfahren.

Die Technologie der Umformtechnik umfaßt einen sehr weiten Bereich hinsichtlich Werkstückgröße, Formänderungs- und Beanspruchungszustand (Massiv-Blech-U.), Umformtemperatur, →Umformgeschwindigkeit, Oberflächenbehandlung und Schmierung, Prozeß-Flexibilität, Stück-

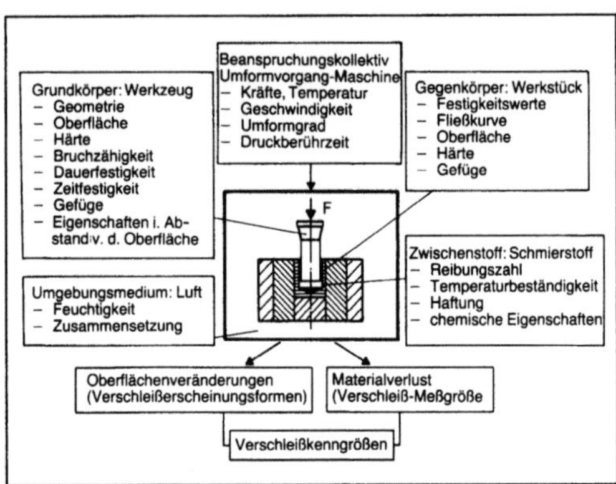



*Umformen 3: Einflußgrößen auf den Verschleiß beim Napf-Rückwärts-Fließpressen.*

zahl, Produkteigenschaften usw. Zahlreiche Verfahren nach DIN 8582 sind vorwiegend Massivumformverfahren (→Drückwalzen, →Eindrücken, →Fließpressen, →Gewindewalzen, Kaltprägen, →Profilziehen, Schmieden, →Stabziehen, →Stauchen, Strangpressen, →Verjüngen, Walzen) oder Blechumformverfahren (→Aufweit-Tiefziehen, →Drücken, Explosions-U., →Formziehen im Gesenk, Gesenkbiegen, →Gleitziehbiegen, Karosserieziehen, →Knickbauchen, →Kragenziehen, →Rollbiegen, →Schwenkbiegen, →Sicken, Streckziehen, →Tiefen, Tiefziehen, elektrohydraulisches und -magnetisches U., →Weiten mit Werkzeugen und mit Wirkmedien, →Walzziehbiegen, →Wellbiegen). Andere Verfahren können je nach Ausgangswerkstoff sowohl Massiv- als auch Blechumformung sein (→Biegen, →Biegerichten, →Durchsetzen, →Knickbiegen, →Längen, Rohr-Gleit- und Walzziehen, →Schränken, →Verdrehen, →Wickeln, →Winden).

Die Verfahren der Umformtechnik lassen sich nach dem Grad der Formbindung der Werkstücke an die Werkzeuge in solche mit vollständiger Formbindung und solche ohne Formbindung, d. h. mit kinematischer →Gestalterzeugung einteilen. Dazwischen gibt es Übergänge durch zahlreiche Verfahren mit mehr oder weniger teilweiser Formbindung. In der Massivumformung werden dazu die Verfahren des Freiformens und Gesenkformens voneinander unterschieden. Mit abnehmender Formbindung sinkt die →Arbeitsgenauigkeit und steigt die Flexibilität.

Je nach Verfahren und Grad der Formbindung erfordert das U. von außen aufzubringende Spannungen zwischen etwa 50 N/mm² (Warm-Freiformen von Stahl) und 2500 N/mm² (Kaltfließpressen von Stahl). Für das Blech-U. gelten niedrige mittlere Werte, da bei komplexen Formziehteilen (z. B. Karosserieteilen) Teilbereiche des Werkstücks kaum umgeformt, andere tiefgezogen, gestreckt oder gebogen werden. Da oft das gesamte Werkstück oder ein beträchtlicher Teil davon mit den genannten Spannungen beaufschlagt wird, ergeben sich große Kräfte. Diese müssen von den Werkzeugen (→Umformwerkzeug, Blechbearbeitung bzw. Massivumformung) aufgenommen und von den Umformmaschinen aufgebracht werden.

Werkzeuge und Maschinen sind dementsprechend ausgelegt und sind sehr kapitalintensiv. *Lange*

Literatur: *Beitz, W., u. K.-H. Küttner* (Hrsg.): *Dubbel.* Taschenb. für den Maschinenbau. 16. Aufl. Berlin, Heidelberg, New York, Tokio 1987. – *Lange, K.* (Hrsg.): Umformtechnik. Handb. f. Ind. u. Wiss. 2. Aufl. Bd. 1: Grundlagen. 1984. Bd. 2: Massivumformung. 1988. Bd. 3: Blechumformung. 1990. Bd. 4: Umformen unter besonderen Bedingungen, Prozeßsimulation, Werkzeugtechnologie, Produktion. Berlin, Heidelberg, New York, Tokio. – *Spur, G.* (Hrsg.), u. *Th. Stöferle:* Handb. Fertigungstechnik. Bd. 2/1 bis 2/3: Umformen (Zerteilen). München 1983/1985.

**Umformen, elektrohydraulisches.** Das e. U. gehört zur Hochgeschwindigkeits- bzw. →Hochleistungsumformung und ist ein Umformverfahren mit Wirkmedium mit energiegebundener Wirkung des Weitens und Tiefens nach DIN 8585.

Beim e. U. (auch Hydrospark-Verfahren genannt) wird durch das Entladen der Kondensatorbatterie einer Stoßstromanlage über eine Funkenstrecke eine Stoß- oder Schockwelle erzeugt, die die freigesetzte Energie durch das Medium transportiert und einen Teil davon an das Werkstück abgibt. Dabei gelten die gleichen Gesetzmäßigkeiten wie beim →Explosionsumformen. Allerdings sind die Anfangs-Schockwellengeschwindigkeiten niedriger, d. h. sie liegen nicht signifikant über der Schallgeschwindigkeit des Mediums.

Das e. U. erfordert außer üblichen Sicherheitsmaßnahmen bei Hochspannung von etwa 20 kV keine außergewöhnlichen Schutzmaßnahmen. Zum Erzeugen der freizusetzenden Energie ist eine Stoßstromanlage erforderlich, die im Prinzip in Bild 1 vorgestellt wird. Aus wirtschaftlichen Gründen werden für die elektrohydraulische und elektromagnetische Umformung Ladekapazitäten ≤ 150 kJ empfohlen. Ausgeführte Anlagen liegen, soweit bekannt, meist darunter. Mit Rücksicht darauf und auch wegen des nur einige Prozent betragenden Wirkungsgrads ist das umzuformende Werkstückspektrum der Abmessung und dem Werkstoff nach begrenzt: Rohr- bzw. Platinendurchmesser bei etwa 250 mm, Wanddicke bis 2 mm (bei weichem Werkstoff auch darüber), gut umformbare, leicht legierte und unlegierte Stähle, Kupfer und Aluminium und deren gut umformbare Legierungen. Typische Beispiele von Versuchsfertigungen zeigt Bild 2.

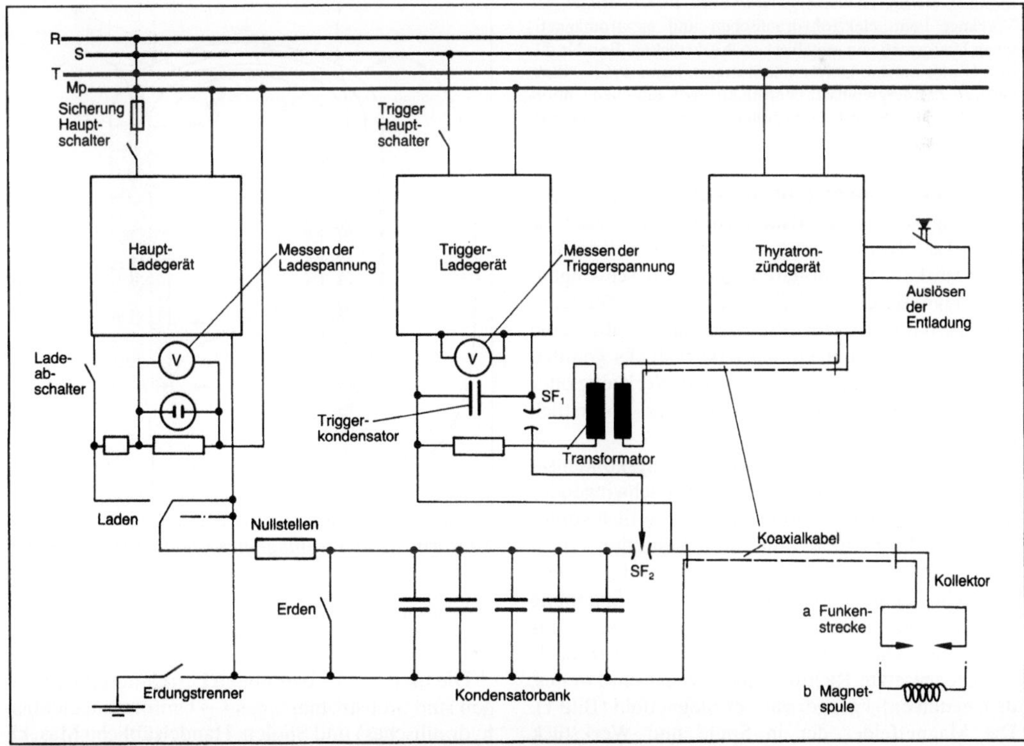


*Umformen, elektrohydraulisches 1: Schaltplan einer Stoßstromanlage.*

*Umformen, elektrohydraulisches 2: Arbeitsbeispiele.*

Trotz einiger technischer Vorteile in der →Kleinserienfertigung hat das e. U. keine nennenswerte Anwendung gefunden. Ursache hierfür ist die nicht gegebene Wirtschaftlichkeit, die schwierige Werkstoffffluß- und Werkzeugauslegung. *Lange*

Literatur: *Lange, K.:* Lehrb. Umformtechnik. Bd. 3: Blechumformung. Berlin, Heidelberg, New York 1975. – *Müller, H.:* Vorgänge beim elektrohydraulischen und elektromagnetischen Umformen von metallischen Werkstücken. Ber. Nr. 11. Inst. Umformtechn. Universität Stuttgart. Essen 1969. – *Wekkerle, H.-J.:* Energieumsatz beim elektrohydraulischen Umformen. Ber. Nr. 38. Inst. Umformtechn. Universität Stuttgart. Essen 1976.

**Umformen, elektromagnetisches.** Beim zur →Hochgeschwindigkeitsumformung zählenden e. U. wird die Kraftwirkung, der sog. Maxwell-Druck, eines starken, instationären, gedämpft schwingenden Magnetfelds, das bei der Entladung der Kondensatorbatterie einer Stoßstromanlage über eine Spule entsteht, zum U. eines Werkstücks genutzt, wobei zur genauen Formgebung ein Werkzeug oder z. B. bei Fügevorgängen ein anderes Werkstück dient.

Bei der Entladung des Hochspannungskondensators fließt in der Spule ein gedämpft schwingender Strom $I_1 = I_{10} \exp(-t/T)\sin\omega t$, der ein zeitlich veränderliches Magnetfeld mit der Induktion $B = B_o \exp(-t/T)\sin\omega t$ (z. B. $10^5$ Gauß) und dieses wiederum in einem leitenden Werkstück eine Spannung induziert, die einen azimutalen Wirbelstrom $I_2$ zur Folge hat. Dieser hat eine dem Spulenstrom $I_1$ entgegengesetzte Richtung und erzeugt ein zweites, dem ersten entgegengerichtetes Magnetfeld (Bild 1). Die Magnetfelder der in Spule und Werkstück fließenden Ströme überlagern sich, und es kommt im Innenraum zu einer Schwächung des Magnetfelds, zwischen Spule und Werkstück zu einer Verstärkung. Das senkrecht zum induzierten Wirbelstrom und zum Spulenstrom gerichtete Magnetfeld ruft eine radial nach innen gerichtete, auf jedes Volumenelement des Werkstücks wirkende Kraft und eine gleich große auf jedes Volumenelement der Spule radial nach außen wirkende Kraft hervor. Der somit auf das Werkstück einseitig wirkende magnetische Druck mit $p_M = B_o^2/2\,\mu \exp(-2t/T)\sin^2\omega t$ ($\mu$ Permeabilität, $\omega$ Kreisfrequenz) formt dieses um, wenn auf Grund des herrschenden Spannungszustands die Fließgrenze erreicht ist. Diese für eine Außen- oder Kompressionsspule beschriebene Darstellung des Vorgangs gilt sinngemäß auch für eine Innen- und Aufweitspule und für eine spiralförmig gewickelte Flachspule. Diese wird für →Tiefen mit Wirkenergie nach DIN 8585, Bl. 4, die Innenspule für →Weiten mit Wirkenergie nach DIN 8585, Bl. 3 und die Außenspule für →Zugdruckumformen (Engen durch Wirkenergie) verwendet. Der Wirkungsgrad beim e. U. ist niedrig. Zum Ausschöpfen des Verfahrenspotentials müssen deshalb elektrisch gut leitende Werkstoffe (Leitfähigkeit > 20 m/$\Omega$mm$^2$) mit niedriger →Fließspannung ($R_m \le 300$ N/mm$^2$) verwendet werden. Gut geeignet sind weiche Aluminiumwerkstoffe.

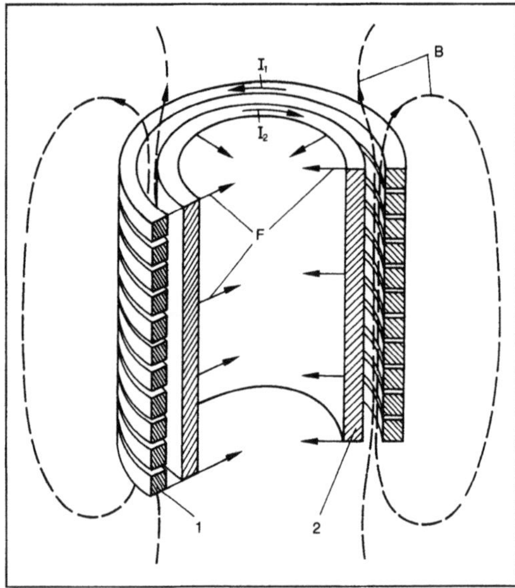


*Umformen, elektromagnetisches 1: Prinzipdarstellung.*

1 Arbeitsspule, 2 Werkstück, $I_1$ Spulenstrom, $I_2$ Strom im Werkstück, B magnetische Induktion, F Umformkraft

Die für das e. U. benötigten Fertigungseinrichtungen sind Stoßstromanlagen (→Umformen, elektrohydraulisches) und Spulen. Handelsübliche Maschinen werden z. B. in den USA mit Ladeenergien von

12–84 kJ bei 8 kV Ladespannung gebaut. Modulare Bauweise ermöglicht Ankoppeln von Kondensatorbatterie-Einheiten um je 12 kJ. Die Spulen müssen den hohen elektrischen, thermischen und mechanischen Beanspruchungen durch geeignete Werkstoffe wie Beryllium-Kupfer und Molybdän-Kupfer standhalten. Die mechanische Beanspruchung erfolgt durch die zur Umformrichtung entgegengesetzte Reaktionskraft und durch die zwischen zwei benachbarten Leitern auftretende Anziehungskraft. Kommerzielle Spulen werden auf eine Lebensdauer von $10^6$ Entladungen bei maximaler Energie ausgelegt. Sie sind wassergekühlt und stahlarmiert. Zum Verbessern der Kraftwirkung und zum mechanischen Entlasten der Spulen dienen Feldformer (Bild 2). Dies sind steif ausgelegte, axial geschlitzte Hohlzylinder mit großer Leitfähigkeit, die elektrisch als Sekundärwicklung mit einer Windung wirken.

Der Strom $I_2$ wird im Feldformer auf einen kleinen Bereich konzentriert und ruft ein verstärktes Magnetfeld hervor, das wiederum über die in der Werkstückoberfläche induzierte Spannung den Strom $I_3$ zur Folge hat. Außenspulen und auch Flachspulen lassen sich derart bauen, daß die Arbeitsspule bei integrierten Feldformern von mechanischen Beanspruchungen entlastet wird.

Die Anwendungsmöglichkeiten des Magnetumformens liegen vornehmlich beim →Fügen durch U., z. B. zum Verbinden zweier Werkstücke (Bild 3), zum Abdichten von Hohlkörpern (Bild 4), zum Verbinden von Kabeln. Die Magnetumformeinrichtungen lassen sich leicht in Montagelinien integrieren und im Rahmen der elektrischen und geometrischen Randbedingungen flexibel an wachsende Aufgaben anpassen. *Lange*

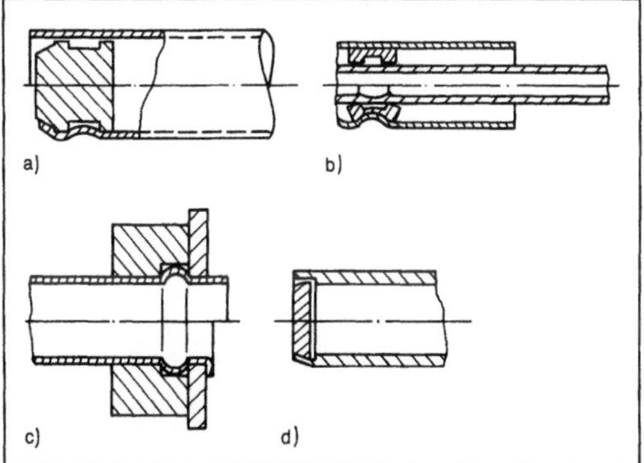

Umformen, elektromagnetisches 4: Fertigungsbeispiele: Abdichten von Rohrenden.
a) bis d) Fügen von dünnwandigen Rohrabschnitten mit steifem Formteil durch Aufweiten mit Innenspule oder Engen mit Außenspule. An Kanten und in Rillen wird hohe Flächenpressung erzielt

Literatur: *Dietz, H., K. G. Günther u. H. Schenk:* Über die Eindringtiefe des Magnetfeldes bei der elektromagnetischen Umformung. Ann. CIRP 21 (1972) Nr. 1, S. 41/42. – *Lange, K.:* Lehrbuch der Umformtechnik. Bd. 3: Blechumformung. Berlin, Heidelberg, New York 1975. – *Schmidt, V.:* Untersuchung der magnetischen Induktion, Stromdichte und Kraftwirkung bei der Magnetumformung. Ber. Nr. 35. Inst. Umformtechn. Universität Stuttgart. Essen 1976. – *Spur, G.* (Hrsg.), u. *Th. Stöferle:* Handb. Fertigungstechnik. Bd. 2/3: Umformen, Zerteilen. München 1985.

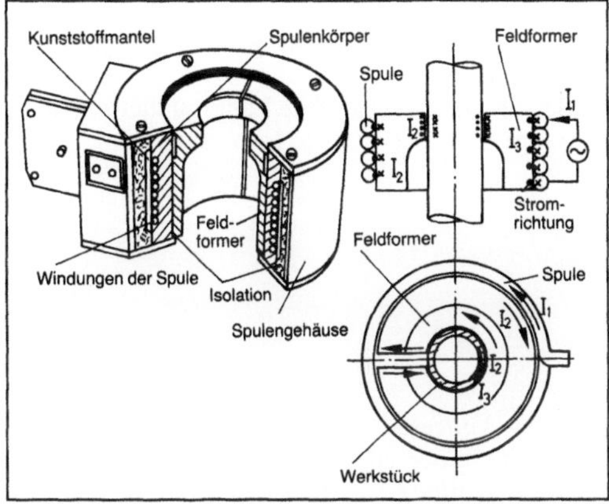

Umformen, elektromagnetisches 2: Aufbau und Wirkungsweise einer Außenspule.

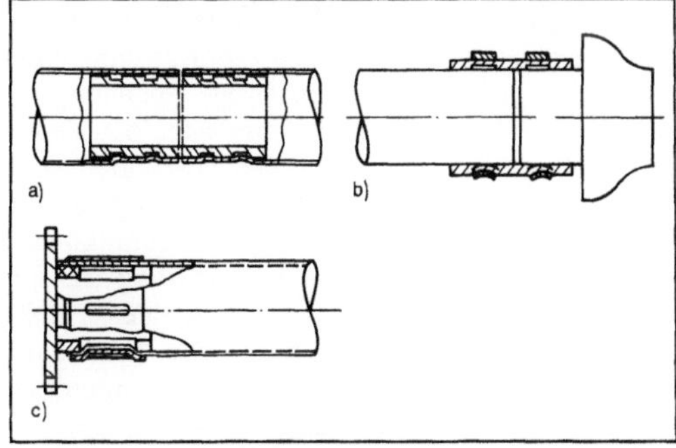

Umformen, elektromagnetisches 3: Fertigungsbeispiele: Verbinden von Werkstücken.
a) Gasdichte Verbindung zweier Rohre mit Einlage
b) Turbinenrad auf Schaft
c) Zahnrad mit Hohlwelle für hohes Drehmoment.

**Umformgeschwindigkeit.** Die U. ist die Ableitung des Umformgrads nach der Zeit bei homogener Umformung.

Für Stauch- und Walzvorgänge gilt beispielsweise

$$\dot{\varphi} = \frac{d\varphi}{dt} = \frac{v_w}{h},$$

wobei $v_w$ Werkgeschwindigkeit und h Augenblickshöhe des Werkstücks bedeuten. Da sich für die meisten Vorgänge nicht nur die Werkstückhöhe oder -dicke mit dem Weg bzw. der Zeit ändert, sondern auch die →Werkzeuggeschwindigkeit über den Vorgang auf Grund der Maschinenkinematik oder der Vorgangskinetik meistens nicht konstant ist, ändert sich die U. ggf. stark.

Das Bild zeigt hierzu ein Beispiel für das Flachwalzen. Da sich die →Fließspannung, die die →Umformkraft und die →Umformarbeit bei Umformvorgängen bestimmt, im Temperaturbereich von Erholung und Rekristallisation mit der U. ändert, müssen diese Zusammenhänge bei der Prozeßauslegung bzw. bei der Prozeßsteuerung berücksichtigt werden.

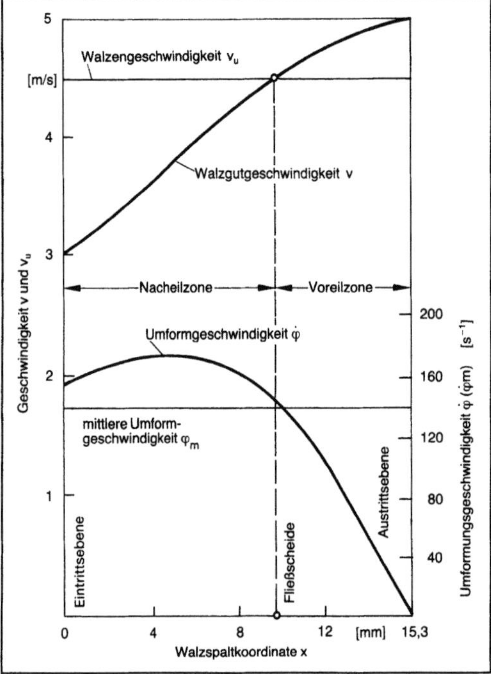


*Umformgeschwindigkeit: Walzgutgeschwindigkeit, Walzenumfanggeschwindigkeit beim Flachwalzen. (Quelle: Pawelski a. a. O.)*

$$\dot\varphi = \frac{1}{h} \cdot \frac{2x}{r} v \quad (h \text{ Momentandicke Walzgut, } r \text{ Walzenradius})$$

In der Praxis der Umformtechnik wird der Begriff U. auch dann benutzt, wenn keine homogene Umformung vorliegt. Man bezieht dann die U. auf die Abmessungsänderung eines Werkstücks. Die örtlich am Werkstückelement auftretende Formänderungsgeschwindigkeit mit den Komponenten Dehnungsgeschwindigkeit und Schiebungsgeschwindigkeit weicht dann, d. h. bei inhomogener Umformung, ggf. beträchtlich vom Zahlenwert der U. ab. Nur für homogene Umformung sind beide gleich. *Lange*

Literatur: *Lange, K.:* Umformtechnik. Handb. f. Ind. u. Wiss. Bd. 1: Grundlagen. 2. Aufl. Berlin, Heidelberg, New York, Tokio 1984. – *Pawelski, O.:* Grundlagen des Kaltwalzens von Band. In: Herstellg. v. Kaltgew. Bd. 1. Düsseldorf 1970.

**Umformgrad.** Als U. wird nach VDI 3137 die auf den Augenblickswert bezogene und über dem Umformvorgang aufsummierte Abmessungsände-

rung eines Werkstücks bezeichnet. Er gilt exakt nur für den Sonderfall der homogenen Umformung. Hierbei haben die Dehnungsgeschwindigkeiten für jeden Punkt des umgeformten Körpers die gleiche Größe, und die Schiebungsgeschwindigkeiten verschwinden. Für diesen Fall läßt sich der Verzerrungs- und →Spannungszustand in einem →Hauptachsensystem darstellen.

Bei der Definition der Dehnung (z. B. beim Zugversuch) können zwei Wege eingeschlagen werden. Man kann einmal die Längenänderung dl auf die Ausgangslänge $l_0$ des Zugstabs beziehen und erhält dann

$$d\varepsilon = \frac{dl}{l_0}$$

und hieraus, wenn die endgültige Länge $l_1$ beträgt,

$$\varepsilon = \int_{l_0}^{l_1} \frac{dl}{l_0} = \frac{l_1 - l_0}{l_0}.$$

Diese Dehnungsdefinition wird in der Festigkeitslehre benutzt.

Bezieht man dagegen die Längenänderung dl auf die augenblickliche Länge l, so erhält man

$$d\varphi = \frac{dl}{l}$$

und

$$\varphi = \int_{l_0}^{l_1} \frac{dl}{l_0} = \ln \frac{l_1}{l_0}.$$

Beim Auftreten von bleibenden Formänderungen verliert der spannungsfreie Ausgangszustand seine Bedeutung als Bezugszustand, den er bei Vorgängen mit nur elastischen Formänderungen besitzt. Der U. $\varphi$ ist dann unter der Voraussetzung, daß der →Formänderungszustand homogen ist, besser geeignet, bleibende Formänderungen zu beschreiben. Die Beziehungen zum Bestimmen der U. gelten nicht nur für einachsige Spannungszustände, sondern auch für Vorgänge, bei denen mehrachsige Spannungszustände vorhanden sind. Voraussetzung ist, der Formänderungszustand bleibt homogen, da der U. nur mit Einschränkungen ein Maß für die örtliche Formänderung ist. Für inhomogene Formänderungszustände ist es deshalb i. a. nicht sinnvoll, einen U. anzugeben. Er ist dann nur ein geometrischer Verhältniswert, der allerdings in der Umformtechnik häufig verwendet wird.

Zwischen dem U. $\varphi$ und der bezogenen Abmessungsänderung $\varepsilon$ besteht wegen

$$\varepsilon_1 = l_0 - l_1/l_0 = (l_1/l_0) - 1$$

der Zusammenhang

$$\varphi = l_n (1 + \varepsilon). \qquad \qquad Lange$$

Literatur: *Lange, K.* (Hrsg.): Umformtechnik. Handb. f. Ind. u. Wiss. Bd. 1. 2. Aufl. Berlin, Heidelberg, New York, Tokio 1984.

**Umformkraft.** Die U. ist die von einer →Umformmaschine von außen aufzubringende Kraft, die über den Umformweg die benötigte Energie überträgt und damit den Umformvorgang bewirkt. Sie ist eine wichtige Kenngröße zum Beschreiben der Eigenschaften von umformenden Werkzeugmaschinen.

Die U. wird entweder unmittelbar oder mittelbar als Zug- oder Druckkraft auf das umzuformende Werkstück übertragen. Die Umformung wird dann eingeleitet, wenn durch die unmittelbar aufgebrachte U. ggf. in Verbindung mit mittelbaren Reaktionskräften, z. B. in einer Ziehdüse, Strangpreßmatrize oder nach Krafteinleitung mit Vorzeichenwechsel über die Zarge eines Tiefziehteils in dessen Flansch, Spannungszustände hervorgerufen werden, die die →Fließbedingung erfüllen.

Bild 1 zeigt Beispiele von wichtigen Umformverfahren mit unmittelbarer und mittelbarer U.-Einwirkung. Zu den Verfahren mit unmittelbarer Krafteinwirkung gehören ferner das Prägen, Gesenkschmieden, →Drückwalzen, das →Eindrücken usw. Zu den Verfahren mit mittelbarer Krafteinleitung zählen auch das →Fließpressen, Stab- und Rohrziehen, das →Drücken u. a. Kennzeichnend für Umformvorgänge ist außer dem Maximalwert der U., der Größtkraft $F_{max}$, vor allem der Kraftverlauf über dem Umformweg. Bild 2 zeigt den grundsätzlichen Verlauf für Umformvorgänge mit unmittelbarer und mittelbarer Krafteinleitung. Die U. und der Kraft-Weg-Verlauf lassen sich bei Kenntnis der Gesetzmäßigkeiten der einzelnen Umformverfahren und des Werkstoffverhaltens im plastischen Zustand berechnen oder zumindest abschätzen. Die vom Vorgang her benötigte und von der Maschine aufzubringende U. läßt sich in die Anteile ideelle U.

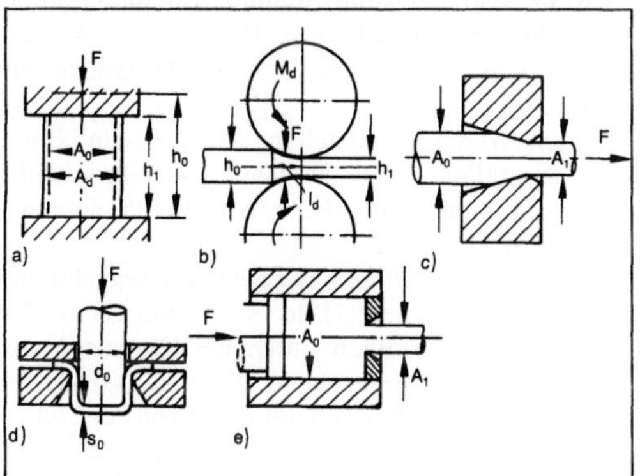

*Umformkraft 1: Beispiele von Umformverfahren.*
*a) und b) Mit unmittelbarer Einwirkung*
*c) bis e) Mit mittelbarer Einwirkung.*

$A_d$, $l_d$ gedrückte Fläche, Länge

(für reibungsfreie, homogene Umformung) und Zusatzkräfte für Reibung, Scherung (Schiebung) und ggf. Biegung zerlegen. *Lange*

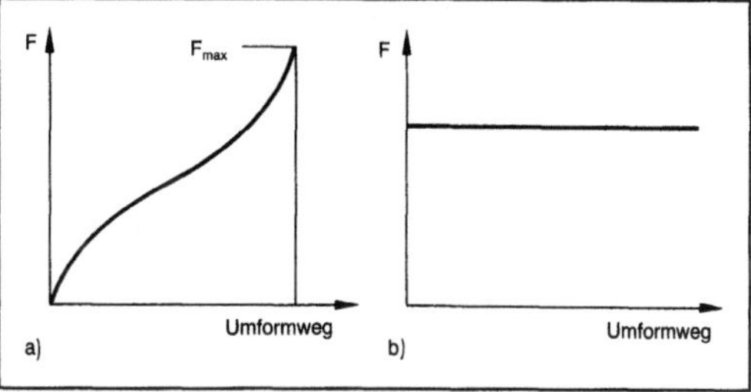

*Umformkraft 2: Kraft-Weg-Verläufe (Prinzip).*

*a) Mit unmittelbarer Einwirkung.* $F = Ak_w \approx A\,\dfrac{kf}{\eta_F}$

*b) Mit mittelbarer Einwirkung.* $F \approx Ak_{Wm}\,(\varphi_2 - \varphi_1)$.

**Umformmaschine.** Werkzeugmaschinen der Umformtechnik haben die Aufgabe, die Werkzeuge (Werkzeugteile) mit dem Werkstück zum Eingriff zu bringen, die für den Vorgang notwendigen Kräfte, Momente und Arbeitsbeträge zur Verfügung zu stellen und die gegenseitige Führung der Werkzeugteile zu übernehmen. Da die zu übertragenden Kräfte einerseits sehr hoch sind, andererseits die Anforderungen an die Werkstückgenauigkeit immer höher geschraubt werden, müssen die U. sowohl auf hohe mechanische Belastungen (schwellende Beanspruchung im Zeitfestigkeits- bzw. Dauerfestigkeitsbereich) als auch auf geringe elastische Verformung, d. h. auf hohe Steifigkeit ausgelegt sein. Hierin liegt ein grundsätzlicher Unterschied zur konstruktiven Auslegung spanender Werkzeugmaschinen.

Nach der Art der Relativbewegung der Werkzeuge bzw. Werkzeugteile lassen sich zwei Gruppen von U. unterscheiden (Bild 1):
□ U. mit geradliniger Relativbewegung der Werkzeuge (Bild 2),
□ U. mit nicht geradliniger Relativbewegung der Werkzeuge (Bild 3).

U., bei denen die Umformung nicht in mehrteiligen Werkzeugen erfolgt und die sich deshalb nicht unter dem Gesichtspunkt der Relativbewegung der Werkzeugteile zueinander einordnen lassen, sind in der Gruppe der Sondermaschinen zusammengefaßt. Hierzu gehören Maschinen für das Umformen mit Wirkmedien und Maschinen für das Umformen mit Wirkenergie.

Unter den U., die für die Fertigung von Stückgut eingesetzt werden, haben die Preßmaschinen die weitaus größte Bedeutung erlangt. Die folgenden Ausführungen beschränken sich deshalb auf Preßmaschinen.

*Kenngrößen von Preßmaschinen.* Kenngrößen beschreiben die Eigenschaften einer U. Im Ver-

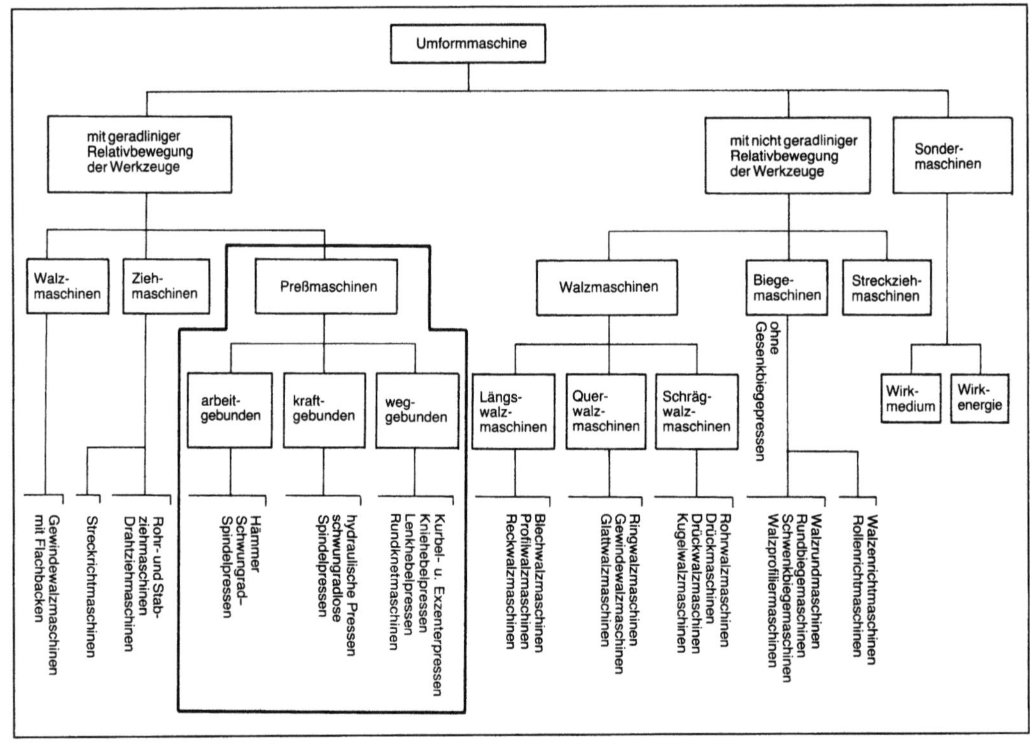


*Umformmaschine 1: Einteilung.*

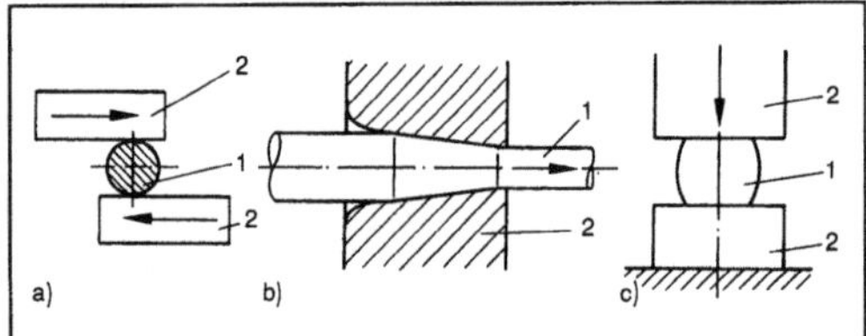


*Umformmaschine 2: Mit geradliniger Relativbewegung der Werkzeuge.*
*a) Walzmaschine*
*b) Ziehmaschine*
*c) Preßmaschine.*

1 Werkstück, 2 Werkzeug

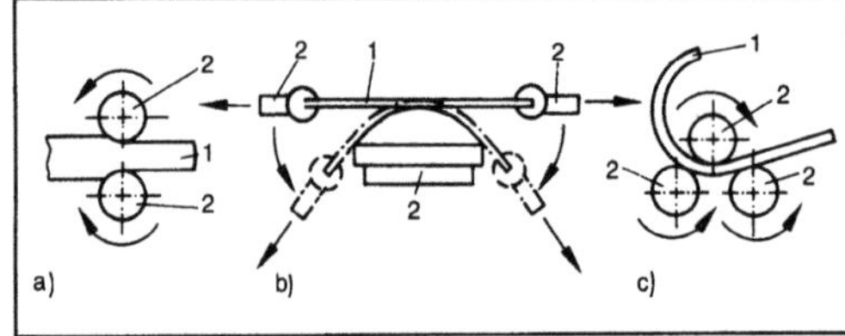


*Umformmaschine 3: Mit nicht geradliniger Relativbewegung der Werkzeuge.*
*a) Walzmaschine*
*b) Tangential-Streckziehmaschine*
*c) Biegemaschine.*

1 Werkstück, 2 Werkzeug

gleich mit den Anforderungen des Umformvorgangs ermöglichen sie, die für den jeweiligen Vorgang geeignete Maschine auszuwählen. Bei Preßmaschinen unterscheidet man drei Gruppen von Kenngrößen: Energie- und Kraftkenngrößen, Zeitkenngrößen und Genauigkeitskenngrößen (Tabelle).

Neben diesen Kenngrößen und ihren Zahlenwerten (Kennwerten) sind für den Einsatz von Preßmaschinen noch Maschinendaten für Hubweg des Stößels bzw. Bären, Abmessungen und Beschaffenheit des Werkzeugeinbauraums, Anschlußleistung, Raumbedarf, Gewicht von Bedeutung. Für eine Reihe von Preßmaschinen sind Baugrößen genormt.

Nach Art der Bereitstellung der Kraft- und Energiekenngrößen durch die Maschine unterscheidet man weg-, kraft- und arbeitgebundene Preßmaschinen (Bild 4).

*Weggebundene Preßmaschinen.* Bei weggebundenen Preßmaschinen (Bild 4a)) durchläuft der Maschinenstößel einen durch die Kinematik des Hauptgetriebes vorgegebenen Weg. Die Größe der vom Stößel ausübbaren Kraft $F_{St}$ ist von der Stößelstellung h abhängig. Maßgebende Kenngrößen sind daher der Verlauf der Stößelkraft in Abhängigkeit vom Stößelweg, $F_{St} = F_{St}(h)$, und deren zulässiger Größtwert, die →Nennkraft $F_N$, für die die im Kraftfluß liegenden Bauteile ausgelegt sind. Der Energiebedarf eines Arbeitsspiels wird fast aus-

*Umformmaschine. Tabelle: Kenngrößen von Preß-maschinen.*

| Kraft- und Energie-kenn-größen | $F_{St}$ | Stößelkraft, von Maschine zu jedem Zeitpunkt des Vorgangs zur Verfügung gestellte Kraft |
|---|---|---|
| | $F_N$ | Nennkraft, für Auslegung der Maschine maßgebende Kraft |
| | $F_{Prell}$ | Prellschlagkraft, Preßkraft bei größter Auftreffgeschwindigkeit ohne Abgabe von Nutzbarkeit |
| | $E_M$ | Arbeitsvermögen der Maschine |
| | $E_N$ | Nennarbeitsvermögen der Maschine, für ein Arbeitsspiel maximal zur Verfügung stehende Energiemenge |
| | $W_F$ | Federarbeit, in Maschine und Werkzeug beim Arbeitsvorgang gespeicherte potentielle Energie |
| Zeitkenn-größen | $t_H$ | Schlag-, Hubfolgezeit, Dauer eines Bär- bzw. Stößelhubs bis zur Bereitschaft der Maschine zum nächsten Hub |
| | $n_H$ | Schlagzahl, Hubzahl, Kehrwert der Hubfolgezeit, bei Pressen mit Kurbelgetrieben gleich Kurbelwellendrehzahl $n_K$ |
| | $v_{Wz}$ | Werkzeuggeschwindigkeit zu jedem Zeitpunkt des Vorgangs (i. a. gleich Stößelgeschwindigkeit $v_M$) |
| Genauig-keits-kenn-größen | un-belastete Maschine | Parallelität der Werkzeugaufspannflächen, Rechtwinkligkeit der Stößelbewegung zur Tischfläche |
| | belastete Maschine | c Federzahl, Verhältnis von Stößelkraft zu elastischer Verformung der Maschine (Weg-, Winkelfederzahl) β Kippwinkel, größter Winkel zwischen Tisch- und Stößelfläche bei außermittiger Belastung |

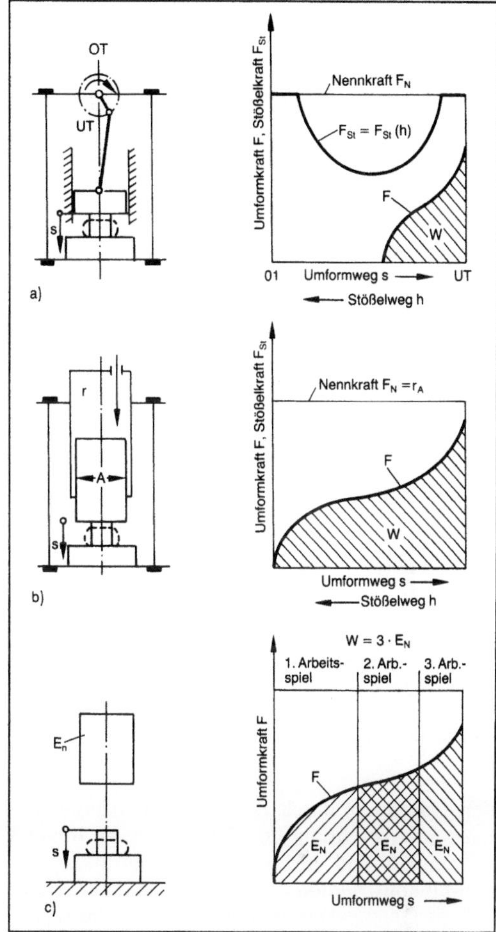


*Umformmaschine 4: Prinzipien von Preßmaschinen.*
*a) Weggebunden*
*b) Kraftgebunden*
*c) Arbeitsgebunden.*

schließlich durch Energieabgabe des Schwungrads gedeckt.

Bauarten. Nach Art und Aufbau des Hauptgetriebes werden Pressen mit Kurbel- und Kurvengetrieben unterschieden. Kurvengetriebe sind auf kleine $F_N$ beschränkt. Sie ermöglichen aber nahezu beliebige Bewegungsabläufe. Die Unterteilung der Pressen mit Kurbelgetriebe erfolgt in solche mit Ein- und

Mehrkurbelgetriebe. Am weitesten verbreitet sind Pressen mit Schubkurbelgetriebe, das sind Kurbelpressen (Gesamthub unveränderlich) und Exzenterpressen (Gesamthub veränderlich). Erweiterte Kurbelgetriebe werden eingesetzt, wenn bei kleinem Hub große $F_{St}$ gefordert sind (Kniehebelgetriebe) oder wenn im Arbeitsbereich verminderte Arbeitsgeschwindigkeit erwünscht ist (Lenkhebel- und Mehrkurbelgetriebe).

Baugruppen. Gestelle (Bild 5). C-Gestelle in Ein- und Doppelständerausführung, stehend, neigbar, liegend, teilweise mit Zugankern werden überwiegend für Pressen kleiner bis mittlerer Nennkraft verwendet. O-Gestelle werden in Zweiständer-, seltener in Säulenbauart ausgeführt. Für Pressen mittlerer Baugröße einteilige, bei Großpressen mehrteilige Zweiständergestelle: Tisch, Seitenstän-

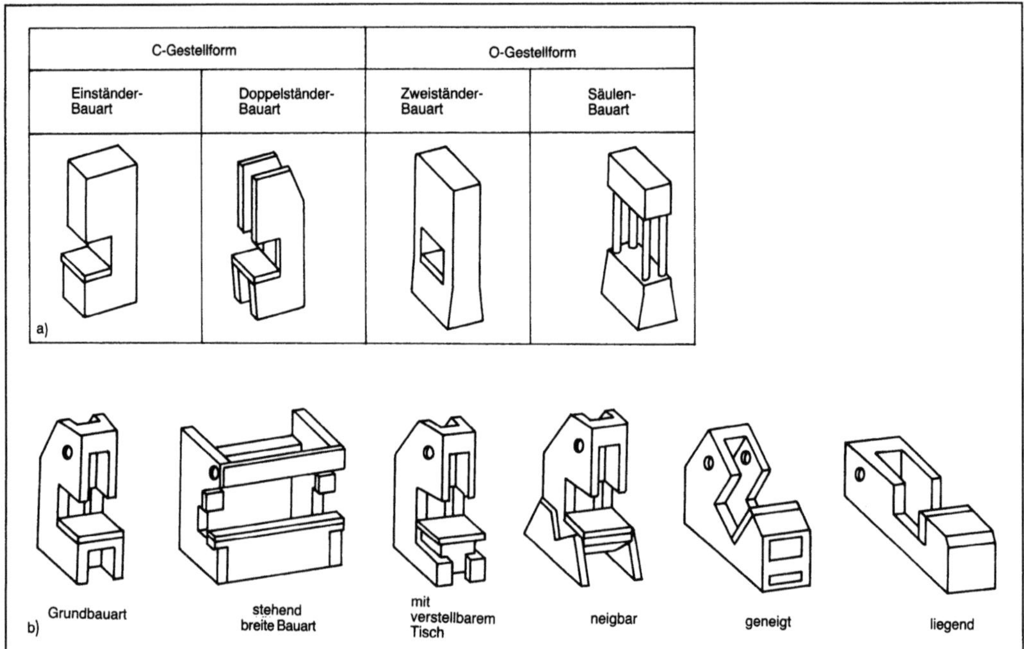



*Umformmaschine 5: Bauformen und -arten von Gestellen für weggebundene Pressen.*
*a) Grundformen*
*b) Bauarten von Doppelständergestellen.*

der, Querhaupt durch Zuganker miteinander verbunden. Ausführung der Gestelle in →Grauguß, →Stahlguß und heute vermehrt in Stahlblechschweißkonstruktion. Die Gestellbauart hat Einfluß auf das Genauigkeitsverhalten der Maschine.

Anwendung. Weggebundene Pressen stellen den Großteil der in der Stückgutfertigung eingesetzten U. mit einer Vielzahl von an die anwendungsseitigen Anforderungen angepaßten Bauformen.

In der →Massivumformung (Gesenkschmieden, →Fließpressen, Kaltstauchen, Prägen) wird die wegen →Arbeitsgenauigkeit geforderte hohe Steifigkeit durch Auslegen von Gestell- und Antrieb bei stehenden und liegenden Bauarten erreicht. C-Gestell-Pressen sind wegen der guten Zugänglichkeit des Arbeitsraums, der Möglichkeit zur Hub- und Drehzahlverstellung und zum Anbau von Werkstückhandhabungsgeräten als Universalpressen an verschiedene Aufgaben leicht anzupassen sowohl für Massiv- als auch →Blechumformung.

Pressen mit O-Gestellen in der Blechumformung werden bei großen Ständerweiten mit Mehrpunktantrieb des Stößels meist als Querwellenantrieb eingeführt. Für das →Tiefziehen mit Blechhalter werden Pressen entweder mit Blechhalterstößel ausgestattet oder erhalten meist pneumatisch beaufschlagte Ziehapparate (z. B. bei Transferpressen).

*Kraftgebundene Preßmaschinen.* Kraftgebundene Preßmaschinen (Bild 4b)) sind hydraulische und pneumatische Pressen: Von Bedeutung sind hauptsächlich hydraulische Pressen. Sie arbeiten nach dem hydrostatischen Prinzip. Hohe Druckenergie des Druckmediums (Öl, Wasser) wird in Zylindern in mechanische Arbeit umgesetzt. Druck p und Förderstrom $\dot{V}$ sind maßgebliche Kenngrößen des hydraulischen Antriebs.

Die Stößelkraft $F_{St}$ wird durch Druck p sowie Kolbenfläche A festgelegt: $F_{St} = pA$. Damit ist sie unabhängig von der Stößelstellung. Der Größtwert von $F_{St}$, Nennkraft $F_N$, kann nicht überschritten werden. $F_N$ ist die wichtigste Kraftkenngröße. Das Arbeitsvermögen spielt bei unmittelbarem Pumpenantrieb eine untergeordnete Rolle, da die für den Vorgang benötigte Energie vom Antriebsmotor in erforderlicher Höhe bereitgestellt wird. Bei Speicherantrieb ist Arbeitsvermögen $E_M$ durch die Größe des Speichers gegeben und deshalb eine weitere wichtige Kenngröße.

Bauarten. Nach Art des Antriebs werden unterschieden:

□ Hydraulische Pressen mit Förderstromquelle (unmittelbarer Pumpenantrieb); (Bild 6a)). Merkmale: Pumpe und Antriebsmotor sind auf größten momentanen Leistungsbedarf der →Presse ausgelegt. Öl als Druckmedium. Die Stößelgeschwindigkeit ist über Verstellen der Fördermenge der Hochdruckpumpe meist stufenlos einstellbar.

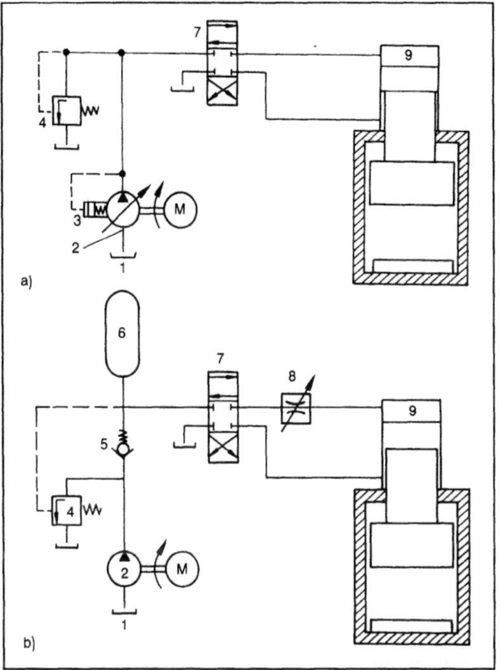

*Umformmaschine 6: Grundschema des hydraulischen Kreislaufs einer Presse.*
*a) Mit Förderstromquelle (unmittelbarer Pumpenantrieb)*
*b) Mit Druckquelle (Speicherantrieb).*

1 Behälter, 2 Pumpe mit Motor, 3 Regler, 4 Druckbegrenzungsventil, 5 Rückschlagventil, 6 Hydrospeicher, 7 4/3-Wegeventil, 8 Drosselventil, 9 Hydrozylinder der Presse

□ **Hydraulische Pressen mit Druckquelle (Speicherantrieb); (Bild 6b)).** Sie sind gekennzeichnet durch auf mittlere Leistung ausgelegte Pumpen und Antriebsmotoren mit Öl oder Wasser als Druckmedium.

Anwendung, Ausführungsbeispiele. Wegen guter Steuerbarkeit von Stößelkraft und -geschwindigkeit wird der hydraulische Antrieb bei Maschinen zum Massiv- und Blechumformen oft eingesetzt. Dabei ist unmittelbarer Pumpenantrieb im Vordringen. Hydraulische Pressen für Serienfertigung von Blechteilen (durch Genauschneiden, →Ziehen, →Gesenkbiegen) und zum Kaltmassivumformen (Fließpressen, Einsenken, Prägen) werden fast ausschließlich in dieser Antriebsart verwendet. Schmiedepressen (Freiformschmieden, Gesenkschmieden von Leichtmetallen) mit Nennkräften bis ca. 30 MN und Stößelgeschwindigkeiten unterhalb 80 mm/s sind ebenfalls mit direktem Pumpenantrieb ausgestattet. Bei höheren Nennkräften und großen Stößelgeschwindigkeiten bis ca. 250 mm/s wird Speicherantrieb bevorzugt. Freiformschmiedepressen haben vielfach Säulengestelle, die den Zugang zum Arbeitsraum erleichtern. Besondere Vorteile in dieser Hinsicht sind bei Unterflurantrieb gegeben. Größte bisher ausgeführte hydraulische Gesenkschmiedepressen haben $F_N$ von 300 MN (Bundesrepublik Deutschland), 450 MN (USA), 750 MN (ehemalige UdSSR). Strangpressen werden fast ausschließlich in liegender Bauart mit Vier-Säulen-Gestellen ausgeführt.

*Arbeitgebundene Preßmaschinen.* Arbeitsgebundene Preßmaschinen sind Hämmer und Schwungradspindelpressen. Maßgebende Kenngröße ist Arbeitsvermögen E, das bei jedem Arbeitsspiel vollständig umgesetzt wird. Bei Spindelpressen sind außerdem Nennkraft $F_N$ und zulässige Prellschlagkraft $F_{Prell}$ von Bedeutung.

*Hämmer:* Sie sind die billigsten U. zum Erzeugen großer Kräfte und Übertrager hoher Arbeitsvermögen. Ihr konstruktiver Aufbau ist einfach. Sie sind nicht überlastbar, da Hammergestell und -antrieb beim Arbeitsvorgang nicht im Kraftfluß liegen.

Der Umformvorgang im Hammer folgt den Stoßgesetzen. Das Arbeitsvermögen E wird in Nutzarbeit $W_N$ und Verlustarbeiten $W_V$ (Bärrücksprung- und Schabotteverlustarbeiten) umgesetzt. Kennwert der Energieumsetzung ist der Schlagwirkungsgrad $\eta_s = W_N/E$. Für Schabottehammer gilt theoretisch:

$$\eta_s = (1-k^2)/(1+m_B/m_S);$$

k Stoßzahl: beim →Stauchen $0,1 \leq k \leq 0,3$; beim Gesenkschmieden $0,6 \leq k \leq 0,8$. Verhältnis Schabottemasse $m_S$/Bärmasse $m_B$ hat Einfluß auf Fundamentbelastung und Rücksprungbeschleunigung der Schabotte (Springen des Schmiedestücks). Mindestwerte: $m_S/m_B = 10$–20 bei feststehender Schabotte; bei bewegter Schabotte $m_S/m_B = 3$–5. Richtwert für Fundamentmasse $m_F/m_B \approx 80$ (nach DIN 4025).

Bauarten. Man unterscheidet Schabottehämmer, unterteilt in Fall- und Oberdruckhämmer sowie Gegenschlaghämmer (Bild 7). Schabottehämmer

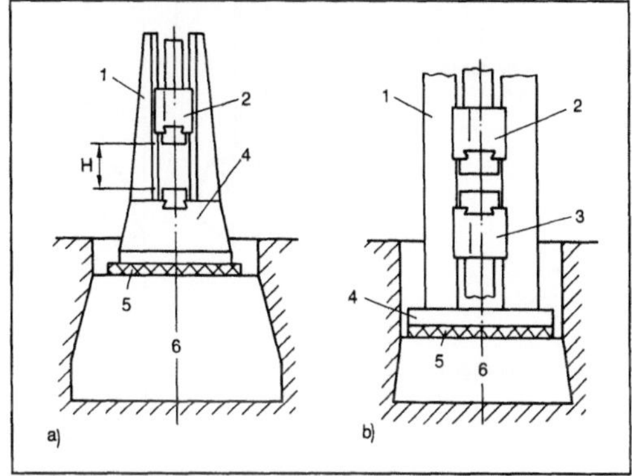


*Umformmaschine 7: Hammerprinzipien.*
*a) Schabottehammer*
*b) Gegenschlaghammer.*

1 Gestell, 2 (Ober-)Bär, 3 Unterbär, 4 Schabotte bzw. Grundplatte, 5 Zwischenlage, 6 Fundament

haben feststehende Schabotte, Gegenschlaghämmer zwei gegeneinander bewegte Bären.

*Fallhämmer:* Der Hub wird auf H = 1–1,6 m begrenzt, um Schlagzahlen $n_H$ = 50–60 min⁻¹ zu erreichen. Die Bärauftreffgeschwindigkeit liegt zwischen 4,5 m/s und 6,5 m/s. Die Entwicklung ist von Riemen- und Brettfallhämmern zu hydraulischen und pneumatischen Fallhämmern gegangen mit Vorteil des geringeren Verschleißes der Huborgane sowie der einfacheren Steuerung und Energiedosierung.

*Oberdruckhämmer:* Diese haben neben dem Bär zusätzlichen Energiespeicher in Form von Druckluft, Dampf (6–7 bar) oder Hydrauliköl (20–200 bar). Oberdruckhämmer lassen bei gleichen Bärauftreffgeschwindigkeiten wie Fallhämmer kürzeren Hub von H = 0,4–0,7 m zu. Damit sind wesentlich höhere Schlagzahlen möglich. Schnellaufende Oberdruckhämmer kleiner Baugröße mit $E_N$ = 1,6–7 kJ erreichen $n_H$ zwischen 200 min⁻¹ und 400 min⁻¹. Neben Hämmern mit Energiezufuhr aus Betriebsdruckmittelnetz gibt es auch Lufthämmer mit individueller →Drucklufterzeugung besonders zum Stab- und Formteilschmieden. Baugrößen bis $E_N$ = 50 kJ bei $n_H$ zwischen 80 min⁻¹ und 250 min⁻¹ (Bild 8).

*Gegenschlaghämmer:* Sie weisen bei gleichem Arbeitsvermögen nur etwa ⅓ der Baumasse von Oberdruckhämmern auf. Entsprechend kleinere Fundamente sind möglich. Senkrechte und waagrechte Ausführungen sind üblich. Der Antrieb erfolgt wie bei Oberdruckhämmern. Beide Bären sind in ihrer Bewegung mechanisch (Band) oder hydraulisch gekuppelt; Schlagzahlen, abhängig von Antriebsart, 30–120 min⁻¹ (Bild 9).

Anwendung, Ausführungsbeispiele. Hauptanwendungsbereiche sind Freiform- und Gesenkschmieden; in Sonderfällen Prägen, Warmfließpressen und Blechumformen.

Freiformschmiedehämmer haben kaum noch Bedeutung, abgesehen von kleinen Einständerbauarten für die Vorformung beim Gesenkschmieden. Bei Stahl-Gesenkschmiedestücken sind Hämmer im Bereich 0,2–60 kg Stückgewicht durch Gesenkschmiedekurbelpressen in großem Umfang ersetzt. Bei Stückgewichten darüber stehen sie im Wettbewerb mit Großspindelpressen. Insgesamt sind Hämmer für viele Bereiche der Gesenkschmiedetechnik nicht zu ersetzen.

*Spindelpressen:* Spindeln sind mit form- oder kraftschlüssig verbundenem Schwungrad motorisch angetrieben. Die Drehbewegung wird über ein steilgängiges Dreifach- oder Vierfachgewinde (Steigungswinkel 12°–17°) in geradlinige Stößelbewegung umgesetzt. Beim schlagartigen Auftreffen auf das Werkstück wird die kinetische Energie von Schwungrad, Spindel und Stößel vollständig in Nutz- und Verlustarbeit (Längs- und Torsionsfederverluste in Spindel und Gestell sowie Reibungsverluste an Führung und Spindel) umgewandelt.

Die Energieumsetzung ist durch den Schlagwirkungsgrad $\eta_s$ gekennzeichnet. Bestimmende Kenngröße ist das Arbeitsvermögen.

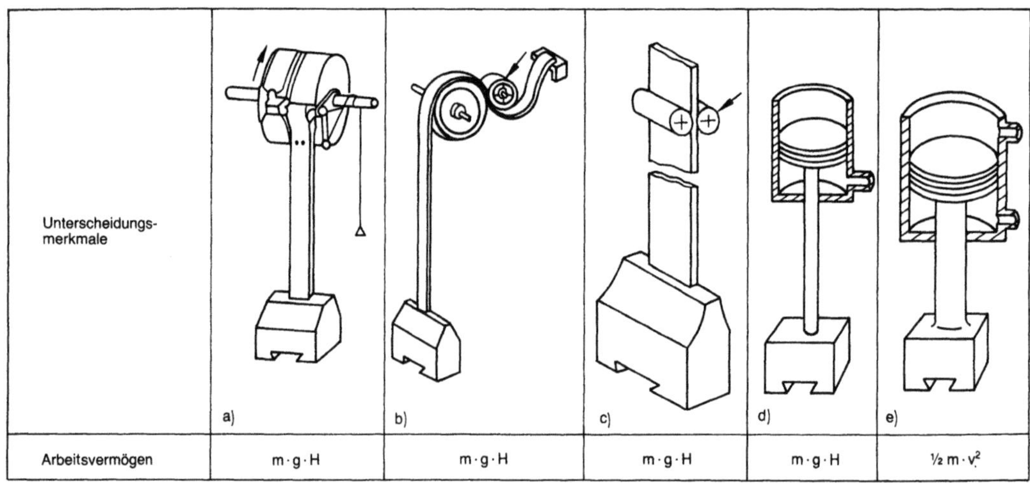


*Umformmaschine 8: Bauarten von Schabotte-Gesenkschmiedehämmern.*
*a) Riemenfallhammer mit Winkelantrieb*
*b) Riemenfallhammer mit Schlupfantrieb*
*c) Brettfallhammer (Schlupfantrieb)*
*d) Fallhammer mit Kolbenstange (Aufzughammer)*
*e) Oberdruckhammer.*

Druckmittel bei d) und e) Dampf, Luft, Öl

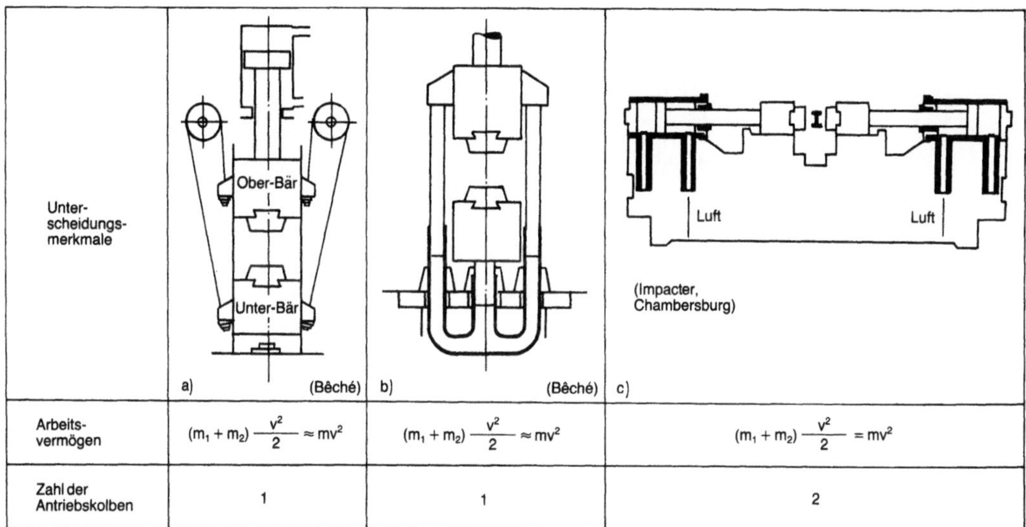



| Unterscheidungsmerkmale | Ober-Bär / Unter-Bär a) (Bêché) | b) (Bêché) | (Impacter, Chambersburg) c) |
|---|---|---|---|
| Arbeitsvermögen | $(m_1 + m_2)\dfrac{v^2}{2} \approx mv^2$ | $(m_1 + m_2)\dfrac{v^2}{2} \approx mv^2$ | $(m_1 + m_2)\dfrac{v^2}{2} = mv^2$ |
| Zahl der Antriebskolben | 1 | 1 | 2 |

*Umformmaschine 9: Bauarten von Gegenschlaghämmern.*
*a) Mit mechanischer Kupplung*
*b) Mit hydraulischer Kupplung*
*c) Waagerechte Bauart mit hydraulischer Kupplung.*

$m_1$, $m_2$ Massen der Bären, v Auftreffgeschwindigkeit

Bauarten, Ausführungsbeispiele. Unterteilung der (Schwungrad-)Spindelpressen nach Art der Spindelbewegung in solche mit längsbeweglicher und solche mit ortsfester Spindel ist üblich. Traditionelle Antriebsform bei längsbeweglicher Spindel ist der Reibscheibenantrieb. Ausführung mit zwei und drei Reibscheiben. Die Vincentpresse hat Reibscheibenantrieb mit zwei kegelförmigen Seitenscheiben bei ortsfester Spindel. Bei ortsfester Spindel findet sich heute meist der Antrieb mit Reversiermotor über Reibrollen bzw. Ritzel/Zahnkranz oder durch unmittelbare Anordnung des Motors auf der Gewindespindel, seit 1987 mit Frequenzregelung. Daneben erfolgt der Antrieb von Spindel bzw. Schwungrad durch Hydrozylinder oder (bei Großpressen) durch mehrere am Schwungradumfang angeordnete Hydromotoren (Bild 10). Seit 1980 werden auch Kupplungsspindelpressen mit konstanter Drehrichtung und Stößelrückzug durch Hydrozylinder für das Gesenkschmieden mit Erfolg eingesetzt.

Anwendung. Spindelpressen finden außer im Schmiedebetrieb auch beim Kaltmassivumformen (Besteckfertigung, Münz- und Maßprägen, Kalibrieren) und Blechumformen (Herstellen flacher Ziehteile aus dicken Blechen) Anwendung.

Arbeitssicherheit. Das Arbeiten mit Pressen macht Schutzmaßnahmen erforderlich. Diese haben Eingreifen in Gefahrenbereich des bewegten Stößels bzw. Werkzeugs zu verhindern (Nachgreifsicherheit) und ungewollten Stößelhub auszuschließen (Durchlauf-, Nachschlagsicherheit) sowie Lärmemissionen zu beschränken.

*Automatisierung.* Automatische Fertigungssysteme im Bereich der Umformtechnik haben mit starrer Automatisierung bzw. Verkettung eine lange Tradition seit 1900 für die starre Großserienfertigung.

Der Einsatz der NC-Technik ab etwa 1980 führt zur flexiblen Automatisierung und Verkettung mit Steigerung der Produktivität besonders für kleine und mittlere Stückzahlen.                    *Lange*

Literatur: *Beitz, W.,* u. *K.-H. Küttner* (Hrsg.): *Dubbel.* Taschenb. für den Maschinenbau. 16. Aufl. Berlin, Heidelberg, New York, Tokio 1987. – *Lange, K.* (Hrsg.): Umformtechnik. Handb. f. Ind. u. Wiss. Bd. 1/3. 2. Aufl. Berlin, Heidelberg, New York, Tokio 1984/1990. – *Spur, G.* (Hrsg.), u. *Th. Stöferle:* Handb. Fertigungstechnik. Bd. 2/1 bis 2/3: Umformen, Zerteilen. München 1983/1985.

**Umformung, homogene.** Die Änderung der äußeren Abmessungen eines Werkstücks während der U. läßt meist nur qualitative Rückschlüsse auf die Vorgänge im Innern zu, da die Formänderungen innerhalb des Werkstücks sehr unterschiedlich sein können. Man kann sich jedoch Umformvorgänge vorstellen und sie auch zumindest näherungsweise verwirklichen, bei denen an jedem Punkt des Werkstücks die gleichen Formänderungen eintreten, bei denen also der Umformvorgang homogen abläuft.

Es ist leicht einzusehen, daß sich nur derartige homogene Umformvorgänge zur experimentellen Bestimmung von Werkstoffeigenschaften verwenden lassen. Bei den Versuchen werden die Änderungen der äußeren Abmessungen eines Probekör-

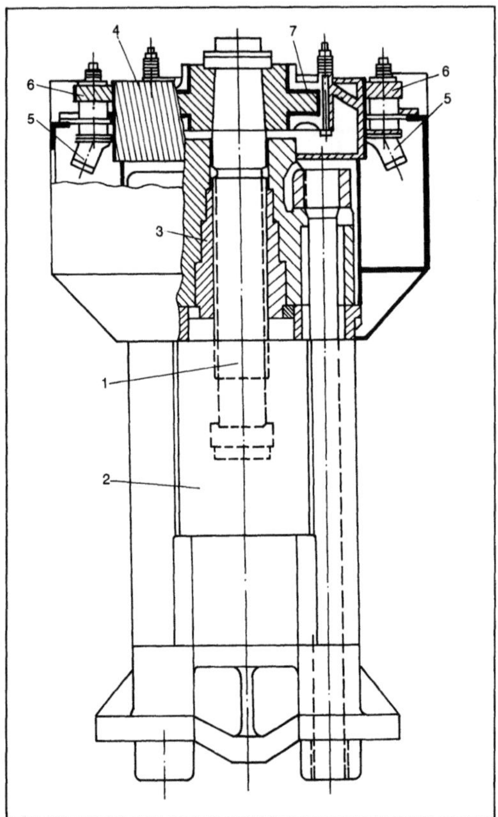

*Umformmaschine 10: Durch Hydromotoren angetriebene Großspindelpresse. (Quelle: SMS-Hasenclever)*

1 Spindel, 2 Stößel, 3 Spindelmutter, 4 Schwungrad mit Verzahnung, 5 Axialkolbenmotoren, 6 Motorritzel, 7 Rutschkupplung

pers infolge der angelegten Kräfte gemessen. Sie erlauben nur dann Rückschlüsse auf den die Werkstoffbeanspruchung kennzeichnenden Zusammenhang zwischen Spannungen und Formänderungen, wenn die beobachteten Änderungen der äußeren Abmessungen kennzeichnend für die Vorgänge an jedem beliebigen Werkstoffelement sind.

Der Zugversuch erfüllt diese Bedingung in guter Näherung, solange keine Einschnürung stattfindet. Ein weiterer homogener Umformvorgang ist das reibungsfreie →Stauchen zwischen parallelen Stauchbahnen. Dieser Umformvorgang ist zwar schwierig zu verwirklichen. Er besitzt aber für theoretische Betrachtungen eine gewisse Bedeutung.

Wird ein Stauchkörper mit rechteckigem Querschnitt (Bild) zwischen parallelen Bahnen reibungsfrei gestaucht, so läßt sich nachweisen, daß die Geschwindigkeiten, mit denen sich die Werkstoffelemente bewegen, linear von den Ortskoordinaten abhängen. Sie sind durch Beziehungen

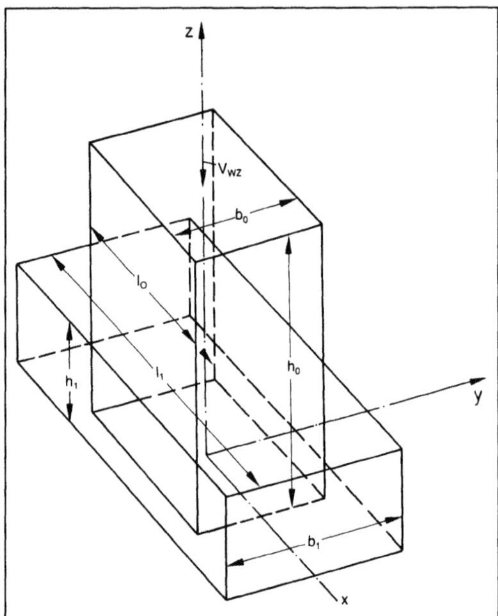

*Umformung, homogene: Umformung eines Quaders.*

$v_{wz}$ Geschwindigkeit der bewegten oberen Stauchbahn

$$v_x = \frac{vw_z}{2h}\,x, \qquad v_y = \frac{vw_z}{2h}\,y, \qquad v_z = -\frac{vw_z}{h}\,z$$

gegeben. Hieraus berechnen sich die Dehnungsgeschwindigkeiten

$$\dot{\varepsilon}_x = \frac{vw_z}{2h} = \varphi_l, \qquad \dot{\varepsilon}_y = \frac{vw_z}{2h} = \varphi_b,$$

$$\dot{\varepsilon}_z = -\frac{vw_z}{h} = \varphi_h.$$

Das damit beschriebene Geschwindigkeitsfeld erfüllt die Bedingung der Volumenkonstanz. Die Schiebungsgeschwindigkeiten $\gamma_{xy}$, $\gamma_{xz}$ und $\gamma_{yz}$ ergeben sich zu null. Damit sind die x-, y- und z-Richtung für jedes Teil des Stauchkörpers Hauptrichtungen (→Hauptachsensystem), und die Dehnungsgeschwindigkeiten haben für jeden Punkt die gleiche Größe. In der Umformtechnik werden die Hauptdehnungsgeschwindigkeiten als Umformgeschwindigkeiten $\dot{\varphi}$ bezeichnet. Sie sind für jedes Element durch die Größen $v_{wz}$ und h bestimmt.

Damit können auch die Dehnungen, die jedes Element im Zeitintervall $t_1 - t_0$ erfährt, durch diese Größen beschrieben werden. Zum Beispiel ergibt sich für die Dehnung in z-Richtung

$$\varphi_h = \int\limits_{l_0}^{l_1} \dot{\varphi}_h \, dl = \int\limits_{l_0}^{l_1} -\frac{vw_z}{h} \, dt.$$

Bezeichnet man die Höhe des Stauchkörpers zur Zeit $t_0$ mit $h_0$ und zur Zeit $t_1$ mit $h_1$, so gilt mit

$$dh = -vw_z dt \text{ und } \varphi_h = \int_{h_0}^{h_1} \frac{dh}{h} = \ln h_1 - \ln h_0 = \ln \frac{h_1}{h_0}.$$

Entsprechend erhält man für die Dehnungen in x- und y-Richtung:

$$\varphi_l = \ln \frac{l_1}{l_0}, \qquad \varphi_b = \ln \frac{b_1}{b_0}.$$

Die Größe $\varphi$ wird →Umformgrad genannt.

In der elementaren →Plastizitätstheorie wird die schiebungsfreie h. U. als ideelle U. (bzw. Formänderung) bezeichnet. Sowohl äußere Reibung als auch →Schiebung infolge von Werkstofffluß-Umlenkungen (z. B. bei Durchdrück- oder Durchziehverfahren) werden bei der Berechnung der ideellen →Umformarbeit und →Umformkraft nicht berücksichtigt. Da sie bei realen Umformvorgängen stets vorhanden sind, müssen sie über Zusatzglieder für Arbeiten und Kräfte berücksichtigt werden. Eine h. U. läßt sich bei Durchzieh- und Durchdrückverfahren wegen der zweimaligen Richtungsänderung am Düsenein- und -austritt nicht erreichen. Lediglich das reibungsfreie Stauchen ermöglicht neben dem kleine Formänderungen erlaubenden Zugversuch (Begrenzung durch →Gleichmaßdehnung) eine sehr gute Annäherung an die h. U. bei größeren Umformgraden. Damit ist eine wichtige Voraussetzung für die Untersuchung der Änderung von Werkstoffeigenschaften durch Umformen unter definierten Beanspruchungen gegeben. *Lange*

Literatur: *Lange, K.* (Hrsg.): Umformtechnik. Handb. f. Ind. u. Wiss. Bd. 1. 2. Aufl. Berlin, Heidelberg, New York, Tokio 1984. – *Pöhlandt, K.:* Vergleichende Betrachtung metallischer Werkstoffe. Ber. Nr. 80. Inst. Umformtechn. Universität Stuttgart. Berlin, Heidelberg, New York, Tokio 1984. – *Pöhlandt, K.:* Werkstoffprüfung für die Umformtechnik. In: *Ilschner, B.* (Hrsg.): Werkstoff-Forschung und Technik. Berlin, Heidelberg, New York 1986.

## Umformwerkzeug (Blechbearbeitung).

U. für die Blechbearbeitung lassen sich nach verschiedenen Gesichtspunkten einteilen. Grundsätzlich bieten sich die Möglichkeiten, nach Blechdicke, Umformverfahren, Bauart, Größe und Güte (Ausführungsqualität) zu unterscheiden.

Nach der Blechdicke lassen sich Werkzeuge für die Feinblech- (Blechdicke $s < 3$ mm), Mittelblech- oder Dickblechumformung (Blechdicke $s > 4,75$ mm) einteilen.

Bezüglich der Verfahren kann man die Werkzeuge nach dem vorwiegend stattfindenden Umformvorgang benennen. Somit kann in Werkzeuge

für das Biegen (Bild 1), →Tiefziehen (Bild 2), →Streckziehen (Bild 2), →Karosserieziehen, Sonderziehen, Prägen, Fügen und Schneiden gegliedert werden. Zusätzlich läßt sich entsprechend der Untergliederung der einzelnen Verfahren eine Feingliederung der Werkzeuge vornehmen, welche z. B. für das Biegen Gesenkbiegewerkzeuge (U-, V- oder Hutprofile), Rollbiegewerkzeuge, Falzwerkzeuge und einfache Freiform- oder Schwenkbiegewerkzeuge sein können.

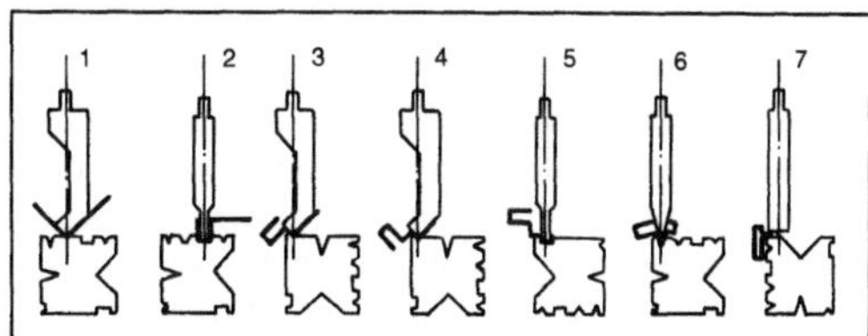


*Umformwerkzeug (Blechbearbeitung) 1: Gesenkbiegewerkzeuge, Stufen usw. für ein geschlossenes Profil.*

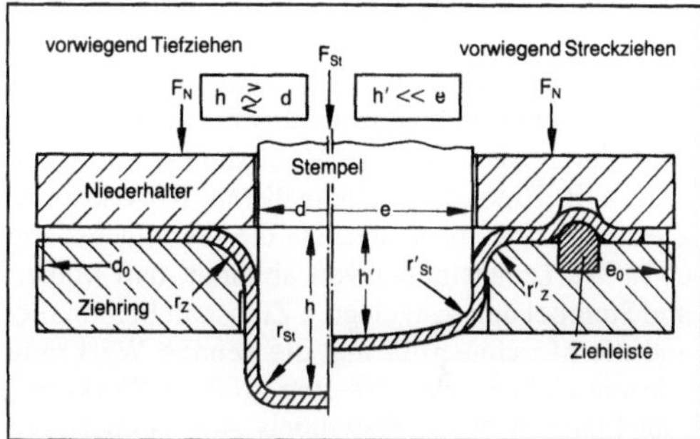


*Umformwerkzeug (Blechbearbeitung) 2: Tiefziehen, Streckziehen.*

Zieht man die Werkzeugbauart als ordnendes Merkmal heran, so kann eingeteilt werden in Werkzeuge ohne Führung, bestehend aus den Grundbaugruppen (Bild 2), die direkt in der →Umformmaschine befestigt sind, in geführte Werkzeuge (Unterteil-Führung, Plattenführung, Säulenführung, Kugelführung, Stollenführung, Sonderführung), in Auswechselgestellwerkzeuge (in Eingriff stehende Werkzeugbauteile können gewechselt werden), in Folge- bzw. Mehrstufenwerkzeuge (Bild 3); (mehrere Blechbearbeitungsstufen werden nacheinander z. B. vom Streifen im selben Werkzeuggestell vorgenommen) sowie in Verbundwerkzeuge (mehrere Umform- und Schneidvorgänge in einem Werkzeug) und Kombinationen aus den beiden zuletzt genannten Werkzeugarten, den sog. Folgeverbundwerkzeugen. Schließlich kann man noch in Sonderwerkzeuge, wie z. B. Werkzeuge für Großteilstufenpressen, Werkzeuge mit Wirkmedien oder mit nachgiebigem Gegenwerkzeug, unterscheiden.

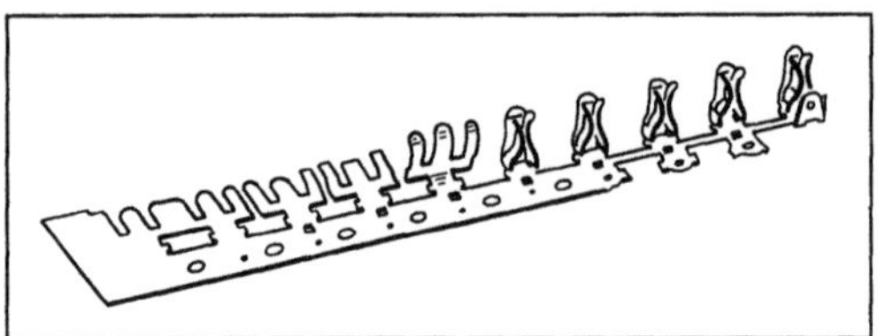

*Umformwerkzeug (Blechbearbeitung) 3: Folgestreifen bei der Fertigung eines Steckerteils. (Quelle: Stöferle, Spur a. a. O.)*

Nach der Größe des Werkzeugs kann in Klein-, Mittel- und Großwerkzeuge eingeteilt werden. Bei Arbeitsflächen von mehr als einem Quadratmeter spricht man von Großwerkzeugen. Kleinwerkzeuge wären solche mit Arbeitsflächen kleiner als $10^3$–$10^4$ mm². Dazwischen können die Mittelwerkzeuge angeordnet werden.

Werkzeuge für die Blechbearbeitung durch →Ziehen sind meist zwei- oder auch mehrteilig (Bild 4). Die Begrenzungslinien der einerseits vertieften und andererseits erhabenen Arbeitsflächen sind bis auf die Stellen ungleichmäßiger Stoffbewegung weitgehend von der Blechdicke abhängige Äquidistanten. Ungleichmäßiger Stoffbewegung wird durch verschiedene Maßnahmen am Werkzeug, z. B. Einbau von Ziehwülsten, Korrektur des Ziehspalts usw., begegnet. Da die Gebrauchsdauer eines Werkzeugs mit davon abhängt, daß Matrize und Stempel den festgelegten Ziehspalt beibehalten und die Maschinenführung die genaue Werkzeugführung nicht ersetzt, erhalten größere Werkzeuge zum Fixieren des Ziehstempels zum Niederhalter und des Niederhalters zur Matrize vorzugsweise eine auch Seitenkräfte aufnehmende, starre Stellen-

oder Plattenführung mit GG-, gehärteten Stahl-, Bronze- oder Kunststoff-Platten. Wird das Werkzeug zum Ziehen und Schneiden benutzt, sind die schneidenden Werkzeugteile zusätzlich durch eine Säulenführung fixiert, d. h. Stollen übernehmen die Vorzentrierung und Säulen die Genauführung. Vor der Fertigstellung des Werkzeugs eingepaßt, dienen die Führungselemente gleichzeitig zum exakten Tuschieren der Arbeitsflächen von Stempel, Matrize sowie Niederhalter.

Im Vergleich zu anderen Verfahren ist die Werkzeugbelastung niedrig, da die Niederhalterpressung nur 0,5–10 N/mm² und die Normalspannung im Bereich der Ziehringrundung ca. 5–250 N/mm² je nach Werkstoff des Ziehteils betragen. Dementsprechend finden bei Ziehwerkzeugen i. a. Werkstoffe mit geringerer Festigkeit, z. B. Grau- oder →Stahlguß, unlegierte oder niedrig legierte Werkzeugstähle, Verwendung. Dem →Verschleiß besonders unterworfen sind Ziehleisten, Ziehringrundung, Niederhalterflächen und ggf. erhabene Formpartien in der Matrize (am Ziehstempel weniger, da sich das Blech an ihn anlegt), d. h. alle die Werkzeugpartien, an denen entlang beim Ziehen eine Werkstoffbewegung erfolgt. Dies muß bei den Anforderungen an die Werkzeugbaustoffe ebenso berücksichtigt werden wie Verwendungszweck oder Losgröße der Ziehteile. Infolge der vorwiegend schwellenden Belastung des Werkzeugs sind Matrize und Niederhalter durch entsprechende Bauweise (ausreichend bemessene Wanddicken und Abstützung durch starke Verrippung) mit einem hohen Maß an Steifigkeit und damit Sicherheit gegen Dauerbrauch auszustatten.

Die Einteilung der Werkzeuge nach der Ausführungsqualität in Güteklassen entsprechend der Richtlinie VDI 3344 soll am Beispiel von Karosserieziehwerkzeugen erfolgen: Die Güteklasse I enthält demnach Werkzeuge für eine maximale Tagesstückzahl von 50 bei einer Gesamtstückzahl von ca. 10 000. Dies sind Werkzeuge einfachster Ausführung mit ungeführten Grundbauarten und erfordern hohe Rüst- und Stückzeiten. In der Güteklasse II befinden sich Werkzeuge für eine Tagesstückzahl zwischen 50 und 150 bei einer Gesamtstückzahl von ca. 100 000. In einer einfachen Ausführung enthalten diese Werkzeuge Führungen durch Platten oder Säulen. Die Güteklasse III umschreibt Werkzeuge für Tagesstückzahlen von 150–750 bei Gesamtstückzahlen von ca. 500 000. Die Ausführung der Werkzeuge kann als hochwertig bezeichnet werden mit entsprechenden Säulenbohrungen sowie mit teilweise automatisierten Vorgängen bzw. integrierten Arbeitsfunktionen.

In der Güteklasse IV befinden sich Werkzeuge in der höchsten Ausführungsqualität, wie z. B. Folgeverbundwerkzeuge, Schieberwerkzeuge (Bild 5; integrierte Wirkfunktionen auch außerhalb der Stö-

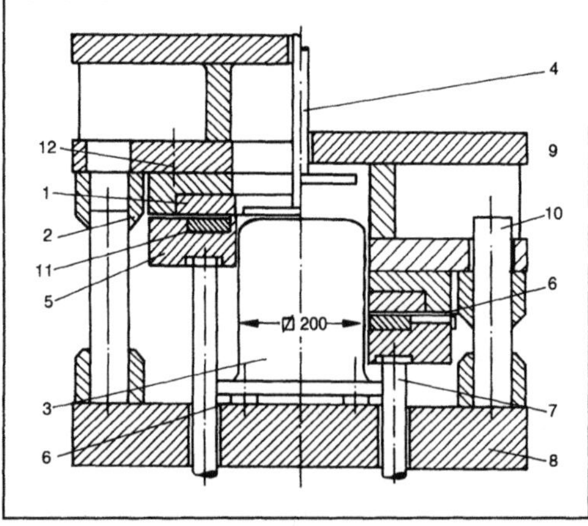


*Umformwerkzeug (Blechbearbeitung) 4: Versuchs-Tiefziehwerkzeug.*

1 Ziehring, 2 Werkstück, 3 Ziehstempel, 4 Abstreifer/Auswerfer, 5 Niederhalter, 6 Kraftmeßkörper, 7 Ziehkissenpinolen, 8 Grundplatte, 9 Oberteil, 10 Säulenführung, 11 Ziehleistenaufnahme, 12 Ziehringaufnahme

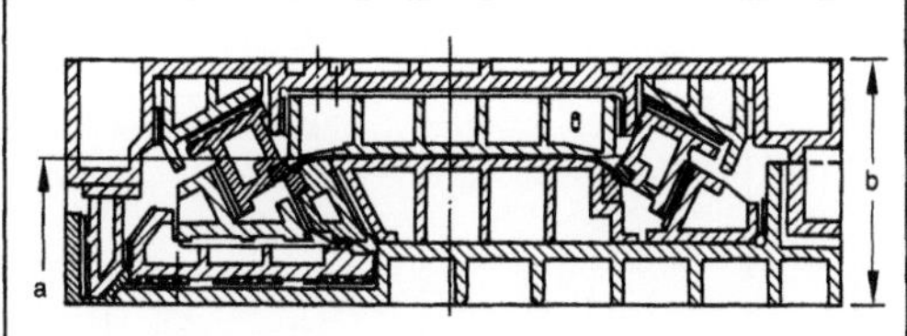

*Umformwerkzeug (Blechbearbeitung) 5: Schnitt durch ein Schieberwerkzeug für die Fertigung eines Dachblechs.*

a Einlegehöhe, b geschlossene Bauhöhe

ßelbewegungsrichtung), Werkzeuge für Großteil-stufenpressen.

Diese Werkzeuge besitzen optimale Führungselemente, verfügen über eine Zentralschmierung, sind vollständig automatisiert und steuerungstechnisch gegen Beschädigung oder Unregelmäßigkeiten abgesichert, wobei Sensoren als Überwachungselemente dienen. Die Verschleißteile sind darüber hinaus austauschbar. *Lange*

Literatur: *Hilbert, H. L.:* Stanzereitechnik. 6. Aufl. München 1972. – *Lange, K.* (Hrsg.): Umformtechnik. Handb. f. Ind. u. Wiss. Bd. 3: Blechbearbeitung. 2. Aufl. Berlin, Heidelberg, New York 1990. – *Oehler, G.,* u. *E. Kaiser:* Schnitt-, Stand- und Ziehwerkzeuge. 6. Aufl. Berlin, Heidelberg, New York 1973. – *Spur, G.* (Hrsg.), u. *Th. Stöferle:* Handb. Fertigungstechnik. Bd. 2/3: Umformen, Zerteilen. München 1985.

**Umformwerkzeug (Massivumformung).** Werkzeuge für die →Massivumformung sind meistens maß- oder formgebende Hohlformwerkzeuge, die die Abmessungen und die Form des herzustellenden Werkstücks ganz oder teilweise als Gegenform enthalten (analoger Formspeicher). Das Werkzeug als formgebendes, abbildendes Element entscheidet über die Eigenschaften und Güte des herzustellenden Werkstücks. Erfolg und Wirtschaftlichkeit der Verfahren hängen ganz oder entscheidend von der richtigen konstruktiven Gestaltung der Werkzeuge, der Auswahl geeigneter Werkzeugwerkstoffe und den Verfahren der Werkzeugherstellung ab. Für die Herstellung von Werkzeugen muß die Genauigkeit und Sorgfalt der Einzelfertigung angewendet werden, während die mit den Werkzeugen ausgeübten Verfahren der Massivumformung ausgesprochen mengenorientiert sind.

Die Einteilung der Werkzeuge kann nach verschiedenen Gesichtspunkten erfolgen: nach der bauartlichen Ausführung in Einstufen- oder Mehrstufenwerkzeuge, in vollständige Werkzeugsätze oder Werkzeuge mit Grundgestellen und auswechselbaren Aktiv(Verschleiß)elementen. Für Mehrstufenwerkzeuge gelten grundsätzlich dieselben Gesichtspunkte. Zusätzlich treten jedoch konstruktive Fragen auf, die sich auf den Einbauraum und die Werkstückhandhabung beziehen.

Eine weitere Einteilung ergibt sich bez. der konstruktiven Ausführung, z. B. nach der (oder die) Ebene(n) der Werkzeugteilung oder nach der Werkzeugführung (z. B. Säulenführung) oder nach dem Einsatz verschiedener Werkzeugwerkstoffe.

Des weiteren erscheint eine Einteilung nach der Umformtemperatur ebenso sinnvoll: Werkzeuge für die Kaltmassivumformung bei Raumtemperatur (Kaltfließpressen, Prägen, Kaltabgraten), für die →Halbwarmumformung (bis 900 °C) und für die Warmmassivumformung (z. B. Gesenkschmieden). Die unterschiedlichen Umformtemperaturen bedingen durch den Einsatz in verschiedenen Umformmaschinen auch die Möglichkeit, die Werkzeuge nach Art der Beanspruchung einzuteilen. Dazu zählen →Umformkraft und -leistung, Temperaturbeanspruchung, Drücke im Werkzeug, schwellende Belastungen oder die Berücksichtigung des umzuformenden Werkstückwerkstoffs.

Die sinnvollste Einteilung der Werkzeuge erfolgt nach den umformenden Fertigungsverfahren (DIN 8583), da sich die Verfahren der Massivumformung erheblich in ihren Merkmalen unterscheiden:

*Werkzeuge für das Gesenkschmieden.* Bild 1 zeigt die unterschiedlichen Ausführungen von Schmiedegesenken. Das eigentliche formgebende Element ist die Gravur im Gesenkblock, die als Voll- oder Einsatzgesenk ausgeführt sein kann. Schmiedegesenke unterliegen hohen, kombinierten thermischen und mechanischen Beanspruchungen, wobei die Umformenergie und die Druckberührzeit zwischen Werkstück und Werkzeug eine entscheidende Rolle spielen. Die Gesenke sind daher den in Bild 2 gezeigten, lokal sehr unterschiedlichen Beanspruchungen unterworfen.

Bei der Gesenkherstellung müssen Abmessungen hergestellt werden, die eins bis drei ISO-Qualitäten genauer sind als die betreffenden Werkstückmaße. Als Werkzeugwerkstoffe werden legierte Warmarbeitsstähle eingesetzt, die entsprechend wärme- und oberflächenbehandelt sind.

*Werkzeuge für Durchziehwerkzeuge.* Beim Stabund →Drahtziehen hängt die Wirtschaftlichkeit, auch der Fertigungserfolg von der Werkzeuggestalt, dem Werkstoff und dem Verschleißverhalten ab. In der Praxis hat sich die kegelige Ziehholform durchgesetzt, weil dadurch die Schmierung begünstigt wird. Ziehringe können für das Stab-, Rohrgleitund →Profilziehen aus Stahlwerkstoffen in einteiliger oder mehrteiliger Bauart hergestellt werden. Für das →Ziehen von Drähten werden Ziehsteine aus →Hartmetall eingesetzt, für Feinstdrähte Ziehsteine mit Diamant-Einsatz.

*Werkzeuge für das Kalt- und Halbwarmfließpressen.* Beim Kalt- und Halbwarm-Fließpressen treten Belastungen bis über 2 500 N/mm² in den Werkzeugen auf. Der Ablauf der Serienfertigung erfordert eine optimale Gestaltung und Fertigung der Werk-

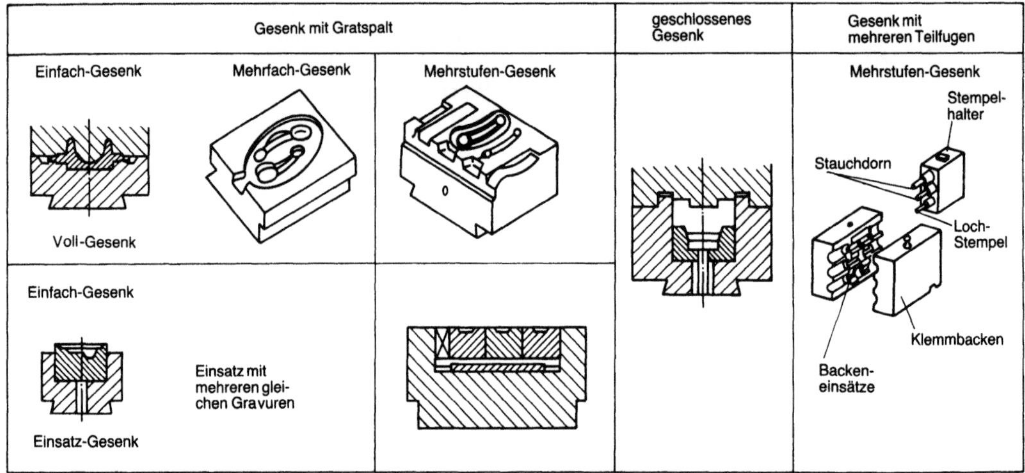

*Umformwerkzeug (Massivumformung) 1: Werkzeuge zum Gesenkschmieden.*

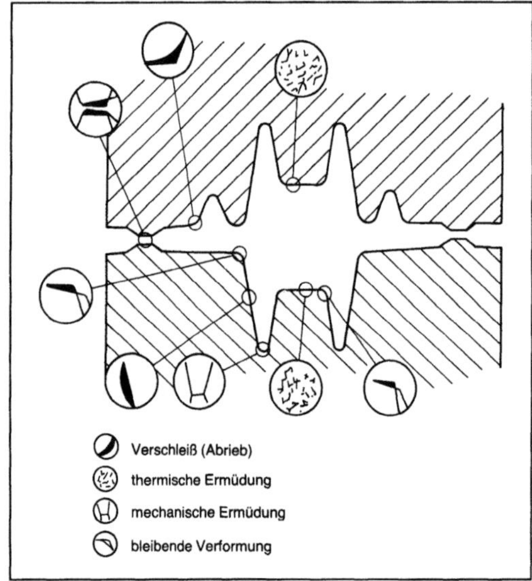



*Umformwerkzeug (Massivumformung) 2: Beanspruchungen an einem Gesenk.*

zeuge sowie die Vorspannung der Matrizen. Bild 3 zeigt den grundsätzlichen Aufbau eines einstufigen Werkzeugs zum Voll-Vorwärts-Fließpressen. (Weitere Werkzeuge sind unter →Fließpressen abgebildet.)

Die Druckplatten verteilen den Druck auf die Grundplatten und stützen Stempel und Matrize ab. Für den Stempel wird eine hohe Druckfestigkeit bei hoher Knicksteifigkeit und Verschleißbeständigkeit gefordert. Beim Hohlfließpressen treten an Dornen Zugspannungen auf. Preßverbände für Matrizen können ein- oder mehrfach armiert und mit zylindrischen oder kegeligen Fugen ausgeführt sein. Matrizen (Preßbüchsen) werden ungeteilt oder quergeteilt hergestellt, um Spannungsspitzen beim

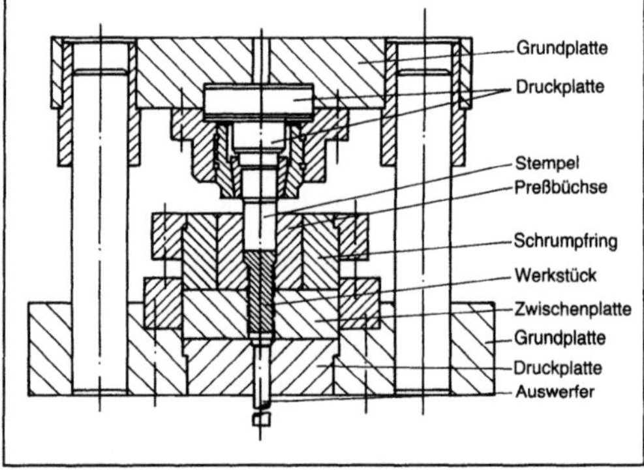



*Umformwerkzeug (Massivumformung) 3: Werkzeug zum Voll-Vorwärts-Fließpressen.*

Fließpressen aufnehmen zu können (Bild 4). Bild 5 zeigt verschiedene Stempelformen zum Fließpressen.

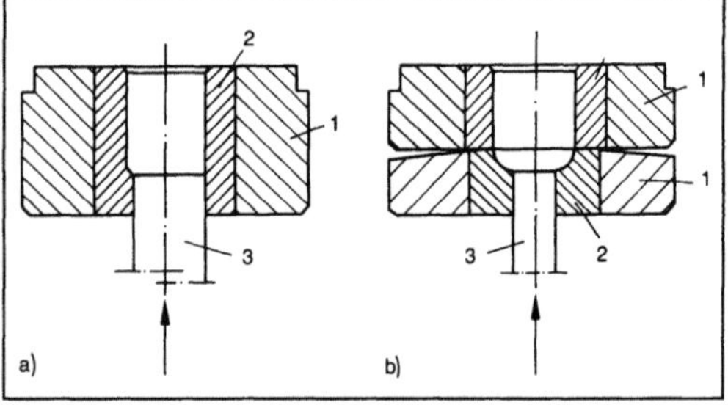

*Umformwerkzeug (Massivumformung) 4: Gestaltung von Preßbüchsen für das Napf-Rückwärts-Fließpressen.*
*a) Ungeteilt*
*b) Quergeteilt.*

1 Schrumpfring, Armierungsring, 2 Preßbüchse (Matrize), 3 Auswerfer

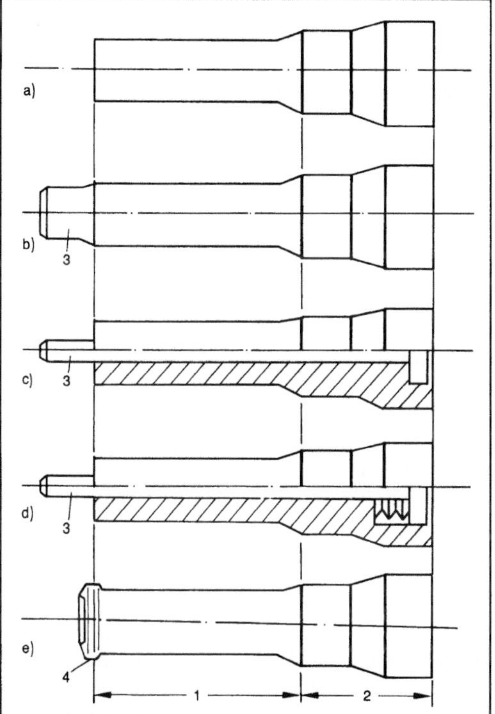

*Umformwerkzeug (Massivumformung) 5: Stempel zum Fließpressen.*

*a) Stempel zum Voll-Vorwärts-Fließpressen*
*b) Stempel zum Hohl-Vorwärts-Fließpressen mit abgesetztem Dorn*
*c) Stempel zum Hohl-Vorwärts-Fließpressen mit eingesetztem, festen Dorn*
*d) Stempel zum Hohl-Vorwärts-Fließpressen mit mitlaufendem Dorn*
*e) Stempel zum Napf-Rückwärts-Fließpressen.*

1 Schaft, 2 Kopf, 3 Dorn, 4 Fließbund

Die Werkzeugwerkstoffauswahl berücksichtigt die Beanspruchungen der Werkzeugelemente, deren Verschleißverhalten und Zähigkeit.

Schmierungstechnik und Temperaturbilanz haben erheblichen Einfluß auf die Werkstückgenauigkeit und die Werkzeuglebensdauer. Die erzielbaren Standmengen hängen von der geforderten Werkstückgenauigkeit und den Betriebsbedingungen ab und schwanken zwischen 1000 und 100 000 Stück pro Werkzeugsatz.

*Werkzeuge für das →Strangpressen.* Bild 6 zeigt den Aufbau und den Zusammenbau einer Kammermatrize zum Strangpressen von Profilen.

An der Umformung sind nachfolgende Werkzeugteile beteiligt: Matrize in Matrizenhalter, Preßstempel, Preßscheibe, Dorn. Mit Kammermatrizen können fast alle Profilarten aus Al-Legierungen, auch komplizierte Formen mit sehr großen und mehreren symmetrisch oder asymmetrisch angeord-

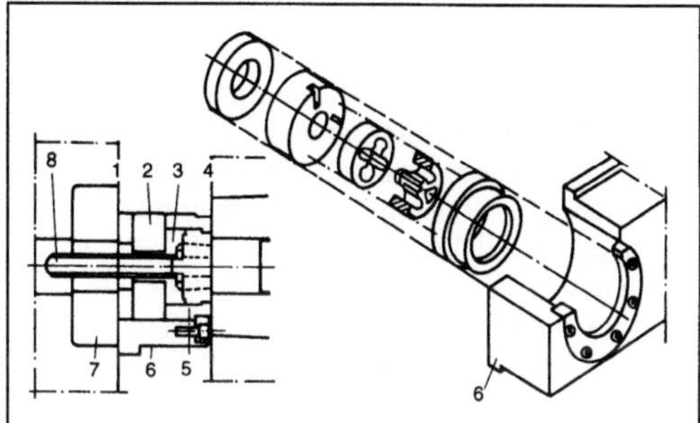

*Umformwerkzeug (Massivumformung) 6: Aufbau einer Kammermatrize.*

1 Druckzing, 2 Untersatz, 3 Matrize, 4 Dorn, 5 Matrizenhalter, 6 Werkzeugdrehkopf, 7 Druckplatte, 8 Strangpreßprofil

neten Hohlräumen hergestellt werden. Warmarbeitsstähle sind übliche Werkzeugwerkstoffe. Matrizeneinsätze aus Hartmetall sind z. T. auch gebräuchlich. Die Matrizendurchbrüche werden so gestaltet, daß der Flächenschwerpunkt in der Mitte liegt. Über Standmengen können keine allgemeinen Aussagen gemacht werden. Sie sind bei NE-Leichtmetallen größer als bei NE-Schwermetallen und Stahl.

*Werkzeugherstellung.* Die zu fertigende Werkstückgeometrie gibt die Gestaltung der formgebenden Werkzeuge in Art, Genauigkeit und Größe vor. Auf eine Standardisierung der Werkzeugelemente ist aus wirtschaftlichen Gründen zu achten. Künftig werden immer mehr rechnerunterstützte Konstruktionen (CAD) angewendet, denen sich eine Fertigung auf CNC-gesteuerten Bearbeitungsmaschinen (CAM) anschließt. Als Bearbeitungsverfahren stehen die Verfahren →Drehen, →Fräsen, →Schleifen, Erodieren und sämtliche Verfahren der Oberflächenfeinbearbeitung zur Verfügung. Den Verfahren NC-Fräsen und Funkenerodieren fällt dabei eine zukunftweisende Rolle zu.

Eine abschließende Oberflächenbehandlung der Werkzeugaktivelemente verringert den →Verschleiß und erhöht neben der Werkstückgenauigkeit auch die Wirtschaftlichkeit. Schmiedegesenke werden üblicherweise geschliffen, poliert und z. T. hartverchromt. Beim Kaltfließpressen zeigen TiN- und TiC- beschichtete Stempel und Matrizen deutlich verringerten Verschleiß. *Lange*

Literatur: *Lange, K.* (Hrsg.): Umformtechnik. Handb. f. Ind. u. Wiss. Bd. 2: Massivumformung. 2. Aufl. Berlin, Heidelberg, New York, Tokio 1988. – *Lange, K.*, u. *H. Meyer-Nolkemper:* Gesenkschmieden. Berlin, Heidelberg, New York 1977. – *Spur, G.* (Hrsg.), u. *Th. Stöferle:* Handb. Fertigungstechnik. Bd. 2/2: Umformen. München 1984.

**Umformwiderstand.** Als Umformwiderstand $k_w$ ist bei Umformverfahren mit unmittelbarer Einwirkung der →Umformkraft der Quotient aus Umformkraft und gesamter, gedrückter Werkstückquerschnittsfläche senkrecht zur Kraftwirkrichtung definiert.

Der U. hängt nach der Beziehung $k_w = k_f/\eta_F$ über den →Umformwirkungsgrad $\eta_F$ mit der →Fließspannung $k_f$ zusammen und unterliegt deshalb gleichermaßen Einflüssen von Temperatur, →Umformgeschwindigkeit und Werkstoffeigenschaften. Er enthält als Spannungsmittelwert über die gedrückte Fläche implizit die von Reibung, →Scherung, Biegung verursachten Verlust-Spannungsanteile.

Vom Umformwiderstand $k_w$ wird bei Umformkraftberechnungen dann Gebrauch gemacht, wenn eine genaue Vorgangsanalyse mit Erfassung von ideeller Umformkraft- und Verlustkraftanteilen zu aufwendig oder infolge komplexer Werkstück- und Werkzeuggeometrie (z. B. beim Gesenkschmieden oder →Karosserieziehen) nicht möglich ist. Ist die ideelle Umformkraft $F_{id}$ bekannt, so läßt sich die tatsächliche Umformkraft $F$ bei Verfahren mit unmittelbarer Kraftwirkung berechnen als $F = A_p k_w$ ($A_p$ gedrückte Querschnittsfläche) und bei Verfahren mit mittelbarer Kraftwirkung zu $F = A\, k_{fm}$ $(\varphi_2 - \varphi_1)/\eta_F$ ($A$ Krafteinleitungsquerschnitt, $k_{fm}$ mittlere Fließspannung über Vorgang mit Formänderung $(\varphi_2 - \varphi_1)$). Hierin ist $k_{fm}/\eta_F = k_{wm}$ der mittlere U. über dem Vorgang. *Lange*

Literatur: *Lange, K.:* Gesenkschmieden von Stahl. Berlin, Heidelberg, New York 1958. – *Lange, K., u. H. Meyer-Nolkemper:* Gesenkschmieden. 2. Aufl. Berlin, Heidelberg, New York 1977.

**Umformwirkungsgrad.** Als Umformwirkungsgrad $\eta_F$ ist der Quotient aus ideeller →Umformarbeit $W_{id}$ (bei reibungsfreier, homogener Umformung) und tatsächlicher Umformarbeit $W_{eff}/\eta_F = W_{id}/W_{eff}$ bei Umformverfahren mit mittelbarer Umformkraft-Einwirkung definiert (Bild). Bei Umformverfahren mit unmittelbarer Kraftwirkung gilt in jedem Augenblick $\eta_F = A_p k_f/F$ ($A_p$ gedrückte Fläche).

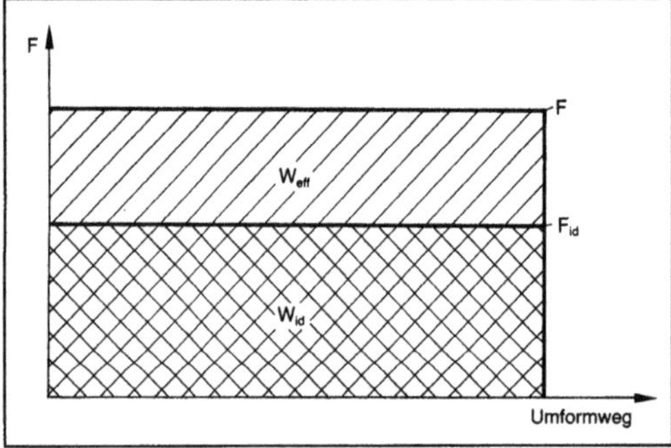


*Umformwirkungsgrad: Kräfte und Arbeiten bei einem idealisierten Umformvorgang mit mittelbarer Kraftwirkung im Zusammenhang mit dem Umformwirkungsgrad $\eta_F$.*

Der U. ist bei Berechnungen nach der elementaren →Plastizitätstheorie ein Hilfsmittel zur Kraft- und Arbeitsabschätzung. Er setzt Meßergebnisse voraus und ist in Zahlenwerten nur für den Bereich gültig, in dem Messungen durchgeführt wurden. Mit verbesserten Berechnungsverfahren der Plastomechanik, z. B. →Schrankenverfahren, →Finite-Elemente-Methode, Gleitlinien-Methode, verliert der U. mehr und mehr seine früher größere Bedeutung. *Lange*

Literatur: *Lange, K.:* Gesenkschmieden von Stahl. Berlin, Heidelberg, New York 1958.

**Umgießen** →Ausgießen eines Körpers

**Umkehrosmose.** Unter U., umgekehrter →Osmose, Reversosmose oder Hyperfiltration versteht man ein technisches Verfahren zum Trennen von Stoffgemischen mit Hilfe von Membranen (Membrantrennprozeß).

Das zu trennende Gemisch wird an die Oberfläche der Membran herangeführt. Unter der treibenden Kraft einer Druckdifferenz über die Membran hinweg passieren bestimmte Komponenten der Stoffmischung die Membran, während andere mehr oder weniger zurückgehalten werden. Die Trennung der Stoffmischung in ihre Bestandteile beruht auf der unterschiedlichen Transportgeschwindigkeit der Komponenten durch die Membran. Die Abgrenzung der U. gegen die Ultrafiltration einerseits und die Mikrofiltration andererseits ergibt sich durch die Molmassen der abzutrennenden Stoffe. Bis zu einer Molmasse von etwa 2000 spricht man von umgekehrter Osmose. Bei gelösten Stoffen mit Molmassen von $2000{-}10^6$ liegt bei der Stoffabtrennung durch Membranen eine Ultrafiltration vor. Ab Teilchengrößen von etwa $0{,}5 \cdot 10^{-6}$ m beginnt die Mikrofiltration.

Die synthetischen Membranen für die U. unterscheiden sich in ihrer Form und ihrer Funktion. Sie lassen sich durch zwei Grenzfälle, die Porenmembran und die Löslichkeitsmembran veranschaulichen.

Eine neutrale Porenmembran ist am ehesten einem normalen Filter zu vergleichen und mit kleinen Poren im Bereich von etwa 2–100 nm ($10^{-9}$ m) versehen. Die Trenneigenschaft einer Porenmembran beruht auf dem Siebeffekt. Porenmembranen trennen daher nur Stoffgemische mit Komponenten, die erhebliche Unterschiede in den Molekülabmessungen aufweisen. Eine Löslichkeitsmembran besteht aus einer Schicht, durch die alle Teilchen durch Diffusion transportiert werden. Die Trennung wird durch die Unterschiede im Diffusionskoeffizienten und in der Löslichkeit in der Membran bestimmt. Man kann mit einer Löslichkeitsmembran auch Stoffe mit ähnlichen Molekülabmessungen trennen.

Die Transportgeschwindigkeit der verschiedenen Komponenten durch eine Membran ist der Dicke der Membran umgekehrt proportional. Zur Steigerung der Transportgeschwindigkeit wurden asymmetrische Membranen entwickelt, die aus einer sehr dünnen, nur etwa 0,1–1 μm dicken wirksamen Schicht und einer porösen Unterschicht bestehen, die als Stützschicht dient.

Zur Durchführung der U. muß der hydrostatische Druck höher sein als die Differenz der osmotischen Drücke zwischen der Rohlösung auf der einen Seite der Membran und der Produktlösung auf der anderen Seite der Membran, dem Permeat. Die durch eine Membran durchtretende Menge ergibt sich je Flächen- und Zeiteinheit aus

$$\dot{m} = L_P\,(\Delta P - \Delta\pi);$$

darin sind: $\dot{m}$ Permeatmengenstrom, $\Delta P$ Differenz des hydrostatischen Drucks zwischen Rohlösung und Permeat, $L_P$ Proportionalitätsfaktor, der die Durchlässigkeit einer Membran unter den gegebenen Bedingungen charakterisiert.

Da die Durchlässigkeit von den zur U. meist verwandten Löslichkeitsmembranen recht gering ist, sind hohe hydrostatische Drücke zwischen etwa 50 und 100 bar nötig, um Permeatflüsse zu erreichen, die für einen technischen Prozeß ausreichen. Wesentlich höhere Drücke sind nicht praktikabel, da außer dem erhöhten apparativen Aufwand eine Verdichtung der Membranstruktur auftritt, die den Fluß durch die Membran vermindert. Die wirtschaftliche, technische Anwendung von Membranen zur U. und übrigens auch für andere Membrantrennprozesse verlangt, daß relativ große Membranflächen angewendet werden. Um diese auf kleinem Raum unterzubringen, werden die Membranen in Modulen (Membranmodul) angeordnet.

Die U. wird technisch angewendet
□ bei der Brackwasser- und →Meerwasserentsalzung und der Wasserenthärtung,
□ bei der →Abwasserreinigung zur Konzentrierung der Schwermetalle aus Galvanikabwässern, zum Reinigen von Zellstoffabwässern, Färbereiabwässern und Abwässern der chemischen Industrie und zur Rückgewinnung von Laktose aus Molkereiabwässern,
□ in industriellen Produktionsstufen zum Konzentrieren von Fruchtsäften und Aminosäuren, zum Stabilisieren von Wein und zum Anreichern niedermolekularer Komponenten in Prozeßwässern.  *Brunner*

Literatur: *Flinn, J. E.:* (Hrsg.): Membrane Science and Technology. New York 1970. – *Hwang, S. T.,* u. *K. Kammermeyer:* Membranes in Separations. New York 1975. – *Lacey, R. E.,* u. *S. Loeb* (Hrsg.): Industrial Processing with Membranes. New York 1972. – *Madsen, R. F.:* Hyperfiltration and Ultrafiltration in Plate- and Frame Systems. Amsterdam 1977. – *Merten, U.* (Hrsg.): Desalinatin by Reverse Osmosis. Cambridge 1966. – *Schlögl, R.:* Stofftransport durch Membranen. Darmstadt 1964. – *Strathmann, H.:* Trennung von molekularen Mischungen mit Hilfe synthetischer Membranen. Darmstadt 1979.

**Umlaufbestand.** In produzierenden Unternehmen werden aus Rohmaterialien und/oder Kaufteilen durch Fertigungs- bzw. Montagevorgänge Produkte hergestellt. Die Summe der in einem solchen Unternehmen räumlich vorhandenen Rohmaterialien, Halbzeuge, Fertig- und Kaufteile sowie fertigen Produkte wird als Bestand bezeichnet. Dieser Bestand wird in Lager- und Umlaufbestände unterteilt.

Lagerbestände sind dabei alle in das Produkt einfließenden Materialien, die in einem Rohteil-, Kaufteil- oder Zwischenlager vorübergehend aufbewahrt werden, sowie die im Versandlager bereitstehenden fertigen Produkte.

U. hingegen sind diejenigen Rohteile, Halbzeuge, Fertig- und Kaufteile, die sich in den Bereichen →Fertigung und Montage vor, auf oder hinter den einzelnen Arbeitsstationen befinden. Diese Bestände haben einen spezifischen Wert, der bei fortschreitendem Durchlauf durch die Arbeitsstationen wächst. Das durch die Bestände somit gebundene Kapital (→Kapitalbindung) verursacht Kosten für das Unternehmen. Aus diesem Grunde wird die →Wirtschaftlichkeit der →Produktion erhöht, wenn vorhandene Bestände reduziert werden. Während Lagerbestände vornehmlich der Sicherung der Produktion bzw. Lieferbereitschaft dienen, resultieren Umlaufbestände aus einer ineffizienten →Produktionssteuerung sowie großen Losgrößen. Da hohe Umlaufbestände eine erhöhte →Durchlaufzeit mit sich bringen, sind Maßnahmen zur Reduzierung dieser Bestände nicht nur aus Gründen der Kapitalbindung erforderlich, sondern auch zur Sicherung der kurzfristigen Lieferbereitschaft sinnvoll.  *Eversheim*

**Umlaufkristallisator.** In einem U. werden durch den Umlauf der gesättigten Lösung definierte Strömungsverhältnisse erreicht. Auf diese Weise läßt sich die Korngrößenverteilung des Kristallisats beeinflussen. Die Suspension wird mit einer Umwälzpumpe gefördert. Bei der →Kühlungskristallisation und beim →Verdampfungskristallisator befindet sich im äußeren Kreislauf ein Wärmeübertrager zur Kühlung bzw. Erwärmung der Lösung (Bild, nächste Seite).

Größere Kristallisate können mit Klarlaufkristallisatoren erreicht werden, bei denen im äußeren Kreislauf eine mit Hilfe einer Sedimentationszone geklärte Lösung strömt. Auf diese Weise wird mechanischer →Abrieb der Kristalle und sekundäre Keimbildung an der Umwälzpumpe verhindert (→Kristallisation).  *Dohrn*

Literatur: *Mersmann, A.:* Thermische Verfahrenstechnik. Berlin, Heidelberg, New York 1980.

**Umlaufverdampfung.** Beim Verdampfen mit natürlichem Umlauf steigt die Flüssigkeit in den

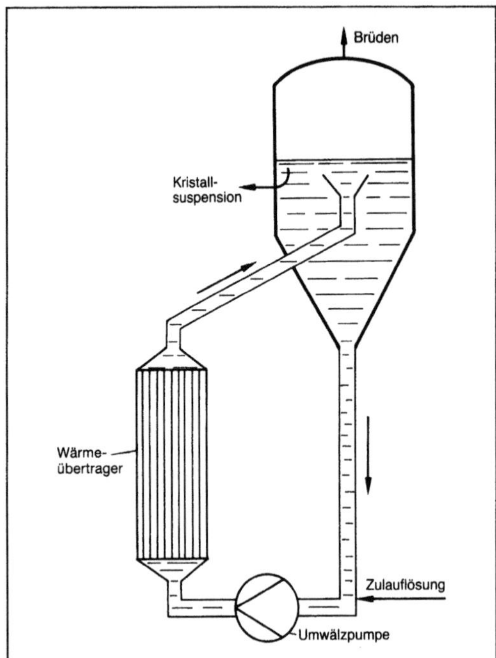

*Umlaufkristallisator zur Verdampfungskristallisation.*

Heizrohren des Wärmeübertragers infolge des Auftriebs der beim Sieden entstehenden Dampfblasen auf. Das Bild zeigt den schematischen Aufbau eines Umlaufverdampfers. Die Heizflächenleistung ist in erster Linie von der Temperaturdifferenz zwischen Heiz- und Siederaum abhängig. Je größer sie ist, desto mehr Dampfblasen entstehen und um so größer ist die Umlaufgeschwindigkeit, was wiederum eine bessere Wärmeübertragung zur Folge hat.

Der Wärmeübertrager kann im →Verdampfer (z. B. →Robert-Verdampfer) oder außerhalb des Verdampfungsraums angebracht werden, um die Reinigung der Heizrohre zu vereinfachen.

Beim Vogelbusch-Verdampfer ist das Rohrbündel nicht senkrecht, sondern schräg angeordnet, wodurch der hydrostatische Druck am unteren Ende des Rohbündels herabgesetzt ist. Auf diese Weise bilden sich die Dampfblasen früher, und der Naturumlauf wird begünstigt (→Zwangsumlaufverdampfer). *Dohrn*

Literatur: *Mersmann, A.:* Thermische Verfahrenstechnik. Berlin, Heidelberg, New York 1980.

**Umlenkabscheider.** Apparat zum Abtrennen von Stäuben aus Gas. Den U. (Bild) kann man als Grenzfallzyklon mit verschwindend kleinem Drall betrachten. Die Strömung verläuft rein axial. Den Staub schleudert die scharfe Umlenkung am Tauchrohr aus. Die auf ein Staubkorn wirkenden Zentrifugalkräfte sind fast genauso groß wie bei einem Zyklon.

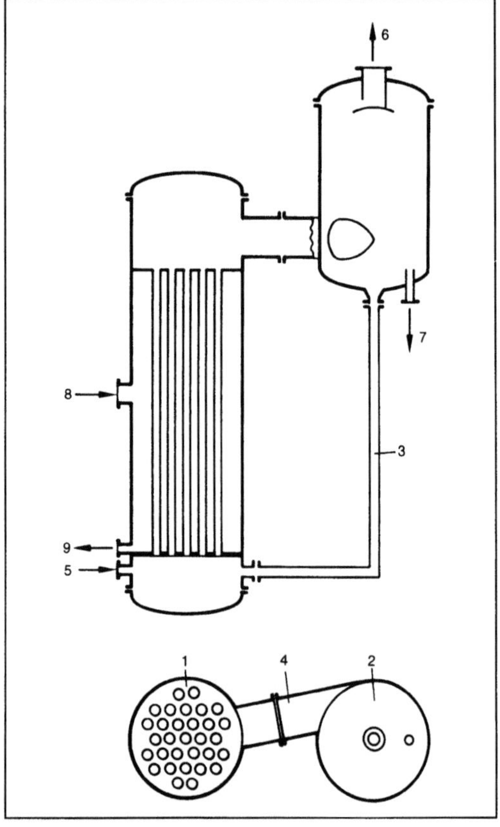

*Umlaufverdampfung: Umlaufverdampfer mit Naturumlauf. (Quelle: Wiegand Karlsruhe GmbH, Ettlingen)*

1 Heizkörper, 2 Zentrifugalabscheider, 3 Zirkulationsrohr, 4 Gemischkanal, 5 Produkt, 6 Brüden, 7 Konzentrat, 8 Heizdampf, 9 Kondensat

Dagegen ist die Verweilzeit im Zentrifugalfeld wesentlich kürzer. Deshalb ist die Abscheideleistung bei gleicher Staubfeinheit schlechter als im Zyklon. Bei gröberen Stäuben mit Korngrößen über etwa 25 μm erfüllt der U. in vielen Fällen die gestellten Anforderungen. Er arbeitet mit ungefähr ⅓ bis der Hälfte des Druckverlustes eines Zyklons. *Trefz*

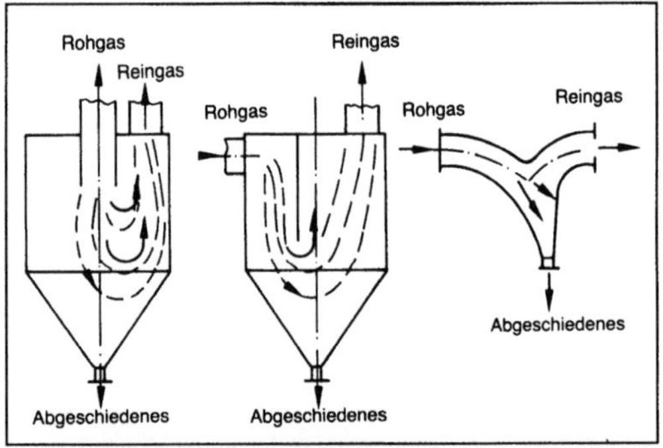

*Umlenkabscheider: Unterschiedliche Bauarten*

**Umpressen** →Ausgießen eines Körpers

**Umschmelzlegierung.** Aus wirtschaftlichen Überlegungen ist man insbes. im Nichteisen-Metall-Bereich gezwungen, Reste, Übergüsse, Späne usw. aus Leicht- und Schwermetallen einer Wiederverwendung zuzuführen. Da das Altmaterial oftmals sehr verunreinigt ist, z. B. durch Sandanhang aus der Gußproduktion oder durch Schneidöle, und daraus beim Aufschmelzen eine starke Gasaufnahme an Wasserstoff, Kohlenmonoxid und Sauerstoff zu befürchten ist, wird das Umschmelzen meist nicht in den Gießereien vorgenommen, sondern man liefert das Altermaterial an die Umschmelzwerke ab. Hier wird in speziell auf diese Umschmelzaufgabe ausgerichteten Öfen und Behandlungseinrichtungen das eingeschmolzene Altmaterial gereinigt (z. B. von Oxiden oder anderen Verunreinigungen), entgast und durch Zulegieren auf die nächsterreichbare Normzusammensetzung gebracht. Die so hergestellten Schmelzen werden in Kokillen (Ingots) vergossen und kommen als →Blockmetall in den Handel. *Doliwa*

**Umschmelzverfahren.** Verfahren zur Herstellung von Stählen und Sonderwerkstoffen mit besonderen Qualitätsmerkmalen durch Umschmelzen von Elektroden, die aus einer Vorschmelze gegossen wurden.

Beim Umschmelzen werden je nach Verfahren die Gehalte an Wasserstoff, Begleitelementen mit hohem Dampfdruck, Sauerstoff und Schwefel abgesenkt. In wassergekühlten Kokillen wird eine gerichtete Erstarrung des Umschmelzblocks erreicht. Dadurch werden Makroseigerung, Sekundärlunker und Lockerstellen vermieden, und die Kristallseigerung wird vermindert. Wegen guter Reinheit und Homogenität zeichnen sich umgeschmolzene Stähle durch sehr gute mechanische Eigenschaften bereits nach einer geringen Verformung aus.

Umgeschmolzene Stähle werden für den Kraftwerksbau, die Luft- und Raumfahrt, den Turbinenbau und für Implantate verwendet. Je nach gewünschten Eigenschaften können unterschiedliche Schmelzverfahren und -öfen eingesetzt werden. In Vakuumlichtbogenöfen wird die Elektrode in einem Gleichstromlichtbogen unter Vakuum abgeschmolzen. Niedrige Wasserstoff- und Sauerstoffgehalte sind zu erreichen. Ausreichend niedrige Schwefelgehalte müssen in der Vorschmelze eingestellt werden.

In Elektroschlackeumschmelzöfen erfolgt das Abschmelzen in einer flüssigen Schlackenschicht, die den Strom leitet und als ohmscher Widerstand wirkt. Zwischen der Schlacke, die eine Temperatur von 1 700–1 900 °C hat, und dem abschmelzenden Metall finden metallurgische Reaktionen statt. Sauerstoff und Schwefelgehalt im Stahl werden er-

niedrigt. Ein Abbrand von Silicium und Aluminium kann durch Zugabe dieser Elemente während des Umschmelzens ausgeglichen werden. Die Verwendung unterschiedlicher Schlacken und das Einstellen unterschiedlicher Gasatmosphären im Ofen bieten gewisse Möglichkeiten, die ablaufenden Reaktionen zu steuern.

In Elektronenstrahlöfen werden Elektroden mit Hilfe von Elektronenstrahlern abgeschmolzen. Da sehr niedrige Drücke in der Schmelzkammer eingestellt werden können, werden in erheblichem Umfang Elemente mit einem hohen Dampfdruck wie Mangan, Chrom, Kupfer, Zinn abgedampft. Es gibt Öfen, die den Einsatz von Granulat, Schwamm oder →Schrott ermöglichen.

In Plasmaöfen zum Umschmelzen kann in der Schmelzkammer mit Unter- oder Überdruck gearbeitet werden. Durch Zugabe von →Stickstoff zum Plasmagas ist so z. B. ein Auflegieren mit Stickstoff unter Überdruck möglich. *Rellermeyer*

**Umweltbelastung holzchemischer Prozesse.** Bei den Prozessen der chemischen Holzbearbeitung können zum Teil erhebliche U. durch Luft-, insbes. aber Wasserverschmutzungen auftreten. Die am stärksten betroffenen Produktionszweige sind die Zellstoff- und Papier- sowie Faserplattenherstellung.

Bei der Faserstoffgewinnung aus Holz als erster Prozeßstufe der Papier-, Pappen- und Faserplattenfertigung werden auf Grund des Einflusses von Temperatur allein oder in Kombination mit Chemikalien mehr oder weniger große Anteile einzelner Holzkomponenten gelöst. Gelangen diese Substanzen in die Vorfluter, so wirken sie nicht nur sauerstoffzehrend, sondern sie können darüber hinaus auch toxische Effekte haben, vor allem durch Verbindungen, die sich durch Reaktionen der zugegebenen Chemikalien mit Holzkomponenten bilden. Weiterhin kann Luftverschmutzung durch gasförmige Chemikalien und leichtflüchtige Reaktionsprodukte mit dem Holz verursacht werden.

Bei der Herstellung von Holzstoffen werden je nach Prozeßvariante unterschiedliche Mengen an Kohlenhydraten, →Lignin und Holzbegleitstoffen z. B. in Form von Harzen gelöst und rufen einen chemischen Sauerstoffbedarf (CSB) zwischen 15 und 70 kg/t hervor. Etwa 70% davon gehen ins Abwasser; die restlichen 30% verbleiben im Stoff, können aber das Abwasser bei der Verarbeitung dieser Fasern zu →Papier und Pappen belasten. Diese Abwasserbelastung kann in biologischen Kläranlagen weitgehend abgebaut werden.

Die Menge gelöster Holzsubstanzen nimmt bei intensiverem Einsatz von Chemikalien zur Herstellung von ligninfreien Zellstoffen zu. Die Zellstoffausbeuten nach dem Aufschluß liegen bei etwa 50%. Die gelöste Holzsubstanz verursacht eine

Urbelastung von etwa 1 800 kg CSB/t →Zellstoff. Die gelösten Holzsubstanzen können in einer Wäsche mit einer Effizienz von bis zu 99% vom Zellstoff abgetrennt, eingedampft und verbrannt werden. Dadurch wird auch eine möglichst weitgehende Rückgewinnung der Aufschlußchemikalien erreicht. Die im Zellstoff verbleibenden wasserlöslichen Verbindungen sowie aus den Eindampfkondensaten und aus Leckagen im Kreislaufsystem stammende Substanzen können zu einer CSB-Restbelastung von ca. 50 kg/t Zellstoff führen.

Gravierende Auswirkungen auf die Vorfluter können jedoch die Belastungen durch die Lösung von im Zellstoff vorhandenem Restlignin in einer Bleiche haben. Die konventionelle Bleiche arbeitet mit Chlor und chlorhaltigen Verbindungen wie Hypochlorit und Chlordioxid. Die anfallenden Bleichereiabwässer enthalten organische Chlorverbindungen, die toxische, mutagene oder kanzerogene Effekte aufweisen können. Sie sind biologisch außerordentlich schwer abbaubar und können nicht durch Verbrennung entsorgt werden. Die Vorfluter können durch Zellstoffbleichereiabwässer in einer Größenordnung von 100 kg CSB/t Zellstoff belastet werden.

Diese Belastung kann durch Ersatz der chlorhaltigen Bleichmittel durch chlorfreie vermindert werden. Verwendet werden können Sauerstoff im alkalischen Medium, Wasserstoffperoxid und Ozon. Bei letzterem Bleichmittel steht die industrielle Anwendung jedoch noch aus. Technisch möglich ist z. Z. etwa eine 50%ige CSB-Wert-Reduzierung. Die derzeitigen gesetzlichen Regelungen in Deutschland sehen einen CSB-Grenzwert von 70 kg/t Zellstoff für den Gesamtprozeß vor; daneben eine Begrenzung der organischen Halogenverbindungen von unter 1 kg/t, des Schwermetallgehaltes der Abwässer, der Fischtoxizität sowie des Gehalts an sedimentierbaren und filtrierbaren Feststoffen. Auch bei Einhaltung der Grenzwerte muß für die Restabwasserverschmutzung eine Abwasserabgabe gezahlt werden.

An Luftbelastungen können in Abhängigkeit vom Aufschlußprozeß $SO_2$-Emissionen beim Sulfitverfahren und Emissionen in Form von reduzierten Schwefelverbindungen, wie $H_2S$ und Mercaptanen, beim Sulfatverfahren auftreten. *Patt*

Literatur: *Casey, J. P.:* Pulp and Paper. Chemistry and Chemical Technology. Bd. II. New York, Chichester 1980.

**Underwood-Beziehung.** In den Jahren 1944/48 entwickelte *Underwood* Beziehungen, mit denen man die Zusammensetzung der Komponenten auf den theoretischen Böden einer Destillationskolonne bestimmen kann (→Destillieren). Damit die Beziehungen gültig sind, müssen folgende Voraussetzungen erfüllt sein:

□ Die Trennfaktoren aller Komponenten verändern sich nicht mit der Zusammensetzung.

□ Die zwischen den Böden strömenden Gas- bzw. Flüssigkeitsmengen sind für den Verstärkungs- und den →Abtriebsteil der Kolonne konstant.

Ist die Zusammensetzung auf einem Boden bekannt, so läßt sich mit Hilfe der U.-B. die Zusammensetzung der beiden benachbarten Trennstufen berechnen. Setzt man diese Vorgehensweise fort, erhält man die Zusammensetzung der gesamten Kolonne. Die U.-B. lassen sich auf Mehrkomponentensysteme übertragen.

Ein Nachteil dieser Methode ist, daß von Gleichgewichtsstufen ausgegangen wird, d. h. daß die einen Boden verlassenden Stoffströme im Phasengleichgewicht sind. Man kann nicht mit Murphree-Austauschgraden für einzelne Böden rechnen, sondern muß zur Berechnung der effektiven Bodenzahl einen mittleren →Austauschgrad verwenden, der für die gesamte Kolonne gilt. *Dohrn*

Literatur: *King, C. J.:* Separation Processes. New York 1980.

**Universalprüfmaschine.** Werkstoffprüfmaschine für Zug-, Druck- und Biegeversuche, mit entsprechendem Zusatzgerät auch für Scherversuche. In Verbindung mit einem →Pulsator bzw. Servoregelung können auch Dauerschwingversuche durchgeführt werden. Ihrer Bauart nach sind U. stehende Zugprüfmaschinen, deren allgemeine Anforderungen für Prüfkräfte $\geq 10$ kN in DIN 51 221 festgelegt sind.

Im einzelnen besteht die U. aus der Beanspruchungseinrichtung (Maschinengestell mit Spanneinrichtung für Zugversuche bzw. Druckplatten und Biegeeinrichtung sowie Antrieb mit Steuerung) und den Meßeinrichtungen (Kraft- und Längenänderungs- bzw. Verformungs-Meßeinrichtung). Maschinengestell: Je nach Ausführung wird unterschieden zwischen Zwei- und Viersäulen-Rahmen in Ein- oder Zweiraum-Bauweise (gemeinsamer oder getrennter Zug- und Druckraum). Spanneinrichtung: Für Zugversuche werden entweder Spannbacken, wahlweise mit manueller, hydraulischer oder pneumatischer Betätigung, oder Spannschieber mit Kugelschalen und Kalotten verwendet.

Antrieb und Steuerung: Entweder elektromechanisch über Spindeln oder hydraulisch über eingeschliffenen Arbeitskolben, wobei sich die Zahl der Anzeigebereiche durch Verwendung von z. B. zwei konzentrisch ineinander angeordneten Kolben, die ein- und auszukuppeln sind, verdoppeln läßt.

Beim Spindelantrieb für maximale Prüfkräfte bis etwa 500 kN wird die Bewegung der Spanneinrichtung stufenlos über Elektromotor und Regelantrieb mit dem Traversenhub erzeugt. Bei neueren Maschinen ist der transistorgesteuerte Scheibenläufermotor mit Untersetzungsgetriebe (Regelbereich bis 1:10000) sehr verbreitet. Je nach Getriebestufe sind Traversengeschwindigkeiten von 0,001 bis 2000 mm/min möglich.

Höhere Prüfkräfte werden mit hydraulischem Antrieb erreicht. Bei konstanter Motordrehzahl läßt sich die Ölförderung der Pumpe manuell mittels Feinregelventil regeln. Moderne Maschinen werden servohydraulisch geregelt und ermöglichen einen nach Kraft, Weg oder Dehnung geregelten Versuchsablauf. Außerdem lassen sich Versuche im Schwellastbereich nach beliebigen Zeitfunktionen durchführen. Mit hydrostatischen Lagern arbeitet der Kolben nahezu reibungsfrei.

Kraftmeßeinrichtung: Für kleinere U. älterer Bauart mit elektrischem Antrieb werden zur Kraftmessung hauptsächlich gewichtsbelastete mechanische Neigungspendel verwendet, deren Bewegung auf eine Bogen- oder Kreisskala übertragen wird und bei denen eine Öldämpfung das schnelle Rückschlagen des Pendels nach Probenbruch verhindert. Für Druck- und →Biegeversuch ist ein Umkehrgehänge erforderlich. Bei hydraulischen U. (Zweiraum-Bauweise) ist die Kraftmessung durch Pendelmanometer sehr verbreitet.

Mit einem mehrstufigen Meßkolben arbeitet der Federkraftanzeiger, bei dem die elastische Verformung einer kalibrierten Zugfeder über einen Antrieb auf einen Kraftanzeiger übertragen wird. An Stelle des Pendelmanometers sind auch kreisförmig gebogene Röhrenfedern verwendet worden. Mit steigendem Öldruck verändert sich das Rohrprofil, was eine Bewegung des Rohrendes bewirkt, die auf einen Zeiger übertragen und vergrößert angezeigt wird.

Moderne U. besitzen zur Kraftmessung entweder induktive bzw. ohmsche Zug- und Druckkraftaufnehmer oder elektrische Öldruckaufnehmer mit bis zu sechs Kraftmeßbereichen pro Kraftaufnehmer. Bei automatischer Meßbereichsumschaltung lassen sich stufenlos Kräfte ab 0,5 % bis 100 % vom Nennwert des Kraftaufnehmers anfahren. Die Signale der Meßwertgeber werden im Meßverstärker verstärkt und auf die Anzeige (digital mit Spitzenwertspeicher oder analog mit Schleppzeiger) und Registriereinrichtung (X-Y-Schreiber) gegeben.

Die Kraftaufnehmer sind für Zugversuche beweglich entweder in der Traverse bzw. im Querhaupt des Maschinenrahmens aufgehängt oder direkt an die Kolbenstange montiert. Für Druck- und Biegeversuche werden sie arretiert. Die Öldruckaufnehmer sind an das Drucksystem der Maschine angeschlossen.

Längenänderungsmeßeinrichtung: An Stelle der älteren mechanischen und optischen Meßeinrichtungen werden heute überwiegend elektrische Dehnungsmeßgeräte für statische und dynamische Verformungsmessungen an Proben verwendet. Sie arbeiten als Ansetz(Tastarm)-Dehnungsmesser entweder nach dem induktiven oder ohmschen Prinzip. Berührungslose Messungen sind z. B. mit optoelektrischen Dehnungsaufnehmern möglich.

Im Zuge der Automatisierung der Prüfvorgänge werden zunehmend rechnergesteuerte U. mit elektrischer Kraftmeßeinrichtung eingesetzt. Dabei steuert und kontrolliert ein Prozeßrechner den kompletten Versuchsablauf vom Probeneinbau bis zur Ausgabe sämtlicher Materialkennwerte über Drucker. *Kußmaul*

**Unrunddrehen.** U. ist Formdrehen zur Erzeugung einer unrunden Werkstückoberfläche, bei dem die Schnittrichtung periodisch gesteuert wird. Man unterscheidet zwischen Längs-U. und Quer-U.

Durch die Steuereinrichtung wird das →Drehwerkzeug mit fortschreitender Drehbewegung des Werkstücks zugestellt bzw. zurückgezogen oder außer Eingriff gebracht. Die Drehung des Werkstücks und die Vorschubbewegung des Werkzeugs stehen dabei in einem festen, werkstückabhängigen Übersetzungsverhältnis. *König*

**Unterkorn** →Siebdurchgang

**Unternehmensentwicklung.** Das ist die Veränderung der Unternehmenssituation im Zeitablauf, die durch externe Faktoren, d. h. Umwelteinflüsse, und interne Faktoren bestimmt wird. Es ist Aufgabe der Unternehmensplanung, die Entwicklung entsprechend dem Unternehmenszweck und den Unternehmensgrundsätzen zu lenken. Dies erfordert eine Zieldefinition. Die Globalziele, wie etwa der wirtschaftliche Erfolg und somit die Sicherung des Unternehmensbestands, sind im Rahmen der →Strategieplanung in nach Möglichkeit quantifizierbare Teilziele umzusetzen. Dazu müssen Prognosen über die Umweltentwicklung und Analysen zur Feststellung der Unternehmenspotentiale erstellt werden, um im Ablauf der weiteren Planungsschritte geeignete Maßnahmen zur Zielerreichung ableiten zu können. Aus der langfristig angelegten Strategieplanung (Planungshorizont bis zu 10 Jahren) leitet sich die mittelfristige taktische Planung (bis zu 5 Jahren) und die kurzfristige operative Planung (bis zu 2 Jahren) ab, womit eine zunehmende Konkretisierung und Dezentralisierung in der Ausführung verbunden ist. Diejenigen Umwelteinflüsse, die wegen ihrer Kurzfristigkeit nicht zu planbaren Maßnahmen führen können, fallen in den Bereich der →Disposition. Auf diese Weise entsteht im Unternehmen ein Planungssystem, das mit Hilfe eines entsprechenden Instrumentariums der Steuerung der Unternehmensentwicklung dient. *Eversheim*

Literatur: *Albers, W.*, u. a. (Hrsg.): Handwörterb. Wirtschaftswissenschaft (HDWW). Stuttgart, Tübingen, Göttingen, 1981.

**Unternehmensgliederung.** Sie beschreibt in Form der →Aufbauorganisation die aufgabenteiligen Einheiten eines Unternehmens. Dabei werden die Verknüpfungen der Stellen, Instanzen und Abteilungen, der sog. organisatorischen Grundelemente, zu einer organisatorischen Struktur sowie die Regelung der Beziehung zwischen diesen Elementen festgelegt.

Die Abgrenzung der Stellen und Abteilungen eines Unternehmens kann nach folgenden Kriterien erfolgen:

□ Gliederung entsprechend den Aufgabenbereichen bzw. Funktionen des Unternehmens (funktionale Gliederung),

□ Gliederung nach Objekten, wie z. B. Produkte oder Produktgruppen (objektbezogene Gliederung).

Beide Gliederungsprinzipien können u. U. in einem Unternehmen gleichzeitig vorkommen.

Als klassische Organisationsform ist die Gliederung nach Unternehmensfunktionen zu nennen. Merkmale dieser Organisationsform sind:

□ gleichartige Aufgaben sind in einem Verantwortungsbereich zusammengefaßt,

□ die verschiedenen Unternehmensbereiche sind für alle herzustellenden Produkte gleichermaßen zuständig.

Diese U. bewirkt einerseits eine hohe Spezialisierung auf die jeweiligen Aufgaben, andererseits werden die vorhandenen Ressourcen (Personal, Maschinen, Anlagen usw.) wirtschaftlich optimal ausgenutzt. Demgegenüber steht als wesentlicher Nachteil, daß eine Erfolgskontrolle und Ergebnisverantwortung für die einzelnen Produkte nur schwer möglich ist. Außerdem treten wegen des bei dieser Gliederung häufig zu beobachtenden Bereichsdenkens zwischen den Fachabteilungen Koordinationsprobleme auf.

Eine objektbezogene Gliederung (auch divisionale Gliederung oder Spartenorganisation genannt) bietet die Vorteile:

□ gute Koordination bez. der Produkte,

□ gute Erfolgskontrolle unter Erfolgszuweisung,

□ gute Möglichkeit zur Heranbildung von Führungsnachwuchs, da jede Division einem kleineren Gesamtunternehmen entspricht.

Als Nachteile gegenüber der funktionalen Gliederung sind zu nennen:

□ schlechtere Abstimmung von gleichartigen Aufgaben,

□ schlechtere Ausnutzung vorhandener Ressourcen.

In der Praxis wird häufig versucht, die Vorteile beider Organisationsprinzipien zu kombinieren, indem zusätzlich zu den Divisionen Zentralbereiche für bestimmte Unternehmensfunktionen eingerichtet werden. Somit stehen auf der einen Seite die auf einzelne Produktgruppen bezogene Gewinnmaximierung und Ergebnisverantwortung des Divisions-

gedankens, auf der anderen Seite der kostensenkende Effekt der Zentralisation. *Eversheim*

Literatur: *Eversheim, W.:* Organisation in der Produktionstechnik. Bd. 1. Düsseldorf 1981.

**Unterorganisation.** Im Gegensatz zur →Überorganisation zeichnet sich die U. durch einen zu geringen Anteil organisatorischer Gestaltung aus, d. h. sie hält den Ermessungsspielraum der Organisationseinheit so breit, daß die Einheit und Geschlossenheit der Aufgabendurchführung verlorengeht.

Folgen dieser U. sind z. B. häufige Rückfragen zwischen Organisationseinheiten auf Grund unklarer Anweisungen. Auch mangelnde Koordination der Organisationseinheiten führt zu Reibungsverlusten z. B. in Form von Doppelarbeit.

Aus den geschilderten Gründen ist eine vorrangige Aufgabe der →Organisationsplanung die Bestimmung des optimalen Verhältnisses zwischen organisatorischer Vorgabe und dispositivem Entscheidungsspielraum für die einzelnen Einheiten einer Gesamtorganisation. *Eversheim*

**Unterpulverschweißen.** Beim U. (Bild) taucht die motorisch zugeführte Drahtelektrode in die vor dem Schweißkopf durch einen Zuführungsschlauch aufgebrachte Pulveraufschüttung ein. Der Lichtbogen zwischen Elektrode und Werkstück schmilzt einen Teil des Pulvers zu einer Schlacke, in der sich eine mit ionisierten Gasen gefüllte Blase (Kaverne) bildet. Der abgeschmolzene Elektrodenwerkstoff geht tropfenförmig durch die Kaverne über. Die geschmolzene Schlacke deckt die Raupe unter dem Pulverüberschuß ab und kann nach dem Erstarren leicht entfernt werden. Das Schweißpulver hat die gleichen Aufgaben zu erfüllen wie die Umhüllungen von Stabelektroden (Leitfähigkeitserhöhung, Schlackebildung, Desoxidierung).

Die geschlossene Kaverne sorgt für einen stabilen Schweißprozeß und einen sicheren Schutz der Schweißstelle vor der Atmosphäre. Es lassen sich Abschmelzleistungen bis 15 kg/h pro Draht und Schweißgeschwindigkeiten bis 120 cm/min erzielen.

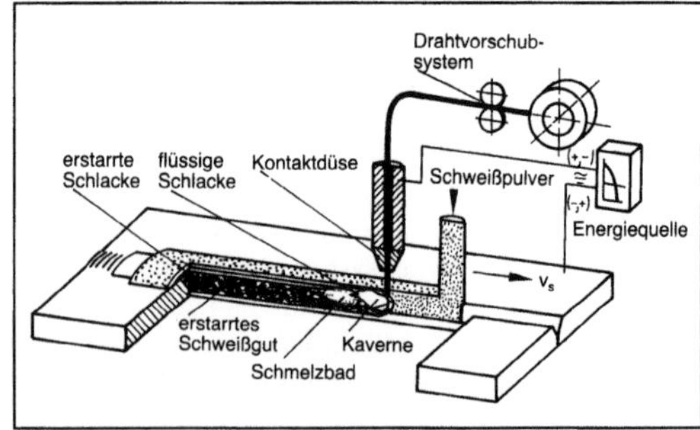


*Unterpulverschweißen. Verfahrensprinzip (Quelle: Eichhorn, F.: Schweißtechnische Fertigungsverfahren. Bd. 1)*

Das Verfahren wird im Behälter- und Rohrleitungs-, Schiff-, Fahrzeug- und Stahlbau eingesetzt.

Pulver zum U. sind nach DIN 32522 körnige, schmelzbare Produkte mineralischen Ursprungs, die nach unterschiedlichen Methoden gefertigt werden. Man unterscheidet folgende Kennzeichnung:

□ F für erschmolzene Schweißpulver (fused),

□ B für agglomerierte Schweißpulver (bonded),

□ M für Mischpulver (mixed).

Schmelzpulver werden aus der glasartig erstarrten, sehr homogenen Schmelze durch Mahlen auf eine bestimmte Korngröße gebracht, während agglomerierte Pulver mittels eines Bindemittels aus feinstkörnigen Ausgangsprodukten granuliert werden. Mischpulver sind Mischungen beider Sorten. *Dorn*

Literatur: *Killing, R.:* Handb. Schweißverfahren. Tl. 1: Lichtbogenschweißverfahren. Düsseldorf 1984. – *Müller, P.,* u. *L. Wolf:* Handb. Unterpulverschweißen. Düsseldorf 1983. – *Dorn, L.,* u. a.: Leistungs- und Qualitätssteigerung beim Lichtbogenschweißen. Ehningen 1989. – DIN 32 522: Schweißpulver zum Unterpulverschweißen. Hrsg. Dt. Inst. für Normung. Ausg. 1981.

**Unwuchtförderer** →Schwingrinne

**Urformen.** U. ist Fertigen eines festen Körpers aus formlosem Stoff durch Schaffen des Zusammenhalts. Unter DIN 8580 ist das U. als Hauptgruppe 1 in das Ordnungssystem „Begriffe der Fertigungsverfahren, Einteilung" eingereiht. Diese Hauptgruppe umfaßt acht Gruppen (Bild 1). Wegen der internationalen Verflechtung der Technik ist zur Verständigung eine verbindliche Terminologie erforderlich, für deren Abstimmung Zeit benötigt wird, weshalb es bei diesem Normvorhaben noch einige Lücken gibt.

Ordnungspunkte für die Unterteilung sind vor allem die Stoffeigenschaften des Werkstücks, die Art der Herstellung, die erzielbare Werkstückform und sonstige Besonderheiten wie Druck, Vakuum usw. Als Beispiel zeigt Bild 2 die Gliederung der Gruppe „Urformen aus dem flüssigen Zustand" und deren weitere Unterteilung. Selbst darüber hinaus wird wohl eine weitere Fächerung noch nötig sein, denn unter den Untergruppenbegriff 1.2.1.1 Schwerkraftgießen fallen Fertigungsverfahren wie Gießen in Sandformen (verlorene Gießform), Vollformgießen (verlorenes Modell und verlorene Form), Kokillengießen (Dauerform).

Da als Hauptordnungspunkt die Stoffeigenschaften gelten, ist es verständlich, daß manche Fertigungsverfahren, die beispielsweise beim vorerwähnten Gießen von Metallen gebräuchlich sind, bei Kunststoffen keine Anwendung finden und umgekehrt Kunststoffproduktionsmethoden, wie z. B. das Schäumen, kein Herstellungsverfahren für metallische Werkstücke sind. Ähnliches gilt für das U. von natürlichen Werkstoffen, wie z. B. Wachs.

Unter der Gruppe 1.3 Urformen aus dem ionisierten Zustand soll im Normenvorhaben das Formen durch elektrolytisches Abscheiden verstanden werden. Inwieweit hier noch eine Unterteilung vorzunehmen ist, bleibt gegenwärtig noch offen.

Die Gruppe 1.4 Urformen aus dem körnigen oder pulverförmigen Zustand soll Fertigungsverfahren wie →Brikettieren mit und ohne Bindemittel, Tablettieren mit und ohne Binderzusätze, Sandform- und Kernherstellung für die Gußproduktion, →Sintern und →Pressen von Sinterrohlingen sowie die Sinterverfahren umfassen. *Doliwa*

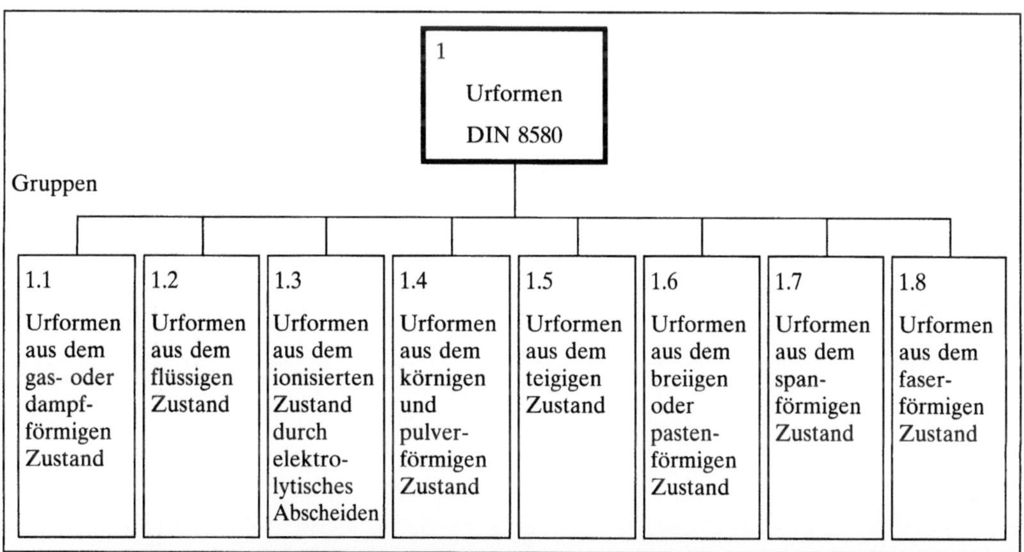

*Urformen 1: Gruppenaufteilung entsprechend DIN 8580.*

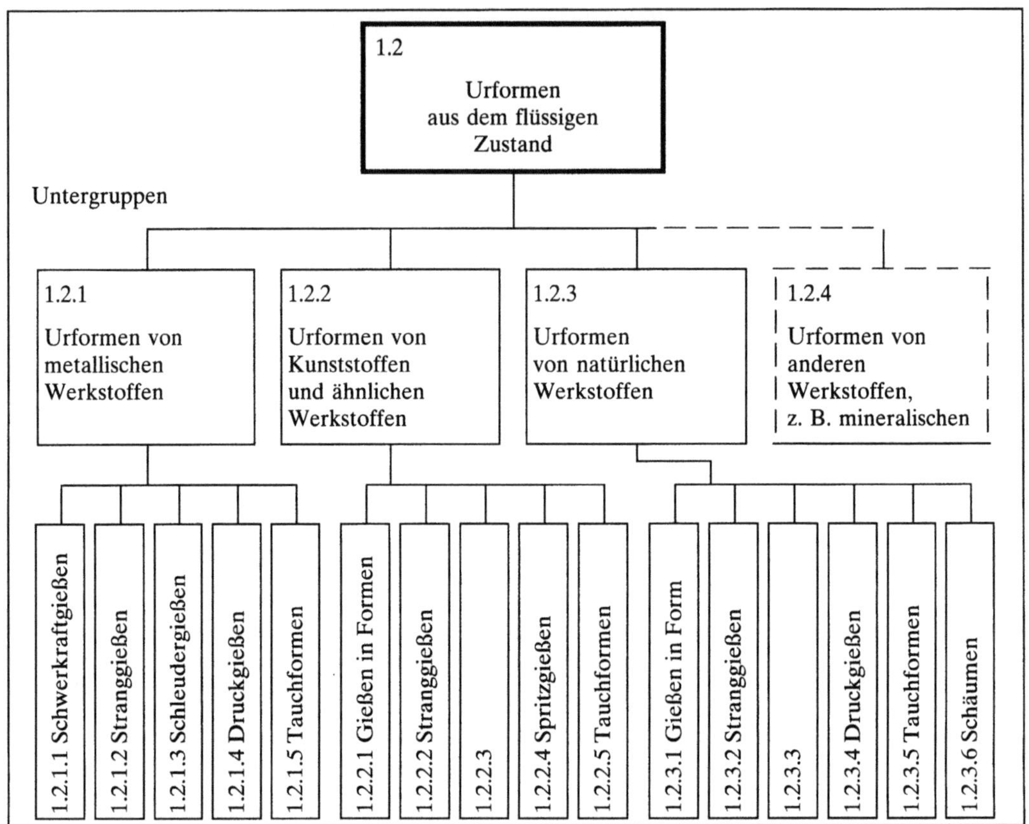


*Urformen 2: Beispiel für die weitere Unterteilung der Gruppe „Urformen aus dem flüssigen Zustand".*

# V

**Vakuumanlage** →Druckgießmaschine

**Vakuumformverfahren.** Nach VDG-Merkblatt R 203 ist das V. (auch V-Prozeß) eine Methode zur Herstellung von Formteilen, bei denen binderfreier, rieselfähiger Sand durch Unterdruck im Formkasten verfestigt wird. Die Abdichtung des Formkastens zum Modell und nach außen erfolgt durch Kunststoffolien. Der Unterdruck bleibt auch nach dem Abgießen bis zumindest zur Bildung einer tragfähigen Randschale oder zur völligen Erstarrung bestehen.

In der Anlagentechnik für dieses Verfahren haben sich vier Bautypen herauskristallisiert, wobei die meisten sich in den Einrichtungen zur Herstellung der Form (Vibrationstisch, Konturfoliensetzvorrichtung und Sandbunker mit Deckfolien-Ziehvorrichtung) ähneln und hauptsächlich in der Art der Zuführung der Modellplatten zur Formstation unterscheiden. Beispiel ist eine Formeinrichtung (Bild), bei der die Modelle mittels eines Shuttlewagens (Transferwagens) von einer Seite auf die Formstation gebracht werden. Weitere Anlagetypen sind Drehtisch-Formanlage, Vierstationen-Drehkreuz-Formanlage und Einzelformmaschinen.

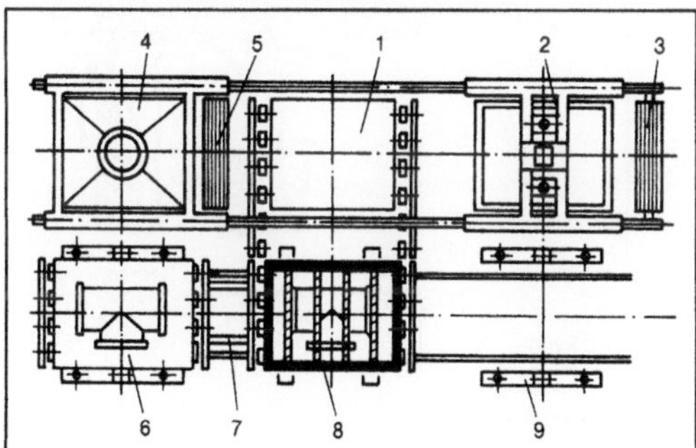

*Vakuumformverfahren:  Vakuum-Shuttle-Formanlage.*

1 Vibrotisch, 2 Foliensetzvorrichtung, 3 Konturfolienrolle, 4 Sanddosiergerät, 5 Deckfolienrolle, 6 Modellplatte und Modellplattenträger, 7 Shuttlewagen, 8 Formkasten, 9 Stiftenabhebung

Anfängliche Schwierigkeiten mit der Konturfolie zum Überziehen der Modelle sind durch neue, insbes. SiO₂-freie Folien sowie die Entwicklung von Kontaktheizplatten, die die Folien in Sekundenschnelle erwärmen, überwunden. Das V. liefert sehr gute Gußoberflächen, ist binderlos und umwelt-freundlich. Der Formsand kann bis auf 1–2 % Verlust wiederverwendet werden. Da die Fließstrecke der Metallschmelze rd. 20 % höher ist als bei üblichen Sandformen, kann man im V-Verfahren sehr geringe Wanddicken gießen. Ebenfalls niedrig sind Putzkosten und Ausschuß. Nachteilig sind die hohen Investitionskosten bei geringer Formleistung, hohe Lizenzgebühren, hoher Energieverbrauch, mitunter Staubprobleme beim Ausleeren, Randentkohlung und Graphitentartung von Eisenguß an der Oberfläche, lange Abkühlzeiten und die Notwendigkeit zum Schlichten der Folien mit Spezialschlichten. Somit läßt sich das V. wirtschaftlich vor allem dann einsetzen, wenn es um den Ersatz von praktisch als Handformerei betriebenen Kaltharz- oder wenig leistungsfähiger Grünsand-Formverfahren geht. *Doliwa*

Literatur: *Engels, G.,* u. *G. Schneider:* Gießerei 73 (1986) Nr. 17, S. 491/95. – VDG-Merkbl. R 203. Düsseldorf, Dezember 1980.

**Vakuumkristallisation.** Die V. ist ein thermisches Trennverfahren, bei dem man eine mit den zu kristallisierenden Stoffen gesättigte Lösung durch Entspannen im Vakuum abkühlt und das Lösungsmittel teilweise verdampft. Auf diese Weise wird die Lösung übersättigt, und es kommt zur Kristallbildung (→Kristallisation).

Vakuumkristallisatoren sind im Vergleich zu anderen Kristallisatorbauarten einfache Apparate (Bild), da keine Wärmeübertragungsflächen benötigt werden. Ansonsten gibt es Vakuumkristallisatoren in ähnlichen Bauformen wie Verdampfungskri-

*Vakuumkristallisation: Anlage mit Rückführung der geklärten Lösung zur Erzielung eines groben Kornes. (Quelle: Standard-Messo Duisburg)*

stallisatoren. Eine Ausnahme sind die liegenden mehrstufigen Kristallisatoren, die nur für die V. verwendet werden. Das Vakuum wird in der Regel durch Dampfstrahlpumpen erzeugt. Ein Vorteil der Vakuumkristallisatoren ist die geringe Verkrustungsbildung. *Dohrn*

**Vakuumtechnik** →Evakuieren

**Vakuumtrocknung.** Die V. ist ein Trocknungsverfahren (→Trocknen), bei dem durch Anlegen eines Vakuums die Siedetemperatur der Feuchtigkeit (meist Wasser) gesenkt wird, so daß die Feuchte bei relativ niedrigen Temperaturen verdampft. Die V. wird deshalb bei temperaturempfindlichen und leicht zersetzbaren Stoffen, z. B. Lebensmitteln und Pharmazeutika, angewendet. *Dohrn*

**Vakuumtrommelfilter** →Trommeldrehfilter

**Vakuumverfahren.** Verfahrensschritte bei der →Stahlherstellung, die unter Vakuum erfolgen, um den Zutritt schädlicher Gase zu verhindern und im Stahl gelöste Gase zu entfernen.

Man unterscheidet Schmelzen und Umschmelzen unter Vakuum von der Vakuumbehandlung in der Pfanne (Bild). Vakuumschmelzen wird für wenige, hochwertige Stahlgüten angewandt. Ein Induktionsofen, der sich in einem Vakuumgefäß befindet, dient zum Schmelzen, Legieren und Abgießen. →Umschmelzverfahren unter Vakuum werden bei besonderen qualitativen Anforderungen für Stähle und Sonderwerkstoffe angewandt.

Große Bedeutung haben die Verfahren zur Vakuumbehandlung in der Gießpfanne. Auch für sehr große Schmelzen lassen sich dabei die Wasserstoffgehalte absenken, eine Desoxidation mit Kohlenstoff und auch eine Entkohlung auf sehr niedrige Gehalte durchführen.

Bei der Pfannenentgasung wird die gefüllte Pfanne in einem Vakuumkessel abgesetzt, oder sie wird durch einen dichten Deckel abgeschlossen. Zur Unterstützung der Entgasung kann die Schmelze mit Argon gespült werden. Der Druck wird unter 1 mbar abgesenkt. Über die Entgasung hinaus sind in entsprechend ausgerüsteten Anlagen alle Möglichkeiten der Pfannenmetallurgie gegeben.

Die größte Verbreitung haben die Teilmengenentgasungsverfahren in Gießpfannen.

Beim Vakuum-Heberverfahren (DH-Verfahren) wird bei Absenken eines feuerfest ausgekleideten Vakuumgefäßes durch einen in den Stahl eintauchenden Rüssel eine Teilmenge des Stahles eingesaugt und entgast. Beim Anheben des Gefäßes

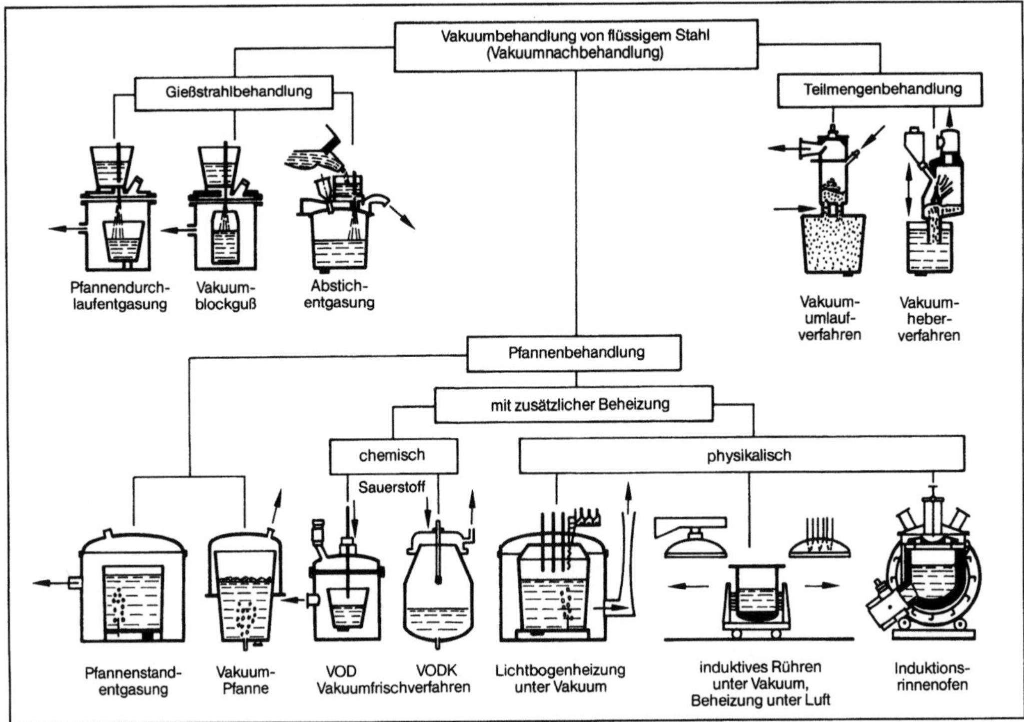


*Vakuumverfahren: Verfahren zur Vakuumbehandlung von flüssigem Rohstahl. (Quelle: VDEh Düsseldorf)*

strömt der Stahl in die Pfanne zurück. In 20 bis 30 Hüben läßt sich der Gasgehalt der ganzen Schmelze so weit absenken, daß ein Enddruck im Vakuumgefäß unter 1 mbar erreicht wird.

Bei der Umlaufentgasung (RH-Verfahren) tauchen zwei Rüssel des Vakuumgefäßes in die Schmelze. Durch Einleiten von Argon in den einen der Rüssel wird Stahl in das Vakuumgefäß gehoben und fließt durch den zweiten zurück. Auch bei diesem Verfahren ist eine Behandlungsdauer von 12–20 min nötig, um den gesamten Pfanneninhalt zu entgasen und ein Endvakuum unter 1 mbar einzustellen. Beim RH-OB-Verfahren wird zur Oxidation von Kohlenstoff in die Teilschmelze im Vakuumgefäß Sauerstoff eingeblasen.

Desoxidation- und Legierungsmittel können in beiden Verfahren nach der Entgasung zugegeben werden. Zur homogenen Verteilung wird die Behandlung dann für einige Minuten fortgesetzt. *Rellermeyer*

Literatur: *Knüppel, H.:* Desoxidation und Vakuumbehandlung von Stahlschmelzen. 2 Bde. Düsseldorf 1970.

**Vanadium.** Legierungselement in Stahl. Bei Gehalten $\leq 0,1\%$ erfolgt Ausscheidung von V.-Carbonitriden zur →Aushärtung (thermomechanische Behandlung) oder Verbesserung der Warmfestigkeit. Höhere Gehalte werden meist mit →Chrom, Molybdän oder Wolfram in Werkzeugstählen eingesetzt. *W. Dahl*

**Vanadiumlegierung.** Bei der Entwicklung von hochschmelzenden V. wurde besonders das System V-Ti-Nb untersucht, da V. als mögliche Alternative zu den hochfesten Titanlegierungen der Luft- und Raumfahrt angesehen wurden. Zwei Legierungen dienen der Hochtemperaturanwendung: VNb15Ti3 und VTi3Si1. Geringe Ti-Zusätze erhöhen stark die Zeitstandfestigkeit von →Vanadium (Cluster- oder Ausscheidungsbildung). Niob als Legierungskomponente ergibt bei kurzen Standzeiten ebenfalls eine Erhöhung der Warmfestigkeit. Es ist jedoch schwierig, dünne Bleche oder Rohre bei geforderter Warmfestigkeit herzustellen.

Wegen des geringen Neutronen-Einfangquerschnitts sind V. geeignet für Reaktorzwecke. Außerdem sind sie gut korrosionsbeständig (Salzsäure, Meerwasser) und gut mit Schutzgas schweißbar. Durch Stickstoff, Sauerstoff und Wasserstoff versproden sie stark.

V. (Ferrovanadium) werden entweder aluminothermisch durch Reduktion mit Aluminium oder elektrothermisch durch Reduktion mit Silicium hergestellt (50–55% V; 0,1–0,2% C; max. 4% Si; 1,5% Al; 0,1% P; 0,1% S; Rest Fe). In erster Linie werden sie in der Stahlindustrie für Legierungszwecke verwendet. Mit Titan legiert ist die Legierung TiAl6V4 ein hervorragender Leichtbauwerkstoff. *Heller*

**Ventilboden.** V. sind Platten mit einer Vielzahl von Löchern, die jeweils mit einem Ventil verschlossen werden, wenn die Geschwindigkeit des von unten gegen den Boden (→Bodenkolonne) strömenden Gases einen Grenzwert unterschreitet. Sie werden in verfahrenstechnischen Trennapparaten (z. B. Destillationskolonnen) dazu verwendet, ein Gas und eine Flüssigkeit in Kontakt zu bringen. V. haben gegenüber Siebböden den Vorteil, daß bei geringen Gasbelastungen die Flüssigkeit nicht durchregnet. Je größer die Gasgeschwindigkeit ist, desto mehr öffnen sich die Ventile, bis ein Wert maximaler Öffnung erreicht ist.

Die Ventile haben ca. 40–50 mm Dmr. Die Abstände der Lochmittelpunkte liegen zwischen dem 1,5fachen und dem 3fachen der Ventildurchmesser. *Dohrn*

Literatur: *Mersmann, A.:* Thermische Verfahrenstechnik. Berlin, Heidelberg, New York 1980.

**Venturiwäscher.** Absorptionsapparat, bei dem die Waschflüssigkeit in eine turbulente Gasströmung geleitet und dabei in feine Tröpfchen zerteilt wird. Man setzt ihn ein, wenn leicht lösliche Gase bei kurzer Verweilzeit von Waschflüssigkeiten aufgenommen werden sollen.

Das Bild zeigt den schematischen Aufbau eines V. Die Flüssigkeit wird an der engsten Stelle, d. h. am Ort der größten Gasgeschwindigkeit, zugegeben. Gas und Flüssigkeitströpfchen werden in einem Abscheidebehälter voneinander getrennt, wobei

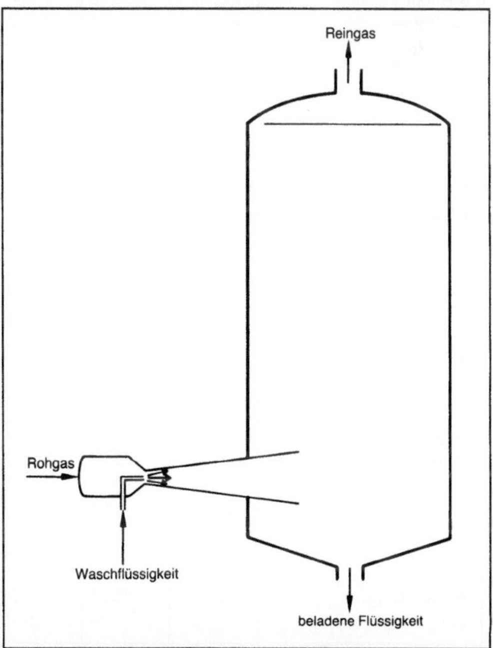


*Venturiwäscher: Schematischer Aufbau.*

man am Kopf das Reingas und am Boden die beladene Flüssigkeit entnimmt.

V. werden oft zur Abscheidung von Staub und Nebeln aus Gasen verwendet, z. B. mit Wasser als →Absorptionsmittel (→Staubwäscher). Ein weiteres Anwendungsbeispiel ist die →Absorption von $SO_2$ mit einer $Na_2CO_3$-Lösung oder von Fluorwasserstoff mit Wasser, wobei Absorptionsgrade von 95% erreicht werden.

Ein Nachteil des V. ist die große Menge an benötigter Förderenergie. *Dohrn*

Literatur: Ullmanns Enzyklopädie der techn. Chemie. 4. Aufl. Weinheim 1972.

**Verbindungslöten** →Löten

**Verbindungsschweißen** →Schweißen

**Verbrennung.** Eine V. ist eine schnell verlaufende Vereinigung von Sauerstoff oder eines anderen Oxidationsmittels mit den brennbaren Bestandteilen eines Brennstoffs unter Licht und Wärmeentwicklung. Der Beginn einer V. heißt Entzündung, bei Gasen und Dämpfen Entflammung. V.-Reaktionen verlaufen exotherm. Das Ziel einer gut geführten V. ist es, möglichst die gesamte freigesetzte Energie nutzbar zu machen und die unvermeidli-

*Verbrennung. Tabelle 1: Verbrennungskonstanten chemischer Elemente und Verbindungen.*
Alle Gasvolumen sind auf 16°C und 1,03 bar bezogen
Quelle: American Gas Association, Arlington, Virginia

| Stoff | chem. Formel | Mol-masse | Dichte | spez. Volumen | rel. Dichte zu Luft | Heizwert | | | |
|---|---|---|---|---|---|---|---|---|---|
| | | | kg/m³ | m³/kg | | oberer kJ/m³ | unterer kJ/m³ | oberer kJ/kg | unterer kJ/kg |
| Kohlenstoff*) | C | 12,01 | – | – | – | – | – | 32 780 | 32 780 |
| Wasserstoff | $H_2$ | 2,016 | 0,0849 | 11,779 | 0,0696 | 12 109 | 10 246 | 142 105 | 120 073 |
| Sauerstoff | $O_2$ | 32,00 | 1,3552 | 0,7379 | 1,1053 | – | – | – | – |
| Stickstoff (atm.) | $N_2$ | 28,01 | 1,1918 | 0,8391 | 0,9718 | – | – | – | – |
| Kohlenmonoxid | CO | 28,01 | 1,1854 | 0,8436 | 0,9672 | 11 960 | 11 960 | 10 111 | 10 111 |
| Kohlendioxid | $CO_2$ | 44,01 | 1,8742 | 0,5336 | 1,5282 | – | – | – | – |
| Paraffine | | | | | | | | | |
| Methan | $CH_4$ | 16,04 | 0,6808 | 1,4689 | 0,5543 | 37 706 | 33 943 | 55 532 | 49 997 |
| Ethan | $C_2H_6$ | 30,07 | 1,2863 | 0,7774 | 1,0488 | 66 060 | 60 434 | 51 922 | 47 491 |
| Propan | $C_3H_8$ | 44,09 | 1,9158 | 0,5220 | 1,5617 | 94 042 | 86 515 | 50 401 | 46 373 |
| n-Butan | $C_4H_{10}$ | 58,12 | 2,5341 | 0,3946 | 2,0665 | 121 874 | 112 448 | 49 592 | 45 770 |
| iso-Butan | $C_4H_{10}$ | 58,12 | 2,5341 | 0,3946 | 2,0665 | 121 501 | 112 112 | 49 475 | 45 654 |
| n-Pentan | $C_5H_{12}$ | 72,15 | 3,0499 | 0,3279 | 2,4872 | 149 781 | 138 492 | 49 066 | 45 373 |
| iso-Pentan | $C_5H_{12}$ | 72,15 | 3,0499 | 0,3279 | 2,4872 | 149 446 | 138 156 | 48 954 | 45 261 |
| neo-Pentan | $C_5H_{12}$ | 72,15 | 3,0499 | 0,3279 | 2,4872 | 148 812 | 137 560 | 48 794 | 45 100 |
| n-Hexan | $C_6H_{14}$ | 86,17 | 3,6426 | 0,2745 | 2,9704 | 177 651 | 164 498 | 48 766 | 45 159 |
| Olefine | | | | | | | | | |
| Ethylen | $C_2H_4$ | 28,05 | 1,1886 | 0,8413 | 0,9740 | 59 763 | 56 000 | 50 324 | 47 159 |
| Propylen | $C_3H_6$ | 42,08 | 1,7780 | 0,5624 | 1,4504 | 87 186 | 81 523 | 48 957 | 45 791 |
| n-Buten | $C_4H_8$ | 56,10 | 2,3707 | 0,4218 | 1,9336 | 114 907 | 107 492 | 48 506 | 45 340 |
| iso-Buten | $C_4H_8$ | 56,10 | 2,3707 | 0,4218 | 1,9336 | 114 348 | 106 859 | 48 233 | 45 068 |
| n-Penten | $C_5H_{10}$ | 70,13 | 2,9667 | 0,3371 | 2,4190 | 142 963 | 133 573 | 48 194 | 45 028 |
| Aromaten | | | | | | | | | |
| Benzol | $C_6H_6$ | 78,11 | 3,2998 | 0,3030 | 2,6920 | 139 796 | 134 169 | 42 295 | 40 590 |
| Toluol | $C_7H_8$ | 92,13 | 3,8941 | 0,2568 | 3,1760 | 167 144 | 159 655 | 43 033 | 41 104 |
| Xylol | $C_8H_{10}$ | 106,16 | 4,4900 | 0,2227 | 3,6618 | 194 864 | 185 550 | 43 379 | 41 309 |
| Verschiedene Gase | | | | | | | | | |
| Acetylen | $C_2H_2$ | 26,04 | 1,1165 | 0,8957 | 0,9107 | 55 031 | 53 131 | 50 013 | 48 308 |
| Naphthalin | $C_{10}H_8$ | 128,16 | 5,4206 | 0,1845 | 4,4208 | 218 114 | 210 662 | 40 246 | 38 862 |
| Methanol | $CH_3OH$ | 32,04 | 1,3552 | 0,7379 | 1,1052 | 32 341 | 28 578 | 23 860 | 21 087 |
| Ethanol | $C_2H_5OH$ | 46,07 | 1,9478 | 0,5134 | 1,5890 | 59 614 | 53 988 | 30 612 | 27 718 |
| Ammoniak | $NH_3$ | 17,03 | 0,7304 | 1,3691 | 0,5691 | 16 341 | 13 562 | 22 485 | 18 573 |
| Schwefel*) | S | 32,06 | – | – | – | – | – | 9 257 | 9 257 |
| Schwefelwasserstoff | $H_2S$ | 34,08 | 1,4593 | 0,6853 | 1,1898 | 24 069 | 22 169 | 16 507 | 15 204 |
| Schwefeldioxid | $SO_2$ | 64,06 | 2,7760 | 0,3602 | 2,2640 | – | – | – | – |
| Wasserdampf | $H_2O$ | 18,02 | 0,7625 | 1,3115 | 0,6215 | – | – | – | – |
| Luft | – | – | 1,2276 | 0,8146 | 1,0000 | – | – | – | – |

*) Kohlenstoff und Schwefel werden für molare Rechnungen als Gase betrachtet.

chen Verluste auf Grund unvollständiger V. und überschüssiger Luft so klein wie möglich zu halten. Zum vollständigen Ablauf der V.-Reaktion mit dem gesamten Sauerstoff benötigt man eine zur Zündung der Reaktionspartner ausreichend hohe Temperatur, eine gute Vermischung der Bestandteile oder hohe Turbulenz und eine ausreichende Kontaktzeit. In Tabelle 1 sind chemische Elemente und Verbindungen aufgeführt, die man industriell zur Wärmeerzeugung einsetzt.

Zum Berechnen der V. liegen mehrere Gesetzmäßigkeiten zugrunde, die nachfolgend kurz dargestellt seien:

□ *Erhaltung der Masse:* Die Masse aller Stoffströme, die einem Prozeß zugeführt werden, ist im stationären Zustand gleich der Masse aller Stoffströme, die aus einem Prozeß austreten.

□ *Erhaltung der Energie:* Die Summe aller Energieströme (potentielle, kinetische, thermische, chemische und elektrische), die in einen Prozeß eintreten, ist im stationären Zustand gleich der Summe aller Energieströme, die aus einem Prozeß austreten.

□ *Ideales Gasgesetz:* Das Volumen eines idealen Gases ist seiner Temperatur direkt proportional und dem absoluten Druck umgekehrt proportional.

□ *Gesetz der konstanten Proportionen:* Alle Stoffe vereinigen sich in bestimmten einfachen Relationen ihrer Massen zu chemischen Verbindungen. Diese Relationen sind den Molmassen der Reaktionsteilnehmer exakt proportional.

□ *Gesetz von Avogadro:* Gleiche Volumen unterschiedlicher Gase enthalten bei gleichem Druck und gleicher Temperatur die gleiche Anzahl von Molekülen.

□ *Gesetz von Dalton:* Der Gesamtdruck einer Gasmischung entspricht der Summe der Partialdrücke, die jedes Gas ausüben würde, wenn es allein dasselbe Volumen einnehmen würde wie die Gasmischung.

□ *Gesetz von Amagat:* Das Gesamtvolumen, das eine Gasmischung einnimmt, ist die Summe der Volumen, die jedes einzelne Gas unter den Bedingungen von Druck und Temperatur der Mischung einnehmen würde.

In Tabelle 2 sind Reaktionsgleichungen zwischen verschiedenen Brennstoffen und Sauerstoff sowie die sich ergebende V.-Wärme (Heizwert) angegeben. Man unterscheidet den unteren Heizwert $H_u$, bei dem Wasser als gasförmiger Wasserdampf berücksichtigt wird, vom oberen Heizwert $H_o$, bei dem die Kondensationswärme des in den Rauchgasen enthaltenen Wassers mitgezählt wird. Der Heizwert eines Brennstoffs wird üblicherweise durch direkte Messung in einem Kalorimeter bestimmt. In einer Feuerung, in der keine mechanische Arbeit verrichtet wird, hängt die bei der Vereinigung der brennbaren Elemente mit Sauerstoff freigesetzte Wärmeenergie nur von der Art der Endprodukte der V. ab und nicht von den Zwischenprodukten, die bei den V.-Reaktionen auftreten können.

Die Entzündungstemperatur kann man als die Temperatur definieren, bei der durch die V. mehr Wärme freigesetzt als an die Umgebung abgegeben wird. Üblicherweise wird der Begriff auf die V. in Luft angewendet. Die Entzündungstemperatur nimmt mit steigendem Druck ab und steigt mit dem Feuchtigkeitsgehalt der Luft.

Die adiabate Flammentemperatur ist die maximale, theoretisch erreichbare Temperatur, die die V.-Produkte eines bestimmten Brennstoffs erreichen könnten, wenn keine Wärmeverluste an die Umgebung entständen. *Dohrn*

Literatur: *Considine, D. M.* (Hrsg.): Handb. Energy Technology. New York 1976. – *Schmidt, E.:* Technische Thermodynamik. Von *K. Stephan* u. *F. Mayinger* neubearb. Aufl. Bd. 2. Berlin 1977.

**Verbundguß.** Bei V.-Teilen lassen sich gute Wärmeleitung, geringes Gewicht, gute Bearbeitbar-

*Verbrennung. Tabelle 2: Wichtige Verbrennungsreaktionen.*

| brennbarer Stoff | Reaktion | Mole | Massen kg | oberer Heizwert kJ/kg |
|---|---|---|---|---|
| Kohlenstoff (zu CO) | $2C + O_2 = 2CO$ | $2 + 1 \rightarrow 2$ | $24 + 32 = 56$ | 10 330 |
| Kohlenstoff (zu $CO_2$) | $C + O_2 = CO_2$ | $1 + 1 \rightarrow 1$ | $12 + 32 = 44$ | 32 796 |
| Kohlenmonoxid | $2CO + O_2 = 2CO$ | $2 + 1 \rightarrow 2$ | $56 + 32 = 88$ | 10 100 |
| Wasserstoff | $2H_2 + O_2 = 2H_2O$ | $2 + 1 \rightarrow 2$ | $4 + 32 = 36$ | 141 980 |
| Schwefel (zu $SO_2$) | $S + O_2 = SO_2$ | $1 + 1 \rightarrow 1$ | $32 + 32 = 64$ | 9 250 |
| Methan | $CH_4 + 2O_2 = CO_2 + 2H_2O$ | $1 + 2 \rightarrow 1 + 2$ | $16 + 64 = 80$ | 55 480 |
| Acetylen | $2C_2H_2 + 5O_2 = 4CO_2 + 2H_2O$ | $2 + 5 \rightarrow 4 + 2$ | $52 + 160 = 212$ | 49 960 |
| Ethylen | $C_2H_4 + 3O_2 = 2CO_2 + 2H_2O$ | $1 + 3 \rightarrow 2 + 2$ | $28 + 96 = 124$ | 50 275 |
| Ethan | $2C_2H_6 + 7O_2 = 4CO_2 + 6H_2O$ | $2 + 7 \rightarrow 4 + 6$ | $60 + 224 = 284$ | 51 880 |
| Schwefelwasserstoff | $2H_2S + 3O_2 = 2SO_2 + 2H_2O$ | $2 + 3 \rightarrow 2 + 2$ | $68 + 96 = 164$ | 16 500 |

keit des einen Partners mit besonders hoher Festigkeit, Biegesteifigkeit und ähnlichen Eigenschaften der anderen Komponenten sinnvoll paaren. Zu unterscheiden ist zwischen einem V., bei dem die Verbindung in einer Verklammerung durch Schrumpfkräfte hergestellt wird, und Mehrkomponentenwerkstoffen, bei denen eine intermetallische Verbindung in der Zwischenschicht für eine auch thermisch hochbelastbare Bindung sorgt.

*V. ohne intermetallische Zwischenschichten.* Zur Herstellung von Pleuellagern für V-Motoren und schwimmende Büchsen eignen sich Tauchverfahren. A. *Monzer* verwendet eine Tauchform aus Graphit, a) im Bild, in die die Stützschale aus Stahl eingespannt ist. In dieser Graphitform läßt sich die Stahlschale ohne Schutzgasatmosphäre zunderfrei vorwärmen, da sich innerhalb der Form eine schützende CO-Atmosphäre bildet. Die auf helle Rotglut erwärmte Form wird in ein mit Borax abgedecktes Bleibronzebad getaucht. Nach dem Herausnehmen der gesamten Form fließen Borax und Bleibronze bis zur Höhe der unteren Lochreihe aus. Das Abkühlen erfolgt radial, der Vorgang verlangsamt sich aber durch die kegelige Ausbildung des Kerns nach oben, wodurch Axialspannungen infolge der verschiedenen Ausdehnungskoeffizienten von Bleibronze und Stahl an der Bindungsfläche weitgehend vermieden werden. Ebenso lassen sich die radialen Zugspannungen durch Aufschrumpfen der Bleibronze auf den kegeligen Graphitkern mit seinem niedrigen Ausdehnungsbeiwert auf einen Kleinstwert begrenzen. Die gleichen Verhältnisse gelten auch für das Tauchen doppelseitiger Lager in einer Form, b) im Bild.

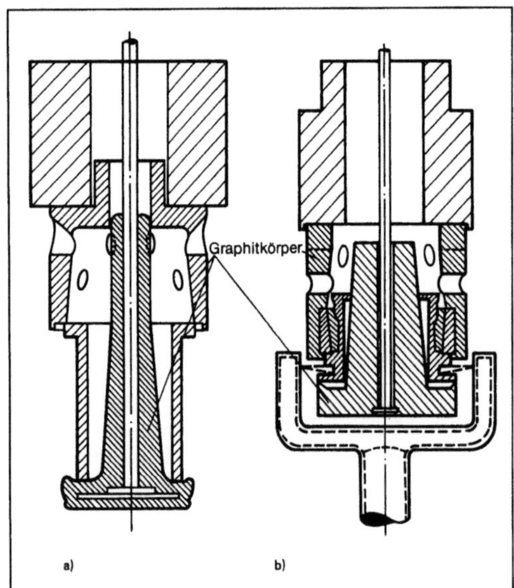


*Verbundguß: Tauchform.*
*a) Nach* A. Monzer
*b) Für doppelseitige Lager.*

Rohre aus Verbundwerkstoffen lassen sich am einfachsten durch das Schleudergießverfahren herstellen, wobei das Außenrohr als →Kokille dient, in die die niedriger schmelzende Komponente eingeschleudert wird. Nach dieser Methode erhalten z. B. Rohre aus →Gußeisen mit Lamellen- und Kugelgraphit, sofern sie für Trinkwasserleitungen bestimmt sind, eine eingeschleuderte Zementschicht.

*V. mit intermetallischen Zwischenschichten.* Bei solchen V.-Teilen sorgt eine aus beiden Werkstoffkomponenten bestehende Zwischenschicht, in der die Kristallite sich gegenseitig durchdringen und verwachsen, für eine hochbelastbare und auch die unterschiedlichen Ausdehnungswerte in hohem Maße kompensierende Verbindung.

Im Jahr 1941 wurde in den USA das Al-Fin-Verfahren entwickelt. Der Name setzt sich aus Al als Kurzzeichen für Aluminium und dem englischen Wort fin (Rippe) zusammen. Während des Al-Fin-Prozesses entsteht an der Grenzfläche die intermetallische Verbindung $Fe_xAl_y$. Je nach den Prozeßbedingungen (Zeit, Temperatur, chemische Zusammensetzung u. a.) bilden sich die Verbindungen $FeAl_3$ oder $Fe_2 Al_5$. Derartige Verbindungen sind zwischen fast allen Mitgliedern der Eisen- und Aluminiumfamilie möglich, ausgenommen die Nitrier- und Einsatzstähle, die aber auch für das Al-Fin-Verfahren brauchbar gemacht werden können, wenn man an der vorgesehenen Bindungsstelle die Nitrier- oder Einsatzschicht durch Schleifen entfernt. Auf der Schwermetallseite können nicht nur Stahl und Gußeisen, sondern auch Nickel und Titan, auf der Leichtmetallseite neben den Aluminium-Legierungen auch Magnesium und seine Legierungen miteinander verbunden werden. Bei richtiger Verfahrensanwendung wird die intermetallische Zwischenschicht etwa 0,02–0,03 mm dick. Ihre Zugfestigkeit beträgt 80–120 N/mm², und die Scherfestigkeit schwankt zwischen 40 und 60 N/mm². Um die hohe Wärmeleitung des Aluminiums und das gleichzeitig hohe Wärmespeichervermögen der Leichtmetalle ausnutzen zu können, darf bei einer Verbundgußkonstruktion beim Übergang von dem einen zum andern Werkstoff der Wärmefluß nicht wesentlich gedrosselt werden. Eingehende Messungen haben ergeben, daß in der Nähe der Al-Fin-Schicht keine nennenswerten Wärmestaus auftreten.

Eine Variante des Al-Fin-Verfahrens ist das in der Bundesrepublik Deutschland entwickelte Nü-ral-Verfahren, bei dem man zum Aufbau der intermetallischen Zwischenschicht nicht ein Tauchbad aus Reinaluminium oder sonst üblichen AlSi-Legierungen verwendet, sondern eine Legierung mit 6–10 % Zn.

In neuerer Zeit beschäftigt man sich intensiv mit der Entwicklung von Verbundwerkstoffen auf der Basis Metall/Keramik. Das Hauptproblem liegt hierbei in den sehr unterschiedlichen Wärmeausdehnungen von Keramik und Metallen. Aus dem reinen Laborstadium heraus zur industriellen Anwendung haben sich von der Keramikseite bisher nur zwei Werkstoffe entwickelt, und zwar das Aluminium-Titanat und das Siliciumnitrid. Aluminium-Titanat hat einen geringen E-Modul und damit verbunden hohe Thermoschockbeständigkeit. Dieses Material wird bereits in Serie zur Herstellung von Innenauskleidungen für Auspuffkrümmer verwendet und vorzugsweise mit Aluminium-Legierungen umgossen. Wenn es um die Erhöhung des Verschleißwiderstandes geht, wird Siliciumnitrid bevorzugt, das im Motorenbau schon für Ventilführungen eingesetzt wird.

Relativ gut eingießen (auch in Gußeisen-Bauteile) läßt sich reaktionsgebundenes Siliciumcarbid, ein wegen seiner physikalischen und chemischen Eigenschaften vielversprechender Hochtemperaturwerkstoff. Reaktionsgebundenes SiC wird aber auch durch SiC-Whisker/RB-SiC-Composites zu einem reinen SiC-Verbundwerkstoff mit erheblich gesteigerter Festigkeit entwickelt. *Doliwa*

**Verbundwerkstoff.** V. entstehen durch Kombination von mindestens zwei Werkstoffen mit unterschiedlichen Eigenschaften. Im Gegensatz zu anderen Strukturwerkstoffen aus mehr als einem Werkstoff sind sie gezielt aufgebaut. In Kombination von Werkstoffen unterschiedlicher Eigenschaften können durch Variation der Form, Größe und räumlichen Verteilung einer der Werkstoffkomponenten oftmals Werkstoff- und Bauteileigenschaften erreicht werden, die den Eigenschaften der einzelnen Werkstoffe überlegen sind. V. können entsprechend der Form und räumlichen Anordnung der Komponenten (Bild 1) unterteilt werden in

□ Faserverbundwerkstoffe,
□ Schichtverbundwerkstoffe,
□ Teilchenverbundwerkstoffe,
□ Durchdringungsverbundwerkstoffe.

V. sind in der Regel Kombinationen aus metallisch-keramischen, keramisch-polymeren, polymeren (nichtmetallischen) Werkstoffen, wobei diese Bestandteile meist unterschiedlichen Werkstoffhauptgruppen angehören. Kombinationen innerhalb ein und derselben Werkstoffgruppe sind jedoch ebenfalls möglich und werden dann zu den V. gezählt, wenn sich die Eigenschaften der einzelnen Bestandteile wesentlich voneinander unterscheiden, wie z. B. die Tränklegierung W/Cu, Durchdringungs-V., oder der eigenfaserverstärkte Werkstoff C/C, kohlenstoffaserverstärkter →Kohlenstoff (Bild 2).

V. werden oft auch als maßgeschneiderte oder aufgabenangepaßte Werkstoffe bezeichnet, da die Eigenschaften durch Variation der Bestandteile verändert werden können. Dadurch läßt sich eine

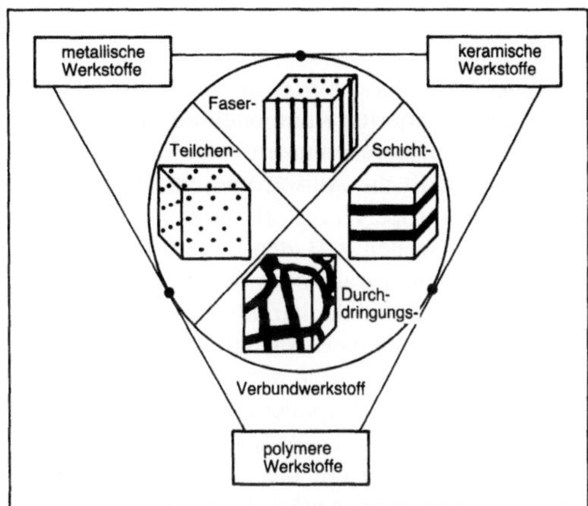


*Verbundwerkstoff 1: Möglichkeiten der Kombination und räumlichen Anordnung von Werkstoffen (Quelle:* Ondracek u. Schlichting *a. a. O.)*

*Verbundwerkstoff 2: Schrauben aus kohlefaserverstärktem Kohlenstoff. (Quelle: SIGRI)*

bessere Funktionserfüllung der Bauteile erreichen. Die Eigenschaften von V. ergeben sich z. T. additiv aus denen der Komponenten. Doch gilt dies nicht immer, z. B. nicht für die mechanischen Eigenschaften (Mikrostruktologie).

Die Dichte eines V. ergibt sich additiv aus den Dichten der einzelnen Komponenten. Man spricht in diesem Fall auch von Summeneigenschaften. Aus der Kombination von Werkstoffen können jedoch auch Eigenschaften (Produkteigenschaften) resultieren, die keiner der einzelnen Werkstoffe besitzt. Ein Beispiel stellt der Bimetalleffekt bei Bimetallen dar (Schicht-V.).

Solche Eigenschaften, die nicht aus der Addition einzelner Komponenten resultieren, sondern von Form, Größe und Verteilung der Einzelkomponenten abhängen, werden als Struktureigenschaften bezeichnet.

Ausgeprägte Struktureigenschaften treten dann auf, wenn z. B. eine Komponente eines V. in einer bestimmten Richtung angeordnet ist. Die Orientierung einer Komponente in einer bestimmten Richtung ist oftmals erwünscht und wird dann gezielt erzeugt. Zum Beispiel werden bei Faserverbundwerkstoffen die Fasern in Richtung der maximal auftretenden Zugspannungen angeordnet, um die Festigkeit der Fasern voll auszuschöpfen. V. mit richtungsorientierten Komponenten sind anisotrop. Bei Festigkeitsberechnungen von V. (Kontinuumstheorie) schafft die Anisotropie eine Erschwernis, da sich anisotrope Werkstoffe nicht mehr eindeutig durch zwei Größen, z. B. den Elastizitätsmodul und die Querdehnungszahl oder den Elastizitätsmodul und den Schubmodul, charakterisieren lassen, sondern Steifigkeiten bzw. Nachgiebigkeiten des Verbunds betrachtet werden müssen.

Die einzelnen Komponenten in einem Verbund haben unterschiedliche Aufgaben und Funktionen zu erfüllen. So besteht die Aufgabe der Faser in einem Faserverbundwerkstoff darin, die mechanische Last aufzunehmen, während die Matrix die Faser zu fixieren und zur Steifigkeit des Verbunds beizutragen hat. Deutlich wird eine Trennung der Aufgaben z. B. auch bei oberflächenbeschichteten Materialien, die zu den Schichtverbundwerkstoffen gezählt werden. Hier dient die Schicht dem Korrosions- bzw. Verschleißschutz, während der Grundwerkstoff die tragende Bauteilfunktion übernimmt.

Eine Funktionserfüllung ist meist nur dann gewährleistet, wenn eine ausreichende Haftung (u. a. genügende Adhäsion und mechanische Verklammerung) zwischen den einzelnen Komponenten eines V. gegeben ist. Die Haftung wird quantitativ durch die Haftfestigkeit oder Scherfestigkeit in der Grenzfläche (interlaminare Scherfestigkeit) beschrieben.

Eine ausreichende Haftung hängt insbes. von der mechanischen und chemischen Verträglichkeit der einzelnen Komponenten ab und muß sowohl unter Herstellungs- als auch unter Anwendungsbedingungen gegeben sein. Eine gute Verträglichkeit der Komponenten liegt dann vor, wenn die mechanischen, chemischen sowie physikalischen Vorgänge an der Grenzfläche unter gegebenen Einsatzbedingungen zu keinen unzulässigen Spannungszuständen, Mikrorissen oder Delaminationen, d. h. Überschreitungen der interlaminaren Scherfestigkeit führen (Bild 3).

Die mechanische Verträglichkeit hängt u. a. von den elastisch-plastischen Eigenschaften der den Verbund aufbauenden Werkstoffe sowie den äußeren Beanspruchungen ab. Für eine mathematische Abschätzung sowie Beschreibung der mechanischen Verträglichkeit sind die Temperaturverläufe der Elastizitätskennwerte (E-Modul, Schubmodul, Querdehnungszahl) sowie der thermischen Ausdehnungskoeffizienten der Komponenten wesentlich. Einen Einfluß auf die mechanische Verträglichkeit von V. besitzen ferner Geometrie, Anordnung und Volumenanteile der Komponenten, die Geometrie der Werkstoffgrenze sowie die Art des Werkstoff-

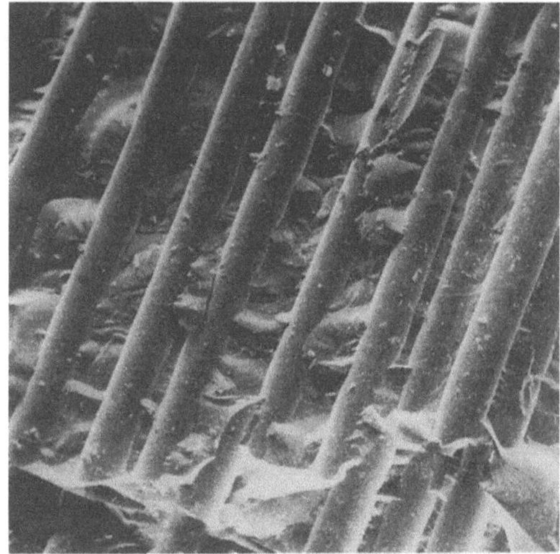

*Verbundwerkstoff 3: Delamination entlang von Fasern bei faserverstärktem Kunststoff.*

übergangs. Dieser kann einerseits stetig, also kontinuierlicher Übergang (Bild 4), gradierte Schicht, andererseits auch unstetig sein. Letzteres bedeutet eine abrupte Änderung der Werkstoffeigenschaften an der Grenzfläche.

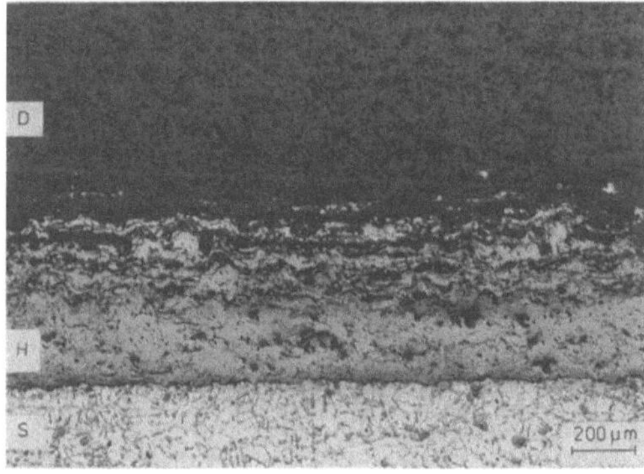


*Verbundwerkstoff 4: Kontinuierlicher Übergang von der Haftschicht zur Keramik – unstetiger Übergang vom Grundwerkstoff zur Haftschicht.*

S Substrat: AlSi 12, H Haftschicht: MCrAlY, D Deckschicht: $ZrO_2 - 8Y_2O_3$

Das Problem der mechanischen Verträglichkeit sei beispielhaft für kurzfaserverstärkte Werkstoffe näher erläutert. Bei ihnen erfolgt die Krafteinleitung über die Matrix. Diese dehnt sich i. a. mehr als die Faser mit dem höheren Elastizitätsmodul. Infolge der Dehnungsunterschiede bildet sich ein Schubspannungszustand an der Grenzfläche Faser–Matrix mit den Höchstwerten an den Faserenden aus. Parallel dazu entstehen in den Fasern Normalspannungen, die von den Faserenden her anwachsen und in der Mitte am größten sind.

Ihre Höhe hängt von der Länge und dem Radius der Fasern ab. Je länger die Fasern und je kleiner der Radius ist, um so höher ist die Spannung. Diejenige Länge, bei der die Spannung die Zugfestigkeit erreicht, wird als kritische Faserlänge bezeichnet.

Unter chemischer Verträglichkeit ist zu verstehen, daß keine durch Diffusion oder chemische Reaktion hervorgerufenen negativen Veränderungen der Eigenschaften auftreten, z. B. Bildung von Sprödphasen bei Metallen (Tabelle).

Um eine Verschlechterung der Eigenschaften durch Diffusion oder Reaktionen zu vermeiden, werden z. T. Zwischenschichten eingesetzt. Als Beispiel seien Nickelschichten als Diffusionsbarriere für Kohlenstoff angeführt.

Zwischenschichten werden auch zum Verbessern der Haftung eingesetzt sowie als Puffer, um unzulässige Spannungen bei mechanischer und thermischer Belastung durch zu große Differenzen in den physikalischen und mechanischen Werkstoffkennwerten zu vermeiden. Als Beispiel seien die MCrAlY-Schichten (M steht für Co, Fe, Ni) erwähnt, die bei Wärmedämmschichten u. a. dazu dienen, die Haftung zwischen dem metallischen Grundwerkstoff und einer keramischen Oberflächenbeschichtung zu erhöhen (Bild 4). Außerdem verhindert die Schicht die Oxidation bzw. Heißgaskorrosion des Grundwerkstoffs, d. h. einen Angriff heißer Verbrennungsgase auf den empfindlicheren Grundwerkstoff.

Eine gute Haftung derartiger Haftschichten ist dann gegeben, wenn die Haftfestigkeit oder interlaminare Scherfestigkeit die Festigkeit einer der Werkstoffkomponenten überschreitet. Bei Überbeanspruchung tritt das Versagen nicht durch Bruch an der Grenzfläche (Adhäsionsbruch), die i. a. die Schwachstelle bei V. darstellt, ein, sondern in der Werkstoffkomponente mit der geringeren Festigkeit (Kohäsionsbruch).                    *Steffens*

Literatur: N. N.: Metallische Verbundwerkstoffe. Karlsruhe 1977. – *Ondracek, G.,* u. a.: Verbundwerkstoffe – Technologie und Prüfung. Oberursel 1985. – *Schlichting, J.,* u. a.: Verbundwerkstoffe. Grafenau 1978. – *Taprogge, R.,* u. a.: Faserverstärkte Hochleistungs-Verbundwerkstoffe – zukünftige Entwicklung und Anwendung. Würzburg 1975.

**Verbundwerkzeug.** In V. werden mehrere Verfahren des Blechschneidens und der →Blechumformung kombiniert angewendet (→Stanzen).

Es gibt reine Umformkombinationen (z. B. Tiefziehen – Biegen – Prägen usw.) sowie das mit Umformen kombinierte Schneiden (z. B. Ausschneiden – Biegen, Tiefziehen – Prägen – Abschneiden usw.). Die einzelnen Umform- und Schneidoperationen können gleichzeitig (Gesamt-V.) oder stufenweise (Folge-V.) erfolgen.

Zusätzlich zu den für Schneid- und Blechumformwerkzeuge notwendigen Bauelementen sind für V. ggf. Umlenkelemente erforderlich. Diese haben die Aufgabe, die Hauptarbeitsrichtung (Pressenhub) innerhalb des V. umzulenken und damit verschiedenen Aktivelementen eine andere Arbeitsrichtung zu geben.

Auf Grund ihrer Komplexität ist die Herstellung von V. aufwendig und teuer. Durch die Substitution mehrerer Einzelverfahren ist der Einsatz dieser Werkzeuge jedoch vor allem in der Massenfertigung wirtschaftlich (→Schneidwerkzeug).                    *König*

**Verchromen**   →Oberflächenbehandlung (Beschichten)

**Verdampfen.** V. ist eine verfahrenstechnische Grundoperation zur Trennung von Flüssigkeiten und Feststoffen. Speziell werden darunter Trenn-

*Verbundwerkstoff. Tabelle: Chemische Verträglichkeit einiger Metalle mit Keramik.*

| | Keramik | | B | C | SiC | Al$_2$O$_3$ | ZrO$_2$ |
|---|---|---|---|---|---|---|---|
| Metall | T$_s$ in °C | | 2 050 | 3 800 | 2 500 | 2 030 | 2 580 |
| | | $\varrho$(g/cm$^3$) | 2,3 | 1,7 | 3,2 | 4,0 | 5,4 |
| Mg | 650 | 1,7 | | | | R > 900 | R |
| Al | 660 | 2,7 | R > 700 | R > 500 | R > 700 | | R |
| Ti | 1670 | 4,5 | R > 900 | | kR < 700 | R > 1400 | R > 1400 |
| Co | 1500 | 8,9 | R | R > 1000 | | R | |
| Ni | 1450 | 8,9 | R > 600 | R > 1000 | R > 1100 | kR | kR < 1800 |
| W | 3410 | 19,3 | R | R | | | kR |
| NB | 2420 | 8,4 | R | R | | kR > 1800 | kR |

R Reaktion, kR keine Reaktion

verfahren verstanden, bei denen der gelöste Stoff, z. B. ein gelöstes Salz, vom Lösungsmittel, häufig Wasser, abgetrennt wird.

Erwärmt man eine Flüssigkeit durch Zufuhr von Wärmeenergie bis zu ihrer Siedetemperatur, so setzt der Vorgang des V. (Sieden) ein. Haben die Komponenten eines zu verdampfenden Gemisches vergleichbare Dampfdrücke, so enthält der aufsteigende Dampf alle Komponenten (z. B. beim →Destillieren). Sind die Dampfdrücke sehr unterschiedlich, wie z. B. im Fall von in Wasser gelöstem Kochsalz, enthält der Dampf praktisch nur die flüchtige Komponente, und die verbleibende Restlösung reichert sich mit dem Feststoff an.

Das Bild zeigt das Schema eines einstufigen, kontinuierlich betriebenen Verdampfers mit Kondensator. Die Dünnlösung strömt in den →Verdampfer, wo sich durch Zufuhr von Wärmeenergie der Dampf bildet, der anschließend im Kondensator verflüssigt wird. Das V. ähnelt dem Verfahren der einfachen Destillation mit dem Unterschied, daß

□ der Dampf nicht unbedingt gewonnen wird,
□ der →Rückstand auch Feststoffe enthalten kann,
□ häufig unter vermindertem Druck verdampft wird.

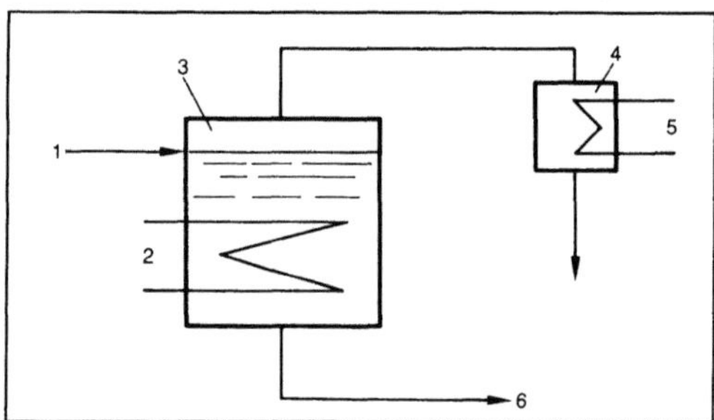

*Verdampfen: Schema einer einfachen Verdampfung.*

1 Dünnlösung, 2 Heizen, 3 Verdampfer, 4 Kondensator, 5 Kühlen, 6 Dicklösung

Die Energie des Dampfes kann man zur Erwärmung einer weiteren Verdampferstufe nutzen, die bei einem niedrigen Druck betrieben wird. Durch eine Mehrstufenverdampfung lassen sich die Heizkosten reduzieren. Eine weitere Möglichkeit der Energiekosteneinsparung ist die Ausnutzung der Energie der Dämpfe (Brüden) durch eine mechanische oder thermische →Brüdenkompression und die Verwendung dieser komprimierten, energiereichen Dämpfe zur Beheizung des Verdampfers. *Dohrn*

Literatur: *Billet, R.:* Verdampfung und ihre technischen Anwendungen. Weinheim 1981. – *Billet, R.:* Verdampfungstechnik. Mannheim 1965. – *Coulson, J. M.,* u. *J. F. Richardson:* Chemical Engineering. London 1980. – *King, C. J.:* Separation Processes. New York 1980. – *Mersmann, A.:* Thermische Verfahrenstechnik. Berlin, Heidelberg, New York 1980. – *Perry, R. E.,* u. *D. W. Green:* Perry's Chemical Engineers' Handb. 6. Aufl. New York 1984.

**Verdampfer.** V. sind Apparate, in denen Flüssigkeiten und Feststoffe durch das →Verdampfen der Flüssigkeit voneinander getrennt werden. An die Bauweise von V. werden folgende Anforderungen gestellt:

□ Der Wärmeübergang sollte möglichst gut sein, um mit geringen Wärmeübertragungsflächen auszukommen.

□ Die stofflichen Auswirkungen des Verdampfungsprozesses auf Produkt und V. müssen durch konstruktive Maßnahmen im zulässigen Rahmen gehalten werden. So ist z. B. bei temperaturempfindlichen Produkten sowohl für eine niedrige Temperatur der Heizfläche als auch für eine geringe Verweilzeit der Produkte im V. zu sorgen.

Der Wärmeübergangskoeffizient steigt mit der Geschwindigkeit des strömenden Mediums an. In einem Naturumlauf-V. (Umlauf-V.) wird auf Grund einer durch unterschiedliche Temperaturen hervorgerufenen Dichtedifferenz eine Zirkulation der einzudampfenden Lösung erreicht, ohne daß hierzu Fördereinrichtungen nötig wären. Wird der Naturumlauf durch eine Pumpe unterstützt, verbessert sich der Wärmeübergang (Zwangsumlauf-V.).

Eine weitere Verbesserung des Wärmeübergangs läßt sich in Fallfilm-V. erzielen, bei denen von außen beheizte Rohre innen mit dem Produkt berieselt werden, so daß sich auf den Innenflächen Rieselfilme bilden.

Einen gleichmäßigen, dünnen Film erreicht man, wenn die Flüssigkeit mit Hilfe von Wischersystemen verteilt wird, wie dies in Dünnschicht-V. der Fall ist. In diesen V. sind die Verweilzeiten kurz. Werden sie zudem unter Vakuum betrieben, eignen sie sich besonders für die Eindampfung temperaturempfindlicher Stoffe (→Robert-Verdampfer). *Dohrn*

Literatur: *Billet, R.:* Verdampfung und ihre technischen Anwendungen. 1. Aufl. Weinheim 1981. – *Billet, R.:* Verdampfungstechnik. Mannheim 1965. – *Coulson, J. M.,* u. *J. F. Richardson:* Chemical Engineering. London 1980. – *Mersmann, A.:* Thermische Verfahrenstechnik. Berlin, Heidelberg, New York 1980. – *Perry, R. E.,* u. *D. W. Green:* Perry's Chemical Engineers' Handb. 6. Aufl. New York 1984.

**Verdampfungskristallisator.** Ein V. ist ein verfahrenstechnischer Apparat zur Erzeugung einer kristallinen, festen Phase aus einer Lösung, die mit den zu kristallisierenden Stoffen gesättigt ist (→Kristallisation). Durch die teilweise Verdampfung des Lösungsmittels wird die zur Kristallbildung notwendige →Übersättigung der Lösung erreicht. Der V. (Bild) wird eingesetzt, wenn sich die Löslichkeit des zu kristallisierenden Stoffs im Lösungsmittel nicht oder nur wenig mit der Temperatur ändert. Zur Vermeidung von Verkrustungen bringt man den Wärmeübertrager unterhalb des Kristallisationsraums an, so daß auf Grund des hydrostatischen Drucks im Wärmeübertrager noch kein Sieden

*Verdampfungskristallisator: Beispiel. (Quelle: Mannesmann Anlagenbau)*

einsetzt. Erst wenn die Lösung den höhergelegenen Entspannungsraum erreicht, beginnt das Lösungsmittel zu verdampfen. In Mehrfacheffektanlagen schaltet man mehrere V. hintereinander, wobei die Brüden zur Beheizung des jeweils nächsten Kristallisators verwendet werden. Eine weitere Möglichkeit zur Energierückgewinnung ist die mechanische und die thermische →Brüdenkompression. *Dohrn*

**Verdampfungsrate.** Bei der Verdampfungskristallisation versteht man unter der V. das Verhältnis aus

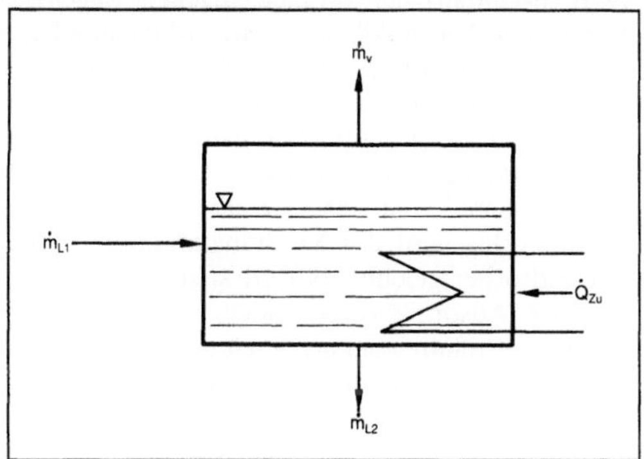

*Verdampfungsrate: Verdampfungsrate bei der Verdampfungskristallisation.*

$\dot{m}_{L1}$ Massenstrom der Ausgangslösung, $\dot{m}_{L2}$ Massenstrom der Kristallsuspension, $\dot{m}_v$ Massenstrom des verdampften reinen Lösungsmittels, $\dot{Q}_{zu}$ zugeführte Wärmemenge

dem Massenstrom an verdampftem reinen Lösungsmittel $\dot{m}_v$ und dem Zulaufstrom an Lösung $\dot{m}_{L1}$ (Bild). Die V. bestimmt maßgeblich die →Übersättigung der Lösung. Sie ist der zugeführten Wärmemenge $\dot{Q}_{zu}$ proportional (→Verdampfungskristallisator). *Dohrn*

**Verdampfungsverfahren.** Das Verdampfen einer oder mehrerer flüssiger Komponenten aus einem Mehrstoffgemisch kann durch Zufuhr von Wärme oder durch eine Druckabsenkung (→Entspannungsverdampfung) erfolgen.

Zur besseren Ausnutzung der zugeführten Wärme läßt sich der entstehende Dampf durch Heizdampfzufuhr thermisch (thermische →Brüdenkompression) oder einen Verdichter mechanisch (mechanische Brüdenkompression) komprimieren und zur Beheizung einer Verdampferstufe verwenden.

Eine weitere Möglichkeit zur besseren Energieausnutzung ist die Verwendung des entstehenden Dampfes zur Beheizung einer folgenden Verdampferstufe, die bei einem niedrigeren Druck arbeitet. Derartige Mehrfacheffekt- oder Mehrstufenanlagen können zwei bis mehr als zehn Stufen haben und ermöglichen eine Energieeinsparung auf Werte, die kleiner als 10 % der Heizkosten einer einstufigen Anlage sind. Mehrfacheffektanlagen werden u. a. für die Meerwasserentsalzung verwendet.

Die Verdampferstufen betreibt man in Parallel-, Gleichstrom- oder Gegenstromschaltung. Bei der →Parallelschaltung wird die Rohlösung allen Verdampferstufen zugeführt. Die Brüden werden zur Beheizung der jeweils nächsten Stufe verwendet. Der Druck fällt von Stufe zu Stufe ab (Bild 1).

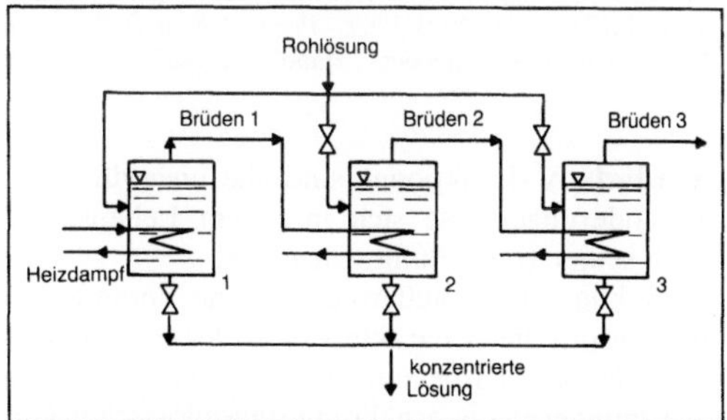


*Verdampfungsverfahren 1: Dreistufenverdampfungsanlage in Parallelschaltung.*

Bei der Gleichstromschaltung fließt die zu konzentrierende Lösung im →Gleichstrom mit den Brüden durch alle Verdampferstufen. Druck und Temperatur nehmen von Stufe zu Stufe ab, während die Konzentration des Gelösten zunimmt (Bild 2). Durch die niedrigeren Temperaturen kann es zum Auskristallisieren aus der Lösung kommen. Ein weiterer Nachteil der niedrigen Temperatur ist der

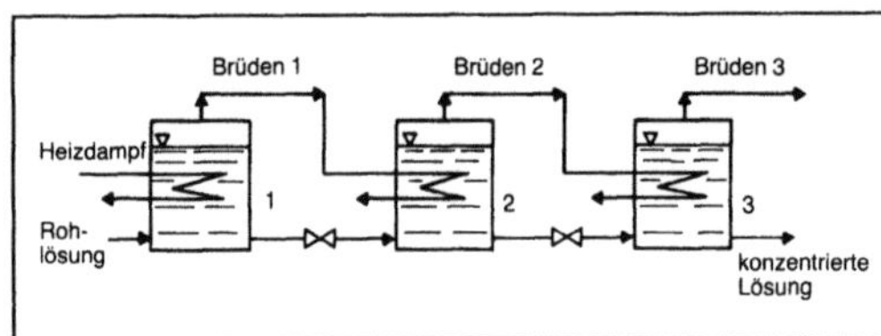



*Verdampfungsverfahren 2: Dreistufenverdampfungsanlage in Gleichstromschaltung.*

Anstieg der Viskosität und somit der Abfall des Wärmeübergangskoeffizienten.

Bild 3 zeigt eine dreistufige Verdampferanlage in Gegenstromschaltung. Lösung und Dampf fließen in entgegengesetzter Richtung. Damit der Brüdendampf der dritten Stufe bei einer höheren Temperatur als der Siedetemperatur der zweiten Stufe kondensiert, muß der Druck in der dritten Stufe höher als in der zweiten sein. Entsprechendes gilt für die Stufen eins und zwei. Deshalb muß die Lösung zwischen den Verdampferstufen mit Hilfe von Pumpen auf den notwendigen Druck gebracht werden. Die Temperatur steigt von Stufe zu Stufe an, was bei temperaturempfindlichen Stoffen zu Nachteilen führen kann (Entspannungsverdampfung). *Dohrn*

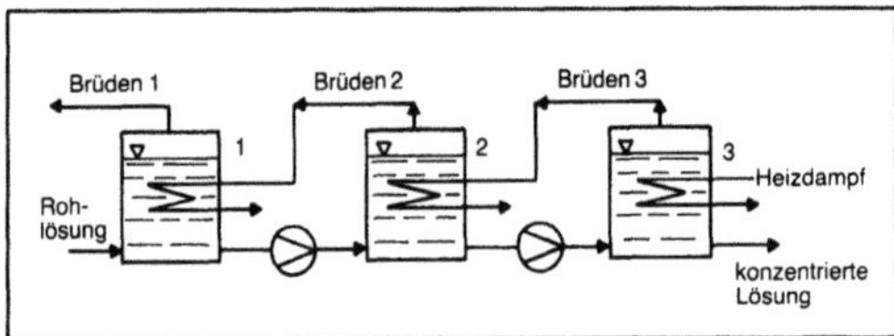



*Verdampfungsverfahren 3: Dreistufenverdampfungsanlage in Gegenstromschaltung.*

Literatur: *Mersmann, A.:* Thermische Verfahrenstechnik. Berlin, Heidelberg, New York 1980. – *Perry, R. E.,* u. *D. W. Green:* Perry's Chemical Engineers' Handb. 6. Aufl. New York 1984.

**Verderb.** V.-Reaktionen sind alle unerwünschten Veränderungen, die sich in einem Lebensmittel nach seiner Herstellung vollziehen.

Sie können sich äußern durch eine Veränderung des sensorischen Charakters (d. h. des Geschmacks, Geruchs, der Farbe und der Textur), durch eine Wertminderung in ernährungsphysiologischer Hinsicht sowie durch das Entstehen toxischer Stoffe.

Der Verderb von Lebensmitteln kann auf mehreren Ursachen beruhen:

□ Physikalische Vorgänge: Wasserverlust durch Austrocknen (Welken); Wasseraufnahme durch hygroskopische Inhaltsstoffe (z. B. Quellen); Entmischen (z. B. Aufrahmen von Milch); Entweichen flüchtiger Aromastoffe; Umkristallisieren, →Gefrierbrand.

□ Chemische Vorgänge: Oxidation von Inhaltsstoffen wie Fetten, Vitaminen, Aromastoffen, Farbstof-

fen unter Einwirkung von Luft, Licht und Wärme; Bräunungsreaktionen.

□ Biochemische Reaktionen: enzymkatalysierte Reaktionen, z. B. Oxidationen durch Phenoloxidase bei Obst (enzymatische Bräunungsreaktionen), durch Lipoxidase bei Fett, Fettspaltung durch Lipasen, Vitaminabbau durch Ascorbinsäureoxidase oder Thiaminase. Lebensmitteleigene Enzyme befinden sich auch nach der Schlachtung bzw. Ernte in tierischen und pflanzlichen Lebensmitteln und setzen deren Stoffwechseltätigkeit fort.

□ Mikrobiologische Vorgänge: Viele Lebensmittel stellen gute Nährböden für das Wachstum von Mikroorganismen (Bakterien, Hefen, Schimmelpilze) dar. Dabei können sich Stoffwechselprodukte bilden, die geschmacklich stark hervortreten und einen Fehlgeschmack hervorrufen oder zur vollkommenen Genußuntauglichkeit des Lebensmittels führen. Verschiedene Mikroorganismen bilden Karzinogene (z. B. Aflatoxine durch Aspergillus flavius) oder Toxine (z. B. Botulin durch Clostridium botulinum, Enterotoxin durch Staphylococcus aureus) und können zu Lebensmittelintoxikationen führen, oder sie können Lebensmittelinfektionen (z. B. Salmonellose, Typhus, Parathyphus, Ruhr) verursachen.

Zur Vermeidung des V. von Lebensmitteln und damit zur Verlängerung ihrer Haltbarkeit stehen verschiedene Konservierungsmethoden zur Verfügung (→Lebensmittelkonservierung). *Kerner/Loncin*

**Verdrängungsdesorption.** Verfahren zur Regenerierung von Adsorbenzien (z. B. Molekularsiebe), bei dem ein Verdrängungsmittel bevorzugt adsorbiert wird und das Adsorptiv in die fluide Phase verdrängt (→Desorption). Ein Beispiel für die V. ist die adsorptive Trennung von n-und Iso-Alkanen an 0,5 nm-Molekularsieb. Zu Beginn eines Zyklus ist das →Adsorbens mit dem Verdrängungsmittel (z. B. n-Pentan) der vorangegangenen Regeneration belegt. Das n-Alkan/Iso-Alkan-Gemisch leitet man durch den Adsorber, wobei die n-Alkane (C10–C20) adsorbiert werden und das n-Pentan verdrängen. Den Adsorber verlassen die Iso-Alkane und das n-Pentan, die man in einer Destillationskolonne voneinander trennt. Beim Regenerationszyklus wird das Verdrängungsmittel durch den Adsorber geleitet; es verdrängt die n-Alkane. Die den Adsorber verlassenden C10–C20-Alkane werden destillativ vom n-Pentan getrennt (→Temperaturwechselverfahren, →Druckwechselverfahren). *Dohrn*

Literatur: *Ruhl, E.:* Temperaturwechsel-, Druckwechsel- und Verdrängungsdesorptions-Verfahren. Chem.-Ing.-Techn. 43 (1971), S. 870/76.

**Verdrängungskristallisation.** Die V. (auch Aussalzen genannt) ist ein Kristallisationsverfahren, bei dem durch die Zugabe eines Stoffes die Phasengleichgewichte so verändert werden, daß der auszukristallisierende Stoff ausfällt. Als zusätzliche Komponente, die das Auskristallisieren auslöst, wird in den meisten Fällen ein Nichtelektrolyt (z. B. ein Alkohol) oder ein schwacher Elektrolyt verwendet. Die Zusatzkomponente ist im Lösungsmittel besser als der zu kristallisierende Stoff löslich und verdrängt diesen aus der flüssigen in eine kristalline Phase (→Lösungskristallisation). *Dohrn*

**Verdrängungsmarkierung** →Markierungsmethode

**Verdrehen.** V. ist Schubumformen (DIN 8587) mit drehender Werkzeugbewegung, wobei in der Umformzone benachbarte Querschnittsflächen des Werkstücks durch eine Drehbewegung gegeneinander verlagert werden. Dabei treten in diesen Schubspannungen in Höhe der Schubfließspannung k auf.

Das V. wird sowohl an massiven Werkstücken (z. B. Kurbelwellen zum Positionieren von in der Ebene geschmiedeten Hüben) als auch an Blechwerkstücken (z. B. Schränken von Sägezähnen) durchgeführt (Bild 1). Ein Extremfall ist der Torsionsversuch.

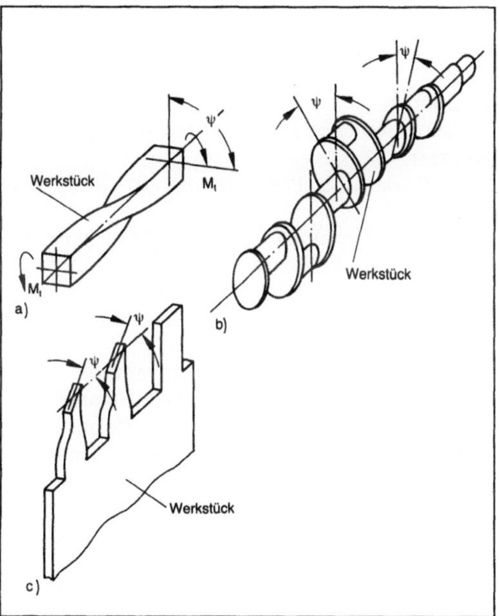


*Verdrehen 1: Verfahren.*
*a) Verdrehen*
*b) Verwinden*
*c) Schränken.*

In der industriellen Praxis wird oft das V. eines Werkstücks im ganzen oder örtlich als →Verwinden bezeichnet. In der Fügetechnik (DIN 8593, Tl. 5) wird das V. zum Erzeugen formschlüssiger Verbindungen durch Drehverlappen (Bild 2) verwendet. *Lange*

*Verdrehen 2: Verlappen durch Verdrehen.*

**Verdünnungsmittel.** Flüssige und gasförmige Stoffe, die zum Verdünnen konzentrierter Lösungen dienen. Die Verdünnung kann zur Verarbeitung oder Lagerung der Stoffe notwendig sein. *Dohrn*

**Verdunstungskoeffizient.** Der V. gibt an, wieviel kg einer Flüssigkeit je Stunde und je $m^2$ Austauschfläche in die Gasphase übergehen. Der V. ist u. a. von der Temperatur und dem Gesamtdruck abhängig. Das Volumen eines Kühlapparats mit Rieseleinbauten kann klein sein, wenn der V. und die volumenbezogene Phasengrenzfläche groß sind (→Verdunstungskühlung). *Dohrn*

**Verdunstungskühlung.** Bei der V. geht ein Teil einer Flüssigkeit (meist Wasser) in die Gasphase über, wodurch der Restflüssigkeit Wärme entzogen wird und sie sich abkühlt. Bei einer Verdunstung befindet sich, im Gegensatz zum →Verdampfen, über der Flüssigkeit mindestens ein weiteres Gas (oft Luft). Der Gesamtdruck ist höher als der Partialdruck des Flüssigkeitsdampfes. Die V. wird im großen Maßstab in der stoffwandelnden Industrie und bei Kraftwerken zur Kühlung des Kühlwassers (z. B. in Kühltürmen) angewendet (→Verdunstungskoeffizient). *Dohrn*

**Verfahrachse** →Industrieroboter-Teilsystem

**Verfahren.** Ein V. aus dem Bereich der →Verfahrenstechnik, Prozeßtechnik oder chemischen Technologie umfaßt alle Vorgänge und Vorrichtungen, mit denen stoffliche Produkte durch mechanische Einwirkungen, physikalisch-chemische Zustandsänderungen und Stoffwandlungen hergestellt werden.

Die Anzahl der V., durch die man stoffliche Produkte herstellt, entspricht der großen Anzahl der Produkte. Eine lexikalische Aufzählung der speziellen V. ist unzweckmäßig, da sie die übergreifende Nutzung von Erkenntnissen, die Weitergabe des Wissens und die Dokumentation erschwert. Es bieten sich drei Möglichkeiten mit steigendem Grad der Abstraktion an:

☐ eine Behandlung nach Stoffgruppen, wie z. B. Kohlenwasserstoffe, Vitamine, Düngemittel;
☐ eine Behandlung nach Grund-V. und Grundprozessen. Dabei wird die Tatsache genutzt, daß alle V. sich in V.-Schritte unterteilen lassen, die eine gleichartige Änderung bewirken sollen, z. B. die Überführung einer Flüssigkeit in den gasförmigen Zustand, das Verdampfen. Solche Grund-V. sind z. B. das Sieben, das Destillieren und das Extrahieren. In analoger Weise ist ein Grundprozeß ein V.-Schritt, der eine gleiche Stoffwandlung bewirkt, so z. B. das Hydrieren, Neutralisieren oder Polymerisieren;
☐ eine Behandlung nach physikalischen, physikalisch-chemischen und chemischen Gesetzmäßigkeiten einerseits und der Art der Durchführung von V.-Schritten andererseits.

So sind beispielsweise für die Grund-V. der Destillation, Absorption und Extraktion die Gesetze der Fluiddynamik mehrphasiger Systeme und die Phasengleichgewichte maßgebend. Diese Gesetzmäßigkeiten lassen sich nach einheitlichen Methoden für mehrere Grund-V. behandeln, z. B. in Form der Mischphasenthermodynamik für die Phasengleichgewichte. Werden die genannten Grund-V. mehrstufig und im Gegenstrom durchgeführt, können sie mittels hierfür entwickelter Methoden auf gleiche Art und Weise berechnet werden (z. B. graphisch für ein binäres System in einem verallgemeinerten McCabe-Thiele-Diagramm). Analoges gilt für den Bereich der Stoffwandlung. *Brunner*

**Verfahren, aluminothermisches.** Bei dem 1894 von *H. Goldschmidt* erfundenen V. werden durch die exotherme Umsetzung von Aluminium und Metalloxiden hohe Temperaturen erreicht. Ein Beispiel ist die Reaktion mit Eisenoxid:

$$3\,FeO_3 + 8\,Al \rightarrow 4\,Al_2O_3 + 9\,Fe + 3335,6\ kJ,$$

bei der Temperaturen von ca. 2 400 °C erreicht werden. Das dabei entstehende flüssige Eisen läßt sich zum Verschweißen von Eisenbahnschienen verwenden. Dazu werden die Schienenstöße auf 1 000 °C vorgewärmt, mit Formkohle oder -steinen eingeformt und durch die bei der chemischen Reaktion entstehende Hitze miteinander verschweißt. Das Gemisch aus Eisenoxid und Aluminiumoxid wird mit Thermit bezeichnet, weshalb das Schweißen mit Hilfe der aluminothermischen Reaktion auch Thermitschweißen genannt wird. Im Zweiten Weltkrieg benutzte man Thermit in einer Hülse für Stabbrandbomben.

Zum Zünden der Reaktion dienen Gemische aus Aluminium- oder Magnesiumpulver mit einer leicht sauerstoffabgebenden Verbindung wie Kaliumchlorat oder Bariumperoxid (Zündkirsche).

Die aluminothermische Reaktion wird auch zur Gewinnung von schwer isolierbaren Metallen wie Chrom, Titan, Vanadium, Niob, Tantal verwendet. Dazu mischt man ein schwer reduzierbares Metalloxid (z. B. Chromoxid) mit Aluminiumgrieß und füllt das Gemisch in einen Tiegel aus feuerfestem Material. Die Temperatur steigt auf hellste Weißglut, und man erhält am Boden des Tiegels das geschmolzene reine Metall (z. B. Chrom). Viele der Ferrolegierungen werden auf diese Weise gewonnen. *Dohrn*

Literatur: *Goldschmidt:* Aluminothermie. Leipzig 1925.

**Verfahren, integriertes.** V., gekennzeichnet durch die Kombination eines primären Aufarbeitungsschritts mit dem →Bioreaktor. Außer einer Senkung der Produktionskosten besteht der Vorteil i. V. im sofortigen Entfernen des Produkts aus dem Reaktor. Diese In-Situ-Isolierung des Produkts mit Hilfe von Extraktion, Adsorption, Evaporation oder Membran-V. hat das Ziel, Ausbeuteverluste durch Hydrolyse oder enzymatischen Abbau zu minimieren. Gleichzeitig werden toxische Wirkungen des Produkts auf den produzierenden Organismus, wie sie insbes. aus Prozessen zum Herstellen von Antibiotika, Carbonsäuren oder Ethanol bekannt sind (feed-back inhibition), vermieden.

Die Integration von Trennschritten in den Reaktionsteil eines V. ist technisch auf 2 Wegen zu realisieren:
☐ kontinuierlicher Produktabzug direkt aus dem Reaktor,
☐ kontinuierlicher Produktabzug aus einem Kreislaufstrom.

Beide V.-Varianten bieten die Möglichkeit, eine hohe Biomassekonzentration im Reaktor aufrechtzuhalten, und gewährleisten niedrige Konzentrationen des Produkts oder auch eines toxischen Nebenprodukts.

Als Integration einer Trennoperation in den Bioreaktor ist die Gewinnung von Ethanol durch Evaporation bei vermindertem Druck anzusehen; ebenso die In-Situ-Extraktion von Ethanol oder Antibiotika. Geeignete Extraktionsmittel sind nichttoxische organische Lösungsmittel (z. B. n-Dodecanol), bestimmte Tenside sowie wäßrige Mehrphasensysteme. Bei der fermentativen Herstellung von Aceton und Butanol wird durch kontinuierliche Abtrennung der Produkte mittels eines wäßrigen Zweiphasensystems aus 3 % Dextran und 5 % Polyethylenglykol die Produktinhibition des Biokatalysators verhindert und so die Ausbeute gesteigert.

Eine interessante Neuentwicklung ist der Folienfermenter. Bei diesem von *Märkl* vorgeschlagenen System sind Reaktionsraum und unverbrauchte Nährlösung durch eine exzentrisch angebrachte zylinderförmige Dialysemembran voneinander getrennt. Das System wird eingesetzt, um eine thermolabile Lipase mit hoher Reinheit und hoher Ausbeute zu gewinnen. Enzym und Nährstoffe können die Membran in Richtung des Konzentrationsgradienten passieren, während die Mikroorganismen im Reaktionsraum zurückgehalten werden.

In Kreislaufsystemen wird der Bioreaktor mit Aufarbeitungsoperationen, wie sie in konventionellen chemischen Verfahren üblich sind, gekoppelt. So wird die Integration eines Kristallisators in den Bypass eines Bioreaktors genutzt, um L-Alanin aus L-Asparaginsäure herzustellen. Gegenüber einer üblichen Batch-Fermentation kann man die Reaktionszeit im integrierten System auf etwa 30 % senken. Gleichzeitig wird der Umsatz bezogen auf L-Asparaginsäure auf 99,9 % gesteigert.

Wachsende Bedeutung kommt der Integration von Membran-V., insbes. der Elektrodialyse, der Dialyse, der Umkehrosmose und der Ultrafiltration in Bioprozessen zu. Im technischen Maßstab wird fermentativ gewonnene L-Milchsäure durch eine integrierte Elektrodialyseeinheit aus der Nährlösung entfernt. Auf diese Weise werden toxische Wirkungen der L-Milchsäure auf die produzierenden Laktobazillen sowie eine ständige Korrektur des pH-Werts vermieden. Zusätzlich wird das enantiomerenreine Produkt in sehr hoher Qualität gewonnen.

Außer Kristallisation, Extraktion und Membran-V. können auch Adsorptions-V. über einen Bypass mit dem Bioreaktor gekoppelt werden. Insbesondere lassen sich verschiedene Antibiotika durch Adsorption an Ionenaustauscherharzen kontinuierlich und wirkungsvoll aus Fermentationslösungen entfernen. Ausbeuteverluste durch Hydrolyse sowie inhibierende Effekte auf die Mikroorganismen werden mit dieser V.-Variante weitgehend ausgeschlossen.

Durch gesteigerte Ausbeuten und verminderten Einsatz von Hilfsstoffen wie Lösungsmittel oder Neutralisationschemikalien tragen i. V. wesentlich zur Kostensenkung und zu einer verringerten Umweltbelastung bei. *Liefke*

Literatur: *Bailey, J. E.,* u. *D. F. Ollis:* Biochemical Engineering Fundamentals. 2. Aufl. New York 1986. – *Deckwer, W.-D.:* Bioreaktoren – derzeitiger Stand und erkennbare Entwicklungen. Chem.-Ing.-Techn. 60 (1988), S. 583. – *Märkl, H.:* Folien und Membranen als neue Elemente im Fermenterbau. Forum Mikrobiol. 12 (1989), S. 234.


**Verfahrensplanung.** Darin erfolgt eine detaillierte Betrachtung in Abhängigkeit vom jeweiligen Verfahren, wie z. B. für Stanz- und Nibbeloperation, Fräsoperation usw. Die Ergebnisse der →Prozeßplanung stellen die Eingangsgrößen der V. oder auch Operationsplanung dar. Die Aufgaben der V. bestehen aus der Ermittlung der

☐ Teilarbeitsvorgangsfolge,

☐ Werkzeuge,

☐ Arbeitsvorgangsdaten,

☐ Operationsdaten je Teilarbeitsvorgang und abschließend der

☐ →Dokumentation der Planungsergebnisse.

*Die Teilarbeitsvorgangsfolge-Ermittlung.* Ein Arbeitsvorgang kann in mehrere Teilarbeitsvorgänge unterteilt werden. Teilarbeitsvorgänge sind sowohl Hilfsoperationen, wie z. B. Ein-/Umspannen, Tischrotation usw., als auch einzelne Bearbeitungsoperationen, die zur Fertigung einer Fertigteilkontur erforderlich sind. So können z. B. die bearbeitungsbezogenen Teilarbeitsvorgänge zur Herstellung einer Bohrung lauten: 1. Zentrieren, 2. Vorbohren, 3. Bohren, 4. Reiben. Zur Fertigung dieses Elements Bohrung ergibt sich eine Sequenz aus Bearbeitungs- und Hilfsoperationen. Diese Betrachtung erfolgte für einen Arbeitsvorgang. Da an einem Werkstück meist mehrere Arbeitsvorgänge, die zu einer Verfahrensgruppe gehören, auftreten, ist die Gesamtheit der Teilarbeitsvorgänge in eine Reihenfolge zu setzen. Die Bestimmung der Teilarbeitsvorgangsfolge erfolgt primär auf Grund der technologischen Restriktionen des gesamten Werkstücks.

*Werkzeugermittlung.* Die Teilarbeitsvorgänge stellen die Grundlage für die Werkzeugauswahl dar. Um die Anzahl der Werkzeugwechsel minimal zu halten, erfolgt ein Abgleich mit den bereits erstellten Teilarbeitsvorgangsfolgen. Daraus resultiert als nächster Schritt die Ermittlung der Werkzeugeinsatzfolge.

*Bestimmung der Operationsdaten.* Ziel dieses Planungsschritts ist die Optimierung der Teilarbeitsvorgänge bezüglich der

☐ Schnittstrategien bzw. Schnittwege,

☐ Schnittwerte,

☐ Zeiten und

☐ Werkzeugwege.

*Dokumentation der Planungsergebnisse.* Der letzte Schritt der V. ist die Dokumentation der Planungsergebnisse. Als mögliche Planungsdokumente sind der Arbeitsplan, die NC-Anweisungen, Einrichtepläne usw. zu nennen. *Eversheim*

Literatur: *Engel, K.-H.:* Handb. neue Techniken des Industrial Engineering. München 1979. – *Veerkamp, H.-J.:* Verfahrensplanung für ebene Blechwerkstücke. Diss. RWTH Aachen 1986.


**Verfahrenstechnik.** V. ist die ingenieurwissenschaftliche Disziplin, die sich mit der technisch-wirtschaftlichen Durchführung aller Prozesse befaßt, in denen Stoffe hinsichtlich Struktur, Eigenschaften oder Zusammensetzung verändert werden (Tabelle).

Die Struktur wird z. B. durch Zerkleinern, Sieben und Sichten oder auch Agglomerieren, also durch mechanische Vorgänge (mechanische V.), geändert. Die in den angelsächsischen Ländern übliche Bezeichnung chemical engineering und auch Chemieingenieur-Technik sind in dieser Hinsicht zu eng.

*Verfahrenstechnik. Tabelle: Die Stellung der Verfahrenstechnik in bezug auf andere Techniken.*

| Materie | Energie | Information |
|---|---|---|
| Änderung der Form, Struktur und Zusammensetzung Fertigungstechnik VT | Umwandlung der Energieformen Speicherung Energietechnik | Aufnahme Übermittlung Speicherung Verwertung Informatik |

Die Stoffeigenschaften ändern sich beim Erwärmen und Kühlen, besonders aber bei Phasenumwandlungen wie Schmelzen und Erstarren, Verdampfen, Kondensieren und Kristallisieren. Die thermischen Trennprozesse ermöglichen, molekulare Lösungen in mehr oder minder reine Fraktionen zu zerlegen (Destillieren, Rektifikation, Extraktion). Unter Änderung der Zusammensetzung sind vor allem chemische Umwandlungen zu verstehen.

*Die industrielle Anlage* (Bild). Der Apparat, in dem sich die Wandlung vollzieht, also bei einer chemischen Umwandlung der Reaktor, wird als Kernstück der Anlage betrachtet. Meist sind aber die vor- und nachgeschalteten Verfahrensstufen zur Vor- und Aufbereitung wesentlich umfangreicher und damit auch teurer als der eigentliche Reaktor. In vielen Anlagen ist nur ein Teil des Schemas (Tabelle) verwirklicht. Beispielsweise besteht eine Anlage zum Gewinnen von Süßwasser aus Meerwasser im wesentlichen nur aus einem Trennapparat. Die meisten Anlagen sind aber viel komplexer aufgebaut.

Anlagen sind von Anfang an so auszulegen, daß möglichst wenig Abfallströme und -energien anfallen. Dies läßt sich durch Rückführungen innerhalb der Anlage erreichen. Aus unvermeidbaren Abfällen müssen umweltschädigende Stoffe weitgehend entfernt werden (Gasreinigung, Abwasseraufbereitung).

Aufgabe des Apparatebaus ist es, in enger Fühlungnahme mit dem Betreiber der Anlage die für die einzelnen Verfahren erforderlichen Apparate zu entwickeln. Zu achten ist vor allem auf Sicherheit, Wirtschaftlichkeit, kleinstmöglichen Energie- und Rohstoffverbrauch und Schonung der Umwelt (Umweltschutz).

Um optimale Ausbeuten zu erlangen, sind je nach durchzuführender Reaktion sehr verschiedene Drücke und Temperaturen erforderlich (Hochdruckanlagen, Vakuumtechnik, Tieftemperaturtechnik und Hochtemperaturreaktor). Beispielsweise wird Hochdruckpolyethylen zwischen 1600 und 4200 bar und Diamant zwischen 2000 und 3000 K bei Drücken zwischen 45 und 90 kbar synthetisiert.

*Randgebiete.* Nach der gegebenen Definition der V. fallen darunter auch viele Techniken, die sich bisher weitgehend eigenständig entwickelt haben. So ist es Aufgabe der Klimatechnik, den Stoff Luft zu reinigen, temperieren, trocknen oder zu befeuchten und in Umlauf zu versetzen. Auch die Wasseraufbereitung, die Abwasseraufbereitung und Rauchgasreinigung (Abluft) sind Trennaufgaben. Hier wird der Verfahrensingenieur vor allem für Neuentwicklungen und Sonderprobleme herangezogen. Auch in die Lebensmittel-V. und die Metallurgie wurden Ergebnisse der V. mit aufgenommen.

Tiere und Pflanzen sind insofern den Apparaten der chemischen Industrie vergleichbar, als sie gleichfalls offene, in erster Näherung stationäre Systeme darstellen, in denen sich Stoffwandlungen vollziehen. Daraus folgt:
□ Die weitgehend bekannten Funktionen technischer Apparate können als primitive Modelle von Lebensvorgängen dienen.
□ Menschliche Organe lassen sich durch Apparate ersetzen (Medizintechnik, Herz-Lungen-Maschine, künstliche Niere).
□ Stoffwandlungen in Mikroorganismen lassen sich industriell verwerten (Biotechnik).

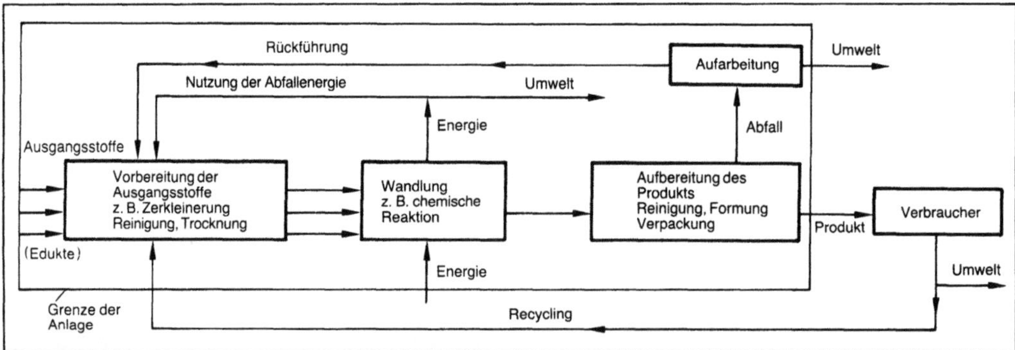


*Verfahrenstechnik: Schematische Darstellung einer industriellen Anlage.*

Wenn auch das zuletzt angeführte Verfahren schon seit langem, z. B. in der Gärungsindustrie, angewandt wird, so hat es doch, gefördert durch die Fortschritte der Gentechnologie, in den letzten Jahren große Bedeutung erlangt, und eine noch stürmischere Entwicklung ist für die Zukunft zu erwarten.

*Grundphänomene, Systemtechnik.* Alle Grundverfahren lassen sich aufgliedern in physikalische, gelegentlich auch chemische Vorgänge. Bei vielen von ihnen treten z. B. zweiphasige Strömungen auf etwa von Feststoffpartikeln, Blasen oder Tropfen in Fluiden oder die bekannten Vorgänge der irreversiblen Thermodynamik wie Impulsaustausch, Wärmeaustausch und Stoffaustausch. Letztere lassen sich aufgliedern in örtliche Vorgänge und in die in einer Anordnung insgesamt erzielten, also den integrierten Austausch. Dieser hängt vor allem von der Führung der beiden Fluidströme ab, d. h. ob Gegenstrom, Gleichstrom oder Kreuzstrom vorliegen. Es genügt, diese Grundphänomene im Prinzip zu kennen, um daraus das jeweilige Grundverfahren oder auch ganz neuartige Verfahren zu berechnen. Diese Darstellungsweisen eröffnen auch den Weg zur Systemdarstellung der V.

*Geschichte.* Einige mechanische Trennverfahren wie Sieben, Sichten und Zerkleinern waren schon in vorgeschichtlicher Zeit bekannt. Erste thermische Trennverfahren wurden 3500 v. Chr. und die Rektifikation schon um 200 n. Chr. von ägyptischen Frauen angewandt. Obwohl die Destillation von den Alchimisten zu hoher Blüte entwickelt wurde und im 19. Jahrhundert schon große, chemische Fabriken entstanden, so dauerte es doch noch lange, bis man erkannte, daß es sich lohnt, diese Verfahren näher zu erforschen. Schon frühzeitig wurden die Herstellungsverfahren einzelner Produkte eingehend beschrieben, so z. B. die Gewinnung und Verhüttung von Metallen und auch die Gewinnung von Salz und Glas durch *G. Agricola.* Es dauerte aber noch lange, bis aus derartigen Beschreibungen eine technische Wissenschaft hervorging.

*Grundoperationen.* Ein wichtiger Schritt war die Erkenntnis, daß in vielen dieser Verfahren gleiche Operationen, wie z. B. „Filtration, Condensation und Absorption ... Auslaugen, Eindampfen, Calcinieren, Schmelzen, Destillieren, Krystallisieren, Electrolyse und so fort", auftreten. Obwohl *G. Lunge* schon 1893 anläßlich des Congress of Chemists bei der Exposition in Chicago über Education of Industrial Chemists vortrug und *A. D. Little* 1915 den Ausdruck unit operations geprägt hatte, setzte sich der Gedanke, den Unterricht weitgehend auf solche Grundoperationen abzustützen, erst um etwa 1920 durch.

*Ausbildung.* Trotz vergleichbaren Bedarfs verlief die Entwicklung im angelsächsischen Bereich anders als im deutschsprachigen Raum. Der chemical engineer erfährt dort sowohl eine technische wie eine chemische Ausbildung. Dagegen ist im deutschsprachigen Gebiet die Ausbildung meist zweigeteilt: Der Verfahrensingenieur ist weitgehend ingenieurwissenschaftlich geprägt, der technische Chemiker lehnt sich an die klassische Chemieausbildung an. *Grassmann*

Literatur: *Agricola, G.:* De Re Metallica. Basel 1556. – *Bittel, A.:* CIT 31 (1959), S. 365/78. – *Grassmann, P.:* Physikalische Grundlagen der Verfahrenstechnik. 3. Aufl. Aarau 1983. – *Himmelblau, D. M.:* Basic Principles and Calculations in Chemical Engineering. 4. Aufl. Englewood Cliffs 1982. – *Hougen, O. A.:* Chemical Engineering Progess (1977), S. 89/104. – *Klein, J.,* u. *H. P. Hortig:* CIT 56 (1984) 5 A Nr. 1, S. 238/44. – *Lunge, G.:* Angewandte Chemie (1888) Nr. 12, S. 336/45. – *Mersman, A.:* CIT 56 (1984), S. 448/62.

**Verfahrenstechnik, thermische.** Gegenstand der t. V. sind die Prozesse und Verfahren der Wärme- und Stoffübertragung zur Zustandsänderung von Stoffmischungen.

Dabei reicht die Tiefe des Faches von der technischen Gestaltung der nötigen Vorrichtungen über die Methodik der Berechnung von Prozessen und die Prozeßsimulation bis zur Ermittlung und Korrelation von Stoffdaten für Mischungen. Naturgemäß umfaßt die Anwendungsbreite des Faches alle Prozesse, mittels derer im technischen Maßstab der Zustand von Stoffmischungen geändert wird, also beispielsweise von der Lebensmittelindustrie bis zur Erdölverarbeitung.

Die t. V. ist ein Teilgebiet der Prozeß-V. Dieses umfangreiche Gebiet, das alle möglichen technischen Prozesse der Veränderung von Stoffmischungen einschließt, ist historisch gesehen in die Teilgebiete der mechanischen, chemischen und t. V. aufgeteilt worden. Dabei beschäftigt sich die mechanische V. vorwiegend mit dem Verhalten von heterogenen Stoffsystemen, während die homogenen, aus molekular ineinander gelösten Stoffen bestehenden Mischungen Gegenstand der t. V. sind. Die chemische V. befaßt sich vorwiegend mit Veränderungen von Stoffmischungen durch Stoffwandlungen mittels chemischer Reaktionen.

Die Methodik, wie komplexe Prozesse aus den einzelnen Teiloperationen entstehen, wird meist durch ein gesondertes Fachgebiet, die Prozeß- und Anlagentechnik, bearbeitet. In letzter Zeit wurden biologische Prozesse vermehrt zur technischen Anwendung gebracht, so daß die Bio-V. als zusätzliches und wesentliches Teilgebiet zur Prozeß-V. hinzukam. Ferner wurden verfahrenstechnische Methoden in den Bereichen der Energietechnik, des Umweltschutzes und der Medizin von zunehmender Bedeutung, so daß sie sich zu eigenen verfahrenstechnischen Disziplinen entwickelten, ohne jedoch neue Methoden zu verwenden.

Die Teilgebiete der Prozeß-V. haben viele Gemeinsamkeiten. Außer den gemeinsamen physikalisch-chemischen Grundlagen trifft dies für die gemeinsamen Grundlagen der technischen Strömungsmechanik und der technischen Thermodynamik zu. Auf Grund des großen Umfangs des Gebiets der Prozeß-V. ist die Aufteilung in mechanische-, t., chemische und Bio-V. sowie Prozeß- und Anlagentechnik dennoch zweckmäßig und sinnvoll. Besonders wichtige Einzelthemen werden nach Bedarf zu eigenen Fachgebieten der V. zusammengefaßt.

Schwerpunkt der Prozeß-V. ist die quantitative Beschreibung (Modellierung) der Prozesse mit möglichst allgemein anwendbaren Methoden. Demgegenüber werden konstruktive Überlegungen zur Ausführung im Fach Apparatebau behandelt.

Die Basis für die Berechnung verfahrenstechnischer Prozesse sind die Grundgesetze der Physik und Chemie:

□ Die Erhaltungssätze für Energie und Masse. Diese werden in der V. häufig als Enthalpie- und Stoffbilanzen formuliert. Die Erhaltung des Impulses spielt in der V. nur eine untergeordnete Rolle.

□ Die Gleichgewichte. Hier werden physikalische (Phasengleichgewichte) und chemische Gleichgewichte unterschieden. Erstere sind für die t. V. von ausschlaggebender Bedeutung, da ein großer Teil der Prozesse der t. V. auf einer Störung des Phasengleichgewichts beruht. Chemische Gleichgewichte spielen in der t. V. eine nicht zu unterschätzende Rolle, z. B. zur Kapazitätserhöhung von Lösungsmitteln durch chemische Reaktionen. Sie werden jedoch nur von ihrem Ergebnis her betrachtet, z. B. der Löslichkeit in einem chemischen Absorptionsmittel, während die reaktionstechnische Seite der chemischen V. vorbehalten bleibt.

□ Die Kinetik. Diese gibt die Geschwindigkeit an, mit der ein im Ungleichgewicht befindliches System sich dem Gleichgewichtszustand nähert. Dazu gehören die Vorgänge des Wärmeübergangs und der Stoffübertragung sowie die Reaktionsgeschwindigkeit. Hierunter fallen auch die Vorgänge der Ein- und Mehrphasenströmung, da diese die Kinetik, nicht jedoch das Gleichgewicht beeinflussen.

Sind die Beziehungen dieser drei Bereiche für einen Prozeß hinreichend bekannt, kann dieser quantitativ beschrieben werden.

Unter Berücksichtigung der Besonderheiten einzelner Prozesse sind diese Beziehungen detailliert zu formulieren, um zu einer quantitativen Darstellung zu gelangen. Die speziellen Beziehungen hierfür werden in den Teilgebieten der t. V., der Wärme- und Stoffübertragung, den Phasengleichgewichten und den Trennprozessen behandelt.

Das Gebiet der Wärmeübertragung ist in der Prozeßtechnik von außerordentlicher Bedeutung. Es wird seiner Bedeutung wegen meist als gesondertes Fach behandelt. Der → Stoffübergang ist wie die Wärmeübertragung ein kinetischer Vorgang und gehorcht ähnlichen Grundgesetzen. In vielen Fällen

kann man Vorgänge analog behandeln. Deshalb werden Wärme- und Stoffübergang häufig zusammengefaßt.

Das Gebiet der Phasengleichgewichte ist für die t. V. deswegen von überragender Bedeutung, weil die meisten und wichtigsten Prozesse auf Grund eines gestörten Phasengleichgewichts ablaufen. Eine besondere Rolle spielen hier die Gleichgewichte in fluiden Mischungen mit mehr als zwei Komponenten, da diese vorwiegend für die t. V. benötigt werden.

Die Prozesse der V. haben eine Veränderung der Zusammensetzung der bearbeiteten Mischung zum Ziel. Derartige Prozesse sind fast ausschließlich Trennprozesse. Trennprozesse oder Trennverfahren sind solche Operationen, durch die eine Mischung aus Stoffen in zwei oder mehr Produkte getrennt wird, die sich voneinander in ihren Eigenschaften unterscheiden. Merkmale von Trennverfahren: Das Grundschema eines Trennverfahrens ist in Bild 1 dargestellt. Der Zulauf, bestehend aus einer Mischung verschiedener Stoffe, wird einem Trennapparat zugeführt. Als Produkte entstehen wenigstens zwei Stoffströme, die sich hinsichtlich ihrer Eigenschaften unterscheiden. Die Trennung im Trennapparat wird durch das Hinzufügen eines dritten Stromes hervorgerufen, der nur aus Energie und/oder aus einem Stoffstrom bestehen kann. Die zu trennende Stoffmischung kann homogen oder heterogen sein.

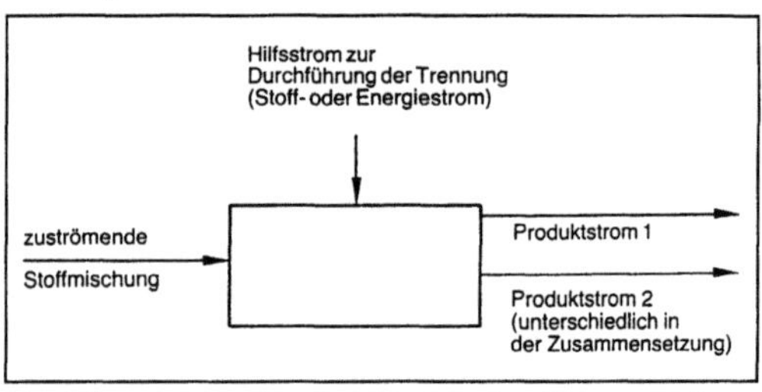


*Verfahrenstechnik, thermische 1: Trennverfahren (Grundschema).*

Eine heterogene Stoffmischung besteht aus mehr als einer Phase. Der Trennapparat dient lediglich dazu, die Phasen zu trennen. Beispielsweise dienen Filter und Zentrifugen dazu, um feste und flüssige Phasen aus einem in Breiform vorliegenden Zulauf zu trennen. Derartige Trennverfahren werden unter dem Begriff mechanische Trennverfahren zusammengefaßt. Homogen in eine Trennapparatur eintretende Stoffströme erfordern einen Stoffübergang durch Diffusionsprozesse aus dem Eingangsstrom in einen der Produktströme auf Grund von physikalisch-chemischen Potentialdifferenzen. Diese Trennverfahren werden als physikalisch-chemische Trennverfahren bezeichnet. Die meisten physikalisch-chemischen Trennverfahren beruhen auf der

Tendenz, daß sich ein Gleichgewichtszustand zwischen zwei untereinander nicht mischbaren Phasen einstellen will. Dabei ist die Zusammensetzung der Phasen im Gleichgewicht voneinander unterschiedlich. Beispiele hierfür sind die Trennverfahren der Destillation, Extraktion, Absorption, Verdampfung und Kristallisation. Derartige physikalisch-chemische Trennverfahren werden als gleichgewichtsbestimmte Trennverfahren bezeichnet. Andererseits beruhen einige Trennverfahren auf der unterschiedlichen Transportgeschwindigkeit von Stoffen durch ein Medium auf Grund eines durch Gradienten von

*Verfahrenstechnik, thermische. Tabelle: Physikalisch-chemische Trennverfahren.*

| Verfahren | Zulauf | Trennmedium | Produkte | Trennprinzip | Beispiel |
|---|---|---|---|---|---|
| **gleichgewichtsbestimmte Trennverfahren** | | | | | |
| Verdampfung | Flüssigkeit | Wärmeenergie | Flüssigkeit Dampf | große Unterschiede im Dampfdruck | Eindicken von Fruchtsäften |
| Destillation | Flüssigkeit Gas | Wärmeenergie | Flüssigkeit Dampf | Unterschiede im Dampfdruck. Flüchtigkeiten vergleichbar groß | Ethanol – Wasser |
| Kristallisation | Flüssigkeit | Entzug oder Zufuhr von Wärmeenergie | Flüssigkeit Feststoff | Unterschiede im Gefrierpunkt | Zuckergewinnung aus Lösungen |
| Trocknen | feuchter Feststoff | Wärmeenergie | trockener Feststoff Wasserdampf | sehr großer Unterschied in der Flüchtigkeit von Feststoff und Wasser. Verdampfen bzw. Verdunsten von Wasser | Entwässern von Lebensmitteln |
| Gefriertrocknen | Eis und Feststoff | Wärmeenergie | trockener Feststoff und Wasserdampf | sehr großer Unterschied in der Flüchtigkeit von Feststoff und Wasser. Sublimation von Wasser | Entwässern von Lebensmitteln (schonend) |
| Desublimieren | Gas | Abfuhr von Wärmeenergie | Feststoff Gas | Unterschied in der Flüchtigkeit | Herstellung von Phthalsäureanhydrid |
| Zonenschmelzen | Feststoff | Wärmeenergie | Feststoff | Unterschiede im Schmelzpunkt | Reinigung von Metallen |
| Strippen | Flüssigkeit | überkritisches Gas | Flüssigkeit Gas | Unterschied in den Flüchtigkeiten | Entfernen flüchtiger Bestandteile aus Ölen |
| Absorption | Gas | Flüssigkeit | Flüssigkeit Gas | unterschiedliche Löslichkeit in der Flüssigkeit | Auswaschen von $CO_2$, $H_2S$ aus Erdgasen mit Ethanolaminen |
| Extraktion | Flüssigkeit | Flüssigkeit, nicht mischbar mit Zulauf | zwei Flüssigkeiten | unterschiedliche Löslichkeiten in den flüssigen Phasen | Extraktion von Xylol |
| Feststoffextraktion | Feststoff | Lösungsmittel | Flüssigkeit Feststoff | unterschiedliche Löslichkeit im Lösungsmittel | Gewinnung von Kupfersulfat aus Erzen |
| Adsorption | Gas oder Flüssigkeit | Feststoff | Feststoff, Flüssigkeit, Gas | unterschiedliche Neigung zur Anlagerung an Grenzflächen | Trocknen mit Zeolithen |
| Ionenaustausch | Flüssigkeit | festes Harz | Flüssigkeit festes Harz | chemische Reaktion zwischen Ionen | Enthärten von Wasser |
| Schaumtrennung | Flüssigkeit | Strom von aufsteigenden Gasblasen, evtl. oberflächenaktiver Stoff | zwei Flüssigkeiten | Neigung von oberflächenaktiven Stoffen, sich an der Grenzfläche Gas-Flüssig anzureichern | Flotation von Erzen, Abwasseraufbereitung |
| Gasextraktion | Flüssigkeit Feststoff | überkritisches Gas bei hohem Druck | Gas, Flüssigkeit, Feststoff | Unterschied in den Flüchtigkeiten | Entkoffeinieren von Kaffee |
| extraktive und azeotrope Destillation | Flüssigkeit Gas | Wärmeenergie Flüssigkeit | Flüssigkeit Gas | Unterschied in den Flüchtigkeiten | Gewinnung von Butadien |

*Verfahrenstechnik, thermische. Tabelle: Physikalisch-chemische Trennverfahren. Fortsetzung.*

| Verfahren | Zulauf | Trennmedium | Produkte | Trennprinzip | Beispiel |
|---|---|---|---|---|---|
| **kinetisch bestimmte Trennverfahren** | | | | | |
| Gasdiffusion | Gas | Druckgradient | Gase | Unterschied in der Knudsen-Diffusion durch eine poröse Trennfläche | Konzentration von $^{235}UF_6$ aus natürlichem $UF_6$ |
| Elektrodialyse | Flüssigkeit | elektrisches Feld anionische und kationische Membranen | Flüssigkeiten | Neigung anionischer Membranen, nur Anionen durchzulassen | Entsalzung von Brackwasser |
| umgekehrte Osmose | Flüssigkeit | Druckgradient Membran | zwei Flüssigkeiten | unterschiedliche Löslichkeiten und Diffusionsgeschwindigkeiten in den Membranen | Meerwasserentsalzung, Abwasseraufbereitung |
| Ultrafiltration | Flüssigkeit mit großen gelösten Molekülen oder Kolloiden | Druckgradient Membran | zwei Flüssigkeiten | unterschiedliche Durchlässigkeit der Membran für verschieden große Moleküle | Abwasseraufbereitung künstliche Niere |
| Molekulardestillation | Flüssigkeit | Wärmeenergie Vakuum | Flüssigkeit Gas | Unterschiede in der Verdampfungsgeschwindigkeit | Trennung der Vitamin A-Ester |

Temperatur, Druck, Zusammensetzung, elektrischem Potential u. a. hervorgerufenen Kraftfelds. Diese Prozesse werden als kinetisch bestimmte Trennverfahren bezeichnet.

In der Tabelle sind die gängigsten Trennverfahren entsprechend der vorgenommenen Einteilung zusammengestellt. Im Grunde ist es möglich, auf nahezu allen bekannten physikalischen Phänomenen des Stofftransports und der Phasengleichgewichte ein Trennverfahren aufzubauen. Die Möglichkeiten der Vielzahl von Trennverfahren können durch die geschickte Anwendung chemischer Reaktionen noch erheblich erweitert werden. Ein Beispiel hierfür ist die Extraktion mit Stoffen, die chemische Komplexe bilden und dadurch die Selektivität eines Trennverfahrens erheblich verbessern können.

Mechanische und physikalisch-chemische Trennverfahren unterscheiden sich auch durch die Größe der Teilchen, auf die der Trennvorgang einwirkt. Während bei physikalisch-chemischen Trennverfahren die Trennung im Bereich der Moleküle erfolgt, wirken mechanische Trennverfahren auf Bereiche (Partikel, Tröpfchen), die eine Vielzahl von Molekülen umfassen. Übergänge zwischen beiden Kategorien der Trennverfahren sind z. B. im Bereich der Ultrafiltration und der Isotopentrennung durch Gaszentrifugen zu finden.

Das Ausmaß einer Stofftrennung, das bei einem bestimmten Trennverfahren erreicht wird, kann durch den Trennfaktor $\alpha$ angegeben werden. Er ist das Verhältnis der Konzentrationen in den Produktströmen:

$$\alpha = \frac{x_{i1} \,/\, x_{i2}}{x_{j1} \,/\, x_{j2}} = \frac{x_{i1} \,/\, x_{j1}}{x_{i2} \,/\, x_{j2}};$$

darin bedeuten: x Molanteile oder Massenanteile, i, j Komponente i bzw. j, 1, 2 Produktstrom (Phase) 1 bzw. 2.

Eine wirkungsvolle Trennung zwischen den Komponenten findet statt, wenn der Trennfaktor wesentlich von 1 unterschieden ist.

Trennfaktoren hängen i. a. von den Zustandsgrößen und den Konzentrationen der betrachteten zwei Stoffe ab sowie vom Anteil anderer Stoffe in der Mischung:

$$\alpha = \alpha \ (x_i, x_j, x_k \ldots, P, T).$$

Für die Durchführung von gleichgewichtsbestimmten Stofftrennungen ist es wesentlich zu beachten, daß auch ein ausreichender Trennfaktor zwischen zwei im Gleichgewicht stehenden Phasen keine hinreichende Bedingung für die Erreichung des Trennziels ist. Bei Gleichgewicht liegt zwar der größte theoretische Trennfaktor vor und damit die weitestgehende Trennmöglichkeit; es läuft jedoch kein Stofftransport mehr ab. Der Trennfaktor bei Gleichgewicht repräsentiert das treibende Potential. Der Trennvorgang wird jedoch erst durch den Stofftransport zwischen zwei Stoffströmen unterschiedlicher Zusammensetzung vervollständigt. Geeignete Vorrichtungen (Austauschböden, Füllkörperpackungen) dienen dazu, einen möglichst hohen Stoffstrom zwischen den Phasen bei weitgehender Annäherung an das Gleichgewicht zu erreichen.

Bei kinetisch bestimmten Trennprozessen gilt als inhärenter Trennfaktor (oft als Selektivität bezeichnet) für einen bestimmten Trennprozeß derjenige, der bei einmaliger Anwendung des Trennprinzips erreicht wird, ohne daß nennenswerte Stoffströme auftreten, die selber wiederum den Trennfaktor beeinflussen. Beispielsweise ist die Permeabilität bei der →Gaspermeation durch eine Membran bei konstanten Randbedingungen für das permeierende Gas und die verwendete Membran charakteristisch. Ein anderes Gas weist eine hiervon unterschiedliche Permeabilität auf. Auf Grund dieser unterschiedlichen Wanderungsgeschwindigkeiten in der Membran können die Gase getrennt werden. Das Verhältnis der Permeabilitäten ist der inhärente Trennfaktor (Selektivität) für dieses Trennverfahren. Da sich die beiden permeierenden Gasströme gegenseitig beeinflussen, wird der reale Trennvorgang hiervon abweichen.

Prozesse der t. V. kann man auf verschiedene Weise durchführen (Trennverfahren, Modus). Außer stationärer und instationärer Betriebsweise sind einstufig und mehrstufig geführte Prozesse üblich. Die Führung der Stoffströme kann sich im Gleich-, Kreuz- oder Gegenstrom vollziehen. Die Stoffströme können in sich völlig vermischt oder mit Gradienten geführt werden. Die Art der Durchführung eines Prozesses bestimmt dessen Auslegung (mathematische Modellierung). Damit lassen sich Prozesse, die auf völlig unterschiedlichen Phänomenen beruhen (Trennprozesse, Basis) bei analoger Durchführung mit denselben Methoden mathematisch behandeln.

Eine wichtige Größe zum Kennzeichnen der Wirksamkeit technischer Vorrichtungen ist der Wirkungsgrad. Er ist das Verhältnis des erreichten Werts zum theoretischen Wert. Bei Trennverfahren sehr gebräuchlich ist der Murphree-Wirkungsgrad v oder Punktwirkungsgrad, der für einen bestimmten Kontrollabschnitt im Prozeß die tatsächliche Konzentrationsänderung einer zu trennenden Mischung im Vergleich zur maximal möglichen (z. B. bei Gleichgewicht) ausdrückt:

$$v = \frac{x_{1i,\,aus} - x_{1i,\,ein}}{x_{1i}^{+} - x_{1,i\,ein}};$$

darin bedeuten: $x_{1i}$ Konzentration der Komponente i in Phase 1, aus, ein austretender bzw. eintretender Strom, $x_{1i}^{+}$ Zusammensetzung der Phase 1, die mit der tatsächlichen Austrittszusammensetzung der Phase 2 im Gleichgewicht steht.

Eine andere wichtige Größe ist der Energiebedarf von Trennprozessen. Als Ausgangspunkt der Betrachtung bietet sich die nach der Thermodynamik gegebene minimale theoretische Trennarbeit an, die aufzubringen ist, um eine bestimmte Mischung in ihre Bestandteile zu zerlegen. Diese minimale Arbeit kann durch die Analyse eines hypothetischen reversiblen und daher isothermen Prozesses gewonnen werden. Eine der Folgerungen des zweiten Hauptsatzes der Thermodynamik ist, daß jeder beliebige reversible Prozeß zum gleichen Ergebnis führt, das nur von Druck, Temperatur und Zusammensetzung der zu trennenden Ausgangsmi-

schung und dem Zustand der getrennten Komponenten abhängt. Diese minimale Trennarbeit ergibt sich für eine binäre Mischung zu

$$W_{min,T} = -RT(x_{AF} \cdot \ln(\gamma_A \cdot x_{AF}) + (1 - x_{AF})\ln(\gamma_B \cdot x_{BF});$$

darin sind: R Gaskonstante, T Temperatur, $x_{AF,}$, $x_{BF}$ Konzentrationen der Komponenten A und B in der Mischung F, $\gamma_A$, $\gamma_B$ Aktivitätskoeffizienten, die das Abweichen der betrachteten Mischung vom Verhalten einer idealen Mischung berücksichtigen.

Für eine ideale Mischung, die ursprünglich 50 % Stoffmengenanteil jeder Komponente enthält, beträgt die minimale notwendige Trennbarkeit je Mol:

$$W_{min} = 0{,}693 \cdot R \cdot T.$$

Die minimale Trennbarkeit ist für die in einem Trennprozeß aufzuwendende Energie ein unterer Grenzwert. In den meisten Fällen muß man erheblich mehr Energie aufwenden. Der wirkliche Energieverbrauch sei am Beispiel einer Destillation (der Einfachheit halber für ein eng siedendes Gemisch, z. B. Propan-Propylen) für den Grenzfall des Mindestrücklaufverhältnisses betrachtet. Beim Mindestrücklaufverhältnis ist der Energieaufwand für eine bestimmte Trennung ein Minimum, da die umlaufenden Ströme und damit die zu- und abzuführenden Wärmemengen am geringsten sind. Jedoch geht die notwendige Stufenzahl gegen unendlich. Die Gasmenge $G_{min}$ bei der Destillation einer binären Mischung ergibt sich für diesen Fall aus $G_{min} = v_{min} \cdot F$, mit $v_{min}$ als Mindestrücklaufverhältnis. Für F = 1 Mol und $v_{min} = 1/(\alpha - 1)$, wobei $\alpha$ der Trennfaktor oder das Verhältnis der Flüchtigkeiten der zu trennenden Komponenten ist, erhält man:

$$G_{min} = 1/(\alpha - 1).$$

Aus der Gleichung von *Clausius-Clapeyron* ergibt sich:

$$\frac{d\ln P^{o}}{d\,(1/T)} = \frac{\Delta H_v}{R};$$

darin bedeuten: $P^{o}$ Dampfdruck und $H_v$ Verdampfungsenthalpie. Der Dampfdruck der flüchtigen Komponenten im Sumpf entspricht etwa $\alpha$-mal dem Kolonnendruck. Damit kann diese Gleichung zwischen der Temperatur im Verdampfer $T_v$ und der Temperatur im Kondensator $T_K$ integriert werden, und man erhält

$$\ln\alpha = \frac{\Delta H_v}{R}\left(\frac{1}{T_K} - \frac{1}{T_v}\right).$$

Wegen der nahe beieinander siedenden Komponenten kann $\ln\alpha \approx \alpha - 1$ gesetzt werden. Damit ergibt sich

$$\alpha - 1 = \frac{\Delta H_v}{R}\left(\frac{1}{T_K} - \frac{1}{T_v}\right).$$

Die zur Destillation benötigte Wärmeenergie erhält man aus der minimalen Gasmenge und der Verdampfungsenthalpie zu

$$Q = G_{min} \cdot \Delta H_v = \frac{T_K}{T_v - T_K} \cdot R \cdot T_v.$$

Für bei etwa 400 K mit einem Temperaturunterschied von 10 K siedende Komponenten ergibt sich durch Vergleich des Ergebnisses mit der theoretisch notwendigen Energie, daß man etwa das 50–60fache der minimalen Trennarbeit für eine tatsächliche Trennung durch Destillation aufwenden muß.

Der Bezugspunkt der minimalen theoretischen Trennarbeit zur Definition eines Wirkungsgrads erscheint daher nicht als sehr zweckmäßig insbes., da alle Wärmemengen bei diesem Vergleichsprozeß bei einer Temperatur zu- oder abgeführt werden müssen, was dem Prinzip der Destillation widerspricht. Bei einer Analyse großer Anlagen zwecks Optimierung des Energieverbrauchs ergeben sich aus der Verwendung der minimalen Trennarbeit als Bezugspunkt Schwierigkeiten. Der niedrige Zahlenwert des über die minimale theoretische Trennarbeit definierten Wirkungsgrads täuscht fälschlicherweise eine mit einfachen Mitteln mögliche Verbesserung vor. Zu geeigneteren Definitionen des Wirkungsgrads gelangt man über das Konzept der Exergie.

Die Auswahl eines Trennprozesses für ein gegebenes Trennproblem ist eine komplexe Aufgabe, bei der u. a. zu berücksichtigen sind: Durchführbarkeit, Wert des Produkts, Durchsatz, Schädigung des Produkts, Beanspruchung der Trennapparaturen, Trennfaktor und molekulare Eigenschaften (Bild 2). *Brunner*

Literatur: *Grassmann, P.,* u. *F. Widmer:* Einführung in die thermische Verfahrenstechnik. Berlin 1974. – *Kfarow, W. W.:* Grundlagen der Stoffübertragung. Berlin 1977. – *King, C. J.:* Separation Processes. 2. Aufl. New York 1980. – *Mersmann, A.:* Thermische Verfahrenstechnik. Berlin, Heidelberg, New York 1980. – *Onken, U.:* Thermische Verfahrenstechnik. München 1975. – *Perry, R. H., D. W. Green* u. *J. O. Maloney* (Hrsg.): Perry's Chemical Engineers' Handb. 6. Aufl. New York 1980. – *Rousseau, R. W.* (Hrsg.): Handb. Separation Process Technology. New York 1987. – *Sattler, K.:* Thermische Trennverfahren. Würzburg 1977. – *Schweitzer, Ph. A.* (Hrsg.): Handb. Separation Techniques for Chemical Engineers. New York 1979. – *Treybal, R. E.:* Mass transfer operations. New York 1968. – *Weiß, S.,* u. *K.-E. Militzer:* Thermische Verfahrenstechnik I, II. 4. Aufl. Leipzig 1986.

**Verformungsarbeit.** Wird ein Körper aus seiner unverformten Ausgangslage heraus verformt, so verrichten die die Verformung verursachenden Kräfte Arbeit, die Verformungsarbeit, die in der Elastizitätstheorie gewöhnlich Formänderungsarbeit genannt wird. Nach dem Grad der Verformung unterscheidet man elastische und plastische Verformung.

Die V. läßt sich einerseits wie jede Arbeit als Integral der verformenden Kräfte über den Verformungsweg bestimmen, andererseits für den elastischen Fall durch die Komponenten von Spannungs- und Deformationstensor in Form eines Integrals über das Volumen des Körpers ausdrücken. Die Formänderungsarbeit stellt sich damit im allgemeinen Fall eines beliebigen Bauteils als Fläche unter der Last-Verformungs-Kurve, für den einfacheren Fall des Zugstabs als Fläche unter dem →Spannungs-Dehnungs-Diagramm dar.

Soweit der Körper nur elastisch verformt wird, kann die aufgewendete V. beim Entlasten wieder vollständig zurückgewonnen werden. Wichtigste technische Anwendung von Arbeitsspeicherung dieser Art tritt bei Federn auf. Bei Stählen besteht nahezu im gesamten elastischen Bereich eine lineare Beziehung zwischen Spannungen und Verformungen (Hooke-Gesetz). Erst kurz vor der Elastizitätsgrenze nehmen die Dehnungen schneller zu als die Spannungen (Spannungs-Dehnungs-Diagramm).

Die V. ist im elastischen Bereich eine Potentialfunktion und hängt damit ausschließlich vom Ausgangszustand und vom Endzustand des Körpers ab, jedoch nicht vom Ablauf der Verformung. Auf Grund dieser Eigenschaft lassen sich unter Anwendung des Prinzips der virtuellen Arbeit die Arbeits-

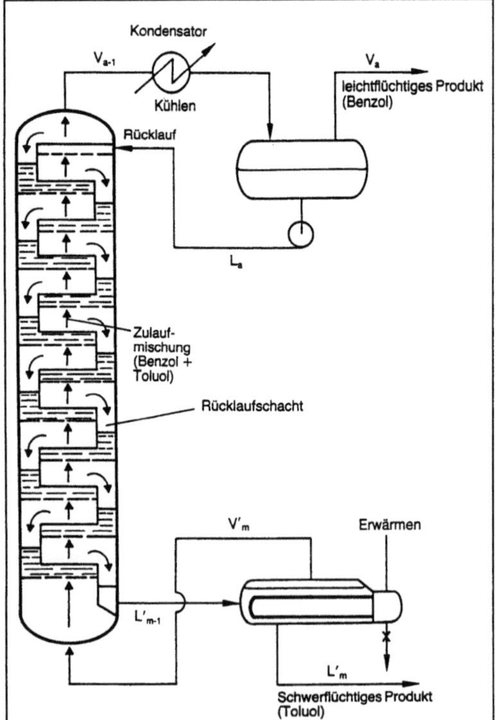


*Verfahrenstechnik, thermische 2: Destillationskolonne zur kontinuierlichen Trennung von Zweistoffgemischen in seine Produkte.*

sätze der klassischen Elastizitätstheorie als Extremalprinzipien im Sinne der Variationsrechnung formulieren (Prinzip des Minimums des elastischen Gesamtpotentials bzw. des elastischen Gesamtkomplementärpotentials; spezielle Formen: Satz von *Castigliano*, Satz von *Menabrea*). Auf Grund dieser Prinzipien lassen sich viele Probleme der Elastizitätstheorie durch Näherungsverfahren (allgemein Energiemethoden genannt) lösen. Hierzu zählen die Verfahren von *Ritz, Trefftz, Galerkin, Hu-Washizu,* die insbes. im Rahmen der Finite-Elemente-Methode Anwendung finden.

Wird der Werkstoff über die Elastizitätsgrenze hinaus plastisch verformt, wird ein Teil der V. zur Umstrukturierung des Mikrogefüges verbraucht (Bewegung und Neubildung von Versetzungen, Verformung von Körnern, Schaffung neuer Oberflächen bei Porenbildung) und in Wärme umgewandelt. Bei Entlastung kann nur noch ein Teil als mechanische Arbeit wiedergewonnen werden.

Bei Verformungen bis zum →Bruch ist der Anteil an plastischer V. bei duktilen Werkstoffen wesentlich höher als der elastische. Dies wird technisch bei Blechkonstruktionen im Automobilbau dafür ausgenutzt, daß Knautschzonen so ausgelegt werden, daß bei ihrer Verformung möglichst viel kinetische Energie umgewandelt wird.

Eine Aufspaltung der V. in Volumenänderungsarbeit und Gestaltänderungsarbeit wird in der Plastizitätstheorie, in der als wesentliche Voraussetzung Volumenkonstanz angenommen wird, vorgenommen. Dies führt zu einfacheren Gleichungen, da jeweils anstatt der vollständigen Tensoren nur noch Spannungs- und Verzerrungsdeviator auftreten. *Kußmaul*

**Vergasung.** Als V. bezeichnet man die Überführung eines V.-Stoffs in brennbare Gase durch Umsetzung mit Sauerstoff oder sauerstoffhaltigen Gasen als V.-Mittel. Als V.-Stoff dienen feste Brennstoffe, z. B. Koks, Braunkohlebrikett oder Rohbraunkohle, sowie flüssige und gasförmige Brennstoffe, z. B. Öl und Erdgas. Das V.-Mittel besteht z. B. aus Luft (Luftgas), aus Luft und Wasserdampf (Schwachgas) oder aus Sauerstoff und Wasserdampf (Stadtgas, Synthesegas). Die Zusammensetzung des erzeugten Gases ist vom V.-Stoff, dem V.-Mittel, vom Druck und der Temperatur abhängig. Besteht das erzeugte Gas aus CO und $N_2$, so wird es Generatorgas genannt, besteht es aus CO und $H_2$, so nennt man es Wassergas.

Nach der Art des V.-Stoffbetts unterscheidet man V. im Festbett (Drehrost- und Druckgasgenerator), V. in Suspensionen (Wirbelschicht- und Staubvergasung) und V. flüssiger und gasförmiger V.-Stoffe (thermische und thermisch-katalytische Spaltung). Nach der Art der Wärmebereitstellung unterscheidet man die autotherme V. (die benötigte Wärme wird durch gleichzeitig ablaufende exotherme Reaktionen zur Verfügung gestellt), die allotherme V. (die benötigte Wärme wird von einer außerhalb liegenden Wärmequelle geliefert) und zyklische Verfahren (endotherme und exotherme Reaktionen im Wechsel). *Weinspach*

Literatur: *Schmidt, J.:* Technologie der Gaserzeugung II. Leipzig 1966.

**Vergießeinrichtung.** Da der Gießbetrieb in den Arbeitstakt mechanisierter Formanlagen eingebunden ist, muß er zwangsläufig damit Schritt halten. In vielen Fällen war das →Gießen aus Kranpfannen, das außerdem personal- und damit lohnkostenintensiv war, diesen Anforderungen nicht mehr gewachsen. Der Gießprozeß mußte deshalb ebenfalls automatisiert werden, z. B. durch Einsatz von druckgasbetätigten, induktiv beheizbaren Gießöfen. Neben der Verbindung mit dem Arbeitsrhythmus der Formanlage bieten solche Vergießöfen folgende Vorteile: schlackenfreies Abgießen (Stopfensystem), konstante Gießtemperatur, Speichermöglichkeit von flüssigem Metall, hohe Gießgenauigkeit durch programmierbare Steuerung bzw. Gießspiegelregelung sowie Verbesserung der Arbeitsplatzbedingungen. Durch konstruktive Maßnahmen und eine sorgfältige Betriebsweise (Nachfüllen des Vergießofens bei ständig hochgefülltem Eingußsyphon, Fernhalten des Sauerstoffs von der Schmelze und Abscheiden des Magnesiumsdampfs in Filtern vor Eintritt in das Druckregelsystem) lassen sich solche V. auch zum Gießen von →Gußeisen mit Kugelgraphit einsetzen. *Doliwa*

**Vergleichsspannung.** Die Vergleichsspannung $\sigma_v$ ist eine skalare Größe, die aus den Komponenten des Spannungstensors bzw. seiner Invarianten berechnet wird. Die Zurückführung von allgemeinen mehrachsigen Spannungszuständen auf die einachsige V. ist notwendig, da die Ermittlung von Werkstoffkennwerten für mehrachsige Zustände versuchstechnisch schwierig zu realisieren ist und deshalb meist die in einachsigen Versuchen (Zugversuch, Stauchversuch) bestimmten Kennwerte zur Voraussage des Fließbeginns herangezogen werden. Die Berechnungsvorschrift für die V. ist in den Fließhypothesen festgelegt. Für die Umformung von Metallen haben sich die Fließhypothesen nach *Tresca* (→Schubspannungshypothese) und nach *von Mises* (auch Gestaltänderungsenergiehypothese) bewährt. Die Werte der nach den beiden Hypothesen berechneten V. unterscheiden sich für den gleichen →Spannungszustand um maximal 15 % (→Fließbedingung). *Lange*

Literatur: *Betten, J.:* Elastizitäts- und Plastizitätslehre. Braunschweig, Wiesbaden 1985. – *Hill, R.:* The Mathematical Theory of Plasticity. Oxford 1950. – *Ismar, H.,* u. *O. Mahrenholtz:* Technische Plastomechanik. Braunschweig, Wiesbaden 1979.

*– Lange, K.* (Hrsg.): Umformtechnik. Handb. f. Ind. u. Wiss. Bd. 1: Grundlagen. 2. Aufl. Berlin, Heidelberg, New York, Tokio 1984. – *Lippmann, H.:* Mechanik des plastischen Fließens. Berlin, Heidelberg, New York 1981. – *Lippmann, H.,* u. *O. Mahrenholtz:* Plastomechanik der Umformung metallischer Werkstoffe. Berlin, Heidelberg 1967. – *Prager, W.,* u. *P. G. Hodge:* Theorie ideal-plastischer Körper. Wien 1954.

**Vergleichsumformgrad.** Der Vergleichsumformgrad $\varphi_v$ (auch Vergleichsformänderung) ist eine wichtige Kenngröße zum Bestimmen der →Fließspannung bei verfestigenden Werkstoffen.

Die Fließspannung wird i. a. im einachsigen Zugversuch aufgenommen. Um die dabei ermittelten Werte auf Umformvorgänge mit mehrachsiger Beanspruchung übertragen zu können, müssen Aussagen über die Vergleichbarkeit der Umformung gemacht werden.

Ausgehend von der augenblicklichen Umformleistung

$$P = \int_V (\sigma_x \dot{\varepsilon}_x + \sigma_y \dot{\varepsilon}_y + \sigma_z \dot{\varepsilon}_z + 2\tau_{xy} \dot{\varepsilon}_{xy} + 2\tau_{yz} \dot{\varepsilon}_{yz} + 2\tau_{zx} \dot{\varepsilon}_{zx})\, dV$$

wird bei mehrachsigen Zuständen die Vergleichsformänderungsgeschwindigkeit $\dot{\varphi}_v$ so bestimmt, daß das Produkt aus →Vergleichsspannung $\sigma_v$ und Vergleichsformänderungsgeschwindigkeit $\dot{\varphi}_v$ (auch Vergleichsumformgeschwindigkeit) die gleiche Leistung liefert:

$$P = \int_V \sigma_v\, \dot{\varphi}_v\, dV.$$

Der V. wird durch zeitliche Integration von $\dot{\varphi}_v$ berechnet zu

$$\varphi_v = \int_t \dot{\varphi}_v\, dt.$$

Analog zur Berechnung der Vergleichsspannung führen die verschiedenen Hypothesen auch bei der Ermittlung der Vergleichsumformgeschwindigkeit $\dot{\varphi}_v$ bei gleicher Beanspruchung zu unterschiedlichen Vergleichswerten.

Für die Tresca-Hypothese lautet die Berechnungsvorschrift:

$$\dot{\varphi}_v = |\dot{\varphi}_{max}| \wedge \text{ absolut größte Hauptumformge-}$$

schwindigkeit, während die Von-Mises-Hypothese auf

$$\dot{\varphi}_v = \sqrt{\tfrac{2}{3}(\dot{\varphi}_x{}^2 + \dot{\varphi}_y{}^2 + \dot{\varphi}_z{}^2 + 2\dot{\varphi}_{xy}{}^2 + 2\dot{\varphi}_{yz}{}^2 + 2\dot{\varphi}_{zx}{}^2)}$$

führt. *Lange*

Literatur: *Betten, J.:* Elastizitäts- und Plastizitätslehre. Braunschweig, Wiesbaden 1985. – *Hill, R.:* The Mathematical Theory of Plasticity. Oxford 1950. – *Ismar, H.,* u. *O. Mahrenholtz:* Technische Plastomechanik. Braunschweig, Wiesbaden 1979.

*– Lange, K.* (Hrsg.): Umformtechnik. Handb. f. Ind. u. Wiss. Bd. 1: Grundlagen. 2. Aufl. Berlin, Heidelberg, New York, Tokio 1984. – *Lippmann, H.:* Mechanik des plastischen Fließens. Berlin, Heidelberg, New York 1981. – *Lippmann, H.,* u. *O. Mahrenholtz:* Plastomechanik der Umformung metallischer Werkstoffe. Berlin, Heidelberg 1967. – *Prager, W.,* u. *P. G. Hodge:* Theorie ideal-plastischer Körper. Wien 1954.

**Vergolden** →Oberflächenbehandlung (Beschichten)

**Verhalten, retrogrades.** Unter r. V. versteht man die Eigenschaft von Stoffgemischen, sich bei einer Druck- oder Temperaturänderung nicht „normal" zu verhalten. Eine retrograde Kondensation liegt vor, wenn aus einem homogenen gasförmigen Stoffgemisch durch eine Druckabsenkung oder eine Temperaturerhöhung Flüssigkeit ausfällt. Kommt es bei einer Druckerhöhung oder einer Temperaturerniedrigung zu einem →Verdampfen von Flüssigkeit, so spricht man von einer retrograden Verdampfung.

Zu r. V. kann es u. a. in Stoffgemischen kommen, in denen überkritische Komponenten auftreten. Das Bild veranschaulicht den Vorgang einer retrograden Kondensation in einem binären System (Zweistoffsystem) mit einer überkritischen Komponente. Der Ausgangspunkt A liegt rechts vom kritischen Punkt C im gasförmigen Zustandsbereich. Bei einer Druckerniedrigung fällt beim Erreichen der →Taulinie beim Punkt B Flüssigkeit aus, die eine Zusammensetzung entsprechend Punkt B' besitzt. Der Flüssigkeitsanteil, der sich mit Hilfe des Hebelge-

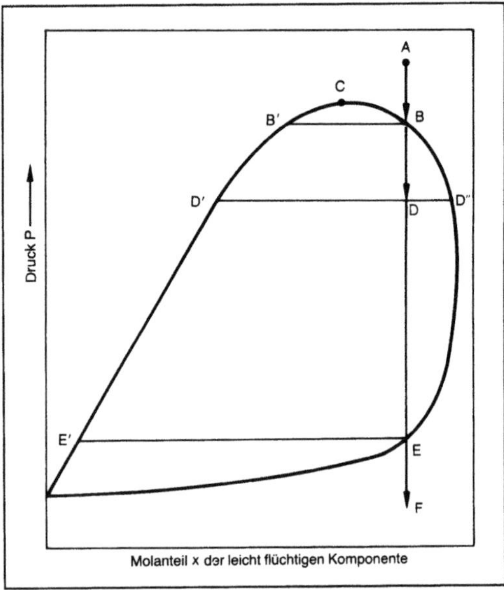


*Verhalten, retrogrades: Retrograde Kondensation bei einer Druckerniedrigung vom Punkt A bis zum Punkt D, dargestellt im P,x-Diagramm eines binären Systems.*

setzes berechnen läßt, steigt bis zum Erreichen des Punkts D, nimmt ab und verschwindet am Punkt E. Der Punkt F liegt im Zustandsbereich des Gases. *Dohrn*

Literatur: *King, M. B.:* Phase Equilibrium in Mixtures. London 1969.

**Verjüngen.** V. ist ein Verfahren des Durchdrückens (DIN 8583, Bl. 6) und ist als Druckumformen eines Werkstücks durch teilweises Hindurchdrücken durch eine formgebende Werkzeugöffnung unter Verminderung des Querschnitts oder des Durchmessers mit geringen Formänderungen vornehmlich zum Erzeugen einzelner Werkstücke definiert.

Das V. läßt sich nach Bild 1 an Vollkörpern oder Hohlkörpern anwenden. In der Schraubenfertigung nimmt das V. einen hervorragenden Platz insbes. beim Schaftreduzieren für das nachfolgende →Ge-

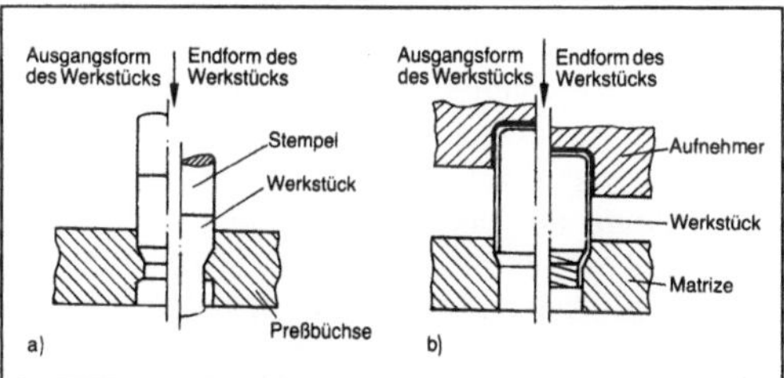


*Verjüngen 1: Verfahren. (Quelle: DIN 8583, Bl. 6)*
*a) Verjüngen von Vollkörpern*
*b) Verjüngen von Hohlkörpern.*

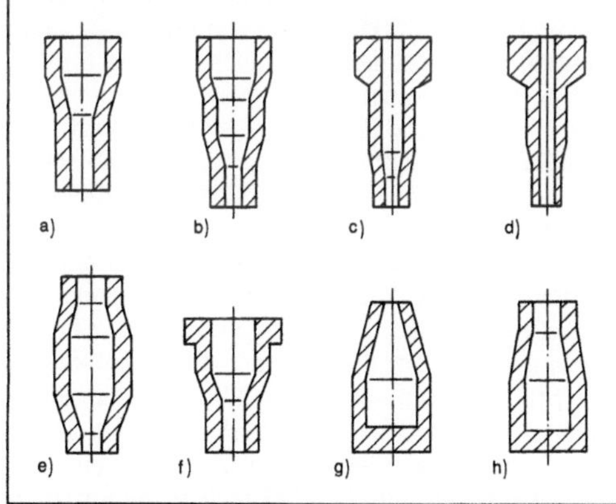


*Verjüngen 2: Anwendungsfälle und Verfahrenskombinationen für das Hohlkörperverjüngen.*
*a) Verjüngen*
*b) Verjüngen/Verjüngen*
*c) Hohl-Vorwärts-Fließpressen/Verjüngen*
*d) Hohl-Vorwärts-Fließpressen/Verjüngen mit Dorn*
*e) Beidseitiges Verjüngen*
*f) Verjüngen/Anstauchen*
*g) und h) Einhalsen von Näpfen durch Verjüngen.*

windewalzen ein. In der Dosen- und Behälterfertigung wird V., meist mehrstufig, zum Einhalsen eingesetzt. Bei dickwandigen Hohlteilen hat sich das V. zu einem wichtigen Verfahren der →Kaltumformung entwickelt (Bild 2). In allen Anwendungsfällen darf der nicht vom Werkzeug umschlossene Teil des Werkstücks nicht ausknicken oder sich aufstauchen. Beim →Ziehen von Stäben oder Rohren wird das V. in modifizierter Form als Einstoßen für das Anspitzen der Ziehangel verwendet. *Lange*

Literatur: *Binder, H.:* Untersuchungen über das Verjüngen von zylindrischen Vollkörpern. Ber. Nr. 58. Inst. Umformtechn. Universität Stuttgart. Berlin, Heidelberg, New York 1980. – *Ebertshäuser, H.:* Untersuchungen über das Einziehen (Verjüngen) von Hohlkörpern. Blech, Rohre, Profile 27 (1980), S. 6/12, 86/93, 161/66. – *Haarscheidt, K.:* Untersuchungen über das Verjüngen von dickwandigen zylindrischen Hohlkörpern. Ber. Nr. 67. Inst. Umformtechn. Universität Stuttgart. Berlin, Heidelberg, New York, Tokio 1983. – *Lange, K.* (Hrsg.): Umformtechnik. Handb. f. Ind. u. Wiss. Bd. 2: Massivumformen. 2. Aufl. Berlin, Heidelberg, New York, Tokio 1988.

**Verkettungseinrichtung.** Werden einzelne Bearbeitungsmaschinen, Montageplätze u. dgl. zu einer komplexeren automatisierten Fertigungsanlage zusammengefaßt, so ist innerhalb der Anlage ein Verknüpfen (Verketten) des Materialflusses von Werkstücken und/oder Werkzeugen notwendig. Bezüglich der Verkettung wird unterschieden zwischen starrer und loser Verkettung (auch als Innen- oder Außenverkettung bezeichnet). Bei der starren Verkettung erfolgt eine zentrale, gemeinsame Steuerung der V. und der Bearbeitungsstationen (Beispiel: Transferstraße). Kennzeichnend für diese Art ist ein Werkstückdurchlauf in einem gleichmäßigen Takt, der vom langsamsten Arbeitszyklus bestimmt wird. Eine Störung in Teilkomponenten hat deshalb den Stillstand der gesamten Anlage zur Folge. Als V. können z. B. Umlaufförderstrecken (z. B. Friktionsrollenbahn) verwendet werden. Werden Bearbeitungsstationen verkettet, die keinem gemeinsamen Takt unterliegen, so wird von loser Verkettung gesprochen. Die Folge ist eine größere Flexibilität bei Aufstellung und Anordnung der Maschinen. Um unterschiedliche Bearbeitungszeiten der einzelnen Komponenten und Störungen ausgleichen zu können, werden →Werkstückspeicher (→Werkstückwechsler) als Puffer eingefügt. Stillstandzeiten addieren sich bei ausreichender Kapazität der Störungspuffer nicht. Auch können dadurch in Fertigungslinien manuelle und automatische Bearbeitungsstationen entkoppelt werden. Im Bereich der losen Verkettung werden als Transporteinheiten innerhalb des Materialflußsystems einer Fertigungsanlage überwiegend Einzeltransportfahrzeuge (z. B. fahrbarer Industrieroboter, Regalbediengerät, induktiv gesteuerte Flurförderfahrzeuge) eingesetzt. *Schulz*

**Verkrustung.** V. ist die Anlagerung von Feststoffteilchen an Flächen innerhalb von Apparaten (z. B. an Heizflächen). Zur Vermeidung von V. bei der →Kristallisation sollten u. a. Ecken, Kanten, Umlenkungen, Toträume und Querschnittsveränderungen vermieden werden. Der Durchmischungsgrad und die Geschwindigkeit der Strömung sollten groß genug und die →Übersättigung darf nicht zu hoch sein. Weitere mögliche Maßnahmen sind Isolierung, Beheizung oder Beschichtung gefährdeter Bereiche und der Einsatz von Hilfsstoffen, die die Löslichkeit verändern. Bei der Meerwasserentsalzung hat sich gezeigt, daß eine →Entspannungsverdampfung weniger V. hervorruft als bei Verdampfungsanlagen mit Heizflächen. Allgemein gilt, daß durch die Einführung eines Zwangsumlaufs die V.-Neigung abnimmt.

Bei der Destillation und der Absorption sind Bodenkolonnen i. a. unempfindlicher gegen V. als Packungskolonnen. *Dohrn*

**Verpacken.** Lebensmittel sind einerseits als Handelsobjekte unter allgemeinen wirtschaftlichen Gesichtspunkten, andererseits als Produkte mit besonderer physiologischer Bedeutung für den Menschen und mit meist begrenzter Haltbarkeit zu betrachten. Der Zweck des V. von Lebensmitteln muß demgemäß unter diesen grundsätzlich verschiedenen Aspekten beurteilt werden:

□ Die Verpackung soll einen sicheren Schutz des Lebensmittels vor Qualitätsverlusten auf Grund der folgenden äußeren Einflüsse gewährleisten: Temperatur, Luftfeuchtigkeit, Luftsauerstoff, Mikroorganismen, Insekten, Schmutz, Licht, Fremdgeruch sowie mechanische Kräfte. Auf diese Weise können die hygienischen Anforderungen an das Produkt und die Qualitätskriterien hinsichtlich der äußeren Form erfüllt werden. Die Verpackung beeinflußt u. U. den Qualitätsstandard auch in bezug auf die Handhabung unmittelbar vor dem Verzehr des Produkts (z. B. Öffnen von Frischmilchverpackungen oder Getränkedosen).

□ Die Verpackung ermöglicht das Ausstatten des Produkts mit Informationen über Inhalt und Verwendungsmöglichkeiten für den Händler wie auch für den Verbraucher, um der gesetzlichen Kennzeichnungspflicht nachzukommen sowie um Hinweise und Ratschläge für Aufbewahrung und Zubereitung an den Verbraucher weiterzugeben. Darüber hinaus bietet die Produktpackung Möglichkeiten für die werbetechnische Ausgestaltung und kann eine entscheidende Rolle bei der Entwicklung neuer Produkte spielen.

□ Abgesehen vom Schutz gegen mechanische Einwirkungen ermöglicht eine geeignete Verpackung einen einfacheren und rationelleren Umgang mit dem Produkt beim Transport, Lagern, Umlagern und Verteilen in den einzelnen Handelsstufen.

Eine Packung (Brutto) besteht aus dem eigentlichen Lebensmittel (Netto) und der Verpackung (Tara), die aus mehreren Verpackungsmitteln und Verpackungshilfsmitteln bestehen kann. Verpackungsmittel sind die das Lebensmittel ganz oder teilweise umschließenden Umhüllungen (Dosen, Gläser, Flaschen, Fässer, Becher, Kanister, Tuben, Netze, Säcke, Kisten u. a.), während als Verpackungshilfsmittel Bestandteile der Verpackung oder der Verpackungsmittel (Nägel, Klebstreifen, Schnüre, Draht u. a.) bezeichnet werden. Als Verpackungsmaterial finden hauptsächlich folgende Materialien Verwendung: Papier, Karton, Pappe, Holz, Kunststoffe (Polyethylen, Polystyrol, Polypropylen, Polyvinylchlorid, Polyvinylidenchlorid, Polyvinylalkohol), Metalle (Zinkblech, Aluminium), Glas, Keramik und Gewebe. Die Auswahl geeigneter Verpackungsmittel und -materialien wird von einigen wichtigen Eigenschaften des Lebensmittels beeinflußt: Wassergehalt und -aktivität, Licht- und Sauerstoffempfindlichkeit, Enzymaktivität, Fließverhalten, Bruchanfälligkeit, mikrobiologischer Zustand und geplante Lagerzeit.

Daraus leiten sich auch die Anforderungen an die Verpackung ab, insbes. hinsichtlich der Druck-, Stoß- und Schlagfestigkeit, Fallfestigkeit, Temperaturbeständigkeit, Lichtundurchlässigkeit und des Permeationsverhaltens bez. Sauerstoff, Wasserdampf, Aromakomponenten und Fett.

Die Eignung von Produkt und Verpackungsmittel für den Einsatz maschineller Verpackungsoperationen ist von besonderer Bedeutung. Diese Operationen umfassen Vorbereitungsmaßnahmen sowohl für die Packmittel (Herstellen von Dosen, Bechern, Beuteln u. ä., Reinigen) als auch für das Produkt (Fördern, Positionieren), für das Füllen (mit Volumen-, Wäge- und Zählfüllmaschinen) und Verschließen der Packung (mit Falz-, Schraub-, Heißsiegel-, Schweiß-, Druckdeckelverschließmaschinen) bzw. für das Einschlagen (mit Teil-, Voll- und Skineinschlagmaschinen, Einwickelmaschinen). Vielfach werden auch mehrere Arbeitsgänge von Mehrfunktionsmaschinen ausgeführt, z. B. Füll- und Falzmaschinen für Dosen oder Form-Füll-Siegel- und Stülpdeckelmaschinen für Plastikbecher. Sterilverpackungsmaschinen gewährleisten das sterile Abpacken von sterilisierten Produkten in ein steriles Verpackungsmittel, wobei auch die unmittelbare Umgebung steril gehalten wird (aseptisches Verpacken). Das Verpacken umfaßt ferner das Ausstatten und Kennzeichnen der Verpackung (mit Bedruck-, Präge-, Etikettiermaschinen) sowie das Endverpacken und Sichern des Packgutes (mit Sammelpack-, Palettier-, Palettensicherungsmaschinen).

Neuere Untersuchungen auf dem Gebiet der Verpackung von Lebensmitteln zielen vor allem auf die Entwicklung neuer Verpackungswerkstoffe ab

(Verbundwerkstoffe auf Aluminium-, Kunststoff- und Papierbasis mit funktionellen Beschichtungen) und deren Einsatzmöglichkeiten, die Erfassung der Permeations- und Migrationseigenschaften von Werkstoffen, den Einfluß von Wassergehalt und -aktivität auf die Packung sowie die Technologie eßbarer Schutzschichten. *Kerner/Loncin*

Literatur: *Corinth, H.-G., u. G. Rau:* Schutzgasverpackung mit Kohlendioxid. Int. Z. Lebensmitteltechnol. und -verfahrenstechn. 38 (1987) Nr. 2. – *Ditz, G., u. R. Lippmann:* Verpackungstechnik. Heidelberg 1986. – *Haas, K.:* Thesaurus Verpackung. Frankfurt 1986. – *Mathlouthi, M.:* Food Packaging and Preservation-Theory and Practice. London 1986. – *Paine, F. A., u. H. Y. Paine:* Handb. Food Packaging. Glasgow 1983.

**Verschleiß.** Unter V. versteht man fortschreitenden Materialverlust an den Oberflächen von Reibpartnern. An den Kontaktflächen von Lagern tritt V. unter Festkörper- und Mischreibungsbedingungen auf. V. ist abhängig von der Belastung, der Relativgeschwindigkeit der Oberflächen, der Bewegungsform (z. B. Gleiten, Wälzen, Rollen), dem Bewegungsablauf (kontinuierlich, intermittierend), der Temperatur sowie den Stoff- und Formeigenschaften. Entscheidenden Einfluß auf den V. hat der Zwischenstoff (Schmierstoff). In der Tribologie treten die nachfolgend beschriebenen V.-Arten nur in Ausnahmefällen allein auf. In der Regel findet man eine Überlagerung der verschiedenen V.-Formen, die sich im zeitlichen Ablauf der Beanspruchung gegenseitig ablösen können:

□ *Adhäsiv-V:* Bildung (Verschweißen) und Trennung (Abscheren) von Haftbrücken. Als extreme Form tritt der Freß-V. auf.

□ *Abrasiv-V.:* Mikrozerspanung (Ritzen) durch den härteren Gegenkörper oder durch harte Partikel im Zwischenstoff.

□ *Schicht- oder Tribooxidations-V.:* Bilden und Abtragen von Reaktionsschichten an den Oberflächen. Die Reaktionsschichten werden durch reibungsbedingte Aktivierung der Oberflächen unter Beteiligung des Schmierstoffs, insbes. seiner Additive, gebildet.

□ *Ermüdungs- oder Oberflächenzerrüttungs-V.:* Rißbildung und Rißwachstum bis zum Ausbrechen von Partikeln (Pittingbildung) infolge Materialermüdung bei wechselnder mechanischer Beanspruchung, vorwiegend bei Abwälzvorgängen. Das Verbleiben der Partikel in der Zwischenschicht führt zu abrasivem V.

□ *Schwingungs-V. (auch Passungsrost):* Entsteht an Paßflächen (z. B. von kraftschlüssigen Welle-Nabe-Verbindungen), bei denen unter Normalkrafteinwirkung eine Mikrogleitbewegung zwischen den Oberflächen auftritt. Bei Überschreiten der Reibdauerfestigkeit treten Anrisse auf, die flach zur Oberfläche verlaufen. Die Spannungsüberhöhung durch Kerbwirkung ist dann auslösend für einen Dauerbruch (→Abtragverhalten). *Knoll*

**Verschleißform.** Bei der spanenden Bearbeitung treten am →Schneidteil Verschleißerscheinungen auf, die sich je nach Belastungsart und -dauer unterschiedlich stark ausbilden. Der Schneidteil verschleißt auf der Spanfläche und auf der Freifläche. Der Oxidationsverschleiß an der Nebenfreifläche hat nur zweitrangige Bedeutung. In der Praxis werden daher in erster Linie der →Freiflächenverschleiß und der →Kolkverschleiß als Standkriterium herangezogen.

Den verschiedenen V. können Meßgrößen zugeordnet werden. Man unterscheidet die mittlere Verschleißmarkenbreite VB und die maximale Verschleißmarkenbreite $VB_{max}$ auf der Freifläche, die Kolktiefe und den Kolkmittenabstand auf der Spanfläche, aus denen das Kolkverhältnis $K = KT/KM$ gebildet wird, sowie den Schneidkantenversatz $SV_\alpha$ und $SV_\gamma$ in Richtung der Frei- bzw. Spanfläche.

Ursachen für den Verschleiß sind vornehmlich die mechanischen und thermischen Beanspruchungen durch die Verformungs- und Reibungsvorgänge in den Kontaktzonen zwischen Werkzeug und Werkstück.

Für den Sammelbegriff Verschleiß werden heute folgende Einzelursachen angegeben:
□ Beschädigung der Schneidkante infolge mechanischer und thermischer Überbeanspruchung,
□ mechanischer Abrieb,
□ Adhäsion (Abscheren von Preßschweißstellen),
□ Diffusion,
□ Verzunderung.

Die Vorgänge überlagern sich in weiten Bereichen und sind sowohl in ihrer Ursache als auch in ihrer Auswirkung auf den Verschleiß nur z. T. voneinander zu trennen. *König*

Literatur: *Ehmer, H.-J.:* Gesetzmäßigkeiten des Freiflächenverschleißes an Hartmetallwerkzeugen. Ind.-Anz. 92 (1970) Nr. 88, S. 1861. – *Ehmer, H.-J.:* Ursachen des Freiflächenverschleißes an HM-Drehwerkzeugen. Ind.-Anz. 92 (1970) Nr. 88, S. 2081/84. – *König, W.:* Fertigungsverfahren. Bd. 1: Drehen, Fräsen, Bohren. Düsseldorf 1990.

**Verschleißmechanismus (Schleifen).** Während des Schleifens treten prozeßbedingt hohe Temperaturen und Drücke auf, so daß neben dem Werkstück auch das →Schleifwerkzeug stark beansprucht wird und im Laufe des Prozesses verschleißt. Im mikroskopischen Bereich treten sowohl am Korn als auch an der Bindung verschiedene Verschleißvorgänge auf. Die Gesamtheit der Mikro-V. führt zum Makroverschleiß des Schleifwerkzeugs (→Schleifwerkzeug-Verschleiß). Im Bild sind die verschiedenen an Schleifwerkzeugen auftretenden Verschleißarten zusammengefaßt.

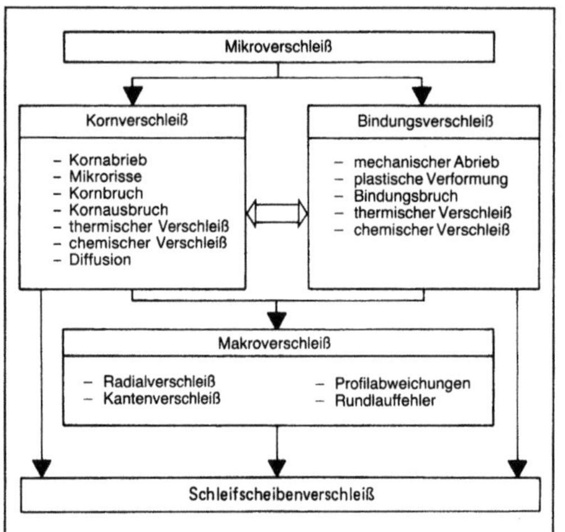



*Verschleißmechanismus (Schleifen): Verschleißarten an Schleifscheiben.*

Im mikroskopischen Bereich tritt sowohl an der Bindung als auch an den Körnern Verschleiß auf. Je nach Scheibenspezifikation und Bearbeitungsbedingungen ändern sich Art und Anteil der Mikro-V.

Der Kornverschleiß beginnt in den Kristallschichten, die an der Oberfläche des Korns liegen. Dort lösen die extrem hohen Drücke und Temperaturen Oxidations- und Diffusionsvorgänge aus, die den Abriebwiderstand des Kornmaterials herabsetzen. Es bildet sich eine Druckerweichungsschicht aus, die durch weitere mechanische Beanspruchung abgetragen wird. Dieser Prozeß kann anschließend zu der auch Mikro-Kornabbruch genannten Absplitterung von größeren Kristallgruppen führen.

Häufig ist der Kornverschleiß die unmittelbare Ursache für den Bindungsverschleiß, denn eine durch thermomechanische Beanspruchung abgeplattete Kornschneide führt wegen der vergrößerten Reibfläche zu einem starken Anstieg der örtlichen Schnittkräfte und damit zu einer lokalen mechanischen Überlastung des Bindungszustands. Dadurch kommt es zu Bindungsbrüchen und infolge hiervon zum Austrennen ganzer Körner oder Kornverbände.

Das Zusammenwirken der Mikroverschleißvorgänge führt zum Makroverschleiß, der sich bei Schleifscheiben in Form von Kanten- und Radialverschleiß (→Schleifwerkzeug-Verschleiß) bemerkbar macht. *Kenter*

Literatur: *Kenter, M.:* Schleifen von polykristallinem Diamant. Diss. Univ. Bremen 1990. – *König, W.:* Fertigungsverfahren. Bd. 2: Schleifen, Honen, Läppen. Düsseldorf 1989.

**Verschleißprüfung.** V. werden zur Untersuchung des Werkstoffverhalten bei tribologischer Beanspruchung durchgeführt. Zur Ermittlung des Verschleißes führt man die V. oft im Betriebsverschleiß-versuch (z. B. im Motorenbau, Eisenbahnwesen und Bergbau) durch. Die Ergebnisse lassen sich jedoch selbst auf gleichartig erscheinende Fälle nicht ohne weiteres übertragen, da schon kleine Abweichungen in den Bedingungen den Verschleiß weitgehend beeinflussen und mitunter sogar eine andere Bewährungsfolge der Werkstoffe ergeben. Der Grund hierfür liegt darin, daß Verschleiß keine Werkstoffeigenschaft ist, sondern nur als Systemeigenschaft darstellbar ist. Für die Übertragbarkeit von Ergebnissen müssen ausführliche Systemanalysen durchgeführt werden. Die Basis für diese Betrachtungsweise ist in DIN 50320 wiedergegeben.

Die Problematik von Betriebsverschleißversuchen ist dadurch gegeben, daß die Parameter vielfach nicht über längere Zeiträume ausreichend konstant gehalten werden und gezielt unabhängig von anderen variiert werden können, um allgemeine Gesetzmäßigkeiten zu ermitteln. Außerdem ist eine kontinuierliche Verschleißmessung sehr schwierig oder oftmals gar nicht möglich. Der Ein- und Ausbau von Teilen birgt die Gefahr in sich, daß geringfügige Änderungen in der Einbaulage durch den Wiedereinbau zu immer neuen Einläufen führen. Diese Daten spiegeln nur bedingt den stationären Zustand wider.

*Prüftechniken.* In der Vergangenheit sind Systematiken entwickelt worden, wie Modell-V. auf Prüfständen bzw. mit noch weiterer Vereinfachung mit Laborprüftechniken durchgeführt werden können. Es sind 6 Kategorien der V. dargestellt worden (DIN 50322), deren Grundgedanke die Systemreduktion mit den entsprechenden „Schnittkräften" ist. Nur wenn die Randbedingungen eingehalten werden, zu denen Identität der Werkstoffe und Gleichartigkeit der Beanspruchung und der wirkenden Verschleißmechanismen gehören, läßt sich eine Prüfkette mit stufenweiser Vereinfachung aufbauen, die eine Ermittlung systematischer Einflüsse und eine Übertragbarkeit ermöglicht. Zu den Randbedingungen gehören auch die Wärmezu- und -ableitung sowie Zusatzbeanspruchungen, die sich u. a. aus der Steifigkeit des Gesamtsystems ergeben.

Modellverschleißversuche ermöglichen die gezielte Untersuchung von Parametern wie Belastung, Temperatur, Geschwindigkeit, aber auch von Werkstoffen und Schmierstoffen. In der Regel lassen sich Bewährungsfolgen von Werkstoffen und Gesetzmäßigkeiten verschiedener Parameter ermitteln. Es kann jedoch nicht erwartet werden, daß absolute Lebensdauerwerte erarbeitet werden können. Allerdings lassen sich Verschleißverhältnisse ermitteln, die bei punktuell vorliegender Betriebserfahrung in Lebensdauerrelationen umgesetzt werden können.

Wesentliche Kriterien für die Belastbarkeit und Übertragbarkeit von Ergebnissen aus Laborverschleißversuchen sind:

□ Übereinstimmung der wirkenden Verschleißmechanismen,

□ gleichartige Verschleißerscheinungsformen,

□ ähnliche Größenordnung des Verschleißes wie im Betrieb.

Gerade bei dem zuletzt genannten Punkt besteht die Gefahr, daß aus Gründen einer Zeitraffung verschärfte Beanspruchungen angewandt werden und dies evtl. zu gänzlich anderen Phänomenen als in der Praxis führen kann. Die Energie- bzw. Leistungsdichte in der Grenzfläche und somit die Grenzflächentemperatur ist ein wichtiges Kriterium für die Bewertung der Übertragbarkeit.

*Verschleißmessung.* Wichtig für die Beurteilung des Verschleißverhaltens eines Systems ist nicht nur der Gesamtverschleiß innerhalb eines bestimmten Zeitraums, sondern die zeitliche Verschleißentwicklung, mit der Einlaufvorgänge von stationären Zuständen separiert werden können. Insofern kommt kontinuierlichen oder quasikontinuierlichen Meßmethoden große Bedeutung bei. In manchen Fällen haben aber auch diskontinuierliche Verfahren ihre Berechtigung, vor allem wenn anzunehmen ist, daß stationäre Verschleißzustände vorliegen. Häufig angewandte Verschleißmethoden sind:

□ diskontinuierliche Verfahren:

– Profilabtastung,

– Wägen (gravimetrische Verschleißermittlung),

– Längenmessung (mechanisch, elektrisch, optisch);

□ quasikontinuierliche Verfahren:

– Ölprobenuntersuchungen hinsichtlich Abriebpartikel (Atomabsorptionsspektroskopie Röntgenfluoreszenz, Ferrographie);

□ kontinuierliche Verfahren:

– induktive, kapazitive Wegmessung,

– Radionuklidtechnik.

Bei Laborversuchen dominieren heute noch die gravimetrischen Methoden, weil sie einfach sind und integrale Meßwerte liefern. Bei Betriebsversuchen – insbes., wenn es sich um kleine Verschleißbeträge handelt, wie im Motoren- und Getriebebau, aber auch in der Verfahrenstechnik – hat sich die Radionuklidtechnik eingeführt. Bauteile können nach verschiedenen Methoden aktiviert und der Verschleiß über die Aktivitätsabnahme am Bauteil bei offenen Tribosystemen (z. B. Auslaßventil beim Motor, Extruderwelle bei der Kunststoffverarbeitung) oder über die Aktivitätszunahme im Ölkreislauf ermittelt werden. Diese Methode ist sehr empfindlich. Allerdings wird die Aktivierung meist lokal vorgenommen, so daß die Stellen, an denen aktiviert wird, sorgfältig ausgewählt werden müssen.

Durch die Lasermeßtechnik in Verbindung mit einer entsprechenden Datenverarbeitung lassen sich diskontinuierlich Profile aufnehmen, die im Vergleich zum Ausgangsprofil die Bestimmung einer Volumenabnahme ermöglichen.

*Verschleißmeßgrößen.* Für eine quantitative Verschleißangabe können unterschiedliche Meßgrößen verwendet werden, die sich in direkte (Volumen-, Massen-, Höhenabnahme) bzw. bezogene Meßgrößen darstellen lassen (DIN 50321). Bezugsgrößen können Zeit, Durchsatz, Stückzahl, Gleitweg u. a. sein. Es ist jeweils sorgfältig zu prüfen, welche der Größen zu verwenden ist, um einerseits die Lebensdauer des Bauteils bewerten zu können bzw. den Vergleich von unterschiedlichen Werkstoffen (Dichte bei unterschiedlichen Werkstoffen) und andererseits die Übertragbarkeit der Ergebnisse auf andere Tribosysteme sicherzustellen.

In diesem Zusammenhang ist auch der zeitliche Verschleißverlauf von Bedeutung, um überprüfen zu können, ob die Ergebnisse nach einem linearen Ansatz oder anderen Zusammenhängen hinsichtlich Langzeitbeanspruchung extrapoliert werden können.

Weitere Kriterien zur Bewertung des tribologischen Verhaltens: Neben den quantifizierbaren Verschleißmeßgrößen ist die Erfassung qualitativer Erscheinungsformen von großem Nutzen für die Bewertung des tribologischen Verhaltens. Zu den Verschleißerscheinungsformen gehören äußerlich sichtbare Veränderungen wie Riefen, Freßerscheinungen, Einglättungen (Laufspiegel), Mulden, Ausbrechungen und Verfärbungen sowie Veränderungen der Grenzschicht durch Verformung, Gefügeumwandlung und chemische Reaktionen.

Des weiteren sind Reibungszahl, Temperaturentwicklung sowie Geräusche und Schwingungen wichtige Kriterien, die Aufschluß über Vorgänge in der Grenzschicht eines Werkstoffs während der Beanspruchung geben.

Erfahrungen auf diesem Gebiet können nützlich bei der Beurteilung von Betriebszuständen von Aggregaten in der Praxis sein. Durch Temperaturmessung und Schallpegelmessung mit entsprechender Frequenzanalyse können z. B. kritische Betriebszustände erkannt werden.     *Kußmaul*

Literatur: *Felsenfeld, P., A. Kleinrahmen* u. *E. Bollmann*: Radionuklidtechnik im Maschinenbau zur Verschleiß- und Korrosionsmessung in Industrie und Forschung. KfK-Nachrichten 18 (1986) Nr. 4, S. 224/34. – *Habig, K.-H.*: Systemorientierte Grundlagen zur Bearbeitung von Verschleißfragen. VDI-Z. 124 (1982) Nr. 6, S. 215/20. – *Sailer, S.*: Anwendung der Radionuklidtechnik-Verschleißmethoden im Fahrzeugbau. Schmiertechnik und Tribologie 27 (1980) Nr. 2, S. 57/61. – *Sommer, K.*, u. *Ch. Düll*: Bestimmung des Verschleißzustandes und mögliche Schadensfrüherkennung aufgrund der Untersuchung von Abriebpartikeln mit dem Ferrografen. Tribologie 5 (1982), S. 9/124. – *Uetz, H.* (Hrsg.): Abrasion und Erosion. München 1986. – *Uetz, H.*, u. *J. Wiedemeyer*: Tribologie der Polymere. München 1985.

**Verschleißschutz.** Auf Grund von Reibung von Feststoffpartikeln an Wänden von Mühlen, Rohren usw. kommt es zu Verschleiß, d. h. unerwünschter abrasiver Form- oder Stoffänderung. Um den Verschleiß bestimmter Teile zu vermindern, werden zusätzliche Teile als V. eingebaut. Als Materialien für den V. kommen metallische Werkstoffe (bestimmte legierte Stähle), metallische Verbundwerkstoffe, Keramik, Gummi und Kunststoffe in Betracht. Rohre zur pneumatischen →Förderung von Feststoffen werden mit Basalt ausgekleidet. Bei Förderung von sehr harten Partikeln erfolgt die Auskleidung mit Gummi. Metallische Verbundwerkstoffe werden bei Prallplatten und Schlägern für Prall- und Hammerbrecher eingesetzt. Die Verschleißelemente müssen regelmäßig kontrolliert und im Bedarfsfall ausgetauscht werden, um eine Schädigung weiterer Anlagenteile zu vermeiden. *Schlag*

**Verschleißverhältnis (Schleifen).** Das Verschleißverhältnis G (auch Abtragsverhältnis oder Schleifverhältnis genannt) bezeichnet das Verhältnis zwischen dem durch Verschleiß verlorenen Schleifscheibenvolumen und dem abgetragenen Werkstoffvolumen. Es hat die Dimension $mm^3 : mm^3$ und ist ein Maß für die Wirtschaftlichkeit des Schleifverfahrens oder der eingesetzten →Schleifscheibe (→Schleifen).

Das V. läßt sich bestimmen, indem man das bei einem Schleifprozeß abgetragene Werkstoffvolumen $V_w$ durch das Schleifscheibenverschleißvolumen $V_s$ dividiert. Somit gilt $G = V_w/V_s$.

Das Gesamtverschleißvolumen der Schleifscheibe $V_s$ setzt man bei zylindrischen Schleifscheiben aus dem radialen Verschleißvolumen und dem Kantenverschleißvolumen zusammen (→Schleifwerkzeug-Verschleiß). Das Werkstückabtragsvolumen kann z. B. beim Flachschleifen aus der Schleifscheibenbreite, der Schnittiefe und der Werkstücklänge berechnet werden.

Im Normalfall ist $G > 1$. Je größer dieser Wert ist, desto wirtschaftlicher ist das eingesetzte Schleifverfahren. *Kenter*

Literatur: *König, W.:* Fertigungsverfahren. Bd. 2: Schleifen, Honen und Läppen. Düsseldorf 1989. – *Spur, G.,* u. *Th. Stöferle:* Handb. Fertigungstechnik. Bd. 3/2: Spanen. München, Wien 1980.

**Versilbern** →Oberflächenbehandlung (Beschichten)

**Verstärkungsfaktor.** Bei schnellen Reaktionen kommt es bei Fluid-Fluid-Reaktionen (z. B. Gas-Flüssigkeits-Reaktionen) zu einer Verstärkung des flüssigkeitsseitigen Stoffübergangs durch die chemische Reaktion. Als Verstärkungsfaktor E wird das Verhältnis der Stoffübergangskoeffizienten bez. der Komponente i mit und ohne chemische Reaktion definiert:

$$E = \frac{\beta_{i,l,eff}}{\beta_{i,l}};$$

darin bedeuten: $\beta_{i,l,eff}$ effektiver, flüssigkeitsseitiger Stoffübergangskoeffizient unter dem Einfluß der chemischen Reaktion; $\beta_{i,l}$ flüssigkeitsseitiger Stoffübergangskoeffizient ohne Reaktionseinfluß. E wird i. a. nach der einfacheren →Zweifilmtheorie ermittelt, kann aber auch nach der Penetrationstheorie oder nach der →Oberflächenerneuerungstheorie bestimmt werden. Für langsame Reaktionen mit $Ha < 0,3$ (→Hatta-Zahl) bewirkt die chemische Reaktion praktisch keine Erhöhung der Stoffaustauschgeschwindigkeit, d. h. es gilt $E \approx 1$. Für $0,3 < Ha < 3$ findet eine chemische Reaktion mittlerer Geschwindigkeit bereits teilweise innerhalb der (z. B. flüssigkeitsseitigen) Grenzschicht statt, wodurch $E > 1$ wird. Schließlich läuft für $Ha > 3$ eine schnelle Reaktion überwiegend nur noch innerhalb der Flüssigkeitsgrenzschicht ab. Dadurch entstehen steile Konzentrationsgradienten, d. h. es gilt $E = Ha$.

Bei noch schnelleren Reaktionen für $Ha \gg 3$ wird die Reaktionszone immer schmäler, so daß $E \gg 1$ erreicht wird. *Schönbucher*

**Verstärkungsteil.** Der V. einer Gegenstromtrennkolonne (→Rektifikation) ist der Abschnitt von der Zulaufstelle bis zum Kopf der Kolonne. Im V. wird die aufsteigende Phase mit leichtflüchtigen Komponenten angereichert. Am Kopf der Kolonne findet ein Phasenwechsel statt; z. B. wird bei der Rektifikation der Dampf kondensiert. Ein Teil des entstehenden Produkts, in dem sich fast keine schwerflüchtigen Komponenten mehr befinden, wird in die Kolonne zurückgeführt. Da zwischen dem →Rückfluß und der aufsteigenden Phase ein reger →Stoffübergang stattfindet, ist das →Rückflußverhältnis maßgebend für die erreichbare Verstärkung.

Die Gleichung der Bilanzlinie lautet:

$$y = (L/G) \cdot x + (D/G) \cdot x_D,$$

mit L abwärtsführender Flüssigkeitsstrom, G aufsteigender Gasstrom, D entnommener Produktstrom.

Eine Massenbilanz um den V. ergibt:

$$G = L + D.$$

Die Steigung der Bilanzlinie wird durch das Verhältnis L/G bestimmt. Wird nicht die gesamte Kondensatmenge zurückgeführt, so ist L/G und somit die Steigung der Verstärkungslinie (Bilanzlinie) kleiner als eins.

Das Bild zeigt eine Kolonne, die nur aus der Blase und dem V. besteht. Weil ein →Abtriebsteil nicht vorhanden ist, erfolgt der →Zulauf in die Blase (Sumpf). Diese Betriebsweise wird gewählt, wenn eine hohe Reinheit an leichtflüchtigen Komponenten im →Destillat gefordert ist und Verunreinigungen im →Sumpfprodukt nicht stören. *Dohrn*

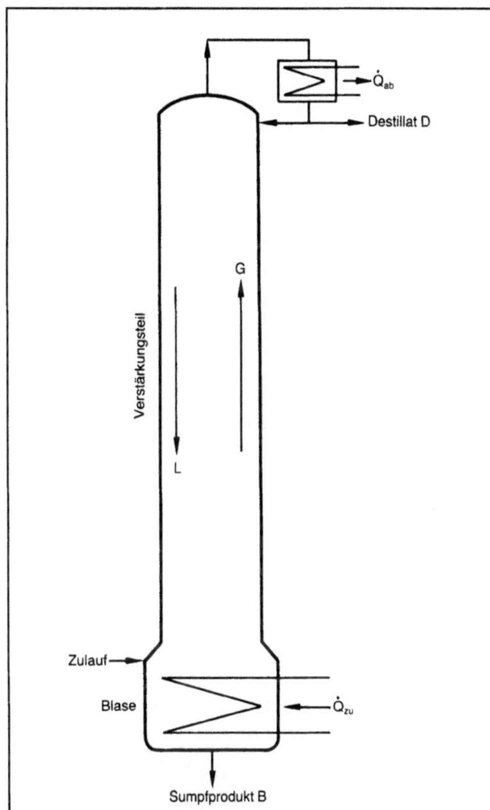



*Verstärkungsteil: Schema einer kontinuierlich betriebenen Verstärkungskolonne.*

Literatur: *Grassmann, P., u. F. Widmer:* Einführung in die thermische Verfahrenstechnik. Berlin 1974. – *Mersmann, A.:* Thermische Verfahrenstechnik. Berlin, Heidelberg, New York 1980.

**Verstärkungsverhältnis.** Das V. gibt an, um wieviel sich die Konzentration einer Phase in einer realen →Trennstufe im Vergleich zur maximal möglichen Konzentrationsänderung erhöht hat. Es wird für die Bestimmung der effektiven Bodenzahl bei Gegenstromtrennprozessen (z. B. →Rektifikation, →Absorption) benötigt. Punkt-V. (lokaler →Austauschgrad $S_L$) gelten nur für einen Punkt des Bodens. Es gilt:

$$S_L = \frac{y_n - y_{n-1}}{y_n{}^* - y_{n-1}},$$

mit y Konzentration in der Bezugsphase, n Stufenindex; * kennzeichnet den Gleichgewichtszustand.

Bei Boden-V. $S_B$ wird die Änderung der Zusammensetzung des Gases oder der Flüssigkeit gemittelt über den ganzen Boden betrachtet. Bei der Berechnung von Boden-V. werden u. a. Punkt-V., die Flüssigkeitsdurchmischung auf dem Boden und Störeffekte (z. B. →Mitreißen und →Durchregnen

von Flüssigkeit) berücksichtigt (→Stufenkonstruktion). *Dohrn*

**Verteiler.** Soll eine flüssige Phase in eine nicht mischbare Flüssigkeit oder in ein Gas dispergiert werden, so kann man dazu Sprühdüsen, mechanische V. oder Lochplatten verwenden. Dabei kommt es darauf an, daß die Flüssigkeit möglichst gleichmäßig über den Querschnitt verteilt wird. Sollen Gase in einer Flüssigkeit dispergiert werden, verwendet man Lochplatten.

Bei Lochplatten mit kleinen Lochdurchmessern muß zum Erreichen einer gleichmäßigen Verteilung die Weber-Zahl We >2 sein:

$$We = \frac{w^2 \cdot d \cdot \varrho_D}{\sigma} \geqq 2,$$

mit w Geschwindigkeit in der Öffnung, d Lochdurchmesser, σ Grenzflächenspannung, $\varrho_D$ Dichte der dispersen Phase.

Bei großen Löchern muß die Geschwindigkeit einen Mindestwert überschreiten, damit die kontinuierliche Phase nicht entweichen kann (→Tropfensäule). *Dohrn*

Literatur: *Mersmann, A.:* Thermische Verfahrenstechnik. Berlin, Heidelberg, New York 1980.

**Verteilungsgleichgewicht.** Phasengleichgewicht zwischen zwei fluiden Phasen. Das V. gibt an, in welchem Verhältnis sich ein Stoff auf zwei Phasen verteilt. Beispiel: Bei der Verteilungschromatographie wird ein festes Trägermaterial oder die Innenseite einer Kapillare mit einer schwerflüchtigen Flüssigkeit belegt und als stationäre Phase verwendet. Die zu trennenden Stoffe verteilen sich unterschiedlich auf die (flüssige) stationäre und die gasförmige mobile Phase, wodurch sie unterschiedlich lange in der Trennsäule verbleiben. Das V. ist für die Retentionszeit maßgebend.

Das V. wird nach den gleichen Methoden wie das Phasengleichgewicht berechnet. *Dohrn*

**Vertikaldrehmaschine.** Bei V. (für große Werkstücke auch als →Karusseldrehmaschine bezeichnet) rotiert das Spannfutter um eine vertikale Achse. Der darüber angeordnete Kreuzschlitten mit den Werkzeugen verfährt ebenfalls in der vertikalen Ebene.

Diese Anordnung erleichtert das Beladen und Spannen auch größerer Futterteile und begünstigt den Spänefall. Durch das Eigengewicht des aufliegenden Werkstücks wird die Spanngenauigkeit gesichert und auch eine Spanndruckreduzierung zwischen Vor- und Fertigdrehen ist problemlos möglich.

Zwei bzw. drei Kreuzschlitten dienen zur Mehrschnittbearbeitung. Bei V. in Portalbauweise läßt sich durch Verfahren der Kreuzschlitten auf der Quertraverse der maximale Drehdurchmesser vergrößern. Bei Zweispindlern kann im Pendelbetrieb gearbeitet werden, um die Stillstandzeiten beim Laden abzukürzen. *Schulz*

**Vertrieb.** Das ist der Absatz von Waren sowie aller damit zusammenhängenden Maßnahmen.

Der V. obliegt in der Regel einer besonderen Abteilung des Betriebs. Die Aufgaben der V.-Abteilung sind Angebots- und Auftragsbearbeitung, Werbung, Versand und Verkaufsabrechnung. Die V.-Organisation kann unterschiedliche Organisationsstrukturen aufweisen. Man unterscheidet eine funktionsorientierte, produktorientierte, kundenorientierte und gebietsorientierte V.-Organisation.

Die funktionale →Organisation empfiehlt sich, falls regionale oder Produktaspekte wenig dringlich sind und es in erster Linie auf den Einsatz von Funktionsspezialisten im Betrieb ankommt.

In Unternehmen, die sehr unterschiedliche Produkte an verschiedene Abnehmergruppen vertreiben und wo umfangreiche technische Kenntnisse erforderlich sind, ist der V. primär produktbezogen gegliedert.

Bestehen zwischen den Absatzgebieten nicht unerhebliche Unterschiede (Sprache, Recht, Währung, Wirtschaftsstruktur, Mentalität), liegt es nahe, die Vertriebsorganisation gebietsorientiert aufzubauen.

Unternehmen, deren Kunden sich in den Kaufgewohnheiten oder der Verwendung der Produkte stark unterscheiden, können ihre Vertriebsorganisation auch auf spezielle Kundengruppen (Behörden, Industriekunden) ausrichten. In der Praxis wird meist eine Organisationsform gewählt, die eine Mischung zweier der genannten Prinzipien darstellt. *Eversheim*

Literatur: REFA: Methodenlehre der Planung und Steuerung. Tl. 1. München 1985.

**Verweilzeit.** Die Zeitdauer, die das Volumenelement einer Reaktionsmasse benötigt, um vom Eintritt des Reaktors (→Reaktor, chemischer) zum Austritt zu gelangen, wird als V. (Aufenthaltszeit) des Volumenelements bezeichnet. Beim idealen →Rohrreaktor, in dem sich die Reaktionsmasse als Kolbenströmung bewegt, hat jedes Volumenelement exakt die gleiche V. In einem realen Reaktor weicht die Strömung der Reaktionsmasse grundsätzlich von der Kolbenströmung ab, so daß jedes Volumenelement eine etwas andere V. aufweist. Dies bedeutet, daß sich eine Verweilzeitverteilung im Reaktor einstellt. Die Ursachen für die uneinheitlichen V. liegen in der Dispersion (nicht ideale Vermischung der Reaktanden) und/oder in einer Dichteänderung der Reaktionsmasse, z. B. durch

Temperaturänderung oder speziell bei Gasreaktionen durch Änderung des Gesamtdrucks bzw. der Molzahl. Die mittlere Verweilzeit $\bar{t}$ stimmt also nur dann mit der hydrodynamischen Verweilzeit (→Raumzeit) $\tau$ überein, wenn keine Dispersion (Bo→∞) und keine Dichteänderung der Reaktionsmasse stattfindet. Der Dispersionseinfluß auf den Zusammenhang zwischen mittlerer Verweilzeit $\bar{t}$ und Raumzeit $\tau$ ist nach dem Dispersionsmodell berechenbar zu:

$$\bar{t}/\tau = 1 + \frac{2}{Bo},$$

mit Bo →Bodenstein-Zahl.

Der Einfluß einer Dichteänderung der Reaktionsmasse auf die mittlere Verweilzeit $\bar{t}$ läßt sich wie folgt formulieren:

$$\bar{t} = \int_0^V \frac{\varrho(V)}{\dot{m}(V)}\, dV = \int_0^V \frac{d(V)}{\dot{V}(V)};$$

darin bedeuten $\varrho$, $\dot{m}$, $\dot{V}$, $V$ Dichte, Massenstrom, Volumenstrom, Volumen der Reaktionsmasse.

Allein für $\varrho$ = konst bzw. $\dot{V}$ = konst erhält man die häufig verwendete Definition von $\bar{t}$:

$$\bar{t} = \frac{V}{\dot{V}}$$ und den Zusammenhang $\bar{t} = \tau$. *Schönbucher*

**Verweilzeitmodell.** Die mathematische Beschreibung des Verweilzeitverhaltens (→Verweilzeitverteilung, →Verweilzeit) chemischer Reaktoren erfolgt durch V. Es sind V. idealer Reaktoren und V. realer Reaktoren zu unterscheiden (→Reaktormodell). Die V. für die einfachsten Strömungs- bzw. Vermischungszustände in idealen Reaktoren sind in Form der Verweilzeitdichtefunktionen (Verweilzeitspektren) $E(\Theta)$ und der Summenfunktionen (Übergangsfunktionen, Verweilzeitsummenkurven) $F(\Theta)$ in der Tabelle zusammengestellt. Die Basis zur Berechnung dieser Verweilzeitfunktionen bilden die instationären Stoffmengenbilanzen (→Reaktormodell) der idealen Reaktoren bez. eines chemisch inerten Tracerstoffs (Markierungsmethoden), wobei allein der konvektive Stoffmengenstrom des Tracers, d. h. kein Stoffmengenstrom durch chemische Reaktion, berücksichtigt wird. Zur Charakterisierung der Verweilzeitfunktionen wird häufig das erste Moment, das die Lage (Erwartungswert) der Verteilung wiedergibt und der mittleren Verweilzeit $\bar{t}$ entspricht, sowie das zweite Moment herangezogen, das die Varianz der Verteilung darstellt und häufig mit $\sigma^2$ bezeichnet wird (→Verweilzeitverteilung).

Treten nicht allzu große Abweichungen (→Rückvermischung) vom Vermischungsverhalten idealer

Reaktoren auf, so läßt sich das →Verweilzeitverhalten realer Reaktoren häufig durch ein →Dispersionsmodell oder durch ein →Zellenmodell beschreiben. Das Dispersionsmodell geht ebenfalls von einer instationären Stoffmengenbilanz aus, bei der zusätzlich zur Konvektion noch die axiale Dispersion des Tracerstoffs enthalten ist. Für relativ geringe Rückvermischung, d. h. für Bodenstein-Zahlen $Bo > 100$, werden die Verweilzeitspektren E nach dem Dispersionsmodell unabhängig von den Randbedingungen der Differentialgleichung (Stoffmengenbilanz) und entsprechen einer Gaußschen Verteilung:

$$E\,(\Theta,\,Bo) = \frac{1}{2}\,\sqrt{\frac{Bo}{\Pi}}\,\exp\left[\frac{-\,(1-\Theta)^2\,Bo}{4}\right],$$

mit $\Theta = t/\tau$ (dimensionslose) Zeit, die auf die →Raumzeit $\tau$ bezogen ist.

Diese Normalverteilung E ist charakterisiert durch die mittlere Verweilzeit $\bar{t} = \tau$ und durch das zweite Moment

$$\sigma^2 = \frac{2}{Bo}.$$

Die Verweilzeitspektren $E(\Theta, N)$ nach dem einparametrigen Zellenmodell sind identisch mit denen einer KIK-Rührkesselkaskade (Tabelle) und entsprechen einer Poisson-Verteilung, die durch die beiden Momente $\bar{t} = \tau$ und $\sigma^2 = 1/N$ charakterisiert ist.

Größere Abweichungen vom Vermischungsverhalten idealer Reaktoren (→Kanalbildung) können nicht mehr von einparametrigen, sondern allein mit mehrparametrigen V. beschrieben werden. Solche kombinierten Modelle für reale Reaktoren werden durch Ersatzschaltungen realisiert, deren Bausteine der KIK und IR (Reaktormodell) sowie der

→Rohrreaktor mit partieller Rückvermischung (Zellen- oder Dispersionsmodell) und Totvolumen (→Totzone) sein können. Diese Bausteine können durch Kurzschluß-(Bypass-), Rückführungs- und Austauschströme miteinander verbunden sein. Daraus resultiert eine Vielzahl mehrparametriger V., mit denen man prinzipiell in der Lage ist, beliebig komplexes Vermischungsverhalten realer Reaktoren zu modellieren. Allerdings wächst auch mit zunehmender Komplexität des V. die Anzahl der Parameter, die immer schwieriger allein aus Messungen der Verweilzeitverteilungen bestimmbar sind. Zu den wichtigen mehrparametrigen V. zählt das Zellenmodell mit →Rückführung und das z. B. fünfparametrige Zweistrangmodell (Bild 1), das partielle Rückvermischung sowie Kurzschluß- oder Totzonen simulieren kann und z. B. zur Modellierung von Wirbelschichtreaktoren geeignet ist. Ein Beispiel für ein Ersatzschaltbild eines technischen Rührkesselreaktors mit Kurzschlußströmung und Totzone (→Kanalbildung) ist in Bild 2 wiedergegeben.

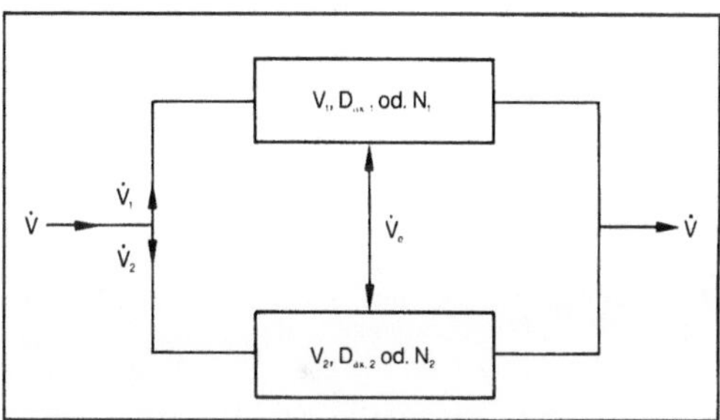


*Verweilzeitmodell 1: Ersatzschaltung des Zweistrangmodells. (Quelle: Dialer a. a. O.)*

$V_1$, $V_2$ Volumen der Modellreaktoren, $D_{ax,1}$, $D_{ax,2}$ axiale Dispersionskoeffizienten, $N_1$, $N_2$ Anzahl der Zellen, wenn Dispersion mit Zellenmodell simuliert wird, $\dot{V}_1$, $\dot{V}_2$, $\dot{V}$ Volumenströme, $\dot{V}_e$ Austausch-Volumenstrom

*Verweilzeitmodell. Tabelle: Verweilzeitfunktionen kontinuierlicher, idealer Reaktoren (Dirac-Deltafunktion, Heaviside-Sprungfunktion).*

Diese Funktionen sind in → Verweilzeitverteilung graphisch dargestellt.

| | Verweilzeitspektren | $E(\Theta) = \dfrac{dF(\Theta)}{d\Theta} = \tau E(t)$ $F(\Theta) = F(t)$ | Summenfunktion |
|---|---|---|---|
| kontinuierlicher Idealkessel (KIK) | $E(\Theta) = \exp\,(-\Theta)$ | | $F(\Theta) = 1 - \exp\,(-\Theta)$ |
| Rührkesselkaskade aus N gleich großen KIK ($\Theta$ bezieht sich auf die Kaskade) | $E(\Theta,N) = \dfrac{N\,(N\Theta)^{N-1}}{(N-1)\,!}\,\exp\,(-N\Theta)$ | | $F(\Theta,N) = 1-\exp\,(-N\Theta)$ $\left[1+N\Theta+\dfrac{(N\Theta)^2}{2!}+\ldots+\dfrac{(N\Theta)^{N-1}}{(N-1)!}\right]$ |
| idealer Rohrreaktor (IR) | $\left.\begin{array}{l}E(\Theta) \to \infty \ \text{für}\ \Theta = 1\\ E(\Theta) = 0 \quad \text{für}\ \Theta \neq 1\end{array}\right\}$ oder $E(\Theta) = \delta\,(\Theta-1)$ | | $\left.\begin{array}{l}F(\Theta) = 1 \ \text{für}\ \Theta > 1\\ F(\Theta) = 0 \ \text{für}\ \Theta < 1\end{array}\right\}$ oder $\begin{array}{l}H(\Theta-1) = 1\\ H(\Theta-1) = 0\end{array}$ |

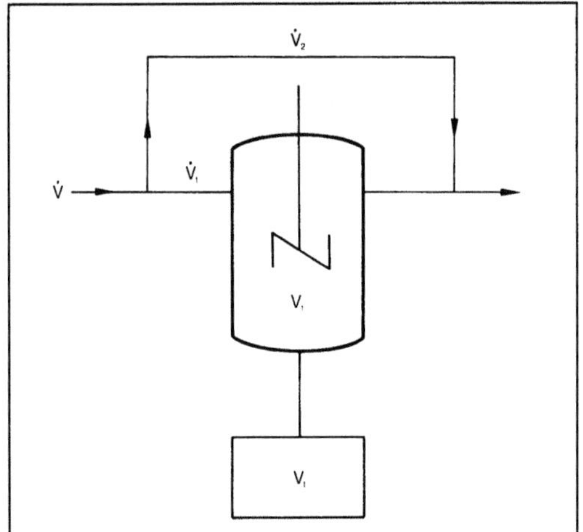

*Verweilzeitmodell 2: Ersatzschaltung eines realen (technischen) Rührkesselreaktors mit Kurzschlußströmung und Totzone. (Quelle: Dialer a. a. O.)*

$\dot{V}_2$ Kurzschlußstrom (Volumenstrom), $V_1$ Volumen der aktiven (gutvermischten) Zone, $V_t$ Volumen der Totzone

Die V. ermöglichen zusammen mit einem kinetischen Modell ($\rightarrow$Geschwindigkeitsgleichung) eine Vorausberechnung von Reaktorleistung, $\rightarrow$Selektivität und $\rightarrow$Ausbeute. *Schönbucher*

Literatur: *Dialer, K., U. Onken* u. *K. Leschonski:* Grundzüge der Verfahrenstechnik und Reaktionstechnik. München 1986.

**Verweilzeitstreuung.** Bewegt sich ein Medium mit einem Volumenstrom $\dot{V}$ durch einen Apparat mit dem Volumen V, so ergibt sich seine mittlere Verweilzeit $\bar{t}$ zu

$$\bar{t} = V/\dot{V}.$$

In gleicher Weise ist $\bar{t}$ durch die Apparatelänge l und die mittlere Strömungsgeschwindigkeit $\bar{v}$ des Mediums über die Beziehung

$$\bar{t} = l/\bar{v}$$

gegeben.

Im Fall der Kolbenströmung ist die Strömungsgeschwindigkeit im gesamten Apparat konstant, und die Verweilzeit ist für jede Teilmenge des Mediums gleich. In allen anderen Fällen ergibt sich eine Geschwindigkeitsverteilung, z. B. auf Grund von Toträumen oder Strömung im Bereich der Grenzschicht, die eine Streuung der tatsächlichen Verweilzeit (Verweilzeitverteilung, -spektrum) bedingt. Ein Teil des Mediums verläßt den Apparat nach kürzerer Zeit, ein anderer bewegt sich langsamer hindurch. Die Streuung liegt zu beiden Seiten von $\bar{t}$.

Die Verweilzeitverteilung kann durch die Summen- und die Häufigkeitsfunktion beschrieben werden. Die Summenfunktion F(t) gibt den Anteil des Mediums an, dessen Verweilzeit kleiner als t ist. Die Häufigkeitsfunktion E(t), auch als Dichtefunktion bezeichnet, ist die erste Ableitung der Summenfunktion. Über ein Zeitintervall $[t_1, t_2]$ integriert, gibt sie die Wahrscheinlichkeit an, mit der ein Element des Mediums eine Verweilzeit innerhalb dieses Zeitintervalls hat (Bild). Diese Kurven können durch Aufgabe eines definierten Eingangssignals (Markierung) und Erfassen des Ausgangssignals gemessen werden.

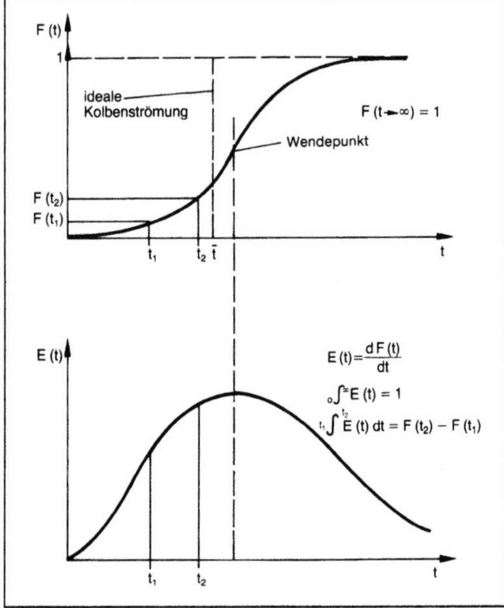


*Verweilzeitstreuung: Summenfunktion F(t) und Häufigkeitsfunktion E(t).*

V. sind in realen kontinuierlichen Prozessen (Strömungsrohr, kontinuierlicher Rührkessel oder CSTR, Rührkesselkaskade) oft unvermeidbar.

Im Bereich der $\rightarrow$Lebensmittelverfahrenstechnik ist das Auftreten von V. unterschiedlich zu bewerten. Bei Reaktionen, die sich in der Anfangsphase befinden (beginnende qualitätsvermindernde Reaktionen, z. B. Vitaminverlust), ist der Einfluß ohne große Bedeutung. Reaktionen, die sich jedoch in der Endphase befinden, besonders das Abtöten von Mikroorganismen beim $\rightarrow$Sterilisieren (weiterhin Extraktion von Zuckerrüben oder Ölsaaten), hängen in ihrem Ergebnis sehr stark vom Verweilzeitverhalten des Systems ab. Die Behandlung einer Teilmenge während einer überdurchschnittlich langen Zeitdauer kann eine zu kurze Behandlungszeit einer anderen Teilmenge nicht aufwiegen.

Zur Vermeidung von V. werden stückige Güter in Körben durch die Behandlungszone gefördert (z. B. $\rightarrow$Blanchieren von Erbsen, Frittieren von Kartoffeln). Relativ geringe Streuungen treten auch in Kratzwärmeübertragern und Fließbettapparaturen auf. Für flüssige Produkte wurden neuartige Fördersysteme entwickelt, bei denen spezielle Rohreinbauten eine Verweilzeitcharakteristik gewährleisten, die der Kolbenströmung nahekommt. *Kerner/Loncin*

Literatur: *Loncin, M.:* Die Grundlagen der Verfahrenstechnik in der Lebensmittelforschung. Aarau 1969. – *Rao, M. A.,* u. *M. Loncin:* Residence time distribution and its role in continuous pasteurization. Lebensmittel-Wiss. und Technol. 7 (1974) Nr. 1.

**Verweilzeitverhalten.** Die Verweilzeit gibt die Aufenthaltsdauer von Stoffen in einem Apparat an. Man unterscheidet die Aufenthaltsdauer für die Moleküle einer Stoffmischung oder die Partikel eines Stoffstroms. Die mittlere Verweilzeit gibt die durchschnittliche Verweildauer an, das Verweilzeitspektrum die Verteilung der Moleküle oder Partikel am Austritt auf die Verweilzeiten.

Das V. wird durch zwei Grenzfälle charakterisiert: Die ideale Vermischung, bei der eine sofortige Durchmischung des eintretenden Stoffstroms mit der vorhandenen Stoffmenge eintritt. Dadurch ergibt sich für den austretenden Stoffstrom ein sehr breites Verweilzeitspektrum. Die Durchströmung eines Apparats ohne Vermischung (Pfropfenströmung); dabei ist das Verweilzeitspektrum durch eine sehr enge, im Idealfall linienförmige Verteilung gekennzeichnet.

Verweilzeitspektren spielen bei der mathematischen Beschreibung verfahrenstechnischer Prozesse eine große Rolle. Das V. unterschiedlicher Apparate wird im Rahmen der Reaktionstechnik näher behandelt. *Brunner*

**Verweilzeitverteilung.** In jedem realen chemischen Reaktor ist die →Verweilzeit der Reaktionsmasse infolge der Abweichungen von der Kolbenströmung (→Kanalbildung) nicht konstant, sondern jedes Volumenelement weist eine etwas andere Verweilzeit auf, d. h. es liegt eine bestimmte V. vor. Sie wird durch die Vermischung der Reaktionsmasse (→Rückvermischung, →Makrovermischung) bestimmt und ist zusammen mit der →Mikrovermischung bei der Abschätzung von Reaktorleistung, realisierbaren Ausbeuten oder Selektivitäten von großer Bedeutung.

Die experimentelle Ermittlung der V. erfolgt mit Hilfe von Markierungsmethoden entweder als Verweilzeitdichtefunktionen E(Θ), Bild 1, oder als Verweilzeitsummenkurven, Bild 2. (Die mathematische Beschreibung der Funktionen E(Θ) und F(Θ) für ideale Reaktoren ist in →Verweilzeitmodell, Tabelle, wiedergegeben.) Die anschauliche Interpretation der beiden Verteilungsfunktionen E(Θ) und F(Θ) läßt sich wie folgt angeben: E(Θ)dΘ ist die Wahrscheinlichkeit dafür, daß ein zur Zeit Θ=0 in den Reaktor eintretendes Volumenelement der Reaktionsmasse den Reaktor im Zeit-

intervall Θ bis Θ+dΘ (Bild 1) wieder verläßt, d. h. daß die Verweilzeit zwischen Θ und Θ+dΘ liegt. F(Θ) stellt den Anteil aller in den Reaktor eingebrachten Volumenelemente dar, der den Reaktor bis zur Zeit Θ wieder verlassen hat (Bild 2).

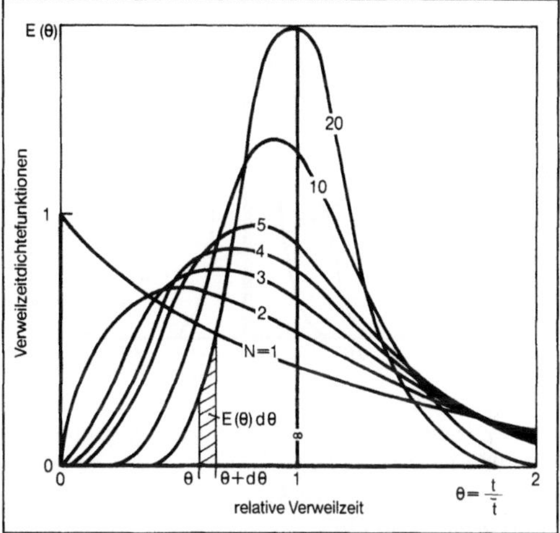


*Verweilzeitverteilung 1: Verweilzeitdichtefunktionen E(Θ) idealerReaktoren. (Quelle:* Brötz *a. a. O.)*

N Anzahl der KIK
N = 1 kontinuierlicher, idealer Rührkesselreaktor (KIK)
1 < N < ∞ Kaskade aus KIK
N → ∞ idealer Rohrreaktor (IR) u. idealer Chargenkessel (AIK)

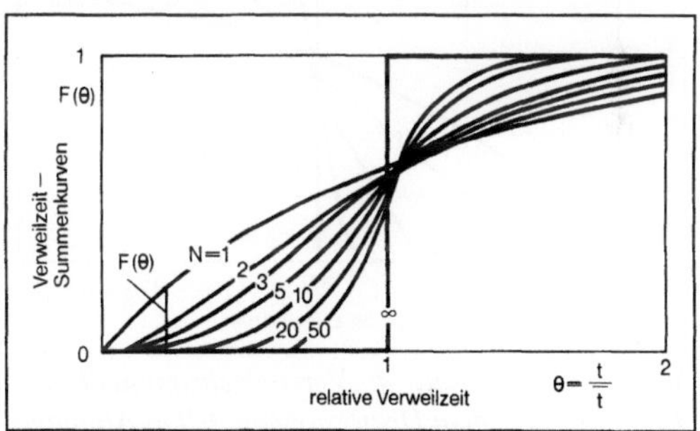


*Verweilzeitverteilung 2: Verweilzeitsummenkurven idealer Reaktoren. (Quelle:* Brötz *a. a. O.)*

Meistens lassen sich die Verweilzeitfunktionen durch das erste und zweite Moment (→Verweilzeitmodell) genügend genau charakterisieren. Unter Berücksichtigung der Beziehungen E(Θ) = τE(t) und F(Θ) = F(t) läßt sich das erste Moment formulieren als die mittlere Verweilzeit t̄:

$$\bar{t} = \int\limits_0^\infty t\, E(t)\, dt \quad \text{bzw.} \quad \bar{t} = \int\limits_0^\infty (1 - F(t))\, dt$$

und stellt die Lage (Erwartungswert) der Verteilung dar. Das zweite Moment ist ein Maß für die Streuung

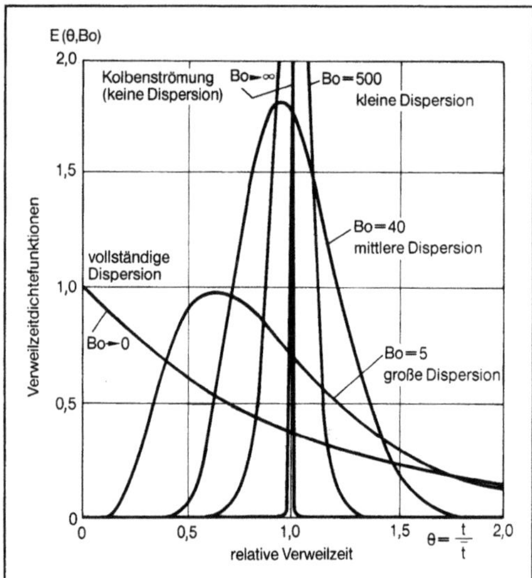



*Verweilzeitverteilung 3: Verweilzeitdichtefunktionen E(Θ, Bo) nach dem Dispersionsmodell in Abhängigkeit vom Grad der Rückvermischung Bo. (Quelle: Levenspiel a. a. O.)*

Bo → o KIK

o < Bo < ∞ reale Reaktoren

Bo → ∞ IR

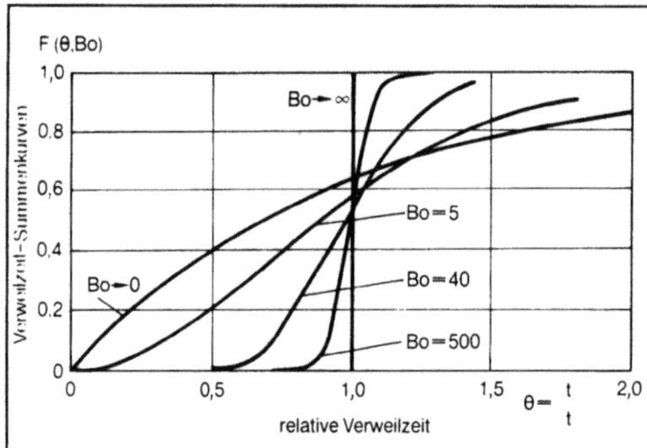



*Verweilzeitverteilung 4: Verweilzeitsummenkurven F(Θ, Bo) nach dem Dispersionsmodell in Abhängigkeit vom Grad der Rückvermischung Bo. (Quelle: Levenspiel a. a. O.)*

$\sigma$ („Breite") der Verteilung um den Erwartungswert $\bar{t}$:

$$\sigma^2 = \int\limits_o^\infty (t-\bar{t})^2\, E(t)\, dt \text{ bzw.}$$

$$\sigma^2 = \int\limits_o^\infty \left(1-F(t)\right) \left(t - \frac{\bar{t}}{2}\right) dt.$$

Zur Berechnung der V. in realen Reaktoren wurden zahlreiche Modelle (→Verweilzeitmodell) entwickelt. Bei dem einparametrigen →Disper-

sionsmodell (Verweilzeitmodell) wird der Grad der Rückvermischung (Dispersion) in den Verweilzeit-Funktionen E(Θ, Bo) und F(Θ, Bo), die in Bild 3 und 4 dargestellt sind, durch die →Bodenstein-Zahl Bo berücksichtigt. *Schönbucher*

Literatur: Autorenkollektiv (*S. Weiß*, Hrsg.): Verfahrenstechnische Berechnungsmethoden. Tl. 5: Chemische Reaktoren. Weinheim 1987. – *Baerns, M., H. Hofmann* u. *A. Renken:* Chemische Reaktionstechnik. Stuttgart 1987. – *Brötz, W.:* Grundriß der chemischen Reaktionstechnik. Weinheim 1958. – *Brötz, W.,* u. *A. Schönbucher:* Technische Chemie I. Weinheim 1982. – *Denbigh, K. G.,* u. *J. C. Turner:* Einführung in die chemische Reaktionstechnik. Weinheim 1973. – *Dialer, K., U. Onken* u. *K. Leschonski:* Grundzüge der Verfahrenstechnik und Reaktionstechnik. München 1986. – *Fitzer, E.,* u. *W. Fritz:* Technische Chemie. Eine Einführung in die technische Chemie. 3. Aufl. Berlin, Heidelberg, New York 1989. – *Froment, F. G.,* u. *K. B. Bischoff:* Chemical Reactor Analysis and Design. New York 1979. – *Levenspiel, O.:* Chemical Reaction Engineering. 2. Aufl. New York 1972. – *Levenspiel, O.:* The Chemical Reactor Omnibook. Corvallis (Oregon) 1984. – *Westerterp, K. R., W. P. M. van Savaaij* u. *A. A. C. M. Beenackers:* Chemical Reactor Design and Operation. 2. Aufl. New York 1984.

**Verwinden.** V. ist ein Verfahren des Schubumformens und ist als eine spezielle Anwendung des Verdrehens definiert. *Lange*

**Verzahnmaschine.** Verzahnungen können auf unterschiedliche Weise sowohl spanlos als auch spanend hergestellt werden. Eine hohe Anzahl verschiedener vorhandener Maschinenarten beruht auf dem Bemühen, für jede Verzahnungsart eine wirtschaftliche Herstellung zu erreichen. Die bis an Lehrengenauigkeit heranreichenden Genauigkeitsanforderungen an Verzahnungen werden bei dem häufig auftretenden Größen- und Formenwechsel am wirtschaftlichsten über spanende Verfahren erfüllt. In der Regel wird zunächst mit hohen Schnittgeschwindigkeiten auf Wälzfräsmaschinen, Wälzhobelmaschinen, Wälzstoßmaschinen, Räummaschinen u. dgl. vorverzahnt, und anschließend folgt eine Feinbearbeitung, wie z. B. Schleifen auf Verzahnungsschleifmaschinen. Spanloses Herstellen und Verzahnung erfolgt z. B. durch Schneiden, Kalt- und Warmpressen, Gießen, Sintern und Walzen. Wirtschaftlich einsetzbar sind diese Verfahren bei größeren Stückzahlen und geringen Genauigkeitsanforderungen.

Die spanenden Verzahnverfahren und ihre jeweiligen Maschinen unterscheidet man

□ nach dem Arbeitsprinzip:

– Formschneideverfahren, bei denen ein Profilwerkzeug eingesetzt wird (Bild 1). Vorteile des Verfahrens sind einfache Werkzeugmaschinen, billige Werkzeuge und hohe Zerspanungsleistung. Der Nachteil des Verfahrens ist die geringe Genauigkeit.

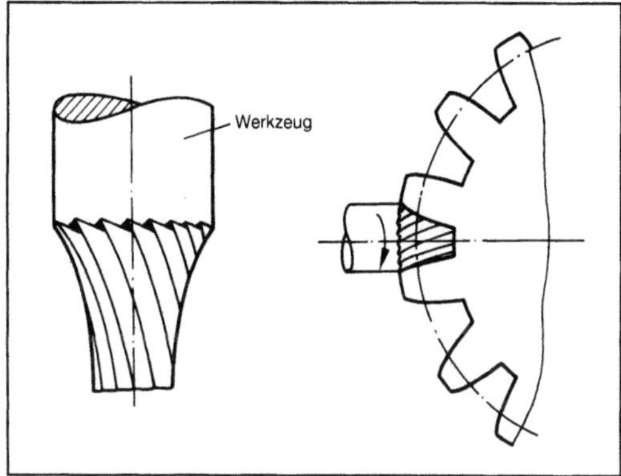



*Verzahnmaschine 1: Formschneidverfahren.*

– Wälzverfahren, bei dem die Schneiden des Werkzeugs das Profil des herzustellenden Gegenrads haben. Die Zahnform wird durch das gemeinsame Abwälzen von Werkzeug und Werkstück erzeugt (Bild 2). Vorteil des Verfahrens sind die hohe Genauigkeit gegenüber dem Formschneidverfahren und das Erzeugen beliebiger Zähnezahlen mit dem gleichen Werkzeug. Allerdings ist ein sehr komplexer Maschinenaufbau erforderlich.

□ nach der Werkzeugart: Hier unterscheidet man Wälzfräsen, Formfräsen, Wälzhobeln, Wälzstoßen und Schälen (Vor- und Fertigbearbeitung), Schleifen (Fertigbearbeitung gehärteter Räder), Schaben (Fertigbearbeitung ungehärteter Räder), Honen, Läppen (Fertigbearbeitung von gehärteten und ungehärteten Rädern), Räumen (Vor- und Fertigbearbeitung in der Massenfertigung). *Schulz*

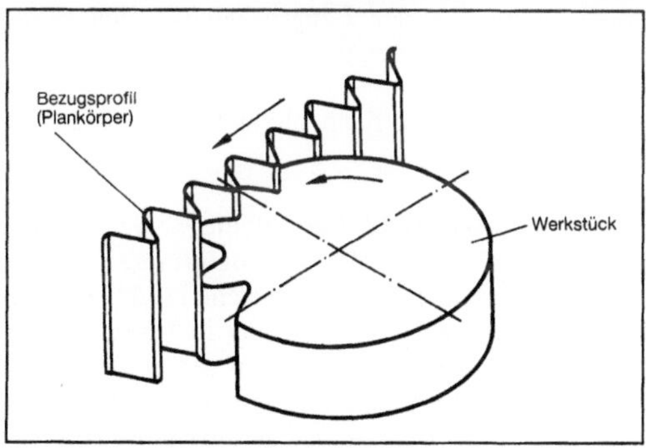



*Verzahnmaschine 2: Wälzverfahren.*

**Verzahnungsschleifen.** Das V. ist ein Feinbearbeitungsverfahren für die Endbearbeitung von vorbearbeiteten und wärmebehandelten Zahnflanken. Dabei muß die Form der Evolvente entweder durch eine genau profilierte →Schleifscheibe oder durch eine Relativbewegung zwischen Werkstück und Werkzeug erzeugt werden (→Zahnradschleifmaschine). Neuerdings können Zahnräder auch durch →Hochgeschwindigkeitsschleifen, bei dem das Zahnprofil aus dem vollen, nicht vorverzahnten

Werkstück erzeugt wird, hergestellt werden (→Schleifen, →Schleifverfahren).

Beim Zahnradschleifen unterscheidet man je nach Erzeugungsart der Evolvente zwischen Profil- und Wälzschleifen (Bild 1). Die Wälzverfahren wiederum gliedern sich in verschiedene Teilwälzverfahren und in das kontinuierliche Wälzschleifen. Die Teilwälzverfahren werden zudem nach drei unterschiedlichen Schleifscheibenformen unterschieden (Bild 1).

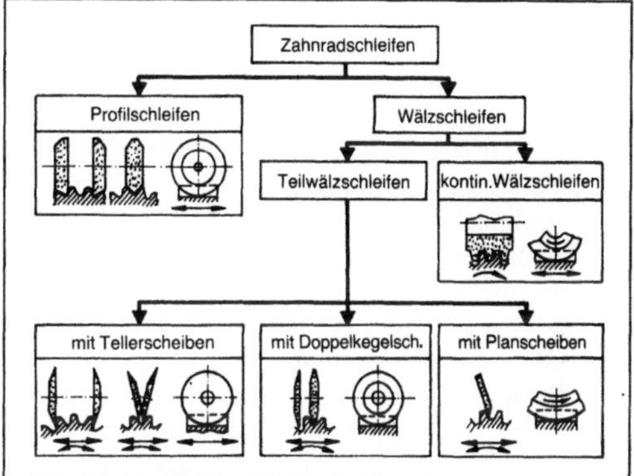



*Verzahnungsschleifen 1: Einteilung der Zahnflankenschleifverfahren. (Quelle: König)*

Für das Produktionsschleifen von Zahnrädern werden hauptsächlich folgende Verfahren eingesetzt:

□ das Teilwälzschleifen mit zwei Tellerscheiben,

□ das Teilwälzschleifen mit einer Doppelkegelscheibe,

□ das kontinuierliche Wälzschleifen.

Beim Teilwälzschleifen werden die geraden Flanken des Zahnstangenbezugsprofils durch die Flächen der tellerförmigen oder kegeligen Schleifscheibe verkörpert, die mit dem zu erzeugenden Werkstück abwälzen. Durch diese Abwälzbewegung des Werkstücks an den geraden Schleifscheibenflanken entstehen exakte Evolventenprofile im Werkstück. Der geschilderte Erzeugungsprozeß bedingt maschinenseitig eine kinematische Kopplung der Drehbewegung des Werkstücks mit der Längsbewegung des Werkstückschlittens (Wälzbewegung).

Beim Teilwälzschleifen mit zwei Tellerscheiben entsteht das Evolventenprofil durch das Abwälzen des Zahnrads an zwei tellerförmigen Schleifscheiben. Da hierbei, bedingt durch die spezielle Maschinenkonstruktion, im Trockenschliff gearbeitet wird, ist die Abtragsleistung sehr niedrig und die Bearbeitungszeit entsprechend hoch. Die Wälzbewegung wird mittels Rollbogen und Rollbändern erzeugt. Durch diese Bauart und die niedrigen Zerspankräfte sind sehr hohe Verzahnungsqualitäten bis Qualität 2 nach DIN 3961 erreichbar.

Beim Teilwälzschleifen mit einer Doppelkegelscheibe beruht die Erzeugung der Zahnform auf dem Abrollprinzip zwischen Zahnrad und Zahnstange. Die Schleifscheibe hat einen trapezförmigen Querschnitt und entspricht somit geometrisch einem einzelnen Zahnstangenzahn. Durch die Abwälzbewegung des Werkstücks an der geraden Flanke der Schleifscheibe entsteht im Werkstück eine exakte Evolvente.

Beim kontinuierlichen Wälzschleifen weist das Werkzeug ein Schneckenprofil mit geraden Flanken auf. Die Evolventenform entsteht durch das kontinuierliche Abwälzen der Schleifschnecke und des Zahnrades. Während des Abwälzschleifprozesses verschieben sich Schleifscheibe und Werkstück in achsialer Richtung relativ zueinander, und die Schleifschnecke wird an den Umkehrpunkten schrittweise zugestellt.

Die Einsatzgebiete der verschiedenen Zahnflankenschleifverfahren hinsichtlich der Verzahnungsqualität sowie der Zahnradabmessungen und der Bearbeitungszeit gehen aus Bild 2 hervor.

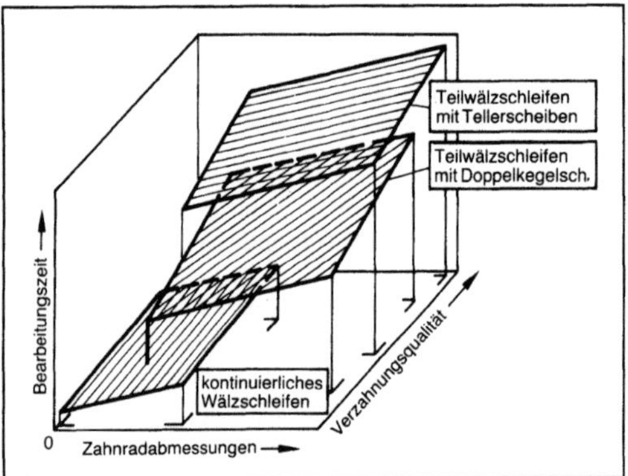


*Verzahnungsschleifen 2: Vergleich der verschiedenen gebräuchlichen Zahnflankenschleifverfahren hinsichtlich Verzahnungsqualität, Zahnradabmessungen und Bearbeitungszeit. (Quelle:* König *a. a. O.)*

Die Eigenschaften der einzelnen Verfahren kann man folgendermaßen zusammenfassen:

☐ Teilwälzschleifen mit zwei Tellerscheiben:
– Verzahnungsqualität bis Qualität 2 nach DIN 3961 (unter normalen Produktionsbedingungen Qualität 4–5),
– lange Bearbeitungszeit,
– für große Zahnräder (bis etwa 5 m Außendurchmesser) geeignet;
☐ Teilwälzschleifen mit Doppelkegelscheiben:
– mittlere bis hohe Verzahnungsqualität (Qualität 3–6),
– auch für Großverzahnungen (bis etwa 4,5 m) einsetzbar,
– sehr flexibel in der Handhabung;
☐ kontinuierliches Wälzschleifen mit Schleifschnecke:

– mittlere Verzahnungsqualitäten (Qualität 4–7),
– für kleine bis mittlere Zahnräder (Modul 7–8 mm und Außendurchmesser bis 0,7 m) geeignet,
– für Einzelfertigung wenig geeignet. *Kenter*

Literatur: *König, W.:* Fertigungsverfahren. Bd. 2: Schleifen, Honen, Läppen. Düsseldorf 1989. – *Spur, G.,* u. *Th. Stöferle:* Handb. Fertigungstechnik. Bd. 3/2. München, Wien 1980.

**Verzahnungsschleifmaschine.** Die V. dienen fast ausschließlich der Feinbearbeitung wärmebehandelter Zahnräder. Diese Feinbearbeitungsmaschinen weisen hinsichtlich ihrer Kinematik sehr große Ähnlichkeit mit den Verzahnmaschinen auf. Jedoch sind die Zerspanvolumen und somit die Schnittkräfte sehr viel kleiner. Da aber die Umfanggeschwindigkeiten hoch sind, ist ein grundlegend anderes Antriebskonzept notwendig.

Die V. teilt man in die Gruppen Zahnflankenschleifmaschinen und Formschleifmaschinen ein. Das Zahnflankenschleifen kann kontinuierlich und schrittweise durchgeführt werden.

Beim kontinuierlichen Verfahren wird eine Schleifschnecke verwendet. Diese führt eine Dreh- und eine Zustellbewegung aus. Über die Drehbewegung wird das Werkstück mitgenommen, wobei sich über die Zustellbewegung das Werkzeug im Werkstück abbildet.

Beim schrittweisen Wälzschleifen wälzt sich die tellerförmige oder kegelige Schleifscheibe auf dem zu erzeugenden Zahnrad ab. Durch diese Abwälzbewegung des Werkstücks an der geraden Flanke der Schleifscheibe entsteht die exakte Zahnform. In der Maschine muß die Drehbewegung des Werkstücktisches mit der Längsbewegung des Werkstückschlittens kinematisch gekoppelt sein. *Schulz*

**Verzinken** →Oberflächenbehandlung (Beschichten)

**Vibrations-Gleitschleifen.** Beim V.-G. (→Gleitschleifen) wird ein topf- oder trogförmiger Arbeitsbehälter unter Verzicht auf jegliche Drehbewegung durch einen Schwingungserreger in Vibration versetzt, die zu Relativbewegungen der Schleifkörper und Werkstücke zueinander sowie zu einer langsamen Umwälzbewegung der gesamten Behälterfüllung führt. Werkstücke und →Gleitschleifkörper durchwandern dabei mehrfach jeden Punkt des Arbeitsbehälters. Die ständige, an allen Stellen im Behälter wirkende Relativbewegung erzeugt eine intensivere Schleifwirkung als beim Trommel-G. Dadurch verkürzen sich die Bearbeitungszeiten erheblich.

Es sind prinzipiell zwei Bauformen von V.-Gleitschleifmaschinen zu unterscheiden. Die Rundvibratoren sind ringförmig ausgelegt. Sie können mit verschiedenen Be- und Entladeeinrichtungen versehen sein. Trogvibratoren werden demgegenüber entweder mit Trennwänden versehen, um verschiedene Werkstücke nicht zu vermischen, oder sie werden als Durchlaufgeräte mit automatisiertem Arbeitsablauf eingesetzt. Spezielle Geräte sind für das Drehvibrations-G. ausgerüstet. *Kenter*

**Vibrationsverdichtung.** Diese Technik nutzt man zum Verdichten von Pulver, Granulat usw. in Behältern (Fässer, Hobbocks u. a.) sowie im Gießereibereich zum Verdichten von fließfähigem →Kernsand oder von feuerfesten Ofenstampfmassen. Ein weiteres Einsatzgebiet ist das Verdichten von in eine Schalung gegossenem Beton. Je nach Verdichtungsaufgabe stehen Innen- und Außenvibratoren, mit Druckluft, hydraulisch oder elektrisch angetrieben, zur Auswahl.

Die Druckluft- und Hydraulikvibratoren sind während des Betriebs drehzahlregelbar. Bei Druckluft-Kolbenvibratoren läßt sich auch die Schwingbreite regeln. Elektrovibratoren kann man im Stillstand durch Verstellen der Unwuchten auf die gewünschte Fliehkraft bzw. Schwingbreite bei konstant gehaltener Frequenz einstellen. Durch gleichzeitiges Ändern von Frequenz und Schwingbreite lassen sich die Vibratoren den jeweiligen Erfordernissen optimal anpassen. Vibratoren im Frequenzbereich um 3000 min⁻¹ werden vorzugsweise zum Verdichten und Fördern eingesetzt, hochfrequente Typen dagegen mehr für das Lösen von Produkten, z. B. bei der Bunkerentleerung.

Für ein leistungsförderndes Handling in der Fertigung sowie beim Abpacken gibt es geräuscharme Vibrationstische sowie in eine Fließfertigung integrierbare Verdichtungsstationen, die beispielsweise aus einem Vibrationstisch und einer darüber angeordneten, absenkbaren Rollenbahn zusammengesetzt sind. *Doliwa*

**Vibrator.** V. sind Apparate zum Erzeugen von Schwingungen. Sie werden mechanisch durch rotierende Unwuchtmassen und Schubkurbelgetriebe oder elektromagnetisch erzeugt (→Schwingrinne). V. finden in Schwingrinnen oder Schwingsieben Verwendung. Als →Rüttler helfen sie beim zuver-

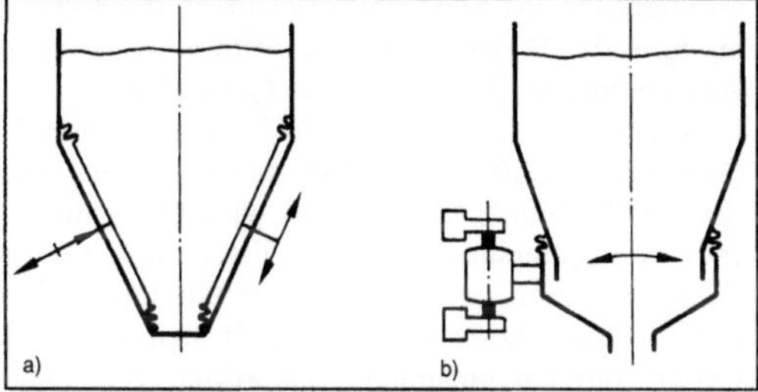

*Vibrator: Als Rüttler zur Austragshilfe an Silos.*
*a) Mechanischer Bridge-Breaker*
*b) Unwucht-Schwingtrichter.*

lässigen Austrag von Schüttgütern aus Silos, indem der Rüttler am Austragskonus eine mögliche Brückenbildung des Feststoffs verhindert (Bild). *Würtz*

**Vielfachzyklon** →Multizyklon

**Vielstoffabsorption.** Die Berechnung von V.-Kolonnen ist besonders einfach, wenn die →Absorption isotherm verläuft, d. h. wenn die übergehenden Absorptionsmengen oder die Phasenänderungswärmen klein sind und die Wärmekapazität der Flüssigkeit groß ist. In einem solchen Fall müssen nur Mengen- und Stoffbilanzen berücksichtigt werden. In der Regel wählt man das L/G-Verhältnis und die Trennstufenzahl so, daß eine bestimmte Komponente weitgehend absorbiert wird. Schlechter lösliche Komponenten werden nur wenig absorbiert, besser lösliche Komponenten nahezu vollständig.

Bei der nichtisothermen V. müssen Enthalpiebilanzen berücksichtigt werden. Durch die Absorptionswärmen kann es zu erheblichen Temperaturanstiegen kommen, was zu einer Verringerung der Löslichkeit führt. Ein Temperaturmaximum auf einer bestimmten Kolonnenhöhe ist keine Seltenheit. Zur Berechnung können Relaxationsmethoden verwendet werden, die zwar relativ sicher konvergieren, aber zeitaufwendig sind, sowie Boden-Boden-Rechnungen oder mehrvariante Newton-Methoden, z. B. von *A. D. Surjata* oder *C. D. Holland* (→Vielstoffrektifikation). *Dohrn*

Literatur: *Holland, C. D.*: Fundamentals and Modeling of Separation Processes. Englewood Cliffs 1975. – *King, C. J.*: Separation Processes. New York 1980. – *Mersmann, A.*: Thermische Verfahrenstechnik. Berlin, Heidelberg, New York 1980. – *Surjata, A. D.*: Petrol Ref. 40 (1961) 12, S. 137.

**Vielstoffextraktion.** Befinden sich im →Zulauf zu einem →Extraktionsapparat drei oder mehr in der Extraktphase in nennenswerter Menge lösliche Stoffe, so spricht man von einer V. Es werden die gleichen Apparate wie zur Extraktion mit wenigen Stoffen verwendet. Bei der Auswahl des Lösungsmittels spielt die Selektivität, d. h. die vorzugsweise Löslichkeit des aufzunehmenden Stoffs, eine wesentlich größere Rolle als eine hohe Löslichkeit. Bei einer niedrigen Selektivität würden ungewollt andere Stoffe in die Extraktphase überführt werden, die man in einem zusätzlichen Trennschritt vom →Extrakt trennen müßte. *Dohrn*

**Vielstoffgemisch.** V. können sich aus einigen oder aus einer Vielzahl von Stoffen zusammensetzen. Man spricht von einem idealen V., wenn sich die Komponenten ideal verhalten, d. h. das Raoult-, das Dalton- und das ideale Gasgesetz sind erfüllt. Durch das ideale Verhalten vereinfachen sich die Berechnungen für Vielstoffsysteme stark.

Komplexe Gemische, die aus so vielen Komponenten bestehen, daß einzelne kaum noch zu identifizieren sind, lassen sich mit Hilfe der Kontinuumsthermodynamik oder mit Hilfe von Pseudokomponenten beschreiben. In Pseudokomponenten werden die Eigenschaften ähnlicher Stoffe zusammengefaßt, so daß Berechnungen nur noch mit einigen Komponenten und nicht mehr mit mehreren hundert durchgeführt werden müssen ($\rightarrow$Zweistoffgemisch). *Dohrn*

**Vielstoffrektifikation.** Bei der $\rightarrow$Rektifikation von Vielstoffgemischen können oft ähnliche Berechnungsmethoden wie bei der Rektifikation von binären Systemen angewendet werden. In vielen Fällen reicht das Rechnen mit Schlüsselkomponenten aus. Komponenten, die leichter als die leichte $\rightarrow$Schlüsselkomponente sind, erscheinen fast vollständig im Kopfprodukt, und Komponenten, die schwerer als die schwere Schlüsselkomponente sind, gelangen fast vollständig in das $\rightarrow$Sumpfprodukt. Die leichte Schlüsselkomponente hat ihre maximale Zusammensetzung auf dem oberen $\rightarrow$Pinch-Boden, der einige Böden oberhalb der Zulaufstelle liegt. Das Entsprechende gilt für die schwere Schlüsselkomponente. Die $\rightarrow$Mindesttrennstufenzahl läßt sich dann mit Hilfe der auf die Schlüsselkomponenten bezogenen $\rightarrow$Fenske-Underwood-Gleichung bestimmen.

Bei der V. reichern sich nicht nur die Schlüsselkomponenten, sondern auch andere Stoffe auf bestimmten Böden an, so daß es oft sinnvoll ist, Seitenabzüge mit angereicherten mittelflüchtigen Komponenten zu entnehmen.

Exakte Berechnungen können mit Hilfe von Boden-Boden-Rechnungen, Relaxationsmethoden oder Matrizenmethoden durchgeführt werden. *Dohrn*

**Vinylchlorid-Polymerisat.** V.-P. (Kurzzeichen PVC) ist ein makromolekularer Werkstoff, der durch radikalische Polymerisation von V. in Suspension, Emulsion und Substanz bei 5–10 bar und 35–65 °C hergestellt wird (Bild).

$$n\ CH_2 = CH \longrightarrow {\left[\!\!\begin{array}{c} CH_2 - CH \\ | \\ Cl \end{array}\!\!\right]}_n$$

Das hierbei anfallende Polyvinylchlorid besitzt ataktische Struktur und mittlere Molekularmassen zwischen 25 000 und 150 000 g/mol.

Bevor es verarbeitet werden kann, müssen dem frischen Produkt Stabilisatoren und Gleitmittel beigemischt werden. Stabilisatoren (anorganische und organische Bleisalze, organische Calcium-, Barium-, Cadmium- und Zinn-IV-Verbindungen zusammen mit epoxidiertem Soja- und Rizinusöl) sind notwendig, um die HCl-Abspaltung bei thermischer Beanspruchung, wie sie bei Verarbeitungstemperaturen von 180 °C und mehr auftritt, und bei Einwirkung von Licht und Sauerstoff zu verhindern. Bei der thermischen Dehydrochlorierung bilden sich in den Molekülketten konjugierte Doppelbindungen und Charge-transfer-Komplexe zwischen diesen und Chloridionen. Diese Komplexe führen zu einer Verfärbung des Materials von gelb über braun bis schwarz. Bei der durch Licht katalysierten Oxidation werden unter HCl-Abspaltung Carbonylstrukturen gebildet.

Polyvinylchlorid wird in zwei verschiedenen Formen angewandt, und zwar einmal ohne Weichmacher, es wird dann als Hart-PVC bezeichnet, und zum anderen mit Weichmacher, Weich-PVC.

Hart-PVC zeichnet sich durch besondere Beständigkeit gegenüber organischen und anorganischen, auch oxidierenden Säuren, gegenüber Laugen und eine große Anzahl organischer Verbindungen aus. Unbeständig ist es gegenüber Ketonen, Halogenkohlenwasserstoffen, Ethern, Estern, niederen Fettsäuren und aromatischen Kohlenwasserstoffen. Es ist schwer entflammbar und besitzt gute mechanische Eigenschaften (hohe Festigkeit, Steifheit und Härte, E-Modul 2000–3000 MPa). Wegen der Kälte- und Kerbbruchempfindlichkeit werden dem Hart-PVC vielfach Modifiziermittel, wie bestimmte ABS-Typen (Polystyrol) und Ethylen-Vinylacetat-Copolymerisat, eingearbeitet. Zur Erhöhung der Wärmeformbeständigkeit (bei reinem PVC 70 bis 80 °C, Glastemperatur 80 °C) wird Vinylchlorid mit Vinylidenchlorid ($CH_2 = CCl_2$) und Acrylnitril ($CH_2 = CHCN$) copolymerisiert, oder reines PVC wird bis zu Chlorgehalten von 65 % nachchloriert (Wärmeformbeständigkeit 100–110 °C, Glastemperatur bis 130 °C). Auch durch Tieftemperaturpolymerisation bei −15 bis −60 °C erhält man ein PVC mit hohem Anteil syndiotaktischer Struktur und Kristallinität, das je nach Stereoregularität Glastemperaturen zwischen 120 und 130 °C besitzt.

Allen weichmacherfreien PVC-Produkten müssen vor der Verarbeitung Gleitmittel (Wachse und Metallstearate) beigemischt werden. Sie besitzen schmierende Wirkung und erleichtern die Verformung in der Wärme. Hart-PVC findet vorwiegend Anwendung im Apparate- und Gerätebau.

Weich-PVC ist ein Werkstoff mit gummiähnlichen Eigenschaften, den man durch Mischen von reinem PVC mit Weichmachern, wie Phthalsäurediester, Phosphorsäureester und Ester aliphatischer Dicarbonsäuren, erhält. Die Flexibilität und Zerreißfestigkeit dieser Produkte läßt sich in einem weiten Bereich einstellen. Sie zeigen gegenüber Hart-PVC stärkeres Kriechen, eine höhere Temperaturabhängigkeit der mechanischen Eigenschaften und eine herabgesetzte chemische Beständigkeit.

Weich-PVC dient in erster Linie zur Herstellung von Kalanderfolien, aus denen u. a. Regenmäntel, Tischtücher, Fußbodenbeläge und Sitzbezüge gefertigt werden.

Neben der Verarbeitung zu extrudierten und spritzgegossenen Formkörpern wird ein Teil des PVC zur Herstellung von Pasten verwendet. Diese Pasten sind bei Raumtemperatur stabile Dispersionen von feinen PVC-Pulvern (Emulsions-P. mit Korngrößen zwischen 10 und 25 m) in verschiedenen Weichmachern. Sie enthalten i. a. 50–60%, für Spezialanwendungen bis zu 80% PVC. Bei Temperaturen zwischen 140 und 180°C gelieren (verfestigen sich) diese Pasten und ergeben Produkte mit Weich-PVC-Eigenschaften.

Plastisole sind solche Pasten, die aus PVC, Weichmacher und evtl. Füll- und Hilfsstoffen bestehen. Organosole enthalten darüber hinaus größere Mengen an flüchtigen Lösungsmitteln wie Benzin oder Butylglycol.

Plastigele sind Plastisole, die durch Zusatz von Metallseifen oder kolloidaler Kieselsäure eine so hohe Viskosität erhalten, daß sie als Knetmassen noch gut verformbar sind, aber bei der Geliertemperatur nicht mehr verfließen.

Diese Pasten können durch Streichen zu Gewebe- und Blechbeschichtungen verarbeitet werden. Durch Tauchen stellt man Stiefel und Handschuhe usw. her. Im Gießverfahren werden großvolumige Hohlfiguren, Bälle, Stopfen und andere Formkörper gefertigt. *Zahradnik*

Literatur: *Dominighaus, H.:* Die Kunststoffe und ihre Eigenschaften. Düsseldorf 1986. – *Kainer, H.:* Polyvinylchlorid und Vinylchlorid-Mischpolymerisate. Berlin 1965. – *Krekeler, K.,* u. *G. Wick:* Kunststoff-Handb. 2 Bd. München 1963. – *Penn, W. S.:* PVC-Technology. 3rd. Ed. London 1972.

**Vitaminieren.** Zusatz von Vitaminen im Laufe der Herstellung von Lebensmitteln, um einerseits eine biologische Wertsteigerung zu erzielen, andererseits aus technologischen Gründen, um unerwünschte Veränderungen von Lebensmitteln während Gewinnung und Lagerung zu verhindern oder zu verzögern.

Die biologische Aufwertung findet Anwendung bei Lebensmitteln aus Rohstoffen, deren von Natur aus enthaltene Vitamine bedingt durch den Verarbeitungsprozeß geschädigt werden. Die Revitaminierung stellt den Vitamingehalt der Ausgangsmaterialien wieder her. Solche Lebensmittel sind vor allem Mehle niedriger Ausmahlung, polierter Reis, Brot, Gebäck und Teigwaren (Zusatz der Vitamine $B_1$, $B_2$, Niacin), verschiedene Fruchtsäfte, Limonaden, Brausegetränke und Marmeladen (Vitamin C).

Eine Vitaminanreicherung über das natürliche Niveau der jeweiligen Rohstoffe hinaus wird vorgenommen, um ein kalorisch und im Sinne des Verbrauchers hochwertiges, hinsichtlich des Vitamingehaltes jedoch weniger wertvolles Lebensmittel ernährungsphysiologisch aufzuwerten. Insbesondere Margarine wird mit meist synthetischem Vitamin A und Vitamin $D_3$, z. T. auch mit Vitamin E, angereichert. In einigen Ländern setzt man der Milch Vitamin $D_3$, fettarmer Milch und Milchpulver auch Vitamin A zu.

Die Anwendung von Vitaminen aus technologischen Gründen betrifft vor allem die Vitamine C und E, deren antioxidative Eigenschaften zum Schutz von Fetten und Ölen (z. B. Schweineschmalz, Fischleberöl, Sojaöl) sowie fetthaltiger Lebensmittel (z. B. Fettfisch, Trockenmilch) gegen Oxidationsvorgänge ausgenutzt werden.

Vitamin C wirkt auch als Synergist für phenolische Antioxidantien und verhindert Verfärbungen von Früchten, Fruchtsäften, Kartoffeln und Weißwein.

Vitamine werden meist als Konzentrate oder zusammen mit anderen flüssigen Komponenten durch diskontinuierlich oder kontinuierlich arbeitende Dosiereinrichtungen zugesetzt und in einem nachfolgenden Mischvorgang (Mischen, →Homogenisieren, Rühren, statisches Mischen, Kneten, Extrudieren) homogen verteilt. *Kerner/Loncin*

Literatur: *Schormüller, J.:* Lehrb. Lebensmittelchemie. 2. Aufl. Berlin 1974.

**Vollformgießen.** Zählt wegen des Fortfalls von Formteilungen und der damit verbundenen Maßabweichungen und Gratbildung zu den gießtechnischen Herstellungsverfahren mit verhältnismäßig hoher Maßgenauigkeit. Das Verfahren verwendet Modelle aus schäumbaren Kunststoffen, vorwiegend aus Polystyrol oder versuchsweise auch aus Polyurethan, die in der Form verbleiben und durch das einströmende Gießmetall vergast werden. Diese Methode hat den Vorteil, daß das Modell, abgesehen von Schwindmaßkorrekturen, genau dem späteren Abguß entspricht.

Bei Prototypen bietet sich damit für den Konstrukteur die Möglichkeit, bereits am Modell eventuelle Schwachstellen zu erkennen und mit geringem Kostenaufwand abzuändern, während bei der konventionellen Formtechnik wegen der erforderlichen Entformbarkeit aller Elemente der gesamte Modell- und Kernkastensatz für den Formenaufbau aus einem vielfältigen, vor allem aber das Vorstellungsvermögen übersteigenden Wirrwarr von vielen Einzelteilen besteht.

Die geschäumten Modelle sind verhältnismäßig weich und vertragen deshalb ohne Verformung keine mechanische Verdichtung des Formstoffs. Vorzugsweise werden sie deshalb in Furanharzformen oder $CO_2$-Formen eingebettet.

Man hat versucht, mit Hilfe der Schaumstoffmodelle einen alten Traum der Gießer zu realisieren, nämlich eine Gießform herstellen zu können, wo nach dem Abguß der →Formstoff einfach abfällt und nach Möglichkeit mit geringen Aufarbeitungskosten wieder verwendbar ist. Die angestrebte Lösung hieß V. im Magnetfeld, wo die vergasbaren Modelle in Stahlkies eingebettet wurden, der dann in einem Magnetfeld die notwendige Stabilität erhielt. Gerade bei diesen Bemühungen offenbarte sich ein gewisser Nachteil des V., der darin besteht, daß die Modelle leider nicht völlig rückstandsfrei vergasen und Einschlüsse hervorrufen, die in vielen Fällen zu Ausschuß führen.

Verwendet wird das V. hauptsächlich zur Herstellung großer Gußstücke in Einzelfertigung wie Kümpelgesenke im Karosseriebau, Werkzeugmaschinenbetten für Spezialausführungen, Pressenständer usw. Die für solche Teile benötigten Modelle werden durch Zuschnitte aus Plattenmaterial und Zusammenkleben hergestellt, wodurch sich der Modellkostenanteil bei einer derartigen Einzelfertigung gegenüber einer Holzmodelleinrichtung erheblich senken läßt. *Doliwa*

**Vollschnittschleifen.** Andere Bezeichnung für das →Tiefschleifen. *Kenter*

**Volumenkontraktion.** Unter V. versteht man die kontrollierte Verringerung des Extrazellulärvolumens durch Reduktion des intravasal gelegenen Plasmawasseranteils während einer Hämodialysebehandlung. Die V. soll das Ausmaß der notwendigen Flüssigkeitsentfernung zwischen zwei Dialysen nicht überschreiten, da es sonst einerseits zu äußerst schmerzhaften Wadenkrämpfen und andererseits bei Überforderung der Regulationsmechanismen des Volumenentzugs (Anstieg des Schlagvolumens und Anstieg des peripheren Widerstands) zu Blutdruckabfällen kommen kann. *H. Schneider*

**Von-Mises-Fließhypothese** →Gestaltänderungsenergiehypothese, →Fließbedingung

**Vorabscheider.** V. sind Apparate, die stark beladene Strömungen oder Stoffströme vorreinigen, vorsortieren oder vorklassieren. Sie werden immer dort eingesetzt, wo große Mengenströme abgeschieden oder in mehrere Teilströme getrennt werden müssen.

Staubbeladene Gasströmungen werden mit Hilfe von Fliehkraftabscheidern (→Zyklonabscheider) so weit vorgereinigt, daß die folgenden Apparate zur Feinreinigung, die häufig als Tuchfilter oder Elektrofilter ausgerüstet sind, nicht innerhalb kürzester Zeit verstopfen oder überlastet werden. Dadurch kann die Abscheideleistung beeinträchtigt werden, und die Emissionsgrenzwerte sind dann nicht mehr einzuhalten.

Auch Siebe können als V. dienen. Man setzt sie vor Zerkleinerungseinrichtungen ein, um Feines aus dem Mahlprozeß zu entfernen und Grobes der Mühle nochmals zuzuführen. Durch diese Art der Kreislaufschaltung wird das Zerkleinern wirtschaftlicher gestaltet. Diese Klassierung wird heute aber mittels integrierter Mühle-Sichter-Kreisläufe bewerkstelligt. *Greif*

**Vorbeladung.** Bei Trennverfahren mit einem stofflichen →Trennhilfsmittel (z. B. →Absorption, →Adsorption, →Extrahieren) versteht man unter der V. die vor Eintritt in den Prozeß im Trennhilfsmittel gelöste Stoffmenge. Beispiel: Bei einer Extraktion sind in 1 kg des Extraktionsmittels (z. B. Toluol) 20 g des zu extrahierenden Stoffs (z. B. Dioxan) vor Eintritt in einen →Mischer-Abscheider enthalten. Durch den Extraktionsprozeß erhöht sich die Beladung auf 180 g Dioxan/kg Toluol.

Je kleiner die V. ist, desto größer ist die Aufnahmekapazität des Trennhilfsmittels. Das Trennhilfsmittel wird nach dem Trennprozeß einer Regeneration zugeführt, wo die extrahierte Komponente, soweit wie wirtschaftlich vertretbar, entfernt wird. Da die Regeneration eine vollständige Entfernung der beladenen Komponenten nicht erreichen kann, geht das Trennhilfsmittel mit einer V. in den nächsten Trennschritt. Die Güte des Regenerationsprozesses kann für die Wirtschaftlichkeit des Gesamttrennverfahrens von entscheidender Bedeutung sein. Nur wenn ständig neues Trennhilfsmittel verwendet wird (bei einigen chemischen Absorptionsmitteln), ist die V. praktisch null (→Restbeladung). *Dohrn*

**Vorlegierung.** V. werden verwendet, wenn Schmelzpunkte, Dichten oder andere Eigenschaften der einzelnen Legierungsbestandteile weit auseinanderliegen oder wenn Sicherheitsbelange bei der Verfahrensdurchführung es verlangen.

Im NE-Metallbereich werden Nickel, Mangan, Aluminium, Eisen usw. zweckmäßig über V. eingebracht. So ist es z. B. unzweckmäßig, eine Neusilberlegierung mit 58 % Cu, 29 % Zn und 15 % Ni aus Reinmetallen zusammenzuschmelzen, weil wegen der notwendigen Überhitzung zum restlosen Schmelzen des Nickels ein zu hoher Zinkabbrand eintreten würde. Besser ist das Arbeiten mit einer Kupfer-Nickel-V. mit Nickelgehalten bis zu 50 %. In der Form der V. ist der Schmelzpunkt des Nickels beträchtlich herabgesetzt, und der Schmelzer in der Gießerei hat gleichzeitig eine bessere Gewähr für eine gleichmäßige Durchmischung seiner Schmelze. Außerdem bringt eine erste Legierungsschmelze stets eine besondere Gefahr der Gasaufnahme und Oxidbildung mit sich, so daß trotz angewandter Reinigungsmittel und -methoden ein direktes

Gießen solcher Aufbauchargen nicht praxisüblich ist.

Der Eisengießer verwendet magnesiumhaltige V. für die Behandlung von Eisenschmelzen zur Erzeugung von Kugelgraphit. Die in großer Anzahl verfügbaren V. sind in ihrer Zusammensetzung auf die verschiedenen Gießtechniken (Überschütten, Tauchen, Inmold) ausgerichtet. Wegen ihrer Dichte (schwerer als flüssiges Eisen) sind die meisten Nickel-Magnesium-Legierungen „selbsttauchend", d. h. sie gehen beim Einwerfen in die Schmelze zunächst unter.

Die am meisten verwendeten V. sind die vom Typ FeSiMg bzw. FeSiMgCa, die bevorzugt für die Übergießtechnik eingesetzt werden. Mit hochprozentigem Magnesiumgehalt (bis etwa 45 % Mg) verwendet man die FeSiMg-V. für das Tauchverfahren. Für die Herstellung von Cu-legiertem Gußeisen mit Kugelgraphit ist mitunter die Verwendung einer speziellen V. mit 14–16 % Mg, ca. 1 % Cer-Mischmetall, Rest Cu zweckmäßig.

Das Verschneiden von Reinmagnesium mit Silicium, Nickel, Kupfer ermöglichst die Eisenbehandlung zur Erzeugung von Kugelgraphit in offenen, allerdings schlanken Pfannen durch Übergießen bzw. in besonderen Stationen durch Tauchen, während die Behandlung mit Reinmagnesium geschlossene Gefäße, wie den GF-Konverter, oder besondere Konstruktionen, wie die Beele-Tauchbirne, erfordern.                    *Doliwa*

Literatur: *Brunhuber, E.*: Legierungshandb. Nichteisenmetalle. Berlin 1954.


**Vorschub** → Schnittwerte


**Vorschubantrieb.** V. an spanenden Werkzeugmaschinen stellen durch Energiewandlung bzw. -transformation den für die Formgebung des Werkstücks notwendigen Bewegungsablauf für Werkzeug bzw. Werkstück her (Hauptantrieb, Hilfsantrieb). Dabei ist es von untergeordneter Bedeutung, ob das Werkzeug oder das Werkstück bewegt wird. Aus der Umsetzung einer Energieart (hydraulisch, elektrisch) in mechanische Bewegung ergeben sich allgemeingültige, aktuelle Forderungen an einen solchen Antrieb:

☐ in der Regel Vierquadrantenbetrieb,

☐ großer Regelbereich mit konstantem Maximalmoment über einen großen Drehfrequenzbereich hinweg,

☐ große Steifigkeit,

☐ hohe Dynamik,

☐ stufenlose Drehzahlregelung (s. a. VDI/VDE 2185).

Eingesetzt werden heute fast ausschließlich elektrische, rotatorische V., denen auch ein Vorschub-

getriebe zur mechanischen Umsetzung in geradlinige Bewegungen nachgeschaltet sein kann. Hydraulische Antriebe aus Pumpe und Motor oder Linearantriebe aus Kolben und Zylinder sind weniger häufig.

Ausführungsformen der Elektromotoren in der Regel nach DIN 42950 als Flanschmotoren der Isolierstoffklasse F gem. DIN 57530 mit der Schwingungsgüte N nach DIN 45665. Gebräuchliche Schutzarten sind dabei IP44 bis IP65 (eigenbelüftet) bzw. IP21 und IP23 (fremdbelüftet). Als Bauformen werden wegen des geringen Massenträgheitsmoments bzw. guten dynamischen Verhaltens Stabläufer oder Scheibenläufer (Bild) bevorzugt (meist

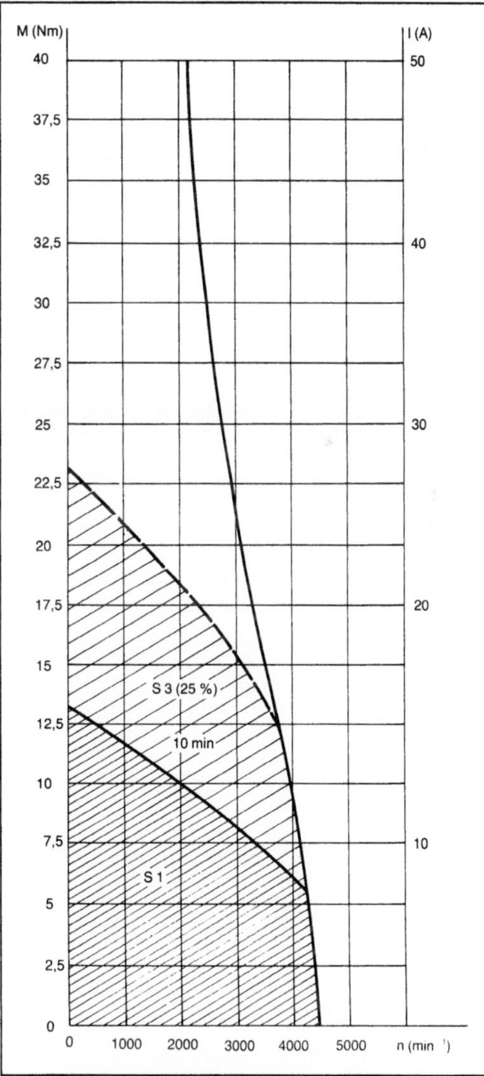


*Vorschubantrieb: Drehmomentkennlinie für den Dauerbetrieb eines Scheibenläufermotors. (Quelle: Infranor, Heidelberg)*

bürstenlos). In neuerer Zeit kommen auch Asynchronmaschinen zum Einsatz.

Zum Erzeugen stufenloser Drehzahlen werden Gleichstrom-Nebenschlußmotoren bzw. frequenzgeregelte Asynchronmotoren oder Drehstrommotoren mit dauererregtem Läufer eingesetzt. *Schulz*

**Vorschubkraft** →Kienzle-Gleichung; →Zerspankraft; →Zerspankraft, spezifische

# W

**Waagrecht-Fräsmaschine.** Kennzeichen dieses Maschinentyps ist die waagerechte Lage der →Hauptspindel. Es gibt sowohl Konsol- als auch Bett-Fräsmaschinen in dieser Bauweise.

Bei der Konsol-Bauweise enthält der Ständer das Hauptgetriebe und die Hauptspindel. Dagegen führt das Werkstück auf der Konsole mit Kreuzschlitten und →Maschinentisch die Vorschub- und Einstellbewegung aus. Oftmals ist eine Schwenkbewegung des Arbeitstisches um eine senkrechte Achse möglich.

Gegenhalter und Fräsdornlager gehören zur üblichen Ausrüstung der Waagrecht-Konsol-Fräsmaschine (Bild 1), wobei verschiebbare Fräsdornlager zum Abstützen der Fräser dienen. Gegenhalter und Hilfsmassenschwingungsdämpfer, am Gegenhalter angebracht, eignen sich zum Erhöhen der dynamischen Steifigkeit.

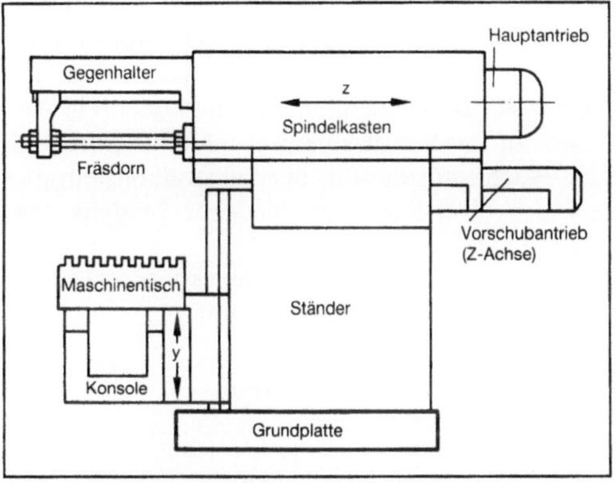


*Waagrecht-Fräsmaschine 1: Waagrecht-Konsol-Fräsmaschine.*

Für schwere und größere Werkstücke werden W.-F. (Bild 2) in Bett-Ausführung gebaut. Der Arbeitstisch befindet sich direkt auf einem feststehenden →Maschinenbett. Die Frässpindel ist in einer Fräseinheit senkrecht am Ständer verfahrbar angebracht. Vertikalfräsköpfe ermöglichen ein Umrüsten der Maschine von waagrechter auf senkrechte Bearbeitung. Universalfräsköpfe mit einer bzw. zwei drehbaren Ebenen sowie Vertikalfräseinheiten mit eigenem Antrieb stellen weitere Ausbaustufen dar. *Schulz*

Literatur: *Beitz, W.,* u. *K.-H. Küttner* (Hrsg.): *Dubbel.* Taschenb. Maschinenbau. 14. Aufl. Berlin, Heidelberg, New York 1981. – *Spur, G.,* u. *Th. Stöferle:* Handb. Fertigungstechnik. Bd. 3/1: Spanen. München, Wien 1979. – *Weck, M.:* Werkzeugmaschinen. Bd. 1. Düsseldorf 1980.

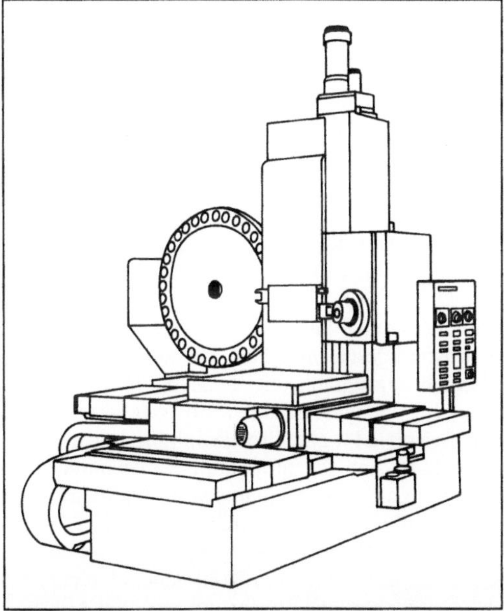

*Waagrecht-Fräsmaschine 2: Waagrecht-Bohr- und Fräsmaschine.*

**Waagrecht-Handhonmaschine** →Hubbalken-Hongerät

**Waagrecht-Räummaschine** →Räummaschine

**Wachsausschmelzverfahren** →Feinguß

**Wachsmodell** →Feinguß

**Wachstumsgeschwindigkeit.** Bei der →Kristallisation versteht man unter der Wachstumsgeschwindigkeit G der Kristalle die zeitliche Änderung des Korndurchmessers x:

$$G = \frac{dx}{dt}.$$

In den meisten Fällen ist die W. unabhängig von der Kristallgröße. Sie läßt sich durch folgenden Ansatz beschreiben:

$$G = K\,(\Delta c)^m;$$

K und m sind empirische Konstanten; $\Delta c$ ist die Differenz zwischen der Konzentration des zu kristallisierenden Stoffes in der Lösung und der Sättigungskonzentration. Die W. steigt mit der →Übersättigung an, wobei der Exponent m zwischen 1 und 2 liegt. Eine hohe Temperatur, eine niedrige Viskosität und eine hohe Relativgeschwindigkeit zwischen Kristall und Lösung fördern das Kristallwachstum. Modellhaft läßt sich das Kristallwachstum in zwei Schritte unterteilen, nämlich in den Transport des Stoffs in die Grenzschicht des Kristalls und in die Einbaureaktion. Für die Massenzunahme der Kristalle gilt dann:

$$m_g = \beta \, (c-c_m) = k \, (c_m-c^*)^n,$$

$\beta \rightarrow$ Stoffübergangskoeffizient, $c_m$ Konzentration in der Grenzschicht, $c^*$ Sättigungskonzentration, k Reaktionskoeffizient, n Reaktionsordnung ($1 < n < 2$). *Dohrn*

**Wachstumsinhibierung.** Hemmung des Zellwachstums durch exogene Faktoren. Eine W. ($\rightarrow$ Dixon-Darstellung, $\rightarrow$ Hemmung, $\rightarrow$ Substratüberschußhemmung) kann von einer Verminderung der Wachstumsgeschwindigkeit bis zur vollständigen Vermehrungsunfähigkeit reichen. Dabei wirken Produkte und auch Edukte (Substrate) als Inhibitoren. Beispiele für eine Produktinhibierung des Zellwachstums sind die fermentative Gewinnung von Antibiotika, von Ethanol und von Milchsäure. Eine Substratinhibition kann durch die C-Quelle (ausgeprägt bei Methanol), besonders aber durch gelöste Gase wie Sauerstoff und Kohlendioxid verursacht werden. So wird das Wachstum fast aller Mikroorganismen oberhalb einer bestimmten, organismenspezifischen Sauerstoffkonzentration gehemmt. Als Mechanismus für die inhibierende Wirkung von Sauerstoff auch auf obligat aerobe Mikroorganismen kommen die Hemmung einzelner oder mehrerer Enzyme sowie eine oxidative Schädigung essentieller Zellinhaltsstoffe in Betracht.

Quantitativ werden W. durch die aus der $\rightarrow$ Enzymkinetik bekannten Ansätze für die Wirkung von Inhibitoren beschrieben. Zur graphischen Ermittlung von Inhibitoreinflüssen auf das zelluläre Wachstum ist die Auftragung nach *Dixon* mit der spezifischen Wachstumsrate $\mu$ als Reaktionsgeschwindigkeit am besten geeignet. *Liefke*

Literatur: *Onken, U., u. E. Liefke:* Effect of Total and Partial Pressure (Oxygen and Carbon Dioxide) on Aerobic Microbial Processes. Adv. Biochem. Eng. Biotechnol. 40 (1989), S. 137. – *Pirt, S. J.:* Principles of Microbe and Cell Cultivation. 1. Aufl. Oxford 1975.

**Wachstumskinetik.** Quantitative Erfassung des Zellwachstums, ggf. durch Verwenden empirischer oder analytischer Modellansätze. Grundsätzlich zu unterscheiden ist die Kinetik des Zellwachstums ($\rightarrow$ Chemostat, $\rightarrow$ Monod-Kinetik, $\rightarrow$ Wachstumsmodelle) in diskontinuierlicher und in kontinuierlicher Kultivierung. Zur Beschreibung des Wachstums diskontinuierlich gezüchteter Zellen zieht

man Zellzahl N ($ml^{-1}$), Generationszeit $t_G$ (h) und Teilungsrate $\nu$ ($h^{-1}$) oder Zellmassenkonzentration X ($g \cdot l^{-1}$), Verdopplungszeit $t_D$ (h) und spezifische Wachstumsrate $\mu$ ($h^{-1}$) heran. Dabei können die zellzahlbezogenen Parameter nur auf Kulturen einzelliger Organismen angewendet werden, während sich die biomassebezogenen Größen auch für filamentöswachsende Organismen nutzen lassen.

Die einzelnen Größen sind wie folgt definiert:

$$\nu = \frac{1}{t_G} = \frac{\log N_t - \log N_{t=o}}{\log 2 \cdot (t - t_o)}$$

und

$$\mu = \frac{\ln 2}{t_D} = \frac{\ln X_t - \ln X_{t=o}}{t - t_o}.$$

Beide Beziehungen sind nur gültig für die exponentielle Wachstumsphase einer Batch-Kultur. Dabei wird die Zellzahl N durch Auszählen bestimmt, während die Zellmassenkonzentration X gravimetrisch als Trockensubstanz ermittelt wird.

In kontinuierlichen Kultivierungen muß die Verdünnungsrate D ($h^{-1}$), ($\equiv$ Raumzeit $\tau$), im Ansatz für die W. berücksichtigt werden. Die Beschreibung des Zellwachstums erfolgt entweder über eine Bilanz der Biomassenkonzentration oder – in Analogie zur $\rightarrow$ Enzymkinetik – durch Korrelation der Wachstumsrate mit der Substratkonzentration auf der Grundlage verschiedener Modellansätze (*Monod, Teissier, Contois*).

Für die Änderung der Biomassekonzentration bei kontinuierlicher Kultivierung gilt:

$$\frac{dX}{dt} = \mu \cdot X - D \cdot X \text{ mit } D = \frac{\dot{V}}{V_R};$$

darin bedeuten $\dot{V}$ Volumenstrom Nährlösung ($l \cdot h^{-1}$), $V_R$ Reaktionsvolumen (l).

Im stationären Zustand ist die Biomassekonzentration konstant:

$$\frac{dX}{dt} = 0 \text{ und } \mu = D.$$

Das weit verbreitete Modell von *Monod* beschreibt den Zusammenhang zwischen spezifischer Wachstumsrate $\mu$ und Substratkonzentration S durch die Beziehung

$$\mu = \mu_{max} \cdot \frac{S}{K_S + S},$$

mit $K_S$ Substratsättigungskonstante, Substratkonzentration bei halbmaximaler Wachstumsrate ($g \cdot l^{-1}$).

Das Monod-Modell ist universell anwendbar. Es berücksichtigt jedoch nicht den eventuellen Einfluß bestimmter Kultivierungsbedingungen. In diesen

Fällen muß das Modell durch geeignete Inhibitionsterme erweitert werden. *Liefke*

Literatur: *Bailey, J. E.,* u. *D. F. Ollis:* Biochemical Engineering Fundamentals. 2. Aufl. New York 1986.

**Wachstumsmodell, segregiertes.** S. W. beschreiben den Zustand einer Organismenpopulation mit statistischen Methoden ausgehend vom Zustand der einzelnen Zelle.

Die Organismenpopulation in einem biotechnologischen Prozeß ist heterogen. Die Zellen unterscheiden sich in der Zellgröße, dem Alter und somit der Struktur und Aktivität des Stoffwechsels. Strukturierte Modelle beschreiben einen biologischen Prozeß mit Hilfe von Parametern, die für die gesamte Population der Organismen in einem System repräsentativ sind. Ein s. W. leitet den Zustand der gesamten Population aus dem Zustand der einzelnen Zelle ab. Somit ergeben sich für die entsprechenden charakteristischen Größen einer Zellpopulation, wie z. B. Wachstumsrate und Produktbildungsrate, integrale Größen über die gesamte Population.

Der Vorteil der s. W. liegt in der direkten Korrelation der Einflußgrößen und Regulationsmechanismen der einzelnen Zellen mit dem Verhalten der gesamten Population. Da diese Einflußgrößen, z. B. Substratkonzentrationen und Enzymaktivitäten, nicht direkt für einzelne Zellen einer Population bestimmbar und somit der Modellbildung zugänglich sind, ist es notwendig, diese aus indirekten, meßbaren Größen zu bestimmen. In der daraus resultierenden mathematischen Komplexität liegt der größte Nachteil der s. W. *Liefke*

Literatur: *Bailey, J. E.,* u. *D. F. Ollis:* Biochemical Engineering Fundamentals. 2. Aufl. New York 1986. – *Ramkrishna, D.:* Statistical Models of Cell Populations. Adv. Biochem. Eng. 11 (1979), S. 1.

**Wachstumsmodell, strukturiertes.** Modell zum Beschreiben biologischer Prozesse unter Berücksichtigung der für den Prozeßverlauf relevanten Einflußgrößen.

Nicht jeden über den Fermentationsverlauf veränderlichen Parameter kann man bei der Aufstellung eines s. W. berücksichtigen. Zur Auswahl der relevanten Parameter existieren verschiedene Konzepte:

□ *Kompartmentmodell:* In diesen einfachen strukturierten Modellen wird die Biomasse in wenige Komponenten aufgeteilt. Aus biochemischer Sicht kann dies die Einschränkung auf strukturelle und synthetische Zellkomponenten bedeuten. Diese 2 Stoffgruppen repräsentieren dann die gesamte Zelle und ihre Funktionen. Modelle mit derart wenigen Variablen können mit Hilfe der Systemdynamik validiert werden und führen zu befriedigenden Ergebnissen bei der Beschreibung einfacher Batch-Prozesse. Modelle dieser Art enthalten lediglich Parameter, deren Relaxationszeiten im Vergleich zur Dauer des biologischen Prozesses klein sind, d. h. Veränderungen der Umgebungsbedingungen der Zelle schnell folgen.

Solch ein einfaches Modell, das die Zelle in eine metabolische und eine strukturelle Komponente aufteilt, kann auf folgenden Annahmen beruhen:
– Die metabolische Komponente wird durch den Verbrauch eines Substrats mit einem festen Umsetzungsverhältnis, dem Ertragskoeffizienten, gebildet. Der Anteil der metabolischen Komponente ist linear abhängig von der Zelldichte.
– Die strukturelle Komponente wird von der metabolischen Komponente in einem festen Verhältnis zum Gesamtvolumen der Zelle gebildet.
– Die Konzentration der strukturellen Komponente ist linear abhängig von der Zellkonzentration.
– Die gesamte Biomasse addiert sich aus den metabolischen und den strukturellen Anteilen.

Ein solches Modell kann alle Wachstumsphasen einer Batch-Kultur mit den Verläufen der Biomasse, Zellzahl, Zellgröße und der Substratkonzentration beschreiben.

Vorteil der Kompartmentmodelle ist die relativ einfache mathematische Formulierbarkeit auf Grund der wenigen Einflußgrößen. Nachteilig ist die nur schwierige Bestimmung der Parameter an biologischen Systemen, da die funktionell gewählten Kompartments nicht mit den biochemischen Grundlagen der Zellfunktionen korrelierbar sind. Da das Wissen über die Struktur des Metabolismus, der Regulationsmechanismen und der Vermehrungsvorgänge nicht auf diese Modelle anwendbar ist, ist eine Validierung dieser Modelle nur empirisch möglich. Mehr Informationen liefern s. W. auf der Basis der Stoffwechselvorgänge in der Zelle.

□ *Stoffwechselmodelle:* Die Anlehnung von s. W. an den Metabolismus der Zelle erfordert Kenntnis über den Aufbau und die Kinetik der zellulären Stoffwechselvorgänge. Diese Modelle liefern dann aber detaillierte Informationen über die tatsächlichen Vorgänge in der Zelle und deren Regulation. Gleichzeitig wächst jedoch die Anzahl der zu betrachtenden Parameter erheblich an. Dies bedingt ebenso eine größere Festlegung des Modells auf einen Prozeß oder eine Organismenklasse mit gleichem oder ähnlichem Metabolismus. S. W. berücksichtigen das durchschnittliche Verhalten einer gesamten Population und gehen nicht wie die segregierten W. vom Blickpunkt der Einzelzelle aus. Ein s. W., das nach dem Vorbild zentraler Teile des Zell-Metabolismus aufgebaut wird, muß die Regulatorien zur Zellteilung, des Stoffwechsels und der Enzymexpression des Organismus wiedergeben können. Modelle dieser Art enthalten weit über 100 stöchiometrische und kinetische Parameter und können entsprechend umfassend das Wachstum und die Bildung von Metaboliten beschreiben. Die Anpassung dieser Modelle benötigt umfangreiche Informationen und ausgedehnte Meßreihen. Diese sind jedoch nur für wenige, intensiv untersuchte Modellorganismen (z. B. Escherichia coli) verfügbar.

□ *Modellierung des Zellwachstums als optimalen Prozeß:* Untersuchungen des mikrobiellen Wachstums auf verschiedenen Substraten haben gezeigt, daß der Organismus das Substrat selektiert, das maximales Wachstum ermöglicht. Grundlage für dieses Verhalten ist die Induktion, Repression, Inhibition und Aktivierung von biologischen Prozessen in der Zelle. Ein Modell auf dieser Basis erfordert ebenfalls genaue Kenntnis der realen Vorgänge. Eine andere Strategie zur Modellbildung ist die Vorstellung, daß biologische Systeme durch natürliche Selektion und Entwicklung in der Lage sind, bei einem vorhandenen Nährstoffspektrum denjenigen auszuwählen, der eine maximale Wachstumsrate ermöglicht. Entsprechend können mathematische Optimierungsmodelle formuliert werden, so daß ein kybernetisches W. entsteht, das auf der Basis der experimentell gewonnenen Daten (z. B. der substratbezogenen Ertragskoeffizienten) einen optimierten Wachstumsvorgang ermittelt.

Modelle dieser Art sind in der Lage, das Wachstum auf 3 gleichzeitig vorhandenen Substraten in einer Batch-Kultur und das stationäre sowie das instationäre Wachstum auf Grund der Änderung von Prozeßparametern in einer kontinuierlichen →Fermentation zu simulieren.

Entsprechend den Modellen zum Beschreiben mikrobiellen Wachstums existieren Modellansätze zum Beschreiben der Produktbildung durch Mikroorganismen. *Liefke*

Literatur: *Bailey, J. E.,* u. *D. F. Ollis:* Biochemical Engineering Fundamentals. New York 1986. – *Fredrickson, A. G.:* Formulation of Structured Growth Models. Biotech. Bioeng. 18 (1976), S. 1481. – *Ramkrishna, D.,* u. *G. T. Tsao:* Cybernetic Modeling of Microbial Growth on Multiple Substrates. Biotech. Bioeng. 26 (1984), S. 1272.

**Wachstumsmodell, unstrukturiertes.** Einfaches Modell zum Beschreiben der Biomassebildung in einer Batch-Kultur. Im einfachsten Fall wird die Wachstumsrate als allein abhängig von der momentanen Zelldichte beschrieben:

$$f(X) = u \cdot X,$$

mit f(X) Wachstumsrate, X Zelldichte, u Konstante. Veränderungen im Nährmedium durch die Aufnahme von Substraten und das Ausscheiden von Stoffwechselprodukten berücksichtigt das u. W. nicht. Ebenso kann das beschriebene Modell die Lag-Phase und den Übergang vom exponentiellen Wachstum einer Kultur in die stationäre Phase nicht wiedergeben.

Der Übergang einer Kultur in die stationäre Wachstumsphase läßt sich durch die Einführung eines Hemmfaktors beschreiben, d. h. proportional zur Bildung der Biomasse wird ein Hemmstoff produziert, der ab einer Grenzkonzentration das Wachstum hemmt (→Wachstumsinhibierung). Eine andere Möglichkeit, den Übergang des Wachstums von der exponentiellen zur stationären Phase zu beschreiben, ist die Einführung eines Substratfaktors, der die Erschöpfung eines essentiellen Nährstoffes beschreibt. Das Substrat geht entsprechend einer einfachen →Monod-Kinetik in die Zellmasse über. Weitere Ergänzungen erlauben es, auch den Abfall der Zelldichte am Ende der stationären Phase nach Erschöpfung aller Nährstoffe zu beschreiben.

U. W. haben jedoch verschiedene Schwächen. Die Lag-Phase vor Beginn des exponentiellen Wachstums kann nicht beschrieben werden. Es ist ebenfalls nicht möglich, die das Wachstum beeinflussenden Variablen zu beobachten, da weder der Metabolismus der Zellen noch seine Regulation berücksichtigt werden können (→Wachstumsmodell, strukturiertes; Wachstumsmodell, segregiertes). *Liefke*

Literatur: *Bailey, J. E.,* u. *D. F. Ollis:* Biochemical Engineering Fundamentals. 2. Aufl. New York 1986.

**Walzen.** W. ist nach DIN 8583, Bl. 2, stetiges oder schrittweises Druckumformen mit einem oder mehreren sich drehenden Werkzeugen (Walzen). Dabei können Zusatzwerkzeuge zum Einsatz kommen (z. B. Stopfen oder Dorne, Stangen, Führungswerkzeuge). Die Krafteinleitung erfolgt entweder durch angetriebene Walzen oder durch vom Walzgut geschleppte Walzen. Vom Werkzeug werden auf einen Teil der Werkstückoberfläche Druckspannungen aufgebracht. Diese rufen im Werkstück innere Spannungen hervor, die den Werkstoff in der Umformzone zum Fließen bringen.

Nach der Kinematik lassen sich die Walzverfahren in Längs-, Quer- und Schrägwalzen einteilen (Bild 1).

Beim Längswalzen wird das Walzgut senkrecht zu den Walzenachsen ohne Drehung durch den Walzspalt bewegt. Beim Querwalzen dreht sich das Werkstück ohne Bewegung in Achsrichtung um seine eigene Achse. Treten beide Bewegungen gleichzeitig auf, so spricht man vom Schrägwalzen (Bild 2).

Die Werkzeuggeometrie läßt eine weitere Unterteilung der Walzverfahren zu. Haben die Walzen an den Berührungsflächen mit dem Walzgut eine zylindrische oder kegelige Form, so wird dieses Verfahren als Flachwalzen bezeichnet. Weicht die Walzenform an den Berührungsflächen von der Zylinder- bzw. Kegelform ab, so spricht man von Profilwalzen

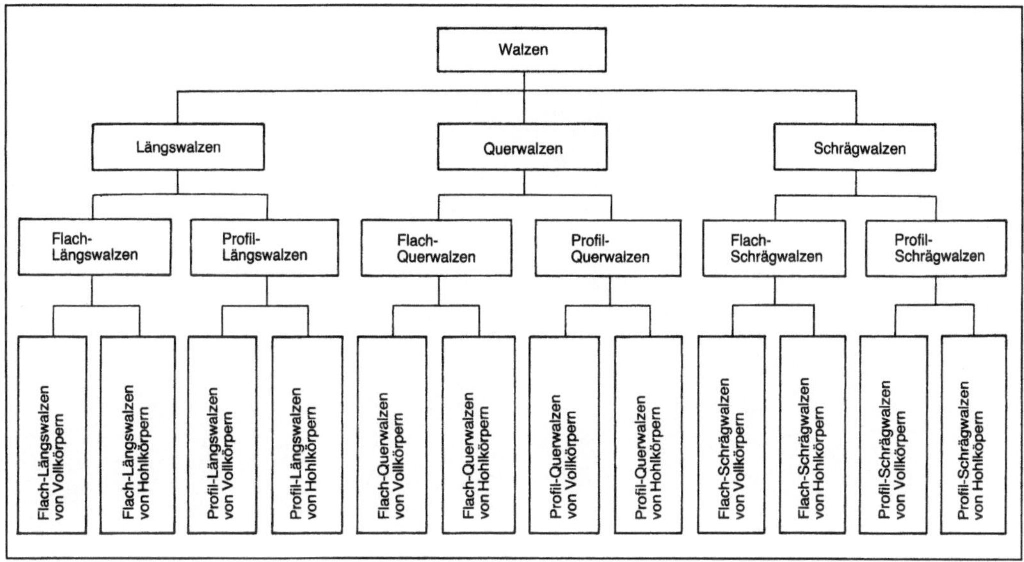


*Walzen 1: Ordnungssystem der Walzverfahren. (Quelle: DIN 8583, Bl. 2)*

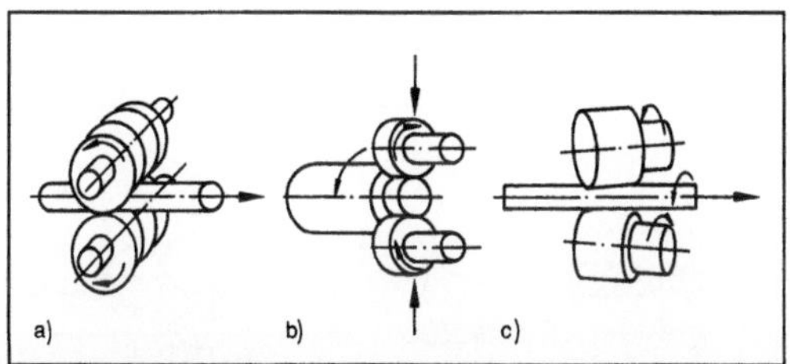


*Walzen 2: Schematische Darstellung der Walzverfahren.*
*a) Längswalzen*
*b) Querwalzen*
*c) Schrägwalzen.*

Die Walzenkaliber haben in Umfangsrichtung meist gleichbleibende Querschnitte, mitunter aber auch veränderliche Querschnitte, wie z. B. beim Reck-W. Nach dem letzten Ordnungsgesichtspunkt, der Werkstückgeometrie, wird ein Walzvorgang danach bezeichnet, ob ein Vollkörper oder ein Hohlkörper gewalzt wird.

Walzverfahren können sowohl zur Fließgutfertigung von Halbzeugen, wie z. B. Bleche, Bänder, Rohre und Profile, als auch zur Stückgutfertigung von Vorformen durch Reckwalzen, Ringwalzen, Schrägwalzen eingesetzt werden. Hierbei werden z. T. Fertigteile mit hoher Genauigkeit durch →Gewindewalzen, →Oberflächenfeinwalzen und →Drückwalzen erzeugt.

Darüber hinaus gibt es eine Vielzahl von Verfahren, die nicht direkt zugeordnet werden können, jedoch vom Werkzeugaufbau sehr ähnlich sind. Hierzu zählen das →Walzprofilieren als Biegeverfahren, das Längsteilen von Bändern als Schneidver-

fahren, das →Drücken als Zug-Druck-Umformverfahren oder das Gießwalzen als Urformverfahren.

Ziel eines Walzvorgangs kann sowohl die geometrische Formänderung als auch die Verbesserung von Maßgenauigkeit, Festigkeit oder der →Oberflächengüte sein. Die erreichbaren Querschnittsabnahmen hängen vom Walzverfahren und dem zu walzenden Werkstoff ab. In Sonderfällen können sie bis über 90 % betragen. Eine Grundvoraussetzung bei großen Querschnittsabnahmen ist die Greifbedingung. Überschreitet der Einlaufwinkel einen Maximalwert, so kann die erforderliche Einziehkraft nicht mehr über die Reibungskräfte auf das Werkstück übertragen werden.

Der Werkstofffluß ist in Abhängigkeit vom Walzverfahren sehr unterschiedlich. Beim Flach-Längswalzen wird ein nahezu ebener →Formänderungszustand erzielt, bei dem die Höhenabnahme in Längenzunahme übergeht. Tritt Breitung auf, wird dies teilweise durch seitlich angeordnete Walzen, sog. Stauchgerüste, ausgeglichen (Bild 3).

Die Walzen sind als formgebende Werkzeuge hohen mechanischen Wechselbelastungen, →Verschleiß und teilweise auch hohen Temperaturen (→Warmwalzen) ausgesetzt. Sie sollten deshalb nicht nur gut bearbeitbar sein, sondern auch einen verschleißfesten harten Mantel und ausreichende Zähigkeit im Kern aufweisen. Als Werkstoffe kommen deshalb Stahlwalzen, aber auch Gußwalzen in Betracht. Stahlwalzen können geschmiedet oder gezogen sein. Gußeiserne Walzen können in solche mit Lamellengraphit, Kugelgraphit und Hartgußwalzen ohne Graphit unterteilt werden. Bei großen Abmessungen werden sie teilweise auch als Verbundgußkonstruktion ausgeführt.

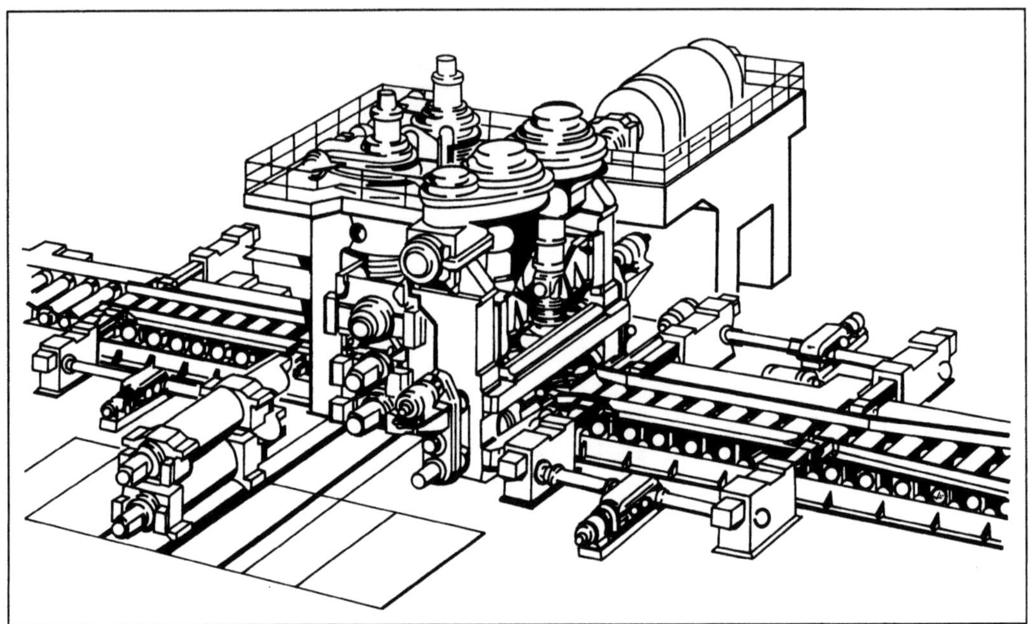

*Walzen 3: Reversier-Vorgerüst mit schwerem Stauchgerüst. (Quelle: SMS)*

Unter der Wirkung der Walzkraft werden die Walzen elastisch abgeplattet und durchgebogen. Die Durchbiegung würde ohne Gegenmaßnahme zur Folge haben, daß das Walzgut über die Breite keine konstante Dicke aufweist. Bei sehr dünnen Blechen würden sich die Walzen an den Enden berühren und so die minimale Walzdicke begrenzen. Deshalb werden die auf die Arbeitswalzen wirkenden Kräfte häufig auf größer dimensionierte Stützwalzen (Bild 4) übertragen. Darüber hinaus werden die Arbeitswalzen zur Korrektur der elastischen und thermisch bedingten Verformung ballig oder S-förmig geschliffen, gebogen oder örtlich mit einer Vielzahl von Rollen abgestützt. Diese Methoden finden vor allem beim Kaltwalzen dünner Bleche Anwendung und eignen sich teilweise für eine stufenlose Korrektur des Banddickenprofils während des W.

Anwendungsgebiete der einzelnen Verfahren:

□ *Längswalzen:* Als wirtschaftlich bedeutendstes Verfahren ist das Flachlängswalzen bekannt. Der gegossene Block oder die Stranggußbramme wird zunächst im Reversiergerüst und anschließend in mehreren Stufen zum →Warmband (Bild 4 und 5) ausgewalzt. In vielen Fällen folgt daraufhin ein Kaltwalzvorgang mit anschließender Wärmebehandlung.

Zu den Profilwalzverfahren (Bild 6) zählen das W. von Drähten und Rohren sowie die Herstellung komplizierter Profile, die oft in vielen Stufen angenähert werden müssen. Aus dem Bereich der Stückgutfertigung ist das Kaltwalzen von Verzah-

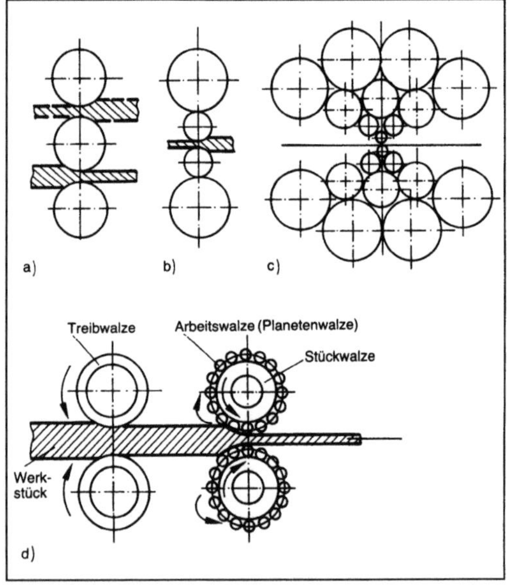


*Walzen 4: Schematische Darstellung einiger Bauarten von Walzgerüsten.*
*a) Triogerüst*
*b) Quartogerüst*
*c) 20-Walzen-Gerüst*
*d) Planetenwalzengerüst.*

nungsprofilen erwähnenswert sowie das Reckwalzen zur Herstellung von Vorformen für Schmiedestücke mit in Längsrichtung veränderlichem Querschnitt.

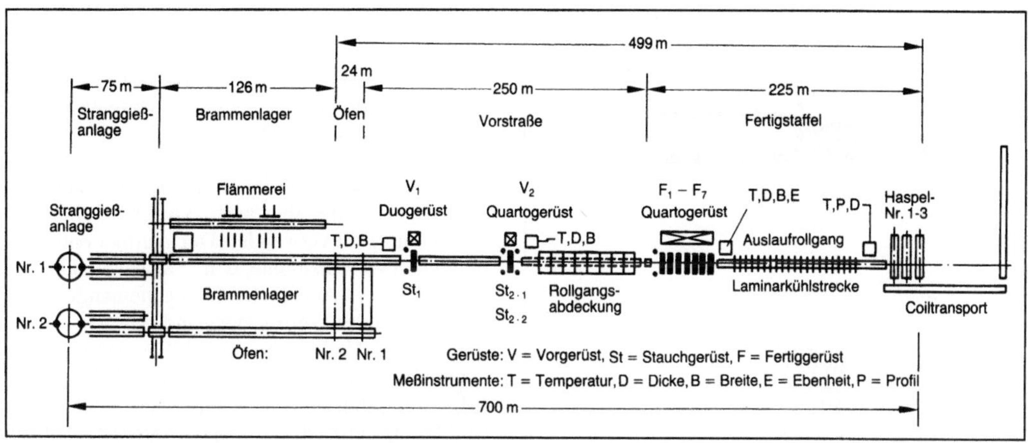

*Walzen 5: Auslegung einer Warmbreitbandstraße.*

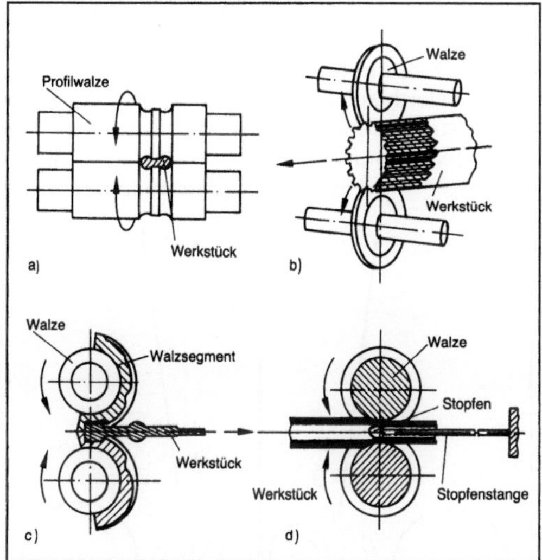

*Walzen 6: Längswalzverfahren. (Quelle: DIN 8583, Bl. 2)*
*a) und b) Längsprofilwalzen*
*c) Reckwalzen*
*d) Rohrwalzen.*

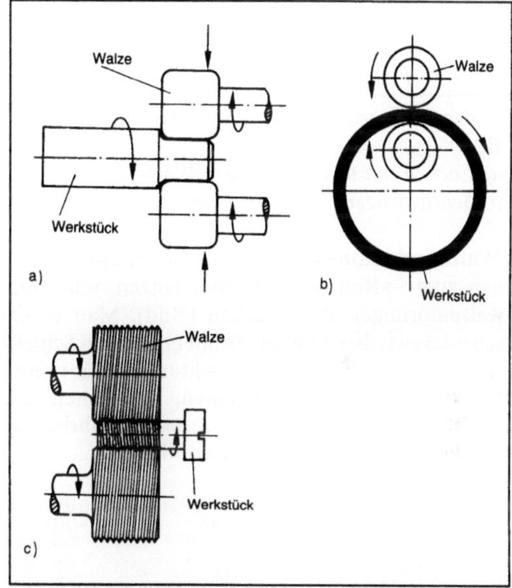

*Walzen 7: Querwalzverfahren im Einstechverfahren. (Quelle: DIN 8583, Bl. 2)*
*a) Glattwalzen*
*b) Ringwalzen*
*c) Gewindewalzen.*

□ *Querwalzen:* Zu den Querwalzverfahren (Bild 7) zählt das Oberflächenfeinwalzen zum Erhöhen der Festigkeit (Festwalzen), der Oberflächengüte (Glattwalzen) oder der Maßgenauigkeit (Maßwalzen). Weiterhin gibt es das Ringwalzen zum Aufweiten und Profilieren von Ringen, das Gewindewalzen im Einstechverfahren, das Profilieren von Stäben in Umfangsrichtung sowie in Längsrichtung.

□ *Schrägwalzen:* Den weitaus größten Anwendungsbereich in der Fließgutfertigung findet das Schrägwalzen beim →Lochen nahtloser Rohre. Ebenso wird es zum Aufweiten, Glätten (Oberflächenfeinwalzen) oder zur Wanddickenreduktion verwendet. Im Planetenschrägwalzwerk können Stäbe und Rohre bei Querschnittsabnahme von über 90% umgeformt werden. Über die Länge veränderliche Querschnitte werden durch Drückwalzen erzielt. Mit schraubenähnlichen Kalibern können Kugeln und Rollen aus Stabmaterial hergestellt werden (Bild 8). Lange Gewindeteile (Spindeln) werden ebenso durch Schrägwalzen im Durchlaufverfahren erzeugt.                    *Lange*

Literatur: *Lange, K.* (Hrsg.): Umformtechnik. Handb. f. Ind. u. Wiss. Bd. 2: Massivumformung. 2. Aufl. Berlin, Heidelberg, New York, Tokio 1988. – *Spur, G.* (Hrsg.), u. *Th. Stöferle:* Handb. Fertigungstechnik. Bd. 2/1: Umformen. München 1983.

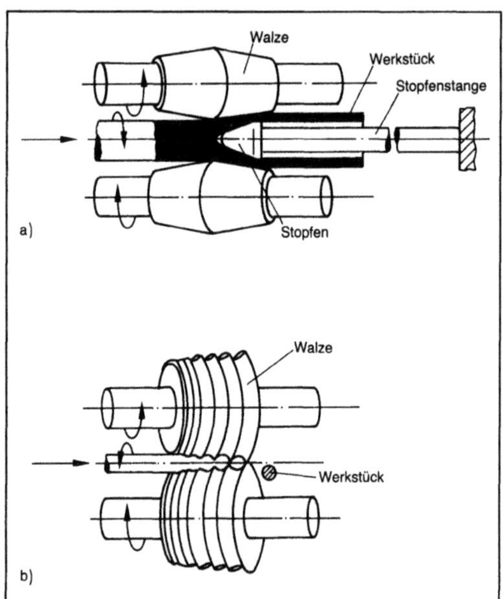

*Walzen 8: Schrägwalzverfahren. (Quelle: DIN 8583, Bl. 2)*
*a) Lochen mit tonnenförmigen Walzen*
*b) Schrägwalzen von Formteilen.*

**Walzenschleifmaschine.** W. sind Spezialmaschinen zum →Rundschleifen von langen, schweren, walzenförmigen Werkstücken (Bild). Man unterscheidet zwischen Maschinen mit ortsfestem Schleifspindelstock und in Längsrichtung verfahrbaren Werkstücken sowie Maschinen, bei denen der Schleifspindelstock in Längsrichtung verfahrbar ist, kombiniert mit ortsfestem Werkstück.

*Walzenschleifmaschine. (Quelle: Herkules, Siegen)*

Für kleine Walzen (bis zu einem Durchmesser von 800 mm, einer Länge von 4 m und einem Gewicht von 6 t) werden Maschinen der ersten Bauart eingesetzt. Die zweite Bauart dagegen wird für Walzen von bis zu 250 t Gewicht verwendet, deren maximale Durchmesser bei großen Walzen bis 6 m betragen kann.

Je nach Anforderungen an Zerspanleistung und Werkstückgüte wird beim Walzenschleifen zwischen Hochleistungsschruppschleifen (→Schleifen), Schruppschleifen, →Feinschleifen und Polierschleifen unterschieden. *Kenter*

**Walzenstuhl.** W. werden hauptsächlich zum Mahlen von Getreide, aber auch zum Feinmahlen von Kohle und Kali verwendet. Der Aufbau entspricht dem einer →Wälzmühle, d. h. 2 Walzen laufen mit einstellbarem Achsabstand gegeneinander. Die Drehzahlen des Walzenpaars sind sehr verschieden und können Verhältnisse von 1:5 annehmen.

Daher zerkleinert man neben Druck hauptsächlich durch Scherung. Die Mantelflächen der Walzen sind häufig geriffelt. Bei Doppelwalzenstühlen sind 2 Walzenpaare nebeneinander angeordnet (Bild). Die Gutaufgabe erfolgt zentral über einen Trichter, an dessen unterem Ende geriffelte Speisewalzen angebracht sind. Sie fördern das Gut gleichmäßig zu den Walzenpaaren. Bei der Quetschmühle sind die Walzen gleichlaufend. Sie werden in der Lebensmittelindustrie beispielsweise bei der Herstellung von Haferflocken verwendet. *Würtz*

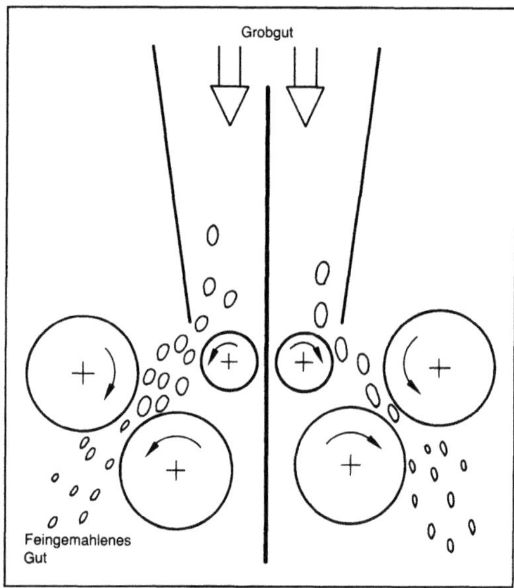


*Walzenstuhl: Doppelwalzenstuhl.*

**Walzentrockner.** Ein W. ist ein verfahrenstechnischer Apparat zum →Trocknen flüssiger, breiartiger oder pastöser Güter. Eine oder mehrere Walzen tauchen in das zu trocknende Gut ein, so daß ein dünner Film auf der Trocknungswalze haften bleibt. Die Walzen werden von innen beheizt, oft mit Wasserdampf. Das Gut trocknet sehr schnell und wird von einem Schabenmesser von der Walze abgeschält (Bild). Bei breiartigen Gütern können Aufgabewalzen verwendet werden, um die Vertei-

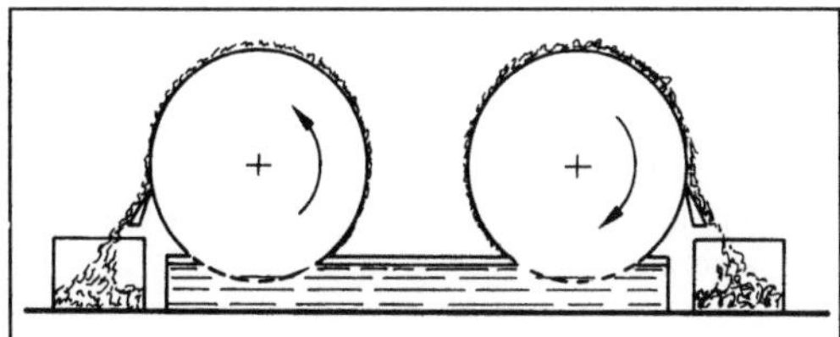

*Walzentrockner: Schematischer Aufbau mit zwei Walzen.*

lung auf der Walze zu vergleichmäßigen. Durch die Verwendung von Übernahmewalzen lassen sich besonders dünne Filme erzeugen. Thermisch empfindliche Güter können auf die Walze aufgesprüht werden (→Kontakttrocknung). *Dohrn*

Literatur: *Sattler, K.:* Thermische Trennverfahren. Weinheim 1988.

**Wälzfräsen.** W. ist wegen seiner hohen Wirtschaftlichkeit das dominierende spanende Verfahren zur Herstellung außenverzahnter zylindrischer Zahnräder. Dabei wird die Paarung einer Schnecke mit einem Schneckenrad simuliert, wobei eine durch Spannuten unterbrochene Schnecke das Werkzeug darstellt und das Schneckenrad das zu fertigende Werkstück.

Zahnräder werden in fast allen Bereichen der Technik als Elemente einer exakten und leistungsfähigen Bewegungsübertragung eingesetzt. Im Bereich der hochgenauen Laufverzahnungen ($n > 1000$ min$^{-1}$) erfolgt die Herstellung der Zahnräder zum überwiegenden Teil durch spanende Bearbeitung. Zur Spanabnahme dienen die rotatorischen Bewegungen des Wälzfräsers und des Werkrads (Bild 1).

Je nach dem Wälzfräsverfahren überlagern sich dazu translatorische Bewegungen des Werkzeugs in axialer und tangentialer Richtung sowie des Werk-

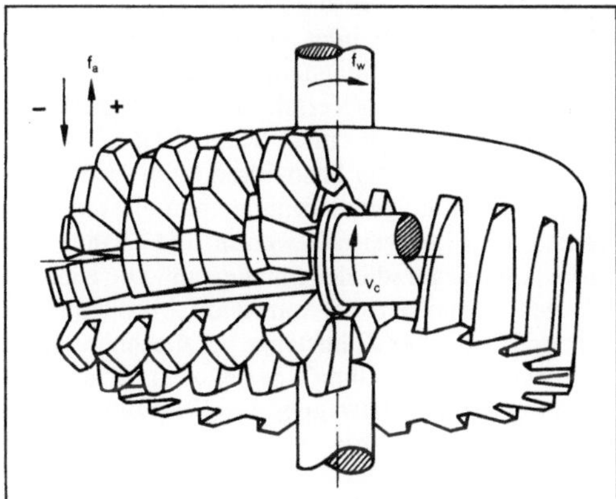

*Wälzfräsen 1: Kinematik des Verfahrens.*

$f_a$ Axialvorschub, $f_w$ Wälzvorschub, $v_c$ Schnittgeschwindigkeit

rads in Radialrichtung zum Erreichen der Tauchtiefe. Während der Wälzbewegung drehen sich das Werkzeug und das Werkrad wie eine Schnecke und das Schneckenrad. Die Fräserdrehung ergibt gleichzeitig auch die Schnittbewegung. Das Erzeugen einer Verzahnung ist durch unterschiedliche Bewegungsabläufe zu verwirklichen (Bild 2).

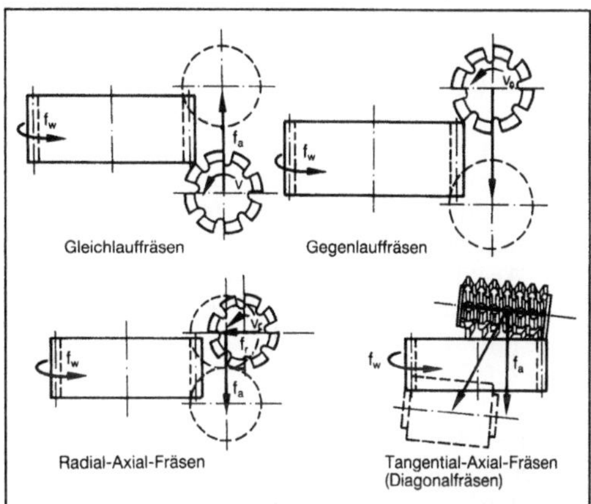


*Wälzfräsen 2: Schematische Darstellung verschiedener Verfahren.*

$f_a$ Axialvorschub, $f_r$ Radialvorschub, $f_w$ Wälzvorschub, $v_c$ Schnittgeschwindigkeit

Beim Gleichlauffräsen liegen zu Schnittbeginn große Spanungsquerschnitte vor. Die eigentliche Profilausbildung erfolgt jedoch erst kurz vor Ende eines einzelnen Schnitts. Dies kann unter bestimmten Bedingungen zu Qualitätsproblemen infolge →Aufbauschneidenbildung führen.

Beim Gegenlauffräsen hingegen wird die Profilausbildung unmittelbar nach Beginn eines Schnitts ausgeführt. Wegen der kleinen Spanvolumen ist hier eine Behinderung des Einschneidvorgangs durch Reiben oder Quetschen möglich.

Beim Radial-Axial-Fräsen wird vor Schnittbeginn radial bis zur benötigten Tauchtiefe zugestellt und dann axial im Gleich- oder Gegenlauf gespant. Nach einer bestimmten Anzahl gespanter Lücken bzw. Räder verschiebt man den Fräser um einen bestimmten Betrag tangential, um alle Fräserzähne gleichmäßig zu belasten. Dieser auch als Shiften bezeichnete Vorgang verläuft beim Diagonalfräsen kontinuierlich, da sich hier der Vorschub aus einer axialen und aus einer tangentialen Komponente zusammensetzt.

Der Wälzfräser ist eine zylindrische Schnecke, die durch Spannuten unterbrochen ist, wodurch die Fräserstollen entstehen. Die Anzahl der auf dem Zylinder liegenden Schneckengänge bestimmt die Fräsergangzahl. Die Fräserzähne sind so hinterarbeitet, daß Freiwinkel erzeugt werden und die Möglichkeit des radialen Nachschliffs an der Spanfläche ohne Veränderung des Zahnprofils gegeben ist. Der Schwenkwinkel oder Einstellwinkel des Fräsers ergibt sich aus Richtung und Betrag des Schrägungswinkels und des Steigungswinkels der Fräserschnecke.

Man unterteilt die Wälzfräser hinsichtlich ihrer Bauart in drei verschiedene Gruppen: Blockwälzfräser werden aus dem vollen Material gefertigt, wobei der gesamte Körper aus hochwertigem HSS oder HM hergestellt werden muß. Kippstollenfräser dagegen bestehen im Grundkörper aus preiswerterem Werkstoff. Die Stollen werden im ausgebauten Zustand gefertigt und nachgeschliffen. Diese Fräser sind besonders für kleinere Durchmesser und Moduln geeignet. Messerschienenfräser besitzen im Gegensatz zu Kippstollenfräsern eine Abstützung der Fräserzähne durch Rückenstützen, wodurch eine hohe Ausnutzung der Zahnlänge (große Anzahl von Nachschliffen) möglich ist. Die Befestigung erfolgt durch seitliche Klemmringe.

Neben Wälzfräsern aus HM oder unbeschichtetem HSS werden auch mit Titannitrid beschichtete HSS-Werkzeuge eingesetzt. Die Beschichtung erfolgt nach dem PVD-Verfahren. Um eine gute Schichthaftung zu gewährleisten, kommt bereits den Einstellbedingungen beim →Schleifen der Werkzeuge eine große Bedeutung zu. Mit dem Einsatz TiN-beschichteter HSS-Wälzfräser können im Vergleich zu unbeschichteten bei gleichen Zerspanbedingungen erhebliche Standzeitgewinne bzw. bei erhöhter Zerspanleistung eine deutliche Reduzierung der Bearbeitungszeit erzielt werden (→Fräsen). *König*

Literatur: *Bouzakis, K.*: Möglichkeiten der Leistungssteigerung beim Wälzfräsen mit titannitridbeschichteten Werkzeugen für zylindrische Verzahnungen. Habil. TH Aachen 1980. – *Joppa, K.*: Leistungssteigerung beim Wälzfräsen mit Schnellarbeitsstahl durch Analyse, Beurteilung und Beeinflussung des Zerspanprozesses. Diss. TH Aachen 1977. – *König, W.*, u. *K. Bouzakis:* Fortschritte in der Technologie bei der Zahnradfertigung. Ind.-Anz. 101 (1979) Nr. 64, S. 14/19. – *König, W.*, u. *R. Kauven:* Einsatz TiN- und TiC-beschichteter HSS-Werkzeuge bei der Zylinderradherstellung. In: Tribologie Bd. 9. Hrsg. DFVLR. Berlin, Heidelberg, New-York; S. 157/227. – *Mente, P.*: Erfahrungen beim Einsatz titannitridbeschichteter Wälzfräser. Werkstatt u. Betrieb 115 (1982) Nr. 5. – *Sandu, J. Gh.*, u. *G. Sulzer:* Wirksame Flankenfreiwinkel an Wälzfräsern. Ind.-Anz. 94 (1972) Nr. 14, S. 279/83. – *Sulzer, G.*: Leistungssteigerung bei der Zylinderradherstellung durch genaue Erfassung der Zerspankinematik. Diss. TH Aachen 1973. – *Sulzer, G.*: Bestimmung der Spanungsquerschnitte beim Wälzfräsen. Ind.-Anz. 96 (1974) Nr. 12, S. 246/47. – *Venohr, G.*: Beitrag zum Einsatz von Hartmetallwerkzeugen beim Wälzfräsen. Diss. TH Aachen 1985.

**Wälzfräsmaschine.** W. werden zur spanenden Fertigung von Zahnrädern, Sperrädern, Schalträdern und wälzbaren Profilen eingesetzt. Werkzeug und Werkstück wälzen so aufeinander ab, daß das Werkzeug im Werkstück die Zahnform erzeugt.

W. lassen sich je nach Werkstückspektrum in drei Gruppen einteilen: Zylinderrad-W., Kegelrad-W. und Schnecken-W. Bei den W. werden die rotatorische Schnittbewegung und die Vorschubbewegung geradlinig durch das Werkzeug ausgeführt. Zusätzlich wird der Fräsvorgang noch mit der Wälzbewegung des Werkstücks überlagert. Alle Bewegungen erfolgen im kinematischen Zwangsablauf. Dies erfordert einen aufwendigen Getriebeaufbau (Bild). In modernen Maschinen werden jedoch Wechselrädersätze durch elektronisch geregelte Antriebe ersetzt.

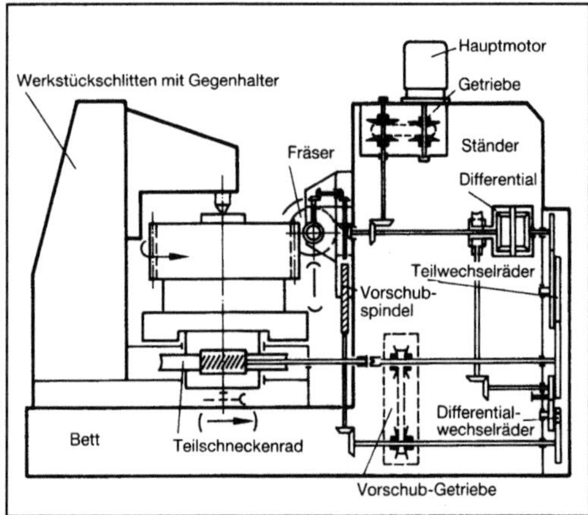


*Wälzfräsmaschine: Getriebezug. (Quelle: Pfauter)*

Bei kleineren Zylinderrad-W. wird häufig der Ständer mit dem Bett verschraubt und der Werkstückschlitten mit Gegenhalter zum Erzielen des Radialvorschubs fahrbar ausgeführt. Die →Hauptspindel ist tangential fahrbar und zur Einstellung des Schrägungswinkels neigbar. Größere Maschinen oder Maschinen mit automatischer Bestückung weisen dagegen einen fahrbaren Ständer und einen festen Werkzeugträger auf. *Schulz*

**Wälzhobeln.** Spanendes Fertigungsverfahren mit definierter Schneidteilgeometrie zur Herstellung von Zahnrädern. Das Verfahrensprinzip ähnelt dem des Wälzstoßens mit einem Schneidrad.

Im Gegensatz zum Schneidrad beim →Wälzstoßen, bei dem die Schneidzähne ebenfalls ein Evolventenprofil aufweisen, weisen die Zähne des Hobelkamms geradlinige Flanken auf. Die Kinematik des Verfahrens ist mit dem Abrollen eines Stirnrads auf einer Zahnstange vergleichbar. Daher muß bei der Herstellung einer evolventischen Verzahnung der Wälzbewegung des Werkrads (Werkstück) eine translatorische Bewegung in Zahnstangenlängsrichtung überlagert werden. Die Evolventenform entsteht so durch Hüllschnitte der geradlinigen Werkzeugschneide.

Auf Grund der endlichen Länge des Hobelkamms muß das Werkrad nach der Fertigung mehrerer

Zahnlücken bei entkoppelter Vorschubbewegung in die Ausgangsstellung zurückgefahren werden. Man spricht in diesem Fall vom Teilwälzen, im Gegensatz zu den kontinuierlichen Wälzverfahren wie →Wälzfräsen, Wälzstoßen und →Wälzschälen.

Da das W. aus diesem Grunde wesentlich unwirtschaftlicher ist als die anderen Wälzverfahren, wird es nur in Sonderfällen eingesetzt, wie z. B. zur Herstellung von außenverzahnten Zylinderrädern mit großen Abmessungen und hoher Festigkeit. Der Vorteil hierbei ist, daß ein Werkzeugwechsel einfach und ohne Qualitätseinbuße während der Fertigung eines Rads möglich ist. Mit Sondervorrichtungen können auch Innenverzahnungen und Zahnstangen gefertigt werden.

Der Aufbau des Hobelwerkzeugs aus dem aktiven Schneidelement und einem Stützkamm, der die Schnittkräfte aufnimmt, gestattet eine optimale Ausnutzung des Werkzeugs, das bis auf eine geringe Restdicke nachgeschärft werden kann. *König*

**Wälzläppen.** W. ist eine spezielle Verbesserung der Flanken an Zahnradprofilen durch →Läppen (→Verzahnungsschleifen). Ein in Soll-Form hergestelltes Meisterrad wird hierbei unter stetiger Zuführung des Läppgemisches mit den Zahnrad-Werkstücken abgewälzt. Das Hauptziel ist die Verbesserung der Zahnform und die Beseitigung von Teilungsfehlern. Das Verfahren wird nur bei Stirnrädern verwendet, da die beiden Wälzpartner axial zueinander verlagert werden müssen. Früher wurden auch Kegelräder auf speziellen Wälzläppmaschinen endbearbeitet. Bei diesem heute nicht mehr eingesetzten Verfahren wurden Kegelradpaarungen eingeläppt (→Einläppen). *Kenter*

**Wälzmühle.** W. sind Zerkleinerungsmaschinen, in denen das Mahlgut zwischen der Mahlbahn und einem sich darauf abwälzenden Mahlkörper zerkleinert wird. Das Gut wird dabei durch Druck- und Schubkräfte beansprucht. Die bekanntesten Bauarten sind →Kollergang und Schüsselmühle. *Dahl*

**Walzprofilieren.** W. ist ein Verfahren des Biegeumformens (DIN 8586) und ist als Biegen von Blechstreifen, Bändern oder Ringen zu geraden oder ringförmig gebogenen Profilen zwischen angetriebenen Biegewalzen, deren Achsen in der Biegeebene liegen, definiert. Die Profilerzeugung verteilt sich auf mehrere Stufen (Bild 1). Dabei sind sowohl zwei als auch vier Walzen in einer Umformstufe möglich (Bild 2). Versteifende und festigkeitserhöhende Formelemente wie Falze, Sicken, Bördel sind möglich.

Durch Profilwalzen lassen sich offene und geschlossene Profile in großer Mannigfaltigkeit für zahlreiche Anwendungsfälle im Gerätebau, in der Bautechnik usw. herstellen (Bild 3). Es wird vor

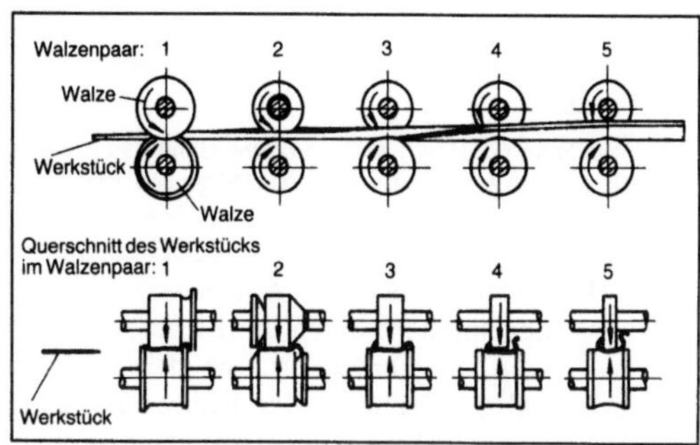


*Walzprofilieren 1: Walzprofilieren mit fünf hintereinander angeordneten Walzenpaaren.*

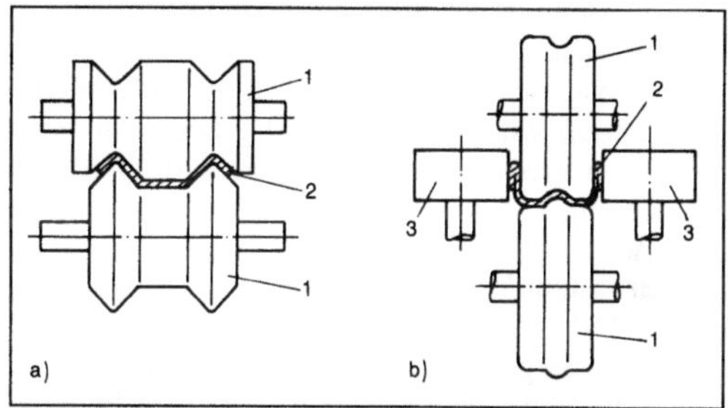


*Walzprofilieren 2: Wirkprinzip und Werkzeuge zum Profilwalzen.*
*a) Zwei Walzen in einer Umformstufe*
*b) Vier Walzen in einer Umformstufe.*

1 Profilwalze, 2 Werkstück, 3 Walze

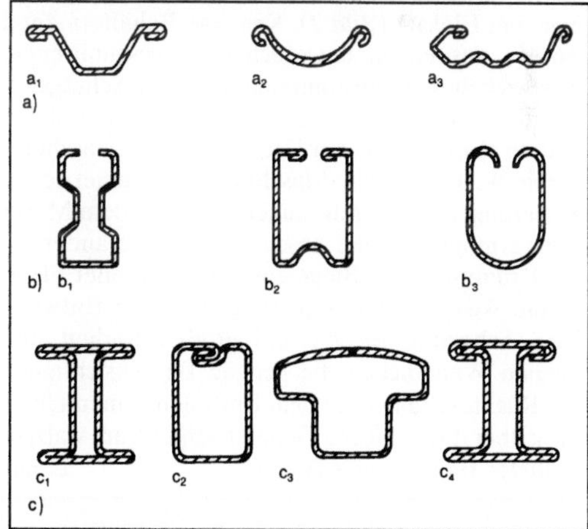


*Walzprofilieren 3: Beispiele für Profilstangen, die sich durch Walzprofilieren fertigen lassen.*
*a) Offene Profile.*

$a_1$ gefalzt, $a_2$ gebördelt, $a_3$ gefalzt, gebördelt, gesickt

*b) Halboffene Profile.*

$b_1$ gebogen, $b_2$ gefalzt, gesickt, $b_3$ gebördelt

*c) Geschlossene Profile.*

$c_1$ ohne Fügung, $c_2$ gefalzt, $c_3$ geschweißt, $c_4$ gefalzt aus zwei Blechen

allem bei hohem Mengenbedarf angewendet. Die Fixkosten für die werkstückgebundenen Werkzeuge sind hoch. *Lange*

Literatur: *Spur, G.* (Hrsg.), u. *Th. Stöferle:* Handb. Fertigungstechnik. Bd. 2/3: Umformen, Zerteilen. München 1985.

**Walzrichten.** W. ist ein Verfahren des Biegeumformens (DIN 8586) und ist als Walzbiegen – hierbei wird das Biegemoment durch am Biegeteil angreifende Walzen aufgebracht – zum Richten von Blechen, Stäben, Drähten oder Rohren definiert, wobei die Walzenachsen senkrecht oder geneigt zur Biegeebene stehen. Das W. ist kontinuierliches Biegerichten. Die Richtwirkung wird durch gezielte Eigenspannungsbeeinflussung erzielt. (Einzelheiten hierzu →Biegerichten.)

Die Walzrichtverfahren sind in der industriellen Produktion von gewalztem und gezogenem Halbzeug von großer technischer und wirtschaftlicher Bedeutung. *Lange*

**Walzrunden.** W. ist ein Verfahren des Biegeumformens (DIN 8586) und ist als Walzbiegen – hierbei wird das Biegemoment durch am Biegeteil angreifende Walzen aufgebracht – von ebenem Blech zu zylindrischen oder kegeligen Werkstücken definiert, wobei die Walzenachsen senkrecht oder geneigt zur Biegeebene stehen (Bild 1). In der industriellen Produktion nimmt das W. einen bedeutenden Platz ein, z. B. im Kessel- und Behälterbau. Dabei kommen Dreiwalzen- und Vierwalzenrundbiegemaschinen zum Einsatz (Bild 2). Kegelige Behältermäntel werden aus einem entsprechend zugeschnittenen, abgewickelten Kegelstumpfmantel durch Schrägstellen der Oberwalzenachse zu den achsparallelen Unterwalzenachsen (bei Dreiwalzenbiegemaschine) durch W. hergestellt. Maschinen mit numerischen Steuerungen, die bereits zunehmend auf dem Markt sind, ermöglichen die abschnittweise Veränderung der Krümmung des Biegeteils bei sehr großer Flexibilität. Adaptive Meßsteuerungen sind in Entwicklung. Schwierig ist ggf. bei großen Radien und kleinen Wanddicken die genaue Berücksichtigung der Rückfederung nach dem Entlasten. Einen Überblick über das mögliche Geometriespektrum walzgerundeter Bauteile gibt Bild 3. *Lange*

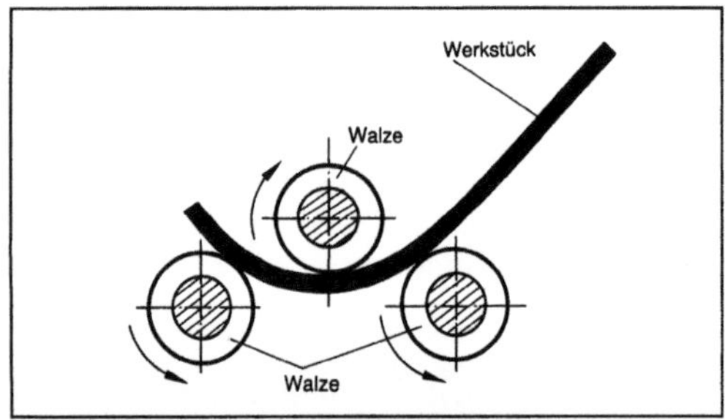


*Walzrunden 1: Schematische Darstellung.*

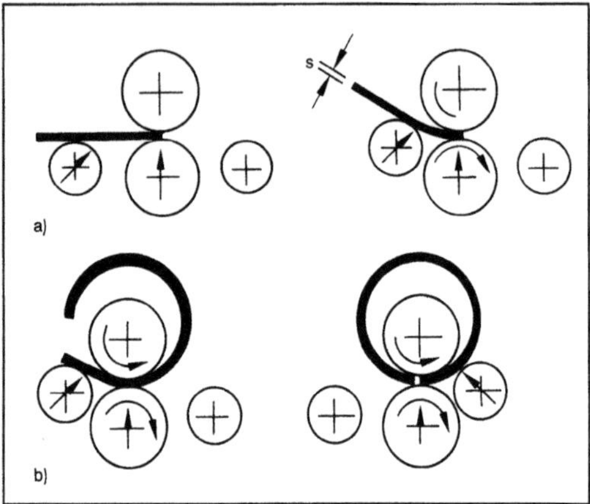


*Walzrunden 2: Arbeitsfolge bei einer Vierwalzenrundbiegemaschine.*
*a) Anrunden*
*b) Fertigrunden.*

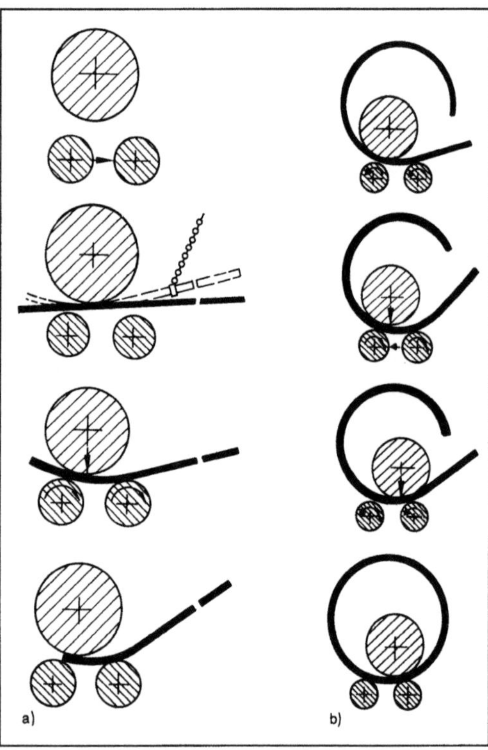


*Walzrunden 3: Arbeitsfolge bei einer Dreiwalzenrundbiegemaschine.*
*a) Anrunden*
*b) Fertigrunden.*

Literatur: *Lange, K.* (Hrsg.): Umformtechnik. Handb. f. Ind. u. Wiss. Bd. 3. 2. Aufl. Berlin, Heidelberg, New York, Tokio 1988. – *Ludowig, G.:* Rechnerintegriertes Fertigungssystem für das Walzrunden von Blechen. Diss. Universität Dortmund 1985. – *Spur, G.* (Hrsg.), u. *Th. Stöferle:* Handb. Fertigungstechnik. Bd. 2/3: Umformen, Zerteilen. München 1985. – *Zicke, G.:*

Automatische Programmierung für CNC-gesteuertes Walzrunden von Gehäusen, Leuchtreflektoren und Behältern. In: VDI-Ber. Nr. 372. Düsseldorf 1980.

**Wälzschaben.** Fertigungsverfahren zur Nachbearbeitung von Oberflächen, das insbes. in der Zahnradfertigung zur Feinbearbeitung der Zahnflanken eingesetzt wird.

Das Zahnrad-W. kann zur Feinbearbeitung von nahezu allen Zylinderrädern eingesetzt werden. Das Spektrum reicht von Pkw- und Lkw-Getrieberädern bis zu Großverzahnungen mit Durchmessern über 1 m und Innenverzahnungen. Das Verfahren ist wesentlich wirtschaftlicher als das →Schleifen, wenn auch nicht die hohen Genauigkeiten des Schleifens erreicht werden, da die Bearbeitung nur in ungehärtetem Zustand erfolgen kann und anschließend eine Härtung notwendig ist. Die Verzahnungsqualitäten liegen zwischen 6 und 9 bei einer →Rauhtiefe von durchschnittlich 5 μm.

Zum →Schaben von Verzahnungen wird ein zahnradähnliches Schabrad eingesetzt, dessen Zahnflanken durch Nuten unterbrochen sind. Dadurch werden Stollen mit Schneidkanten in Zahnhöhenrichtung gebildet. Da Schab- und Werkrad einen unterschiedlichen Schrägungswinkel aufweisen, bilden sie ein Schraubwälzgetriebe.

Der Gleitbewegung in Zahnhöhenrichtung auf Grund des Verzahnungsgesetzes wird eine Gleitbewegung in axialer Richtung infolge der Achskreuzung überlagert, die zur Spanabnahme führt. Die resultierende Gleitbewegung ergibt Schneidspuren von jedem Stollen jedes Zahns.

Theoretisch liegt zwischen der Schabrad- und Werkradflanke Punktberührung vor. Durch die radiale Anpreßkraft wird diese jedoch zu einer Berührzone erweitert. Um das Werkrad auf der gesamten Breite zu bearbeiten, muß ein entsprechender Vorschub erfolgen. Hiernach unterscheidet man abhängig von der Vorschubrichtung vier verschiedene Schabverfahren (Bild).

Beim Parallelschaben wird das Werkrad in Richtung seiner Achse verschoben. Beim Diagonalscha-

ben geschieht dies unter dem Diagonalwinkel ε, so daß nur ein kürzerer Schabweg und damit auch eine kürzere Schabzeit notwendig ist. Wenn der Diagonalwinkel 80° beträgt, spricht man vom Querschaben. Die kürzeste Schabzeit wird beim Tauchschaben erreicht, bei dem auf Grund der Vorschubbewegung nur der Achsabstand verkleinert wird.

Das Ende einer Schabradstandzeit wird im Gegensatz zu anderen Verfahren nicht durch →Verschleiß, sondern durch die zu schlechte Verzahnungsqualität der Werkräder bestimmt. *König*

**Wälzschälen.** Spanabhebendes Fertigungsverfahren, das sowohl für die Herstellung von evolventischen Außen- und Innenverzahnungen als auch von Schnecken geeignet ist. Dieses Verzahnverfahren wurde bereits zu Beginn dieses Jahrhunderts entwickelt und patentiert, konnte sich jedoch auf Grund der hohen Genauigkeitsanforderungen an Maschine und Werkzeug nicht in der industriellen Praxis durchsetzen.

Erst in den beiden letzten Jahrzehnten wurde durch die steigende Nachfrage nach Innenverzahnungen für Planetengetriebe, Hinterachsenuntersetzungen für Lastkraftwagen und Baumaschinen die Entwicklung des Wälzschälverfahrens forciert. Ausschlaggebend dafür ist seine hohe Leistungsfähigkeit, die vom Prinzip her dem →Wälzstoßen überlegen und dem →Wälzfräsen ebenbürtig ist. Seine Vorteile kommen in besonderem Maße beim Verzahnen von Hohlrädern zur Wirkung, so daß das

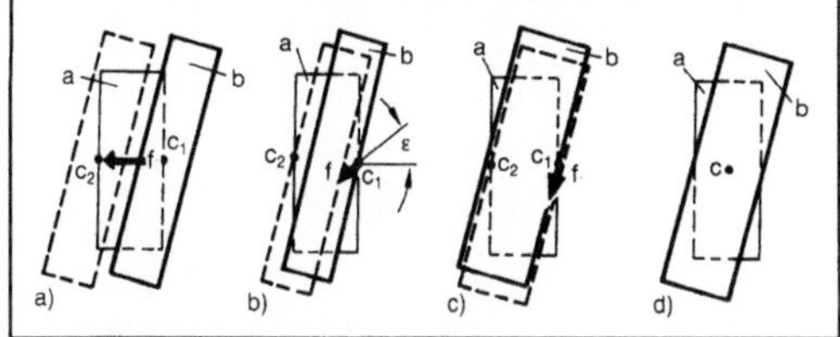

*Wälzschaben: Schabverfahren.*
*a) Parallelschaben*
*b) Diagonalschaben*
*c) Querschaben*
*d) Tauchschaben.*

a Werkstück, b Werkzeug, c Achskreuzpunkt, f Vorschub, ε Diagonalwinkel

*Wälzschälen 1: Schälen einer Innenverzahnung auf einer Wälzschälmaschine. (Quelle: Liebherr)*

W. auf diesem Verzahnungssektor ein Hauptanwendungsgebiet findet (Bild 1).

Die Kinematik beim W. ist dadurch gekennzeichnet, daß Werk- und Schälrad, die dieselbe Drehrichtung haben, unter windschiefen Drehachsen miteinander kämmen, so daß sie ein Schraubradgetriebe bilden (Bild 2). Auf Grund dieser Konstellation bewegt sich die Schneidkante des Schälrads während seiner Drehung in Zahnlückenrichtung des Werkrads und trägt einen Span ab. Somit entfällt die Hubbewegung, und die Leerlaufzeit eines Rückhubs tritt nicht auf. Zum Bearbeiten der gesamten Werkradbreite wird der Schälraddrehung ein Axialvorschub in Richtung der Werkradachse überlagert.

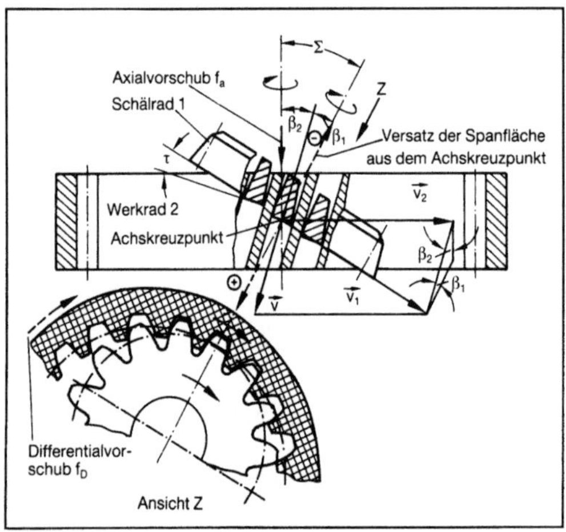


*Wälzschälen 2: Kinematik des Vorgangs.*

$\beta_1$ Schrägungswinkel des Schälrades, $\beta_2$ Schrägungswinkel des Werkrades, $\Sigma$ Achskreuzwinkel, $\tau$ Spanflächen-Steigungswinkel, $v_1$ Umfanggeschwindigkeit des Schälrades, $v_2$ Umfanggeschwindigkeit des Werkrades

Das Werkzeug beim W. ist das Schälrad. Es entspricht einem gerad- oder schrägverzahnten Stirnrad, das eine kegelige oder zylindrische Außenkontur besitzt. Um ausreichende Flankenspanwinkel zu erzielen, wird bei den schrägverzahnten Schälrädern die Spanfläche unter einem Spanflächen-Steigungswinkel $\tau$ angeschliffen. Sein Betrag entspricht im Normalfall dem Nennschrägungswinkel des Schälrads. Dadurch liegen die Schneidkanten nicht in einem gemeinsamen Stirnschnitt. Betrachtet man die Schneidkante als eine Folge von Punkten, so liegt jeder Punkt in einer anderen Stirnschnittebene.

In Verbindung mit der Kinematik beim W. durchlaufen deshalb die Eingriffspunkte nicht in lückenloser Folge die in der gemeinsamen Normalebene durch den augenblicklichen Kreuzungspunkt gelegene Eingriffslinie. Sie erfüllen somit nicht die Bedingung, die zur Erzeugung einer korrekten Werkradevolvente notwendig ist. Aus diesem

Grund müssen an Schälrädern mit Treppenschliff entsprechende Zahnformkorrekturen vorgenommen werden (→Fräsen, →Wälzfräsen). *König*

Literatur: *Eggert, W.:* Wälzschälen von Innenverzahnungen. Arbeitsprinzip, erreichbare Leistung und Genauigkeit. Vortrag am WZL, TH Aachen 1968. – *Faulstich, H. I.:* Hartwälzschälen. Die Maschine 6 (1986) Nr. 6. – *Pfauter, H.* (Hrsg.): Pfauter-Wälzfräsen. Tl. 1. Berlin 1976. – *Sulzer, G.:* Wälzschälen und Spanungsgeometrie. VDI-Z 116 (1974) Nr. 8, S. 631/34.

**Wälzschleifen** →Verzahnungsschleifen

**Wälzstoßen.** Stoßverfahren zur spanenden Zahnradfertigung, das häufig zur Herstellung von Vorverzahnungen eingesetzt wird. An der Nutzung des Verfahrens zur Feinbearbeitung einsatzgehärteter Bauteile wird z. Z. gearbeitet. Bei dem zu den kontinuierlichen Wälzverfahren zählenden W. wird das Werkrad (Werkstück) von einem zahnradförmigen Schneidrad (Werkzeug) im Hüllschnittverfahren erzeugt (Bild). Zur Spanabnahme dient die axiale Bewegung des Schneidrads. Beim Arbeitshub werden die Späne abgetrennt. Beim Rückhub erfolgt eine Abhebebewegung des Werkzeugs oder des Werkstücktisches, um eine Kollision des Schneidrads mit dem Werkrad zu vermeiden.

Zu Beginn des Bearbeitungsprozesses führt das Werkrad eine radiale Zustellbewegung aus, um die erforderliche Tauchtiefe zu erreichen. Der Achsversatz entspricht einer seitlichen Versetzung der Schneidradachse senkrecht zur Symmetrieachse der Wälzstoßmaschine und wird vor Beginn der Bearbeitung fest eingestellt. Im Gegensatz zum →Wälzfräsen, wo ein Fräserzahn jeweils den gleichen Span abnimmt, werden beim Stoßen alle Späne von einem

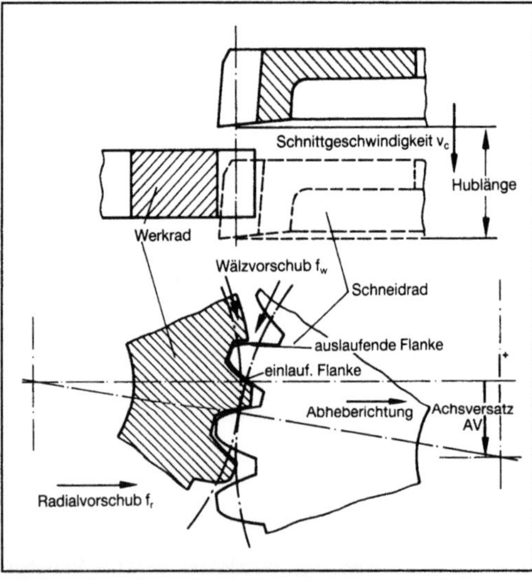


*Wälzstoßen: Verfahrensprinzip und Beziehungen.*

Zahn geschnitten, so daß ein Schneidradzahn eine Werkradlücke fertigt. Die Flanken eines Stoßradzahns sind evolventenförmig und nicht geradflankig ausgebildet.

Als Werkzeug werden mehrere Schneidradbauformen verwendet. Scheiben- sowie Glockenschneidräder werden bei der Herstellung von großen Außen- und Innenverzahnungen eingesetzt, wobei die Glockenbauweise gewährleistet, daß die Befestigungsmutter nicht mit der Werkradaufspannung oder dem Werkrad kollidiert. Bei Innenverzahnungen mit kleinen Teilkreisdurchmessern finden Schaftschneidräder Verwendung. Die Werkzeuge bestehen im wesentlichen aus →Schnellarbeitsstahl. In zunehmendem Maße werden jedoch auch Hartmetalle eingesetzt.

Das Haupteinsatzgebiet des W. ist die Herstellung von Innenverzahnungen, so daß diesem Verfahren in Zusammenhang mit dem zunehmenden Einsatz von Planetengetrieben eine besondere Bedeutung zukommt. Zudem werden an dieses Verfahren neben großen Leistungsanforderungen auch hohe Ansprüche hinsichtlich der Fertigungsgenauigkeit gestellt, da bei Innenzahnrädern aus Kostengründen häufig auf eine nachträgliche Feinbearbeitung verzichtet wird.

Ebenso wie beim Wälzfräsen können durch W. Gerad- und Schrägstirnräder verzahnt werden. Während es bei schmalen Verzahnungen wirtschaftlich in direkter Konkurrenz zum →Fräsen steht, hat das Wälzfräsen eindeutige Vorteile bei großen Verzahnungsbreiten. Jedoch ist das W. wesentlich universeller einzusetzen. Es eignet sich z. B. außer zur Herstellung von Innenverzahnungen auch für Pfeil- oder Doppelschrägverzahnungen. Der besondere Vorteil des Verfahrens ist der geringe Auslauf des Werkzeugs, so daß auch Verzahnungen an Stufenwellen oder mit großen Kupplungskränzen bearbeitet werden können. *König*

Literatur: *König, W.:* Fertigungsverfahren. Bd. 1. Düsseldorf 1990. – *Spur, G.,* u. *Th. Stöferle:* Handb. Fertigungstechnik. Bd. 3/2. München, Wien 1980.

**Wälzstoßmaschine.** Die W. ist eine Werkzeugmaschine zum Vor- und Fertigbearbeiten von Gerad- und Schrägstirnrädern. Das Werkzeug ist als zahnradähnliches Schneidrad mit hinterschliffenen Flanken ausgebildet. Das Schneidrad führt eine Hubbewegung aus, die sich in Arbeitshub und Rückhub aufteilt. Zusätzlich wälzen sich Werkstück und Werkzeug kontinuierlich ab (Bild 1). Eine W. ist in Bild 2 schematisch dargestellt.

Schrägstirnräder benötigen als Werkzeug schräg verzahnte Schneidräder, die in einer Schrägführungsbahn während der Hubbewegung verdreht werden. Auf W. lassen sich Verzahnungen herstellen, die bis nah an einen vorstehenden Bund heranreichen können, da der Werkzeugüberlaufweg

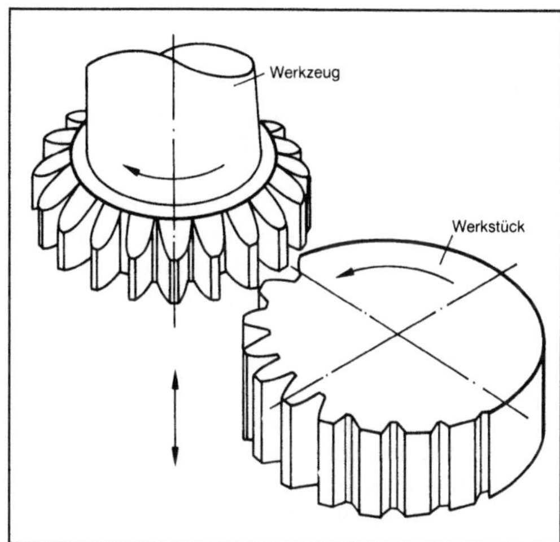


*Wälzstoßmaschine 1: Arbeitsprinzip.*

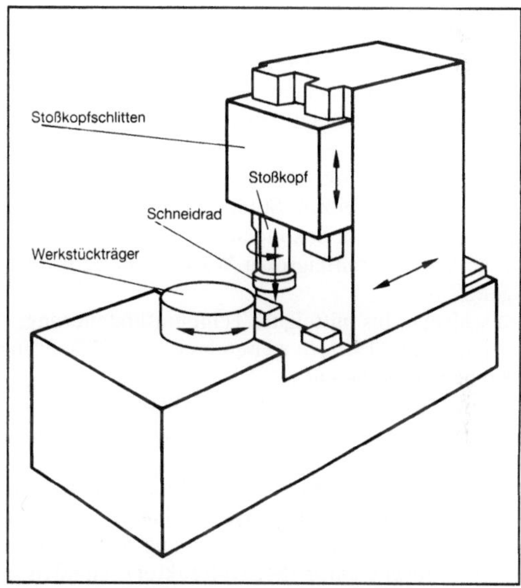


*Wälzstoßmaschine 2: Mit Stoßkopfschlitten.*

kurz ist. Ein typisches Beispiel für derartige Werkstücke sind Getriebewellen von Kraftfahrzeuggetrieben.

Mit W. lassen sich auch Innenverzahnungen herstellen. Gegenüber dem Wälzfräsen hat das Wälzstoßen den Nachteil, bei großen Radbreiten unwirtschaftlich zu sein, da auf jeden Arbeitshub ein Rückhub erfolgt. *Schulz*

**Walzziehbiegen.** W. ist ein Verfahren des Biegeumformens (DIN 8586) und ist als Walzbiegen – hierbei wird das Biegemoment durch am Biegeteil angreifende Walzen aufgebracht – von Blechstreifen oder Bändern zu Profilen durch →Ziehen durch ein aus mehreren Formwalzen bestehendes Werkzeug definiert. Die Werkzeuge sind ähnlich gestaltet wie für das →Walzprofilieren. Auch erfolgt die Umformung meist in mehreren Stufen. Die Walzen werden jedoch nicht angetrieben, sondern werden durch Reibung zwischen Werkzeug und durchgezogenem Werkstück „geschleppt", d. h. gedreht. *Lange*

**Wanderbettreaktor.** Reaktor für Gas-Feststoff-Reaktionen oder für Flüssig-Feststoff-Reaktionen, durch den sich der Feststoff (häufig Katalysator, aber auch Edukt bei nicht katalytischen Reaktionen oder Wärmeträger) infolge der Schwerkraft von oben nach unten im Gegenstrom zur Gas- oder Flüssigphase bewegt, wird als W. (Moving-Bed-Reactor) bezeichnet. Man unterscheidet den Schachtofen (Hochofen) mit mehreren festen Reaktionspartnern, bei dem die Wärmeenergie durch exotherme Reaktion eines festen Reaktanden entsteht, und den Schachtreaktor mit nur einem festem Reaktionspartner, bei dem die Wärmeenergie durch exotherme Reaktion eines gasförmigen Reaktanden entsteht.

Der W. läßt sich wie folgt charakterisieren:
□ uneinheitliche Temperaturverteilung,
□ Druckverlust steigt mit zunehmendem Durchsatz,
□ geeignet für Grobkorn >2 mm,
□ Feststoffverweilzeit: Stunden bis Tage,
□ Gasverweilzeit: Sekunden,
□ geringer bis mittelgroßer Wärme- und Stoffübergang,
□ schlechte bis mittelgute Temperatursteuerung,
□ Gas und Feststoff weisen mit guter Näherung Kolbenströmung auf,
□ mittelgroße →Raum-Zeit-Ausbeute,
□ relativ leichte Regenerierung des Katalysators möglich.

Großtechnische Beispiele sind das Kalkbrennen im Schachtofen, die Roheisengewinnung im Hochofen und die Synthesegaserzeugung aus Kohle in einem Gasgenerator (Schachtreaktor). Handelt es sich bei den Feststoffen um bewegte Katalysatorkörner, auf denen sich Koks (z. B. beim Catcracking von Naphtha) abgelagert hat, dann rutscht der verkokte, desaktivierte Katalysator beim Moving-Bed-Verfahren in einen unterhalb des Krackreaktors gelegenen Regenerator ab, in dem der Koks unter Zusatz von Luft abgebrannt wird. Die regenerierten Katalysatorkörner werden mit einem Förderluftstrom in einen über dem Reaktor angeordneten Prallblechabscheider gefördert. Von dort fließen sie erneut in den Krackreaktor. Dies bedeutet, daß beim W. ebenso wie beim →Wirbelschichtreaktor und beim →Flugstaubreaktor im Unterschied zum →Festbettreaktor eine kontinuierliche Regenerierung des Katalysators (→Desaktivierung von Katalysatoren) möglich ist.

Außer den W. gehören auch die Flugstaubreaktoren zu den Reaktoren mit bewegten Katalysatoren

(oder festen Reaktanden) und lassen sich bei den Wirbelschichtreaktoren einordnen. *Schönbucher*

**Warmband.** Warmgewalztes Walzstahlfertigerzeugnis (Band). Warmbreitband ist Band mit ≧600 mm Breite. *Dahl*

**Wärmebehandlung (Stahl).** Die W. stellt bei gegebener Zusammensetzung das Gefüge und damit die gewünschten Eigenschaften des Stahls ein. Sie beginnt zumeist mit der Austenitisierung, die in Zeit-Temperatur-Austenitisierungs-Schaubildern beschrieben wird. Die bei der Abkühlung ablaufenden Umwandlungsvorgänge sind für die meisten technisch wichtigen Stähle in Zeit-Temperatur-Umwandlungsschaubildern dargestellt. Ihnen können die sich einstellenden Gefüge und als erste Kennzahl für die Eigenschaften auch die Härte entnommen werden.

Zur W. von Stahl gehören auch das →Härten, das Rekristallisationsglühen, das Spannungsarmglühen und schließlich in Kombination mit der Warmformgebung die thermomechanische Behandlung. *W. Dahl*

**Wärmedämmung.** W. sind Einrichtungen und technische Maßnahmen zum Verlangsamen des Temperaturausgleichs und zum Verhindern oder zum Vermindern der Wärmeübertragung zwischen einem Bauteil, einem Bauwerk oder einem Apparat und der Umgebung (Schutz gegen Wärmeeinfall bzw. Schutz gegen Wärmeverluste). Die W. eines Systems hängt ab vom Aufbau der umschließenden Wände, von den Wanddicken, den Wärmeleitfähigkeiten und den Wärmedurchlaßwiderständen der einzelnen Wandschichten. Zum Verbessern der W. werden zusätzliche Dämmstoffe, fälschlicherweise auch Isolierstoffe genannt, verwendet. Diese Dämmstoffe sind meist ein aus organischen oder anorganischen Grundmaterialien aufgebauter faseriger, poröser oder schaumähnlicher Stoff, meist geringer Festigkeit und Trockenrohdichte, der eine Wärmeleitfähigkeit $\lambda < 0,15$ W/(m·K) hat.

Die Wirksamkeit der technischen Wärmeschutzstoffe beruht auf der geringen Wärmeleitfähigkeit von Gasen, vorwiegend von Luft. Der feste Anteil des Dämmstoffs soll die Wärmeübertragung infolge Konvektion und Strahlung durch Unterteilen des Gasraums verkleinern, ohne die →Wärmeleitung zu sehr zu erhöhen. Es gibt Dämmstoffe mit Poren (Kork, Kieselgur, Schaumstoffe), Faserstoffe (Mineralwolle) und zwischen Folien eingeschlossene Luftschichten. Wichtigste Stoffgröße ist die Wärmeleitfähigkeit $\lambda$.

Aus organischen Stoffen bestehende Dämmstoffe sind Kork, Torf, Holz- und andere Pflanzenfasern, Holzwolle, Stroh, Filz; alle aus Platten oder Matten verarbeitet. Dämmstoffe aus anorganischen Stoffen sind Kieselgur, Asbest, Bimsstein, Schlacke, Asche, Glasfasern, Steinfaser, Schlackenwolle. Dämmstoffe lassen sich einteilen in Kälte- und in Wärmedämmstoffe.

Kältedämmstoffe, z. B. Kunstharz-Schaumstoff (Iporka $\varrho = 15$ kg/m$^3$), imprägnierter Korkstein ($\varrho = 150$ und $250$ kg/m$^3$), Steinwolle (locker als Matten $\varrho = 120$ kg/m$^3$, fest gestopft $\varrho = 250$ kg/m$^3$), Seidenwolle ($\varrho = 100$ kg/m$^3$), Knitterfoliendämmung (Alfoldämmung), müssen gegenüber Wasser imprägniert sein bzw. eine Dampfsperre besitzen. Stopfmassen werden durch einen Blechmantel gegen Luftzutritt abgeschlossen. Schalen und Platten werden durch Zementglattstrich geschützt.

Als Wärmedämmstoffe kommen Kieselgurpulver, Perlitpulver, Glas- und Steinwolle in Flocken, Matten und Schalen, PS-, PU- und PVC-Schaum, Aluminium-Planfolien und Knitterfolien zum Einsatz. Die Dämmwirkung hängt von der Dichte des Dämmstoffs ab. Niedrigere Dichte ist wegen besserer Dämmwirkung erwünscht. Allerdings nimmt dann die mechanische Belastbarkeit ab. Größere Durchfeuchtungen bei Wassereinbruch führen zu höheren Wärmeverlusten und zu einer allmählichen Zerstörung der Dämmung (chemische Wirkungen, Frost).

Zur Beurteilung der W. und des Wärmeverlusts von Rohrleitungen, Apparaten und Bauteilen dient der Wärmedurchgangswiderstand 1/k:

$$\frac{1}{k} = \frac{1}{\alpha_i} + \frac{1}{\Lambda} + \frac{1}{\alpha_a} \qquad (1),$$

mit k $\rightarrow$ Wärmedurchgangskoeffizient, $\alpha_i$, $\alpha_a$ innerer und äußerer Wärmeübergangskoeffizient;

$$\frac{1}{\Lambda} = \sum_{i=1}^{n} \frac{s_i}{\lambda_i} \qquad (2),$$

Wärmedurchgangswiderstand der mehrschichtigen Wand, mit $s_i$ Dicke der Schicht i, $\lambda_i$ Wärmeleitfähigkeit der Schicht i. *Weinspach*

Literatur: VDI-Wärmeatlas. Düsseldorf 1988.

**Wärmedurchgangskoeffizient.** Wärmedurchgang liegt vor, wenn Wärmetransport von einem fluiden Medium über eine feste Trennwand bzw. eine fluide Phasengrenzfläche an ein weiteres fluides Medium stattfindet. Dieser Wärmetransport setzt sich zusammen aus dem Wärmeübergang von dem heißen Fluid an die Wand, der $\rightarrow$ Wärmeleitung durch die feste Trennwand und dem Wärmeübergang von der Wand an das kältere Medium. Den Temperaturverlauf für den Wärmedurchgang durch eine einschichtige ebene Wand zeigt das Bild.

Zum Beschreiben des Wärmestroms Q* beim Wärmedurchgang kann man folgende Definitionsgleichung verwenden:

$$Q^* = k \cdot A \, (T_1 - T_2) \qquad (1),$$

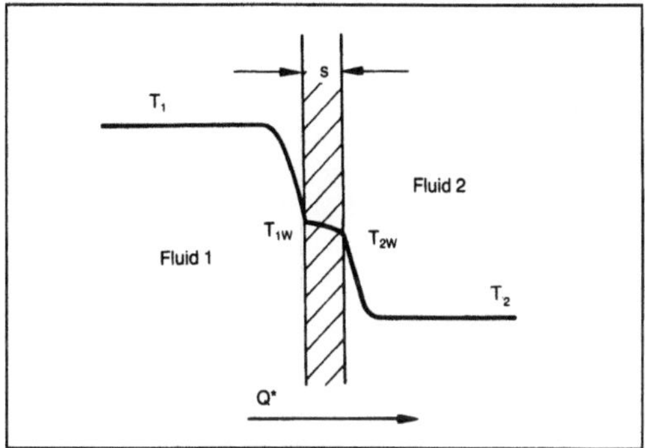


*Wärmedurchgangskoeffizient: Wärmedurchgang durch eine ebene Wand.*

mit A Austauschfläche; dabei ist k der W. in W/(m$^2$·K). Er ergibt sich mit Hilfe der Definitionsgleichungen für den Wärmeübergang und die Wärmeleitung zu

$$\frac{1}{k} = \frac{1}{\alpha_1} + \frac{s}{\lambda} + \frac{1}{\alpha_2} \qquad (2),$$

mit $\alpha_1$ Wärmeübergangskoeffizient im Fluid 1, $\alpha_2$ Wärmeübergangskoeffizient im Fluid 2, $\lambda$ Wärmeleitfähigkeit der festen Trennwand, s Wanddicke der festen Trennwand, $T_1$ mittlere Temperatur des Fluids 1, $T_2$ mittlere Temperatur des Fluids 2.

Der W. ist stets $< \alpha_1$, $\alpha_2$ oder $\lambda/s$. Der Wärmedurchgangswiderstand 1/k setzt sich bei diesem Vorgang aus den Übergangswiderständen 1/$\alpha_1$ und 1/$\alpha_2$ und dem Widerstand der Wand s/$\lambda$ zusammen. *Weinspach*

Literatur: *Gröber, H., S. Erk* u. *U. Grigull:* Die Grundgesetze der Wärmeübertragung. Berlin, Heidelberg 1961. – VDI-Wärmeatlas. Düsseldorf 1988.

**Wärmeleitfähigkeit** $\rightarrow$ Wärmeleitung

**Wärmeleitung.** W. ist Wärmetransport innerhalb eines Stoffs durch ungeordnete Molekülbewegungen in Richtung abnehmender Temperaturen. Am bedeutsamsten ist der Wärmetransport durch W. in festen Stoffen, da in diesen Stoffen Wärme nur durch Bewegung von Molekülen übertragen werden kann. In fluiden Medien erfolgt dagegen der Wärmetransport hauptsächlich durch Bewegung von Masseteilchen, die wesentlich größer sind als ein Molekül, also durch Konvektion. In einer laminaren Grenzschicht (z. B. an einer festen Wand) kann man Wärme bei vernachlässigbarer Strahlung nur durch W. übertragen.

Die W. (eindimensional) wird durch den Ansatz von *Fourier* beschrieben:

$$Q^* = -\lambda \cdot A \cdot \frac{dT}{ds} \qquad (1),$$

mit $Q^*$ Wärmestrom in W, $\lambda$ Wärmeleitfähigkeit in W/(m·K), A Austauschfläche, T Temperatur, s Koordinate.

Die Wärmeleitfähigkeit $\lambda$ ist ein Stoffwert, der temperaturabhängig, in geringerem Maße auch vom Druck und bei porigen Körpern zusätzlich vom Gas- und Flüssigkeitsgehalt der Poren abhängig ist. Bei anisotropen Körpern (Fasern, Kristallen usw.) kann die Wärmeleitfähigkeit auch richtungsabhängig

*Wärmeleitung. Tabelle: Anhaltswerte für die Wärmeleitfähigkeit.*

|  | W/(m·K) |
|---|---|
| feste Stoffe | 0,02–400 |
| flüssige Stoffe | 0,1 –0,6 |
| gasförmige Stoffe | 0,01–0,2 |

sein. Die Tabelle zeigt Bereiche, die als Anhaltswerte für die Wärmeleitfähigkeit in festen, flüssigen und gasförmigen Stoffen (bei ca. 20 °C) dienen. *Weinspach*

Literatur: *Grigull, H.,* u. *H. Sandner:* Wärmeleitung. Berlin, Heidelberg 1979.

## Wärmepumpe (Destillation).

W. können beim →Destillieren zur Energieeinsparung verwendet werden. Die Dämpfe des Kopfprodukts (Brüden) werden verdichtet, so daß ihre Kondensationstemperatur über der Siedetemperatur der Lösung in der Blase der Kolonne liegt (→Brüdenkompression). Auf diese Weise kann man den Wärmeinhalt der Brüden zur Beheizung der Kolonne ausnutzen. Im Bild ist der schematische Aufbau einer Destillationskolonne mit einem mechanischen Verdichter (Kolben- oder Kreiselverdichter) dargestellt. Die Kopfproduktdämpfe werden komprimiert und zur Beheizung der Blase verwendet. Die kondensierten Dämpfe werden z. T. als →Rückfluß am Kopf der Kolonne zugeführt und z. T. als →Destillat abgezogen. Reicht die Wärmemenge der verdichteten Brüden nicht aus, so kann man zusätzlich eine Sumpfheizung vorsehen. *Dohrn*

## Wärmerückgewinnung, industrielle.

Mit W. wird die zusätzliche Nutzung von Fortwärmen, in den meisten Fällen die thermische Energie von Fortfluidströmen, die ohne W. nicht genutzt würden, bezeichnet. Die Ausnutzung kann entweder im Prozeß selbst erfolgen (z. B. Speisewasservorwärmung durch das Abgas) oder für einen fremden Prozeß (z. B. Bereitstellung von Prozeßwärme für einen Nachbarprozeß) oder aber durch Bereitstellung allgemein nutzbarer Energie (vor allem elektrische Energie durch zusätzliche Stromerzeugung in einem Abwärmekraftwerk). Obwohl die W. aus energetischen Gründen wünschenswert ist, sind der praktischen Anwendung aus technischen und meist

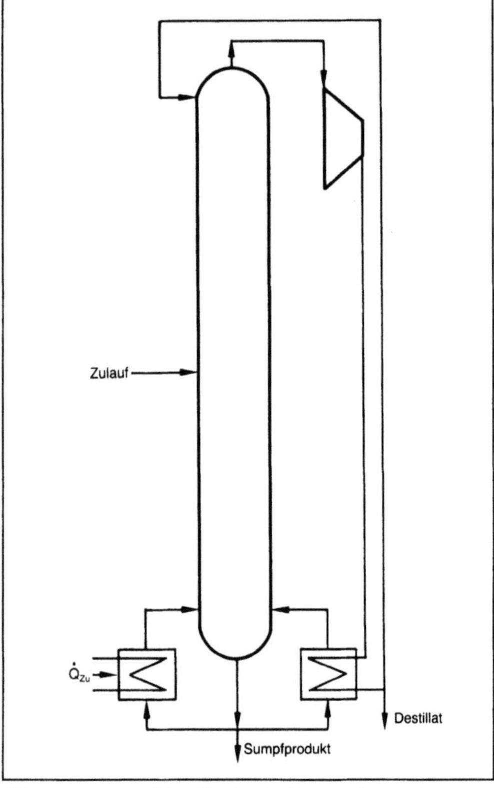


*Wärmepumpe (Destillation): Anwendung eines mechanischen Verdichters zur Brüdenkompression bei der Destillation.*

wirtschaftlichen Gründen Grenzen gesetzt. Die technischen Gründe sind oft ein stoßweiser Arbeitsbetrieb einer Anlagenkomponente, die Nichtgleichzeitigkeit von Abwärmeangebot und Wärmenachfrage oder das zu niedrige Temperaturniveau der Abwärme für eine sinnvolle W. Die wirtschaftlichen Gründe verbieten die Verwirklichung der W. in den Fällen, bei denen die Investitions- und Betriebskosten der zusätzlichen Anlagenteile höher sind als die Ersparnis durch die niedrigeren Energiekosten. In letzter Zeit sprechen allerdings auch ökologische Gesichtspunkte für eine verstärkte Anwendung der W. *Bohn*

## Wärmestrahlung.

Außer durch Berührung kann Wärme auch ohne materiellen Träger durch Strahlung übertragen werden. Die W. besteht aus elektromagnetischen Wellen, die sich von den Lichtwellen durch ihre meist größere Wellenlänge unterscheiden.

Bei hohen Temperaturen wird die Strahlung sichtbar, und ihre Energie steigt stark an. Aber auch bei niedrigen Temperaturen ist sie für die Wärmeübertragung von Bedeutung. Die Intensität des Energieaustausches steigt nach dem Stefan-

Boltzmann-Gesetz mit der vierten Potenz der absoluten Temperatur der Strahlungsquelle an. Allgemein berechnet sich die übertragene Wärmemenge zwischen zwei Körpern, die miteinander im Strahlungsaustausch stehen (Bild 1), zu:

$$\dot{Q} = C_{12} \cdot A \cdot \left(T_1^4 - T_2^4\right);$$

darin bedeuten: $\dot{Q}$ transportierte Wärmemenge je Zeiteinheit, A Oberfläche des Wärmestrahlers, $T_1$, $T_2$ absolute Temperaturen des wärmeabstrahlenden und wärmeaufnehmenden Körpers, $C_{12}$ Strahlungszahl der zwei im Strahlungsaustausch stehenden Körper.

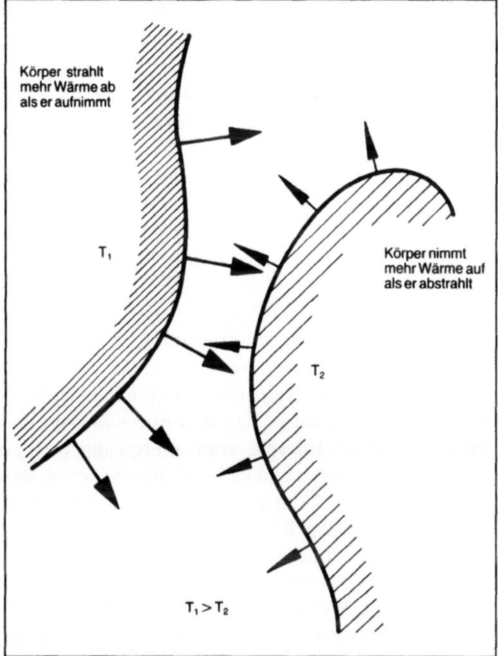


*Wärmestrahlung 1: Wärmeübergang zwischen 2 Körpern durch Strahlung.*

Die Strahlungszahl $C_{12}$ ist von der Art der Stoffe der im Strahlungsaustausch stehenden Körper, ihrer Oberflächenbeschaffenheit und ihrer geometrischen Zuordnung abhängig. Charakteristische Größen sind hierbei das Absorptionsvermögen $\alpha$, Reflexionsvermögen $\varrho$ und Durchlaßvermögen $\tau$ eines Körpers. Sie geben an, welcher Bruchteil der auf den Körper treffenden Energiemenge absorbiert, reflektiert und durchgelassen wird.

Bild 2 zeigt die Aufteilung einfallender Strahlung in den reflektierten, absorbierten und durchgelassenen Anteil. Nach dem Energieerhaltungssatz gilt:

$$\varrho + \alpha + \tau = 1.$$

Wird die gesamte Energiemenge absorbiert, so spricht man von einem schwarzen Körper. Wird die

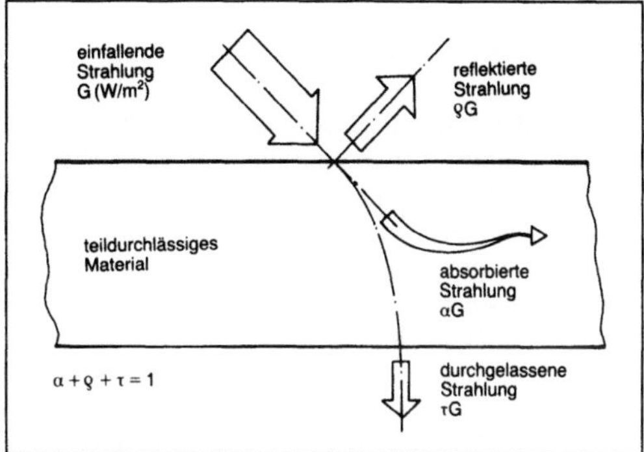


*Wärmestrahlung 2: Aufteilung der einfallenden Lichtstrahlen in reflektierten, absorbierten und durchgelassenen Anteil.*

gesamte Energiemenge reflektiert, so spricht man von einem spiegelnden, im Fall der diffusen Reflexion von einem weißen Körper. Schließlich kennt man noch den vollkommen durchlässigen Körper. Das Absorptionsvermögen eines Körpers, der sich mit der Umgebung im Temperaturgleichgewicht befindet, ist gleich seinem Emissionsverhältnis, d. h. seiner Fähigkeit, Wärme abzustrahlen, bezogen auf die Emission eines vollkommen schwarzen Körpers (Kirchhoff-Strahlungsgesetz).

Die Wellenlänge der emittierten Strahlung ist nicht konstant, sondern hängt von der Temperatur der Strahlungsquelle ab (Wien-Verschiebungsgesetz). Manche Strahler weisen auch eine ausgesprochene Richtungsabhängigkeit der Strahlungsintensität auf. Diese Abweichungen vom Lambert-Kosinusgesetz sind manchmal zu berücksichtigen. Bei rauhen Oberflächen nähert sich die Strahlungsverteilung bei allen Stoffen dem Kosinusgesetz.

Die Wärmeübertragung durch Strahlung erfolgt in der Regel zwischen zwei Körpern, von denen nicht nur der wärmere den kälteren, sondern auch der kältere den wärmeren bestrahlt. Die übertra-

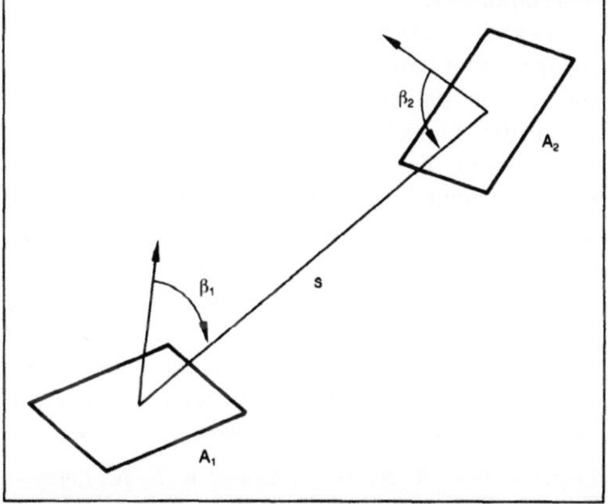


*Wärmestrahlung 3: Strahlungsaustausch zwischen 2 Flächen.*

gene Wärmemenge ist die Differenz der jeweils absorbierten Anteile dieser beiden Strahlungsbeträge. Von wenigen einfachen Fällen abgesehen (2 sich vollständig umschließende konzentrische Kugeln oder Zylinder, 2 ebene parallele Flächen, die groß im Verhältnis zu ihrem Abstand sind), ist die Ermittlung der durch Strahlung übertragenen Wärmemengen meist schwierig und umständlich. Der in Bild 3 dargestellte Strahlungsaustausch zwischen 2 Flächen hängt z. B. von der Lage der Flächennormalen zueinander (ausgedrückt durch die Winkel $\beta_1$ und $\beta_2$), den Größen der Flächen ($A_1$, $A_2$), ihrem Abstand s sowie ihren Emissionsverhältnissen ab.                        *W. Köhler*

Literatur: *Gröber, H., S. Erk* u. *U. Grigull:* Die Grundlagen der Wärmeübertragung. Berlin, Heidelberg 1963. – *Rohsenow, W. M.,* u. *J. P. Hartnett:* Handb. Heat Transfer. New York 1973. – *Siegel, R.,* u. *J. R. Howell:* Thermal Radiation Heat Transfer. 2. Aufl. New York 1981. – VDI-Wärmeatlas. 4. Aufl. Düsseldorf 1984.


**Wärmetransport, konvektiver.** Konvektiver Wärmetransport (Wärmekonvektion, Wärmemitführung) ist der W., der durch sich bewegende kleinste Fluid- und Feststoffteilchen hervorgerufen wird. Man unterscheidet zwischen erzwungener, natürlicher und freier Konvektion.

Erzwungene Konvektion liegt vor, wenn sich die Teilchen unabhängig von der Wärmeübertragung durch äußeren Antrieb (Pumpe, Verdichter, Gebläse, Rührer) bewegen. Der resultierende W. in Strömungsrichtung setzt sich dabei zusammen aus dem k. W., dem W. durch →Wärmeleitung, dem W. durch turbulente Mischbewegung und dem W. durch Strahlung. Dabei ist der konvektive Wärmestrom Q* in Strömungsrichtung definiert durch

$$Q^* = M^* \cdot c_p \cdot T,$$

mit M* Massenstrom, $c_p$ massenspezifische Wärme, T Temperatur.

Bei kleinen Strömungsgeschwindigkeiten ist noch die freie oder natürliche Konvektion zu berücksichtigen. Von natürlicher Konvektion spricht man, wenn die Ursache der Bewegung Dichteunterschiede sind, die aus Temperatur- oder Konzentrationsunterschieden resultieren. Ist die dabei entstandene Strömung nicht durch feste Wände begrenzt, spricht man von freier Konvektion.

Neben dem so eingesetzten Begriff k. W. findet sich der Begriff Wärmeübergang bei Konvektion, der für die Wärmeübertragung von einer festen Wand an eine fluide Phase, bei freier oder erzwungener Konvektion verwendet wird.          *Weinspach*

Literatur: *Bird, R. B., W. E. Stewart* u. *E. N. Lightfoot:* Transport Phenomena. New York 1960. – *Eckert, E.:* Einführung in den Wärme- und Stoffaustausch. Berlin, Heidelberg 1966.

**Wärmeübertrager.** W. sind Apparate, die von 2 oder mehreren Fluiden durchströmt werden, von denen eines Wärme an die übrigen abgibt. Gleichzeitig werden bestimmte Zustandsbedingungen eingestellt und die beteiligten Substanzen zum weiteren Verwendungsort gefördert. W. mit stofflichen Energieträgern lassen sich einteilen in
□ direkte W.,
□ indirekte W. (Rekuperatoren),
□ Regeneratoren.

Direkte W. sind Apparate (Mischbehälter oder Rührbehälter), in denen unterschiedliche Stoffströme direkt in Kontakt gebracht werden. Bei dieser direkten Energieübertragung kann es zu einer Vereinigung oder zu einer Vermischung eines der Stoffe mit einem oder mehreren der anderen beteiligten Fluide kommen.

Indirekt W. (Rekuperatoren) sind Apparate, die von 2 oder mehreren Fluiden durchströmt werden, von denen eines Energie an die übrigen abgibt. Die miteinander im Energieaustausch stehenden Fluide sind bei indirekten W. durch eine feste Wand (unterschiedlicher Form und Bauart) voneinander getrennt, durch die die Wärmeübertragung erfolgt.

Regeneratoren sind Apparate mit keramischen oder metallischen Speichermassen (Schüttgut oder Gitterwerk), durch die abwechselnd das energieabgebende und das energieaufnehmende Fluid geleitet werden. Dabei wird in der Warmperiode von den Speichermassen Energie vom energieabgebenden Fluid aufgenommen und in der Kaltperiode von den Speichermassen Energie an das energieaufnehmende Fluid abgegeben. Regeneratoren finden vor allem für sehr hohe Temperaturen (Winderhitzer) und für sehr niedrige Temperaturen (Verflüssiger) Verwendung. Während die Schaltperioden in der Hochtemperaturtechnik 1–2 h betragen, liegen die der Tieftemperaturtechnik bei 2–3 min.

*Rekuperatoren.* Durch die vielfältigen Bedingungen, die bei der Auslegung von Rekuperatoren zu beachten sind, wie z. B.
□ Phasenkombination der Fluide,
□ Betriebsform (kontinuierlich, diskontinuierlich, stationär),
□ Energieform,
□ Zustand (Druck, Temperatur),
□ Wirtschaftlichkeit
ergeben sich recht unterschiedliche Bauarten.

Eingängige Rekuperatoren (mit einem Durchgang) lassen sich nach der Strömungsführung der beteiligten Stoffsysteme einteilen:
□ *Gleichstrom-W.* (beide Fluide strömen in gleicher Richtung),
□ *Gegenstrom-W.* (beide Fluide strömen in entgegengesetzter Richtung),
□ *Kreuzstrom-W.* (die beteiligten Fluide strömen rechtwinklig zueinander),

– gerührter Kreuzstrom (gleiche Werte für die Zustandsvariablen (p, T, $w_i$, w) über einem Querschnitt A),
– ungerührter Kreuzstrom (Werte für die Zustandsvariablen (p, T, $w_i$, w) variieren über dem Querschnitt A).

Während beim Gleichstrom die beiden Mediumtemperaturen einer gemeinsamen Zwischentemperatur zustreben, nähert sich beim Gegenstrom die Austrittstemperatur des wärmeabgebenden der Eintrittstemperatur des wärmeaufnehmenden Mediums. Die ausgetauschten Wärmemengen sind beim Gegenstrom größer als beim Gleichstrom. Der Kreuzstrom bietet viele Schaltungsmöglichkeiten (reiner Kreuzstrom, Kreuzgegenstrom usw.). Er liegt aber in seiner Wirksamkeit zwischen dem Gleich- und dem Gegenstrom.

Durch Einsetzen von Umlenkblechen (Schikaneblechen) auf der Mantelseite werden dabei der Strömungsweg, die Geschwindigkeit und damit der Wärmeübergangskoeffizient (aber auch der Druckverlust!) des äußeren Stoffstroms erhöht. Eine entsprechende Wirkung erhält man für den inneren Stoffstrom, wenn er so geleitet wird (Bild 1), daß er den W. mehrmals in Längsrichtung durchfließt (mehrgängige W.).

Geht eines der Fluide beim Wärmeübertragen im Rekuperator in einen anderen Aggregatzustand über, so heißen die Apparate entsprechend der ablaufenden Phasenumwandlung Verdampfer, Kondensator, Sublimator usw.

Untersucht man die Bauarten von Rekuperatoren nach konstruktiven Gesichtspunkten, so läßt sich folgende Einteilung vornehmen:
□ *Doppelrohr-W.:* Diese einfachste Form der indirekten W. besteht aus Mantel- und Kernrohr. Sie wird in technischen Ausführungen häufig in Schlangenform gebaut.
□ *Fieldrohr-W.:* Diese Form wird benutzt, wenn aus Korrosionsgründen schwer verformbare Materialien verwendet werden müssen (Bild 2).

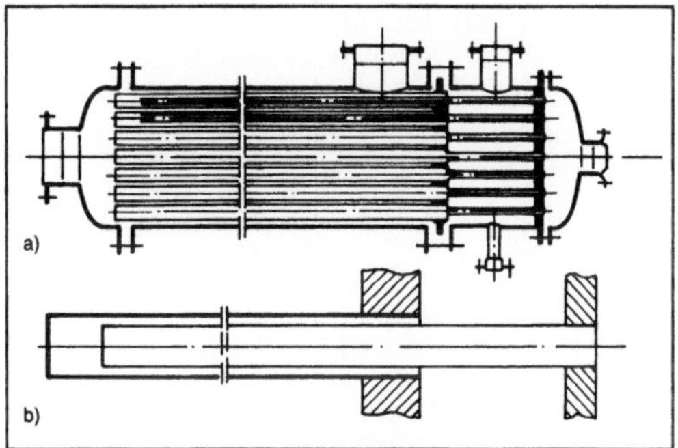

*Wärmeübertrager 2: Längsschnitte.*
*a) Fieldrohr-Wärmeübertrager*
*b) Fieldrohr, eingesteckte Doppelrohre.*

□ *Rohrbündel-W.:* Die vor allem für Flüssigkeiten eingesetzten Rohrbündel-W. werden in verschiedenen Ausführungen für Gleich-, Gegen- und Kreuzstrom und Kombinationen von diesen Strömungsführungsarten eingesetzt (Bild 3). Man unterscheidet bei diesen Rohrbündel-W. folgende Bauarten:
– ohne Dehnungsausgleich mit festen Rohrböden,
– mit Dehnungsausgleich durch Kompensator,
– mit Dehnungsausgleich als Pull-Through-Apparat,
– mit Dehnungsausgleich durch schwimmenden Kopf,
– mit Dehnungsausgleich durch Stoffbuchsendichtung,
– mit Dehnungsausgleich durch Haarnadelrohre.

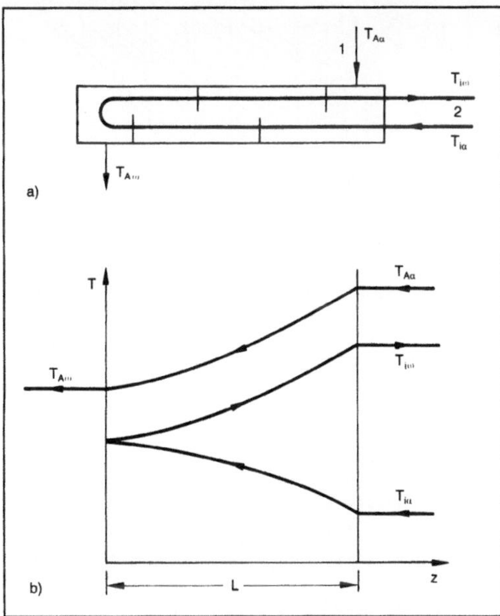

*Wärmeübertrager 1: Mehrgängiger Wärmeübertrager.*
*a) Zweigängiger Wärmeübertrager.*

1 Mantelweg, 2 Rohrwege

*b) Temperaturverlauf.*

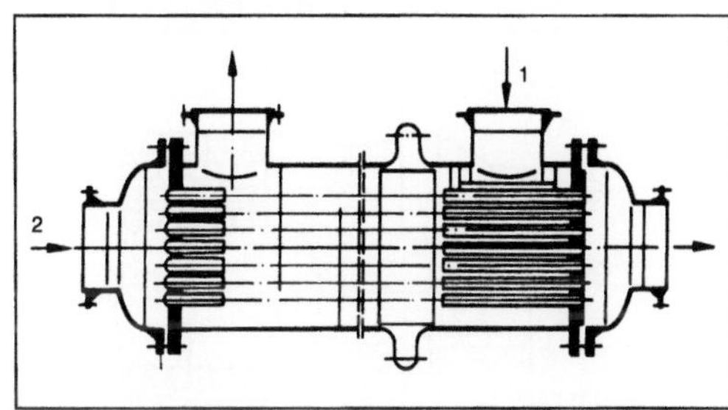

*Wärmeübertrager 3: Rohrbündel-Wärmeübertrager mit Umlenkblechen und Dehnungsausgleich (Wellrohrkompensator).*

1 Mantelweg (Umlenkungen durch Umlenkbleche werden dabei nicht gezählt), 2 Rohrweg

Weil sich der reine Gleich-, Gegen- oder Kreuzstrom bei technischer Ausführung wirtschaftlich nicht immer realisieren läßt, benutzt man Einbauten im Mantelraum, sog. Leitbleche (Umlenk- oder Schikanebleche). Durch den dabei auftretenden, nicht sehr vollkommenen Kreuzstrom wird der mittlere Wärmeübergangskoeffizient verbessert.

□ *Platten-W.:* Platten-W. bestehen ähnlich einer Filterpresse aus einer Anzahl gerillter oder formgepreßter Platten (Abstand 0,5–1,5 cm), die auf 2 Holme gefädelt und mit Dichtungen gegeneinander gepreßt sind (Bild 4).

□ *Spiral-W.:* Der Spiral-W. (reiner Gegenstrombetrieb) ist eine gedrängte W.-Bauart. Er wird als Kühler und Erwärmer eingesetzt (Bild 5).

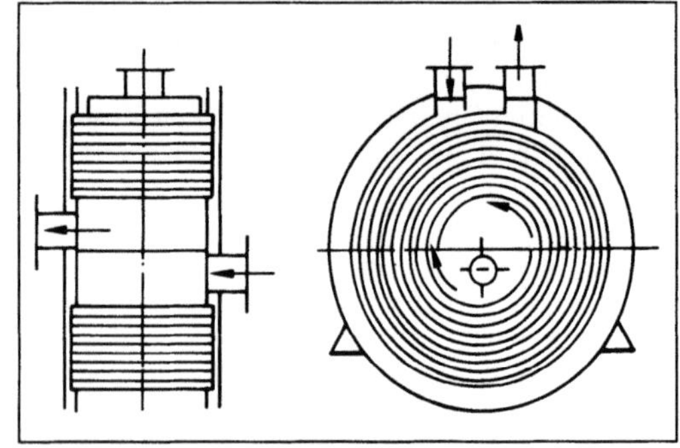

*Wärmeübertrager 5: Spiral-Wärmeübertrager.*

□ *Kompakt-W.:* Block-W. (Bild 6), Zellen-W., Waben- oder Stapel-W. Diese Kompakt-W. bestehen wie die Platten-W. aus ebenen gerillten oder gewellten Platten. Im Gegensatz zu den Plattenapparaten sind diese Platten aber durch nichtlösbare Verbindungen (Schweißen, Löten, Kleben) zu einer sehr gedrängten Bauart verbunden.

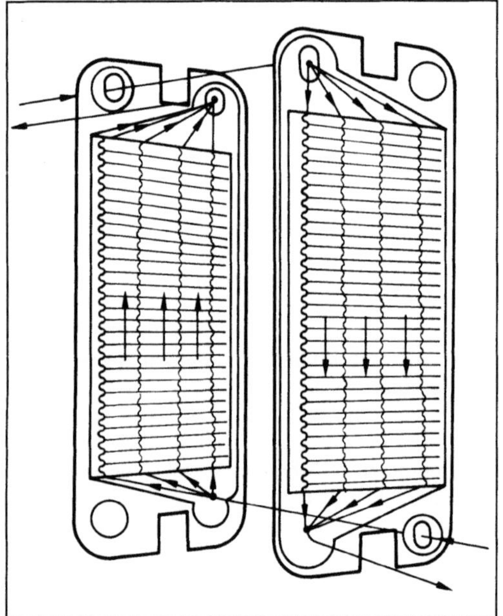

*Wärmeübertrager 4: Plattenelement. (Quelle: de Laval)*

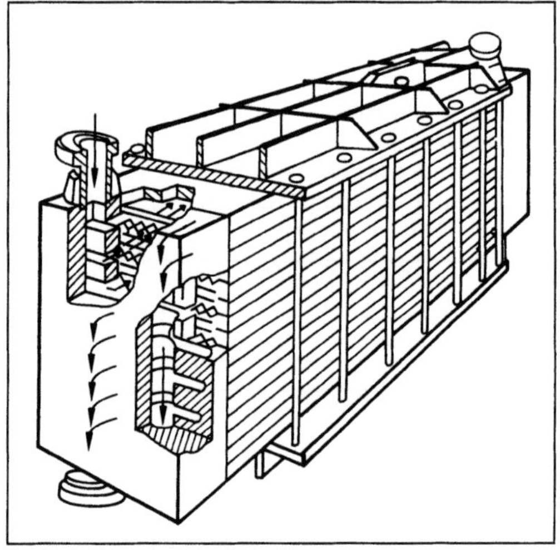

*Wärmeübertrager 6: Block-Wärmeübertrager aus Graphit.*

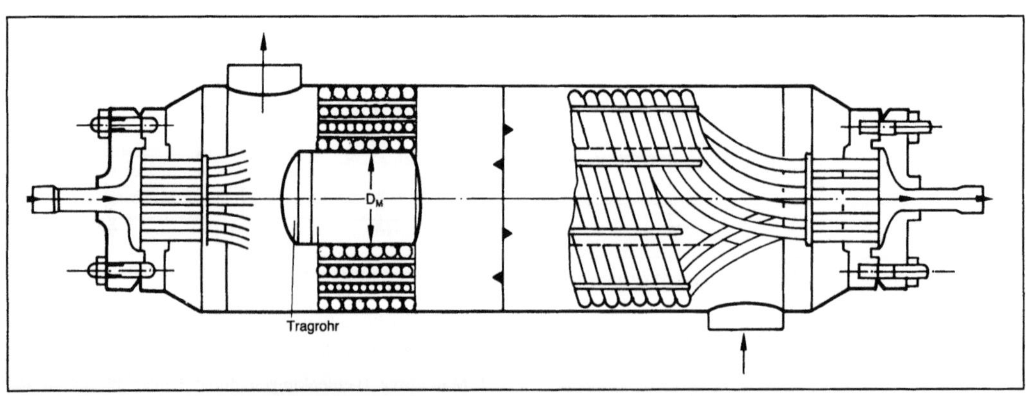


*Wärmeübertrager 7: Kreuzgegenstrom-Wärmeübertrager.*

□ *Kreuzgegenstrom-W.:* Der Kreuzgegenstrom-W. (Bild 7) ist eine Sonderform der Kompakt-W. Die Rohre verlaufen dabei vielgängig und in mehreren Lagen um ein Tragrohr gewunden. Der Kreuzgegenstrom-W. wird in Gassystemen, die unter hohem Druck stehen, und in der Tieftemperaturtechnik eingesetzt.

□ *Fallfilm-W.:* Beim Fallfilm-W. rieselt eines der beiden Medien in dünner Schicht über die W.-Fläche herab, z. B. über Rohrregister wie bei Kühlern für Lebensmittel, bei Rieselverflüssigern der Kältetechnik oder an der Innen- oder Außenwand senkrechter Rohre. Zusätzlich kann die Verdunstung des Mediums ausgenutzt werden.

□ *Berieselungskühler:* Berieselungskühler sind W., bei denen das in Rohrschlangen-Batterien geführte abzukühlende Fluid durch das Kühlmittel berieselt wird und daher neben der durch Leitung und Konvektion übertragenen Wärme auch noch die Verdunstung einer Teilmenge des Kühlwassers benutzt werden kann (Bild 8). Sie dienen häufiger als Verflüssiger für Kältemaschinen.

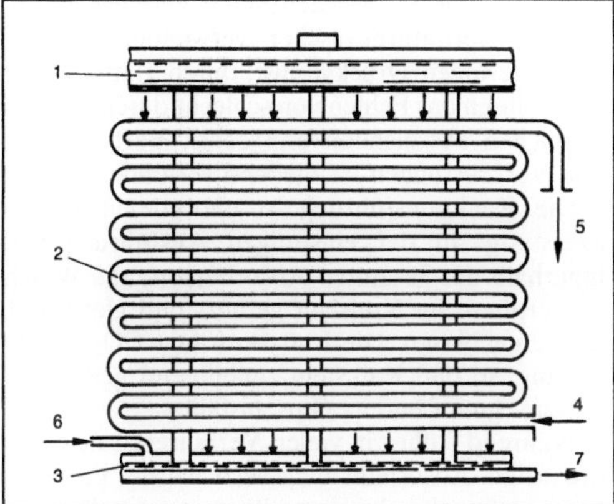

*Wärmeübertrager 8: Rieselkühler oder Rieselkondensator.*

1 Verteilerrinne, 2 Rohrwand, 3 Sammelwanne, 4 Kühlguteintritt, 5 Kühlgutaustritt, 6 Zusatzwasser, 7 Wasserablauf

Für die Berechnung von W. werden zunächst mit Erfahrungswerten für die Wärmedurchgangskoeffizienten die erforderlichen W.-Flächen überschläglich bestimmt und dann in einem Vorentwurf die Rohrzahl, die Rohrabmessungen, die Fluidführung usw. vorläufig festgelegt. Mit diesen Unterlagen werden dann iterativ die Betriebsdaten, die Strömungsgeschwindigkeiten, die Wärmeübergangskoeffizienten und die Druckverluste im Rohr- und im Mantelraum nachgerechnet.

Das spezifische Bauvolumen üblicher W. liegt bei 40–50 m², Sonderbauarten erreichen 80–1 000 m² Austauschfläche/m³ Raumbedarf des W. In Rohrbündel-W. sind bei flüssigen Medien Strömungsgeschwindigkeiten von 0,5–2 m/s, bei ND-Gasen von 10–25 m/s und bei HD-Gasen von 8–15 m/s üblich. Wärmedurchgangskoeffizienten liegen bei Wasser-Wasser-W. bei 1 400–2 800 W/(m²K) und bei Gas-Gas-W. bei 5–450 W/(m²K).

Medien mit hohem Betriebsdruck und stark verschmutzte Medien sollten im Rohrraum geführt werden, Medien mit geringem Volumenstrom im Außenraum, weil dort mittels Umlenkblechen leichter turbulente Strömung erreicht wird. *Weinspach*

Literatur: Autorenkollektiv: Heat Exchanger Design Handb. Düsseldorf 1982. – Autorenkollektiv: Verfahrenstechnische Berechnungsmethoden. Tl. 1: Wärmeübertrager. Leipzig 1987. – VDI-Wärmeatlas. Düsseldorf 1988.

**Warmgasschweißen** →Schweißverfahren

**Warmumformung.** Nach der in der Metallkunde üblichen Definition tritt W. bei Metallen in einem Temperaturbereich ein, in dem Kristallerholung und/oder Rekristallisation stattfindet, d. h. in vielen Fällen oberhalb der halben Schmelztemperatur bezogen auf den absoluten Nullpunkt.

In der Fertigungstechnik werden Umformvorgänge dann der W. zugeordnet, wenn die Werkstücke vor dem →Umformen auf eine Temperatur im Bereich der W. erwärmt werden. Dazu benötigt man Wärmeinrichtungen. In der industriellen Praxis spricht man dann von einem Warmbetrieb.

Beide Definitionen bestehen nebeneinander. Entscheidend für das Werkstoffverhalten während des Umformens und für die Werkstoffeigenschaften nach dem Umformen ist die dynamische Verfestigung im Zusammenwirken mit dynamischer Entfestigung durch Rekristallisation und Kristallerholung. Diese Vorgänge werden von der Vorgangstemperatur, der Vorgangsdauer bzw. -geschwindigkeit, der Werkstückerwärmung durch die zugeführte Arbeit, der Abkühlung durch Wärmeleitung, dem Wärmeübergang an die Werkzeuge durch Strahlung und Konvektion sowie von der werkstoffspezifischen Rekristallisationstemperatur bestimmt. Hieraus leitet sich die Abgrenzung der W. gegenüber der →Kaltumformung und gegenüber der Halb-W. ab.

In der Regel werden Warmumformvorgänge, wie z. B. Schmieden, Strangpressen, unter solchen Bedingungen durchgeführt, die eine dynamische Entfestigung während des gesamten Umformvorgangs ermöglichen. Dadurch wird das →Formänderungsvermögen gegenüber Kaltumformung und Halb-W. signifikant verbessert. Gleichzeitig beträgt die →Fließspannung nur einen Bruchteil der Fließspannung bei Raumtemperatur, so daß sich niedrigere Werkzeugdrücke und Umformkräfte ergeben. Die Oberflächenqualität warmumgeformter Werkstücke ist wegen der Verzunderung beim Erwärmen und beim Abkühlen nach dem Umformen sehr viel geringer als beim Kaltumformen und bei der Halb-W. *Lange*

Literatur: *Diether, U.:* Fließpressen von Stahl im Temperaturbereich 773 K (500 °C) bis 1073 K (800 °C). Ber. Nr. 54. Inst. Umformtechn. Universität Stuttgart. Berlin, Heidelberg, New York 1980. – *Lange, K.* (Hrsg.): Umformtechnik. Handb. f. Ind. u. Wiss. 2. Aufl. Berlin, Heidelberg, New York, Tokio 1984. – *Lange, K.,* u. *H. Meyer-Nolkemper:* Gesenkschmieden. 2. Aufl. Berlin, Heidelberg, New York 1977. – *Lindner, H.:* Massivumformung von Stahl zwischen 600 °C und 900 °C – Halbwarmschmieden. Diss. TU Hannover 1965. – *Schaub, W.:* Fließpressen von Sintermetall im Temperaturbereich 873 K (600 °C) bis 1173 K (900 °C). Ber. Nr. 63. Inst. Umformtechn. Universität Stuttgart. Berlin, Heidelberg, New York 1982. – *Weiergräber, M.:* Werkzeugverschleiß in der Massivumformung. Ber. Nr. 73. Inst. Umformtechn. Universität Stuttgart. Berlin, Heidelberg, New York, Tokio 1983.

**Warmwalzen.** Umformung durch Walzen, das mit einem (absichtlichen) Anwärmen des Umformguts verbunden ist. Früher wurde mit Warmumformung eine Umformung oberhalb der Rekristallisationstemperatur verstanden. Das Verhalten eines Werkstoffs bei der Warmumformung wird mit Warmumformbarkeit bezeichnet. *W. Dahl*

**Warmwasserbereitung.** Mit W. wird die Bereitstellung von Wasser bei Temperaturen oberhalb der Umgebungstemperatur durch verschiedene Verfahren der Wärmezufuhr bezeichnet. Die Temperatur des Warmwassers liegt zwischen 40 und 60 °C. Die Wärmezufuhr kann entweder elektrisch oder mit Hilfe der Verbrennung chemischer Brennstoffe oder durch Umwandlung solarer Strahlungsenergie erfolgen.

Bei der elektrischen W. gibt es die Hauptverfahren der elektrischen Durchlauferhitzer mit großer elektrischer Anschlußleistung und die elektrischen Boiler, die relativ kleine Heizleistungen aufweisen, mit Hilfe eines Warmwasserspeichers allerdings einen größeren Warmwasservorrat bereitstellen können. *Bohn*

**Waschturm** →Staubwäscher

**Waschverfahren.** Wegen der ständig fortschreitenden Entwicklung des W. mit dem Endprodukt Gips als gängigster Rauchgasentschwefelungstechnik verwischen sich die spezifischen Merkmale der einzelnen Anbieter immer mehr. Vereinfachend stellt sich die Gemeinsamkeit aller Verfahren wie folgt dar (Bild 1).

Nach der Entstaubung im Elektrofilter werden die Rauchgase abgekühlt, durchströmen den Wäscher, der aus mehreren Stufen bestehen kann, und verlassen nach der Wiederaufheizung auf Temperaturen über 85 °C die Reinigungsanlage. Besonderen Aufwand erfordert die Gipsentwässerung und die Abwasserbehandlung.

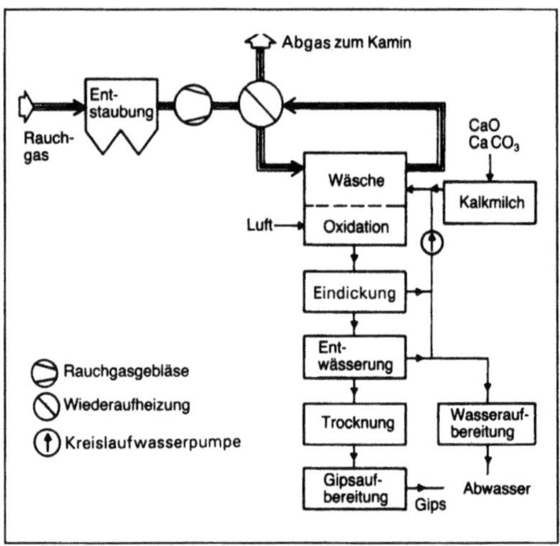


*Waschverfahren 1: Typisches Verfahrensschema von Rauchgaswäschen auf Kalkbasis mit Gips als Endprodukt.*

Als Wäschertyp werden heute vorwiegend einbaulose Sprühturmwäscher verwendet, die sich durch geringen Druckverlust, durch glatte Wände sowie durch das Fehlen von schlecht durchströmten Bereichen auszeichnen und damit Verbackungen und Verkrustungen weitgehend verhindern.

Die Reaktionsführung ist entweder ein- oder zweistufig. In der einstufigen Ausführung wird innerhalb der gesamten Absorberzone die Waschwasserphase im Kreislauf geführt und gleichzeitig Luft eingeblasen. Die Luft verdrängt $CO_2$ aus der Lösung, so daß Kalkstein zunehmend gelöst wird und im Sumpf bereits Gips ausfällt.

Während früher in vielen Verfahren Calciumhydroxid als Absorbens eingesetzt wurde, geht man heute immer mehr dazu über, unmittelbar das wesentlich preisgünstigere, vorher gemahlene Calciumcarbonat direkt einzusetzen.

Im allgemeinen erhält man Gips von hoher Reinheit (zwischen 96 und 99 % $CaSO_4 \cdot 2\,H_2O$), z. T. in groben Kristallen, die sich relativ leicht entwässern lassen. Die anfallende Gipssuspension, die i. a. eine Feststoffkonzentration von 8–12 % Massengehalt enthält, wird zunächst in einem nachgeschalteten Eindicker aufkonzentriert. Zur Entwässerung des Gipses können Vakuum-Bandfilter eingesetzt werden, denen Hydrozyklone vorgeschaltet sind. Auf den Vakuumbandfiltern kann die Gipssuspension in einem Arbeitsgang entwässert und in zwei nachfolgenden Stufen im Gegenstrom gewaschen und nachentwässert werden. Der vom →Bandfilter abgeworfene Gipskuchen wird direkt einem Trockner zugeführt, der mit Heißluft bei einer maximalen Temperatur von 140 °C arbeitet und mit einem dampfbeheizten Mantel ausgerüstet ist. Der staubtrockene Gips wird in Staubfiltern abgeschieden und kann in

Doppelwalzenpressen zu eierförmigen Briketts brikettiert werden.

Bei den regenerativen W. besteht die Absorptionseinheit aus einem →Wärmeübertrager zur Abkühlung des Rauchgases, der hinter Elektrofilter und Rauchgasgebläse installiert ist, einer Vorwäsche zur Entfernung von Staub und HCl und dem drei- bis vierstufigen Wäscher zur Auswaschung des $SO_2$ mit Natriumsulfit als Absorbens. Das Rauchgas wird anschließend in dem Wärmeübertrager wieder aufgeheizt und gelangt in den Kamin (Bild 2).

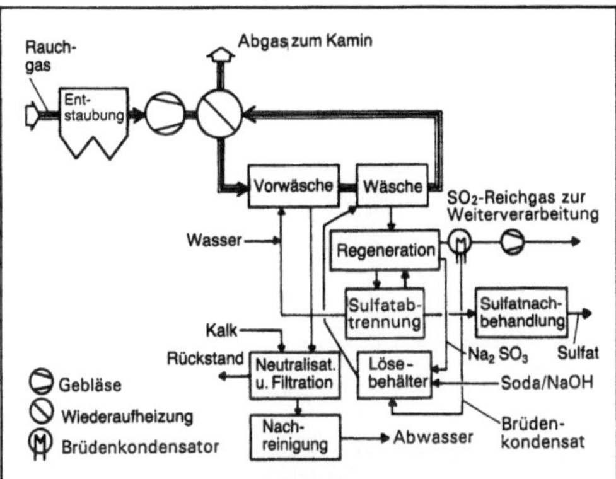


*Waschverfahren 2: Vereinfachtes Verfahrensschema einer regenerativen Natriumsulfitwäsche.*

Die mit der Absorptionseinheit nur durch einen Flüssigkeitsstrom verbundene Regenerationsanlage besteht aus einem Verdampfungskühler, in dem das im Absorber gebildete Natriumbisulfit unter Auskristallisation von Natriumsulfit und Bildung von $SO_2$-haltigen Brüden thermisch zersetzt wird. Die Sulfitkristalle werden nach Abtrennung im Lösebehälter im Kondensat der $SO_2$-Brüden gelöst. Dabei entsteht eine Absorbens-Lösung, die in den Wäscher zurückgeführt wird. Das im Wäscher durch eine unerwünschte Oxidation gebildete Sulfat muß auskristallisiert und abgetrennt werden, wobei in größeren Anlagen eine Verarbeitung in ein verkaufsfähiges Produkt und bei kleineren Anlagen eine Nutzung zur Vorneutralisation des Abwassers sinnvoll ist. Gegebenenfalls kann durch Zugabe von Antioxidantien in den Wäscher der Sulfatanteil vermindert werden. Die durch die Sulfatausschleusung entstehenden Verluste werden durch Zugabe von Soda und Natronlauge in den Lösebehälter gedeckt.

Die Behandlung des Abwassers aus der Vorwäsche scheidet die Schwermetalle entsprechend den Umweltanforderungen ab und neutralisiert das ausgewaschene HCl.

Die Aufbereitung des $SO_2$ kann zu Flüssig-$SO_2$, Schwefelsäure und Elementarschwefel erfolgen. Wegen der hohen $SO_2$-Konzentration ist eine Verflüssigung des $SO_2$ kein Problem. Sie geschieht nach Vorverdichtung mit anschließender adsorptiver Trocknung. Die Erzeugung von Schwefelsäure erfolgt nach einem technisch seit langem eingeführten Verfahren. Zur Erzeugung von Elementarschwefel wird ein Teil des $SO_2$ katalytisch unter Verwendung von Erdgas zu $H_2S$ reduziert. Aus dem anfallenden Gemisch von $H_2S$ und $SO_2$ wird in einer zweistufigen Claus-Anlage Schwefel erzeugt, der in hochreiner Form anfällt. *Oeckenpöhler*

Literatur: *Jüntgen, H., u. E. Richter:* Rauchgasreinigung in Großfeuerungsanlagen. Dokumentation Rauchgasreinigung. Düsseldorf 1985.

**Wasseraktivität.** Ausgehend von der Gleichung für das chemische Potential $\mu$ des Wassers in einem realen System

$$\mu = \mu_o + RT \ln x = \mu_o + RT \ln a_w,$$

kann die Wasseraktivität $a_w$ als Verhältnis der Fugazitäten des Wasserdampfes im System (f) und des reinen gesättigten Wasserdampfes bei derselben Temperatur ($f_0$) definiert werden:

$$a_w = f/f_o.$$

Unter Vernachlässigung der bei den üblichen Bedingungen geringen Abweichungen des Wasserdampfes vom idealen Gasverhalten gilt:

$$a_w = p/p_o,$$

mit p Dampfdruck des Wassers über dem realen System (z. B. Lebensmittel), $p_o$ Dampfdruck des reinen Wassers bei gleicher Temperatur.

Die W., eine produktspezifische Größe, ist gleich der relativen Feuchtigkeit eines Gases im Gleichgewicht mit dem betrachteten Produkt. Auf Grund der folgenden physikalischen Effekte ist der Dampfdruck p des Wassers in Lebensmitteln i. a. kleiner als $p_o$: Adsorption des Wassers an den hydrophilen Gruppen der Lebensmittel, Kapillarkondensation, osmotischer Druck durch niedermolekulare, gelöste Substanzen (Salze, Zucker), Bildung von Kristallhydraten (z. B. $\alpha$-Lactosehydrat).

Wasser übt einen entscheidenden Einfluß auf Struktur, Textur und Lagerfähigkeit von Lebensmitteln aus, der sich durch die W. eines Produkts besser beschreiben läßt als durch seinen Wassergehalt.

Zur Berechnung von Trocknungsprozessen ist die Kenntnis der W. in Abhängigkeit vom Wassergehalt erforderlich. Die Abhängigkeit kann den für viele Lebensmittel gemessenen Sorptionsisothermen entnommen werden (Bild 1). Der Energieaufwand W steigt mit fortschreitendem Trocknungsprozeß, da mit sinkendem $a_w$-Wert die Verdampfungsenthalpie stark ansteigt.

Durch Variation der W. können Mikroorganismenwachstum und Enzymaktivität sowie bestimmte chemische Reaktionen beeinflußt werden. Kein Wachstum ist zu beobachten bei $a_w < 0{,}90$ für Bak-

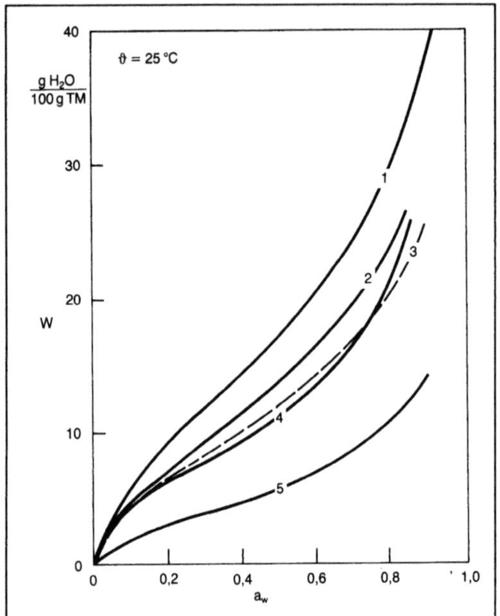

*Wasseraktivität 1: Beispiele für Sorptionsisothermen von Lebensmitteln.*

1 Apfelpectin, 2 Kartoffelstärke, 3 Molkenprotein, 4 Sojabohnen, 5 MCC (mikrokristalline Cellulose)

terien, $a_w < 0,85$ für die meisten Hefen, $a_w = 0,60$ für osmophile Hefen und $a_w < 0,75$ für die meisten Schimmelpilze. Unterhalb von $a_w = 0,80$ sind die meisten Enzyme inaktiv. Insbesondere Lipasen können jedoch bis zu $a_w = 0,3$ und darunter aktiv sein. Die Geschwindigkeit der Maillard-Reaktion (nichtenzymatische →Bräunungsreaktion) steigt mit zunehmender W. stark an, erreicht bei $a_w = 0,6$–$0,7$ ein Maximum und nimmt mit noch größer werdenden $a_w$-Werten schnell wieder ab (Bild 2).

Während die autokatalytische Fettspaltung bis zu einem gewissen Grad proportional zum $a_w$-Wert ist, nimmt die Oxidation von Fetten bei $a_w < 0,2$ stark zu.

Das thermische Abtöten von Mikroorganismen wird durch Absenken der W. verlangsamt. Viele Mikroorganismen haben ihre größte Hitzeresistenz bei $a_w = 0,2$–$0,3$.

Die Verminderung der W. kann durch teilweises Trocknen oder durch Zugabe von niedermolekularen, wasserlöslichen Stoffen wie Salz oder Zucker bewirkt werden. Auch eine Kombination beider Verfahren wird angewendet. Verhältnismäßig niedrige $a_w$-Werte (0,6–0,9) sind die Hauptursache für die Haltbarkeit von halbfeuchten Lebensmitteln.

Die W. von Lebensmitteln und die Sorptionsisothermen lassen sich prinzipiell auf zwei Weisen ermitteln:
□ Herstellen des Gleichgewichts zwischen Lebensmittelprobe und einem Gas mit bekannter, konstan-

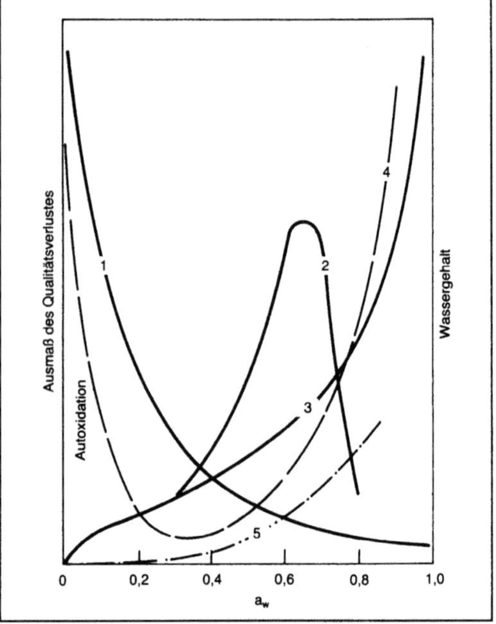

*Wasseraktivität 2: Schematischer Verlauf chemischer und biochemischer Verderbsreaktionen in Lebensmitteln in Abhängigkeit von der Wasseraktivität.*

1 nichtenzymatische Bräunung in Flüssigkeiten, 2 nichtenzymatische Bräunung in Feststoffen, 3 Sorptionsisotherme, 4 Oxidation, 5 Enzymaktivität

ter relativer Feuchtigkeit und anschließendes Messen des Wassergehalts der Probe.
□ Messen des Dampfdruckes über einem Lebensmittel mit bekanntem Wassergehalt.        *Kerner/Loncin*

Literatur: *Loncin, M.,* u. *H. Weisser:* Die Wasseraktivität und ihre Bedeutung in der Lebensmittelverfahrenstechnik. Chemie-Ingenieur-Technik 49 (1977) Nr. 4. – *Simatos, D.,* u. *J. L. Multon:* Properties of Water in Foods. Dordrecht 1985. – *Weisser, H., J. Weber* u. *M. Loncin:* Wasserdampf-Sorptionsisothermen von Zuckeraustauschstoffen im Temperaturbereich von 25 bis 80 °C. Z. Lebensmitteltechnol. und -verfahrenstechn. 33 (1982) Nr. 2. – *Weisser, W., R. Bürkle* u. *M. Loncin:* Messen von Sorptionsisothermen bei höheren Temperaturen. Z. Lebensmitteltechnol. und -verfahrenstechn. 29 (1978) Nr. 8.

**Wasserdampfdestillation.** Die W. ist ein Verfahren zur schonenden →Rektifikation von temperaturempfindlichen, in der Regel organischen Stoffgemischen. Sie stellt einen Spezialfall der →Trägerdampfdestillation dar, bei der Wasserdampf in das zu destillierende Flüssigkeitsgemisch eingeblasen wird. Das Ausgangsgemisch sollte mit Wasserdampf nicht oder nur in geringem Maße mischbar sein. In einem solchen Fall ist der Gesamtdruck über dem siedenden Gemisch gleich der Summe der Dampfdrücke der organischen Mischung und des Wassers. Zwingt man dem System einen Gesamtdruck auf, so sinkt die Siedetemperatur des nicht mischbaren

Gemisches so weit ab, bis die Summe der Dampfdrücke gleich dem Gesamtdruck ist (Bild). *Dohrn*

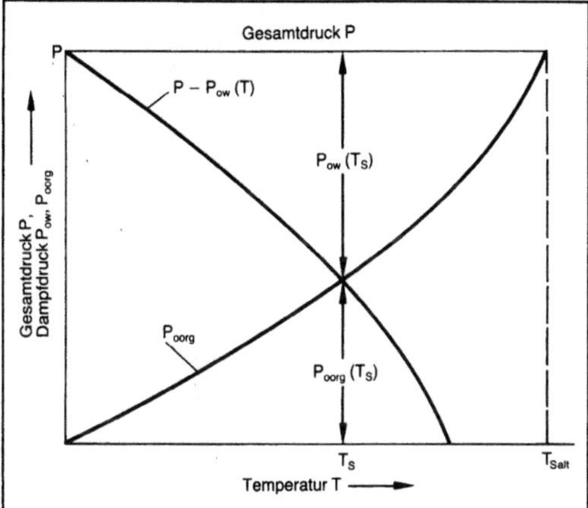



*Wasserdampfdestillation: Absenkung der Siedetemperatur von $T_{S\,alt}$ auf $T_S$ durch die Hinzugabe von mit der Ausgangsmischung nicht mischbarem Wasserdampf.*

$P_{o\,w}$ Dampfdruck des Wassers, $P_{o\,org}$ Dampfdruck der organischen Ausgangsmischung

Literatur: *Mersmann, A.:* Thermische Verfahrenstechnik. Berlin, Heidelberg, New York 1980.

**Wasserringpumpe.** Die W. wird hauptsächlich als Vakuumpumpe oder Kompressor eingesetzt. Die Förderung von Flüssigkeit ist von untergeordneter Bedeutung. W. sind selbstansaugend. Ein exzentrisch im Gehäuse gelagertes Laufrad mit radialen oder vorwärts gerichteten Schaufeln erzeugt durch Fliehkraft einen außenliegenden Wasserring (Bild 1). Dadurch und durch die exzentrische Lage des Rotors zum Gehäuse entstehen abgetrennt Luftkammern zwischen den einzelnen Schaufeln. Dabei dringt Luft über den Saugschlitz in die Kammer ein, wird während des Umlaufs verdichtet und zum Druckschlitz abgeführt (Bild 1). Dieser Vorgang läuft im Detail folgendermaßen ab: Bei 1, wo die Schaufelkammern das Gehäuse a beinahe berühren, liegt der Wasserring vollständig zwischen den Schaufeln. Der Flüssigkeitsring bewegt sich synchron mit den Schaufeln. Auf Grund des exzentrischen Laufrads kann der Wasserring im Bereich des Einsaugschlitzes radial nach außen strömen. Dadurch wird ein sichelförmiger Hohlraum für das einströmende Gas geschaffen.

Er wird durch die Schaufeln in mehrere Kammern unterteilt und ist außen durch den umlaufenden Wasserring und seitlich durch die Gehäusewand begrenzt. Im Bereich des Druckschlitzes muß der Wasserring wieder in die Schaufeln des Laufrads zurückströmen. Dabei wird das Gas in den Kammern zum Druckschlitz hin komprimiert und aus der Pumpe ausgeschoben.

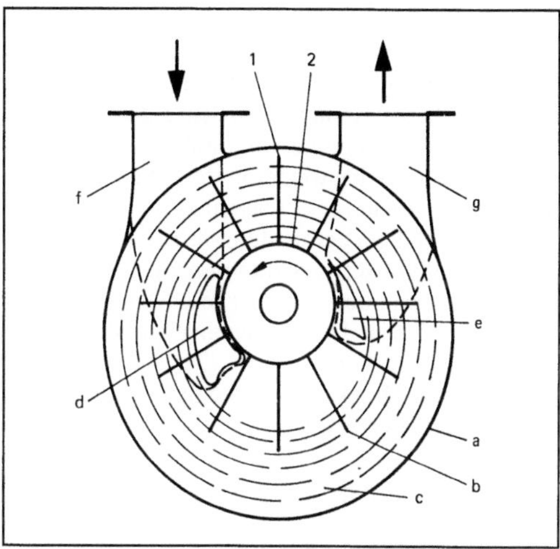



*Wasserringpumpe 1: Flüssigkeitsringpumpe.*

a Gehäuse, b Schaufelrad, c Flüssigkeitsring, d Saugöffnung, e Drucköffnung, f Saugstutzen, g Druckstutzen

Der theoretische Luftvolumenstrom errechnet sich aus der mittleren Umfanggeschwindigkeit des Laufrads und dem freien Strömungsquerschnitt an der Stelle der größten radialen Ausdehnung des Luftvolumens. Das Gas bewegt sich hier mit einer mittleren Umfanggeschwindigkeit von

$$u = \omega \cdot (r_1 + r_2)/2 \tag{1},$$

mit $\omega = 2\pi \cdot n$, bei einer Querschnittfläche, die von der Schaufellänge und -breite gebildet wird. In Gl. (1) bedeuten u Umfanggeschwindigkeit des Schaufelrads in m/s, r Schaufelradius in m, $\omega$ Winkelgeschwindigkeit in rad/s, 1 Saugstutzen, 2 Druckstutzen. Ist $\dot{V}_{Sch}$ die Verminderung des Luftvolumenstroms durch die Schaufeln, beträgt der geförderte Volumenstrom

$$\dot{V} = (r_a - r_n)\, b\, \frac{r_a + r_n}{2} \cdot \omega - \dot{V}_{Sch}$$
$$= \frac{1}{2}\, b\,\omega \cdot (r_a^2 - r_n^2) - \dot{V}_{Sch} \tag{2};$$

darin bedeuten b Schaufelbreite in m, a außen, n Nabe. Der wirkliche Volumenstrom ist um 80–90 % geringer als der theoretische. Die Verringerung rührt daher, daß Überströmungs- und Undichtigkeitsverluste auftreten. Ersteres geschieht durch Mitschleppen von Restluft zur Saugseite, weil der Wasserring bei 2 nicht mehr voll an der Nabe anliegt.

Ferner wird durch Aufnahme von Wasserdampf der Anteil an trockener Luft am geförderten Gasstrom erniedrigt. Die verdampfende Wassermenge ist um so größer, je höher der Sattdampfdruck ist. Dieser nimmt mit der Temperatur im Wasserring zu. Sinkt der Ansaugdruck des trockenen Gases, wird der Anteil des Sattdampfdrucks immer größer.

Unterhalb des Sattdampfdrucks von Wasser ist Gasförderung nicht mehr möglich. Der erzielbare Förderdruck einer W. entsteht durch Kompression des Gases in den Kammern zwischen den Schaufeln. Wegen der Exzentrizität von Laufrad und Gehäuse muß der Wasserring wieder in die Schaufeln eintreten. Das eingeschlossene Gas wird komprimiert. Die dazu notwendige Verdichtungsarbeit wird aus der Energie des Wasserrings entnommen. Sie nimmt mit dem Quadrat der Umfanggeschwindigkeit der Schaufelenden zu. Der Wasserring wird dabei abgebremst und verbreitert sich. Der Größtwert des erreichbaren Drucks am Austrittstutzen errechnet sich nach *Pfleiderer* zu

$$p_2 = \frac{1}{3}\, \rho \cdot u_a^2 + 2\, p_1;$$

darin bedeuten p statischer Druck, $u_a$ Umfanggeschwindigkeit des Wasserrings in m/s und $\rho$ die Wasserdichte in kg/m$^3$.

Ist der Druck $p_2$ höher als der erreichbare Druck, kann nicht mehr die gesamte Menge aus dem Druckstutzen geschoben werden. Dann wird ein Teil des komprimierten Gases zur Saugseite zurückgefördert, wo es expandiert und die Geschwindigkeit im saugseitigen Teil des Wasserrings erhöht. Die höhere Druckdifferenz kann nun überwunden werden. Mit zunehmendem Verhältnis des Drucks zwischen Aus- und Eintrittstutzen nimmt so der Volumenstrom ab (Bild 2).

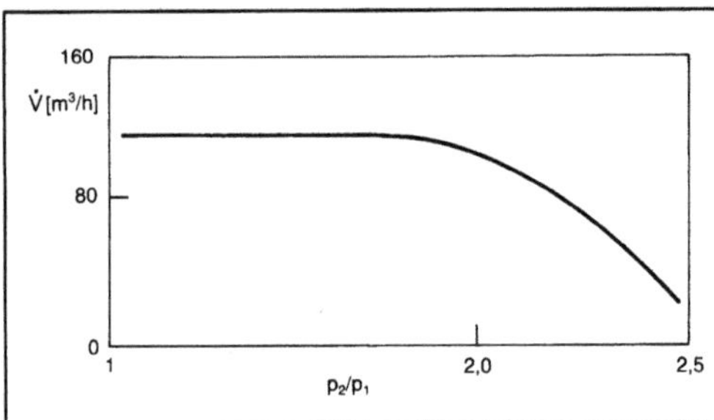

*Wasserringpumpe 2.*

Ausgehend von der isothermen Kompressionsarbeit eines Gases errechnet sich der Leistungsbedarf einer W. zu

$$P = p_1 \cdot V_1 \cdot \ln \frac{p_2}{p_1}\, \eta_{iso} \qquad (3).$$

Der isotherme Wirkungsgrad $\eta_{iso}$ liegt im Bereich zwischen 0,25 und 0,4 l.

Im praktischen Betrieb eignen sich W. zum Erzeugen von Vakuen bis etwa 150 mbar. Dieser Wert ist sehr temperaturabhängig. Bei niedrigen Ansaugdrücken nimmt der Förderstrom rasch ab. Auch ist hier mit verstärkter Kavitationsgefahr zu rechnen. *Würtz*

**Wasserstoff.** W. wird in flüssigem Stahl aus der Feuchtigkeit der Luft oder der Zuschläge aufgenommen. Beim Abkühlen, vor allem von schweren Schmiedestücken, kann sich der zunächst atomar gelöste W. wegen der mit fallender Temperatur abnehmenden Löslichkeit als molekularer W. in Form von Flocken ausscheiden und davon ausgehend in empfindlichen Stählen und großen, komplizierten Guß- oder Schmiedestücken zu makroskopischen Rissen führen. Bei Betriebstemperatur kann W., der aus dem Herstellungsprozeß stammt oder aber durch elektrochemische Vorgänge während des Betriebs aufgenommen wurde, zu Versprödung, vor allem zur Spannungsrißkorrosion führen. Die W.-Aufnahme beim Schweißen kann zu Kaltrissen führen. Wegen seiner hohen Diffusionsgeschwindigkeit kann W. in nicht zu großen Werkstücken durch Anlassen im Bereich von 200–400°C durch Diffusion entweichen und der W.-Gehalt auf sehr niedrige Werte abgebaut werden. *W. Dahl*

**Wasserstoff (Herstellungsverfahren).** W. kann aus fossilen Rohstoffen, aus Wasser und mit Sonderverfahren aus verschiedenen Stoffen hergestellt werden. Anfang der 80er Jahre wurde knapp die Hälfte des produzierten W. aus Erdöl, ein Drittel aus Erdgas, ein Sechstel aus Kohle, 4,5% mit der Chlor-Alkali-Elektrolyse und 1,5% aus der Wasserelektrolyse hergestellt. Alle anderen Verfahren spielen eine untergeordnete Rolle.

*W. aus fossilen Rohstoffen.* Durch die partielle Oxidation von Kohlenwasserstoffen lassen sich Kohlenmonoxid und W. gewinnen:

$$C_4H_{10} + 2\,O_2 \rightarrow 4\,CO + 5\,H_2.$$

Bei dem thermischen oder katalytischen Spalten (Kracken) von Kohlenwasserstoff erhält man W. und →Kohlenstoff (Koks):

$$CH_4 \rightarrow C + 2\,H_2.$$

Dampf-Spalten (Steam Cracking) erzeugt Kohlenmonoxid und W:

$$CH_4 + H_2O \rightarrow CO + 3\,H_2.$$

Eine weitere Möglichkeit ist die Kohlevergasung mit Wasserdampf:

$$C + H_2O \rightarrow CO + H_2.$$

Durch das Reformieren (Umwandeln von Cycloalkanen in Aromate) von Schwerbenzin können W.-Mengen produziert werden, die oft für die Versorgung der Erdölraffinerie ausreichen:

$$C_6H_{12} \rightarrow C_6H_6 + 3\,H_2.$$

*W. aus Wasser.* In Anbetracht der Gesamtenergiesituation, insbes. wenn man W. unter dem Aspekt der Schonung der fossilen Brennstoffe betrachtet, muß W. aus einem billigeren und reichlicher vorhandenen Rohstoff erzeugt werden. Der geeignete Stoff hierfür ist Wasser. Zur Herstellung von W. aus Wasser durch Elektrolyse sind schon große Anlagen gebaut worden, insbes. dort, wo Kohlenwasserstoffe nicht leicht verfügbar und die Stromkosten niedrig waren.

Wasser kann mit folgenden elektrochemischen Reaktionen in W. und Sauerstoff gespalten werden:

Kathode:  $2\ H_2O + 2\ e^- \rightarrow H_2 + 2\ OH^-$ ;
Anode:     $2\ OH^- - 2\ e^- \rightarrow 0,5\ O_2 + H_2O$;
$H_2O \rightarrow H_2 + 0,5\ O_2 - 286\ kJ/kmol.$

Die Zersetzungsspannung von 1,23 V (bei 1 bar und 25 °C) reicht wegen einer sich bildenden Konzentrationspolarisation im Dauerbetrieb nicht. Eine Spannungsüberhöhung von 0,4 V ist erforderlich. Das Ingangsetzen der Abscheidereaktion erfordert das Überwinden einer Potentialschwelle, die abermals durch eine Zusatzspannung von etwa 0,4 V überwunden wird. Der elektrische Energieaufwand zur Erzeugung von 1 $m^3$ $H_2$ (Normzustand) beträgt ca. 4,3 kWh. Bei Großanlagen zur Elektrolyse liegt der Flächenbedarf bei $\frac{1}{15}$ $m^2$ pro installiertem kW oder einer flächenspezifischen Produktion von 3 $m^3$ $H_2/(m^2\,h)$. Als größte Wasserelektrolyse gilt die von BBC/Demag in Assuan (Ägypten) errichtete Anlage mit einer installierten Anschlußleistung von 160 MW, einer Kapazität von 32 400 $m^3$ $H_2/h$ bei einem spezifischen Energieverbrauch von 4,9 $kW/m^3$ $H_2$ (einschl. aller Hilfsanlagen). Eine weitere Möglichkeit zur W.-Herstellung ist die Anwendung thermochemischer Kreisprozesse, die zum Ziel haben, durch geeignete chemische Reaktionsfolgen ausschließlich durch Verbrauch von Wärmeenergie Wasser in W. und Sauerstoff zu spalten. Die am Prozeß beteiligten Stoffe (z. B. Schwefel- und Chlorverbindungen) liegen nach dem Durchlaufen des Prozesses wieder in der ursprünglichen Form vor. Thermochemische Kreisprozesse sind heute noch nicht wirtschaftlich, weil der energetische Wirkungsgrad durch die erforderlichen Trennarbeiten stark reduziert wird und noch unter 10 % liegt.

Die thermische Zersetzung von Wasser ist bei Temperaturen von mehr als 2 000 °C möglich. Die Hauptschwierigkeiten bei der technischen Verwirklichung liegen beim Aufrechterhalten der hohen Energiedichten und der Trennung der reaktionsfreudigen Produkte.

*Sonderverfahren.* Theoretisch ist die photolytische Spaltung von Wasser mit Lichtquanten der Energie h = 1,23 eV möglich, was einer Wellenlänge von 1 000 nm im fernen Infrarot entspricht. Aber das Absorptionsspektrum von Wasser überdeckt sich nicht mit der spektralen Verteilung der auf der Erde ankommenden Sonnenstrahlung. Wasser absorbiert erst bei Wellenlängen $\lambda < 250$ nm gut. Für eine technische Verwirklichung kommt die photochemische Spaltung von Wasser nur in Frage, wenn die Sonnenstrahlung bei ihrem Intensitätsmaximum bei etwa 500 nm ($\triangleq$) 2,5 eV genutzt werden kann. Photochemische Reaktionsfolgen zur Wasserspaltung müssen dementsprechend gesucht werden.

Weitere Sonderverfahren sind die Verwendung $H_2$-produzierender Algen und Bakterien, die trockene Destillation schnellwachsender Pflanzen (Biokonversion) und die trockene Destillation oder bakterielle Zersetzung von Hausmüll bzw. Abwasser. *Dohrn*

Literatur: *Keim, W., A. Behr* u. *G. Schmitt:* Grundlagen der industriellen Chemie. Frankfurt a. M. 1986. – Proceedings of the 2nd World Hydrogen Energy Conference. Zürich 1978. – Wasserelektrolyse, Basis einer künftigen Wasserstoffwirtschaft (BBC). Elektrizitätsverwertung 53 (1978) Nr. 4.

**Wasserstrahlbearbeitung.** Unter W. versteht man alle Nutzanwendungen der kinetischen Energie von Wasserstrahlen zur Stofftrennung oder Oberflächenbehandlung. Hierzu wird Wasser mit einer Hochdruckpumpe verdichtet und zur →Wasserstrahldüse gefördert. Der aus der Düse austretende Freistrahl überträgt an der Kontaktstelle zum Werkstück seinen Impuls als Staukraft. Höhe und zeitlicher Verlauf der Staukraft sind sowohl von den hydraulischen Kenngrößen des Strahles (Dichte- und Geschwindigkeitsfeld) als auch von der Geometrie der Wirkstelle abhängig. Die von der Staukraft induzierten Spannungen im Werkstück bewirken je nach Höhe und Wirkdauer elastische oder plastische Verformungen oder lokale Zerstörung des Werkstoffs in unmittelbarer Nähe der Kontaktzone. Die Strahlwirkung ist somit durch die Wahl des Wasserdrucks, der Düsengeometrie, des Abstandes zwischen Düse und Werkstück sowie der Einstrahlrichtung innerhalb weiter Bereiche veränderbar.

Abgesehen von einigen Anwendungen zum →Preßschweißen dünner Folien und zur Kaltverfestigung von Oberflächen durch den Aufschlag schneller Wassertropfen wird die W. hauptsächlich zur hydromechanischen Stofftrennung eingesetzt. Dabei ist zu unterscheiden zwischen der Trennung verschiedener Stoffe voneinander und dem Durchtrennen eines einzigen Werkstoffs (Bild).

Zum ersten Anwendungsfall zählen Reinigungsaufgaben, Entfernung von festen Inkrustationen und Deckschichten sowie das Entfernen von Gußsänden und Gießkernen. Hierzu wird der Wasserstrahl so ausgerichtet, daß er in die Grenzfläche zwischen den beiden Materialien eindringen kann, d. h. im Regelfall tangential oder unter flachem Winkel zu der zu reinigenden Oberfläche. Der

| | Reinigen | Gußputzen | Entgraten | Schneiden |
|---|---|---|---|---|
| **Druckbereich** ▶ | 5—15 MPa | 10—70 MPa | 50—150 MPa | 200—400 MPa |
| **Düsendurchmesser** ▶ | 2—5 mm | 1—3 mm | 0,5—2 mm | 0,1—0,5 mm |
| **Anwendung** ▶ | Abtragen von:<br>□ festen Inkrustationen<br>□ Deckschichten | Entfernen von:<br>□ kunstharzgebundenen Formsänden<br>□ schwer zugänglichen Kernen | Abtrennen von: dünnen<br>□ Gießgraten (Ne-Metalle)<br>□ Preßgraten (Kunststoffe)<br>□ Bearbeitungsgraten (Metalle) | Durchtrennen von:<br>□ Kunststoffen<br>□ mineralischen Dämmstoffen<br>□ Papier, Pappe<br>□ Lebensmitteln |

*Wasserstrahlbearbeitung: Einsatzgebiete.*

Abtrag erfolgt dann durch die kombinierte Stau- und Scherwirkung des Strahls.

Die erforderlichen Pumpendrücke liegen zwischen 5 und 70 MPa und richten sich in erster Linie nach der Festigkeit und dem Adhäsionsvermögen des abzutragenden Werkstoffs. Der Pumpendruck sollte so hoch gewählt werden, daß das zu entfernende Material möglichst schnell und sicher abgetragen wird, jedoch der Grundwerkstoff auch bei längerer Strahleinwirkung nicht geschädigt wird. In der überwiegenden Zahl der Fälle werden mechanisch angetriebene Kolbenpumpen (Plungerpumpen) zur Druckerzeugung eingesetzt. Als Düsen (Wasserstrahldüsen) eignen sich Rund- und Flachstrahldüsen im Durchmesserbereich (äquivalenter Durchmesser) von 1–5 mm. Mit wachsendem Düsendurchmesser steigen die erforderliche Pumpenleistung überproportional und die beaufschlagte Fläche proportional an. Die Abtragwirkung steigt zunächst mit dem Düsendurchmesser an und bleibt oberhalb von 2–3 mm annähernd konstant.

Zur Reinigung größerer Flächen und zum Entkernen von Gußteilen muß der Strahl mindestens eine Bewegung quer zur Strahlachse ausführen. Hierdurch wird zum einen die bestrahlte Fläche vergrößert, zum anderen die Bildung eines dämpfenden Wasserpolsters verhindert, indem der Wasserabfluß an der Kontaktstelle erleichtert wird. Im Regelfall führen die Düse oder das Werkstück oszillatorische oder rotatorische Bewegungen aus, denen bei Reinigungsanlagen, die im Durchlaufbetrieb arbeiten (Bandentzunderung), eine Vorschubbewegung überlagert ist. Eine weitere Steigerung der Abtragwirkung kann durch intermittierendes →Strahlen sowie durch den Zusatz von Festkörperpartikeln zum Wasserstrahl (Abrasivwasserstrahlschneiden) erreicht werden.

Die Hauptanwendungsgebiete für das Reinigen sind die Instandhaltung chemischer Apparate wie Autoklaven, →Wärmeübertrager und Rohre, das Reinigen und Entlacken von Schiffsrümpfen sowie das Abtragen von schadhaften Fahrbahndecken. Das Gußputzen und Entkernen wird hauptsächlich zum Entfernen von Gußsänden mit Kunstharzbindung bei komplexen Formteilen und schwer zugänglichen Kernen (Turbinenräder, Strömungskanäle) eingesetzt.

Zum Entgraten und Schneiden mit Wasserstrahlen muß der Werkstoff ab- oder durchtrennt werden. Hierzu sind wesentlich höhere Drücke notwendig, die beim Entgraten je nach Werkstoff und Gratstärke zwischen 50 und 150 MPa, beim Schneiden zwischen 200 und 400 MPa betragen. Zum Entgraten werden i. a. die gleichen Pumpenkonstruktionen wie zum Reinigen eingesetzt. Beim →Wasserstrahlschneiden hingegen kommen überwiegend hydraulische Druckübersetzer zum Einsatz. Um die Strahlenergie möglichst weitgehend auszunutzen, wird die Strahlrichtung so gewählt, daß an der Wirkstelle eine große Umlenkung der Strömung erfolgt, d. h. die Strahlachse steht i. a. senkrecht auf der zu durchtrennenden Fläche.

Zur Entfernung von Bearbeitungsgraten genügt es im Regelfall, einen Strahl mit möglichst großem Durchmesser lediglich grob auf den Grat auszurichten und diesen durch die Stauwirkung abzubrechen. Festere Grate müssen mit Hilfe eines scharf gebündelten Strahles entlang der Gratwurzel abgetrennt werden (Wasserstrahlschneiden). Bei innenliegenden Graten (Bohrungsverschneidungen) ist eine möglichst kurze Strahlzeit und eine überlagerte Bewegung anzustreben, um die Staubildung in der Bohrung zu vermeiden.

Ebenso wie beim Reinigen kann durch intermittierendes Strahlen und Zusatz von Feststoffen (Abrasivwasserstrahlschneiden) die Entgratwirkung gesteigert werden. *König*

Literatur: *König, W.:* Fertigungsverfahren. Bd. 3. Düsseldorf 1979. – *Schlatter, M.:* Entgraten durch Hochdruckwasserstrahlen. Berlin, Heidelberg, New York, Tokio 1985. – Autorenkollektiv: Stand und Entwicklungstendenzen in den Produktionstechnologien. Neuere Bearbeitungsverfahren. Tagungsband zum 17. AWK des Laboratoriums für Werkzeugmaschinen und Betriebslehre der RWTH Aachen 1984.

**Wasserstrahldüse.** Der W. kommt bei der →Wasserstrahlbearbeitung die Aufgabe zu, die im Wasser als Druck gespeicherte Energie in Geschwindigkeit umzusetzen und den Strahl zu formen. Während zum Gußputzen und Schneiden ausschließlich runde Vollstrahldüsen zum Einsatz kommen, werden zum Reinigen und Entgraten abhängig von der Art der Aufgabe Rund-, Flach- oder Ringstrahldüsen verwendet. Als Werkstoffe für Düsen haben sich im Druckbereich bis ca. 10 MPa Messing, bei höheren Drücken Chrom-Nickel-Stähle und Sonderstähle durchgesetzt. Für Schneidanwendungen bei Drücken bis zu 400 MPa sind Düsen aus Saphir und hochfesten metallischen Sonderlegierungen gebräuchlich. Als Werkstoff für die hochbeanspruchte Enddüse beim Abrasivwasserstrahlschneiden werden hauptsächlich Hartmetalle und keramische Werkstoffe eingesetzt.

Die Geometrie der Düse und der ihr vorgeschalteten Rohrleitungselemente bestimmen hauptsächlich die Form und Charakteristik des austretenden Freistrahls. Glatte Strömungskanäle mit weichen Übergängen und zylindrischem Endteil (Bild 1) bewirken eine gute Strahlkohärenz, d. h. →Strahlen mit einer geringen Aufweitung und großen Zerfallslängen. Da der Strahlzerfall in Tropfen und die Strahlaufweitung sowohl von der inneren Turbulenz der Wasserströmung als auch von der Reibung des Freistrahls mit der Umgebungsluft verursacht werden, wirken hohe Strahlgeschwindigkeiten und vor der Düse durch Umlenkungen und Kanten induzierte Wirbel zerfallsfördernd.

Neben der Form des Düsenkanals spielt die Oberflächenbeschaffenheit eine entscheidende Rolle. Um gute Strahlkohärenz und lange Standzeiten der Düse zu erzielen, müssen die Kanäle sauber auspoliert sein. Insbesondere bei oszillierendem oder schwellendem Pumpendruck dürfen keine Risse oder Ausbrüche im Strömungsraum vorhanden sein, da sie neben der erhöhten Sprühneigung des Strahls ein frühzeitiges Versagen der Düse durch Totalbruch zur Folge haben. Verschleiß der

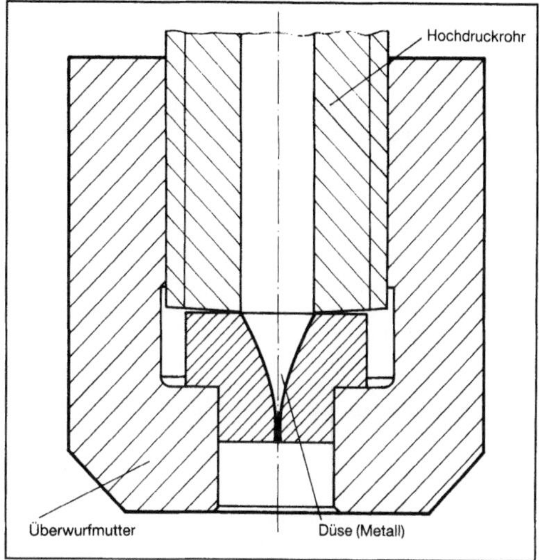


*Wasserstrahldüse 1: Ausführung mit stetigem Kanalprofil.*

Düsen tritt hingegen bei sorgfältig aufbereitetem Wasser (feinstfiltriert und enthärtet) und richtig gewählter Geometrie lediglich am Austrittsquerschnitt durch Abbröckelung auf.

Besondere Aufmerksamkeit bei der Auslegung der Düse muß dem Druckverlauf gewidmet werden, um den verschleißintensiven Strömungszustand der Kavitation zu vermeiden.

Beim Entgraten und Schneiden mit Düsendurchmessern unterhalb von 1 mm werden aus fertigungstechnischen Erwägungen heraus häufig Düsen mit zylindrischer Bohrung und unstetigem Übergang zwischen Anströmrohr und Endquerschnitt benutzt (Bild 2). Bei dieser Bauform ist die Einlaufkante

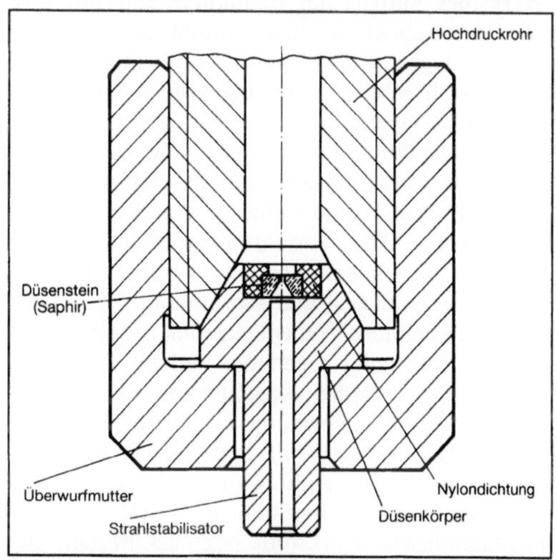


*Wasserstrahldüse 2: Ausführung mit zylindrischem Kanal und unstetigem Übergang zur Anströmung (Schneiddüse).*

besonders anfällig gegen Abrieb und Ausbruch. Aus diesem Grund wird als Werkstoff synthetischer Saphir oder Diamant verwendet. Die Einlaufkante erfordert eine besonders sorgfältige Endbearbeitung mit engen Toleranzen des Verrundungsradius, um eine symetrische Düsenströmung zu gewährleisten. *König*

Literatur: *König, W.:* Wasserstrahlschneiden – Düsen mit stetiger Geometrie. Ind.-Anz. 106 (1984) 92, S. 35/38. – *Wulf, Ch.:* Qualitätsbestimmende Einflußgrößen beim Wasserstrahlschneiden. Tagungsbd. zum Seminar: Hochdruckwasserstrahlen. Stuttgart 1986.

**Wasserstrahlpumpe** →Abrasiv-Wasserstrahlschneiden

**Wasserstrahlschneiden.** W. ist eine Form der →Wasserstrahlbearbeitung, bei der die Strahlenergie zum vollständigen Durchtrennen des Werkstücks führt. Der Strahlimpuls bewirkt hierbei eine lokal eng begrenzte Zerstörung des Werkstoffs, die in Strahlrichtung mit zunehmender Einwirkdauer fortschreitet, bis der Strahl auf der Unterseite des Werkstücks austritt. Der Abstand zwischen Düse und Werkstück kann innerhalb gewisser Grenzen frei gewählt werden. Dadurch sind für die Bearbeitung ebener oder nur schwach gekrümmter Bauteile häufig zwei Vorschubachsen (X-Y-Führung) ausreichend. Zu den weiteren Vorteilen des Verfahrens zählen die geringe thermische und mechanische Belastung des Schnittguts sowie die Vermeidung von Luftstaub.

Normal zur Strahlrichtung führen die Düse (→Wasserstrahldüse) oder das Werkstück eine translatorische Vorschubbewegung aus, so daß das Werkstück entlang der Bahnkurve getrennt wird. Die Vorschubrichtung kann normal zur Strahlachse beliebig liegen, so daß Konturschnitte möglich sind. Die Strahlrichtung sollte ungefähr senkrecht zur Oberfläche liegen.

Die Anwendungsfälle des W. reichen vom →Zerteilen von Lebensmitteln über das Schneiden von Papier, Pappe, Dämmstoffen bis zum Trennen von Kunststoffen. Das Verfahren hat sich besonders dort gut etablieren können, wo Staubfreiheit, geringe Verformung und Erwärmung des Schnittguts und komplexe Werkstückgeometrien gefordert werden. Nachteilig gegenüber anderen Verfahren wirken sich der hohe anlagentechnische und energetische Aufwand sowie die Geräuschentwicklung des Verfahrens aus. Mit den derzeit industriell einsetzbaren Pumpendrücken von maximal 400 MPa bleibt die Anwendung des Verfahrens auf nichtmetallische Werkstoffe begrenzt. Metalle sind wirtschaftlich nur durch Abrasiv-W. zu trennen.

Die Einstellparameter Pumpendruck, Düsendurchmesser, Abstand zwischen Düse und Werkstück sowie Vorschubgeschwindigkeit müssen jeweils an die Bearbeitungsaufgabe angepaßt werden. Mit wachsender Schnittenergie, d. h. steigendem Druck und Düsendurchmesser, und sinkender Vorschubgeschwindigkeit erhöhen sich die Qualität der Schnittflächen und die maximal schneidbare Werkstückdicke. Der Abstand zwischen Düse und Werkstück wird bei den meisten Werkstoffen mit 5 bis 10 mm relativ gering gewählt, um die hohe Energiedichte des Strahls in Düsennähe auszunutzen.

Bei einigen duktilen Werkstoffen ist ein Optimum der Schneidwirkung bei höheren Düsenabständen zu beobachten. Dieser Abstandseffekt beruht auf dem teilweisen Zerfall des Strahls in eine Vielzahl von Tropfen und der damit verbundenen dynamischen Belastung des Werkstücks. Da der Strahlzerfall von einer Aufweitung des Strahls begleitet wird, entstehen bei größeren Düsenabständen breitere Schnittfugen als in Düsennähe. Die Aufweitung der Schnittfuge ist auf der Werkstückoberseite größer als an der Unterseite, so daß der Schnittspalt bei großen Düsenabständen eine V-förmige Gestalt annimmt. *König*

Literatur: *König, W., u. A. Weiß:* Wasserstrahlschneiden – Aufbau der Anlagen und Verfahrensprinzip. Schweißen u. Schneiden 31 (1979) Nr. 8, S. 336/39. – *König, W., u. A. Weiß:* Wasserstrahlschneiden – Anwendungsbeispiele und Entwicklungsrichtungen. Schweißen u. Schneiden 31 (1979) Nr. 10, S. 434/37. – *Wulf, Ch.:* Grundlagen der Wasserstrahl- und Laserstrahltechniken. Tagungsbd. Seminar Neuartige Bearbeitungsverfahren. Essen 1984.

**Wegmeßeinrichtung.** Bei numerischer →Steuerung von Werkzeugmaschinen ist eine Rückmeldung der Ist-Position an die Steuerung notwendig. Diese W. ist dabei Teil eines geschlossenen Lageregelkreises. Wegmeßsysteme werden eingeteilt nach:

☐ Art der Meßwerterfassung: digital – analog,
☐ Art des Meßverfahrens: absolut – inkremental,
☐ Art des Meßortes: direkt – indirekt,
☐ Art der Meßwertaufnahme: linear – rotatorisch.

Die heute meist verwendeten Wegmeßsysteme arbeiten digital-inkremental. Metall- oder Glasmeßstäbe mit gleichmäßiger Hell-Dunkel-Teilung liefern eine der Wegstrecke entsprechende Anzahl von Impulsen, die zählend erfaßt werden. Bei Verwenden von Glassorten mit gleicher Wärmedehnung wie Stahl lassen sich Genauigkeiten von bis zu 1 $\mu$m erzielen. Digital-Absolut-Systeme lassen darüber hinaus durch die duale Codierung (Gray-Code) des Maßstabs eine eindeutige Zuordnung von Weg- bzw. Winkelstellung und Meßwert zu. Das Wirkprinzip des Drehtransformators wird bei zyklisch analogen Systemen zum Messen genutzt (rotatorisch: Resolver; linear: Induktosyn).

Eine Fehlerkorrektur indirekt messender Systeme ist durch eine elektronische Kalibrierung möglich. Die Differenz zwischen der tatsächlichen Bewegung der Werkzeugmaschine – durch einmalige Messung ermittelt – und den Meßwerten des Wegmeßsystems der Maschine wird dabei zur Korrektur durch die Steuerung genutzt.

W. finden auch für einfache digitale Positionsanzeigen Verwendung. *Schulz*

**Wegmeßsystem** →Antrieb (Roboter), →Industrieroboter-Teilsystem, →Roboter

**Wehrhöhe.** Unter der W. versteht man die Höhe des Ablaufwehrs in Bodenkolonnen. Das Ablaufwehr sorgt dafür, daß erst, wenn die →Zweiphasenschicht auf dem Boden eine bestimmte Höhe überschritten hat, Flüssigkeit über den →Ablaufschacht auf den nächsttieferen Boden fließt. Die W. beeinflußt somit die Höhe der Zweiphasenschicht. Bei großen W. und geringen Gasbelastungen liegt die Zweiphasenschicht als Blasenbett vor. *Dohrn*

**Wehrverhältnis.** Unter dem Wehrverhältnis $v_w$ versteht man den Quotienten aus der Länge $L_w$ des Ablaufwehrs und dem Kolonnendurchmesser $d_K$ (→Bodenkolonne):

$$v_w = L_w/d_k.$$

Das W. ist ein Maß zur Charakterisierung von Böden in Destillations- und Absorptionskolonnen. Bei einem W. von null hat der Boden keinen →Ablaufschacht. Ist es gleich eins, so besteht der Boden nur aus dem Zulauf- und dem Ablaufschacht. Die in der Praxis verwendeten W. schwanken zwischen 0,55 bei geringen Flüssigkeitsbelastungen (z. B. bei der Vakuumrektifikation) und 0,75 bei hohen Flüssigkeitsbelastungen (z. B. Druckrektifikation und →Absorption). *Dohrn*

Literatur: Verfahrenstechnische Berechnungsmethoden. Tl. 2: Thermisches Trennen. Hrsg. *S. Weiß* et al. Weinheim 1986.

**Weichlot** →Lot

**Weichlöten** →Löten

**Weiten.** W. ist eine Untergruppe des Umformens (DIN 8580) und ist als Zugumformen (DIN 8585, Bl. 3) zum Vergrößern des Umfangs eines Hohlkörpers definiert. Dabei wird unterschieden zwischen Aufweiten (W. an den Enden eines Hohlkörpers oder auf seiner ganzen Länge) und Ausbauchen (W. in der Mitte des Hohlkörpers).

Die verschiedenen Weitvorgänge können analog zum →Tiefen mit starren bzw. nachgiebigen Werkzeugen, mit Wirkmedien mit kraftgebundener oder energiegebundener Wirkung oder auch mit Wirkenergie durchgeführt werden. In der Regel sind Weitvorgänge durch eine zweiachsige Zugbean-

spruchung und einen dreiachsigen →Formänderungszustand gekennzeichnet. Die →Umformkraft wird indirekt eingeleitet; der Vorgang verläuft instationär. Allen Weitverfahren ist gemeinsam, daß die eintretende Flächenvergrößerung durch Wanddickenabnahme erzielt wird. Verfahrensgrenze ist der werkstückseitig gegebene Einschnürbeginn entsprechend Spannungs- und Dehnungszustand (→Grenzformänderung).

*W. mit Werkzeugen.* Werkzeuge dienen sowohl der Formgebung als auch der Kraftübertragung. Wichtige Verfahren des W. mit starren Werkzeugen sind das W. mit Dorn und das W. mit Spreizwerkzeug (Bild 1). Der Vorgang verläuft dabei unter Wirkung des Drucks eines Innenwerkzeugs auf die Hohlkörperwand mit oder ohne Längsbewegung zwischen Werkzeug und Werkstück. Dabei ist die Druckspannung sehr klein gegenüber der mittelbar hervorgerufenen tangentialen und ggf. axialen Zugspannung. Beim W. mit Dorn wird der unterschiedliche Formen aufweisende Aufweitkörper durch den Hohlkörper gedrückt oder gezogen und die Werkstückform durch die Form des Dorns (Innenwerkzeug) erzeugt. Beim W. mit Spreizwerkzeug wird das Aufweiten bzw. vorzugsweise Ausbauchen durch das Zusammenwirken von segmentförmigen Werkzeugteilen mit einem Keil oder Kegel bewirkt. Die Werkstückform entsteht dabei durch Innen- und Außenwerkzeugform. Beide Verfahren haben eine große Bedeutung in der industriellen Serienfertigung.

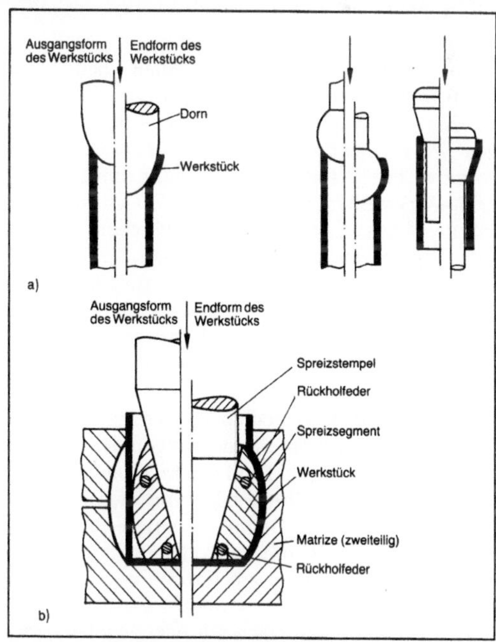


*Weiten 1: Mit starren Werkzeugen.*
*a) Mit Dorn*
*b) Mit Spreizwerkzeug.*

Beim W. mit nachgiebigem Werkzeug erfolgt der beschriebene Vorgang mittels eines nachgiebigen Innenwerkzeugs, z. B. eines Gummistempels (Bild 2). Das Außenwerkzeug bestimmt dabei die Werkzeuggeometrie. Wegen des meist hohen Verschleißes des Gummistempels wird das Verfahren vornehmlich in der Klein- und Mittelserienproduktion eingesetzt.

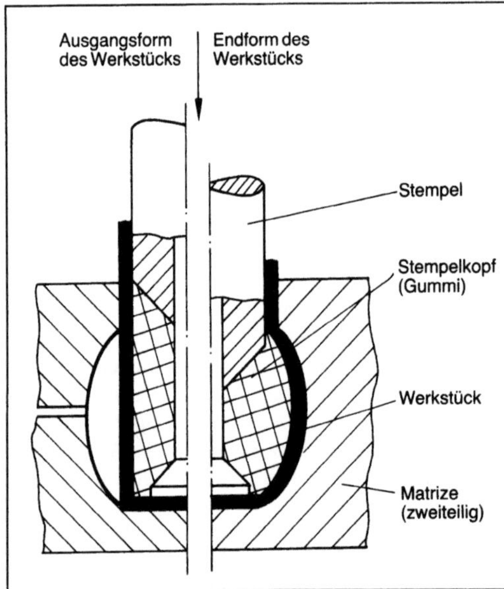


*Weiten 2: Mit nachgiebigem Werkzeug, z. B. Gummistempel.*

*W. mit Wirkmedien.* Wirkmedien dienen zur Kraft- bzw. Energieübertragung, wobei die Formgebung der Werkstücke in Verbindung mit starren Werkzeugteilen erfolgt. Wirkmedien können formlos feste, flüssige oder gasförmige Stoffe sein. Wirkmedien sind entweder Träger statischer Kraftwirkung, z. B. eines hydraulischen Drucks, oder übertragen kinetische Energie, z. B. bei Explosion bzw. Detonation eines Sprengstoffs, Explosion eines Gasgemisches, Entladung einer Kondensatorbatterie über eine Funkenstrecke oder bei kurzzeitiger Entspannung hochkomprimierter Gase.

Das W. mit Wirkmedien mit kraftgebundener Wirkung hat die größte Bedeutung in der industriellen Fertigung. Dabei kann das Medium entweder das Werkstück berühren oder von diesem durch eine Dichtung (z. B. Gummibeutel) getrennt sein. Beispiele sind das W. mit Sand oder Stahlkugeln, das W. mit Wasserbeuteln und das W. mit Gasdruck (Bild 3).

Das W. mit Wirkmedien mit energiegebundener Wirkung hat wegen der beim →Explosionsumformen erforderlichen Sicherheitsmaßnahmen und wegen des schlechten Wirkungsgrads (wesentlich

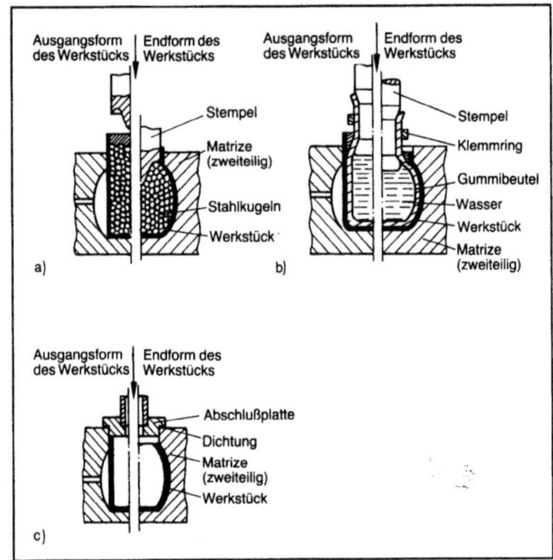


*Weiten 3: Mit Wirkmedien mit kraftgebundener Wirkung.*
*a) Mit Stahlkugeln*
*b) Mit Wasserbeutel*
*c) Mit Gasdruck.*

bei elektrohydraulischer Umformung mittels Funkenentladung wegen begrenzter wirtschaftlicher Größe von Stoßstromanlagen) keine nennenswerte Bedeutung. Der prinzipielle Werkzeugaufbau und der Vorgangsablauf sind bei beiden Verfahrensvarianten gem. Bild 4 sehr ähnlich.

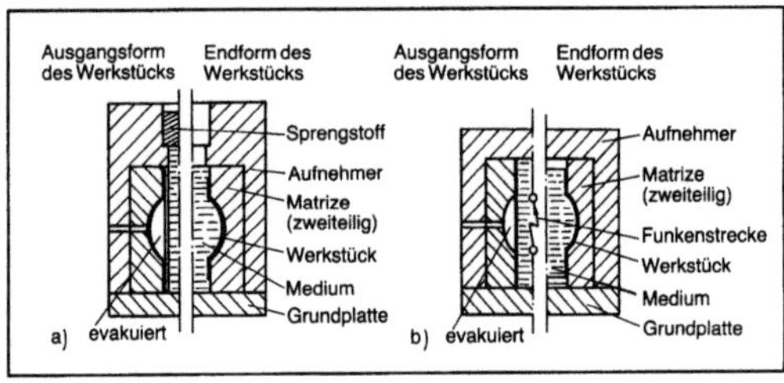


*Weiten 4: Mit Wirkmedien mit energiegebundener Wirkung.*
*a) Durch Sprengstoffdetonation*
*b) Durch elektrische Entladung.*

*W. mit Wirkenergie.* W. mit Wirkenergie ist W. durch Einwirken eines Energiefelds, meist in Verbindung mit starren Werkzeugteilen zur Formgebung des Werkstücks. Bei der industriellen Anwendung verwendet man starke instationäre Magnetfelder, die bei der Entladung der Kondensatorbatterie einer Stoßstromanlage über eine Spule entstehen (Bild 5). Wegen der begrenzten Größe von Stromstoßanlagen und wegen des schlechten energetischen Wirkungsgrads eignet sich das Verfahren vor allem für Werkstoffe mit hoher elektrischer Leitfähigkeit und guter Umformbarkeit, d. h. niedriger →Fließspannung. Diese Bedingung erfüllen beson-

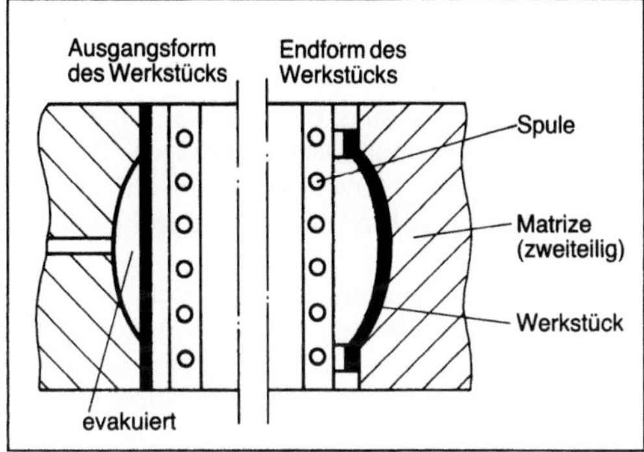



*Weiten 5: Durch Einwirken eines Magnetfelds.*

ders weiche Aluminiumwerkstoffe (→Umformen, elektromagnetisches). *Lange*

Literatur: *Lange, K.* (Hrsg.): Umformtechnik. Handb. f. Ind. u. Wiss. Bd. 3: Blechumformung. 2. Aufl. Berlin, Heidelberg, New York, Tokio 1990. – *Spur, G.* (Hrsg.), u. *Th. Stöferle:* Handb. Fertigungstechnik. Bd. 2/3: Umformen, Zerteilen. München 1985.

**Weitkammersichter.** Ein Sonderfall der Sichter mit rotierenden Einbauten sind die W. Die mit den feinen Partikeln beladene Sichtluft gelangt nach dem Verlassen des Sichters in eine große Kammer, in der die Partikel ihre Geschwindigkeit verlieren. Am Boden der Kammer entsteht so eine lockere Schüttung. Der stark haftende Feinstaub würde bei hohen Aufprallgeschwindigkeiten sehr feste Schüttungen ergeben, die für Verarbeitung danach zunächst wieder gelockert werden müßten. Durch die Kammer ist keine dem Diffusor vergleichbare Druckrückgewinnung möglich. Der Einsatzbereich reicht von Kakaopulver bis zu Pigmenten. *Müller*

**Wellbiegen.** W. ist ein Verfahren des Biegeumformens (DIN 8586) und ist als Walzbiegen – hierbei wird das Biegemoment durch am Biegeteil angreifende Walzen aufgebracht – von Blech (Bändern), Drähten, Rohren definiert, wobei die Walzenachsen

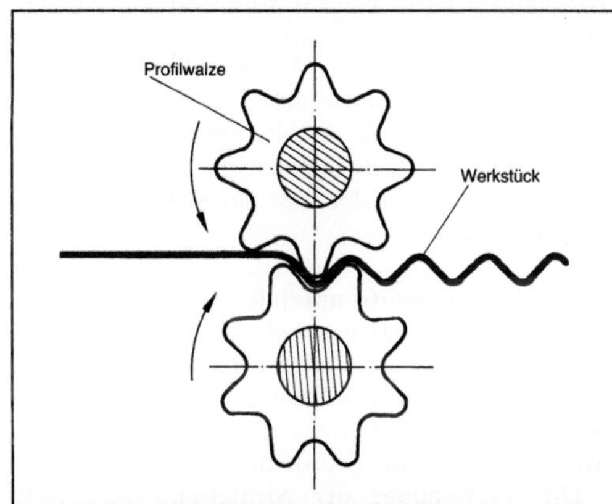



*Wellbiegen: Schematische Darstellung.*

meist senkrecht zur Biegeebene stehen (Bild). W. wird in der Drahtweiterverarbeitung, im Wärmeübertragerbau usw. angewandt. Die erzielte Biegeform wird häufig auf optimale Versteifungswirkung (z. B. bei Blechteilen) abgestellt. *Lange*

**Wendeformmaschine.** Wurde lange Zeit als Rüttel-Preß-Formmaschine gebaut. Durch die Wendevorrichtung wurde nach dem Verdichten der Formkasten in eine absetzgerechte Lage gebracht. Vor allem aber wurde das Trennen von Form und Modell durch das Absenken der Modellplatte erleichtert. Bei den heute verwendeten hoch verdichtbaren und hohe Festigkeiten liefernden Formstoffen hat dieser Gesichtspunkt seinen Vorteil eingebüßt (→Sandform, →Formguß). *Doliwa*

**Wendeschneidplatte** →Drehwerkzeug

**Wendeschneidplattenbohrer.** W. ist ein mit Wendeschneidplatten bestücktes Bohrwerkzeug, welches auf Grund der im Vergleich zu →Hartmetall geringen Warmverschleißfestigkeit des Schnellarbeitsstahls und des zunehmenden Einsatzes standardisierter HM-Wendeschneidplatten konzipiert wurde. Derartige Werkzeuge können im Durchmesserbereich von 12 bis über 120 mm eingesetzt werden, wobei die Bohrungstiefe nicht größer als das 3fache des Durchmessers sein soll. Dabei kann mit bis zu 15fach höherer Schnittgeschwindigkeit gegenüber HSS-Werkzeugen gearbeitet werden, wobei der Vorschub allerdings reduziert werden muß. Werkzeuge mit größeren Durchmessern sind mit mehr als einer bzw. zwei Wendeschneidplatten bestückt. Neben den höheren Schnittwerten können mit W. aber auch bessere Bohrungsqualitäten erzielt werden. Voraussetzung hierfür ist allerdings ein stabiles Werkzeug-Werkstück-Maschine-System. *König*

**Werkrad** →Wälzschaben

**Werkstattsteuerung.** Aufgabe der Werkstattsteuerung ist:
□ Arbeitsverteilung und -bereitstellung,
□ Fortschrittüberwachung.

Die W. beinhaltet die kurzfristige Steuerung und Überwachung der Werkstattaufträge. Dabei unterscheidet man zwischen der Arbeitsverteilung mit der Bereitstellung der Arbeitsunterlagen und der Überwachung des Arbeitsfortschritts sowie der Qualitätsanforderungen.

*Bereitstellung.* Durch die Bereitstellung werden das zur Durchführung einer Aufgabe erforderliche Material, die Arbeitsmittel und die Arbeitskräfte sowie die Arbeitsunterlagen termingerecht zur Verfügung gestellt. Die zeitgerechte Bereitstellung der Fertigungsmittel wie Werkzeuge und Vorrichtungen in den ausführenden Werkstattbereichen ist von grundlegender Bedeutung für eine gleichmäßige Kapazitätsauslastung und die Reduzierung der →Durchlaufzeit. Somit fällt neben der eigentlichen Bereitstellung auch die Überwachung der aktuellen Kapazitätssituation in diesen Aufgabenbereich.

*Arbeitsverteilung.* Bei der Arbeitsverteilung werden die Aufträge den einzelnen Fertigungseinheiten zugeordnet. Die Einsteuerungsreihenfolge wird unter Berücksichtigung von kurzfristig auftretenden Störungen durch Prioritätsregeln bestimmt. Dabei werden die einzelnen Aufträge den Fertigungseinheiten so zugeleitet, daß die Durchführung termingemäß begonnen und beendet werden kann.

*Fortschrittüberwachung.* Innerhalb der Arbeitsfortschrittüberwachung werden die Vorgaben aus der Arbeitsverteilung hinsichtlich der Zeitüberschreitung und der Realisierung der Qualitätsanforderungen überwacht. Die Überwachung erfolgt durch einen Soll-Ist-Vergleich, wobei die Rückmeldungen über den Fertigungsfortschritt den Ist-Daten entsprechen. Die Betriebsdatenrückmeldung in Echtzeit ist Grundlage für eine schnelle Reaktion auf Störungen im →Fertigungsbereich (Betriebsdatenerfassung). *Eversheim*

Literatur: *Brankamp, K.:* Handb. moderne Fertigung und Montage. Landsberg/Lech 1975. – *Eversheim, W.:* Organisation in der Produktionstechnik. Bd. 3. Düsseldorf 1980. – *Hackstein, R.:* Einführung in die technische Ablauforganisation. München, Wien 1985. – N. N.: Methodenlehre der Planung und Steuerung. Bd. 3. REFA-Verband für Arbeitsstudien e. V. München 1985. – *Wiendahl, H.-P.:* Betriebsorganisation für Ingenieure. München, Wien 1983.

**Werkstoff, feuerfester.** Erzeugnisse mit einer Erweichungstemperatur oberhalb 1500 °C werden als feuerfest, oberhalb von 1800 °C als hochfeuerfest bezeichnet. Dieser Erweichungspunkt wird mit der in der →Keramik üblichen Segerkegelmethode nach DIN 51063, Tl. 1, bestimmt. Einige wärmedämmende Baustoffe und ungeformte Erzeugnisse der Feuerfest-Industrie, die bei Temperaturen unter 1500 °C erweichen, aber die sonstigen Anforderungen an feuerbeständige Erzeugnisse erfüllen, nennt man feuerbeständig.

Das Haupteinsatzgebiet von f. W. ist die Begrenzung von heißen Ofen- und Reaktionsräumen gegen die Umgebung. Weitere Einsatzgebiete sind Regeneratoren und Rekuperatoren zur Wärmespeicherung und -übertragung sowie als Werkstoff in Energiegewinnungsanlagen, in der Luft- und Raumfahrtindustrie sowie im Maschinenbau.

Alle f. W. erleiden im Betrieb Veränderungen, die zu einem Verschleiß und einer Korrosion führen. Um diese möglichst klein zu halten, müssen die Werkstoffe dem Einsatzgebiet in ihrer Zusammensetzung und ihren Eigenschaften angepaßt sein. Der Verschleiß erfolgt im wesentlichen durch Abrieb, Temperaturwechsel, Säuren-, Laugen- und Schlakkenangriff.

Eine Unterscheidung der f. W. kann nach ihrer chemischen Zusammensetzung erfolgen. Die Herstellung feuerfester Erzeugnisse kann auf verschiedene Art erfolgen. Ein Großteil wird grobkeramisch gefertigt:

□ Grob- und Feinzerkleinerung der bildsamen (Tone) und unbildsamen (Schamotte) Rohstoffe,

□ Absieben der für die Formgebung benötigten Rohstoffe in verschiedenen Kornfraktionen,

□ Vermischen der verschiedenen Rohstoffe in den jeweils benötigten Mengen und Korngrößen unter Zusatz von Bindemitteln (Ton, organische oder anorganische Bindemittel) und Wasser,

□ Formgebung; die gebräuchlichsten Verfahren sind plastische Formgebung (Strangpressen), Halbtrocken- oder Trockenpressen, Schlickergießen, Rütteln und Handformgebung mit Preßluftstampfern (letzteres für komplizierte Formteile),

□ Trocknung unter Berücksichtigung der Temperatur und der Feuchtigkeit von Gut und Atmosphäre,

□ Brennen in Industrieöfen bei Temperaturen, die dem Brenngut angepaßt sind; bei hochwertigen Erzeugnissen kann diese Temperatur 1800 °C betragen.

Beim Brand bildet sich durch Sinterung die Bindung des Steins aus, durch die die Festigkeit und Eigenschaften des Steins bestimmt werden. Chemisch gebundene Steine mit anorganischen Bindern (Phosphate, Sulfate) werden nach dem Pressen bei erhöhter Temperatur zur Bildung einer Bindung gelagert. Ungeformte Erzeugnisse sind Gemenge aus feuerfesten Rohstoffen und Bindemitteln. Sie werden erst am Einsatzort unter Zugabe einer geeigneten Flüssigkeit verarbeitet.

Die Formgebung erfolgt bei der Zustellung des Brennaggregats, die Sinterung bei dem ersten Brand. Besonders dicht sind schmelzgegossene Erzeugnisse, deren Rohstoffe bis über den Schmelzpunkt aufgeheizt und anschließend in Formen gegossen werden. Zur Wärmeisolierung werden Feuerleichtsteine eingesetzt. Durch einen hohen Porenanteil dieser Werkstoffe wird eine beträchtliche Luftmenge eingeschlossen, so daß die niedrige Wärmeleitfähigkeit der Luft zur Wärmedämmung ausgenutzt wird. *Hesse/Hennicke*

**Werkstoff, nichteisenmetallischer.** Grob lassen sich die W. (Tabelle) in metallische, nichtmetallische W., Naturstoffe und Verbundwerkstoffe einteilen. Neben der chemischen Zusammensetzung entscheiden dabei die charakteristischen Eigenschaften und Merkmale über die Zuordnung der W.

Die Verwendung der Nichteisenmetalle (NE-Metalle) ist sehr spezialisiert. NE-Metalle stehen in

*Werkstoff, nichteisenmetallischer. Tabelle: Einteilung der Werkstoffe.*

| Werkstoffe | Anwendungsbeispiele |
|---|---|
| *metallische Werkstoffe* Eisen und Stahl | Fe, FeC (St37, C85, 13CrMo44) |
| Nichteisenmetalle und Legierungen | Cu, Al, Ni, Ti CuZn, AlMg, FeNi |
| Verbundmetalle | Cu-Stahl, Cu-Nb$_3$Sn |
| *nichtmetallische Werkstoffe* organische Stoffe | hochmolekulare Kunststoffe (PVC, PS, PE, PA, PUR) |
| anorganische Stoffe | Metall-Nichtmetall-Verbindungen (NaCl, Al$_2$O$_3$) |
| Silicate | Glas, Keramik |
| Hartstoffe | hochtemperaturfeste Oxide, Nitride, Carbide (AlN, WC) |
| *Naturstoffe* (naturbelassen oder abgewandelt) | Holz, Papier, Leder, Wolle, Baustoffe, Ton, Sand |
| *Verbundwerkstoffe* Metall-Kunststoff | Verbundski |
| Metall-Keramik | Zündkerze |
| Sinterwerkstoff | WC, MgO |
| faserverstärkter Werkstoff | GFK, Betonarmierung |

ihrer technischen und wirtschaftlichen Bedeutung dem Eisen und Stahl in keiner Weise nach.

Einige Beispiele sollen das verdeutlichen: Der Verbrauch von Kupfer ist stark mit der Elektrotechnik verbunden. Aluminium und Titan werden in der Luftfahrt und im Leichtbau verwendet. Nickel dient als Basis korrosionsbeständiger und warmfester Legierungen. Zink spielt beim Korrosionsschutz von Eisen eine besondere Rolle, und Zinn wird für die Konservierung von Lebensmitteln als Weißblech verwendet. Blei ist in Batterien der Fahrzeugtechnik unerläßlich. Magnesium und Zink kommen als Gußprodukte auf den Markt. Beryllium und Zirconium benötigt die Reaktortechnik, und Edelmetalle haben nicht nur einen hohen Metallpreis, sondern auch gute chemische Beständigkeit und eine oxidfreie Oberfläche.

Die Nutzung ihrer spezifischen Eigenschaften verschafft den NE-Metallen die besondere techni-

sche Verwendung, obwohl die jährlichen Preisschwankungen dabei hingenommen werden müssen. Viele NE-Metalle lassen sich durch andere W. nicht oder nur schwer ersetzen. Der Metallwert der NE-Metalle ist abhängig von der Reinheit, der Verarbeitung, dem Halbzeugzustand und wirtschaftlich-politischen Faktoren. Eine grobe Übersicht zeigt die großen Preisunterschiede (Bild 1).

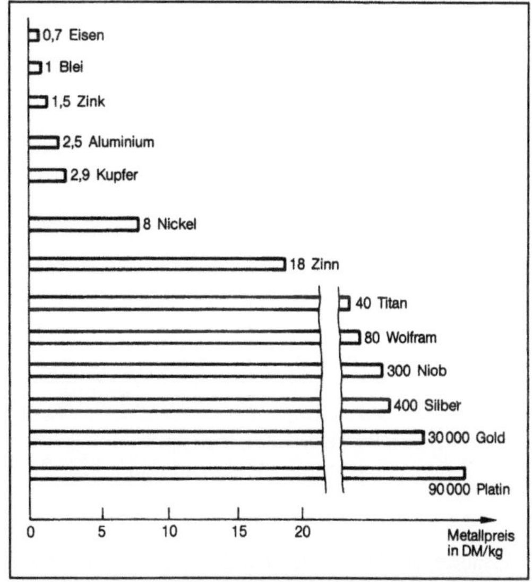


*Werkstoff, nichteisenmetallischer 1: Metallpreise von NE-Metallen im Rohzustand (Blöcke, Stangen, Drähte) in der Bundesrepublik Deutschland 1987 in DM/kg.*

Der Verbrauch der wichtigsten NE-Metalle ist relativ gering im Vergleich mit anderen W. (Bild 2, s. Seite 1210). Die Tendenz für Aluminium und Kunststoff ist leicht ansteigend, während sie bei Stahl rückläufig ist. Alle anderen NE-Metalle werden weniger produziert und verbraucht. Die Produktion von Rohstoffen für alle W. macht weniger als 20 % der gesamten Rohstofferzeugung auf der Welt aus und ist gering gegenüber der der Energieträger Kohle, Erdöl und Erdgas. *Heller*

**Werkstoffermüdung.** Unter dem Einfluß von Spannung und Wärme ermüdet ein Werkstoff, seine Festigkeit wird herabgesetzt.

Bei konstanter Langzeitbeanspruchung auftretende zeit- und temperaturabhängige Verformungsprozesse werden in der Technik als Kriechen bezeichnet. Kriechvorgänge sind für Werkstoffe mit amorpher oder teilkristalliner Struktur, wie Glas und Hochpolymere, von Bedeutung sowie bei entsprechend hohen Temperaturen auch für kristalline Werkstoffe (Metalle). Andererseits kann bei konstanter Verformung im Laufe der Zeit ein Spannungsabfall eintreten, der Spannungsrelaxation bezeichnet wird. Beide Erscheinungen beruhen bei

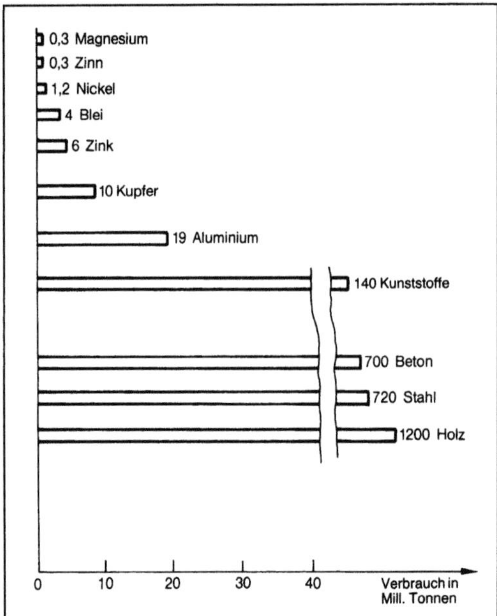



*Werkstoff, nichteisenmetallischer 2: Verbrauch der wichtigsten Werkstoffe, Weltproduktion 1980 in Mill. t.*

Metallen auf der mit der Temperatur zunehmenden Beweglichkeit der Atome, der größeren Anzahl und dem Verhalten der Gitterdefekte (Fehler im Kristallgitter). Kriech- und Relaxationsvorgänge haben entscheidende Bedeutung für die Eigenschaften von warmfesten Werkstoffen.

Als Kennzeichen der W. wird die Warmfestigkeit im Zeitstandversuch geprüft. Die in Kurzzeitversuchen bis etwa 400 °C ermittelten Warmfestigkeitswerte sind Anhaltspunkte für die Belastbarkeit eines Metalls im technischen Einsatz bei hohen Temperaturen. Zur exakten Bestimmung des ermüdenden Verhaltens eines Werkstoffs bei hoher Temperatur wird die Abhängigkeit der Festigkeitseigenschaften gleichzeitig von der Belastung, Dehnung, Temperatur und Zeit ermittelt.

Die Dauerfestigkeit ist die Festigkeit, die ein Werkstoff auf Dauer (Zeit) ertragen kann. Sie wird dynamisch z. B. mit der Umlaufbiegeprüfung als Dauerfestigkeit (Wöhler-Kurve) oder als Schwingfestigkeit mit Zug-Druck-Pulsatoren (Smith-Diagramm) ermittelt. Die statische Dauerstandfestigkeit wird über Kriech- oder Relaxationsvorgänge mit der Zeitstandprüfung bestimmt. Die dabei ermittelten Festigkeitswerte sind die Zeitdehngrenze (Spannung, die nach einer bestimmten Zeit und Temperatur die davon abhängige Dehnung hervorruft) und die Zeitstandfestigkeit (Zugbruchspannung, die nach einer bestimmten Zeit und Temperatur zum Bruch führt).

Die Kenntnis der genannten Festigkeitswerte ist vor allem für Werkstoffe wichtig, die der Belastung bei hohen Temperaturen über lange Zeit ausgesetzt sind, wie dies in Wärmekraftanlagen, bei der Raumfahrt und in der Reaktortechnik vorkommt. *Heller*

Literatur: *Bargel, H. J.,* u. *G. Schulze:* Werkstoffkunde. Düsseldorf 1988. – *Domke, W.:* Werkstoffkunde und Werkstoffprüfung. Essen 1982. – *Guy, A. G.:* Metallkunde für Ingenieure. Frankfurt 1970. – *Schatt, W.:* Einführung in die Werkstoffwissenschaft. Leipzig 1983.

**Werkstoffmodell.** Das W. liefert eine mathematische Beschreibung des Werkstoffverhaltens. Man unterscheidet dabei zwischen mechanischen W., die das Verhalten des Werkstoffs rein phänomenologisch, d. h. ohne Berücksichtigung von mikroskopischen Zusammenhängen, beschreiben und physikalischen Stoffmodellen, die das Geschehen im Innern der Werkstoffe aus der Sicht der Metallkunde oder -physik erfassen.

Bei der Modellbildung werden stets vereinfachende Annahmen getroffen, so daß das Modell das Verhalten eines idealisierten Werkstoffs beschreibt, der das physikalische Verhalten des realen Werkstoffs nur näherungsweise wiedergibt.

Die Vorgehensweise bei der →Plastizitätstheorie in der Umformtechnik ist rein phänomenologisch (makroskopisch) aufbauend auf den wesentlichen Eigenschaften der metallischen Werkstoffe, die ihrerseits wiederum im inneren Aufbau der Metalle begründet sind. Metalle zeigen bei niedriger Belastung ein linear-elastisches Verhalten, während bei höherer Beanspruchung plastisches Fließen auftritt. Der elastische und der (elastisch-)plastische Bereich werden modellmäßig durch die Fließgrenze (→Fließbedingung) getrennt.

Das Stoffgesetz legt den Zusammenhang zwischen den Spannungen und Formänderungen oder Formänderungsgeschwindigkeiten fest.

Für metallische Werkstoffe sind dabei folgende Punkte von Bedeutung:

☐ die Spannungs-Verzerrungs-Beziehungen für den elastischen Bereich,

☐ das Kriterium, das die Fließgrenze kennzeichnet,

☐ die Spannungs-Verzerrungs-Beziehungen für den (elastisch-)plastischen Bereich.

Einfache W., die diesen Sachverhalt beschreiben, sind das elastisch-idealplastische und das starr-idealplastische (Bild).

Beim elastisch-idealplastischen Werkstoff treten, solange die Spannungen die Fließgrenze nicht erreichen, elastische Formänderungen auf. Nach dem Erreichen der Fließgrenze fließt der Werkstoff ohne Spannungserhöhung. Beim starr-idealplastischen Werkstoff wird als zusätzliche Vereinfachung angenommen, daß der Werkstoff, solange die Fließgrenze nicht erreicht ist, keine Formände-

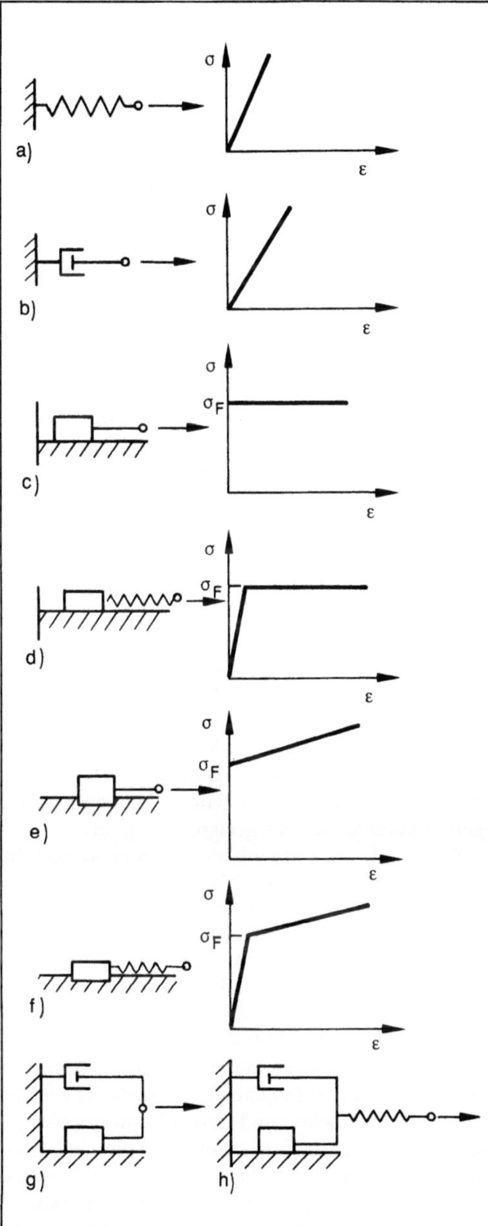

*Werkstoffmodell: Einfache Modelle für die Umformtechnik.*

*a) Linear-elastisch (Hooke)*

*b) Viskos (Newton)*

*c) Starr-idealplastisch (Saint-Venant, Lévy/von Mises)*

*d) Elastisch-idealplastisch (Prandtl-Reuß)*

*e) Starr-plastisch mit Kaltverfestigung*

*f) Elastisch-plastisch mit Kaltverfestigung*

*g) Starr-viskoplastisch ohne Kaltverfestigung (Bingham)*

*h) Elastisch-viskoplastisch mit Kaltverfestigung.*

rungen zeigt, d. h. sich wie ein starrer Körper verhält.

Die beiden Modelle führen naturgemäß auf unterschiedliche Stoffgesetze. Das elastisch-idealplastische Gesetz führt auf Grund der Berücksichtigung der elastischen Anteile der Formänderungen zu komplizierteren Stoffgleichungen als das starr-idealplastische und weist daher auch bei den praktischen Anwendungen größere mathematische Schwierigkeiten auf. Die Auswahl des geeigneteren W. ist daher von den Anforderungen und Randbedingungen abhängig.

Liegen die elastischen Formänderungen in der Größenordnung der plastischen (z. B. Biegevorgänge, Festigkeitsberechnungen) oder sollen Eigenspannungen berechnet werden, so ist die Verwendung des elastisch-plastischen Stoffmodells erforderlich.

Bei den meisten Umformvorgängen sind die plastischen Formänderungen wesentlich größer als die elastischen, so daß der Fehler, der aus der Vernachlässigung des elastischen Anteils der Formänderungen resultiert, insgesamt von untergeordneter Bedeutung ist.

Die bei den metallischen Werkstoffen festgestellte Volumenkonstanz der plastischen Formänderungen wird in beiden Gesetzen berücksichtigt (→Kontinuitätsbedingung). Die ebenfalls beobachteten Phänomene der Verfestigung und der Temperaturabhängigkeit der Werkstoffeigenschaften können durch geeignete Erweiterung der Modelle teilweise berücksichtigt werden. Weitere wichtige W. für die metallischen Werkstoffe einschl. der zugehörigen rheologischen Modelle sind im Bild zusammengefaßt.

Während die starr-plastischen und elastisch-plastischen W. zeitunabhängige Stoffgesetze beschreiben, ist bei den viskoplastischen Modellen eine direkte Zeitabhängigkeit vorhanden. Zeitunabhängige Stoffgesetze finden ihren Einsatz in der →Kaltumformung, wohingegen für die →Warmumformung zur Berücksichtigung zeitabhängiger Vorgänge, wie z. B. der Rekristallisation, viskoplastische Modelle besser geeignet sind.

Die Berücksichtigung anisotroper Werkstoffeigenschaften in den Stoffmodellen ist mit großem Aufwand verbunden und wird aus diesem Grund nur bei ausgeprägter Anisotropie durchgeführt.                                    *Lange*

Literatur: *Betten, J.:* Elastizitäts- und Plastizitätslehre. Braunschweig, Wiesbaden 1985. – *Hill, R.:* The Mathematical Theory of Plasticity. Oxford 1950. – *Ismar, H.,* u. *O. Mahrenholtz:* Technische Plastomechanik. Braunschweig, Wiesbaden 1979. – *Lange, K.* (Hrsg.): Umformtechnik. Handb. f. Ind. u. Wiss. Bd. 1: Grundlagen. 2. Aufl. Berlin, Heidelberg, New York, Tokio 1984. – *Lippmann, H.:* Mechanik des plastischen Fließens. Berlin, Heidelberg, New York 1981. – *Lippmann, H.,* u. *O. Mahrenholtz:* Plastomechanik der Umformung metallischer Werkstoffe. Berlin, Heidelberg 1967. – *Prager, W.,* u. *P. G. Hodge:* Theorie ideal-plastischer Körper. Wien 1954.

**Werkstoffprüfung.** Prüfungen einfachster Art (z. B. Sinnesprüfungen wie Berühren) bis zu hochkomplizierten, teueren Experimenten im Weltall (Schwerkrafteinfluß bei Umschmelzprozessen) zur Erlangung von Kenntnissen über Eigenschaften und Gesetze von Werkstoffen als Grundlage für Qualität, Entwicklung und Sicherheit. Das unmittelbare Ziel, unter Beachtung wirtschaftlicher Erfordernisse z. B. einen Kennwert zu ermitteln, wird in vielen Fällen begleitet von übergeordneten Zielen wie die Erstellung nationaler Regelwerke bis hin zu internationalen Standards.

Da die Eigenschaften eines Werkstoffs nicht mit einem einzigen Kennwert erfaßbar sind und von vielen Parametern beeinflußt werden, soll im Folgenden ein Überblick über Verfahren der W., die vor allem für metallische Werkstoffe eingesetzt werden, gegeben werden:

□ Prüfung der chemischen Zusammensetzung: naßchemische Analysen und physikalische Prüfverfahren (Pyrolyse, optische Emissionsspektroskopie, Mikrosonde, energiedispersive Mikroanalyse) sowie halbquantitative Verfahren wie Röntgenfluoreszensanalyse und Funkenprüfung.

□ Struktur- und Mikrofehleranalysen: Licht- und elektronenmikroskopische Prüfverfahren (Rasterelektronenmikroskop, Durchstrahlungselektronenmikroskop, Mikrosonde, energiedispersive Mikroanalyse) sowie röntgenographische Prüfverfahren.

□ Festigkeits- und Zähigkeitsuntersuchungen (auch mit dem Verwendungszweck angepaßten Proben, Beanspruchungen und Temperaturen):
– statische und zügige Beanspruchung im Zug-, Druck-, Biege-, und Torsionsversuch oder Kombinationen davon,
– periodisch sich ändernde Beanspruchung im →Dauerschwingversuch, aperiodisch sich ändernde Beanspruchung im Betriebs-Schwingversuch unter Verwendung von Betriebs-Lastkollektiven,
– schlagartige Beanspruchung im Fall-, Schlagbiege-, Schlagzug- und Schlagverdrehversuch,
– langzeitige Beanspruchung vor allem mit erhöhten Temperaturen im Zeitstand- und Relaxationsversuch.

□ Technologische Prüfverfahren: Verfahren mit am Anwendungsfall orientierten Beanspruchungen zum Nachweis der Einsetzbarkeit eines bestimmten Werkstoffs, teilweise ohne Ermittlung eines Kennwerts, wie →Kerbschlagbiegeversuch, Faltversuch, Aufweitversuch.

□ Härteprüfverfahren: Meist praktisch zerstörungsfreie Prüfverfahren, die für solche Fälle, bei denen kein Zugversuch durchgeführt werden kann (gehärtete Werkstoffe), oder als Ersatz für diesen angewandt werden. Man unterscheidet statische Härteprüfverfahren, bei denen ein Eindringkörper unter statischer Belastung in den Prüfkörper eindringt (Vickers-, Brinell-, Rockwell-, Ritzhärte), von dynamischen Härteprüfverfahren mit Schlagbeanspruchung (Poldihammer) oder elastischer Stoßbeanspruchung (Rücksprunghärteprüfung nach *Shore*). Daneben gibt es auch Verfahren, die auf Ultraschall basieren.

□ Zerstörungsfreie Prüfverfahren (zerstörungsfreie W.).

□ Sonstige elektrische und physikalische Prüfverfahren: Verfahren zur Ermittlung von Werkstoffeigenschaften wie elektrische Leitfähigkeit, dielektrische Verluste, Wärmeleitfähigkeit u. a.

□ Bruchmechanische W.: Prüfungen zur Erlangung von Kennwerten zur Beschreibung und Quantifizierung der kritischen Zustände von fehlerhaften Bauteilen. *Kußmaul*

**Werkstückaufnahmevorrichtung (Honen).** Für das Langhub- und Kurzhubhonen ergeben sich auf Grund der unterschiedlichen Orientierung von Werkzeug und Werkstück verschiedenartige Vorrichtungen zur Aufnahme der Werkstücke während der Bearbeitung (→Honverfahren).

Die beim Langhubhonen vorherrschende vertikale Anordnung von Werkzeug und Werkstück erfordert für ein hochgenaues Fertigungsergebnis ein exaktes Ausrichten der Werkzeugachse zur Bohrungsachse des Werkstücks. Mittels entsprechender Vorrichtungen werden entweder für das Werkzeug oder für das Werkstück die notwendigen Freiheitsgrade realisiert, damit ein selbständiges Ausrichten erreicht wird. Hierfür haben sich folgende Maßnahmen als geeignet erwiesen:

□ Pendelnde Anordnung des Honwerkzeugs bei fester Aufspannung des Werkstücks. Bei dieser Anordnung müssen die Spannflächen des Werkstücks eine ausreichende Ebenheit aufweisen. Bei dünnwandigen Werkstücken erfolgt die Spannung durch eine hydraulisch oder pneumatisch betriebene Gummimanschette, die kraftschlüssig als Umfangsspannvorrichtung wirkt.

□ Die starre Anordnung des Honwerkzeugs bei schwimmender Aufnahme des Werkstücks wird bei Werkstücken leichter und kleiner Bauformen eingesetzt. Bei einem geringen radialen Spiel des eingespannten Werkstücks übernimmt das →Honwerkzeug beim Einfahren in die Bohrung die achsparallele Zentrierung. Andererseits muß das Honwerkzeug dafür genügend starr ausgeführt sein, damit es unter dem Einfluß der Schnittkräfte keiner Auslenkung unterliegt.

□ Bei der kardanischen Aufnahme des Werkstücks handelt es sich um eine auf zwei Freiheitsgrade erweiterte, schwimmende Anordnung. Dabei ist die achsparallele Zentrierung voll gewährleistet. Der Schwerpunkt des Werkstücks muß dabei soweit wie möglich in der Kardanebene liegen. Dieses Aufnahmeverfahren wird für die hochgenaue Fertigung von Einspritzelementen oder hydraulischen Steuergehäusen eingesetzt.

□ Einige Bearbeitungsanforderungen setzen Sonder-Werkstückspannvorrichtungen voraus. Bei nicht rechtwinklig vorbearbeiteten Werkstücken werden beispielsweise Stirnspannvorrichtungen mit einem Richtdorn verwendet.

□ Beim gleichzeitigen Honen von mehreren Werkstücken werden Paket- oder Mehrfachspannvorrichtungen eingesetzt. Hierbei verwendet man z. T. auch kardanische Mehrfachspannvorrichtungen.

Allgemein gilt, daß die bei der Vorbearbeitung erzeugten Formfehler hinsichtlich Zylindrizität und Rundheit durch den Feinbearbeitungsprozeß Honen weitgehend ausgeglichen werden können. Dies gilt für die Lagefehler der Bohrungsachse nicht.

Durch die horizontale Bestimmungslage des Werkstücks beim Kurzhubhonen werden hierfür relativ einfache Werkstückaufspannvorrichtungen eingesetzt. Je nach Form, Größe und Art wird das Werkstück mittels Spannfutter, über hydrostatische Lagerung mit seitlicher Anpreßrolle sowie zwischen zwei Spitzen aufgenommen. Für das Durchlaufverfahren erfolgt die Aufspannung spitzenlos auf Tragrollen. Diese Methode wird neben anderen Spannmethoden auch beim Kurzhub-Einstechhonen eingesetzt. *Kenter*

Literatur: *Flores, G.:* Honen. Grundlagen und Anwendung. Düsseldorf 1992.

## Werkstückaufnahmevorrichtung (Läppen)
→Läppkäfig

## Werkstückaufnahmevorrichtung (Schleifen).
W. dienen zur Aufnahme des Werkstücks auf der Schleifmaschine. Je nach →Schleifverfahren und Werkstückform werden unterschiedliche Vorrichtungen eingesetzt.

Beim Flachschleifen (→Schleifen) werden häufig Magnetspannplatten zur Werkstückaufnahme verwendet, sofern die Form und das Material des Werkstücks dies zuläßt. Man unterscheidet zwischen elektro- und permanentmagnetischen Spannplatten. Die letzteren haben den Vorteil, daß sie keine elektrischen Zuleitungen oder Übertragungskontakte benötigen und keine Eigenwärme erzeugen. Die elektromagnetischen Spannplatten bestehen im wesentlichen aus Magnetkörper, Erregerwicklung und Polplatte (Bild).

Für Werkstücke, deren Form oder Werkstoff den Einsatz einer magnetischen Spannplatte nicht zulassen, sind werkstückspezifische Aufnahmevorrichtungen entwickelt worden, die mechanisch, hydraulisch oder pneumatisch betrieben werden. Für das Spannen von Werkstücken mit ebenen Flächen werden oft Vakuum-Spannplatten eingesetzt.

Beim Außenrundschleifen (Rundschleifen) wird das Werkstück häufig zwischen nicht umlaufenden Zentrierspitzen eingespannt. Auf die einwandfreie Zentrierung des Werkstücks ist großer Wert zu

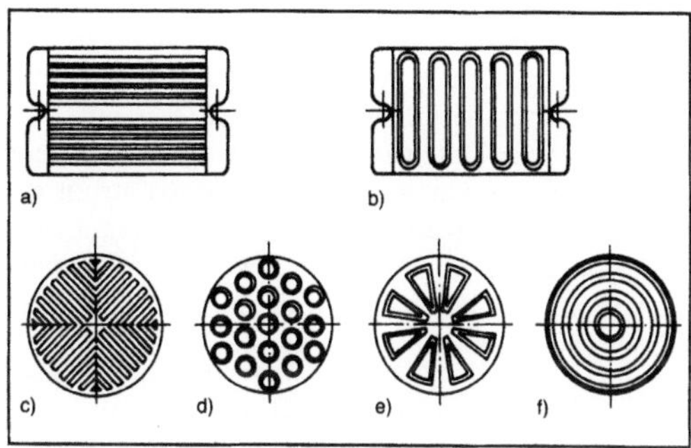


*Werkstückaufnahmevorrichtung (Schleifen): Polplatten für das Aufspannen von Werkstücken beim Flachschleifen. (Quelle:* Spur, Stöferle*)*

*a) Rechteckplatte mit Längspolteilung*
*b) Rechteckplatte mit Querpolteilung*
*c) Rundplatte mit Sternpolteilung*
*d) Rundplatte mit Kreispolteilung*
*e) Rundplatte mit strahlenförmiger Polteilung*
*f) Rundplatte mit Ringpolteilung.*

legen. Bei hohen Anforderungen an die Rundheit des Werkstücks ist auf eine querkraftfreie Drehmomenteinleitung zu achten.

Lange und/oder dünne Werkstücke müssen beim Schleifen durch Setzstöcke abgestützt werden, die entsprechend der arbeitsbedingten Durchmesseränderung nachgestellt werden müssen. Hohle Rundwerkstücke, deren zylindrische Außenflächen geschliffen werden und die eine bearbeitete Bohrung haben, werden auf Dorne gespannt. Dabei verwendet man entweder konische Dorne oder Dehndorne, die mechanisch, hydraulisch oder pneumatisch betätigt werden. Für Werkstücke, die mit diesen Vorrichtungen nicht auf die Maschine aufgespannt werden können, gibt es Spezialvorrichtungen.

Beim Innenrundschleifen (Rundschleifen) werden Drei- oder Vierbackenfutter mit radial verstellbaren Backen oder Spannzangen eingesetzt. Bei dünnwandigen Werkstücken ist darauf zu achten, daß die Spannbacken das Werkstück nicht verspannen. In der Serienfertigung werden Sonderspannvorrichtungen eingesetzt.

Beim →Spitzenlosschleifen wird das zwischen →Schleifscheibe und Regelscheibe umlaufende Werkstück von einer Auflageschiene getragen. Form und Dicke der Auflageschiene richten sich nach Form und Durchmesser des Werkstücks. *Kenter*

Literatur: *Spur, G., u. Th. Stöferle:* Handbuch der Fertigungstechnik. Bd. 3/2: Spanen. München, Wien 1980.

## Werkstückcodierung.
Bei automatisierten Produktionsanlagen, wie z. B. Bearbeitungszentren mit Werkstückspeichern (auch Palettenspeicher), ist es notwendig, die Werkstücke und den zugehörigen Werkstückträger (Vorrichtung und/oder Palette) den jeweiligen Bearbeitungsprogrammen zuzuord-

nen. Man unterscheidet auch hier wie bei der Werkzeugcodierung zwischen Platzcodierung, variabler Platzcodierung und der direkten Codierung durch einen Datenträger. Eine Platzcodierung erfolgt z. B. bei einem →Bearbeitungszentrum mit zwei Palettenplätzen. Die Steuerung erkennt, von welchem Platz des Palettenwechslers der Maschinenarbeitstisch beschickt wurde, und ruft das zugehörige Programm auf. Die variable Palettenplatzcodierung ermöglicht die automatische Bearbeitung vieler unterschiedlicher Werkstücke aus einem gemeinsamen →Werkstückspeicher. Beim Aufspannen des Werkstück-Rohteils auf einer Palette ordnet der Maschinenbediener über die Steuerung der jeweiligen Platznummer ein Bearbeitungsprogramm zu. Während des Fertigungsablaufs verfolgt die Steuerung den Weg aller Paletten und „merkt" sich den jeweiligen Stand der Bearbeitung.

Bei der direkten Palettencodierung werden Datenträger auf der Werkstückpalette z. B. in Form einer Nockenkombination, eines Halbleiterchips oder eines Barcodestreifens angebracht. An Hand des Datenträgers können alle wichtigen, das Werkstück betreffenden Daten, wie Werkstücknummer, Programmnummer, Bearbeitungszustand usw., gespeichert sein. Beim Einwechseln der Werkstückpalette in den Maschinenarbeitsraum wird der Datenträger durch eine Lese-Einheit abgetastet und in der Steuerung das zugehörige Bearbeitungsprogramm aufgerufen. *Schulz*

**Werkstückhandhabung.** Bei der W. durch Industrieroboter werden Werkstücke durch Greifer aufgenommen und vorübergehend gehalten. Gegebenenfalls wird die Position oder die Orientierung des Werkstücks durch Greiferlinear- bzw. Greiferdrehachsen verändert. Nach der sich anschließenden Bewegung durch den Industrieroboter wird das Werkstück in gewünschter Form und an gewünschter Stelle abgelegt.

Zu den Einsatzgebieten der Industrieroboter bei der W. gehören das
□ Be- und Entladen von Werkzeugmaschinen,
□ Palettieren und Kommissionieren,
□ Einlegen von Teilen (Werkstücken) bei der Montage,
□ Handhaben von Teilen im Reinraum.

Bei der W. an Werkzeugmaschinen, Pressen oder Schmieden legt der mit einem geeigneten Greifwerkzeug ausgerüstete Industrieroboter die Teile mit der entsprechenden Genauigkeit in die Maschine ein oder entnimmt diese Werkstücke aus den entsprechenden Maschinen. Um mit unflexiblen Einzweckmaschinen hierbei konkurrieren zu können, sind hohe Geschwindigkeiten und Beschleunigungen zum Erzielen kurzer Taktzeiten nötig. Auf Grund geforderter kurzer Umrüstzeiten werden meist Mehrfachgreifer eingesetzt, und der Industrie-

roboter sowie die Peripherie müssen schnell umprogrammierbar sein.

Beim Palettieren legt der Industrieroboter einzelne Werkstücke nach einem vorprogrammierten Muster auf einer Palette ab, oder aber er nimmt auf einer Palette liegende Werkstücke ab. Eingesetzt wird er dann, wenn Einzweckeinrichtungen (Palettiermaschinen) zu unflexibel sind und große Gewichte, große Abmessungen oder kurze Taktzeiten den Einsatz menschlicher Arbeitskräfte nicht zulassen. Ähnlich ist die Aufgabenstellung beim Kommissionieren, wenn eine bestimmte Anzahl von unterschiedlichen Werkstücken zu einer Einheit zusammenzustellen ist. Die Entnahme von Paletten oder aus Regalen und das Ablegen auf Förderhilfsmittel kann man von Industrierobotern durchführen lassen, die hierfür aber mit einer aufwendigen Sensorik ausgestattet sein müssen.

W. in der Montage ist meist das Ein- oder Auflegen von Teilen, z. B. von Dichtungen, von Grundkörpern in Werkstückträger o. ä.

Ein weiteres Einsatzgebiet von Industrierobotern ist die W. unter Reinraumbedingungen, bei denen der Einsatz von Menschen bereits eine unzulässige Verschmutzungsquelle darstellt. *Warnecke*

**Werkstückkontrolle.** Die Qualität der produzierten Güter kann man nur durch umfangreiche und ständige W. sicherstellen.

Ob die Einzelteile, Baugruppen oder die hergestellten Produkte einwandfrei gefertigt bzw. geliefert wurden, sollte nicht erst bei der Endprüfung festgestellt werden. Fehler muß man so früh wie möglich erkennen und ihre Ursachen beseitigen. Je nach den geforderten Qualitäten werden entweder regelmäßige Kontrollen durchgeführt oder der laufenden Produktion Stichproben in festgelegten Zeitabständen entnommen und ausgewertet. In Abhängigkeit vom Automatisierungsgrad der Qualitätssicherungseinrichtungen werden die W. manuell, mit einfachen Meßgeräten bzw. -vorrichtungen, oder automatisch ausgeführt. In einem flexiblen Fertigungssystem wird das Werkstück entweder in der Werkzeugmaschine mit einem separaten, in die →Hauptspindel eingewechselten Meßtaster und einem anschließenden Meßlauf oder in einer der Werkzeugmaschine nachgeschalteten Meßstation kontrolliert. Eine Meßstation besteht je nach Komplexität des Werkstücks aus einem Mehrstellen- oder Mehrkoordinaten-Meßgerät. Das Mehrstellenmeßgerät nimmt das Werkstück an definierten Punkten auf und tastet es an bestimmten Meßstellen mit elektronischen Meßtastern an. Die Mehrstellenmeßgeräte können die zu prüfenden Werkstückmaße sehr schnell erfassen, sind jedoch nur für enge Teilespektren geeignet. Im Gegensatz hierzu ist das Mehrkoordinaten-Meßgerät für ein breites Teilespektrum geeignet, die benötigte Zeit für den selbsttätigen Meßlauf ist jedoch sehr hoch. Die in einem Fertigungssystem integrierte Meßstation wird in den automatischen Werkstückfluß eingebunden.

Die ermittelten Meßergebnisse werden mit entsprechenden Auswerteeinheiten weiterverarbeitet und statistisch aufbereitet. Die Rückmeldung an die laufende Produktion ist ständig gegeben, z. B. durch eine automatische Änderung des für die Werkstückbearbeitung notwendigen CNC-Programms auf Grund der von der Auswerteeinheit ermittelten Daten. *Schulz*

Literatur: *Illig, W.:* Qualitätssicherung. Werkstattbl. 730. München.

**Werkstückspeicher.** Der W. dient zur Bevorratung von Werkstücken. Ist er direkt mit einer oder mehreren Bearbeitungsmaschinen verbunden, dient er auch als Puffer bei zeitlichen Schwankungen in der Werkstückversorgung (Störungen, Taktunterschiede). Die Bauform des Speichers hängt hauptsächlich von Art, Form und Größe der Werkstücke, den Bearbeitungsgängen, der Maschine und betrieblichen Gegebenheiten ab. Die Größe wird nicht nur durch die Abmessungen der Werkstücke, sondern auch durch die Bevorratungsmenge bestimmt. Im einfachsten Fall werden als W. Kisten oder Paletten verwendet, die die Teile ungeordnet oder geordnet enthalten können. Besonders kleinere Teile (z. B. Schrauben, Ringe, Kugeln) werden häufig ungeordnet gespeichert, während größere Teile (z. B. Stangen, Bleche, Getriebegehäuse) und hochwertige Teile (z. B. geschliffene Wellen, Zahnräder) meist in geordneter Form gespeichert werden (Bild); (Werkstückwechsel). *Schulz*

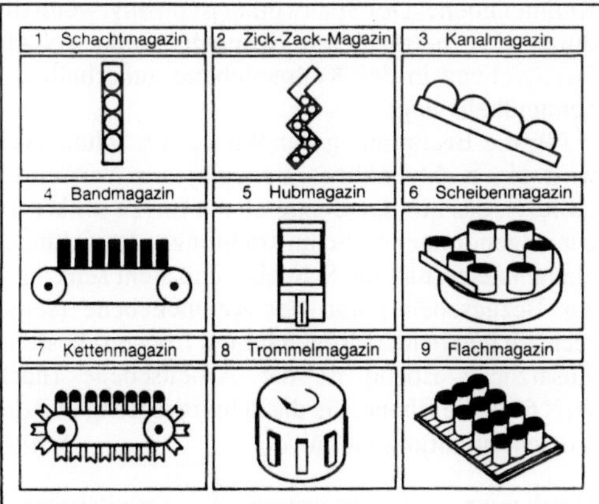

*Werkstückspeicher: Möglichkeiten geordneter Speicherung von Werkstücken. (Quelle:* Graf *a.a.O.)*

Literatur: *Graf, B.:* Flexibilität und Kapazität von Werkstückspeichersystemen. Diss. TU Stuttgart. Berlin, Heidelberg, New York 1984. – *Hesse, S.,* u. *H. Zapf:* Verkettungseinrichtungen in der Fertigungstechnik. München 1971.

**Werkstückwechsler.** Bindeglied zwischen →Werkstückspeicher und Maschine ist die Zuführung und der Wechsel der Werkstücke an der Maschine. Diese Funktionen können manuell vom Maschinenbediener oder maschinell ausgeführt werden. Die Automatisierung dieser Funktionen ist ein wesentlicher Teil der Fertigungsautomatisierung. Zuführung und Wechsel der Werkstücke können Pufferung, Taktausgleich, Kommissionierung und Kontrolle beinhalten. Die Zuführung (Transport) kann auch zur Verkettung mehrerer Maschinen genutzt werden. Wesentlichen Einfluß auf diese Funktionen haben Art, Größe, Gestalt und Stabilität der Werkstücke, die Bearbeitung und der Maschinenraum sowie die Art der Lagerung in geordneter und ungeordneter Form (Werkstückspeicher). Für eine definierte Bearbeitung müssen die Werkstücke geordnet und lageorientiert vorliegen. Lösungen für das Ordnen und Zuführen kleiner Teile mit geringer Flexibilität (Schrauben, Bolzen, Scheiben) zeigt Bild 1.

Für den Wechsel werden bewegliche Werkstückhaltevorrichtungen benötigt. Bewegungsmöglichkeiten sind Translation, Rotation oder kombinierte

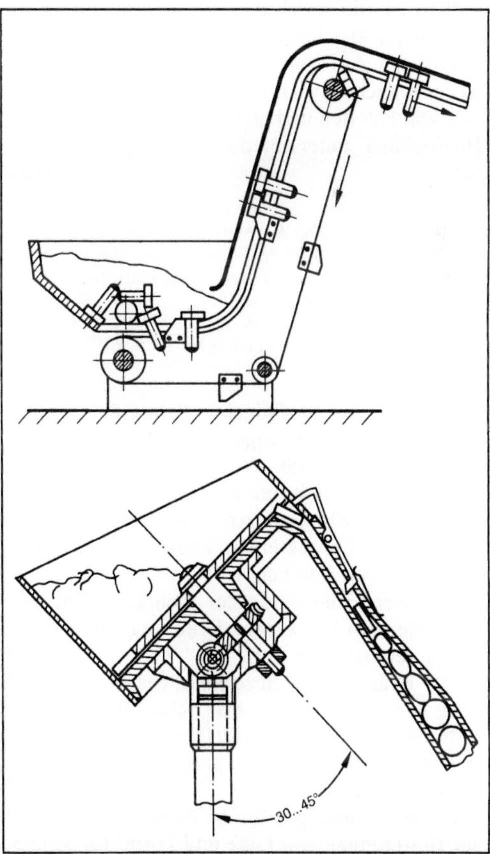

*Werkstückwechsler 1: Geräte zum Ordnen und Zuführen kleinerer Teile. (Quelle:* Brack *a.a.O.)*

Bewegungen. Die Fixierung kann mechanisch, hydraulisch, pneumatisch oder elektrisch erfolgen. Bild 2 zeigt eine stationäre Wechseleinrichtung für größere Stangenabschnitte an einem Nachformdrehautomaten. Weiterhin sind automatische Handhabungsgeräte (→Roboter) mit frei beweglichen Werkstückgreifern für den flexiblen Wechsel von Werkstücken einsetzbar.

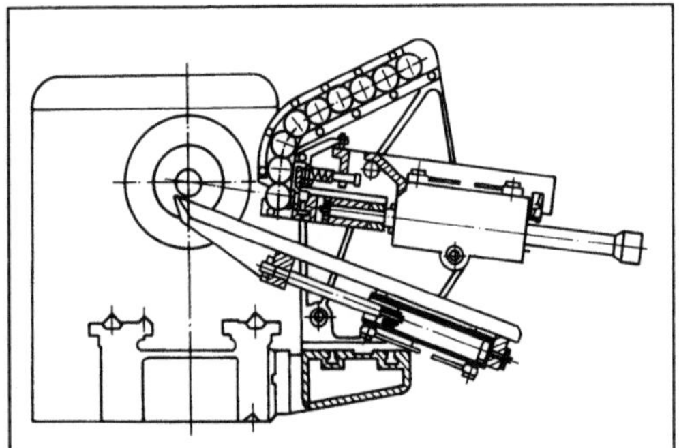

*Werkstückwechsler 2: Werkstückwechseleinrichtung. (Quelle: Hesse, Zapf a.a.O.)*

Werden die Werkstückspanneinrichtungen der Maschinen gleichzeitig als Transportpaletten mit definierten Auf- und Anlagepunkten ausgebildet, ist ein einfacher Werkstückwechsel durch Auswechseln von Paletten und eine hohe Flexibilität bei der Bearbeitung unterschiedlicher Werkstücke möglich. *Schulz*

Literatur: *Brack, G.,* u. a.: Automatisierung im Maschinenbau. Ost-Berlin 1970. – *Ehl, R.:* Automatisierung des Werkzeug- und Werkstückwechsels an Pressen. Diss. RWTH Aachen 1985. – *Hesse, S.,* u. *H. Zapf:* Verkettungseinrichtungen in der Fertigungstechnik. München 1971. – *Illgner, H. J.,* u. a.: Automatisierung durch Werkzeug- und Werkstückwechsler. Werkstatt und Betrieb 118 (1985) Nr. 12, S. 797/804.

**Werkzeug mit definierter Schneide.** Bei den spanabhebenden Fertigungsverfahren wird das Werkstück durch ein Werkzeug mit keilförmiger Schneide bearbeitet, um bestimmte Werkstückformen, Werkstücktoleranzen und Oberflächengüten zu erreichen. Charakteristisch für sämtliche spanenden Verfahren (Drehen, Hobeln, Bohren, Räumen und Fräsen) sind eine oder mehrere keilförmige Schneiden am Werkzeug, deren Lage geometrisch genau definiert sein muß.

Die Begriffe und Bezeichnungen zur Beschreibung der Geometrie am Schneidkeil sind in DIN 6581 sowie in ISO 3002/1 festgelegt (Bild 1). Sie sind stellvertretend für alle am Fertigungsverfahren Drehen erläutert.

Die Bezeichnungen für die Schneidenwinkel, die zur Bestimmung von Lage und Form des Schneidkeils dienen, sind DIN 6581 entnommen (Bild 2):
□ Der Einstellwinkel $\kappa$ ist der Winkel zwischen der

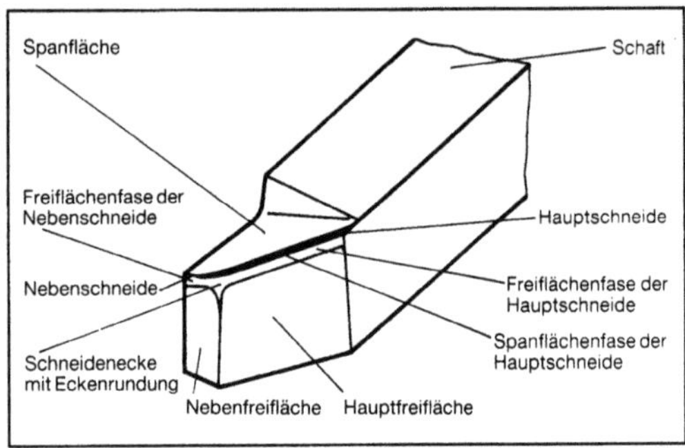


*Werkzeug mit definierter Schneide 1: Flächen, Schneiden und Schneidenecken am Dreh- und Hobelmeißel. (Quelle: DIN 6581)*

Schneidenebene und der Arbeitsebene, gemessen in der Bezugsebene.
□ Der Eckenwinkel $\varepsilon$ ist der Winkel zwischen den Schneidenebenen von zusammengehörenden Haupt- und Nebenschneiden, gemessen in der Bezugsebene.
□ Der Neigungswinkel $\lambda$ ist der Winkel zwischen der Schneide und der Bezugsebene, gemessen in der Schneidenebene. Er ist positiv, wenn die in den betrachteten Schneidenpunkt gelegte Bezugsebene in der Projektion, auf die Schneidenebene betrachtet, außerhalb des Schneidkeils liegt.
□ Der Freiwinkel $\alpha$ ist der Winkel zwischen der Freifläche und der Schneidenebene, gemessen in der Keilmeßebene.
□ Der Keilwinkel $\beta$ ist der Winkel zwischen der Freifläche und der Spanfläche, gemessen in der Keilmeßebene.
□ Der Spanwinkel $\gamma$ ist der Winkel zwischen der Spanfläche und der Bezugsebene, gemessen in der Keilmeßebene. Der Spanwinkel ist positiv, wenn die durch den betrachteten Schneidenpunkt gelegte Bezugsebene in der Keilmeßebene außerhalb des Schneidkeils liegt.

Für die Bestimmung der Winkel am Schneidkeil wird ein rechtwinkliges Bezugssystem verwendet (Bild 3), das aus der Bezugsebene (meist senkrecht zur angenommenen Schnittrichtung), der Schneidebene (sie enthält die Schneide und steht senkrecht zur Bezugsebene) und der Keilmeßebene (senkrecht zu den beiden vorgenannten Ebenen) besteht. Zusätzliche Ebene ist die Arbeitsebene (nach DIN 6580 die Ebene, die die Schnittrichtung und die Vorschubrichtung enthält). *Schulz*

**Werkzeug mit geometrisch unbestimmter Schneide.** Kennzeichen dieser Werkzeuge ist, daß sie vielschneidig, die Schneidwinkel geometrisch unbestimmt und die Eingriffsverhältnisse der Schneidkörper nicht vorbestimmbar sind.

Nach Bild 1 wird zwischen vier Wirkprinzipien unterschieden. Beim energiegebundenen Wirkprin-

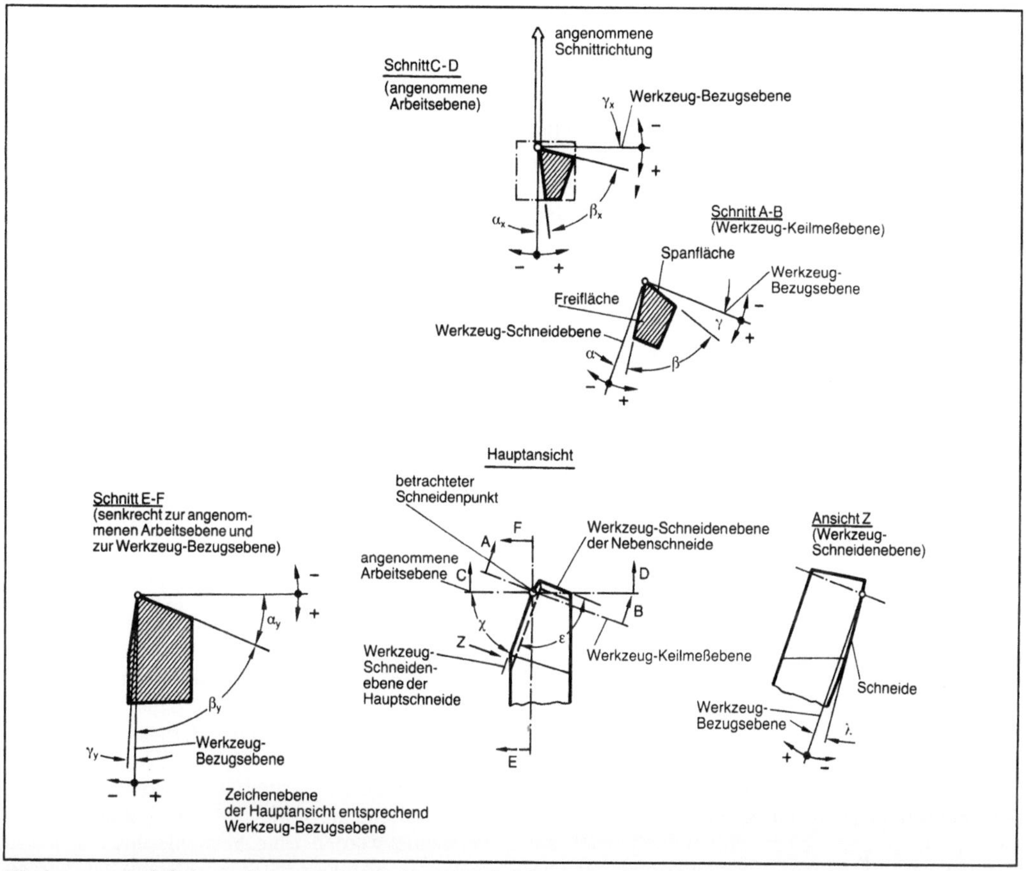

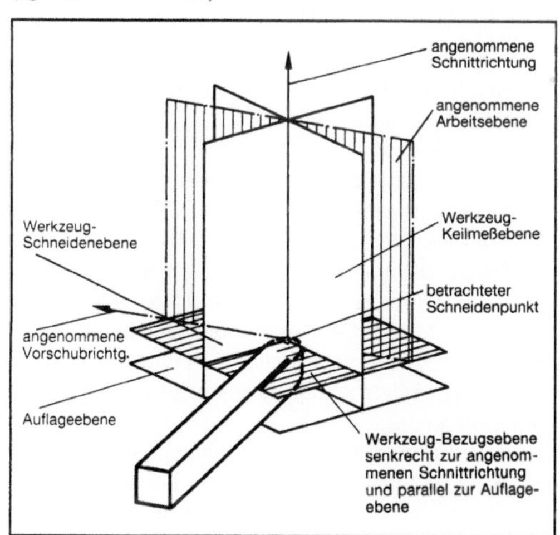

*Werkzeug mit definierter Schneide 2: Werkzeugwinkel für einen Punkt der Hauptschneide am Drehmeißel. (Quelle: DIN 6581)*

*Werkzeug mit definierter Schneide 3: Werkzeuge-Bezugssystem am Drehmeißel. (Quelle: DIN 6581)*

zip wird die Wirkung der Schneide hauptsächlich durch die kinetische Energie des Korns bestimmt. Die Körner werden auf das zu bearbeitende Werk-stück geschleudert (Sandstrahlen). Wenn sich die ungebundenen Körner zwischen der Bearbeitungs-stelle und einem starren Werkzeug befinden, han-delt es sich um ein raumgebundenes Wirkprinzip (Läppen).

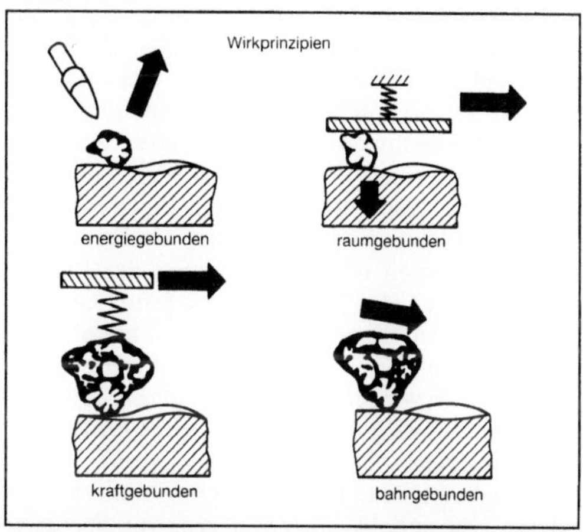


*Werkzeug mit geometrisch unbestimmter Schneide 1: Wirkprinzipien für den Schneideneingriff.*

Wird das Werkzeug mit hoher Anpreßkraft und konstanter Flächenpressung an das Werkstück gedrückt, ist der Schneideneingriff kraftgebunden. Auch beim gebundenen Korn ist der Schneideneingriff kraftgebunden (z. B. Schleifen, Honen). Hier ist das Korn starr gehalten und wird durch die Relativbewegung zwischen Werkzeug und Werkstück auf einer vorgegebenen Bahn in das Werkstück hineingetrieben (Bild 2).

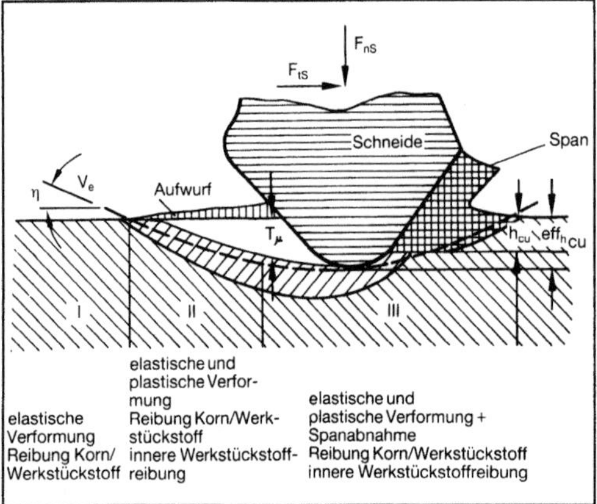


*Werkzeug mit geometrisch unbestimmter Schneide 2: Schematische Darstellung eines Schneideneingriffs.*

Nach DIN 69111 sind die Werkzeuge zum →Spanen mit geometrisch unbestimmten Schneiden in vier Hauptgruppen eingeteilt: Schleifkörper aus gebundenem Schleifmittel, Schleifkörper mit Diamant- oder Bornitridbesatz, Werkzeuge mit Schleifmitteln auf Unterlage und ungebundene Schleifmittel. *Schulz*

Literatur: *König, W.:* Fertigungsverfahren. Bd. 2: Schleifen, Honen, Läppen. Düsseldorf 1980.

**Werkzeugcodierung.** Bei automatisierten Produktionsanlagen, wie z. B. Bearbeitungszentren oder flexiblen Fertigungssystemen, werden die Werkzeuge automatisch entsprechend der Bearbeitungsreihenfolge, die durch das NC-Programm festgelegt ist, in die Maschinenspindel gewechselt. Zur Auswahl des richtigen Werkzeugs ist eine Codierung erforderlich. Dabei wird zwischen Platzcodierung, variabler Platzcodierung und der Codierung mit Codierelementen unterschieden. Bei der Platzcodierung erhält jedes Werkzeug eine feste Platznummer im →Werkzeugspeicher. Es wird beim Wechselvorgang immer aus dem gleichen Platz entnommen und dort wieder abgelegt. Die Werkzeugwechselzeiten sind wegen der erforderlichen Positionierbewegung relativ hoch.

Deshalb ist heute bei Bearbeitungszentren überwiegend die variable Platzcodierung von Werkzeugen anzutreffen. Hierbei wird ein Werkzeug aus dem Magazin entnommen und gegen das sich gerade

in der →Hauptspindel befindliche Werkzeug gewechselt. Letzteres erhält somit den Platz des ersteren im Werkzeugmagazin. Dieser Platzwechsel der Werkzeuge muß ständig durch die Steuerung berücksichtigt werden.

Eine neue Entwicklung auf dem Gebiet der W. ist die Codierung mit Datenträgern. Der Datenträger, ein Halbleiterchip, ist auf dem Werkzeugkopf angebracht. Die hohe Speicherkapazität und die uneingeschränkte Programmierbarkeit ermöglichen es, alle relevanten Werkzeugdaten wie Identnummer, Standzeit, Reststandzeit, Bestellnummer usw. auf dem Datenträger zu speichern. Beim Einlegen in das Werkzeugmagazin werden die Informationen mit einem Schreib-Lese-Kopf gelesen und an die NC-Steuerung weitergegeben. Eine Platzcodierung wird überflüssig und wahlfreier Zugriff auf das Werkzeug möglich. *Schulz*

**Werkzeugelektrode.** W. ist die beim elektrochemischen →Abtragen eingesetzte (negative geladene) Kathode, die unter Berücksichtigung des prozeßbedingten Arbeitsspalts das Abbild der am Werkstück zu erzeugenden Form (Formelektrode) darstellt.

Als Profilelektrode weist sie in einer zur Vorschubrichtung senkrechten Ebene eine Querschnittsform auf, die unter Berücksichtigung des Wirkspalts dem herzustellenden Profil des Durchbruchs entspricht. Grundsätzlich können alle elektrisch leitenden Stoffe zur Herstellung von W. verwendet werden. Eine Auswahl sollte man jedoch dabei nach folgenden Gesichtspunkten vornehmen:
□ elektrische Leitfähigkeit,
□ mechanische Festigkeit und
□ Bearbeitbarkeit.
Hiernach werden vorzugsweise Kupfer, Kupfer-Graphit, Wolfram-Kupfer, Messing, rostfreier Stahl und Titanwerkstoffe eingesetzt.

Je nach vorliegender Bearbeitungsaufgabe ist es zur Herstellung einer vorgegebenen Werkstückkontur unumgänglich, daß Teile der W. durch Kunststoffbeschichtung oder Aufbringung anderer, nicht leitender Stoffe isoliert werden. Hierbei geschieht das Abdecken an Werkzeugoberflächen, die beim Fertigungsprozeß denjenigen Bereichen des Werkstücks gegenüberliegen, die nicht abgetragen werden sollen.

Theoretisch tritt beim elektrochemischen Abtragen kein →Verschleiß an der W. auf. Bei Prozeßstörungen, wie z. B. Kurzschlüssen, erleidet die Elektrode jedoch zuweilen lokale Abbrände, die durch eine mechanische Nachbearbeitung des Werkzeuges wieder behoben werden müssen (→Abtragverhalten, →Elektrolytlösung). *König*

**Werkzeuggeschwindigkeit.** Die W. ist die Geschwindigkeit, mit der auf Grund der Kinematik einer →Umformmaschine (mechanische weggebundene Presse) oder der Kinetik des Vorgangs (Hammer, Schwungradspindelpresse) das →Werkzeug in seiner Wirkrichtung das Werkstück umformt.

Die W. beeinflußt die →Umformgeschwindigkeit und deren Verlauf über den Umformweg teils beträchtlich und ist u. a. daher eine wichtige Umformmaschinen-Kenngröße (Bild 1). Infolge der

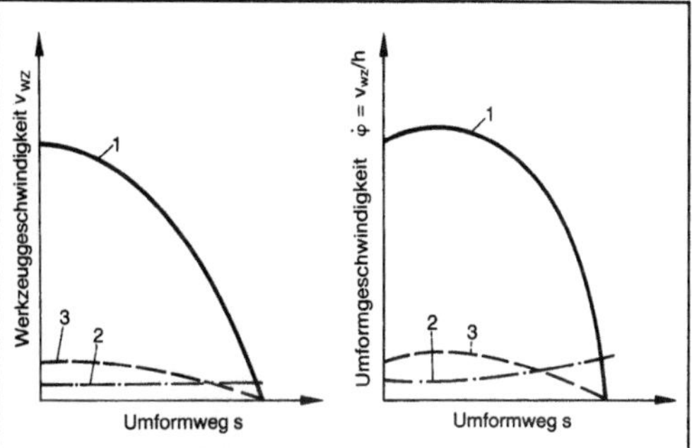

*Werkzeuggeschwindigkeit 1.*
*a) Werkzeuggeschwindigkeit in Abhängigkeit vom Umformweg beim Stauchen*
*b) Umformgeschwindigkeit in Abhängigkeit vom Umformweg beim Stauchen.*

1 Fallhammer (Schwungrad-Spindelpresse), 2 hydraulische Presse, 3 Kurbelpresse

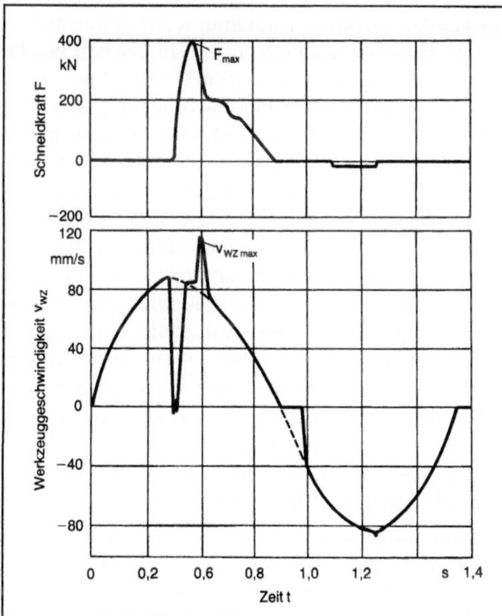

*Werkzeuggeschwindigkeit 2: Verlauf von wahrer Werkzeuggeschwindigkeit und Kraft beim Schneiden.*

Exzenterpresse $F_N$ = 500 kN, $n_K$ = 50 min⁻¹, ... theoretische Werkzeuggeschwindigkeit, – wahre Werkzeuggeschwindigkeit.

Wechselwirkung zwischen Umformvorgang und Maschinenverhalten wird die durch die Kinematik z. B. einer Exzenter- oder →Kurbelpresse gegebene theoretische W. wegen der elastischen Verformung des Systems Werkzeug – Werkzeugmaschine ggf. stärker beeinflußt. Bild 2 zeigt hierzu ein Beispiel für das Scherschneiden. Diese Abweichungen der wahren von der theoretischen W. müssen ggf. bei der Prozeßauslegung berücksichtigt werden.     *Lange*

Literatur: *Doderer, A. W.:* Der wahre Geschwindigkeitsverlauf bei Schneidpressen. Mitt. Forschungsges. Blechverarbeitung e. V. (1958), S. 149/52. – *Lange, K.* (Hrsg.): Umformtechnik. Handb. f. Ind. u. Wiss. Bd. 1: Grundlagen. 2. Aufl. Berlin, Heidelberg, New York, Tokio 1984.

## Werkzeugmaschine zum elektrochemischen Senken.

Bei diesem Verfahren beruht das Werkstoff-Abtragsprinzip auf dem anodischen Auflösen des metallischen Werkstoffs durch eine elektrolytische Reaktion. An das zu bearbeitende Werkstück wird eine positive Spannung angelegt. Der Stromkreis zwischen Anode und Kathode wird durch eine den elektrischen Strom leitende Flüssigkeit (Elektrolyt) geschlossen.

Durch Ladungsaustausch-Vorgänge geht der Eisenwerkstoff der Anode mit dem Elektrolyt eine unlösbare Verbindung ein. Der sich ablagernde Schlamm ist mit den anfallenden Spänen in der spanenden Formgebung vergleichbar.

Besonders hervorzuhebende Vorteile dieses Verfahrens sind:

☐ keine Wärmebeanspruchung des Werkstücks, da die Elektrolyttemperatur i. a. nicht größer als 30 °C ist;

☐ dünnwandige Teile können hergestellt werden, da das Verfahren berührungslos arbeitet.

Die häufigsten Verfahren sind das elektrochemische Formentgraten, das elektrochemische Konturbearbeiten, das elektrochemische Senken und das elektrochemische Bohren.     *Schulz*

## Werkzeugschleifen.

Als W. wird ein Schleifverfahren bezeichnet, bei dem die erwünschte geometrisch bestimmte Form einer Werkzeugschneide, wie Fräser und Drehmeißel, erzeugt wird. Hierzu werden die Werkzeuge auf Universal- oder Spezialwerkzeugschleifmaschinen bearbeitet (→Schleifen, →Werkzeugschleifmaschine).

Universal-Werkzeugschleifmaschinen besitzen meist eine in zwei Ebenen schwenkbare Schleifspindel (→Schleifmaschine (Metallbearbeitung)), um gerade- und drallgenutete Werkzeugkonturen schleifen zu können. Sehr kleine bzw. sehr große Werkzeuge, aber auch wirtschaftliches Scharfschleifen bei großen Stückzahlen, erfordern spezielle Werkzeugschleifmaschinen.

Bei der Bearbeitung auf Werkzeugschleifmaschinen müssen Werkstück und →Schleifscheibe häufig komplizierte Bewegungen ausführen. Da sich andererseits die geometrischen Fehler des Schleifprozesses auf das Werkstück übertragen, sind an die Spannvorrichtungen sowie an die Schleif- und Werkstückspindeln erhöhte Genauigkeitsanforderungen zu stellen. Wegen der komplexen Geometrie und Kinematik beim W. werden hierfür bevorzugt mehrachsig gesteuerte NC-Schleifmaschinen eingesetzt.

Die Wahl der richtigen Schleifscheibe hat einen erheblichen Einfluß auf das Schleifergebnis beim W. Für die Bearbeitung von Schnellarbeitsstahl und Hartmetall werden bevorzugt CBN- und Diamant-Schleifscheiben verwendet.

Die thermische Belastung der Werkzeuge muß gering bleiben, um Gefügeveränderungen und damit eine Verschlechterung der Werkzeugstandzeit zu verhindern. Auch in dieser Hinsicht weisen CBN-Werkzeuge Vorteile auf, weil Gefügeveränderungen in der Randzone der bearbeiteten Werkzeuge wegen der geringen thermischen Belastung durch den Schleifvorgang minimiert werden. Je nach Bearbeitungsaufgabe wird naß oder trocken geschliffen. *Kenter*

Literatur: *Spur, G.,* u. *Th. Stöferle:* Handb. Fertigungstechnik. Bd. 3/2. München, Wien 1980.

**Werkzeugschleifmaschine.** Die Bearbeitung auf W. erzeugt durch ein rotierendes Werkzeug mit geometrisch unbestimmten Schneiden am zu bearbeitenden Werkzeug eine definierte, geometrisch bestimmte Schneide mit hoher Maßgenauigkeit bei hoher Oberflächenqualität. Die Maschinenarten umfassen das Spektrum vom einfachen Schleifbock mit manueller Werkstückhandhabung bis hin zur numerisch gesteuerten Schleifmaschine. Bei diesen CNC-Maschinen unterscheidet man Universal- und Spezialschleifmaschinen. Auf Grund der komplizierten Geometrien werden überwiegend numerische Bahnsteuerungen verwendet.

An Bauformen kann man Nachform-Scharfschleifmaschinen, Wälzfräser-, Messerkopf-, Gewindewerkzeug-Schleifmaschinen (Gewindeschleifmaschine), Kreissägeblatt- und Räumwerkzeug-Scharfschleifmaschinen unterscheiden. Bei der Produktion neuer Werkzeuge wird meist das Tiefschleifverfahren angewandt. Die Bearbeitungswinkel richten sich z. T. nach DIN-Normen, z. T. nach den Werkzeuganforderungen, z. B. beim Scharfschleifen von Wendeschneidplatten. Die CNC-W. verdrängen zunehmend die Nachform-Schleifmaschinen. *Schulz*

**Werkzeugspeicher.** Im W. (Werkzeugmagazin) werden alle für den automatischen Bearbeitungsablauf erforderlichen Werkzeuge bevorratet. Die Werkzeuge haben entweder feste (Platzcodierung) oder variable Plätze (variable Platzcodierung) oder

sind selbst so gekennzeichnet, daß sie durch eine spezielle Abtast-Einrichtung erkannt werden. Die voreingestellten Werkzeuge können in Magazinen mit unterschiedlichen Magazinformen (Scheiben-, Trommel-, Kettenmagazin) gespeichert werden (Bild 1).

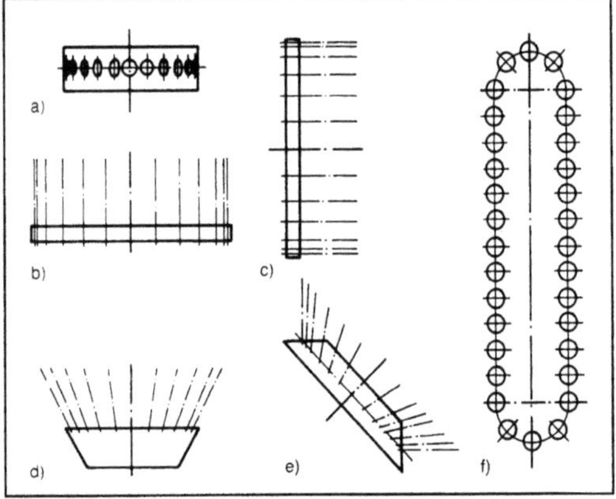

*Werkzeugspeicher 1: Magazinformen, Lage der Magazinachse und Lage der Werkzeuge zur Magazinachse.*

*a) Werkzeuge sternförmig*

*b), c), d), e) Werkzeuge trommelförmig*

*f) Kettenmagazin. (Quelle:* Bruins, Dräger *a.a.O.)*

Für kleinere Speicherkapazitäten werden kreisförmige Magazine (Trommel- oder Rundmagazine) verwendet. Größere Einheiten werden aus mehreren Werkzeugmagazinen mit automatischen Wechslern an numerisch gesteuerten Dreh-, Bohr-, Fräsmaschinen und an Bearbeitungszentren zusammengestellt. Die Anzahl der Werkzeuge liegt normalerweise zwischen 7 bei Drehmaschinen und bis zu über 100 bei Bearbeitungszentren. Steigt die zu fertigende Werkstück-Variantenzahl (z. B. im flexiblen Fertigungssystem) und reichen dadurch die Speicherplätze üblicher Magazine nicht mehr aus, müssen neuartige Lösungen mit beliebig erweiterbarer Kapazität gesucht werden. Bild 2 zeigt ein Regalmagazin, das man freistehend neben der oder den Maschinen anordnen kann. Die Werkzeuge werden dabei in Leisten gelagert, deren Anzahl variabel ist. Eine spezielle Transporteinrichtung mit Übergabestation besorgt den Austausch der Werkzeuge zwischen Magazin und Maschine. *Schulz*

Literatur: *Bruins, Dräger:* Werkzeuge und Werkzeugmaschinen. Tl. 1. München, Wien 1975. – *Illgner, Oweinah:* Automatisierung durch Werkzeug- und Werkstückwechsler. Werkstatt und Betrieb 118 (1985) Nr. 12. – *Werz:* Zeitgemäße Werkzeugorganisation in der Fertigungstechnik. Werkstatt und Betrieb 119 (1986) Nr. 3.

**Werkzeugstahl.** Legierte, selten unlegierte Stähle für Werkzeuge aller Art. Sie werden meist gehärtet und vergütet (→Wärmebehandlung). In Ausnah-

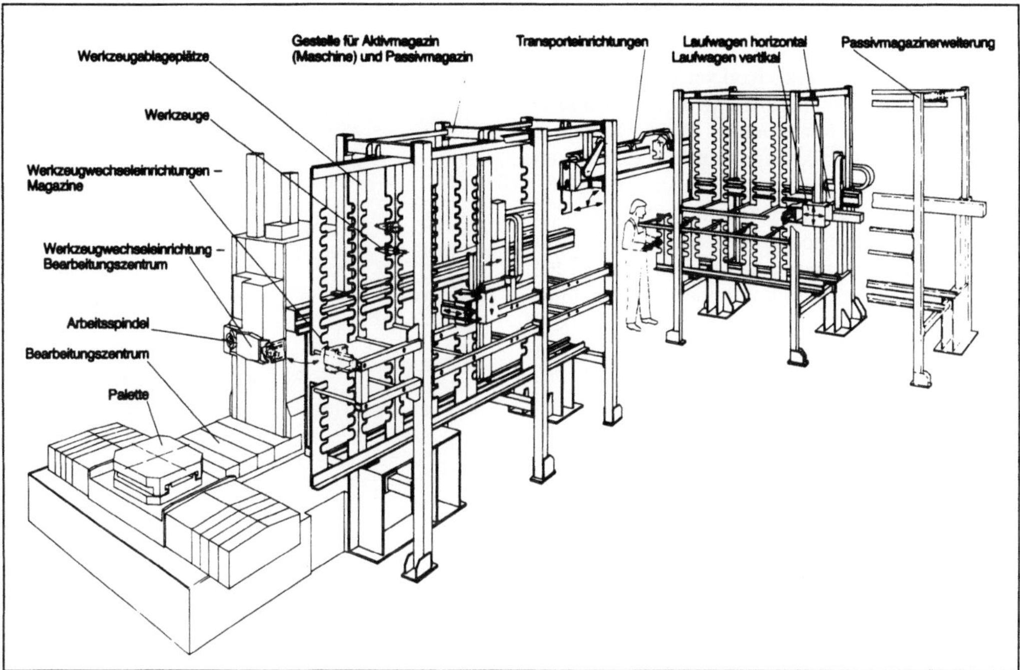


*Werkzeugspeicher 2: Freistehende Regalmagazine.* (Quelle: *Burkardt + Weber*)

mefällen werden sie auch einsatzgehärtet und nitriert. Auch rost- und zunderbeständige Stähle können in Sonderfällen W. sein. Folgende Gruppeneinteilung ist üblich:

□ unlegierte W.,
□ Kaltarbeitsstähle,
□ Warmarbeitsstähle,
□ Schnellarbeitsstähle.

*Unlegierte W.* sind Edelstähle und finden Anwendung als Kaltarbeitsstähle. Ihre Bedeutung tritt gegenüber legierten Kaltarbeitsstählen zurück. Unlegierte W. lassen sich im Normalfall nicht durchhärten (→Härtbarkeit) und besitzen daher unter einer harten, verschleißbeständigen Oberfläche einen weichen Kern.

*Kaltarbeitsstähle* sind legierte W. zur Fertigung von Werkzeugen, bei denen die Oberflächentemperatur von rd. 200 °C i. a. nicht überschritten wird. In diesem Temperaturbereich haben diese Stähle hohe Härten, gute Zähigkeit und gute Schneidhaltigkeit sowie ausreichenden Widerstand gegen Schlag, Druck und Verschleiß. Kaltarbeitsstähle sind den unlegierten W. hinsichtlich Härtbarkeit, Anlaßbeständigkeit (Beibehaltung der Härte beim Anlassen auch auf höhere Temperaturen) und Verschleißwiderstand überlegen. Kaltarbeitsstähle werden bevorzugt für Werkzeuge zur Zerspanung und Umformung eingesetzt.

*Warmarbeitsstähle* sind Stähle, die im Einsatz eine Dauertemperatur von mehr als 200 °C annehmen sowie zusätzliche Temperaturen ertragen können.

Durch sinnvolles Legieren und Wärmebehandlung erhalten die Warmarbeitsstähle die ihrer Verwendungsart angemessenen Eigenschaften, die in ihrer Rangfolge unterschiedliches Gewicht haben können. Diese Eigenschaften sind: Anlaßbeständigkeit, Warmfestigkeit (nur geringer Abfall der mechanischen Eigenschaften bei hohen Temperaturen), Warmverschleißwiderstand, Warmzähigkeit (Zähigkeit) und Temperaturwechselbeständigkeit (keine Beeinträchtigung der Werkstoffeigenschaften und Rißbildung bei häufigen Temperaturänderungen).

*Schnellarbeitsstähle* sind höher legierte W., die vorwiegend zum Zerspanen von Werkstoffen bei hohen Schnittgeschwindigkeiten eingesetzt werden. Die Legierungselemente Cr, Co, Mo, V und W und die Wärmebehandlung verleihen den Schnellarbeitsstählen eine hohe Anlaßbeständigkeit und Warmhärte bis zu Temperaturen von 600 °C. Auf diese Weise werden lange Standzeiten auch bei Rotglut erreicht (Schneidstoffe).　　　*W. Dahl/Bolbrinker*

**Werkzeugüberwachung.** Aufgabe der W. ist es, Werkzeug, Werkstück, Maschine und das Bedienungspersonal vor Beschädigungen durch Werkzeugabnutzung (Verschleiß an Werkzeugmaschinen), Werkzeugbruch und Kollision zu schützen und den störungsfreien Produktionsablauf besonders bei automatisierten Fertigungseinrichtungen zu sichern. Die W. kann durch den Maschinenbediener oder automatisch mit Hilfe von Sensoren erfolgen.

Mit letzteren können die Werkzeuge vermessen (z. B. das Vorhandensein des Werkzeugs selbst oder Teile davon, Freiflächen-, Kolkverschleiß), charakteristische Prozeßkenngrößen (z. B. Schnittkräfte, Schnittemperatur, Spanbildung, Werkzeugschwingungen), Werkstückkenngrößen (Maßhaltigkeit, Oberflächengüte, Gratbildung) oder beeinflußte Maschinenparameter (z. B. Motorstrom, Motorleistung, Maschinenverformungen, Maschinenschwingungen) aufgenommen und ausgewertet werden. Die Messungen können kontinuierlich oder intermittierend erfolgen. Eine Messung der Einsatzzeit der Werkzeuge ist keine unmittelbare Überwachung des jeweiligen Bearbeitungsvorgangs (Prozeßüberwachung), da die Werkzeuge nach Ablauf einer an Hand eines Modells vorausberechneten Standzeit unabhängig von ihrem tatsächlichen Verschleißzustand ausgewechselt werden. Die Genauigkeit dieser Art der Werkzeugkontrolle hängt vom mathematischen Modell ab, benötigt aber keine Sensoren. *Schulz*

Literatur: *Christoffel, K.:* Werkzeugüberwachung beim Bohren und Fräsen. Diss. RWTH Aachen 1984. – *Kluft, W.:* Werkzeugüberwachungssysteme für die Drehbearbeitung. Diss. RWTH Aachen 1983.

**Werkzeugwechsler.** Durch automatischen Werkzeugwechsel an Werkzeugmaschinen wird erreicht, daß beträchtliche Maschinennebenzeiten eingespart, die Produktivität erhöht und die Kosten gesenkt werden. Grundsätzlich ist beim W. zwischen einfachen Greifern und Doppelgreifern zu unterscheiden. Doppelgreifer entnehmen gleichzeitig ein Werkstück aus der Spindel und dem →Werkstückspeicher bzw. einer Übergabestation und tauschen meist durch Schwenken deren Positionen gleichzeitig (Bild 1). Die Ausführung der Greifer und ihr Bewegungsablauf richtet sich nach Art des Magazins und Lage der Werkzeugachsen zur Spindelachse (Bild 2, nächste Seite). *Schulz*

Literatur: *Bruins, Dräger:* Werkzeuge und Werkzeugmaschinen. Tl. 1. München, Wien 1975. – *Illgner, Liu, Oweinah:* Automatisierung durch Werkzeug- und Werkstückwechsler. Werkstatt und Betrieb 118 (1985) Nr. 12.

**Wertanalyse.** W. ist ein methodisches Instrumentarium zum Lösen komplexer Aufgaben (DIN 69910), meist angewandt, um den Wert von Produkten, Dienstleistungen und Tätigkeiten systematisch zu steigern. Sie ist demnach keineswegs auf den Herstellprozeß tangibler Erzeugnisse beschränkt, sondern erstreckt sich auf alle Vorgänge im Unternehmen. Das generelle Ziel der W. ist die Erfüllung vorgegebener Anforderungen mit minimalen Kosten.

Die Aufgabe als solche hat Ingenieure, Organisatoren und Vorgesetzte seit jeher beschäftigt, doch ist W. als eigenständige Funktion (engl. value

*Werkzeugwechsler 1: Ablauf des automatischen Werkzeugwechsels bei Doppelgreifern mit Übergabestation.*

analysis) erstmals 1943 bei General Electric definiert und installiert worden. Inzwischen ist sie fester Bestandteil der Geschäftspolitik deutscher Unternehmen.

Das zentrale Element der W. ist die ganzheitliche, funktionsgerichtete Betrachtungsweise. Teiloptimierungen und Detaillösungen mit dem Ziel der punktuellen Verbilligung eines Produkts oder einer Tätigkeit sind der W. fremd. W. zielt auf ein optimales Gesamtnutzen-Gesamtkosten-Verhältnis. Diese Begriffe sind gewählt um auszudrücken, daß innerhalb der Organisation des Herstellers einzelne Funktionen durchaus niedrigeren Nutzen und höhere Kosten akzeptieren müssen, wenn es die Gesamtoptimierung verlangt. Das muß die Unternehmensleitung bei der Bewertung der Leistung dieser Funktionen berücksichtigen; sonst entstehen schwer zu überwindende Widerstände. Die Betrachtung geht jedoch darüber hinaus und bezieht den Kunden/Benutzer ein. Dessen Nutzen-Kosten-Relation ist nicht durch das Verhältnis Auspackqualität zum Preis des Produkts, sondern weitergefaßt durch den kumulierten Gebrauchsnutzen im Verhältnis zu den insgesamt während der nützlichen Lebensdauer anfallenden Kosten gegeben. Das Werkzeug für diese Art der Problembetrachtung ist

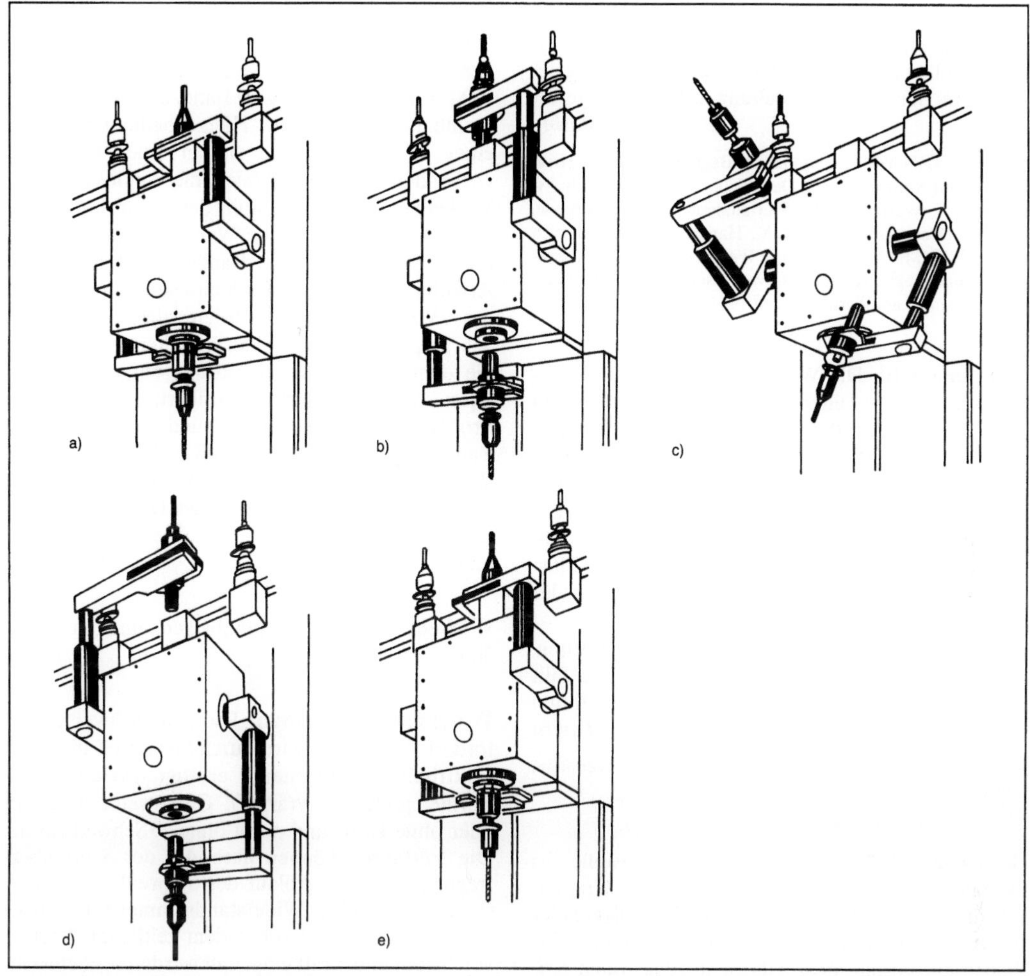

*Werkzeugwechsler 2: Beispiel für Ablauf des automatischen Werkzeugwechsels bei zwei Einfachgreifern.*
*(Quelle: Mauser)*
*a) Greifen der Werkzeuge im Magazin*
*b) Entnehmen der Werkzeuge aus Magazin und Spindel*
*c) Drehen beider Greifer um 180° bei gleichzeitiger Axialbewegung um je 80 mm*
*d) Absetzen des gebrauchten Werkzeugs im Magazin und des neuen Werkzeugs in der Arbeitsspindel*
*e) Freigabe beider Werkzeuge in Magazin und Arbeitsspindel.*

die Funktionsmethodik, die systematische Verkettung von Arbeitsschritten in einem Arbeitsplan:
□ Aufgabenstellung erarbeiten,
□ im Sinn der Aufgabenstellung unnötige Funktionen erkennen,
□ alternative Lösungen suchen,
□ optimale Lösung auswählen,
□ optimale Lösung verwirklichen,
□ Ergebnis im Sinn der Aufgabenstellung prüfen.

Im Zuge dieses Ablaufs müssen zunächst Ist-Werte festgestellt und bewertet werden. Dazu bedarf es oft umfangreicher Vorarbeiten durch qualifizierte Fachleute, die sich mit Vorteil auch der in der →Qualitätstechnik nützlichen Methoden bedienen. Bei der Suche nach Lösungsmöglichkeiten können die bekannten Methoden der Ideenfindung, z. B. das Brainstorming, gute Dienste leisten. Jede denkbare Alternative muß erwähnt werden, auch solche, die zunächst ausgefallen erscheinen. Immer ist der Gedanke der Beziehung des Gesamtnutzens zu den Gesamtkosten maßgebend.

Die Auswahl der optimalen Lösung ist ein Entscheidungsprozeß, bei dem Vertreter mehrerer Disziplinen mitwirken müssen. W. ist nur als Teamarbeit denkbar. Die Ausführung der ausgewählten Lösung wird meist in Form eines Projekts erledigt. Auch hierbei sind mehrere Funktionen unter einem hierfür eingesetzten Projektmanagement tätig. Die

Arbeit ist beendet, wenn sich das W.-Team in Abstimmung mit den direkt betroffenen betrieblichen Stellen überzeugt hat, daß die Gesamtaufgabe im Sinn der Aufgabenstellung erfolgreich gelöst ist. *Masing*

Literatur: DIN 69910: Wertanalyse: Begriffe, Methode. Hrsg. Dt. Inst. für Normung. Ausg. Dez. 1980. – VDI-Gemeinschaftsausschuß „Wertanalyse": Wertanalyse. Idee, Methode, System. Düsseldorf 1972. – *N. N.:* Handb. Wertanalyse nach DIN 69910. Mindelheim 1976. – *Wellenreuther, H.:* Aktionsprogramm integrierter Leistungsverbesserung durch Wertanalyse. 2. Aufl. Landsberg am Lech 1984.

**Wertungszahl.** Die W. ist ein Maß für die Wirksamkeit einer →Füllkörperkolonne. Sie entspricht der Anzahl der theoretischen Trennstufen pro Meter Packungshöhe. Wird der HEPT-Wert in m angegeben, so ist die W. gleich dem Reziproken des HEPT-Werts. Die W. hängt u. a. von der Größe, der Art und den Oberflächeneigenschaften der →Füllkörper, vom Druck, von der Gas- und der →Flüssigkeitsbelastung sowie von den Eigenschaften des Gases und der Flüssigkeit ab.

Die W. sinkt zunächst mit der →Gasbelastung, steigt dann an, durchläuft ein Maximum und fällt schließlich steil ab, wenn die Kolonne zu fluten beginnt. *Dohrn*

Literatur: *Sattler, K.:* Thermische Trennverfahren. Weinheim 1988.

**Whisker.** Sehr feine, haarförmige Einkristalle aus Metallen, Oxiden, Boriden, Carbiden, Graphit, Diamant usw. mit von 1–30 μm (meist polygonaler Querschnitt) und mehreren Zentimeter Länge. W. haben auf Grund ihres nahezu störungsfreien Kristallaufbaus hervorragende mechanische Eigenschaften. Sie haben etwa 1000fach höhere Zugfestigkeiten als herkömmliche Einkristalle.

Die Herstellung von W. in Reinform kann durch Wachstum aus Lösungen, elektrolytische Abscheidungen und insbes. durch Kondensation aus übersättigten Gasphasen erfolgen. Letzteres gilt z. B. für Graphit-, Diamant- bzw. SiC-W., die durch Keimwachstum in einer Kohlenwasserstoffatmosphäre bzw. Methyltrichlorsilanatmosphäre entstanden sind.

Einsatzmöglichkeiten von W. liegen im Bereich der Verbundwerkstoffe, d. h. ausgerichtete Einlagerung der W. in einer Metall-, Polymer- oder Keramikmatrix. Die Festigkeiten dieser mit W. faserverstärkten Verbundwerkstoffe liegen um ein Vielfaches über denen der Matrixwerkstoffe. Die kostenintensive Herstellung der W. sowie fehlende rationelle Verfahren zur gerichteten Einlagerung in das Matrixmaterial haben den umfangreichen Einsatz von whiskerverstärkten Verbundwerkstoffen verhindert. *Hesse/Hennicke*

**Wickelbehälter.** Der W. gehört zu den Mehrlagenbehältern. Auf ein zylindrisches Kernrohr, das z. B. dem Korrosionseinfluß standhält, wird bei rd. 1000 °C und gleichzeitigem Bandzug ein profiliertes Stahlband aufgewickelt. Hierzu bedient man sich einer Vorrichtung, wie sie an einer Drehbank vorhanden ist, so daß sich die Spule mit dem Wickelband in Längsrichtung des Kernrohrs bewegt und auf diese Weise eine Wanddicke in mehreren Lagen des profilierten Bandes entsteht. Durch Abkühlen und durch mechanischen Zug während des Wickelvorgangs werden dann definierte Schrumpfspannungen in der Behälterwand erzeugt, die dem späteren Betriebsdruck entgegenwirken. Dieses Wickelband ist so profiliert, daß über seine Profilkämme ein axialer Verbund in der Behälterwand dergestalt möglich ist, daß in einer gewickelten Behälterwand axiale Kräfte übernommen werden und z. B. auch die Schrauben des Deckelverschlusses ausreichende Halterung erfahren (Druckbehälter). *Strohmeier*

**Wickeln.** W. ist →Rundbiegen um mehr als 360°. *Lange*

**Widerstandsschweißen.** Die zum Schweißen erforderliche Wärme wird durch Stromfluß über den elektrischen Widerstand erzeugt (Widerstandswärme, joulesche Wärme). Geschweißt wird mit oder ohne Kraft und meist ohne →Schweißzusatz. Die Verfahren können nach Art der Stromübertragung und dem Ablauf des Schweißens (Widerstandspreß- oder Widerstandsschmelzschweißen) oder nach Stromart sowie dem zeitlichen Verlauf von Strom und Kraft eingeteilt werden (→Schweißverfahren). *Dorn*

Literatur: DIN 1910. Tl. 5: Schweißen; Schweißen von Metallen; Widerstandsschweißen; Verfahren. Hrsg. Dt. Inst. für Normung. Ausg. 1986. – *Eichhorn, F.:* Schweißtechnische Fertigungsverfahren. Bd. 1: Schweiß- und Schneidtechnologien. Düsseldorf 1983.

**Widerstands-Schweißmaschine.** W.-S. (Bild) arbeiten nach dem Preßschweißverfahren. Dabei erwärmt sich die Schweißstelle unter gleichzeitiger Einwirkung von elektrischem Strom und mechanischer Preßkraft.

Angewendet werden W.-S. vor allem zum Verschweißen dünner Bleche. Geeignet sind sowohl Eisenwerkstoffe als auch Ne-Metalle wie Al, Cu und Ni. Sie werden unterschieden in Punkt-, Rollennaht-, Buckel- und Stumpfschweißmaschinen.

Wichtigster Teil der elektrischen Ausrüstung einer W.-S. ist die Schweißstromquelle. Sie muß hohe Ströme (ca. 10 kA beim Punktschweißen, bis zu 250 kA beim Buckelnahtschweißen) für Zeitspannen bis ca. 1 s abgeben können.

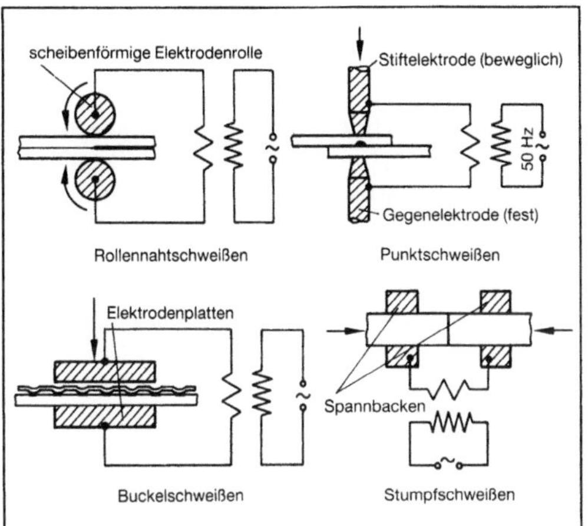



*Widerstands-Schweißmaschine: Schematische Darstellungen der Widerstands-Schweißverfahren.*

Um beim Aufbringen der Kräfte ein Verschieben der Elektroden gegeneinander zu vermeiden, ist eine hohe Steifigkeit des Maschinengestells und der Elektrodenarme erforderlich. Bei Buckelnahtschweißmaschinen führt zu hohe Nachgiebigkeit der Maschine dazu, daß die Plattenelektroden nicht mehr planparallel liegen und die Schweißstromverteilung ungleichmäßig wird.

Neben stationären Schweißmaschinen werden für Punktschweißungen auch transportable Schweißzangen eingesetzt. In zunehmendem Maße werden für Punktschweißungen auch entsprechend ausgerüstete Industrieroboter eingesetzt. *Schulz*

**Wildseide.** W. stammt von den Kokons wildlebender Arten von Seidenspinnerraupen, die in Asien in halbdomestizierten Zustand im Freien gehalten und betreut werden. Wichtigste Vertreter sind der indische, der chinesische und der japanische Tussahspinner (Eichenspinner), deren gestielte Kokons Hühnerei-Größe erreichen und graue, gelbbraune oder grünliche, schwer ausbleichbare Farbe haben. Da ihre Kokons schlecht abhaspelbar sind, werden sie meist abgekocht, zerzupft und die Fasern nach dem Schappeverfahren versponnen. Die Einzelfäden sind erheblich gröber als diejenigen der →Naturseide (50–60 μm breit) und zeigen ihre Naturfarbe. Verarbeitet wird Tussahseide meist ungefärbt zu rohseidenen Hemden-, Blusen- und Kleiderstoffen sowie für Samte und Plüsche. *Koch*

**Winden (Umformen).** W. ist Rollbiegen um mehr als 360°, z. B. zur Fertigung von Schraubenfedern. Diese können bei entsprechender Maschinensteuerung wechselnde Windungsabstände und/oder auch wechselnde Windungsradien erhalten. *Lange*

**Windsichter (Lebensmittelverarbeitung).** Mit Hilfe von W. werden staubförmige, körnige oder faserige Feststoffe trocken getrennt. Das Trennmerkmal ist die Endfallgeschwindigkeit, die bestimmend ist für die Auftrennung des Schüttguts nach Korngröße, Dichte oder Form. Je nach den Eigenschaften des Feststoffhaufwerks wird das Schüttgut klassiert oder sortiert (→Sortieren, →Klassieren). Man setzt das Gut einer Luftströmung aus, in der auf jedes Feststoffteilchen mehrere entgegengerichtete Kräfte einwirken (i. a. Schwerkraft und Schleppkraft der Luft bzw. Zentrifugalkraft und Schleppkraft der Luft), so daß die Teilchen je nach ihrer Sinkgeschwindigkeit auf unterschiedliche Bahnen gezwungen werden und sich bei Austritt aus der Sichtzone getrennt auffangen lassen. Seit der Mensch Getreide anbaut, wird die Spreu vom Weizen durch Windsichten getrennt. Heute werden W. u. a. eingesetzt in der Steinkohleaufbereitung, in der Steine- und Erdenaufbereitung und in der Erzaufbereitung. Ziele sind das Abtrennen eines Produkts gewünschter Feinheit aus gemahlenem Gut, die Entstaubung eines grobkörnigen Guts, die Ausscheidung von Fremdkörpern, die Herstellung von Fraktionen mit bestimmter Unter- und Obergrenze und die Trennung eines Stoffgemisches aus Körnern, die sich nach Dichte oder Kornform unterscheiden. Das Verhalten der einzelnen Feststoffteilchen im W. wird im wesentlichen durch ihre Sinkgeschwindigkeit bestimmt. Bei kleinen Reynolds-Zahlen ($\mathrm{Re} \le 0{,}25$) folgt die Sinkgeschwindigkeit dem Gesetz von *Stokes,* d. h. sie hängt von der Dichte des Teilchens und vom Quadrat des kugelförmig gedachten Durchmessers ab. Bei großen Reynolds-Zahlen ($10^3 \le \mathrm{Re} \le 3 \cdot 10^3$) folgt sie dem Newton-Gesetz, d. h. das Quadrat der Sinkgeschwindigkeit ist proportional der Dichte und dem entsprechenden Durchmesser. Für die Sinkgeschwindigkeit im wichtigen Übergangsbereich ($0{,}25 < \mathrm{Re} < 10^3$) gibt es keine einfachen Zusammenhänge. Sie hängt in unübersichtlicher Weise von der Kornform ab, deren Abweichung von der Kugelform durch empirische Formfaktoren berücksichtigt werden kann. Als Faustregel gilt jedoch, daß die Feststoffteilchen etwa die gleiche Sinkgeschwindigkeit haben wie eine Kugel mit einem Durchmesser, der dem größten Durchmesser des Feststoffteilchens entspricht.

Man unterscheidet Schwerkraft-, Streu- und Zentrifugalsichter. Sie bestehen alle aus dem Sichtraum, einem Gebläse, das den Luftstrom erzeugt, und einer Entstaubungsvorrichtung, in der das Feingut aus der Sichtluft abgetrennt wird.

In der Lebensmittelverarbeitung liegen die wichtigsten Anwendungsgebiete des Sichtens neben dem Reinigen von Getreide (Abtrennen der Spreu) bei der Korngrößenfraktionierung von Zucker, →Milchzucker, Milchpulver, →Stärke und Kakaopreßkuchen sowie bei der Verschiebung der Proteinanteile in verschiedenen Mehlfraktionen. Diese Verschiebung beruht auf der Tatsache, daß das Protein nicht gleichmäßig über alle Korngrößen verteilt ist, insbes. nicht bei Weizen-, Gersten-, Kartoffel-, Bohnen- und Erbsenmehl sowie bei Sorghum. Überwiegend werden für diese Zwecke Zentrifugalsichter eingesetzt. Während üblicherweise dem Windsichten ein Zerkleinerungsvorgang vorausgeschaltet ist, sind in Sichtermühlen beide Prozesse in einer einzigen Maschine kombiniert. Sie dienen häufig zur Herstellung von Fraktionen mit sehr feiner Körnung, z. B. Zucker-Kakao- oder Zucker-Milchpulver-Mischungen, Zitronensäure, Guar. *Kerner/Loncin*

Literatur: *Lauer, O.:* Zerkleinerung und Windsichtung in der Nahrungsmitteltechnik. Int. Z. Lebensmitteltechnolog. u. -verfahrenstechn. 6 (1983), S. 511/15. – Lueger Lexikon der Technik. Stuttgart 1970. – *Perry, R. H., u. C. H. Chilton:* Chemical Engineers' Handb. 5. Aufl., New York 1973. – *Schubert, H.:* Aufbereitung fester mineralischer Rohstoffe. Bd. 1. 2. Aufl. Leipzig 1968. – Ullmanns Enzyklopädie der techn. Chemie. Weinheim 1972. – *Wessel, J.:* Schwerkraft- und Fliehkraftsichter. Aufbereitungstechn. 7 (1966), S. 154.


**Windsichter (Verfahrenstechnik).** W. gehören zur Klasse der Stromklassierer (→Klassieren). Das Trägermedium ist dabei immer gasförmig. Man unterscheidet nach der Art der Kraftwirkung in Schwerkraftsichter und →Zentrifugalsichter. Die Arbeitsschritte des Sichtens gelten allgemein für beide:

☐ Auflösen von Agglomeraten,
☐ Trennen des Korngemisches in der Sichtzone,
☐ Abzug des Groben,
☐ Abtransport des Feinen mit dem Trägermedium zum Feingutabscheider.

W. werden zur Klassierung trockener Feststoffe bei einer Grenzkorngröße von 1–100 μm eingesetzt. Der W. trennt in zwei Fraktionen. Ist eine feinere Aufspaltung notwendig, müssen mehrere Sichter hintereinander geschaltet werden.

Die Trennschärfe und der Trennkorndurchmesser hängen von der Feststoffbeladung in der Sichtzone ab. Es ist deshalb ein Kompromiß zwischen hohem Durchsatz und hoher Trennschärfe zu suchen (je höher der Durchsatz, desto geringer die Trennschärfe und desto größer das Trennkorn).

Der Grenzkorndurchmesser hängt von den Arbeitsraumabmessungen, d. h. von der Baugröße ab. Mit größer werdenden Abmessungen steigt er häufig an.

Aus diesen Gründen geht man ab bestimmten Durchsätzen auf parallelgeschaltete Sichter über. Die Feststoffbeladungen μ betragen dabei 0,5–5 kg Staub/m³ Gas.

Bei Umluftsichtern wird das Trägermedium, das auch der Kühlung und Trocknung dienen kann, im Kreislauf geführt. Bei Durchflußsichtern tritt es mit dem Feingut aus dem Prozeß aus. *Greif*


**Wirbeln.** W. ist Drehen im unterbrochenen Schnitt, bei dem ein mit mehreren Schneiden bestücktes Werkzeug exzentrisch mit hoher Schnittgeschwindigkeit um das langsam drehende Werkstück rotiert. Eine Variante des Wirbelns zur Gewindeherstellung ist das Gewindewirbeln.

Das Gewindewirbeln (Gewindeschälen) ist ein Drehverfahren mit unterbrochenem Schnitt, bei dem die volle Gewindetiefe durch ein oder mehrere mit hoher Schnittgeschwindigkeit umlaufende Messer in einem Arbeitsgang hergestellt wird. Das Werkzeug ist exzentrisch gegenüber dem langsam entgegengesetzt rotierenden Werkstück gelagert. Beim Gewindewirbeln von Außengewinden ist das Werkzeug, ausgebildet als Messerkopf, mit nach innen gerichteten Messern ausgerüstet.

Der Einsatz des Gewindewirbelns erfolgt in erster Linie auf speziellen Gewindewirbelmaschinen zur Erzeugung langer Gewindegänge. Mögliche Zusatzeinrichtungen für Drehmaschinen und -automaten erfordern einen größeren Aufwand als beim →Gewindestrehlen. Die Anwendung auf diesen Maschinen ist daher beschränkt.

Das Gewindewirbeln vereinigt eine hohe Zerspanungsleistung (Messerkopf mit mehreren Zähnen, hohe Schnittgeschwindigkeit) mit einer hohen →Oberflächengüte (hohe Schnittgeschwindigkeit). Ein nachfolgendes →Schleifen kann aus diesem Grund entfallen. *König*


**Wirbelpunkt.** Durchströmt ein Fluid ein Festbett von unten nach oben, so steigt zunächst der Druckverlust mit der Geschwindigkeit, geht aber dann in einen konstanten Wert über, wenn der W. (Lockerungspunkt, Minimalfluidisation) erreicht ist. Aus dem Festbett ist eine Wirbelschicht geworden. Bei wenig kohäsiven Partikeln entspricht der Druckverlust am W. dem Gewicht der gesamten →Schüttung, bezogen auf die leere Querschnittsfläche. *Dohrn*


**Wirbelschicht.** Wird ein locker geschichtetes Schüttgut durch eine Fritte oder einen Lochboden begast (Bild 1), so herrscht bei sehr kleinen, über der Schicht gemessenen Geschwindigkeiten $v_o$ in der Schicht Porenströmung. Der Druckabfall dieser meist laminaren viskosen Strömung steigt nahezu linear mit der Geschwindigkeit bis zur Lockerungsgeschwindigkeit $v_{Lo}$ an. Zur Lockerung der Schicht ist eine kleine Drucküberhöhung nötig.

Oberhalb der Lockerungsgeschwindigkeit kommt die Schüttung wie eine Flüssigkeit in Bewegung. Ihr Gewicht $M_S$ wird dabei durch den Druckabfall $\Delta p$ getragen:

$$M_S \cdot g = \Delta p \cdot A,$$

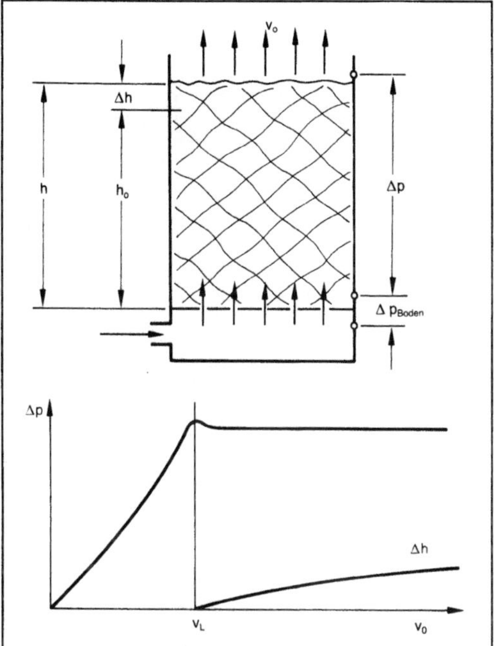

*Wirbelschicht 1: Wirbelschicht mit Druckverlustdiagramm.*

mit A Fläche des Wirbelbetts. Die Schüttung ist zur W. bzw. zum Fließbett geworden.

Danach ergibt sich bei weiterer Erhöhung von v nahezu kein weiterer Anstieg des Druckabfalls $\Delta p$, da schon durch sehr kleine Ausdehnungen $\Delta h$ der W. sowohl die Gasreibung als auch die dynamischen Verluste der Strömung in der W. konstant bleiben (Bild 1).

Die Lockerungsgeschwindigkeit $v_{Lo}$ berechnet man zweckmäßig mit der →Sinkgeschwindigkeit $w_s$ der Teilchen (Tabelle). Hierbei wird das Partikel als kugelförmig und das Schüttgut mit einer →Porosität $\varepsilon = 0{,}5$ angenommen.

$$Re = \frac{v_{Lo} \cdot d}{(1 - \varepsilon) \cdot K \cdot \nu};$$

darin bedeuten d Teilchendurchmesser, K Formfaktor, $\nu$ kinematische Zähigkeit, $v_{Lo}$ Lockerungsgeschwindigkeit.

Bei feinen Partikeln kann die Gasgeschwindigkeit 40mal größer als die Lockerungsgeschwindigkeit sein, bis diese ausgetragen werden. Für grobe Par-

tikel reicht dazu die 5fache Lockerungsgeschwindigkeit aus. Eine Ausdehnung des Fließbetts um 20 % wird bei der 2,7- bzw. 1,5fachen Lockerungsgeschwindigkeit erreicht.

Ab dieser Ausdehnung bilden sich Blasen. Ihre Aufstiegsgeschwindigkeit $w_B$ hängt vom Schüttgut ab und ist deutlich größer als die mittlere Gasgeschwindigkeit $v_{eff}$ im Fließbett:

$$v_{eff} = \frac{v_0}{\varepsilon},$$

$$w_B = 0{,}71 \cdot \sqrt{g \cdot d_B},$$

mit $d_B$ Blasendurchmesser.

Im Hohlraum einer Blase (Bild 2) ist der Druckverlust der Gasströmung zunächst sehr klein im Vergleich zur Gasströmung außerhalb der Blase mit gleicher Geschwindigkeit. Es strömt deshalb mehr Gas durch die Blase, bis dort der gleiche Druckverlust wie außerhalb der Blase gegeben ist. Dadurch wachsen die Blasen schnell und bleiben nach Erreichen der Endgröße stabil. Blasenbildung im Fließbett ist nicht schädlich, da der Stoffaustausch und die Mischwirkung im gleichen Maß verbessert werden, wie die Gasverweilzeit abnimmt. Durch platzende Blasen kommt es an der Oberfläche des Fließbetts zu heftigen Eruptionen mit erheblichen Spitzen der Gasgeschwindigkeit von 10–40 m/s bei Blasen von 10–100 mm Größe. Dadurch werden die Partikel bis

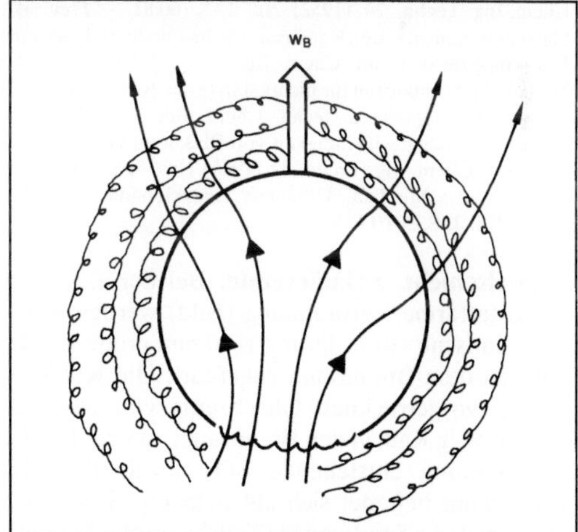

*Wirbelschicht 2: Durchströmung einer Blase.*

*Wirbelschicht. Tabelle: Lockerungsgeschwindigkeit und Ausdehnung der Wirbelschicht.*

| $v_{Lo}$ | d | Re | $v_0/v_{Lo}$ bei $h = 0{,}1 \cdot h_0$ |
|---|---|---|---|
| $w_s$, Stokes / 40 | < 0,5 mm | < 10 | 1,65 |
| $w_s$, ü / 10 | 0,5 mm-5 mm | $10\text{-}10^3$ | 1,85 |
| $w_s$, Newton / 5 | > 5 mm | $> 10^3$ | 1,20 |

zu beachtlicher Höhe über das Bett hochgeschleudert. Um den Austrag der Feststoffpartikel gering zu halten, sind freie Höhen über dem Bett in der gleichen Größenordnung wie die Betthöhe üblich.

Der Druckverlust des Anströmbodens soll

$$\Delta p_{Boden} = (0{,}25\text{--}1) \cdot \Delta p_{Schicht}$$

sein, damit eine gleichmäßige Durchströmung des Fließbetts gewährleistet ist, obwohl Wandeffekte sowie Blasenbildung auftreten.

Die Höhe des Fließbetts beträgt meist

$$h = (0{,}5\text{--}1{,}5) \cdot D,$$

mit D Durchmesser des Fließbetts, h Höhe der Schüttung. Man arbeitet bei $v > 2\,v_{Lo}$.

Die W. wurde 1931 von *Winkler* bei der BASF für die Vergasung von Kohlestaub entwickelt.

Angewendet wird die W. für

□ Mischen feinkörniger Schüttgüter bei großen Mengen (bis zu 400 m³),

□ Trocknung organischer Stoffe,

□ chemische Reaktionen (z. B. Kohlevergasung, Krackprozesse),

□ Rösten von Schüttgütern (z. B. Kaffee, Pyrit).

Seit ungefähr 1980 wird sie auch für die Verbrennung von Klärschlämmen und als zirkulierende W. zunehmend für die Kohleverbrennung eingesetzt. *Schlag*

Literatur: *Brötz, W.*: Grundlagen der Wirbelschichtverfahren. Chem.-Ing.-Techn. 24 (1952) Nr. 2, S. 60/81. – *Frey, W.*: Gasreaktionen an festen Katalysatoren im Fließbett. Ullmanns Enzyklopädie d. techn. Chem. Bd. 3, S. 480/93. – *Reh, L.*: Wirbelschichtreaktoren für nichtkatalytische Reaktionen. Ullmanns Enzyklopädie d. techn. Chem. Bd. 3, S. 433/60. – *Reuter, H.*: Steiggeschwindigkeit von Blasen im Gas-Feststoff Fließbett. Chem.-Ing.-Techn. 37 (1965) Nr. 10, S. 1062/66. – *Wolfarth, A.*: Mischen. Ullmanns Enzyklopädie d. techn. Chem. Bd. 2, S. 301/11.

**Wirbelschicht, zirkulierende.** Bei der z. W. für schadstoffarme Verbrennung (Bild) werden durch pneumatische →Förderung 1–10 mm große Kohleteilchen dem Brennraum zugeführt. Die Kohle ist hierbei vorgetrocknet. Gleichzeitig gibt man auf diesem Weg Kalk in den Brennraum, um das bei der Verbrennung entstehende $SO_2$ abzubinden. Im Brennraum befindet sich auf dem Fließbettboden eine 1 m dicke Sandschicht (Teilchengröße 1–2 mm) als inerte wirbelnde Masse. Die Brennluft ist ebenfalls vorgewärmt. Die Temperatur im Brennraum soll 800 °C betragen, damit wenig $NO_x$ bei der Verbrennung entsteht. Die Geschwindigkeit der Luft beträgt 5–7 m/s. Gefahren wird die z. W. mit einer Beladung von 3–10 kg Feststoff/kg Rauchgas. Hinter dem Brennraum befinden sich 2 Zyklone zur Partikelabscheidung. Im ersten Zyklon wird das grobe Unverbrannte abgeschieden und über einen Siphon dem Brennraum wieder zugeführt. Der

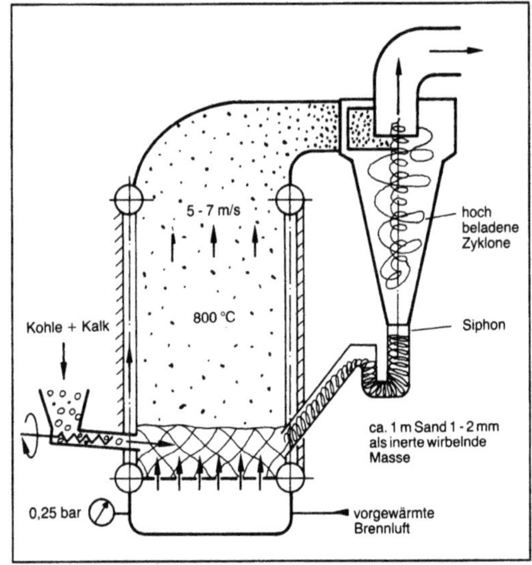


*Wirbelschicht, zirkulierende: Schadstoffarme Verbrennung (Schemaskizze).*

Siphon verhindert, daß Partikel über die untere Austragsöffnung des Zyklons aus dem Brennraum abgezogen werden. Der zweite nachgeschaltete Zyklon dient zur Feinabscheidung. Hinter den beiden Zyklonen befindet sich noch eine Filteranlage zur Rauchgasreinigung.

Weiterhin wird die z. W. als Reaktor für chemische und metallurgische Prozesse angewendet. *Schlag*

**Wirbelschichtgranulieren.** Bei dem Wirbelschichtsprühgranulieren werden mit Hilfe von Düsen Suspensionen, Lösungen oder Schmelzen fein in die →Wirbelschicht versprüht. Im freien Flug treffen die Tröpfchen im Granulator auf Keime oder vorhandene Granulatkörner, auf deren Oberfläche sie dann verfließen. Die Luft für die Wirbelschicht wird vor dem Eintritt erhitzt, was zu einer sofortigen Oberflächentrocknung führt. So erhält man Granulatkörner, die aus einem dichten kompakten Aufbau bestehen. Man führt einen Teilstrom aus dem Granulator ab und klassiert ihn auf die Endkorngröße. Das vorhandene Unterkorn wird dem Granulator wieder zugeführt. Das damit erhaltene Produkt besitzt eine enge Fraktion. Weitere Vorteile des Produkts sind überwiegend runde Körner, Rieselfähigkeit, Lagerstabilität und Staubfreiheit. *Schlag*

**Wirbelschichtreaktor.** Reaktor (auch als Fließbettreaktor bezeichnet) für Fluid-Feststoff-Reaktionen, bei dem sich der Feststoff (Edukt, Katalysator, Wärmeträger oder auf inerten Trägern immobilisierte Enzyme und Zellen) durch Einwirkung eines von unten nach oben bewegenden Fluidstroms sowie der Schwerkraft vermindert um den Feststoff-auftrieb bewegt. Entspricht die Geschwindigkeit $u_f$ des Fluidstroms der Lockerungsgeschwindigkeit $u_L$, so befindet sich das Fluid-Feststoff-System im Zustand (Fließzustand) der →Wirbelschicht (→Fließbett), wobei sehr wenig Feststoff über einen Zyklon ausgetragen wird, a) im Bild. Bei Erhöhung der Fluidgeschwindigkeit $u_f > u_L$ expandiert die Wirbelschicht, in der es infolge der Ausbildung von Gasblasen zu komplexen Strömungszuständen kommt. Hierbei wird merklich Feststoff über einen Zyklon ausgetragen, d. h. es liegt der →Flugstaub-reaktor, b) im Bild, vor. Erreicht die Fluidgeschwindigkeit $u_f \gg u_L \approx u_S$ schließlich die freie Sinkge-schwindigkeit $u_S$ der Feststoffpartikel, wird der Feststoff vollständig ausgetragen und im Reaktor mit zirkulierender Wirbelschicht (ZWS) über einen Zyklon rückgeführt, c) im Bild. Im Grenzbereich Wirbelschicht/Festbett, d. h. für Fluidgeschwindig-keiten $u_f \lesssim u_L$ liegt der →Wanderbettreaktor vor.

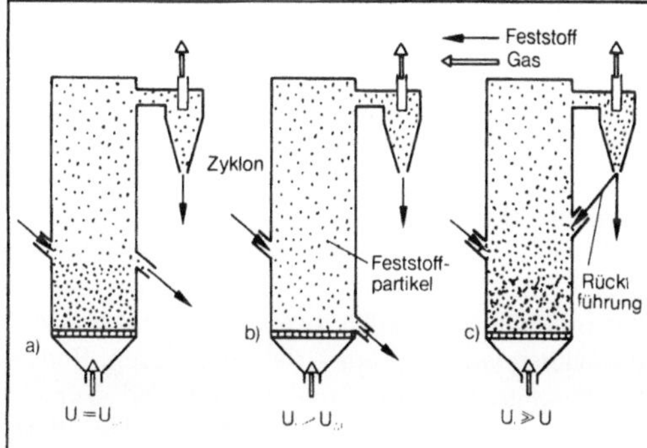


*Wirbelschichtreaktor:* *Wirbelschichtreaktortypen (schematisch). (Quelle:* Reh *a. a. O.)*
*a) Wirbelschichtreaktor*
*b) Flugstaubreaktor*
*c) Reaktor mit zirkulierender Wirbelschicht (ZWS).*

Der W., a) im Bild, läßt sich am Beispiel von Gas-Feststoff-Reaktionen wie folgt charakterisieren:
□ gleichmäßige Feststoff- und einheitliche Tempe-raturverteilung infolge der intensiven radialen und axialen Vermischung der Feststoffpartikel,
□ Druckverlust bleibt mit zunehmendem Durchsatz konstant,
□ Partikeldurchmesser sollen zwischen 10 und 800 µm liegen, so daß die äußere Fluid-Feststoff-Oberfläche groß ist und keine Transportlimitierung durch →Porendiffusion (→Porennutzungsgrad) stattfindet,
□ Feststoffverweilzeit liegt im Bereich von Stunden, bei der ZWS im Bereich von Minuten,
□ Gasverweilzeit beträgt einige Sekunden,
□ geeignet auch für stark exotherme bzw. endo-therme Reaktionen, da Wärme- und Stoffüber-gangskoeffizienten groß sind,

□ gute bis sehr gute Temperatursteuerung,
□ mittlere bis hohe Raum-Zeit-Ausbeuten,
□ keine beweglichen Teile erforderlich,
□ relativ niedrige Investitionskosten,
□ Fluiddynamik ist komplex (z. B. →Kanalbildung durch aufsteigende Gasblasen), wodurch breite Ver-weilzeit-Verteilungen des Gases und des Feststoffs (infolge →Rückvermischung) resultieren,
□ Erosion an Reaktorteilen und Abrieb der Fest-stoffpartikel,
□ Feststoffpartikel dürfen nicht zum Agglomerie-ren neigen,
□ Maßstabsvergrößerung und Modellierung (z. B. Zwei- und Dreiphasen-Blasenmodelle, Blasen-wachstums-Modelle oder einfachere Zwei-Parame-ter-Modelle) sind schwierig.

Am weitesten verbreitet ist die Anwendung von Wirbelschichtreaktoren bei nichtkatalytischen Gas-Feststoff-Reaktionen (z. B. Verbrennung und Ver-gasung von Kohle, Verbrennung von Müll und Industrierückständen, Calcinieren von Kalkstein und Aluminiumhydroxid, Rösten sulfidischer Erze wie Pyrit und Zinkblende). Sie werden aber auch eingesetzt für heterogen katalysierte Gasreak-tionen, z. B. katalysiertes Kracken von Naphtha mit kontinuierlicher Katalysator-Regenerierung (→Wanderbettreaktor), Herstellung von Acrylni-tril nach dem Sohio-Verfahren, von 1,2-Dichlor-ethan (→Blasensäule) und o-Phthalsäureanhydrid beispielsweise für Polyesterharze, sowie für homo-gene Reaktionen, bei denen der Feststoff einen Wärmeträger (z. B. heißen Sand) darstellt (z. B. thermisches Kracken von Naphtha zur Ethylener-zeugung im Sandkracker). Das Wirbelschichtver-fahren findet auch Anwendung für rein physikali-sche Verfahren, z. B. zum Kühlen und Trocknen von Massengütern, zum Mischen und Granulieren sowie zur Adsorption (beispielsweise von Fluor an $Al_2O_3$-Partikel aus Abgasen von Aluminium-Elektroly-sen). Zunehmende Bedeutung erlangen die Drei-phasen-W. (→Mehrphasenreaktor), bei denen die Feststoffpartikel sowohl von einem Gasstrom als auch von einem Flüssigkeitsstrom fluidisiert werden können. Beispiele hierfür sind die katalytische Ent-schwefelung und das katalytische Hydrokracken schwerer Erdölfraktionen oder Destillationsrück-stände sowie in der Biotechnologie Fermentations-prozesse mit immobilisierten Enzymen oder Zel-len. *Schönbucher*

Literatur: *Reh, L.:* Wirbelschichtreaktoren für nichtkatalyti-sche Reaktionen. In: Ullmanns Enzyklopädie der technischen Chemie. Bd. 3. Weinheim 1973.

**Wirbelschichttrockner.** Der W. (auch Fließbett-trockner genannt) ist ein Konvektionstrockner, bei dem Luft (oder ein Gas, z. B. Stickstoff) durch einen perforierten Boden strömt und das zu trocknende Gut fluidisiert. Bild 1 zeigt den schematischen

Aufbau und Bild 2 einen in Edelstahl gefertigten W. Durch Veränderung der Pulvermenge, der Höhe der Wirbelschicht und der Verweilzeit im →Fließbett können Eigenschaften des Endprodukts variiert werden. Zur Unterstützung der Fluidisierung und zur Entleerung des Trockners können Unwuchterreger den Apparat in Schwingung versetzen. W. werden oft zur Entfernung einer Restfeuchte als zweite oder dritte Trocknungsstufe eingesetzt. Sie lassen sich auch zum Kühlen, Aufheizen, Mischen, Agglomerieren oder Instantisieren von pulverförmigen Gütern einsetzen. *Dohrn*

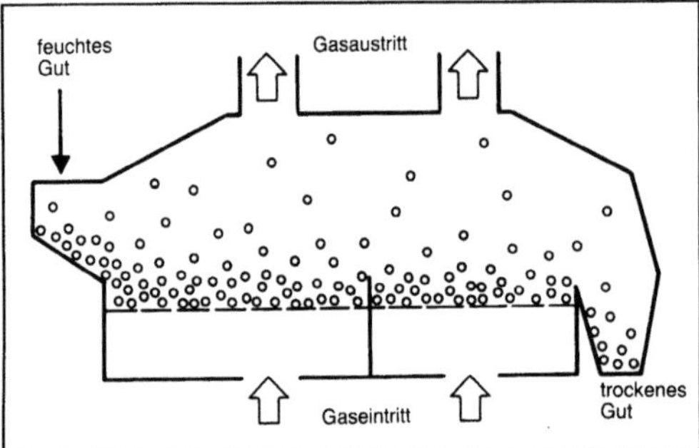


*Wirbelschichttrockner 1: Schematischer Aufbau.*

*Wirbelschichttrockner 2: Wirbelschichttrockner aus Edelstahl. (Quelle: APV Anhydro AIS, Kopenhagen)*

Literatur: *Mersmann, A.:* Thermische Verfahrenstechnik. Berlin, Heidelberg, New York 1980.

**Wirbelsintern** →Oberflächenbehandlung (Beschichten)

**Wirbelwäscher** →Staubwäscher

**Wirkrauhtiefe.** Die W. ist eine spezifische, auf das Werkstück bzw. auf ein Testwerkstück bezogene Kenngröße der beim →Schleifen auftretenden Rauheit. In der deutschsprachigen Literatur wird dieser Kennwert auch häufig zur Charakterisierung des momentanen Oberflächenzustands von Schleifscheiben herangezogen.

Zum Bestimmen der W. wird die →Schleifscheibe mit einem bestimmten ganzzahligen Drehzahlverhältnis, bezogen auf die Werkstückdrehzahl, mit einem Testwerkstück in Eingriff gebracht. Dadurch wird jedes Oberflächenelement des Testwerkstücks immer wieder von derselben Zone der Scheibenoberfläche überschliffen, so daß die örtliche Zustellung unabhängig vom Scheibenprofil an jeder axialen Stelle konstant ist. Tastet man die auf diese Weise im Werkstück erzeugte Rauheit nach dem →Tastschnittverfahren ab, so erhält man die W. *Kenter*

Literatur: *Frühling, R.:* Topographische Gestalt des Schleifscheiben-Schneidenraumes und Werkstückrauhtiefe beim Außenrund-Einstech-Schleifen. Diss. TU Braunschweig 1976. – *Weinert, K.:* Die zeitliche Änderung des Schleifscheibenzustandes beim Außenrund-Einstechschleifen. Diss. TU Braunschweig 1976.

**Wirkungsgrad (Trennapparate).** Der W. von Trennapparaten kann unterschiedlich definiert werden und ist u. a. von der Art der Stoffführung im Apparat abhängig. Als wirklichen W. bezeichnet man bei gleichgewichtsbestimmten Trennprozessen das Verhältnis aus der wirklichen Anreicherung einer Komponente und der durch das Phasengleichgewicht bestimmten Anreicherung. Wird als →Trennhilfsmittel Energie verwendet, so kann man den thermodynamischen W. als das Verhältnis aus der minimal notwendigen (reversiblen) Arbeit zur tatsächlich verwendeten Arbeit definieren. Bodenaustauschgrade (→Austauschgrad) und Verstärkungsverhältnisse sind keine W., da sie Werte annehmen können, die größer als eins sind. *Dohrn*

**Wirtschaftlichkeit.** Sie ist das in Geldeinheiten bewertete Verhältnis von der erbrachten Leistung zum Einsatz des Produktionsprozesses:

$$\text{Wirtschaftlichkeit} = \frac{\text{Ertrag}}{\text{Aufwand}}.$$

Die Maximierung der W. eines Produktionsprozesses folgt dem ökonomischen Prinzip oder auch Rationalprinzip, nach dem mit gegebenem Einsatz die größtmögliche Leistung bzw. eine gegebene Leistung mit möglichst geringem Einsatz erreicht werden soll.

Die Kennzahl W. ist für eine vergleichende Bewertung häufig besser geeignet als die →Produktivität, bei der unter technischen Gesichtspunkten Leistung und Einsatz nur mengenmäßig gegenübergestellt werden. Unterschiedliche Maßeinheiten von Leistungs- und Einsatzmengen bzw. der verschiedenen Einsatzfaktoren vermindern die Aussagekraft der Kennzahl Produktivität, so daß zum inner- oder zwischenbetrieblichen Vergleich die Produktionsleistung hier nur zu einem einzelnen Einsatzfaktor in Beziehung gesetzt werden kann. Dabei ist jedoch zu beachten, daß die W.-Kennzahl durch die Bewertung in Geldeinheiten von Preisveränderungen beeinflußt wird. Sie dient z. B. zur Beurteilung von Rationalisierungsmaßnahmen.

Von der so definierten, auch als absolut bezeichneten W. ist die relative W. zu unterscheiden. Wenn ein gegebener Ertrag mit verschiedenen Produktionsverfahren oder -faktoren erzielt werden kann, bezeichnet dieser Begriff das Verhältnis zwischen der günstigsten und der tatsächlich erreichten Kostensituation:

$$\text{relative Wirtschaftlichkeit} = \frac{\text{Ist-Kosten}}{\text{Soll-Kosten}}.$$

*M. Rudolph*

Literatur: *Wöhe, G.:* Einführung in die Allgemeine Betriebswirtschaftslehre. München 1978.

**Wolfram-Inertgas-Schweißen** →Schutzgasschweißen

**Wurfsieb.** Das W. wird zum Sieben im mittleren Bereich, d. h. bei Maschenweiten von 40–2 mm, eingesetzt. Es besteht aus einer gewebten Siebfläche oder einem Rost und wird in Schwingungen versetzt (→Schwingsieb). Die zu siebenden Teilchen springen unter einem Winkel α nach oben und unter dem Winkel β nach vorn (Bild). Dadurch wird das Bett aufgelockert und umgewälzt. Die Teilchen der aufgegebenen Schicht ordnen sich so, daß die Feinen nach unten gehen und die Groben nach oben. Die Schichtdicke, die aufgegeben wird, sollte das 2- bis 3fache der →Maschenweite nicht überschreiten.

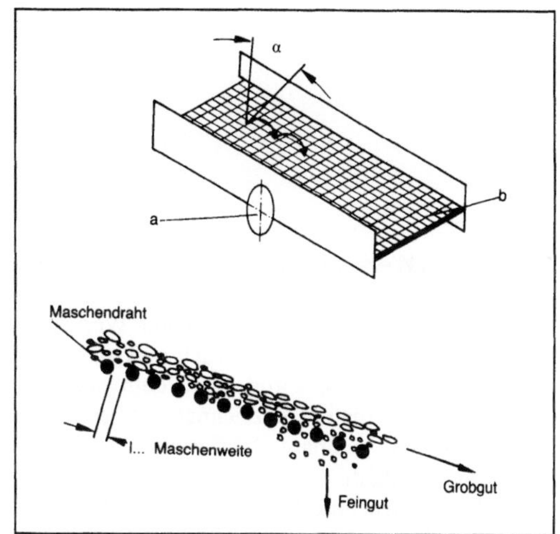


*Wurfsieb.*

a Schwingantrieb, b Siebfläche

Die feinen Teilchen können die Maschen passieren und werden unter dem Sieb aufgefangen. Die Groben werden am Ende des Siebes abgenommen.

Die Amplitude der Siebschwingung muß für eine optimale Siebung auf die Maschenweite abgestimmt sein:

$$a_{opt} = C \cdot l^{0,5};$$

darin bedeutet C eine materialabhängige Konstante. *Greif*

**Wurzelschutz** →Schweißbadsicherung

# Z

**Zähigkeit (Werkstoffkunde).** Unter Z. versteht man i. a. das plastische Formänderungsvermögen bis zum Bruch. Als zäh werden daher Werkstoffe bezeichnet, die sich vor dem Bruch makroplastisch verformen lassen. Als spröde wird demgegenüber ein Werkstoffverhalten bezeichnet, bei dem eine makroskopisch meßbare Verformung vor dem Bruch nicht auftritt.

Nach dem Bruchmechanismus erfolgt der Bruch bei zähem Verhalten i. a. als Gleitbruch, bei sprödem Verhalten als Spaltbruch.

Als Maßzahl zur Quantifizierung der Z. dient einerseits die Energieaufnahme oder die Verformung bis zum Bruch, wenn zähes Verhalten vorliegt. Andererseits wird zur Kennzeichnung der Z. auch eine Übergangstemperatur angegeben, bei der der Wechsel vom zähen zum spröden Verhalten eintritt. Die Lage der Übergangstemperatur hängt von den Versuchsbedingungen und dem gewählten Kriterium ab. In der Tendenz weisen zähere Werkstoffe niedrigere Übergangstemperaturen auf. Aus der unterschiedlichen Kennzeichnung der Z. durch das Verhalten in der Hochlage oder eine Übergangstemperatur ergeben sich manchmal Unsicherheiten bei der Bewertung eines Stahls. *W. Dahl*

**Zahnradgranuliermaschine.** Die Z. dient der Herstellung von Lochscheibgranulaten. Sie besteht aus zwei ineinanderlaufenden Zahnrädern, die hohl sind. Auf ihrem Umfang sind radiale Bohrungen zwischen den Zähnen angebracht (Bild).

Das Granuliergut, das sowohl trocken als auch feucht sein kann, wird von oben aufgegeben. Die ineinandergreifenden Zähne pressen die granulierfähige Masse durch die Bohrung. Der Gegendruck wird durch Reibung im Kanal aufgebracht. Der Vorgang ist als ein Pressen mit Oberstempel, aber ohne Unterstempel (Tablettenpresse) vorstellbar.

Im Gegensatz zu Lochscheibenwalzen (→Granuliermaschine) drückt ein Stempel (Zahn des Zahnrads) das Preßgut in die Form. Die Z. ist eine Mischung aus Granuliermaschine und Tablettenpresse.

Die sich bildenden Stabgranulate treten in der Hohlwelle aus. Sie sind sehr hart und spröde und brechen daher meist von selbst in unregelmäßiger Länge ab. Sollen die Stabgranulate eine ganz bestimmte Länge haben oder ist das Material nicht spröde genug, werden Messer eingesetzt, die fest in die Hohlwelle eingebaut sind.

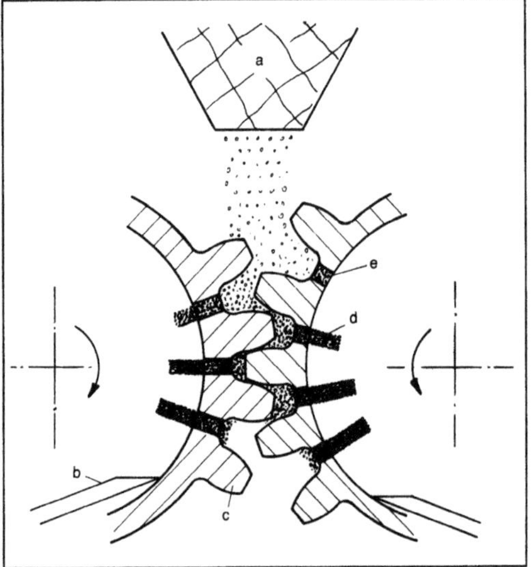

*Zahnradgranuliermaschine: Prinzipskizze.*

a Silo, b Messer, c Zahnrad, d Granulat, e Kanal

Das Verhältnis l/D von Kanallänge und Zahnraddurchmesser sollte zwischen 4 und 6 liegen. Z. finden vor allem in der Aktivkohleherstellung Einsatz. *Greif*

**Zahnradhonen.** Das →Honen von Zahnrädern wird auf speziell hierfür konstruierten Zahnradhonmaschinen ausgeführt. Dabei kommt sowohl das →Profilhonen als auch das Kurzhubhonen zur Anwendung. Die Glättung der Zahnflankenfläche bei Außen- und Innenverzahnungen wird mit einem als Gegenzahnrad ausgebildeten →Honwerkzeug erreicht. Durch das Abwälzen der Flanken von Werkstück und Honwerkzeug (z. T. bei gleichzeitiger Durchführung kurzer axialer Hubbewegungen des Honwerkzeugs) wird der Abtrags- und Glättungsprozeß bei hoher Arbeitsgüte realisiert.

Bei der Feinbearbeitung von großen Innenzahnrädern wird im Kurzhubhonverfahren (→Honverfahren) mit profilierten Honleisten eine Mehrfach- oder Paketbearbeitung mit dem Effekt einer hohen Ausbringung durchgeführt. Hierbei wird in einem mehrstufigen Bearbeitungsprozeß vor- und fertiggehont, weil die Zahnflanken gehärtet sind.

Die erreichbaren Formtoleranzen betragen beim wälzenden Zahnradhonen 2–3 $\mu$m, während die →Oberflächenrauheit Rz=0,8–1 $\mu$m beträgt. *Kenter*

**Zahnradschleifen** →Verzahnungsschleifen

**Zahnradschleifmaschine.** Z. werden für die Endbearbeitung vorverzahnter und wärmebehandelter (vergüteter oder gehärteter) Zahnräder eingesetzt. Neuerdings finden auch Hochleistungsschleifmaschinen (→Hochgeschwindigkeitsschleifen) für das →Verzahnungsschleifen Verwendung, bei denen das Zahnprofil aus dem vollen, nicht vorverzahnten Werkstück erzeugt wird.

Beim Verzahnungsschleifen wird je nach Art des verwendeten Schleifverfahrens zwischen →Profilschleifen und Wälzschleifen unterschieden. Entsprechend dieser Unterscheidung werden an die Z. jeweils Anforderungen gestellt, die zu verschiedenen Bauarten führen. Die wichtigsten Bauarten sind Profilschleifmaschinen und Wälzschleifmaschinen.

Bei Zahnradprofilschleifmaschinen wird eine →Schleifscheibe als Werkzeug verwendet, deren Profil der zu erzeugenden Zahnlückenform entspricht. Im Gegensatz zum Teilwälzschleifen bildet sich beim Profilschleifen auf der Zahnflanke keine verfahrensbedingte Oberflächenstruktur ab, so daß die Genauigkeit des erzeugten Zahnflankenprofils nur durch die Genauigkeit des Schleifscheibenprofils und möglichen elastischen Verformungen bestimmt wird. Zur Profilierung der Schleifscheibe werden Abrichtvorrichtungen (→Abrichten, →Abrichtwerkzeug) verwendet, bei denen die Evolventenform mit Hilfe von Schablonen, Rollenbogensystemen oder NC-Steuerungen auf die Schleifscheibe eingebracht wird. NC-Abrichtsysteme haben den Vorteil der einfacheren Profilkorrektur.

Beim Zahnradwälzschleifverfahren wird zwischen Teilwälzverfahren und kontinuierlichen Wälzschleifverfahren unterschieden.

Je nach Anforderungen werden bei den Teilwälzverfahren Maschinen mit Teller-, Doppelkegeloder Planscheiben eingesetzt. Allen Verfahren ist gemeinsam, daß eine Zahnlücke oder Zahnflanke durch Abwälzen generiert wird. Wenn eine Zahnlücke oder -flanke fertiggeschliffen ist, wird das Werkstück weiterbewegt (geteilt), und es erfolgt die Bearbeitung der nächsten Lücke oder Flanke.

Beim kontinuierlichen Wälzschleifen (auch Schraubwälzschleifen genannt) dient als Werkzeug eine Schleifschnecke. Das Verfahren gleicht dem Wälzfräsen (Wälzfräsmaschine), zu dem einige grundlegende Analogien vorliegen. Schleifschnecke und Zahnrad werden von separaten Motoren synchron angetrieben, so daß eine gleichförmige Drehgeschwindigkeit garantiert ist. Die Evolventenform wird durch Abwälzen von Schleifschnecke und Zahnrad während der Auf- und Abwärtsbewegung des Werkstückschlittens erzeugt. *Kenter*

Literatur: *König, W.:* Fertigungsverfahren. Bd. 2: Schleifen, Honen, Läppen. Düsseldorf 1989. – *Spur, G.*, u. *Th. Stöferle:* Handb. Fertigungstechnik. Bd. 3/2. München, Wien 1980.

**Zahnscheibenmühle.** Z. (Bild) gehören zur Gruppe der Naßrotormühlen bzw. Kolloidmühlen. Die Mühle besteht aus einem Stator und einem schnellaufendem Rotor. Beide sind profiliert und/oder zähnebesetzt. Stator und Rotor sind als Scheiben ausgeführt und bestehen aus Stahl, Sintermaterialien oder Korund (→Naßzerkleinerung).

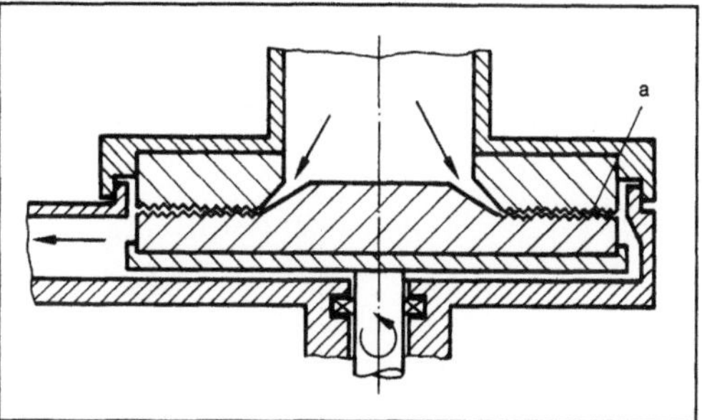


*Zahnscheibenmühle.*

a Spalt

Das Mahlgut wird als Suspension mit großem Druck durch den engen Spalt zwischen Rotor und Stator gepreßt. Man zerkleinert durch Scherung im Spalt und auch durch Schlag zwischen Mahlgut und Mahlwand.

Durch Variation des Spalts kann man die Mahlfeinheit einstellen. Die Spaltbreite läßt sich bis auf $10\,\mu m$ verringern. Die Drehzahlen betragen bis zu $3000\ \mathrm{min^{-1}}$ bei Umfanggeschwindigkeiten von $50\ \mathrm{m/s}$.

Der Suspensionseintritt erfolgt axial durch die stehende Scheibe. Zentrifugalkraft und Druck verteilen die Suspension und schleudern sie in den Mahlspalt. Das gemahlene Gut tritt radial aus, wird im Gehäuse gesammelt und dann ausgetragen. *Greif*

**Zapfenrollieren** →Rollieren

**Zeit-Temperatur-Umwandlungsschaubild.** (ZTU-Schaubild): In ZTU-S. wird das Umwandlungsverhalten von Stählen nach dem Austenitisieren bei isothermem Halten auf verschiedenen Temperaturen oder bei kontinuierlicher Abkühlung dargestellt. Bild 1 zeigt das ZTU-S. für isothermische Umwandlung eines Stahls 41 Cr 4 nach dem Austenitisieren bei 840 °C. Proben wurden jeweils schnell auf bestimmte Temperaturen abgekühlt, isotherm gehalten und dabei die Gefügeentwicklung vom →Austenit in Ferrit, →Perlit und →Bainit verfolgt. Die Information über den Ablauf der Umwandlung erhält man entweder durch Messung der damit verbundenen Längenänderung oder durch Abschrecken nach bestimmten Zeiten. Eingetragen ist die Kurve für 1 % des entsprechenden Gefügeanteils und 99 %, also den Abschluß. Für die

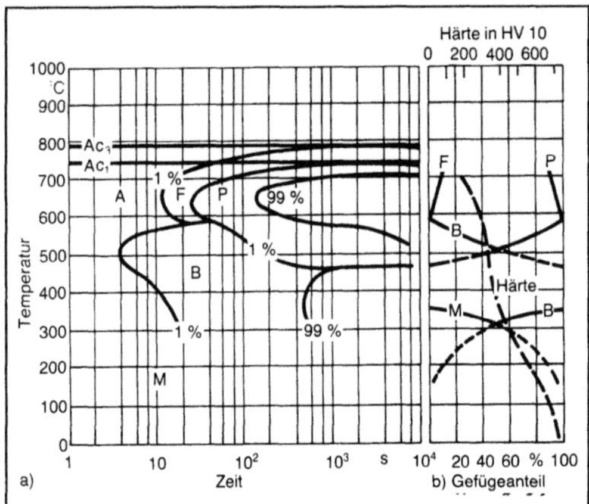


*Zeit-Temperatur-Umwandlungsschaubild 1:*
*a) ZTU-Schaubild für isothermische Umwandlung eines Stahls 41 Cr 4 mit 0,44 % C, 0,22 % Si, 0,80 % Mn, 1,04 % Cr, 0,17 % Cu und 0,26 % Ni.*

Ausgangsgefüge: 25 % Ferrit + 75 % Perlit; Austenitisierungstemperatur 840 °C, Erwärmdauer 2 min, Haltedauer 5 min, A Austenit, F Ferrit, P Perlit, B Bainit, M Martensit

*b) Gefügeanteile und Härtewerte, gemessen bei Raumtemperatur.*

Haltedauer auf Umwandlungstemperatur jeweils bis zur Linie für 99 % Umwandlungsgefüge. Die Werte zwischen 320 °C und Raumtemperatur sind geschätzt.

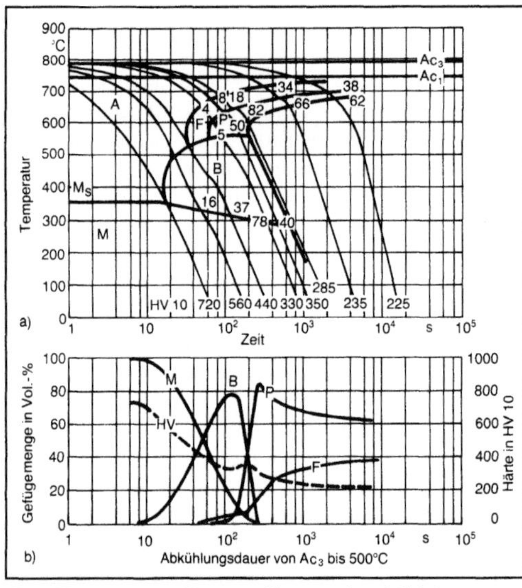


*Zeit-Temperatur-Umwandlungsschaubild 2:*
*a) ZTU-Schaubild für kontinuierliche Abkühlung des Stahls 41 Cr 4 aus Bild 1.*

Ausgangsgefüge: 25 % Ferrit + 75 % Perlit; Austenitisierungstemperatur 840 °C, Erwärmdauer 3 min, Haltedauer 8 min. Die Zahlen an den Abkühlungskurven kennzeichnen den jeweils gebildeten Gefügeanteil.

*b) Gefügemengenkurven und Härteverlauf.*

Martensitbildung kann nur der Beginn als horizontale Linie eingezeichnet werden. Im rechten Teilbild sind die sich einstellenden Gefügeanteile für die verschiedenen Temperaturen und die daraus resultierende Härte angegeben.

Für die Anwendung wichtiger sind die ZTU-S. für kontinuierliche Abkühlung, für die als Beispiel Bild 2 das Schaubild eines Stahls 41 Cr 4 wiedergibt. Das Bild ist längs der eingezeichneten Abkühlkurven zu lesen. Jeweils ist der Beginn und das Ende der Umwandlung und der dabei erreichte Prozentsatz des Gefügeanteils angegeben. Im unteren Teilbild sind die erreichten Gefügemengen in Abhängigkeit von der Abkühlungsdauer von Ac₃ bis 500 °C und die sich einstellende Härte dargestellt.

ZTU-S. liegen für die gängigsten Stähle vor und können benutzt werden, um entweder für ein gegebenes Werkstück die geeignete Abkühlgeschwindigkeit zu entnehmen oder um bei gewünschten Eigenschaften und gegebenen Abmessungen die geeignete Stahlsorte auszuwählen.  *W. Dahl*

Literatur: Werkstoffkunde Stahl. 2 Bde. Hrsg. VDEh. Berlin, Düsseldorf 1984/85.

**Zeitstandversuch.** Prüfverfahren zur Festigkeitsprüfung bei höherer Temperatur. Die Proben werden nach DIN 50118, Ausg. Jan. 1982, in der Zeitstandprüfeinrichtung bei konstanter Temperatur ruhend auf Zug beansprucht.

Das mechanische Verhalten metallischer Werkstoffe wird beschrieben durch Ermittlung der Kriechdehnung in Abhängigkeit von der Beanspruchungsdauer. Die Längenänderungen werden hierbei entweder fortlaufend bei Prüftemperatur und Belastung gemessen (nicht unterbrochener Z.) oder unbelastet bei Raumtemperatur (unterbrochener Z.). In der erhaltenen Zeitdehnkurve zeichnen sich bei linearer Auftragung mehr oder weniger deutlich drei Kriechbereiche ab (Bild 1). Ausgehend von

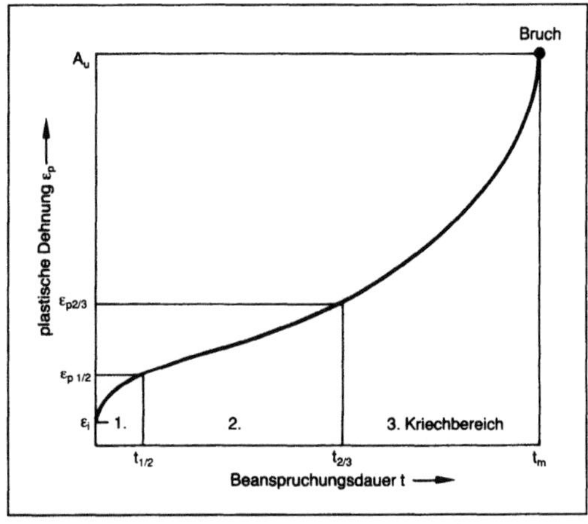


*Zeitstandversuch 1: Lineares Zeitdehnschaubild (schematisch).*

einer plastischen Anfangsdehnung $\varepsilon_i$ überwiegt im primären Kriechbereich die Verfestigung, während im sekundären (oder stationären) Kriechbereich Ver- und Entfestigung im Gleichgewicht sind. Im tertiären Kriechbereich überwiegt die Entfestigung. Es entstehen Poren an den Korngrenzen und später Korngrenzentrennungen und Mikrorisse, die dann schließlich zum →Bruch führen. Die Anteile der drei Kriechbereiche an der gesamten Beanspruchungsdauer bis zum Bruch können je nach Werkstoff, Temperatur und Höhe der Beanspruchung sehr unterschiedlich sein.

Kennzeichnende Kennwerte für einen Werkstoff bei einer bestimmten Temperatur werden aus einer Versuchsreihe mit verschiedenen Prüfspannungen abgeleitet. Zunächst werden die Zeitdehnkurven in einem doppeltlogarithmischen Zeitdehnschaubild als Kurvenschar dargestellt (Bild 2). Hieraus läßt sich für die unterschiedlichen Prüfspannungen die Beanspruchungsdauer für bestimmte plastische Dehnungen (z. B. 0,2 %, 0,5 % und 1 %) abgreifen. Diese führt zu den Zeitdehngrenzkurven im doppeltlogarithmischen Zeitstandschaubild (Bild 3), in dem auch die Beanspruchungs-

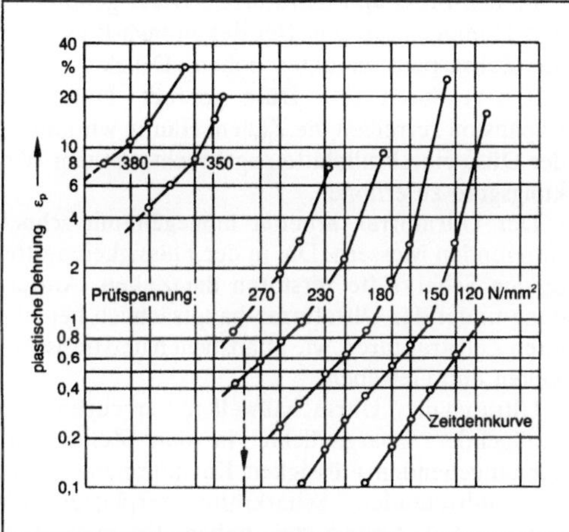

*Zeitstandversuch 2: Zeitdehnschaubild.*

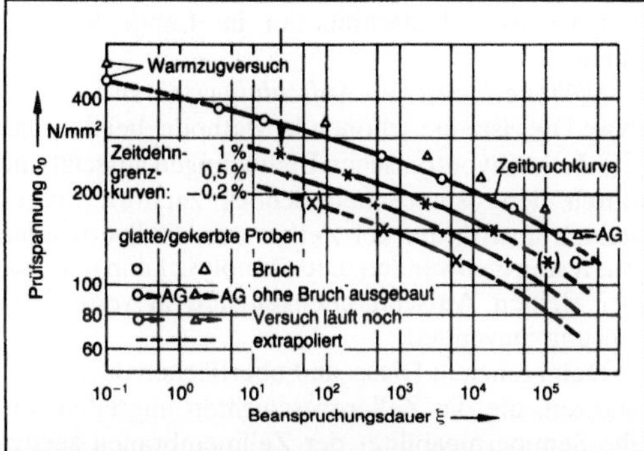

*Zeitstandversuch 3: Zeitstandschaubild.*

dauer bis zum Bruch als Zeitstandbruchkurve eingetragen wird. Aus dem Zeitstandschaubild können abgelesen werden:

□ die Zeitstandfestigkeit bei bestimmter Prüftemperatur als die Prüfspannung, die nach einer bestimmten Beanspruchungsdauer zum Bruch führt ($R_m/10^5/550$ bezeichnet z. B. die Zeitstandfestigkeit für 100000 h bei 550 °C);

□ die Zeitdehngrenze bei bestimmter Prüftemperatur als die Prüfspannung, die nach einer bestimmten Beanspruchungsdauer zu einer festgelegten plastischen Dehnung führt (z. B. $R_p1/10^4/500$: 1 %-Zeitdehngrenze für 10000 h bei 500 °C).

Zum Nachweis einer Zeitstandversprödung können gekerbte Proben geprüft werden. Eine solche liegt dann vor, wenn gekerbte Proben vor den glatten Proben mit gleicher Prüfspannung brechen. Ursache ist, daß die Spannungsspitzen im Kerbgrund nicht mehr durch plastische Verformung abgebaut werden können. Gleichzeitig werden als Folge der Versprödung an den glatten Proben niedrigere Werte für die Zeitbruchdehnung und Zeitbrucheinschnürung ermittelt.

Schädigungsproben: Um den Einfluß der Zeitstandbeanspruchung auf den Werkstoff, z. B. Erweichen oder Verspröden (Zeitstandversprödung) zu erkennen, baut man belastete Proben nach einigen hundert oder tausend Stunden aus und prüft sie auf ihre →Härte, Festigkeitseigenschaften und Kerbschlagzähigkeit.

Abkürzungsverfahren: Da die Bestimmung der Zeitstandfestigkeit aus in Kurzzeitversuchen ermittelten Werten nicht möglich und der Aufwand für Langzeitversuche sehr hoch ist, wurde auch untersucht, ob aus Kurzzeitversuchen auf das Zeitstandverhalten des Werkstoffes nach längeren Beanspruchungszeiten geschlossen werden kann. Hierzu gibt es eine ganze Reihe von Verfahren, bei denen zur Versuchsabkürzung die Temperatur und/oder die Beanspruchung erhöht wird. Die verwendeten numerischen Modelle sind teilweise experimentell, teilweise physikalisch abgeleitet worden. In den Formalismen wird entweder von Bruchdaten (Bruchlaufzeit) oder von der Kriechrate im stationären Kriechbereich ausgegangen.

Extrapolationen müssen jedoch mit Vorsicht und unter Kontrolle durch Langzeitversuche erfolgen, da die als Folge eventueller Phasenänderungen oder Ausscheidungen auftretenden Unstetigkeiten durch solche Parameter naturgemäß nicht wiedergegeben werden können.

Dies ist auch der Grund dafür, daß die DVM-Kriechgrenze als Warmfestigkeitskennwert nicht mehr gebräuchlich ist (Beanspruchung, bei der sich nach einer Zeit von 30 h eine Kriechgeschwindigkeit von $10^{-3}$ %/h einstellt, wobei gleichzeitig die plastische Dehnung nach 45 h ≤ 0,2 % sein muß). *Kußmaul*

Literatur: *Bickel, E.*: Die metallischen Werkstoffe des Maschinenbaues. 2. Aufl. Berlin, Göttingen, Heidelberg 1958. – *Granacher, J., u. H. Wiegand*: Verf. zur Extrapol. d. Zeitstandfestigkeit. Arch. Eisenhüttenw. 43 (1972), S. 699/704. – *Ilschner, B.*: Hochtemperatur-Plastizität. Berlin 1973. – *Pomp, A.*: Festigkeitsuntersuchungen bei hohen Temperaturen. In: *Siebel, E.*: Handb. Werkstoffprüfung. Bd. 2. 2. Aufl. Berlin, Göttingen, Heidelberg 1955 – *Richard, K.*: Arch. Metallkde. Bd. 3 (1949), S. 157/64. – N. N.: Verhalten warmfester Stähle im Langzeit-Standversuch bei 500 … 700 °C. Arch. Eisenhüttenw. 28 (1957), S. 245/344, S. 673/730. – VDI-Ber. Nr. 302. Düsseldorf 1977.

**Zeitverfestigung.** Die Z. beschreibt den Vorgang des Anwachsens der Festigkeit bestimmter Schüttgüter mit der Lagerungszeit. Werden Schüttgüter über längere Zeit durch ein äußeres Spannungsfeld (z. B. Schwerkraft) in einer Packung festgehalten, treten an den Kontaktstellen der einzelnen Partikel zeitlich wachsende Haftkräfte aus. Sie können verschiedene Ursachen haben:

□ Flüssigkeitsbrücken an Kontaktstellen,

□ Lösung der Partikelkontaktstellen durch Feuchtigkeit,

□ Bildung von Feststoffbrücken zwischen benachbarten Partikeln durch Auskristallisieren zuvor gelöster Feststoffe,

□ Sinterung an den Kontaktstellen. *Würtz*

**Zeitwirtschaft.** Sie gehört neben der Materialwirtschaft zu den Aufgabenbereichen der Fertigungssteuerung. Ihr Aufgabenbereich umfaßt die Planung, Steuerung und Überwachung aller Fertigungsabläufe im Betrieb unter zeitlichen Aspekten, insbes. die zeitliche Zuordnung von Fertigungsaufträgen zu Maschinen und Arbeitsplätzen. Ziel hierbei sind die Berücksichtigung von Terminen und die Minimierung von Kosten.

Die Teilaufgaben der Z. sind:

□ *Auftragseinplanungspolitik:* Es werden Prioritätsregeln festgelegt, die die Bestimmung von Terminen (Durchlaufterminierung) in Abhängigkeit der vorrangig zu erfüllenden Teilziele ermöglichen.

□ *Fertigungsablaufplanung:* Es wird der Fertigungsablauf aller durchzuführenden Fertigungsaufträge hinsichtlich zeitlicher und örtlicher Durchführung im einzelnen geplant.

□ *Arbeitsverteilung:* Die Aufträge und Arbeitspapiere werden den Einzelkapazitäten zugeteilt unter Festlegung von Terminen und Reihenfolgen einzelner Arbeitsvorgänge. Hierbei wird ein Kapazitätsabgleich durchgeführt.

□ →*Fertigungsüberwachung:* Sie beinhaltet die Überwachung der geplanten →Fertigung durch örtliche und zeitliche Auftragsverfolgung.

□ *Arbeitsplanorganisation:* Es sind die Arbeitspläne zu verwalten durch Ändern, Löschen und Hinzufügen von Arbeitsplandaten. *Eversheim*

Literatur: N. N.: Methodenlehre der Planung und Steuerung. Tl. 2: Planung. REFA Verband für Arbeitsstudien e. V. München 1985.

**Zellaufschlußverfahren.** Zum Gewinnen von Zellbestandteilen und intrazellulären Metaboliten müssen die Zellen zerstört, d. h. aufgeschlossen, werden. Dazu lassen sich mechanische und nichtmechanische Verfahren einsetzen.

*Mechanische Verfahren.* Bei den mechanischen Aufschlußverfahren erfolgt die Zerstörung der Zellwand durch Scherkräfte und/oder Kavitation.

Mörser und Mühlen: Für kleine Probenmengen im Labor kann man Mörser einsetzen. Für großtechnische Verfahren finden Mühlen Verwendung. Um die Effektivität des Z. zu verbessern, werden Schleifmittel wie Aluminiumoxid oder Glasperlen zugesetzt. Diese Schleifmittel bereiten jedoch Probleme bei der anschließenden Aufarbeitung, da Proteine bzw. Enzyme an diesen adsorbieren können und sich dann nur schwer vollständig abtrennen lassen. Das Mahlen der Zellen gehört zu den effektivsten Aufschlußmethoden und wird nur von der French-Press übertroffen.

French-Press und Ultraturrax: Diese gehören zu den Homogenisatoren. Bei der French-Press wird die Zellsuspension unter hohem Druck (450 bis 600 bar) durch eine Düse gepreßt. Durch die Expansion zerreißen die Zellen. Häufig wird hinter der Düse eine Prallplatte angebracht, um den Wirkungsgrad zu erhöhen.

Der Ultraturrax arbeitet hingegen mit schnell rotierenden Messern. Die in der Flüssigkeit auftretenden Scherkräfte zerstören die Zellen. Anwendung findet der Ultraturrax hauptsächlich bei labileren Zellstrukturen, wie pflanzlichen und tierischen Zellen und Geweben.

Ultraschall: Ultraschallwellen erzeugen bei genügender Energiedichte in den Zellen und der umgebenden Flüssigkeit Kavitationen. Infolge der auftretenden Scherkräfte zerplatzen die Zellen. Auf Grund des hohen Energiebedarfs und der damit verbundenen Erwärmung der Aufschlußlösung sowie der hohen Kosten findet der Ultraschallaufschluß nur im Labor Verwendung.

*Nichtmechanische Aufschlußverfahren.* Osmolyse: Dies ist eine schonende Methode, bei der man die Zellen hypotonischen Bedingungen aussetzt und durch den osmotischen Schock zerstört. Sie ist jedoch unwirksam bei Zellen oder Zellverbänden mit festen Zellwänden. Die Osmolyse kann man nur bei kleinen Aufschlußmengen und in verdünnter Lösung anwenden.

Detergenzien: Diese sind oberflächenaktive Substanzen, die die Zellgrenzschichten angreifen und die Semipermeabilität der Zellmembranen zerstören. Unterschieden wird zwischen ionischen (z. B.

Natriumlaurylsulfat) und nichtionischen Detergenzien (z. B. Polyethylenglykolether).

□ Enzyme: Murein ist ein Bestandteil der bakteriellen Zellwand, der vor allem Stützfunktion besitzt. Dieser kann insbes. bei grampositiven Bakterien von dem bakteriziden Enzym Lysozym angegriffen werden. Da bei dem enzymatischen Angriff jedoch die Zellmembranen intakt bleiben, ist eine nachfolgende Behandlung mit komplexbildenden Agenzien, Detergenzien oder osmotischem Schock erforderlich.

Die Wahl der Aufschlußmethode hängt vom Zelltyp und den freizusetzenden Substanzen ab (Aufarbeitung biotechnologischer Produkte).    *Liefke*

Literatur: *Cooper, T. G.:* Biochemische Arbeitsmethoden. Berlin 1981. – *Gerstenberg, H., W. Sittig* u. *K. Zepf:* Aufarbeitung von Fermentationsprodukten. Chem.-Ing.-Techn. 52 (1980), S. 19/31.

**Zellenmodell.** Im Unterschied zum kontinuierlichen →Dispersionsmodell können die turbulenten Vermischungsvorgänge in chemischen Reaktoren auch mit dem diskreten Z. (ohne →Rückführung), auch Kaskadenmodell genannt, beschrieben werden. Bei jedem Z. wird das Gesamtvolumen eines realen Reaktors in N gleich große, vollständig vermischte Zellen (formal) aufgeteilt. Jede Zelle entspricht einem KIK (→Reaktormodell) mit vollständiger →Rückvermischung. Der gesamte reale Reaktor wird also durch eine Rührkesselkaskade mit N Rührkesselreaktoren angenähert. Einziger Modellparameter beim Z. ohne Rückführung ist die Anzahl N. Eine Vermischung der Reaktionsmasse stromaufwärts zum Konvektionsstrom bleibt hier im Unterschied zum Dispersionsmodell prinzipiell unberücksichtigt. Bei geringer Dispersion, d. h. für Bo > 50 (→Bodenstein-Zahl), gilt Bo ≈ 2N. Dies bedeutet, daß sich mit dem einparametrigen Z. nur diskrete Bodenstein-Zahlen, die stets etwa der 2fachen Zellenanzahl N entsprechen, einstellen lassen.

Beim Z. mit Rückführung strömt zusätzlich zum Konvektionsstrom $\dot{V}$ ein Rücklaufstrom $\dot{V}_R$ durch jede der N Zellen. Mit diesem zweiparametrigen Z. (mit Rückführung) kann die Vermischung auch gegen den Konvektionsstrom mit den Parametern N und $\dot{V}_R$ kontinuierlich modelliert werden. Es lassen sich damit auch kontinuierliche Bodenstein-Zahlen einstellen, die die Beziehung

$$ Bo = \frac{2\,N}{1 + 2\dfrac{\dot{V}_R}{\dot{V}}} $$

erfüllen.

Die Z., insbes. mit Rückführung, haben gegenüber dem Dispersionsmodell einige Vorteile, z. B. eine numerisch einfachere Lösung der Gleichungen und eine i. a. größere Flexibilität. Sie sind Bestandteile der Verweilzeitmodelle und werden z. B. zum Modellieren von Festbettreaktoren (→Festbettreaktormodell), realen Rührkesselreaktoren sowie Blasensäulenreaktoren verwendet.    *Schönbucher*

**Zellenradextraktor.** Apparat zur Feststoffextraktion. Ein zylindrisches Gehäuse ist in Zellen aufgeteilt, deren Böden von Siebbodenklappen gebildet werden. Das Extraktionsgut wird kontinuierlich zugegeben und mit dem →Extraktionsmittel im →Gegenstrom geführt. Dazu pumpt man die Extraktlösung von Zelle zu Zelle.

Nach Beendigung der Extraktion erfolgt die Entleerung der entsprechenden Zelle durch Öffnen der Siebbodenplatte.    *Dohrn*

Literatur: Ullmanns Enzyklopädie der technischen Chemie. 4. Aufl. Weinheim 1972.

**Zellenradschleuse.** Z. werden überwiegend zum Austragen, Dosieren und Einspeisen von Schüttgütern aller Art eingesetzt. Sie werden zum kontinuierlichen Austragen von Schüttgütern aus Silos und Behältern sowie zum dosierten Aufgeben bestimmter Massenströme eingesetzt. Dabei kann das Fördergut gegen den inneren Überdruck der Förderleitung oder bei Unterdruck aus einem Sammelraum ausgeschleust werden. Druckdifferenzen von 1 bis 2 bar sind üblich. Die Spaltweiten zwischen dem rotierenden Zellenrad und dem feststehenden Gehäuse betragen 0,1–0,2 mm.

Das Bild zeigt den einfachsten Aufbau. Das Schüttgut fällt frei aus dem Austrittsschacht nach

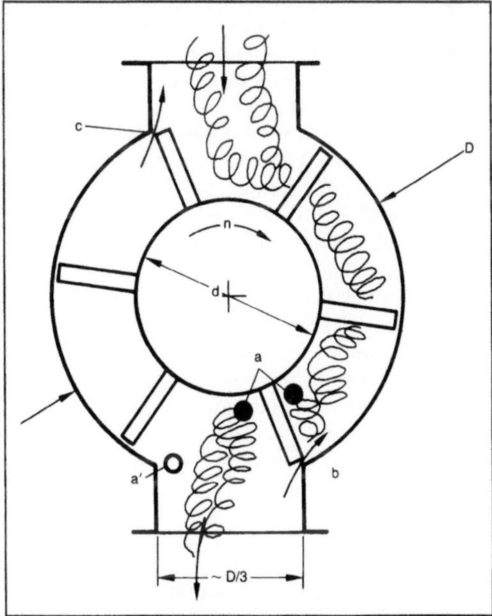


*Zellenradschleuse: Schemaskizze.*

a Korn, b einströmende Luft, c ausströmende Luft

unten. Die Drehzahl ist deshalb durch die Fallzeit im Schwerefeld begrenzt. Für das innerste Korn a und bei einem Durchmesser d des Austrittsschachts von D/3 ist die maximale Drehzahl n in min$^{-1}$:

$$n < \sqrt{\frac{400\,g}{(D-d)\,\pi^2}}.$$

Da beim Öffnen jeder Kammer durch Druckausgleich einströmende Luft b und Wandreibung die Fallgeschwindigkeit reduzieren, muß n in der Praxis noch etwas kleiner sein. Dadurch ist bei üblichen Durchmessern von 100–500 mm und damit Drehzahlen von 90–40 min$^{-1}$ der Durchsatz beschränkt.

Für schleißendes Gut kann man die Räder mit nachstellbaren, elastischen Dichtelementen ausrüsten. Bei anhaftenden Schüttgütern sind zusätzlich Ausräummesser eingebaut, die das Gut ausstreichen.

Bei häufigem Wechsel der zu fördernden Produkte werden Schnellwechsel-Z. eingesetzt. Den Seitendeckel kann man dabei aufklappen und das Zellenrad ohne Demontage des Antriebs auswechseln. Die Reinigung des Gehäuses wird so wesentlich erleichtert. Vermischung der Produktsorten ist somit unwahrscheinlich. *Greif*

**Zellenspannung** →Reaktor, elektrochemischer

**Zellenwiderstand** →Reaktor, elektrochemischer

**Zellernteverfahren.** Verfahren zur Abtrennung der Zellen von der Nährlösung. Die Zellernte ist der erste Schritt eines Prozesses, Bioprodukte zu gewinnen. Bioprodukte können extrazellulär vorliegen (viele Antibiotika, Aminosäuren und Carbonsäuren), sie können membranassoziiert vorliegen (hydrophobe Antibiotika), oder sie werden intrazellulär als Einschlußkörper von den Zellen gespeichert (Proteine). Die Lokalisation des Produkts bedingt, ob man nach der Zellernte die Nährlösung aufarbeitet und die Zellen verwirft oder ob man bei membranassoziierten oder intrazellulären Produkten die Zellen aufarbeitet.

Zellen werden mit Hilfe der Zentrifugation in Zentrifugen oder Separatoren geerntet. Die zweite wichtige Gruppe von Z. sind die Filtrationsverfahren, insbes. die →Crossflow-Mikrofiltration. Beide Grundoperationen liefern eine feststofffreie Nährlösung. Dabei fallen die Zellen in hochkonzentrierter Form als Suspension, Paste, Schlamm oder Filterkuchen an. *Liefke*

**Zellstoff.** Zur Herstellung von hochweißen, weißgradstabilen Papieren, Pappen und Kartons sowie zur Gewinnung von Cellulose für deren chemische Derivatisierung müssen das →Lignin, aber auch Hemicellulosen mehr oder weniger vollständig aus dem Holz entfernt werden. Die Intensität dieses Holzaufschlusses hängt von den für das spätere Endprodukt geforderten Eigenschaften ab. Je weiter das Lignin aus der Faser entfernt wird, desto günstigere Voraussetzungen sind gegeben, dem Endprodukt eine hohe Faserbindung zu verleihen, da die Ausbildung von Wasserstoffbrücken zwischen den Faseroberflächen an das Vorhandensein hydrophiler Gruppen in Form von OH- und Carboxylgruppen gebunden ist, während das hydrophobe Lignin die Ausbildung von Wasserstoffbrücken behindert. Andererseits werden beim chemischen Aufschluß die Kohlenhydrate des Holzes angegriffen, wodurch die Festigkeit der Faser selbst beeinträchtigt wird.

Weltweit werden etwa 140 Mill. t/a an Z. hergestellt. Davon entfallen ca. 80 % auf das Sulfatverfahren, 10 % auf das Sulfitverfahren und der Rest auf sonstige Verfahren.

Der Sulfat- oder Kraftprozeß verdankt seine Vormachtstellung der Möglichkeit, nahezu alle lignocellulosehaltigen Rohstoffe aufzuschließen, sowie den guten Eigenschaften der erzeugten Z. Als Aufschlußchemikalien werden Natronlauge, Natriumsulfid und Natriumcarbonat eingesetzt. Die Nachteile des Sulfatverfahrens liegen in seiner Geruchsbelästigung durch reduzierte Schwefelverbindungen, wie Schwefelwasserstoff und Mercaptane, sowie im relativ hohen Restligningehalt der Z., ihrer dunklen Farbe sowie der schwierigen Bleichbarkeit.

Die Sulfitprozesse schließen Holz mit einer wäßrigen Lösung von Natrium-, Ammonium-, Magnesium- oder Calciumsulfiten bzw. Bisulfiten auf. Am weitesten verbreitet sind Magnesium- und Calciumbisulfit-Verfahren, die mit einem Überschuß an SO$_2$ im stark sauren pH-Bereich aufschließen. Mit diesen Verfahren kann nur eine begrenzte Anzahl von Hölzern aufgeschlossen werden. Nicht verwendbar sind z. B. Hölzer wie Kiefer, Douglasie und Lärche, die im Kernholz im sauren pH-Bereich zu Kondensationen neigende Inhaltsstoffe haben. Auch gegen Rindenbestandteile sind diese Verfahren sehr empfindlich. Sulfitverfahren ermöglichen die Herstellung von Z. mit hohen Ausbeuten, niedrigem Restligningehalt und leichter Bleichbarkeit. Die Festigkeiten der Sulfit-Z. liegen jedoch deutlich unter den Sulfat-Z.

Die Ablaugen aus dem Aufschlußprozeß werden in mehreren Waschstufen vom Z. abgetrennt, eingedampft und verbrannt. Die gewonnene Energie kann den Energiebedarf des gesamten Z.-Herstellungsprozesses decken. Die Chemikalien können in Abhängigkeit vom eingesetzten Aufschlußverfahren weitgehend zurückgewonnen werden, wodurch im Bereich der Z.-Kochung eine Kreislaufschließung möglich ist.

Zur Erzeugung von hochweißen, ligninfreien Produkten müssen die Z. zur Entfernung des noch vorhandenen Restlignins einer Bleiche unterworfen werden. Dies geschieht in mehreren Bleichstufen, wobei Bleichmittel wie Chlor, Hypochlorit, Chlordioxid eingesetzt werden. Die anfallenden Bleichereiablaugen werden in die Vorfluter geleitet und belasten diese erheblich, u. a. mit biologisch sehr schwer abbaubaren organischen Chlorverbindungen. Daher besteht ein starker Trend, in der Bleiche chlorfreie Chemikalien wie Sauerstoff, Wasserstoffperoxid und Ozon zu verwenden.                 *Patt*

Literatur: *Rydholm, S.:* Pulping Processes. New York, London, Sydney 1965. – *Lengyel, P., u. S. Morvay:* Chemie und Technologie der Zellstoffherstellung. Biberach/Riss 1973.

**Zementit.** Z. (Eisencarbid $Fe_3C$) ist nach der Warmumformung oder nach einer Wärmebehandlung bei Raumtemperatur in nahezu allen Eisen-Kohlenstoff-Legierungen wie Stahl und Gußeisen vorhanden. Z. ist sehr hart, spröde und ferromagnetisch. Das Kristallgitter ist rhombisch. In Gegenwart von →Mangan und anderen Carbidbildnern wird das Eisen im Z. z. T. durch diese Legierungselemente ersetzt, wenn genügend Zeit zur Diffusion zur Verfügung steht. Z. ist metastabil und zerfällt unter geeigneten Bedingungen in Kohlenstoff (Graphit) und Eisen. In handelsüblichen Stählen erfolgt der Z.-Zerfall erst in äußerst langen Zeiten und sehr selten. Gußeisen jedoch enthält aus dem Z.-Zerfall stammenden Graphit. Dies beruht auf dem im Gußeisen vorhandenen höheren Anteil an Silicium, das den Z. weniger stabil macht (→Eisen-Kohlenstoff-Zustandsschaubild).                 *W. Dahl*

**Zementsand-Formverfahren.** Heute nur noch wenig, vor allem für Großguß in Einzelfertigung, eingesetzt.                 *Doliwa*

**Zentralbereich.** Kombination der Vorteile von fachorientierter (funktionaler) und objektbezogener Gliederung durch die Schaffung von Z. zur Wahrnehmung bestimmter Unternehmensfunktionen.

Es zeigt sich oftmals, daß wegen der einseitigen Absatzorientierung bei einer objektbezogenen Gliederung eine sinnvolle Zusammenarbeit der einzelnen Divisionen auf dem Beschaffungsmarkt und dem Produktionssektor nicht gewährleistet ist. Deshalb wird versucht, die Vorteile der fachorientierten und objektbezogenen →Organisation zu kombinieren, indem zusätzlich zu den Divisionen Z. für bestimmte Unternehmensfunktionen eingerichtet werden (Bild).

Auf diese Weise lassen sich Geschäftsbereiche bilden, die für das Geschäftsergebnis ihres Produktes bzw. ihrer Produktgruppen verantwortlich sind. Innerhalb eines solchen Geschäftsbereiches werden alle das Ergebnis beeinflussenden Funktionen ausgeübt, deren zentrale Wahrnehmung keine Kostenvorteile bringt. Die in einem Geschäftsbereich

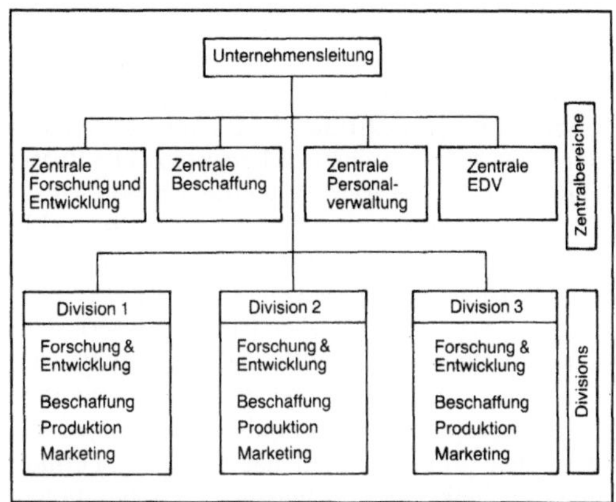


*Zentralbereich: Divisionale Unternehmensgliederung mit Zentralbereichen.*

zusammengefaßten Produkte werden vor allem nach ihrer Marktverwandtschaft bestimmt. Z. werden häufig für Unternehmensfunktionen, wie z. B. Normung, Beschaffung, Forschung und Entwicklung, Personalverwaltung, Finanzen, →Rechnungswesen, EDV usw., eingerichtet.

Der Vorteil einer zentralen Beschaffung besteht in der Erzielung von Mengenrabatten. Ein Z. für Forschung und Entwicklung kann dagegen mit der Koordination der Divisionen sowie mit Grundlagenforschung betraut werden.                 *Eversheim*

Literatur: *Eversheim, W.:* Organisation in der Produktionstechnik. Bd. 1: Grundlagen. Düsseldorf 1981. – *Korndörfer, W.:* Unternehmensführungslehre. 3. Aufl. Wiesbaden 1983.

**Zentralstrahlmethode** →Partikel-Volumen-Analyse

**Zentrierbohren.** Werkstücke, die während der spanenden Bearbeitung zwischen Spitzen gespannt werden (z. B. beim →Drehen oder →Schleifen), müssen den Zentrierspitzen entsprechende Zentrierbohrungen aufweisen. Diese Bohrungen werden mit Zentrierbohrern hergestellt.                 *König*

**Zentrifugalextraktor.** Ist die Dichtedifferenz der Phasen bei der Flüssig-Flüssig-Extraktion (→Extrahieren) zu gering, so daß das Absetzen der Phase zu lange dauern würde, können Z. verwendet werden, bei denen durch die Rotation des Extraktionsbehälters ein künstliches Schwerefeld erzeugt wird. Der Stoffübergang läßt sich durch →Einbauten, die Turbulenzen verursachen, verbessern.

Nach dem Mischen der beiden Phasen wird die schwere Phase durch Zentrifugalkräfte nach außen befördert, während die leichte Phase nach innen wandert.

Z. sind für hohe Durchsatzleistungen geeignet und haben einen geringen Platzbedarf (→Podbielniak-Extraktor).                 *Dohrn*

**Zentrifugalseparator.** Verfahrenstechnisches Gerät zur mechanischen Trennung von Phasen unterschiedlicher Dichte. Die Trennung der Phasen geschieht durch Zentrifugalkräfte in einer rotierenden Trommel oder einem Tellersystem. Die Phasen geringerer Dichte werden zentral im Bereich der Drehachse und die höherer Dichte außen abgeschieden. Z. kann man zum Trennen von flüssigen wie auch fest-flüssigen Phasen einsetzen. Es lassen sich in einem Separator 2 Phasen (flüssig-flüssig), seltener 3 Phasen (fest-flüssig-flüssig), gleichzeitig trennen. Die Trennung erfolgt meist kontinuierlich. Feststoffe können auch periodisch ausgetragen werden. Den größten Anteil haben in der Fermentationstechnik die Fest-Flüssig-Trennoperationen, z. B. die Abtrennung von Zellmasse aus Fermenterbrühen (Aufarbeitung biotechnologischer Produkte). *Liefke*

**Zentrifugalsichter.** Das Prinzip eines Z. zeigt das Bild. Das Trägermedium tritt von unten über einen Leitapparat in das integrierte Mühle-Sichter-System ein. Das zu mahlende Aufgabegut wird von oben aufgegeben und fällt auf die Mahlbahn. Das gemahlene Gut wird von der aufwärtsströmenden, rotierenden Luft bis zum Flügelrad getragen. Die gröbsten Teilchen erreichen das Flügelrad nicht. Sie fallen sofort wieder zurück in die Mühle. Der Großteil aber erreicht das Flügelrad und wird durch

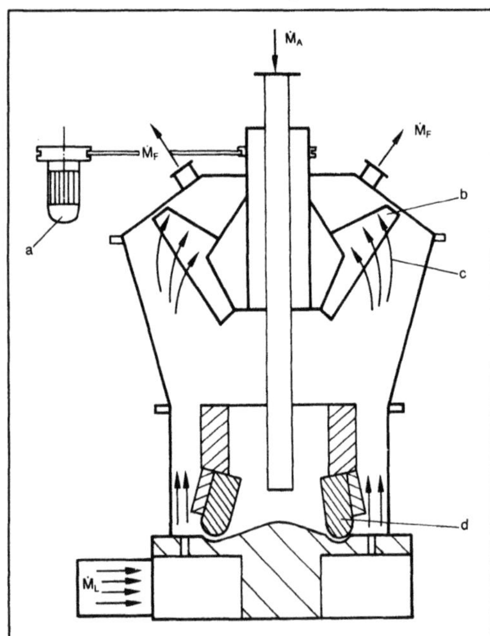


*Zentrifugalsichter: Schüsselmühle mit integriertem Flügelradsichter.*

a Antrieb für Flügelrad, b Flügelrad, c Strömungslinien, d integrierte Mühle

dieses zusätzlich in Umfangsbewegung versetzt. Durch die Fliehkraft werden die Groben ausgeschleudert und fallen zurück in die Mühle. Die Feinen können der Strömung folgen und gelangen damit aus dem Sichter. Die Trennung ist wegen der Zentrifugalkräfte sehr scharf. *Greif*

**Zentrifuge (Lebensmitteltechnik).** In der Lebensmittelindustrie stellt sich sehr häufig die Aufgabe, Gemische aus Komponenten mit geringen Dichteunterschieden und geringen Partikelgrößen zu trennen. Während die Schwerkraftsedimentation unter diesen Bedingungen nur sehr langsam oder unvollständig verläuft, bietet die Abscheidung im Zentrifugalfeld den Vorteil einer beschleunigten Trennung in reine Komponenten.

Der Einsatz der Zentrifugaltrennung ist in der Lebensmittelindustrie demnach sehr verbreitet, insbes. im Bereich der Milch-, Käse- und Molkeverarbeitung; ferner in Brauereien, Weinkellereien, obst- und gemüseverarbeitenden Betrieben sowie bei der Öl- und Margarineherstellung. Neue wichtige Einsatzgebiete haben sich auch im Bereich der Biotechnologie im Zusammenhang mit dem Abscheiden von Biomasse sowie der Aufarbeitung fermentativ gewonnener Wirkstoffe eröffnet.

Einbautenlose Großtrommelklär-Z. werden in begrenztem Maß nach wie vor dann eingesetzt, wenn das Sedimentationsverhalten der betreffenden Suspension unproblematisch und auf Grund hoher Feststoffbeladung ein großer Schlammraum erforderlich ist. Dies trifft vor allem zu bei der Trennung von Trübe und Bierwürze, dem Abschleudern der Carbonatwässer bei der →Zuckergewinnung und der Reinigung gewisser Abwässer aus der Lebensmittelverarbeitung.

Auf Grund der deutlich besseren Energieausnutzung und einer günstigeren Trenncharakteristik bieten Teller-Z. ein weit größeres Spektrum an Einsatzmöglichkeiten. Sie finden z. B. Verwendung in Brauereien bei der Heißtrub- und Hefeabtrennung, in Molkereien bei der Reinigung und Entrahmung von Milch (→Separator (Lebensmitteltechnik)), Bild 1, in Käsereien bei der Frischkäse- und Speisequarkzubereitung, in Kellereien bei der Weinklärung.

Erfordert eine Trennaufgabe hohe Schleuderziffern (ca. 13 000–17 000), dann finden in der Regel Röhren-Z. mit kleinen Trommeldurchmessern (etwa 10 cm innen) Verwendung. Auf diese Weise können z. B. pflanzliche Öle entschleimt oder Fruchtsäfte von Schwebstoffen und geringen Mengen ätherischer Öle gereinigt werden.

Sonderbauformen wie Schnecken-Z. (Dekanter), Filterschub-Z. (Siebschleuder), Bild 2, oder Zentrifugalextraktoren sind auf spezielle Anwendungsfälle beschränkt. So werden die beim →Gefrierkonzentrieren ausgefrorenen Eiskristalle häufig mit

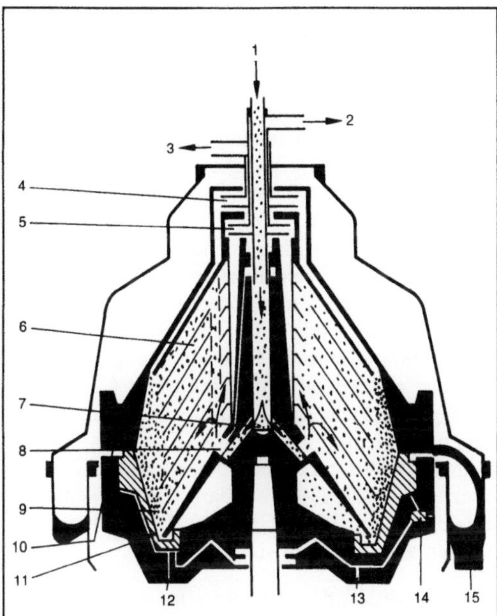

*Zentrifuge (Lebensmitteltechnik) 1: Separator. (Quelle: Westfalia Separator AG, Oelde) Funktionsprinzip eines selbstentleerenden Separators.*

1 Zulauf, 2 Rahmablauf, 3 Ablauf entrahmte Molke, 4 Greifer für entrahmte Molke, 5 Rahmgreifer, 6 Tellerpaket, 7 Soft-Stream-System, 8 Steigekanäle, 9 Feststoffraum, 10 Feststoff-Austrittsspalt, 11 Kolbenschieber, 12 Schließwasserkammer, 13 Öffnungswasserkanal, 14 Kolbenventil, 15 Feststoffablauf

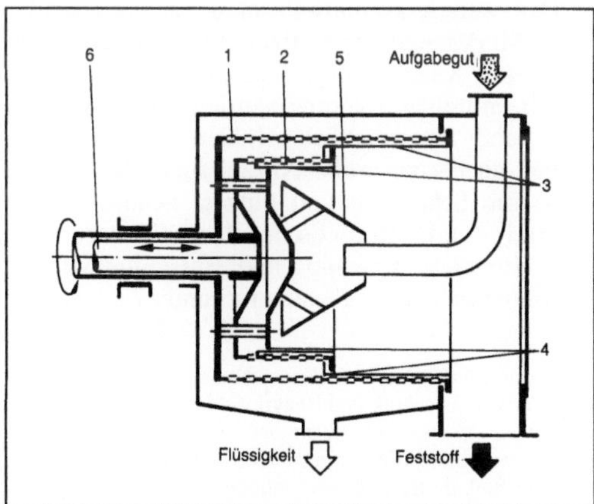

*Zentrifuge (Lebensmitteltechnik) 2: Kontinuierliche Filterschub-Zentrifuge. (Quelle:* Dialer *et al. a. a. O.)*

1, 2 Siebtrommeln, 3 Spaltsiebe, 4 Schubringe, 5 Verteilerkonus, 6 Schubwelle

Siebschleudern von der Restlösung abgetrennt. Zur Extraktion von Wertstoffen aus Flüssigkeiten (z. B. Fermenterbrühen) oder Feststoffen (z. B. Pflanzen-

teile) benutzt man teilweise Zentrifugalextraktoren. *Kerner/Loncin/Brunner*

Literatur: *Brunner, K. H.:* Separatoreneinsatz in der Biotechnologie. Chemie-Techn. (1983) Nr. 4. – *Dialer, K., U. Onken* u. *K. Leschonski:* Grundzüge der Verfahrenstechnik und Reaktionstechnik. München 1986. – *Loncin, M.:* Die Grundlagen der Verfahrenstechnik in der Lebensmittelindustrie. Frankfurt/M. 1969.

**Zentrifuge (Verfahrenstechnik).** Die Trennwirkung von Z. (Bild 1) beruht auf der im Vergleich zur Fallbeschleunigung g weit größeren Zentrifugalbeschleunigung b. Wichtigste Kenngröße beim Betrieb einer Z. ist die Schleuderziffer $S_z$ als Verhältnis von Zentrifugal- zu Fallbeschleunigung:

$$S_z = \frac{r\omega^2}{g},$$

mit ω Winkelgeschwindigkeit, r Radius.

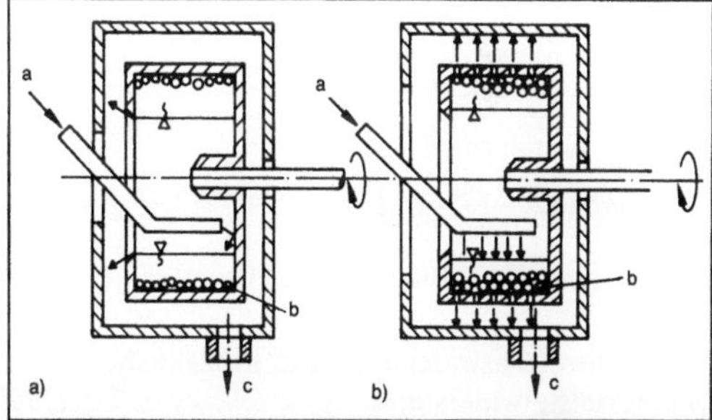

*Zentrifuge (Verfahrenstechnik) 1: Bauarten.*
*a) Sedimentations-Zentrifuge mit Vollmanteltrommel.*

a Suspension, b Sediment, c Klarwasser

*b) Filtrations-Zentrifuge mit Lochtrommel.*

a Suspension, b Filterkuchen, c Filtrat

Technisch übliche Schleuderziffern sind bei Sedimentations-Z. 6000–50000, bei Filter-Z. 100–3000.
*Sedimentations-Z.* Sedimentations-Z. haben eine Vollmanteltrommel. Die schwere Phase sedimentiert im Zentrifugalfeld am Mantel, die geklärte Flüssigkeit strömt über ein Wehr ab. Mit Separatoren können auch Flüssigkeiten geklärt werden. Bei laminarer Umströmung der Feststoffteilchen gilt für die →Sinkgeschwindigkeit $w_{s,z}$ im Zentrifugalfeld:

$$w_{s,z} = w_{s,g} \cdot S_z,$$

mit der Sinkgeschwindigkeit $w_{s,g}$ im Stokes-Bereich:

$$w_{s,g} = \frac{\varrho_s - \varrho_L}{18\eta} \, d_s^2 \cdot g \cdot f(c_v),$$

mit $d_s$ Teilchendurchmesser, $c_v$ Volumenkonzentration des Feststoffs, $\varrho_s$ Feststoffdichte, $\varrho_L$ Flüssigkeitsdichte, η dynamische Viskosität der Flüssigkeit.

Rechnet man vereinfachend mit der Zentrifugalbeschleunigung auf dem mittleren Z.-Radius $r_m = (r_a + r_i)/2$ und der Trommellänge L, so erhält man mit der wirksamen Klärfläche $A_z = 2\pi L r_m$ die äquivalente Klärfläche $\Sigma = A_z S_z$ als Klärfläche eines Klärbeckens im Schwerefeld bei gleichem Durchsatz und Trennergebnis. $\Sigma$ dient als Anhalt für Auslegung und Vergleich von Z. Für den Volumendurchsatz $\dot{V}$ gilt annähernd:

$$\dot{V} = w_{s,g} \cdot Z.$$

Der tatsächliche Durchsatz ist in der Regel geringer (bis zu 20 %).

*Filter-Z.* Filter-Z. haben einen gelochten Mantel mit innenliegendem Filtertuch. Bild 2 vergleicht den Druckverlauf in Sedimentations- und Filtrations-Z. Vereinfachend gilt für den Kuchendruck p auf den Mantel:

$$p = \bar{\varrho} \frac{\omega^2}{2} (r_a^2 - r_i^2),$$

mit $\bar{\varrho}$ mittlere Dichte.

Für den Durchsatz $\dot{V}$ gilt:

$$\dot{V} = \frac{\bar{\varrho}\omega^2 (r_a^2 - r_i^2) \pi \cdot L}{\alpha\eta \left( \ln\left(\dfrac{r_a}{r_K}\right) + \beta/\alpha \dfrac{1}{r_a} \right)},$$

mit $\alpha$ Filtrationswiderstand des Filterkuchens, $\beta$ Filtermittelwiderstand.     *Dahl*

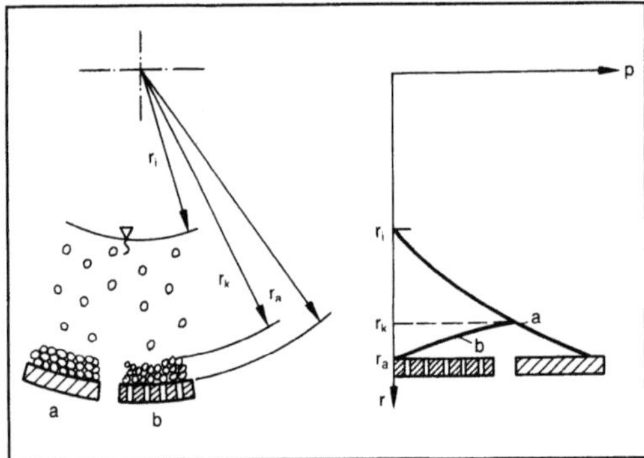


*Zentrifuge (Verfahrenstechnik) 2: Druckverlauf bei Filtrations- und Sedimentations-Zentrifugen.*

a Vollmantel, b Lochmantel

Literatur: *Trawinski, H.:* Zentrifugen und Hydrozyklone. Chem. Ing. Techn. 61 (1989) Nr. 1, S. 48/57. – *Ullmann:* Enzyklopädie der techn. Chem. Bd. 2. Weinheim 1972.

**Zerkleinern.** Zerteilen eines zusammenhängenden Körpers in ein Kollektiv von Teilen ohne Ändern des Aggregatzustandes, wobei man einen für Weiterverarbeitung oder Anwendung günstigen Dispersitätszustand erzielen will.

Je nach Aggregatzustand unterscheidet man das Zerbrechen von Feststoffen, das Aufteilen von Flüssigkeiten in kleinere Tropfen oder das Zerteilen von Gasen in Blasen. Das Zerkleinerungsergebnis wird häufig durch folgende Kriterien charakterisiert: Korngrößenverteilung mit einer maximalen und/oder minimalen zulässigen Partikelgröße, definierte spezifische Oberfläche und Aufschluß mehrkomponentiger Stoffe mit bestimmtem An- oder Abreicherungsgrad.

Zerkleinerungswirksam sind entweder Kontaktkräfte zwischen benachbarten Partikeln oder zwischen Partikeln und Zerkleinerungswerkzeug (Druck, Prall, Stoß, Scherung, Reibung, Schnitt) oder nichtmechanische Beanspruchungsarten (z. B. Wärme, elektrische Entladung). Die Gesetze von *Rittinger* und von *Kick* zur Berechnung der spezifischen Zerkleinerungsarbeit A (Energie je Masseneinheit des zu zerkleinernden Stoffs) sind nur in speziellen Fällen anwendbar. Eine allgemeinere Beziehung wurde auf Grund umfangreicher Erfahrungen von *Bond* entwickelt:

$$A = A_i (10/\sqrt{d\,80} - 10/\sqrt{d\,80°}),$$

mit $A_i$ Workindex (eine Art Mahlbarkeit), d 80° bzw. d 80 Partikelgröße für Siebdurchgang von 80 % des Eingangs- bzw. Auslaufguts.

Die Auswahl der Beanspruchungsart und damit der geeigneten Zerkleinerungsmaschine richtet sich nach den Eigenschaften des Guts (z. B. Aggregatzustand, Partikelgröße, Elastizität, Viskosität). Nach dem Partikelgrößenbereich des Fertigguts unterscheidet man Brecher und Mühlen (Grenzbereich liegt bei einigen Zentimetern).

Des weiteren unterteilt man nach konstruktiven Merkmalen und Beanspruchungsart (z. B. Backen-, Kegel- oder Walzenbrecher). In der Lebensmittelverarbeitung werden nur selten Brecher und hauptsächlich Mühlen eingesetzt; daneben auch eine große Anzahl spezieller Maschinen zum Schneiden und Putzen: Schnitzelwerke, Würfel- und Streifenschneider, Filetiermaschinen, Entstiel-, Entrapp- und Entsteinmaschinen, Abriebmaschinen, Flammen- und Laugenschäler.     *Kerner/Loncin*

Literatur: *Dialer, K., U. Onken* u. *K. Leschonski:* Grundzüge der Verfahrenstechnik und Reaktionstechnik. München 1986. – *Loncin, M.:* Die Grundlagen der Verfahrenstechnik in der Lebensmittelindustrie. Aarau 1969. – *Samans, H.:* Zerkleinerungstechnik in der Lebensmittelindustrie. Einführung in die Technologie des Zerkleinerns. Lebensmitteltechnik 23 (1976) Nr. 8.

**Zerkleinerungsmaschine.** Zerkleinerung von Feststoffen findet man in fast allen Bereichen der stoffumwandelnden Industrie. Die dabei verfolgten Ziele lassen sich unter den folgenden Punkten zusammenfassen:

□ Oberflächenvergrößerung, z. B. zum Beschleunigen von Wärme- und Stoffaustauschprozessen sowie chemischen Reaktionen, bei Nahrungsmitteln, Pharmazeutika und Farbpigmenten.

□ Erzielen bestimmter Korngrößen, Kornformen und Korngrößenverteilungen. Für Sinterprozesse (Keramik, Pulvermetallurgie), Baustoffe, nachfolgende Sortiervorgänge.

□ Aufschließen von Wertstoffen, z. B. Erzaufbereitung.

Ungefähr 15% der in den Industrienationen erzeugten Energie werden für Zerkleinerungsprozesse verbraucht. Dabei ist der Wirkungsgrad bezogen auf die Energie der neugeschaffenen Oberfläche sehr gering (1% und weniger).

Ein entscheidender Parameter bei der Zerkleinerung ist die Produktkorngröße. Neben den Eigenschaften wie Härte und Zähigkeit ist sie maßgebend für die Auswahl einer geeigneten Z. Man unterscheidet die verschiedenen Korngrößenbereiche (Tabelle).

Das Diagramm zeigt den spezifischen Energieverbrauch in kWh/t für eine Reihe typischer Z. in Abhängigkeit von der Korngröße. Je feiner ein Stoff gemahlen werden soll, desto höher ist der massenspezifische Energiebedarf.

Das rechte Feld bei ca. 10 mm Korngröße wird weitgehend von Brechern abgedeckt. Wichtigste

*Zerkleinerungsmaschine. Tabelle: Korngrößenbereiche.*

| Korngröße | | Bezeichnung | Beispiel |
|---|---|---|---|
| >50 | mm | Grobbrechen | Basaltsteine, Erz, Schotter, Kalkstein |
| 50— 5 | mm | Feinbrechen | Caprolactam, Salz |
| 5— 0,5 | mm | Schroten | |
| 500—50 | μm | Feinmahlen | Salz, Zucker, Nahrungsmittel, Tonerde (Aluhütte), Zement |
| 50— 5 | μm | Feinstmahlen | Chemie (organische und anorganische Zwischen- und Endprodukte) |
| < 5 | μm | Kolloidmahlen (oft naß) | Farbstoffe, Pigmente, Pharma, Photochemie |

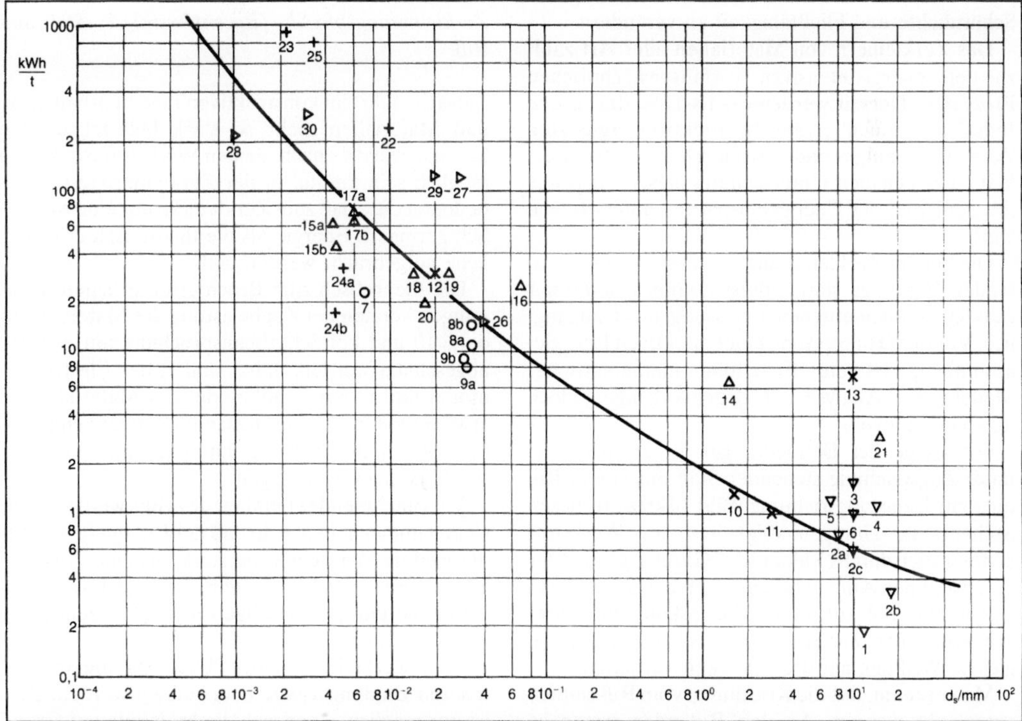

*Zerkleinerungsmaschine: Spezifischer Zerkleinerungsenergiebedarf von Mühlen.*

∇ Brecher, ○ Wälzmühlen, × Prallmühlen, △ Kugelmühlen, Stabmühlen, + Strahlmühlen, ▷ Naßmahlung

Bauarten sind Backenbrecher, Hammer- und Kegelbrecher.

Im Bereich des Feinmahlens werden großtechnisch vor allem Kugel- oder Rohrmühlen eingesetzt. Mit ihnen verwandt sind Schwingmühlen. Dabei erfolgt die Zerkleinerung des Produkts durch Schlag- und Prallbeanspruchung zwischen den Mahlkörpern.

Zur Feinstmahlung bis zu Korngrößen unter 10 µm werden entweder Strahlmühlen oder nasse Mahlverfahren eingesetzt (Bild). Bei der →Strahlmühle wird das Produkt durch Luftstrahlen im Überschallbereich zerkleinert. Eine typische Naßmühle ist die →Rührwerkskugelmühle. Sie besteht aus einem Gefäß mit einem Rührorgan. In diesem Gefäß befinden sich Mahlkörper, mit deren Größe die gewünschte Endfeinheit eingestellt werden kann. Das Produkt wird als Suspension durch die Rührwerkskugelmühle gedrückt. Die Suspension muß die gesamte Schüttung aus Mahlkörpern durchströmen. Durch die vom Rührorgan bewirkte Umwälzung des Gefäßinhalts wird das Produkt zwischen den Mahlkörpern zerkleinert. *Trefz*

**Zerkleinerungsphysik (Bruchphysik).** Als Zerkleinerung bezeichnet man die Zerteilung des Feststoffgefüges, um für nachfolgende Verarbeitungsprozesse die erforderlichen Stoffeigenschaften bez. Mischbarkeit, Reaktions- und Lösefähigkeit, Schüttdichte und Fließfähigkeit zu verändern.

Das Zerkleinern von Materialien aller Art zählt zu den energieintensiven verfahrenstechnischen Prozessen. Derzeit werden ca. 10–15 % der in den Industrienationen erzeugten Elektroenergie zum Zerkleinern aufgewendet, wodurch die Notwendigkeit einer genauen Untersuchung dieser Vorgänge mit dem Ziel der Energieeinsparung unterstrichen wird.

Die bei der Zerkleinerung von Feststoffen ablaufenden Vorgänge sind äußerst komplex und einer exakten mathematischen Erfassung nicht zugänglich. Vor dem Hintergrund einer effektiven Energieausnutzung ist die Erstellung mathematischer Modelle zur Analyse der Bruchvorgänge jedoch durchaus sinnvoll.

Grundlage der Betrachtungen ist zunächst ein unter Zugspannung stehender Stab mit einem Riß quer zur Belastungsrichtung. Bild 1 skizziert diesen Sachverhalt. Unregelmäßigkeiten im Werkstoff können auch durch Fehler in der Gitterstruktur oder im kristallinen Aufbau hervorgerufen werden, die in jedem Material auftreten. Makroskopische Unregelmäßigkeiten wie Spalte oder Kerben haben die gleiche Wirkung auf das Festigkeitsverhalten.

Man erkennt, das die Kraftlinien vom Riß seitlich umgelenkt werden. An den Rißenden treten so Spannungsspitzen auf, die ein Vielfaches des Mittelwertes der Zugspannung betragen können. Diese

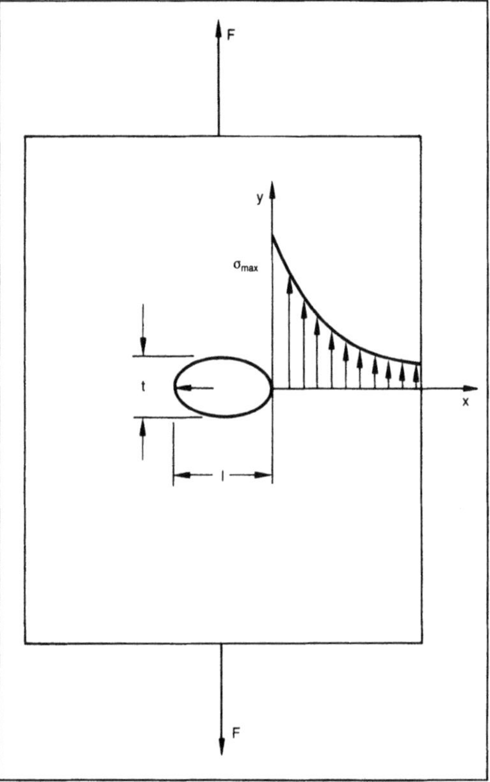

*Zerkleinerungsphysik (Bruchphysik) 1: Stab mit Riß.*

Tatsache führt im konstruktiven Ingenieurbau dazu, daß Materialien nicht so stark belastet werden können, wie dies nach idealen Werkstoffestigkeiten möglich sein müßte. In der Zerkleinerungstechnik bedeutet dies, daß zum Zerkleinern nur eine wesentlich geringere Energie als die theoretisch erforderliche aufgebracht werden muß.

Die theoretisch zum Bruch erforderlichen Spannungen können bei Zugbelastung des Materials mit $\sigma = E/10$ und bei Scherbeanspruchung mit $\tau = G/10$ abgeschätzt werden; dabei sind E der Elastizitätsmodul und G der Schubmodul des Materials. Die erwähnten Gitterfehler lassen die tatsächlich benötigte Spannung um 2–3 Zehnerpotenzen unter diesen Maximalwerten liegen.

Mit zunehmender Feinheit des Guts werden Fehlstellen immer seltener, so daß der Energiebedarf für die weitere Zerkleinerung stark ansteigt. Aus diesem Grunde wird feines Gut möglichst früh aus dem Zerkleinerungsprozeß abgetrennt. Man gelangt so zum →Mühlen-Sichter-Kreislauf.

Zum Zerkleinern eines Teilchens müssen die inneren Bindungskräfte überwunden werden. Dies ist nur möglich, wenn sich die Moleküle auf Grund der zugefügten Belastung voneinander entfernen. Dies läßt sich nur mittels Zug- oder Scherbelastung erreichen. Druckspannungen führen zu einer weiteren Annäherung der Teilchen zueinander, nicht jedoch zu deren Entfernung und Trennung. Daß Druckbeanspruchung trotzdem zum Bruch des Teilchens führen kann, verdeutlicht Bild 2.

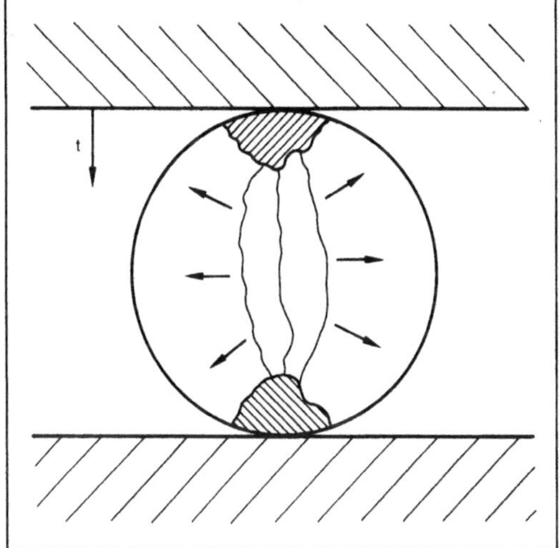


*Zerkleinerungsphysik (Bruchphysik) 2: Rißbildung durch Druckbeanspruchung.*

In den horizontalen Schnittebenen des Teilchens herrschen Druckspannungen, die nicht zum Bruch führen. Infolge plastischer Verformungen steht die senkrechte Ebene jedoch unter Zugspannungen, die bei Überschreiten der maximal zulässigen Spannung zum Bruch in vertikaler Richtung führen.

Die vor einem Bruch immer auftretenden plastischen Verformungen sind für einen Großteil der Energieverluste verantwortlich. Zur Verformung muß Energie von der →Zerkleinerungsmaschine bereitgestellt werden, die man nach dem Bruch nicht mehr zurückgewinnen kann. Sprödes Material speichert kaum Energie und bricht deutlich früher als elastische Stoffe. In einigen Anwendungsfällen nutzt man diese Tatsache aus und verändert vor der Zerkleinerung das Elastizitätsverhalten des Materials, das u. a. auch von Temperatur und Korngröße abhängt. So werden Autoreifen vor der Zerkleinerung mit flüssigem Stickstoff tiefgekühlt, was sie bei relativ geringer Beanspruchung sofort brechen läßt. Die elastischen Eigenschaften legen also den Energiebedarf für die Zerkleinerung entscheidend fest.

Die Überschreitung der zur Zerkleinerung erforderlichen maximalen Spannung führt zur Zerstörung der atomaren Bindungskräfte und zur Rißbildung. Risse breiten sich innerhalb des Materials mit hoher Geschwindigkeit aus. Zum Bruch des Teilchens muß genügend viel Energie zur Ausbreitung des Risses durch den gesamten Querschnitt zur Verfügung stehen. Diese Energie muß bereits in den Zerkleinerungsorganen der Maschine gespeichert

sein, da sie nicht mit der erforderlichen Geschwindigkeit von den Antriebsmaschinen zugeführt werden kann. Reicht die gespeicherte Energie nicht aus, endet das Rißwachstum vorzeitig, und das Teilchen wird nur geschädigt, nicht aber zerkleinert. Gerät dieses Teilchen erneut in den Zerkleinerungsmechanismus, so muß ein Teil der elastischen Energie erneut aufgebracht werden, was hohe Energieverluste verursacht.

Eine Verbesserung im Betriebsverhalten ist durch die Art der Belastung zu erreichen: Bei einer schnellen Beanspruchung bleibt keine Zeit für plastische Verformungen, und es kommt zum Sprödbruch, der energetisch günstiger verläuft. Dies ist bei der Auslegung von Zerkleinerungsmaschinen zu berücksichtigen. *H. Müller*

**Zerlegen.** Z. ist entsprechend DIN 8591 das Trennen von zuvor gefügten Werkstücken geometrisch bestimmter Form und eingefülltem, formlosen Stoff, wobei keine Zerstörung der Werkstücke auftreten darf.

Aus Transportgründen oder wegen der leichteren Handhabbarkeit ist es oftmals notwendig, große Maschinenteile zu demontieren. In Reparatur- und Wartungsabteilungen ist ein Z. der Bauteile oder Werkzeuge unumgänglich, um sie wieder einsatzbereit zu machen (z. B. Wechsel von Filtern in Filtrieranlagen, Austauschen von Wendeschneidplatten bei Fräs- oder Drehwerkzeugen).

Z. ist die Umkehrung des zu DIN 8593, Tl. 0, beschriebenen Fertigungsverfahrens →Fügen. Jedoch können nicht in jedem Fall gefügte Teile durch Z. ohne Zerstörung bzw. Beschädigung des Bauteils getrennt werden.

Nach DIN 8591 können die Fertigungsverfahren Z. eingeteilt werden:
□ Auseinandernehmen (Abnehmen, Herausnehmen, Abziehen, Herausziehen, Aushängen),
□ Entleeren (→Evakuieren),
□ Lösen kraftschlüssiger Verbindungen (Abschrauben, Abklemmen, Lösen von Klammer-, Preß-, Nagel- oder Keilverbindungen, Lösen durch Entspannen),
□ Z. von durch →Urformen gefügten Teilen (Ausschmelzen, Abisolieren),
□ Z. von durch →Umformen gefügten Teilen (Z. durch Aufdrehen oder Aufbiegen, Abwickeln, Lösen von Nietverbindungen),
□ Ablöten,
□ Lösen von Klettverbindungen,
□ Z. textiler Verbindungen. *König*

**Zerspanbarkeit.** Unter dem Begriff Z. versteht man die Gesamtheit aller Eigenschaften eines Werkstückstoffs, die auf den Zerspanungsprozeß einen Einfluß haben. Mit ihm werden ganz allgemein die Schwierigkeiten beschrieben, die ein

Werkstückstoff bei der spanenden Bearbeitung bereitet. Die Z. eines Werkstückstoffs ist stets im Zusammenhang mit dem angewendeten Bearbeitungsverfahren, dem →Schneidstoff und den Schnittbedingungen (Schnittwerte) zu beurteilen.

Zur Beschreibung der Z. werden häufig die Begriffe $Z_v$ und $Z_s$ verwendet, wobei der Index v für Verschleiß, s für Span, →Spanbildung steht.

Die Zerspanbarkeit $Z_v$ basiert auf dem Verlauf und der Lage der Verschleiß-Schnittgeschwindigkeits-Kurven bei Schnittgeschwindigkeiten oberhalb des Gebiets der →Aufbauschneidenbildung. Für eine gestellte Bearbeitungsaufgabe ist die Zerspanbarkeit $Z_v$ dann als gut anzusehen, wenn der Werkstückstoff mit hoher Schnittgeschwindigkeit und möglichst großem Spanungsquerschnitt bei möglichst geringem Werkzeugverschleiß zerspant werden kann. Mit $Z_v$ wird das Verschleißverhalten beschrieben.

Die Beurteilung der Zerspanbarkeit $Z_s$ basiert auf Beobachtungen bei der Spanbildung. $Z_s$ ist für eine gestellte Bearbeitungsaufgabe dann als gut zu bezeichnen, wenn die Klebneigung des Werkstoffs gering ist, wenn sich keine Band- und Wirrspäne bilden und wenn gratfreie und glatte Werkstückoberflächen erzeugt werden. $Z_s$ ist auch schnittgeschwindigkeitsabhängig, wobei mit steigender Schnittgeschwindigkeit i. a. die →Oberflächengüte verbessert wird.

Zu Aussagen über die Z. werden i. a. die vier Hauptbewertungsgrößen →Standzeit, →Zerspankraft, Oberflächengüte des Werkstücks und Spanbildung mit Form und Größe der Späne herangezogen.

Die Z. ist eine komplexe Eigenschaft des bearbeiteten Werkstückstoffs und somit beim Zerspanen mit einem bestimmten Schneidstoff von dessen →Schneidhaltigkeit unabhängig.

Bei der Beurteilung und Prüfung der Z. werden meist mehrere Bewertungsgrößen berücksichtigt, die nicht unbedingt voneinander abhängig sind und von denen jede für sich ermittelt werden muß.

Werkstoffseitig wird die Z. der Metalle in erster Linie durch die chemische Zusammensetzung, das Werkstoffgefüge und die mechanischen Eigenschaften beeinflußt.

Um den Aufwand bei der Z.-Prüfung zu reduzieren, wurden Z.-Klassen für die verschiedenen Werkstoffarten
□ unlegierter und niedriglegierter Stahl,
□ hochlegierter Stahl,
□ Eisengußwerkstoffe und
□ Nichteisenmetalle
gebildet. *König*

Literatur: *König, W.:* Fertigungsverfahren. Bd. 1: Drehen, Fräsen, Bohren. Düsseldorf 1990. – *Kunz, H.:* Zerspanbarkeitsklassen als Grundlage für die Hartmetall-Klassifizierung. wt-Z ind. Fertig. 72 (1982) Nr. 9, S. 505/09. – *Vieregge, G.:*

Zerspanung der Eisenwerkstoffe. 2. Aufl. Düsseldorf 1970. – Stahl-Eisen-Prüfbl. 1160–69: Allgemeines und Grundbegriffe. Düsseldorf.

**Zerspankraft.** Die Z. ist eine der Hauptbewertungsgrößen der →Zerspanbarkeit. Gemäß den Bewegungsrichtungen von Werkzeug und Werkstück wird die Z. beim →Drehen in drei Komponenten aufgeteilt (Bild):
□ die Schnittkraft $F_c$,
□ die Vorschubkraft $F_f$ und
□ die Passivkraft $F_p$.

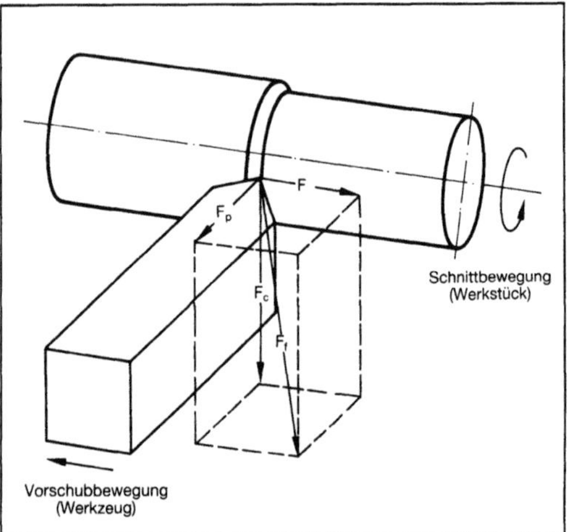


*Zerspankraft: Zerspankraftkomponenten beim Drehen.*

F Zerspankraft, $F_c$ Schnittkraft, $F_f$ Vorschubkraft, $F_p$ Passivkraft

Außer durch die Eigenschaften des Werkstoffs und des Schneidstoffs werden die Z.-Komponenten noch durch eine Anzahl weiterer Bearbeitungsparameter unterschiedlich stark beeinflußt. Hierzu zählen die Schnittwerte und die Geometrie des Schneidteils. Weiterhin wirken sich Art und Größe des Werkzeugverschleißes stark auf die Schnittkräfte aus.

Zur rechnerischen Bestimmung der Z.-Komponenten kann die →Kienzle-Gleichung herangezogen werden. Zur meßtechnischen Erfassung eignen sich die auf piezoelektrischer Basis oder mit Dehnungsmeßstreifen (DMS) arbeitenden Systeme. *König*

Literatur: *König, W.:* Fertigungsverfahren. Bd. 1: Drehen, Fräsen, Bohren. Düsseldorf 1990. – *König, W., u. K. Essel, L. Witte:* Spezifische Schnittkraftwerte für die Zerspanung metallischer Werkstoffe. Düsseldorf 1982.

**Zerspankraft, spezifische.** Zum Bestimmen der s. Z. wird die bei der spanenden Bearbeitung auftretende Zerspankraft auf einen Spanungsquerschnitt von b·h = 1 mm x 1 mm bezogen. Analog zu den einzelnen Zerspankraftkomponenten wird dabei auch zwischen

□ der spezifischen Schnittkraft $k_{c1.1}$,
□ der spezifischen Vorschubkraft $k_{f1.1}$ und
□ der spezifischen Passivkraft $k_{p1.1}$

unterschieden.

Die s. Z. ist vom Werkstoff, von den Zerspanbedingungen, vom Werkzeug und von verfahrensspezifischen Einflüssen abhängig. Sie wird als Faktor in der →Kienzle-Gleichung berücksichtigt. *König*

**Zerspanung.** Die Z. umfaßt innerhalb der in DIN 8589 beschriebenen Hauptgruppe Trennen die Fertigungsverfahren Spanen. Beim Spanen werden von einem Werkstück mit Hilfe von Werkzeugschneiden Werkstoffschichten in Form von Spänen mechanisch abgetrennt. Ziel des Spanens ist dabei, die Werkstückform oder die Werkstückoberfläche zu ändern. Hierzu kommen vorwiegend Maschinen zum Einsatz, die die zur Spanabnahme notwendige Relativbewegung zwischen Werkstück und Werkzeug ausführen. Einige Verfahren können aber auch von Hand ausgeführt werden.

Die spanenden Fertigungsverfahren werden in zwei Gruppen unterteilt:

□ das Spanen mit geometrisch bestimmten Schneiden und
□ das Spanen mit geometrisch unbestimmten Schneiden.

Bei den spanenden Fertigungsverfahren mit geometrisch bestimmten Schneiden kommen Werkzeuge zum Einsatz, deren Schneidenanzahl, Schneidteilgeometrie und Lage der Schneiden relativ zum Werkstück bestimmt sind. Bei den Verfahren mit geometrisch unbestimmten Schneiden können diese Parameter i. a. nicht bestimmt werden. *König*

Literatur: DIN 8589: Fertigungsverfahren Spanen. Hrsg. Dt. Inst. f. Normung. Ausg. 1981.

**Zerspanwerkzeug.** Z. können als Vollstahl-Werkzeuge, als Werkzeuge mit aufgelöteten Schneidplatten sowie als Werkzeuge mit geklemmten Schneidplatten ausgebildet sein.

Bei Vollstahl-Werkzeugen bestehen der Schneidkörper und der Schaft aus einem Material. Solche Werkzeuge sind z. B. Bohrer, Gewindebohrer, Reibahlen, Schaftfräser, Walzenfräser, Scheibenfräser, Drehlinge u. a. aus Hochleistungsschnellarbeitsstahl. Darüber hinaus werden aber auch Hartmetallwerkzeuge, z. B. Bohrer, Fräs- und Drehwerkzeuge, aus Vollhartmetall hergestellt.

Eine weitere Möglichkeit der Werkzeugherstellung ist das Auflöten von Schneidplatten. Als Werkstoff für die Werkzeugschäfte dienen unlegierte Baustähle. Die Schaftquerschnitte sind nach DIN 770 genormt. Aufgelötet werden Schneidplatten aus →Schnellarbeitsstahl oder →Hartmetall. In den meisten Fällen werden Hartmetallschneidplatten aufgelötet, die in DIN 4971 bis 4982 genormt sind. Angewendet werden gelötete Werkzeuge als Form-, Einstech- und Abstechwerkzeuge. Bei vertretbarem Schleifaufwand können auf diese Weise auch Sonderwerkzeuge hergestellt werden. Nachteilig sind hohe Lagerhaltungskosten, da für jede Schneidstoffqualität ein komplettes Werkzeug verfügbar sein muß.

In der Praxis werden heute jedoch überwiegend Wendeschneidplatten eingesetzt (Bild). Die Schneidplatten werden mit einer Klemmvorrichtung auf dem Werkzeugträger befestigt. Von Vorteil ist das sichere und schnelle Spannen der Schneidplatten. Das Auswechseln der Schneidplatten während der Fertigung erfolgt sehr schnell. Die Lagerhaltungskosten sind relativ gering, da sich diese nur auf die Lagerung der Schneidplatten und Ersatzteile für die Werkzeughalter beschränken.

*Zerspanwerkzeug: Werkzeuge mit Wendeschneidplatten.*

Gegenüber den gelöteten Schneideinsätzen haben die geklemmten Schneidplatten u. a. den Vorteil, daß mehrere Schneiden einer Platte einsetzbar sind. Ist eine der Schneiden infolge zu hohen Verschleißes unbrauchbar geworden, so wird durch Lösen der Klemmvorrichtung die Schneidplatte gedreht oder gewendet und dadurch eine neue Schneide zum Einsatz gebracht. Hieraus ergibt sich die Bezeichnung Wendeschneidplatte. Das Bezeichnungssystem für übliche Wendeschneidplatten ist nach DIN 4987 festgelegt. Wendeschneidplatten aus Hartmetall sind nach DIN 4968 und aus →Schneidkeramik nach DIN 4969 genormt.

Für die verschiedenen Klemmhaltersysteme gibt es Schneidplatten mit und ohne Loch. Hinsichtlich der Form ist zwischen quadratischen, rhombischen, dreieckigen und runden Wendeschneidplatten zu unterscheiden. Ferner werden die Schneidplatten nach der Größe des Spanwinkels in positive ($\gamma > 0°$) und negative ($\gamma < 0°$) unterteilt. Positive Schneidplatten weisen nur an der Oberseite einsetzbare Schneiden auf. Bei negativen hingegen stehen an

Ober- und Unterseite der Schneidplatten Schneiden zur Verfügung.

Schneidplatten mit eingeformten oder eingeschliffenen Spanleitstufen haben die gleiche Grundform wie die negativen Wendeschneidplatten, zerspanen aber effektiv, bedingt durch die Geometrie der Spanleitstufe, mit positivem Spanwinkel. *König*

Literatur: *Ballhausen, C., u. G. Vieregge:* Spannungen und Rißbildung in gelöteten Hartmetallplättchen. Werkstatt u. Betrieb 85 (1952) Nr. 12, S. 657/63. – *Cornely, H., u. G. Mink:* Erfahrungen mit Wendeschneidplatten beim Drehen und Fräsen. Z. ind. Fertig. 64 (1974), S. 294/97. – *Cronjäger, L., u. T.-P. Thai, J. Baier:* Werkzeugentwicklung im Bereich der spanenden Bearbeitung. VDI-Z 122 (1980) Nr. 13, S. 137/54. – *Kämmer, K.:* Schnellarbeitsstähle und Stellite zur Gußwerkstoffbearbeitung. Gießereitechnik 99 (1977) Nr. 11, S. 193/200. – *Malle, K.:* Spanende Werkzeuge und Spannzeuge. wt-Z. ind. Fertig. 70 (1986) Nr. 1, S. 67/70. – *Schedler, W., u. E. Herziger:* Mittellochplatten mit Kombinationsklemmung und positiver Geometrie. Maschinenmarkt 84 (1978) Nr. 58, S. 1149/52. – *Schmolz, G.:* Ein umfassendes Werkzeugprogramm Oxidkeramik erschließt neue Einsatzgebiete. Ind.-Anz. 107 (1985) Nr. 68, S. 98. – *Weirich, G.:* Das Löten von Hartmetall-Werkzeugen. Fachbuchr. Schweißtechnik Bd. 41. 1964.

**Zerstäuben.** Das Z. von Flüssigkeiten dient meist zum Erzeugen einer großen Phasengrenzfläche für Wärme- und Stoffaustausch (Luftbefeuchtung, Sprühtrocknung, Brennstoffeinspritzung) oder zum gleichmäßigen Verteilen von Flüssigkeit (Sprühlakkierung, Pflanzenschutz). Bei dem Z. sind Oberflächenkräfte zu überwinden. Dafür ist die theoretische Mindestarbeit $W_{th}$ aufzuwenden. Sie ergibt sich mit der Oberflächenspannung $\sigma$ und der erzeugten Tropfenoberfläche $A$ zu $W_{th} = \sigma A$.

Die für das Z. notwendige Energie wird meist als kinetische Energie zugeführt. Die kinetische Energie der Tropfen nach dem Zerfallsprozeß ist dann weit größer als die für die Oberflächenerzeugung benötigte Energie. Deshalb erhält man mit der theoretischen Mindestarbeit Wirkungsgrade von 1 % und weniger.

Die Tabelle veranschaulicht den grundlegenden Zerfallprozeß am Beispiel eines zylindrischen Flüssigkeitsstrahls.

Der Zerfallprozeß ist bei technischen Zerstäubern wesentlich komplexer als der des zylindrischen Strahls. Wichtige Kriterien für die Beurteilung eines Zerstäubers sind der Durchsatz, die für das Zerstäuben benötigte Energie (bei Druckdüsen das Produkt aus Volumenstrom und Druckverlust, bei Rotationszerstäubern die Antriebsenergie) sowie die Tropfendurchmesser der erzeugten Tropfenverteilung. Wichtige Zerstäuberbauarten sind Einstoffdüsen (Hohlkegeldüsen, Flachstrahldüsen, Vollkegeldüsen), Zweistoffdüsen und →Rotationszerstäuber. Zerstäuber können aber auch mit Ultraschall oder Elektrostatik arbeiten. *Dahl*

*Zerstäuben. Tabelle: Zerfallsmechanismen bei dem Zerfall eines Flüssigkeitsstrahls. (Quelle: Grassmann a. a. O.)*

| Abtropfen | Zertropfen Gebiet I | Zerwellen Gebiet II | Zerstäuben Gebiet III |
|---|---|---|---|
| ← zunehmende Ausflußgeschwindigkeit → | | | |
| Flüssigkeit tropft ohne Strahlbildung ab | Flüssigkeitsstrahl zerfällt infolge von in der Düse hervorgerufenen Anfangsstörungen in Tropfen | Flüssigkeitsstrahl zerwellt unter Einwirkung von Luftkräften und eigener Turbulenz | Flüssigkeitsstrahl zerfällt scheinbar ohne jede Gesetzmäßigkeit |

Literatur: *Grassmann, Peter:* Physikalische Grundlage der Verfahrenstechnik. 3. Aufl. Frankfurt a. M. 1983.

**Zerstäuberscheibe** →Rotationszerstäuber

**Zerstäubungstrockner.** Ein Z. oder Sprühtrockner ist ein Apparat zum →Trocknen, bei dem das zunächst flüssige Gut zerstäubt und in einem Heißluftstrom getrocknet wird. Die Zerstäubung kann durch Abschleudern des nassen Guts von rotierenden Scheiben oder durch Pressen des Guts durch Düsen erfolgen. Wegen der großen spezifischen Oberfläche des zerstäubten Guts verläuft der Trocknungsvorgang schnell. Das Gas und das Gut können im Gleich- oder im →Gegenstrom geführt werden. *Dohrn*

**Zerteilen.** Z. ist mechanisches Trennen von Werkstücken ohne Entstehen von formlosem Stoff, also auch ohne Späne (spanlos). Innerhalb des Ordnungssystems der Fertigungsverfahren nach DIN 8580 gehört die Gruppe 3.1 Zerteilen zur Hauptgruppe 3 Trennen. Das charakteristische Merkmal dieser Hauptgruppe besteht im örtlichen Aufheben des Stoffzusammenhalts.

Die Zerteilverfahren lassen sich untergliedern in die Untergruppen:
□ →Scherschneiden,

□ →Messerschneiden,
□ →Beißschneiden,
□ →Spalten,
□ →Reißen und
□ →Brechen.

Hinsichtlich ihrer industriellen Anwendung ist im Vergleich zum Scherschneiden die Bedeutung der fünf übrigen Verfahren auf Grund der durch sie erreichbaren schlechteren Trennflächenqualität gering. *König*

Literatur: DIN 8588. Hrsg. Dt. Inst. f. Normung. – *Spur, G.,* u. *Th. Stöferle:* Handb. Fertigungstechnik. Bd. 2/3: Umformen, Zerteilen. München, Wien 1985.

**Zickzacksichter.** Wie auch die →Spiralwindsichter nutzen die Z. (Bild) die Überlagerung von Massenträgheitskraft und Luftwiderstandskraft zum Trennen von Partikeln aus. Man unterscheidet Schwerkraft-Z. mit stillstehenden Einbauten und Zentrifugal-Z. mit rotierenden Einbauten. Beim Zentrifugal-Z. wird die Fallbeschleunigung durch die dann über die Drehzahl einstellbare Zentrifugalbeschleunigung ersetzt. Die Partikel werden von einem von unten nach oben fließenden Luftstrom erfaßt und in die zickzackförmig angeordneten Bleche geleitet. Die Strömungsgeschwindigkeit entspricht dabei ungefähr der →Sinkgeschwindigkeit der Partikel mit Trennkorndurchmesser. In jedem Zickzackglied

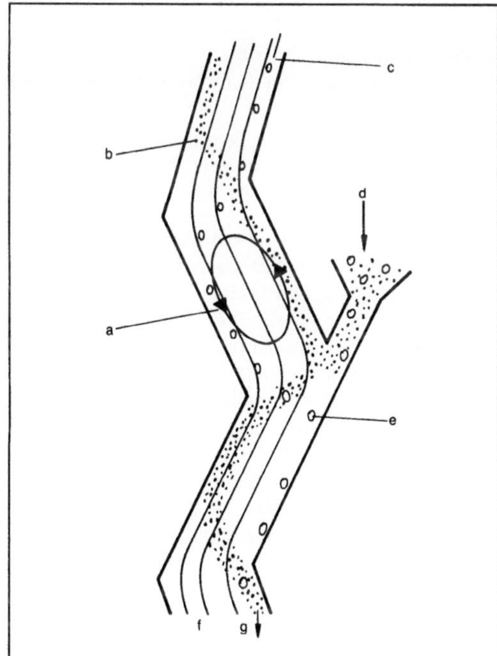


*Zickzacksichter.*

a Wirbelwalze des Grenzkorns, b Feingut, c Sichtluft und Feingutaustritt, d Gutaufgabe, e Grobgut, f Sichtlufteintritt, g Grobgutaustritt

befinden sich die Partikel in einer Wirbelwalze und durchqueren an jedem Knickpunkt die Strömung. Es liegt also eine Mehrfachsichtung vor, durch die fehlerhafte Sichtungen vorher korrigiert werden können. Der Z. erzielt so eine hohe Trennkornschärfe. *Müller*

**Ziehen.** Das Z. ist ein Verfahren der Kaltumformung von metallischen Werkstoffen, bei dem das Fließen des Werkstoffs durch Zusammenwirken von Zug- und Druckbeanspruchungen (Zugdruckumformen) erfolgt: Man unterscheidet die Ziehverfahren beim Kaltumformen: Durchziehen (Stangen-, Rohrziehen), Drahtziehen und Tiefziehen (Blechumformen, Umformen).

Vorteile der Kaltumformung (Z., Walzen, Stauchen, Biegen, Hochenergieumformung) gegenüber Warmumformung (Schmieden, Walzen, Rohrherstellung) sind höhere Werkzeugstandzeiten, kürzere Fertigungszeiten, höhere Maßgenauigkeit, erhöhte Werkstoffverfestigung und blanke Oberfläche. Demgegenüber stehen die Nachteile der begrenzten Dehnbarkeit des Werkstoffs, oft symmetrische Form des Erzeugnisses und der Bedarf von schweren Maschinen für hohe Arbeitsdrücke. Bevorzugte Werkstoffe für die Kaltumformung sind unlegierter und legierter (meist weichgeglühter) Stahl und NE-Metalle wie Kupfer und Kupferlegierungen, Aluminium und Nickel und ihre Legierungen u. a.

Die Besonderheiten des Z. von Nichteisenmetallen gegenüber eisenmetallischen Werkstoffen liegen in der geringeren Festigkeit der NE-Metalle und damit geringeren Arbeitsdrücken in den Zieheisen (Matrizen), aber auch größeren Querschnittsreduktion ohne Zwischenglühen und einer z. T. glatten Oberfläche (Bild 1 und 2).

Ausgangsmaterial zum Drahtziehen. für Kupfer und seine Legierungen ist Walzdraht, warm vorgewalzt oder stranggepreßt größer 9 mm Dmr., und für Aluminium und AlMgSi-Legierung (Aldrey) größer 10 mm. Die Querschnittsabnahme nach mehreren Zügen ohne Zwischenwärmebehandlung beträgt bei Stahl 90 %, bei Kupferlegierungen 94 % und bei Kupfer und Aluminium 99,5 %.

Alle kaltumformbaren Legierungen der NE-Metalle eignen sich zum Z. von Präzisionsprofilen oft sehr verwinkelter Formen bis zu einem maximal umschriebenen Profilkreis von etwa 150 mm Dmr.

Präzisionsrohre werden auch bei NE-Metallen durch Kaltumformung verfeinert hergestellt, wodurch eine viel glattere Oberfläche, höhere Maßgenauigkeit, geringere Wanddicke und wesentliche Kaltverfestigung gegenüber der Warmumformung erreicht werden. Sie werden in der hochwertigen Technik eingesetzt, z. B. Chemieanlagen, Feinmechanik, Elektrotechnik und Flugzeugbau.

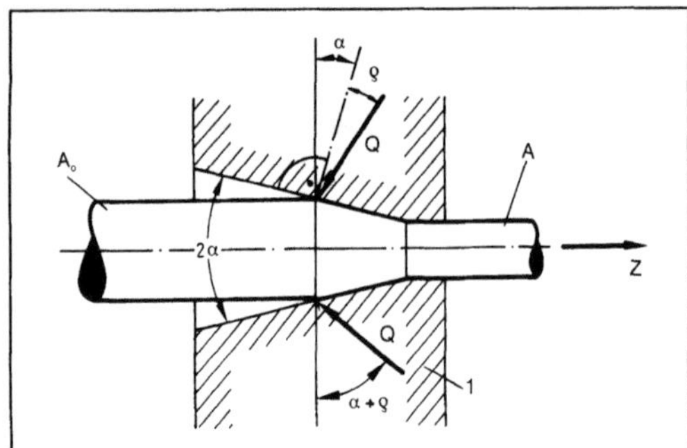

*Ziehen 1: Schema des Ziehvorgangs beim Durchziehen. (Quelle:* E. Siebel)

A₀ Anfangsquerschnitt, A Austrittsquerschnitt, Z Zugkraft, Q Querkraft, in Ringzone angreifend, Reaktionskraft als Folge der Zugkraft, 2α Düsenöffnungs- und Ziehwinkel, α Düsenneigungswinkel (etwa 5–10°), ϱ Reibungswinkel (kleiner 3°), 1 Zieheisen (Matrize)

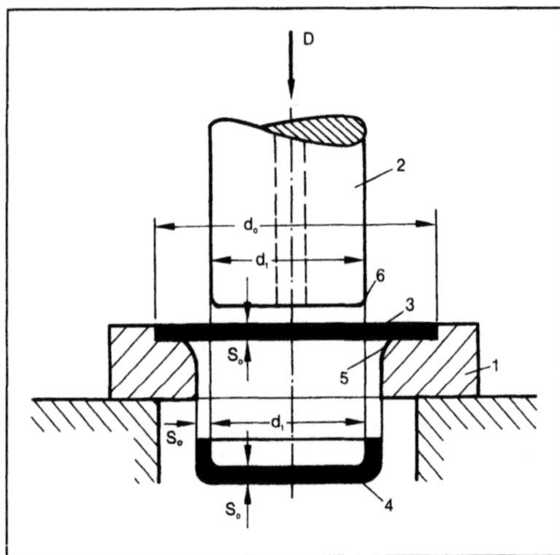

*Ziehen 2: Einfachstes Tiefziehwerkzeug ohne Faltenhalter zum Erstzug (Napfzug) in einfachen Pressen. (Quelle:* Schimpke *a. a. O.)*

1 Ziehring (Matrize), 2 Ziehstempel mit Luftloch, 3 Blechzuschnitt einer Kreisscheibe, 4 Zarge (Wand) des Napfes in Endform, 5, 6 Ziehkanten, D Druckkraft, $d_o$, $d_1$ Durchmesser, $s_o$ Blechdicke des Zuschnitts

Hochwarmfeste Werkstoffe lassen sich durch Düsenzug warmziehen, z. B. Wolfram-Glühlampendraht bis 0,01 mm Dmr. bei 1400–1600 °C (elektrische Widerstandsheizung) mit Diamant-Zieheisen, Graphit-Schmierung und unter Schutzgas.

Blechwerkstoffe aus Al- und Mg-Legierungen (meist aushärtbar nach Lösungsglühen) lassen sich bis zu einer Blechdicke von 3 mm und neuerdings auch darüber gut tiefziehen. Bei Titan und Ti-Legierungen ist dies schwieriger bis etwa 1,5 mm Dicke. Je größer der plastische Bereich (zwischen Streckgrenze und →Zugfestigkeit), desto besser ist der Werkstoff zum Tiefziehen geeignet und wird z. B. für Blechverkleidungen und als Hüllenwerkstoff verwendet.                    *Heller*

Literatur: *Schimpke, P., H. Schropp* u. *R. König:* Technologie der Maschinenbaustoffe. Stuttgart 1977.

**Ziehschleifen** →Honen, →Honverfahren

**Zielplanung.** Die Z. als Teilschritt der technischen Unternehmensplanung hat die Aufgabe, aus den zur Verfügung stehenden Planungsdaten Produktionsziele zu definieren bzw. aus den im Rahmen einer betriebswirtschaftlich-marktorientierten Planung vorgegebenen Zielsetzungen diejenigen herauszufiltern, die einen Einfluß auf den →Produktionsbereich haben.

Die Z. basiert auf Ist-Daten und Prognosen der einzelnen Bereiche des Unternehmens (→Vertrieb, →Produktion, Personalwesen, →Rechnungswesen) und auf unternehmensexternen Informationen.

Durch den Zielbildungsprozeß sollen meßbare und erreichbare Zielgrößen qualitativ oder quantitativ in Form von Kennzahlen festgelegt werden.

Auf Grund der Marktziele, Gewinnziele, Unternehmensziele, Gesellschaftsziele usw. legt die Unternehmensleitung das →Produktionsprogramm fest. Im einzelnen werden festgelegt:

□ die Art der betrieblichen Leistung, die erbracht bzw. die Erzeugnisse, die hergestellt werden sollen,

□ ihre Menge und Qualität,

□ der Zeitabschnitt, in dem sie erbracht werden sollen.                    *Eversheim*

Literatur: *Eversheim, W.:* Organisation in der Produktionstechnik. Bd. 1: Grundlagen. Düsseldorf 1981. – REFA: Methodenlehre der Planung und Steuerung. München 1985.

**Zinklegierung.** Das niedrigschmelzende Zink (Schmelztemperatur 420 °C) hat gute Gießeigenschaften und ausgezeichnete Beständigkeit gegen atmosphärische Korrosion. Feinzink (99,9–99,95 % Zn) dient als Basismetall der meisten Druckgußlegierungen. Das hexagonale Zink erstarrt sehr grobkristallin. Die unterschiedliche Kontraktion in den verschiedenen Kristallrichtungen (Anisotropie) bei der Abkühlung hinterläßt starke Eigenspannungen im Gußgefüge. Durch die niedrige Rekristallisationstemperatur (50–180 °C je nach Reinheitsgrad) wird dieser Mangel ausgeglichen, und die Warmumformung (Walzen) verbessert die mechanischen Eigenschaften auffallend. Wegen seines negativen Potentials gegenüber Eisen (elektrochemische Spannungsreihe) in wäßrigen Lösungen wird Zink als Korrosionsschutz verwendet.

Z. haben vor allem als Gußwerkstoffe (DIN 1743) Anwendung gefunden. Zink-Druckguß enthält Aluminium und Kupfer (GD-ZnAl4 mit Zugfestigkeit 25–30 N/mm² und bis 5 % Bruchdehnung; GD-

ZnAl4Cu1 mit 27–32 N/mm² und 2–5 % Bruchdehnung). Aluminium verringert den Zn-Angriff an den Fe-Druckgußformen (Erosion) und Kupfer erhöht die Festigkeit durch Mischkristallbildung. Zink-Druckguß wird für kleine Maschinenteile und komplizierte Gestaltung (bis 0,6 mm Wanddicke) vorwiegend im Fahrzeugbau (Vergaser) und bei Haushalts- und Büromaschinen verwendet und macht 50 % aller Druckgußerzeugnisse aus. Sand- und Kokillenguß (GK-ZnAl4Cu3, GK-ZnAl6Cu1) findet bei kleinen Stückzahlen wirtschaftliche Anwendung (Armaturen, Beschläge). Durch Alterung (→Werkstoffermüdung) von kupferhaltigen Legierungen tritt eine Längenzunahme auf. Druckgußteile werden zum Korrosionsschutz häufig vernikelt, chromatisiert oder phosphatisiert (porenfreie Überzüge).

Der Zink-Korrosionsschutz von Stahl wirkt durch schützende Hydroxide und Carbonate, die sich auf der Zinkoberfläche aus der Atmosphäre bilden, und außerdem durch kathodischen Korrosionsschutz des Eisens über längere Zeit. Verzinkte Bauteile (Tauch-, galvanische und Feuerverzinkung) mit Zinkauflagen von 50 nm sind bei normalen atmosphärischen Bedingungen bis zu 20 Jahre vor Korrosion geschützt.

Zink-Knetlegierungen (DIN 1743) finden nur noch selten Verwendung. Neuerdings werden gewalzte Bleche aus Zink mit Zusätzen von 0,5 bis 0,8 % Kupfer und 0,1 % Titan zur Erhöhung der Dauerstandfestigkeit hergestellt (z. B. für Dachrinnen). Die eutektische Legierung ZnAl22 weist hervorragende superplastische Eigenschaften auf. *Heller*

**Zinnlegierung.** Die wichtigsten Anwendungen der niedrigschmelzenden Z. (Schmelztemperatur 232 °C) sind Weichlote und Lagermetalle. Hauptlegierungselemente für Z. sind Blei, Antimon und Kupfer. Folgende Z. haben technische Bedeutung:

□ Weichlote Zinn-Blei (auch Bleilegierungen) mit höherem Zinngehalt (DIN 1707) finden hauptsächlich Anwendung in der Elektroindustrie, da beide Metalle eine niedrige Schmelztemperatur haben. Das eutektische Lot L-Sn60 (etwa 60–64 % Sn und 40–36 % Pb) besitzt mit etwa 189 °C den niedrigsten Schmelzpunkt (Eutektikum), ist dünnflüssig und eignet sich deshalb (energiesparend) vor allem für maschinelle Lötungen (z. B. Leiterplatten). L-Sn30 besitzt ein großes Erstarrungsintervall und ist so vorteilhaft für großflächige Lötarbeiten (z. B. Kabelmäntel). SnPb-Legierungen dürfen gesetzlich nicht mehr als 10 % Pb enthalten (Vergiftungsgefahr), wenn sie mit Lebensmitteln in Berührung kommen. Hier wird das Lot L-Sn90 verwendet. L-Sn40Pb bis L-Sn60Pb dienen zum Verzinnen und Löten von Drähten.

□ Lagermetalle bestehen aus harten, verschleißfesten Bestandteilen und einer weicheren, plastischen Zwischenmasse. Bei Gl-Sn80 (Sn80Sb12Cu1Pb1) bilden die intermetallische Verbindung Cu₆Sn sowie SnSb-Mischkristalle die Verschleißkörper und bleihaltige Eutektika die Zwischenmasse. Hochbleihaltige Lagermetalle Gl-Sn10 (Sn10Sb15Cu1Pb75) neigen beim Gießen durch Schleudergußverfahren zu Schwereseigerung.

□ Zinn-Antimon-Kupfer-Legierungen (SnSb6Cu1,5) werden heute als Zinngeschirr und im Kunstgewerbe verwendet (an Stelle des Britanniametalls SnPb10). Antimon und Kupfer erhöhen die Härte und Festigkeit. Diese Legierungen werden auch als Weißblech für Konserven und für Gleitlager eingesetzt.

□ Zinn-Blei-Kupfer-Legierungen (SnPb1–2Cu 0,5–1) werden zu Blattzinn (Stanniolpapier) verarbeitet, das als Einwickelpapier für Nahrungsmittel, aber auch für Kondensatoren in der Elektrotechnik gebraucht wird.

□ Zinn-Druckgußlegierungen (DIN 1742) haben nur noch untergeordnete Bedeutung, da sie weitgehend durch Zink- oder Aluminium-Druckguß ersetzt wurden. *Heller*

**Zonensedimentation** →Sedimentation

**Zubringeeinrichtung.** Durch Industrieroboter werden im Bereich der Z. die Handhabungsfunktionen Halten und Bewegen realisiert. Die Haltefunktion wird i. a. durch den am Roboterflansch angebrachten →Greifer übernommen, während die Funktion Bewegen durch die →Kinematik des Industrieroboters ausgeführt wird. Nach VDI 2860, Bl. 1, zählen Industrieroboter zu den frei programmierbaren Bewegungseinrichtungen mit variabler Hauptfunktion. Er unterscheidet sich von manuell gesteuerten Bewegungseinrichtungen (Manipulatoren/Teleoperatoren) durch seine Programmsteuerung, die im Gegensatz zu den fest programmierten Bewegungsautomaten (Einlegegeräte) eine Veränderung der Bewegungen frei und ohne mechanischen Eingriff erlaubt.

Erfolgt dies durch Programmänderung oder durch Vorgabe eines neuen Programms, so spricht man von einer nicht selbsttätigen Programmbeeinflussung. Dabei werden nur die durch das jeweilige Programm vorgegebenen Bewegungen ausgeführt. Besteht die Möglichkeit, mit einer selbsttätigen Wahl zwischen unterschiedlichen Programmen oder Programmteilen auf sich verändernde Umgebungsbedingungen zu reagieren, wird dies als selbsttätige Programmselektion bezeichnet. Innerhalb der gewählten Programme führen sie nur die vorhergesehenen Bewegungen aus. Unter selbsttätiger Programmadaption versteht man die selbsttätige Anpassung der Bewegungen an sich verändernde

Umgebungsbedingungen, die von Sensoren erfaßt und in Steuersignale umgesetzt werden.

Als Z. eingesetzt werden Industrieroboter beispielsweise beim Einlegen von Teilen in Pressen oder Formen, beim Einlegen von Werkzeugen in Magazine und in der Montage.          *Warnecke*

**Zuckergewinnung.** Mit einer Jahresproduktion von ca. 100 Mill. t weltweit (Bundesrepublik Deutschland ca. 2,37 Mill. t) und einem mittleren pro Kopf Verbrauch von ca. 20 kg/a (Bundesrepublik Deutschland ca. 40 kg/a einschl. Glucose und Honig) spielt der Zucker eine wichtige Rolle in der menschlichen Ernährung.

Lange Zeit war neben dem Honig nur der Rohrzucker als Süßmittel verfügbar. Erst Mitte des 18. Jahrhunderts entdeckte man die Eignung der Zuckerrübe für die Gewinnung von Zucker, der mit dem Rohrzucker chemisch identisch ist. Im Jahr 1802 entstand in Schlesien die erste Zuckerrübenfabrik. Heute stammen weltweit etwa 55 % der Zuckerproduktion aus Zuckerrohr, 40 % aus Zuckerrüben und ca. 5 % aus Stärke. Die →Stärkeverzuckerung gewinnt zunehmend an Bedeutung.

*Rübenzucker.* Nach der Ernte (ab September) wird die Rübe rasch verarbeitet, um Verluste durch Zuckerveratmung zu vermeiden. Deshalb beschränkt sich die Produktionszeit von Zuckerfabriken (übliche Kapazität 8000–36000 t Rüben/d) auf ca. 3–4 Monate pro Jahr (Kampagne).

Die Rüben (ca. 16 % Saccharose) werden gewaschen (z. B. Düsenstrahlwaschmaschine) und zu Schnitzeln zerkleinert. Die richtige Schnitzelgeometrie ist entscheidend für eine gute Ausbeute im nachfolgenden Extraktionsprozeß. In Band-, Trogextrakteuren oder Diffusionstürmen werden die Rübenschnitzel bei 70–75 °C im Gegenstrom mit Wasser extrahiert (ca. 120 kg Wasser/100 kg Schnitzel). Die Extraktionszeit beträgt bis zu 75 min. Danach werden die Schnitzel ausgepreßt und das Preßwasser rezirkuliert. Der Rohsaft mit 80–90 % Saccharose und einem Reinheitsquotienten Q (Saccharosegehalt bezogen auf den Gesamttrockensubstanzgehalt in der Lösung) von 85 bis 90 % wird zur Entfernung aller Nichtzuckerstoffe in zwei Schritten gereinigt:

☐ Scheiden mit Kalkmilch (2 %ige CaO-Lösung) zur Neutralisation von Säuren, Fällen von Salzen, Koagulieren von Protein, Pektin und anderen kolloidalen Inhaltsstoffen.

☐ Zweistufige Saturation mit $CO_2$ zur Entkalkung des Rohsaftes.

Der $CaCO_2$-Niederschlag wirkt gleichzeitig als Fällungsmittel. Eine weitergehende Entkalkung erfolgt z. T. durch Ionenaustausch. Den Niederschlag entfernt man durch Filtration (z. B. Patronendruckfilter). Der Dünnsaft (Q = 92–94 %) wird durch eine weitere Saturationsstufe mit $SO_2$ aufge-

hellt, in Fallstrom- oder Umlaufverdampfern bei maximal 130 °C schonend aufkonzentriert (Dicksaft) und in mehrstufigen Vakuumverdampferanlagen unter Zugabe von Impfkristallsuspensionen kristallisiert. Die Rohrzuckerkristalle werden durch Zentrifugieren aus der zurückbleibenden Melasse (Lösung mit ca. 20 % Wasser, 50 % Saccharose, 30 % Nichtzuckerstoffen) abgeschieden. Sie sind noch verunreinigt, haben eine gelbliche Farbe, einen brenzligen Geschmack und eine geringe Haltbarkeit. Eine Reinigung der Kristalle ist deshalb notwendig: zuerst durch Affinieren, d. h. Vorreinigen der Kristalle durch Waschen (Decken) mit Wasser, Dampf oder gereinigter Zuckerlösung (Decksirup) ohne Umkristallisation; es entsteht Weißzucker (Affinade); danach durch Raffinieren, d. h. Reinigen durch Lösen der Kristalle in heißem Wasser und erneutes Kristallisieren (Umkristallisieren). Man erhält die Raffinade und den gelben Farin (zuckerhaltige, verunreinigte Restlösung). Kandis wird aus Raffinade durch Zusatz von Zuckercouleur (50 %ige Karamellösung) hergestellt.

*Rohrzucker.* Die Zuckerrohrstangen werden in Brechern vorzerkleinert und in Walzenmühlen ausgepreßt. Die anfallenden Faserbestandteile (Bagasse) verwertet man als Brennstoff oder Futtermittel. Der Rohsaft wird mit Kalkmilch, z. T. zusätzlich mit $CO_2$ oder $SO_2$, gereinigt und geklärt. Die weitere Verfahrensweise entspricht der bei der Rübenzuckergewinnung.

Die Herstellungskosten sind für den Rohrzucker wesentlich günstiger als für den Rübenzucker, dessen Konkurrenzfähigkeit durch marktwirtschaftliche Maßnahmen aufrecht erhalten wird.          *Kerner/Loncin*

Literatur: *Schorrmüller, J.:* Lehrb. Lebensmittelchemie. Berlin 1974. – *Tscheuschner, H.-D.:* Lebensmitteltechnik. Leipzig 1986.

**Zugänglichkeit** →Schweißen

**Zugdruckumformen.** Z. als zweite Gruppe der Umformverfahren (DIN 8584) ist Umformen eines festen Körpers, wobei der plastische Zustand durch eine zusammengesetzte Zug- und Druckbeanspruchung herbeigeführt wird.

Zum Z. gehört eine Fülle von Verfahren der Massiv- und →Blechumformung, die durch teils sehr unterschiedliches Zusammenwirken der Zug- und Druckbeanspruchungen in der Umformzone gekennzeichnet sind. Diese sind in die fünf Untergruppen

☐ →Durchziehen,

☐ →Tiefziehen,

☐ →Drücken,

☐ →Kragenziehen,

☐ →Knickbauchen

eingeteilt.

Die Untergruppe Tiefziehen umfaßt einen großen Teil der Kernverfahren der Hohlkörpererzeugung aus Blech, zu denen auch zahlreiche Verfahren des Zugumformens (→Tiefen, →Weiten) zählen. Alle genannten Verfahren haben wie die Blech- und Hohlkörperumformverfahren des Drückens, Kragenziehens und Knickbauchens eine außerordentlich große technische und wirtschaftliche Bedeutung im Fahrzeug-, Geräte-, Maschinen- und Behälterbau. *Lange*

Literatur: *Lange, K.* (Hrsg.): Umformtechnik. Handb. f. Ind. u. Wiss. Bd. 2: Massivumformung. Bd. 3: Blechumformung. 2. Aufl. Berlin, Heidelberg, New York, Tokio 1990.

**Zugfestigkeit.** Im Zugversuch an zylindrischen Proben wird die Höchstlast bestimmt, die bezogen auf den Ausgangsquerschnitt gleich der Zugfestigkeit $R_m$ ist. Die Höchstlast ergibt sich dann, wenn die Verfestigung des Werkstoffs gleich wird der durch die Querschnittsabnahme bedingten Spannungszunahme. Nach Überschreiten der Höchstlast beginnt die örtliche Einschnürung der Zugprobe. Daher wird die Dehnung beim Erreichen der Z. →Gleichmaßdehnung genannt. *W. Dahl*

**Zugumformen.** Z. ist die zweite Hauptgruppe des Umformens nach DIN 8582. Es umfaßt nach DIN 8585 die Untergruppen →Längen, →Weiten und →Tiefen. Bei diesen Verfahren wird der plastische Zustand durch eine ein- oder mehrachsige Zugbeanspruchung herbeigeführt.

Während die Untergruppe Längen nur wenige Verfahren aufweist, findet sich sowohl im Weiten als auch im Tiefen eine große Mannigfaltigkeit von Umformverfahren. Diese ergibt sich u. a. daraus, daß außer starren Werkzeugen Wirkmedien (formlos feste, flüssige oder gasförmige Stoffe) zur Kraft- bzw. Energieübertragung und Wirkenergien (z. B. Magnetfelder großer Stärke) in Verbindung mit Werkzeugteilen eingesetzt werden. Insgesamt haben die Verfahren des Weitens und Tiefens eine sehr große Bedeutung in der Fertigung von Werkstücken aus Blechen und Rohren. Sehr häufig finden sich Elemente des Tiefens in Verbindung mit Verfahrenselementen des Tiefziehens und Biegeumformens beim →Formziehen im Gesenk bzw. beim →Karosserieziehen. *Lange*

**Zulauf.** Der Z. ist der einem verfahrenstechnischen Apparat zugeführte Stoffstrom, der in Produktströme unterschiedlicher Zusammensetzung getrennt wird. Die englische Bezeichnung feed ist auch im deutschen Sprachgebrauch verbreitet (→Destillieren). *Dohrn*

**Zulauf-Satz-Verfahren** →Fed-Batch-Prozeß

**Zusatzstoff.** In Anlehnung an den englischen Begriff food additives eingeführte Bezeichnung für alle Stoffe, die dazu bestimmt sind, Lebensmitteln während ihrer Be- oder Verarbeitung absichtlich zugesetzt zu werden. Neben den Stoffen zur Einstellung bestimmter Eigenschaften im Lebensmittel fallen unter diesen Begriff auch eingesetzte technische Hilfsstoffe. Die begriffliche Abgrenzung zu den Fremdstoffen wird nicht einheitlich gehandhabt und ist nur bedingt möglich. *Kerner/Loncin*

**Zustandsgröße (Bioverfahrenstechnik).** Meßbare Größen, die den aktuellen Zustand eines Prozesses beschreiben. Ihre Größe hängt von den Eingangswerten ab und von deren prozeßbedingter Zu- oder Abnahme. Z. sind zu unterscheiden von Stellgrößen (Eingangsgrößen), Gütegrößen (Ausgangsgrößen) sowie Charakterisierungsgrößen.

Stellgrößen dienen zum Regulieren der Zustandsgrößen und des Prozesses. Gütegrößen sind nichtmeßbare Größen, die zusätzliche Informationen über den Prozeß liefern und aus Z. berechnet werden (→Respirationskoeffizient). Charakterisierungsgrößen verknüpfen verschiedene Prozeßgrößen miteinander und sind durch Modelle mit den Z. korreliert. Wichtige Zustandsgrößen eines Bioprozesses sind:

☐ Temperatur,
☐ pH-Wert,
☐ Redox-Potential,
☐ Druck,
☐ Gaskonzentrationen,
☐ Nährstoffkonzentrationen,
☐ Biomassenkonzentration,
☐ Gasgehalt,
☐ Stoffübergangskoeffizienten,
☐ Viskosität. *Liefke*

**Zuverlässigkeit.** Erzeugnisse werden des Nutzens wegen gekauft, den sich der Käufer/Anwender von der Erfüllung seiner Anforderungen und/oder Erwartungen verspricht (→Qualität). Er hat dabei nicht nur den Moment der Inbetriebnahme (Auspackqualität, 0-km-Qualität), sondern eine längere oder kürzere Nutzungsdauer im Auge. Die Ist-Werte der Qualitätsmerkmale ändern sich jedoch im Laufe der Zeit in Abhängigkeit von den Bedingungen, denen die Einheit während dieser Zeit ausgesetzt ist. Damit ändert sich i. a. auch der Grad der Erfüllung der vorgegebenen Anforderungen (Qualität mit Zeitdimension). Die Z. ist daher ein besonders wichtiges Qualitätsmerkmal eines Erzeugnisses (Teil, Gerät, Anlage), im folgenden Einheit genannt. Ihre Definition nach DIN 55350 lautet entsprechend: Z. ist der Teil der Qualität im Hinblick auf das Verhalten der Einheit während oder nach einer vorgegebenen Zeitspanne bei vorgegebenen Bedingungen. Eine Z.-Angabe ohne

Bezug auf eine bestimmte Zeitspanne und die gegebenen Bedingungen ist daher sinnlos. Zu den Bedingungen gehört nicht nur die Art und Intensität der Beanspruchung der Einheit und ggf. ihrer Versorgung mit Material, Energie, Kühlung, sondern auch die Fähigkeit des Benutzers bei dessen Handhabung und Bedienung, die Modalitäten der →Instandhaltung. Für die mathematische Behandlung von Z.-Problemen verwendet man die Überlebenswahrscheinlichkeit (Bild). Sie ist die Wahrscheinlichkeit R (t) dafür, daß eine Einheit unter vorgegebenen Bedingungen während der vorgegebenen Zeit t funktionsfähig ist.

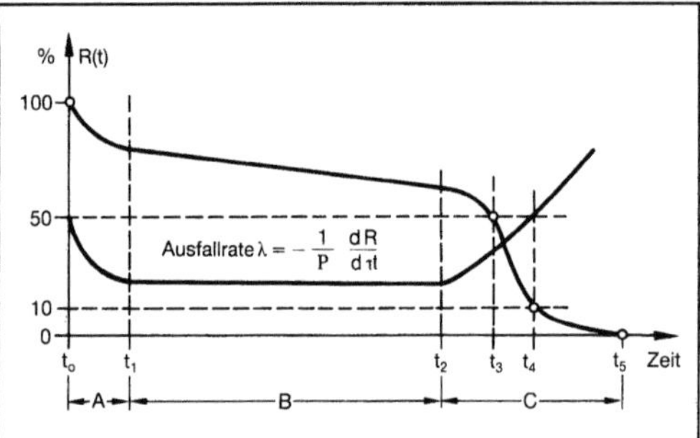


*Zuverlässigkeit: Bestand (relative Absterbekurve) und Ausfallrate.*

Eine nicht mehr funktionsfähige Einheit ist ausgefallen. Nach der Art des Übergangs vom funktionsfähigen in den nichtfunktionsfähigen Zustand der Einheit unterscheidet man Sprungausfälle (wenn der Übergang diskontinuierlich erfolgt) oder Driftausfälle. Letztere sind die Folge einer Abnutzung bis zur Verletzung eines definierten Ausfallkriteriums). Die Zeitspanne vom Beginn des Einsatzes bis zum Ausfall der Einheit heißt Ausfallzeit.

Die Ausfallzeiten eines Kollektivs von Einheiten haben vielfach (nicht immer) charakteristische Verteilungen. Im Bild wird der Prozentsatz noch funktionsfähiger Einheiten während der Zeit t (relativer Bestand) und die Ausfallrate $\lambda$ dargestellt. Im Abschnitt A sind Frühausfälle, im Abschnitt B Zufallsausfälle und im Abschnitt C Alterungsausfälle sichtbar. Der Ausfallmechanismus ist in den drei Bereichen unterschiedlich. Zur Analyse des Ausfallverhaltens von Kollektiven dient das nach dem Mathematiker *Weibull* benannte doppeltlogarithmische Netz mit der Zeit als Abszisse und der Häufigkeitssumme der ausgefallenen Einheiten als Ordinate. Die Steilheit der Kurve (Formparameter b) gibt einen Hinweis auf die Natur der Ausfälle: Im Bereich A ist $b < 1$, im Bereich B ist $b = 1$ und im Bereich C ist $b > 1$.

Die Z. einer nicht reparierbaren Einheit ist durch die Ausfallzeit gegeben. Wird sie auf Grund von Beobachtungen festgestellt, nennt man sie Lebensdauer. Sie heißt Lebenserwartung, wenn sie mittels

Modellrechnungen a priori angegeben wird. Für Kollektive nichtreparierbarer Einheiten gelten folgende Kenngrößen:
□ Halbwertzeit: die Zeitspanne, in der die Hälfte der Einheiten des Kollektivs ausgefallen ist;
□ mittlere Lebensdauer: Summe aller Lebensdauern der Einheiten des Kollektivs dividiert durch ihre Anzahl. Bei bestimmten Produktgruppen spricht man von Haltbarkeit (Lebensmittel).

Die Z. der einzelnen Einheiten des Kollektivs weichen im Rahmen der Streuung von diesen Mittelwerten ab.

Für Einheiten, die nach einem Ausfall instandgesetzt und damit wieder funktionsfähig gemacht werden können, benutzt man als Kenngrößen:
□ mittlerer Ausfallabstand: Mittelwert der Zeitspannen zwischen zwei Ausfällen (MTBF Mean Time Between Failures),
□ mittlere Ausfalldauer: Mittelwert der Zeitspannen, in denen die Einheit nicht funktionsfähig war (MTTR Mean Time To Repair),
□ Verfügbarkeit: Summe der Zeitspannen, in denen die Einheit funktionsbereit war, dividiert durch die Gesamtzeit.

Der Nachweis, daß ein Kollektiv eine bestimmte mittlere Mindest-Z. hat, kann nur an Hand von Stichproben geführt werden. Jede Z.-Prüfung zerstört letztlich den Prüfling und macht ihn damit für den Einsatz unbrauchbar. Da die Prüfungen zudem auch noch zeitaufwendig sind, bemüht man sich, mit möglichst kleinen Stichproben zu arbeiten. Die Wahrscheinlichkeit der Aussage hängt daher entscheidend von den Herstellbedingungen der Einheiten ab. Sie müssen eine möglichst kleine Streuung aufweisen, damit eine sinnvolle Aussage auf Grund der Stichprobenprüfung möglich wird. Beschleunigung der Prüfungen durch Erhöhung der Beanspruchungen (Zeitraffer) ist nur in sehr beschränktem Umfang möglich, da leicht neue Ausfallmechanismen ins Spiel kommen, die das Ergebnis der Prüfung unbrauchbar machen.

Im Zuge immer komplexerer Aggregate und Anlagen mit immer höheren Anforderungen an ihre →Sicherheit und Z. (Weltraumfahrt, Kernenergie) steigt die Bedeutung der Vorausberechnung der Z., zumal es sich oft um die Produktion nur einer oder bestenfalls einiger weniger sehr aufwendiger Einheiten handelt. Ein Nachweis der Z. durch Testen ist daher nicht eindeutig möglich.

Z.-Berechnungen gehen von einem Modell der zu bauenden Einheiten aus. Alle ihre Elemente werden mit ihren logisch-determinierten Verknüpfungen dargestellt. Die Folgen des Ausfalls eines jeden Elements können so in Form eines Fehlerbaums verfolgt werden. Setzt man die bekannten Ausfallwahrscheinlichkeiten der Elemente in Rechnung, ist die Wahrscheinlichkeit einer bestimmten Fehlfunktion der Einheit quantitativ bestimmbar (FEA Failure Effect Analysis). Umgekehrt kann man eine gedachte Fehlfunktion auf ihre oft zahlreichen Ursachen hin untersuchen (FSA Failure Source Analysis). In beiden Fällen gewinnt der Entwickler Entscheidungskriterien für zuverlässigkeiterhöhende Maßnahmen.

Die Z. einer Einheit wird wesentlich durch ihre Konstruktion bestimmt. Die Z. des verwendeten Materials spielt ebenso eine Rolle wie die vorgegebenen Fertigungsverfahren. Darüber hinaus muß darauf geachtet werden, Teile und Baugruppen nicht bis an ihre nominale Belastungsgrenze zu beanspruchen. Durch geeignete Anordnung der Elemente und Zusatzkühlung muß für die ungestörte Abfuhr von Wärme gesorgt werden. Endlich besteht die Möglichkeit, ausfallgefährdete Teile und Aggregate mehrfach vorzusehen (Redundanz), wobei die Reservisten ständig eingeschaltet sind (heiße Redundanz) oder erst bei Ausfall des arbeitenden Teils einspringen (kalte Redundanz; z. B. Notstromerzeuger).

Die Z.-Planung sollte stets darauf achten, durch geeignete Maßnahmen die Folgen eines Ausfalls so gering wie möglich zu halten. Selbst eine sehr zuverlässig konstruierte Einheit kann durch Unachtsamkeit in der Fertigung unzuverlässig werden. Es ist wesentlich, mit validierten Prozessen zu arbeiten. Selbst die Lagerung beim Hersteller oder beim Käufer kann negative Einflüsse auf die Z. haben, da die Lagerfähigkeit verschiedener Arten von Einheiten i. a. unterschiedlich ist. Sie wird von den Gegebenheiten der Lagerung wie Feuchtigkeit und Temperatur beeinflußt. Das Risiko eines Frühausfalls beim Kunden oder Betreiber kann der Hersteller durch Testläufe im Haus (Einbrennen) erheblich vermindern.

Die Verfügbarkeit einer Einheit kann durch schnelle und wirkungsvolle Instandhaltung sehr erhöht werden. Eine instandhaltungsfreundliche Konstruktion hilft dabei ebenso wie das Vorhandensein von Ersatzteilen und entsprechend qualifiziertem Personal. Planmäßige Wartung ist ein bewährtes Mittel zur Erhöhung der Verfügbarkeit.                                                        *Masing*

Literatur: *Birolini, A.:* Qualität und Zuverlässigkeit technischer Systeme. Berlin 1985. – *Deixler, A.:* Handb. Qualitätssicherung. 2. Aufl. Kap. 17: Zuverlässigkeitsplanung. München, Wien 1988. – DIN 55350. Tl. II: Begriffe der Qualitätssicherung und Statistik. Hrsg. Dt. Inst. für Normung. Ausg. Mai 1987. – *Peters, O. H.,* u. *A. Meyna:* Handb. Sicherheitstechnik. München, Wien 1986. – *Zipperer, M.:* Handb. Qualitätssicherung. 2. Aufl. Kap. 12: Zuverlässigkeitsprüfung. München, Wien 1988.

**Zwangsumlauf.** Unter Z. versteht man die Förderung des Naturumlaufs in Verdampfern mit Hilfe einer Umwälzpumpe. Durch die erhöhten Umlaufgeschwindigkeiten (bis 3 m/s) verbessert sich der Wärmeübergang. An den Heizflächen wird nur wenig verdampft, was zu geringeren Verkrustungen durch auskristallisierte Feststoffe führt.                                                        *Dohrn*

**Zwangsumlaufverdampfer.** Ein Z. ist ein verfahrenstechnischer Apparat zum →Verdampfen von Flüssigkeiten. Den Umlauf zwischen dem Abscheidegefäß und dem →Wärmeübertrager bewirkt eine Pumpe (→Zwangsumlauf). Die zu verdampfende Lösung wird in dem Wärmeübertrager aufgeheizt und im Abscheidegefäß in einen flüssigen und einen gasförmigen Anteil (Brüden) getrennt. Die flüssige Lösung gelangt wieder in den Wärmeübertrager, wobei eine Pumpe den Naturumlauf fördert. Auf diese Weise wird der produktseitige Wärmeübergang verbessert. Die Heizfläche kann bei gleichbleibender übertragener Wärmemenge verkleinert werden. Bei temperaturempfindlichen Stoffen läßt sich die Übertemperatur der Heizfläche senken (→Umlaufverdampfung).                                                        *Dohrn*

**Zweidruckverfahren.** Spezielles Rektifikationsverfahren (→Rektifikation) zur Trennung homogener azeotroper Gemische in zwei Kolonnen mit unterschiedlichen Drücken.

Bei einem positiven →Azeotrop wird das Ausgangsgemisch in der ersten Kolonne (Bild, s. S. 1256) in die schwererflüchtige Komponente B1 als →Sumpfprodukt und das azeotrope Gemisch A1 als Kopfprodukt getrennt. Die zweite Kolonne betreibt man beim Druck $P_2$, bei dem das Azeotrop eine andere Lage hat. Die Komponente B2 wird als Sumpfprodukt abgezogen. Das azeotrope Gemisch A2 verläßt die Kolonne 2 als Kopfprodukt und wird zur Kolonne 1 zurückgeführt. Bei einem negativen Azeotrop kann das Verfahren analog angewendet werden. Man erhält die reinen Komponenten dann als Kopfprodukte.

Das Z. setzt voraus, daß sich die azeotrope Zusammensetzung mit dem Druck verschiebt. Dafür sind große Unterschiede in Siedepunkten und Verdampfungsenthalpien der reinen Komponenten günstig.                                                        *Dohrn*

**Zwei-Faktoren-Theorie**      →Tiefkühlkonservierung

**Zweimassensystem** →Einmassensystem

**Zweiphasenschicht.** Bei der →Rektifikation in Bodenkolonnen wird die auf einem Boden liegende Flüssigkeit von dem aufsteigenden Gas durchströmt, so daß sich eine Z. mit einer großen Phasengrenzfläche bildet. Da sich die Gas- und die Flüssigkeitsphase nicht im Phasengleichgewicht befinden, kommt es zu einer Stoffübertragung. Die Z. wird von der →Wehrhöhe und der →Gasbelastung beeinflußt. Mit zunehmender Wehrhöhe steigen die Höhe der Z. und der Druckverlust des Gases. Bei

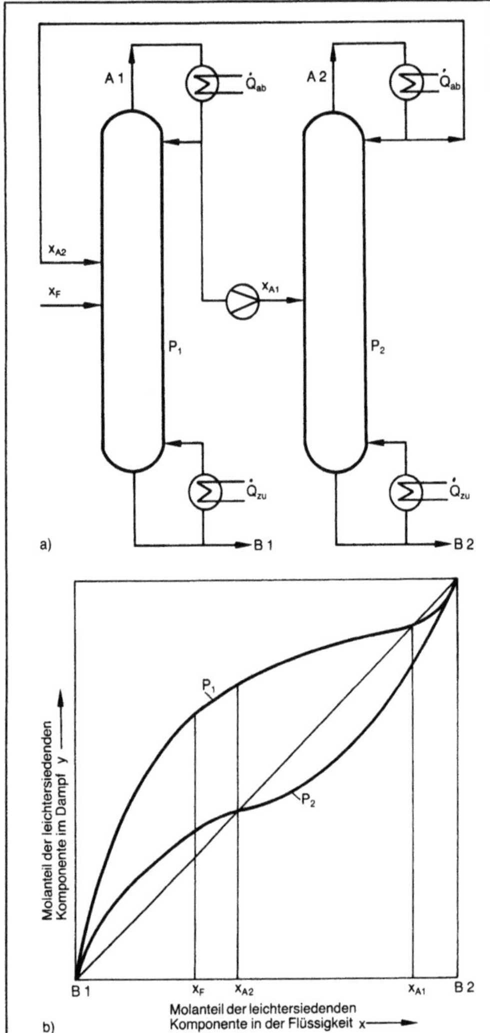

*Zweidruckverfahren: Zweidruckverfahren zur Rektifikation azeotroper binärer Gemische.*
*a) Anlagenschema*
*b) McCabe-Thiele-Diagramm.*

einer großen Wehrhöhe und einer kleinen Gasbelastung liegt die Z. als Blasenbett vor, in dem Gasblasen durch die Flüssigkeitsschicht aufsteigen. Bei einer erhöhten Gasbelastung bilden sich Gasschläuche und Blasenagglomerate. Das Blasenbett ist zu einer →Sprudelschicht geworden. Eine weitere Erhöhung der Gasbelastung führt zu einer verstärkten Zerkleinerung der Flüssigkeit und zu einem →Mitreißen der Tropfen aus der Z. heraus. *Dohrn*

**Zweiständer-Fräsmaschine.** Bei dieser Portal-Fräsmaschine ist an jeder Seite des Maschinenbetts ein Ständer angeordnet. Bis zu vier Fräseinheiten, geführt an Ständern, einem zusätzlichen Ausleger oder am Querbalken, ermöglichen eine gleichzeitige Bearbeitung mehrerer Flächen. →Maschinenbett, Ständer und Querbalken bilden ein Portal und somit einen Rahmen hoher Steifigkeit. Man unterscheidet Maschinen mit verfahrbarem (Gantry-Bauweise) und feststehendem Portal (Bild). Bei der letzteren Ausführung erfolgt die Bewegung in Längsrichtung durch den →Maschinentisch.

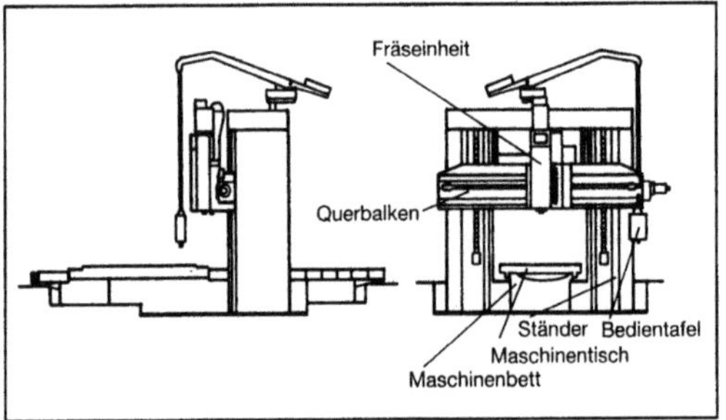

*Zweiständer-Fräsmaschine: Zweiständer-Bett-Fräsmaschine mit festem Portal.*

Als weitere Konstruktionsmerkmale von Z.-F. sind austauschbare Fräseinheiten, Gewichtsausgleich des Querbalkens, stufenlos einstellbare Drehzahlen und Vorschübe, automatische Werkzeugspannung und Klemmvorrichtungen, Zentralschmierung sowie eine zentrale Bedientafel zu nennen. Durch den Aufbau von Schleifspindel-Einheiten kann der Zusatzbereich erweitert werden. *Schulz*

Literatur: *Beitz, W.,* u. *K.-H. Küttner* (Hrsg.): *Dubbel.* Taschenb. Maschinenbau. 14. Aufl. Berlin, Heidelberg, New York 1981. – *Spur, G.,* u. *Th. Stöferle:* Handb. Fertigungstechnik. Bd. 3/1: Spanen. München, Wien 1979. – *Weck, M.:* Werkzeugmaschinen. Bd. 1. Düsseldorf 1980.

**Zweistoffdüse.** Z. (Bild) zerstäuben einen langsamen Flüssigkeitsstrahl oder -film durch einen Gas-

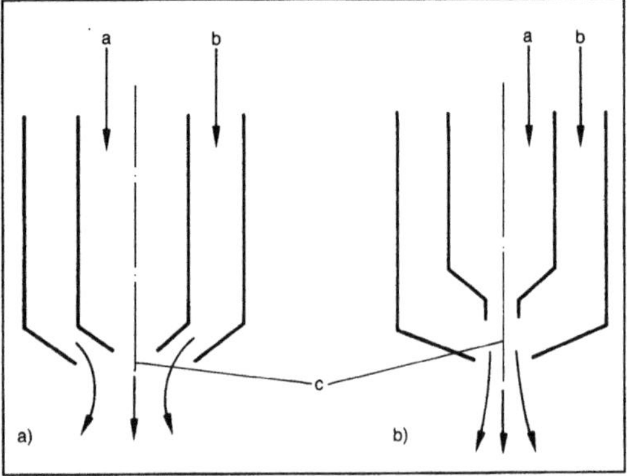

*Zweistoffdüse: Prinzipskizze.*
*a) Äußere Mischung*
*b) Innere Mischung.*

a Flüssigkeit, b Gas, c Mischzone

strahl mit hoher Geschwindigkeit (→Zerstäuben). Man unterscheidet Düsen mit äußerer und innerer Mischung von Gasstrahl und Flüssigkeit. Ihre Vorteile liegen in geringem Verschleiß und in geringer Verschmutzungsanfälligkeit. Außerdem können Flüssigkeitsdurchsatz und in geringer Tropfengröße getrennt beeinflußt werden. *Dahl*

**Zweistoffgemisch.** Gemisch aus zwei Stoffen (binäres System). Das thermodynamische Verhalten von Z. unterscheidet sich nicht grundsätzlich von Vielstoffgemischen, weshalb in der Verfahrenstechnik grundlegende Zusammenhänge zunächst am Verhalten binärer Systeme untersucht werden.

Man unterscheidet zwischen idealen und realen Z. Bei idealem Verhalten ist das Raoult-Gesetz auf beide Komponenten anwendbar, und es gilt das Dalton-Partialdruckgesetz. Ideale Z. sind z. B. Gemische aus sehr kleinen, unpolaren Molekülen (Sauerstoff, Stickstoff, Wasserstoff) und Gemische aus etwa gleichgroßen unpolaren Molekülen (z. B. Benzol, Toluol). Reale Z. liegen vor, wenn die Wechselwirkungsenergien zwischen den Gemischpartnern kleiner oder größer als die Wechselwirkungen zwischen gleichen Molekülen sind (→Vielstoffgemisch). *Dohrn*

**Zwickelflüssigkeit** →Filtration (mechanische Verfahrenstechnik)

**Zwillingsbildung.** Die mechanische Z. ist neben der Gleitung ein weiterer Vorgang, der eine plastische Verformung ermöglicht. Hierbei bewegen sich die Atome eines mehr oder weniger großen Kristallbereichs kooperativ in einer Weise („Umklappen" von Gitterebenen), daß der verformte Kristallteil symmetrisch zu dem unverformten liegt (Bild). Die Symmetrieebene zwischen den beiden Teilen wird als Zwillingsebene bezeichnet. Das Ergebnis der Z. ist eine mechanische →Scherung des Gitters. Im Unterschied zur Gleitung, bei der die Orientierung der Kristallbereiche oberhalb und unterhalb der Gleitebene die gleiche bleibt, führt die mechanische Z. zu einer anderen Orientierung oberhalb der Zwillingsebene. Bei der Gleitung bewegen sich die Atome um das ein- oder ganzzahlige Vielfache eines

Gitterabstands. Bei der Z. ist der Weg, den die Atome zurücklegen, weit kleiner als ein Atomabstand. Die mechanische Z. tritt vor allem bei hexagonalen und kubisch-raumzentrierten Metallen auf. Die erforderliche Spannung ist im Vergleich zur Gleitung recht hoch, so daß die mechanische Z. dann auftritt, wenn die →Fließspannung hoch ist, so z. B. bei tiefen Temperaturen und hohen Verformungsgeschwindigkeiten im Fall der kubisch-raumzentrierten Metalle oder bei für eine Gleitung ungünstig orientierten Kristallen im Fall hexagonaler Metalle.

Die Z. erfolgt in Mikrosekunden und ist in vielen Fällen daher mit einem knackenden Geräusch verbunden („Zinnschrei"). Auf der Spannungs-Dehnungs-Kurve macht sich die Z. durch Unstetigkeiten bemerkbar. Ähnlich wie die Gleitung erfolgt auch die mechanische Z. auf ganz bestimmten Ebenen, den Zwillingsebenen, und in bestimmten Richtungen (Tabelle).

*Zwillingsbildung. Tabelle: Zwillingsebenen und -richtungen (Miller-Indizes) einiger Metalle.*

| Struktur | Metall | Zwillingsebene und -richtung |
|---|---|---|
| kub.-raumzentriert | α-Fe, Ta | $(112)\ [11\bar{1}]$ |
| hexagonal | Mg, Cd, Zn, Be, Ti | $(10\bar{1}2)\ [10\bar{1}1]$ |
| kub.-flächenzentriert | Ag, Cu, Au | $(111)\ [11\bar{2}]$ |

Die mit der Z. verbundenen Verformungen sind i. a. im Vergleich zur Gleitung recht gering. Daher kommt die Bedeutung der Z. nicht primär von der daraus resultierenden Gitterdehnung, sondern von der damit verbundenen Orientierungsänderung des Gitters, durch die Kristallbereiche in eine für die Gleitung günstigere Orientierung gebracht werden. *Lange*

Literatur: *Reed-Hill, R. E.:* Physical Metallurgy Principles. New York 1964. – *Troost, A.:* Einführung in die allgemeine Werkstoffkunde metallischer Werkstoffe I. Mannheim, Wien, Zürich 1980.

**Zwischenform.** Nach DIN 8580 heißen im Fertigungsablauf eines Werkstücks Z. diejenigen Formen, die sich am Ende eines Arbeitsvorgangs, z. B. einer Ziehstufe beim →Tiefziehen in mehreren Stufen, ergeben. Die Z. sind zugleich Endformen der einen Ziehstufe, z. B. Erstzug, und Ausgangsformen der nächsten Ziehstufe, z. B. erster Weiterzug. Wird ein Werkstück im halbfertigen Zustand betrachtet, z. B. wegen Zwischenlagerung, so heißt es in der dann vorliegenden Z. Halbfertigteil. *Lange*

Literatur: DIN 8580 Entw.: Fertigungsverfahren. Begriffe, Einteilung. Hrsg. Dt. Inst. f. Normung. Ausg. Juli 1985.

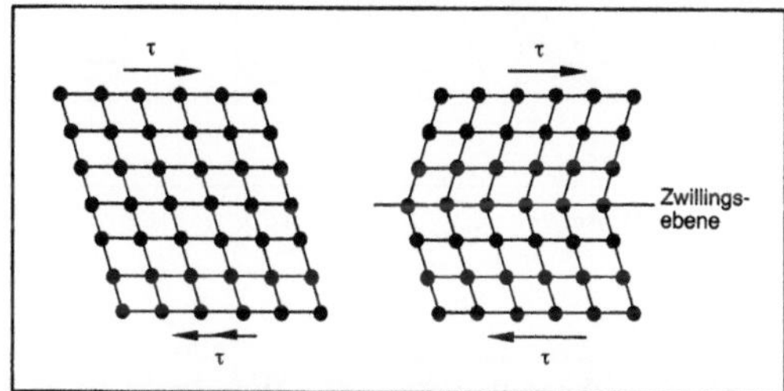


*Zwillingsbildung: Schematische Darstellung der mechanischen Zwillingsbildung.*

**Zyklonabscheider.** Fliehkraftabscheider zum Trennen von Stäuben und Tröpfchen aus Gasströmen. Das staubbeladene Gas strömt tangential in den Zyklon und wird an der Wand in eine rotationssymmetrische Wirbelströmung umgelenkt. Die Gasströmung verläuft spiralförmig nach unten, wo sie zur Umkehr gezwungen wird. In einem zentralen Wirbel steigt die Strömung unter Beibehaltung der Drehrichtung wieder nach oben und verläßt den Zyklon durch das Tauchrohr. Die Umfangkomponente der Gasgeschwindigkeit überwiegt deutlich die axiale Komponente, und es ergibt sich ein tangentiales Geschwindigkeitsprofil (Bild 1). Die im Gasstrom mitgeführten Partikel erfahren eine Zentrifugalbeschleunigung

$$z = \frac{u^2}{r}$$

und werden bei entsprechender Massenträgheit an die Wand geschleudert. Aus dem Kräftegleichge-

wicht für ein Partikel unterhalb des Tauchrohrs (Durchmesser $2\,r_i$) folgt die für Staubabscheidung entscheidende Grenzkorngröße $d^*$:

$$d^* = \sqrt{\frac{18 \cdot \eta_L}{\Delta\rho \cdot u_i^2} \cdot \frac{\dot{V}}{2\pi\,h_i}}.$$

Partikel mit $d > d^*$ werden im Zyklon abgeschieden, kleinere ($d < d^*$) verlassen den Zyklon mit der Gasströmung. Die Trennung erfolgt dabei nicht ideal, sondern nach einer Fraktionsabscheidegrad- oder Trenngradkurve $\eta_F$. Diese $\eta_F$-Kurve gibt die Abscheidewahrscheinlichkeit für eine Partikelgröße $d$ an (Bild 2). Ist die Korngrößenverteilung des abzuscheidenden Staubs (Aufgabegut) bekannt, so kann man daraus und mit der $\eta_F$-Kurve den Gesamtabscheidgrad

$$\eta_{ges} = Z\,\eta_F\,(d) \cdot \Delta R_A\,(d)$$

berechnen. Der Abscheidevorgang wird außer von den Umfanggeschwindigkeiten auch stark von der Staubbeladung

$$\mu = \frac{\dot{M}_S}{\dot{M}_L}$$

beeinflußt. Im Zyklon kann die Gasströmung nur eine bestimmte Staubmenge tragen, die sog. Grenzbeladung $\mu_G$. Ist die Eintrittsbeladung $\mu$ höher als $\mu_G$, so erfolgt direkt im Eintritt bereits eine Abscheidung:

$$\eta_E = 1 - \frac{\mu_G}{\mu}.$$

In diesem Fall setzt sich der Gesamtabscheidegrad aus dem Eintrittsabscheidegrad $\eta_E$ und der Abscheidung im Gaswirbel ($d^*$) zusammen:

$$\eta_{ges} = \left(1 - \frac{\mu_G}{\mu}\right) + \frac{\mu_G}{\mu}\,Z\,\eta_F\,(d) \cdot \Delta R_A\,(d).$$

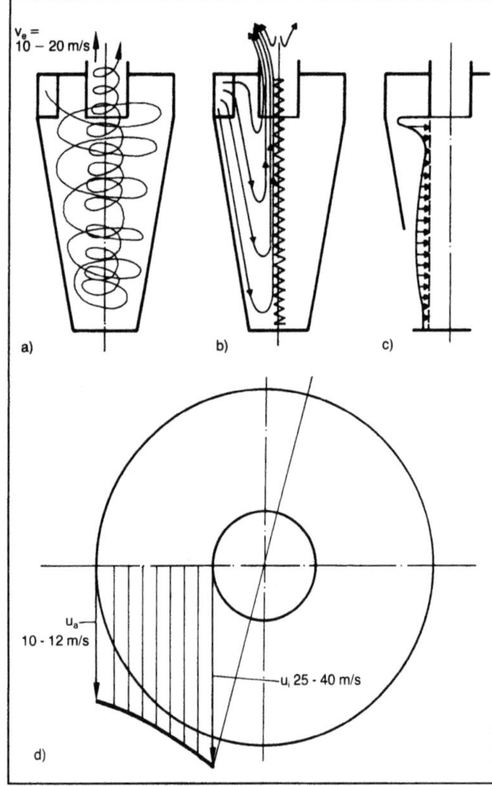


*Zyklonabscheider 1: Typischer Strömungsverlauf im Zyklon.*
*a) Umfangströmung*
*b) Axialströmung*
*c) Radialströmung*
*d) Umfanggeschwindigkeiten.*

$u_i = u_a\,(r_a/r_i)^n$, $n = 0{,}5$–$0{,}7$–$0{,}85 = f$ (Abmessungen, Wandreibung und Staubbeladung)

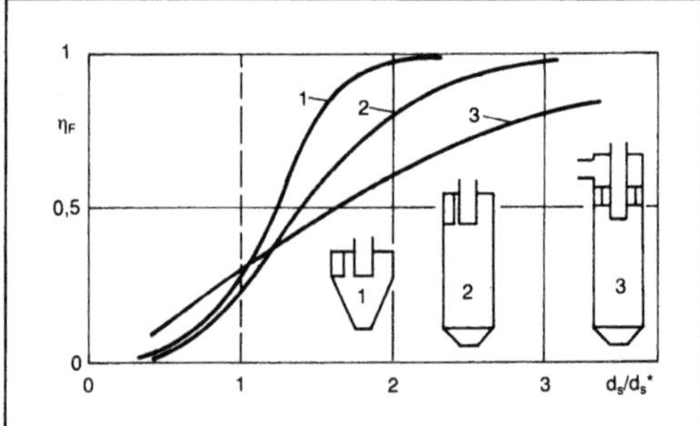


*Zyklonabscheider 2: Fraktionsabscheidegradkurven.*

Der Druckverlust eines Zyklons hängt von den Umfanggeschwindigkeiten, der Wandreibung und der Staubbeladung ab. Unter Berücksichtigung dieser Einflußgrößen werden sowohl für den Abscheideraum als auch für die Tauchrohrströmung Druckverlustbeiwerte definiert. Der Gesamtdruckverlust setzt sich aus beiden Anteilen zusammen:

$$\Delta p_{ges} = \Delta p_e + \Delta p_i,$$

$$\Delta p_e = \xi_e \cdot \frac{\rho_L}{2} \, v_i^2 = \lambda_s \cdot \frac{A_R}{\dot{V}} \cdot \frac{\rho_L}{2} \, (u_a \cdot u_i)^{3/2},$$

$$\Delta p_i = \xi_i \cdot \frac{\rho_L}{2} \cdot v_i^2 = \left[ 2 + 3 \left( \frac{u_i}{v_i} \right)^{4/3} + \left( \frac{u_i}{v_i} \right)^2 \right] \frac{\rho_L}{2} \cdot v_i^2.$$

Die Druckverlustbeiwerte beziehen sich auf die axiale Geschwindigkeit im Tauchrohr

$$v_i = \frac{\dot{V}}{\pi \, r_i^2}.$$

Die Druckverlustbeiwerte in Abhängigkeit vom Drallverhältnis sind

$$U = \frac{u_i}{v_i}$$

und vom Radienverhältnis des Zyklons

$$R = \frac{r_a}{r_i}.$$

Die auf den Tauchrohrradius bezogene innere Umfanggeschwindigkeit $u_i$ ist eine Funktion des Radienverhältnisses, der Wandreibungswerte und der Reibungsfläche $A_R$ (gesamte innere Oberfläche des Zyklons):

$$u_i = \frac{u_a \cdot \dfrac{r_a}{r_i}}{1 + \lambda_s \, \dfrac{A_R \cdot u_a}{2 \cdot \dot{V}} \cdot \sqrt{\dfrac{r_a}{r_i}}}.$$

Die Wandreibungszahl für ein reines Gas beträgt

$$\lambda_0 = 0,005$$

und erhöht sich abhängig von der Staubbeladung:

$$\lambda_s = 0,005 \, (1 + 2 \cdot \sqrt{\mu}).$$

Durch Umlenken des Zyklonwirbels im Tauchrohr in eine rein axiale Strömung läßt sich der Tauchrohrdruckverlust um bis zu 65 % reduzieren. Dabei wird die Drallenergie der Strömung wieder in Druck umgewandelt. Die Drallrückgewinnung erfolgt mittels eines Leitapparats (Bild 3), der die Umfangkomponente der Strömung mit gebogenen Leitflächen in axiale Richtung umlenkt. Der dadurch entstehende Druckanstieg reduziert somit den Druckverlustbeiwert $\xi_i$ für das Tauchrohr. *Trefz*

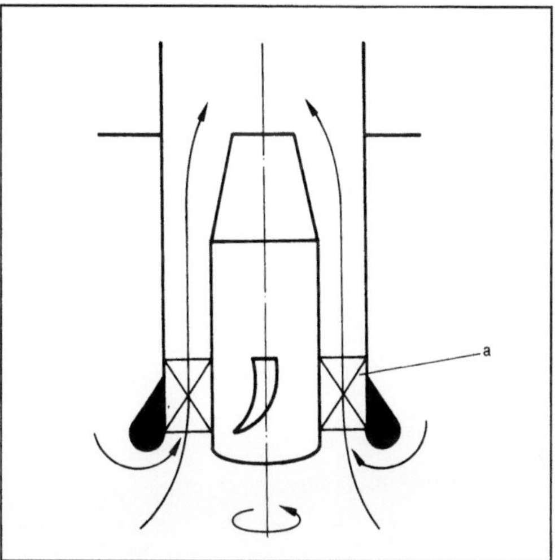


*Zyklonabscheider 3: Drallrückgewinnung im Tauchrohr mittels Leitapparat.*

a Leitapparat

Literatur: VDI-Wärmeatlas. 6. Aufl. Düsseldorf 1991.

**Zyklonbatterie** →Multizyklon

# Wir lösen Ihre ungleichförmigen Bewegungsaufgaben.

Wenn Ihr Produkt bei der Fertigung oder Montage bewegt werden muß,
kann Miksch Ihnen hierbei helfen.
Miksch bietet Ihnen dazu sein breites Programm von Komponenten
für ungleichförmige Bewegungen an.

Schrittgetriebe, Pendelgetriebe, Lineareinheiten für Horizontal- und Vertikal-Bewegung,
Handhabungsgeräte, Rundschalttische und die Lohnfertigung von Kurven mit den hierzu
erforderlichen Berechnungen.

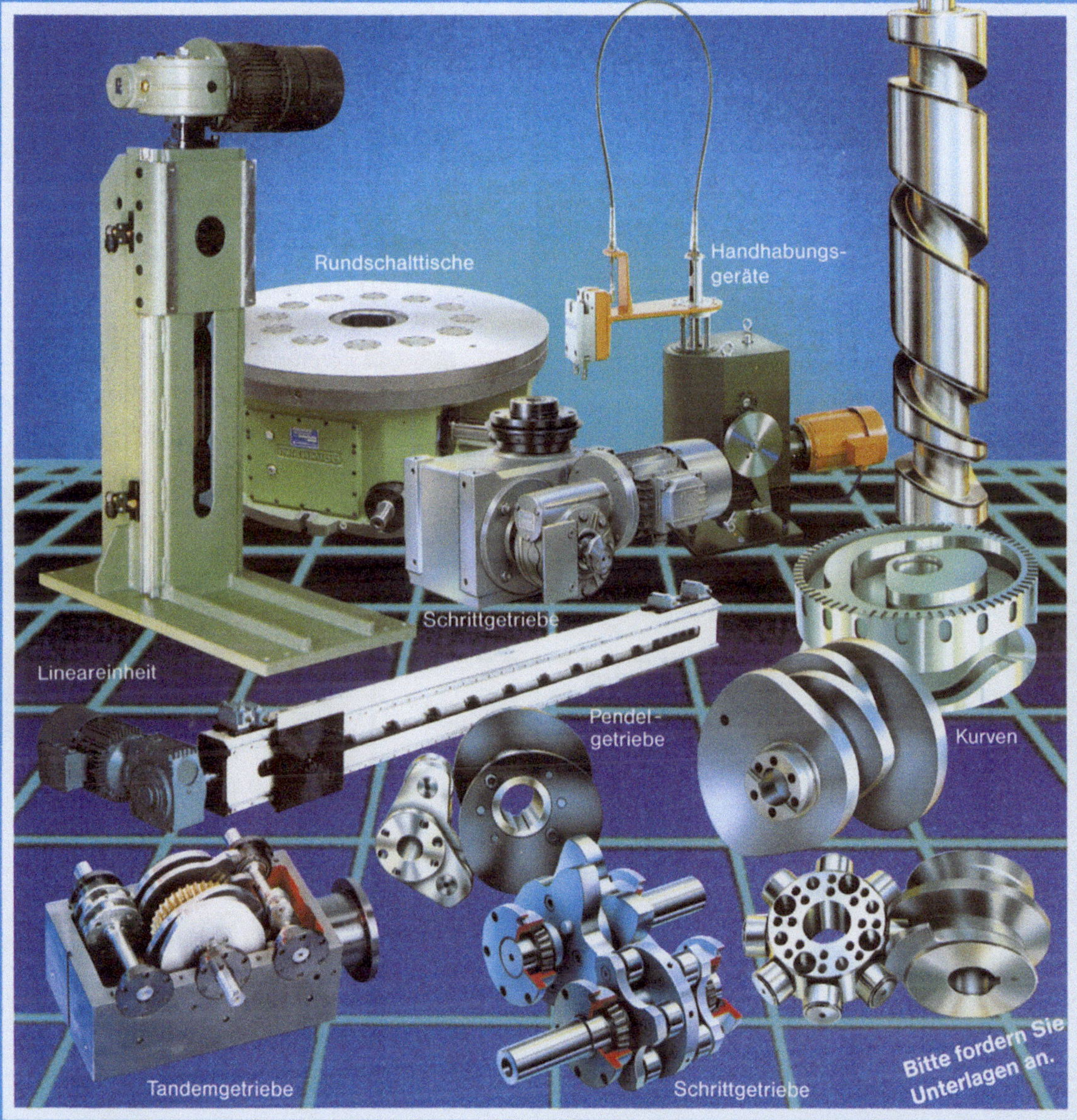

# MIKSCH GMBH

Postf. 928, D-73009 Göppingen, Telefon 07161/6724-0, Fax 07161/14429, Tx. 727861

# FÜR ALLE, DIE ETWAS BEWEGEN

## LOGISTIK IM UNTERNEHMEN
### MATERIALFLUSS, ORGANISATION, TRANSPORT **GIBT ANTWORT:**

**LOGISTIK IM UNTERNEHMEN** versteht sich als internationales Forum der Logistik.

Profitieren Sie vom gebündelten Expertenwissen führender Köpfe.

Lernen Sie neue Systeme, Techniken und Geräte vor anderen kennen.

Informieren Sie sich über Märkte und Möglichkeiten.

**LOGISTIK IM UNTERNEHMEN** hilft Ihnen, Entscheidungen vorzubereiten und abzusichern.

Herausgegeben von der VDI-Gesellschaft Fördertechnik, Materialfluß und Logistik ist es das Fachmagazin zum Thema mit der Kompetenz des VDI.

## ABONNEMENTBESTELLUNG

**Ja,** ich möchte **LOGISTIK IM UNTERNEHMEN** zunächst näher kennenlernen. Bitte liefern Sie mir einProbeabonnement für 3 Monate zum Preis von DM 41,00 inkl. Versandkosten.

Falls ich die Lieferung während dieser Zeit nicht schriftlich abbestelle, erhalte ich die **LOGISTIK IM UNTERNEHMEN** weiterhin zum regulären Preis von DM 215,– zuzüglich Versandkosten.

**Bitte senden Sie mir ein Probeheft.**

Name/Vorname

Straße/Postfach

PLZ/Ort

Telefonnummer

Branchenzugehörigkeit

Funktion im Betrieb

Diese Bestellung kann ich innerhalb einer Woche widerrufen (Datum des Poststempels). Diesen Hinweis habe ich zur Kenntnis genommen und bestätige dies durch meine Unterschrift

Datum/Unterschrift                    Stand 1.1.1995

**VDI** VERLAG
Vertriebsleitung
Zeitschriften
Postfach 10 10 54
40001 Düsseldorf

If you have any comments about our products
you can contact us at:
ProductSafety@springernature.com

In case Products are not working properly, the EU-authorised representative is:
Springer Nature Customer Service Center GmbH
Europaplatz 3, 69115 Heidelberg, Germany

Printed by Color Druck, GmbH
in Leonberg, Germany

MIX
Paper | Supporting responsible forestry
FSC C106399